Excel 2013

Der umfassende Ratgeber

von
Helmut Vonhoegen

Vierfarben

Liebe Leserin, lieber Leser,

wer am Computer rechnet oder Daten auswertet, kommt an Excel nicht vorbei. Das Programm bietet schließlich eine Menge wichtiger, nützlicher und wirklich spannender Funktionen. In der aktuellen Version 2013 sind wieder Neuerungen hinzugekommen, die den Umgang mit Zahlen erleichtern und Ihnen viele Möglichkeiten bieten, Daten auszuwerten und darzustellen.

Ob Sie nun Excel zum ersten Mal benutzen oder das Programm täglich einsetzen: Mit diesem Buch haben Sie einen Ratgeber zum Lernen und Nachschlagen bei der Hand, der Ihnen das Leben leichter machen wird. Was immer Sie mit Excel tun wollen, hier lesen Sie, wie es geht: vom Umgang mit Datentabellen über die Visualisierung, Formeln und Funktionen bis zur Automatisierung mit VBA. Sie finden in diesem Buch nicht nur vollständige, verständliche Anleitungen, sondern auch jede Menge Tipps und grundlegende Informationen über die eigentlichen Funktionen hinaus. Zusätzlich erhalten Sie praktische Hinweise, wie Sie Excel noch geschickter einsetzen können.

Einen guten Autor zeichnet nicht nur sein Fachwissen aus, sondern auch die Fähigkeit, dieses Wissen anderen vermitteln zu können. Helmut Vonhoegen ist einer der wenigen, der beides in gleichem Maße beherrscht. Er kennt Excel seit der ersten Version und er schreibt so, dass Sie als Leser auch etwas davon haben.

Dieses Buch wurde mit größter Sorgfalt geschrieben und hergestellt. Sollten Sie dennoch einmal Fehler finden oder inhaltliche Anregungen haben, freue ich mich, wenn Sie mit mir in Kontakt treten. Für konstruktive Kritik bin ich dabei ebenso dankbar wie für Lob. Zunächst aber wünsche ich Ihnen viel Freude beim Lesen und viel Spaß mit Excel!

Ihr Jan Watermann
Lektorat Vierfarben

jan.watermann@vierfarben.de

Auf einen Blick

Teil I: Starten mit Excel 35

Teil II: Mit Datentabellen umgehen 301

Teil III: Daten visualisieren: Diagramme, Grafiken & Co. 351

Teil IV: Dokumente drucken und weitergeben 485

Teil V: Mit Tabellenfunktionen arbeiten 519

Teil VI: Daten auswerten und analysieren 617

Teil VII: Datenaustausch und Teamwork 729

Teil VIII: Excel automatisieren: Makros und VBA 795

Teil IX: Anhang 861

Sie haben Fragen, Wünsche oder Anregungen zum Buch?
Gerne sind wir für Sie da:

Anmerkungen zum Inhalt des Buches: jan.watermann@vierfarben.de
Bestellungen und Reklamationen: service@vierfarben.de
Rezensions- und Schulungsexemplare: thomas.losch@vierfarben.de

An diesem Buch haben viele mitgewirkt, insbesondere:

Lektorat Jan Watermann
Korrektorat Marita Böhm, München
Herstellung Norbert Englert
Einbandgestaltung Janina Conrady
Layout Vera Brauner
Satz Markus Miller, München
Druck Himmer, Augsburg

Gesetzt wurde dieses Buch aus der TheSansOsF SemiLight (9,5 pt/13,25 pt) in Adobe InDesign CS6.
Und gedruckt wurde es auf mattgestrichenem Bilderdruckpapier (115 g/m²).
Hergestellt in Deutschland.

Bibliografische Information der Deutschen Nationalbibliothek
Die Deutsche Nationalbibliothek verzeichnet diese Publikation in der Deutschen Nationalbibliografie; detaillierte bibliografische Daten sind im Internet über http://dnb.d-nb.de abrufbar.

ISBN 978-3-8421-0075-6

1. Auflage 2013

Vierfarben ist ein Verlag der Galileo Press GmbH
Rheinwerkallee 4, D-53227 Bonn
www.vierfarben.de

Der Verlagsname Vierfarben spielt an auf den Vierfarbdruck, eine Technik zur Erstellung farbiger Bücher. Der Name steht für die Kunst, die Dinge einfach zu machen, um aus dem Einfachen das Ganze lebendig zur Anschauung zu bringen.

Inhalt

Teil I: Starten mit Excel

1 Excel 2013 kennenlernen 37

1.1 Erste Fingerübung 37
Eine Tabelle für Einnahmen und Ausgaben 37
Tragen Sie die Daten ein 40
Legen Sie fest, was berechnet werden soll 40
Sichern Sie den erreichten Status 42
Die Arbeit an der Arbeitsmappe fortsetzen 43
Die Tabelle gestalten 45
Zahlenverhältnisse in einem Diagramm darstellen 47
Das Tabellenblatt ausdrucken 48

1.2 Die Technik von Excel verstehen 49
Arbeitsmappe, Arbeitsblatt und Zelle 49
Die Zelle als Ablageort für Daten 51
Zellinhalt und Zellformat 53
Zellgruppen – Bereiche 53

1.3 Excel starten und beenden 55
Start für ein neues Dokument unter Windows 8 55
Starten mit einem vorhandenen Dokument 56
Ein neues Dokument unter Windows 7 anlegen 57
Mit einem vorhandenen Dokument starten 57
Sprunglisten 58
Schnelle Startvarianten selbst einrichten 58
Schnell zwischen Arbeitsmappen wechseln 58
Mit täglich benötigten Arbeitsmappen starten 59
Arbeitspause – Excel beenden 60

1.4 Die Oberfläche meistern lernen 60
Zwei Bedienungsmodi 60
Lokale und vernetzte Benutzer 63

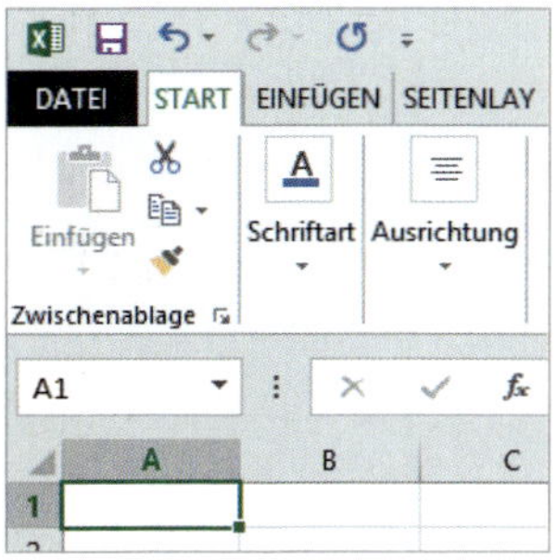

1.5 Das Anwendungsfenster 64

Das Menüband 66

Die Schnellzugriffsleiste 70

Tastenfolgen 70

Mit Tastenkombinationen arbeiten 71

Die Bearbeitungsleiste 71

Das Schnellanalysetool 73

Informationen über den aktuellen Status 73

Der Arbeitsbereich 75

Hinter der Bühne 76

Ansichten 77

Bildschirmelemente ein- oder ausblenden 78

Kontextmenüs nutzen 78

Aufgabenbereiche 79

Die Schnellzugriffsleiste anpassen 80

Das Menüband anpassen 81

Änderungen der Oberfläche sichern 83

Befehle zurücknehmen oder wiederholen 84

1.6 Programmeinstellungen anpassen 85

Allgemeine Einstellungen 85

Mehrere Bearbeitungssprachen einrichten 86

Allgemeine Anzeigeoptionen 87

Anzeigeoptionen für einzelne Arbeitsmappen 88

Optionen für einzelne Blätter 88

Bearbeitungsoptionen wählen 89

Speicheroptionen 90

Add-Ins einbinden 91

Liste der integrierten Excel-Add-Ins 92

Liste der integrierten COM-Add-Ins 92

1.7 Apps für Office 92

1.8 Das Dateiformat wählen 94

Den Standarddateityp einstellen 95

Ein paar Hinweise zur Sprachfamilie XML 95

Der Standard Open XML 95

Vorteile der XML-Formate 96

Die Struktur der Open-XML-Formate 96

Dateierweiterungen 97

Ältere Dateien konvertieren 97

Der Standard OpenDocument 98

ODF oder Open XML? 99

1.9 Mit Dokumenten umgehen 100

Ablegen und Wiederfinden 100

Dokumente speichern 100

Dokumente in Bibliotheken zusammenstellen 101

Die passende Ansicht nutzen 102

Dokumente markieren 103

Ordner auswählen 104

Linkfavoriten nutzen 105

Neue Ordner anlegen 106

Hinweise zu Dateinamen und Dateityp 106

Metadaten zu einer Datei eintragen 107

Mappen nach Bearbeitern gruppieren 110

Zuletzt verwendete Dateien öffnen 110

Neue Arbeitsmappen anlegen 111

Mit Vorlagen arbeiten 111

Vorhandene Dateien öffnen 112

Arbeitsmappen parallel öffnen 114

Nach Dateien suchen 114

Mit dem Suchfeld arbeiten 114

Dateiverwaltung vor Ort 116

Eine frühere Version der Arbeitsmappe öffnen 116

1.10 Für Sicherheit der Daten sorgen 117

Zugangsschutz 118

Schreibschutz 118

Entfernen oder Ändern von Kennwörtern 119

Varianten beim Öffnen von Arbeitsmappen 119

Automatisch sichern und wiederherstellen 120

Der Wiederherstellungsfall 121

Speichern in der Cloud 121

1.11 Das Hilfesystem nutzen 123

Lokale Hilfe oder Hilfe aus dem Netz 123

Navigation im Hilfe-Fenster 124

1.12 Mit der 64-Bit-Version arbeiten 124

Vorteile von 64 Bit für Excel 125

Was zu beachten ist 125

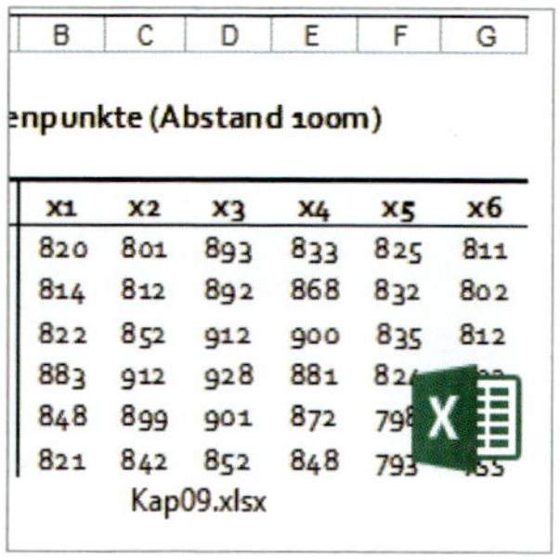

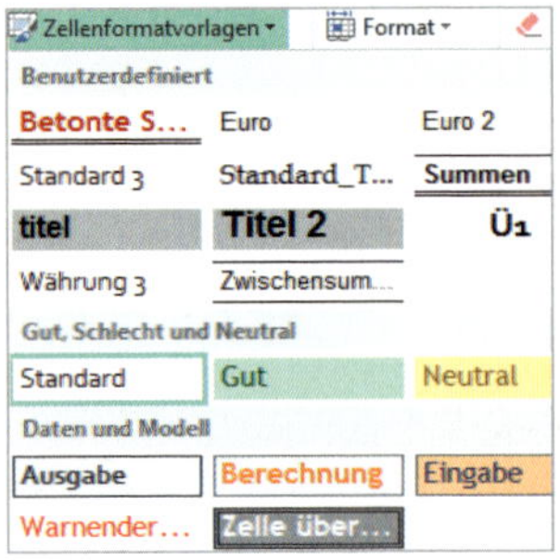

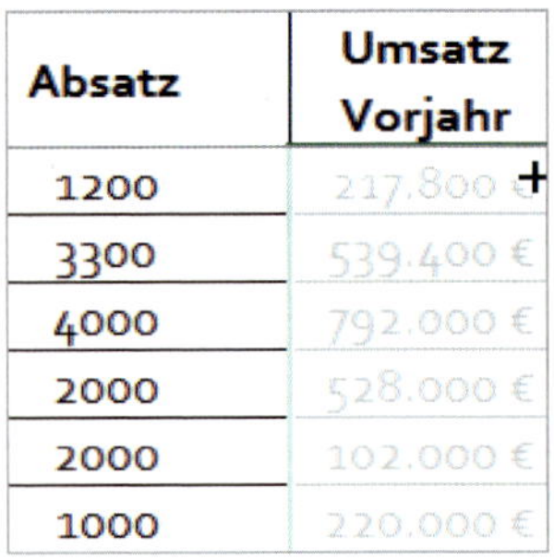

Absatz	Umsatz Vorjahr
1200	217.800 €
3300	539.400 €
4000	792.000 €
2000	528.000 €
2000	102.000 €
1000	220.000 €

2 Kalkulationstabellen aufbauen 127

2.1 Kalkulationsmodelle entwerfen 127
Nützliche Vorüberlegungen 128
Beschriftungen, Werte, Berechnungsvorschriften 128
Die Struktur des Kalkulationsmodells festlegen 129

2.2 Zellen auswählen und markieren 130
Zellen auswählen 131
Zellbereiche in einem Blatt 131
Zeilen und Spalten auswählen 132
Mehrere Bereiche markieren 133
Sich in einem Bereich bewegen 134
Datenblöcke nutzen 134
Bewegen und Auswählen mit der Tastatur 134
Mehrfachbereiche per Tastatur auswählen 137
Bereiche erweitern 137
Über das Namenfeld auswählen 137
Zellbereiche direkt ansteuern 137
Zellbereiche nach dem Inhalt markieren 138
Ein Blatt über das Register auswählen 139
Tabellenblätter als Gruppe bearbeiten 140
Gemeinsame Titelelemente eintragen 140

2.3 Daten eingeben und ändern 140
Datentypen 141
Beschriftungen und Textwerte eintragen 141
Zahlen als Text eintragen 141
Zellinhalte umbrechen 142
Textwerte übernehmen 142
Zahlen und Beträge eingeben 143
Formate bei der Eingabe festlegen 144
Formate für Bereiche vorgeben 144
Die geeignete Spaltenbreite wählen 145
Bruchwerte eingeben 145
Führende Nullen eingeben 146
Anzahl der Dezimalstellen fixieren 147
Datum und Uhrzeit angeben 147
Die Dateneingabe steuern 148
Den Inhalt einer Zelle ändern 148
Tastenfunktionen zur Zellbearbeitung 149
Werte suchen und ersetzen 150

Schnelle Auswahl von speziellen Zellbereichen 152
Zellbereiche löschen 152
Große Bereiche löschen 153
Die korrekte Schreibung prüfen 154
Eingaben automatisch ersetzen 156
Mathematische AutoKorrektur 157

2.4 Datenreihen erzeugen 157
Datenreihen mit dem Ausfüllkästchen 158
Reihen mit Finger oder Stift 158
Reihen oder Kopien? 159
Aufsteigende und absteigende Reihen 159
Zeitreihen 159
Arithmetische Reihen 159
Geometrische Reihen 160
Interaktive Trendanalyse 160
Spezielle Optionen beim AutoAusfüllen 160
Reihenbildung für einen vorgegebenen Bereich 161
Reihenbildung mit einem Endwert 161
Eigene Listen generieren 162
Eingaben per Mustererkennung 163

2.5 Beschriftungen und Werte prüfen 164
Gültigkeitsregeln für eine Preisspalte 165
Eingabelisten nutzen 166
Mögliche Gültigkeitskriterien 167
Markieren monierter Daten 168
Regeln ändern oder löschen 169
Regeln übertragen 169

2.6 Tabellen neu organisieren und umbauen 170
Zellbereiche umordnen oder kopieren 170
Zelleinträge mit der Maus verschieben 170
Verschieben und einfügen 171
Verschieben auf andere Blätter oder Mappen 172
Verschieben über die Zwischenablage 172
Verschieben mit der Tastatur 173
Verschieben auf dem Touchscreen 174
Kopieren in Nachbarzellen 174
Beschriftungsblöcke wiederholen 174
Kopieren mit den Füllbereich-Symbolen 175
Kopieren mit Blick auf die Nachbarspalte 175

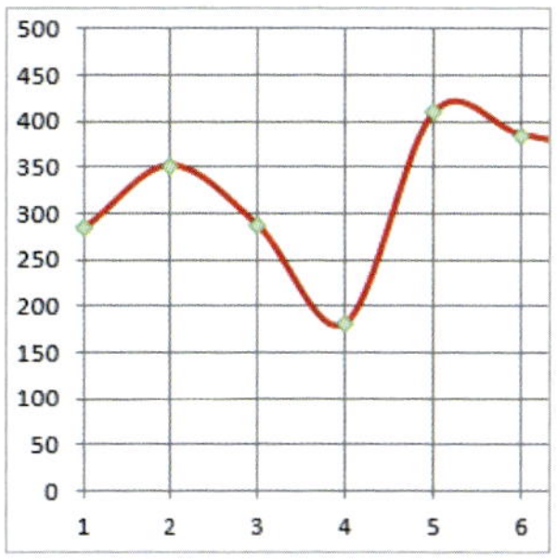

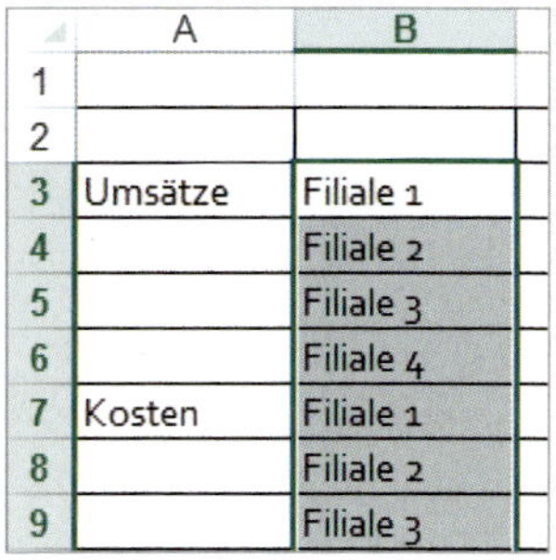

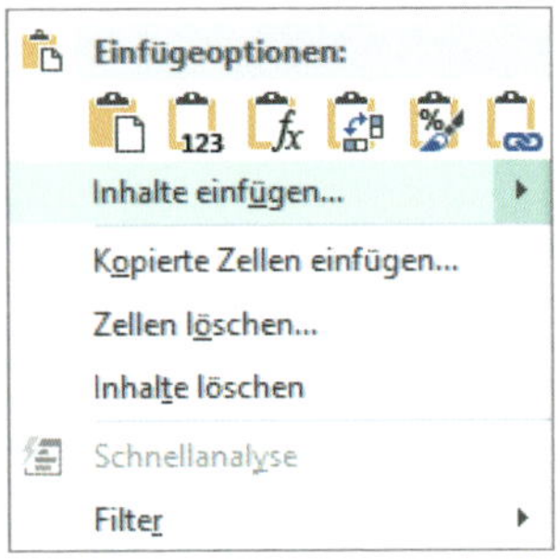

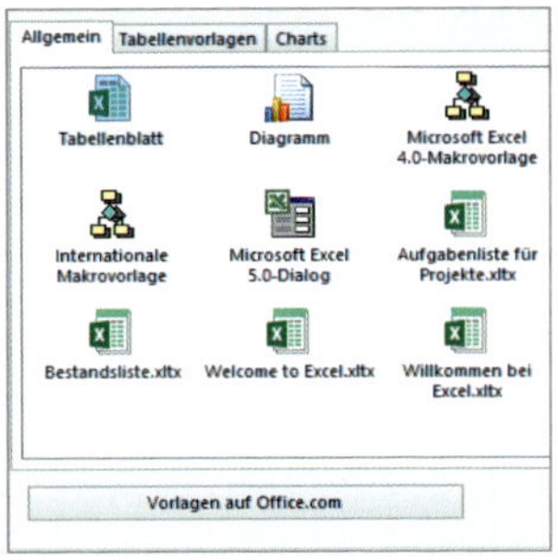

Kopieren in nicht angrenzende Zellen 175
Kopieren und einfügen 176
Kopieren auf andere Blätter oder Mappen 176
Kopieren über die Zwischenablage 177
Hilfreiche Einfügevarianten 178
Quellbereich und Zielbereich 180
Beim Einfügen Platz schaffen 181
Kopieren von Mehrfachbereichen 181
Kopieren in mehrere Blätter 182
Das erweiterte Kontextmenü 182
Transponieren beim Kopieren 183
Mehrere Elemente in der Zwischenablage 183
Zellen löschen 184
Zellen einfügen 186
Zusätzliche Zeilen und Spalten 186
Die Breite von Spalten anpassen 187
Die Höhe von Zeilen ändern 189
Spalten ausblenden und einblenden 190
Zeilen ausblenden und einblenden 190

2.7 Mit Arbeitsmappen effektiv umgehen 190

Arbeitsmappen als Organisationsmittel 191
Neue Blätter hinzufügen 191
Einfügen von Fenstern 192
Geöffnete Arbeitsmappen verbergen 192
Blätter verbergen 193
Überflüssige Blätter löschen 193
Reihenfolge der Blätter ändern 193
Blätter kopieren 193
Übersicht in großen Tabellen 194
Mit Ansichten arbeiten 196
Arbeitsmappen in der Parallelansicht 198
Bedienungshinweise einfügen 198

3 Mit Formeln arbeiten 201

3.1 Berechnungen ohne Formeln 201

Schnelle Summen und mehr 201
Anzeigen in der Statusleiste anpassen 202

3.2 Den Bau von Formeln verstehen 202
Die Rolle der Formeln 202
Formelsyntax 203
Formeltypen 203
Datentypen 204
Operatoren und ihre Priorität 204
Grundrechenarten 205
Texte verketten 206
Tests mit logischen Formeln 206
Funktionen 207

3.3 Formeln eingeben 208
Konstanten in Formeln 208
Zahlenformate für Formeln 208
Bezüge auf Zellen 209
Bezüge auf Zellbereiche 210
Bezüge auf benannte Bereiche 210
Tipps zur Eingabe von Bezügen 211
3D-Formeln 212
Funktionen manuell eingeben 213
Mit dem Dialog »Funktion einfügen« arbeiten 214
Funktionen suchen 215
Vorhandene Funktionen bearbeiten 216
Verschachtelte Funktionen 217
Ein paar Hinweise zur Summenfunktion 218
Zeilen- und Spaltensummen in einem Zug 219
Zwischen- und Gesamtsummen bilden 220
Die Hilfe zu den Funktionen 220

3.4 Bezüge differenziert einsetzen 221
Arbeit mit relativen Bezügen 221
Absolute und gemischte Bezüge 222
Bezüge bei einer Prozentrechnung 223
Einen Bezug absolut setzen 224
Teilabsolute Bezüge 224
Quersummen aufsummieren 225
Schnittmengen berechnen 225
Einfluss von Blattoperationen auf Bezüge 226

3.5 Zellbereiche benennen 226
Vorteile von Bereichsnamen 227
Bereichsnamen über das Namenfeld festlegen 228
Namen definieren 228

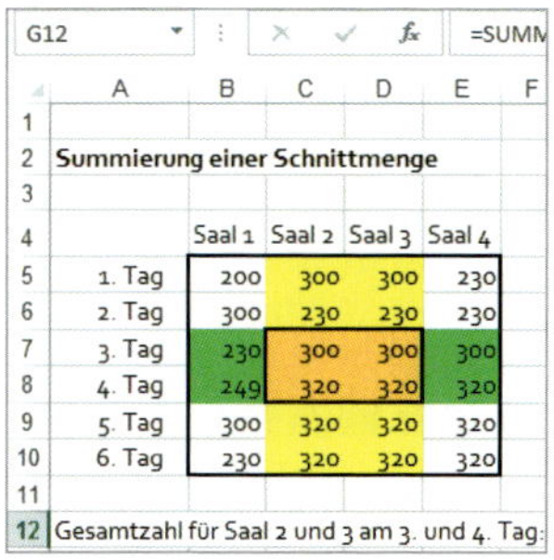

Den Geltungsbereich einschränken 229
Namen aus Beschriftungen übernehmen 230
Namen verwalten 230
Benannte Formeln definieren 231
Anwenden von Namen in Formeln 232
Namen in eine Formel einfügen 233
Protokoll der Bereichsnamen ausgeben 233

3.6 Matrixformeln einsetzen 233

Matrixbereiche und Matrixkonstanten 233
Mit Matrixformeln arbeiten 234
Berechnungen vereinfachen 235
Ändern einer Matrixformel 236

3.7 Berechnungsfehler finden und vermeiden 236

Fehler in Formeln vermeiden 236
Syntaxprüfung 238
Fehlerhafte Werte finden 239
Fehlerprüfung im Hintergrund 239
Formeln überwachen 240
Werte im Überwachungsfenster beobachten 242
Formeln schrittweise prüfen 243
Zirkuläre Formeln finden 244

3.8 Tabellen mit Formeln verknüpfen 244

Schreibweise externer Bezüge 244
Einsatz verknüpfter Arbeitsmappen 245

3.9 Die Neuberechnung kontrollieren 247

Berechnungsoptionen 248
Zirkelbezüge 249
Iterative Berechnungen 249

4 Tabellenblätter gestalten 253

4.1 Geeignete Schriften wählen 254

Standardschriftart ändern 255
Schriftart für Zellbereiche ändern 255
Einen passenden Schriftgrad wählen 256
Schalter für Schriftattribute 257
Schriftfarbe 257
Das Register »Schrift« 258
Einzelne Zeichen in der Zelle hervorheben 258

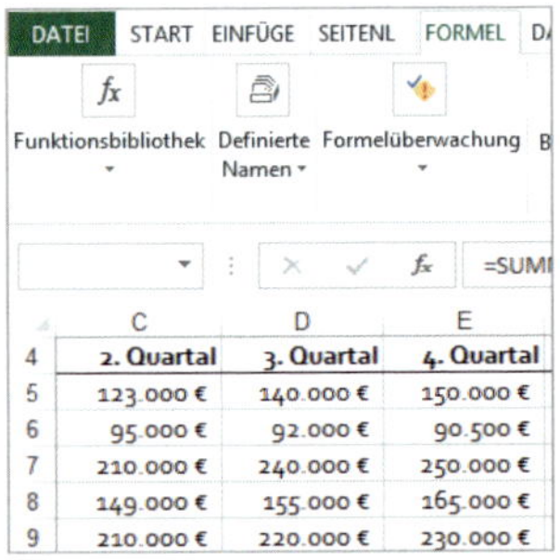

4.2 **Zellinhalte ausrichten** ... 259
Beschriftungen und Zellwerte ausrichten ... 259
Überschriften über mehrere Spalten zentrieren ... 261
Das Register »Ausrichtung« ... 261
Beschriftungen mit Einzügen gruppieren ... 262
Längere Beschriftungen ... 263
Schräge oder senkrechte Beschriftungen ... 263
Anpassung der Schriftgröße ... 264

4.3 **Das Zahlenformat bestimmen** ... 264
Arbeitsweise des Standardformats ... 264
Eingabeformat bestimmt Ausgabeformat ... 265
Mit Formatsymbolen arbeiten ... 265
Definition eines Zahlenformats ... 267
Mit Währungen arbeiten ... 268
Prozent, Bruch, Wissenschaft und Text ... 268
Datums- und Zeitformate ... 269
Text- und Sonderformate ... 270
Eigene Zellformate definieren ... 270
Formatcodes ... 271
Die Darstellung von Nullwerten regeln ... 274
Umgang mit unvollständigen Jahreszahlen ... 274
Besonderheiten der Datumsfunktion ... 275

4.4 **Mit Rahmen und Mustern ordnen** ... 275
Die Palette der Rahmenlinien ... 276
Die Registerkarte »Rahmen« ... 277
Rahmen zeichnen ... 277
Farben und Füllmuster ... 278
Die Registerkarte »Ausfüllen« ... 279
Weniger ist oft mehr ... 279
Farben als Organisationsmittel ... 280
Hintergründe für das Tabellenblatt einfügen ... 280

4.5 **Formate kopieren** ... 281
Kopie über die Zwischenablage ... 281
Übertragen auf benachbarte Bereiche ... 281
Mit Formaten malen ... 281

4.6 **Formate suchen und ersetzen** ... 283

4.7 **Blätter mit Designs schmücken** ... 283
Ein anderes Design zuordnen ... 284
Designs anpassen ... 284

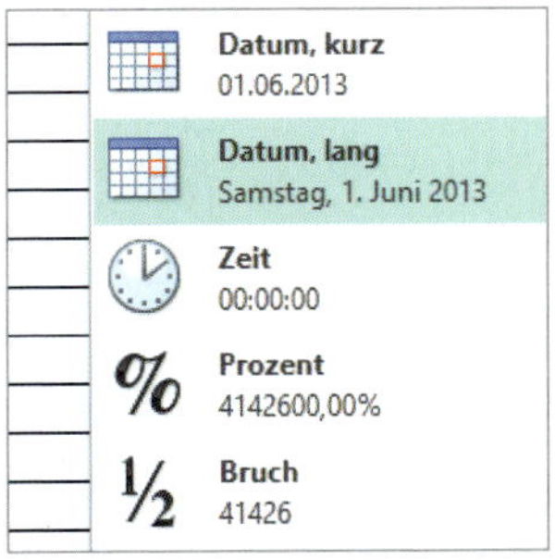

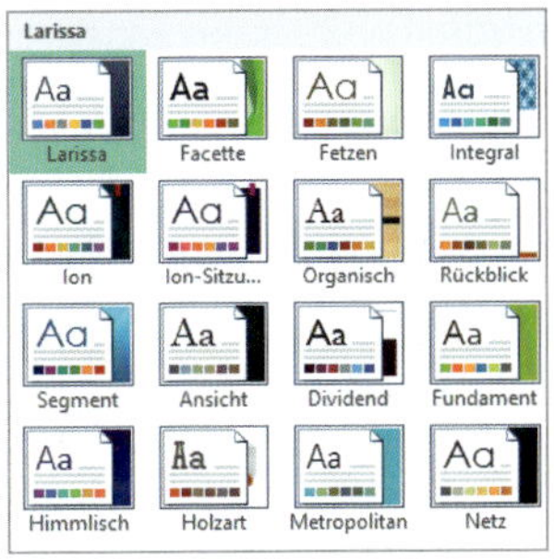

4.8 Mit Vorlagen einheitlich gestalten 286
Vorlagen für Zellformate zuweisen 286
Eigene Zellformate definieren 287
Ändern bestehender Formatvorlagen 288
Überlagern von Formatvorlagen 288
Löschen von Formatvorlagen 288
Formatvorlagen übernehmen 289
Zellformate über Mustervorlagen weitergeben 290
Tabellenformatvorlagen 290

4.9 Tabellen gliedern 292
Ebenen 292
Automatisch gliedern 292
Steuerung der Gliederungsfunktion 293
Gegliederte Tabellen auswerten 294
Teilergebnisse erzeugen 294
Gliederungen anpassen 295
Manuelle Gliederung 295
Gliederungen kopieren 296

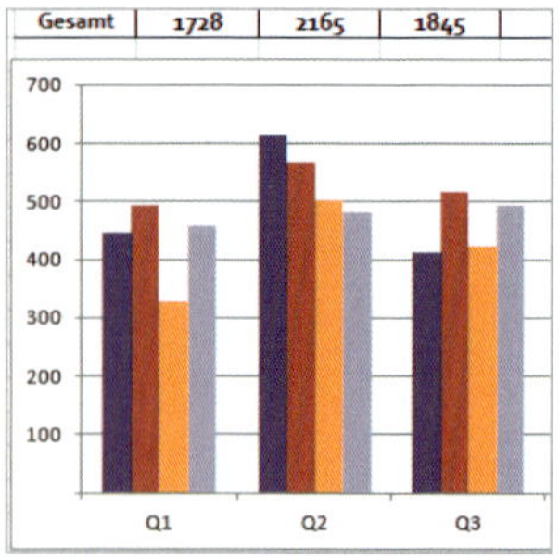

4.10 Formularelemente einbauen 296
Eingabe per Kombinationsfeld 296
Bildlaufleisten und Drehfelder 297

4.11 Blätter und Mappen schützen 298
Änderungen kontrollieren 298
Eingabebereiche freigeben 299
Differenzierter Bereichsschutz 300

Teil II: Mit Datentabellen umgehen

5 Daten als Tabellen ordnen und verwalten 303

5.1 Hinweise zur Arbeit mit Tabellen 304

5.2 Tabellenstrukturen entwerfen 304
Eine Bestandstabelle für ein Kaffeelager anlegen 305
Datentypen bestimmen 306
Abschätzen der Datenmenge 306
Die Spaltenüberschriften festlegen 306

5.3 **Vom Zellbereich zum Tabellenbereich** 307
Zellbereiche in Tabellenbereiche umwandeln 307
Zellbereiche nachträglich umwandeln 308
Arbeiten mit den Tabellentools 309
Zurück zum Zellbereich 310

5.4 **Tabellen formatieren** 310
Ändern der Standardtabellenformatvorlage 310
Ändern der aktuellen Tabellenformatierung 311
Eigene Tabellenvorlagen definieren 311
Formatduplikate modifizieren 312
Noch eine Tabellenüberschrift einfügen 313
Beschriftungen einfrieren 313

5.5 **Tabellenbereiche editieren und bearbeiten** 314
Datensätze eingeben 314
Tabellen erweitern 314
Zeilen einfügen oder löschen 315
Tabellenzeilen oder -spalten löschen 316
Bereichserweiterung und Formate 316
Daten in der Tabelle auswählen 317
Eindeutigkeit und Duplikate 318

5.6 **Berechnungen in Tabellen einfügen** 319
Eine Ergebniszeile einfügen 319
Berechnete Spalten einrichten 320
Neue berechnete Spalte einfügen 321
Zur Arbeit mit strukturierten Verweisen 322

5.7 **Tabellenwerte sortieren** 323
Sortierung für unterschiedliche Zwecke 323
Den passenden Sortierschlüssel verwenden 323
Duplikate vermeiden 324
Richtung der Sortierung 324
Nach den Werten in einer Spalte sortieren 325
Mit mehr als einem Schlüssel sortieren 326
Tabellen nach Spalten sortieren 327
Tabellen nach Formatmerkmalen sortieren 328
Sortieren nach einer selbst definierten Reihenfolge 329

5.8 **Werte in Gruppen zusammenfassen** 330
So werden Teilergebnisse eingefügt 331
Teilergebnisse wieder löschen 332

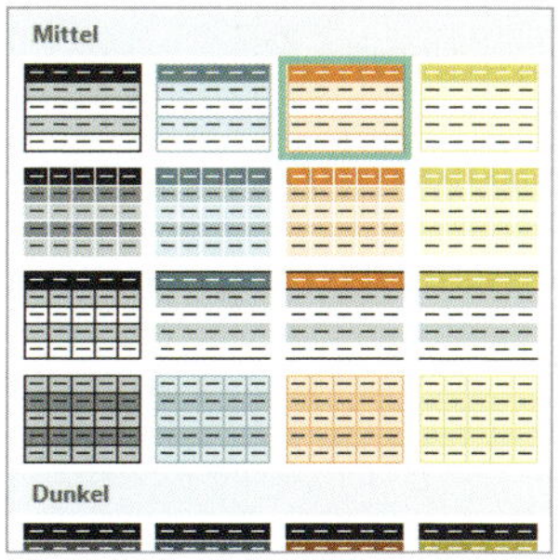

6 Daten abfragen 333

6.1 Einzelne Werte suchen 333
6.2 Relevante Werte herausfiltern 335
Ortsunabhängig filtern und sortieren 336
Daten mit Textfiltern auswählen 336
Mit ungefähren Kriterien operieren 336
Filtern von Zahlenwerten 337
Nach dem Datum filtern 338
Spaltenweise Suchfilter in Tabellen 339
Nach Ranglisten filtern 339
Leere Felder herausfiltern 340
Filtern rückgängig machen 340
6.3 Mit Farben und Symbolen filtern 341
6.4 Filtern mit Datenschnitten 342
6.5 Abfragen mit Spezialfilter 342
Tabelle und Kriterienbereich 342
Datenextrakte 343
Bestandsprüfung mit Spezialfilter 344
Allgemeine Hinweise zu Auswahlkriterien 345
Kombinierte Kriterien 345
Mehrere Kriterien gleichzeitig 345
Alternative Kriterien 346
Zeichenfolgen als Kriterium 346
Numerische Werte als Kriterium 347
Suchen mit berechneten Kriterien 347
6.6 Gefilterte Daten weiterverarbeiten 348
6.7 Power View 348
Die Datentabelle im Entwurfsfenster von Power View 349

Teil III: Daten visualisieren: Diagramme, Grafiken & Co.

7 Daten mit bedingten Formaten kennzeichnen 353

7.1 Hinweise zu bedingten Formaten 353
7.2 Werte hervorheben 354

G	H	
Bestand	Mindestbestan	Bes
340	300	
340	300	
300	200	
300	250	
230	200	
300	250	
230	170	
230	280	
230	250	
230	200	

A	B	C
Buchladen am Ufer		
Sparte:	1. Quartal	2. Quartal
Belletristik	22.000,00 €	17.000,00 €
Comics	22.000,00 €	11.000,00 €
EDV-Bücher	23.000,00 €	21.000,00 €
Gesundheit	8.000,00 €	5.000,00 €
Krimis	21.000,00 €	20.000,00 €
Kunst	4.000,00 €	3.000,00 €
Musik	7.000,00 €	6.000,00 €
Reisebücher	9.000,00 €	8.000,00 €
Science Fiction	12.000,00 €	10.000,00 €
Sport	5.000,00 €	7.000,00 €
Technik	8.000,00 €	7.000,00 €
Gesamt	141.000,00 €	115.000,00 €

7.3 Grafische Formate 356
Datenbalken 356
Farbskalen 358
Symbolsätze 359
Bewertungen mit Symbolen 360
Schnelle Formatzuweisung mit dem Schnellanalysetool 360
7.4 Formate über Formeln bestimmen 361
Veränderungen kennzeichnen 361
Listenvergleich mit bedingtem Format 362
Arbeitstage markieren 362
7.5 Regeln verwalten 363
7.6 Bedingte Formate suchen 364

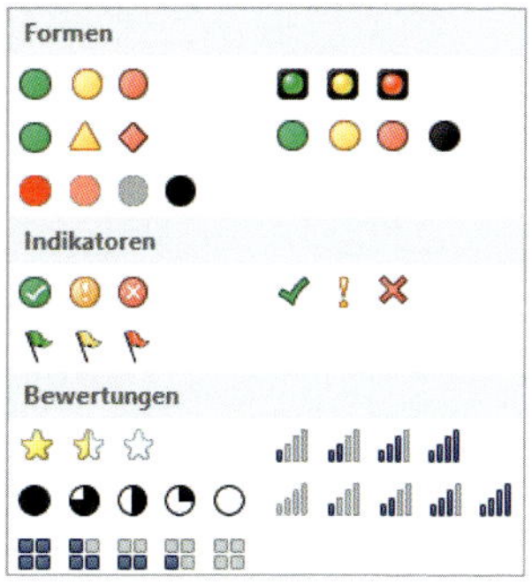

8 Daten mit Sparklines visualisieren 365

8.1 Merkmale und Verwendung 365
8.2 Sparklines einfügen 367
8.3 Den geeigneten Typ wählen 368
Linien 368
Säulen 368
Gewinn/Verlust 369
8.4 Sparklines bearbeiten 369
Gruppenbehandlung 369
Einzelbehandlung 369
Datenquellen bearbeiten 369
Den Typ ändern 370
Farben zuordnen 371
Einstellungen zu den Achsen 371
Behandlung leerer Zellen 372
Sparklines löschen 373
Sparkline mit bedingtem Format belegen 373

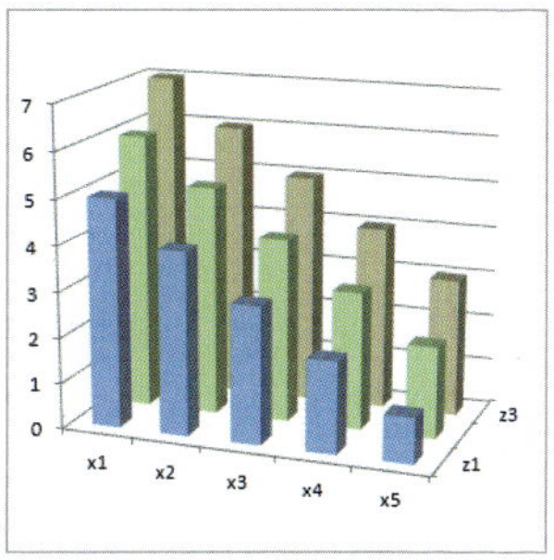

9 Daten in Diagrammen darstellen 375

9.1 Hinweise zu Diagrammen 376
Die Elemente von Diagrammen 376
Achsenskalierung 376

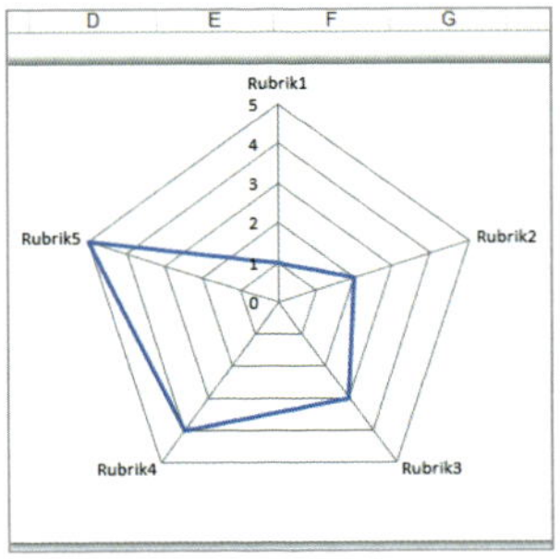

Nicht rechtwinklige Koordinatensysteme 377
Datenreihen und Datenpunkte 377
Zusätzliche Elemente eines Diagramms 378
Diagrammbereich und Zeichnungsfläche 379

9.2 Diagrammtypen auswählen 379
Diagramme mit rechtwinkligem Koordinatensystem 379
Diskrete oder kontinuierliche Unterteilungen 380
Diagramme mit nicht numerischer x-Achse 380
Diagramme ohne rechtwinkliges Koordinatensystem 380

9.3 Ein Diagramm einfügen 381
Säulendiagramm – erster Versuch 381
Vorgegebene Belegung der Achsen 382
Diagrammempfehlungen 382
Schnelldiagramm 383

9.4 Diagramme bearbeiten 383
Werkzeuge zur Diagrammgestaltung 384
Größe und Position des Diagramms festlegen 384
Größe und Position von Diagrammelementen ändern 385
Diagramm und Tabellenzellen 385
Diagrammblätter 386
Verknüpfung zwischen Diagramm und Tabelle 386
Veränderung des Diagrammtyps 388
Diagramme kopieren 389
Diagramme löschen 390
Diagramme in Bilder umwandeln 390
Diagramme drucken 390

9.5 Die Datenauswahl bearbeiten 391
Den Datenbereich ändern 391
Behandlung fehlender Werte 391
Datenreihen hinzufügen oder entfernen 392
Diagrammfilter 392
Bereiche interaktiv ändern 393
Achsen tauschen 393

9.6 Achsen passend einrichten 394
Achsen formatieren 394
Skalierung der Werteachse 395
Wahl der Größeneinheit 397
Achsenlinien 397

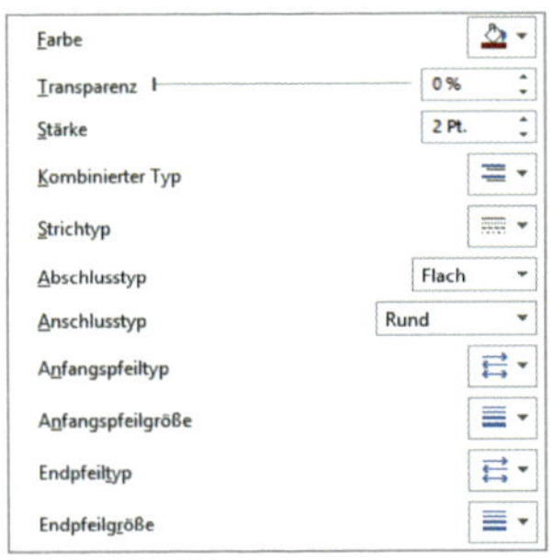

Zahlenformate festlegen 397
Gitternetzlinien helfen beim Ablesen der Werte 398

9.7 Mit mehreren Achsen arbeiten 399

9.8 Diagramme ausreichend beschriften 401

Einfügen und Formatieren von Beschriftungen 401
Titel einfügen 401
Variable Diagrammtitel 402
Legenden und weitere Optionen 402
Achsentitel einfügen 403
Datenbeschriftungen 404
Datentabellen 406

9.9 Layout und Stil für ein Diagramm wählen 406

Ein Diagrammlayout zuweisen 407
Eine Diagrammformatvorlage zuweisen 407
Schriftgestaltung 409

9.10 Einzelne Elemente formatieren 410

Schnelle Auswahl 410
Tastenwahl 410
Auswahllisten 410
Die Aufgabenbereiche zum Formatieren 411
Kontextmenüs 412
Diagrammbereich und Zeichnungsfläche formatieren 412
Datenreihen und Datenpunkte gestalten 415
Formeffekte einsetzen 418
Einzelne Werte hervorheben 418
Säulen oder Balken aus Bildern 419
Füllung und Rahmen für Beschriftungen 419

9.11 Mit Standarddiagrammen arbeiten 420

Auswahlkriterien 420
Säulendiagramme 420
Säulenvarianten – neben- oder übereinander 421
Balkendiagramme für lange Rubriken 422
Liniendiagramme – für Trends besonders geeignet 423
Untertypen des Liniendiagramms 424
Kreisdiagramme – wenn es um Anteile geht 424
Untertypen bei Kreisdiagrammen 424
Beschriftung bei Kreisdiagrammen 426
Tortenstücke ziehen 427

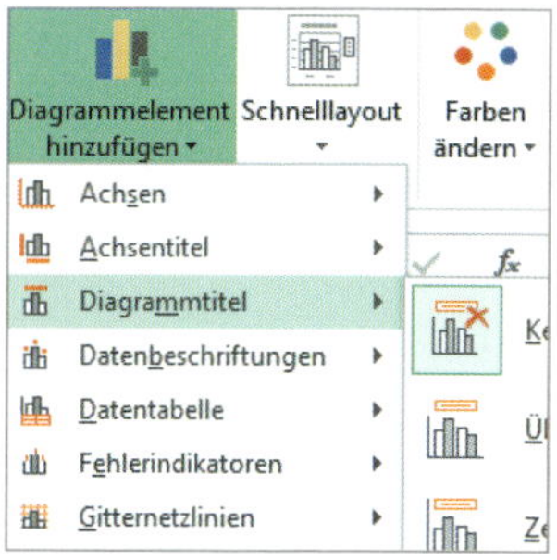

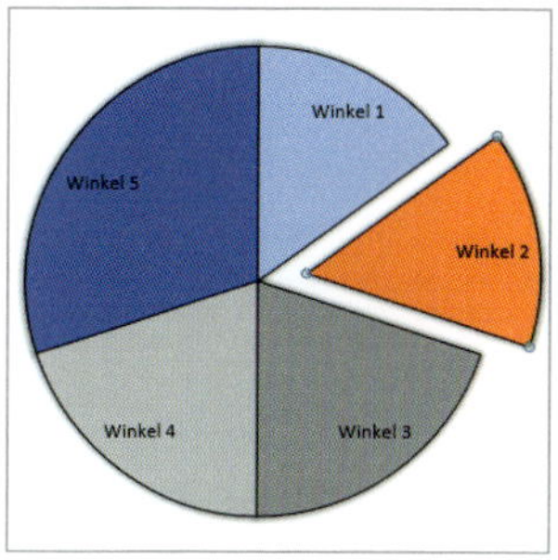

9.12 Diagrammtypen kombinieren 427
Dimensionsunterschiede ausgleichen 428
Verbundtypen 428

9.13 Wertunterschiede deutlich machen 429
Flächendiagramme 429
Spannweitendiagramme 432
Untertypen für drei bis fünf Datenreihen 434

9.14 Verteilungen und Zyklen anzeigen 434
Ringdiagramm zum Vergleich von Datengruppen 434
Netzdiagramme für Zyklen 435
Untertypen des Netzdiagramms 437

9.15 Wertbeziehungen anzeigen 437
Eher bescheidenes Angebot an Untertypen 438
Trendermittlung 438
Informative Blasen 440

9.16 3D-Optik einsetzen 441
Echte und unechte 3D-Diagramme 442
Bewegung im Raum 442

9.17 Diagramme mit drei Achsen 443
Dreidimensionales Säulendiagramm erstellen 443
Datenreihen neu ordnen 444
Verändern des Blickwinkels 445
Oberflächendiagramme 447
Untertypen zum Oberflächendiagramm 448

9.18 Diagrammvorlagen entwickeln 448
Wege zur Zeitersparnis 449
Eine 3D-Diagrammvorlage erstellen 449
Vorlagen für Verbunddiagramme 451

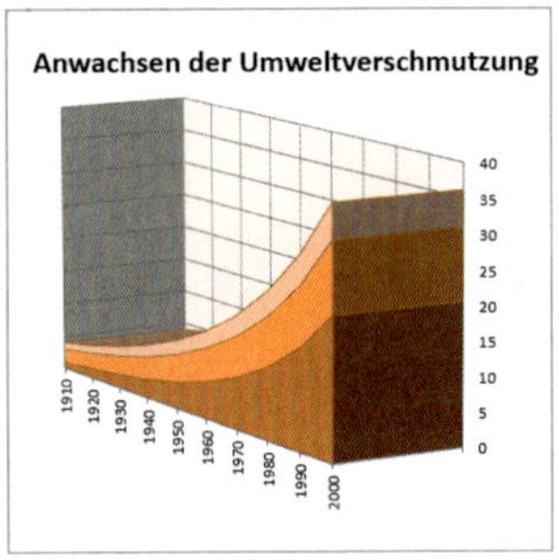

10 Dokumente grafisch aufbereiten 453

10.1 Formen zeichnen 454
Ein Rechteck zeichnen 454
Zeichnen einer einfachen Form mit Finger oder Stift 456
Ellipsen oder Kreise 456
Linien und Pfeile 457
Zeichnen einer Freihandform 458

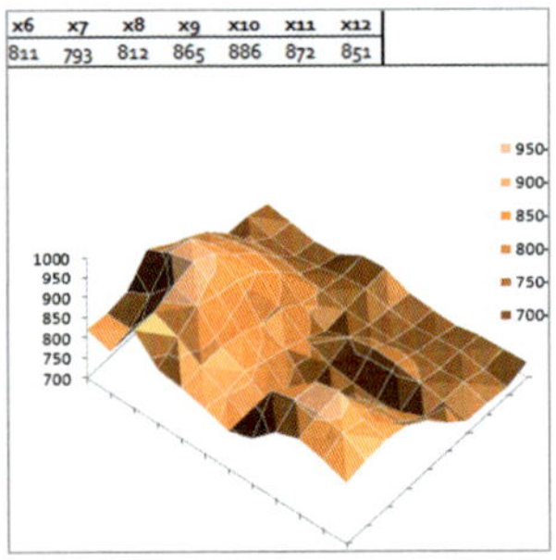

Skizzieren ... 459
Ein Flussdiagramm anlegen ... 459

10.2 Feinarbeit an grafischen Objekten ... 462
Größe, Proportion und Drehung ändern ... 462
Per Aufgabenbereich formatieren ... 463
Ersatztexte für grafische Objekte ... 464
Objekte verschieben oder kopieren ... 464
Attribute für Objekte ... 464
Umriss und Füllung gestalten ... 465
Bézierkurven bearbeiten ... 466
Die unterschiedlichen Punktformen ... 467
Noch einige Techniken für komplexe Zeichnungen ... 468
Noch mehr Formeffekte ... 470
Dreidimensionale Effekte ... 472
Frei verschiebbare Textfelder ... 472
Textdekor für Tabellen ... 473

10.3 Organigramme gestalten ... 474
Das Layout auswählen ... 474
Organigramme editieren ... 475

10.4 Bilder und Grafiken übernehmen ... 476
Unterstützte Formate ... 476
Grafik als Datei einfügen ... 476
Bildbearbeitung vor Ort ... 478
Bildbereiche freistellen ... 478
Bildkorrekturen ... 478
Zuschneiden ... 479
Bilderrahmen ... 480
Bildlayouts ... 480
Bilder komprimieren ... 481
Screenshots ... 481

10.5 Dokumente mit Bildern aus dem Netz illustrieren ... 481
Einfügen eines Clips in ein Tabellenblatt ... 482
Bilder über Bing suchen ... 482
Bilder aus SkyDrive übernehmen ... 482

10.6 Verknüpfte Tabellenbilder nutzen ... 482

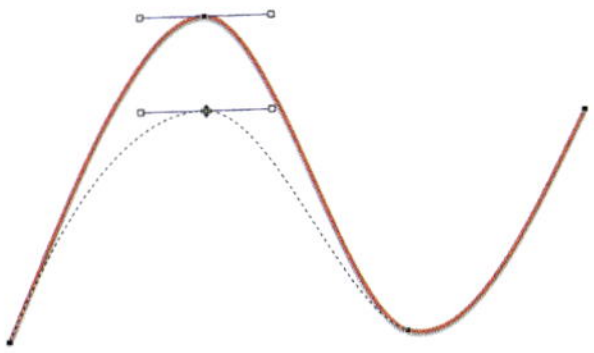

Teil IV: Dokumente drucken und weitergeben

11 Dokumente für die Weitergabe vorbereiten 487

11.1 Dokumente prüfen 487
Den Zustand des Dokuments erforschen 488
Auf Barrierefreiheit prüfen 490
Kompatibilität mit älteren Dateiformaten prüfen 491
Kapazitätseinschränkungen handhaben 491
Grenzwerte bei Formeln berücksichtigen 492
Prüfbericht ausgeben 492
Dokumente als abgeschlossen erklären 493

11.2 Dokumente verschlüsseln 493

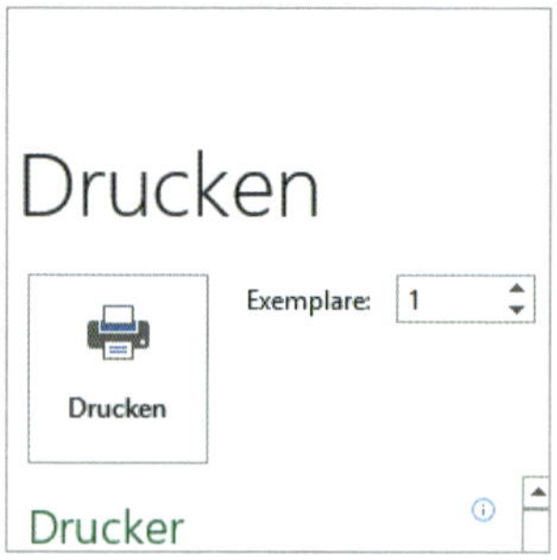

12 Arbeitsmappen drucken und versenden 495

12.1 Arbeitsblätter für den Druck vorbereiten 495
Von der Bildschirmausgabe zum Druck 495
Den Druckumfang festlegen 496
Das Layout der Seite gestalten 499
Automatischer Seitenumbruch 499
Manueller Seitenumbruch 500
Mehr Daten auf einer Seite unterbringen 500
Optionen für das Layout der Seite 501
Seitenlayoutansicht 501
Das gewünschte Papierformat einstellen 502
Seiten für den Druck skalieren 502
Spalten- und Zeilenbeschriftungen auf jeder Seite 503
Optionen zu Umfang und Qualität des Ausdrucks 504
Senkrechte oder waagerechte Seitenbahnen 505
Druckoptionen bei Diagrammblättern 505
Kopf- und Fußzeilen einrichten 505
Kopf- und Fußzeilen per Dialog 508
Bestimmung der Ränder 509
Interaktive Kontrolle der Seitenaufteilung 510
Prüfung des Layouts in der Seitenansicht 511

12.2 Druckeinstellungen wählen 512

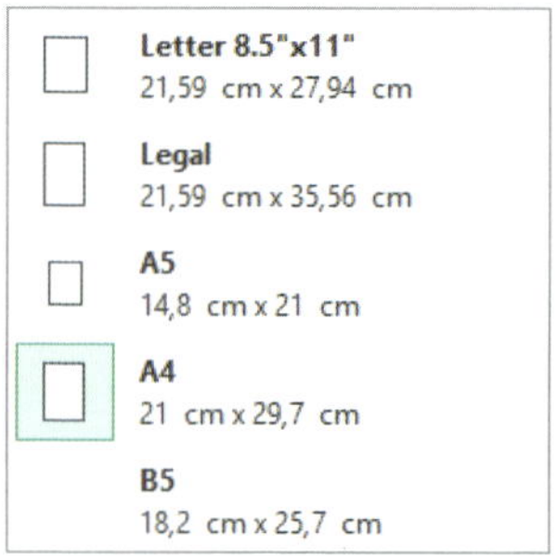

12.3 **Tabellen als E-Mail versenden** ... 514
Eine Arbeitsmappe als Anhang versenden ... 515
Einen Link versenden ... 515
Einzelne Blätter als Inhalt einer E-Mail versenden ... 516
12.4 **Dokumente als PDF oder XPS kopieren** ... 517

Teil V: Mit Tabellenfunktionen arbeiten

13 Hinweise zu Syntax und Aufbau der Tabellenfunktionen ... 521

13.1 **Änderungen seit Excel 2010** ... 521
Kompatible statistische Funktionen ... 522
Neue Funktionen in Excel 2013 ... 522
13.2 **Aufbau und Einsatz von Funktionen** ... 523
Argumente für Funktionen ... 524
Datentypen beachten ... 524
Funktionen ohne Argumente ... 524
Hilfe bei der Argumenteingabe ... 525
Funktionen in Makros ... 525

14 Mathematische und finanzmathematische Berechnungen ... 527

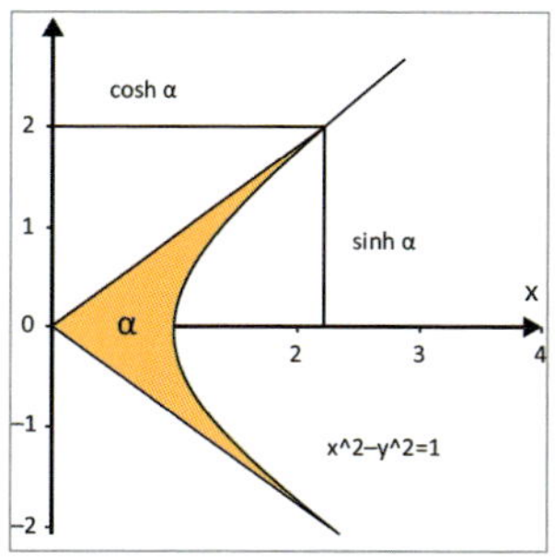

14.1 **Summen und bedingte Summen** ... 527
Werte zusammenfassen ... 528
Werte runden ... 530
Mathematische Grundfunktionen ... 532
Fakultät und Kombinationen ... 533
Zufallszahlen erzeugen ... 534
14.2 **Mit Winkelfunktionen arbeiten** ... 534
Hyperbolische Funktionen ... 535
Liste der mathematischen Funktionen ... 536
14.3 **Zinsen und Renten berechnen** ... 539
Zins und Zinseszins ... 539
Funktionen für die Rentenberechnung ... 540

14.4 **Abschreibungen berechnen** 542
14.5 **Werte von Wertpapieren berechnen** 544
Verkauf eines festverzinslichen Papiers 545
Liste der Finanzfunktionen 546
14.6 **Zwischen Maß- und Zahlensystemen umrechnen** 549
Eine Tabelle zum Umwandeln von Maßeinheiten 549
Umwandlungen zwischen Zahlensystemen 550
Liste der technischen Funktionen 551
14.7 **Datums- und Zeitwerte berechnen** 553
Hinweise zum Datumssystem 553
Rechnen mit Datums- und Zeitwerten 554
Periodische Datumsreihen berechnen 554
Periodische Zeitreihen berechnen 555
Arbeitszeitberechnung 555
Liste der Datums- und Zeitfunktionen 556

15 Statistische Werte berechnen 559

15.1 **Statistische Maßzahlen ermitteln** 561
Vorkommen zählen 561
Häufigkeitsverteilungen untersuchen 563
Lagemaßzahlen ermitteln 564
Mittelwertvarianten 567
Quantile berechnen 567
Korrelation und Kovarianz 572
Regressionsberechnung 573
15.2 **Wahrscheinlichkeiten berechnen** 575
Diskrete Wahrscheinlichkeitsverteilungen 575
Stetige Wahrscheinlichkeitsverteilungen 577
Liste der statistischen Funktionen 584
Liste der kompatiblen statistischen Funktionen 589
15.3 **Datentabellen statistisch auswerten** 591

16 Werte finden und manipulieren 595

16.1 **Zeichenfolgen bearbeiten** 595
Zeichenfolgen verknüpfen 595

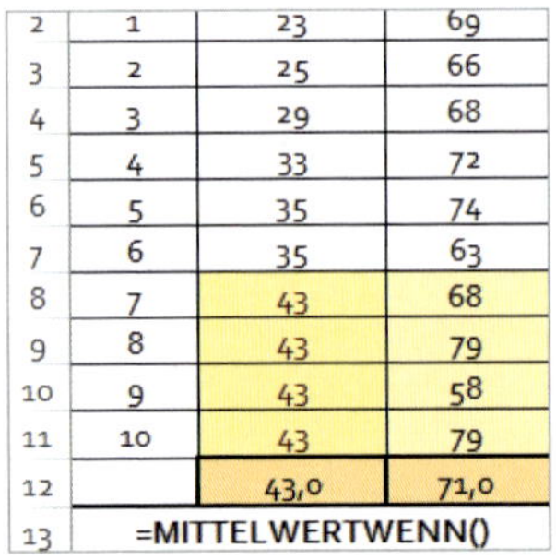

2	1	23	69
3	2	25	66
4	3	29	68
5	4	33	72
6	5	35	74
7	6	35	63
8	7	43	68
9	8	43	79
10	9	43	58
11	10	43	79
12		43,0	71,0
13	=MITTELWERTWENN()		

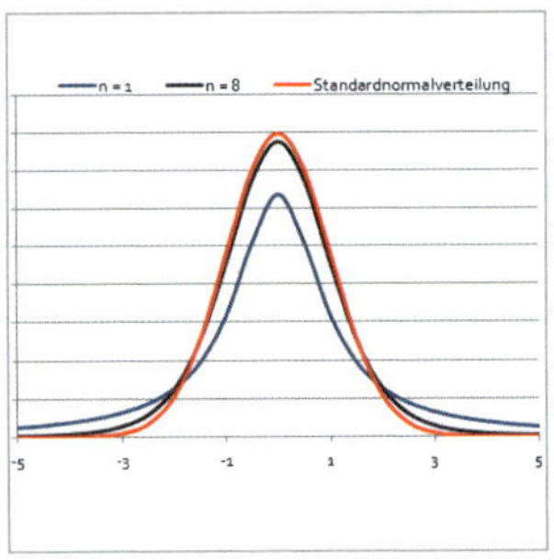

Die Schreibweise ändern ... 596
Teile von Werten herausziehen ... 596
Suchen und Finden ... 597
Textteile austauschen ... 597
Zahlen in Text umwandeln und umgekehrt ... 598
Liste der Textfunktionen ... 599

16.2 Bedingungen mit logischen Werten prüfen ... 600
UND oder ODER oder NICHT ... 600
Werte vergleichen ... 601
Texte automatisch anpassen ... 601
Bedingte Textanzeige ... 602
Prüfen von Texten ... 602
Prüfen mit komplexen Bedingungen ... 602
Mehrfachverzweigungen ... 603
Auf Fehler reagieren ... 603
Liste der logischen Funktionen ... 604

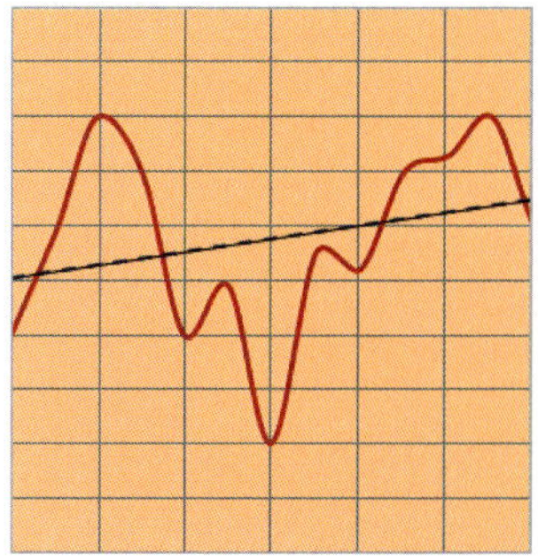

16.3 Werte mit Verweisfunktionen ermitteln ... 604
Verweistabellen abfragen ... 604
Werte per Vergleich finden ... 606
Arbeit mit der Funktion INDEX() ... 607
Werte mit WAHL() übernehmen ... 608
Bereiche verschieben ... 609
Spalten-, Zeilen-und Blattnummern abfragen ... 609
Matrizen transponieren ... 610
Daten aus Pivot-Tabellen abgreifen ... 610
Bezüge indirekt verwenden ... 610
Liste der Bereichs- und Verweisfunktionen ... 611
Auf OLAP-Cubes zugreifen ... 612
Liste der Cube-Funktionen ... 613

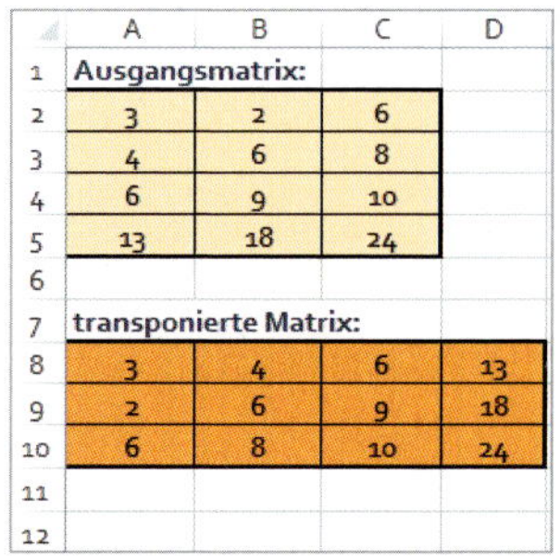

	A	B	C	D
1	Ausgangsmatrix:			
2	3	2	6	
3	4	6	8	
4	6	9	10	
5	13	18	24	
6				
7	transponierte Matrix:			
8	3	4	6	13
9	2	6	9	18
10	6	8	10	24
11				
12				

16.4 Informationen über Zellbereiche abfragen ... 613
Den Fehlertyp abfragen ... 613
Infos zur Umgebung ... 614
Infos zu einzelnen Zellen ... 614
»IST...()«-Funktionen ... 615
Liste der Info-Funktionen ... 615

16.5 Webfunktionen ... 616
Liste der Web-Funktionen ... 616

Teil VI: Daten auswerten und analysieren

17 Daten analysieren 619

17.1 Berichte mit Pivot-Tabellen erzeugen 619
Interaktive Tabellen und Diagramme 620
Kapazitätserweiterungen 621
Anwendungsgebiete für das Pivotieren 621
Geeignete Daten 622
Eine Pivot-Tabelle anlegen 622
Layout der Pivot-Tabelle 624
Wertespalten hinzufügen 627

17.2 Pivot-Tabellen gestalten 628
Ändern des Pivot-Tabellen-Layouts 628
Berichtsfilter 629
Daten weiter komprimieren 631
Empfohlene Pivot-Tabellen 631
Alternativen für das Berichtslayout 631
Optionen für den Pivot-Tabellenbericht 632
Werte aktualisieren 635
Schnelle Datenauszüge zu einzelnen Werten 636
Felder hinzufügen 636
Einstellungen für Felder 637
Die Berechnung der Werte ändern 639
Ein- und Ausblenden von Detailinformationen 641
Neue Gruppen zusammenstellen 642
Zahlenmaterial ordnen 643
Gruppen nach Zeit oder Datum bilden 644
Einfügen von Zeitachsen 645
Pivot-Tabellen formatieren 646
Eine andere Datenquelle zuordnen 649
Verschieben, kopieren, löschen 650
Pivot-Tabelle aus externen Daten 650

17.3 Berechnete Felder einfügen 651
Einen Planwert einfügen 651
Formeln für einzelne Elemente 652

17.4 Pivot-Tabellen sortieren und filtern 654
Sortieren in der Pivot-Tabelle 654

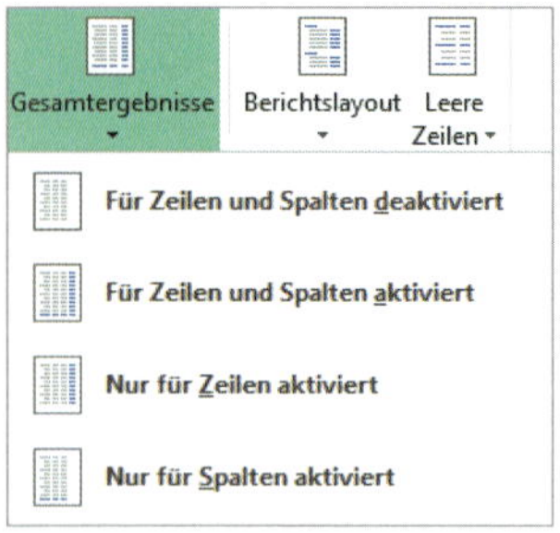

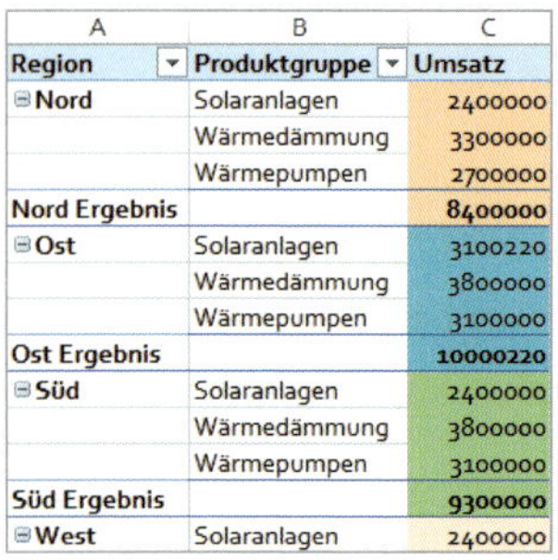

Region	Produktgruppe	Umsatz
Nord	Solaranlagen	2400000
	Wärmedämmung	3300000
	Wärmepumpen	2700000
Nord Ergebnis		8400000
Ost	Solaranlagen	3100220
	Wärmedämmung	3800000
	Wärmepumpen	3100000
Ost Ergebnis		10000220
Süd	Solaranlagen	2400000
	Wärmedämmung	3800000
	Wärmepumpen	3100000
Süd Ergebnis		9300000
West	Solaranlagen	2400000

Daten filtern ... 655
Elementsuche ... 657
17.5 Dynamische Diagramme aus Pivot-Tabellen ... 657
Ein Pivot-Diagramm anlegen ... 658
Empfohlene Pivot-Diagramme ... 659
Diagramme nachträglich erstellen ... 660
PivotChart-Tools ... 661
17.6 Schnelle Infos mit Datenschnitten ... 662
17.7 Datenmodelle mit mehreren Tabellen ... 665
Aufbau eines Modells ... 665
Definition von Beziehungen ... 666
17.8 PowerPivot ... 667
Aktivieren des Add-Ins ... 668
Datenaufbereitung ... 668
Erste Auswertung ... 670
Interaktive Verknüpfung von Tabellen ... 671
Erweiterte Auswertung ... 672
Metadaten suchen ... 673
Zugriff über CUBE-Funktionen ... 674
Erstellen berechneter Spalten ... 674
Erstellen einer Hierarchie ... 675
Auswertung mit Hierarchien ... 675
Kompatibilität ... 677
17.9 Das Add-In Inquire ... 677
17.10 Tabellen konsolidieren ... 678
Konsolidieren nach Position ... 679
Quelldaten im Zielbereich zusammenführen ... 679
Konsolidieren nach Rubriken ... 680
Eine Konsolidierung bearbeiten ... 681
Mit Quelldaten verknüpfen ... 682
17.11 Was-wäre-wenn-Analysen nutzen ... 682
Datentabelle mit einer Variablen ... 683
Auswertung mehrerer Formeln ... 684
Mehrfachoperation mit zwei Variablen ... 684
Beispiel Ratenberechnung ... 685
17.12 Mit Szenarien Alternativen durchspielen ... 686
Wozu Szenarien gut sind ... 686
Planungsalternativen für einen Werbeetat ... 687
Veränderbare Faktoren festlegen ... 687

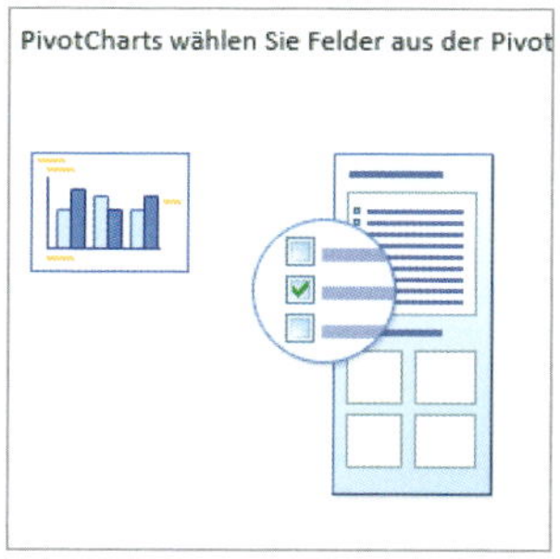

	A	B	C	D
1	Name	Land	Anbaugebi	Farbe
2				rot
3				rosé
4				
5				
6	Name	Land	Anbaugebi	Farbe
7	Barolo	Italien	Piemont	rot
8	Beaujolais	Frankreich	Burgund	rot
9	Chablis	Frankreich	Burgund	weiß
10	Ravello	Italien	Salerno	rosé
11	Valpolicella	Italien	Verona	rot
12	Bourgogne	Frankreich	Burgund	weiß
13	Chianti	Italien	Toskana	rot
14	Frascati	Italien	Rom	weiß
15	Freisa	Italien	Piemont	rot

Weinlager Gesamtlager

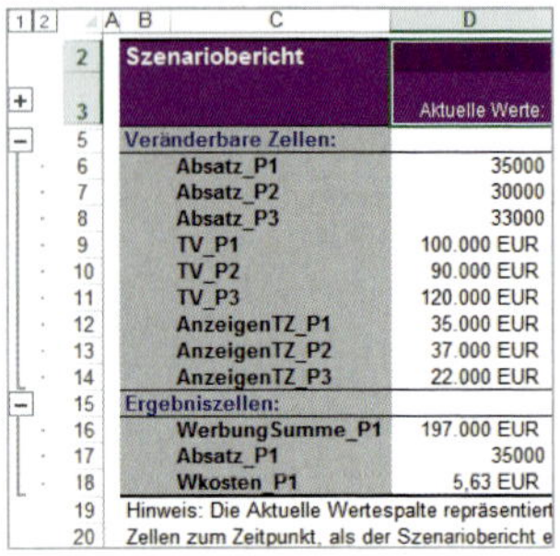

Veränderbare Zellen und Ergebniszellen ... 687
Unbedingt empfehlenswert: Bereichsnamen ... 687
Ein Szenario definieren ... 688
Anzeige der einzelnen Szenarien ... 690
Bearbeiten von Szenarien ... 690
Löschen von Szenarien ... 691
Unterstützung von Arbeitsgruppen ... 691
Zusammenfassende Berichte ... 692
Pivot-Tabelle aus Szenarien ... 693

17.13 Daten mit Analyse-Tools statistisch auswerten ... 694

Die Verteilung von Abweichungen darstellen ... 694
Zufallszahlen für Verteilungen ... 696

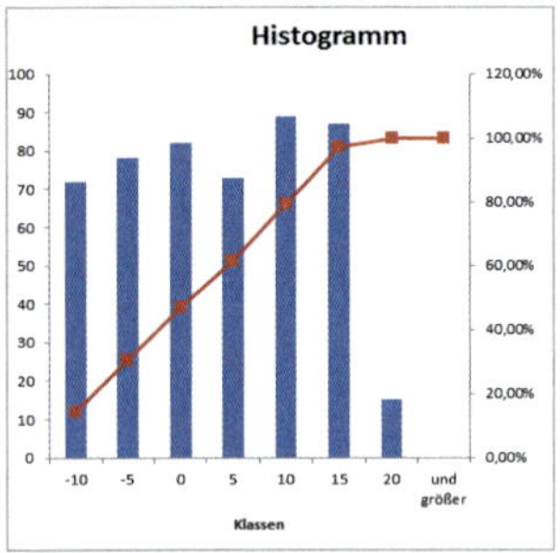

18 Kalkulationsmodelle optimieren ... 699

18.1 Berechnungen auf bestimmte Zielwerte ausrichten ... 699

18.2 Gleichungen und Ungleichungen mit dem Solver lösen ... 701

Die erweiterten Optionen des Solvers ... 702
Zur Arbeitsweise des Solvers ... 703
Den Solver einsetzen ... 703
Bestimmung von Zielwert und Nebenbedingungen ... 704
Beispiel Materialkostenoptimierung ... 706
Schritte zur Lösung des Verpackungsproblems ... 706
Hinweise zu den Lösungsmethoden ... 708
Weitere Optionen und Einstellungen ... 708
Auswertung der Ergebnisse und Berichte ... 710
Weiterführende Hinweise ... 711
Geeignete Startwerte helfen dem Solver ... 712

19 Externe Daten auswerten ... 713

19.1 Access-Daten importieren ... 714

Besonderheiten externer Datenbereiche ... 716
Daten aktualisieren ... 717
Die Verbindungsdaten korrigieren ... 717
Access-Daten als Quelle für Pivot-Tabellen ... 718

19.2 Auf SQL Server-Datenbanken zugreifen ... 719

Aktualisierungssteuerung ... 721
Wiederverwenden der Verbindungsdaten ... 721

19.3 XML-Dateien abfragen 721
19.4 Tabellen aus dem Internet auswerten 724
DAX-Kurse online ins Tabellenblatt holen 725
Fragile Verbindung 727
Berechnen des Depotwerts 727
Wiederverwendung einer Webabfrage 728

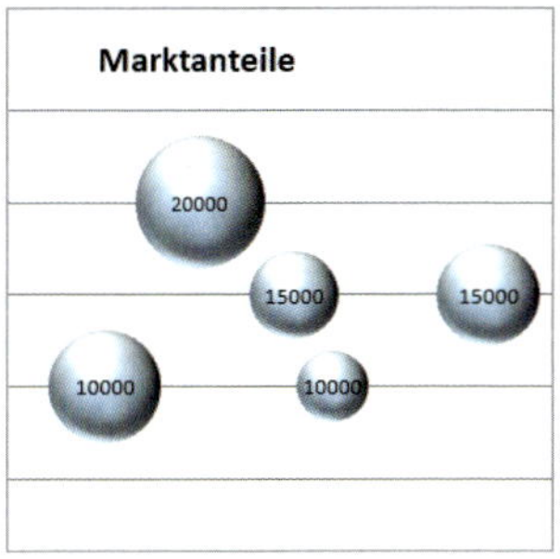

Teil VII: Datenaustausch und Teamwork

20 Daten austauschen 731

20.1 Tausch über die Zwischenablage 731
Einsatzmöglichkeiten 731
Word übernimmt Daten von Excel 732
Daten über die Zwischenablage exportieren 732
Die Arbeitsweise der Zwischenablage 733
Übernahme von Textpassagen aus Word 733
20.2 Dateien dynamisch verknüpfen 734
Verknüpfung zwischen Tabelle und Text 734
Steuerung der Aktualisierung 735
20.3 Externe Objekte einfügen 736
Verknüpfte Word-Objekte in Excel 736
Verknüpfte Excel-Tabellen in Word 737
Objekte einbetten 738
20.4 Arbeitsmappen in andere Dateiformate exportieren 740
Datenformate und Konverter 740
Unterstützte Exportformate 740
20.5 Daten aus anderen Dateiformaten importieren 742
20.6 Werte aus Textdateien übernehmen 743
Übernahme einer Adressenliste 743
Das Datenformat »Feste Breite« 745
20.7 Zellbereiche mit Textdateien verknüpfen 746
20.8 Texte auf Spalten verteilen 747

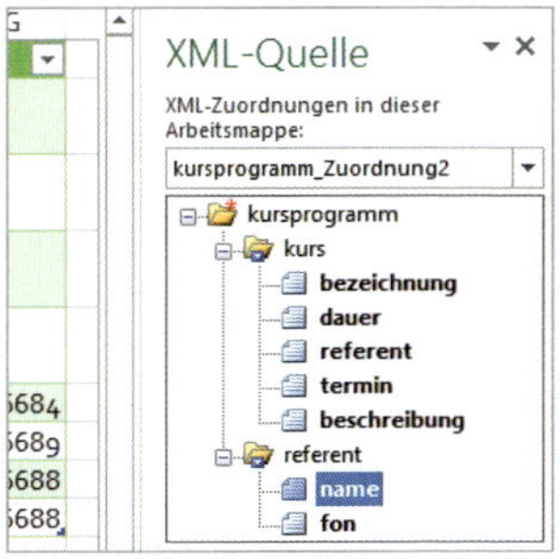

21 Daten im Web darstellen 749

21.1 Arbeitsmappen als Webseiten veröffentlichen 750
Arbeitsmappen in HTML speichern 750
Webarchive 752
Weboptionen 752
21.2 Dokumente mit Hyperlinks verknüpfen 753
Absprung von einer Zelle 753
Automatische Link-Erzeugung 754
Links zu Dokumenten 755
Ein Hyperdokument aus Arbeitsmappen 755
Downloads 756
E-Mail-Links 757
Hyperlinks per Tabellenfunktion 757
Bedingte Links: mal hierhin, mal dahin 758
Formatieren von Hyperlinks 759
Hyperlink eines grafischen Objekts 759
Hyperlinks ändern 760
21.3 XML-Daten verarbeiten 760
Übernahme von XML-Daten 760
Daten als XML-Tabelle übernehmen 761
Öffnen der Datei als schreibgeschützte Arbeitsmappe 764
XSLT-Stylesheets verwenden 764
Datenquelle und Tabelle verknüpfen 765
Quellen mischen 767
Tabelle auf Basis eines eigenen Schemas 768
XML-Dokumente erzeugen 768
Einschränkungen 769

22 Dokumente gemeinsam bearbeiten 771

22.1 Im lokalen Netz zusammenarbeiten 771
Eine Arbeitsmappe freigeben 771
Änderungen sichtbar machen 773
Änderungen überprüfen 774
Freigabe am Einzelarbeitsplatz 774
Einschränkungen bei freigegebenen Mappen 774
Zusammenführen von Arbeitsmappen 775

22.2 **Teamarbeit über SkyDrive** ... 776
Arbeitsmappen freigeben ... 776
Zurück auf Lokal ... 777

23 Auf Arbeitsmappen online zugreifen ... 779

23.1 **Kalkulationstabellen im Web bereitstellen** ... 779
Arbeitsmappen auf SkyDrive ... 780
Öffnen und Bearbeiten einer Arbeitsmappe im Browser ... 780

24 Datenschutz und Datensicherheit ... 783

24.1 **Schutz von Arbeitsmappen, Blättern und Zellbereichen** ... 783
24.2 **Schutz vor Makroviren** ... 784
24.3 **Schutzmaßnahmen über das Sicherheitscenter** ... 786
Vertrauen für Herausgeber ... 786
Vertrauen in Speicherorte ... 786
Vertrauen für Dokumente ... 788
App-Kataloge, denen Sie vertrauen ... 789
Sicherheit bei Add-Ins ... 790
Einstellungen zu ActiveX-Steuerelementen ... 791
Einstellungen für Makros ... 792
Geschützte Ansicht ... 792
Optionen für die Meldungsleiste ... 793
Umgang mit externen Inhalten ... 793
Zugriffsschutz ... 793
Datenschutzoptionen ... 794

Teil VIII: Excel automatisieren: : Makros und VBA

25 Routineaufgaben automatisieren ... 797

25.1 **Makros für Tabellen aufzeichnen** ... 797
Vorbereitungen ... 798
Die Aufzeichnung für den Zeitplan ... 800
Wie sieht die Aufzeichnung aus? ... 800

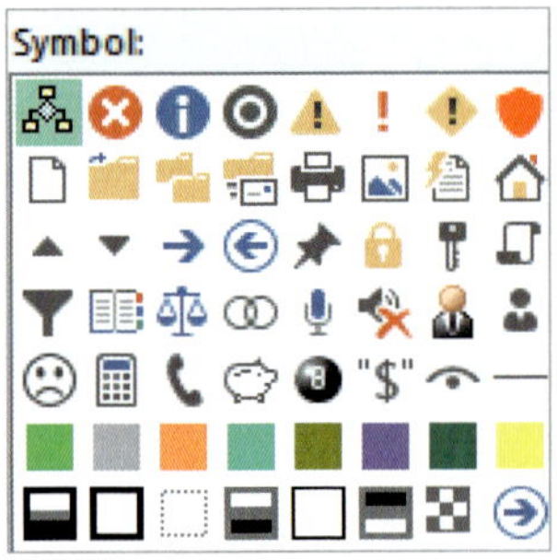

Die Arbeitsmappe mit dem Makro speichern 802
Das Makro ausführen 802
Tastenkombinationen nachträglich zuordnen 803

25.2 Makros für die Diagrammgestaltung aufzeichnen 803

25.3 Makros in den Arbeitsablauf einbinden 805

Schnellstart mit Symbolen 806
Makrostart über Schaltflächen oder grafische Objekte 807
Einsatz älterer Makros 808

25.4 Nützliche Makros für den täglichen Gebrauch 808

Wiederverwendbare Eingabeblöcke 808
Kopfdaten für Tabellenblätter 808
Komplexe Formatierungen 809
Leicht überarbeitete Aufzeichnungen 810
Per Makro transponieren 810
Halb automatisches Rechnungsformular 812
Ein Makro für das Tagesdatum 812
Makro für die Rechnungspositionen 813
Formel-Makro aufzeichnen 814
Makro für den Rechnungsabschluss 815
Zusammenfassen von Makros 816
Speichern des Formulars als Mustervorlage 816
Arbeit mit dem Rechnungsformular 817

26 VBA-Praxis 819

26.1 Grundlagen von VBA 819

Objekte, Eigenschaften und Methoden 819
Ereignisse steuern den Programmablauf 820
Variablen und Konstanten 820
Arrays 822
Eigene Datentypen definieren 822
Geltungsbereich von Variablen 823
Objektvariable 823
Zur Wahl der Variablennamen 824
Kommentare 824
Benutzerdefinierte und integrierte Konstanten 824
Grundeinheiten und Sprachelemente 824
Prozeduren und Funktionen 824
Eigenschaften abfragen oder festlegen 825

Mit Methoden arbeiten 826
Einsatz von Operatoren 826
Anweisungen und VBA-Funktionen 827
Abläufe mit Verzweigungen und Schleifen steuern 827

26.2 Hinweise zur Entwicklungsumgebung 829

Projekte über den Projekt-Explorer verwalten 830
Fenster für Programmcode 831
Editieren im Modulfenster 832
Schriftformate als Programmierhilfe 832
Optionen für die Codeeingabe 833
Fenster optimal anordnen 833
Editierhilfen nutzen 834
Lesezeichen und Haltepunkte 835
Mit dem Objektkatalog arbeiten 835
Weitere Objektbibliotheken einbeziehen 836
Fenster für den Formularentwurf 837
Programme testen 838
Ausdruck von Code und Formularen 841

26.3 Ein- und Ausgabe von Daten 841

Einfacher Eingabedialog 841
Meldungsdialoge 842
Bereiche in Tabellen auswählen 843
Zellen Werte zuweisen 845
Formeln eintragen 845
Makro für eine Blattliste 846
Suche mit Metadaten 847

26.4 Formulare entwerfen 848

Entwicklung eines Eingabeformulars 848
Eingabe der Prozeduren 850
Der Code zum Formular 851
Abschluss der Hauptprozedur 852
Erweiterbare Werkzeugsammlung 853
ActiveX-Steuerelemente einfügen 855

26.5 Integrierte und eigene Tabellenfunktionen einsetzen 856

Integrierte Funktionen aufrufen 856
Eigene Tabellenfunktionen erstellen 857
Funktion zur Kreisberechnung 857
Funktionsbeschreibung einfügen 858
Den Blattnamen abfragen 858

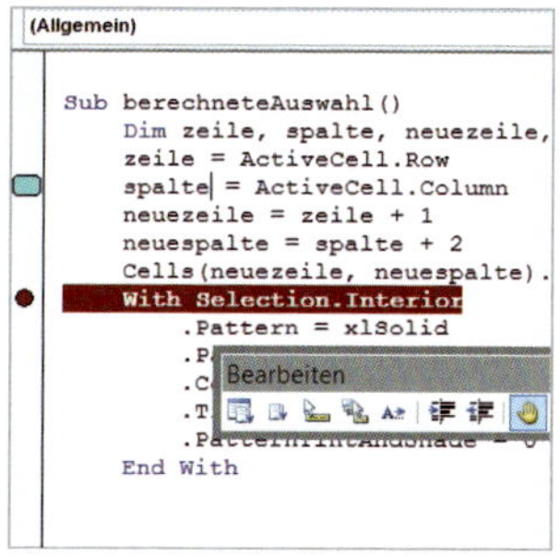

Teil IX: Anhang

A Alphabetische Liste der Tabellenfunktionen ... 863
B Funktionenliste Deutsch – Englisch/Englisch – Deutsch ... 883
C Funktionstasten, Tasten und Tastenkombinationen ... 895
D Die DVD zum Buch ... 901

Index ... 903

Teil I

Starten mit Excel

Kapitel 1
Excel 2013 kennenlernen

Vom Einfachen zum weniger Einfachen ist meist der beste Weg, um sich mit einem komplexen Programm vertraut zu machen. Deshalb konzentrieren wir uns in diesem ersten Kapitel auf die einfachen Dinge, die die Basis für alles Weitere sind.

Ein Programm mit einer solchen Funktionsfülle, wie es Excel 2013 nun einmal ist, erschließt sich Ihnen am schnellsten, wenn Sie gleich versuchen, etwas Brauchbares damit zu produzieren. Deshalb beginnt dieses Kapitel mit einem ersten Beispiel, bei dem Sie schon Basisoperationen wie den Aufbau einer Kalkulationstabelle, die Visualisierung von Daten in einem Diagramm und den Ausdruck Ihres Dokuments kennenlernen. Danach werden einige grundlegende Begriffe und Zusammenhänge in Excel erläutert, damit Sie für den Rest des Buches eine solide Basis haben.

Auch wenn Sie bereits mit älteren Versionen von Excel gearbeitet haben, lohnt sich ein lockerer Durchgang durch dieses Kapitel, um wenigstens die Änderungen an der Benutzeroberfläche mitzunehmen. Das gilt insbesondere, wenn Sie von einer Version vor Excel 2007 kommen, denn in dieser Version wurde die Oberfläche stark verändert.

1.1 Erste Fingerübung

Zum Einstieg dient ein typisches Beispiel. Es geht um den Aufbau einer Tabelle, die helfen soll, den Überblick über die Verteilung der Ausgaben im eigenen Haushalt zu behalten. Zusätzlich zu einer entsprechenden Tabelle werden wir noch ein Diagramm erstellen, das auf einen Blick zeigt, wie der Kuchen verteilt ist.

Eine Tabelle für Einnahmen und Ausgaben

In der Regel ist es sinnvoll, zunächst festzulegen, welche Daten in die Tabelle eingetragen werden sollen. In diesem Fall betrifft dies die Frage, welche Ausgaben vorkommen. Wir übernehmen für unser Beispiel die Ausgabearten, die auch in der amtlichen Statistik üblich sind. Die Vorgehensweise ist die folgende:

1. Öffnen Sie unter Windows 8 über die Kachel für Excel 2013 auf dem Bildschirm **Start** das Programm Microsoft Excel 2013. Nach dem Einblenden des Excel-Logos wird das Excel-Fenster aufgebaut. Zunächst erscheint ein Startbildschirm, der eine Schaltfläche für eine neue Arbeitsmappe und einen schnellen Zugriff auf die zuletzt bearbeiteten Arbeitsmappen anbietet, außerdem eine Reihe von Links zu Vorlagen.

   Dieser Startbildschirm lässt sich über **Datei > Optionen** unter **Allgemein** und **Startoptionen** auch abschalten. In diesem Fall bietet Excel gleich eine neue Arbeitsmappe an. Unter Windows 7 öffnen Sie das Programm über das Startmenü von Windows oder über ein Programmsymbol in der Taskleiste.

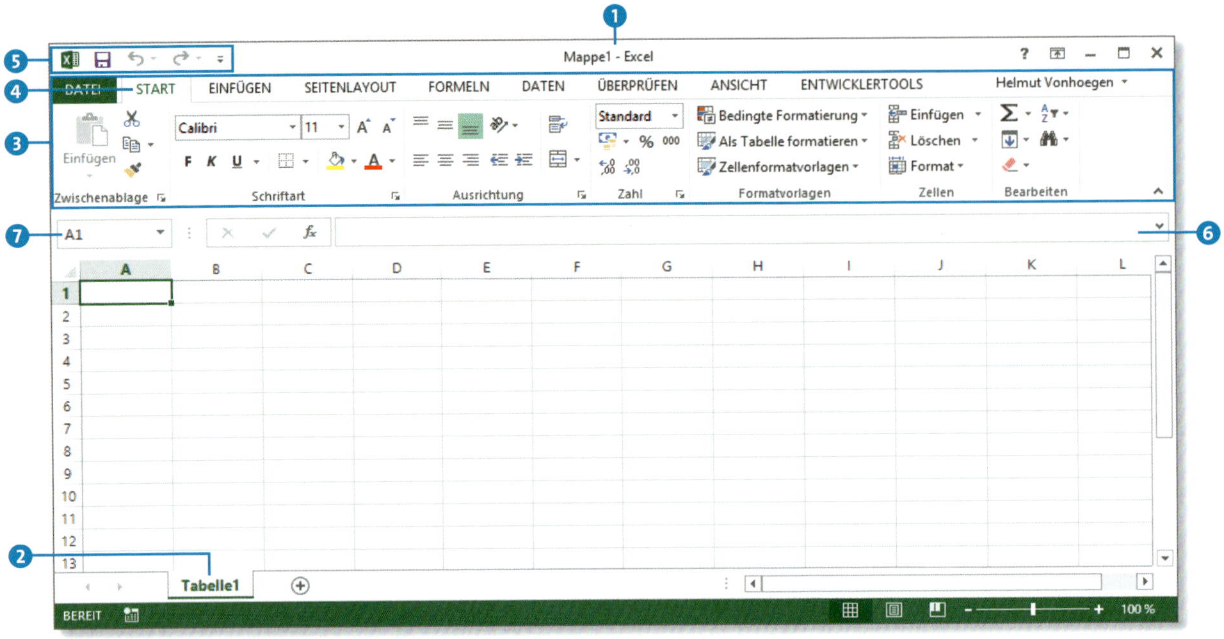

Abbildung 1.1 *Das leere Blatt einer neuen Arbeitsmappe mit der markierten Zelle A1*

2 Anders als in den bisherigen Versionen öffnet Excel für jede Arbeitsmappe ein eigenes Anwendungsfenster. Excel bietet Ihnen eine Arbeitsmappe mit einem leeren Tabellenblatt und dem vorgegebenen Namen *Mappe1* ❶ in der Titelleiste an. Das Tabellenblatt ❷ ist auf einem kleinen Blattregister mit *Tabelle1* benannt. Jedes Tabellenblatt ist eingeteilt in Spalten, die mit Buchstaben beschriftet sind, und Zeilen, die fortlaufend durchnummeriert sind.

3 Die Zelle A1 ist als aktive Zelle ausgewählt. Das Programm blendet als Bedienungsinstrumente das Menüband ❸ mit dem Register **Start** ❹ und eine kleine **Symbolleiste für den Schnellzugriff** ❺ ein. Das Menüband wird in zwei Varianten angeboten. In dem zweiten Modus, der für Tablets oder Geräte mit Touchscreens vorgesehen ist, werden die einzelnen Elemente etwas größer dargestellt, um die Trefferquote bei der Bedienung mit den Fingern zu verbessern. Zwischen Menüband und dem Bereich der Arbeitsmappe erscheint die Bearbeitungsleiste ❻ für die Bearbeitung von Zellinhalten. Das Namenfeld ❼ zeigt die Adresse der aktiven Zelle noch einmal an.

4 In die bereits ausgewählte Zelle A1 geben Sie zunächst eine Überschrift für die ganze Tabelle ein, etwa: »Monatliche Einnahmen und Ausgaben«. Tippen Sie die Überschrift ein, und beenden Sie den Eintrag mit [↵]. Der Zellzeiger wird automatisch um eine Zelle nach unten gerückt.

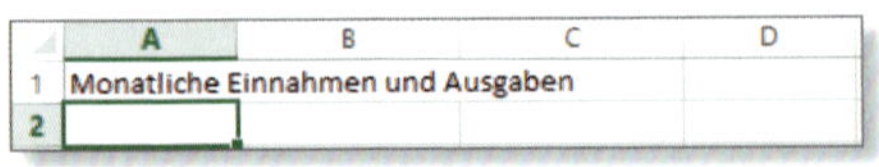

Abbildung 1.2 *Nach der Bestätigung der Eingabe wird der Zellzeiger weitergerückt.*

5 Bevor Sie nun in die erste Spalte die Bezeichnungen für die verschiedenen Posten eingeben, bewegen Sie den Mauszeiger auf die dritte Zelle in der ersten Spalte und drücken die linke Maustaste. Statt mit der Maus zu arbeiten, können Sie auch die Richtungstasten verwenden. Die Zelle wird mit einem stärkeren grünen Rahmen markiert und damit ausgewählt. Eine Zeile wird also freigelassen, damit noch Platz für die Monatsnamen bleibt.

Auf einem Touchscreen tippen Sie die entsprechende Zelle einfach an, per Finger oder Stift.

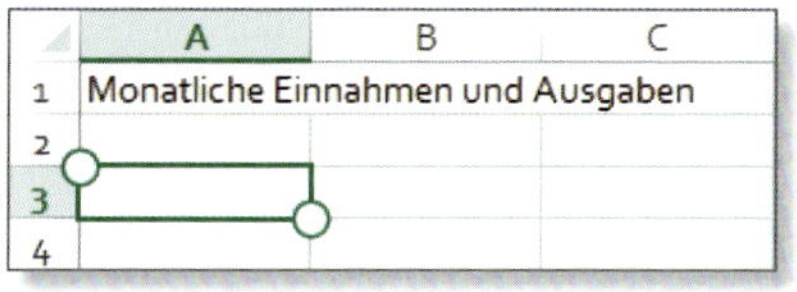

Abbildung 1.3 *Markierte Zelle auf einem Touchscreen mit zwei runden Anfassern*

6 Tragen Sie ab der Zelle A3 Schritt für Schritt die Bezeichnungen für die verschiedenen Posten ein, die benötigt werden. Beenden Sie jeden Eintrag mit [↵].

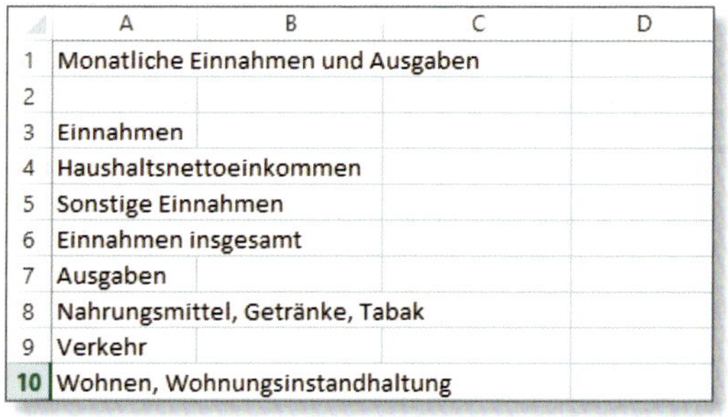

Abbildung 1.4 *Die Beschriftung der einzelnen Posten gibt vor, wo welche Daten abzulegen sind.*

7 Zum Abschluss führen Sie den Mauszeiger auf die Linie zwischen den Spaltenköpfen A und B. Drücken Sie die linke Maustaste, und ziehen Sie den Zeiger so weit nach rechts, bis alle Texte der verschiedenen Posten in die Spalte passen. Auf dem Touchscreen tippen Sie den Spaltenkopf A an und ziehen das dort erscheinende Doppelkreuz am rechten Rand nach rechts.

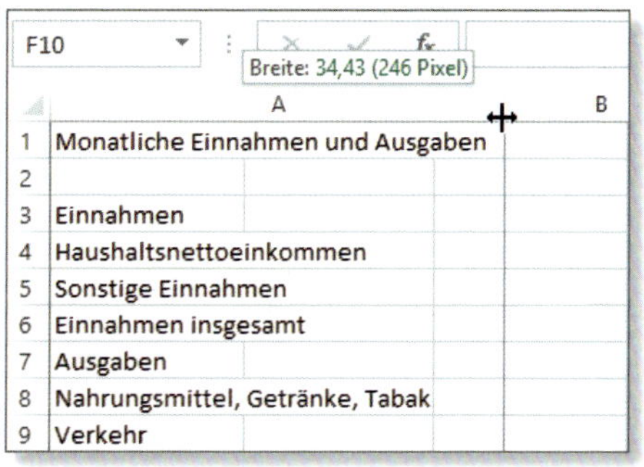

Abbildung 1.5 *Die Breite der ersten Spalte kann durch Ziehen vergrößert werden, bis alle Beschriftungen passen.*

8 Um die einzelnen Einnahme- und Ausgabeposten etwas von den Zeilenüberschriften »Einnahmen« und »Ausgaben« abzuheben, können Sie mit einem Einzug arbeiten. Ziehen Sie mit der Maus über die Zellen A4 bis A6, und benutzen Sie das Symbol **Einzug vergrößern** in der Gruppe **Ausrichtung**.

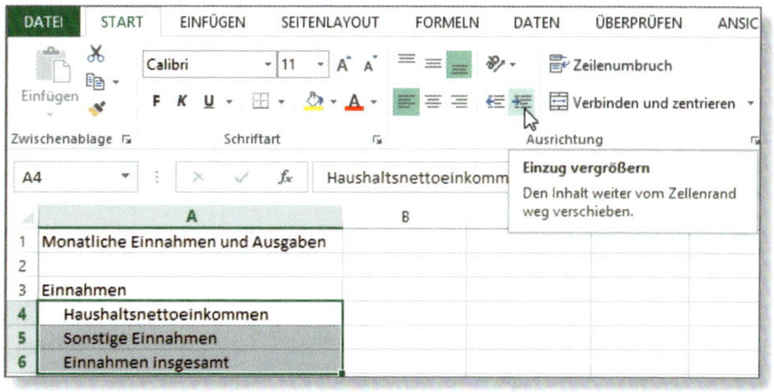

Abbildung 1.6 *Mit einem Einzug können Sie innerhalb einer Spalte Einträge gruppieren.*

Auf dem Touchscreen tippen Sie A4 an und ziehen den rechten Anfasser auf die Zelle A6, um den Bereich auszuwählen.

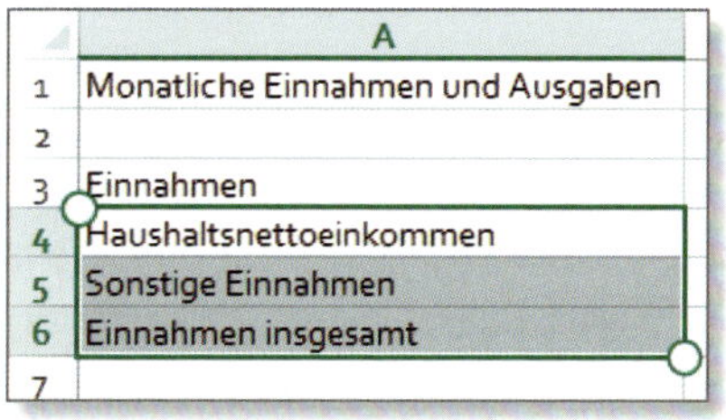

Abbildung 1.7 *Durch Ziehen markierter Zellbereich auf dem Touchscreen*

9 Wiederholen Sie diesen Schritt für die Zellen A8 bis A21.

10 Markieren Sie die Zelle B2, um die Spalte zu beschriften, in die die Beträge eingetragen werden sollen. Wenn Sie eine Spalte für jeden Monat anlegen wollen, geben Sie den ersten Monatsnamen ein.

11 Geben Sie in die Zelle B1 noch die Jahreszahl ein, um die Daten dem entsprechenden Jahr zuzuordnen.

	A	B
1	Monatliche Einnahmen und Ausgaben	2012
2		Januar
3	Einnahmen	
4	Haushaltsnettoeinkommen	
5	Sonstige Einnahmen	

Abbildung 1.8 *Geben Sie den Zeitraum an, für den die vorgesehene Berechnung gelten soll.*

Damit ist die Beschriftung der Zellen, die Daten aufnehmen sollen, so weit abgeschlossen.

Tragen Sie die Daten ein

Der nächste Schritt ist nun die Eingabe der Daten. Wir unterstellen einmal, dass alle Daten bereits vorliegen und nacheinander eingegeben werden können. Das wird bei einer Tabelle zu diesem Thema nicht immer der Fall sein, aber da ja durch die Beschriftungen schon festgelegt ist, wo die entsprechenden Daten hingehören, ist es überhaupt kein Problem, noch fehlende Werte auch später erst einzutragen.

1 Da in die Spalte B Eurobeträge eingetragen werden sollen, ist es ganz praktisch, schon vorweg ein entsprechendes Format für diese Zellen festzulegen. Dadurch ersparen Sie sich, das Eurozeichen eingeben zu müssen. Ziehen Sie dazu über die Zellen B3 bis B22, und benutzen Sie das Symbol **Buchhaltungszahlenformat** ❶ in der Gruppe **Zahl**.

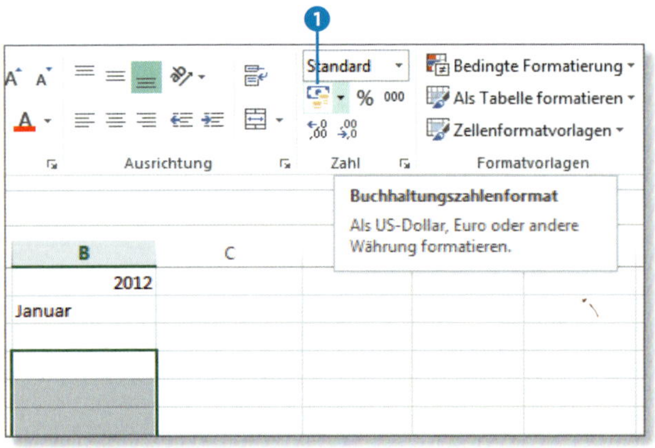

Abbildung 1.9 *Die vorausgehende Formatierung der Zellen erspart Ihnen die Eingabe des Eurozeichens.*

2 Markieren Sie anschließend die Zelle B4, wodurch der Zellbereich aufgehoben wird. Tragen Sie dort den Betrag für das monatliche Nettoeinkommen ein und darunter den Betrag für sonstige Einnahmen.

	A	B
1	Monatliche Einnahmen und Ausgaben	2012
2		Januar
3	Einnahmen	
4	Haushaltsnettoeinkommen	3.600,00 €
5	Sonstige Einnahmen	400,00 €
6	Einnahmen insgesamt	
7	Ausgaben	
8	Nahrungsmittel, Getränke, Tabak	465,00 €

Abbildung 1.10 *Fiktive Werte zu den einzelnen Posten*

3 In die Zellen B8 bis B20 tragen Sie die Beträge zu den einzelnen Ausgabeposten ein.

Die Zellen B6, B21 und B22 bleiben zunächst frei, denn diese Werte soll Excel für Sie ausrechnen.

Legen Sie fest, was berechnet werden soll

Sind alle Posten eingegeben, kann zunächst berechnet werden, welche Beträge die verschiedenen Einnahme- und Ausgabeposten insgesamt ergeben. Anschließend sollen noch die gesamten Ausgaben mit den Einnahmen verglichen werden. Schließlich interessiert noch, wie hoch der Prozentanteil der verschiedenen Ausgabeposten an den Gesamtausgaben ist.

1 Wählen Sie zunächst die Zelle B6 aus, per Klick oder Tipp oder mit den Pfeiltasten.

2 Benutzen Sie in der Gruppe **Bearbeiten** das Symbol **Summe** ❷. Wie Abbildung 1.11 zeigt, startet das Symbol die Eingabe einer Formel mit einer Funktion, die Werte in einem Bereich zusammenaddiert. Excel ist dabei »intelligent« genug, zu erkennen, dass Sie vermutlich den über der aktiven Zelle liegenden Bereich summieren wollen, und kennzeichnet diesen mit einem Laufrahmen.

3 Bestätigen Sie den Vorschlag mit ↵ oder mit Klick auf das **Eingeben**-Symbol ❸ in der Bearbeitungsleiste, in der die Formel angezeigt wird.

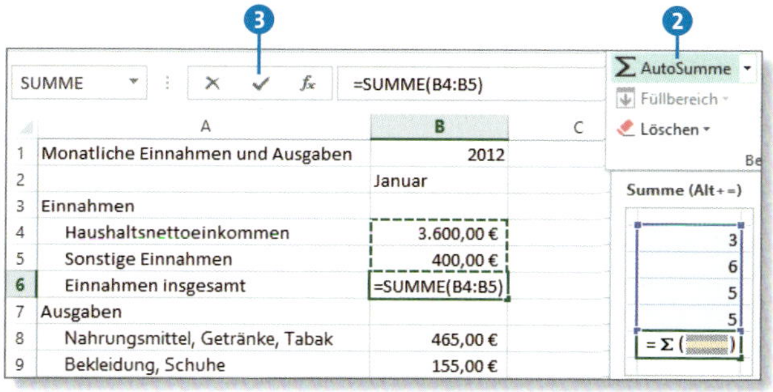

∧ ***Abbildung 1.11*** *Das Symbol »Summe« findet die Beträge, die zusammengerechnet werden sollen.*

4 Wiederholen Sie den letzten Schritt in der Zelle B21, um auch die Ausgaben zusammenzurechnen.

5 Nun fehlt noch die Formel in der Zelle B22, in der die Ausgaben von den Einnahmen abgezogen werden, um zu sehen, ob noch eine Ersparnis übrig bleibt. Geben Sie zuerst ein Gleichheitszeichen an, mit dem alle Formeln in Excel eingeleitet werden.

B21 | =B6-B21

	A	B
1	Monatliche Einnahmen und Ausgaben	2012
2		Januar
3	Einnahmen	
4	Haushaltsnettoeinkommen	3.600,00 €
5	Sonstige Einnahmen	400,00 €
6	Einnahmen insgesamt	4.000,00 €
7	Ausgaben	
8	Nahrungsmittel, Getränke, Tabak	465,00 €
9	Bekleidung, Schuhe	155,00 €
10	Wohnen, Wohnungsinstandhaltung	800,00 €
11	Energie	200,00 €
12	Innenausstattung, Haushaltsgeräte, -(	155,00 €
13	Gesundheitspflege	124,00 €
14	Verkehr	465,00 €
15	Nachrichtenübermittlung	77,50 €
16	Freizeit, Unterhaltung, Kultur	365,80 €
17	Bildungswesen	27,50 €
18	Beherbergungs- und Gaststättendien	125,00 €
19	Andere Waren und Dienstleistungen	146,60 €
20	Übrige Ausgaben	400,00 €
21	Ausgaben insgesamt	3.506,40 €
22	Ersparnis	=B6-B21

∧ ***Abbildung 1.12*** *Die Zelladressen können Sie auch manuell eingeben.*

6 Markieren Sie per Klick oder Tipp oder mit der Tastatur die Zelle B6, die die Summe der Einnahmen enthält. Geben Sie ein Minuszeichen ein.

7 Markieren Sie die Zelle B21, also die Zelle mit der Summe der Ausgaben, und schließen Sie die Formel wieder mit [↵] oder mit dem Symbol **Eingeben** in der Bearbeitungsleiste ab.

8 Um den Prozentanteil der einzelnen Ausgabeposten zu berechnen, beginnen Sie mit einer Formel in Zelle C8. Zeigen Sie nach dem Gleichheitszeichen zunächst auf die Zelle B8.

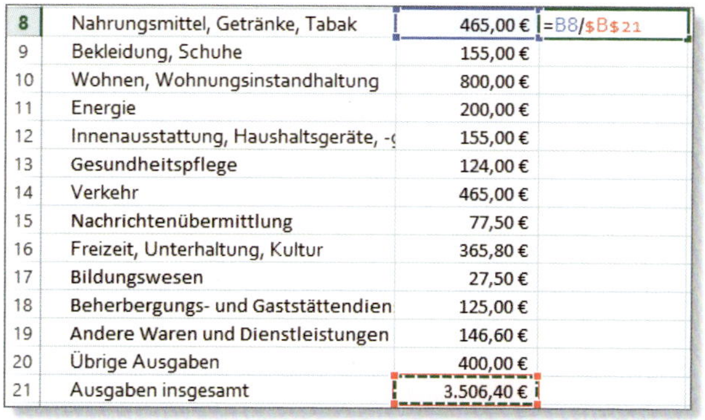

8	Nahrungsmittel, Getränke, Tabak	465,00 €	=B8/$B$21
9	Bekleidung, Schuhe	155,00 €	
10	Wohnen, Wohnungsinstandhaltung	800,00 €	
11	Energie	200,00 €	
12	Innenausstattung, Haushaltsgeräte, -(	155,00 €	
13	Gesundheitspflege	124,00 €	
14	Verkehr	465,00 €	
15	Nachrichtenübermittlung	77,50 €	
16	Freizeit, Unterhaltung, Kultur	365,80 €	
17	Bildungswesen	27,50 €	
18	Beherbergungs- und Gaststättendien	125,00 €	
19	Andere Waren und Dienstleistungen	146,60 €	
20	Übrige Ausgaben	400,00 €	
21	Ausgaben insgesamt	3.506,40 €	

∧ ***Abbildung 1.13*** *Der Prozentanteil wird durch eine Division ermittelt, wobei der Bezug auf die Gesamtausgaben absolut gesetzt werden muss.*

9 Geben Sie einen Schrägstrich ein, der als Divisionszeichen verwendet wird. Zeigen Sie auf die Zelle B21, die die Gesamtausgaben enthält.

10 Drücken Sie die Taste [F4]. Damit erreichen Sie, dass die Adresse B21 in *$B$21* umgewandelt wird. Dadurch wird der Bezug auf diesen Betrag absolut gesetzt, sodass der nächste Schritt möglich wird, die Formeln für die anderen Ausgabeposten nach unten zu kopieren.

11 Setzen Sie dazu den Mauszeiger genau auf das Ausfüllkästchen der markierten Zelle, also den kleinen Würfel in der unteren rechten Ecke des Zellrahmens.

12 Ziehen Sie nun den Markierungsrahmen bis zur Zelle C20, und lassen Sie die Maustaste wieder los.

Excel füllt die Spalte mit Kopien der Formel in Zelle C8 bis zur Zelle C20.

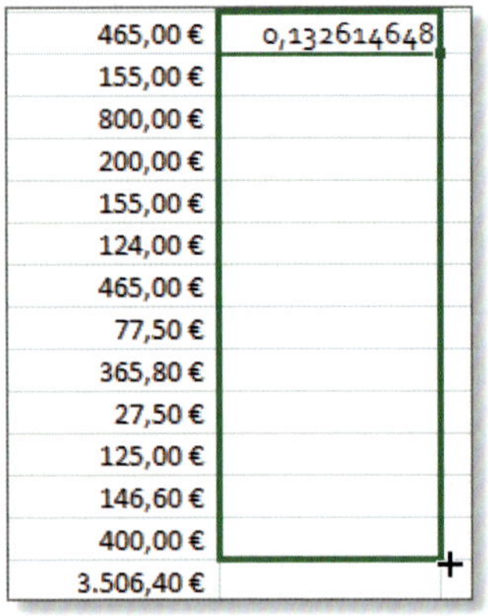

Abbildung 1.14 Die Formel lässt sich durch Ziehen am Ausfüllkästchen auf die darunter liegenden Zellen kopieren.

Auf dem Touchscreen ist die Vorgehensweise etwas anders. Sie halten den Finger oder Stift einen Moment auf der Zelle C8. Es erscheint ein horizontales Kontextmenü. Tippen Sie auf das Symbol **AutoAusfüllen**. Excel blendet unter der rechten Ecke der markierten Zelle ein Ausfüllsymbol ein. Ziehen Sie dieses bis zur Zelle C20.

Abbildung 1.15 Das Symbol »AutoAusfüllen« übernimmt auf dem Touchscreen die Rolle des Ausfüllkästchens.

13 Nun fehlt nur noch ein passendes Prozentformat. Markieren Sie die Zellen C8 bis C20, und benutzen Sie das Symbol **Prozentformat** in der Gruppe **Zahl**.

14 Wiederholen Sie in den Zellen C4 bis C5 die Schritte 7 bis 11 sinngemäß für die Einnahmeposten.

15 Fügen Sie in die Zelle B3 noch »Betrag« und in C3 »Prozentanteil« ein, um die Beschriftung der Tabelle zu ergänzen.

Damit sind die vorgesehenen Berechnungen eingerichtet. Jedes Mal, wenn Sie einen der Beträge auf der Einnahme- oder Ausgabeseite ändern, werden alle Formeln automatisch neu berechnet. Das Kalkulationsmodell funktioniert und liefert die gewünschten Informationen.

Sichern Sie den erreichten Status

Spätestens an dieser Stelle, am besten aber schon nach der Eingabe der Beschriftungen, sollten Sie das Kalkulationsmodell erst einmal sichern, das sich – zumindest was die aktuelle Version betrifft – bisher ja nur im Hauptspeicher des PCs befindet.

1 Wählen Sie dazu über die Registerkarte **Datei** den Befehl **Speichern unter**.

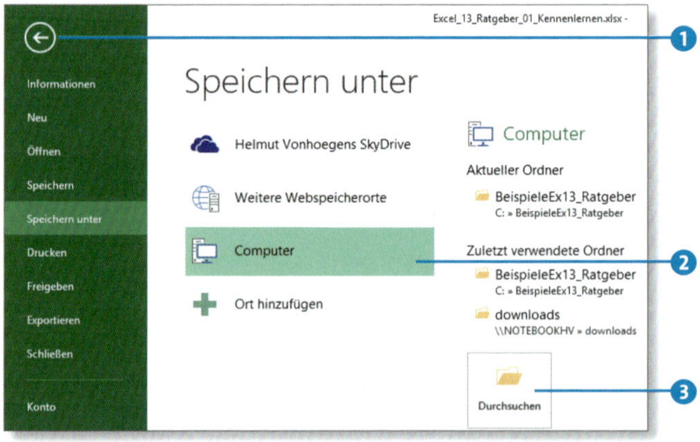

Abbildung 1.16 Die Seite »Speichern unter« auf dem Register »Datei«

2 Auf der nun erscheinenden Seite stellt Excel 2013 Ihnen neben der lokalen Speicherung Ihrer Dokumente auf dem eigenen Gerät oder im lokalen Netz gleich auch die Speicherung auf Servern im Internet zur Verfügung, sei dies in SkyDrive oder auf den Servern für Office 365 SharePoint, die Microsoft als Onlinevariante für die Office-Programme anbietet. Die Schaltfläche mit dem Pfeil nach links **1** führt jeweils zu den anderen Registern zurück, falls es nicht automatisch geschieht, wenn die auf diesem Register gewählte Funktion beendet ist. Auf die Speicherung im Web gehen wir weiter unten im Abschnitt »Speichern in der Cloud« ab Seite 121 noch ein.

3 Wenn Sie es zunächst bei der lokalen Speicherung belassen wollen, wählen Sie in der linken Spalte unter **Speichern unter** das Symbol **Computer** ❷.

4 Ist **Computer** ausgewählt, werden in der rechten Spalte die bisher schon verwendeten Ordner angeboten, außerdem die Schaltfläche **Durchsuchen** ❸. Wenn Sie einen bereits angezeigten Ordner wählen, wird der Dialog **Speichern unter** gleich für diesen Ordner geöffnet. Die Schaltfläche **Durchsuchen** öffnet ansonsten den Dialog mit dem aktuell vorgegebenen Ordner.

5 Im Dialog wird Ihnen unter **Dateiname** ❹ ein Name für die Arbeitsmappe abverlangt. Excel 2013 erlaubt Ihnen, ausführliche Namen einzugeben, wie »Monatliche Einnahmen und Ausgaben«. Nutzen Sie die Möglichkeit zu präzisen Dateinamen, damit Sie Ihre Tabellen möglichst gut wiederfinden.

6 Der vorgegebene **Dateityp** ❺ kann in diesem Fall einfach übernommen werden.

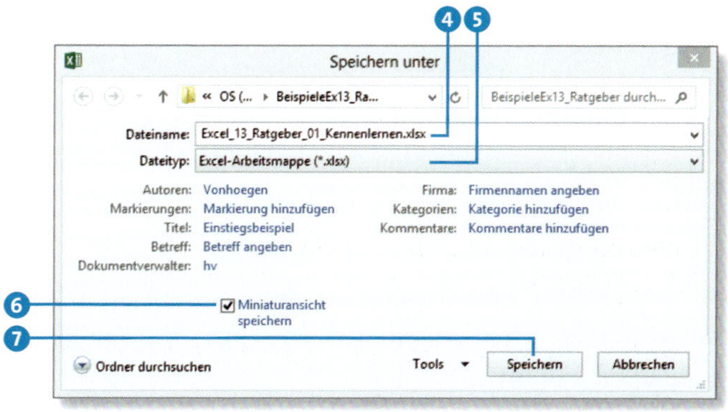

Abbildung 1.17 *Der Dialog »Speichern unter« in der kompakten Ansicht, bei der die Ordnerliste ausgeblendet ist*

7 Als Ort der Dateiablage gibt Excel den Standardordner *Dokumente* vor, falls Sie nicht über die Schaltfläche **Optionen** im Register **Datei** unter **Speichern** einen anderen Ordner als Standardspeicherort ausgewählt oder zuletzt einen anderen Ordner zum Speichern verwendet haben.

8 Die Eingabefelder **Autoren**, **Markierungen**, **Titel** und **Thema** lassen sich verwenden, um weitere Angaben zu dem jeweiligen Dokument zu machen. Diese Daten werden in der Detailansicht eines Ordners angezeigt, wenn die entsprechenden Spalten über das Kontextmenü der Spaltenbeschriftungen eingeblendet werden.

9 Die Option **Miniaturansicht speichern** ❻ sorgt dafür, dass später im Dialog **Öffnen** eine Vorschau verfügbar ist. Bestätigen Sie Ihre Angaben mit **Speichern** ❼.

Wenn Sie die Tabelle später erneut sichern wollen, brauchen Sie nur auf das vorgegebene **Speichern**-Symbol in der Schnellzugriffsleiste zu klicken oder zu tippen, denn das Kind hat ja inzwischen einen Namen, und Excel weiß damit, wohin die Daten gespeichert werden sollen. [Strg] + [S] hat denselben Effekt.

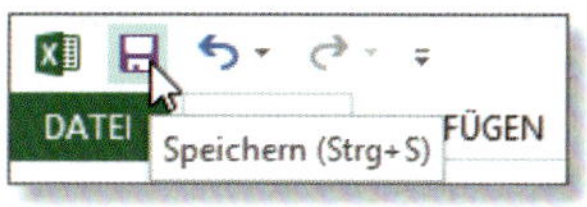

Abbildung 1.18 *Schnelle Sicherung über das Symbol »Speichern« in der Schnellzugriffsleiste*

Sind Sie mit der Arbeit an der Mappe – für diese Sitzung – fertig, kann die Mappe und das dazugehörige Anwendungsfenster auch endgültig geschlossen werden. Benutzen Sie dazu das **Schließen**-Symbol in der Titelleiste der Mappe. Sie können auch den Befehl **Datei > Schließen** oder [Strg] + [F4] benutzen.

Die Arbeit an der Arbeitsmappe fortsetzen

Wenn die Arbeitsmappe auf einem Ihrer Laufwerke gespeichert ist, können Sie jederzeit erneut darauf zugreifen. Dafür gibt es sogar mehrere Vorgehensweisen, die in Abschnitt 1.9, »Mit Dokumenten umgehen«, ab Seite 100 noch vorgestellt werden. Hier zunächst die erste Methode.

1 Verwenden Sie über die Registerkarte **Datei** den Befehl **Öffnen**. Ähnlich wie bei dem Befehl **Speichern unter** zeigt Excel 2013 zunächst eine Seite an, die verschiedene Plätze für Arbeitsmappen und zugleich eine Liste der zuletzt bearbeiteten Arbeitsmappen anbietet. Wenn Sie mit dem Startbildschirm von Excel 2013 arbeiten, wird Ihnen unter **Zuletzt verwendet** die zuletzt bearbeitete Mappe immer als erste angeboten.

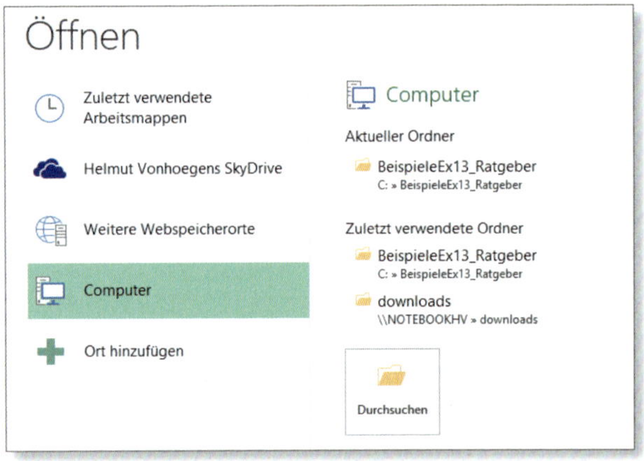

^ ***Abbildung 1.19*** *Die Seite »Öffnen« auf dem Register »Datei«*

2 Wenn Sie die Option **Computer** wählen, werden der aktuelle Ordner und die zuletzt verwendeten Ordner angeboten, außerdem die Schaltfläche **Durchsuchen**, die den vertrauten Dialog **Öffnen** mit dem vorgegebenen Ordner öffnet.

3 Im Dialogfeld **Öffnen** werden die vorhandenen Arbeitsmappen aufgelistet. Wählen Sie den betreffenden Namen, und benutzen Sie dann die Schaltfläche **Öffnen**.

4 Wenn Sie über die Pfeilschaltfläche zu **Ansicht ändern** die Option **Extra große Symbole** wählen, können Sie schon vor dem Öffnen kontrollieren, ob Sie die richtige Datei erwischt haben, vorausgesetzt, sie ist mit einer Vorschaugrafik abgespeichert worden.

5 Ziehen Sie, wenn nötig, mit Maus, Finger oder Stift das Dialogfeld an der unteren rechten Ecke größer auf, damit Sie genügend sehen können.

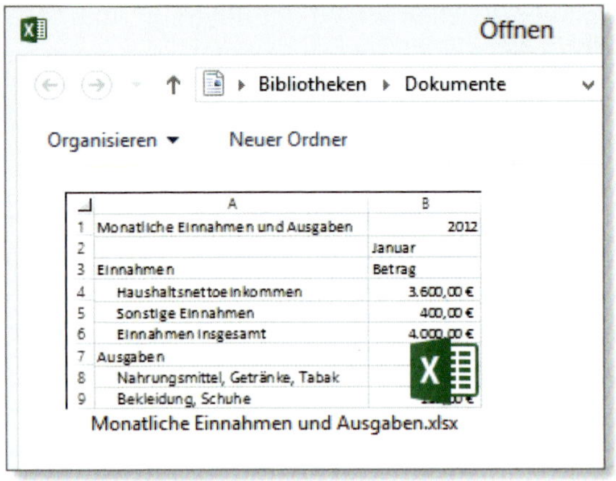

^ ***Abbildung 1.20*** *Das Dialogfeld »Öffnen« zeigt einen Ausschnitt der Tabelle, wenn die Ansicht »Extra große Symbole« eingeschaltet ist.*

Wenn Sie inzwischen nicht viel anderes mit Excel gemacht haben, wird der Name der Arbeitsmappe auch direkt in der Liste angeboten, die die Schaltfläche **Zuletzt verwendete Arbeitsmappen** zur Auswahl stellt, wenn Sie über das Register **Datei** auf die Seite **Öffnen** gehen. Ein Klick oder Tipp auf den Namen einer Arbeitsmappe genügt dann, um sie zu öffnen.

Wie viele Dateien in dieser Liste erscheinen, können Sie über **Datei > Optionen > Erweitert** unter **Anzeige > Diese Anzahl zuletzt verwendeter Dateien anzeigen** einstellen. Eine entsprechende Einstellung können Sie hier auch für die Anzeige der zuletzt verwendeten Ordner vornehmen.

Mit der Option **Schnellzugriff auf diese Anzahl zuletzt verwendeter Arbeitsmappen** können Sie noch Links auf Dateien anfordern, die immer in der linken Spalte des Registers **Datei** angezeigt **1** werden.

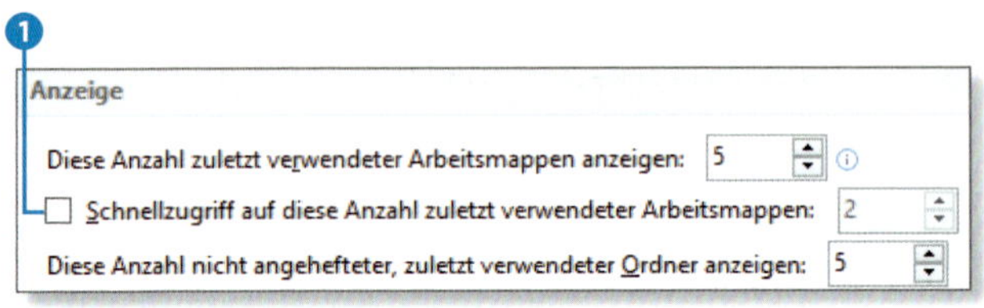

^ ***Abbildung 1.21*** *Hier legen Sie die Anzahl der angezeigten Dateien und Ordner fest.*

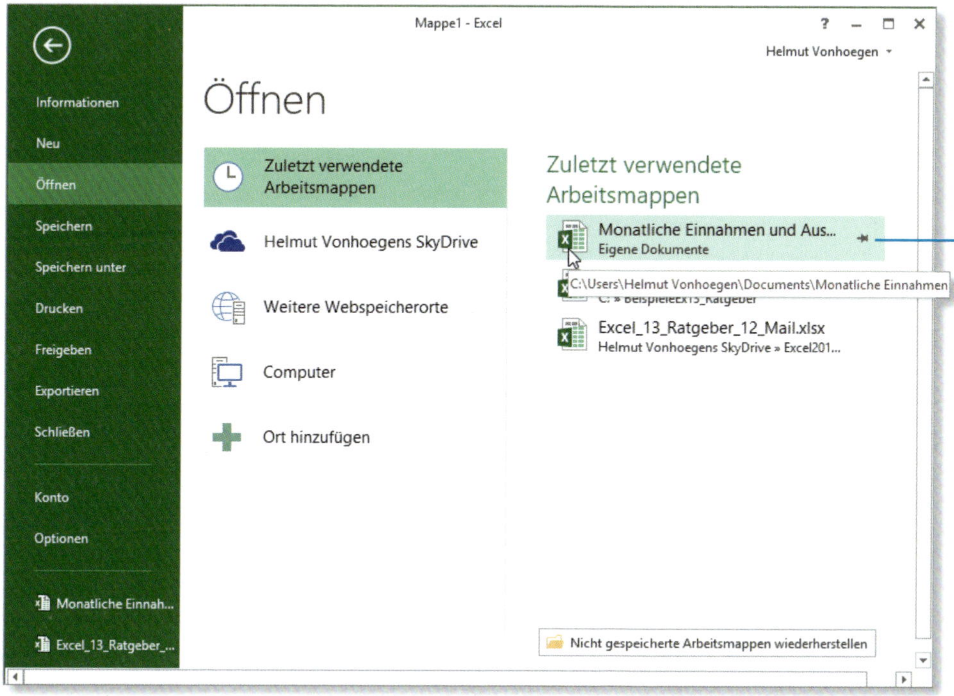

Abbildung 1.22
Unter »Zuletzt verwendete Arbeitsmappen« finden Sie die jüngst bearbeiteten Mappen.

Außerdem können Sie über das Kontextmenü der Dateien oder Ordner dafür sorgen, dass bestimmte Elemente auf jeden Fall in der Liste angezeigt werden. Mit einem Klick oder Tipp auf eine kleine Nadel (2) oder über den Kontextmenübefehl **An Liste anheften** wird das Symbol mit der Heftzwecke nach vorne gedreht, um die Fixierung anzuzeigen. Ein erneuter Klick oder der Befehl **Aus Liste entfernen** heben die Fixierung wieder auf. Auf diese Weise stellen Sie sicher, dass Arbeitsmappen, die Sie täglich benötigen, hier immer sofort zur Verfügung stehen.

Mit der Schaltfläche unten – **Nicht gespeicherte Arbeitsmappen wiederherstellen** – lässt sich eine ohne Speicherung geschlossene Arbeitsmappe wiederherstellen. Excel 2013 speichert diese Dateien provisorisch in einem Ordner *UnsavedFiles*.

Die Tabelle gestalten

Obwohl unsere Beispieltabelle schon leistet, was sie soll, stellt das schmucklose Outfit noch nicht zufrieden. Um hier schnell für Abhilfe zu sorgen, können Sie auf eine Palette von Formatmustern zurückgreifen.

1. Markieren Sie die Zellen A1 bis B1.
2. Benutzen Sie im Menüband auf dem Register **Start** in der Gruppe **Formatvorlagen** die Schaltfläche **Zellenformatvorlagen**.

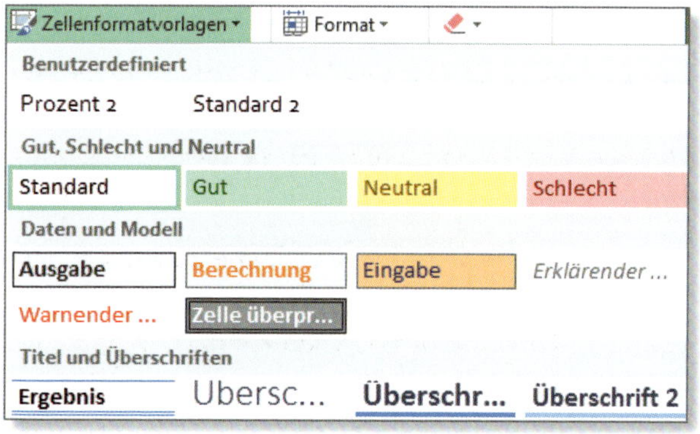

Abbildung 1.23 Markierten Zellbereichen können Sie per Klick oder Tipp Formate aus der Palette »Zellenformatvorlagen« zuordnen.

3 In der Palette der Vorlagen finden Sie unter **Titel und Überschriften** einige Formatmuster für die Formatierung der ersten Zeile. Wenn Sie mit dem Mauszeiger ein solches Muster berühren, übernehmen die markierten Zellen bereits das entsprechende Format. Klicken oder tippen Sie beispielsweise auf das Formatmuster **Überschrift 1**, um das Format dem Zellbereich zuzuweisen.

4 Weisen Sie auf die gleiche Weise den Zellbereichen A2 bis C3, A7 und A22 bis B22 das Format **Überschrift 4** zu.

5 Den Zellbereichen mit den einzelnen Posten A4 bis C6 und A8 bis C21 weisen Sie unter **Zellenformatvorlagen mit Designs** das Format **20% - Akzent1** zu.

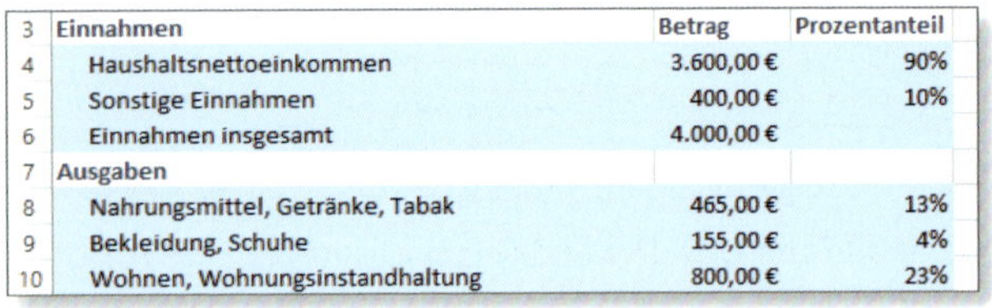

3	Einnahmen	Betrag	Prozentanteil
4	Haushaltsnettoeinkommen	3.600,00 €	90%
5	Sonstige Einnahmen	400,00 €	10%
6	Einnahmen insgesamt	4.000,00 €	
7	Ausgaben		
8	Nahrungsmittel, Getränke, Tabak	465,00 €	13%
9	Bekleidung, Schuhe	155,00 €	4%
10	Wohnen, Wohnungsinstandhaltung	800,00 €	23%

Abbildung 1.24 *Die einzelnen Posten erhalten einen leicht getönten Hintergrund.*

6 Markieren Sie die Zellen B2 bis C2, und benutzen Sie das Symbol **Verbinden und zentrieren** in der Gruppe **Ausrichtung**, damit der Monatsname über beide Spalten zentriert wird.

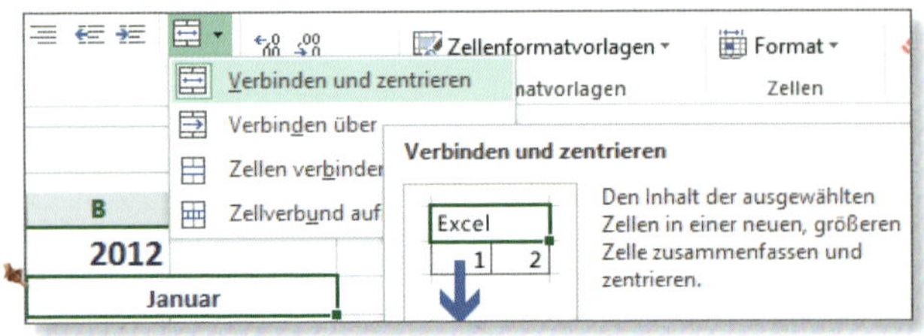

Abbildung 1.25 *Der Monatsname wird über zwei Spalten zentriert.*

7 Markieren Sie nun die Zellen A2 bis C22, und wählen Sie anschließend in der Palette der Schaltfläche **Rahmenlinien** in der Gruppe **Schriftart** die Option **Alle Rahmenlinien**.

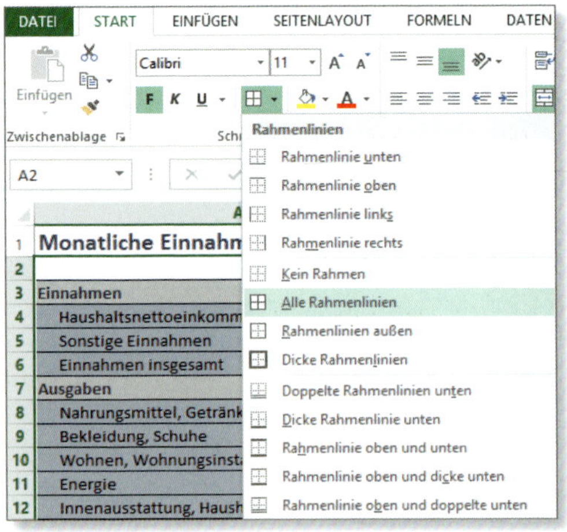

Abbildung 1.26 *Rahmenlinien betonen den Bereich der Tabelle im Arbeitsblatt noch etwas besser.*

8 Weisen Sie aus derselben Palette den Zellen A5 bis C5 und A20 bis C20 noch eine **Dicke Rahmenlinie unten** zu.

	A	B	C
1	Monatliche Einnahmen und Ausgaben	2012	
2		Januar	
3	Einnahmen	Betrag	Prozentanteil
4	Haushaltsnettoeinkommen	3.600,00 €	90%
5	Sonstige Einnahmen	400,00 €	10%
6	Einnahmen insgesamt	4.000,00 €	
7	Ausgaben		
8	Nahrungsmittel, Getränke, Tabak	465,00 €	13%
9	Bekleidung, Schuhe	155,00 €	4%
10	Wohnen, Wohnungsinstandhaltung	800,00 €	23%
11	Energie	200,00 €	6%
12	Innenausstattung, Haushaltsgeräte, -gegenstände	155,00 €	4%
13	Gesundheitspflege	124,00 €	4%
14	Verkehr	465,00 €	13%
15	Nachrichtenübermittlung	77,50 €	2%
16	Freizeit, Unterhaltung, Kultur	365,80 €	10%
17	Bildungswesen	27,50 €	1%
18	Beherbergungs- und Gaststättendienstleistungen	125,00 €	4%
19	Andere Waren und Dienstleistungen	146,60 €	4%
20	Übrige Ausgaben	400,00 €	11%
21	Ausgaben insgesamt	3.506,40 €	
22	Ersparnis	493,60 €	

Abbildung 1.27 *Nun macht die Tabelle schon einen übersichtlichen Eindruck.*

Damit genug der Verschönerungen. Zweifellos ist die Tabelle nun leichter lesbar und übersichtlicher. In Kapitel 4, »Tabellenblätter gestalten«, ab Seite 253 werden Sie noch zahlreiche Möglichkeiten kennenlernen, Ihre Arbeitsergebnisse so aufzubereiten, dass nicht nur die nackten Zahlen – vielleicht – Freude machen.

Zahlenverhältnisse in einem Diagramm darstellen

Obwohl die Berechnung der Prozentanteile der verschiedenen Ausgabeposten schon einen guten Eindruck liefert, wie die Ausgaben verteilt sind, bietet es sich doch an, die Verhältnisse zwischen den einzelnen Werten noch etwas deutlicher sichtbar zu machen. Dabei kann ein Diagramm helfen.

Die naheliegende Idee, es mit einem Tortendiagramm zu versuchen, erweist sich allerdings wegen der langen Texte zu den Ausgabepositionen als ein wenig suboptimal. Einfacher ist in diesem Fall ein Balkendiagramm.

1 Markieren Sie den Bereich mit den Beschriftungen der Ausgabeposten und die dazugehörigen Beträge, also A8 bis B20. Das sind die Daten, die im Diagramm verwertet werden sollen.

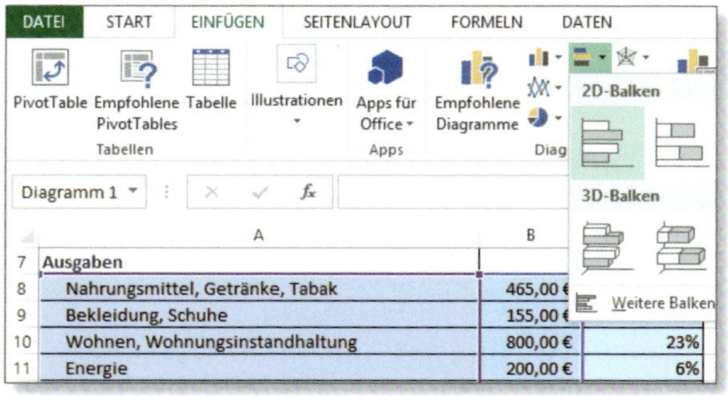

∧ ***Abbildung 1.28*** *Zuerst wird der Bereich der Daten ausgewählt, anschließend der gewünschte Diagrammtyp.*

2 Wählen Sie das Register **Einfügen** und anschließend in der Gruppe **Diagramme** das Symbol **Balkendiagramm einfügen**.

3 Nehmen Sie das erste Diagrammmuster mit dem Namen **Gruppierte Balken**.

4 Excel versucht, ein Standarddiagramm mit den angegebenen Daten auszugeben. Das Programm legt das Diagramm im Tabellenblatt auf eine eigene, frei bewegliche Ebene, die mit einem Rahmen begrenzt ist. Dieser Rahmen wird angezeigt, wenn das Diagramm per Klick oder Tipp ausgewählt ist.

5 Das Diagramm lässt sich mit der Maus an eine andere Stelle ziehen, wenn die Tabelle verdeckt ist.

6 Erschrecken Sie nicht, wenn das erste Ergebnis eher enttäuschend ist. Excel hat mit den langen Beschriftungen etwas zu kämpfen. Die Lage bessert sich sofort, wenn Sie mit Maus, Finger oder Stift den Anfasser in der Mitte des rechten Diagrammrandes ❶ weiter nach rechts ziehen.

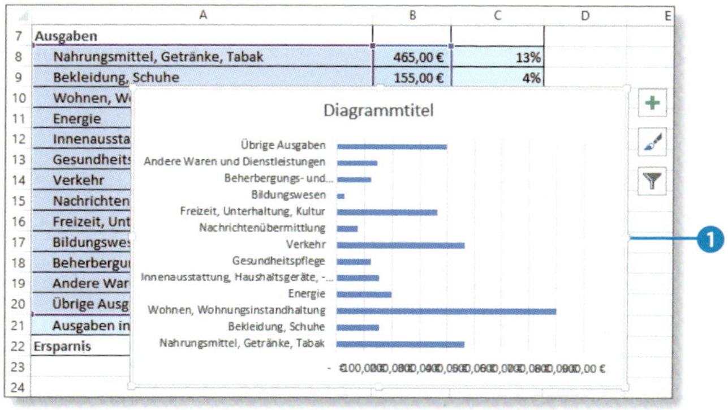

∧ ***Abbildung 1.29*** *Der erste Versuch hat noch einige Schwächen.*

7 Außerdem können Sie den Dummy-Titel für das Diagramm überschreiben.

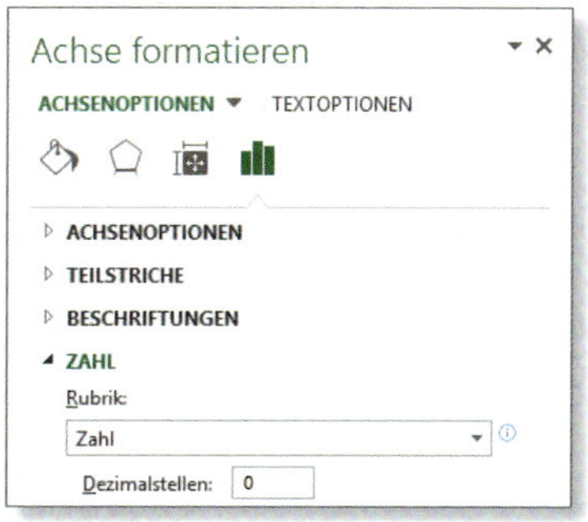

∧ ***Abbildung 1.30*** *Hier ändern Sie das Zahlenformat für die Werte auf der horizontalen Achse.*

8 Bei den Werten können noch das Eurozeichen und die Dezimalstellen entfernt werden, um Platz zu sparen. Doppelklick oder -tipp auf die Werte öffnet den Aufgabenbereich **Achse formatieren**, wo Sie unter **Zahl** das Format **Zahl** mit 0 Dezimalstellen einstellen können.

9 Nun ist das Ergebnis schon akzeptabel. Solange das Diagramm ausgewählt ist, blendet Excel die **Diagrammtools** mit zwei eigenen Registern ein, die alle Werkzeuge enthalten, um das Diagramm zu optimieren.

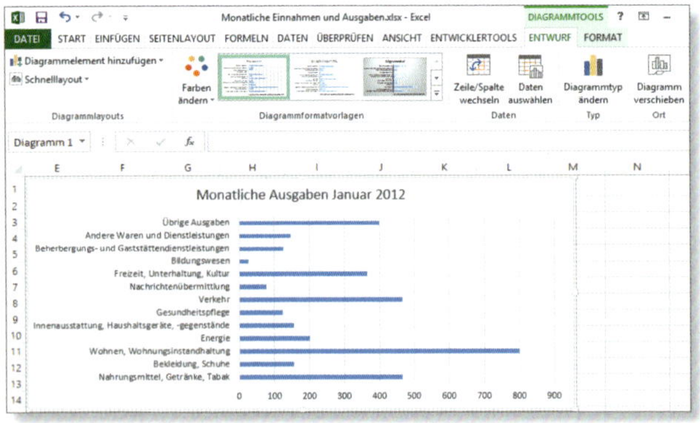

Abbildung 1.31 Das leicht korrigierte Diagramm ist schon ganz brauchbar.

10 Das Diagramm wird noch aussagekräftiger, wenn Sie den Bereich der Ausgabeposten nach Größe sortieren, sodass die höchsten Werte zuerst angezeigt werden. Markieren Sie dazu den Zellbereich A8 bis C20.

11 Benutzen Sie in der Gruppe **Start > Bearbeiten** das Symbol **Sortieren und Filtern**, und wählen Sie die Option **Benutzerdefiniertes Sortieren**.

12 Wählen Sie im Dialog **Sortieren** unter **Sortieren nach** den Eintrag **Spalte B** und unter **Reihenfolge** die Option **Nach Größe (aufsteigend)**.

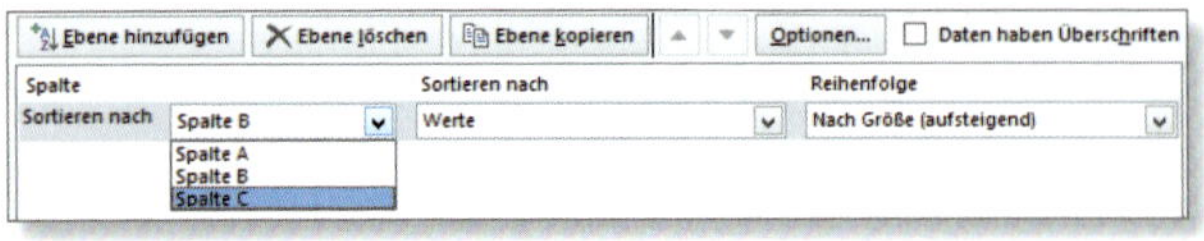

Abbildung 1.32 Hier wählen Sie die Spalte, nach der sortiert wird.

13 Wenn Sie den Dialog mit **OK** bestätigen, sortiert Excel den Tabellenbereich mit den Ausgabeposten aufsteigend, im Diagramm wird aber der größte Posten zuerst angezeigt.

Abbildung 1.33 Mit sortierten Daten ist die Aussage des Diagramms noch deutlicher.

Alles Weitere zum Thema Diagramme wird in Kapitel 9, »Daten in Diagrammen darstellen«, ab Seite 375 Thema sein.

Das Tabellenblatt ausdrucken

Wenn Sie sich nun vielleicht gerade auf eine Besprechung mit einem Bankberater vorbereiten wollen, ist es sinnvoll, die Tabelle auszudrucken.

1 Es ist ratsam, vor dem Ausdruck zunächst zu prüfen, wie der Druck in etwa aussehen wird. Dazu bietet Excel 2013 eine Druckvorschau, die Sie über **Datei > Drucken** erreichen.

2 In dieser Ansicht können Sie vorab das Druckergebnis prüfen. Benutzen Sie die **Zoom**-Schaltfläche in der Ecke unten rechts, um Details zu sehen.

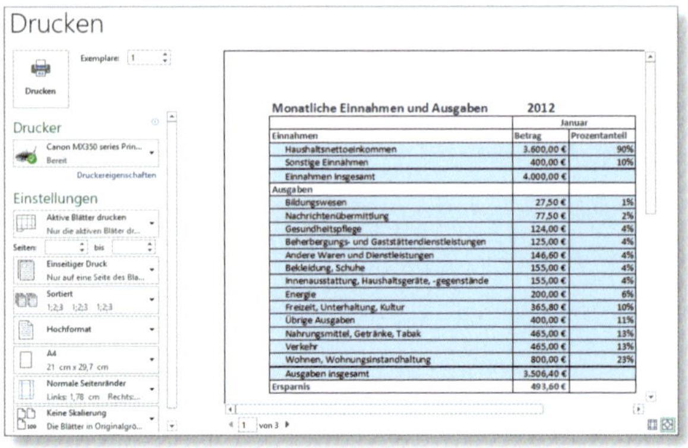

Abbildung 1.34 In der Vorschau können Sie prüfen, ob ein brauchbarer Ausdruck zu erwarten ist.

3 Sollte die Tabelle nicht auf eine Seite passen, nutzen Sie hier unter **Einstellungen** die Schaltfläche für die Formate, und wählen Sie **Querformat**.

4 Klicken oder tippen Sie anschließend auf die Schaltfläche **Drucken**, um den Ausdruck zu starten.

Mehr zum Thema Drucken und zu den Einstellungsmöglichkeiten erfahren Sie in Kapitel 12, »Arbeitsmappen drucken und versenden«, ab Seite 495.

So weit unsere kleine Fingerübung, die aber immerhin schon einiges von dem andeutet, was Excel zu einem Werkzeug gemacht hat, das für Millionen Menschen auf der ganzen Welt so selbstverständlich ist wie der Gebrauch von Hammer und Schraubenzieher.

1.2 Die Technik von Excel verstehen

Die Arbeitsweise von Excel ist angelehnt an die Situation, die Ihnen von der Arbeit am Schreibtisch vertraut ist. Excel stellt Ihnen die Möglichkeit zur Verfügung, in verschiedenen Anwendungsfenstern mehrere Vorgänge gleichzeitig zu behandeln.

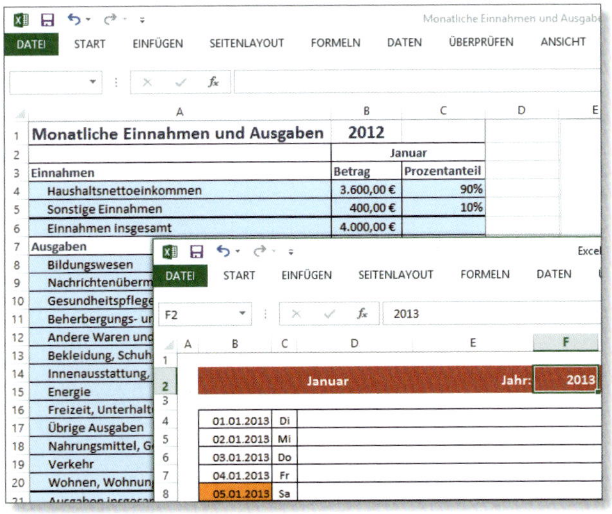

Abbildung 1.35 *Überlappende Fenster erlauben, schnell zwischen verschiedenen Aufgaben zu wechseln.*

Arbeitsmappe, Arbeitsblatt und Zelle

Für die einzelnen Arbeitsvorgänge bietet Ihnen Excel jeweils Arbeitsmappen an. Eine solche Mappe entspricht einem Heft oder einem Aktenordner. Sie enthält beispielsweise alle Tabellen und Diagramme zur Verwaltung eines Lagers oder alle Tabellen, die zu einem bestimmten Projekt gehören.

Ein spezieller Vorteil der Mappen ist, dass Sie bestimmte Operationen gleich für mehrere Tabellen durchführen können, beispielsweise die Formatierung bestimmter Bereiche. Außerdem sind Berechnungen möglich, die Daten aus mehreren Tabellen verknüpfen. Eine Arbeitsmappe wird zunächst mit einer frei wählbaren Anzahl von Blättern eröffnet. Wenn Bedarf besteht, können Sie bis zu 255 Blätter einfügen. Vorgegeben in dieser Version ist nur ein Blatt. Über **Datei > Optionen > Allgemein** kann unter **So viele Arbeitsblätter einfügen:** die Vorgabe für neue Arbeitsmappen auf bis zu 255 Blätter erweitert werden. Das ist zugleich auch das Maximum, das für eine Arbeitsmappe erlaubt ist. Sie können – wie schon angesprochen – mehrere Arbeitsmappen gleichzeitig in jeweils eigenen Anwendungsfenstern öffnen, die Anzahl ist nur durch die Kapazität Ihres Hauptspeichers begrenzt.

Die unterschiedlichen Blatttypen

In Excel 2013 werden die einzelnen Blätter einer Arbeitsmappe durch beschriftete Register am unteren Rand gekennzeichnet, die Sie – wenn es Ihnen gefällt oder sonst wie von Nutzen ist – auch unterschiedlich einfärben können.

Eine Mappe kann verschiedene Blatttypen enthalten: Blätter für Tabellen, für Diagramme und – aus Gründen der Kompatibilität mit den älteren Excel-Versionen – Blätter für den Entwurf von Dialogfeldern nach der Methode von Excel 5. Auch Vorlagen für Excel 4-Makros und internationale Excel 4-Makrovorlagen werden weiterhin angeboten.

Diagramme sind grafische Darstellungen von Zahlenmaterial, das in Form von Tabellen vorliegt. Diagramme können Sie wahlweise auf eigenen Ebenen in Tabellenblätter einbetten oder auf eigenen Blättern ausgeben lassen. In beiden Fällen bleiben die Diagramme mit den Tabellendaten, die sie veranschaulichen, verknüpft.

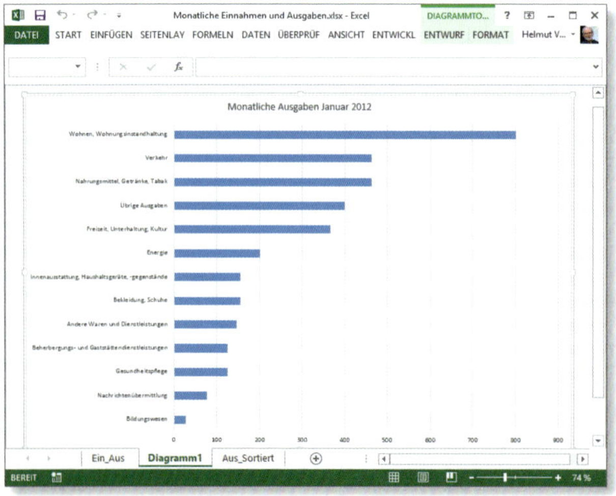

Abbildung 1.36 *Das »Einnahmen-Ausgaben«-Diagramm auf einem eigenen Diagrammblatt*

Blattnamen

Excel vergibt beim Einfügen eines Blatts vorläufige Blattnamen, die innerhalb des jeweiligen Blatttyps automatisch durchnummeriert werden. Diese Namen sollten Sie in der Regel möglichst bald durch aussagekräftige Namen ersetzen. Das ist übersichtlicher und macht Ihnen und anderen die Arbeit später leichter.

Bis zu 31 Zeichen sind in Blattnamen erlaubt, auch Leerzeichen. Es reicht ein Doppelklick oder -tipp auf das Register, um den Namen zu bearbeiten. Die Registerfarbe wählen Sie über das Kontextmenü des Registers. Auf dem Touchscreen halten Sie dazu den Finger oder Stift einen Moment auf einem Register, bis das Menü erscheint.

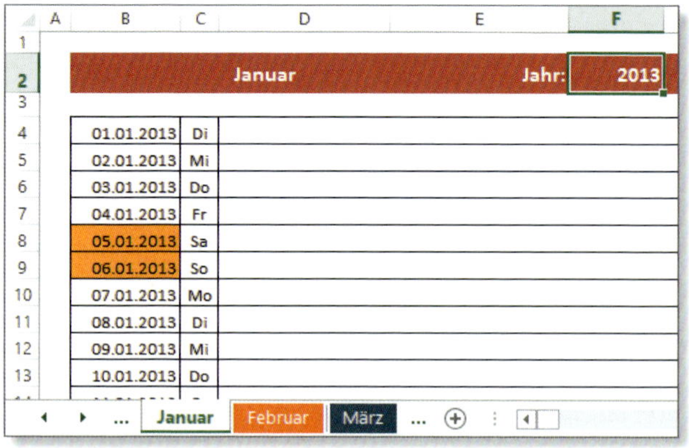

Abbildung 1.37 *In dieser Mappe sind die Blattregister unterschiedlich eingefärbt.*

TIPP

Blattnamen sollten den Inhalt benennen
Wenn Sie Berechnungen zwischen Daten auf verschiedenen Blättern einrichten, werden die Blattnamen in die Formeln übernommen. Da ist es vorteilhaft, wenn Sie gleich erkennen können, was der Inhalt eines bestimmten Blatts ist.

Tabellenblatt und Zelladresse

Die Blätter für Tabellen sind – wie schon angesprochen – in Spalten und Zeilen eingeteilt. Bereits in Excel 2007 wurde die Aufnahmekapazität der Blätter beträchtlich erweitert. Anstelle der bis dahin maximal 256 möglichen Spalten waren nun nicht weniger als 16.383 Spalten verwendbar. Dabei werden die Spalten mit Buchstaben von A bis XFD gekennzeichnet. Sobald das Alphabet nicht mehr ausreicht, nimmt das Programm also einfach einen Buchstaben hinzu.

Die Zeilenkapazität wurde von maximal 65.536 auf 1.048.576 Zeilen ausgedehnt, die von 1 an durchnummeriert werden. Wenn Sie die maximalen Werte für Spalten und Zeilen multiplizieren, erhalten Sie die stolze Zahl 17.179.869.184 – so viele Zellen sind auf einem einzigen Blatt möglich. Das reicht notfalls aus, um für jedes Ei, das 2011 in Deutschland gegessen wurde, eine eigene Nummer zu vergeben. Bei der Arbeit mit Datenmodellen sind sogar zwei Millionen Tabellenzeilen möglich.

Inwieweit Sie diese enormen Kapazitäten tatsächlich ausnutzen können, hängt natürlich vom Ausbau Ihres Hauptspeichers ab. Um eine solche Datenmenge bewältigen zu können, wird der von Formeln nutzbare Speicher in der 32-Bit-Edition auf maximal 2 GB ausgeweitet. Außerdem können Prozessoren mit mehreren Kernen genutzt werden.

Werden noch größere Arbeitsmappen benötigt, sollte der Einsatz der 64-Bit-Version von Excel 2013 in Erwägung gezogen werden, die diese Begrenzung durchbricht. Mehr dazu in Abschnitt 1.12, »Mit der 64-Bit-Version arbeiten«, ab Seite 124. Allerdings lassen sich solche Tabellenmonster von anderen Anwendern, die noch mit der 32-Bit-Version arbeiten, dann leider nicht mehr öffnen.

Die Zelle als Ablageort für Daten

Im Schnittpunkt von Spalte und Zeile liegt die einzelne Zelle. Die Zelle ist der Ort, an dem Sie Daten eintragen. Es ist Ihnen völlig freigestellt, in welche der vielen Zellen Sie in welcher Reihenfolge etwas eingeben.

Die Zahl der Zeichen, die jede Zelle aufnehmen kann, liegt aktuell bei 32.767. In der Praxis ist es allerdings meistens nicht sinnvoll, so viele Zeichen in eine einzige Zelle zu stopfen. Es gibt aber durchaus Fälle, in denen es von Nutzen ist, beispielsweise ganze Textabschnitte in einzelne Zellen zu übernehmen, etwa um bestimmte Funktionen darauf anzuwenden. Abbildung 1.38 zeigt eine Spalte, in der Abschnitte aus einem Text übernommen wurden.

Formeln können bis zu 8.000 Zeichen enthalten. Die Schachtelungsebenen von Formeln wurden seit Excel 2007 von 7 auf 64 erhöht.

	A	B
1	**Zielnamensraum**	**Anzahl Zeichen**
2	Werden Schemas für aktuelle XML-Dokumente modelliert, sollten die Möglichkeiten der Namensräume genutzt werden. Das gilt vor allem, wenn das Schema ein Vokabular für einen bestimmten Gegenstandsbereich definiert, auf den sich zahlreiche Anwendungen beziehen.	258
3	Die Zuordnung von Namen zu den Komponenten eines bestimmten Schemas kann in jedem Fall einen eigenen Namensraum konstituieren, die Empfehlung nennt ihn target namespace. Dieser Zielnamensraum wird dadurch gebildet, dass er über eine entsprechende Deklaration identifiziert wird. Dafür können entsprechende Attribute in das Element <xsd:schema> eingefügt werden. Allerdings ist dies nicht unbedingt erforderlich, der Zielnamensraum ist optional.	444

^ ***Abbildung 1.38*** *Beispiel für Zellen mit umfangreichen Zeichenmengen*

Zelladressen

Wie bei einem Schachbrett wird die Position der Zelle im Blatt über die Beschriftung von Spalte und Zeile bestimmt. Jede Zelle hat auf diese Weise eine eindeutige Adresse. Die vollständige Adresse einer Zelle wird aus mehreren Elementen zusammengesetzt, die in Tabelle 1.1 in der vorgeschriebenen Reihenfolge aufgeführt sind.

Adressenelement	Bedeutung
[Bericht3]	Zelle liegt in der Datei mit dem Namen *Bericht3*.
Kosten!	Zelle liegt im Blatt mit dem Namen *Kosten*.
F	Zelle liegt in Spalte F.
6	Zelle liegt in Zeile 6.

^ ***Tabelle 1.1*** *Die Elemente, aus denen eine komplette Zelladresse zusammengesetzt ist*

Geschrieben wird das:

```
[Bericht3]Kosten!F6
```

Der Name der Arbeitsmappe wird also immer in eckige Klammern gesetzt. Damit erkennbar ist, dass ein Name ein Blatt bezeichnet und nicht einen Zellbereich, wird hinter den Blattnamen ein Ausrufezeichen gesetzt.

Sie müssen jedoch nicht immer den Dateinamen und den Namen der Arbeitsmappe angeben. Bei der Eingabe einer Formel kann der Dateiname weggelassen werden, wenn die Zelle in der aktuellen Arbeitsmappe liegt, also in der Datei, die im aktiven Fenster angezeigt wird. Liegt die Zelle in dem Blatt, in dem der Zellzeiger augenblicklich steht, kann auch die Blattbezeichnung entfallen.

Jedes Arbeitsblatt stellt Ihnen neben der Ebene mit den Zellen noch eine zweite, unsichtbare Ebene zur Verfügung, auf der Sie Diagramme, Zeichnungen oder Bilder ablegen und frei bewegen können.

TIPP

Z1S1-Bezugsart
Excel erlaubt seit der ersten Version auch noch eine zweite Schreibweise für Zellbezüge. Sie arbeitet mit den Nummern der Zeilen und Spalten. Anstelle von *B2* kann demnach auch *Z2S2* für die zweite Zeile und die zweite Spalte benutzt werden.

Voraussetzung ist, dass Sie über die Registerkarte **Datei** und die Schaltfläche **Optionen** diese andere Bezugsart auf der Seite **Formeln** einschalten. Das ist unter **Arbeiten mit Formeln** mit der Option **Z1S1-Bezugsart** möglich. In diesem Buch verwenden wir diese alternative Bezugsart aber nicht.

Die aktive Zelle

Jeweils eine Zelle der Tabelle ist durch einen stärkeren grünen Rand hervorgehoben und damit als aktive Zelle markiert. Diese Markierung heißt auch Zellzeiger. Durch Verschieben dieser Markierung legen Sie jedes Mal fest, wo Daten, die Sie eintragen, abgelegt werden.

TIPP

Hinweis auf die Adresse
Damit Sie die Adresse der aktiven Zelle leichter erkennen, werden der Spaltenkopf und der Zeilenkopf jeweils anders eingefärbt. Außerdem erscheint die Adresse noch in dem Namenfeld in der Bearbeitungszeile.

Unten rechts am Rahmen der aktiven Zelle ist ein kleines Quadrat zu sehen, das in der Excel-Terminologie liebevoll als *Ausfüllkästchen* bezeichnet wird.

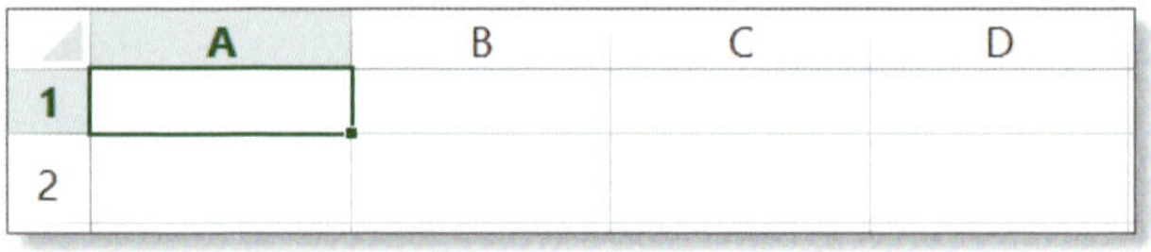

Abbildung 1.39 *Der Rahmen der aktiven Zelle bietet in der rechten unteren Ecke das Ausfüllkästchen an.*

Eine markierte Zelle ist empfangsbereit für die manuelle Dateneingabe. Ist das Kästchen nicht sichtbar, wurde diese Funktion abgeschaltet. Das kann sinnvoll sein, wenn Sie Anwendungen erstellen, in denen nur an bestimmten Stellen Eingaben erlaubt sind. Verwenden Sie **Datei > Optionen > Erweitert**, und wählen Sie unter **Optionen bearbeiten** die Option **Ausfüllkästchen und Drag & Drop von Zellen aktivieren**, um das Ausfüllkästchen wieder einzublenden.

Auf einem Touchscreen markieren Sie die Zelle durch Antippen mit Finger oder Stift. Kleine Korrekturen an der Zellauswahl erreichen Sie in diesem Fall, wenn Sie die Rahmenlinie der Zelle an der Seite doppelt antippen, an der die Verschiebung stattfinden soll.

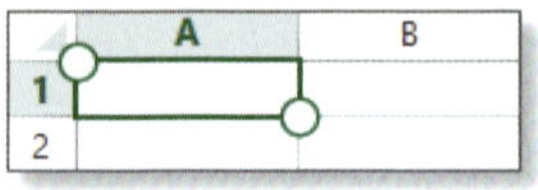

Abbildung 1.40 *Ausgewählte Zelle auf einem Touchscreen*

Wenn Sie Befehle ausführen, die eine Zelle betreffen können, gelten diese Befehle jeweils für die markierte

Zelle. Der Zellzeiger kann durch die Maus, mit Finger oder Stift, mit den Richtungstasten oder durch Befehle wie **Gehe zu** versetzt werden.

TIPP

Rollen, ohne den Zellzeiger zu versetzen
Wollen Sie einmal den Mauszeiger in einen anderen Bereich des Arbeitsblatts bewegen, ohne die aktive Zelle zu verändern, benutzen Sie die Taste `Rollen`. Mit `Strg` + `↵` wird die aktive Zelle wieder sichtbar.

Zellinhalt und Zellformat

Bei jeder Zelle können mindestens zwei Dimensionen unterschieden werden. Die eine Dimension ist der Inhalt der Zelle. Eine Zelle kann einen Eintrag enthalten oder leer sein. Die zweite Dimension ist das Format der Zelle. Das ist die Art und Weise, wie der Inhalt der Zelle angezeigt wird, in welchem Zahlenformat, in welcher Schriftart, in welcher Farbe etc. Zu dieser Dimension gehören auch Eigenschaften, die den Schutz der Zelle gegen Veränderungen betreffen, oder Gültigkeitsregeln für die Dateneingabe.

Die beiden Dimensionen werden in Excel getrennt behandelt. Sie können beispielsweise den Inhalt einer Zelle löschen, das gewählte Format aber beibehalten, oder Sie kopieren umgekehrt das Format einer Zelle, ohne den Inhalt mitzunehmen. Als weitere Dimension kann außerdem ein Kommentar angelegt werden, der etwa Hinweise zu einem Wert oder einer Formel enthält.

Eine Sonderstellung nehmen Zellen ein, die die neuen Sparklines aufnehmen. Diese werden in einer zusätzlichen Ebene der Zelle abgelegt. Mehr dazu in Kapitel 8, »Daten mit Sparklines visualisieren«, ab Seite 365.

Zellgruppen – Bereiche

Befehle in Excel können Sie nicht bloß auf einzelne Zellen, sondern auch auf Gruppen von Zellen anwenden. Diese Zellgruppen werden *Bereiche* genannt. Ein Bereich ist eine rechteckige Gruppe von Zellen, die entweder manuell markiert oder über eine Bereichsadresse angesprochen wird.

Ist ein Zellbereich ausgewählt, legt Excel einen Rahmen um die Auswahl und färbt die Zellen mit einer Hintergrundfarbe ein. Auch die Zeilen- und Spaltenköpfe werden eingefärbt. Das Ausfüllkästchen erscheint am unteren rechten Rand.

Ein Zellbereich besteht mindestens aus einer Zelle, maximal aus allen Zellen eines Blatts oder der Arbeitsmappe. Bereiche in einem Blatt sind zweidimensional, ein Bereich kann aber auch Zellen aus benachbarten Arbeitsblättern umfassen. Bereiche werden über die Adressen von zwei gegenüberliegenden oder diagonal gepaarten Eckzellen definiert. Ihre Adressen werden also durch eine Angabe von der Art »von ... bis« bestimmt. Der Bereich in Abbildung 1.41 hat beispielsweise die Adresse: A1:C3.

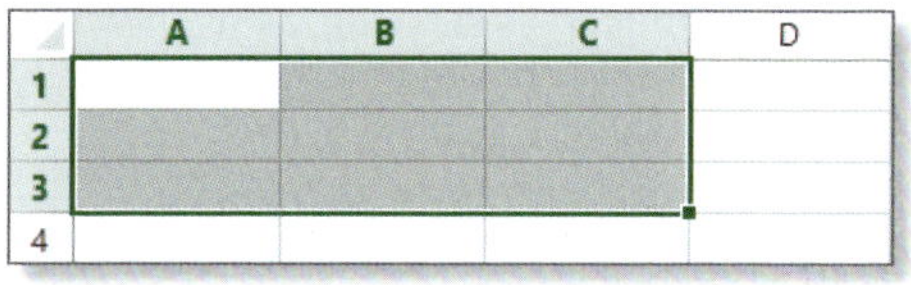

Abbildung 1.41 *Die aktive Zelle in einem markierten Zellbereich ist an dem helleren Hintergrund zu erkennen.*

Auf dem Touchscreen können Sie Bereiche durch Ziehen an den beiden runden Anfassern markieren.

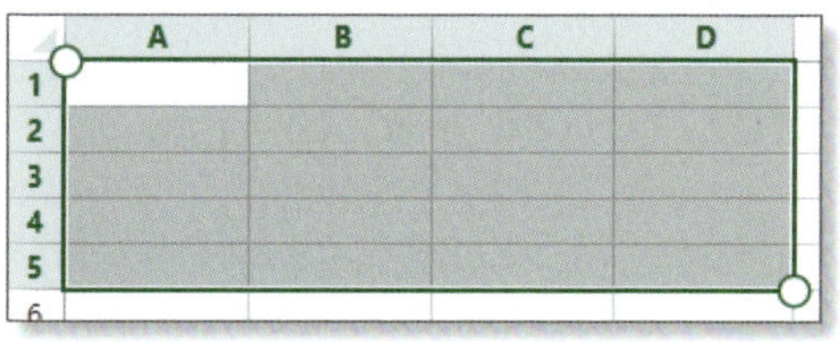

Abbildung 1.42 *Zellbereich auf einem Touchscreen*

Ist ein Zellbereich ausgewählt, ist die aktive Zelle an dem normalerweise weißen Hintergrund zu erkennen. Außerdem ist es möglich, Zellen und Bereiche mit Namen zu belegen, sodass sie auch über diesen Namen ansprechbar sind.

Mehrfachbereiche

Excel erlaubt auch die gleichzeitige Auswahl von mehreren Bereichen. So können Sie Zellengruppen auswählen, die nicht aneinandergrenzen. Für diese Mehrfachbereiche sind die meisten der Operationen anwendbar, die für Einzelbereiche möglich sind, aber eben nicht alle. Die Operationen **Ausschneiden**, **Zellen löschen**, **Zellen einfügen** sind beispielsweise nur bei Einzelbereichen erlaubt.

Datentypen

In die Zellen der Arbeitsblätter können Sie grundsätzlich zwei Typen von Daten eingeben:

- Konstantenx
- Formeln

Konstanten sind fixe Daten, die direkt in die Zelle eingegeben werden: Zahlen, Texte wie Beschriftungen, Namen, Artikelbezeichnungen etc., Datumsangaben wie 12.10.2006 oder Zeitangaben wie 12:33.

Mit Formeln sind dagegen Rechenvorschriften oder Vorschriften zur Manipulation von Daten gemeint. Sie veranlassen das Programm, in der Zelle das Ergebnis der Formel auszugeben, die in die Zelle eingetragen ist. Formeln bestimmen also immer nur den Wert der Zelle, in der sie abgelegt sind.

Formelbeispiel	Bedeutung
`=b3+b4`	Liefert die Summe der Werte in den beiden Zellen, deren Adresse angegeben ist.
`=Nettobetrag*MwSt`	Berechnet den Bruttobetrag aus Werten von zwei mit einem Namen belegten Zellen.
`=Links(b3;15)`	Liefert mithilfe einer Tabellenfunktion die ersten 15 Zeichen des Inhalts der Zelle B3.

^ ***Tabelle 1.2*** *Beispiele für unterschiedliche Typen von Formeln*

Formeln beginnen immer mit einem Gleichheitszeichen. Formeln können ihrerseits konstante Werte, Bezüge auf Zellen und Zellbereiche, Zell- oder Bereichsnamen, Operatoren und Funktionen enthalten. Tabelle 1.2 zeigt einige Beispiele.

Enthält eine Zelle eine Formel, ist die Formel in der Bearbeitungsleiste sichtbar, wenn die Zelle markiert ist, während in der Zelle selbst das Ergebnis erscheint.

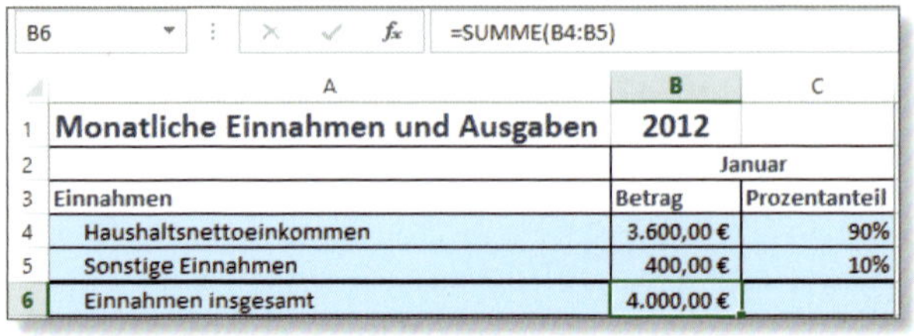

^ ***Abbildung 1.43*** *Die Zelle B6 zeigt das Ergebnis der Formel, die Formel ist in der Bearbeitungszeile zu sehen.*

Erst wenn Sie eine Zelle doppelt anklicken oder antippen oder die Taste [F2] drücken, wird die darin enthaltene Formel auch in der Zelle sichtbar, und Sie können sie dann auch dort bearbeiten.

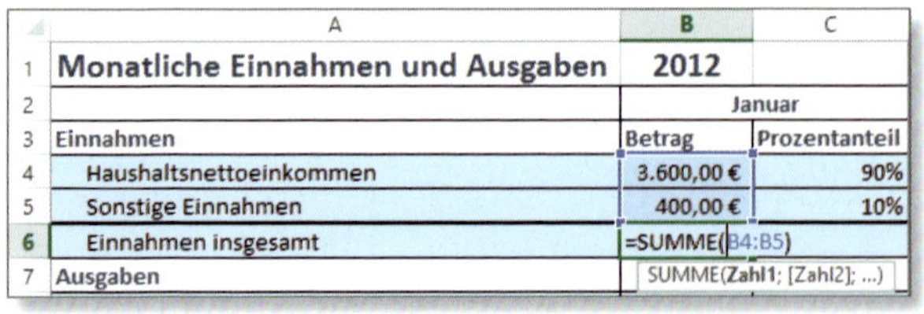

^ ***Abbildung 1.44*** *Per Doppelklick oder -tipp wird die Formel in der Zelle zum Bearbeiten eingeblendet.*

Zeichenfolgen und numerische Werte

Die zweite Unterscheidung, die bei der Arbeit mit Excel Beachtung verdient, ist die zwischen Zeichenfolgen und numerischen Werten. Konstanten sind entweder Zeichenfolgen oder numerische Werte. Formeln liefern als Ergebnis entweder Zeichenfolgen oder numerische Werte. Logische Ausdrücke liefern die beiden Werte *WAHR* oder *FALSCH*, die den numerischen Werten 1 und 0 entsprechen. (Logische Werte können deshalb auch in einfache Rechenoperationen einbezogen werden.)

Zeichenfolgen können Texte, aber auch Zahlenfolgen sein. Zum Beispiel können Sie Artikelnummern als Zeichenfolge ablegen. Wenn Sie Daten für eine Zelle eingetragen haben, prüft das Programm, ob der Eintrag als Zeichenfolge oder als Wert zu verstehen ist, und gibt die Daten entsprechend aus. Zeichenfolgen werden zunächst linksbündig, Werte rechtsbündig ausgegeben.

1.3 Excel starten und beenden

Programme wie Excel dienen dem Zweck, Dokumente anzulegen. Der Programmstart sollte so zügig wie möglich ablaufen. In diesem Abschnitt beschreiben wir mehrere Möglichkeiten, mit der Arbeit an einer Arbeitsmappe zu beginnen. Welche den Vorzug verdient, hängt meist davon ab, wie Ihr System insgesamt eingerichtet ist und ob Sie häufig mit Excel arbeiten oder eher seltener.

Start für ein neues Dokument unter Windows 8

Der erste Punkt, an dem Windows 8 auf sich aufmerksam macht, ist, dass es das allbekannte Startmenü nicht mehr gibt. Stattdessen finden Sie nach dem Start des Systems einen ganzen Bildschirm mit dem Namen **Start**, auf dem anstelle von frei stehenden Programmsymbolen mehr oder weniger große Kacheln angeboten werden. Ein Klick oder Tipp auf die Kachel für Excel startet das Programm in der Desktop-Umgebung.

Abbildung 1.45 *Die Kachel für Excel 2013 auf dem Startbildschirm von Windows 8*

Wenn Sie die Kachel mit der rechten Maustaste anklicken oder die Kachel mit Finger oder Stift etwas von der Stelle ziehen, erscheint im unteren Teil des Startfensters eine Leiste mit einigen Optionen, die für die meisten Kacheln zur Verfügung stehen.

Abbildung 1.46 *Leiste mit Optionen zu einer Programmkachel*

Von „Start" lösen entfernt die Kachel von der Startseite, was vielleicht Sinn macht, wenn Sie das Programm lieber über die Taskleiste auf dem Desktop starten und den Startbildschirm ausschließlich für die neuen Apps frei halten wollen. Die zweite Option verknüpft das Programm mit der Taskleiste auf dem Desktop oder löst es davon. Die dritte Option erlaubt die Deinstallation des ganzen Programms. Sie führt in den Dialog **Programme und Features**, den Sie vom Desktop aus auch über das Menü erreichen, das Ihnen die Tastenkombination ⊞+X anbietet.

Neues Fenster öffnen bringt Ihnen das Programm auf dem Desktop mit einem neuen leeren Fenster. In speziellen Fällen ist es sinnvoll, das Programm mit Administratorrechten zu öffnen, was die fünfte Schaltfläche anbietet. Die Option **Speicherort öffnen** zeigt Ihnen auf dem Desktop im **Windows-Explorer** den Link auf das Programm Excel in dem dafür verwendeten Ordner. Vorgabe ist *ProgramData > Microsoft > Windows > Start Menü > Programme Microsoft Office 2013*.

In der rechten Ecke der Leiste finden Sie noch das Symbol **Alle Apps**, das eine entsprechende Seite öffnet. Ist eine Kachel einmal vom Startbildschirm entfernt worden, finden Sie diese Anwendung auf dieser Seite wieder. Über die Leiste zu diesem Anwendungssymbol finden Sie wieder die Option **An „Start" anheften**, um die App auf die Startseite zu bringen.

Alternativ können Sie auch zunächst mit der entsprechenden Kachel auf den Desktop wechseln und für das

Programm eine Verknüpfung in der Taskleiste nutzen, um es damit zu öffnen. Sie können dazu hier auch in der Leiste des Programmsymbols die Option **An Taskleiste anheften** nutzen. Ist das Symbol des Programms in die Taskleiste eingefügt, reicht ein Klick oder Tipp darauf.

An der beschriebenen Vorgehensweise wird sichtbar, dass Windows 8 Ihnen zwei verschiedene Welten von Anwendungen anbietet. Die eine, die neue Welt ist die der Apps in dem, was zunächst als *Metro Style* bezeichnet wurde und jetzt als *Microsoft Modern UI Style*. Die andere Welt ist die bisher vorherrschende Desktop-Umgebung, die noch einigermaßen der Umgebung entspricht, unter der Excel 2013 auch unter Windows 7 läuft.

Eine Sonderstellung hat hier die Version von Excel 2013, die bei den Tablets auf *ARM*-Basis vorinstalliert ist und unter *Windows RT* läuft. Die Abkürzung *RT* steht für *Windows Runtime*. Geräte dieser Art stellen keine 32-Bit-API mehr zur Verfügung. Andere Desktop-Anwendungen als die Office 2013-Anwendungen lassen sich hier gar nicht installieren.

Vorgabe für Excel 2013 ist, dass Ihnen zunächst ein Startbildschirm angeboten wird, der neben einem Muster für eine neue Arbeitsmappe auch eine ganze Reihe von Vorlagen bereitstellt. Solange Sie Excel mit diesem Startbildschirm starten, werden Ihnen im linken Bereich immer auch die zuletzt bearbeiteten Mappen unter **Zuletzt verwendet** angeboten. Rechts von den Dateinamen finden Sie jeweils ein kleines Stiftsymbol, mit dem Sie eine Datei an die Spitze dieser Liste rücken können, um zu gewährleisten, dass sie in jedem Fall angezeigt wird. Das Kontextmenü zu einem solchen Listeneintrag bietet noch einige nützliche Befehle an:

Über den Mustervorlagen erscheint noch ein Suchfeld, um online nach weiteren Vorlagen zu suchen. Unter dem Suchfeld finden Sie Namen von Vorlagenkategorien, die weitere Vorlagen einblenden. Im rechten Teil des Fensters werden dann zusätzliche Filteroptionen angeboten, um den Kreis der Vorlagenangebote einzuschränken.

Die Schaltfläche **Start** führt jeweils zur ersten Ebene der Seite **Neu** zurück. Haben Sie dagegen den Startbildschirm – wie oben beschrieben – abgeschaltet, wird das Programm gleich mit einer leeren Arbeitsmappe geöffnet. Vorgegeben wird der Name *Mappe1*.

Abbildung 1.47 *Der Startbildschirm von Excel kann den Zugang zu Ihren Dokumenten beschleunigen.*

Starten mit einem vorhandenen Dokument

Um die Arbeit an einer bereits gespeicherten Arbeitsmappe fortzusetzen, benutzen Sie **Datei > Öffnen**. In diesem Fall werden unter **Zuletzt verwendete Arbeitsmappen** eben diese Mappen zur Direktauswahl angeboten. Auch hier finden Sie die schon angesprochenen Stiftsymbole, mit denen Sie die Liste ordnen können. Befindet sich die Mappe aber nicht in der Liste, wählen Sie zunächst unter **Computer** einen der schon verwendeten Ordner oder gleich die Schaltfläche **Durchsuchen**.

Anstatt erst das Programm zu starten und darin ein vorhandenes Dokument zu öffnen, können Sie auch umgekehrt verfahren.

1. Unter Windows 8 benutzen Sie auf dem Desktop das Symbol für den Windows-Explorer in der Taskleiste.

2 Wählen Sie das gewünschte Dokument in dem entsprechenden Ordner.

3 Je nach Einstellung der Ordneroptionen starten Sie Excel mit der ausgewählten Arbeitsmappe per Klick oder Tipp oder mit Doppelklick oder Doppeltipp.

Wenn Sie den genauen Namen der Datei nicht parat haben oder den Ordner nicht mehr wissen, in dem die Datei abgelegt ist, benutzen Sie die Suchfunktion:

Abbildung 1.48 *Suche nach einer Datei in Windows 8*

4 Benutzen Sie die Tastenkombination [Win] + [F].

5 Geben Sie die ersten Zeichen des Namens ein. Excel zeigt, falls die Suche erfolgreich ist, die entsprechenden Fundstellen an.

6 Klick oder Tipp öffnet das Programm mit der ausgewählten Arbeitsmappe.

Ein neues Dokument unter Windows 7 anlegen

Excel 2013 steht Ihnen auch unter Windows 7 zur Verfügung. Der herkömmliche Weg zuerst: Sie benutzen **Start** und wählen das Programm **Microsoft Excel 2013** aus dem Ordner **Microsoft Office** im Startmenü. Das Programm wird – wie oben beschrieben – entweder mit dem Startbildschirm oder gleich mit einer leeren Arbeitsmappe geöffnet.

Wenn Sie häufig mit Excel arbeiten, sollten Sie unter Windows 7 das Programmsymbol in die Taskleiste einfügen. Benutzen Sie das Kontextmenü und die Option **An Taskleiste anheften**. Ist das Symbol des Programms in die Taskleiste eingefügt, reicht ein Klick oder Tipp darauf.

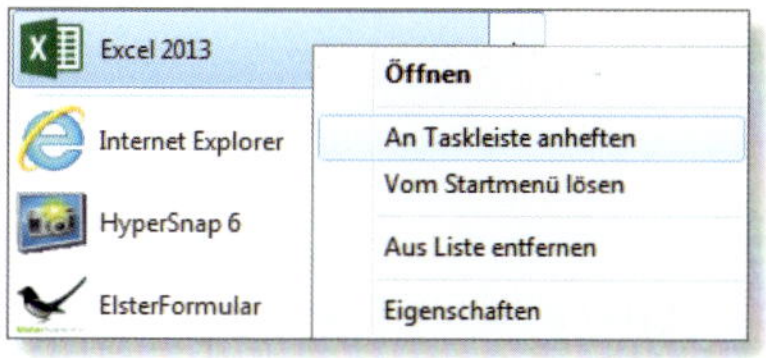

Abbildung 1.49 *Das Kontextmenü zu dem Programmsymbol für Excel im Startmenü bietet die Option »An Taskleiste anheften« an.*

Mit einem vorhandenen Dokument starten

Eine alternative Vorgehensweise unter Windows 7 ist, Excel gleich mit einem schon vorhandenen Dokument zu öffnen.

1 Mit dem Startmenü-Eintrag **Dokumente** erreichen Sie den Dialog, in dem die Dokumente des aktuellen Benutzers angeboten werden.

2 Wenn die Liste unübersichtlich ist, können Sie die Anzeige durch eine Sortierung nach dem Dateityp übersichtlicher machen.

3 Je nach den gewählten Ordneroptionen öffnet ein Klick oder Doppelklick auf die gewünschte Datei diese zusammen mit der Anwendung, falls diese noch nicht geöffnet ist, ansonsten wird ein neues Fenster für das Dokument geöffnet.

Anstatt eine einzelne Datei auf diese Weise zu öffnen, können Sie in einem Ordner auch gleich mehrere Dateien auswählen und über das Kontextmenü mit **Öffnen** einlesen.

Für die zuletzt erstellten Dokumente können Sie auch über das Startmenü den Eintrag **Zuletzt verwendet** ansteuern und dann aus der Liste die Datei per Mausklick auswählen.

Sprunglisten

Sowohl unter Windows 8 als auch unter Windows 7 erlaubt Ihnen auch das Kontextmenü für das Excel-Symbol in der Taskleiste einen schnellen Zugang zu den zuletzt bearbeiteten Arbeitsmappen. Diese Menüs werden auch als Sprunglisten bezeichnet.

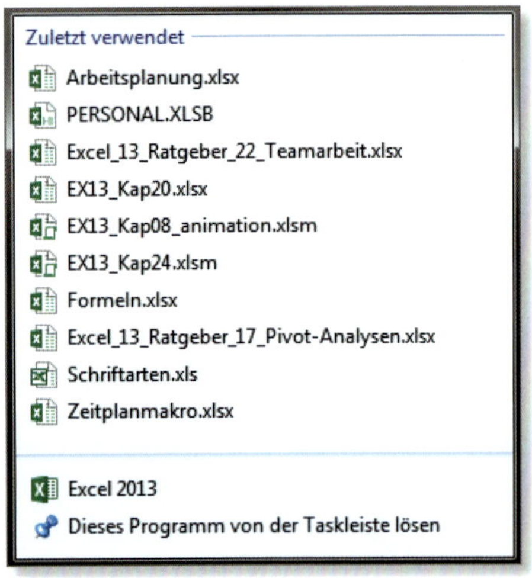

Abbildung 1.50 *Sprungliste zum Excel-Symbol in der Taskleiste*

TIPP

Arbeitsmappen an die Sprungliste anheften
Normalerweise enthält die Sprungliste immer nur die Arbeitsmappen, die tatsächlich zuletzt verwendet wurden. Längere Zeit nicht benutzte Mappen fallen also aus dieser Liste heraus. Wollen Sie eine Mappe in jedem Fall in der Sprungliste behalten, beispielsweise weil sie immer am Monatsanfang benötigt wird, klicken Sie auf das Symbol mit der Nadel am Ende der Zeile. Die Mappe wird dann in den Bereich der angehefteten Arbeitsmappen eingefügt.

Schnelle Startvarianten selbst einrichten

Eine weitere Möglichkeit, Excel mit einer bestimmten Datei zu öffnen, an der Sie längere Zeit arbeiten werden, ist eine Verknüpfung auf dem Desktop.

1 Wählen Sie über das Startmenü und die Optionen **Zuletzt verwendet** oder **Dokumente** die gewünschte Arbeitsmappe aus, und öffnen Sie mit der rechten Maustaste das Kontextmenü dazu.

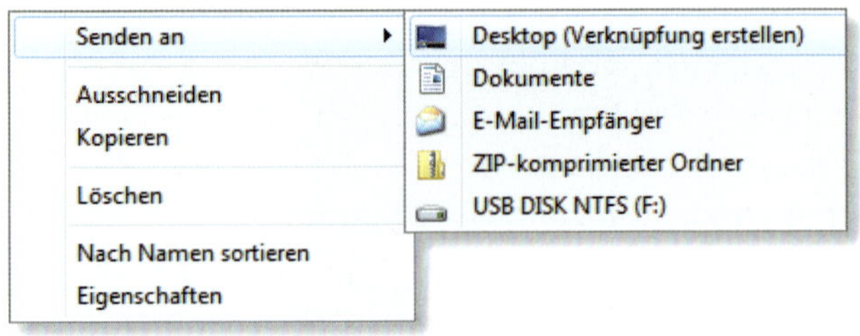

Abbildung 1.51 *Über das Kontextmenü einer Arbeitsmappe erstellen Sie eine Verknüpfung auf dem Desktop.*

2 Benutzen Sie **Senden an** und **Desktop** (**Verknüpfung erstellen**).

3 Schieben Sie das Symbol mit der Maus an die gewünschte Stelle. Klicken Sie den Desktop mit rechts an, und wählen Sie unter **Ansicht** die Option **Am Raster ausrichten**, um das Symbol passend zu platzieren.

4 Ein Klick auf das Verknüpfungssymbol öffnet die Anwendung mit der verknüpften Arbeitsmappe.

In ähnlicher Weise können Sie auch gezielt Verknüpfungen zu einem Ordner mit Arbeitsmappen auf dem Desktop ablegen. Wer beispielsweise täglich den Fortgang eines Projekts in einer Excel-Tabelle kontrolliert, hat so einen besonders schnellen Zugriff darauf.

Schnell zwischen Arbeitsmappen wechseln

Wenn Sie mit mehreren Arbeitsmappen gleichzeitig arbeiten, wird für jede Mappe ein eigenes Anwendungssymbol in der Taskleiste angezeigt. Ob diese nebeneinander erscheinen oder in Form kleiner Stapel, hängt sowohl unter Windows 8 als auch unter Windows 7 von der Einstellung ab, die Sie für die Eigenschaften der Taskleiste wählen. Das Kontextmenü der Taskleiste bietet dafür die Option **Eigenschaften** an. Sie können dann im Dialog auf dem Register **Taskleiste** unter **Schaltflächen der Taskleiste** wählen, ob eine Gruppierung immer, nie oder nur im Fall von Platzmangel stattfinden soll.

Berührt der Mauszeiger einen Stapel, lässt sich mit der Mausbewegung zwischen den verschiedenen Miniaturansichten wechseln, um die entsprechende Mappe anzuzeigen. Dadurch wird der Wechsel zwischen den Arbeitsmappen vereinfacht. Per Mausklick auf die entsprechende Miniaturansicht können Sie dann gezielt zu einer bestimmten Arbeitsmappe springen. Mit Finger oder Stift berühren Sie den Stapel und dann die gewünschte Miniaturansicht.

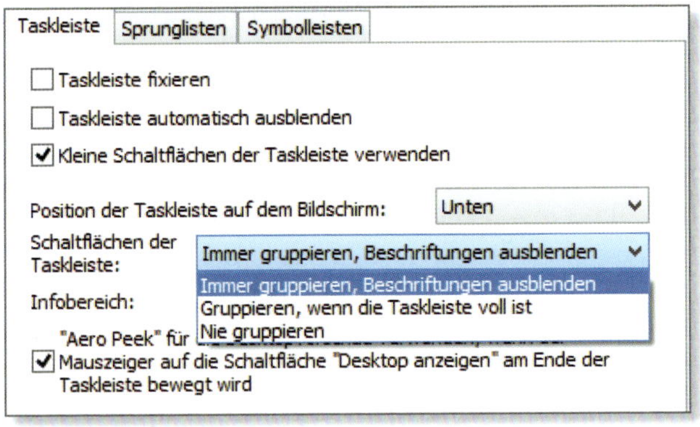

∧ ***Abbildung 1.52*** *Hier stellen Sie ein, ob beim Taskleistensymbol Gruppen für mehrere Excel-Fenster gebildet werden sollen oder nicht.*

Berühren Sie mit dem Mauszeiger einen solchen Stapel, können Sie mit einer entsprechenden Bewegung der Maus zwischen den Miniaturansichten verschiedener Arbeitsmappen wechseln, um die entsprechende Mappe einzublenden. Dadurch wird der Wechsel zwischen den Arbeitsmappen vereinfacht. Per Mausklick auf die entsprechende Miniaturansicht springen Sie dann gezielt zu einer bestimmten Arbeitsmappe.

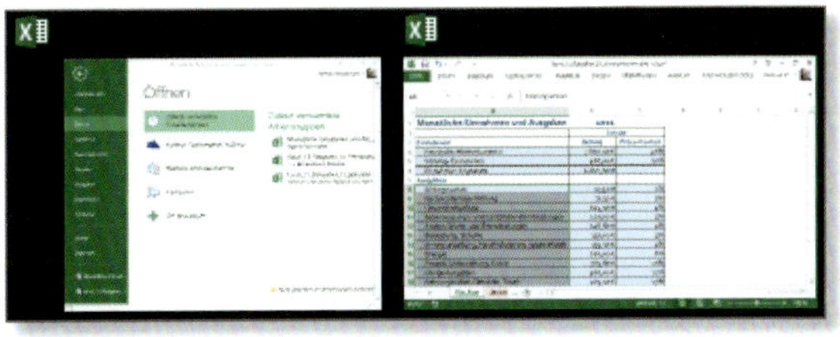

∧ ***Abbildung 1.53*** *Das Excel-Symbol bietet eine Vorschau auf zwei gleichzeitig geöffnete Arbeitsmappen an.*

Um zwischen den Dokumenten zu wechseln, kann auch über das Register **Ansicht** in der Gruppe **Fenster** das Menü der Schaltfläche **Fenster wechseln** verwendet werden.

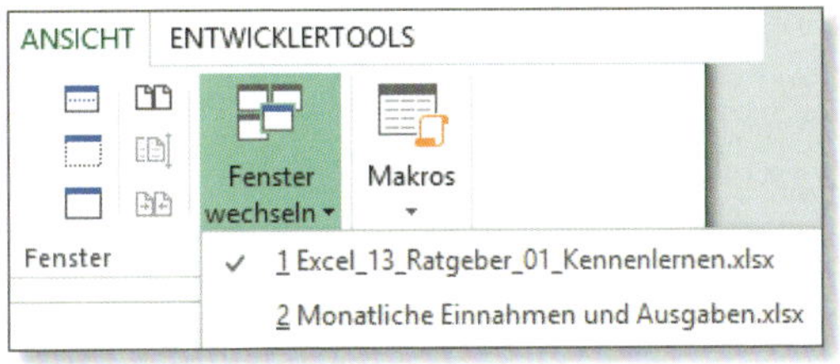

∧ ***Abbildung 1.54*** *Wenn mehrere Arbeitsmappen gleichzeitig geöffnet sind, hilft die Schaltfläche »Fenster wechseln« in der Gruppe »Ansicht > Fenster«.*

Außerdem werden noch einige Tastenkombinationen für den Wechsel angeboten:

- Strg + ⭾ oder Strg + F6 aktivieren das nächste Fenster.
- ⇧ + Strg + ⭾ oder ⇧ + Strg + F6 aktivieren das vorhergehende Fenster.

Mit täglich benötigten Arbeitsmappen starten

Wenn Sie täglich bestimmte Arbeitsmappen benötigen, etwa Tabellen für die Lagerbewegungen, können Sie diese Arbeitsmappen auch in dem Ordner *XLSTART* speichern, der bei der Installation von Excel 2013 automatisch angelegt wird. Sie finden diesen Ordner als Unterordner zu dem Ordner, in dem die aktuelle Office-Version abgelegt ist. Alle Arbeitsmappen, die hier gespeichert sind, werden immer zusammen mit Excel geöffnet.

Zusätzlich kann noch ein weiterer Startordner bestimmt werden. Dies geschieht auf der Seite **Erweitert** im Dialogfeld **Excel-Optionen** unter **Allgemein**. Dort wird zu der Option **Beim Start alle Dateien öffnen in** ein Textfeld angeboten, in das Sie den vollständigen Pfad eines solchen Ordners eintragen können.

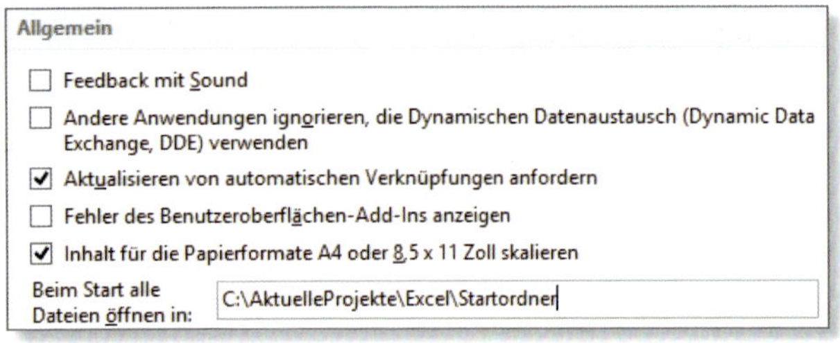

∧ ***Abbildung 1.55*** *Geben Sie hier den Pfad zu einem Ordner an, der Dateien enthält, die bei jedem Start von Excel automatisch geöffnet werden sollen.*

Wenn Sie die Mappen selbst in anderen Ordnern belassen wollen, können Sie auch Verknüpfungen auf diese Mappen in den Startordnern ablegen.

Arbeitspause – Excel beenden

Wenn Sie die Arbeitssitzung mit Excel 2013 beenden wollen, sollten Sie das auf eine ordentliche Weise tun. So wird gewährleistet, dass die in der Arbeitssitzung gewählten Einstellungen zu Beginn der nächsten Sitzung wieder zur Verfügung stehen. Um Excel 2013 zu beenden, können Sie mehrere Wege gehen:

- Klick oder Tipp auf die Schaltfläche **Schließen** in der Titelleiste
- [Alt] + [F4]
- Klick auf die Schaltfläche **Beenden** auf der Registerkarte **Datei**

Sind mehrere Arbeitsmappen gleichzeitig geöffnet, wird dabei immer nur die gerade aktive Arbeitsmappe geschlossen. Der Befehl **Datei > Schließen** schließt nur die aktuelle Arbeitsmappe, lässt aber das Anwendungsfenster geöffnet. Wenn Sie dagegen beim Klick auf **Schließen** [⇧] gedrückt halten, werden alle Anwendungsfenster geschlossen.

∧ ***Abbildung 1.56*** *Nachfrage beim Schließen eines Anwendungsfensters*

In jedem Fall prüft Excel automatisch, ob aktuelle Änderungen noch nicht gespeichert worden sind. Gibt es solche Arbeitsmappen, werden Sie gefragt, ob Sie diese speichern wollen. Wenn Sie mit **Speichern** antworten, werden alle Änderungen gesichert, bei **Nicht speichern** werden die Änderungen verworfen. Das kann sinnvoll sein, wenn Sie Dinge ausprobiert haben, die Sie nicht mehr verwenden wollen.

1.4 Die Oberfläche meistern lernen

Der Gerätepark in der IT-Branche hat sich in den letzten Jahren rasant verändert. Insbesondere durch den Umgang mit Tablets und Smartphones mit ihren berührungsempfindlichen Bildschirmen sind die eigenen Finger als Bedienungswerkzeuge neu entdeckt worden. Maus und Tastatur haben durch die flinken Finger und die damit möglichen Gesten Konkurrenz bekommen. Wer große Mengen von Daten eingeben muss, wird sicher weiterhin lieber mit einer richtigen Tastatur als mit einer virtuellen auf dem Bildschirm arbeiten, aber in vielen Situation, insbesondere unterwegs, ist der Zugriff auf Arbeitsmappen über ein Tablet eine gute Sache, die schnell zur Gewohnheit werden kann.

Zwei Bedienungsmodi

Excel 2013 bietet jetzt zwei Bedienungsmodi an, einmal die klassische Maus- und Tastaturbedienung für

PCs oder Notebooks, zum anderen die Bedienung mit den Fingern oder mit einem Stift, wie Tablets oder berührungsempfindliche Bildschirme bei anderen Geräten sie möglich machen. Um solche Geräte möglichst gut zu unterstützen, ist für Excel 2013 ein spezieller Touch-Modus eingeführt worden. Die Umschaltung in diesen Modus erfolgt auf Tablets normalerweise automatisch, Sie finden dafür in der Schnellzugriffsleiste aber auch eine Schaltfläche **Fingereingabe-/Mausmodus**, um manuell zwischen den Modi zu wechseln.

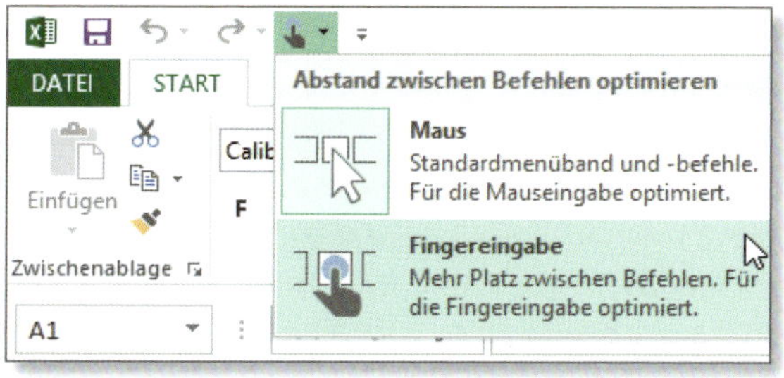

*^ **Abbildung 1.57** Das Menü zum Wechsel des Eingabemodus*

Im Modus **Fingereingabe** werden die Schnellzugriffsleiste und das Menüband mit Symbolen dargestellt, die einen etwas größeren Abstand voneinander haben, damit die Finger beim Antippen das gewünschte Symbol sicherer treffen können.

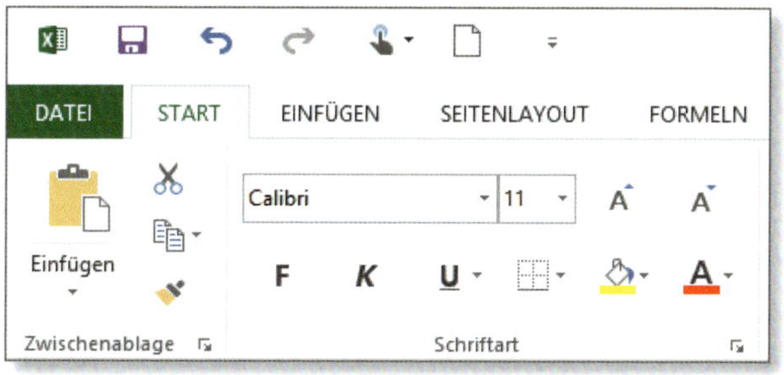

*^ **Abbildung 1.58** Das gespreizte Menüband für die Fingereingabe*

Auch bei Kontextmenüs wie etwa dem für die Statusleiste ist der Abstand der Optionen vergrößert. Bei einigen Kontextmenüs ist die Aufteilung der Optionen so geändert, dass die am häufigsten verwendeten nebeneinander und die weniger häufig verwendeten untereinander angeordnet sind. Paletten wie die für die Farbauswahl werden vergrößert, damit Sie die einzelnen Muster leichter treffen.

*^ **Abbildung 1.59** Die vergrößerte Farbpalette für die Fingereingabe*

Um eine Zelle zu markieren, reicht ein Tipp darauf. In der gleichen Weise markieren Sie die Einfügeposition in einem Text. Das Ziehen mit der Maus, mit dem in Excel beispielsweise Zellbereiche markiert werden, lässt sich ebenfalls ganz gut durch das Ziehen mit Finger oder Stift imitieren, wobei Excel zur Erleichterung an den Ecken der Bereiche kleine runde Anfasser anbietet.

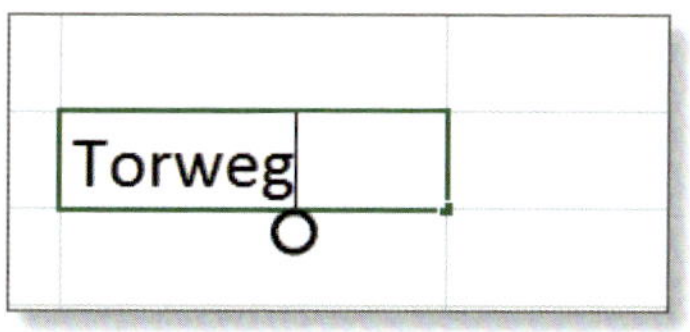

*^ **Abbildung 1.60** Markierung der Einfügestelle bei der Fingereingabe*

Soll innerhalb einer Zelle ein Teil des Textes markiert werden, tippen Sie den Text an einer Stelle an und ziehen den dort dann angezeigten Kreis, um die Auswahl zu erweitern. Das geht in beide Richtungen. Am Ende ist an jeder Seite der Auswahl ein Kreis zu sehen, mit dem die Auswahl erneut korrigiert werden kann.

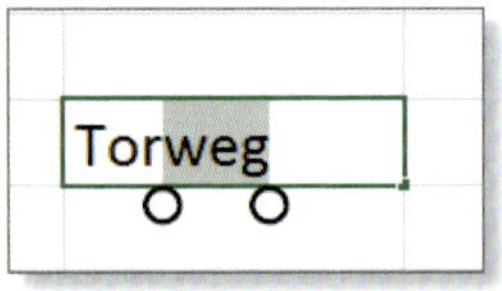

Abbildung 1.61 *Markierung innerhalb einer Zelle bei der Fingereingabe*

Um den Inhalt einer Zelle zu löschen, halten Sie den Finger oder Stift kurz auf der Zelle und benutzen in dem dann eingeblendeten horizontalen Kontextmenü die Schaltfläche **Auswahl löschen**.

Angetippte grafische Objekte ziehen Sie mit Finger oder Stift an die gewünschte Stelle. Soll die Größe eines Objekts verändert werden, tippen Sie darauf und ziehen an den Anfassern.

Der Doppelklick wird durch ein doppeltes Antippen erledigt. So wird beispielsweise eine Zelle zum Bearbeiten geöffnet. Für den Klick mit der rechten Maustaste gibt es ebenfalls eine Fingerentsprechung. Wird beispielsweise ein Zellbereich, ein Spalten- oder Zeilenkopf oder ein anderes Element, dem ein Kontextmenü zugeordnet ist, mit dem Finger oder Stift etwas länger berührt, blendet Excel die entsprechenden Befehle ein, nur die Anordnung ist – wie oben schon gezeigt – in einigen Fällen etwas anders als bei der Bedienung mit der Maus.

Eine spezielle Geste ist das Wischen. In diesem Fall kommt es auf die Richtung an. Wenn Sie im Zellraster nach oben wischen, wird der Bildschirmausschnitt nach unten verschoben, wischen Sie nach links, werden die Spalten angezeigt, die weiter rechts liegen. Die Arbeit mit zwei Fingern erlaubt auch noch einige zusätzliche Gesten. So können Sie mit dem Spreizen oder Zusammenziehen sehr einfach den Bildschirmausschnitt vergrößern oder verkleinern, was häufig hilfreich ist, beispielsweise um Formeln in einer Zelle zu bearbeiten.

Abbildung 1.62 *Das Tastatursymbol auf dem Microsoft Surface*

Bei Tablets, die nur mit einer virtuellen Tastatur arbeiten, wird in der Taskleiste ein Tastatursymbol angeboten, das die Tastatur einblendet. Mit der untersten Schaltfläche der Tastatur können Sie verschiedene Tastaturlayouts wählen.

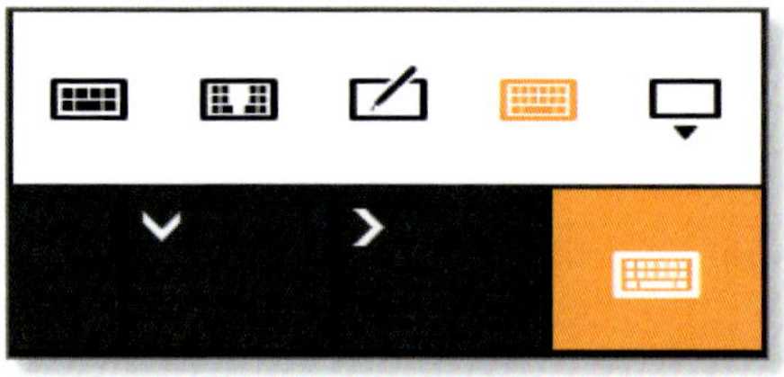

Abbildung 1.63 *Wahl des Tastaturlayouts*

Das Layout zu der ersten Schaltfläche ist anders als die normale PC-Tastatur, die Eingabe von Buchstaben und Zahlen ist getrennt, Sie wechseln mit der Taste [&123] und mit zwei Pfeiltasten. Tasten wie [ESC], die Funktionstasten oder einige der Richtungstasten fehlen ganz.

Die zweite Schaltfläche trennt die Tastatur in drei Teile auf, rechts und links Tasten für die Bedienung mit den beiden Daumen, in der Mitte ein Zahlenblock.

Abbildung 1.64 *Die Bildschirmtastatur im Standardlayout*

Für die Arbeit mit Excel sollten Sie in der Regel die vierte Schaltfläche verwenden, die ungefähr der normalen PC-Tastatur entspricht, nur die erweiterten Richtungstasten für den Bildschirmwechsel oder [Pos1] und [Ende] fehlen. Dieses Layout wird allerdings nur angeboten, wenn Sie unter Windows 8 in **PC-Einstellungen > Allgemein** unter **Bildschirmtastatur** die Option **Standardtastaturlayout verfügbar machen** eingeschaltet haben.

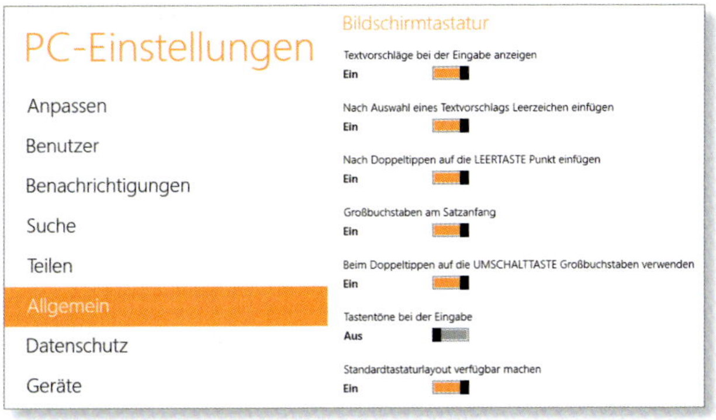

Abbildung 1.65 *Aktivieren des Standardtastaturlayouts unter Windows RT*

Ein Tipp auf die **Schließen**-Schaltfläche mit dem [X] blendet die Bildschirmtastatur wieder aus. Um die virtuelle Tastatur fortwährend eingeblendet zu halten, tippen Sie links daneben die Schaltfläche zum Andocken an, ein erneutes Antippen löst diese Fixierung wieder auf; die Tastatur lässt sich dann auch nach unten verschieben. Ist die Tastatur dagegen angedockt, wird das Anwendungsfenster von Excel automatisch auf den noch freien Teil des Bildschirms reduziert.

Wenn Sie in eine Zelle etwas eintippen, verschiebt Excel den Bildschirmausschnitt aber automatisch so, dass Sie immer die Eingabe sehen können. Damit möglichst viel von der Tabelle sichtbar bleibt, wenn die Tastatur verwendet wird, zeigt Excel als Vorgabe nur die Register des Menübands an, blendet also die Befehle aus.

Wenn Excel über einen Touchscreen gesteuert werden kann, steht als zusätzliche Eingabemöglichkeit noch die Freihandeingabe zur Verfügung. Über das Register **Überprüfen** finden Sie dazu in der Gruppe **Freihand** die Schaltfläche **Freihandeingabe starten**. Excel blendet ein Register mit Freihandtools ein, das Ihnen verschiedene Stifte und Marker anbietet. Auf diese Weise können Sie beispielsweise bestimmte Werte in einer Tabelle mit Finger oder Stift markieren. Die Markierungen sind für Excel dann nichts anderes als grafische Objekte, die Sie als solche auch bearbeiten können.

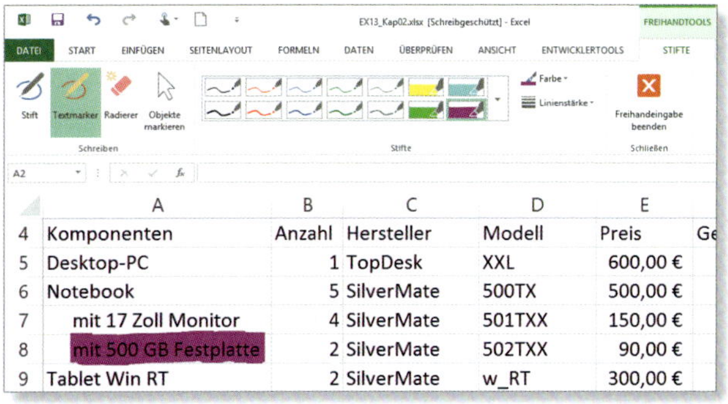

Abbildung 1.66 *Freihandmarkierung eines Zellinhalts*

Unabhängig davon stellt Ihnen z. B. das Microsoft Tablet Surface anstelle der Bildschirmtastatur noch einen Eingabebereich zur Verfügung, um Zeichen per Finger oder Stift einzugeben, die dann per Zeichenerkennung als Ziffern und Buchstaben in die aktive Zelle eingetragen werden, sobald Sie die Taste [↵] verwenden. Das Umschalten zwischen den beiden Eingabemodi geschieht über die Schaltflächen, die die Tastaturtaste anzeigt. Das Surface-Tablet kann aber auch über anklickbare Cover-Tastaturen bedient werden. (Es ist übrigens auch kein Problem, an die USB-Schnittstelle eine USB-Maus oder eine USB-Tastatur anzuschließen, dies wird ohne Umstände unterstützt.)

Lokale und vernetzte Benutzer

Eine weitere grundsätzliche Neuerung in Excel 2013 ist, dass Microsoft nun unterscheidet zwischen lokalen Benutzern, die nur auf ihrem Gerät agieren wollen, und solchen, die sich über ein Konto bei Microsoft Office anmelden, insbesondere um Webdienste wie SkyDrive zu nutzen. Die Anmeldung wird über den Link **Anmelden** in der rechten Ecke des Anwendungsfensters angeboten. Neben der Anmeldung als Person mit einem Konto, das Sie auch für andere Dienste von Microsoft nutzen können, wird hier auch die Anmeldung für eine Organisation, eine Schule oder ein Unternehmen, die Office 365 abonniert haben, angeboten.

Abbildung 1.67 *Der Anmeldedialog für ein Microsoft-Konto*

Wenn Sie sich mit einem Konto bei Microsoft anmelden, erscheinen die entsprechenden Kontodaten in der rechten Ecke des Anwendungsfensters und auf der Seite **Konto**, die Sie über das Register **Datei** öffnen. Sie können dort dem Konto ein Foto zuordnen und sich mit verschiedenen Webdiensten wie SkyDrive, Office 365 SharePoint, Twitter oder Facebook verbinden, wenn Sie die entsprechenden Zugangsdaten angeben. Benutzen Sie die Schaltfläche **Dienst hinzufügen** und wählen Sie beispielsweise unter **Freigeben** als Dienste **Twitter** oder **Facebook** aus.

Abbildung 1.68 *Beispiel für die Verknüpfung mit Twitter*

Als kleines Gastgeschenk wird Ihnen hier auch noch angeboten, unter **Office-Hintergrund** ein paar Muster für den Kopfbereich auszuwählen.

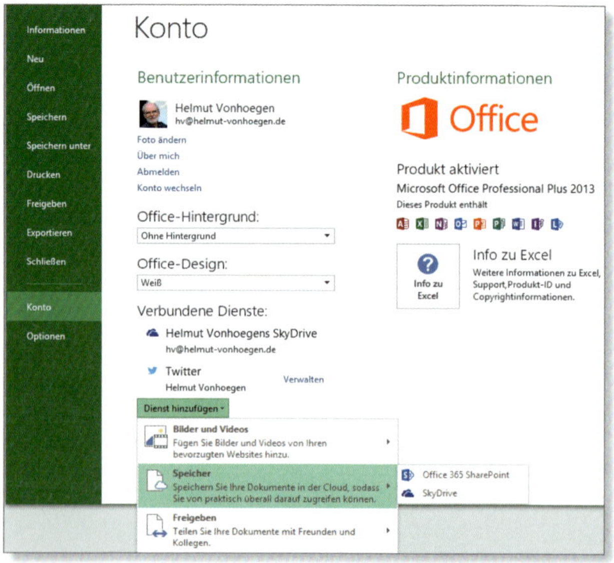

Abbildung 1.69 *Die Seite mit den Kontodaten*

1.5 Das Anwendungsfenster

Wenn Sie Excel 2013 starten, erscheint – wie schon angesprochen – ein Programmfenster für eine einzelne Arbeitsmappe (Abbildung 1.71). Es ist also nicht mehr möglich, mehrere Arbeitsmappen gleichzeitig in einem Anwendungsfenster zu handhaben. Für die gleichzeitige Arbeit an mehreren Arbeitsmappen öffnen Sie einfach entsprechend viele Anwendungsfenster.

Jedes dieser Fenster hat eine Titelleiste mit fünf Schaltflächen und einen in der neuen Version sehr reduzierten Rahmen – das vermeidet unnötige Platzvergeudung.

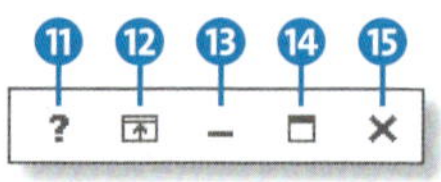

Abbildung 1.70 *Die Symbole an der rechten Seite der Titelleiste*

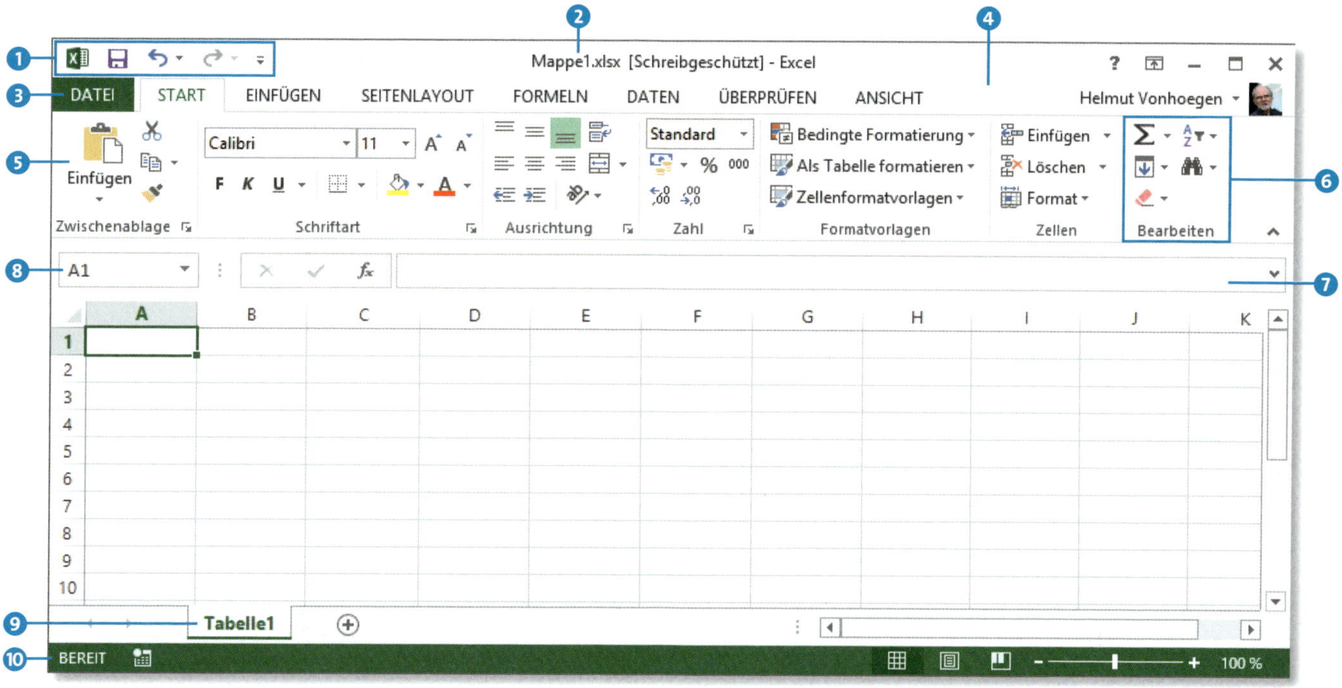

Abbildung 1.71 *Bildschirmelemente in Excel 2013: Schnellzugriffleiste ❶, Titelleiste ❷, Register Datei ❸, Register ❹, Menüband ❺, Gruppe ❻, Bearbeitungsleiste ❼, Namensfeld ❽, Blattregister ❾, Statusleiste ❿.*

Ein Klick oder Tipp auf das Fragezeichen ⓫ öffnet das Hilfefenster. Die Schaltfläche daneben ⓬ öffnet ein Menü, in dem Sie festlegen können, wie Sie mit der Menüleiste verfahren wollen.

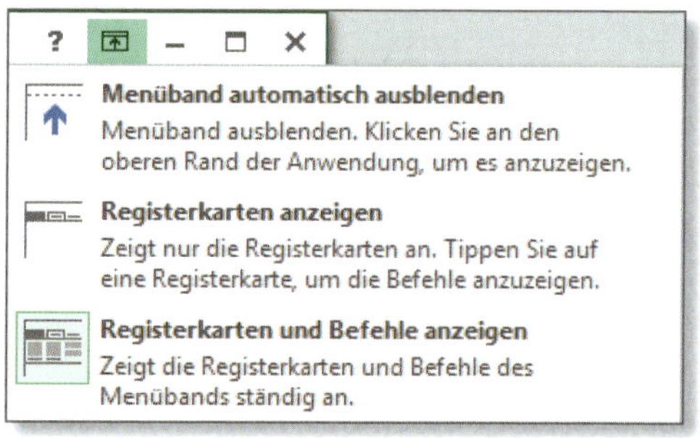

Abbildung 1.72 *Optionen zum Menüband*

Die erste Option, **Menüband automatisch ausblenden**, schaltet in den Vollbildmodus, der das Anwendungsfenster auf die maximale Größe ausweitet und alles ausblendet, was insbesondere zum Ansehen der Tabellenblätter nicht unbedingt notwendig ist. Ein Klick oder Tipp auf den oberen Rand blendet das Menüband nur vorübergehend wieder ein. Sobald Sie einen Befehl abgeschlossen haben und eine beliebige Zelle anklicken, wird das Band wieder ausgeblendet.

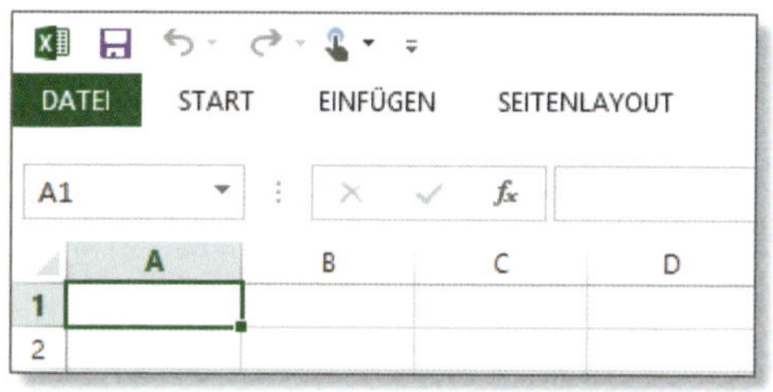

Abbildung 1.73 *Register ohne Befehle*

Die zweite Option, **Registerkarten anzeigen**, blendet nur die Register des Menübands ein. Erst die Auswahl eines Registers zeigt dann das dazugehörige Band. Mit der Auswahl einer beliebigen Zelle wird das Band wieder ausgeblendet.

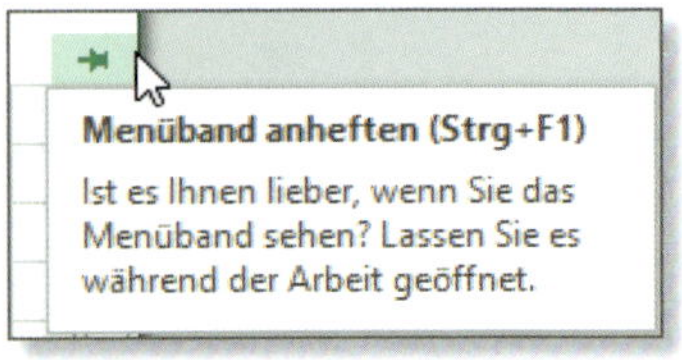

^ ***Abbildung 1.74*** *Das Pin-Symbol zum Anheften*

Mit dem Stiftsymbol **Menüband anheften** oder mit Strg + F1 können Sie das Menüband wieder dauerhaft sichtbar machen. Dies lässt sich mit dem Pfeilsymbol **Menüband lösen** oder erneut mit Strg + F1 wieder rückgängig machen. Die beiden Optionen sind insbesondere bei der Arbeit auf Tablets, Note- oder Netbooks häufig ganz praktisch. Die dritte Option des Symbols **Menüband-Anzeigeoptionen** ist **Registerkarten und Befehle anzeigen**. Sie blendet das Menüband dauerhaft ein.

Das dritte Symbol ⑬ von links – **Minimieren** – schließt das Fenster vorübergehend. Für Excel finden Sie dann in der Taskleiste am unteren Bildschirmrand eine Schaltfläche. Ein Klick oder Tipp darauf öffnet das Excel-Fenster erneut. An der vierten Stelle ⑭ ist entweder die Schaltfläche **Verkleinern** oder **Maximieren** zu sehen, die zwischen Vollbild und Normalbild umschaltet.

Beim Vollbild benutzt Excel den gesamten Bildschirm, sodass Sie möglichst viel von Ihrer Tabelle sehen können. Beim Normalbild kann das Fenster in der Größe verändert werden. Dazu brauchen Sie nur mit dem Mauszeiger auf den Fensterrand zu gehen und mit gedrückter linker Maustaste in die gewünschte Richtung zu ziehen. Das macht Sinn, wenn Sie auf dem Bildschirm mehr als ein Programmfenster gleichzeitig sehen wollen. Der Mauszeiger erscheint dabei als Doppelpfeil.

Auch mit Finger oder Stift lässt sich das Anwendungsfenster vergrößern oder verkleinern, wenn Sie die Ränder damit ziehen. Mit der **Schließen**-Schaltfläche ⑮ ganz rechts schließen Sie das einzelne Anwendungsfenster.

Das Menüband

Die Werkzeuge, mit denen Sie Excel steuern, sind seit der Version 2007 neu gestaltet. Anstelle der zahlreichen Symbolleisten und der klassischen Aufklappmenüs mit ihren oft mehrstufigen Befehlshierarchien wird nun ein flexibles Menüband angeboten.

Seit Excel 2010 wurde die zunächst verwendete etwas ungelenke Bezeichnung *Multifunktionsleiste* durch den Begriff *Menüband* ersetzt. War die Zusammenstellung der Leiste in der Version 2007 noch fixiert, erlaubt Excel seit der Version 2010, die Zusammenstellung der Elemente des Menübands anzupassen. Darauf wird im Abschnitt »Das Menüband anpassen« ab Seite 81 noch eingegangen.

Das Menüband besteht aus mehreren Registerkarten, die sich überlagern. Die Register dieser Karten ❶ (Abbildung 1.75) sind in einer Reihe unter der Titelleiste angeordnet. Jede Registerkarte enthält jeweils aufgabenbezogene, benannte Gruppen ❷ von Symbolen oder Befehlen. Verdeckte Registerkarten rücken Sie einfach per Klick oder Tipp auf die jeweiligen Register in den Vordergrund, sofern Excel aufgrund der aktuellen Arbeitssituation nicht automatisch die dafür benötigte Registerkarte einblendet.

TIPP

Register per Mausrad wechseln
Wenn Ihre Maus ein Rad hat, können Sie auch mit dem Rad die Registerkarten wechseln, solange sich der Mauszeiger oberhalb der Bearbeitungsleiste befindet.

Rechts von den Reitern finden Sie den Namen und, falls zugewiesen, ein kleines Bild des Benutzers. Wenn Sie mit dem Pfeil neben dem Namen das dazugehörige Menü öffnen, haben Sie die Möglichkeit, die Benutzereinstellungen zu bearbeiten oder auch den Benutzer zu wechseln, falls mehrere Personen mit dem Programm arbeiten. Die entsprechenden Befehle sind auch über **Datei > Konto** zugänglich.

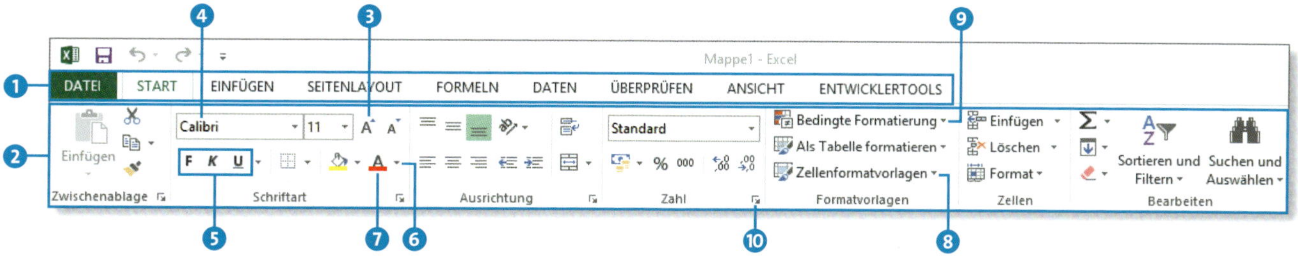

Abbildung 1.75 *Das Menüband mit dem Register »Start« im Vordergrund*

Abbildung 1.76 *Das Menü zum Benutzernamen*

Steuerelementtypen

Im Menüband kommen ganz unterschiedliche Steuerelemente zum Einsatz:

- einfache Schaltflächen wie beispielsweise **Schriftgrad vergrößern** ❸
- einfache Listenfelder wie **Schriftart** ❹
- Schalter, mit denen zwischen zwei Einstellungen gewechselt wird, wie **Fett** oder **Kursiv** ❺
- geteilte Schaltflächen wie **Schriftfarbe**, bei denen Sie mit einem kleinen Pfeil ❻ eine Palette öffnen, um die Option auszuwählen, und per Klick auf die Schaltfläche ❼ die aktuell ausgewählte Option erneut anwenden
- Schaltflächen, die Auswahlpaletten anbieten, wie **Zellenformatvorlagen** ❽
- Schaltflächen, die Untermenüs öffnen, wie **Bedingte Formatierung** ❾
- Dialogfeldstarter zum Öffnen von Dialogfeldern wie **Zahl** ❿
- Schaltflächen, die Aufgabenbereiche öffnen, wie **Überprüfen > Recherchieren**
- Schaltflächen, die Dialogfelder öffnen, wie **Einfügen > PivotTable**
- Kontrollfelder zum Abhaken wie **Seitenlayout > Blattoptionen > Drucken**
- Drehfelder zur Auswahl von Werten wie **Format > Größe > Formenhöhe**

Wenn Sie mit dem Mauszeiger ein Symbol im Menüband berühren, wird es vorübergehend durch einen farbigen Hintergrund hervorgehoben. Bei den Wählschaltern bleibt der farbige Hintergrund dagegen, solange eine der beiden Schalterpositionen ausgewählt und die betroffene Zelle oder das Objekt markiert ist. Haben Sie beispielsweise eine Zelle fett formatiert, erscheint der farbige Hintergrund immer dann, wenn Sie diese Zelle auswählen.

Haben Sie der Zelle noch weitere Formate mit Schaltersymbolen zugewiesen, erscheinen all diese Schaltflächen mit dem farbigen Hintergrund. So können Sie mit einem Blick die Formate von Zellen kontrollieren. Das ist besonders bei der Ausrichtung von Texten und Zahlen hilfreich.

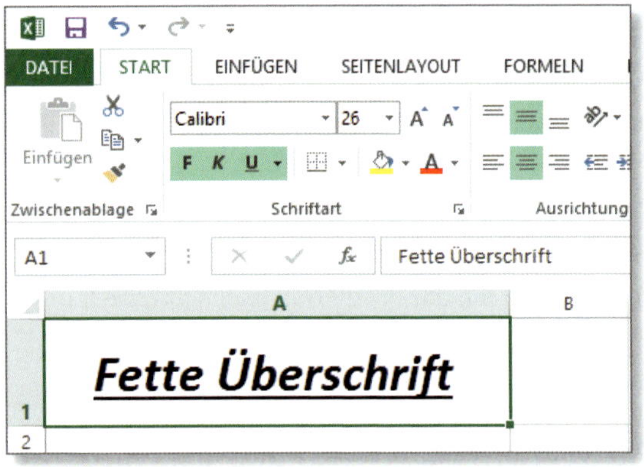

Abbildung 1.77 *Die Schaltersymbole in der Gruppe »Schriftart« zeigen an, dass die markierte Zelle fett, kursiv und unterstrichen formatiert ist.*

Wenn Ihnen die Funktion eines Symbols nicht sofort ins Auge springt, halten Sie kurz den Mauszeiger darauf, um einen Hinweis zu erhalten.

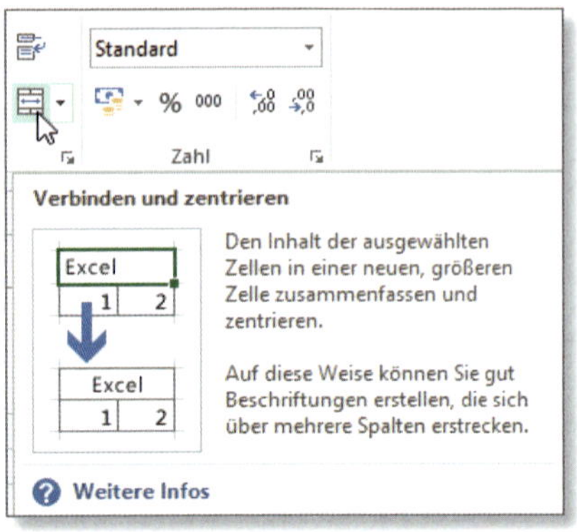

Abbildung 1.78 *Die ausführlichen Hinweise zu einem Symbol sind häufig hilfreich.*

TIPP

Menüband reduzieren – Alternativen
Sie können das Menüband auch über das Kontextmenü mit **Menüband reduzieren** so weit ausblenden, dass nur noch die Register sichtbar sind. Derselbe Befehl hebt die Minimierung auch wieder auf. Alternativ kann auch ein Register doppelt angeklickt oder angetippt werden. [Strg] + [F1] führt ebenfalls zum Ziel.

Hauptregisterkarten

Wer schon längere Zeit mit älteren Versionen von Excel gearbeitet hat, wird vielleicht schon mal etwas ungeduldig nach einem bestimmten Befehl in dem Menüband suchen. Tabelle 1.3 gibt deshalb eine kurze Übersicht über die Hauptregisterkarten des Menübands.

Das Register **Datei** wird zwar in der gleichen Zeile angeboten wie die in der Tabelle 1.3 aufgeführten Register, öffnet aber keine Gruppen im Menüband, sondern die Backstage-Ansicht, die im Abschnitt »Hinter der Bühne« ab Seite 76 beschrieben wird.

Kontextabhängige Spezialregister

Neben zehn **Hauptregisterkarten** gibt es noch zahlreiche spezielle Register wie die für Diagramme oder Pivot-Tabellen, die als **Registerkarten für Tools** bezeichnet werden.

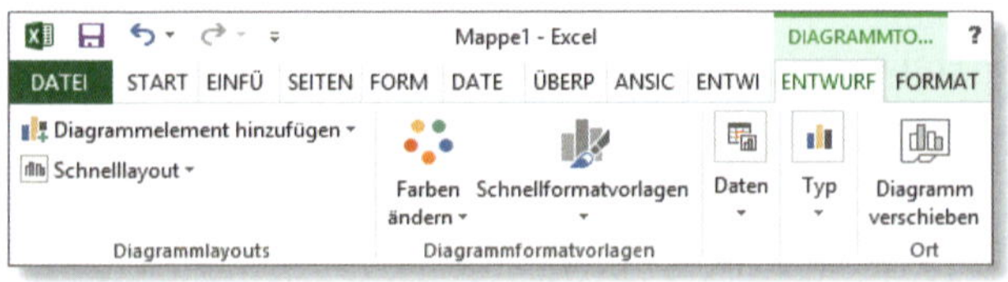

Abbildung 1.79 *Zu »Diagrammtools« gehören zwei Register mit speziellen Befehlen für die Bearbeitung von Diagrammen.*

Sind solche Register aktiviert, beispielsweise weil ein Diagramm zur Bearbeitung ausgewählt oder eine Grafik markiert ist, erscheint als Klammer über den Spezialregistern ein zusätzliches Register mit dem Namen der entsprechenden Tools.

Die Zahl der sichtbaren Registerkarten hängt von der jeweiligen Arbeitssituation ab, sodass Funktionen, die in einem bestimmten Zusammenhang zunächst keine Rolle spielen, auch nicht sichtbar sind. Dies trägt zur Entwirrung der Benutzeroberfläche bei.

Registerkarte	Beschreibung
Start	Die Registerkarte Start stellt Grundfunktionen der Tabellenbearbeitung zur Verfügung wie die Formatierung der Zahlen und Beschriftungen, das Kopieren und Ausschneiden von Zellinhalten, das Einfügen und Löschen von Spalten und Zeilen etc.
Einfügen	Über diese Registerkarte fügen Sie Objekte in das Tabellenblatt ein: Tabellen, Pivot-Tabellen, Diagramme, Grafiken, Symbole und so weiter.
Seitenlayout	Mit den Optionen auf dieser Registerkarte bestimmen Sie das Aussehen des Dokuments, insbesondere auch für den Ausdruck.
Formeln	Auf dieser Registerkarte finden Sie alles Nötige, um mit Formeln und Funktionen zu arbeiten, um Bereiche zu benennen und Berechnungen zu kontrollieren.
Daten	Über diese Registerkarte übernehmen Sie externe Daten, filtern und sortieren Tabellen und analysieren Daten mit speziellen Tools.
Überprüfen	Diese Registerkarte enthält Werkzeuge, um die Korrektheit Ihrer Tabellenblätter zu prüfen.
Ansicht	Die Registerkarte bietet Optionen, um die Ansicht auf das Tabellenblatt zu verändern, wie Zoom, Einfügen zusätzlicher Fenster und so weiter.
Entwicklertools	Diese Registerkarte bietet Werkzeuge zur Entwicklung von Anwendungen an. Sie ist standardmäßig ausgeblendet.
Add-Ins	Diese Registerkarte wird nur eingeblendet, wenn Add-Ins installiert sind, die Befehle für das Menüband bereitstellen.
Freistellen	Diese Registerkarte wird nur eingeblendet, wenn eine Grafik ausgewählt ist und auf dem Register **Format** die Schaltfläche **Freistellen** benutzt wurde.

Tabelle 1.3 Übersicht über die Hauptregisterkarten

Automatische Anpassung

Das Menüband passt sich der aktuellen Breite des Programmfensters an. Ist zu wenig Platz für die komplette Anzeige aller Symbole in den Gruppen einer Registerkarte, werden schrittweise die Symbole in einzelnen Gruppen vorübergehend umgruppiert.

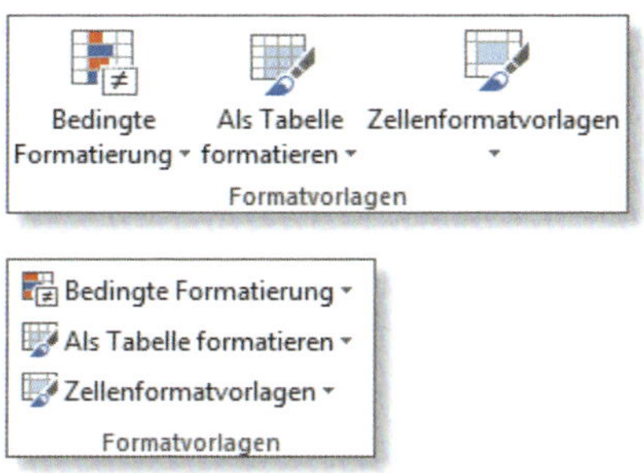

***Abbildung 1.80** Zwei Varianten derselben Gruppe, die je nach der Breite des Fensters eingeblendet werden*

Hilft die vertikale Gruppierung nicht, wird meist ein übergeordnetes Symbol verwendet, das ein Menü mit den einzelnen Befehlen öffnet. Notfalls werden ganze Gruppen auf solche übergeordneten Symbole reduziert.

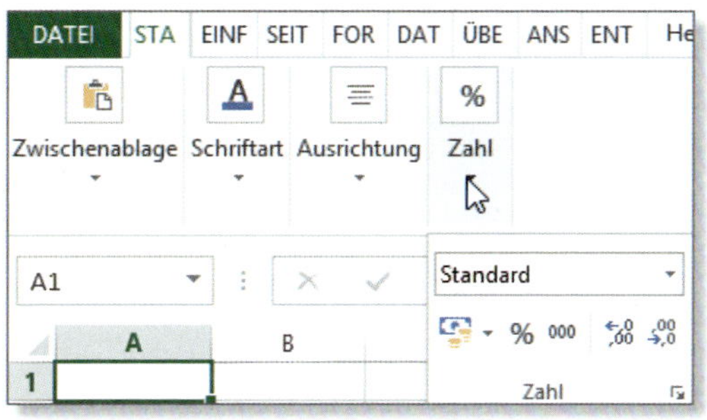

***Abbildung 1.81** Stark komprimiertes Menüband*

Im Grenzfall wird das Menüband vorübergehend ganz ausgeblendet.

Die Schnellzugriffsleiste

Ergänzt wird das Menüband durch eine **Symbolleiste für den Schnellzugriff**. Diese Leiste kann in der Titelleiste oder unterhalb des Menübands platziert werden. Die Schnellzugriffsleiste wird immer angezeigt, egal, welche Befehle gerade im Menüband sichtbar sind.

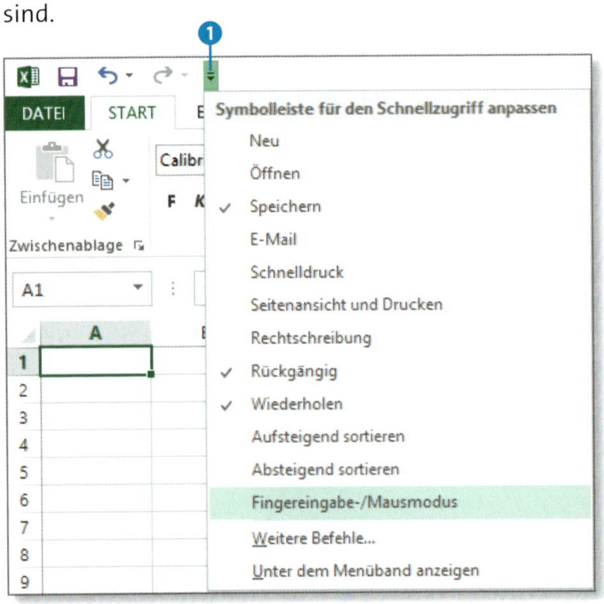

Abbildung 1.82 *Die Schnellzugriffsleiste bietet ein Menü für schnelle Anpassungen an.*

Als Vorgabe sind in dieser Leiste nur die drei Befehle **Speichern**, **Rückgängig** und **Wiederholen** aktiviert. Die kleine Pfeilschaltfläche 1 öffnet aber ein Menü, in dem Sie noch einige weitere Befehle per Klick oder Tipp aktivieren können. Dort wird auch der Befehl **Unter dem Menüband anzeigen** angeboten, der auch im Kontextmenü der Leiste erscheint. Reicht die Anpassung über das Menü nicht aus, wählen Sie die Option **Weitere Befehle**, um beliebige Excel-Befehle einzufügen. Auch einige Funktionen aus älteren Versionen, die im Menüband nicht mehr auftauchen, können Sie auf diesem Wege hierüber wieder zugänglich machen.

Sie ersparen sich in der Regel eine Menge Arbeit, wenn Sie in dieser Leiste Befehle zusammenstellen, mit denen Sie in einem bestimmten Arbeitszusammenhang hauptsächlich arbeiten.

Tastenfolgen

Die meisten Anwender werden das Menüband und die Schnellzugriffsleiste wahrscheinlich mit der Maus oder mit Finger oder Stift bedienen. Aber Excel lässt auch Maus-Phobiker oder Maus-Geschädigte – Sehnenscheidenentzündung tut weh – nicht im Regen stehen. Es ist durchaus möglich, das Programm mit der Tastatur zu meistern. Dabei können Sie spezielle Tastenfolgen verwenden, die alle mit Alt beginnen. Anders als bei den bisher üblichen Tastenkombinationen brauchen Sie die verschiedenen Tasten aber nicht gleichzeitig zu drücken. Wenn Sie Alt drücken, erscheinen im Menüband zunächst Buchstaben für die verschiedenen Registerkarten.

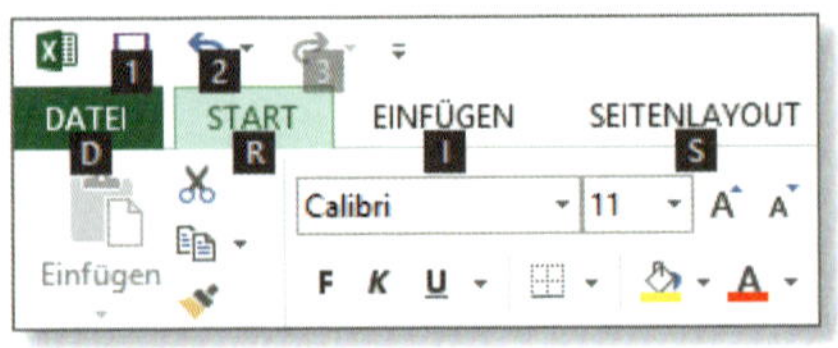

Abbildung 1.83 *Mit Alt blenden Sie im Menüband zunächst die Buchstaben ein, mit denen Sie die Registerkarte auswählen.*

Die Buchstaben sind allerdings von den englischen Befehlen abgekürzt – etwa *I* für *Insert*. Das ist eine kleine Schlamperei, die leicht hätte vermieden werden können. Sobald Sie nun einen dieser Buchstaben eingeben, erscheinen Buchstaben für die verschiedenen Optionen in den Gruppen auf dem ausgewählten Register. Esc blendet die Buchstaben notfalls wieder aus.

Auf den ersten Blick erscheint dieses Angebot vielleicht wenig attraktiv, aber um zu einer markierten Tabelle ein Säulendiagramm zu erzeugen, reicht beispielsweise die Zeichenfolge Alt + I + U und ↵.

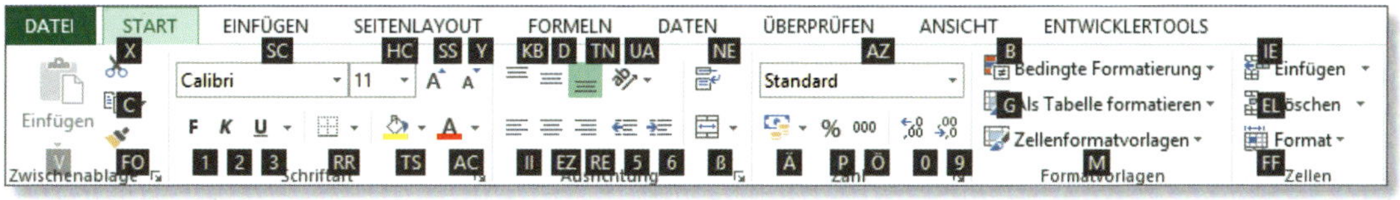

Abbildung 1.84 *Die Buchstaben für die einzelnen Optionen einer Registerkarte werden erst angezeigt, nachdem der Buchstabe für die Auswahl der Registerkarte eingegeben wurde.*

Die Muster von Paletten oder die Option in einer Liste wählen Sie mit ↹ oder den Richtungstasten aus und bestätigen mit ↵.

TIPP

Alternative Tastaturauswahl
Wenn Sie die Alt-Taste gedrückt haben, eröffnet sich noch eine andere Möglichkeit, das Menüband zu bedienen. Mit → oder ← bewegen Sie sich zwischen den Registern, mit Bild↓ gehen Sie in die Gruppen und wählen dort wieder mit den Richtungstasten die gewünschte Option aus. ↵ startet den Befehl.

Innerhalb der Dialogfelder, die über die Dialogfeldstarter geöffnet werden, können Sie Optionen auswählen, indem Sie Alt gedrückt halten und den unterstrichenen Buchstaben der Option verwenden. Um beispielsweise Texte als Blocksatz anzuzeigen, benutzen Sie Alt und V und markieren mit den Richtungstasten die Option **Blocksatz**, um sie dann mit ↵ zu bestätigen.

Registerkarten in Dialogfeldern werden mit Strg + ↹ in den Vordergrund gebracht. Benutzen Sie ↹, um innerhalb des Registers zum nächsten Element zu gehen, die Leertaste zum Abhaken, die Richtungstasten, um aus einer Liste zu wählen, und ↵, um die Auswahl zu bestätigen.

Mit Tastenkombinationen arbeiten

Für eine ganze Reihe von Befehlen werden außerdem noch Tastenkombinationen angeboten. Im Anhang finden Sie eine Liste dazu. Wer sich die für ihn nützlichen Kombinationen merkt, hat den Vorteil, dass er bei der Dateneingabe das Bedienungsinstrument nicht wechseln muss.

Falls Sie von einer Version vor Excel 2007 umsteigen, mag es für Sie hilfreich sein, dass Excel 2013 zahlreiche Tastenkombinationen von Excel 2003 weiter unterstützt, jedenfalls soweit sie mit Strg beginnen oder wenn es Funktionstasten sind. Der Dialog **Gehe zu** kann also weiterhin mit Strg + G geöffnet werden.

Damit Sie die den alten Menüs entsprechenden Befehle leichter wiederfinden, können Sie auch weiter mit den Alt-Tastenkombinationen arbeiten, die bereits in der Version 2003 für den Aufruf der Menübefehle verwendet wurden. So rufen Sie etwa die Zielwertsuche wie vorher mit Alt + X + W auf.

Die Bearbeitungsleiste

Die Bearbeitungsleiste befindet sich unter dem Menüband. Sie ist hauptsächlich dazu da, die Eingabe von Werten und Formeln in die aktive Zelle des Tabellenblatts zu unterstützen.

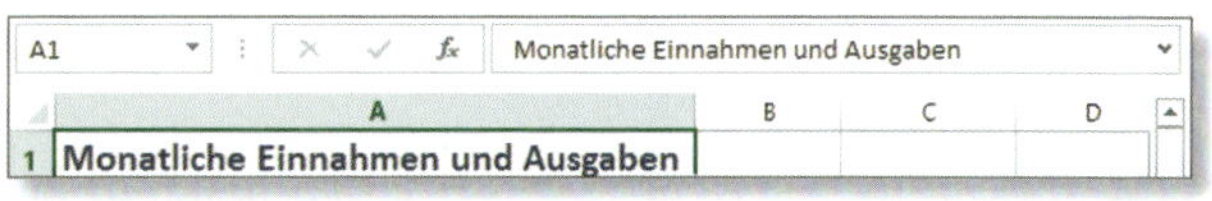

Abbildung 1.85 *In der Bearbeitungsleiste erscheint der Inhalt der aktiven Zelle, entweder der Wert oder die Formel.*

Die Leiste besteht aus mehreren Teilen. Im ersten Feld, *Namenfeld* genannt, wird jeweils der Bezug der aktiven Zelle, die Größe einer Auswahl von Zellen oder der Name eines ausgewählten Objekts – Diagramm, Grafik, Textfeld – angezeigt. Sind Bereiche benannt, erscheint der Name, wenn die zugehörigen Zellen vollständig markiert sind.

Die Hinweise im Namenfeld sind in vielen Situationen von Nutzen. Wollen Sie beispielsweise mit der Maus einen Bereich von fünfzig Zeilen und zwölf Spalten markieren, um für eine geplante Tabelle ein bestimmtes Format vorzugeben, können Sie beim Ziehen jederzeit die Größe des Bereichs kontrollieren. Wenn im Namenfeld *50Z x 12S* erscheint, lassen Sie einfach die Maustaste los.

Die Schaltfläche mit dem Pfeil öffnet die Liste der bisher benannten Bereiche. Ein Klick oder Tipp auf einen dieser Namen versetzt den Zellzeiger direkt auf das gewählte Element.

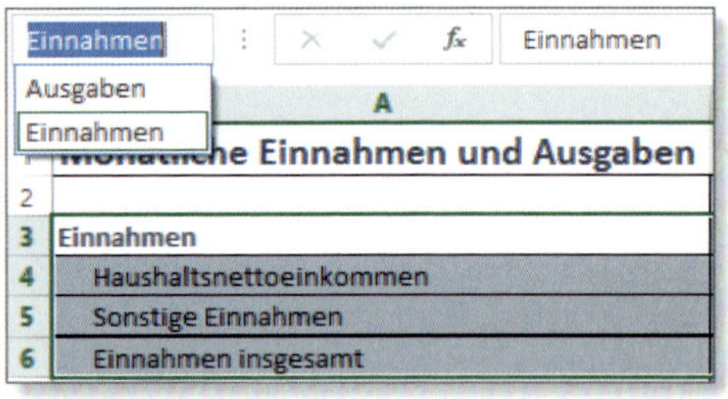

Abbildung 1.86 *Das Namenfeld zeigt eine Liste der in der Arbeitsmappe definierten Namen.*

Außerdem können Sie im Namenfeld auch direkt Namen für vorher ausgewählte Zellen oder Zellbereiche eintragen.

Eingabebereich und Eingabesymbole

Das zweite Feld in der Bearbeitungsleiste ist so lange leer, bis Sie in eine Zelle Daten eingeben oder diese ändern. Sobald ein Zeichen in die aktive Zelle eingegeben ist, erscheinen vor dem Eingabebereich zwei zusätzliche Schaltflächen: Das Symbol **Abbrechen** (Kreuzsymbol) ❶ führt zum Abbruch der Eingabe, das Symbol **Eingeben** mit dem Häkchen bestätigt den Inhalt des Eingabebereichs ❷. Immer sichtbar ist dagegen die Schaltfläche **Funktion einfügen** ❸. Dieses Symbol öffnet das gleichnamige Dialogfeld, um Ihnen bei der Eingabe von Funktionen in einer Formel zu helfen.

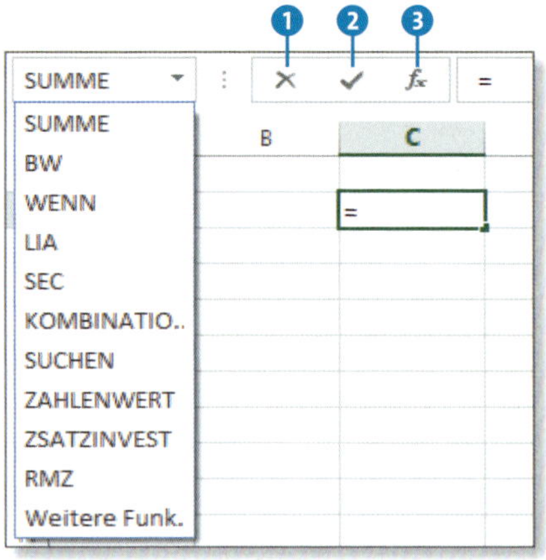

Abbildung 1.87 *Das Namenfeld bietet bei der Eingabe von Formeln immer die zuletzt verwendeten Tabellenfunktionen an.*

Im Eingabebereich können Sie den Inhalt der aktiven Zelle bearbeiten. Ist eine Zelle mit Daten gefüllt, werden diese Daten angezeigt, solange die Zelle markiert ist. Dabei wird die Formatierung ignoriert. Die Punkte zur Abtrennung der Tausender bei einem Betrag wie 1.000.000 werden also nicht angezeigt, obwohl sie in der Zelle zu sehen sind.

Ist der Inhalt der Zelle eine Formel, zeigt die Bearbeitungsleiste die Formel, während die Zelle selbst das Ergebnis der Formel liefert. Sobald Sie mit der Eingabe einer Formel beginnen, indem Sie ein Gleichheitszeichen eingeben, wird das Namenfeld durch eine Schaltfläche ersetzt, die immer die zuletzt benutzte Funktion anbietet. Der Pfeil daneben öffnet dann die Palette der Tabellenfunktionen.

Bei der Eingabe komplexer Formeln ist es häufig hilfreich, die Bearbeitungsleiste durch Ziehen des unteren Randes auf mehrere Zeilen auszudehnen. Mit der kleinen Schaltfläche am Ende der Leiste kann die mehrzeilige Anzeige aus- und eingeblendet werden, die kleinen Pfeile dienen dem Zeilenwechsel.

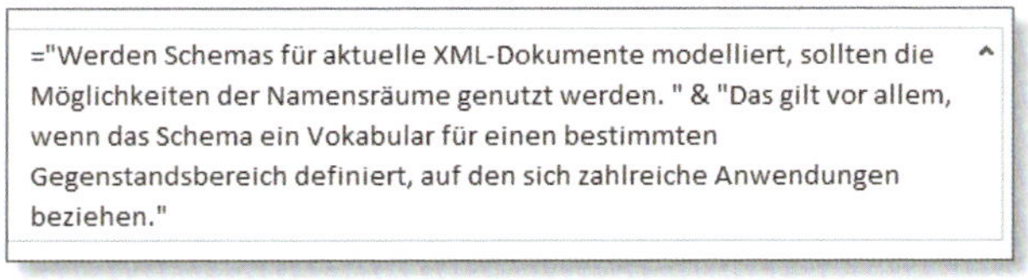

Abbildung 1.88 *Nur zur Demonstration – eine besonders lange Formel in dem vergrößerten Eingabebereich der Bearbeitungsleiste*

TIPP

Übrigens: Es geht auch ohne
Die Bearbeitungsleiste ist in Excel 2013 für die Dateneingabe nicht unbedingt notwendig, weil Sie die Daten auch direkt in die Zelle eingeben und dort bearbeiten können. Sie können die Leiste also bei Bedarf über das Register **Ansicht** in der Gruppe **Anzeigen** ausblenden, sodass etwas mehr Platz für das Tabellenblatt verfügbar ist. Solange das Tabellenblatt entwickelt wird und insbesondere bei der Eingabe und Korrektur von Formeln ist es wegen der größeren Übersichtlichkeit aber meist vorteilhaft, mit der Bearbeitungsleiste zu arbeiten.

Das Schnellanalysetool

Ein ganz neues Bedienungsinstrument in Excel 2013 ist das Schnellanalysetool. Es besteht zunächst aus einer Schaltfläche, die eingeblendet wird, sobald ein Bereich markiert ist, der in mehr als einer Zelle Werte enthält. Ein Klick oder Tipp öffnet eine Art Sprechblase mit einer Menüzeile und darunter jeweils einer Reihe von Symbolen zu dem ausgewählten Menüpunkt. Sie wird auch mit `Strg` + `Q` eingeblendet, wobei in diesem Fall nicht einmal der Bereich vorher markiert werden muss, es genügt, wenn der Zellzeiger sich innerhalb des Bereichs befindet.

Wird das Schnellanalysetool nicht angeboten, prüfen Sie die Einstellung **Optionen für Schnellanalyse anzeigen** unter **Datei > Excel-Optionen > Allgemein**.

In diesem Tool finden Sie eine Reihe von typischen Auswertungsmöglichkeiten für Datenbereiche wie die Zuordnung bedingter Formate oder die Ausgabe als Diagramm. Die einzelnen Optionen werden in den entsprechenden Kapiteln des Buches vorgestellt.

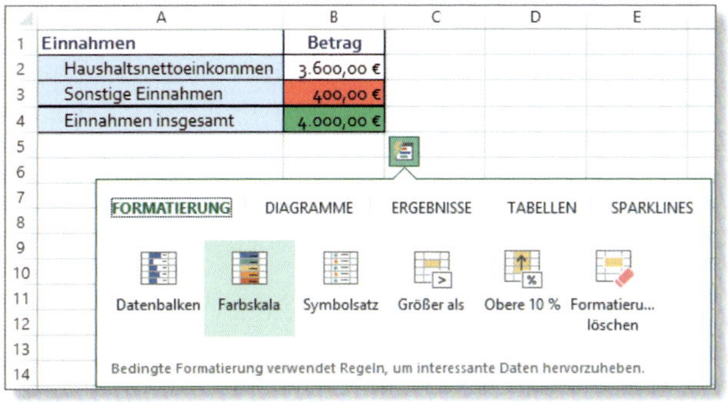

Abbildung 1.89 *Die »Sprechblase« des Schnellanalysetools*

Informationen über den aktuellen Status

Am unteren Rand des Excel-Fensters ist außer im Vollbildmodus die Statusleiste zu sehen. Hier werden aktuelle Meldungen des Programms ausgegeben. Außerdem erscheinen an dieser Stelle situationsbezogene Bedienungshinweise, beispielsweise **Markieren Sie den Zielbereich ...**, wenn Sie einen Bereich kopiert haben. Es lohnt sich also, immer mal einen Blick dorthin zu werfen.

Modus-Anzeigen und Hinweise

Das Programm kann sich in verschiedenen Modi befinden, in denen unterschiedliche Operationen möglich oder nicht möglich sind. Zur Orientierung wird immer der aktuelle Status angezeigt. Sie können also sofort erkennen, ob das Programm gerade »bereit« ist, Daten entgegenzunehmen.

Was im Einzelnen in der Statusleiste angezeigt werden soll, können Sie über ein umfangreiches Kontextmenü festlegen, wenn Sie die Leiste mit rechts anklicken oder mit Finger oder Stift kurz festhalten.

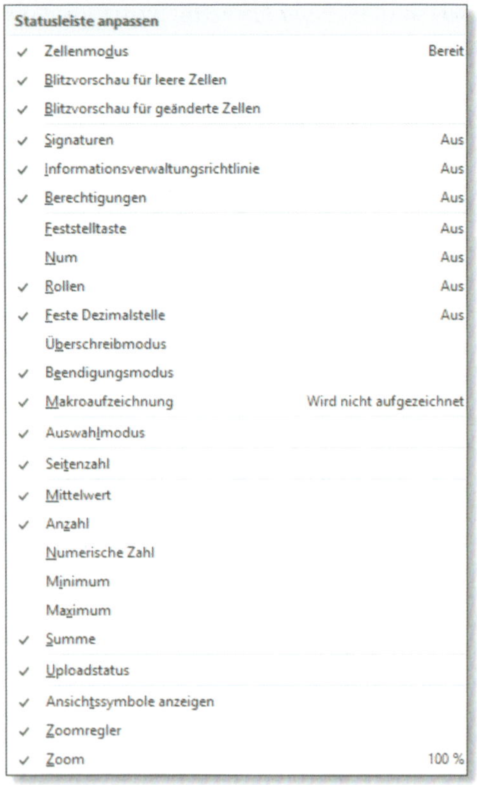

Abbildung 1.90 *Über das Kontextmenü wählen Sie aus, was in der Statusleiste angezeigt wird.*

Tabelle 1.4 zeigt die Bedeutung der verschiedenen Modus-Anzeigen.

Anzeige	Bedeutung
Bereit	Das Programm erwartet die Eingabe von Daten oder Befehlen.
Eingeben	Der Inhalt einer Zelle wird gerade neu eingegeben.
Bearbeiten	Der Inhalt einer Zelle wird bearbeitet.
Zeigen	Das Programm erwartet, dass Sie den Zellzeiger bewegen, um eine Zelle oder einen Bereich zu markieren.
Berechnen	Die Arbeitsmappe muss neu berechnet werden, weil die automatische Neuberechnung ausgeschaltet ist und Daten geändert worden sind.

Tabelle 1.4 *Die Modus-Anzeigen und ihre Bedeutung*

Tastaturanzeigen

In den Feldern weiter rechts in der Leiste können verschiedene Tastatureinstellungen angezeigt werden:

Abbildung 1.91 *In diesem Fall wurde die* F8*-Taste gedrückt.*

Tabelle 1.5 listet die möglichen Anzeigen auf, die auch kombiniert auftreten können.

Anzeige	Bedeutung
Feststelltaste	Die Feststelltaste für Großbuchstaben ist gedrückt.
Num	Num-Feststelltaste ist gedrückt.
Rollen	Die Bildlauffeststelltaste ist gedrückt. Richtungstasten verschieben den Bildschirmausschnitt, nicht die Zellmarkierung.
Feste Dezimalstelle	Über **Excel-Optionen > Erweitert > Dezimalkomma automatisch einfügen** ist eine feste Anzahl von Dezimalstellen gewählt. Das Komma muss bei Dezimalzahlen nicht eingegeben werden.
Überschreiben	Der Überschreibmodus ist mit der Taste Einfg eingeschaltet.
Modus Beenden	Der Beendigungsmodus ist mit der Taste Ende eingeschaltet.
Auswahl erweitern	F8 ist gedrückt, um einen Bereich zu erweitern.
Zur Auswahl hinzufügen	⇧ + F8 sind gedrückt, um weitere Bereiche zu markieren.

Tabelle 1.5 *Liste der Anzeigen zu Tastatureinstellungen*

In diesem Bereich erscheint außerdem noch ein Symbol, das Sie zum Start einer Makroaufzeichnung verwenden können. Läuft die Makroaufzeichnung, verwandelt sich das Symbol in ein Stopp-Symbol, mit dem die Aufzeichnung beendet wird. Davon wird in Kapitel 25, »Routineaufgaben automatisieren«, ab Seite 797 noch die Rede sein.

Schnellauswertungen

Rechts neben diesen Anzeigen können Sie über das Kontextmenü der Statusleiste noch verschiedene Schnellauswertungen aktuell markierter Daten anfordern, etwa die Summe, die Anzahl oder den Mittelwert.

^ ***Abbildung 1.92*** *In der Statusleiste werden verschiedene Auswertungen für aktuell markierte Werte angezeigt.*

Im rechten Teil der Leiste finden Sie eine Reihe von Steuerelementen. Die drei Ansichtsschaltflächen rechts erlauben einen schnellen Wechsel zwischen den Ansichten **Normal** ❶, **Seitenlayout** ❷ und **Umbruchvorschau** ❸.

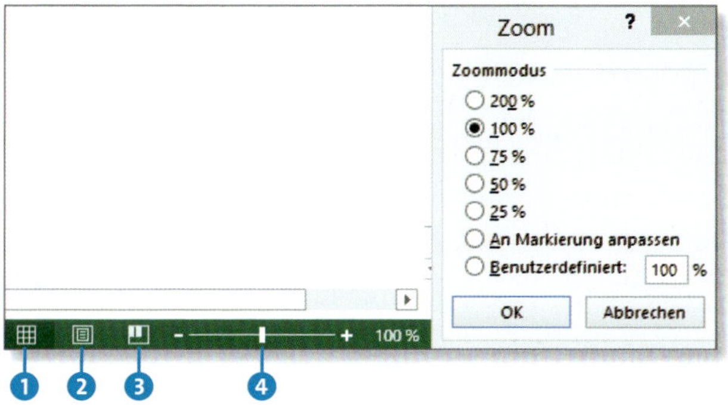

^ ***Abbildung 1.93*** *Steuerelemente für verschiedene Ansichten*

Ganz praktisch sind auch der Schieberegler ❹ und die Plus- und Minus-Schaltflächen, mit denen das Tabellenblatt stufenlos gezoomt werden kann. Rechts daneben wird immer die gewählte Vergrößerungsstufe in Prozent angezeigt. Ein Klick oder Tipp darauf öffnet einen kleinen Dialog, der verschiedene Vergrößerungsstufen anbietet. Darunter finden Sie auch die Option **An Markierung anpassen**, die einen ausgewählten Zellbereich jeweils auf die aktuelle Fenstergröße ausdehnt.

Der Arbeitsbereich

Unterhalb der Bearbeitungsleiste beginnt der Raum für die Blätter der Arbeitsmappe. Wenn Sie neu in das Programm einsteigen, bietet Excel normalerweise eine leere Arbeitsmappe mit der Bezeichnung *Mappe1* bis *Mappe(n)*, falls Sie bereits (vielleicht unbeabsichtigt) Arbeitsmappen unter diesen Vorgabenamen abgespeichert haben sollten. Auch wenn Sie über die Registerkarte **Datei** mit **Neu > Leere Arbeitsmappe** ein neues Fenster öffnen, vergibt Excel zunächst solche Vorgabenamen.

Elemente des Tabellenblatts

Als Vorgabe steckt Excel 2013 zunächst immer nur ein Blatt in eine Mappe. Die Schaltfläche ❺ mit dem Pluszeichen neben dem Blattregister legt zusätzliche Blätter an und aktiviert sie zugleich. [⇧] + [F11] hat fast

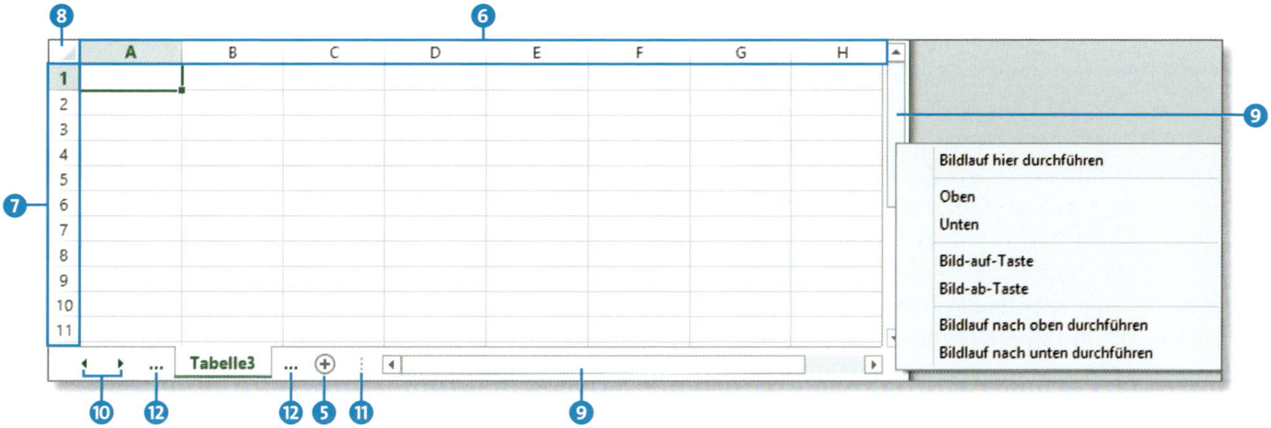

^ ***Abbildung 1.94*** *Übersicht über die Bedienelemente des Arbeitsmappenfensters*

den gleichen Effekt, fügt das neue Blatt aber vor das bisher aktive Blatt ein und aktiviert es.

Innerhalb der Arbeitsmappe können Blätter verschiedener Art angelegt werden: Tabellenblätter, Diagrammblätter, Makroblätter etc. Sie werden als Vorgabe separat durchnummeriert.

Bei jedem Tabellenblatt befinden sich oben die Spaltenköpfe mit den alphabetischen Bezeichnungen ❻. Links sind die Zeilenköpfe mit den fortlaufenden Zeilennummern ❼. In der linken oberen Ecke finden Sie das Feld **Alles auswählen** ❽, mit dem Sie alle Zellen der Tabelle auf einmal auswählen.

Das Tabellenblatt hat zwei Bildlaufleisten ❾, um gerade verdeckte Tabellenbereiche zu erreichen. Auch diese Leisten haben ein Kontextmenü, wenn Sie mit rechts hineinklicken.

Jedes Blatt in der Arbeitsmappe hat am unteren Rand ein Register. Ein Klick oder Tipp darauf wählt das Blatt aus. Das aktive Blatt ist an dem grünen, unteren Rand des Blattregisters zu erkennen und an der fetten Schrift für den Blattnamen. Um Register verfügbar zu machen, die nicht sichtbar sind, arbeiten Sie mit den kleinen Schaltflächen links ❿ neben den Registern, die aber nur aktiviert sind, wenn tatsächlich Register nicht sichtbar sind.

Kombiniert mit `Strg` führen sie zum ersten oder letzten Blatt in der Mappe. Im Modus **Fingereingabe** benutzen Sie die Taste `Strg` dabei wie einen Schalter, den Sie antippen. Das Registerteilungsfeld ⓫ mit den drei vertikalen Punkten kann verschoben werden, um mehr oder weniger Register zu zeigen. Schaltflächen mit drei horizontalen Punkten ⓬ machen immer das benachbarte Blatt zum aktiven Blatt.

Im Modus **Fingereingabe** haben Sie noch eine weitere Möglichkeit, die sichtbaren Register zu verändern. Sie können einfach mit Finger oder Stift die Register in eine der beiden Richtungen ziehen oder – für ganz schnelle Änderungen – mit einer Wischbewegung entfernte Register ins Bild holen.

Wenn Sie die kleinen Registerschaltflächen mit rechts anklicken oder kurz den Finger oder Stift darauf halten, wird eine Liste der Register eingeblendet, die auch zur Anwahl verwendet werden kann.

Abbildung 1.95 *Liste der Blätter einer Mappe*

Sprechende Blattnamen

Um Vorgabenamen wie *Tabelle1, Tabelle2* ... zu ändern, klicken oder tippen Sie doppelt auf das entsprechende Blattregister und tragen den Namen ein. Auch der Befehl **Umbenennen** im Kontextmenü des Blattregisters führt zum Ziel. Bis zu 31 Zeichen sind erlaubt, darunter auch Leerzeichen. Nicht erlaubt in Blattnamen sind eckige Klammern, Ausrufe- und Fragezeichen, Doppelpunkte, Sternzeichen, Schrägstriche und der Backslash, da diese Zeichen zu Missverständnissen in Zellbezügen führen würden.

TIPP

Blattnamen können jederzeit geändert werden
Auch wenn Sie schon Formeln mit Verknüpfungen zwischen verschiedenen Tabellenblättern eingegeben haben, können Sie Blattnamen bei Bedarf jederzeit ändern, beispielsweise um eine bessere Ordnung in einer Arbeitsmappe einzurichten. Excel übernimmt die geänderten Blattnamen automatisch in alle schon eingegebenen Formeln.

Hinter der Bühne

Das Menü auf der Registerkarte **Datei** ist das einzige Menü, das – in abgewandelter Form – von der alten Menühierarchie der früheren Excel-Versionen übrig geblieben ist. Es wird per Klick oder Tipp auf das Register **Datei** geöffnet. Der ganze Bereich, den das Register

Datei bereitstellt, wird auch als *Backstage-Ansicht* bezeichnet.

Während die anderen Register alle Befehle und Optionen anbieten, die innerhalb einer Arbeitsmappe etwas anrichten, betreffen die Befehle und Optionen »hinter der Bühne« immer die Arbeitsmappen als Ganzes. Diese Mappen werden gewissermaßen von außen angegangen.

Die Registerkarte **Datei** enthält Grundfunktionen wie **Speichern**, **Speichern unter**, **Öffnen**, **Schließen**, **Neu**, **Freigeben** oder **Drucken**, außerdem zwei Gruppen von Befehlen unter **Informationen** und **Exportieren** und die neue Benutzerverwaltung unter **Konto**. Einige Befehle öffnen jeweils eine Art Untermenü, um zwischen verschiedenen Optionen zu wählen.

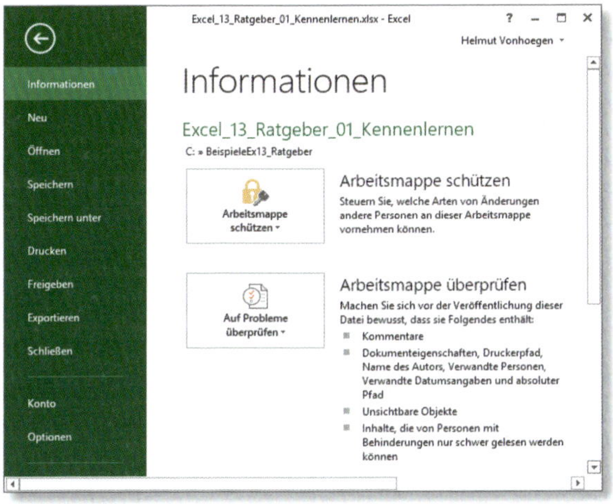

Abbildung 1.96 *Die Registerkarte »Datei« ähnelt ein wenig dem alten »Datei«-Menü.*

Zusätzlich enthält die Registerkarte **Datei** noch die Schaltfläche **Optionen**, die einen umfangreichen Dialog mit zahlreichen Seiten öffnet. Die meisten Befehle lassen sich auch in die Schnellzugriffsleiste einfügen, was durchaus praktisch ist.

Ansichten

Neben der normalen Ansicht einer Arbeitsmappe stellt Excel 2013 noch eine spezielle Ansicht für das Seitenlayout zur Verfügung, die durchaus auch als Arbeitsansicht, also für die Eingabe von Daten und Formeln, genutzt werden kann. In dieser Ansicht lassen sich Kopf- und Fußzeilen für die Ausgabe der Seiten direkt editieren, außerdem ist die Verteilung der Daten auf verschiedene Seiten leichter zu kontrollieren.

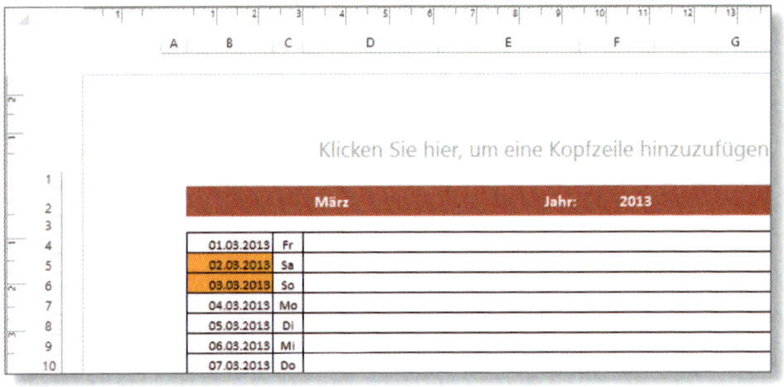

Abbildung 1.97 *In der Ansicht »Seitenlayout« kontrollieren Sie das Aussehen des Dokuments im Druck.*

Außerdem steht Ihnen noch die spezielle Ansicht **Umbruchvorschau** zur Verfügung, mit der Sie kontrollieren, wie bei den gegebenen Einstellungen der Stoff im Tabellenblatt auf Druckseiten verteilt wird.

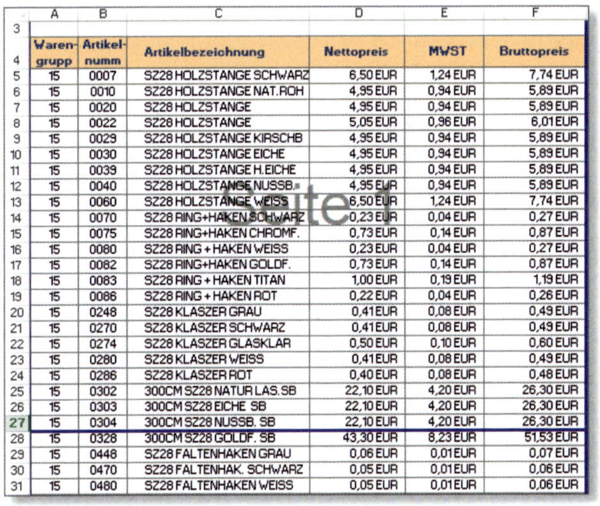

	A	B	C	D	E	F
3						
4	Waren-grupp	Artikel-numm	Artikelbezeichnung	Nettopreis	MWST	Bruttopreis
5	15	0007	SZ28 HOLZSTANGE SCHWARZ	6,50 EUR	1,24 EUR	7,74 EUR
6	15	0010	SZ28 HOLZSTANGE NAT.ROH	4,95 EUR	0,94 EUR	5,89 EUR
7	15	0020	SZ28 HOLZSTANGE	4,95 EUR	0,94 EUR	5,89 EUR
8	15	0022	SZ28 HOLZSTANGE	5,05 EUR	0,96 EUR	6,01 EUR
9	15	0029	SZ28 HOLZSTANGE KIRSCHB	4,95 EUR	0,94 EUR	5,89 EUR
10	15	0030	SZ28 HOLZSTANGE EICHE	4,95 EUR	0,94 EUR	5,89 EUR
11	15	0039	SZ28 HOLZSTANGE H.EICHE	4,95 EUR	0,94 EUR	5,89 EUR
12	15	0040	SZ28 HOLZSTANGE NUSSB.	4,95 EUR	0,94 EUR	5,89 EUR
13	15	0060	SZ28 HOLZSTANGE WEISS	6,50 EUR	1,24 EUR	7,74 EUR
14	15	0070	SZ28 RING+HAKEN SCHWARZ	0,23 EUR	0,04 EUR	0,27 EUR
15	15	0075	SZ28 RING+HAKEN CHROMF.	0,73 EUR	0,14 EUR	0,87 EUR
16	15	0080	SZ28 RING + HAKEN WEISS	0,23 EUR	0,04 EUR	0,27 EUR
17	15	0082	SZ28 RING+HAKEN GOLDF.	0,73 EUR	0,14 EUR	0,87 EUR
18	15	0083	SZ28 RING + HAKEN TITAN	1,00 EUR	0,19 EUR	1,19 EUR
19	15	0086	SZ28 RING + HAKEN ROT	0,22 EUR	0,04 EUR	0,26 EUR
20	15	0248	SZ28 KLASZER GRAU	0,41 EUR	0,08 EUR	0,49 EUR
21	15	0270	SZ28 KLASZER SCHWARZ	0,41 EUR	0,08 EUR	0,49 EUR
22	15	0274	SZ28 KLASZER GLASKLAR	0,50 EUR	0,10 EUR	0,60 EUR
23	15	0280	SZ28 KLASZER WEISS	0,41 EUR	0,08 EUR	0,49 EUR
24	15	0286	SZ28 KLASZER ROT	0,40 EUR	0,08 EUR	0,48 EUR
25	15	0302	300CM SZ28 NATUR LAS.SB	22,10 EUR	4,20 EUR	26,30 EUR
26	15	0303	300CM SZ28 EICHE SB	22,10 EUR	4,20 EUR	26,30 EUR
27	15	0304	300CM SZ28 NUSSB. SB	22,10 EUR	4,20 EUR	26,30 EUR
28	15	0328	300CM SZ28 GOLDF. SB	43,30 EUR	8,23 EUR	51,53 EUR
29	15	0448	SZ28 FALTENHAKEN GRAU	0,06 EUR	0,01 EUR	0,07 EUR
30	15	0470	SZ28 FALTENHAK. SCHWARZ	0,05 EUR	0,01 EUR	0,06 EUR
31	15	0480	SZ28 FALTENHAKEN WEISS	0,05 EUR	0,01 EUR	0,06 EUR

Abbildung 1.98 *In der Ansicht »Umbruchvorschau« prüfen und korrigieren Sie die Verteilung der Daten auf mehrere Seiten.*

Um schnell zwischen den Ansichten umzuschalten, verwenden Sie am besten die schon angesprochenen

Ansichtssymbole in der Statusleiste. Es geht aber auch mit den Schaltflächen in der Gruppe **Ansicht > Arbeitsmappenansichten**.

Bildschirmelemente ein- oder ausblenden

Einige der Elemente, die normalerweise auf dem Excel-Bildschirm erscheinen, können Sie bei Bedarf ausblenden. Wenn es beispielsweise nur darum geht, fertige Tabellen anzusehen, kann auf die für die Bearbeitung notwendigen Bildschirmelemente verzichtet werden.

Besonders viele Daten werden im Fenster sichtbar, wenn Sie in der Titelleiste die Option **Menüband automatisch ausblenden** aus dem Menü der Schaltfläche **Menüband-Anzeigeoptionen** wählen. Titelleiste, Statusleiste, Symbolleisten und Bearbeitungsleiste sind ausgeblendet, und die Größe des Bildschirms wird voll genutzt. Ein Klick oder Tipp auf die oberste Zeile bringt die ausgeblendeten Elemente nur vorübergehend zurück, damit Sie einen bestimmten Befehl ausführen können.

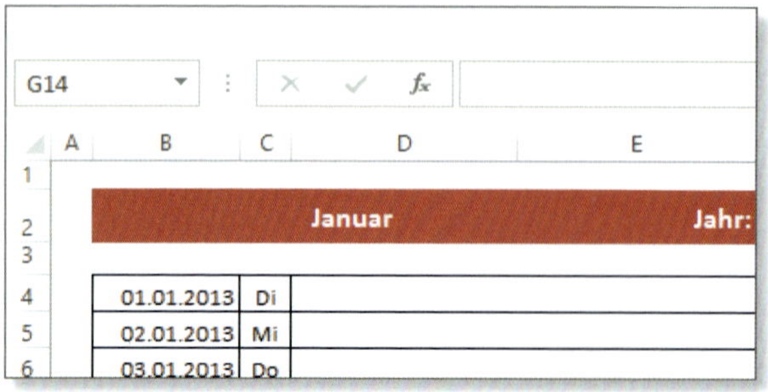

^ ***Abbildung 1.99*** *Ausschnitt aus der Vollbildansicht*

Einstellungen, die das Aussehen des Excel-Fensters beeinflussen, stehen ansonsten auch in der Gruppe **Ansicht > Anzeigen** zur Verfügung.

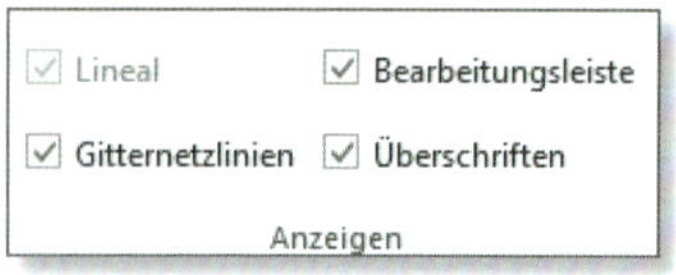

^ ***Abbildung 1.100*** *Die Gruppe »Anzeigen«*

Wenn Tabellen fertig entwickelt sind, ist die Bearbeitungsleiste entbehrlich. Sie kann hier ad hoc abgewählt werden, sodass Sie mehr Platz für die Anzeige der Tabellen erhalten. Wenn Sie eine Tabelle mit eigenen Rahmen formatiert haben, sind die Gitternetzlinien meist entbehrlich, insbesondere wenn die Tabelle gedruckt werden soll. Mit **Überschriften** sind hier übrigens die Spalten- und Zeilenköpfe gemeint. Auch sie sind bei fertigen Blättern meist unnötig.

Kontextmenüs nutzen

Ergänzend zu den Befehlen im Menüband und in der Schnellzugriffsleiste stellt Ihnen Excel zahlreiche *Kontextmenüs* zur Verfügung. Der Name deutet an, dass es sich dabei um Optionen handelt, die in einem engen Bezug zu dem Element oder Objekt stehen, mit dem Sie es gerade zu tun haben. Das ist auch der besondere Vorteil dieser Menüs, sie bieten immer nur die Dinge an, die in diesem Moment machbar sind.

Kontextmenüs werden deshalb erst aktiviert, wenn Sie ein Element auf dem Bildschirm auswählen, für das ein Kontextmenü vorhanden ist. Im Fenster von Excel 2013 können Sie dazu allerdings fast alles mit der rechten Maustaste anklicken:

- eine Zelle, einen Zellenblock, einen oder mehrere Zellenbereiche
- Spalten- oder Zeilenköpfe oder das **Alles auswählen**-Feld
- die Titelleiste einer Arbeitsmappe
- die Bildlaufleisten
- das Register eines Blatts
- die Registerschaltflächen
- die Schnellzugriffsleiste
- ein komplettes Diagramm oder einzelne Elemente eines Diagramms
- andere grafische Objekte
- eingebettete Objekte

Im Modus **Fingereingabe** halten Sie den Finger oder Stift einen Moment auf dem Element, bis das Kontextmenü erscheint. Meist sind diese Menüs etwas anders angeordnet als bei der Bedienung mit der Maus.

Das Kontextmenü von Zellen und ausgewählten Objekten können Sie auch mit ⇧ + F10 erreichen. Dabei bezieht sich jeder Befehl des Kontextmenüs auf das zuletzt markierte Objekt.

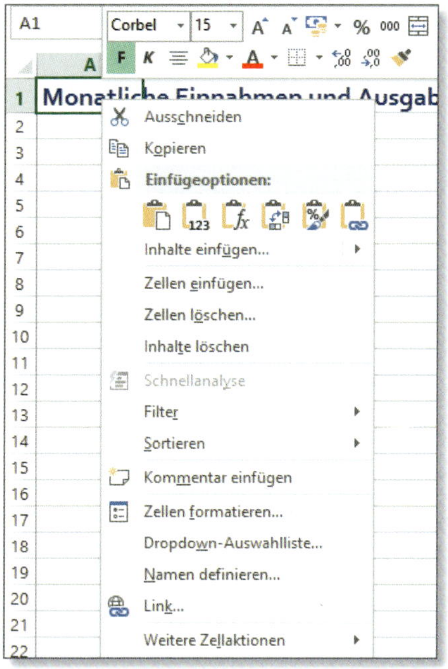

Abbildung 1.101 *Die rechte Maustaste öffnet das zweigeteilte Kontextmenü der aktiven Zelle.*

Für bearbeitbare Objekte wie Zellbereiche oder grafische Elemente finden Sie ein geteiltes Kontextmenü, in dessen oberem Bereich die gebräuchlichsten Formatierungssymbole in Form einer Minisymbolleiste zusammengestellt sind.

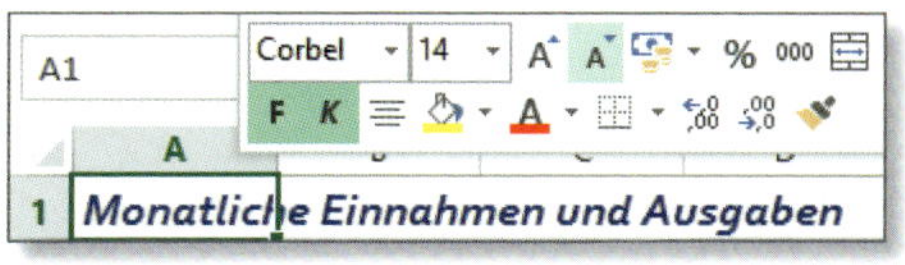

Abbildung 1.102 *Die Minisymbolleiste bleibt eingeblendet, bis Sie alle Formate vergeben haben, die Sie brauchen.*

Dieser Teil bleibt so lange eingeblendet, bis Sie außerhalb der aktuellen Auswahl klicken. Das gibt Ihnen die Möglichkeit, gleich mehrere Formatierungsschritte in einem Zug vorzunehmen.

Auf einem Touchscreen öffnen Sie das Kontextmenü zu einem Zellbereich, indem Sie den Finger oder Stift kurz darauf halten. Zunächst wird nur der horizontale Teil ❶ eingeblendet, die Schaltfläche mit dem Pfeil ❷ nach unten blendet weitere Befehle in einer vertikalen Liste ❸ ein.

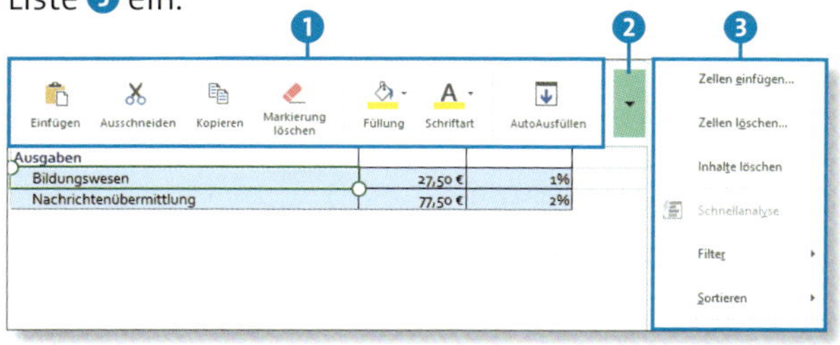

Abbildung 1.103 *Das Kontextmenü zu einem Zellbereich auf einem Touchscreen*

TIPP

Mehrfachbearbeitung
Sollen mehrere Elemente in der Arbeitsmappe gleichzeitig bearbeitet werden, etwa mehrere Zellbereiche, müssen Sie diese zunächst beispielsweise mit der linken Maustaste in Kombination mit Strg markieren. Dann öffnen Sie das Kontextmenü eines der ausgewählten Elemente. Alle Veränderungen, die Sie darüber vornehmen, wirken so in allen markierten Zellen.

Aufgabenbereiche

Eine wieder gewichtigere Rolle als in den letzten Versionen spielen in Excel 2013 die Aufgabenbereiche. Einige Befehle blenden solche Bereiche ein, beispielsweise **Überprüfen > Recherchieren** oder **Thesaurus**.

Neu in Excel 2013 sind die Aufgabenbereiche, die für die Formatierung von grafischen Objekten und Diagrammen vorgesehen sind. Sie ersetzen die bisher dafür verwendeten Dialogfelder.

Das Fenster eines Aufgabenbereichs wird entweder am linken oder rechten Rand des Arbeitsbereichs angedockt oder frei über den gesamten Bildschirm bewegt, also auch aus dem Anwendungsfenster heraus. Dazu ziehen Sie mit Maus, Finger oder Stift die Titelzeile in die entsprechende Richtung; der Mauszeiger zeigt dabei ein Doppelkreuz. Sie können den Bereich von allen Seiten aus vergrößern oder stauchen.

Auch über das Menü zu dem kleinen Pfeil ❶ oben rechts stehen Ihnen Befehle zum Verschieben oder zur Veränderung der Größe zur Verfügung. Beim Verschieben folgt der Bereich der Bewegung von Maus, Finger oder Stift.

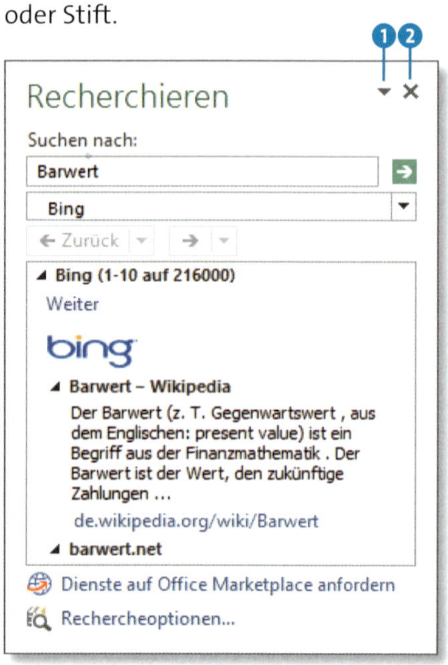

Abbildung 1.104 *Nicht angedockter Aufgabenbereich für eine Recherche*

Doppelklick oder -tipp auf die Titelleiste dockt das Fenster wieder an dem zuletzt benutzten Rand des Arbeitsbereichs an. Um das Fenster zu schließen, benutzen Sie das Kreuzsymbol ❷.

Die Schnellzugriffsleiste anpassen

Die vorgegebene **Symbolleiste für den Schnellzugriff** wird zunächst innerhalb der Titelleiste angezeigt. Sie können diese Leiste aber, wie schon angesprochen, auch unter dem Menüband platzieren. Nutzen Sie dazu im Kontextmenü der Leiste die Option **Symbolleiste für den Schnellzugriff unter dem Menüband anzeigen**.

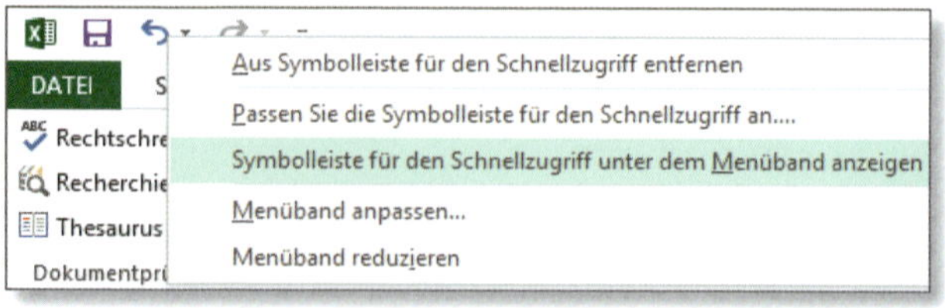

Abbildung 1.105 *Das Kontextmenü der Schnellzugriffsleiste*

Die Zusammensetzung dieser Leiste können Sie frei wählen. Häufig benötigte Befehle aus dem Menüband lassen sich sehr einfach in die Schnellzugriffsleiste übernehmen. Wenn Sie beispielsweise häufiger Kommentare für andere Mitarbeiter in Ihre Arbeitsmappen einfügen wollen, können Sie so verfahren:

1. Wählen Sie das Register **Überprüfen** aus, in dem der Befehl **Neuer Kommentar** zu finden ist.
2. Öffnen Sie das Kontextmenü dieses Befehls mit der rechten Maustaste oder dem Halten von Finger oder Stift.
3. Benutzen Sie die Option **Zu Symbolleiste für den Schnellzugriff hinzufügen**.

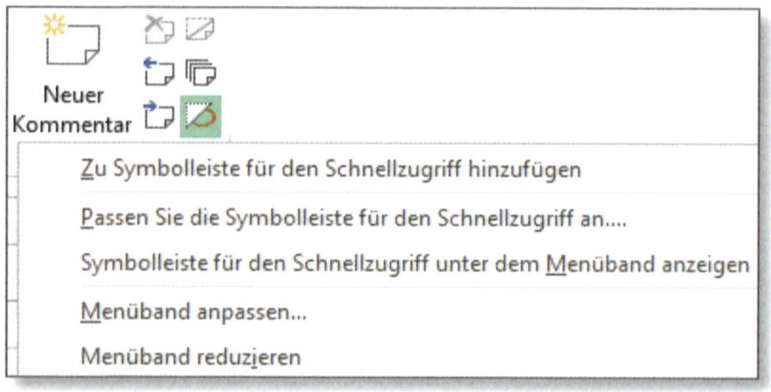

Abbildung 1.106 *Einzelne Symbole lassen sich über das Kontextmenü direkt in die Schnellzugriffsleiste einfügen.*

Auch Befehle, für die im Menüband kein Symbol angeboten wird – oft lieb gewonnene Funktionen aus älteren Versionen –, können Sie in diese Symbolleiste einfügen.

4 Benutzen Sie im Kontextmenü der Symbolleiste den Befehl **Passen Sie die Symbolleiste für den Schnellzugriff an**.

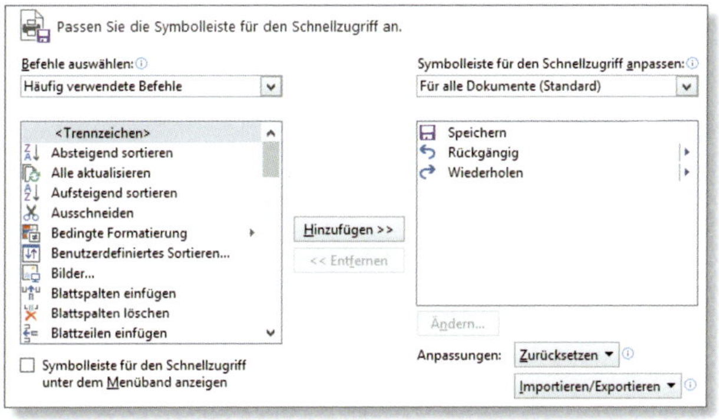

Abbildung 1.107 *Die Leiste für den Schnellzugriff können Sie über diesen Dialog frei zusammenstellen.*

5 Dieser Befehl zeigt in dem Dialog **Excel-Optionen**, den Sie auch über **Datei > Optionen** direkt aufrufen können, die Seite **Symbolleiste für den Schnellzugriff** an.

6 Bestimmen Sie über das Listenfeld rechts oben, ob die Anpassung für alle Dokumente oder nur für die aktuelle Arbeitsmappe gelten soll.

7 Wählen Sie unter **Befehle auswählen** die Befehlskategorie aus. Excel bietet hier die einzelnen Registerkarten an, aber auch die Befehle, die nicht im Menüband sind. Wenn Sie nicht wissen, in welcher Kategorie der Befehl zu finden ist, wählen Sie **Alle Befehle**.

8 Markieren Sie im Listenfeld links die gewünschten Befehle oder auch eigene Makros, und benutzen Sie die Schaltfläche **Hinzufügen**.

9 Sollen Symbole dagegen aus der Leiste wieder entfernt werden, markieren Sie diese in dem rechten Listenfeld und benutzen **Entfernen**. Mithilfe der Pfeiltasten lässt sich die Reihenfolge in der Leiste leicht anpassen.

10 Falls Sie die Leiste mit zahlreichen Symbolen füllen, sollten Sie diese am besten unter das Menüband platzieren. Das geht mit der Option **Symbolleiste ... unter dem Menüband anzeigen**.

11 Mit **Zurücksetzen** kann jederzeit wieder die »Werksvorgabe« eingestellt werden.

Abbildung 1.108 zeigt als Beispiel eine Erweiterung der Leiste, bei der auch Befehle aus dem Register **Datei** eingefügt sind. Für den schnellen Ausdruck einer markierten Tabelle brauchen Sie dann nicht mehr »hinter die Bühne« zu gehen.

Abbildung 1.108 *Die erweiterte Symbolleiste mit Schaltflächen für Druck und Seiteneinrichtung*

Das Menüband anpassen

Seit Excel 2013 lässt sich, wie bereits angesprochen, auch das Menüband in bestimmtem Umfang anpassen. Vorgegebene Register lassen sich nicht entfernen, aber verbergen, etwa um die Bearbeitungsmöglichkeiten an bestimmten Arbeitsplätzen einzuschränken. Die Befehle in den vorgegebenen Registern und Gruppen lassen sich ebenfalls nicht ändern. Sie können hier also nichts hinzufügen oder entfernen.

Zwei Verfahren stehen Ihnen dagegen offen: Sie können einer Registerkarte eine neue Gruppe hinzufügen oder eine ganz neue Registerkarte anlegen und dort dann entsprechende Gruppen einfügen. In die neuen Gruppen fügen Sie vorhandene Befehle ein oder Aufrufe für selbst entwickelte Makros oder Add-Ins.

Vorgegebene Register verbergen

Nicht in jedem Arbeitszusammenhang werden alle Register des Programms tatsächlich benötigt oder genutzt. Wer nicht mit Makros oder XML arbeitet, braucht beispielsweise das Register **Entwicklertools** nicht. Das Ausblenden – übrigens die Vorgabe beim ersten Programmstart – ist einfach:

1 Über **Datei > Optionen > Menüband anpassen** öffnen Sie die entsprechende Seite im Dialog **Excel-Optionen**.

2 Wählen Sie im Listenfeld zu **Menüband anpassen** die Option **Alle Registerkarten** oder **Hauptregisterkarten**.

3 Löschen Sie das Häkchen bei **Entwicklertools**, und bestätigen Sie die Auswahl.

Bei dieser Einstellung stehen die Befehle des Registers **Entwicklertools** nicht mehr direkt zur Verfügung. Es ist aber weiterhin möglich, Makros aufzuzeichnen, die nicht weiterbearbeitet werden müssen. Davon wird noch in Kapitel 25, »Routineausgaben automatisieren«, ab Seite 797 die Rede sein.

Eine neue Gruppe in einem Register anlegen

Wenn Sie viel mit komplexen Formeln zu tun haben, ist es vielleicht ganz praktisch, die dafür benötigten Operatoren in einer neuen Gruppe auf der Registerkarte **Formeln** abzulegen. Das geht so:

1 Um die Registerkarte **Formeln** um eine Gruppe zu erweitern, markieren Sie zunächst den Namen des Registers und benutzen die Schaltfläche **Neue Gruppe**.

2 Mithilfe der Schaltfläche **Umbenennen** vergeben Sie einen passenden Namen.

3 Lassen Sie die neue Gruppe ausgewählt, um anschließend die entsprechenden Operatoren-Symbole aus dem linken Feld in die Gruppe einzufügen. Wählen Sie dazu unter **Befehle auswählen** zunächst **Nicht im Menüband enthaltene Befehle**, denn nur darunter sind die Operatoren zu finden.

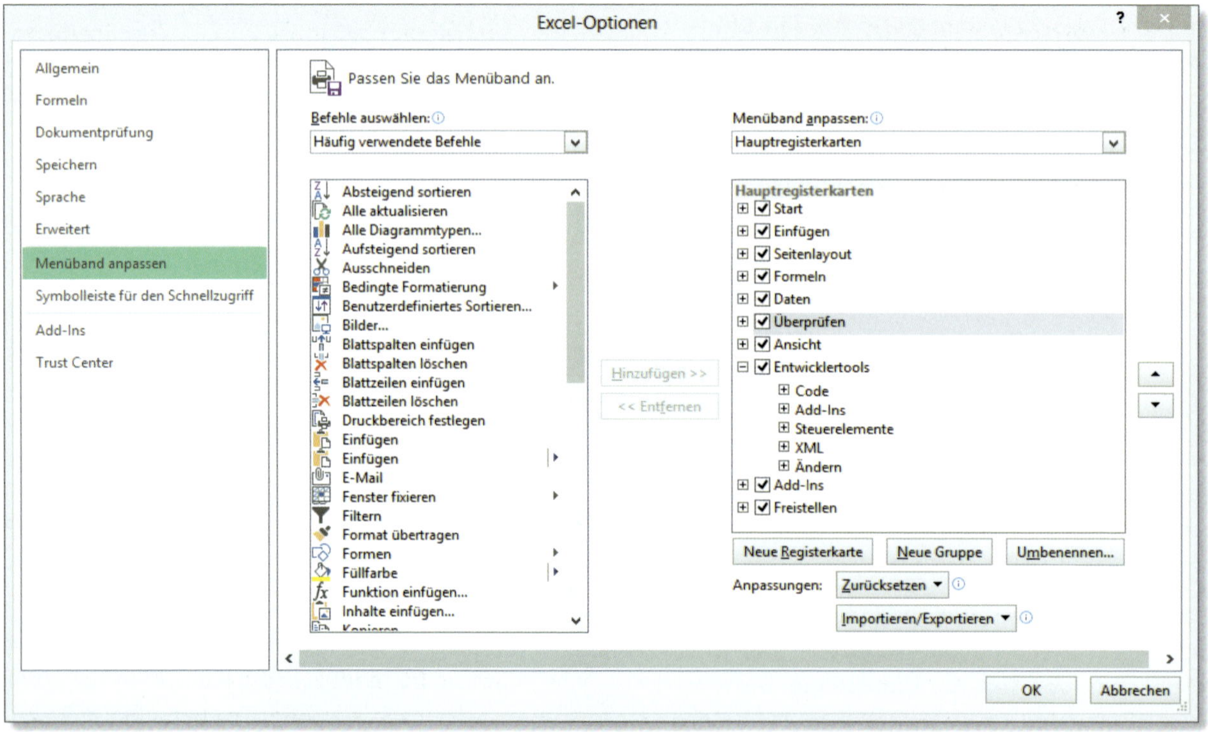

Abbildung 1.109 *Hauptregisterkarten lassen sich bei Bedarf ausblenden.*

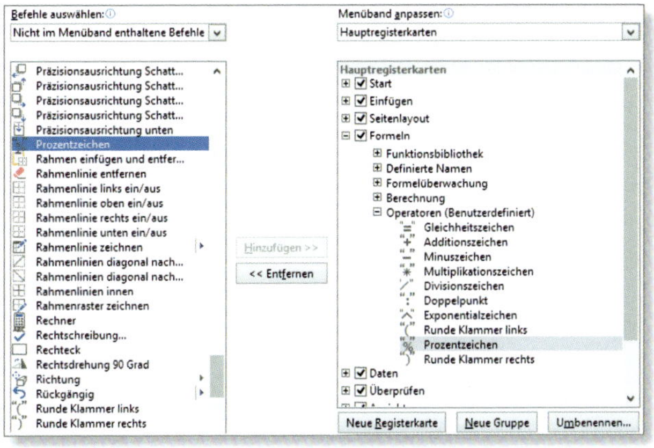

Abbildung 1.110 *Die neue Gruppe auf der Registerkarte »Formeln«*

Sind die Änderungen bestätigt, erscheint die neue Gruppe am Ende des Registers **Formeln**, und die Operatoren können nun mit Maus, Finger oder Stift eingegeben werden. Da Bezüge auf Zellen in einer Formel auch mit Maus, Finger oder Stift bestimmt werden können, lassen sich Formeln dann fast ganz ohne Tastatur eingeben, mit Ausnahme von konstanten Werten.

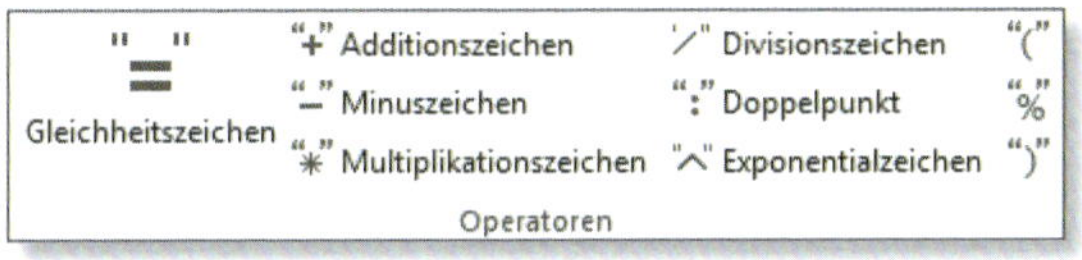

Abbildung 1.111 *Die neue Gruppe im Menüband*

Eine neue Registerkarte anlegen

Soll eine ganz neue Registerkarte angelegt werden, etwa um bestimmte Makros schneller aufzurufen, sind ein paar zusätzliche Schritte nötig.

1. Wählen Sie erst die Hauptregisterkarte aus, hinter der die neue Karte eingefügt werden soll, und wählen Sie die Schaltfläche **Neue Registerkarte**.
2. Die neue Registerkarte wird zusammen mit einer ersten Gruppe angelegt. Ändern Sie zunächst die Namen von Register und Gruppe mithilfe der Schaltfläche **Umbenennen**, und legen Sie bei Bedarf weitere Gruppen an.
3. Füllen Sie die Gruppen, wie im letzten Abschnitt beschrieben, mit den Symbolen für Ihre Makros.

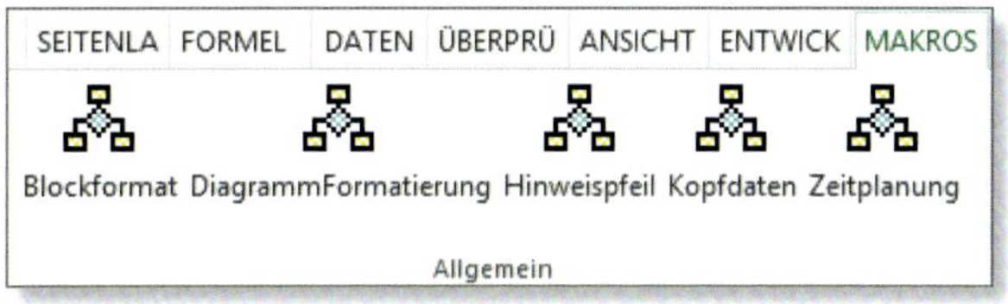

Abbildung 1.112 *Beispiel für eine Erweiterung des Menübands durch eine Registerkarte für Makros*

Schade, dass in diesem Fall die Zuordnung von Symbolen nicht angeboten wird.

Änderungen der Oberfläche sichern

Excel 2013 bietet auch die Möglichkeit, die Änderungen der Zusammensetzung der Schnellzugriffsleiste und/oder des Menübands in eine kleine Datei zu exportieren, sodass Sie sie auch auf andere Rechner übertragen können.

1. Verwenden Sie dazu auf der Seite **Menüband anpassen** oder **Symbolleiste für den Schnellzugriff** die Schaltfläche **Importieren/Exportieren** und **Alle Anpassungen exportieren**, und geben Sie einen passenden Dateinamen an.
2. Speichern Sie die Daten in einer Office-Oberflächendatei mit dem Dateityp *.exportedUI*.

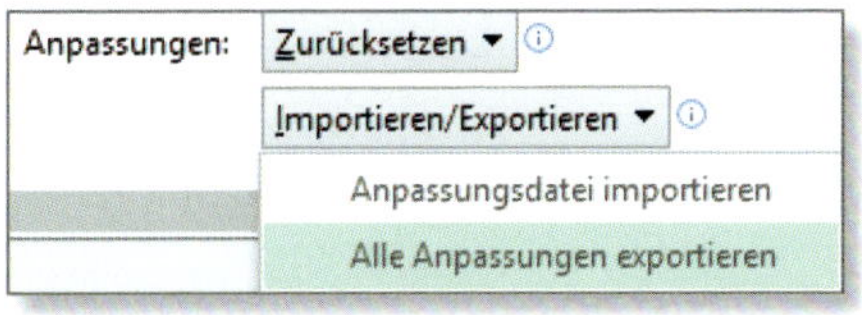

Abbildung 1.113 *Die Schaltflächen für den Import und Export von Anpassungsdateien erlauben die Übertragung der Anpassungen an Menüband und Schnellzugriffsleiste auf andere Systeme.*

3. Wenn Sie die Datei auf einem weiteren System verwenden wollen, benutzen Sie dort auf der gleichen Seite im Dialog **Excel-Optionen** ebenfalls die Schaltfläche **Importieren/Exportieren** und diesmal den

Befehl **Anpassungsdatei importieren**, und lesen Sie die Oberflächendatei dort ein, indem Sie sie öffnen.

Mit der Schaltfläche **Zurücksetzen** kann die Werksvorgabe für das Menüband jederzeit wieder eingestellt werden. Das Menü der Schaltfläche erlaubt es, entweder alle Anpassungen zurückzusetzen oder auch nur die Änderungen an der gerade ausgewählten Registerkarte.

Befehle zurücknehmen oder wiederholen

Excel merkt sich die letzten Befehle bzw. Eingaben, die es ausgeführt hat. Genauer gesagt, es speichert die Situation, die jeweils vor der Ausführung der letzten Befehle oder der letzten Eingaben bestanden hat, sodass diese bei Bedarf wiederhergestellt werden kann. Dies geschieht mithilfe der Schaltfläche **Rückgängig** ❶, die in der Schnellzugriffsleiste vorgegeben ist.

Sollen mehrere Schritte zurückgenommen werden, öffnen Sie mit dem kleinen Pfeil ❷ neben dem Symbol die Liste der notierten Schritte. Hier markieren Sie die Schritte, die zurückgenommen werden sollen, ein Klick führt die Rücknahme dann aus. Dabei werden die zuletzt ausgeführten Schritte immer zuerst angezeigt. Anstelle des Symbols kann auch [Strg] + [Z] verwendet werden. Das ist vor allem bei häufiger Verwendung oft einfacher.

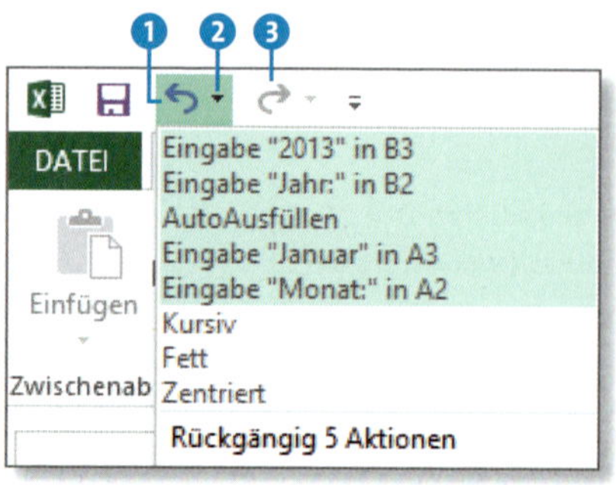

Abbildung 1.114 *Ziehen Sie über die Schritte, die zurückgenommen werden sollen, ein Klick führt dies dann aus.*

Dabei werden die zuletzt ausgeführten Schritte immer zuerst angezeigt. Auf dem Touchscreen lassen sich immer nur einzelne Schritte per Tipp auf die Schaltfläche rückgängig machen.

Nicht alle Befehle lassen sich rückgängig machen. Das gilt beispielsweise für das Löschen eines ganzen Blatts. Bei diesem Befehl erscheint deshalb, falls das Blatt Daten enthält, vorher ein entsprechender Hinweis.

> **TIPP**
>
> **Endgültige Befehle**
> Alle Befehle, die über das Register **Datei** ausgeführt wurden, sind endgültig und lassen sich nicht zurücknehmen. Anders als bei Word lässt sich auch das Ergebnis, das ein Makro in einer Arbeitsmappe erzeugt, nicht mehr zurücknehmen.

Haben Sie eine Aktion rückgängig gemacht, haben Sie noch eine Chance zur Umkehr. Dies geschieht mit der Schaltfläche **Wiederherstellen** ❸, die ebenfalls in der Schnellzugriffsleiste vorgegeben ist. Sind irrtümlich fünf Eingaben rückgängig gemacht worden, lassen sie sich Schritt für Schritt mit dem Symbol **Wiederherstellen** zurückholen.

Häufig kommt es auch vor, dass bestimmte Befehle mit genau denselben Einstellungen mehrfach hintereinander benötigt werden, etwa die Formatierung von Zellen in einem bestimmten Zahlenformat. In diesem Fall ist es nicht notwendig, den Befehl erneut zu wählen und ein Dialogfeld dazu auszufüllen. Sie verwenden einfach [Strg] + [Y], um andere Zellen in derselben Weise zu formatieren. Auch das Einfügen oder Löschen von Zeilen oder Spalten kann in dieser Weise wiederholt werden.

Anstatt mit der Tastenkombination zu arbeiten, können Sie auch das Symbol **Wiederholen** in die Schnellzugriffsleiste einfügen.

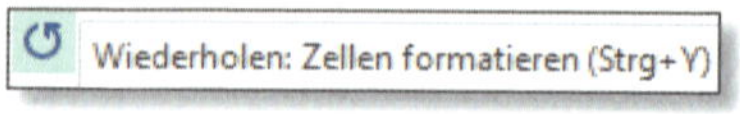

Abbildung 1.115 *Das Symbol »Wiederholen« wird nur aktiviert, wenn Sie wiederholbare Schritte machen. Wenn der Mauszeiger das Symbol berührt, erscheint ein Hinweis auf das, was wiederholbar ist.*

1.6 Programmeinstellungen anpassen

Was Sie selbst mit Excel 2013 machen, kann sich sehr von dem unterscheiden, was andere damit machen. Jeder hat seine eigene Art und Weise, wie er mit Excel umgeht. Manche Leute benutzen Excel 2013 in erster Linie als Rechenknecht. Andere sammeln hauptsächlich Daten in Tabellen, um sie abzufragen und auszuwerten. Wieder andere interessiert vor allem die Umsetzung von Zahlen in Diagramme oder Sparklines. Entwickler setzen die Werkzeuge ein, mit denen sich programmierte Lösungen erstellen lassen. Um diesen verschiedenen Bedürfnissen optimal gerecht zu werden, ist Excel 2013 anpassungsfähig ausgelegt. Sie können Ihren Arbeitsplatz auf das abstimmen, was Sie benötigen.

Allgemeine Einstellungen

Wenn Sie eine Installation von Excel neu eingerichtet haben, ist es sinnvoll, zuerst die Einstellungen zu prüfen und bei Bedarf zu ändern, die im Dialog zu **Datei > Optionen** unter **Allgemein** angeboten werden.

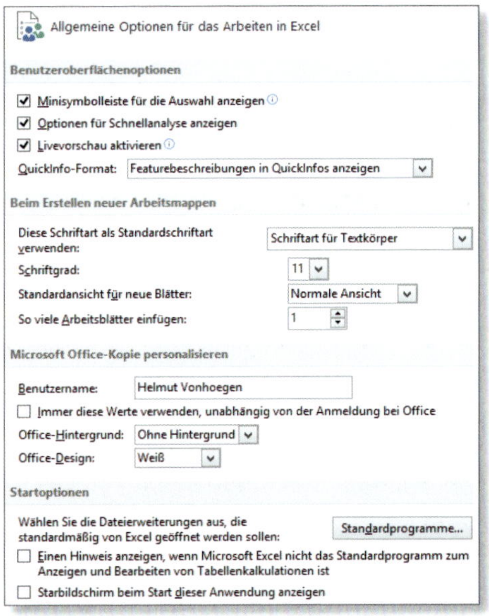

Abbildung 1.116 *Die allgemeinen Optionen für die Arbeit mit Excel 2013 betreffen insbesondere die Benutzeroberfläche, die Vorgaben für neue Arbeitsmappen und den Benutzernamen.*

Die erste Einstellung unter **Benutzeroberflächenoptionen** ist **Minisymbolleiste für die Auswahl anzeigen**. Sie betrifft die Formatierungssymbole, die zu markierten Zellinhalten angezeigt werden, also nicht die Minisymbolleiste zu einem Zellbereich.

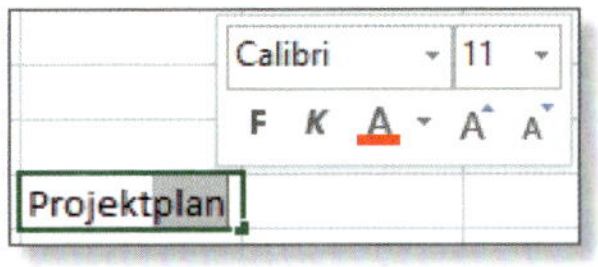

Abbildung 1.117 *Minisymbolleiste zu markiertem Text in einer Zelle*

Die Schaltfläche für die schon angesprochene neue Funktion **Schnellanalyse** kann unter **Optionen für Schnellanalyse anzeigen** bei Bedarf auch deaktiviert werden. Über die Tastenkombination `Strg` + `Q` steht diese Funktion dann aber trotzdem zur Verfügung.

Die Option **Livevorschau aktivieren** sollten Sie in der Regel eingeschaltet lassen. Sie sorgt dafür, dass Sie die Wirkung vieler Einstellungen, insbesondere beim Formatieren von Tabellen und Diagrammen, schon sehen können, bevor Sie sich endgültig etwa für eine bestimmte Schriftart, eine Farbe oder eine Formatvorlage entscheiden.

Nervöse Zeitgenossen mag die dadurch am Bildschirm manchmal entstehende Unruhe aber irritieren, sie sollten dann die Option an dieser Stelle deaktivieren. Zu beiden Optionen finden Sie übrigens eine kleine Info-Schaltfläche, die Hinweise einblendet.

Die Option **QuickInfo-Format** betrifft die Anzeige von Hinweisen zu Befehlen oder Steuerelementen. Vorgabe ist die Einstellung **Featurebeschreibungen in QuickInfos anzeigen**. Dabei wird nicht nur der Name des Elements genannt, sondern auch eine genauere Beschreibung. **Featurebeschreibungen in QuickInfos nicht anzeigen** reduziert die Info auf den Namen. Die Option **QuickInfos nicht anzeigen** werden Sie wahrscheinlich wählen, wenn Sie das Programm zur Genüge kennen.

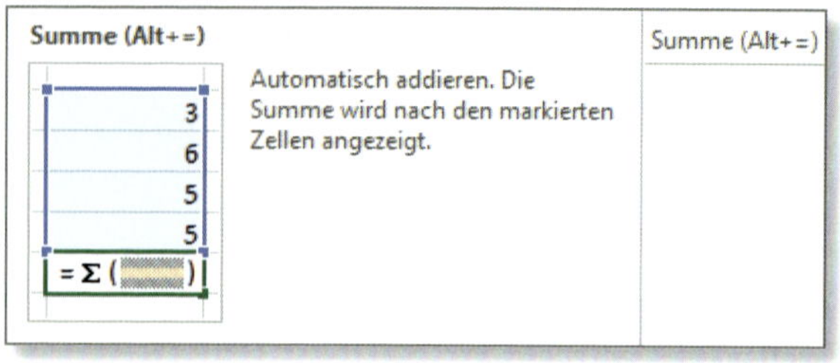

Abbildung 1.118 *Zum Vergleich die ausführliche (links) und die kurze (rechts) QuickInfo*

Die zweite Gruppe **Beim Erstellen neuer Arbeitsmappen** betrifft Vorgaben für neue Dokumente. Im Listenfeld zu **Diese Schriftart als Standardschriftart verwenden** wählen Sie die vorgegebene Schrift für die Tabellenblätter; unter **Schriftgrad** geben Sie eine passende Schriftgröße vor. Vorgabe ist die Schrift Calibri mit Schriftgrad 11, die als **Schriftart für Textkörper** in der Liste angezeigt wird. Für Überschriften gibt Excel eine Calibri Light vor.

Außerdem können Sie hier noch unter **Standardansicht für neue Blätter** festlegen, ob Sie in der Regel in der Normalansicht, in der Seitenlayoutansicht oder – weniger sinnvoll – in der Umbruchvorschau arbeiten wollen. Auch die Anzahl der Blätter, die eine neue Arbeitsmappe enthalten soll, ist hier zwischen 1 und 255 einstellbar. Wenn Sie hauptsächlich mit einzelnen Blättern arbeiten wollen, belassen Sie den Wert auf 1, dann brauchen Sie keine überflüssigen leeren Blätter zu löschen. Das hindert Sie ja nicht daran, bei Bedarf weitere Blätter in eine Mappe einzufügen. Diese Änderungen werden alle erst wirksam, wenn Excel erneut gestartet wird.

Schließlich sollten Sie unter **Microsoft Office-Kopie personalisieren** bei **Benutzername** noch Ihren Namen eintragen. Der hier eingegebene Name wird automatisch als Metainformation bei jedem neuen Dokument übernommen und unter den Dokumenteigenschaften angezeigt. Über die Option **Immer diese Werte verwenden ...** legen Sie fest, ob die Einstellungen in dieser Gruppe unabhängig von der Anmeldung mit einem Konto bei *Office.com* gelten sollen.

Um das Aussehen von Excel an den persönlichen Geschmack anzupassen, finden Sie noch zwei Listenfelder. Das erste unter dem Namen **Office-Hintergrund** bietet Ihnen verschiedene Dekors an, die den Kopfbereich des Anwendungsfensters betreffen. Wie schon erwähnt, wird diese Option aber einem lokalen Benutzer vorenthalten.

Abbildung 1.119 *Der Hintergrund namens »Wolken« – mit etwas mehr Kontrast angezeigt*

Über die Option **Office-Design** können Sie zwischen drei generellen Varianten der Oberfläche von Excel 2013 wählen: **Weiß**, **Hellgrau** und **Dunkelgrau**. Probieren Sie aus, was Ihnen am besten gefällt.

Abbildung 1.120 *Die Oberfläche mit dunkelgrauem Hintergrund*

Unter **Startoptionen** finden Sie die Schaltfläche **Standardprogramme**, die Sie in den Dialog der Systemsteuerung führt, in dem die Zuordnung von Dateitypen zu Excel vorgenommen oder geändert werden kann. Schon angesprochen wurde die Einstellung **Startbildschirm beim Start dieser Anwendung anzeigen**, die Sie hier deaktivieren können.

Mehrere Bearbeitungssprachen einrichten

Unter **Sprache** wird in Excel 2013 nun eine eigene Seite angeboten, auf der Sie neben einer primären Sprache noch zusätzliche Bearbeitungssprachen auswählen können. Diese Möglichkeit ist für internationale Geschäftsbeziehungen von großem Vorteil. In dem Fenster unter **Bearbeitungssprachen auswählen** werden die aktuell installierten Bearbeitungssprachen angezeigt.

1 Um eine weitere Sprache hinzuzufügen, öffnen Sie das Listenfeld darunter ❶, wählen die zusätzliche Sprache aus und benutzen **Hinzufügen** ❷.

2 Falls Sie die Standardsprache ändern wollen, wählen Sie die gewünschte Sprache aus und benutzen die Schaltfläche **Als Standard festlegen** ❸.

3 Um das Tastaturlayout der neuen Sprache zu aktivieren, klicken oder tippen Sie im Fenster auf den Link **Nicht aktiviert** ❹ und wählen im Dialog **Sprache** die gewünschten Einstellungen.

Im unteren Teil des Dialogs lässt sich bei mehreren Sprachen festlegen, welche bevorzugt für die Programmanzeigen und die Hilfe verwendet werden sollen. Auch für die QuickInfos lässt sich zwischen den verschiedenen Sprachen, die eingerichtet sind, wählen.

Allgemeine Anzeigeoptionen

Zusätzlich zu den Optionen auf der Registerkarte **Ansicht** werden im Dialogfeld **Excel-Optionen** unter **Erweitert** noch einige Einstellungen angeboten, die die Anzeige von Bildschirmelementen betreffen. Die Einstellungen unter **Anzeige** gelten für die Arbeit mit Excel generell, und zwar so lange, bis sie erneut geändert werden.

Zunächst kann unter **Anzeige** die Anzahl der Dateien angegeben werden, die in der Liste **Zuletzt verwendete Arbeitsmappen** auf der Registerkarte **Datei** erscheinen, wenn Sie **Öffnen** benutzen. Zusätzlich können Sie noch die Zahl der Dateien angeben, die direkt unter dem Menü des Dateiregisters angeboten werden, also unabhängig von der gerade ausgewählten Seite auf

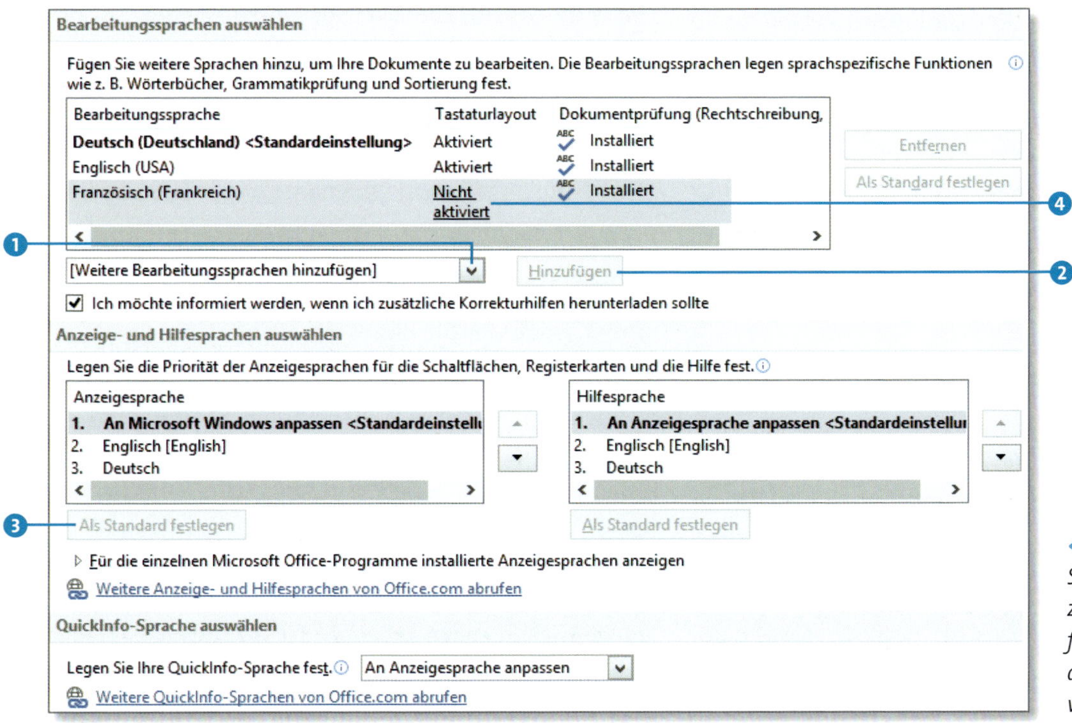

Abbildung 1.121
Sie können bei Bedarf zahlreiche Sprachen für die Bearbeitung der Arbeitsblätter wählen.

diesem Register. Auch die Anzahl der zuletzt verwendeten Ordner lässt sich hier angeben.

Unter **Linealeinheiten** wird festgelegt, welcher Maßstab in dem Lineal benutzt wird, das in der Ansicht **Seitenlayout** angezeigt wird.

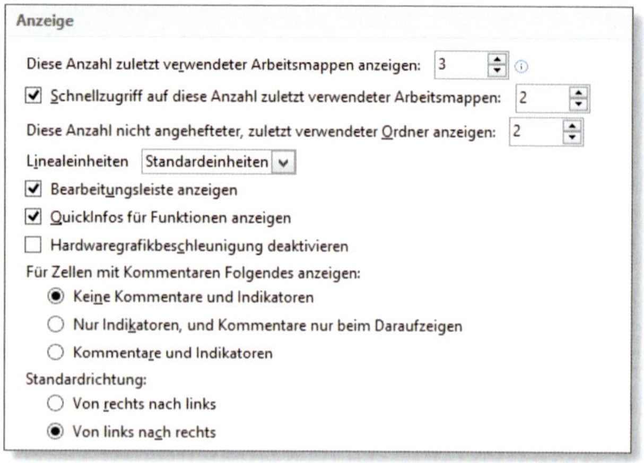

Abbildung 1.122 *Allgemeine Optionen zur Anzeige*

Neben der Anzeige der Bearbeitungsleiste und der QuickInfos zu Funktionen kann hier noch die Hardwaregrafikbeschleunigung deaktiviert werden.

Wenn Zellen Kommentare zugewiesen sind, kann die Anzeige der Kommentare und der kleinen Indikatoren, die auf Kommentare verweisen, entweder ganz aus- oder eingeschaltet werden. Oder es wird die Einstellung verwendet, dass zunächst nur die Indikatoren sichtbar sind, die Kommentare dagegen erst beim Draufzeigen mit der Maus angezeigt werden.

Anzeigeoptionen für einzelne Arbeitsmappen

Unter **Optionen für diese Arbeitsmappe anzeigen** sind die Einstellungen zusammengestellt, die Sie gezielt bestimmten Arbeitsmappen zuweisen, wobei Sie die Auswahl, falls mehrere Mappen geöffnet sind, über das kleine Listenfeld vornehmen.

Die Einstellungen werden jeweils mit der Mappe gespeichert. Hier geht es zunächst um das Ein- oder Ausblenden der Bildlaufleisten oder der Blattregister.

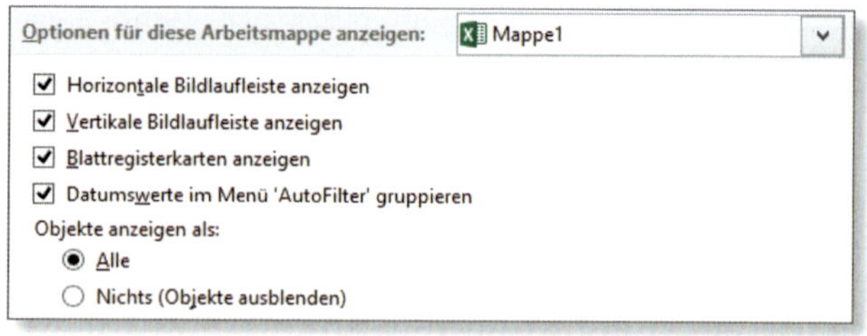

Abbildung 1.123 *Anzeigeoptionen für einzelne Arbeitsmappen*

Die Option **Datumswerte im Menü ‚AutoFilter' gruppieren** bewirkt, dass im Kontextmenü eines Tabellenfilters beispielsweise Gruppen für Monate oder Jahre angeboten werden. Mehr dazu finden Sie in Kapitel 6, »Daten abfragen«, ab Seite 333.

Was die Anzeige von Objekten betrifft, wird die Option **Alle** oder **Nichts** angeboten. Dies gilt für die Anzeige von Diagrammen, Grafikobjekten, Schaltflächen, Textfeldern und von Objekten, die mit dem Befehl **Einfügen > Text > Objekt** eingebettet werden. Die Einstellung **Nichts** kann bei großen Blättern mit zahlreichen Diagrammen vorübergehend nützlich sein, wenn es im Moment nur um die Tabellendaten geht. Sie beschleunigt die Navigation auf dem Blatt. Die Option blendet alle Grafikobjekte aus und verhindert auch, dass sie mitgedruckt werden. Es gibt eine Tastenkombination, mit der Sie ganz schnell zwischen den beiden Einstellungen wechseln können: `Strg` + `6`.

Optionen für einzelne Blätter

Unter **Optionen für dieses Arbeitsblatt anzeigen** lassen sich gezielt Einstellungen für einzelne Blätter festlegen, die Sie über das Listenfeld auswählen. Hier können die Zeilen- und Spaltenüberschriften aus- und eingeblendet werden.

Wenn Sie zur Prüfung eines Kalkulationsmodells im Tabellenblatt alle Formeln auf einmal sehen wollen, haken Sie das Kästchen **Anstelle der berechneten Werte Formeln in Zellen anzeigen** ab. Die Anzeige der Formeln ist nützlich, um Tabellen zu dokumentieren. Wird **Seitenumbrüche einblenden** abgehakt, werden Hilfslinien eingeblendet, die den Seitenwechsel bei großen Tabellen markieren.

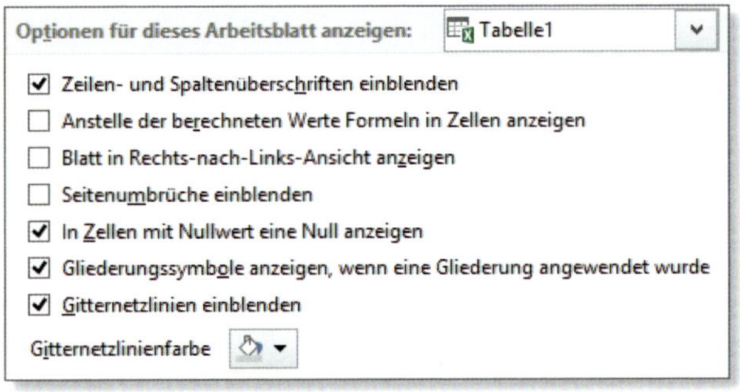

Abbildung 1.124 *Anzeigeoptionen, die Sie für jedes Blatt separat festlegen können*

Die Option **In Zellen mit Nullwert eine Null anzeigen** kann abgewählt werden, um ebendies zu verhindern. Das kann sinnvoll sein bei Tabellen, in denen wegen noch fehlender Werte sehr viele Formeln zunächst den Wert *0* liefern.

Falls Sie für die Gitternetzlinien lieber eine andere Farbe sehen wollen, wählen Sie diese unter **Gitternetzlinienfarbe** aus. Wenn ein Tabellenblatt fertig gestaltet ist, ist es allerdings oft sinnvoll, die Anzeige der Gitternetzlinien abzuschalten und die Tabellenbereiche mit eigenen Rahmenlinien zu ordnen. Dadurch erscheint die ausgefüllte Tabelle meist übersichtlicher.

TIPP

Nullen unterdrücken
Sie sollten beachten, dass die Unterdrückung der Anzeige von Nullen immer für das ganze Tabellenblatt gilt. Oft ist es aber so, dass an der einen Stelle die Null eher stört, an der anderen Stelle die Null eine wichtige Information ist. Deshalb ist es in der Regel günstiger, die Frage, ob Nullen angezeigt werden sollen oder nicht, differenziert über das Zahlenformat zu regeln. Mehr dazu erfahren Sie in Kapitel 4, »Tabellenblätter gestalten«, ab Seite 272.

Bearbeitungsoptionen wählen

Eine große Gruppe von Optionen auf der Seite **Erweitert** betrifft die Bearbeitung des Arbeitsblatts. Unter **Markierung nach Drücken der Eingabetaste verschieben** legen Sie die Wirkung der [↵]-Taste auf die Zellmarkierung fest. Der Zellzeiger kann mit den Optionen zu **Richtung** entweder in die nächste Zelle in der Zeile, also nach rechts, oder in die nächste Zelle in der Spalte, also nach unten, verschoben werden. Je nachdem, in welcher Reihenfolge Daten eingegeben werden, ist mal die eine, mal die andere Einstellung praktischer.

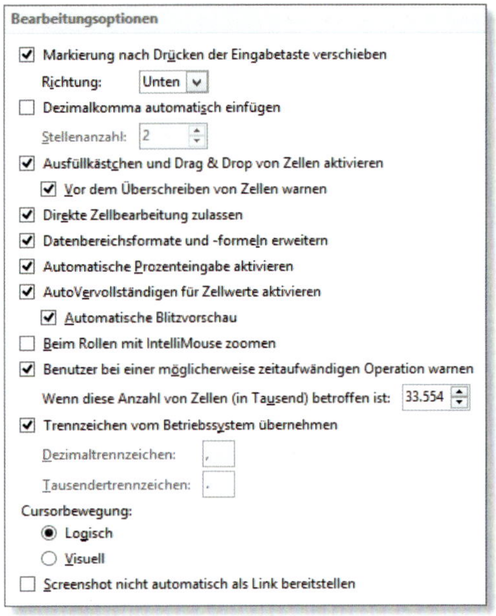

Abbildung 1.125 *Bearbeitungsoptionen auf der Seite »Erweitert«*

Normalerweise ist es sinnvoll, die vorgegebene Option **Ausfüllkästchen und Drag & Drop von Zellen aktivieren** auch aktiviert zu lassen. Das gilt auch für **Direkte Zellbearbeitung zulassen** und **Datenbereichsformate und -formeln erweitern**, die die Übernahme von Formeln und Formaten bei Bereichserweiterungen sicherstellen. Auch die Option **AutoVervollständigen für Zellwerte aktivieren** sollte in der Regel eingeschaltet bleiben.

Neu in Excel 2013 ist die Option **Automatische Blitzvorschau**. Damit geben Sie an, ob die neue Füllfunktion für Tabellenspalten, die im Englischen als *Flash Fill*, in der eher misslungenen deutschen Übersetzung als *Blitzvorschau* bezeichnet wird, automatisch genutzt werden soll oder nicht.

Neu ist auch die Option **Screenshot nicht automatisch als Link bereitstellen**. Damit verhindern Sie, dass ein Screenshot einer Webseite, den Sie in eine Arbeitsmappe mit der Funktion **Screenshot** einfügen, automatisch als Schaltfläche verwendet werden kann, um zu der entsprechenden Webseite zu navigieren.

Beibehalten werden sollten auch die Optionen unter **Ausschneiden, Kopieren und Einfügen**, die dafür sorgen, dass nach diesen Vorgängen jeweils Schaltflächen mit kleinen Menüs eingeblendet werden, die es erlauben, genau auszuwählen, was geschehen soll.

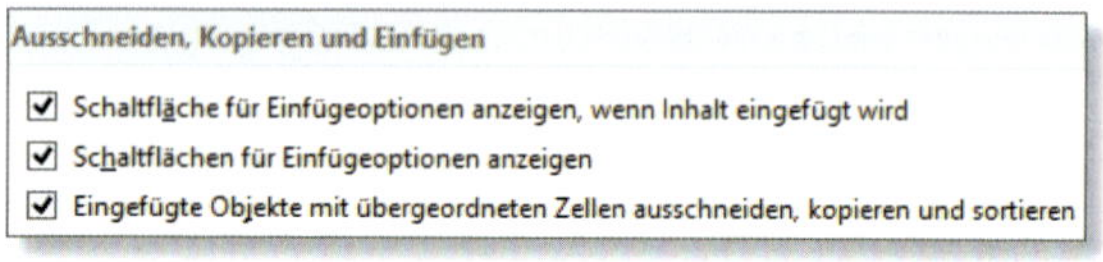

Abbildung 1.126 *Die Optionen zu »Ausschneiden, Kopieren und Einfügen«*

In der Gruppe **Diagramm** finden Sie neue Einstellungen, die den Umgang mit Datenpunkten betreffen. Sie können hier zwischen einer Einstellung für alle folgenden Arbeitsmappen wählen oder unter **Aktuelle Arbeitsmappe** eine Arbeitsmappe auswählen und die Option **Eigenschaften orientieren sich am Diagrammdatenpunkt in der aktuellen Arbeitsmappe** verwenden.

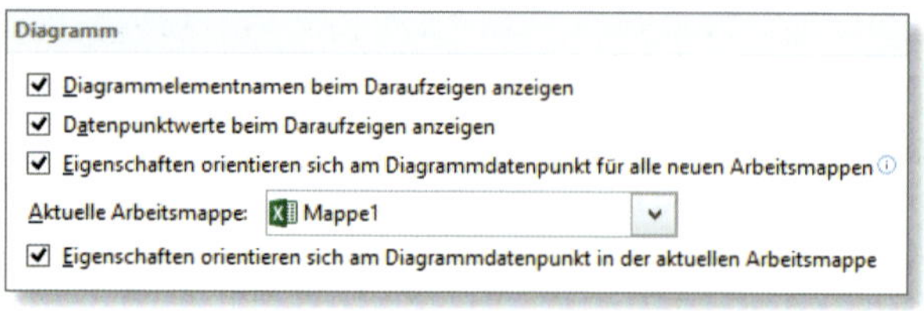

Abbildung 1.127 *Optionen zu Diagrammen*

In der Gruppe **Formeln** finden Sie eine Option, die die Beschleunigung der Berechnungen in großen Arbeitsmappen betrifft. Excel 2013 ist in der Lage, die Berechnungsarbeit auf parallele Threads aufzuteilen. Wenn Sie mehrkernige Prozessoren verwenden, sollte diese Option deshalb aktiviert sein.

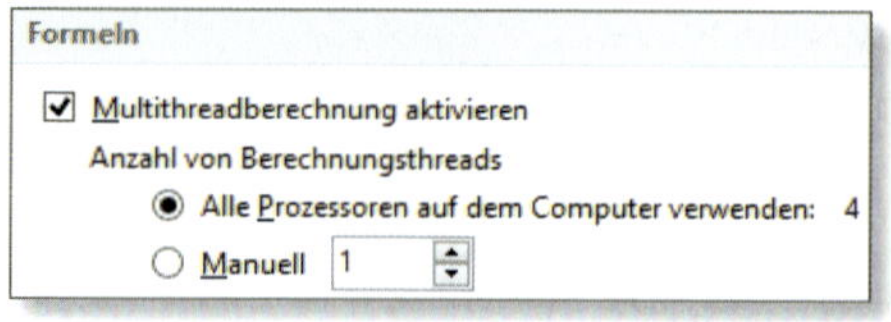

Abbildung 1.128 *Optionen für mehrkernige Systeme, die die Berechnungen beschleunigen können*

Auf die anderen Einstellungen auf dem Register **Erweitert** wird in den späteren Abschnitten jeweils passend zum Thema eingegangen. Dies gilt auch für die Optionen auf dem Register **Formeln**, die in Kapitel 3, »Mit Formeln arbeiten«, ab Seite 201 behandelt werden.

In der neuen Gruppe **Daten** finden Sie einige Optionen, die den Umgang mit Pivot-Tabellen und den neuen Datenmodellen betreffen. Wenn es um große Datenmengen geht, kann beispielsweise die Funktion **Rückgängig** deaktiviert werden.

Speicheroptionen

Neu in Excel 2013 ist die Möglichkeit, dafür zu sorgen, dass die lokale Speicherung immer zuerst angeboten wird. Wenn Sie die Option **Standardmäßig auf Computer speichern** aktivieren, wird auf der Seite **Speichern unter** immer erst die Option **Computer** als Speicherort vorgegeben und nicht die Speicherung auf SkyDrive, die Microsoft sonst hier etwas aufdringlich als erste Option aktiviert.

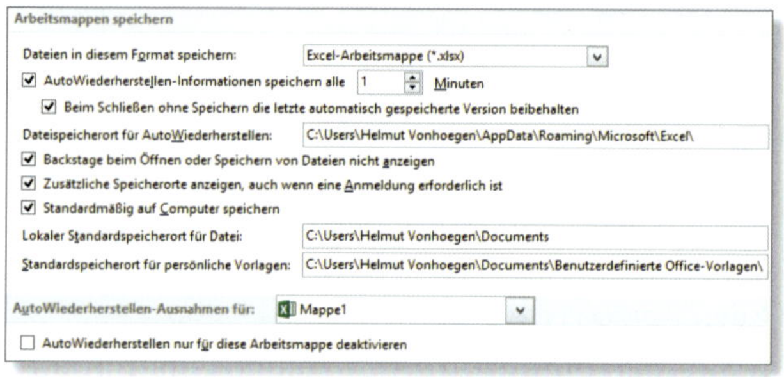

Abbildung 1.129 *Optionen zum Speichern der Arbeitsmappe*

Add-Ins einbinden

Ein Teil der komplexeren Funktionen von Excel wird über Zusatzprogramme realisiert. Das können Excel-Add-Ins, COM-Add-Ins, sogenannte Aktionen – früher SmartTags genannt – oder XML-Erweiterungspakete sein. COM-Add-Ins – COM ist die Abkürzung für *Component Object Model* – sind *ActiveX*-Komponenten, meist in der Form von DLLs, die über eine spezielle Schnittstelle mit der Wirtsanwendung kommunizieren. Ist ein Add-In geladen, finden Sie im Menüband meist zusätzliche Optionen, mit denen die Leistungen des Zusatzprogramms in Anspruch genommen werden können. Andere Add-Ins bieten Tabellenfunktionen, die dann über den Dialog **Funktion einfügen** mit angeboten werden.

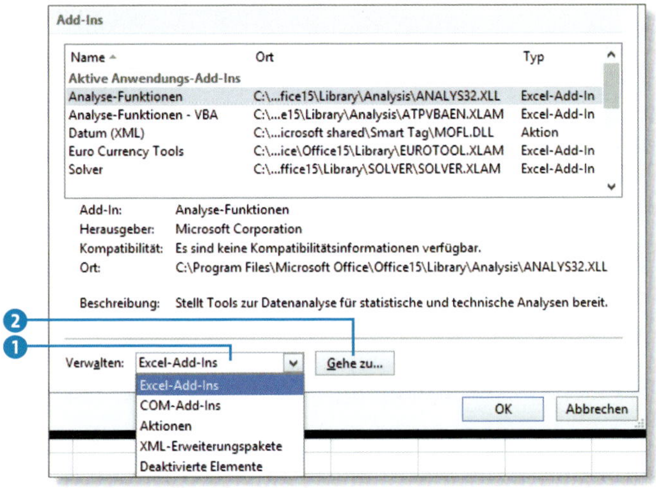

^ ***Abbildung 1.130*** *Unter »Add-Ins« finden Sie die Liste der installierten Add-Ins und Schaltflächen, um diese Liste zu verwalten.*

Die Liste der aktivierten oder deaktivierten Add-Ins wird über **Datei > Optionen** auf der Seite **Add-Ins** angezeigt (siehe Abbildung 1.130). Da nicht in jeder Arbeitssituation alle Add-Ins benötigt werden, arbeitet Excel mit einer Startliste der Add-Ins, die für eine Sitzung geladen werden.

1 Um Add-Ins zu aktivieren oder zu deaktivieren, wählen Sie zunächst in dem Listenfeld zu **Verwalten** ① den Typ des Add-Ins und benutzen dann die Schaltfläche **Gehe zu** ②.

2 Um beispielsweise ein Excel-Add-In zu aktivieren, haken Sie im jeweiligen Dialog das Kästchen vor dem Namen ab. Um das Add-In aus der Startliste herauszunehmen, löschen Sie das Häkchen.

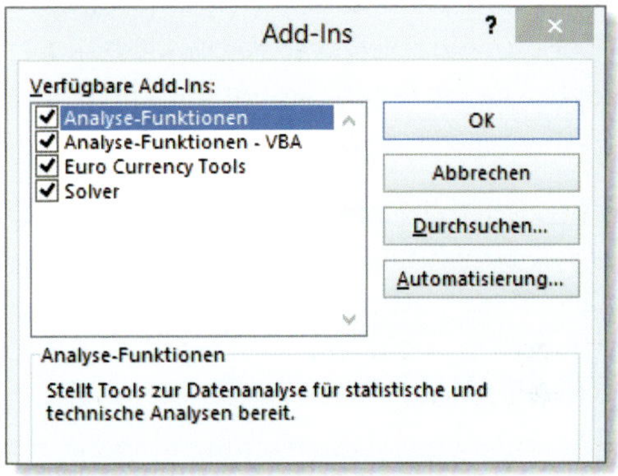

^ ***Abbildung 1.131*** *Der Dialog »Add-Ins«*

3 Erscheint das Zusatzprogramm nicht unter **Verfügbare Add-Ins**, versuchen Sie es mit der Schaltfläche **Durchsuchen**. Vielleicht befindet sich das Add-In nur in einem anderen Ordner. Wählen Sie die gewünschte Datei aus, und bestätigen Sie mit **OK**.

Wenn Sie ein Zusatzprogramm nur für eine Sitzung benötigen, können Sie es einfach über den Dialog **Öffnen** laden. Der Dateityp für ein Excel 2013-Add-In ist *.xlam*, ältere Add-Ins verwenden den Typ *.xla*.

Solange Sie das Register **Entwicklertools** in die Oberfläche eingebunden haben, wird Ihnen auf diesem Register auch eine Gruppe **Add-Ins** angeboten, Die linke Schaltfläche öffnet den Dialog für VBA-Add-Ins, die rechte den für COM-Add-Ins.

Zusätzlich haben Sie die Möglichkeit, eigene Add-Ins zu erstellen, mit denen Sie Ihre eigenen Makros in Excel integrieren können. Enthält eine Arbeitsmappe entsprechende Module, müssen Sie beim Abspeichern der Mappe dazu im Dialogfeld **Speichern unter** als Dateityp **Microsoft Office Excel-Add-In** (mit dem Dateityp *.xlam*) verwenden.

Das Aktivieren und Deaktivieren von COM-Add-Ins – der Dateityp ist *.dll* – geht ganz ähnlich. Der Dialog listet die verfügbaren Add-Ins auf.

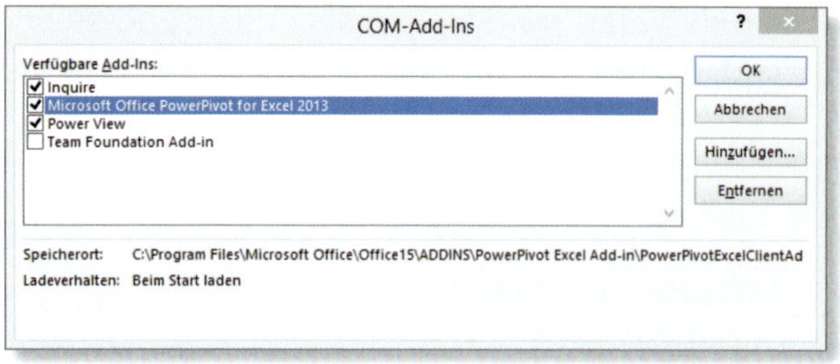

Abbildung 1.132 *Dialog für die Verwaltung von COM-Add-Ins*

Liste der integrierten Excel-Add-Ins

Tabelle 1.6 gibt Ihnen einen Überblick über die mit der Installation von Excel 2013 vorgegebenen Excel-Add-Ins.

Die Add-Ins **Nachschlageassistent** und **Teilsummenassistent**, die Sie vielleicht noch aus älteren Versionen kennen, werden von Excel 2013 nicht mehr angeboten.

Name	Kurzbeschreibung
Analyse-Funktionen	Bietet Werkzeuge für statistische und technische Analysen.
Analyse-Funktionen VBA	Liefert VBA-Funktionen für die Analyse-Funktionen.
Euro Currency Tools	Liefert Tools für die Währungskonvertierung.
Solver	Lösung von Gleichungs- und Ungleichungssystemen mit mehreren Unbekannten

Tabelle 1.6 *Liste der integrierten Excel-Add-Ins*

Bleibt noch anzumerken, dass unter Windows RT keine Excel-Add-Ins zugelassen sind.

Liste der integrierten COM-Add-Ins

Tabelle 1.7 gibt Ihnen einen Überblick über die mit der Installation von Excel 2013 vorgegebenen COM-Add-Ins. Diese Liste gilt für die Professional-Plus-Edition.

Name	Kurzbeschreibung
Inquire	Tool für die Untersuchung und den Vergleich von Arbeitsmappen, erlaubt die Darstellung von Beziehungen auf den Ebenen Zellbereich, Blatt oder Arbeitsmappe. Fügt ein neues Register **Inquire** mit vier Gruppen ein.
Microsoft Office PowerPivot for Excel 2013	Eine umfangreiche Erweiterung der Pivot-Funktionen von Excel 2013 in der Professional-Plus-Edition. Fügt ein neues Register **PowerPivot** mit mehreren Gruppen in das Menüband ein.
Power View	Tool für schnelle Auswertungen aus einer oder mehreren Tabellen. Fügt auf dem Register **Einfügen** eine neue Gruppe **Berichte** ein.

Tabelle 1.7 *Liste der integrierten COM-Add-Ins*

1.7 Apps für Office

Eine ganz neue Art der Erweiterung von Excel 2013 sind die Apps für Office, die in Arbeitsmappen eingebunden werden können. Diese Entwicklung hat gerade erst begonnen, Microsoft bietet dafür einen Office Store, lässt aber den Entwicklern die Möglichkeit, auch andere Stores zu benutzen. Technisch bestehen diese Apps beispielsweise aus Webkomponenten, die mit Script-Code gesteuert werden.

Wie attraktiv solche Apps sein können, soll hier kurz am Beispiel der App **Bing Maps** gezeigt werden. Abbildung 1.133 zeigt eine einfache Tabelle, in der Mitgliederzahlen für einen fiktiven Verein bestimmten Orten zugewiesen sind.

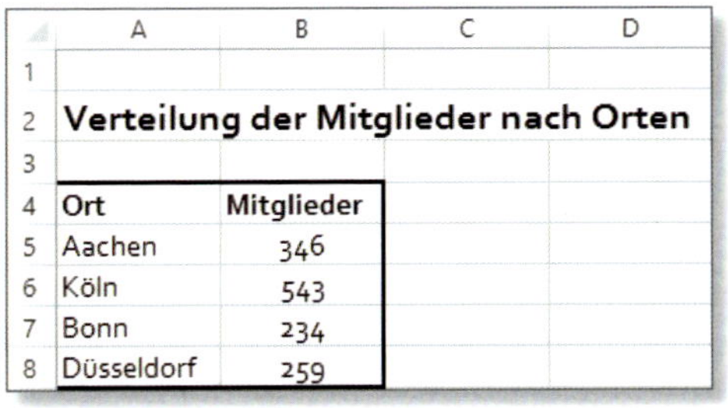

Abbildung 1.133 *Tabelle mit Mitgliederzahlen*

Über die Schaltfläche **Apps für Office** auf dem Register **Einfügen** werden immer zuerst bereits verwendete Apps angeboten.

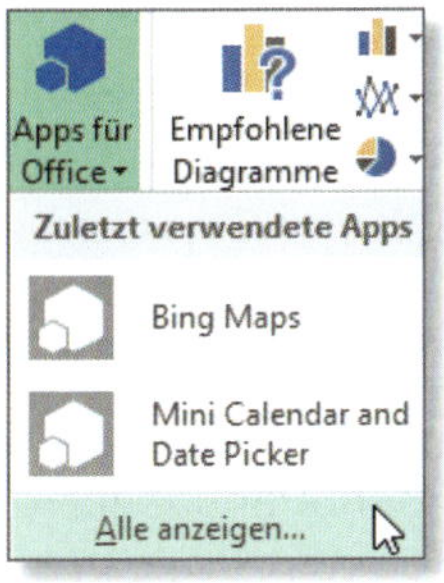

Abbildung 1.134 *Das Menü zu der Schaltfläche »Apps für Office«*

Alle anzeigen öffnet die Palette der bisher verfügbaren Apps.

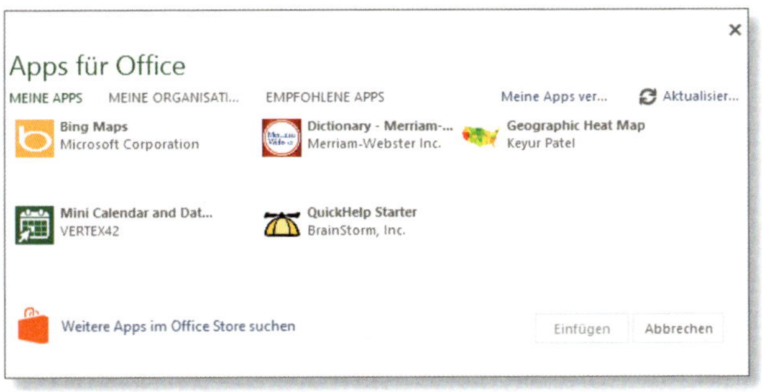

Abbildung 1.135 *Übersicht über das Apps-Angebot*

Für unser Beispiel verwenden wir **Bing Maps**. Excel legt über das Tabellenblatt eine grafische Ebene mit den Bing-Karten. In der Titelzeile finden Sie mehrere Steuerelemente, mit denen die App angepasst werden kann.

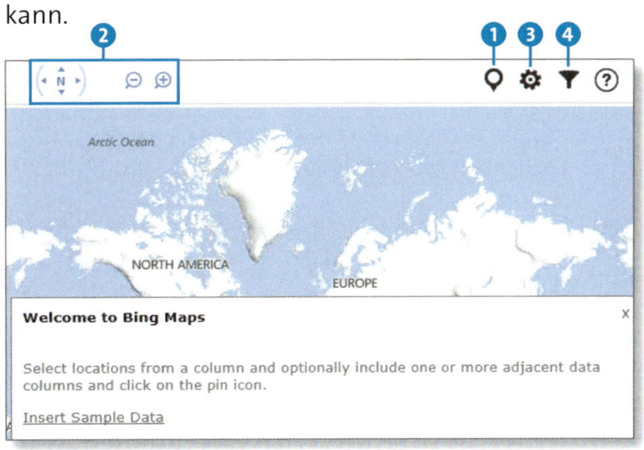

Abbildung 1.136 *Die App »Bing Maps« als Ebene im Tabellenblatt*

Da es sich um ein grafisches Element handelt, steht ein Register **Format** mit den üblichen Zeichentools zur Verfügung. Die Anpassung von Größe und Lage erfolgt wie gewohnt über die Anfasser.

Wie kommt jetzt die Verbindung zu unseren Vereinsdaten zustande? Wie von Zauberhand! Sie ziehen dazu das Symbol **Plot Locations** ❶ auf den Tabellenbereich mit den Daten, wobei die Überschriften in den Bereich mit übernommen werden müssen. Wenn Sie dann die Karte mit den Steuerelementen im linken Teil der Titelleiste ❷ entsprechend vergrößern, erscheinen auf der Karte Kreise, die die unterschiedlichen Mitgliederzahlen visualisieren. Hat die Tabelle mehrere Zahlenspalten, können Sie entsprechende Kreisdiagramme ausgeben lassen. Die Details lassen sich über die Schaltfläche **Settings** ❸ regeln.

Die Schaltfläche in der rechten Ecke oben ❹ öffnet noch ein Menü, das Ihnen auch erlaubt, den Quelltext der App anzusehen. In diesem Fall handelt es sich um eine Webkomponente, die mit zahlreichen Script-Elementen arbeitet, die über Bibliotheken eingebunden sind.

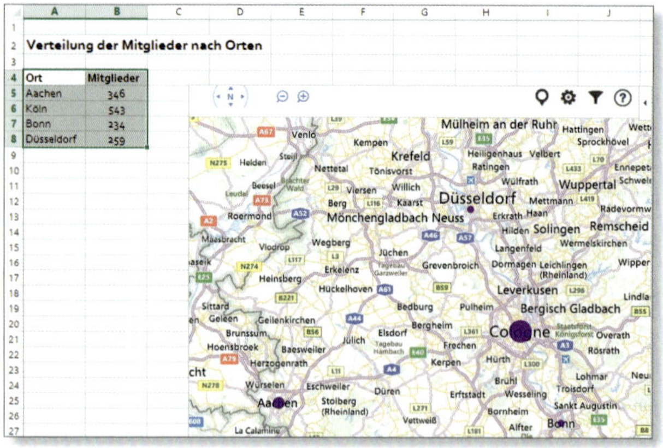

Abbildung 1.137 *Die Karte mit den Kreisen, die die Mitgliederzahlen visualisieren*

Ein anderer App-Typ legt keine eigene Ebene auf das Arbeitsblatt, sondern fügt einen neuen Aufgabenbereich ein. Ein Beispiel dafür ist das Wörterbuch **Merriam-Webster**.

Abbildung 1.138 *Diese App fügt einen eigenen Aufgabenbereich ein.*

Auch in diesem Fall verrät der Quelltext, den Sie über das Menü der Pfeilschaltfläche öffnen können, dass es sich um eine Webkomponente handelt, die XHTML-Code mit CSS und JavaScript mischt.

Die Beispiele deuten schon an, dass sich mithilfe solcher Apps ziemlich attraktive Erweiterungen für Ihre Arbeitsmappen erstellen lassen. Für die Entwicklung rund um Office sicher ein lohnendes Arbeitsfeld. Bleibt noch zu erwähnen, dass Windows RT solche Apps ebenfalls unterstützt, im Gegensatz zu den bisher meist verwendeten Erweiterungen mit VBA und ActiveX-Steuerelementen.

1.8 Das Dateiformat wählen

Seit Excel 2007 verwendet Microsoft als Standard ein selbst entwickeltes Dateiformat auf der Basis von XML, das als *Open Office XML* oder kurz *OOXML* bezeichnet wird. Das frühere binäre Format für Arbeitsmappen wird nur noch als Zweitformat angeboten. Damit trägt Microsoft der Tatsache Rechnung, dass sich XML inzwischen weltweit als plattformübergreifender Standard für die Speicherung von Dokumenten durchgesetzt hat.

Strict Open XML-Arbeitsmappen

Allerdings hat Microsoft eine Zeit gebraucht, um den von ihm selbst initiierten Standard auch komplett in den eigenen Dateiformaten umzusetzen. Dies ist erst jetzt mit der Variante *Strict Open XML-Arbeitsmappe* gelungen, die Excel 2013 nun als alternatives Format anbietet, ebenfalls mit der Dateiendung *.xlsx*.

Dieses Format arbeitet endlich auch mit Datumswerten im ISO-Format 8601 und bereinigt den Fehler in der Schaltjahrberechnung für das Jahr 1900, der von den bisherigen Excel-Versionen immer mitgeschleppt worden ist. Wenn Sie eine solche Datei in Excel 2010 öffnen, erhalten Sie einen Hinweis, dass dies ein neueres Dateiformat ist, können aber auf die Datei mit der angebotenen Schaltfläche **Öffnen** zugreifen. (Wenn Sie eine Datei in dem neuen Format speichern, wird der Inhalt einer Zelle, die das falsche Datum 29.2.1900 enthält, einfach gelöscht!)

Excel 2013 unterstützt neben den eigenen Dateiformaten auch noch ein weiteres Dateiformat auf der Basis von XML, das Format *OpenDocument*, kurz *ODF*. Dieses Format wurde insbesondere durch das freie Office-Paket von *OpenOffice.org* bekannt.

Den Standarddateityp einstellen

Beim ersten Start von Excel 2013 wird Ihnen ein Dialog angeboten, in dem Sie wählen können, mit welchem Dateityp Sie – hauptsächlich oder ausschließlich – arbeiten wollen.

Wenn Sie zu einem späteren Zeitpunkt das Standardformat wechseln wollen, benutzen Sie **Datei > Optionen** und wählen das gewünschte Format unter **Speichern** in dem Listenfeld zu **Dateien in diesem Format speichern**, beispielsweise mit der Option **OpenDocument-Kalkulationstabelle (*.ods)**.

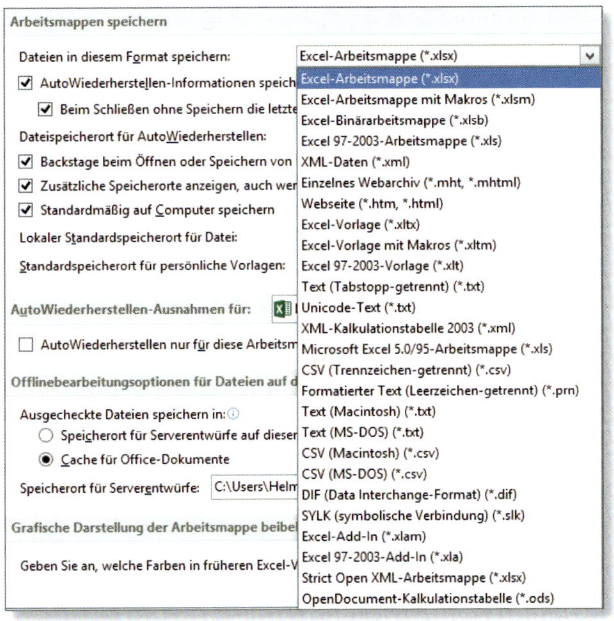

Abbildung 1.139 *Über das Listenfeld »Dateien in diesem Format speichern« ändern Sie das Standardformat von Excel 2013.*

Ein paar Hinweise zur Sprachfamilie XML

XML, Kürzel für e**X**tensible **M**arkup **L**anguage, hat sich in den letzten Jahren als Standard für die Beschreibung von strukturierten Daten etabliert. Die vom World Wide Web Consortium (W3C) kontrollierte Sprache benutzt ähnlich wie HTML einfache Element-Tags und Attribute, die aber im Unterschied zu HTML nicht die Darstellung von Datenelementen festlegen, sondern nur ihren Inhalt benennen. Der Inhalt einer Information wird also streng von ihrer Form getrennt. Die Formatierung der Ausgabe von XML-Dokumenten wird über separate Stylesheets geregelt.

Bei XML können Sie die Bedeutung der Tags selbst festlegen oder vordefinierte Vokabulare nutzen, die für bestimmte Sachgebiete angeboten werden. Die Sprache ist dabei, wie das X im Namen betont, von vornherein auf Erweiterbarkeit ausgelegt.

Anders als die früheren binären Dateien für Arbeitsmappen sind die XML-Dokumente reine Textdateien. Die Dokumente bestehen aus einer Hierarchie von Elementen, die immer von einem Wurzelelement ausgeht und sich deshalb auch als Baum darstellen lässt. Ein XML-Dokument wird als wohlgeformt eingestuft, wenn es bestimmte formale Regeln einhält, insbesondere die, dass zu jedem Start-Tag ein genau passendes End-Tag existiert. Wohlgeformte XML-Dokumente können zusätzlich auf Gültigkeit geprüft werden, wenn Schemas definiert sind, die festlegen, welche Tags und Attribute wo und wie zum Einsatz kommen dürfen. (Mehr zum Thema XML finden Sie in meinem Buch *Einstieg in XML*, Galileo Computing, 6. Auflage 2011.)

Der Standard Open XML

Für die Kernprogramme seines Office-Pakets – Excel, Word und PowerPoint – verwendet Microsoft seit der Version Office 2007 einheitlich XML-basierte Dateiformate. Die für Office 2013 verwendeten Schemas sind von Microsoft offengelegt. Seit August 2008 ist Open XML auch als ISO-Standard anerkannt.

Dabei kombiniert Microsoft die XML-Formate mit der inzwischen zu einem Quasistandard gewordenen ZIP-Technologie. Wird eine Arbeitsmappe erstellt, entsteht also faktisch ein Container in Form eines ZIP-Archivs, auch wenn die Dateiendung *.xlsx* dies nicht auf den ersten Blick erkennen lässt.

Wenn Sie die Dateiendung mit *.zip* überschreiben und den Inhalt in einen Ordner extrahieren, finden Sie eine mehrstufige Hierarchie von Komponenten. Die große Mehrzahl besteht aus XML-Dokumenten, die sich mit jedem Texteditor ansehen und bearbeiten lassen. Dabei wird die Arbeitsmappe in eine Vielzahl von Komponenten zerlegt, die sich, da es sich – abgesehen von eingefügten Objekten wie Bildern – um reine Textdateien handelt, sehr gut komprimieren lassen. Das führt im Endeffekt auch zu kleineren Dateigrößen.

Vorteile der XML-Formate

Einer der Vorteile dieses Container-Formats ist, dass das Dokument auch dann noch verwendet werden kann, wenn einzelne Komponenten defekt sind, etwa durch Übertragungsfehler im Netz. Bei einer binären Datei führte ein solcher Fehler oft dazu, dass die Datei insgesamt nicht mehr geöffnet werden konnte. Ein weiterer Vorteil ist, dass einzelne Komponenten, etwa ein eingefügtes Bild, notfalls auch ausgetauscht werden können, ohne auf Excel zurückgreifen zu müssen.

Dokumenteigenschaften wie der Name des Autors, Themen oder Stichwörter lassen sich ebenfalls »von außen« ändern, etwa durch eine kleine Batch-Anwendung, die in mehreren Dokumenten nach einem Namen sucht und ihn austauscht.

Die Struktur der Open-XML-Formate

Eine Datei im Format *Open XML* besteht aus einer beliebigen Anzahl von Komponenten, die über eine Auflistung zusammengehalten werden. Die Mehrzahl der Komponenten sind XML-Dateien, im Container können aber auch Nicht-XML-Komponenten vorhanden sein, etwa Binärdateien, die eingebettete Bilder oder OLE-Objekte darstellen. Es wird also darauf verzichtet, Bilder in XML zu codieren, was ja durchaus möglich wäre. Der Zusammenhang der einzelnen Komponenten wird durch spezielle Beziehungskomponenten festgelegt.

Durch die Verklammerung aller Komponenten in einem ZIP-Container bleibt das Dokument für den Anwender eine einzelne Dateiinstanz, die er wie gewohnt speichern oder öffnen kann. Der komplexe Untergrund bleibt im Verborgenen. Excel 2013 erzeugt beim Speichern einer Arbeitsmappe intern eine mehrstufige Ordnerstruktur, die folgende Abbildung zeigt ein Beispiel in der Übersicht.

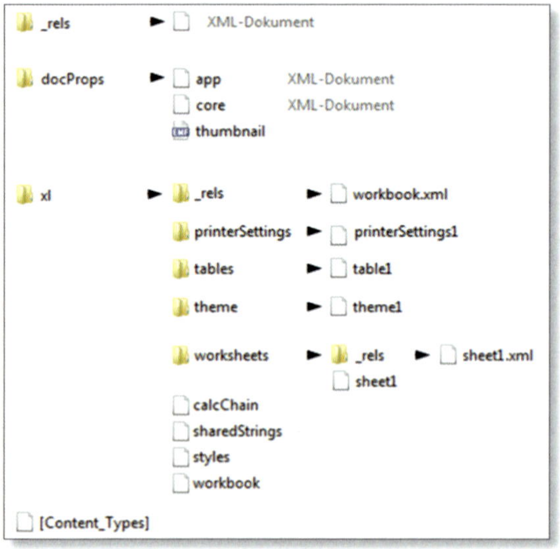

Abbildung 1.140 *Beispiel für die innere Ordnerstruktur einer Arbeitsmappe*

Abbildung 1.140 zeigt zunächst einen *_rels*-Ordner, der eine RELS-Datei enthält. In diesem XML-Dokument werden die Basisbeziehungen innerhalb des Pakets definiert. Das Beziehungssystem geht jeweils von einer Hauptkomponente aus und navigiert von dort zu den untergeordneten Komponenten.

Auffällig ist, dass die Beschriftungen einer Tabelle separat von den Zellwerten in den entsprechenden Spalten gespeichert werden. Die Beschriftungen sind in *sharedStrings.xml* zu finden. Hier ein kleiner Auszug:

```
<si><t>Monatliche Einnahmen und Ausgaben
</t></si>
<si><t>Haushaltsnettoeinkommen</t></si>
<si><t>Bekleidung, Schuhe</t></si>
```

Die zugehörigen Daten finden Sie dagegen beispielsweise in *sheets1.xml*, also der Komponente für das erste Blatt in der Arbeitsmappe.

```
<row r="4" spans="1:7"
      x14ac:dyDescent="0.25">
  <c r="A4" s="19" t="s"><v>1</v></c>
  <c r="B4" s="20"><v>3600</v></c>
  <c r="C4" s="21">
    <f>B4/$B$6</f>
    <v>0.9</v>
  </c>
  <c r="E4" s="1"/></row>
```

Die Daten für Zeile 4 enthalten die Werte für die einzelnen Zellen. Für die Zelle C4 werden die Formel und das Formelergebnis separat geführt.

Dateierweiterungen

Excel verwendet seit der Version 2007 als Standarddateiformat Dateien mit der Typenbezeichnung *.xlsx*. Die altbekannte Dateierweiterung *.xls* wird also um ein x am Ende erweitert, um darauf hinzuweisen, dass es sich um ein XML-basiertes Dokument handelt.

Mit oder ohne Makro

Enthält eine Arbeitsmappe Makros, wird die Endung *.xlsm* verwendet. Excel 2013 trennt also Arbeitsmappen, die Makros enthalten, von solchen, die keine enthalten. Im Regelfall enthält eine Arbeitsmappe also keinen ausführbaren Code, sodass sie ohne Risiko per E-Mail oder innerhalb von Netzen ausgetauscht werden kann. Diese Dateien können leicht identifiziert werden, um eventuell Sicherheitsmaßnahmen zu ergreifen. Darauf gehen wir in Kapitel 24, »Datenschutz und Datensicherheit«, ab Seite 783 noch im Detail ein.

Für Mustervorlagen wird der Dateityp *.xltx* verwendet. Mustervorlagen sind Dateien, die als Gestaltungsmuster für Tabellen, Diagramme oder Makrovorlagen dienen. Beispiele sind etwa Rechnungs- oder Bestellformulare. Sollen diese Vorlagen auch Makros enthalten dürfen, verwenden Sie den Dateityp *.xltm*.

Es bleibt als Alternative aber auch die Möglichkeit, Arbeitsmappen wie bisher in einem binären Format zu speichern. In diesem Fall geben Sie im Dialog **Speichern unter** als Dateityp **Excel-Binärarbeitsmappe (*.xlsb)** an. Diese Dateien dürfen auch Makros enthalten.

Ältere Dateien konvertieren

Wenn Sie eine Arbeitsmappe laden, die in einer älteren Dateiversion gespeichert ist, verwendet Excel 2013 einen speziellen Kompatibilitätsmodus, was auch in der Titelleiste angezeigt wird.

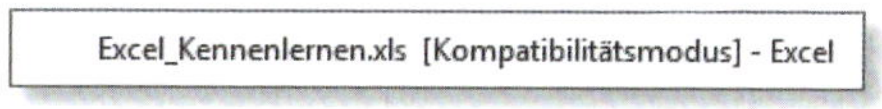

Abbildung 1.141 *Hinweis auf den Kompatibilitätsmodus in der Titelleiste*

In diesem Modus sind die neueren Features von Excel 2013 automatisch deaktiviert und können auch nicht manuell aktiviert werden. Wenn Sie die Datei in das aktuelle Format umwandeln wollen, gehen Sie folgendermaßen vor:

1 Benutzen Sie auf der Registerkarte **Datei** unter **Informationen** die Schaltfläche **Konvertieren**.

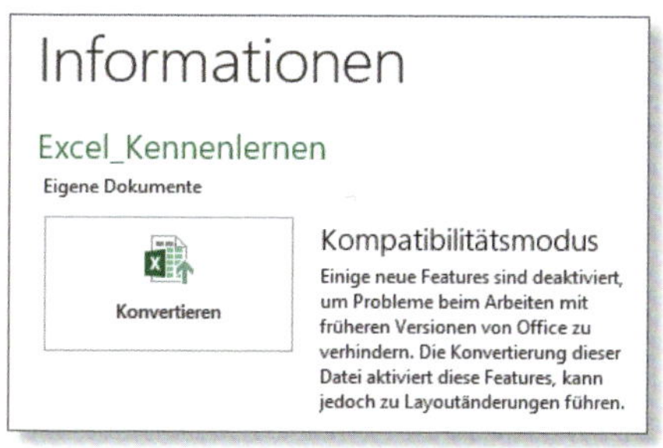

Abbildung 1.142 *Die Schaltfläche »Konvertieren« wird angeboten, wenn eine Datei im Kompatibilitätsmodus geöffnet ist.*

2 Sie erhalten einen Hinweis, dass die Datei in das neue Format umgewandelt und die bisherige Datei gelöscht wird.

3 Unter Umständen erhalten Sie noch Hinweise auf Anpassungen, die vorgenommen werden, beispielsweise wenn die Datei ungültige Zellbereichsnamen enthält wie *r* (reservierter Name für *row* – Zeile), das durch *_r* ersetzt wird. Je nachdem, ob die Datei Makros enthält oder nicht, wird als Zielformat automatisch *.xlsm* oder *.xlsx* verwendet.

4 Sie werden aufgefordert, die Arbeitsmappe einmal zu schließen und erneut zu öffnen, damit Sie mit dem neuen Format arbeiten können. Wenn Sie die Meldung bestätigen, geschieht das automatisch.

Damit auch ältere Excel-Versionen die neuen Formate verarbeiten können, werden auf *office.microsoft.com* kostenlose Konvertierungsprogramme angeboten.

Wird eine in Excel 2013 erstellte Arbeitsmappe mithilfe eines Konverters in einer älteren Version bearbeitet, kann sie dort auch wieder im aktuellen Dateiformat gespeichert werden. Allerdings sollten Sie beachten, dass bestimmte Formatmerkmale und Features in der älteren Version nicht sichtbar sind. Selbige bleiben aber erhalten, wenn die Datei wieder an Excel 2013 zurückgegeben wird.

TIPP

Sicherheitshalber vorher kopieren
Aus Gründen der Vorsicht kann es sinnvoll sein, eine Datei nicht auf der Stelle zu konvertieren, sondern sie zunächst unter einem anderen Namen im neuen Format zu speichern, sodass Sie notfalls erneut auf die ältere Version zurückgreifen können.

Der Standard OpenDocument

Seit einigen Jahren hat sich noch ein anderes, ebenfalls XML-basiertes Dateiformat etabliert, das schon angesprochene Format *OpenDocument*. ODF wurde bereits im November 2006 von der ISO unter der Bezeichnung *ISO/IEC DIS 26300 Open Document Format for Office Applications (OpenDocument) v1.0* standardisiert.

Allgemeine Merkmale

Auch bei OpenDocument werden XML-Technologien und ZIP-Komprimierung kombiniert. Dokumente werden im einfachsten Fall als einzelne XML-Datei gespeichert oder in Form eines ZIP-Pakets mit einer Kollektion von Subdokumenten und binären Komponenten. Der Aufbau ist für alle Office-Anwendungen gleich.

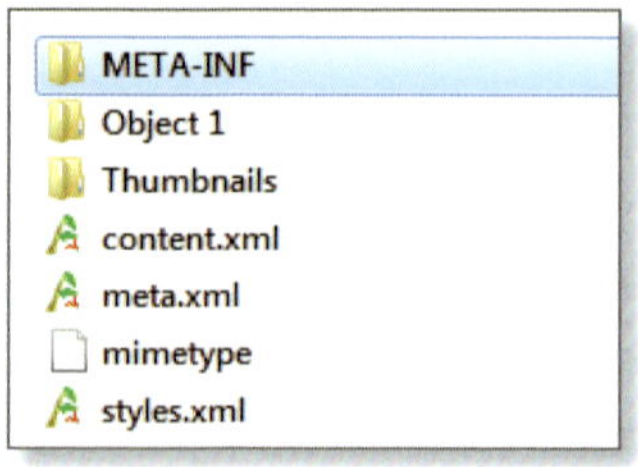

Abbildung 1.143 *Dateien und Ordner in einem ODF-Container*

Jedes OpenDocument-Paket enthält einen Ordner *META-INF*, der die Datei *manifest.xml* beherbergt. Sie enthält eine Liste der im Archiv enthaltenen Dateien mit dem jeweiligen Medientyp. Die Komponenten sind meist XML-Dateien, die die Dokumentstruktur, den Dokumentinhalt, die Dokumentstile und die Dokumenteinstellungen beschreiben. Wie auch bei Open XML werden eventuelle Mediendateien im Binärformat eingefügt.

Die Daten des Tabellenblatts finden Sie in der Datei *content.xml*. Hier ein kleiner Auszug zu derselben Tabellenzeile, die oben der Auszug zu OOXML zeigt (siehe Seite 97):

```
<table:table-row table:style-name="ro2">
  <table:table-cell
     office:value-type="string"
     table:style-name="ce20">
    <text:p>Haushaltsnettoeinkommen</text:p>
  </table:table-cell>
```

```
<table:table-cell
    office:value-type="currency"
    office:value="3600"
    table:style-name="ce21">
  <text:p>3.600,00 €</text:p>
</table:table-cell>
<table:table-cell
    office:value-type="percentage"
    office:value="0.9"
    table:formula="msoxl:=B4/$B$6"
    table:style-name="ce22">
  <text:p>90%</text:p>
</table:table-cell>
```

Die Datei *meta.xml* enthält die Metadaten der Datei, etwa Titel, Beschreibung, Autor, Erstellungsdatum und Schlüsselworte. In *styles.xml* sind alle im Dokument verwendeten Formate gespeichert. Die Dokumente haben anwendungsbezogene Dateierweiterungen, die Dateiendung für Kalkulationstabellen ist *.ods*.

ODF oder Open XML?

ODF und Open XML sind strukturell sehr ähnlich, beide kombinieren ein komprimiertes Archiv mit XML-Dokumenten. Die Schemas von ODF sind kompakter, decken aber nicht alle Optionen ab, die mit den Microsoft-Office-Anwendungen zur Verfügung stehen. Der Entwurf von ODF erfolgte eher *from scratch*, während Microsoft versucht hat, alle Merkmale, die in den riesigen Dokumentbeständen aus der MS-Office-Familie realisiert sind, in den XML-Schemas lückenlos nachzubilden.

Der Streit, welches der beiden Formate mehr Unterstützung verdient, wurde insbesondere in der Phase der noch offenen ISO-Standardisierung von Open XML ziemlich aufgebauscht, wobei Ressentiments gegen Microsoft häufig von einer sachlichen Beurteilung abgehalten haben. Im Grunde sollten wir als Endanwender diesen Formatwettstreit eher gelassen registrieren. Die Entwicklung der Markup-Sprachen für Office-Dokumente ist vermutlich auch mit den beiden jetzt verfügbaren Standards keineswegs abgeschlossen, weil beide an unterschiedlichen Stellen ihre Stärken und Schwächen aufweisen. Außerdem werden sich die Erwartungen an das, was ein Dokument leisten soll, auch in Zukunft weiterentwickeln.

Der entscheidende Punkt ist sowieso positiv. Durch das XML-basierte Format wird die fixe Bindung der Dokumente an die Quellanwendung in jedem Fall gelockert. Und zum anderen lassen sich XML-Dokumente viel einfacher als andere Formate von einem XML-Jargon in einen anderen übersetzen.

Speichern als ODS-Datei

Soll eine einzelne Arbeitsmappe zuerst oder auch nachträglich im ODS-Format gespeichert werden, wählen Sie den Dateityp direkt im Dialog **Speichern unter** oder nehmen über das Register **Datei** unter **Exportieren** die Schaltfläche **Dateityp ändern** und dann die Schaltfläche **OpenDocument-Kalkulationstabelle**. Diese öffnet den Dialog **Speichern unter** mit dem gewünschten Dateityp.

Wird eine Open-XML-Arbeitsmappe nachträglich im ODS-Format gespeichert, können Sie in der Regel davon ausgehen, dass die Daten und Formeln den Formatwechsel unbeschadet überstehen. Anders ist es mit der Formatierung. Hier kann es zu kleineren oder größeren Abweichungen kommen, weil einige Formatmerkmale, die in Open XML unterstützt werden, in ODS entweder nur teilweise oder gar nicht unterstützt werden.

Auch einige Operationen, die Excel 2013 anbietet, werden in ODS nicht unterstützt. Auf deren Einsatz sollten Sie verzichten, wenn ODS das Zielformat ist.

- Nicht unterstützt wird beim Drucken die Funktion **Zeilen/Spalten wiederholen**.
- Ebenfalls nicht unterstützt werden das verschlüsselte Speichern von Dateien und die Freigabe von Arbeitsmappen für die gemeinsame Arbeit daran.
- Was Tabellen betrifft, fehlt die Unterstützung für Ergebniszeilen und Tabellenformatvorlagen.

- Bei Pivot-Tabellen fehlt die Unterstützung von Formatvorlagen, berechneten Feldern und OLAP-Tabellen.
- Nicht unterstützt werden auch OLAP-Formeln und das Datentool **Konsolidierung**.
- Bei Diagrammen fehlt die Unterstützung von Datentabellen, Bezugslinien, Spannweitenlinien, Führungslinien für Datenbeschriftungen, gefüllte Netzdiagramme, PivotCharts und Diagrammblätter.
- Im Bereich der Grafikobjekte fehlt die Unterstützung der Optionen für 3D-Formen, für ActiveX-Steuerelemente und Formularsteuerelemente, für Signaturzeilenobjekte, für unsichtbare Objekte, für Designs und für Hyperlinks auf Formen.

1.9 Mit Dokumenten umgehen

Hunderte von Ordnern und Tausende von Dateien sind heute nichts Besonderes. Je verzweigter Sie Ihre Ordnerstruktur auf einem Laufwerk einrichten, umso wichtiger werden Werkzeuge, die Ihnen einen schnellen Zugriff auf bestimmte Dokumente oder einzelne Stellen darin sichern. Sonst geht unter Umständen eine Menge Zeit mit dem Suchen verloren.

Ablegen und Wiederfinden

Wenn Daten auf einem Datenträger abgespeichert werden, stehen immer zwei Entscheidungen an:

- Jede Datei braucht einen Namen, unter dem Sie sie möglichst auch wiederfinden.
- Sie legen fest, in welchem Ordner und auf welchem Laufwerk die Datei abgelegt wird.

Nichts hindert Sie daran, Dateinamen mehrfach zu verwenden, solange Sie die Dateien auf unterschiedliche Ordner verteilen. Wenn Sie Dateien in einem anderen Ordner sichern, werden Sie die Dateinamen immer beibehalten wollen. Ansonsten aber machen eindeutige Namen das Wiederfinden in der Regel einfacher.

Um an gespeicherte Daten heranzukommen, werden der Name und der Speicherort benötigt, also Ordner und Laufwerk. Das klingt simpler, als es manchmal ist. Es ist nicht einfach, sich bei Hunderten von Dateien zu merken, wo sich die gerade dringend gesuchten Daten befinden. Eine durchdachte Ordnerhierarchie ist da sehr hilfreich. Notfalls aber helfen Methoden, Daten aufzuspüren, auch wenn der komplette Dateiname und der Ablageort nicht gleich zur Hand sind. Davon wird gleich noch die Rede sein.

Dokumente speichern

Erst das Speichern auf einem Laufwerk stellt sicher, dass Daten dauerhaft erhalten bleiben. Die Speicherung im Hauptspeicher ist ja nur eine flüchtige Angelegenheit. Das wird immer dann schmerzlich deutlich, wenn einmal der Strom ausfällt und Daten, die noch nicht gesichert wurden, rettungslos verloren sind.

In der ersten Übung in diesem Kapitel haben Sie im Abschnitt »Sichern Sie den erreichten Status« ab Seite 42 bereits kennengelernt, wie Sie eine Arbeitsmappe in dem vorgegebenen Standardordner für Ihre eigenen Dokumente sichern. Im Folgenden beschreiben wir, wie Sie Arbeitsmappen in beliebigen Ordnern Ihrer Wahl ablegen.

1. Um eine Datei zum ersten Mal zu speichern, verwenden Sie über das Register **Datei** den Befehl **Speichern unter**, um der Datei Namen und Ort zuzuweisen (siehe Abbildung 1.144). Wenn Sie die Datei später erneut mit dem Befehl **Datei > Speichern** sichern, wird davon ausgegangen, dass Sie Namen und Ort beibehalten wollen.
2. Die Anordnung im Dialogfeld legt nahe, dass Sie zuerst klären, in welchem Ordner die Datei abgelegt werden soll. Als Vorgabe wird in der Adressleiste ❶ immer der zuletzt verwendete Ordner angeboten.
3. Damit Sie überblicken, wie die Ordnerstruktur auf Ihrem System aktuell aussieht, sollten Sie – falls die Ordner mit der Schaltfläche **Ordner ausblenden** ❷ verborgen wurden – zunächst die an der gleichen

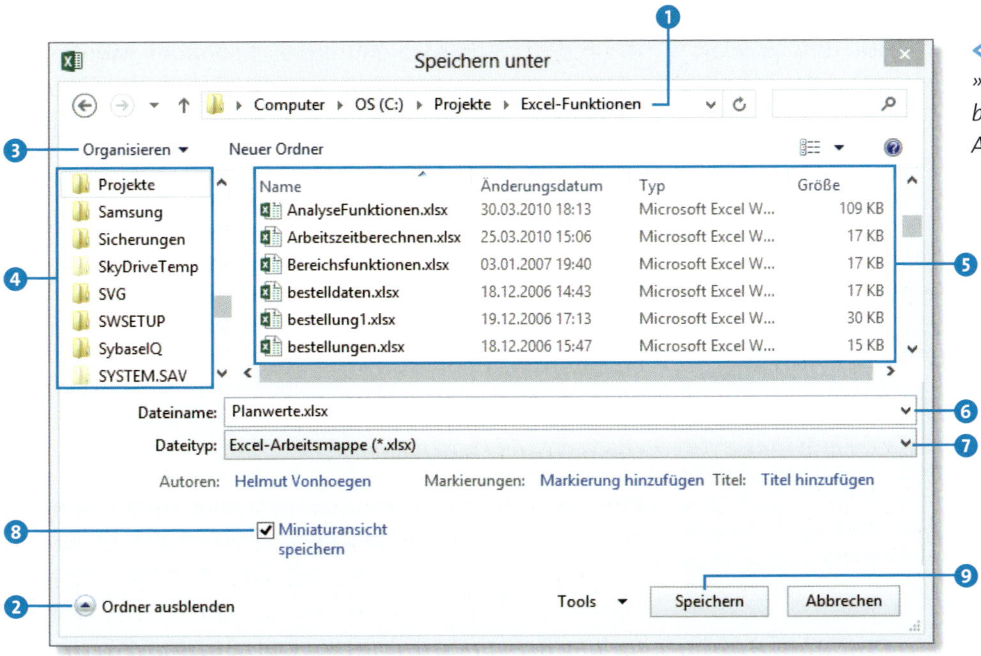

Abbildung 1.144 *Der Dialog »Speichern unter« mit eingeblendeten Ordnern und der Ansicht »Details«*

Stelle dann angebotene Schaltfläche **Ordner durchsuchen** anklicken.

4 Außerdem können Sie über das Menü zu der Schaltfläche **Organisieren** ❸ noch unter **Layout** den Navigationsbereich ❹ einblenden. Dieser Bereich enthält nicht nur auswählbare Einträge zu allen Laufwerken, Ordnern und Unterordnern des Systems, sondern zusätzlich eine Liste von Favoriten, von Bibliotheken und von Orten im lokalen Netz, falls Sie ein solches eingerichtet haben.

5 Enthält ein im Navigationsbereich ausgewählter Ordner bereits Dateien oder Unterordner, werden sie in dem großen Listenfeld ❺ angezeigt.

6 Unter **Dateiname** ❻ geben Sie den gewünschten Namen der Datei an.

7 Den Wert für **Dateityp** können Sie aus dem Listenfeld ❼ dazu übernehmen, solange Sie mit dem Standarddateityp arbeiten. Enthält die Arbeitsmappe Makros, wählen Sie aus der Liste die Option **Excel-Arbeitsmappe mit Makros (*.xlsm)**.

8 Als Autor der Arbeitsmappe wird automatisch der Benutzername eingesetzt, den Sie über **Datei > Optionen > Allgemein** vergeben haben. Dieser Eintrag kann hier aber auch überschrieben werden. Auf die anderen Eingabefelder gehen wir gleich noch ein. Soll später eine Vorschau beim Öffnen verfügbar sein, muss noch die Option **Miniaturansicht speichern** ❽ mit einem Häkchen versehen werden.

9 Mit **Speichern** ❾ wird die Sicherung der Arbeitsmappe ausgeführt.

Der vergebene Dateiname wird sofort in die Titelleiste der Arbeitsmappe übernommen, die ansonsten so lange geöffnet bleibt, bis Sie sie mit **Datei > Schließen** aus dem Arbeitsspeicher entfernen.

Dokumente in Bibliotheken zusammenstellen

Neu seit Windows 7 ist die Möglichkeit, neben der Ordnerstruktur, die der physikalischen Anordnung der Dokumente auf einem Laufwerk entspricht, noch eine virtuelle Ordnerstruktur in Form von Bibliotheken zu nutzen. Zwei physikalische Ordner, die auf unterschiedlichen Laufwerken abgelegt sind, können so beispielsweise zusammen in einer eigenen Bibliothek für Plandaten erscheinen.

Zwar ist es in der Regel sinnvoll, solche Bibliotheken im Fenster des Windows-Explorers zusammenzustellen, die Excel-Dialoge für **Datei speichern** und für **Öffnen** bieten aber die gleichen Befehle ebenfalls an. Um eine neue Bibliothek zu erstellen, verfahren Sie folgendermaßen:

1 Wählen Sie einen Ordner aus, der noch nicht zu einer Bibliothek gehört. Nur im Kontextmenü eines solchen Ordners wird der Befehl **In Bibliothek aufnehmen** angeboten.

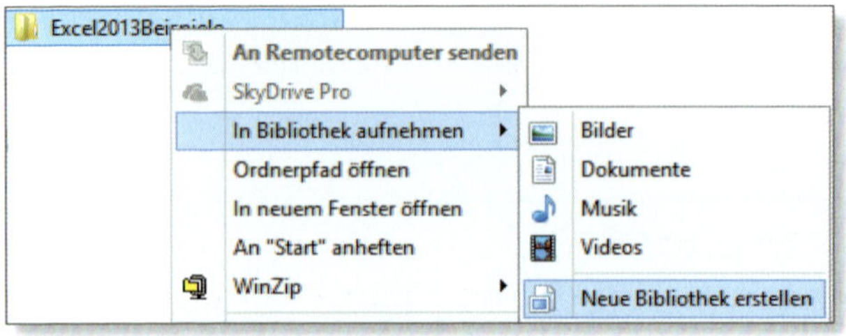

Abbildung 1.145 *Das Kontextmenü eines Ordners, der noch nicht zu einer Bibliothek gehört, bietet einen Befehl für die Zuordnung an.*

2 Das Menü zu diesem Befehl enthält für die verschiedenen Medientypen bereits einige Standardbibliotheken. Mit einem Klick oder Tipp wird der Ordner dort eingefügt.

3 Brauchen Sie eine eigene Bibliothek, benutzen Sie die Option **Neue Bibliothek erstellen**. Excel fügt im Navigationsbereich eine neue Unterbibliothek ein, die zunächst den Namen des Ordners übernimmt, und darunter den Ordner selbst als erstes Mitglied dieser Bibliothek.

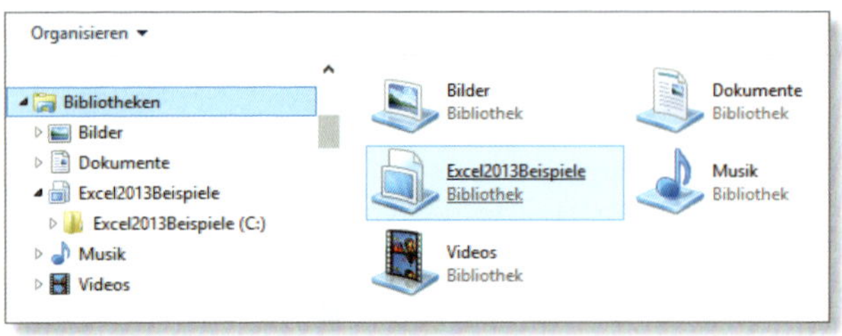

Abbildung 1.146 *Eine neue Bibliothek mit einem ersten Ordner*

4 Über das Kontextmenü dieses neuen Bibliotheksordners ändern Sie – wenn nötig – den Namen der Bibliothek mit **Umbenennen**.

Die neue Bibliothek taucht sofort in dem Menü zu **In Bibliothek aufnehmen** auf, sodass Sie leicht weitere Ordner hinzufügen können. Soll ein Ordner aus einer Bibliothek wieder entfernt werden, benutzen Sie innerhalb des Navigationsbereichs im Kontextmenü den Befehl **Ort aus der Bibliothek** entfernen.

Die passende Ansicht nutzen

Wie viele Informationen zu den einzelnen Dateien in den Dialogfeldern **Speichern unter** oder **Öffnen** erscheinen, hängt davon ab, welche Ansichtsoption Sie wählen. Klick oder Tipp auf die Schaltfläche **Ansicht ändern** 1 wechselt reihum zur nächsten Ansicht.

Ansonsten erreichen Sie die verschiedenen Optionen über den Pfeil im rechten Teil der Schaltfläche **Ansicht ändern**. Sie können entweder direkt eine der Ansichten auswählen oder mit dem Schieberegler 2 die verschiedenen Ansichten probeweise durchgehen, bevor Sie sich für die im Moment günstigste entscheiden.

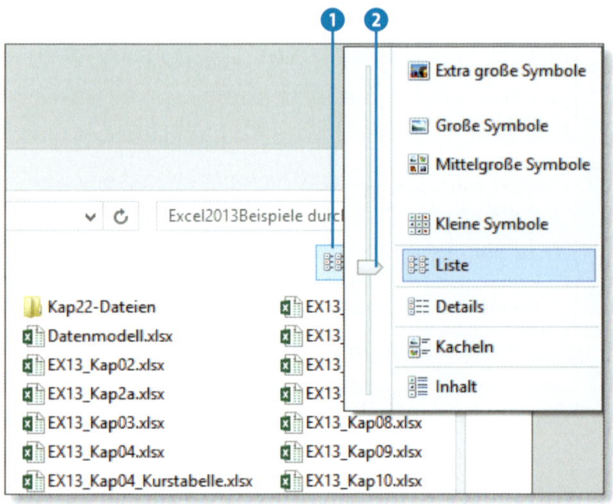

Abbildung 1.147 *Probieren Sie, mit dem Schieberegler die brauchbarste Ansicht zu finden.*

Die meisten Informationen über die einzelnen Dokumente liefert die Ansicht **Details**. Sie gibt zusätzliche Informationen wie **Größe**, **Typ** und das letzte **Änderungsdatum** an.

Abbildung 1.148 Die Ansicht »Details« liefert die meisten Informationen.

Die Bezeichnungen der Spalten liegen auf kleinen Schaltflächen, die ganz praktisch sind. Diese Spaltenköpfe können Sie zum Sortieren verwenden. Ein Klick oder Tipp beispielsweise auf die Schaltfläche **Name** sortiert die Spalte alphabetisch, wobei Unterordner vor den Dateien angezeigt werden.

Welche Spalten eingeblendet werden, lässt sich über das Kontextmenü der Leiste mit den Spaltennamen abhaken oder über den Dialog **Details auswählen**, den dort die Option **Weitere** öffnet.

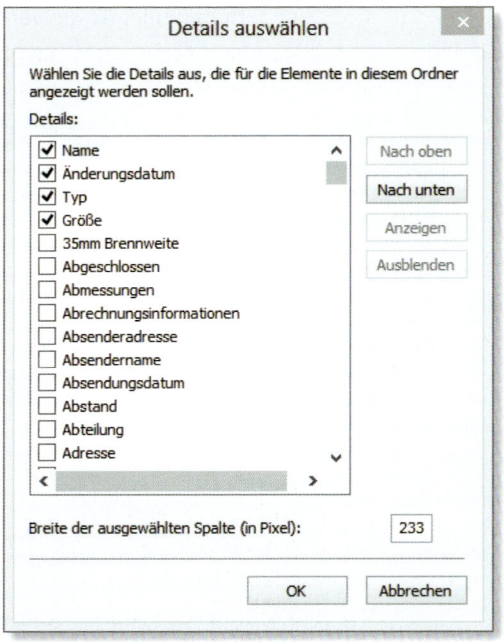

Abbildung 1.149 Über diesen Dialog können Sie weitere Spalten einblenden.

Außerdem bietet die Pfeilschaltfläche neben der Spaltenbezeichnung zusätzlich die Möglichkeit, die Einträge je nach dem Datentyp der Spalte nach verschiedenen Kriterien zu filtern, etwa nach Buchstaben- und Zahlengruppen, nach Zeit- oder Datumsbereichen oder nach inhaltlichen Kriterien, etwa dem Datentyp.

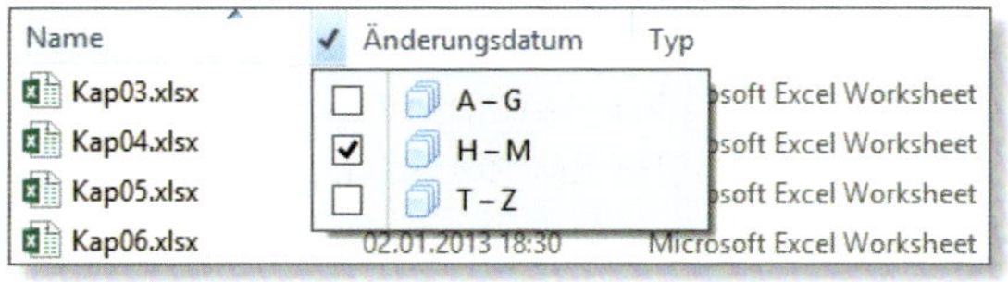

Abbildung 1.150 Ordner lassen sich beispielsweise nach den Anfangsbuchstaben der Dateinamen gruppieren.

TIPP

Die Letzten zuerst
Wenn Sie die Dateien so nach dem Änderungsdatum sortieren, dass immer die jüngste Version zuerst angezeigt wird, bleibt diese Einstellung auch dann erhalten, wenn Sie eine andere Ansicht wählen.

Dokumente markieren

Unter Windows 7 und 8 können Sie den Dokumenten darüber hinaus auch kategorisierende Markierungen oder Tags zuordnen. Diese werden in einer eigenen Spalte angezeigt und können als Auswahlkriterium verwendet werden.

In Abbildung 1.151 sind etwa mehrere Arbeitsmappen mit dem Stichwort *Beispieldatei* markiert. Dies kann im Dialog **Speichern unter** geschehen, wenn Sie das Stichwort dort unter **Markierung** zu der ausgewählten Datei eingeben.

Solche Mappen können Sie dann sehr einfach als Gruppe zusammenstellen, indem aus dem Kontextmenü der Spaltenzeichnung **Markierungen** die gewünschte Markierung abgehakt wird. Dann werden auch nur die Dateien aufgelistet, die die entsprechende Markierung mitbringen.

Das Markieren ist also eine einfache Art, auch nachträglich Ordnung in größere Dokumentbestände zu bringen.

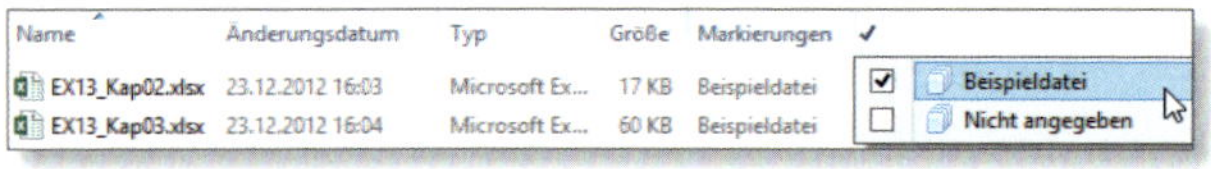

Abbildung 1.151 *Wenn Sie Markierungen für die einzelnen Dateien vergeben, lassen sie sich als Ordnungskriterium verwenden.*

Ist von einer Spalte zu wenig sichtbar, verschieben Sie den rechten Rand des Spaltenkopfs mit Maus, Finger oder Stift nach Bedarf.

An dem Anfasser in der linken unteren Ecke oder an den Rändern kann das Dialogfeld durch Ziehen ausgeweitet werden, um mehr Elemente sichtbar zu machen oder um eine brauchbare Vorschau vor dem Öffnen zu erreichen. Diese Einstellung muss nicht nach jedem Start erneut vorgenommen werden, sondern die gewählte Größe bleibt auch beim nächsten Zugriff auf das Dialogfeld erhalten.

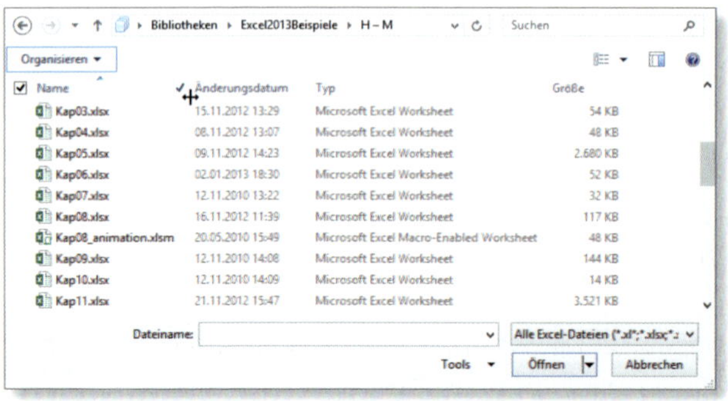

Abbildung 1.152 *Ziehen Sie die Spalten und den Dialog insgesamt auf die benötigte Größe.*

Die Anzeige der bisher in dem Ordner existierenden Dateien hilft Ihnen bei der Vergabe des Dateinamens. Da ja jede Datei einen eigenen Namen benötigt, vermeiden Sie so, einen Namen zu wählen, der schon existiert. Die Anzeige hilft aber auch, Namen zu vermeiden, die vorhandenen Namen sehr ähnlich sind und damit das Wiederfinden erschweren.

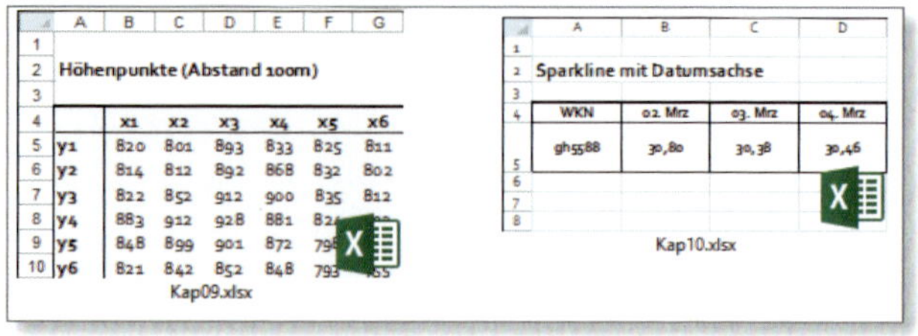

Abbildung 1.153 *Extra große Symbole für Arbeitsmappen helfen, den Inhalt der Dokumente zu erkennen.*

Die zweite Möglichkeit besteht darin, tatsächlich einen schon vorhandenen Namen zu wählen, wenn der bisherige Inhalt dieser Datei überschrieben werden soll. In diesem Fall wird der ausgewählte Name in das Feld **Dateiname** übernommen. Excel fragt dann sicherheitshalber noch mal nach, ob Sie das auch wirklich wollen.

Sollen Namen durchnummeriert werden, können Sie aber auch den jeweils letzten Namen in einer Reihe über das Listenfeld zu **Dateiname** auswählen und dann die Ziffer ändern, anstatt den Namen jedes Mal komplett einzugeben.

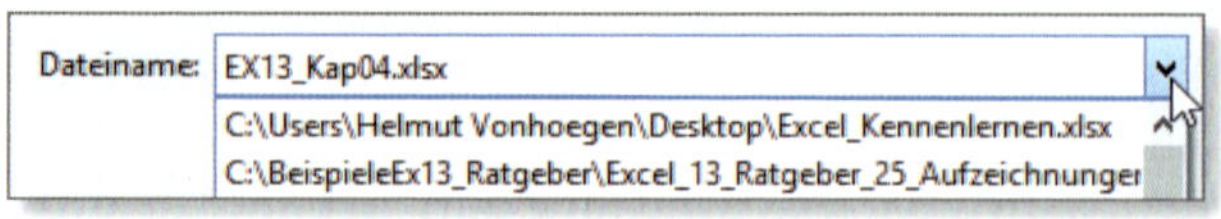

Abbildung 1.154 *Das Listenfeld zu »Dateiname« merkt sich die zuletzt vergebenen Namen.*

Ordner auswählen

Was ist nun, wenn im Dialogfeld in der Adresszeile zunächst nicht der gewünschte Zielordner angeboten wird? Hier können Sie den Ordner über den Navigationsbereich lokalisieren, wie in Abbildung 1.144 auf Seite 101 zu sehen ist.

Ganz praktisch sind aber auch die kleinen Dreiecksschaltflächen im Adressfeld. Die erste Schaltfläche links bietet einen schnellen Zugriff auf den Desktop, den Computer insgesamt, das Netzwerk und andere häufig verwendete Ressourcen.

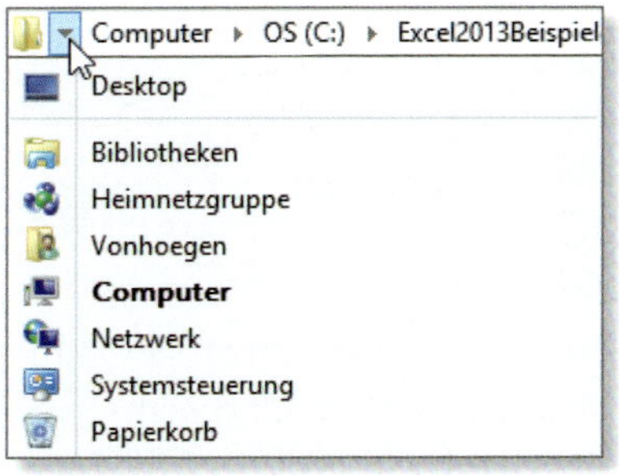

Abbildung 1.155 *Schnellauswahl des Speicherorts*

Enthält die darüber ausgewählte Ebene weitere Unterebenen, werden diese jeweils mit der folgenden Dreiecksschaltfläche aufgelistet. Diese Vorgehensweise erlaubt einen schnellen Wechsel zwischen verschiedenen Ordnern.

Ergänzt wird dies noch durch die Navigationsmöglichkeiten der Pfeilschaltflächen links oben. Sie sind erst aktiviert, wenn Sie schon einmal von einem Ordner zum anderen gesprungen sind. Die linke ❶ führt wieder einen Schritt zurück, die rechte ❷ wieder nach vorn. Bereits besuchte Ordner bietet die Liste zu der kleinen Schaltfläche ❸ rechts neben dem Vorwärts-Pfeil an. Der Pfeil daneben ❹ führt immer auf die nächsthöhere Ebene.

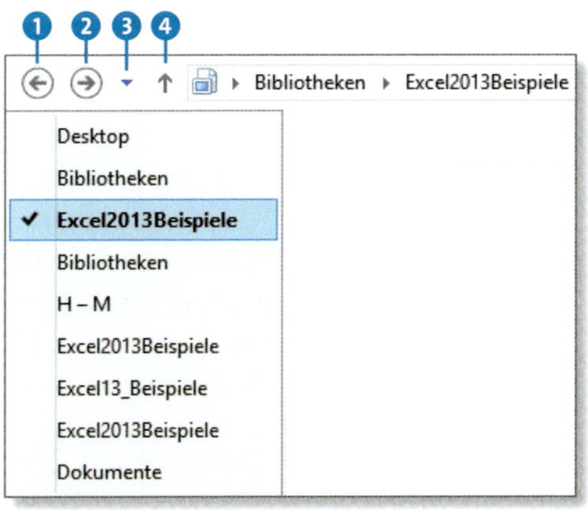

Abbildung 1.156 *Liste der zuletzt benutzten Ordner*

Die Dreiecksschaltfläche ❺ am Ende des Adressfelds öffnet die Liste zuletzt verwendeter Pfade. Daneben befindet sich eine Schaltfläche ❻, mit der die Ansicht zu dem ausgewählten Pfad bei Bedarf aktualisiert werden kann. Dies ist beispielsweise notwendig, wenn inzwischen von einer anderen Anwendung aus oder über einen Netzzugriff eine Datei eingefügt oder verändert worden ist.

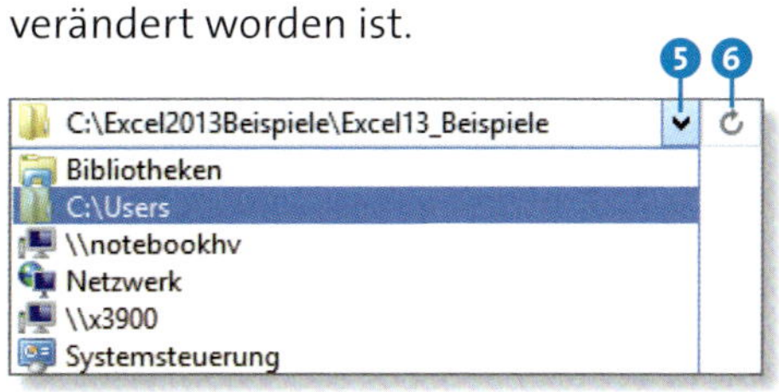

Abbildung 1.157 *Die zuletzt verwendeten Pfade werden über das Listenfeld zur Schnellauswahl angeboten.*

Linkfavoriten nutzen

Verkürzen können Sie die Suche nach dem richtigen Ablageort mit Links im Navigationsbereich. Die Liste der Favoriten wird über das kleine Dreieck vor dem Namen **Favoriten** geöffnet. Klick oder Tipp auf die Bezeichnung **Favoriten** öffnet den Linkfavoritenordner, in dem die entsprechenden Verknüpfungen angezeigt werden. Die Bezeichnung bietet aber auch ein Kontextmenü an. Mit dem Befehl **Aktuellen Ort zu Favoriten hinzufügen** wird der gerade ausgewählte Ordner in die Linkliste aufgenommen.

Wenn Sie einen bestimmten Ordner in diese Liste einfügen wollen, können Sie ihn aber auch direkt im Dialogfeld auswählen und in die Favoritenliste im Navigationsbereich ziehen. Ein waagerechter Strich zeigt immer die Einfügeposition an.

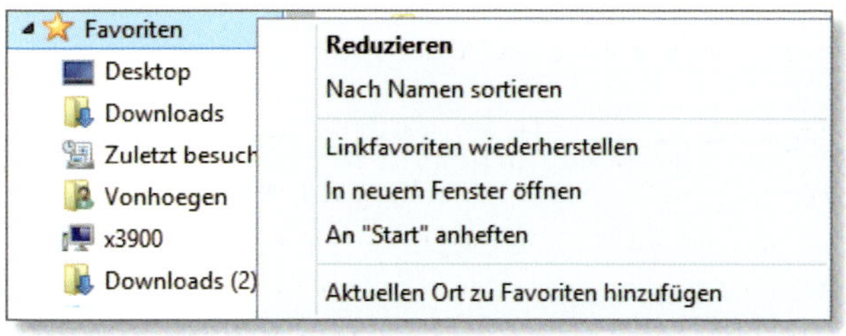

Abbildung 1.158 *Das Navigationsfenster mit einigen Links*

Neue Ordner anlegen

Anstatt alle Arbeitsmappen in einen riesigen Ordner zu packen, ist es meistens besser, eine Hierarchie von Ordnern zu verwenden und die Dokumente nach praktischen Kriterien zu ordnen, die sich in der täglichen Arbeit leicht berücksichtigen lassen. Das Verfahren, neue Ordner anzulegen, ist jedenfalls einfach:

1 Sorgen Sie zunächst dafür, dass im Dialogfeld das Laufwerk und der Ordner angezeigt werden, in den der neue Ordner eingefügt werden soll.

2 Benutzen Sie die Schaltfläche **Neuer Ordner** ❶.

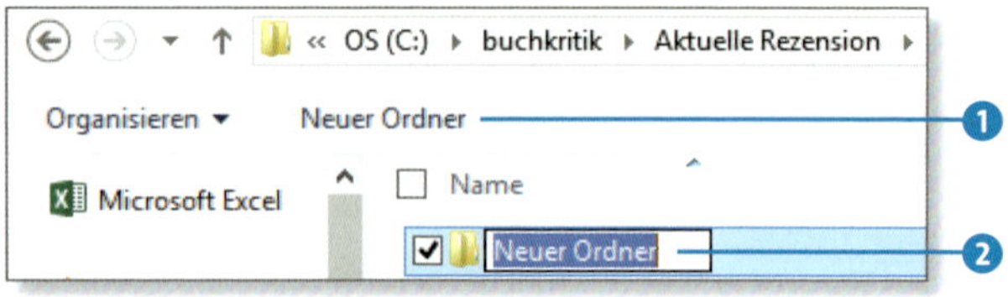

*^ **Abbildung 1.159** Einen neuen Ordner innerhalb des ausgewählten Ordners einfügen*

3 Überschreiben Sie den eingeblendeten Dummy-Namen ❷.

4 Per ↵ wird der neue Ordner anschließend als aktueller Ordner übernommen, kann also gleich zum Speichern genutzt werden.

Welche Ordner auf einem System sinnvoll sind, hängt natürlich ganz davon ab, was Sie vorhaben. Die schönste Hierarchie hilft allerdings wenig, wenn es zu umständlich wird, die anvisierte Ordnung auch einzuhalten.

TIPP

Programme und Dokumente trennen
Auf jeden Fall sollten Sie Ordner für Dokumente nicht mit Ordnern für Programme vermischen. Meist ist es angebracht, eigene Ordner für unterschiedliche Arbeitsbereiche anzulegen und insbesondere Privates und Geschäftliches zu trennen.

Hinweise zu Dateinamen und Dateityp

Jedes Dokument, das dauerhaft gespeichert werden soll, braucht einen Namen, an dem es möglichst gut wiedererkannt werden kann. Das ist gar nicht so einfach, wenn bedacht wird, welche Datenberge inzwischen auf einem gewöhnlichen Laufwerk untergebracht werden können. Sie dürfen durchaus auch längere Dateinamen verwenden, sogar solche mit Leerzeichen dazwischen.

Im Textfeld **Dateiname** erscheint bei neuen und noch leeren Arbeitsmappen zunächst der vorläufige Standardname. Sie sollten diesen durch einen möglichst klaren und eindeutigen Namen ersetzen. Den jeweiligen Dateityp fügt das Programm automatisch an, wenn Sie ihn nicht eintragen. Unter **Dateityp** muss also normalerweise nichts geändert werden.

Nur wenn Sie die Daten in einem anderen Datenformat abspeichern wollen, damit sie von einem anderen Programm weiterverarbeitet werden können, öffnen Sie das einzeilige Listenfeld und wählen das gewünschte Format. Die Typenbezeichnung erscheint dann automatisch auch im Namenfeld.

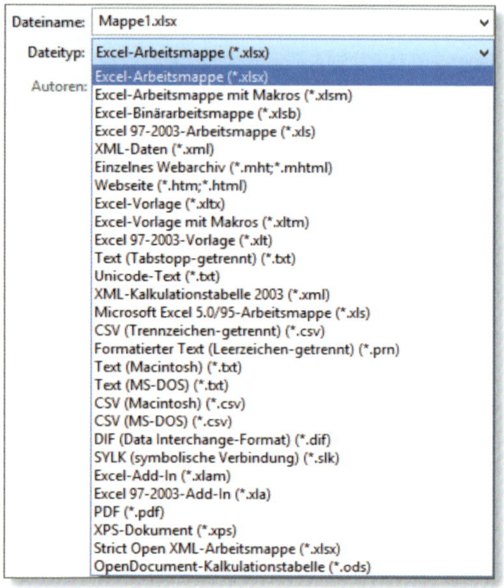

*^ **Abbildung 1.160** Die möglichen Dateitypen werden als Liste angeboten.*

TIPP

Nicht zu lang
Zur Not darf der Dateiname bis zu 255 Zeichen verbrauchen, aber Übertreibungen sind ja bekanntlich selten gut. Denn meistens sind die Spalten in den Dialogfeldern nicht so breit eingestellt, um sehr lange Namen komplett anzuzeigen.

Metadaten zu einer Datei eintragen

An Arbeitsplätzen, die mit großen Mengen von Dokumenten zu tun haben, wird es immer wichtiger, brauchbare Daten darüber zu pflegen, was in welchem Dokument zu finden ist. Solche Metadaten helfen Ihnen, Ihre Arbeit besser zu organisieren und Zeitvergeudung durch zeitraubendes Herumsuchen zu vermeiden.

Es wurde schon angesprochen, dass Sie einige Metadaten zu einem Dokument direkt im Dialog **Speichern unter** eingeben können: die Namen der Autoren, einen Titel, Markierungen oder ein Thema. Wenn Sie die Schaltfläche **Ordner ausblenden** benutzen, werden noch einige weitere Felder angeboten. Die Eingabefelder bieten Eingabeaufforderungen an, die Sie einfach markieren und überschreiben können.

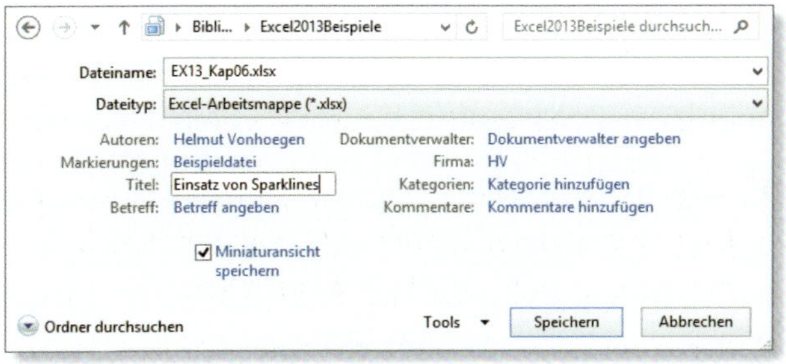

Abbildung 1.161 *Einige Metadaten können Sie direkt im Dialog »Speichern unter« eingeben.*

Alternativ dazu können Sie auch während der Dokumentbearbeitung das Register **Datei** öffnen und die Seite **Informationen** aufrufen. Im rechten Teil der Seite werden die Dateieigenschaften ❸ angezeigt, wobei Sie mit dem Link **Alle Eigenschaften anzeigen** bzw. **Weniger Eigenschaften anzeigen** die Anzahl der Daten erweitern oder reduzieren.

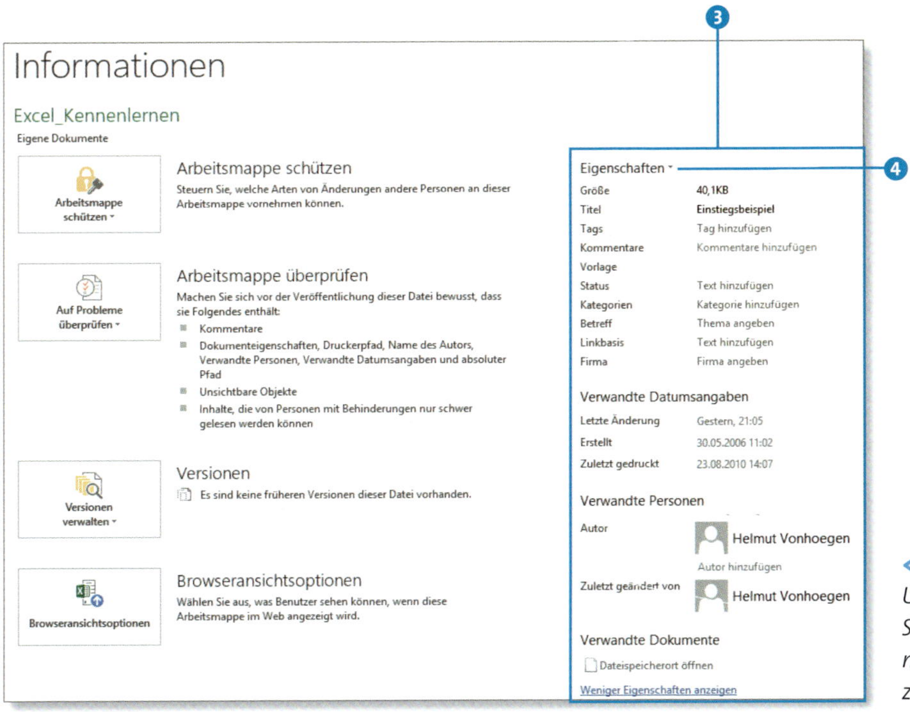

Abbildung 1.162 *Unter »Informationen« finden Sie die Metadaten des Dokuments und Möglichkeiten, sie zu bearbeiten.*

Soweit es dabei um Metainformationen geht, die nicht automatisch gesetzt werden, wie die Größe der Datei oder die Änderungsdaten, lassen sich alle Angaben editieren, wenn Sie das entsprechende Textfeld mit einem Klick oder Tipp öffnen.

Hier haben Sie auch die Möglichkeit, zusätzliche Autoren eines Dokuments in das Textfeld mit der Aufforderung **Autor hinzufügen** einzutragen. Dabei können Sie die Daten auch mithilfe des Adressbuchsymbols aus dem Adressbuch übernehmen. Soll ein Autor entfernt werden, benutzen Sie im Kontextmenü seines Namens die Option **Person entfernen**.

Außerdem finden Sie hier die Schaltfläche **Eigenschaften** ❹, die Ihnen weitere Optionen zur Verfügung stellt, um die Metadaten des Dokuments zu pflegen.

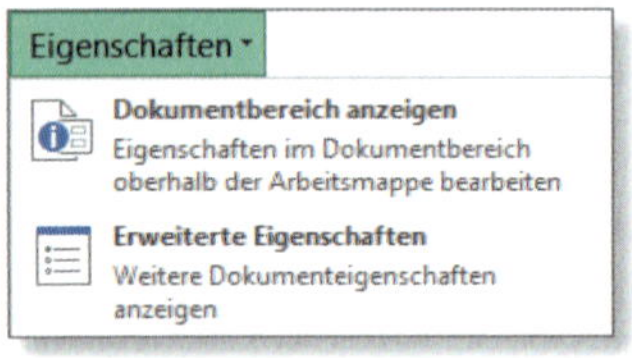

Abbildung 1.163 *Das Menü zur Schaltfläche »Eigenschaften«*

Der Befehl **Dokumentbereich anzeigen** öffnet oberhalb des Arbeitsmappenfensters ein Formular, in das Sie Metadaten zu Ihrem Dokument eintragen können.

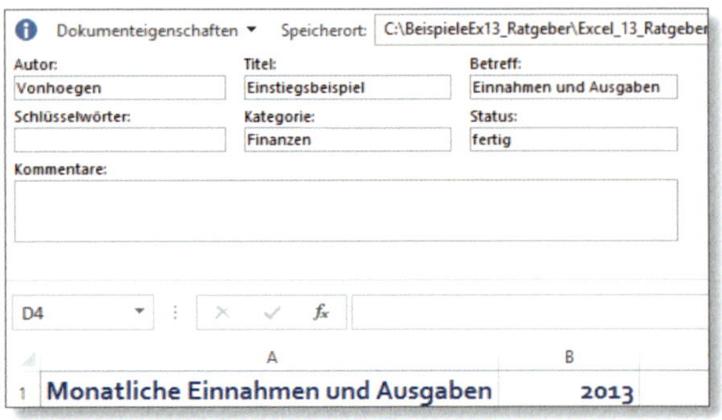

Abbildung 1.164 *Eingabe von Metadaten zum Dokument*

Die Eintragungen zu **Betreff**, **Schlüsselwörter**, **Kategorie** und **Status** sind hilfreich, um die Übersicht über Ihre Dateien zu behalten. Außerdem lassen sich hier Kommentare zu dem Dokument eintragen. Es liegt natürlich ganz bei Ihnen, in welchem Umfang Sie diese Möglichkeit nutzen wollen.

Angezeigt werden wichtige Dateieigenschaften auch, wenn Sie mit der Maus das Dateisymbol im Windows-Explorer oder in den Dialogen **Datei speichern** oder **Öffnen** berühren.

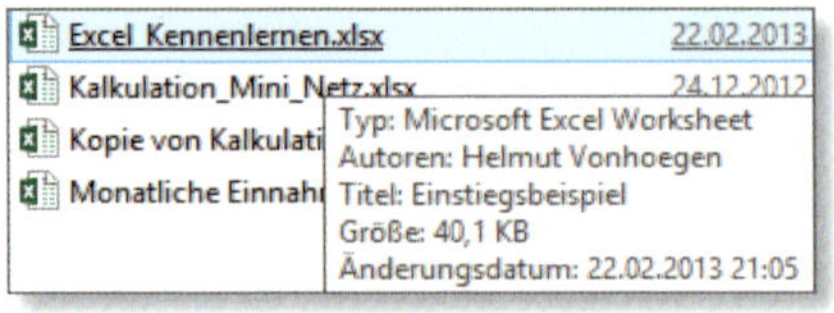

Abbildung 1.165 *Dateieigenschaften werden beim Berühren des Dateisymbols angezeigt.*

Die andere Möglichkeit, die Eigenschaften einer noch nicht geöffneten Arbeitsmappe einzusehen, ist der Dialog zu dem Befehl **Eigenschaften**, den Sie über das Kontextmenü zu einer Datei etwa im Dialog **Öffnen** erreichen.

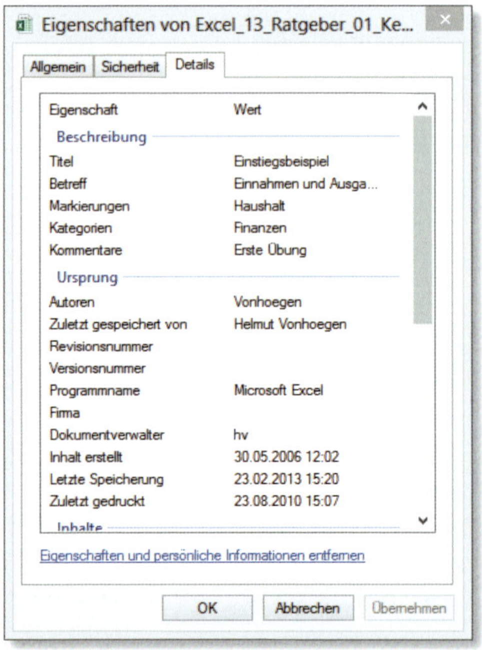

Abbildung 1.166 *Anzeige der Metadaten im Dialogfeld »Eigenschaften«*

Der Aufwand für detaillierte Angaben zu den einzelnen Arbeitsmappen lohnt sich in dem Maße, wie die Zahl Ihrer Dateien wächst. Das gilt insbesondere auch, wenn Dateien an andere weitergereicht oder im Team bearbeitet werden.

Noch mehr Eigenschaften

Reicht das angebotene Formular im Dokumentbereich nicht aus, können Sie unter **Datei > Informationen** über die Schaltfläche **Eigenschaften** die Option **Erweiterte Eigenschaften** aufrufen. Sie öffnet das bereits in den früheren Versionen verwendete Dialogfeld **Eigenschaften**.

Die Einträge auf der Registerkarte **Zusammenfassung** sind hauptsächlich dazu gedacht, den Urheber des Dokuments und die Themen und Stichwörter, die den Inhalt des Dokuments ausmachen, festzuhalten.

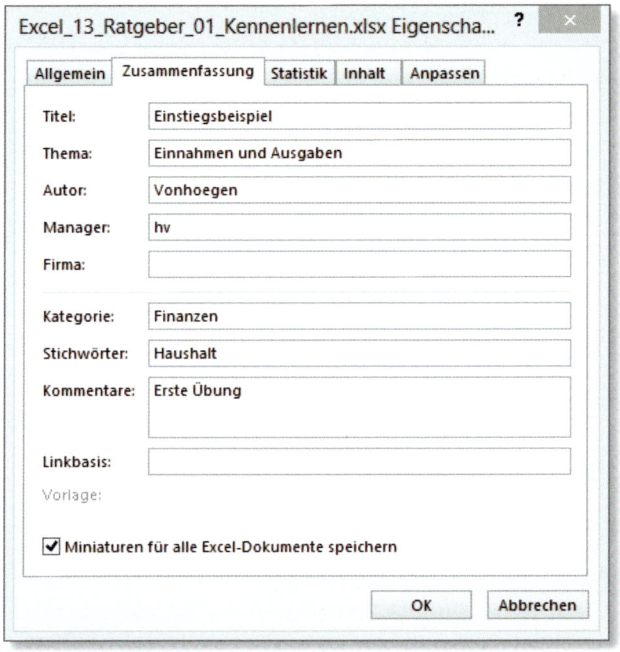

^ ***Abbildung 1.167*** *Das Register »Zusammenfassung« kennzeichnet den Inhalt und die Herkunft des Dokuments.*

Auf der Registerkarte **Allgemein** finden Sie die genauen Informationen über den Dateityp, den Pfad, die Größe und die Änderungsdaten. Außerdem werden hier Dateiattribute wie **Schreibgeschützt**, **Verborgen** etc. angezeigt.

TIPP

Schreibgeschützte Eigenschaften
Geändert werden können diese Dateiattribute allerdings an dieser Stelle nicht. Dazu müssen Sie das entsprechende Dialogfeld **Eigenschaften** im Windows-Explorer oder in den Dialogen **Öffnen** oder **Speichern unter** benutzen, wenn die Datei dort ausgewählt ist.

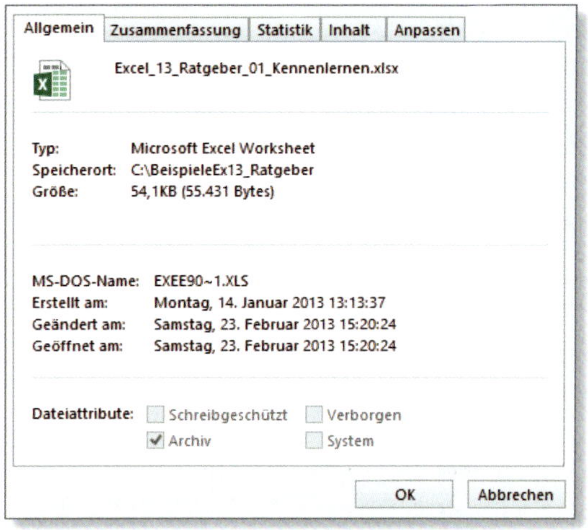

^ ***Abbildung 1.168*** *Die Registerkarte »Allgemein«*

Unter **Statistik** wird notiert, wann zuletzt geändert und wann die Datei gedruckt wurde, sodass Sie beispielsweise prüfen können, ob ein Ausdruck dem letzten Stand entspricht oder nicht.

^ ***Abbildung 1.169*** *Die Registerkarte »Statistik« liefert Daten über die Bearbeitung.*

Unter **Inhalt** wird eine Art Inhaltsverzeichnis für die Datei angeboten, das die Namen der Tabellenblätter auflistet.

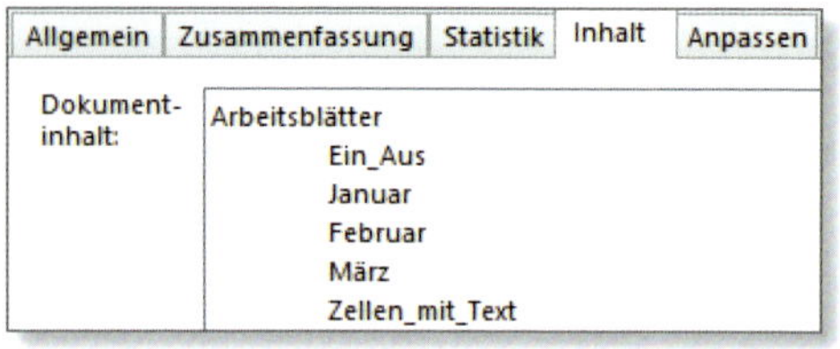

*^ **Abbildung 1.170** Die Registerkarte »Inhalt« listet die Tabellenblätter auf.*

Ganz spezielle Möglichkeiten bietet die Registerkarte **Anpassen**. Hier können bestimmte immer wiederkehrende Einträge und der dazugehörige Datentyp ausgewählt werden, beispielsweise der Name der zuständigen Abteilung. Sie können hier dem Dokument auch eine Dokumentnummer geben, beispielsweise ein Aktenzeichen. Die verschiedenen Eingaben erscheinen dann zeilenweise in dem kleinen Eigenschaftenfenster.

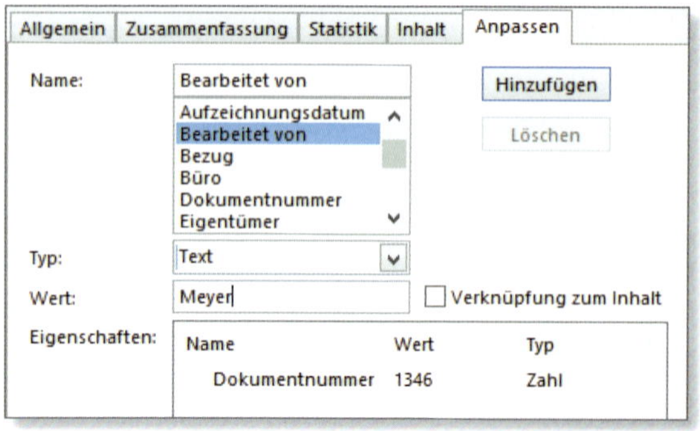

*^ **Abbildung 1.171** Die Registerkarte »Anpassen« erlaubt die Eingabe zusätzlicher Metadaten.*

Mappen nach Bearbeitern gruppieren

Es ist auch möglich, die Einträge mit benannten Zelleinträgen in einer Excel-Arbeitsmappe zu verknüpfen.

1. Sie legen in einer benannten Zelle den Namen der Person ab, die ein Dokument bearbeiten soll.
2. Im Dialogfeld **Eigenschaften** wählen Sie unter **Anpassen** und **Name** den Eintrag **Bearbeitet von** und haken dann das Kästchen bei **Verknüpfung zum Inhalt** ab. (Beachten Sie, dass diese Option nur aktiv ist, wenn in dem Dokument auch tatsächlich Bereichsnamen existieren.)

*^ **Abbildung 1.172** Das Register »Anpassen« erlaubt auch Verknüpfungen zu Zellinhalten.*

3. Wählen Sie aus der Liste bei **Quelle** den Namen des Bereichs aus, und benutzen Sie **Hinzufügen**. Auch diese Liste erscheint nur, wenn in der Tabelle Bereichsnamen existieren.

Excel behandelt die auf diesem Register vergebenen Eigenschaften als benutzerdefinierte Eigenschaften. Sie werden in den Dialogen **Speichern unter** oder **Öffnen** nicht angezeigt. Es ist aber möglich, sie per Makro abzufragen, wie in Kapitel 26, »VBA-Praxis«, ab Seite 847 noch gezeigt wird.

Zuletzt verwendete Dateien öffnen

Wenn Sie die Arbeit an einem Dokument wieder aufnehmen oder die Informationen darin ansehen wollen, muss die Datei zunächst wieder geladen werden. Dazu gibt es zahlreiche Möglichkeiten. So werden, wie schon oben erwähnt, auf der Startseite von Excel 2013 unter **Zuletzt verwendet** die jüngst bearbeiteten Dateien angeboten. Ein Klick oder Tipp auf einen bestimmten Dateinamen öffnet die gewählte Datei. Haben Sie das Excel-Symbol in die Taskleiste eingefügt, bietet über die rechte Maustaste die Sprungliste die zuletzt verwendeten Arbeitsmappen an, wie in Abschnitt 1.3, »Excel starten und beenden«, ab Seite 55 bereits angesprochen.

Neue Arbeitsmappen anlegen

Excel startet normalerweise mit einer leeren Arbeitsmappe, sodass Sie nicht erst eine neue Mappe anlegen müssen, um mit der Arbeit zu beginnen. Aber es kommt vor, dass Sie in einer Arbeitssitzung noch eine weitere neue Mappe benötigen. Das geht so:

1 Öffnen Sie die Registerkarte **Datei**, und benutzen Sie dort die Schaltfläche **Neu**.

2 Im rechten Bereich des Fensters werden neben einer Schaltfläche **Leere Arbeitsmappe** auch zahlreiche Vorlagen angeboten. Ein ähnliches Angebot macht auch die Startseite von Excel, wenn Sie das Programm damit starten.

3 Ein Klick oder Tipp auf **Leere Arbeitsmappe** reicht aus, um sofort mit der Arbeit an der Mappe zu beginnen. Excel vergibt einen Standardnamen, den Sie möglichst gleich über den Dialog **Speichern unter** überschreiben sollten.

TIPP

Neu, aber schneller
Wenn Sie das Anlegen einer neuen Arbeitsmappe einen Tick beschleunigen wollen, klicken Sie im Kontextmenü der Schnellzugriffsleiste auf den Befehl **Neu**, um ihn in die Leiste einzufügen. Dann reicht ein Klick oder Tipp auf diese Schaltfläche, um sofort eine neue Mappe anzulegen. Außerdem gibt es noch die Tastenkombination [Strg] + [N].

Mit Vorlagen arbeiten

Anstatt mit einer ganz leeren Mappe zu starten, besteht auch die Möglichkeit, eine der zahlreichen Vorlagen als Ausgangspunkt zu nehmen, die über die Seite **Neu** angeboten werden.

Insbesondere stehen hier zahlreiche Onlinevorlagen zur Verfügung. Wenn Sie sich beispielsweise einen Kalender in einer Arbeitsmappe anlegen wollen, können Sie die Vorlage **Kalender für kleine Unternehmen** per

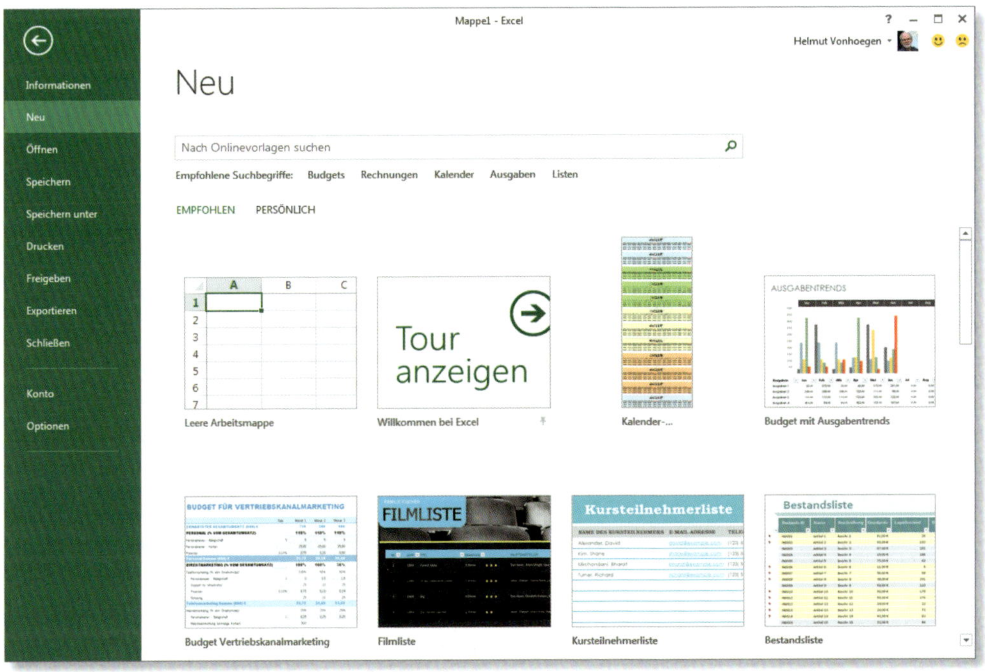

< Abbildung 1.174
Die Seite »Neu« bietet neben einer leeren Arbeitsmappe auch zahlreiche Vorlagen an.

Klick oder Tipp auswählen. Zunächst werden ein paar Infos zu dieser Vorlage angezeigt. Die Schaltfläche **Erstellen** startet dann das Herunterladen der Vorlage.

Abbildung 1.173 Infos zu einer Onlinevorlage

Wenn Sie gezielt nach einer Vorlage zu einem bestimmten Thema suchen, geben Sie einen entsprechenden Ausdruck in das Eingabefeld mit der Lupe ein. Unterhalb werden auch einige häufig verwendete Suchbegriffe angeboten, die direkt die Liste der zugehörigen Vorlagen einblenden.

Zu »Aufgabenliste« beispielsweise gibt es gleich mehr als ein Dutzend Treffer. Im rechten Teil des Fensters erscheint gleichzeitig eine Liste von Kategorien mit der Angabe, wie viele Vorlagen jeweils verfügbar sind.

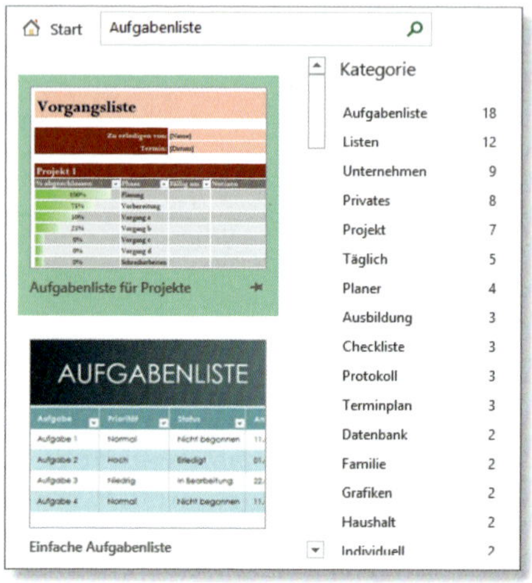

Abbildung 1.175 Rechts werden alle Treffer zu dem Suchbegriff »Aufgabenliste« aufgelistet.

Die Schaltfläche **Start** führt jeweils auf die erste Seite zurück.

Ablage eigener Mustervorlagen

Die Einrichtung eigener Mustervorlagen ist in Excel 2013 ein wenig geändert worden. In den früheren Versionen wurden Dateien, die Sie mit dem Dateityp *.xltx* oder *.xltm* angelegt haben, automatisch in dem benutzerbezogenen Vorlagenordner gespeichert und beim Aufruf des Befehls **Neu** unter **Verfügbare Vorlagen** im Ordner **Meine Vorlagen** angezeigt.

In Excel 2013 können Sie selbst entscheiden, in welchem Ordner Ihre Vorlagen abgelegt werden. Dies geschieht über **Datei > Excel-Optionen > Speichern** unter **Standardspeicherort für persönliche Vorlagen**. Werden nun Mustervorlagen in diesem Ordner abgelegt, stehen sie auf der Seite **Neu** unter **Persönlich** zur Verfügung.

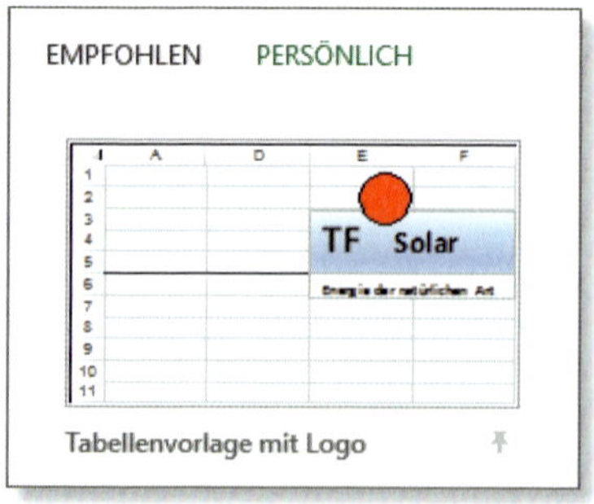

Abbildung 1.176 Das Angebot eigener Vorlagen erscheint unter »Persönlich«.

Wie Sie solche Vorlagen erstellen, wird in Abschnitt 4.8, »Mit Vorlagen einheitlich gestalten«, ab Seite 286 beschrieben.

Vorhandene Dateien öffnen

Wenn die letzte Arbeit an einer bestimmten Arbeitsmappe schon längere Zeit zurückliegt, erscheint sie vielleicht nicht mehr unter den zuletzt verwendeten Arbeitsmappen oder in der Sprungliste des Taskleistensymbols von Excel.

1 In diesem Fall benutzen Sie auf dem Register **Datei** zunächst den Befehl **Öffnen**. Wie bei dem Befehl **Speichern unter** erscheint zunächst in der mittleren Spalte eine Liste der bisher verwendeten Speicherorte.

Abbildung 1.177 *Liste der zuletzt verwendeten Ordner*

2 Wenn Sie die Option **Computer** auswählen, werden im rechten Teil der Seite die zuletzt verwendeten Ordner angeboten. Wenn Sie einen der Ordner per Klick oder Tipp auswählen, wird der Dialog **Öffnen** für diesen Ordner geöffnet. Ist die gewünschte Datei nicht in einem der angebotenen Ordner zu vermuten, benutzen Sie gleich die Schaltfläche **Durchsuchen**. In diesem Fall wird der Dialog mit dem aktuell vorgegebenen Ordner geöffnet.

3 Seine Bedienung entspricht weitgehend dem, was für den Dialog **Speichern unter** im Abschnitt »Dokumente speichern« ab Seite 100 beschrieben wurde. Wählen Sie die günstigste Ansicht, um die Datei schnell zu lokalisieren. Probieren Sie dazu die Einstellungen aus, die Sie mit dem Schieberegler zu der Schaltfläche **Ansicht ändern** wählen können.

4 Benutzen Sie die Adressleiste oder den Navigationsbereich, um zunächst den Ordner auszuwählen, in dem die Datei abgelegt ist.

5 Wenn Sie bei den Ordneroptionen im Windows-Explorer auf der Registerkarte **Allgemein** die Einstellung **Öffnen durch einfachen Klick** eingestellt haben, werden die Dateien durch Berühren mit dem Mauszeiger zum Öffnen ausgewählt. Ein Klick lädt die Arbeitsmappe in den Hauptspeicher des Systems. Im anderen Fall wählen Sie die Datei mit einem Klick aus und benutzen dann die Schaltfläche **Öffnen**, oder Sie machen einen Doppelklick, der die ausgewählte Datei gleich öffnet. Auf dem Touchscreen arbeiten Sie mit Tipp oder Doppeltipp von Finger oder Stift.

Sie können den Namen der Datei auch direkt in das Textfeld **Dateiname** eingeben und mit **Öffnen** bestätigen. Das Feld ist beim Öffnen automatisch aktiviert.

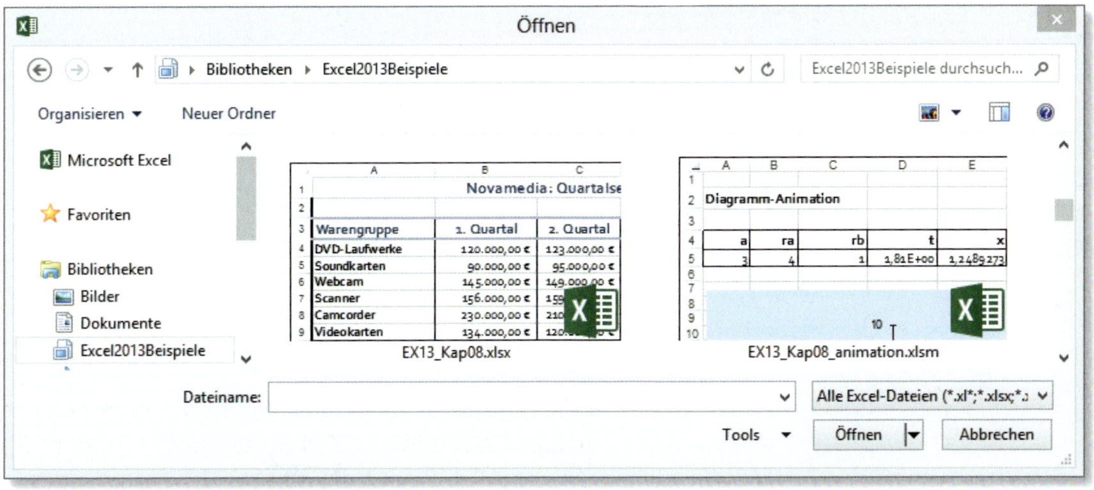

Abbildung 1.178 *Mit der Einstellung »Extra große Symbole« im Dialogfeld »Öffnen« lässt sich der Inhalt der Dateien vorweg prüfen.*

Vor dem Öffnen einer Arbeitsmappe kann es sinnvoll sein, erst mal einen Blick in den Inhalt zu werfen. Hier ist oft die Ansicht **Extra große Symbole** hilfreich, vorausgesetzt, es sind beim Abspeichern Vorschaugrafiken erzeugt worden, wie im Abschnitt »Dokumente speichern« ab Seite 100 beschrieben. Es ist also nicht unbedingt nötig, eine Datei gleich zu öffnen, um nachzusehen, ob sie die gesuchten Daten enthält.

TIPP

Nachfrage beim Öffnen einer Datei
Sie werden beim Öffnen einer Datei darauf hingewiesen, dass die Datei bereits geöffnet ist und Sie, wenn Sie fortfahren, alle Änderungen an der schon geöffneten Datei verlieren. In der Regel sollten Sie das Öffnen mit **Nein** stoppen. Es kommt allerdings auch vor, dass das Überschreiben von Änderungen gerade gewünscht ist, etwa wenn Sie versucht haben, eine Arbeitsmappe anders zu formatieren, und mit dem Ergebnis nicht zufrieden sind.

Arbeitsmappen parallel öffnen

Eine der Stärken von Excel ist seit den ersten Versionen die Möglichkeit, mit mehreren Arbeitsmappen gleichzeitig zu arbeiten. Das hilft Ihnen insbesondere beim Vergleich von Tabellen oder bei der Übernahme von Daten von einem Kalkulationsmodell in ein anderes.

Soll eine Gruppe von benachbarten Dateien gleichzeitig geöffnet werden, markieren Sie im Dialog **Öffnen** zuerst die erste Datei und dann mit gedrückter [⇧]-Taste die letzte Datei in der Gruppe. Um einzelne Dateien hinzuzufügen oder wieder aus der Auswahl herauszunehmen, halten Sie beim Auswählen [Strg] gedrückt.

Die andere Möglichkeit, mehrere benachbarte Dateien auszuwählen, besteht darin, mit Maus, Finger oder Stift einen entsprechenden Bereich aufzuziehen, der die betreffenden Dateien markiert.

Anschließend benutzen Sie **Öffnen**. Für jede Datei wird in Excel 2013 nun ein eigenes Anwendungsfenster geöffnet.

Nach Dateien suchen

Anstatt bei **Dateiname** im Dialog **Öffnen** einen vollständigen Namen einzugeben, können Sie auch mit einem Teil des Namens, also mit einer Suchschablone, Erfolg haben. Das ist natürlich hilfreich, wenn Sie sich an den kompletten Namen nicht mehr erinnern. Um beispielsweise alle Dateien des Ordners, die mit dem Präfix *Plan* anfangen, zu sehen, geben Sie »Plan*« ein und bestätigen mit [↵]. Gibt es Dateien, die mit diesem Präfix beginnen, erscheinen sie im Fenster des Dialogs, und Sie können in dieser Auswahl die gewünschte Datei – hoffentlich – finden.

Sie können hier mit den üblichen Joker-Zeichen arbeiten. »Akte?.xlsx« listet die Dateien *Akte1.xlsx*, *Akte2.xlsx* ... auf. Auch mehrere alternative Suchschablonen sind erlaubt, wenn Sie diese durch Semikola trennen. »Akte?;Plan?« findet in einem Zug alle Dateien, die entweder mit *Akte* oder mit *Plan* anfangen.

Das Listenfeld **Dateiname** notiert im Übrigen immer die letzten Namen und Suchschablonen, mit einem Klick oder Tipp können Sie diese Einträge wieder aktivieren.

Mit dem Suchfeld arbeiten

Statt über Joker-Zeichen im Feld **Dateiname** können Sie unter Windows 8 Dateien auch direkt über das Suchfeld in der rechten Ecke des Dialogfelds suchen. Wenn Sie dort eine Folge von Zeichen eingeben, werden diese von Excel mit den Dateinamen in dem gerade ausgewählten Ordner verglichen. Sie brauchen also nicht mit den Joker-Zeichen zu arbeiten. Excel prüft, ob die angegebene Zeichenfolge irgendwo in den Dateinamen des aktuellen Ordners vorkommt.

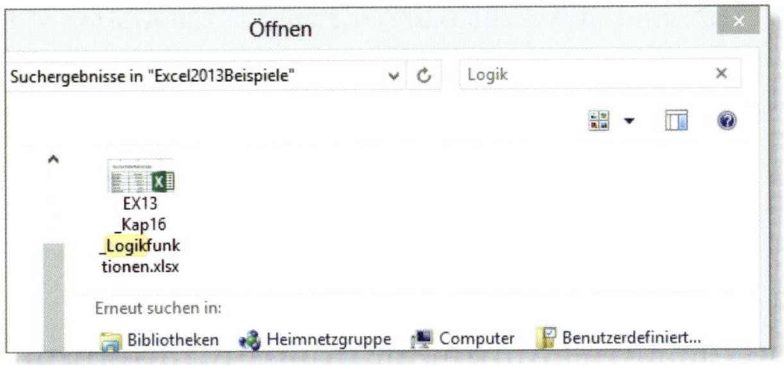

Abbildung 1.179 *Excel benutzt den Suchbegriff im Suchfeld, um Dateien zu finden, in deren Namen die angegebene Zeichenfolge vorkommt.*

Die von Excel automatisch notierten Eigenschaften der Datei wie **Änderungsdatum**, **Typ** oder **Größe** und die von Ihnen eingegebenen Zusatzinformationen können Sie im Suchfeld für eine gezielte Suche nach Dateien einsetzen, die bestimmte Kriterien erfüllen. Haben Sie beispielsweise bei mehreren Arbeitsmappen als Kategorie »Haushalt« angegeben, geben Sie als Suchbegriff in das Suchfeld des Dialogs **1** einfach ein: »Kategorie: Haushalt«. Vergessen Sie nicht den Doppelpunkt. Wenn es in dem ausgewählten Ordner entsprechende Arbeitsmappen gibt, werden sie gefunden, wie Abbildung 1.180 zeigt.

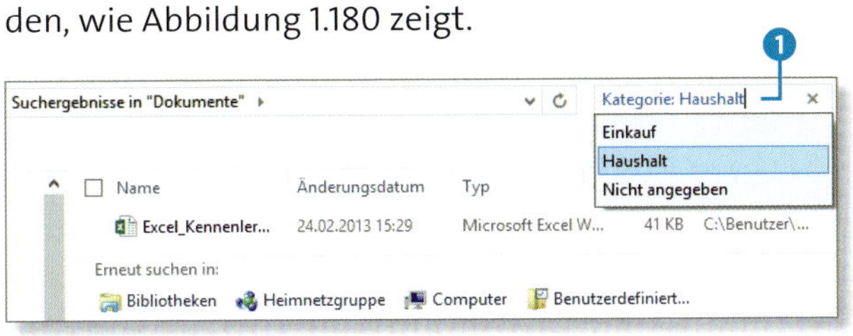

Abbildung 1.180 *Auch Metadaten lassen sich als Suchkriterium verwenden.*

Excel setzt in diesem Fall eine spezielle Abfragesprache ein, die mit Schlüssel-Wert-Paaren arbeitet. *Kategorie* ist also in dem abgebildeten Beispiel der Schlüssel, *Haushalt* der Wert. Der Doppelpunkt dient zur Trennung zwischen Schlüssel und Wert.

Einige Schlüssel schlägt Excel selbst vor, wenn Sie das Suchfeld verwenden, beispielsweise *Änderungsdatum* und *Größe*. Wenn Sie *Änderungsdatum* wählen, stehen Ihnen zahlreiche Auswahloptionen und ein Steuerelement mit einem Kalender zur Verfügung, um das gewünschte Kriterium anzugeben.

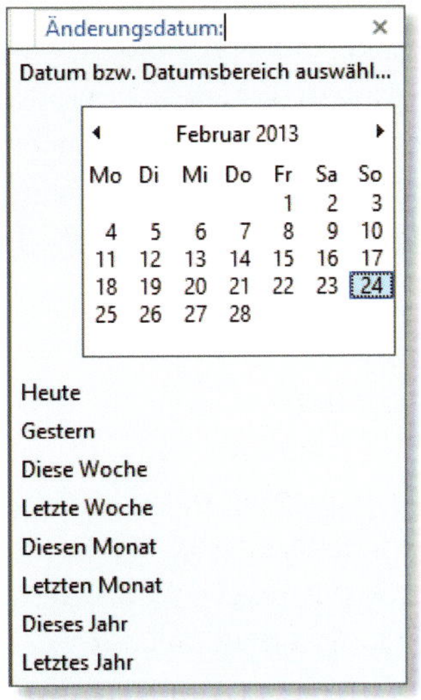

Abbildung 1.181 *Für das Änderungsdatum als Suchkriterium werden zahlreiche Optionen vorgegeben.*

Alle üblichen Vergleichsoperatoren – =, <, >, <=, >= – dürfen Sie in solchen Suchausdrücken verwenden. Getrennt durch Leerzeichen, können Sie auch gleich mehrere Kriterien angeben. Abbildung 1.182 zeigt ein Beispiel.

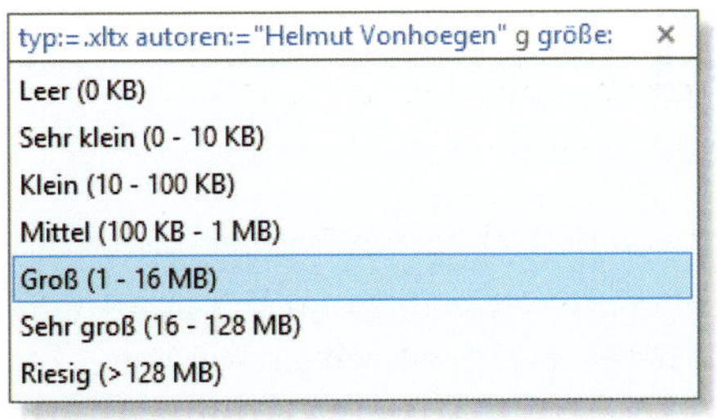

Abbildung 1.182 *Suchfilter mit mehr als einem Kriterium*

Auf diese Weise lassen sich sehr feinmaschige Suchmuster erstellen. Übrigens arbeiten dieselben Suchausdrücke auch direkt im Suchfeld des Startmenüs, wie Abbildung 1.183 zeigt. In diesem Fall ist die Suche auf das gesamte System ausgeweitet.

Abbildung 1.183 *Suche über das Startmenü*

Dateiverwaltung vor Ort

In die Dialogfelder **Speichern unter** und **Öffnen** sind eine ganze Reihe von Grundfunktionen zur Dateiverwaltung integriert, die Ihnen ansonsten über den Windows-Explorer zur Verfügung stehen. Wenn Sie eine markierte Datei oder eine Auswahl von Dateien mit rechts anklicken oder den Finger oder Stift kurz darauf halten, finden Sie ein umfangreiches Kontextmenü. Sind Virenscanner oder Packer installiert, ist dieses Menü entsprechend erweitert.

Besonders praktisch sind hier oft die Optionen unter **Senden an**, beispielsweise um die Datei in einen komprimierten Ordner oder auf einen USB-Stick zu kopieren oder um sie direkt als E-Mail zu versenden. Praktisch ist auch die Möglichkeit, eine Datei in den Ordner **Dokumente** zu verschieben oder eine Verknüpfung auf den Desktop zu legen.

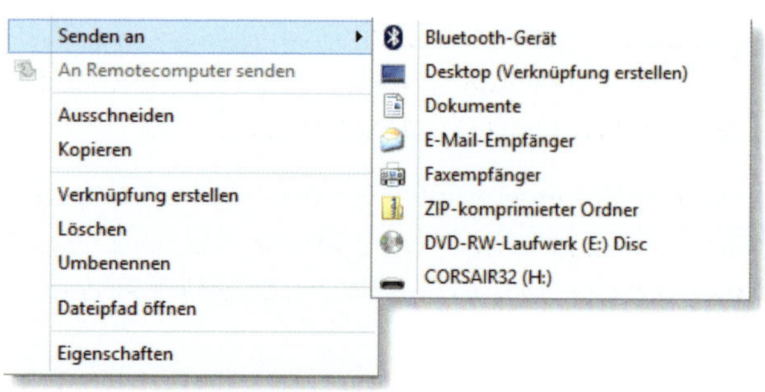

Abbildung 1.184 *Kontextmenü zu einer im Dialog »Öffnen« ausgewählten Datei*

Sie können hier auch Dateien löschen. Sie werden zur Sicherheit gefragt, ob Sie die Datei in den Papierkorb verschieben wollen. Der Papierkorb ist ja das Sicherheitsnetz beim Löschen. Erst wenn die Datei auch aus dem Papierkorb gelöscht ist, existiert sie nicht mehr. (Allerdings gibt es Tools, die auch in diesem Fall möglicherweise noch helfen können.)

Haben Sie eine Datei irrtümlich in den Papierkorb gesteckt, benutzen Sie im Kontextmenü des Korbs den Befehl **Öffnen**. Markieren Sie die Datei, und wählen Sie auf dem Register **Verwalten** die Schaltflächen unter **Wiederherstellen**.

Falls Sie das Zwischenspeichern im Papierkorb unterbinden wollen, beispielsweise um auf einem Notebook mit nicht so großer Festplatte Platz zu sparen, benutzen Sie im Kontextmenü des Papierkorbsymbols die Option **Eigenschaften** und aktivieren die Option **Dateien sofort löschen**. Zu diesem Schritt sollten Sie aber möglichst nur dann greifen, wenn Sie zu denen gehören, die ihre Daten regelmäßig auf andere Datenträger sichern.

TIPP

Dateinamen ändern
Sie können eine Datei an Ort und Stelle umbenennen, wenn sich herausstellt, dass der bisherige Name nicht mehr sinnvoll ist. Benutzen Sie über das Kontextmenü die Option **Umbenennen**, und ändern Sie den Namen. Beenden Sie die Änderung mit [↵].

Eine frühere Version der Arbeitsmappe öffnen

Seit Excel 2010 gibt es die Möglichkeit, mehrere Versionen einer Arbeitsmappe zu handhaben. Diese Versionen entstehen automatisch, solange im Dialog **Excel-Optionen** unter **Speichern** die automatische Zwischenspeicherung aktiviert ist. Gibt es zu einer geöffneten Datei mehrere Versionen, wird auf dem Register **Datei** unter **Informationen** und **Versionen** die Liste der Versionen angezeigt. Zum Speichern der Versionen wird übrigens das binäre Datenformat verwendet.

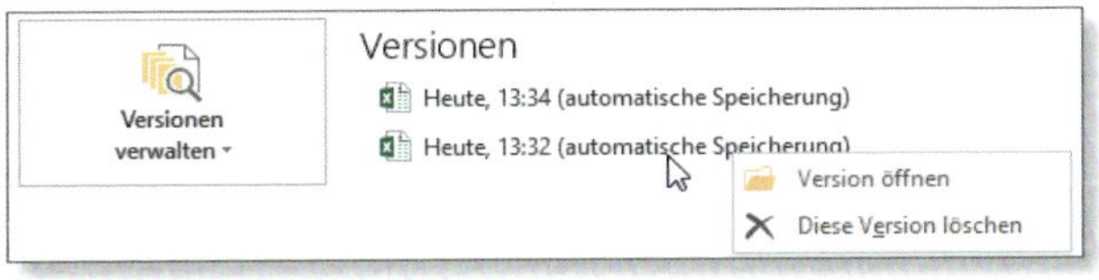

Abbildung 1.185 *Angebot mehrerer Versionen einer Arbeitsmappe*

1 Um auf eine frühere Version zurückzugreifen, wechseln Sie auf das Register **Datei** und wählen **Informationen**.

2 Sind von der aktuellen Datei ältere Versionen vorhanden, werden Links mit dem jeweiligen Datum unter **Versionen** angezeigt. Außerdem finden Sie hier noch die Schaltfläche **Versionen verwalten**.

3 Um auf eine dieser Versionen zurückzugreifen, benutzen Sie den entsprechenden Link, um die Arbeitsmappe in dieser Version zunächst in einem eigenen Fenster zu öffnen.

4 Handelt es sich nicht um die neueste Version, erscheint beim Öffnen per Klick oder Tipp über der Arbeitsmappe eine entsprechende Hinweisleiste, die die Schaltfläche **Wiederherstellen** anbietet. Außerdem wird die Datei zunächst nur schreibgeschützt geöffnet.

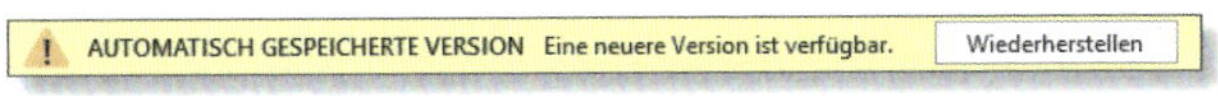

Abbildung 1.186 *Hinweis beim Öffnen einer älteren Version*

5 Mithilfe der Schaltfläche können Sie dann die zuletzt gespeicherte Version mit der ausgewählten Version überschreiben.

Damit wird die ältere Version zur aktuellen Version der Arbeitsmappe, das zusätzliche Fenster wird geschlossen, und der Schreibschutz ist aufgehoben. Falls Sie allerdings merken, dass Sie die ältere Version doch nicht brauchen können, schließen Sie einfach das Fenster der schreibgeschützten Mappe mit **Schließen**.

Solange das Fenster mit der schreibgeschützten Mappe geöffnet ist, erscheint auf dem Register **Datei** ebenfalls ein Hinweis darauf, dass es sich nicht um die neueste Version der Mappe handelt. Die Schaltfläche **Versionen verwalten** bietet dann ebenfalls die Option **Wiederherstellen** an.

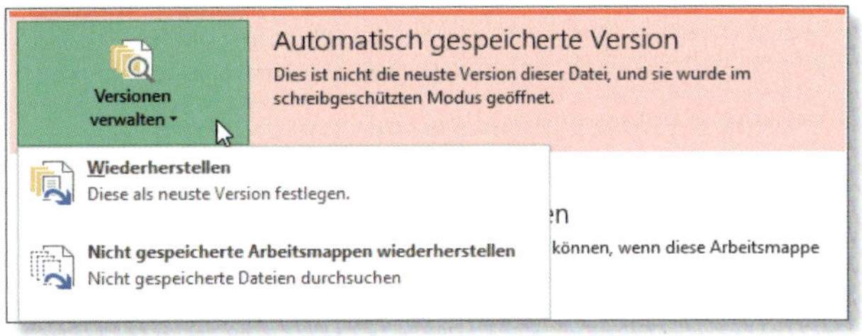

Abbildung 1.187 *Optionen zu einer Version*

Die zweite Option der Schaltfläche **Versionen verwalten** ist **Nicht gespeicherte Arbeitsmappen wiederherstellen**. Sie blendet den Dialog **Öffnen** mit dem speziellen Ordner *UnsavedFiles* ein. Hier sind alle Dateien aufgelistet, die bei vorhergehenden Schließvorgängen in Excel nicht gesichert worden sind, falls es solche Mappen gibt.

Dies geschieht aber nur, solange über **Datei > Optionen** unter **Speichern** auch die Option **Beim Schließen ohne Speichern die letzte automatisch gespeicherte Version beibehalten** aktiviert ist. Der Ordner enthält die Dateien jeweils in dem Zustand der letzten automatischen Sicherung. Wird eine dieser Dateien geöffnet, erscheint ein entsprechender Hinweis. Mit der Schaltfläche **Speichern unter** lässt sich dann das Speichern sofort nachholen, wobei als Dateityp wieder das Standardformat *.xlsx* vorgegeben wird.

Wenn Sie überflüssige Versionen aus der Versionsliste löschen wollen, benutzen Sie jeweils im Kontextmenü eines Versionslinks die Option **Diese Version löschen**.

1.10 Für Sicherheit der Daten sorgen

Wenn Ihre Dokumente personenbezogene oder aus anderen Gründen kritische Daten enthalten, sollten Sie die Möglichkeiten nutzen, um Dateien vor unbefugtem Zugriff oder unbefugter Veränderung zu schützen.

Für komplette Dateien bietet Excel im Dialogfeld **Speichern unter** über die Schaltfläche **Tools** einige einfache Maßnahmen für den Schutz Ihrer Daten an. Das Dialogfeld zu **Allgemeine Optionen** erlaubt es, gleich zwei Kennwörter zu vergeben. Zusätzlich können Sie noch die Option **Sicherungsdatei erstellen** aktivieren. Dies hat zur Folge, dass bei jedem Speichern noch eine Backup-Datei angelegt wird.

Abbildung 1.188 *Vergabe von Kennwörtern vor dem Speichern*

Zugangsschutz

Das **Kennwort zum Öffnen** sperrt den Zugang zu einer Arbeitsmappe insgesamt. Nur wer das hier eingegebene Kennwort beim Öffnen der Datei korrekt eingibt, hat eine Chance, auf die Daten zuzugreifen. Geben Sie eine Zeichenfolge von maximal 15 Zeichen ein. Alle Zeichen, auch Leerzeichen, sind erlaubt. Wenn Sie allerdings Groß- und Kleinbuchstaben mischen, müssen Sie sich die genaue Schreibweise merken, weil Excel bei der Wiedereingabe des Kennworts eine exakte Übereinstimmung verlangt.

Wenn Sie nur diese Sperre beim Öffnen der Datei errichten wollen, reicht es, das Kennwort mit **OK** zu bestätigen. Es muss dann zur Bestätigung noch einmal eingegeben werden.

Schreibschutz

Zusätzlich oder auch unabhängig von der Zugriffssperre für die ganze Arbeitsmappe kann unter **Kennwort zum Ändern** ein zweites Kennwort vergeben werden, mit dem die Datei nur gegen Veränderungen geschützt wird. Auch hier wird eine Kontrolleingabe verlangt.

Benutzen Sie nur das Schreibschutzkennwort, bedeutet dies, dass jeder die Datei öffnen darf, um sie anzusehen. Änderungen sind aber nur dem möglich, der das Schreibschutzkennwort kennt. Dieses wird noch vor dem Öffnen abgefragt.

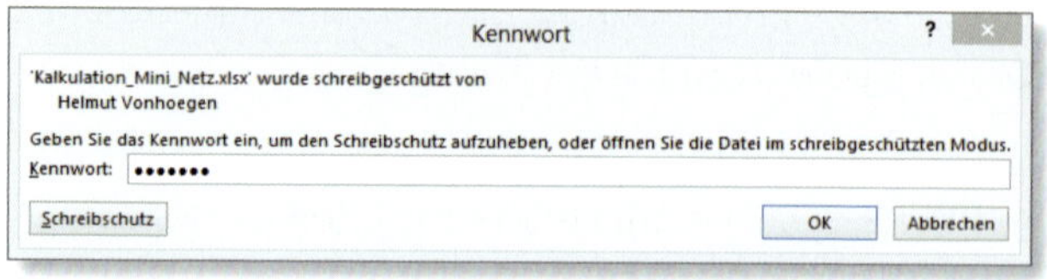

Abbildung 1.189 *Abfrage eines Kennworts, das den Schreibschutz wieder aufhebt*

Ist es richtig eingegeben, wird der Schreibschutz der Datei aufgehoben. Kennt der Benutzer das Kennwort nicht, kann er die Schaltfläche **Schreibschutz** benutzen, um die Datei wenigstens ansehen zu dürfen. Die Datei erscheint dann im Fenster mit dem Namenszusatz **Schreibgeschützt**.

TIPP

Kennwort vergessen?
Allen gut gemeinten Ermahnungen zum Trotz, Kennwörter sorgfältig und sicher aufzubewahren, kann es vorkommen, dass Sie Ihr Kennwort vergessen oder nicht mehr auffinden. Hier hilft zur Not der Einsatz von Spezialprogrammen, etwa dem Programm *Office Key* von Passware, das über *www.lostpassword.com* geordert werden kann.

Änderungen an den Tabellenblättern sind zwar möglich, aber wenn versucht wird, die Mappe zu speichern, wird eine Speicherung unter dem aktuellen Namen der Mappe nicht zugelassen. Stattdessen wird im Dialogfeld **Datei speichern unter** der Dateiname *Kopie von …* angeboten. Die Datei darf also unter einem anderen Namen gespeichert werden, das Original bleibt aber davon unberührt.

Natürlich können Sie die beiden Kennwörter auch gleichzeitig verwenden, also sowohl vor das Öffnen als auch vor das Ändern eine Sperre setzen. Wenn Sie das Kontrollkästchen **Schreibschutz empfehlen** abhaken, erzeugt Excel beim Öffnen dieser Datei einen entsprechenden Hinweis, falls die Schaltfläche **Schreibschutz** nicht benutzt wurde.

Alternativ kann im Dialog **Öffnen** auch die kleine Schaltfläche zu **Öffnen** benutzt werden und dann die Option **Schreibgeschützt öffnen**.

Entfernen oder Ändern von Kennwörtern

Sollte sich ergeben, dass der Schutz einer Arbeitsmappe durch ein Kennwort nicht mehr notwendig ist, können Sie als derjenige, der das Kennwort kennt, diesen Schutz jederzeit aufheben.

1. Öffnen Sie die Datei, und benutzen Sie **Datei > Speichern unter**.
2. Rufen Sie über **Tools > Allgemeine Optionen** das Dialogfeld für die Kennwörter erneut auf.
3. Löschen Sie die vergebenen Kennwörter mit `Entf`, und bestätigen Sie den Dialog.
4. Sie werden gefragt, ob Sie den bisherigen geschützten Zustand der Datei überschreiben wollen, was Sie wiederum bestätigen.

Anstatt Kennwörter zu entfernen, können Sie nach demselben Verfahren auch andere Kennwörter vergeben. Der Wechsel von Kennwörtern in nicht zu langen Abständen gehört ja längst zu den Standardempfehlungen der Sicherheitsexperten.

Varianten beim Öffnen von Arbeitsmappen

Bei manchen Dateien ist es von vornherein sinnvoll, sie nur zum Lesen zu öffnen. Eine Datei mit endgültigen Daten sollte in der Regel nicht mehr verändert werden. Werden aus Versehen Ergänzungen oder Änderungen vorgenommen und wird die Datei gespeichert, kann das sehr ärgerlich sein. In solchen Fällen können Sie im Dialogfeld **Öffnen** gleich mit dem Befehl **Schreibgeschützt öffnen** arbeiten, der angeboten wird, wenn Sie den Pfeil bei der Schaltfläche **Öffnen** anklicken.

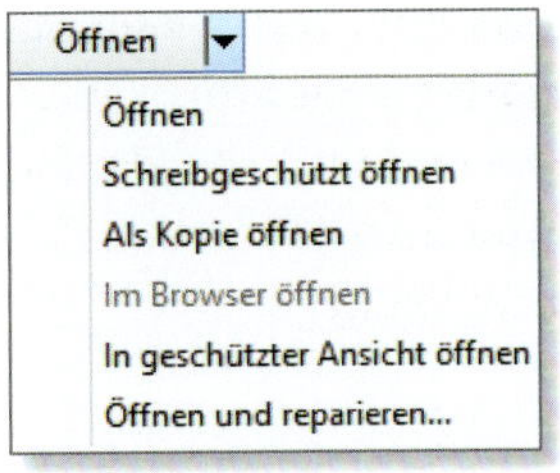

Abbildung 1.190 *Das Menü zur Schaltfläche »Öffnen« im Dialogfeld »Öffnen«*

In dem Fall entfällt auch die Abfrage des Kennworts für den Schreibzugriff, falls die Datei geschützt ist. Mit dieser Vorgehensweise verhindern Sie von vornherein, dass Sie durch einen Bedienungsfehler irrtümlich an der Originaldatei etwas ändern oder löschen.

Die andere Option im **Öffnen**-Menü ist **Als Kopie öffnen**. In diesem Fall wird eine ganz neue Datei angelegt, die den Inhalt des Originals übernimmt, aber unverändert lässt. In der Titelleiste erscheint dann **Kopie von ...**. Das ist eine sehr praktische Möglichkeit, wenn Sie mehrere Arbeitsmappen benötigen, die einen ähnlichen Aufbau haben, etwa eine Gewinn- und Verlustrechnung für verschiedene Perioden.

Eine neue Option seit Excel 2010 ist **In geschützter Ansicht öffnen**. Damit ist ein spezieller Modus gemeint, der verwendet werden kann, um mit Dateien umzugehen, die eventuell Sicherheitsrisiken enthalten könnten. Dieses Thema wird in Kapitel 24, »Datenschutz und Datensicherheit«, ab Seite 792 noch einmal aufgegriffen.

Das können beispielsweise Arbeitsmappen sein, die aus dem Internet heruntergeladen wurden. Entscheiden Sie sich nach einer Prüfung der Arbeitsmappe, diese für die normale Bearbeitung zuzulassen, verwenden Sie die angebotene Schaltfläche **Bearbeitung aktivieren**.

Automatisch sichern und wiederherstellen

Trotz aller Verbesserungen der Systemsicherheit kann es vorkommen, dass das Betriebssystem oder ein Programm abstürzt oder durch einen Stromausfall ein Abbruch erzwungen wird. Normalerweise würden im Fall eines Abbruchs alle Änderungen an einer Arbeitsmappe verloren gehen, die nach der letzten ordentlichen Speicherung vorgenommen wurden.

Um die möglichen Verluste zu verringern, ist in Excel als Vorgabe die Funktion **AutoWiederherstellen** aktiviert. Sie ist kein Ersatz für das normale Speichern. Aber sie sorgt dafür, dass die Informationen über Änderungen seit der letzten normalen Speicherung in bestimmten Intervallen automatisch auf dem Laufwerk zwischengelagert werden, um im Fehlerfall darauf zurückgreifen zu können und den potenziellen Datenverlust so gering wie möglich zu halten.

In Excel kann die automatische Zwischenspeicherung über **Datei > Optionen** auf dem Register **Speichern** unter **AutoWiederherstellen-Informationen speichern alle ... Minuten** an- bzw. abgeschaltet werden. Vorgegeben ist jeweils ein Sicherungsintervall von zehn Minuten ❶, was bei umfangreicher Dateneingabe durchaus zu lang sein kann.

Wählen Sie hier den Wert, der zu Ihrer Arbeitsweise am besten passt. Zusätzlich kann dort noch ein anderer Ordner für die Sicherungen angegeben werden. Außerdem sollte noch die Option **Beim Schließen ohne Speichern die letzte automatisch gespeicherte Version beibehalten** ❷ aktiviert bleiben. Das erlaubt Ihnen, notfalls auf diese Version zurückzugreifen, wie es im Abschnitt »Eine frühere Version der Arbeitsmappe öffnen« ab Seite 116 beschrieben ist.

TIPP

Wiederherstellung abschalten
Sollten Sie es einmal mit einer Arbeitsmappe zu tun haben, bei der die automatische Wiederherstellung nicht erwünscht ist, kann diese Mappe unter **AutoWiederherstellen-Ausnahmen für** ❸ ausgewählt und die Wiederherstellung gezielt für diese Mappe deaktiviert werden.

Getrennt davon ist im Dialog unter **Lokaler Standardspeicherort** vorgegeben, wo Arbeitsmappen gespeichert werden, wenn Sie den Zielordner nicht ändern wollen. Vorgabe ist der Dokumentenordner des Benutzers, beispielsweise *C:\Users\<Benutzername>\Documents*.

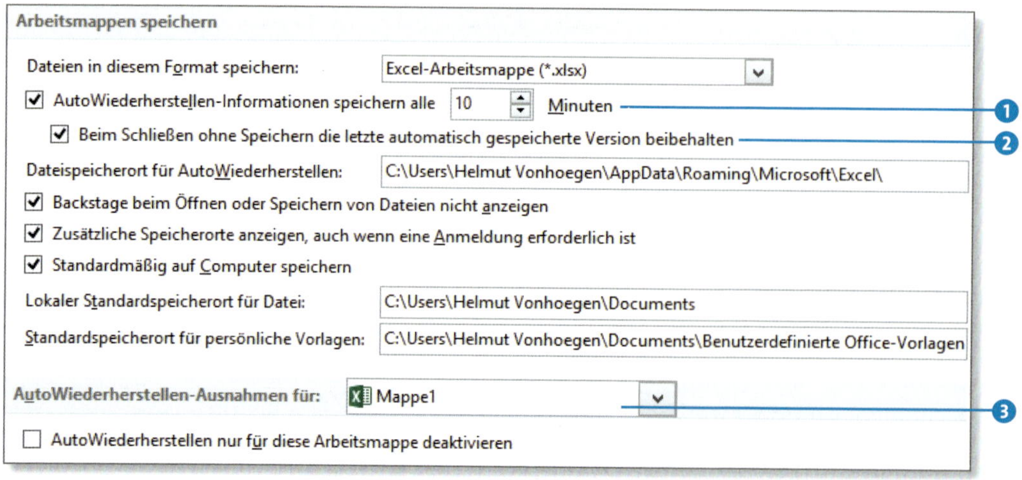

Abbildung 1.191 *Optionen für die automatische Wiederherstellung von Arbeitsmappen*

Der Wiederherstellungsfall

Wird das Programm im Fall einer unplanmäßigen Beendigung erneut geöffnet, erscheint auf dem Startbildschirm ein Link **Wiederhergestellte Dateien anzeigen**, der automatisch den Aufgabenbereich **Dokumentwiederherstellung** mit einer Liste der verfügbaren Dateien öffnet. Wenn Sie ohne Startbildschirm arbeiten, wird dieses Fenster automatisch eingeblendet.

Für jede Datei wird hier eine Schaltfläche mit einem kleinen Menü angeboten, um die Datei entweder zur Ansicht zu öffnen oder eventuell unter einem neuen Namen zu speichern. Dateien, die nicht mehr benötigt werden, können Sie hier auch gleich löschen. Sind Reparaturen an der Datei vorgenommen worden, können sie angezeigt werden.

Wird neben der als Original gekennzeichneten Datei noch eine als **Wiederhergestellt** bezeichnete Datei angeboten, ist es in der Regel sinnvoll, die wiederhergestellte Version zu öffnen bzw. zu speichern, denn sie enthält einen neueren Stand als die Originalversion. Wenn Sie in Eile sind, können Sie auch zunächst mal alle Versionen unter unterschiedlichen Namen speichern, um sie später in Ruhe zu vergleichen.

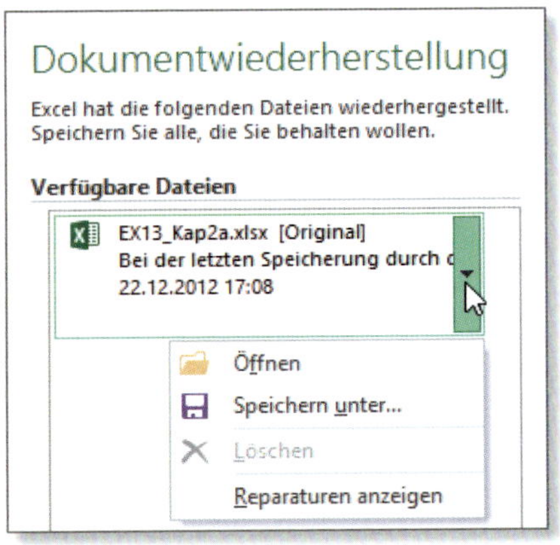

*^ **Abbildung 1.192** Menü zu einer wiederhergestellten Datei*

Die Reparatur einer Datei kann auch über den Dialog **Öffnen** angestoßen werden. Wenn Sie die Vermutung haben, dass eine Datei nicht korrekt abgespeichert wurde, sollten Sie im Dialog **Öffnen** den kleinen Pfeil am rechten Rand der Schaltfläche **Öffnen** benutzen und dort die Option **Öffnen und Reparieren** auswählen.

Sie können dann eine Reparatur versuchen oder wenigstens die Daten und Formeln aus der Datei auslesen. Im zweiten Fall müssen Sie noch angeben, wie Excel verfahren soll, wenn bestimmte Bezüge in einer Formel, z. B. auf benannte Zellbereiche, nicht wiederhergestellt werden können. **In Werte umwandeln** rettet dann wenigstens den aktuellen Wert der Zelle, ansonsten wird versucht, die Formeln wiederherzustellen.

Excel legt eine Protokolldatei im XML-Format über die Reparaturen an und zeigt einen Link dorthin im Dialog **Reparaturen in** ... an.

Speichern in der Cloud

Die Speicherung von Daten auf externen Servern ist ein Angebot, das trotz aller Sicherheitsbedenken immer mehr angenommen wird. Solange es um wenig brisante Daten geht, ist die Hemmschwelle, sie einem fremden Anbieter anzuvertrauen, sicher geringer als bei Daten, bei denen es wichtig ist, dass kein Unbefugter darauf zugreifen kann. Generell sind Daten in der Cloud in der Regel vielleicht sogar besser gesichert als bei einem Benutzer, der gerne vergisst, die notwendigen Backups und Systemaktualisierungen auf seinem eigenen System durchzuführen. Dennoch sind die allgemeinen Sicherheitsprobleme, die die IT-Branche noch lange beschäftigen werden, eben auch bei der Cloud nicht einfach verschwunden. Die kriminelle Energie hat in dieser Branche Betätigungsfelder gefunden, deren Reichweite durch das Internet ganz neue Dimensionen angenommen hat.

Wenn Sie dennoch genug Vertrauen in die Cloud-Lösung haben, werden Sie vielleicht aber auch die Vorteile schätzen lernen. Die Lösung mit SkyDrive ist bis zu einer Speichergröße von mindestens 7 GB kostenlos und gut mit der Arbeit in Excel 2013 verknüpft. Voraussetzung ist nur das oben schon beschriebene Microsoft-Konto. Sie haben zwei Möglichkeiten:

- Entweder Sie benutzen SkyDrive, um Ihre lokalen Dateien zusätzlich in der Cloud zu speichern, gewissermaßen als zusätzliches Sicherheitspolster. Da SkyDrive gleichzeitig der Host für die Excel Web App ist, erlaubt diese Ihnen oder Leuten, die Sie dazu einladen, die Arbeitsmappen von beliebigen Geräten aus im Web anzusehen, sofern ein Zugang vorhanden ist. Die Kontrolle über Inhalt und Form der Arbeitsmappe verbleibt in diesem Fall ganz auf der lokalen Seite.
- Sie kopieren Ihre Arbeitsmappen nicht nur zum Ansehen in die Cloud, sondern lassen es auch zu, dass Änderungen daran vorgenommen werden. Sie benutzen die Cloud als Medium für Teamwork.

An dieser Stelle zeigen wir Ihnen zunächst, wie Sie Dateien auf SkyDrive speichern und von SkyDrive bei Bedarf auch wieder lokal öffnen können. Der Teamwork-Aspekt wird in Kapitel 22, »Dokumente gemeinsam bearbeiten«, ab Seite 771 kurz vorgestellt, die Oberfläche von Excel Web App im Browser ist in Kapitel 23, »Auf Arbeitsmappen online zugreifen«, ab Seite 779 beschrieben.

Betreiben Sie Ihre lokale Excel-Version mit einem Microsoft-Konto, wird Ihnen der Speicherort auf SkyDrive automatisch angeboten, wenn Sie über das Register **Datei** den Befehl **Speichern unter** aufrufen. Wurden auf SkyDrive bereits Ordner angelegt, erscheinen sie in der Liste der zuletzt verwendeten Ordner.

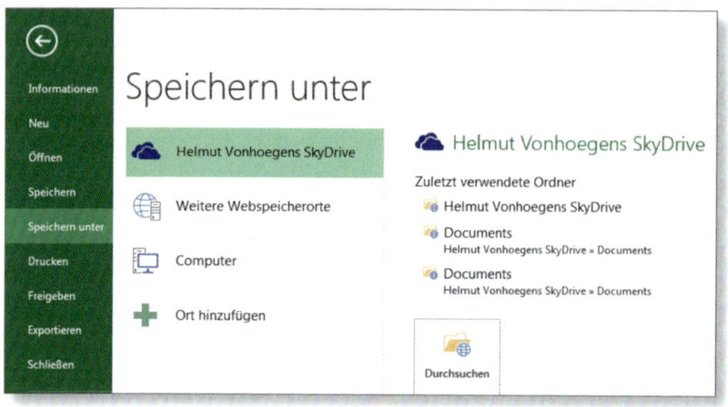

*∧ **Abbildung 1.193** SkyDrive als Speicherort auf dem Register »Datei«*

Speichern einer Arbeitsmappe auf SkyDrive

Wenn Sie den SkyDrive-Ordner öffnen, finden Sie im Dialog **Speichern unter** drei vorgegebene Ordner und in der Adresszeile die URL Ihres SkyDrive-Orts. Sie können die Arbeitsmappe in einem der Ordner ablegen oder mit der Schaltfläche **Neuer Ordner** einen zusätzlichen Ordner oder Unterordner anlegen. Ansonsten verfahren Sie wie beim Speichern in einem lokalen Ordner.

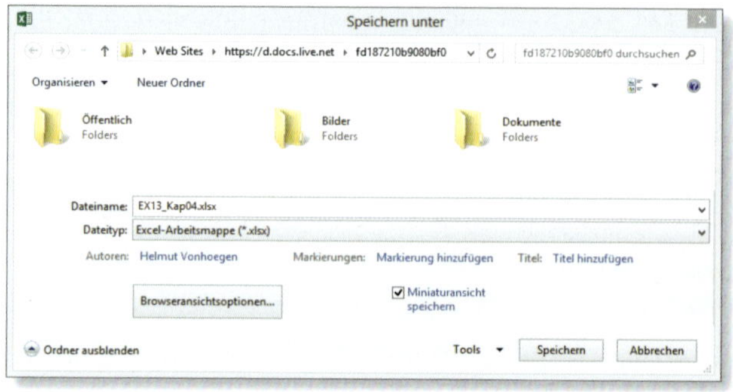

*∧ **Abbildung 1.194** Der Dialog zum Speichern auf SkyDrive*

Zusätzlich können Sie aber noch über die Schaltfläche **Browseransichtsoptionen** einige Festlegungen treffen, um bei Bedarf bestimmte Elemente der Arbeitsmappe auszublenden für die Personen, die sich diese Datei über einen Browser ansehen und nicht in einer lokalen Version von Excel 2013 öffnen. Diese Schaltfläche finden Sie in Excel 2013 auch auf der Seite **Informationen**, wenn Sie auf das Register **Datei** wechseln.

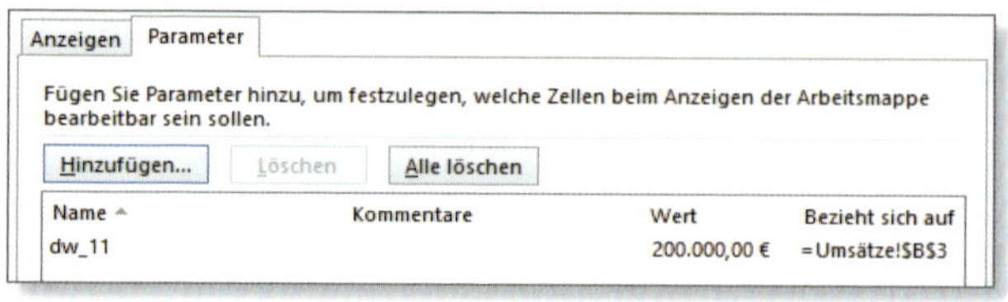

*∧ **Abbildung 1.195** Der Dialog erlaubt die Auswahl der Elemente, die im Web sichtbar sein sollen.*

Über das Listenfeld auf dem Register **Anzeigen** wählen Sie entweder die ganze Arbeitsmappe, einzelne Blätter oder Elemente wie Diagramme oder Grafiken aus.

Auf dem zweiten Register **Parameter** lässt sich über benannte Zellwerte noch festlegen, welche Werte bearbeitbar sein sollen.

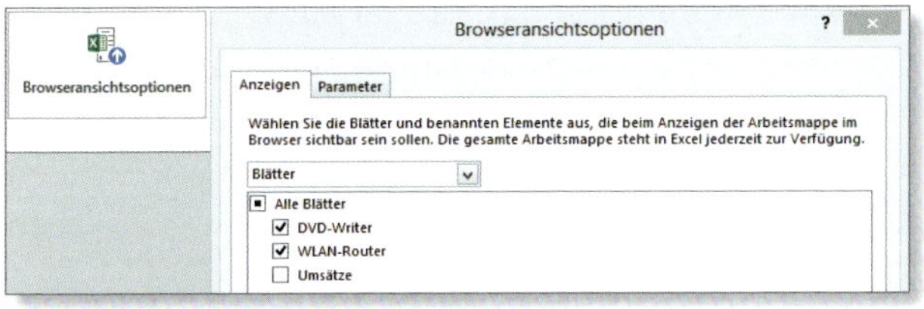

Abbildung 1.196 *Einzelne benannte Zellwerte können zur Bearbeitung freigegeben werden.*

Starten Sie das Speichern mit der Schaltfläche **Speichern**. In der Statusleiste erscheint kurz ein Hinweis, dass die Daten auf den Server übertragen werden.

Abbildung 1.197 *Meldung bei der Übertragung auf den SkyDrive-Server*

Herunterladen aus der Cloud

Wenn Sie die Arbeitsmappe von SkyDrive noch einmal in der lokalen Anwendung öffnen wollen, benutzen Sie **Datei > Öffnen** und wählen zunächst als Ort den entsprechenden SkyDrive-Ordner aus und darin die gewünschte Datei. Wurde erst kürzlich auf diese Mappe zugegriffen, finden Sie diese auch in der Liste **Zuletzt verwendete Arbeitsmappen**.

Lokale SkyDrive-Ordner

Da nicht in jeder Situation eine Verbindung zum Web vorhanden sein muss, etwa wenn Sie dafür ein WLAN benötigen, gibt es zu SkyDrive noch eine lokale Komponente, die Sie von der SkyDrive-Seite über den Link **SkyDrive-Apps anfordern** herunterladen können. Dabei wird ein SkyDrive-Ordner im Windows-Explorer angelegt, in den Sie alle Dokumente schieben können, die – sobald eine Verbindung besteht – auf SkyDrive hochgeladen werden sollen.

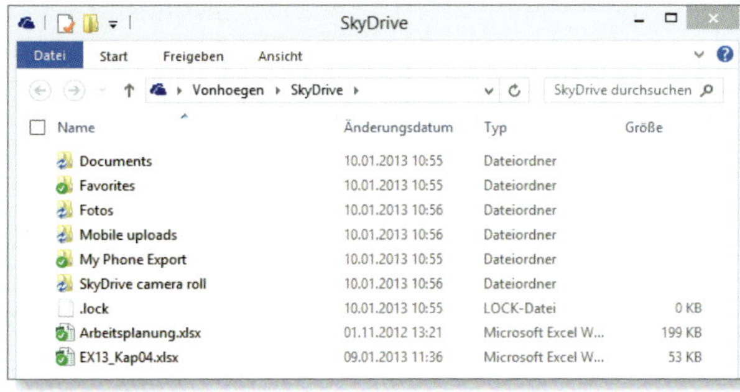

Abbildung 1.198 *Der lokale SkyDrive-Ordner*

Die größere Alternative zu SkyDrive ist die Lösung mit Office 365 SharePoint. Microsoft stellt hier Lizenzen für Office 365 Office Web Apps zur Verfügung. Das Speichern und Öffnen der Dateien aus Excel heraus entspricht dem für SkyDrive, nur die Zugangsdaten ändern sich entsprechend.

1.11 Das Hilfesystem nutzen

Programme wie Excel 2013 erfordern wegen ihrer Komplexität und Funktionsfülle leicht zugängliche Unterstützungsfunktionen. Dabei haben Sie die Wahl, ob Sie sich auf die lokal verfügbare Hilfe beschränken oder die Erweiterungen nutzen wollen, die über *Office.com* zur Verfügung stehen. Sie können das Menü zum Titel **Excel-Hilfe** verwenden, um die Hilfequelle auszuwählen.

Lokale Hilfe oder Hilfe aus dem Netz

Wenn Sie die Option **Excel-Hilfe von Ihrem Computer** aktivieren, hat das in der Regel zur Folge, dass die Informationen möglichst kompakt dargeboten werden. Die Onlinehilfsangebote sind oft umfangreicher.

TIPP

Nur ab und zu mal online
Auch wenn Sie die Hilfe normalerweise offline nutzen wollen, können Sie in einer Arbeitssitzung bei Bedarf zu *Office.com* wechseln, um etwas nachzusehen, was Sie lokal nicht finden.

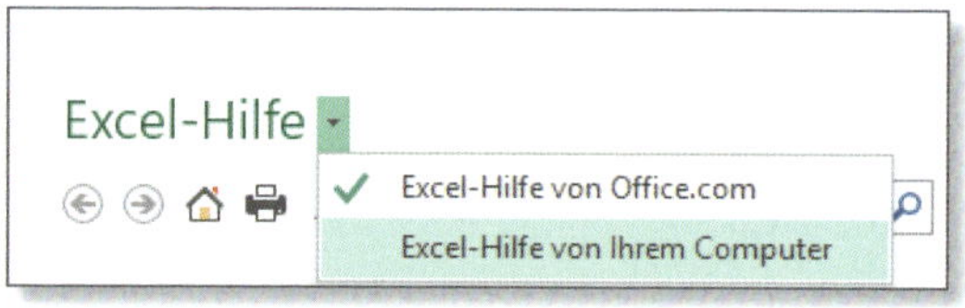

Abbildung 1.199 *Wählen Sie, ob Sie nur mit der lokalen Hilfe oder auch mit den online verfügbaren Hilfsquellen arbeiten wollen.*

Die Schaltfläche mit dem Fragezeichen in der Titelleiste von Excel 2013 oder F1 öffnen das Excel-Hilfe-Fenster. Wenn Sie in einem Dialogfeld die Taste F1 benutzen oder – falls vorhanden – auf das kleine Fragezeichen in der Titelleiste klicken, werden gezielt Informationen zu den entsprechenden Funktionen des Dialogs angeboten.

Unter der Titelleiste im Hilfe-Fenster ist ein Eingabefeld eingerichtet, um direkt Fragen einzugeben. Wenn Sie beispielsweise »Mittelwert berechnen« eingeben, erhalten Sie einen Link auf die Funktion MITTELWERT() und Links auf Themen im Umkreis des Themas.

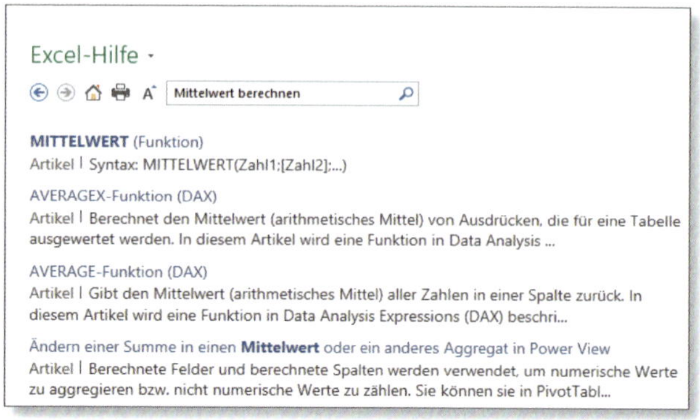

Abbildung 1.200 *Beispiel für eine Anfrage im Fenster »Excel-Hilfe«*

Navigation im Hilfe-Fenster

Das Fenster **Excel-Hilfe** bietet eine Symbolleiste für die Navigation innerhalb der Hilfethemen. Das Haussymbol blendet eine Übersicht mit verschiedenen Zugangspunkten ein. Die einzelnen Hilfetexte enthalten oft Links zu verwandten Themen oder zu näheren Erläuterungen einzelner Punkte. Mit den beiden Pfeilsymbolen können Sie den Suchweg vorwärts und rückwärts gehen.

Wollen Sie die Hilfetexte lieber auf Papier studieren, benutzen Sie das Symbol **Drucken**.

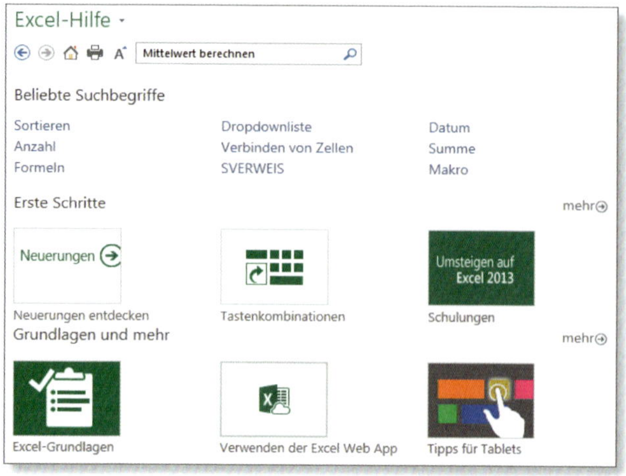

Abbildung 1.201 *Die Home-Seite der Hilfe*

Wenn Sie Texte herauskopieren wollen, können Sie den betreffenden Abschnitt mit der Maus markieren. Der markierte Text kann direkt beispielsweise in eine Word-Datei gezogen werden. Ein Kontextmenü gibt es dagegen nicht mehr. Dafür arbeiten aber die Tastenkombinationen Strg + C und Strg + V. Das ist sehr praktisch, wenn Sie Beispiele für Funktionen ausprobieren wollen.

1.12 Mit der 64-Bit-Version arbeiten

Da die Zahl der Systeme, die ein 64-Bit-Betriebssystem nutzen, ständig zunimmt, hat sich Microsoft bereits für die Version Excel 2010 entschlossen, auch eine 64-Bit-Version anzubieten, die die Möglichkeiten eines solchen Systems voll ausnutzen kann. Wenn Sie ein 64-Bit-Betriebssystem einsetzen, haben Sie die Wahl, Excel 2013 in der bisherigen 32-Bit-Version zu nutzen oder auch bei der Anwendung auf die 64-Bit-Version umzusteigen.

Vorteile von 64 Bit für Excel

Da 64-Bit-Lösungen einen wesentlich größeren Speicherraum anbieten können, auch über die 4-GB-Grenze hinaus, ergibt sich die Möglichkeit, Arbeitsmappen von gigantischer Größe in den Hauptspeicher zu laden und mit den entsprechenden Datenmengen dennoch flüssig zu arbeiten. Weniger bedeutend sind – wie man hört – die Geschwindigkeitsvorteile.

Was zu beachten ist

Im Prinzip macht es keinen Unterschied, ob eine Arbeitsmappe von einer 32-Bit-Version bearbeitet wird oder von einer 64-Bit-Version. Der reibungslose Austausch stößt nur da zwangsläufig an eine Grenze, wo Sie tatsächlich Arbeitsmappen in einer Größe anlegen, die nur von der 64-Bit-Version bearbeitet werden können. Da schon die 32-Bit-Version inzwischen sehr große Dateien erlaubt, wird dies selten der Fall sein.

Des Weiteren ist zu beachten, dass VBA-Lösungen, die für 32 Bit entwickelt wurden, nicht in allen Fällen ohne Anpassungen in der 64-Bit-Version laufen. Auch wenn Sie in Ihren eigenen Lösungen ActiveX-Steuerelemente, COM-Add-Ins oder XLLs verwenden, werden spezielle 64-Bit-Versionen dieser Komponenten benötigt.

Kapitel 2
Kalkulationstabellen aufbauen

Berechnungsmodelle aufzubauen, die nützliche Informationen liefern, ist schon immer der Anwendungsschwerpunkt von Excel gewesen. Excel ist also vor allem als Problemlöser ausgelegt.

In diesem Kapitel wollen wir Ihnen zunächst zeigen, wie Sie eine Tabelle zur Lösung einer bestimmten Aufgabenstellung am besten aufbauen. Als Beispiel verwenden wir eine Aufstellung der Umsätze einer fiktiven Großhandlung für Raumausstattung, bei der die Endergebnisse des aktuellen Jahres mit denen des Vorjahres verglichen werden sollen.

Ausgehend von diesem Beispiel, zeigen wir Ihnen, wie Sie am effektivsten Ihre Daten in ein solches Kalkulationsmodell eingeben. In der Folge behandeln wir dann alle Basisoperationen, die für die Handhabung von Kalkulationstabellen wesentlich sind.

2.1 Kalkulationsmodelle entwerfen

Wenn Sie ein leeres Tabellenblatt in Excel vor sich haben, hindert Sie nichts daran, ohne längere Vorüberle-

	A	B	C	D	E	F	G	H
1								
2	**Haus und Heim - Großhandel**							**2012**
3								
4	**Artnr**	**Bezeichnung**	**Warengruppe**	**Preis**	**Absatz**	**Umsatz Vorjahr**	**Umsatz**	**Veränderung**
5	7777	Jalousie Ccxs	Jalousie	198,00 €	1200	217.800 €	237.600 €	+9,09%
6	7778	Jalousie Ccxx	Jalousie	174,00 €	3300	539.400 €	574.200 €	+6,45%
7	7774	Jalousie Vvxx	Jalousie	220,00 €	4000	792.000 €	880.000 €	+11,11%
8	8443	Jalousie VVx	Jalousie	240,00 €	2000	528.000 €	480.000 €	-9,09%
9	6578	Jalousie Louise	Jalousie	60,00 €	2000	102.000 €	120.000 €	+17,65%
10	5667	Markise Luxor	Jalousie	200,00 €	1000	220.000 €	200.000 €	-9,09%
11	5556	Rollo BT 33	Rollo	50,00 €	2000	85.000 €	100.000 €	+17,65%
12	5554	Rollo PCx	Rollo	90,00 €	2000	162.000 €	180.000 €	+11,11%
13	7999	Sunset	Rollo	120,00 €	2000	252.000 €	240.000 €	-4,76%
14	8666	Rollo Dark	Rollo	90,00 €	1000	108.000 €	90.000 €	-16,67%
15	6666	Rollo Top	Rollo	50,00 €	2000	100.000 €	100.000 €	+0,00%
16	5222	Rollo XXs	Rollo	60,00 €	1000	72.000 €	60.000 €	-16,67%

Abbildung 2.1 *Beispiel für ein Kalkulationsmodell zum Vergleich der Umsatzergebnisse für zwei Jahre*

gungen gleich mit dem Eintragen von Beschriftungen oder Daten für eine bestimmte Kalkulationsaufgabe zu beginnen. Oft kommt im ersten Anlauf dabei allerdings eine Tabelle heraus, die bei näherem Hinsehen doch nicht überzeugt. Häufig fehlen noch bestimmte Spalten, die für das geplante Modell notwendig sind. Oft ist die Reihenfolge der Spalten nicht optimal.

Die notwendigen Umstellungen oder Ergänzungen lassen sich in Excel zwar relativ leicht erledigen, es ist in der Regel aber doch effektiver, ein paar Überlegungen vorzuschalten und auf dieser Basis das geplante Kalkulationsmodell aufzubauen. Es ist nicht ungeschickt, die entsprechenden Vorüberlegungen auf einem eigenen Blatt in der Arbeitsmappe zu notieren, das Sie gleichzeitig zur Dokumentation des Modells verwenden können.

Nützliche Vorüberlegungen

Die Überlegungen, die vor dem Eintippen von Daten in eine Tabelle ratsam sind, betreffen meist die folgenden Punkte oder wenigstens einen Teil davon.

- Welchen Zweck hat die Tabelle? Welche Informationen soll sie liefern? Bei welcher Entscheidung kann sie helfen?
- Welche Daten müssen für den angegebenen Zweck bereitgestellt werden?
- Auf welche Informationen soll die Aufmerksamkeit gelenkt werden?
- Wer gibt die Daten ein, wer wertet sie aus?
- Welche Daten müssen Sie manuell eingeben?
- Welche Daten werden aus vorhandenen Datenbeständen, beispielsweise Datenbanktabellen oder Textdateien, übernommen?
- Gibt es Verknüpfungen zu anderen Excel-Tabellen?
- Um welche Zeiträume, Gebiete, Gegenstände oder Personen geht es in der Tabelle?
- Wie lange sind die Daten gültig?
- Welche Daten sind statisch, welche ändern sich in welchem Rhythmus?
- Welche Genauigkeit ist notwendig, welche ist realisierbar?
- Welche Berechnungen sind vorgesehen?
- Wie wird die Korrektheit der Daten und Berechnungen gewährleistet?
- Welche Daten werden grafisch ausgewertet?
- Wie werden die Daten publiziert, in welcher Form und für wen?

Kalkulationstabellen werden in der Regel eingesetzt, um bestimmte Tatbestände, Zusammenhänge und Entwicklungen in einer geordneten Form darzustellen. Eine Tabelle sollte die Informationen enthalten, die dafür notwendig sind. Für den in unserem Beispiel enthaltenen Jahresvergleich werden die Umsatzdaten für zwei komplette Jahre benötigt, damit die Veränderung als Prozentsatz berechnet werden kann.

Beschriftungen, Werte, Berechnungsvorschriften

In den meisten Fällen besteht der Inhalt einer Kalkulationstabelle aus drei unterschiedlichen Bestandteilen:

- Beschriftungen für die mit Daten gefüllten Spalten und Zeilen
- Werte
- Berechnungsvorschriften (Formeln)

Häufig entsprechen diesen drei Bestandteilen auch drei Phasen in der Entwicklung einer Tabelle. Erst wird mit den Beschriftungen die Struktur der Tabelle festgelegt. Dann werden die Werte – das Zahlenmaterial für die Berechnungen – eingegeben. Schließlich werden die Formeln konstruiert. Bei Formularen, die erst später ausgefüllt werden, können Sie die Formeln auch schon vorher eintragen. Es ist dann aber oft sinnvoll, die Formeln mit ein paar Testwerten zu prüfen, die Sie anschließend wieder löschen.

Beschriftungsregeln

Bei der Beschriftung eines Kalkulationsmodells sollten Sie auf einige Dinge achten, die den Umgang mit dem Modell erleichtern.

- Der zeitliche, räumliche, sachliche oder personale Geltungsbereich sollte eindeutig erkennbar sein. Es ist beispielsweise für andere schwierig zu wissen, welchen Zeitraum die Tabelle abdeckt, wenn Sie vergessen, den Zeitraum anzugeben.
- Die Spaltenbeschriftungen sollten so knapp wie möglich sein, damit viele Datenspalten im Fenster sichtbar bleiben.
- Dinge, die zusammengehören, sollten Sie möglichst nebeneinander anordnen.
- Quersummen sollten Sie einheitlich jeweils hinter oder vor die dazugehörigen Wertespalten platzieren.
- Zeilen sollten möglichst eine einheitliche Zeilenhöhe haben, um nicht Dinge hervorzuheben, die nicht hervorgehoben werden sollten.
- Wenn möglich, sollten große Tabellen eher in die Länge wachsen als in die Breite. Benutzen Sie also eher die Elemente zur Spaltenbeschriftung, deren Anzahl kleiner ist.
- Sollen Summen gebildet werden, ist es günstiger, die Werte senkrecht anzuordnen. Quersummen sollten möglichst nur mit einer übersichtlichen Zahl von Werten gebildet werden.

Die Struktur des Kalkulationsmodells festlegen

Der Aufbau eines Modells wird in der Regel durch die Unterscheidungsmerkmale bestimmt, die für die betreffenden Daten von Bedeutung sind. Bei unserer Umsatztabelle ist es beispielsweise angebracht, die Unterscheidung der Artikel nach Warengruppen einzubeziehen, um bei Bedarf entsprechende Vergleiche anstellen zu können.

Beschriftung der Tabelle

Im Kopf der Tabelle geben wir zunächst die angesprochene fiktive Firma an, zu der die Daten gehören. Außerdem muss erkennbar sein, was mit dem aktuellen Jahr gemeint ist, also geben wir die Jahreszahl an. Das klingt banal, ist es auch, aber trotzdem werden solche Banalitäten häufig vergessen.

Für die Umsatztabelle ist die Beschriftung der Spalten entscheidend, die Zeilen müssen in diesem Fall nicht extra beschriftet werden. Die Werte in der ersten Spalte – die Artikelnummern – legen ja schon eindeutig fest, worum es in der Zeile geht. Wenn der Umsatz des aktuellen Jahres durch Multiplikation von Absatz und Preis berechnet werden soll, müssen Sie natürlich beide Spalten anlegen.

Der Umsatz des Vorjahres könnte dagegen beispielsweise aus einer entsprechenden Tabelle des Vorjahres übernommen werden, muss also nicht an dieser Stelle berechnet werden. Außerdem ist eine Spalte vorgesehen, die die prozentuale Veränderung gegenüber dem Vorjahr anzeigen soll. Aus diesem Grund ist die Spalte mit dem Vorjahresumsatz auch links von der Spalte mit dem aktuellen Jahresumsatz angeordnet.

Berechnungsvorschriften festlegen

Die Tabelle berechnet, wie schon angesprochen, zunächst den Umsatz für das aktuelle Jahr und vergleicht den errechneten Wert mit dem Umsatz des Vorjahres. Wenn Sie die Eingabe der Beschriftungen abgeschlossen haben, können Sie die Formeln für die erste Zeile mit den Daten des ersten Artikels eingeben:

1. Markieren Sie die Zelle G5.
2. Starten Sie die Formel für den Umsatz mit einem Gleichheitszeichen, und geben Sie dahinter ein: `D5 * E5`.
3. Wählen Sie die Zelle H5 aus, und geben Sie ein: `=(G5/F5)-1`.

4 Formatieren Sie die Zelle als Prozentwert, indem Sie das Symbol **Prozent** in der Gruppe **Start > Zahl** benutzen.

In der abgebildeten Tabelle wird für die positiven Prozentwerte noch ein benutzerdefiniertes Prozentformat verwendet, das das Pluszeichen ausdrücklich anzeigt. Wie das geht, erfahren Sie in Kapitel 4, »Tabellenblätter gestalten«, ab Seite 271.

Werte eintragen

Nachdem dies erledigt ist, können Sie die Daten zu den einzelnen Artikeln zeilenweise eintragen. Beide Formeln werden dabei automatisch jeweils in die nächste Zeile übernommen. Das gilt jedenfalls so lange, wie Sie die vorgegebene Einstellung **Datenbereichsformate und -formeln erweitern** unter **Datei > Optionen > Erweitert** nicht abschalten.

> **TIPP**
>
> **Die Tabelle als Vorlage nutzen**
> Wenn Sie die Tabelle schon vor Eingabe der Artikeldaten als Vorlage abspeichern, können Sie das Formular jederzeit immer wieder benutzen, um Ihre Umsätze jährlich zu vergleichen. Dazu verwenden Sie einfach beim Speichern den Dateityp *.xltx*.

2.2 Zellen auswählen und markieren

Bevor wir uns im nächsten Abschnitt im Detail mit der Dateneingabe in Excel befassen, verweilen wir zunächst einen Moment bei dem Thema der Auswahl und Markierung von Zellen. Bei einem Tabellenblatt, das im Extrem bis über eine Million Zeilen enthalten darf, ist das ein nicht unbedeutendes Thema. Mit der Auswahl und Markierung haben Sie bei der Arbeit mit Excel ständig zu tun.

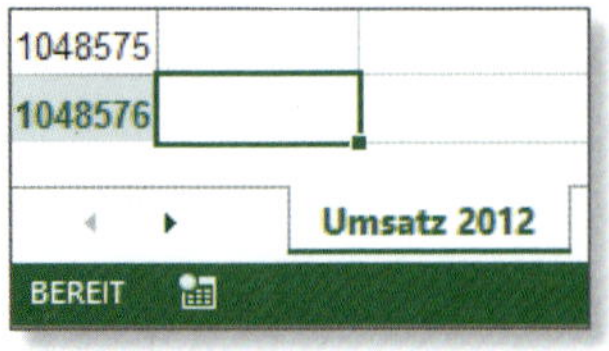

Abbildung 2.2 *Ein Ende hat schließlich auch das Tabellenblatt, exakt 1.024 * 1.024 Zeilen sind das Maximum.*

Denn sowohl bei der Eingabe von Daten und Formeln als auch bei der Gestaltung und Bearbeitung von Zellen, Zellbereichen und auch von grafischen Objekten wie Diagrammen oder Illustrationen gilt in Excel immer die Reihenfolge: Erst auswählen, dann handeln.

Die Auswahl von Zellen, Zellbereichen und Blättern oder von anderen Objekten gehört deshalb zu den häufigsten Arbeitsschritten. Sie sparen viel Zeit, wenn Sie die verschiedenen Auswahlmethoden blind beherrschen und in jeder Situation die effektivste Methode anwenden. Das gilt insbesondere bei großen Tabellen, von denen im Bildschirmfenster ja immer nur ein kleiner Teil sichtbar ist.

Die Auswahl kann mit der Maus oder der Tastatur erfolgen. Was günstiger ist, hängt von den Umständen ab. Es ist oft praktisch, die erste Zelle, in die etwas eingetragen werden soll, per Mausklick zu wählen und die Nachbarzellen dann mit den Richtungstasten.

Wenn Sie mit einem Touchscreen arbeiten, ersetzen Gesten mit den Fingern die Arbeit mit der Maus. Wenn das Gerät es zulässt, können Sie statt der Finger auch einen Stift benutzen. Anstelle der separaten Tastatur verwenden Sie je nach dem eingesetzten Gerät eine Bildschirmtastatur. Wir beschreiben in den folgenden Abschnitten in erster Linie die *klassische* Bedienung mit Maus und Tastatur, fügen aber, wo es notwendig ist, die abweichende Beschreibung der Arbeit mit Fingern oder Stift hinzu.

Wenn Sie mit einer Bildschirmtastatur arbeiten, müssen Sie beachten, dass es keine direkten Kombinationen von Finger oder Stift und Tasten auf dieser Tastatur gibt, also Kombinationen, bei denen eine Taste festgehalten wird, während Sie mit der Maus etwas tun. Es gibt aber in vielen Fällen die Möglichkeit, im Modus **Fingereingabe** zunächst eine Taste anzutippen und dann mit Finger oder Stift etwas zu tun. Es gibt aber nicht für alle Verfahren, die mit Maus und Tastatur möglich sind, eine genau entsprechende Alternative für die Bedienung mit Finger oder Stift.

Zellen auswählen

Solange eine Zelle im Fenster sichtbar ist, genügt ein Mausklick oder ein Tipp mit Finger oder Stift für die Auswahl derselben. Etwas mehr Mühe bereitet die Auswahl von Zellen, die von der aktuellen Position des Zellzeigers weit entfernt sind. Hier helfen die Bildlaufleisten, mit denen der Bildschirmausschnitt zunächst verschoben werden kann, um dann die sichtbar gewordene Zelle auszuwählen.

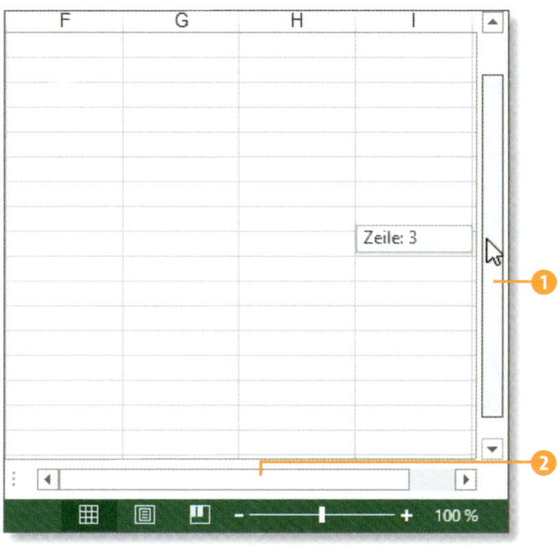

Abbildung 2.3 *Die Bildlaufleisten helfen bei der Navigation in großen Tabellenblättern.*

Beim Ziehen des vertikalen Bildlaufbalkens 1 wird der Bildausschnitt sofort zeilenweise verschoben, bei der horizontalen Bildlaufleiste 2 gilt Entsprechendes für die Spalten. Wenn Sie gleichzeitig [⇧] gedrückt halten, wird der Bildwechsel beschleunigt. Auf dem Touchscreen tippen Sie [⇧] nur an.

Ein Klick oder Tipp auf die Pfeile in der Bildlaufleiste 3 versetzt das Fenster um eine Zeile oder Spalte. Wenn Sie die Maustaste, den Finger oder Stift gedrückt halten, ist der Wechsel kontinuierlich. Klick oder Tipp unter- oder oberhalb der Bildlaufleiste verschiebt den Ausschnitt jeweils in der Größenordnung des aktuellen Fensters.

Auf dem Touchscreen haben Sie zusätzlich die Möglichkeit, den Bildschirmausschnitt dadurch zu verändern, dass Sie das Gitternetz horizontal oder vertikal mit Finger oder Stift verschieben. Noch schneller geht es, wenn Sie innerhalb des Gitternetzes jeweils in die entgegengesetzte Richtung wischen.

TIPP

Schneller mit dem Mausrad
Wenn Sie eine Maus mit Mausrad haben, lassen sich damit größere vertikale Bewegungen im Tabellenblatt schneller durchführen.

Zellbereiche in einem Blatt

Um Zellbereiche auszuwählen, ziehen Sie mit gedrückter linker Maustaste über den gewünschten Bereich. Die Richtung spielt keine Rolle. Die Zelle, bei der Sie den Mauszeiger zum Ziehen aufsetzen, ist in jedem Fall die aktive Zelle des Bereichs. Soll der Bereich über den aktuell sichtbaren Ausschnitt erweitert werden, setzen Sie beim Ziehen den Mauszeiger auf den Rand der jeweiligen Bildlaufleiste, bis der vorgesehene Tabellenbereich sichtbar wird.

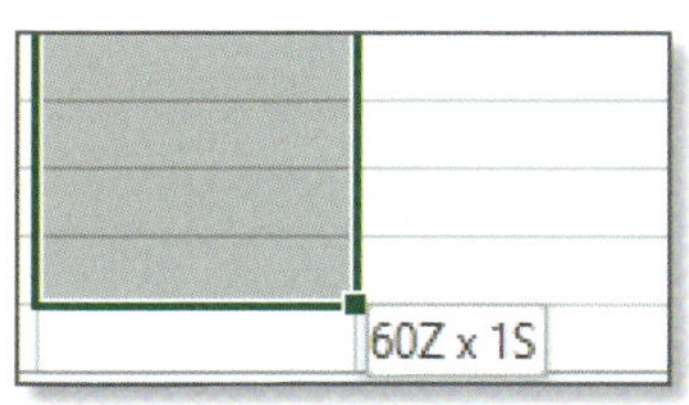

Abbildung 2.4 *Der Zähler am unteren Bildschirmrand*

Lassen Sie die Maustaste los, wenn die richtige Position erreicht ist. Ein Zähler in der rechten unteren Ecke hilft, den Bereich korrekt zu bestimmen. Wenn Sie zu weit geraten, ziehen Sie die Maus einfach ein Stück in die entgegengesetzte Richtung.

Große Bereiche markieren

Wenn Sie einen großen Bereich mit der Maus markieren wollen, ist eine andere Technik allerdings meist effektiver.

1 Sie klicken zunächst die erste Eckzelle des Bereichs an, in der Regel wird das die linke obere Ecke sein, es geht aber auch andersherum.

2 Sie sorgen mithilfe der Bildlaufleisten oder mit dem Mausrad dafür, dass die gegenüberliegende Eckzelle im Fenster sichtbar ist.

3 Beim Anklicken dieser Eckzelle halten Sie gleichzeitig die [⇧]-Taste gedrückt. Der gesamte Bereich, also das Rechteck zwischen den beiden Eckzellen, ist markiert.

Ist die Markierung nicht ganz korrekt, klicken Sie mit gedrückter [⇧]-Taste auf die neue Stelle. Haben Sie einen Bereich ausgewählt, der ganz falsch ist, hebt jeder Klick auf eine einzelne Zelle den Bereich wieder auf. Dagegen hebt die Ausführung eines Befehls, der den Bereich betrifft, die Auswahl nicht auf. Das ist sehr praktisch, denn es erlaubt Ihnen beispielsweise, erst die Schrift für den Bereich zu ändern, dann die Hintergrundfarbe etc.

Eine weitere Methode ist, die erste Eckzelle auszuwählen, [F8] zu drücken – in der Statuszeile erscheint daraufhin **Auswahl erweitern** – und anschließend die letzte Eckzelle zu wählen. Sie müssen zum Ende noch einmal [F8] tippen, um den Erweiterungsmodus wieder aufzuheben.

Um einen Bereich mit Finger oder Stift zu markieren, tippen Sie die linke obere Eckzelle an und ziehen anschließend die dann eingeblendeten runden Anfasser in die entsprechende Richtung.

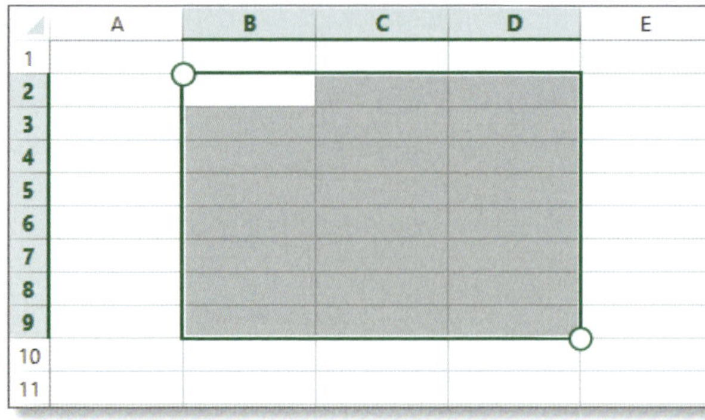

*^ **Abbildung 2.5** Durch Ziehen an den runden Anfassern markierter Bereich*

Auch im Modus **Fingereingabe** haben Sie die Alternative, mit [F8] zu arbeiten, wie gerade beschrieben.

Zeilen und Spalten auswählen

Eine komplette Spalte oder Zeile können Sie einfach mit einem Klick oder Tipp auf den Spalten- bzw. Zeilenkopf auswählen. Um mehrere Zeilen oder Spalten gleichzeitig zu markieren, ziehen Sie über die Zeilen- bzw. Spaltenköpfe. Die Anzahl der markierten Elemente wird zur besseren Orientierung immer angezeigt.

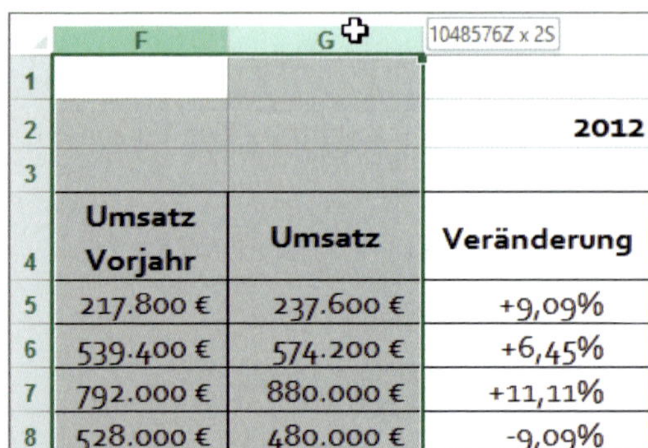

*^ **Abbildung 2.6** Ziehen Sie mit der Maus über die Spaltenköpfe F und G, um die beiden Umsatzspalten auszuwählen.*

Mit Finger oder Stift tippen Sie den ersten Spaltenkopf an und ziehen die runden Anfasser, die auf beiden Seiten der ausgewählten Spalte erscheinen.

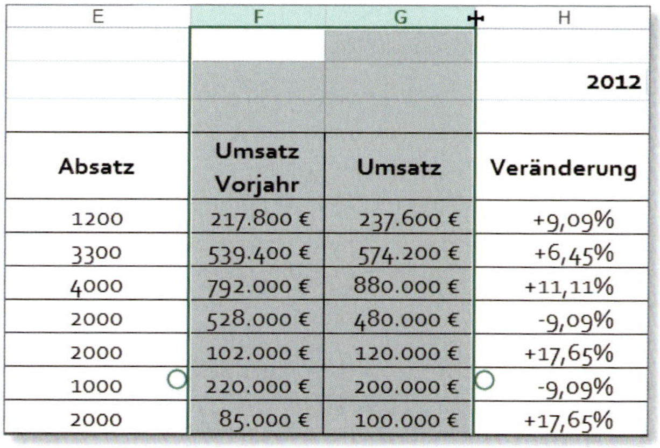

E	F	G	H
			2012
Absatz	Umsatz Vorjahr	Umsatz	Veränderung
1200	217.800 €	237.600 €	+9,09%
3300	539.400 €	574.200 €	+6,45%
4000	792.000 €	880.000 €	+11,11%
2000	528.000 €	480.000 €	-9,09%
2000	102.000 €	120.000 €	+17,65%
1000	220.000 €	200.000 €	-9,09%
2000	85.000 €	100.000 €	+17,65%

∧ ***Abbildung 2.7** Mehrspaltiger Bereich mit runden Anfassern auf dem Touchscreen*

Um die gesamte Tabelle auf einen Schlag auszuwählen, klicken oder tippen Sie auf das **Alles auswählen**-Feld in der linken oberen Ecke, in der sich die Leisten der Spalten- und Zeilenköpfe kreuzen.

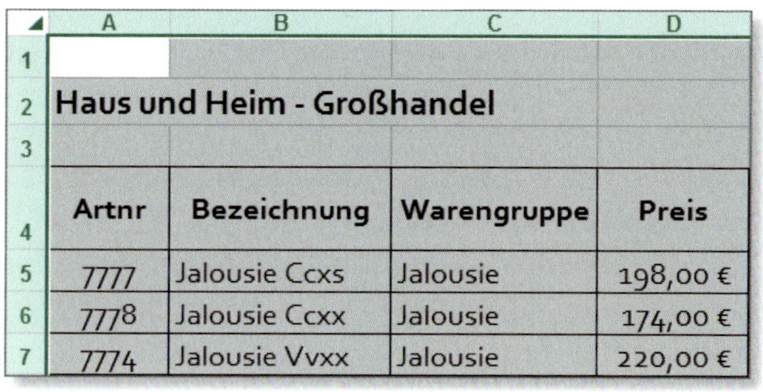

	A	B	C	D
1				
2	Haus und Heim - Großhandel			
3				
4	Artnr	Bezeichnung	Warengruppe	Preis
5	7777	Jalousie Ccxs	Jalousie	198,00 €
6	7778	Jalousie Ccxx	Jalousie	174,00 €
7	7774	Jalousie Vvxx	Jalousie	220,00 €

∧ ***Abbildung 2.8** Mit dem »Alles auswählen«-Feld bereiten Sie Befehle vor, die für das gesamte Tabellenblatt gelten.*

Mehrere Bereiche markieren

Zwar muss ein Bereich immer die Form eines Rechtecks haben, doch Excel erlaubt auch die Kombination mehrerer Rechtecke zu einer Mehrfachauswahl. So können Sie nicht benachbarte Zellen markieren, etwa um sie einheitlich zu formatieren. Die Bereiche dürfen sich dabei sogar überschneiden.

Wenn Sie beispielsweise in der Umsatztabelle die beiden Zahlenspalten für Absatz und Umsatz im aktuellen Jahr mit einer bestimmten Farbe hinterlegen wollen, verfahren Sie folgendermaßen:

1. Den ersten Bereich mit den Absatzwerten in Spalte E bestimmen Sie wie gewohnt durch Ziehen mit der Maus.
2. Um die Umsatzwerte in Spalte G ebenfalls zu markieren, halten Sie während des Ziehens zusätzlich die Strg-Taste gedrückt.
3. Benutzen Sie die Palette des Symbols **Füllfarbe**, um den beiden Spalten eine gemeinsame Hintergrundfarbe zuzuweisen.

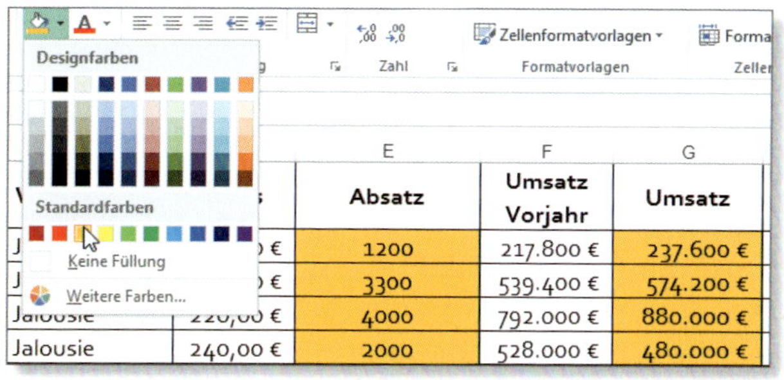

∧ ***Abbildung 2.9** Die ausgewählte Füllfarbe gilt für beide Spalten.*

Sollen komplette Spalten oder Zeilen in eine Mehrfachauswahl aufgenommen werden, muss beim Klicken auf die Spalten- oder Zeilenköpfe gleichzeitig Strg gedrückt werden.

Auch hier haben Sie wieder die Alternative mit der Funktionstaste. Sie benutzen nach der Auswahl des ersten Bereichs ⇧ + F8 – in der Statusleiste erscheint **Zur Auswahl hinzufügen** –, wählen dann den Anfang des zweiten Bereichs, benutzen F8 – in der Statusleiste erscheint **Auswahl erweitern** – und tippen auf das Ende des zweiten Bereichs. Mit F8 schließen Sie die Mehrfachauswahl ab. Diese Methode funktioniert auch im Modus **Fingereingabe**, während die Kombination mit Strg hier nicht möglich ist.

Sich in einem Bereich bewegen

Manchmal ist es vorteilhaft, für die Eingabe von Daten nicht einzelne Zellen, sondern einen Zellbereich zu markieren. Dabei muss aber beachtet werden, dass Sie die Richtungstasten dann nicht zum Abschluss der Dateneingabe benutzen dürfen, weil jede Richtungstaste die aktuelle Bereichsauswahl aufhebt. Die Maus dürfen Sie ebenfalls innerhalb eines markierten Bereichs nicht benutzen, ein Mausklick würde die bisherige Auswahl ja auch wieder aufheben.

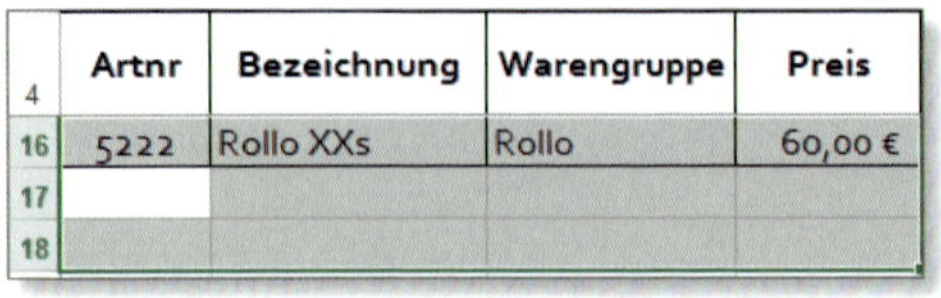

Abbildung 2.10 *Ein Bereich ist zur Dateneingabe markiert, die aktive Zelle wechselt nach jeder Eingabe.*

Für den Abschluss der Dateneingabe für eine Zelle in einem markierten Bereich können Sie die in Tabelle 2.1 aufgeführten Tasten und Tastenkombinationen verwenden:

Taste/Tastenkombination	Wirkung auf den Zellzeiger
↵	Zelle nach unten
⇧ + ↵	Zelle nach oben
⇥	Zelle nach rechts
⇧ + ⇥	Zelle nach links

Tabelle 2.1 *Tasten und Tastenkombinationen für die Bereichseingabe*

Alle Tastenfunktionen im Bereich arbeiten übrigens kreisförmig, d. h., nach der letzten Zelle rechts unten im Bereich folgt wieder die erste Zelle links oben.

Datenblöcke nutzen

Wenn Sie in einem Arbeitsblatt mehrere Tabellen als Datenblöcke angelegt haben, entstehen zusätzliche Möglichkeiten der Navigation. Datenblöcke sind geschlossene Zellbereiche, die keine leeren Zellen enthalten. Wenn Sie den Rahmen einer aktiven Zelle an einer Seite doppelt anklicken, springt die Zellmarkierung in die Richtung der benutzten Seite, entweder bis zum Ende des Datenblocks, zu dem die Startzelle gehört, oder vor den nächsten in der betreffenden Richtung vorkommenden Datenblock. Das ist nützlich, wenn Tabellen nebeneinander oder untereinander angeordnet sind, getrennt jeweils durch leere Spalten oder Zeilen.

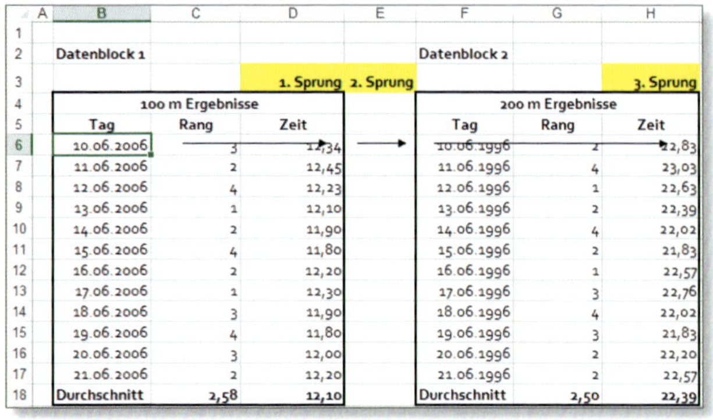

Abbildung 2.11 *Die Pfeile in der Abbildung zeigen mögliche Sprünge bei Datenblöcken.*

Auf diese Weise können Sie in sehr breiten Tabellen schnell von der Zeilenbeschriftung ganz links etwa zu einer Spalte mit den Quersummen ganz rechts springen. In Kombination mit der ⇧-Taste bewirkt der Doppelklick auf den Markierungsrahmen, dass ein Bereich bis zum Ende des Blocks oder bis vor den nächsten Block ausgedehnt wird.

Eine lange Spalte, die ohne Leerzellen, also ganz mit Daten gefüllt ist, können Sie auf diese Weise ebenfalls sehr schnell markieren. Sie klicken die oberste Zelle an und klicken doppelt auf den unteren Rahmen der Zellmarkierung, wobei Sie die ⇧-Taste gedrückt halten. Um parallele Spalten mit einzubeziehen, reicht ein weiterer Doppelklick auf den rechten Rahmen der Bereichsmarkierung.

Bewegen und Auswählen mit der Tastatur

Für die Zellauswahl mit der Tastatur sind die Richtungstasten ←, ↓, ↑ und → zuständig. Ein

Tastenanschlag versetzt den Zellzeiger jeweils um eine Spalte oder Zeile. Wenn Sie eine Richtungstaste dagegen festhalten, rollt das Bild kontinuierlich nach rechts oder links, nach oben oder unten.

Bei größeren Bewegungen sind Tastenkombinationen günstiger. Um einen Zellbereich auszuwählen, können Sie die ⇧-Taste gedrückt halten und den Markierungsrahmen mit den Richtungstasten ausdehnen.

Bewegen in der Tabelle

In Tabelle 2.2 sind zahlreiche Tasten und Tastenkombinationen zusammengestellt, mit denen Sie sich im Tabellenblatt bewegen können.

TIPP

Wenn die Bewegung im Blatt zu langsam wird
Wenn Sie eine große Tabelle mit vielen Diagrammen und sonstigen grafischen Objekten haben, kann die Bewegung in der Tabelle lahmen. Sie können den Bildlauf beschleunigen, wenn Sie unter **Excel-Optionen > Erweitert > Optionen für diese Arbeitsmappe** die Einstellung **Objekte anzeigen als: Nichts (Objekte ausblenden)** wählen.

Taste/Tastenkombination	Wirkung
→ oder ⇆	Spalte nach rechts
← oder ⇧ + ⇆	Spalte nach links
↓	Zeile nach unten
↑	Zeile nach oben
Pos1	Sprung zum Zeilenanfang
Strg + Pos1	Sprung zum Tabellenanfang
Strg + Ende	Sprung an das Ende des benutzten Tabellenbereichs
Bild↓	ein Fenster nach unten
Bild↑	ein Fenster nach oben
Strg + Bild↓	Sprung zum nächsten Blatt
Strg + Bild↑	Sprung zum vorherigen Blatt
Strg + ←	Macht die aktive Zelle wieder sichtbar, wenn der Ausschnitt vorher mit einer Bildlaufleiste oder mit Rollen verschoben worden ist.
Strg + ↑	Sprung in der Spalte nach oben zum Anfang eines Datenblocks bzw. zum Ende des nächsten Datenblocks
Strg + ↓	Sprung in der Spalte nach unten zum Ende eines Datenblocks bzw. zum Anfang des nächsten Datenblocks
Strg + ←	Sprung in der Zeile nach links zum Anfang eines Datenblocks bzw. zum Ende des nächsten Datenblocks
Strg + →	Sprung in der Zeile nach rechts zum Ende eines Datenblocks bzw. zum Anfang des nächsten Datenblocks

Tabelle 2.2 Die Tastenfunktionen, mit denen Sie sich in der Tabelle bewegen können

Bereichsmarkierung

Auch für die Markierung von Zellbereichen stehen Ihnen zahlreiche Tastenkombinationen zur Verfügung.

Tastenkombination	Wirkung
⇧ + Richtungstaste	Ausweiten der Auswahl um eine Zeile oder Spalte
⇧ + Pos1	Ausweiten der Auswahl bis zum Zeilenanfang
⇧ + Leertaste	Auswählen der ganzen Zeile
Strg + Leertaste	Auswählen der ganzen Spalte
Strg + ⇧ + Pos1	Ausweiten der Auswahl bis zum Tabellenanfang
Strg + ⇧ + Ende	Ausweiten der Auswahl bis an das Tabellenende

Tastenkombination	Wirkung
Strg + ⇧ + Leertaste	Auswählen der ganzen Tabelle
⇧ + Bild ↓	Ausweiten der Auswahl um ein Fenster nach unten
⇧ + Bild ↑	Ausweiten der Auswahl um ein Fenster nach oben
Strg + ⇧ + Richtungstaste	Ausweiten der Auswahl zum Ende/Anfang des Blocks in die Richtung der jeweiligen Taste bzw. zum Anfang/Ende des nächsten Datenblocks
Strg + *	Markiert den ganzen Datenblock, in dem sich die aktive Zelle befindet; es kann auch das Symbol mit den vier Pfeilen – **Aktuellen Bereich markieren** – benutzt werden.
Strg + A	Markiert das gesamte Arbeitsblatt. Steht der Zellzeiger in einem Zellbereich, wird dieser ausgewählt, die Wiederholung der Tastenkombination wählt wieder das ganze Blatt aus.
⇧ + ←	Reduzieren der Auswahl auf die aktive Zelle

Tabelle 2.3 *Liste der Tastenkombinationen für die Markierung von Zellbereichen*

Tasten zu »Modus beenden«

Ähnlich wie Tastenkombinationen für die Bewegung und Auswahl bei Datenblöcken wirken einige Tasten, wenn Sie zunächst mit der Ende-Taste den Beendigungsmodus einschalten, was dann in der Statuszeile mit **Modus beenden** angezeigt wird. Dabei muss die Ende-Taste nicht festgehalten werden. Der Modus wird anschließend sofort wieder aufgehoben.

Dabei bedeutet »Tabellenende« jeweils die Zelle, in der sich die unterste Zeile und die am weitesten rechts liegende Spalte, die noch Werte oder wenigstens explizit zugewiesene Formate enthalten, kreuzen.

Taste/Tastenkombination	Wirkung
Ende	Ein- oder Ausschalten von **Modus beenden**
Ende + Richtungstaste	Sprung in Spalte oder Zeile zum Ende bzw. zum Anfang eines Datenblocks
Ende + Pos1	Sprung an das Tabellenende
Ende + ↵	Sprung zur letzten Zelle in der aktuellen Zeile
Ende + ⇧ + Richtungstaste	Ausweiten der Auswahl bis an das Ende bzw. den Anfang eines Datenblocks entsprechend der jeweiligen Richtungstaste
Ende + ⇧ + Pos1	Ausweiten der Auswahl bis an das Tabellenende
Ende + ⇧ + ↵	Ausweiten der Auswahl bis zur letzten Zelle in der aktuellen Zeile

Tabelle 2.4 *Tasten/Tastenkombinationen zu »Modus beenden«*

Tasten im Modus »Rollen«

Mit der Taste Rollen lässt sich der Bildlauf-Feststellmodus ein- und ausschalten. In diesem Modus – in der Statusleiste dafür wird **Rollen** angezeigt – hat eine Reihe von Tasten eine andere als die gewöhnliche Funktion.

Taste/Tastenkombination	Wirkung
Richtungstaste	Verschieben des Fensterausschnitts um eine Spalte oder Zeile, wobei aber die Stellung der aktiven Zelle nicht verändert wird
Pos1	Bewegen zur linken oberen Zelle im Fenster
Ende	Bewegen zur rechten unteren Zelle im Fenster
⇧ + Pos1	Ausweiten der Auswahl bis zur linken oberen Zelle im Fenster

Taste/Tastenkombination	Wirkung
⇧ + Ende	Ausweiten der Auswahl bis zur rechten unteren Zelle im Fenster

Tabelle 2.5 Tasten/Tastenkombinationen im Modus »Rollen«

Mehrfachbereiche per Tastatur auswählen

Um mit der Tastatur mehrere Tabellenbereiche gleichzeitig auszuwählen, verfahren Sie beim ersten Bereich wie gewohnt und markieren mit ⇧ und den Richtungstasten. Bevor Sie einen weiteren Bereich hinzufügen können, müssen Sie nun den letzten Bereich *einfrieren*, damit er durch die nächste Bereichsmarkierung nicht aufgehoben wird. Das geschieht durch die oben schon angesprochene Tastenkombination ⇧ + F8.

Bereiche erweitern

Anstatt einen Bereich durch Ziehen mit der Maus oder mit einer Tastenkombination zu definieren, kann das Programm zunächst mit F8 in den Erweiterungsmodus versetzt werden. Als Hinweis erscheint in der Statuszeile **Auswahl erweitern**. Dann bewirkt ein Klick oder Tipp, dass ein Bereich definiert wird, der von der bisher aktiven Zelle bis zu der zuletzt markierten Zelle reicht. Der Bereich kann mit weiteren Klicks oder Tipps so lange korrigiert werden, bis er stimmt. Dann schalten Sie mit F8 den Erweiterungsmodus wieder aus. Auch mit den Richtungstasten kann im Erweiterungsmodus ein Bereich definiert werden.

Über das Namenfeld auswählen

Wenn Sie die Adresse einer weiter entfernten Zelle kennen, die ausgewählt werden soll, können Sie auch mit dem Namenfeld in der Bearbeitungsleiste oder mit dem Befehl **Start > Bearbeiten > Suchen und Auswählen > Gehe zu** oder schneller noch mit F5 arbeiten.

Um beispielsweise mithilfe des Namenfelds zur Zelle F400 zu springen, benutzen Sie den Pfeil neben dem Namenfeld. Sie brauchen nur die Zelladresse »F400« einzutragen und mit ↵ zu bestätigen. Sie können auch eine Bereichsadresse wie »F200:G400« eintragen, um den entsprechenden Bereich zu markieren. Wenn Sie Adressen wie »F200:G400;H200:I400« eintragen, können Sie auch nicht zusammenhängende Bereiche auswählen.

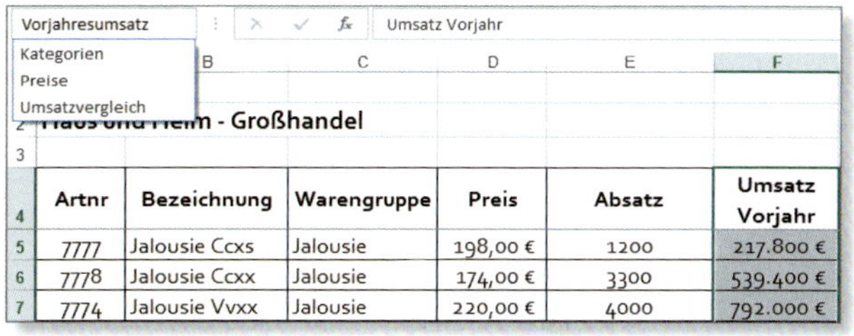

Abbildung 2.12 Den Namen für einen markierten Bereich können Sie direkt in das Namenfeld eintragen.

Das Namenfeld können Sie auch dazu benutzen, um einem Bereich einen Namen zu geben. Dazu muss der Bereich zunächst markiert werden. Dann benutzen Sie den Pfeil am rechten Rand des Namenfelds, tragen den Namen ein und bestätigen mit ↵. Auf die Arbeit mit benannten Bereichen wird in Kapitel 3, »Mit Formeln arbeiten«, ab Seite 210 noch ausführlich eingegangen.

Hat ein Bereich bereits einen Namen, reicht ein Klick oder Tipp darauf in der Namensliste, um ihn auszuwählen. Die Liste enthält alle Namen in der Arbeitsmappe.

Zellbereiche direkt ansteuern

Ähnlich wie mithilfe des Namenfelds lässt sich mit dem Befehl **Start > Bearbeiten > Suchen und auswählen > Gehe zu** oder mit F5 arbeiten. Excel bietet Ihnen ein kleines Dialogfeld an, in dem unter **Verweis** die Adresse der Zelle eingetragen werden kann, die zur aktiven Zelle werden soll. Auch Adressen von Zellen in anderen geöffneten Arbeitsmappen können Sie hier angeben, wenn Sie den kompletten Dateinamen in eckigen Klammern davorsetzen.

Anstelle einer Zelladresse kann auch der Name einer Zelle oder eines Bereichs ausgewählt werden, wenn die Zielzelle oder der Bereich, dem sie angehört, vorher mit einem Namen belegt worden ist. Wenn Sie den Befehl einmal benutzt haben, notiert sich Excel 2013 in der Namensliste jeweils an der ersten Stelle die Adresse der letzten aktiven Zelle, also die Absprungadresse.

Das hilft Ihnen, zu der Absprungstelle auch wieder schnell zurückzukommen. Sie brauchen nur F5 und ↵ zu drücken. Sie können auf diese Weise auch sehr einfach zwischen zwei weit entfernten Zellbereichen hin- und herspringen.

Abbildung 2.13 *Über das Dialogfeld »Gehe zu« springen Sie direkt zu einem bestimmten Zellbereich.*

Der Befehl **Gehe zu** kann auch verwendet werden, um einen Bereich zu markieren. Wenn Sie z. B. unter **Verweis** »A1:Z300« eintragen, wird der entsprechende Bereich markiert. Sie können auch zuerst den Zellzeiger auf A1 setzen, F5 drücken und dann die Eingabe »Z300« mit ⇧ + **OK** oder ⇧ + ↵ bestätigen. Auch Mehrfachbereiche lassen sich hier eintragen, indem Sie die einzelnen Bereichsadressen jeweils durch ein Semikolon trennen.

Zellbereiche nach dem Inhalt markieren

In manchen Situationen ist es wünschenswert, Zellen auszuwählen, die bestimmte gemeinsame Eigenschaften haben. Wenn Sie z. B. in einem großen Tabellenbereich die Zellen aufspüren wollen, in die noch keine Daten eingetragen worden sind, etwa weil die entsprechenden Werte noch fehlen, können Sie folgendermaßen vorgehen:

1. Markieren Sie zunächst den gesamten Bereich der Tabelle, um den es geht.
2. Öffnen Sie – am schnellsten mit F5 – das Dialogfeld **Gehe zu**.
3. Benutzen Sie dort die Schaltfläche **Inhalte**, um das entsprechende Dialogfeld zu öffnen.
4. Wählen Sie die Option **Leerzellen**, um alle Zellen im Bereich zu markieren, in die noch nichts eingetragen wurde.

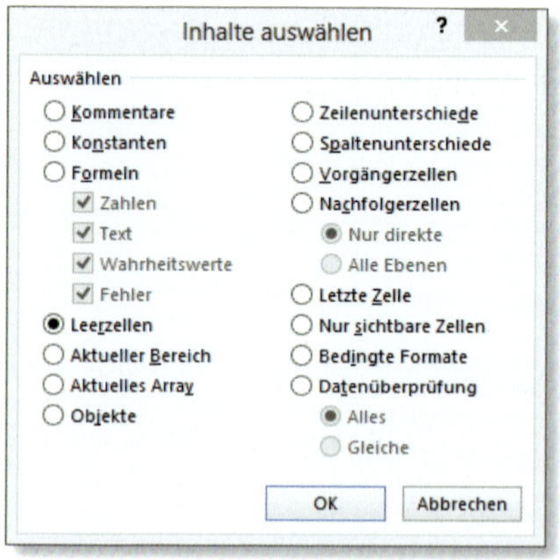

Abbildung 2.14 *In diesem Dialog werden Zellbereiche nach inhaltlichen Merkmalen ausgewählt.*

5. Wenn Sie den Dialog bestätigen, zeigt die Tabelle einen Mehrfachbereich mit allen Zellen, die noch nicht ausgefüllt sind.

4	Artnr	Bezeichnung	Warengruppe	Preis	Absatz
5	7777	Jalousie Ccxs	Jalousie	198,00 €	1200
6	7778	Jalousie Ccxx	Jalousie		
7	7774	Jalousie Vvxx	Jalousie	220,00 €	4000
8	8443	Jalousie VVx	Jalousie	240,00 €	2000
9	6578	Jalousie Louise	Jalousie	60,00 €	2000
10	5667	Markise Luxor	Jalousie		
11	5556	Rollo BT 33	Rollo	50,00 €	2000

Abbildung 2.15 *Alle leeren Zellen sind in diesem Beispiel markiert.*

6 Sie können die fehlenden Daten bequem eintragen, wenn Sie jede Eingabe mit [Tab] beenden. Der Zellzeiger springt dann jedes Mal in die nächste leere Zelle.

Mit dieser Funktion können Sie ganze Tabellen, eine Auswahl von Tabellenblättern oder einen markierten Tabellenbereich durchsuchen, und zwar nach verschiedenen Kriterien, von denen aber jeweils nur eines angewendet werden kann. Die Fundstellen werden als Bereich oder Mehrfachbereich markiert.

Sind mehrere Blätter ausgewählt, ist die Funktion allerdings nur sinnvoll, wenn die Blätter im Gruppenmodus angelegt worden sind. Das Programm markiert auf jedem der Blätter dieselben Zellen, abhängig von der Situation in dem aktiven Blatt.

Als Kriterien können ausgewählt werden:

- Kommentare
- Konstanten
- Formeln

Bei Konstanten oder Formeln können Sie vier mögliche Datentypen abhaken: **Zahlen**, **Text**, **Wahrheitswerte** und **Fehler**.

Leerzellen – leere Zellen innerhalb des benutzten Arbeitsblattbereichs

Aktueller Bereich – Markiert den Zellblock, in dem sich die aktuelle Zelle befindet.

Aktuelles Array – Markiert die gesamte Matrix, in der sich die aktuelle Zelle befindet.

Objekte – Markiert alle Objekte der Datei, vorausgesetzt, die Objekte sind nicht vorher mit **Überprüfen > Änderungen > Blatt schützen** und Abwahl der Option **Objekte bearbeiten** geschützt worden.

Zeilenunterschiede – Diese Option liefert in einem vorher markierten Bereich von Datenzeilen die Zellen, deren Inhalt von der zeilenweise entsprechenden Zelle der Vergleichsspalte abweicht. Die Vergleichsspalte ist die Spalte, in die Sie die aktive Zelle setzen. Mit dieser Funktion können Spalten miteinander verglichen werden.

Spaltenunterschiede – Diese Option liefert in einem vorher markierten Bereich von Datenspalten die Zellen, deren Inhalt von der spaltenweise entsprechenden Zelle der Vergleichszeile abweicht.

Vorgängerzellen – Markiert die Zellen, auf die sich die vorher ausgewählten Formeln beziehen. Die Suche kann auf alle Ebenen ausgedehnt oder auf die direkt vorrangigen Zellen eingeschränkt werden.

Nachfolgerzellen – Markiert die Zellen, deren Formeln durch die vorher ausgewählten Zellen beeinflusst werden. Die Suche kann auf alle Ebenen ausgedehnt oder auf die direkt abhängigen Zellen eingeschränkt werden.

Letzte Zelle – Markiert die Zelle, in der sich die unterste Zeile und die am weitesten rechts liegende Spalte kreuzen, die noch Inhalte oder Formate enthalten.

Nur sichtbare Zellen – Schließt ausgeblendete Zellen aus einer Markierung aus. Wenn Sie einen Bereich markieren, werden eventuell verborgene Zellen normalerweise ebenfalls markiert. (Nur beim Drucken werden die verborgenen Zellen des Druckbereichs automatisch ausgelassen!)

Bedingte Formate – Markiert die Zellen, für die bedingte Formate vergeben worden sind.

Datenüberprüfung – Markiert Zellen, für die bestimmte Gültigkeitsregeln festgelegt worden sind. Sollen alle Zellen markiert werden, wählen Sie die Option **Alle**, sollen nur die Zellen markiert werden, für die dieselbe Regel gilt wie für die gerade markierte Zelle, benutzen Sie die Option **Gleiche**.

Ein Blatt über das Register auswählen

Angenommen, Sie haben den oben beschriebenen Umsatzvergleich für mehrere Jahre durchgeführt und jede Jahrestabelle auf ein eigenes Blatt in der gleichen

Arbeitsmappe abgelegt. Die Namen der Blattregister enthalten sinnvollerweise die entsprechenden Jahreszahlen.

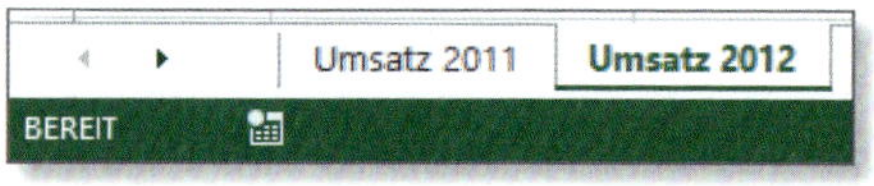

Abbildung 2.16 Zwei Register mit Umsatztabellen für verschiedene Jahre

Um die Daten für ein bestimmtes Jahr zu sehen, reicht ein Klick oder Tipp auf das Register des entsprechenden Blatts. Per Tastatur kann mit Strg + Bild ↓ bzw. Strg + Bild ↑ zu dem gewünschten Blatt gewechselt werden.

Tabellenblätter als Gruppe bearbeiten

Sollen mehrere Blätter einheitlich formatiert oder gemeinsam ausgedruckt werden, können Sie sie gleichzeitig auswählen. Sind die Blätter benachbart, klicken Sie zunächst auf das erste Register der Gruppe und dann mit gedrückter ⇧-Taste auf das letzte Register der Gruppe. Um einzelne Blätter hinzuzufügen oder aus der Gruppe herauszunehmen, verwenden Sie die Taste Strg und einen Klick auf das Register. Im Modus **Fingereingabe** tippen Sie ⇧ bzw. Strg nur an, bevor Sie auf die Blattregister tippen.

Das gerade aktive Blatt lässt sich allerdings nicht aus der Gruppe herausnehmen! Die Register anderer Blätter der ausgewählten Blattgruppe haben ebenfalls eine fette, aber schwarze Schrift, das aktive Blatt in der Gruppe zeigt den Namen in fetter grüner Schrift. Im Titel der Arbeitsmappe erscheint der Zusatz *[Gruppe]*.

Gemeinsame Titelelemente eintragen

Den Gruppenmodus können Sie auch benutzen, um in einem Zug alle Blätter mit gemeinsamen Titelelementen zu versehen.

1 Wählen Sie alle Blätter der Gruppe wie beschrieben aus.

2 Geben Sie auf dem aktiven Blatt der Gruppe das gewünschte Titelelement beispielsweise in die Zelle A2 ein.

3 Jede Eingabe in eine Zelle eines Blatts, das zu einer Gruppe gehört, erscheint an der gleichen Stelle auf den anderen Blättern der Gruppe.

4 Heben Sie mit einem Klick oder Tipp auf ein Register außerhalb der Gruppe die Mehrfachauswahl wieder auf. Am besten prüfen Sie noch einmal das Ergebnis auf den betreffenden Blättern.

Um alle Blätter gleichzeitig auszuwählen, benutzen Sie im Kontextmenü eines Registers **Alle Blätter auswählen**.

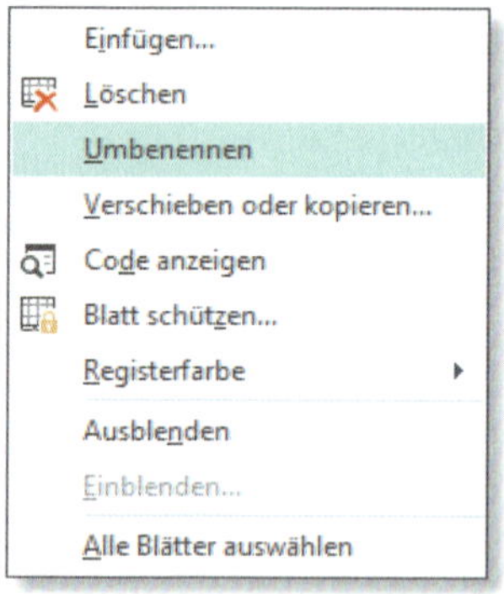

Abbildung 2.17 Das Kontextmenü zu den Blattregistern erlaubt die Auswahl aller Blätter in einem Zug.

Die anschließend an dieser Stelle erscheinende Option **Gruppierung aufheben** macht die Auswahl wieder rückgängig.

2.3 Daten eingeben und ändern

Mit der Bewegung des Zellzeigers kontrollieren Sie, wo Sie Daten oder Formeln im Zellraster eingeben. Das Zellraster hilft Ihnen dabei, Ihre Daten sinnvoll zu ordnen. In diesem Abschnitt geht es darum, wie Sie die verschiedenen Typen von Daten am besten in die Zellen eintragen und wie Sie Zellinhalte, wenn notwendig, ändern.

Datentypen

Wenn Sie in eine Zelle etwas eintragen, prüft Excel zunächst automatisch anhand der eingegebenen Zeichen, um welchen Typ von Daten es sich dabei handelt. Je nach dem Ergebnis dieser Prüfung wird die Eingabe in der Zelle angezeigt. Insbesondere entscheidet der Datentyp über die Ausrichtung des Zellinhalts, wie Abbildung 2.18 zeigt.

	A	B	C	D	E
1					
2	**Standardausrichtung der verschiedenen Datentypen**				
3					
4	**Text**	**Zahlen**	**Datum**	**Uhrzeit**	**Logischer Wert**
5	Periode 1	100	01.01.2011	07:30	WAHR
6	Periode 2	12,77	02.01.2011	07:30:50	FALSCH
7	Periode 3	1.555	03.01.2011	08:30:50	WAHR
8	Periode 4	1.000,00 €	12. Jul	09:30:50	FALSCH
9	Periode 5	$1.000,00	13. Jul	10:30:50	WAHR

Abbildung 2.18 *Die Tabelle zeigt, wie Excel die verschiedenen Datentypen standardmäßig anzeigt.*

Wenn das erste Zeichen ein Buchstabe ist, ist das Programm auf die Eingabe einer Zeichenfolge, also von **Text**, eingestellt. Text wird als Vorgabe immer linksbündig angezeigt.

Beginnen Sie mit einer Zahl oder einem Vorzeichen, prüft Excel, ob sich die Eingabe insgesamt als **Zahl** verstehen lässt. Stimmt die Eingabe mit einem der gültigen Zahlenformate überein, wird die Eingabe als Zahlenwert ausgegeben – und zwar rechtsbündig. Ein Spezialfall eines Zahlenwerts ist ein **Datum** oder die Angabe einer **Zeit**. Hier gibt es zahlreiche Formatvarianten. Entspricht die Eingabe einer dieser Varianten, wird der Zellinhalt ebenfalls rechtsbündig ausgegeben.

Schließlich verwendet Excel noch die Bezeichnungen *WAHR* und *FALSCH* als **logische Werte**. Wird ein solcher Wert direkt eingeben, zentriert Excel die Anzeige in der Zelle und benutzt in jedem Fall Großbuchstaben.

Wenn das erste Zeichen ein Gleichheitszeichen ist, erwartet das Programm eine **Formel** und prüft die Eingabe darauf, ob sie sich als gültige Formel verstehen lässt. Falls das gelingt, wird das Ergebnis mit dem Datentyp ausgegeben, den die Formel liefert.

Beschriftungen und Textwerte eintragen

Alle Eingaben, die Excel nicht als numerischen Wert, als gültige Datums- oder Zeitangabe, als logischen Wert oder als Formel interpretieren kann, behandelt das Programm als Zeichenfolge. Sobald Sie etwa nach einer Reihe von Zahlen einen Buchstaben eingeben, wird die Eingabe als Texteingabe interpretiert.

Das Gleiche gilt, wenn in einer Reihe von Zahlen Trennzeichen wie Punkt, Komma, Schrägstrich, Bindestrich oder Doppelpunkt auftauchen, die ganze Eingabe sich aber nicht als gültiges Zahlen-, Datums- oder Zeitformat verstehen lässt.

Eine Zeichenfolge darf beliebige druckbare Zeichen enthalten und bis zu 32.767 Zeichen lang sein. Jedes Zeichen einer solchen Zeichenfolge können Sie bei Bedarf individuell formatieren, etwa um eine Tabellenüberschrift, Zeilen- oder Spaltenüberschriften etwas lebendiger zu gestalten. Zahlenwerte werden dagegen immer einheitlich formatiert.

Zahlen als Text eintragen

Es gibt Situationen, in denen der Wert einer Zelle zwar ausschließlich aus Zahlen besteht, es aber trotzdem erwünscht ist, den Eintrag wie einen Text zu behandeln. Bei einer Spalte mit Bestellnummern beispielsweise kann es vorkommen, dass zwar einige Artikel Nummern aus lauter Zahlen verwenden, andere dagegen ein paar Buchstaben einmischen. Excel würde Letztere linksbündig anzeigen, die Zahlen dagegen rechtsbündig.

Es gibt für solche Fälle eine einfache Lösung. Sie weisen Excel an, eine Zahl als Zeichenfolge zu behandeln. Das kann auf zweierlei Weise geschehen:

- Sie formatieren den Zellbereich mit dem speziellen Format **Text**. Dies kann in Excel 2013 sowohl vor als auch nach der Dateneingabe geschehen. Dieses Verfahren ist praktisch, wenn die Werte einer ganzen Spalte als Text behandelt werden sollen.

Abbildung 2.19 *Den Zellen in der Spalte mit den Bestellnummern ist das Format »Text« zugeordnet.*

- Sie setzen vor die Ziffern ein einfaches Anführungszeichen. Dieses Zeichen ist zwar in der Bearbeitungsleiste ❶ sichtbar, wird aber in der Zelle ❷ nicht angezeigt.

Excel 2013 blendet in beiden Fällen nach der Eingabe zunächst einen Fehlerhinweis ein, falls die Fehlerprüfung nicht abgeschaltet ist. Wenn Sie das Menü per Mausklick auf die Schaltfläche ❸ öffnen, können Sie die Option **Fehler ignorieren** ❹ verwenden oder über **Optionen zur Fehlerüberprüfung** ❺ die Regel **Zahlen, die als Text formatiert sind oder denen ein Apostroph vorangestellt ist** abwählen, damit dieser Hinweis in Zukunft nicht mehr erscheint.

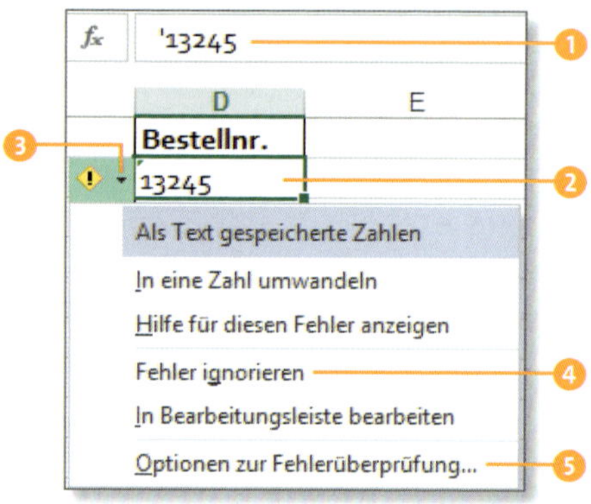

Abbildung 2.20 *Wenn Sie Zahlen als Text eingeben, erhalten Sie ein Menü mit Hinweisen dazu.*

Zellinhalte umbrechen

Beschriftungen erfordern häufig längere Eingaben, um den Inhalt eindeutig zu kennzeichnen. Hier hilft die Möglichkeit, den Text innerhalb der Zelle zu umbrechen. Das ist möglich über **Start > Ausrichtung > Zeilenumbruch**.

Excel hantiert mit dem Zeilenumbruch allerdings etwas brutal. Ein Wort, das nicht mehr in die Spalte passt, wird einfach zerschnitten, ohne Trennstrich und Beachtung von Trennregeln. Sie können versuchen, durch Verbreiterung der Spalte ein besseres Ergebnis zu erreichen.

Dabei wird allerdings die Zeilenhöhe nicht automatisch angepasst. Dann sollten Sie die untere Begrenzung des Zeilenkopfes doppelt anklicken oder antippen. Wenn Sie dagegen den Text nachträglich so kürzen, dass er weniger Zeilen benötigt, wird die Zeilenhöhe automatisch angepasst.

Sie können den Umbruch aber auch von Hand steuern. Drücken Sie bei der Dateneingabe dort, wo eine neue Zeile beginnen soll, [Alt] + [↵]. Excel schaltet für diese Zelle den Zeilenumbruch von selbst ein.

Textwerte übernehmen

Manchmal kommen bestimmte Eingaben in einer Spalte mehrfach vor, etwa die Namen von Produktgruppen oder Lieferanten in einer Artikelliste.

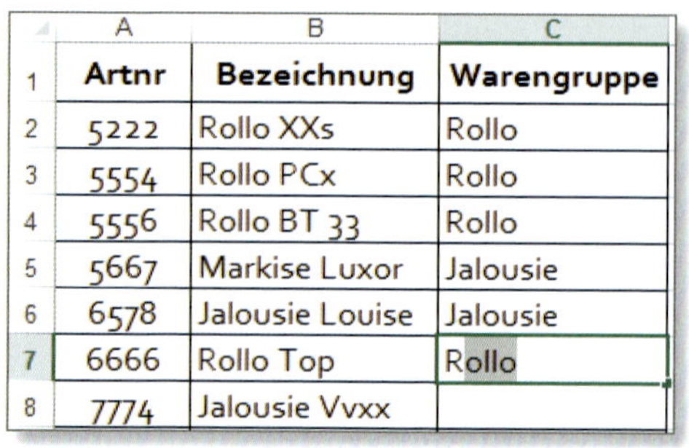

	A	B	C
1	**Artnr**	**Bezeichnung**	**Warengruppe**
2	5222	Rollo XXs	Rollo
3	5554	Rollo PCx	Rollo
4	5556	Rollo BT 33	Rollo
5	5667	Markise Luxor	Jalousie
6	6578	Jalousie Louise	Jalousie
7	6666	Rollo Top	Rollo
8	7774	Jalousie Vvxx	

Abbildung 2.21 *Die bereits verwendeten Textwerte werden bei der Eingabe angeboten.*

Um Ihnen hier zu helfen, merkt sich Excel pro Spalte die bereits vorhandenen Eingaben. Gibt es beispielsweise bereits den Produktgruppennamen *Rollo*, schlägt Excel beim nächsten »R« die Vervollständigung zu *Rollo* vor. Es spielt keine Rolle, ob die Zelle, in die Sie etwas eintippen, über, unter oder zwischen den bisherigen Beschriftungen in der Spalte liegt.

Da der Vorschlag markiert ist, löscht jeder neue Anschlag alle markierten Zeichen. Wenn Sie den Vorschlag also nicht gebrauchen können, werden Sie nicht aufgehalten. Soll ein Teil der angebotenen Zeichen übernommen werden, sollten Sie die restlichen Zeichen in der Bearbeitungsleiste anfügen. Klicken oder tippen Sie dazu an die Stelle, ab der der Eintrag anders aussieht.

Sie können dieses Verhalten auch abschalten, wenn Sie über **Excel-Optionen** auf dem Register **Erweitert** unter **Bearbeitungsoptionen** die Option **AutoVervollständigen für Zellwerte aktivieren** abwählen.

Wenn Sie in einer Spalte wiederholt die gleichen Beschriftungen verwenden wollen, gibt es auch noch einen anderen Weg, sich Tipparbeit zu ersparen. Wenn Sie eine Zelle, die direkt unter bereits ausgefüllten Zellen in einer Spalte liegt, mit der rechten Maustaste anklicken, können Sie vorhandene Einträge über den Befehl **Dropdown-Auswahlliste** übernehmen. Im Modus **Fingereingabe** halten Sie den Finger oder Stift auf der Zelle, tippen auf den Pfeil am Ende des Kontextmenüs und wählen den Befehl dort.

	A	B	C
1	**Artnr**	**Bezeichnung**	**Warengruppe**
2	5222	Rollo XXs	Rollo
3	5554	Rollo PCx	Rollo
4	5556	Rollo BT 33	Rollo
5	5667	Markise Luxor	Jalousie
6	6578	Jalousie Louise	Jalousie
7	6666	Rollo Top	
8	7774	Jalousie Vvxx	Jalousie Rollo
9	7777	Jalousie Ccxs	

Abbildung 2.22 Textwerte in einer Spalte lassen sich auch aus einer Auswahlliste übernehmen.

Zahlen und Beträge eingeben

Während Texte in einem Kalkulationsprogramm oft hauptsächlich für Beschriftungen eingesetzt werden, liefern die Zahlen das Futter für die Rechenarbeit. Für die Zahleneingabe sollten Sie ein paar Punkte beachten:

- Werte gleichen Typs sollten Sie möglichst auch auf die gleiche Weise formatieren.
- Wo es auf Dezimalstellen nicht ankommt, können sie weggelassen werden. Das macht die Tabelle meist übersichtlicher.
- Zellen, deren Werte Sie erst später eintragen können, sollten einheitlich behandelt werden. Sollen sie leer bleiben, eine Null als Wert erhalten oder mit der Funktion *NV()* als nicht vorhandener Wert gekennzeichnet werden? Die Zelle zeigt im letzten Fall *#NV* an.

Bei der Eingabe von Zahlenwerten können Sie neben Ziffern auch einige Sonderzeichen verwenden: Plus- oder Minuszeichen, Dezimalzeichen, Tausenderabtrennung, Schrägstriche, Klammern, Prozentzeichen, E bzw. e für die wissenschaftliche Schreibweise und Währungszeichen oder -kürzel wie €, EUR oder $. Diese Zeichen dürfen bei einem gültigen Zahlenwert aber immer nur an bestimmten Stellen auftreten. Die Punkte in der folgenden Zahl sind alle erlaubt: »1.000.000.000«. Den Eintrag »1.00.00.00« wird Excel dagegen einfach als Text behandeln.

Außerdem muss noch beachtet werden, dass die erlaubten Zeichen in einem Zahlenwert noch von den regionalen Einstellungen abhängen, die Sie in Windows über die Systemsteuerung vornehmen. In den angelsächsischen Ländern werden die Dezimalstellen bekanntlich mit dem Punkt abgetrennt, die Tausenderabtrennung ist ein Komma. Die gültigen Formate für Datumswerte sind ebenfalls andere. Darauf wird gleich noch eingegangen.

Werden ausschließlich Ziffern eingegeben, wird die Eingabe als Vorgabe rechtsbündig ausgerichtet. Kommen neben Zahlen noch Sonderzeichen vor, prüft Excel, ob die Eingabe einem der gültigen Zahlenformate entspricht. Ist das der Fall, wird die Eingabe als Zahl ausgegeben.

Formate bei der Eingabe festlegen

Bei neuen Arbeitsblättern arbeitet Excel 2013 bei Zahlen zunächst immer mit dem sogenannten Standardformat. Dabei handelt es sich gewissermaßen um ein Minimalformat, das automatisch vergeben wird, bevor Sie speziellere Zahlenformate wählen. Auf dieses Standardformat werden Zahlen übrigens auch immer zurückgesetzt, wenn Sie in einem Zellbereich das Format löschen.

Sie haben aber schon bei der Dateneingabe die Möglichkeit, über dieses Minimalformat hinauszugehen. Entspricht die Eingabe einem gültigen Zahlenformat, wird dieses Format für die Zelle festgelegt und die eingegebene Zahl entsprechend angezeigt. Das gilt so lange, bis der Zelle ein anderes Format zugewiesen wird.

Wenn Sie also z. B. in B1 »1.000.000« eingeben, wird die Zahl genau so angezeigt, weil eine Zahl mit einer Tausenderabtrennung ein gültiges Zahlenformat ist. Falls Sie dabei einen Punkt vergessen, ergänzt Excel sogar den fehlenden Punkt. Die Zelle erhält durch die Dateneingabe also ein fixes Zahlenformat, das das bisherige Minimalformat ersetzt. Sie merken dies, wenn Sie den Wert in Zelle B1 mit »2000000« überschreiben, ohne Punkte für die Tausenderabtrennung zu benutzen. In der Zelle erscheint: *2.000.000*.

Auf diese Weise legen Sie also mit dem ersten Eintrag in eine Zelle das Zahlenformat fest. Wenn Sie allerdings eine Spalte von 400 Zahlen eingeben sollen, wäre es überflüssige Arbeit, die Zeichen für Tausenderabtrennung und Währungszeichen immer mit einzugeben.

Da ist es praktischer, schon vor oder nach der Eingabe ein Format festzulegen, das diese Zeichen automatisch erzeugt, und nur die nackten Zahlen einzutippen. Von diesen Möglichkeiten der Zahlenformatierung handelt ausführlich Abschnitt 4.3, »Das Zahlenformat bestimmen«, ab Seite 264.

Formate für Bereiche vorgeben

Excel 2013 bietet noch eine weitere Alternative, um das Format für eine Spalte festzulegen.

1. Geben Sie in der ersten Zelle einer Spalte das Format durch die Eingabe vor.
2. Ziehen Sie mit der Maus das Ausfüllkästchen bis ans vermutliche Ende der Spalte.
3. Klicken Sie dann auf die Schaltfläche **Auto-Ausfülloptionen**, und nehmen Sie aus dem Menü, das der kleine Pfeil öffnet, die Option **Nur Formate ausfüllen**.

Die zunächst angezeigten Zahlenkopien verschwinden wieder, aber die Zellen übernehmen das Format der ersten Zelle.

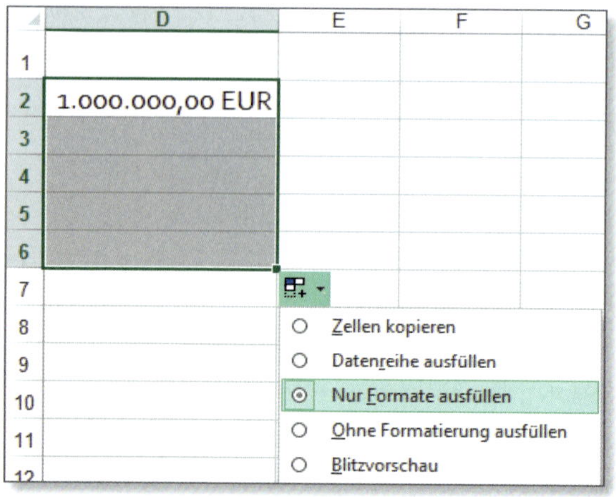

Abbildung 2.23 *Mit dem Ausfüllkästchen lassen sich Formate auf weitere Zellen ausdehnen.*

Im Modus **Fingereingabe** tippen Sie auf die Zelle und im Kontextmenü auf **AutoAusfüllen**. Diese Schaltfläche blendet anstelle des Ausfüllkästchens das Symbol mit dem Pfeil ein.

Abbildung 2.24 *Das Kontextmenü auf dem Touchscreen bietet das Symbol »AutoAusfüllen« an.*

Dann ziehen Sie das Pfeilsymbol nach unten und verwenden im Menü der Schaltfläche **AutoAusfüllen** ebenfalls den Befehl **Nur Formate ausfüllen**.

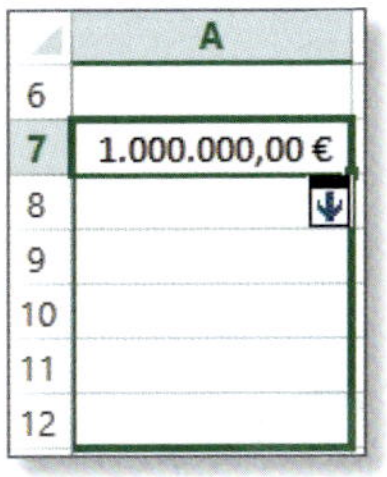

Abbildung 2.25 *AutoAusfüllen im Modus »Fingereingabe«*

Die geeignete Spaltenbreite wählen

Excel gibt für die Spalten eine Spaltenbreite vor, die für nicht zu große Beträge häufig reicht. Ist die eingegebene Zahl größer als die Spaltenbreite, lässt Excel, solange das Standardformat nicht durch ein anderes Format ersetzt ist, zunächst Dezimalstellen in der Anzeige weg. Hilft auch dies nicht, wird die wissenschaftliche Schreibweise mit Exponent benutzt, z. B. *3,45E+12* für »3.450.000.000.000,00«.

Bei allen anderen Zahlenformaten erweitert Excel 2013 dagegen automatisch die Spalte, wenn zu wenig Platz ist. Dieses freundliche Verhalten gilt aber nur, wenn Sie die Spaltenbreite nicht inzwischen manuell verändert haben. Ist die Spaltenbreite bereits verändert, gibt Excel, wie aus den früheren Versionen bekannt, anstelle der Zahl, die nicht in die Spalte passt, eine Reihe von #-Zeichen aus. Immerhin zeigt Excel den Wert an, wenn der Mauszeiger eine solche Zelle berührt. Dann sollten Sie entweder die Spaltenbreite anpassen oder ein günstigeres Format wählen.

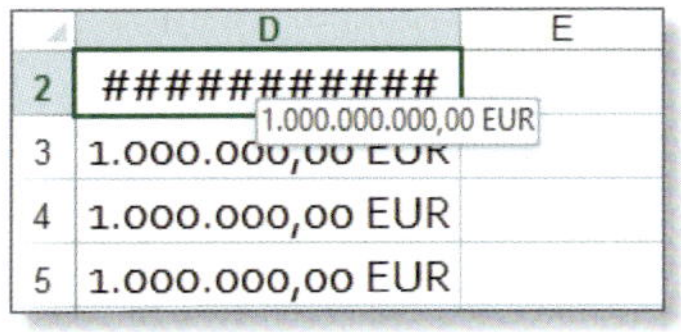

Abbildung 2.26 *Diese Spalte ist offensichtlich zu schmal, um den ersten Wert korrekt anzuzeigen.*

Ist es nicht möglich, für die eingegebenen Zeichen ein gültiges Zahlenformat zu finden, wird die Eingabe einfach als Zeichenfolge eingestuft und dementsprechend zunächst linksbündig in der Zelle ausgegeben. Wenn Sie z. B. bei der Eingabe einer Million mit der Tausenderabtrennung irrtümlich eine Null vergessen, »1.00.000«, wird dies einfach als Text gewertet.

TIPP

Unerwartete Wertanzeige
Wenn Sie sich über unterschiedlich angezeigte Ergebnisse von eingegebenen Bruchzahlen oder Zahlen mit führenden Nullen wundern, helfen Ihnen die folgenden Abschnitte weiter: Es liegt an den Eingabeformaten und der Interpretation von Eingaben, die Excel vornimmt.

Bruchwerte eingeben

Etwas eigentümlich ist die Art und Weise, wie Excel auf die Eingabe von Brüchen reagiert. Wenn Sie z. B. »1/3« eintippen, zeigt die Zelle *01.Mrz* an.

»4/100« wird dagegen einfach als Text interpretiert, weil dieser Eintrag nicht in ein gültiges Datum umgesetzt werden kann, aber auch keine Formel ist, da das Gleichheitszeichen am Anfang fehlt.

Dagegen wird »2 3/4« anstandslos angenommen und als Wert von *2,75* verstanden, wie die Anzeige in der Bearbeitungsleiste zeigt. Um zu erreichen, dass auch Brüche ohne vorhergehende Ganzzahl eingetippt werden können, muss dementsprechend eine Null vorangestellt werden. »0 1/3« ergibt das gewünschte Ergebnis *1/3*.

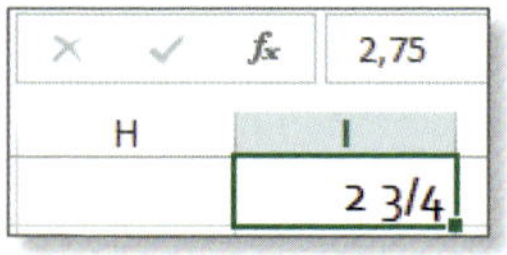

Abbildung 2.27 In der Bearbeitungsleiste wird der Bruchwert immer mit Dezimalstellen angezeigt.

Da diese Methode für die Eingabe einer ganzen Spalte von Bruchwerten eher umständlich ist, sollten Sie stattdessen den für die Bruchwerte vorgesehenen Bereich vorher beispielsweise mit einem einstelligen Bruchformat formatieren. Dieses Format wird in der Palette **Zahlenformat** in der Gruppe **Start > Zahl** direkt angeboten. Anschließend können Sie »1/2«, »1/3« etc. ohne vorangestellte Null eingeben.

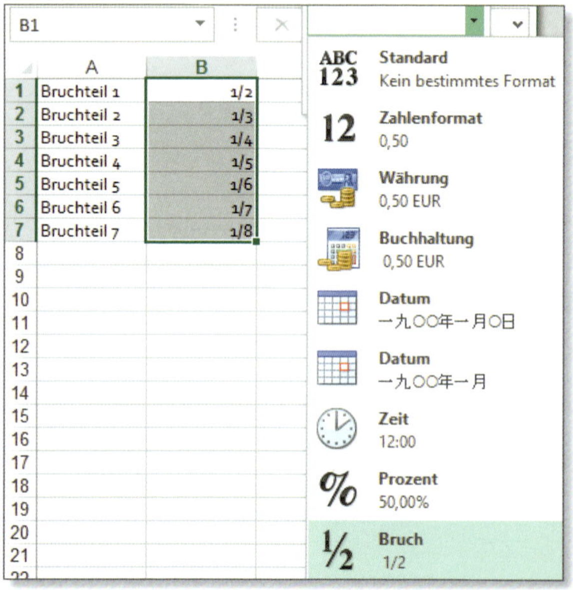

Abbildung 2.28 Das einstellige Bruchformat können Sie einem Zellbereich direkt aus der Palette »Zahlenformat« in der Gruppe »Start > Zahl« zuweisen.

Führende Nullen eingeben

Eine kleine Hürde errichtet Excel bei der Eingabe von Zahlen, die mit Nullen beginnen. Normalerweise schneidet Excel führende Nullen einfach ab. Aus »007« wird schlicht 7 sowohl in der Zelle als auch in der Bearbeitungsleiste, d.h., die Eingabe wird auf ihren numerischen Wert reduziert.

Nun sind aber gerade bei Nummernsystemen – Kundennummern, Artikelnummern oder Belegnummern sind typische Beispiele – oft führende Nullen erwünscht. Eine Lösung des Problems wäre, die *Zahl* als Text einzugeben, wie im letzten Abschnitt behandelt. Damit hat die Zahl aber ihren Zahlencharakter verloren. Das wäre bei Belegnummern aber nachteilig, weil die ja oft hochgezählt werden sollen.

Soll die Zahl als Zahl mit führenden Nullen eingegeben werden, können Sie dafür ein spezielles Format definieren. Dies geht so:

1. Öffnen Sie über **Start > Zahl** die Liste zu **Zahlenformat**, und benutzen Sie die Option **Mehr...**.
2. Wählen Sie unter **Kategorie** die Option **Benutzerdefiniert**.

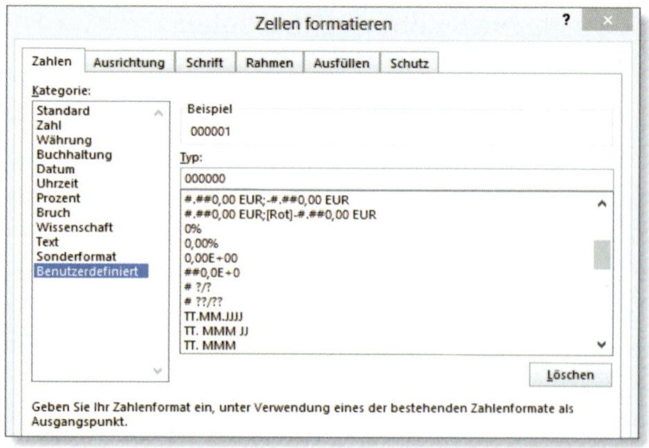

Abbildung 2.29 Definition eines Zahlenformats mit sechs Stellen, das führende Nullen nicht abschneidet

3. Geben Sie unter **Typ** ein Zahlenmuster mit so vielen Nullen ein, wie die entsprechende Nummer Stellen hat.
4. Um einer markierten Spalte dieses Format zuzuweisen, öffnen Sie den Dialog erneut und wählen das benutzerdefinierte Format aus der Liste, die unter dem Feld **Typ** angeboten wird. Das neue Format erscheint dort am Ende.

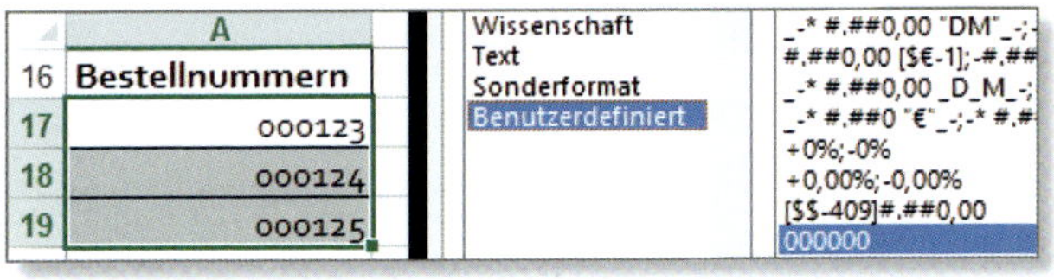

Abbildung 2.30 Das eigene Format wird aus der Liste der benutzerdefinierten Formate zugewiesen.

Mehr zur Definition benutzerdefinierter Formate finden Sie in Abschnitt 4.3, »Das Zahlenformat bestimmen«, ab Seite 264.

Anzahl der Dezimalstellen fixieren

Wenn in einer Arbeitsmappe ausschließlich Zahlen mit immer der gleichen Anzahl von Nachkommastellen vorkommen, können Sie eine Funktion nutzen, die die Eingabe des Kommas überflüssig macht. Am besten verwenden Sie dabei zur Eingabe der Zahlen den Zahlenblock. Drücken Sie dazu auf die Num-Taste.

1 Wählen Sie über **Datei > Optionen** das Register **Erweitert**.

2 Haken Sie unter **Bearbeitungsoptionen** das Kästchen **Dezimalkomma automatisch einfügen** ab.

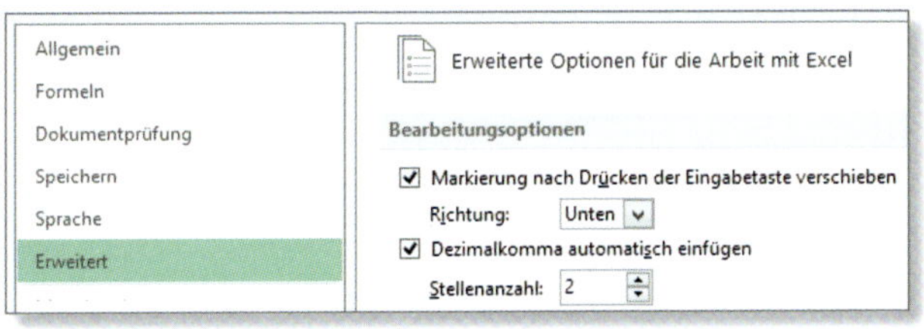

Abbildung 2.31 Wenn Sie hauptsächlich Werte mit zwei Dezimalstellen eingeben müssen, lässt sich das automatisieren.

3 Stellen Sie als **Stellenanzahl** »2« ein. Nun werden die letzten zwei Stellen jeder Zahl automatisch als Dezimalstellen betrachtet, und das Komma wird automatisch gesetzt.

Auch eine Null vor dem Komma müssen Sie nun nicht mehr eingeben. Beachten Sie aber, dass diese Einstellung für die gesamte Arbeitsmappe gilt.

Datum und Uhrzeit angeben

Excel betrachtet Datum und Uhrzeit als numerische Werte. Das hat den großen Vorteil, dass z. B. die Frage, welches Datum 20 Tage nach dem aktuellen Tagesdatum liegt, durch eine einfache Addition geklärt werden kann.

Für die Eingabe eines Datums sind verschiedene Eingabeformate erlaubt. Wie sie ausgegeben werden, hängt von den gewählten Einstellungen für die Region ab, die Sie über die Systemsteuerung von Windows vornehmen. Bei der in Abbildung 2.32 dargestellten Einstellung für das kurze Datum wird beispielsweise die Eingabe »1.1.12« als *01.01.2012* ausgegeben. Die Eingaben »12–10–12«, »12/10/12« und »12.10.12« werden alle als *12.10.2012* ausgegeben.

Erlaubt sind aber auch Eingaben mit kurzen oder langen Monatsnamen wie »12.Dezember 2012« und »12-Dez-1212/Dez/12«.

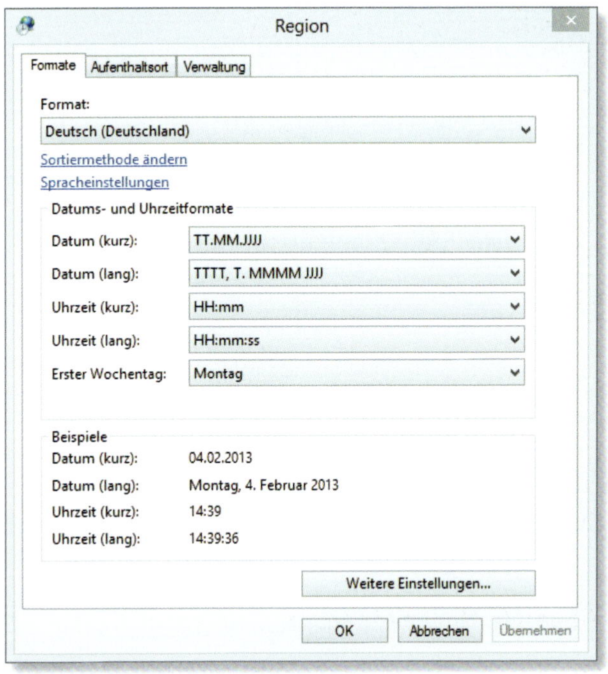

Abbildung 2.32 Das Register »Formate« erlaubt Einstellungen zur Darstellung von Datums- und Zeitwerten.

Das sind alles gültige Eingabeformate. Unvollständige Datumsangaben ergänzt Excel automatisch. Fehlt das Jahr ganz, wird das aktuelle Jahr genommen. Fehlt der Tag, wird der Monatserste genommen. Das vollständige Datum wird jeweils in der Bearbeitungsleiste angezeigt und ist Grundlage eventueller Berechnungen.

Auch für Zeitangaben können Sie mehrere Eingabeformate verwenden: »10:30«, »10:30 PM«, »10:30 am«, »10:30:30«. Wird »PM/AM« weggelassen, wird *AM* angenommen. Kleinbuchstaben werden in Großbuchstaben umgewandelt. In der Bearbeitungsleiste erscheint die Zeit immer in der 24-Stunden-Schreibweise. »7:12 PM« wird dort als *19:12:00* angezeigt.

TIPP

Seriennummern für Datum und Zeit
Excel speichert Eingaben, die es als Datums- oder Zeitwerte erkennt, intern in Form einer Seriennummer, mit der die Anzahl der Tage seit dem 1.1.1900 – oder alternativ dem 1.1.1904 – gezählt werden. Die Zeit wird über die Dezimalstellen der Seriennummer festgehalten. 12 Uhr entspricht dabei 0,5. Die Seriennummer wird sichtbar, wenn Sie das Format löschen.

Das aktuelle Datum und die Uhrzeit können Sie mit [Strg]+[.] bzw. [Strg]+[:] übernehmen. Zeit und Datum können auch hintereinander in einer Zelle eingegeben werden, müssen dann aber durch ein Leerzeichen getrennt werden.

Die Dateneingabe steuern

Vorgabe ist, dass der Zellzeiger nach Bestätigung mit [↵] auf die darunter liegende Zelle rückt. Das gilt nicht, wenn Sie die Dateneingabe mit einem Klick oder Tipp auf das Symbol **Eingeben** in der Bearbeitungsleiste abschließen. Das Vorrücken des Zellzeigers kann über **Excel-Optionen** auch abgeschaltet oder umdirigiert werden, wie in Kapitel 1, »Excel 2013 kennenlernen«, ab Seite 89 beschrieben.

Den Inhalt einer Zelle ändern

Jeden Eintrag in einer Zelle können Sie wieder überschreiben, solange Sie das Arbeitsblatt nicht gegen nachträgliche Veränderungen sperren. Um eine falsche oder nicht mehr aktuelle Zahl zu ersetzen, wählen Sie die Zelle aus, tippen die neue Zahl ein und bestätigen sie mit [↵]. Bei längeren Eingaben wie Beschriftungen oder auch bei Formeln wäre es dagegen nicht effektiv, wegen eines Tippfehlers oder einer kleinen Änderung den Zellinhalt neu einzutragen.

Korrektur in der Zelle

Excel 2013 stellt es Ihnen frei, den Zellinhalt direkt in der Zelle zu bearbeiten oder in der Bearbeitungsleiste. Um den Zellinhalt direkt in der Zelle zu bearbeiten, klicken oder tippen Sie doppelt auf die entsprechende Zelle oder benutzen [F2]. Das Programm wechselt in den Bearbeitungsmodus.

Bei Formeln wird nun anstelle des Ergebnisses die Formel angezeigt. Ein blinkender Strich zeigt die Einfügestelle. Per Klick oder Tipp oder mit den Richtungstasten können Sie die Einfügestelle versetzen. Quittiert wird die Korrektur in der Zelle mit [↵] oder der Auswahl einer anderen Zelle.

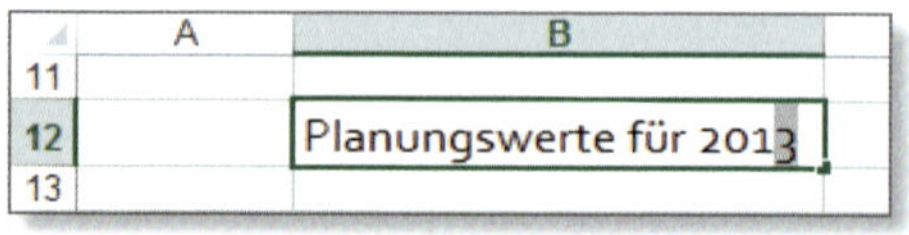

Abbildung 2.33 *Den Inhalt der geöffneten Zelle können Sie dort auch direkt bearbeiten.*

Auf dem Touchscreen wird die Einfügestelle mit einem Strich angezeigt, der am unteren Ende noch einen runden Anfasser hat.

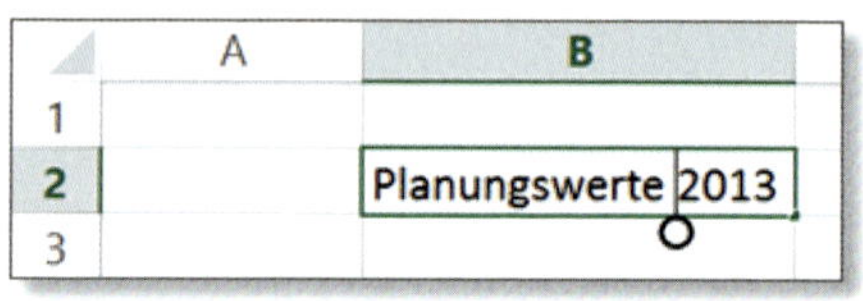

Abbildung 2.34 *Einfügestelle mit Anfasser im Modus »Fingereingabe«*

Korrektur in der Bearbeitungsleiste

Um den Zellinhalt in der Bearbeitungsleiste zu bearbeiten, wählen Sie die Zelle zunächst aus, damit der Zellinhalt in der Bearbeitungsleiste angezeigt wird. Wenn Sie eine bestimmte Stelle ändern wollen, klicken oder tippen Sie gleich auf diese Stelle in der Bearbeitungsleiste. Die Einfügestelle wird durch den Textauswahlcursor markiert.

Mit der Maus können Sie Zeichen, die Sie löschen oder durch andere ersetzen wollen, durch Ziehen markieren. Ganze Wörter oder Argumente in einer Formel markieren Sie per Doppelklick. Wenn Sie die ⇧-Taste festhalten, können Sie eine Markierung auch bis zu der Stelle erweitern, an die Sie den Mauszeiger setzen. Das nächste eingegebene Zeichen ersetzt dann jeweils die markierten Zeichen. Weitere Zeichen werden an die Stelle eingefügt. Das Programm arbeitet also normalerweise im Einfügemodus.

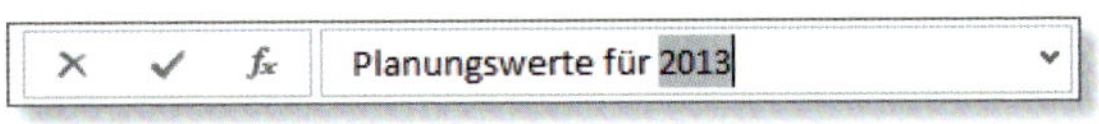

Abbildung 2.35 *Markierter Teil eines Textes in der Bearbeitungsleiste*

Sie können aber auch die Einfügestelle auf das erste Zeichen setzen, das überschrieben werden soll, und dann mit Einfg den Überschreibmodus einschalten. Die Einfügestelle wird durch einen dickeren Strich angezeigt. Sind die Zeichen überschrieben, schalten Sie mit Einfg wieder in den Einfügemodus zurück.

Auf dem Touchscreen ziehen Sie den runden Anfasser, um die Zeichen zu markieren, die Sie ersetzen wollen.

Abbildung 2.36 *Zum Markieren innerhalb einer Zelle ziehen Sie auf dem Touchscreen die runden Anfasser.*

Tastenfunktionen zur Zellbearbeitung

Für das Editieren der Zellinhalte, sei es direkt in der Zelle oder in der Bearbeitungsleiste, stehen Ihnen auch zahlreiche Tasten und Tastenkombinationen zur Verfügung, die in Tabelle 2.6 zusammengestellt sind.

Taste/Tastenkombination	Wirkung
Pos1	Sprung zum Anfang des Eintrags
Ende	Sprung zum Ende des Eintrags
Strg + →	ein Wort oder Argument nach rechts
Strg + ←	ein Wort oder Argument nach links
⇧ + →	Markierung um ein Zeichen nach rechts erweitern
⇧ + ←	Markierung um ein Zeichen nach links erweitern
Strg + ⇧ + →	Markierung um ein Wort oder Argument nach rechts erweitern
Strg + ⇧ + ←	Markierung um ein Wort oder Argument nach links erweitern
Strg + ⇧ + Pos1	Markierung bis zum Anfang des Eintrags erweitern
Strg + ⇧ + Ende	Markierung bis zum Ende des Eintrags erweitern
Strg + ⇧ + A	Einfügen der Argumente bei einer Funktion. Kann benutzt werden, wenn die erste Klammer hinter dem Funktionsnamen eingegeben ist.
Entf	Löscht markierte Zeichen oder das Zeichen rechts von der Einfügemarke.
←	Löscht markierte Zeichen oder das Zeichen links von der Einfügemarke.
Strg + Entf	Löscht ab Einfügemarke oder Markierung bis zum Ende des Eintrags.
Strg + C	Kopiert die markierten Zeichen in die Zwischenablage.
Strg + X	Schneidet die markierten Zeichen aus und versetzt sie in die Zwischenablage.
Strg + V	Fügt die Daten aus der Zwischenablage an die Einfügestelle oder anstelle der markierten Zeichen ein.

Tabelle 2.6 *Eine Menge Tastenfunktionen erleichtert das Editieren der Zellinhalte.*

Ausgeschnittene oder kopierte Zeichenfolgen können eine markierte Zeichenfolge ersetzen, aber auch in eine andere Zelle oder in die Bearbeitungsleiste einer anderen Zelle eingefügt werden.

Wenn Sie längere Texte oder komplizierte Formeln bearbeiten, sollten Sie auch die Bearbeitungsbefehle nutzen, die Excel anbietet. Die Befehle **Ausschneiden**, **Kopieren**, **Einfügen** und **Löschen** stehen auch in der Bearbeitungsleiste und bei der direkten Zellbearbeitung zur Verfügung.

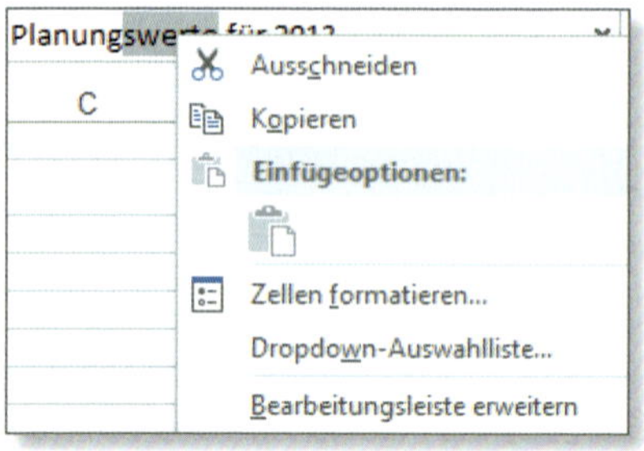

Abbildung 2.37 *Das Kontextmenü zu einer Markierung in der Bearbeitungsleiste erlaubt auch das Ausschneiden und Kopieren.*

Werte suchen und ersetzen

Es kommt vor, dass sich Namen, Bezeichnungen oder auch Zahlenwerte nachträglich ändern. In einem Textprogramm würden Sie dann sofort an die Funktion *Suchen und Ersetzen* denken. Aber auch Excel stellt Ihnen solche Funktionen zur Verfügung. In der aktuellen Version sind diese Funktionen sogar ziemlich ausgereift.

Das Dialogfeld **Suchen und Ersetzen** bietet für das Suchen und das Ersetzen zwei getrennte Register, die – was die Optionen betrifft – aber weitgehend übereinstimmen. Zwei Punkte sollten Sie dabei beachten:

- Excel vergleicht ein Suchkriterium mit dem Zellinhalt der Zellbereiche, die in die Suche einbezogen sind. Excel findet einen Treffer, wenn die Zeichenfolge des Suchkriteriums im Zellinhalt vorkommt. Mit dem Kriterium *Hut* finden Sie also als Vorgabe auch Zellen mit dem Inhalt *Sommerhut* oder *Hutschachtel*. Das gilt auch für Zahlenwerte: Das Kriterium *5* findet sowohl *5*, *15*, *57* etc.
- Bei der Suche von Zahlenwerten, Datums- oder Zeitwerten vergleicht Excel als Vorgabe das Suchkriterium immer mit dem gespeicherten Inhalt der Zelle, wie er in der Bearbeitungsleiste sichtbar wird, nicht mit dem in der Zelle angezeigten Inhalt. Um einen Datumswert zu finden, der in der Zelle als *12. Dez* angezeigt wird, muss deshalb als Suchkriterium »01.12.2011« angegeben werden. Der Datumswert wird aber auch gefunden, wenn Sie nur »2011« als Kriterium angeben, denn es stimmt dann wenigstens mit einem Teil des Zellinhalts überein. Dieses Verhalten lässt sich bei der Suche allerdings ändern, wie gleich noch beschrieben wird.

Eine Bezeichnung austauschen

Was tun, wenn Sie beispielsweise die Bezeichnung für eine bestimmte Warengruppe in der entsprechenden Spalte ändern wollen? Hier die erforderlichen Schritte:

1. Wählen Sie die Spalte aus, in der Werte ersetzt werden sollen. Dadurch wird die Operation gleich auf diesen Bereich eingeschränkt.
2. Benutzen Sie auf dem Register **Start** in der Gruppe **Bearbeiten** die Schaltfläche **Suchen und Auswählen**, und nehmen Sie die Option **Ersetzen**.

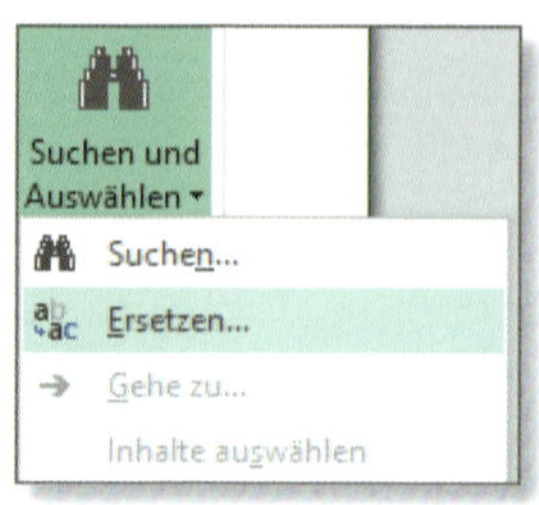

Abbildung 2.38 *Die Funktionen zum Suchen und Ersetzen finden Sie in der Gruppe »Bearbeiten«.*

3. Auf dem Register **Ersetzen** geben Sie unter **Suchen nach** das Suchkriterium ein. In diesem Fall muss es die komplette Bezeichnung der Warengruppe sein, denn diese soll ja auch insgesamt ersetzt werden,

beispielsweise durch eine Abkürzung oder einen Code.

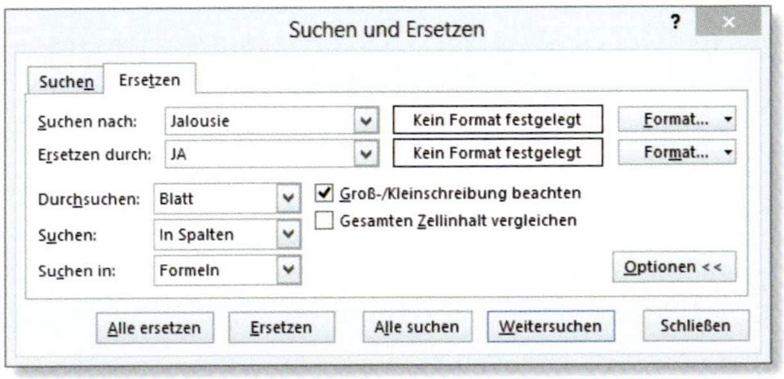

Abbildung 2.39 *Für den Austausch von Werten bietet der Dialog »Suchen und Ersetzen« zahlreiche Optionen.*

4. Die Ersatzzeichenfolge geben Sie unter **Ersetzen durch** ein.
5. Benutzen Sie die Schaltfläche **Optionen >>**, um das Dialogfeld zu erweitern.
6. Haken Sie die Optionen **Groß-/Kleinschreibung beachten** und bei Bedarf noch **Gesamten Zellinhalt vergleichen** ab, die als Vorgabe nicht aktiviert sind. Die zweite Option sorgt dafür, dass das Suchkriterium mit dem kompletten Inhalt der Zelle übereinstimmen muss. (Diese Option wird auch benötigt, wenn ein bestimmter Zahlenwert gefunden werden soll.)
7. Wenn Sie sicher sind, dass die Operation so korrekt eingeleitet ist, können Sie mit **Alle ersetzen** den Austausch vornehmen.

Sie können das Ersetzen aber auch schrittweise vornehmen, indem Sie mit **Ersetzen** und **Weitersuchen** arbeiten. **Ersetzen** wechselt nach dem Austausch immer gleich zur nächsten Fundstelle, **Weitersuchen** sucht die nächste Fundstelle. Sehen Sie gleich, dass etwas schiefgegangen ist, klicken Sie auf **Rückgängig** in der Schnellzugriffsleiste und nehmen die Ersetzung zurück.

Wenn Sie die Schaltfläche **Alle suchen** verwenden, werden alle Fundstellen aufgelistet. Die einzelnen Tabellenzeilen lassen sich wie Links zum Ansteuern der Stellen per Mausklick benutzen. Mit **Ersetzen** können Sie den Austausch dann gezielt für die ausgewählten Stellen vornehmen.

Abbildung 2.40 *Eine anklickbare Liste mit Fundstellen erlaubt es, die Änderungen genau zu kontrollieren.*

Diese Vorgehensweise ist besonders nützlich, wenn Sie Zahlenwerte austauschen und dabei die Kontrolle behalten wollen, wo was ausgetauscht wird.

Bei Bedarf können Sie mit der Option **Arbeitsmappe** bei **Durchsuchen** die Operation auf die gesamte Arbeitsmappe ausdehnen, Vorgabe ist hier aber **Blatt**. Unter **Suchen** können Sie noch festlegen, ob die Suche zeilenweise oder spaltenweise stattfinden soll.

Verschiedene Optionen zu **Suchen in** gelten nur für das Register **Suchen**. Neben der Vorgabe **Formeln** lässt sich noch mit den Einstellungen **Werte** und **Kommentare** arbeiten. Mit der Einstellung **Werte** erreichen Sie – wie oben schon angesprochen –, dass das Suchkriterium mit dem angezeigten Zellinhalt verglichen wird. Das erlaubt Ihnen, beispielsweise Zellen zu suchen, die ein bestimmtes Währungszeichen anzeigen oder einen Monatsnamen bei einem Datumswert. Auf dem Register **Ersetzen** gilt dagegen für **Suchen in** immer die Vorgabe **Formeln**.

Joker-Zeichen

Bei der Eingabe von Suchkriterien können Sie auch die üblichen Joker-Zeichen verwenden:

- * für eine beliebige Anzahl von Zeichen
- ? für genau ein Zeichen
- ~ wird den Zeichen * oder ? vorgesetzt, um diese selbst zu suchen

Insbesondere wenn Sie die Option **Gesamten Zellinhalt vergleichen** eingeschaltet haben, sind Joker-Zeichen hilfreich, beispielsweise um alle Werte zu finden, die mit derselben Zeichenfolge anfangen oder damit aufhören. »Haus???« findet *Haus123*, *Haus234*. »*DE« findet *MediaCenterDE*, *ToolboxDE* etc.

TIPP

Schnellsuche
Um das Dialogfeld **Suchen** schnell zu öffnen, können Sie die Tastenkombination Strg + F verwenden. Strg + H bietet gleich das Register **Ersetzen** an. Besonders praktisch ist auch ⇧ + F4, um noch einmal mit demselben Suchkriterium vorwärts, und Strg + ⇧ + F4, um rückwärts zu suchen. Dabei wird das Dialogfeld nicht geöffnet.

Auf die Möglichkeiten, über **Suchen und Ersetzen** auch Formate zu suchen oder auszutauschen, gehen wir in Kapitel 4, »Tabellenblätter gestalten«, ab Seite 283 noch gesondert ein.

Schnelle Auswahl von speziellen Zellbereichen

Das Menü der Schaltfläche **Suchen und Auswählen** bietet übrigens auch noch Optionen an, um direkt Zellen zu markieren, die Formeln oder Konstanten enthalten, Zellbereiche mit bedingten Formaten oder Zellbereiche, für die eine Datenüberprüfung eingerichtet ist.

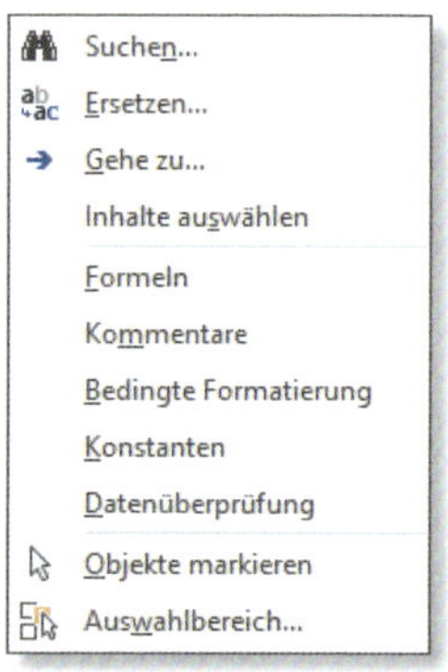

Abbildung 2.41 *Das umfangreiche Menü zu der Schaltfläche »Suchen und Auswählen«*

Auch die Zellen, die mit Kommentaren verknüpft sind, lassen sich hier auswählen. Die Funktionen bieten gute Werkzeuge, um Excel noch effizienter einsetzen zu können. Es lohnt sich, sich die Schaltfläche einmal intensiver anzusehen.

Zellbereiche löschen

Unter dem Begriff *Löschen* kann in Bezug auf die Eigenschaften einer Zelle oder eines Zellbereichs dreierlei verstanden werden:

- Löschen des Zellinhalts
- Löschen des Zellformats
- Löschen von Kommentaren

Davon muss das Entfernen von Zellen unterschieden werden, das ebenfalls als Löschen bezeichnet wird. Dies wird weiter unten behandelt.

Wird der Inhalt einer Zelle gelöscht, ist die Zelle leer. Diese Banalität muss hier deshalb betont werden, weil eine Zelle manchmal zwar leer aussieht, aber nicht leer ist. Das kann vorkommen, wenn eine Zelle Leerzeichen enthält. Wenn Sie die Zelle doppelt anklicken, steht die Einfügestelle nicht ganz links, sondern rechts vom letzten Leerzeichen. Solche übersehenen Leerzeichen können z. B. beim Abfragen von Tabellen Verwirrung stiften.

Das Löschen des Zellformats wiederum bedeutet nicht, dass die Zelle anschließend überhaupt keine Formateigenschaften mehr hat. Die Zelle wird lediglich auf das Standardformat zurückgesetzt. Wenn Sie also z. B. eine bestimmte Schrift gewählt haben, wird die Zelle wieder auf die Standardschriftart zurückgesetzt. Entsprechendes gilt für das Zahlenformat.

Die Taste Entf löscht nur den Zellinhalt. Die Formatierung der Zelle bleibt erhalten. Wenn Sie Zellinhalte in einer Zelle oder einen Bereich mit der Maus löschen wollen, müssen Sie diese nur markieren und dann das Ausfüllkästchen so weit nach innen ziehen, bis der Bereich durch das Raster überstrichen wird. Wenn Sie loslassen, ist der markierte Bereich gelöscht.

Absatz	Umsatz Vorjahr
1200	217.800 €
3300	539.400 €
4000	792.000 €
2000	528.000 €
2000	102.000 €
1000	220.000 €

▲ ***Abbildung 2.42*** *Kleine Zellbereiche lassen sich schnell löschen, wenn Sie in den markierten Bereich ziehen.*

Im Modus **Fingereingabe** können Sie ähnlich verfahren, wenn Sie über das Kontextmenü des Bereichs das Pfeilsymbol zu dem Befehl **AutoAusfüllen** einblenden, und dieses dann in den Bereich hineinziehen. Im Modus **Fingereingabe** gibt es aber noch eine andere schnelle Löschmethode: Tippen Sie die Zelle oder den Bereich an, und benutzen Sie im Kontextmenü den Befehl **Markierung löschen**.

Wollen Sie ganze Spalten oder Zeilen löschen, markieren Sie die Spalten oder Zeilen, indem Sie die Spalten- bzw. Zeilenköpfe anklicken oder antippen. Sollen mehrere Spalten oder Zeilen gelöscht werden, ziehen Sie mit der Maus über die entsprechenden Spalten- oder Zeilenköpfe. Ziehen Sie dann das Ausfüllkästchen nach innen. Wenn Sie loslassen, sind die Inhalte der Spalten oder Zeilen gelöscht. Merken Sie beim Ziehen in den ausgewählten Bereich, dass Sie den falschen Bereich markiert haben, ziehen Sie den Mauszeiger einfach wieder bis zum Ausfüllkästchen zurück und lassen die Maustaste los.

Auf dem Touchscreen tippen Sie jeweils den Kopf der ersten Spalte oder Zeile an und erweitern die Auswahl durch Ziehen an den runden Anfassern. Halten Sie Finger oder Stift kurz in dem markierten Bereich und benutzen Sie im Kontextmenü die Option **Markierung löschen**.

Sollen mit dem Inhalt auch die Formatierung und eventuelle Kommentare gelöscht werden, müssen Sie beim Ziehen des Ausfüllkästchens gleichzeitig [Strg] gedrückt halten. In diesem Fall erscheint neben dem Fadenkreuz noch ein Pluszeichen.

Große Bereiche löschen

Die Methode mit dem Ausfüllkästchen oder dem Symbol **AutoAusfüllen** ist praktisch bei kleinen Bereichen. Bei großen Bereichen führen die folgenden Schritte am schnellsten zum Ziel:

1. Markieren Sie zunächst den Bereich an der linken oberen Ecke.
2. Benutzen Sie [F8], um den Bereich zu erweitern.
3. Wählen Sie die rechte untere Eckzelle aus.
4. Benutzen Sie [Entf] oder **Start > Bearbeiten > Löschen**.
5. Schalten Sie den Erweiterungsmodus mit [F8] wieder aus.

Wenn Sie den Befehl benutzen, erhalten Sie ein Menü, in dem Sie genau bestimmen können, was gelöscht werden soll: alles, nur die Formatierung, nur der Zellinhalt, nur die Kommentare oder nur die Hyperlinks. Über das Kontextmenü zu einem Bereich können Sie auch den Befehl **Inhalte löschen** verwenden.

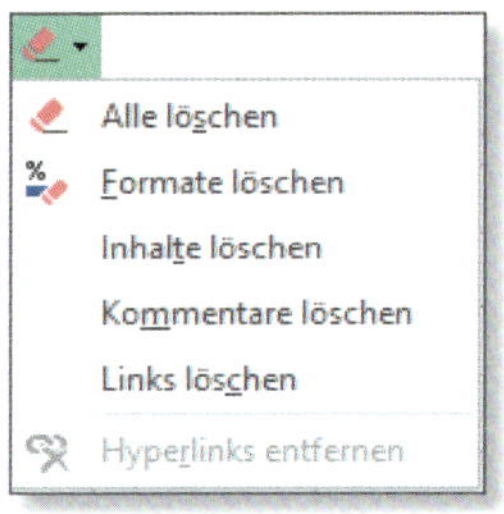

▲ ***Abbildung 2.43*** *Das Menü der Schaltfläche »Löschen« bietet verschiedene Löschvarianten an.*

TIPP

Alles halb so schlimm!
Wenn Sie mal in der Hektik des Büroalltags etwas Falsches gelöscht haben, keine Sorge. Alle beschriebenen Löschvorgänge lassen sich mit der Schaltfläche **Rückgängig** wieder ungeschehen machen.

Die korrekte Schreibung prüfen

Eine Tabelle oder ein Diagramm kann noch so elegant formatiert sein, wenn sich in den Texten Rechtschreibfehler eingenistet haben, ist es immer ärgerlich, manchmal auch peinlich. Fehler in der Schreibweise können aber auch zu falschen Informationen führen, etwa wenn bei einer Bestellung eine Bezeichnung für ein Produkt nicht stimmt.

Sie haben in Excel die Möglichkeit, Texte schon während der Eingabe in der Bearbeitungsleiste zu prüfen.

1. Wollen Sie nur ein bestimmtes Wort oder nur einen Teil des Zellinhalts prüfen lassen, müssen Sie diesen zunächst markieren.
2. Soll der gesamte Zellinhalt geprüft werden, können Sie gleich die Rechtschreibprüfung aufrufen. Am schnellsten geht das mit F7 oder dem Symbol **ABC** aus der Gruppe **Überprüfen > Dokumentprüfung**.

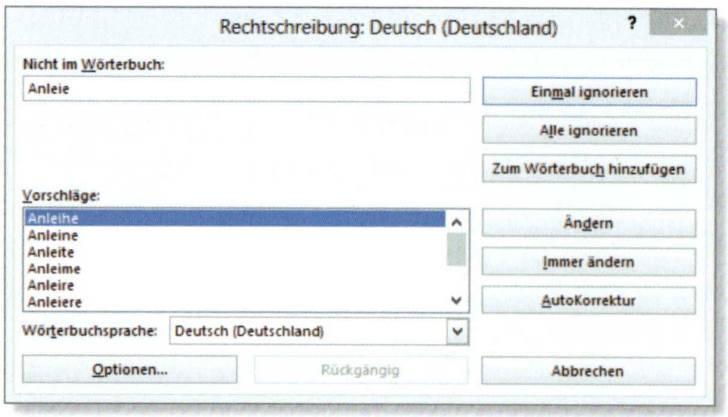

*^ **Abbildung 2.44** Bei einem Fehler werden häufig Korrekturvorschläge aufgelistet.*

Sollen Zellbereiche im Tabellenblatt geprüft werden, klicken Sie zunächst die Zelle an, ab der die Prüfung stattfinden soll, denn Excel prüft jeweils ab der Position der aktiven Zelle. Ist dies nicht die Zelle A1, werden Sie beim Erreichen des Tabellenblattendes gefragt, ob die Prüfung am Anfang fortgesetzt werden soll. Ist dagegen ein Zellbereich markiert, wird nur dieser Bereich geprüft. Findet Excel keinen Fehler, erhalten Sie nur die Bestätigung, dass die Prüfung abgeschlossen ist.

Der Fehlerfall

Sollte der Fehlerteufel zugeschlagen haben, öffnet Excel das Dialogfeld **Rechtschreibung**. Sofern möglich, gibt Excel unter **Vorschläge** Korrekturmöglichkeiten vor, die Sie anklicken und mit der Schaltfläche **Ändern** übernehmen können.

Werden keine oder keine verwertbaren Vorschläge angeboten, können Sie den korrekten Wert in das erste Textfeld unter **Nicht im Wörterbuch** eintragen und mit **Ändern** übernehmen. Mit **Immer ändern** erreichen Sie, dass der Fehler beim nächsten Vorkommen automatisch korrigiert wird.

Solange der Dialog geöffnet ist, kann eine solche Korrektur mit der Schaltfläche **Rückgängig** auch wieder zurückgenommen werden. Wird nach Schließen des Dialogs die Schaltfläche **Rückgängig** aus der Schnellzugriffsleiste benutzt, werden dagegen alle Korrekturen, die innerhalb des Dialogs vorgenommen wurden, wieder zurückgenommen.

Ist das Wort richtig geschrieben, obwohl es nicht im Wörterbuch oder Benutzerwörterbuch steht, können Sie **Einmal ignorieren** benutzen. Excel belässt das Wort, wie es ist, und sucht den nächsten Fehler. **Alle ignorieren** belässt auch alle weiteren Vorkommen dieses Wortes unverändert. Dazu verwaltet das Programm eine entsprechende Liste.

Die andere Möglichkeit ist, das monierte Wort mit **Zum Wörterbuch hinzufügen** in eines der Benutzerwörterbücher aufzunehmen. Die Schaltfläche **AutoKorrektur** im Dialog **Rechtschreibung** erlaubt außerdem, das falsche und das richtige Wort in die Liste einzufügen, die die im nächsten Abschnitt thematisierte Funktion **AutoKorrektur** benutzt. Immer wenn Sie dann in Zukunft das falsche Wort eintippen, wird es automatisch durch das richtige ersetzt.

Einsatz von Wörterbüchern

Excel 2013 bietet für die Prüfung der in den Tabellenblättern enthaltenen Texte Wörterbücher an, und zwar gleich für mehrere Sprachen. Sie können also ohne Probleme auch Arbeitsmappen mit englischen, französischen oder spanischen Beschriftungen prüfen. Wenn Sie zur Prüfung einer Arbeitsmappe oder eines markierten Bereichs das Wörterbuch einer anderen Sprache verwenden wollen, wählen Sie im Dialogfeld **Rechtschreibung** die gewünschte Sprache aus der Liste bei **Wörterbuchsprache** aus.

Da die Wörterbücher aber weder alle möglichen Wortkombinationen noch die Spezialausdrücke Ihres Arbeitsbereichs – Fachausdrücke, Produktnamen, Abkürzungen, Firmennamen oder Kundennamen – kennen, besteht gleichzeitig die Möglichkeit, sich zusätzliche eigene Wörterbücher (Benutzerwörterbücher) anzulegen. Diese können dann jeweils zur Prüfung der Schreibweise mit herangezogen werden.

1 Wenn Sie nicht mit dem vorgegebenen Standardbenutzerwörterbuch RoamingCustom.*dic* arbeiten wollen, benutzen Sie zunächst die Schaltfläche **Optionen**.

2 Diese führt in den Dialog **Excel-Optionen**, wo Sie auf der Seite **Dokumentprüfung** neben einer Reihe von Einstellungen für die Rechtschreibprüfung die Schaltfläche **Benutzerwörterbücher** finden.

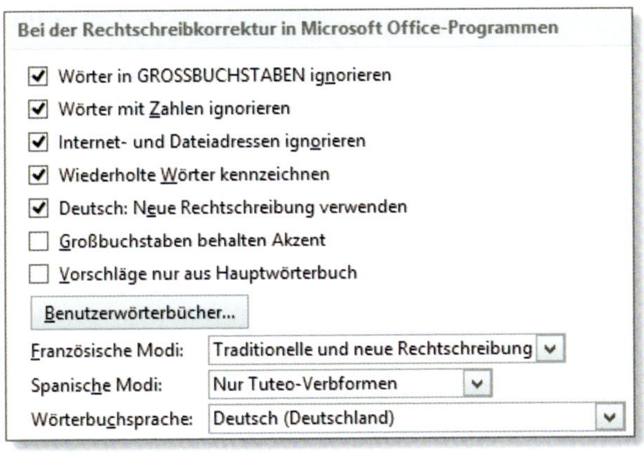

Abbildung 2.45 Für die Arbeitsweise der Rechtschreibprüfung gibt es zahlreiche Einstellungsmöglichkeiten.

3 Wählen Sie hier das gewünschte Wörterbuch aus der Liste aus. Wird das Wörterbuch noch nicht in der Liste angezeigt, benutzen Sie **Hinzufügen** und geben den Pfad des Wörterbuchs an.

4 Um ein ganz neues Wörterbuch anzulegen, benutzen Sie die Schaltfläche **Neu** und geben einen passenden Namen an. Wählen Sie unter **Wörterbuchsprache** die Sprache dieses neuen Wörterbuchs.

5 Soll die Wortliste eines der Benutzerwörterbücher an dieser Stelle bearbeitet werden, markieren Sie zunächst das entsprechende Benutzerwörterbuch und benutzen dann **Wortliste bearbeiten**.

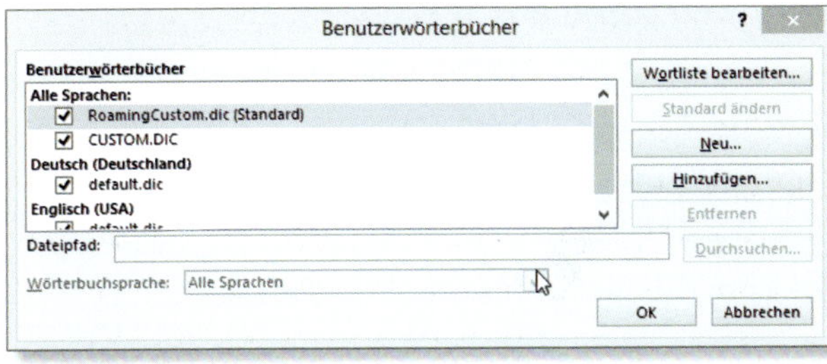

Abbildung 2.46 Hier lassen sich eigene Wörterbücher anlegen.

6 In dem kleinen Dialog können Sie einfach die gewünschten Wörter nacheinander eintragen.

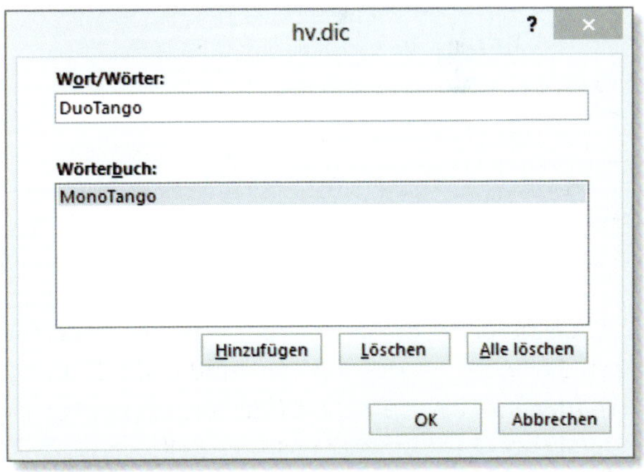

Abbildung 2.47 Über diesen einfachen Dialog fügen Sie Wörter zu einem eigenen Wörterbuch hinzu.

Ausgeschlossen von der Rechtschreibprüfung sind übrigens neben geschützten Dokumenten Formeln und Texte, die Ergebnis einer Formel sind.

> **TIPP**
>
> **Einfache Wortlisten**
> Die benutzerdefinierten Wörterbücher sind übrigens nichts weiter als einfache Textdateien mit dem Dateityp *.dic*. Sie enthalten alphabetisch sortierte Wortlisten, die sich mit jedem Texteditor bearbeiten lassen. Excel speichert diese Dateien benutzerbezogen in dem Ordner *\UProof*.

Eingaben automatisch ersetzen

Die Rechtschreibprüfung wird ergänzt durch die im vorhergehenden Abschnitt schon angesprochene Funktion **AutoKorrektur**. Sie gehört zweifelsfrei zu den Funktionen in Excel, die Ihnen das Leben etwas leichter machen.

Wie diese Funktion arbeiten soll, können Sie über das Dialogfeld **AutoKorrektur** festlegen. Sie erreichen es über **Datei > Optionen > Dokumentprüfung** und die Schaltfläche **AutoKorrektur-Optionen**.

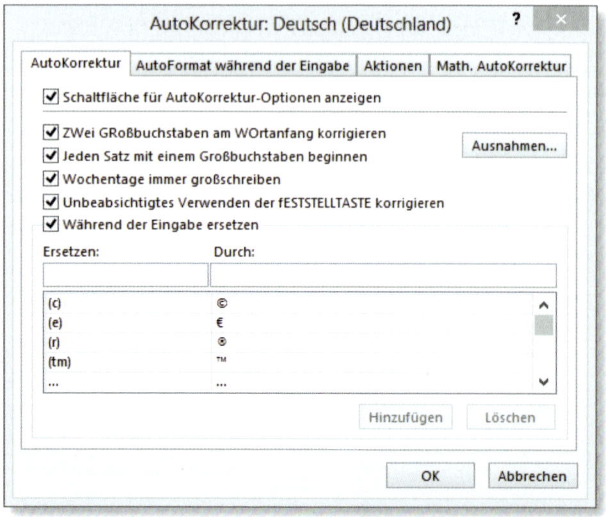

*^ **Abbildung 2.48** Auf dem Register »AutoKorrektur« pflegen Sie die Liste der automatischen Ersetzungen.*

Es geht dabei einmal darum, einigen typischen Fallstricken, die bei der Eingabe von Beschriftungen und Textwerten lauern, zu entgehen. Dass Sie bei der Eingabe einen Moment zu lange ⇧ gedrückt halten, wird beispielsweise durch die Option **Zwei GRoßbuchstaben am Wortanfang korrigieren** abgefangen.

Da bei Abkürzungen aber gelegentlich doch mehrere Großbuchstaben aufeinanderfolgen, können Sie über die Schaltfläche **Ausnahmen** auf dem Register **WOrtanfang GRoß** Zeichenfolgen ablegen, die nicht korrigiert werden sollen. Auf einem zweiten Register **Erster Buchstabe** ist noch eine Liste von Abkürzungen wie *etc.* oder *allg.* abgelegt, die verhindert, dass der hier verwendete Punkt als Satzende gedeutet wird, was ja danach einen Großbuchstaben erzwingen würde, jedenfalls solange die Option **Jeden Satz mit einem Großbuchstaben beginnen** aktiviert ist.

Hilfreich ist auch die Option **Unbeabsichtigtes Verwenden der fESTSTELLTASTE korrigieren**. Excel ersetzt dann eine Eingabe wie »hANS mEIER« nicht nur durch *Hans Meier*, sondern hebt auch die Fixierung der ⇧-Taste auf.

Vor allem aber können Sie Excel beauftragen, bestimmte Eingaben automatisch durch andere zu ersetzen. Dazu müssen Sie natürlich die Option **Während der Eingabe ersetzen** eingeschaltet lassen.

Das lässt sich einmal dazu nutzen, um typische Eingabefehler zu vermeiden. Wer z. B. häufiger statt »Firma« irrtümlich »Firma« eintippt, erhält beim Verlassen der Zelle trotzdem *Firma*. Auf diese Weise können Sie Ihre persönlichen Verschreibe-Ticks – falls Sie solche haben sollten – sehr einfach bändigen.

Zum anderen können Sie **AutoKorrektur** benutzen, um für häufig vorkommende lange Einträge Kürzel zu verwenden. Wenn Sie z. B. in Ihren Tabellen häufiger den Eintrag »Finanzkasse« benötigen, geht es auch mit dem Kürzel »FK«.

Die Liste im Dialogfeld gibt schon zahlreiche solcher Ersetzungen für häufig vorkommende Fehler und für Kürzel vor. Wenn Sie selbst neue Ersetzungspaare anlegen wollen, reichen die folgenden Schritte:

1. Geben Sie unter **Ersetzen** zunächst die Zeichenfolge ein, die ersetzt werden soll.
2. Unter **Durch** tragen Sie ein, wodurch die in Schritt 1 angegebene Zeichenfolge ersetzt werden soll.
3. Benutzen Sie die Schaltfläche **Hinzufügen**, um das neue Paar in die Ersetzungsliste einzubeziehen.

Soll ein bestehendes Ersetzungspaar geändert werden, wählen Sie es in der Liste aus und korrigieren die beiden Teile in den Eingabefeldern **Ersetzen** und **Durch**. Mit der Schaltfläche **Ersetzen**, die dann angeboten wird, übernehmen Sie das neue Paar.

AutoKorrektur ist auch für die Eingabe von Sonderzeichen sehr praktisch. Eine ganze Reihe solcher Ersetzungen wird schon vorgegeben, beispielsweise (c) für ©. Wenn Sie öfter das Zeichen für den japanischen Yen benötigen, können Sie unter **Ersetzen** beispielsweise »yy« eingeben und unter **Durch** die Tastenkombination Alt + 0, 1, 6, 5.

TIPP

Nicht nur für Excel
Die AutoKorrektur-Liste gilt für alle Office-Programme, die auf Ihrem System im Einsatz sind, also auch für Word, PowerPoint etc.

Mathematische AutoKorrektur

Neu seit Excel 2010 in diesem Dialog ist ein Register **Math. AutoKorrektur**. Hier ist bereits eine ganze Reihe von Paaren mit Ersatzzeichenfolgen vorgegeben, die Sie zum Einfügen von mathematischen Symbolen verwenden können, etwa *\varphi* für das Zeichen ϕ.

Diese Zeichen stehen allerdings nur bei der Eingabe von mathematischen Formeln mit dem Formeleditor zur Verfügung, den Sie über **Einfügen** in der Gruppe **Symbole** finden.

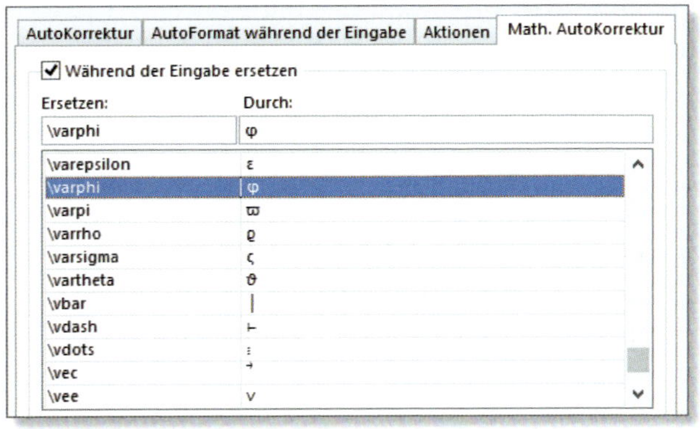

Abbildung 2.49 *Für mathematische Sonderzeichen lassen sich Ersatzzeichenfolgen bestimmen.*

2.4 Datenreihen erzeugen

Überall, wo ein Zellbereich mit Daten gefüllt werden soll, die erkennbar eine Reihe bilden, lässt sich die Dateneingabe automatisieren. Reihen vereinfachen die Beschriftung von Zeilen und Spalten und die fortlaufende Nummerierung z. B. von Artikeln oder Lagerplätzen. Auch wenn Sie Testdaten für Planspiele oder den Test von Formeln oder Makros brauchen, kann die Ausfüllfunktion viel Zeit sparen.

Zwei Methoden stehen zur Verfügung, die Arbeit mit dem Ausfüllkästchen oder dem Symbol **AutoAusfüllen** auf dem Touchscreen und der Befehl **Start > Bearbeiten > Füllbereich**. Die Schaltfläche öffnet ein Menü mit mehreren Optionen zur Reihenbildung.

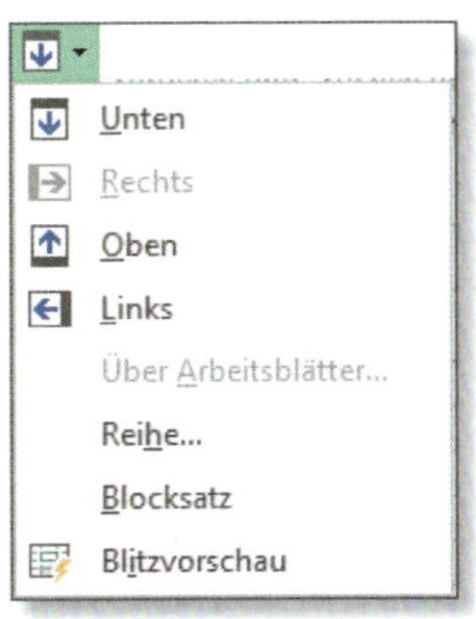

Abbildung 2.50 *Das Menü der Schaltfläche »Füllbereich«*

Bei kleinen Reihen kommen Sie mit Maus, Finger oder Stift schnell zum Ziel, bei großen Reihen gibt der Befehl mehr Kontrolle über die Reihenbildung.

Datenreihen mit dem Ausfüllkästchen

Eine häufig benötigte Datenreihe sind Quartalsbezeichnungen. Hier ist das Ausfüllkästchen ganz praktisch.

1. Geben Sie die Bezeichnung für das Quartal ein, mit dem die Reihe beginnen soll – es muss nicht das erste Quartal sein.
2. Setzen Sie den Mauszeiger genau auf das Ausfüllkästchen ①.
3. Mit gedrückter linker Maustaste wird der Hilfsrahmen, der dann erscheint, entweder innerhalb der Zeile nach rechts oder auch nach links oder innerhalb der Spalte nach unten oder oben ausgedehnt. Zur Kontrolle wird immer angezeigt, welches Quartal ② gerade erreicht wurde.

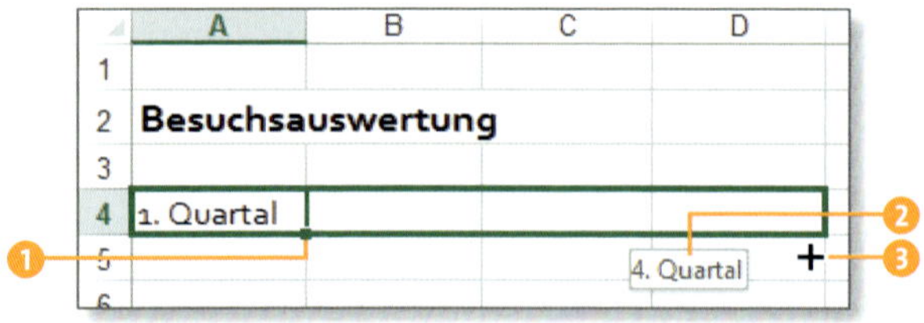

*^ **Abbildung 2.51** Mehr als das Startquartal müssen Sie nicht eintragen, der Rest wird aufgezogen.*

4. Ist eine Reihe zu lang geraten, können Sie mit dem Mauszeiger ③ in die entgegengesetzte Richtung ziehen, um die überflüssigen Zellen zu löschen.
5. Wenn Sie die Maustaste wieder loslassen, ist der mit dem Hilfsrahmen ausgewählte Bereich ausgefüllt.

Excel 2013 blendet dann normalerweise die Schaltfläche **Auto-Ausfülloptionen** ein. Ein Klick öffnet ein Menü, wo Sie beispielsweise wählen können, dass im Ausnahmefall die Formate der Ausgangszelle nicht mit übernommen werden. Im Normalfall überträgt Excel beim Ausfüllen auch die Formatierung der Ausgangszelle auf die neuen Zellen.

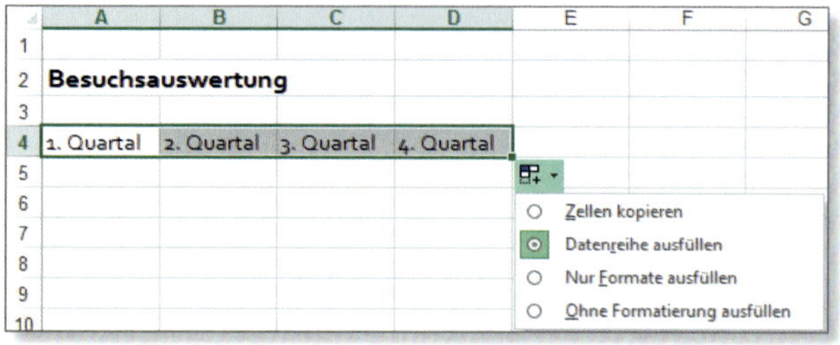

*^ **Abbildung 2.52** Am Ende der Aktion erscheint die Schaltfläche »Auto-Ausfülloptionen«, die das angezeigte Menü anbietet.*

Reihen mit Finger oder Stift

Ausgewählte Zellen auf einem Touchscreen bieten Ihnen kein Ausfüllkästchen an. Für die Reihenbildung können Sie aber das Symbol **AutoAusfüllen** einblenden, das oben bereits beschrieben wurde.

1. Wenn Sie die Zelle für das 1. Quartal kurz berühren, erscheint im Kontextmenü die Schaltfläche **AutoAusfüllen**.
2. Diese Schaltfläche blendet anstelle des Ausfüllkästchens das etwas größere Symbol mit einem Pfeil ein.
3. Wenn Sie dieses Symbol mit Finger oder Stift nach rechts ziehen, fügt Excel eine Reihe mit den anderen Quartalen ein.

Das **AutoAusfüllen**-Symbol kann auch nach unten gezogen werden, um spaltenweise Reihen zu bilden. Wenn Sie das Symbol nach oben oder nach links ziehen, wird eine bestehende Reihe verkürzt oder eine neue absteigende Reihe gebildet.

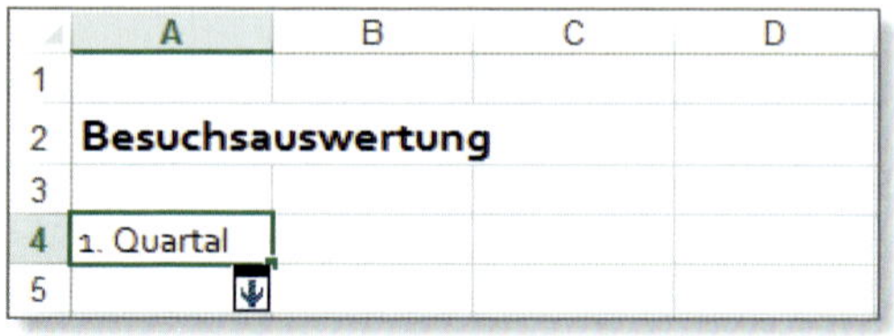

*^ **Abbildung 2.53** Reihenbildung mit dem Symbol »AutoAusfüllen«*

Reihen oder Kopien?

Was die Reihenbildung liefert, hängt vom Inhalt der zunächst markierten Ausgangszelle(n) ab. Das Programm prüft, ob sich daraus eine fortlaufende Reihe erzeugen lässt oder nicht. Wenn nicht, werden die Zellinhalte nur kopiert. Wenn Sie verhindern wollen, dass Excel eine mögliche Reihe erzeugt, müssen Sie beim Ziehen `Strg` gedrückt halten. Dann werden nur Kopien geliefert.

Oder Sie benutzen die Option **Zellen kopieren** über die Schaltfläche **Auto-Ausfülloptionen**. Damit kann eine Reihe auch nachträglich in eine Folge von Kopien verwandelt werden und umgekehrt. Die Schaltfläche wird übrigens erst bei der nächsten Dateneingabe oder beim nächsten Speichern wieder ausgeblendet.

Steht in der Startzelle ein Name wie »Müller«, erzeugt das Ziehen des Ausfüllkästchens lauter *Müller*-Zellen. Schreiben Sie dagegen in die erste Zelle `Haus 1`, unterstellt das Programm, dass Sie eine Reihe von Häusern durchnummerieren wollen, also *Haus 1, Haus 2, Haus 3*.

Dabei spielt es keine Rolle, wo die Zählnummer steht. Am Anfang muss sie allerdings durch ein Leerzeichen vom Text getrennt sein. Dabei kann hinter der Nummer noch ein Punkt stehen. Ein Eintrag wie »1.Tag« ergibt also immer nur *1.Tag*, während »1. Tag« oder auch »1 Mbyte« eine durchnummerierte Reihe ergibt. Außerdem kann »1er« benutzt werden, um eine Ordinalzahlenreihe zu erzeugen.

Soll eine fortlaufende Nummerierung erzeugt werden, reicht es aus, in die erste Zelle `1` oder eine andere Startzahl einzugeben. Allerdings muss dann über **Auto-Ausfülloptionen** die Option **Datenreihe ausfüllen** gewählt werden, weil Excel sonst die Zahl nur kopiert. Alternativ können Sie auch beim Ziehen die `Strg`-Taste gedrückt halten. Wenn die Aufeinanderfolge nicht in Einerschritten erfolgen soll, ist es notwendig, zunächst zwei Zellen auszufüllen und zu markieren. Die erste Zelle enthält den Startwert und die zweite Zelle den nächsten Wert, sodass das Programm den Schrittwert – das **Inkrement** – erkennen kann.

Aufsteigende und absteigende Reihen

Sie können das Ausfüllkästchen oder das Symbol **Auto-Ausfüllen** in die rechten oder in die unteren Nachbarzellen ziehen, um aufsteigende Reihen zu erzeugen. Ziehen Sie das Ausfüllkästchen dagegen zu den linken oder den oberen Nachbarzellen, entstehen absteigende Reihen.

Zeitreihen

Zeitreihen können linear wie beim Datum oder kreisförmig wie bei der Uhrzeit oder bei Wochentagen oder Monatsreihen sein. Die Abstände werden entweder nach dem ersten Wert automatisch in Einerschritten oder durch den Inhalt einer zweiten Zelle bestimmt.

Tabelle 2.7 zeigt einige Beispiele:

Anfangswerte	Fortsetzung der Reihe
8:15	9:15 10:15 11:15
Di	Mi Do Fr Sa So Mo Di
Mo	Di Mi Do Fr Sa So
1. Mai 15. Mai	29. Mai 12. Jun 26. Jun
Januar	Februar März April
Mai 11 Sept 11	Jan 12 Mai 12 Sep 12
1. Quartal	2. Quartal 3. Quartal

Tabelle 2.7 *Beispiele für lineare und zyklische Reihen*

Die Bezeichnung »Quartal« können Sie ausschreiben oder abkürzen: »Qrtl« oder »Q«. Auch Monatsnamen und Tagesnamen dürfen Sie auf drei bzw. zwei Buchstaben abkürzen.

Arithmetische Reihen

Arithmetische Reihen sind Reihen mit konstantem Abstand. Um sie durch Ziehen zu erzeugen, müssen Sie immer mindestens zwei Zellen markieren, die den ersten und den zweiten Wert der Reihe enthalten.

Anfangswerte	Fortsetzung der Reihe
4 7	10 13 16 19
1.	2. 3. 4.
6 3	0 −3 −6
1,2 1,6	2 2,4 2,8
1er	2er 3er 4er
1er 5er	9er 13er 17er

Tabelle 2.8 Lineare Zahlenreihen

Geometrische Reihen

Bei geometrischen Reihen wird jeweils der vorhergehende Wert mit einem konstanten Faktor multipliziert. Diese Reihen können Sie allerdings nur über das Dialogfeld **Reihe** erzeugen, das mit **Start > Bearbeiten > Füllbereich > Reihe** geöffnet wird. Die hier angebotenen Optionen entsprechen ansonsten den Operationen mit dem Ausfüllkästchen oder dem Symbol **AutoAusfüllen**.

Anfangswerte	Fortsetzung der Reihe
2 (Inkrement 2)	4 8 16
3 (Inkrement 5)	3 15 75

Tabelle 2.9 Beispiele für geometrische Reihen

TIPP

Reihen korrigieren
Ist eine Datenreihe zu lang geraten, können Sie die Reihe komplett auswählen und dann das Ausfüllkästchen so weit nach innen ziehen, bis die überflüssigen Glieder der Reihe mit dem grauen Raster bedeckt sind. Wenn Sie loslassen, sind diese Zellen gelöscht. Um die Reihe zu erweitern, ziehen Sie das Ausfüllkästchen einfach erneut in die entsprechende Richtung.

Interaktive Trendanalyse

Das Ausfüllkästchen oder das Symbol **AutoAusfüllen** ermöglicht Ihnen auch eine einfache Trendanalyse. Hier ein Beispiel für die Auswertung von Besucherzahlen:

1. Sie geben in einer Spalte die Besucherzahlen der letzten sechs Monate ein.
2. Sie markieren die sechs ausgefüllten Zellen und ziehen dann um weitere sechs Zellen nach unten.
3. Sie erhalten eine arithmetische Trendberechnung für das zweite Halbjahr nach der Methode der kleinsten Quadrate. Die Ausgangswerte bleiben dabei unverändert.

Abbildung 2.55 zeigt ein Beispiel mit einem Liniendiagramm, das die Zahlenreihe auswertet.

Spezielle Optionen beim AutoAusfüllen

Benötigen Sie für einen Projektplan eine Liste von Wochentagen, können Sie das Ausfüllkästchen oder das Symbol **AutoAusfüllen** in einer Spalte nach unten ziehen und am Ende im Menü der Schaltfläche **Auto-Ausfülloptionen** die Option **Wochentage ausfüllen** aufrufen.

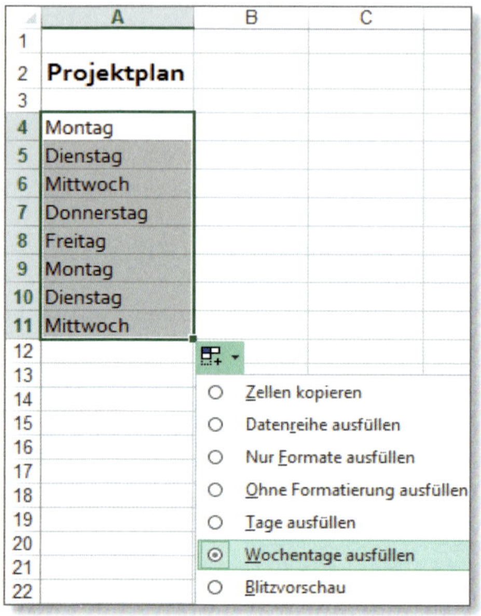

Abbildung 2.54 Optionen beim Ausfüllen

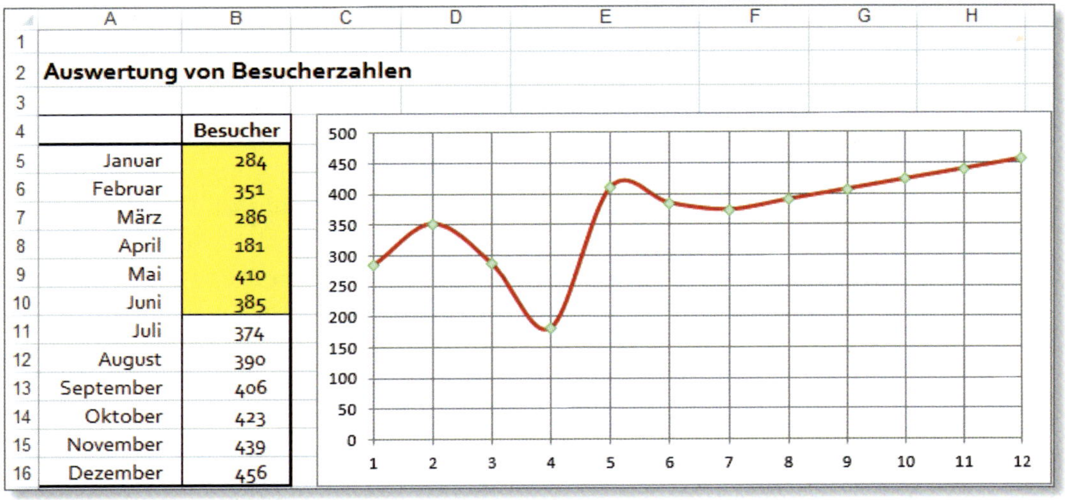

Abbildung 2.55 Einfache lineare Trendanalyse von Besucherzahlen

Bei Zahlenwerten können hier neben arithmetischen Trends auch exponentielle Wachstumstrends berechnet werden, wobei auch in diesem Fall die Ausgangswerte nicht verändert werden.

Reihenbildung für einen vorgegebenen Bereich

Der Dialog **Reihe** gibt Ihnen noch einige zusätzliche Möglichkeiten zur Reihenbildung. Das erste Verfahren sieht so aus:

1 Sie markieren zunächst den kompletten Bereich, der gefüllt werden soll, einschließlich der Startzelle. Dabei können auch mehrere Zellen gleichen Typs gleichzeitig als Startzellen eingesetzt werden, wie Abbildung 2.56 zeigt:

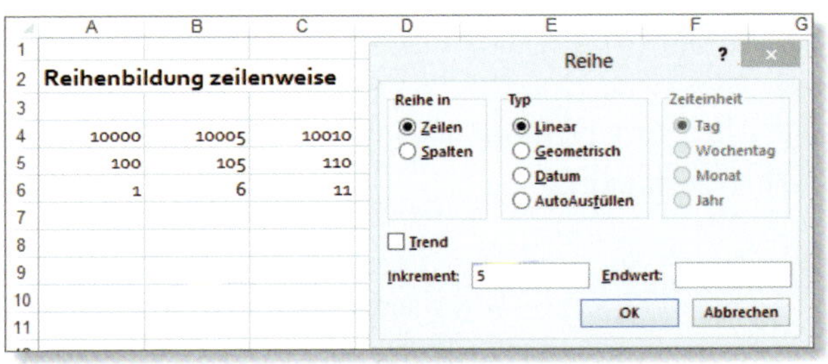

Abbildung 2.56 Mehrere Reihen lassen sich in einem Zug erstellen.

2 Anschließend benutzen Sie auf dem Register **Start** in der Gruppe **Bearbeiten** aus dem Menü des Symbols **Füllbereich** die Option **Reihe**.

3 Im Dialog bestimmen Sie das **Inkrement**, also den Schrittwert. Die Vorgaben zu **Reihe in** und **Typ** übernehmen Sie.

Wenn Sie den Dialog bestätigen, füllt Excel den vorher ausgewählten Bereich mit linearen Zahlenreihen, die alle den angegebenen Schrittwert verwenden.

Reihenbildung mit einem Endwert

Das alternative Verfahren, das Sie hier anwenden können, kontrolliert die Ausweitung der Reihe nicht über den ausgewählten Zellbereich, sondern über einen Endwert. Angenommen, Sie wollen eine Liste mit 100 Positionen erzeugen. In der ersten Spalte soll eine fortlaufende Nummer erscheinen. Dann verfahren Sie wie folgt:

1 Sie wählen dazu in der Spalte für die vorgesehene Positionsnummer nur die erste Zelle mit dem ersten Wert aus.

2 Wählen Sie unter **Reihe in** diesmal **Spalten**, da die Reihe ja nach unten ausgeweitet werden soll.

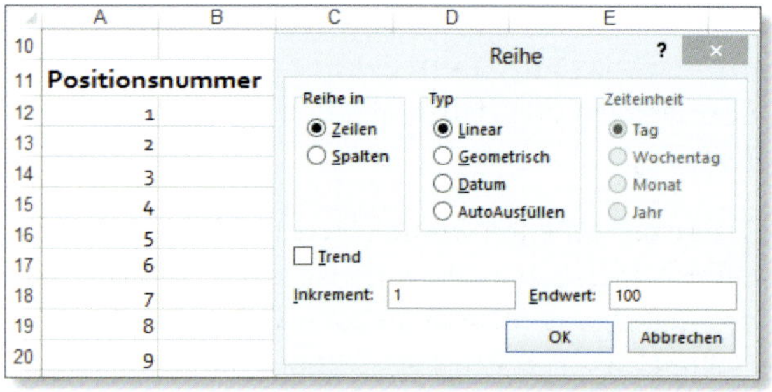

Abbildung 2.57 In diesem Fall wird die Reihenbildung durch einen Endwert gesteuert.

3 In der zweiten Optionsgruppe wird der Typ der Datenreihe ausgewählt. Excel gibt den Typ aufgrund der markierten Startzelle(n) vor. In diesem Fall kann wieder **Linear** übernommen werden.

4 Neben dem Schrittwert unter **Inkrement** geben Sie diesmal unter **Endwert** den Wert an, bei dem die Bildung der Reihe gestoppt wird.

Wenn Sie den Dialog bestätigen, fügt Excel so lange neue Werte in die Spalte ein, bis der angegebene Endwert erreicht ist.

Das Dialogfeld **Reihe** erlaubt insgesamt vier verschiedene Reihentypen:

- **Linear:** Der unter **Inkrement** eingegebene Schrittwert wird jeweils auf den letzten Wert aufaddiert. Ist das Kontrollkästchen **Trend** abgehakt, wird der Schrittwert unter **Inkrement** ignoriert und ein linearer Trend berechnet. Im Unterschied zur entsprechenden Mausfunktion werden hierbei die Ausgangswerte überschrieben.
- **Geometrisch:** Multipliziert den letzten Wert jeweils mit dem Schrittwert. Ist das Kontrollkästchen **Trend** abgehakt, wird der Schrittwert ignoriert und ein geometrischer Trend berechnet. Die Ausgangswerte werden überschrieben.
- **Datum:** Wenn Sie diese Einstellung wählen, können Sie unter **Zeiteinheit** die Einheit wählen, die für die Reihe benutzt werden soll. Der Schrittwert unter **Inkrement** bezieht sich dann auf diese Einheit. Ein Terminplan, in dem alle 14 Tage etwas zu tun ist, lässt sich so leicht erstellen. Sie wählen »14« als **Inkrement** und **Tag** als **Zeiteinheit**.
- **AutoAusfüllen:** Bei dieser Einstellung werden **Inkrement** und **Endwert** ignoriert. Diese Einstellung setzt voraus, dass der komplette Bereich für die Reihe vorher markiert und die Art der Reihe durch die Werte in den Ausgangszellen erkennbar ist. Diese Einstellung entspricht dem, was Sie mit dem Ziehen des Ausfüllkästchens erreichen.

Außer bei der Option **AutoAusfüllen** und bei der Einstellung **Trend** können Sie unter **Inkrement** den Schrittwert für eine Datenreihe angeben. **Endwert** muss nur eingegeben werden, wenn Sie nicht den kompletten Bereich für die Reihe markieren.

TIPP

Der Datentyp sollte übereinstimmen
Beachten Sie, dass die Werte für **Inkrement** und **Endwert** zu dem Datentyp der Reihe passen sollten. Wenn Sie beispielsweise eine Reihe von Zeitwerten bilden wollen, liefert ein Inkrement von »00:30« halbstündige Sprünge.

Eigene Listen generieren

Zusätzlich zu den bisher beschriebenen Datenreihen können Sie auch Datenreihen erzeugen, die ganz unabhängig von numerischen Reihen oder Zeitreihen sind. Das kann z. B. die Liste der Niederlassungen einer Firma sein oder eine Aufstellung über Produktgruppen. Um beispielsweise die Orte verschiedener Niederlassungen als Datenreihe zu definieren, verfahren Sie folgendermaßen:

1 Wählen Sie im Dialog **Excel-Optionen** auf dem Register **Erweitert** unter **Allgemein** die Schaltfläche **Benutzerdefinierte Listen bearbeiten**.

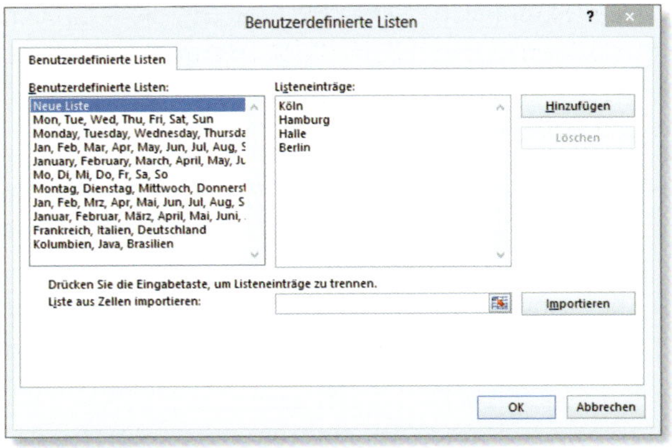

Abbildung 2.58 *In diesem Dialog können Sie Listen direkt eingeben oder aus Zellbereichen importieren.*

2 Sie können die Liste hier entweder direkt eintragen oder aus einer Spalte oder Zeile eines Arbeitsblatts importieren. Wählen Sie zunächst im linken Feld die Position **Neue Liste**.

3 Wenn Sie die Liste manuell eintragen wollen, schreiben Sie die einzelnen Werte unter **Listeneinträge** untereinander. Schließen Sie jeden Eintrag mit [↵] ab. Benutzen Sie am Ende die Schaltfläche **Hinzufügen**. Bei umfangreichen Listen oder wenn Sie Werte aus vorhandenen Tabellen übernehmen können, ist es praktischer, die Listeneinträge zu importieren. Wählen Sie unter **Liste aus Zellen importieren** den entsprechenden Bereich, und benutzen Sie die Schaltfläche **Importieren**.

4 Um die selbst definierte Liste im Arbeitsblatt zu verwenden, müssen Sie nur einen gültigen Eintrag aus der Liste in die erste Zelle des Bereichs eintragen, der gefüllt werden soll. Wenn Sie dann das Ausfüllkästchen nach rechts oder nach unten ziehen, erscheinen die übrigen Einträge aus der Liste.

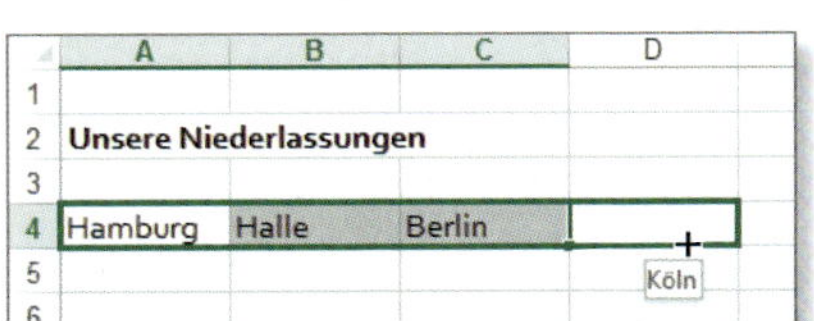

Abbildung 2.59 *Einfügen einer Reihe mithilfe einer benutzerdefinierten Liste*

Auf dem Touchscreen blenden Sie über das Kontextmenü der ersten Zelle in der Reihe das Symbol **AutoAusfüllen** ein und ziehen den Pfeil in die gewünschte Richtung.

Die Listen arbeiten immer kreisförmig. Anstatt den Bereich aufzuziehen, können Sie auch den zu füllenden Bereich markieren und dann **Start > Bearbeiten > Füllbereich > Reihe** mit der Option **AutoAusfüllen** benutzen.

Eingaben per Mustererkennung

Eine ganze neue Methode, Spalten mit Inhalt zu füllen, wird unter dem etwas ungenauen Namen *Blitzvorschau* angeboten, wie schon angesprochen eine schlechte Übersetzung für *Flash Fill*. Dabei geht es um ein Verfahren, das mit Mustererkennung arbeitet. Ein erstes Beispiel soll zeigen, was damit gemeint ist. Die Methode kann beispielsweise als Hilfe beim Umgang mit Adressen eingesetzt werden.

1 Sie übernehmen aus einer externen Datenquelle eine Spalte mit Zu- und Vornamen, getrennt durch ein Komma.

2 Nun wollen Sie den Zunamen separat in der Nachbarspalte als Benutzernamen ablegen. Dazu genügt es, in der ersten Zelle dieser zweiten Spalte den ersten Benutzernamen abzulegen.

3 Wenn Sie dann in der zweiten Zelle darunter den Befehl **Start > Bearbeiten > Füllbereich > Blitzvorschlag** verwenden oder, schneller noch, [Strg] + [E] benutzen, nimmt das Programm an, dass Sie diese Freistellung des Zunamens in der gesamten Spalte haben wollen, und erledigt dies auf der Stelle.

4 Bei der ersten Zelle erscheint die Schaltfläche **Blitzvorschauoptionen** mit Befehlen, um notfalls das Ausfüllen rückgängig zu machen oder um die gefüllten Zellen auszuwählen.

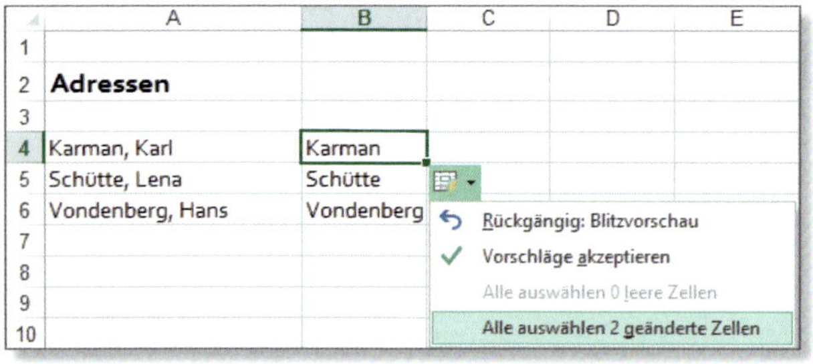

Abbildung 2.60 Erstes Beispiel für die Funktion »Blitzvorschau«

Dieses Verfahren funktioniert auch mit zahlreichen anderen Mustern. Wenn Sie beispielsweise eine Spalte mit ISBN-Nummern haben und wollen die zweite Zahl freistellen, können Sie ebenso verfahren, falls die Zahlengruppen durch Striche getrennt sind.

Umgekehrt geht es auch. Sie können beispielsweise den Inhalt von zwei verschiedenen Spalten in einer neuen Spalte zusammenfügen, etwa die getrennten Vor- und Zunamen zu einem Kundennamen. Dabei lassen sich auch bestimmte erkennbare Bestandteile durch andere ersetzen.

Es ist also möglich, an bestimmten Stellen Zeichenfolgen oder Ziffern hinzuzufügen. Wenn das erste Muster nicht eindeutig ist, arbeiten Sie mit zwei oder drei Mustern, sodass das Programm möglichst exakt verfahren kann.

Eine einmal erzeugte Reihe lässt sich auch später noch automatisch ändern. Wenn Sie in dem Beispiel mit den Vor- und Zunamen in der ersten Zelle der Reihe den Vornamen nachträglich abkürzen, werden auch die anderen Vornamen in der Spalte abgekürzt. Abbildung 2.61 zeigt eine Reihe von Beispielen.

Blitzvorschau macht in vielen Fällen komplizierte Textumwandlungen mithilfe von Makros und Textfunktionen überflüssig. Der Befehl wird übrigens auch auf dem Register **Daten** in der Gruppe **Datentools** angeboten.

	A	B
1	Helmut Vonhoegen (Hrsg.)	H. Vonhoegen (ed.)
2	Helmut Kraus (Hrsg.)	H. Kraus (ed.)
3	Andreas Maslo (Hrsg.)	A. Maslo (ed.)
4		
5	049-221-888888	+49(221) 888888
6	049-211-77777	+49(211) 77777
7	001-77777-999999	+01(77777) 999999
8		
9	(6/7) + (7/5)	(6 / 7) & (7 //5)
10	(3/6) + (5/3)	(3 / 6) & (6 //3)
11	(2/5) + (6/3)	(2 / 5) & (5 //3)
12		
13	3-540-653566-2	35406535662
14	34-77-666-555	3477666555
15	345-7777-66-7777	3457777667777

Abbildung 2.61 Weitere Beispiele für die Arbeit mit der Mustererkennung

2.5 Beschriftungen und Werte prüfen

Wenn Sie in die Zelle eines Tabellenblatts etwas eingeben, akzeptiert das Programm Ihre Dateneingabe, ohne den Datentyp, den Wert oder die Länge der Eingabe zu kontrollieren. Darin unterscheidet sich ein Tabellenblatt von einem Formular auf einer Webseite oder in einer anderen Anwendung.

Dort sind in einem Feld meist nur bestimmte Datentypen erlaubt, die Werte werden auf Plausibilität geprüft, und bei Kennwörtern ist beispielsweise nur eine bestimmte Anzahl von Zeichen zugelassen. Die Freiheit, die das Tabellenblatt erlaubt, ist in vielen Situationen sehr angenehm, denn sie sorgt dafür, dass Sie damit sehr flexibel arbeiten können.

In bestimmten Situationen ist es aber sinnvoll, die Dateneingabe mehr oder weniger streng zu überwachen, um zu verhindern, dass Kalkulationstabellen unbrauchbare Ergebnisse liefern. Das gilt besonders dann, wenn Sie eine Tabelle aufbauen, bei der andere Personen die Daten eingeben sollen, die sich vielleicht nicht besonders gut mit Excel auskennen.

In Kapitel 26, »VBA-Praxis«, ab Seite 819 werden Sie kennenlernen, wie Sie Eingabemasken für Zellbereiche selbst entwickeln können. Aber Excel 2013 bietet Ihnen noch eine leichter zugängliche Möglichkeit, Regeln für Daten festzulegen, die in bestimmten Zellbereichen erlaubt sind. Diese Funktion wird **Datenüberprüfung** genannt. Im folgenden Abschnitt möchte ich Ihnen anhand eines Beispiels zeigen, wie Sie diese Funktion einsetzen können.

Gültigkeitsregeln für eine Preisspalte

Bei einer Preisliste sollte verhindert werden, dass irrtümlich ein negativer Preis oder durch einen doppelten Tastenanschlag ein Preis, der über dem des teuersten Artikels liegt, eingegeben wird. Zu diesem Zweck können Sie für die Zellen einer Preisspalte entsprechende Gültigkeitskriterien festlegen.

1 Markieren Sie zunächst den Zellbereich, für den Gültigkeitskriterien gelten sollen.

2 Benutzen Sie auf der Registerkarte **Daten** in der Gruppe **Datentools** die Schaltfläche **Datenüberprüfung**.

Abbildung 2.62 Die »Datenüberprüfung« finden Sie in der Gruppe »Datentools« auf dem Register »Daten«.

3 Auf dem Register **Einstellungen** wählen Sie unter **Zulassen** den Listeneintrag **Dezimal** und unter **Daten** den Eintrag **zwischen**.

4 Um negative Werte zu verhindern, geben Sie unter **Minimum** »0« ein.

5 Angenommen, der teuerste Artikel kostet weniger als 300 €, geben Sie unter **Maximum** »300« ein.

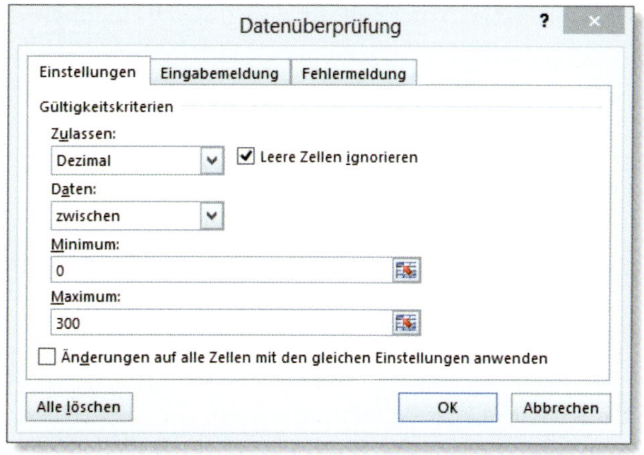

Abbildung 2.63 Auf dem Register »Einstellungen« können Sie die Kriterien für die Gültigkeit von Daten sehr flexibel festlegen.

6 Es ist normalerweise sinnvoll, das Kontrollkästchen **Leere Zellen ignorieren** abzuhaken, damit der Fall, dass der Wert noch nicht eingegeben worden ist, nicht als Fehler zählt. Da einer leeren Zelle intern aber der Wert Null zugeordnet ist, hat diese Option hier keine Bedeutung.

7 Auf dem Registerblatt **Eingabemeldung** können Sie zusätzlich unter **Titel** und **Eingabemeldung** noch Hinweise eintragen. Sie erscheinen, wenn Sie eine der Zellen auswählen. Lassen Sie dazu das Kontrollfeld bei **Eingabemeldung anzeigen, wenn Zelle ausgewählt wird** abgehakt.

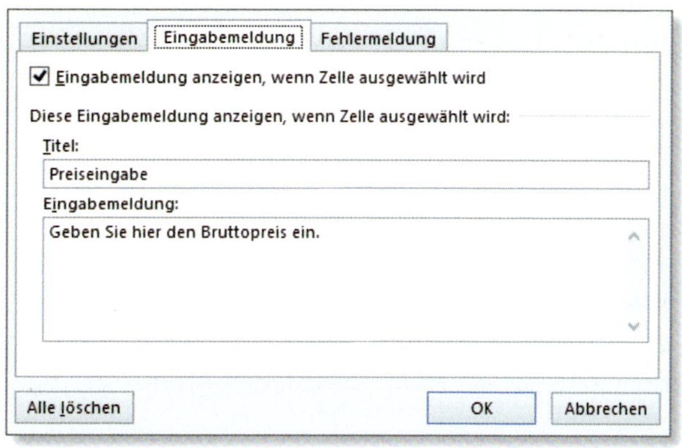

Abbildung 2.64 Der Eingabehinweis kann auch weggelassen werden.

8 Die Reaktion von Excel auf eine unkorrekte Eingabe steuern Sie über das Registerblatt **Fehlermeldung**. Zunächst sollte die Fehlerbehandlung eingeschaltet sein, also lassen Sie die Option **Fehlermeldung anzeigen, wenn ungültige Daten eingegeben wurden** aktiviert.

9 Unter **Titel** und **Fehlermeldung** tragen Sie Texte ein, die möglichst brauchbare Hinweise bei Fehleingaben geben. Gerade wenn die Daten von anderen Personen eingegeben werden, sollten Sie hier nicht zu wortkarg bleiben.

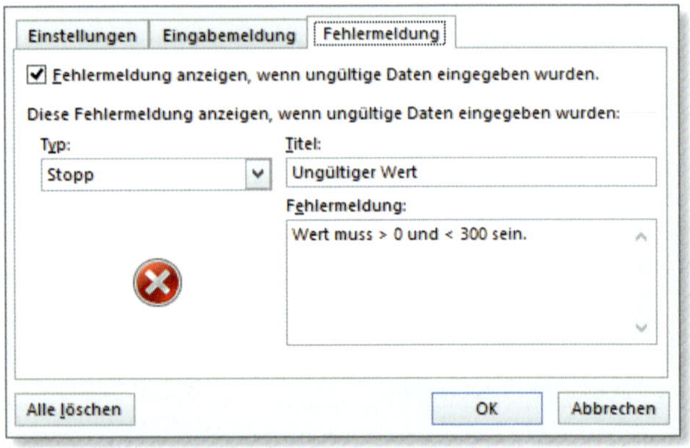

*^ **Abbildung 2.65** Die Fehlermeldung sollte eine klare Information liefern.*

10 Unter **Typ** wählen Sie schließlich das Merkzeichen aus, das der Fehlermeldung vorgesetzt wird. Das ist nicht nur eine optische Wahl, sondern damit entscheiden Sie, wie sich Excel im Fehlerfall verhält. Wenn Sie die Option **Stopp** wählen, wird rigoros verhindert, dass eine falsche Eingabe in die Zelle eingetragen wird. Sie müssen die Eingabe wiederholen, bis sie akzeptiert wird, oder abbrechen.

11 Bestätigen Sie den gesamten Dialog mit **OK**.

Wird nun eine solche Zelle zur Eingabe ausgewählt, erscheint zunächst die festgelegte Eingabeaufforderung, und zwar in Form eines Kommentars.

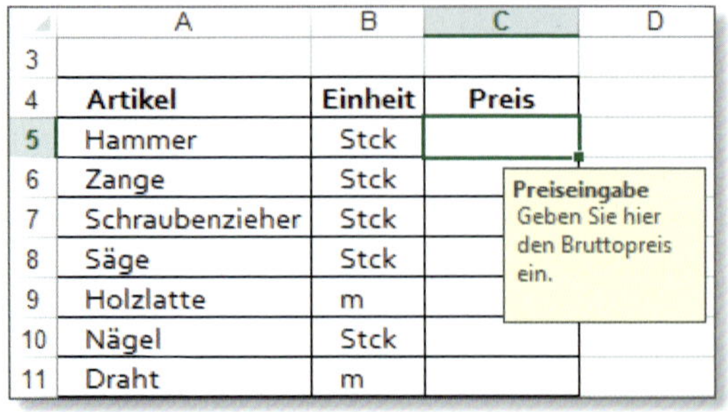

*^ **Abbildung 2.66** Der Hinweis, der vor der Eingabe erscheint*

Wenn Sie nun beispielsweise einen zu hohen Preis eingegeben haben, erscheint die vorher definierte Fehlermeldung. Mit der Schaltfläche **Wiederholen** wird der falsche Wert zum Überschreiben in der betreffenden Zelle markiert. **Abbrechen** leert die Zelle dagegen.

*^ **Abbildung 2.67** Die Reaktion auf einen Fehler ist ziemlich streng.*

Eingabelisten nutzen

Zur Datenüberprüfung lassen sich sehr gut auch Listen verwenden, aus denen Sie die möglichen Eingaben für eine Zelle ohne Eintippen übernehmen können. Das verhindert nicht nur falsche Eingaben, sondern ist auch noch eine gern genutzte Arbeitserleichterung, insbesondere dann, wenn es sich um längere Textwerte handelt.

In dem folgenden Beispiel wird eine Liste von Kategorien verwendet, um Buchtitel in einer Tabelle danach zu ordnen.

1 Wird eine längere Liste von erlaubten Werten benötigt, ist es ganz praktisch, diese Liste zunächst in einem freien Zellbereich anzulegen.

2 Ist die Liste fertig, sollten Sie den entsprechenden Bereich mit einem passenden Namen versehen, etwa »Kategorien«. Markieren Sie den Bereich, und geben Sie den Namen einfach in das Namenfeld ein. Das hat den Vorteil, dass dieser Bereich leicht erweitert werden kann, ohne das Gültigkeitskriterium ändern zu müssen.

3 Im nächsten Schritt markieren Sie die Spalte der Tabelle, in der Sie den Buchtiteln jeweils die entsprechende Kategorie zuweisen. Um das zu tun, wählen Sie wieder **Daten > Datentools > Datenüberprüfung**.

4 Auf dem Register **Einstellungen** nehmen Sie unter **Zulassen** die Option **Liste**. Unter **Quelle** geben Sie den Namen des Bereichs an, in dem die Kategorien abgelegt sind, oder Sie übernehmen ihn mit F3. Vergessen Sie nicht, ein Gleichheitszeichen davorzusetzen. Kurze Listen können Sie hier auch direkt eintragen, getrennt durch Semikola.

5 Wichtig ist dabei die Option **Zellendropdown**. Sie sorgt dafür, dass die möglichen Zellwerte bei der Eingabe zur Auswahl angeboten werden.

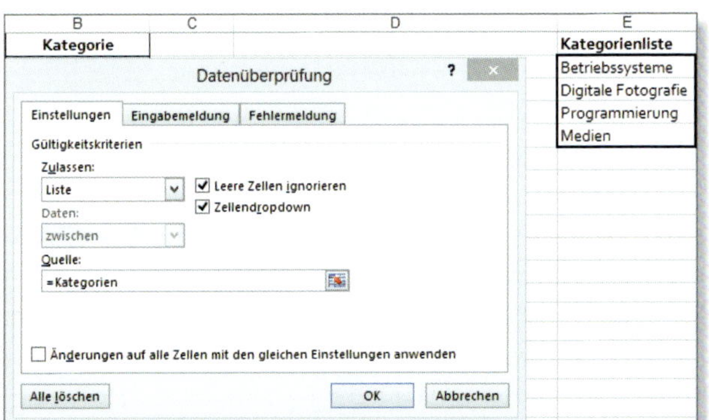

Abbildung 2.68 *Listen sind sehr praktische Gültigkeitskriterien, weil sie Ihnen eine Menge Tipparbeit abnehmen können.*

6 Wenn Sie zulassen wollen, dass ausnahmsweise auch eine andere Kategorie angegeben werden darf, benutzen Sie auf dem Register **Fehlermeldung** unter **Typ** die Option **Warnung**. Bei einer bisher nicht in der Liste vorgesehenen Eingabe erscheint dann ein kleiner Dialog, in dem Sie mit **Ja** den monierten Wert zulassen können. **Nein** markiert die Eingabe zum Überschreiben. Excel merkt sich den zugelassenen Wert aber nicht, moniert ihn beim nächsten Mal also erneut.

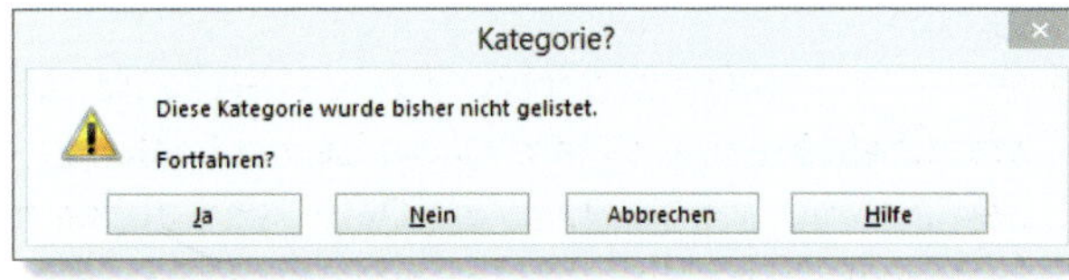

Abbildung 2.69 *Warnung bei einer bisher nicht gelisteten Eingabe*

7 Wird nun in der Spalte für die Kategorien eine Zelle ausgewählt, erscheint eine kleine Schaltfläche, mit der Sie die Liste der möglichen Einträge öffnen. Es reicht dann ein Klick oder Tipp auf den gewünschten Eintrag, um ihn zu übernehmen.

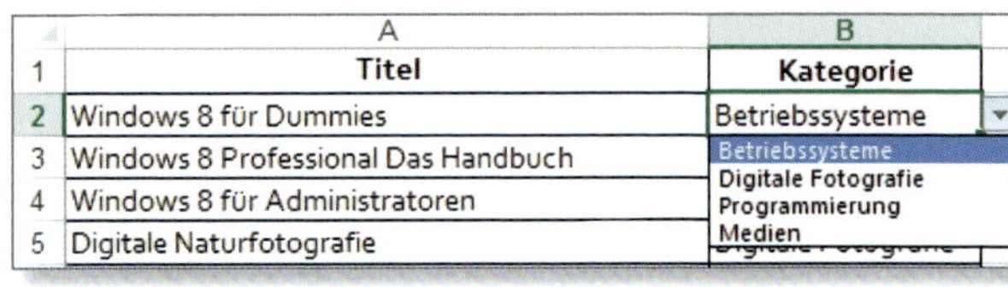

Abbildung 2.70 *Markierte Zelle mit geöffneter Liste. Ein Klick reicht, um den Eintrag zu übernehmen.*

Anstelle des Typs **Warnung** können Sie in Schritt 6 auch die Option **Informationen** verwenden. Sie ist dafür gedacht, auf bestimmte Dinge hinzuweisen, die bei der Dateneingabe zu bedenken sind. Sie können sich dann immer noch entscheiden, ob Sie den Eintrag mit **OK** akzeptieren oder die Eingabe doch abbrechen.

Mögliche Gültigkeitskriterien

Das Listenfeld **Zulassen** auf dem Register **Einstellungen** erlaubt ganz unterschiedliche Gültigkeitskriterien.

Zahlenwerte lassen sich mit der Option **Ganze Zahl** auf Ganzzahlen einschränken. Für die Optionen **Dezimal**, **Ganze Zahl**, **Datum**, **Zeit** und **Textlänge** wählen Sie aus der Liste zu **Daten** verschiedene Vergleichsoperatoren: **zwischen**, **nicht zwischen**, **gleich**, **ungleich**,

größer als, **kleiner als**, **größer oder gleich**, **kleiner oder gleich**. Zeit- und Datumswerte müssen dabei in einem gültigen Format eingegeben werden.

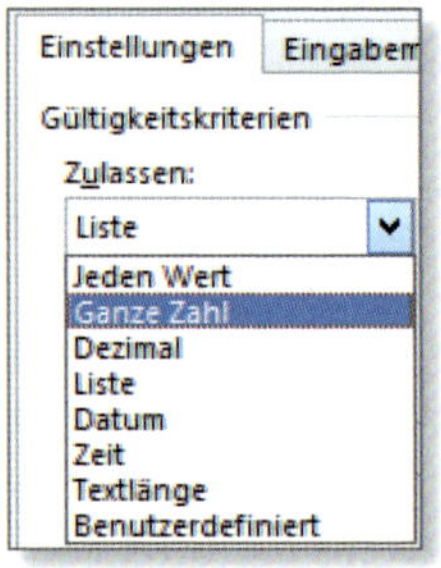

Abbildung 2.71 *Zahlreiche Typen von Kriterien erlaubt die Liste unter »Zulassen«.*

Die Option **Benutzerdefiniert** erlaubt es auch, Gültigkeitskriterien über Formeln zu definieren. In dem folgenden Beispiel geht es um die Schätzung von Seitenzahlen für die Kapitel eines Buchprojekts. Ein Maximum von 500 Seiten soll nicht überschritten werden. Die Formel dafür wäre `=SUMME(Seitenzahlen) < 500`, wobei `Seitenzahlen` der benannte Bereich für die Seitenangaben ist. Die Formel definiert also eine Bedingung, die erfüllt sein muss, damit ein eingegebener Wert akzeptiert wird.

TIPP

Kriterien für benannte Bereiche

Es ist nicht ungeschickt, den Zellbereich, dem Sie Gültigkeitskriterien zuordnen, vorher mit einem Namen zu belegen. Verändert sich der benannte Bereich später durch Einfügen oder Löschen von Zellen, gelten die Regeln weiter für den korrekt ausgewählten Zellbereich.

Markieren monierter Daten

Wenn Sie *ungültige* Daten über die Optionen **Warnung** oder **Information** zugelassen haben, bietet Ihnen das Menü zu der Schaltfläche **Start > Datentools > Datenüberprüfung** die Option **Ungültige Daten einkreisen**, mit der die entsprechenden Zellen nachträglich rot markiert werden können. Mit der Option darunter – **Gültigkeitskreise löschen** – können Sie diese Fehlerkennzeichnung wieder löschen.

Diese Markierung mit roten Kreisen können Sie auch nutzen, wenn Sie Gültigkeitsregeln für Zellen festlegen, die nicht zur Eingabe, sondern zur Berechnung verwendet werden. Überschreitet der berechnete Wert etwa ein bestimmtes Maximum, wird die Zelle bei der Überprüfung rot eingekreist.

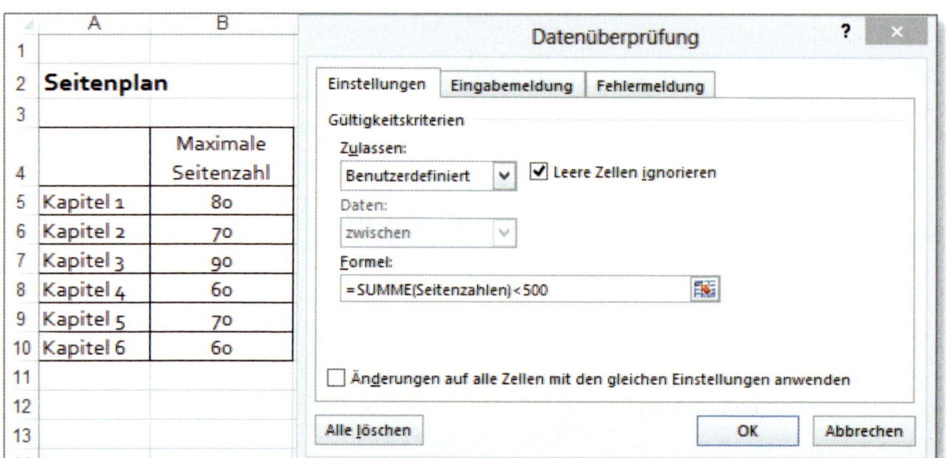

Abbildung 2.72 *Sobald der maximale Wert überschritten wird, wird eine Fehlermeldung angezeigt.*

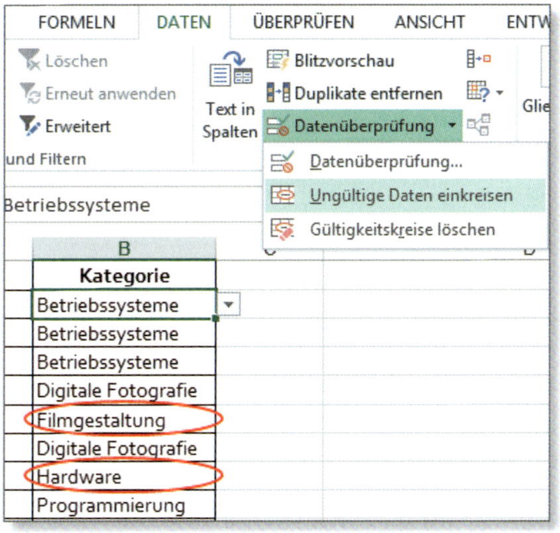

Abbildung 2.73 *Markierte ungültige Daten*

Regeln ändern oder löschen

Soll eine Gültigkeitsregel geändert werden, ist es nicht nötig, zunächst wieder alle Zellen zu markieren, für die die bisherige Gültigkeitsregel gilt.

1. Es reicht, wenn Sie eine davon betroffene Zelle auswählen.
2. Wählen Sie wieder **Start > Datentools > Datenprüfung**, und ändern Sie die entsprechenden Einträge im Dialogfeld.
3. Haken Sie auf dem Register **Einstellungen** das Kontrollkästchen bei **Änderungen auf alle Zellen mit den gleichen Einstellungen anwenden** ab.

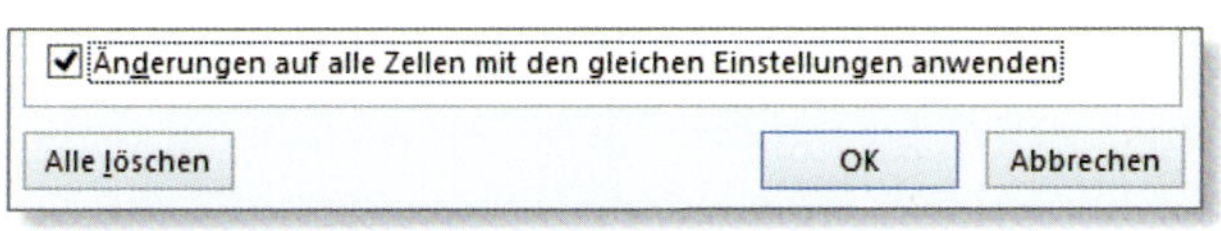

Abbildung 2.74 *Änderungen an den Gültigkeitskriterien lassen sich auf alle betroffenen Zellen übertragen.*

Excel überträgt die neue Regel auf alle Zellen, für die die alte Regel galt. Sollen Regeln ganz gelöscht werden, klicken Sie im Dialogfeld auf die Schaltfläche **Alle löschen**.

Regeln übertragen

Wenn Sie eine Gültigkeitsregel auf weitere Bereiche ausdehnen wollen, markieren Sie die Zellen, für die die Regel bisher galt, und zusätzlich die Zellen, auf die die Regel ausgedehnt werden soll. Wenn Sie dann erneut **Datenüberprüfung** verwenden, werden Sie gefragt, ob Sie die Gültigkeitsprüfung auf die neuen Zellen ausdehnen wollen.

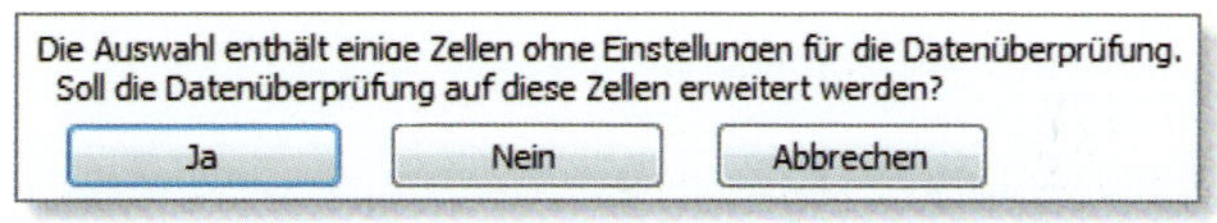

Abbildung 2.75 *Nachfrage bei der Ausweitung der Datenüberprüfung auf einen zusätzlichen Zellbereich*

Antworten Sie mit **Ja**, und bestätigen Sie noch einmal die Daten im Dialogfeld. Auf benachbarte Zellen kann eine Gültigkeitsregel auch mit dem Ausfüllkästchen oder dem Symbol **AutoAusfüllen** ausgeweitet werden. Haben Sie dagegen einen Bereich ausgewählt, in dem bereits verschiedene Datenüberprüfungen eingerichtet sind, erhalten Sie beim Start der Datenprüfung folgende Nachfrage:

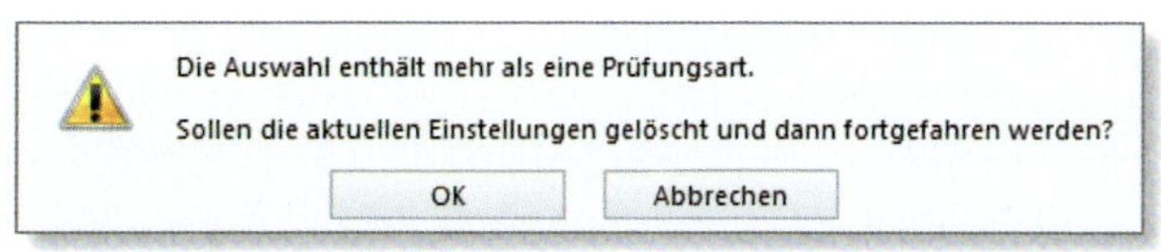

Abbildung 2.76 *Nachfrage bei mehreren Regeln in einem Zellbereich*

Es ist dann besser, abzubrechen und die Bereiche einzeln zu bearbeiten. Wenn Sie sehen wollen, für welche Zellbereiche die Datenüberprüfung aktuell eingerichtet ist, benutzen Sie **Start > Bearbeiten > Suchen und Auswählen** und nehmen im Menü der Schaltfläche die Option **Datenüberprüfung**. Die entsprechenden Bereiche werden dann ausgewählt.

2.6 Tabellen neu organisieren und umbauen

Im Gegensatz zu Zeichen, die Sie auf ein Blatt Papier schreiben, kleben die Zeichen auf dem Tabellenblatt nicht an der Zelle fest. Sie brauchen weder Schere noch Klebstoff, um den Aufbau einer Tabelle zu ändern.

Zellbereiche umordnen oder kopieren

Um Beschriftungen, Werte oder Formeln neu anzuordnen, bietet Excel die Operation **Verschieben** an. Die Daten werden dabei an der alten Position gelöscht und erscheinen an der neuen.

Ebenso fundamental für die Arbeit in einem Arbeitsblatt ist die Operation **Kopieren**. Sie kann immer angewendet werden, wenn Daten an mehreren Stellen benötigt werden, insbesondere jedoch, um aus einer Formel strukturgleiche Formeln zu erzeugen. Das Kopieren lohnt sich oft auch dann, wenn Sie die Kopie nachträglich noch etwas überarbeiten müssen.

Sowohl beim **Verschieben** als auch beim **Kopieren** werden normalerweise neben dem Zellinhalt auch das Format der betroffenen Zellen und eventuell vorhandene Kommentare mitgenommen. Beim Kopieren ist es aber ebenso möglich, Inhalt, Format und Kommentare getrennt zu behandeln.

Ein wichtiger Unterschied betrifft die Behandlung von Zellbezügen in Formeln. Während diese Bezüge beim Verschieben unverändert bleiben, werden sie beim Kopieren in der Regel angepasst. Mehr dazu finden Sie in Kapitel 3, »Mit Formeln arbeiten«, ab Seite 221.

Zelleinträge mit der Maus verschieben

Die einfachste Methode, Inhalt und Format einer Zelle oder eines markierten Bereichs an eine andere Position zu verschieben, nennt sich *Ziehen und Ablegen* oder *Drag & Drop*.

1 Sie bewegen den Zellzeiger auf den Markierungsrahmen der Zelle oder des markierten Zellbereichs, sodass er die Form eines Pfeils mit einem Pfeilkreuz annimmt.

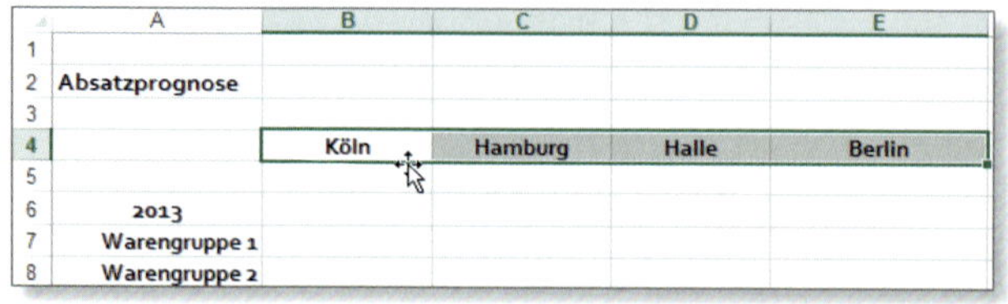

Abbildung 2.77 *Markierte Zellbereiche lassen sich am Rahmen ziehen.*

2 Sie drücken die linke Maustaste und ziehen den Rahmen an die Zielposition. Zur Kontrolle erscheint immer die gerade erreichte Zelladresse.

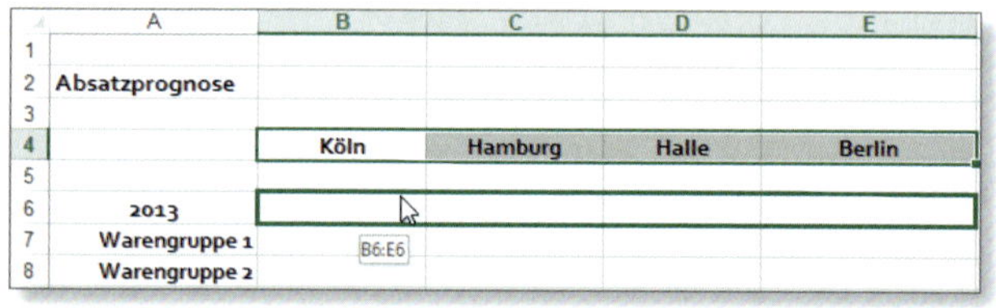

Abbildung 2.78 *Die Adressen der erreichten Position werden fortlaufend angezeigt.*

3 An der Zielposition lassen Sie die Maustaste los. Der Zellbereich hat damit seine neue Position erreicht.

Wenn Sie den Rahmen über den Fensterrand hinausziehen, rollt der Bildschirmausschnitt des Tabellenblatts in die entsprechende Richtung. Falls Sie sich mal *verzogen* haben, klicken Sie einfach auf die Schaltfläche **Rückgängig** in der Schnellzugriffsleiste.

Auch ganze Zeilen oder Spalten lassen sich mit dieser fixen Methode verschieben. Sie müssen dafür nur die entsprechenden Zeilen- oder Spaltenköpfe markieren und den Rahmen in die entsprechende Richtung ziehen. Auf diese Weise kann etwa die Reihenfolge der Spalten in einer Tabelle in wenigen Sekunden geändert werden.

Befinden sich an der Zielposition bereits Daten, fragt Excel vorsichtshalber nach, ob diese Zellen überschrieben werden sollen. Wenn Sie bestätigen, werden die bisherigen Daten im Zielbereich gelöscht. Auch dies können Sie im Fehlerfall wieder rückgängig machen.

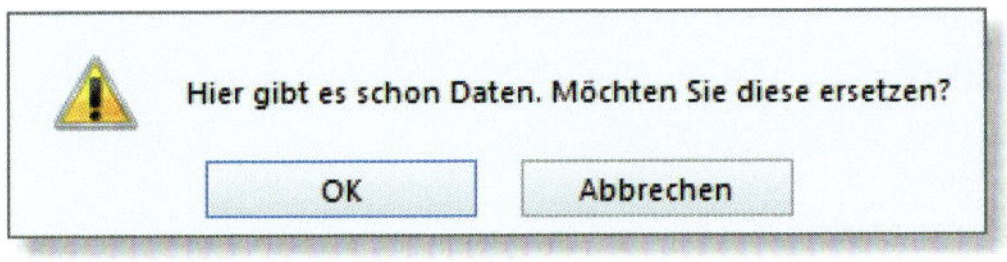

^ ***Abbildung 2.79*** *Nachfrage, wenn an der neuen Position bereits Daten vorhanden sind*

Verschieben und einfügen

Wenn Sie Zellinhalte an einen Ort verschieben wollen, an dem für diese Zellinhalte durch das Einfügen neuer Zellen erst Platz geschaffen werden muss, können Sie auch diese Operation mit der Maus in einem Zug ausführen.

	A	B	C	D	E	F
14						
15		Absatzentwicklung				
16						
17		Jan 11	Feb 11	Mrz 11	1. Quartal 2011	Jan 12
18	Produkt 1	10000	12000	12000	34000	11000
19	Produkt 2	12000	14400	17280	43680	11000
20	Produkt 3	13000	15600	18720	47320	13000
21	Produkt 4	11000	13200	15840	40040	12000
22	Produkt 5	10000	12000	14400	36400	14000
23	Produkt 6	12000	14400	17280	43680	12000

^ ***Abbildung 2.80*** *Versetzen und Einfügen mit der Maus, der I-Baum zeigt die Einfügeposition.*

Angenommen, Sie haben eine Tabelle, in der die Werte für das erste Quartal für zwei Jahre zunächst als Block nebeneinanderstehen. Zum besseren Vergleich sollen die Spalten so umgeordnet werden, dass die Werte für den Vergleichsmonat nebeneinanderstehen.

1. Um dies zu erreichen, markieren Sie jeweils die Monatsspalte, die verschoben werden soll, zuerst also die Spalte *Jan 10*.
2. Setzen Sie den Zellzeiger auf den Markierungsrand, halten Sie [⇧] gedrückt, und ziehen Sie mit dem Mauszeiger an die Zielposition.
3. Am Mauszeiger erscheint ein I-Baum, den Sie genau auf die Spaltenlinie setzen müssen, an die die Zellen eingefügt werden sollen. Im ersten Fall also auf die linke Spaltenlinie der Spalte *Jan 11*.
4. Sobald Sie die Maustaste loslassen, werden die Daten am Ursprungsort entfernt und erscheinen in dem frei gemachten Bereich. Die bisherigen Daten werden eine Spalte nach rechts versetzt.
5. Wiederholen Sie die letzten Schritte für die übrigen Spalten. Abbildung 2.81 zeigt das Ergebnis.

	A	B	C	D	E
1					
2		Absatzentwicklung			
3					
4		Jan 11	Jan 12	Feb 11	Feb 12
5	Produkt 1	10000	11000	12000	14400
6	Produkt 2	12000	11000	14400	13200
7	Produkt 3	13000	13000	15600	15600
8	Produkt 4	11000	12000	13200	14400
9	Produkt 5	10000	14000	12000	16800
10	Produkt 6	12000	12000	14400	14400

^ ***Abbildung 2.81*** *Die umgebaute Tabelle*

TIPP

Formelanpassung

Unter Umständen werden Sie nach diesen Schritten in den Spalten mit den Quartalssummen seltsame Werte finden. Das wird dann der Fall sein, wenn Sie die Quartalssummen vor der Umstellung der Spalten mit der Funktion *SUMME()* gebildet haben. Diese Funktion benutzt als Argument relative Bereichsangaben wie »addiere die Werte in den drei benachbarten Spalten«. Nach der Umstellung der Spalten liefert diese Anweisung aber einen ganz falschen Wert.

Wenn Sie dagegen die Summe für das erste Quartal durch eine einfache Addition wie `=B5+C5+D5` bilden, kann Excel die Formeln bei einer Verschiebung der Spalten ohne Probleme korrekt anpassen in `=B5+D5+F5`.

Verschieben auf andere Blätter oder Mappen

Wenn Sie die Ordnung in Ihren Dokumenten ändern wollen, wird es vorkommen, dass Sie Tabellen von einem Tabellenblatt auf ein anderes oder sogar in eine andere Arbeitsmappe verschieben wollen. Um einen Bereich auf ein anderes Blatt zu verschieben, verfahren Sie folgendermaßen:

1 Markieren Sie den Bereich auf seinem bisherigen Tabellenblatt.

2 Halten Sie `Alt` gedrückt, und ziehen Sie den Bereich am Rahmen auf das Register des Blatts, das den Bereich aufnehmen soll.

3 Das Blatt wird automatisch zum aktiven Blatt, und Sie können den markierten Bereich dorthin bewegen, wo er abgelegt werden soll.

Das Verschieben von Zellen mit der Maus ist in Excel 2013 nicht auf das aktive Arbeitsblatt beschränkt. Um einen Bereich aus einer Arbeitsmappe in eine andere zu ziehen, sollten Sie die Fenster der beiden Mappen so anordnen, dass die Blattregister beider Mappen sichtbar sind.

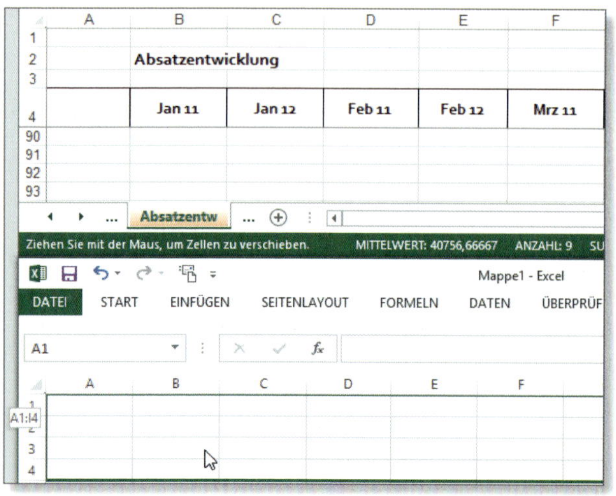

Abbildung 2.82 Wenn Sie die Fenster zweier Mappen untereinander öffnen, können Sie Zellbereiche direkt von einer Mappe in die andere ziehen.

Soll der Bereich verschoben werden, können Sie direkt den markierten Zellbereich am Rahmen in die andere Arbeitsmappe ziehen. Ist das oberste Blatt in dieser Mappe nicht das Ziel, halten Sie, wie oben beschrieben, `Alt` gedrückt und wählen erst das Register des gewünschten Tabellenblatts aus.

Verschieben über die Zwischenablage

Bei großen Bereichen ist es meist praktischer, sie mit **Ausschneiden** und **Einfügen** zu verschieben. Diese beiden Befehle benutzen die Zwischenablage von Windows. Am schnellsten geht das mit dem Symbol **Ausschneiden** und dem Symbol **Einfügen** in der Gruppe **Start > Zwischenablage** oder mit `Strg` + `X` und `Strg` + `V`.

1 Markieren Sie die Zelle oder den Zellbereich, die verschoben werden sollen.

2 Benutzen Sie das Symbol **Ausschneiden** (1) oder `Strg` + `X`. Excel kopiert die markierten Daten in die Zwischenablage und umgibt die Markierung mit einem Laufrahmen.

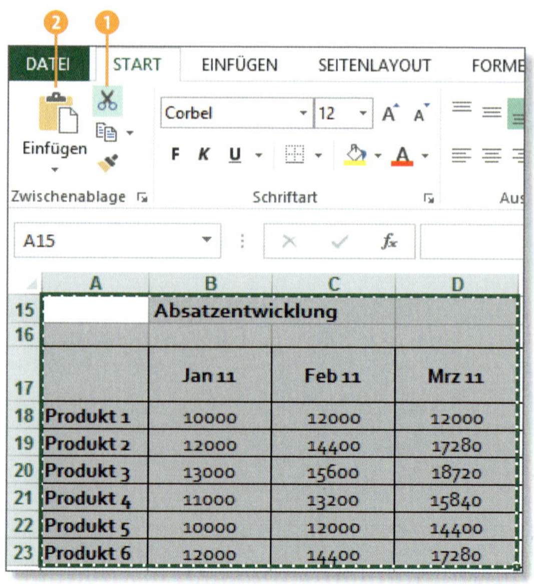

Abbildung 2.83 Der zum Ausschneiden markierte Bereich wird von einem Laufrahmen umgeben.

3 Wählen Sie die Zielzelle, die linke obere Zelle des Einfügebereichs oder den gesamten Einfügebereich. Sie können Ihre Auswahl so lange korrigieren, bis sie stimmt. (Wollen Sie den Vorgang abbrechen, drücken Sie [Esc].)

4 Schließen Sie die Verschiebung mit **Einfügen** ②, mit [Strg] + [V] oder mit [↵] ab. Der eingefügte Bereich bleibt markiert, sodass Sie gleich weitere Befehle auf diesen Bereich anwenden können.

Abbildung 2.84 *Der zum Einfügen markierte Bereich und das Symbol »Einfügen« auf dem Register »Start«*

Bei der Auswahl des Zielbereichs sind übrigens auch Überschneidungen mit dem Quellbereich erlaubt, wenn als Ziel die Eckzelle oder ein gleich großer Bereich angegeben wird. Liegt der Zielbereich auf einem anderen Blatt, wählen Sie vorher das jeweilige Blattregister. Liegt er in einer anderen Datei, wählen Sie das entsprechende Fenster.

Anders als beim Verschieben mit der Maus werden beim Einfügen aus der Zwischenablage im Zielbereich vorhandene Daten – anders als in älteren Versionen – ohne Warnung überschrieben.

Soll dagegen am Einfügebereich Platz geschaffen werden, klicken Sie den Zielbereich mit rechts an und benutzen die im Kontextmenü angebotene Option **Ausgeschnittene Zellen einfügen**.

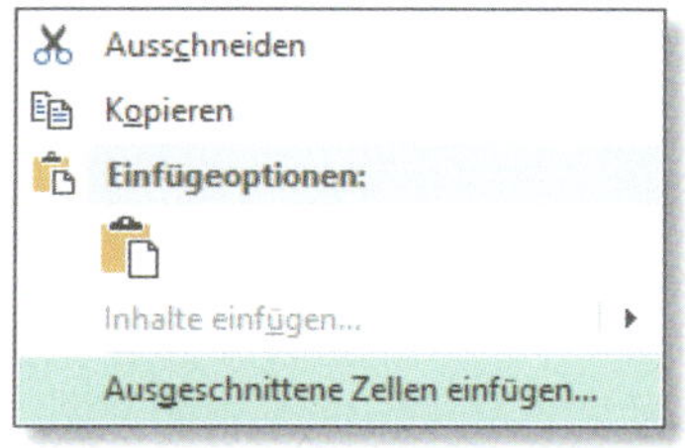

Abbildung 2.85 *Das Kontextmenü zum Zielbereich*

Dieser Befehl wird nur angeboten, wenn sich ausgeschnittene Daten in der Zwischenablage befinden. Wenn es mehr als eine Möglichkeit zum Einfügen gibt, erscheint ein kleines Dialogfeld:

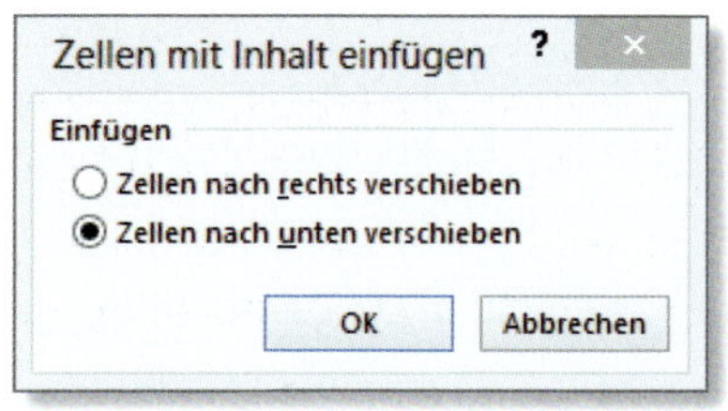

Abbildung 2.86 *Hier entscheiden Sie, ob die Zellen nach rechts oder nach unten verschoben werden.*

Dann können Sie entscheiden, ob die bisherigen Zellinhalte an der Einfügestelle nach rechts oder nach unten verschoben werden sollen.

Verschieben mit der Tastatur

Wer die Maus nicht einsetzen will, kann Zellbereiche auch per Tastatur verschieben.

1 Markieren Sie den Bereich beispielsweise mit [⇧] und den Richtungstasten.

2 Verwenden Sie [⇧] + [Entf], um den Bereich auszuschneiden.

3 Um das Ziel zu bestimmen, setzen Sie die aktive Zelle auf die linke obere Ecke des Einfügebereichs

oder markieren den ganzen Bereich wieder mit [⇧] und den Richtungstasten.

4 Schließen Sie den Vorgang mit [↵] ab.

Anders als beim Verschieben mit der Maus werden im Zielbereich vorhandene Daten ohne Warnung überschrieben.

Verschieben auf dem Touchscreen

Bereiche lassen sich zwar mit Finger oder Stift leicht aufziehen oder nachträglich in der Größe ändern. Sie lassen sich aber nicht mit Finger oder Stift verschieben. Bleibt also der Weg über die Zwischenablage. Das geht ziemlich schnell über das Kontextmenü:

^ ***Abbildung 2.87*** *Der erste Teil des Kontextmenüs zu einem Zellbereich auf dem Touchscreen*

1 Berühren Sie den markierten Bereich, bis das Kontextmenü erscheint.

2 Tippen Sie auf **Ausschneiden**.

3 Tippen Sie zweimal auf die Eckzelle des Zielbereichs. Benutzen Sie im Kontextmenü **Einfügen**.

Statt des Kontextmenüs können Sie natürlich auch die Befehle der Menüleiste unter **Start > Zwischenablage** oder die Tastenkombinationen [Strg] + [X] und [Strg] + [V] verwenden.

Kopieren in Nachbarzellen

Für das Kopieren von Zellen gibt es verschiedene Verfahren. Es kommt oft vor, dass ein Wert oder eine Formel in die angrenzenden Zellen kopiert werden muss. Das Kopieren mithilfe des Ausfüllkästchens oder des Symbols **AutoAusfüllen** auf dem Touchscreen ist schon angesprochen worden. Es wird besonders gerne benutzt, um Formeln auf benachbarte Zellen zu kopieren.

Zunächst wählen Sie die Zelle oder die Zellen aus, die kopiert werden sollen, und ziehen dann das Ausfüllkästchen oder das über das Kontextmenü eingeblendete Symbol **AutoAusfüllen** über die Zellen in der Zeile oder der Spalte, die mit Kopien gefüllt werden sollen. Ebenso können Sie mehrere Zellen gleichzeitig kopieren, die in einer Zeile oder Spalte oder einem Zellbereich liegen, wie Abbildung 2.88 zeigt:

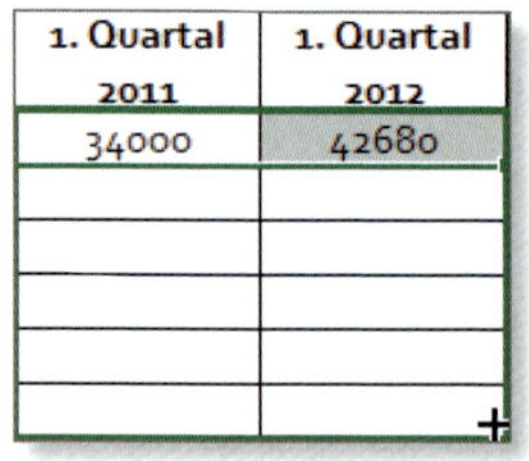

^ ***Abbildung 2.88*** *Die Formeln für die beiden Quartalssummen können Sie in einem Zug auf die benachbarten Zellen kopieren.*

Im Abschnitt über Datenreihen ist bereits beschrieben worden, dass Excel beim Ziehen des Ausfüllkästchens oder des Symbols **AutoAusfüllen** gleichsam darauf lauert, ob es einen Anlass findet, eine Reihe zu bilden. Wo das nicht möglich ist, wird einfach kopiert. Das ist der Fall bei Formeln, bei einzelnen Zahlen und bei Texten, sofern sie über keinen Zähler am Anfang oder am Ende verfügen.

Beschriftungsblöcke wiederholen

Auch wo Excel normalerweise eine Reihe bilden würde, können Sie dafür sorgen, dass nur Kopien erzeugt werden. Ein Beispiel dafür ist die Wiederholung von nummerierten Beschriftungen, etwa um zunächst die Umsätze für vier Filialen und dann die Kosten und die Gewinne für dieselben Filialen aufzuführen.

1 Sie markieren den ersten Block mit den vier Filialbezeichnungen.

2 Sie ziehen das Ausfüllkästchen oder das Symbol **AutoAusfüllen** nach unten. Excel zeigt zunächst weiter fortlaufende Nummern für die Filialen an.

3 Die Schaltfläche **Auto-Ausfülloptionen** bietet, wenn Sie das Menü dazu öffnen, den Befehl **Zellen kopieren** an. Dieser wandelt die Reihenwerte wieder in Kopien um, der Beschriftungsblock wird also zweimal wiederholt.

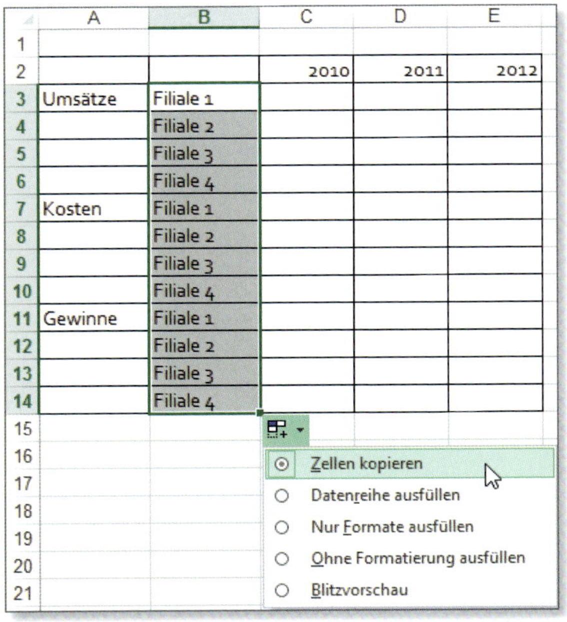

Abbildung 2.89 Mit dem Befehl »Zellen kopieren« wandeln Sie die zunächst gebildete Reihe wieder in Kopien um.

Kopieren mit den Füllbereich-Symbolen

Sie können auch die **Füllbereich**-Symbole aus der Gruppe **Start > Bearbeiten** verwenden, um Daten in benachbarte Zellen zu kopieren.

Das Verfahren ist recht einfach, wie Sie im Folgenden sehen werden:

1 Sie markieren zuerst als geschlossenen Block die zu kopierenden Inhalte und die Zellen, die die Kopien erhalten sollen.

2 Anschließend öffnen Sie das Menü des Symbols **Füllbereich**. Sie finden es in der Gruppe **Start > Bearbeiten**.

3 In diesem Fall benutzen Sie das Symbol **Rechts**, um den markierten Bereich zu füllen.

In diesem Fall enthält B4 die Formel =A4+7, addiert also 7 Tage auf das erste Datum.

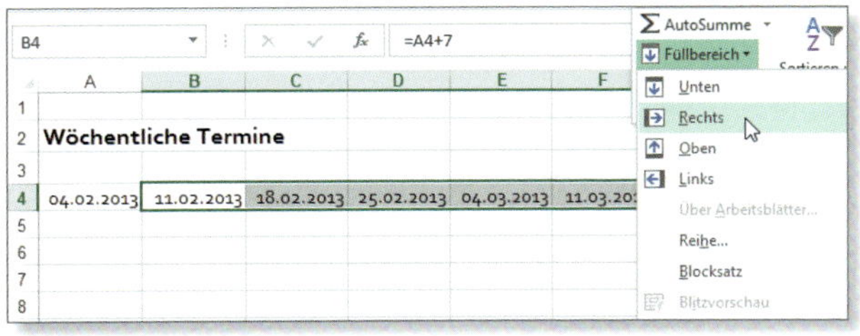

Abbildung 2.90 Kopieren mit den »Füllbereich«-Symbolen in der Gruppe »Bearbeiten«

Kopieren mit Blick auf die Nachbarspalte

Für das Kopieren von Formeln ist die Möglichkeit besonders komfortabel, den Inhalt einer Zelle so weit nach unten zu kopieren, wie die linke oder die rechte Nachbarspalte reicht. Typisches Beispiel sind Quersummen wie in Abbildung 2.91.

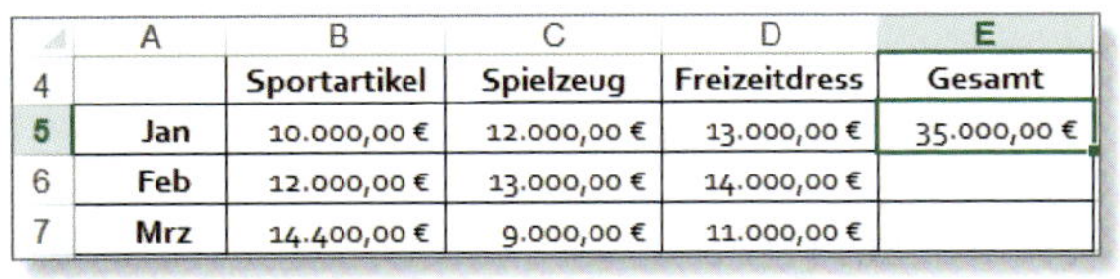

Abbildung 2.91 Die erste Quersumme lässt sich per Doppelklick auf das Ausfüllkästchen bis zur letzten Zelle kopieren, in der die Formel benötigt wird.

Hier sollen die Werte von drei Monaten addiert werden. Entwickeln Sie die erste Formel, und lassen Sie die Zelle markiert. Klicken Sie doppelt auf das Ausfüllkästchen. Die Formel wird so weit nach unten kopiert, wie Werte in der vorhergehenden Spalte vorhanden sind. Dieses Verhalten ist natürlich besonders praktisch, wenn Sie es mit sehr langen Spalten zu tun haben.

Kopieren in nicht angrenzende Zellen

Sollen Daten in nicht angrenzende Zellen kopiert werden, können Sie innerhalb des Arbeitsblatts ebenfalls mit der Maus arbeiten. Um beispielsweise eine Gruppe von Beschriftungen an einer anderen Stelle zu übernehmen, reichen die folgenden Schritte:

4 Markieren Sie die Zelle oder den Zellbereich, die kopiert werden sollen.

5 Ziehen Sie den Rahmen der Markierung an die gewünschte Stelle, wobei Sie gleichzeitig [Strg] gedrückt halten. Am Mauszeiger erscheint ein kleines Pluszeichen. Während des Ziehens zeigt ein grüner Hilfsrahmen zur Kontrolle die gerade erreichte Position an.

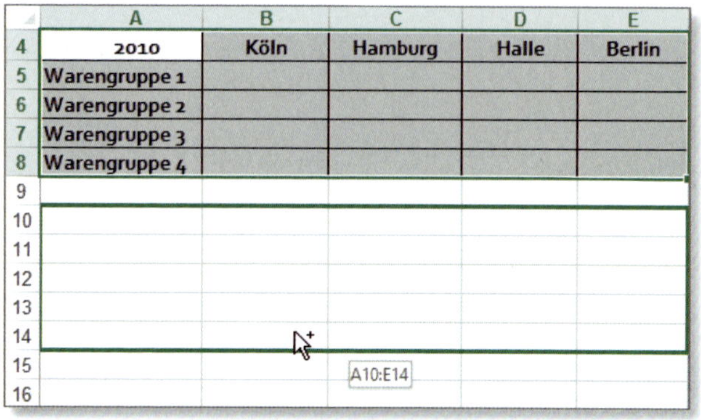

Abbildung 2.92 *Beschriftungen werden einfach durch Ziehen mit der Maus kopiert, wenn gleichzeitig »Strg« gedrückt ist.*

6 Sobald Sie die Maustaste loslassen, erscheint die Kopie am neuen Ort.

Überragt der Zielbereich den Bildschirmausschnitt, ziehen Sie ein wenig über die Bildlaufleiste hinaus. Der Bildschirmausschnitt wird so lange verschoben, bis Sie die Maustaste loslassen. Beachten Sie in jedem Fall, dass Sie die Maustaste loslassen, bevor Sie [Strg] loslassen, weil Excel sonst den markierten Zellbereich nicht kopiert, sondern verschiebt.

Kopieren und einfügen

Normalerweise wird beim Kopieren der Zielbereich durch die Kopie einfach überschrieben. Es gibt auch keine Warnung, dass im Zielbereich ja schon Daten vorhanden sind. Das wäre wohl auch eher lästig, weil Sie bei diesem Verfahren auf Sicht arbeiten und der grüne Rahmen Ihnen immer anzeigt, wo Sie die Daten ablegen.

Es ist aber auch möglich, vorher Platz für die Kopie zu schaffen. Das Verfahren entspricht dem, was im Abschnitt »Verschieben und einfügen« ab Seite 176 beschrieben ist. Sie müssen nur beim Ziehen des Bereichsrahmens neben [⇧] auch noch [Strg] gedrückt halten.

Der Mauszeiger erscheint als I-Baum. Sie müssen diesen I-Baum genau zwischen die Spalten bzw. Zeilen setzen, wo die neuen Zellen eingefügt und mit den Daten aus dem Quellbereich gefüllt werden sollen. Steht der I-Baum auf einer Spaltenlinie, werden die bisherigen Daten nach rechts verschoben, steht er auf einer Zeilenlinie, werden sie nach unten verschoben.

Kopieren auf andere Blätter oder Mappen

Auch das Kopieren von Zellen mit der Maus ist in Excel 2013 nicht auf das aktive Arbeitsblatt beschränkt. Um einen Bereich auf ein anderes Blatt zu kopieren, verfahren Sie folgendermaßen:

1 Markieren Sie den Bereich, der kopiert werden soll.

2 Halten Sie die [Alt]-Taste und zusätzlich die [Strg]-Taste gedrückt, und ziehen Sie den Bereich am Rahmen auf das Register des Blatts, das die Kopie des Bereichs aufnehmen soll.

3 Das Blatt wird zum aktiven Blatt, und Sie können den markierten Bereich dorthin bewegen, wohin er kopiert werden soll.

Um einen Bereich aus einer Arbeitsmappe in eine andere zu kopieren, können Sie direkt den markierten Zellbereich am Rahmen in die andere Arbeitsmappe ziehen. Sie müssen dabei nur gleichzeitig [Strg] gedrückt halten.

TIPP

Drag & Drop abschalten
Über **Datei > Optionen > Erweitert** können Sie die Option **Ausfüllkästchen und Drag & Drop von Zellen aktivieren** auch abschalten. Das mag sinnvoll sein, wenn Sie z. B. verhindern wollen, dass Unerfahrene in fertigen Arbeitsmappen herumexperimentieren.

Kopieren über die Zwischenablage

Wie beim Verschieben können Sie auch beim Kopieren den Weg über die Zwischenablage wählen. Im einfachsten Fall kombinieren Sie dabei die Schaltflächen **Kopieren** und **Einfügen** oder die entsprechenden Tastenkombinationen.

1 Markieren Sie die Zelle oder den Zellbereich, die kopiert werden sollen.

2 Benutzen Sie auf dem Register **Start** in der Gruppe **Zwischenablage** das Symbol **Kopieren** ❶ oder die Tastenkombination Strg + C. Excel kopiert die markierten Daten in die Zwischenablage und umgibt die Markierung mit einem Laufrahmen ❸.

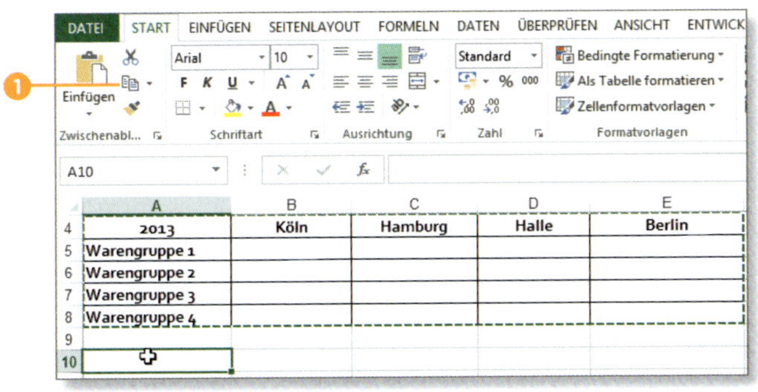

Abbildung 2.93 *Das Original der Kopie wird mit einem Laufrahmen gekennzeichnet.*

3 Wählen Sie die Zielzelle, die linke obere Zelle des Einfügebereichs oder den gesamten Einfügebereich.

4 Benutzen Sie anschließend die Schaltfläche **Einfügen** oder die Tastenkombination Strg + V oder einfach ↵.

5 Am Ende des Einfügebereichs erscheint die Schaltfläche **Einfügeoptionen** ❷. Ein Klick oder Tipp darauf oder Strg öffnet ein Menü mit zahlreichen Symbolen, die Varianten für die Einfügeoperation anbieten. Diese können nachträglich angewendet werden, wenn sich herausstellt, dass das *normale* Einfügen nicht die gewünschten Ergebnisse liefert. Welche Optionen das sind, wird im nächsten Abschnitt beschrieben.

6 Der Quellbereich bleibt weiter ausgewählt und mit einem Laufrahmen gekennzeichnet, es sei denn, Sie benutzen in Schritt 4 ↵, um die Operation abzuschließen. Wünschen Sie eine weitere Kopie, wählen Sie jeweils den nächsten Zielbereich und fügen die Daten dort wie in Schritt 4 ein.

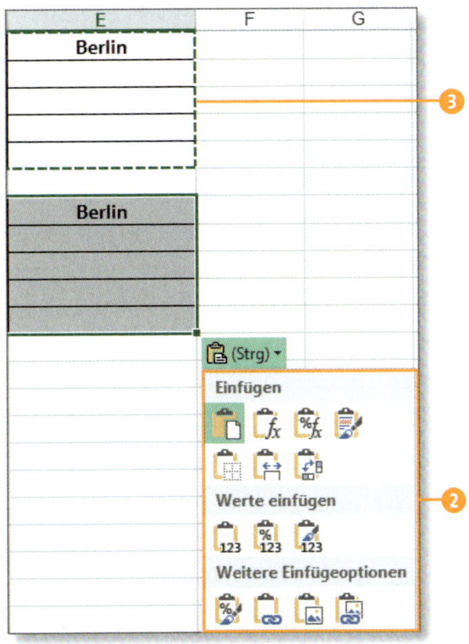

Abbildung 2.94 *Das Menü der Schaltfläche »Einfügeoptionen« erlaubt nachträgliche Korrekturen an dem Kopiervorgang.*

Um die Auswahl des Quellbereichs aufzuheben, können Sie auch Esc benutzen. Die Daten aus dem Quellbereich werden bei der beschriebenen Operation komplett in den Einfügebereich übernommen, also der Zellinhalt samt den Formeln, die unter Umständen automatisch angepasst werden, und die komplette Formatierung.

Nur die Spaltenbreite der Originalzellen wird bei einer einfachen Kopie nicht automatisch übernommen, sodass Sie manchmal etwas nachbessern müssen. Auch beim Einfügen aus der Zwischenablage werden im Zielbereich vorhandene Daten – anders als in älteren Versionen von Excel – ohne Warnung überschrieben.

Die Schaltfläche **Einfügeoptionen** erscheint übrigens nur, solange Sie ihr Erscheinen nicht unterbinden. Das ist möglich über **Datei > Optionen > Erweitert** in der Gruppe **Ausschneiden, Kopieren und Einfügen**.

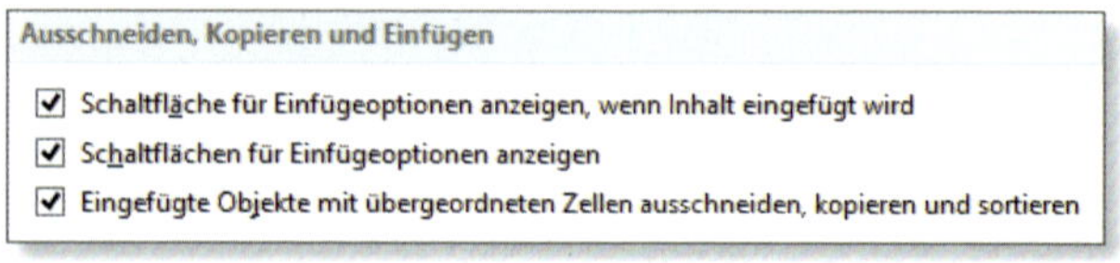

Abbildung 2.95 An dieser Stelle lässt sich das Einblenden der Schaltfläche »Einfügeoptionen« – falls sie nerven sollte – auch abwählen.

Hilfreiche Einfügevarianten

Eine der wirklich angenehmen Neuerungen seit Excel 2010 betrifft das Menü des Symbols **Einfügen**. Das Besondere daran ist: Die Symbole für die verschiedenen Optionen deuten nicht nur optisch an, welche Einfügeoperation sie anbieten. An der Einfügestelle wird immer auch eine Vorschau des Ergebnisses angezeigt.

Abbildung 2.96 Die Symbole deuten visuell die Art der Einfügeoption an.

Um diese neuen Möglichkeiten zu nutzen, wählen Sie zunächst wie gewohnt den Zellbereich, der kopiert werden soll, und markieren den Einfügebereich. Dann aber geht es etwas anders weiter:

1. Anstatt zum Einfügen der Kopie einfach den oberen Teil der Schaltfläche **Einfügen** zu benutzen, nehmen Sie die zusätzliche Schaltfläche ③ im unteren Teil.
2. Sie öffnet ein umfangreiches Menü mit visuellen Einfügeoptionen. Sie fahren mit dem Mauszeiger über die verschiedenen Symbole und können in Ruhe prüfen, welches Einfügeergebnis am besten passt.
3. Erst wenn Sie ein Symbol aus dem Menü anklicken oder antippen, wird die Kopie eingefügt. Wollen Sie die ganze Operation dagegen abbrechen, benutzen Sie [Esc] oder wählen eine beliebige Zelle im Tabellenblatt aus.
4. Nach dem Einfügen erscheint am Ende des Zielbereichs wieder das Symbol **Einfügeoptionen**, das noch einmal die gleichen Optionen anbietet, sodass Sie notfalls Ihre Auswahl korrigieren können.

Abbildung 2.97 zeigt ein Beispiel für eine spezielle Form des Einfügens, bei der die Rahmenlinien aus dem Original nicht übernommen werden. Dafür nehmen Sie das Symbol **Keine Rahmenlinien** ④, und im Einfügebereich wird schon vorab gezeigt, wie die rahmenlose Tabelle aussehen wird.

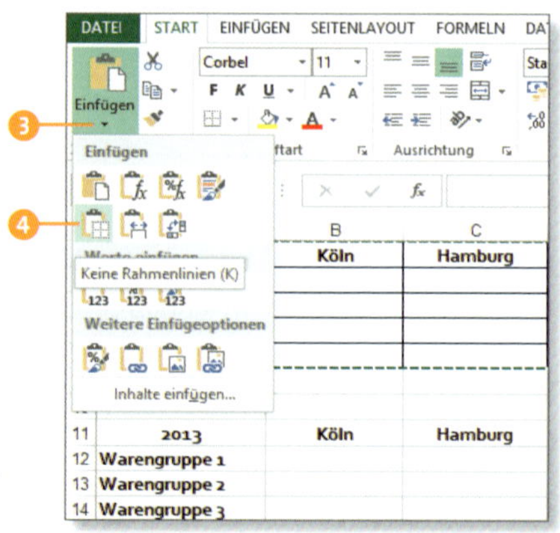

Abbildung 2.97 Wenn der Mauszeiger das Symbol »Keine Rahmenlinien« berührt, wird schon angezeigt, wie die Tabelle aussehen wird.

Die Einfügeoptionen sind in drei Gruppen eingeteilt. Hinter den Symbolnamen werden noch Buchstaben angezeigt, um die Funktionen auch per Tastatur aufrufen zu können. Die Tastenfolge [Alt], [R], [V], [F] sorgt beispielsweise dafür, dass die Formate ignoriert werden.

Die erste Gruppe **Einfügen** enthält Optionen, bei denen in den Zellen enthaltene Formeln als Formeln übernommen und bei Bedarf angepasst werden.

- **Einfügen (E)** fügt die kopierten Zellen komplett ein, also den Inhalt und das aktuelle Format, und entspricht dem normalen Einfügen mit der Schaltfläche **Einfügen** oder mit [Strg] + [V].
- **Formeln (F)** übernimmt nur die Zellinhalte, also Texte, Zahlenwerte, Datums- und Zeitwerte und Formeln, falls solche vorhanden sind. Das Zahlenformat und die übrigen Formateigenschaften wie Füllfarbe, Rahmen etc. werden ignoriert.
- **Formeln und Zahlenformate (O)** übernimmt Zellinhalte einschließlich der Formeln und auch das Zahlenformat. Die übrigen Formateigenschaften wie Füllfarbe, Rahmen etc. werden ignoriert.
- **Ursprüngliche Formatierung beibehalten (U)** ist normalerweise ein überflüssiges Symbol, weil es **Einfügen (E)** entspricht. Es wird bei der Übernahme von Daten aus Word verwendet im Unterschied zu der Option **An Zielformat anpassen**.
- **Keine Rahmenlinien (K)** übernimmt den Inhalt und das aktuelle Format mit Ausnahme von Rahmenlinien, falls solche im Quellbereich verwendet werden.
- **Breite der Ursprungsspalte beibehalten (B)** übernimmt den Inhalt und alle Formate und sorgt dafür, dass auch die Spaltenbreiten aus dem Quellbereich in den Zielbereich übernommen werden, was nachträgliche Anpassungen überflüssig macht.
- **Transponieren (T)** übernimmt Inhalte und Formate, kippt die Tabelle aber, sodass die Spalteninhalte auf Zeilen verteilt werden, wie es etwas weiter unten noch beschrieben wird.

Die zweite Gruppe ist mit **Werte einfügen** überschrieben. Enthält der Quellbereich Formeln, wird anstelle der Formeln ihr jeweiliges Ergebnis eingefügt.

- **Werte (W)** übernimmt nur die Werte in den Zielbereich. Das ist praktisch, wenn Sie anstelle von Formeln nur deren Ergebnisse kopieren wollen.
- **Werte und Zahlenformat (A)** übernimmt zusätzlich zu den Formelergebnissen auch das Zahlenformat.
- **Werte und Quellformatierung (E)** übernimmt zusätzlich zu den Formelergebnissen auch die komplette Formatierung des Quellbereichs.

Die dritte Gruppe **Weitere Einfügeoptionen** enthält spezielle Varianten für das Einfügen.

- **Formatierung (R)** erlaubt es Ihnen, nur die komplette Formatierung eines Bereichs zu kopieren, um diese Formate für andere Inhalte zu verwenden.
- **Verknüpfung einfügen (N)** bewirkt eine Verknüpfung zwischen Quell- und Zielbereich, sodass Änderungen im Quellbereich auch im Zielbereich übernommen werden. Dieses Thema wird in Kapitel 3, »Mit Formeln arbeiten«, ab Seite 245 noch im Detail behandelt.
- **Grafik (G)** macht einen Snapshot von dem kopierten Bereich und fügt diesen als grafisches Objekt in die Tabelle ein.
- **Verknüpfte Grafik (N)** sorgt für ein verknüpftes Abbild des Quellbereichs. Dieses Thema wird in Kapitel 10, »Dokumente grafisch aufbereiten«, ab Seite 482 noch behandelt.

Angehängt ist noch die Option **Inhalte einfügen**, die einige der beschriebenen Optionen in dem schon in früheren Excel-Versionen verwendeten Dialogfeld anbietet.

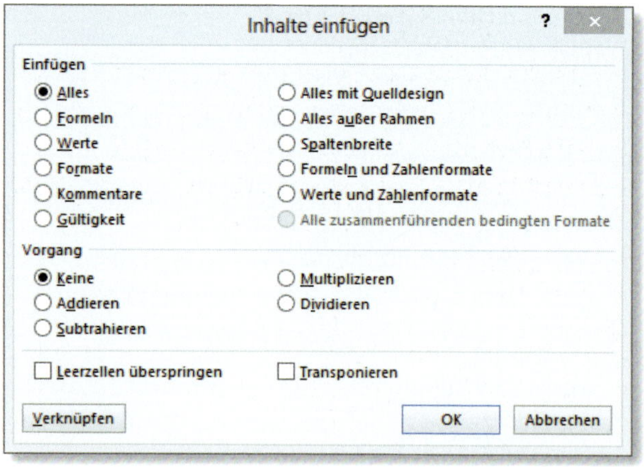

Abbildung 2.98 *In diesem Dialog bestimmen Sie, wie Zellinhalte eingefügt werden.*

Zusätzlich werden hier noch einige weitere Möglichkeiten angeboten, die manchmal ganz praktisch sind, beispielsweise die Anwendung von einfachen Rechenoperationen auf alle Zellen eines Bereichs. Darauf wird in Abschnitt 3.1, »Berechnungen ohne Formeln«, ab Seite 201 noch eingegangen.

Die Befehle in dem Menü der Schaltfläche **Einfügen** finden Sie übrigens auch in leicht geänderter Anordnung im Kontextmenü eines Einfügebereichs.

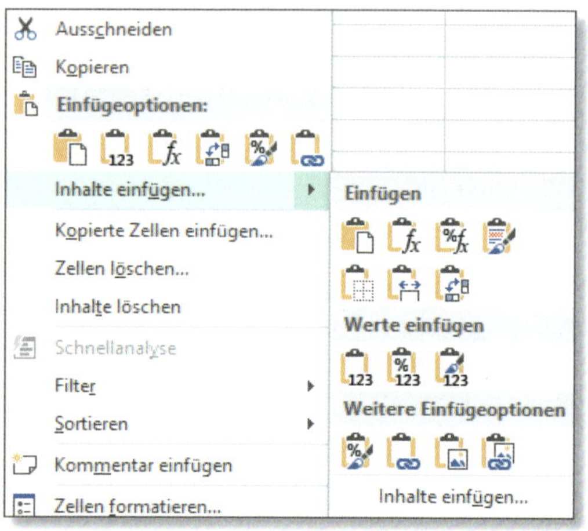

Abbildung 2.99 *Die Einfügeoptionen im Kontextmenü*

Wenn Sie das Menü der Schaltfläche **Einfügen** auf einem Touchscreen öffnen, zeigt Excel ein vertikales Menü mit größeren Abständen für die verschiedenen Optionen, damit Sie die Befehle leichter treffen können. Eine Livevorschau steht hier aber nicht zur Verfügung. Da aber nach dem Einfügen mit einer der Optionen normalerweise noch einmal die Schaltfläche **Einfügeoptionen** angeboten wird, lässt sich ein Fehler beim Einfügen schnell wieder korrigieren. Auch dieses Menü ist vertikal angeordnet. Bestätigen Sie das Einfügen mit [↵].

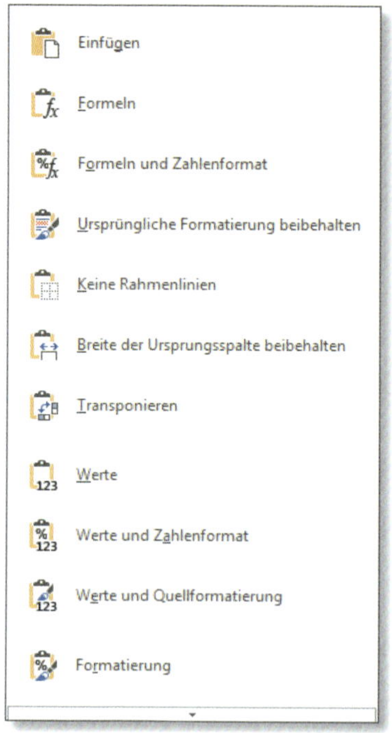

Abbildung 2.100 *Das Menü der Schaltfläche »Einfügen« auf dem Touchscreen*

Quellbereich und Zielbereich

Wenn als Zielbereich nicht nur eine Zelle, sondern ein Bereich angegeben wird, hängt das Verhalten von Excel davon ab, wie der Originalbereich aussieht. Abbildung 2.101 zeigt einige Beispiele:

Wenn der Ausgangsbereich mehr als eine Zelle umfasst, muss der Zielbereich eine der folgenden Bedingungen erfüllen.

- Als Zielbereich wird nur die linke obere Eckzelle angegeben. Bei einspaltigen Ausgangsbereichen sind auch mehrere Startzellen in einer Zeile erlaubt, bei einzeiligen Ausgangsbereichen mehrere Startzellen in einer Spalte.
- Die Anzahl der Zeilen ist gleich.
- Die Anzahl der Spalten ist gleich.
- Der Zielbereich ist genauso groß wie der Ausgangsbereich.
- Der Zielbereich ist so groß, dass er mehrfach durch den Ausgangsbereich gefüllt werden kann.

Wenn keine dieser Bedingungen erfüllt ist, erhalten Sie eine Fehlermeldung und sollten den Zielbereich korrigieren.

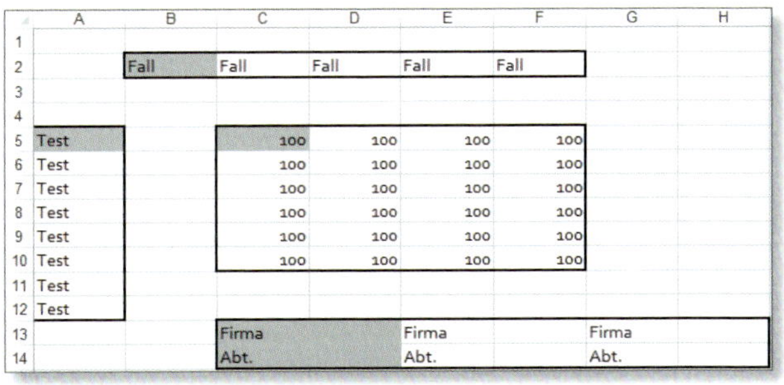

Abbildung 2.101 *Die Abbildung zeigt verschiedene Kopiermöglichkeiten. Der Quellbereich ist grau hinterlegt, der Zielbereich ist eingerahmt.*

Beim Einfügen Platz schaffen

Enthält der Zielbereich bereits Daten, können Sie die Daten an der Einfügestelle nach rechts oder nach unten verschieben. Verwenden Sie dazu anstelle des Befehls **Einfügen** den Befehl **Kopierte Zellen einfügen…** aus dem Kontextmenü des Zielbereichs.

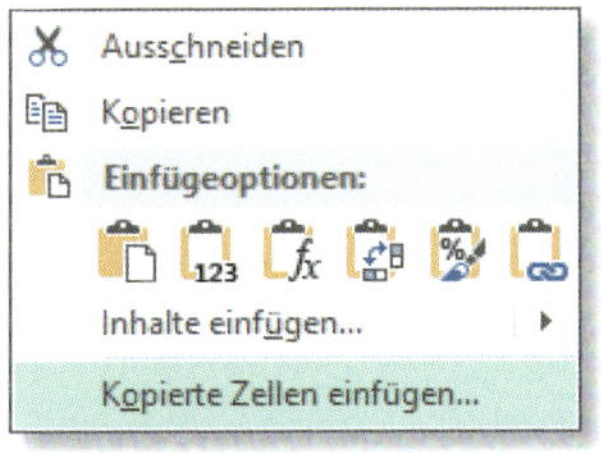

Abbildung 2.102 *Der Kontextmenübefehl »Kopierte Zellen einfügen…« verschiebt die bisherigen Zellinhalte spalten- oder zeilenweise.*

In dem kleinen Dialogfeld, das schon in Abbildung 2.86 zu sehen ist, wählen Sie, wohin Sie die an der Einfügestelle vorhandenen Daten bewegen wollen, nach rechts oder nach unten.

Kopieren von Mehrfachbereichen

Während der Befehl **Ausschneiden** für Mehrfachbereiche nicht zur Verfügung steht, können Sie solche Bereiche durchaus über die Zwischenablage kopieren. Allerdings besteht eine Einschränkung: Die einzelnen Teile des Mehrfachbereichs müssen eine gemeinsame

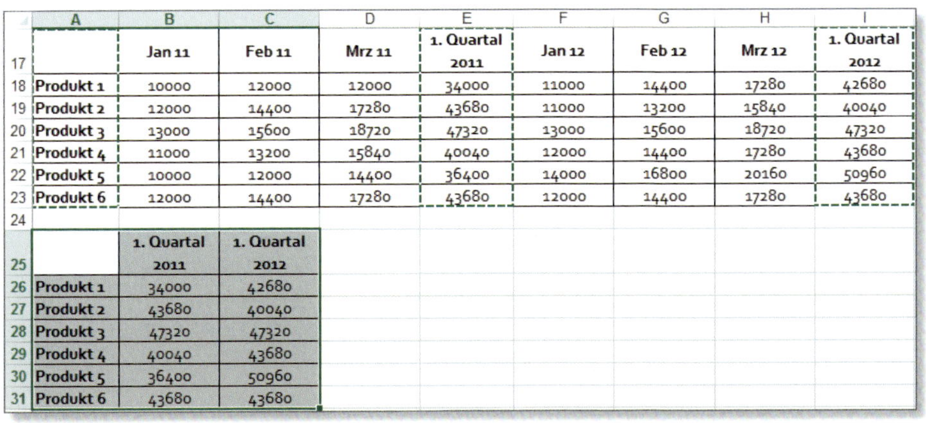

	A	B	C	D	E	F	G	H	I
17		Jan 11	Feb 11	Mrz 11	1. Quartal 2011	Jan 12	Feb 12	Mrz 12	1. Quartal 2012
18	Produkt 1	10000	12000	12000	34000	11000	14400	17280	42680
19	Produkt 2	12000	14400	17280	43680	11000	13200	15840	40040
20	Produkt 3	13000	15600	18720	47320	13000	15600	18720	47320
21	Produkt 4	11000	13200	15840	40040	12000	14400	17280	43680
22	Produkt 5	10000	12000	14400	36400	14000	16800	20160	50960
23	Produkt 6	12000	14400	17280	43680	12000	14400	17280	43680
24									
25		1. Quartal 2011	1. Quartal 2012						
26	Produkt 1	34000	42680						
27	Produkt 2	43680	40040						
28	Produkt 3	47320	47320						
29	Produkt 4	40040	43680						
30	Produkt 5	36400	50960						
31	Produkt 6	43680	43680						

Abbildung 2.103 *Kopieren einer Mehrfachauswahl*

Dimension – entweder die Breite oder die Höhe – haben und parallel zueinander angeordnet sein, also bei gleicher Höhe in derselben Zeile oder bei gleicher Breite in derselben Spalte beginnen. Abbildung 2.103 zeigt ein Beispiel:

Beim Einfügen werden die Teilbereiche nebeneinander oder untereinander eingefügt, sodass sie einen geschlossenen Zellenblock bilden.

Kopieren in mehrere Blätter

Eine spezielle Möglichkeit des Kopierens existiert, wenn mehrere Blätter gleichzeitig ausgewählt sind. Dann kann ein markierter Bereich im aktiven Blatt gleichzeitig in die entsprechenden Bereiche der anderen ausgewählten Blätter kopiert werden.

1. Stellen Sie zunächst die Blätter zusammen, die zu der Blattgruppe gehören. Wählen Sie die Register aus, während Sie `Strg` gedrückt halten. Auf dem Touchscreen tippen Sie `Strg` vorher an.
2. Wählen Sie den Zellbereich im aktiven Blatt, der kopiert werden soll. Kopieren Sie ihn mit **Kopieren** oder `Strg` + `C` in die Zwischenablage.
3. Anschließend rufen Sie den Befehl **Start > Bearbeiten > Füllbereich > Über Arbeitsblätter** auf. Dieser Befehl ist nur aktiv, wenn mehrere Blätter ausgewählt sind.
4. In dem kleinen Dialogfeld kann gewählt werden, was kopiert werden soll: der Zellinhalt, das Format oder beides.

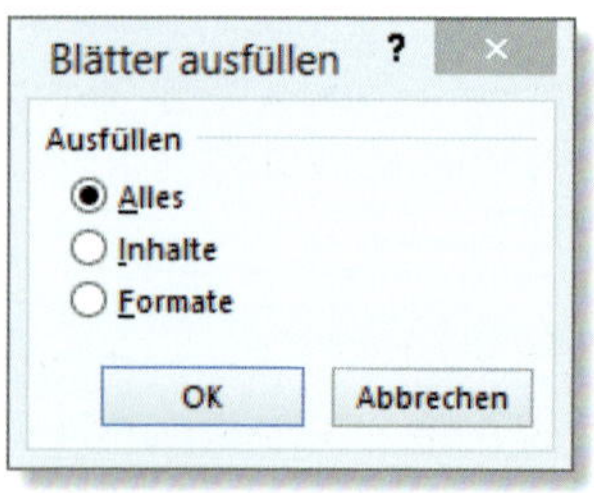

Abbildung 2.104 *Inhalte und Formate lassen sich auch getrennt in andere Blätter übernehmen.*

Dieses Verfahren ist ganz praktisch, um gemeinsame Kopfbereiche in einer Gruppe von Tabellenblättern zu erzeugen. Außerdem können Sie auf diese Weise auch bestimmte Formateigenschaften auf mehrere Blätter übernehmen, etwa bestimmte Schriften, Füllmuster oder Rahmen.

Das erweiterte Kontextmenü

Die bisher beschriebenen Möglichkeiten, zu verschieben, zu kopieren und einzufügen, werden auch über die Kontextmenüs der betroffenen Zellbereiche angeboten.

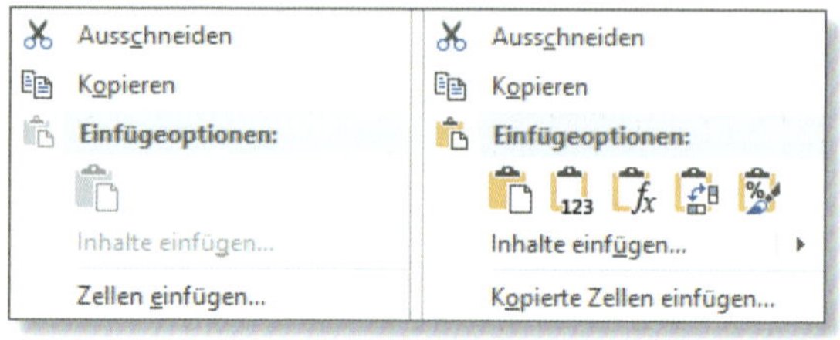

Abbildung 2.105 *Links das Kontextmenü des Quellbereichs, rechts das Kontextmenü des Zielbereichs*

Ergänzend steht noch ein erweitertes Kontextmenü zur Verfügung. Um dieses Menü zu nutzen, markieren Sie die Zellen, die Sie verschieben oder kopieren wollen. Setzen Sie den Zellzeiger auf den Rahmen, und ziehen Sie diesmal mit gedrückter rechter Maustaste den Hilfsrahmen an die Zielposition. Dort erscheint das folgende Menü:

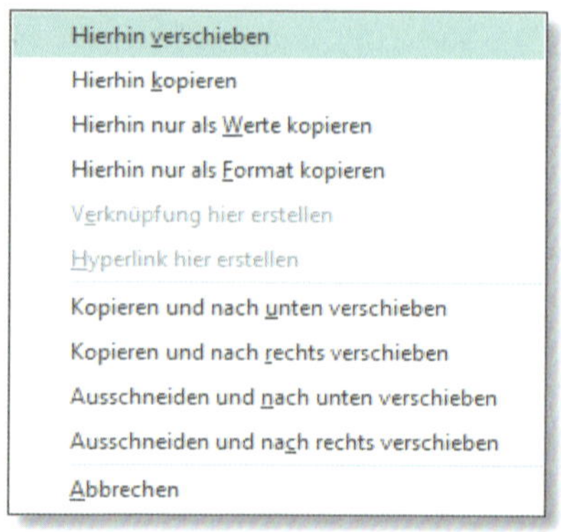

Abbildung 2.106 *Ein spezielles Kontextmenü für den Zielbereich erlaubt die Wahl zwischen Kopier- und Verschiebevarianten.*

Transponieren beim Kopieren

Eine spezielle Art des Kopierens von Daten ist das Transponieren, das oben schon kurz angesprochen wurde. Dabei werden Daten, die bisher in Spalten angeordnet waren, auf Zeilen verteilt, Daten aus Zeilen dagegen auf Spalten. Auf diese Weise kann eine Tabelle gewissermaßen gekippt oder gedreht werden. Der Drehpunkt ist jeweils die linke obere Ecke des Bereichs. Wenn eine Tabelle z. B. zu sehr in die Breite gewachsen ist, kann sie auf diese Weise sehr einfach umgestülpt werden.

Um Ihnen die Funktion an einem Beispiel zu verdeutlichen, wird eine einfache Quartalsauswertung verwendet. Dabei sind die Quartalszahlen zunächst in Zeilen angeordnet, während die Daten für eine Warengruppe jeweils in einer Spalte zusammengestellt sind. Es ist möglich, diese Anordnung zu kippen, sodass die Werte pro Quartal spaltenweise angeordnet sind.

1. Markieren Sie den gesamten Tabellenbereich, und kopieren Sie ihn in die Zwischenablage.
2. Nun müssen Sie nur die Eckzelle der neuen Tabelle markieren und die Option **Transponieren** aus dem Menü der Schaltfläche **Einfügen** aufrufen.
3. Heben Sie mit Esc die Auswahl des Ursprungsbereichs wieder auf.

Abbildung 2.107 zeigt die Ausgangstabelle und die transponierte Tabelle.

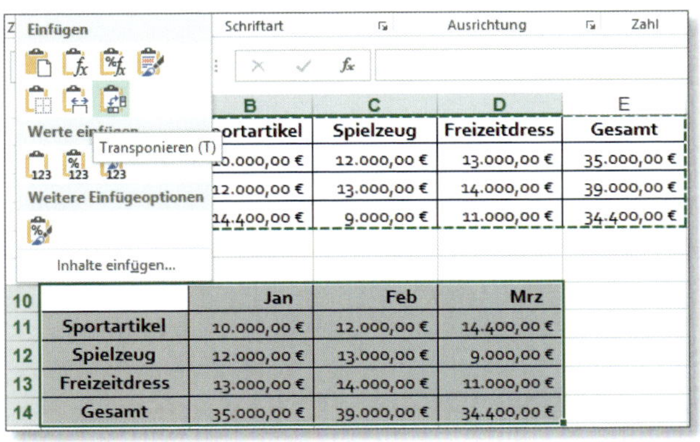

Abbildung 2.107 Die untere Tabelle wurde aus der oberen transponiert.

Mehrere Elemente in der Zwischenablage

Bei den bisher beschriebenen Verfahren überschreibt jeder neu ausgeschnittene oder kopierte Zellbereich immer alles, was vorher in der Zwischenablage zwischengespeichert war. Demgegenüber ist es eine große Arbeitserleichterung beim Aufbau von Kalkulationsmodellen, wenn Sie anstelle der normalen Zwischenablage die erweiterte *Office-Zwischenablage* nutzen.

Die ist nämlich ohne Weiteres in der Lage, bis zu 24 Elemente aufzunehmen. Der Name weist darauf hin, dass diese Zwischenablage für alle Microsoft-Office-Programme gleichzeitig zur Verfügung steht. Sie können also beispielsweise in Excel mehrere Tabellenbereiche dort ablegen und dann in einem Zug in einen Word-Text übernehmen.

Abbildung 2.108 Verschiedene Optionen des Aufgabenbereichs »Zwischenablage«

Die Office-Zwischenablage arbeitet mit dem Aufgabenbereich **Zwischenablage**, den Sie manuell per Klick oder Tipp auf den Dialogfeldstarter in der rechten unteren Ecke der Gruppe **Start > Zwischenablage** einblenden.

Dort werden alle Elemente, die Sie nacheinander kopieren oder ausschneiden, aufgelistet. Wenn Sie mit dem Befehl **Ausschneiden** arbeiten, werden die Elemente aber nicht wie sonst im Quellbereich entfernt.

Sie können das Fenster über die Schaltfläche **Optionen** im Aufgabenbereich auch vorübergehend mit der Option **Sammeln ohne Anzeige ...** ausblenden und die Sammlung der Kopien über ein Symbol in der Taskleiste verfolgen. Ein Klick oder Tipp auf das Symbol öffnet den Aufgabenbereich erneut.

^ ***Abbildung 2.109*** *Symbol der erweiterten Zwischenablage in der Taskleiste*

Angenommen, Sie wollen Spalten aus einer Tabelle kopieren und an anderer Stelle als Spaltenblock zusammenfügen. Verfahren Sie so:

1 Markieren Sie nacheinander die Spalten, und verwenden Sie jedes Mal den Befehl **Kopieren** oder `Strg` + `C`.

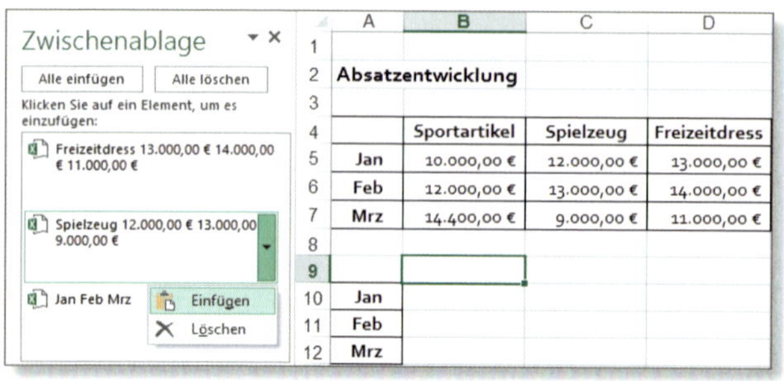

^ ***Abbildung 2.110*** *Der Aufgabenbereich »Zwischenablage« mit mehreren kopierten Zellbereichen*

2 Wenn Sie den Befehl **Kopieren** mehr als einmal verwenden, blendet Excel je nach der über die Schaltfläche **Optionen** gewählten Einstellung automatisch den Aufgabenbereich **Zwischenablage** ein, der die aktuellen Elemente der Office-Zwischenablage immer mit den ersten Daten des Ausschnitts anzeigt und für jedes Element ein kleines Menü anbietet.

3 Markieren Sie die Zelle, ab der das erste Element eingefügt werden soll, und klicken oder tippen Sie dann auf das Element. Verfahren Sie mit den anderen Elementen entsprechend.

4 Zum Abschluss ist es sinnvoll, die Office-Zwischenablage mit der Schaltfläche **Alle löschen** ganz zu bereinigen, um für die nächsten Vorgänge eine saubere Ausgangsposition zu schaffen.

Einzelne Elemente können Sie über das Kontextmenü löschen, das die Schaltfläche am rechten Rand öffnet. Wenn die Zwischenablage bereits 24 Stücke enthält, wird das bisher erste Element durch das neue Element ersetzt.

Die Schaltfläche **Alle einfügen** kann verwendet werden, um verschiedene zwischengespeicherte Stücke an einem neuen Ort zusammenzufügen. Excel fügt dann die Zellbereiche untereinander ein, sodass eventuell eine Nachbearbeitung nötig ist.

Zellen löschen

Es ist nicht nur möglich, Inhalt und Format einer Zelle zu löschen, sondern auch die Zelle selbst. Allerdings ist diese Ausdrucksweise nicht präzise, denn in Wirklichkeit werden nur die Inhalte der umliegenden Zellen so verschoben, dass die durch das Löschen entstandene Lücke geschlossen wird. Die Wirkung dieses Vorgangs kann Folgen für Formeln haben, die Sie beachten müssen. Dazu zunächst ein kleines Beispiel:

In der in Abbildung 2.111 gezeigten Tabelle steht in der Zelle C3 die Formel `=A3-B3`. Wenn Sie nun aus irgendeinem Grund die Zelle B3 löschen und dabei angeben, dass die restlichen Werte in der Spalte eine Zelle nach oben geschoben werden sollen, verhält sich Excel zunächst so, als ob es B3 nicht mehr gäbe. Die Formel in C3, die sich bisher auf B3 bezog, verliert eben diesen Bezug und reagiert prompt mit der Fehlermeldung *#Bezug!*.

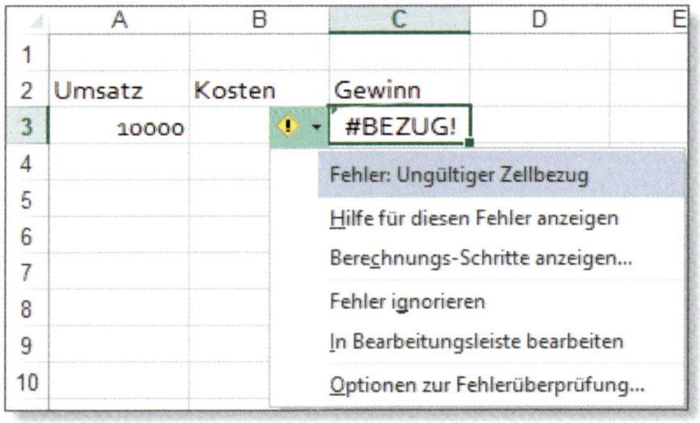

^ ***Abbildung 2.111*** *Geht ein Bezug verloren, erhalten Sie eine Fehlermeldung mit einem Menü, um auf den Fehler zu reagieren.*

Gemeint ist also damit, dass der bisherige Bezug zerstört ist, denn wenn Sie den Bezug auf B3 erneut eingeben, arbeitet die Formel wieder korrekt.

Löschen mit der Maus

Auch beim Löschen von Zellen können Sie mit der Maus arbeiten. Das ist bei kleinen Bereichen schnell erledigt:

1. Sie markieren den Bereich der Zellen, die gelöscht werden sollen. Dann setzen Sie den Mauszeiger auf das Ausfüllkästchen und halten die ⇧-Taste gedrückt. Der Mauszeiger verwandelt sich in einen Doppelpfeil mit zwei Querstrichen dazwischen.
2. Nun ziehen Sie mit dem Mauszeiger so weit in die Markierung hinein, bis der ganze Bereich mit dem Raster gefüllt ist. Achten Sie dabei auf die Richtung, in die Sie ziehen. Wenn Sie von unten nach oben ziehen, sehen Sie einen Mauszeiger mit horizontalen Querstrichen. Ziehen Sie dagegen von rechts nach links, zeigt der Mauszeiger vertikale Querstriche.
3. Je nach der gewählten Richtung beim Ziehen werden die Zellen unterhalb der Markierung nach oben oder die Zellen rechts von dem markierten Bereich nach links verschoben.

Auch ganze Zeilen oder Spalten lassen sich auf diese Weise löschen. Wählen Sie dazu die Zeilen- oder Spaltenköpfe aus, und ziehen Sie bei gedrückter ⇧-Taste das Ausfüllkästchen in die Markierung hinein.

Wird eine Spalte gelöscht, werden alle rechts liegenden Spalten um eine Spalte nach links verschoben. Für Zeilen gilt Entsprechendes, die tiefer liegenden Zeilen werden nach oben verschoben.

Um markierte Zellbereiche mit Finger oder Stift zu löschen, berühren Sie die Markierung und benutzen im Kontextmenü zunächst den Pfeil am Ende des horizontalen Teils und dann im vertikalen Teil die Option **Zellen löschen**.

Löschbefehle für Zellen

Einen Löschbefehl für Zellen finden Sie natürlich auch im Menüband: **Start > Zellen > Löschen > Zellen löschen**. Einen entsprechenden Befehl bietet auch das Kontextmenü jedes Zellbereichs an. In jedem Fall markieren Sie zunächst den Bereich. Der Befehl **Zellen löschen** öffnet ein Dialogfeld, in dem Sie entscheiden können, ob die umliegenden Zellen nach links oder nach oben verschoben werden sollen.

Außerdem können Sie auch die von der Markierung berührten Zeilen oder Spalten komplett löschen. Das geht allerdings schneller, wenn Sie dazu die Zeilen- oder Spaltenköpfe markieren und dann den Befehl aufrufen. In diesem Fall entfällt die Nachfrage über das Dialogfeld.

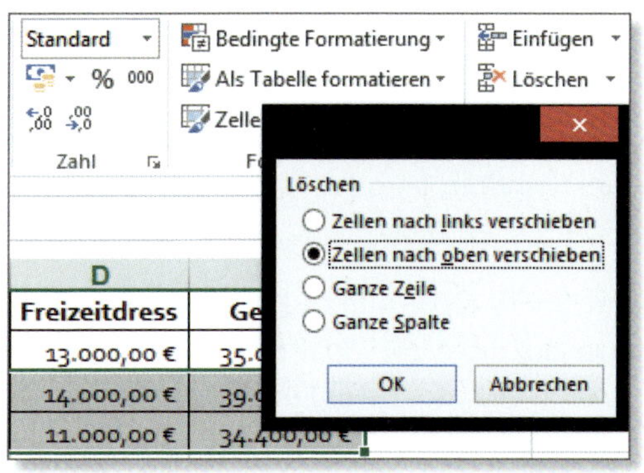

^ ***Abbildung 2.112*** *Alternativen beim Entfernen von Zellen*

Zellen einfügen

Ganz ähnlich wie das Löschen von Zellen mit der Maus funktioniert auch das Einfügen von Zellen, Zeilen und Spalten. Der Unterschied ist eigentlich nur, dass der Mauszeiger aus dem markierten Bereich herausgezogen wird.

1 Angenommen, Sie geben Werte in einer Spalte ein und entdecken nach einigen Eingaben, dass Sie irrtümlich einen Wert vergessen haben. Die folgenden Werte stehen also alle eine Zelle zu hoch.

2 Sie können den letzten richtigen Wert markieren und dann das Ausfüllkästchen mit gedrückter ⇧-Taste eine Zelle nach unten ziehen.

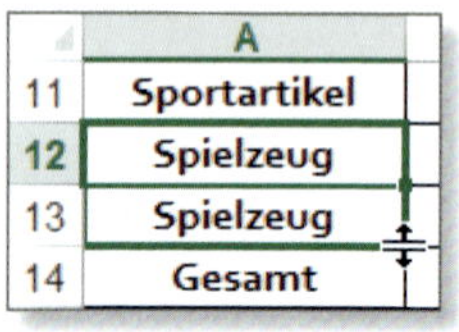

Abbildung 2.113 Fehlende Zellen mit der Maus einfügen

Der Mauszeiger verwandelt sich dabei in einen Doppelpfeil mit zwei Querlinien. Sobald Sie die Maustaste loslassen, finden Sie unter der zunächst markierten Zelle eine leere Zelle. Die anderen Zellen in der Spalte sind alle um eine Zelle nach unten versetzt. Natürlich können Sie auch mehrere Zellen einfügen, indem Sie entsprechend viele Zellen nach unten ziehen. Ebenso können Sie leere Zellen rechts von der markierten Zelle schaffen.

Zusätzliche Zeilen und Spalten

Das naheliegende Verfahren für das Einfügen von ganzen Zeilen und Spalten benutzt wie das Löschen von Zeilen und Spalten die Zeilen- bzw. Spaltenköpfe.

1 Markieren Sie die Zeile, unter die Zeilen eingefügt werden sollen, oder die Spalte, neben die nach rechts Spalten eingefügt werden sollen.

2 Ziehen Sie mit gedrückter ⇧-Taste das Ausfüllkästchen nach unten oder nach rechts. Der Mauszeiger verwandelt sich in einen Doppelpfeil mit zwei Querlinien. Dehnen Sie den Rahmen auf mehrere Zeilen oder Spalten aus, wenn Sie mehrere Zeilen oder Spalten einfügen wollen. Excel überträgt als Vorgabe beim Einfügen die Formatierung der markierten Zellen auf die neuen Zellen.

3 Nach dem Einfügen erscheint die Schaltfläche **Einfügeoptionen**, über deren Menü Sie entscheiden können, ob das Format für die neuen Zellen von den darüber liegenden oder den darunter liegenden Zellen übernommen werden oder ob es ganz gelöscht werden soll.

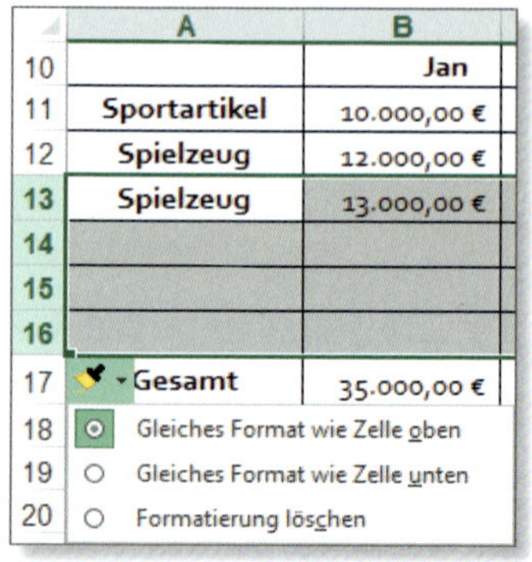

Abbildung 2.114 Formatierungsoptionen beim Einfügen von Zellen

Natürlich stehen auch Befehle, Symbole und Tastenkombinationen zum Einfügen zur Verfügung. Im Unterschied zum Einfügen mit der Maus, wobei Sie immer zunächst die Zelle markieren, unter die oder rechts von der eingefügt werden soll, markieren Sie hier zunächst exakt den Zellbereich, der für neue Zellen frei gemacht werden soll. Wenn Sie dann **Start > Zellen > Einfügen > Zellen einfügen** wählen, erscheint ein kleines Dialogfeld:

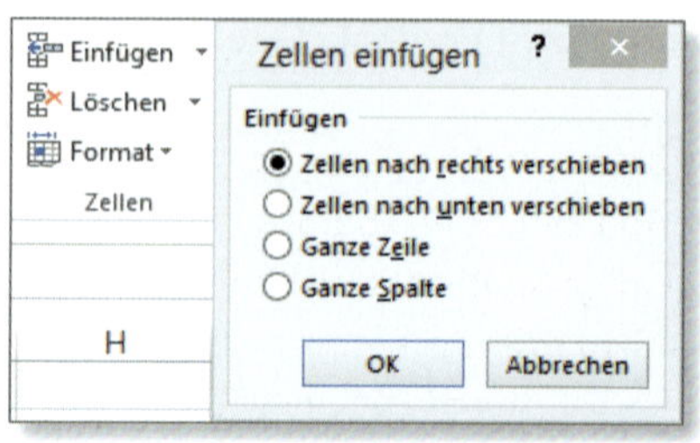

Abbildung 2.115 Optionen beim Einfügen von Zellen

Denselben Dialog öffnet auch die Tastenkombination Strg + +. Die Optionen **Ganze Zeile** bzw. **Ganze Spalte** fügen komplette Zeilen oder Spalten an die Einfügestelle ein, und zwar genau so viele, wie von dem vorher ausgewählten Bereich berührt werden. Stattdessen können Sie auch Zeilen- oder Spaltenköpfe auswählen und dann über das Kontextmenü den Befehl **Zellen einfügen** verwenden.

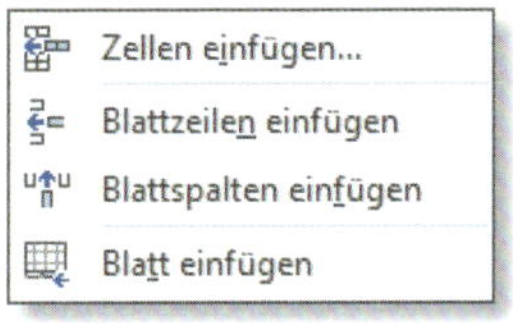

Abbildung 2.116 Menü der Befehle zum Einfügen

Statt der Option **Zellen einfügen** können Sie im Menü der Schaltfläche **Einfügen** auch gleich die Optionen **Blattzeilen einfügen** oder **Blattspalten einfügen** verwenden.

Wie beim Löschen von Zeilen und Spalten muss auch beim Einfügen beachtet werden, welche Auswirkungen dies auf gerade nicht sichtbare Tabellenteile hat. Die Wirkung auf Formeln ist dagegen in der Regel gutartig. Bereichsadressen werden automatisch angepasst. Sind mehrere Blätter ausgewählt, werden Zellen in alle ausgewählte Blätter eingefügt.

Die Breite von Spalten anpassen

Excel legt neue Arbeitsblätter immer mit einer vorgegebenen Spaltenbreite an. Diese Vorgabe ist immer bezogen auf die über **Datei > Optionen > Allgemein** gewählte Standardschrift und deren Schriftgrad. Eine Spaltenbreite von 10,71 bei einer 11-Punkt-Schrift besagt also, dass etwas über zehn Zeichen in eine Zelle passen.

Wenn diese Spaltenbreite nicht ausreicht, können Sie die Breite einzelner Spalten oder Spaltengruppen ändern oder die Breite aller Spalten gleichzeitig. Außerdem lässt sich die Standardbreite ändern, sodass alle Spalten, deren Breite bisher nicht geändert worden ist, eine andere Standardbreite erhalten.

Schließlich können Sie es auch Excel selbst überlassen, die Breite der ausgewählten Spalten zu optimieren. Dabei richtet sich das Programm nach dem längsten Eintrag, der sich in der Spalte befindet.

Ändern durch Ziehen

Das schnelle Verfahren besteht darin, die rechte Begrenzung des Spaltenkopfes mit der Maus nach rechts oder links zu ziehen.

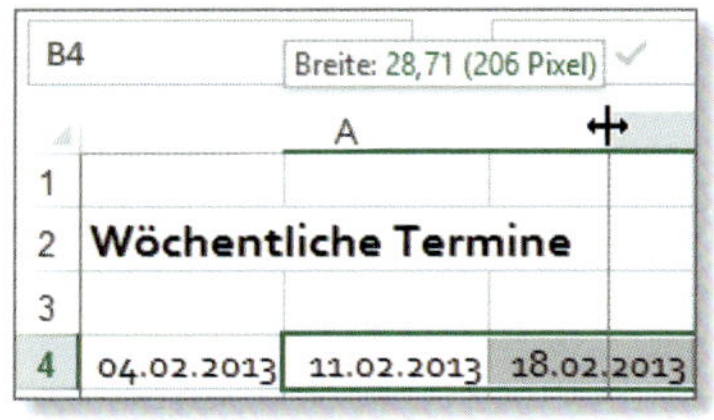

Abbildung 2.117 Beim Ziehen der Spaltenkopfbegrenzung wird die Breite als Zeichenanzahl und in Pixeln angezeigt.

Dabei wird eine Hilfslinie zur Orientierung gezogen, mit der Sie prüfen können, ob die Zellinhalte nun hineinpassen. Wenn Sie mehrere Spalten markiert haben – auch eine Mehrfachauswahl von nicht zusammenhängenden Spalten ist hier erlaubt –, werden alle ausgewählten Spalten gleichmäßig verändert.

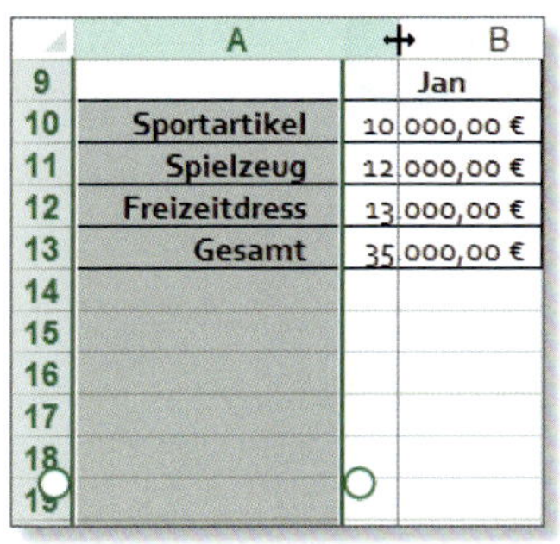

Abbildung 2.118 Verbreitern einer Spalte auf dem Touchscreen

Auf dem Touchscreen ziehen Sie den Spaltenrand mit Finger oder Stift, nachdem Sie den Spaltenkopf mit einem Tipp ausgewählt haben. Die erreichten Werte erscheinen hier im Namenfeld.

TIPP

Eine Spaltenbreite für alle
Um alle Spalten auf einen Schlag zu verändern, können Sie das **Alles auswählen**-Feld markieren. Ziehen Sie dann den Rand eines beliebigen Spaltenkopfes. Alle Spalten erhalten dieselbe Breite, egal, welche Breite vorher eingestellt war.

Der Befehl »Spaltenbreite«

Wenn Sie für mehrere Spalten die Spaltenbreite möglichst exakt einstellen wollen, damit sie alle gleich breit sind, helfen die folgenden Schritte:

1. Markieren Sie in jeder Spalte eine Zelle oder die entsprechenden Spaltenköpfe, wobei Sie Strg gedrückt halten.
2. Benutzen Sie den Befehl **Start > Zellen > Format** und die Option **Spaltenbreite**.

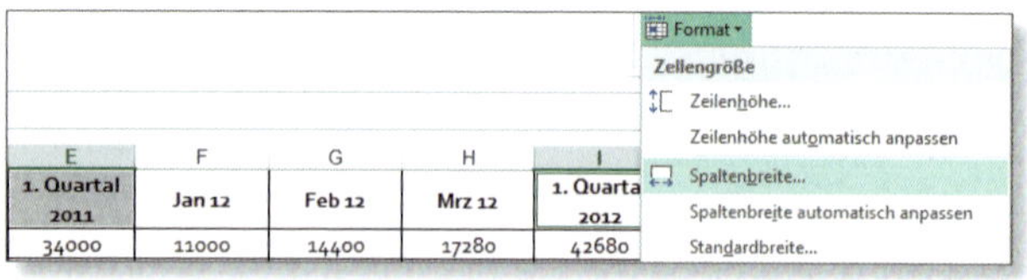

Abbildung 2.119 Ändern der Spaltenbreite für die markierten Spalten über das Menü der Schaltfläche »Format«

3. Die Option öffnet ein kleines Dialogfeld, um die Anzahl der Zeichen zu bestimmen, die in die Spalte passen sollen. Sie dürfen auch mit Nachkommastellen arbeiten.

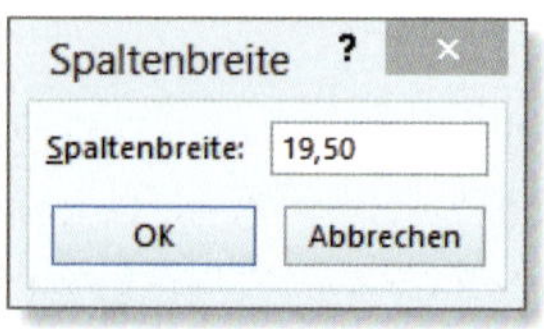

Abbildung 2.120 Für die Spaltenbreite wird die Zeichenanzahl angegeben, Werte zwischen 0 und 255 sind erlaubt.

Der in diesem Menü ebenfalls angebotene Befehl **Standardbreite** kann für zwei verschiedene Dinge genutzt werden. Einmal können Sie damit die Breite von Spalten, die schon einmal geändert worden sind, auf die Standardbreite oder auch auf eine neue Standardbreite zurücksetzen. Dazu müssen diese Spalten in die Spaltenauswahl eingeschlossen werden.

Werden bisher geänderte Spalten dagegen nicht ausgewählt, sondern eine beliebige andere Spalte, kann erreicht werden, dass alle Spalten, die bisher noch nicht in der Breite geändert worden sind, an eine neue Standardbreite angepasst werden, während die anderen unverändert bleiben.

Die Spaltenbreite optimieren

Bei einer Spalte mit mehreren Tausend Einträgen unterschiedlichster Länge wäre es ziemlich unpraktisch, immer erst die ganze Tabelle durchblättern zu müssen, um zu prüfen, ob die Daten in die Zellen passen. Hier hilft die schon angesprochene automatische Anpassung.

Die schnellste Lösung für eine Spalte oder für eine Gruppe von gleichzeitig ausgewählten Spalten ist, die rechte Begrenzung eines Spaltenkopfes doppelt anzuklicken oder anzutippen. Excel sorgt dann dafür, dass alle aktuellen Zellinhalte in die betreffenden Spalten gerade so hineinpassen. Das muss nicht schon die perfekte Lösung sein, aber es ist ein guter Ausgangspunkt. Meistens sieht es besser aus, wenn Sie dann nachträglich noch etwas mehr Platz schaffen.

TIPP

Optimierung für alle Spalten
Wenn Sie vorher das **Alles auswählen**-Feld markiert haben und dann doppelt auf eine beliebige Spaltenbegrenzung klicken oder tippen, wird die automatische Optimierung für alle Spalten vorgenommen.

Dem Doppelklick oder -tipp auf die Spaltenbegrenzung entspricht der Befehl **Format > Spaltenbreite automatisch anpassen**.

Beachten Sie aber, dass es zu unerwünschten Ergebnissen kommen kann, wenn in einer Spalte Überschriften vorkommen, die länger sind als alle sonstigen Einträge. In solch einer Situation ist es meist besser, die Überschrift in die Nachbarzelle hineinragen zu lassen und die Spaltenbreite manuell einzustellen.

Die Höhe von Zeilen ändern

Excel benutzt als vorgegebene Zeilenhöhe die Höhe, die notwendig ist, um Zeichen in der Standardschriftart mit dem aktuell ausgewählten Schriftgrad unterzubringen. Bei der vorgegebenen Standardschrift mit 11 Punkt werden Zeilen mit 15 Punkt angeboten, was 20 Pixeln entspricht. Wird in einer Zeile eine größere Schrift verwendet, passt das Programm die Zeilenhöhe automatisch an. Wird die Schrift wieder verkleinert, wird auch die Zeilenhöhe wieder reduziert.

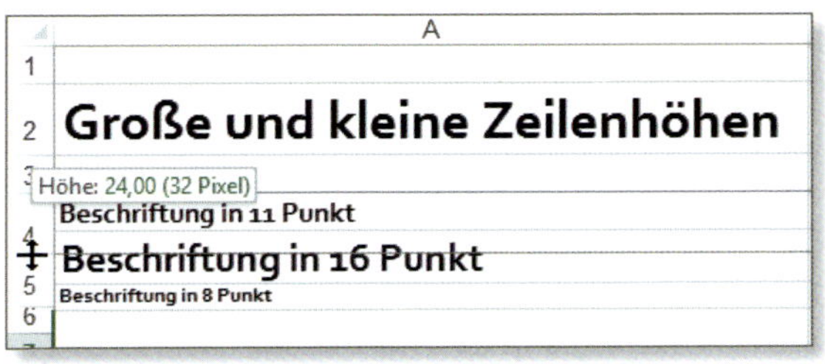

Abbildung 2.121 Unterschiedliche Zeilenhöhen für verschiedene Schriftgrade

Sie können die Höhe einzelner Zeilen oder Zeilengruppen oder die Höhe aller Zeilen gleichzeitig ändern. Zudem können Sie es auch Excel selbst überlassen, die Höhe der ausgewählten Zeilen zu optimieren. Dabei richtet sich das Programm nach der größten Schrift, die sich in der jeweiligen Zeile befindet.

Anpassung durch Ziehen

Das schnellste Verfahren besteht darin, die untere Begrenzung des Zeilenkopfes mit Maus, Finger oder Stift nach oben oder unten zu ziehen. Bei der Maus wird die jeweils erreichte Punkt- und Pixelanzahl in der Nähe des Mauszeigers angezeigt. Im Modus **Fingereingabe** erscheinen diese Werte wieder im Namenfeld.

Wenn Sie mehrere Zeilen markiert haben – auch eine Mehrfachauswahl von nicht zusammenhängenden Zeilen ist hier erlaubt –, werden alle ausgewählten Zeilen gleichmäßig verändert.

Um allen Zeilen eine einheitliche Höhe zu geben, markieren Sie das **Alles auswählen**-Feld und ziehen an der unteren Begrenzung eines beliebigen Zeilenkopfes. Dabei werden auch vorherige Änderungen der Höhe einzelner Zeilen ignoriert.

Die Zeilenhöhe optimieren

Excel wählt die Zeilenhöhe immer nach dem Zelleninhalt einer Zeile, in der der größte Schriftgrad verwendet wird. Außerdem werden auch Zeilenumbrüche berücksichtigt, was bei längeren Tabellenüberschriften oft hilfreich ist.

Es kommt dann aber schon einmal vor, dass die Spaltenbreite in einer Zelle mit umbrochenem Text nachträglich verbreitert wird. Excel passt dann die Zeilenhöhe nicht automatisch an. Hier ist die automatische Zeilenanpassung praktisch.

Soll die optimale Zeilenhöhe eingestellt werden, klicken oder tippen Sie doppelt auf den unteren Rand des entsprechenden Zeilenkopfes. Das entspricht dem Befehl **Start > Format > Zeilenhöhe automatisch anpassen**.

Der Befehl »Zeilenhöhe«

Wenn Sie einheitliche Höhen für ausgewählte Zeilen sicherstellen wollen, ist es ratsam, mit dem Befehl **Start > Zellen > Format > Zeilenhöhe** zu arbeiten. Hier können Sie genaue Werte zwischen »0« und »409« Punkt eintragen. Punkt ist die Maßeinheit, die ja auch für die Schriftgröße verwendet wird. Um für einzelne oder auch mehrere Zeilen die Höhe zu verändern, genügt es, wenn jeweils eine Zelle pro Zeile in einer beliebigen Spalte markiert wird. Sie können aber auch durch Ziehen mit der Maus oder durch Ziehen an den runden Anfassern auf dem Touchscreen die entsprechenden Zeilenköpfe auswählen.

Spalten ausblenden und einblenden

Wenn bestimmte Spalten für eine Fragestellung nicht wichtig sind oder wenn bestimmte Leute Daten in einer Spalte im Moment nicht sehen sollen, können diese Spalten ausgeblendet werden. Um Spalten für Anzeige und Druck zu verbergen, ziehen Sie den Spaltenkopfrand so weit nach links, bis die Spalte verschwunden ist. Das geht auch mit Finger oder Stift auf dem Touchscreen. Ein Doppelstrich zwischen den Spaltenköpfen kennzeichnet die Stelle. Außerdem weist die alphabetische Reihenfolge der Spaltennamen jetzt eine Lücke auf.

Alternativ können Sie auch das Kontextmenü benutzen. Wenn Sie markierte Spaltenköpfe mit der rechten Maustaste anklicken oder mit Finger oder Stift gedrückt halten, erscheint ein Menü mit dem Befehl **Ausblenden**. Sind zwei Spaltenköpfe markiert, zwischen denen sich ausgeblendete Spalten befinden, können diese über das Kontextmenü auch wieder eingeblendet werden. Entsprechende Befehle finden Sie auch über **Start > Zellen > Format > Ausblenden & Einblenden**.

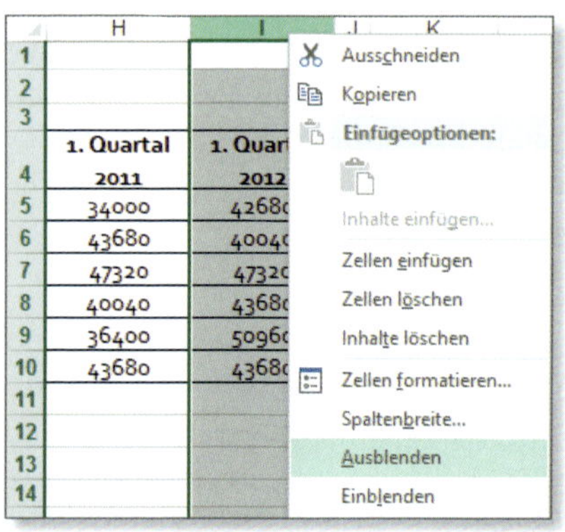

Abbildung 2.122 Das Kontextmenü der markierten Spaltenköpfe bietet Befehle zum Ausblenden und Einblenden an.

Auf dem Touchscreen finden Sie die entsprechenden Befehle in dem horizontalen Kontextmenü:

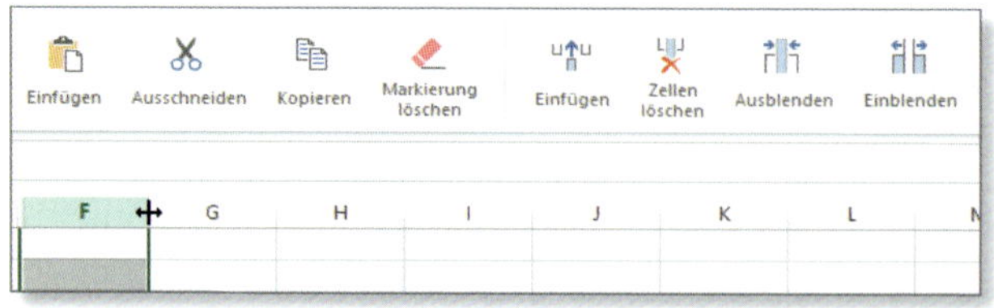

Abbildung 2.123 Befehle zum Ein- und Ausblenden im Kontextmenü auf dem Touchscreen

Zeilen ausblenden und einblenden

Wie Spalten können auch Zeilen ausgeblendet werden. Um Zeilen zu verbergen, ziehen Sie den unteren Zeilenkopfrand so weit nach oben, bis die Zeile verschwunden ist. Eine doppelte Linie zwischen den Zeilenköpfen kennzeichnet jeweils die Stellen, wo etwas ausgeblendet worden ist.

Alternativ können Sie auch hier das Kontextmenü benutzen. Wenn Sie markierte Zeilenköpfe mit der rechten Maustaste anklicken oder mit Finger oder Stift festhalten, erscheint ein Menü mit dem Befehl **Ausblenden**. Sind zwei Zeilenköpfe markiert, zwischen denen sich ausgeblendete Zeilen befinden, können diese über das Kontextmenü wieder eingeblendet werden. Die gleichen Befehle finden Sie auch über **Start > Zellen > Format > Ausblenden & Einblenden**.

2.7 Mit Arbeitsmappen effektiv umgehen

Wenn Sie häufig mit Arbeitsmappen arbeiten, die zahlreiche Blätter enthalten, lohnt es sich, auf eine übersichtliche Abfolge zu achten. Das mag eine zeitliche Reihenfolge sein, etwa Kostenblätter für jeden Monat, eine räumliche Einteilung nach Abteilungen oder Vertriebsgebieten oder eine personelle oder sachliche Anordnung. Mehrere übersichtliche Mappen sind sicher einer unordentlichen Riesenmappe vorzuziehen. Andererseits sollten Tabellen, die über Formeln verknüpft sind, möglichst in einer Mappe zusammengefasst werden.

Arbeitsmappen als Organisationsmittel

Einer der großen Vorteile von Arbeitsmappen ist, dass von der Sache her zusammengehörende Dokumente nicht einzeln geladen werden müssen. Bei den heute üblichen Speicherkapazitäten ist es auch kein Problem, mit Dutzenden von Blättern zu arbeiten.

Arbeitsmappen sind auch für die Weitergabe von Dokumenten vorteilhaft. Es ist wesentlich einfacher, anderen Personen eine einzige Arbeitsmappe zu übergeben als eine Reihe von separaten Dateien. Auch bei der Sicherung Ihrer Dokumente hat dies Vorteile.

Ein weiteres Plus der Mappen ist, dass sie die Gruppenbearbeitung von Tabellen erlauben, wie es im Abschnitt »Tabellenblätter als Gruppe bearbeiten«, ab Seite 140 beschrieben ist. Ein einheitliches Tabellenlayout für mehrere Tabellen einer Mappe kann so leicht hergestellt und durchgehalten werden.

Die Zusammenstellung von Arbeitsmappen kann sich auf unterschiedliche Weise entwickeln. Bei einer Mappe mit monatlichen Auswertungen werden Sie vielleicht gleich am Anfang die dafür notwendigen zwölf Blätter anlegen und die Blattregister mit Monatsnamen beschriften.

In vielen anderen Fällen wird eine Arbeitsmappe erst allmählich durch Hinzufügen einzelner Blätter wachsen. Außerdem lassen sich jederzeit Blätter aus anderen Arbeitsmappen einfügen, im Original durch Verschieben von einer Mappe zur anderen oder als Kopie.

Neue Blätter hinzufügen

Wenn die in der Arbeitsmappe vorhandenen Blätter nicht ausreichen, können Sie jederzeit neue Blätter hinzufügen. Solange Sie normale Tabellenblätter jeweils am Ende der Mappe anfügen wollen, benutzen Sie dazu einfach das immer rechts von den Blattregistern angebotene Symbol mit dem Pluszeichen.

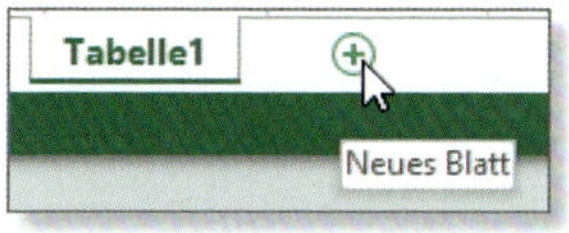

Abbildung 2.124 Die Schaltfläche für ein neues Blatt

Anstelle des Registers können Sie auch den Befehl **Start > Zellen > Einfügen > Blatt einfügen** verwenden.

1. Soll ein Blatt zwischen bestehende Blätter eingefügt oder ein anderer Blatttyp verwendet werden, aktivieren Sie das Blatt, vor das das neue Blatt eingefügt werden soll, und wählen im Kontextmenü **Einfügen**.

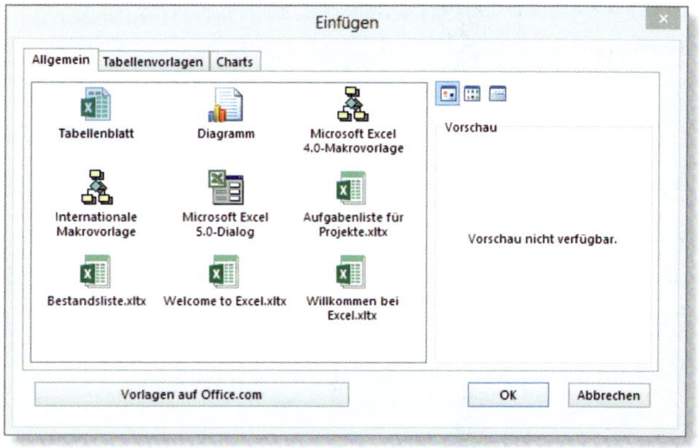

Abbildung 2.125 Hier wählen Sie den Blatttyp, den Sie einfügen wollen.

2. Für ein neues Tabellenblatt wählen Sie **Tabellenblatt**. Excel erzeugt ein neues Blatt und vergibt den Namen *Tabelle* mit einer fortlaufenden Nummer. Diesen Namen sollten Sie möglichst bald ändern, um den Zugriff auf die späteren Daten in diesem Blatt zu erleichtern.

Das Dialogfeld bietet auf dem Register **Tabellenvorlagen** auch einige Vorlagen an. Auf diesem Weg kann beispielsweise ein Bestellformular eingefügt werden, das als Vorlage vorliegt.

Über **Vorlagen auf Office.com** steht auch das Vorlagenangebot von Microsoft zur Verfügung.

TIPP

Diagramme als Blätter einfügen
Auch Diagramme können Sie über diesen Dialog als separate Blätter einfügen. Wenn Sie vorher die Tabellendaten für das Diagramm markieren, wird das entsprechende Diagramm sofort auf dem neuen Blatt ausgegeben und kann anschließend mit den im Menüband eingeblendeten Werkzeugen bearbeitet werden.

Einfügen von Fenstern

Insbesondere bei umfangreichen Arbeitsmappen kann es in bestimmten Situationen sinnvoll sein, mehr als ein Fenster für die Anzeige der Blätter zu verwenden. Das gilt beispielsweise für den Fall, dass Sie Daten auf verschiedenen Blättern miteinander vergleichen wollen. Dazu bietet Excel den Befehl **Ansicht > Fenster > Neues Fenster** an.

Excel öffnet ein zweites Anwendungsfenster und zeigt auch dort die aktuelle Arbeitsmappe an. In diesem neuen Fenster können Sie anschließend unabhängig von dem ersten Fenster navigieren. Zur Unterscheidung fügt Excel in der Titelleiste eine entsprechende Nummer an den Dateinamen an, getrennt durch einen Doppelpunkt. Ist das zusätzliche Fenster nicht mehr nötig, schließen Sie es mit dem **Schließen**-Symbol.

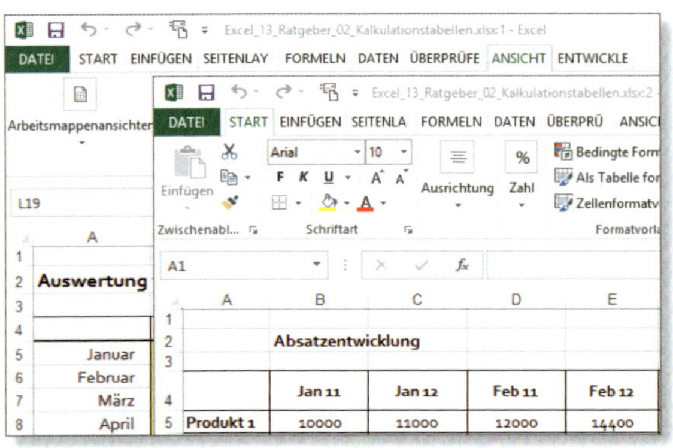

Abbildung 2.126 Beispiel für eine Mappe, bei der unterschiedliche Blätter in getrennten Fenstern angezeigt werden

Geöffnete Arbeitsmappen verbergen

Sowohl ganze Arbeitsmappen als auch Blätter in einer Arbeitsmappe lassen sich während der Sitzung ausblenden. Sie sind dann zwar weiter im Hauptspeicher vorhanden, sodass Makros darin weiterbenutzt werden können. Auch Formelbezüge auf verborgene Tabellen arbeiten anstandslos weiter. Nur manuelle Änderungen sind nicht möglich, solange die Dokumente ausgeblendet sind.

Das Ausblenden von ganzen Arbeitsmappen oder zusätzlichen Fenstern für eine Arbeitsmappe verbessert die Übersichtlichkeit im Arbeitsbereich, weil weniger Fenster gleichzeitig angezeigt werden. Um eine Arbeitsmappe oder ein zusätzliches Fenster auszublenden, wählen Sie, wenn die Arbeitsmappe oder das Fenster aktiviert ist, die Option **Ansicht > Fenster > Ausblenden**.

Abbildung 2.127 Die Gruppe »Fenster« auf dem Register »Ansicht«

Sind während einer Arbeitssitzung ausgeblendete Arbeitsmappen oder zusätzliche Fenster vorhanden, können Sie über das Symbol **Ansicht > Fenster > Einblenden** ein Dialogfeld öffnen, in dem dann eine Liste der ausgeblendeten Arbeitsmappen oder Fenster zur Auswahl angeboten wird. Die verborgenen Arbeitsmappen oder Fenster können darüber einzeln wieder eingeblendet werden.

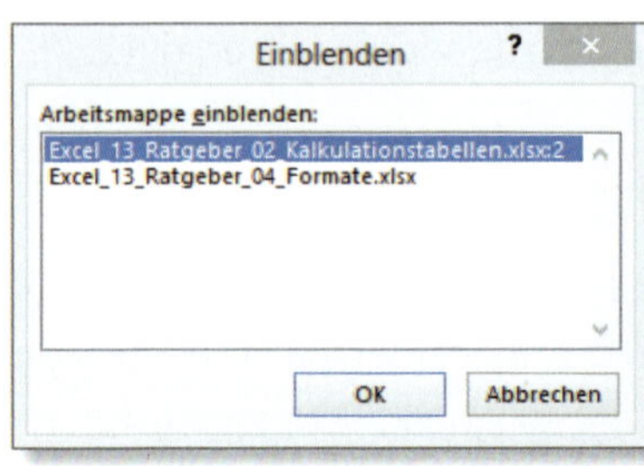

Abbildung 2.128 Über diesen Dialog werden Arbeitsmappen oder verborgene Fenster wieder eingeblendet.

Blätter verbergen

Verborgene Blätter sind ganz praktisch, um darauf bestimmte benannte Konstanten abzulegen, auf die sich Formeln in den sichtbaren Blättern beziehen, etwa Mehrwertsteuersätze, Umrechnungskurse etc. Um ein Blatt oder eine Auswahl von Blättern zu verbergen, wählen Sie die entsprechenden Blätter aus und rufen über das Kontextmenü der ausgewählten Register den Befehl **Ausblenden** auf.

Einblenden lassen sich verborgene Blätter nur einzeln. Wählen Sie dazu im Kontextmenü eines beliebigen Blattregisters den Befehl **Einblenden**, und markieren Sie im Dialogfeld das jeweilige Blatt. Entsprechende Befehle finden Sie auch unter **Start > Zellen > Format > Ausblenden & Einblenden**.

Abbildung 2.129 *Über diesen Dialog werden einzelne Blätter wieder eingeblendet.*

Überflüssige Blätter löschen

Wenn einzelne Blätter nicht mehr benötigt werden, können Sie diese jederzeit löschen. Beachten Sie beim Löschen von Blättern, dass dadurch Zellbezüge in Formeln anderer Blätter zerstört werden können. Sie sollten nur Blätter löschen, auf die sich keine Formeln in der übrigen Arbeitsmappe beziehen.

1. Aktivieren Sie das Blatt, oder wählen Sie die Blätter, die gelöscht werden sollen, als Gruppe aus.
2. Wählen Sie aus dem Kontextmenü des Blattregisters den Befehl **Löschen** oder auf dem Register **Start** den Befehl **Zellen > Löschen > Blatt löschen**.
3. Vor dem endgültigen Löschen werden Sie, falls die Blätter bereits Daten enthalten, noch einmal darauf hingewiesen, dass Daten vorhanden sein könnten. Benutzen Sie **Abbrechen**, wenn Sie irrtümlich das falsche Blatt ausgewählt haben, ansonsten **Löschen**.

Die Nachfrage vor dem Löschen hängt damit zusammen, dass das Löschen von Blättern zu den wenigen Befehlen in Excel gehört, die sich nicht mit dem Symbol **Rückgängig** in der Schnellzugriffsleiste ungeschehen machen lassen.

Reihenfolge der Blätter ändern

Wenn Sie die Blätter anders anordnen wollen, ziehen Sie die Blattregister einfach mit der Maus dorthin, wo sie erscheinen sollen. Das gilt sowohl für ein einzelnes Blatt als auch für eine Gruppe ausgewählter Blätter.

Der Mauszeiger verwandelt sich dabei in ein kleines Blatt oder einen kleinen Blätterstapel. Ein kleiner Pfeil zeigt die Stelle an, an der die Blätter eingereiht werden, wenn Sie die Maustaste loslassen. Sind mehrere nicht benachbarte Blätter ausgewählt, werden die Blätter an der neuen Stelle hintereinander eingereiht.

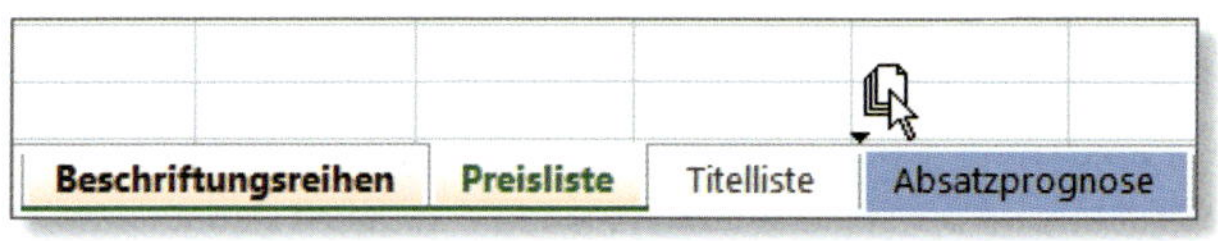

Abbildung 2.130 *Mehrere markierte Blätter lassen sich stapelweise verschieben.*

Auf dem Touchscreen können Sie Verschiebungen über das Kontextmenü und den Befehl **Verschieben oder Kopieren** vornehmen.

Blätter kopieren

Oft ist es sinnvoll, Tabellenblätter in der Arbeitsmappe zu kopieren, beispielsweise wenn sie Kalkulationsmodelle oder Tabellen enthalten, die mehrfach benutzt werden können.

1 Wählen Sie zunächst das Blatt oder die Blätter aus.

2 Halten Sie Strg gedrückt, und ziehen Sie die Auswahl an die Stelle, an der die Kopie erscheinen soll.

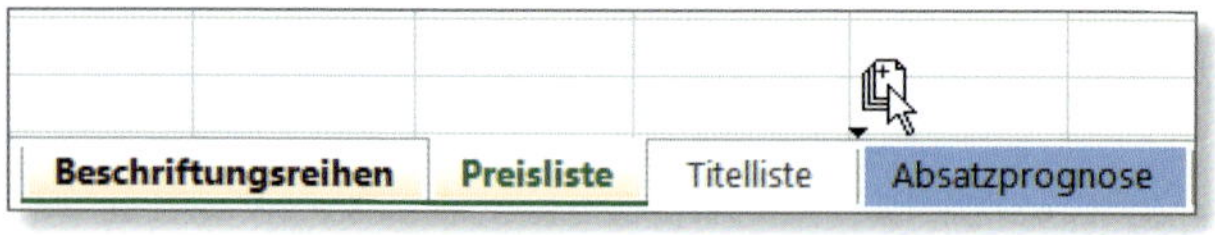

Abbildung 2.131 Beim Kopieren zeigt der Blätterstapel ein kleines Pluszeichen.

3 Excel übernimmt die Namen der Originalblätter für die Kopien, fügt aber automatisch Indexnummern dahinter ein, damit keine Doppelnamen in der Mappe entstehen. Am besten ersetzen Sie diese gleich durch die passenden Namen.

Für das Kopieren oder Verschieben von Blättern können Sie aber auch im Kontextmenü eines Registers den schon angesprochenen Befehl **Verschieben oder kopieren** aufrufen oder über **Start > Zellen > Format** den Befehl **Blatt verschieben/kopieren**.

Abbildung 2.132 Über diesen Dialog verschieben oder kopieren Sie Blätter innerhalb der Arbeitsmappe oder auch in andere Arbeitsmappen.

Im Dialogfeld lässt sich unter **Einfügen vor** auswählen, an welche Stelle das ausgewählte Blatt oder die Blattgruppe eingefügt werden soll. Soll das ausgewählte Blatt oder die Blattgruppe nicht verschoben, sondern eine Kopie davon erstellt werden, haken Sie **Kopie erstellen** ab. Über das Listenfeld **Zur Mappe** können auch andere Arbeitsmappen oder eine neue Arbeitsmappe als Ziel ausgewählt werden.

TIPP

Schnelles Umordnen zwischen Mappen
Sie haben eine ganze Reihe von Arbeitsmappen angelegt, aber die Ordnung gefällt Ihnen nicht mehr. Viele Blätter sind in der falschen Mappe. Am besten laden Sie zwei oder mehr Mappen und benutzen **Ansicht > Fenster > Alle anordnen**, damit die Register aller Mappen greifbar sind. Dann können Sie die Register einfach jeweils mit der Maus in die Mappe ziehen, wo die Blätter hingehören.

Übersicht in großen Tabellen

Wenn Sie eine Tabelle auf dem Papier und eine Tabelle auf einem Bildschirm vergleichen, hat das Papier einen Vorteil, der am Bildschirm bisher nur schwer wettgemacht werden konnte. Beim Betrachten einer großen Tabelle kann der Blick in Bruchteilen von Sekunden zu einer beliebigen Stelle wandern. Am Bildschirm dagegen muss häufig der Bildschirmausschnitt über die Gesamttabelle geschoben werden. Trotz Bildlaufleisten, Mausbewegungen und einiger Tastenkombinationen ist das insbesondere bei kleinen Monitoren immer eine eher lästige Angelegenheit. Auf einem Touchscreen sieht das schon anders aus.

Zoomen

Eine gewisse Abhilfe bietet hier die Zoom-Funktion, für die ein spezieller Schieberegler am rechten unteren Fensterrand zur Verfügung steht. Durch Verschieben des Reglers 1 oder per Klick auf die Symbole **Plus** 2 oder **Minus** 3 wird innerhalb des Fensters das Liniengitter samt Inhalt gleichmäßig vergrößert oder verkleinert. Klick auf die Prozentanzeige 4 öffnet außerdem das Dialogfeld **Zoom**.

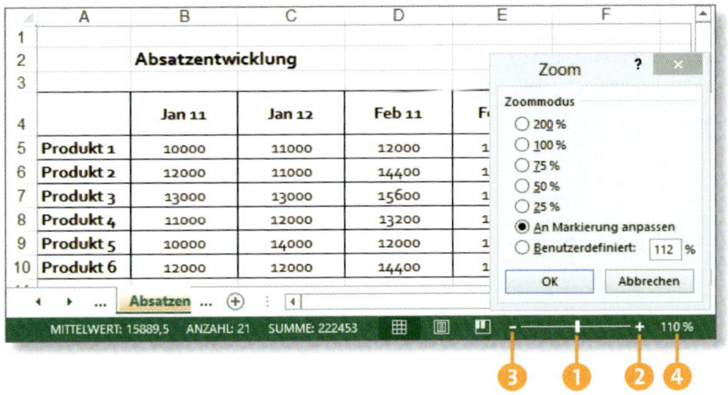

Abbildung 2.133 Der Schieberegler für »Zoom« und sein Dialogfeld

Der Dialog kann auch über **Ansicht > Zoom > Zoom** geöffnet werden. Excel stellt darin verschiedene Vergrößerungs- bzw. Verkleinerungsstufen zur Auswahl.

Außerdem können Sie mit der Option **An Markierung anpassen** dafür sorgen, dass ein ausgewählter Zellenblock den gesamten Bereich des aktiven Fensters einnimmt. Schließlich ist auch eine stufenlose Veränderung möglich. Unter **Benutzerdefiniert** lassen sich Prozentsätze zwischen »10« und »400« % von der Originalgröße einstellen.

Auf dem Touchscreen steht Ihnen noch eine andere Methode zur Verfügung, den Tabellenausschnitt bei Bedarf zu vergrößern oder zu verkleinern: Sie spreizen zwei Finger, die den Bildschirm berühren, oder Sie ziehen sie zusammen.

TIPP

Das Mausrad als Lupe
Wenn Sie eine Maus mit Rad haben, lässt sich dieses ebenfalls zum Zoomen verwenden, vorausgesetzt, über **Datei > Optionen > Erweitert** ist unter **Bearbeitungsoptionen** die Option **Beim Rollen mit IntelliMouse zoomen** aktiviert. Das ist manchmal ganz praktisch, wenn Sie Diagramme mit vielen schmalen Balken bearbeiten oder kleinteilige grafische Objekte. Meistens ist es allerdings günstiger, diese Option nicht zu aktivieren und das Mausrad stattdessen zum Blättern in der Tabelle zu verwenden.

Ist die Tabelle gezoomt, kann sie weiter ganz normal bearbeitet werden. Auf den Ausdruck hat die Funktion keinen Einfluss, die Skalierung des Drucks regeln Sie über die Einstellungen unter **Datei > Drucken** oder die Optionen im Dialogfeld **Seite einrichten**.

Fenster teilen

Eine einfache Möglichkeit, Zellbereiche, die weit voneinander entfernt sind, gleichzeitig sichtbar zu machen, bietet der Befehl **Ansicht > Fenster > Teilen** 5. Er erlaubt es, das Fenster horizontal oder vertikal oder gleich in beide Richtungen zu teilen, sodass vier Unterfenster entstehen. Maßgeblich ist die aktuelle Position des Zellzeigers. In allen Teilen bewegen Sie den Zellzeiger unabhängig voneinander. Die kleinen, in früheren Versionen in den Bildlaufleisten eingebauten Fensterteiler finden Sie in Excel 2013 nicht mehr.

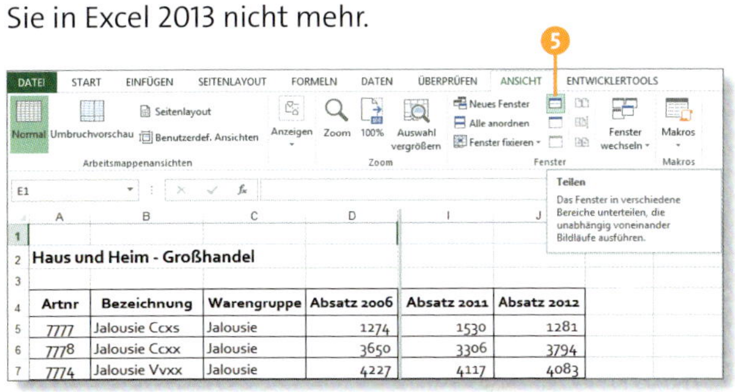

Abbildung 2.134 Die Fensterteilung sorgt hier dafür, dass Sie auch weit entfernte Spalten gleichzeitig betrachten können.

Um in dem Beispiel in Abbildung 2.134 die Absatzwerte von etwas weiter auseinanderliegenden Jahren bequem vergleichen zu können, schieben Sie einfach den vertikalen Fensterteiler 6 mit Maus, Finger oder Stift an den rechten Rand der Spalte mit den ältesten Absatzwerten. Beim Ziehen wird die erreichte Position durch einen dicken grauen Strich angezeigt.

Die vertikale Bildlaufleiste ist nun geteilt. Sie können mit der rechten Leiste 7 den Bildausschnitt so verschieben, dass die Spalte mit den jüngsten Absatzwerten direkt neben der mit den ältesten Werten erscheint.

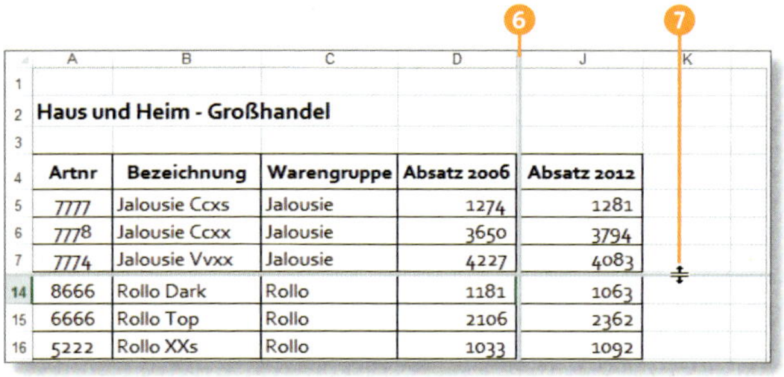

Abbildung 2.135 Vierteiliges Fenster

Steht der Mauszeiger nicht in der ersten Zeile, zerlegt der Befehl **Ansicht > Fenster > Teilen** das Bildschirmfenster in vier Teile. Die Teilungsleisten können Sie beliebig verschieben, entweder einzeln oder gleichzeitig, indem Sie den Schnittpunkt verschieben.

Ein Doppelklick oder -tipp auf eine Teilungsleiste hebt diese wieder auf. Der erneute Befehl **Teilen** entfernt die Teilung insgesamt.

TIPP

Suchen in geteilten Fenstern
Beachten Sie, dass ein Befehl wie **Suchen** oder **Gehe zu** bei geteilten Fenstern dazu führt, dass in allen Fenstern dieselbe Fundstelle oder Zielposition angezeigt wird.

Beschriftungen fixieren

Bei großen Tabellenblättern kann es zum Problem werden, dass Sie im Fenster die Beschriftungen der Spalten und Zeilen nicht sehen, wenn Sie den Bildausschnitt verschieben. Hier hilft die Fixierung der Beschriftungen. In dem folgenden Beispiel sollen die drei ersten Spalten und die ersten vier Zeilen fixiert werden.

1. Setzen Sie den Zellzeiger in die Zelle D5, also rechts neben die Spalte(n) und/oder unter die Zeile(n), die sichtbar bleiben sollen, wenn das Fenster verschoben wird.
2. Wählen Sie den Befehl **Ansicht > Fenster > Fenster fixieren**.

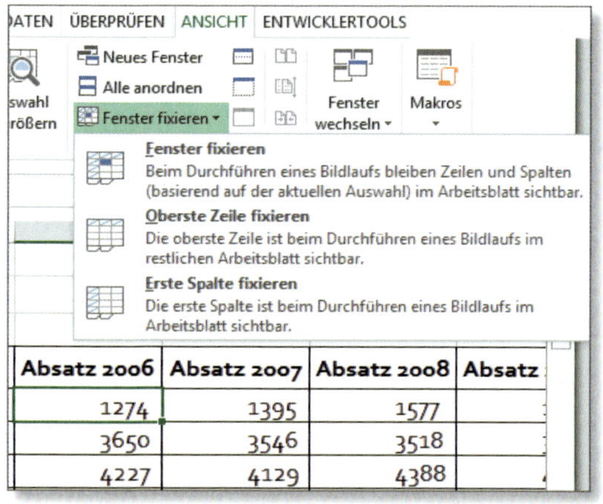

Abbildung 2.136 Fixieren von Tabellenbeschriftungen

3. Im Menü der Schaltfläche benutzen Sie die Funktion **Fenster fixieren**.
4. Egal, wie weit Sie anschließend den Bildschirmausschnitt verschieben, bleiben nun immer die ersten drei Spalten und die ersten vier Zeilen sichtbar.

Das Menü bietet auch die Möglichkeit an, jeweils nur die oberste Zeile oder die erste Spalte zu fixieren. Jede Fixierung kann immer nur einmal pro Tabellenblatt eingesetzt werden. Wenn Sie also zwei oder mehrere große Tabellen verwenden, spricht alles dafür, diese auf mehrere Blätter zu verteilen.

Die fixierten Bereiche können weiter geändert werden. Um die Fixierung wieder aufzuheben, wählen Sie **Ansicht > Fenster > Fenster fixieren > Fixierung aufheben**.

Beachten Sie, dass die Fixierung von Spalten oder Zeilen keinen Einfluss auf den Ausdruck hat. Wenn Sie einen ähnlichen Effekt beim Druck erreichen wollen, müssen Sie über **Seitenlayout > Seite einrichten > Drucktitel** entsprechende Einstellungen für Wiederholungszeilen oder -spalten festlegen.

Mit Ansichten arbeiten

Ein Tabellenblatt kann Daten enthalten, die für verschiedene Adressaten gedacht sind. Nicht jeder braucht die gleiche Zusammenstellung der Daten, bzw. nicht jeder soll sie erhalten. In einer Liste mit Absatzwerten sollen beispielsweise in dem einen Fall die Werte für bestimmte Jahre verdeckt bleiben, wenn eine Liste gedruckt wird, im anderen Fall soll die komplette Liste gedruckt werden. In solchen Fällen hilft die Definition von unterschiedlichen Ansichten für ein Tabellenblatt.

Merkmale einer Ansicht

Welche Merkmale lassen sich in einer Ansicht festhalten? Bei Tabellen können die Daten nach unterschiedlichen Kriterien gefiltert werden, wie in Kapitel 5, »Daten als Tabellen ordnen und verwalten«, ab Seite 303 und in Kapitel 6, »Daten abfragen«, ab Seite 333 beschrieben wird.

Jedes Abfrageergebnis kann als separate Ansicht auf eine bestimmte Tabelle festgehalten und wieder aufgerufen werden, ohne die Filterbefehle jedes Mal neu einzugeben.

Für jede benannte Ansicht können unterschiedliche Spalten oder Zeilen des Arbeitsblatts ausgeblendet werden. Sie können auch die Spaltenbreite oder Zeilenhöhe für jede Ansicht anders gestalten. Weitere Dinge, die Sie bestimmen können:

- Bildschirmeinstellungen, etwa das Ausschalten der Gitternetzlinien oder der Seitenumbruchlinien
- markierte Zellen
- Fenstergröße und -position
- Fensterausschnitte
- fixierte Zeilen und Spalten
- Filtereinstellungen bei Datenlisten
- Festlegung eines Druckbereichs oder andere Druckeinstellungen

Eine Ansicht definieren

Wie wird nun eine Ansicht definiert? Die notwendigen Schritte sind folgende:

1. Aktivieren Sie das Tabellenblatt, für das Sie eine Ansicht bestimmen wollen. (Ansichten für Gruppen von Blättern sind nicht möglich.)
2. Wählen Sie die Anzeige- und Druckeinstellungen, die Sie für diese Ansicht benutzen wollen. Blenden Sie Spalten aus, die nicht erscheinen sollen.
3. Benutzen Sie das Symbol **Ansicht > Arbeitsmappenansichten > Benutzerdef. Ansichten**. Das Dialogfeld zeigt links ein Fenster, in dem – wenn vorhanden – bereits definierte Ansichten angezeigt werden. Die Schaltfläche **Hinzufügen** führt zu einem weiteren Dialogfeld.

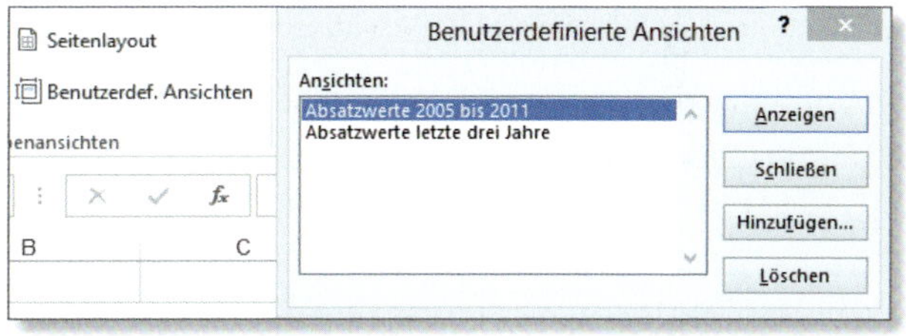

Abbildung 2.137 Über diesen Dialog werden Ansichten definiert und auch angezeigt.

4. Geben Sie einen Namen für die aktuelle Ansicht an. Bezeichnungen aus mehreren Worten sind erlaubt.

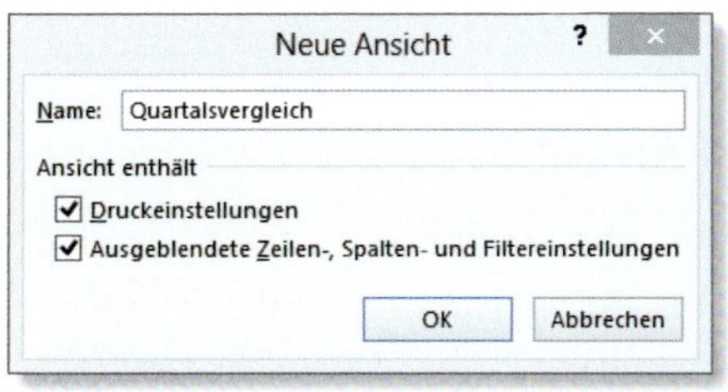

Abbildung 2.138 Hier legen Sie fest, was die Ansicht enthält.

5. Zusätzlich können Sie zwei Kontrollkästchen bei Bedarf abhaken bzw. abgehakt lassen, die festlegen, ob die in der aktuellen Ansicht enthaltenen Druckeinstellungen bzw. ausgeblendete Zeilen/Spalten und Filtereinstellungen mitgespeichert werden sollen.

Die aktuelle Ansicht bleibt nach der Bestätigung des Dialogs erhalten.

Zwischen Ansichten wechseln

Sobald für ein Tabellenblatt unterschiedliche Ansichten definiert sind, können Sie jederzeit zwischen den Ansichten wechseln. Benutzen Sie dazu erneut das Symbol **Benutzerdef. Ansichten**. Markieren Sie dazu im Dialogfeld unter **Ansichten** den entsprechenden Namen, und wählen Sie **Anzeigen**.

> **TIPP**
>
> **Zugriff auf Ansichten beschleunigen**
> Wenn Sie mit Ansichten arbeiten wollen, ist es in der Regel sinnvoll, zunächst auch die Normalansicht der Tabelle als eine der möglichen Ansichten zu definieren. Außerdem ist es praktisch, das Symbol **Benutzerdef. Ansichten** über sein Kontextmenü in die Schnellzugriffsleiste zu übernehmen.

Arbeitsmappen in der Parallelansicht

In Excel 2013 gibt es auch eine manchmal sehr nützliche Möglichkeit, zwei Arbeitsmappen gleicher Struktur parallel anzuordnen, sodass Sie entsprechende Positionen leichter miteinander vergleichen können.

1. Öffnen Sie beide Arbeitsmappen.
2. Benutzen Sie den Befehl **Ansicht > Fenster > Alle anordnen**. Wählen Sie unter **Anordnen** die Option **Vertikal**, wenn die Tabellen nebeneinander erscheinen sollen.
3. Anschließend benutzen Sie den Befehl **Ansicht > Fenster > Nebeneinander anzeigen**. Dieser Befehl aktiviert als Vorgabe auch den Befehl **Synchroner Bildlauf**.

Abbildung 2.139 Zunächst sorgen Sie für die richtige Ausrichtung der Anordnung beider Fenster.

4. Die Bewegung des Zellzeigers in der einen Tabelle wird dann jeweils auch in der anderen Tabelle nachvollzogen. Wenn Sie das nicht wollen, klicken Sie die Schaltfläche **Synchroner Bildlauf** erneut an, damit sich die Zellzeiger unabhängig voneinander in den beiden Fenstern bewegen können.

Abbildung 2.140 zeigt beispielsweise, wie Sie die Tabellen für verschiedene Jahre am besten vergleichen können.

Bedienungshinweise einfügen

Je umfangreicher ein Kalkulationsmodell, desto notwendiger wird ein gewisses Maß an Dokumentation. Sie sollte sicherstellen, dass immer ersichtlich bleibt, auf welche Weise Rechenergebnisse erzeugt werden. Das hilft Ihnen bei der Pflege des Modells.

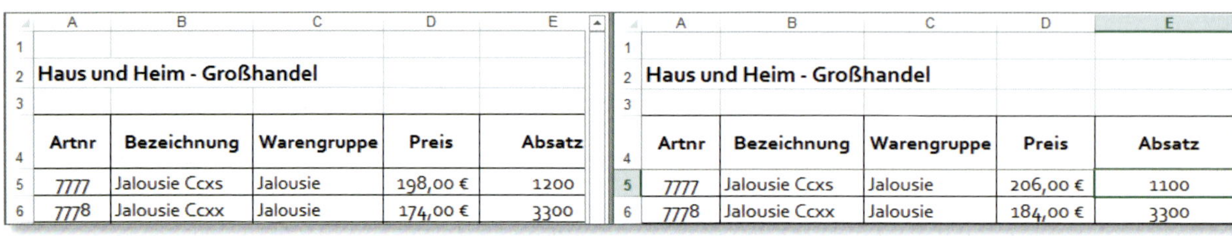

Abbildung 2.140 In dieser Anordnung lassen sich Änderungen an den einzelnen Posten gut vergleichen.

Noch dringender sind solche Erläuterungen für andere Personen, die mit Ihrem Modell arbeiten oder es weiterentwickeln sollen. Bedacht werden müssen auch Vorschriften, die die Prüfbarkeit von Berechnungen betreffen, etwa in der Buchhaltung.

Wenn Sie sich angewöhnen, wichtige Tabellenbereiche mit selbst erklärenden Namen zu belegen und auch in den Formeln mit Bereichsnamen zu arbeiten, dokumentiert sich eine Arbeitsmappe in einem bestimmten Umfang selbst. Reicht dies nicht aus, sollten Sie die notwendigen Informationen über die gesamte Tabelle, über bestimmte Berechnungsmethoden, Hinweise zur Datenpflege und -aktualisierung usw. in einer leicht zugänglichen Form der Tabelle hinzufügen.

Textpassagen und Textfelder

Excel bietet dafür eine ganze Reihe von Möglichkeiten. Eine naheliegende Form sind erläuternde Textpassagen in freien Zellbereichen oder auch auf einem eigenen Blatt in der Arbeitsmappe. Da eine Zelle über 30.000 Zeichen aufnehmen kann und zudem Zellen zusammengefasst werden können, lassen sich erläuternde Texte in das Tabellenblatt leicht einfügen. Abbildung 2.141 zeigt eine Textpassage neben einer Tabelle, für die ein Zellblock zu einer Zelle zusammengefasst wurde.

	A	B	C	D	E	F	G
1							
2	**Kundeneinstufung**						
3							
4	**Kunde**	**Umsatz**	**Einstufung**				
5	Berger	600	C				
6	Wehner	1200	B		Kunden mit einem Umsatz über 5000 € werden in B eingestuft, Kunden über 50000 € in A.		
7	Brech	220000	A				
8	Schub	60000	A				
9	Schleimin	20000	B				
10	Vosken	900	C				

Abbildung 2.141 Hinweis zu einer Tabelle in einem Zellbereich

Für kleinere Texte lässt sich auch ein Textfeld verwenden, das Sie mit dem Symbol **Textfeld** aus der Gruppe **Einfügen > Text** erzeugen. Wenn Sie das Symbol benutzen, können Sie die Lage und Größe des Textfelds durch Ziehen mit Maus, Finger oder Stift bestimmen. Anschließend tragen Sie den Text direkt in das Feld ein. Der Text wird automatisch innerhalb des festgelegten Rahmens umbrochen. Ein Klick oder Tipp auf eine Zelle außerhalb des Textfelds beendet die Texteingabe.

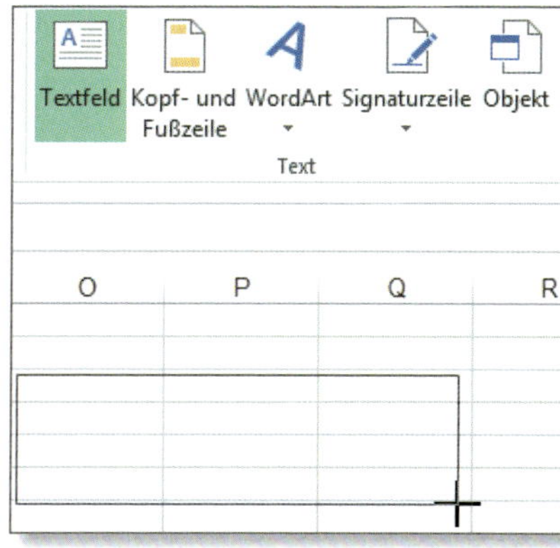

Abbildung 2.142 Mit der Maus ein Textfeld aufziehen

Solche Textfelder haben den Vorteil, dass sie unabhängig von den Daten in der Tabelle hin- und hergeschoben werden können. Wenn ein solches Textfeld beispielsweise bestimmte Hinweise für die Bearbeitung der Tabelle enthält, etwa Vorschriften für die korrekte Dateneingabe, kann der Text an jede beliebige Stelle des Arbeitsblatts gezogen werden, in dem Sie gerade Daten bearbeiten wollen.

Arbeit mit Kommentaren

Bezogen auf einzelne Zellen, sind Kommentare ideale Mittel der Selbsterklärung einer Tabelle. Kommentare, die zu einer Zelle angelegt worden sind, werden normalerweise angezeigt, wenn sich der Mauszeiger über der betreffenden Zelle befindet. Abbildung 2.143 zeigt ein kleines Beispiel zu der Einnahmen-Ausgaben-Rechnung aus Kapitel 1, »Excel 2013 kennenlernen«, ab Seite 37.

Die Vorgehensweise ist folgende:

1. Wählen Sie erst die Zelle, zu der Sie etwas notieren wollen. (Ist ein Bereich markiert, wird der Kommentarindikator immer an die erste Zelle geheftet.)

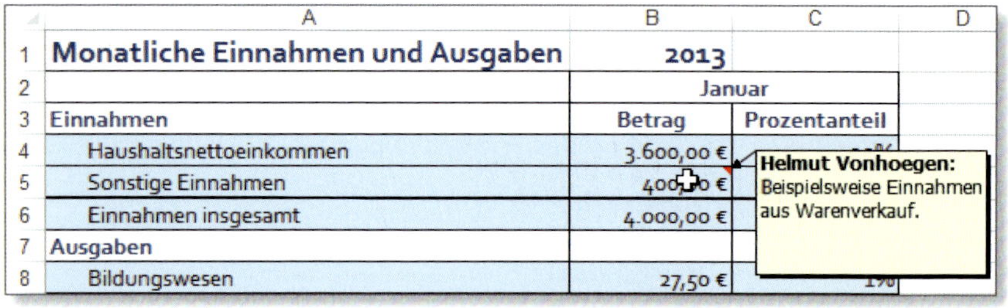

Abbildung 2.143 *Ein Kommentar erklärt, was eingegeben werden soll.*

2 Wählen Sie **Überprüfen > Kommentare > Neuer Kommentar**.

3 Excel öffnet ein Textfeld und setzt den Namen des Benutzers an den Anfang. Das ist insbesondere bei Teamarbeit an Tabellen praktisch.

4 Nun können Sie Ihre Anmerkung zu der Zelle, der Formel etc. direkt vor Ort eintragen. Schließen Sie den Kommentar durch Klick oder Tipp außerhalb des Felds ab.

Muss etwas korrigiert werden, benutzen Sie im Kontextmenü der kommentierten Zelle **Kommentar bearbeiten**, um das Kommentarfeld erneut zu öffnen. Klicken oder tippen Sie die Textstelle, an die etwas eingefügt werden soll, direkt an, oder markieren Sie durch Ziehen eine Stelle, die ersetzt werden soll. Wenn Sie nur die Textbearbeitung beenden wollen, benutzen Sie im Kontextmenü des Kommentarfelds **Textbearbeitung beenden**. Dann bleibt das Kommentarfeld weiter markiert.

Soll das Kommentarfeld etwas von der Zelle weggeschoben werden, ziehen Sie den Rahmen in die gewünschte Richtung. Um das Kommentarfeld zu vergrößern oder zu verkleinern, reicht das Ziehen an den Markierungen im Rahmen. Um die Schrift anders zu formatieren, markieren Sie den Text oder einen Teil davon, und benutzen im Kontextmenü den Befehl **Kommentar formatieren**, der dann angeboten wird.

Um bequem mit Kommentaren zu arbeiten, bietet die Gruppe **Überprüfen > Kommentare** eine Reihe von Symbolen, etwa um vorhandene Kommentare bequem anzusteuern, um sie zu überarbeiten oder auch zu löschen.

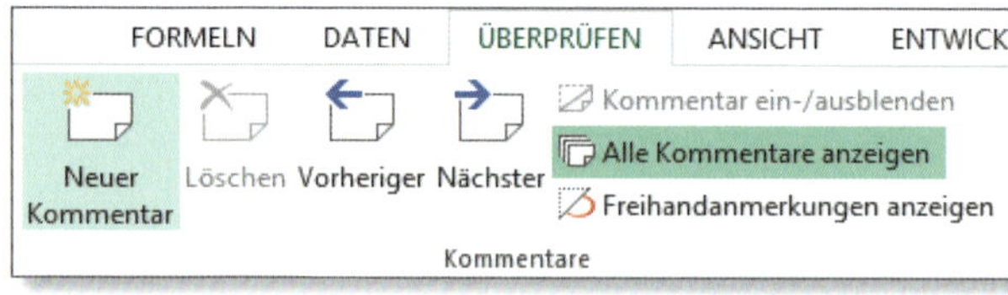

Abbildung 2.144 *Die Gruppe »Kommentare«*

Wenn Sie mit einem Tablet-PC arbeiten, lässt sich in der Gruppe **Kommentare** auch die Schaltfläche **Freihandanmerkungen anzeigen** nutzen.

Wenn die in den Kommentaren abgelegten Hinweise nicht mehr benötigt werden, können Sie die Anzeige der Kommentare auch unterbinden. Über **Datei > Optionen > Erweitert** muss dazu unter **Anzeige** nur die Option **Keine Kommentare und Indikatoren** gewählt werden. Sie können hier aber auch umgekehrt festlegen, dass die Kommentare immer angezeigt werden, also auch, wenn der Zellzeiger an einer ganz anderen Stelle steht. Das ist die Option **Kommentare und Indikatoren**.

Falls Sie die Eingabe bestimmter Werte in einer Zelle kontrollieren wollen, sollten Sie allerdings besser mit den Gültigkeitsregeln arbeiten, die in Abschnitt 2.5, »Beschriftungen und Werte prüfen«, ab Seite 164 beschrieben sind.

Kommentare können mit den Tabellendaten ausgedruckt werden. Wählen Sie im Dialogfeld **Seite einrichten** die Registerkarte **Blatt**, und wählen Sie unter **Drucken > Kommentare**, ob die Kommentare, wenn überhaupt, jeweils am Ende des Blatts oder so, wie auf dem Blatt angezeigt, gedruckt werden sollen.

Kapitel 3
Mit Formeln arbeiten

Von den Grundrechenarten bis zu hochkomplexen statistischen Funktionen reicht das Spektrum, das Excel als nie ermüdender Rechenknecht zur Verfügung stellt. Es lohnt sich, diese Fähigkeiten auszuschöpfen, denn sie können Ihnen eine Menge Arbeit ersparen.

Der Einsatz von Excel lohnt sich schon, wenn es nur darum geht, Informationen in übersichtlicher Form zusammenzustellen. Die tabellarische Anordnung ist dafür gut geeignet. Wenn Sie eine Checkliste für eine Dienstreise, einen Terminkalender für ein Projekt oder einen Stellenplan für eine Abteilung brauchen, können Sie diese Aufgaben in einem Tabellenblatt effektiv erledigen.

So richtig zum Zuge kommen die Fähigkeiten von Excel aber erst, wenn Sie Excel für sich rechnen lassen. Das geschieht in erster Linie durch die Eingabe von Formeln. Davon soll in diesem Kapitel die Rede sein.

3.1 Berechnungen ohne Formeln

Bevor wir auf die Konstruktion von Formeln im Detail eingehen, soll an dieser Stelle zunächst noch auf eine ganz praktische Funktion von Excel 2013 hingewiesen werden, die Ihnen Rechenergebnisse auch ohne Formeln liefert.

Schnelle Summen und mehr

Wenn Sie sofort wissen wollen, welchen Gesamtbetrag eine Gruppe von Werten ergibt, können Sie auch ganz ohne Formeln ans Ziel kommen. Sobald Sie mehr

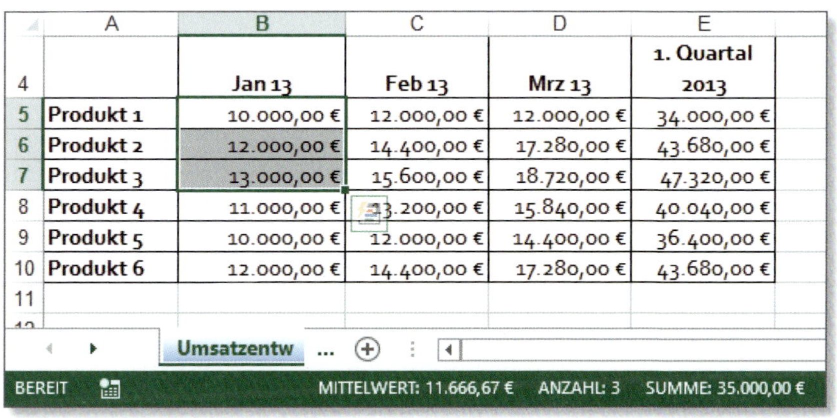

	A	B	C	D	E
4		Jan 13	Feb 13	Mrz 13	1. Quartal 2013
5	Produkt 1	10.000,00 €	12.000,00 €	12.000,00 €	34.000,00 €
6	Produkt 2	12.000,00 €	14.400,00 €	17.280,00 €	43.680,00 €
7	Produkt 3	13.000,00 €	15.600,00 €	18.720,00 €	47.320,00 €
8	Produkt 4	11.000,00 €	13.200,00 €	15.840,00 €	40.040,00 €
9	Produkt 5	10.000,00 €	12.000,00 €	14.400,00 €	36.400,00 €
10	Produkt 6	12.000,00 €	14.400,00 €	17.280,00 €	43.680,00 €
11					

Abbildung 3.1 *Die Statusleiste zeigt die Auswertungen der drei markierten Zellen.*

als eine Zelle im Tabellenblatt markieren, gibt Ihnen Excel unaufgefordert den Mittelwert, die Anzahl und die Summe dieser Werte in der Statusleiste aus (siehe Abbildung 3.1).

Das funktioniert nicht nur bei geschlossenen Zellblöcken, sondern auch, wenn Sie nicht zusammenhängende Zellen markieren. Das erspart in vielen Fällen den Zugriff auf den Taschenrechner.

Anzeigen in der Statusleiste anpassen

Anstelle der vorgegebenen Auswertungen können Sie über das Menü **Statusleiste anpassen** auch ein anderes Ergebnis errechnen lassen. Dazu müssen Sie den Ergebnisbereich in der Statusleiste nur mit der rechten Maustaste anklicken und die gewünschte Berechnungsart auswählen. Das Menü bleibt geöffnet, bis Sie eine Zelle auswählen oder [Esc] benutzen.

Auf dem Touchscreen berühren Sie mit Finger oder Stift die Statusleiste, bis das Kontextmenü erscheint, und wählen die gewünschten Optionen durch Antippen aus oder ab. Tippen Sie auf eine beliebige Zelle, um das Menü wieder zu schließen.

Abbildung 3.2 *In der Statusleiste lassen sich verschiedene Auswertungen markierter Zellbereiche aktivieren.*

3.2 Den Bau von Formeln verstehen

Es ist durchaus möglich, Excel wie einen einfachen Taschenrechner zu benutzen. Ein einfaches Beispiel: Wenn Sie in eine Zelle den Nettopreis einer Handtasche eingeben und ihn mit dem Mehrwertsteuersatz multiplizieren – beispielsweise `=90*1,19` –, erhalten Sie den Bruttopreis.

Einen Schritt darüber hinaus führt Sie aber schon, wenn Sie den Nettopreis in der Zelle A1 ablegen und den Steuersatz in A2. Eine Formel in A3 wie `=A1*A2` liefert dann zu jedem beliebigen Nettopreis, den Sie in A1 eingeben, in A3 den Bruttopreis. Den Steuersatz müssen Sie also nicht jedes Mal neu eingeben, auf ihn wird über eine entsprechende Zelladresse Bezug genommen.

Die Rolle der Formeln

Eine Formel in Excel ist in der Regel also so etwas wie ein Dauerauftrag an das Programm. Mit einer Formel bestimmen Sie, dass Excel immer wieder bestimmte Dinge für Sie erledigen soll. Das kann beispielsweise eine Rechenvorschrift sein wie »Bilde die Summe einer Zahlenkolonne« oder »Berechne den Mittelwert der Werte in einer Zeile«. Oder aber eine Anweisung wie »Setze eine Bezeichnung aus den aktuellen Werten von zwei Zellen zusammen«. Letzteres ist ein Beispiel dafür, dass Formeln nicht bloß zum Rechnen verwendet werden.

Ist die entsprechende Formel einmal gebildet, vielleicht am Anfang durchaus mit gewissen Mühen, steht sie anschließend gleichsam auf Abruf zur Verfügung. Ändern sich die Zahlen in der Kolonne oder der Betrag oder eine der Zeichenketten, liefern die Formeln sofort wieder das aktuelle Ergebnis.

Formelketten

Material für Formeln können dabei nicht nur Zahlen und Zeichenfolgen, sondern auch selbst wiederum andere Formeln sein. Das heißt beispielsweise, mit dem Ergebnis einer Formel in der Zelle B12 wird in der Zelle F18 weitergerechnet. Die Zelle F18 ihrerseits gibt ihr Ergebnis an eine Formel in der Zelle H15 weiter. Auf diese Weise entstehen regelrechte Formelketten.

TIPP

Übersichtlichkeit
Je länger eine solche Kette ist, desto größer ist allerdings auch die Möglichkeit, dass die Übersicht darüber, wie im Arbeitsblatt gerechnet wird, verloren geht. Über Maßnahmen, damit umzugehen, soll später noch gesprochen werden.

Formelsyntax

Eine Formel in Excel beginnt immer mit einem Gleichheitszeichen. Dieses Zeichen ist für das Programm gleichsam das Erkennungszeichen, dass in der Zelle eine Formel auszuwerten ist. Es ist zwar erlaubt, stattdessen mit einem Plus- oder Minuszeichen zu beginnen, aber Excel setzt automatisch ein Gleichheitszeichen an die erste Stelle, das Pluszeichen wird sogar ganz ignoriert.

Folgen hinter dem Gleichheitszeichen Elemente, die für eine Formel nicht zu gebrauchen sind, wertet Excel den übrigen Zellinhalt auch nicht als Text aus, sondern als Bereichsnamen, den es nicht gibt. Die Zelle liefert dann die Fehlermeldung *#NAME?*, will sagen: »Diesen Namen gibt es nicht!«

Hinter dem Gleichheitszeichen können folgende Elemente auftauchen:

- konstante Zahlenwerte
- konstante Textwerte
- Bezüge auf Zellen
- Operatoren
- Funktionen
- Leerzeichen

Leerzeichen können Sie verwenden, um Formeln etwas übersichtlicher aussehen zu lassen, sie werden aber ansonsten bei der Formelauswertung ignoriert. Ausnahme ist ein Leerzeichen, das als Bereichsoperator für eine Schnittmenge verwendet wird. Ein Leerzeichen darf nicht zwischen dem Funktionsnamen und der ersten Klammer erscheinen.

Formeltypen

Normalerweise liefert eine Formel nur einen Wert für die Zelle, in die sie eingetragen ist. Eine spezielle Variante sind Matrixformeln, die Werte für mehrere Zellen berechnen bzw. Wertegruppen gleichzeitig auswerten können. Sie werden in Abschnitt 3.6, »Matrixformeln einsetzen«, ab Seite 233 behandelt.

Excel 2013 kennt verschiedene Typen von Formeln:

- **Arithmetische Formeln** enthalten Konstanten, Zellbezüge und arithmetische Operatoren (+, –, *, /, ^). Beispiele für arithmetische Formeln:

```
=B7+C7
=8000 * 1,19
=C5/5
```

- **Zeichenfolgen-Formeln** erlauben die Verknüpfung von zwei oder mehreren Zeichenfolgen mit dem &-Operator. Beispiele für solche Textverkettungen:

```
="Audio"&2013
="Farbe "&H4
="Margo "&"Lewin"
```

- **Logische Formeln** enthalten Vergleiche zwischen Konstanten oder Zellbezügen mithilfe von Vergleichsoperatoren. Formeln wie `=Z8 > H5` ergeben den Wert *WAHR*, wenn die darin formulierte Beziehung der beiden Zellwerte tatsächlich wahr ist; wenn nicht, liefert eine solche Formel den Wert *FALSCH*. Der angezeigte Wert *WAHR* hat gleichzeitig den numerischen Wert *1*, der Wert *FALSCH* den numerischen Wert *0*. (`=WAHR + 1` ergibt also *2*!)
- **Formeln, die Funktionen enthalten**, beispielsweise die Summenfunktion:

```
=Summe(F1:F30)
```

Datentypen

Die verschiedenen Datentypen können in einer Formel auch gemischt auftreten. Dabei muss aber beachtet werden, dass die Ergebnisse der verschiedenen Teile einer Formel Daten liefern, die vom Typ her verträglich sind.

Eine Funktion, die eine Zeichenfolge zum Ergebnis hat, kann nicht multipliziert werden. Das macht auch wenig Sinn. Dagegen lässt der &-Operator auch Zahlen als Operanden zu, wandelt sie aber automatisch in Zeichenfolgen um. »=1111&2222« ergibt die Zeichenfolge *11112222*.

Operatoren und ihre Priorität

Die einfachsten Formeln, die in einer Zelle abgelegt werden können, sind Formeln, in denen Zahlen mit den Operatoren der Grundrechenarten verknüpft werden. Die Schreibweise entspricht, abgesehen von dem vorangestellten Gleichheitszeichen, dem aus der Schulmathematik gewohnten Bild:

```
=13+25-5
=25*4/3
=3^2
```

Anstelle von Zahlen, also von Konstanten, können Variablen in die Formeln eingeführt werden. In der Algebra

Operator	Beispiel	Bedeutung	Priorität
Bezugsoperatoren			
:	B3:B7	Bereich	1
leer	B3:E8 C4:F12	Schnittmenge	2
;	B3:B12;C3:C12	Verbindung	3
Arithmetische Operatoren			
–	-(5*2)	Vorzeichen	4
%	10 %	Prozent	5
^	5^2	Potenzierung	6
*	5*6	Multiplikation	7
/	6/3	Division	7
+	7+4	Addition	8
–	4-2	Subtraktion	8
Verkettungsoperator			
&	B2&B3	Textverkettung	9
Vergleichsoperatoren			
=	B5=B7	gleich	10
<>	B5<>B7	ungleich	10
>	B5>B7	größer als	10
<	B5<B7	kleiner als	10
<=	B5<=B7	kleiner oder gleich	10
>=	B5>=B7	größer oder gleich	10

∧ ***Tabelle 3.1*** *Die Operatoren und ihre Priorität*

werden für Variable bekanntlich Buchstaben benutzt. Wenn Sie mit Excel 2013 arbeiten, können die Zell- oder Bereichsadressen dazu dienen, Variablen in eine Formel einzubeziehen.

Die Operatoren in einer Formel werden entsprechend ihrer Priorität behandelt. Tabelle 3.1 zeigt die Rangfolge der Priorität. Die höchste Priorität ist 1.

Grundrechenarten

Die Priorität bestimmt die Reihenfolge, in der Excel die Operatoren auswertet. Nehmen Sie das folgende Beispiel: Ein numerischer Ausdruck lautet:

```
=5+6*3-7
```

Würde das Programm schlicht von links nach rechts vorgehen, ergäbe sich:

```
5+6    = 11
11*3   = 33
33-7   = 26
```

Tatsächlich aber führt Excel 2013 korrekterweise zunächst die Multiplikation durch, die Priorität vor der Addition und Subtraktion hat:

```
6*3    = 18
5+18-7 = 16
```

Die Operation mit der höheren Priorität wird also zuerst ausgeführt. Bei Operatoren derselben Priorität wird von links nach rechts gearbeitet. Soll die Rangfolge der Prioritäten unterlaufen werden, kann wie üblich mit Klammern gearbeitet werden. Bei

```
=(5*6)*(3-7)
```

wird zunächst das Innere der beiden Klammern berechnet. Das ergibt:

```
=30*-4=-120
```

Addition und Subtraktion

Die folgende Liste zeigt einige Beispiele für korrekt eingegebene Formeln, um Ihnen die Schreibweise zu demonstrieren. Wie Sie sehen, können auch Datumswerte als Operanden in den Berechnungen verwendet werden:

```
=12+27
=-15+33
=C17+F18-J21
=B14
=$B16-$C$16
=-(B13+B14+C17)
=SUMME(B12:F12)+1000
=SUMME(B12:B17)+SUMME(C12:C19)
=DATUM(12;12;01)+90
=SUMME00+SUMME01
```

Das letzte Beispiel verwendet Bereichsnamen. Es ist allerdings nur dann zulässig, wenn mit den beiden Namen jeweils nur eine Zelle benannt wird. Ist ein Bereich aus mehreren Zellen benannt, liefert die Formel die Fehlermeldung *#WERT!*.

Multiplikation und Division

Bei der Multiplikation und Division muss beachtet werden, wie sich das Ergebnis in Bezug auf die Dezimalstellen verhält. Bei der Multiplikation addieren sich die Nachkommastellen:

```
=33,33*33,33 ergibt 1110,8889
=33,33*33,33*33,33 ergibt 37025,927037
```

Wird die Darstellung des Ergebnisses durch die Zellformatierung auf zwei Dezimalstellen reduziert, erscheint zwar in der Zelle ein gerundeter Wert, im Beispiel also `1.110,89` bzw. `37.025,93`; intern bleibt aber das genauere Ergebnis gespeichert.

Nehmen Sie auf diese Zelle in einer anderen Formel Bezug, rechnet diese Formel mit den vier bzw. sechs Dezimalstellen weiter. Werden solche Werte dann erneut multipliziert, kann es zu deutlichen Differenzen kommen, je nachdem, ob mit den intern gespeicherten Werten weitergerechnet wird oder mit gerundeten Werten. Abbildung 3.3 zeigt ein kleines Beispiel.

	A	B	C	D	E	F
1						
2		**Beispiel für Rundungsdifferenzen:**				
3						
4		**Formel:**	**Ergebnis:**	**gerundet:**		
5						
6		=12,13*12,6	152,838	152,84	=C11*17	**10598,71**
7		=13,87*32,77	454,5199	454,52	=D11*17	**10598,82**
8		=3,66*2,66	9,7356	9,74		
9		=2,12*3	6,36	6,36		
10						
11		=SUMME(C7:C10)	623,4535	623,46		
12						

∧ ***Abbildung 3.3*** *Der Vergleich zwischen gerundeten und nicht gerundeten Ergebnissen zeigt deutliche Unterschiede.*

In der Spalte D sind die Ergebnisse der benachbarten Spalte C mit der Funktion *RUNDEN()* bearbeitet worden. In F6 ist das nicht gerundete Gesamtergebnis mit `17` multipliziert, in F7 das gerundete Gesamtergebnis. Die Differenz ist deutlich.

Die Division durch null abfangen

Bei der Division ist die Anzahl der Dezimalstellen, die der Quotient erhält, ganz unterschiedlich. Hier kommt zu dem bei der Multiplikation angesprochenen Rundungsproblem ein weiteres hinzu, das unbedingt beachtet werden muss: Die Division durch null ist nicht erlaubt.

Solange der Divisor direkt eingegeben wird, lässt sich dieser Fehler relativ leicht vermeiden. Was aber, wenn der Divisor eine Zelladresse oder eine Funktion ist, deren Ergebnis unvorhersehbar ist, wenn also der Divisor eine Variable, eine Unbekannte ist? Für diesen Fall müssen Sie Vorsorge treffen.

Den Fall, dass ein Divisor mit dem Wert *0* verwendet wird, sollten Sie unterbinden. Das ist möglich mit der *WENN()*-Funktion. Dem Programm kann damit erklärt werden, was anstelle einer Division zu geschehen hat, wenn der Divisor tatsächlich den Wert *0* annehmen sollte. Das kann etwa so aussehen:

```
=WENN(B3<>0;RUNDEN(A3/B3;2);"")
```

Wenn der Wert der Zelle B3 ungleich *0* ist, wird die Division `A3/B3` durchgeführt; ist B3 aber tatsächlich gleich *0*, findet die Division erst gar nicht statt, die Zelle bleibt leer. Stattdessen könnte auch ein entsprechender Hinweis ausgegeben werden.

Texte verketten

Gelegentlich ist es sinnvoll, eine Zeichenfolge in einer Zelle durch eine Formel zu erzeugen, die verschiedene Zeichen oder Zeichenfolgen verknüpft. Angenommen, Sie wollen Artikelnummern um zwei Zeichen erweitern, die die Warengruppe beinhalten. Wenn Sie in die Zelle C9 `=C5&C8` eintragen, wird der Inhalt von Zelle C5 mit dem Inhalt von Zelle C8 verkettet. Wenn C5 das Warengruppenkennzeichen *PX* enthält und C8 die Artikelnummer *3370086*, ist das Ergebnis in Zelle C9 `PX3370086`.

Es macht übrigens nichts aus, wenn die Artikelnummer in C8 als Zahl und nicht als Zeichenfolge eingetragen wurde. Der Operator wandelt die Zahl automatisch in eine Zeichenfolge um.

Anschließend können Sie diese Formel noch in ihr Ergebnis verwandeln. Kopieren Sie die Zellen in die Zwischenablage, und fügen Sie sie an dieselbe Stelle wieder ein, indem Sie über das Kontextmenü **Inhalte einfügen** aufrufen und die Option **Werte** verwenden. Wollen Sie zwischen den beiden Textelementen ein Leerzeichen sehen, schreiben Sie: `=C5&" "&C8`.

Tests mit logischen Formeln

Logische Formeln können Sie einsetzen, um zu prüfen, ob bestimmte Tatsachen oder Bedingungen gegeben sind oder nicht. Wenn Sie die Entscheidung über eine Investition z. B. davon abhängig machen wollen, ob sich die Kosten innerhalb von fünf Jahren amortisiert haben, können Sie diese Bedingung als logische Formel formulieren: `=Kosten < Ersparnisse`.

Voraussetzung ist, Sie haben die Zelle, die die Kosten summiert, mit dem Namen *Kosten* belegt, und die Zelle, die die Summe der Ersparnisse der letzten fünf Jahre enthält, mit dem Namen *Ersparnisse*. Wenn Sie eine solche Formel eintragen, vergleicht Excel die Werte der beiden Zellen.

Ist die Bedingung erfüllt, sind also die Kosten kleiner als die Summe der Ersparnisse, zeigt die Zelle den Wert *WAHR*. Trotz der Anzeige des Wortes *WAHR* hat die Zelle zugleich den numerischen Wert *1*. Ist das Ergebnis nicht so günstig, sind die Kosten also noch nicht gedeckt, erscheint in der Zelle *FALSCH*. Das entspricht dem numerischen Wert *0*.

Das ist ganz praktisch für Prüfsummen. Wenn Sie z. B. in drei Zellen untereinander Bedingungen in Form von logischen Formeln ablegen, können Sie sehr einfach prüfen, ob alle Bedingungen erfüllt sind. Sie addieren einfach die Wahrheitswerte. Ist das Ergebnis `=3`, sind alle Bedingungen erfüllt. Logische Formeln kennen also nur zwei mögliche Ergebnisse: *WAHR* oder *FALSCH*. (In Abbildung 3.4 werden die logischen Formeln zur Dokumentation in Spalte D zusätzlich als Text angezeigt.)

	A	B	C	D	E
1					
2	**Beispiel für logische Werte**				
3					
4	**Gewicht in kg:**	120	**WAHR**	=B4>80	
5	**tgl. Zigarettenkonsum**	40	**WAHR**	=B5>5	
6	**tgl. Bierkonsum in l**	3	**WAHR**	=B6>0,5	
7			3	**Hochgradig gefährdet**	

Abbildung 3.4 *Mit logischen Werten lässt sich auch rechnen.*

Eine logische Formel kann nicht nur eine Bedingung enthalten, sondern auch mehrere gleichzeitig. Diese Bedingungen können entweder alternativ oder additiv formuliert werden.

Funktionen

Funktionen sind spezielle Ausdrücke, die entweder direkt als Formel oder als Teil einer Formel verwendet werden können. Auch wenn eine Formel nur aus einer Funktion besteht, muss sie wie üblich mit einem Gleichheitszeichen beginnen. Im zweiten Fall werden die Funktionen mithilfe von Operatoren mit den anderen Teilen einer Formel verknüpft.

Die folgenden Formeln

```
=A3-SUMME(A10:A20)
=B4/RUNDEN(C6;2)
```

sind gültige Ausdrücke, während in dem nächsten Beispiel ein Operator fehlt:

```
=MITTELWERT(kosten)G6
```

Funktionen ersetzen zum Teil komplexe Berechnungen, wobei Sie sich um die Art und Weise der Berechnung aber nicht zu kümmern brauchen. Sie füttern die Funktionen nur mit den notwendigen Argumenten, den Rest erledigt das Programm. Bei einigen Funktionen sind sogar bis zu 255 Argumente möglich, wobei Argumente häufig Zellbereiche sind, die selbst wiederum zahlreiche Werte enthalten können. Eine Summenfunktion beispielsweise kann mit einer Bereichsangabe wie »A3:A1000003« ohne Weiteres eine Million Werte zusammenaddieren.

TIPP

Verschachtelungstiefe
Funktionen können auch geschachtelt werden, d. h., das Argument einer Funktion kann selbst wieder eine Funktion sein. Eine Verschachtelungstiefe von bis zu 64 Ebenen ist erlaubt. Die Arbeit mit den Funktionen, die Excel 2013 bereitstellt, wird in den Kapiteln 13–16 mit zahlreichen Beispielen beschrieben.

3.3 Formeln eingeben

Excel 2013 erleichtert die Eingabe umfangreicher Formeln dadurch, dass die Bearbeitungsleiste automatisch um die dafür benötigten Zeilen erweitert wird. Mithilfe der Schaltfläche mit der Pfeilspitze am rechten Ende können diese zusätzlichen Zeilen aus- und eingeblendet werden. Außerdem kann der untere Rand der Bearbeitungsleiste mit der Maus nach unten gezogen werden, um Platz zu schaffen.

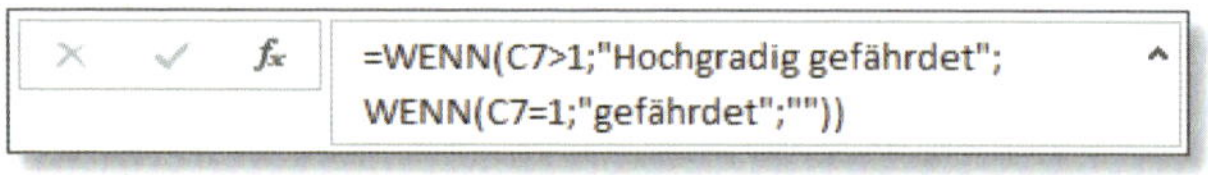

Abbildung 3.5 *Für umfangreiche Formeln können Sie die Bearbeitungsleiste mit der Maus vergrößern.*

Um sehr lange Formeln übersichtlicher zu gestalten, können Sie außerdem mit `Alt` + `↵` Zeilenschaltungen erzeugen.

Konstanten in Formeln

Wenn Zahlen in einer Formel als Konstanten vorkommen, müssen Sie beachten, dass – im Unterschied zur direkten Eingabe von Zahlen in eine Zelle – die Klammern für negative Zahlen, die Punkte für die Tausenderabtrennung oder Währungszeichen nicht erlaubt sind. Dagegen kann das Prozentzeichen als Prozentoperator benutzt werden. `=A1*10%` liefert als Ergebnis `10%` von dem Wert in Zelle A1.

Ein Datum oder eine Zeitangabe können Sie in einer Formel über eine entsprechende Funktion wie *=DATUM()* erzeugen oder als Konstante eingeben. Im zweiten Fall müssen Sie die Werte aber in doppelte Anführungszeichen setzen. `="6/10/13"+100` liefert etwa ein Datum, 100 Tage nach dem 6.10.2013.

Da die obige Eingabe eine nur zweistellige Jahreszahl enthält, bietet Excel 2013 in diesem Fall sofort eine Schaltfläche mit einem Menü an, das Sie auf diese Tatsache hinweist und Ihnen erlaubt, die Jahreszahl in eine vierstellige Zahl umzuwandeln und damit eindeutig einem Jahrhundert zuzuordnen.

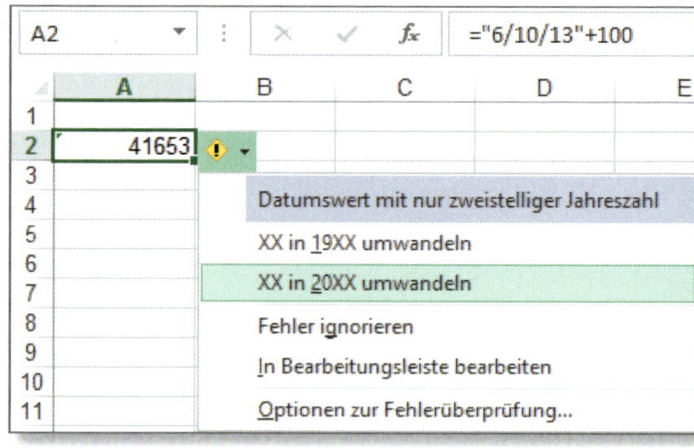

Abbildung 3.6 *Bei einer zweistelligen Jahreszahl erscheint ein Fehlerhinweis mit einem Menü, das die Umwandlung anbietet.*

Textkonstanten müssen Sie in eine Formel immer in doppelten Anführungszeichen eingeben. Wenn Sie allerdings den Dialog **Funktion einfügen** benutzen, werden die Anführungszeichen automatisch gesetzt, falls Sie eine Zeichenfolge in ein Argumentfeld eintragen. Bei einer Textverknüpfung mit dem &-Operator können auch Zahlen mit einem Text verknüpft werden: `="Gründungsjahr " & 2004` ist eine erlaubte Schreibweise und ergibt `Gründungsjahr 2004` in der Zelle.

Zahlenformate für Formeln

Wenn sich eine Formel auf eine Zelle bezieht, die beispielsweise ein bestimmtes Währungsformat hat, wird Excel versuchen, dieses Format auch für das Ergebnis zu verwenden.

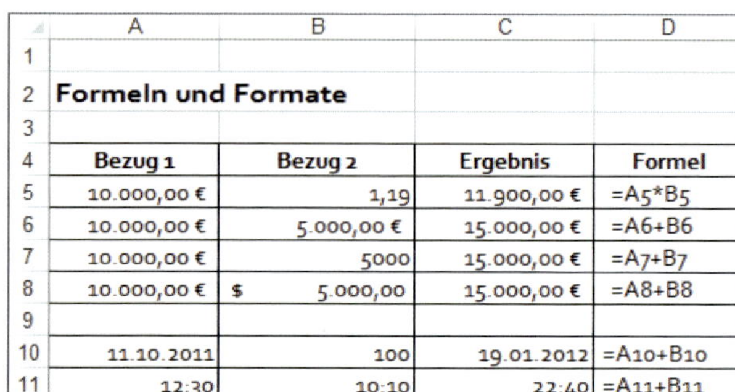

	A	B	C	D
1				
2	**Formeln und Formate**			
3				
4	**Bezug 1**	**Bezug 2**	**Ergebnis**	**Formel**
5	10.000,00 €	1,19	11.900,00 €	=A5*B5
6	10.000,00 €	5.000,00 €	15.000,00 €	=A6+B6
7	10.000,00 €	5000	15.000,00 €	=A7+B7
8	10.000,00 €	$ 5.000,00	15.000,00 €	=A8+B8
9				
10	11.10.2011	100	19.01.2012	=A10+B10
11	12:30	10:10	22:40	=A11+B11

Abbildung 3.7 *Beispiele für die Übernahme des Formats in eine Ergebniszelle*

Abbildung 3.7 zeigt einige Beispiele. Beim Addieren von Werten mit unterschiedlichen Währungsformaten kommt es allerdings zu einem unbrauchbaren Ergebnis. Excel fängt diese Operation also nicht ab. Auch bei Datums- und Zeitwerten wird das Quellformat – so weit es möglich ist – übernommen.

Bezüge auf Zellen

Bezüge in einer Formel können Sie entweder manuell eingeben oder durch Markierung der Zelle oder des Bereichs. Im zweiten Fall schaltet Excel automatisch in den Modus **Zeigen**, wie in der Statuszeile zu sehen ist. In diesem Modus können Sie so lange Zellen oder Zellbereiche auswählen, bis Sie den nächsten Operator eintragen.

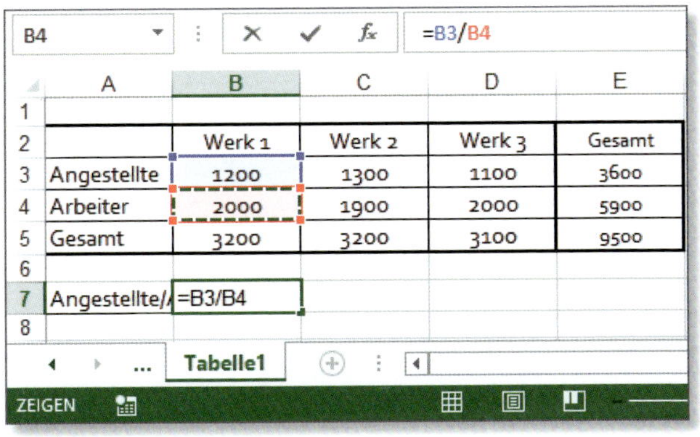

Abbildung 3.8 *Die Bezüge auf die beiden Zellen können Sie mit der Maus auswählen.*

Nehmen Sie als Beispiel folgende Formel für die Berechnung einer einfachen Relation zwischen der Zahl der Angestellten und der Arbeiter: `=B3/B4`.

Wenn Sie bei der Eingabe den Modus **Zeigen** mit der Maus verwenden wollen, gehen Sie so vor:

1 Geben Sie zunächst das Gleichheitszeichen ein, um die Formeleingabe zu starten.

2 Klicken oder tippen Sie die Zelle B3 an. Das Programm wechselt in den Modus **Zeigen**.

3 Die Zelladresse erscheint in der Zelle und in der Bearbeitungsleiste. Wenn Sie irrtümlich die falsche Zelle ausgewählt haben, wählen Sie noch einmal.

4 Geben Sie das Divisionszeichen ein. Dabei wird der Modus **Zeigen** unterbrochen und wieder der Modus **Eingeben** angezeigt.

5 Klicken oder tippen Sie anschließend die Zelle B4 an. Wieder wechselt das Programm in den Modus **Zeigen**.

6 Bestätigen Sie die Formel mit der Schaltfläche **Eingeben**, also dem Häkchen in der Bearbeitungsleiste. Ist die Formel misslungen, verwerfen Sie die Eingabe mit der Schaltfläche **Abbrechen** (Kreuzsymbol).

Auch mit der Tastatur können Sie den Modus **Zeigen** nutzen. In diesem Modus dürfen Sie die Richtungstasten verwenden, ohne dass Sie wie sonst damit die aktive Zelle zu verlassen. Ansonsten ist das Verfahren ganz ähnlich wie bei der Formeleingabe mit Maus, Finger oder Stift:

1 Geben Sie ein Gleichheitszeichen ein, um die Formeleingabe zu beginnen.

2 Sobald Sie irgendeine Richtungstaste drücken, wechselt das Programm in den Modus **Zeigen**.

3 Markieren Sie mit den Richtungstasten die Zelle B3.

4 Geben Sie das Divisionszeichen ein.

5 Markieren Sie mit den Richtungstasten die Zelle B4.

6 Bestätigen Sie die fertige Formel mit [↵]. Ist die Formel nicht in Ordnung, brechen Sie die Eingabe mit [Esc] ab.

Beachten Sie dabei, dass Sie, solange Sie sich im Modus **Zeigen** befinden, die Formeleingabe weder mit den Richtungstasten noch per Klick oder Tipp auf eine andere Zelle beenden können, wie es bei der Eingabe von Werten der Fall ist.

Bezüge auf Zellbereiche

Wenn Sie einen Bereichsbezug in einer Formel benötigen, haben Sie mehrere Möglichkeiten:

Wenn Sie den Bezug mit der Maus angeben wollen, können Sie zunächst so vorgehen wie bei der Eingabe des Bezugs auf eine einzelne Zelle. Anstatt aber nur eine Zelle anzuklicken, markieren Sie durch Ziehen der Maus den Bereich, den Sie benutzen wollen. Mit Finger oder Stift tippen Sie die erste Zelle des Bereichs an und ziehen den runden Anfasser bis zur letzten Zelle des Bereichs.

Falls Sie mit der Tastatur arbeiten, müssen Sie zunächst wieder eine Richtungstaste anschlagen, um in den Modus **Zeigen** zu gelangen. Markieren Sie also zunächst die Zelle, in der der Bereich beginnen soll. Halten Sie dann ⇧ gedrückt, während Sie den Bereich mit den Richtungstasten markieren. Beenden Sie die Bereichsmarkierung mit ↵. Soll die Formel dagegen noch fortgesetzt werden, beenden Sie die Bereichsmarkierung mit einer schließenden Klammer oder einem Operator.

Statt mit der ⇧-Taste zu arbeiten, können Sie auch F8 benutzen, um den Bereich auszudehnen. Sie wählen die Startzelle, drücken F8 und dann die letzte Zelle des Bereichs.

Bezüge auf benannte Bereiche

Weiter unten in diesem Kapitel, genauer in Abschnitt 3.5, »Zellbereiche benennen«, ab Seite 226, wird beschrieben, wie Sie Bereiche benennen können.

Sind solche Bereichsnamen im Tabellenblatt vergeben, unterstützt Excel den Bezug auf solche Bereiche in einer Formel in folgender Weise:

Wenn ein Bereich benannt ist, tippen Sie beispielsweise zunächst `=SUMME(` ein. Nun können Sie den gewünschten Bereichsnamen – z.B. *Werk_1* – über **Formeln > Definierte Namen > In Formeln verwenden** auswählen oder mit F3 einfügen.

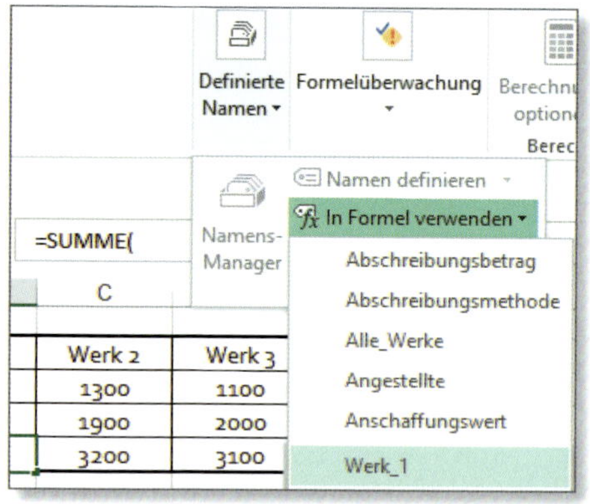

Abbildung 3.9 *Bereichsnamen können Sie über »In Formel verwenden« in eine Formel einfügen.*

Die F3-Taste öffnet das Dialogfeld **Namen einfügen**, in dem Sie den vorgesehenen Namen doppelt anklicken. Sie können die Formel anschließend bestätigen. Die letzte Klammer wird dabei automatisch gesetzt. Dies gilt allerdings nur, wenn nicht mehr als eine schließende Klammer in der Formel vorkommt, wenn diese also nur aus einer Funktion besteht.

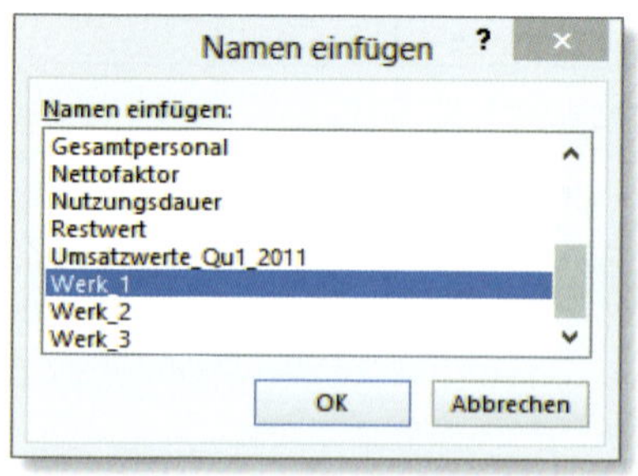

Abbildung 3.10 *Der Dialog bietet alle in der Arbeitsmappe vergebenen Namen zur Übernahme an.*

Excel bietet noch eine weitere Unterstützung für Bereichsnamen an, wenn Sie eine Formel manuell eingeben. Sobald Sie für das Argument der Funktion den ersten Buchstaben des Namens eingeben, werden die möglichen Namen zu diesem Anfangsbuchstaben in der Funktionenliste mit angeboten, die für dieses Argument vorhanden ist. Abbildung 3.11 zeigt beispielsweise drei benannte Bereiche: *Werk_1*, *Werk_2* und *Werk_3*. Per Doppelklick übernehmen Sie den benötigten Namen in die Formel.

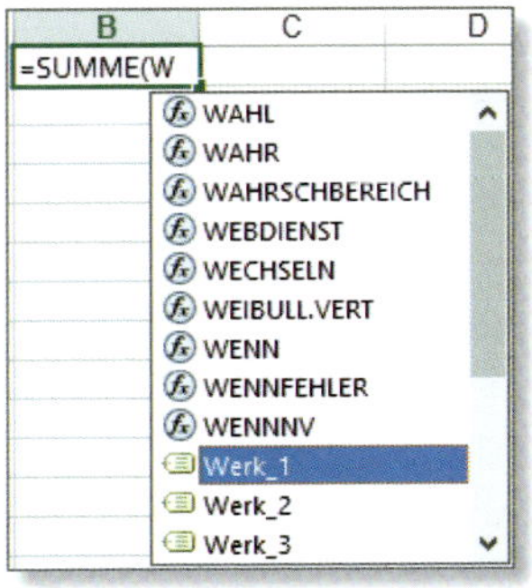

*^ **Abbildung 3.11** Auch bei der manuellen Eingabe von Bereichsnamen werden Sie unterstützt.*

Tipps zur Eingabe von Bezügen

Bezieht sich ein Operand oder das Argument einer Funktion auf eine Zelle oder einen Zellbereich, der weit von der Formelzelle entfernt ist, benutzen Sie am besten die Bildlaufleisten, um den Fensterausschnitt entsprechend zu verschieben, klicken dann auf die dortige Zelle oder ziehen mit der Maus über den gewünschten Bereich. Sobald Sie die Formel abschließen, rückt die Zelle, die die Formel enthält, wieder ins Bild.

Mit Finger oder Stift können Sie den Bildschirmausschnitt auch direkt durch Ziehen des Gitternetzes oder eine entsprechende Wischbewegung verschieben, um entferntere Zellen sichtbar zu machen.

Liegen Zellbezüge in einem entfernten Tabellenbereich, können Sie auch vor der Formeleingabe das Fenster so teilen, dass dieser Bereich gleichzeitig sichtbar gemacht werden kann. Setzen Sie den Zellzeiger auf eine Zelle, die die Position der Trennlinie angibt. Benutzen Sie **ANSICHT > Fenster > Teilen**. Soll die Teilung noch korrigiert werden, verschieben Sie die Trennlinien. Doppelklick oder -tipp entfernen die Trennlinien wieder. (Der in früheren Versionen verwendete Teiler in den Bildlaufleisten wird nicht mehr angeboten.)

Wollen Sie mehrere Bereiche der Tabelle gleichzeitig sehen, gibt es auch die Möglichkeit, für das Tabellenblatt mehrere Fenster zu benutzen, in denen unterschiedliche Bereiche des Blatts sichtbar sind.

1. Benutzen Sie für das aktive Tabellenblatt den Befehl **Ansicht > Fenster > Neues Fenster**, um so viele zusätzliche Fenster der aktiven Datei zu erzeugen, wie Sie brauchen.
2. Damit alle Fenster gleichzeitig sichtbar sind, rufen Sie noch **Fenster > Alle anordnen** auf.
3. In dem kleinen Dialog aktivieren Sie die Option **Fenster der aktiven Arbeitsmappe**, damit die gesamte Arbeitsfläche im Fenster von Excel ausgenutzt wird. (Andere geöffnete Arbeitsmappen werden dann verdeckt.)

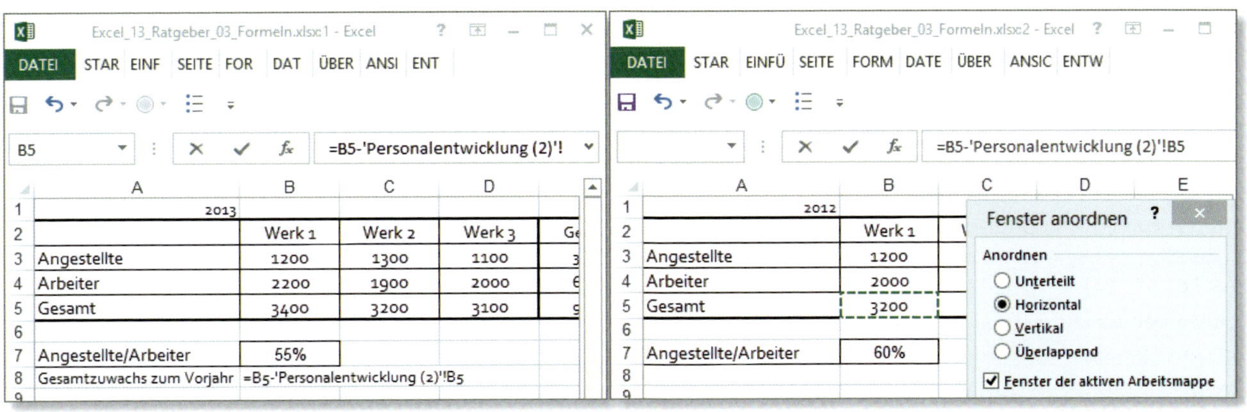

*^ **Abbildung 3.12** Zwei Fenster für eine Arbeitsmappe sind bei großen Tabellen oft hilfreich, um Bezüge zu bestimmen.*

4 Unter **Anordnen** wählen Sie die Verteilung der einzelnen Fenster zueinander, beispielsweise **Horizontal**, wie in Abbildung 3.12 dargestellt.

Eine solche Anordnung erleichtert es Ihnen, Formeln mit Bezügen auf Bereiche in anderen Arbeitsmappen zu erstellen.

Bezüge auf andere Blätter

Sollen sich Formeln auf andere Blätter innerhalb derselben Arbeitsmappe beziehen, müssen Sie vor die Bereichsadressen oder -namen den Blattnamen setzen, getrennt durch ein Ausrufezeichen. `=PlanA!A10-PlanB!B5` liefert beispielsweise die Differenz zwischen zwei Planwerten, die auf verschiedenen Blättern abgelegt sind.

Wenn Sie im Modus **Zeigen** zunächst durch Klick oder Tipp auf das Register das Blatt und dann den jeweiligen Bereich auswählen, werden der Blattname und das Trennzeichen automatisch in die Formel übernommen.

Häufig ist es sinnvoll, bestimmte Werte, die in mehreren Blättern einer Mappe benötigt werden, auf einem eigenen Blatt abzulegen, sodass sie nur an einer Stelle gepflegt werden müssen. Beispiele sind etwa Steuersätze oder Devisenkurse.

3D-Formeln

Eine spezielle Möglichkeit der Arbeitsmappen sind 3D-Formeln. Denken Sie an eine Tabelle, die die Ergebnisse von vier gleich strukturierten Tabellen zusammenfasst, etwa die Produktionsergebnisse von vier Werken. Diese vier Tabellen folgen in der Mappe direkt aufeinander und sind vom Inhalt her so aufgebaut, dass sie deckungsgleich sind.

Das Ergebnis von Artikel A für den Monat Januar steht also in allen vier Tabellen an der gleichen Blattadresse. Unter diesen Voraussetzungen kann eine fünfte Tabelle angelegt werden, die die Ergebnisse der vier Werke zusammenfasst. Auch diese Tabelle hat den gleichen Aufbau wie die anderen Tabellen.

In dieser zusammenfassenden Tabelle können Sie schließlich mit einer Summenformel operieren, die mit einem dreidimensionalen Bereich arbeitet. Sinngemäß lautet eine solche Anweisung etwa: »Summiere die Werte, die in den vier Tabellen jeweils in der Zelle B7 stehen.« Die korrekte Schreibweise dafür lautet: `=SUMME(Werk1:Werk4!B7)`.

Diese Formel können Sie auf dem aktiven Blatt in alle Zellen kopieren, die Sie für das Gesamtergebnis der vier Werke benötigen.

Wenn Sie einen solchen 3D-Bezug durch Zeigen mit der Maus eingeben wollen, reichen die folgenden Schritte:

1 Beginnen Sie die Formel in der Zelle auf dem Blatt, das die Summen anzeigen soll, mit `=SUMME(`.

2 Klicken Sie auf das Register des ersten Blatts, das zu dem Bereich gehören soll, und anschließend – [⇧] gedrückt haltend – auf das letzte Blatt des Bereichs.

3 Klicken Sie auf diesem Blatt die Zelle B7 an, und bestätigen Sie die Formel.

Bei der Eingabe mit Finger oder Stift tippen Sie [⇧] an, bevor Sie die Zelle auf dem letzten Blatt antippen.

Excel passt 3D-Bezüge übrigens automatisch an, wenn aus dem Bereich Blätter gelöscht oder auch wenn neue Blätter in den Bereich eingefügt werden. Werden Blätter aus dem Bereich heraus verschoben oder wird die ganze Blattgruppe verschoben, werden die Bezüge ebenfalls angepasst.

Eingabe externer Bezüge

Bezieht sich eine Formel auf Werte in einer anderen Arbeitsmappe, ist es in der Regel am besten, diese Tabelle ebenfalls zu öffnen. Um in einer Formel dann auf Zellen dieser zweiten Tabelle Bezug zu nehmen, müssen Sie zwischen den Fenstern wechseln. Das geht am einfachsten, wenn Sie beide Fenster mit **Ansicht > Fenster > Alle anordnen** gleichzeitig sichtbar machen. Dann können Sie während der Eingabe in der Bearbeitungsleiste das andere Fenster aktivieren und die Zellbezüge markieren.

Wenn Sie in einer Tabelle eine Formel entwickeln, die sich auf Daten aus einer anderen Arbeitsmappe bezieht, gilt folgende Schreibweise: `=[MAPPE1]Tabelle1!$E$2`.

Der Name der Mappe muss also in eckigen Klammern eingeschlossen sein. Der Name des Tabellenblatts wird wieder mit einem Ausrufezeichen von der Zelladresse oder einem Bereichsnamen abgetrennt.

Funktionen manuell eingeben

Wenn Sie in einer Formel eine oder mehrere Funktionen einsetzen sollen, haben Sie die Möglichkeit, sich dabei von einem Dialogfeld helfen zu lassen oder die entsprechenden Teile der Formel direkt einzugeben. Wer sich gut mit den Funktionen auskennt, wird dies häufig als das schnellere Verfahren vorziehen.

Es ist aber nicht so, dass Sie bei der manuellen Eingabe ganz ohne Unterstützung arbeiten müssen. Im Gegenteil, Excel 2013 bietet Ihnen dafür die Funktion **Auto-Vervollständigen-Formel** an. Sie wird über **Datei > Optionen > Formeln** unter **Arbeiten mit Formeln** an- oder abgeschaltet. Bei Bedarf können Sie diese Funktion aber auch im Modus **Eingeben**, also während der Formeleingabe, mit [Alt] + [Bild↓] ein- und ausschalten.

Die manuelle Eingabe einer Formel mit einer Funktion beginnt wie immer mit dem Gleichheitszeichen.

1. Sobald Sie in eine Zelle ein Gleichheitszeichen und einen ersten Buchstaben eingeben, listet Excel die mit diesem Zeichen beginnenden Funktionen zur Auswahl auf.
2. Jeder weitere Buchstabe, den Sie eingeben, filtert die Auswahl entsprechend. Löschen Sie einen Buchstaben, wird wieder die umfangreichere Liste angezeigt.

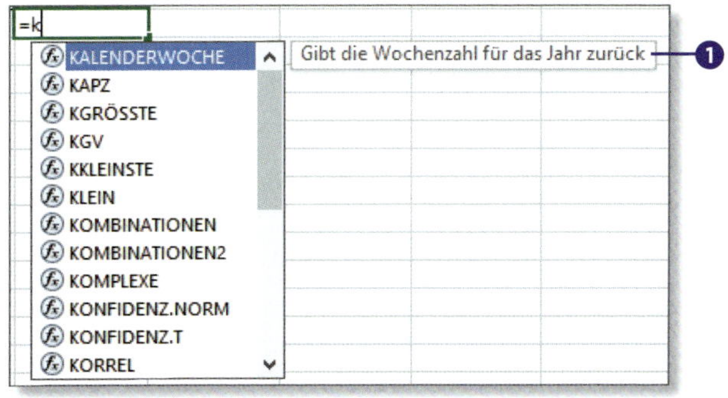

Abbildung 3.13 *Nach Eingabe des ersten Buchstabens erscheinen bereits die entsprechenden Funktionsnamen.*

3. Zu jeder in der Auswahlliste markierten Funktion wird eine Kurzinformation ❶ angezeigt. Die Liste bleibt also geöffnet, bis Sie sich entschieden haben.
4. Mit einem Doppelklick oder -tipp oder mit [Tab] übernehmen Sie eine ausgewählte Funktion.

Sobald der komplette Name einer Funktion und die erste Klammer für die Argumente direkt in der Zelle oder in der Bearbeitungsleiste eingegeben sind, werden die QuickInfos ❷ eingeblendet. Diese zeigen, welche Argumente die Funktion verlangt. Voraussetzung ist allerdings, dass die Option **QuickInfos für Funktionen anzeigen** nicht über **Datei > Optionen > Erweitert > Anzeige** abgeschaltet ist.

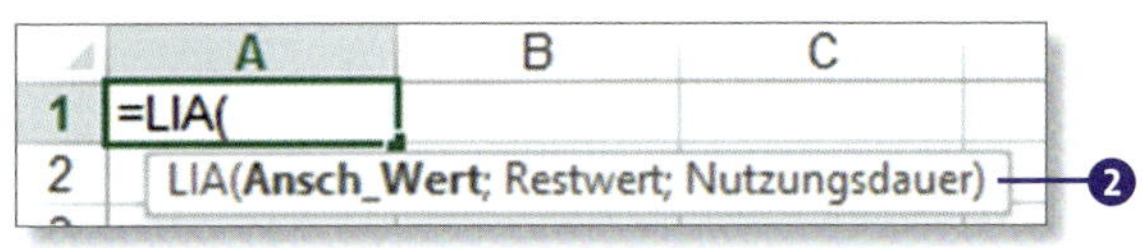

Abbildung 3.14 *Nach der öffnenden Klammer erscheinen die obligatorischen Argumente fett formatiert, die optionalen Argumente nicht.*

Werden zu einer Funktion bestimmte Werte als Argumente erwartet, werden diese ebenfalls angeboten. Die Funktion *AGGREGAT()* erwartet beispielsweise bestimmte Zahlencodes für das erste Argument. Die möglichen Codes und ihre Bedeutung werden als Liste angeboten.

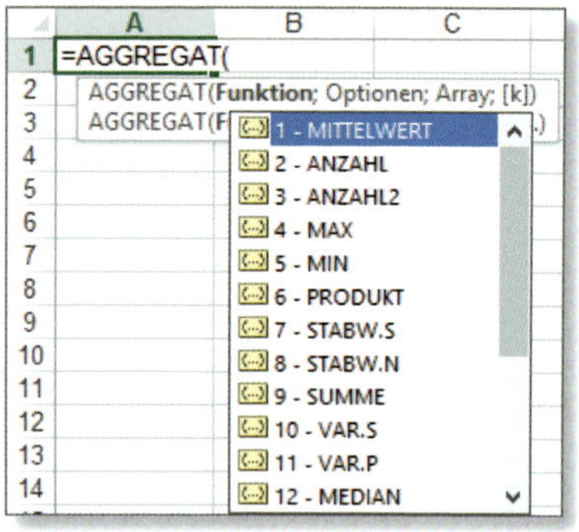

Abbildung 3.15 *Hier werden die möglichen Werte für das erste Argument angeboten.*

Die einzelnen Elemente in der QuickInfo arbeiten übrigens wie Hyperlinks. Wenn Sie einen Platzhalter für ein Argument nachträglich anklicken oder antippen, wird das Argument in der Formel ausgewählt und kann, wenn nötig, korrigiert werden.

Klicken oder tippen Sie dagegen auf den Funktionsnamen, wird die Hilfe zu dieser Funktion eingeblendet.

Für den schnellen Zugriff auf bestimmte Funktionen stellt Excel 2013 außerdem in der Gruppe **Formeln > Funktionsbibliothek** für die wichtigsten Funktionskategorien eigene Symbole zur Verfügung, die entsprechende Funktionslisten zur Auswahl stellen, wie Abbildung 3.16 zeigt:

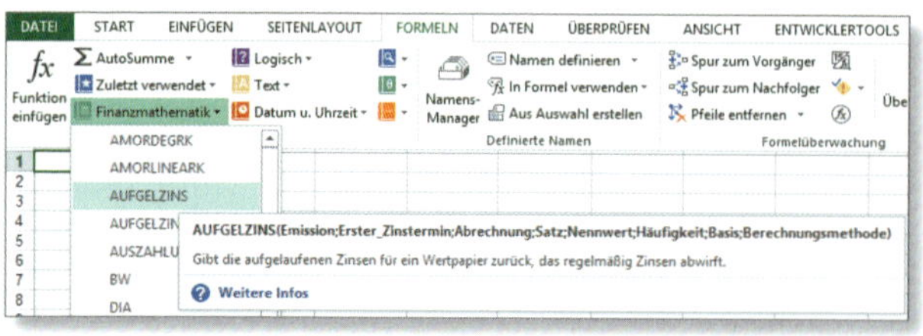

Abbildung 3.16 *Im Menüband werden zahlreiche Funktionen über die Funktionsbibliothek angeboten.*

Ein Klick oder Tipp auf eine der Funktionen fügt diese in die aktuelle Zelle ein und öffnet gleich das im nächsten Abschnitt beschriebene Dialogfeld für die Eingabe der Funktionsargumente zu der ausgewählten Funktion. Die zuletzt verwendeten Funktionen werden über eine eigene Schaltfläche angeboten.

Mit dem Dialog »Funktion einfügen« arbeiten

Anstatt Funktionen direkt in eine Zelle einzutragen, können Sie auch mit dem Dialog **Funktion einfügen** arbeiten. Das Verfahren ist für alle Funktionen gleich. Die notwendigen Schritte beschreiben wir im Folgenden am Beispiel einer Funktion für die Berechnung der linearen Abschreibung:

1. Markieren Sie erst die Zelle, die die Formel aufnehmen soll.
2. Klicken Sie in der Bearbeitungsleiste auf das Symbol **fx** ❶, oder wählen Sie den Befehl **Formeln > Funktion einfügen**. Die dritte Möglichkeit ist die Tastenkombination [⇧] + [F3].

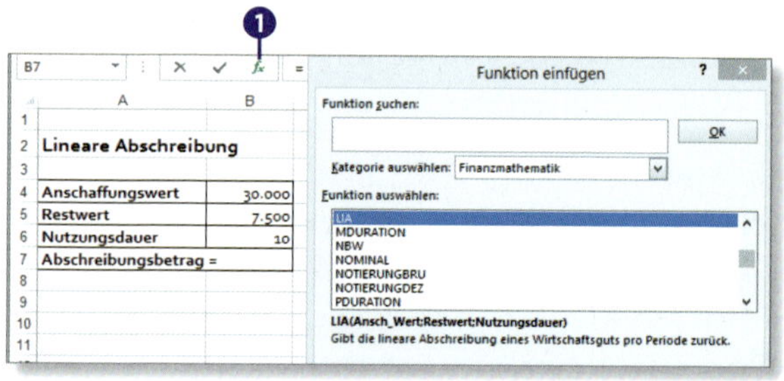

Abbildung 3.17 *Im Dialogfeld »Funktion einfügen« wählen Sie zunächst die gewünschte Funktion aus.*

3. In jedem Fall setzt Excel schon mal das Gleichheitszeichen an den Anfang der Formel.
4. Im Dialog wählen Sie zunächst unter **Kategorie auswählen** die gewünschte Kategorie, zu der die Funktion gehört. In diesem Fall ist das **Finanzmathematik**.
5. Unter **Funktion auswählen** werden nun alle finanzmathematischen Funktionen aufgelistet. Wenn Sie den Namen kennen, geben Sie am besten den ersten Buchstaben ein, um die Markierung in die Nähe der benötigten Funktion zu versetzen. In diesem Fall wird die Funktion *LIA()* sogar sofort gefunden. Wird eine Funktion mit einem Klick oder Tipp oder der Richtungstaste markiert, erscheinen unten eine kurze Erklärung und die Syntax der Funktion. Bestätigen Sie die Auswahl, oder übernehmen Sie den Funktionsnamen per Doppelklick oder -tipp.

6 Anschließend wird das Dialogfeld für die Eingabe der Funktionsargumente geöffnet. Dieses Dialogfeld enthält für jede Funktion Textfelder für die Eingabe der obligatorischen Argumente, deren Namen Sie an der fetten Schrift erkennen. Gibt es auch optionale Argumente, werden die Namen in normaler Schrift angezeigt.

7 Sind alle Argumente eingegeben, bestätigen Sie den Dialog. Die Funktion erscheint in der Zelle und in der Bearbeitungsleiste.

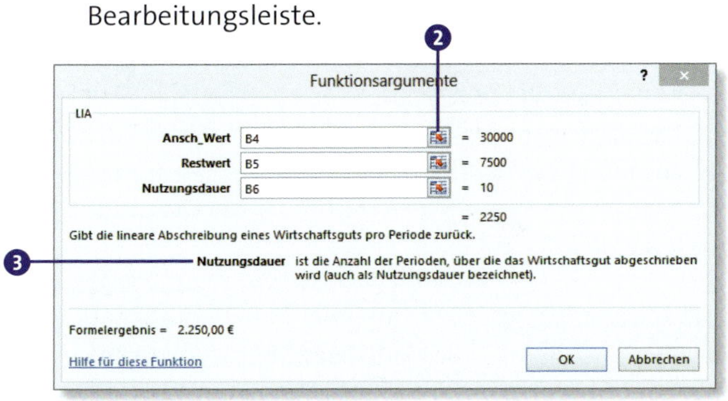

^ Abbildung 3.18 *Das Dialogfeld »Funktionsargumente« erwartet Werte oder Zellbezüge für die Argumente der Funktion.*

Wenn die Einfügestelle im Dialog **Funktionsargumente** in einem Textfeld steht, erhalten Sie im unteren Teil Hinweise ❸, welche Art von Daten benötigt wird. Eventuell müssen auch Argumente mit der Bildlaufleiste sichtbar gemacht werden.

Um Bezüge auf Bereiche einzugeben, können Sie auf die kleine Schaltfläche ❷ klicken, die das Dialogfeld vorübergehend einschrumpft. Markieren Sie den Bereich, und klicken Sie dann wieder auf das kleine Symbol am Ende des Eingabefelds ❹.

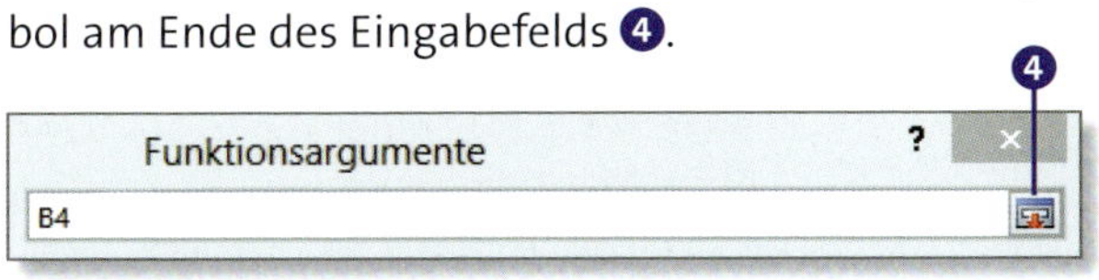

^ Abbildung 3.19 *Das eingeschrumpfte Dialogfeld erleichtert die Auswahl eines Bezugs.*

Noch bequemer ist es, wenn Sie das Dialogfeld etwas zur Seite schieben können und direkt den Bereich im Arbeitsblatt markieren, der die benötigten Werte enthält. Während der Eingabe wird das erwartete Formelergebnis angezeigt, so weit das möglich ist, sodass Sie fehlerhafte Eingaben oft schon im Dialog erkennen können.

Funktionen suchen

Was nutzen Funktionen, wenn niemand weiß, welche für ein konkretes Problem die Lösung anbietet? Wenn Sie das Dialogfeld **Funktion einfügen** öffnen, wird Ihnen als Hilfe die Option **Funktion suchen** angeboten. Geben Sie etwa »Barwert berechnen« ein, und bestätigen Sie mit **OK**. Excel stellt Ihnen unter der Kategorie **Empfohlen** die für Barwertberechnungen verwendbaren Funktionen zur Verfügung.

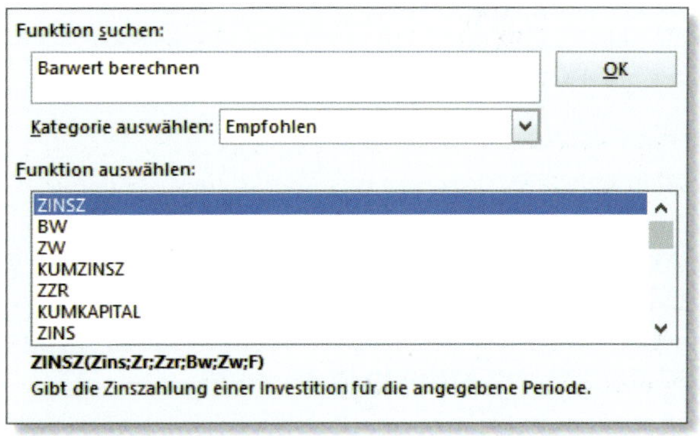

^ Abbildung 3.20 *Hier können Sie auch nach Funktionen suchen, die eine bestimmte Aufgabe erfüllen.*

Wenn Sie unsicher sind, wo die gesuchte Funktion eingeordnet ist, wählen Sie einfach **Alle**.

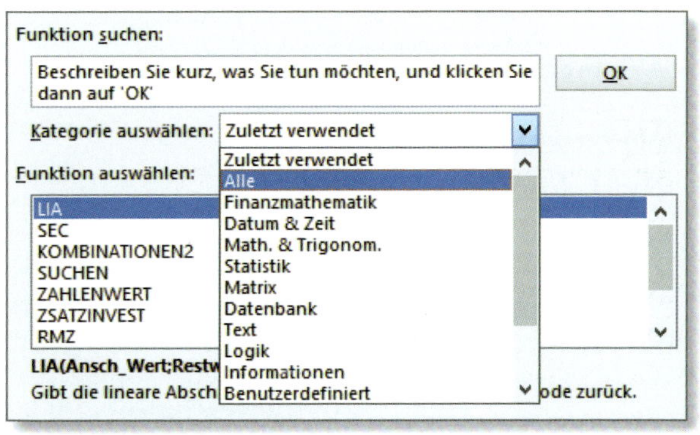

^ Abbildung 3.21 *Die Liste der Kategorien*

Verwenden häufig benutzter Funktionen

Wenn es um eine immer wieder verwendete Funktion geht, geben Sie in der betreffenden Zelle ein Gleichheitszeichen ein, und benutzen Sie in der Bearbeitungsleiste den Pfeil neben dem Namenfeld, um die Liste der zuletzt verwendeten Funktionen zu öffnen und die gewünschte Funktion dort auszuwählen.

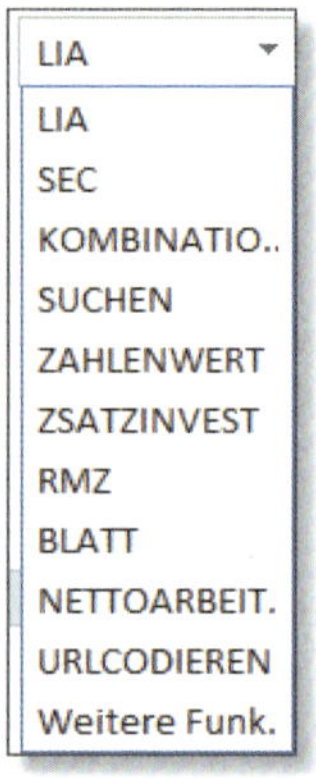

^ ***Abbildung 3.22*** *Das Namenfeld zeigt die Liste der zuletzt benutzten Funktionen, wenn ein Gleichheitszeichen eingegeben ist.*

Vorhandene Funktionen bearbeiten

Wenn Sie nachträglich die Argumente einer Funktion ändern wollen, können Sie das sowohl über die Bearbeitungsleiste als auch direkt in der Zelle tun, wenn Sie diese per Doppelklick oder -tipp oder mit [F2] zum Bearbeiten öffnen.

In allen Fällen zeigt sich dann sofort, wie praktisch die Links zu den einzelnen Argumenten sind, die die QuickInfo-Funktion anbietet. Ein Klick oder Tipp auf den Namen eines Arguments markiert dessen aktuellen Wert in der Formel, sodass Sie ihn sofort überschreiben oder im Modus **Zeigen** durch einen anderen Bezug ersetzen können.

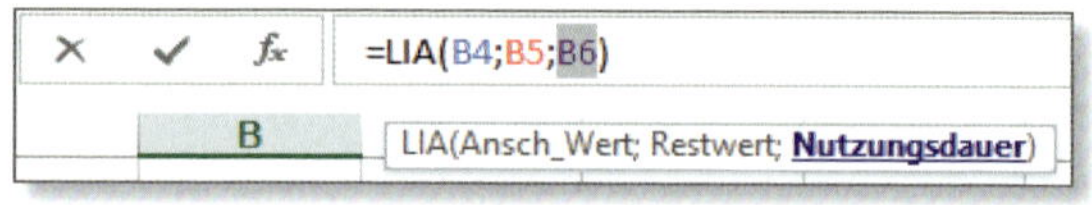

^ ***Abbildung 3.23*** *Die einzelnen Argumente einer Funktion lassen sich bequem über die Links in der QuickInfo ansteuern.*

Sie können bei der Korrektur einer Funktion aber auch wieder mit dem Dialogfeld **Funktionsargumente** arbeiten. Wenn die Zelle mit der Funktion ausgewählt ist, benutzen Sie einfach das Symbol **Funktion einfügen** in der Bearbeitungsleiste.

Sind in einer Formel mehrere Funktionen kombiniert wie in dem Beispiel, das Abbildung 3.24 zeigt, benutzen Sie erst das Symbol **Funktion einfügen** und markieren anschließend die Funktion, die bearbeitet werden soll. Excel zeigt den Dialog **Funktionsargumente** mit den Werten für die gerade ausgewählte Funktion.

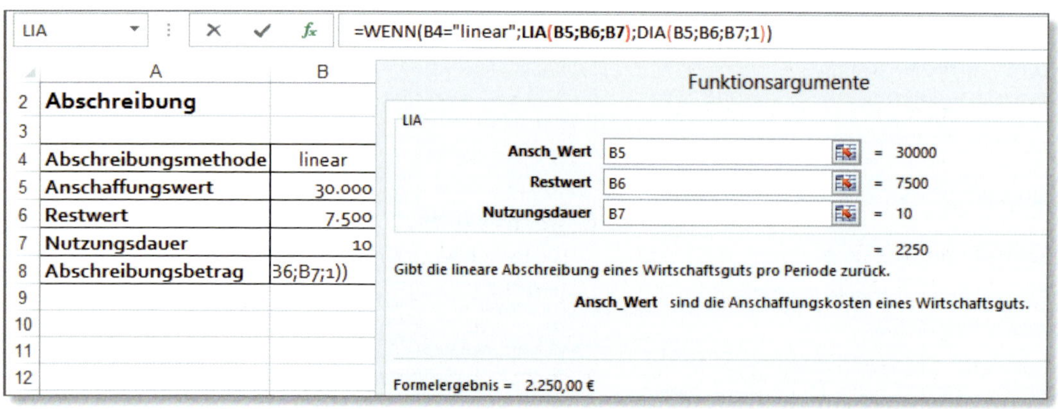

^ ***Abbildung 3.24*** *Die Argumente der einzelnen Funktionen in der Formel*

In diesem übersichtlichen Dialog sehen Sie alle Argumente der ausgewählten Funktion und können Veränderungen an diesen Argumenten sehr komfortabel vornehmen.

Benötigen Sie eine zusätzliche Funktion an einer bestimmten Stelle innerhalb einer Formel, benutzen Sie die Schaltfläche **Funktion einfügen** erneut.

Wenn Sie eine Formel haben, in der eine oder mehrere Funktionen mit anderen Operatoren gemischt sind, erscheint ein verkürztes Dialogfeld **Funktionsargumente**, das nur das Gesamtergebnis der Formel ausgibt, solange keine Funktion markiert ist.

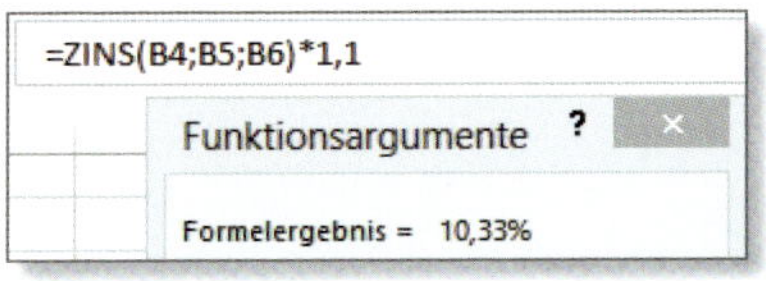

Abbildung 3.25 *Wenn in der Formel nicht die Funktion ausgewählt ist, erscheint nur ein verkürztes Dialogfeld mit dem Ergebnis.*

Verschachtelte Funktionen

Der Dialog **Funktion einfügen** unterstützt Sie insbesondere auch bei der Eingabe verschachtelter Funktionen, bei denen normalerweise die Fehleranfälligkeit am höchsten ist. Es kann nämlich schnell geschehen, dass bei der manuellen Eingabe solch komplexer Formeln ein Argument oder eine Klammer vergessen wird.

Wir zeigen Ihnen die benötigten Schritte am Beispiel einer verschachtelten *WENN()*-Funktion. Angenommen, Sie wollen Ihre Kunden in drei Gruppen einteilen, je nach der Höhe des Jahresumsatzes:

- Kleinkunden: Umsatz bis 1.000 €
- Mittelkunden: Umsatz bis 50.000 €
- Großkunden: Umsatz über 50.000 €

In der Spalte neben den Umsätzen soll jeweils ein Kennzeichen für die Einstufung abgelegt werden. Dafür bietet sich eine *WENN()*-Funktion an.

1. Benutzen Sie das Symbol **Funktion einfügen**, und wählen Sie aus der Kategorie **Logik** die Funktion *WENN()*. Klicken Sie auf **OK**. Im ersten Argumentfeld **Prüfung** wählen Sie zunächst die Zelle B5 mit dem ersten Umsatzwert aus und geben dann `> 1000` ein.
2. Diese Bedingung fängt die Kleinkunden ab. Hinter dem Eingabefeld können Sie gleich sehen, ob die Bedingung bei dem ausgewählten Umsatz erfüllt ist oder nicht. `=FALSCH` heißt, die Bedingung ist im ersten Fall nicht erfüllt.

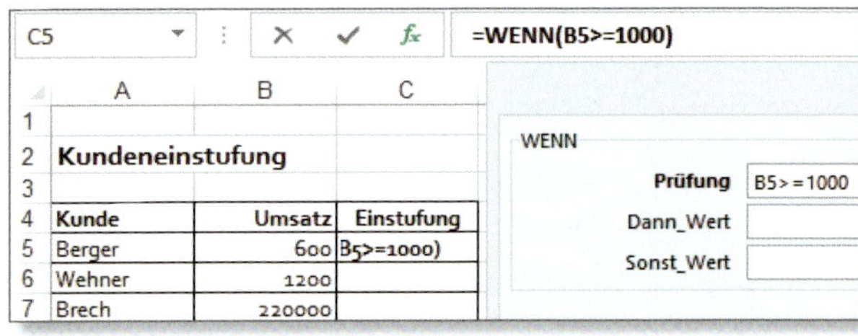

Abbildung 3.26 *Eine »WENN()«-Funktion kann als Argument eine andere »WENN()«-Funktion verwenden.*

3. Wählen Sie als Nächstes das Feld **Dann_Wert**, oder benutzen Sie [Tab]. Wenn die erste Bedingung erfüllt ist, soll eine zweite Bedingung geprüft werden. Also muss bei dem zweiten Argument wieder eine *WENN()*-Funktion eingefügt werden.
4. Benutzen Sie die **WENN**-Schaltfläche im Namenfeld der Bearbeitungsleiste, die nach der ersten Verwendung der *WENN()*-Funktion automatisch angeboten wird.
5. Es erscheint wieder das Dialogfeld für die Eingabe der drei Argumente einer *WENN()*-Funktion. Tragen Sie dort unter **Prüfung** die zweite Bedingung ein:

   `B5 >= 50000.`

6. Geben Sie nun in das Feld **Dann_Wert** den Buchstaben `A` ein. Anführungszeichen sind nicht notwendig, im Gegensatz zur manuellen Eingabe einer Funktion direkt in der Bearbeitungsleiste.
7. In das Feld **Sonst_Wert** tragen Sie den Buchstaben `B` ein.

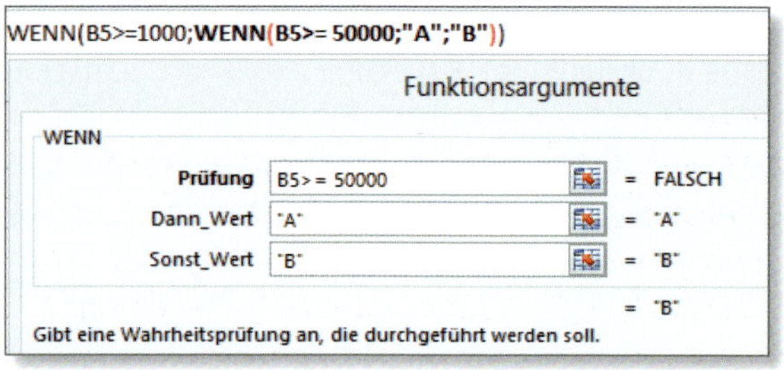

Abbildung 3.27 *Die Argumente für die innere »WENN()«-Funktion*

8 Klicken oder tippen Sie auf das erste **WENN** in der Bearbeitungsleiste, damit wieder das Dialogfeld der übergeordneten Funktion erscheint.

9 Geben Sie hier als **Sonst_Wert** den Buchstaben C ein. Die komplette Funktion kann in der Bearbeitungsleiste geprüft werden. Ist alles in Ordnung, bestätigen Sie mit **OK** oder [↵].

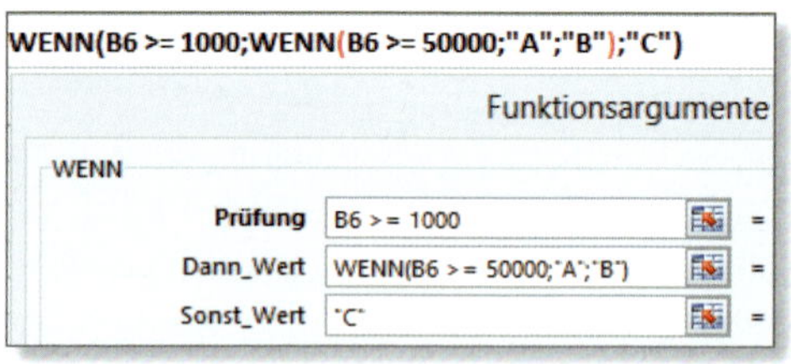

Abbildung 3.28 *Die verschachtelte »WENN()«-Funktion ist nun komplett.*

Damit ist die Formel fertig und muss nur noch auf die anderen Zellen kopiert werden.

	A	B	C
1			
2	**Kundeneinstufung**		
3			
4	**Kunde**	**Umsatz**	**Einstufung**
5	Berger	600	C
6	Wehner	1200	B
7	Brech	220000	A
8	Schub	60000	A
9	Schleimin	20000	B
10	Vosken	900	C
11	Erben	1300	B
12	Kosinsky	200000	A
13	Toker	70000	A
14	Marchat	23000	B
15	Berend	70000	A

Abbildung 3.29 *Die Tabelle zeigt die Ergebnisse der verschachtelten »Wenn()«-Funktion.*

Ein paar Hinweise zur Summenfunktion

Die vermutlich am häufigsten benutzte Funktion in Excel ist die Summenfunktion. Aus diesem Grund finden Sie dafür in der Gruppe **Start > Bearbeiten** ein spezielles Summensymbol. Dieselbe Funktion erledigt auch die Tastenkombination [Alt]+[=]. Das Symbol wird zusätzlich auf dem Register **Formeln** angeboten.

Die Schaltfläche des Summensymbols ist geteilt. Über den kleinen Pfeil lassen sich noch weitere statistische Auswertungsfunktionen aufrufen, etwa *MITTELWERT()* oder *ANZAHL()*.

Abbildung 3.30 *Das Menü des Summensymbols erlaubt auch andere Auswertungen.*

Wenn Sie in einer Spalte einen zusammenhängenden Zahlenbereich eingegeben haben, genügt es, wenn Sie den Zellzeiger in eine beliebige Zelle unterhalb dieses Bereichs setzen und das Symbol doppelt anklicken. Es ist gleichgültig, wie viele leere Zellen dazwischen liegen. Das Programm summiert nur den Bereich, der Zahlen enthält. Auf dem Touchscreen tippen Sie das Symbol an und wählen die Option **Summe**. [↵] oder [⇆] schließen die Formel ab.

	A	B	C
1			
2	**Betriebsergebnis**		
3			
4	**Artikelgruppe**	**Umsatz**	**Kosten**
5	Möbel	2000000	1240000
6	Teppiche	3000000	1900000
7	Wohnungsbedarf	1500000	1050000
8	Gartenmöbel	250000	150000
9	**Gesamt**	=SUMME(B5:B8)	
10		SUMME(**Zahl1**; [Zahl2]; ...)	

Abbildung 3.31 *Der Zellbereich für die Funktion »SUMME()« wird mit einer gestrichelten Linie gekennzeichnet.*

Entsprechendes gilt für einen Wertebereich in einer Zeile. Hier müssen Sie nur den Zellzeiger in eine Zelle rechts von diesem Bereich setzen, um die entsprechende Quersumme zu erhalten.

TIPP

Richtung der Summenbildung
Haben Sie eine Zelle markiert, die sowohl einen Bereich von Werten über sich als auch einen Bereich von Werten links neben sich hat, wird der Bereich addiert, der näher ist (also weniger leere Zellen zwischen sich und der Formelzelle hat)! Sind die Abstände gleich, wird der Spaltenbereich addiert, weil Excel annimmt, dass die Spaltensumme wahrscheinlich eher Ihren Absichten entspricht.

Wenn dagegen eine Zeile oder Spalte bereits eine Summenformel enthält, werden für die neue Summe nur die Zellen berücksichtigt, die unter der bestehenden Summe oder rechts von dieser Summe liegen.

Ist die Situation nicht so eindeutig, dass Excel die zu addierenden Werte automatisch erkennen kann, prüfen Sie den Bereich, den Excel für die Summenbildung vorschlägt. Er wird mit einem Laufrahmen markiert.

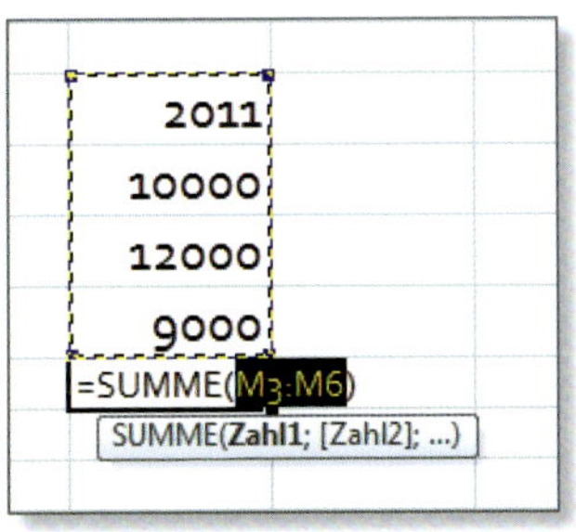

Abbildung 3.32 Der Laufrahmen zeigt an, welche Werte zusammengezählt werden.

Falls Sie den vorgeschlagenen Bereich nicht gebrauchen können, ziehen Sie einfach mit der Maus über den Zellbereich, der stattdessen verwendet werden soll.

TIPP

Jahreszahlen
Sie müssen beachten, dass das Programm nicht erkennen kann, ob eine Zahl zu Beginn eines Bereichs in Wirklichkeit eine Jahreszahl ist, die als Beschriftung der Spalte oder Zeile dienen soll. Nur wenn die Jahreszahl als Datumswert formatiert ist, erkennt Excel, dass die Jahreszahl nicht zur Zahlenkolonne gehört. Dazu können Sie ein benutzerdefiniertes Format verwenden und *JJJJ* als Formatdefinition wählen.

Wenn der Bereich an seinen Enden vergrößert oder verkleinert werden muss, können Sie den vorgeschlagenen Bereichsrahmen an den Eckmarkierungen auch mit der Maus entsprechend ziehen, wie Abbildung 3.33 zeigt.

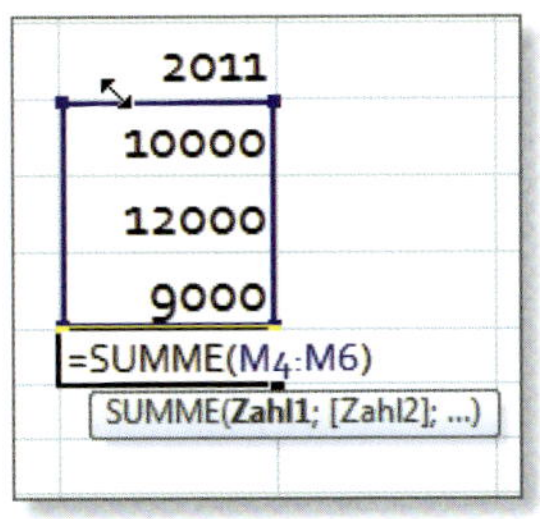

Abbildung 3.33 An den Eckpunkten können Sie den vom Summensymbol vorgeschlagenen Bereich korrigieren.

Auf dem Touchscreen korrigieren Sie den Bereich mithilfe der runden Anfasser.

Zeilen- und Spaltensummen in einem Zug

Mithilfe des Summensymbols können Sie auch mehrere Formeln gleichzeitig eintragen. Besonders effektiv ist es, bei einem geschlossenen Datenblock die Zeilen- und Spaltensummen in einem Zug zu erzeugen. Abbildung 3.34 zeigt ein Beispiel.

Sie markieren in diesem Fall den gesamten Zahlenbereich einschließlich der Zellen, die die Summenformeln aufnehmen sollen. Anschließend benutzen Sie das Summensymbol.

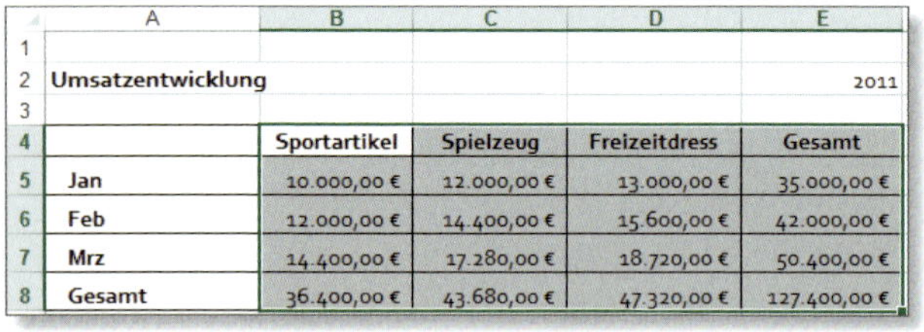

Abbildung 3.34 *Quersummen und Spaltensummen für einen markierten Bereich in einem Zug*

Zwischen- und Gesamtsummen bilden

Eine weitere Spezialität des Summensymbols ist, dass bei einer Tabelle, die mehrere Gruppen von Werten in einer Spalte enthält, Zwischensummen gezogen werden können.

Um nun diese Zwischensummen zu einer Gesamtsumme zusammenzufassen, müssen Sie nur die Zelle markieren, die die Gesamtsumme aufnehmen soll. Das Summensymbol liefert dann das Gesamtergebnis.

Excel erkennt also ganz automatisch, dass sich Zwischensummen in der Spalte befinden, und summiert diese wiederum zu einer Gesamtsumme.

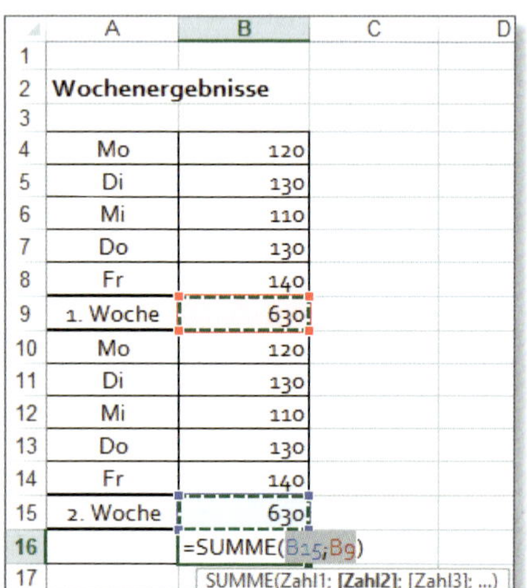

Abbildung 3.35 *Beim Einsatz des Summensymbols markiert Excel die vorhandenen Zwischensummen.*

Das beschriebene Verfahren gilt natürlich auch für Zwischensummen in einer Zeile. Wenn Sie beispielsweise vier Quartalsergebnisse aus je drei Monatsspalten zusammenfassen wollen, liefert das Summensymbol das Jahresergebnis.

Die Hilfe zu den Funktionen

Excel verlangt bei der Benutzung von Funktionen die exakte Beachtung der vorgeschriebenen Schreibweise. Nicht von Belang ist, ob Sie Groß- oder Kleinbuchstaben verwenden.

Niemand kann sich all diese Funktionen und schon gar nicht die oft zahlreichen Argumente dieser Funktionen merken. Damit Sie nicht ständig nachsehen müssen, welche Argumente eine bestimmte Funktion braucht, hilft Ihnen Excel 2013 entweder mit direkt eingeblendeten QuickInfos oder mit den Hinweisen im Dialog **Funktion einfügen**. Bei einer QuickInfo zu einer Funktion ist der angezeigte Funktionsname zugleich ein Link zur Funktionsbeschreibung in der Hilfe. Im Dialog wird jedes Mal ein Link **Hilfe für diese Funktion** angeboten.

In der Hilfe finden Sie zudem jeweils ein fertiges Beispiel, das Sie sich zum Ausprobieren der Funktion auch leicht in das Arbeitsblatt kopieren können. Dazu müssen Sie die dafür angebotene Tabelle – ohne Spalten- und Zeilenköpfe – markieren und dann mit Strg+C und Strg+V an die gewünschte Stelle des Arbeitsblatts übertragen.

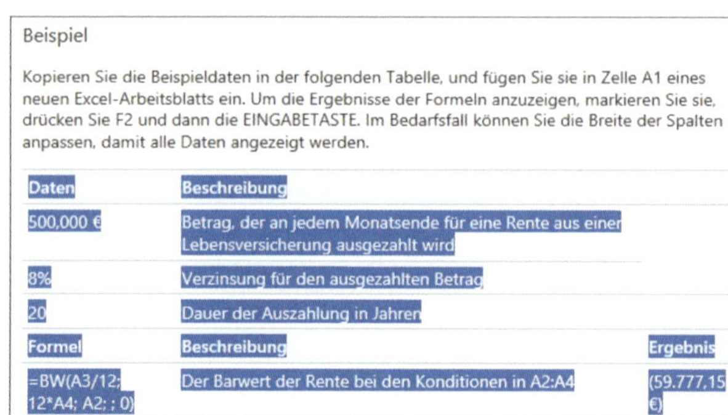

Abbildung 3.37 *Ein zum Kopieren markiertes Funktionsbeispiel*

Excel-Hilfe

In der Onlinehilfe suchen

BW (Funktion)

In diesem Artikel werden die Formelsyntax und die Verwendung der Funktion **BW** in Microsoft Excel beschrieben.

Beschreibung

Gibt den Barwert einer Investition zurück. Der Barwert ist der Gesamtbetrag, den eine Reihe zukünftiger Zahlungen zum gegenwärtigen Zeitpunkt wert ist. Wenn Sie beispielsweise einen Kredit aufnehmen, ist die Summe dieses Kredits für den Kreditgeber gleich dem Barwert. (BW = Barwert)

Syntax

```
BW(Zins; Zzr; Rmz; [Zw]; [F])
```

Die Syntax der Funktion **BW** weist die folgenden Argumente auf:

- **Zins** Erforderlich. Der Zinssatz pro Periode (Zahlungszeitraum). Wenn Sie beispielsweise für die Anschaffung eines Autos einen Kredit mit einem jährlichen Zinssatz von 10 Prozent aufnehmen und diesen Kredit in monatlichen Raten zurückzahlen, beträgt der monatliche Zinssatz 10%/12 oder 0,83%. Für den Zinssatz müssten Sie also einen der Werte 10%/12 oder 0,83% oder 0,0083 in die Formel eingeben.

< ***Abbildung 3.36*** *Erläuterungen zu der Funktion »BW()« in der lokalen Hilfe*

3.4 Bezüge differenziert einsetzen

Um die Art und Weise, wie Excel mit Zellbezügen in Formeln arbeitet, etwas näher kennenzulernen, soll zunächst ein einfaches Beispiel im Detail behandelt werden: In der Tabelle in Abbildung 3.38 sind die Umsätze und die Kosten einer Firma für verschiedene Artikelgruppen zusammengestellt.

	A	B	C	D
1				
2	**Betriebsergebnis**			**2012**
3				
4	**Artikelgruppe**	**Umsatz**	**Kosten**	**Gewinn**
5	Möbel	2000000	1240000	760000
6	Teppiche	3000000	1900000	1100000
7	Wohnungsbedarf	1500000	1050000	450000
8	Gartenmöbel	250000	150000	100000
9	**Gesamt**		4340000	2410000

∧ ***Abbildung 3.38*** *Umsätze und Kosten für verschiedene Artikelgruppen*

Arbeit mit relativen Bezügen

In dieser Tabelle sind zwei Berechnungen erforderlich: die Bildung von Gesamtsummen für die Spalten und die Berechnung des Rohgewinns durch Abzug der Kosten vom Umsatz.

Anstatt in eine Formel die Zahlen direkt einzugeben, arbeiten Sie in Excel vorwiegend mit den Adressen der Zellen, die die entsprechenden Werte enthalten. Auf den Inhalt dieser Zellen wird also über die Angabe ihrer Adressen Bezug genommen. Eine Formel holt sich dann jedes Mal den Wert, der unter dieser Adresse abgelegt ist.

Bildung der Gesamtsummen

Für die Bildung der Gesamtsummen bietet Excel die schon angesprochene Funktion *SUMME()*. Diese Funktion ist in der Lage, alle numerischen Werte in einem angegebenen Bereich von Zellen zu addieren. Excel muss dafür nur wissen, wie groß der Bereich ist. Anstelle einer Formel wie `=B5+B6+B7+B8` können Sie also `=SUMME(B5:B8)` verwenden. Wenn Sie sich vorstellen, dass die Spalte nicht nur 4, sondern 40.000 Werte enthält, ist der Komfort, den die Summenfunktion darstellt, sofort greifbar.

Der Bereich muss der Funktion als Bereichsadresse übergeben werden. Eine Bereichsadresse ist eine Angabe in der Art *Von_Zelle:Bis_Zelle*. Der Bereich wird also definiert über die Adresse der Zelle, mit der der Bereich beginnt, und die Adresse der gegenüberliegenden Zelle, mit der der Bereich endet, getrennt durch einen Doppelpunkt. Anstatt die Bereiche für die Summenfunktion manuell einzugeben, ist es in diesem Fall aber praktischer, mit dem Summensymbol zu arbeiten. Anstatt die Summe für jede Spalte einzeln zu bilden, können Sie die Sache auch in einem Zug erledigen: Markieren Sie einfach die Zellen B9 bis D9, und benutzen Sie dann das Summensymbol.

Alternativ können Sie auch die erste Spaltensumme auf die Nachbarzellen kopieren. Dazu ziehen Sie das Ausfüllkästchen von der Zelle B9 bis zur Zelle C9. Wenn Sie das Ergebnis in der Bearbeitungszeile einsehen, werden Sie feststellen, dass Excel die Adressen der Bereiche jedes Mal um eine Spalte verändert hat. Auf dem Tablet verwenden Sie das Symbol **AutoAusfüllen** aus dem Kontextmenü der Zelle B9 und ziehen den eingeblendeten Pfeil bis zu C9.

Berechnung des Gewinns

Um den Rohgewinn zu ermitteln, werden einfach vom Umsatz die Kosten abgezogen. Die Formel für die erste Zeile ist `=B5-C5`.

Die Zelle D5 liefert das verlangte Ergebnis. Wenn die Zelle D5 noch markiert ist, müssen Sie nur das Ausfüllkästchen doppelt anklicken, um die Formeln für die anderen Artikelgruppen zu erzeugen. Anstelle des Doppelklicks kann das Ausfüllkästchen auch mit der Maus nach unten gezogen werden. Der Doppelklick ist aber insbesondere bei langen Spalten praktischer. Auf dem Tablet benutzen Sie wieder das Symbol **AutoAusfüllen**.

Excel ändert bei den verwendeten Zelladressen jedes Mal die Zellennummer. Beim Kopieren werden die Adressen der Umsatz- und Kostenzellen also nicht als fixe Adressen behandelt, sondern sinngemäß angepasst.

Diese automatische Anpassung ist meist erwünscht, und sie stellt in der Praxis eine große Arbeitserleichterung dar.

Es gibt aber Situationen, in denen diese Art der Anpassung nicht die gewünschten Ergebnisse liefert. Das ist z. B. der Fall, wenn Sie auch noch den Prozentsatz einzelner Artikelgruppen am Gesamtgewinn berechnen wollen. In diesem Fall würde die beschriebene Anpassung zu Fehlern führen. Excel 2013 unterscheidet deshalb grundsätzlich zwei verschiedene Bezugsarten: relative und absolute Bezüge. Abgeleitet davon sind die Mischbezüge, bei denen ein Teil des Bezugs relativ, ein anderer absolut ist.

Was heißt relativ?

Bei einem relativen Bezug notiert Excel intern die Position der Zelle, auf die Bezug genommen wird, in der Form, dass die relative Entfernung von der Zelle gemessen wird, die den Bezug enthält. Nehmen Sie noch einmal die erste Gewinnformel in der Zelle `D5: =B5-C5`.

Excel versteht diese Formel als eine Anweisung, die sich umgangssprachlich etwa so formulieren ließe: »Ziehe von dem Wert in der Zelle, die zwei Zellen weiter links liegt, den Wert ab, der in einer Zelle weiter links liegt.«

Wenn Sie diese Formel nach unten kopieren, kann diese Beschreibung der Rechenaufgabe unverändert bleiben, nur bezieht sie sich nun auf die Zellen B6 und C6 etc. Wenn Sie einen relativen Bezug verwenden, erlauben Sie also Excel gewissermaßen, diesen Bezug automatisch zu verändern, wenn die Formel an eine andere Stelle versetzt oder kopiert wird.

Absolute und gemischte Bezüge

Bei einem absoluten Bezug auf eine Zelle dagegen ist immer genau diese Zelle gemeint und keine andere. Wenn Sie einen absoluten Bezug verwenden, bestimmen Sie, dass der Bezug beim Kopieren und Versetzen nicht verändert werden darf, sodass er sich immer auf dieselbe Zelle bezieht. Das geschieht dadurch, dass vor die Spaltenbuchstaben und die Zeilennummern noch ein Dollarzeichen gesetzt wird.

Relative und absolute Bezüge können in einer Adresse auch gemischt werden. Gemischte oder teilabsolute Bezüge werden beim Kopieren folgendermaßen behandelt: Der absolute Teil des Bezugs bleibt unverändert, der relative Teil des Bezugs wird angepasst. Tabelle 3.2 listet die möglichen Bezugsarten auf.

Bezug	Bedeutung
B2	relativer Bezug auf die Zelle B2
$B$2	absoluter Bezug auf die Zelle B2
$B2	gemischter Bezug, bei dem der Bezug auf die Spalte absolut gesetzt ist, während der Bezug auf die Zeile relativ bleibt
B$2	gemischter Bezug, bei dem der Bezug auf die Zeile absolut gesetzt ist, während der Bezug auf die Spalte relativ bleibt

*^ **Tabelle 3.2** Liste der möglichen Bezugsarten*

Der relative Bezug ist in Excel der Normalfall. Jeder einfache Zellbezug mithilfe der Zelladressen ist ein relativer Bezug. Dagegen werden bei Bezügen auf benannte Bereiche grundsätzlich absolute Bezüge verwendet. Wird der benannte Bereich durch Löschen von Zeilen oder Spalten oder durch Einfügen von Zeilen oder Spalten verkleinert oder vergrößert, werden die Bereichsadressen aber automatisch angepasst. Wird ein benannter Bereich verschoben, werden die Bezüge ebenfalls automatisch angepasst.

Bezüge bei einer Prozentrechnung

Wann ist es notwendig, mit absoluten oder gemischten Bezügen zu arbeiten? Der Fall der Prozentrechnung wurde schon angesprochen. Ein erster Versuch könnte so aussehen:

1. Sie geben in unserem Beispiel in Zelle E5 die Formel `=B5/B9` ein, um den Anteil des Gruppenumsatzes am Gesamtumsatz zu berechnen.
2. Um das Ergebnis als Prozentanteil anzuzeigen, klicken Sie in der Gruppe **Start > Zahl** auf das Symbol **Prozentformat** ❶.
3. Sie klicken doppelt auf das Ausfüllkästchen, um die Formel für die übrigen Artikelgruppen nach unten zu kopieren.

Abbildung 3.39 zeigt, dass Excel anstelle der erwarteten Ergebnisse Fehlerwerte ❷ ausgibt. Wenn Sie den Zellzeiger auf die Zelle E6 setzen, erscheint eine Schaltfläche, die zunächst einen Hinweis auf den Fehler gibt ❸.

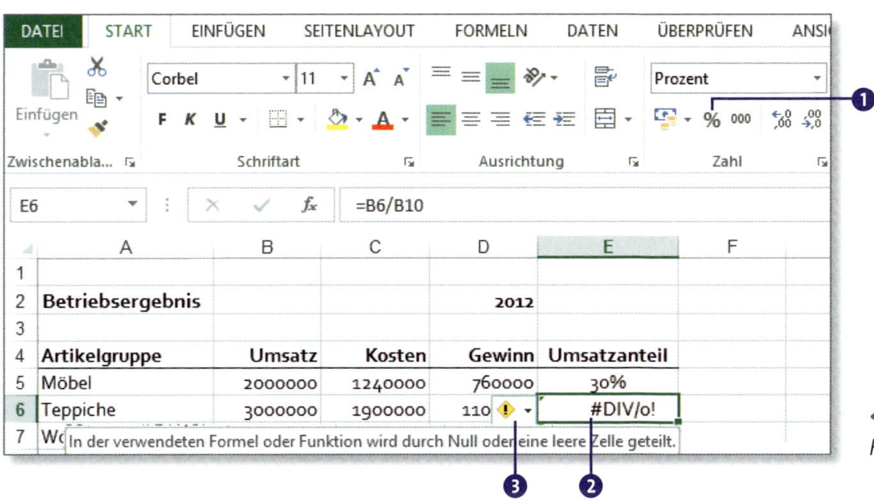

*< **Abbildung 3.39** Die kopierten Formeln melden einen Fehler.*

Über die Schaltfläche werden Ihnen verschiedene Optionen angeboten, auf den Fehler zu reagieren oder genauere Informationen dazu einzuholen.

Division durch Null
Hilfe für diesen Fehler anzeigen
Berechnungs-Schritte anzeigen...
Fehler ignorieren
In Bearbeitungsleiste bearbeiten
Optionen zur Fehlerüberprüfung...

Abbildung 3.40 *Das Menü zu der Fehlermeldung bei einer nicht erlaubten Division bietet Abhilfe an.*

Wenn Sie die Option **In Bearbeitungsleiste bearbeiten** wählen, wird der Fehler sofort erkennbar.

BW =B6/B10

	A	B	C	D	E
1					
2	Betriebsergebnis			2012	
3					
4	Artikelgruppe	Umsatz	Kosten	Gewinn	Umsatzanteil
5	Möbel	2000000	1240000	760000	30%
6	Teppiche	3000000	1900000	1100000	=B6/B10
7	Wohnungsbedarf	1500000	1050000	450000	#DIV/0!
8	Gartenmöbel	250000	150000	100000	#DIV/0!
9	Gesamt	6750000	4340000	2410000	
10					

Abbildung 3.41 *Offensichtlich ist ein Bezug der Formel falsch.*

Die Formel bezieht sich zwar zunächst korrekt auf die zweite Artikelgruppe, dann aber nicht auf das Gesamtergebnis in B9, sondern auf die nächste Zelle B10, die leer ist. Leere Zellen behandelt Excel aber als Zellen mit dem Wert *0*. Die Tatsache, dass auch der Bezug auf das Gesamtergebnis als relativer Bezug eingegeben worden ist, führt deshalb zu dem Fehlerwert *#DIV/0!*, da ja eine Division durch null nicht erlaubt ist.

Einen Bezug absolut setzen

Um den Fehler zu beheben, muss deshalb in allen Formeln der Bezug auf das Gesamtergebnis absolut gesetzt werden. Nur dann lässt sich die Formel kopieren.

1 Klicken oder tippen Sie doppelt auf die Zelle E5 und dann doppelt auf die Adresse B9.

2 Mit F4 wandeln Sie den Bezug in einen absoluten Bezug um.

3 Mit `=B5/$B$9` erhalten Sie eine Formel, die nun ohne Probleme bis zur Zelle E8 kopiert werden kann.

Natürlich können Sie die Dollarzeichen auch manuell eintippen, aber es ist bequemer, dafür die Taste F4 zu verwenden. Dabei ist es egal, ob die Einfügestelle direkt vor oder direkt hinter dem Bezug steht oder ob der Bezug insgesamt markiert ist. Wenn Sie F4 mehrfach drücken, wird zwischen den möglichen Bezugsarten kreisförmig gewechselt.

	A	B	C	D	E
1					
2	Betriebsergebnis			2012	
3					
4	Artikelgruppe	Umsatz	Kosten	Gewinn	Umsatzanteil
5	Möbel	2000000	1240000	760000	30%
6	Teppiche	3000000	1900000	1100000	44%
7	Wohnungsbedarf	1500000	1050000	450000	22%
8	Gartenmöbel	250000	150000	100000	4%
9	Gesamt	6750000	4340000	2410000	

Abbildung 3.42 *Tabelle mit der korrigierten Prozentformel*

Teilabsolute Bezüge

In unserem Beispiel ist der Bezug auf die Zelle, die das Gesamtergebnis enthält, zunächst ganz absolut gesetzt worden. Es würde aber schon ausreichen, wenn Sie nur die Zeilennummer absolut setzen, da sich die Spaltenbezeichnung beim Kopieren nicht verändert hat. Die Adresse `=B$9` ist also ein teilabsoluter Bezug. Angenommen, Sie wollen nicht nur die Prozentanteile in Bezug auf den Umsatz, sondern auch in Bezug auf die Kosten und den Gewinn ermitteln.

1 Geben Sie dazu in Zelle E5 die Formel `=B5/B$9` ein.

2 Diese Formel lässt sich ohne weitere Änderungen auf den Bereich E5:G8 kopieren. Klicken Sie dazu auf das Symbol **Kopieren**.

3 Markieren Sie E5 bis G8.

4 Klicken Sie auf das Symbol **Einfügen**.

Umsatzanteil	Kostenantei	Gewinnanteil
30%	29%	32%
44%	44%	46%
22%	24%	19%
4%	3%	4%

Abbildung 3.43 *Die Formel in der ersten Zelle können Sie auf den ganzen Bereich kopieren, alle Adressen werden korrekt angepasst.*

Das Ergebnis zeigt die Anteile der Artikelgruppen an den verschiedenen Gesamtergebnissen. Dadurch, dass in der Formel die Spaltenbuchstaben relativ benutzt werden, lässt sich die Formel in E5 gleich auf alle drei Spalten kopieren. An diesem Beispiel können Sie auch sehen, dass Sie ohne Weiteres eine Zelle auf einen ganzen Bereich kopieren können, wobei die Originalzelle auf sich selbst kopiert wird.

Quersummen aufsummieren

Durch eine geschickte Mischung von Bereichsbezügen können Sie auch Aufsummierungen vornehmen. Hier das einfache Beispiel einer Wochenauswertung mit einer Spalte von Quersummen, die jeweils die Vortagsergebnisse mit enthalten. Die erste Quersumme in der Zelle G5 enthält die Formel `=SUMME($B$5:F5)`.

Mit dem ersten Argument wird ein fixer Ausgangspunkt gesetzt. Sie können diese Formeln nach unten kopieren. In der Zelle G6 steht dann die Formel `=SUMME($B$5:F6)`, die das aufgelaufene Ergebnis für beide Zeilen liefert.

G9 =SUMME($B$5:F9)

	A	B	C	D	E	F	G
4		Sorte 1	Sorte 2	Sorte 3	Sorte 4	Sorte 5	aufgelaufenes Gesamtergebnis
5	Montag	200	300	250	340	230	1320
6	Dienstag	200	300	250	340	230	2640
7	Mittwoch	200	300	250	340	230	3960
8	Donnerstag	200	300	250	340	230	5280
9	Freitag	200	300	250	340	230	6600

Abbildung 3.44 *Die Tagesergebnisse werden hier fortlaufend aufsummiert.*

Schnittmengen berechnen

Excel 2013 kann Bereichsbezüge auch verknüpfen bzw. Schnittmengen von Bereichen bearbeiten. Die Bereichsverknüpfung erfolgt mit dem Semikolon. In der Formel `=SUMME(B4:B12;C4:C12)` wird die Gesamtsumme der beiden Zeilen geliefert.

Um die Schnittmenge zweier Bereiche für eine Formel zu erhalten, können Sie mit dem Schnittmengenoperator, dem Leerzeichen, arbeiten. Abbildung 3.45 zeigt ein Beispiel für die Verwendung einer Schnittmenge. Die Schnittmenge ist durch eine andere Farbe, die Bereiche sind durch einen Rahmen hervorgehoben.

G12 =SUMME(C5:D10 B7:E8)

	A	B	C	D	E	F	G
1							
2	Summierung einer Schnittmenge						
3							
4		Saal 1	Saal 2	Saal 3	Saal 4		
5	1. Tag	200	300	300	230		
6	2. Tag	300	230	230	230		
7	3. Tag	230	300	300	300		
8	4. Tag	249	320	320	320		
9	5. Tag	300	320	320	320		
10	6. Tag	230	320	320	320		
11							
12	Gesamtzahl für Saal 2 und 3 am 3. und 4. Tag:						1240

Abbildung 3.45 *Die Summe einer Schnittmenge bilden*

Schnittmengenbezüge sind interessant, wenn Sie auf Teilmengen in einer Tabelle zugreifen wollen. Die Arbeit mit Schnittmengen ist besonders effektiv, wenn die Bereiche selbst vorher benannt wurden. Darauf wird im folgenden Abschnitt noch näher eingegangen.

Anstelle der in Abbildung 3.45 verwendeten Formel könnte auch eine Formel benutzt werden, die nur die Zeilennummern und die Spaltenbeschriftungen verwendet. Der Bereich wäre dann die Schnittmenge zweier kompletter Spalten und Zeilen. `=Summe(C:D 7:8)` liefert dasselbe Ergebnis wie die abgebildete Formel.

Einfluss von Blattoperationen auf Bezüge

Wenn Sie in Formeln mit Bezügen arbeiten, stellt sich die Frage, wie sich typische Blattoperationen wie das Verschieben, Kopieren, Einfügen oder Löschen von Zellen oder Zellinhalten auf vorhandene Formeln auswirken. Dazu im Folgenden einige Hinweise.

Verschieben

Angenommen, in der Zelle G5 steht die Formel `=B5-C5`. Wenn Sie die Formel in die Zelle K5 verschieben, ändert sich an der Formel überhaupt nichts. In K5 steht `=B5-C5`. Das gilt natürlich auch bei absoluten Bezügen.

Wird nicht die Formel verschoben, sondern eine Zelle, auf die sich eine Formel bezieht, wird die Formel dagegen angepasst. Wenn Sie also den Inhalt von C5 zu D5 verschieben, steht in K5 anschließend die Formel `=B5-D5`. Das gilt auch, wenn die Formel absolute Bezüge verwendet.

Kopieren

Beim Kopieren von Formeln hängen die Folgen davon ab, welche Bezüge Sie verwenden. Wird bei dem obigen Beispiel die Formel `=B5-C5` von G5 nach G6 kopiert, wird sie angepasst und `=B6-C6` berechnet. Sind die Bezüge dagegen absolut, steht auch in Zelle G6 die Formel `=$B$5-$C$5`.

Einfügen

Beim Einfügen müssen zwei Fälle unterschieden werden. Im ersten Fall wird eine Zelle, auf die sich eine Formel bezieht, durch das Einfügen von Zellen, Spalten oder Zeilen verschoben. Wird beispielsweise zwischen Spalte B und Spalte C eine neue Spalte eingefügt, wird die Formel `=B5-C5` verändert in `=B5-D5`. Das gilt auch bei absoluten Bezügen.

Der zweite Fall ist, dass durch das Einfügen von Zellen, Spalten oder Zeilen ein Bereichsbezug verändert wird. Das gilt auch für benannte Bereiche. Angenommen, in Zelle B10 steht `=SUMME(B5:B9)`. Sie fügen bei Zeile 7 zwei Zeilen ein. Die Formel wird automatisch auf `=SUMME(B5:B11)` erweitert.

Löschen von Zellinhalten

Wird der Inhalt einer Zelle gelöscht, auf die sich eine Formel bezieht, wird die leere Zelle in der Formel so gewertet, als ob Sie den Wert *0* eingetragen hätten. Zu einem Problem wird das nur dann, wenn die Zelle den Wert für einen Operanden oder für ein Argument liefert, bei dem der Wert *0* nicht zugelassen ist. Ein Beispiel ist die Division durch null oder das Argument *Tag* oder *Monat* bei der Funktion *DATUM()*. In diesen Fällen liefert die Formel einen Fehlerwert.

Entfernen von Zellen

Wird nicht der Inhalt einer Zelle, sondern die Zelle selbst entfernt, verliert eine Formel, die sich auf diese einzelne Zelle bezieht, eben diesen Bezug und reagiert mit der Fehlermeldung *#Bezug!*. Dann muss die Formel manuell korrigiert werden.

Anders ist die Situation, wenn die entfernte Zelle zu einem Bereich gehört, der Werte für ein Argument einer Formel liefert. Nehmen Sie als Beispiel wieder eine einfache Summenformel wie `=SUMME(B2:B12)`. Wird eine der Zellen entfernt, wird die Formel in jedem Fall korrekt angepasst.

Wird eine Zelle entfernt, die eine Formel enthält, hat dies nur dann fehlerhafte Auswirkungen, wenn sich eine andere Formel auf diese Formel bezogen hat. Auch dann erscheint dort der Fehlerwert *#BEZUG!*.

3.5 Zellbereiche benennen

Den Bezug auf Zellen und Zellbereiche in einer Formel können Sie, wie schon angesprochen, nicht nur über die abstrakten Adressen herstellen, die aus den Spaltenbuchstaben und den Zeilennummern des Tabellenblatts zusammengesetzt sind. Diese Adressen geben zwar an, wo Werte abgelegt sind, verraten aber nichts darüber, was für Werte das sind.

Diesen Mangel können Sie beheben, wenn Sie Zellen und Zellbereiche mit Namen verknüpfen, die Sie selbst bestimmen. Natürlich hindert niemand Sie daran, Namen wie *Bereich1*, *Bereich2* zu verwenden.

Excel vergibt als Vorgabe selbst solche wenig sprechenden Namen, etwa beim Anlegen einer Tabelle – *Tabelle1*, *Tabelle2* – oder eines Diagramms – *Diagramm1*, *Diagramm2* etc. Den vollen Nutzen aus der Benennung ziehen Sie aber erst, wenn Sie sich die Mühe machen, aussagekräftige Namen zu verwenden, die den benannten Inhalt möglichst genau beschreiben.

Vorteile von Bereichsnamen

Die Verwendung von Namen kann in vielen Fällen die Arbeit mit Excel sowohl komfortabler als auch effektiver machen, zumal sich auch viele andere Operationen auf Bereiche beziehen, etwa die Formatierung, das Drucken oder die Gestaltung von Diagrammen.

Ist ein Bereich einmal mit einem Namen belegt, kann der Bereich immer wieder über diesen Namen angesprochen werden, ohne jedes Mal die Adressen angeben oder markieren zu müssen.

Solange Sie einfache Summenformeln verwenden, die direkt unter der addierten Kolonne stehen, ist leicht zu überblicken, was in einer Formel errechnet wird. Das ändert sich aber schon dann, wenn an einer ganz anderen Stelle des Arbeitsblatts mit dem Ergebnis einer Formel weitergerechnet werden soll. Eine Formel wie `=G20*1,05` lässt nicht erkennen, wofür der Wert in der Zelle G20 steht. Haben Sie dagegen die Zelle G20 mit einem Namen wie »Rohgewinn_2011« benannt, lautet die Formel:

```
=Rohgewinn_2011*1,05
```

Bei dieser Formel wissen Sie und auch jede andere Person, die mit dem Tabellenblatt arbeiten soll, immer, worum es geht. Wird ein Bereichsname in verschiedenen Formeln verwendet, muss nicht jede Formel einzeln angefasst werden, wenn sich die Adressen des Bereichs ändern. In vielen Fällen wird die Bereichsänderung sogar automatisch vorgenommen, etwa wenn in einem definierten Bereich eine Zeile eingefügt oder gelöscht wird.

Leichtere Navigation

Eine ebenso praktische Sache ist, dass Sie benannte Zellen und Bereiche direkt über den Namen auswählen können. Am schnellsten gelingt dies über die Namensliste in der Bearbeitungsleiste.

1 Öffnen Sie die Namensliste mit dem kleinen Pfeil am Ende des Namenfelds.

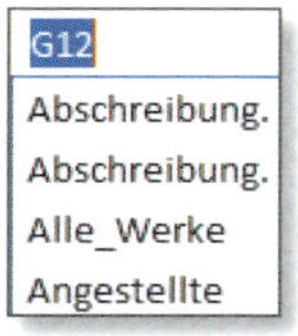

∧ Abbildung 3.46 *Die geöffnete Namensliste im Namenfeld*

2 Wählen Sie den gewünschten Namen aus.

3 Übernehmen Sie den ausgewählten Namen per Klick oder Tipp oder mit [↵]. Die entsprechende Zelle oder der Zellbereich sind markiert.

Auch mit dem Befehl **Start > Bearbeiten > Suchen und Auswählen > Gehe zu** oder mit [Strg]+[G] oder [F5] erhalten Sie die Liste der definierten Namen. Ein Doppelklick oder -tipp auf einen Namen in der Liste markiert sofort die entsprechende Zelle oder den Bereich. Diese Technik erspart gerade bei großen Arbeitsblättern oft mühseliges Herumsuchen.

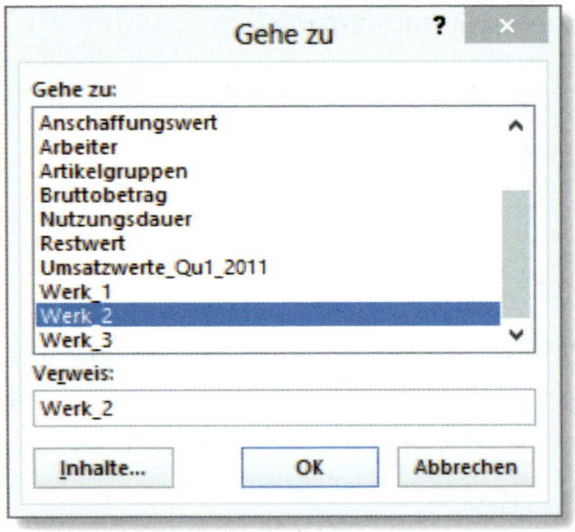

Abbildung 3.47 *Unter »Gehe zu« sind die aktuell in der Arbeitsmappe vorhandenen Namen für Zellen und Zellbereiche aufgelistet.*

Syntaxregeln für Namen

Bei der Vergabe von Namen müssen Sie einige Regeln beachten:

- Bereichsnamen können bis zu 255 Zeichen enthalten.
- Groß- und Kleinschreibung ist bedeutungslos.
- Das erste Zeichen darf keine Zahl sein. Erlaubt sind Buchstaben und die Zeichen Unterstrich – »_« – und umgekehrter Schrägstrich – »\«.
- Sonderzeichen wie !, {, +, *, –, /, @, <, >, &, # dürfen nicht benutzt werden.
- Leerzeichen, Doppelpunkt und Semikolon sind nicht erlaubt, weil diese Zeichen ja als Bereichsoperatoren benutzt werden. Verwenden Sie zur Trennung den Unterstrich – »_« – oder den Punkt.
- Bereichsnamen dürfen nicht wie mögliche Zelladressen lauten. B10 oder AA3 ist also nicht zulässig.
- Die Zeichen »C« oder »c« bzw. »R« oder »r« dürfen nicht als Namen verwendet werden, sie sind intern als Kurzform für die Auswahl der aktuellen Spalte oder Zeile reserviert.

TIPP

Groß- und Kleinschreibung
Obwohl die Groß- und Kleinschreibung bei Formelbezügen nicht beachtet wird, ist es doch sinnvoll, sie zu verwenden. Wird der Name dann nur mit Kleinbuchstaben in einer Formel eingegeben, wandelt Excel den Namen entsprechend um, wenn der Name korrekt ist. Geschieht das nicht, hat sich vielleicht ein Tippfehler eingeschlichen.

Bereichsnamen über das Namenfeld festlegen

Der schnellste Weg, einen Namen für eine Zelle oder einen Bereich zu vergeben, führt über das Namenfeld in der Bearbeitungsleiste:

1 Sie markieren den Zellbereich und benutzen den Pfeil am Ende des Namenfelds.

2 Sie geben den Namen ein, indem Sie die markierte Adresse einfach überschreiben.

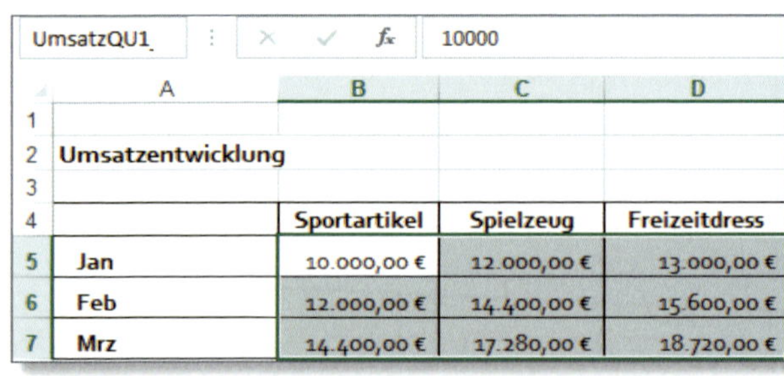

Abbildung 3.48 *Den Namen für den markierten Bereich geben Sie direkt in das Namenfeld ein.*

3 Bestätigen Sie den vergebenen Namen mit [↵].

Beim nächsten Öffnen der Namensliste wird der neue Name mit angeboten. Klick auf den Namen wählt den Bereich aus.

Namen definieren

Etwas mehr Kontrolle bietet der Befehl **Namen definieren** aus der Gruppe **Formeln > Definierte Namen**.

1 Wenn Sie einzelne Zellbereiche benennen wollen, ist es am besten, diese zunächst zu markieren.

2 Benutzen Sie anschließend die Schaltfläche **Namen definieren**.

^ ***Abbildung 3.49*** *Definition eines neuen Bereichsnamens*

3 Grenzt die aktive Zelle des markierten Bereichs an eine Zelle mit einer Beschriftung, wird diese im Namenfeld vorgegeben, wenn der Bereich Zahlen enthält, ansonsten wird der Inhalt der aktiven Zelle vorgeschlagen. Wollen Sie einen neuen Namen vergeben, tragen Sie ihn direkt unter **Name** ein.

4 Unter **Bereich** kann die Vorgabe **Arbeitsmappe** übernommen werden, wenn der Name innerhalb der Arbeitsmappe eindeutig ist.

5 Unter **Bezieht sich auf** geben Sie nach einem Gleichheitszeichen die Adressen des Bereichs an, falls er nicht vorweg schon korrekt markiert ist. Excel schreibt den Bezug automatisch mit absoluten Adressen.

6 Bestätigen Sie die Eingaben mit **OK** oder [↵].

Auch Mehrfachbereiche können benannt werden. Trennen Sie dazu die einzelnen Bereichsadressen jeweils durch ein Semikolon. Soll die Schnittmenge zwischen zwei Bereichen benannt werden, muss ein Leerzeichen zwischen die beiden Bereichsadressen gesetzt werden.

Den Geltungsbereich einschränken

Als Vorgabe verwaltet Excel pro Arbeitsmappe eine einzige Namensliste. Jeder Name muss dabei eindeutig sein. Im Namenfeld werden immer alle Namen angezeigt, die in der Mappe vorkommen, egal, welches Blatt gerade aktiviert ist.

Sie können aber auch Namen vergeben, die nur für das einzelne Blatt gelten, für das sie definiert sind. Das ist dann vorteilhaft, wenn etwa in mehreren Blättern derselbe Name für einen gleichartigen Wert verwendet werden soll.

1 Markieren Sie auf jedem Blatt, dem ein Name zugeordnet werden soll, die entsprechende Zelle oder den Bereich.

2 Rufen Sie für jedes Blatt jeweils den Befehl **Formeln > Definierte Namen > Namen definieren** auf.

3 Im Dialog ersetzen Sie unter **Bereich** die Vorgabe **Arbeitsmappe** durch den Namen des jeweiligen Blatts, der über das Listenfeld ausgewählt werden kann.

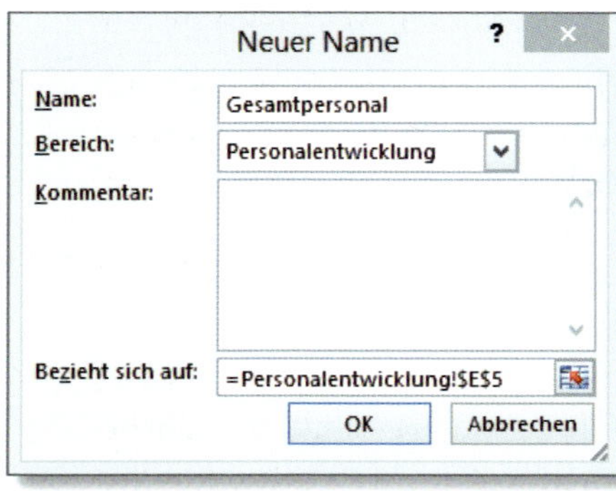

^ ***Abbildung 3.50*** *Definieren eines Namens, der nur für ein Blatt gilt*

Um solche Namen in Formeln zu verwenden, muss der Blattname getrennt durch ein Ausrufezeichen vor den eigentlichen Namen gesetzt werden – etwa *Personalentwicklung!Gesamtpersonal*. Im Namenfeld erscheint der blattspezifische Name nur, wenn das entsprechende Blatt aktiviert ist.

Wird ein blattspezifischer Name in einer Formel dieses Blatts verwendet, kann der Blattname weggelassen werden. Existiert der Name *Gesamtpersonal* auch für die ganze Mappe, wird er in diesem Blatt ignoriert.

Nimmt dagegen eine Formel eines anderen Blatts Bezug auf den blattspezifischen Namen, muss der qualifizierte Name – also mit dem vorgesetzten Blattnamen – angegeben werden.

Namen aus Beschriftungen übernehmen

Bei gleichmäßig aufgebauten Tabellen mit fertiger Spalten- und Zeilenbeschriftung können Sie die Namen für Wertespalten und -zeilen auch automatisch erzeugen lassen. Excel übernimmt dabei einfach die vorhandenen Beschriftungen als Namen. Dabei werden die Namen an die oben beschriebenen Regeln angepasst. Ist das erste Zeichen eine Zahl, wird ein Unterstrich davorgesetzt. Auch Leerzeichen und Semikola werden durch Unterstriche ersetzt. Datumswerte werden in Zeichenfolgen verwandelt, wobei das gegebene Format verwendet wird.

Die Zellen, die benannt werden sollen, können über oder unter den Zellen mit der Beschriftung liegen oder rechts oder links neben diesen Zellen. Zellbereiche sind hier immer Zellgruppen in einer Zeile oder in einer Spalte. Wie Sie dieses Verfahren nutzen, zeigen die folgenden Schritte:

1 Um in dem Beispiel in Abbildung 3.51 zu einer korrekten Übernahme der Namen zu kommen, markieren Sie zunächst den Bereich A4 bis D6. Die Zeile mit den Gesamtsummen wird ausgelassen, damit im nächsten Schritt die Namen für die Spaltenwerte in den Summenformeln verwendet werden können.

2 Sie rufen den Befehl **Formeln > Definierte Namen > Aus Auswahl erstellen** auf oder benutzen Strg + ⇧ + F3.

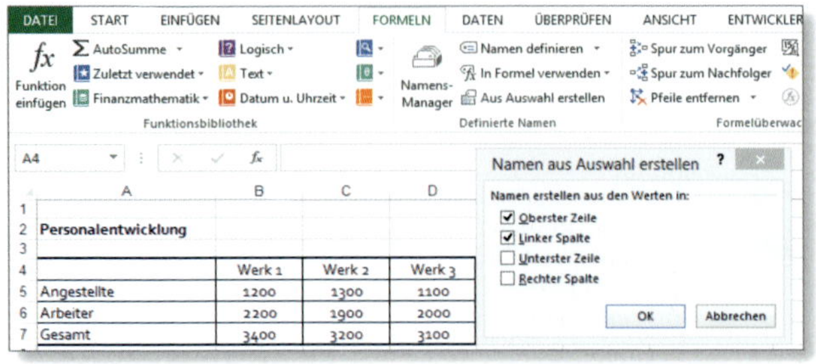

^ ***Abbildung 3.51*** *Namen aus den Beschriftungen der Zeilen und Spalten einer Tabelle erzeugen*

3 Sie finden im Dialog vier Kontrollkästchen, von denen die beiden ersten aufgrund der Situation in dem vorher ausgewählten Bereich abgehakt sind. Die oberste Zeile und die linke Spalte sollen die Namen liefern. Sie müssen deshalb hier nichts ändern.

4 Wenn Sie die Auswahl bestätigen, erzeugt Excel benannte Bereiche, zwei Zeilenbereiche und drei Spaltenbereiche.

Sie können die Bereiche nun sehr schnell über das Namenfeld auswählen. Wenn Sie beispielsweise die Schnittmenge zweier Bereiche bilden wollen, benutzen Sie F5 und geben ein: `Angestellte Werk_2`, also zwei Namen getrennt durch ein Leerzeichen. Sie erhalten die Zahl der Angestellten in Werk 2.

Namen verwalten

Um den Einsatz von umfangreichen Namenslisten zu vereinfachen, stellt Ihnen Excel 2013 einen **Namens-Manager** ❶ zur Verfügung, der über die gleichnamige Schaltfläche in der Gruppe **Formeln > Definierte Namen** oder mit Strg + F3 aufgerufen wird.

Der Dialog gibt eine übersichtliche Anzeige der vorhandenen Namen und ist mit dem oben verwendeten Dialogfeld für die Namensdefinition verknüpft, das Sie jederzeit über die Schaltfläche **Neu** oder **Bearbeiten** erreichen. Zum Entfernen überflüssig gewordener Namen wird die Schaltfläche **Löschen** verwendet.

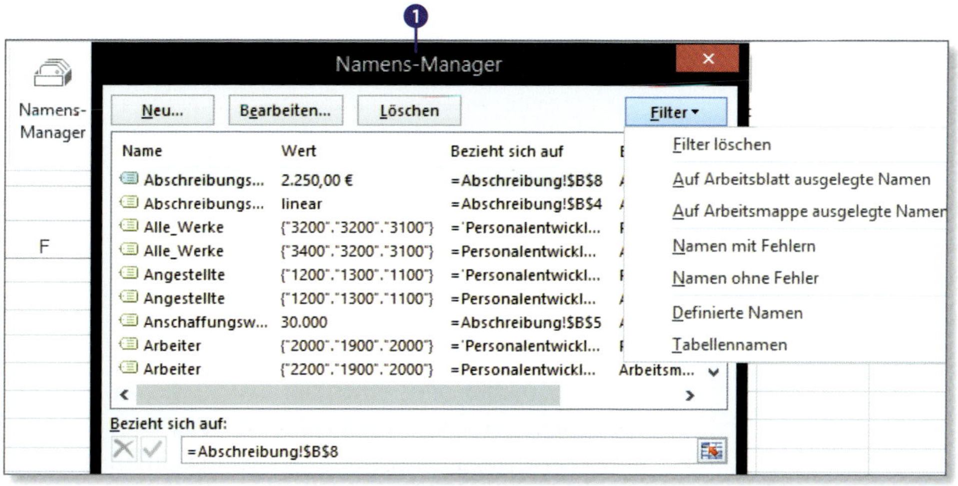

< ***Abbildung 3.52*** *Der Namens-Manager hilft beim Umgang mit einer großen Menge von benannten Zellbereichen.*

Interessant ist hier insbesondere die Filterfunktion, die über die Schaltfläche **Filter** verschiedene Auswahlmöglichkeiten anbietet, etwa die Einschränkung auf blattbezogene Namen.

Benannte Formeln definieren

Eine Spezialität von Excel ist, dass auch Formeln und Werte, die Sie häufiger benötigen, beispielsweise bestimmte Steuersätze oder Umrechnungsfakten, mit einem Namen verknüpft werden können.

Das Verfahren ähnelt der Vergabe von Zell- und Bereichsnamen. Excel speichert eine solche Definition zwar zusammen mit der Arbeitsmappe, aber nicht in einer Zelle. Der Wert oder die Formel werden direkt im Dialogfeld unter **Bezieht sich auf** eingetragen, also anstelle eines Bereichsbezugs.

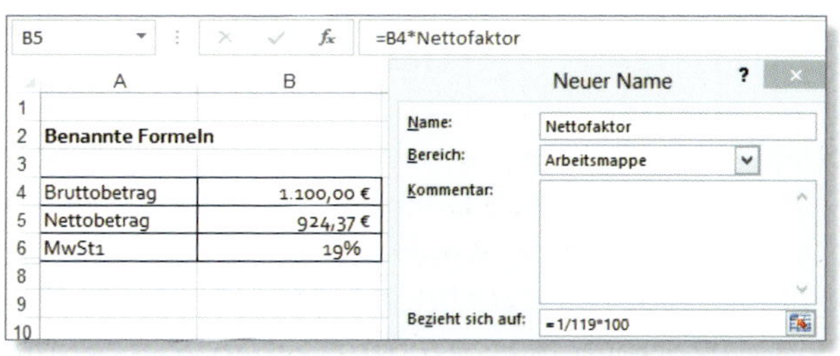

∧ ***Abbildung 3.53*** *Die Formel für die Mehrwertsteuerberechnung erhält hier einen eindeutigen Namen.*

Angenommen, Sie müssen häufiger von Bruttobeträgen auf den Nettobetrag zurückrechnen. Dann können Sie so verfahren:

1. Wählen Sie den Befehl **Namen definieren**.
2. Tragen Sie unter **Name** beispielsweise `Nettofaktor` ein.
3. Als Formel für die Umrechnung geben Sie unter **Bezieht sich auf**

   `=1/119*100`
4. Bestätigen Sie das Dialogfeld.

Enthält nun z. B. B5 den Bruttobetrag einer Rechnung, liefert `=B5*Nettofaktor` den Nettobetrag. Bei der Eingabe der Formel wird Ihnen dieser Faktor sogar angeboten, wie Abbildung 3.54 zeigt:

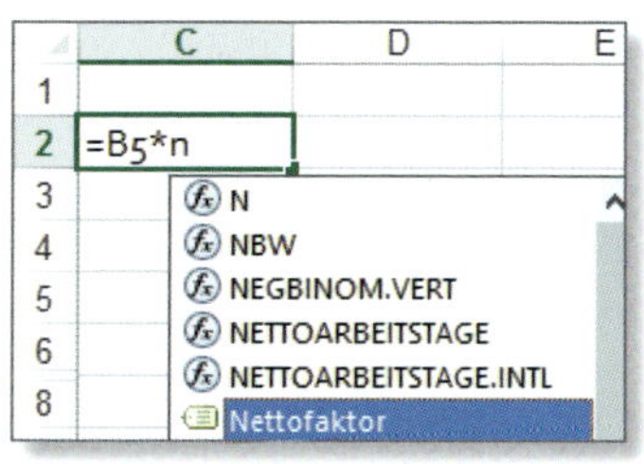

∧ ***Abbildung 3.54*** *Eine benannte Formel oder eine benannte Konstante wird bei der Formeleingabe angeboten.*

Anwenden von Namen in Formeln

Wenn Sie Bereiche benennen, werden die Bezüge auf diese Bereiche in allen Formeln, die Sie anschließend mit diesen Bezügen bilden, automatisch übernommen. Für Formeln, die Sie vor der Benennung gebildet haben, gilt das aber nicht. Grund genug, solche Bereichsbenennungen möglichst vor der Eingabe der Formeln vorzunehmen.

Sollen die neuen Namen in ältere Formeln übernommen werden, sodass sie die bisherigen Zelladressen ersetzen, ist das aber auch kein großer Umstand.

1 Markieren Sie den Bereich der Zellen, deren Formeln angepasst werden sollen.

2 Benutzen Sie den Befehl **Namen übernehmen**, der als zweite Option zu der Schaltfläche **Formeln > Definierte Namen > Namen definieren** angeboten wird.

3 Klicken oder tippen Sie im Dialogfeld einfach nacheinander die Namen an, die in den Formeln verwendet werden sollen.

4 Wenn Sie den Dialog bestätigen, ersetzt Excel eine passende Bereichsmarkierung automatisch durch den entsprechenden Bereichsnamen.

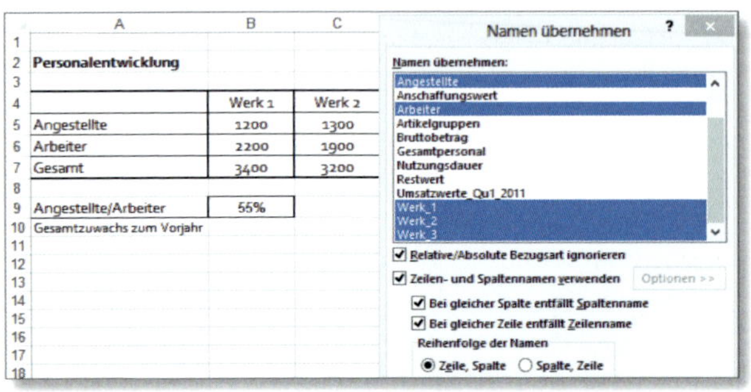

Abbildung 3.55 *Über diesen Dialog übernehmen Sie Namen in Formeln eines markierten Bereichs.*

Wie sich Excel bei der Anwendung der Namen im Detail genau verhalten soll, steuern Sie über die Steuerelemente, die die Schaltfläche **Optionen** einblendet. Das Kontrollkästchen **Relative/Absolute Bezugsart ignorieren** sollte in der Regel aktiviert sein. Damit wird erreicht, dass ein Bezug auf einen Bereich unabhängig von der in der Formel verwendeten Bezugsart ersetzt wird. Ist die Option abgewählt, werden nur absolute Zellbezüge durch die Bereichsnamen ersetzt.

Wird beim Anwenden der Namen das Kontrollkästchen **Zeilen- und Spaltennamen verwenden** abgehakt, können Sie festlegen, ob in Formeln, die Schnittmengen von Bereichen auswerten, bei Bezügen innerhalb einer Spalte oder innerhalb einer Zeile die entsprechenden Namen entfallen können. Das vereinfacht die Formulierung der Formel. Außerdem kann festgelegt werden, ob bei Bezügen, bei denen Spalte und Zeile angegeben werden müssen, erst die Zeile oder erst die Spalte angegeben wird.

Wenn Sie beispielsweise die Relation Angestellte/Arbeiter pro Werk berechnen wollen, reicht es aus, in Zelle B7 die Formel `=Angestellte/Arbeiter` anstelle von `=Angestellte Werk_1/Arbeiter Werk_1` einzutragen, da ja die Spaltenbezeichnung bei beiden Bezügen gleich ist. Die verkürzte Formel hat außerdem den Vorteil, dass sie sich ohne Änderung auf die Zellen C7 und D7 kopieren lässt. Excel passt die Formeln automatisch für die beiden Spalten an, obwohl in jeder Zelle die gleiche Formel steht. Würden Sie dagegen die lange Formel kopieren, würden in allen Zellen die Werte desselben Werks ausgewertet.

TIPP

Namen verwenden absolute Adressen
Bei der Übernahme von Bereichsnamen in Formeln müssen Sie also beachten, dass Excel die Namen mit absoluten Adressen verknüpft. Eine Quersumme für die Zahl der Angestellten beispielsweise, die mit der Formel `=SUMME(Angestellte)` gebildet wird, lässt sich nicht mehr einfach in die nächste Zeile kopieren. Je nach der Reihenfolge, in der Sie ein Kalkulationsmodell aufbauen, ist es deshalb manchmal praktischer, die Formeln erst mit Adressen anzulegen und zu kopieren und die Namen erst nachträglich zuzuweisen.

Namen in eine Formel einfügen

Soll ein Name bei der Eingabe einer Formel oder im Dialog **Funktionsargumente** eingefügt werden, können Sie den Namen entweder direkt an die Einfügestelle einfügen oder ein vorher markiertes Argument durch einen Namen ersetzen. Verwenden Sie F3 oder den Befehl **Formeln > In Formeln verwenden** und den gewünschten Namen.

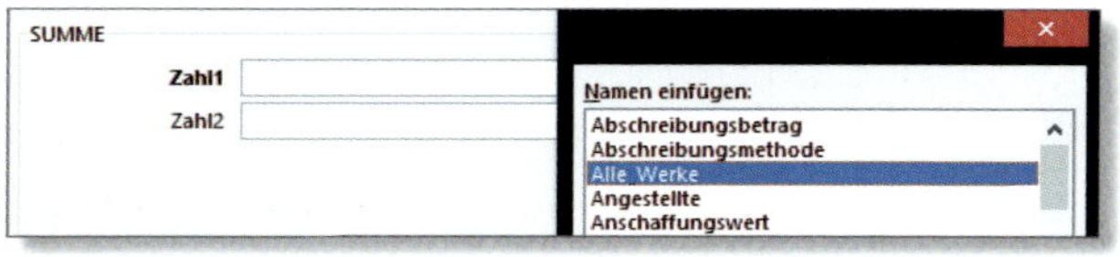

Abbildung 3.56 *Als Wert für ein Funktionsargument wird der Name eines Zellbereichs angegeben.*

Protokoll der Bereichsnamen ausgeben

Wenn Sie mit sehr vielen Bereichsnamen arbeiten, ist es manchmal sinnvoll, sich eine Liste der Namen und der Bereichsadressen zu ziehen. Das erleichtert den Überblick. Dafür gibt es die Schaltfläche **Liste einfügen** im Dialogfeld des Befehls **Formeln > In Formeln verwenden > Namen einfügen**. Markieren Sie vorher die Zelle, in der die Liste beginnen soll.

	A	B
1		
2	Alle_Werke	=Personalentwicklung!$B$7:$D$7
3	Angestellte	=Personalentwicklung!$B$5:$D$5
4	Arbeiter	=Personalentwicklung!$B$6:$D$6
5	Artikelgruppen	=Betriebsergebnis!$A$6:$A$9
6	Datenbereich	=Betriebsergebnis!$A$5:$D$10
7	Firma	="Helmut Vonhoegen"
8	Jahr	=Betriebsergebnis!$E$2
9	MwSt1	=1,19
10	Nettofaktor	=1/119*100
11	Titel	=Betriebsergebnis!$A$2:$E$2
12	Werk_1	=Personalentwicklung!$B$5:$B$6
13	Werk_2	=Personalentwicklung!$C$5:$C$6
14	Werk_3	=Personalentwicklung!$D$5:$D$6

Abbildung 3.57 *Auszug aus der Namensliste*

Am besten legen Sie diese Liste in ein eigenes Blatt oder sogar in ein eigenes Fenster, sodass Sie bei der Entwicklung Ihrer Formeln besser kontrollieren können, ob Sie den richtigen Bereich ausgesucht haben.

TIPP

Keine Bezüge auf Beschriftungen mehr
Anstelle der ausdrücklichen Vergabe von Namen bot die Version Excel 2003 auch die Möglichkeit, Namen von Zeilen- oder Spaltenbeschriftungen direkt in Formeln zu verwenden. Diese Option wird in Excel 2013 nicht mehr unterstützt. Beim Laden älterer Arbeitsmappen, die mit dieser Variante gearbeitet haben, erhalten Sie den Hinweis, dass die entsprechenden Bezüge in Formeln durch normale Zellbezüge ersetzt werden.

3.6 Matrixformeln einsetzen

Wenn Sie in der Zelle D4 eine Formel wie `=B4*C4` ablegen, lösen Sie eine Berechnung aus, bei der ein einzelner Wert, der in der Zelle B4 abgelegt ist, mit einem einzelnen Wert aus einer anderen Zelle – hier C4 – multipliziert wird. Das Ergebnis erscheint nur in der Zelle D4, also in der Zelle, die die Formel enthält. Eine Formel liefert also normalerweise immer nur einen Wert, und zwar den Wert der Zelle, die die Formel enthält.

Excel kann aber auch anders. Eine Formel darf als Argument einer Funktion gleich mehrere Werte verwenden, wie es beispielsweise bei der Funktion *SUMMENPRODUKT()* der Fall ist. Andere Funktionen wie *HÄUFIGKEIT()* oder *MMULT()* liefern auch als Ergebnis mehrere Werte, die in einem zusammenhängenden Zellbereich erscheinen. In beiden Fällen werden diese Werte in einer bestimmten Form angeordnet, die Matrix genannt wird.

Matrixbereiche und Matrixkonstanten

Eine Matrix kann in eine Formel entweder als Bezug auf einen Matrixbereich oder als Konstante eingefügt werden. Für eine Matrix wird ein rechteckiger Zellbereich verwendet, in dem jede Zelle einen Wert enthält. Der kleinste Matrixbereich besteht aus zwei neben- oder untereinander liegenden Wertezellen. Die Größe nach oben ist nur durch den vorhandenen Speicher begrenzt. Ein einfaches Beispiel ist die folgende Matrix aus zwei Zeilen und drei Spalten.

	A	B	C	D
1				
2		23	26	65
3		16	10	45

∧ ***Abbildung 3.58*** *Matrixbereich mit zwei Zeilen und drei Spalten*

Soll dieser Matrixbereich als Argument in einer Formel verwendet werden, geben Sie einfach den Bezug auf den Zellbereich an, der die Werte der Matrix enthält. Wir verwenden als Beispiel in der Funktion *INDEX()* als erstes Argument den Bezug auf den abgebildeten Bereich: `=INDEX(B2:D3;2;3)`.

Die beiden anderen Argumente geben an, in welcher Zeile und welcher Spalte der Wert liegt, den wir in der Matrix finden wollen. Das Ergebnis ist `45`.

Die zweite Möglichkeit, Matrizen in Formeln zu verwenden, sind Matrixkonstanten. Die Schreibweise innerhalb einer Formel sieht für das eben verwendete Beispiel so aus: `=INDEX({23.26.65;16.10.45};2;3)`.

Die gesamte Matrix wird also in geschweifte Klammern gesetzt. Die einzelnen Werte einer Zeile werden jeweils durch einen Punkt getrennt, die Zeilen dagegen durch ein Semikolon. Das entspricht der mathematischen Schreibweise:

$$A = \begin{pmatrix} 23 & 26 & 65 \\ 16 & 10 & 45 \end{pmatrix}$$

∧ ***Abbildung 3.59*** *Die übliche Schreibweise für die gleiche Matrix in der Mathematik*

Matrixkonstanten können nicht nur Zahlen, sondern auch Texte, Wahrheitswerte oder Fehlerwerte enthalten, wobei die Datentypen in einer Konstanten auch gemischt auftreten dürfen. Allerdings muss das Format der Eingabe beachtet werden.

Texte müssen immer in Anführungszeichen gesetzt werden. Bei Zahlen sind neben Ganzzahlen auch Zahlen im Dezimalformat und in der Exponentialschreibweise erlaubt. Die Eingabe der Tausenderabtrennung durch einen Punkt ist natürlich nicht erlaubt, da der Punkt an dieser Stelle ja zur Trennung der einzelnen Elemente der Matrix benutzt wird. Auch Währungszeichen, Klammern und Prozentzeichen sind nicht erlaubt. Zellbezüge sind in den Konstanten ebenfalls nicht zugelassen.

Mit Matrixformeln arbeiten

Neben den Matrizen, die als Zellbereiche oder Konstanten für bestimmte Argumente von Funktionen verwendet werden, gibt es in Excel auch noch Matrixformeln, die dadurch gekennzeichnet sind, dass sie anstelle eines einzelnen Werts gleich eine Ergebnismatrix liefern. Voraussetzung ist, dass dafür ein entsprechend großer Zellbereich zur Verfügung gestellt wird. Damit das möglich ist, wird – wie Sie gleich sehen werden – eine etwas umständliche Technik verwendet, um solche Formeln zu erstellen.

Abbildung 3.60 zeigt ein einfaches Beispiel. Die Anzahl der Übernachtungen in der Spalte C soll jeweils mit dem entsprechenden Zimmerpreis multipliziert werden. Anstatt die Werte einzeln zu multiplizieren, werden einfach die beiden Zellbereiche in Spalte C und D miteinander multipliziert. Hier ist das Verfahren:

1. Sie markieren zuerst den Zellbereich, der die Ergebnismatrix aufnimmt, den die Matrixformel liefert. In Abbildung 3.60 ist das der Zellbereich E5:E10. Dieser Schritt ist ganz entscheidend, denn wenn Sie nur eine Zelle markieren, liefert die Matrixformel auch nur ein einziges Ergebnis.
2. Der zweite Schritt ist die Eingabe der Formel in eine der Zellen der Ergebnismatrix. Dabei spielt es keine Rolle, in welche dieser Zellen die Formel eingetragen wird.
3. Markieren Sie nach dem Gleichheitszeichen zunächst den Zellbereich C5:C10, der die Zahlen zu den Übernachtungen enthält.

4 Nach dem Multiplikationszeichen markieren Sie den Bereich D5:D10.

5 Und nun kommt der Trick: Sie schließen die Formel mit `Strg` + `⇧` + `↵` ab.

E5 | {=C5:C10*D5:D10}

	A	B	C	D	E
1					
2		**Beispiel für eine Matrixformel**			
3					
4		**Gast**	**Übernachtungen**	**Zimmerpreis**	**Gesamt**
5		Herdis	12	80	960
6		Schröder	14	80	1120
7		Bernd	6	120	720
8		Tulin	21	120	2520
9		Redor	23	100	2300
10		Benrad	24	80	1920

∧ ***Abbildung 3.60*** *Die Werte für »Gesamt« werden jedes Mal mit ein und derselben Matrixformel berechnet.*

Die Formel in der markierten Ergebnismatrix wird automatisch auf alle Zellen darin kopiert. Die in der Formel bestimmten Operationen werden dabei jeweils mit den entsprechenden Daten ausgeführt. Die Größe dieser Ergebnismatrix sollte genau so groß sein, dass die Matrixformel alle Ergebnisse erzeugen kann, die durch die Wertegruppe(n), auf die sich die Formel bezieht, möglich sind.

Ist die Ergebnismatrix kleiner, werden mögliche Ergebnisse »unterschlagen«, ist sie dagegen größer, erscheint in den überzähligen Zellen der Wert *NV* als Hinweis darauf, dass für diesen Fall keine Werte vorliegen, mit denen die Formel arbeiten kann.

Matrixformeln sind also eine Arbeitserleichterung für den Fall, dass bestimmte Formeln wiederholt verwendet werden sollen. Sie gehen sparsamer mit dem Speicher um als eine entsprechende Menge von Formeln, die nur einen Wert liefern. Auch eine spätere Änderung ist einfacher, wenn Sie eine Matrixformel verwenden können, weil eben nur eine Formel geändert werden muss.

TIPP

Bereiche mit Konstanten füllen
Noch ein kleiner Tipp bei dieser Gelegenheit: Die Technik, einen ganzen Bereich mit einem Eintrag zu füllen, können Sie auch verwenden, wenn Sie in einem Bereich immer die gleiche Konstante – Text oder Zahl – benötigen. Sie markieren den Bereich, geben die Zahl oder den Text ein und schließen einfach mit `Strg` + `⇧` + `↵` ab.

Berechnungen vereinfachen

Das folgende Beispiel ist etwas komplexer. Es zeigt, dass Matrixformeln auch dazu benutzt werden können, um ein Tabellenmodell zu vereinfachen. Das ist möglich, indem in der Formel Rechenschritte zusammengefasst werden, die normalerweise über Zwischenergebnisse berechnet werden müssten.

Soll z. B. das Gesamtgewicht einer Ladung berechnet werden, ist der übliche Weg, das jeweilige Gewicht der verschiedenen Artikel mit der Stückzahl zu multiplizieren und dann die Ergebnisse zu addieren, wie in der Spalte E zu sehen ist.

C8 | {=SUMME(B5:B7*C5:C7)}

	A	B	C	D	E
1					
2	**Berechnung des Gesamtgewichts**				
3					
4		**Menge**	**Gewicht**		**Menge * Gewicht**
5	**Artikel 1**	100	200		20000
6	**Artikel 2**	120	150		18000
7	**Artikel 3**	200	130		26000
8		**Gesamtgewicht**	64000		64000

∧ ***Abbildung 3.61*** *Das Gesamtgewicht wird ohne Zwischenschritt berechnet, Spalte E zeigt zur Kontrolle die Einzelberechnungen.*

Wird dagegen mit einer Matrixformel gearbeitet, ist es nicht erforderlich, die Ergebnisse der Multiplikation in der Tabelle darzustellen. Die Formel `{=SUMME(B5:B7*C5:C7)}` speichert die Zwischenergebnisse intern und gibt nur das Gesamtergebnis in der Zelle C8 aus. Auf die Zwischenergebnisse kann also auch nicht zugegriffen werden. Diese Vorgehensweise ist allerdings nur dann sinnvoll, wenn diese Zwischenergebnisse nicht für andere Berechnungen von Belang sind. Außerdem muss beachtet werden, dass ein Kalkulationsmodell auch überprüfbar bleiben muss.

Ändern einer Matrixformel

Wollen Sie eine Matrixformel ändern, können Sie eine beliebige Formelzelle in der Ergebnismatrix auswählen. Sobald Sie die Bearbeitungsleiste aktivieren, verschwinden dort die geschweiften Klammern. Wenn die Änderungen an der Formel abgeschlossen sind, muss die Formel erneut mit [Strg] + [⇧] + [↵] bestätigt werden. Daraufhin werden alle zur Matrix gehörenden Formeln geändert.

Dieser Abschluss ist unbedingt notwendig, sonst erhalten Sie die Fehlermeldung, dass ein Teil einer Ergebnismatrix nicht geändert werden kann. Das hat seinen Grund darin, dass Excel eine solche Formelmatrix als eine Einheit betrachtet. Es ist also nicht möglich, einzelne Elemente einer Matrix gesondert zu bearbeiten. Ausgenommen von dieser Regel sind alle Operationen, die nur die Gestaltung betreffen.

Alle inhaltlichen Veränderungen betreffen aber immer die gesamte Ergebnismatrix. Deshalb können einzelne Zellen auch nicht gelöscht oder verschoben werden. Nur die komplette Matrix kann gelöscht oder verschoben werden. Auch das Einfügen von Zellen in eine Matrix, die mit Matrixformeln belegt ist, führt zu einer Fehlermeldung.

TIPP

Markierung eines Matrixbereichs
Um einen Matrixbereich vollständig zu markieren, genügt es, eine Zelle des Bereichs zu wählen und dann [Strg] + [/] zu drücken. Diese Tastenkombination entspricht der Option **Aktuelles Array** in dem Dialogfeld **Inhalte auswählen**, das Sie über **Start > Bearbeiten > Suchen und Auswählen > Inhalte auswählen** erreichen.

3.7 Berechnungsfehler finden und vermeiden

Das entscheidende Qualitätskriterium bei einer Kalkulationstabelle ist die Fehlerfreiheit. Dies betrifft einerseits die Korrektheit der Daten, die in ein Modell einfließen, insbesondere aber die Frage, ob die verwendeten Formeln und Funktionen richtig arbeiten und einwandfreie Ergebnisse liefern.

Fehler in Formeln vermeiden

Es gibt ganz unterschiedliche Arten von Fehlern, die bei der Arbeit mit Formeln vorkommen. Die unangenehmste Art sind die Denkfehler, weil Excel solchen Fehlern von sich aus nichts entgegenzusetzen hat.

Wenn Sie z. B. bei einer *WENN()*-Funktion eine Bedingung eintragen wie: `UND(PLZ<50000; PLZ>60000)`, wird Excel daran nichts auszusetzen haben, aber keine Daten finden, weil diese Bedingung ja niemals erfüllt werden kann.

Fehlermeldung bei der Formeleingabe

Günstiger ist die Situation, wenn Sie die vorgeschriebene Schreibweise von Formeln nicht beachten. Wenn Sie z. B. einen Ausdruck mit einer öffnenden Klammer eingeben und dann die abschließende Klammer vergessen, schlägt Excel eine Korrektur mit einer schließenden Klammer vor. Sie können den Vorschlag annehmen oder ablehnen, falls eine Klammer an der falschen Stelle steht. Abbildung 3.62 zeigt ein kleines Beispiel:

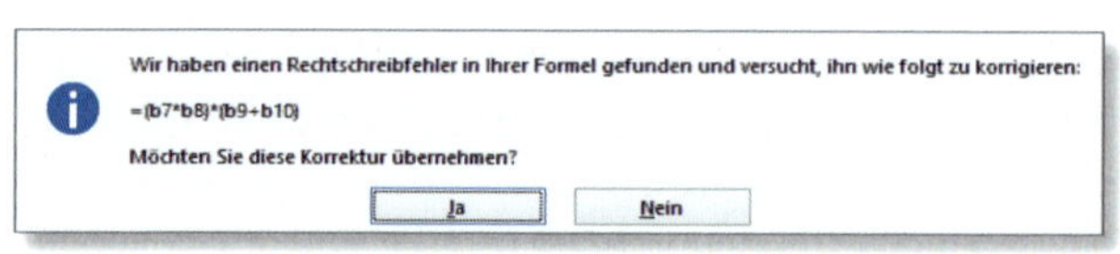

Abbildung 3.62 *Excel schlägt eine Korrektur zu einer fehlerhaften Formel vor.*

Wird der Korrekturvorschlag nicht angenommen, folgt eine ausführlichere Beschreibung des Fehlers.

Für einige immer wieder vorkommende Fehler bietet Excel solche Korrekturvorschläge an. Das gilt z. B., wenn Sie bei Zelladressen die Zeilennummer vor den Spaltenbuchstaben setzen und beispielsweise anstelle von B6 6B eingeben. Auch Leerzeichen an der falschen Stelle werden erkannt, z. B. zwischen Funktionsnamen und erster Klammer, ebenso fehlende Anführungszeichen oder Doppelpunkte an der falschen Stelle.

Zwar kann Excel in einfachen Fällen für fehlende Klammern brauchbare Korrekturvorschläge machen, nicht aber da, wo es mehrere Möglichkeiten gibt, die Klammer zu setzen. Um Ihnen bei der Suche nach der Stelle, an der eine Klammer fehlt oder zu viel ist, zu helfen, zeigt Excel zusammengehörende Klammerpaare vorübergehend in Fettschrift an, wenn Sie mit den Richtungstasten darüberstreichen.

Abbildung 3.63 *Zusammengehörende Klammern werden unterschiedlich eingefärbt.*

Wird eine öffnende Klammer nicht fett angezeigt, heißt das, es fehlt die schließende Klammer. Außerdem werden Klammerpaare unterschiedlich eingefärbt, wenn die Zelle zum Bearbeiten geöffnet ist.

Zellbezüge korrigieren

Bezieht sich ein Operand oder ein Argument in einer Formel auf einen falschen Zellbereich, können Sie dies mit der Maus korrigieren. Dabei hilft Excel mit unterschiedlichen Farben für die Rahmen der bezogenen Zellen.

Die Formel in E5 multipliziert den VKPreis mit dem Rabattsatz 1 von 70 %. Es soll aber der andere Rabattsatz 2 von 80 % verwendet werden.

1. Klicken oder tippen Sie die Zelle mit der Formel doppelt an.
2. Ziehen Sie den farbigen Rahmen um die Zelle mit den 70 % auf die Zelle mit den 80 %.

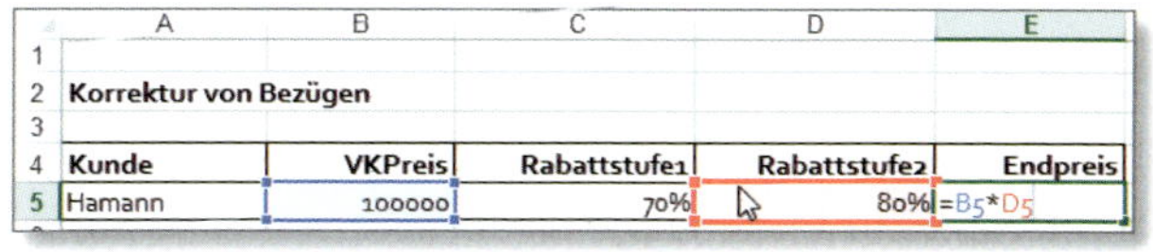

	A	B	C	D	E
1					
2	Korrektur von Bezügen				
3					
4	Kunde	VKPreis	Rabattstufe1	Rabattstufe2	Endpreis
5	Hamann	100000	70%	80%	=B5*D5

Abbildung 3.64 *Sie können einen Bezug mit der Maus verschieben.*

3. Beenden Sie die Korrektur mit [↵].

Bereichsbezüge korrigieren

In dem folgenden Beispiel ist eine Bereichsangabe für eine Summenfunktion nicht korrekt. Es sind nicht alle Zellen in den Bereich aufgenommen worden. Mit den folgenden Schritten können Sie diesen Fehler korrigieren.

1. Klicken Sie die Zelle mit der Summenformel doppelt an.
2. Setzen Sie den Mauszeiger genau auf die Markierung in der rechten unteren Ecke der farbigen Bereichsmarkierung, sodass er die Form eines Doppelpfeils annimmt.
3. Ziehen Sie das Kästchen so weit nach rechts, bis alle Zellen, die summiert werden sollen, eingeschlossen sind.

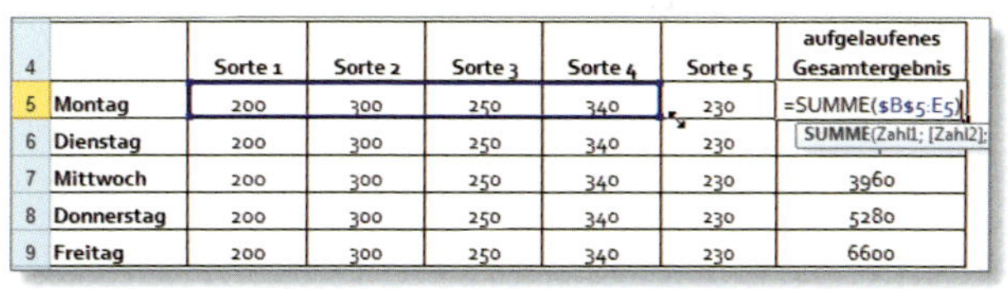

		Sorte 1	Sorte 2	Sorte 3	Sorte 4	Sorte 5	aufgelaufenes Gesamtergebnis
5	Montag	200	300	250	340	230	=SUMME($B$5:E5)
6	Dienstag	200	300	250	340	230	SUMME(Zahl1; [Zahl2];
7	Mittwoch	200	300	250	340	230	3960
8	Donnerstag	200	300	250	340	230	5280
9	Freitag	200	300	250	340	230	6600

Abbildung 3.65 *Einen Bereich mit der Maus korrigieren*

Auf dem Touchscreen können Sie ähnlich vorgehen. Tippen Sie die Zelle zum Ändern doppelt an. Die Zellen, auf die die Formel Bezug nimmt, werden in verschiedenen Farben eingerahmt, entsprechend der Textfarbe für die Argumente in der Formel. Mithilfe der Anfasser können Sie die Zellmarkierungen für Argumente mit falschen Bezügen korrigieren. Verschiebungen um eine Zelle lassen sich auch erreichen, wenn Sie den Zellrahmen an der entsprechenden Seite doppelt antippen.

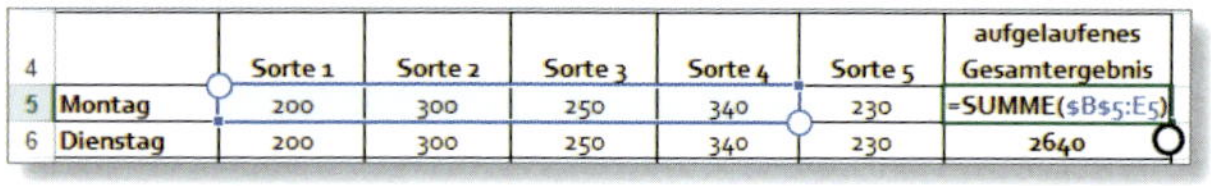

^ Abbildung 3.66 *Korrektur eines Bereichs durch Ziehen an den Anfassern*

Syntaxprüfung

Wenn Sie eine Formel eingeben, prüft Excel automatisch, ob die Formel von der Syntax her korrekt ist, bevor das Ergebnis in der Zelle akzeptiert wird. Ist z. B. bei der Funktion *LIA()* ein Argument vergessen worden, erscheint die Fehlermeldung, dass Argumente fehlen. Quittieren Sie die Meldung, verbleibt das Programm in der Bearbeitungsleiste und markiert die Stelle, wo der Fehler liegt.

^ Abbildung 3.67 *Hier fehlt offensichtlich ein Argument vor »Nutzungsdauer«.*

Durch die schon angesprochenen QuickInfos, die bei der Bearbeitung von Funktionen normalerweise eingeblendet werden, ist die Kontrolle über die Argumente der Funktion einfach. Wenn Sie den Mauszeiger auf ein Argument in einer Funktion setzen oder die Einfügestelle mit den Pfeiltasten bewegen, wird immer der Platzhalter in der QuickInfo angezeigt, dem das berührte Argument entspricht.

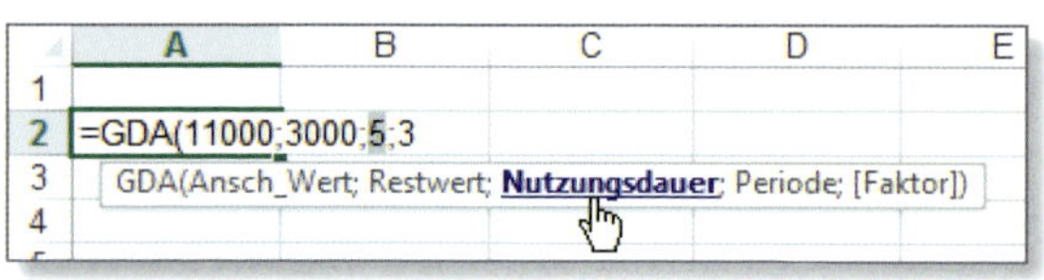

^ Abbildung 3.68 *Sie können die Argumente der Funktion einzeln über die Links in der QuickInfo ansteuern.*

Geben Sie irrtümlich ein Argument zu viel ein, erhalten Sie eine entsprechende Meldung, und Sie werden nicht wieder aus der Bearbeitungsleiste losgelassen, bis das überflüssige Argument entfernt ist.

Viele Fehler mit Funktionen lassen sich allerdings meist vermeiden, wenn Sie Funktionen mithilfe des Dialogfelds **Funktion einfügen** bearbeiten.

Die Syntaxprüfung überlisten

Trotz aller Hilfen kann es bei komplexen Formeln, insbesondere bei verschachtelten Funktionen, dazu kommen, dass Sie den Fehler im Augenblick partout nicht entdecken können. Da Excel Sie aber nicht aus der Bearbeitungsleiste freilässt, es sei denn, Sie drücken [Esc] und verlieren den gesamten Eintrag, sollten Sie Excel überlisten:

1 Gehen Sie mit [Pos1] an den Anfang des Eintrags.

2 Tippen Sie Leerzeichen ein. Dadurch wandeln Sie die Formel in einen Texteintrag um, der in der Zelle angezeigt wird.

3 Bestätigen Sie die Formel mit dem Symbol **Eingeben**.

Nun haben Sie die Chance für eine Denkpause oder Zeit zur Beratung mit einem hilfsbereiten Kollegen – das soll es ja geben. Wenn Sie die Lösung kennen, müssen Sie nur das Leerzeichen und den Fehler entfernen.

TIPP

Typische Syntaxfehler

- Der Funktionsname ist nicht korrekt geschrieben.
- Die Formel enthält ein Leerzeichen zwischen dem Funktionsnamen und der ersten Klammer.
- Ein logischer Ausdruck ist unvollständig: `=UND(B1>C1;>D1)` ist falsch, richtig ist `=UND(B1>C1;B1>D1)`.
- Die Anzahl der Argumente für eine Funktion stimmt nicht, es sind zu wenige oder zu viele Argumente.
- Ein Argumenttrennzeichen fehlt zwischen zwei Argumenten.
- Eine Klammer fehlt.

Fehlerhafte Werte finden

Excel kann neben den Syntaxfehlern auch Fehler finden, die mit den Werten bzw. Argumenten zu tun haben, mit denen die Formel arbeiten soll. Sind diese für die Formel nicht brauchbar, wird in der Zelle ein Fehlerwert ausgegeben. Excel gibt Ihnen gleich einen erläuternden Hinweis, wenn Sie den Mauszeiger auf die eingeblendete **Hinweis**-Schaltfläche rücken. In der Formel in Abbildung 3.69 wird z. B. ein nicht definierter Name verwendet.

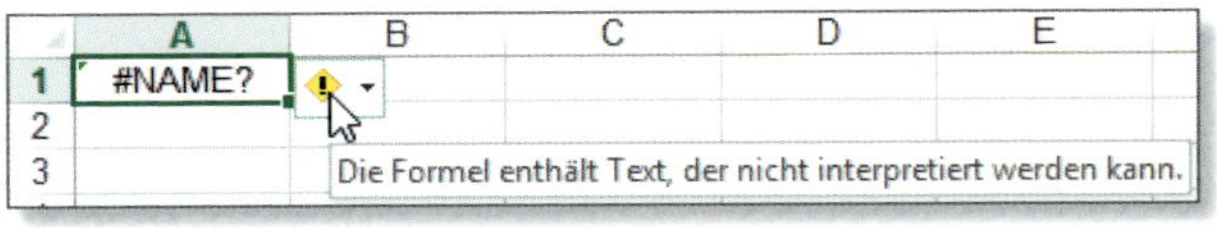

^ *Abbildung 3.69* *Hinweis zu dem Fehlerwert »#NAME?«*

In Tabelle 3.3 sind die Fehlerwerte und ihre Bedeutung zusammengestellt:

Fehlerwert	Bedeutung
#BEZUG!	Die Formel bezieht sich auf eine gelöschte Zelle. Erscheint auch bei externen Bezügen, wenn die externe Datei nicht auffindbar ist.
#DIV/0!	In der Formel wird versucht, durch null zu teilen.
#NV	Der erwartete Wert ist nicht vorhanden.
#NAME?	Der in der Formel verwendete Name ist bisher nicht definiert worden.
#NULL!	Versuch, die Schnittmenge zweier Bereiche mit dem Schnittmengenoperator (Leerzeichen) zu bestimmen, die sich nicht schneiden
#WERT!	Ein Argument oder Operand hat den falschen Datentyp.
#ZAHL!	Tritt auf, wenn ein Schätzwert in einer Funktion, die einen solchen Wert erwartet, unbrauchbar ist.

^ *Tabelle 3.3* *Die Fehlerwerte und ihre Bedeutung*

Fehlerprüfung im Hintergrund

Seit der Version 2002 gibt es in Excel eine automatische Fehlerüberprüfung, die – solange Sie es zulassen – im Hintergrund abläuft ❶ und die Sie über die Seite **Formeln** im Dialog **Excel-Optionen** steuern.

Unter **Regeln für die Fehlerüberprüfung** ❷ können Sie festlegen, in welchen Fällen die Fehlerüberprüfung den Fehlerindikator einblenden soll, dessen Farbe Sie über die Schaltfläche mit der Farbpalette ❸ ändern können (siehe Abbildung 3.70).

Die Überprüfung kann nicht nur auf Fehlerwerte in einer Zelle reagieren, sondern auch bei Formeln mit Eigenschaften warnen, die vermuten lassen, dass etwas nicht in Ordnung sein könnte. Das gilt z. B. für Summenformeln, die sich nicht auf alle Zellen im benachbarten Bereich beziehen.

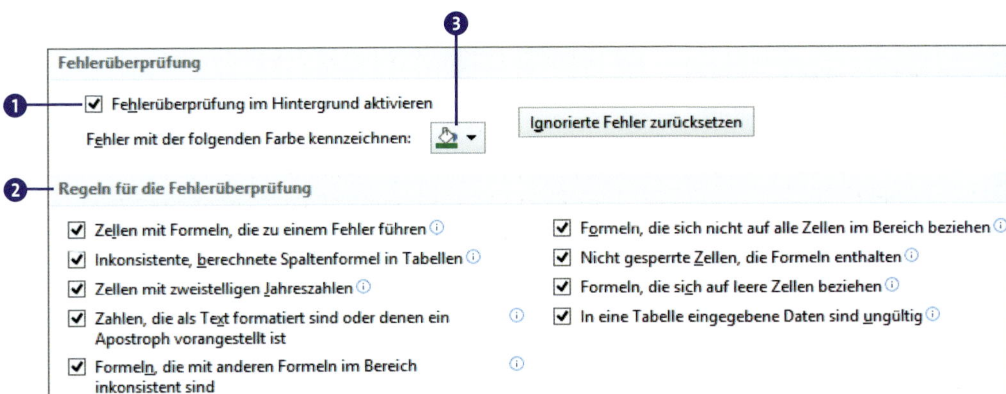

< *Abbildung 3.70* *Hier wählen Sie Einstellungen und Regeln für die Fehlerüberprüfung.*

Wählen Sie selbst, wie streng die Prüfung sein soll. Stimmen Sie die Kriterien auch auf Ihre Arbeitsweise ab. Wenn Sie z. B. immer zuerst die Formeln entwickeln, bevor Sie Werte eingeben, sollten Sie das Kriterium **Formeln, die sich auf leere Zellen beziehen** abwählen.

Solange die Fehlerüberprüfung im Hintergrund aktiviert ist, erscheinen bei einer Zelle, die einen Fehlerwert liefert oder eine der hier abgehakten Bedingungen erfüllt, kleine farbige Fehlerindikatoren. Wird die Zelle markiert, erscheint ein Fehlersymbol. Wird es vom Mauszeiger berührt, finden Sie einen Hinweis zum Fehler und über den Pfeil ein Menü für mögliche Reaktionen auf ihn.

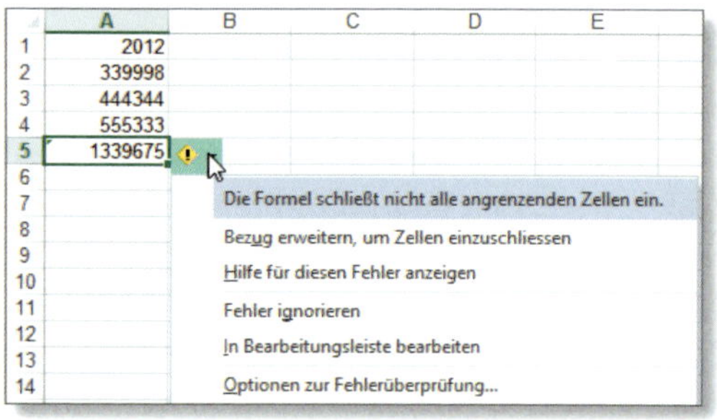

∧ ***Abbildung 3.71*** *In dem Menü zu einem Fehlerindikator wählen Sie, wie auf die Meldung reagiert werden soll.*

Die erste Zeile enthält immer eine kurze Problembeschreibung. Mit **Hilfe für diesen Fehler anzeigen** finden Sie Details zu dem monierten Tatbestand. Wenn möglich, wird eine Option angeboten, mit der der Fehler direkt korrigiert werden kann. In Abbildung 3.70 wird z. B. angeboten, den Bezug des Bereichs der Summenfunktion zu erweitern.

Das Beispiel in Abbildung 3.71 ist aber zugleich ein Fall von falschem Alarm. Die Warnung bezieht sich darauf, dass die Zelle mit der Jahreszahl nicht mit in den Summenbereich aufgenommen wird. Da Excel die Bedeutung der Zahl als Jahreszahl nicht automatisch erkennen kann, kommt es zur Warnung.

In diesem Fall können Sie mit der Option **Fehler ignorieren** den Fehlerhinweis abschalten. (Mit der Schaltfläche **Ignorierte Fehler zurücksetzen** unter **Fehlerüberprüfung** im Dialog **Excel-Optionen** lässt sich das auch wieder rückgängig machen.)

Wenn Sie das hier angesprochene Problem vermeiden wollen, sollten Sie die Zelle mit der Jahreszahl als Spaltenüberschrift mit einem benutzerdefinierten Datumsformat belegen, das nur die Jahreszahl anzeigt, also mit dem Formatcode *JJJJ*. In diesem Fall wird Excel den Bereich für eine Summenfunktion automatisch so bestimmen, dass die Jahreszahl ausgenommen wird.

Formeln überwachen

Für die Kontrolle von Formeln stellt Excel 2013 neben der automatischen Überprüfung im Hintergrund noch eine ganze Reihe von Werkzeugen zur Verfügung, die Sie alle auf dem Register **Formeln** in der Gruppe **Formelüberwachung** finden.

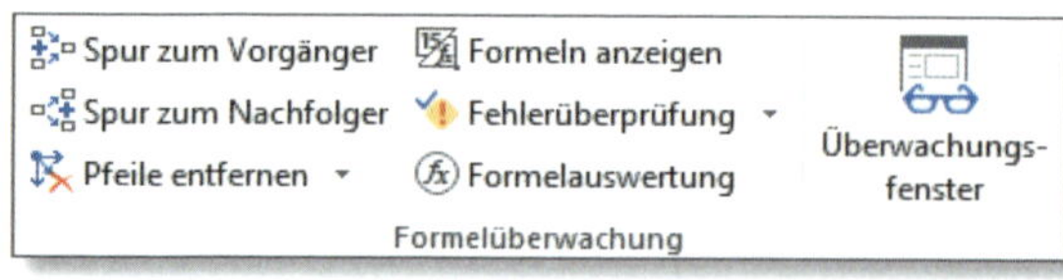

∧ ***Abbildung 3.72*** *Die Gruppe mit den Werkzeugen für die Überwachung von Formeln*

Formeln anzeigen

Wenn Sie die Korrektheit der Berechnungen in einem Tabellenblatt prüfen, ist es manchmal hilfreich, eine

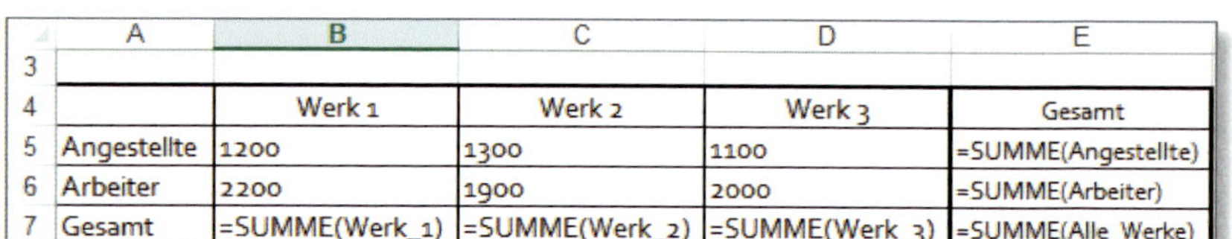

	A	B	C	D	E
3					
4		Werk 1	Werk 2	Werk 3	Gesamt
5	Angestellte	1200	1300	1100	=SUMME(Angestellte)
6	Arbeiter	2200	1900	2000	=SUMME(Arbeiter)
7	Gesamt	=SUMME(Werk_1)	=SUMME(Werk_2)	=SUMME(Werk_3)	=SUMME(Alle_Werke)

< ***Abbildung 3.73*** *Die Tabelle legt ihre Formeln offen.*

spezielle Ansicht des Blatts einzuschalten, die Sie mit der Schaltfläche **Formel anzeigen** erreichen. Alle Zellen im aktuellen Arbeitsblatt, die Formeln enthalten, zeigen dann nicht mehr ihren Wert, sondern eben diese Formeln an, wie in Abbildung 3.73 zu sehen ist. Außerdem werden alle Zellen auf das Standardformat zurückgesetzt.

Manuelle Fehlerüberprüfung

Über die Schaltfläche **Fehlerüberprüfung** können Sie jederzeit eine Prüfung des aktuellen Blatts starten, unabhängig davon, ob die Fehlerüberprüfung im Hintergrund aktiviert ist oder nicht. Der Dialog zeigt jeweils eine kurze Beschreibung des Fehlers und bietet Schaltflächen für das weitere Vorgehen an. In dem Beispiel in Abbildung 3.74 wird beispielsweise eine Summenformel moniert, die einen engeren Bereich hat als die anderen Formeln in der gleichen Spalte.

Das lässt sich mit der Schaltfläche **Formel von Oben kopieren** schnell bereinigen. Benutzen Sie dagegen die Schaltfläche **In der Bearbeitungsleiste bearbeiten**, bleibt das Dialogfeld weiter geöffnet. Wenn Sie die Korrektur vorgenommen haben, kann die Fehlerüberprüfung über die dann angebotene Schaltfläche **Fortsetzen** wieder aufgenommen werden.

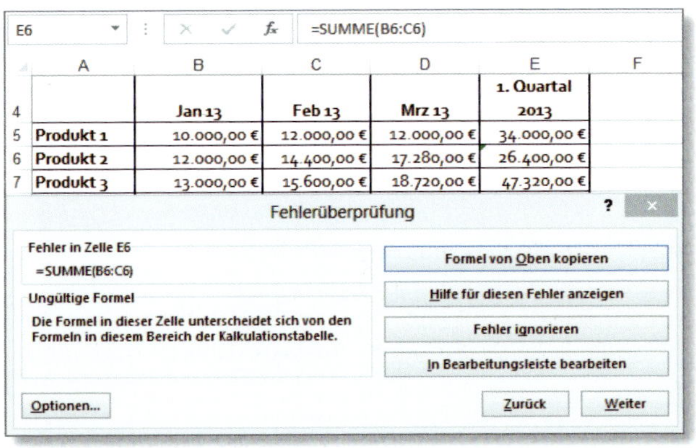

Abbildung 3.74 *Schrittweise Fehlerüberprüfung im Blatt*

Mit **Zurück** und **Weiter** lassen sich die Zellen mit Fehlerwerten oder Warnindikatoren einzeln ansteuern.

Spuren verfolgen

Wollen Sie prüfen, von welchen Zellen eine gerade ausgewählte Formel abhängig ist, benutzen Sie in der Gruppe **Formelüberwachung** das Symbol **Spur zum Vorgänger**. Excel macht die Verbindungen zwischen Zellen mit Pfeilen sichtbar. Das Pfeilende wird jeweils durch einen Punkt gekennzeichnet.

Hat der Vorgänger selbst noch einen Vorgänger, wiederholen Sie den Befehl für diesen Vorgänger. Sie können dieses Verfahren für mehrere Zellen ausführen. Es hilft aber nichts, einen Bereich von Zellen zu markieren, die Überwachung arbeitet immer nur für die aktive Zelle.

Wenn Sie eine Zelle mit einem Fehlerwert auswählen, können Sie in dem Menü der Schaltfläche **Fehlerüberprüfung** die Option **Spur zum Fehler** verwenden, um die Zellen zu finden, die für den Fehler verantwortlich sein können.

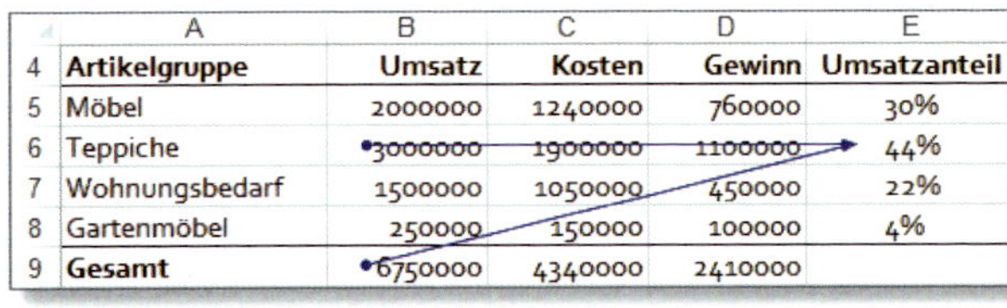

Abbildung 3.75 *Anzeige der Zellen, von denen die Formel in E6 abhängig ist*

Wollen Sie umgekehrt wissen, auf welche Zellen die markierte Zelle Einfluss hat, klicken Sie auf das Symbol **Spur zum Nachfolger**.

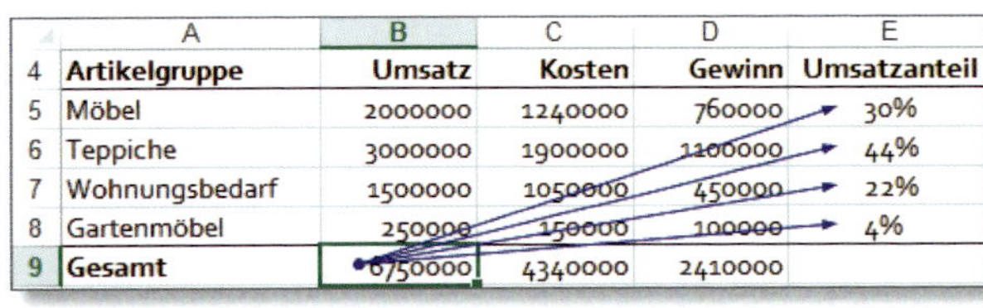

Abbildung 3.76 *Anzeige der Zellen, die von B9 beeinflusst werden*

Etwas anders sieht es aus, wenn eine Spur in ein anderes Tabellenblatt oder in eine andere Arbeitsmappe führt. (Die zweite Alternative ist nur möglich, wenn diese Mappe ebenfalls geöffnet ist.) In beiden Fällen wird ein Pfeil zu oder von einem kleinen Tabellenmuster angezeigt. Wird der Pfeil doppelt angeklickt oder angetippt, erscheint das Dialogfeld **Gehe zu** mit der Adresse der Nachfolger- bzw. Vorgängerzelle. Ein Doppelklick oder -tipp auf diese Adresse führt zu der entsprechenden Zelle.

Werden die Spurpfeile nicht mehr benötigt, entfernen Sie diese über die Schaltfläche **Pfeile entfernen** in der Gruppe **Formelüberwachung**. Anstatt alle Pfeile gleichzeitig zu entfernen, können Sie die beiden Spurtypen auch getrennt über das Menü der Schaltfläche löschen.

Werte im Überwachungsfenster beobachten

Bei komplexen Kalkulationsmodellen ist es manchmal notwendig, die Entwicklung bestimmter Werte im Auge zu behalten. Dafür gibt es ein Überwachungsfenster, in dem Sie gezielt die Entwicklung der Werte ausgewählter Zellen in einem oder auch in mehreren Tabellenblättern verfolgen können. Das geht so:

1. Sie blenden das Fenster über die Schaltfläche **Formeln > Formelüberwachung > Überwachungsfenster** ❶ ein.
2. Markieren Sie in dem jeweiligen Tabellenblatt die Zelle, deren Wertentwicklung Sie beobachten wollen.
3. Benutzen Sie im Überwachungsfenster die Schaltfläche **Überwachung hinzufügen** ❷, und bestätigen Sie in dem kleinen Dialog die angezeigte Adresse mit **Hinzufügen** ❸.

Abbildung 3.77 zeigt ein Beispiel, in dem die Werte mehrerer Zellen überwacht werden.

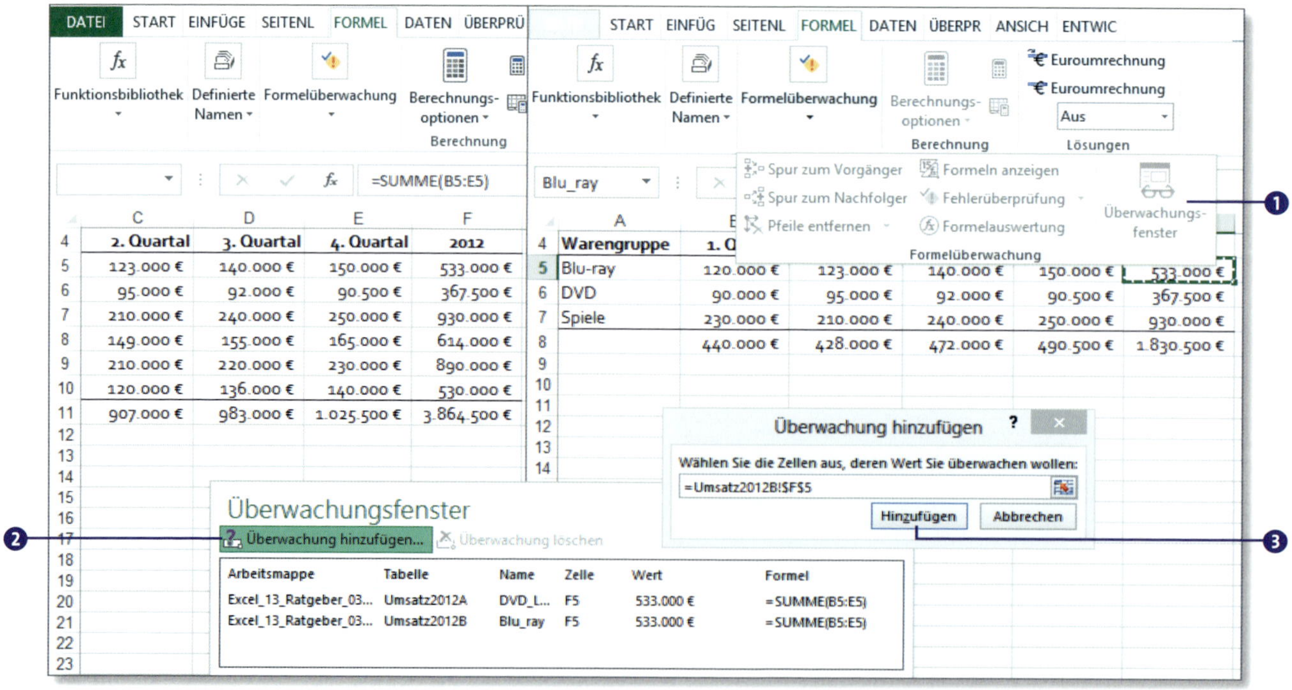

Abbildung 3.77 *Im Überwachungsfenster sind bereits zwei Werte aus verschiedenen Blättern unter Beobachtung gestellt. Angezeigt werden die Adresse, der Name – wenn vergeben –, der Wert und die Formel.*

Jede Änderung von Werten wird anschließend sofort in diesem Fenster angezeigt. Das ist insbesondere dann vorteilhaft, wenn Sie Zellen überprüfen, die im Arbeitsblatt selbst weit auseinanderliegen oder sich auf verschiedenen Blättern befinden. Ein Doppelklick oder -tipp auf einen Listeneintrag markiert immer sofort die betreffende Zelle.

Das Überwachungsfenster ist frei positionierbar wie ein Aufgabenbereich. Sie können es aber auch rechts oder links vom Tabellenblatt andocken oder auch über oder unter das Tabellenblatt ziehen.

Formeln schrittweise prüfen

Angenommen, Sie haben eine komplizierte Formel eingegeben und bekommen auch keine Fehlermeldung angezeigt, aber das Ergebnis kann trotzdem nicht stimmen. Wie ist der Fehler zu finden?

Eine Möglichkeit, den Fehler einzukreisen, besteht darin, sich für einzelne Teile der Formel jeweils das Ergebnis anzeigen zu lassen. Markieren Sie den betreffenden Teil der Formel, und drücken Sie dann F9. Excel zeigt das Ergebnis für diesen Teil der Formel an. Benutzen Sie Esc, um die Formel wieder in den alten Zustand zu versetzen.

Als Alternative zu diesem vielleicht etwas umständlichen Verfahren gibt es in Excel eine schrittweise Formelberechnung, bei der die einzelnen Unterausdrücke, aus denen sich ein komplexer Formelausdruck zusammensetzt, nacheinander berechnet werden.

Dieses Verfahren können Sie nicht nur nutzen, um einen Fehler zu finden, sondern auch, um die Funktionsweise einer komplexen Formel zu verstehen, die beispielsweise jemand anders entwickelt hat. Das Verfahren wollen wir am Beispiel einer verschachtelten *WENN()*-Funktion demonstrieren.

1 Markieren Sie die Zelle, deren Formel Sie schrittweise berechnen wollen.

2 Benutzen Sie den Befehl **Formelauswertung**, den Sie über **Formeln > Formelüberwachung** erreichen.

3 Im Dialog wird die vorher markierte Formel zunächst unverändert angezeigt, nur das erste Argument ❹ ist unterstrichen.

4 Mit der Schaltfläche **Auswerten** lassen Sie diesen unterstrichenen Teil der Formel berechnen. In diesem Fall wird nur die Zelladresse B4 durch den dort abgelegten Wert ersetzt. Dieser Wert wird anschließend kursiv dargestellt, um anzuzeigen, dass dieser Rechenschritt schon erledigt ist.

5 Wenn Sie erneut **Auswerten** benutzen, wertet Excel den logischen Ausdruck aus, da ja jetzt der Wert von B4 vorliegt. Das Ergebnis ist der logische Wert *WAHR*.

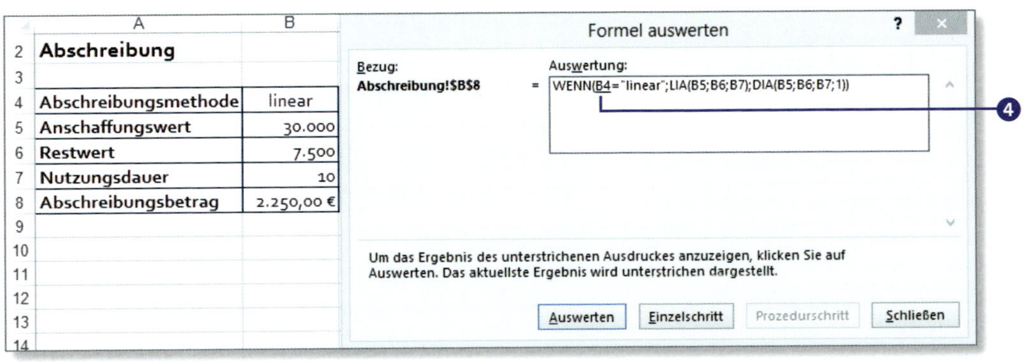

Abbildung 3.78 Komplexe Formeln können Sie schrittweise auswerten, um Fehler zu finden oder um die Rechenmethode zu prüfen.

6 Sie benutzen so lange die Schaltfläche **Auswerten**, bis das Gesamtergebnis der Formel vorliegt. Dann wird die Schaltfläche **Neu starten** angeboten, sodass Sie das Ganze notfalls noch einmal wiederholen können.

Mit **Einzelschritt** erhalten Sie immer den Wert der gerade unterstrichenen Stelle, **Prozedurschritt** setzt diesen Wert in die Formel ein.

Die Formel in der Zelle bleibt bei dieser Prüfung im Unterschied zu dem Verfahren mit F9 unverändert, wenn Sie das Dialogfeld mit **Schließen** wieder verlassen.

Zirkuläre Formeln finden

Unterstützt werden Sie von Excel auch, wenn eine Formel zirkulär ist. Hier ein einfaches Beispiel. In der Zelle B10 ist folgende Funktion eingetragen: `=SUMME(B5:B10)`.

Die Zelle B10, die die Summe anzeigen soll, gehört selbst zu der Kolonne, die summiert wird. Wenn Sie versuchen, die Summenformel zu bestätigen, erhalten Sie eine Warnung, dass ein Zirkelbezug vorliegt.

In der Statusleiste wird die Zelle angezeigt, die den Zirkelbezug verursacht. Die Zelle, die die zirkuläre Formel enthält, wird auf den Wert 0 gesetzt. Auf den Umgang mit zirkulären Formeln wird im Abschnitt »Zirkelbezüge« ab Seite 249 noch näher eingegangen.

3.8 Tabellen mit Formeln verknüpfen

Eine Formel kann sich nicht nur auf Zellen im selben Tabellenblatt oder auf ein anderes Tabellenblatt in der Arbeitsmappe beziehen. Auch Bezüge auf Werte in anderen Arbeitsmappen sind möglich.

Schreibweise externer Bezüge

Einen Bezug auf Zellbereiche in einer anderen Datei können Sie dadurch herstellen, dass den üblichen Adressen mit dem Blattnamen und den Spalten- und Zeilenangaben der Name der anderen Datei vorgesetzt wird. Dieser Name muss, um ihn von einem Blattnamen zu unterscheiden, in eckige Klammern gesetzt werden. Der Blattname wiederum ist durch ein Ausrufezeichen von dem restlichen Teil des Bezugs getrennt.

Die Schreibweise bei Bereichen ist vereinfacht, der Dateiname und der Blattname müssen nur einmal eingegeben werden.

```
=SUMME([QUELL.xlsx]Tabelle1!$G$10:$G$20)
```

ist eine gültige Summenformel. Liegt die Quellarbeitsmappe in einem anderen Ordner oder sogar auf einem anderen Laufwerk, müssen die Laufwerksbezeichnung und der Ordnername ebenfalls angegeben werden:

```
=SUMME('D:\EXTAB\[QUELL.xlsx]
Tabelle1'!$G$10:$G$20)
```

Einfacher ist die Formeleingabe auch im Fall der Verknüpfung von Dateien, wenn Sie mit benannten Bereichen arbeiten. Sobald Sie bei der Formeleingabe die andere Arbeitsmappe aktiviert haben, können Sie dort das Namenfeld oder F3 benutzen, um den entsprechenden Namen einzufügen.

> **HINWEIS**
>
> **Interne & externe Verknüpfungen**
> Die Notwendigkeit, externe Bezüge zu verwenden, ist durch die Möglichkeit, mit umfangreichen Arbeitsmappen zu arbeiten, sicher geringer geworden. In vielen Fällen können Sie die Tabellen, die sich über Formeln aufeinander beziehen, gleich in einer Arbeitsmappe zusammenfassen.
>
> Sie sollten diesen Weg in der Regel vorziehen, weil innerhalb der Arbeitsmappe die Kontrolle über die korrekte Arbeit der Formeln einfacher ist.

Einsatz verknüpfter Arbeitsmappen

Dennoch kann es immer wieder Situationen geben, in denen es sinnvoll ist, sich in Formeln auf Werte aus anderen Arbeitsmappen zu beziehen. Das gilt insbesondere dann, wenn Sie bestimmte Konstanten in ganz verschiedenen Arbeitsmappen benötigen.

Beispiel Wechselkurse

Ein praktisches Beispiel ist eine Tabelle, in der Sie verschiedene Wechselkurse notieren. Auf diese Tabelle können sich Arbeitsmappen beziehen, die aufgrund dieser Kurse Preisberechnungen anstellen. Die Ergebnisse ihrer Formeln sind dann von den Änderungen in der Quellarbeitsmappe abhängig.

Abbildung 3.79 zeigt einen kleinen Auszug aus einer Wechselkurstabelle und ein Beispiel für eine Preiskalkulation, die sich auf diese Quelldaten bezieht.

Einfache externe Bezüge, wie in diesem Beispiel, wo Sie nur Werte von Zellen an eine andere Mappe weiterreichen, können Sie am einfachsten durch Kopieren über die Zwischenablage erzeugen.

1 Es ist sinnvoll, zunächst die Arbeitsmappe mit der Kurstabelle anzulegen und diese abzuspeichern, sodass sie ihren endgültigen Namen erhält. Das ist wichtig, damit dieser endgültige Name bei der Verknüpfung verwendet werden kann.

2 Öffnen Sie sowohl die Kurstabelle als auch die abhängige Arbeitsmappe mit den Preislisten.

3 Markieren Sie in der Kurstabelle für jede Währung die Zelle mit dem Devisenkurs. Übertragen Sie den aktuellen Kurs mit **Kopieren** oder `Strg` + `C` in die Zwischenablage.

4 Wechseln Sie in die Arbeitsmappe mit der Preisliste, und markieren Sie dort die Zelle, die den Kurswert übernehmen soll.

5 Verwenden Sie aus dem Menü der Schaltfläche **Einfügen** den Befehl **Verknüpfung einfügen**.

6 Wiederholen Sie die letzten Schritte für die anderen Währungen.

7 Speichern Sie die Preisliste, um die Verknüpfungen endgültig einzurichten.

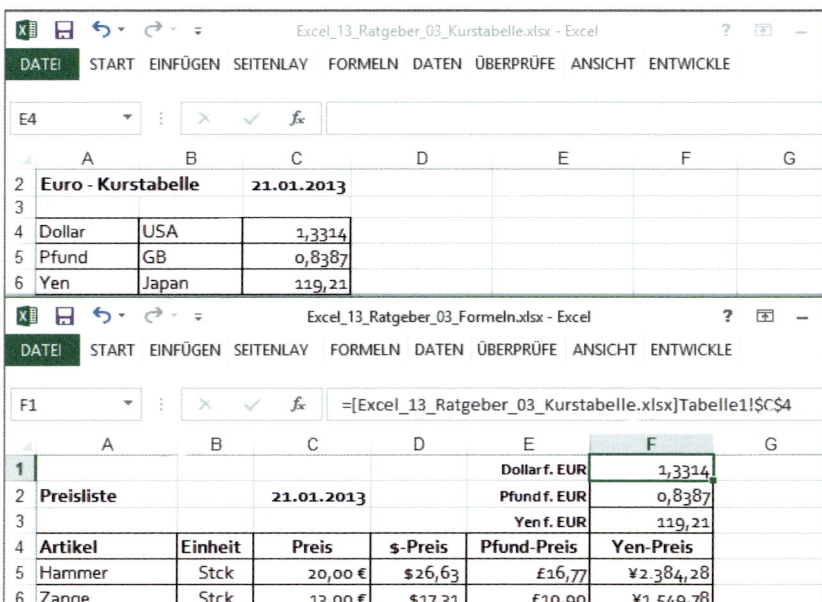

< ***Abbildung 3.79*** *Verknüpfung zweier Arbeitsmappen*

Wenn Sie eine der Zellen, die Daten von außen erhalten, auswählen, zeigt die Bearbeitungsleiste die komplette Adresse mit dem Bezug auf die Datenquelle. In dieser Weise können Sie auch zu mehreren Quelldateien gleichzeitig Verknüpfungen mit der aktuellen Arbeitsmappe aufbauen.

Verknüpfungen aktualisieren

Sobald eine abhängige Arbeitsmappe mit den Verknüpfungsformeln abgespeichert ist, besteht eine feste Verbindung zur Quellarbeitsmappe. Wenn in der Quellarbeitsmappe eine Position geändert wird, sollte sich normalerweise auch der Wert in der abhängigen Arbeitsmappe ändern. Wenn beide Mappen gleichzeitig geöffnet sind, geschieht dies sofort und automatisch.

Im anderen Fall kann die Anpassung erst geschehen, wenn die abhängige Arbeitsmappe erneut geöffnet wird oder wenn die Anpassung später manuell vorgenommen wird. Was genau passiert, hängt allerdings von Einstellungen ab, auf die Sie Einfluss haben.

Wenn Sie das erste Mal eine abhängige Arbeitsmappe öffnen, erscheint unter dem Menüband eine Sicherheitswarnung mit dem Hinweis darauf, dass die automatische Aktualisierung deaktiviert wurde. Die Schaltfläche **Inhalt aktivieren** schaltet die Aktualisierung für die Zukunft frei.

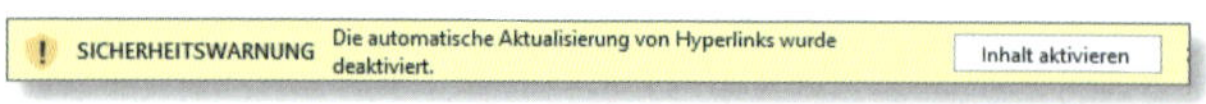

Abbildung 3.80 *Die Sicherheitswarnung beim ersten Öffnen einer Arbeitsmappe, die Verknüpfungen zu einer anderen Arbeitsmappe enthält*

Über **Datei > Informationen** wird eine gleichnamige Schaltfläche ebenfalls angeboten. Das Menü der Schaltfläche erlaubt Ihnen zwei unterschiedliche Vorgehensweisen:

- **Alle Inhalte aktivieren** schaltet die Aktualisierung generell frei und erklärt die Quellarbeitsmappe zu einem *vertrauenswürdigen Dokument*. Excel prüft beim Öffnen jeder Datei, ob sie diesen Status hat. Eine entsprechende Liste wird von Excel benutzerbezogen verwaltet. Dieses Thema wird in Kapitel 24, »Datenschutz und Datensicherheit«, ab Seite 783 wieder aufgegriffen.
- **Erweiterte Optionen** erlaubt Ihnen, die Übernahme der externen Inhalte auf die aktuelle Sitzung einzuschränken. Dies geschieht mit der Option **Inhalt für diese Sitzung aktivieren**.

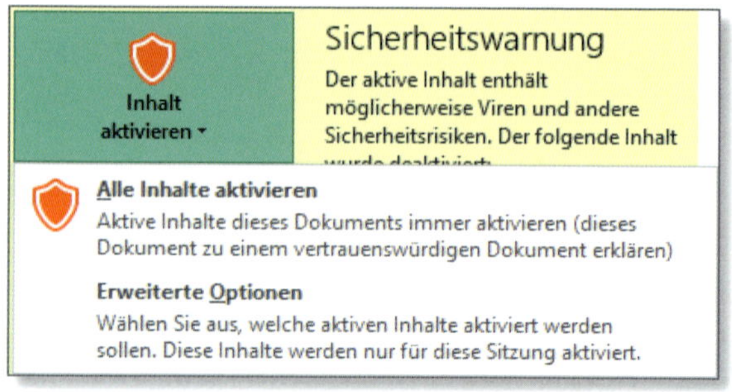

Abbildung 3.81 *Sicherheitswarnung zu einer Verknüpfung in der Backstage-Ansicht*

Wird die abhängige Tabelle später erneut geöffnet, erscheint als Vorgabe trotzdem die Abfrage, ob die aktuellen Daten aus der Datenquelle in dieser Sitzung übernommen werden sollen.

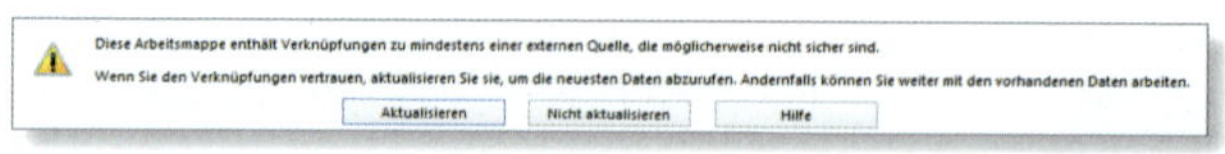

Abbildung 3.82 *Beim Öffnen entscheiden Sie, ob die Daten aktualisiert werden sollen.*

Diese Frage sollten Sie mit **Aktualisieren** beantworten, wenn die abhängige Mappe die Änderungen aus der Quellarbeitsmappe übernehmen soll. Wenn Sie dagegen **Nicht aktualisieren** wählen, arbeiten Sie weiter mit den bisherigen Daten der abhängigen Arbeitsmappe. Sie können sich also je nach Situation mal so und mal anders entscheiden.

Verknüpfungen bearbeiten

Wenn Sie nicht schon beim Öffnen einer abhängigen Arbeitsmappe die neuesten Daten aus der Quellarbeitsmappe übernehmen, können Sie dies später manuell nachholen. Den Dialog, über den Sie alle Dinge, die die Verknüpfung betreffen, regeln können, öffnen Sie mit dem Befehl **Verknüpfungen bearbeiten**. Sie finden ihn auf dem Register **Daten** in der Gruppe **Verbindungen**. In dem Listenfeld werden alle Verknüpfungen der Datei einzeln aufgeführt.

Die Schaltfläche **Werte aktualisieren** sorgt für die Übernahme der aktuellen Werte aus der Quelldatei.

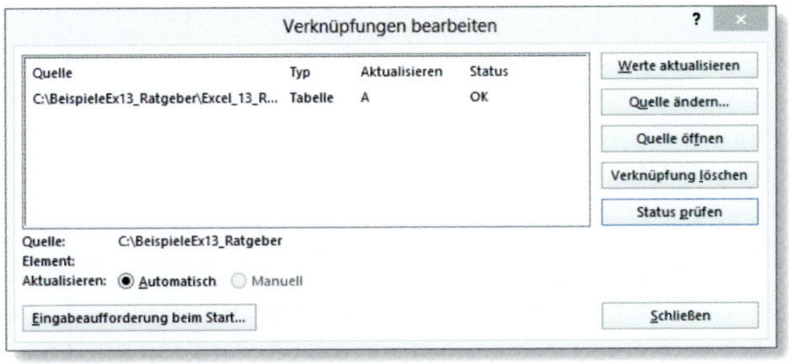

^ *Abbildung 3.83* *In diesem Dialog werden die Verknüpfungen verwaltet und bearbeitet.*

Es kommt vor, dass eine bestehende Verbindung abreißt. Beim Versuch, die abhängige Datei zu öffnen, erhalten Sie unter Umständen den Hinweis, dass die Datei nicht gefunden wurde.

Wenn die Quelldatei umbenannt oder verschoben worden ist, hilft die Schaltfläche **Quelle ändern** mit dem Dialogfeld **Quelle ändern**. Sie geben dort einfach den neuen Pfad zur Quelldatei ein. Die Bezugsformeln werden entsprechend angepasst, und die Verknüpfung funktioniert wieder. Wurde die Quelldatei allerdings gelöscht, muss sie erst wiederhergestellt werden.

Wenn beim Öffnen nicht alle Verknüpfungen aktualisiert werden können, werden Ihnen zwei Schaltflächen für das weitere Vorgehen angeboten: Mit **Weiter** ignorieren Sie die Verknüpfung für die aktuelle Sitzung. Mit **Verknüpfungen bearbeiten** öffnen Sie das gleichnamige Dialogfeld.

Die Schaltfläche **Quelle öffnen** lädt die Quelldatei, falls sie nicht bereits geöffnet ist, sodass Sie diese bearbeiten können. Mit der Schaltfläche **Status prüfen** checken Sie den Status jeder im Listenfeld ausgewählten Verknüpfung, auch ohne die Quelldateien zu öffnen.

Wenn Sie eine Verknüpfung nicht mehr benötigen, benutzen Sie die Schaltfläche **Verknüpfung löschen**. Sie erhalten einen Hinweis, dass dabei die Verknüpfungsformeln in der abhängigen Arbeitsmappe in ihren aktuellen Wert umgewandelt werden. Wenn Sie dies bestätigen, können Sie anschließend mit diesen Werten weiterarbeiten.

Wie sich Excel verhält, wenn Sie eine abhängige Datei öffnen, die Quelldatei aber nicht geöffnet ist, können Sie über die Schaltfläche **Eingabeaufforderung beim Start...** festlegen. Vorgabe ist die erste Option **Benutzer entscheidet, ob eine Warnung angezeigt wird**. Diese Einstellung sorgt dafür, dass die in Abbildung 3.81 gezeigte Abfrage beim Öffnen der Datei vorgeschaltet wird.

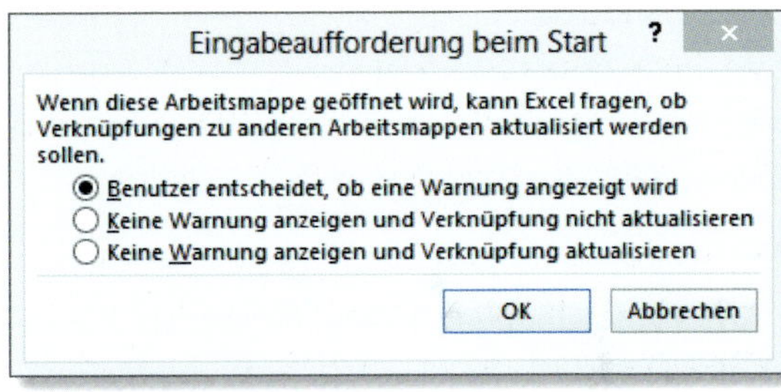

^ *Abbildung 3.84* *Optionen zu verknüpften Dateien*

Wenn Sie dagegen sicher sind, dass Sie die aktuellen Quelldaten immer übernehmen wollen, können Sie hier die dritte Option **Keine Warnung anzeigen und Verknüpfung aktualisieren** wählen. Soll grundsätzlich nur eine manuelle Aktualisierung durchgeführt werden, wählen Sie die Option **Keine Warnung anzeigen und Verknüpfung nicht aktualisieren**.

3.9 Die Neuberechnung kontrollieren

Normalerweise berechnet Excel 2013 unaufgefordert alle Formeln neu durch, die von der Neueingabe oder Änderung von Werten oder Formeln oder von neuen

Namensfestlegungen betroffen sind. Die Berechnung läuft im Hintergrund ab. Falls Sie in dieser Zeit gerade Daten eingeben oder bestimmte Befehle ausführen, wird die Berechnung vorübergehend unterbrochen und anschließend wieder fortgesetzt. Auch beim Öffnen einer Arbeitsmappe findet immer eine Neuberechnung statt, ganz unabhängig davon, welche Berechnungsoptionen Sie ansonsten gewählt haben.

Berechnungsoptionen

Alle Optionen, die die Berechnungsmethode von Excel 2013 beeinflussen, sind auf der Seite **Formeln** unter **Berechnungsoptionen** zusammengestellt, die der Befehl **Datei > Optionen** anbietet.

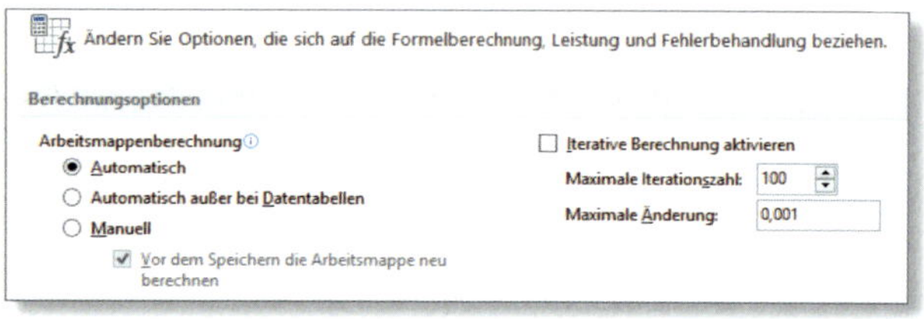

Abbildung 3.85 *Excel kennt verschiedene Optionen, wie die Neuberechnung vorgenommen werden soll.*

Unter **Arbeitsmappenberechnung** haben Sie hauptsächlich die Wahl zwischen **Automatisch** und **Manuell**. Diese Einstellung gilt immer so lange, bis sie geändert wird, für die gesamte Sitzung, also nicht nur für eine bestimmte Arbeitsmappe oder ein einzelnes Blatt.

Die automatische Neuberechnung ist in Excel 2013 zwar auf die Zellen beschränkt, die von einer Datenänderung berührt werden, dennoch kann es bei sehr großen Arbeitsmappen manchmal praktisch sein, die automatische Neuberechnung auszuschalten, damit nicht bei jeder eingegebenen Zahl nachgerechnet wird. Das gilt hauptsächlich für Fälle, in denen sehr komplexe Formeln eine Menge Rechenarbeit erfordern.

Die Option **Automatisch außer bei Datentabellen** ist dazu gedacht, umfangreiche Datentabellen aus der automatischen Berechnung herauszunehmen. Gemeint sind hier aber nur die *Datentabelle* genannten Kalkulationsmodelle, die Sie mit dem Befehl **Datentabelle** aus der Gruppe **Datentools** auf dem Register **Daten** anlegen. Dieses Thema wird in Kapitel 17, »Daten analysieren«, ab Seite 682 noch im Detail behandelt.

Eine manuelle Neuberechnung schalten Sie mit der Option **Manuell** ein. Dabei wird das Kontrollkästchen **Vor dem Speichern die Arbeitsmappe neu berechnen** automatisch aktiviert. Es gibt auch meist keinen Grund, daran etwas zu ändern, weil damit wenigstens garantiert ist, dass die Datei immer vollständig durchgerechnet ist, wenn sie abgespeichert wird. Wenn Sie allerdings an einer großen Arbeitsmappe arbeiten und häufiger zwischendurch abspeichern, kann es doch angenehmer sein, das Kontrollkästchen leer zu lassen.

Für den schnellen Wechsel zwischen den Berechnungsverfahren können Sie auch das Menü der Schaltfläche **Berechnungsoptionen** in der Gruppe **Formeln > Berechnung** benutzen.

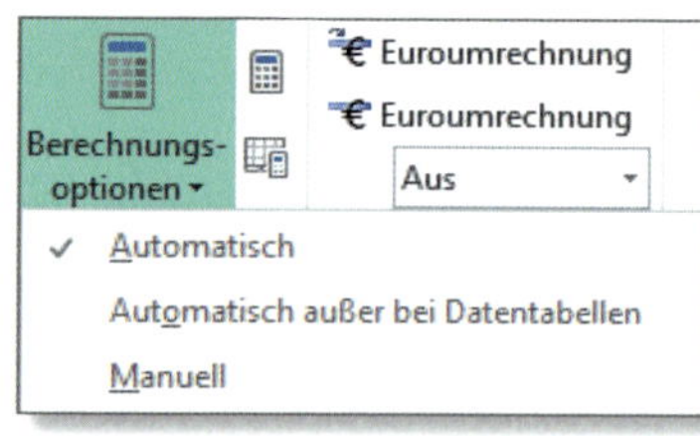

Abbildung 3.86 *Über das Menüband lassen sich die Berechnungsoptionen direkt ändern.*

Alle Berechnungsoptionen gelten übrigens immer für alle gerade geöffneten Arbeitsmappen. Excel speichert zwar die gewählte Option mit der Mappe, nutzt aber aktuell immer die Einstellung der zuletzt geöffneten Mappe. Wenn Sie also gewährleisten wollen, dass bestimmte Mappen manuell berechnet werden, sollten Sie diese immer separat öffnen.

Ist die manuelle Neuberechnung eingeschaltet, werden zwar neue Formeln einmal durchgerechnet, bei Änderungen der Werte, die in eine Formel einfließen, bleiben die alten Werte aber zunächst unverändert. Die Neuberechnung muss also nachgeholt werden. In den gerade offenen Arbeitsmappen geschieht dies mit F9 oder mit dem Symbol **Neu berechnen** in der Gruppe **Formeln > Berechnung**. Soll nur das aktive Arbeitsblatt neu berechnet werden, kann auch die Schaltfläche **Blatt berechnen** benutzt oder die Tastenkombination ⇧ + F9 gedrückt werden.

^ ***Abbildung 3.87*** *Hinweis auf eine ausstehende Neuberechnung in der Statuszeile*

Sobald in der Arbeitsmappe ein Wert eingegeben wird, der eine Formel betrifft, erscheint in der Statusleiste die Aufforderung **Berechnen**. Klick oder Tipp auf diese Schaltfläche startet ebenfalls die Neuberechnung.

TIPP

Berechnung aktualisieren
Insbesondere vor dem Drucken einer Tabelle oder der Anzeige einer Grafik sollten Sie darauf achten, dass das Blatt vorher durchgerechnet wird, weil Sie sonst ja eventuell falsche Ergebnisse zu Papier bringen.

Zirkelbezüge

Von Zirkelbezügen wird in Excel gesprochen, wenn z. B. in einer Formel in der Zelle C7 ein Operand oder ein Argument C7 auftaucht. Die Formel bezieht sich also in diesem Fall auf sich selbst, die Berechnung läuft sozusagen im Kreis.

Solche Zirkelbezüge können irrtümlich – durch die Markierung der falschen Zelle – entstehen. Dann sind sie natürlich unerwünscht. Excel liefert eine entsprechende Fehlermeldung. In der Statusleiste wird unter **Zirkelbezüge** die Zelle angegeben, die den Zirkelbezug enthält. Der Wert der Zelle wird erst einmal auf null gesetzt.

^ ***Abbildung 3.88*** *Hinweis auf die Zelle, die den Zirkelbezug enthält*

Sobald Sie die entsprechende Formel korrigieren, wird der Hinweis wieder ausgeblendet.

Iterative Berechnungen

Ein spezieller Fall von Zirkelbezügen sind iterative Berechnungen. Dabei geht es um wiederholte Berechnungen, die Sie absichtlich einsetzen, um bestimmte Berechnungsprobleme zu lösen. Das gilt z. B. für Gleichungen, bei denen nur Näherungswerte errechnet werden können.

Optimierungen mit dem Solver, wie sie in Kapitel 18, »Kalkulationsmodelle optimieren«, ab Seite 701 beschrieben werden, arbeiten häufig mit solchen iterativen Verfahren. Dabei wird angenommen, dass durch Wiederholung der Berechnung allmählich eine Annäherung an einen Wert erfolgt, der sich auch bei erneuter Neuberechnung nicht mehr oder nicht mehr wesentlich verändert.

Beispiel Kostenstellenrechnung

Abbildung 3.89 zeigt ein einfaches Beispiel aus der Kostenstellenrechnung.

In der betrieblichen Kostenstellenrechnung kann es zu einer wechselseitigen Entlastung der verschiedenen Vorkostenstellen kommen. Die Vorkostenstelle A übernimmt beispielsweise einen Prozentsatz der Kosten der Vorkostenstelle B, während umgekehrt die Vorkostenstelle B einen bestimmten Prozentsatz der Vorkostenstelle A übernimmt. Dies wird als *ständige Umlage* bezeichnet.

In Abbildung 3.89 ist die schrittweise Berechnung dieser ständigen Umlage an einem kleinen Beispiel demonstriert. Die etwas mühsame Hilfsrechnung von Umlage zu Umlage, bis nichts mehr umzulegen ist, kann ersetzt werden durch zwei Formeln, die Zirkelbezüge verwenden. Die Formel in D13 lautet `=D6+(5%*F13)`, während die Formel in `F13` `=F6+(20%*D13)` heißt. Das entspricht den Gleichungen:

	A	B	C	D	E	F
1	**Iterative Berechnung: Beispiel Kostenrechnung**					
2						
3			Vorkostenstelle A		Vorkostenstelle B	
4			Umlage		Umlage	
5			von Kstst. B		von Kstst. A	
6	**Primäre Kosten**			2000		4000
7	Umlage 1 von A				20	400
8		B	5	200		
9	Umlage 2 von A				20	40
10		B	5	200		
11	Umlage 3 von A				20	4
12		B	5	2		
13	**Primäre und sekundäre Kosten**			2222		4444
14						
15				=D6+(5%*F13)		=F6+(20%*D13)
16						
17	Vorkostenstelle B übernimmt jeweils 20% der Kosten von Vorkostenstelle A					
18	Vorkostenstelle A übernimmt jeweils 5 % von Vorkostenstelle B					

< ***Abbildung 3.89*** *Beispiel für eine Umlageberechnung, die mit Iterationen arbeitet*

```
D13=D6+(5%*(F6+(20%*D13)))
F13=F6+(20%*(D6+(5%*F13)))
```

wobei D13 und F13 jeweils auf beiden Seiten des Gleichheitszeichens auftauchen. Die Formeln in den Zellen D13 und F13 beziehen sich also gewissermaßen auf sich selbst, denn D13 bezieht sich auf F13, die sich aber wiederum auf D13 bezieht. Für F13 gilt das Gleiche.

Einstellungen zur Iteration

Wenn Sie in einer Tabelle iterative Berechnungen zulassen wollen, haken Sie im Dialog **Excel-Optionen** auf dem Register **Formeln** unter **Berechnungsoptionen** das Kontrollkästchen **Iterative Berechnung aktivieren** ab. Damit unterbinden Sie auch die sonst bei Zirkelbezügen auftretenden Fehlerhinweise.

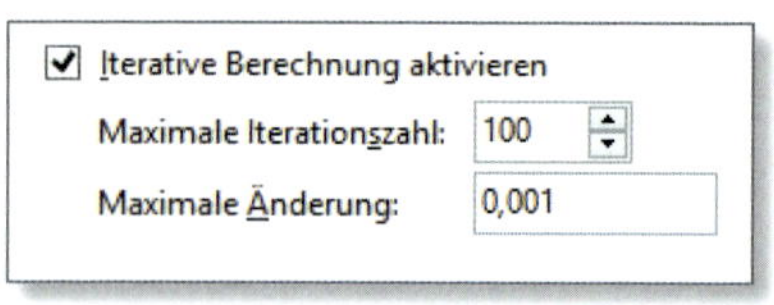

^ ***Abbildung 3.90*** *Einstellungen für iterative Berechnungen*

Dabei können Sie die maximale Anzahl der Wiederholungen selbst bestimmen. Excel gibt im Feld **Maximale Iterationszahl** den Wert *100* vor. Die Berechnung wird entsprechend spätestens nach der hundertsten Wiederholung gestoppt und das erreichte Ergebnis angezeigt.

Der zweite Wert, mit dem die iterative Berechnung gesteuert werden kann, ist **Maximale Änderung**. Vorgabe ist *0,001*. Damit ist gemeint, dass die Berechnung dann nicht mehr wiederholt wird, wenn nachfolgende Berechnungen zu Ergebnissen führen, deren Differenz kleiner ist als der Änderungshöchstwert. Das ist wichtig, wenn es sich um die Berechnung eines Näherungswerts handelt.

Welcher Wert hier der richtige ist, hängt natürlich von der Dimension ab, die das erwartete Ergebnis hat. Erwarten Sie z. B. Werte mit sechs Nachkommastellen, ist »0,001« ein zu grobes Maß.

Berechnungen beschleunigen

Im Dialog **Excel-Optionen** wird unter **Erweitert** in der Gruppe **Formeln** noch die Option **Multithreadberechnung aktivieren** angeboten. Bei komplexen Berechnungen, beispielsweise für umfangreiche Pivot-Tabellen, lässt sich durch ein paralleles Arbeiten eine höhere Geschwindigkeit erreichen. Wenn Sie mit mehreren Prozessoren auf Ihrem System arbeiten, können Sie angeben, wie viele davon verwendet werden sollen. Dabei ermittelt das Programm automatisch die Anzahl der vorhandenen physischen oder logischen Prozessoren und aktiviert als Vorgabe die Option **Alle Prozessoren auf dem Computer verwenden**.

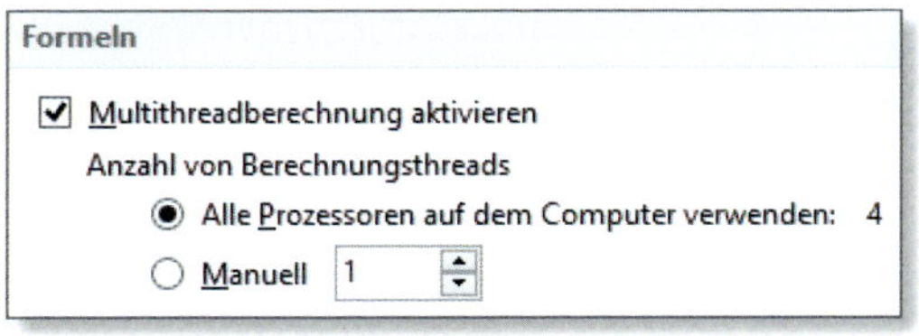

Abbildung 3.91 *Optionen für die Parallelbearbeitung bei Systemen mit mehrkernigen Prozessoren*

Optionen für die Arbeitsmappe

Während sich die bisher behandelten Optionen auf das Verhalten in der gesamten Arbeitssitzung beziehen, können Sie im Dialog **Excel-Optionen** unter **Erweitert** auch Berechnungsoptionen für einzelne Arbeitsmappen festlegen. Die unter **Beim Berechnen dieser Arbeitsmappe** angeordneten Optionen werden auch mit der Mappe gespeichert.

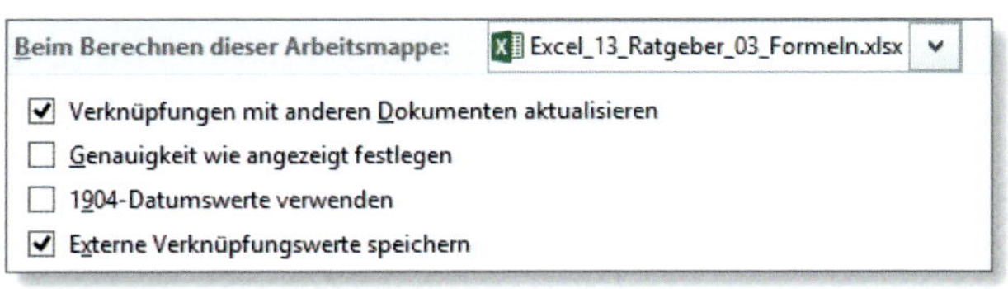

Abbildung 3.92 *Berechnungsoptionen, die nur für die aktuelle Arbeitsmappe gelten*

Wird **Verknüpfungen mit anderen Dokumenten aktualisieren** abgehakt, werden Bezüge auf Daten aus anderen Windows-Anwendungen, etwa Tabellen aus einem Word-Dokument, bei der Neuberechnung aktualisiert. Im anderen Fall wird mit den Werten gerechnet, die die fremde Anwendung zuletzt bereitgestellt hat.

Interessant für die praktische Arbeit ist insbesondere die Option **Genauigkeit wie angezeigt festlegen**, die normalerweise nicht ausgewählt ist. Wird die Option gewählt, ersetzt Excel in der betreffenden Arbeitsmappe die intern gespeicherten Werte durch die angezeigten Werte.

Was ist damit gemeint? Wenn eine Formel ein Ergebnis mit sieben Dezimalstellen berechnet und Sie die Anzeige mit zwei Dezimalstellen formatieren, rechnet Excel normalerweise dennoch mit den sieben Dezimalstellen weiter, wenn sich eine andere Formel auf diesen Wert bezieht.

Die Option **Genauigkeit wie angezeigt festlegen** dagegen ersetzt die intern gespeicherten Werte durch die formatierten Werte. Am Ende hat der Wert also tatsächlich nur noch zwei Dezimalstellen. Da diese Umwandlung ziemlich gravierend ist, werden Sie mit der Meldung **Daten verlieren damit endgültig an Genauigkeit** um Bestätigung gebeten. Beachten Sie, dass die Option immer für die gesamte Arbeitsmappe gilt.

Die Genauigkeit, mit der Excel rechnen kann, ist generell auf 15 Ziffern beschränkt, wobei die Ziffern in beliebiger Weise auf die Vor- und Nachkommastellen verteilt sein dürfen. Jede Ziffer, die rechts neben der 15. Stelle eingegeben wird, wird als Null angezeigt und gespeichert. Wenn Sie beispielsweise in eine Zelle »12345678901234567890« eingeben, erscheint in der Bearbeitungsleiste, wie Excel diesen Wert speichert: *12345678901234500000*. Im Standardformat wird *1,234567E+19* angezeigt, im Zahlenformat ohne Nachkommastellen: *12345678901234500000*.

All das sagt noch nichts darüber aus, wie groß eine Zahl sein kann. Hier gilt eine Grenze von 9,99999999999999+307 für positive und –9,99999999999999+307 für negative Zahlen, das entspricht ziemlich genau einer 1 oder –1 mit 308 Nullen.

Die Wahl der Option **1904-Datumswerte verwenden** bedeutet, dass die Datumsseriennummer, die für die Datumsberechnung verwendet wird, nicht mit der

Zahl 1 für den 1.1.1900, sondern mit der Zahl 0 für den 1.1.1904 beginnt. Dieses Datumssystem wird auf dem Apple Macintosh verwendet.

Apple vermied damit das Problem, dass das Jahr 1900 kein Schaltjahr war. Bei der Berechnung ab 1900 wurde dies dagegen ignoriert, weshalb in diesem Datumssystem das Datum 29.2.1900 fälschlicherweise akzeptiert wird. (In dem neuen Datenformat *Strict Open XML* ist das – wie bereits erwähnt – nicht mehr der Fall.)

Wenn Sie **Externe Verknüpfungswerte speichern** abgehakt lassen, speichert Excel Kopien der Werte aus anderen Arbeitsmappen, mit denen die aktive Arbeitsmappe verknüpft ist, in einem Zwischenspeicher, um z. B. die Berechnung von Formeln mit diesen Werten zu beschleunigen. Ist der verknüpfte Quelldatenbereich sehr groß, kann das eine Menge Speicherplatz verbrauchen. Deshalb haben Sie die Möglichkeit, dieses Verhalten von Excel zu unterbinden.

TIPP

Datumsquerelen zwischen PC und Mac
Wer häufig Arbeitsmappen zwischen Mac und PC austauscht, kann auf diese Option zurückgreifen. Beachten Sie aber, dass ein nachträglicher Wechsel für bereits eingetragene Datumswerte in einer Arbeitsmappe zu einer entsprechenden Verschiebung um 1.462 Tage führt, sodass Korrekturen durch Addieren oder Subtrahieren mit diesem Wert notwendig werden. Am besten verwenden Sie dazu die Funktion **Einfügen > Inhalte einfügen > Addieren** oder **Subtrahieren**.

Kapitel 4
Tabellenblätter gestalten

Wie Ihre Tabellenblätter aussehen, ist nicht bloß eine kosmetische Frage. Formate für Zellen und Zellbereiche haben vor allem mit der Lesbarkeit zu tun. Außerdem helfen sie bei der Strukturierung der im Blatt zusammengestellten Informationen.

Dass die Daten in einem Tabellenblatt korrekt sind und die Formeln fehlerfrei arbeiten, ist sicher die Hauptforderung, die an die Qualität zu stellen ist. Die Erwartungen an die Form der Blätter hängen dagegen stark vom Verwendungszweck ab. Bei Tabellen für den internen Gebrauch sind die Ansprüche in puncto Formatierung nicht so kritisch wie etwa bei einem Angebot für einen Kunden oder einem Bericht, der veröffentlicht werden soll.

Bei einem professionellen Design wird in der Regel versucht, den Inhalt der Tabelle durch die Art der Gestaltung zu stützen und die Informationen gut lesbar und übersichtlich zu präsentieren. Es macht zudem einen guten Eindruck, wenn Ihre Tabellenblätter ein einheitliches und damit auch wiedererkennbares Design haben. Das kann vor allem durch Formatvorlagen und Designs erreicht werden, die in diesem Kapitel behandelt werden.

Die Rolle der Zellformate

Abgesehen von der Frage der Spaltenbreite und der Zeilenhöhe, sind die außergewöhnlich vielfältigen Gestaltungsmöglichkeiten in Excel hauptsächlich auf die Zellen oder Zellbereiche bezogen. Zum Format einer Zelle gehören all die Eigenschaften, die unabhängig vom Inhalt der Zelle sind. Dabei geht es um folgende Fragen:

- Wie soll die Schrift aussehen?
- Wie wird der Zellinhalt in der Zelle ausgerichtet?
- Wie sollen Werte dargestellt werden?
- Soll die Zelle durch Linien oder Rahmen hervorgehoben werden?
- Sollen Farben oder Muster für den Zellhintergrund verwendet werden?
- Soll die Zelle gegen Veränderungen geschützt werden?

Formatierungswerkzeuge

Die Basiswerkzeuge für die Formatierung von Zellbereichen sind auf dem Register **Start** in den benachbarten Gruppen **Schriftart**, **Ausrichtung**, **Zahl**, **Formatvorlagen** und **Zellen** zusammengestellt, wie in Abbildung 4.1 zu sehen ist.

Die ersten drei Gruppen bieten in der rechten unteren Ecke außerdem Dialogfeldstarter an, die jeweils unterschiedliche Register des Dialogs **Zellen formatieren** per Klick oder Tipp öffnen. Hier finden Sie zur Beantwor-

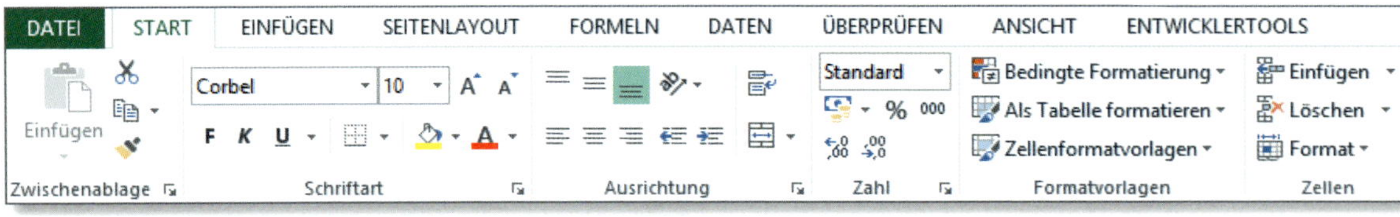

Abbildung 4.1 *Werkzeuge für die Formatierung auf dem Register »Start«*

tung jeder der oben aufgelisteten Fragen eine eigene Registerkarte.

Den Befehl **Zellen formatieren** finden Sie auch im Kontextmenü jedes Zellbereichs. Dieses Menü enthält auch eine kleine Symbolleiste mit den am häufigsten benötigten Formatierungssymbolen.

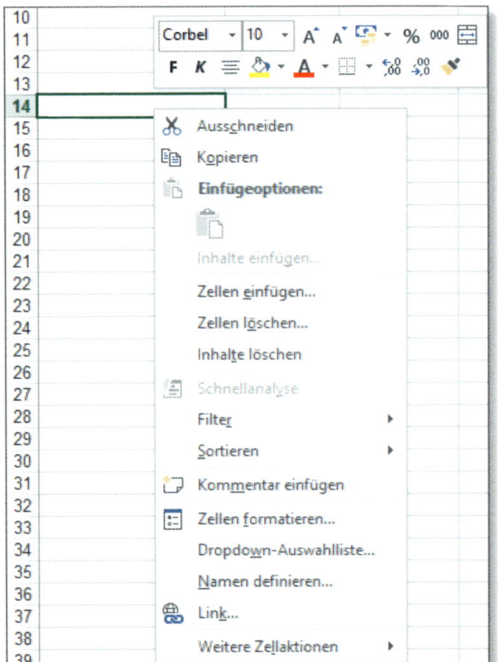

Abbildung 4.2 *Auch das erweiterte Kontextmenü zu einem Zellbereich bietet die gebräuchlichsten Optionen zum Formatieren an.*

Wenn Sie auf einem Touchscreen arbeiten, erreichen Sie das Kontextmenü wie schon beschrieben, indem Sie den markierten Bereich noch einmal kurz mit Finger oder Stift berühren. In dem horizontalen Menü finden Sie Symbole für die Schriftfarbe und die Hintergrundfüllung. Der Befehl **Zellen formatieren** wird erst angezeigt, wenn Sie mit dem Pfeil am Ende den vertikalen Teil des Menüs öffnen.

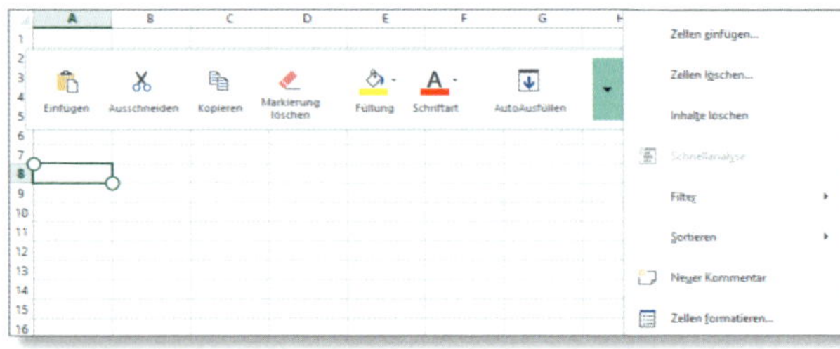

Abbildung 4.3 *Kontextmenü zu einer Zelle auf dem Touchscreen*

Wer nicht mit der Maus arbeiten will, kann auch eine ganze Reihe von Tastenkombinationen bei der Formatierung von Zellen einsetzen. Sie werden angezeigt, wenn der Mauszeiger das entsprechende Symbol berührt.

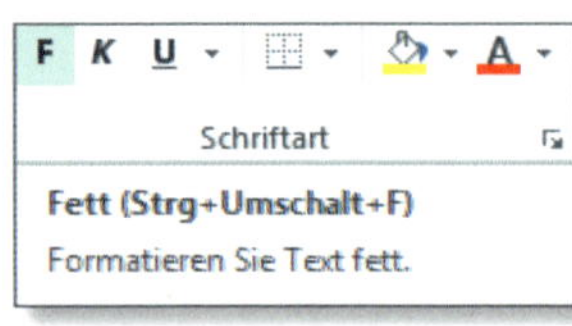

Abbildung 4.4 *Die QuickInfo zu einem Formatsymbol zeigt auch die entsprechende Tastenkombination an.*

4.1 Geeignete Schriften wählen

Das Aussehen Ihrer Tabellen hängt stark davon ab, wie Sie die Schrift einsetzen und wie Sie die Zellinhalte innerhalb der Zellstruktur ausrichten. Dabei geht es vor allem um die gute Lesbarkeit der Daten in den Tabellenspalten und um eine ansprechende Gestaltung der Überschriften und Beschriftungen.

Standardschriftart ändern

Excel 2013 gibt für neue Arbeitsmappen zunächst eine Standardschrift vor, und zwar eine **Schriftart für Textkörper** mit dem Namen *Calibri* mit einem Schriftgrad von 11 Punkten und eine **Schriftart für Überschriften** mit dem Namen *Cambria*. Abbildung 4.4 zeigt Muster für beide Schriften.

Schriftarten lassen sich allgemein in zwei große Gruppen einteilen:

- Schriften mit Serifen
- Schriften ohne Serifen

Abbildung 4.5 *Schriftmuster für vier Schriftarten, die Schriften für Überschriften verwenden Serifen, die für Daten keine.*

Serifen sind die kleinen Abschlussstriche am Kopf oder am Fuß eines Buchstabens, entstanden übrigens aus dem Meißelschlag bei der Herstellung römischer Steinschriften.

Sie können diese Vorgabe über **Datei > Optionen > Allgemein** unter **Diese Schriftart als Standardschriftart verwenden** ändern. Öffnen Sie dazu das Listenfeld, und wählen Sie die gewünschte Schriftart. Die Größe der Schrift wird unter **Schriftgrad** festgelegt. In diesem Buch wird meist mit der Schrift *Corbel* gearbeitet, die Zahlen werden so darstellt, dass sie gut unterschieden werden können.

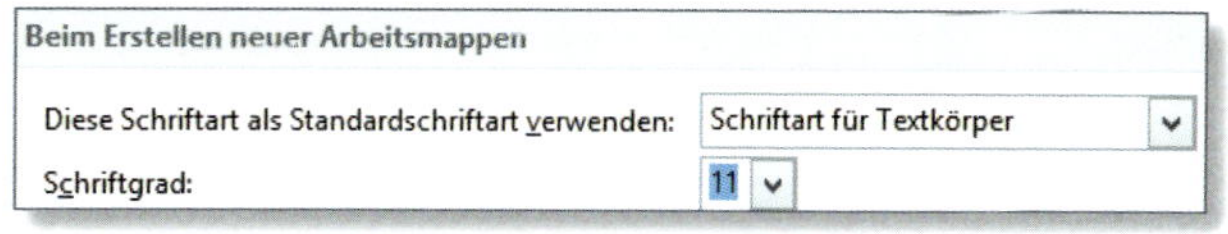

Abbildung 4.6 *Eine Schriftart kann als Standard festgelegt werden.*

TIPP

Neustart bei Schriftwechsel
Damit eine Änderung der Standardschriftart für neue Arbeitsmappen wirksam wird, muss Excel neu gestartet werden.

Schriftart für Zellbereiche ändern

Wenn Sie die Schrift für einen Zellbereich ändern wollen, markieren Sie die betreffenden Zellen und verwenden auf dem Register **Start** die Schaltflächen und Listenfelder, die in der Gruppe **Schriftart** zusammengestellt sind.

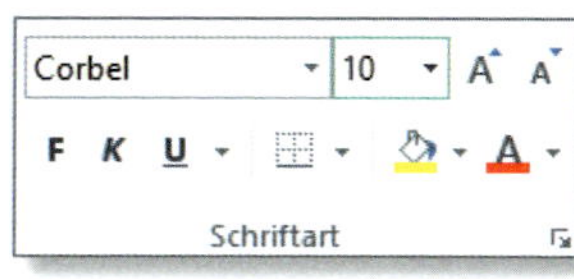

Abbildung 4.7 *Die Gruppe »Schriftart« auf dem Register »Start«*

In dem Listenfeld **Schriftart** wird immer die aktuelle Schriftart der gerade aktiven Zelle angezeigt. Wird die Liste der Schriftarten mit dem kleinen Pfeil ❶ geöffnet, werden die Schriftartenbezeichnungen gleich in der jeweiligen Schriftart ❷ angezeigt. Aber nicht nur dies, die markierte Zelle übernimmt jeweils die Schriftart, die der Mauszeiger in der Liste berührt, wie Abbildung 4.8 zeigt. Auf diese Weise lässt sich die gewünschte Schrift durch Ausprobieren leichter finden.

Wenn Sie den Namen der Schrift kennen, reicht es meist, den ersten oder die ersten beiden Buchstaben einzutippen, um die entsprechenden Schriften in der Liste an den Anfang der Liste zu rücken.

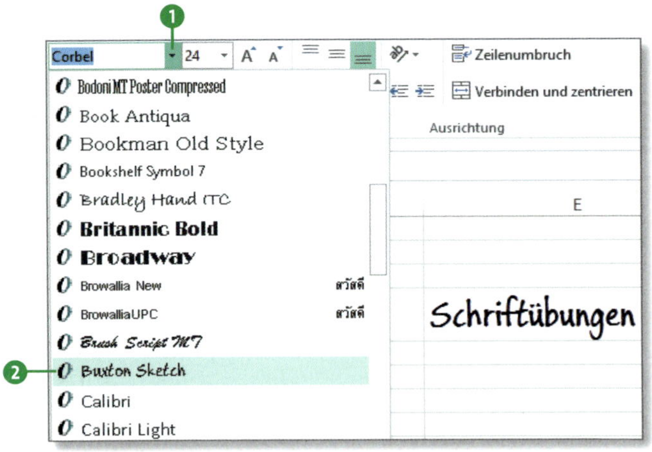

∧ ***Abbildung 4.8*** *Dank der Funktion »Livevorschau« sehen Sie den markierten Text in der Schriftart, die der Mauszeiger in der Liste berührt.*

Die probeweise Präsentation der Schriftart vor der abschließenden Zuweisung per Mausklick ist normalerweise eingeschaltet und gehört zu der Funktion **Livevorschau**, die auch für zahlreiche andere Formatierungsfunktionen gilt. Sie kann bei Bedarf im Dialog **Excel-Optionen** unter **Allgemein** auch abgeschaltet werden.

Auf dem Tablet weisen Sie die Schrift mit einem Tipp auf die entsprechende Position in der Liste zu. Um die Auswahl mit den Fingern zu erleichtern, werden im Modus **Fingereingabe** die einzelnen Optionen mit einem größeren Abstand angeboten. Außerdem können Sie in dieser Liste durch Ziehen oder Wischen nach oben oder unten gerade nicht sichtbare Schriften ins Bild rücken.

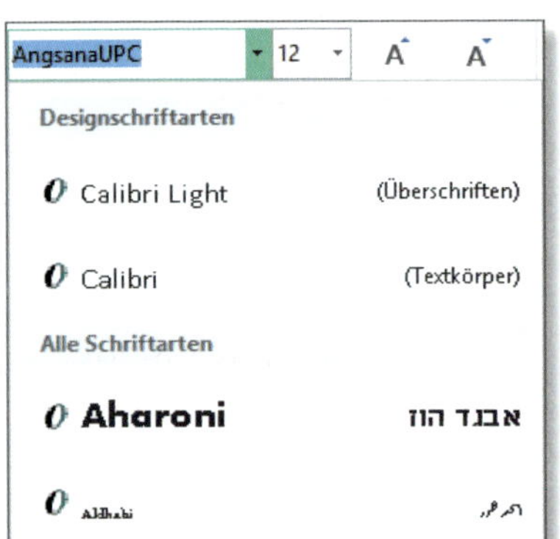

∧ ***Abbildung 4.9*** *Liste der Schriften auf dem Touchscreen*

Die Wahl der Schriftart sollte mit dem Inhalt des Dokuments zumindest verträglich sein. Kalligrafische Schriften wie *ZurichCalligraphic* eignen sich sicher für eine Einladung zu einer Geburtstagsparty – für Excel übrigens eine lösbare Aufgabe, wie Kapitel 10, »Dokumente grafisch aufbereiten«, ab Seite 453 zeigt. Bei einer Gewinn- und Verlustrechnung wirkt eine so schöne Schrift dagegen eher deplatziert.

TIPP

Sparsame Mischung
Wenig erfreulich wirkt meist auch, wenn Sie zu viele Schriftarten auf einem Blatt mischen. Meist reichen zwei verschiedene Schriftarten völlig aus, zumal Sie ja noch die Möglichkeit haben, die Schriftgrade oder -schnitte zu variieren.

Einen passenden Schriftgrad wählen

Auch bei der Auswahl des Schriftgrads hilft die Livevorschau, die optimale Größe zu finden. Der Schriftgrad wird üblicherweise in Punkt gemessen. 8 Punkt ist für ein Tabellenblatt eine ziemlich kleine Schrift. Für Zahlenkolonnen sind 10 oder 11 Punkt meist angemessen. Excel gibt 11 Punkt vor. Tabellenüberschriften oder Diagrammtitel vertragen auch 14 Punkt oder noch größere Schriften. Sie können Punktwerte auch mit Nachkommastellen angeben.

∧ ***Abbildung 4.10*** *Auch das Listenfeld mit den verschiedenen Schriftgraden arbeitet mit der praktischen Vorschau.*

Alternativ können Sie den optimalen Schriftgrad auch mithilfe der beiden Schaltflächen ansteuern, die den aktuellen Schriftgrad jeweils stufenweise nach oben ❸ oder unten ❹ verändern.

Schalter für Schriftattribute

Schriftattribute wie Fett, Kursiv, Unterstrichen können zwar beliebig gemischt werden, aber auch hier führt der sparsame Gebrauch der verschiedenen Möglichkeiten meist zu geschmackvolleren Lösungen. Vor allem sollten solche Hervorhebungen nicht ohne Grund verwendet werden, und wenn sie verwendet werden, dann möglichst einheitlich. Wenn Sie z. B. Gesamtsummen unterstreichen, sollte das durchgängig in der gesamten Arbeitsmappe erfolgen.

In der Gruppe **Schriftart** finden Sie drei Schaltflächen für die Wahl von Schriftattributen, die auch Schriftschnitte genannt werden. Das Symbol **Unterstrichen** bietet über die kleine Dreiecksschaltfläche noch die Option **Doppelt unterstrichen**. Anstelle der Symbole können Sie auch Tastenkombinationen verwenden. Tabelle 4.1 listet die Funktionen auf.

Symbol	Tastenkombination	Funktion
F	Strg + 2 oder Strg + ⇧ + F	Schaltet **Fett** ein/aus.
K	Strg + 3 oder Strg + ⇧ + K	Schaltet **Kursiv** ein/aus.
U	Strg + 4 oder Strg + ⇧ + U	Schaltet **Unterstrichen** ein/aus.
D		Schaltet **Doppelt unterstrichen** ein/aus.
	Strg + 5	Schaltet **Durchgestrichen** ein/aus.

Tabelle 4.1 Symbole und Tastenkombinationen für Schriftattribute

Die Symbole für diese Schriftattribute sind Schalter. Wird beispielsweise ein Zellinhalt fett geschrieben, erscheint das Symbol für **Fett** mit einem andersfarbigen Hintergrund, wenn die Zelle ausgewählt ist. Klicken oder tippen Sie das Symbol noch einmal an, wird die fette Darstellung der Schrift wieder aufgehoben.

Schriftfarbe

Als ein zusätzliches Mittel, um bestimmte Werte in einem Tabellenblatt hervorzuheben, können Sie die Farbe der Schrift einsetzen. Bei bestimmten Zahlenformaten arbeitet Excel automatisch mit roter Schrift, um negative Werte zu kennzeichnen, aber Sie sind ansonsten völlig frei in der Wahl der Schriftfarbe. Die Livevorschau hilft Ihnen auch in diesem Punkt bei der Entscheidung.

Im Modus **Fingereingabe** wird die Palette so vergrößert angeboten, dass die verschiedenen Farbmuster leicht zu treffen sind. Die Palette wird mit einem Tipp auf die Schaltfläche geöffnet. Die Farbauswahl wird jedes Mal durch Antippen des Farbmusters vorgenommen.

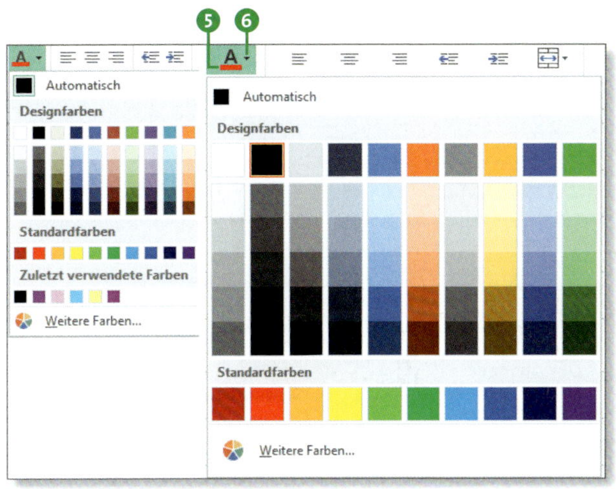

Abbildung 4.11 Farbpalette für die Schriftfarbe – links für den Modus »Maus«, rechts für den Modus »Fingereingabe«

Das Symbol **Schriftfarbe** ist eine dieser geteilten Schaltflächen, bei denen Sie mit dem kleinen Pfeil ❺ eine Palette öffnen, um in diesem Fall ein Farbmuster auszuwählen und per Mausklick den markierten Zellen zuzuweisen. Die Schaltfläche selbst ❻ zeigt mit ihrem farbigen Balken immer die zuletzt verwendete Farbe an, sodass Sie diese per Klick auf die Schaltfläche erneut anwenden können.

Eine ähnliche Palette bietet auch die benachbarte Schaltfläche **Füllfarbe** an, die in Abschnitt 4.4, »Mit Rahmen und Mustern ordnen«, ab Seite 275 noch näher beschrieben wird. Auch auf die Schaltfläche für Rahmenlinien wird dort eingegangen.

Das Register »Schrift«

Außer diesen Werkzeugen aus der Gruppe **Schriftart** steht Ihnen über den Dialogfeldstarter der Gruppe für diesen Zweck noch die Registerkarte **Schrift** im Dialog **Zellen formatieren** zur Verfügung.

Sie können die Schrifteigenschaften eingeben oder aus den Listenfeldern auswählen. Beim **Schriftgrad** können auch Bruchteile wie »10,5« eingegeben werden. Wenn Sie unter **Schriftart**, **Schriftschnitt** und **Schriftgrad** die gewünschten Eigenschaften der Schrift für die markierten Zellen auswählen, erhalten Sie unter **Vorschau** jeweils ein Schriftmuster.

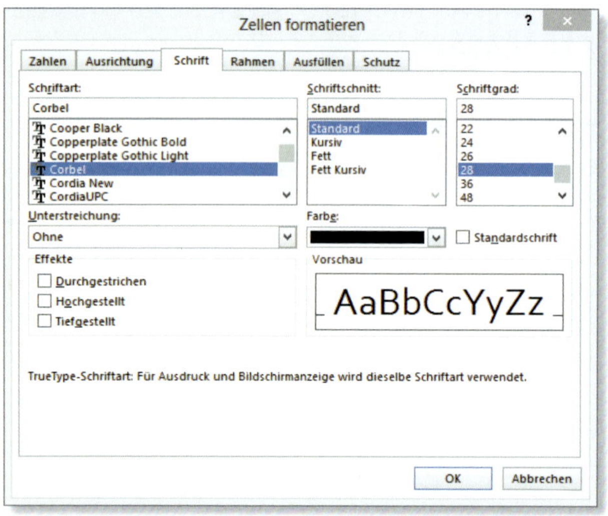

Abbildung 4.12 *Das Register »Schrift« im Dialog »Zellen formatieren«*

In dem Feld **Unterstreichung** können zusätzlich verschiedene Formen der Unterstreichung gewählt werden. Soll die Farbe des Textes geändert werden, öffnen Sie über den Pfeil zu **Farbe** die Liste der Farbmuster. Unter **Effekte** kann noch gewählt werden, ob der Text durchgestrichen, hochgestellt oder tiefgestellt erscheinen soll. Wird das Kästchen bei **Standardschrift** abgehakt, wird der ausgewählte Bereich wieder auf die aktuelle Standardschriftart zurückgesetzt.

TIPP

Änderungsvorschläge markieren
Die Option **Durchgestrichen** ist ganz nützlich, wenn Tabellenblätter von mehreren Mitarbeitern bearbeitet werden. Sie können auf diese Weise vorschlagen, dass bestimmte Texte oder Werte gestrichen werden, ohne die Daten gleich löschen zu müssen. Wird der Vorschlag verworfen, kann das Attribut wieder gelöscht werden. Beschleunigen lässt sich das, wenn Sie die Tastenkombination `Strg` + `5` benutzen.

Wenn Sie eine Zellauswahl mit der rechten Maustaste anklicken, gelangen Sie auch über **Zellen formatieren** in das Dialogfeld. Häufig reicht es aber auch aus, im Kontextmenü mit den Schaltflächen der schon angesprochenen Minisymbolleiste zu arbeiten, die im linken Teil ebenfalls die wichtigsten Schriftwerkzeuge anbietet.

Auf dem Touchscreen öffnen Sie das Kontextmenü, wenn Sie einen ausgewählten Bereich noch einmal antippen. Die Schaltflächen **Füllung** und **Schriftart** öffnen die oben beschriebenen Paletten.

TIPP

Hauptschrift
Wollen Sie vorweg für das gesamte Tabellenblatt eine Hauptschrift festlegen, können Sie auch mit dem **Alles auswählen**-Feld zunächst das gesamte Blatt auswählen.

Einzelne Zeichen in der Zelle hervorheben

Es ist schon erwähnt worden, dass Sie die Schrift nicht nur für eine ganze Zelle, sondern auch für einzelne Zeichen eines Zelleintrags ändern können. Das geht so:

1 Soll z. B. der erste Buchstabe einer Überschrift noch einmal besonders hervorgehoben werden, markieren Sie das Zeichen in der Bearbeitungsleiste.

2 Benutzen Sie eines der Schriftsymbole in der Gruppe **Schriftart** oder in der Minisymbolleiste, die für die aktuelle Zeichenauswahl ebenfalls eingeblendet wird.

3 Bestätigen Sie den geänderten Zellinhalt mit dem Symbol **Eingeben** oder mit [↵].

Wenn Sie die Änderung direkt in der Zelle vornehmen, klicken Sie die ausgewählten Zeichen mit rechts an, wenn Sie die Minisymbolleiste nutzen wollen.

Abbildung 4.13 Jedes markierte Zeichen in der Zelle kann einzeln formatiert werden.

TIPP

Tücken der Gruppenbearbeitung
Sie haben mehrere Blätter markiert, um ihnen eine einheitliche Schrift zuzuweisen. Anschließend haben Sie in der Überschrift des ersten Blatts einen kleinen Fehler entdeckt und ihn korrigiert. Zu Ihrem Schreck finden Sie nun, dass alle Blätter dieselbe Überschrift haben. Sie haben vergessen, nach dem Formatieren der Blattgruppe den Gruppenmodus wieder auszuschalten. Der Gruppenmodus wird in der Titelleiste angezeigt. Es reicht zum Aufheben der Klick auf ein einzelnes Register außerhalb der Gruppe. Gehören alle Blätter zur Gruppe, klicken Sie ein Register mit der rechten Maustaste an und benutzen **Gruppierung aufheben**.

Im Modus **Fingereingabe** markieren Sie den gewünschten Teil eines Zellinhalts durch Ziehen an den runden Anfassern. Tippen Sie die Auswahl kurz an, erscheint ein horizontales Kontextmenü, das ebenfalls die Optionen aus der Minisymbolleiste für die Mausbedienung enthält.

Abbildung 4.14 Formatierung von Zeichen einer Zelle auf dem Touchscreen

4.2 Zellinhalte ausrichten

Solange Sie nichts anderes bestimmen, richtet Excel 2013 Texte am linken Rand der Zelle, also linksbündig, Zahlen dagegen rechtsbündig aus. Logische Werte wie *WAHR* und *FALSCH* oder Fehlerwerte werden in die Mitte der Zelle gesetzt, also zentriert. Wie das Ergebnis einer Formel ausgerichtet wird, hängt von dem Datentyp ab, den sie als Ergebnis liefert.

Beschriftungen und Zellwerte ausrichten

In vielen Fällen wird Sie die vorgegebene Ausrichtung nicht zufriedenstellen. Wenn z. B. eine Textspalte rechts von einer Zahlenspalte steht, klebt der Text ziemlich an den Zahlen. Auch wenn eine Spaltenüberschrift linksbündig, die Zahlen aber rechtsbündig stehen, macht es oft einen ziemlich ungeordneten Eindruck.

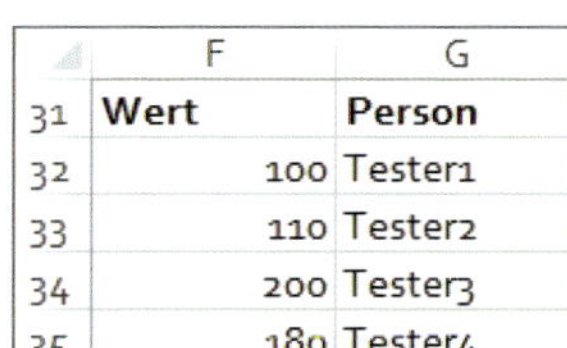

	F	G
31	**Wert**	**Person**
32	100	Tester1
33	110	Tester2
34	200	Tester3
35	180	Tester4

Abbildung 4.15 In solchen Fällen, wo Zahlen und Texte zu nahe aneinanderrücken, ist eine Änderung der Ausrichtung zu empfehlen.

Eine entsprechende Anpassung der Ausrichtung trägt wesentlich dazu bei, die Tabelle übersichtlich zu gestalten. Um die Ausrichtung eines Zellbereichs zu ändern, muss wie immer zunächst markiert werden, was verändert werden soll. Für die gängigsten Optionen stehen auf dem Register **Start** in der Gruppe **Ausrichtung** zahlreiche Symbole zur Verfügung.

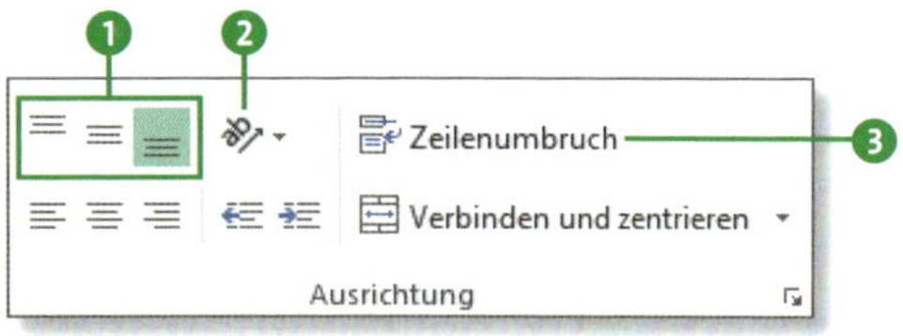

Abbildung 4.16 *Die Gruppe »Ausrichtung« auf dem Register »Start«*

Die ersten drei Schaltflächen ❶ dienen der vertikalen Ausrichtung der Zellinhalte. **Ausrichtung** ❷ bietet ein Menü mit Optionen für verschiedene Ausrichtungen, die alle die normale horizontale Ausrichtung verlassen.

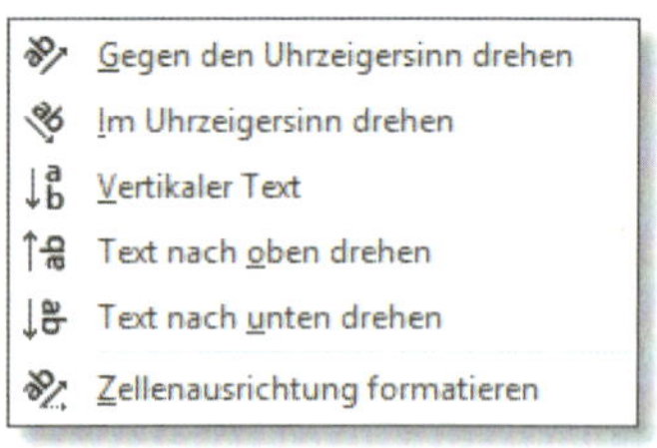

Abbildung 4.17 *Das Menü der Schaltfläche »Ausrichtung«*

Zuletzt ist in der oberen Reihe ein Symbol **Zeilenumbruch** ❸ zu finden. Sie können es verwenden, um in einer Zelle mit mehrzeiligen Beschriftungen zu arbeiten. Abbildung 4.18 zeigt kleine Beispiele dafür, wie Texte in der Zelle vertikal ausgerichtet werden. Diese Einstellungen, die hauptsächlich für Überschriften interessant sind, werden allerdings erst sichtbar, wenn die Zeilenhöhe dafür auch Platz lässt.

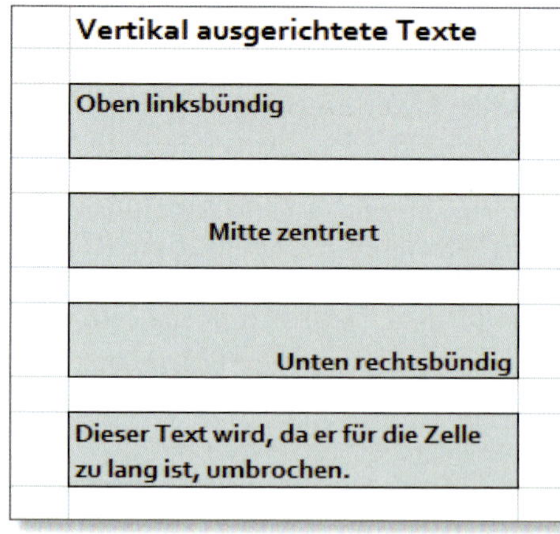

Abbildung 4.18 *Beispiele für die vertikale Ausrichtung von Texten in einer Zelle*

Unterhalb der Symbole für die vertikale Ausrichtung finden Sie die Symbole für die horizontale Ausrichtung ❹. Hier wählen Sie zwischen linksbündig, zentriert oder rechtsbündig. Beachten Sie, dass Texte, die länger sind als die Spaltenbreite, bei rechtsbündiger Ausrichtung die linken Nachbarzellen überlappen, solange diese leer sind. Bei linksbündigen Texten werden die rechten Nachbarzellen überlappt, bei zentrierter Anordnung die Zellen rechts und links.

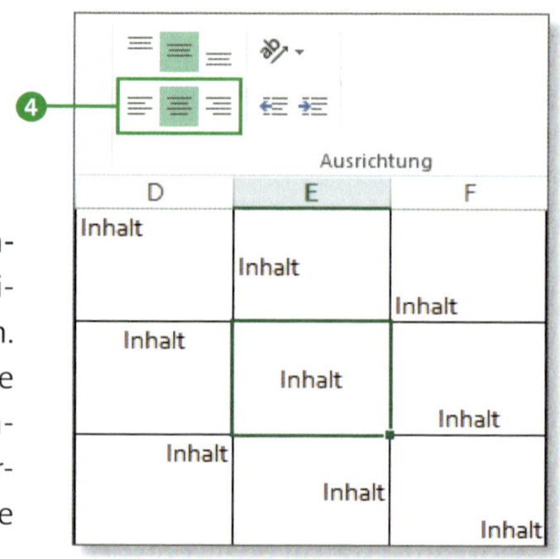

Abbildung 4.19 *Die aktuelle Ausrichtung wird durch die Einfärbung der Symbole angezeigt.*

TIPP

Symbole zeigen die aktuelle Ausrichtung
Alle Ausrichtungssymbole arbeiten so, dass sie für die markierte Zelle oder die aktive Zelle in einem Zellbereich immer die aktuelle Ausrichtung anzeigen. Das ist eine ganz praktische Kontrollmöglichkeit, denn oft ist der Zelle nicht gleich anzusehen, welche Ausrichtung gerade eingestellt ist.

Überschriften über mehrere Spalten zentrieren

Bei Überschriften für Tabellen mit zahlreichen Spalten besteht oft der Wunsch, die Überschrift genau in die Mitte der Tabelle zu platzieren. Dafür bietet Excel eine spezielle Funktion, die in einem Zug zwei Dinge erledigt: die Zusammenfassung von mehreren Zellen zu einer Zelle und die Ausrichtung des Inhalts innerhalb der neuen Zelle. Das geht so:

1 Geben Sie den Titel jeweils in die am weitesten links liegende Spalte ein.

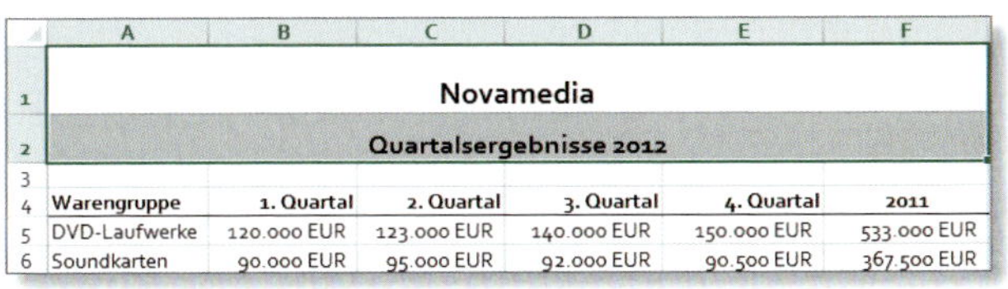

	A	B	C	D	E	F
1	Novamedia					
2	Quartalsergebnisse 2012					
3						
4	Warengruppe	1. Quartal	2. Quartal	3. Quartal	4. Quartal	2011
5	DVD-Laufwerke	120.000 EUR	123.000 EUR	140.000 EUR	150.000 EUR	533.000 EUR
6	Soundkarten	90.000 EUR	95.000 EUR	92.000 EUR	90.500 EUR	367.500 EUR

Abbildung 4.20 *Zwei Überschriften, die über die gesamte Breite der Tabelle zentriert sind*

2 Markieren Sie von dieser Zelle ausgehend einen Bereich, der bis zur letzten benutzten Spalte der Tabelle reicht.

3 Verwenden Sie unter **Start > Ausrichtung** die Option **Verbinden und zentrieren**.

Achten Sie darauf, dass die Zellen, auf die Sie die Zellmarkierung ausdehnen, leer sind. Ist das nicht der Fall, erhalten Sie den Hinweis, dass die Auswahl mehrere Werte enthält und dass nur der Wert in der obersten linken Zelle erhalten bleibt, wenn Sie den Vorgang ausführen.

Die Schaltfläche **Verbinden und zentrieren** ist ebenfalls eine gespaltene Schaltfläche. Der kleine Pfeil öffnet ein Menü, das verschiedene Varianten anbietet.

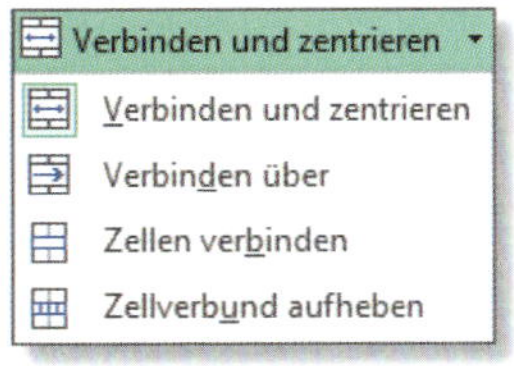

Abbildung 4.21 *Das Menü der Schaltfläche »Verbinden und zentrieren«*

Die Option **Verbinden über** fasst Zellen zeilenweise zu größeren Zellen zusammen.

Zellen verbinden fasst alle markierten Zellen zusammen, zentriert den Inhalt aber nicht.

Die Option **Zellverbund aufheben** liefert die einzelnen Zellen wieder zurück. Das erreichen Sie aber schneller, wenn Sie erneut auf die Schaltfläche **Verbinden und zentrieren** klicken, die also ebenfalls als Schalter arbeitet.

TIPP

Eigenschaften zusammengefasster Zellen
Das Zusammenfassen von Zellen erleichtert die Gestaltung von Tabellen und Formularen in hohem Maße. Es gibt Ihnen größere Freiheit im Aufbau der Tabellen. Dabei behalten die zusammengefassten Zellen ansonsten alle Eigenschaften einer *normalen* Zelle. Sie werden über die Adresse der linken (oberen) Eckzelle angesprochen, können kopiert und verschoben werden usw. Auch das Ausfüllkästchen oder das Symbol **AutoAusfüllen** auf dem Touchscreen können weiter zum Erzeugen von Reihen oder Kopien eingesetzt werden.

Das Register »Ausrichtung«

Noch mehr Variationen in puncto Ausrichtung erlaubt die Registerkarte **Ausrichtung** im Dialog **Zellen forma-**

tieren, die Sie über den Dialogfeldstarter der Gruppe **Ausrichtung** öffnen.

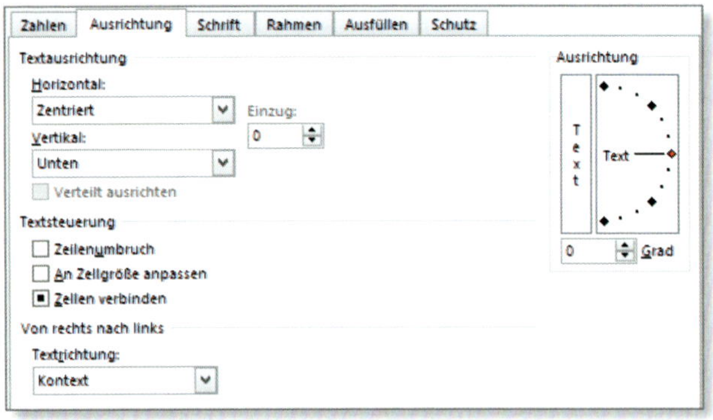

Abbildung 4.22 *Das Register »Ausrichtung« im Dialog »Zellen formatieren« bietet auch ein Steuerelement für die Schrägstellung an.*

Das Dialogfeld bietet unter **Textausrichtung** separate Einstellungen für die horizontale und für die vertikale Anordnung der Zellinhalte an. Bei **Horizontal** kann neben der oben beschriebenen Standardeinstellung wieder linksbündig, zentriert oder rechtsbündig gewählt werden. Die Option **Blocksatz** führt dazu, dass der Text bündig nach beiden Seiten angeordnet wird.

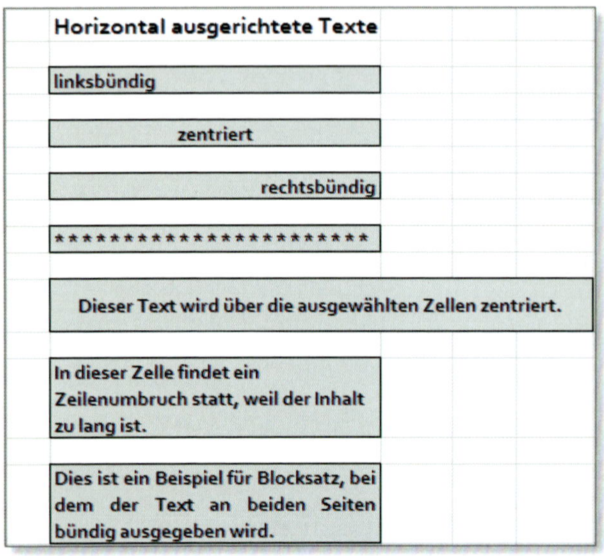

Abbildung 4.23 *Beispiele für horizontale Ausrichtungen von Zellinhalten*

Die Option **Ausfüllen** bewirkt, dass die Zelle mit der eingegebenen Zeichenfolge ganz ausgefüllt wird, d. h., die Zeichenfolge wird so oft wiederholt, bis nichts mehr hineinpasst. Sie kann z. B. verwendet werden, um Zellen mit *** aufzufüllen.

Die Option **Über Auswahl zentrieren** setzt den Inhalt der ersten Zelle in einer Auswahl von beispielsweise drei Zellen in die Mitte, verbindet die Zellen aber nicht. Wird in eine Nachbarzelle anschließend etwas eingegeben, wird der Raum zwischen den beiden Einträgen aufgeteilt.

Seit Excel 2002 gibt es auch die Möglichkeit, für internationale Anwendungen die Textrichtung zu ändern, etwa für arabische Schriften.

Beschriftungen mit Einzügen gruppieren

Insbesondere bei Zeilenbeschriftungen ist es oft erwünscht, die Beschriftungen nach bestimmten Kategorien zu ordnen. Hier ist es praktisch, untergeordnete Kategorien durch Einrücken des Textes kenntlich zu machen. Das Beispiel in Abbildung 4.24 zeigt eine Aufstellung von Kostenarten.

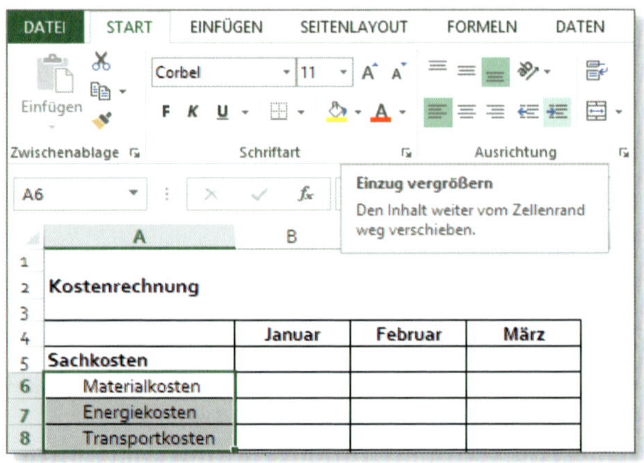

Abbildung 4.24 *Beschriftungen in einer Spalte lassen sich mit Einzügen ordnen.*

Die Kosten sind in zwei Hauptgruppen gegliedert: Sach- und Personalkosten. Für die einzelnen Positionen jeder Gruppe wird ein Einzug verwendet. Auf der Registerkarte **Ausrichtung** ist dafür als Textausrichtung **Links** ausgewählt und bei **Einzug** der Wert »3« eingegeben worden. Anstelle des Dialogfelds können auch die beiden Einzugssymbole in der Gruppe **Ausrichtung** benutzt werden, ein Klick oder Tipp verändert den Einzug jeweils um eine Stelle. So lässt sich leicht ausprobieren, bei welchem Einzug das Ergebnis optimal ist.

Längere Beschriftungen

Häufig sind die Daten in einer Spalte nur eine Stelle lang, etwa bei bestimmten Kennzeichen, die Spaltenbeschriftung ist aber ausführlich. Lässt sich eine längere Beschriftung nicht vermeiden, können Sie zusätzlich zur horizontalen Ausrichtung noch den Zeilenumbruch einsetzen. Texte, die über die Spaltengrenze hinausragen, werden dann innerhalb der Zelle umbrochen. Die Zeilenhöhe wird automatisch angepasst.

	A	B	C	D
1	Code der Testperson	Test1	Test2	Test3
2	123	0,003	4,593	2,300
3	124	0,873	1,525	1,146
4	125	4,999	3,854	4,773
5	126	0,430	3,903	4,426

Abbildung 4.25 *In der Titelzeile wird der Text vertikal zentriert und gleichzeitig umbrochen.*

Der Zeilenumbruch in dieser Art hat allerdings den Nachteil, dass immer die Höhe für die gesamte Zeile angepasst wird. Sind die Beschriftungen in den anderen Spalten wesentlich kürzer, kann es zu weniger schönen Ergebnissen kommen. Hier hilft dann eventuell eine Veränderung der vertikalen Anordnung des Textes in den betreffenden Zellen. In Abbildung 4.25 sind die kürzeren Beschriftungen vertikal mittig ausgerichtet.

Schräge oder senkrechte Beschriftungen

Eine andere Lösung für längere Beschriftungen ist eine schräge oder auch senkrechte Anordnung. Die schräge Anordnung ist die bevorzugte Lösung bei schmalen Spalten. Die Tabelle in Abbildung 4.26 zeigt, wie Sie auch schmale Spalten mit längeren Beschriftungen versehen können.

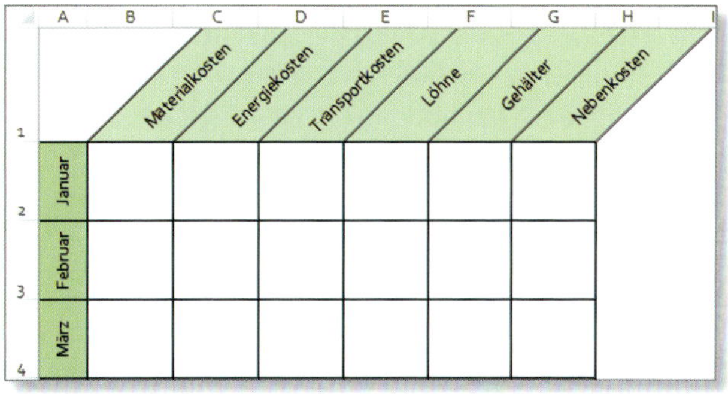

Abbildung 4.26 *Vertikale Zeilenbeschriftungen, kombiniert mit schrägen Spaltenbeschriftungen*

1. Markieren Sie alle Beschriftungen im Kopf der Tabelle.
2. Öffnen Sie das Menü des Symbols **Ausrichtung** in der Gruppe **Ausrichtung**.
3. Benutzen Sie die Option **Gegen den Uhrzeigersinn drehen**.
4. Um die Beschriftungen in der ersten Spalte vertikal auszurichten, benutzen Sie im gleichen Menü die Option **Text nach oben drehen**.

Abbildung 4.26 zeigt als Ergebnis schräge Spaltentitel und nach oben ausgerichtete Zeilenbeschriftungen. Wenn Sie bisher waagerechte Texte senkrecht ausrichten, passt Excel die Zeilenhöhe automatisch an den längsten Eintrag an.

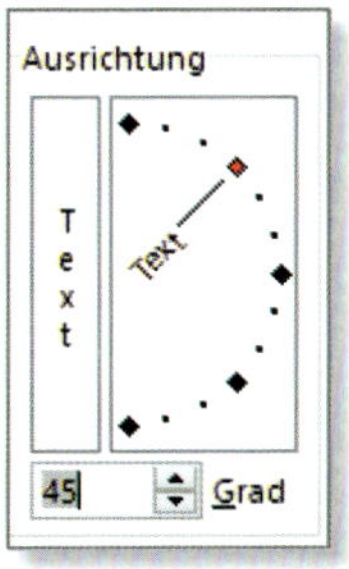

Abbildung 4.27 *Durch Ziehen des Zeigers stellen Sie die Schräge des Textes ein.*

Feinere Einstellungsmöglichkeiten bietet auch hier das Dialogfeld **Zellen formatieren**. Wählen Sie dazu auf dem Register **Ausrichtung** unter **Ausrichtung** den gewünschten Winkel. Sie können den roten Punkt in dem Halbkreis mit Maus, Finger oder Stift ziehen oder eine Stelle in dem Halbkreis anklicken oder antippen oder auch einen Wert unter **Grad** eingeben oder einstellen.

Anpassung der Schriftgröße

Noch eine weitere Möglichkeit bietet Excel 2013 an, um die Beschriftungen oder auch Werte passend in die Tabelle einzufügen. Sie können festlegen, dass in einer Zelle die Schrift automatisch kleiner ausgegeben wird, wenn der Zellinhalt durch eine Korrektur umfangreicher wird, ohne dass der zugeordnete Schriftgrad tatsächlich geändert werden muss. Haken Sie dazu auf dem Register **Ausrichtung** unter **Textsteuerung** das Kontrollkästchen **An Zellgröße anpassen** ab.

Wird in eine der so formatierten Zellen etwas eingetragen, was nicht in die Zelle passt, gibt Excel den Zellinhalt in einer kleineren Schrift aus, sodass alle Daten angezeigt werden können. Dieser Zelleigenschaft sind natürlich Grenzen gesetzt. Wird der Zellinhalt zu umfangreich, hört die Schrift auf, lesbar zu bleiben. Dann müssen Sie andere Maßnahmen treffen.

4.3 Das Zahlenformat bestimmen

Das Zahlenformat bestimmt die Art und Weise, wie der in die Zelle eingetragene Wert dargestellt wird. Bei numerischen Werten betrifft das insbesondere die Frage, ob und mit wie vielen Dezimalstellen eine Zahl ausgegeben werden soll.

Einmal sollen Zahlenwerte übersichtlich und gut lesbar sein. Die andere Anforderung ist die der Genauigkeit. Wenn es um Rechnungsbeträge geht, muss in der Regel mit zwei Dezimalstellen gearbeitet werden. Bei einer Umsatzstatistik aber können die Stellen hinter dem Komma weggelassen werden, vielleicht reicht es sogar, mit Tausendern zu arbeiten.

Eine Formel liefert Ihnen eventuell Ergebnisse mit einer unvorhersehbaren Anzahl von Dezimalstellen. Wie soll Excel damit verfahren? Soll das Ergebnis auf eine bestimmte Stellenanzahl gerundet werden?

Über das Format kann auch die Frage geregelt werden, wie negative Zahlen erscheinen. Neben Minuszeichen und Klammern können solche Werte etwa auch durch eine rote Textfarbe erkennbar werden. Wenn Sie sich hier für eine spezielle Formatierung entscheiden, sollte sie natürlich möglichst einheitlich in allen Tabellen durchgehalten werden.

Das Zahlenformat bestimmt in der Regel aber nur, wie ein Wert in der Zelle angezeigt wird. Die andere Frage ist, wie Excel einen Zahlenwert speichert, um damit zu rechnen. Dieser Wert wird sichtbar, wenn Sie in einer Zelle das Format löschen. Derselbe Wert kann in der Zelle ganz unterschiedlich aussehen, obwohl es intern keinen Unterschied gibt. Abbildung 4.28 zeigt ein paar Beispiele.

	A	B	C	D
1				
2	**Interner Wert und Zahlenformate**			
3				
4	1,714285714	1,71 €	1,71E+00	
5		1,71428571	1 5/7	
6				
7	41296	22.01.2013	22. Jan. 13	Dienstag, 22. Januar 2013
8		22.1	22. Jan.	J 13

Abbildung 4.28 *Unterschiedliche Formate für denselben internen Wert*

Arbeitsweise des Standardformats

Solange Sie am Format von Zellen in einem neuen Tabellenblatt nichts ändern, verwendet Excel ein Standardformat, das Zahlen je nach den Umständen unterschiedlich darstellt, das Zahlenformat also noch nicht fixiert. Bei diesem Format können bis zu elf Stellen angezeigt werden. Führende Nullen vor dem Komma (mit Ausnahme der direkt vor dem Komma stehenden

Null) und nachfolgende Nullen hinter dem Komma werden weggelassen.

Aus der Eingabe »01,30« wird also in der Anzeige *1,3*. Ist die Spaltenbreite für einen Wert zu gering, werden zunächst eventuelle Dezimalstellen weggelassen, wobei automatisch gerundet wird. Hilft auch das nicht oder hat die Zahl mehr als elf Stellen, wird die eingegebene Zahl im wissenschaftlichen Format, also in Exponentialschreibweise – *6,3333E+33* – ausgegeben, wobei die Mantisse mit der jeweils notwendigen Anzahl von Dezimalstellen angezeigt wird, der Exponent mit mindestens zwei Stellen. Das Ergebnis von `3 * 10^10` wird beispielsweise als `3E+10` angezeigt.

Eingabeformat bestimmt Ausgabeformat

Eine Besonderheit dieses allgemeinen Formats ist schon angesprochen worden. Durch die Art der Eingabe können Sie erreichen, dass das Standardformat automatisch durch ein anderes Format ersetzt wird. Tabelle 4.2 zeigt einige Beispiele:

Eingabe	Ausgabe	Benutztes Format
12000€	12.000 €	Währung mit Eurosymbol
€12000	€ 12.000	Währung mit Eurosymbol
12000 EUR	12000 EUR	Währung mit Eurokürzel
12.000,33	12.000,33	Zahl
12,25 %	12,25 %	Prozent
133E+02 oder 133e2	1,33E+04	Wissenschaft
7.3.12	07.03.2012	Datum
1/3	01.März	Datum
6:30	06:30	Uhrzeit
0 1/3	1/3	Bruch

▲ ***Tabelle 4.2*** *Was Excel mit einer Eingabe macht*

Sie haben also die Möglichkeit, durch die Art der Eingabe das Format der Zelle zu bestimmen. Die Fixierung des Formats über die Art und Weise, wie die Daten eingegeben werden, ist in vielen Fällen ein durchaus gangbarer Weg, da er spezielle Befehle für die Formatierung überflüssig macht.

Sie können z. B. so vorgehen, dass Sie die erste Zelle einer Spalte durch die Eingabe eines Eurobetrags mit zwei Nachkommastellen im Format festlegen und dann dieses Format nach unten kopieren.

TIPP

Vorausformatierung
Oft können Sie eine Menge Zeit sparen, wenn Sie zunächst für das gesamte Tabellenblatt ein Hauptformat bestimmen und dann die davon abweichenden Bereiche gesondert formatieren. Dazu können Sie das **Alles auswählen**-Feld benutzen.

Mit Formatsymbolen arbeiten

Für die gebräuchlichsten Zahlenformate stellt Excel 2013 in der Gruppe **Start > Zahl** eine Formatpalette und eine Reihe von Schaltflächen zur Verfügung. Um einem Zellbereich beispielsweise ein Datumsformat mit den Wochentagen zuzuweisen, genügen wenige Schritte. Dabei spielt es keine Rolle, ob die Zellen vor oder nach der Eingabe von Daten formatiert werden.

1. Markieren Sie den Zellbereich, der die Datumswerte anzeigen soll.
2. Öffnen Sie mit dem kleinen Pfeil die Palette **Zahlenformat**.
3. Klicken oder tippen Sie in der Palette auf das Format **Datum, lang**.

Das Listenfeld der Palette zeigt jeweils das Format der aktuellen Zelle an. Die Palette enthält einige häufig verwendete Formate aus verschiedenen Kategorien. Über **Mehr...** erreichen Sie das Register **Zahlen** im Dialogfeld **Zellen formatieren**. Auf dem Touchscreen können Sie mit Finger oder Stift in der Palette nach oben wischen, wenn Optionen unten noch verdeckt sind.

Zusätzlich zu der Formatpalette finden Sie in der Gruppe **Zahl** auch noch drei separate Schaltflächen für sehr oft benötigte Formate.

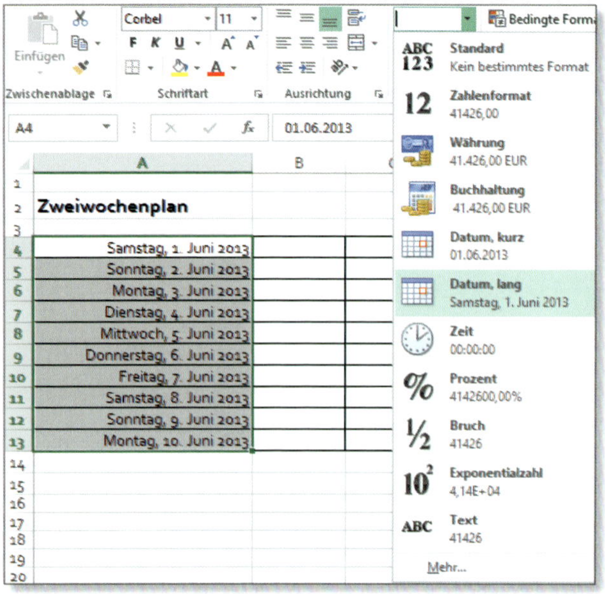

^ Abbildung 4.29 *Eine Reihe von gängigen Zahlenformaten wird als Palette angeboten.*

Als **Buchhaltungszahlenformat** wird eine geteilte Schaltfläche angeboten, die neben einem Format mit dem landeseigenen Währungszeichen auch noch das Währungsformat mit dem Dollarzeichen anbietet. Das landeseigene Währungszeichen hängt dabei von den regionalen Einstellungen ab, die Sie über die Systemsteuerung unter Windows wählen. Suchen Sie in der Windows-Suche nach »Eingabesprache«, um diese Einstellungen zu ändern.

Wenn Sie dort über **Weitere Einstellungen** das Register **Währung** öffnen, können Sie unter **Währungssymbol** anstelle des Zeichens »€« auch die Zeichenfolge »EUR« angeben, die dem ISO-Standard 4217 für die Darstellung der Währungsabkürzungen im internationalen Zahlungsverkehr entspricht. Das Menü der Schaltfläche bietet dann beide Formate zur Auswahl an, gibt aber *EUR* vor.

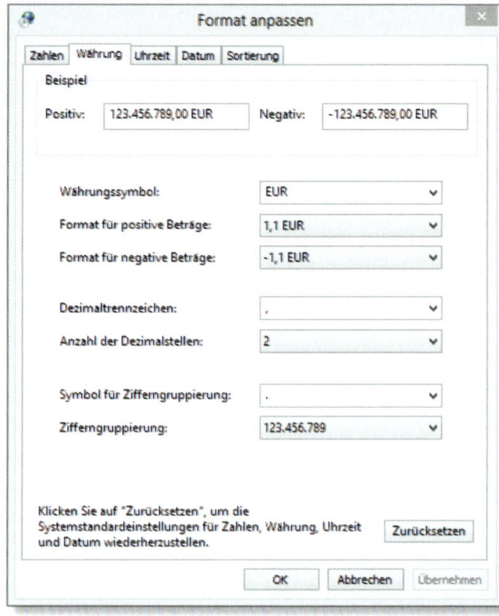

^ Abbildung 4.30 *Auf dem Register »Währung« stellen Sie das Währungssymbol ein, das als Standard vorgegeben wird.*

Das Symbol **Prozentformat** sorgt dafür, dass der Wert der Zelle als Prozentsatz angezeigt wird. Der Wert wird dabei mit 100 multipliziert. »0,15« ergibt also *15 %*.

^ Abbildung 4.31 *Erweitertes Menü der Schaltfläche »Buchhaltungsformat«*

Das Symbol **1.000er-Trennzeichen** stellt den Zellinhalt als Dezimalzahl mit zwei Nachkommastellen und der Tausenderabtrennung dar.

Die angesprochenen Schaltflächen finden Sie ebenfalls in der Minisymbolleiste des Kontextmenüs zu einem Zellbereich angeboten. Auch einige Tastenkombinationen sind für Zahlenformate einsetzbar, wie Tabelle 4.3 zeigt.

Symbol	Tastenkombination	Bedeutung
	Strg + ⇧ + $	Buchhaltungszahlenformat
%	Strg + ⇧ + %	Prozentformat
000	Strg + ⇧ + !	1.000,00
	Strg + ⇧ + &	Standardformat
←,0 ,00		Dezimalstelle hinzufügen
,00 →,0		eine Dezimalstelle weniger

Tabelle 4.3 Symbole und Tastenkombinationen für einige häufig benötigte Zahlenformate

Definition eines Zahlenformats

Mehr Kontrolle über die Formatierung haben Sie über das Register **Zahlen** im Dialogfeld **Zellen formatieren**. Es ist dabei oft vorteilhaft, einen Zellbereich schon vor der Dateneingabe zu formatieren, weil dann die Daten gleich so angezeigt werden, wie Sie sie letztlich sehen wollen.

1 Wählen Sie zunächst den Zellbereich aus. Sollen mehrere Blätter gleich formatiert werden, sollten Sie zunächst die Gruppe der Blätter zusammenstellen und dann im aktiven Blatt die Bereiche markieren.

2 Öffnen Sie das Dialogfeld **Zellen formatieren** per Klick oder Tipp auf den Dialogfeldstarter in der Gruppe **Start > Zahl** oder mit Strg + 1.

3 Auf dem Register **Zahlen** gibt Excel zunächst das aktuelle Format der aktiven Zelle vor, es sei denn, Sie haben einen Bereich ausgewählt, in dem unterschiedliche Formate verwendet werden. Dann wird kein Format markiert.

4 Wählen Sie zunächst unter **Kategorie** den Eintrag **Zahl**.

5 Wie Sie sehen, können Sie bei den Formaten der Kategorie **Zahl** die verschiedenen Elemente des Formats einzeln auswählen. Setzen Sie beispielsweise in dem Drehfeld mit den kleinen Schaltflächen die Anzahl der Dezimalstellen auf null.

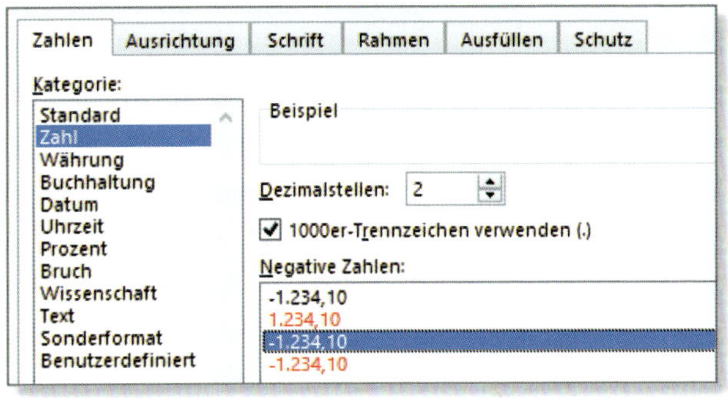

Abbildung 4.32 Bei den Formaten in der Kategorie »Zahl« legen Sie die verschiedenen Merkmale einzeln fest.

6 Das Häkchen bei **1000er-Trennzeichen verwenden** können Sie übernehmen.

7 Was die Darstellung der negativen Zahlen angeht, wählen Sie aus der kleinen Liste die gewünschte Einstellung.

8 Wenn das unter **Beispiel** angezeigte Format Ihren Wünschen entspricht, bestätigen Sie mit **OK**.

Wenn Sie die Dezimalstellen abschneiden, werden Sie sehen, dass Excel den angezeigten Wert automatisch aufrundet, wenn die erste Stelle der eingegebenen Zahl nach dem Komma größer als 4 ist.

TIPP

Auf das Standardformat zurücksetzen
Soll ein Format auf das Standardformat zurückgesetzt werden, können Sie über die Palette **Zahlenformat** oder im Dialogfeld unter **Kategorie** die Option **Standard** auswählen. Auch wenn Sie das Format einer Zelle löschen, wird das Standardformat wieder eingestellt, allerdings nicht nur für das Zahlenformat, sondern auch für die anderen Formateigenschaften der Zelle, wie Schrift, Farbe etc.

Mit Währungen arbeiten

Unter den Kategorien **Währung** und **Buchhaltung** werden Zahlenformate mit zahlreichen Währungszeichen angeboten.

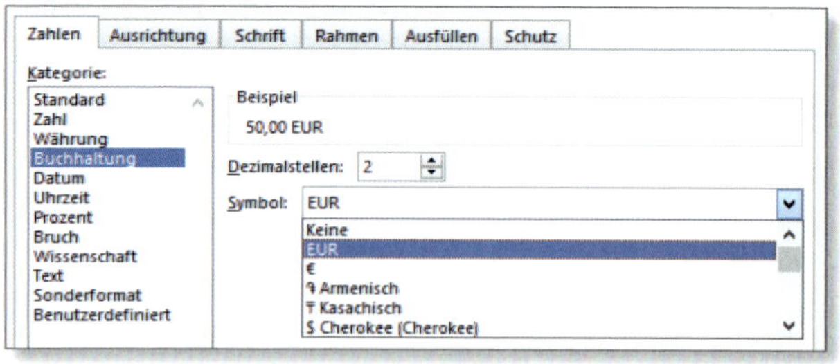

Abbildung 4.33 *In der Kategorie »Buchhaltung« lassen sich Formate mit zahlreichen Währungssymbolen auswählen.*

Diese Formate verwenden gleichzeitig das Tausendertrennzeichen. Umrechnungen in andere Währungen lassen sich so unkompliziert vornehmen. Es ist also kein Umstand, in einer Spalte Eurobeträge anzuzeigen, in der nächsten australische Dollars, britische Pfund oder isländische Kronen.

	A	B	C	D
1				
2	Internationale Preisliste			
3				
4		Euro	Dollar	Pfund
5	Artikel 1	50,00 €	$52,63	£22,73
6	Artikel 2	75,00 €	$78,95	£34,09
7	Artikel 3	100,00 €	$105,26	£45,45
8	Artikel 4	125,00 €	$131,58	£56,82
9	Artikel 5	150,00 €	$157,89	£68,18
10	Artikel 6	175,00 €	$184,21	£79,55

Abbildung 4.34 *Tabelle mit verschiedenen internationalen Währungen*

Speziell für die buchhalterische Dateneingabe – z. B. für Bilanzen und Journale – werden einige Zahlenformate unter **Buchhaltung** angeboten. Bei diesen Formaten werden Nullwerte mit einem Bindestrich dargestellt.

	A	B	C
1			
2	Kassenbuch		
3			
4	Datum	Buchung	Betrag
5	11.12.2011	Honorar	3.500,00 EUR
6	12.12.2011	Porto	- 25,66 EUR
7	13.12.2011	Fachliteratur	- 120,00 EUR
8	14.12.2011	Büromaterial	- 56,00 EUR

Abbildung 4.35 *Beispiel für die Anzeige von negativen Werten im Format »Buchhaltung«*

Die Zahlen werden so ausgerichtet, dass bei gleicher Anzahl von Dezimalstellen das Komma immer an derselben Stelle steht, egal, ob Währungssymbole angezeigt werden oder nicht. Das Minuszeichen bei negativen Werten wird linksbündig dargestellt.

Prozent, Bruch, Wissenschaft und Text

Für Prozentzahlen können Sie in der Kategorie **Prozent** die Anzahl der Dezimalstellen einstellen.

Unter **Bruch** gibt es zahlreiche Formatangebote. Wenn Sie das Format **Einstellig** einem Zellbereich schon vor der Dateneingabe zuordnen, können Sie beispielsweise »1/4« eingeben, ohne dass Excel daraus ein Datum macht. Es ist dann nicht notwendig, »0 1/4« einzugeben.

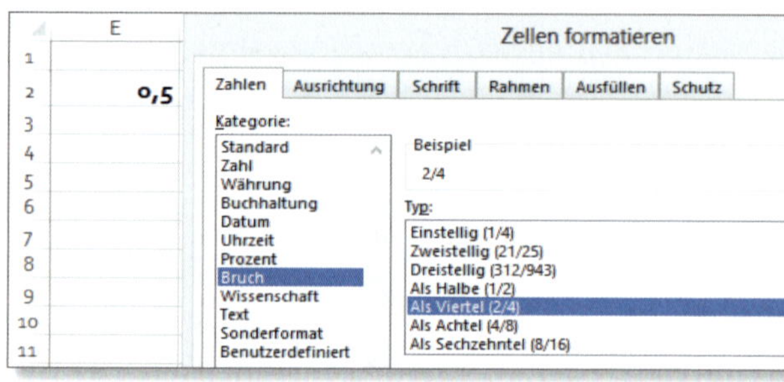

Abbildung 4.36 *Auch für die Anzeige von Brüchen werden mehrere Typen angeboten.*

Unter **Wissenschaft** steht das Exponentialformat zur Verfügung, wobei Sie die Anzahl der Dezimalstellen in der Mantisse frei wählen können. Bei diesem Format wird die Zahl jeweils als Produkt einer Zahl mit einer Zehnerpotenz dargestellt. Diese Darstellungsform ist insbesondere für sehr große oder sehr kleine Zahlen geeignet, wie sie im technisch-wissenschaftlichen Bereich häufig vorkommen.

Die Kategorie **Text** bietet nur ein Format an, das beliebige Zeichen, also auch Zahlen, als Text ausgibt. Zahlen werden dann linksbündig ausgerichtet. Eine Formel mit einem einfachen Bezug auf eine als Text formatierte Zelle C4 wie `=C4*1,19` funktioniert trotzdem, während eine Summenfunktion über einen Bereich von als Text formatierten Zahlen den Wert *0* liefert.

Datums- und Zeitformate

Neben den Zahlenformaten bietet Excel zahlreiche Formate für die Anzeige von Datums- und Zeitangaben an.

Abbildung 4.37 *Das Angebot an Datumsformaten ist abhängig von dem gewählten Gebietsschema.*

Die beiden ersten Formate sind mit einem Sternchen versehen als Hinweis darauf, dass diese Formate durch die Einstellungen beeinflusst werden, die Sie in der **Systemsteuerung** unter **Region** vornehmen. Wenn Sie z. B. dort auf der Registerkarte **Datum** das kurze Datumsformat »TT.MM.JJJJ« auswählen, wird eine zweistellige Jahreszahl automatisch vierstellig ausgegeben.

Die anderen Formate sind unabhängig von den Einstellungen in der Systemsteuerung. Das Angebot an Typen variiert aber in Abhängigkeit von der Auswahl, die Sie in dem Listenfeld **Gebietsschema** treffen. Darüber sind zahlreiche internationale Formate zugänglich.

Sehr praktisch für Zeitpläne ist das lange Datumsformat, bei dem auch der Wochentag zum Datum ausgegeben wird, wie Abbildung 4.38 zeigt.

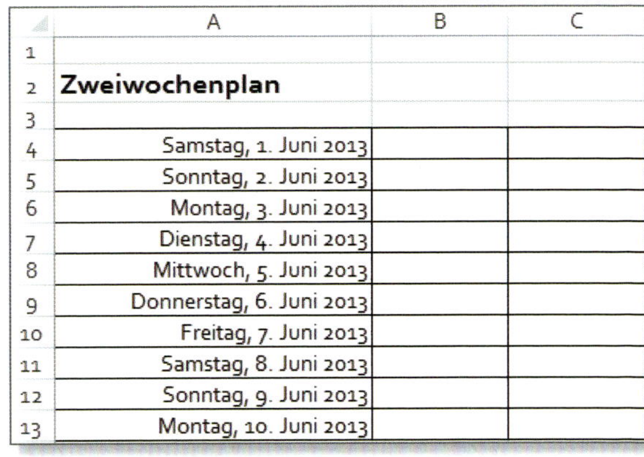

Abbildung 4.38 *Datumsformat mit dem Wochentag*

TIPP

Falsches Datumsformat wieder loswerden
Sie haben sich beim Eingeben einer Zahl vertippt und anstelle des Kommas einen Punkt eingegeben. Statt »12,12« steht jetzt da *12. Dez.* Wenn Sie die Zahl richtig eingeben, steht da plötzlich *12. Jan.* und in der Bearbeitungszeile das Jahr *1900*. Das Problem: Durch die erste Eingabe haben Sie das Standardformat durch ein Datumsformat ersetzt. Die zweite Eingabe versucht Excel auch als Datum zu verstehen, kann aber nur die *12* vor dem Komma *verstehen*. Wenn Sie das Zahlenformat noch einmal über das Formatsymbol **Zahlenformat** zuordnen, zeigt Excel *12,12* wieder richtig an.

Bei den Formaten in der Kategorie **Uhrzeit** ist nur das erste Format von der Einstellung über **Region** abhängig. Auch hier werden aber wieder zahlreiche **Gebietsschemata** angeboten.

Text- und Sonderformate

Ein spezielles Format ist das Format **Text**. Wenn Sie einen leeren Zellbereich mit diesem Format belegen, werden auch alle Zahlen, die Sie anschließend eingeben, von Excel als Zeichenfolgen behandelt und entsprechend linksbündig ausgerichtet. Diese Verfahrensweise ist praktisch, wenn Sie z. B. Codenummern, Kundennummern, Telefonnummern etc. eingeben wollen.

Ganz hilfreich sind die Optionen in der Kategorie **Sonderformate**, die Sie für die Eingabe von Postleitzahlen, ISBN- oder Versicherungsnummern nutzen können. Auch hier sind Formate für bestimmte Länder verfügbar, die Sie über **Gebietsschema** auswählen.

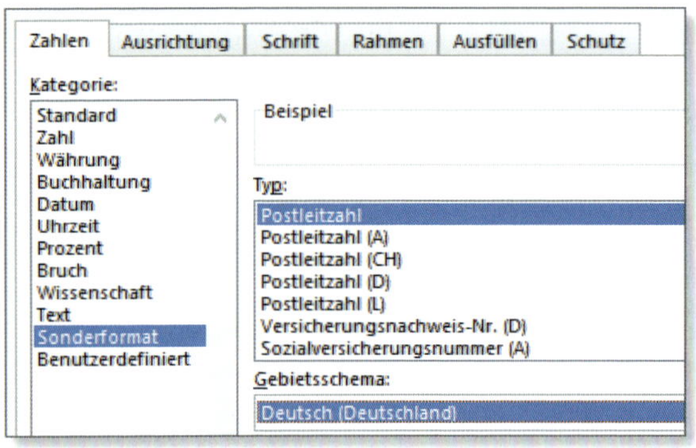

*^ **Abbildung 4.39** Ganz praktisch für spezielle Fälle – die Sonderformate*

Eigene Zellformate definieren

Wenn die integrierten Zahlenformate nicht ausreichen, können Sie das Dialogfeld **Zellen formatieren** nutzen, um eigene Formate zu definieren. Eine Formatbeschreibung kann aus bis zu vier Bestandteilen bestehen, die jeweils durch Semikola getrennt werden:

```
positives Format; negatives Format;
Nullformat; Textformat
```

Enthält ein Zahlenformat nur drei Bestandteile, bedeutet dies, dass es kein spezielles Textformat gibt. Enthält die Zelle Text, wird er ganz normal als Text ausgegeben. Enthält ein Zahlenformat nur zwei Bestandteile, gilt das erste für positives Format und Nullformat, das zweite für negatives Format. Ist nur ein Bestandteil gegeben, gilt dies für positives Format, negatives Format und Nullformat.

Eigene Formate können Sie durch Ändern eines der integrierten Formate oder ganz von Hand definieren.

Angenommen, Sie wollen sechsstellige Belegnummern verwenden, die führende Nullen anzeigen. Sie können folgendermaßen verfahren:

1. Markieren Sie den Zellbereich.
2. Wählen Sie im Dialogfeld **Zellen formatieren** unter **Kategorie** den Eintrag **Benutzerdefiniert**.

	A	B	C	D
1				
2	**Beipiele für Zahlenformate**			
3				
4	**Kategorie**	**Eingabe**	**Ausgabe**	**Formatcodes**
5	**Zahl**	12000,25	12.000,25	#.##0,00
6		-2390	-2.390,00	
7		0	0,00	
8				
9	**Währung**	12000,25	12.000,00 €	#.##0,00 €;-#.##0,00 €
10		-2390	-2.390 €	
11		0	0 €	
12				
13	**Buchhaltung**	12000,25	12.000,00 €	_-*#.##0,00 €_-;-*#.##0,00 €_-;_-*"-" €_;_-@_-
14		-2390	- 2.390 €	
15		0	- €	

*< **Abbildung 4.40** Die Tabelle zeigt, wie Zahlenwerte bei verschiedenen Formatcodes ausgegeben werden.*

3 In dem Listenfeld werden Ihnen Formatmuster angeboten, die Sie als Ausgangsmaterial für das eigene Format verwenden können. Klicken Sie den Eintrag mit der Null an.

4 Ergänzen Sie in dem Eingabefeld **Typ** die restlichen fünf Nullen, und bestätigen Sie mit **OK**.

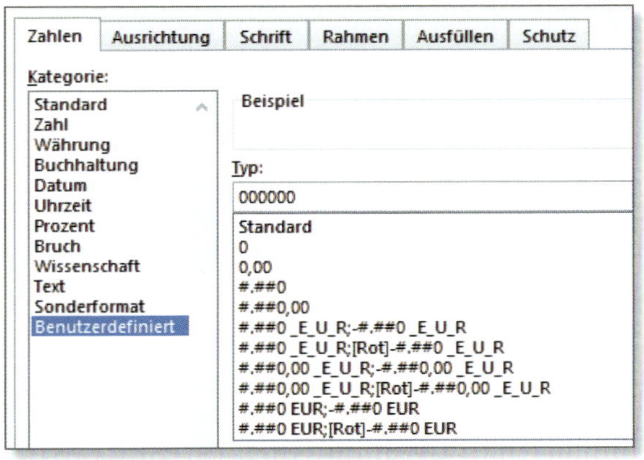

^ ***Abbildung 4.41*** *In der Kategorie »Benutzerdefiniert« wird schon eine Reihe von Formatmustern vorgegeben.*

Wenn Sie das einmal definierte Format erneut anwenden wollen, wiederholen Sie die Schritte 1 und 2. Wählen Sie dann aus der Liste das neue Format. Excel zeigt es immer am Ende der Liste an. Benutzerdefinierte Formate können jederzeit wieder gelöscht werden. Markieren Sie das Format in der Liste, und benutzen Sie die Schaltfläche **Löschen**. Die vorgegebenen Muster in dieser Kategorie können Sie dagegen nicht löschen.

TIPP

Benutzerdefinierte Formate weiterreichen
Bei der Arbeit mit eigenen Formaten müssen Sie beachten, dass Excel die neuen Formate zwar zusammen mit der Arbeitsmappe, für die sie definiert sind, speichert, die Formate werden aber nicht automatisch für andere Arbeitsmappen zur Verfügung gestellt. Brauchen Sie diese Formate häufiger, sollten Sie diese in eine Arbeitsmappenvorlage einfügen, wie es weiter unten in Abschnitt 4.8, »Mit Vorlagen einheitlich gestalten«, ab Seite 286 beschrieben wird.

Formatcodes

Für die Darstellung der Zahlenformate verwendet Excel 2013 Zeichenfolgen, die mit speziellen Codezeichen arbeiten. Diese sind in Tabelle 4.4 zusammengestellt. Mit Platzhaltern für Ziffern steuern Sie, wie viele Dezimalstellen angezeigt werden. Excel erlaubt maximal 15 Dezimalstellen.

Auch die Behandlung führender oder nachfolgender Nullen wird so geregelt. Vorzeichen können vor oder hinter die Zahl gesetzt werden. Excel zeigt normalerweise nur negative Vorzeichen an. Ein Pluszeichen müssen Sie also ausdrücklich in das Formatmuster einfügen, wenn es angezeigt werden soll.

Die folgenden Abbildungen zeigen eine Reihe von Formaten und ihre Wirkung auf die Ausgabe der Werte. Abbildung 4.42 verwendet benutzerdefinierte Formate aus den Kategorien **Zahl** und **Währung**.

	A	B	C	D
1				
2	**Benutzerdefinierte Zahlenformate**			
3				
4	**Kategorie**	**Eingabe**	**Ausgabe**	**Formatcodes**
5	Zahl	003344	00-33-44	00-00-00
6		0,123456	0,123	0,0000
7		0	Wert fehlt	0;-0;"Wert fehlt"
8				
9	Währung	1200,66	1.201£	#.##0 £
10		30000	30.000,00 ¥	#.##0,00 ¥

^ ***Abbildung 4.42*** *Beispiele für benutzerdefinierte Zahlenformate*

Abbildung 4.43 verwendet eigene Formate für Datums- und Zeitwerte.

	A	B	C	D
1				
2	**Benutzerdefinierte Datums- und Zeitformate**			
3				
4	**Kategorie**	**Eingabe**	**Ausgabe**	**Formatcodes**
5	Datum	08.12.2011	Donnerstag 8. Dez 2011	TTTT T.MMM JJJJ
6		09.12.2011	Dezember 2011	MMMM JJJJ
7		10.12.2011	Samstag	TTTT
8				
9	Zeit	12:30:10	Samstag 12:30	TTTT h:mm
10		12:30:10	Beginn: 12:30	"Beginn:" h:mm
11		12:30:10	12 Stunden 30 Minuten	[h] "Stunden" mm "Minuten"

^ ***Abbildung 4.43*** *Benutzerdefinierte Datums- und Zeitformate*

Abbildung 4.44 zeigt spezielle Formate, die von der Erfüllung von bestimmten Bedingungen abhängig sind, und Formate, die die Werte mit beschreibenden Texten kombinieren.

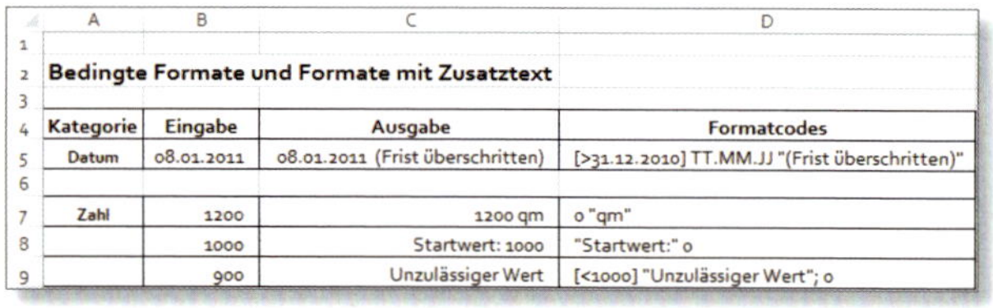

Bedingte Formate und Formate mit Zusatztext

Kategorie	Eingabe	Ausgabe	Formatcodes
Datum	08.01.2011	08.01.2011 (Frist überschritten)	[>31.12.2010] TT.MM.JJ "(Frist überschritten)"
Zahl	1200	1200 qm	0 "qm"
	1000	Startwert: 1000	"Startwert:" 0
	900	Unzulässiger Wert	[<1000] "Unzulässiger Wert"; 0

Abbildung 4.44 *Bedingte Formate und Formate mit Zusatztext*

TIPP

Probleme mit der Zeitrechnung
Sie wollen verschiedene Zeiten zusammenrechnen und geben Stunden und Minuten an. Wenn Sie die Summe bilden, kommt nicht der erwartete Wert heraus. Was ist zu tun? Normalerweise versteht Excel eine Angabe wie »15:30« als Zeitangabe – wenn Sie »15:30« und »13:30« addieren, zeigt Excel *5:00*, also die Uhrzeit 13 ½ Stunden später an. Sie können Excel veranlassen, die Zeitdauer auszugeben, wenn Sie ein spezielles Format verwenden. Geben Sie im Dialogfeld **Zellen formatieren** unter der Kategorie **Benutzerdefiniert** das Format »[hh]:mm« ein. Dann ergibt *=15:30+13:30* die Stundenzahl *29:00*.

Standard	Anzeige im Standardformat
kein Eintrag	Daten werden nicht angezeigt. Beispiel: ;;;. Daten werden in keinem Fall angezeigt. Dieses Format kann zum Verbergen von Daten genutzt werden.
#	Platzhalter für eine Ziffer. Führende Nullen vor und nachfolgende Nullen hinter dem Komma werden nicht angezeigt. Excel rundet auf die angegebenen Dezimalstellen. Sind vor dem Komma mehr Ziffern vorhanden als #-Zeichen, werden sie angezeigt.
0 (Null)	Platzhalter für eine Ziffer einschließlich führender Nullen vor und nachfolgender Nullen hinter dem Komma. Hat die Zahl weniger Ziffern als das Format, werden Nullen dafür angezeigt.
?	Platzhalter für eine Ziffer; führende Nullen vor und nachfolgende Nullen hinter dem Komma werden als Leerzeichen ausgegeben. Hat die Zahl weniger Ziffern als das Format, werden Leerzeichen dafür eingesetzt. Gewährleistet wird damit, dass in einer Zahlenkolonne das Komma immer an derselben Stelle steht, auch wenn unterschiedliche Dezimalstellen angezeigt werden. Das gilt auch für Brüche.
Komma	Dezimalzeichen
%	Prozentzeichen; Excel multipliziert den Wert mit 100 und fügt das Prozentzeichen hinzu.
Punkt	Tausendertrennzeichen; kann auch benutzt werden, um eine Zahl auf Tausender, Millionen etc. zu normieren. (#.. zeigt z. B. nur die Millionen an.)
E- E+ e- e+	Wissenschaftliches Zahlenformat; die Anzahl der Nullen bzw. #-Zeichen zur Rechten legt die Anzahl der Stellen im Exponenten fest. E- oder e- zeigt nur das Minuszeichen an, E+ und e+ sind Vorzeichen des Exponenten.
€ $ – + / ( ) :Leerzeichen	Anzeige des betreffenden Zeichens. Sollen andere Zeichen angezeigt werden, setzen Sie sie in doppelte Anführungszeichen oder setzen \ davor. Der Bindestrich kann z. B. als Trennzeichen verwendet werden. Beispiel: ##-###-##.

Tabelle 4.4 *Liste der Codes, die Sie für die Definition eigener Formate nutzen können*

Standard	Anzeige im Standardformat
*	Füllt die Zelle nach links mit dem unmittelbar folgenden Zeichen auf. ** kann z. B. als Sperrzeichen bei der Scheckausfüllung verwendet werden.
Unterstrich	Fügt eine Leerstelle von der Breite des nächsten Zeichens ein. _) kann z. B. benutzt werden, um positive Zahlen genau unter negative Zahlen zu setzen, die in Klammern angezeigt werden.
"Text"	Der Text innerhalb der Anführungszeichen wird angezeigt. Das erlaubt Ihnen z. B., die Maßeinheit direkt hinter eine Zahl zu setzen. Beispiel: #0,00 "qm"
@	Platzhalter für eine beliebig lange Zeichenfolge
M oder MM	Monatszahl ohne oder mit führenden Nullen (3 oder 03)
MMM	abgekürzter Monatsname (Jan, Feb etc.)
MMMM	ausgeschriebener Monatsname
MMMMM	Monatsname mit einem Buchstaben
T oder TT	Tag als Zahl ohne oder mit führenden Nullen (9 oder 09)
TTT	abgekürzter Tagesname (Sa, So)
TTTT	ausgeschriebener Tagesname
JJ oder JJJJ	zweistellige oder vierstellige Jahreszahl (93 oder 1993)
h oder hh	Stundenzahl ohne oder mit führenden Nullen (3 oder 03); wird im 12-Stunden-Format angezeigt, wenn das Format auch AM oder PM enthält.
m oder mm	Minutenzahl ohne oder mit führenden Nullen (3 oder 03); muss auf h oder hh folgen, wird sonst als Monatszahl interpretiert.
s oder ss	Sekundenzahl ohne oder mit führenden Nullen (3 oder 03)
[ ]	Erlaubt Zeitformate mit mehr als 24 Stunden bzw. mehr als 60 Minuten oder Sekunden. Dabei muss jeweils der äußerste linke Teil des Zeitformats in eckige Klammern gesetzt werden, z. B. [H]:mm:ss. Dieses Format erlaubt die Summierung von mehrtägigen Zeiträumen im Stundenformat. Werden Zahlen ohne Formatzeichen eingegeben, ergeben sie ein Vielfaches von 24 Stunden. Drei ergibt z. B. 72:00:00.
AM/am/A/ aPM/pm/P/p	Bewirkt, dass die Uhrzeit im 12-Stunden-Format angezeigt wird: AM, am, A oder a für die Zeit bis Mittag (ante meridiem = vormittags), PM, pm, P, oder p für die Zeit bis Mitternacht (post meridiem = nachmittags). Ohne Angabe wird die Zeit im 24-Stunden-Format angezeigt.
[Farbe]	Die folgenden Zeichen werden in der angegebenen Farbe angezeigt. Möglich sind die Einträge SCHWARZ, BLAU, ZYAN, GRÜN, MAGENTA, ROT, WEISS, GELB oder FARBE n, wobei n für eine Zahl zwischen 0 und 56 steht und die Nummer der Farbe aus der Farbpalette angibt, die Excel verwendet.
[Bedingung Wert]	Kann für bedingte Formate genutzt werden. Als Bedingung kann einer der folgenden Operatoren eingegeben werden: <, >, =, >=, <=, <>. Wert steht für eine beliebige Zahl. Beispiel: [>1000], das anschließend beschriebene Format wird verwendet, wenn die Zelle die Bedingung erfüllt, also größer 1000 ist.

Tabelle 4.4 *Liste der Codes, die Sie für die Definition eigener Formate nutzen können (Forts.)*

Die Darstellung von Nullwerten regeln

Insbesondere bei Tabellen, die erst allmählich mit Daten gefüllt werden, stellt sich häufig das Problem, wie Nullwerte oder fehlende Werte behandelt werden. Sie haben verschiedene Möglichkeiten:

- Sie unterdrücken für das gesamte Arbeitsblatt die Anzeige der Nullwerte. Dazu wählen Sie über **Datei > Optionen** unter **Erweitert > Optionen für dieses Arbeitsblatt anzeigen** die Option **In Zellen mit Nullwert eine Null anzeigen** ab.
- Sie definieren ein Format, das Nullwerte unterdrückt oder durch einen Bindestrich ersetzt. Beispiel: *0,00;-0,00;;* oder *0,00;-0,00;"-"*. Diese Formate können Sie genau auf die Formeln beschränken, in denen die Nullwerte nicht erscheinen sollen.
- In Zellen, für die noch die Werte fehlen, tragen Sie die Funktion *=NV()* ein. In der Zelle erscheint *#NV*, auch die Formeln, die sich auf diese Zellen beziehen, liefern den Wert *#NV* als Hinweis auf fehlende Werte.

Schließlich können Sie die Anzeige von Nullwerten natürlich auch über Formeln abfangen. `=WENN(SUMME(A3:E3) <> 0;SUMME(A3:E3);"")` zeigt beispielsweise in Zelle F3 die Quersumme nur dann an, wenn sie ungleich null ist.

Umgang mit unvollständigen Jahreszahlen

Es spricht einiges dafür, Jahreszahlen immer komplett, also mit vier Stellen, anzugeben, um Missverständnisse auszuschließen. Aber Excel schreibt es nicht zwingend vor. Damit auch Jahreszahlen ohne Jahrhundertangabe vernünftig verarbeitet werden, bietet Ihnen Excel 2013 ein etwas eigentümliches Verfahren an:

Eine Eingabe wie »12.10.11« wird als *12.10.2011* verstanden. Dieses Verhalten gilt für alle Jahreszahlen von 00 bis 29.

Geben Sie eine Zahl zwischen »30« und »99« an, vermutet Excel, dass das 20. Jahrhundert gemeint ist, und setzt die *19* als Jahrhundertzahl davor. »12.10.33« wird also als *12.10.1933* verwendet.

Eingabe		Ausgabe
10.12.07	-->	10.12.2007
10.12.29	-->	10.12.2029
10.08.34	-->	10.08.1934
12.12.88	-->	12.12.1988

Abbildung 4.45 *Beispiele für die Handhabung des Zeitfensters*

Excel zeigt die komplette Jahreszahl in der Bearbeitungsleiste automatisch an, wenn die Zelle ausgewählt ist. Intern speichert Excel also immer die komplette Jahreszahl.

Benötigen Sie ein Datum aus dem Jahr 1904, können Sie das Datum vierstellig eingeben, auch wenn die Zelle nur für eine zweistellige Jahreszahl formatiert ist. Die Anzeige in der Zelle fördert dann durch das gewählte Format aber eher eine Fehlinterpretation, ein solches Format sollte in diesen Fällen also vermieden werden.

Das angesprochene Zeitfenster von 100 Jahren kann notfalls verschoben werden. Über **Systemsteuerung** und **Region** finden Sie auf der Registerkarte **Datum** eine entsprechende Option in der Gruppe **Kalender**. Sie könnten beispielsweise eine Einstellung von »1940« bis »2039« wählen. Dann würde Excel die Eingabe »12.10.33« in das 21. Jahrhundert verlegen.

Eine solche Verschiebung des Zeitfensters sollte aber nur mit Vorsicht verwendet werden. Wichtig ist, dass in einer Firma alle Geräte mit einem einheitlichen Zeitfenster arbeiten. Sie können auf dieser Registerkarte auch dafür sorgen, dass ein mit zwei Stellen eingegebenes Jahr automatisch mit vier Ziffern angezeigt wird, zumindest als Standardanzeige. Eine nachträgliche Verkürzung über ein entsprechendes Format ist damit allerdings nicht ausgeschlossen. Wählen Sie dazu unter **Kurzes Datum** eine Einstellung wie »TT.MM.JJJJ«.

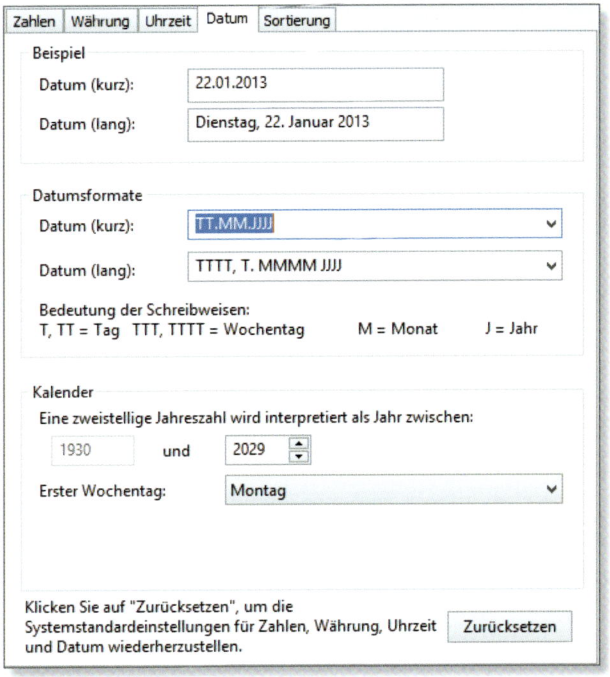

Abbildung 4.46 *Unter »Kalender« können Sie das Zeitfenster für die Interpretation der Jahreszahlen bei Bedarf verschieben.*

TIPP

Unvollständige Jahreszahlen finden
Wenn Sie nachträglich Zellen aufspüren wollen, die mit zweistelligen Jahreszahlen arbeiten, können Sie auch die **Fehlerüberprüfung** verwenden, die in Abschnitt 3.7, »Berechnungsfehler finden und vermeiden«, ab Seite 236 beschrieben ist. Haken Sie dazu über **Datei > Optionen > Formeln** unter **Regeln für die Fehlerüberprüfung** die Regel **Zellen, die zweistellige Jahreszahlen enthalten** ab.

Besonderheiten der Datumsfunktion

Anders als bei der direkten Eingabe eines Datums in eine Zelle verhält sich Excel 2013, wenn Sie ein Datum durch eine Datumsfunktion erzeugen. Wird bei `=DATUM(Jahr;Monat;Tag)` das Jahr nur mit zwei Stellen eingegeben, ergänzt Excel nicht nach der oben beschriebenen Zeitfensterregel, sondern addiert immer 1900 dazu. Das gilt für alle Eingaben für das Jahr, die von 0 bis 1899 reichen. Für das Datum 10.10.2011 könnten Sie anstelle von `=DATUM(2011;10;10)` also auch `=DATUM(111;10;10)` angeben.

Alle vierstelligen Eingaben von 1900 bis 9999 werden direkt als Jahreszahl verarbeitet. Wird das 1904-Datumssystem verwendet, gilt Entsprechendes für Zahlen von 4 bis 1899 und 1904 bis 9999. Für den Anwender ist dieses abweichende Verhalten sicher gewöhnungsbedürftig, die Funktion gibt Ihnen aber eine größere Flexibilität für Datumsberechnungen über größere Zeiträume hinweg.

Beachten Sie, dass es eine ganze Reihe von Funktionen in Excel gibt, die ein Datum als Argument verlangen. Ist dieses Argument als Datum in einer Zelle abgelegt, gilt auch hier die Fensterregel. Wird das Argument mit der Datumsfunktion erzeugt, gilt das zuletzt beschriebene Verhalten.

4.4 Mit Rahmen und Mustern ordnen

Linien und Rahmen sowie Farben und Muster für den Zellhintergrund sind bewährte Mittel, Ihre Tabellen übersichtlich zu gestalten. Linien sind z.B. gut geeignet, um Summenzeilen von den summierten Zahlenkolonnen zu trennen oder auch Beschriftungen von den zugehörigen Daten.

Mit Rahmen können Sie in einem umfangreichen Tabellenblatt verschiedene Teilbereiche übersichtlich zusammenfassen. Mit Farben oder Hintergrundmustern lenken Sie die Aufmerksamkeit gezielt auf wichtige Informationen, etwa auf besonders herausragende oder auch besonders kritische Werte.

Ein chaotisches Tabellenblatt macht nicht nur einen schlechten Eindruck. Möglicherweise werden auch entscheidende Informationen einfach übersehen.

Die Palette der Rahmenlinien

Wenn Sie eine Zelle oder einen Bereich einrahmen wollen, bietet Ihnen das Menüband die geteilte Schaltfläche **Rahmenlinien** an. Diese Schaltfläche zeigt visuell immer die zuletzt verwendete Einstellung an, auch die QuickInfo nennt diese Einstellung. Ein Klick auf die Schaltfläche wiederholt diese Einstellung, ein Klick auf den rechten Teil mit dem kleinen Pfeil öffnet die Palette.

Im Modus **Fingereingabe** ist die Rahmenpalette wieder etwas auseinandergezogen, um die Auswahl zu erleichtern. Per Tipp wählen Sie das gewünschte Muster aus.

Um den Umgang mit Rahmenlinien zu demonstrieren, wollen wir eine Tabelle etwas verschönern. Die gesamte Tabelle soll zunächst mit dünnen Zellrahmen ausgestattet und anschließend der gesamte Bereich mit einem dickeren Rand im Tabellenblatt herausgehoben werden. Hier die notwendigen Schritte:

1. Markieren Sie den gesamten Tabellenbereich.
2. Öffnen Sie in der Gruppe **Start > Schriftart** die Palette der Schaltfläche **Rahmenlinien**.

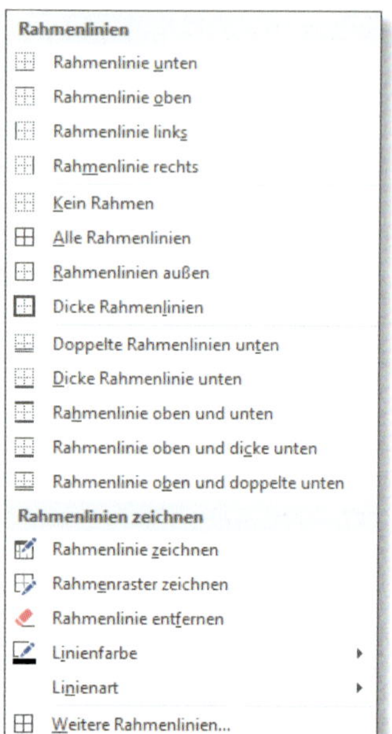

^ ***Abbildung 4.47*** *Die Palette stellt umfangreiche Rahmenvarianten zur Verfügung.*

3. Wenn Sie eine andere als die vorgegebene Linie verwenden wollen, öffnen Sie mit **Linienart** die Palette der Linien und wählen die gewünschte Linie aus. Die Palette wird wieder eingeklappt, der Mauszeiger verwandelt sich in einen Stift. Die Bereichsmarkierung scheint aufgehoben zu sein, ist es aber nicht.
4. Um auch die Farbe der Linien zu ändern, öffnen Sie die Palette **Rahmenlinie** erneut und anschließend die Farbpalette mit der Option **Linienfarbe**. Wählen Sie Ihre Wunschfarbe.
5. Öffnen Sie die Palette **Rahmenlinie** wieder, und benutzen Sie die Option **Alle Rahmenlinien**, um alle Zellen in dem markierten Bereich zu rahmen.
6. Heben Sie die Auswahl des nun gerahmten Bereichs nicht auf, sondern öffnen Sie die Palette **Rahmenlinie** zum letzten Mal, um die Option **Dicke Rahmenlinie** aufzurufen.

Wenn Sie nun die Auswahl des Bereichs aufheben, können Sie das Ergebnis begutachten.

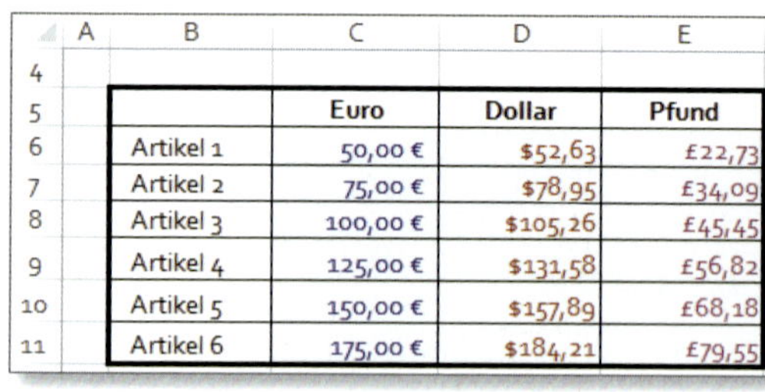

	A	B	C	D	E
4					
5			Euro	Dollar	Pfund
6		Artikel 1	50,00 €	$52,63	£22,73
7		Artikel 2	75,00 €	$78,95	£34,09
8		Artikel 3	100,00 €	$105,26	£45,45
9		Artikel 4	125,00 €	$131,58	£56,82
10		Artikel 5	150,00 €	$157,89	£68,18
11		Artikel 6	175,00 €	$184,21	£79,55

^ ***Abbildung 4.48*** *Der gesamte Zellbereich wird durch eine dickere Rahmenlinie abgegrenzt.*

TIPP

Reichweite beachten
Beachten Sie, dass sich bis auf die Option **Alle Rahmenlinien**, die alle Zellen eines ausgewählten Zellbereichs betrifft, alle anderen Optionen jeweils auf den Zellbereich als Ganzen beziehen. Um einen Zellbereich von anderen Bereichen abzutrennen, kann so beispielsweise eine dicke Rahmenlinie darum gezeichnet werden, wie in Abbildung 4.48 dargestellt.

Um alle Rahmenlinien für einen markierten Bereich wieder zu entfernen, wählen Sie in der Palette die Option **Kein Rahmen**. Die Option **Weitere Rahmenlinien** öffnet das Register **Rahmen** im Dialog **Zellen formatieren**, von dem gleich noch die Rede sein wird.

Die Registerkarte »Rahmen«

Die Vergabe von Rahmen und Linien mithilfe des Dialogfelds **Zellen formatieren** ist etwas weniger elegant, weil dabei immer nur eine Auswahl für den gerade markierten Bereich getroffen werden kann. Dafür aber haben Sie auf der Registerkarte **Rahmen** mehr Auswahlmöglichkeiten. So sind hier auch diagonale Linien möglich, etwa um einen Bereich für einen späteren Löschvorgang zu markieren.

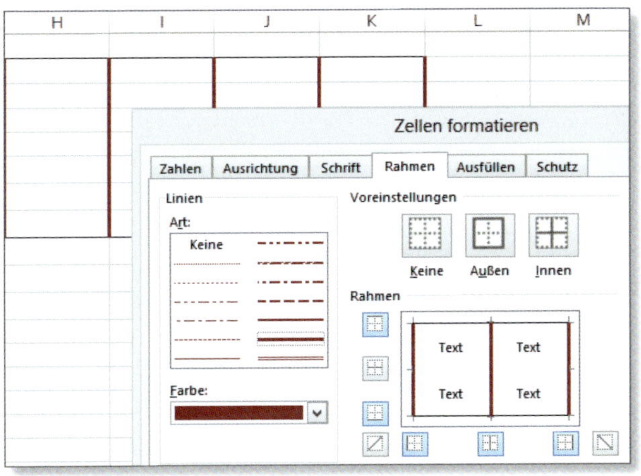

∧ ***Abbildung 4.49*** *Die Registerkarte »Rahmen« im Dialog »Zellen formatieren«*

1. Markieren Sie die Zelle oder den Zellbereich, der gerahmt oder mit Linien versehen werden soll.
2. Zunächst können Sie auf der Registerkarte **Rahmen** eine Voreinstellung wählen, die Sie anschließend verfeinern können. Wenn Sie **Außen** auswählen, wird der markierte Zellbereich insgesamt mit einem Rahmen versehen. **Innen** dagegen sorgt für ein Linienraster innerhalb des markierten Bereichs. Mit **Keine** werden alle eventuell schon vorhandenen Rahmen wieder gelöscht. **Außen** und **Innen** können Sie gleichzeitig benutzen.
3. Im Feld **Rahmen** wird das Ergebnis der Voreinstellung in einer Art Vorschau angezeigt. Jede der Linien im Feld **Rahmen** können Sie per Klick oder Tipp auch wieder entfernen oder hinzufügen.
4. Sollen unterschiedliche Linienarten und Linienfarben benutzt werden, wählen Sie erst im rechten Feld eines der Linienmuster aus und unter **Farbe** eines der Farbmuster. Alle Linien, die anschließend eingefügt werden, entsprechen so lange der ausgewählten Linienart und -farbe, bis Sie eine andere Auswahl treffen.

Sie können die Optionen beliebig kombinieren. Zum Beispiel ist es möglich, jede Zelle im Bereich mit einem dünnen Strich unten zu versehen, die Spalten aber mit fetten Strichen zu trennen.

Rahmen zeichnen

Anstatt die Zellen zuerst zu markieren und dann zu rahmen, können Sie auch eines der beiden Zeichenwerkzeuge verwenden, die Sie in der Palette **Rahmenlinien** im unteren Teil finden. Zum Zeichnen stehen die beiden Optionen **Rahmenlinie zeichnen** und **Rahmenraster zeichnen** zur Verfügung.

	Euro	Dollar	Pfund
Artikel 1	50,00 €	$52,63	£22,73
Artikel 2	75,00 €	$78,95	£34,09
Artikel 3	100,00 €	$105,26	£45,45
Artikel 4	125,00 €	$131,58	£56,82
Artikel 5	150,00 €	$157,89	£68,18
Artikel 6	175,00 €	$184,21	£79,55

∧ ***Abbildung 4.50*** *Mit dem Stift ziehen Sie den gewünschten Rahmen auf.*

Im ersten Fall wird ein Rahmen um den anschließend mit dem Zeichenstift aufgezogenen Bereich gezogen, im zweiten Fall wird auf den ausgewählten Bereich ein komplettes Zellraster gelegt. Der Zeichenvorgang wird abgeschlossen mit einem erneuten Klick auf das Symbol **Rahmenlinien**.

Für nachträgliche Korrekturen wird in der Palette noch die Option **Rahmenlinie entfernen** angeboten, die eine spezielle Löschfunktion aktiviert. Mit der Maus lassen sich dann falsch platzierte Rahmen oder Raster leicht entfernen. Erst eine andere Auswahl in der Palette deaktiviert die Löschfunktion wieder.

Für diese Zeichenfunktionen scheint es im Modus **Fingereingabe** keine Entsprechung zu geben.

Farben und Füllmuster

Für die Gestaltung des Zellhintergrunds mit Farben wird in der Gruppe **Start > Schriftart** die Schaltfläche **Füllfarbe** angeboten, die Sie auch für das Einfärben von grafischen Objekten verwenden können. Die Palette, die über den kleinen Pfeil geöffnet wird, bietet eine Vorauswahl von Farben, ähnlich wie die schon im Abschnitt »Schriftfarbe« ab Seite 257 behandelte Palette zur Schriftfarbe. Auch hier ist die Palette im Modus **Fingereingabe** vergrößert.

Abbildung 4.51 *Die Hintergrundfarbe der Zelle bestimmen Sie per Klick oder Tipp auf ein Farbmuster in der Palette des Symbols »Füllfarbe«.*

Dabei wird unterschieden zwischen **Designfarben** und **Standardfarben**. Die Designfarben sind aufeinander abgestimmte Farbgruppen, die über die später in Abschnitt 4.7, »Blätter mit Designs schmücken«, ab Seite 283 noch behandelte Schaltfläche **Designfarben** in der Gruppe **Seitenlayout > Designs** gepflegt werden.

Die Standardfarben sind Farbvorgaben von Excel, die beispielsweise auch bei der Einfärbung von Diagrammen bevorzugt verwendet werden, wenn Sie die Farben nicht selbst zuweisen.

Die Schaltfläche **Weitere Farben** öffnet einen Dialog mit zwei Registern. Auf dem Register **Standard** tauschen Sie bei Bedarf vorgegebene Standardfarben aus.

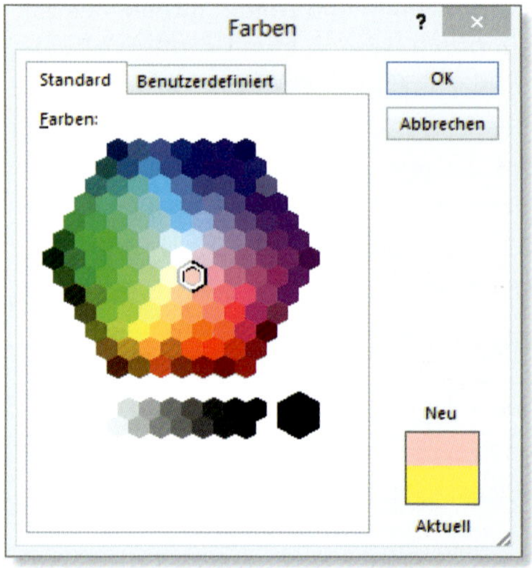

Abbildung 4.52 *Tausch einer Standardfarbe*

Über das Register **Benutzerdefiniert** können Sie Farben aus den Grundfarben selbst zusammenstellen.

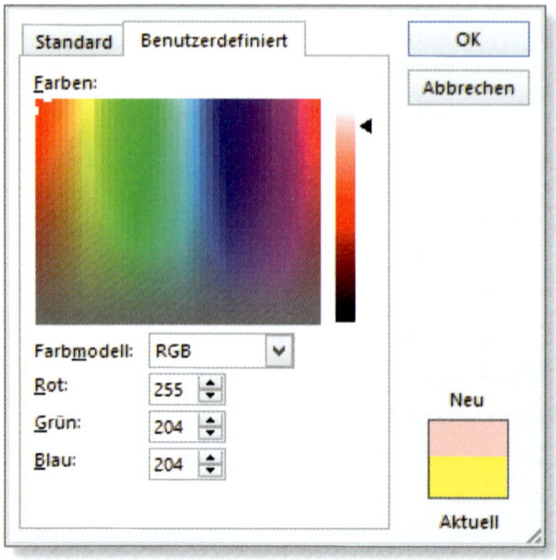

Abbildung 4.53 *Per Klick oder Tipp oder durch Eingabe der Farbwerte definieren Sie die neue Farbe.*

Alternativ zum Ziehen, Klicken und Tippen in den Farbfeldern lassen sich auch die Zahlenwerte einstellen, die für die beiden von Excel unterstützten Farbsysteme gültig sind. Das Farbsystem HSL arbeitet mit den drei Faktoren **Farbton**, **Sättigung** und **Intensität**, das RGB-System mit der Mischung der Farben **Rot**, **Grün** und **Blau**.

Beide Systeme können unabhängig voneinander benutzt werden. In der Palette tauchen eigene Farben unter der Rubrik **Zuletzt verwendete Farben** auf, sodass Sie leicht darauf zurückgreifen können.

	B	C	D	E
15		Euro	Dollar	Pfund
16	Artikel 1	50,00 €	$52,63	£22,73
17	Artikel 2	75,00 €	$78,95	£34,09
18	Artikel 3	100,00 €	$105,26	£45,45
19	Artikel 4	125,00 €	$131,58	£56,82
20	Artikel 5	150,00 €	$157,89	£68,18
21	Artikel 6	175,00 €	$184,21	£79,55

Abbildung 4.54 Unterschiedliche Zellhintergründe können die Lesbarkeit einer Tabelle verbessern.

Wenn Sie z.B. Spalten mehr voneinander abheben oder eine Spalte mit besonders vorzüglichen Ergebnissen herausheben wollen, steht dem nichts im Wege. Markieren Sie die Spalte, und wählen Sie eine Farbe aus der Palette. Mit **Keine Füllung** kann die Hintergrundfarbe wieder gelöscht werden.

Die Registerkarte »Ausfüllen«

Die Einfärbung der Zellen können Sie auch über die Registerkarte **Ausfüllen** im Dialog **Zellen formatieren** vornehmen. Dabei kann unter **Hintergrundfarbe** aus derselben Palette ausgewählt werden wie bei der Schaltfläche **Füllfarbe**. Zusätzlich lassen sich im Listenfeld **Musterformat** auch Schraffuren für die markierten Zellen wählen, die auf den jeweiligen Hintergrund gelegt werden.

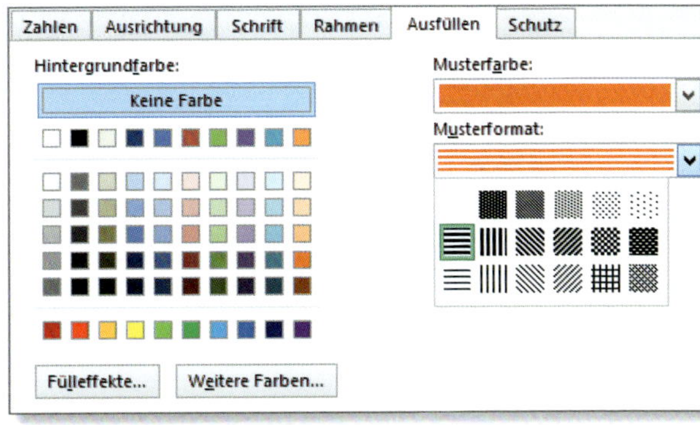

Abbildung 4.55 Die Registerkarte »Ausfüllen« bietet auch Hintergrundmuster an.

Über **Musterfarbe** kann eine bestimmte Farbe für die Schraffur ausgewählt werden. Es ist also beispielsweise möglich, auf einen grauen Hintergrund ein beigefarbenes Linienmuster zu legen, um eine Titelzeile hervorzuheben.

	A	B	C	D
1				
2	Internationale Preisliste			
3				
4		Euro	Dollar	Pfund
5	Artikel 1	50,00 €	$52,63	£22,73
6	Artikel 2	75,00 €	$78,95	£34,09
7	Artikel 3	100,00 €	$105,26	£45,45

Abbildung 4.56 Eine Titelzeile mit schraffiertem Hintergrund

Weniger ist oft mehr

Mit den Farben in einem Tabellenblatt verhält es sich ähnlich wie mit den Schriften. Die Leichtigkeit, mit der Zellen angemalt werden können, führt manchmal in Versuchung, zu viel des Guten zu tun. Mehr als drei oder vier Farben auf einem einzigen Blatt machen das Bild unruhig, verwirren das Publikum und ermüden schnell die Augen.

TIPP

Druckausgabe beachten
Bei solchen Farbmustern stellt sich natürlich immer auch die Frage, wie der entsprechende Bereich im Druck erscheinen wird. Deshalb sollten Sie am Anfang ein wenig experimentieren, um die Kombinationen herauszufinden, die wirklich brauchbar sind. Schließlich sollen die Daten ja noch lesbar bleiben.

Farben als Organisationsmittel

Farben und Muster können auch ohne Daten für viele Zwecke gut eingesetzt werden. Für die Urlaubsplanung einer Abteilung oder einer kleinen Firma können mithilfe solcher Muster z. B. sehr leicht Übersichten erzeugt werden. Abbildung 4.57 zeigt ein Beispiel.

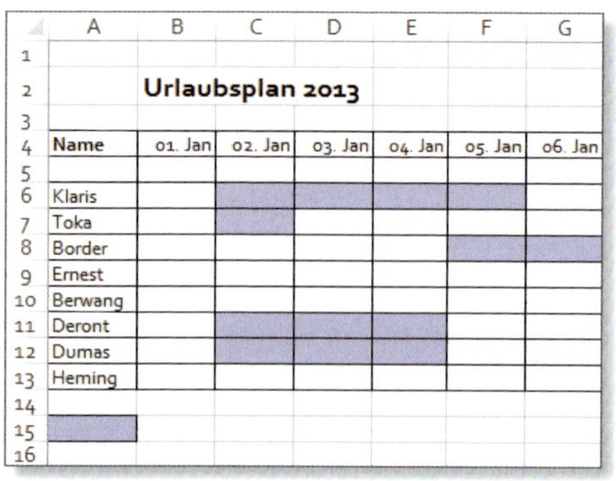

Abbildung 4.57 Urlaubsplanung mit Hintergrundfarben für die Zellen

Hier ein Tipp, wie so ein Plan ausgefüllt werden kann: Legen Sie in einer Zelle – in der Abbildung ist es A15 – ein Farbmuster ab. Soll nun ein mehrtägiger Urlaub eingetragen werden, wählen Sie die Musterzelle und benutzen anschließend das Symbol **Format übertragen**. Ziehen Sie mit dem Pinsel über die entsprechenden Tage. Auf dem Touchscreen tippen Sie die Tage einfach an.

TIPP

Fortschrittsmarkierung
Farben lassen sich in Listen, die Sie abarbeiten wollen, auch sehr gut verwenden, um zu kennzeichnen, was schon erledigt ist.

Hintergründe für das Tabellenblatt einfügen

Mit dem Befehl **Seitenlayout > Seite einrichten > Hintergrund** lassen sich Bilder als Hintergrund unter das Zahlenwerk einer Tabelle legen. Der Befehl öffnet zunächst die Seite **Bilder einfügen**, auf der verschiedene Quellen für Bildmaterial angeboten werden.

Die Schaltfläche **Durchsuchen** zu der Option **Aus einer Datei** öffnet ein Dialogfeld, in dem Sie eine Grafikdatei auswählen können. Alle üblichen Dateitypen werden unterstützt. Excel kachelt das gesamte Tabellenblatt mit dem gewählten Bild aus. Auf diese Art lassen sich beispielsweise Abbildungen von Papierstrukturen, dekorative Texturen oder auch Fotos als Hintergrund benutzen.

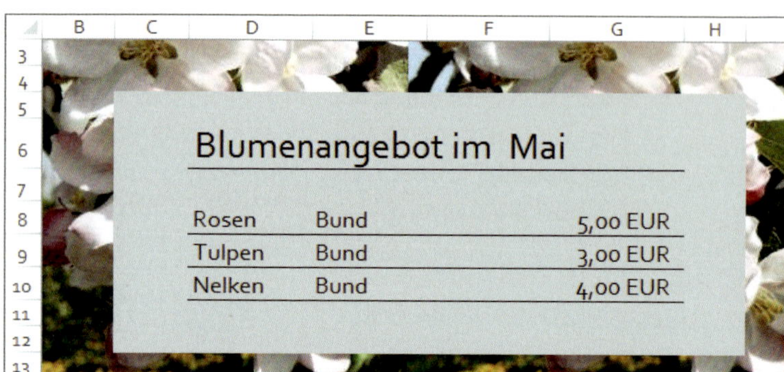

Abbildung 4.58 Manchmal passt zu einer Tabelle auch ein Bildhintergrund.

Wenn Sie den Hintergrund wieder entfernen wollen, wählen Sie an derselben Stelle in der Gruppe **Seite einrichten** den Befehl **Hintergrund löschen**.

4.5 Formate kopieren

Beim Kopieren von Zellbereichen übernimmt Excel normalerweise den Inhalt und das Format gleichzeitig, und das ist in den meisten Fällen auch sinnvoll. Manchmal ist es aber praktisch, ein Format getrennt zu kopieren, entweder auf Zellen, die noch leer sind, also vor der Dateneingabe, oder auf Zellen, die bereits gefüllt sind. Dafür gibt es mehrere Verfahren.

Kopie über die Zwischenablage

In Abschnitt 2.6, »Tabellen neu organisieren und umbauen«, ab Seite 170 ist bereits beschrieben worden, dass es beim Einfügen eines Bereichs, der in die Zwischenablage kopiert wurde, auch eine Möglichkeit gibt, nur das Format des Quellbereichs zu übernehmen, den Zellinhalt dagegen nicht.

*< **Abbildung 4.59** Das erste Symbol unter »Weitere Einfügeoptionen« übernimmt nur die Formate und ignoriert den Inhalt.*

Übertragen auf benachbarte Bereiche

Wenn Formate in benachbarten Spalten oder Zeilen benötigt werden, können Sie das ganz gut mit dem Ausfüllkästchen oder auch dem Touchscreen mit dem Symbol **AutoAusfüllen** erledigen.

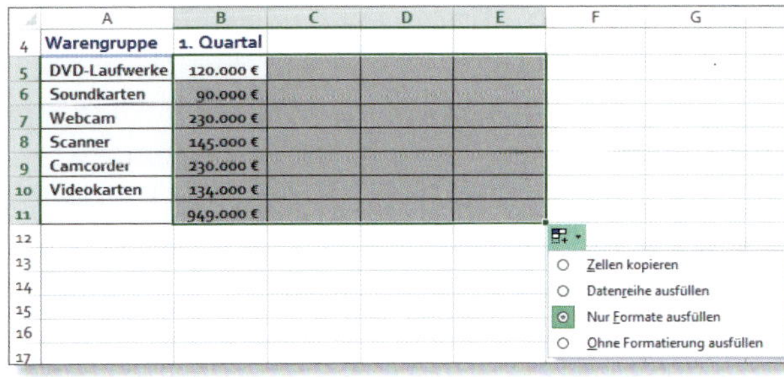

*^ **Abbildung 4.60** Formate auf benachbarte Bereiche ziehen*

Angenommen, Sie wollen eine Tabelle um drei Spalten erweitern und dabei das Format der bisher letzten Spalte übernehmen.

1. Markieren Sie die Spalte, deren Format Sie übertragen wollen.
2. Ziehen Sie das Ausfüllkästchen so viele Spalten nach rechts, bis alle Spalten, die dieses Format ebenfalls erhalten sollen, eingeschlossen sind.
3. Wenn Sie die Maustaste loslassen, benutzen Sie über die Schaltfläche **Auto-Ausfülloptionen** die Option **Nur Formate ausfüllen**.

Wenn Sie das Ausfüllkästchen nach unten ziehen, um das Format auf weitere Zeilen zu übertragen, werden die gleichen Optionen angeboten.

Auf dem Touchscreen blenden Sie über das Kontextmenü zu der ersten Spalte das Symbol **AutoAusfüllen** ein. Dann ziehen Sie das Symbol drei Spalten nach rechts und verwenden im Menü der Schaltfläche **Auto-Ausfülloptionen** ebenfalls die Option **Nur Formate ausfüllen**.

Mit Formaten malen

Eine handliche Technik, Formate an beliebige Stellen zu kopieren, stellt die Schaltfläche mit dem Pinsel ❶ zur Verfügung. Im einfachsten Fall übertragen Sie damit das Format der aktiven Zelle auf andere Zellen.

Noch effektiver ist dieses Werkzeug, wenn Sie damit das komplette Format eines Zellbereichs für einen anderen Bereich übernehmen, der ähnlich strukturiert ist. In dem folgenden Beispiel wird das Format einer Jahresauswertung auf einen Bereich übertragen, in dem schon die Beschriftungen für die entsprechende Auswertung des Folgejahres angelegt sind. Das geht so:

1 Markieren Sie den kompletten Bereich der ersten Jahresauswertung.

2 Klicken Sie in der Gruppe **Start > Zwischenablage** auf das Symbol mit dem Namen **Format übertragen**. Wenn es aktiviert ist, erhält es einen farbigen Hintergrund.

3 Ziehen Sie mit dem Zellzeiger – er erscheint jetzt als ein Kreuz mit einem Pinsel ❷ – über den Zielbereich mit den Beschriftungen für die zweite Jahresauswertung.

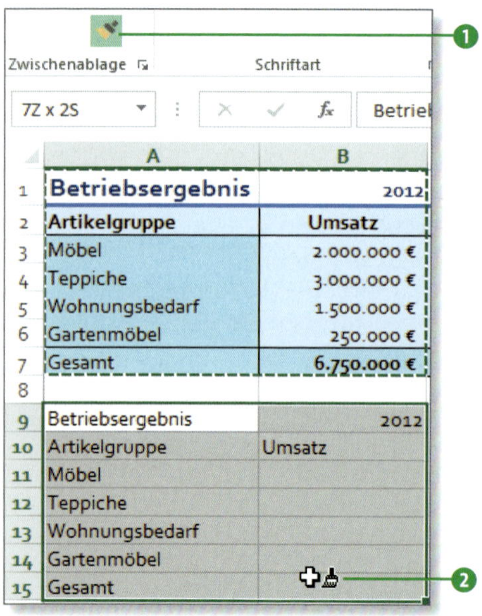

^ ***Abbildung 4.61*** *Formate übertragen Sie mit dem Pinsel.*

4 Wenn Sie die Maustaste loslassen, wird der neue Bereich genau so formatiert wie der alte, alle Dimensionen des Quellformats – Schriften, Farben, Rahmen und Zahlenformate – werden übernommen.

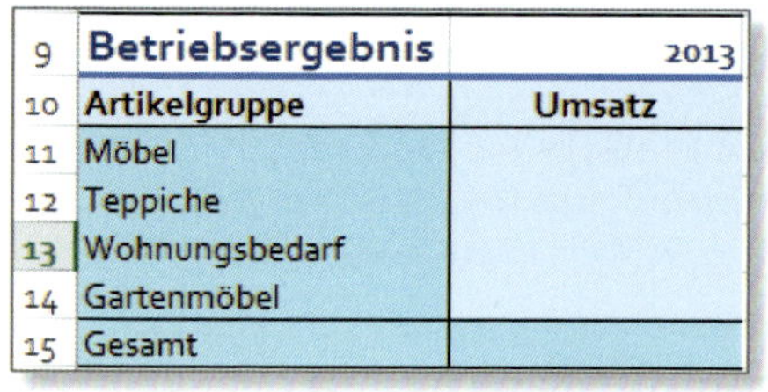

^ ***Abbildung 4.62*** *Das Format des Zellbereichs wird übernommen.*

5 Die Pinselfunktion wird deaktiviert, der neue Bereich bleibt aber ausgewählt.

Wollen Sie diese Formatübertragung nicht nur für einen, sondern gleich für mehrere Bereiche vornehmen, klicken Sie in Schritt 2 das Pinselsymbol doppelt an. Durch Ziehen mit der Maus kopieren Sie das Quellformat nacheinander auf verschiedene Bereiche. Erst wenn Sie das Symbol erneut anklicken, wird die Kopierfunktion gestoppt.

Auch im Modus **Fingereingabe** können Sie mithilfe des Pinselsymbols Formate übertragen. Sie tippen einfach oder doppelt das Symbol an und dann die Zellen, die das Format übernehmen sollen. Nur der Mauszeiger in Pinselform fehlt hier. Sie können den Zielbereich also auch nicht durch Ziehen ausdehnen. Wenn Sie statt einer Zelle aber einen Spalten- oder Zeilenkopf antippen, wird das Format auf die ganze Spalte oder Zeile übertragen.

TIPP

Typischer Kandidat für die Schnellzugriffsleiste
Wenn Sie häufig mit dem Symbol **Format übertragen** arbeiten, ist es ratsam, das Symbol einmal mit rechts anzuklicken und im Kontextmenü den Befehl **Zu Symbolleiste für den Schnellzugriff hinzufügen** aufzurufen. Dann ist diese praktische Funktion immer nur einen Schritt entfernt, egal, welches Register im Menüband gerade angezeigt wird.

4.6 Formate suchen und ersetzen

In Excel 2013 können Sie nicht nur Zahlen und Zeichenketten, sondern auch Formate suchen und bei Bedarf ersetzen. So ist es beispielsweise möglich, Datumswerte, die das kurze Datumsformat verwenden, durch solche zu ersetzen, die das lange Datumsformat verwenden.

1 Öffnen Sie den Dialog **Suchen und Ersetzen** mit Strg + H.

2 Blenden Sie mit der Schaltfläche **Optionen <<** die zusätzlichen **Format**-Schaltflächen zu den Eingabefeldern ein.

3 Öffnen Sie mit dem kleinen Pfeil der ersten Schaltfläche 1 das Menü dazu.

4 Benutzen Sie die Option **Format von Zelle wählen**, und wählen Sie eine Zelle aus, deren Format ersetzt werden soll.

5 Benutzen Sie die zweite Schaltfläche **Format** – sie ist in Abbildung 4.63 durch das Menü der ersten verdeckt. Sie öffnet den Dialog **Format ersetzen**.

6 Wählen Sie das lange Datumsformat aus, in dem auch der Wochentag angezeigt wird. Bestätigen Sie die Auswahl, und benutzen Sie dann **Alle ersetzen**.

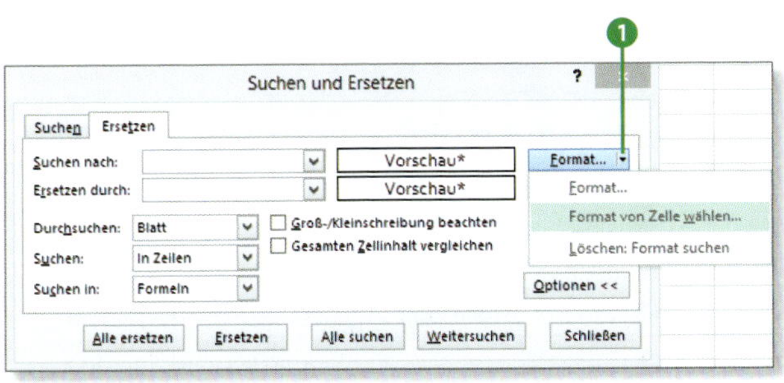

Abbildung 4.63 *Um Formate auszutauschen, verwenden Sie die Menüs zu den beiden Schaltflächen »Format…«.*

Soll die Suche nach Formaten beendet werden, um wieder nur nach inhaltlichen Kriterien zu suchen, benutzen Sie die Option **Löschen: Format suchen**.

4.7 Blätter mit Designs schmücken

Auch Dokumente, in denen hauptsächlich mit Zahlen jongliert wird, müssen nicht hässlich sein. Die meisten Menschen lesen lieber ein ansprechend gestaltetes Tabellenblatt. Um Ihnen etwas Hilfestellung in dieser Frage zu geben, hat Microsoft schon seit den letzten Office-Versionen das Konzept der Designs eingeführt. In einem Design ist eine abgestimmte Auswahl von Farben, Schriften und Effekten zusammengestellt.

Dieses Konzept wird anwendungsübergreifend eingesetzt. Ein Design, das Ihnen zusagt, können Sie durchgehend für Ihre Word-Texte, Ihre PowerPoint-Präsentationen und Ihre Excel-Tabellen verwenden, um ein einheitliches Aussehen all Ihrer Dokumente zu gewährleisten.

Zahlreiche integrierte Designs werden angeboten. Vorgabe ist das **Larissa**-Design, das angezeigt wird, wenn Sie auf dem Register **Seitenlayout** das Symbol **Designs** in der Gruppe **Designs** benutzen. (Die Liste der Designs in Excel 2013 unterscheidet sich übrigens von der in Excel 2010.).

Die Elemente, auf deren Darstellung die Designs in Excel Einfluss haben, sind folgende:

- Zellen und Zellbereiche können als Hintergrundfarbe oder Schriftfarbe Designfarben anstelle von Standardfarben verwenden. Wird das Design geändert, werden die Farben positionsweise ersetzt.

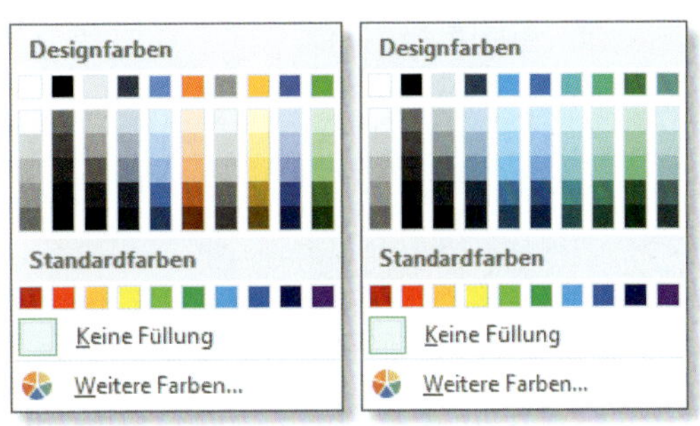

Abbildung 4.64 *Links die Designfarben des Designs »Larissa«, rechts die Farben von »Integral«*

- Tabellenformatvorlagen
- Diagramme und Sparklines
- Pivot-Tabellen und Datenschnitte
- grafische Objekte
- SmartArt- und WordArt-Objekte
- Farben für Blattregister

Abbildung 4.65 zeigt ein SmartArt-Objekt mit dem vorgegebenen Design.

Abbildung 4.66 zeigt das gleiche Tabellenblatt mit dem Design **Integral**.

Das andere Design ändert die Schriftart, die Farben und die grafischen Effekte für das SmartArt-Objekt in einem Zug.

Ein anderes Design zuordnen

Die Palette der Designs können Sie über die Schaltfläche **Designs** in der Gruppe **Seitenlayout > Designs** öffnen. Wenn Sie mit dem Mauszeiger eine der Designoptionen berühren, wird der Effekt in dem aktuellen Arbeitsblatt angezeigt, falls dort Elemente vorhanden sind, die davon betroffen sind.

Ein Klick oder Tipp auf eine Designoption genügt, um sie zuzuweisen. Diese Zuweisung gilt immer für eine komplette Arbeitsmappe. Wird ein Design nachträglich angewendet, sind unter Umständen einige Anpassungen notwendig, die das Seitenlayout betreffen, da eventuell Schriften ausgetauscht wurden.

Designs anpassen

In der Gruppe **Designs** finden Sie auch drei Schaltflächen, um einzelne Dimensionen eines ausgewählten Designs zu ändern.

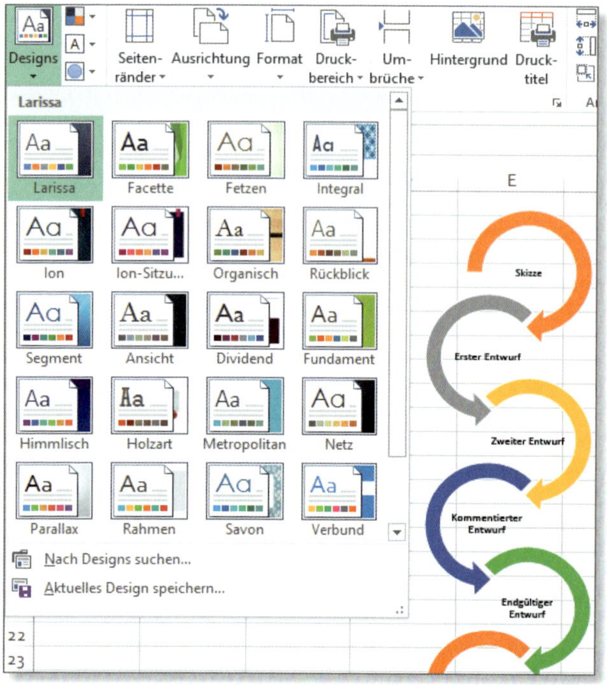

Abbildung 4.65 *Ein SmartArt-Objekt im vorgegebenen Design »Larissa«*

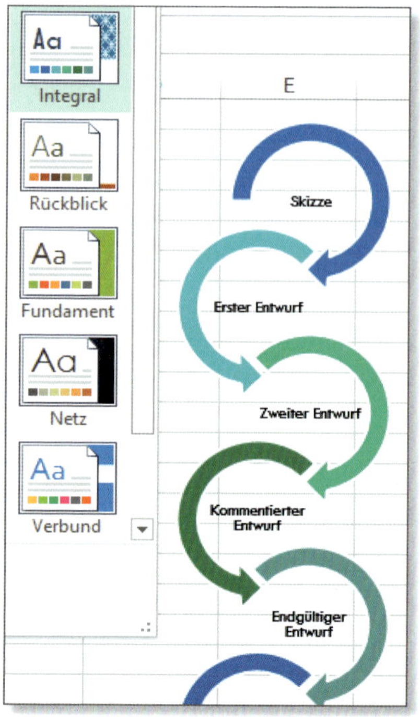

Abbildung 4.66 *Das SmartArt-Objekt mit dem Design »Integral«*

Wenn Ihnen beispielsweise zwar die Schriften des Designs **Facette** gefallen, aber nicht die Farben, können Sie die Farben aus einem anderen Design übernehmen. Genauso ist es möglich, weitere Eigenschaften aus anderen Designs zu übernehmen. Gehen Sie dazu wie folgt vor:

1. Wählen Sie zuerst über die Schaltfläche **Designs** das Design **Facette**.
2. Benutzen Sie die Schaltfläche **Farben**, um die Palette mit den Farbkombinationen der verschiedenen Designs zu öffnen.
3. Markieren Sie die Farbreihe, die Sie verwenden wollen.

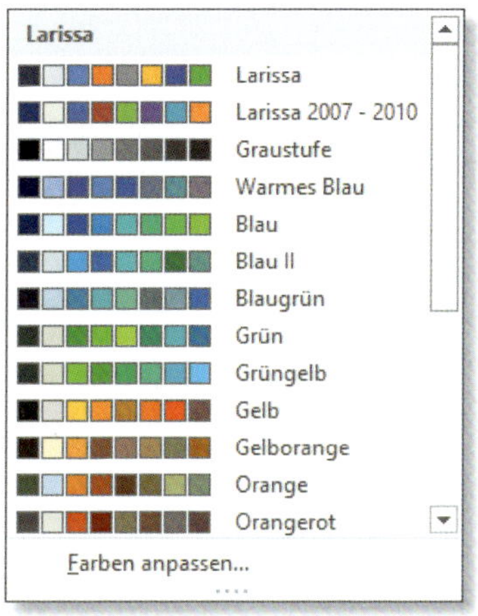

Abbildung 4.67 *Das Angebot der Farbkombinationen*

4. Mit dem Befehl **Farben anpassen** können Sie stattdessen auch eigene Farbreihen zusammenstellen.
5. Öffnen Sie über die Schaltflächen unter **Designfarben** die einzelnen Farbpaletten, und wählen Sie die gewünschten Farben aus. Das Dialogfeld bietet vier Schaltflächen für Text- und Hintergrundfarben, die ausgewählten Farben erscheinen in den Paletten **Füllfarbe** und **Textfarbe**. Die sechs Schaltflächen **Akzent 1–6** sind für die Diagrammfarben, die beiden letzten Schaltflächen betreffen die Darstellung von Hyperlinks. Sie können unter **Beispiel** immer gleich kontrollieren, wie sich die Farbwahl auswirkt.

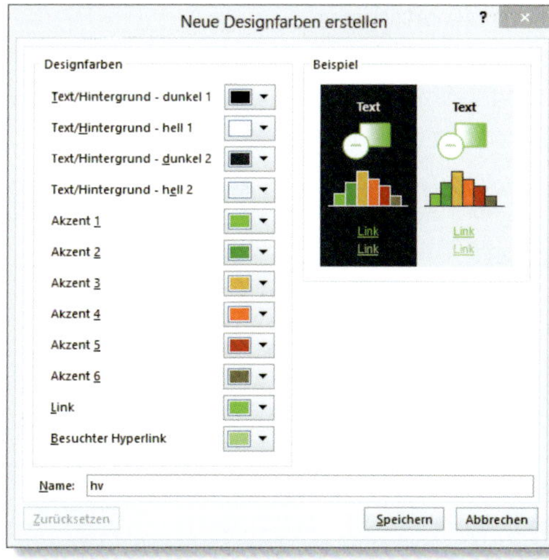

Abbildung 4.68 *In diesem Dialog können Sie eigene Farbkombinationen zusammenstellen.*

6. Vergeben Sie unter **Name** eine passende Bezeichnung für die Farbauswahl, und bestätigen Sie mit **Speichern**.

Vielleicht sind Sie aber auch mit den Farben eines bestimmten Designs zufrieden, wollen aber andere Schriften verwenden.

1. Benutzen Sie die Schaltfläche **Schriftarten**.
2. Sie können entweder eine Schriftart aus der Palette auswählen oder die Option **Schriftarten anpassen** nutzen.

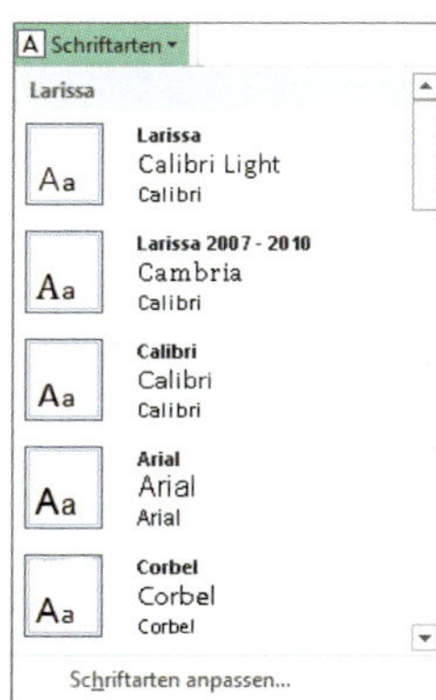

Abbildung 4.69 *Wahl anderer Schriftarten für ein Design*

3 Im zweiten Fall öffnet Excel einen kleinen Dialog, in dem Sie für die Überschriften und für die Daten des Tabellenblatts zwei verschiedene oder auch die gleiche Schriftart zuweisen können.

Abbildung 4.70 *Wahl von Schriftarten für Überschriften und Textkörper*

4 Auch diese Auswahl braucht einen Namen, unter dem sie gespeichert werden kann.

Die Schaltfläche **Designs > Effekte** erlaubt schließlich noch die Auswahl von grafischen Effekten für SmartArt-Objekte. Auch hier können Sie für ein bestimmtes Design die Effekte eines anderen Designs übernehmen.

Abbildung 4.71 *Das Angebot an grafischen Effekten*

Zusätzlich zum Speichern einer eigenen Farb- oder Schriftauswahl können Sie ein angepasstes Design über den Befehl **Aktuelles Design speichern** aus der Palette zu **Designs** in einer *THMX*-Datei speichern. Excel schlägt dafür automatisch den Ordner *Document Themes* vor, der als Unterordner in dem benutzerbezogenen Ordner für Mustervorlagen angelegt ist, von dem im nächsten Abschnitt noch die Rede sein wird. In der Palette erscheint dann der Name dieses Designs unter der Kategorie **Benutzerdefiniert**.

4.8 Mit Vorlagen einheitlich gestalten

Manchmal schält sich erst allmählich heraus, welche Art der Formatierung Ihren Ansprüchen genügt. Damit Sie nicht immer wieder von vorn beginnen müssen, können Sie Formate wiederverwendbar machen. Excel unterstützt dazu die Arbeit mit Vorlagen auf mehreren Ebenen. Die unterste Ebene sind Zellenformatvorlagen.

Vorlagen für Zellformate zuweisen

Zellenformatvorlagen bündeln meist gleich mehrere Formateigenschaften, sodass sie in einem Zug zugewiesen werden können. Damit lässt sich eine Menge Zeit sparen.

Excel 2013 kommt Ihnen hier mit einer großen Palette von Zellformaten für verschiedene Zwecke entgegen. Um einen Zellbereich zu formatieren, reichen ein paar Klicks oder Tipps:

1 Markieren Sie zunächst den Zellbereich mit den Überschriften in der Tabelle.

2 Öffnen Sie über **Start > Formatvorlagen** und die Schaltfläche **Zellenformatvorlagen** die Palette der Vorlagen.

3 Berühren Sie mit dem Mauszeiger in der Gruppe **Titel und Überschriften** eine der Vorlagen für Überschriften, um zu sehen, welche am besten passt. (Falls die Vorschau nicht angezeigt wird, wurde **Livevorschau aktivieren** über **Datei > Optionen > Allgemein** abgeschaltet.)

4 Klicken oder tippen Sie auf das Formatmuster, das Ihnen zusagt.

5 Markieren Sie in der Tabelle den Bereich der Daten.

6 Öffnen Sie die Vorlagenpalette erneut, und wählen Sie in der Gruppe **Daten und Modell** beispielsweise die Vorlage **Ausgabe**.

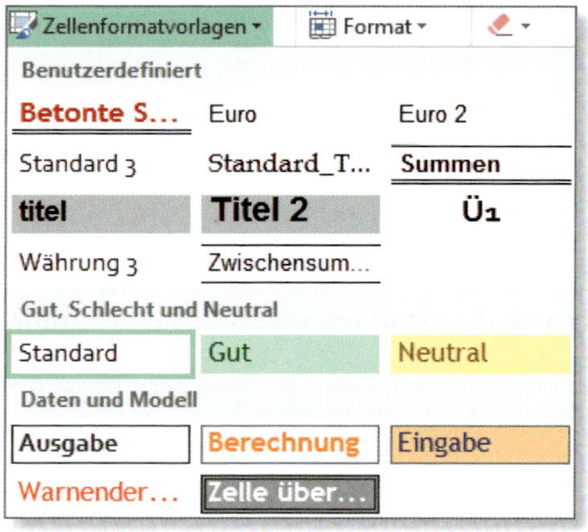

Abbildung 4.72 *Zellenformatvorlagen weisen Sie dem markierten Zellbereich per Klick auf das Formatmuster in der Palette zu.*

Im Ergebnis hat die Tabelle nun bereits ein brauchbares Format, wie Abbildung 4.73 zeigt.

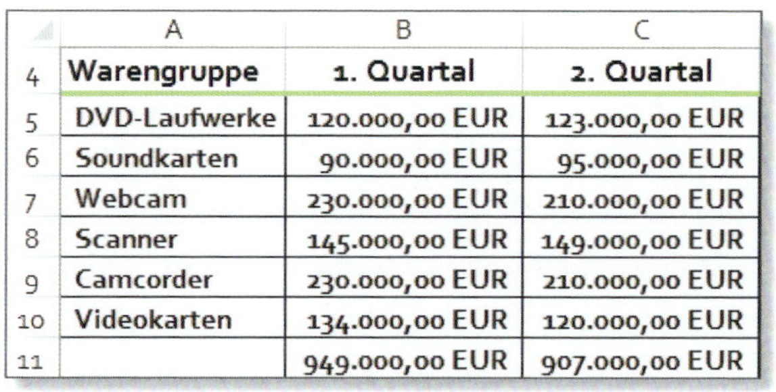

	A	B	C
4	Warengruppe	1. Quartal	2. Quartal
5	DVD-Laufwerke	120.000,00 EUR	123.000,00 EUR
6	Soundkarten	90.000,00 EUR	95.000,00 EUR
7	Webcam	230.000,00 EUR	210.000,00 EUR
8	Scanner	145.000,00 EUR	149.000,00 EUR
9	Camcorder	230.000,00 EUR	210.000,00 EUR
10	Videokarten	134.000,00 EUR	120.000,00 EUR
11		949.000,00 EUR	907.000,00 EUR

Abbildung 4.73 *Nach ein paar Klicks oder Tipps kann sich die Tabelle schon einigermaßen sehen lassen.*

Eigene Zellformate definieren

Wenn Ihnen die in Excel 2013 integrierten Formatvorlagen nicht ausreichen, können Sie das Angebot durch eigene Vorlagen ergänzen. Wenn Sie z.B. eine Summenzelle immer doppelt unterstrichen, in einer fetten Schrift und einer bestimmten Hintergrundfarbe gestaltet sehen wollen, sind das normalerweise drei einzelne Schritte, wobei Sie jedes Mal verschiedene Formatierungssymbole nacheinander einsetzen oder durch verschiedene Registerkarten hindurchgehen.

Wenn ein solches Spezialformat für Summenzellen aber für eine Zelle festgelegt ist, können Sie daraus ganz einfach eine eigene Formatvorlage für die Arbeitsmappe definieren.

Formate über eine Musterzelle definieren

Das einfachste Verfahren, um eine Formatvorlage zu definieren, verwendet eine Musterzelle:

1. Weisen Sie zunächst der Musterzelle manuell alle Formateigenschaften zu, die für die Formatvorlage gebraucht werden.
2. Ist das geschehen, markieren Sie die Musterzelle und wählen **Start > Formatvorlagen > Zellenformatvorlagen** und benutzen unten in der Palette **Neue Zellenformatvorlage**.

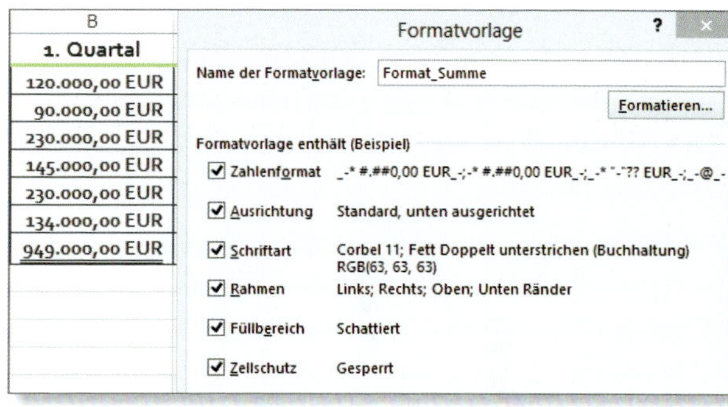

Abbildung 4.74 *Definition eines Zellformats mithilfe einer Musterzelle*

3. Tragen Sie unter **Name der Formatvorlage** den Namen – etwa »Format_Summe« – ein. Wenn Sie mit **OK** bestätigen, ordnet Excel diesem Namen alle Formatmerkmale der aktiven Zelle zu.

Das neue Format wird sofort unter der Rubrik **Benutzerdefiniert** in die Vorlagenpalette übernommen. Wie das Dialogfeld **Formatvorlage** zeigt, können Sie in einer Formatvorlage zahlreiche Formatierungsmerkmale zusammenfassen, sodass die Gestaltung eines Zellbereichs in Bezug auf all diese verschiedenen Dinge in einem Zug geändert werden kann.

Formate ohne Musterzelle festlegen

Wenn Sie eine Formatvorlage unabhängig von Beispielzellen definieren wollen, benutzen Sie ebenfalls über den Befehl **Neue Zellenformatvorlage** das Dialogfeld **Formatvorlage**.

1. Tragen Sie den Namen der Formatvorlage ein.
2. Ist ein neuer Name eingetragen, werden zunächst unter **Formatvorlage enthält** die Formatmerkmale der aktiven Zelle angezeigt.
3. Für die Auswahl der Formatmerkmale benutzen Sie die Schaltfläche **Formatieren**. Sie wählen auf den verschiedenen Registerkarten die Kombination von Formateigenschaften aus, die in der Formatvorlage zusammengefasst werden sollen.
4. Wird das Dialogfeld schließlich mit **OK** bestätigt, können Sie Ihre Auswahl noch einmal in dem ersten Dialogfeld kontrollieren. Die Dimensionen des Formats sind hier nun abgehakt, denen Sie in Schritt 6 Eigenschaften zugewiesen haben. Sie lassen sich hier bei Bedarf auch wieder außer Kraft setzen.
5. Schließen Sie mit **OK** ab, erscheint die neue Vorlage in der Palette **Zellenformatvorlagen** unter **Benutzerdefiniert**.

Soll eine Formatvorlage aus einer schon bestehenden Vorlage abgeleitet werden, können Sie im Kontextmenü zu dem entsprechenden Formatmuster auch den Befehl **Duplizieren** verwenden. In diesem Fall wird im Dialog **Formatvorlage** an den Originalnamen zunächst ein Zähler angehängt. Ersetzen Sie den Eintrag einfach durch den gewünschten neuen Namen.

Ändern bestehender Formatvorlagen

Anstatt eine neue Vorlage zu erstellen, reicht es manchmal auch aus, Korrekturen an einer bestehenden Vorlage vorzunehmen. Angenommen, Sie wollen die Formatvorlage **Standard** ändern, weil Ihnen die Schrift nicht gefällt, und außerdem soll die Tabelle eine graue Hintergrundfarbe erhalten.

1. Benutzen Sie in der Palette der Zellenformatvorlagen aus dem Kontextmenü zu dem Formatmuster **Standard** die Option **Ändern**.
2. Das Dialogfeld **Formatvorlage** wird geöffnet und der Name der Standardvorlage angezeigt. Lassen Sie den Namen unverändert.
3. Über die Schaltfläche **Formatieren** erreichen Sie den Dialog **Zellen formatieren**, in dem Sie die Merkmale auswählen, die zu dem geänderten Format gehören sollen.

Wenn Sie bisher in dieser Arbeitsmappe keine Änderungen an Schrift und Muster irgendwelcher Zellen vorgenommen haben, erscheint die gesamte Arbeitsmappe mit grauem Zellhintergrund, und alle schon eingegebenen Daten erscheinen in der neuen Schrift.

Nur Zellen, bei denen Sie beispielsweise die Farbe des Musters schon vorher geändert haben, behalten diese Farbe. Wollen Sie auch für diese Zellen die graue Farbe, müssen Sie das neue Standardformat über die Palette noch einmal explizit zuweisen.

Überlagern von Formatvorlagen

Es ist ohne Weiteres möglich, auf eine Zelle mehrere Formatvorlagen anzuwenden. Das geschieht sogar immer dann, wenn Sie anstelle des vorgegebenen Standardformats eine der anderen vorgegebenen Zahlenformatvorlagen verwenden.

Da diese Formate nur das Zahlenformat festlegen, wird auch nur dieses geändert. Andere Merkmale – Schriftart, Rahmenlinien etc. – bleiben erhalten. Ein neues Format ändert also immer nur die Merkmale, die in diesem Format tatsächlich definiert sind.

Löschen von Formatvorlagen

Wenn Sie eine Formatvorlage nicht mehr verwenden wollen, können Sie diese löschen. Das hält die Palette übersichtlich. Verwenden Sie im Kontextmenü zu dem Formatmuster den Befehl **Löschen**.

Normalerweise ist es natürlich nicht sinnvoll, solche Vorlagen zu löschen, die im Arbeitsblatt noch verwendet werden. Geschieht dies irrtümlich, werden die Zellen, denen bisher die Formatvorlage zugewiesen war, wieder auf das Standardformat zurückgesetzt.

Formatvorlagen übernehmen

Änderungen an Formatvorlagen oder die Definition neuer Formatvorlagen gelten normalerweise nur für die aktuelle Arbeitsmappe. Das Bedürfnis, bestimmte Gestaltungsvarianten zu verwenden, beschränkt sich aber meist nicht auf eine Datei. Wenn Sie einmal Gefallen an einer bestimmten Kombination von Schriften, Farben und Mustern gefunden haben, wollen Sie diese immer wieder verwenden. Um dies zu erreichen, gibt es hauptsächlich zwei Möglichkeiten:

- Übernahme von Formatvorlagen aus einer anderen Arbeitsmappe
- Vererbung von Formatvorlagen mithilfe von Mustervorlagen

Zellformate aus einer bestehenden Arbeitsmappe übernehmen

Die erste Methode besteht darin, Formatvorlagen aus einer bestehenden Arbeitsmappe in die aktuelle Arbeitsmappe zu übernehmen.

1 Öffnen Sie beide Arbeitsmappen gleichzeitig.

2 Aktivieren Sie die Arbeitsmappe, die als Empfänger auftritt.

3 Benutzen Sie den Befehl **Start > Formatvorlagen > Zellenformatvorlagen** und in der Palette die Option **Formatvorlagen zusammenführen**.

4 Wählen Sie im Dialogfeld den Namen der Arbeitsmappe aus, die die begehrten Formatvorlagen liefern soll. Wenn Sie bestätigen, prüft Excel zunächst, ob es Namensübereinstimmungen zwischen den in beiden Arbeitsmappen definierten Formatvorlagen gibt.

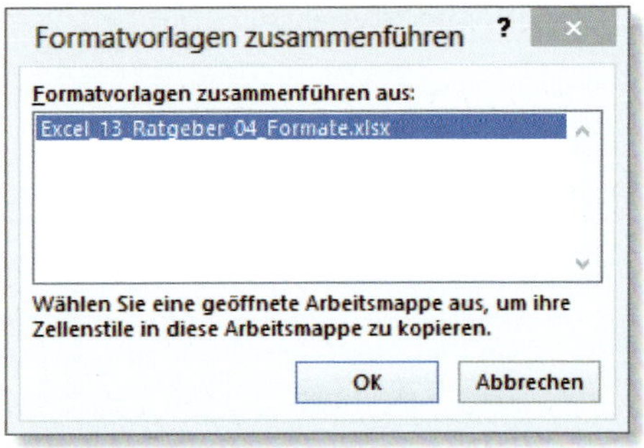

^ ***Abbildung 4.75*** *Der Dialog »Formatvorlagen zusammenführen«*

5 Das Programm vergleicht die Namen der in beiden Tabellen definierten Formatvorlagen. Enthält die ausgewählte Arbeitsmappe nur Formatnamen, die in der aktiven Arbeitsmappe nicht vorkommen, ist die Sache problemlos. Diese Formate werden in die aktive Arbeitsmappe übertragen und können dann wie üblich benutzt werden.

6 Öfters kommen in beiden Mappen aber wenigstens einige gleichnamige Formatvorlagen vor. Deshalb verhält sich Excel vorsichtig und fragt erst einmal nach, ob Formatvorlagen mit gleichem Namen zusammengeführt werden sollen.

^ ***Abbildung 4.76*** *Nachfrage bei der Übernahme von Zellenformatvorlagen in eine andere Arbeitsmappe*

7 Antworten Sie mit **Ja**, werden die Formate der aktiven Arbeitsmappe durch die Formate der anderen Arbeitsmappe ersetzt. Bei **Nein** dagegen bleiben die eigenen Definitionen bei den gleichnamigen Vorlagen erhalten, nur die anderen Vorlagen werden übernommen.

Diese Methode des Zusammenführens von Arbeitsmappe zu Arbeitsmappe ist am ehesten dann sinnvoll, wenn es sich um sehr spezielle Formatierungen handelt, die nur für einen Teil Ihrer Arbeitsmappen verwendet werden.

Zellformate über Mustervorlagen weitergeben

Die zweite oben angesprochene Methode, Formate zu übernehmen, ist wirkungsvoller, wenn Sie generell mit bestimmten Zellenformatvorlagen arbeiten wollen. Dazu sollten Sie die für Ihre Arbeit interessanten Zellenformatvorlagen in Mustervorlagen einfügen und Ihre Arbeitsmappen dann auf der Basis dieser Mustervorlagen erstellen, wie in Kapitel 1, »Excel 2013 kennenlernen«, ab Seite 111 beschrieben.

Wenn Sie beispielsweise für Ihre Firma ein spezielles Design verwenden wollen, entwickeln Sie die nötigen Zellenformatvorlagen und vielleicht auch ein eigenes Design, wie in Abschnitt 4.7, »Blätter mit Designs schmücken«, ab Seite 283 beschrieben, in einer eigenen Arbeitsmappe und speichern diese mit dem Dateityp *.xltx* in Ihrem benutzerbezogenen Vorlagenordner ab. Excel bietet diesen Ordner für diesen Dateityp automatisch an. Soll die Vorlage auch Makros enthalten, müssen Sie den Dateityp *.xltm* verwenden.

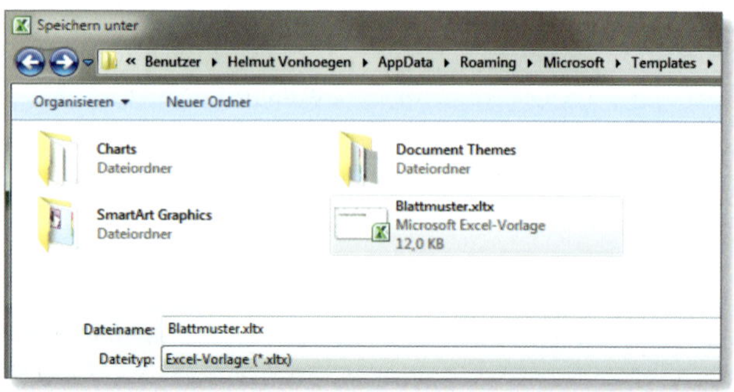

Abbildung 4.77 *Der Ordner, in dem Excel die Mustervorlagen ablegt, ist immer auf den jeweiligen Benutzer bezogen.*

Tabellenformatvorlagen

Wer sich auf die schrittweise Formatierung einzelner Teile seiner Tabelle nicht einlassen will, kann auf eine automatische Formatierung mithilfe von Tabellenformatvorlagen zurückgreifen. Sie lässt sich bei allen Tabellen anwenden, die einigermaßen regelmäßig aufgebaut sind. Viele Tabellen haben eine ähnliche Grundstruktur, sodass Sie bestimmte Formatvorlagen gut darauf anwenden können.

Tabelle mit Spalten- und Zeilenauswertung

Name	1. Halbjahr	2. Halbjahr	Gesamt
Karol	30000	32000	62000
Bernd	35000	34000	69000
Gangus	32000	34000	66000
Gesamt	97000	100000	197000

Tabelle mit Überschriftenzeile

Name	Telefon	Plz Ort
Karol	0221 36 78 89	50678 Köln
Bernd	0211 23 34 65	40457 Düsseldorf
Gangus	030 76 56 78	10345 Berlin
Kern	030 87 89 89	10445 Berlin

Abbildung 4.78 *Typische Tabellenstrukturen*

Wie in den beiden Beispielen in Abbildung 4.78 haben viele Tabellen eine Überschriftenzeile, manchmal wird auch die erste Spalte für Beschriftungen verwendet. Häufig werden in der letzten Spalte Auswertungen wie Quersummen vorgenommen. Auch die letzte Zeile wird gerne für zusammenfassende Auswertungen verwendet.

Tabellenformate zuweisen

Obwohl Sie auch einem noch leeren Tabellenbereich vorweg ein Tabellenformat zuweisen können, ist es doch in der Regel sinnvoll, wenigstens eine Überschriftenzeile und vielleicht noch ein paar Datenzeilen vorzugeben, damit Sie bei der Suche nach dem geeigneten Format etwas Stoff zum Probieren haben. Die folgende Schrittfolge beschreibt die Vorgehensweise.

1. Wenn Sie eine Tabelle mit einem Tabellenmuster formatieren wollen, müssen Sie zunächst nichts weiter tun, als eine beliebige Zelle in der Tabelle auszuwählen.

2 Benutzen Sie auf dem Register **Start** in der Gruppe **Formatvorlagen** die Schaltfläche **Als Tabelle formatieren**.

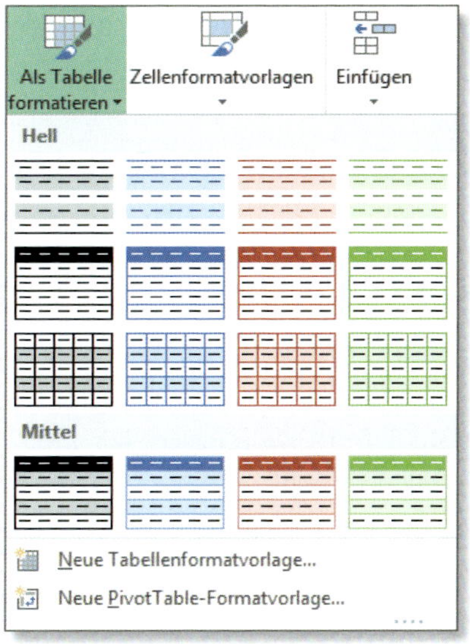

*^ **Abbildung 4.79** Auswahl einer Tabellenformatvorlage in der Palette der Schaltfläche »Als Tabelle formatieren«*

3 Wählen Sie in der Palette der Tabellenformatvorlagen per Klick oder Tipp das gewünschte Format aus.

4 Excel versucht, den korrekten Tabellenbereich zu »erraten«, und markiert ihn mit einem Laufrahmen. Über das Dialogfeld **Als Tabelle formatieren** können Sie bei Bedarf den Bereich noch einmal korrigieren.

5 Geben Sie noch an, dass der Bereich eine Kopfzeile mit Überschriften hat. Ist der Dialog bestätigt, wird das ausgewählte Format dem Bereich zugewiesen.

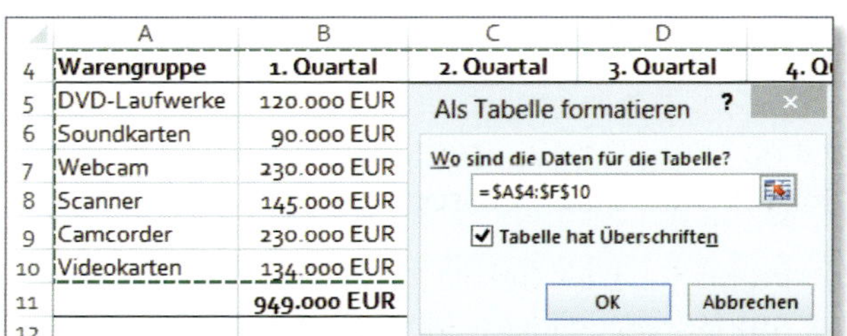

*^ **Abbildung 4.80** Zunächst wird der Bereich festgelegt, der das Tabellenformat erhalten soll.*

6 Excel blendet nun automatisch die **Tabellentools** ein. Über das Register **Entwurf** können Sie die Formatierung noch verbessern. Soll beispielsweise die Beschriftungsspalte hervorgehoben werden, haken Sie in der Gruppe **Optionen für Tabellenformat** ❶ die Option **Erste Spalte** ab. Entsprechend kann für die Quersumme die Option **Letzte Spalte** gewählt werden. Die Option **Verbundene Zeilen** sorgt dafür, dass die Zeilen paarweise anders formatiert werden.

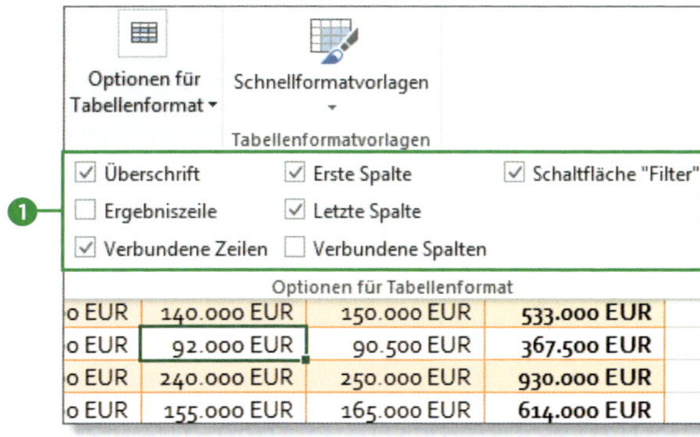

*^ **Abbildung 4.81** Für die weitere Gestaltung der formatierten Tabelle werden zusätzliche Optionen angeboten.*

Mit der Zuweisung des Tabellenformats hat der Zellbereich nun aber nicht nur ein Format erhalten, er wird automatisch auch in einen Tabellenbereich verwandelt, der Ihnen bei der Dateneingabe und bei der Datenauswertung spezielle Funktionen zur Verfügung stellt.

Wie Sie Tabellen in diesem Sinne in Excel nutzen können, wird ausführlich in Kapitel 5, »Daten als Tabellen ordnen und verwalten«, ab Seite 303 und in Kapitel 6, »Daten abfragen«, ab Seite 333 beschrieben. Dort erfahren Sie auch, wie Sie eigene Tabellenformatvorlagen gestalten können.

Wenn Sie die mit einem Tabellenformat verschönerten Bereiche aber weiter als einfache Tabellenbereiche nutzen wollen, brauchen Sie nur den Befehl **In Bereich konvertieren** aufzurufen, den Sie auf dem Register **Entwurf** in der Gruppe **Tools** finden. Die zugewiesenen Formate werden beibehalten.

4.9 Tabellen gliedern

In Anlehnung an Gliederungen, wie sie beim Schreiben von Texten benutzt werden, bietet Excel auch für Tabellen eine Gliederungsfunktion. Worum geht es dabei? Häufig sind Tabellen so aufgebaut, dass in bestimmten Zeilen oder Spalten Informationen zusammengefasst werden, die in benachbarten Zeilen oder Spalten im Detail vorliegen.

Filialabrechnung für 2012 - Umsätze in Tausend EUR

Filiale	Jan	Feb	Mär	Apr	Mai	Jun	Jul	Aug	Sep	Okt	Nov	Dez	Gesamt
A	120	120	110	120	120	120	140	120	120	130	130	120	1470
B	120	130	120	120	130	120	120	120	110	110	120	120	1440
C	120	90	120	50	120	90	120	120	120	120	120	120	1310

Abbildung 4.82 Beispiel mit einer Gliederungsebene

Einfaches Beispiel ist eine Serie von zwölf Monatsspalten, deren Werte in einer Jahresspalte zusammengefasst werden. Diese Tabelle enthält eine Hierarchie aus zwei Ebenen, die Monatsebene und die Jahresebene.

Die Gliederungsfunktion erlaubt Ihnen, bei Bedarf die einzelnen Monatsspalten auszublenden, sodass nur die Jahreswerte angezeigt werden. Dazu benutzen Sie das Symbol mit dem Minuszeichen.

Filialabrechnung für 2012 - Umsätze in Tausend EUR

Filiale	Gesamt
A	1470
B	1440
C	1310

Abbildung 4.83 Die komprimierte Darstellung

Das Beispiel lässt sich leicht ausbauen, indem Sie Spalten für die Quartalsergebnisse einfügen. In diesem Fall arbeitet die Tabelle mit drei Ebenen. Sie entscheiden, ob Sie alle Ebenen, nur die Quartalswerte und die Jahreswerte oder nur die Jahreswerte darstellen wollen.

Ebenen

Werden solche Tabellen für mehrere Filialen einer Handelskette in einem Tabellenblatt untereinander angelegt, sind auch zeilenweise Zusammenfassungen möglich.

Angenommen, es wird zwischen vier Vertriebsgebieten unterschieden, dann können die Ergebnisse der Filialen erst nach Gebieten zusammengefasst und schließlich als Gesamtergebnis dargestellt werden. Abbildung 4.84 zeigt die Gesamttabelle.

Damit auf allen Gliederungsebenen ein ordentliches Ergebnis erreicht werden kann, ist einige Sorgfalt bei der Verteilung der Beschriftungen notwendig, sodass auf jeder Ebene klar erkennbar bleibt, worauf sich die Daten beziehen und welche Daten in einer Formel zusammengefasst werden. Prüfen Sie jede Ebene.

Automatisch gliedern

Excel erlaubt sowohl eine automatische als auch eine manuelle Gliederung. Die automatische Gliederung lässt sich anwenden, wenn die Tabellenstruktur es zulässt.

1. Enthält das Tabellenblatt nichts als die gliederbare Tabelle, spielt es keine Rolle, wohin Sie den Zellzeiger setzen. Soll dagegen nur ein bestimmter Bereich gegliedert werden, muss zunächst der gesamte Bereich der gliederbaren Daten markiert werden.
2. Benutzen Sie auf dem Register **Daten** in der Gruppe **Gliederung** die Option **AutoGliederung** im Menü der Schaltfläche **Gruppieren**.
3. Wenn die automatische Gliederung für den Zellbereich möglich ist, wird sie ausgeführt, und die Gliederungssymbole erscheinen auf dem Tabellenblatt in zusätzlichen Bereichen links neben den Zeilen- und oberhalb der Spaltenbeschriftungen.
4. Mit diesen Schaltflächen können Sie zwischen den verschiedenen Gliederungsebenen umschalten.

Filialabrechnung für 2012 - Umsätze in Tausend EUR

	Jan	Feb	Mrz	Q1	Apr	Mai	Jun	Q2	Jul	Aug	Sep	Q3	Okt	Nov	Dez	Q4	Gesamt
A	22	42	1	65	81	98	86	265	74	68	12	154	83	28	76	187	**671**
B	99	53	41	193	63	26	68	157	25	22	25	72	90	21	72	183	**605**
C	34	69	86	189	59	99	34	192	86	46	55	187	56	13	14	83	**651**
Nord	155	164	128	447	203	223	188	614	185	136	92	413	229	62	162	453	**1927**
D	47	56	16	119	20	57	91	168	69	44	71	184	76	47	80	203	**674**
E	42	74	95	211	90	25	97	212	77	78	40	195	35	38	13	86	**704**
F	56	82	27	165	63	70	51	184	98	18	23	139	68	60	71	199	**687**
Ost	145	212	138	495	173	153	240	566	244	139	133	516	179	145	164	488	**2065**
G	57	42	47	146	4	57	52	113	75	18	41	134	90	17	81	188	**581**
H	22	28	22	72	60	34	78	172	11	89	91	191	13	48	9	70	**505**
I	54	36	19	109	70	99	49	218	8	19	70	97	60	49	31	140	**564**
Süd	133	106	88	327	134	190	179	503	94	126	203	423	163	113	121	397	**1650**
J	33	27	18	78	45	26	30	101	49	87	75	211	31	99	21	151	**541**
K	73	95	48	216	26	90	41	157	71	11	84	166	11	84	34	129	**668**
L	50	61	54	165	56	72	56	184	7	21	88	116	34	67	80	181	**646**
West	156	183	120	459	127	188	167	482	127	119	247	493	76	250	135	461	**1895**
Gesamt	**589**	**665**	**474**	**1728**	**637**	**754**	**774**	**2165**	**650**	**520**	**675**	**1845**	**647**	**570**	**582**	**1799**	**7537**

Abbildung 4.84 *Gesamttabelle mit allen Gliederungsebenen*

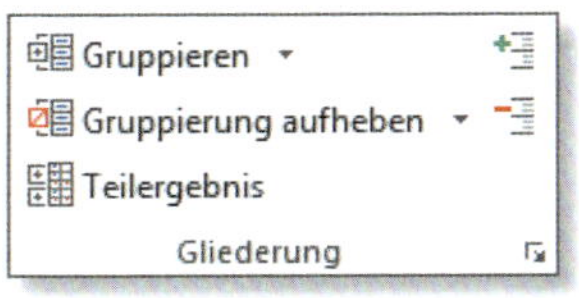

Abbildung 4.85 *Die Gruppe »Gliederung« auf dem Register »Daten«*

Die Zahlensymbole blenden die unterschiedlichen Zeilen- bzw. Spaltenebenen ein. Das Symbol mit der höchsten Zahl zeigt immer alle Ebenen an, das Symbol mit der 1 zeigt die Daten in der größtmöglichen Komprimierung. Mit den Plus- und Minussymbolen können Sie auch Teile einer Ebene ein- bzw. ausblenden. Mit Strg + 7 können Sie bei Bedarf die Anzeige der Gliederungssymbole aus- und einblenden.

TIPP

Gliederungssymbole?
Falls die Gliederungssymbole nicht erscheinen, ist die Option **Gliederungssymbole anzeigen, wenn Gliederung angewendet wurde** deaktiviert. Sie finden sie unter **Excel-Optionen > Erweitert > Optionen für diesen Arbeitsplatz anzeigen**.

Steuerung der Gliederungsfunktion

Sie können die Art und Weise, wie Excel bei der automatischen Gliederung verfährt, in einem bestimmten Umfang über den Dialog **Einstellungen** steuern, den Sie per Klick auf den Dialogfeldstarter der Gruppe **Gliederung** erreichen. Das ist allerdings nur notwendig, wenn Sie von den dort abgehakten Standardeinstellungen abweichen wollen.

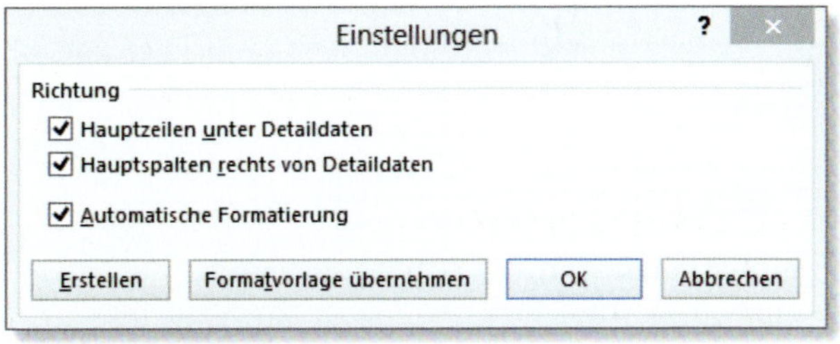

Abbildung 4.86 *Einstellungen für die Gliederungsfunktion*

Unter **Richtung** ist hier als Vorgabe abgehakt: **Hauptzeilen unter Detaildaten**. Das entspricht einem Tabellenaufbau, bei dem Kolonnensummen unter den Zahlenkolonnen stehen. Erscheint die Summe ausnahmsweise über der Zahlenkolonne, muss das Feld leer bleiben.

Vorgabe ist auch **Hauptspalten rechts von Detaildaten**. Formeln wie Quersummen stehen normalerweise rechts von den addierten Werten. Soll die Formelspalte dagegen links von den Wertespalten stehen, muss das Häkchen gelöscht werden.

Das Kontrollfeld **Automatische Formatierung** bewirkt, dass Excel die verschiedenen Gliederungsebenen mit vordefinierten Formatvorlagen versieht. **Spaltenebene_1** ist z. B. die Formatvorlage für die nächsthöhere Ebene über den Basisdaten. Das Format gilt jeweils für komplette Spalten oder Zeilen.

Wenn Sie das Feld nicht abhaken, können Sie die Formatvorlagen später zuweisen. Dazu müssen Sie entweder den gesamten gegliederten Bereich oder eine Ebene innerhalb der Gliederung markieren, erneut den Dialog **Einstellungen** aufrufen und **Formatvorlage übernehmen** auswählen. In beiden Fällen stehen die speziellen Formatvorlagen, die Excel dabei verwendet, für eine weitere Bearbeitung in der Palette der Zellenformatvorlagen zur Verfügung. Sie finden sie unter den Bezeichnungen **Spaltenebene_(n)** und **Zeilenebene_(n)**.

Die Gliederung wird über die Schaltfläche **Erstellen** mit den getroffenen Einstellungen ausgeführt. Existiert bereits eine Gliederung, werden Sie gefragt, ob Sie die bestehende Gliederung ändern wollen.

TIPP

Einschränkungen, die zu beachten sind
Die automatische Gliederung ist nur unter folgenden Voraussetzungen anwendbar: Die Tabelle enthält Formeln mit Bezügen auf Zellen in derselben Spalte oder in derselben Zeile. Die Bezüge sind einheitlich und gehen nur in eine Richtung.

Gegliederte Tabellen auswerten

Eine interessante Möglichkeit der Gliederungsfunktion liegt darin, dass jede Gliederungsebene zur Basis für weitere Verarbeitungsschritte werden kann. Das gilt vor allem für die Bildung von Diagrammen. Angewandt auf das Beispiel, kann etwa ein Diagramm mit den Quartalsergebnissen produziert werden.

Filialabrechnung für 2012 – Umsätze in Tausend EUR

	Q1	Q2	Q3	Q4	Gesamt
Nord	447	614	413	453	1927
Ost	495	566	516	488	2065
Süd	327	503	423	397	1650
West	459	482	493	461	1895
Gesamt	1728	2165	1845	1799	7537

Abbildung 4.87 *Ein Diagramm, das die Ebene mit den Quartalsergebnissen auswertet*

Excel erlaubt insgesamt acht Gliederungsebenen in beide Richtungen, also spalten- und zeilenweise. Eine Gliederung kann aber für jede Tabelle nur einmal installiert werden. Es können also nicht mehrere Teiltabellen mit je eigener Gliederung in einem Tabellenblatt vorkommen.

Teilergebnisse erzeugen

In den oben gezeigten Beispielen sind die höherrangigen Ebenen durch Summenformeln erzeugt worden. Excel bietet in der Gruppe **Gliederung** noch das Symbol **Teilergebnis** an, mit dem Sie automatisch Zwischenergebnisse in einer Liste erzeugen und mit der automatischen Gliederung verknüpfen können.

In dem folgenden Beispiel sind für drei Tage jeweils mehrere Werte eingetragen, die zusammengefasst werden sollen.

1 Es genügt, den Zellzeiger irgendwo in die Tabelle zu setzen.

2 Rufen Sie die Option **Daten > Gliederung > Teilergebnis** auf.

3 Im Dialog legen Sie unter **Gruppieren nach** fest, welche Spalte das Gruppierungskriterium enthält, hier ist es die Datumsspalte.

4 Im zweiten Listenfeld wird die Art der Zusammenfassung ausgewählt, in diesem Fall ist es **Summe**.

5 Im dritten Listenfeld haken Sie die Spalten ab, deren Werte zusammengefasst werden sollen.

Wird der Dialog quittiert, erstellt Excel nicht nur die gewünschten Teilergebnisse, sondern fügt auch eine automatische Gliederung ein, wie in Abbildung 4.88 zu sehen ist.

Gliederungen anpassen

Es ist jederzeit möglich, die Gliederung einer bestehenden Tabelle anzupassen, wenn die Tabelle inzwischen um weitere Spalten und/oder Zeilen erweitert wurde. Wenn Sie den neuen Gesamtbereich der Tabelle markieren und den Befehl **AutoGliederung** erneut verwenden, werden Sie gefragt, ob Sie die bestehende Gliederung ändern wollen. Bestätigen Sie dies, wird die alte Gliederung durch die neue ersetzt.

Um eine Gliederung aus einer Tabelle wieder zu entfernen, wählen Sie in der Gruppe **Daten > Gliederung** die Option **Gliederung entfernen** aus dem Menü von **Gruppierung aufheben**.

Manuelle Gliederung

Versuchen Sie, eine Tabelle, die nur Texte und Konstanten, aber keine Formeln enthält, automatisch zu gliedern, erhalten Sie die Fehlermeldung **Gliederung kann nicht erstellt werden**. In so einem Fall können Sie nur manuell gliedern.

Nehmen Sie als Beispiel ein Tabellenblatt, in dem einige kurze Tabellen untereinander angelegt sind. Zwischen den Tabellen sind jeweils längere Texte ein-

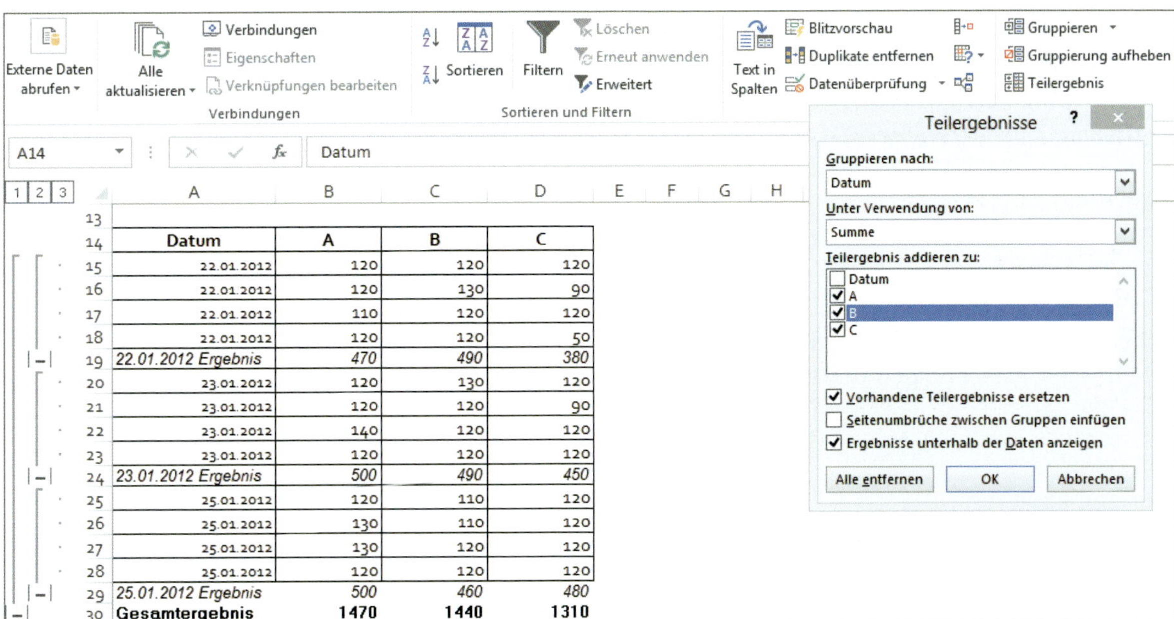

Abbildung 4.88 *Generieren von Teilergebnissen*

gefügt, die Erläuterungen zu diesen Tabellen enthalten.

Diese Texte sollen bei Bedarf ausgeblendet werden. In diesem Fall stellen die Tabellen die übergeordnete Ebene, die Texte die untergeordnete Ebene dar.

1 Da bei dieser Funktion eine Mehrfachauswahl nicht erlaubt ist, müssen Sie jeden der Textbereiche zunächst markieren und dann den Befehl **Daten > Gliederung > Gruppieren** verwenden.

2 In dem kleinen Dialogfeld entscheiden Sie, ob in dem markierten Bereich die Zeilen oder die Spalten gruppiert werden, falls nicht komplette Zeilen oder Spalten markiert sind.

	A	B	C
1			
2	**Vertriebsplanung**		
3		Anzahl	Besuche pro Jahr
4	Kunden Klasse A		
5	NRW	120	6
6	Hessen	110	6
7	Saarland	90	6
8	**Wenn es gelingt, noch 3 Vertreter einzustellen, kann die Zahl**		
9	**der Besuche auf 8 erhöht werden.**		
10			
11	Kunden Klasse B		
12	NRW	100	4
13	Hessen	95	4
14	Saarland	120	4
15	**Die Anzahl der Besuche ist wieder reduziert worden, weil die Umsätze**		
16	**dieser Kundenklasse sich nicht haben steigern lassen.**		
17			

Abbildung 4.89 *Beispiel für eine manuelle Gliederung*

3 Mit dem Symbol für Ebene 1 können Sie nun bei Bedarf die Texte ausblenden, sodass nur noch die Tabellen sichtbar sind.

Der Befehl **Daten > Gliederung > Gruppierung aufheben** entfernt die Gruppierungen in dem markierten Bereich wieder.

Gliederungen kopieren

Wenn Sie eine gegliederte Tabelle in eine andere Datei kopieren, können Sie, wenn Sie wollen, die Gliederung mitkopieren. Dazu müssen Sie nur das **Alles auswählen**-Feld in der linken oberen Ecke anklicken, bevor Sie **Kopieren** verwenden. Auch auf dem Tabellenblatt, in das Sie die gegliederte Tabelle kopieren wollen, müssen Sie dann das **Alles auswählen**-Feld anklicken. Wenn Sie anschließend **Einfügen** verwenden, wird die Tabelle samt Gliederung eingefügt. Wollen Sie dagegen nur die Daten kopieren, müssen Sie in der Tabelle den entsprechenden Bereich markieren. In diesem Fall wird die Gliederung nicht in eine andere Tabelle kopiert.

4.10 Formularelemente einbauen

Eine spezielle Form der Gestaltung Ihrer Tabellen ist die Arbeit mit Bedienungselementen, wie sie normalerweise in Dialogfeldern verwendet werden. Das betrifft beispielsweise Listenfelder, Bildlaufleisten oder Drehfelder. Solche Steuerelemente können in Tabellenblättern nützlich sein, um die Dateneingabe zu vereinfachen und Fehleingaben zu verhindern. Wenn Sie Excel 2013 unter Windows RT benutzen, werden Sie die hier beschriebenen Steuerelemente allerdings nicht einsetzen können.

Eingabe per Kombinationsfeld

Ein Listenfeld in einer Tabelle können Sie einsetzen, um eine bestimmte Position aus einer Liste zur Auswahl anzubieten. Der Übersichtlichkeit halber soll hier eine einfache Liste mit Monatsnamen verwendet werden. Um diese Liste mit einem Kombinationsfeld zu verknüpfen, müssen Sie zunächst dafür sorgen, dass das Register **Entwicklertools** eingeblendet ist. Dies geschieht über **Datei > Optionen > Menüband anpassen**. Im rechten Fenster wird das Register **Entwicklertools** unter **Hauptregisterkarten** zum Abhaken angeboten.

1 Benutzen Sie auf dem Register **Entwicklertools** in der Gruppe **Steuerelemente** das Symbol **Einfügen** und dort im Menü das Symbol für ein Kombinationsfeld.

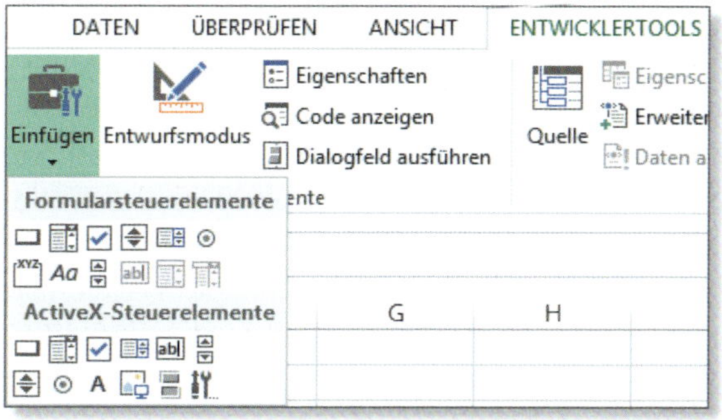

^ ***Abbildung 4.90*** *Die Steuerelemente werden nur auf dem Register »Entwicklertools« angeboten.*

2 Ziehen Sie auf dem Tabellenblatt ein Rechteck für das Kombinationsfeld auf ❶.

3 Benutzen Sie anschließend in der Gruppe **Steuerelemente** das Symbol **Eigenschaften** ❷. (Das Element muss dafür markiert sein!)

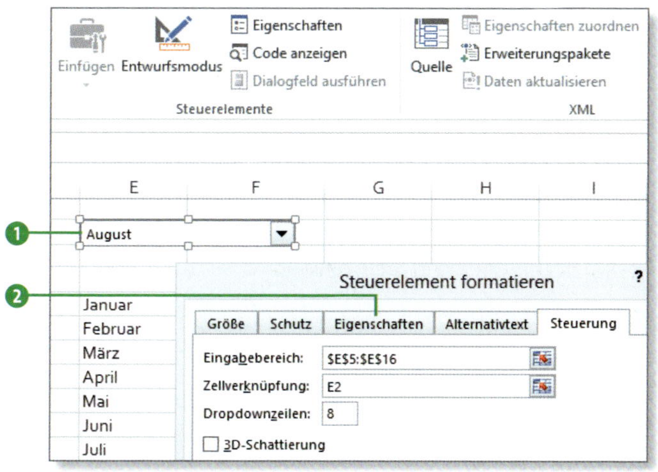

^ ***Abbildung 4.91*** *Über den Dialog legen Sie die Steuerung des Elements fest.*

4 Geben Sie auf der Registerkarte **Steuerung** als **Eingabebereich** den Bereich ein, der die Monatsnamen enthält.

5 Geben Sie unter **Zellverknüpfung** die Adresse einer Zelle ein, in der das Ergebnis der Listenauswahl erscheinen soll. In dieser Zelle erscheint dann aber lediglich die Nummer der gewählten Position.

6 Mit einem kleinen Trick kann aus dieser Nummer aber leicht der Monatsname für eine andere Zelle gewonnen werden. In Abbildung 4.91 ist als Ausgabebereich eine Zelle gewählt, die hinter dem Kombinationsfeld liegt, also unsichtbar bleibt.

7 In der Zelle, in der der ausgewählte Monatsname erscheinen soll – hier ist es A4 –, kann dann mit der Funktion `=INDEX(Matrix; Zeile; Spalte)` gearbeitet werden. Hierbei wird für `Matrix` der Listenbereich mit den Monatsnamen angegeben, für `Zeile` die Adresse der Zelle der Ausgabenverknüpfung und für `Spalte` der Wert *1*, weil die Monatsspalte ja einspaltig ist. In diesem Fall heißt die Funktion also: `=INDEX(E5:E16;E2;1)`.

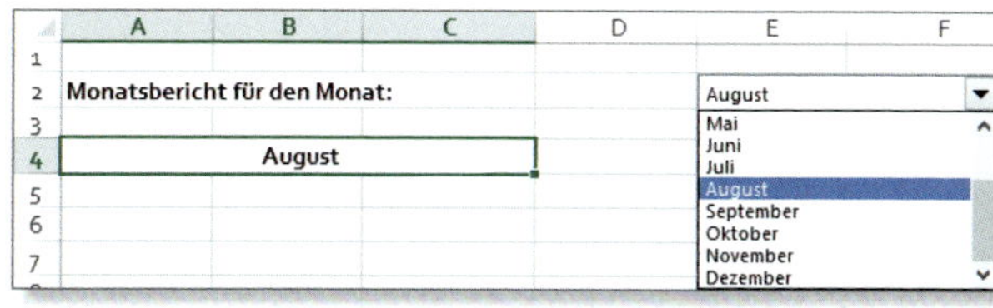

^ ***Abbildung 4.92*** *Tabelle mit Kombinationsfeld*

Bildlaufleisten und Drehfelder

Mit den Elementen **Bildlaufleiste** und **Drehfeld** werden zwei Elemente zur Verfügung gestellt, die direkt Zahlen ausgeben, wobei sich der Zahlenbereich und die Schrittweite frei definieren lassen.

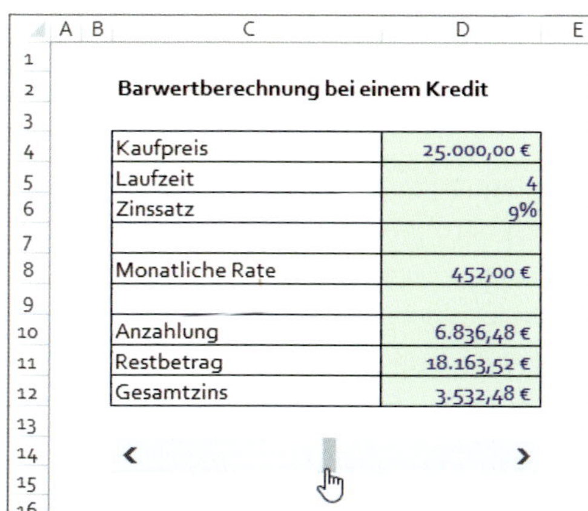

^ ***Abbildung 4.93*** *Barwertberechnung mit Bildlaufleiste*

Wenn Sie ein Element für eine Bildlaufleiste aufziehen, können Sie über das Kontextmenü die Option **Steuerelement formatieren** aufrufen und die Grenzwerte eingeben. Mit **Zellverknüpfung** geben Sie an, wo der mit dem Steuerelement ausgewählte Wert erscheinen soll.

Zur Demonstration eine Barwertberechnung, bei der verschiedene Werte für die monatliche Rate getestet werden sollen. **Minimalwert** und **Maximalwert** können unter **Steuerung** eingetragen werden, ebenso die **Schrittweite**.

Sinnvolle Anwendungen ergeben sich für einfache Was-wäre-wenn-Analysen, für Diagramme, bei denen Sie die Werte über **Drehfeld** oder **Bildlaufleiste** einstellen können, und dergleichen mehr.

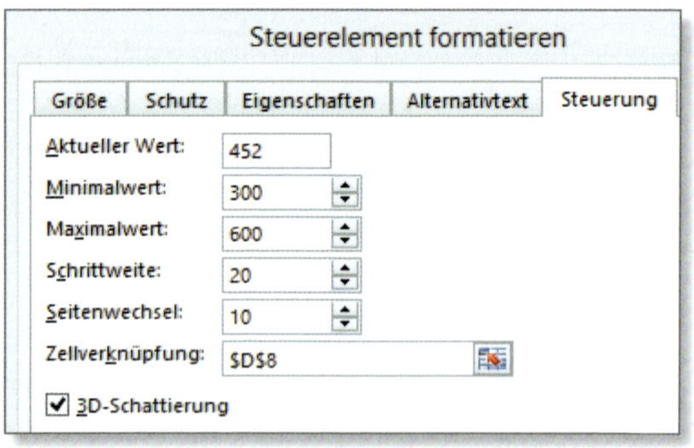

Abbildung 4.94 *Steuerung der Bildlaufleiste für die Ratenwerte*

4.11 Blätter und Mappen schützen

Da in Excel die Veränderungssperre für Zellen als eine Eigenschaft gesehen wird, die zum Format der Zelle gehört, soll diese Frage auch in diesem Kapitel behandelt werden. Das schließt übrigens ein, dass auch beim Kopieren oder Verschieben von Zellen diese Eigenschaften mit übertragen werden.

Normalerweise können alle Beschriftungen, Zahlen und Formeln in einer geöffneten Arbeitsmappe jederzeit geändert werden. Das kann absichtlich geschehen, sei es von befugten oder unbefugten Personen, die z. B. Werte manipulieren. Das kann aber auch unabsichtlich geschehen. Eine komplizierte Formel ist sehr schnell durch eine Zahl überschrieben, wenn Sie sich bei der Auswahl der Zelle irren. Diese Gefahr besteht umso mehr, wenn Personen Daten in Tabellenblätter eintragen, die die Arbeitsmappe nicht selbst entwickelt haben oder sich mit Excel nicht sonderlich gut auskennen.

Excel 2013 weist Sie übrigens durch einen Warnhinweis auf Zellen hin, die Formeln enthalten und nicht gegen Veränderungen gesperrt sind, solange über **Datei > Optionen > Formeln** unter **Regeln für die Fehlerüberprüfung** die Regel **Nicht gesperrte Zellen, die Formeln enthalten** aktiviert ist.

Wenn die Struktur einer Tabelle feststeht, die Formeln ausgetestet sind, bestimmte Daten endgültig feststehen, wie etwa die abschließenden Werte für ein Jahr oder einen Monat, dann spricht viel dafür, die betreffenden Zellen gegen weitere Veränderungen zu sperren. Das kann für eine ganze Arbeitsmappe, für ganze Blätter oder für ausgewählte Bereiche von Tabellenblättern geschehen.

Änderungen kontrollieren

Der Schutz von einzelnen Tabellenblättern wird in Excel 2013 durch das Zusammenspiel von zwei Befehlen erreicht, die eine unterschiedliche Reichweite haben. Den umfassenderen Befehl **Blatt schützen** finden Sie in der Gruppe **Start > Zellen** im Menü der **Format**-Schaltfläche und als eigene Schaltfläche unter **Überprüfen** in der Gruppe **Änderungen**.

Der zweite Befehl, **Zelle sperren**, ist ebenfalls im Menü der Schaltfläche **Zellen > Format** zu finden. Außerdem können Sie dafür im Dialog **Zellen formatieren** das Register **Schutz** und die Option **Gesperrt** verwenden. Als Vorgabe setzt Excel zunächst bei allen Zellen die Formateigenschaft **Gesperrt**. Diese Eigenschaft wird aber erst wirksam, wenn Sie zusätzlich den Befehl **Blatt schützen** verwenden.

Die Registerkarte **Schutz** können Sie auch dazu verwenden, um die Anzeige von Formeln in der Bearbeitungszeile zu unterbinden. Haken Sie dafür **Ausgeblendet** ab. Wenn Sie verhindern wollen, dass Ihre möglicherweise sehr komplexen Formeln von Unbefugten abgeschrieben werden, können Sie mit dieser Option arbeiten. (Für bestimmte Bereiche ist allerdings auch die Nachprüfbarkeit Ihrer Berechnungen gefordert, denken Sie z. B. an die Buchhaltung.)

Auch diese Option wird erst wirksam, wenn das Blatt anschließend mit **Blatt schützen** gesperrt wird.

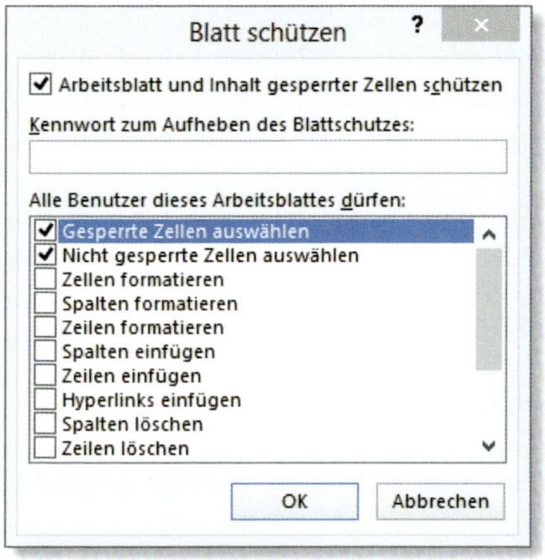

Abbildung 4.95 *In diesem Dialog legen Sie die Rechte der Benutzer im Detail fest.*

Um den Schutz einzuschalten, lassen Sie im Dialog die Option **Arbeitsblatt und Inhalt gesperrter Zellen schützen** ausgewählt. Wenn Sie verhindern wollen, dass eine andere Person diese Änderungssperre mit dem dann an derselben Stelle angebotenen Befehl **Blattschutz aufheben** einfach wieder durchbricht, können Sie ein Kennwort vergeben.

Wie streng die Veränderungssperre aussehen soll, können Sie durch An- oder Abwahl der im Listenfeld aufgeführten Optionen regeln. Wenn Sie z. B. zulassen wollen, dass die Tabelle anders formatiert werden darf, haken Sie **Zellen formatieren** ab. Die Schutzfunktionen können also sehr fein auf eine bestimmte Situation abgestimmt werden. Die Befehle für Optionen, die Sie unterbinden, werden für dieses Blatt jeweils abgeblendet.

Soll eine ganze Arbeitsmappe geschützt werden, wählen Sie in der Gruppe **Überprüfen > Änderungen** die Option **Arbeitsmappe schützen**. Diese Schaltfläche öffnet das Dialogfeld **Struktur und Fenster schützen**.

Abbildung 4.96 *Hier vergeben Sie ein Kennwort, das den Zugang zur Arbeitsmappe schützt.*

Mit einem Häkchen bei **Struktur** verhindern Sie, dass in der Mappe Blätter verschoben, eingefügt oder gelöscht werden können.

Eingabebereiche freigeben

Eine komplette Veränderungssperre für ganze Blätter ist immer dann sinnvoll, wenn der endgültige Inhalt feststeht. Eine Statistik über die Vorjahresergebnisse etwa wird normalerweise nicht mehr geändert. Sollen dagegen in bestimmten Bereichen eines Tabellenblatts noch Daten eingegeben werden, können wenigstens die Formeln und Beschriftungen und die Werte, die nicht mehr verändert werden sollen, wie Konstanten oder Vergleichswerte aus dem Vorjahr oder Vormonat, geschützt werden.

Um dies zu erreichen, müssen Sie zunächst die vorgegebene Veränderungssperre bei den Zellen aufheben, die noch verändert werden dürfen. In einer Quartalsabrechnung ist es beispielsweise sinnvoll, die Zellen mit den einzelnen Quartalswerten für Veränderungen freizugeben und alles andere zu sperren.

1 Markieren Sie alle Zellen, die verändert werden dürfen.

2 Benutzen Sie im Kontextmenü den Befehl **Zellen formatieren**. Auf der Registerkarte **Schutz** löschen Sie das Häkchen bei **Gesperrt**.

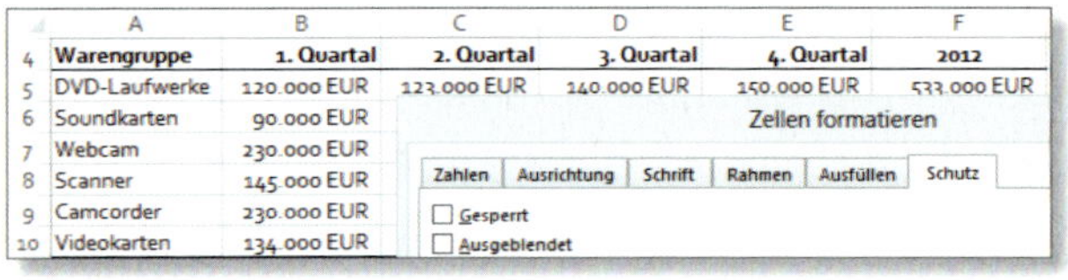

^ ***Abbildung 4.97*** *Mit der Deaktivierung der Option »Gesperrt« heben Sie den Schutz für die Monatswerte auf.*

3 Wählen Sie anschließend **Überprüfen > Änderungen > Blatt schützen**, damit die Sperre der restlichen Tabellenteile (Formeln und Beschriftungen) eingeschaltet wird.

Wird für den Abschluss von Eingaben in den freigegebenen Bereich immer die ⭾-Taste benutzt, bewegt sich der Zellzeiger automatisch nur in dem freigegebenen Bereich. Dieses Verhalten kann z. B. sehr gut dazu genutzt werden, um Eingabeformulare aufzubauen.

Differenzierter Bereichsschutz

Excel 2013 bietet auch die Möglichkeit, gezielt einzelnen Benutzern Rechte zur Bearbeitung bestimmter Bereiche einer Arbeitsmappe einzuräumen. In unserem Beispiel wäre es machbar, dass nur die Verantwortlichen für bestimmte Warengruppen die Werte eingeben dürfen. Um verschiedenen Gruppen Zugriff auf die sie betreffenden Teile einer Arbeitsmappe zu geben, benutzen Sie **Überprüfen > Änderungen > Benutzer dürfen Bereiche bearbeiten**.

Dabei wird davon ausgegangen, dass die betreffenden Bereiche wie vorgegeben gesperrt sind. Der Blattschutz darf aber noch nicht eingeschaltet sein. Über die Schaltfläche **Neu** können dann einzelne Bereiche mit einem Namen versehen, markiert und mit einem Kennwort ausgestattet werden, das die Änderungssperre aufhebt.

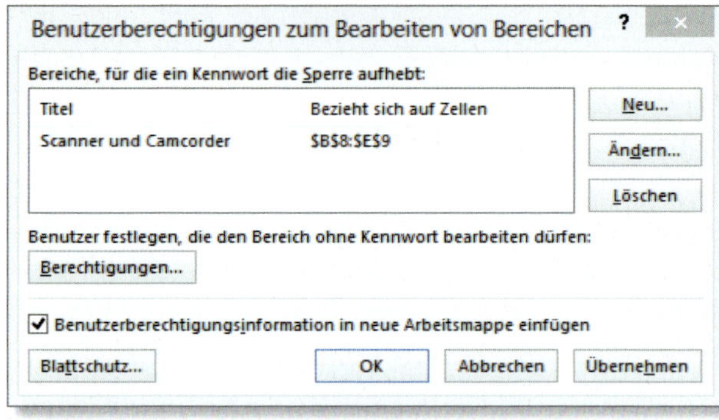

^ ***Abbildung 4.98*** *Sie können für einzelne Bereiche unterschiedliche Benutzerrechte festlegen.*

Das jeweilige Kennwort muss den Berechtigten natürlich mitgeteilt werden. Zudem können über die Schaltfläche **Berechtigungen** Benutzer oder auch ganze Gruppen ausgewählt werden, die ausgewählte Bereiche auch ohne Kennwort bearbeiten dürfen.

^ ***Abbildung 4.99*** *Auch ein einzelner Bereich kann durch ein Kennwort geschützt werden.*

Ist der Blattschutz eingeschaltet, wird die Person, die in einem für sie reservierten Bereich etwas eingeben will, zunächst aufgefordert, das für den Bereich festgelegte Kennwort einzugeben, es sei denn, sie hat die Berechtigung, diesen Bereich ohne Kennwort zu editieren.

Teil II
Mit Datentabellen umgehen

Kapitel 5
Daten als Tabellen ordnen und verwalten

Sollen Informationen in einer übersichtlichen Form notiert werden, bieten sich Tabellen an. Sie bringen die Daten in eine gleichmäßige Anordnung, die die Auswertung erleichtert. Das Tabellenformat unterstützt Sie außerdem beim Hinzufügen weiterer Daten.

Überall da, wo Daten in Form von tabellarischen Listen benötigt werden, können Sie auf spezielle Funktionen zurückgreifen, die Excel zum Anlegen und Pflegen von Tabellen anbietet. Typische Anwendungsbeispiele sind etwa Produkt-, Kunden- oder Bestelllisten, Telefon- oder Adressverzeichnisse.

In Excel 2013 legen Sie solche »Datentabellen« jeweils in einem zusammenhängenden Zellbereich auf den Tabellenblättern einer Arbeitsmappe an. Dabei dürfen auf einem Blatt durchaus mehrere Tabellen erscheinen. Durch die Umwandlung eines Zellbereichs in eine Tabelle in diesem speziellen Sinne stehen Ihnen automatisch zusätzliche Gestaltungsmöglichkeiten zur Verfügung, die die Bearbeitung, Formatierung und Auswertung erleichtern.

TIPP

Möglichst nebeneinander
Wenn Sie mehrere Tabellen in einem Blatt anlegen wollen, sollten Sie diese möglichst nebeneinander und mit einem gewissen Abstand platzieren. Liegen Tabellen untereinander, besteht immer die Gefahr, dass die obere Tabelle irgendwann an die untere anstößt und unter Umständen Daten überschrieben werden.

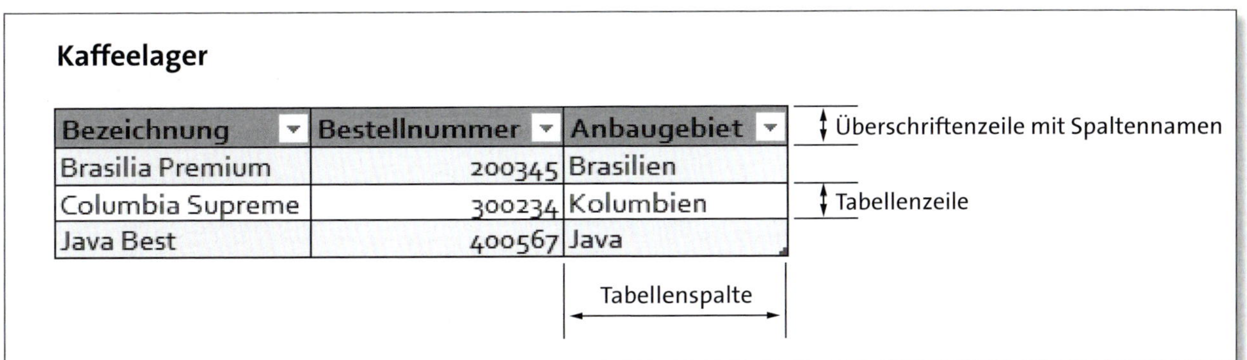

Abbildung 5.1 *Die Struktur einer Tabelle*

Datenbank, Datenliste oder Tabelle

Wenn Sie schon seit einigen Jahren mit Excel arbeiten, werden Sie sicher bemerkt haben, dass Microsoft an diesem Punkt die Begriffe mehr als einmal geändert hat. Vor der Version Excel 5 war von *Datenbankbereich* die Rede. Ab Version 5 wurde der etwas bescheidenere Begriff *Datenliste* verwendet, wobei allerdings der Begriff *Datenbank* als eine der Kategorien erhalten blieb, in die die Tabellenfunktionen unterteilt sind. Jetzt werden die tabellarischen Listen einfach *Tabellen* oder auch *Excel-Tabellen* genannt, und zwar im Unterschied zu den *normalen* Zellbereichen auf Tabellenblättern, die die spezielle Tabellenfunktionalität nicht anbieten.

Es bietet sich an, solche Tabellen im Unterschied zu den in Kapitel 2, »Kalkulationstabellen aufbauen«, ab Seite 127 genannten Kalkulationstabellen als *Datentabellen* zu verstehen, die aus Serien von gleich strukturierten Datensätzen bestehen. Aber leider haben – um uns zu verwirren – die deutschen Übersetzer von Excel 2013 den Begriff *Datentabelle* wiederum für eine Funktion verwendet, die in früheren Versionen noch als *Mehrfachoperation* bezeichnet wurde, mehr dazu in Kapitel 17, »Daten analysieren«, ab Seite 682. Zur Vereinfachung soll im Folgenden einfach immer nur von *Tabellen* die Rede sein.

5.1 Hinweise zur Arbeit mit Tabellen

Tabellen in dem genannten Sinn können Sie überall dort verwenden, wo sich gleichmäßig strukturierte Informationen zeilenweise anordnen lassen. Die Zellen in einer Zeile enthalten dabei jeweils die Daten für eine bestimmte Einheit. Hier nur einige Beispiele:

- eine Person als Kunde, Interessent oder Lieferant
- ein Ort oder ein Vertriebsgebiet als räumliche Einheit
- ein Datum oder ein Zeitraum als Zeiteinheit
- ein Produkt, ein Material oder eine Dienstleistung als sachliche Einheit

Für die folgenden Übungen verwenden wir eine Tabelle für die Lagerverwaltung eines fiktiven Kaffeehandels. Pro Zeile werden die Daten zu einem bestimmten Produkt zusammengestellt, wobei pro Spalte immer dieselbe Information zu den aufgeführten Produkten eingetragen wird, etwa die Bezeichnung oder das Anbaugebiet, aus dem der Kaffee kommt. Die Zeilen sind deshalb alle gleich lang. Die Überschriften in der ersten Zeile der Tabelle benennen den Inhalt der einzelnen Spalten und geben ihnen damit einen passenden Namen.

Die Tabellenfunktionalität von Excel soll nun keineswegs die Benutzung spezieller Datenbankprogramme ersetzen. Wenn es um die Verwaltung sehr großer Datenmengen geht, ist die Verwendung spezieller Datenbankprogramme in jedem Fall sinnvoll. Für mittlere Datenmengen reichen Hauptspeichergrößen, wie sie heute üblich sind, aber vollkommen aus, um effektive Anwendungen mit Excel 2013 einzurichten. Der Vorteil solcher Anwendungen liegt insbesondere darin, dass Sie die Datenbestände direkt im Arbeitsblatt mit Formeln auswerten können.

5.2 Tabellenstrukturen entwerfen

Die Arbeit mit Tabellen oder Datenlisten ist seit den ersten Excel-Versionen Schritt für Schritt vereinfacht worden. Es ist in den meisten Fällen nicht mehr notwendig, vor der Anwendung der Tabellenwerkzeuge spezielle Bereiche zu definieren. Excel sucht sich die zur Tabelle gehörenden Daten meist selbst zusammen. Ausnahmen sind bestimmte Spezialfälle, bei denen zur Datenauswertung Kriterienbereiche definiert werden müssen.

Excel bietet zahlreiche sehr praktische Funktionen für die Auswertung solcher Tabellen an. Dazu gehören die Abfrage- und Filterfunktionen, die in Kapitel 6, »Daten abfragen«, ab Seite 333 beschrieben werden, und insbesondere die Erzeugung von interaktiven Pivot-Tabellen, mit denen Daten umgeordnet und unter wechselnden Gesichtspunkten zusammengefasst werden können. Mehr dazu finden Sie in Kapitel 17, »Daten analysieren«, ab Seite 619.

TIPP

Rückwärtskompatibel
Ältere Datenlistenanwendungen, die noch mit definierten Datenbankbereichen etc. angelegt sind, kann Excel 2013 ohne Änderung weiterverwenden.

Eine Bestandstabelle für ein Kaffeelager anlegen

Der erste Schritt beim Aufbau der vorgesehenen Tabelle für ein fiktives Kaffeelager besteht aus der Überlegung, welche Informationen notwendig sind, um den Lagerbestand effektiv zu verwalten. Welche Spaltennamen notwendig sind, hängt natürlich vom Gegenstand der Tabelle ab, insbesondere aber auch von den Fragen, die Sie mithilfe der Tabelle beantworten wollen.

Die erste Frage, die Sie klären sollten, ist die nach dem Gegenstand der Tabelle. In unserem Beispiel ist der einzelne Kaffee die Einheit, identifiziert durch eine bestimmte Bezeichnung und eine Bestellnummer. Welche Informationen sind für jede Einheit erhältlich oder sollen beschafft und erfasst werden? Welche Unterscheidungsmerkmale und Ordnungskriterien sind notwendig oder sinnvoll, um die Daten bei Bedarf zu gruppieren oder um Teilsummen zu berechnen, etwa den Bestand für alle Kaffees aus einem bestimmten Anbaugebiet?

Die Beantwortung dieser Fragen hängt davon ab, welche praktischen Entscheidungen auf der Basis der Tabelle zu treffen sind. Wollen Sie z. B. wissen, welche Kaffees aus dem Lager nachbestellt werden müssen, dürfen natürlich eine Spalte für den Mindestbestand und eine Spalte für den aktuellen Bestand nicht fehlen.

TIPP

Konzentration auf das Wesentliche
Nehmen Sie nur die Informationen in die Tabelle hinein, die für den Gegenstand und die erwarteten Fragestellungen notwendig sind. Überflüssige Informationen nehmen Platz weg, machen die Tabelle unübersichtlich und verlangsamen alle Abläufe. Es ist oft besser, mit mehreren Tabellen zu arbeiten als mit einer Liste, die überflüssige Wiederholungen enthält. In einer Bestellliste muss z. B. nur die Lieferantennummer und nicht die komplette Lieferantenadresse erscheinen, wenn es eine Lieferantenliste gibt, in der der Lieferantennummer die Adresse zugeordnet ist.

Zur Reihenfolge der Spalten

Die Reihenfolge der Spalten ist im Prinzip beliebig, aber es ist natürlich sinnvoll, Informationen, die sachlich zusammengehören, auch nebeneinander anzuordnen. Solange die Tabelle nur wenige Spalten enthält, ist das alles nicht weiter tragisch. Bei Tabellen mit zahlreichen Spalten aber ist es hilfreich, die Informationen in den ersten Spalten unterzubringen, die die Sache oder die Person, um die es geht, eindeutig identifizieren.

TIPP

Zeilenbeschriftungen?
Zeilenbeschriftungen kennt die Tabelle nicht, aber es kann Sie niemand daran hindern, in der ersten Spalte der Tabelle Daten abzulegen, die vom Inhalt her die Rolle von Zeilenbeschriftungen erfüllen.

Schlüsselspalten für den Zugriff

In vielen Fällen ist es sinnvoll, einen oder mehrere Spaltennamen als Schlüsselfelder vorzusehen. Schlüsselfelder sind dazu da, einen bestimmten Datensatz eindeutig zu identifizieren. In unserem Beispiel ist das die Bestellnummer oder der Name des Kaffees.

Datentypen bestimmen

Für die einzelnen Felder stellt sich die Frage, welchen Datentyp in der jeweiligen Spalte Sie zulassen. Ist es ein numerischer Wert, ein Datums- oder Zeitwert, ein Wahrheitswert oder eine Zeichenfolge? Im Unterschied zu einem speziellen Datenbankprogramm wie Access findet bei der Dateneingabe in eine Excel-Tabelle zunächst keine Prüfung des Datentyps oder der Länge der Eingabe statt, es sei denn, Sie steuern die Dateneingabe über ein entsprechendes Makro, oder Sie verwenden Gültigkeitsregeln, wie in Abschnitt 2.5, »Beschriftungen und Werte prüfen«, ab Seite 164 beschrieben.

TIPP

Datentypen und Feldlängen
Niemand kann Sie daran hindern, ein bestimmtes Feld in der einen Zeile mit einer Zahl und in der nächsten mit einer Zeichenfolge zu füllen. Diese größere Freiheit kann aber auch Nachteile haben, z. B. bei einer späteren Sortierung, weil Excel Zahlen immer vor Zeichenfolgen einordnet. Wird also eine Bestellnummer einmal als Zahl und einmal als Zeichenfolge aus Zahlen eingegeben, gerät die Reihenfolge durcheinander. Außerdem treten Probleme bei der Formulierung von Suchkriterien auf.

Obwohl bei der Festlegung der Struktur der Tabelle darüber keine endgültige Entscheidung getroffen werden muss, ist es doch meist sinnvoll, abzuschätzen, wie viel Platz die einzelne Information benötigt, um die Spaltenbreite entsprechend einzustellen.

Abschätzen der Datenmenge

In die Planung einbezogen werden sollte auch die erwartete Gesamtmenge der Daten in der Tabelle. Dass die Tabelle immer auf ein Tabellenblatt beschränkt bleibt, ist allerdings aufgrund der enormen Erweiterung des Tabellenblatts in Excel 2013 meist kein Hindernis mehr.

Reicht aber der Hauptspeicher überhaupt aus, um mit der geplanten Tabelle umzugehen, oder muss die Tabelle gesplittet werden? Hier sind natürlich nur ungefähre Schätzungen möglich. Wenn Sie mit mehr als einer Tabelle arbeiten, sollten Sie festlegen, ob eine Verbindung zwischen den verschiedenen Tabellen bestehen soll. Gibt es eine gemeinsame Spalte, die in beiden Tabellen vorkommt und eine Verknüpfung erlaubt?

Die Spaltenüberschriften festlegen

Praktisch schlagen sich die beschriebenen Überlegungen zunächst in einer Überschriftenzeile für die Tabelle nieder. Diese Zeile legt mit den gewählten Spaltennamen die Struktur der Tabelle fest. Die einfachste Vorgehensweise ist dann folgende:

1. Wählen Sie in einem Tabellenblatt die erste Zelle in der ersten Zeile aus.
2. Tragen Sie den Namen der ersten Spalte ein, und springen Sie mit [Tab] sofort in die nächste Zelle.
3. Geben Sie auf diese Weise die komplette Überschriftenzeile ein.
4. Für Spalten, deren vorgegebene Breite für die vorgesehenen Inhalte zu schmal ist, können Sie durch Ziehen am rechten Rand der Spaltenköpfe schon vorweg etwas mehr Platz schaffen.
5. Anschließend können Sie die einzelnen Datenzeilen der Tabelle direkt unter die Überschriftenzeile eintragen.

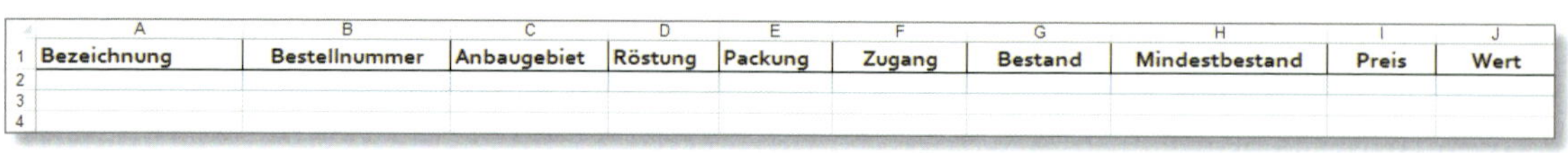

Abbildung 5.2 *Überschriftenzeile für das Kaffeelager*

TIPP

Leerzeilen vermeiden
Der naheliegenden Idee, zwischen der Überschriftenzeile und den Daten eine leere Zeile einzufügen, sollten Sie nicht folgen, da Excel dann Schwierigkeiten hat, den Tabellenbereich automatisch zu erkennen, wenn der Zellzeiger an einer beliebigen Stelle der Tabelle steht. Sie können stattdessen beispielsweise die Zeilenhöhe der Überschriftenzeile so vergrößern, dass etwas Abstand zu den Daten entsteht.

5.3 Vom Zellbereich zum Tabellenbereich

Um den Umgang mit Tabellen zu vereinfachen, können Sie in Excel 2013 einen Zellbereich, der – wie gerade beschrieben – durch eine Überschriftenzeile strukturiert ist, ausdrücklich in einen Tabellenbereich umwandeln.

Dies ist zwar nicht unbedingt notwendig, um beispielsweise die weiter unten beschriebenen Filterfunktionen zu nutzen. Es ist aber in vieler Hinsicht hilfreich. Die Vorteile von Tabellen gegenüber einfachen Zellbereichen innerhalb des Tabellenblatts sind insbesondere folgende.

- **Tabellenbereiche wachsen automatisch:** Wenn Sie Daten in unmittelbar angrenzende Zeilen oder Spalten eingeben, wird der Tabellenbereich automatisch angepasst, Formate und Formeln können in die neuen Zeilen oder Spalten übernommen werden.
- **Eingebaute Funktionen:** Zeilen oder Spalten in Tabellen lassen sich mit einem speziellen Cursor leichter auswählen, sodass Sie Sortierungen oder Suchoperationen gezielt für die Auswahl vornehmen können. Das Kontextmenü von Zellen in Tabellen ist außerdem um tabellenspezifische Optionen erweitert.

Zellbereiche in Tabellenbereiche umwandeln

Soll die gerade beschriebene Überschriftenzeile den Anfang einer Tabelle darstellen, können Sie dies schon vor Eingabe der Datenzeilen regeln.

1. Setzen Sie den Zellzeiger in eine Zelle der Überschriftenzeile oder in eine Zelle direkt unter der Überschriftenzeile.
2. Benutzen Sie **Einfügen > Tabellen > Tabelle**. Anstelle des Befehls können Sie auch die Tastenkombination Strg+T verwenden.
3. Excel fordert eine Bestätigung für den Tabellenbereich, den es aus den gegebenen Umständen ableitet. Im Beispiel wird der Bereich mit den Spaltenüberschriften und eventuell noch die Zeile darunter vorgegeben, falls die markierte Zelle dort liegt.

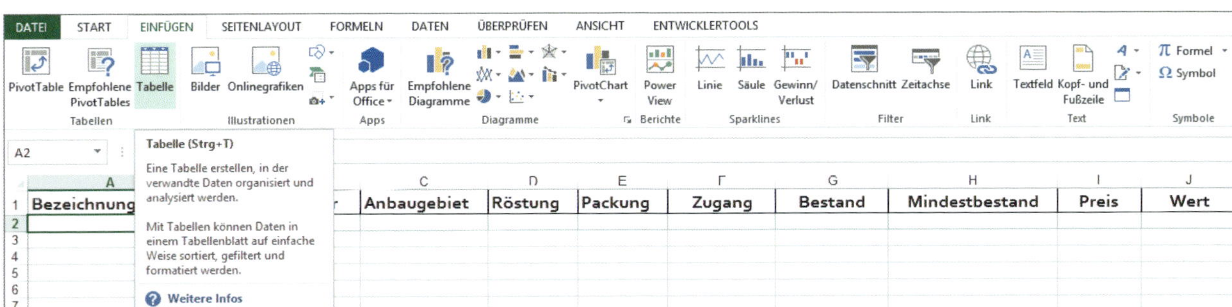

Abbildung 5.3 *Die Schaltfläche »Tabelle« öffnet den Dialog »Tabelle erstellen«.*

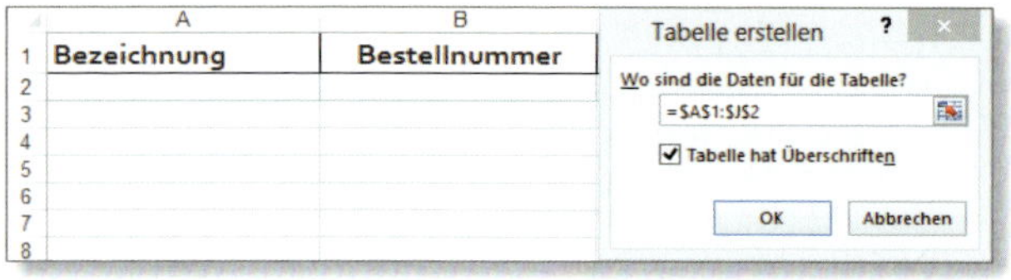

*∧ **Abbildung 5.4** Hier legen Sie den Tabellenbereich fest und bestätigen, dass Zellen als Überschriften verwendet werden sollen.*

4 Aktivieren Sie die Option **Tabelle hat Überschriften**, da ja die Überschriftenzeile bereits angelegt ist.

Excel erzeugt einen ersten Tabellenbereich mit der Überschriftenzeile und einer Zeile für die Daten und blendet als Vorgabe Filterschaltflächen zu den einzelnen Spalten ein. Der angelegte Bereich wird mit dem als Standard vorgegebenen Tabellenformat belegt, das Sie aber jederzeit ändern können, wie im nächsten Abschnitt beschrieben.

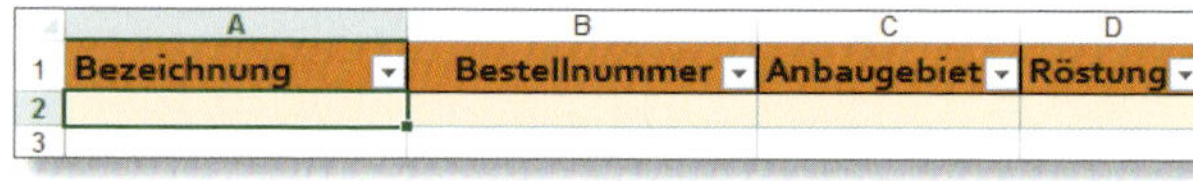

*∧ **Abbildung 5.5** Der Tabellenbereich mit einer ersten Zeile für Daten und den Filterschaltflächen*

Zellbereiche nachträglich umwandeln

Anstatt nur mit einer Überschrift zu beginnen, können Sie auch einen Zellbereich, der unter der Überschrift

*< **Abbildung 5.6** Die Palette der Tabellenformatvorlagen*

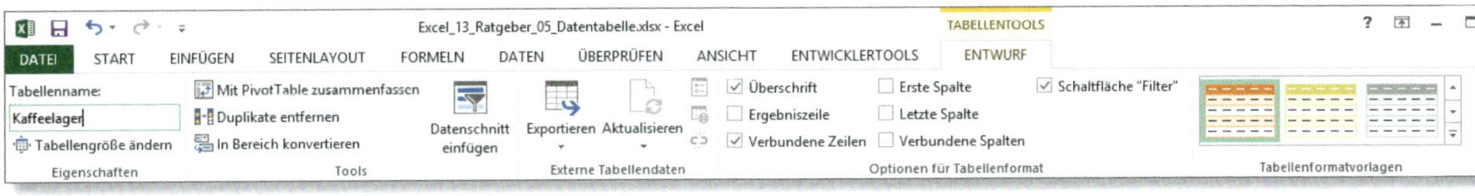

Abbildung 5.7 *Optionsgruppen für die Gestaltung des Tabellenbereichs auf dem Register »Entwurf«*

bereits Daten enthält, nachträglich in eine Tabelle verwandeln. Allerdings muss es sich dabei um einen geschlossenen Zellenblock handeln, der nicht durch Leerzeilen oder Leerspalten unterbrochen ist. Dabei können Sie auch gleich in einem Zug ein bestimmtes Tabellenformat zuweisen.

1. Stellen Sie den Zellzeiger in eine beliebige Zelle in dem bereits gefüllten Zellbereich, damit das Programm den Tabellenbereich selbst auffinden kann.
2. Benutzen Sie alternativ zu **Einfügen > Tabellen > Tabelle** auf dem Register **Start** in der Gruppe **Formatvorlagen** die Palette zu der Schaltfläche **Als Tabelle formatieren**, und wählen Sie dort ein Formatmuster aus.
3. Bestätigen Sie im Dialog den Tabellenbereich, wenn er korrekt vorgegeben wird, oder korrigieren Sie ihn bei Bedarf.

TIPP

Kopfloser Tabellenbereich
Wenn Sie einen Zellbereich mit Datenzeilen in eine Tabelle umwandeln wollen, der noch keine Überschriftenzeile enthält, lassen Sie in dem kleinen Dialog **Tabelle erstellen** die Einstellung **Tabelle hat Überschrift** deaktiviert, damit Excel die erste Datenzeile nicht fälschlicherweise als Überschriftenzeile interpretiert. Das Programm fügt in diesem Fall über die Datenzeilen eine Leerzeile ein und füllt sie mit den durchnummerierten Standardnamen *Spalte1, Spalte2* bis *Spalte(n)*. Diese Namen sollten Sie aber möglichst bald durch sprechende Namen überschreiben.

Arbeiten mit den Tabellentools

Solange der Zellzeiger sich in dem Bereich einer Tabelle befindet, werden spezielle **Tabellentools** auf dem Register **Entwurf** eingeblendet, das fünf Gruppen mit Optionen für die Gestaltung der Tabelle anbietet. Unter **Eigenschaften > Tabellenname** kann zunächst der vorgegebene durchnummerierte Standardname überschrieben werden. Dieser Name wird für strukturierte Verweise in Formeln verwendet, wie sie ab Seite 322 noch beschrieben werden. Er kann aber auch wie ein definierter Bereichsname genutzt werden.

Normalerweise wird der Tabellenbereich sich automatisch verändern, wenn Sie neue Zeilen oder Spalten einfügen oder Zeilen oder Spalten löschen. Die Größe des Tabellenbereichs lässt sich aber auch schon vor der Dateneingabe verändern. Dazu können Sie das kleine Winkelsymbol ❶ in der rechten unteren Ecke entweder nach unten oder nach rechts ziehen.

In dem einen Fall werden leere Zeilen eingefügt, in dem anderen leere Spalten. Formeln und Formate werden damit für die neuen Zellen übernommen, eine am Ende angelegte Ergebniszeile wird entsprechend verschoben, wie Abbildung 5.8 zeigt.

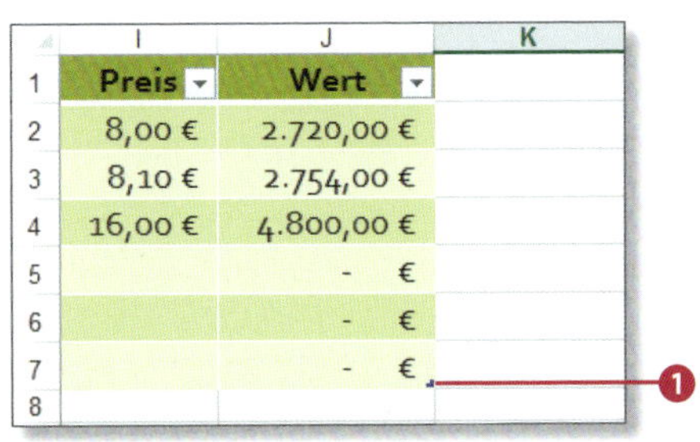

Abbildung 5.8 *Die durch Ziehen erweiterte Liste übernimmt das Format und die Formeln aus dem bereits ausgefüllten Bereich.*

Eine weitere Möglichkeit bietet der Befehl **Entwurf > Eigenschaften > Tabellengröße ändern**. Der neue Bereich muss allerdings den alten überlappen. Die Kopfzeile muss dabei in derselben Zeile verbleiben.

∧ ***Abbildung 5.9*** *Der Dialog zum Ändern der Tabellengröße*

Neu in Excel 2013 ist das Erstellen einer Tabelle über das schon vorgestellte Symbol **Schnellanalyse**. Wenn Sie den gesamten Datenbereich der Tabelle ausgewählt haben, erscheint am rechten Ende die Schaltfläche **Schnellanalyse**. Wenn Sie in der Palette dann **Tabellen** auswählen, wird ein Symbol **Tabelle** angeboten, das den Zellbereich sofort in eine Tabelle mit dem vorgegebenen Standardformat verwandelt.

∧ ***Abbildung 5.10*** *Das Tabellentool in der Schnellanalyse*

Zurück zum Zellbereich

Bei Bedarf kann der Tabellenbereich über die Option **Entwurf > Tools > In Bereich konvertieren** auch wieder in einen normalen Zellbereich zurückgesetzt werden. Dabei werden die zugewiesenen Formate beibehalten, die Filterschaltflächen werden aber ausgeblendet, obwohl sie in diesem Fall weiterverwendet werden können.

Die Rückwandlung in einen Zellbereich ist seltsamerweise sogar notwendig, wenn mit Teilsummen gearbeitet werden soll.

5.4 Tabellen formatieren

Eine umfangreiche Tabelle wird ohne ein geeignetes Format leicht unübersichtlich. Deshalb weist Excel einer Tabelle schon beim Anlegen eine vorgegebene Tabellenformatvorlage zu.

Ändern der Standardtabellenformatvorlage

Wenn Ihnen die aktuelle Vorgabe nicht passt, können Sie sie selbstverständlich jederzeit ändern. Dazu reichen drei Schritte:

1 Öffnen Sie über **Start > Formatvorlagen > Als Tabelle formatieren** die Palette der Tabellenvorlagen.

2 Wählen Sie die Vorlage, die als Standard dienen soll, in der Palette aus.

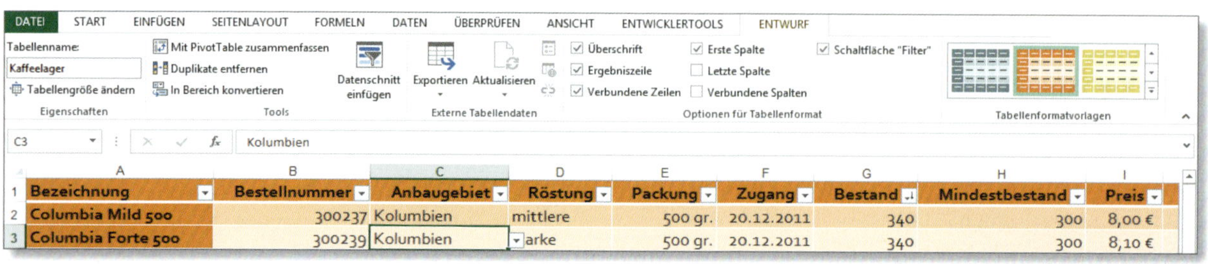

∧ ***Abbildung 5.11*** *Ein Klick oder Tipp auf ein Tabellenformatmuster ordnet die Vorlage dem ausgewählten Zellbereich zu.*

3 Benutzen Sie im Kontextmenü dieses Vorlagenmusters die Option **Als Standard festlegen**.

Excel stellt Ihnen eine ganze Reihe von unterschiedlichen Formaten für komplette Tabellen zur Verfügung und erlaubt Ihnen darüber hinaus auch, eigene Formate zu definieren.

Meist ist es sinnvoll, die Überschriftenzeile von den Tabellenzeilen etwas abzuheben. Außerdem hilft es beim Lesen in den Tabellenzeilen, wenn diese paarweise anders eingefärbt werden. Unter Umständen wollen Sie auch die erste Spalte und die letzte Spalte etwas hervorheben.

Ändern der aktuellen Tabellenformatierung

Wenn Sie mit einem der Tabelle zugewiesenen Format nicht zufrieden sind, können Sie dieses jederzeit wieder ändern.

1 Wählen Sie eine Zelle in der Tabelle aus, sodass das Register **Entwurf** eingeblendet wird.

2 In der Gruppe **Optionen für Tabellenformat** können Sie festlegen, ob bestimmte Elemente der Tabelle angezeigt oder besonders hervorgehoben werden. Wenn Sie hier **Erste Spalte** und **Letzte Spalte** aktivieren, erscheinen in der Gruppe **Tabellenformatvorlagen** entsprechend erweiterte Formatmuster.

3 Sollen die Zeilen paarweise unterschiedlich angezeigt werden, sodass ein Streifenmuster entsteht, aktivieren Sie die Option **Verbundene Zeilen**. Die Option **Verbundene Spalten** sorgt für einen ähnlichen Effekt in der Formatierung der Spalten.

4 Wenn Sie mit der Maus über die Tabellenmuster unter **Tabellenformatvorlagen** fahren, werden die jeweiligen Formate in der Tabelle sichtbar. Die Musterliste kann auch mit den Pfeiltasten durchgeblättert werden. Die Schaltfläche **Weitere** unten rechts öffnet die komplette Palette.

5 Haben Sie sich entschieden, ordnen Sie das gewünschte Muster per Klick oder Tipp zu.

Die Tabellenformatvorlagen lassen übrigens die von Ihnen für die Tabelle gewählte Schriftart unverändert.

Flexible Vorlagen

Gerade bei der wechselweisen Zeilenformatierung, die zahlreiche Vorlagen in der Palette anbieten, werden Sie feststellen, dass Excel Ihnen hier einigen Komfort anbietet. Wenn Sie beispielsweise eine einzelne Zeile löschen, passt das Programm die Zeilenformate automatisch an. Das Streifenmuster bleibt also immer erhalten.

Eigene Tabellenvorlagen definieren

Zwar enthält die Palette **Tabellenformatvorlagen** zahlreiche Varianten, aber die vorgeschlagenen Formate müssen durchaus nicht Ihrem Geschmack entsprechen. Excel bietet folgendes Verfahren an:

	A	B	C	D	E	F	G	H	I	J
1	Bezeichnung	Bestellnummer	Anbaugebiet	Röstung	Packung	Zugang	Bestand	Mindestbestand	Preis	Wert
2	Columbia Mild 500	300237	Kolumbien	mittlere	500 gr.	20.12.2011	340	300	8,00 €	2.720,00 €
3	Columbia Forte 500	300239	Kolumbien	starke	500 gr.	20.12.2011	340	300	8,10 €	2.754,00 €
4	Brasilia Premium 1000	200345	Brasilien	Espresso	1000 gr.	12.12.2011	300	200	16,00 €	4.800,00 €
5	Brasilia Mild 1000	200349	Brasilien	mittlere	1000 gr.	12.11.2011	300	250	14,50 €	4.350,00 €
6	Columbia Mild 1000	300236	Kolumbien	mittlere	1000 gr.	20.12.2011	300	250	14,40 €	4.320,00 €
7	Columbia Forte 1000	300238	Kolumbien	starke	1000 gr.	20.12.2011	300	250	14,80 €	4.440,00 €
8	Javas Best Forte 500	400572	Java	starke	500 gr.	08.11.2011	260	200	7,90 €	2.054,00 €
9	Brasilia Crema 1000	200347	Brasilien	Espresso	1000 gr.	14.12.2011	230	150	15,00 €	3.450,00 €
10	Brasilia Mild 500	200350	Brasilien	mittlere	500 gr.	12.11.2011	230	170	7,90 €	1.817,00 €

Abbildung 5.12 *Eine Tabelle mit paarweiser Zeilenformatierung und hervorgehobener erster Spalte*

1 Benutzen Sie in der Palette am Ende die Option **Neue Tabellenformatvorlage**. Sie öffnet den Dialog **Neues Tabellenformat**.

2 Geben Sie zuerst einen passenden Namen für das Tabellenformat ein, der später beim Berühren des Musters angezeigt wird.

3 In dem Listenfeld werden die verschiedenen Tabellenelemente angeboten, für die Formate bestimmt werden können. Wählen Sie nacheinander die Tabellenelemente aus, deren Format Sie fixieren wollen.

4 Benutzen Sie dann jeweils die Schaltfläche **Formatieren**, die den Dialog **Zellen formatieren** öffnet.

5 Legen Sie für jede Komponente die gewünschten Formate fest: Rahmenart, Schriftart, Füllung.

6 Bei den Stripeset-Elementen können Sie zusätzlich noch die Streifengröße über das kleine Listenfeld auswählen. Wenn Sie beispielsweise jeweils zwei Zeilen gleich formatieren wollen, benutzen Sie für **Stripeset der ersten Zeile** und **Stripeset der zweiten Zeile** jeweils **Stripesetgröße** »2«, weisen aber den beiden Tabellenelementen über die Schaltfläche **Formatieren** unterschiedliche Hintergrundfarben zu.

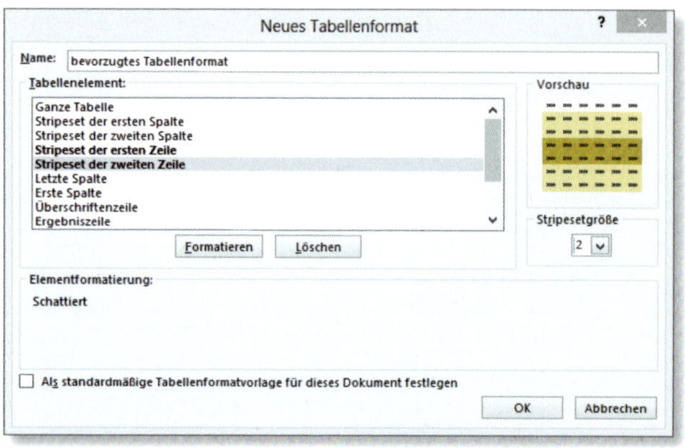

^ **Abbildung 5.13** *In diesem Dialog können Sie schrittweise die einzelnen Elemente einer Tabelle formatieren.*

7 Über die letzte Option des Dialogs kann die Vorlage bei Bedarf als Vorgabe für die Tabellenformatierung bestimmt werden. Ist die Definition abgeschlossen, erscheint ein Formatmuster in der Vorlagenpalette unter der Rubrik **Benutzerdefiniert**.

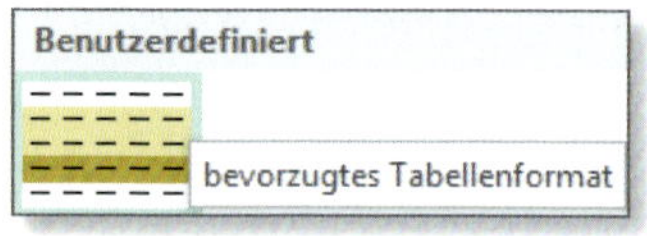

^ **Abbildung 5.14** *Die eigene Tabellenvorlage finden Sie in der Palette unter »Benutzerdefiniert«.*

Formatduplikate modifizieren

Anstatt eigene Formate völlig neu zu entwerfen, können Sie auch integrierte Formate duplizieren und nach Bedarf modifizieren. Das Kontextmenü zu einem Formatmuster in der Tabelle blendet bei den integrierten Mustern – anders als bei den benutzerdefinierten – die Bearbeitungsoption aus, erlaubt aber die Erstellung eines Duplikats, das sich dann überarbeiten lässt.

Das Kontextmenü bietet außerdem die Möglichkeit, wahlweise bei der Zuweisung zu einem Tabellenbereich die bestehenden Formate zu löschen oder sie beizubehalten.

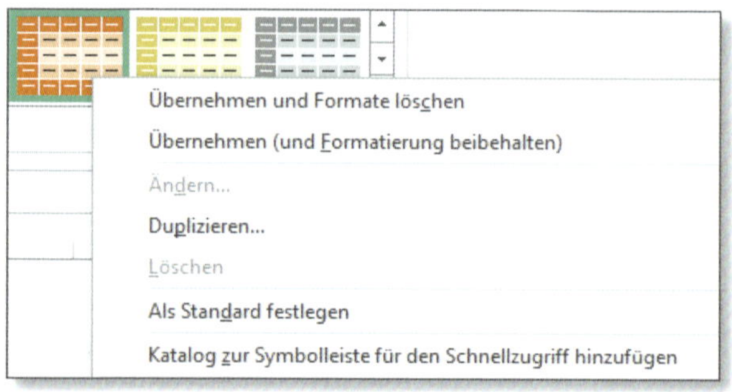

^ **Abbildung 5.15** *Kontextmenü zu einem Tabellenformatmuster*

Wenn Sie nicht mit kompletten Vorlagen arbeiten wollen, können Sie die Formatierung durch die Vorlage auch löschen. Den Befehl bietet die Palette **Entwurf > Tabellenformatvorlagen** an. Dann haben Sie die Möglichkeit, die Tabelle mit den ganz normalen Formaten zu belegen, die das Register **Start** anbietet.

TIPP

Das Design ändern
Die Farbzusammenstellungen, die die eingebauten Tabellenformatvorlagen anbieten, sind bestimmt durch das aktuell gültige Design. Es ist jederzeit möglich, dieses Design – wie in Kapitel 4, »Tabellenblätter gestalten«, ab Seite 283 beschrieben – zu ändern, sodass auch die Tabellenformatvorlagen anders eingefärbt werden.

Noch eine Tabellenüberschrift einfügen

Sobald Excel den Bereich einer Tabelle und die Lage der Überschriftenzeile gespeichert hat, besteht immer die Möglichkeit, die komplette Tabelle im Arbeitsblatt zu verschieben, beispielsweise um noch eine Gesamtüberschrift über die Tabelle zu setzen.

1 Markieren Sie eine beliebige Zelle in der Überschriftenzeile.

2 Fügen Sie eine neue Zeile mit **Start > Zellen > Einfügen > Blattzeilen einfügen** ein.

Abbildung 5.16 *Die Zeile mit dem Tabellentitel gehört nicht mehr zu dem definierten Tabellenbereich.*

3 Geben Sie den Tabellentitel in der ersten Zelle der neuen Zeile ein, und formatieren Sie die Zelle, um der Überschrift ein ansprechendes Aussehen zu geben.

Würden Sie diese Zelle schon vor der Erstellung der Tabelle anlegen, würde Excel die erste Zeile als Überschriftenzeile interpretieren, und Sie müssten den Bereich manuell korrigieren, was umständlicher ist.

Beschriftungen einfrieren

Bei langen Tabellen ist es noch sinnvoll, den Tabellenkopf und vielleicht auch die erste Spalte mit dem Befehl **Ansicht > Fenster > Fenster fixieren** auch dann sichtbar zu halten, wenn weit entfernte Tabellenzeilen oder -spalten angezeigt werden. Setzen Sie dazu den Zellzeiger auf die erste Zeile unter den Spaltenüberschriften und rechts von der ersten Spalte. Die Fixierung wird durch Striche angezeigt.

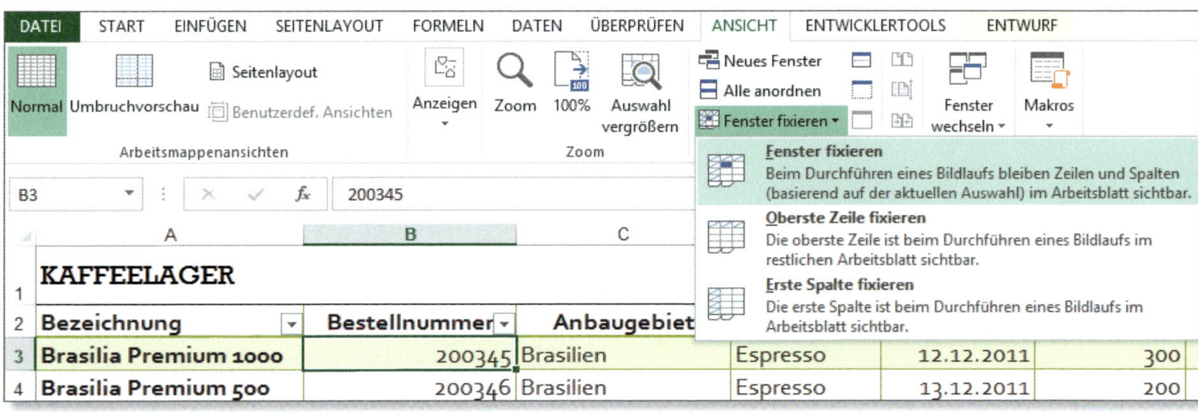

Abbildung 5.17 *Bei dieser Einstellung sind die erste Zeile und die erste Spalte immer sichtbar, auch wenn Sie sich in einem weit entfernten Tabellenbereich bewegen.*

Anstatt die Fixierung durch die Zellmarkierung zu steuern, kann über das Menü der Schaltfläche **Fenster fixieren** auch nur die oberste Zeile oder die erste Spalte eingefroren werden.

In der Gruppe **Ansicht > Zoom** gibt es noch eine Schaltfläche mit dem Namen **Auswahl vergrößern**. Die sorgt aber nur dafür, dass die aktuelle Zellauswahl auf die Größe des aktuellen Fensters gezoomt wird. Die Schaltfläche **100%** hebt dies dann wieder auf.

Auch wenn Sie auf das Einfrieren von Kopfzeilen verzichten, stellt Excel 2013 Ihnen noch eine praktische Orientierungshilfe zur Verfügung. Führt der Bildlauf innerhalb des Tabellenbereichs dazu, dass die Spaltennamen nicht mehr sichtbar sind, übernimmt Excel vorübergehend einfach die Spaltennamen in die Spaltenköpfe des Tabellenblatts.

	Bezeichnung	Bestellnummer	Anbaugebiet
3	**Brasilia Premium 1000**	200345	Brasilien
4	**Brasilia Premium 500**	200346	Brasilien
5	**Brasilia Crema 1000**	200347	Brasilien
6	**Brasilia Crema 500**	200348	Brasilien

Abbildung 5.18 *Wenn die Überschriftenzeile nicht mehr sichtbar ist, übernimmt Excel die Spaltenbeschriftungen in die Spaltenköpfe.*

5.5 Tabellenbereiche editieren und bearbeiten

Wenn die Struktur der Tabelle durch eine entsprechende Überschriftenzeile feststeht, können Sie mit der Eingabe der Daten beginnen.

Datensätze eingeben

Die einfachste Vorgehensweise ist, mit der Dateneingabe direkt unter der Überschriftenzeile zu beginnen. Da die Daten meist zeilenweise eingegeben werden, sollten Sie die Eingabe in eine Zelle jeweils mit [→] oder [⇥] beenden.

TIPP

Auf einheitliche Schreibweise achten!
Wenn Sie Texte eingeben, sollten Sie auf eine einheitliche Schreibweise achten. Bei Firmennamen ist die Schreibweise allerdings oft ein Problem. Ein Name wie »A B C« wird bei einer aufsteigenden alphabetischen Sortierung vor *AAS* eingeordnet. In solchen Fällen kann eine zweite Spalte helfen, die alle Namen in eine einheitliche Schreibweise umsetzt, sodass beim Sortieren keine Probleme entstehen.

Es ist aber auch ganz praktisch, vor der Dateneingabe einen Bereich von mehreren Datensätzen zu markieren. Dann führt das Drücken von [⇥] am Ende einer Tabellenzeile sofort an den Anfang des nächsten Datensatzes.

	A	B	C	D	E
1	Bezeichnung	Bestellnummer	Anbaugebiet	Röstung	Packung
2	Columbia Mild 500	300237	Kolumbien	mittlere	500 gr.
3	Columbia Forte 500				
4	Brasilia Premium 1000				

Abbildung 5.19 *Im markierten Bereich geben Sie die Daten zeilenweise ein.*

Tabellen erweitern

Solange Sie die Dateneingabe in der letzten Spalte einer Tabellenzeile mit der Taste [⇥] bestätigen, wird der Bereich der Tabelle automatisch um eine neue Zeile erweitert.

Fangen Sie an, direkt unter einem bestehenden Tabellenbereich eine Zelle mit Daten zu füllen, wird bei der Bestätigung der Eingabe ebenfalls eine neue Tabellenzeile eingefügt. Gleichzeitig blendet Excel die Schaltfläche **AutoKorrektur-Optionen** ein. Wenn Sie das Menü dazu mit einem Klick öffnen, haben Sie die Möglichkeit, die automatische Tabellenerweiterung notfalls für diese Zeile rückgängig zu machen oder ab dieser Zeile ganz anzuhalten. Letzteres erlaubt Ihnen beispielsweise, unter einer abgeschlossenen Tabelle,

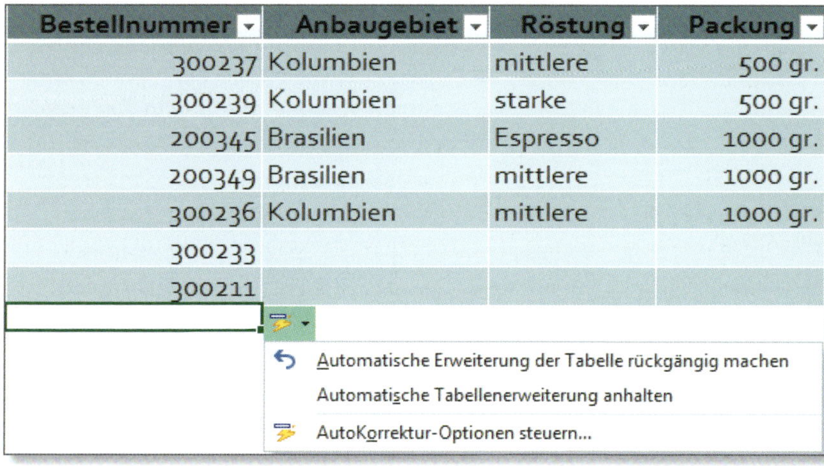

Abbildung 5.20 *Das Menü zu der Schaltfläche »AutoKorrektur-Optionen« erlaubt es, die automatische Tabellenerweiterung anzuhalten oder rückgängig zu machen.*

die also nicht mehr erweitert werden soll, noch einige Fußzeilen mit Hinweisen abzulegen.

Excel übernimmt bei der automatischen Erweiterung jeweils die Formate und eventuelle Formeln von der letzten Zeile.

Ähnlich verhält sich das Programm, wenn Sie direkt neben der letzten Spalte anfangen, Daten einzugeben. Excel geht jedes Mal davon aus, dass Sie mit der Dateneingabe den Tabellenbereich erweitern wollen. Wenn Sie beispielsweise in einer zusätzlichen Spalte die Produkte kennzeichnen wollen, die neu im Lager sind, wird mit dem ersten Eintrag sofort eine neue Spalte angelegt. Am besten tragen Sie dabei zunächst die zusätzliche Spaltenüberschrift ein, weil Excel sonst nur eine Standardüberschrift vergeben kann.

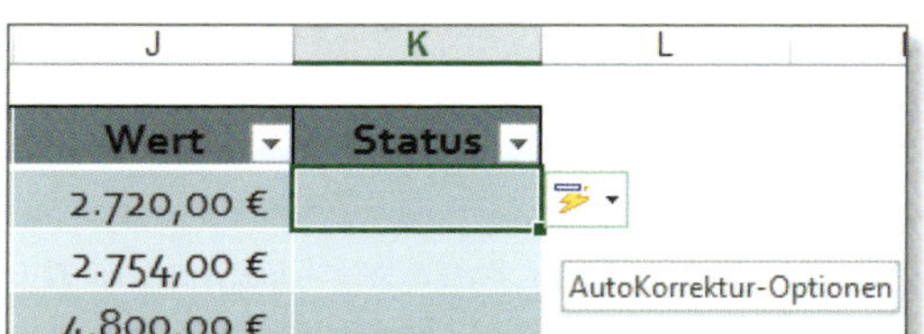

Abbildung 5.21 *Erweitern der Tabelle um eine Spalte*

Die automatische Tabellenerweiterung ist in Excel voreingestellt, kann aber im Bedarfsfall über den Befehl **Autokorrektur-Optionen steuern...** im Menü der Schaltfläche **Autokorrektur-Optionen** auch abgeschaltet werden. Sie öffnet den Dialog **AutoKorrektur** mit dem Register **AutoFormat während der Eingabe**.

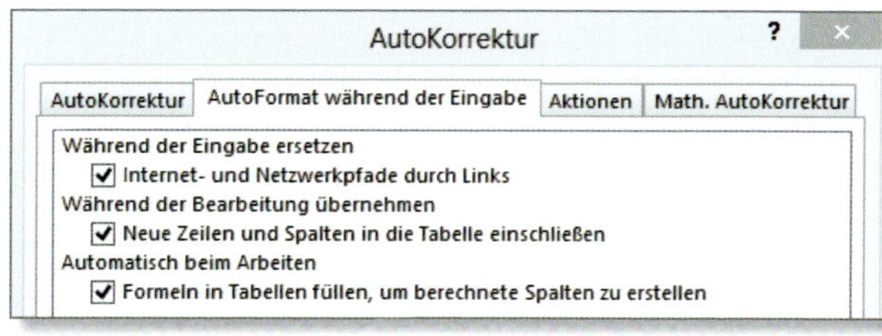

Abbildung 5.22 *Hier kann die Tabellenerweiterung auch abgeschaltet werden.*

Zeilen einfügen oder löschen

Wenn Sie die Daten in einer geordneten Reihenfolge eingegeben haben, etwa sortiert nach Anbaugebieten, werden Sie vielleicht neue Daten direkt an der entsprechenden Stelle eingeben wollen.

1. Wählen Sie eine Zelle in der Zeile, über der ein neuer Datensatz erscheinen soll.
2. Klicken Sie mit rechts, um das Kontextmenü zu öffnen.
3. Benutzen Sie **Zeile/Spalte einfügen** und dann **Tabellenzeilen nach oben**.

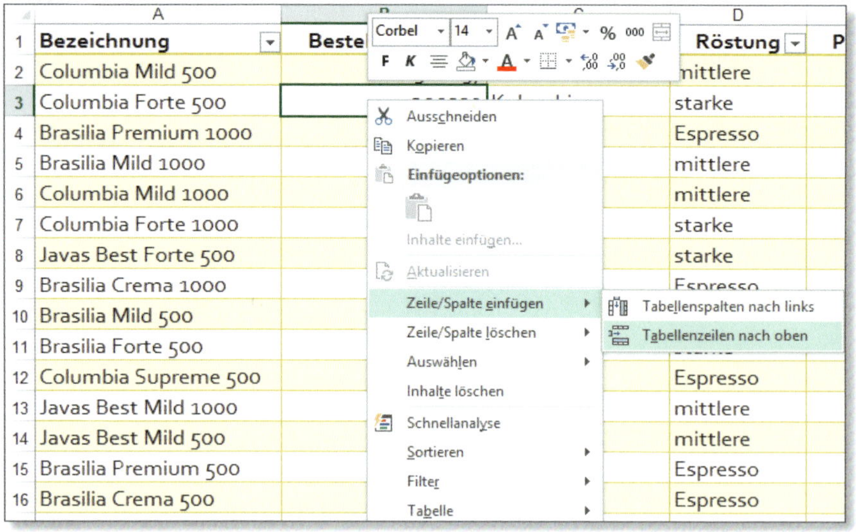

< ***Abbildung 5.23*** *Über das Kontextmenü des Tabellenbereichs können Zeilen oder Spalten innerhalb der Tabelle eingefügt werden.*

4 Excel macht Platz für eine neue Tabellenzeile und blendet am Zeilenende die Schaltfläche **Einfügeoptionen** ein. Sie können entscheiden, ob Sie das Format für die neue Zeile von der Zeile darüber oder darunter übernehmen wollen.

Das Kontextmenü einer ausgewählten Zelle in der Tabelle bietet über **Zeile/Spalte einfügen** auch den Befehl **Tabellenspalten nach links** an, den Sie verwenden können, um eine neue Spalte nicht an das Ende der Tabelle, sondern vor eine bestehende Spalte einzufügen.

Beide Einfügebefehle unterscheiden sich von den Einfügebefehlen, die sich auf das ganze Tabellenblatt beziehen – siehe Kapitel 2, »Kalkulationstabellen aufbauen«, ab Seite 171 –, dadurch, dass nur die Zeilen und Spalten innerhalb der Tabelle davon berührt sind. Daten außerhalb der Tabelle werden also nicht verschoben.

Tabellenzeilen oder -spalten löschen

Entsprechend wird im Kontextmenü der Tabellenzellen auch ein Löschbefehl für ausgewählte Zeilen oder Spalten innerhalb des Tabellenbereichs zur Verfügung gestellt: **Zeile/Spalte löschen** und **Tabellenspalten** oder **Tabellenzeilen**.

Die speziellen Tabellenbefehle erlauben es Ihnen nun ohne Weiteres, auf einem Blatt auch mehrere Tabellen parallel oder auch untereinander anzulegen. In älteren Versionen war dies häufig problematisch, weil beim Einfügen oder Löschen von ganzen Zeilen und Spalten leicht unerwünschte Nebenwirkungen bezogen auf andere Tabellen auftreten konnten.

Auf dem Touchscreen finden Sie die beschriebenen Kontextmenübefehle, wenn Sie in dem horizontalen Kontextmenü den Pfeil am Ende benutzen.

Bereichserweiterung und Formate

Wird ein normaler Zellbereich durch direktes Ausfüllen weiterer Tabellenzeilen erweitert, muss immer darauf geachtet werden, dass die Formatierung in die neuen Zeilen übernommen und eventuelle Formeln herunterkopiert werden. Auf der Seite **Erweitert** im Dialogfeld **Excel-Optionen** gibt es dafür die Einstellung **Datenbereichsformate und -formeln erweitern**. Wenn dieses Kästchen abgehakt ist, verhält sich Excel folgendermaßen: Immer wenn Sie bei einem Zellbereich Daten in die nächste leere Zeile eintragen, überträgt Excel automatisch das Format und die Formeln der letzten Zeile auf die neue.

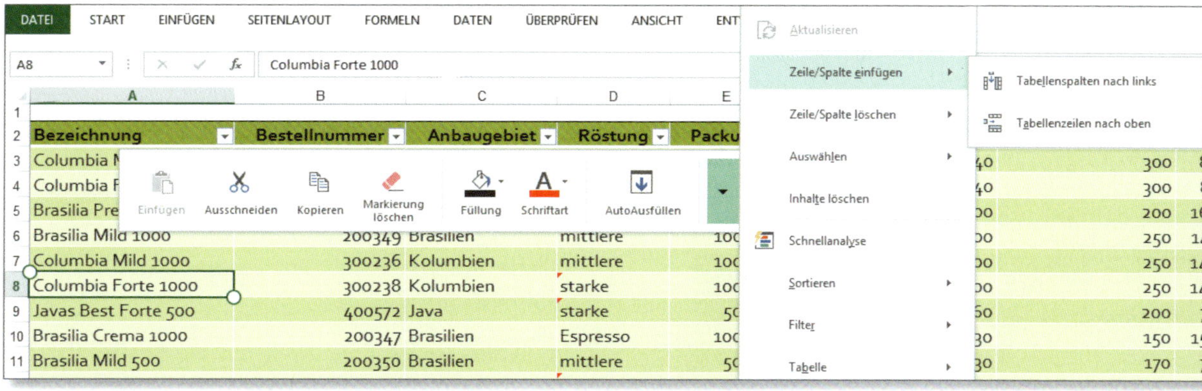

∧ ***Abbildung 5.24*** *Das erweiterte Kontextmenü für Tabellen auf dem Touchscreen*

Excel *erkennt* zusammenhängende Zellbereiche, wenn Sie den Zellzeiger in eine beliebige Zelle des Bereichs stellen und dann einen der Befehle aus der Gruppe **Daten > Sortieren und Filtern** aufrufen.

Bei den hier behandelten Tabellen werden Formate und Formeln automatisch in die neue Zeile übernommen, und zwar unabhängig von der oben beschriebenen Option **Datenbereichsformate und -formeln erweitern**, die nur für normale Zellbereiche Wirkung hat. Voraussetzung ist allerdings, dass die neue Zeile nicht unter eine Ergebniszeile eingefügt wird.

Daten in der Tabelle auswählen

Bei der Arbeit mit Tabellen ist es häufig notwendig, gezielt eine bestimmte Spalte oder Zeile in der Tabelle auszuwählen, etwa um sie gesondert zu formatieren oder um Daten zu kopieren. Das Programm hilft Ihnen hier mit einem speziellen Auswahlcursor, der nur für die Tabellen zur Verfügung steht.

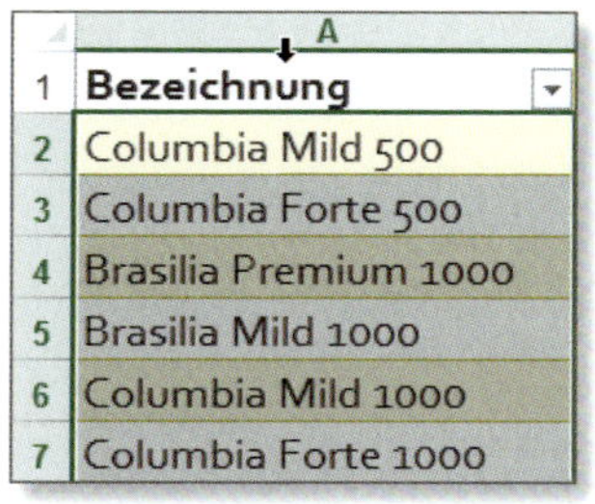

∧ ***Abbildung 5.25*** *Der Auswahlcursor wählt die komplette Spalte aus.*

Um die Daten einer Spalte zu markieren, ohne die Überschrift einzuschließen, setzen Sie den Mauszeiger etwas in die Zelle mit der Überschrift hinein, bis ein dicker Pfeil nach unten erscheint, und klicken einmal. Soll die Überschrift eingeschlossen werden, klicken Sie noch einmal.

Um eine oder mehrere Zeilen auszuwählen, ziehen Sie mit dem Mauszeiger etwas über den rechten Rand der Zeilenköpfe hinweg und klicken einmal (siehe Abbildung 5.26).

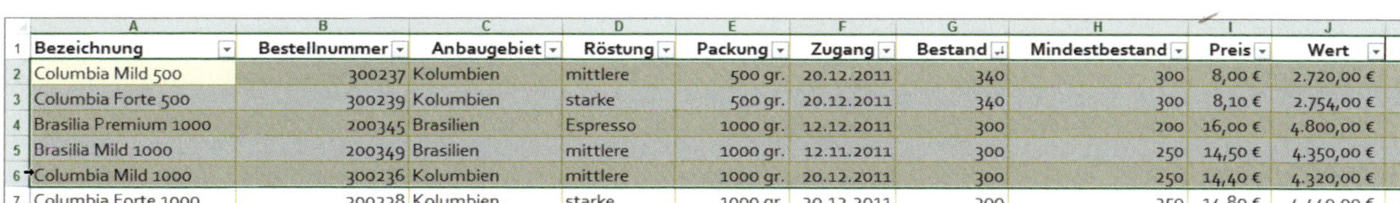

∧ ***Abbildung 5.26*** *Durch Ziehen können Sie gleich mehrere Zeilen auswählen.*

Soll die ganze Tabelle ausgewählt werden, setzen Sie den Mauszeiger so in die linke obere Ecke, dass ein schräger Pfeil erscheint. Ein Klick wählt die gesamte Tabelle einschließlich der Überschriften und der Ergebniszeile aus, ein zweiter Klick nur die Datensätze.

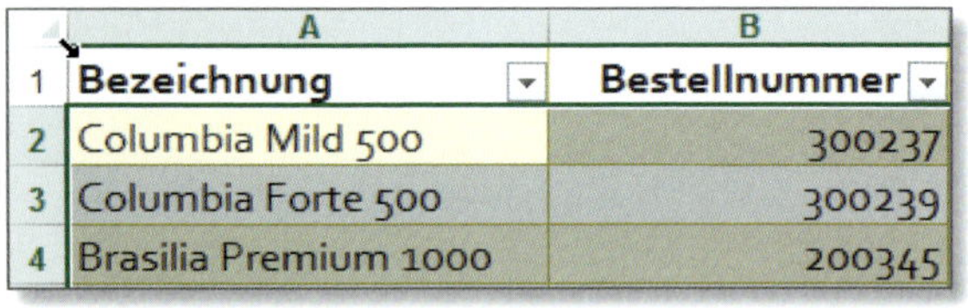

*^ **Abbildung 5.27** Der schräge Pfeil wählt die ganze Tabelle aus.*

Wem die Mausaktion zu verzwickt ist, der kann auch das Kontextmenü zu einer Zelle benutzen. Hier werden unter **Auswählen** mehrere Befehle angeboten.

- **Tabellenspaltendaten** wählt nur die Daten ohne Überschrift und ohne Ergebniszeile aus.
- **Ganze Tabellenspalte** schließt die Überschrift und die Ergebniszeile mit ein.
- **Tabellenzeile** wählt die Zeile an der Position des Zellzeigers aus.

Diese Befehle finden Sie auch im Kontextmenü auf dem Touchscreen.

Eindeutigkeit und Duplikate

In vielen Tabellen werden Sie in einer Spalte so etwas wie ein Schlüsselfeld verwenden, um die Daten in der Zeile eindeutig zu identifizieren. Das kann beispielsweise eine Bestellnummer, eine Kundennummer oder eine Rechnungsnummer sein. In diesen Fällen müssen Sie aber beachten, dass das Programm nicht reagiert, wenn ein solcher Schlüssel mehrfach verwendet wird. Für die Eindeutigkeit der Schlüssel müssen Sie also selbst sorgen.

Duplikate automatisch entfernen

Excel bietet immerhin ein Werkzeug, um nachträglich Zeilen zu entfernen, die in einer bestimmten Spalte Duplikate haben.

1. Um die Eindeutigkeit von Werten in einer Spalte nachträglich zu kontrollieren, rufen Sie das Tool **Duplikate entfernen** aus der Gruppe **Daten > Datentools** auf.
2. Im Dialog wählen Sie zunächst die Spalte aus, die auf Duplikate geprüft werden soll.

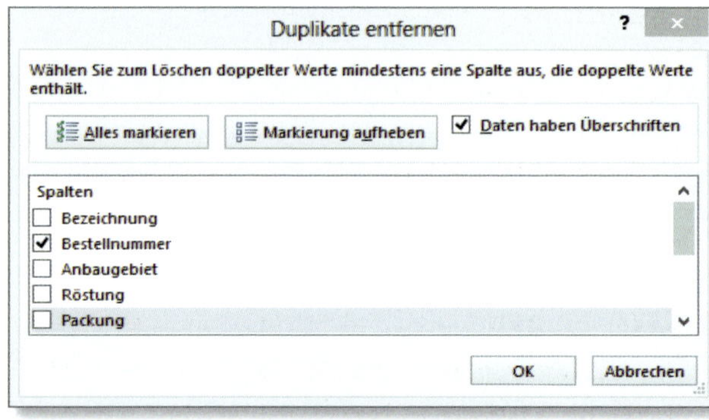

*^ **Abbildung 5.28** In diesem Dialog markieren Sie die Spalten, in denen Sie Duplikate ausschließen wollen.*

3. Ist die Auswahl bestätigt, wird die Anzahl der doppelten Werte angezeigt. Die gefundenen Duplikate werden entfernt, nur das jeweils erste Vorkommen eines Elements bleibt erhalten.

Duplikate kennzeichnen

Das beschriebene Vorgehen ist allerdings etwas roh, Sie haben wenig Eingriffsmöglichkeiten. Meist wird es besser sein, die Zeilen, die Duplikate enthalten, zunächst nur zu kennzeichnen und dann selbst zu entscheiden, welche Datenzeile gelöscht werden soll.

1. Wählen Sie – wie im letzten Abschnitt beschrieben – die Spalte in der Tabelle aus, deren Werte auf Duplikate zu prüfen sind.

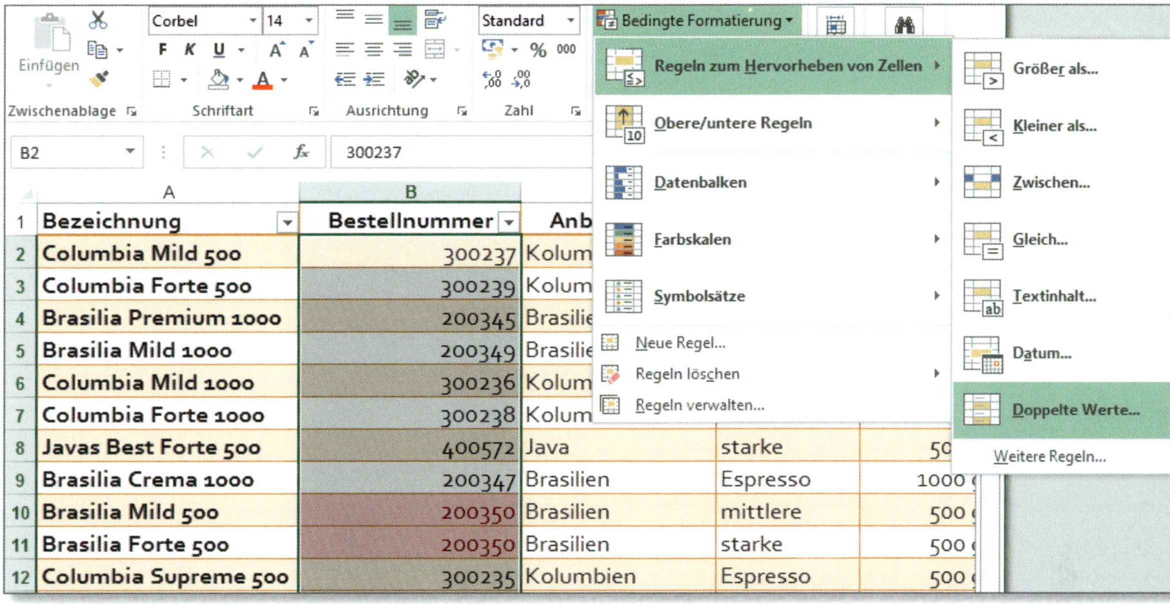

Abbildung 5.29 Für die ausgewählte Tabellenspalte wählen Sie eine bedingte Formatierung, die Duplikate hervorhebt.

2 Benutzen Sie **Start > Formatvorlagen** und im Menü der Schaltfläche **Bedingte Formatierung** die Option **Regeln zum Hervorheben von Zellen > Doppelte Werte**.

3 Im Dialog **Doppelte Werte** übernehmen Sie im ersten Listenfeld den Wert **Doppelte** und wählen aus dem Listenfeld **Werte mit** die gewünschte Einfärbung. (Sie können auch umgekehrt vorgehen und im ersten Listenfeld **Eindeutige** wählen, um diese Werte zu kennzeichnen.)

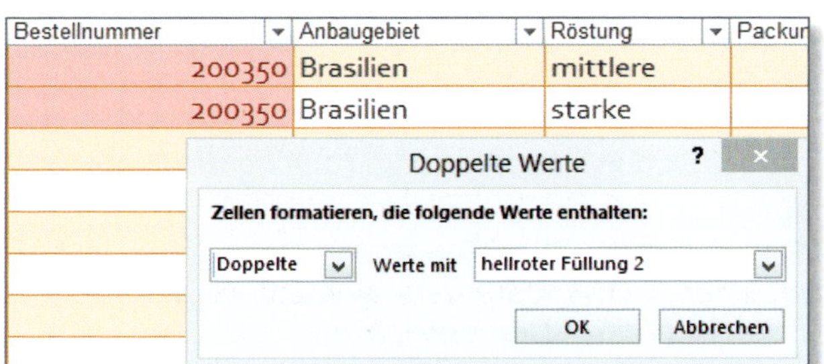

Abbildung 5.30 Schon bei der Auswahl im Dialogfeld werden die Duplikate eingefärbt.

Sobald Sie in der Tabelle die Duplikate entfernt haben, durch Löschen einer der Zeilen oder durch Korrektur eines Spaltenwerts, verschwindet auch die Kennzeichnung durch das bedingte Format.

5.6 Berechnungen in Tabellen einfügen

Bei Tabellen sind verschiedene Typen von Berechnungen möglich. Häufig werden zusammenfassende Werte für ganze Spalten benötigt, andere Berechnungen verwerten Daten, die jeweils in derselben Zeile vorkommen.

Eine Ergebniszeile einfügen

Bei unserer Tabelle für das Kaffeelager interessiert natürlich sofort, welche Ergebnisse die eingetragenen Daten für den gesamten Bestand liefern. Für solche Gesamtauswertungen bietet die Tabelle eine Ergebniszeile an, die sich automatisch mit dem Wachsen der Tabelle anpasst, also mit jeder neuen Datenzeile weiter nach unten verschiebt.

1 Um eine Ergebniszeile an die Tabelle anzuhängen, setzen Sie den Zellzeiger an eine beliebige Stelle in der Tabelle.

2 Benutzen Sie **Entwurf > Optionen für Tabellenformat** oder über das Kontextmenü **Tabelle > Ergebniszeile**.

3 Excel gibt in diesem Fall zunächst für die letzte Spalte eine Summe als Auswertung vor. Über die kleinen Pfeilschaltflächen können Sie für jede Spalte die Art der Auswertung einzeln wählen.

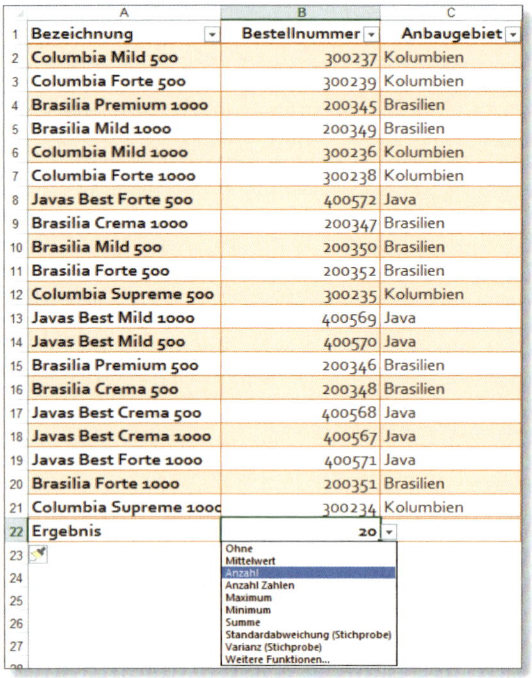

	A	B	C
1	Bezeichnung	Bestellnummer	Anbaugebiet
2	Columbia Mild 500	300237	Kolumbien
3	Columbia Forte 500	300239	Kolumbien
4	Brasilia Premium 1000	200345	Brasilien
5	Brasilia Mild 1000	200349	Brasilien
6	Columbia Mild 1000	300236	Kolumbien
7	Columbia Forte 1000	300238	Kolumbien
8	Javas Best Forte 500	400572	Java
9	Brasilia Crema 1000	200347	Brasilien
10	Brasilia Mild 500	200350	Brasilien
11	Brasilia Forte 500	200352	Brasilien
12	Columbia Supreme 500	300235	Kolumbien
13	Javas Best Mild 1000	400569	Java
14	Javas Best Mild 500	400570	Java
15	Brasilia Premium 500	200346	Brasilien
16	Brasilia Crema 500	200348	Brasilien
17	Javas Best Crema 500	400568	Java
18	Javas Best Crema 1000	400567	Java
19	Javas Best Forte 1000	400571	Java
20	Brasilia Forte 1000	200351	Brasilien
21	Columbia Supreme 100c	300234	Kolumbien
22	Ergebnis	20	

^ ***Abbildung 5.31*** *Das Listenfeld einer Ergebniszelle bietet verschiedene Auswertungen an.*

4 Für die Bestellnummer können Sie beispielsweise die Anzahl, für Bestand die Summe und für Mindestbestand den Mittelwert errechnen lassen.

Wenn Sie einen Blick auf die erzeugte Formel werfen, sehen Sie, dass in allen Fällen mit der Funktion *TEILERGEBNIS()* gearbeitet wird. Die Formel, die Excel beispielsweise für die Spalte *Bestellnummer* einfügt, sieht so aus:

```
=TEILERGEBNIS(103;[Bestellnummer])
```

Diese Funktion verwendet als erstes Argument einen Funktionscode, der angibt, welche Art von Auswertung mit den durch das zweite Argument angegebenen Daten gewünscht ist.

Funktion	Ohne ausgebl. Zeilen	Mit ausgebl. Zeilen
MITTELWERT()	101	1
ANZAHL()	102	2
ANZAHL2()	103	3
MAX()	104	4
MIN()	105	5
PRODUKT()	106	6
STABW.S()	107	7
STABW.N()	108	8
SUMME()	109	9
VAR.S()	110	10
VAR.P()	111	11

^ ***Tabelle 5.1*** *Die Bedeutung der Funktionscodes in der Funktion »TEILERGEBNIS()«*

Die vorgegebenen Codes, die alle über 100 liegen, haben den Nebeneffekt, dass die Formeln ausgeblendete Datenzeilen nicht mitrechnen. Wenn Sie also, wie im nächsten Kapitel beschrieben, die Kaffees eines bestimmten Anbaugebiets ausblenden, werden nur die Werte für die übrigen Anbaugebiete ausgewertet.

Wenn Sie dagegen von diesen Codenummern jeweils 100 abziehen, werden immer die Gesamtergebnisse für alle Datensätze angezeigt, auch für die ausgeblendeten.

Berechnete Spalten einrichten

Neben Spalten, in die Daten eingegeben werden, kann eine Tabelle auch Spalten enthalten, die auf der Basis von Werten in anderen Spalten oder auch von Werten außerhalb der Tabelle berechnet werden. Excel 2013 stellt für Formeln in solchen Tabellen eine vereinfachte Bezugsform zur Verfügung, die als *strukturierter Verweis* bezeichnet wird. Im einfachsten Fall werden die Spaltenüberschriften verwendet, um die Adresse eines Werts zu kennzeichnen.

Wenn Sie in der Spalte *Wert* eine Formel ablegen wollen, die zeilenweise den Preis mit dem Bestand multipliziert, reicht es aus, die Formel in der ersten Datenzeile abzulegen. Sie wird beim Eintragen weiterer Datensätze automatisch übernommen.

1 Beginnen Sie die Formel in Zelle J2 mit dem Gleichheitszeichen.

2 Markieren Sie im Modus **Zeigen** die Zelle mit dem Wert für den Bestand in derselben Zeile.

G	H	I	J
Bestand	Mindestbestand	Preis	Wert
340	300	8,00 €	=[@Bestand]
340	300	8,10 €	

Abbildung 5.32 *Die Formel nimmt zuerst Bezug auf den aktuellen Wert für den Bestand.*

3 Geben Sie das Multiplikationszeichen ein, und wählen Sie die Zelle I2 aus, die den Preis enthält. Bestätigen Sie die Formel.

G	H	I	J
Bestand	Mindestbestand	Preis	Wert
340	300	8,00 €	=[@Bestand]*[@Preis]
340	300	8,10 €	

Abbildung 5.33 *Der zweite Bezug liefert den Wert für den Preis aus derselben Zeile.*

Wie Sie sehen, werden die Spaltennamen automatisch in eckige Klammern und wird vor den Spaltennamen ein @ gesetzt als Hinweis darauf, dass der Wert aus derselben Zeile stammt, in der auch die begonnene Formel liegt. Wenn Sie die Formel komplett manuell eintippen, also ohne auf die Bezugszellen zu zeigen, können Sie das @-Zeichen vor dem Spaltennamen auch weglassen. Die Formel heißt dann einfach `=[Bestand]*[Preis]`.

In jedem Fall wird die Formel äußerlich unverändert in alle Tabellenzeilen übernommen, die Sie in der Folge in die Tabelle einfügen. Die Formel wertet aber jeweils die entsprechenden Werte in der jeweiligen Tabellenzeile aus.

Neue berechnete Spalte einfügen

Es liegt nahe, bei dem Lagerbeispiel eine Spalte hinzuzufügen, die auf einen Blick erkennen lässt, wie weit der Bestand noch vom Mindestbestand entfernt ist bzw. wie sehr er ihn bereits unterschritten hat.

1 Fügen Sie rechts von der letzten Spaltenüberschrift eine neue Überschrift ein, etwa »Bestandspuffer«.

2 Geben Sie darunter die Formel ein:

```
=[@Bestand]-[@Mindestbestand]
```

3 Nach der Bestätigung der ersten Formel überträgt Excel diese automatisch auf die ganze Spalte. Dabei wird die Schaltfläche **AutoKorrektur-Optionen** eingeblendet, die es erlaubt, diesen Vorgang notfalls rückgängig zu machen.

=[@Bestand]-[@Mindestbestand]

F	G	H	I	J	K
Zugang	Bestand	Mindestbestand	Preis	Wert	Bestandspuffer
20.12.2011	340	300	8,00 €	2.720,00 €	40
20.12.2011	340	300	8,10 €	2.754,00 €	40
12.12.2011	300	200	16,00 €	4.800,00 €	100
12.11.2011	300	250	14,50 €	4.350,00 €	50
20.12.2011	300	250	14,40 €	4.320,00 €	50

L M N

Berechnete Spalte rückgängig machen
Automatisches Erstellen berechneter Spalten beenden
AutoKorrektur-Optionen steuern...

Abbildung 5.34 *Automatisches Erstellen einer berechneten Spalte*

Eventuell wollen Sie noch einen provisorischen Verkaufspreis dadurch berechnen, dass Sie auf den unter *Preis* eingetragenen Einkaufspreis einen fixen Prozentaufschlag legen. Den entsprechenden Prozentwert können Sie in einer Zelle außerhalb der Tabelle ablegen und mit einem absoluten Bezug in die Formel übernehmen, sodass sich die Formel für alle Zeilen verwenden lässt. Das hat den Vorteil, dass Sie den Prozentwert nur an einer Stelle ändern müssen, wenn er korrigiert werden soll.

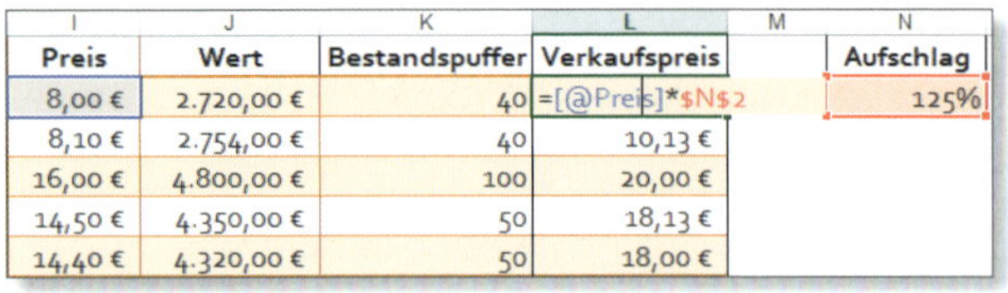

Abbildung 5.35 *Die Preisformel arbeitet mit einem absoluten Bezug auf die Zelle, die den Aufschlag angibt.*

Zur Arbeit mit strukturierten Verweisen

Die Verwendung von strukturierten Verweisen anstelle der in normalen Zellbereichen verwendeten Verweise erleichtert die Arbeit mit Tabellendaten insbesondere deshalb, weil sie dynamisch sind. Sobald sich der Tabellenbereich durch Einfügen oder auch Löschen von Zeilen oder Spalten ändert, werden die Bezüge automatisch angepasst. Wird eine Formel außerhalb der Tabelle abgelegt, muss vor den in eckige Klammern gesetzten Spaltenbezeichnern noch der Tabellenname angegeben werden. Ist die Tabelle mit dem Namen *Kaffeelager* belegt, reicht folgende Formel, um immer die höchste vergebene Bestellnummer zu erfahren:

```
=MAX(Kaffeelager[Bestellnummer])
```

Neben Bezügen auf Zellen in einer Zeile oder Spalte, wie sie in den letzten Beispielen beschrieben sind, lassen sich auch Bezüge auf verschiedene Bereiche herstellen, die sich bei einer Tabelle unterscheiden lassen. Dafür werden spezielle Bezeichner verwendet, die in Tabelle 5.2 zusammengestellt sind.

Bezeichner	Bedeutung
#Alle	Bezug auf die gesamte Tabelle, einschließlich Spaltennamen, Daten und Ergebniszeilen
#Daten	Bezug auf die Daten ohne Ergebniszeile
#Kopfzeilen	Bezug auf die Kopfzeile mit den Spaltennamen
#Ergebnisse	Bezug auf die Ergebniszeile, ergibt 0, wenn diese nicht vorhanden ist
@	Bezug auf die Daten in der aktuellen Zeile

Tabelle 5.2 *Liste der Bezeichner, die Sie bei strukturierten Verweisen verwenden können*

Beispielsweise liefert die folgende Formel die Anzahl der leeren Zellen in der aktuellen Tabelle:

```
=ANZAHLLEEREZELLEN(Kaffeelager[#Daten])
```

Diese Formel kann beispielsweise verwendet werden, um zu kontrollieren, ob alle Zellen in den vorhandenen Datensätzen ausgefüllt wurden.

Excel unterstützt Sie bei der Eingabe solcher Bezüge, sobald Sie eine eckige Klammer öffnen, wie Abbildung 5.36 zeigt.

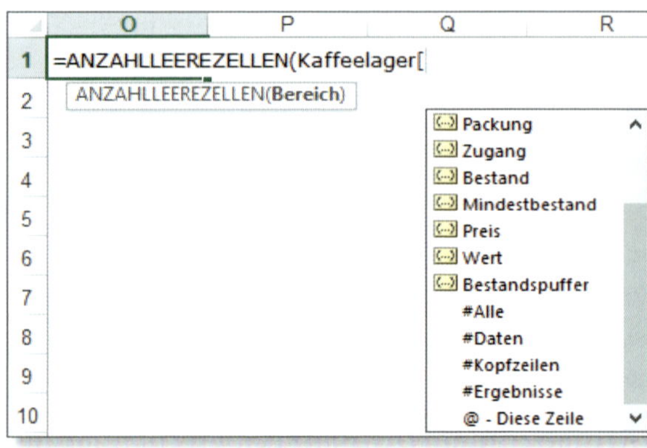

Abbildung 5.36 *Sie brauchen die strukturierten Verweise bei der Formeleingabe nur auszuwählen.*

Werden Bezüge verschachtelt, sind doppelte Klammern erforderlich.

Damit Sie in dieser bequemen Weise mit strukturierten Verweisen operieren können, muss allerdings unter **Excel-Optionen** auf der Seite **Formeln** bei **Arbeiten mit Formeln** die Einstellung **Tabellennamen in Formeln verwenden** aktiviert bleiben.

Sollte die Tabelle nachträglich wieder in einen normalen Zellbereich konvertiert werden, werden die strukturierten Bezüge übrigens automatisch wieder in normale Bereichsbezüge zurückübersetzt.

TIPP

Spaltennamen gelten immer als Zeichenfolgen
Beachten Sie, dass alle Spaltennamen als Textzeichenfolgen behandelt werden, auch wenn sie etwa ein Datum oder eine Jahreszahl enthalten. Enthält der Spaltenname Sonderzeichen, muss mit doppelten Klammern gearbeitet werden. Dies gilt für Leerzeichen, Komma, Strichpunkt (Semikolon), Punkt etc. Deshalb ist es meist praktischer, solche Zeichen zu vermeiden.

5.7 Tabellenwerte sortieren

Das Sortieren von Daten kann zwar in beliebigen – rechteckigen – Zellbereichen sinnvoll sein, bei Tabellen taucht der Wunsch nach Sortierung aber besonders häufig auf.

Die Reihenfolge, in der Daten in eine Tabelle eingegeben werden, kann zufällig oder mehr oder weniger geordnet sein. In vielen Fällen ist es aber angebracht, die Reihenfolge der Daten nach der Ersteingabe neu zu ordnen. Bei der Kaffeelagerliste liegt vielleicht eine Sortierung nach Anbaugebieten nahe und innerhalb der Anbaugebiete nach dem Namen des Kaffees. Wenn wie in unserem Beispiel für jedes Produkt eine eindeutige Bestellnummer vorhanden ist, könnte die Sortierung auch mithilfe dieser Nummer erfolgen.

Sie können aber auch jede andere Spalte der Tabelle als Basis für eine Sortierung wählen. Wenn Sie z. B. wissen wollen, von welchen Kaffees die meisten Packungen auf Lager liegen, können Sie die Tabelle nach dem Feld *Bestand* sortieren. Wenn Sie **Absteigend** sortieren, erscheinen zuerst die Kaffees, von denen am meisten auf Lager liegen; wählen Sie eine aufsteigende Sortierung, erscheinen zunächst die, von denen die wenigsten Packungen vorrätig sind.

Auch eine chronologische Sortierung nach einem Datums- oder Zeitfeld ist möglich, hier z. B. nach dem Datum des letzten Zugangs zum Lager. In diesem Fall bedeutet eine absteigende Sortierung, dass die jüngsten Zugänge zuerst aufgeführt werden.

Sortierung für unterschiedliche Zwecke

Für verschiedene Zwecke sind also unter Umständen andere Sortierungen erforderlich. Bevor Sie die eingegebenen Daten in der einen oder anderen Weise sortieren, sollten Sie allerdings zunächst entscheiden, welche Anordnung der Daten die Regel ist und welche Sortierung nur vorübergehend benutzt werden soll, um eine bestimmte Frage zu klären.

Die normale Sortierung sollte danach gewählt werden, wie hauptsächlich auf die Daten zugegriffen wird. Bei der Lagerliste für unsere Kaffees stellt sich die Frage, ob die Kunden in der Regel eine Bestellung mit dem Namen des Kaffees abgeben oder ob sie in erster Linie mit einer Bestellnummer bestellen. Im zweiten Fall ist es am besten, die Lagerliste zuerst nach einer Bestellnummer zu sortieren, im ersten Fall würden Sie eher den Namen als Hauptsortierkriterium benutzen.

Excel erledigt so ein Umschaufeln der Daten sehr schnell. Sie können sich also hier auch bei einer Tabelle mit Tausenden von Datenzeilen Dinge leisten, für die Sie mit einem Karteikasten vielleicht zwei Tage gebraucht hätten.

Den passenden Sortierschlüssel verwenden

Das Programm sortiert Daten immer nach mindestens einem Feld, das als Schlüssel dient. Maximal können

64 Schlüssel gleichzeitig benutzt werden. Zellbereiche lassen sich aber nicht nur nach den Werten, sondern auch nach Formatierungen wie Zellenfarbe, Schriftfarbe und Zellensymbolen sortieren. Das ist interessant, wenn diese Formatmerkmale über bedingte Formatierungen vergeben werden. Ab Seite 328 im Abschnitt »Tabellen nach Formatmerkmalen sortieren« erfahren Sie mehr zu diesem Thema.

Die Sortierung nach einem Teil des Felds oder nach einer Kombination aus mehreren Feldern ist nicht direkt möglich. Um so etwas zu erreichen, können Sie aber in der Tabelle zusätzliche Spalten anlegen und über Formeln etwa die ersten fünf Stellen einer Bestellnummer herausziehen.

`=LINKS(Bestellnummer;5)` wäre ein Beispiel für eine Formel, die eine Sortierung nach den ersten fünf Stellen der Bestellnummer erlaubt.

TIPP

Ursprüngliche Reihenfolge sichern
Bei manchen Tabellen ist die Reihenfolge, in der die Daten ursprünglich eingegeben wurden, aus irgendwelchen Gründen wichtig. Wird eine solche Tabelle sortiert, ist die ursprüngliche Reihenfolge möglicherweise nicht mehr wiederherstellbar, weil die alte Reihenfolge nicht an den Werten in einem Feld erkannt werden kann.

In solchen Fällen können Sie vor der ersten Sortierung eine zusätzliche Spalte einfügen und darin mit dem Befehl **Start > Bearbeiten > Füllbereich > Reihe** eine Zählnummer erzeugen. Darüber können Sie dann bei Bedarf die ursprüngliche Reihenfolge der Tabelle wiederherstellen.

Duplikate vermeiden

Wenn im ersten Sortierschlüssel Duplikate vorkommen, kann ein zusätzlicher Schlüssel angegeben werden. Der zweite Schlüssel entscheidet über die Reihenfolge der Duplikate im ersten Schlüssel. Sind die Kaffees z. B. zunächst nach dem Anbaugebiet sortiert, kann als zweiter Schlüssel die Bezeichnung des Kaffees verwendet werden.

Richtung der Sortierung

Die Richtung der Sortierung kann aufsteigend oder absteigend sein. Für jeden Schlüssel wird die Richtung der Sortierung gesondert bestimmt. Im Normalfall sortiert Excel Zeilen anhand von Schlüsseln in einer Spalte oder in bis zu 64 Spalten. Es ist aber auch möglich, Spalten neu zu ordnen nach Schlüsseln in einer oder in mehreren Zeilen. Dazu zeigen wir Ihnen im Abschnitt »Tabellen nach Spalten sortieren« weiter unten in diesem Kapitel ab Seite 327 noch ein Beispiel.

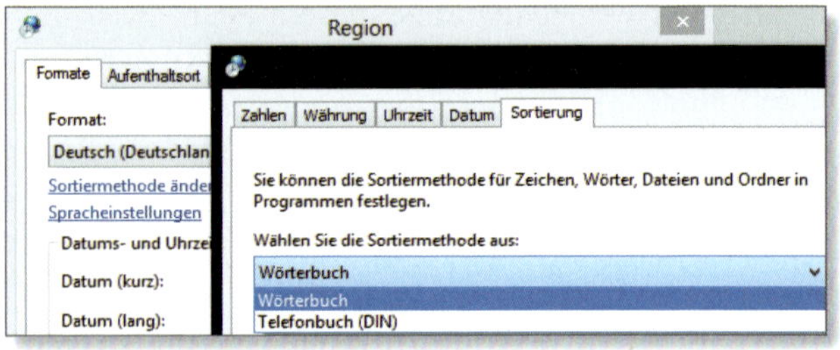

Abbildung 5.37 *Über »Weitere Einstellungen« erreichen Sie auf dem Register »Formate« das Register »Sortierung«.*

TIPP

Sortierreihenfolge
Wie Excel Daten in einem Bereich im Detail sortiert, bestimmen Sie über die Wahl der Sortierreihenfolge. Sie können entweder die Standardsortierreihenfolge verwenden oder eine eigene definieren. Die Standardsortierreihenfolge wird durch die Ländereinstellungen festgelegt, die Sie unter Windows über die **Systemsteuerung** treffen. In Deutschland können Sie zwischen der Sortiermethode **Wörterbuch** und **Telefonbuch (DIN)** wählen. Die zweite Methode behandelt Umlaute wie ä, ü, ö und das scharfe ß als gleichwertig mit ae, ue, oe und ss, um die unterschiedliche Schreibweise von Eigennamen zu berücksichtigen. Werden Tabellen für andere Länder entwickelt, müssen Sie die Sortierreihenfolge anpassen.

Die Standardsortierreihenfolge ist, wenn Sie nichts anderes festlegen, aufsteigend, und zwar in folgender Weise:

1. Numerische Werte in numerischer Reihenfolge, also von der kleinsten negativen Zahl bis zur größten positiven Zahl
2. Leerzeichen
3. Zeichenfolgen, die mit Sonderzeichen beginnen, in der Reihenfolge des ANSI-Codes
4. Zeichenfolgen, die mit Zahlen beginnen, und zwar in numerischer Reihenfolge
5. Zeichenfolgen, die mit Buchstaben beginnen, in alphabetischer Reihenfolge, wobei aber Kleinbuchstaben vor Großbuchstaben eingeordnet werden

Wird eine absteigende Sortierung gewählt, ist die Reihenfolge genau umgekehrt.

Bei der Sortierung gelten außerdem folgende Regeln:

- Bei Wahrheitswerten wird *FALSCH* vor *WAHR* eingeordnet.
- Fehlerwerte haben dagegen alle den gleichen Wert.
- Wird nach dem Inhalt einer Spalte sortiert, bleiben die Zeilen, bei denen in dieser Spalte die gleichen Einträge stehen, unverändert. Wird nach dem Inhalt einer Zeile sortiert, gilt für die Spalten Entsprechendes.
- Zeilen mit leeren Zellen in der Schlüsselspalte werden immer an das Ende der sortierten Tabelle gestellt.
- Ausgeblendete Zeilen oder Spalten werden von der Sortierung nicht berührt. Ausgenommen von dieser Regel sind Zeilen oder Spalten, die nur vorübergehend innerhalb einer Gliederung ausgeblendet worden sind.

Die Einstellungen, die Sie bei der Sortierung über das Dialogfeld verwenden, speichert Excel so lange, bis sie erneut geändert werden.

Nach den Werten in einer Spalte sortieren

Am einfachsten ist eine Sortierung, wenn Sie eine Tabelle nur nach einem Schlüssel sortieren. Angenommen, Sie wollen wissen, von welchen Kaffees aktuell die größten Bestände vorhanden sind:

1 Setzen Sie den Zellzeiger in eine beliebige Zelle der Spalte mit den Bestandswerten.

2 Benutzen Sie auf dem Register **Start** in der Gruppe **Bearbeiten** die Schaltfläche **Sortieren und Filtern**.

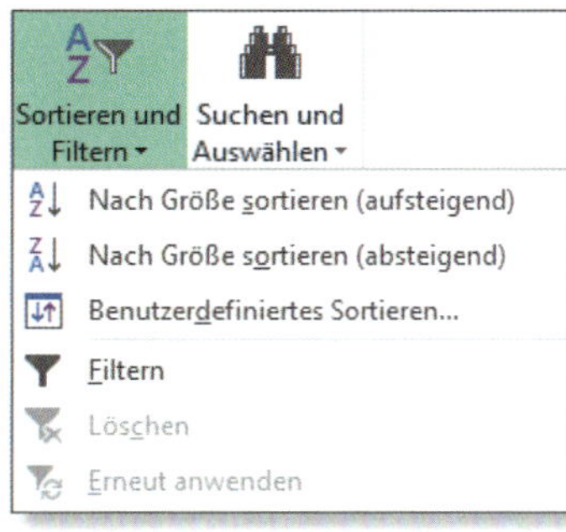

Abbildung 5.38 *Das Menü der Schaltfläche »Sortieren und Filtern« bei Auswahl einer Zelle mit Zahlen*

3 Benutzen Sie im Menü dieser Schaltfläche das Sortiersymbol **Nach Größe sortieren (absteigend)**.

Die gesamte Tabelle wird absteigend nach den Werten für den Bestand sortiert. Die Filterschaltfläche der Spalte erhält einen kleinen Pfeil ❶ (Abbildung 5.39), der die Richtung der Sortierung anzeigt.

Anstelle des Menüs der Schaltfläche **Sortieren und Filtern** können Sie auch im Kontextmenü jeder Zelle in der betreffenden Tabellenspalte den Befehl **Sortieren** verwenden. Außerdem werden die Sortierbefehle noch in der Gruppe **Sortieren und Filtern** auf dem Register **Daten** angeboten.

Excel dehnt vor der Durchführung der Sortierung die Markierung automatisch auf den gesamten Tabellenbereich aus, abzüglich der Zeile mit den Überschriften. Existiert eine Ergebniszeile, wird sie ebenfalls aus dem Sortierbereich herausgelassen.

Die Befehle zum Sortieren und Filtern werden auf dem Register **Daten** noch einmal getrennt in der Gruppe **Sortieren und Filtern** angeboten.

TIPP

Kontextabhängige Optionen
Abhängig davon, ob die aktive Zelle in einer Textspalte oder in einer Wertespalte steht, werden in dem Menü der Schaltfläche **Sortieren und Filtern** die Befehle **Von A bis Z sortieren...** oder **Nach Größe sortieren...** angeboten. Bei Datums- oder Zeitangaben erscheint die Bezeichnung **Nach Datum sortieren...** oder **Nach Größe sortieren...**, vorausgesetzt, es wird mit gültigen Datums- und Zeitformaten in der jeweiligen Spalte gearbeitet. Sind die Filterschaltflächen eingeblendet, bietet auch das Menü zu jeder Schaltfläche diese Befehle an.

Wenn Sie nur eine bestimmte Spalte oder eine bestimmte Anzahl von Spalten innerhalb einer Tabelle sortieren wollen, müssen Sie den Bereich vorher markieren. Dabei entscheidet die Stellung der aktiven Zelle im markierten Bereich, nach welcher Spalte sortiert wird. Versetzen Sie die aktive Zelle mit [Tab] innerhalb des markierten Bereichs, wenn es notwendig ist.

TIPP

Sortierung lässt sich zurücknehmen
Werfen Sie zur Sicherheit immer sofort einen Blick auf das Ergebnis der Sortierung. Ist etwas schiefgelaufen, können Sie den alten Zustand mit dem **Rückgängig**-Symbol aus der Schnellzugriffsleiste sofort wiederherstellen.

Mit mehr als einem Schlüssel sortieren

Die Sortierung mithilfe der Symbole bezieht sich immer auf die zeilenweise Sortierung mit einem Sortierschlüssel. Mehr Kontrolle über die Sortierung erhalten Sie mit dem Befehl **Benutzerdefiniertes Sortieren**. Wollen Sie beispielsweise die Tabelle für das Kaffeelager zunächst nach Anbaugebieten und dann nach den Bezeichnungen sortieren, helfen die folgenden Schritte:

1. Platzieren Sie den Zellzeiger wieder irgendwo innerhalb der Tabelle.
2. Benutzen Sie im Menü der Schaltfläche **Sortieren und Filtern** den Befehl **Benutzerdefiniertes Sortie-**

	A	B	C	D	E	F	G
1	**Bezeichnung**	**Bestellnummer**	**Anbaugebiet**	**Röstung**	**Packung**	**Zugang**	**Bestand**
2	**Columbia Mild 500**	300237	Kolumbien	mittlere	500 gr.	20.12.2011	340
3	**Columbia Forte 500**	300239	Kolumbien	starke	500 gr.	20.12.2011	340
4	**Brasilia Premium 1000**	200345	Brasilien	Espresso	1000 gr.	12.12.2011	300
5	**Brasilia Mild 1000**	200349	Brasilien	mittlere	1000 gr.	12.11.2011	300
6	**Columbia Mild 1000**	300236	Kolumbien	mittlere	1000 gr.	20.12.2011	300
7	**Columbia Forte 1000**	300238	Kolumbien	starke	1000 gr.	20.12.2011	300
8	**Javas Best Forte 500**	400572	Java	starke	500 gr.	08.11.2011	260
10	**Brasilia Crema 1000**	200347	Brasilien	Espresso	1000 gr.	14.12.2011	230
11	**Brasilia Mild 500**	200350	Brasilien	mittlere	500 gr.	12.11.2011	230
12	**Brasilia Forte 500**	200352	Brasilien	starke	500 gr.	19.12.2011	230
13	**Columbia Supreme 500**	300235	Kolumbien	Espresso	500 gr.	20.12.2011	230
14	**Javas Best Mild 1000**	400569	Java	mittlere	1000 gr.	09.11.2011	230
15	**Javas Best Mild 500**	400570	Java	mittlere	500 gr.	10.11.2011	230

Abbildung 5.39 Die Tabelle ist nun absteigend nach dem Bestand sortiert.

ren. Excel markiert den kompletten Datenbereich der Tabelle und öffnet das Dialogfeld **Sortieren**.

2

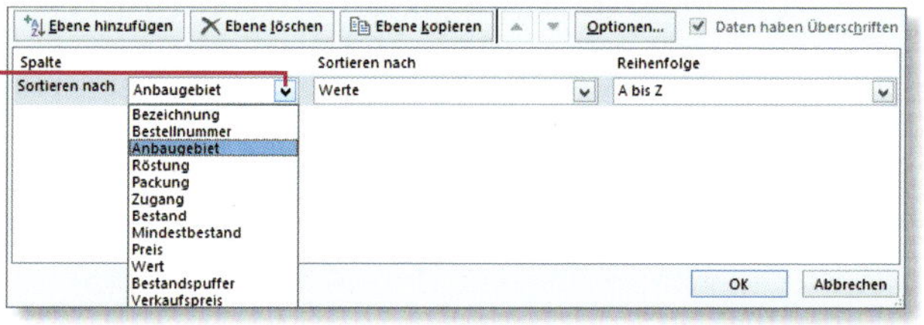

Abbildung 5.40 *In diesem Dialogfeld legen Sie die verschiedenen Schlüssel für die Sortierung und die Reihenfolge fest.*

3 Zunächst bestimmen Sie unter **Spalte**, nach welchen Werten die Tabelle als Erstes sortiert werden soll. Wenn Sie den Pfeil **2** benutzen, können Sie die Beschriftung der Spalte *Anbaugebiet* auswählen.

4 Unter **Sortieren nach** übernehmen Sie die vorgegebene Einstellung **Werte**.

5 Da es sich bei den Werten für *Anbaugebiet* um Text handelt, wählen Sie unter **Reihenfolge** die Option **A bis Z** für eine aufsteigende Reihenfolge.

6 Um das zweite Sortierkriterium einzugeben, benutzen Sie erst die Schaltfläche **Ebene hinzufügen**.

7 Die Reihenfolge der Zeilen innerhalb des gleichen Anbaugebiets legen Sie anschließend unter **Dann nach** fest. Hier wählen Sie **Bezeichnung** aus.

8 Die vorgegebenen Einstellungen der beiden anderen Listenfelder können Sie dann übernehmen, weil es wieder um Textwerte geht.

Abbildung 5.41 zeigt einen Auszug aus der Tabelle mit dem Ergebnis der Sortierung nach zwei Schlüsseln, alle in aufsteigender Reihenfolge.

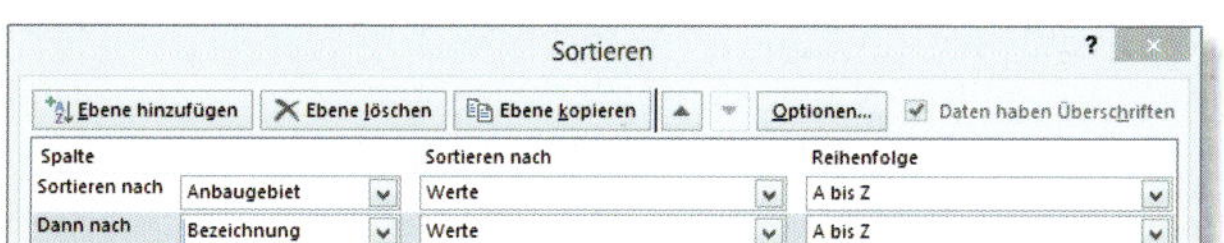

Abbildung 5.41 *Einstellungen für eine Sortierung mit zwei Schlüsseln*

	A	B	C
1	Bezeichnung	Bestellnummer	Anbaugebiet
2	Brasilia Crema 1000	200347	Brasilien
3	Brasilia Crema 500	200348	Brasilien
4	Brasilia Forte 1000	200351	Brasilien
5	Brasilia Forte 500	200352	Brasilien
6	Brasilia Mild 1000	200349	Brasilien
7	Brasilia Mild 500	200350	Brasilien
8	Brasilia Premium 1000	200345	Brasilien
9	Brasilia Premium 500	200346	Brasilien
10	Javas Best Crema 1000	400567	Java
11	Javas Best Crema 500	400568	Java
12	Javas Best Forte 1000	400571	Java
13	Javas Best Forte 500	400572	Java
14	Javas Best Mild 1000	400569	Java
15	Javas Best Mild 500	400570	Java
16	Columbia Forte 1000	300238	Kolumbien
17	Columbia Forte 500	300239	Kolumbien

Abbildung 5.42 *Das Ergebnis der Sortierung mit den beiden Schlüsseln »Anbaugebiet« und »Bezeichnung«*

Der zweite Schlüssel wird, wie oben schon angesprochen, immer erst dann herangezogen, wenn im ersten Schlüssel Duplikate vorkommen. Das ist hier natürlich der Fall, denn zahlreiche Kaffees kommen aus dem gleichen Anbaugebiet.

Bei Bedarf lässt sich eine Tabelle sogar mit bis zu 64 Schlüsseln sortieren. Wenn Sie an der Abfolge der Ebenen etwas ändern wollen, wählen Sie die zu verschiebende Ebene aus und benutzen eine der beiden kleinen Dreiecksschaltflächen. Über die Schaltfläche **Optionen** lässt sich noch einstellen, ob die Groß- und Kleinschreibung beim Sortieren beachtet werden soll.

Tabellen nach Spalten sortieren

Mit der Schaltfläche **Optionen** im Dialogfeld **Sortieren** erreichen Sie noch eine weitere Möglichkeit des Befehls. Anstatt, wie wohl am üblichsten, unter **Ausrichtung** mit **Zeilen sortieren** zu arbeiten, können Sie auch **Spalten sortieren** wählen. Im Folgenden wenigstens eine Andeutung, wann dies sinnvoll ist.

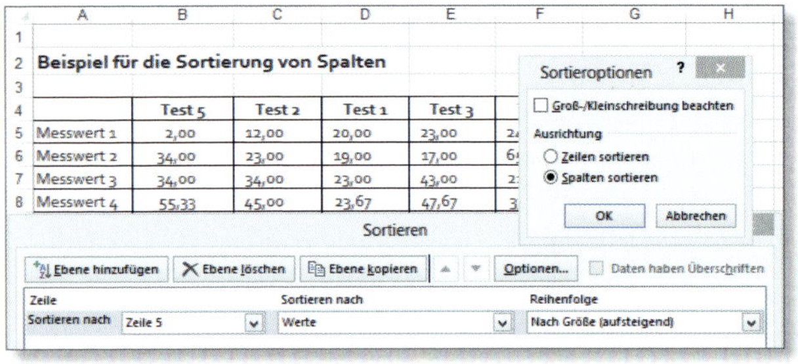

Abbildung 5.43 *Die Spaltensortierung ordnet die Tabelle nach den Spaltenwerten einer bestimmten Zeile.*

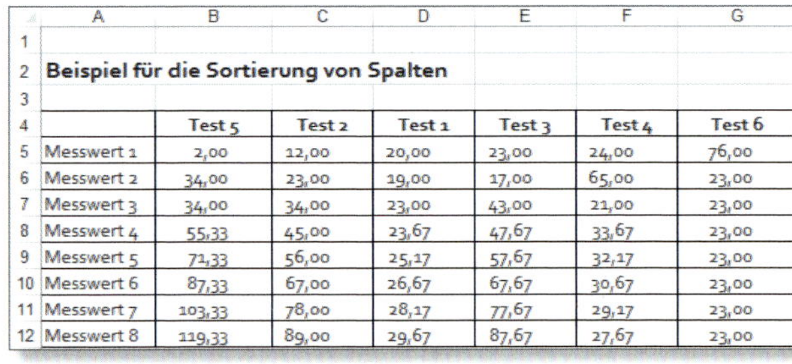

	A	B	C	D	E	F	G
1							
2	Beispiel für die Sortierung von Spalten						
3							
4		Test 5	Test 2	Test 1	Test 3	Test 4	Test 6
5	Messwert 1	2,00	12,00	20,00	23,00	24,00	76,00
6	Messwert 2	34,00	23,00	19,00	17,00	65,00	23,00
7	Messwert 3	34,00	34,00	23,00	43,00	21,00	23,00
8	Messwert 4	55,33	45,00	23,67	47,67	33,67	23,00
9	Messwert 5	71,33	56,00	25,17	57,67	32,17	23,00
10	Messwert 6	87,33	67,00	26,67	67,67	30,67	23,00
11	Messwert 7	103,33	78,00	28,17	77,67	29,17	23,00
12	Messwert 8	119,33	89,00	29,67	87,67	27,67	23,00

Abbildung 5.45 *Die Werte für den ersten Messwert sind hier aufsteigend sortiert.*

Sie haben in einer Tabelle die Ergebnisse von Tests eingetragen und haben die zahlreichen Messwerte pro Test jeweils in einer Spalte stehen. Nun wollen Sie die Testspalten so ordnen, dass die Werte für den ersten Messwert aufsteigend angeordnet sind.

1. Markieren Sie zunächst den Bereich B4:G12, damit die Werte in Spalte A nicht mitsortiert werden.
2. Benutzen Sie im Menü der Schaltfläche **Sortieren und Filtern** wieder den Befehl **Benutzerdefiniertes Sortieren**.
3. Aktivieren Sie zuerst unter **Optionen** die Option **Spalten sortieren**.

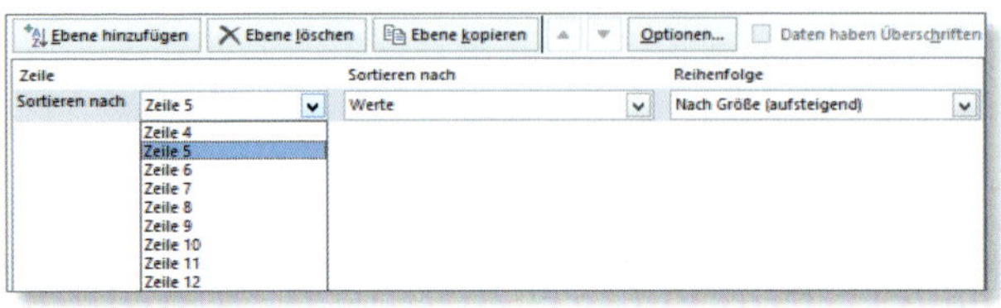

Abbildung 5.44 *Einstellungen für eine Sortierung nach Spalten*

4. Wählen Sie anschließend im Dialog **Sortieren** unter **Zeile** die erste Zeile der Tabelle aus – in diesem Fall ist das Zeile 5 des Tabellenblatts.
5. Bestimmen Sie unter **Reihenfolge** die Richtung der Sortierung: **Nach Größe (aufsteigend)**.

Hier das Ergebnis, wenn die Werte nach dem ersten Testwert geordnet werden:

Tabellen nach Formatmerkmalen sortieren

Wie schon angesprochen, bietet Excel die Möglichkeit, Tabellen oder einfache Zellbereiche auch nach bestimmten Formatierungskriterien zu sortieren. Diese Funktionen sind verwendbar, wenn Zellbereiche entweder manuell oder mithilfe einer bedingten Formatierung mit unterschiedlichen Zellfarben oder Schriftfarben ausgestattet sind. Eine weitere Möglichkeit ist die Sortierung nach Symbolen, die den Zellinhalten zugeordnet sind.

Um Ihnen den Nutzen dieser vielleicht etwas überraschenden Option zu zeigen, verwenden wir eine Variante der Lagertabelle, in der für die Spalte *Bestand* ein bedingtes Format verwendet wird. Die Bestände, die unter 250 liegen, sollen in roter Schrift angezeigt werden. Abbildung 5.46 zeigt die dafür verwendete Regel mit der Formel `=G2<250` und ihre Auswirkung auf die aktuelle Spalte *Bestand*.

Wollen Sie nun alle Kaffees, deren Bestand rot markiert ist, als Block in der Tabelle sehen, benutzen Sie einfach eine Sortierung auf der Basis der Schriftfarbe.

1. Öffnen Sie das Dialogfeld **Sortieren** über **Start > Bearbeiten > Sortieren und Filtern > Benutzerdefiniertes Sortieren**.
2. Wählen Sie über das Listenfeld **Sortieren nach** die Spalte *Bestand*.
3. Unter **Sortieren nach** verwenden Sie diesmal die Option **Schriftfarbe**.

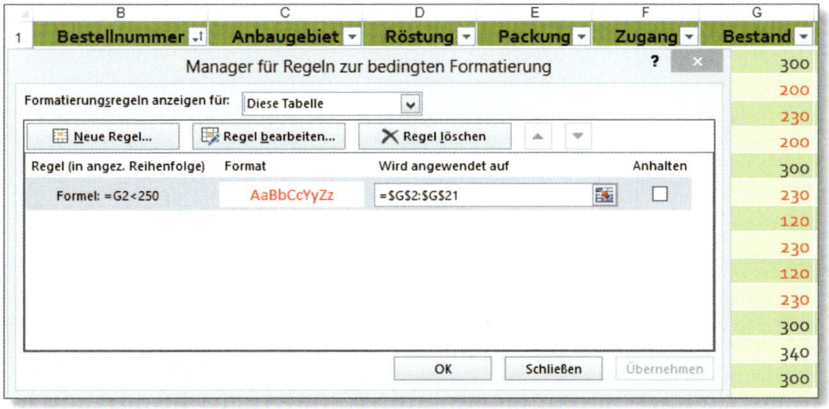

Abbildung 5.46 *Die angezeigte Regel gibt die niedrigen Werte in roter Farbe aus.*

4 Anschließend können Sie unter **Reihenfolge** die Schriftfarbe auswählen, die entweder am Anfang oder am Ende erscheinen soll, wobei Sie dies im Listenfeld daneben mit **Oben** oder **Unten** bestimmen.

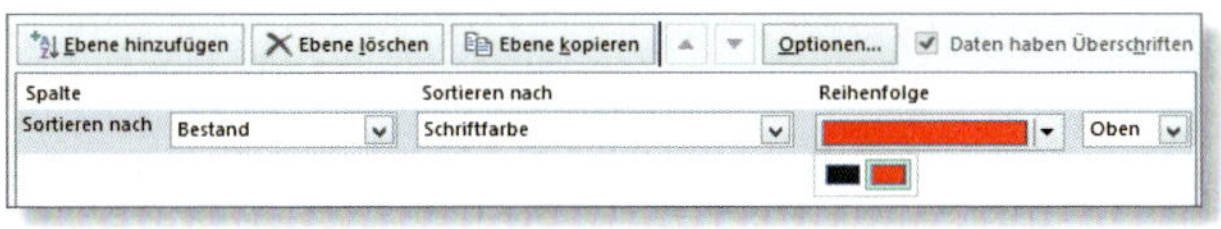

Abbildung 5.47 *Markieren Sie das Farbmuster, das zuerst erscheinen soll.*

Anstatt über das Dialogfeld zu gehen, kann hier auch ein Schnellverfahren über das Kontextmenü der Zelle benutzt werden, die die Farbe, Textfarbe oder das Symbol enthält, das als Erstes erscheinen soll.

Sortieren nach einer selbst definierten Reihenfolge

In Abschnitt 2.4, »Datenreihen erzeugen«, ab Seite 157, ist bereits die Möglichkeit vorgestellt worden, eigene Reihen von Beschriftungen zu definieren und diese Reihen mit dem Ausfüllkästchen oder mit dem Befehl **Start > Bearbeiten > Füllbereich > Reihe** mit der Option **AutoAusfüllen** immer wieder zu erzeugen.

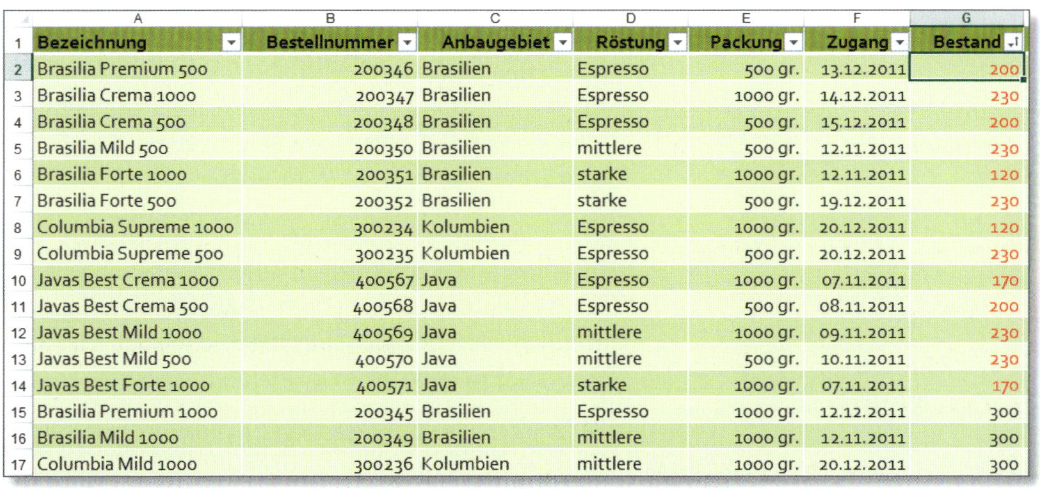

	A	B	C	D	E	F	G
1	Bezeichnung	Bestellnummer	Anbaugebiet	Röstung	Packung	Zugang	Bestand
2	Brasilia Premium 500	200346	Brasilien	Espresso	500 gr.	13.12.2011	200
3	Brasilia Crema 1000	200347	Brasilien	Espresso	1000 gr.	14.12.2011	230
4	Brasilia Crema 500	200348	Brasilien	Espresso	500 gr.	15.12.2011	200
5	Brasilia Mild 500	200350	Brasilien	mittlere	500 gr.	12.11.2011	230
6	Brasilia Forte 1000	200351	Brasilien	starke	1000 gr.	12.11.2011	120
7	Brasilia Forte 500	200352	Brasilien	starke	500 gr.	19.12.2011	230
8	Columbia Supreme 1000	300234	Kolumbien	Espresso	1000 gr.	20.12.2011	120
9	Columbia Supreme 500	300235	Kolumbien	Espresso	500 gr.	20.12.2011	230
10	Javas Best Crema 1000	400567	Java	Espresso	1000 gr.	07.11.2011	170
11	Javas Best Crema 500	400568	Java	Espresso	500 gr.	08.11.2011	200
12	Javas Best Mild 1000	400569	Java	mittlere	1000 gr.	09.11.2011	230
13	Javas Best Mild 500	400570	Java	mittlere	500 gr.	10.11.2011	230
14	Javas Best Forte 1000	400571	Java	starke	1000 gr.	07.11.2011	170
15	Brasilia Premium 1000	200345	Brasilien	Espresso	1000 gr.	12.12.2011	300
16	Brasilia Mild 1000	200349	Brasilien	mittlere	1000 gr.	12.11.2011	300
17	Columbia Mild 1000	300236	Kolumbien	mittlere	1000 gr.	20.12.2011	300

Abbildung 5.48 *In diesem Fall wird die Tabelle nach der Schriftfarbe sortiert, die durch eine bedingte Formatierung vergeben ist.*

Solche selbst definierten Reihen können aber nicht nur zum Erzeugen von Beschriftungen verwendet werden, sondern auch zum Sortieren von Datensätzen in einer Tabelle. Um bei unserer Kaffeelagerliste zu bleiben, ist es möglicherweise für Sie praktischer, die Herkunftsländer nicht alphabetisch zu ordnen, sondern nach Relevanz. Angenommen, Sie handeln hauptsächlich mit Kaffees aus Kolumbien, an zweiter Stelle kommt Java und dann erst Brasilien. Es ist keine große Sache, eine solche Sortierung auszuführen.

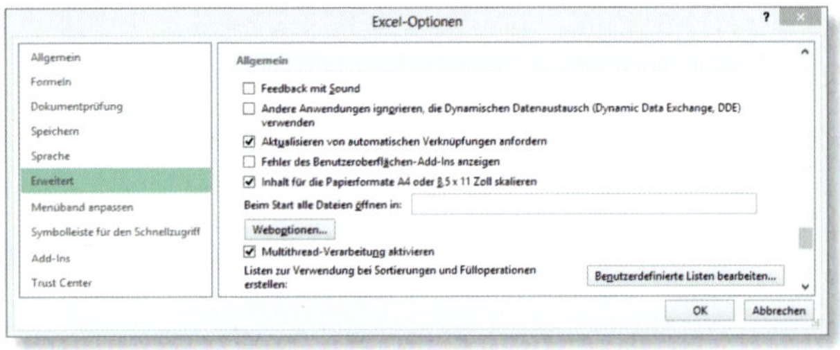

Abbildung 5.49 *Zugang zu der Schaltfläche »Benutzerdefinierte Listen bearbeiten«*

1 Öffnen Sie über **Datei > Optionen** den Dialog **Benutzerdefinierte Listen**, der über die Schaltfläche **Benutzerdefinierte Listen bearbeiten** auf der Seite **Erweitert** in der Gruppe **Allgemein** erreicht wird (siehe Abbildung 5.49).

2 Wählen Sie dort **Neue Liste** aus, und tragen Sie unter **Listeneinträge** die folgende Reihe ein: Kolumbien, Java, Brasilien.

Abbildung 5.50 *Hier geben Sie die Listeneinträge ein.*

3 Schließen Sie jeden Eintrag mit [↵] ab, und am Ende benutzen Sie **OK**, damit die Liste in die benutzerdefinierten Listen übernommen wird.

4 Anschließend setzen Sie den Zellzeiger in die Lagerliste und rufen über das Kontextmenü den Befehl **Sortieren > Benutzerdefiniertes Sortieren** auf.

5 Diesmal wählen Sie für die Spalte *Anbaugebiet* unter **Reihenfolge** die Option **Benutzerdefinierte Liste** und anschließend die vorher bestimmte Reihenfolge der Anbaugebiete.

6 Wenn Sie den Dialog bestätigen, zeigt die Kaffeeliste die selbst bestimmte Reihenfolge für die Anbaugebiete.

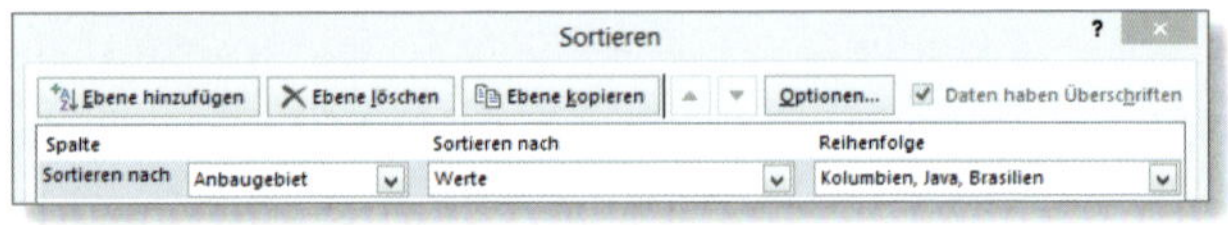

Abbildung 5.51 *Die sortierte Tabelle zeigt die benutzerdefinierte Reihenfolge an.*

Benutzerdefinierte Sortierungen dieser Art bieten sich überall da an, wo eine alphabetische Reihenfolge wenig hilfreich ist.

5.8 Werte in Gruppen zusammenfassen

Wenn die Kaffeesorten im Kaffeelager nach dem Anbaugebiet sortiert sind, können leicht Zwischenergebnisse für jedes Gebiet gebildet werden. Diese Funktion kann allerdings nur mit Listen verwendet werden, die einen normalen Bereich darstellen. Ein Tabellenbereich muss also vorher wieder zurückverwandelt werden mit **Entwurf > Tools > In Bereich konvertieren**. Fragen Sie den Autor nicht, warum das so ist!

Die Voraussetzung für solche automatischen Teilergebnisse von Gruppen in einer Tabelle ist also zunächst einmal, dass mehrere Datensätze wenigstens in einer Hinsicht gleich sind. Die zweite Voraussetzung ist, dass die Daten in der Tabelle vorher genau nach der Spalte, die über die Gruppenbildung entscheiden soll, sortiert worden sind. Dem Befehl **Teilergebnisse** geht also in der Regel das Sortieren voraus, es sei denn, die Daten sind von vornherein in einer entsprechenden Reihenfolge eingegeben worden.

Funktion	Beschreibung
Summe	Summe der Werte in der Gruppe
Anzahl	Anzahl der Fälle in der Gruppe
Mittelwert	Mittelwert der Werte in der Gruppe
Maximum	höchster Wert in der Gruppe
Minimum	niedrigster Wert in der Gruppe
Produkt	Produkt aller Werte in der Gruppe (Wert 1 * Wert 2 * ... Wert n)
Anzahl Zahlen	Anzahl der Datensätze, die in dem Feld, auf das Bezug genommen wird, einen numerischen Wert haben
Standardabweichung (Stichprobe)	Schätzung der Standardabweichung, bei der die Daten der Gruppe als Stichprobe verstanden werden
Standardabweichung (Grundgesamtheit)	Berechnung der Standardabweichung, wobei die Daten der Gruppe als Grundgesamtheit genommen werden
Varianz (Stichprobe)	Schätzung der Varianz, bei der die Daten der Gruppe als Stichprobe verstanden werden
Varianz (Grundgesamtheit)	Berechnung der Varianz der Daten innerhalb der Gruppe

∧ ***Tabelle 5.3*** *Für die Teilergebnisse stehen zahlreiche Auswertungsfunktionen zur Verfügung.*

Die Funktion **Teilergebnisse** wird auf dem Register **Daten** in der Gruppe **Gliederung** angeboten. Sie erwartet in der ersten Zeile des Bereichs mit den Daten eine Überschriftenzeile mit Spaltenbeschriftungen. Das Ganze ist ein einfacher Zellbereich.

So werden Teilergebnisse eingefügt

Zurück zur Kaffeeliste. Hier könnte z. B. die Frage auftauchen, wie viele Kaffeesorten aus einem Anbaugebiet auf Lager liegen und wie hoch der Gesamtwert dieser Kaffeemenge ist.

1 Sind die Datensätze nach dem Anbaugebiet sortiert, müssen Sie nur noch den Zellzeiger an eine beliebige Stelle der Liste setzen und den Befehl **Daten > Gliederung > Teilergebnis** wählen. Excel markiert automatisch den gesamten Zellbereich, wobei die oberste Zeile als Überschriftenzeile gewertet wird.

2 Im Dialogfeld entscheiden Sie zunächst, nach welcher Spalte die Gruppenbildung erfolgen soll. Wählen Sie in diesem Fall unter **Gruppieren nach** das Kriterium **Anbaugebiet**.

∧ ***Abbildung 5.52*** *Hier entscheiden Sie über die Art der Teilergebnisse.*

3 Vom Inhalt und Datentyp der als Nächstes ausgewählten Spalten hängt die zweite Entscheidung ab. Sie betrifft die Art der Teilergebnisse. Soll die Summe der Werte gebildet, soll nur die Anzahl der Fälle berechnet werden, oder welche andere statistische Auswertung steht an? In der Liste zu **Unter Verwendung von** werden zahlreiche Auswertungsmethoden angeboten, die in Tabelle 5.3 zusammengestellt sind.

4 Die nächste Entscheidung betrifft die Frage, für welche Spalten eine Gruppenauswertung vorgenommen werden soll. Unter **Teilergebnis addieren zu** werden noch einmal alle Spaltenbeschriftungen angeboten. Sie können mehrere der Kästchen gleichzeitig abhaken, wenn dieselbe Art von Auswertung vorgenommen werden soll. In diesem Fall liegt es nahe, Bestand und Wert zu summieren.

Sollen Spalten gleich mehrere Zwischenergebnisse anzeigen, etwa die Summe und die Anzahl, muss der Befehl **Daten > Teilergebnisse** mehrfach angewendet werden.

Am Ende der Tabelle wird jeweils noch ein Gesamtergebnis ausgegeben. Dieses Gesamtergebnis wird übrigens immer von den einzelnen Datensätzen aus berechnet, nicht von den Zwischenergebnissen, wie Sie an der Formel sehen können.

Da der Befehl – wie schon angedeutet – in bestimmten Fällen mehrfach auf dieselbe Liste angewendet werden kann und muss, gibt es ein Kontrollfeld, mit dem Sie steuern können, wie Excel mit bereits vorhandenen Teilergebnissen umgeht.

Wird **Vorhandene Teilergebnisse ersetzen** gewählt, werden die bisherigen Zwischenergebnisse gelöscht. Das ist sinnvoll, wenn die Daten nach einem ganz anderen Kriterium zusammengefasst werden sollen.

In allen Fällen gliedert Excel die Tabelle automatisch so, dass die Einzelpositionen jeder Gruppe auch ausgeblendet werden können. Auch die Teilergebnisse selbst lassen sich ausblenden, sodass nur noch das Gesamtergebnis sichtbar bleibt.

Die Zwischenergebnisse selbst werden mithilfe der Tabellenfunktion **Teilergebnis** erzeugt. Das erste Argument der Funktion gibt die Art der Berechnung an, das zweite den Bereich, der ausgewertet wird. Die Funktion arbeitet so, dass alle Zellen in der Spalte, die bereits eine Funktion **Teilergebnis** enthalten, nicht noch einmal mitgerechnet werden.

Teilergebnisse wieder löschen

Sollen die Zwischenergebnisse, die die Funktion berechnet hat, samt der Gliederung wieder aus dem Tabellenblatt entfernt werden, müssen Sie den Dialog **Teilergebnisse** erneut anwählen und die Schaltfläche **Alle entfernen** anklicken.

	A	B	C	D	E	F	G	H	I	J
1	Bezeichnung	Bestellnummer	Anbaugebiet	Röstung	Packung	Zugang	Bestand	Mindestbestand	Preis	Wert
2	Brasilia Crema 1000	200347	Brasilien	Espresso	1000 gr.	14.12.2011	230	150	15,00 €	3.450,00 €
3	Brasilia Crema 500	200348	Brasilien	Espresso	500 gr.	15.12.2011	200	150	8,00 €	1.600,00 €
4	Brasilia Forte 1000	200351	Brasilien	starke	1000 gr.	12.11.2011	120	100	15,20 €	1.824,00 €
5	Brasilia Forte 500	200352	Brasilien	starke	500 gr.	19.12.2011	230	280	8,10 €	1.863,00 €
6	Brasilia Mild 1000	200349	Brasilien	mittlere	1000 gr.	12.11.2011	300	250	14,50 €	4.350,00 €
7	Brasilia Mild 500	200350	Brasilien	mittlere	500 gr.	12.11.2011	230	170	7,90 €	1.817,00 €
8	Brasilia Premium 1000	200345	Brasilien	Espresso	1000 gr.	12.12.2011	300	200	16,00 €	4.800,00 €
9	Brasilia Premium 500	200346	Brasilien	Espresso	500 gr.	13.12.2011	200	220	9,00 €	1.800,00 €
10			**Brasilien Ergebnis**				1810			21.504,00 €
11	Javas Best Crema 1000	400567	Java	Espresso	1000 gr.	07.11.2011	170	190	16,60 €	2.822,00 €
12	Javas Best Crema 500	400568	Java	Espresso	500 gr.	08.11.2011	200	200	9,00 €	1.800,00 €
13	Javas Best Forte 1000	400571	Java	starke	1000 gr.	07.11.2011	170	200	14,90 €	2.533,00 €
14	Javas Best Forte 500	400572	Java	starke	500 gr.	08.11.2011	260	200	7,90 €	2.054,00 €
15	Javas Best Mild 1000	400569	Java	mittlere	1000 gr.	09.11.2011	230	200	14,70 €	3.381,00 €
16	Javas Best Mild 500	400570	Java	mittlere	500 gr.	10.11.2011	230	200	8,10 €	1.863,00 €
17			**Java Ergebnis**				1260			14.453,00 €
18	Columbia Forte 1000	300238	Kolumbien	starke	1000 gr.	20.12.2011	300	250	14,80 €	4.440,00 €
19	Columbia Forte 500	300239	Kolumbien	starke	500 gr.	20.12.2011	340	300	8,10 €	2.754,00 €
20	Columbia Mild 1000	300236	Kolumbien	mittlere	1000 gr.	20.12.2011	300	250	14,40 €	4.320,00 €
21	Columbia Mild 500	300237	Kolumbien	mittlere	500 gr.	20.12.2011	340	300	8,00 €	2.720,00 €
22	Columbia Supreme 1000	300234	Kolumbien	Espresso	1000 gr.	20.12.2011	120	100	15,50 €	1.860,00 €
23	Columbia Supreme 500	300235	Kolumbien	Espresso	500 gr.	20.12.2011	230	250	8,20 €	1.886,00 €
24			**Kolumbien Ergebnis**				1630			17.980,00 €
25			**Gesamtergebnis**				4700			53.937,00 €

Abbildung 5.53 *Die Lagerdaten mit Zwischenergebnissen pro Anbaugebiet*

Kapitel 6
Daten abfragen

Um aus Tabellen mit zahlreichen Datenzeilen wesentliche Informationen zu ziehen, kommt es vor allem auf den geschickten Einsatz von Filtern an, die Excel 2013 in zahlreichen Varianten zur Verfügung stellt.

Wenn Sie große Mengen von Daten in einer Tabelle sammeln und so in eine ordentliche Form bringen, möchten Sie auch den Gewinn dieser Mühe ernten. Die darin enthaltenen Informationen sollen schließlich helfen, Entscheidungen zu unterstützen und die Arbeit in dem jeweiligen Aufgabengebiet effektiver zu gestalten. In diesem Abschnitt erfahren Sie, auf welche Weise Sie aus Datensammlungen genau die Informationen destillieren, die Sie benötigen.

Abfragen formulieren

Excel »versteht« Fragen nur, wenn sie in einer bestimmten Weise formuliert sind. Fragen an eine Tabelle zu stellen heißt, bestimmte Einschränkungen oder Bedingungen zu benennen, etwa: »Liste mir die Kaffees aus Brasilien auf.« In Excel wird dieser Vorgang »Filtern« genannt. Manchmal sind sogar mehrfache Filterungen notwendig, um die Daten zu finden, die Ihre Frage beantworten können.

Excel bietet dabei zwei Verfahren an: einfaches Filtern und Spezialfilter. Einfaches Filtern ist für schnelle, aber relativ einfache Abfragen gedacht. Spezialfilter erlauben komplexere Abfragen, sind aber etwas umständlicher.

6.1 Einzelne Werte suchen

In vielen Fällen interessieren Sie an einer Tabelle wie unserer Kaffeelagerliste in einem bestimmten Zusammenhang – etwa einer Kundenanfrage – die Daten genau eines bestimmten Kaffees. Bei einer Tabelle mit Tausenden von Zeilen ist diese Aufgabe dennoch sehr leicht zu lösen, wenn es Datenzeilen gibt, die in einer Spalte einen eindeutigen Wert haben. In unserer Kaffeetabelle sind das zumindest die *Bestellnummer* und die *Bezeichnung*. Wie finden Sie den Kaffee mit einer bestimmten Bestellnummer?

1 Um die gesuchten Daten zu finden, setzen Sie den Zellzeiger in eine beliebige Zelle der Tabelle.

2 Falls die Filterschaltflächen nicht bereits eingeblendet sind, benutzen Sie auf dem Register **Daten** in der Gruppe **Sortieren und Filtern** die Schaltfläche **Filtern**.

3 Klicken oder tippen Sie auf die Filterschaltfläche ❶ der Spalte *Bestellnummer*, um das Menü dazu zu öffnen (Abbildung 6.1).

4 Da es sich bei der Nummer um eine Zahl handelt, wird die Option **Zahlenfilter** und dann **Ist gleich** angeboten, die den Dialog **Benutzerdefinierter AutoFilter** öffnet.

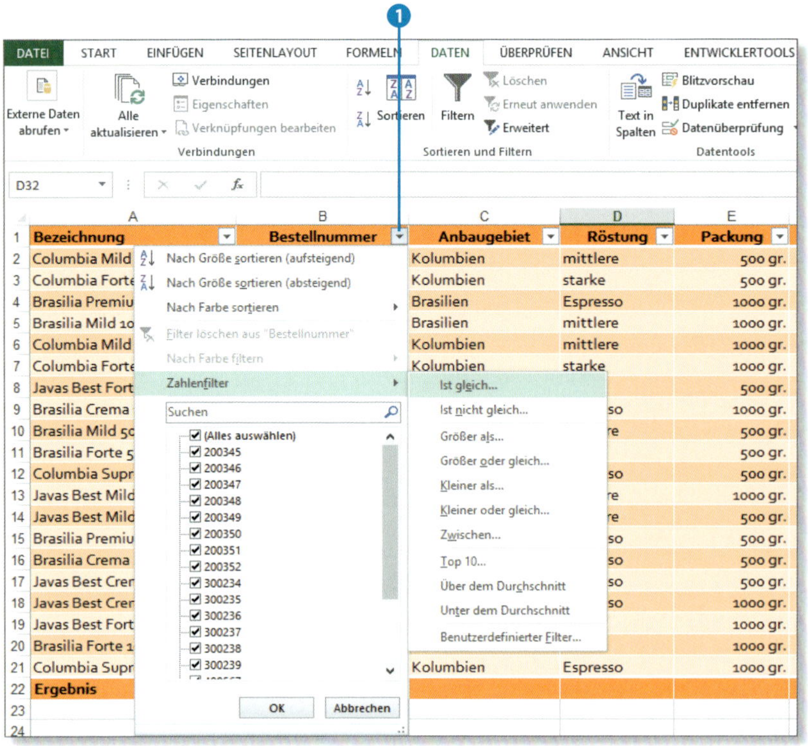

< ***Abbildung 6.1*** *Das Menü der Filterschaltfläche für die Spalte »Bestellnummer« bietet einen Zahlenfilter an, mit dem schnell ein einzelner Wert gefunden werden kann.*

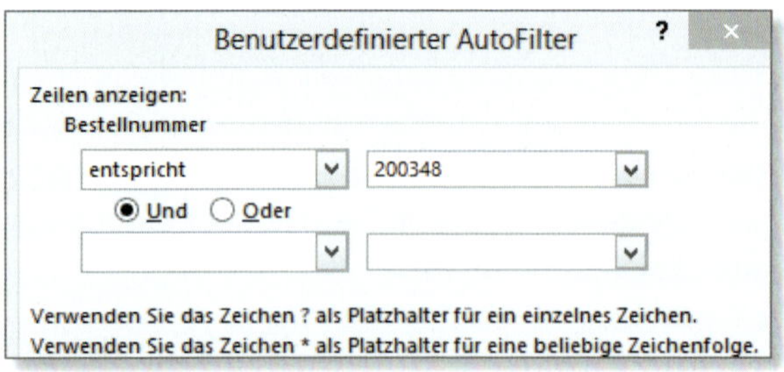

∧ ***Abbildung 6.2*** *Auswahl eines einzelnen Werts aus der Spalte »Bestellnummer«*

5 Im zweiten Listenfeld geben Sie die gesuchte Bestellnummer ein oder wählen sie aus der Liste aus. Die Liste wird mit jeder Zahl, die Sie eingeben, immer mehr eingeschränkt.

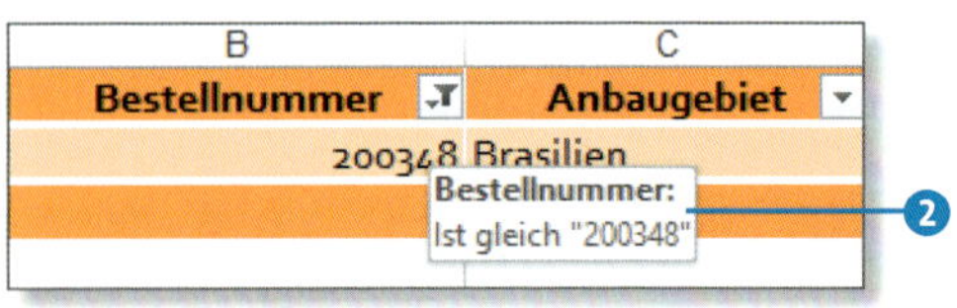

∧ ***Abbildung 6.3*** *Die herausgefilterte Einzelzeile*

6 Wird eine Tabellenzeile mit der angegebenen Bestellnummer gefunden, blendet Excel alle anderen Zeilen aus und zeigt nur die Daten des bestimmten Kaffees. Die Filterschaltfläche zeigt durch ein kleines Filtersymbol an, dass die Anzeige der Tabelle gefiltert ist. Wenn der Mauszeiger über die Schaltfläche fährt, wird das Filterkriterium auch kurz angezeigt ❷.

Um später wieder alle Tabellenzeilen anzuzeigen, können Sie entweder die Filter ganz ausblenden – dazu reicht ein Klick oder Tipp auf die Schaltfläche **Filtern** in der Gruppe **Sortieren und Filtern** –, oder Sie entfernen nur das Filterkriterium, indem Sie in derselben Gruppe die Option **Löschen** benutzen. Denselben Effekt hat in diesem Fall auch der Befehl **Filter löschen aus »Bestellnummer«** im Menü der Filterschaltfläche.

Wenn Sie eine bestimmte Bestellnummer im Bildschirmausschnitt sehen und auswählen, können Sie auch noch einen anderen Befehl anwenden, um die Tabelle vorübergehend genau auf diese Tabellenzeile zu reduzieren. Das Kontextmenü der Zelle bietet dazu den Befehl **Filtern > Nach dem Wert der ausgewählten Zelle filtern** an.

6.2 Relevante Werte herausfiltern

Wenn eine bestimmte Untermenge von Interesse ist, beispielsweise um eine Liste der Kaffees aus Brasilien auszudrucken, bringt Sie die Filterfunktion schnell ans Ziel.

1 Um die gewünschten Daten auszufiltern, setzen Sie zunächst wieder den Zellzeiger in eine beliebige Zelle der Tabelle.

2 Sind die Filterschaltflächen in der Überschriftenzeile mit **Daten > Sortieren und Filtern > Filtern** eingeblendet, benutzen Sie die Filterschaltfläche für die Spalte *Anbaugebiet*.

3 Zunächst werden alle unterschiedlichen Werte, die aktuell in dieser Spalte vorkommen, zur Auswahl gestellt. Falls die Liste nicht in das Menü passt, können Sie das Menü an den Anfassern unten rechts weiter aufziehen.

4 Deaktivieren Sie nun die Vorgabe **(Alles auswählen)**, und haken Sie nur noch das Anbaugebiet *Brasilien* ab.

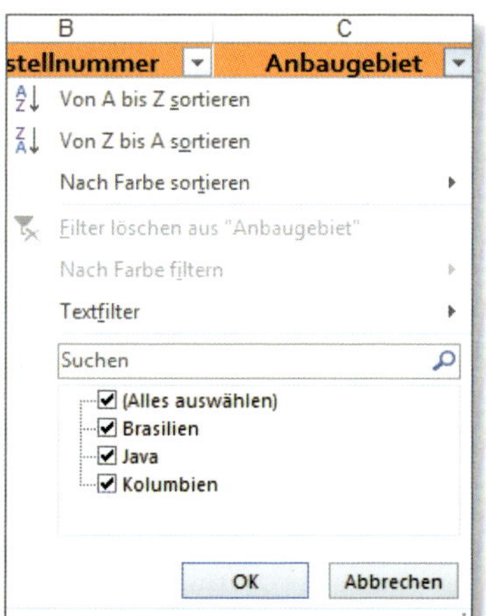

^ ***Abbildung 6.4*** *Das Filtermenü zu der Spalte »Anbaugebiet« bietet die verschiedenen Gebiete zur Aus- und Abwahl an.*

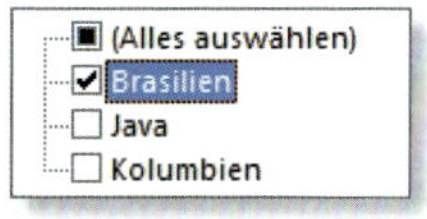

^ ***Abbildung 6.5*** *So wird die Auswahl auf ein einziges Anbaugebiet beschränkt.*

5 Sobald Sie diese Auswahl bestätigen, zeigt die Tabelle nur noch die Datensätze dieses Anbaugebiets.

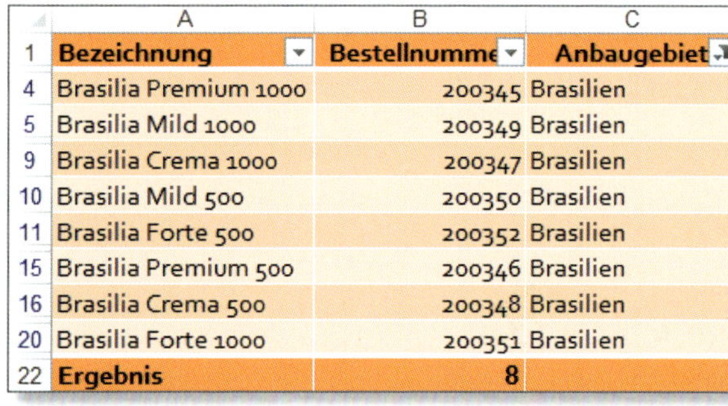

	A	B	C
1	**Bezeichnung**	**Bestellnumme**	**Anbaugebiet**
4	Brasilia Premium 1000	200345	Brasilien
5	Brasilia Mild 1000	200349	Brasilien
9	Brasilia Crema 1000	200347	Brasilien
10	Brasilia Mild 500	200350	Brasilien
11	Brasilia Forte 500	200352	Brasilien
15	Brasilia Premium 500	200346	Brasilien
16	Brasilia Crema 500	200348	Brasilien
20	Brasilia Forte 1000	200351	Brasilien
22	**Ergebnis**	**8**	

^ ***Abbildung 6.6*** *Und hier die Kaffees aus Brasilien*

Alle Daten, die nicht das gesetzte Filterkriterium erfüllen, werden vorübergehend ausgeblendet. Sie sehen dies daran, dass die Zeilennummern der angezeigten Datensätze unverändert geblieben sind. Die Nummern sind durch eine andere Farbe gekennzeichnet.

TIPP

Nebenwirkungen beachten
Excel blendet beim Filtern immer ganze Zeilen aus, also nicht nur die Zeilen in der Tabelle selbst. Aus diesem Grund sollten Sie es vermeiden, Spalten neben der Tabelle für andere Daten zu benutzen. Es passiert zwar nichts Schlimmes, weil ja alles wieder eingeblendet werden kann, aber es kann doch zur Verwirrung beitragen.

Die Filterschaltfläche der Spalte, die für das Filtern benutzt worden ist, erhält ein kleines Filtersymbol **3**, sodass Sie sich nicht merken müssen, in welcher Spalte Sie einen Filter gesetzt haben. Wenn Sie den Mauszeiger darüber bewegen, wird das aktuelle Filterkriterium angezeigt.

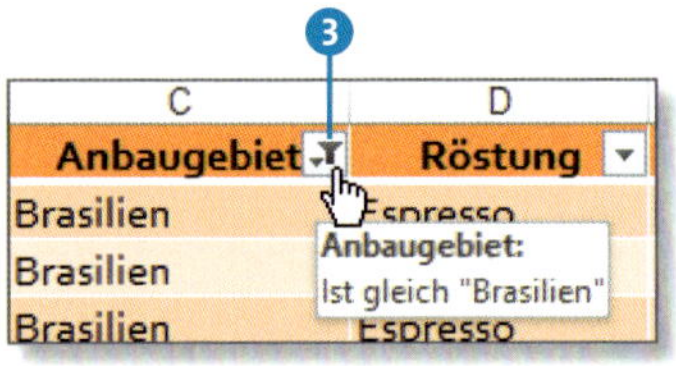

Abbildung 6.7 *Anzeige des Filters einer Spalte*

Ortsunabhängig filtern und sortieren

Es ist im vorhergehenden Kapitel schon angesprochen worden, dass Excel bei Tabellen, die über die Bildschirmhöhe hinausreichen, die Spaltenbezeichnungen in die Zeile mit den vorgegebenen Spaltenüberschriften schiebt, sodass Sie immer erkennen können, welche Inhalte in den Spalten zu finden sind. Mit Excel 2010 ist dies dahin erweitert worden, dass auch die Filterschaltflächen dort angezeigt werden, falls sie eingeschaltet sind. Das hat den großen Vorteil, dass Sie – egal, wie tief Sie in der Tabelle navigieren – immer Zugriff auf das Menü der Filterschaltflächen haben und entsprechende Filter- oder Sortiervorgänge anstoßen können. Es ist also nicht mehr nötig, dazu jedes Mal den Kopf der Tabelle anzusteuern.

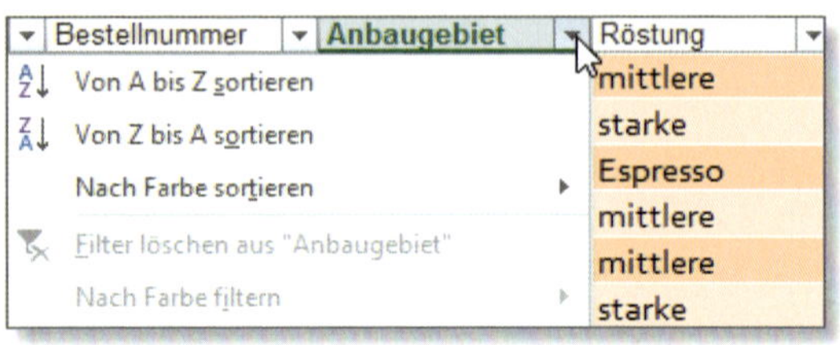

Abbildung 6.8 *Beim Navigieren in den unteren Tabellenbereich rücken die Filterschaltflächen in die Spaltenköpfe des Tabellenblatts.*

Daten mit Textfiltern auswählen

Das Menü der Filterschaltfläche bietet immer alle eindeutigen Werte, die in der Spalte vorkommen, zur Auswahl an. Anstatt nur ein Anbaugebiet herauszufiltern, können Sie auch eine beliebige Anzahl der vorhandenen Werte in den Filter aufnehmen.

Option	Wirkung
Ist gleich	Zeigt alle Datensätze mit dem ausgewählten Wert an.
Ist nicht gleich	Zeigt alle Datensätze an, die nicht dem ausgewählten Wert entsprechen.
Beginnt mit	Filtert nach den ersten Zeichen des Werts.
Endet mit	Filtert nach den letzten Zeichen des Werts.
Enthält	Zeigt Datensätze, in denen die angegebene Zeichenfolge vorkommt.
Enthält nicht	Zeigt Datensätze, in denen die angegebene Zeichenfolge nicht vorkommt.
Benutzerdefinierter Filter	Erlaubt die Eingabe von bis zu zwei Kriterien für die einzelne Spalte. Wie das geht, wird im folgenden Abschnitt behandelt.

Tabelle 6.1 *Optionen für Textfilter*

Bei Spalten mit zahlreichen unterschiedlichen Werten ist es aber meist praktischer, mit etwas allgemeineren Filtern zu arbeiten. Excel gibt dabei zahlreiche Filter vor. Welche das jeweils sind, hängt vom Datentyp der Spalte ab. Bei Texten, wie in diesem Fall, werden **Textfilter** mit Optionen angeboten, die in Tabelle 6.1 zusammengestellt sind.

Wenn Sie z.B. alle Anbaugebiete außer *Java* sehen wollen, benutzen Sie **Textfilter > ist nicht gleich** und wählen dann in dem Dialog **Benutzerdefinierter AutoFilter** im zweiten Listenfeld *Java* als Wert aus. Ist der Vergleichswert ein Text, muss er nicht in Anführungszeichen eingegeben werden.

Mit ungefähren Kriterien operieren

Gerade bei Namen oder Bezeichnungen besteht oft das Problem, dass die exakte Schreibweise nicht bekannt ist. In so einem Fall helfen die in Tabelle 6.2 aufgelisteten Stellvertreterzeichen.

Stellvertreterzeichen	Wirkung
*	Steht für beliebig viele Zeichen in einer Zeichenfolge.
?	Steht für genau ein Zeichen in einer Zeichenfolge.
~	Dieses Zeichen kann vor das Fragezeichen oder den Stern gesetzt werden, wenn diese Zeichen selbst gesucht werden sollen. Die Tilde verhindert also, dass die beiden Zeichen als Stellvertreterzeichen wirken.

Tabelle 6.2 *Liste der möglichen Stellvertreterzeichen*

Der Filter *entspricht *Mild** für *Bezeichnung* liefert z. B. alle Kaffees, in deren Bezeichnung das Wort *Mild* vorkommt.

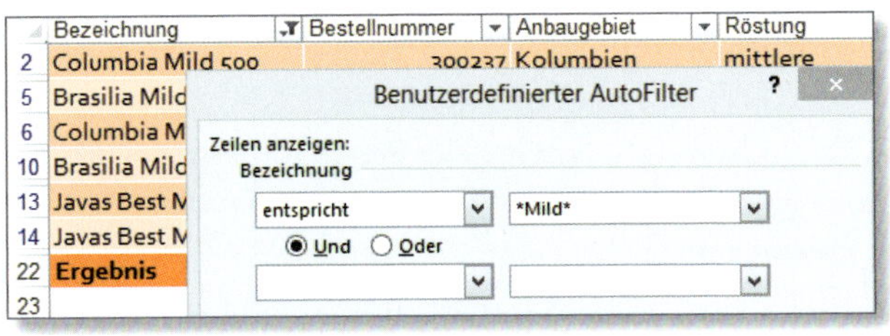

Abbildung 6.9 *Benutzerdefinierter Filter*

Filtern von Zahlenwerten

Noch umfangreicher sind die Filteroptionen, wenn es sich um Zahlenwerte handelt. Um die Tabelle z. B. nach dem Bestand zu filtern, stehen neben den vorhandenen Bestandswerten unter **Zahlenfilter** zusätzlich noch zahlreiche Optionen zur Verfügung, die in Tabelle 6.3 zusammengestellt sind.

Option	Wirkung
Ist gleich	Zeigt alle Datensätze mit dem ausgewählten Wert an.
Ist nicht gleich	Zeigt alle Datensätze an, die nicht dem ausgewählten Wert entsprechen.
Größer als	Zeigt alle Werte, die größer als der angegebene Wert sind.
Größer oder gleich	Zeigt alle Werte, die größer als der angegebene Wert oder gleich dem angegebenen Wert sind.
Kleiner als	Zeigt alle Werte, die kleiner als der angegebene Wert sind.
Kleiner oder gleich	Zeigt alle Werte, die kleiner als der angegebene Wert oder gleich dem angegebenen Wert sind.
Zwischen	Zeigt alle Werte, die zwischen den beiden angegebenen Werten liegen.
Top 10 ...	Liefert sofort die besten Werte, entweder absolut oder in Prozent gerechnet.
Über dem Durchschnitt	Zeigt alle Werte, die über dem Durchschnitt aller Werte in der Spalte liegen.
Unter dem Durchschnitt	Zeigt alle Werte, die unter dem Durchschnitt aller Werte in der Spalte liegen.
Benutzerdefinierter Filter	Erlaubt die Eingabe von bis zu zwei Kriterien für die einzelne Spalte.

Tabelle 6.3 *Operatoren für Zahlenfilter*

Suchen Sie beispielsweise die Kaffees in einem bestimmten Wertsegment für den Bestand – etwa mindestens 200, höchstens 300 –, nehmen Sie den Filter **Zwischen** und geben im Dialog die obere und die untere Wertgrenze ein.

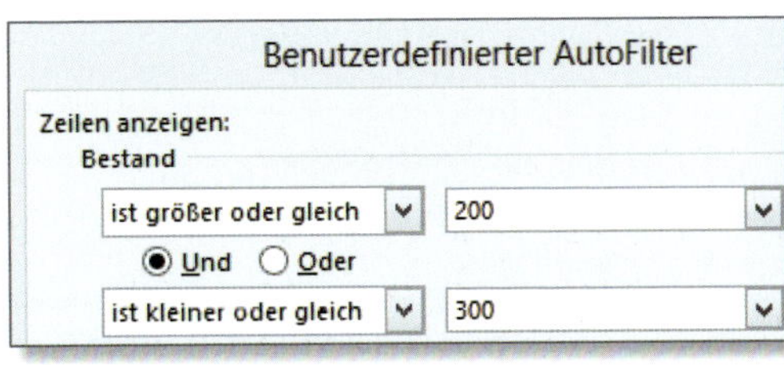

Abbildung 6.10 *Für den Filter »Zwischen« wählen Sie einen unteren und einen oberen Grenzwert.*

TIPP

Nur einfache Vergleiche
Leider erlaubt das **Filtern**-Dialogfeld keine Vergleiche mit Werten in anderen Spalten. Ein Filter wie *Bestand < Mindestbestand* kann also hier nicht eingegeben werden. Für solche Vergleiche muss die Funktion **Spezialfilter** benutzt werden, die ab Seite 342 vorgestellt wird.

Nach dem Datum filtern

Sehr wertvoll bei Daten, die Datumswerte enthalten, sind die Datumsfilter. Zunächst wird im Menü der Filterschaltfläche eine Baumstruktur angeboten, in der Sie beispielsweise ein bestimmtes Jahr oder bestimmte Monate auswählen können. Meist ist es aber praktischer, mit einer der zahlreichen Optionen zu arbeiten, die Sie unter **Datumsfilter** finden, siehe dazu Tabelle 6.4.

Option	Wirkung
Ist gleich	Zeigt alle Datensätze mit dem ausgewählten Datumswert an.
Vor	Zeigt alle Werte, die vor einem anschließend angegebenen Datumswert liegen.
Nach	Zeigt alle Werte, die nach einem anschließend angegebenen Datumswert liegen.
Zwischen	Zeigt alle Werte, die zwischen zwei anschließend angegebenen Datumswerten liegen.
Morgen	Zeigt alle Werte mit dem Datum des nächsten Tages.
Heute	Zeigt alle Werte mit dem Datum des Tages.
Gestern	Zeigt alle Werte mit dem Datum des vorigen Tages.
Nächste Woche	Zeigt alle Werte mit einem Datum aus der nächsten Woche.
Diese Woche	Zeigt alle Werte mit einem Datum aus der aktuellen Woche.
Letzte Woche	Zeigt alle Werte mit einem Datum aus der letzten Woche.
Nächsten Monat	Zeigt alle Werte mit einem Datum aus dem nächsten Monat.
Dieser Monat	Zeigt alle Werte mit einem Datum aus dem aktuellen Monat.
Letzter Monat	Zeigt alle Werte mit einem Datum aus dem vorigen Monat.
Nächstes Quartal	Zeigt alle Werte mit einem Datum innerhalb des nächsten Quartals.
Dieses Quartal	Zeigt alle Werte mit einem Datum innerhalb des aktuellen Quartals.
Letztes Quartal	Zeigt alle Werte mit einem Datum innerhalb des letzten Quartals.
Nächstes Jahr	Zeigt alle Werte mit einem Datum aus dem nächsten Jahr.
Dieses Jahr	Zeigt alle Werte mit einem Datum aus dem aktuellen Jahr.
Letztes Jahr	Zeigt alle Werte mit einem Datum aus dem vorigen Jahr.
Jahr bis zu aktuellem Datum	Zeigt alle Werte im aktuellen Jahr, falls sie vor dem aktuellen Datum liegen.
Alle Datumswerte im Zeitraum	Stellt die vier Quartale und die einzelnen Monate des aktuellen Jahres zur Auswahl.
Benutzerdefinierter Filter	Erlaubt die Eingabe von bis zu zwei Kriterien für die einzelne Spalte. Kalendersteuerelemente helfen bei der Auswahl der Werte.

^ ***Tabelle 6.4*** *Optionen für den Datumsfilter*

Wollen Sie beispielsweise die Kaffees sehen, die nach einem bestimmten Termin eingelagert wurden, gehen Sie so vor:

1 Öffnen Sie das Menü zur Filterschaltfläche zu *Zugang*.

2 Benutzen Sie **Datumsfilter > Nach…**.

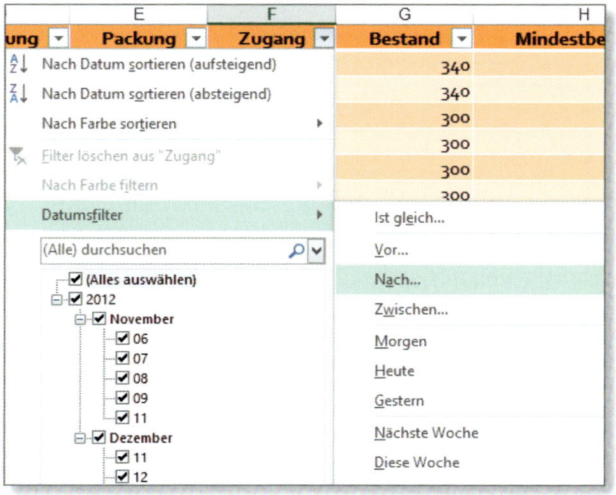

∧ ***Abbildung 6.11*** *Auswahl eines Datumsfilters für die Spalte »Zugang«*

3 Wählen Sie im Listenfeld einen der in der Spalte vorkommenden Werte, oder bestimmen Sie einen Wert über das Kalendersteuerelement.

∧ ***Abbildung 6.12*** *Wahl eines Datums per Steuerelement*

Spaltenweise Suchfilter in Tabellen

Eine kleine, aber feine Neuerung seit Excel 2010 ist der Suchfilter, der insbesondere bei Spalten mit Tausenden von Texteinträgen hilfreich ist. Das Menü der Filterschaltfläche bietet dazu ein Eingabefeld für Suchbegriffe, in dem auch die in Excel üblichen Platzhalterzeichen funktionieren.

Abbildung 6.13 zeigt ein Beispiel für die Spalte *Bezeichnung*, in dem die Treffer für die bereits eingegebenen Zeichen immer sofort zur Auswahl gestellt werden. Diese Auswahl lässt sich dann in der Liste unter dem Suchfeld noch manuell bearbeiten, wenn nicht alle Suchergebnisse erwünscht sind. Außerdem wird noch die Option **Dem Filter die aktuelle Auswahl hinzufügen** angeboten.

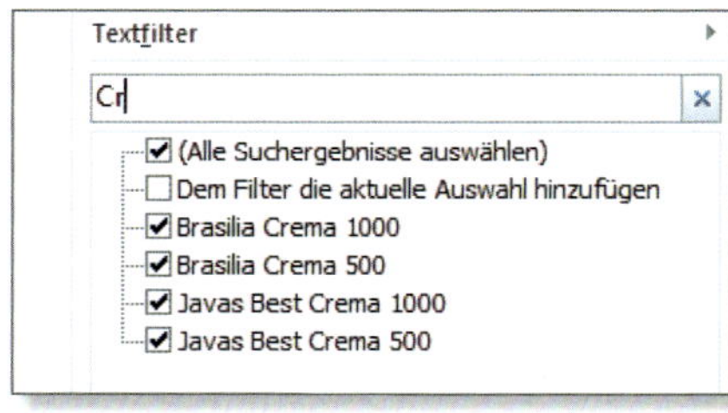

∧ ***Abbildung 6.13*** *Filtern einer Spalte mit einem Matchcode*

Auch bei Spalten mit Zahlen bietet der Dialog für die Filterschaltfläche ein Suchfeld an. Wird dort eine Zahl oder eine Zahlenfolge eingegeben, behandelt Excel diese allerdings wie Zeichenketten. Der Suchwert »14« findet also Werte wie *14*, *140*, *1400*, aber auch *8147*.

Hilfreich ist die Suchfunktion auch bei Spalten mit Datumswerten. Sollen beispielsweise nur die Werte eines bestimmten Monats herausgezogen werden, reicht die Eingabe der ersten Zeichen des Monatsnamens.

Die Suche bezieht sich immer auf die aktuell angezeigten Daten. Wurden diese schon gefiltert, müssen Sie erst wieder diesen Filter deaktivieren, wenn sich die Suche auf alle Daten in der Spalte beziehen soll.

Nach Ranglisten filtern

Wenn Sie wissen wollen, welches die drei teuersten Kaffees im Lager sind, macht es in unserem Beispiel natürlich Sinn, die Frage getrennt für die 1.000-Gramm- und die 500-Gramm-Packungen zu stellen.

1 Blenden Sie über den Filter zu *Packung* zunächst die 500-Gramm-Packungen aus.

2 Anschließend benutzen Sie in der gefilterten Liste die Filterschaltfläche zu *Preis*.

3 Wählen Sie im Menü die Option **Zahlenfilter > Top 10**. In dem kleinen Dialogfeld können Sie den vorgegebenen Wert »10« überschreiben.

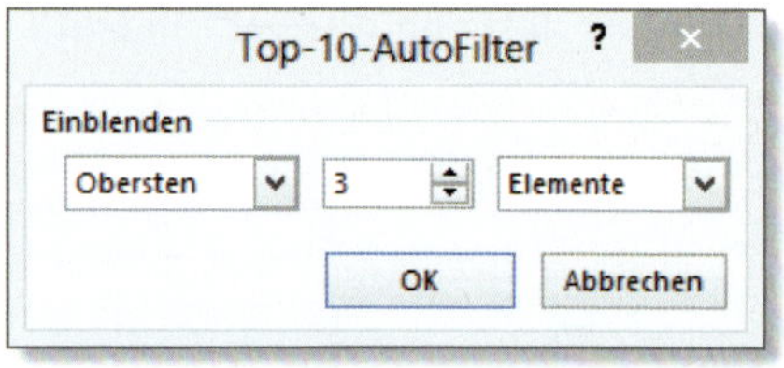

^ ***Abbildung 6.14*** *Die Anzahl der Top-Werte können Sie über das Drehfeld in der Mitte ändern.*

4 Das Ergebnis ist vielleicht nicht ganz befriedigend, weil die drei teuersten Kaffees nicht in sortierter Reihenfolge wiedergegeben werden. Eine kurze absteigende Sortierung nach dem Preis ist in diesem Fall also angebracht.

Das kleine Dialogfeld erlaubt weitere Auswahlmöglichkeiten. Unter **Einblenden** lassen sich anstelle der **Obersten** auch die **Untersten** auswählen. Anstatt nach der Anzahl zu fragen, kann auch ein Prozentsatz herangezogen werden, wenn Sie im dritten Feld **Prozent** statt **Elemente** auswählen. So lässt sich etwa für die Spalte *Bestand* schnell herausfinden, welche Produkte zu der 5%-Gruppe gehören, von denen am meisten eingelagert ist.

Das Beispiel zeigt nebenbei, wie Sie mehrere Filter bei Bedarf hintereinanderschalten können. Filterkriterien können für mehrere Spalten gleichzeitig definiert werden. In diesen Fällen werden immer nur die Daten angezeigt, die alle Kriterien gleichzeitig erfüllen.

Leere Felder herausfiltern

Wenn in der Spalte auch leere Felder vorkommen, wird noch die Filteroption **Leere** angeboten. Diese Abfrage ist sehr praktisch, um Datensätze zusammenzustellen, bei denen noch bestimmte Informationen fehlen.

TIPP

Filter auf neue Daten ausweiten
Es ist jederzeit möglich, eine Tabelle mit eingeschalteten Filtern um neue Spalten zu erweitern. Auch das Löschen von Spalten ist erlaubt. Allerdings sollte anschließend der Befehl **Daten > Sortieren und Filtern > Erneut anwenden** aufgerufen werden, um die vorhandenen Filter oder auch eine Sortierung auf neue Datensätze auszudehnen.

Filtern rückgängig machen

Die Filterung einer Tabelle kann in drei Stufen rückgängig gemacht werden, je nachdem, was anschließend geschehen soll:

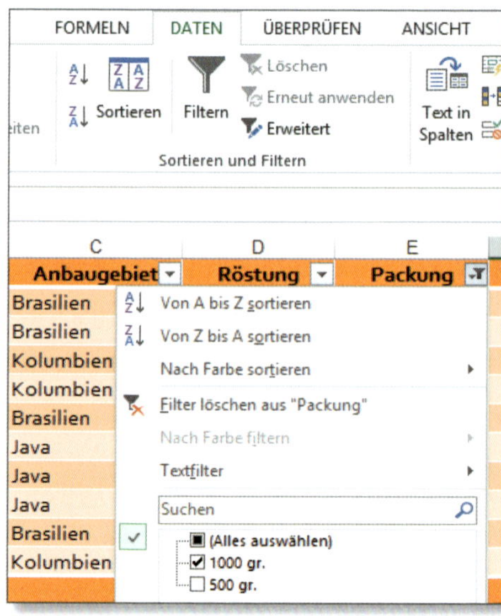

^ ***Abbildung 6.15*** *Zum Löschen von Filtern werden mehrere Optionen angeboten.*

1 Mit der Listenfeld-Option **Alles auswählen** wird die Filterung für die einzelne Spalte aufgehoben. Filter in anderen Spalten bleiben davon unberührt. Stattdessen können Sie auch die Option **Filter löschen aus <"Spaltenname">** verwenden.

2 Sollen die Filterschaltflächen erhalten bleiben, aber alle aktuellen Filter in einem Zug aufgehoben werden, benutzen Sie in der Gruppe **Sortieren und Filtern** den Befehl **Löschen**.

3 Um alle Filter samt den Filterschaltflächen zu entfernen, benutzen Sie einfach erneut die Schaltfläche **Filtern** in der Gruppe **Sortieren und Filtern**.

6.3 Mit Farben und Symbolen filtern

Neben Werten lässt sich auch die Zellfarbe, die Schriftfarbe oder ein zugeordnetes Symbol als Filterkriterium verwenden. Was Sie Sinnvolles damit anfangen können, zeigt das folgende Beispiel:

1 Um schnell zu sehen, welche Bestände knapp geworden sind, können Sie der Spalte *Bestandspuffer* eine bedingte Formatierung zuordnen. Markieren Sie dazu mit dem Mauszeiger die Daten der Spalte.

2 Über **Start > Formatvorlagen > Bedingte Formatierung** wählen Sie **Neue Regel**.

3 Im Dialog wählen Sie als **Regeltyp** die Option: **Alle Zellen basierend auf ihren Werten formatieren**. Unter **Formatstil** nehmen Sie **Symbolsätze**.

4 Zu den drei Symbolen legen Sie die Grenzwerte fest, wie es in Kapitel 7, »Daten mit bedingten Formaten kennzeichnen«, ab Seite 363 beschrieben wird.

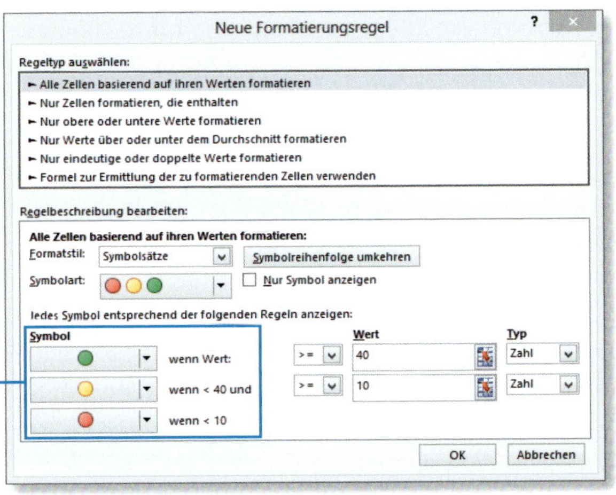

Abbildung 6.16 *Hier legen Sie die Grenzwerte für die verschiedenen Formate fest.*

5 Wenn Sie anschließend für diese Spalte die Option **Nach Farbe filtern** auswählen, werden drei Symbole 1 für verschiedene Einstufungen zur Auswahl angeboten. Um die kritischen Bestände auf einen Blick zu sehen, wählen Sie im Untermenü das rote Symbol.

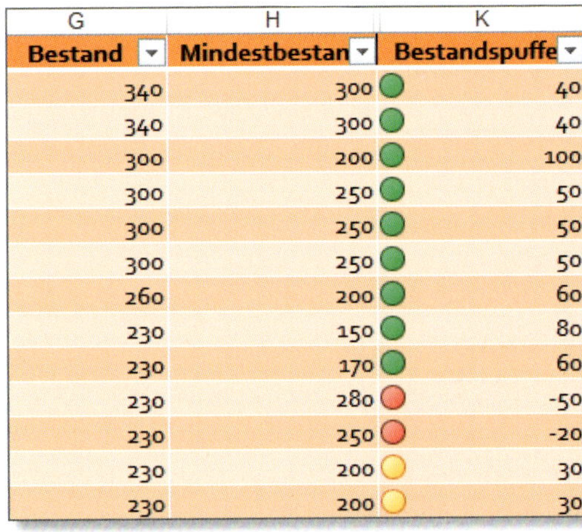

G	H	K
Bestand	Mindestbestan	Bestandspuffe
340	300	40
340	300	40
300	200	100
300	250	50
300	250	50
300	250	50
260	200	60
230	150	80
230	170	60
230	280	-50
230	250	-20
230	200	30
230	200	30

Abbildung 6.17 *Die Bestände sind mit drei Symbolen gekennzeichnet, die erkennen lassen, wie der Bestand einzuschätzen ist.*

Das Kontextmenü enthält außerdem Optionen unter **Sortieren**, die es erlauben, die ausgewählte Zell- oder Schriftfarbe oder ein Zellensymbol jeweils an den Anfang der Spalte zu rücken.

Auf das Thema *bedingte Formatierung* gehen wir ebenfalls in Kapitel 7 ab Seite 353 noch ausführlich ein.

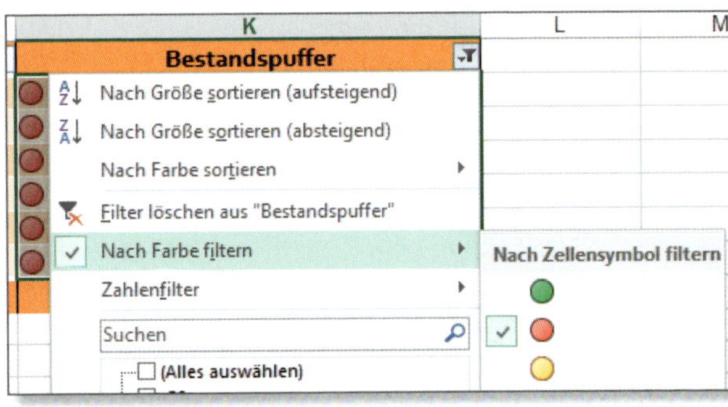

Abbildung 6.18 *Auswahl des Zellensymbols als Filter*

6.4 Filtern mit Datenschnitten

Neu in Excel 2013 ist die Möglichkeit, die bisher nur für Pivot-Tabellen und -Diagramme bereitgestellte Funktion **Datenschnitte** auch bei Tabellen anzuwenden. Da wir den Einsatz dieses komfortablen Werkzeugs zum Filtern von Daten im Zusammenhang mit Pivot-Tabellen ausführlich vorstellen, verweisen wir hier auf diese Beschreibung in Kapitel 7 und belassen es an dieser Stelle bei einem einfachen Beispiel. Um schneller die Daten über die Kaffees aus bestimmten Anbaugebieten herauszufiltern, reichen die folgenden Schritte:

1 Markieren Sie eine Zelle in der Tabelle mit dem Weinlager.

2 Benutzen Sie über das Register **Einfügen** in der Gruppe **Filter** das Symbol **Datenschnitt**.

Abbildung 6.19 *Auswahl der Spalten, für die Datenschnitt-Elemente eingerichtet werden sollen.*

3 Wählen Sie die Spalten aus, für die Datenschnitte eingeblendet werden sollen.

Excel fügt in diesem Fall zwei Steuerelemente ein, die Schaltflächen zum Filtern nach *Anbaugebiet* oder nach *Röstung* enthalten. Per Klick oder Tipp wählen Sie aus, welche Daten Sie sehen wollen. Um mehrere Elemente auszuwählen, benutzen Sie [Strg]. Abbildung 6.20 zeigt beispielsweise die Espressos eines der Anbaugebiete.

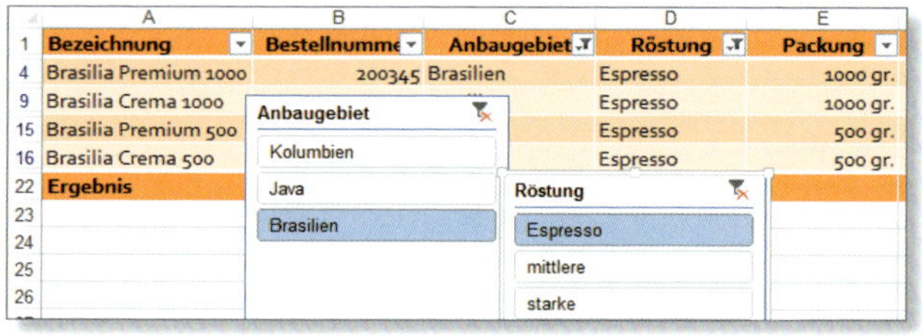

Abbildung 6.20 *Zwei Datenschnitte zum komfortablen Filtern*

6.5 Abfragen mit Spezialfilter

Eine Tabelle nach einfachen Kriterien mithilfe der Funktion **Filtern** auf die Daten zu reduzieren, die für die weitere Verarbeitung benötigt werden, ist kein Umstand. Wenn dies nicht ausreicht, und das ist schon der Fall, wenn Sie wie in unserem Beispiel den Bestand mit dem Mindestbestand vergleichen wollen, müssen Sie den Dialog **Spezialfilter** heranziehen.

Tabelle und Kriterienbereich

Für solche Abfragen sind allerdings ein paar Vorbereitungen nötig. Sie müssen dafür einen speziellen Zellbereich für Abfragekriterien anlegen. Dieser Kriterienbereich muss mindestens zwei Zeilen umfassen. In der ersten Zeile befinden sich Spaltennamen. Die zweite Zeile oder weitere Zeilen darunter sind für die Eingabe von Kriterien reserviert.

Die Spaltennamen im Kriterienbereich müssen buchstabengetreu mit den Spaltennamen der Tabelle übereinstimmen, mit Ausnahme zusätzlicher Namen für berechnete Kriterien, von denen noch die Rede sein wird. Achten Sie auch darauf, den Kriterienbereich auf das Tabellenblatt immer so zu platzieren, dass er nicht unbeabsichtigt von Änderungen wie Einfügen oder Löschen von Spalten oder Zeilen zerstört werden kann.

Wird der Kriterienbereich innerhalb des Tabellenblatts angelegt, in dem sich die Tabelle befindet, ist es am sichersten, dafür neue Zeilen oberhalb der Tabelle einzu-

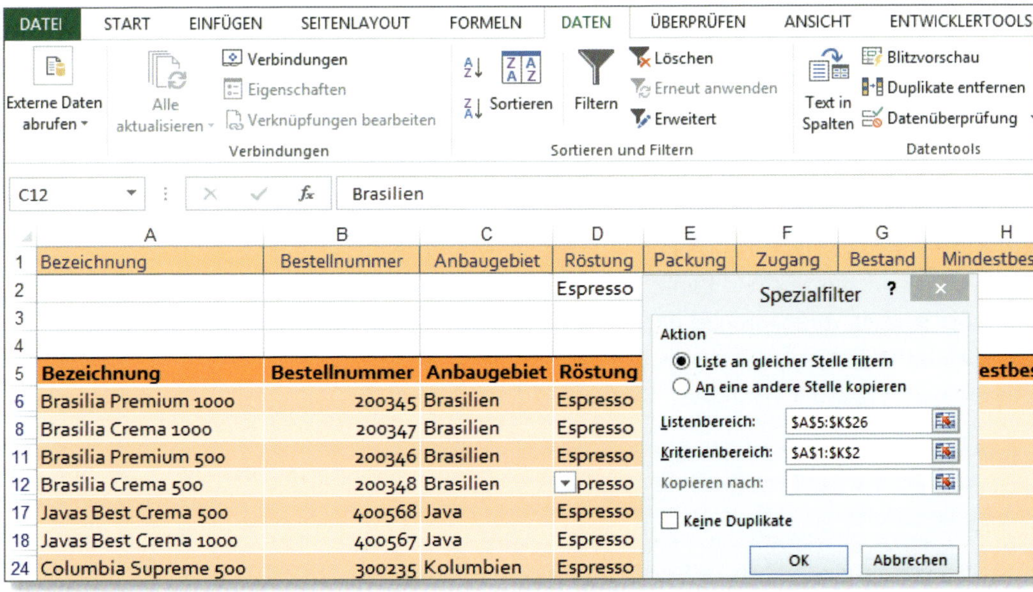

Abbildung 6.21 *Im Dialog von »Spezialfilter« geben Sie an, wo die Kriterien für die Abfrage abgelegt sind.*

fügen. Die Tabelle kann dann ungehindert nach unten wachsen, ohne dass Gefahr besteht, mit dem Kriterienbereich zu kollidieren. Es ist auch möglich, den Kriterienbereich auf ein eigenes Blatt zu legen. Eine einfache Vorgehensweise ist die folgende:

1. Fügen Sie über der Tabelle einige leere Zeilen ein.
2. Kopieren Sie die Überschriftenzeile der Tabelle in die erste Zeile des Arbeitsblatts.
3. Legen Sie zum Test ein Kriterium in der Zeile unter den Spaltenüberschriften ab, beispielsweise unter *Röstung* das einfache Kriterium »Espresso«.
4. Setzen Sie den Zellzeiger in die Tabelle, und rufen Sie aus der Gruppe **Daten > Sortieren und Filtern** die Option **Erweitert** auf.
5. Im Dialog **Spezialfilter** sollte Excel unter **Listenbereich** die Adressen der Tabelle normalerweise richtig angeben. Wenn nicht, können Sie die Adressen hier korrigieren (siehe Abbildung 6.21).
6. Unter **Kriterienbereich** geben Sie die Adressen des neuen Bereichs an. Er wird vorübergehend mit einem Laufrahmen markiert.
7. Sobald Sie das Dialogfeld bestätigen, werden alle Datensätze, die nicht das Kriterium *Röstung = "Espresso"* erfüllen, aus der Tabelle herausgefiltert und ausgeblendet.

Excel vergibt für den angegebenen Kriterienbereich automatisch den Namen *Suchkriterien*. In der Folge können Sie nun im Kriterienbereich nacheinander beliebige Kriterien ablegen und dann jedes Mal den Befehl **Erweitert** erneut aufrufen. Excel behält die Bereichsangaben bei, sodass Sie den Dialog einfach bestätigen können, um eine neue Auswertung zu erhalten.

Es ist übrigens nicht notwendig, alle Feldnamen im Kriterienbereich zu verwenden. Für kombinierte Kriterien kann ein Spaltenname sogar mehrfach benutzt werden.

Datenextrakte

Wenn Sie die Funktion **Spezialfilter** verwenden, haben Sie auch die Möglichkeit, die gefilterten Daten in einen anderen Bereich des Tabellenblatts zu kopieren, anstatt sie in der Tabelle selbst zu filtern. Dies ist immer dann sinnvoll, wenn Sie über längere Zeit mit einem solchen Filterextrakt weiterarbeiten wollen, unabhängig von der originalen Tabelle selbst.

Wenn Sie mit einem solchen Ausgabebereich arbeiten wollen, wählen Sie im Dialog **Spezialfilter** zunächst unter **Aktion** die Voreinstellung **Liste an gleicher Stelle filtern** ab und nehmen stattdessen die Option **An eine andere Stelle kopieren**. Damit wird das Textfeld **Kopieren nach** aktiviert, und Sie können angeben, wo der Ausgabebereich liegen soll. Dafür haben Sie drei Möglichkeiten:

- Sie geben nur die linke obere Eckzelle des Ausgabebereichs an. Excel kopiert alle Spalten samt Beschriftung in den Ausgabebereich.
- Sie geben eine Zeile mit Spaltennamen als Ausgabebereich an.
- Sie markieren einen Bereich für die gesamte Ausgabe, der als erste Zeile Spaltennamen enthält.

Werden Spaltennamen für den Ausgabebereich angegeben, ist es wieder am einfachsten, die Spaltennamen oder auch die ganze Spaltennamenszeile aus der Tabelle in den Ausgabebereich zu kopieren. Nehmen Sie dafür möglichst einen freien Bereich unterhalb der Tabelle.

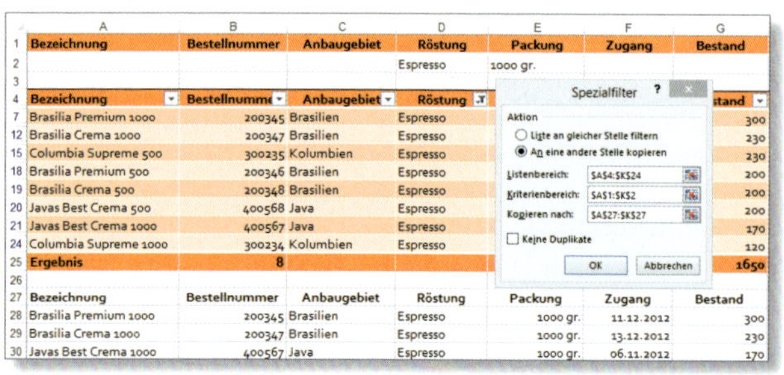

Abbildung 6.22 *Beispiel für eine Filterung mit Ausgabebereich*

Wenn Sie immer mit demselben Ausgabebereich arbeiten, sollten Sie einen Namen dafür vergeben. Sie können aber auch einzelne Spaltennamen weglassen. Das Kontrollfeld **Keine Duplikate** kann übrigens verwendet werden, um doppelt vorkommende Datensätze aus dem Extrakt auszuschließen.

TIPP

Spalten vertauschen
Wenn Sie die Reihenfolge der Spalten in einer Tabelle ändern wollen, können Sie das leicht über einen Ausgabebereich erreichen, in dem die Spaltennamen entsprechend umgestellt sind. Verwenden Sie dann den Dialog **Spezialfilter** einfach ohne Kriterium – lassen Sie das Feld **Kriterienbereich** leer –, sodass alle Daten aus der Originaltabelle in den Ausgabebereich kopiert werden.

Bestandsprüfung mit Spezialfilter

Die Arbeitsweise des Spezialfilters soll nun an einem Problem erprobt werden, das schon angesprochen wurde. Das Programm soll die Datensätze der Kaffees herausfiltern, bei denen der Lagerbestand den Mindestbestand unterschreitet. In dem Fall ist ja normalerweise eine Nachbestellung notwendig.

1. Um diese Aufgabe zu lösen, reicht es aus, einen Kriterienbereich mit einem einzigen Spaltennamen und einem darunter eingetragenen Kriterium anzulegen. Der Spaltenname muss in diesem Fall neu vergeben werden, denn das Kriterium ist hier ja der Vergleich der Werte zweier Felder. Es handelt sich also um ein berechnetes Kriterium. Verwenden Sie deshalb in Zelle A1 beispielsweise den Spaltennamen »Bestellbedarf«. In A2 können Sie folgende Formel eintragen: `=G6<H6`.
2. G6 ist die Adresse der ersten Zelle unter dem Spaltennamen *Bestand*, H6 die Adresse der ersten Zelle unter dem Spaltennamen *Mindestbestand* in der Tabelle. Achten Sie darauf, dass die Zellbezüge relativ eingetragen werden. Excel liefert als Ergebnis der Formel *WAHR*, wenn in der ersten Datenzeile der Tabelle die Bedingung erfüllt ist, sonst den Wert *FALSCH*.

3 Sind die notwendigen Daten im Kriterienbereich eingetragen, sollten Sie nicht vergessen, den Zellzeiger zunächst wieder in die Tabelle zu rücken. Nun kann wieder der Befehl **Daten > Sortieren und Filtern > Erweitert** aufgerufen werden.

4 Geben Sie als **Kriterienbereich** die beiden Zellen »A1:A2« an.

5 Wenn Sie das Dialogfeld bestätigen, filtert Excel alle Datensätze aus der gesamten Tabelle heraus, die die im Kriterienbereich abgelegten Kriterien erfüllen.

Abbildung 6.23 zeigt die Datensätze der Kaffees an, die nachbestellt werden müssen.

Allgemeine Hinweise zu Auswahlkriterien

Mithilfe eines Auswahlkriteriums legen Sie fest, welche Daten Excel aus einer Tabelle ausfiltern soll. Das Kriterium selbst wird immer positiv formuliert, und zwar als die Bedingung, die ein Datensatz erfüllen muss, wenn er den Filter passieren soll; das Kriterium *Röstung* »starke« lässt alle Kaffees durch den Filter durch – bei Kaffees ja nicht unüblich –, die stark geröstet sind, alle anderen bleiben im Filter hängen.

Die einfachste Form eines Kriteriums im Kriterienbereich ist eines für eine Spalte. Entweder wird unter dem Spaltennamen ein konstanter Wert als Kriterium angegeben oder die Kombination von einem der logischen Operatoren mit einem konstanten Wert. Das entspricht der Schreibweise, die Sie schon im Dialogfeld der benutzerdefinierten Filter kennengelernt haben.

Kombinierte Kriterien

Wenn Sie nicht nur in einem, sondern in mehreren Feldern der ersten Zeile des Kriterienbereichs eine Eintragung vornehmen, behandelt das Programm dies als ein kombiniertes Kriterium. Gesucht wird in einem solchen Fall ein Datensatz, in dem es bei allen benutzten Feldern einen genau entsprechenden Inhalt gibt.

Wenn Sie also im Kriterienbereich unter *Anbaugebiet* »Java« eintragen und unter *Röstung* »Espresso«, sucht das Programm die Kaffees aus Java, die für Espresso geröstet sind, also die Datensätze, die beide Kriterien gleichzeitig erfüllen.

TIPP

Vorsicht vor ungewollten Kriterien
Achten Sie vor der Eingabe eines neuen Kriteriums immer darauf, dass keine Eintragungen von alten Abfragen stehen geblieben sind, die dann als ungewolltes Zusatzkriterium wirken.

Mehrere Kriterien gleichzeitig

Müssen zwei Bedingungen bei derselben Spalte erfüllt sein, können Sie Spaltennamen auch mehrfach verwenden.

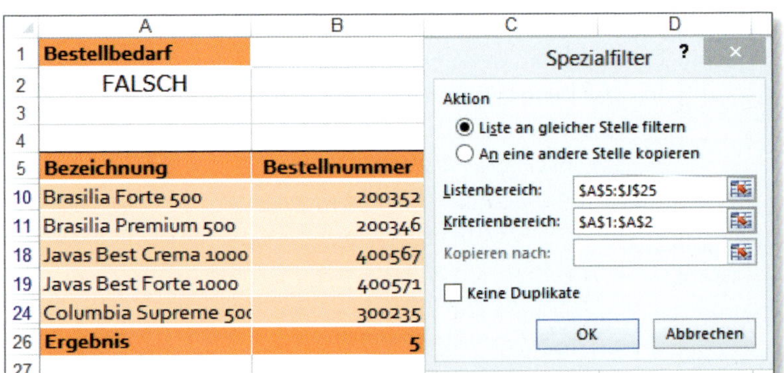

*< **Abbildung 6.23** Mit einem berechneten Feld lassen sich die Artikel finden, die nachbestellt werden müssen.*

Bestand	Bestand
>200	<300

sucht z. B. Datensätze, in denen der Bestand zwischen den beiden angegebenen Werten liegt.

Alternative Kriterien

Kriterien können auch alternativ verwendet werden. In diesem Fall werden die Kriterien untereinander in eine Spalte des Kriterienbereichs geschrieben.

Zum Beispiel können Sie unter den Spaltennamen *Röstung* im Kriterienbereich »starke« und »Espresso« untereinander eintragen. Dann werden alle Kaffees gesucht, die entweder in der einen oder der anderen Weise geröstet sind. Für diesen Fall erweitern Sie den Kriterienbereich einfach um eine zusätzliche Zeile.

Wollen Sie eine Abfrage nach Kaffees formulieren, die entweder aus Java kommen oder als Espresso geröstet sind, müssen Sie die Kriterien auf verschiedene Zeilen verteilen, weil sie sonst von Excel als *UND()*-Verbindungen verstanden werden:

Anbaugebiet	Röstung
Java	
	Espresso

UND()- und *ODER()*-Kombinationen können natürlich auch gemischt werden:

Anbaugebiet	Röstung	Packung
Java		1.000 Gramm
	Espresso	1.000 Gramm

Hier werden nur 1.000-Gramm-Packungen gesucht, sie können aber aus Java kommen oder als Espresso geröstet sein.

Bei vergleichenden Suchkriterien kann der Inhalt einer Zelle in der Tabelle mit einer Zeichenfolge, einer Zahl, einem Wahrheitswert oder auch einem Fehlerwert verglichen werden.

Wird als Kriterium nur das Gleichheitszeichen eingetragen, werden alle Datensätze gesucht, die in dem kritischen Feld keinen Eintrag vorweisen, also leer sind. <> dagegen sucht alle Datensätze, die in der betreffenden Spalte über irgendeinen Eintrag verfügen – egal, welcher Art.

Zeichenfolgen als Kriterium

Wird nur eine Zeichenfolge als Kriterium verwendet, werden jeweils die Datensätze gesucht, in denen Übereinstimmung zwischen der Spalte in der Tabelle und dem Eintrag im Kriterienbereich besteht. Das Kriterium

Röstung
starke

ist also eine verkürzte Schreibweise für

Röstung
="starke"

Anstelle der Übereinstimmung mit einer Zeichenfolge kann auch die Stellung in Bezug auf die alphabetische Reihenfolge als Kriterium benutzt werden.

Bezeichnung
<C

liefert nur die Kaffees mit den Anfangsbuchstaben A und B.

Gerade bei Zeichenfolgen, bei Namen und Bezeichnungen steht der Suchende aber oft vor dem Problem, dass ihm gerade die exakte Schreibweise nicht bekannt ist. In so einem Fall helfen die ab Seite 337 aufgeführten Stellvertreterzeichen.

> **TIPP**
>
> **Exakte Textvergleiche**
> Textvergleiche unterscheiden normalerweise nicht zwischen Groß- und Kleinschreibung. Soll die Übereinstimmung exakt sein, müssen Sie beispielsweise `="=starke"` eintragen.

Numerische Werte als Kriterium

Wenn Sie in ein Feld des Kriterienbereichs eine Zahl eintragen, muss der Wert dieser Zahl mit dem Wert in dem gesuchten Datensatz exakt übereinstimmen. Nicht übereinstimmen muss das Format. Wenn also im Kriterienbereich eine Zahl im Standardformat eingegeben wird, in der Tabelle aber diese Spalte mit dem Währungszeichen formatiert ist, hat das für die Suchoperation keine Bedeutung.

Probleme kann es allerdings geben, wenn die Zahl in der Tabelle in der Anzeige gerundet ist, intern aber mit mehreren Nachkommastellen geführt wird. Das kommt z. B. häufig vor, wenn die Zahl das Ergebnis einer Division ist. Wenn im Kriterienbereich *3,33* steht und in der Tabelle als Ergebnis *10/3* angezeigt wird, wird der Datensatz nicht gefunden. In solch einem Fall kann ein berechnetes Suchkriterium mit einer Formel wie `=RUNDEN(F9;2)=3,33` helfen.

Suchen mit berechneten Kriterien

Die einfachen Vergleiche, die in den letzten Abschnitten behandelt worden sind, reichen nicht immer aus, um die Daten herauszufiltern, die für eine bestimmte Problemstellung von Bedeutung sind.

Oft müssen dazu z. B. Werte verschiedener Spalten verglichen werden. Oder Werte müssen zunächst mit einem Faktor multipliziert werden; das Ergebnis soll dann mit einem Wert außerhalb der Tabelle verglichen werden.

Für all diese Situationen können in Excel berechnete Kriterien verwendet werden. Auf Seite 305 haben Sie bereits das Beispiel mit der Berechnung der Differenz zwischen Lagerbestand und Mindestbestand kennengelernt.

Für berechnete Kriterien gelten besondere Regeln:

- Das berechnete Kriterium erfordert einen eigenen Spaltennamen, der sonst in der Tabelle nicht vorkommt.
- Die Berechnungsformel muss immer eine logische Formel sein.
- Die Formel muss sich auf mindestens ein Feld in der Tabelle beziehen, und zwar entweder über die Adresse der ersten Zelle in der betreffenden Spalte oder über einen Spaltennamen.

Wird ein Zellbezug auf den ersten Wert einer Spalte benutzt, zeigt die Formel im Kriterienbereich den entsprechenden Wahrheitswert an. Ist das Kriterium in der ersten Zeile der Tabelle erfüllt, erscheint also *WAHR*, sonst *FALSCH*. Beachten Sie, dass der Zellbezug in diesem Fall relativ sein muss.

Bei einem berechneten Kriterium können Sie auch komplexe logische Vergleiche mit den Funktionen *UND()* oder *ODER()* formulieren oder auch mit anderen Tabellenfunktionen arbeiten. `=G2>Mittelwert($G$2:$G$21)` sucht etwa alle Kaffees, von denen überdurchschnittlich viele Packungen auf Lager liegen. Wird in einem berechneten Kriterium Bezug auf einen Wert außerhalb der Tabelle genommen, etwa auf eine bestimmte Konstante, muss der Bezug absolut gesetzt werden.

TIPP

Wenn die Datensuche misslingt ...
Angenommen, Sie haben versucht, mit einem Spezialfilter eine Tabelle zu befragen. Trotz eines Kriteriums werden alle Datensätze angezeigt. Prüfen Sie, ob im Kriterienbereich ein fehlerhafter Spaltenname verwendet worden ist. Wenn das nicht der Fall ist, sollten Sie prüfen, ob der Kriterienbereich vielleicht von einer früheren Abfrage noch eine Leerzeile enthält oder ob in einem Feld des Kriterienbereichs vielleicht irrtümlich ein Leerzeichen enthalten ist. Leere Felder bedeuten: Es sind beliebige Werte zugelassen. Da Zellen, wenn sie im Kriterienbereich untereinanderstehen, als alternative Kriterien verstanden werden, zeigt Excel alle Daten an, denn die Abfrage heißt dann ja: entweder dieser bestimmte Wert oder jeder beliebige Wert. Und diese Bedingung ist immer erfüllt.

6.6 Gefilterte Daten weiterverarbeiten

Wenn Sie mithilfe der **Filtern**- oder der **Spezialfilter**-Funktion Datensätze ausblenden, zeigt Excel in der Statusleiste an, wie viele Datensätze aus der Gesamtzahl der Sätze in der Tabelle gefunden wurden.

Sind die Daten gefiltert, beziehen sich viele der anschließend verwendeten Befehle nicht auf die gesamte Tabelle, sondern auf die gefilterten Daten. Das gilt für das Drucken, das Sortieren und die Erzeugung von Teilergebnissen.

Auf diese Weise ist es aber auch sehr einfach, beispielsweise ein Diagramm aus gefilterten Daten mit den Bestandsdaten zu erstellen. Sie markieren zunächst die entsprechenden Spalten in der Gesamttabelle und erzeugen daraus ein Diagramm. Wird anschließend ein Filter gesetzt, wird das Diagramm sofort an die neue Auswahl angepasst.

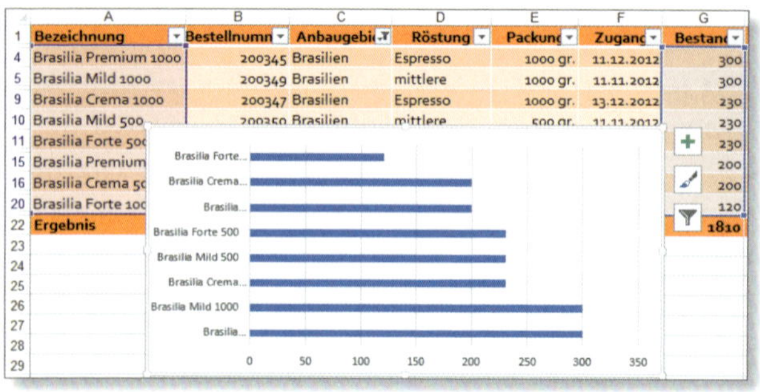

Abbildung 6.24 *Diagramm zu den Beständen der brasilianischen Kaffees*

Abbildung 6.25 zeigt eine entsprechende Auswertung für die kolumbianischen Kaffees.

TIPP

Kopien von Filterergebnissen
Wenn Sie den Bereich der gefilterten Datensätze in die Zwischenablage kopieren, können Sie den Extrakt in beliebige Arbeitsmappen oder Arbeitsblätter einfügen, ohne dass die ausgeblendeten Datensätze mit übertragen werden.

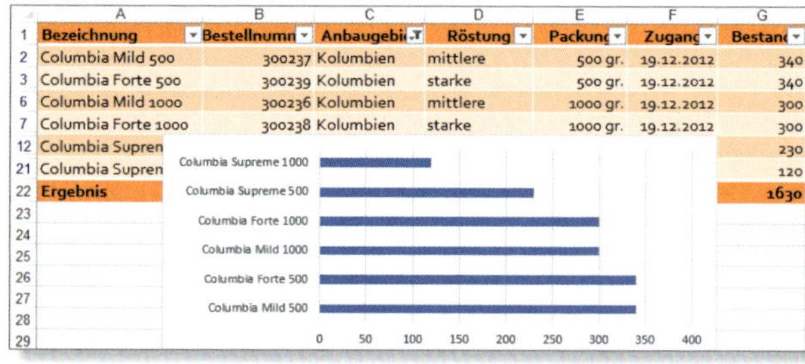

Abbildung 6.25 *Diagramm zu den Beständen der kolumbianischen Kaffees*

Für einige Befehle gelten allerdings Besonderheiten, wenn sie auf gefilterte Daten angewendet werden:

Befehle	Verhalten
Summensymbol	Summiert nur sichtbare Zellen.
Formatbefehle für Zellen	Formatiert nur sichtbare Zellen.
Inhalte löschen	Löscht nur die Inhalte sichtbarer Zellen.

Tabelle 6.5 *Befehle, die bei der Anwendung auf gefilterte Daten etwas anders arbeiten*

Dieses Verhalten lässt sich z. B. benutzen, um alle Zeilen mit kolumbianischen Kaffees mit einer bestimmten Hintergrundfarbe zu versehen. Dafür ist es erforderlich, alle nicht kolumbianischen Kaffees auszufiltern und dann alle übrig gebliebenen Zeilen entsprechend zu formatieren.

6.7 Power View

Neu in den Professional-Plus-Editionen von Excel 2013 ist das Add-In *Power View*, das wir hier wenigstens kurz vorstellen wollen. Die Komponente wird auch für den SharePoint Server 2013 bereitgestellt. Um Power View einsetzen zu können, muss auf dem System zusätzlich noch Silverlight 5 installiert sein. Ist das nicht der Fall, wird Ihnen beim ersten Versuch, die Funktion aufzurufen, die Installation von Microsoft Silverlight angeboten. Silverlight ist eigentlich eine Erweiterung für den Webbrowser. In diesem Fall wird es verwendet, um zusätzliche Oberflächenoptionen bereitzustellen, die Excel nicht von Hause aus mitbringt.

Sie aktivieren das Add-In über **Datei > Optionen > Add-Ins**, wenn Sie unter **Verwalten** die Einstellung **COM-Add-Ins** wählen. Die Komponente fügt zunächst kein ein eigenes Register in das Menüband ein, aktiviert aber die Schaltfläche **Power View** auf dem Register **Einfügen**. Wenn Sie diese Schaltfläche benutzen, bevor das Add-In aktiviert ist, erhalten Sie einen entsprechenden Hinweis und können aber von dort aus die Aktivierung nachholen. Dabei wird immer zugleich auch das Add-In *Power Pivot* aktiviert, das häufig für die Aufbereitung der Daten verwendet wird, die Power View dann ausgibt.

Die Funktionen von Power View lassen sich aber schon auf der Basis einer einfachen Datentabelle nutzen, deshalb soll das Thema bereits hier behandelt werden. Wir nehmen in diesem Fall unsere Kaffeeliste in Form einer Datentabelle. Folgende Schritte führen dann zu einem Power View-Bericht.

Die Datentabelle im Entwurfsfenster von Power View

1 Aktivieren Sie das Arbeitsblatt mit der Datentabelle und markieren Sie eine Zelle darin.

2 Benutzen Sie die Schaltfläche **Power View** auf dem Register **Einfügen**. Excel fügt ein neues Blatt in die Arbeitsmappe mit dem vorgegebenen Namen Power View1 ein. Gleichzeitig wird ein Register **Entwurf** eingeblendet, ein Aufgabenbereich **Power View-Felder** mit den Feldern der ausgewählten Tabelle und zwei Bereiche für den Bericht selbst und für Filter, mit denen der Bericht interaktiv verändert werden kann.

3 Zunächst können Sie noch einen Titel über den Bericht setzen, indem Sie die oberste Zeile anklicken oder antippen (siehe Abbildung 6.26).

4 Die Auswahl der Felder, deren Daten in den Bericht einfließen sollen, bestimmen Sie im Aufgabenbereich **Power View-Felder**. Der kleine Pfeil hinter dem Feldnamen öffnet ein Menü, wo Sie wählen, ob das Feld der Tabelle hinzugefügt oder als Kachel verwendet wird.

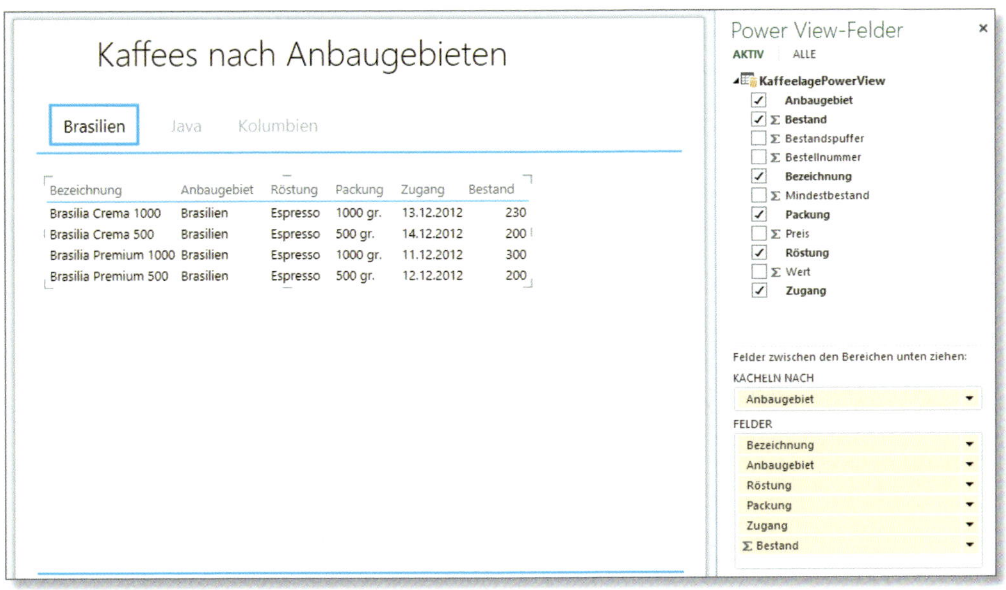

< ***Abbildung 6.26***
Tabelle und Kacheln kombiniert

Es macht in diesem Beispiel Sinn, das Feld *Anbaugebiet* als Kachel zu verwenden, die anderen Felder als Tabellenfelder. Das Ergebnis ist ein Bericht, in dem Sie über die Gebietskacheln zwischen den unterschiedlichen Teiltabellen wählen können.

Abbildung 6.27 *Sehr praktisch sind die interaktiven Filter.*

Wenn Sie nun noch das Feld *Röstung* über das Menü dem **Ansicht**-Filter hinzufügen, erscheinen Optionsfelder für die verschiedenen Röstungsarten in dem Fensterbereich **Filter**. Per Klick oder Tipp lassen sich die Filter aktivieren.

Die ausgegebenen Berichte werden auf eigenen Ebenen angezeigt, die sich bei Bedarf auch stapeln lassen. Wir können die Möglichkeiten dieser mächtigen Funktion an dieser Stelle nur andeuten. Power View erlaubt Ihnen ganz unterschiedliche Visualisierungen Ihrer Daten. Eine besonders attraktive Variante ist die Verknüpfung von Daten mit Landkarten, bei denen die Verteilung von Werten in Form von Kreisdiagrammen dargestellt wird. Dazu werden wir Ihnen in Kapitel 17, »Daten analysieren«, ab Seite 619 noch ein Beispiel geben.

Teil III

Daten visualisieren: Diagramme, Grafiken & Co.

Kapitel 7
Daten mit bedingten Formaten kennzeichnen

Neben Formaten, die Sie einem Zellbereich fest zuordnen, stellt Ihnen Excel 2013 auch zahlreiche Möglichkeiten zur Verfügung, um Daten dynamisch Formate zuordnen, also in Abhängigkeit vom aktuellen Wert.

In Kapitel 6 haben wir bereits ein Beispiel verwendet, in dem eine Tabellenspalte mit einem bedingten Format versehen wurde, um bestimmte Merkmale hervorzuheben. In diesem Kapitel wollen wir dieses Thema im Detail behandeln, um Ihnen den Nutzen dieser Funktion nahezubringen.

7.1 Hinweise zu bedingten Formaten

Tatsächlich sind die bedingten Formate einer der Bereiche, die seit den letzten Versionen immer mehr an Gewicht gewonnen haben. Das betrifft den Einsatz von Datenbalken und Farbskalen, die um einige Varianten erweitert wurden. Die Palette der Symbole wurde in Gruppen eingeteilt und erweitert.

Diese Erweiterungen sind nicht zufällig, denn die bedingten Formate sind zweifellos eine große Hilfe, wenn es darum geht, die Beziehungen zwischen Daten und die Veränderungen ihrer Werte möglichst schnell zu erkennen.

Fixe und dynamische Formatierung

Tabellenblätter mit zahlreichen Spalten und Zeilen machen es dem Betrachter nicht immer leicht, zwi-

	A	B	C	D	E	F
1	**Buchladen am Ufer**					
2						
3	Sparte:	1. Quartal	2. Quartal	3. Quartal	4. Quartal	2012
4	Belletristik	22.000,00 €	17.000,00 €	18.000,00 €	23.000,00 €	88.000,00 €
5	Comics	22.000,00 €	11.000,00 €	10.000,00 €	14.000,00 €	26.000,00 €
6	EDV-Bücher	23.000,00 €	21.000,00 €	19.000,00 €	25.000,00 €	80.000,00 €
7	Gesundheit	8.000,00 €	5.000,00 €	6.000,00 €	7.000,00 €	26.000,00 €
8	Krimis	21.000,00 €	20.000,00 €	18.000,00 €	22.000,00 €	81.000,00 €
9	Kunst	4.000,00 €	3.000,00 €	5.000,00 €	5.000,00 €	17.000,00 €
10	Musik	7.000,00 €	6.000,00 €	8.000,00 €	10.000,00 €	31.000,00 €
11	Reisebücher	9.000,00 €	8.000,00 €	7.000,00 €	10.000,00 €	34.000,00 €
12	Science Fiction	12.000,00 €	10.000,00 €	9.000,00 €	13.000,00 €	44.000,00 €
13	Sport	5.000,00 €	7.000,00 €	8.000,00 €	9.000,00 €	29.000,00 €
14	Technik	8.000,00 €	7.000,00 €	7.000,00 €	8.000,00 €	30.000,00 €
15	Gesamt	141.000,00 €	115.000,00 €	115.000,00 €	146.000,00 €	517.000,00 €

< ***Abbildung 7.1*** *Beispiel für eine Bewertung von Daten mit einem bedingten Format*

schen wichtigen und weniger wichtigen Daten zu unterscheiden. Manchmal helfen Filter oder Sortierungen nach bestimmten Kriterien, wie es in Kapitel 6, »Daten abfragen«, ab Seite 333 beschrieben wird, aber diese Funktionen sind nicht bei allen Kalkulationsmodellen anwendbar, etwa wenn eine bestimmte Reihenfolge nach dem Datum oder nach Belegnummern etc. vorgegeben ist.

Eine einfache Möglichkeit, die Aufmerksamkeit zu lenken, besteht darin, den Zellen, die ins Auge fallen sollen, ein Format zu geben, das sie aus dem grauen Zellenalltag hervorhebt. Das kann eine besondere Schrift, eine andere Schriftfarbe, ein farbiger Texthintergrund oder ein Rahmen sein, vielleicht auch ein spezielles Zahlenformat. So lassen sich beispielsweise Artikel, die besonders gut oder besonders schlecht gehen, leicht kennzeichnen.

Sofern sich die Daten in einem Blatt nicht mehr ändern, ist das beschriebene Verfahren in Ordnung. Sie markieren die betreffenden Zellwerte und ordnen das spezielle Format fest zu. Das Format ist fixiert und hilft, sich in der Menge der Daten besser zurechtzufinden.

Was aber, wenn die Daten, um die es geht, sich im Lebenszyklus einer Arbeitsmappe öfter ändern, beispielsweise weil sie von Formeln errechnet werden, die Daten aus verschiedenen Quellen auswerten? Es wäre sehr mühsam, eine spezielle Formatierung für bestimmte auffällige Werte jedes Mal manuell anzupassen. Es wäre besser, eine dynamische Formatierung zu definieren, die sich automatisch an die Änderung von Werten anpasst.

Genau darum geht es bei der bedingten Formatierung, die in diesem Kapitel beschrieben wird. Der Grundgedanke ist der, dass ein Format nur dann angewandt werden soll, wenn eine bestimmte Bedingung erfüllt ist. Die Formulierung einer solchen Bedingung wird als Regel bezeichnet. Solche Regeln können Sie nun auf Ihre Tabellen anwenden.

Meist geht es dabei um zusätzliche Formate, die die originäre Formatierung von Zellen ergänzen. Es hindert Sie aber niemand daran, beliebig viele Formatmerkmale auszutauschen, wenn der in der Bedingung benannte Fall eintritt.

Excel gibt zahlreiche Regeln und bedingte Formate vor. In den folgenden Abschnitten werden Sie einige der vielen Möglichkeiten kennenlernen, mit bedingten Formaten zu arbeiten.

7.2 Werte hervorheben

Bei den einfachen Varianten der bedingten Formatierung geht es darum, den Wert einer Zelle mit einer Konstanten zu vergleichen. In der Umsatztabelle eines Buchladens sollen beispielsweise die Spartenwerte hervorgehoben werden, die einen bestimmten Wert überschreiten. Dazu reichen die folgenden Schritte:

1 Markieren Sie zunächst in den Umsatzspalten die Spartenwerte.

	A	F
1	**Buchladen am Ufer**	
2		
3	Sparte:	2012
4	Belletristik	88.000,00 €
5	Comics	26.000,00 €
6	EDV-Bücher	80.000,00 €
7	Gesundheit	26.000,00 €
8	Krimis	81.000,00 €
9	Kunst	17.000,00 €
10	Musik	31.000,00 €
11	Reisebücher	34.000,00 €
12	Science Fiction	44.000,00 €
13	Sport	29.000,00 €
14	Technik	30.000,00 €
15	Gesamt	517.000,00 €

Abbildung 7.2 *Umsatzwerte nach Sparten*

2 Benutzen Sie die Schaltfläche **Bedingte Formatierung** in der Gruppe **Start > Formatvorlagen**.

3 Nehmen Sie die erste Option **Regeln zum Hervorheben von Zellen** und im Untermenü die Option **Größer als**.

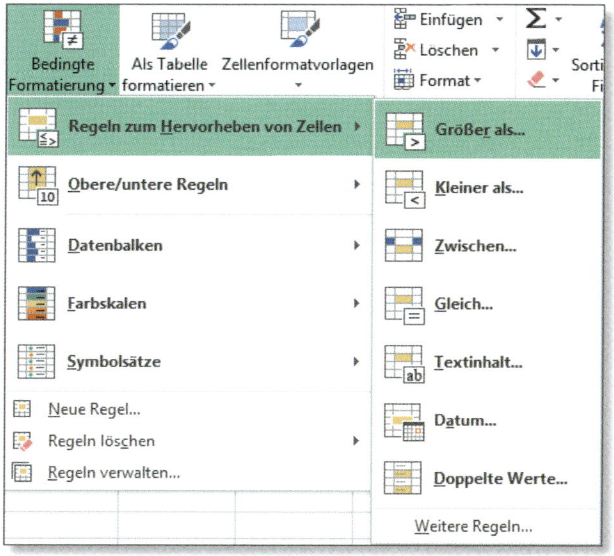

Abbildung 7.3 *Die Palette »Bedingte Formatierung«*

4 In dem kleinen Dialogfeld können Sie den Vergleichswert entweder direkt eingeben oder über die Schaltfläche einen Bezug auf einen vorhandenen Zellwert einfügen.

5 In dem zweiten Listenfeld wählen Sie die gewünschte Formatierung aus. Reichen Ihnen die Vorschläge nicht, benutzen Sie die Option für ein benutzerdefiniertes Format, die den Dialog **Zellen formatieren** öffnet und Ihnen alle Möglichkeiten gibt, das Format der Zellen frei zu gestalten.

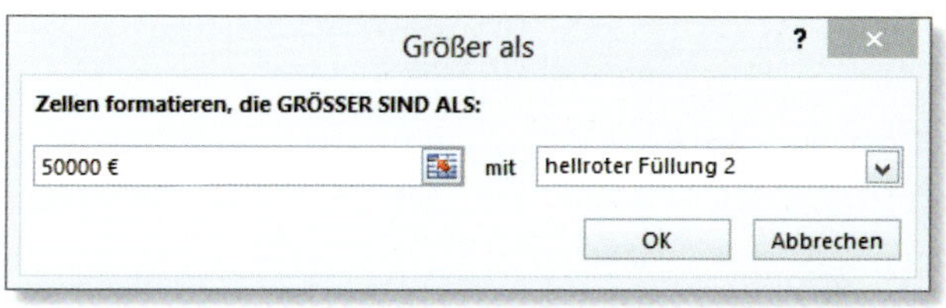

Abbildung 7.4 *Eingabe des Vergleichswerts und Wahl des Formats*

6 Sobald ein Wert angegeben ist, werden die entsprechenden Zellen, deren Wert größer ist, bereits durch das neue Format gekennzeichnet. Wenn Sie den Dialog bestätigen, ist das bedingte Format den markierten Zellen zugewiesen.

	A	F
1	Buchladen am Ufer	
2		
3	Sparte:	2012
4	Belletristik	88.000,00 €
5	Comics	26.000,00 €
6	EDV-Bücher	80.000,00 €
7	Gesundheit	26.000,00 €
8	Krimis	81.000,00 €
9	Kunst	17.000,00 €
10	Musik	31.000,00 €
11	Reisebücher	34.000,00 €
12	Science Fiction	44.000,00 €
13	Sport	29.000,00 €
14	Technik	30.000,00 €
15	Gesamt	517.000,00 €

Abbildung 7.5 *Die Werte über dem Vergleichswert zeigen die zusätzlichen Formatmerkmale.*

Geben Sie zum Test einfach mal einen Wert von über »50.000« für eine andere Sparte ein. Das Format wird sofort angepasst. In dem Menü **Regeln zum Hervorheben von Zellen** finden Sie auch Optionen zum Vergleich von Textwerten und Datumswerten. Ganz praktisch ist auch die Option **Doppelte Werte**, mit der Sie Duplikate in einem Zellbereich direkt kennzeichnen können.

Komplexere Varianten bietet das Menü zu **Bedingte Formatierung** unter der Option **Obere/untere Regeln** an, etwa **Obere 10 %** oder **Unter dem Durchschnitt**.

Abbildung 7.6 *Das Menü von »Obere/untere Regeln«*

Diese Regeln beziehen sich jeweils auf den Rang, den Werte im Vergleich zu anderen Werten einnehmen.

Meist kann das kleine Dialogfeld einfach bestätigt werden, es sei denn, Sie suchen nur die obersten fünf, oder Sie wünschen eine andere Markierungsfarbe.

7.3 Grafische Formate

Eine besonders attraktive Version von bedingten Formaten sind Formate, die mit grafischen Elementen arbeiten, um Werte darzustellen. Die erste Variante, die mit **Datenbalken** bezeichnet wird, verwendet eine Visualisierung der Wertgrößen, die dem Einsatz von Balkendiagrammen ähnlich ist.

Datenbalken

Dabei werden die in einer Spalte vorhandenen Werte mit gleichfarbigen Balken hinterlegt, die die aktuelle Spaltenbreite der jeweiligen Größe entsprechend aufteilen. Das Verfahren ist sehr einfach:

1. Markieren Sie zunächst den Bereich der betreffenden Werte.
2. Mit **Start > Formatvorlagen > Bedingte Formatierung** öffnen Sie die Palette der bedingten Formate.
3. Die Option **Datenbalken** öffnet eine Palette mit sechs Farbmustern für eine graduelle Füllung, also für Farbverläufe, und ebenso vielen für eine einfarbige Füllung. Wählen Sie die gewünschte Farbe per Klick oder Tipp.

Die Spalte wird sofort in der gewählten Farbe formatiert. Abbildung 7.7 zeigt die Palette und das entsprechende Format in der Spalte mit den Jahreswerten.

Jede Änderung von Werten in einer Spalte führt zu einer entsprechenden Anpassung der Farbbalken. Änderungen der Spaltenbreite werden ebenfalls automatisch berücksichtigt.

TIPP

Zusatzebene
Es ist kein Problem, dem Zellbereich zusätzlich noch eine andere Hintergrundfarbe zuzuweisen. Allerdings sollte nicht unbedingt eine zu ähnliche Hintergrundfarbe gewählt werden. Auch die nachträgliche Zuweisung eines Tabellenformats ist kompatibel mit den bedingten Formaten.

Die bedingte Formatierung arbeitet mit Regeln, die die Anwendung der gewählten Formatoptionen steuern. Bei der Variante mit den Datenbalken wird die Regel weitgehend vorgegeben, sie kann aber über die Option **Weitere Regeln** aus der Unterpalette mit den Farbmustern bei Bedarf auch modifiziert werden.

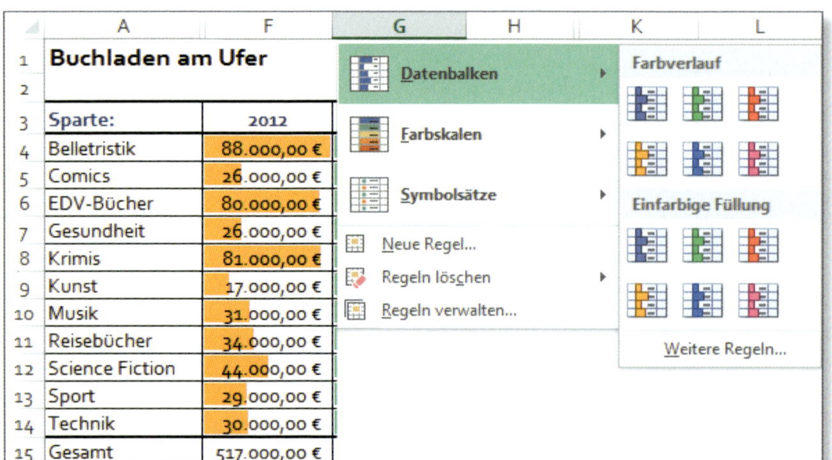

*< **Abbildung 7.7** Die Palette der Datenbalken*

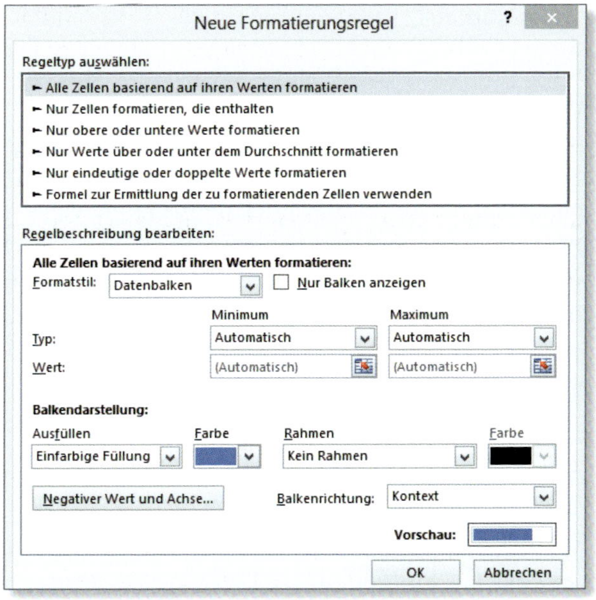

Abbildung 7.8 *Der Dialog, in dem Sie die Formatierungsregel bearbeiten können*

Im ersten Listenfeld werden verschiedene Regeltypen präsentiert, zu denen im unteren Teil dann unterschiedliche Steuerelemente zur Bearbeitung der Regelbeschreibung angeboten werden. Die einfachste Variante ist, dass alle Zellen eines Bereichs auf der Basis ihrer Werte formatiert werden.

Über die Felder **Typ** und **Wert** können Sie unter **Minimum** und **Maximum** die vorgegebene Verteilung der Balkenlängen auf den Zellbereich bei Bedarf ändern. Die Vorgabe für **Typ** ist **Automatisch**, d. h., Excel nimmt als Minimum null und als Maximum den größten Wert.

Die anderen Optionen für **Typ** sind:

- **Zahl** – Erlaubt es, unter **Wert** einen fixen Wert für **Minimum** oder **Maximum** anzugeben.
- **Prozent** – Erlaubt es, unter **Wert** einen Prozentsatz für **Minimum** oder **Maximum** anzugeben, um den Balken um einen entsprechenden Teil zu verkürzen.
- **Quantil** – Gibt als **Minimum** 10 und als **Maximum** 90 vor. Dann erhalten die untersten 10 Prozent der Werte den kürzesten Balken und die obersten 10 Prozent den längsten Balken.
- **Formel** – Erlaubt es, unter **Wert** einen fixen Wert für **Minimum** oder **Maximum** anzugeben.
- **Niedrigster Wert** – Setzt den niedrigsten Wert als **Minimum** ein, der Balken verschwindet also für diesen Wert.

Beispielsweise ist es möglich, den kürzesten Balken auf **Typ**: **Prozent** und **Wert**: »20« einzustellen. Dadurch werden die Balken links ein Stück abgeschnitten, sodass die Unterschiede bei den höheren Werten deutlicher erscheinen. Das entspricht einer Änderung der Skalierung in einem Diagramm. Solche Tricks sind manchmal akzeptabel, wenn die Werte ungünstig verteilt sind.

Über das Listenfeld **Farbe** lassen sich beliebige Farben auswählen, Sie sind also nicht auf die angebotenen Farbmuster eingeschränkt. Die Rahmen der Balken lassen sich separat einfärben. Es ist hier übrigens auch möglich, mit der Option **Nur Balken anzeigen** die Werte in der Spalte ganz auszublenden.

Die Schaltfläche **Negativer Wert und Achse** öffnet einen Dialog, in dem die Balken für negative Werte mit einer eigenen Farbe gekennzeichnet werden können.

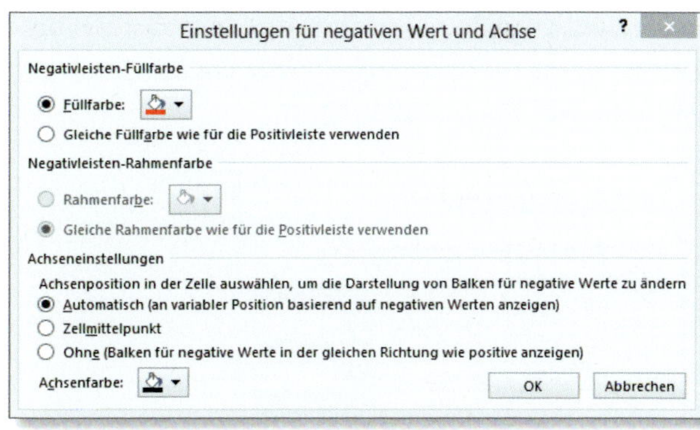

Abbildung 7.9 *Optionen für negative Werte*

Unter **Achseneinstellungen** lässt sich der Nullpunkt auch in die Zellmitte setzen. Bei der Option **Automatisch** hängt die Position des Nullpunkts von der Größe der negativen Werte ab. Es ist aber auch möglich, positive und negative Werte in derselben Richtung anzuzeigen. Dann sollte allerdings der Unterschied über die Farben angezeigt werden.

Abbildung 7.10 zeigt für eine Spalte, die die Wertdifferenz von zwei Jahren als Prozentsatz anzeigt, die Darstellung negativer Werte mit einer anderen Farbe und dem in die Mitte der Zelle verschobenen Nullpunkt.

	A	F	G	H
1	**Buchladen am Ufer**			
2				
3	Sparte:	2012	2011	Differenz zum Vorjahr
4	Belletristik	88.000,00 €	78.000,00 €	13%
5	Comics	26.000,00 €	60.000,00 €	-57%
6	EDV-Bücher	80.000,00 €	70.000,00 €	14%
7	Gesundheit	26.000,00 €	28.000,00 €	-7%
8	Krimis	81.000,00 €	65.000,00 €	25%
9	Kunst	17.000,00 €	15.000,00 €	13%
10	Musik	31.000,00 €	29.000,00 €	7%
11	Reisebücher	34.000,00 €	32.000,00 €	6%
12	Science Fiction	44.000,00 €	40.000,00 €	10%
13	Sport	29.000,00 €	27.000,00 €	7%
14	Technik	30.000,00 €	29.000,00 €	3%
15	Gesamt	517.000,00 €	473.000,00 €	9%

Abbildung 7.10 Beispiel für die Darstellung negativer Werte in einer eigenen Farbe

Die gerade erwähnte Möglichkeit, die Zahlen auch ganz auszublenden, erlaubt Ihnen auch, die Balken von den Zahlen getrennt in einer zweiten Spalte anzuzeigen, falls Sie dies übersichtlicher finden. Dazu brauchen Sie die Spalte nur zu kopieren und das bedingte Format dann auf diese Kopie anzuwenden. Abbildung 7.11 zeigt, wie das aussehen kann.

	A	F	G
1	**Buchladen am Ufer**		
2			
3	Sparte:	2012	
4	Belletristik	88.000,00 €	
5	Comics	26.000,00 €	
6	EDV-Bücher	80.000,00 €	
7	Gesundheit	26.000,00 €	
8	Krimis	81.000,00 €	
9	Kunst	17.000,00 €	
10	Musik	31.000,00 €	
11	Reisebücher	34.000,00 €	
12	Science Fiction	44.000,00 €	
13	Sport	29.000,00 €	
14	Technik	30.000,00 €	

Abbildung 7.11 Die erste Spalte zeigt die Werte, die zweite die Visualisierung an.

Farbskalen

Bei der Besprechung der Füllfarben ist schon angedeutet worden, dass es manchmal sinnvoll ist, besonders auffällige Werte in einer Tabelle durch einen farbigen Hintergrund hervorzuheben. In dieselbe Richtung gehen die Möglichkeiten, die Ihnen das bedingte Zahlenformat **Farbskalen** liefert. Angenommen, Sie wollen bei der Auswertung eines Tests bestimmte Höchst- und Tiefstwerte sofort erkennen.

1 Markieren Sie zunächst den Bereich der betreffenden Testwerte.

2 Benutzen Sie über **Start > Formatvorlagen > Bedingte Formatierung** die Option **Farbskalen**, und wählen Sie anstelle eines vorgegebenen Farbmusters **Weitere Regeln**.

3 Im ersten Listenfeld übernehmen Sie den ersten Regeltyp.

4 Unter **Formatstil** wählen Sie **3-Farben-Skala**, sodass Steuerelemente für **Minimum**, **Mittelpunkt** und **Maximum** eingeblendet werden.

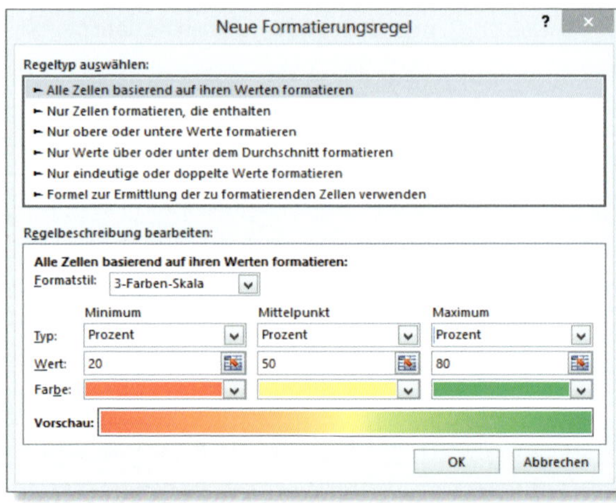

Abbildung 7.12 Farbskalen können mit zwei oder drei Farben arbeiten.

5 Wählen Sie beispielsweise unter **Typ** die Option **Prozent**, um die prozentuale Verteilung zu verdeutlichen. Geben Sie entsprechende Werte in den drei Feldern ein.

6 Die vorgegebenen Farben lassen sich über die Paletten der drei Listenfelder bei Bedarf ändern.

	A	B
1		
2	**Testergebnisse**	
3		
4		**Punktezahl**
5	Testperson 1	93,55
6	Testperson 2	2,28
7	Testperson 3	43,85
8	Testperson 4	91,65
9	Testperson 5	178,81
10	Testperson 6	142,48
11	Testperson 7	181,59
12	Testperson 8	21,22
13	Testperson 9	2,11
14	Testperson 10	116,55
15	Testperson 11	100,52

^ ***Abbildung 7.14*** *Die Unterschiede bei Testergebnissen werden mit bedingten Formaten deutlich gemacht.*

Jedes bedingte Format wird nur so lange angezeigt, wie die in der zugrunde liegenden Regel bestimmte Bedingung erfüllt ist. Ändert sich der Wert, wird die Bedingung erneut geprüft.

Symbolsätze

Häufig wird gewünscht, dass in einer Tabelle bestimmte kritische Werte möglichst sofort ins Auge fallen. Eine Möglichkeit dafür ist der Einsatz von Symbolen über bedingte Formate. In dem folgenden Beispiel werden 8-Stunden-Mittelwerte der Ozonbelastung aufgelistet. Die Werte, die die Alarmschwelle von 240 µg/m³ und die Informationsschwelle von 180 µg/m³ überschreiten, sollen hervorgehoben werden. Eine Lösung sind hier Ampelsymbole.

1 Markieren Sie den Bereich der Mittelwerte.

2 Benutzen Sie über **Start > Formatvorlagen > Bedingte Formatierung** die Option **Symbolsätze** und **Weitere Regeln**.

3 Wählen Sie unter **Symbolart** die Variante mit der 3er-Ampel, und benutzen Sie die Schaltfläche **Symbolreihenfolge umkehren**, da ja diesmal die hohen Werte als kritisch gekennzeichnet werden sollen.

4 Nun kann zu dem roten Symbol unter **Wert** der Grenzwert »240« eingegeben werden, für die gelbe Ampel der Grenzwert »180«.

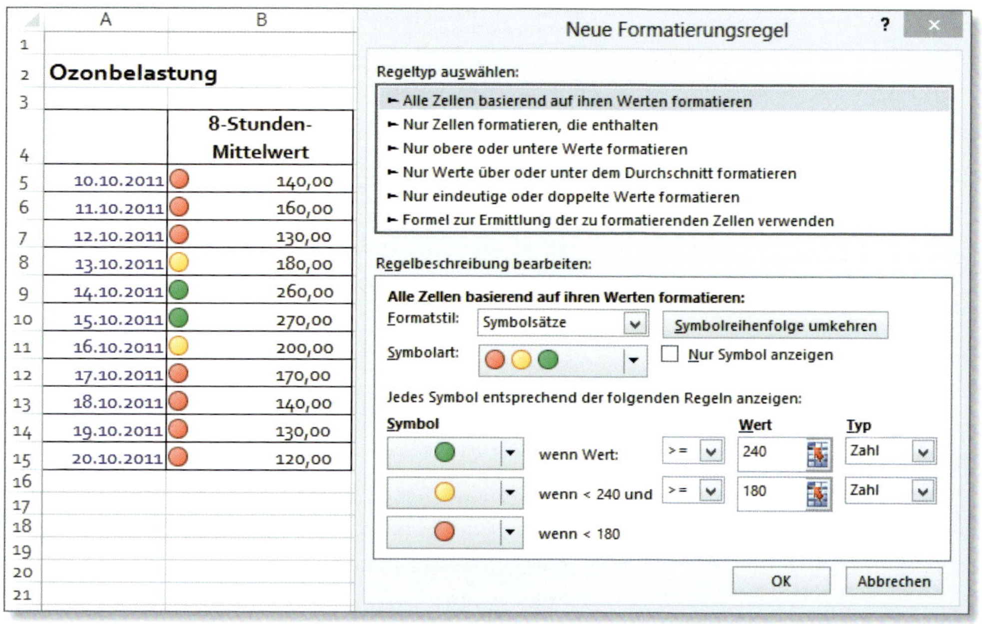

< ***Abbildung 7.13*** *Hier richten Sie eine Ampel ein. Legen Sie für jede Farbe den Wertebereich einzeln fest.*

Abbildung 7.14 zeigt in der Spalte B bereits das Ergebnis mit den zugewiesenen Symbolen.

Das Menü für Symbolsätze bietet vier Gruppen an.

- Unter **Direktional** finden Sie Symbole, mit denen Veränderungen gegenüber Vergleichswerten in dem jeweils ausgewählten Zellbereich gekennzeichnet werden können.
- Unter **Formen** werden verschiedene Grundformen wie Kreise, Dreiecke und Vierecke angeboten.
- **Indikatoren** sind praktisch, um kritische Werte von akzeptierten Werten zu unterscheiden.
- Die letzte Gruppe **Bewertungen** stellt mehrere Möglichkeiten zur Verfügung, Werteunterschiede in einfacher Form zu visualisieren.

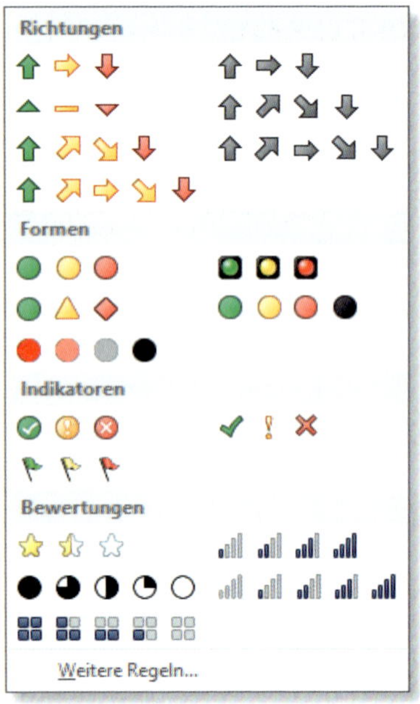

Abbildung 7.15 Das Angebot von Symbolsätzen in Excel 2013

Bewertungen mit Symbolen

Die Symbole in der Gruppe **Direktional** lassen sich sehr schön zur Bewertung größerer Datenmengen einsetzen. In dem folgenden Beispiel werden die Quartalsumsätze verschiedener Vertreter mit einem fünfteiligen Symbolsatz ausgewertet.

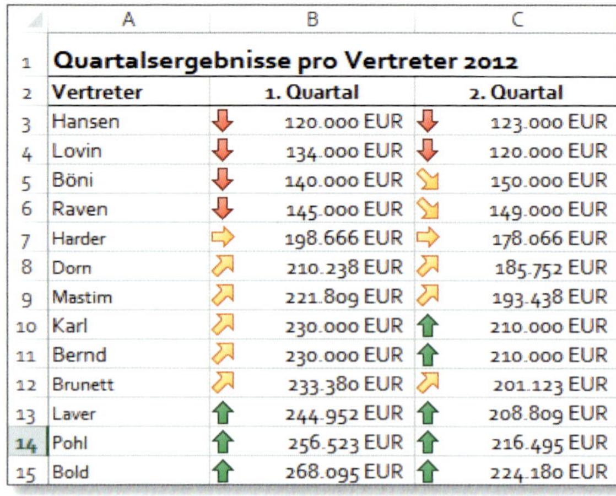

	A	B	C
1	Quartalsergebnisse pro Vertreter 2012		
2	Vertreter	1. Quartal	2. Quartal
3	Hansen	120.000 EUR	123.000 EUR
4	Lovin	134.000 EUR	120.000 EUR
5	Böni	140.000 EUR	150.000 EUR
6	Raven	145.000 EUR	149.000 EUR
7	Harder	198.666 EUR	178.066 EUR
8	Dorn	210.238 EUR	185.752 EUR
9	Mastim	221.809 EUR	193.438 EUR
10	Karl	230.000 EUR	210.000 EUR
11	Bernd	230.000 EUR	210.000 EUR
12	Brunett	233.380 EUR	201.123 EUR
13	Laver	244.952 EUR	208.809 EUR
14	Pohl	256.523 EUR	216.495 EUR
15	Bold	268.095 EUR	224.180 EUR

Abbildung 7.16 Bewertung mit Pfeilsymbolen

Wie der Dialog dazu in Abbildung 7.17 zeigt, teilt Excel die Werte als Vorgabe in fünf gleiche Gruppen ein, die jeweils 20 Prozent der Werte darstellen. Es steht Ihnen aber frei, auch andere Verteilungen zu wählen, wie es in dem letzten Beispiel bereits gezeigt worden ist.

Abbildung 7.17 Für die Symbolsätze werden die Werte als Vorgabe in gleich große Gruppen eingeteilt.

Schnelle Formatzuweisung mit dem Schnellanalysetool

Für sechs vermutlich häufig benötigte Formate stellt Ihnen Excel 2013 nun über das schon vorgestellte Schnellanalysetool ein besonders einfaches Verfahren zur Verfügung. Wenn der zu formatierende Bereich markiert ist, benutzen Sie am unteren Ende die Schaltfläche **Schnellanalyse**.

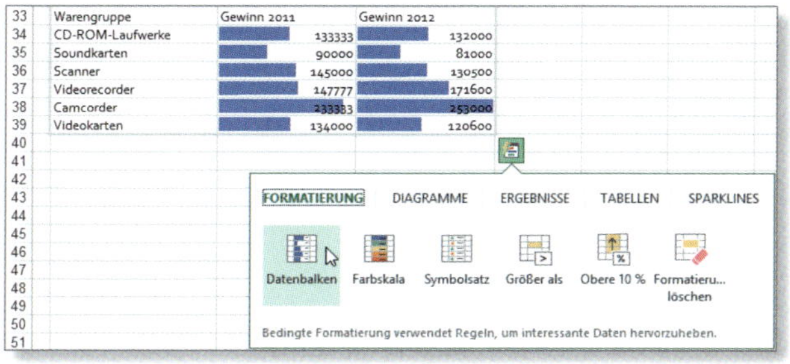

Abbildung 7.19 *Bedingte Formate über das Schnellanalysetool zuweisen*

In der oberen Leiste ist **Formatierung** bereits ausgewählt, in der Reihe darunter werden sechs Symbole für bedingte Formate angeboten. Ein Klick oder Tipp reicht aus, die angebotenen Formate zuzuweisen. Nur bei der Option **Größer als** müssen Sie noch einen entsprechenden Vergleichswert angeben. Die letzte Schaltfläche erlaubt das Löschen der bedingten Formate in dem aktuell ausgewählten Bereich.

7.4 Formate über Formeln bestimmen

Über die Option **Neue Regel...** lassen sich auch komplexere Regeln festlegen, die andere als die bisher verwendeten Regeltypen nutzen. Soll die Formatierung nicht auf der Basis feststehender Werte erfolgen, können auch logische Formeln in den Regeln verwendet werden.

Veränderungen kennzeichnen

Soll beispielsweise ein Jahreswert in einer Umsatztabelle hervorgehoben werden, wenn er den Vorjahreswert übersteigt, können Sie so verfahren:

1. Markieren Sie in der Tabelle zunächst die Werte in der Spalte F, also F4 bis F14.
2. Rufen Sie die Option **Bedingte Formatierung > Neue Regel...** auf.
3. Wählen Sie im Dialog **Neue Formatierungsregel** unter **Regeltyp auswählen** die Zeile **Formel zur Ermittlung der zu formatierenden Zellen verwenden** ①.
4. Nun kann in das erste Textfeld ② entweder die logische Formel oder ein Verweis auf eine solche Formel eingegeben werden. Im abgebildeten Beispiel wird `=F4>G4` benötigt.
5. Die Formatierung wird in diesem Fall nicht vorgegeben, sondern über die Schaltfläche **Formatieren** ③ festgelegt.

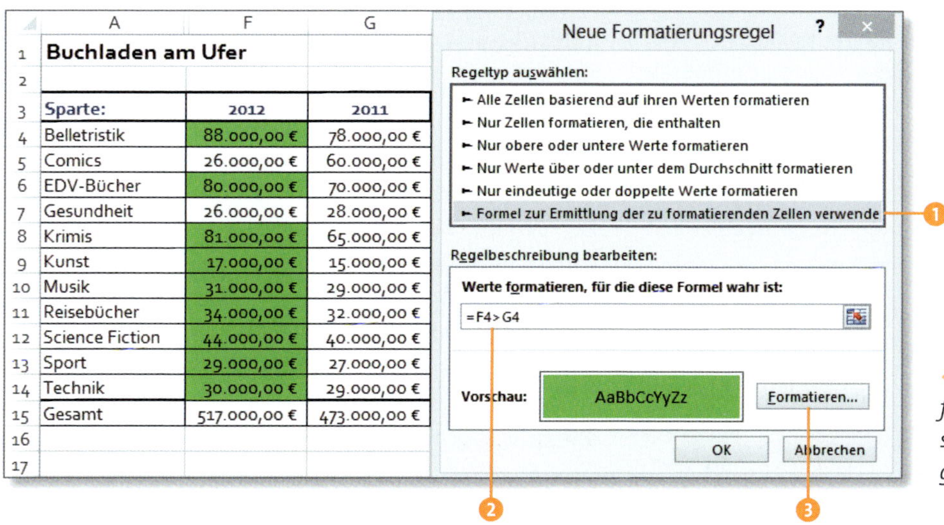

Abbildung 7.18 *Beispiel für eine Regel mit einer logischen Formel, die eine Bedingung prüft.*

6 Ist die Definition der Regel abgeschlossen, bestätigen Sie den Dialog und erhalten das gewünschte Ergebnis.

Abbildung 7.19 zeigt den Dialog mit der Regelbeschreibung und die Auswirkung auf die damit formatierte Spalte F.

Excel handhabt die im Dialog eingegebene Formel so, wie es bei Formeln mit relativen Bezügen üblich ist. Die Formel wird also automatisch für jede Zeile angepasst.

Listenvergleich mit bedingtem Format

Es kommt vor, dass Daten zum gleichen Thema an verschiedenen Stellen oder zu verschiedenen Zeitpunkten erfasst werden, etwa eine Liste von eindeutigen Nummern oder Benutzernamen. Wollen Sie feststellen, welche Daten jeweils in der einen oder anderen Liste fehlen, kann es für Sie hilfreich sein, die nicht in beiden Listen vorkommenden Einträge optisch zu kennzeichnen.

Auf diese Weise können Sie leicht prüfen, welcher Eintrag eventuell in die andere Liste übernommen werden sollte. Um Unterschiede zwischen zwei Wertespalten schnell zu finden, reichen Formeln, die bestimmen, in welcher Farbe der Zellhintergrund oder die Schrift erscheinen soll.

1 Es vereinfacht die Sache, wenn Sie beide Wertebereiche zunächst über **Formeln > Namen definieren** benennen. Wir verwenden hier einfach die Namen »WertelisteA« und »WertelisteB«.

2 Ist der erste Bereich ausgewählt, rufen Sie über **Start > Bedingte Formatierung > Neue Regel...** den Dialog **Neue Formatierungsregel** auf.

3 Unter **Regeltyp auswählen** nehmen Sie die letzte Option, die die Eingabe einer Formel erlaubt.

4 Tragen Sie in das Eingabefeld folgende Formel ein: `=ZÄHLENWENN(WertelisteB;A2)=0`. Die Funktion prüft, wie oft der Wert aus der Zelle A2 in der Nachbarspalte vorkommt. Ist das Ergebnis null, fehlt der Wert in dieser Spalte.

5 Falls dies der Fall ist, soll die Zelle eine andere Hintergrund- und Textfarbe erhalten, was Sie über die Schaltfläche **Formatieren** festlegen.

6 Anschließend markieren Sie die zweite Spalte und verwenden für die markierten Daten die Formel `=ZÄHLENWENN(WertelisteA;B2)=0`.

7 Nun fehlt nur noch das Format für diesen Fall.

Solange in beiden Spalten nun eindeutige Werte vorkommen, die in der gleichen Weise sortiert sind, ist dieses Verfahren sehr effektiv. Sie sehen sofort, welche Werte jeweils in der anderen Spalte fehlen oder zusätzlich vorkommen. Dabei spielt es keine Rolle, ob es sich um Zahlen oder Textwerte handelt.

	A	B	C
1	Werteliste A		Werteliste B
2	1000		500
3	2000		1000
4	3000		2000
5	3500		3000
6	5000		4000
7	7000		5000
8	7500		6000
9	8000		7000
10	9000		8000
11	10000		10000

^ ***Abbildung 7.20*** *Die farbigen Zellhintergründe markieren Werte, die in der Nachbarspalte fehlen.*

Arbeitstage markieren

Eine der vielen praktischen Anwendungen bedingter Formate zum Schluss: Zeitpläne. Es ist kein großer Umstand, Datumswerte unterschiedlich zu formatieren, sodass die Wochenenden gleich ins Auge fallen. Sie können dabei mit der Funktion *WOCHENTAG()* arbeiten, die aus einem Datumswert die Nummer des Wochentags zieht. Der Sonntag ist Wochentag 1, der Samstag Wochentag 7.

Um die Aufgabe etwas auszubauen, sollen aber auch die Zellen neben dem Datumswert das gleiche Format erhalten, wie es in Abbildung 7.21 zu sehen ist.

	A	B
1		
2	**Zeitplan**	
3		**Aufgabe**
4	Mittwoch, 9. Januar 2013	
5	Donnerstag, 10. Januar 2013	
6	Freitag, 11. Januar 2013	
7	Samstag, 12. Januar 2013	
8	Sonntag, 13. Januar 2013	
9	Montag, 14. Januar 2013	
10	Dienstag, 15. Januar 2013	
11	Mittwoch, 16. Januar 2013	
12	Donnerstag, 17. Januar 2013	
13	Freitag, 18. Januar 2013	
14	Samstag, 19. Januar 2013	
15	Sonntag, 20. Januar 2013	
16	Montag, 21. Januar 2013	
17	Dienstag, 22. Januar 2013	

Abbildung 7.21 *Zeitplan mit Hervorhebung der Wochenenden*

1. Markieren Sie zunächst den ganzen Bereich der beiden Spalten.
2. Fügen Sie über **Start > Bedingte Formatierung > Neue Regel...** eine Regel ein, die mit einer Formel arbeiten soll.
3. Die Formel kann diesmal lauten: `=ODER(WOCHENTAG($A4)=1;WOCHENTAG($A4)=7)`, auf Deutsch: »Ist heute Sonntag oder Samstag?«
4. Legen Sie über die Schaltfläche **Formatieren** einen Hintergrund fest, der die Wochenenden hervorhebt.

Der Trick bei dieser Lösung ist, dass in der Formel der Zellbezug auf die Zelle in der ersten Spalte – mit `$A4` – halb absolut gesetzt ist. Die Spalte ist fixiert, die Zeile nicht. Excel kommt dann auch nicht auf die Idee, alle Zellen in der zweiten Spalte einzufärben, was sonst der Fall wäre.

TIPP

Kompatibilität mit älteren Versionen
Wenn Sie eine Arbeitsmappe mit bedingten Formaten in einem älteren Dateiformat speichern, kann es zu Verlusten kommen. Die wichtigsten sind: In Excel 2013 kann eine bedingte Formatierung bis zu 64 Bedingungen enthalten, in Excel 97–2003 dagegen nur drei. Wenn Sie eine solche Mappe in der älteren Version öffnen, werden nur die ersten drei Bedingungen für die Anzeige der Daten berücksichtigt, die anderen Bedingungen bleiben aber in der Mappe notiert. Excel 97–2003 unterstützt auch keine Bereiche, in denen sich bedingte Formate überlappen, was in Excel 2013 durchaus erlaubt ist. Datenbalken, Farbskalen und Symbolsätze werden von den älteren Versionen noch nicht unterstützt.

7.5 Regeln verwalten

Da sich in einer Arbeitsmappe eine ganze Reihe von bedingten Formaten ansammeln kann, stellt Excel 2013 in dem Menü der Schaltfläche **Bedingte Formatierung** über die Option **Regeln verwalten...** noch ein bequemes Tool zur Verfügung, mit dem alle aktuell verwendeten Regeln aufgelistet und bei Bedarf bearbeitet werden können.

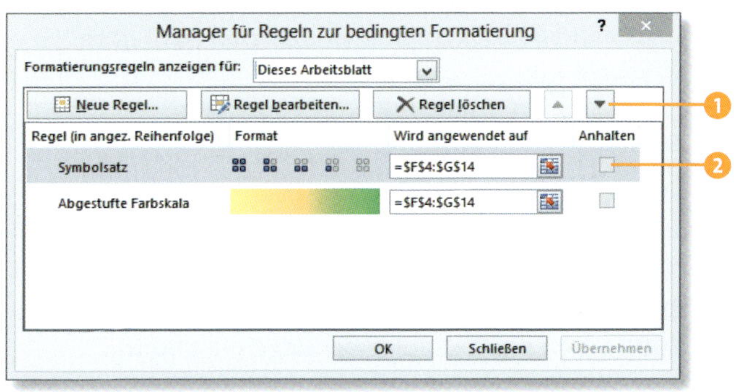

Abbildung 7.22 *Der Manager für alle Regeln*

Soll eine Regel bearbeitet werden, markieren Sie den Eintrag in der Liste und benutzen die Schaltfläche **Regel bearbeiten**. Mit **Regel löschen** kann eine Regel wieder entfernt werden.

Um eine bedingte Formatierung für einen markierten Zellbereich, für das gesamte Blatt oder für eine markierte Tabelle zu entfernen, kann in der Palette **Bedingte Formatierung** auch die Option **Regeln löschen** verwendet werden.

Überlagern von bedingten Formaten

Es ist durchaus möglich, für einen Zellbereich mehrere Regeln zu definieren. Die Formatierung eines Zellbereichs als Farbskala und die Anzeige von Symbolen für bestimmte Werte in diesem Bereich führen nicht zu einem Konflikt, weil beide Formatierungsmerkmale ohne Weiteres kombiniert werden können.

	A	F	G
1	**Buchladen am Ufer**		
2			
3	Sparte:	2012	2011
4	Belletristik	88.000,00 €	78.000,00 €
5	Comics	26.000,00 €	60.000,00 €
6	EDV-Bücher	80.000,00 €	70.000,00 €
7	Gesundheit	26.000,00 €	28.000,00 €
8	Krimis	81.000,00 €	65.000,00 €
9	Kunst	17.000,00 €	15.000,00 €
10	Musik	31.000,00 €	29.000,00 €
11	Reisebücher	34.000,00 €	32.000,00 €
12	Science Fiction	44.000,00 €	40.000,00 €
13	Sport	29.000,00 €	27.000,00 €
14	Technik	30.000,00 €	29.000,00 €

Abbildung 7.23 Kombination von zwei bedingten Formaten

Allerdings kann es auch Fälle geben, in denen zwei Regeln für einen Bereich nicht verträglich sind. Wenn beispielsweise Regel 1 verlangt, dass die Schrift einer Zelle rot formatiert wird, Regel 2 aber für dieselbe Zelle eine grüne Schrift bestimmt, müssen Sie eine Entscheidung durch die Rangfolge der Regeln treffen.

Diese Rangfolge ergibt sich zunächst einfach aus der zeitlichen Abfolge, in der Sie die Regeln anlegen. Sie wird im Dialog des Regelmanagers in Form der Regelliste angezeigt. Soll eine Regel vorrangig behandelt werden, kann sie im Dialog ausgewählt und mit der Pfeilschaltfläche (1) nach oben gerückt werden. Außerdem ist es möglich, Regeln vorübergehend außer Kraft zu setzen, ohne sie zu löschen. Dazu wird einfach die Option **Anhalten** (2) abgehakt. Dies ist beispielsweise sinnvoll, wenn die Arbeitsmappe in ein älteres Format konvertiert werden soll, das noch nicht die parallele Anwendung von mehr als einer Regel unterstützt.

TIPP

Übertragung von bedingten Formaten
Wie alle anderen Formate können auch bedingte Formate mit dem Formatpinsel, durch Ziehen des Ausfüllkästchens oder mithilfe des Symbols **Auto-Ausfüllen** auf andere Zellen übertragen werden.

7.6 Bedingte Formate suchen

Es ist einem Zellbereich nicht immer gleich anzusehen, ob er ein fixes oder ein bedingtes Format enthält.

1. Benutzen Sie **Start > Bearbeiten > Suchen und Auswählen > Inhalte auswählen** oder F5 und die Schaltfläche **Inhalte**.
2. Im Dialog wählen Sie die Option **Bedingte Formate**.
3. Wenn Sie bestätigen, sind alle Zellen im Tabellenblatt markiert, die ein bedingtes Format enthalten.

Das Dialogfeld erlaubt auch, bedingte Formate zu finden, die dem Format des aktuell ausgewählten Bereichs entsprechen. Benutzen Sie dazu die Option **Gleiche**, die am Ende des Dialogs angeboten wird.

Wollen Sie für die markierten Zellen die bedingten Formate löschen, benutzen Sie **Start > Formatvorlagen > Bedingte Formatierung > Regeln löschen > Regeln in ausgewählten Zellen löschen**. Dagegen würden Sie mit **Start > Bearbeiten > Löschen > Formate löschen** gleich alle Formate der markierten Zellen löschen, die bedingten und die unbedingten.

Kapitel 8
Daten mit Sparklines visualisieren

Es muss nicht gleich ein ganzes Diagramm sein, wenn die Beziehungen zwischen verschiedenen Daten deutlich werden sollen. Die kleine Lösung kommt gar mit einer einzelnen Zelle aus.

Für die Visualisierung von Informationen gibt es in Excel 2013 mehrere Methoden. In Kapitel 7 haben wir Ihnen mit den bedingten Formaten bereits eine Möglichkeit vorgestellt. Die klassische Methode sind sicherlich Diagramme, Thema des nächsten Kapitels.

Neu seit Excel 2010 sind *Sparklines*, *funkensprühende* Linien, die auch als *Zahlenbilder* oder *Wortgrafiken* bezeichnet werden. Die eine wie die andere Bezeichnung deutet schon an, dass es um etwas geht, was zwar Ähnlichkeit mit einem Diagramm hat, aber doch kein richtiges Diagramm ist. Abbildung 8.1 gibt eine kleine Demonstration der drei Varianten, die Excel 2013 im Moment anbietet.

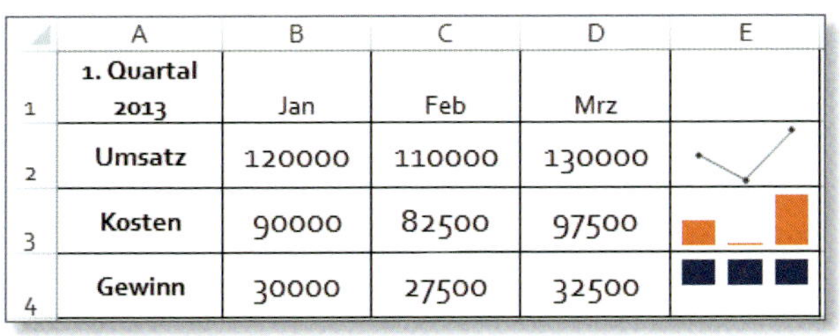

	A	B	C	D	E
1	1. Quartal 2013	Jan	Feb	Mrz	
2	Umsatz	120000	110000	130000	
3	Kosten	90000	82500	97500	
4	Gewinn	30000	27500	32500	

Abbildung 8.1 *Demo der drei Sparklinevarianten, die Excel 2013 zur Verfügung stellt*

Als Erfinder der Sparklines wird Edward Tufte, ein Professor aus Yale, genannt, der Sparklines als »small, intense, simple datawords« bezeichnete. Das Motiv für seine Erfindung war, Daten innerhalb einer Zeile so zu visualisieren, dass der Bereich der Zeile möglichst nicht gesprengt werden muss. Wenn Sie die Ideen von Tufte näher kennenlernen wollen, finden Sie eine Menge Material dazu unter *www.edwardtufte.com*.

8.1 Merkmale und Verwendung

Sparklines sind eine Alternative zu ausgewachsenen Diagrammen, wenn es um eine kompakte Darstellung geht. Sie sind an der Vorstellung orientiert, dass Beschriftung und Daten einer Zeile und die Visualisierung dieser Daten möglichst eng verknüpft bleiben sollen. Während ein Diagramm ganz unabhängig von der Position der Tabelle, von der seine Daten kommen, platziert werden kann, finden Sie die Sparkline in der Regel direkt neben den Daten, die sie grafisch anzeigt. Der Zusammenhang zwischen den Daten und ihrer Visualisierung ist hier also besonders eng.

Hilfreich sind solche *datawords* hauptsächlich da, wo Zahlen vorhanden sind, die Entwicklungsreihen oder Trends darstellen. Ein typisches Beispiel ist eine Datenreihe, die die Kursentwicklung für ein Papier über einen bestimmten Zeitraum angibt.

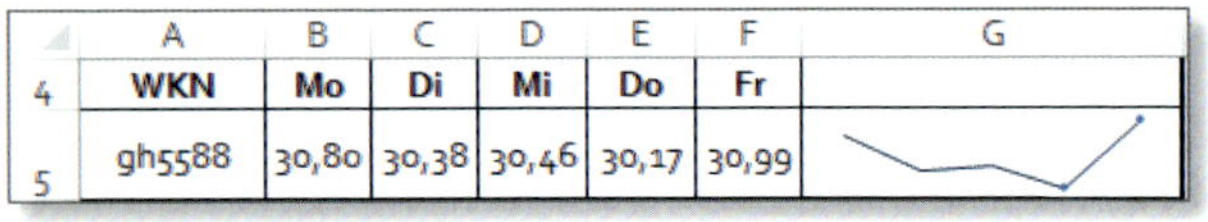

Abbildung 8.2 *Sparkline zum Kursverlauf innerhalb einer Woche*

Die erste Zelle in der Zeile gibt an, worum es geht, die nächsten fünf Zellen liefern die entsprechenden Daten, und die Sparkline visualisiert diese Daten. Sie können die Reihenfolge und Anordnung der drei Elemente – Beschriftung, Daten, Sparkline – frei wählen. Die Sparkline könnte also auch vor den Daten platziert werden, wie Abbildung 8.3 zeigt.

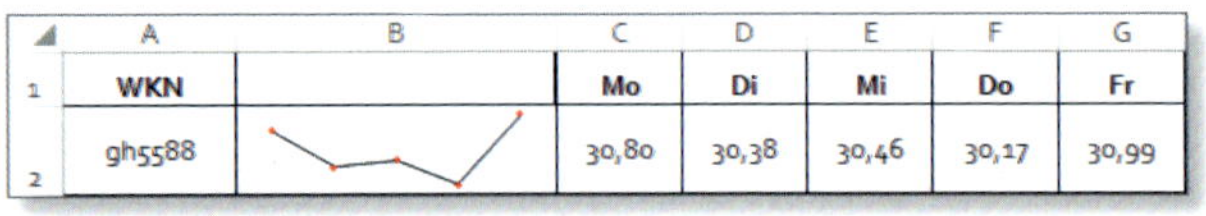

Abbildung 8.3 *Die Position der Sparkline ist frei wählbar.*

Normalerweise sollten Beschriftung, Daten und Sparkline aber nicht zu weit auseinandergerissen werden, weil die Sparkline selbst im Unterschied zum Diagramm keine Werte oder Legenden anzeigt, d. h., die Sparkline wird erst durch den gleichzeitigen Blick auf die Daten verständlich.

Obwohl nichts daran hindert, eine Sparkline auch unter oder über einer Spalte mit Daten abzulegen, ist es in der Regel wenig sinnvoll, weil die Sparkline die Werte immer von links nach rechts visualisiert, was der Anordnung in der Zeile entspricht.

Wie ein Diagramm behält eine Sparkline eine direkte Verknüpfung mit den zugrunde liegenden Daten bei. Ändern sich die Daten, wird die Sparkline sofort angepasst. Beim Drucken werden die Sparklines wie Zellinhalte behandelt, also auf jeden Fall mitgedruckt.

Anders als Diagramme sind Sparklines also keine grafischen Objekte. Die gehören zum Inhalt einer Zelle, auch wenn dieser Inhalt in der Bearbeitungszeile nicht erscheint. Die Sparkline bildet eine Hintergrundebene der Zelle, es ist also möglich, in diese Zelle auch noch einen Text einzugeben, etwa um die Grafik zu beschriften. Zusätzlich darf aber auch noch ein anderer Hintergrund unter die Sparkline gelegt werden! Es ist sogar möglich, eine Sparkline mit einem bedingten Format zu verknüpfen, wie es im Abschnitt »Sparkline mit bedingtem Format« ab Seite 373 noch gezeigt wird.

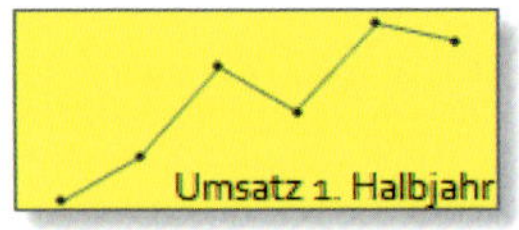

Abbildung 8.4 *Zelle mit Sparkline, Text und Hintergrundfarbe*

Die Bindung an die Zelle hat auch zur Folge, dass jede Änderung der Höhe oder Breite der Zelle sofort von der Sparkline mitgemacht wird. Außerdem lässt sich auch ein Zellverbund als Raum für eine Sparkline verwenden. Wenn Sie also mehrere Zellen mit dem Symbol **Verbinden und Zentrieren** zusammenfügen, wird eine Sparkline, die in der ersten Zelle angesiedelt ist, auf den ganzen Bereich ausgedehnt.

Wird eine Zelle mit einer Sparkline verschoben, werden die Bezüge auf die Quelldaten nicht verändert. Wird die Zelle dagegen kopiert, werden relative Bezüge angepasst. Wenn Sie Sparklines für mehrere Zeilen anlegen, können Sie deshalb die erste Sparkline auch mit dem Ausfüllkästchen nach unten ziehen – wie beim Kopieren einer Formel mit relativen Bezügen. Dabei ist es auch möglich, die Daten für diese Zellen erst später einzugeben.

Wozu lassen sich Sparklines verwenden? Typische Anwendungsbereiche sind Daten, die Entwicklungen anzeigen, saisonale Schwankungen oder Verteilungen im Zeitverlauf, beispielsweise:

- Kursentwicklungen
- Preisentwicklungen
- Umsatz-, Absatz- oder Gewinnentwicklungen
- Temperaturdaten im Zeitverlauf
- politische Verteilungen

Viele Anregungen finden Sie auch unter *www.sparkline.org*, der Site der *Sparkline PHP Graphing Library*.

TIPP

Hinweis zum Kopieren in Word
Wenn Sie eine Sparkline aus Excel in ein Word-Dokument kopieren wollen, muss sie als Grafik eingefügt werden. Bei allen anderen Einfügeoptionen geht die Sparkline verloren.

8.2 Sparklines einfügen

Im Folgenden wollen wir das oben schon in einem Auszug verwendete Beispiel Schritt für Schritt realisieren: die Darstellung von fiktiven Kurswerten über den Zeitraum einer Woche. Abbildung 8.5 zeigt eine Tabelle mit Werten für verschiedene Papiere, die über ihre WKN-Nummer identifiziert sind. Die folgenden Spalten zeigen jeweils die Tageskurse.

1 Zunächst markieren Sie den Zellbereich, der die Sparklines aufnehmen soll, im Beispiel ist es G5:G10.

2 Wählen Sie über **Einfügen > Sparklines** das Symbol **Linie**.

3 Im Dialog **Sparklines erstellen** geben Sie unter **Datenbereich** den Bereich der Kursdaten an, die als Sparklines visualisiert werden sollen. Ziehen Sie dazu über den Bereich B5 bis F10.

4 Da der Positionsbereich für die Sparklines durch die Auswahl in Schritt 1 bereits bestimmt ist – Excel verwendet dafür absolute Adressen –, kann der Dialog quittiert werden.

Abbildung 8.5 *Der »Datenbereich« nennt die Datenquelle, der »Positionsbereich« den Ort der Sparkline.*

5 Die Sparklines erscheinen in den unter **Positionsbereich** angegebenen Zellen. Sie sind ausgewählt, und deshalb blendet Excel 2013 im Menüband die **Sparklinetools** mit dem Register **Entwurf** ein. Hier werden unter **Anzeigen** verschiedene Optionen angeboten, um bestimmte Punkte – **Höchstpunkt**, **Tiefpunkt**, **Erster Punkt**, **Letzter Punkt** oder **Negative Punkte** – hervorzuheben. In diesem Fall ist es sinnvoll, zumindest **Höchstpunkt** und **Tiefstpunkt** her-

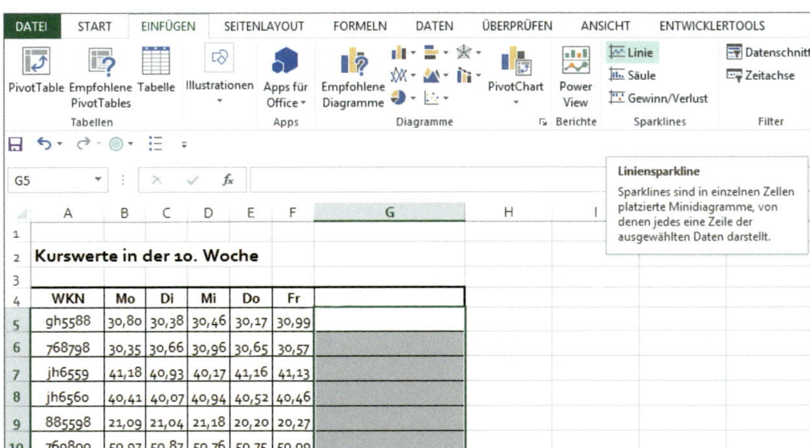

Abbildung 8.6 *Die Gruppe »Sparkline« enthält drei Schaltflächen für verschiedene Typen von Sparklines.*

vorzuheben. Die Option **Markierungen** hebt alle Datenpunkte hervor.

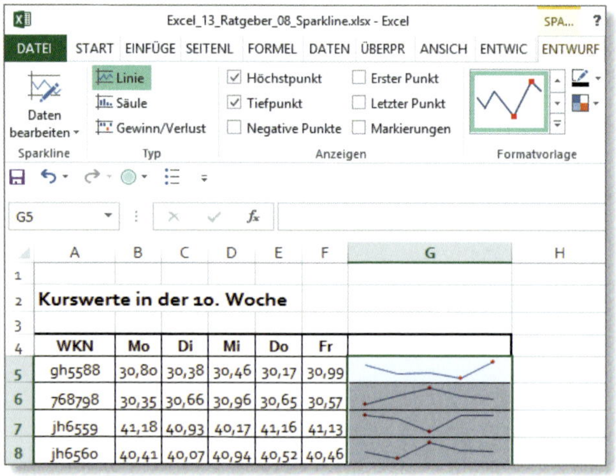

*∧ **Abbildung 8.7** Wenn die Sparklines ausgewählt sind, werden automatisch die »Sparklinetools« eingeblendet.*

6 Je nach der Wahl unter **Anzeigen** werden in der Gruppe **Formatvorlagen** unterschiedliche Gestaltungsmuster angeboten. Wählen Sie das passende Format aus.

7 Durch Veränderung der Spaltenbreite und der Zeilenhöhe kann die Zelle bei Bedarf in eine Größe gebracht werden, die die Diagrammlinien möglichst gut lesbar macht.

Weitere Optionen zur Gestaltung der Sparkline werden in Abschnitt 8.4, »Sparklines bearbeiten«, ab Seite 369 beschrieben.

8.3 Den geeigneten Typ wählen

Excel 2013 stellt drei Typen von Sparklines zur Verfügung, wobei es für jeden Typ wieder zahlreiche Formatvorlagen und Möglichkeiten gibt, wie er angepasst werden kann.

Linien

Der Typ **Linie** entspricht einem normalen Liniendiagramm aus den diskreten Werten des als Datenbasis angegebenen Zellbereichs, eingebettet in eine Zelle. Allerdings fehlen alle Details, die Sie sonst von einem Liniendiagramm erwarten. Die Achsen sind in der Regel nicht zu sehen, Legenden oder Betitelungen fehlen ebenfalls.

Bei diesem Typ lassen sich aber durchaus auch größere Datenbereiche so visualisieren, dass die Aussage deutlich bleibt, insbesondere solange es hauptsächlich darum geht, den Gesamtverlauf zu überblicken oder gezielt markante Punkte zu erkennen.

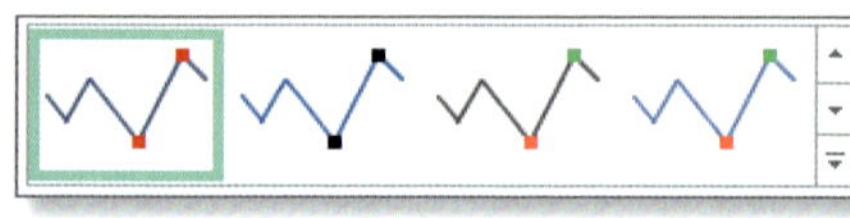

*∧ **Abbildung 8.8** Formatvorlagen für Linien-Sparklines*

Durch die Wahl der Anzeigeoptionen lassen sich bestimmte Punkte farblich hervorheben, etwa die Höchst- und Tiefstpunkte oder auch die Start- und Endpunkte. Häufig ist es auch sinnvoll, die Punkte für negative Werte besonders zu kennzeichnen. Beim Typ **Linie** können auch alle Punkte über die Option **Markierungen** auf der Linie sichtbar gemacht werden.

Säulen

Beim Typ **Säule** wird ein einfaches Balkendiagramm ohne Beschriftungen erzeugt. Die negativen Werte werden von der gedachten Achse nach unten angezeigt. Bei Bedarf kann diese Achse in Form einer einfachen Linie auch eingeblendet werden. Dies geschieht über das Menü **Achse** in der Gruppe **Entwurf > Gruppieren**. Mehr dazu erfahren Sie weiter unten im Abschnitt »Einstellungen zu den Achsen« ab Seite 371.

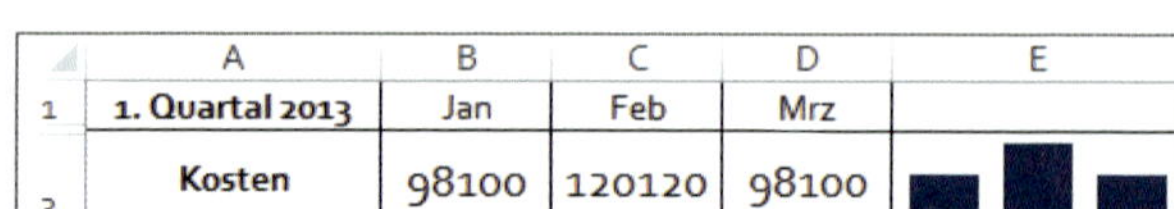

*∧ **Abbildung 8.9** Beispiel für Säulen-Sparkline*

Bei diesem Typ steht unter **Anzeigen** nicht die Option **Markierungen** zur Verfügung, das macht in diesem Fall auch keinen Sinn.

Gewinn/Verlust

Beim Typ **Gewinn/Verlust** wird für jede Zelle im Datenbereich mit gleichbleibend großen Balken nur angezeigt, ob es sich um einen Gewinn oder um einen Verlust handelt. Die Verluste erscheinen unter der gedachten oder eingeblendeten Achse.

Auf diese etwas grobe Weise mögen beispielsweise verschiedene Jahre im Vergleich gekennzeichnet werden. In Abbildung 8.10 wird der Gewinn oder Verlust pro Monat angezeigt. Die Option **Anzeigen > Negative Punkte** sorgt dafür, dass die negativen Balken in einer anderen Farbe angezeigt werden.

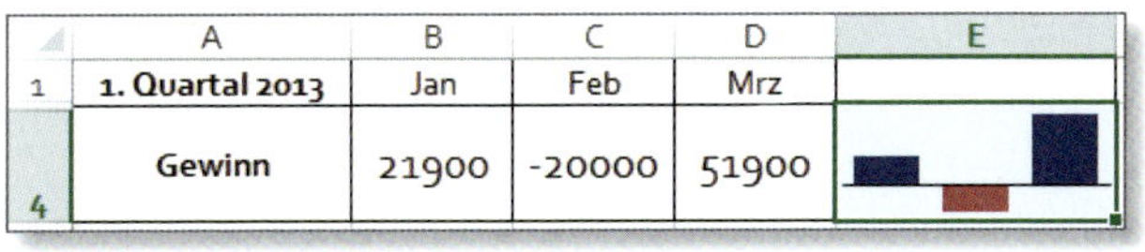

Abbildung 8.10 *Kennzeichnung als Gewinn oder Verlust*

8.4 Sparklines bearbeiten

Wenn Sparklines in einem Arbeitsblatt eingefügt sind, lässt sich auch nachträglich fast alles wieder ändern. Dies betrifft den Typ, die Farbzuordnungen und die Handhabung der Achsen, die Gruppierung, aber natürlich auch die Zuordnung des Datenbereichs.

Gruppenbehandlung

In den meisten Fällen werden Sparklines vermutlich gruppenweise verwendet, wie in unserem Beispiel mit den Kurswerten. Wenn Sie beim Einfügen im Dialog **Sparklines erstellen** unter **Positionsbereich** einen Zellbereich angeben, gruppiert Excel die entsprechenden Zellen in diesem Bereich automatisch. Sie merken das daran, dass Excel immer den kompletten Bereich ausgewählt, wenn Sie eine der Zellen markieren, ob mit der Maus oder der Tastatur.

Nachfolgende Befehle beziehen sich dann auf alle Sparklines in diesem Bereich, etwa Änderungen der Farben oder der Formatvorlage über das Register **Entwurf**. Auch Einstellungen zu den Achsen in der Gruppe **Gruppieren** gelten für alle Elemente der Gruppe.

Einzelbehandlung

Alternativ lässt sich aber auch mit einzelnen Sparklinezellen arbeiten, wenn Sie beispielsweise einzelnen Zellen besondere Formate zuweisen wollen.

1. Soll für eine einzelne Zelle oder eine Reihe von Zellen der vorgegebene Gruppenmodus aufgehoben werden, markieren Sie die entsprechenden Zellen diesmal explizit. Soll die gesamte Gruppe aufgelöst werden, muss auch der gesamte Bereich markiert werden.
2. Benutzen Sie **Entwurf > Gruppieren > Gruppierung aufheben**.
3. Bearbeiten Sie die einzelnen Sparklinezellen anschließend unabhängig voneinander. Sie können beispielsweise über **Entwurf > Typ** den Sparklinetyp ändern oder mit **Start > Schriftart > Füllfarbe** einen farbigen Zellhintergrund zuordnen.

Beachten Sie, dass Excel nicht markierte Zellen in einer Gruppe bei dieser Aktion auch tatsächlich in einer Restgruppe belässt. Wird also eine dieser Zellen ausgewählt und der Typ geändert, gilt dies für die gesamte Restgruppe. Falls es notwendig wird, die vereinzelten Zellen später wieder zu einer Gruppe zusammenzufassen, hilft der Befehl **Gruppieren** in der gleichnamigen Gruppe.

Datenquellen bearbeiten

Auch wenn Sie nachträglich den Quelldatenbereich ändern wollen, können Sie dies für eine einzelne Sparkline oder für eine Gruppe machen. Um die Korrektur für eine Gruppe vorzunehmen, muss nur eine beliebige Sparklinezelle darin ausgewählt sein.

Entwurf > Daten bearbeiten > Gruppenspeicherort und -daten bearbeiten öffnet den Dialog, in dem Sie sowohl den Datenbereich als auch den Positionsbereich ändern können. Auf diese Weise lassen sich beispielsweise beide Bereiche ausdehnen oder auch verschieben.

Soll dagegen der Datenbereich nur für einzelne Sparklines geändert werden, wählen Sie diese zunächst aus und benutzen **Entwurf > Daten bearbeiten > Daten einer einzelnen Sparkline bearbeiten**. Im Dialog geben Sie den neuen Quellbereich an.

Alle in den letzten Abschnitten angesprochenen Befehle finden Sie auch in dem Kontextmenü zu Sparklines über die Option **Sparklines**.

Auf einem Touchscreen ist das Kontextmenü wieder etwas anders angeordnet. Die Befehle zu Sparklines erscheinen erst, wenn Sie den Pfeil am Ende des horizontalen Menüs antippen.

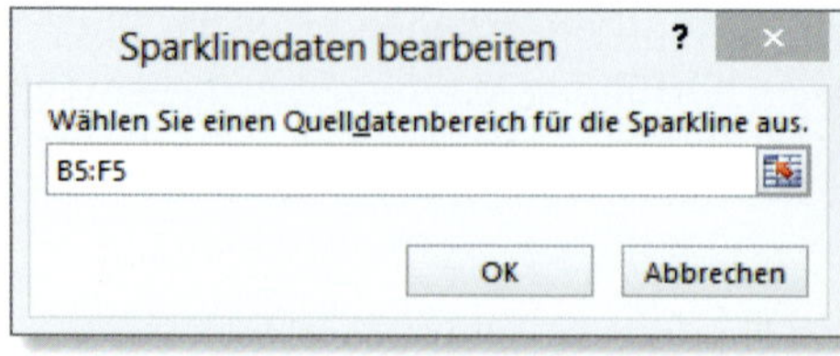

^ ***Abbildung 8.11*** *Ändern des Datenbereichs für eine einzelne Zelle mit einer Sparkline*

Den Typ ändern

Wenn die Datenbasis es hergibt, lässt sich jederzeit zwischen den drei Typen wechseln. Wählen Sie eine Zelle in einer Gruppe oder eine Einzelzelle mit einer Sparkline aus, und wechseln Sie unter **Entwurf > Typ** zu dem neuen Typ. Der Wechsel von Typ **Linie** zu Typ **Säule** oder umgekehrt ist in der Regel unproblematisch, der Wechsel zum Typ **Gewinn/Verlust** macht aber nur Sinn, wenn Daten vorhanden sind, bei denen negative Werte vorkommen oder wenigstens vorkommen können.

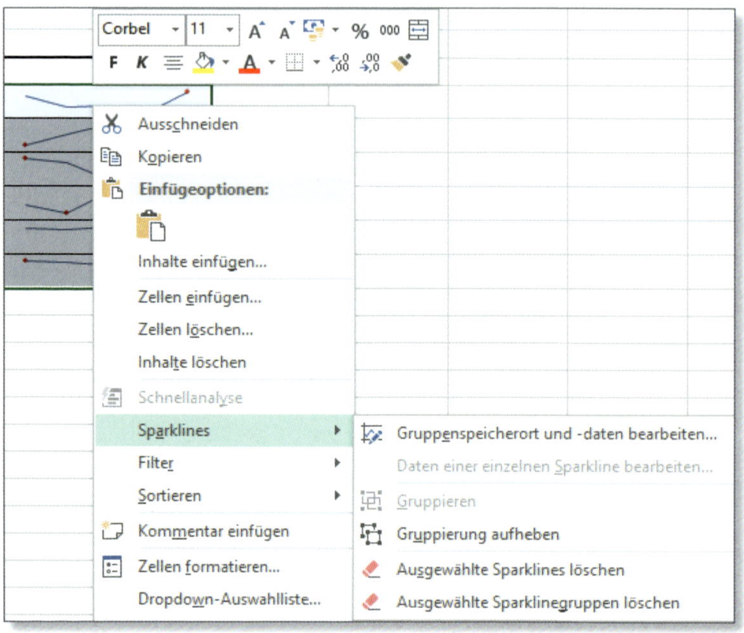

< ***Abbildung 8.12*** *Kontextmenü zu einer Sparklinegruppe*

Farben zuordnen

Auf dem Register **Entwurf** werden in der Gruppe **Formatvorlagen** für jeden Typ jeweils 36 Vorlagen angeboten, die Sie entweder mithilfe der kleinen Bildlaufleiste oder per Klick auf die Schaltfläche unten rechts erreichen. Sie unterscheiden sich durch unterschiedliche Farbzusammenstellungen.

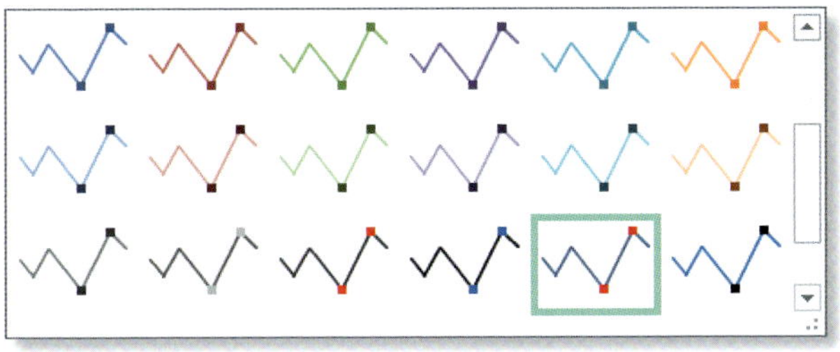

Abbildung 8.13 *Farbmuster für die Formatierung von Linien-Sparklines*

Sie können die Farbe der Linie oder der Balken und die einzelner Datenpunkte aber auch separat bestimmen. Diese Auswahl überschreibt jeweils die einzelne Vorgabe einer Formatvorlage.

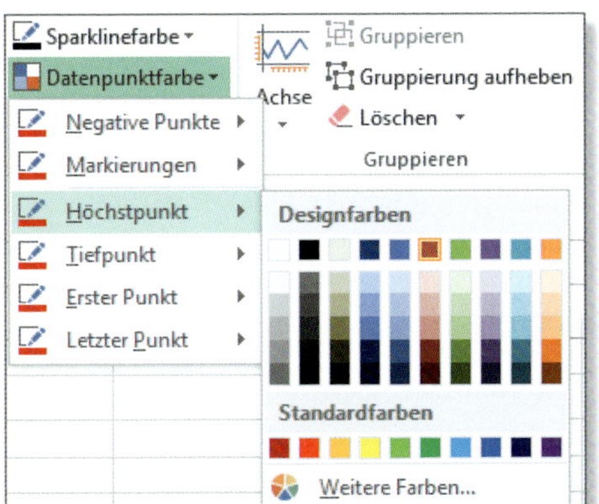

Abbildung 8.14 *Neben der Linie können auch die einzelnen Punkte eigene Farben erhalten.*

Alternativ oder ergänzend zu den Formaten einer gewählten Vorlage lassen sich über die Schaltflächen **Sparklinefarbe** und **Datenpunktfarbe** eigene Farben aus der Farbpalette auswählen. Bei den Datenpunkten geschieht dies separat für jeden Punkttyp, wobei die aktuelle Einstellung in dem Menü dieser Typen angezeigt wird.

Einstellungen zu den Achsen

Das schon angesprochene Menü zu der Schaltfläche **Achse** in der Gruppe **Entwurf > Gruppieren** erlaubt Ihnen nicht nur, die normalerweise verborgene horizontale Achse einzublenden, sondern auch, benutzerdefinierte Werte für den Mindest- und den Höchstwert der vertikalen Achse anzugeben.

Auf diese Weise können Sie beim Typ **Säule** die Achse beispielsweise so skalieren, dass die Relationen zwischen den verschiedenen Werten für eine Sparkline deutlicher werden. Wenn beispielsweise alle Werte nur leicht variieren, benutzen Sie unter **Optionen für den Minimalwert der vertikalen Achse** die Option **Benutzerdefinierter Wert** und geben einen Minimalwert an, der von dem unteren Teil der Säule ein entsprechendes Stück abschneidet.

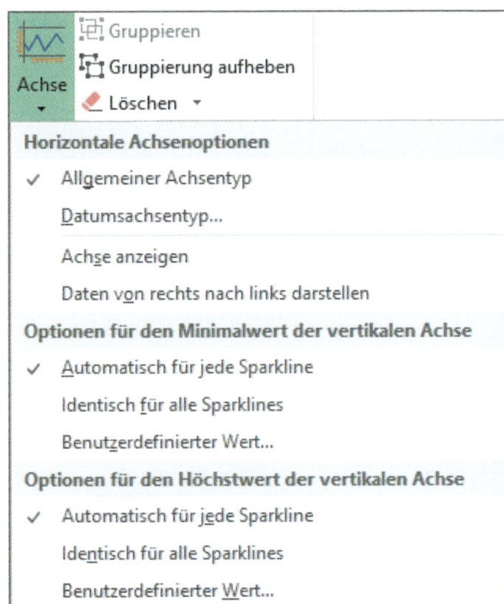

Abbildung 8.15 *Optionen für die Handhabung der Achse*

Abbildung 8.16 zeigt oben eine Sparkline mit der Einstellung **Automatisch**, bei der der kleinste Wert dramatisch klein erscheint, obwohl er sich nur wenig von den anderen unterscheidet. Unten ist ein Minimalwert angegeben, sodass die Relation der Werte viel besser erkennbar ist.

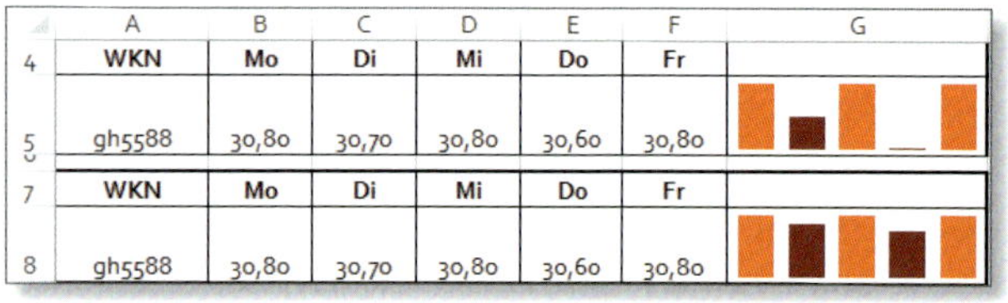

	A	B	C	D	E	F	G
4	WKN	Mo	Di	Mi	Do	Fr	
5	gh5588	30,80	30,70	30,80	30,60	30,80	
7	WKN	Mo	Di	Mi	Do	Fr	
8	gh5588	30,80	30,70	30,80	30,60	30,80	

Abbildung 8.16 *Oben die automatische Skalierung, unten eine Skalierung mit einem Minimalwert*

Wenn negative Werte vorkommen, ist es manchmal sinnvoll, die horizontale Achse einzublenden, um den Übergang zu den Werten unter null deutlich zu machen.

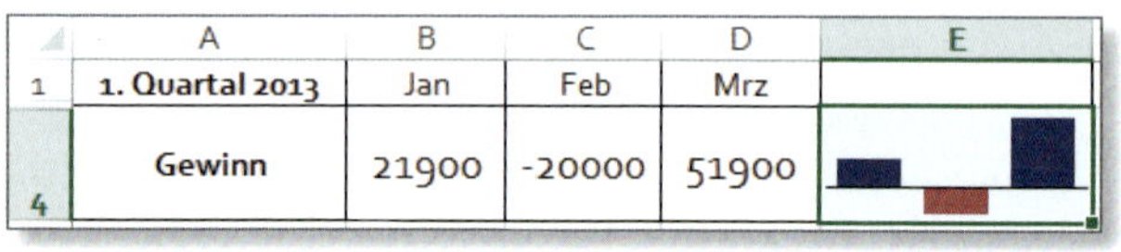

	A	B	C	D	E
1	1. Quartal 2013	Jan	Feb	Mrz	
4	Gewinn	21900	-20000	51900	

Abbildung 8.17 *Eine Säulen-Sparkline mit eingeblendeter Achse*

Excel gibt, wie die Abbildung des Menüs (Abbildung 8.15) zeigt, zunächst sowohl für den Minimalwert als auch für den Maximalwert der vertikalen Achse die Einstellung **Automatisch für jede Sparkline** vor. Dabei wird die Skalierung für jede Zelle relativ zu den Werten vorgenommen, die für die Zelle gelten, also relativ zu den Werten in der Zeile. Die Balken für die höchsten Werte in verschiedenen Sparklines sind dann jeweils gleich lang, obwohl die absoluten Werte ganz unterschiedlich sein können.

Die Einstellung **Identisch für alle Sparklines** dagegen sorgt dafür, dass beispielsweise die Länge der Balken die unterschiedlichen Werte für die verschiedenen Sparklines tatsächlich widerspiegelt. Abbildung 8.18 zeigt, wie sich die beiden Einstellungen auswirken.

Neben dem vorgegebenen **Allgemeinen Achsentyp** wird auch noch die Einstellung **Datumsachsentyp** angeboten. Im Dialog muss dazu ein Zellbereich mit den Datumswerten angegeben werden. Diese Option ist sinnvoll, wenn die Daten über entsprechende Datumsangaben geordnet sind, die nicht regelmäßig aufeinanderfolgen.

Das folgende Beispiel zeigt Werte von drei aufeinanderfolgenden Tagen und zwei Werte, die jeweils eine Woche später liegen. Die Vorgehensweise ist folgende:

1. Zuerst erstellen Sie für die Zelle G5 eine ganz normale Linien-Sparkline mit dem Datenbereich B5:F5.
2. Anschließend rufen Sie über **Entwurf > Gruppieren > Achse** die Option **Datumsachsentyp** auf.
3. In dem kleinen Dialog geben Sie die Adressen der Zellen an, die die Datumswerte enthalten, also im Beispiel »B4:F4«.

Die Sparkline bildet anschließend die Werte so ab, dass die Zeitproportionen berücksichtigt werden.

Behandlung leerer Zellen

Kommen im Datenbereich leere Zellen vor, lässt sich über **Entwurf > Sparkline** das Menü **Daten bearbei-**

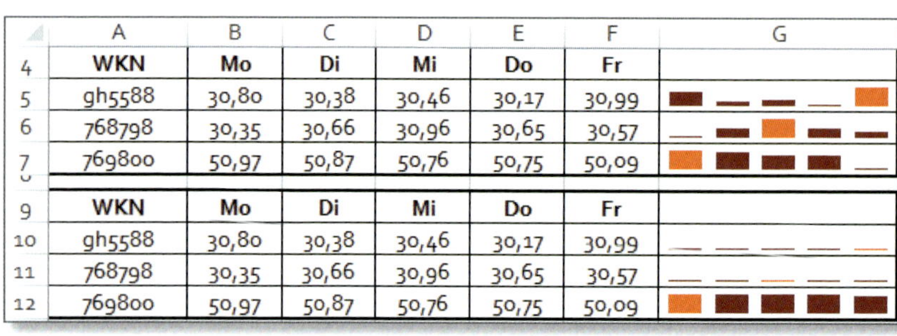

	A	B	C	D	E	F	G
4	WKN	Mo	Di	Mi	Do	Fr	
5	gh5588	30,80	30,38	30,46	30,17	30,99	
6	768798	30,35	30,66	30,96	30,65	30,57	
7	769800	50,97	50,87	50,76	50,75	50,09	
9	WKN	Mo	Di	Mi	Do	Fr	
10	gh5588	30,80	30,38	30,46	30,17	30,99	
11	768798	30,35	30,66	30,96	30,65	30,57	
12	769800	50,97	50,87	50,76	50,75	50,09	

Abbildung 8.18 *Die obere Gruppe verwendet die Achseneinstellung »Automatisch ...«, die untere »Identisch für alle Sparklines«.*

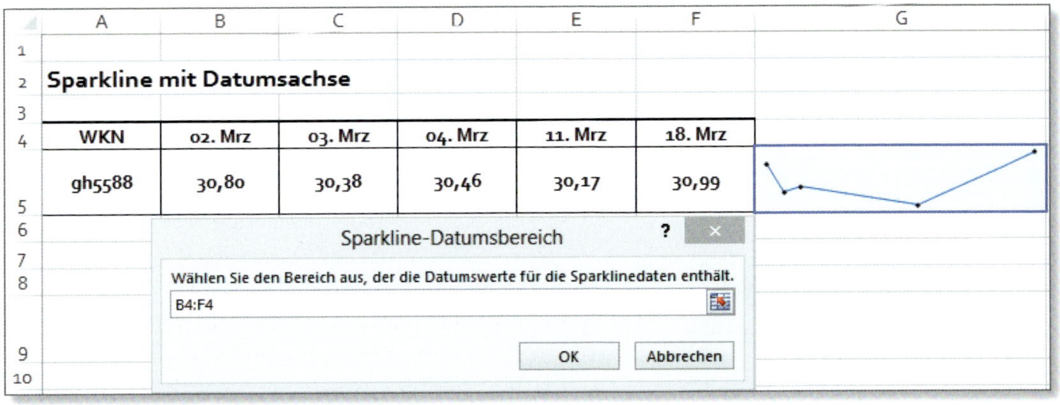

∧ **Abbildung 8.19** *Sparkline mit Datumsachse*

ten öffnen. Über die Option **Ausgeblendete und leere Zellen** bestimmen Sie, wie Excel verfahren soll. Es gibt die Möglichkeit, eine Lücke zu lassen, als Zellwert eine Null vorzugeben oder die Linie zwischen dem vorangegangenen und dem folgenden Wert einfach durchzuziehen. Letzteres bedeutet allerdings, dass eine Art *Zwischenwert* angenommen wird. Das muss aber der Realität überhaupt nicht entsprechen.

Sparklines löschen

Zum Löschen stehen in der Gruppe **Gruppieren** zwei Befehle über das Löschsymbol zur Verfügung. **Ausgewählte Sparklines** können Sie verwenden, um vorher markierte Zellen zu löschen. Der Rest einer Gruppe bleibt in diesem Fall erhalten.

Wollen Sie eine ganze Gruppe löschen, reicht es wieder, eine Zelle darin auszuwählen und mit dem Befehl **Ausgewählte Sparklinegruppen löschen** zu arbeiten. Wie der Name schon andeutet, lassen sich dabei auch mehrere Gruppen gleichzeitig löschen.

Sparkline mit bedingtem Format belegen

Wie oben schon angesprochen, ist es durchaus möglich, eine Zelle, die eine Sparkline enthält, zusätzlich noch mit einem bedingten Format zu belegen, um bestimmte Elemente besonders hervorzuheben.

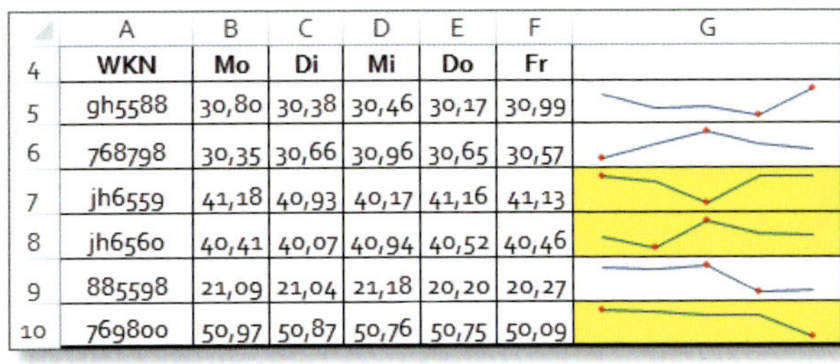

∧ **Abbildung 8.20** *Wenn die Werte über den Grenzwert »40« hinausgehen, wird der Hintergrund der Sparkline anders eingefärbt.*

Das Verfahren, um Sparklines dynamisch zu formatieren, sieht so aus:

1 Sie markieren den Bereich der Sparklines, in Abbildung 8.20 ist es G5:G10.

2 Über **Start > Formatvorlagen > Bedingte Formatierung** rufen Sie den Befehl **Neue Regel** auf.

3 Nehmen Sie den Regeltyp **Formel …**, und geben Sie die folgende Formel ein: `=MAX(B5:F5)>40`.

4 Über **Formatieren** legen Sie eine Hintergrundfarbe für den Fall fest, dass die in der Formel beschriebene Bedingung erfüllt ist.

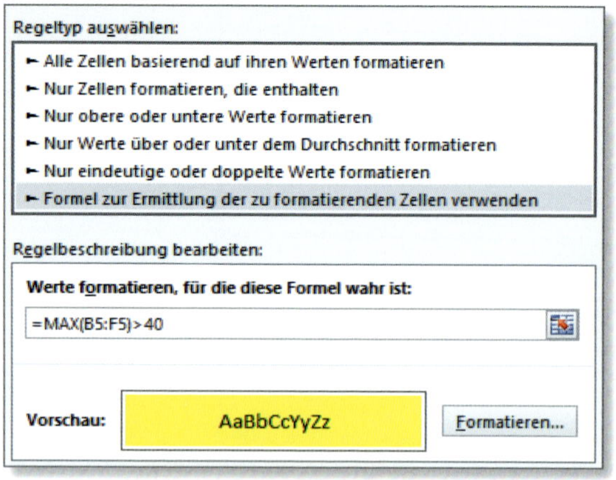

*∧ **Abbildung 8.21** Die Formel prüft, ob in der Zeile ein maximaler Wert vorkommt, der größer als »40« ist.*

Sparklines stellen oft eine sinnvolle Alternative zu Diagrammen dar, wenn es darauf ankommt, schnell die Relationen zwischen Daten sichtbar zu machen.

Kapitel 9
Daten in Diagrammen darstellen

Wenn Sie das Verhältnis von Werten zueinander auf einen Blick sichtbar machen wollen, sind Diagramme die klassische Lösung. Excel stellt Ihnen dafür zahlreiche Typen und umfangreiche Gestaltungsmöglichkeiten zur Verfügung.

Die Informationen, die in Zahlenkolonnen enthalten sind, werden häufig erst durch den Vergleich von Werten greifbar. Bei größeren Zahlenmengen gewährt zudem meist erst eine Zusammenfassung die nötige Übersicht, um auf der Basis der Zahlen zu brauchbaren Einschätzungen zu kommen. Das bevorzugte Mittel dafür ist die Übersetzung der Zahlen in eine grafische Darstellung.

Die Alternative zu Zahlenkolonnen

In Kapitel 8 haben wir mit den Sparklines bereits eine kleine Lösung dafür vorgestellt. Die umfassenderen Möglichkeiten zur Visualisierung bieten aber die Diagramme, die Thema dieses Kapitels sind. Was Zahlen zu sagen haben, kann in einem Diagramm auf einen Blick erfasst werden. Die Umsetzung von Daten in Diagramme ist eine Aufgabe, für die Excel schon immer gut gerüstet gewesen war.

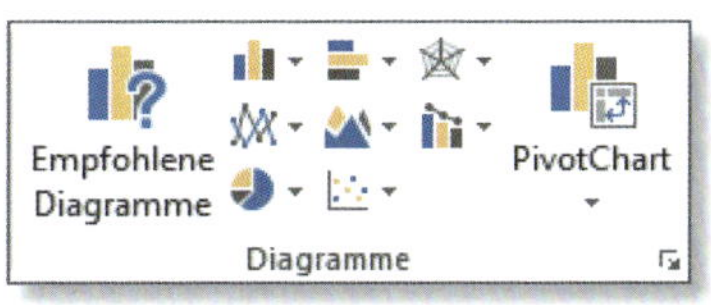

Abbildung 9.1 *Die Gruppe »Diagramme« auf dem Register »Einfügen«*

Die Basiswerkzeuge, um aus einer Tabelle ein Diagramm zu erzeugen, finden Sie auf der Registerkarte **Einfügen** in der Gruppe **Diagramme**. Wir zeigen Ihnen, wie Sie in wenigen Schritten ganz unterschiedliche Typen von Diagrammen erzeugen können.

Anschließend gehen wir ins Detail und beschreiben die umfangreichen Gestaltungsmöglichkeiten, die das Programm bereitstellt. Die folgenden Abschnitte beschäftigen sich mit der Frage, welche Diagrammtypen für welchen Zweck besonders geeignet sind.

Neuerungen

Die neue Version stellt Ihnen einen neuen Ratgeber bei der Wahl des für die gegebenen Daten am besten geeigneten Diagrammtyps zur Verfügung. Außerdem ist die schnelle Auswertung als Diagramm in das schon vorgestellte **Schnellanalysetool** eingefügt worden.

Die Werkzeuge im Menüband, die der Gestaltung von Diagrammen dienen, sind jetzt nur noch auf zwei Register verteilt, was die Bedienung übersichtlicher macht. Die Formatierung des Diagramms wird nicht mehr über Dialogfelder, sondern über entsprechende Aufgabenbereiche vorgenommen, was die Bedienung auf einem Touchscreen sicher erleichtert. Neu sind auch erweiterte Möglichkeiten, Informationen zu

Datenpunkten übersichtlich einzufügen. Eine Erleichterung sind auch die drei neuen Bearbeitungsschaltflächen, die jetzt an der rechten Seite eines ausgewählten Diagramms erscheinen.

TIPP

Diagrammmakros
Seit Excel 2010 gibt es endlich auch die Möglichkeit, die Gestaltung eines Diagramms als Makro aufzuzeichnen. Wir werden dazu in Kapitel 25, »Routineaufgaben automatisieren«, ab Seite 797 noch ein Beispiel bringen.

9.1 Hinweise zu Diagrammen

Es ist einfach, aus einer Tabelle ein Diagramm zu erzeugen. Sie markieren den Bereich der Daten und benutzen eines der Symbole in der Gruppe **Diagramme** auf dem Register **Einfügen**. Excel liefert sofort ein Diagramm auf einer frei beweglichen Ebene im Tabellenblatt.

Beachtet werden muss allerdings, dass nicht jeder Diagrammtyp für jeden Zweck geeignet ist. Um eine optimale Umsetzung von Zahlenwerten zu erreichen, ist es nützlich, sich einen Moment mit den allgemeinen Merkmalen von Diagrammen zu befassen.

Diagramme setzen sich aus einer Anzahl von Elementen zusammen, die wir zunächst kurz vorstellen wollen. Dabei müssen nicht zwangsläufig alle Elemente in jedem Diagramm vorkommen.

Die Elemente von Diagrammen

Als äußeren Bezugsrahmen verwenden die meisten Diagramme das kartesische Koordinatensystem. Die beiden Geraden werden als Achsen bezeichnet, die horizontale als x-Achse und die vertikale als y-Achse. Diese Achsen werden als Skalen für die Darstellung von Werten benutzt, wobei üblicherweise die x-Achse für die unabhängige Variable und die y-Achse für die abhängige Variable verwendet wird.

An diese Konventionen hält sich im Großen und Ganzen auch Excel, wobei die x-Achse auch als *Rubriken-* oder *Kategorienachse* und die y-Achse als *Größen-* oder *Werteachse* bezeichnet wird.

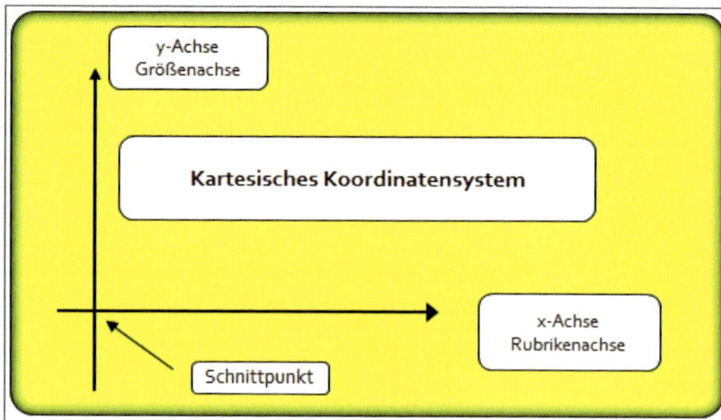

x-Achse	y-Achse
Alter eines Menschen	Körpergröße
Monate	Umsatz eines Unternehmens
Parteien	Wahlergebnis in Prozent
Jahreszahlen	Größe der Bevölkerung

Abbildung 9.2 *Typische Beispiele für die Belegung der x- und y-Achse in einem Diagramm*

Diese Bezeichnungsweise deutet schon an, an welcher Stelle Excel von dieser Konvention abweicht: Bei Balkendiagrammen, die waagerechte Balken verwenden, deren Länge für die Größe der Daten steht, ist die Kategorienachse, also die x-Achse, senkrecht und die Werteachse, also die y-Achse, waagerecht angeordnet.

Zu den beiden Achsen x und y kommt in dreidimensionalen Diagrammen noch eine dritte hinzu, die nach der allgemeinen Konvention als z-Achse oder *Tiefen-* oder *Reihenachse* bezeichnet wird.

Achsenskalierung

Die Skalierung der Achsen wird meist durch eine Unterteilung der Achsen mit Strichen und Teilstrichen und durch eine Beschriftung deutlich gemacht. Dies ist natürlich nur sinnvoll, wenn es sich tatsächlich um numerische Achsen handelt. Bei dem oben gezeigten 3D-Säulendiagramm ist beispielsweise lediglich die y-Achse numerisch unterteilt. Die meisten Diagramm-

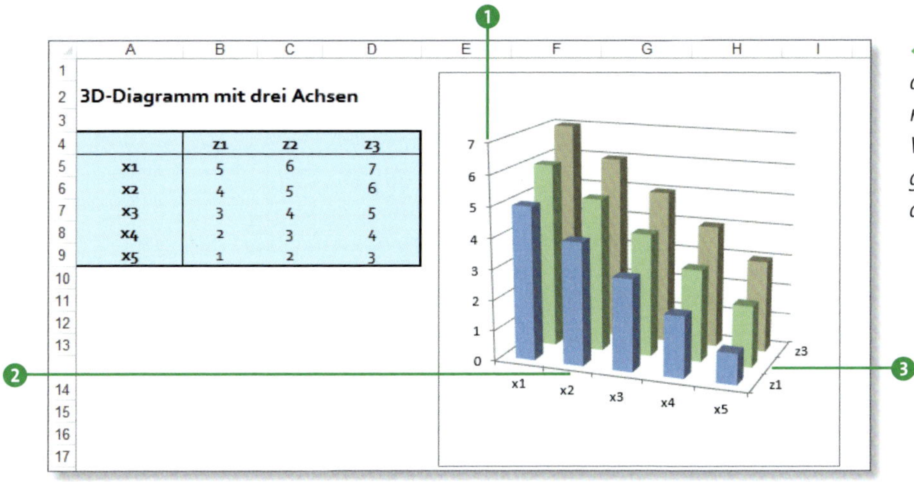

< ***Abbildung 9.3*** *Die Bedeutung der drei Achsen in einem dreidimensionalen Diagramm: Größen- oder Werteachse* ❶*, Rubriken- oder Kategorienachse* ❷*, Tiefen- oder Reihenachse* ❸

typen in Excel verfügen nur über eine einzige wirklich numerische Achse.

Nicht rechtwinklige Koordinatensysteme

Neben den rechtwinkligen Koordinatensystemen finden auch noch zwei andere Koordinatensysteme Verwendung. Das eine wird bei Kreisdiagrammen (oft auch Tortendiagramme genannt) und Ringdiagrammen (gestaffelte Kreisdiagramme) verwendet.

Hier wird anstelle der Rubrikenachse ein Kreis eingesetzt – der im Gegensatz zu einer Achse keinen Anfangspunkt hat. An die Stelle der Größenachse tritt dann der Winkel im Kreis, sodass den verschiedenen Datengrößen unterschiedliche Winkelgrößen entsprechen.

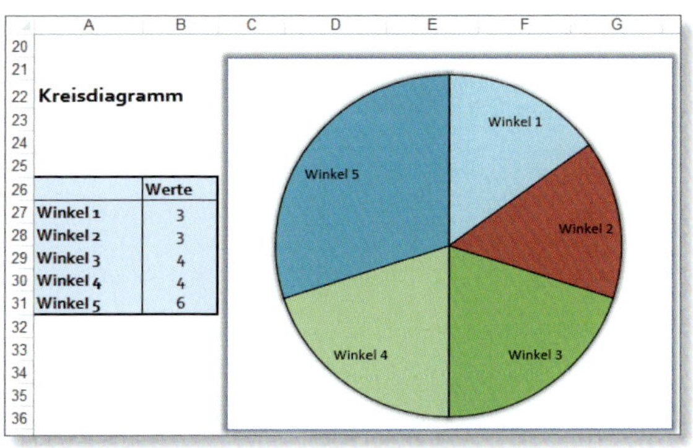

^ ***Abbildung 9.4*** *Die Winkel im Kreisdiagramm entsprechen den Werten, die sonst über die Größenachse angezeigt werden.*

Ein anderes Koordinatensystem verwenden Netzdiagramme. Hier werden die Rubriken wieder kreisförmig angeordnet. Für jede Rubrik wird eine eigene Größenachse erstellt, auf der der jeweilige Datenpunkt oder die Datenpunkte markiert werden.

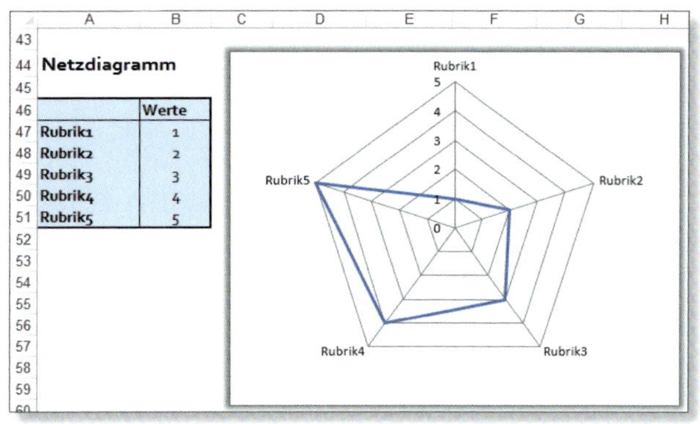

^ ***Abbildung 9.5*** *In einem Netzdiagramm ist für jede Rubrik eine eigene Größenachse eingerichtet.*

Datenreihen und Datenpunkte

Das Koordinatensystem liefert den Bezugsrahmen, in dem die Daten einer Tabelle grafisch repräsentiert werden. Die Daten selbst werden im einfachsten Fall durch Datenpunkte dargestellt, an deren Stelle je nach Diagrammtyp Säulen, Balken, Flächen, Linien etc. treten können. In Excel wird deshalb eine Säule oder ein Balken ebenfalls als Datenpunkt bezeichnet.

Die Daten, die zusammengehören, bilden jeweils eine Datenreihe. Eine Datenreihe besteht entweder aus Werten, die in einer Spalte, oder aus Werten, die in einer Zeile der Tabelle zusammengestellt sind. Excel erlaubt es, maximal 255 Datenreihen in einem Diagramm auszugeben. Die Begrenzung auf 32.000 Datenpunkte pro Datenreihe, die noch für Excel 2007 galt, ist bereits mit der Version 2010 aufgehoben worden.

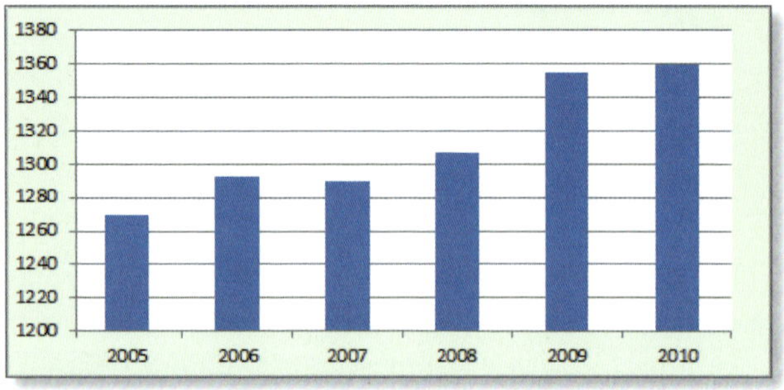

∧ ***Abbildung 9.6*** *Die gleichfarbigen Balken zeigen eine Datenreihe an, der einzelne Balken einen Datenpunkt dieser Reihe.*

Zusätzliche Elemente eines Diagramms

Ein Koordinatensystem mit Datenreihen und Datenpunkten ist jedoch nur die Mindestausstattung für ein Diagramm. Ein derartiges Diagramm ist noch nicht besonders aussagekräftig, es sei denn, der Betrachter weiß bereits, worum es in dem Diagramm geht.

Um ein Diagramm wirklich in eine aussagekräftige bildliche Darstellung zu verwandeln, sind insbesondere Beschriftungen notwendig, damit klar wird, was beispielsweise eine Säule oder ein Balken überhaupt darstellen soll. In der Regel sind die folgenden Beschriftungstypen üblich:

- **Achsenbeschriftungen**, die deutlich machen, was in welchen Einheiten mit den Achsen gemeint ist
- **Achsenunterteilungen**, um die Werte auf den Achsen überschaubar zu machen
- **Gitternetzlinien**, d.h. ein Gitter aus Linien auf der Zeichnungsfläche, die es gestatten, die Werte aus dem Diagramm genauer abzulesen

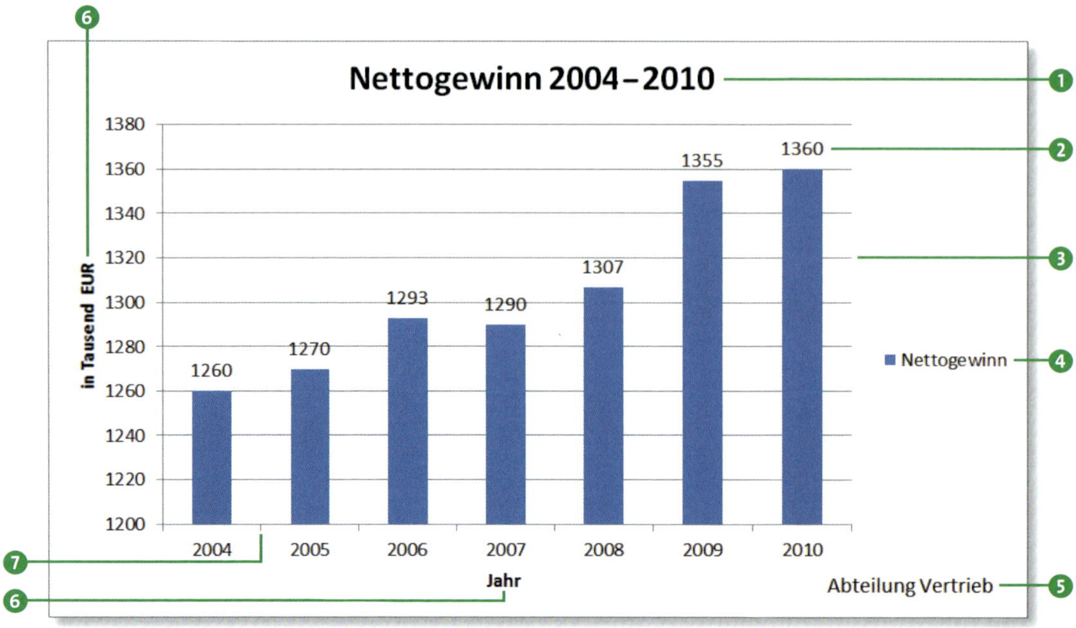

∧ ***Abbildung 9.7*** *Die zusätzlichen Elemente im Diagramm sorgen dafür, dass die grafische Information verständlich ist: Diagrammtitel* ❶, *Datenbeschriftung* ❷, *Gitternetzlinien* ❸, *Legende* ❹, *Fußzeile* ❺, *Achsenbeschriftung* ❻, *Achsenunterteilung* ❼

- **Legenden** geben an, wofür die einzelnen grafischen Elemente des Diagramms (Balken, Säulen, Linien, Kreissegmente etc.) stehen.
- **Diagrammtitel** beschreiben in kurzer und prägnanter Form, was das Diagramm aussagen soll.
- **Fußzeile** mit Angaben über die Herkunft des Materials (Quellenangabe), zusätzlichen Erläuterungen usw.

Nicht bei jedem Diagramm sind alle diese Elemente notwendig, um die Aussage des Diagramms verständlich zu machen.

Diagrammbereich und Zeichnungsfläche

Wie ein von Excel erzeugtes Diagramm aussieht, hängt davon ab, wie das Programm die verschiedenen Elemente anordnet und wie es den verfügbaren Raum aufteilt. Dies geschieht zunächst automatisch, Sie können aber nachträglich fast alles wieder korrigieren.

Für die Raumaufteilung ist grundlegend, dass Excel die grafischen Elemente des Diagramms – also die Säulen, Balken, Kreise oder Blasen – innerhalb des Diagrammbereichs ❽ auf eine spezielle Zeichnungsfläche ❾ legt, die Sie bei Bedarf auswählen und durch Ziehen mit Maus, Finger oder Stift in Position und Größe verändern können.

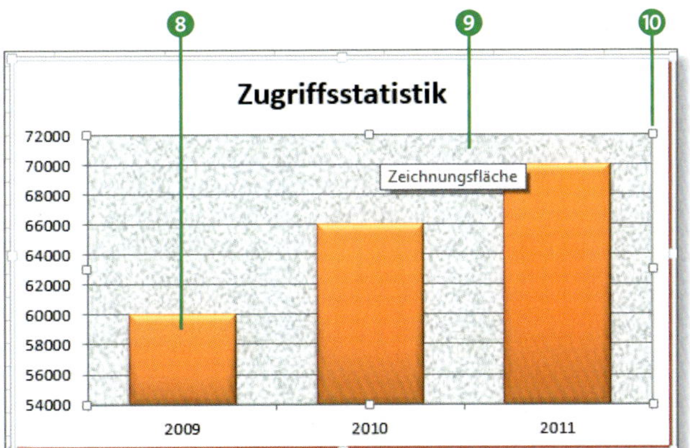

Abbildung 9.8 Diagramm mit ausgewählter Zeichnungsfläche

Wenn Sie die Zeichnungsfläche anklicken oder antippen, werden Anfasser ❿ eingeblendet, die es erlauben, die Größe der Zeichnungsfläche durch Ziehen zu verändern. Die Beschriftungen liegen meist außerhalb dieser Zeichnungsfläche. Die Achsenbeschriftungen bleiben aber mit der Zeichnungsfläche verknüpft, während andere Elemente wie die Legende oder die verschiedenen Titel unabhängig von der Zeichnungsfläche verschiebbar sind.

In vielen Fällen passt Excel die Größe der Zeichnungsfläche erneut an, wenn Sie beispielsweise die Position der Legende ändern oder zusätzliche Titel einfügen. Allerdings gilt das nur, solange Sie die Zeichnungsfläche noch nicht manuell verändert haben.

9.2 Diagrammtypen auswählen

Vor dem Umsetzen numerischer Daten in ein Diagramm sollten Sie prüfen, welcher Diagrammtyp für die vorhandenen Daten verwendet werden kann. Ausführlich wird auf diese Frage in der zweiten Hälfte dieses Kapitels eingegangen, in dem die von Excel bereitgestellten Diagrammtypen im Detail besprochen werden.

Hier trotzdem einige Überlegungen vorweg, um Ihnen die Orientierung zu erleichtern. In der täglichen Praxis und auch in den Medien sind hauptsächlich zwei Basistypen in Gebrauch: zum einen Diagramme mit rechtwinkligem Koordinatensystem, also Diagramme mit zwei Achsen, zum anderen Anteilsdiagramme – meist in Form von Kreisdiagrammen.

Diagramme mit rechtwinkligem Koordinatensystem

Unter die Diagramme mit rechtwinkligem Koordinatensystem fällt die große Mehrzahl der Diagramme (Balken, Säulen, Linien, Flächen). Fast alle Daten lassen sich in einer der hier von Excel bereitgestellten Formen darstellen, was aber die Auswahl oft nicht leicht macht. Sie lassen sich danach unterteilen, ob die x-Achse numerisch unterteilt ist oder nicht.

Diskrete oder kontinuierliche Unterteilungen

Eine numerische Unterteilung kann zeitlich sein (Jahreszahlen, Monatszahlen etc.), es kommen aber – besonders im naturwissenschaftlichen Bereich – auch viele andere Teilungen vor. Des Weiteren kann die numerische Unterteilung diskret oder kontinuierlich sein. Wenn Sie etwa Jahresumsätze grafisch darstellen, dann verwenden Sie diskrete Werte, nämlich die Jahreszahlen. Die Darstellung der Durchbiegung eines Trägers in Abhängigkeit von seiner Länge dagegen bietet stetige Werte auf der x-Achse: die unterschiedlichen Längenwerte.

Auch wenn die Übergänge fließend erscheinen – die Jahre sind unterteilbar, die Durchbiegung wurde vielleicht nur 10-cm-weise, also für diskrete Werte gemessen –, gibt es tatsächlich einen wesentlichen Unterschied: Bei kontinuierlichen Werten lassen sich Zwischenwerte anhand der Grafik interpolieren, bei diskreten Werten würde die Interpolation entweder falsch sein oder ergäbe keinen Sinn. So lässt sich aus einem Balkendiagramm mit den jährlichen Umsätzen eines Unternehmens eben nicht entnehmen, dass der Umsatz im Dezember niedriger war als im Januar. Es kann gerade das Gegenteil der Fall sein.

Diagramme mit nicht numerischer x-Achse

Nicht numerische Einteilungen der x-Achse kommen ebenfalls häufig vor. Wieder einige Beispiele: der Umsatz eines Unternehmens in verschiedenen Regionen; die Produktivität in unterschiedlichen Branchen; die Lebenserwartung nach Regionen.

Speziell Diagramme mit nicht numerischer x-Achse verlangen einige Aufmerksamkeit beim Erfassen und Bearbeiten der Daten. Hier soll ein Beispiel genügen: Erfasst wurden Daten von verschiedenen Städten. Die Daten liegen zunächst in alphabetischer Reihenfolge der Städte vor.

	A	B	C	D	E
1	Daten unsortiert und sortiert				
2					
3	Stadt	Wert		Stadt	Wert
4	Bayreuth	12		Cottbus	9
5	Berlin	22		Bayreuth	12
6	Coburg	13		Coburg	13
7	Cottbus	9		Düsseldorf	14
8	Dortmund	16		Dortmund	16
9	Düsseldorf	14		Duisburg	18
10	Duisburg	18		Berlin	22

Abbildung 9.9 *Links die unsortierten, rechts die sortierten Daten*

Erst die nach Zahlen sortierten Daten liefern ein durchschaubares aussagekräftiges Diagramm.

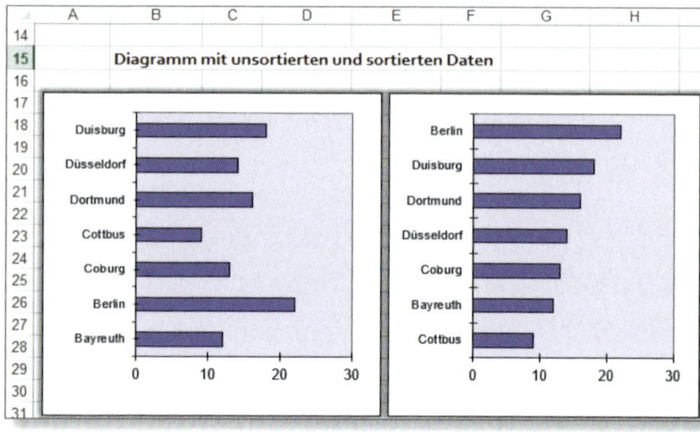

Abbildung 9.10 *Das rechte Diagramm hat mehr Aussagekraft.*

Diagramme ohne rechtwinkliges Koordinatensystem

Die gebräuchlichsten Diagramme ohne rechtwinkliges Koordinatensystem sind die Kreisdiagramme, die häufig auch als Anteilsdiagramme bezeichnet werden. Diesen Namen verdanken sie dem Umstand, dass immer ein vollständiger Kreis zur Verfügung steht, der anteilig nach den vorliegenden Werten aufgeteilt wird.

Hierdurch sind Kreisdiagramme besonders geeignet für alle Daten, bei denen sich die einzelnen Daten zu einer Gesamtheit summieren. Das bekannteste Beispiel hierfür ist die grafische Darstellung der Prozentanteile von Parteien bei Wahlen. Sollen mehrere Datenreihen miteinander verglichen werden, dann bietet sich neben verschiedenen Kreisdiagrammen auch das Ringdiagramm an, das mehrere Anteilsdiagramme in konzentrischen Ringen anordnet.

9.3 Ein Diagramm einfügen

Als erstes Beispiel für die Entwicklung eines Diagramms soll die Quartalsauswertung dienen, die wir bereits in Kapitel 4, »Tabellenblätter gestalten«, ab Seite 292 benutzt haben.

Säulendiagramm – erster Versuch

Ein Blick auf die Tabelle zeigt, dass es sich anbietet, die Quartalswerte der einzelnen Warengruppen in einem Säulendiagramm miteinander zu vergleichen. Das Jahresgesamtergebnis pro Warengruppe soll dabei nicht in die Grafik mit aufgenommen werden, denn diese Werte würden das Bild verzerren. Für eine erste Umsetzung reichen die folgenden Schritte:

1 Zunächst markieren Sie den Datenbereich, den Sie im Diagramm auswerten wollen. So wie die Tabelle aufgebaut ist, bietet sich der Bereich von A2 bis E8 an. Dieser Bereich umfasst nicht nur die Umsatzwerte für die einzelnen Quartale, sondern auch die Spalte mit den Warengruppenbezeichnungen, die für die Beschriftung der x-Achse benötigt werden, und die Zeile mit den Quartalsbeschriftungen, die die Werte für die Legende liefern.

	A	B	C	D	E	F
1		Novamedia – Quartalsergebnisse 2012				
2	Warengruppe	1. Quartal	2. Quartal	3. Quartal	4. Quartal	2012
3	DVD-Laufwerke	120.000 EUR	123.000 EUR	140.000 EUR	150.000 EUR	533.000 EUR
4	Soundkarten	90.000 EUR	95.000 EUR	92.000 EUR	90.500 EUR	367.500 EUR
5	Webcam	230.000 EUR	210.000 EUR	240.000 EUR	250.000 EUR	930.000 EUR
6	Scanner	145.000 EUR	149.000 EUR	155.000 EUR	165.000 EUR	614.000 EUR
7	Camcorder	230.000 EUR	210.000 EUR	220.000 EUR	230.000 EUR	890.000 EUR
8	Videokarten	134.000 EUR	120.000 EUR	136.000 EUR	140.000 EUR	530.000 EUR
9		949.000 EUR	907.000 EUR	983.000 EUR	1.025.500 EUR	3.864.500 EUR

Abbildung 9.11 *Der Bereich, der grafisch ausgewertet werden soll*

2 Im nächsten Schritt benutzen Sie das Symbol, das Excel für die Erstellung eines Säulendiagramms anbietet. Sie finden es auf dem Register **Einfügen** in der Gruppe **Diagramme** unter der Bezeichnung **Säulendiagramm einfügen**.

3 Die Schaltfläche öffnet eine Palette von Diagrammtypen, die alle zu der Kategorie **Säule** gezählt werden, wobei zwischen 2D-Säulen und 3D-Säulen unterschieden wird. All diese Typen stellen Werte durch die vertikale Ausdehnung des grafischen Elements dar. Die letzte Option **Weitere Säulendiagramme** öffnet dagegen den Dialog **Diagramm einfügen**, in dem gleich alle Diagrammtypen, die Excel kennt, angeboten werden. (Dieser Dialog wird auch angeboten, wenn Sie auf den Dialogfeldstarter der Gruppe **Diagramme** klicken oder tippen.)

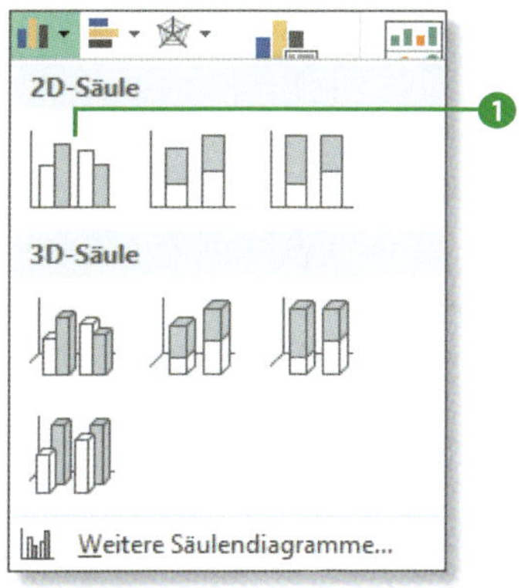

Abbildung 9.12 *Die Palette zu der Schaltfläche »Säulendiagramm einfügen«*

4 In diesem Fall wählen Sie per Klick oder Tipp ein einfaches 2D-Säulen-Diagramm, und zwar gleich das erste in der Palette ❶. Der Diagrammtyp lässt sich jederzeit verändern, auch wenn das Diagramm fertig ist. Wenn Sie mit der Tastatur arbeiten, bringt die Tastenfolge [Alt], [I], [U], [↵] das gleiche Ergebnis.

5 Ist das gewünschte Diagrammmuster ausgewählt, zeichnet Excel in der Mitte des Tabellenblatts ein entsprechendes Diagramm auf eine frei verschiebbare Ebene.

Abbildung 9.13 zeigt das von Excel 2013 erzeugte Standarddiagramm. Die Breite wurde durch Ziehen an den Anfassern etwas verändert, damit die Beschriftungen der x-Achse nicht schräg ausgegeben werden müssen. Die Farben entsprechen dem von Excel vorgegebenen Design.

TIPP

Keine Zeile zu viel
Vermeiden Sie, in den markierten Datenbereich zusätzlich eine Zeile mit einem Diagrammtitel einzubeziehen. Excel würde versuchen, diese Zeile für Legendentexte oder Rubriken zu verwenden. Der Datenbereich sollte möglichst auch keine Leerzeilen oder Leerspalten enthalten.

Vorgegebene Belegung der Achsen

Wie geht Excel bei diesem Verfahren vor? Wenn die markierte Tabelle mehr Zeilen als Spalten enthält, entnimmt Excel aus der ersten Spalte die Rubriken für die x-Achse und die Datenreihen dazu aus den Spalten daneben. Im anderen Fall verwendet Excel die erste Zeile für die Rubriken.

Im Fall der Quartalsauswertung können Sie diese Vorgabe übernehmen. Im Beispiel sind die Daten so angeordnet, dass die Umsätze für jedes Quartal untereinanderstehen, also in einer Spalte, die Umsätze der einzelnen Warengruppen dagegen nebeneinander in einer Zeile. Wollen Sie im Diagramm die Umsätze der einzelnen Warengruppen übers Jahr vergleichen, ist die beschriebene Vorgabe also die richtige Wahl. Sie führt dazu, dass im Diagramm jedes Quartal eine eigene Farbe erhält, sodass die Daten für jedes Quartal optisch leicht zu erkennen sind.

Diagrammempfehlungen

Wenn Sie sich mit den verschiedenen Diagrammtypen noch nicht so recht auskennen, lassen Sie sich von Excel eine Empfehlung geben. Wenn die Daten für das Diagramm, wie oben beschrieben, ausgewählt sind, benutzen Sie unter **Einfügen > Diagramme** die Schaltfläche **Empfohlene Diagramme**. Im Dialog finden Sie auf dem gleichnamigen Register eine Reihe von Vorschaubildern für Diagramme, die bereits mit den markierten Daten arbeiten.

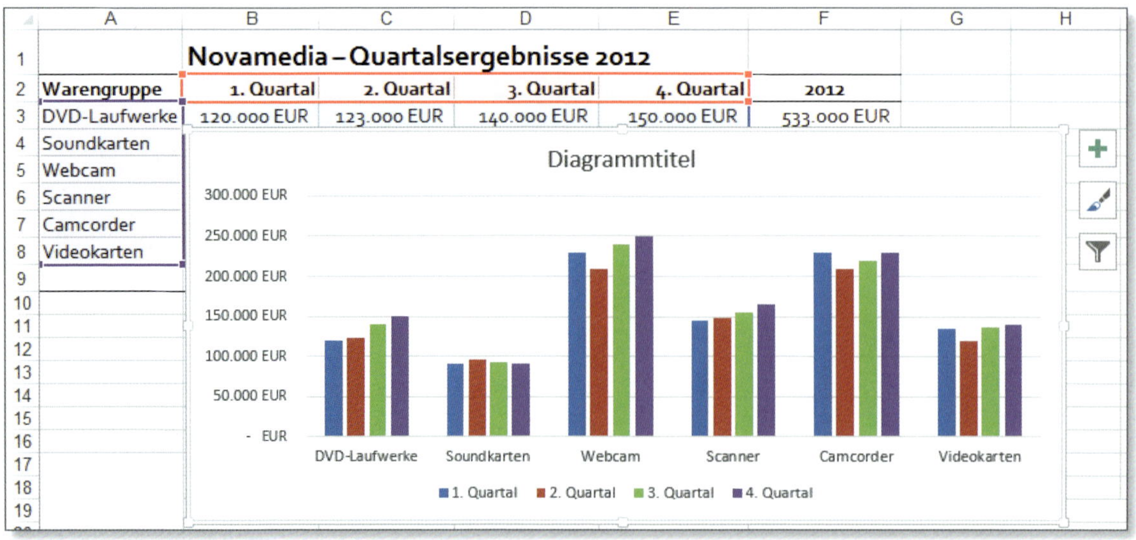

Abbildung 9.13 Das Säulendiagramm ist als Standarddiagramm voreingestellt.

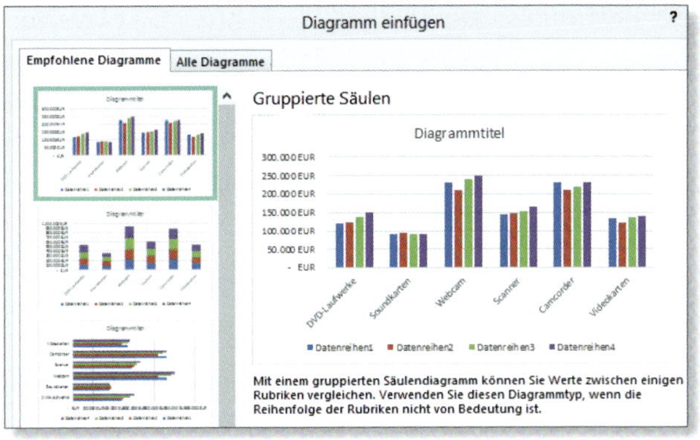

***Abbildung 9.14** Empfehlungen für ein Diagramm*

Ein Klick oder Tipp auf eines der Muster zeigt im rechten Teil, wie das Diagramm aussehen wird, und gibt noch ein paar Hinweise zu dem jeweiligen Diagrammtyp. Das zuerst angebotene Muster sollte in den meisten Fällen am ehesten zu den jeweiligen Daten passen, aber auch die anderen Muster kommen mit den Daten zurecht. Wenn Sie die Auswahl eines Musters bestätigen, wird das entsprechende Diagramm erstellt.

Schnelldiagramm

Wenn Sie die Anzeige der Optionen für die **Schnellanalyse** nicht ausgeschaltet haben – über **Excel-Optionen > Allgemein** –, können Sie nach der Markierung des Datenbereichs auch die Schaltfläche **Schnellanalyse** verwenden, um sofort ein Diagramm zu erzeugen.

Wählen Sie in der oberen Zeile der eingeblendeten Palette **Diagramme** aus, werden fünf häufig verwendete Diagrammtypen per Schaltfläche angeboten. Durch Berühren mit der Maus oder mit den Richtungstasten können Sie die verschiedenen Vorschaudiagramme zu Ihren Daten ansehen. Ein Klick oder Tipp erzeugt das ausgewählte Diagramm. Wird ein anderer Typ benötigt, führt die Schaltfläche **Weitere Diagramme** in den Dialog **Diagramm einfügen**.

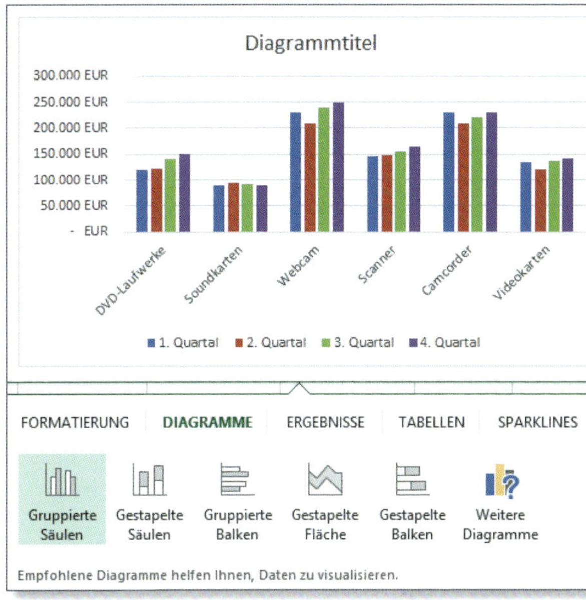

***Abbildung 9.15** Ein Diagramm über das Schnellanalysetool erzeugen*

9.4 Diagramme bearbeiten

Das Aussehen von Diagrammen, die Excel im ersten Versuch erzeugt, wird Sie nicht immer zufriedenstellen. Häufig ist es nicht so einfach, die Beschriftungen im Diagramm passabel unterzubringen. Im Laufe dieses Kapitels stellen wir Ihnen die vielfältigen Möglichkeiten vor, die Excel bereitstellt, um ein Diagramm fast beliebig umzugestalten.

Um das Diagramm bearbeiten zu können, reicht ein einfacher Klick oder Tipp. Das gilt auch für die einzelnen Elemente. Sie müssen also nicht erst das ganze Diagramm markieren, um danach auf die einzelnen Elemente zuzugreifen.

Alle Detailarbeit an Diagrammen wird zum großen Teil über die **Diagrammtools** erledigt, die in der neuen Version auf zwei statt wie bisher auf drei Registerkarten verteilt sind, was die Sache übersichtlicher macht. Diese Register werden nur eingeblendet, wenn ein Diagramm ausgewählt ist.

Werkzeuge zur Diagrammgestaltung

Zunächst ein kurzer Überblick über die vorhandenen Werkzeuge. Das Register **Entwurf** enthält fünf Gruppen, die damit zu tun haben, den Diagrammtyp zu bestimmen ❶, die Daten für das Diagramm festzulegen ❷, die notwendigen Beschriftungen ❸ einzufügen, die Achsen passend zu skalieren und eventuell noch Trendlinien oder Fehlerindikatoren einzufügen, bei Bedarf noch Diagrammlayouts ❹ und Diagrammformatvorlagen ❺ zuzuordnen und den Ort des Diagramms ❻, wenn es erforderlich ist, dieses auf ein anderes Tabellenblatt oder ein eigenes Blatt zu verschieben, festzulegen. Abbildung 9.16 zeigt die Gruppen der besseren Übersicht wegen in leicht komprimierter Form:

Auf dem Register **Format** werden sechs Gruppen angeboten. Die erste Gruppe **Aktuelle Auswahl** ❼ erlaubt es, über ein Listenfeld gezielt die einzelnen Komponenten eines Diagramms auszuwählen, um dann bestimmte Formatierungen dafür vorzunehmen. Die Gruppe **Formen einfügen** ❽ enthält Symbole für grafische Elemente, die Sie zusätzlich in das Diagramm einfügen können. Ansonsten enthält das Register noch vier Gruppen, die der Auswahl bestimmter Formenarten, etwa Rahmen für die Legende oder den Titel, und damit zusammenhängender Effekte, dem Einfügen von WordArt-Formaten und der Anordnung und Größenbestimmung grafischer Elemente im Diagramm dienen. Die Gruppen **Formenarten**, **WordArt-Formate** und **Größe** haben unten rechts die kleinen Schaltflächen, die wir bisher immer als Dialogfeldstarter bezeichnet haben. In diesem Fall öffnen Sie stattdessen entsprechende Aufgabenbereiche.

Größe und Position des Diagramms festlegen

Wenn Sie ein Diagramm in ein Tabellenblatt einfügen, legt Excel die Diagrammebene zunächst in die Mitte des aktuellen Fensters. Häufig ist weder die vorgegebene Größe noch die Platzierung optimal. Bei längeren Namen für die Rubriken werden diese häufig erst einmal schräg ausgerichtet, um sie im Diagramm noch unterbringen zu können.

Die vorgegebene Platzierung überlagert meist einen Teil der Tabelle. Alles aber kein Problem, das Diagramm zeigt, solange es ausgewählt ist, einen Rahmen mit acht Anfassern. Damit können Sie sehr schnell die gewünschte Größe und Position festlegen.

1 Um das Diagramm zu verbreitern, ziehen Sie mit Maus, Finger oder Stift einen Anfasser an einer der beiden Seiten, um die Höhe zu ändern, einen Anfasser am oberen oder unteren Rand. Für gleichzeitige Größenänderungen an beiden Rändern ziehen Sie

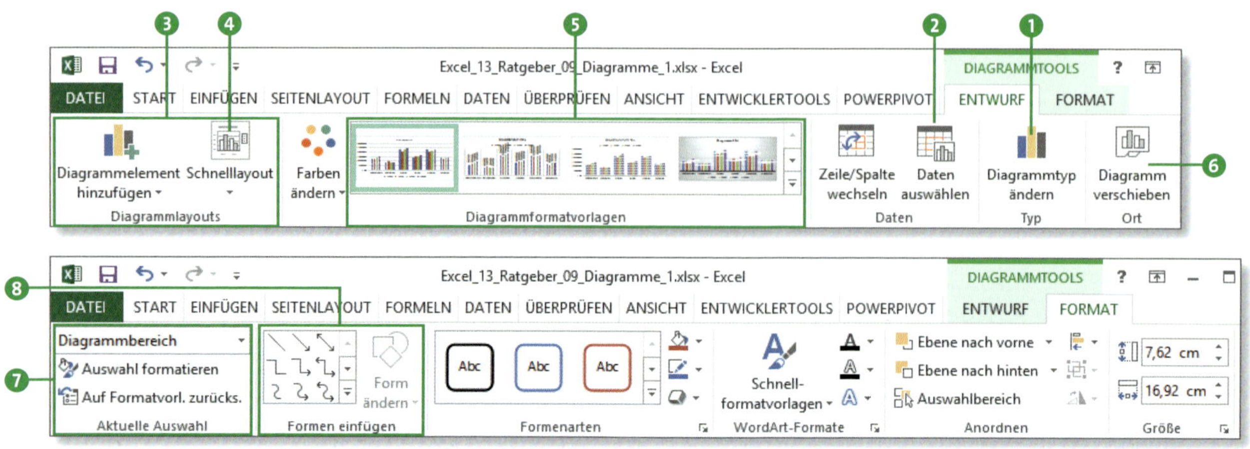

Abbildung 9.16 *Die Register »Entwurf« (oben) und »Format« (unten) stellen umfangreiche Werkzeuge für die Gestaltung des Diagramms und seiner einzelnen Komponenten zur Verfügung.*

an den Eckmarkierungen. Der Mauszeiger nimmt dabei die Form eines Doppelpfeils ⑨ an.

2 Soll die Position geändert werden, setzen Sie den Mauszeiger, den Finger oder Stift auf eine freie Stelle im Diagramm oder auf dem Rahmen. (Der Mauszeiger nimmt die Form eines Vierfachpfeils ⑩ an.) Achten Sie darauf, dass Sie dabei nicht eines der Elemente innerhalb des Diagrammbereichs berühren, weil dieses sonst ausgewählt und eventuell verschoben würde.

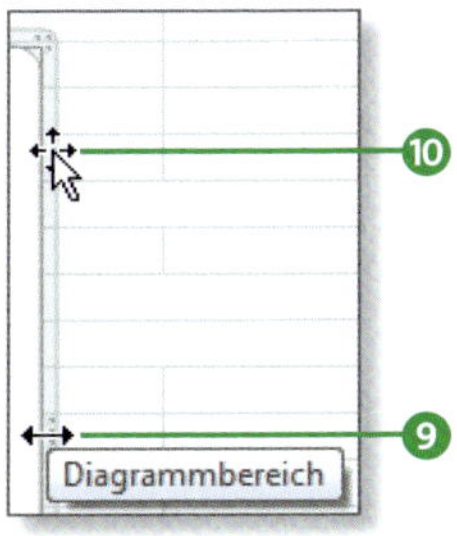

Abbildung 9.17 *Beim Verschieben hat der Mauszeiger die Form eines Vierfachpfeils, beim Ändern der Größe erscheint er als Doppelpfeil.*

3 Ziehen Sie das Diagramm an die gewünschte Position.

Bei diesen Veränderungen der Größe oder der Position haben Sie die Möglichkeit, das Diagramm exakt an Zeilen- oder Spaltenlinien einzupassen. Sie müssen beim Ziehen nur gleichzeitig [Alt] gedrückt halten. Sollen bei Größenänderungen die Proportionen erhalten bleiben, genügt es, beim Ziehen an einem der Eckpunkte die [⇧]-Taste gedrückt zu halten.

Auf dem Touchscreen tippen Sie die Tasten nur an und ziehen dann mit Finger oder Stift, müssen die Tasten also nicht festhalten. Ein erneuter Tipp auf die Tasten beendet den Vorgang.

Größe und Position von Diagrammelementen ändern

Die gerade für das ganze Diagramm beschriebenen Techniken stehen teilweise auch innerhalb des Diagramms zur Verfügung. Die Größe des Bereichs für die Zeichnungsfläche oder für die Legende lässt sich genauso verändern wie zuvor die Größe des gesamten Diagrammbereichs.

Beschriftungen wie Titel für das Diagramm oder die einzelnen Achsen lassen sich durch Ziehen genau dorthin verlagern, wo sie benötigt werden. Oft ist es ganz praktisch, die Legende direkt in die Zeichnungsfläche hineinzuziehen. Dann kann die Zeichnungsfläche selbst vergrößert werden. Abbildung 9.18 zeigt ein Beispiel für eine Legende, die die Zeichnungsfläche überlagert. Meist ist es dann sinnvoll, der Legende eine eigene Hintergrundfarbe zuzuweisen.

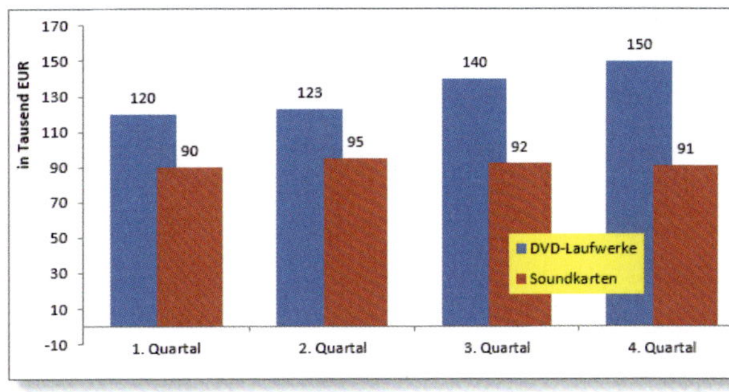

Abbildung 9.18 *Eine Legende innerhalb der Zeichnungsfläche kann manchmal Platz sparen.*

Diagramm und Tabellenzellen

Obwohl der Diagrammbereich sich stufenlos verschieben lässt, ist das Diagramm als Vorgabe mit seinen Ecken doch immer an den Zellen verankert, die diese Ecken berühren. Die Folge davon ist, dass Sie die Position des Diagramms auch dadurch ändern können, dass Sie Zeilen oder Spalten links von der Eckzelle oder oberhalb der Eckzelle einfügen oder entfernen.

Wenn Sie dagegen Zeilen oder Spalten einfügen oder entfernen, die das Diagramm ganz überlappt, wird das Diagramm in seiner Größe geändert, eine zusätzliche Spalte zieht das Diagramm also in die Breite, eine Zeile verändert die Höhe. Gleiches gilt, wenn Sie bei einer überlappten Spalte die Breite oder bei einer überlappten Zeile die Höhe ändern.

Dieses Verhalten muss Ihnen nicht in jedem Fall gefallen, weil es vielleicht zu unerwünschten Ergebnissen führt. Die Abhilfe sieht so aus:

1 Wählen Sie das Diagramm aus.

2 Benutzen Sie in der Gruppe **Format > Größe** den Dialogfeldstarter in der rechten unteren Ecke, um den Aufgabenbereich **Diagrammbereich formatieren** zu öffnen.

3 Unter **Eigenschaften** finden Sie drei Optionen zur Objektpositionierung. Wenn Sie **Von Zellposition und -größe unabhängig** wählen, finden die beschriebenen Veränderungen am Diagramm nicht mehr statt.

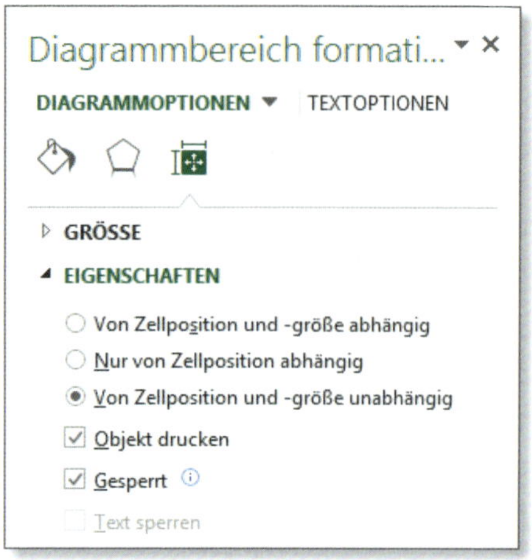

Abbildung 9.19 Diese Optionen entscheiden darüber, wie das Diagramm auf Veränderungen des Zellrasters reagiert.

Die Option **Nur von Zellposition abhängig** bewirkt, dass das Diagramm zwar durch Einfügen oder Löschen von Zeilen oder Spalten verschoben, aber nicht in der Größe verändert werden kann.

Diagrammblätter

Anstatt ein Diagramm direkt in demselben Tabellenblatt abzulegen, in dem sich auch die zugrunde liegende Tabelle befindet, haben Sie auch die Möglichkeit, das Diagramm in ein eigenes Blatt oder auch in ein anderes Tabellenblatt einzufügen.

1 Markieren Sie das eingebettete Diagramm.

2 Benutzen Sie auf dem Register **Entwurf** in der Gruppe **Ort** das Symbol **Diagramm verschieben**.

3 Im ersten Fall sollten Sie dem Blatt unter **Neues Blatt** gleich einen passenden Namen geben und die Vorgabe überschreiben. Im zweiten Fall können Sie das Tabellenblatt aus dem Listenfeld auswählen.

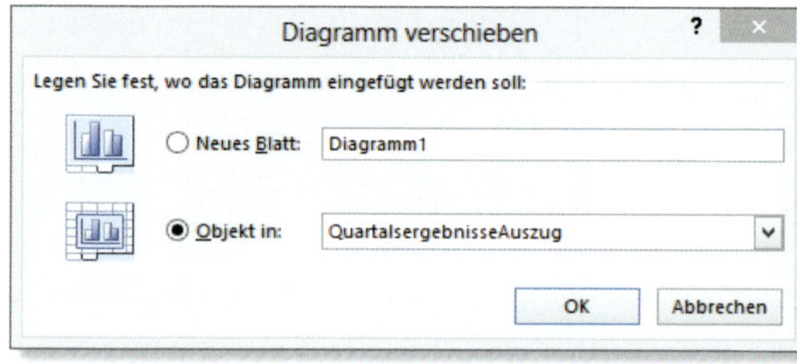

Abbildung 9.20 Hier wählen Sie, wo das Diagramm erscheinen soll.

TIPP

Blitz-Diagramm

Noch schneller entsteht ein Diagramm auf einem eigenen Blatt, wenn Sie zu einem markierten Bereich mit Tabellendaten die F11-Taste drücken. Dann werden die ausgewählten Daten sofort auf einem Diagrammblatt ausgegeben, und zwar mit dem Diagrammtyp, der aktuell als Standarddiagrammtyp eingestellt ist. Alt + F11 dagegen erzeugt ein solches Diagramm als eingebettetes Diagramm im Tabellenblatt.

Haben Sie sich für ein eigenes Diagrammblatt entschieden, füllt das Diagramm das Fenster der Arbeitsmappe in der gerade gegebenen Größe aus.

Verknüpfung zwischen Diagramm und Tabelle

Wenn Sie ein im Tabellenblatt eingebettetes Diagramm per Mausklick auswählen, werden die Tabellendaten, die in das Diagramm einfließen, durch verschiedenfarbige Rahmen gekennzeichnet.

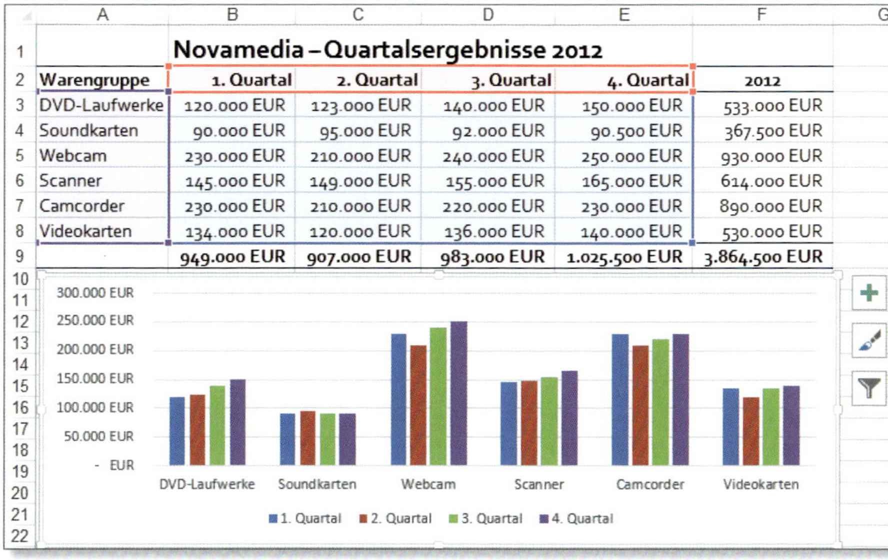

	A	B	C	D	E	F
1		Novamedia – Quartalsergebnisse 2012				
2	Warengruppe	1. Quartal	2. Quartal	3. Quartal	4. Quartal	2012
3	DVD-Laufwerke	120.000 EUR	123.000 EUR	140.000 EUR	150.000 EUR	533.000 EUR
4	Soundkarten	90.000 EUR	95.000 EUR	92.000 EUR	90.500 EUR	367.500 EUR
5	Webcam	230.000 EUR	210.000 EUR	240.000 EUR	250.000 EUR	930.000 EUR
6	Scanner	145.000 EUR	149.000 EUR	155.000 EUR	165.000 EUR	614.000 EUR
7	Camcorder	230.000 EUR	210.000 EUR	220.000 EUR	230.000 EUR	890.000 EUR
8	Videokarten	134.000 EUR	120.000 EUR	136.000 EUR	140.000 EUR	530.000 EUR
9		949.000 EUR	907.000 EUR	983.000 EUR	1.025.500 EUR	3.864.500 EUR

Abbildung 9.21 *Ist das Diagramm ausgewählt, werden die Quelldaten in der Tabelle eingerahmt.*

Wird eine bestimmte Datenreihe im Diagramm mit der Maus berührt, erscheinen Angaben, welche Reihe, welcher Datenpunkt und welcher Wert gerade ausgewählt sind.

Im Tabellenbereich wird die Datenreihe markiert, die Sie im Diagramm anklicken. Auf diese Weise bleibt die Beziehung zwischen Tabelle und Diagramm jederzeit transparent.

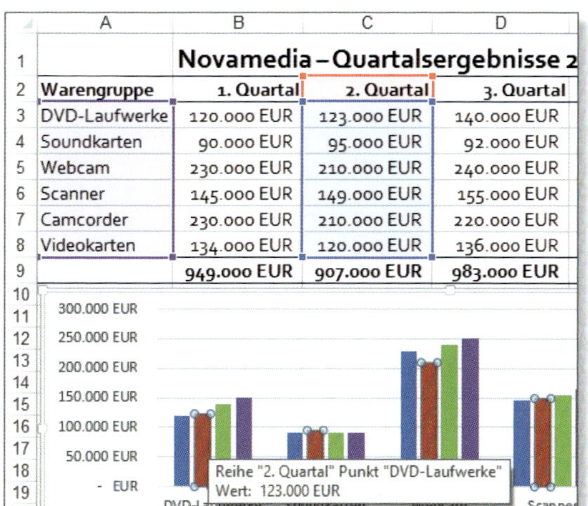

	A	B	C	D
1		Novamedia – Quartalsergebnisse 2		
2	Warengruppe	1. Quartal	2. Quartal	3. Quartal
3	DVD-Laufwerke	120.000 EUR	123.000 EUR	140.000 EUR
4	Soundkarten	90.000 EUR	95.000 EUR	92.000 EUR
5	Webcam	230.000 EUR	210.000 EUR	240.000 EUR
6	Scanner	145.000 EUR	149.000 EUR	155.000 EUR
7	Camcorder	230.000 EUR	210.000 EUR	220.000 EUR
8	Videokarten	134.000 EUR	120.000 EUR	136.000 EUR
9		949.000 EUR	907.000 EUR	983.000 EUR

Abbildung 9.22 *Die im Diagramm markierte Datenreihe wird automatisch gleichzeitig auch in der Tabelle ausgewählt.*

Immer wenn die Daten in der Tabelle geändert werden, wird das Diagramm sofort an den neuen Stand angepasst.

Die Grundbeziehung zwischen einer Tabelle und dem zugehörigen Diagramm ist die, dass das Diagramm die jeweils vorhandenen Zahlen grafisch abbildet. Die Verknüpfung wird technisch durch *DATENREIHE()*-Funktionen hergestellt, die wie die sonstigen Funktionen von Excel aufgebaut sind.

Wenn Sie eine Datenreihe in einem Diagramm markieren, wird die zugehörige *DATENREIHE()*-Funktion in der Bearbeitungsleiste sichtbar. Falls Sie gern basteln, können Sie hier direkt Zellbezüge oder Werte ändern. Die Funktion ist folgendermaßen aufgebaut:

```
=DATENREIHE(Reihennamen,Rubrikennamen,Werte,
Druckordnung)
```

Die ersten drei Argumente bestehen aus den absoluten Adressen der jeweiligen Tabellenbereiche, die Sie für die Reihennamen, die Rubrikennamen und die Werte des Diagramms auswählen möchten. Das letzte Argument (`Druckordnung`) ist eine Zahl, die die Reihenfolge der Reihen steuert.

TIPP

Allein stehende Diagramme
Durch direkte Bearbeitung der Funktionen für die einzelnen Datenreihen ist es übrigens möglich, ein Diagramm auch von einer im Blatt abgelegten Tabelle zu trennen. Wenn Sie die Formel zu jeder Datenreihe in der Bearbeitungsleiste komplett markieren und anschließend [F9] benutzen, werden die Bereichsbezüge in der Formel jedes Mal durch eine Matrix von konstanten Werten ersetzt, beispielsweise:

```
=DATENREIHE("1. Quartal";{"DVD-Laufwerke".
"Soundkarten"."Webcam"."Scanner".
"Camcorder"."Videokarten"};{140000.92000.
240000.155000.220000.136000};3)
```

Die Verbindung zur Tabelle ist dann abgeschnitten, das Diagramm stellt die in den Matrizen vorhandenen Daten dar.

Veränderung des Diagrammtyps

Die gravierendste Änderung, die sich an einem Diagramm vornehmen lässt, ist wohl die Wahl eines anderen Diagrammtyps oder eines anderen Untertyps.

1 Soll der Diagrammtyp verändert werden, wählen Sie zunächst das Diagramm aus.

2 Benutzen Sie auf dem Register **Entwurf** in der Gruppe **Typ** die Schaltfläche **Diagrammtyp ändern**. Derselbe Befehl wird auch im Kontextmenü des Diagramms und vieler seiner Komponenten angeboten.

3 Um einen anderen Diagrammtyp bzw. einen anderen Untertyp auszuwählen, wählen Sie erst in der linken Spalte den Basistyp aus und dann im rechten Teil des Dialogs das Muster für den gewünschten Untertyp.

Das Dialogfeld **Diagrammtyp ändern** entspricht abgesehen vom Titel dem oben schon erwähnten Dialogfeld **Diagramm einfügen**. Es zeigt auf dem Register **Alle Diagramme** im linken Bereich die verschiedenen Basistypen. Das rechte Feld enthält Muster aller Untertypen. Zu jedem ausgewählten Basistyp wird dann zunächst immer der erste Untertyp markiert. Darunter erscheint bereits eine Vorschau auf das Diagramm mit den ausgewählten Daten. Die eine Variante verwendet für die Datenreihen die Spaltenwerte, die andere die Zeilenwerte. Die Vorschau wird vergrößert, wenn die Maus sie berührt. Die Bedeutung der verschiedenen Untertypen wird in späteren Abschnitten dieses Kapitels noch erläutert.

Oberhalb der Basistypen wird im linken Feld die Schaltfläche **Zuletzt verwendet** angeboten, die die bereits

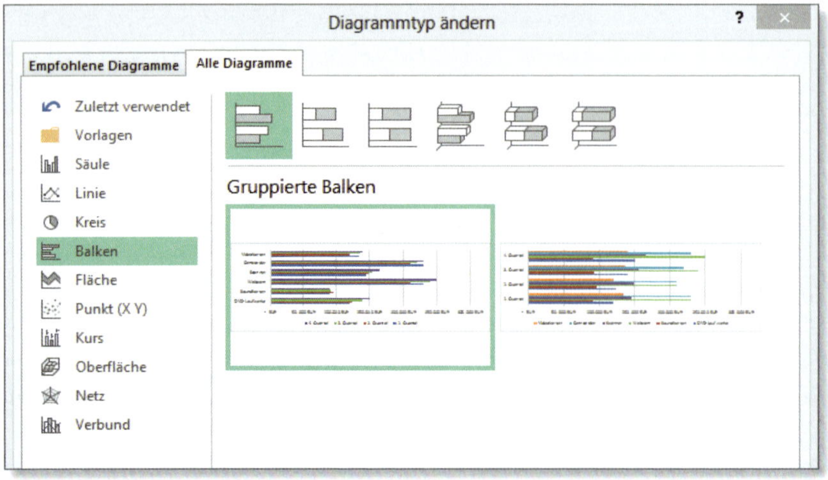

< *Abbildung 9.23 Das Dialogfeld »Diagrammtyp ändern« bietet die Palette der Typen, geordnet nach Basistypen, an.*

eingesetzten Typen anbietet. Darunter finden Sie noch das Ordnersymbol **Vorlagen** angezeigt. Sind benutzerdefinierte Vorlagen bereits angelegt, werden sie im rechten Fenster angeboten. Zur Verwaltung der Vorlagen stellt der Dialog in diesem Fall noch die Schaltfläche **Vorlagen verwalten** zur Verfügung. Sie öffnet den Ordner, in dem Excel die Vorlagen ablegt, sodass Sie dort Dateien umbenennen oder auch löschen können. Wie Vorlagen erstellt werden, wird im folgenden Abschnitt beschrieben.

In Vergleich zur letzten Version ist das Angebot an Untertypen etwas bereinigt worden. Die früheren Pyramiden- und Kegeltypen werden nicht mehr als eigene Typen aufgeführt. Die entsprechende Formeigenschaft kann aber nachträglich jeder 3D-Säule oder jedem 3D-Balken über den Aufgabenbereich **Datenreihen formatieren** unter **Reihenoptionen** und **Säulenform** zugewiesen werden.

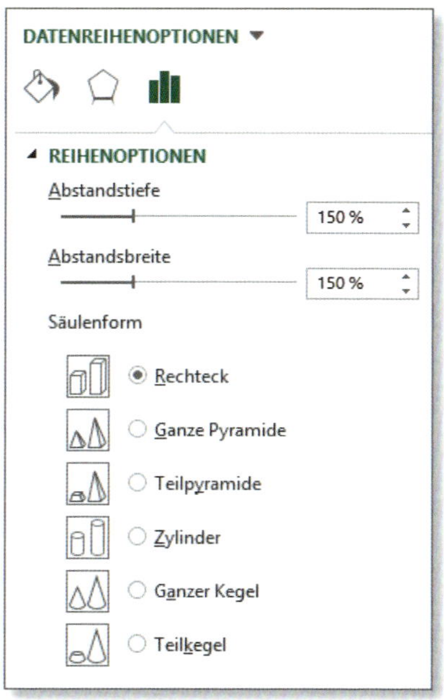

***Abbildung 9.24** Alternative Säulenformen*

Oberhalb der Basistypen wird im linken Teil des Dialogfelds noch das Ordnersymbol **Vorlagen** angezeigt. Sind benutzerdefinierte Vorlagen bereits angelegt, werden sie im rechten Fenster angeboten.

Zur Verwaltung der Vorlagen stellt der Dialog noch die Schaltfläche **Vorlagen verwalten** zur Verfügung. Sie öffnet den Ordner, in dem Excel die Vorlagen ablegt, sodass Sie dort Dateien umbenennen oder auch löschen können. Wie Vorlagen erstellt werden, ist weiter unten im Abschnitt 9.18, »Diagrammvorlagen entwickeln«, ab Seite 448 beschrieben.

Wenn Sie ein bestimmtes Muster als Vorgabe für die meisten Ihrer Diagramme verwenden wollen, können Sie über das Kontextmenü des Musters die Auswahl mit dem Befehl **Als Standarddiagrammtyp festlegen** in den Rang einer solchen Vorgabe erheben. Jedes Mal, wenn der Dialog **Diagramm einfügen** geöffnet wird, ist dann dort das jeweilige Muster schon ausgewählt. Diese Einstellung gilt so lange, bis Sie einen anderen Standardtyp bestimmen.

Diagramme kopieren

Es gibt Situationen, in denen Sie vielleicht mehrere Varianten eines Diagramms auf derselben Datenbasis sehen wollen, etwa um zu vergleichen, welche Gestaltung letztlich das beste Ergebnis liefert.

Ist ein Diagramm ausgewählt, können Sie mit der Maus sehr einfach eine Kopie erzeugen: Sobald Sie beim Ziehen `Strg` gedrückt halten, wird das Diagramm nicht zu seinem neuen Ort verlagert, sondern dahin kopiert. Auf diese Weise lässt sich ein Diagramm auch in eine andere geöffnete Arbeitsmappe kopieren, wenn deren Fenster sichtbar ist. Jede Änderung an den Daten in der Tabelle wird dann in allen Kopien gleichzeitig angezeigt.

Die andere Möglichkeit ist die Kopie über die Zwischenablage.

1. Benutzen Sie im Kontextmenü des Diagramms **Kopieren**, oder nehmen Sie die Tastenkombination `Strg` + `C`.
2. Klicken oder tippen Sie die Zelle an, die unter dem linken oberen Eckpunkt der Kopie liegen soll.

3 Benutzen Sie wieder das Kontextmenü, und verwenden Sie eine der beiden ersten Optionen unter **Einfügeoptionen** – oder nehmen Sie `Strg` + `V`.

Die Option **Zieldesign verwenden** hat übrigens beim Einfügen in eine andere Arbeitsmappe unter Umständen zur Folge, dass das Diagramm ganz andere Farben und Schriften anzeigt. Das ist dann der Fall, wenn diese Arbeitsmappe ein anderes Design verwendet.

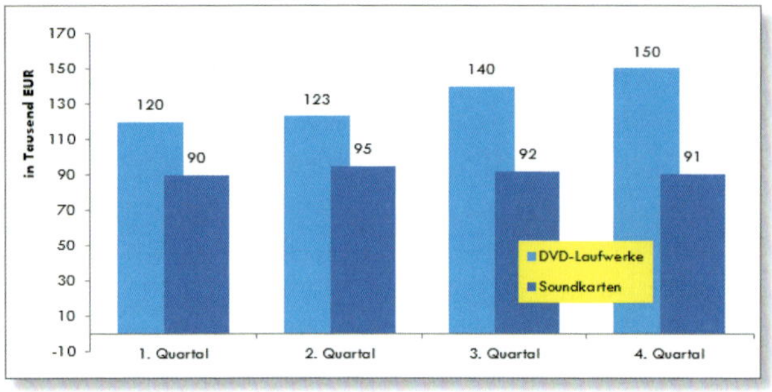

Abbildung 9.25 Designwechsel beim Einfügen – zum Vergleich siehe Abbildung 9.18

Dies können Sie verhindern, wenn Sie stattdessen die Option **Ursprüngliche Formatierung beibehalten** verwenden. Wenn Sie die Tastenkombination nehmen, gilt automatisch die erste Einfügeoption.

Diagramme löschen

Wird ein Diagramm in einem Tabellenblatt nicht mehr benötigt, brauchen Sie das Diagramm nur auszuwählen und mit `Entf` zu löschen. Liegt das Diagramm auf einem eigenen Blatt, können Sie ebenso verfahren. Das Diagrammblatt ist dann leer und kann für die Ablage eines anderen Diagramms verwendet werden. Die Alternative dazu ist, einfach das ganze Diagrammblatt zu löschen. Benutzen Sie im Kontextmenü des Blattregisters den Befehl **Löschen**.

Diagramme in Bilder umwandeln

Falls Sie Diagramme losgelöst von den Tabellendaten verwenden wollen, etwa für Präsentationen, können Sie fertige Diagramme nachträglich in einfache grafische Objekte *einfrieren*. Dazu wird das Diagramm mit **Ausschneiden** in die Zwischenablage übernommen. Mit dem Befehl **Einfügen** und der Option **Grafik** wird das Diagramm in ein einfaches grafisches Objekt verwandelt. Das Ganze sieht immer noch aus wie ein Diagramm, ist aber nur noch ein Abbild davon. Eine Verknüpfung zu den Tabellendaten besteht nicht mehr.

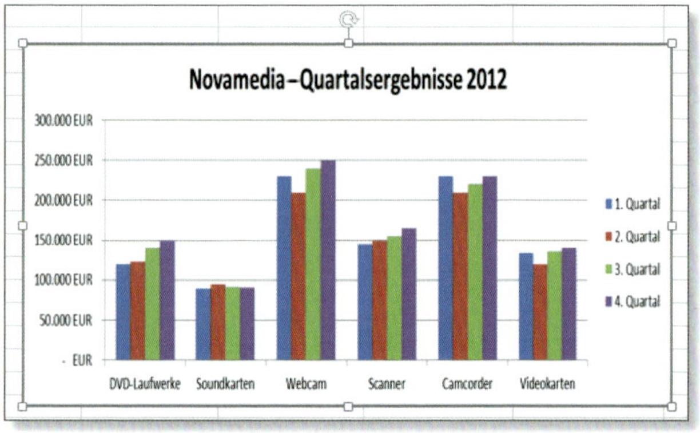

Abbildung 9.26 Ein Diagramm als Bildobjekt

Diagramme drucken

An dieser Stelle noch ein paar Hinweise zum Druck von Diagrammen. Wenn Sie ein Diagramm zusammen mit dem Tabellenblatt drucken, sollten Sie immer über **Datei > Drucken** in der Seitenvorschau kontrollieren, dass das Diagramm nicht durch einen Seitenumbruch zerschnitten wird. Passt der Umbruch nicht, sollten Sie das Diagramm verschieben.

Sie haben aber auch die Möglichkeit, ein Diagramm aus einem Tabellenblatt separat zu drucken. Wählen Sie das Diagramm aus, und benutzen Sie **Datei > Drucken**. Die Einstellung **Markiertes Diagramm drucken** ist dann schon aktiviert. Eventuell ist es ratsam, das Querformat auszuwählen, wie in Abbildung 9.27 dargestellt.

Wenn Sie die Tabelle ohne Diagramm drucken wollen, deaktivieren Sie im Dialog **Diagrammbereich formatieren** unter **Eigenschaften** die Option **Objekt drucken**.

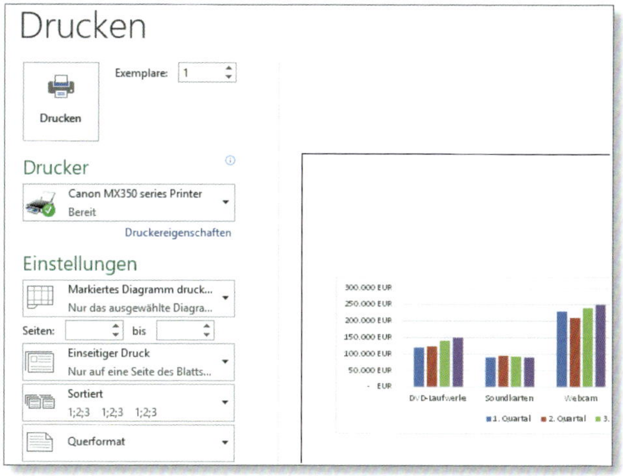

Abbildung 9.27 *Ausgewählte Diagramme im Tabellenblatt können Sie ohne Umstände separat drucken.*

Diagrammblätter werden immer separat gedruckt. Dabei ist der Querdruck voreingestellt. Und es wird mit der Einstellung **Aktive Blätter drucken** gearbeitet.

9.5 Die Datenauswahl bearbeiten

Sollte sich nach der ersten Ausgabe des Diagramms herausstellen, dass der zugrunde gelegte Tabellenbereich nicht dem Zweck des Diagramms entspricht, ist eine nachträgliche Korrektur über das Register **Entwurf** möglich.

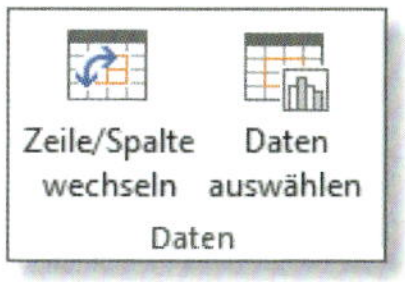

Abbildung 9.28 *In der Gruppe »Daten« finden Sie Optionen, um die Zuordnung der Quelldaten zum Diagramm zu ändern.*

Den Datenbereich ändern

Die Gruppe **Daten** enthält die Schaltfläche **Daten auswählen**, die den Dialog **Datenquelle auswählen** öffnet.

Im ersten Eingabefeld wird der aktuell ausgewählte **Diagrammdatenbereich** mit absoluten Adressen angegeben.

Sie haben hier die Chance, den Bereich noch einmal zu korrigieren, wenn Sie vorher einen Fehler gemacht haben oder wenn der Bereich erweitert oder verkleinert werden soll. Ziehen Sie einfach mit der Maus über den richtigen Bereich oder korrigieren Sie den Bereich mit Finger oder Stift, indem Sie an den Anfassern der Bereichsmarkierung ziehen. Wenn das Dialogfeld im Weg ist, benutzen Sie das Symbol am Ende des Felds, das den Dialog auf eine Zeile reduziert.

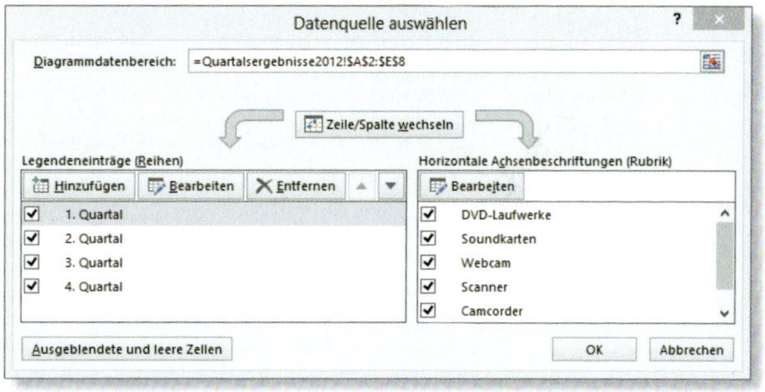

Abbildung 9.29 *Im Dialog »Datenquelle auswählen« legen Sie fest, welche Daten die Reihenwerte und die Rubrikenwerte liefern.*

Wenn Sie Bereiche markieren wollen, die keinen geschlossenen Block bilden, benutzen Sie wie üblich die Strg-Taste oder ⇧ + F8, um die weiteren Teile zu markieren, oder geben die Bereichsadressen getrennt durch Semikola an.

Behandlung fehlender Werte

Das Dialogfeld bietet Ihnen außerdem noch eine Schaltfläche **Ausgeblendete und leere Zellen** an. In dem kleinen Dialog können Sie festlegen, wie Excel mit fehlenden Werten im Datenbereich umgehen soll.

Mit der Option **Lücken** erreichen Sie, dass für die leere Zelle keine Säule oder kein Balken angezeigt wird. Bei einem Liniendiagramm wird die Linie unterbrochen, es sei denn, Sie aktivieren die Option **Datenpunkte mit**

einer Linie verbinden. (Diese Option wird nur bei Liniendiagrammen angeboten.)

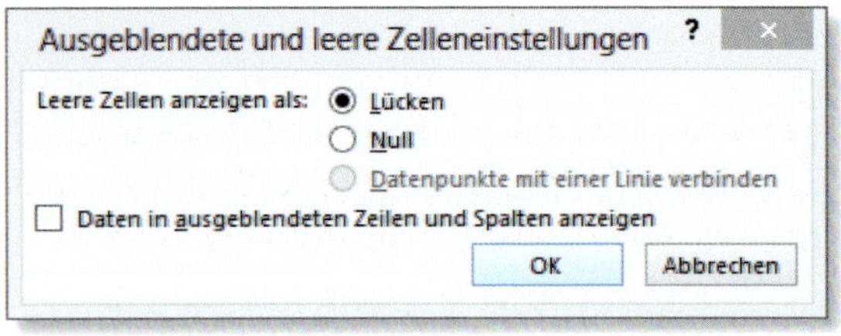

Abbildung 9.30 *Was soll geschehen, wenn Zellen im Datenbereich leer sind?*

In diesem Fall interpoliert Excel die fehlenden Werte, was aber leicht zu unbrauchbaren Ergebnissen führen kann. Wählen Sie dagegen die Option **Null**, verhält sich Excel so, als ob der Wert *0* ist. Wenn Sie die Datenbeschriftung einschalten, wird die Null auch angezeigt. Ein Liniendiagramm läuft dann eben durch diesen Punkt mit dem Wert *0*.

Die Option **Daten in ausgeblendeten Zeilen und Spalten anzeigen** ist normalerweise nicht aktiviert. Das ist praktisch, wenn Sie mit Filtern arbeiten wollen.

Datenreihen hinzufügen oder entfernen

Anstatt den Diagrammdatenbereich insgesamt als Block zu korrigieren, können Sie auch einzelne Reihen aus dem markierten Datenbereich herausnehmen. Um etwa die Daten für das 3. und 4. Quartal aus dem Diagramm zu entfernen, weil Sie für eine bestimmte Frage nur das 1. Halbjahr interessiert, wählen Sie unter **Legendeneinträge** die entsprechenden Positionen nacheinander aus und benutzen die Schaltfläche **Entfernen**. Noch bevor Sie den Dialog schließen, werden die gelöschten Elemente aus dem Diagramm entfernt, sodass Sie den Vorgang gut kontrollieren können.

Sollen einzelne Reihen oder Rubriken nur vorübergehend aus dem Diagramm ausgeblendet werden, löschen Sie die Häkchen vor der entsprechenden Position. Das entspricht dem Filtern, von dem gleich noch die Rede sein wird.

Soll eine Reihe hinzugefügt werden, klicken Sie auf die Schaltfläche **Hinzufügen** und markieren in der Tabelle den Bereich, der die Zelle mit dem Namen für die Legende und die Zellen mit den Werten umschließt.

Über die Schaltfläche **Bearbeiten** lassen sich außerdem sowohl bei den Einträgen für die Legende als auch für die Rubriken die Bereichsangaben korrigieren.

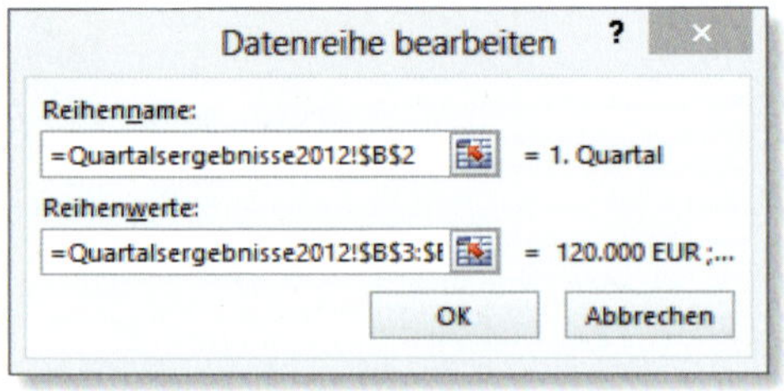

Abbildung 9.31 *Hier legen Sie fest, aus welchen Zellbereichen jeweils der Reihenname und die Reihenwerte kommen.*

Diagrammfilter

An dieser Stelle ist es naheliegend, auf ein neues Werkzeug hinzuweisen, das in der Gruppe der drei Symbole untergebracht ist, die Excel 2013 jetzt zu einem ausgewählten Diagramm anbietet. Die Schaltfläche mit dem Filtersymbol öffnet ein Steuerelement mit zwei Seiten.

Unter **Werte** werden die aktuell in der Tabelle vorhandenen Datenreihen und die verschiedenen Kategorien zur Auswahl gestellt. Wenn Sie eines der Elemente mit der Maus berühren, wird es im Diagramm hervorgehoben. Wenn Sie es abwählen, wird es vorübergehend aus dem Diagramm herausgenommen, falls Sie mit **Übernehmen** bestätigen. Im Unterschied zu der oben beschriebenen endgültigen Änderung der Datenbasis des Diagramms werden hier also nur zeitweise bestimmte Datenreihen oder Kategorien ausgeblendet. Ein Klick oder Tipp außerhalb des Steuerelements oder [Esc] schließen den Vorgang ab.

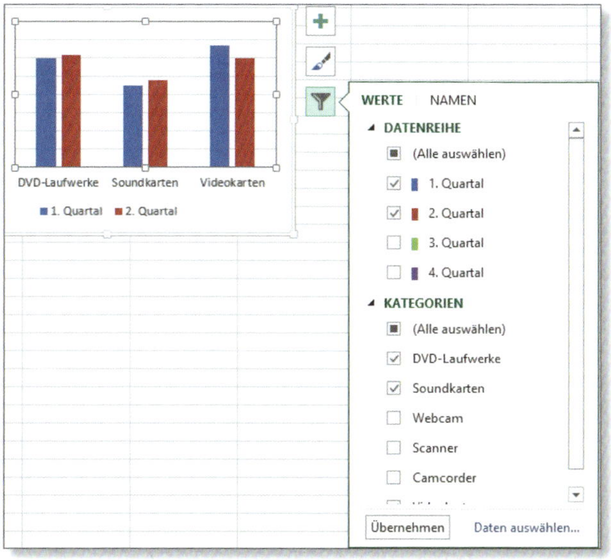

Abbildung 9.32 Beispiel für die Anwendung eines Filters

Die zweite Seite **Namen** erlaubt es, mit der Option **(Keine)** die Beschriftungen von Datenreihen oder Kategorien auszublenden. Die Beschriftungen werden dann durch Dummy-Namen oder Ziffern ersetzt.

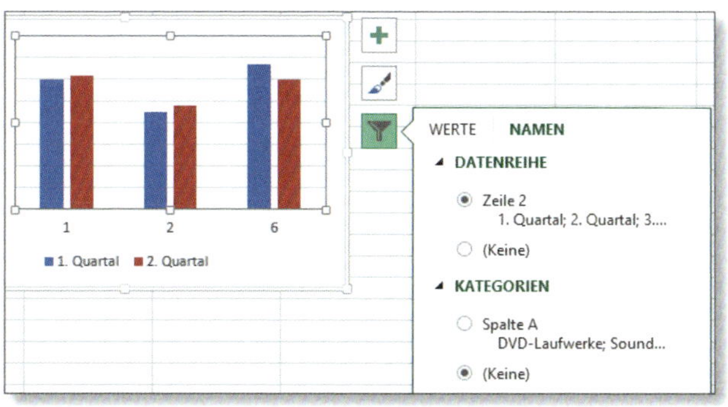

Abbildung 9.33 Ausblenden der Reihenbeschriftung

Bereiche interaktiv ändern

In vielen Fällen können Sie den Datenbereich für ein Diagramm auch direkt mit Maus, Finger oder Stift ändern. Wenn der Datenbereich beispielsweise um benachbarte Spalten oder Zeilen erweitert werden soll, reichen folgende Schritte:

1. Wählen Sie das Diagramm auf der Basis des aktuellen Datenbereichs aus, sodass die zugrunde liegenden Tabellenbereiche mit farbigen Rahmen markiert sind.
2. Ziehen Sie die Anfasser der Rahmen in die benachbarten Spalten oder Zeilen, bis alle Daten, die das Diagramm anzeigen soll, eingeschlossen sind.

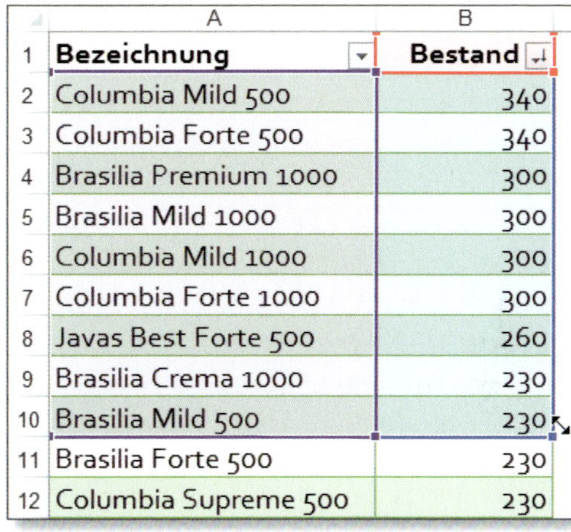

	A	B
1	Bezeichnung	Bestand
2	Columbia Mild 500	340
3	Columbia Forte 500	340
4	Brasilia Premium 1000	300
5	Brasilia Mild 1000	300
6	Columbia Mild 1000	300
7	Columbia Forte 1000	300
8	Javas Best Forte 500	260
9	Brasilia Crema 1000	230
10	Brasilia Mild 500	230
11	Brasilia Forte 500	230
12	Columbia Supreme 500	230

Abbildung 9.34 Erweitern des Datenbereichs für ein bestehendes Diagramm mit der Maus

3. Sobald Sie den Bereich erweitert haben, erscheinen die neuen Daten im Diagramm.

Das gleiche Verfahren lässt sich natürlich auch umgekehrt anwenden, wenn Sie die Datenbasis des Diagramms verkleinern wollen. In diesem Fall ziehen Sie die Anfasser in den bisherigen Datenbereich hinein.

Achsen tauschen

Die Schaltfläche **Zeile/Spalte wechseln** im Dialog **Datenquelle auswählen** entspricht der Schaltfläche, die auch direkt aus der Gruppe **Entwurf > Daten** benutzt werden kann. Sie vertauscht die Zuordnung der Tabellenbereiche zu den beiden Achsen. Bei dem hier verwendeten Beispiel für eine Quartalsauswertung ergibt sich ein Diagramm, in dem die x-Achse nach Quartalen aufgeteilt ist. Abbildung 9.35 zeigt das Ergebnis.

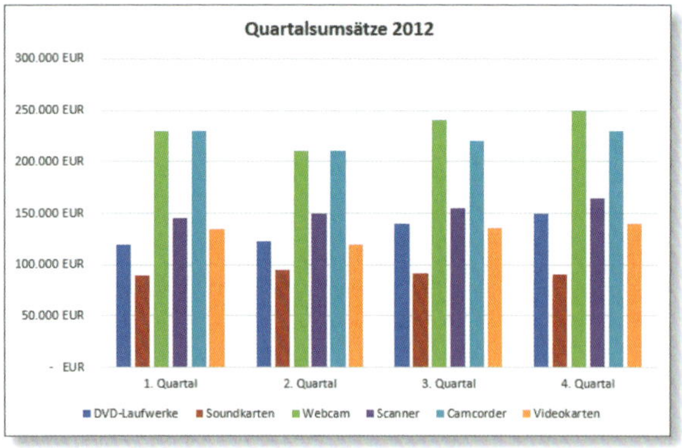

Abbildung 9.35 *Das Diagramm mit vertauschten Achsen*

TIPP

Dynamische Diagramme aus Tabellen
Besonders flexibel handhabt Excel die Verknüpfung zwischen Diagramm und Datenbereich, wenn Sie den Datenbereich als Tabelle formatieren, wie in Kapitel 5, »Daten als Tabellen ordnen und verwalten«, ab Seite 310 beschrieben. Es genügt dann zur Auswahl des Datenbereichs, eine beliebige Zelle in der Tabelle zu markieren. Außerdem wird das Diagramm automatisch erweitert, wenn neue Zeilen an- oder eingefügt oder auch Zeilen gelöscht werden. Abbildung 9.36 zeigt ein Beispiel. Das Thema wird in Kapitel 6, »Daten abfragen«, ab Seite 333 noch einmal aufgegriffen.

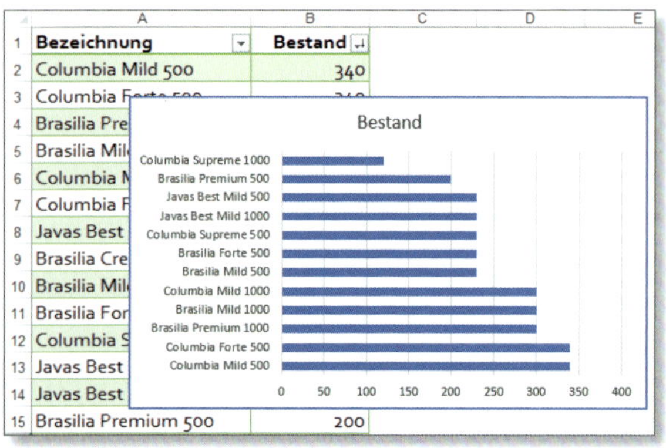

Abbildung 9.36 *Diagramm zu einem als Tabelle formatierten Bereich*

9.6 Achsen passend einrichten

Die Achsen eines Diagramms sind nicht nur die senkrechten und waagerechten Begrenzungen des Diagramms, sondern zugleich wesentliche Informationsträger. Dabei ist zu unterscheiden, ob es sich um numerische Achsen handelt oder um Achsen für Rubriken. Bei den numerischen Achsen ist insbesondere die Skalierung von Interesse, mit der die Größenverhältnisse wiedergegeben werden.

Achsen formatieren

Alle Einstellungen zu diesen beiden Achsentypen können Sie über den Aufgabenbereich **Achse formatieren** vornehmen. Sie erreichen ihn, wenn Sie die Achse markiert haben, mit **Auswahl formatieren** in der Gruppe **Aktuelle Auswahl** auf dem Register **Format**, über das Kontextmenü der Achse oder einfach per Doppelklick oder -tipp auf die Achse.

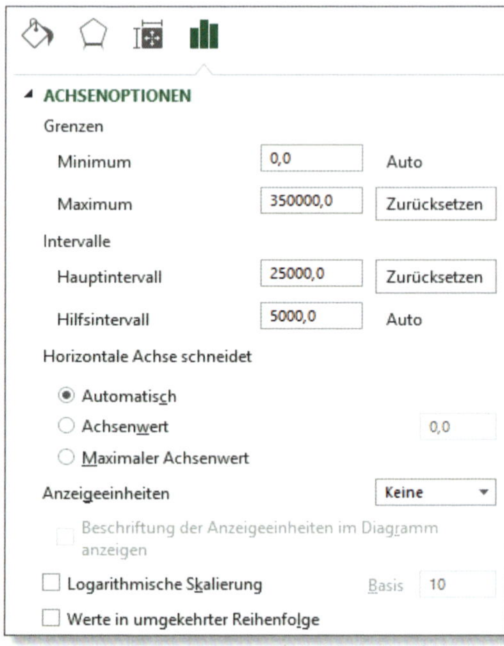

Abbildung 9.37 *Hier können auch schräge Rubriken festgelegt werden. Die Schräge wird als Winkel angegeben.*

Für die Achsenbeschriftungen ist die Gruppe **Ausrichtung** wichtig, die das Symbol **Größe und Eigenschaften** unter **Achsenoptionen** anbietet. Das gilt insbesondere, wenn längere Beschriftungen notwendig sind. Excel zeigt die Rubriken, wenn möglich, zunächst horizontal an. Treten Überlappungen auf, werden die Rubriken schräg oder vertikal ausgegeben.

Für die Schrägstellung der Beschriftung wird unter **Benutzerdefinierter Winkel** ein entsprechender Wert eingestellt. Außerdem finden Sie in dem Listenfeld zu **Textrichtung** zwei Winkelwerte, um die Texte senkrecht auszurichten.

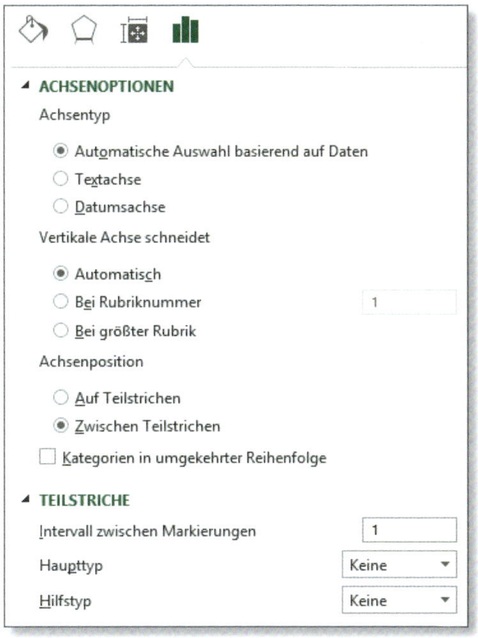

Abbildung 9.38 Hier geht es um die Anordnungen der Beschriftungen.

In der Gruppe **Teilstriche** zu dem Symbol **Achsenoptionen** können Sie unter **Haupttyp** und **Hilfstyp** mehrere Optionen zur Positionierung wählen. Über die Option **Kategorien in umgekehrter Reihenfolge** können Sie bei Bedarf die Abfolge der Einträge umdrehen, was speziell bei Balkendiagrammen gelegentlich sinnvoll ist.

Unter **Achsentyp** ist die Option **Automatische Auswahl basierend auf Daten** voreingestellt. Die Wirkung dieser Einstellung soll hier kurz an dem Beispiel demonstriert werden, das wir schon in Kapitel 8, »Daten mit Sparklines visualisieren«, ab Seite 365 verwendet haben. Die Tabelle enthält eine Reihe von Tageskursen, wobei die Datumswerte aber nicht kontinuierlich aufeinanderfolgen. Excel interpretiert die Werte in Zeile 4 korrekt als Datumswerte und erzeugt automatisch eine Datumsachse, die die Lücke mit den fehlenden Tagen füllt.

Ist dies nicht erwünscht, können Sie die Einstellung **Textachse** verwenden, die die in Zeile 4 vorhandenen Werte unverändert auf die Achse legt. Abbildung 9.39 zeigt oben das Diagramm mit der Datumsachse, unten das Diagramm mit der Textachse.

WKN	02. Mrz	03. Mrz	04. Mrz	11. Mrz	18. Mrz
gh5588	30,80	30,38	30,46	30,17	30,99

Abbildung 9.39 Das obere Diagramm verwendet eine Datumsachse, das untere eine Textachse.

Skalierung der Werteachse

Bei numerischen Achsen finden Sie unter **Achsenoptionen** vor allem Einstellungen zur Skalierung. Handelt es sich um eine Größenachse (bei XY-Diagrammen sind das beide Achsen, bei allen anderen immer nur eine Achse), dann liefert diese Seite alle Möglichkeiten, um die Anzahl der Teilstriche und damit die Anzahl der Beschriftungen an einer Achse individuell zu regeln.

Durch eine geeignete Skalierung lässt sich hier das Diagramm übersichtlicher gestalten. Sie können z. B. dafür sorgen, dass weniger Zahlen an der Größenachse stehen, wenn Sie unter **Hauptintervall** die Option **Auto** durch einen größeren Wert ersetzen, den Sie in das Textfeld eingeben. **Auto** wird dann ersetzt durch die Schaltfläche **Zurücksetzen**, mit der Sie die Änderung notfalls wieder zurücknehmen können.

Umgekehrt können Sie auch unter **Hilfsintervall** einen kleineren als den automatischen Wert angeben, um mehr Teilstriche zwischen den Hauptintervallen unterzubringen.

Durch Vergrößern des Werts für **Maximum** erreichen Sie, dass oben in der Zeichnungsfläche etwas mehr freier Raum übrig bleibt, was oft besser aussieht als die automatische Einstellung.

Wenn die Werte alle sehr eng zusammenliegen, besteht auch die Möglichkeit, den Wert für **Minimum** zu vergrößern. Dann wird von einer Säule beispielsweise unten ein Stück abgeschnitten, sodass die Unterschiede zwischen den Werten etwas besser zu sehen sind.

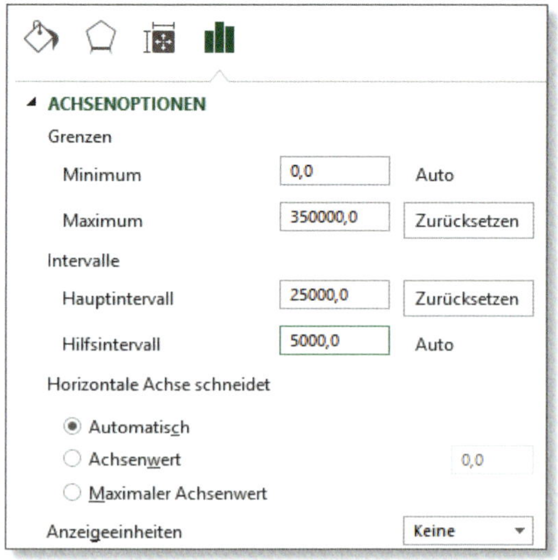

Abbildung 9.40 *Die Skalierung der Achse erfolgt entweder automatisch oder durch die Festlegung für »Minimum« und »Maximum«.*

Liegen die Werte dagegen sehr weit auseinander, sodass von den kleinen Werten nur noch wenig zu sehen ist, hilft unter Umständen die Option **Logarithmische Skalierung**. Bei dieser Skalierung sind die Abstände

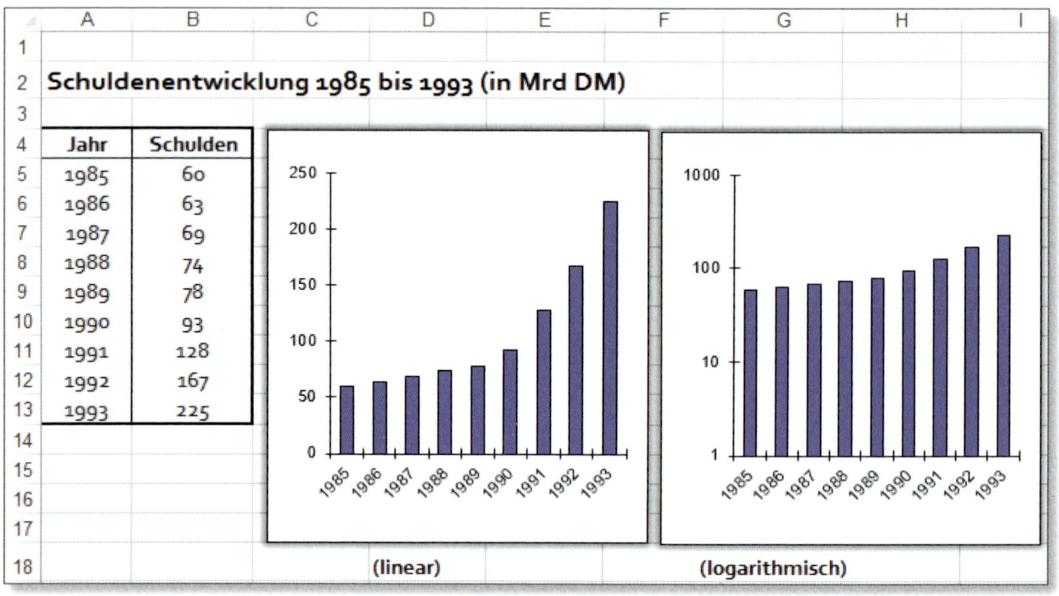

Abbildung 9.41 *In diesem Fall sorgt die logarithmische Skalierung für einen weniger dramatischen Eindruck.*

zwischen 1 und 10 so groß wie auch die zwischen 10 und 100, 100 und 1.000 usw. Benutzt wird diese Skalierungsart häufig in naturwissenschaftlichen Darstellungen.

TIPP

Automatisch oder nicht
Solange Sie für die Skalierung der Achse die Option **Auto** eingeschaltet lassen, nimmt Excel die Skalierung nach den vorhandenen Werten vor. Ändern Sie Werte in der Tabelle, wird die Skalierung – wenn nötig – erneut angepasst. Geben Sie dagegen einen bestimmten Wert ein, ist die automatische Anpassung der Skalierung auch für die Zukunft außer Kraft gesetzt.

Wahl der Größeneinheit

Es gibt auch die Möglichkeit, die großen Werte in den Beschriftungen der Achse zu *verkleinern*. Dazu dient unter **Achsenoptionen** das Listenfeld **Anzeigeeinheiten**.

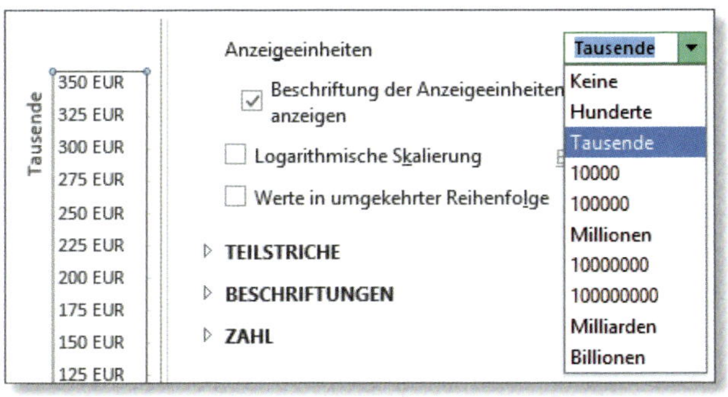

Abbildung 9.42 *Bei sehr großen Werten ist es oft sinnvoll, eine andere Anzeigeneinheit zu wählen.*

Wenn Sie beispielsweise nur Tausender oder Millionen angezeigt haben wollen, wählen Sie hier den entsprechenden Eintrag aus. Gleichzeitig können Sie abhaken, dass eine entsprechende Beschriftung angezeigt wird. Achten Sie darauf, dass die Zahlen entsprechend formatiert sind, wie es im nächsten Abschnitt beschrieben wird.

Allerdings ist es dafür notwendig, das Währungsformat über **Zahl** abzuschalten. Sonst würden »200.000 EUR« als *200 EUR* angezeigt werden.

Achsenlinien

Für die Darstellung der Achsen stehen im Aufgabenbereich **Achse formatieren** unter **Füllung** und **Linie** und unter dem Symbol **Effekte** zahlreiche Gestaltungsoptionen zur Verfügung, die hier nicht alle im Detail vorgestellt werden sollen, weil sie weitgehend selbsterklärend angeboten werden. So kann beispielsweise die Größenachse durch eine Pfeillinie dargestellt werden, wie Abbildung 9.34 zeigt.

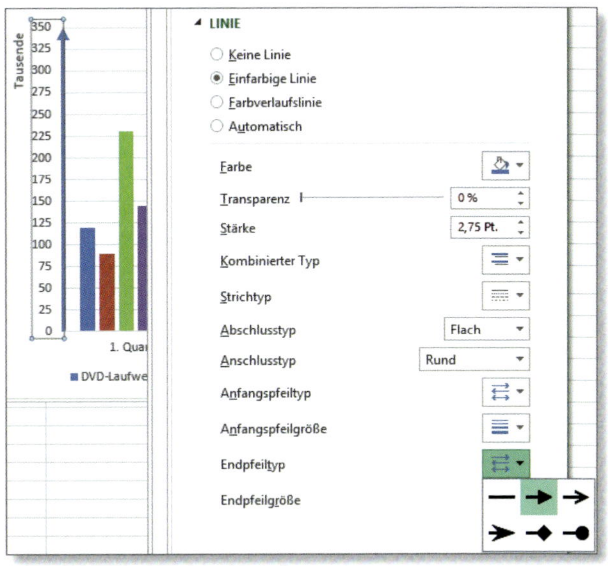

Abbildung 9.43 *Die Größenachse kann auch in Form eines Pfeils angezeigt werden.*

Zahlenformate festlegen

Bei der Größenachse können Sie das **Zahlenformat** der angezeigten Werte unter **Zahl** bestimmen.

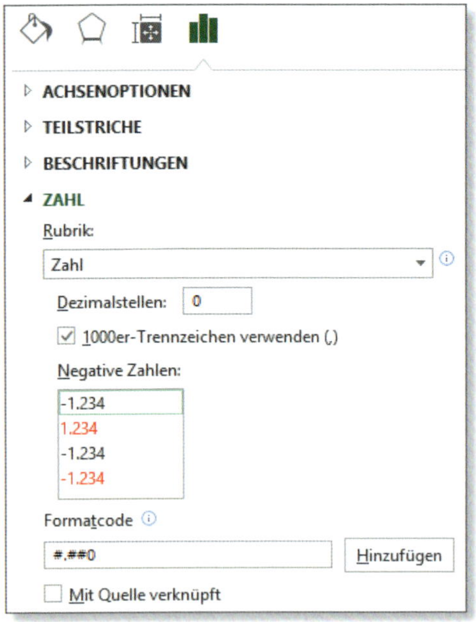

Abbildung 9.44 *Für das Zahlenformat der Größenachse stehen dieselben Optionen zur Verfügung wie bei den Werten in der Tabelle.*

Hier ist insbesondere bei der Beschriftung mit Prozentangaben zu beachten, dass alle Zahlen mit 100 multipliziert werden. Das Kontrollkästchen **Mit Quelle verknüpft** bezieht sich hier übrigens nur auf das Format der Zahlen, nicht auf den Inhalt. Ist es abgehakt, wird das Format der Daten aus der Tabelle immer übernommen, im anderen Fall nicht. Die Formatierung der Zahlen im Diagramm kann dann unabhängig von dem Format der Zahlen in der Tabelle definiert werden, etwa um die Darstellung im Diagramm zu verbessern.

Gitternetzlinien helfen beim Ablesen der Werte

Unmittelbar mit den Achsen hängen auch die Gitternetzlinien zusammen, bei denen die Teilstriche einer Achse auf dem Hintergrund des Diagramms durchgezogen sind. Eine derartige Darstellung macht zwar das ganze Diagramm etwas unruhiger, lässt aber gleichzeitig ein genaueres Ablesen der Werte anhand der grafischen Darstellung zu. Alle hier angebotenen Einstellungen sind unmittelbar verknüpft mit den Einstellungen, die Sie bei der Skalierung vorgenommen haben.

Der Nutzen von Gitternetzlinien wird an dem Beispiel in Abbildung 9.45 besonders deutlich. Der abgebildete Graph der Funktion `y=x^2` ist ohne Gitternetzlinien allenfalls zu illustrativen Zwecken zu gebrauchen.

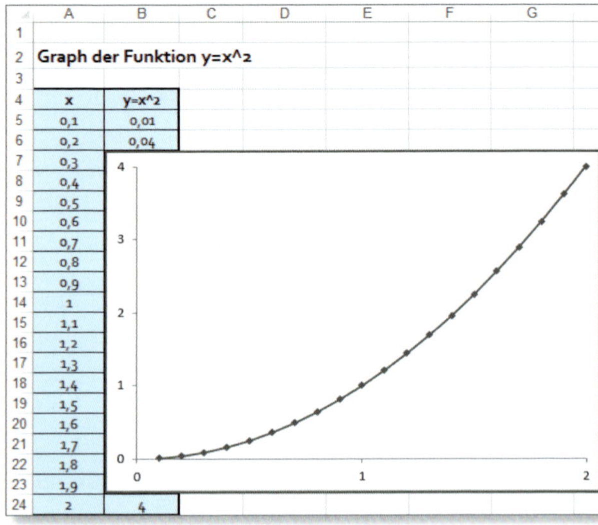

Abbildung 9.45 *Ohne Gitternetzlinien ist ein XY-Diagramm nur schwer lesbar.*

Das Diagramm kann aber leicht so gestaltet werden, dass es wie auf Millimeterpapier gezeichnet aussieht:

1. Nach der Erstellung des Diagramms benutzen Sie auf dem Register **Entwurf** in der Gruppe **Diagrammlayouts** die Schaltfläche **Diagrammelement hinzufügen** und die Option **Gitternetzlinien**.
2. Sie öffnet eine Palette, mit der Sie nacheinander für die horizontale und für die vertikale Achse ein Haupt- und Hilfsgitternetz auswählen können. Das gleiche Angebot finden Sie auch, wenn Sie das **+**-Symbol neben dem Diagramm benutzen und im Untermenü die verschiedenen Gitterlinien abhaken.

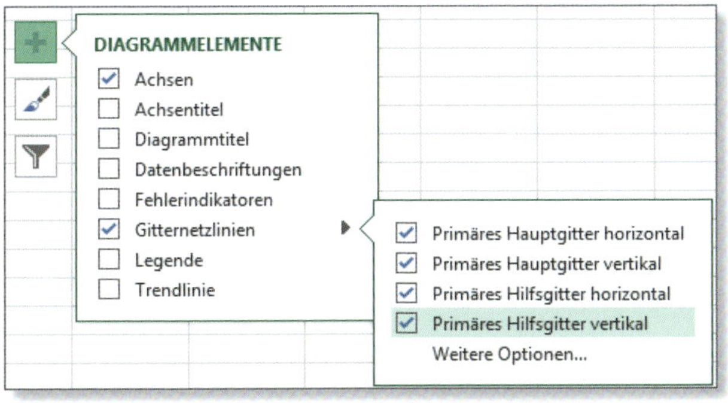

Abbildung 9.46 *Auswahl der Gitternetzlinien für beide Richtungen*

3 Die Skalierung im Aufgabenbereich **Achse formatieren** schränken Sie für die y-Achse auf einen Höchstwert von »4« und bei der x-Achse auf einen Höchstwert von »2« ein. Außerdem legen Sie die Hauptintervalle beider Achsen auf »1«, die Hilfsintervalle auf »0,1« fest.

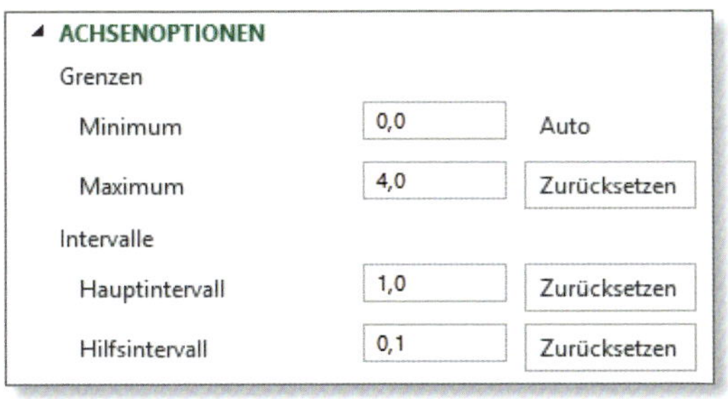

Abbildung 9.47 *Die Skalierung für die y-Achse*

4 Wenn die als Vorgabe eingefügten Gitternetzlinien zu dunkel sind und in dieser Dichte das ganze Diagramm stören, sollten Sie den Aufgabenbereich für die Formatierung des Hauptgitternetzes öffnen und unter **Linie** > **Farbe** eine hellere Farbe auswählen oder auch unter **Stärke** die Strichstärke verändern.

5 Das Hilfsgitternetz können Sie dann ebenfalls anpassen. Zum Wechsel in den entsprechenden Aufgabenbereich reicht jeweils das Anklicken oder Antippen einer der Linien.

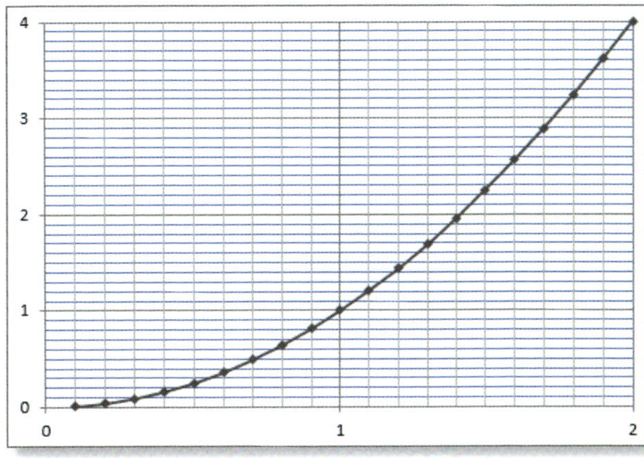

Abbildung 9.48 *Wie auf Millimeterpapier gezeichnet sind die Werte leichter ablesbar.*

9.7 Mit mehreren Achsen arbeiten

Trotz der gut gemeinten Warnung, Äpfel möglichst nicht mit Birnen zu vergleichen, gibt es doch manchmal Situationen, in denen es nützlich ist, in einem einzigen Diagramm zwei ganz unterschiedliche Entwicklungen zu vergleichen. Die Voraussetzung ist allerdings, dass es da einen inneren Bezug gibt, der durch das Diagramm sichtbar gemacht werden kann.

Wenn Sie beispielsweise einen Onlineladen betreiben, ist die Wahrscheinlichkeit hoch, dass die Anzahl der Besuche Ihrer Website und der über diese Website erzielte Umsatz in einer gewissen Beziehung stehen. Die Umsatzwerte und die Besucherzahlen benötigen aber eine ganz andere Skalierung, und deshalb bietet es sich an, ein Diagramm mit zwei Werteachsen zu erstellen. Hier ist das Verfahren:

1 Markieren Sie zunächst den Datenbereich wie üblich als geschlossenen Datenblock, in diesem Fall A4:C16.

	A	B	C
1			
2	**Umsatz und Besucherzahlen**		
3			
4		Umsatz	Besucher
5	Jan	6840	805
6	Feb	2931	304
7	Mrz	2855	286
8	Apr	5490	561
9	Mai	7729	856
10	Jun	5994	730
11	Jul	2830	467
12	Aug	5463	687
13	Sep	1525	186
14	Okt	9426	1063
15	Nov	3257	353
16	Dez	3984	524

∧ ***Abbildung 9.49*** *Die Ausgangstabelle für ein Diagramm mit zwei Werteachsen*

2 Erzeugen Sie ein Liniendiagramm über **Einfügen > Diagramme > Liniendiagramm einfügen** mit dem ersten Untertyp unter **2D-Linie**.

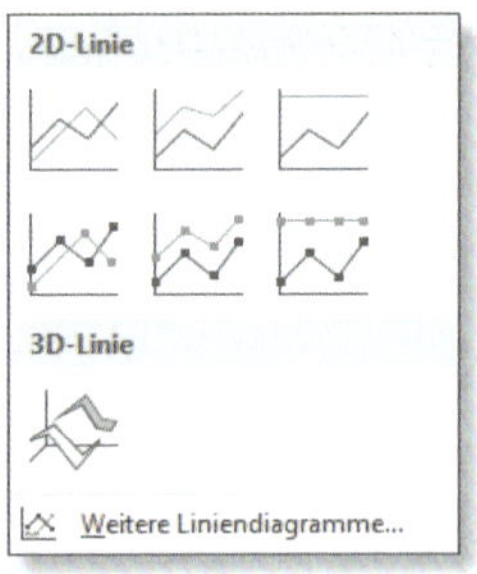

∧ ***Abbildung 9.50*** *Untertypen des 2D-Liniendiagramms*

3 Das erste Ergebnis ist nicht besonders brauchbar, weil die Besucherzahlen dieselbe Skala auf der Werteachse benutzen wie die Umsatzwerte.

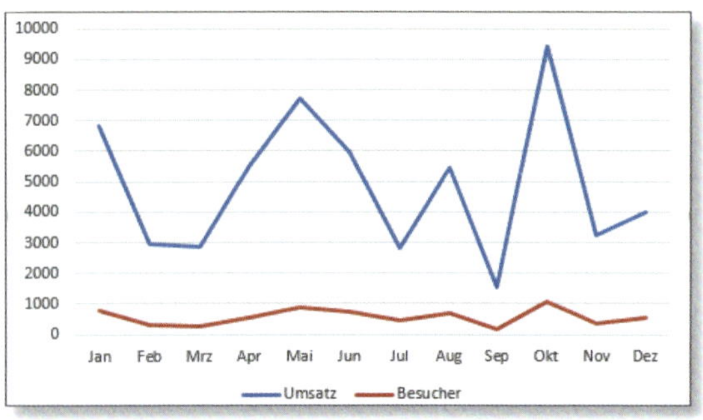

∧ ***Abbildung 9.51*** *Die gleiche Skala für Werte unterschiedlichen Typs ist keine brauchbare Lösung.*

4 Klicken oder tippen Sie die Linie mit den Besucherzahlen im Diagramm doppelt an, um den Aufgabenbereich **Datenreihen formatieren** zu öffnen.

5 Aktivieren Sie unter **Reihenoptionen** die Option **Sekundärachse**.

∧ ***Abbildung 9.52*** *Der Datenreihe wird eine zweite Achse zugewiesen.*

Excel plottet die Datenreihe mit den Besucherwerten jetzt mit Bezug auf die neue Achse, die an der rechten Seite des Diagramms eingefügt wird. Die Skalierung wird automatisch an der höchsten Besucherzahl orientiert. Nun wird sichtbar, dass die Daten tatsächlich einen sehr engen Bezug zwischen den Besucherzahlen und den Umsätzen erkennen lassen.

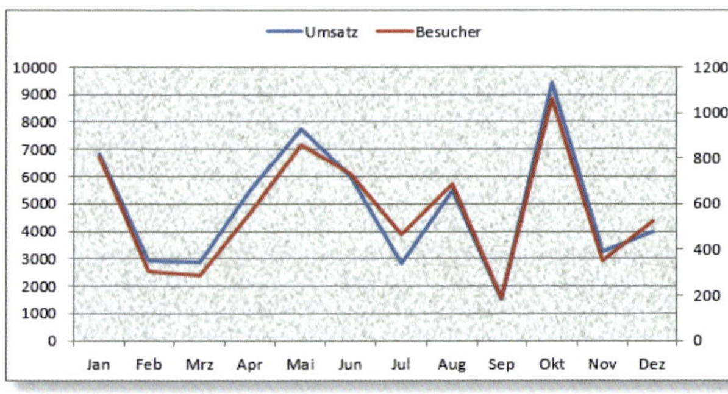

∧ ***Abbildung 9.53*** *Diagramm mit unterschiedlichen Werteskalen*

Bei Bedarf können Sie die Skalierung der neuen Achse unabhängig von der Skalierung der linken Achse vornehmen. Doppelklick oder -tipp auf die rechte Achse öffnet den Dialog dazu.

> **TIPP**
>
> **Skalen tauschen**
> Wenn Sie die Skalen tauschen wollen, also links die Besucherskala und rechts die Umsatzskala, markieren Sie die Datenreihe mit den Umsätzen und erklären diese zur Sekundärachse, wie in Schritt 10 beschrieben.

9.8 Diagramme ausreichend beschriften

Ein Diagramm ohne ein Mindestmaß an Beschriftungen ist meist schwer zu deuten, es sei denn, die zugehörige Tabelle ist direkt dabei, und die Daten lassen sich sehr einfach zuordnen, wie wir es für die Sparklines beschrieben haben.

Einfügen und Formatieren von Beschriftungen

Fehlen einzelne Beschriftungen, etwa ein Achsentitel, können Sie auf dem Register **Entwurf** die verschiedenen Optionen im Menü der Schaltfläche **Diagrammelement hinzufügen** verwenden.

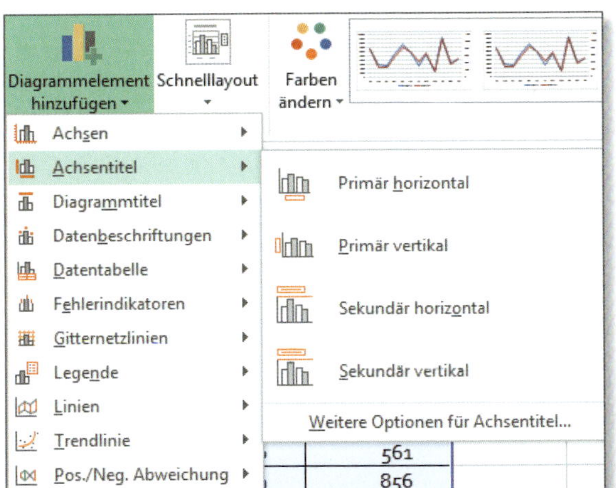

Abbildung 9.54 *Beschriftungsoptionen der Schaltfläche »Diagrammelement hinzufügen«*

Diese Beschriftungen werden zunächst an vorgegebenen Orten mit Vorgabetexten und voreingestellten Schriftattributen eingefügt, doch Sie können leicht alles wieder ändern. Hierzu genügt es, das entsprechende Textelement auszuwählen. Nachdem es markiert ist, können Sie einfach losschreiben. Klicken oder tippen Sie zum Abschluss außerhalb des Textrahmens. Bei längeren Texten können Sie mit [↵] auch einen Zeilenumbruch erzwingen.

Titel einfügen

Das automatisch generierte Diagramm kann in der Regel in puncto Beschriftung noch einige Ergänzungen vertragen. Vorrangig ist insbesondere ein Diagrammtitel. Zunächst lässt sich unter **Diagrammtitel** auswählen, ob der Titel über das Diagramm zentriert – das ist die Option **Zentrierte Überlagerung** – oder mit **Über Diagramm** innerhalb des Diagrammbereichs eingefügt wird, wobei die Größe der Zeichnungsfläche verändert wird. In beiden Fällen wird ein Textfeld eingefügt, in das Sie den Titel eintragen können. Das Feld kann mit Maus, Finger oder Stift verschoben werden. **Weitere Titeloptionen** öffnet den Aufgabenbereich, in dem der Titel formatiert werden kann.

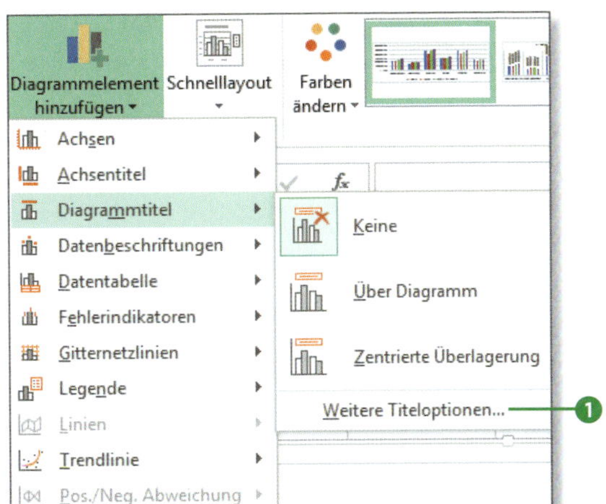

Abbildung 9.55 *Optionen für die Platzierung eines Diagrammtitels*

Wenn Sie den Text markieren, steht Ihnen über das Kontextmenü auch die Minisymbolleiste zur Verfügung, um den Titel zu gestalten.

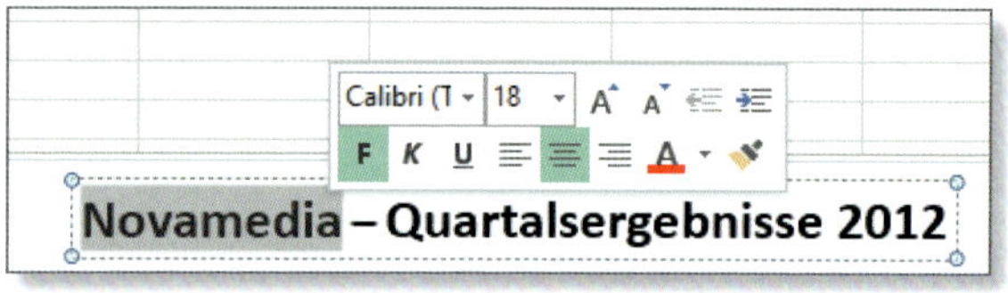

Abbildung 9.56 Die Minisymbolleiste kann zum Formatieren des Titels verwendet werden.

Weitere Titeloptionen ❶ (Abbildung 9.55) öffnet den Aufgabenbereich **Diagrammtitel formatieren**, in dem Sie alle Formateigenschaften des Titels festlegen können.

Abbildung 9.57 Der Aufgabenbereich für die Formatierung des Diagrammtitels bietet zahlreiche Effekte an.

Variable Diagrammtitel

Anstatt einen Diagrammtitel direkt in das betreffende Textfeld einzutragen, können Sie auch mit einem Bezug auf eine Beschriftung in der Tabelle arbeiten.

Geben Sie dazu in der Bearbeitungsleiste ein Gleichheitszeichen ein, und markieren Sie die Zelle, die den Text enthält. Nach der Bestätigung mit ↵ wird der Text in das Diagramm übernommen. Steht der Text z. B. in der Zelle B1 des Tabellenblatts *Quartalsergebnisse2012*, muss `=Quartalsergebnisse2012!$B$1` eingetragen sein, also ein Bezug mit dem zugehörigen Blattnamen. Der Zellbezug `=B2` allein genügt also nicht.

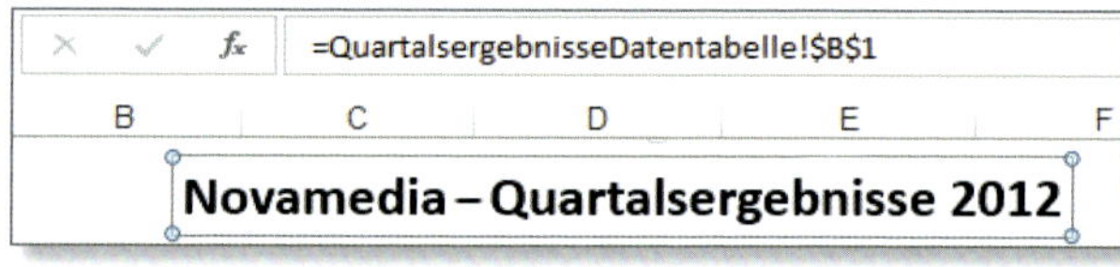

Abbildung 9.58 Übernahme eines Titels aus einer Zelle

Diese vielleicht etwas umständlich anmutende Technik hat den Vorteil, dass Sie auf diese Weise variable Beschriftungen erzeugen können. Wenn Sie z. B. eine Monatsauswertung jedes Mal neu als Diagramm ausgeben wollen, können Sie die Monatsbezeichnung automatisch in den Diagrammtitel übernehmen.

TIPP

Fußnoten
Bedauerlicherweise fehlt bei den vorgegebenen Texteinträgen immer noch eine Diagrammunterschrift (oft auch Fußnote genannt), die in professionellen Darstellungen unbedingt erforderlich ist: Im Allgemeinen werden hier die Quellenangaben und mitunter auch Anmerkungen zum Diagramm untergebracht. Da hilft die Möglichkeit, über das Symbol **Textfeld** aus der Gruppe **Layout > Einfügen** ein eigenes Textfeld einzusetzen.

Legenden und weitere Optionen

Während Sie durch die Auswahl des Diagrammdatenbereichs schon festlegen können, woher die Legendentexte stammen, öffnet die Option **Diagrammelement hinzufügen > Legende** eine Palette mit zahlreichen Positionen, die die Legende einnehmen kann.

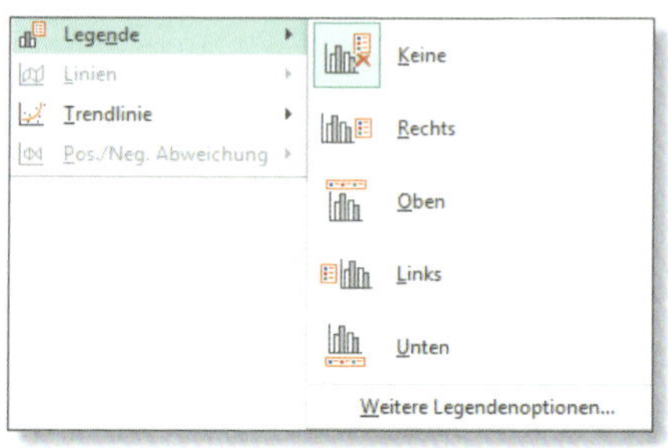

Abbildung 9.59 Optionen für die Legenden-Anordnung

Wollen Sie beispielsweise etwas Platz bei der Breite des Diagramms sparen, können Sie die Legende auch über oder unter der Zeichnungsfläche anzeigen lassen. Excel übernimmt dann den an der Seite frei werdenden Raum sofort für die Zeichnungsfläche.

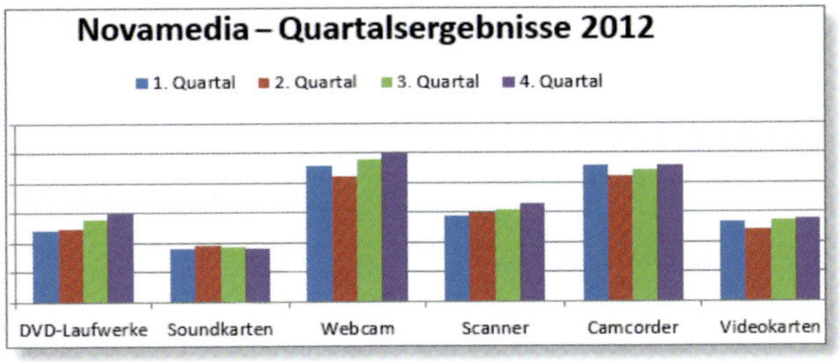

∧ ***Abbildung 9.60*** *Wenn die Legende nicht zu viele Positionen enthält, lässt sie sich gut in einer Zeile anzeigen.*

Legenden sind immer dann notwendig, wenn wie in unserem Beispiel mehrere Datenreihen vorhanden sind. Der Text einer Legende kann übrigens nicht direkt im Diagramm geändert werden, sondern nur in der Zelle, von der er übernommen wird.

Bei 3D-Diagrammen kann die zu einer Datenreihe gehörende Beschriftung auch als Achsenbeschriftung verwendet werden. Es ist dann sinnvoll, zu entscheiden, ob eine Legende oder eine Achsenbeschriftung verwendet werden soll, denn beides ist im Allgemeinen nicht hilfreich und würde das Diagramm überladen. Bei langen Beschriftungen der Datenreihen ist es meist günstiger, mit Legenden zu arbeiten.

Achsentitel einfügen

Manchmal ist es sinnvoll, auch für die Achsen Titel zu vergeben. Sie sollten kurz und prägnant ausdrücken, was die Achsen bedeuten. In unserem Beispiel aus Abbildung 9.13 werden die Umsatzwerte auf der Werteachse mit der Währungsbezeichnung angezeigt, die zunächst einfach über das Format der Daten in der Tabelle übernommen wird.

Es bietet sich an, diese Bezeichnung in den Achsentitel zu verschieben, sodass die Werte kompakter dargestellt werden können. Für die Rubrikenachse fehlt noch ein Titel, der aussagt, dass es sich hier um Warengruppen handelt. Hier sind die notwendigen Schritte:

1 Ändern Sie zunächst das Zahlenformat für die Werteachse, wie oben im Abschnitt »Zahlenformate festlegen« ab Seite 397 beschrieben. Wählen Sie ein Format ohne Währungszeichen.

2 Wählen Sie über die Schaltfläche **Diagrammelement hinzufügen** die Option **Achsentitel > Primär vertikal**.

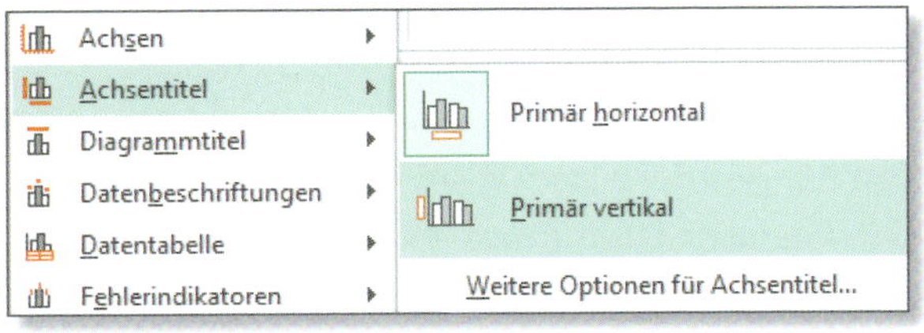

∧ ***Abbildung 9.61*** *Einfügen einer Beschriftung für die vertikale Achse*

3 Excel fügt ein vertikal zentriertes Textfeld mit dem Dummy-Text *Achsentitel* ein. Der Text wird dabei gegen den Uhrzeigersinn gedreht, also von unten nach oben ausgerichtet.

4 Überschreiben Sie die Vorgabe mit der Bezeichnung »EUR«.

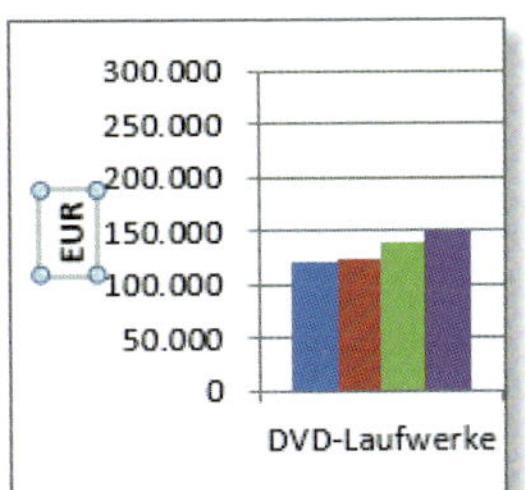

∧ ***Abbildung 9.62*** *Der gedrehte Achsentitel*

5 Anschließend wählen Sie noch die horizontale Achse aus.

6 Mit **Achsentitel > Primär horizontal** fügen Sie ein Textfeld für die Rubrikenachse ein.

7 Ersetzen Sie den Dummy-Text durch »Warengruppen«.

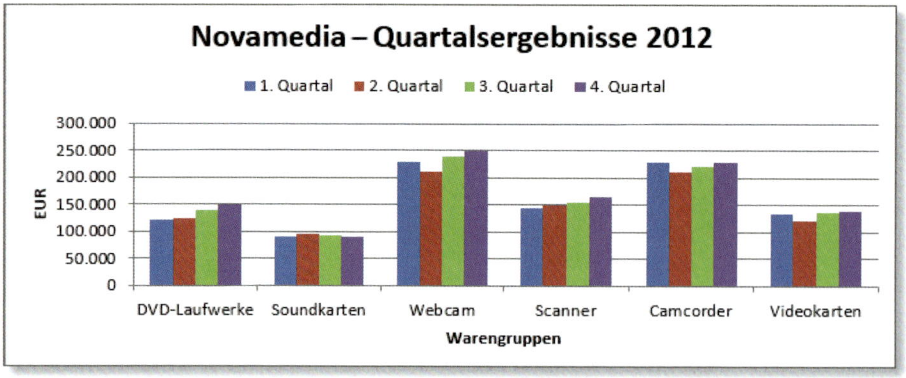

< ***Abbildung 9.63*** *Die Beschriftung gibt nun alle nötigen Informationen darüber, was die Säulen im Diagramm darstellen.*

Excel passt die Zeichnungsfläche des Diagramms für beide Achsentitel automatisch so an, dass die neuen Elemente im Diagrammbereich passabel eingeordnet werden können.

Datenbeschriftungen

Hauptsächlich bei Kreisdiagrammen werden häufig die für das Diagramm verwendeten Werte auch direkt in das Diagramm oder in die Nähe der einzelnen Tortenstücke eingetragen. Diese Elemente werden als Datenbeschriftungen bezeichnet.

Im Prinzip sind bei vielen Diagrammtypen Datenbeschriftungen möglich, aber oft stellt sich das Problem, dass diese Beschriftungen sich gegenseitig stören und deshalb von dem, was sie beschriften sollen, etwas entfernt abgelegt werden müssen. Die Lösung sind dann oft Verbindungslinien zwischen der Datenbeschriftung und den beschrifteten Datenpunkten.

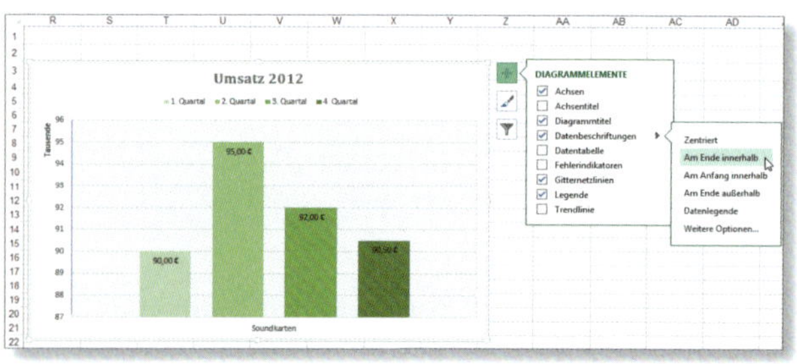

^ ***Abbildung 9.64*** *Einfügen von Datenbeschriftungen für ein Säulendiagramm*

Excel 2013 bringt zu diesem Thema nun einige Verbesserungen, die Ihnen mehr Spielraum bei der Formatierung der Datenbeschriftungen geben. Führungslinien stehen jetzt nicht mehr nur für Kreisdiagramme zur Verfügung.

Das Einfügen von Datenbeschriftungen können Sie am schnellsten über das **+**-Symbol vornehmen. Wenn Sie dort **Datenbeschriftungen** abhaken, stehen Ihnen über das kleine Dreieck je nach Diagrammtyp unterschiedliche Optionen zur Positionierung und Gestaltung zur Verfügung, beispielsweise die Option **Datenlegende**, die die Werte in eine Art Sprechblase einfügt. In jedem Fall finden Sie hier auch die Option **Weitere Optionen**.

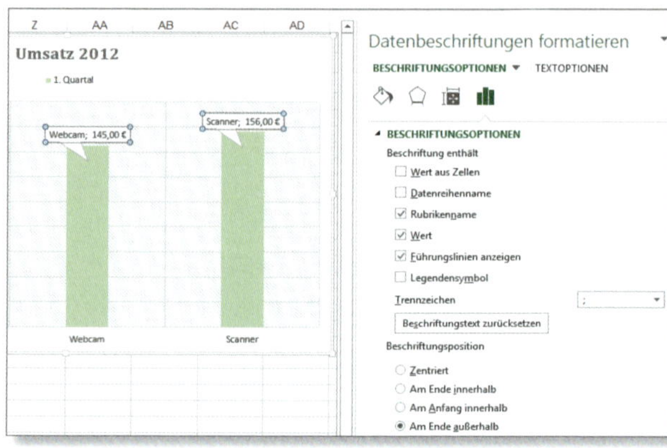

^ ***Abbildung 9.65*** *Der Aufgabenbereich für die Formatierung der Datenbeschriftungen*

Damit blenden Sie den umfangreichen Aufgabenbereich **Datenbeschriftungen formatieren** ein. Über die vier Symbole finden Sie dort Gruppen zu **Füllung** und **Rahmen**, zu den verschiedenen Effekten, zu **Größe** und **Ausrichtung**, zu speziellen Beschriftungsoptionen und zur Zahlenformatierung.

Unter den **Beschriftungsoptionen** wählen Sie zunächst den Inhalt der Beschriftung aus. Neben dem nackten Zahlenwert lassen sich auch noch der Rubrikenname oder der Datenreihenname einfügen.

Was die Werte betrifft, können Sie unter **Zahl** entweder eines der vorgegebenen Formate auswählen oder unter **Formatcode** ein eigenes Format angeben, etwa um die Daten möglichst kompakt anzuzeigen.

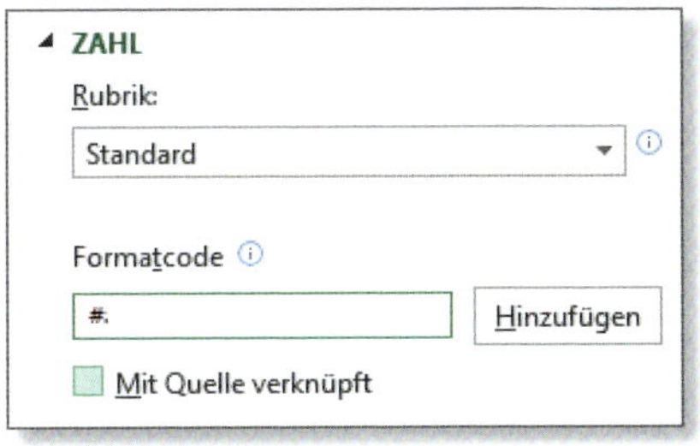

Abbildung 9.66 *Mit dem Formatcode »#.« werden nur noch die Tausender ausgegeben.*

Wenn die Anzeige der Führungslinien aktiviert ist, wird eine Verbindung zwischen Beschriftung und Datenpunkt hergestellt, falls Sie die Beschriftung aus ihrer vorgegebenen Position verschieben. Wenn Sie die Beschriftungen an eine andere Stelle ziehen, werden die Linien automatisch angepasst.

Diese Führungslinien wiederum lassen sich anschließend im Diagramm auswählen und über den Aufgabenbereich **Führungslinie formatieren** unter **Linie** in allen Varianten gestalten, die auch sonst für Linien angeboten werden.

Die Form, in die die Beschriftung eingefügt wird, beispielsweise die der Datenlegende, kann bei Bedarf auch ausgetauscht werden gegen andere Formen aus der Formenpalette, die Excel sonst über **Einfügen > Illustrationen > Formen** anbietet. Öffnen Sie dazu das Kontextmenü einer Beschriftungsform, und benutzen Sie die Option **Datenbeschriftungsformen ändern**. Wählen Sie die gewünschte Form aus der Palette. Excel tauscht die Form für alle Beschriftungen des Diagramms.

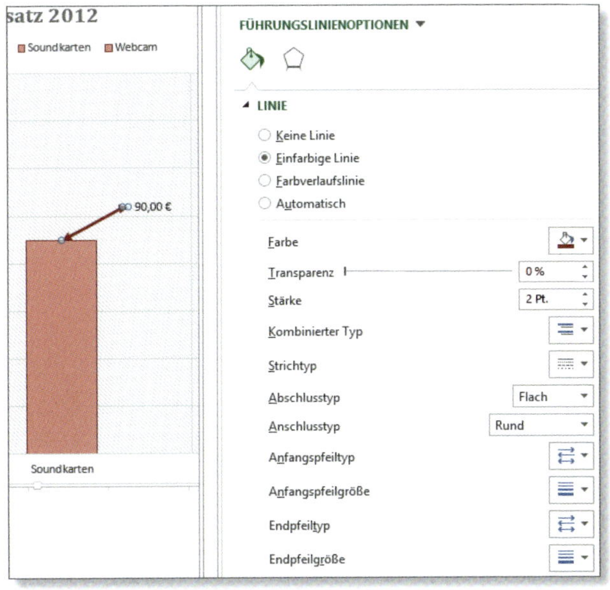

Abbildung 9.67 *Formatierung der Führungslinien*

Im Einzelfall gibt es auch die Möglichkeit, gezielt eine zusätzliche Beschriftung für einen bestimmten Datenpunkt in das Diagramm einzubauen, um ihn besonders hervorzuheben oder zu kommentieren. Klicken oder tippen Sie die entsprechende Beschriftung zweimal an, sodass nur diese ausgewählt ist. Benutzen Sie im Kontextmenü die Option **Datenbeschriftungsfeld einfügen**. Wählen Sie eine der angebotenen Optionen. Wenn Sie **Zelle** nehmen, können Sie anschließend eine Zelle auswählen, in der der Text der Beschriftung abgelegt ist. Dieser Text wird dann an die bisherige Beschriftung angehängt.

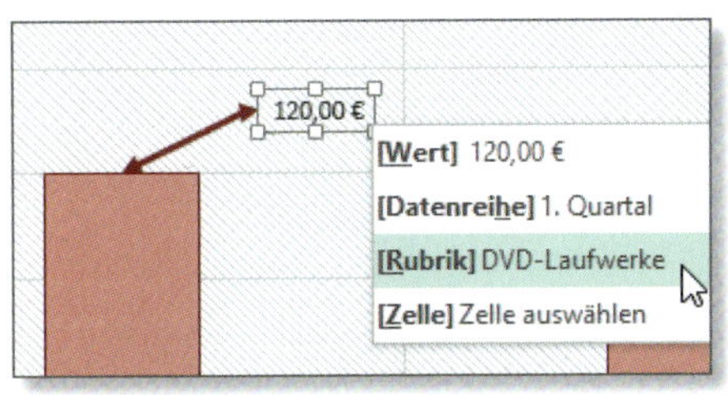

Abbildung 9.68 *Erweitern einer einzelnen Beschriftung*

Erfreulicherweise verwirft Excel die Mühe, die Sie sich vielleicht mit der Gestaltung von Beschriftungen gemacht haben, nicht, wenn Sie auf die Idee kommen, noch einmal den Diagrammtyp zu wechseln. Das Programm versucht, die bestehenden Einstellungen bei dem neuen Diagrammtyp so gut wie möglich beizubehalten.

TIPP

Beschriftung editieren
Wenn Sie eine Datenbeschriftung anklicken oder antippen, werden zunächst alle Beschriftungen ausgewählt. Ein weiterer Klick wählt eine einzelne Beschriftung aus. Wenn es nötig ist, können Sie die Beschriftung in derselben Weise bearbeiten wie den Text eines Diagramm- oder Achsentitels, etwa um Hinweise zu einem bestimmten Wert einzufügen. Allerdings müssen Sie beachten, dass Excel eine bearbeitete Beschriftung nicht mehr automatisch ändert, wenn die Tabelle geändert wird.

Datentabellen

Wenn ein Diagramm mit relativ wenigen Positionen in der Legende auskommt, haben Sie noch eine andere Möglichkeit, die Beziehung zwischen dem Diagramm und den zugrunde liegenden Daten deutlich zu machen. Über das +-Symbol zu dem ausgewählten Diagramm finden Sie dafür die Option **Datentabelle** mit zwei Varianten.

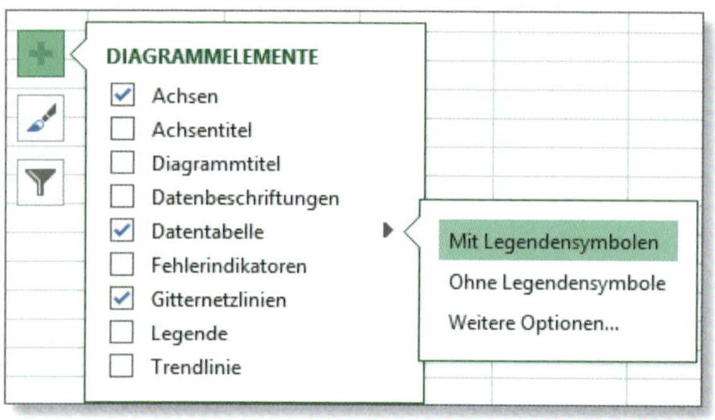

Abbildung 9.69 *Optionen für eine Datentabelle zum Diagramm*

Die erste Variante fügt direkt unter das Diagramm in einem Gitternetz eine Tabelle mit den Daten ein, die das Diagramm anzeigt. Die zweite Variante ergänzt diese Tabelle noch um beschriftete Legendensymbole. In diesem Fall können Sie auf das Einblenden einer Legende verzichten. Abbildung 9.70 zeigt die zweite Variante.

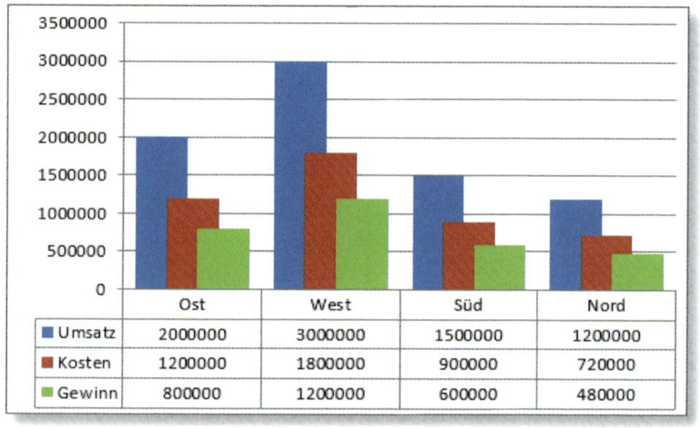

Abbildung 9.70 *Manchmal ist es ganz praktisch, die Datentabelle direkt mit dem Diagramm anzuzeigen.*

9.9 Layout und Stil für ein Diagramm wählen

Mit den vorgegebenen Diagrammtypen bzw. -untertypen ist das Angebot von Excel noch längst nicht ausgereizt. Wenn Sie sich für einen Diagrammtyp entschieden haben, stellt Ihnen Excel – abgestimmt auf diesen Typ – eine Reihe von Diagrammlayouts und eine ganze Palette von Diagrammformatvorlagen zur Verfügung.

Die Layouts geben vor, welche Diagrammelemente in dem Diagramm eines bestimmten Typs an welcher Position erscheinen. Das betrifft beispielsweise die Legende, die Anzeige oder Nichtanzeige von Gitternetzlinien oder die Datenbeschriftungen. Die Wahl eines dieser Layouts liefert nicht unbedingt ein fertiges Ergebnis, sie ist aber oft als Ausgangspunkt für die weitere Feinarbeit hilfreich.

Bei den Diagrammformatvorlagen geht es dagegen um die Formatierung der Diagrammelemente, also insbesondere um die farbliche Gestaltung, um die Art der Säulen und Linien, die Einfärbung der Zeichnungsfläche und des Diagrammbereichs.

Ein Diagrammlayout zuweisen

Die Palette der Layouts wird auf dem Register **Entwurf** in der Gruppe **Diagrammlayouts** über die Schaltfläche **Schnelllayouts** angeboten. Sie können mit der Bildlaufleiste die nicht sichtbaren Muster ansteuern oder mit der unteren Schaltfläche der Leiste die gesamte Palette öffnen.

TIPP

Achten Sie auf Ihre Beschriftungen
Beachten Sie, dass unter Umständen Elemente, die Sie bereits eingefügt haben, wie Achsentitel, durch ein Layout ohne Achsentitel gelöscht werden. In der Regel sollten Sie deshalb erst das Layout wählen und dann die Platzhalter für Beschriftungen ersetzen. Glücklicherweise kann die Zuweisung eines Layouts mit **Rückgängig** wieder zurückgenommen werden.

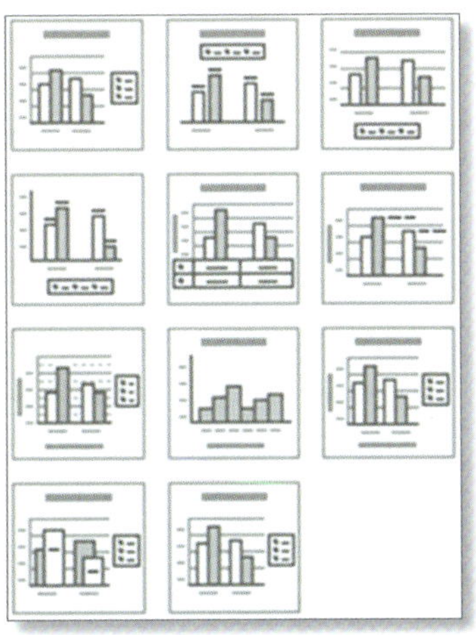

Abbildung 9.71 Die Muster der Palette zeigen, welche Elemente im Diagramm vorkommen und wie sie angeordnet sind.

Ein Klick oder Tipp auf ein Muster ordnet das entsprechende Layout dem aktuellen Diagramm zu und sortiert die Elemente neu. Abbildung 9.72 zeigt oben unser Beispieldiagramm in Layout 3, in Abbildung 9.73 sehen Sie das gleiche Diagramm in Layout 7.

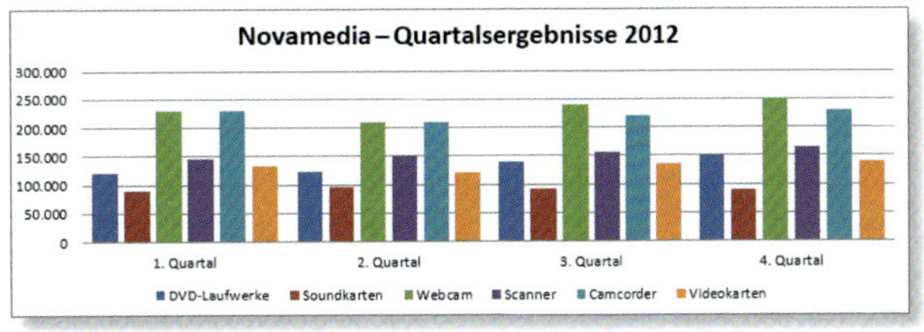

Abbildung 9.72 Säulendiagramm mit Layout 3

Und hier das Layout 9 mit Achsentiteln:

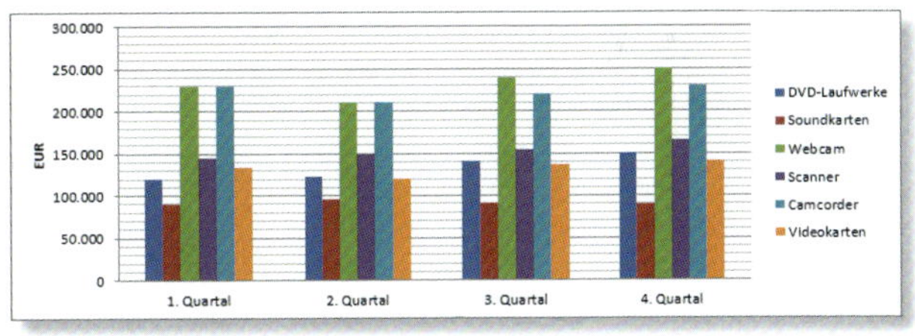

Abbildung 9.73 Mit Achsentiteln

Eine Diagrammformatvorlage zuweisen

Die Palette der Diagrammformatvorlagen auf dem Register **Entwurf** können Sie ebenfalls mit der Bildlaufleiste durchsehen oder mit der unteren Schaltfläche der Leiste ganz öffnen. Ein Klick oder Tipp auf ein Muster ordnet die entsprechende Formatierung dem ausgewählten Diagramm zu.

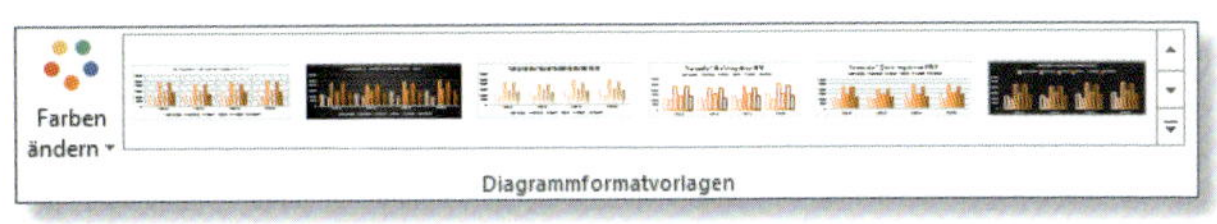

Abbildung 9.74 Die Palette der Diagrammformatvorlagen zu einem Säulendiagramm

Die Diagrammformatvorlagen bestimmen, wie die grafischen Elemente des Diagramms eingefärbt und gestaltet werden. Sie können verschiedene Muster nacheinander auswählen, um die beste Farbgebung auszuprobieren. Excel 2013 benutzt auch hier die Livevorschau, wie es bei den Zellenformatvorlagen und den Tabellenformatvorlagen der Fall ist.

Abbildung 9.75 zeigt ein Beispiel mit einer leicht getönten Zeichnungsfläche und eine Farbauswahl für die Säulen, bei denen eine Grundfarbe variiert wird.

Welche Muster Ihnen in der Palette angezeigt werden, hängt nicht nur von dem aktuellen Diagrammtyp ab, sondern auch von dem aktuell für die Arbeit mit Excel gewählten Design, wie es in Kapitel 4, »Tabellenblätter gestalten«, ab Seite 253 beschrieben ist.

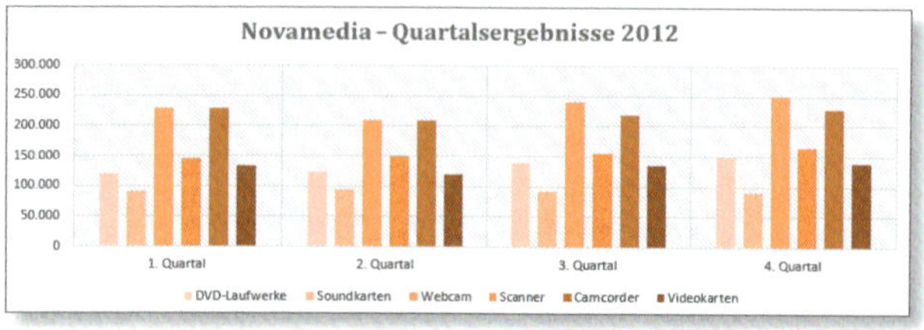

Abbildung 9.75 *Beispiel für eine der integrierten Diagrammformatvorlagen*

Die verschiedenen Designs verwenden für Diagramme nicht nur unterschiedliche Farbzusammenstellungen, sondern oft auch andere Schriftarten. Das in Abbildung 9.75 dargestellte Beispiel sieht im Design **Segment** beispielsweise so aus:

Am unteren Rand der Palette finden Sie auch einige Muster mit dunklem Hintergrund, die ganz gut für die Weitergabe an PowerPoint-Präsentationen geeignet sind.

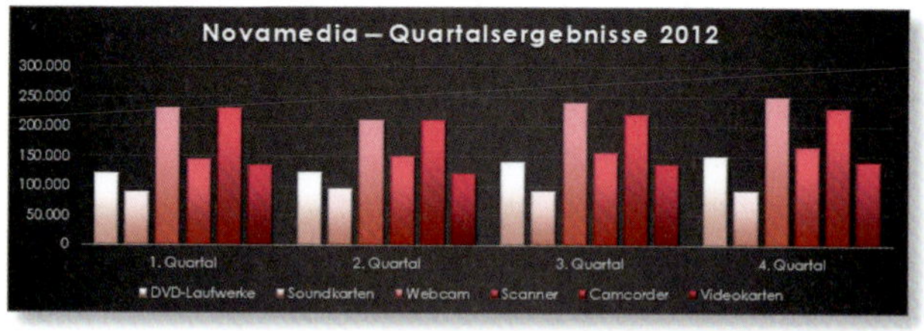

Abbildung 9.76 *Besonders für Präsentationen geeignet*

Häufig kann es ganz praktisch sein, einem Diagramm eines der vorgegebenen Formate zuzuordnen und nachträglich vielleicht eine bestimmte Eigenschaft zu ändern, beispielsweise eine andere Füllfarbe für den Diagrammbereich.

Gefällt Ihnen das Ergebnis einer solchen Korrektur dann doch nicht, rufen Sie einfach über das Kontextmenü des Diagramms die Option **Auf Formatvorl. zurücks.** auf, die die vorgenommenen Änderungen wieder kassiert. Dieser Befehl wird auch in der Gruppe **Format > Aktuelle Auswahl** angeboten.

Anders als bei den Zellenformatvorlagen haben Sie allerdings nicht die Möglichkeit, eigene Diagrammformatvorlagen zu erstellen. Wenn Sie einzelne Änderungen an einer solchen Vorlage wiederverwenden wollen, bleibt aber der Weg, diese einer Diagrammvorlage zuzuordnen, wie es im Abschnitt »Eine 3D-Diagrammvorlage erstellen« ab Seite 449 beschrieben ist.

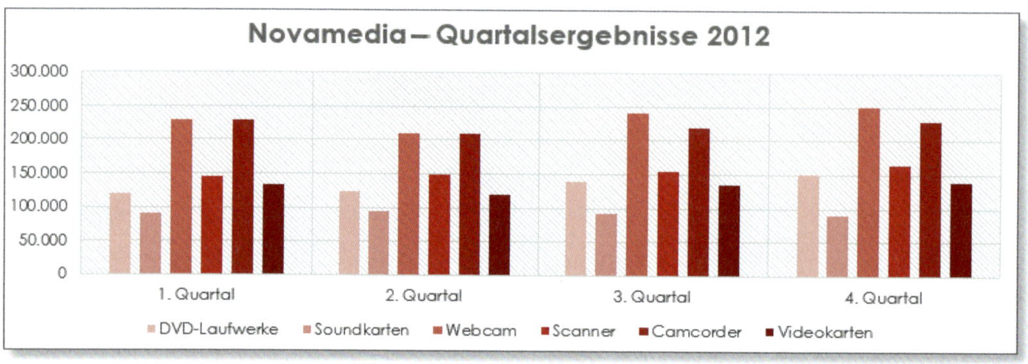

Abbildung 9.77 *Das gleiche Format im Design »Segment«*

Neben den Mustern in der Gruppe **Diagrammformatvorlagen** stellt Ihnen Excel 2013 mit der zweiten der drei Schaltflächen, die jetzt zu einem markierten Diagramm angeboten werden, einen noch schnelleren Zugang zu den Diagrammformaten zur Verfügung. Unter **Formatvorlage** werden kleine Vorschaubilder passend zu den Daten und dem aktuellen Diagrammtyp angeboten, die Sie einfach per Klick oder Tipp zuordnen.

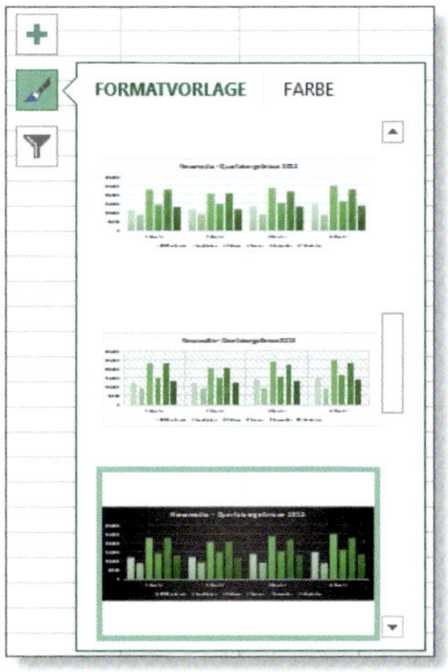

Abbildung 9.78 *Auswahl einer Diagrammformatvorlage über die Schaltfläche »Diagrammformatvorlagen«*

Wenn Sie die Farbzusammenstellung des Diagramms ändern wollen, benutzen Sie hier **Farbe** und wählen die Reihe mit der Kombination aus, die Ihnen gefällt.

Abbildung 9.79 *Auswahl einer anderen Farbzusammenstellung*

Schriftgestaltung

Solange Sie die Schriftart für Beschriftungen im Diagramm nicht ändern, verwendet Excel dafür die Schriften, die in dem aktuellen Design zusammengestellt sind. Für das vorgegebene Design **Larissa** ist das beispielsweise eine Kombination aus den Schriftarten **Cambria** und **Calibri**.

Wenn Sie die Schriften für ein Diagramm ändern wollen, haben Sie mehrere Möglichkeiten. Für die gängigsten Schriftformatierungen reicht häufig schon die Minisymbolleiste im oberen Teil des Kontextmenüs. Hier lassen sich Schriftart, Schriftschnitt und Schriftgrad, Ausrichtung, Textfarbe und Hintergrundfarbe bestimmen.

1. Markieren Sie eine vorhandene Beschriftung, beispielsweise den Diagrammtitel.
2. Wählen Sie in der Minisymbolleiste eine andere Schriftart, eine andere Schriftgröße oder Attribute wie **Fett** oder **Kursiv**. Alle Einstellungen werden per Livevorschau angezeigt, sodass Sie den Effekt der Änderung gut kontrollieren können.

Falls Sie die Schriftgrößen ändern, passt Excel die Zeichnungsfläche automatisch an.

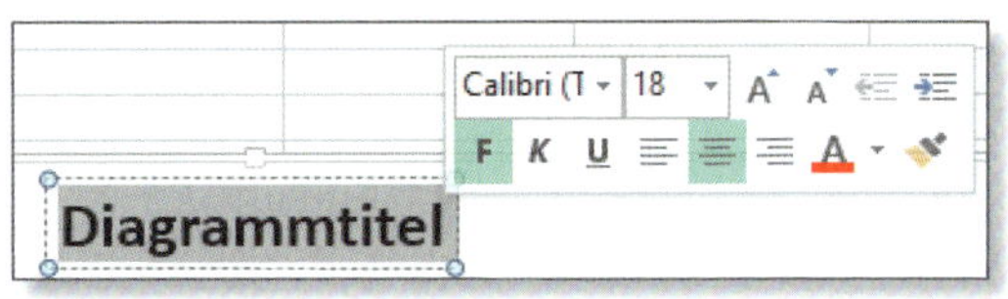

Abbildung 9.80 *Das Kontextmenü zu einem Diagrammtitel mit der Minisymbolleiste*

Über das Kontextmenü zu einer Beschriftung wird außerdem die Option **Schriftart** angeboten. Sie öffnet das Dialogfeld **Schriftart**, das aus den Formatdialogen der Beschriftungen ausgegliedert ist. Hier stehen Ihnen alle Schriftattribute zur Verfügung, die Sie schon von der Gestaltung der Schriften für Tabellen kennen.

Abbildung 9.81 *Die Änderungen an dieser Stelle betreffen alle Texte im Diagramm.*

Zusätzlich können Sie über das Listenfeld **Unterstreichung** noch einige Wellenlinien verwenden. Auf dem zweiten Register **Zeichenabstand** gibt es Optionen, die vielleicht helfen, wenn für die Beschriftungen wenig Platz ist.

TIPP

Schriftänderung für das gesamte Diagramm
Anstatt die Schriftart für ausgewählte Elemente einzeln zu ändern, können Sie auch die Schriftart für das gesamte Diagramm in einem Zug ändern. Dies geht sowohl über die Minisymbolleiste als auch über das Dialogfeld **Schriftart**. Wählen Sie dazu einfach den gesamten Diagrammbereich aus.

9.10 Einzelne Elemente formatieren

Alle Elemente, aus denen Excel ein Diagramm zusammenbaut, haben eine gewisse Eigenständigkeit. Sie können jedes dieser Elemente auswählen und damit all das tun, was das Programm dafür anbietet. Da mit den zahlreichen Elementen oft einiges zu tun ist, bevor das Aussehen des Diagramms Freude aufkommen lässt, sind die Auswahlmethoden für die Effektivität Ihrer Arbeit von Bedeutung.

Schnelle Auswahl

Zunächst ist erfreulich, dass Sie das Diagramm und jedes Element darin mit einem einfachen Klick oder Tipp auswählen können. Sie müssen also nicht erst das Diagramm auswählen und dann beispielsweise eine Datenreihe. Ist ein Element ausgewählt, wird es durch einen Rahmen markiert, der mindestens vier Anfasser anbietet. Titel und Legenden lassen sich damit verschieben oder in der Größe verändern.

Fast alle markierten Elemente lassen sich auch mit `Entf` löschen. Markierte Datenreihen, einzelne Datenpunkte oder auch ganze Achsen können Sie auf diese Weise aus dem Diagramm herausnehmen. Nur die Zeichnungsfläche verweigert die Entfernung, das würde auch keinen Sinn machen. Alle Löschaktionen können Sie mit **Rückgängig** auch wieder zurücknehmen, sodass sich Fehler leicht korrigieren lassen.

Tastenwahl

Auch die Tastatur schneidet im Vergleich mit Maus, Finger oder Stift gar nicht so schlecht ab, was die Auswahl von Diagrammelementen betrifft. Bei Diagrammen mit vielen kleinen Elementen hat die Tastatur manchmal sogar Vorteile. Sie können beispielsweise die Pfeiltasten [↓] und [↑] verwenden, um zwischen den Datenreihen zu wechseln, [↓] und [←] für den Wechsel zwischen den einzelnen Datenpunkten innerhalb einer Datenreihe. Die Richtungstasten bewegen die Markierung immer im Kreis durch alle Diagrammelemente.

Auswahllisten

Anstatt Diagrammelemente direkt auszuwählen, können Sie immer auch das Listenfeld in der Gruppe **Aktuelle Auswahl** verwenden oder das Listenfeld in der Minisymbolleiste des Kontextmenüs. Wie schon angesprochen, bietet das Register **Format** die Gruppe **Aktuelle Auswahl** an, wenn das Diagramm oder ein Element darin ausgewählt ist. In dem Listenfeld werden dabei immer die gerade markierten Diagrammobjekte angezeigt.

Abbildung 9.82 *Wenn die Elemente im Diagramm schwer zu treffen sind, hilft die Auswahl über das Listenfeld.*

Soll z.B. die Reihe *Camcorder* anders eingefärbt werden, öffnen Sie mit einem Klick auf den Pfeil **1** das Listenfeld und wählen das betreffende Objekt aus. Sie können sich in der Liste auch mit den Pfeiltasten bewegen und die Auswahl mit [↵] übernehmen.

Die Auswahl über die Liste ist ganz exakt, wenn die Elemente sehr klein und mit der Maus nicht leicht zu treffen sind, z.B. bei schmalen Säulen in einem Diagramm mit vielen Datenreihen. Alternativ hilft hier aber auch, die Anzeige mit den Reglern am unteren Fensterrand zu zoomen.

Die Aufgabenbereiche zum Formatieren

Die speziellen Befehle zur Gestaltung eines gerade ausgewählten Objekts werden immer sofort angeboten, wenn Sie unter dem Listenfeld auf **Auswahl formatieren** klicken.

Alle Aufgabenbereiche für die verschiedenen Diagrammelemente sind einheitlich gestaltet. Sie bieten über Links unter der Überschrift meist verschiedene Seiten an. Unter der Zeile mit den Links werden jeweils Symbole angeboten, die Untergruppen von Optionen zusammenfassen. Die Optionen zu einem ausgewählten Symbol erscheinen dann darunter. Sie sind wiederum unter verschiedenen Überschriften gruppiert, die gleichzeitig als Schaltflächen zum Ein- oder Ausblenden der Details fungieren.

Abbildung 9.83 *Aufgabenbereich für die Formatierung des Diagrammbereichs*

Der schnellste Weg, diese Aufgabenbereiche zu öffnen, ist in Excel 2013 allerdings ein Doppelklick oder -tipp auf das Element, das formatiert werden soll.

Wenn Sie eine Reihe von Formatierungen vornehmen wollen, sollten Sie darauf achten, dass der Aufgabenbereich das Diagramm nicht verdeckt. Erstens werden sehr viele Einstellungen, die Sie im Aufgabenbereich wählen, im Diagramm sofort angezeigt, noch bevor Sie den Aufgabenbereich mit **Schließen** ausblenden. Wählen Sie außerdem ein anderes Element im Diagramm, erscheinen sofort die zugehörigen Optionen im Aufgabenbereich. Sie können also den Aufgabenbereich so lange geöffnet lassen, bis das Diagramm fertig formatiert ist.

Sie formatieren beispielsweise zunächst die Zeichnungsfläche, dann die Achsen der Reihe nach, anschließend die Legende. Der Aufgabenbereich wird automatisch auf jede neue Auswahl eingestellt. Für die Auswahl der Elemente können Sie auch das Menü verwenden, das das kleine Dreieck hinter dem ersten Link im Aufgabenbereich öffnet.

Abbildung 9.84 Ziehen des Aufgabenbereichs aus der Andockposition

Sie haben übrigens auch die Möglichkeit, den Aufgabenbereich ganz aus dem Anwendungsfenster zu ziehen. Der kleine Pfeil neben der Überschrift bietet die Option **Verschieben** an. Sobald sie aktiviert ist, folgt der Bereich der Bewegung des Mauszeigers an eine beliebige Stelle des Bildschirms, ein Klick legt ihn dort ab. Sie können den Bereich aber auch direkt mit gedrückter Maustaste ziehen.

Auf dem Touchscreen folgt der Bereich der Bewegung des Fingers oder Stifts. Ein Doppelklick oder -tipp rückt den Bereich wieder in den rechten oder linken Teil des Anwendungsfensters.

Kontextmenüs

Das gesamte Diagramm und alle einzelnen Elemente, aus denen ein Diagramm besteht, lassen sich auch mit der rechten Maustaste anklicken. Dann werden entsprechende Kontextmenüs angeboten. Sie bieten jeweils zusätzlich zu den Formatierungsmöglichkeiten solche Befehle an, die mit dem gerade ausgewählten Objekt zu tun haben. Auf dem Touchscreen halten Sie den Finger oder Stift kurz über dem Element, bis das Kontextmenü erscheint. Es ist etwas anders aufgebaut, um die Optionen leichter treffen zu können.

In der Minisymbolleiste wird übrigens in der Ecke oben rechts immer der Name des gerade ausgewählten Elements angezeigt.

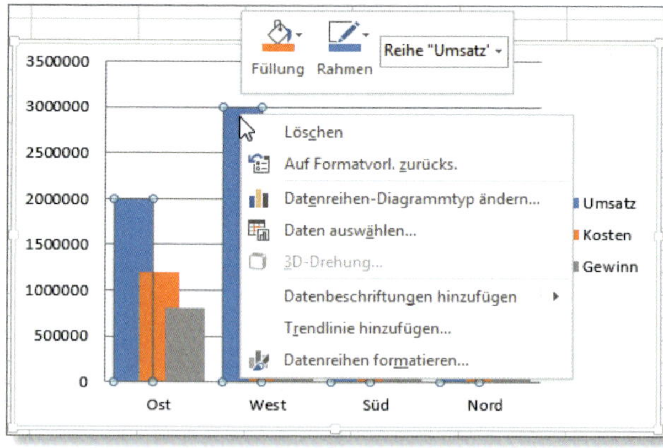

Abbildung 9.85 Das Kontextmenü zu einer Datenreihe innerhalb eines Diagramms. Die hier angebotenen Befehle beziehen sich nur auf die ausgewählte Datenreihe.

Diagrammbereich und Zeichnungsfläche formatieren

Excel fügt Diagramme im Tabellenblatt immer in einen rechteckigen Bereich ein, der Diagrammbereich genannt wird. Dieser Bereich ist gewissermaßen der Container, der alle Elemente beherbergt, aus denen ein Diagramm besteht. Und natürlich gibt es für diesen Bereich zahlreiche Möglichkeiten, das Diagramm zu gestalten.

Formenarten

Ist der Diagrammbereich ausgewählt, stehen Ihnen für die Gestaltung des Bereichs innerhalb des Menübands die Optionen zur Verfügung, die Sie auf dem Register **Format** in der Gruppe **Formatarten** finden.

Diese Optionen gelten für alle grafischen Objekte, also auch für die grafischen Objekte, aus denen ein Diagramm zusammengesetzt ist. Wir beschreiben diese Werkzeuge im Detail in Kapitel 10, »Dokumente grafisch aufbereiten«, ab Seite 453 und verweisen deshalb an dieser Stelle darauf.

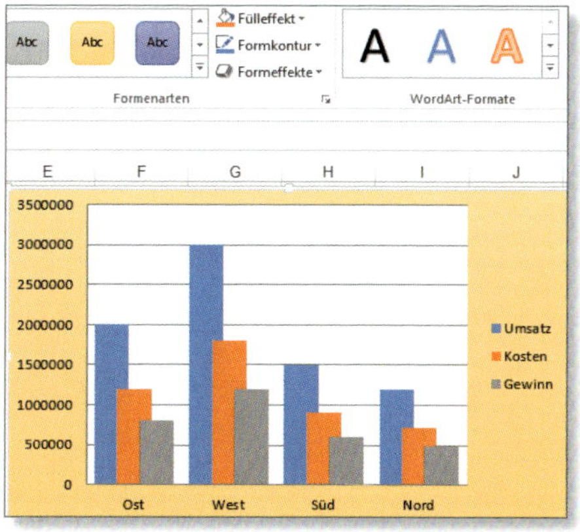

Abbildung 9.86 Der Diagrammbereich mit einem farbigen Rahmen aus der Palette »Formenarten«

Diagrammbereich formatieren

Sie finden die entsprechenden Optionen aber auch in dem Aufgabenbereich **Diagrammbereich formatieren**, den Sie am schnellsten per Doppelklick oder -tipp auf eine freie Stelle im Diagramm außerhalb der Zeichnungsfläche erreichen.

Farbfüllung

Vielleicht ist Ihnen der vorgegebene weiße Hintergrund zu langweilig. Das Dialogfeld sorgt hier unter **Füllung** für Abhilfe. Die einfachste Lösung erreichen Sie über die Option **Einfarbige Füllung**. Dazu wählen Sie über die Palette zu **Farbe** Ihre Wunschfarbe aus.

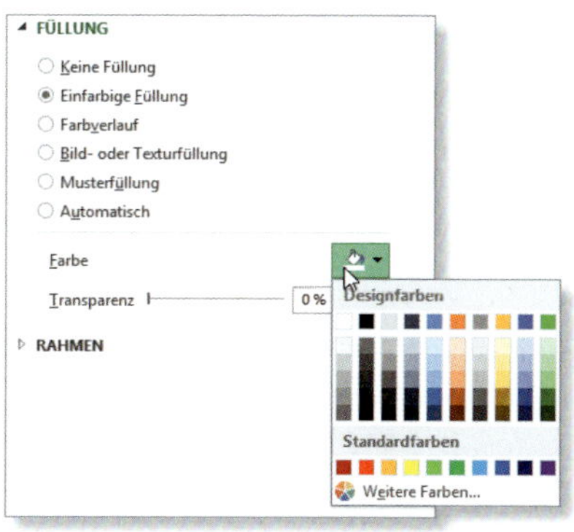

Abbildung 9.87 Eine einfarbige Füllung können Sie über die Farbpalette zuweisen.

Farbverläufe

Etwas aufwendiger ist der Einsatz von Farbverläufen. Beispielsweise lassen sich mehrstufige Farbverläufe definieren, bei denen Sie neben den verwendeten Farben auch die Richtung und eventuelle Winkel eingeben können. Eines der möglichen Verfahren ist das folgende:

1. Wählen Sie zunächst die Option **Farbverlauf**.
2. Übernehmen Sie aus der Palette zu **Voreingestellte Farben** einen brauchbaren Startpunkt für die Definition eines Farbverlaufs.
3. Bestimmen Sie über das Listenfeld zu **Typ** die Art des Verlaufs. Die Optionen sind **Linear**, **Radial**, **Rechteckig** und **Pfad**.
4. Wählen Sie aus der Palette darunter die **Richtung** des Verlaufs, die durch die Angabe eines **Winkels** noch genauer bestimmt werden kann.

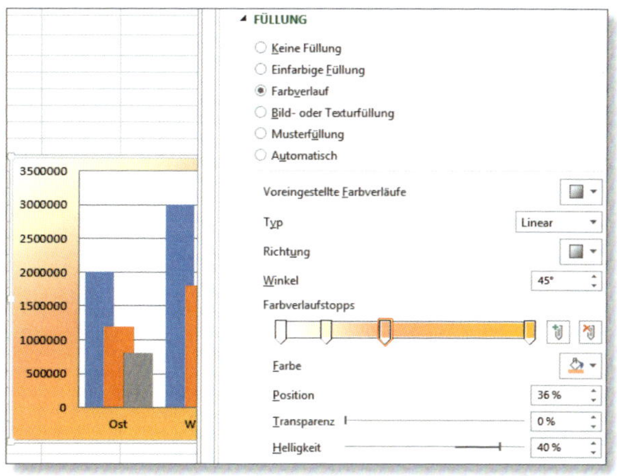

Abbildung 9.88 Farbverläufe lassen sich durch zahlreiche Optionen exakt steuern.

5. Das Farbband zeigt anschließend die Farbenfolge in dem Farbverlauf an und bietet einige verschiebbare Schaltflächen an, mit denen Sie den Verlauf ändern können. Reichen diese nicht aus, benutzen Sie die Schaltfläche **Farbverlaufstopp hinzufügen**.
6. Für jedes ausgewählte Stoppsymbol können Sie die exakten Farbeinstellungen mit den Steuerelementen darunter separat festlegen.

Falls Sie einen Stopp löschen wollen, klicken Sie auf die Schaltfläche **Farbverlaufstopp entfernen**. Wenn Sie das Diagramm sichtbar halten, können Sie die Wirkungen der verschiedenen Einstellungen direkt begutachten.

Rahmen und Schatten

Unter **Schatten**, **Leuchteffekt**, **Weiche Kanten** und **3D-Format** werden Ihnen noch zahlreiche Einstellungen angeboten, um die Diagrammfläche ansprechend zu gestalten. Die Option **Abgerundete Ecken** unter **Rahmen** liefert ebenfalls einen ganz brauchbaren Effekt.

Für den Druck von Tabellenblättern macht es sich meist ganz gut, wenn Sie das Diagramm mit einem dezenten Schatten etwas abheben. Dafür werden unter **Schatten > Voreinstellungen** zahlreiche Schattenmuster angeboten, die Sie über die Schieberegler zu Transparenz, Größe etc. bearbeiten können. Auf die anderen Optionen gehen wir in Kapitel 10, »Dokumente grafisch aufbereiten«, ab Seite 453 noch näher ein.

Über **Größe** können Sie die Abmessungen des Diagramms auch exakt festlegen. Wenn Sie dabei die Option **Seitenverhältnis sperren** aktivieren, wird bei jeder Änderung unter **Höhe** oder **Breite** der andere Wert entsprechend angepasst, sodass die Proportionen erhalten bleiben. Allerdings verhindert das nicht, dass das Diagramm später durch Ziehen an den Anfassern wieder in der Größe verändert wird.

Abbildung 9.89 Sie können die Größe des Diagramms exakt festlegen.

Zeichnungsfläche

Die meisten Einstellungen, die Excel für die Formatierung des Diagrammbereichs bereitstellt, dürfen Sie auch für die Zeichnungsfläche verwenden. Häufig ist es sogar eher angebracht, die Zeichnungsfläche einzufärben und dem Diagrammbereich das vorgegebene Weiß zu lassen.

Es ist zwar relativ leicht, mit all diesen Fülloptionen ein Diagramm in ein eher hässliches, überladenes und schwer lesbares Teil zu verwandeln, aber es gibt doch immer auch gute Lösungen, die das technisch Mögliche ausnutzen. Gerade bei der Zeichnungsfläche kann es beispielsweise reizvoll sein, ein Bild als Hintergrund zu nehmen, das mit dem Thema des Diagramms in einem erkennbaren Zusammenhang steht. In Abbildung 9.90 wird zu einer Statistik über den jährlichen Holzeinschlag ein holziges Foto verwendet. Das geht so:

1. Zunächst markieren Sie die Zeichnungsfläche und rufen über das Kontextmenü den Befehl **Zeichnungsfläche formatieren** auf. Oder Sie klicken oder tippen gleich doppelt in die Zeichnungsfläche, also irgendwo neben die Säulen, aber nicht auf das Gitter.
2. Wählen Sie unter **Füllung** die Option **Bild- oder Texturfüllung**.
3. Benutzen Sie die Schaltfläche **Datei**, um über den Dialog **Grafik einfügen** das gewünschte Bild zu laden.
4. Das Bild wird sofort als Hintergrund der Zeichnungsfläche angezeigt.
5. Soll das Bild wie eine Textur gekachelt werden, benutzen Sie die Option **Bild nebeneinander als Textur anordnen**.
6. Mit den Einstellungen darunter können Sie genau festlegen, wie das Bild auf der Zeichnungsfläche positioniert und eventuell auch skaliert werden soll, um den optimalen Eindruck zu erreichen. Alle Änderungen können Sie wieder direkt im Diagramm beobachten.

Wenn Sie das Bild nicht kacheln wollen, wählen Sie die Option **Bild nebeneinander als Textur anordnen** ab. Excel dehnt dann das Bild auf die gesamte Zeichnungsfläche aus. Es ist für diesen Fall in der Regel sinnvoll, die Proportionen des Bildes und die der Zeichnungsfläche aufeinander abzustimmen, damit es nicht zu unschönen Verzerrungen kommt. Leider lässt sich die Größe der Zeichnungsfläche nicht über **Größe** festlegen, wie es vorhin für die Diagrammfläche beschrieben wurde.

Wenn Sie nur einen Teil der Zeichnungsfläche mit dem Bild ausfüllen wollen, ändern Sie die Werte unter **X-Offset und Y-Offset** entsprechend.

Datenreihen und Datenpunkte gestalten

Die Datenreihen in einem Diagramm werden, je nach Diagrammtyp, als Balken, Säulen, Flächen, Linien, Punkte, Ringe, Blasen etc. abgebildet. Enthält das Diagramm mehrere Datenreihen, werden Farben oder Muster verwendet, um sie zu unterscheiden.

Excel bietet Ihnen die Möglichkeit, jede Datenreihe, ja sogar jeden Datenpunkt, einzeln zu gestalten. Eine Datenreihe können Sie per Klick oder Tipp auf einen beliebigen Datenpunkt der Reihe markieren, etwa eine Säule. Ein weiterer Klick oder Tipp markiert einen einzelnen Datenpunkt.

Um eine Datenreihe zu formatieren, öffnen Sie den zugehörigen Aufgabenbereich **Datenreihen formatieren** per Doppelklick oder -tipp auf die Reihe, mit den entsprechenden Befehlen im Kontextmenü oder über **Format > Aktuelle Auswahl > Auswahl formatieren**.

Unter **Reihenoptionen** im Aufgabenbereich **Datenreihen formatieren** erhalten Sie abhängig vom Dia-

Abbildung 9.90 *Bild als Hintergrund der Zeichnungsfläche*

grammtyp unterschiedliche Möglichkeiten, spezifische Werte einzustellen.

Bei allen Arten von Säulen- oder Balkendiagrammen können Sie unter **Reihenachsenüberlappung** die Überlappung der Elemente zweier Datenreihen einstellen. Unter **Abstandsbreite** geben Sie dagegen an, wie viel Platz zwischen den Elementen einer Kategorie gelassen wird. Der Prozentsatz bezieht sich dabei auf die Breite eines Elements.

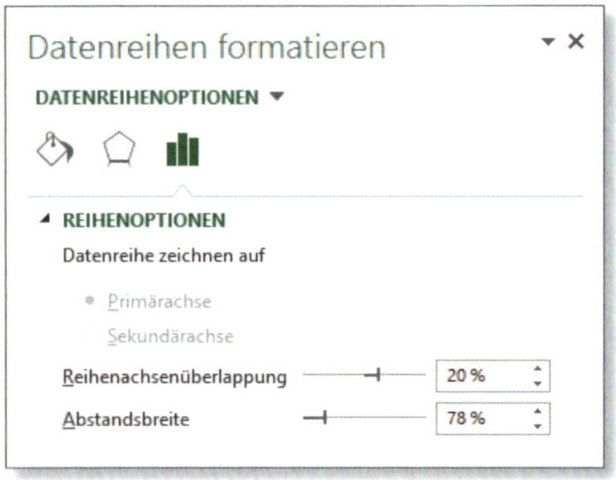

Abbildung 9.91 *Unter »Reihenoptionen« haben Sie die Möglichkeit, die Anordnung in der Reihe zu bearbeiten.*

Abbildung 9.92 zeigt ein Beispiel für Säulen, die sich zu 30 % überlappen. Sie können dabei mit den Schiebereglern arbeiten und im Diagramm immer gleich kontrollieren, wie das Ergebnis aussehen wird, wenn Sie den Dialog bestätigen.

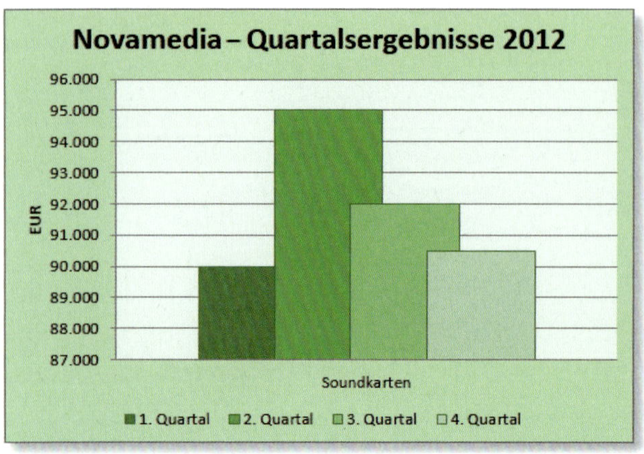

Abbildung 9.92 *Diese Säulen überlappen sich zu 30 %.*

Bei Kreisdiagrammen können Sie den Winkel des ersten Segments ändern, mit dem das Diagramm beginnt, die Tabellenwerte anzuzeigen. Unter **Kreisexplosion** geben Sie an, ob die einzelnen Kuchenstücke etwas vom Mittelpunkt entfernt werden sollen.

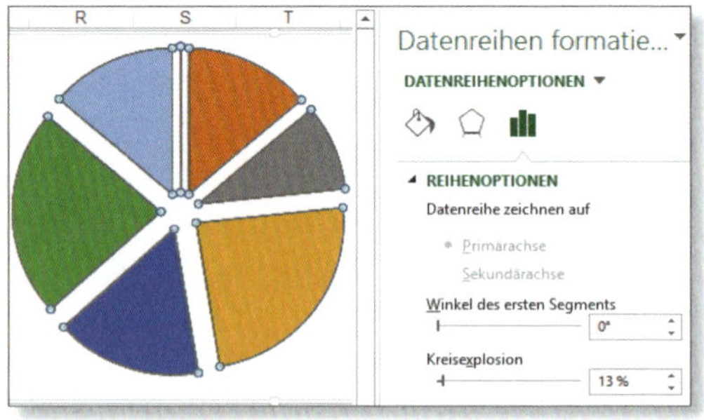

Abbildung 9.93 *Reihenoptionen bei Kreisdiagrammen*

Wenn Sie sich mit den durch das aktuelle Design vorgegebenen Farben für Säulen, Balken oder Tortenstücke nicht zufriedengeben wollen, finden Sie unter **Füllung** fast unbegrenzte Möglichkeiten, die Einfärbung der Datenreihe festzulegen. Hier werden weitgehend die gleichen Optionen angeboten, wie sie im letzten Abschnitt für die Formatierung des Diagrammbereichs und der Zeichnungsfläche beschrieben wurden (siehe Seite 413).

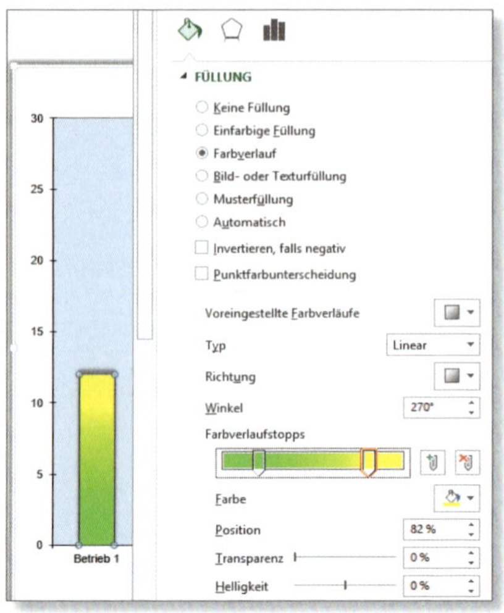

Abbildung 9.94 *Anstelle einfarbiger Säulen lassen sich auch Säulen mit Farbverläufen verwenden. Oft wirken Verläufe etwas lebhafter als einfarbige Füllungen.*

Eine zusätzliche Option für die Behandlung negativer Werte im Diagramm ist **Invertieren, falls negativ**. In dem Fall wird bei einem Farbverlauf die Verlaufsrichtung umgedreht, wenn der Wert negativ ist.

Wenn Sie dagegen die Option **Einfarbige Füllung** verwenden, wird unter **Farbe** eine zweite Palette angeboten, um eine Farbe für negative Werte festzulegen.

Die zweite zusätzliche Option ist **Punktfarbunterscheidung**. Sie wird bei Säulen- und Balkendiagrammen angeboten, wenn nur eine Datenreihe vorhanden ist. Wenn Sie diese Option aktivieren, werden für die verschiedenen Datenpunkte der Datenreihe unterschiedliche Farben verwendet. Voraussetzung ist allerdings, dass Sie ansonsten die Option **Automatisch** verwenden.

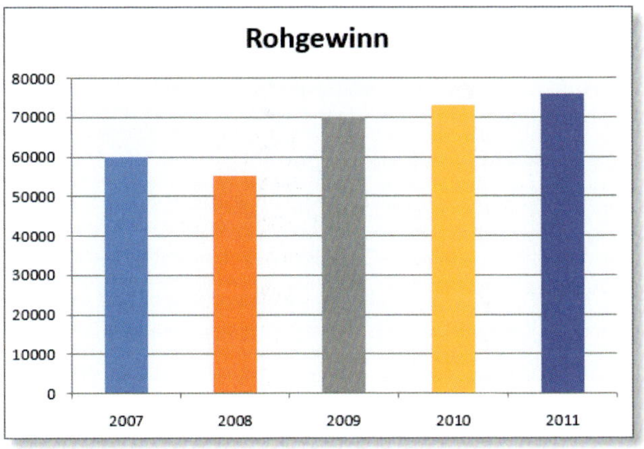

Abbildung 9.95 Eine Datenreihe mit »Punktfarbunterscheidung«

Bei einem Kreis- oder Ringdiagramm gibt es eine ähnliche Option, **Segmentfarbenunterscheidung**, die als Vorgabe aktiviert ist. Wird sie abgeschaltet, erhalten alle Tortenstücke bzw. Ringstücke die gleiche Farbe.

Bei Linien-, Netz- und XY-Diagrammen stehen unter **Linie** zahlreiche Optionen für **Farbe** und **Stärke** und den **Strichtyp** zur Verfügung.

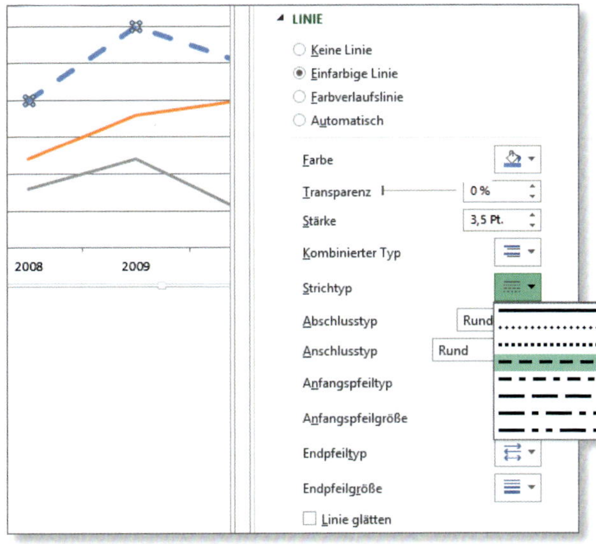

Abbildung 9.96 Für Liniendiagramme stehen verschiedene Strichtypen zur Verfügung.

Sollen die einzelnen Datenpunkte bei einem dieser Diagramme hervorgehoben werden, finden Sie unter **Markierungsoptionen** in dem Listenfeld **Typ** zahlreiche integrierte Markertypen, deren Größe Sie separat bestimmen können.

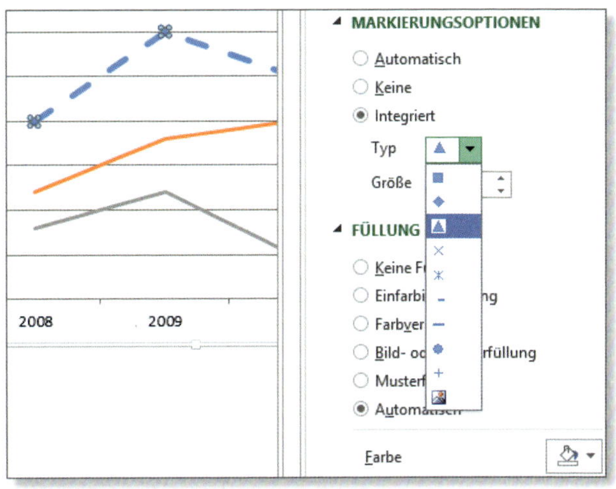

Abbildung 9.97 Für die Markierung der Datenpunkte stehen integrierte Markertypen zur Verfügung.

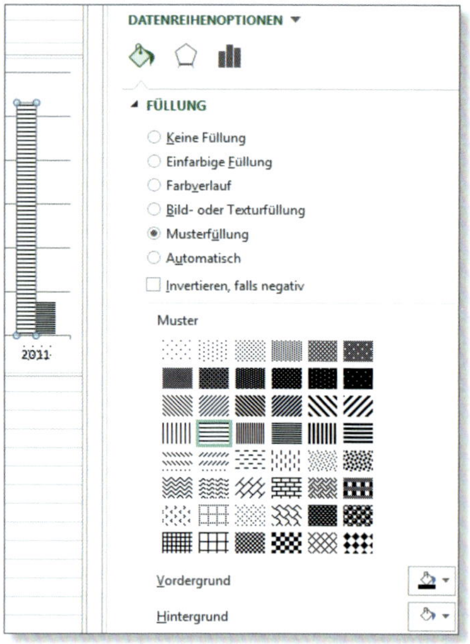

Abbildung 9.98 *Wenn Diagramme ohne Farben gedruckt werden sollen, ist der Einsatz von Mustern für die Datenreihen sinnvoll.*

TIPP

Wenn kein Farbdrucker vorhanden ist
Es hilft nicht viel, wenn die Diagramme am Bildschirm ganz gut aussehen, bei einem Schwarz-Weiß-Druck aber die Unterscheidung zwischen den Säulen kaum noch erkennbar ist. In diesem Fall sollten Sie den Datenreihen über **Füllung** und die Option **Musterfüllung** unterschiedliche Schraffierungen zuordnen. Dabei kann jeweils die Vorder- und Hintergrundfarbe ausgewählt werden.

Formeffekte einsetzen

Für die meisten Elemente in einem Diagramm können Sie unter **Schatten**, **Leuchteffekt**, **Weiche Kanten** und **3D-Format** zahlreiche Formeffekte hinzufügen. Mit den Einstellungen zu **Leuchteffekt** lässt sich beispielsweise eine Art Glühen im Hintergrund eines Balkens imitieren, die Einstellungen zu **Weiche Kanten** betreffen die Kanten der Objekte selbst.

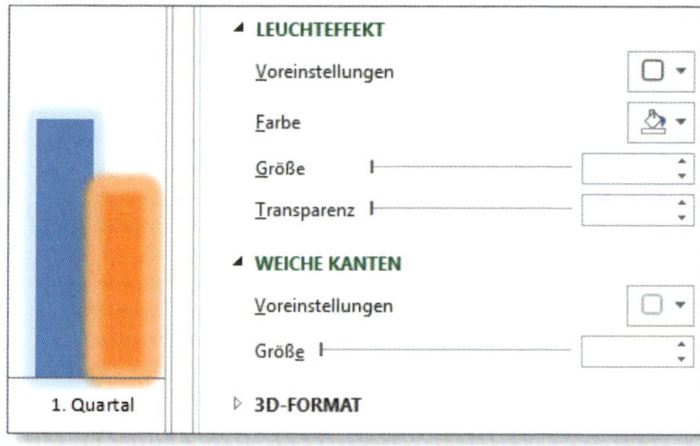

Abbildung 9.99 *Die blaue Säule leuchtet nur, die rote hat auch noch weiche Kanten.*

Einzelne Werte hervorheben

Auch die gesonderte Formatierung eines einzelnen Datenpunkts macht in bestimmten Fällen Sinn. Soll etwa beim Vergleich verschiedener betriebswirtschaftlicher Kennziffern bei unterschiedlichen Filialen in mehreren Diagrammen immer die eigene Filiale besonders gekennzeichnet werden, dann lässt sie sich auf diese Weise farblich von allen anderen abheben.

Im Aufgabenbereich **Datenpunkt formatieren** finden Sie unter **Füllung** dieselben Optionen wie für die Datenreihe. Hier können Sie nun also eine bestimmte Farbe oder einen Farbverlauf festlegen, den Sie dann immer wieder auf die Datenpunkte anwenden, die Sie besonders hervorheben möchten.

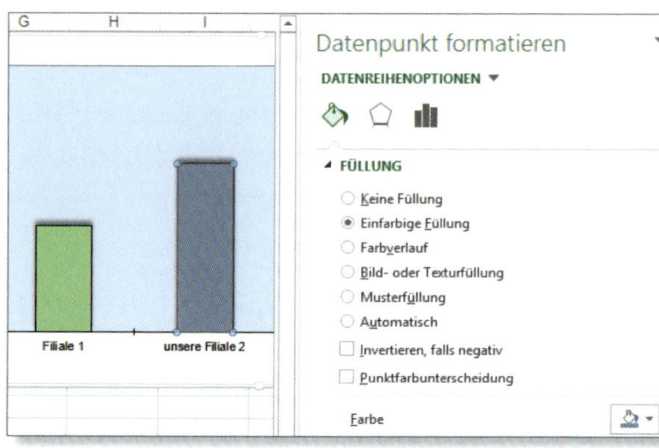

Abbildung 9.100 *In einer Datenreihe können Sie auch einzelne Datenpunkte besonders hervorheben.*

Säulen oder Balken aus Bildern

Sicher sind Ihnen aus den Medien Diagramme bekannt, bei denen anstelle der Säulen irgendwelche Bilder auftauchen. Mit Excel 2013 ist das eine Übung der einfachen Art. Hier nur ein Beispiel zu Autoverkaufszahlen.

1 Auf der Basis der Tabelle wird zunächst ein Säulendiagramm erstellt und mit allen Beschriftungen etc. formatiert.

2 In den meisten Fällen ist es sinnvoll, über den Aufgabenbereich **Datenreihen formatieren** den Abstand zwischen den Säulen (oder Balken) zu verringern, sodass die entsprechenden Elemente breiter werden.

3 Anschließend wird über **Füllung** die Option **Bild- oder Texturfüllung** aktiviert. Über die Schaltfläche **Datei** kann die dafür vorgesehene Bilddatei ausgewählt werden. Ist die Datei gefunden, wird sie im Diagramm bereits angezeigt.

4 Nun haben Sie verschiedene Optionen, wie das Bild auf der Säule erscheinen soll.

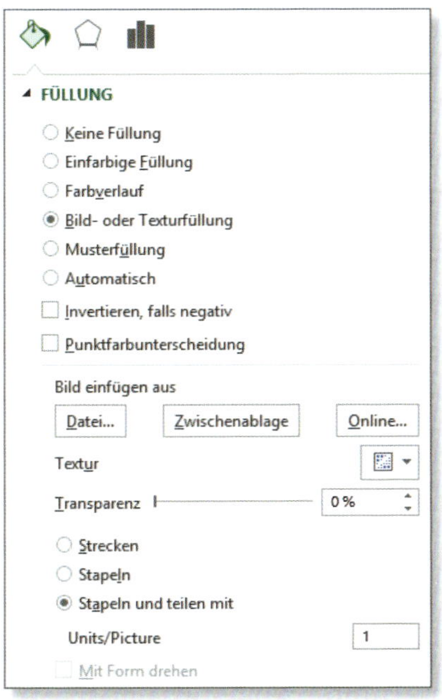

Abbildung 9.101 Die Bilder lassen sich auf unterschiedliche Weise auf einer Säule oder einem Balken verteilen.

- **Strecken** dehnt das Bild auf die Größe der Säule.
- **Stapeln** wiederholt das Bild so oft, bis die Säule ausgefüllt ist. Dabei wird die Originalgröße nicht verändert.
- **Stapeln und Teilen mit** erlaubt es, festzulegen, wie oft das Bild pro Einheit auf der y-Achse wiederholt wird. In diesem Fall wird es, wenn nötig, in der Größe geändert.

Und hier das Ergebnis:

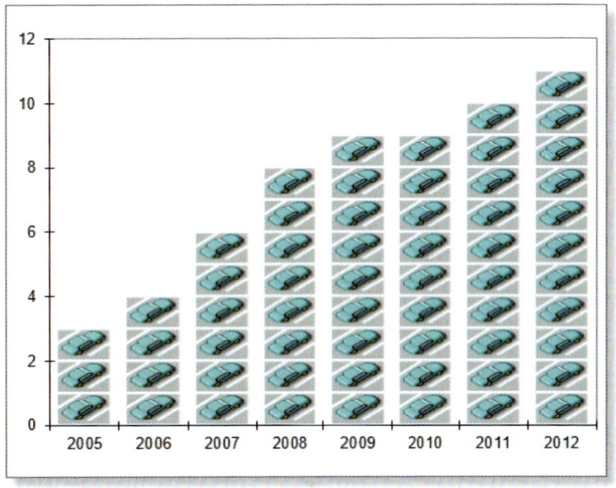

Abbildung 9.102 Diagramm mit Säulen aus Bildern

Füllung und Rahmen für Beschriftungen

Auch für die einzelnen Beschriftungen existiert jeweils ein umfangreicher Aufgabenbereich, den Sie per Doppelklick oder -tipp oder über das Kontextmenü des Textes erreichen, für einen Achsentitel etwa mit **Achsentitel formatieren**, für einen Diagrammtitel mit **Diagrammtitel formatieren**.

Unter **Füllung** werden für den Texthintergrund weitgehend dieselben Möglichkeiten angeboten wie für den Diagrammbereich oder die Zeichnungsfläche. Unter **Rahmen**, **Schatten**, **Leuchteffekt**, Weiche Kanten. **3D-Format** und **Ausrichtung** lassen sich zahlreiche Einstellungen wählen, um die Beschriftung wunschgemäß zu gestalten.

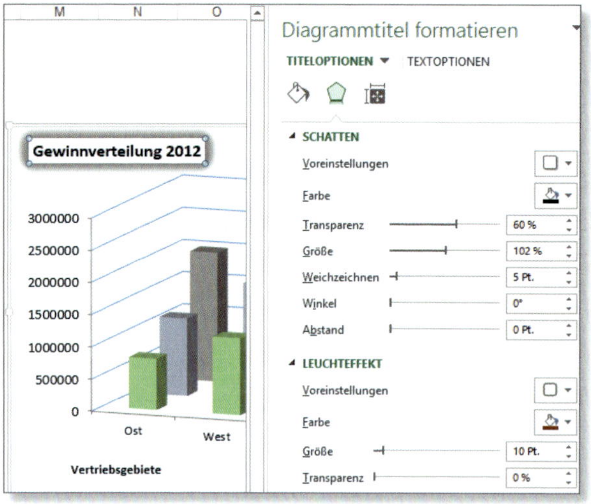

Abbildung 9.103 *Wenn Sie grafische Effekte mögen, Excel hat dafür eine Menge im Köcher.*

9.11 Mit Standarddiagrammen arbeiten

Wenn Sie eine Tabelle in ein Diagramm umsetzen wollen, stehen Sie unweigerlich vor der Frage, welcher der zahlreichen Diagrammtypen für den vorgesehenen Zweck am besten geeignet ist. Haben Sie sich für einen Diagrammtyp entschieden, bleibt immer noch zu klären, welcher von den oft zahlreichen Untertypen in dieser Kategorie vorzuziehen ist.

In den folgenden Abschnitten dieses Kapitels möchten wir Ihnen bei der Lösung dieser Frage behilflich sein. Sie geben anhand von Musterbeispielen einen Überblick über die Fülle der Möglichkeiten. Nicht jeder Diagrammtyp ist für eine bestimmte Art von Daten gleich gut geeignet. In einem Teil der Fälle liefern gleich mehrere Diagrammtypen gute Ergebnisse, in anderen ist ein bestimmter Diagrammtyp eindeutig die erste Wahl, andere Diagrammtypen sind weniger geeignet oder gar nicht brauchbar.

Zusätzlich werden wir für einzelne Diagrammtypen noch einige spezifische Gestaltungsmöglichkeiten ansprechen, die die in den letzten Abschnitten behandelten Formatierungsoptionen ergänzen.

Auswahlkriterien

Zunächst noch ein paar allgemeine Bemerkungen zu den Kriterien, die für die Auswahl eines Diagrammtyps ins Gewicht fallen:

- Diagramme dienen dem Zweck, die in einer Tabelle enthaltenen Informationen leichter zugänglich zu machen. Das Diagramm sollte also überschaubarer sein als die zugehörige Tabelle. Dieser Zweck kann allerdings durch unnütze Überladung mit allerhand barocken Details verfehlt werden.
- Das Diagramm sollte die Daten korrekt wiedergeben. Skalierungstricks, die Unterschiede verschärfen oder verwischen, sollten vermieden werden. Im Ausnahmefall müssen sie erkennbar vermerkt werden.
- Besonders innerhalb von umfangreichen Berichten sollten für gleiche Datentypen gleiche Diagrammtypen verwendet werden. Das dient der Klarheit.

Wenn Sie sich den Gebrauch von Diagrammen in den Medien ansehen, sind Verstöße gegen diese einfachen Regeln leider weit verbreitet. Das fängt beim übermäßigen Gebrauch von 3D-Effekten an und hört damit auf, dass viele Diagramme maßstäblich so verzerrt sind, dass sie eigentlich nur noch aussagen, dass irgendetwas mehr wird oder weniger. Häufig werden eher belanglose Unterschiede zwischen verschiedenen Werten aufgebauscht, um eine skandalisierende Interpretation pseudowissenschaftlich zu stützen.

Säulendiagramme

Säulen- und Balkendiagramme sind die beiden Diagrammtypen, die in gedruckten Publikationen und im Fernsehen am häufigsten zu sehen sind. Seine fast universelle Verwendbarkeit verdankt das Säulendiagramm der Tatsache, dass die einzelnen Säulen in der Wahrnehmung als diskrete, voneinander unabhängige Elemente erlebt werden.

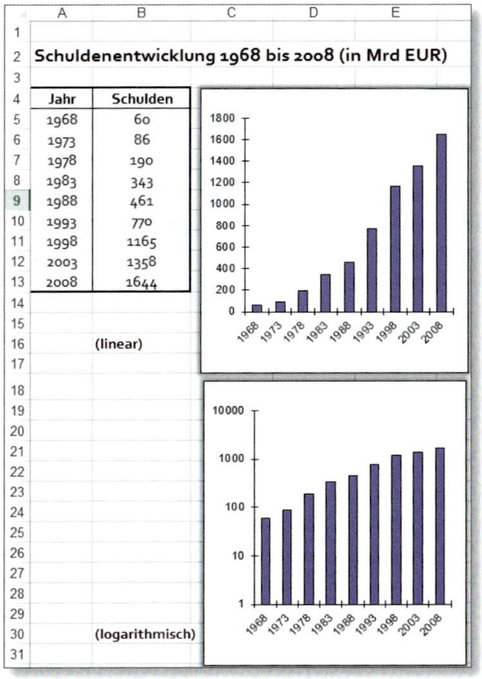

Abbildung 9.104 *Schuldenentwicklung – mehr oder weniger dramatisch dargestellt*

Kaum jemand kommt deshalb auf den Gedanken, aus der Höhe zweier nebeneinanderstehender Säulen auf irgendeinen Wert zwischen diesen beiden Säulen zu schließen. Sie stellen also tatsächlich nur und genau die Daten dar, die in der zugrunde liegenden Tabelle vorhanden sind. Da die waagerechte Achse gerne als Zeitachse verwendet wird, liegt insbesondere die Nutzung für die Darstellung von Entwicklungen im weitesten Sinne nahe.

Welchen Eindruck ein solches Diagramm auf die Betrachter macht, wird allerdings entscheidend durch die Skalierung bestimmt, wie das Beispiel in Abbildung 9.104 deutlich zeigt.

Dargestellt wird die zeitliche Entwicklung der Verschuldung eines (gar nicht so fiktiven) Staates. Bei der logarithmischen Skala sieht der Schuldenanstieg längst nicht so dramatisch aus.

Säulenvarianten – neben- oder übereinander

Bei mehreren Datenreihen haben Sie zwei verschiedene Möglichkeiten, die Daten in Säulen umzusetzen: Sie können die den verschiedenen Daten entsprechenden Säulen nebeneinander oder übereinander anordnen. Letztere werden als gestapelte oder gestaffelte Säulen bezeichnet.

Bei dem ersten Untertyp **Gruppierte Säulen** ❶ werden die Säulen einer Säulengruppe jeweils in einer einheitlichen Farbe angezeigt. Untertyp 2 ❷ stapelt bei mehreren Datenreihen die einzelnen Säulen übereinander. Das ist sinnvoll, wenn die damit angezeigte Gesamtheit etwas bedeutet, etwa die Gesamtsumme der Schulden bei verschiedenen Schuldenarten.

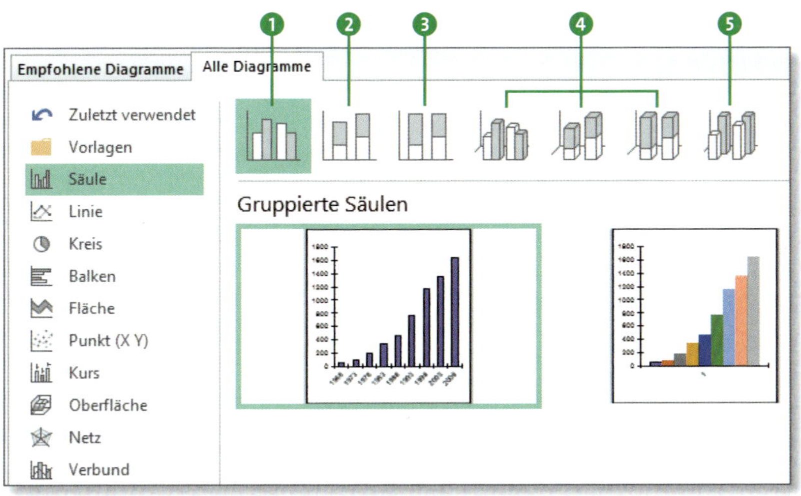

Abbildung 9.105 *Für Säulendiagramme gibt es zahlreiche Untertypen.*

Ebenfalls gestapelt sind die Säulen im Untertyp 3 ❸, wobei hier aber die Daten jeweils auf prozentuale Anteile umgerechnet werden. Das ist eine nützliche Diagrammform, wenn anteilige Zusammensetzungen, für die Sie einzeln jeweils ein Kreisdiagramm wählen könnten, über mehrere Zeiträume oder Regionen oder dergleichen dokumentiert werden sollen. Als Beispiel mögen hier die Ergebnisse von früheren Bundestagswahlen dienen:

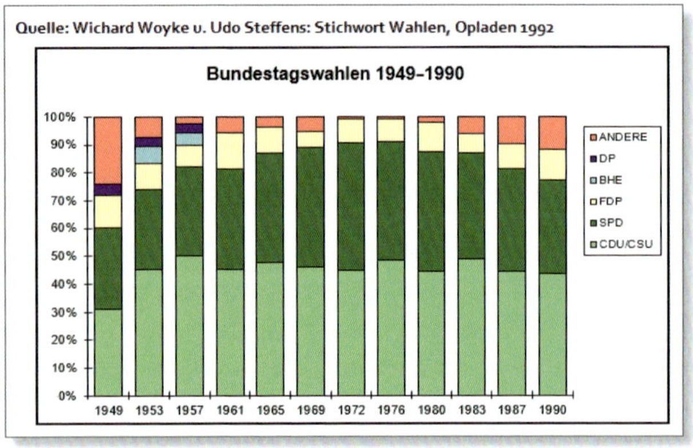

^ **Abbildung 9.106** *Die gestapelten Säulen geben einen guten Eindruck von der Verteilung der Anteile.*

Derartiges Datenmaterial würde, wollten Sie es mit Kreisdiagrammen darstellen, zwölf Diagramme erfordern, als Ringdiagramm wäre es völlig unübersichtlich.

Die Untertypen 4 bis 6 ❹ entsprechen den Untertypen 1 bis 3, bis auf die dreidimensionale Darstellung der einzelnen Säulen. Nur der 7. Untertyp ❺ ist ein 3D-Diagramm im eigentlichen Sinne, das mit drei Achsen arbeitet. Dazu mehr in Abschnitt 9.17, »Diagramme mit drei Achsen«, ab Seite 443.

Balkendiagramme für lange Rubriken

Ganz ähnlich wie Säulendiagramme sind die Balkendiagramme aufgebaut, mit dem Unterschied, dass die Rubrikenachse hier senkrecht und die Größenachse waagerecht angeordnet ist.

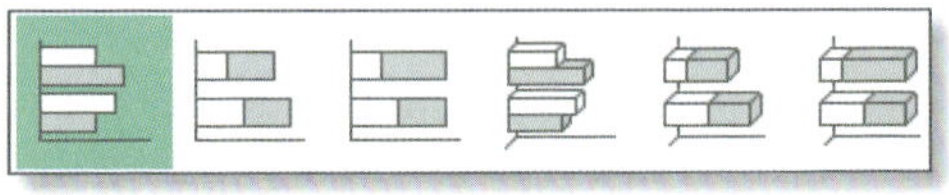

^ **Abbildung 9.107** *Untertypen des Balkendiagramms*

Im Prinzip können Sie alle Daten, die in einem Säulendiagramm dargestellt werden können, ebenso mit einem Balkendiagramm wiedergeben. Trotzdem sollten Sie generell darauf verzichten, Daten, bei denen die Rubrikenachse für eine zeitliche Abfolge steht, in ein Balkendiagramm umzusetzen. Dies würde der Assoziation widersprechen, die die waagerechte Achse mit zeitlichen Abläufen verbindet.

Dagegen ist das Balkendiagramm für alle Fälle, in denen die Rubriken qualitative Merkmale sind, ganz vorzüglich geeignet. Obwohl auch in diesen Fällen ein Säulendiagramm möglich wäre, gibt es oft einen gewichtigen Grund, ein Balkendiagramm zu wählen: Gerade bei qualitativen Rubriken sind häufig die Bezeichnungen ziemlich lang und lassen sich deshalb in einem Säulendiagramm nicht vernünftig abbilden.

Hier ein typisches Beispiel für ein Balkendiagramm: Abgebildet werden sollen die Durchschnittsverdienste von Männern und Frauen, aufgeschlüsselt nach der Stellung in der beruflichen Hierarchie.

Wie immer bei qualitativen Rubriken ist es sinnvoll, die Rubriken zu ordnen. Im vorliegenden Fall bietet sich der Rang in der beruflichen Hierarchie an. Wenn die Rubriken selbst keine bestimmte Ordnung nahelegen, sollte nach den Größen sortiert werden.

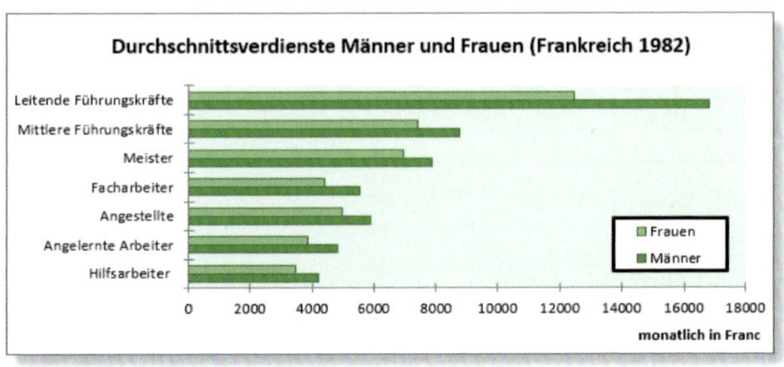

^ **Abbildung 9.108** *Balkendiagramm für qualitative Rubriken*

Bei den Balkendiagrammen sind die angebotenen Untertypen nahezu identisch mit denen des Säulendiagramms, nur dass eben die Rubrikenachse senkrecht und die Größenachse waagerecht angeordnet ist.

Liniendiagramme – für Trends besonders geeignet

Diagramme, in denen der Datenverlauf durch eine Linie in einem rechtwinkligen Koordinatensystem wiedergegeben wird, sind sozusagen die Urform der Diagramme. Liniendiagramme können Sie vor allem verwenden, wenn eine größere Anzahl von Daten auszuwerten ist.

Liniendiagramme haben den gewichtigen Vorteil, dass sich hier viel mehr Daten unterbringen lassen als in den Diagrammtypen, in denen die einzelnen Datenpunkte jeweils durch ein Platz greifendes grafisches Element (Säule, Balken, Kreissegment) abgebildet werden.

Dies wird allerdings durch den Nachteil erkauft, dass die einzelnen Datenpunkte nicht so ins Auge fallen wie bei einer Säule oder einem Balken. Als Beispiel sei hier ein Diagramm vorgestellt, das die monatliche Entwicklung des Verbraucherpreisindex für den Zeitraum von Januar 2000 bis Mai 2011 anzeigt.

Die zugrunde liegende Tabelle enthält ungefähr 140 Indexwerte des Statistischen Bundesamtes. Um das Diagramm übersichtlich zu halten, ist die Rubrikenachse so eingestellt, dass immer nur jeder 7. Monat angezeigt wird. Dazu können Sie unter **Basiseinheit** und **Fest** die Option **Monate** auswählen und unter **Hauptintervall** den Wert »6« für **Monate**.

Abbildung 9.109 *Als Hauptintervall werden hier sechs Monate verwendet.*

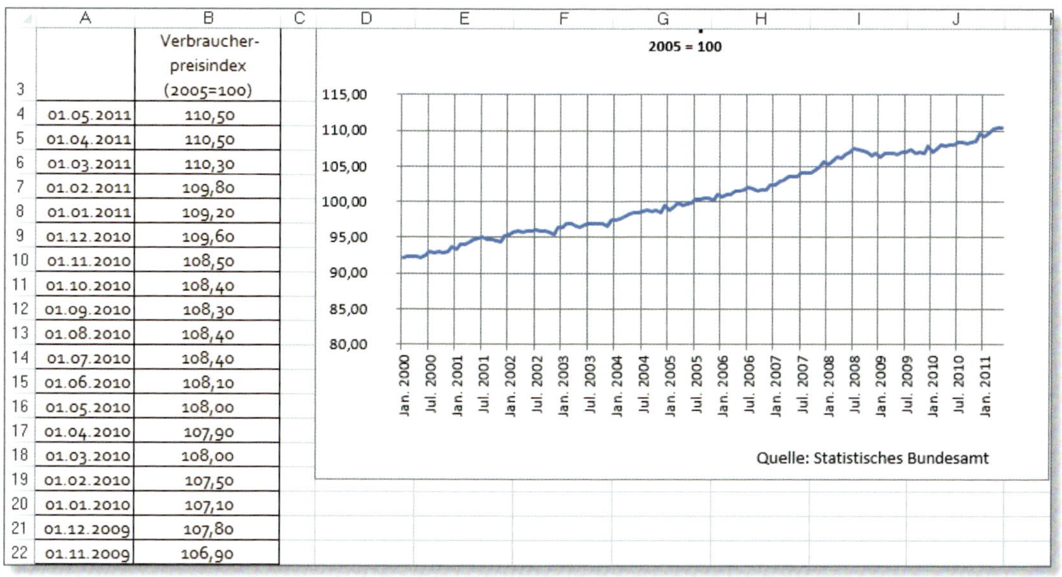

	A	B
3		Verbraucherpreisindex (2005=100)
4	01.05.2011	110,50
5	01.04.2011	110,50
6	01.03.2011	110,30
7	01.02.2011	109,80
8	01.01.2011	109,20
9	01.12.2010	109,60
10	01.11.2010	108,50
11	01.10.2010	108,40
12	01.09.2010	108,30
13	01.08.2010	108,40
14	01.07.2010	108,40
15	01.06.2010	108,10
16	01.05.2010	108,00
17	01.04.2010	107,90
18	01.03.2010	108,00
19	01.02.2010	107,50
20	01.01.2010	107,10
21	01.12.2009	107,80
22	01.11.2009	106,90

Abbildung 9.110 *Liniendiagramm zum Verbraucherindex*

Da trotzdem auf der Rubrikenachse noch eine Menge Beschriftungen unterzubringen sind, richtet Excel die Datumswerte automatisch vertikal aus. Abbildung 9.110 zeigt das Liniendiagramm dazu.

Bei allen Diagrammformen, in denen die Daten durch eine Linie abgebildet werden, liegt es nahe, auf Daten zwischen den einzelnen Datenpunkten zu schließen (interpolieren), also auf Daten, die in der zugrunde liegenden Tabelle gar nicht vorhanden sind. Demnach sollten Liniendiagramme auch nur verwendet werden, wenn dieser Schluss tatsächlich erwünscht und gerechtfertigt ist.

Obendrein sollten Sie das Liniendiagramm nur dann benutzen, wenn die (waagerechte) Rubrikenachse für einen zeitlichen oder einen anderen größenmäßigen Verlauf steht. In all den Fällen, wo die Rubrikenachse rein qualitative Merkmale enthält, wäre ein Liniendiagramm völlig unangebracht.

Untertypen des Liniendiagramms

Beim Untertyp 1 ❶ werden Linien ohne Datenpunkte dargestellt, bei Untertyp 2 und 3 ❷ handelt es sich um gestapelte bzw. auf 100% bezogen gestapelte Linien entsprechend den gestapelten Säulen. Die Untertypen 4 bis 6 ❸ entsprechen wieder den Typen 1 bis 3, nur werden zusätzlich die Datenpunkte angezeigt. Untertyp 7 ❹ gibt anstelle der Linien Bänder aus, die einen 3D-Effekt erzeugen.

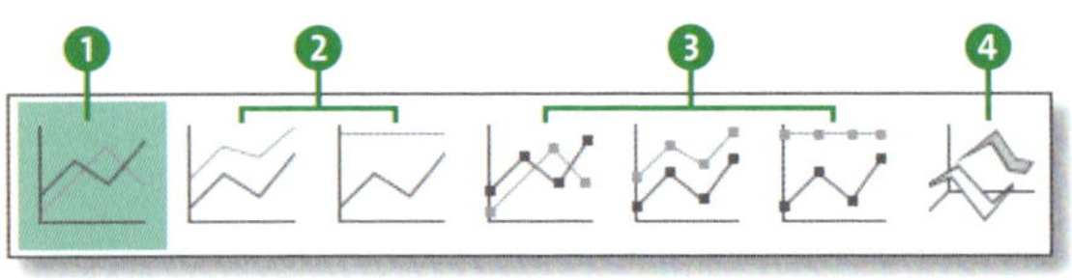

Abbildung 9.111 *Varianten von Liniendiagrammen*

Kreisdiagramme – wenn es um Anteile geht

Kreisdiagramme können Sie gut einsetzen, um zu zeigen, wie »der Kuchen geteilt wird«. Typische Beispiele sind die Parteien-Diagramme in Wahlsendungen. Kreis- oder Tortendiagramme sind die Standarddiagramme für alle Daten, bei denen die Zusammensetzung eines Ganzen dargestellt werden soll.

Sie benötigen kein Koordinatenkreuz und unterscheiden sich von den bisher behandelten Diagrammen durch die ausschließliche Darstellung von Anteilen. Die Gesamtfläche des Kreises ist immer 100%, die Flächen der Kreissektoren sind dabei das Maß für den prozentualen Anteil der Teilkomponenten an der Gesamtgröße.

In dem Diagramm in Abbildung 9.112, das die Anteile verschiedener Gruppen am deutsch-französischen Jugendaustausch (1983) darstellt, wäre eine Ordnung der Daten (z.B. nach der Größe des Anteils) eher unerwünscht, weil sie gleichzeitig eine Hierarchisierung nahelegen würde.

In allen Fällen, in denen die Anteile am Ganzen in keine sinnvolle Reihenfolge gebracht werden können – sonst könnten gestapelte Balken oder Säulen gewählt werden –, ist das Kreisdiagramm die sinnvollste Möglichkeit der grafischen Darstellung. Wie bei allen anderen Diagrammen wird auch hier die Lesbarkeit durch zu viele Rubriken erschwert.

TIPP

Nicht mehr als eine Datenreihe
Ein Kreisdiagramm kann immer nur eine Datenreihe auswerten. Falls Sie irrtümlich einen Bereich mit mehreren Datenreihen markiert haben, zeigt Excel nur die Werte der ersten Datenreihe an und ignoriert die anderen. Wollen Sie mehrere Datenreihen auf diese Weise darstellen, können Sie mehrere Kreisdiagramme nebeneinanderstellen. Eine Alternative dazu ist das weiter unten dargestellte Ringdiagramm.

Untertypen bei Kreisdiagrammen

Für das Kreisdiagramm werden fünf Untertypen angeboten. Bei den ersten beiden bleiben die Kreisseg-

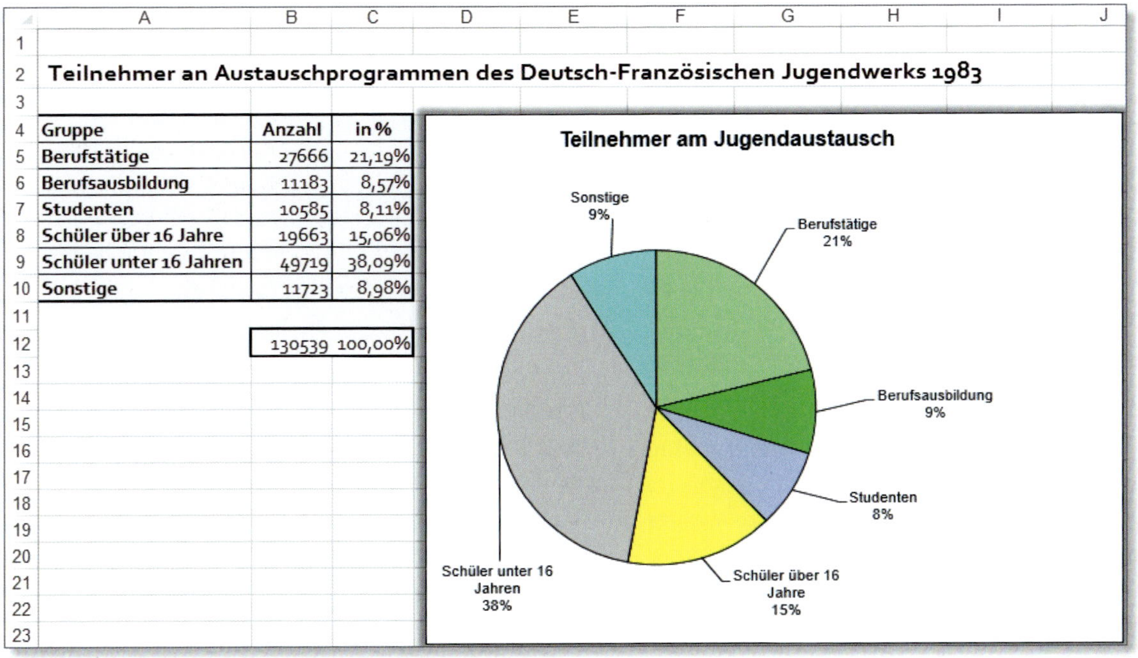

Abbildung 9.112 *Ein Kreisdiagramm stellt Anteile dar.*

mente zusammen ❶, bei den Untertypen 3 und 4 ❷ werden sie ausgerückt. Bei dem Untertyp 2 ❸ kommt lediglich ein 3D-Effekt hinzu.

Die Untertypen 3 und 4 sind für Fälle gedacht, in denen neben einigen größeren Anteilsstücken auch eine Reihe von kleinen Anteilsstücken vorkommt. Bei den Wahldiagrammen sind das beispielsweise die Anteile der Parteien unter der 5 %-Marke. Untertyp 5 ❹ ist ein Ringdiagramm, das mehrere Kreisdiagramme in sich vereinigen kann.

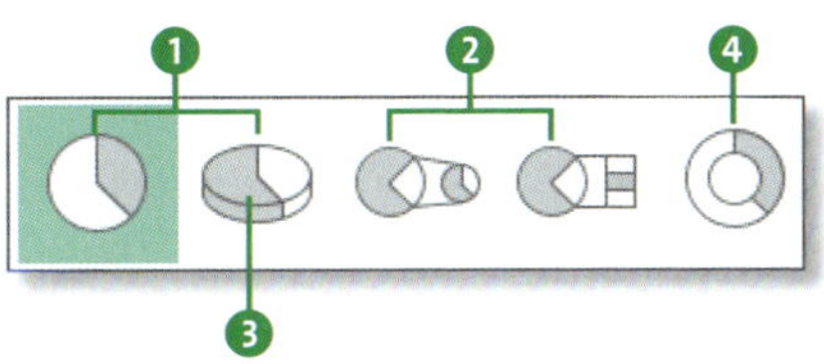

Abbildung 9.113 *Untertypen des Kreisdiagramms*

Die kleinen Anteile können Sie mit den beiden Typen 3 und 4 entweder in einem zusätzlichen kleineren Kreis oder in einem Balkenblock darstellen.

Auf diese Weise können etwa bei einer Wahlauswertung sowohl der Gesamtanteil der kleinen Parteien angezeigt werden als auch die Verteilung innerhalb dieser Gruppe. Abbildung 9.116 zeigt ein Beispiel mit den Daten der Bundestagswahl von 2007.

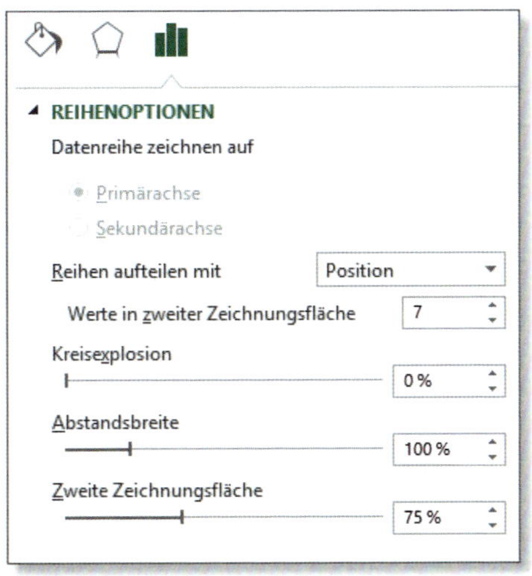

Abbildung 9.114 *Beispiel für die Verteilung der Anteile auf zwei Kreise*

Welche Teile in dem zweiten Kreis erscheinen sollen, können Sie in dem Aufgabenbereich **Datenreihen formatieren** unter **Reihenoptionen** festlegen. Im Beispiel ist die Aufteilung nach **Position** vorgenommen worden, wobei die letzten sieben Werte der zweiten Zeichnungsfläche zugeordnet werden.

Stattdessen können Sie bei **Reihen aufteilen mit** auch die Optionen **Wert**, **Prozentwert** und **Benutzerdefiniert** verwenden. Bei der Aufteilung nach einem Prozentwert geben Sie unter **Werte in zweiter Zeichnungsfläche** einen entsprechenden Prozentwert an.

Alle Werte unter diesem Wert werden in den zweiten Kreis eingefügt. Die Größe dieser zweiten Kreisfläche können Sie dabei mit dem Schieberegler zu **Zweite Zeichnungsfläche** stufenlos einstellen. Die Größe wird jeweils in Prozent der Größe der ersten Zeichnungsfläche angegeben.

Wenn Sie die Einstellung **Benutzerdefiniert** verwenden, können Sie für jedes einzelne Segment angeben, ob der Datenpunkt zur ersten oder zur zweiten Zeichnungsfläche gehört.

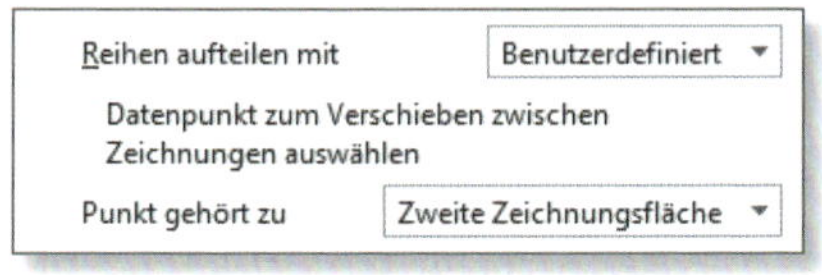

Abbildung 9.115 *Über »Benutzerdefiniert« können Sie die Segmente manuell verschieben.*

Beschriftung bei Kreisdiagrammen

Ob ein Kreisdiagramm als gelungen angesehen wird, hängt stark von der Art der Datenbeschriftung ab. Diese können Sie über die Palette zu **Datenbeschriftungen** einstellen, die über das **+**-Symbol zum Diagramm angeboten wird.

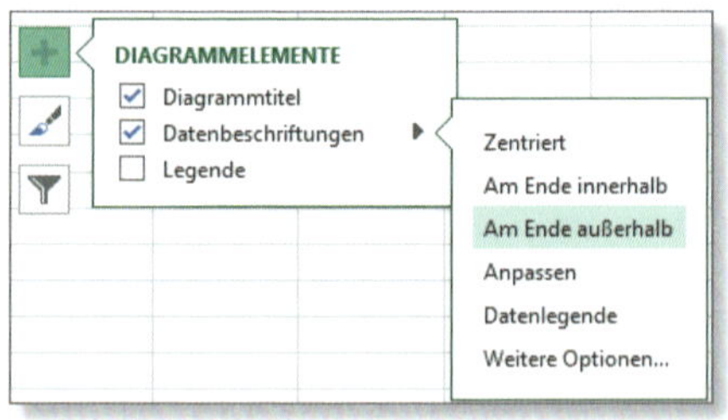

Abbildung 9.116 *Palette zu Datenbeschriftungen bei Kreisdiagrammen*

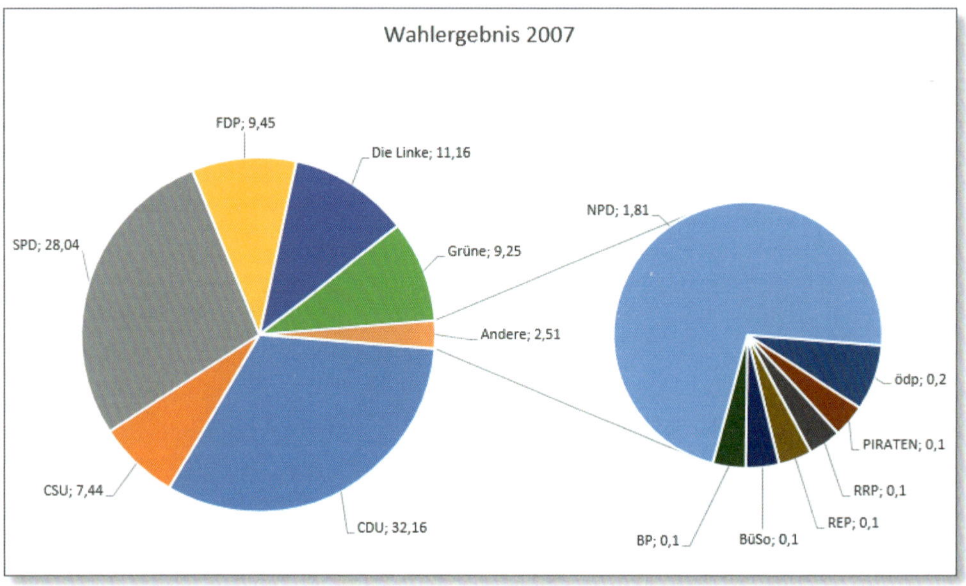

Abbildung 9.117 *Für die Kleinen gibt es einen eigenen Kreis.*

Während Sie hier hauptsächlich Optionen zur Positionierung der Beschriftung finden, öffnet **Weitere Optionen** einen Aufgabenbereich, in dem Sie insbesondere auch den Inhalt der Beschriftung bestimmen können.

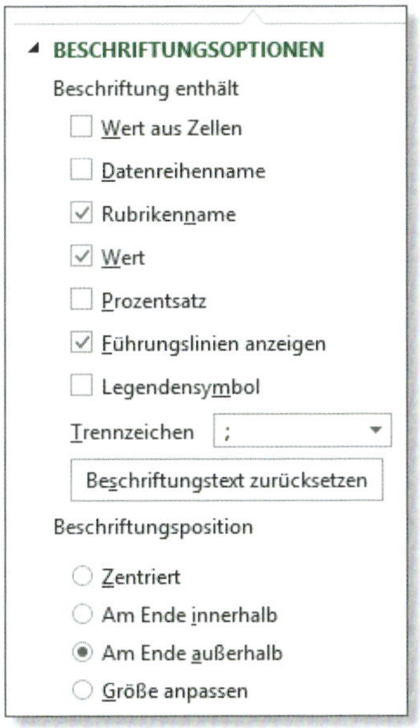

Abbildung 9.118 *Optionen zu Datenbeschriftungen bei Kreisdiagrammen*

Sie können unter **Beschriftung enthält** wählen, ob zu den einzelnen Kreissegmenten der jeweilige Wert, der Datenreihenname, der Rubrikenname oder der jeweilige Prozentsatz angezeigt werden soll. Unter **Beschriftungsposition** geben Sie an, wo die Beschriftung erscheinen soll. Wenn Sie die Beschriftung aus mehreren Teilen zusammensetzen wollen, geben Sie am besten unter **Trennzeichen** noch an, ob nur ein Leerzeichen oder ein Komma, Semikolon oder Punkt eingefügt werden soll oder ob jeweils neue Zeilen die Elemente trennen.

Ist eine Datenbeschriftung festgelegt, kann noch abgehakt werden, dass das Legendensymbol, also das kleine Farbmuster, neben die Beschriftung gesetzt wird. Außerdem lassen sich mit **Führungslinien anzeigen** dünne Linien einblenden, die die Beschriftung mit dem Kreissegment verbinden. Das erleichtert Ihnen die Zuordnung bei kleinen Segmenten.

Tortenstücke ziehen

Beim Kreisdiagramm können Sie die Tortenstücke alle oder einzeln direkt mit Maus, Finger oder Stift auseinanderziehen. Um ein einzelnes Stück zu markieren, genügt es hierbei, zunächst mit einem Klick oder Tipp alle und dann mit einem weiteren Klick oder Tipp das gewünschte Stück zu markieren.

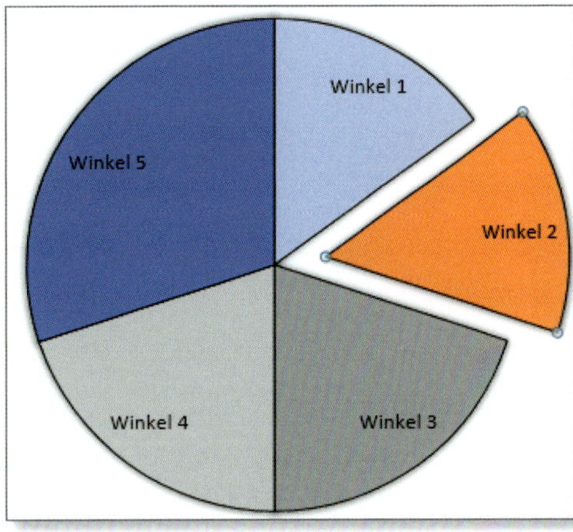

Abbildung 9.119 *Ausgewählte Tortenstücke eines Kreisdiagramms können Sie einfach herausziehen.*

Diese Technik wird auch bei den Ringdiagrammen unterstützt, bei denen Sie einzelne Ringstücke herausziehen können.

9.12 Diagrammtypen kombinieren

In vielen Fällen ist es wünschenswert, in einem Diagramm mehrere Diagrammtypen zu kombinieren, um einen Zusammenhang zwischen Daten zu zeigen, die sehr unterschiedlich sind. Ein Beispiel, bei dem eine Kombination aus Säulen- und Liniendiagramm angezeigt ist, zeigt Abbildung 9.120. Zu sehen ist eine Darstellung der Zugänge und Abgänge von einem Lager und des jeweiligen Bestands. Die Darstellung ist hier jedoch noch nicht optimal, die Bezüge zwischen Zugang, Abgang und Bestand nicht sofort ersichtlich.

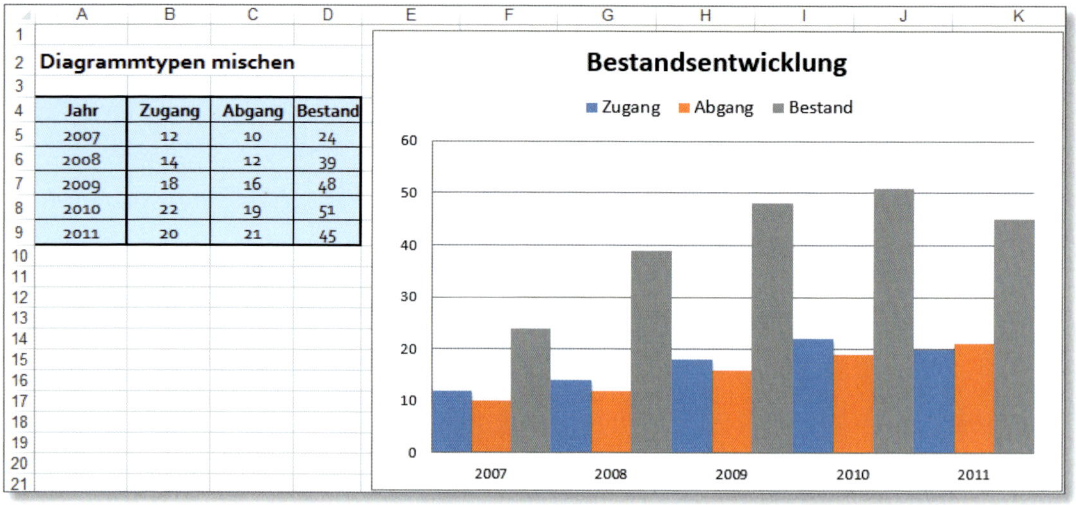

Abbildung 9.120 Hier macht es Sinn, den Diagrammtyp für den Bestand zu ändern.

Dimensionsunterschiede ausgleichen

Oft besteht das Problem, dass in einem Diagramm Daten von sehr unterschiedlicher Art oder Größenordnung miteinander verglichen werden sollen. Wollen Sie z. B. die Gehaltsentwicklung von Managern eines Betriebs (in Hunderttausend € pro Jahr) mit der Gewinnentwicklung vergleichen (z. B. einige Millionen € pro Jahr), dann ist mit den einfachen Diagrammtypen nicht viel anzufangen. Ein Säulendiagramm etwa würde unter diesen Umständen eine Mischung aus sehr großen und sehr kleinen Säulen liefern.

Es kann aber auch sein, dass in einem Diagramm lediglich eine Datenreihe besonders hervorgehoben werden soll, die sich durchaus auch mit den übrigen Reihen zusammenfassen ließe. Die Lösung solcher Probleme kann dann in der Kombination von mehreren Diagrammtypen in einem Diagramm bestehen. Im Prinzip sind dabei zahlreiche Kombinationsmöglichkeiten zwischen Linien-, Säulen-, Flächen-, Blasen- und Spannweitendiagrammen denkbar.

Verbundtypen

Excel 2013 führt nun **Verbund** als einen eigenen Diagrammtyp ein. Die ersten drei Untertypen sind häufig benötigte Kombinationen. Der erste Untertyp kombiniert gruppierte Säulen und Linien, der zweite gruppierte Säulen und Linien, die eine zweite Werteachse verwenden. Der dritte Untertyp kombiniert gestapelte Flächen und gruppierte Säulen. Der vierte Untertyp erlaubt eigene Kombinationen.

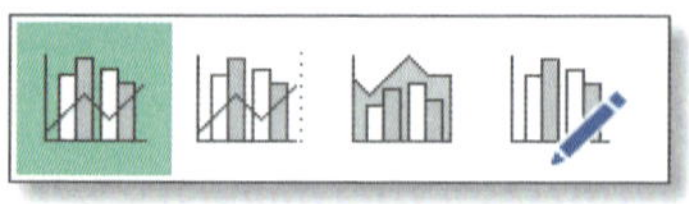

Abbildung 9.121 Varianten des Verbundtyps

In allen Fällen zeigt das Dialogfeld auf dem Register **Alle Diagramme** im unteren Teil für jede ausgewählte Datenreihe an, welcher Diagrammtyp aktuell zugeordnet ist. Sie haben dabei immer die Möglichkeit, einen anderen Diagrammtyp aus der Liste zu einer Reihe zu wählen. Soll für die Reihe eine zweite Achse verwendet werden, haken Sie **Sekundärachse** ab. Excel zeigt immer gleich eine der Auswahl entsprechende Vorschau an, sodass unbrauchbare Kombinationen – etwa Kreise, die sich überlagern – leicht vermieden werden können.

Um das Diagramm in Abbildung 9.120 in ein Verbunddiagramm zu verwandeln, benutzen Sie über das Menüband das Symbol **Diagrammtyp ändern** und wählen im Dialog den Basistyp **Verbund**.

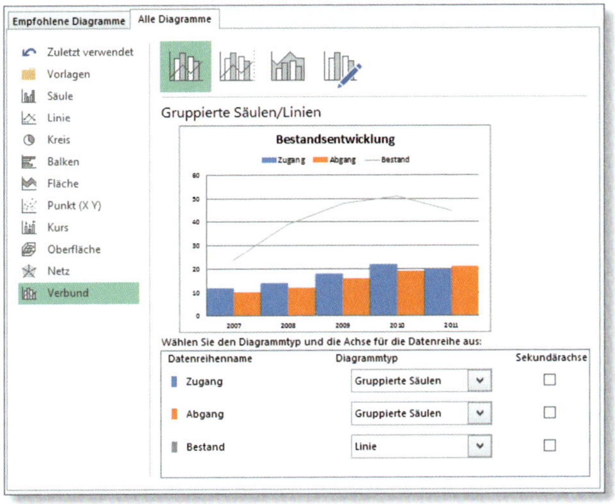

Abbildung 9.122 *Auswahl der Diagrammtypen in einem Verbunddiagramm*

In diesem Fall wählen Sie zu der Reihe **Bestand** den Diagrammtyp **Linie**. Die Vorschau zeigt sofort, wie das Diagramm aussehen wird.

Wenn spezielle Verbunddiagramme öfter benötigt werden, ist es sinnvoll, sie als benutzerdefinierte Typen zu entwickeln, sodass sie immer wieder verwendet werden können. Ist das Diagramm fertig formatiert, wählen Sie das gesamte Diagramm aus und benutzen im Kontextmenü die Option **Als Vorlage speichern**. Vergeben Sie einen passenden Namen, der den Diagrammtyp möglichst eindeutig identifiziert.

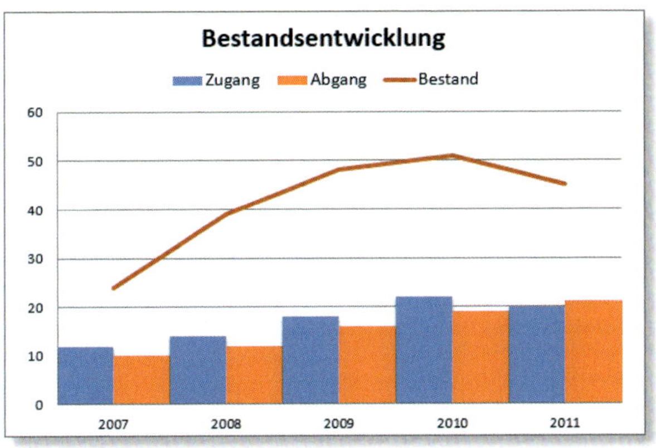

Abbildung 9.123 *Das Verbunddiagramm zeigt die Bestandsentwicklung als Linie an.*

Im Prinzip sind zahlreiche Kombinationsmöglichkeiten zwischen Linien-, Säulen-, Flächen-, Blasen- und Spannweitendiagrammen denkbar. Auch mehr als zwei verschiedene Typen lassen sich in einem Diagramm verbinden, nur Kombinationen von 2D- und 3D-Diagrammen sind nicht erlaubt.

9.13 Wertunterschiede deutlich machen

Wenn es darum geht, die Entwicklung von Wertdifferenzen oder von Anteilsverteilungen darzustellen, können Flächendiagramme und Spannweitendiagramme gute Dienste leisten.

Flächendiagramme

Ein Flächendiagramm ist einem Liniendiagramm sehr ähnlich, bis auf den Unterschied, dass die Flächen zwischen den Linien farbig ausgefüllt sind. Dieser Diagrammtyp wird in Excel 2013 unter dem Diagrammtyp **Fläche** angeboten. Beim ersten Untertyp ❶ überlagern sich die Flächen, beim zweiten sind sie gestapelt ❷, beim dritten ❸ summieren sich die gestapelten Flächen immer zu 100 %.

Der Untertyp ❹ ist ein 3D-Flächendiagramm im echten Sinne, es werden also drei Achsen benötigt. Bei den Untertypen 5 bis 6 ❺ kommt lediglich ein 3D-Effekt hinzu. Sobald es sich bei der Rubrikenachse um eine zeitliche oder räumliche Abfolge handelt, ist das Flächendiagramm für die Darstellung gut geeignet.

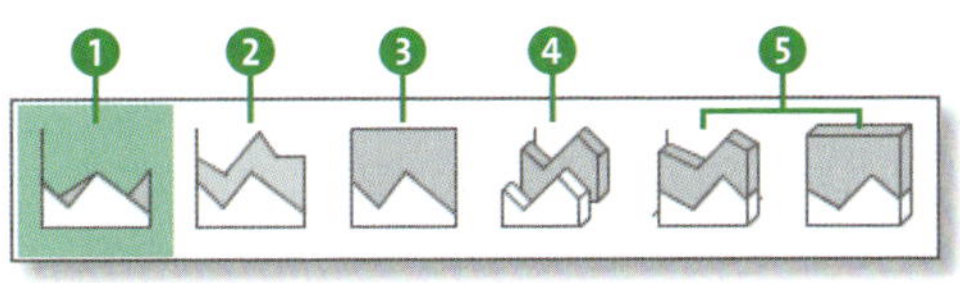

Abbildung 9.124 *Die Untertypen des Flächendiagramms*

Flächenüberlagerung betont die Wertdifferenz

Das folgende Beispiel wertet Daten des Statistischen Bundesamtes aus, die unter dem Titel *Bevölkerungs-*

vorausberechnung zusammengestellt sind. Eine *mittlere* Variante dieser Schätzungen geht von einer kaum veränderten Geburtenhäufigkeit und einer weitgehend gleichbleibenden Lebenserwartung aus. Die in Abbildung 9.125 dargestellte Tabelle zeigt die geschätzten Bevölkerungszahlen für die nächsten Jahrzehnte, wobei jeweils eine Untergrenze und eine Obergrenze angegeben werden. Der Vergleich dieser beiden Datenreihen lässt sich gut mit einem Flächendiagramm darstellen.

	A	B	C	D	E
1	**Schätzungen zur Bevölkerungsentwicklung in Deutschland**				
2					
3	**Jahr**	**Variante "mittlere" Bevölkerung,**		**Variante "mittlere" Bevölkerung, Obergrenze**	
4		*2008=100*			*2008=100*
5	2008	82.002.000	100	82.002.000	100
6	2010	81.545.000	99	81.545.000	99,4
7	2020	79.914.000	98	80.437.000	98,1
8	2030	77.350.000	94	79.025.000	96,4
9	2040	73.829.000	90	76.757.000	93,6
10	2050	69.412.000	85	73.608.000	89,8
11	2060	64.651.000	79	70.120.000	85,5

Abbildung 9.125 *Schätzdaten zur erwarteten Bevölkerungsentwicklung (Quelle: Statistisches Bundesamt)*

Um die Tabellendaten in einem übersichtlichen Diagramm auszuwerten, können Sie so verfahren:

1. Markieren Sie zunächst den Bereich B5:B11 und anschließend mit [⇧] + [F8] noch den Bereich D5:D11.
2. Fügen Sie über **Einfügen > Diagramme > Fläche** ein 2D-Diagramm ein, und verwenden Sie dabei den ersten Untertyp.

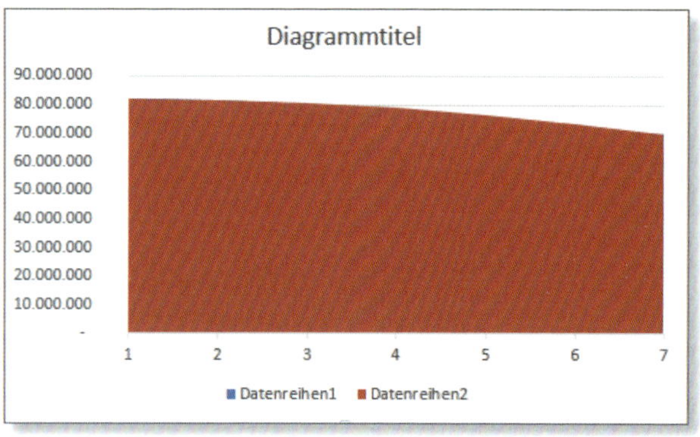

Abbildung 9.126 *Der erste Versuch ist noch nicht brauchbar, weil eine Fläche die andere verdeckt.*

3. Wie Abbildung 9.126 zeigt, ist das erste Ergebnis noch unbefriedigend. Es ist offensichtlich, dass die angezeigte Datenreihe die andere Datenreihe komplett verdeckt. Außerdem fehlen noch die Rubriken für die x-Achse und die Namen für die Legende.
4. Öffnen Sie über **Entwurf > Daten > Daten auswählen** oder über den gleichnamigen Befehl im Kontextmenü den Dialog **Datenquelle auswählen**.
5. Markieren Sie unter **Legendeneinträge** die erste Position, und klicken Sie auf den kleinen Pfeil, der nach unten zeigt. Damit wird die kleinere Fläche vor die größere gerückt, was im Diagramm sofort sichtbar wird.
6. Wählen Sie anschließend beide Datenreihen nacheinander aus, und fügen Sie über die Schaltfläche **Bearbeiten** jeweils den passenden Reihennamen ein: Die erste Datenreihe erhält den Namen »Untergrenze«, die zweite den Namen »Obergrenze«.
7. Benutzen Sie unter **Horizontale Achsenbeschriftungen** ebenfalls die Schaltfläche **Bearbeiten**. Geben Sie unter **Achsenbeschriftungsbereich** den Bereich A5:A11 mit den Jahreszahlen an.
8. Es bietet sich an, die Werteachse mit den großen Zahlen noch etwas kompakter zu formatieren. Wählen Sie im Aufgabenbereich **Achse formatieren** unter **Anzeigeeinheiten** die Option **Millionen**. Haken Sie noch die Option **Beschriftung der Anzeigeeinheiten im Diagramm anzeigen** ab.

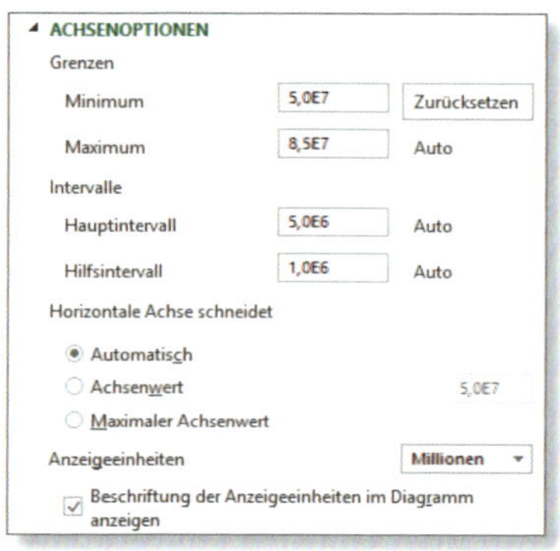

Abbildung 9.127 *Die Anzeige größerer Einheiten macht die Beschriftung der Werteachse kompakter.*

9 Um den Unterschied zwischen den beiden Datenreihen noch etwas zu betonen, bleibt noch die Möglichkeit, unter **Minimum** die Einstellung **Auto** zu ersetzen und dafür den Wert »50.000.000« einzutragen.

Abbildung 9.128 zeigt das Ergebnis, nachdem noch ein Diagrammtitel und ein Quellhinweis eingefügt wurden.

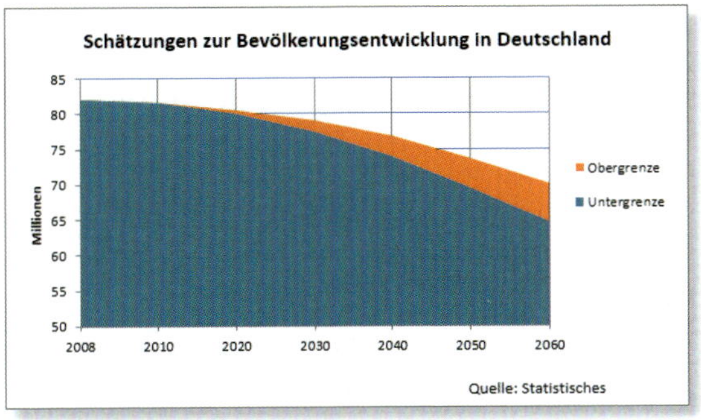

*^ **Abbildung 9.128** Flächendiagramm, bei dem sich die Flächen für die beiden Datenreihen überlagern*

Gestapelte Flächen für Verteilungen

Wenn sich die Spaltenwerte in einer Tabelle immer zu 100 % ergänzen und die Abfolge der Werte pro Zeile einem zeitlichen Ablauf entspricht, ist der schon angesprochene Untertyp 3 sehr gut geeignet, die Tabellendaten übersichtlich zu visualisieren.

Ein Beispiel ist die in Abbildung 9.129 dargestellte Tabelle zur Entwicklung der prozentualen Zusammensetzung der Primärenergiegewinnung in Deutschland.

Um diese Tabelle in ein gestapeltes Flächendiagramm umzusetzen, sind nur wenige Schritte notwendig:

1 Markieren Sie in der Tabelle den Bereich A4:U10, also die Daten mit den Überschriften und den Zeilenbeschriftungen.

2 Erstellen Sie über **Einfügen > Diagramme > Fläche** ein Diagramm vom Typ **Gestapelte Fläche (100%)**.

3 Excel übernimmt die Beschriftungen für die Legende und die horizontale Achse und verwendet für die Werteachse automatisch ein Prozentformat und eine entsprechende Skalierung zwischen 0 und 1. Sie brauchen nur noch über das +-Symbol mit **Diagrammtitel** eine Diagrammüberschrift hinzuzufügen.

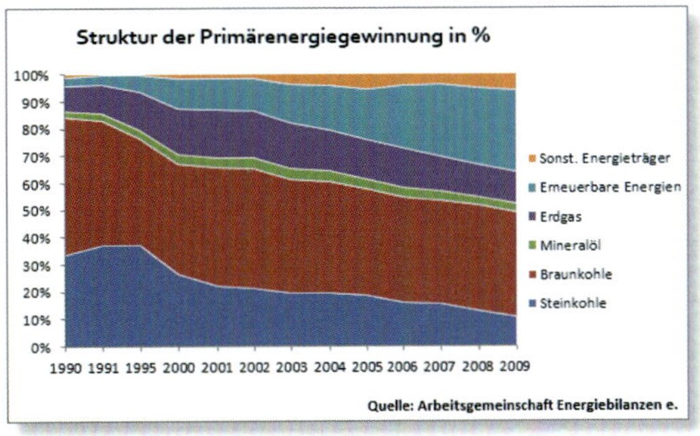

*^ **Abbildung 9.129** Das Flächendiagramm zeigt die Veränderung der prozentualen Zusammensetzung sehr übersichtlich an.*

Für die Formatierung stehen wieder zahlreiche Formatmuster unter **Entwurf > Diagrammformatvorla-**

	A	B	C	G	L	M	N	O	P	Q	R	S	T	U
1														
2	**Struktur der Primärenergiegewinnung in %**													
3														
4	Energieträger	**1990**	**##**	**1995**	**2000**	**2001**	**2002**	**2003**	**2004**	**2005**	**2006**	**2007**	**2008**	**2009**
5	**Steinkohle**	33,6	##	36,9	26,7	22,2	21,1	19,6	19,4	18,4	15,7	15,3	12,8	10,5
6	**Braunkohle**	50,5	##	39,5	40,3	43,4	44,1	41,5	41,1	39,2	39,0	38,3	38,7	38,7
7	**Mineralöl**	2,5	##	2,9	3,5	3,8	4,0	4,0	3,7	3,7	3,7	3,4	3,2	3,0
8	**Erdgas**	9,1	##	14,0	16,8	17,3	17,1	16,9	15,3	14,5	14,4	12,7	12,1	11,6
9	**Erneuerbare Energien**	3,2	##	6,3	11,0	11,6	12,1	14,2	16,1	18,7	23,0	26,3	28,1	30,4
10	**Sonst. Energieträger**	1,2	##	0,3	1,8	1,7	1,5	3,8	4,4	5,4	4,2	4,0	5,2	5,9
11	Insgesamt	100,0	##	100,0	100,0	100,0	100,0	100,0	100,0	100,0	100,0	100,0	100,0	100,0
12							**Quelle:**		**Arbeitsgemeinschaft Energiebilanzen e.V.**					

*^ **Abbildung 9.130** Tabelle zur prozentualen Zusammensetzung der Primärenergiegewinnung in Deutschland*

gen zur Verfügung. Meistens ist es günstig, mit einem schmalen Rand zu arbeiten, der die einzelnen Flächen deutlicher voneinander trennt. Wenn Sie dies nicht über eine Formatvorlage tun, können Sie auch nacheinander die Datenreihen auswählen und im Aufgabenbereich **Datenreihen formatieren** unter **Rahmen** die gewünschten Einstellungen vornehmen.

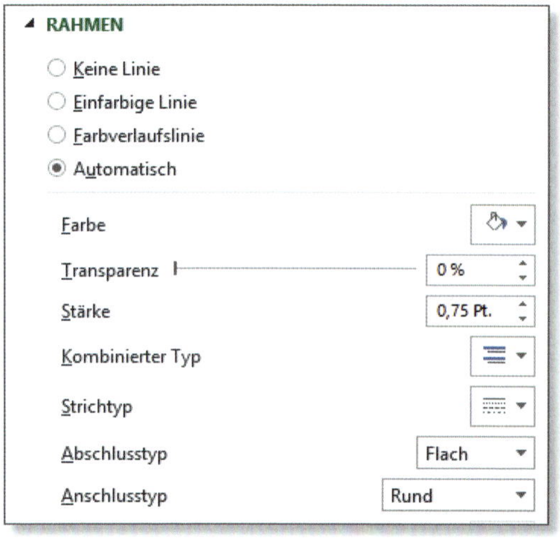

Abbildung 9.131 *Hier wählen Sie die Stärke und den Strichtyp der Rahmen für die einzelnen Flächen.*

Spannweitendiagramme

Unter dem Namen **Kurs** stellt Excel einen Diagrammtyp zur Verfügung, bei dem die jeweils zusammengehörigen Werte mehrerer Datenreihen in Beziehung gesetzt werden. Relativ häufig wird dieser Diagrammtyp für Börsendiagramme verwendet. Dabei handelt es sich um Spannweitendiagramme, die drei bis fünf der folgenden Werte darstellen:

- **Eröffnungskurs**, also der Kurs bei Börseneröffnung
- **Höchstwert**, den der Kurs innerhalb eines vorgegebenen Zeitraums (z. B. eines Tages) angenommen hat
- **Tiefstwert**, den der Kurs innerhalb eines vorgegebenen Zeitraums angenommen hat
- **Schlusskurs**, der Kurs bei Börsenschluss
- **Volumen**, gibt an, in welchem Umfang Aktien in dem vorgegebenen Zeitraum gehandelt wurden

Dabei müssen Sie darauf achten, dass die Spalten im Datenbereich genau in der Reihenfolge angeordnet werden, die der im Namen des Diagrammtyps angegebenen Reihenfolge entspricht.

Darstellung der Kursentwicklung

Die einfachste Anwendung dieses Typs ist ein Diagramm, das die Wertentwicklung eines einzelnen Papiers für einen bestimmten Zeitraum darstellt. Abbildung 9.132 zeigt ein Beispiel.

28	Realo	Höchstwert	Tiefstwert	Schluss
29	01.06.2013	320	260	305
30	02.06.2013	320	280	290
31	03.06.2013	310	270	300
32	04.06.2013	320	298	305

Abbildung 9.132 *Tabelle mit täglichen Kurswerten für ein Papier*

Und hier die Schritte zu einem brauchbaren Kursdiagramm:

1. Markieren Sie den Bereich mit den Kurswerten einschließlich der Überschriften.
2. Fügen Sie über **Einfügen > Diagramme > Kurs...** ein Kursdiagramm mit dem Untertyp **Höchst-Tiefst-Schlusskurs** ein.
3. Um die Anzeige des Schlusswerts etwas deutlicher zu machen, ordnen Sie dem Diagramm über **Entwurf > Diagrammformatvorlagen** ein passendes Formatmuster zu.
4. Verbessert wird die Anzeige auch dadurch, dass Sie für die Werteachse über **Achse formatieren** im Kontextmenü unter **Achsenoptionen** den Wert für **Minimum** beispielsweise auf »200« erhöhen.

Störend bei den Spannweitendiagrammen kann sein, dass die einzelnen Datenpunkte nicht gut sichtbar sind. Sie können dann im Diagramm die Spannweitenlinien auswählen und im Aufgabenbereich **Spannweitenlinien formatieren** die Stärke und Farbe unter **Linie** ändern.

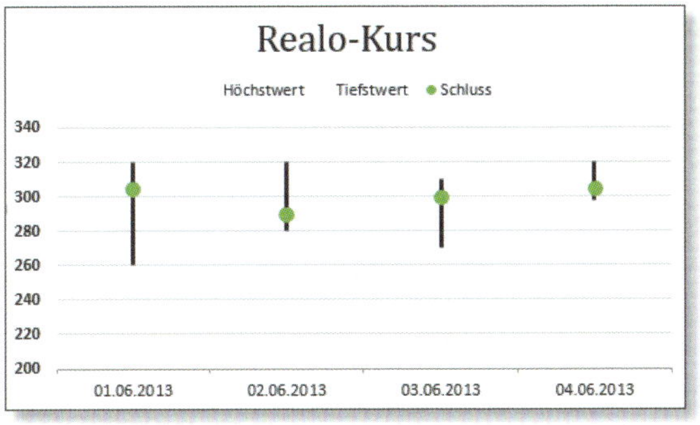

Abbildung 9.133 Diagramm zur Entwicklung der Kurswerte für ein einzelnes Papier im Verlauf von einigen Tagen

Nicht nur für Kurse

Dass Sie diesen Diagrammtyp nicht nur für die Darstellung von Kursentwicklungen an der Börse verwenden können, zeigt das Beispiel aus Abbildung 9.134 einer sich über eine Woche erstreckenden Temperaturmessung, bei der für jeden Tag die maximale, die minimale und die durchschnittliche Temperatur erfasst wurden.

Vergleich von Papieren

Im nächsten Beispiel arbeiten wir mit den vier Werten **Eröffnung**, **Höchstwert**, **Tiefstwert** und **Schluss**, um die Kursentwicklung mehrerer Papiere miteinander zu vergleichen.

1. Legen Sie eine Tabelle an, die in der ersten Spalte die Namen der Papiere auflistet.
2. Richten Sie daneben für jeden der vier Werte eine Spalte ein, und tragen Sie die Werte zeilenweise für jedes Papier ein. Achten Sie auf die Reihenfolge der Spalten.
3. Markieren Sie den Bereich A4:E8.
4. Fügen Sie über **Einfügen > Diagramme > Kurs...** ein Kursdiagramm mit dem Untertyp **Eröffnungs-Höchst-Tiefst-Schlusskurs** ein.

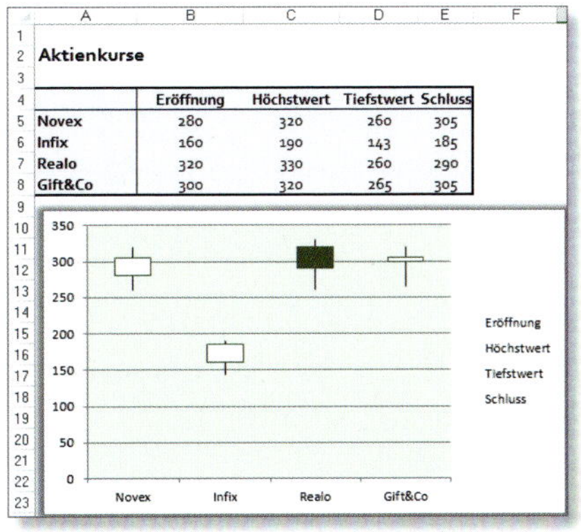

Abbildung 9.134 Entwicklung von Aktienkursen

5. Das Ergebnis mag zunächst irritierend wirken, weil Excel die Datenbereiche nicht wie erwartet zuordnet.

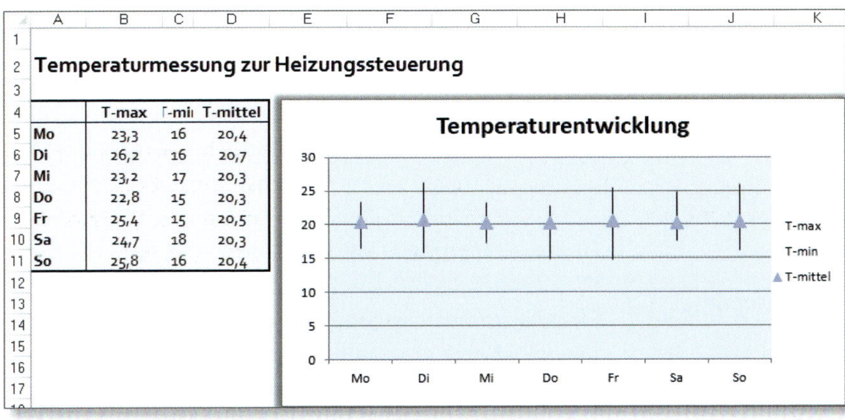

Abbildung 9.135 Ein Spannweitendiagramm – diesmal verwendet für die Darstellung von Temperaturschwankungen

Benutzen Sie **Entwurf > Daten > Zeile/Spalte wechseln**, um das gewünschte Ergebnis zu erreichen.

Sie können übrigens auch die Abweichungsbalken im Diagramm einzeln auswählen, um sie in den Aufgabenbereichen **Positive** oder **Negative Abweichungsbalken formatieren** anders zu gestalten.

Untertypen für drei bis fünf Datenreihen

Die Untertypen der Spannweitendiagramme unterscheiden sich darin, ob sie drei, vier oder gar fünf Datenreihen benötigen. Der erste Untertyp stellt den Höchst-, Tiefst- und Schlusskurs dar ❶.

Der zweite Untertyp ❷ gibt zusätzlich den Eröffnungskurs aus. Beim dritten Untertyp ❸ gibt die erste Datenreihe das Umsatzvolumen anstelle des Eröffnungskurses an, beim vierten Untertyp ❹ – **Volumen-Eröffnungs-Höchst-Tiefst-Schlusskurs** – sind gleich fünf Datenreihen nötig.

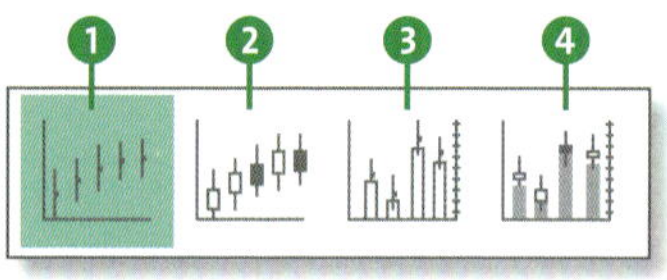

Abbildung 9.136 *Untertypen des Spannweitendiagramms*

Bei der Abbildung der Daten im Diagramm werden bei den Untertypen 2 und 4 der Eröffnungs- und der Schlusswert zu einem Rechteck zusammengefasst. Es wird weiß gefüllt, wenn der erste Wert niedriger ist als der zweite, der Kurs demnach also gestiegen ist. Ist der Schlusswert niedriger als der Eröffnungskurs, wird das Rechteck dunkel ausgefüllt. Die Höchst- und Tiefstwerte werden dann durch die senkrechten Striche oberhalb und unterhalb der Rechtecke angezeigt, sodass die vier Werte jeweils recht anschaulich dargestellt werden.

Abbildung 9.137 zeigt ein Beispiel für den Typ 3, in dem das Handelsvolumen durch eine Säule dargestellt wird. Excel verwendet dabei automatisch eine zweite Achse.

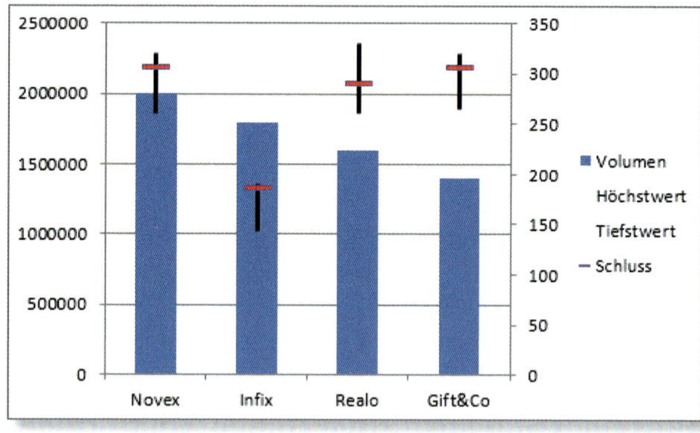

Abbildung 9.137 *Beispiel für ein Kursdiagramm, in dem zusätzlich das Handelsvolumen angezeigt wird*

9.14 Verteilungen und Zyklen anzeigen

Besondere Anforderungen sind an ein Diagramm gestellt, wenn es darum geht, nicht nur in einem einzigen Fall die Verteilung von Werten zu einem Ganzen darzustellen, sondern gleich in mehreren. Ähnliches gilt für die Darstellung von Werten, die sich in einer bestimmten Abfolge ändern.

Ringdiagramm zum Vergleich von Datengruppen

Das Ringdiagramm bildet quasi eine Kombination mehrerer Kreisdiagramme, die aber nicht nebeneinander, sondern ineinander angeordnet sind. Dieses Diagramm wird in Excel 2013 nicht mehr als eigener Diagrammtyp angeboten, sondern als Untertyp des Kreisdiagramms. Bei mehreren Datengruppen, die Sie anteilig darstellen wollen, gibt Ihnen Excel einige Alternativen. Sie lassen sich als gestaffelte Säulen, Balken oder als gestapelte Flächen abbilden. Die Darstellung in mehreren Kreisdiagrammen ist ebenfalls ein gangbarer Weg.

Das in Abbildung 9.139 dargestellte Beispiel zeigt die Wahlergebnisse für drei Bundestagswahlen in einem Ringdiagramm. Das jüngste Ergebnis wird mit dem äußersten Ring dargestellt. Um dieses Diagramm nachzubilden, reichen die folgenden Schritte:

1 Legen Sie die Tabelle mit den Wahlergebnissen so an, dass die Spalten von links nach rechts von den älteren zu den jüngeren Wahljahren angeordnet sind.

2 Markieren Sie als Datenbereich nur die Zellen A5:D12, also ohne die Zeile mit den Überschriften.

3 Fügen Sie über **Einfügen > Diagramme > Kreis- oder Ringdiagramm einfügen** ein Diagramm mit geschlossenen Ringen ein.

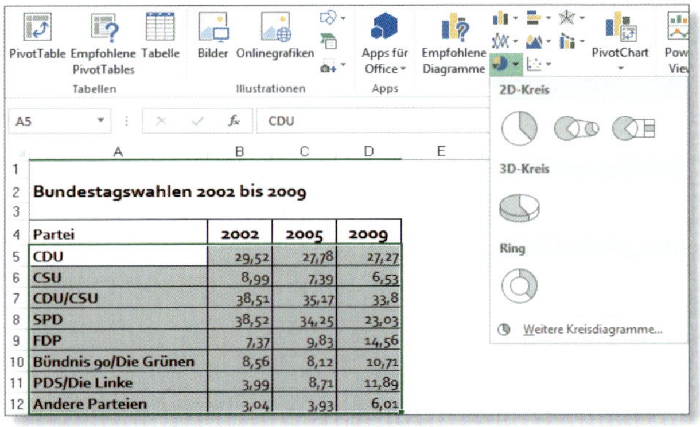

Partei	2002	2005	2009
CDU	29,52	27,78	27,27
CSU	8,99	7,39	6,53
CDU/CSU	38,51	35,17	33,8
SPD	38,52	34,25	23,03
FDP	7,37	9,83	14,56
Bündnis 90/Die Grünen	8,56	8,12	10,72
PDS/Die Linke	3,99	8,71	11,89
Andere Parteien	3,04	3,93	6,01

∧ ***Abbildung 9.138*** *Einfügen eines Ringdiagramms*

4 Excel zeichnet drei ineinandergefügte Ringe und übernimmt die Beschriftungen aus der ersten Spalte als Angaben für die einzelnen Ringsegmente in die Legende.

5 Um die Ringsegmente etwas besser unterscheiden zu können, können Sie über **Entwurf > Diagrammformatvorlagen** noch ein Muster zuordnen, das die Segmente deutlicher trennt.

6 Fügen Sie noch eine Diagrammüberschrift ein, die die Bedeutung der Ringe erklärt.

Sofern es sich nicht um allzu viele Datengruppen handelt, bietet sich das Ringdiagramm an, das aber durchaus eine Hierarchie setzt, weil die Ringe nach außen hin immer größer werden. Bei der konzentrischen Anordnung der Kreise sollten Sie darauf achten, dass bei zeitlichen Abfolgen die *früheren* Datengruppen innen sitzen, die *späteren* oder die *wichtigeren* außen.

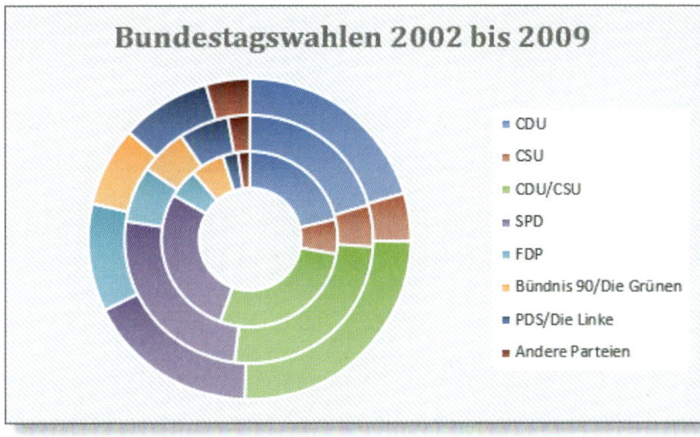

∧ ***Abbildung 9.139*** *Ringdiagramm als Kombination mehrerer Kreisdiagramme*

Excel bietet für diesen Typ keine Achsenbeschriftung an. Wenn die Reihenfolge der Ringe nicht durch die Diagrammüberschrift erkennbar ist, sollten Sie entsprechende Hinweise mithilfe zusätzlicher Textfelder einfügen.

Häufig ist es sinnvoll, über **Datenreihen formatieren** unter **Reihenoptionen** den Wert für **Innenringgröße** zu verringern (der Minimalwert ist 10 %, der Maximalwert 90 %). Dadurch bleibt mehr Raum für die Darstellung der Daten. Außerdem können Sie hier durch eine Veränderung unter **Winkel des ersten Segments** den Ring in eine beliebige Position drehen.

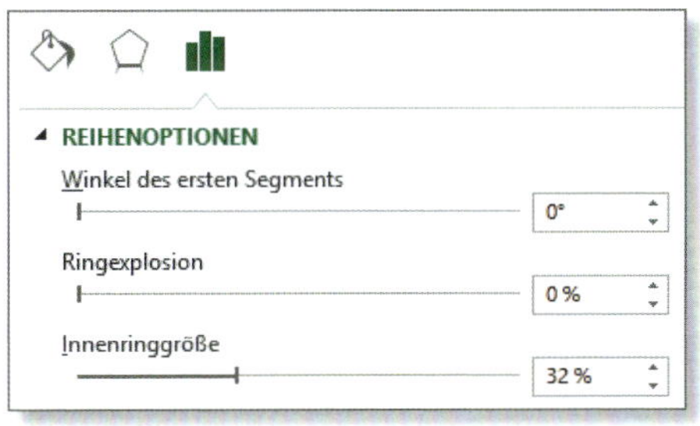

∧ ***Abbildung 9.140*** *Formatoptionen für die Reihen des Ringdiagramms*

Netzdiagramme für Zyklen

Das Netzdiagramm ähnelt noch am ehesten einem Polarkoordinaten-Diagramm, allerdings mit drei Unterschieden:

- Der Winkel kann nicht direkt angegeben werden, sondern wird durch die Anzahl der Werte bestimmt.
- Die Richtung bzw. Reihenfolge geht im Uhrzeigersinn (bei Polarkoordinaten entgegen dem Uhrzeigersinn).
- Die Größenachsen dürfen auch negative Werte annehmen.

Anwenden können Sie ein Netzdiagramm vor allem für die Abbildung zyklischer Prozesse oder Daten. Das kann die Helligkeit in Abhängigkeit vom Winkel sein, die Temperatur oder die Niederschlagsmenge im Laufe eines Tages oder Jahres, die Wachstumsrate einer Pflanze in einem Jahreszyklus usw.

Im Prinzip ist es auch bei diesem Diagrammtyp möglich, mehrere Datenreihen zu verarbeiten, aber bei mehr als zwei oder drei Datenreihen wird das Diagramm ziemlich unübersichtlich.

Das (fiktive) Beispiel in Abbildung 9.141 zeigt die durchschnittliche tägliche Temperatur in einem Land über die zwölf Monate eines Jahres:

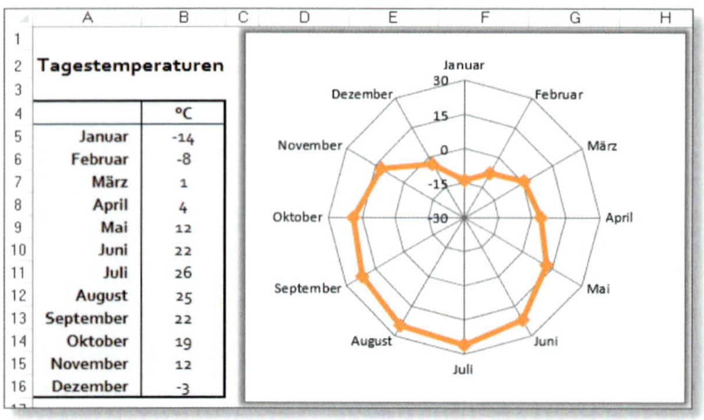

Abbildung 9.141 *Netzdiagramm für die Darstellung von Temperaturzyklen*

Ein weiterer Anwendungsbereich sind Diagramme, in denen zwei oder drei Datenreihen dargestellt werden sollen, die jeweils Werte für ganz unterschiedliche Kategorien enthalten, wobei für jede Kategorie eine eigene Achse verwendet wird.

Die Tabelle in Abbildung 9.142 enthält Daten für Bewertungen zweier Lieferanten in Bezug auf fünf verschiedene Merkmale, die jeweils mit Zahlen zwischen *0* für schlecht und *10* für bestens eingestuft werden.

Lieferantenbewertung
Werte zwischen 0 und 10

	Lieferant A	Lieferant B
Zuverlässigkeit	6	8
Schnelligkeit	10	9
Produktqualität	8	10
Preiswürdigkeit	7	7
Angebotsbreite	8	10

Abbildung 9.142 *Bewertung zweier Lieferanten nach einem Punktesystem*

Diese Tabelle lässt sich sehr gut in einem Netzdiagramm wiedergeben.

1. Markieren Sie den gesamten Tabellenbereich A4:C9, also unter Einschluss der Überschriften der beiden Spalten.
2. Fügen Sie anschließend über **Einfügen > Diagramme > Kurs-, Oberflächen- oder Netzdiagramm einfügen** ein Diagramm mit dem ersten Untertyp unter **Netz** ein.
3. Um die Reihenlinien etwas kräftiger anzuzeigen, können Sie eine entsprechende Vorlage unter **Entwurf > Diagrammformatvorlagen** auswählen oder die Reihen einzeln unter **Datenreihen formatieren > Linie** mit einer breiteren Linie versehen.
4. Außerdem können Sie über das **+**-Symbol die Legende noch in den unteren Bereich des Diagramms verschieben, um eine kompaktere Darstellung zu erreichen.

Wenn Sie die fünf Bewertungskriterien als gleichrangig betrachten, müsste der Lieferant, dessen Fünfeck die größere Fläche abdeckt, den Vorzug erhalten.

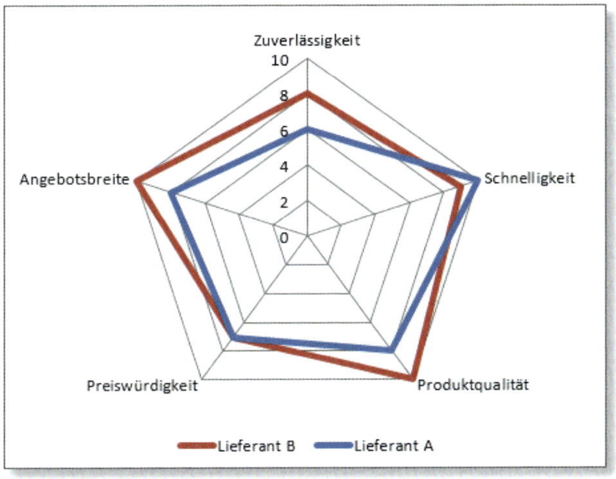

Abbildung 9.143 *Ein Netzdiagramm für den Vergleich von Bewertungen*

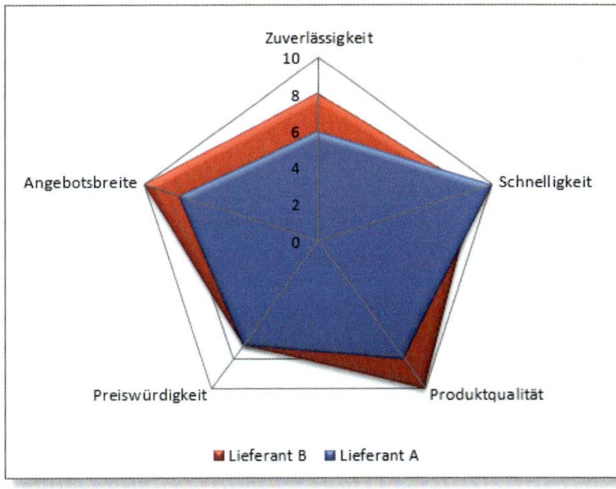

Abbildung 9.145 *Die flächige Variante des Netzdiagramms*

Falls Sie mit dem Diagrammtyp **Gefülltes Netz** arbeiten wollen, sollten Sie über den Befehl **Daten auswählen** im Kontextmenü bei einer der Flächen die Reihenfolge der Reihen so ändern, dass der schlechtere Lieferant die oberste (kleinste) Fläche liefert, wie es in Abbildung 9.145 zu sehen ist.

Untertypen des Netzdiagramms

An Untertypen bietet das Netzdiagramm eine Version ohne Datenpunkte ❶, einen Untertyp mit Datenpunkten ❷ wie in Abbildung 9.141 und einen Untertyp **Gefülltes Netz** ❸, bei dem die Datenlinie flächig ausgefüllt ist.

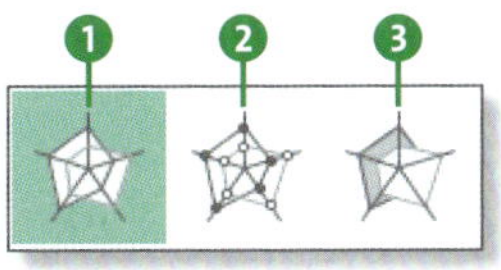

Abbildung 9.144 *Untertypen der Netzdiagramme*

Bei der Bearbeitung eines Netzdiagramms kommen vor allem zwei Punkte infrage. Zum einen sollten Sie die Datenlinie und die Datenpunkte so wählen, dass sie in der Darstellung gut sichtbar sind, zum anderen bieten sich für die Formatierung der Achsen alle üblichen Möglichkeiten:

- Durch geschickte Skalierung können Sie dafür sorgen, dass tatsächlich alle Werte gut ablesbar sind.
- Durch geeignete Wahl der Intervalle lässt sich gewährleisten, dass die Achsenbeschriftung nicht mit den Daten kollidiert.

9.15 Wertbeziehungen anzeigen

Punkt- oder XY-Diagramme benötigen Sie immer dann, wenn Sie Werte für zwei numerische Achsen auswerten. Beispiele für die Anwendung von XY-Diagrammen finden sich zuhauf in Mathematikbüchern (Graphen zu Funktionen) und naturwissenschaftlichen Publikationen (Darstellung von Messreihen). Zur Demonstration hier die Darstellung des Graphen zu der Funktion `y=WURZEL(x)`.

Die Datenpunkte wurden in diesem Beispiel absichtlich beibehalten, um zu demonstrieren, dass die Abstände der einzelnen x-Werte unterschiedlich gewählt sind (siehe Abbildung 9.146).

Wollten Sie dieselbe Kurve über ein Liniendiagramm herstellen, müssten Sie eine große Anzahl von x-Werten mit gleichen Abständen in eine Tabelle eintragen.

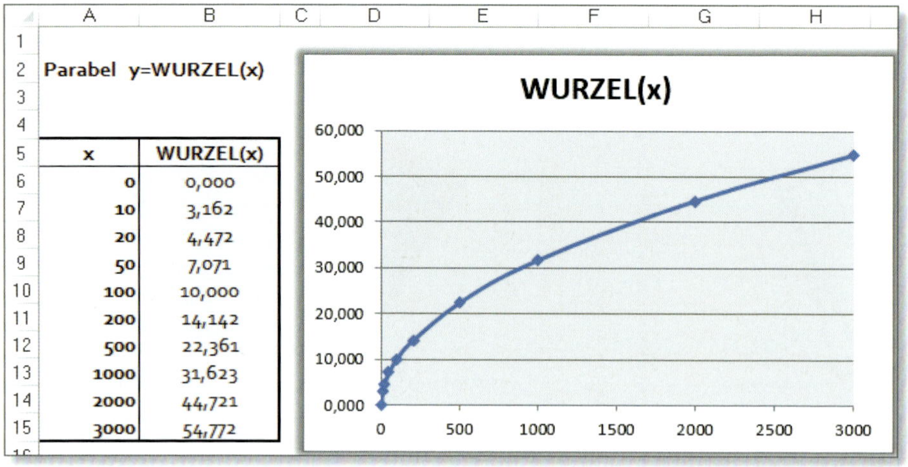

< ***Abbildung 9.146*** *Das XY-Diagramm verfügt über zwei numerische Achsen.*

Das XY-Diagramm gleicht dem Liniendiagramm also nur äußerlich, die zweite numerische Achse macht den entscheidenden Unterschied.

Eher bescheidenes Angebot an Untertypen

Dafür, dass das XY-Diagramm als Diagrammtyp mit zwei numerischen Achsen für Darstellungen aus dem Bereich der exakten Wissenschaften geradezu unentbehrlich ist, hält Excel 2013 wie seine Vorgänger allerdings erstaunlich wenige Untertypen bereit.

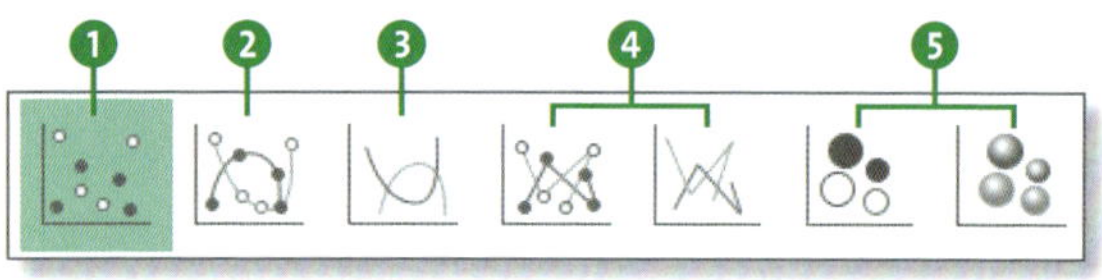

^ ***Abbildung 9.147*** *Untertypen des XY-Diagramms*

Untertyp 1 ❶ enthält nur die Datenpunkte, liefert also ein Streudiagramm, das nur die tatsächlich vorhandenen Wertepaare der beiden Variablen anzeigt. Solche Diagramme werden häufig bei der Untersuchung statistischer Merkmale verwendet.

Untertyp 2 ❷ ergänzt die Datenpunkte durch eine verbindende Kurve auf der Basis von interpolierten Zwischenwerten. Bei Untertyp 3 ❸ wird ebenfalls mit interpolierten Zwischenwerten eine Kurve gezeichnet, die Datenpunkte werden aber weggelassen.

Die folgenden beiden Untertypen sind also insbesondere bei Graphen zu Funktionen brauchbar. Sie müssen hier nicht erst eine Unzahl von Werten generieren, um zu einer adäquaten Darstellung zu kommen. Bei den Untertypen 4 und 5 ❹ werden die vorhandenen Datenpunkte einfach durch Geraden verbunden, einmal mit und einmal ohne Datenpunkte.

Blasendiagramme haben mit dem XY-Diagramm gemeinsam, dass mehr als eine numerische Wertereihe ausgewertet werden kann. In diesem Fall sind es sogar drei. Wohl aus diesem Grund werden sie seit Excel 2013 als Untertypen von **Punkt (X Y)** angeboten ❺. Der zweite Untertyp sorgt dafür, dass die Blase mit einem 3D-Effekt dargestellt wird.

Trendermittlung

Bei Daten, bei denen ein mathematischer Zusammenhang zu vermuten ist, kann Excel in ein Diagramm zusätzlich eine Trendberechnung einbauen. Bei dem Beispiel in Abbildung 9.148 erscheint es offensichtlich, dass den Daten ein Trend innewohnt.

Es ist eine leichte Übung, das Säulendiagramm mit einer Trendlinie zu versehen:

1 Wählen Sie das Diagramm aus.

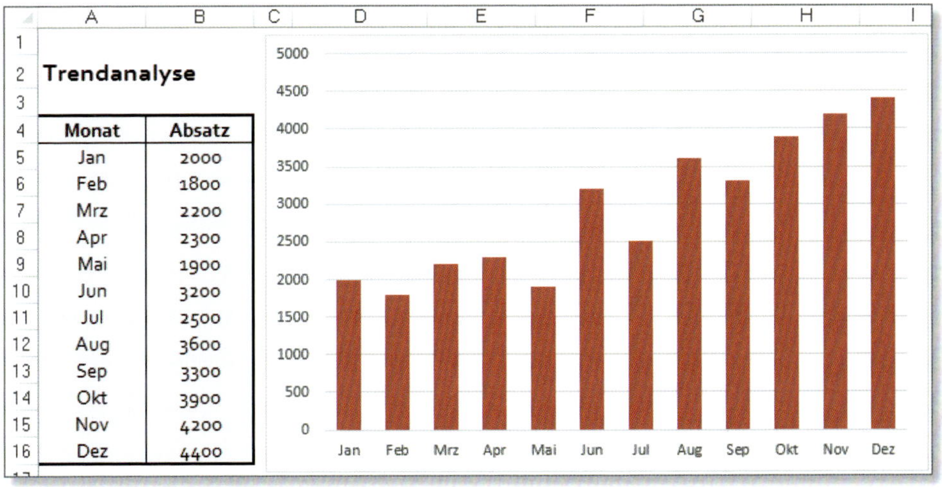

*< **Abbildung 9.148** Die Abfolge der Säulenwerte deutet auf einen Trend.*

2 Aktivieren Sie im Menü des **+**-Symbols die Option **Trendlinie**.

3 Wählen Sie aus dem Untermenü die gewünschte Trendlinie aus.

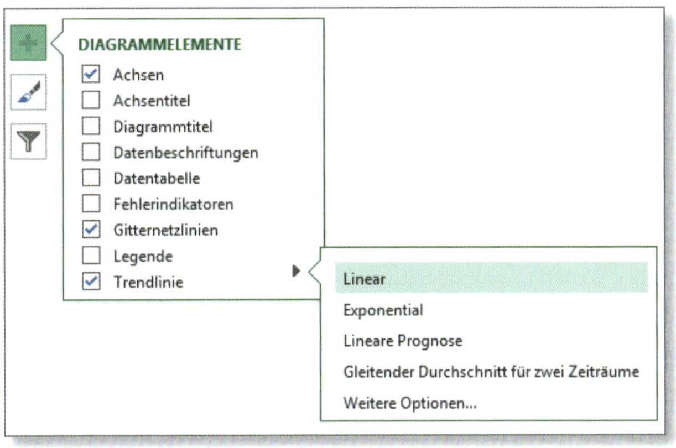

*^ **Abbildung 9.149** Die Palette der verschiedenen Trendlinien*

Wollen Sie die Gestaltung der Trendlinie genauer kontrollieren, nehmen Sie **Weitere Optionen**, um den Aufgabenbereich **Trendlinie formatieren** zu öffnen. Dieser Aufgabenbereich kann auch nachträglich über das Kontextmenü einer schon eingefügten Trendlinie aufgerufen werden.

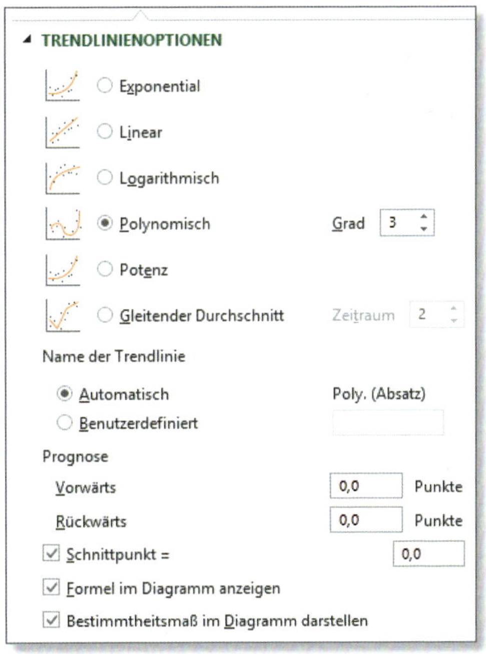

*^ **Abbildung 9.150** Sechs Berechnungsmethoden stehen beim Einfügen einer Trendlinie zur Auswahl.*

Berechnungsmethoden

Da die Regressionsanalyse davon ausgeht, dass die Daten durch eine mathematische Funktion angenähert werden können, bietet Excel mehrere derartige Funktionen:

- **Exponential**: `y = a * e^(b*x)`
  `e` steht hier für die eulersche Zahl 2,71828..., die sich mit der Funktion *=EXP(1)* ermitteln lässt.
- **Linear**: `y = m * x + b`
- **Logarithmisch**: `y = a * LN(x) + b`
- **Polynomisch**: `y = a * x^2 + b * x + c`

  Bei dieser Option lässt sich unter **Reihenfolge** noch einstellen, mit welcher Potenz von `x` die Näherung anfängt: bei 2 mit `x^2`, bei 3 mit `x^3`. Maximum ist hier 6. Die Angleichung der Trendlinie wird im Allgemeinen mit der Erhöhung des Werts unter **Reihenfolge** besser, die mathematische Aussagekraft lässt allerdings nach.
- **Potenziell**: `y = a * x^b`
- **Gleitender Durchschnitt**: Hier wird der Trendwert jeweils aus der Durchschnittsbildung benachbarter Werte ermittelt. Die Zahl der verwendeten benachbarten Werte lässt sich über **Zeitraum** einstellen, wobei hier höhere Zahlen zu einer genaueren Angleichung führen.

Formatierung der Trendlinie

Der Trendlinie kann im Aufgabenbereich unter **Benutzerdefiniert** ein eigener Name gegeben werden. Außerdem können Sie die Anzahl der Punkte bestimmen, die von Excel zusätzlich entweder vorwärts oder rückwärts berücksichtigt werden sollen. Die Linie wird dann über die vorhandenen Werte hinaus verlängert.

Außerdem können Sie die Gleichung, die Excel zur Berechnung des Trends verwendet, sowie das Bestimmtheitsmaß in das Diagramm einblenden. Informationen zum Bestimmtheitsmaß finden Sie in Kapitel 15, »Statistische Werte berechnen«, ab Seite 584, bei den statistischen Tabellenfunktionen *BESTIMMTHEITSMASS()*, *RGP()* und *RKP()*. Auf diese Weise können Sie teilweise komplexe statistische Analysen durchführen, ohne selbst eine einzige statistische Funktion zu benutzen.

Oft ist es noch angebracht, unter **Linie** den **Strichtyp** und die **Stärke** zu ändern, um die Linie deutlicher hervorzuheben. Abbildung 9.151 zeigt das etwas verschönerte Diagramm.

Informative Blasen

Soll ein Diagramm von Nutzen sein, muss die Information ins Auge springen. Manchmal gelingt das ganz gut mit einem Blasendiagramm. Diese Diagramme haben mit dem XY-Diagramm gemeinsam, dass sie mehr als eine numerische Wertereihe auswerten.

Die Datenpunkte werden in Form von unterschiedlich großen Blasen dargestellt, und die Größe dieser Blasen

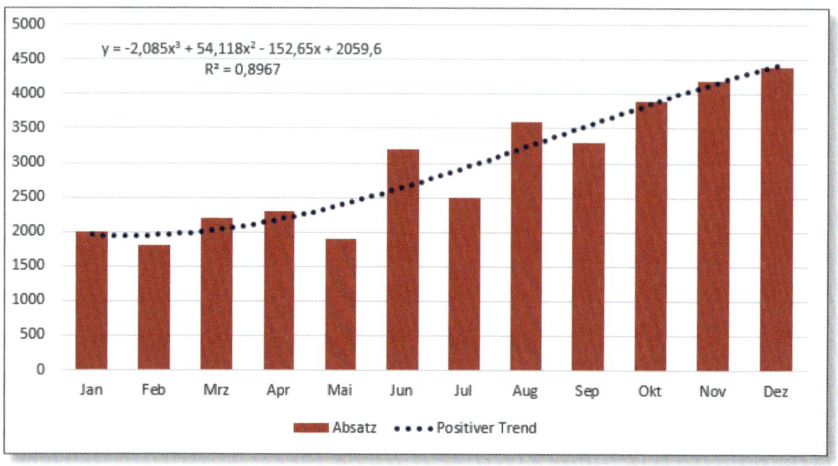

Abbildung 9.151 *Das Diagramm mit einer polynomischen Trendlinie, oben links werden die Formel und das Bestimmtheitsmaß angezeigt.*

wird jeweils durch einen dritten Wert bestimmt. Dabei darf gewählt werden, ob der dritte Wert den Durchmesser oder das Volumen der Blase bestimmt.

Als Beispiel ist hier ein Diagramm abgebildet, das für Artikel aus unterschiedlichen Preisgruppen die entsprechenden Preisgrenzen auf der x-Achse und den Umsatz dieser Artikelgruppen auf der y-Achse darstellt. Gleichzeitig soll die Größe der verschiedenen Blasen noch den Marktanteil der Artikelgruppen verraten.

1 Um das Diagramm zu erstellen, werden nur die drei Wertespalten markiert, die in der entsprechenden Reihenfolge – Daten für x-Achse, y-Achse und Blase – vorliegen müssen, im Beispiel also B5:D9.

2 Über **Einfügen > Diagramme > Punkt (XY) oder Blasendiagramm einfügen** erstellen Sie eine der beiden Varianten unter **Blase**.

3 Benutzen Sie im Kontextmenü einer der Blasen den Befehl **Datenreihen formatieren**. Im Aufgabenbereich legen Sie unter **Reihenoptionen** fest, ob die in der Tabelle vorhandene dritte Größe – hier die Werte für Marktanteile – die Blasenfläche repräsentiert oder den Blasendurchmesser. Zudem können Sie hier noch angeben, ob Blasen für negative Werte angezeigt werden sollen, falls es solche Werte gibt.

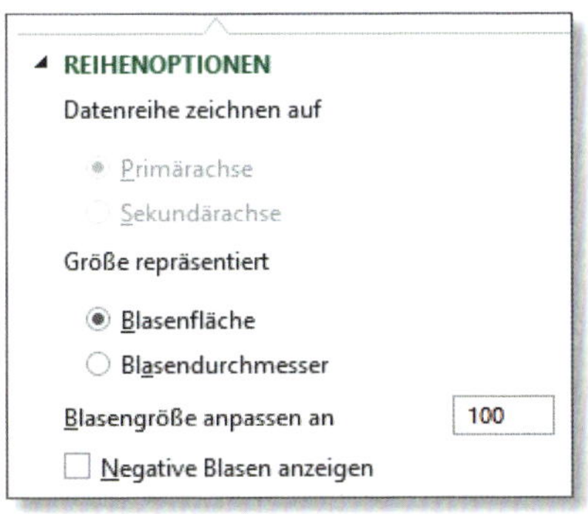

Abbildung 9.152 *Reihenoptionen zu Blasen*

4 Sollen die Blasen unterschiedlich eingefärbt werden, benutzen Sie unter **Füllung** noch die Option **Punktfarbunterscheidung**.

5 Damit die Blasen den Werten auf den beiden Achsen optimal zugeordnet werden können, sollten Sie noch vertikale und horizontale Gitternetzlinien einblenden. Aktivieren Sie nacheinander über das +-Symbol unter **Gitternetzlinien** für beide Achsen das Hauptgitternetz.

6 Da Excel bei diesem Diagramm keine brauchbare Legende erzeugen kann, sollten Sie über das +-Symbol Datenbeschriftungen hinzufügen.

Abbildung 9.153 zeigt als Ergebnis ein durchaus lesbares Diagramm.

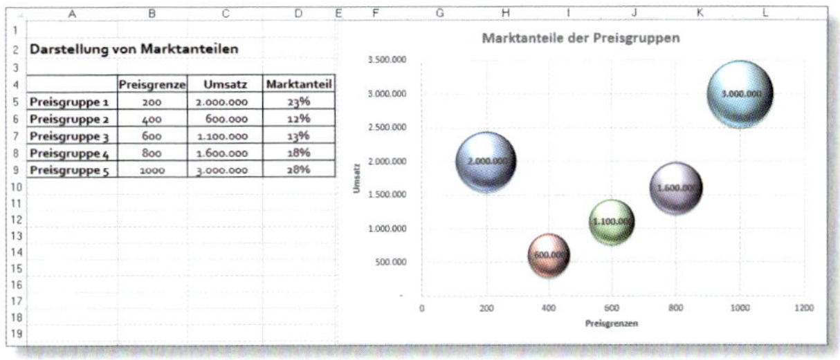

Abbildung 9.153 *Die Blasen zeigen mit ihrer Größe den Marktanteil an.*

9.16 3D-Optik einsetzen

Die Umwandlung eines zweidimensionalen Diagramms in ein Diagramm mit 3D-Effekt schafft manchmal einen optischen Zusatzreiz. Dabei werden allerdings oft unerwünschte Nebeneffekte in Kauf genommen. Hier nur ein Beispiel, das verdeutlichen soll, warum Sie die 3D-Variante immer mit Bedacht wählen sollten und nicht nur wegen des hübschen Effekts. In einem Kreisdiagramm sind die Werte 1, 2, 4, 8 abgebildet, jeder Wert ist also doppelt so groß wie der vorhergehende.

Im Kreisdiagramm verdoppeln sich demnach die Winkel der jeweiligen Kreisausschnitte (*Tortenstücke*). Im flächigen Diagramm ist durchaus noch zu erkennen, dass sich die Winkel verdoppeln, in der räumlichen Darstellung fällt das schon schwerer.

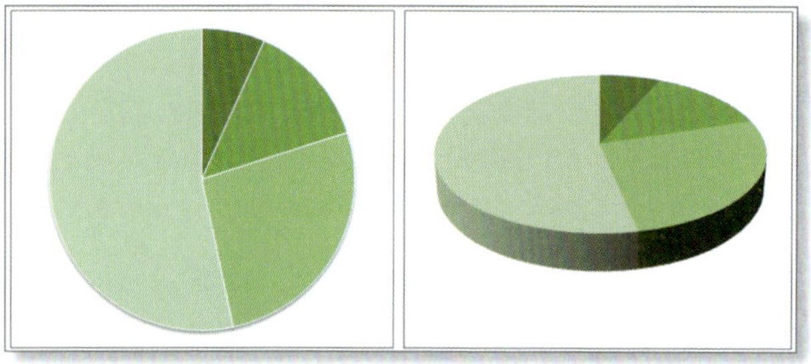

Abbildung 9.154 *Der optische Eindruck der Größenverhältnisse ändert sich bei einer 3D-Darstellung.*

Echte und unechte 3D-Diagramme

Mit der Bezeichnung *3D* geht Excel etwas nachlässig um. Ein wirklich dreidimensionales Diagramm ist ein Diagramm, das über drei Dimensionen verfügt: über Länge, Breite und Höhe oder – mathematisch ausgedrückt – über eine x-, eine y- und eine z-Achse.

Das ist aber nur bei einem Teil der Diagrammtypen der Fall, die Excel *3D-Diagramme* nennt. Alle anderen sogenannten 3D-Diagramme sind nur wegen der Optik mit einem räumlichen Effekt versehen.

Bewegung im Raum

Allen 3D-Diagrammen, seien sie nun echt oder unecht, ist allerdings gemeinsam, dass sich der Blickwinkel, aus dem sie zu sehen sind, frei wählen lässt. Ist der Diagrammbereich ausgewählt, kann über das Kontextmenü die Option **3D-Drehung** aufgerufen werden. Dann lässt sich im Aufgabenbereich **Diagrammbereich formatieren** auf der Seite zu dem Symbol **Effekte** unter **3D-Drehung** mit den Einstellungen für die Achsen das Diagramm so bewegen, dass der Blickpunkt fast beliebig eingestellt werden kann.

Die Möglichkeiten, das Diagramm beliebig im Raum zu positionieren, rechtfertigt zumindest teilweise, dass Excel solche Diagramme als 3D-Diagramme bezeichnet. Es wird hier zwar nichts bei der Darstellung sichtbar gemacht, was nicht auch ein normales zweidimensionales Diagramm leisten würde. Bestimmte Erscheinungen lassen sich aber durchaus besser ins Bild rücken. Soll etwa eine bedrohliche Tendenz wie das Anwachsen der Umweltverschmutzung demonstriert werden, dann ist ein 3D-Flächendiagramm in geeigneter Perspektive schon sehr brauchbar, wie Abbildung 9.156 eindrucksvoll zeigt.

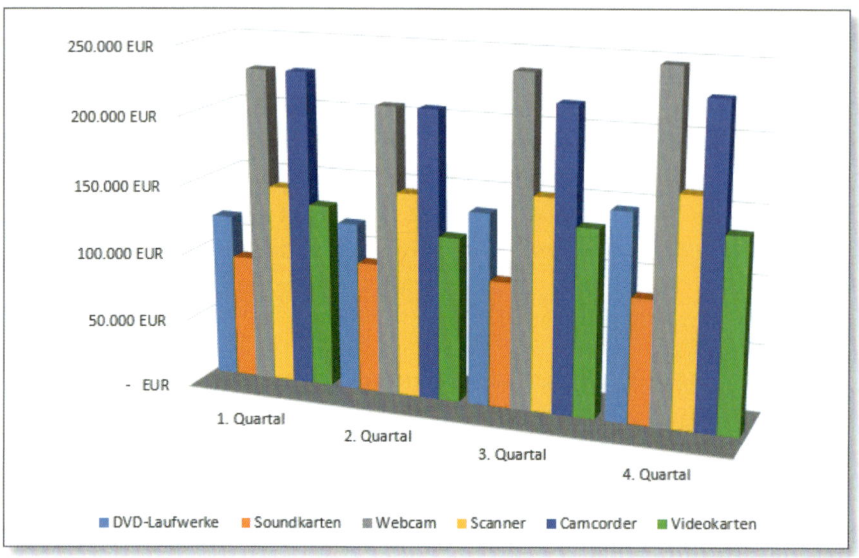

Abbildung 9.155 *Diagramm mit 3D-Effekt – Diagrammtyp »3D-Säulen (gruppiert)«*

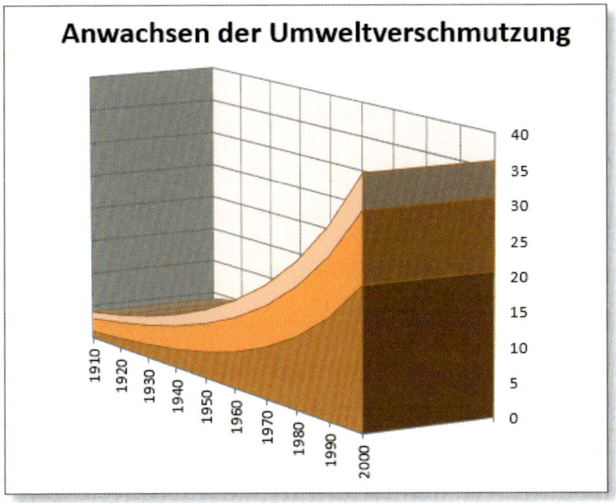

Abbildung 9.156 *Die Perspektive des Diagramms betont die bedrohliche Tendenz.*

9.17 Diagramme mit drei Achsen

Wenn Daten nach mehr als zwei Dimensionen geordnet sind, benötigen Sie zur grafischen Darstellung ein echtes 3D-Diagramm. Typische Fälle sind Daten, die Wertentwicklungen nicht nur in ihrem zeitlichen Ablauf anzeigen, sondern zusätzlich noch räumliche Verteilungen berücksichtigen.

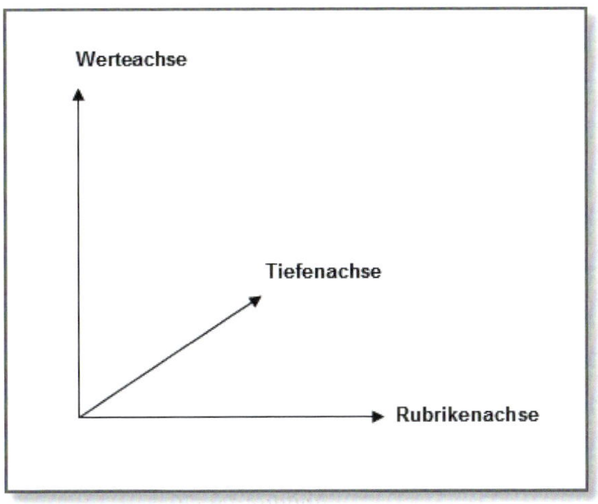

Abbildung 9.157 *Die drei Achsen eines echten 3D-Diagramms*

Sie sollten sich immer vor Augen halten, dass 3D-Diagramme eine gute Wahl sind, wenn sie die Daten leichter erfassbar machen. Setzen Sie 3D-Diagramme aber nur in solchen Fällen ein. Umgekehrt verkomplizieren sie auch manchmal das Verständnis.

Für die Säulen-, Flächen- und Liniendiagramme stellt Excel Formate bereit, bei denen es sich um echte 3D-Diagramme handelt, d.h. um Diagramme mit drei Achsen.

Dreidimensionales Säulendiagramm erstellen

Eine Tabelle, die die Entwicklung der Produktion auf einer Zeitschiene anzeigt, kann dies gleichzeitig für verschiedene Produktionsstätten tun. Das ist dann die dritte Dimension. Um aus einer solchen Tabelle ein 3D-Säulendiagramm zu erstellen, sind folgende Schritte erforderlich:

1 Markieren Sie zunächst den Tabellenbereich, im Beispiel ist es A4:F9.

	A	B	C	D	E	F
1						
2	**Produktionsentwicklung**					
3						
4		**2008**	**2009**	**2010**	**2011**	**2012**
5	**Werk Süd**	63	65	67	69	78
6	**Werk Nord**	110	112	120	126	133
7	**Werk West**	62	65	68	72	84
8	**Werk Mitte**	79	86	96	97	112
9	**Werk Ost**	137	146	130	143	156

Abbildung 9.158 *Tabelle mit Werten zur Produktionsentwicklung in mehreren Werken*

2 Erstellen Sie über **Einfügen > Diagramme > Säulendiagramm einfügen** ein Diagramm mit dem Untertyp **3D-Säulen**.

3 Excel übernimmt als Vorgabe die in den Spaltenüberschriften angegebenen Zeiträume als Rubriken für die x-Achse und die in der ersten Spalte angegebenen Werke als Beschriftungen für die Tiefenachsen.

4 Die eingeblendete Legende ist überflüssig, weil die Bezeichnungen schon für die Beschriftung der Tiefenachse verwendet werden. Benutzen Sie deshalb im Kontextmenü der Legende den Befehl **Löschen**.

5 Damit die Werte besser ablesbar sind, sollten Sie über das +-Symbol die **Gitternetzlinien** für die horizontalen und vertikalen Hauptgitter und für das Haupttiefengitter einblenden.

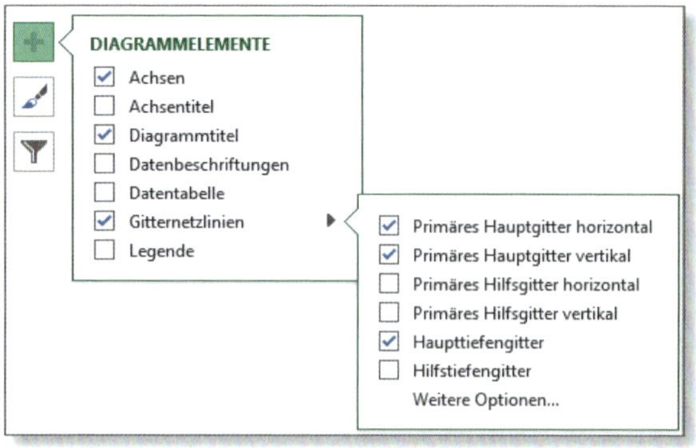

∧ ***Abbildung 9.159*** *Auch für die Tiefenachse stehen Gitternetzlinien zur Verfügung.*

6 Wichtig ist nur noch ein Titel für das ganze Diagramm, aus dem hervorgeht, was überhaupt dargestellt wird.

Das erste Ergebnis ist allerdings noch nicht optimal, wie Abbildung 9.160 zeigt.

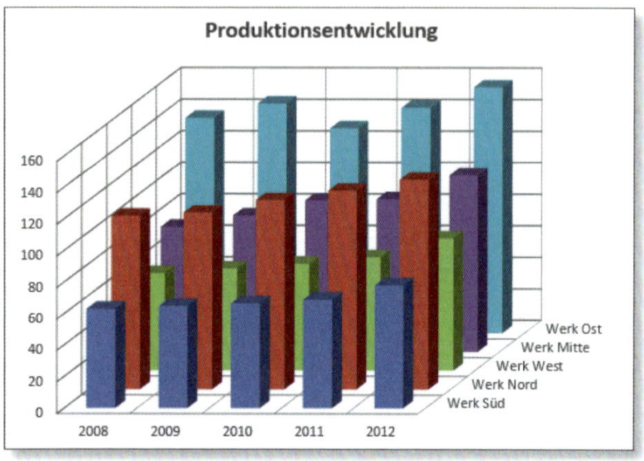

∧ ***Abbildung 9.160*** *Ein noch etwas bearbeitungsbedürftiges 3D-Säulendiagramm*

Datenreihen neu ordnen

Die Schwachstelle des in Abbildung 9.160 gezeigten Diagramms verweist auf ein Problem, das Ihnen beim Erstellen von 3D-Diagrammen öfter begegnen wird. Es kommt vor, dass die gegebene Anordnung der Spalten in einer Tabelle nicht zu optimalen Ergebnissen in einem Diagramm führt, das diesen Spaltenbereich auswertet.

Wenn z.B. mitten zwischen oder hinter Spalten mit eher großen Werten eine Spalte mit eher kleinen Werten liegt, ist es optisch meist besser, die Reihenfolge der Datenreihen so zu ändern, dass in der Tiefe die Säulen mit den großen Werten und davor die Säulen mit den kleinen Werten ausgegeben werden.

Die Möglichkeit, die Datenreihen anders anzuordnen, als es in der Tabelle vorgegeben ist, finden Sie in dem schon beschriebenen Dialog **Datenquelle auswählen**, den die Schaltfläche **Daten > Daten auswählen** auf dem Register **Entwurf** öffnet.

In Abbildung 9.160 sind es die Werte für *Werk Nord*, die die kleineren Werte anderer Werke verdecken.

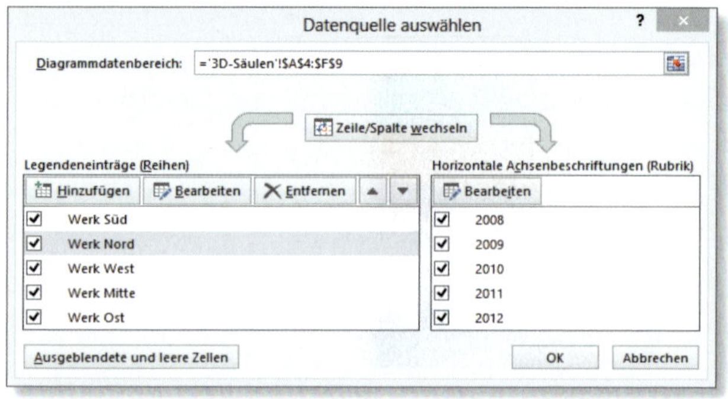

∧ ***Abbildung 9.161*** *Ändern der Reihenanordnung im Dialog »Daten auswählen«*

Wählen Sie die Datenreihe aus, die verrückt werden soll, und benutzen Sie eine der beiden Pfeilschaltflächen, um die neue Position festzulegen. Wird die Reihe *Werk Nord* zwei Stellen nach unten gerückt, ist die Reihenfolge günstiger. Abbildung 9.162 zeigt den gewünschten Effekt.

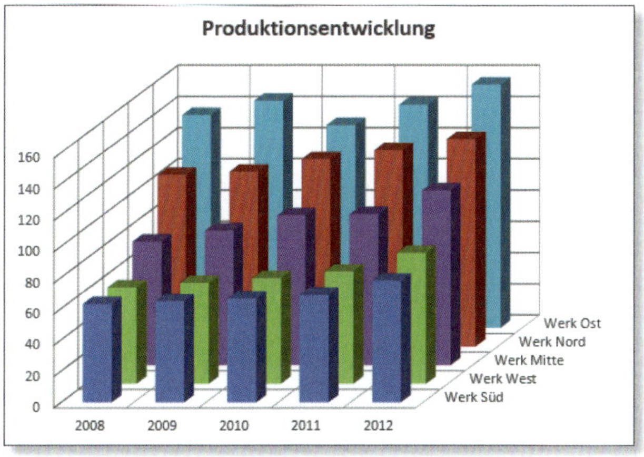

Abbildung 9.162 *Die verbesserte Anordnung der Reihen sorgt für ein übersichtliches Ergebnis.*

Die Änderung der Reihenfolge betrifft nur das Diagramm, die Spalten in der Tabelle bleiben davon unberührt.

Für die hier verwendeten Daten kämen natürlich auch andere 3D-Typen infrage. Abbildung 9.163 zeigt beispielsweise ein 3D-Flächendiagramm als Alternative.

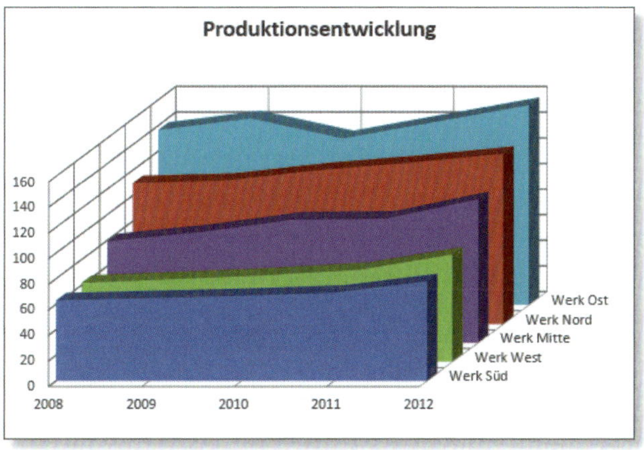

Abbildung 9.163 *Das 3D-Flächendiagramm auf der gleichen Datenbasis*

Auch ein dreidimensionales Liniendiagramm gibt zumindest einen Eindruck von den unterschiedlichen Entwicklungen in den fünf Werken.

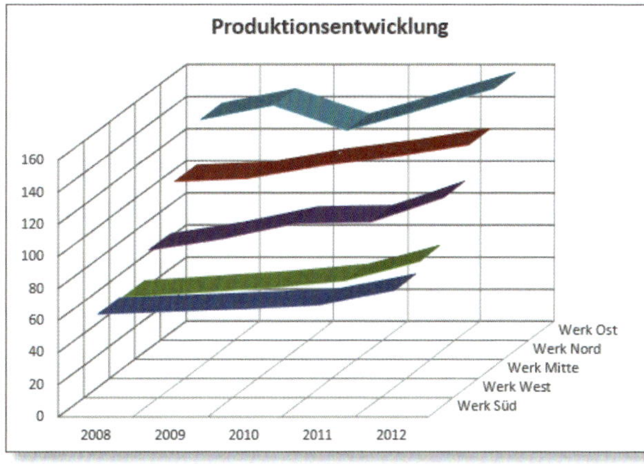

Abbildung 9.164 *Das dreidimensionale Liniendiagramm arbeitet mit Bändern.*

Verändern des Blickwinkels

Nicht immer hilft die gerade beschriebene Änderung der Reihenfolge der Datenreihe. Oft ist es bei 3D-Diagrammen unumgänglich, durch eine Veränderung des Blickwinkels dafür zu sorgen, dass alle Datenreihen möglichst gut zu sehen sind.

Das können Sie über die schon erwähnte Kontextmenüoption **3D-Drehung** erreichen, die den Aufgabenbereich **Diagrammbereich formatieren** mit der entsprechenden Seite einblendet.

Unter **3D-Drehung** lassen sich die Einstellungen der einzelnen Achsen so verändern, dass der Blickpunkt auf das Diagramm fast beliebig eingestellt werden kann.

Unter **X-Drehung** und **Y-Drehung** können Sie für die einzelnen Achsen des Diagramms Winkelwerte angeben. Durch Verändern des Werts für **X-Drehung** gehen Sie einmal rings um das Diagramm herum: Bei »0« stehen Sie davor, bei »360« sind Sie einmal entgegen dem Uhrzeigersinn ringsum gegangen.

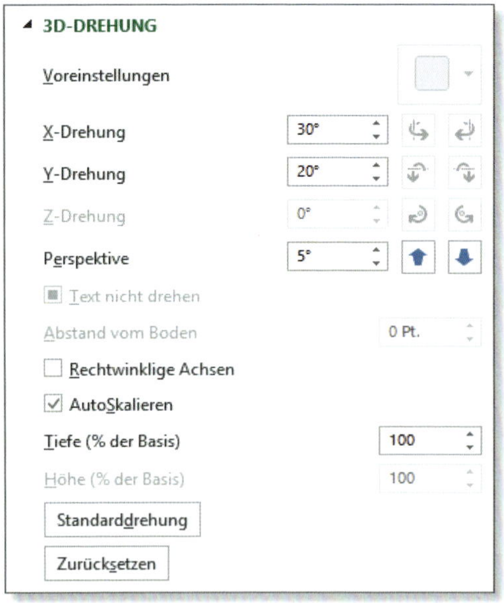

Abbildung 9.165 *Über die Optionen unter »3D-Drehung« können Sie das Diagramm im Raum positionieren.*

Mit dem Wert für **Y-Drehung** (von –90 bis +90 Grad) kann der Betrachter quasi wie in einem Halbkreis von unten nach oben um das Diagramm herumfahren (bei »0« Grad steht er auf einer Ebene mit dem Diagramm).

Je nach Diagrammtyp können Sie auch noch die **Perspektive** einstellen. Mit einem Wert nahe null erreichen Sie eine isometrische Darstellung, also ohne jegliche räumliche Verkürzung. Mit 100 wird das Maximum der räumlichen Verkürzung erreicht.

Statt Gradwerte einzugeben, können Sie auch die paarweise angebotenen Schaltflächen nutzen. Alle Veränderungen können Sie im Diagramm direkt kontrollieren, wenn Sie dafür sorgen, dass das Diagramm nicht durch den Aufgabenbereich verdeckt wird.

Für Abbildung 9.166 beispielsweise wurde der Wert für **X** auf 30°, der für **Y** auf 20° und der für **Perspektive** auf 5° gesetzt.

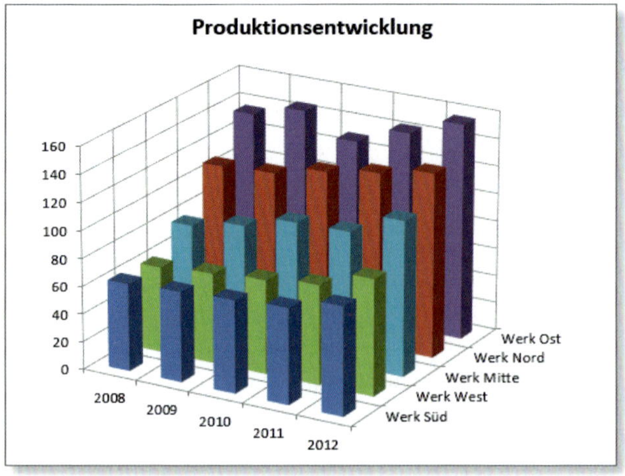

Abbildung 9.166 *Das Diagramm mit einem veränderten Blickwinkel*

Außerdem können Sie auf derselben Seite unter **Diagrammskalierung** noch die **Tiefe (% der Basis)** verändern, um den räumlichen Eindruck zu beeinflussen. Wenn Sie die Option **AutoSkalieren** ausschalten, lässt sich auch die Höhe ändern.

Die Option **Rechtwinklige Achsen** sorgt dafür, dass die vertikale und die horizontale Achse einen rechten Winkel wie beim 2D-Diagramm bilden. Damit wird die perspektivische Darstellung automatisch außer Kraft gesetzt.

TIPP

Zurück geht es immer
Glücklicherweise lassen sich alle Schritte, die Sie in diesem Aufgabenbereich unter **3D-Drehung** unternehmen, über die Schnellzugriffsleiste mit **Rückgängig** zurückholen, denn es passiert leicht, dass als Ergebnis von ein paar Mausklicks ein ziemlich verkorkstes Ding geliefert wird. Eine brauchbare Ausgangsposition liefert meist auch die Schaltfläche **Standarddrehung**.

Oberflächendiagramme

In allen Fällen, in denen die x- und y-Achse bei einer 3D-Darstellung gleichwertig sind und gleichzeitig eine kontinuierliche Darstellung der Daten verlangt wird, ist das Oberflächendiagramm ein nahezu ideales Mittel.

Dieses interessante 3D-Diagramm entspricht einem um eine Achse erweiterten Liniendiagramm, kommt also dem, was aus der Mathematik als 3D-Diagramm bekannt ist, am nächsten. Als Beispiel zunächst ein Graph für eine bekannte mathematische Funktion:

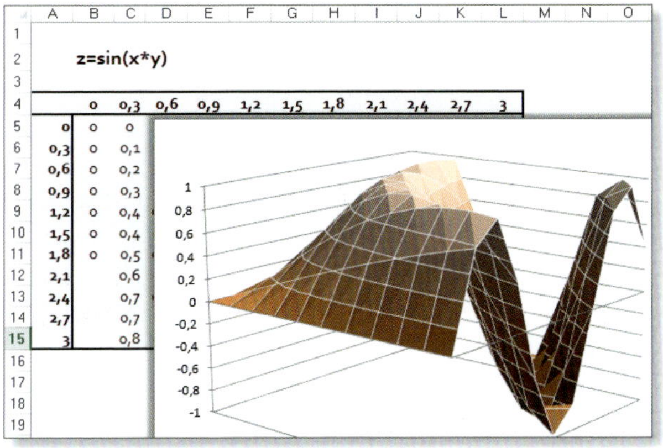

Abbildung 9.167 *Graph zu einer dreidimensionalen Funktion*

Besonders reizvoll ist es, diesen Diagrammtyp, der *Berge* und *Täler* liefert, auch so einzusetzen: zur Darstellung geografischer Gegebenheiten. Abbildung 9.168 zeigt ein kleines Beispiel, das Höhenzüge darstellt.

Um dieses Ergebnis zu erreichen, ist allerdings ein gewisser Bearbeitungsaufwand erforderlich:

1. Wählen Sie als Datenbereich die komplette Tabelle samt den Spalten- und Zeilenbeschriftungen aus, hier also A4:M14.
2. Erstellen Sie über **Einfügen > Diagramme > Kurs-, Oberflächen- oder Netzdiagramm einfügen** ein Diagramm mit dem ersten Untertyp zu **Oberfläche**.
3. Weisen Sie dem Diagramm über **Entwurf > Diagrammformatvorlagen** die Formatvorlage 2 zu.
4. Wählen Sie die vertikale Achse aus, und öffnen Sie den Aufgabenbereich **Achse formatieren**. Geben Sie bei **Minimum** den Wert »700« und bei **Maximum** den Wert »1000« ein. Unter **Bodenfläche schneidet bei** geben Sie für **Achsenwert** ebenfalls »700« ein, um den Diagrammboden entsprechend abzusenken.

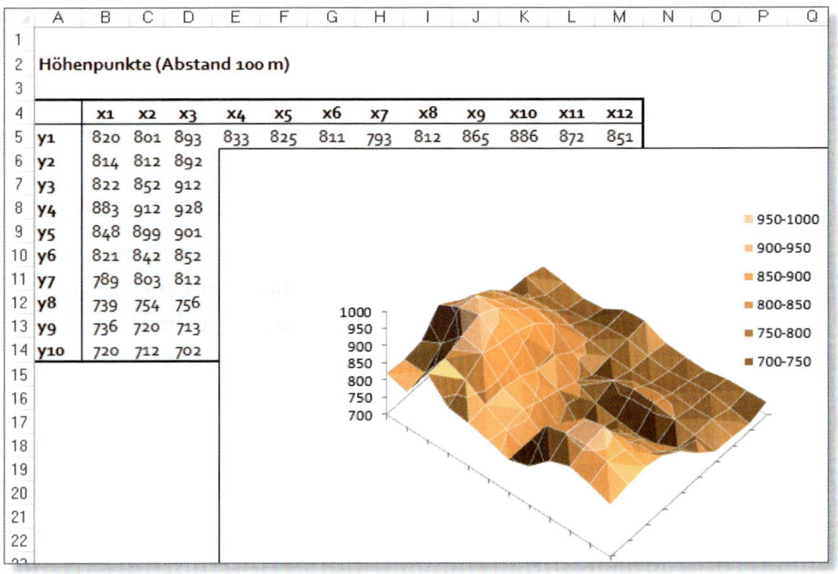

Abbildung 9.168 *Beispiel für ein Oberflächendiagramm, das eine Landschaft darstellt*

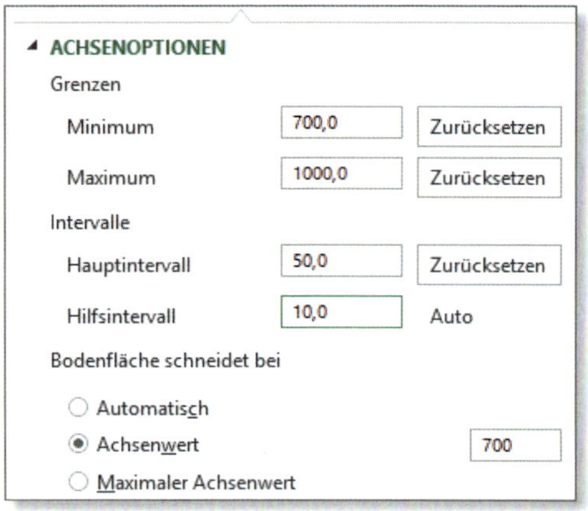

Abbildung 9.169 *Einstellungen für die vertikale Achse*

5 Um die Landschaft freizustellen, blenden Sie noch alle Wände mit der Einstellung **Keine Füllung** aus.

6 Schließlich brauchen Sie noch eine Einstellung des Blickwinkels, bei der Sie von einer etwas erhöhten Position auf die *Landschaft* schauen. Stellen Sie unter **3D-Drehung** einen Wert für **Y-Drehung** von »50°« ein.

Wie in der Überschrift der Tabelle vermerkt, wurden in diesem Fall die Höhenpunkte mit einem Abstand von 100 m erfasst. Bei geringeren Abständen würde das Landschaftsmodell natürlich noch genauere Ergebnisse liefern.

Untertypen zum Oberflächendiagramm

Das 3D-Oberflächendiagramm verfügt über vier Untertypen, die sich zum einen durch die Farbgebung, zum anderen durch die Perspektive unterscheiden.

Bei Untertyp 1 und 3 ❶ sind die verschiedenen Größen (Werte auf der Größenachse) farblich unterschieden, wobei für jedes Hauptintervall eine eigene Farbe gewählt wird. Bei Untertyp 2 und 4 ❷ ist die Farbe aller Größen transparent, sodass sich ein Drahtmodell ergibt.

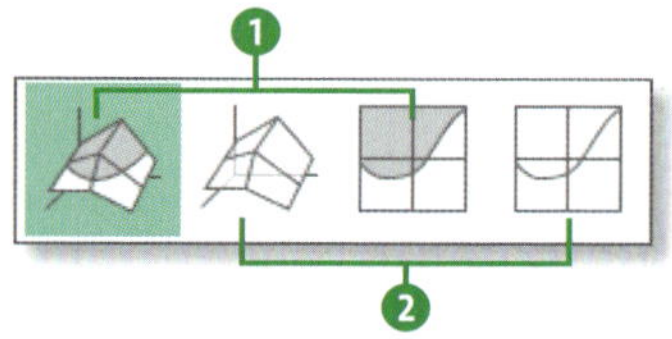

Abbildung 9.170 *Die vier Untertypen des Oberflächendiagramms*

Die Untertypen 1 und 2 sind 3D-Darstellungen. Die Untertypen 3 und 4 dagegen sind Darstellungen aus der Vogelperspektive. Abbildung 9.171 zeigt die gleiche Landschaft wie Abbildung 9.168 mit dem Untertyp 3.

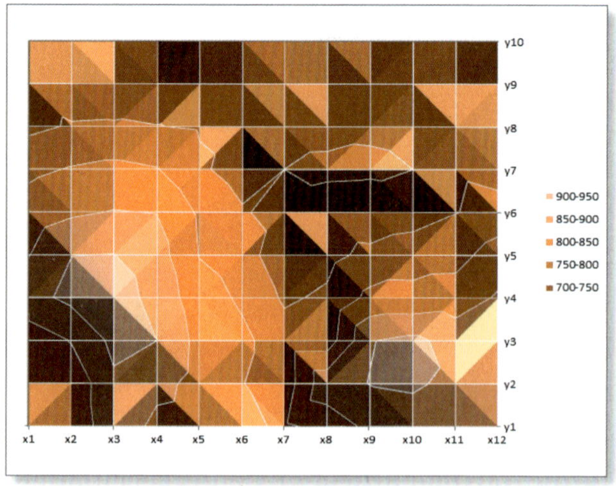

Abbildung 9.171 *Die gleiche Landschaft aus der Vogelperspektive*

9.18 Diagrammvorlagen entwickeln

Bei der Gestaltung eines Diagramms fällt häufig doch eine ganze Menge Arbeit an, bevor das Ergebnis überzeugt. Durch allerlei Schritte in puncto Formatierung der Achsen beispielsweise ist das Endergebnis oft doch ein ganzes Stück von dem entfernt, was Excel mit seinen Vorgaben zunächst angeboten hat. Da stellt sich unweigerlich die Frage, ob dieser Aufwand nicht irgendwie notiert werden kann, sodass Sie bei einem ähnlichen Diagramm nicht wieder von vorn beginnen müssen.

Wege zur Zeitersparnis

Hier gibt es nun in der aktuellen Version zwei Möglichkeiten. Die eine ist neu seit Excel 2010 und wurde am Anfang dieses Kapitels schon kurz angesprochen: Sie können die Formatierungsschritte bei einem Diagramm als Makro aufzeichnen lassen, um sie später erneut auszuführen. Dieses Thema wird in Kapitel 25, »Routineaufgaben automatisieren«, ab Seite 797 noch mit einem Beispiel behandelt.

Die zweite Möglichkeit sind Diagrammvorlagen, nicht zu verwechseln mit den Diagrammformatvorlagen, die in Abschnitt 9.9, »Layout und Stil für ein Diagramm wählen«, ab Seite 406 beschrieben sind. Wie viele Elemente Sie in eine solche Vorlage hineinnehmen, ist Ihnen dabei völlig freigestellt. Das Verfahren, ein bestimmtes Diagramm »wiederverwendbar« zu machen, ist immer gleich.

Wir stellen Ihnen deshalb zunächst das Verfahren an einem Beispiel vor und gehen dann noch auf zusätzliche Diagrammvorlagen für Verbundtypen ein. Beides ist in erster Linie als Anregung für eigene Lösungen gedacht.

Eine 3D-Diagrammvorlage erstellen

Bei den vorgegebenen 3D-Typen kann es vorkommen, dass durch die unterschiedliche Einfärbung der Datenreihen bestimmte Dimensionen des Diagramms stärker betont erscheinen als andere. Wir entwerfen deshalb im Folgenden eine Vorlage für ein 3D-Säulendiagramm, das über folgende Merkmale verfügt:

- Der Querschnitt der Säulen ist quadratisch.
- Die Abstände zwischen den Datenreihen und zwischen den Rubriken sind gleich groß.
- Alle Säulen haben eine einheitliche Farbe.

Während die beiden ersten Forderungen kein Problem bereiten, ist die letzte Forderung nicht ganz so einfach zu erfüllen. Dies liegt daran, dass Sie die Farbe der einzelnen Säulenreihen nicht global festlegen können, sondern nur für jede Reihe einzeln. Um ein 3D-Säulendiagramm in der angegebenen Weise zu formatieren, sind folgende Schritte notwendig:

1. Sie legen zunächst eine Dummy-Tabelle an, die mindestens so viele Datenreihen enthalten muss, wie später maximal benötigt werden könnten. Eine Tabelle mit 10 bis 20 Spalten wird für die meisten Fälle genügen. Pro Spalte genügen zwei Einträge.
2. Von dieser Tabelle erstellen Sie über **Einfügen > Diagramme > Säulendiagramm einfügen** zunächst ein 3D-Säulendiagramm.
3. Über **Entwurf > Daten** benutzen Sie die Schaltfläche **Zeile/Spalten wechseln**, um die Datenreihen nach Spalten anzuordnen.
4. Entfernen Sie über das Menü der **+**-Schaltfläche die Anzeige der Legende.
5. Sorgen Sie über das gleiche Menü noch dafür, dass die Tiefenachse zunächst ohne Beschriftungen angezeigt wird.

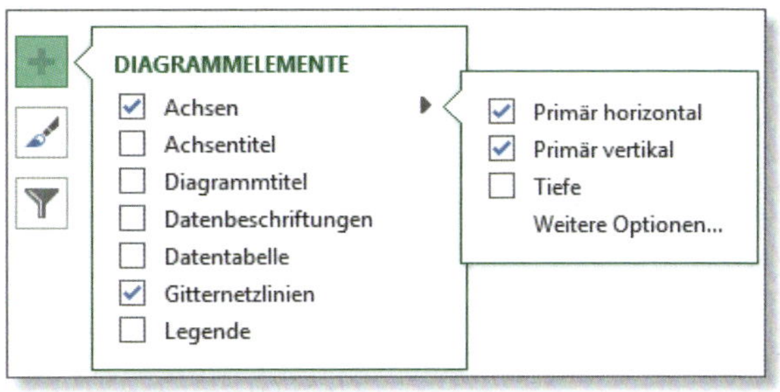

Abbildung 9.172 *Die Beschriftung der Tiefenachse kann ausgeblendet bleiben.*

6. Im Aufgabenbereich **Datenreihen formatieren** unter **Reihenoptionen** setzen Sie die Werte für **Abstandstiefe** und **Abstandsbreite** jeweils auf »100 %«. Die Abstandsbreite ist die Distanz zwischen zwei Säulen einer Datenreihe, und die Tiefe schließlich beeinflusst den Querschnitt der einzelnen Säulen.
7. Über den kleinen Pfeil zu dem Untertitel des Aufgabenbereichs können Sie nun noch den Diagrammboden, die Rückwand und die Seitenwand aus-

wählen, um ihnen über **Füllung** eine bestimmte Einfärbung als Vorgabe zuzuordnen.

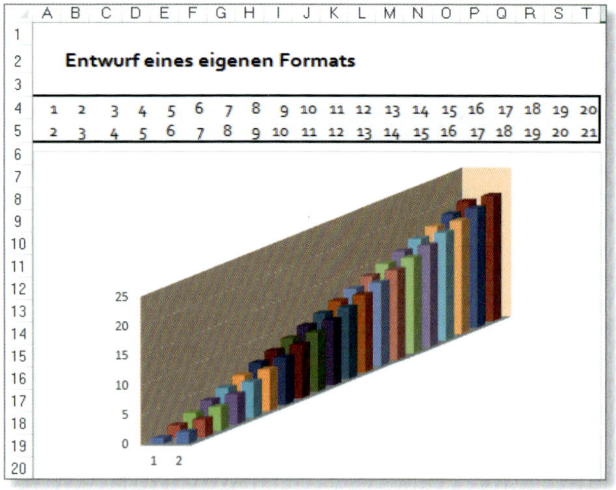

Abbildung 9.173 *Noch hat jede Datenreihe eine eigene Farbe.*

8 Nun kommt etwas Mühsal. Sie müssen jede einzelne Datenreihe mit einer einheitlichen Farbe versehen. Dazu müssen Sie nacheinander jedes Säulenpaar einzeln markieren, wobei der Aufgabenbereich **Datenreihe formatieren** stets geöffnet bleibt.

Unter **Füllung** nehmen Sie dazu die Option **Einfarbige Füllung** und legen die Farbe fest. Die ausgewählte Farbe bleibt voreingestellt. Sie brauchen sie bei den weiteren Reihen also nur zu übernehmen.

TIPP

Einfärben über die Minisymbolleiste
Anstatt über den Aufgabenbereich zu gehen, können Sie das Einfärben auch über die Minisymbolleiste zum Kontextmenü der Datenreihen vornehmen. Dabei wählen Sie die Reihen nacheinander über das Listenfeld ❶ aus und wählen jeweils die vorgesehene Füllfarbe ❷.

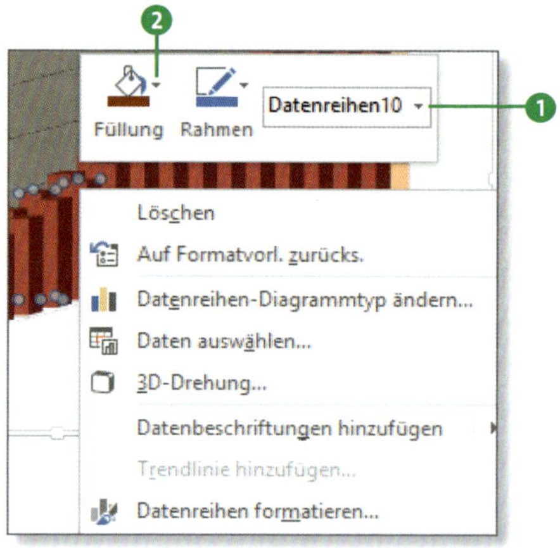

Abbildung 9.174 *Einfärben der Datenreihen über die Minisymbolleiste*

9 Abschließend speichern Sie das fertige Diagramm als benutzerdefinierten Diagrammtyp. Benutzen Sie dazu über das Kontextmenü des Diagramms den Befehl **Als Vorlage speichern**. Geben Sie im Dialog einen passenden Namen für die Diagrammvorlagendatei an, in der Excel die ausgewählten Formateigenschaften ablegt. Dabei wird der Dateityp **.crtx* verwendet.

Die benutzerdefinierte Vorlage wird anschließend im Dialog **Diagramm einfügen** oder **Diagrammtyp ändern** unter **Vorlagen** angeboten.

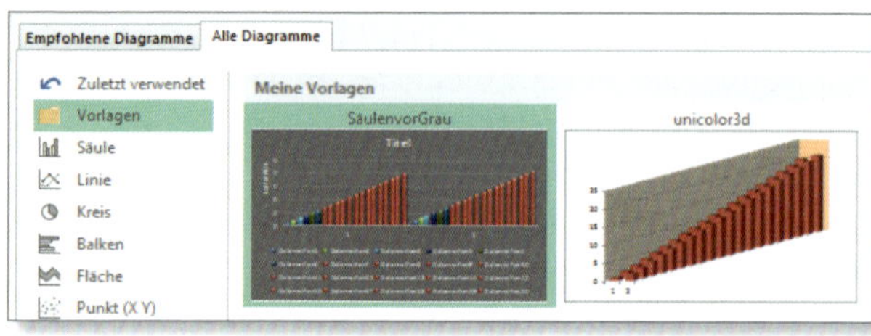

Abbildung 9.175 *Die selbst definierten Vorlagen werden unter »Vorlagen« angeboten.*

Soll das neue Format angewendet werden, markieren Sie Ihre Daten und wählen über den Dialog **Diagramm einfügen** unter **Vorlagen** den neuen benutzerdefinierten Diagrammtyp aus. Abbildung 9.176 zeigt ein kleines Beispiel.

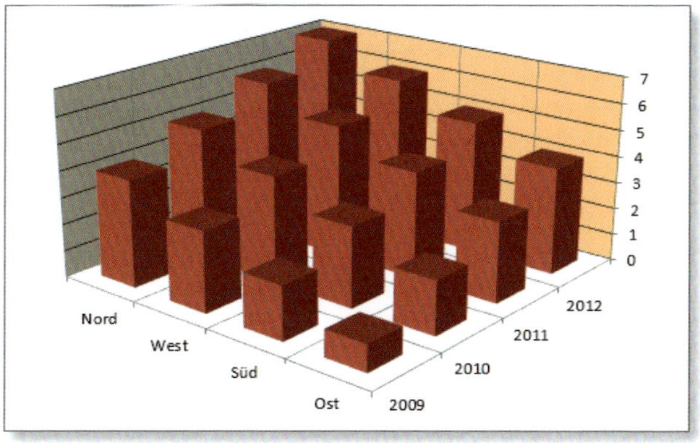

Abbildung 9.176 Ein Diagramm im neuen Format

Vorlagen für Verbunddiagramme

Wenn spezielle Verbunddiagramme öfter benötigt werden, ist es sinnvoll, sie als benutzerdefinierte Typen zu entwickeln, sodass sie immer wieder verwendet werden können. Wir wollen hier die Methode nur kurz skizzieren:

1. Sie erstellen das Diagramm zunächst beispielsweise als Säulendiagramm. Das hat den Vorteil, dass sich hier die einzelnen Datenreihen einfach markieren lassen. Lediglich in Fällen, in denen Sie eine Kombination von Spannweitendiagrammen mit anderen Diagrammformen erstellen wollen, ist als Ausgangspunkt ein Liniendiagramm günstiger.
2. Im aktivierten Diagramm wird eine Datenreihe markiert, die abweichend dargestellt werden soll. Verwenden Sie über das Kontextmenü den Befehl **Datenreihen-Diagrammtyp ändern**.
3. Excel öffnet den Dialog **Diagrammtyp ändern** mit der Seite für den Typ **Verbund**. Wählen Sie im Dialogfeld für die betreffende Datenreihe einen neuen Diagrammtyp bzw. Untertyp.
4. Im Dialog besteht zusätzlich die Möglichkeit, die Daten auf einer **Sekundärachse** abzubilden, also eine eigene Größenachse für sie zu wählen. Derselbe Vorgang lässt sich noch für andere Datenreihen wiederholen, sodass Kombinationen mehrerer Typen entstehen können.
5. Ist das Diagramm fertig formatiert, wählen Sie über das Kontextmenü **Als Vorlage speichern** und speichern die Vorlage unter einem passenden Namen in dem von Excel verwalteten Vorlagenordner ab.

Da sich fast jeder Diagrammtyp mit einem anderen kombinieren lässt, gibt es viele Möglichkeiten, solche Verbundtypen als Diagrammvorlage anzulegen, falls sie häufiger benötigt werden.

TIPP

Vorlagen mit geänderten Diagrammformatvorlagen

Es ist nicht möglich, Änderungen an den Diagrammformatvorlagen zu speichern. Sie können diesen Mangel aber dadurch ausgleichen, dass Sie einem Diagramm eine Diagrammformatvorlage zuordnen, anschließend das eine oder andere Merkmal ändern, etwa die Hintergrundfarbe des Diagrammbereichs, und dieses Diagramm dann wie beschrieben als Diagrammvorlage speichern.

Kapitel 10
Dokumente grafisch aufbereiten

Normalerweise sind Diagramme die bevorzugten grafischen Objekte, die in einem Arbeitsblatt auftauchen. Aber Excel stellt auch Werkzeuge zur Verfügung, um Dokumente mit Illustrationen anzureichern.

Insbesondere wenn Sie Arbeitsblätter für andere Personen ansprechend aufbereiten wollen, bietet es sich an, das vielleicht eher trockene Tabellenmaterial durch Schaubilder, Skizzen oder Abbildungen zu ergänzen. Eine Produktliste mit passenden Fotos, ein Organisationsplan mit einem entsprechenden Organigramm oder ein Logo im Tabellenkopf sind nur einige der naheliegenden Beispiele.

Für diesen Zweck stellt Ihnen Excel 2013 einfache, aber effektive Werkzeuge zur Verfügung. Die Bearbeitung von Bildern ist in der Version 2013 so weit ausgebaut, dass auch Funktionen, die sonst eher in speziellen Fotobearbeitungsprogrammen üblich sind, zur Verfügung stehen. Das geht bis zu künstlerischen Effekten wie Weichzeichnen, Strichzeichnungen oder dem Malen mit Wasserfarben.

Ganz praktisch ist auch die Möglichkeit, Screenshots aus dem Programm heraus zu erstellen und in Arbeitsblätter einzufügen, etwa um bestimmte Abläufe zu dokumentieren.

Überblick über die grafischen Werkzeuge

Es gibt in Excel 2013 mehrere Möglichkeiten, über Diagramme und Sparklines hinaus grafische Objekte zu erzeugen. Alle Werkzeuge dazu finden Sie über die Registerkarte **Einfügen** in den beiden Gruppen **Illustrationen** und **Text**.

- Um eigene Zeichnungen, etwa ein Flussdiagramm, zu erstellen, verwenden Sie die **Formen**-Palette in der Gruppe **Illustrationen**, eine umfangreiche Zusammenstellung von grafischen Elementen. Ist ein solches Element ausgewählt, wird für die weitere Bearbeitung unter **Zeichentools** das Register **Format** angeboten.
- Fertige Grafiken oder Fotos fügen Sie über die Schaltfläche **Illustrationen > Bilder** aus vorhandenen Dateien ein. Zum Bearbeiten verwenden Sie unter **Bildtools** die Werkzeuge auf dem Register **Format**.

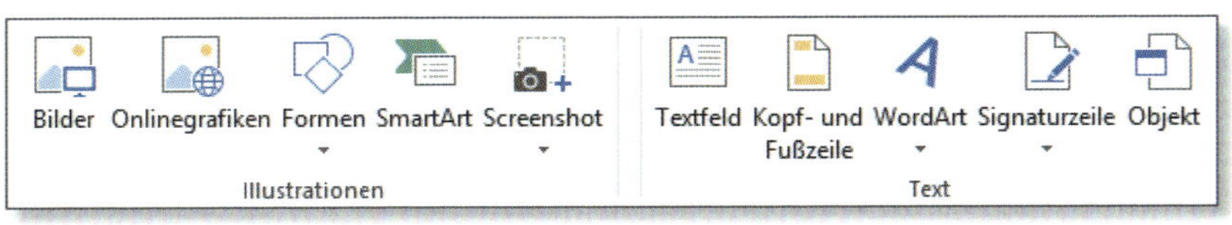

< ***Abbildung 10.1*** *Grafische Werkzeuge finden Sie auf dem Register »Einfügen« in den Gruppen »Illustrationen« und »Text«.*

- Grafische Objekte und Bilder können Sie auch aus dem Web übernehmen. Excel öffnet über die Schaltfläche **Illustrationen > Onlinegrafiken** zunächst einen Dialog, in dem Sie zwischen verschiedenen Bildquellen wählen: **ClipArt von Office.com**, die **Bing-Bildersuche** oder **SkyDrive**. Über die Schaltfläche **Auch einfügen aus** lassen sich noch weitere Bildquellen wie Flickr einbinden, falls Sie dort ein Konto haben.
- Für alles, was mit Organisation und Planung zu tun hat, ist Excel in vieler Hinsicht ein ausgezeichnetes Werkzeug. Organigramme oder Ablaufpläne sind in diesem Zusammenhang sehr hilfreich. Ihre Erstellung wird über die Schaltfläche **Illustrationen > SmartArt** durch ein spezielles Dialogfeld unterstützt, das zahlreiche Darstellungsmuster anbietet. Für die Detailbearbeitung verwenden Sie die **SmartArt-Tools** mit den Registerkarten **Entwurf** und **Format**.
- Über die Schaltfläche **Illustrationen > Screenshot > Bildschirmausschnitt** können Sie einen Bereich des Bildschirms in das Tabellenblatt einfügen. Die Bearbeitung erfolgt wieder unter **Bildtools** auf dem Register **Format**.
- Über die Palette der Schaltfläche **Text > WordArt** gestalten Sie dekorative Schriftzüge, um sie beispielsweise als Tabellen- oder Diagrammtitel einzufügen. Auch in diesem Fall wird für die Bearbeitung unter **Zeichentools** das Register **Format** angeboten.
- Hinzu kommen noch die Möglichkeiten, über die Schaltfläche **Text > Objekt** Grafiken oder auch Videos in Excel einzubetten oder die Arbeitsmappe mit solchen Objekten zu verknüpfen. Darauf wird in Kapitel 20, »Daten austauschen«, ab Seite 731 noch eingegangen.

10.1 Formen zeichnen

Wenn Sie selbst eine Zeichnung erstellen wollen, beispielsweise eine schematische Übersicht, wie ein Lager genutzt werden soll, arbeiten Sie am besten mit den Zeichenwerkzeugen, die Excel über die Schaltfläche **Einfügen > Illustrationen > Formen** bereitstellt. Sie öffnet eine umfangreiche Palette mit zahlreichen grafischen Grundformen, die in neun Gruppen eingeteilt sind. In der ersten Gruppe werden dabei immer die zuletzt verwendeten Formen notiert, um den Zugriff darauf zu beschleunigen.

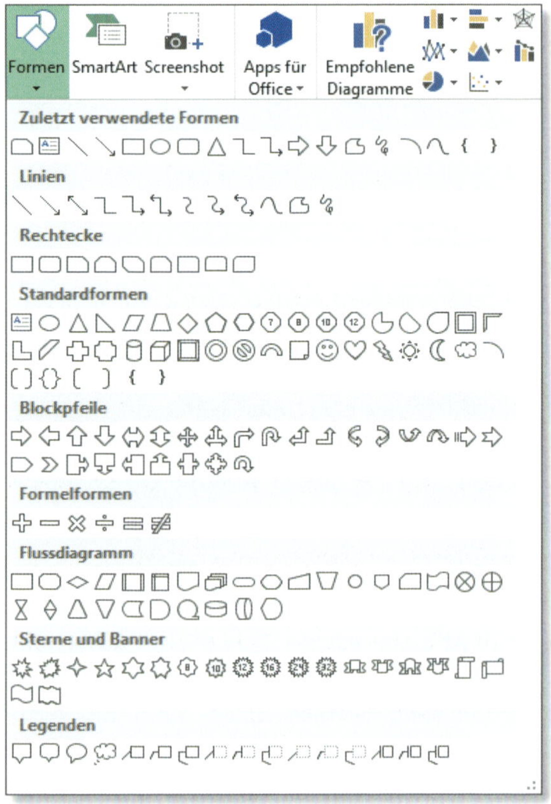

Abbildung 10.2 Die Palette »Formen« gruppiert zahlreiche grafische Grundformen unter mehreren Kategorien.

Ein Rechteck zeichnen

Um nun beispielsweise auf dem Arbeitsblatt mit einem Rechteck zu beginnen, das einen Lagerraum schematisch darstellt, können Sie folgendermaßen verfahren:

1 Klicken Sie in der Palette der Schaltfläche **Formen** auf eines der **Rechteck**-Symbole in der Gruppe **Rechtecke**. Zum Zeichnen wird der Zellzeiger automatisch durch den Zeichencursor ersetzt und die Palette wieder ausgeblendet. Statt mit der Maus können Sie das Symbol auch mit den Richtungstasten markieren und mit [↵] bestätigen.

2 Positionieren Sie den kreuzförmigen Mauszeiger ❶ an der Stelle, an der die eine Ecke des Rechtecks liegen soll.

^ ***Abbildung 10.3*** *Der Mauszeiger nimmt beim Zeichnen die Form eines Kreuzes an.*

3 Ziehen Sie mit gedrückter Maustaste in Richtung der gegenüberliegenden Ecke, bis das Rechteck die gewünschte Größe erreicht hat. Das Loslassen der Maustaste beendet das Zeichnen.

4 Das Objekt wird mit den Anfassern angezeigt, bleibt also für die weitere Bearbeitung ausgewählt. Durch Ziehen der Anfasser können Sie die Größe des Rechtecks verändern.

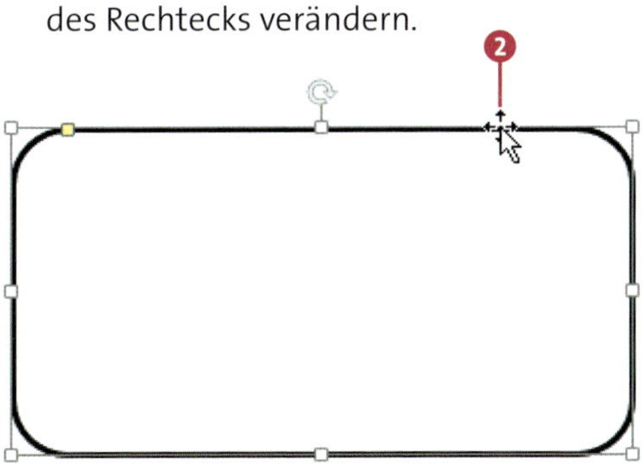

^ ***Abbildung 10.4*** *Das ausgewählte Rechteck zeigt acht Anfasser, die sich mit der Maus ziehen lassen.*

5 Der Mauszeiger bleibt mit einem Kreuz aus vier Pfeilen ❷ verknüpft, solange er das Rechteck berührt. In dieser Position lässt sich das Rechteck verschieben, wenn Sie die Maustaste gedrückt halten.

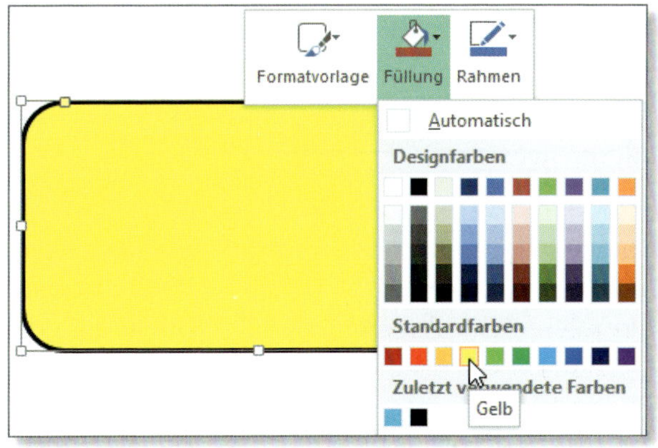

^ ***Abbildung 10.5*** *Die Füllfarbe für das Rechteck können Sie gleich über das Kontextmenü zuweisen.*

6 Um das Rechteck einzufärben, klicken Sie die Form mit rechts an und benutzen im Kontextmenü die Farbpalette der Schaltfläche **Füllung**.

7 Schließlich können Sie der Form über das Kontextmenü mit **Text bearbeiten** noch eine Beschriftung beifügen.

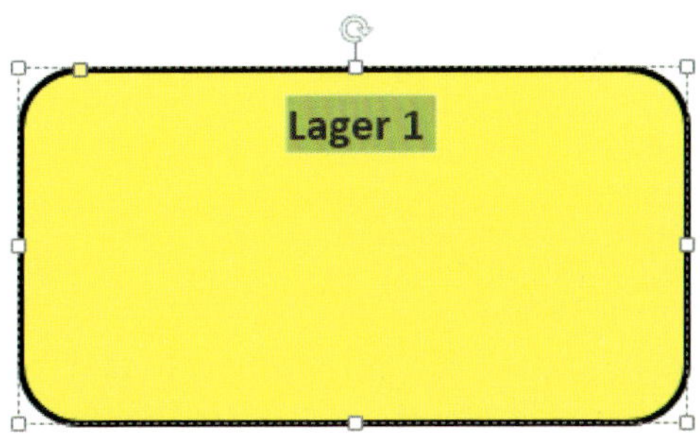

^ ***Abbildung 10.6*** *Jedes grafische Objekt lässt sich mit einem Text verknüpfen, der jederzeit wieder bearbeitet werden kann.*

8 Wird der Text mit der Maus markiert, bietet das Kontextmenü die nötigen Befehle, ihn wunschgemäß zu formatieren.

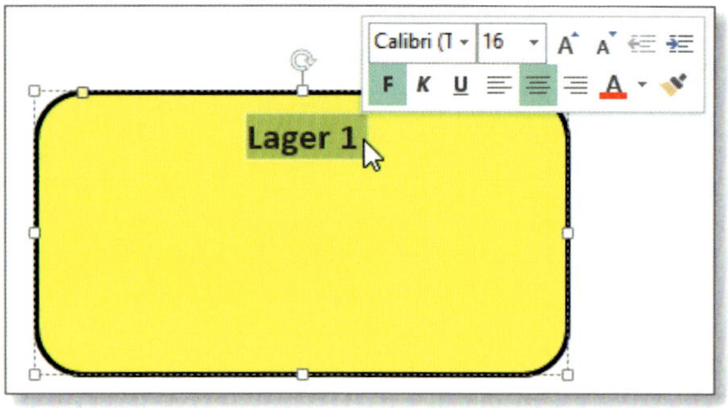

Abbildung 10.7 *Mit den Symbolen aus der Minisymbolleiste formatieren Sie den ausgewählten Text.*

9 Mit der Option **Textbearbeitung beenden** im Kontextmenü schließen Sie die Arbeit an der Beschriftung des Rechtecks ab.

Wenn Sie diese Schritte für die verschiedenen Lagerplätze wiederholen, erhalten Sie ohne großen Aufwand schnell eine Übersicht über das gesamte Lager, wie es Abbildung 10.8 andeutet.

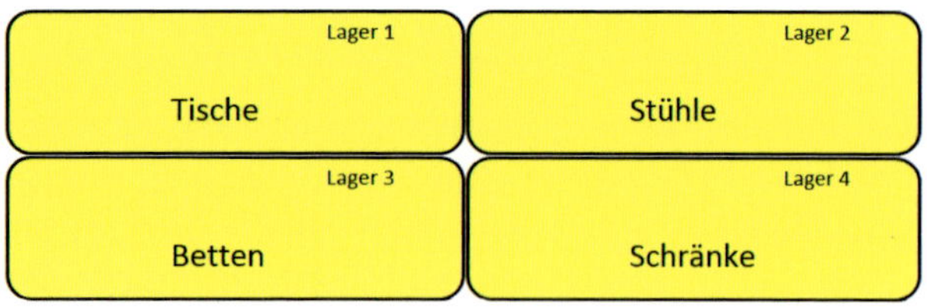

Abbildung 10.8 *Ein Schema für eine Lagerbelegung, gezeichnet mit Elementen der Palette »Formen«*

TIPP

Werkzeuge mehrfach verwenden

Normalerweise wird ein Zeichenwerkzeug wieder *abgeschaltet*, wenn Sie die Maus loslassen. Wollen Sie aber z. B. mehrere Rechtecke nacheinander zeichnen, sollten Sie das Rechtecksymbol zuerst mit rechts anklicken und die Option **Zeichenmodus sperren** nutzen. Es bleibt dann so lange aktiv, bis Sie diese Option durch erneuten Klick auf das Rechtecksymbol oder auf ein anderes Symbol wieder aufheben.

Zeichnen einer einfachen Form mit Finger oder Stift

Auf dem Touchscreen ist die Vorgehensweise beim Zeichnen von Formen ein wenig anders:

1 Sie tippen in der Palette der Schaltfläche **Formen** auf eines der **Rechtecke** in der Gruppe.

2 Excel fügt ein entsprechendes Objekt in der Mitte des Bildschirms mit einer vorgegebenen Größe ein.

3 Ziehen Sie das Objekt an die gewünschte Stelle.

4 Benutzen Sie die runden Anfasser, um die Größe zu ändern.

Abbildung 10.9 *Die runden Anfasser und das Kontextmenü auf dem Touchscreen*

Wenn Sie den Finger oder Stift einen Moment auf dem Objekt halten, erscheint ein horizontales Kontextmenü mit der Schaltfläche **Füllung** und der Schaltfläche **Text bearbeiten**. Die weiteren Befehle finden Sie wieder über den Pfeil am Ende.

Ellipsen oder Kreise

Das Zeichnen von Kreisen bzw. Ellipsen ist ähnlich wie das Zeichnen von Rechtecken. Quadrate und Kreise lassen sich erzeugen, wenn Sie beim Zeichnen eines Rechtecks bzw. einer Ellipse ⇧ gedrückt halten.

Wenn Sie beim Zeichnen mit den Werkzeugen **Rechteck** oder **Ellipse** während des Aufziehens Strg gedrückt halten, wird das Objekt von seinem Mittelpunkt aus aufgezogen. Eine Kombination aus ⇧ und Strg führt zum Zeichnen eines Quadrats bzw. Kreises vom Mittelpunkt aus. Im Modus **Fingereingabe** tippen Sie die Tasten nur an, müssen Sie also nicht gedrückt halten.

Anstatt eine Form – wie gerade beschrieben – mit der Maus aufzuziehen, können Sie auch zunächst nur die Stelle anklicken, die die linke obere Ecke festlegt. Excel produziert dann eine vorgegebene Form des jeweiligen Objekttyps, die **Rechteck**-Funktion zeichnet z. B. ein Quadrat, die **Ellipsen**-Funktion einen Kreis. Die gewünschten Abmessungen legen Sie in diesem Fall erst in der Nachbearbeitung fest.

Linien und Pfeile

Bei Linien und Pfeilen ziehen Sie mit der Maus jeweils vom Anfangspunkt zum Endpunkt. Die Pfeilspitze liegt als Vorgabe jeweils am Endpunkt. Beim Zeichnen von Linien bewirkt [⇧], dass nur Linien mit Winkeln, die ein Vielfaches von 15 Grad sind, gezeichnet werden. Wenn Sie beim Zeichnen mit den Werkzeugen **Rechteck** oder **Ellipse** während des Aufziehens [Strg] gedrückt halten, wird das Objekt von seinem Mittelpunkt aus aufgezogen. Eine Kombination aus [⇧] und [Strg] führt zum Zeichnen eines Quadrats bzw. Kreises vom Mittelpunkt aus.

TIPP

Mauszeiger auf grafische Objekte beschränken
Wollen Sie, dass der Mauszeiger ausschließlich grafische Objekte und keine Zellen markiert, können Sie auf der Registerkarte **Start** in der Gruppe **Bearbeiten** unter **Suchen und Auswählen** die Option **Objekte markieren** aktivieren. Diese Einstellung bleibt aktiv, bis sie explizit wieder aufgehoben wird. Sie ist ganz hilfreich, wenn Sie zahlreiche grafische Objekte in einem Zug bearbeiten wollen.

Kurven, Freihandformen und Skizzen

Insbesondere für freie Zeichnungen finden Sie in der **Formen**-Palette unter **Linien** drei grafische Elemente, die hier etwas genauer behandelt werden sollen: **Kurven**, **Freihandformen** und **Skizzen**.

Alle drei Objekttypen sind Sonderformen von *Bézierkurven*. Damit lassen sich auf einfache Weise Rundungen und Bogen exakt darstellen. Jede Kurve besteht dabei aus einem oder mehreren Kurvensegmenten, die jeweils über einen Anfangs- und einen Endpunkt verfügen. Der Endpunkt des vorhergehenden Kurvensegments ist jeweils der Anfangspunkt des nächsten Kurvensegments. Die Verbindung zwischen zwei Kurvenpunkten ist entweder eine gekrümmte Linie oder eine Gerade.

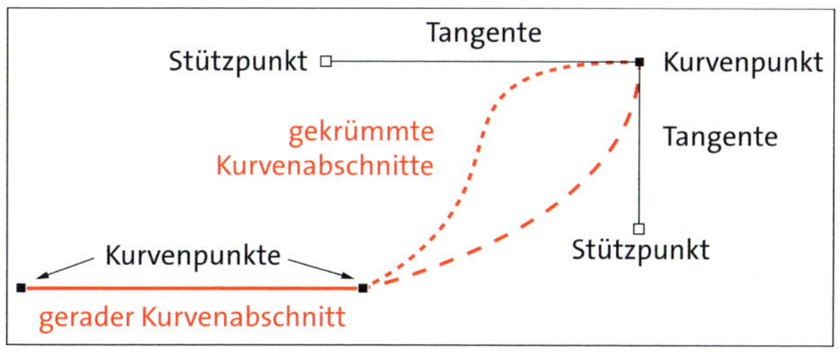

Abbildung 10.10 Elemente einer Bézierkurve

Die Krümmung einer Linie hängt von der Lage der sogenannten Stützpunkte ab, die sich an jedem Kurvenpunkt befinden. Stellen Sie sich die Stützpunkte gewissermaßen mit magnetischer Anziehungskraft ausgestattet vor, die die Krümmung der Verbindungskurve wie ein metallisches Band zwischen Anfangs- und Endpunkt definiert.

Zeichnen einer Kurve

Bevor Sie mit dem Zeichnen beginnen, ist es meist sinnvoll, die Anzeige der Gitternetzlinien für das verwendete Arbeitsblatt abzuschalten.

1. Deaktivieren Sie dazu auf dem Register **Ansicht** in der Gruppe **Anzeigen** die Option **Gitternetzlinien**.
2. Aktivieren Sie über **Einfügen > Illustrationen > Formen** das Werkzeug **Kurve** ❶ (Abbildung 10.12) in der Gruppe **Linien**. Klicken Sie mit dem Fadenkreuz an den Anfangspunkt der Kurve.

3 Setzen Sie den Scheitelpunkt für den ersten Bogen in der Figur, indem Sie mit der Maus an diese Stelle klicken.

4 Setzen Sie alle weiteren Scheitelpunkte für die gewünschte Form. Das Programm gibt automatisch eine Krümmung für die Verbindung aufeinanderfolgender Kurvenpunkte vor.

5 Der letzte Kurvenpunkt wird mit einem Doppelklick gesetzt. Wenn Sie dabei auf den Anfangspunkt klicken, erhalten Sie eine geschlossene Form.

Ist das Zeichnen abgeschlossen, zeigt Excel die Kurve innerhalb eines Auswahlrechtecks an, das den aktuellen Abmessungen entspricht. Wenn Sie neben die Kurve klicken, wird die Auswahl wieder aufgehoben.

Zeichnen einer Freihandform

Mit der Funktion **Freihandform** lassen sich beliebige Vielecke zeichnen:

1 Aktivieren Sie das Werkzeug **Freihandform** ❷ in der Gruppe **Linien**. Setzen Sie das Fadenkreuz an den Anfangspunkt der vorgesehenen Form.

^ ***Abbildung 10.11** Das Symbol »Freihandform« in der Gruppe der Linienwerkzeuge*

2 Für eine gerade Verbindung zum nächsten Punkt klicken Sie mit der Maus an den Anfangspunkt Ihrer Figur.

3 Wenn Sie die Maus verschieben, zieht Excel eine Linie vom Anfangspunkt bis zur Mausposition. Durch Klicken der Maus wird die Linie fixiert und mit dem Zeichnen des nächsten Linienzugs begonnen. Ein misslungenes Linienstück kann mit [←] wieder gelöscht werden.

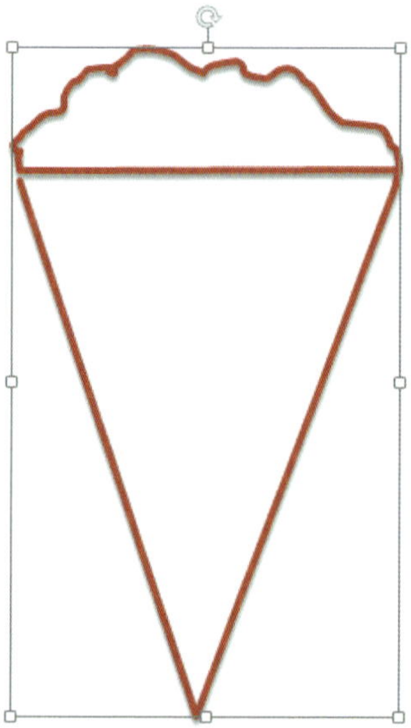

^ ***Abbildung 10.13** Beim Zeichnen wechseln Sie zwischen geraden Linien und frei gezeichneten Linien.*

4 Für beliebig geformte Verbindungen von Punkten halten Sie die Maustaste gedrückt und zeichnen mit dem Mauszeiger die gewünschte Linienführung.

5 Sobald Sie die Maustaste wieder loslassen, können Sie mit der Klickmethode aus Schritt 3 die Kurve als Gerade fortsetzen.

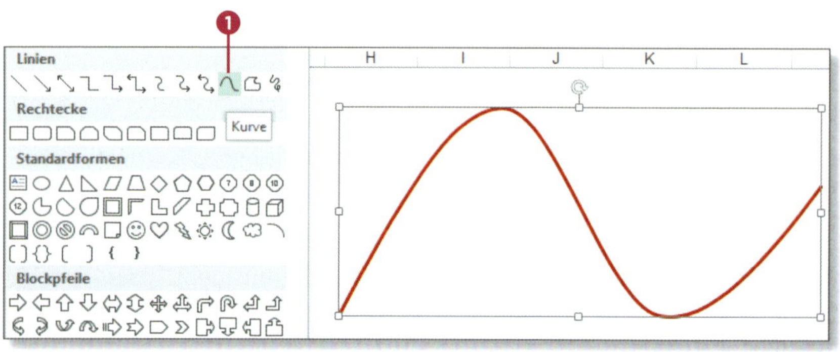

< ***Abbildung 10.12** Die Kurve bietet nach Abschluss des Zeichnens die Anfasser an, die Excel bei jedem grafischen Objekt bereitstellt.*

6 Der letzte Kurvenpunkt wird mit einem Doppelklick gesetzt oder entsteht durch das Schließen der Figur, wenn der Ausgangspunkt angeklickt wird.

Handelt es sich um eine geschlossene Form, können Sie über **Zeichentools > Format > Formarten** sowohl den Umriss als auch die Form selbst einfärben. Mehr dazu gleich in Abschnitt 10.2, »Feinarbeit an grafischen Objekten«, ab Seite 462.

Skizzieren

Für das ganz freie Zeichnen ist die Maus nicht sonderlich geeignet, da kommen Sie zu besseren Ergebnissen, wenn Sie mit einem Stift auf einem Grafiktablett arbeiten.

1 Aktivieren Sie das Werkzeug **Skizze** ❸ in der Gruppe **Linien** (Abbildung 10.11). Setzen Sie das Fadenkreuz an den Anfangspunkt Ihrer Freihandform.

2 Halten Sie die Maustaste gedrückt, und zeichnen Sie mit dem Stift die gewünschte Linienführung.

3 Sobald Sie die Maustaste wieder loslassen, ist das Objekt fertig gezeichnet. Wenn die Maus sich dabei über dem Anfangspunkt des Objekts befindet, entsteht eine geschlossene Form.

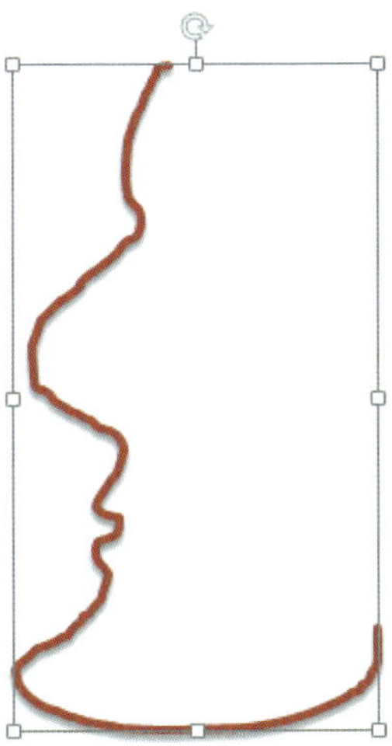

Abbildung 10.14 Skizzieren mit der Maus ist etwas mühsam.

Auch wenn die entstandene Form nicht geschlossen ist, lässt sie sich trotzdem mit einem beliebigen Hintergrund füllen. Dazu benutzen Sie **Zeichentools > Format > Fülleffekt**.

Auf dem Touchscreen fügt Excel 2013 bei den Werkzeugen **Kurve**, **Freihand** und **Skizze** immer nur einfache Linien ein, die sich auch nicht nachträglich in etwas Krummes verwandeln lassen. Bestehende Kurven lassen sich aber mit Finger oder Stift bearbeiten. Da scheint noch eine Lücke zu klaffen.

Ein Flussdiagramm anlegen

Besonders effektiv können Sie die Formen aus der Palette nutzen, um eine Zeichnung mit vorgefertigten Elementen zusammenzustellen. Ein typisches Beispiel ist ein Flussdiagramm für die Planung einer IT-Lösung.

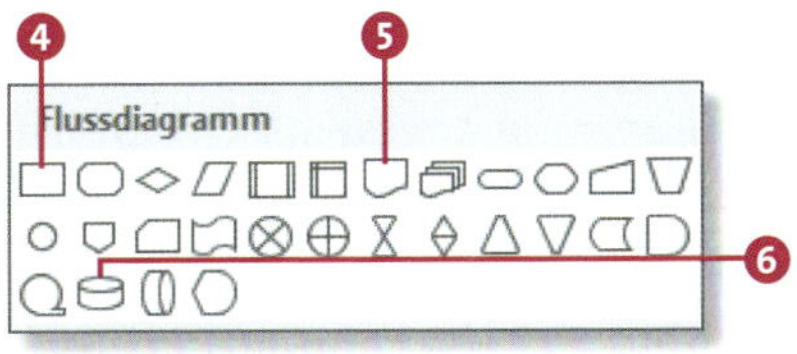

Abbildung 10.15 In der Gruppe »Flussdiagramm« bietet die Palette »Formen« die Symbole für Programmablaufpläne.

1 Am besten beginnen Sie mit dem Symbol für den Prozess, um den es gehen soll, in diesem Fall die Fakturierung. Verwenden Sie dazu das entsprechende Symbol ❹, das Sie in der **Formen**-Palette unter **Flussdiagramm** finden. Die Bedeutung der einzelnen Elemente wird angezeigt, wenn Sie die Maus einen Moment darauf halten.

2 Legen Sie anschließend die anderen Elemente für das Diagramm auf ein leeres Tabellenblatt. Benötigt werden drei Symbole für Dokumente ❺ und zwei Symbole für Datenbanken ❻.

3 Sobald das erste Element gezeichnet ist, wird die Palette auch über die Gruppe **Formen einfügen** auf dem Register **Zeichentools > Format** angeboten,

sodass Sie die Arbeit über dieses Register fortsetzen können.

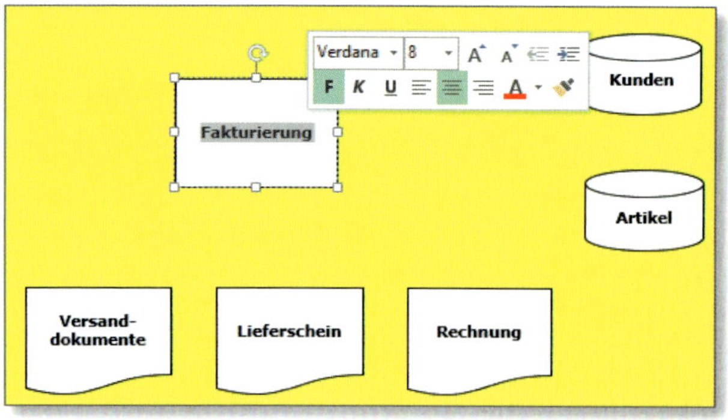

Abbildung 10.16 *Die noch unverbundenen Formen für das Flussdiagramm*

4 Um die Elemente zu beschriften, markieren Sie das Element mit der rechten Maustaste und wählen im Kontextmenü **Text bearbeiten**. Im Objekt blinkt der Texteingabecursor, und um den Text wird ein dunkler Hintergrund angezeigt. Geben Sie den gewünschten Text ein. Über die zum markierten Text eingeblendete Minisymbolleiste können Sie Schriftart, -grad und -schnitt festlegen. Klicken Sie mit der Maus außerhalb des Objekts, um die Eingabe abzuschließen, oder benutzen Sie im Kontextmenü **Textbearbeitung beenden**.

5 Verwenden Sie die Option **Start > Bearbeiten > Objekte markieren**, und ziehen Sie mit der Maus ein Rechteck auf, das alle Objekte einschließt und sie gleichzeitig auswählt. Um alle in die Formen eingetragenen Texte in einem Zug zu zentrieren, klicken Sie die Auswahl mit der rechten Maustaste an und benutzen die Schaltfläche **Zentriert** in der Minisymbolleiste.

6 Im nächsten Schritt bestimmen Sie die Beziehungen zwischen den einzelnen Objekten. Um Verbindungslinien zwischen die Objekte einzufügen, wählen Sie aus der Gruppe **Linien** in der Palette **Formen** den Doppelpfeil ❶ als Verbindungslinientyp aus.

7 Bewegen Sie den Mauszeiger über das Objekt, das am Anfang der Verbindungslinie stehen soll. Die Anknüpfungspunkte erscheinen als kleine farbige Quadrate ❷.

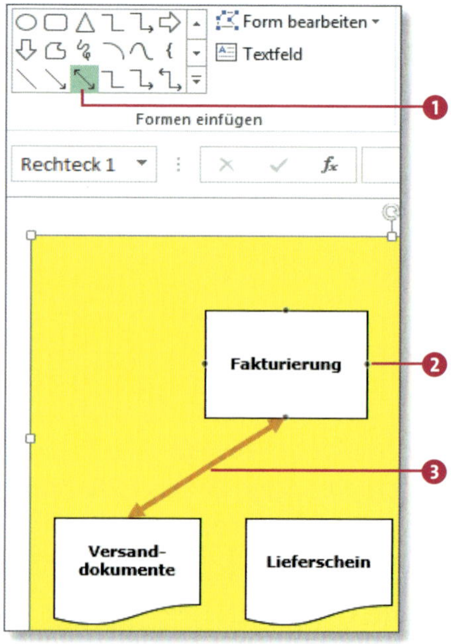

Abbildung 10.17 *Die einzelnen Elemente bieten für die Herstellung einer Verbindung Anknüpfungspunkte an.*

8 Klicken Sie mit der Maus auf den gewünschten Anknüpfungspunkt, und ziehen Sie die Maus zu dem Objekt, das am Ende der Verbindungslinie stehen soll. Auch hier erscheinen wieder alle Anknüpfungspunkte als kleine Quadrate. Ein blasser kolorierter Pfeil ❸ deutet den jeweiligen Verlauf der Verbindungslinie an. Sobald Sie auf einen Anknüpfungspunkt klicken, wird die Verbindungslinie gezogen.

Haben Sie das Flussdiagramm auf diese Weise vollständig gezeichnet, ist meistens noch etwas Feinarbeit notwendig. Sie können die einzelnen Objekte mit der Maus exakt an die gewünschte Position ziehen. Die Verbindungslinien werden dabei zusammen mit den verbundenen Objekten verschoben und angepasst.

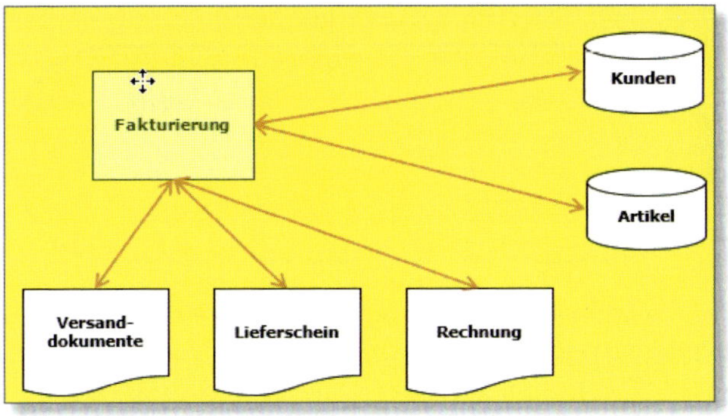

Abbildung 10.18 Beim Verschieben eines Elements wandern die Verbindungslinien automatisch mit.

Bei Bedarf können Sie auch die Größe und die Proportion der Objekte durch Ziehen der Anfasser verändern.

TIPP

Exakte Größen
Wollen Sie millimetergenau arbeiten, legen Sie die Größen über die beiden Listenfelder **Breite** und **Höhe** in der Gruppe **Größe** fest, die auf dem Register **Format** angeboten werden, wenn ein grafisches Objekt ausgewählt ist. Sollen mehrere Objekte in gleicher Höhe und Breite erscheinen, markieren Sie die Objekte mit gedrückter ⇧-Taste.

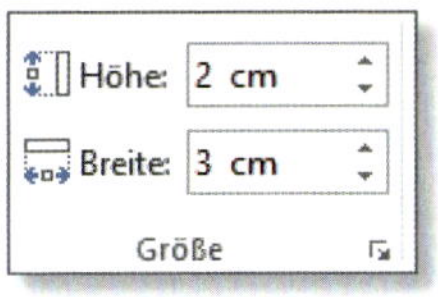

Abbildung 10.19 Die Listenfelder zu »Größe« erlauben ein exaktes Zeichnen.

Auf die exakte Ausrichtung der Objekte über die Optionen unter **Format > Anordnen > Ausrichten** wird im Abschnitt »Noch einige Techniken für komplexe Zeichnungen« ab Seite 468 noch eingegangen.

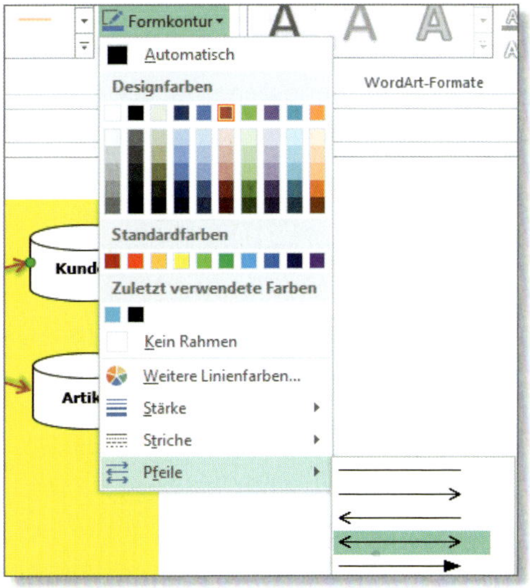

Abbildung 10.20 Über die Palette »Formkontur« wählen Sie das Aussehen der Verbindungspfeile. Mehrere Alternativen stehen Ihnen hier zur Auswahl.

Sollen Umriss- und Füllungsattribute für Objekte oder die Form der Verbindungslinien geändert werden, markieren Sie das betreffende Objekt und wählen die Attribute aus den Musterpaletten in der Gruppe **Format > Formenarten**. Reichen die vorgegebenen Muster nicht aus, können Sie über die Paletten zu **Fülleffekt**, **Formkontur** oder **Formeffekte** auch eigene Lösungen definieren.

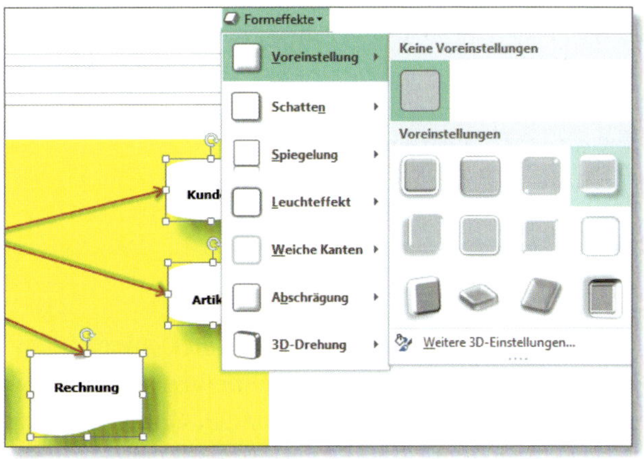

Abbildung 10.21 Die Auswahl der Formeffekte ist groß, aber nicht jeder Effekt ist auch ansehnlich.

Über die Schaltfläche **Formeffekte** versehen Sie ausgewählte Objekte mit Schatten, Spiegelungen, weichen Kanten oder Beleuchtungseffekten, um der Darstellung ein professionelles Aussehen zu geben. Die Effekte werden immer gleich vorgeführt, wenn Sie mit der Maus die entsprechenden Muster berühren. Sie können die Auswirkungen Ihrer Änderungen also sofort sehen.

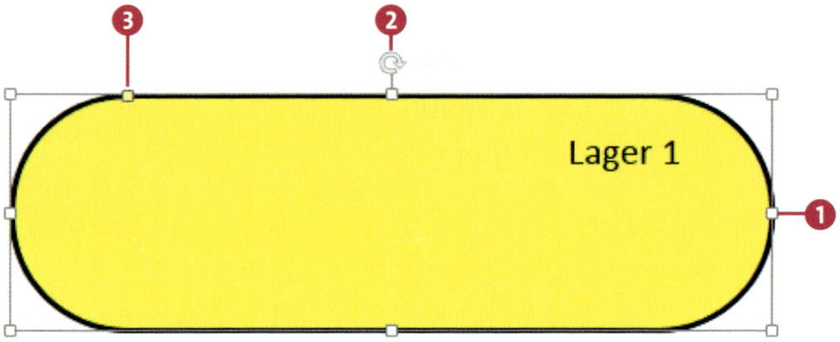

Abbildung 10.22 Wenn Sie den Ziehpunkt für die Rundung nach innen ziehen, wird die Rundung stärker.

10.2 Feinarbeit an grafischen Objekten

Nachdem Sie Objekte in ein Blatt eingefügt haben, sind oft noch einige Nachbearbeitungsschritte notwendig, um das gewünschte Ergebnis zu erreichen. Dafür stellt Ihnen das Programm zahlreiche Bearbeitungsmöglichkeiten zur Verfügung, die im Folgenden kurz beschrieben werden.

Größe, Proportion und Drehung ändern

Häufig hat ein eingefügtes Objekt nicht sofort die gewünschten Abmessungen, sondern muss von Ihnen noch angepasst werden. Zweidimensionale Objekte erscheinen auf dem Tabellenblatt mit vier Eckziehpunkten, vier Seitenziehpunkten ❶ und einem Drehpunkt ❷. Rechtecke mit gerundeten Ecken haben noch einen speziellen Ziehpunkt ❸, um die Rundung mit Maus, Finger oder Stift zu vergrößern oder zu verkleinern.

Mit den Eckziehpunkten können Sie, wenn Sie gleichzeitig [⇧] gedrückt halten, die Größe des Objekts unter Beibehaltung der Proportionen ändern. Die Ziehpunkte auf den Seitenmitten erlauben das Dehnen oder Stauchen.

Drücken der [Strg]-Taste führt zu einer entsprechenden Verschiebung des gegenüberliegenden Ziehpunkts bzw. der gegenüberliegenden Objektseite. Im Modus **Fingereingabe** tippen Sie die Tasten nur an, müssen sie also nicht festhalten.

Steht der Mauszeiger auf dem runden Drehpunkt ❹ (Abbildung 10.23), kann durch Ziehen mit der Maus das Objekt um seinen Mittelpunkt gedreht werden. Wenn Sie mehrere Objekte gleichzeitig auswählen, können sie auch gleichzeitig gedreht werden.

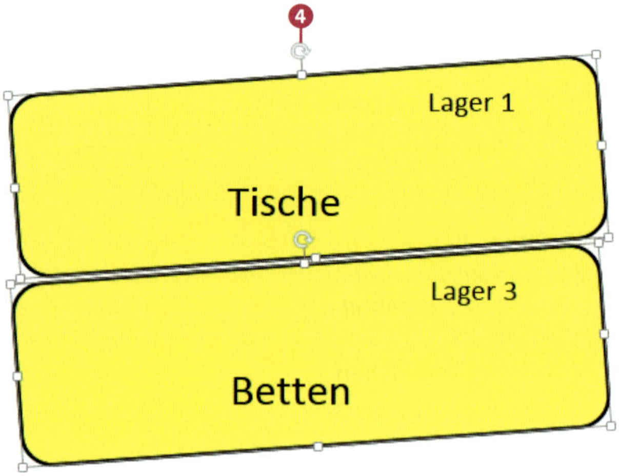

Abbildung 10.23 An dem runden Anfasser können Sie alle ausgewählten Objekte gleichzeitig drehen.

Bei gedrückter [⇧]-Taste werden Winkelstufen von jeweils 15 Grad erzwungen, kombiniert mit [Strg] erfolgt die Drehung nicht um den Objektmittelpunkt, sondern um den gegenüberliegenden Ziehpunkt.

Zum Drehen um 90 Grad und –90 Grad dienen die beiden Befehle **Rechtsdrehung 90 Grad** bzw. **Linksdrehung 90 Grad** aus dem Untermenü zu **Drehen** in der Gruppe **Format > Anordnen**. Mit **Vertikal umdrehen** und **Horizontal spiegeln** kann das Objekt auch um die vertikale bzw. horizontale Achse gekippt werden. Die

Option **Weitere Drehungsoptionen** öffnet den Aufgabenbereich **Form formatieren** mit Optionen zu **Größe**, auf der unter **Drehung** auch exakte Winkelangaben möglich sind.

TIPP

Beschriftungen drehen
Abbildung 10.23 zeigt, dass die Beschriftung in diesem Fall nicht mitgedreht wird. Wollen Sie erreichen, dass der Text zu einem Objekt mitgedreht wird, können Sie den Text als grafisches Objekt auf die Form legen, wie es im Abschnitt »Textdekor für Tabellen« ab Seite 473 beschrieben wird. Anschließend gruppieren Sie die beiden Objekte, siehe Abschnitt »Noch einige Techniken für komplexe Zeichnungen« ab Seite 468.

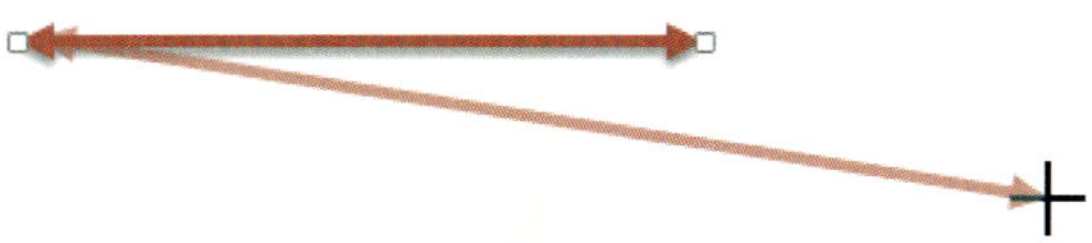

Abbildung 10.24 *Durch Ziehen des Ziehpunkts an einem der Pfeilenden können Sie sowohl die Länge des Pfeils als auch den Winkel verändern.*

Linien oder Pfeile haben zwei Ziehpunkte, die Sie separat mit der Maus verschieben können. Um eine Linie oder einen Pfeil auszuwählen, klicken oder tippen Sie darauf. Um die Linie oder den Pfeil zu verlängern, ziehen Sie den Ziehpunkt weiter von dem gegenüberliegenden Ziehpunkt weg. Um den Winkel zu dem gegenüberliegenden Ziehpunkt zu verändern, ziehen Sie in die entsprechende Richtung.

Per Aufgabenbereich formatieren

Den schon angesprochenen Aufgabenbereich **Form formatieren** können Sie auch direkt über den Dialogfeldstarter in der Gruppe **Format > Größe** öffnen. Dort lassen sich unter **Größe** die Höhe und Breite eines ausgewählten Objekts exakt angeben. Unter **Höhe skalieren** und **Breite skalieren** können Sie auch Prozentwerte auswählen, die – anders als bei Bildern – auf die gerade aktuelle Größe bezogen sind.

Abbildung 10.25 *Unter »Größe« können Sie die Abmessungen und die Drehung exakt bestimmen.*

Unter **Eigenschaften** haben Sie außerdem die Möglichkeit, das Objekt gegen Veränderungen zu sperren, wie es auch für Zellbereiche möglich ist. Wird die Option **Gesperrt** aufgehoben, dann bleibt das Objekt auch nach der Aktivierung des Dateischutzes für die Bearbeitung zugänglich. Bei Textfeldern lässt sich zusätzlich auch der Text sperren. Beides wird allerdings erst wirksam, wenn das Blatt insgesamt geschützt wird.

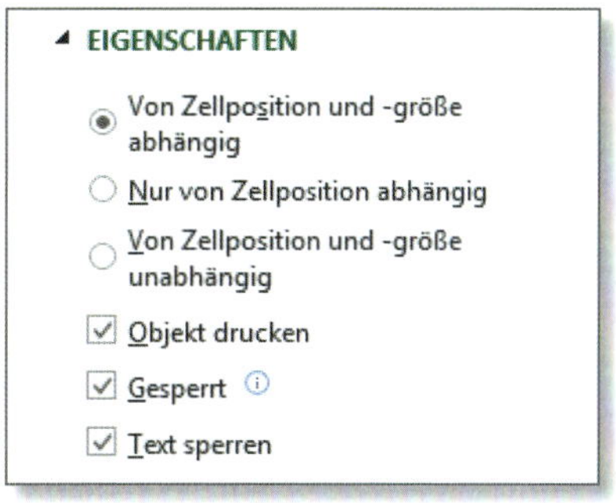

Abbildung 10.26 *Hier legen Sie fest, wie sich das Objekt zum Tabellenblatt verhält.*

Außerdem wird hier die Beziehung zwischen einem grafischen Objekt und den Zellen des zugehörigen Tabellenblatts geregelt.

- **Von Zellposition und -größe abhängig** ist Vorgabe. Werden Zellen verlagert, wird ein im Zellbereich vorkommendes Objekt mitgenommen. Wird die Größe der Zellen verändert, dann ändert das Objekt seine Größe mit.
- **Nur von Zellposition abhängig** bedeutet, dass Größenänderungen an den Zellen keinen Einfluss auf das Objekt haben. Bei Ortsveränderungen wird das Objekt dagegen mitgenommen.
- **Von Zellposition und -größe unabhängig** macht das grafische Objekt von der Tabelle ganz unabhängig.

Außerdem können Sie noch festlegen, ob ein Objekt beim Drucken einer Tabelle mitgedruckt wird oder nicht. Diese Entscheidung ist wichtig bei Objekten, die nur innerhalb der Tabelle benötigt werden, etwa Textfeldern mit Bedienungshinweisen oder Objekten zum Start von Makros.

Ersatztexte für grafische Objekte

Bei allen grafischen Objekten bietet Excel im Aufgabenbereich **Form formatieren** immer eine Gruppe **Alternativtext** an. Unter **Titel** und **Beschreibung** legen Sie Texte ab, die anstelle der Grafik angezeigt oder auch vorgelesen werden können, um Personen mit Sehbehinderungen über den Inhalt des Objekts zu informieren.

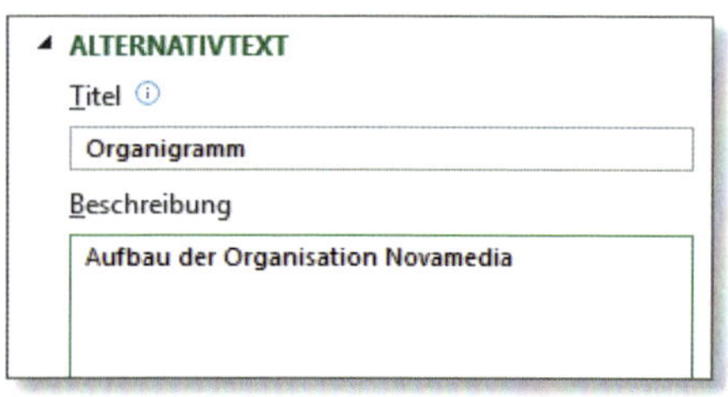

*^ **Abbildung 10.27** Hier können Sie Texte ablegen, die etwa Sehbehinderten zum Vorlesen angeboten werden.*

Objekte verschieben oder kopieren

Um Objekte zu verschieben, setzen Sie den Pfeil exakt auf einen sichtbaren Teil des Objekts (Umriss oder Füllung). Der Mauszeiger erhält, wenn er sich über einem Objekt befindet, zusätzlich an seiner Spitze einen Vierfachpfeil. Ziehen Sie mit gedrückter linker Maustaste das Objekt an die gewünschte Position. Mit Finger oder Stift ziehen Sie einfach das Objekt an die gewünschte Stelle. Ist gleichzeitig `Strg` gedrückt oder angetippt, wird das Objekt kopiert.

Attribute für Objekte

Jedes Formobjekt hat neben seiner Form, die durch die Kontur, den Umriss, gegeben ist, weitere Eigenschaften: die Linienfarbe, die Linienart und die Füllung. All dies kann über die schon angesprochenen Auswahllisten in der Gruppe **Formenarten** verändert werden. Alternativ steht auch hier der Aufgabenbereich **Form formatieren** zur Verfügung, der über das Kontextmenü des Objekts mit dem gleichnamigen Befehl geöffnet werden kann. Stattdessen können Sie auch die Dialogfeldstarter in den Gruppen **Formarten** oder **Größe** benutzen.

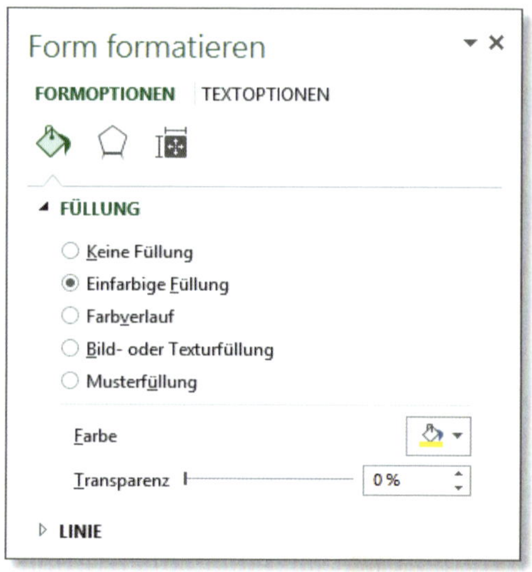

*^ **Abbildung 10.28** Der Aufgabenbereich für eine AutoForm bietet Optionen für alle grafischen Merkmale an, die Sie beeinflussen können.*

Umriss und Füllung gestalten

Für die Gestaltung der Umrisse und Füllungen steht zunächst die schon angesprochene Musterpalette in der Gruppe **Format > Formenarten** zur Verfügung. Solange die Livevorschau aktiviert ist, werden die markierten Objekte jeweils in dem Design ausgegeben, das der Mauszeiger berührt. Ein Klick oder Tipp ordnet das ausgewählte Design zu.

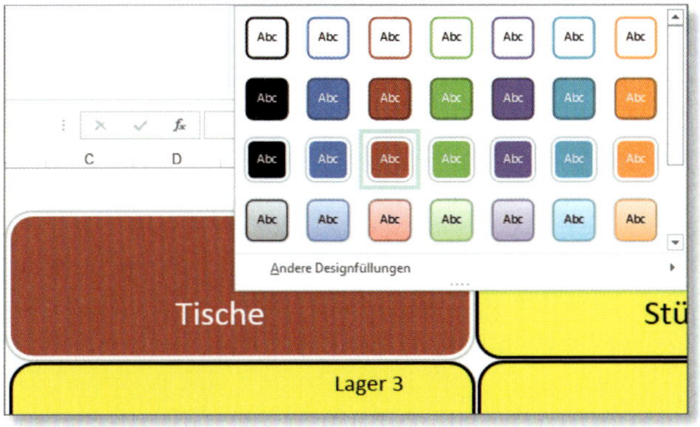

*^ **Abbildung 10.29** Die Palette der Designfüllungen für markierte Objekte*

Genügen Ihnen die Vorlagen nicht, weisen Sie die gewünschte Füllung über die Palette **Fülleffekt** in der Gruppe **Formenarten** zu. Über die Option **Bild** können Sie eigene Fotos hinterlegen, unter **Farbverlauf** werden mehrere Varianten von Verläufen angeboten, und unter **Struktur** finden Sie zahlreiche Texturen. Die Paletten entsprechen denen, die Sie bereits in Kapitel 9, »Daten in Diagrammen darstellen«, kennengelernt haben.

TIPP

Grafische Formate kopieren
Wie bei Zellbereichen lässt sich auch bei ausgewählten grafischen Objekten die Formatierung mit dem Symbol **Format übertragen** auf andere Objekte ausweiten. Sie klicken oder tippen zunächst auf das Symbol mit dem Pinsel und anschließend auf das Zielobjekt. Diese Vorgehensweise kann eine Menge Arbeit sparen, insbesondere wenn das Format auf mehrere ähnliche Objekte übertragbar ist.

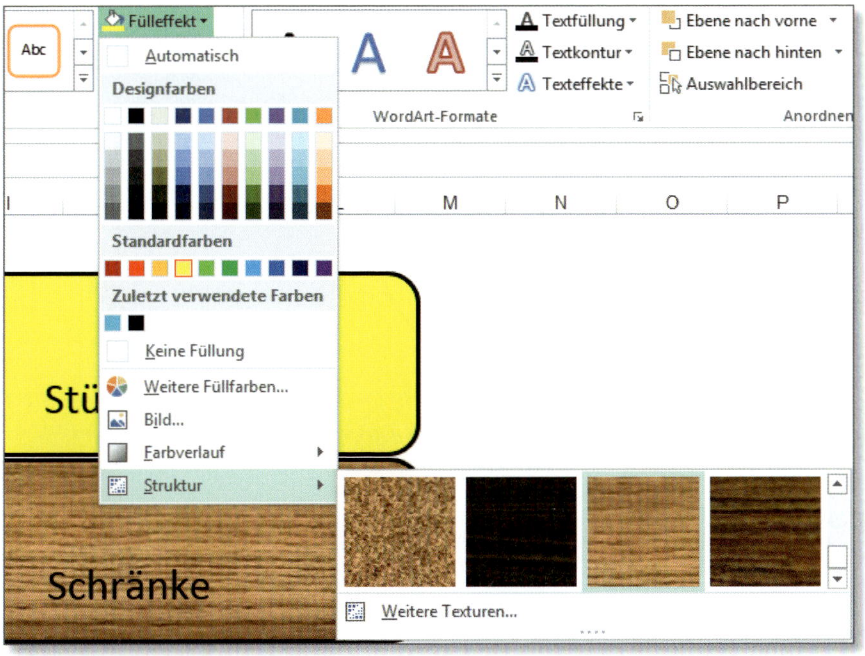

*< **Abbildung 10.30** Unter der Option »Struktur« finden Sie zahlreiche Texturen.*

Reichen die angebotenen Farben nicht, kann über die Option **Weitere Füllfarben** der Dialog **Farben** geöffnet werden, der die exakte Mischung eigener Farben durch Angabe der entsprechenden Rot-, Grün- und Blauanteile erlaubt.

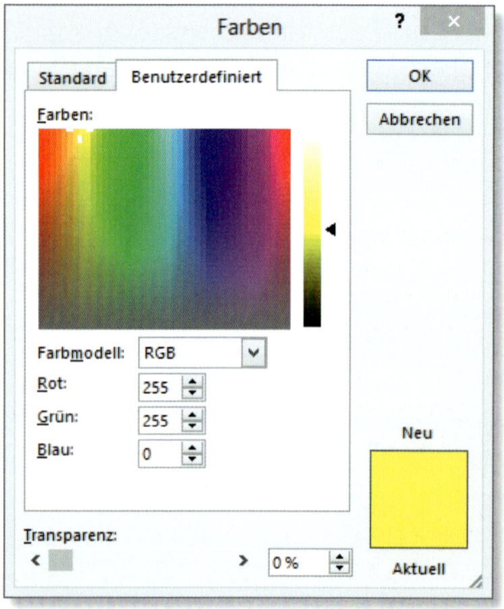

∧ ***Abbildung 10.31** Die Farben lassen sich mit der Maus oder durch Eingabe von Werten für die Grundfarben auswählen.*

Außerdem können hier Transparenzgrade in Prozent angegeben werden. Abbildung 10.32 zeigt beispielsweise ein transparentes Objekt über einem anderen, dessen Farbe durchscheint.

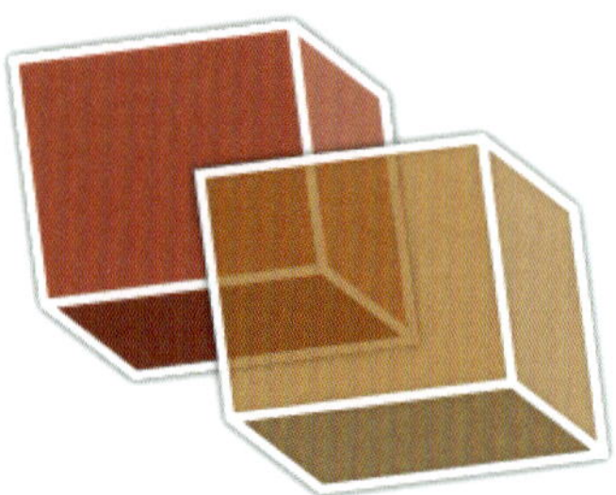

∧ ***Abbildung 10.32** Das aufliegende Objekt verwendet eine transparente Farbfüllung.*

Bézierkurven bearbeiten

Die Objekte **Kurve**, **Freihandform** und **Skizze** können Sie in ihrem Kurvenverlauf noch detaillierter verändern als bisher beschrieben. Dazu muss nur ein spezieller Modus für die **Punktbearbeitung** aktiviert werden. Prinzipiell lässt sich dann jede beliebige offene oder geschlossene Form erzeugen.

1. Wählen Sie per Klick oder Tipp die Kurve oder Form aus, die Sie bearbeiten wollen.
2. Benutzen Sie unter **Format > Formen einfügen** über das Symbol **Form bearbeiten** den Befehl **Punkte bearbeiten**.
3. Die Bézierkurve wird anschließend mit allen Punkten angezeigt, die den Kurvenverlauf definieren. Alle Punkte sind nun veränderbar. Die für die Punktbearbeitung notwendigen Befehle finden Sie allerdings nur in dem Kontextmenü, das während der Punktbearbeitung aufgerufen werden kann, wenn Sie über einem der Punkte oder einem Kurvenabschnitt die rechte Maustaste drücken oder die Position mit Finger oder Stift kurz halten.

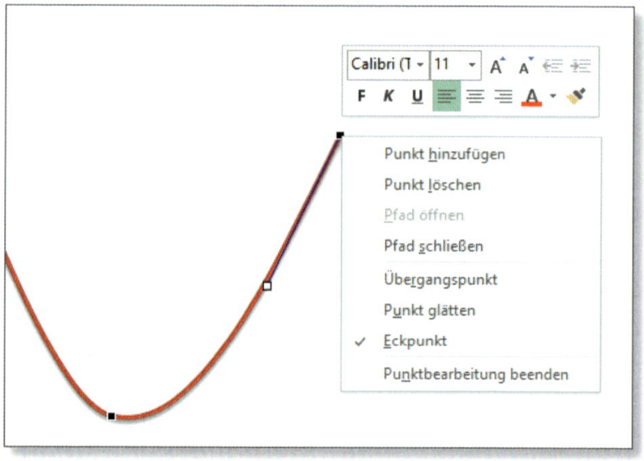

∧ ***Abbildung 10.33** Das Kontextmenü zu einem der sichtbar gemachten Kurvenpunkte*

4. Mit Maus, Finger oder Stift können Sie jeden Punkt einzeln an eine neue Position verschieben. Dabei

ändert sich die Krümmung der Verbindungslinien zu den benachbarten Punkten.

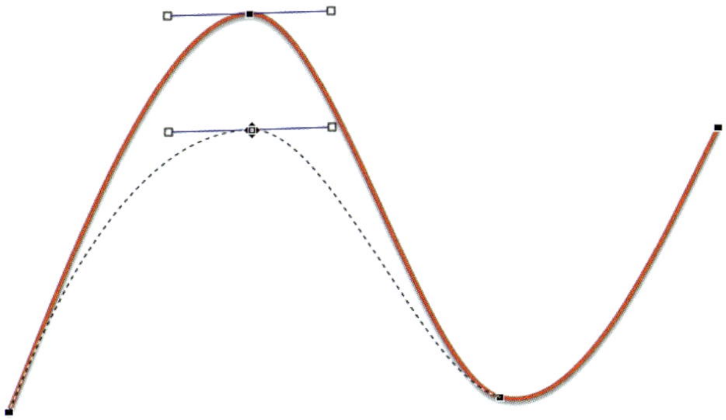

Abbildung 10.34 *Jeden Punkt der Kurve können Sie einzeln verschieben, die Kurve wird sofort angepasst.*

5 Wenn Sie den Mauszeiger, den Finger oder den Stift über einen Kurvenabschnitt setzen und dann ziehen, wird ein neuer Punkt eingefügt und die Kurve entsprechend verändert.

6 Zum Löschen eines nicht benötigten Punkts benutzen Sie über das Kontextmenü **Punkt löschen**.

Die Punktbearbeitung lässt sich übrigens auch bei den anderen vorgegebenen Formen der Palette **Formen** anwenden.

Im Modus **Fingereingabe** ist das Kontextmenü zu einem Punkt wieder etwas anders angeordnet, damit Sie die Optionen leichter treffen können.

Die unterschiedlichen Punktformen

Der Verlauf der Verbindungslinie zwischen zwei Punkten einer Kurve wird von Stützpunkten bestimmt. Stützpunkte können Sie ebenfalls verschieben, um andere Krümmungen zu erreichen. Die Stützpunkte und ihre Verbindungslinien zu den Punkten sind nur sichtbar, wenn ein Punkt durch Anklicken oder Antippen ausgewählt ist. Je nach Position der Stützpunkte relativ zueinander und relativ zum Punkt werden verschiedene Punktarten unterschieden. Jeder Punkt kann über das Kontextmenü in einen beliebigen anderen Punkt umgewandelt werden.

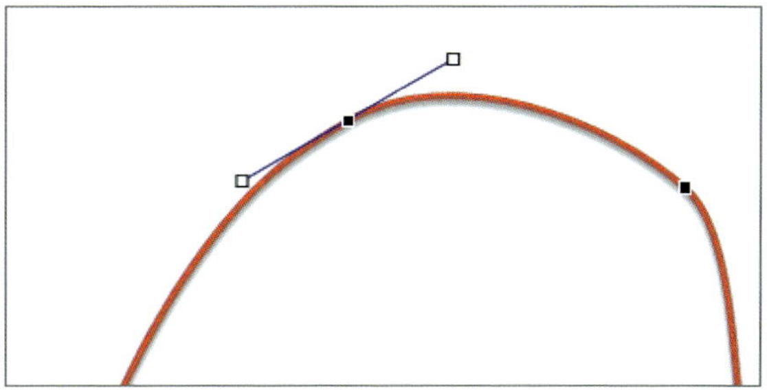

Abbildung 10.35 *Beispiel für einen Übergangspunkt*

Bei **Übergangspunkten** sind die Stützpunkte symmetrisch auf einer Tangente durch den Punkt angeordnet. Dabei haben beide Stützpunkte denselben Abstand zum Punkt. Wenn also ein Stützpunkt verschoben wird, verschiebt sich der andere entgegengesetzt. Die Krümmung ist rechts und links eines geraden Punkts gleich.

Im Unterschied dazu können bei der Option **Punkt glätten** die Stützpunkte vom Punkt unterschiedlich entfernt sein.

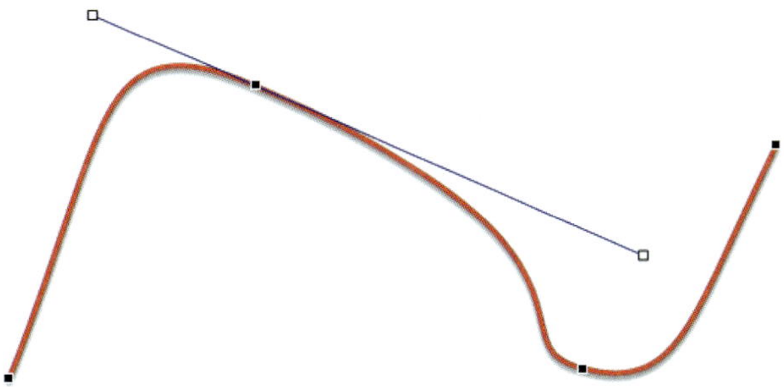

Abbildung 10.36 *Hier wurde die Kurve etwas geglättet.*

Beim **Eckpunkt** sind die beiden Stützpunkte völlig unabhängig voneinander und stehen in einem beliebigen Winkel zueinander, sodass Sie auch Spitzen bilden können.

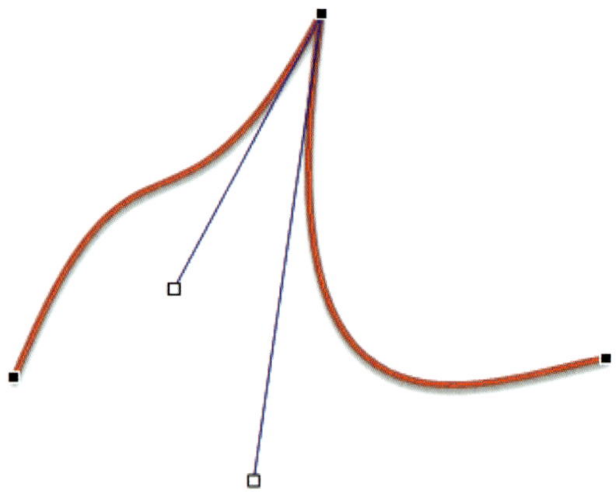

*^ **Abbildung 10.37** Dieser Eckpunkt hat zwei frei bewegliche Tangenten, die Sie an den Endmarkierungen verschieben können.*

Wenn das Kontextmenü über einem Kurvenabschnitt geöffnet wird, erscheint ein etwas anderes Kontextmenü. Mit **Gerader Abschnitt** wandeln Sie eine gekrümmte Verbindungslinie in eine Gerade und umgekehrt mit **Gekrümmter Abschnitt** eine gerade Verbindungslinie in eine gekrümmte um.

*^ **Abbildung 10.38** Das Kontextmenü zu einem Kurvenabschnitt*

Um aus einer noch offenen Kurve eine geschlossene Form zu erzeugen, benutzen Sie **Pfad schließen**. Umgekehrt trennt **Pfad öffnen** eine geschlossene Kurve wieder auf. Dazu wird der Punkt aufgeteilt, an dem die Kurve bei ihrer Konstruktion geschlossen wurde. Außerdem enthält das Kontextmenü noch den Befehl **Punktbearbeitung beenden**. Damit verlassen Sie den speziellen Punktbearbeitungsmodus wieder. Dies geschieht aber auch, wenn Sie in eine Zelle der Tabelle klicken.

TIPP

Formen austauschen
Über **Format > Formen einfügen** und das Symbol **Form bearbeiten** erreichen Sie auch den Befehl **Form ändern**. Über die angebotene Palette weisen Sie einem ausgewählten Objekt – wenn nötig – eine andere Form zu. So wird etwa ein Rechteck in eine Ellipse verwandelt. Alle sonstigen Eigenschaften des Objekts – auch die eingefügten Beschriftungen – werden dabei beibehalten.

Noch einige Techniken für komplexe Zeichnungen

Komplexere Grafiken entstehen durch die Kombination mehrerer Objekte, die Sie neben- oder auch übereinander ausrichten. Dafür gibt es einige ganz praktische Funktionen, die Ihnen viel manuelles Herumschieben ersparen werden.

Reihenfolge der Objekte bestimmen

Alle Objekte, die Sie auf einem Arbeitsblatt ablegen, werden zueinander in unterschiedlichen Ebenen angeordnet. Ein Objekt liegt über einem anderen Objekt, das wieder unter einem dritten liegt.

Die Hierarchie wird zunächst einfach durch die Reihenfolge der Erstellung festgelegt. Sie kann über die Optionen in der Gruppe **Format > Anordnen** beliebig verändert werden. Markierte Objekte versetzen Sie mit **Ebene nach vorne** oder **Ebene nach hinten** jeweils um eine Ebene. Die beiden Schaltflächen bieten auch noch die Optionen **In den Vordergrund** und **In den Hintergrund** an.

Ist eine umfangreiche Neuordnung notwendig, sollten Sie mit **Format > Anordnen > Auswahlbereich** den Aufgabenbereich **Auswahl** öffnen. In diesem Bereich finden Sie eine Liste der auf dem Arbeitsblatt angelegten Formen.

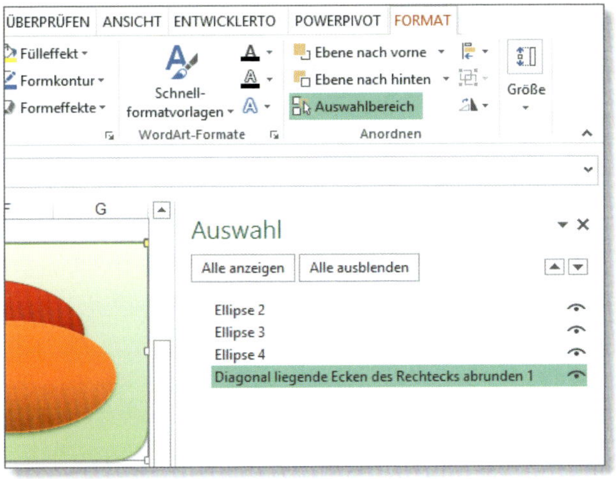

Abbildung 10.39 *Der Aufgabenbereich zeigt die aktuelle Reihenfolge der Objekte.*

Excel vergibt für jede Form einen Namen, der den Formtyp mit einer fortlaufenden Nummer verknüpft. Das zuletzt gezeichnete Objekt hat also immer die höchste Nummer und erscheint in der Liste zuerst. Die vorgegebenen Namen können Sie auch überschreiben, um Objekte genauer zu kennzeichnen. Das ist natürlich mit einer zunehmenden Zahl von Formen immer sinnvoller. Dazu müssen Sie den ausgewählten Namen nur auswählen, um das Textfeld zu öffnen. [↵] schließt die Namensänderung ab.

Wollen Sie eine markierte Form in der Hierarchie neu einordnen, benutzen Sie die beiden Pfeiltasten. Außerdem lassen sich mithilfe der Augensymbole ❶ Objekte vorübergehend ausblenden.

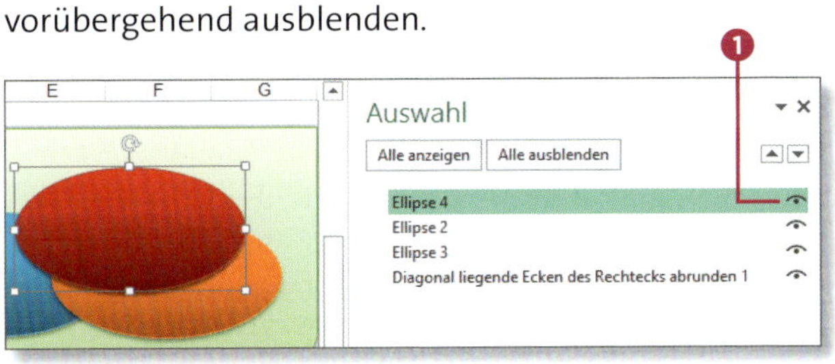

Abbildung 10.40 *Die Reihenfolge der Ellipsen in der Hierarchie der Ebenen wurde in diesem Fall geändert.*

> **TIPP**
>
> **Auswahl über den Aufgabenbereich**
>
> Der Aufgabenbereich **Auswahl** ist immer dann nützlich, wenn Sie Illustrationen mit zahlreichen Objekten gestalten. Gerade wenn sich Objekte überdecken, ist es manchmal nicht so einfach, sie direkt auszuwählen. Da hilft es, den Objektnamen in der Liste auszuwählen.

Ausrichtung

Komplexere Grafiken erfordern ein genaues Ausrichten der Objekte untereinander und auf dem Tabellenblatt. Dafür stehen in der Gruppe **Format > Anordnen** unter **Ausrichten** verschiedene Optionen zur Auswahl, falls mindestens zwei Objekte markiert sind.

Die Befehle **Horizontal verteilen** bzw. **Vertikal verteilen** ordnen drei oder mehr Objekte so an, dass sie in der Horizontalen bzw. Vertikalen einen gleichmäßigen Abstand voneinander haben.

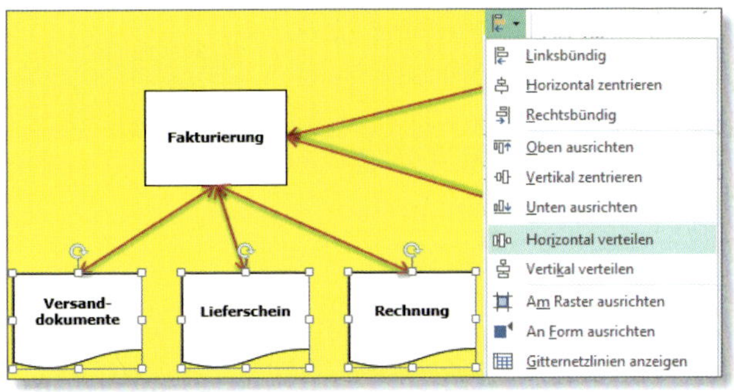

Abbildung 10.41 *Ausgewählte Objekte lassen sich auf verschiedene Weise zueinander ausrichten.*

Gruppenobjekte anlegen

Besteht eine Zeichnung aus mehreren Objekten, lassen sich diese zu Objektgruppen zusammenfassen. Dann behandelt Excel die Objektgruppe wie ein Objekt. Es kann z. B. in einem Zug verschoben oder in der Größe geändert werden. Objekte sollten Sie aber erst dann gruppieren, wenn die Position der einzelnen Objekte zueinander nicht mehr verändert werden soll.

Die **Gruppieren**-Funktion kann auch in mehreren Stufen angewendet werden, sodass Teilbereiche einer Grafik ebenfalls gruppiert und später Teil einer übergeordneten Gruppe werden können. Das oben verwendete Flussdiagramm ließe sich beispielsweise in mehrere Gruppen zusammenfassen.

1. Markieren Sie alle Objekte, die Ausgabedokumente darstellen, samt den entsprechenden Verbindungslinien.
2. Wählen Sie aus der Gruppe **Format > Anordnen** den Befehl **Gruppieren** (siehe Abbildung 10.42). Anschließend erscheinen nur noch acht Ziehpunkte um alle Objekte zusammen.

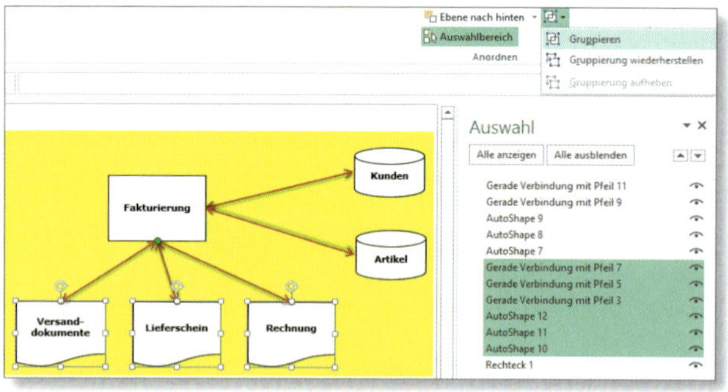

Abbildung 10.42 *Die Symbole für die Ausgabedokumente bilden eine Gruppe.*

3. Wiederholen Sie die Schritte 1 und 2 für alle übrigen Objekte.

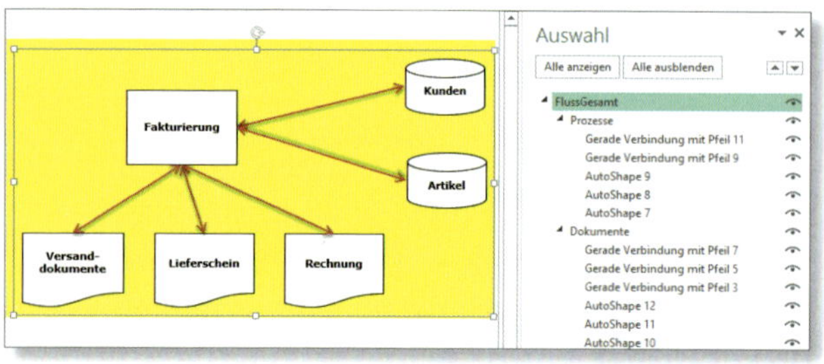

Abbildung 10.43 *Eine Hauptgruppe mit zwei Untergruppen*

4. Wählen Sie beide Gruppen aus und fassen Sie diese zu einer Gesamtgruppe zusammen.
5. Nicht notwendig, aber für die Übersicht vorteilhaft: Benennen Sie die Gruppen um, um sie besser zu kennzeichnen. Klicken Sie auf die ausgewählten Gruppennamen, und überschreiben Sie die Vorgaben.

Über den Aufgabenbereich **Auswahl** lässt sich jetzt bei Bedarf beispielsweise eine Untergruppe einfach über das entsprechende Augensymbol vorübergehend ausblenden. Das ist praktisch, wenn Sie beispielsweise verschiedene Zustände des Flussdiagramms in ein Word-Dokument oder in PowerPoint-Folien übernehmen wollen.

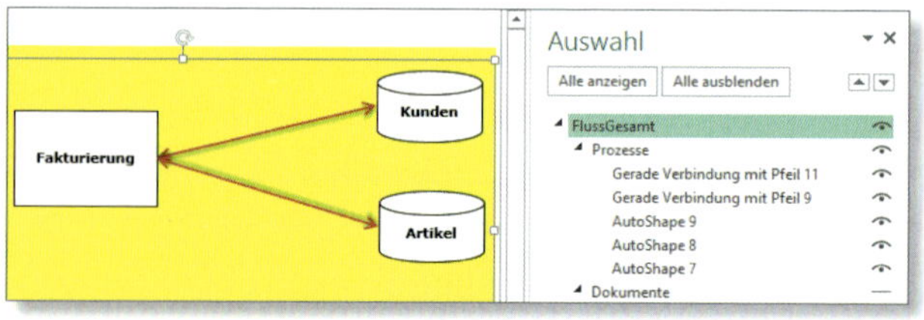

Abbildung 10.44 *Der Aufgabenbereich zeigt die Hierarchie der beiden Gruppen, wobei die Gruppe mit den Ausgabedokumenten ausgeblendet ist.*

Falls Sie doch noch ein einzelnes Objekt innerhalb einer der Gruppe verändern wollen, wählen Sie aus dem Menü zu **Gruppieren** den Befehl **Gruppierung aufheben**.

Noch mehr Formeffekte

Bei den meisten grafischen Objekten ist es möglich, sie mit einem Schatten, mit Spiegelungen, Leuchteffekten, weichen Kanten, Abschrägungen oder 3D-Effekten zu versehen. Alle diese Optionen werden über die schon angesprochene Schaltfläche **Formeffekte** in der Gruppe **Formarten** und über die Aufgabenbereiche **Form formatieren** oder **Grafik formatieren** zugänglich. Die folgenden Schritte zeigen, wie Sie Schattierungen einsetzen:

1 Markieren Sie die betreffenden Objekte. Öffnen Sie im Menü zu der Schaltfläche **Formeffekte** die Palette zu **Schatten**.

2 Wählen Sie ein passendes Schattenmuster.

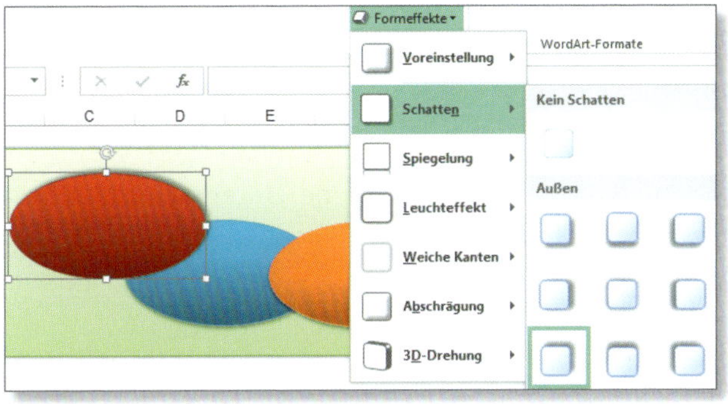

^ ***Abbildung 10.45*** *Die vorgegebenen Schattierungen können Sie direkt aus der Palette mit einem Klick oder Tipp zuordnen.*

3 Wollen Sie ein vorgegebenes Muster überarbeiten, öffnen Sie mit der Option **Weitere Schatten** den Aufgabenbereich **Form formatieren** mit den Optionen zu **Schatten**. Hier lassen sich alle Parameter mit den kleinen Schiebereglern oder den Drehfeldern exakt einstellen.

4 Verschieben Sie unter **Winkel** den Schatten so nach oben, unten, rechts oder links, dass Sie die gewünschte Schattenwirkung erzielen.

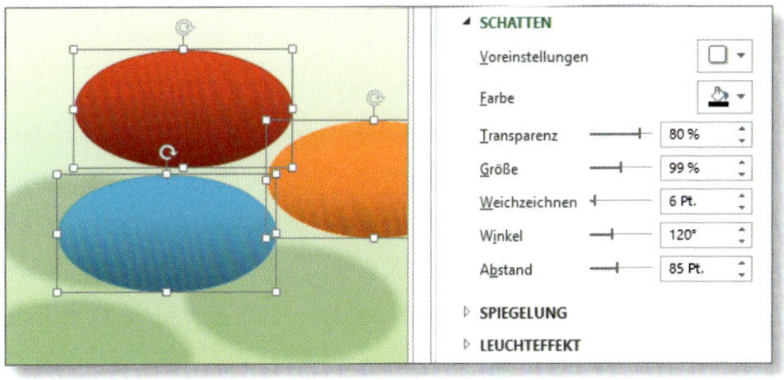

^ ***Abbildung 10.46*** *Nur um zu zeigen, was möglich ist, wurde hier der Abstand des Schattens stark vergrößert.*

5 Über die Palette **Farbe** kann der Schatten auch eine andere Farbe erhalten.

6 Auch die **Transparenz** des Schattens lässt sich hier beliebig verändern.

Das Dialogfeld **Form formatieren** ist so eingerichtet, dass wechselweise beliebige Objekte markiert werden können, solange es geöffnet ist.

Anstelle eines Schattens können Sie auch einen Leuchteffekt verwenden. Zahlreiche Leuchtvarianten werden unter **Leuchteffekt** und **Weiche Kanten** angeboten. Über **Farbe** wählen Sie eine Farbe aus. Über die Muster unter **Weiche Kanten** lässt sich die Kontur der Form in unterschiedlichem Umfang auflösen. Ähnliche Effekte finden Sie auch unter **Spiegelung**.

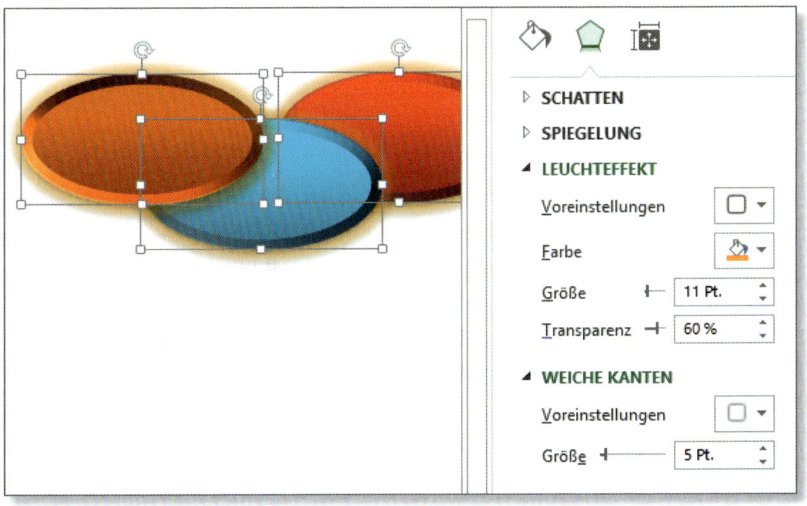

< ***Abbildung 10.47*** *Leuchtende Umrisse in jeder Farbe definieren Sie über den Dialog »Form formatieren«.*

Dreidimensionale Effekte

Mit 3D-Effekten erhalten zweidimensionale Objekte eine dreidimensionale Wirkung. In dem Menü der Schaltfläche **Format > Formarten > Formeffekte** werden dazu Paletten unter **Abschrägung** und unter **3D-Drehung** angeboten. Die erste Palette betrifft die Gestaltung des Objekts selbst, die zweite seine Positionierung im Raum.

Über **Formeffekte > Abschrägung** wird ein Dutzend vordefinierter 3D-Effekte angeboten.

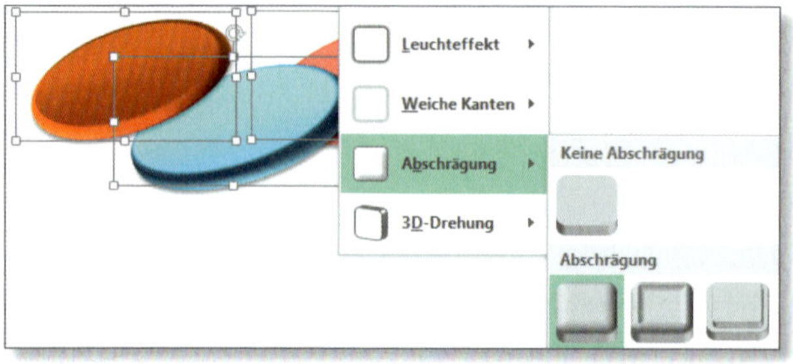

∧ ***Abbildung 10.48*** *Die Abschrägung der Ellipsen erzeugt einen 3D-Effekt.*

Über die Option **Weitere 3D-Einstellungen** erreichen Sie die Optionen zu **3D-Format** im Aufgabenbereich **Form formatieren**.

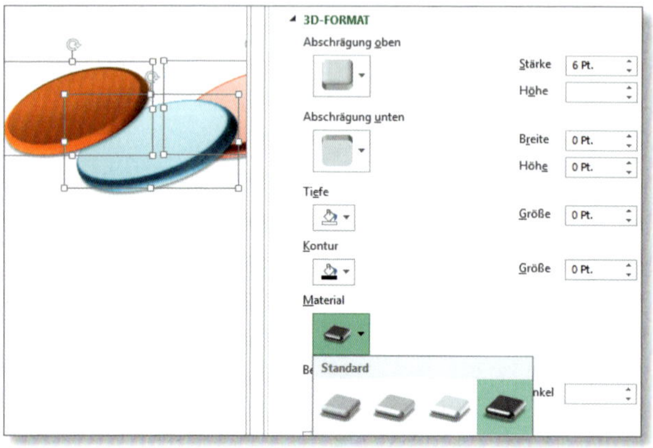

∧ ***Abbildung 10.49*** *Alle Merkmale der dreidimensionalen Form können Sie auf dieser Seite einzeln ändern.*

Neben den Werten, die die Art der Abschrägung bestimmen, lassen sich unter **Material** und **Beleuchtung** auch bestimmte Oberflächeneffekte auswählen.

Unter **Formeffekte > 3D-Drehung** werden zahlreiche Muster für die Positionierung der ausgewählten Objekte angeboten, wobei Sie hauptsächlich zwischen einer perspektivischen Projektion in der Gruppe **Perspektive** oder einer Parallelprojektion in der Gruppe **Parallel** wählen können. Über **Weitere 3D-Einstellungen** stehen auch hier wieder detaillierte Einstellungsmöglichkeiten für die räumliche Ausrichtung zur Verfügung.

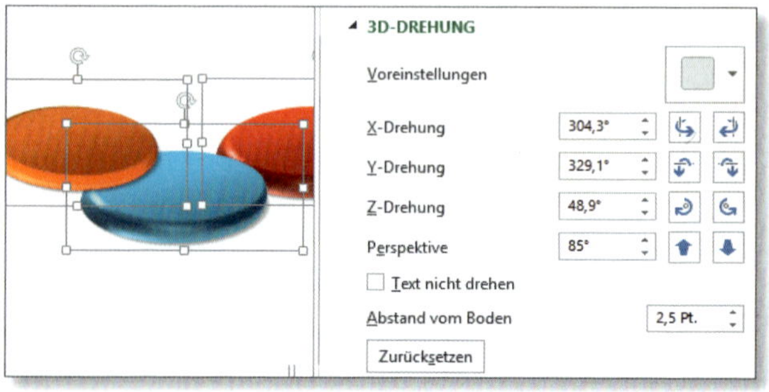

∧ ***Abbildung 10.50*** *Unter »3D-Drehung« positionieren Sie die Objekte im Raum und legen die Perspektive fest.*

Die benötigten Werte für die Drehung der Raumachsen **X** (horizontale Achse), **Y** (vertikale Achse) und **Z** (Tiefenachse) können Sie entweder über die Drehfelder oder über die kleinen Schaltflächen bestimmen.

Frei verschiebbare Textfelder

Häufig ist es sinnvoll, einer Tabelle, einem Diagramm oder einer Illustration noch bestimmte Hinweise beizufügen. Eine einfache Möglichkeit dafür ist ein frei bewegliches Textfeld, das von Excel wie ein grafisches Objekt behandelt wird.

1. Verwenden Sie auf dem Register **Einfügen** in der Gruppe **Text** das Symbol **Textfeld**.
2. Ziehen Sie mit dem Mauszeiger, der dabei die Form eines Kreuzes annimmt, ein Textfeld in einer vorläufigen Größe auf.

3 Wenn Sie die Maustaste loslassen, können Sie sofort damit beginnen, den Text einzugeben.

4 Der Text selbst kann, wenn er ganz oder teilweise markiert wird, mit den üblichen Formatierungswerkzeugen aus der Minisymbolleiste bearbeitet werden.

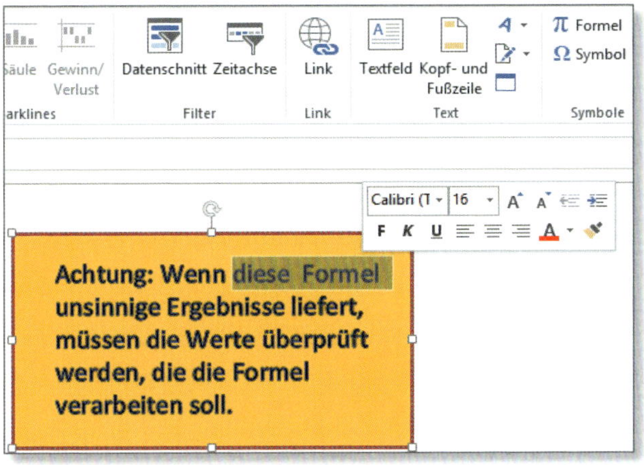

Abbildung 10.51 *Der Inhalt eines Textfelds lässt sich formatieren wie Text in einer Zelle.*

Auf dem Touchscreen wird ein Textfeld in die Mitte des Bildschirms mit einem schon markierten Dummy-Text eingefügt.

TIPP

Textfelder mit Zellinhalten verknüpfen
Anstatt in ein Textfeld Texte direkt einzugeben, können Sie auch Bezüge auf den Inhalt einer Zelle eingeben. Ziehen Sie dazu ein Textfeld auf. Geben Sie in die Bearbeitungsleiste ein Gleichheitszeichen ein und anschließend die Adresse der Zelle, die den Text enthält. Auf diese Weise können variable Beschriftungen erzeugt werden, z. B. Beschriftungen, die jeweils den aktuellen Monatsnamen anzeigen.

Da das Textfeld als grafisches Objekt behandelt wird, stehen Ihnen auch die entsprechenden Gestaltungsoptionen zur Verfügung. Einige spezielle Optionen finden Sie in dem Aufgabenbereich **Form formatieren** unter **Textoptionen**, den Sie über den gleichnamigen Befehl im Kontextmenü des Textfelds erreichen, und zwar unter dem Symbol **Textfeld**.

Hier kann z. B. festgelegt werden, dass die Größe des Felds automatisch an die Textmenge angepasst wird. Auch die inneren Seitenränder – also der Abstand des Textes vom Rand des Felds – lassen sich hier präzise einstellen.

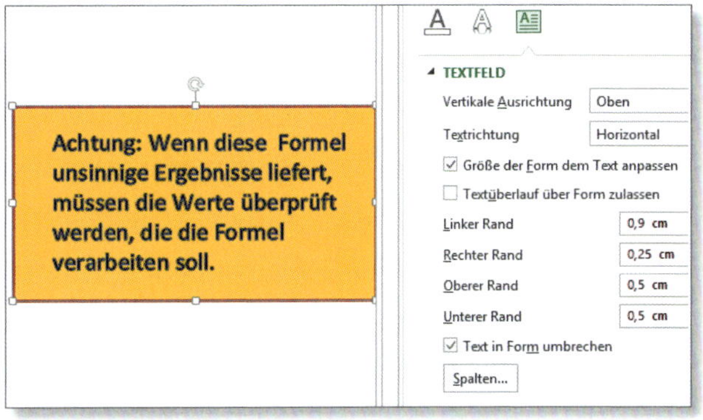

Abbildung 10.52 *Häufig ist es angebracht, den inneren Rand des Textfelds zu vergrößern.*

Textdekor für Tabellen

Für Texte stehen Ihnen zusätzliche Formate zur Verfügung, wenn Sie sie als WordArt-Objekte anlegen. Mit solchen Schriftzügen können Sie beispielsweise die Titel von Tabellen etwas auffälliger gestalten.

1 Benutzen Sie auf der Registerkarte **Einfügen** das Symbol **WordArt** in der Gruppe **Text**.

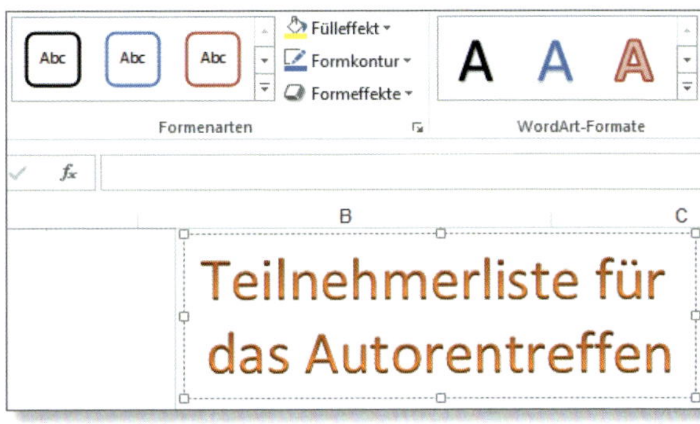

Abbildung 10.53 *Eine mit WordArt verschönerte Überschrift auf einem Tabellenblatt*

2 Die **WordArt**-Palette mit 30 unterschiedlichen zwei- oder dreidimensionalen grafischen Effekten für Text wird zur Auswahl gestellt. Klicken Sie auf das Muster, das Ihnen gefällt.

3 Auf dem Arbeitsblatt wird zunächst ein Dummy-Text eingefügt, den Sie einfach mit dem gewünschten Text überschreiben.

4 Solange das WordArt-Objekt ausgewählt ist, bleibt die Registerkarte **Format** eingeblendet, sodass Sie Formate aus der Gruppe **Format > WordArt-Formate** zuweisen können. Hier sind insbesondere die **Transformationen** interessant, die in dem Menü zu **Texteffekte** angeboten werden.

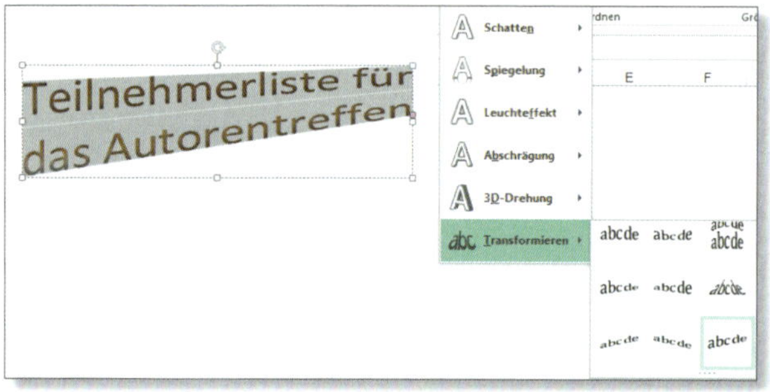

Abbildung 10.54 *Auch Buchstaben können aus der Reihe tanzen.*

WordArt-Objekte können wie jedes andere grafische Objekt verschoben, in der Größe verändert und gedreht werden. Der Effekt eines WordArt-Objekts kann jederzeit geändert werden. Dazu wird einfach ein anderer Effekt zugewiesen.

10.3 Organigramme gestalten

Sie planen die Reorganisation einer Abteilung oder eines ganzen Betriebs und wollen den Mitarbeitern die vorgesehene Struktur in einer Grafik übersichtlich darstellen. Excel liefert Ihnen dafür ein handliches Werkzeug unter der Bezeichnung *SmartArt*. Dabei handelt es sich um ein spezielles Dialogfeld, das Sie bei der Gestaltung von Illustrationen zu Strukturen, Prozessen, Abläufen, Zyklen und anderen strukturierten Zusammenhängen unterstützt. Der Vorteil liegt hauptsächlich darin, dass Sie sich um viele Details nicht sonderlich kümmern müssen, weil Excel das für Sie erledigt.

Das Layout auswählen

Der erste Schritt bei der Erstellung eines **SmartArt**-Objekts ist immer die Auswahl eines passenden Layouts. Wenn es um eine organisatorische Struktur geht, ist ein Organigramm eine brauchbare Lösung. Wie Sie ein solches Organigramm einfügen können, sehen Sie in der folgenden Schritt-für-Schritt-Anleitung:

1 Mit dem Symbol **SmartArt** in der Gruppe **Einfügen > Illustrationen** öffnen Sie einen Dialog, in dem Sie zunächst zwischen unterschiedlichen Grundformen für eine schematische Darstellung bestimmter Zusammenhänge auswählen können.

2 Layout-Schablonen für Organigramme finden Sie unter **Hierarchie**. Sie entscheiden dort anhand der Layout-Muster, ob die Grafik von oben nach unten oder von links nach rechts wachsen soll.

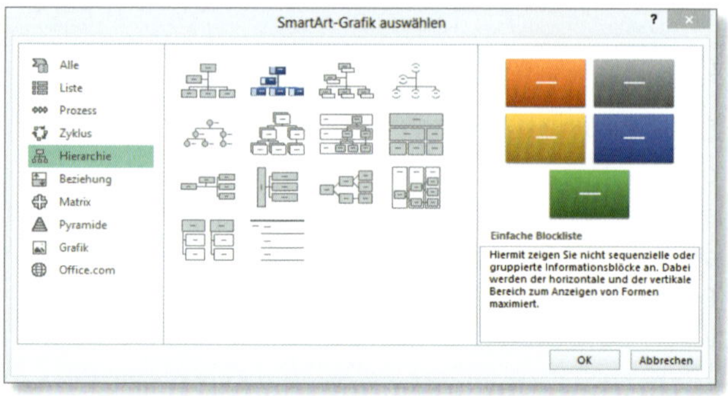

Abbildung 10.55 *Die Layouts für Organigramme finden Sie unter der Kategorie »Hierarchie«.*

3 Nach einem Doppelklick oder -tipp auf das gewünschte Muster legt Excel eine entsprechende Layout-Schablone an, die zunächst mit Dummy-Texten gefüllt ist.

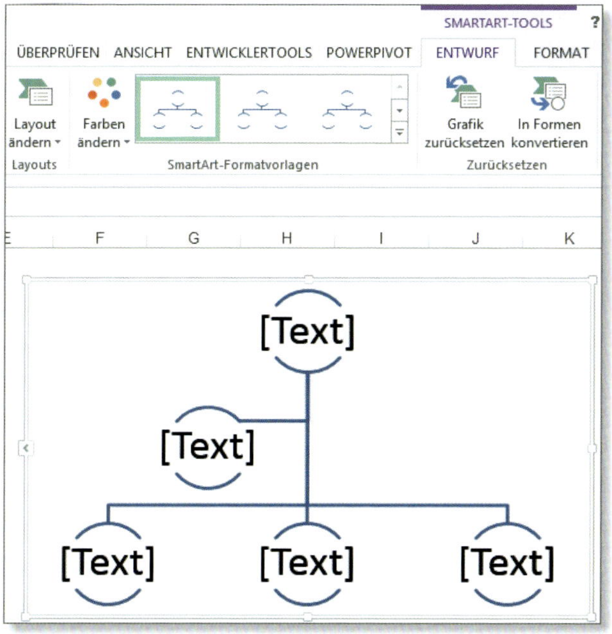

Abbildung 10.56 *Die Layout-Schablone für ein Organigramm enthält bereits Platzhalter für die Texte.*

Excel wählt das erste Textfeld aus und blendet mit dem Register **Entwurf** eines der beiden Register der **SmartArt-Tools** ein.

Organigramme editieren

Die Schablone liefert nur den Anfang der Organisationsstruktur, aber es ist sehr einfach, die Vorlage passend zu ändern. Für den Ausbau des Organigramms stehen zahlreiche Werkzeuge auf der Registerkarte **Entwurf** bereit, die automatisch eingeblendet wird, wenn das Organigramm markiert ist.

1. Um beispielsweise auf einer Ebene der Hierarchie ein zusätzliches Element einzufügen, markieren Sie zunächst das benachbarte Element und benutzen in der Gruppe **Entwurf > Grafik erstellen** unter **Form hinzufügen** die Option **Form danach hinzufügen**.
2. Kindobjekte werden entsprechend mit **Form darunter hinzufügen** eingebaut.

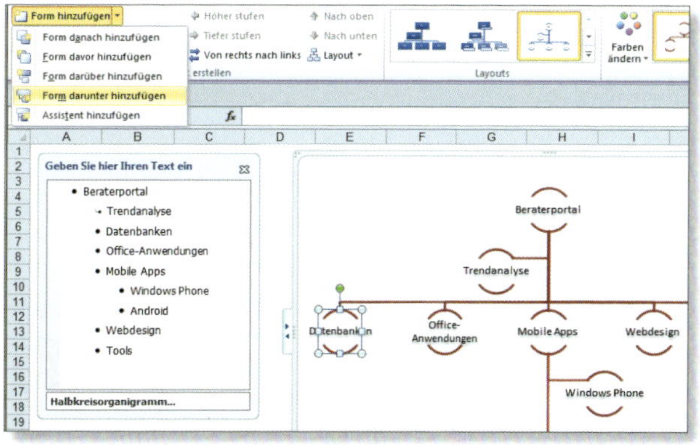

Abbildung 10.57 *Erweitern des Organigramms*

3. Für die Texteingabe nutzen Sie das separate Fenster, das sich mithilfe der kleinen Pfeile am linken Rand ein- und ausblenden lässt. Über das Kontextmenü eines Texteintrags stehen dort die üblichen Formatierungsmöglichkeiten zur Verfügung.

Gefällt Ihnen das Layout des Schemas nicht mehr, können Sie in der Gruppe **Layouts** ein anderes Layout-Muster auswählen. Die Livevorschau zeigt das Schema mit dem neuen Muster an, wenn die Maus dieses berührt. Ein Klick ordnet das Layout zu.

Weitere Gestaltungsmöglichkeiten finden Sie in der Gruppe **SmartArt-Formatvorlagen**. Die Musterpalette bietet für das ausgewählte Layout jeweils zahlreiche 2D- oder auch 3D-Varianten (siehe Abbildung 10.58). Über die Schaltfläche **Farben ändern** lassen sich auch andere Farben zuordnen.

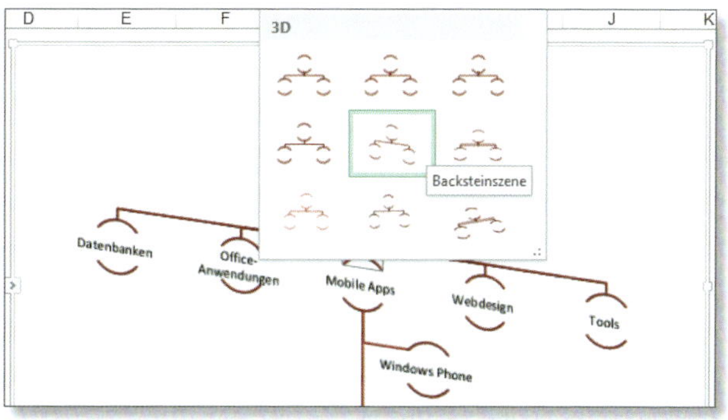

Abbildung 10.58 *Das Organigramm mit einer anderen SmartArt-Formatvorlage*

Über das Register **Format** stehen Ihnen außerdem zahlreiche Möglichkeiten zur Verfügung, die einzelnen Elemente des Organigramms manuell zu formatieren.

10.4 Bilder und Grafiken übernehmen

Ist das Bildmaterial, mit dem Sie Ihre Arbeitsmappe anreichern wollen, bereits als Foto oder Grafik vorhanden, brauchen Sie die entsprechende Datei nur an die vorgesehene Stelle einzufügen.

Naheliegende Einsatzmöglichkeiten sind etwa ein Firmenlogo im Kopf von Tabellen, die Sie veröffentlichen wollen, Produktabbildungen für Produktkataloge oder Fotos von Mitarbeitern bei der Planung eines Projekts.

Unterstützte Formate

Voraussetzung für den Import von Bild- und Grafikdateien ist, dass Excel 2013 die entsprechenden Grafikformate unterstützt. Tabelle 10.1 listet die Dateiformate auf, die Excel 2013 einlesen kann.

Dateityp	Erweiterung
Microsoft-Windows-Metadatei	*EMF, WMF*
Compressed Windows Enhanced Metafile	*EMZ*
Compressed Windows Metafile	*WMZ*
Windows-Bitmap	*BMP, DIB, RLE*
Computer Graphics Metafile	*CGM*
Graphics Interchange Format	*GIF*
Joint Photographic Experts Group	*JPG, JPEG, JFIF, JPE*
Portable Network Graphics	*PNG*
Macintosh PICT	*PCT, PICT*
Compressed Macintosh PICT	*PCZ*
Encapsulated PostScript	*EPS*
Tagged Image File Format	*TIF, TIFF*
WordPerfect-Grafik	*WPG*

^ ***Tabelle 10.1*** *Grafikformate, die Excel 2013 unterstützt*

TIPP

Ladehemmung
Es kann vorkommen, dass Excel eine Grafik nicht einlesen kann, obwohl der Dateityp eigentlich unterstützt wird. Das mag z.B. daran liegen, dass die Datei nicht korrekt abgespeichert wurde, etwa mit einem Dateityp, der nicht dem tatsächlichen Format entspricht. Schwierigkeiten können auch entstehen, wenn die Grafik mit älteren Versionen eines Programms erstellt wurde, die nicht mehr unterstützt werden. In solchen Fällen ist es ratsam, die Datei im Originalprogramm noch einmal abzuspeichern oder gegebenenfalls dort bereits in ein anderes Format zu konvertieren.

Grafik als Datei einfügen

Die folgenden Schritte beschreiben, wie Sie ein Bild, das auf einem Ihrer Datenträger gespeichert ist, in ein Tabellenblatt einfügen.

1. Wählen Sie auf dem Tabellenblatt die Zelle aus, die die linke obere Ecke des vorgesehenen Bildes markiert.
2. Benutzen Sie auf der Registerkarte **Einfügen** unter **Illustrationen** die Schaltfläche **Bilder**. Sie öffnet zur Auswahl der Datei den Dialog **Grafik einfügen**.
3. Wenn Sie das Dateiformat kennen, wählen Sie zunächst über das Listenfeld den Dateityp aus, damit nur die Dateien dieses Typs angeboten werden. Ansonsten übernehmen Sie einfach die Voreinstellung **Alle Grafiken**.
4. Es ist meist ganz praktisch, über die Schaltfläche **Ansicht ändern** die Option **Extra große Symbole** oder wenigstens **Große Symbole** einzustellen. Excel zeigt dann schon vorab verkleinerte Abbilder der Dateien, was die Auswahl erleichtert.
5. Wenn Sie eines der Bilder mit dem Mauszeiger berühren, werden das Aufnahmedatum, die Abmessungen und die Dateigröße angezeigt.

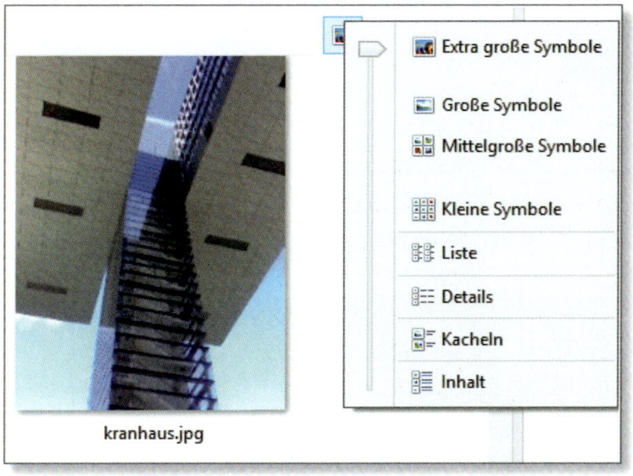

Abbildung 10.59 *Mit der Ansicht »Extra große Symbole« können Sie schon vorab prüfen, ob Sie das richtige Bild ausgewählt haben.*

6 Fügen Sie das ausgewählte Bild mit der Schaltfläche **Einfügen** an die aktuelle Position des Mauszeigers auf dem Tabellenblatt ein.

Excel verwendet für das Foto – wie für alle grafischen Objekte – eine frei verschiebbare Ebene, die zwar Tabellendaten auch mal verdecken kann, sie aber ansonsten unberührt lässt.

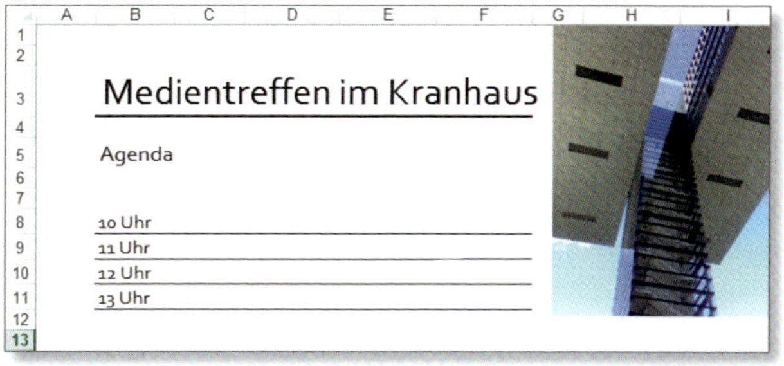

Abbildung 10.60 *Das Bild erscheint an der ausgewählten Position und kann von dort noch verschoben werden.*

Das Bild kann wie gewohnt verschoben und durch Ziehen an den Anfassern in seiner Größe verändert werden. Für eine weitere Bearbeitung stehen die Symbolgruppen auf der Registerkarte **Bildtools > Format** zur Verfügung, deren Anwendung im nächsten Abschnitt beschrieben wird.

Im Kontextmenü eines Bildes finden Sie auch den Befehl **Bild ändern**. Falls Sie irrtümlich das falsche Bild eingefügt haben, öffnen Sie damit erneut den Dialog **Grafik einfügen**.

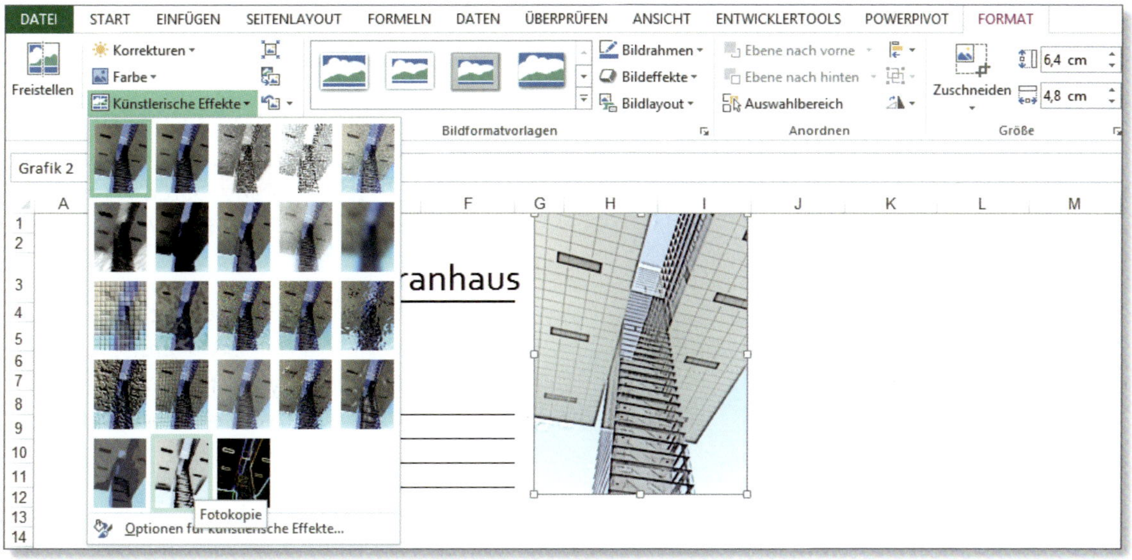

Abbildung 10.61 *Die Bildtools auf dem Register »Format«*

TIPP

Bilder verknüpfen
Über das Menü der Schaltfläche **Einfügen** werden auch die Befehle **Mit Datei verknüpfen** und **Einfügen u. Verknüpfen** angeboten. Der erste Befehl stellt nur eine Verknüpfung zur Bilddatei her, fügt die Bilddaten aber nicht in die Excel-Datei ein. Das ist bei sehr großen Bilddateien häufig sinnvoll. Der zweite Befehl sorgt dafür, dass zwar die Bilddateien in die Excel-Datei übernommen werden, gleichzeitig aber auch eine Verbindung zur Originaldatei bestehen bleibt, sodass Änderungen dort in der Arbeitsmappe erscheinen, wenn diese erneut geöffnet wird.

Bildbearbeitung vor Ort

Damit Sie nun nicht für jede kleine Änderung an einem Bild in ein spezielles Bildbearbeitungsprogramm wechseln müssen, stellt Excel 2013 grundlegende Funktionen zur Bildbearbeitung zur Verfügung.

Bildeffekte wie **Bleistift: Graustufen** oder **Fotokopie** lassen sich einfach über die Musterpalette **Künstlerische Effekte** zuweisen, die Sie über die entsprechende Schaltfläche in der Gruppe **Format > Anpassen** öffnen.

Bildbereiche freistellen

Wenn Sie Elemente eines Bildes aus ihrem Hintergrund herauslösen wollen, bietet Ihnen Excel eine halb automatische Freistellung an.

1 Ist das Bild ausgewählt, benutzen Sie in der Gruppe **Format > Anpassen** die Schaltfläche **Bild freistellen**. Sie blendet ein eigenes Register **Freistellen** ein.

2 Über die Schaltflächen in der Gruppe **Verfeinern** wählen Sie zunächst, ob Sie die Bereiche markieren wollen, die Sie behalten oder die entfernt werden sollen.

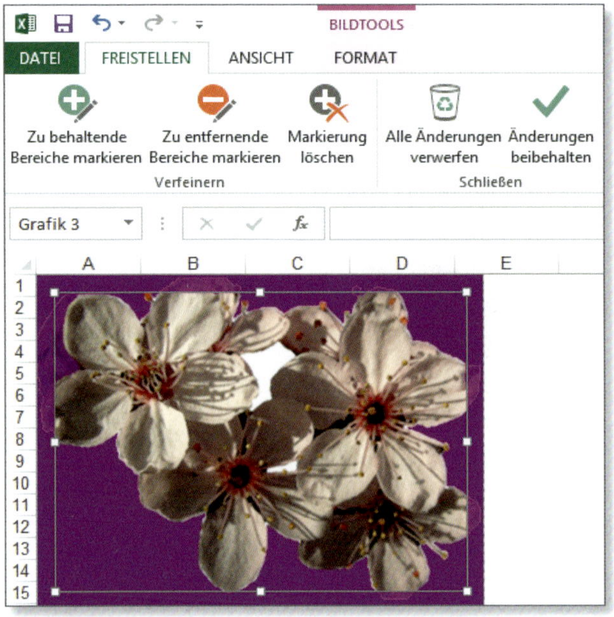

Abbildung 10.62 Wenn der Hintergrund einigermaßen einheitlich ist, produziert die Freistellung brauchbare Ergebnisse.

3 Mit **Änderungen beibehalten** übernehmen Sie das freigestellte Bild.

Abbildung 10.63 Das freigestellte Bild

Bildkorrekturen

Die Schaltfläche **Anpassen > Korrekturen** bietet für die Änderung von Helligkeit und Kontrast eine Palette mit gestuften Varianten. Sobald der Mauszeiger eine der Optionen berührt, kann der Effekt im Bild sofort kontrolliert werden.

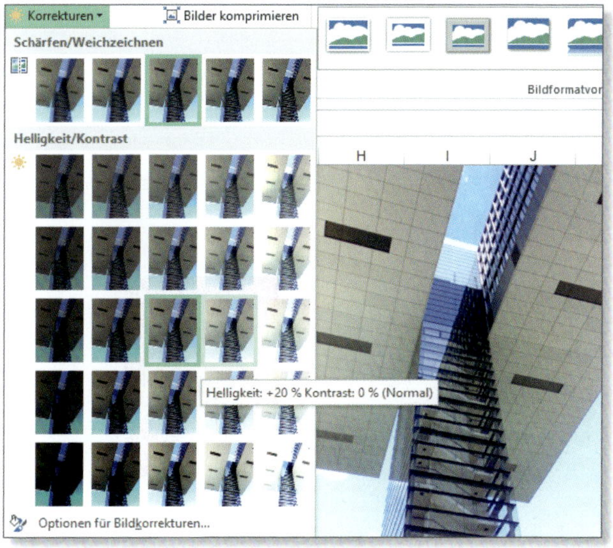

Abbildung 10.64 *Palette für Farbkorrekturen*

Ist eine andere Einstellung nötig, öffnen Sie mit **Optionen für Bildkorrekturen** den Aufgabenbereich **Grafik formatieren**, der unter **Bildkorrekturen** auch stufenlose Änderungen erlaubt.

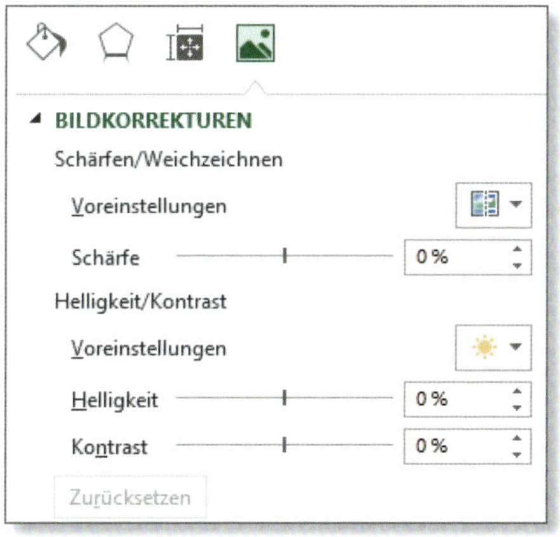

Abbildung 10.65 *Der Dialog »Grafik formatieren« mit den Optionen für Bildkorrekturen*

Die Schaltfläche **Farbe** ändert den Farbmodus des Bildes, wobei zahlreiche helle und dunkle Varianten als Muster angeboten werden. Das Muster mit dem Namen **Ausgeblichen** erlaubt beispielsweise eine Art Wasserzeicheneffekt. Mit der Option **Transparente Farbe bestimmen** kann eine anschließend ausgewählte Farbe transparent gesetzt werden. Das erlaubt es, z. B. einen einfarbigen Bildhintergrund durchsichtig zu machen und so den Bildinhalt quasi freizustellen.

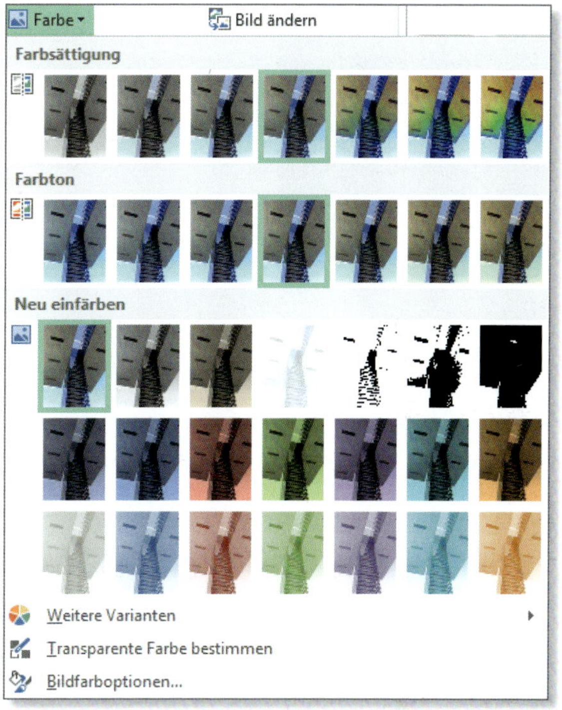

Abbildung 10.66 *Über die Palette »Farbe« lassen sich Bilder auch ganz neu einfärben.*

Zuschneiden

Wenn Sie nur einen Ausschnitt des Bildes benötigen, können Sie hierzu das Werkzeug **Zuschneiden** in der Gruppe **Format > Größe** verwenden. Mit dem Werkzeug lässt sich der Rahmen um das Bild an den acht Markierungen verkleinern und vergrößern.

Die Schaltfläche bietet über ihr Menü auch die Option **Auf Form zuschneiden** an, um das Bild auf eine der Formen zu trimmen, die die **Formen**-Palette anbietet.

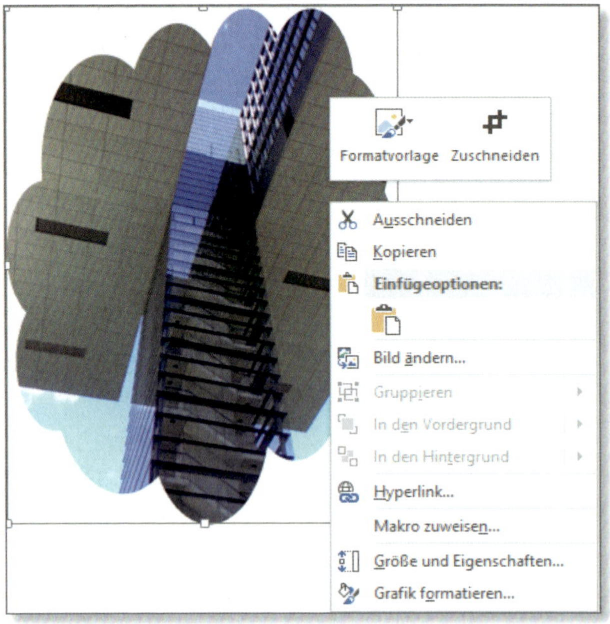

Abbildung 10.67 *Kontextmenü zu einem Bild, das auf die Form »Wolke« zugeschnitten ist*

In der Gruppe **Größe** stehen außerdem Listenfelder zur Verfügung, um die Bildgröße exakt zu bestimmen. Die Optionen der Gruppe werden auch über das Kontextmenü zu einem Bildobjekt angeboten.

Sollten Sie sich bei der Bildbearbeitung einmal verhaspelt haben, führt die Schaltfläche **Bild zurücksetzen** unter **Anpassen** wieder auf das Ausgangsbild zurück. Soll an der entsprechenden Stelle ein anderes Bild erscheinen, hilft die Schaltfläche **Bild ändern** in derselben Gruppe.

Bilderrahmen

Unter **Bildformatvorlagen** wird Ihnen noch eine Reihe von mehr oder weniger sinnvollen Darstellungsformen und Einrahmungen des Bildes angeboten. Rahmen können auch über die Palette **Grafikrahmen** zugewiesen werden.

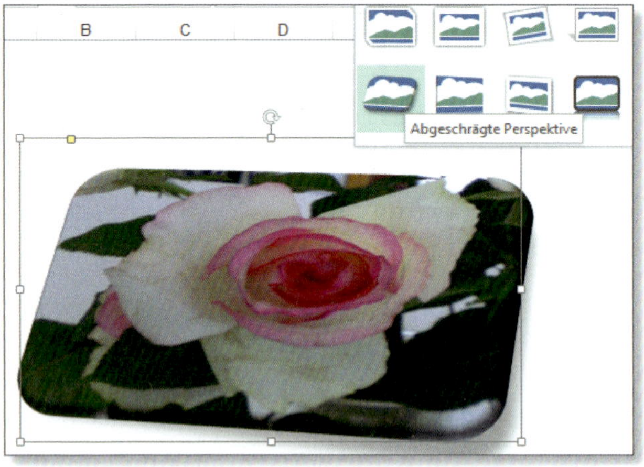

Abbildung 10.68 *Bildformatvorlagen im Einsatz*

Bildlayouts

Neu seit Excel 2010 ist auch die Möglichkeit, ein Bild in eines der **SmartArt**-Layouts einzufügen. Abbildung 10.69 zeigt als Beispiel, wie Bilder einer vertikalen Bildliste zugeordnet werden, die Sie durch entsprechende Texte zu jedem Bild ergänzen können. Über die Schaltfläche **Entwurf > Grafik erstellen > Form hinzufügen** legen Sie nach Bedarf neue Bild/Text-Paare an, wobei in dem Platzhalter für das Bild eine Schaltfläche zum Öffnen des Dialogs **Grafik einfügen** angeboten wird.

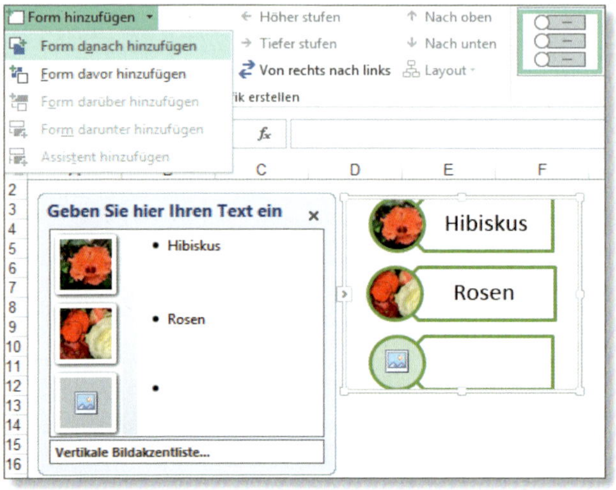

Abbildung 10.69 *Praktisch für bebilderte Produktlisten*

Die Optionen unter **Format > Bildformatvorlagen > Bildeffekte** entsprechen denen, die oben im Abschnitt »Noch mehr Formeffekte« ab Seite 470 unter **Formeffekte** für grafische Objekte beschrieben wurden.

Bilder komprimieren

Um die Dateigröße zu minimieren, können Grafiken in Excel 2013 komprimiert werden. Die Schaltfläche **Bilder komprimieren** in der Gruppe **Format > Anpassen** erlaubt dazu unter **Zielausgabe** verschiedene Einstellungen für Druck, Bildschirmanzeige oder E-Mail-Versand.

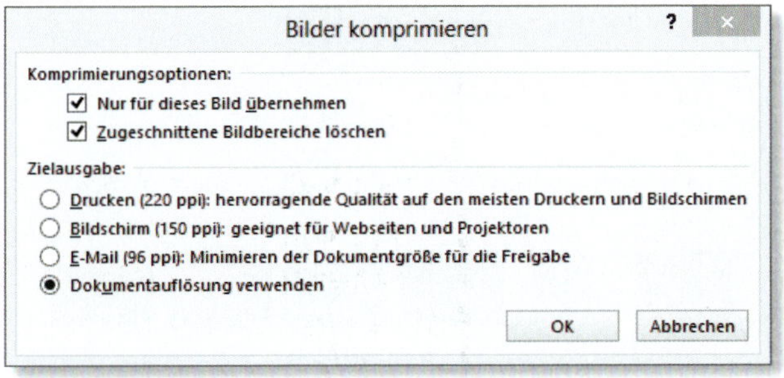

Abbildung 10.70 *Die Komprimierung der Bilder spart Speicherplatz.*

Screenshots

Eine ganz praktische Neuerung seit Excel 2010 bietet die Schaltfläche **Screenshot** in der Gruppe **Einfügen > Illustrationen**. Sind andere Fenster geöffnet, beispielsweise der Browser, werden diese als Bildquelle angeboten und nach dem Anklicken oder Antippen komplett an die aktuelle Position auf dem Tabellenblatt eingefügt.

Wenn es sich um die Abbildung einer Website handelt, werden Sie gefragt, ob Sie den Link der URL dieser Seite hinzufügen wollen. Wenn Sie dies zulassen, reicht ein Klick oder Tipp, um die Seite im Browser zu öffnen. Der Link wird auch angezeigt, wenn der Mauszeiger die eingefügte Abbildung berührt. Diese Abfrage können Sie übrigens über **Excel-Optionen > Erweitert** unterbinden, wenn Sie die Option **Screenshot nicht automatisch als Link bereitstellen** aktivieren.

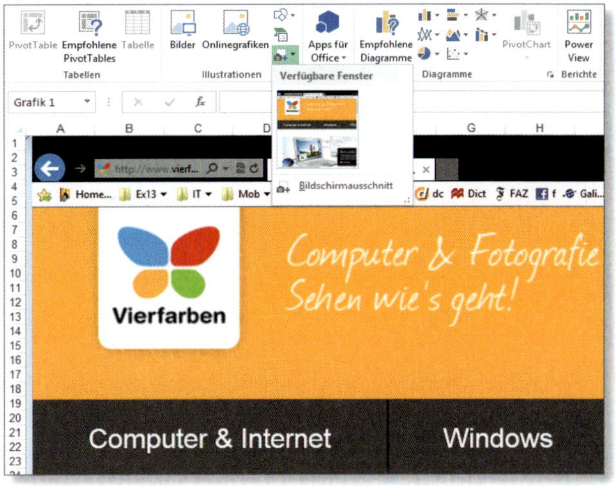

Abbildung 10.71 *Die geöffnete Webseite von Vierfarben wird im Menü der Schaltfläche »Screenshot« zur Übernahme angeboten.*

Über die Option **Bildschirmausschnitt** wird das Excel-Fenster vorübergehend ausgeblendet, sodass durch Aufziehen mit Maus, Finger oder Stift ein beliebiger Bildschirmausschnitt geschossen werden kann. Beim Loslassen der Maus erscheint der Ausschnitt als Bildobjekt auf dem Tabellenblatt und kann wie alle anderen Bildobjekte behandelt werden.

10.5 Dokumente mit Bildern aus dem Netz illustrieren

Wenn Sie in Excel 2013 die Funktion **Einfügen > Illustrationen > Onlinegrafiken** aufrufen, blendet das Programm eine Liste verschiedener Quellen für Bilder unter **Bilder einfügen** ein. Vorgegeben ist **ClipArt von Office.com** und **Bing-Bildersuche**. Sind Sie bei SkyDrive angemeldet, wird auch der persönliche SkyDrive-Zugang als weitere Quelle angeboten. Über die Schaltfläche zu **Auch einfügen aus** lassen sich noch weitere Quellen einbilden.

Einfügen eines Clips in ein Tabellenblatt

Wenn Sie zu einem bestimmten Thema eine Illustration brauchen, können Sie zunächst versuchen, ob **ClipArt von Office.com** etwas Passendes anzubieten hat. Hier das Verfahren für die Übernahme einer Abbildung.

1 Markieren Sie die Zelle, an die der Clip eingefügt werden soll.

2 Wählen Sie **Einfügen > Illustrationen > Onlinegrafiken**.

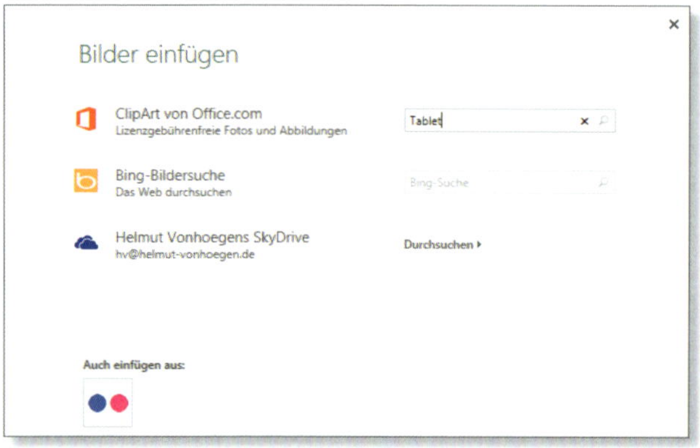

^ ***Abbildung 10.72** Die Seite »Bilder einfügen« für Onlinegrafiken*

3 Geben Sie in das erste Textfeld einen Suchbegriff ein. Wenn Sie beispielsweise Abbildungen zum Thema Tablet suchen, werden Sie sofort fündig.

^ ***Abbildung 10.73** Einfügen von Clips in eine Tabelle*

4 Klicken oder tippen Sie das gewünschte Bild an, und benutzen Sie **Einfügen**. Die Illustration wird sofort auf das Tabellenblatt kopiert und bleibt für eine weitere Bearbeitung ausgewählt.

Bilder über Bing suchen

Die zweite Option auf der Seite **Bilder einfügen** verwendet die Suchmaschine **Bing**. Auch in diesem Fall arbeiten Sie mit einem Suchbegriff. Wenn Sie ein Bild markieren, erscheint unten die URL dazu, sodass Sie prüfen können, ob es sich um ein freigegebenes Bild handelt oder ob Sie es nur unter bestimmten Einschränkungen verwenden dürfen. Mit **Einfügen** übernehmen Sie das ausgewählte Bild.

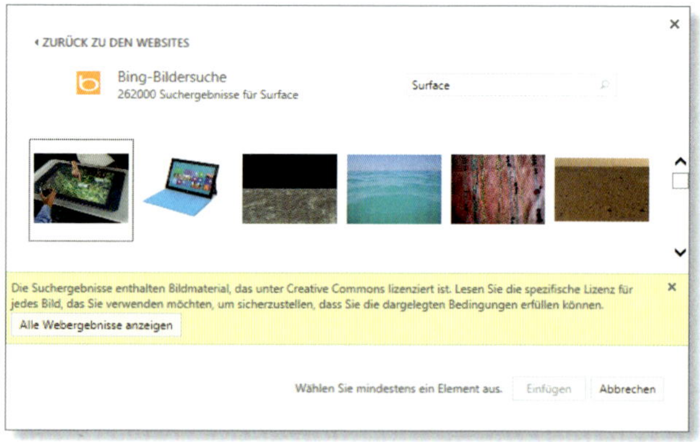

^ ***Abbildung 10.74** Angebot von Bildern über die Suchmaschine Bing*

Bilder aus SkyDrive übernehmen

Wenn Sie ein Konto bei SkyDrive haben und dort Bilder ablegen, können Sie jederzeit aus dieser Quelle schöpfen, um Ihre Arbeitsmappen zu illustrieren. In diesem Fall brauchen Sie keinen Suchbegriff, sondern haben direkt Zugriff auf die Ordner auf dem Server.

10.6 Verknüpfte Tabellenbilder nutzen

Eine eher versteckte Funktion in Excel 2013 erlaubt verknüpfte Tabellenbilder. Damit erzeugen Sie Abbildungen von vorher markierten Tabellenbereichen, die anschließend als grafische Objekte behandelt werden. Jedes Objekt bleibt dabei über eine Formel mit dem entsprechenden Tabellenbereich verknüpft, zeigt also alle Änderungen sofort an.

1 Zunächst markieren Sie den Tabellenbereich, der fotografiert werden soll.

2 Kopieren Sie die Markierung mit `Strg` + `C` in die Zwischenablage.

3 Markieren Sie die Zelle auf dem Blatt, in der das Foto des Tabellenbereichs abgelegt werden soll.

4 Benutzen Sie aus der Gruppe **Start > Zwischenablage** in dem Menü der Schaltfläche **Einfügen** unter **Weitere Einfügeoptionen** die Option **Verknüpfte Grafik**.

Excel zeigt in der Bearbeitungsleiste eine Formel mit dem Tabellenbereich an, wenn das neue Objekt ausgewählt ist. Es handelt sich also um eine Verknüpfung. Alle Änderungen in den Quelltabellen werden an die Tabellenbilder weitergegeben.

Eine ganz hübsche Anwendung dieser Möglichkeit besteht darin, sich von Arbeitsmappen, die täglich verwendet werden, Auszüge auf ein Blatt zu kopieren. Ein Doppelklick auf einen Auszug öffnet jeweils die zugehörige Arbeitsmappe.

Solche Tabellenfotos lassen sich auch nutzen, um wichtige Daten oder Indikatoren aus verschiedenen Tabellen auf einem Blatt zusammenzuziehen, sodass Sie sie leichter im Blick behalten.

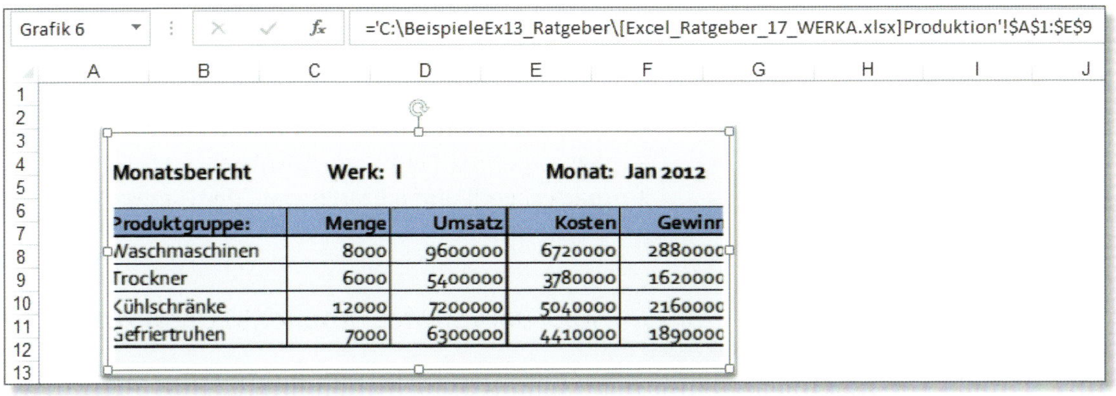

Abbildung 10.75 *Die Tabelle als Grafik mit der Verknüpfungsformel in der Bearbeitungsleiste*

Teil IV

Dokumente drucken und weitergeben

Kapitel 11
Dokumente für die Weitergabe vorbereiten

Bevor Dokumente weitergegeben werden, ist es ratsam, ein paar Dinge zu prüfen. Sind alle Daten für die Veröffentlichung geeignet? Braucht der Empfänger die Arbeitsmappe in einer anderen Version?

Wenn Sie Arbeitsmappen nicht nur für die eigene Verwendung erstellen, ergibt sich meist eine Reihe von Fragen. In welchem Zustand soll das Dokument übergeben werden? Welche Excel-Version benutzt der Empfänger? Was ist mit ausgeblendeten Zeilen und Spalten? Um Ihnen die Regelung dieser Dinge zu erleichtern, stellt Ihnen Excel einige Maßnahmen zur Verfügung, um die Verteilung des Dokuments vorzubereiten. Davon soll in diesem Kapitel die Rede sein.

Metadaten, Dokumentstatus und Sicherheitsfragen

Wie in Abschnitt 1.9, »Mit Dokumenten umgehen«, ab Seite 100 beschrieben, haben Sie bei allen Arbeitsmappen die Möglichkeit, das Dokument mit bestimmten Metadaten zu verknüpfen, die eine ordnungsgemäße Ablage und ein schnelles Finden gewährleisten.

In diesen Metadaten sind aber meist auch Namen von Autoren enthalten oder Hinweise auf Zusammenhänge, die nur für die interne Verwertung gedacht sind. Es stellt sich also die Frage, ob diese Daten vor der Weitergabe nicht besser entfernt werden sollten.

Bei brisanten Informationen wird es möglicherweise sinnvoll sein, sie nur verschlüsselt abzuspeichern, um einen unbefugten Zugriff zu verhindern.

Insbesondere wenn mehrere Personen an der Abfassung eines Dokuments beteiligt waren, ist es praktisch, den Abschluss der Arbeit explizit festzustellen und die beteiligten Personen darüber zu benachrichtigen.

Wollen Sie Daten mit Anwendern älterer Excel-Versionen austauschen, macht es Sinn, die Kompatibilität der Arbeitsmappe zu diesen Versionen vor der Weitergabe zu prüfen.

Alle hier kurz angedeuteten Maßnahmen werden Ihnen in Excel 2013 auf dem Register **Datei** unter **Informationen** angeboten. Unter dem Titel **Für die Freigabe vorbereiten** finden Sie dort die Schaltfläche **Auf Probleme überprüfen**.

11.1 Dokumente prüfen

Bevor Sie Dokumente weitergeben, ist es sinnvoll, bestimmte Dinge zu prüfen, die für die weitere Verwendung des Dokuments von Belang sind. Bei der Beschäftigung mit einer Arbeitsmappe werden häufig Informationen abgelegt, die für die endgültige Version des Dokuments nicht erwünscht sind.

Abbildung 11.1 *Optionen für die Vorbereitung der Dokumentverteilung*

Vielleicht testen Sie auf einem Blatt Formeln, das Sie später ausblenden. Eventuell benutzen Sie Daten in einer Spalte, die Sie anschließend ebenfalls ausblenden. Auch Kommentare und Anmerkungen können Dinge enthalten, die für die Veröffentlichung nicht geeignet sind, wie: »Hier hat Ernst Otto wieder Mist gebaut.«

Den Zustand des Dokuments erforschen

Excel 2013 stellt Ihnen für die Prüfung einer Arbeitsmappe einen Dokumentinspektor zur Verfügung, der für die aktuelle Arbeitsmappe das Vorhandensein bestimmter Elemente prüft.

1 Benutzen Sie für die geöffnete Arbeitsmappe die Option **Datei > Informationen** und dort die Schaltfläche **Auf Probleme überprüfen**.

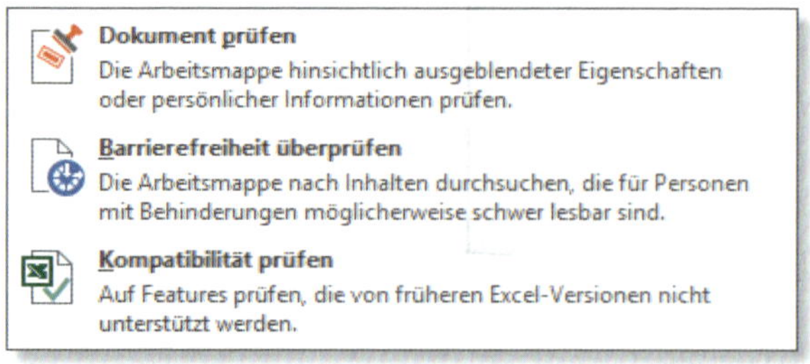

Abbildung 11.2 *Das Menü der Schaltfläche »Auf Probleme überprüfen«*

2 Nehmen Sie im Menü zu dieser Schaltfläche die erste Option **Dokument prüfen**. Bevor der Dialog geöffnet wird, kontrolliert Excel automatisch, ob die Arbeitsmappe noch nicht gespeicherte Änderungen enthält, und bringt eine entsprechende Meldung, falls dies der Fall ist. Sie sollten dann mit **Ja** das Speichern bestätigen.

3 Im Dialog **Dokumentprüfung** können Sie dann eine Reihe von vorgegebenen Prüfpunkten aus- oder abwählen. Haken Sie die Elemente ab, deren Vorhandensein geprüft werden soll, etwa überflüssig gewordene Kommentare, ausgeblendete Zeilen und Spalten, ausgeblendete Arbeitsblätter oder als nicht sichtbar formatierte Objekte. Außerdem können Sie auf ausgeblendete Metadaten und persönliche Informationen, auf Kopf- und Fußzeilen und auf benutzerdefinierte XML-Daten prüfen lassen.

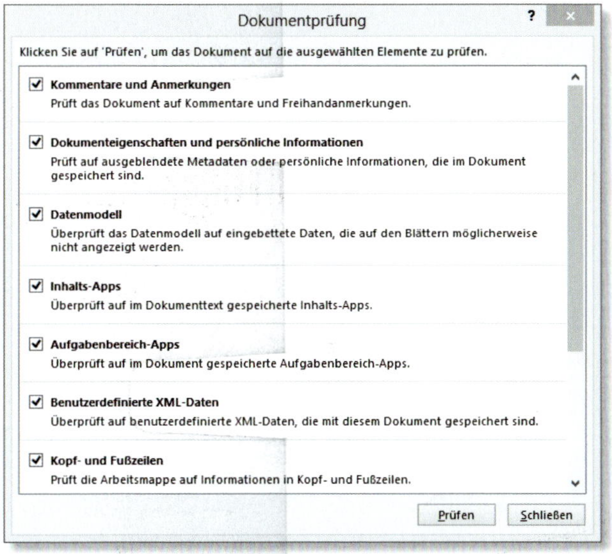

^ ***Abbildung 11.3*** *Hier legen Sie den Prüfauftrag fest.*

4 Mit der Schaltfläche **Prüfen** starten Sie den Vorgang. Wird eines der ausgewählten Elemente gefunden, erfolgt ein – allerdings meist pauschaler – Hinweis.

5 Wenn Sie eines der Elemente entfernen wollen, benutzen Sie die zu diesem Element dann eingeblendete Schaltfläche **Alle entfernen**.

6 Anschließend klicken Sie auf **Schließen**, um die Prüfung zu beenden.

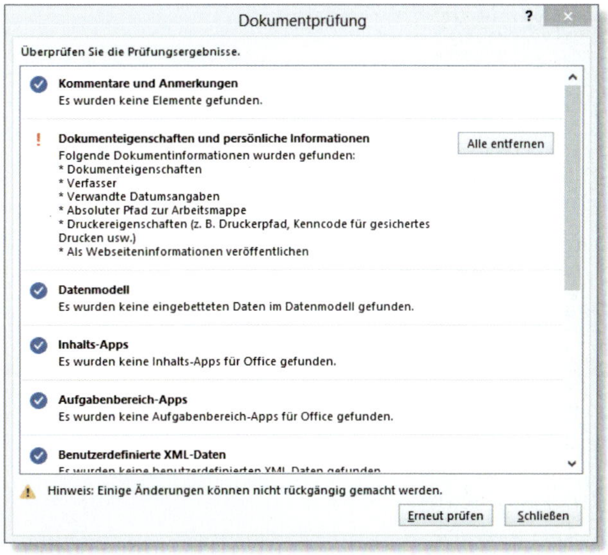

^ ***Abbildung 11.4*** *Typische Meldungen nach einer Prüfung*

Wenn Sie die Dokumenteigenschaften und die persönlichen Informationen entfernen, erscheint unter **Für die Freigabe vorbereiten** ein Hinweis, dass die Datei nun eine Einstellung enthält, die beim Speichern die betreffenden Daten automatisch entfernt. Zur Korrektur dieser Einstellung für zukünftige Speicherungen der Datei wird zugleich der Link **Speicherung dieser Informationen in der Datei zulassen** angeboten. Ansonsten können Sie im rechten Teil des **Datei**-Registers die Entfernung der Metadaten sofort überprüfen.

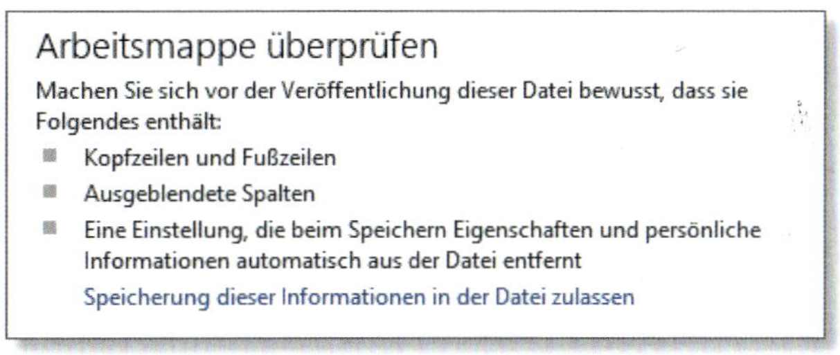

^ ***Abbildung 11.5*** *Hinweise zum Zustand einer Datei*

Auf Barrierefreiheit prüfen

Um Rücksicht auf Personen mit Behinderungen zu nehmen, lassen sich zu allen grafischen Objekten, Diagrammen und auch zu Tabellen und Pivot-Tabellen alternative Texte in der Arbeitsmappe ablegen, die bei Bedarf mit der in Windows integrierten Sprachausgabe vorgelesen werden können. Sie wird über **Systemsteuerung** unter **Center für erleichterte Bedienung** angeboten.

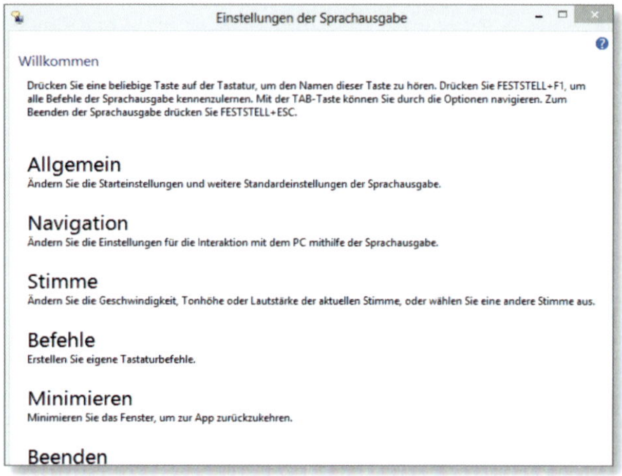

Abbildung 11.6 *Über diesen Dialog verwalten Sie die Sprachausgabe.*

Bei Bereichen, die als Tabelle formatiert sind, benutzen Sie im Kontextmenü **Tabelle > Alternativtext**, um solche Texte einzutragen. Bei Pivot-Tabellen geben Sie diese Texte im Dialog **PivotTable-Optionen** auf dem Register **Alternativtext** ein, bei Diagrammen und grafischen Objekten finden Sie die Seite **Alternativtext** in den Aufgabenbereichen zum Formatieren (**Form formatieren, Bild ..., Diagrammbereich ...**).

Wenn Sie nun kontrollieren wollen, ob Sie diese Texte überall eingetragen haben, gibt es ein einfaches Prüfverfahren:

1. Benutzen Sie unter **Datei > Informationen** wieder die Schaltfläche **Auf Probleme überprüfen**.
2. Nehmen Sie die zweite Option **Barrierefreiheit überprüfen**, um die aktuelle Arbeitsmappe zu prüfen.
3. Im Arbeitsbereich wird dafür zunächst ein Aufgabenbereich **Barrierefreiheitsprüfung** eingeblendet, der unter **Prüfungsergebnisse** alle kritischen Objekte in der Mappe auflistet. Wenn Sie eines der Elemente darin markieren, erscheinen unter **Weitere Informationen** Hinweise, wie Sie den Fehler beheben können.

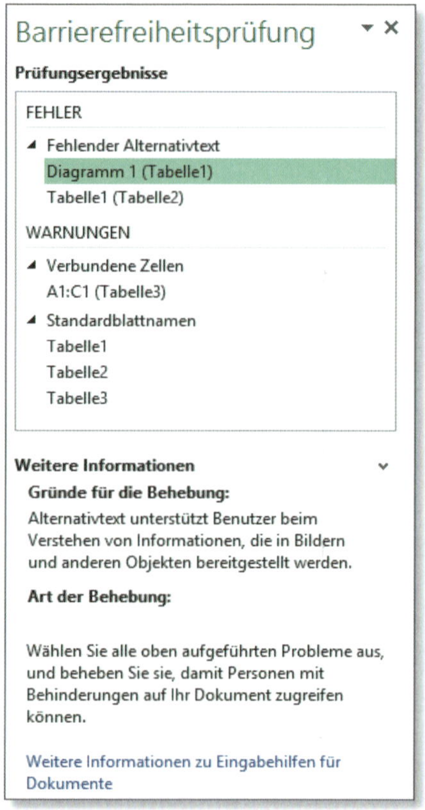

Abbildung 11.7 *Meldungen im Aufgabenbereich »Barrierefreiheitsprüfung«*

Unter **Warnungen** finden Sie unter Umständen noch einige Hinweise auf verbundene Zellen oder nicht ersetzte Standardnamen. Um die Werte aus einer Tabelle vorlesen zu können, sollte eine möglichst klare Struktur gewährleistet werden. Spaltenübergreifende verbundene Zellen sind dafür ein Hindernis. Standardnamen sind keine sprechenden Namen und sollten deshalb ebenfalls vermieden werden.

Kompatibilität mit älteren Dateiformaten prüfen

Unternehmen und Organisationen neigen häufig dazu, es mit dem Wechsel auf die neueste Excel-Version eher langsam anzugehen. Wenn Sie Tabellenblätter mit anderen Firmen oder Abteilungen austauschen wollen, schadet es meist nichts, die Gegenseite zu fragen, mit welcher Version dort gearbeitet wird. Falls Sie Arbeitsmappen in einem älteren Dateiformat weitergeben wollen, sollte dann aber auf jeden Fall vor dem Speichern geprüft werden, ob es Kompatibilitätsprobleme mit den in der Mappe verwendeten Formatierungen und Funktionen gibt.

1. Verwenden Sie dazu mit **Kompatibilität prüfen** die dritte Option der Schaltfläche **Datei > Informationen > Auf Probleme prüfen**.
2. Im Dialog wählen Sie zunächst über die Schaltfläche **Anzuzeigende Versionen auswählen** das Zielformat.

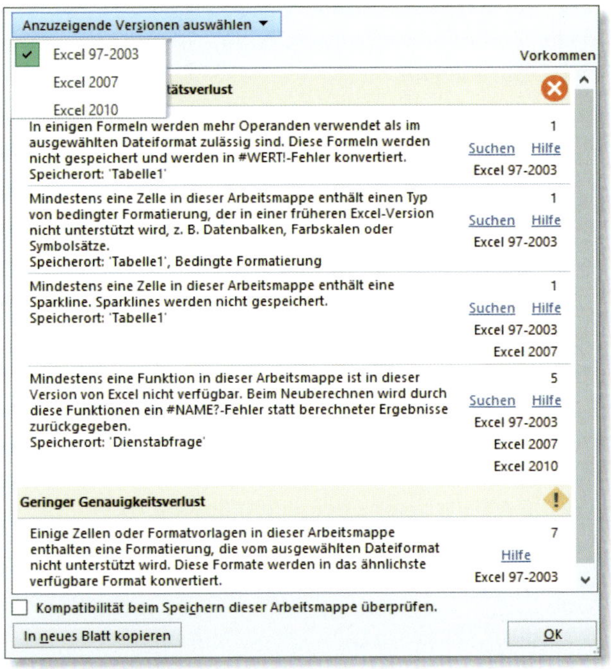

*^ **Abbildung 11.8** Die Kompatibilitätsprüfung gruppiert die Prüfergebnisse nach dem Schweregrad.*

3. Im Folgenden werden alle Probleme aufgelistet und gewichtet, die gefunden werden. Enthält die Arbeitsmappe beispielsweise eine der neuen Webfunktionen, erhalten Sie unter dem Titel **Erheblicher Funktionalitätsverlust** entsprechende Hinweise. Der Link **Suchen** führt Sie jeweils direkt zu der betroffenen Stelle, der Link **Hilfe** liefert Hinweise, wie Sie mit dem Problem verfahren können.

Typisches Beispiel sind auch die Sparklines, die von den älteren Vorgängerversionen noch nicht unterstützt wurden.

Andere Kompatibilitätsprobleme werden in die Gruppe **Geringerer Genauigkeitsverlust** eingeordnet, so etwa, wenn Formate verwendet werden, die die älteren Versionen nicht anbieten. In solchen Fällen werden die Formate durch ähnliche ersetzt, wenn die Mappe gespeichert wird.

Kapazitätseinschränkungen handhaben

Ein spezielles Problem entsteht, wenn Sie mit sehr großen Tabellen arbeiten, die die Kapazität einer älteren Excel-Version überschreiten. Excel 2003 erlaubte beispielsweise nur 256 Spalten und 65.536 Zeilen pro Blatt. Wird eine größere Datei in der älteren Version gespeichert, werden die überschüssigen Zeilen und Spalten nicht gespeichert.

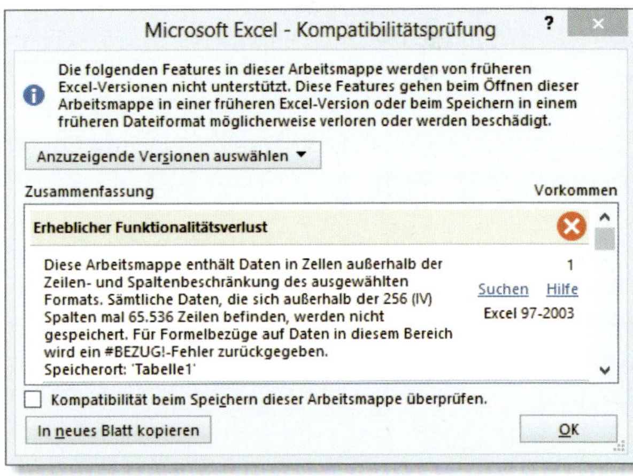

*^ **Abbildung 11.9** In diesem Fall ist die Prüfung auf ein Kapazitätsproblem gestoßen – mindestens ein Arbeitsblatt ist zu groß.*

Entdeckt die Kompatibilitätsprüfung nun vorher solche Zellbereiche, die die alte Zeilen/Spalten-Grenze überschreiten, können Sie diese Bereiche mit dem zu der Meldung angebotenen Link **Suchen** markieren und gegebenenfalls Teile davon auf ein anderes Blatt kopieren.

Eine zweite Schranke in älteren Versionen ist die Zahl der Zellblöcke, die Excel gleichzeitig in den Hauptspeicher laden kann. Die Grenze für alle Versionen vor 2010 waren maximal 64.000 Zellblöcke (CLBs) pro Arbeitsmappe, wobei ein Zellblock 16 ausgefüllte Zellen enthält. In Excel 2013 ist die Zahl der Zellblöcke nur noch durch den vorhandenen Arbeitsspeicher begrenzt. Geht eine Arbeitsmappe über die Grenze von 64.000 Zellblöcken hinaus, kann sie von älteren Excel-Versionen nicht geöffnet werden. Sie sollte dann zunächst auf kleinere Portionen verteilt werden.

Grenzwerte bei Formeln berücksichtigen

Ein weiterer Grenzwert in älteren Versionen betrifft die Größe der Formeln. Excel 2013 lässt Formeln mit maximal 8.192 Zeichen zu, wobei 1.014 Operanden vorkommen dürfen, ältere Versionen erlauben nur 1.024 Zeichen und maximal 40 Operanden.

Werden in Formeln Funktionen geschachtelt, sind jetzt bis zu 64 Ebenen erlaubt, früher waren es nur sieben. Zahlreiche Funktionen wie *SUMME()*, *MITTELWERT()* etc. erlauben seit Excel 2007 maximal 255 Argumente, die älteren Versionen lassen bei diesen Funktionen aber nur 30 Argumente zu.

Werden Formeln, die die Möglichkeiten der älteren Version überschreiten, bei der Prüfung entdeckt, können Sie wieder den Link **Suchen** verwenden, um die entsprechenden Zellen zu finden und unter Umständen zu ändern. Wird die Datei trotzdem in dem älteren Format gespeichert, geben die betreffenden Formeln den *#WERT!*-Fehler aus.

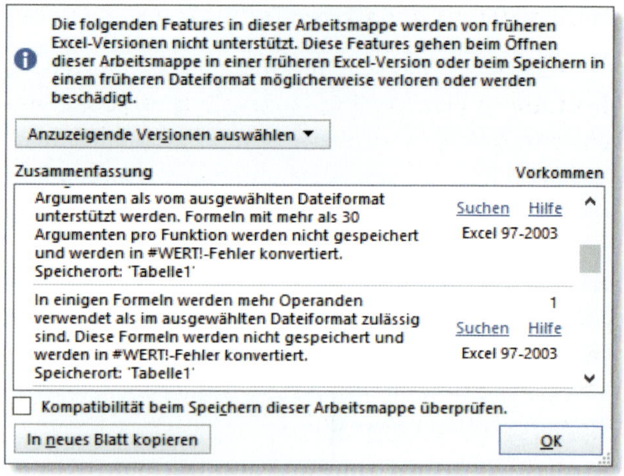

Abbildung 11.10 *Hier verwendet eine Formel zu viele Argumente.*

Prüfbericht ausgeben

Über die Schaltfläche **In neues Blatt kopieren** können Sie bei Bedarf einen Prüfbericht auf einem eigenen Arbeitsblatt ablegen.

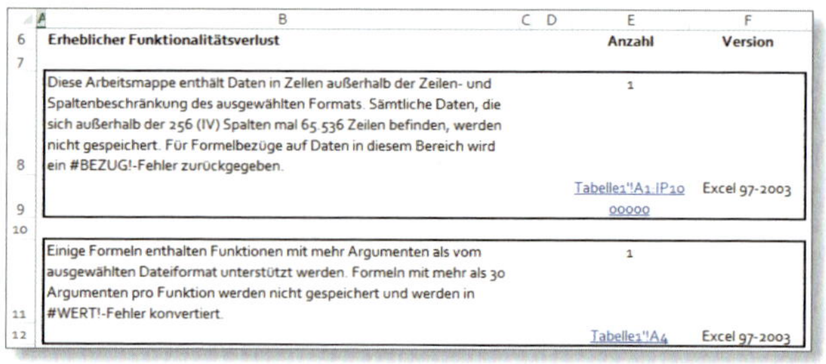

Abbildung 11.11 *Auszug aus einem Kompatibilitätsbericht*

Soll die Arbeitsmappe bei jedem Speichern überprüft werden, aktivieren Sie die Einstellung **Kompatibilität beim Speichern dieser Arbeitsmappe überprüfen**.

Wird eine Arbeitsmappe im Dateiformat *Excel 97–2003* geöffnet, arbeitet Excel generell im Kompatibilitätsmodus, was auch in der Titelzeile angezeigt wird. Dann ist die Kompatibilitätsprüfung beim Speichern automatisch aktiviert.

Dokumente als abgeschlossen erklären

Hat eine Arbeitsmappe ihre endgültige Version erreicht, können Sie das Dokument mit der Statuseigenschaft **Endgültig** versehen.

1 Benutzen Sie dazu **Datei > Informationen > Arbeitsmappe schützen > Als abgeschlossen kennzeichnen**.

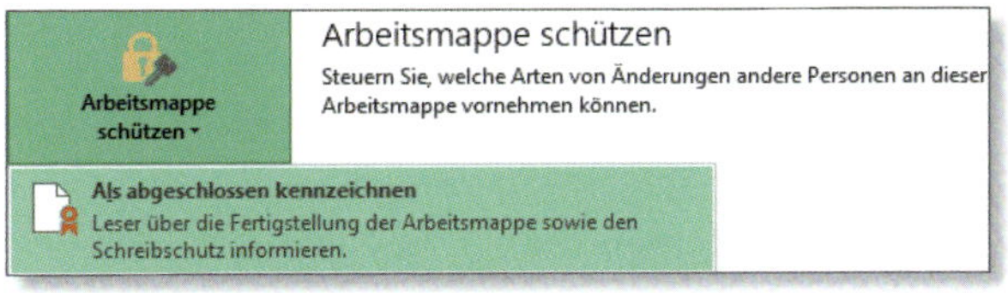

*^ **Abbildung 11.12** Abschließen einer Datei*

2 Sie müssen diesen Schritt ausdrücklich bestätigen. Die Arbeitsmappe wird dann in ihrem aktuellen Zustand gespeichert.

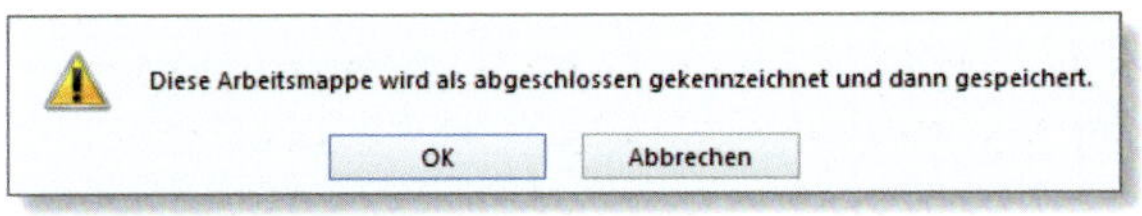

*^ **Abbildung 11.13** Der Abschluss des Dokuments muss bestätigt werden.*

3 Die Arbeitsmappe bleibt dann zwar als schreibgeschützte Mappe geöffnet, jede weitere Eingabe und alle Bearbeitungsbefehle sind aber deaktiviert. Alle entsprechenden Schaltflächen im Menüband stehen dann nicht mehr zur Verfügung.

Immer wenn diese Datei geöffnet wird, erscheint unter dem Menüband eine Meldungszeile mit dem Hinweis **Als abgeschlossen gekennzeichnet** und mit einer Schaltfläche **Trotzdem bearbeiten**. Damit können Sie, falls doch noch Änderungen nötig sind, die Bearbeitungssperre wieder aufheben. Denselben Effekt hat es auch, wenn der Befehl **Arbeitsmappe schützen > Als abgeschlossen kennzeichnen** einfach noch einmal aufgerufen wird. Kurzum, die Kennzeichnung des Dokuments als abgeschlossen ist hauptsächlich als Hinweis gedacht, dass die Arbeit an dem Dokument erledigt ist, nicht als eine unüberwindliche Sperre, daran noch etwas zu ändern.

Bei einer als abgeschlossen gekennzeichneten Datei erscheint beim Öffnen ein entsprechender Hinweis. Die Arbeitsmappe wird automatisch schreibgeschützt geöffnet.

*^ **Abbildung 11.14** Der Hinweis, dass es sich um eine als abgeschlossen gekennzeichnete Datei handelt*

11.2 Dokumente verschlüsseln

Eine mögliche Maßnahme, um die Integrität einer Arbeitsmappe sicherzustellen, ist die Verschlüsselung. Excel verwendet dazu eine 128-Bit-Verschlüsselung nach dem Advanced Encryption Standard (AES). Wenn Sie Ihre Dokumente damit verschlüsseln wollen, müssen Sie allerdings beachten, dass Sie das Kennwort, das den Zugang zum gesamten Dokument schützt, sorgfältig aufbewahren müssen. Das Verfahren ist übersichtlich.

1 Wenn die zu schützende Datei geöffnet ist, benutzen Sie über **Datei > Informationen** die Schaltfläche **Arbeitsmappe schützen** und die Option **Mit Kennwort verschlüsseln**.

2 Der Dialog fordert ein Kennwort zur Absicherung des Zugangs zur Arbeitsmappe an, das Sie dann noch einmal bestätigen müssen.

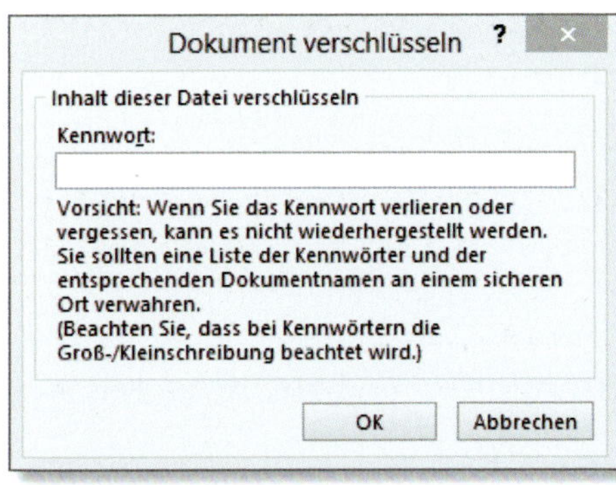

*^ **Abbildung 11.15** Verschlüsselung einer Arbeitsmappe*

3 Diese Änderung an der Arbeitsmappe muss gespeichert werden, damit sie wirksam wird.

4 Wird die Arbeitsmappe erneut geöffnet, fragt ein Dialog das Kennwort ab.

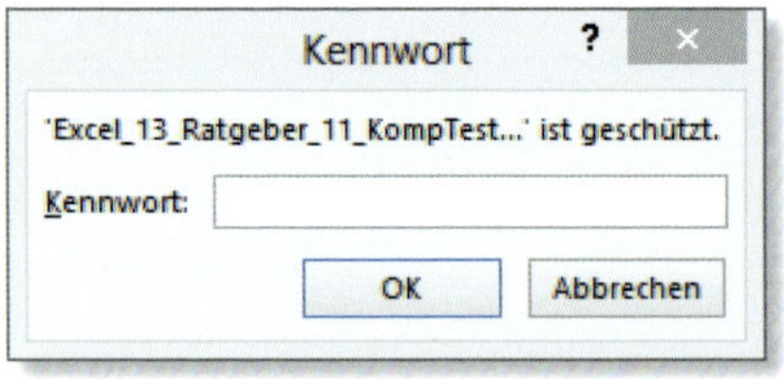

^ ***Abbildung 11.16*** *Abfrage des Kennworts beim Öffnen*

Die Verschlüsselung ist gegenüber dem einfachen Zugangsschutz durch ein Kennwort, der bereits in Abschnitt 1.10, »Für Sicherheit der Daten sorgen«, ab Seite 117 beschrieben wurde, eine zusätzliche Absicherung.

Die Qualität eines Kennworts kann bekanntlich durch seine Komplexität gesteigert werden. Mischen Sie Groß- und Kleinbuchstaben, Sonderzeichen und Zahlen zu einer Zeichenkette, die möglichst mindestens sieben Zeichen lang ist. Wechseln Sie bei kritischen Dokumenten das Kennwort öfter.

Die Verschlüsselung verhindert übrigens auch, dass das ZIP-Paket, in dem die Arbeitsmappe gespeichert wird, geöffnet werden kann. Soll die Verschlüsselung aufgehoben werden, rufen Sie den Verschlüsselungsbefehl erneut auf und bestätigen das Dialogfeld mit einem leeren Kennwortfeld.

Kapitel 12
Arbeitsmappen drucken und versenden

Umfangreiche Tabellen in brauchbarer Form auszudrucken ist keine ganz so triviale Aufgabe. Dieses Kapitel beschreibt, worauf Sie achten sollten. Außerdem behandeln wir den Versand per E-Mail und die Veröffentlichung als PDF- oder XPS-Kopie.

Dieses Kapitel behandelt die Fragen, die mit der Veröffentlichung Ihrer Tabellen und Diagramme zusammenhängen, sei es per Ausdruck, per E-Mail oder Fax. Beim Druck geht es vor allem darum, wie Sie Ihre Tabellen am besten auf die Seiten bringen, wenn ein Blatt nicht ausreicht.

Beim Versand per E-Mail sind insbesondere die Funktionen interessant, die die gemeinsame Arbeit an Tabellen und die Überprüfung und Freigabe von Kalkulationsmodellen unterstützen. Außerdem wird der Versand als PDF-Kopie oder als XPS-Kopie beschrieben.

12.1 Arbeitsblätter für den Druck vorbereiten

Trotz aller Schwärmereien vom »papierlosen Büro« ist der Papierausstoß von PCs immer noch hoch. Gleichzeitig sind die Qualitätsansprüche an die Papierausgabe von Daten deutlich gestiegen. Zahlenwüsten auf gestreiftem Endlospapier, wie sie vor Jahren üblich waren, lassen heute beim Empfänger solcher Dokumente keine Freude mehr aufkommen.

Der Weg eines Tabellenblatts vom Bildschirm auf das bedruckte Papier ist allerdings nicht gerade selten mit einigen Stolpersteinen bepflastert. Es ist gar nicht schwer, auf dem Drucker eine Menge Ausschuss zu produzieren, bevor die Druckergebnisse die gewünschte Qualität erreicht haben. Es lohnt sich deshalb, sich das Handwerk des Druckens mit einiger Sorgfalt anzueignen.

Von der Bildschirmausgabe zum Druck

Beim Drucken von Tabellenblättern oder ganzen Arbeitsmappen sind regelmäßig ein paar Dinge zu berücksichtigen, die mit der Umsetzung von der Bildschirm- zur Papierausgabe zu tun haben. Was auf dem Bildschirm zu sehen ist, lässt sich nämlich nicht ohne Weiteres eins zu eins auf Papier übertragen.

Der Bildschirm zeigt die Daten in Fenstern an, die ein anderes Format haben als Papier. Außerdem kann der Fensterausschnitt frei verschoben werden.

Am Bildschirm können Beschriftungszeilen für lange Tabellen fixiert werden, auf dem Papier ist meist auf jeder Seite eine Beschriftungszeile notwendig.

Die Farben, die Ihre Tabellen und Diagramme schmücken, sind nicht vollkommen identisch mit den Farben, die Ihr Drucker erzeugen kann.

Haben Sie keinen Farbdrucker, ist zu prüfen, wie die Farben in Grautöne umgesetzt oder durch Raster er-

	A	B	C	D	E	F
1						
2	**Alles für den Hausbedarf**					
3						
4	Waren-gruppe	Artikel-nummer	Artikelbezeichnung	Nettopreis	MWST	Bruttopreis
5	15	0007	SZ28 HOLZSTANGE SCHWARZ	6,50 EUR	1,24 EUR	7,74 EUR
6	15	0010	SZ28 HOLZSTANGE NAT.ROH	4,95 EUR	0,94 EUR	5,89 EUR
7	15	0020	SZ28 HOLZSTANGE	4,95 EUR	0,94 EUR	5,89 EUR
8	15	0022	SZ28 HOLZSTANGE	5,05 EUR	0,96 EUR	6,01 EUR
9	15	0029	SZ28 HOLZSTANGE KIRSCHB	4,95 EUR	0,94 EUR	5,89 EUR
10	15	0030	SZ28 HOLZSTANGE EICHE	4,95 EUR	0,94 EUR	5,89 EUR
11	15	0039	SZ28 HOLZSTANGE H.EICHE	4,95 EUR	0,94 EUR	5,89 EUR
12	15	0040	SZ28 HOLZSTANGE NUSSB.	4,95 EUR	0,94 EUR	5,89 EUR
13	15	0060	SZ28 HOLZSTANGE WEISS	6,50 EUR	1,24 EUR	7,74 EUR
14	15	0070	SZ28 RING+HAKEN SCHWARZ	0,23 EUR	0,04 EUR	0,27 EUR

Abbildung 12.1 *Ausschnitt aus einer mehrseitigen Tabelle*

setzt werden können, um z.B. die Säulen eines Diagramms unterscheidbar wiederzugeben.

Wenn etwas zu Papier gebracht werden soll, ist deshalb meist eine Reihe von Entscheidungen zu treffen:

- Was soll gedruckt werden?
- Wie soll das Layout der Druckseiten aussehen?
- Welcher Drucker soll den Druckauftrag abwickeln?
- Mit welchen Einstellungen soll gedruckt werden?

Am Beispiel einer mehrseitigen Artikelliste wollen wir Ihnen die einzelnen Schritte zu guten Druckergebnissen und die verschiedenen Gestaltungsmöglichkeiten, die Excel dabei zur Verfügung stellt, zeigen.

Den Druckumfang festlegen

Die Frage »Was soll gedruckt werden?« lässt sich auf verschiedene Weise beantworten. Die erste Option ist, es Excel selbst zu überlassen, was von den einzelnen Blättern einer Arbeitsmappe gedruckt wird. Die automatische Auswahl der zu druckenden Daten kann sich dabei auf das aktive Blatt, auf eine Gruppe von ausgewählten Blättern oder auf die gesamte Arbeitsmappe beziehen.

Automatische Auswahl

Wie sieht nun das Druckergebnis aus, wenn wir für unsere mehrseitige Artikelliste einfach den Druck über **Datei > Drucken** mit der großen Schaltfläche **Drucken** anstoßen und uns dabei nicht um einzelne Einstellungen kümmern, außer vielleicht die Zahl unter **Exemplare** (1) zu erhöhen?

Um die Artikelliste komplett zu drucken, muss nur das Blatt mit der Liste vorher aktiviert werden, der Druck des aktuellen Blatts ist mit der Einstellung **Aktive Blätter drucken** (2) vorgegeben, d. h., solange nicht ausdrücklich mehrere Blätter ausgewählt sind, wird immer nur das gerade ausgewählte Blatt gedruckt.

Excel versucht, die Tabelle mit vorgegebenen Rändern Blatt für Blatt auszudrucken. Wenn Zeilen nicht mehr auf ein Blatt passen, wird ein neues Blatt begonnen. Passen nicht alle Spalten auf ein Blatt, werden zunächst alle Seiten mit den passenden Spalten gedruckt, anschließend die zweite Bahn von Seiten mit den Spalten, die überzählig sind. Kopfzeilen und Fußzeilen fehlen, also gibt es auch keine Seitennummerierung. Verborgene Spalten oder Zeilen werden als Vorgabe nicht gedruckt.

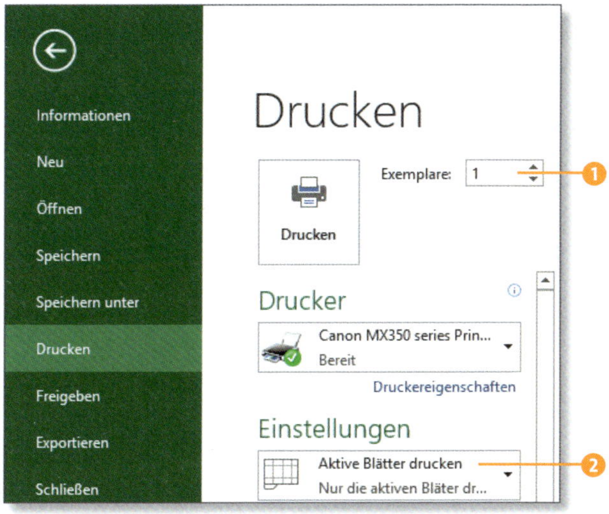

Abbildung 12.2 Die Schaltfläche »Drucken« auf dem Register »Datei«

Kurzum, in vielen Fällen werden Sie mit dem, was Excel beim Drucken veranstaltet, wenn Sie nicht steuernd eingreifen, eher weniger zufrieden sein.

Kontrolle in der Seitenansicht

Glücklicherweise stellt Ihnen Excel 2013 mit der Seitenansicht unter **Datei > Drucken** eine sehr effektive Hilfe zur Verfügung, um verunglückte Druckaufträge gar nicht erst zuzulassen. Abbildung 12.3 zeigt die Vorschau 3 auf die Artikelliste mit den vorgegebenen Einstellungen.

Sie können sofort erkennen, dass zwei Spalten nicht auf die Seite passen. Am unteren Rand wird angezeigt, wie viele Seiten der Druck ergeben wird 4. Mit den kleinen Pfeilschaltflächen 5 können Sie durch die gesamte Vorschau blättern.

Auswahl durch Markierung

Während für den Druck unserer kompletten Artikelliste die Auswahl des Blatts genügt, muss zum Druck eines Teils der Liste der Druckbereich genau festgelegt werden. Sollen z. B. nur die ersten 20 Artikel auf dem

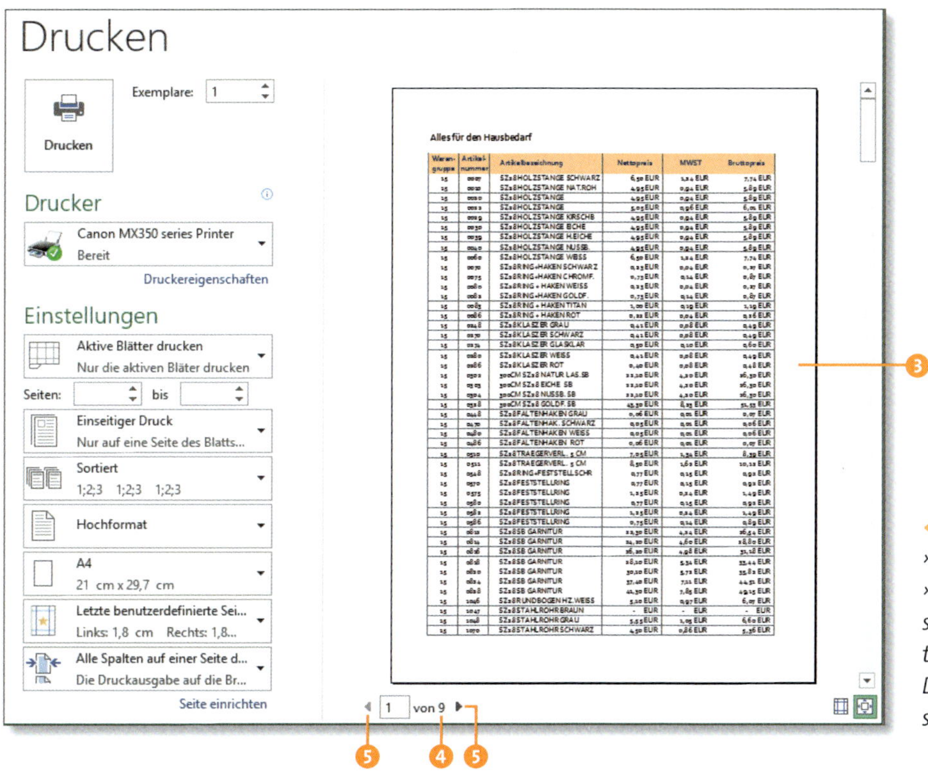

Abbildung 12.3 Die Seite »Drucken« auf dem Register »Datei« gibt Ihnen einen schnellen Zugriff auf die wichtigen Einstellungen zum Druck und zeigt die Seitenvorschau entsprechend an.

Papier erscheinen, haben Sie zwei Möglichkeiten. Hier die erste:

1. Markieren Sie im Tabellenblatt den Bereich, der gedruckt werden soll, und gehen Sie auf dem Register **Datei** auf die Seite **Drucken**.
2. Übernehmen Sie aus dem ersten Auswahlmenü unter **Einstellungen** die Option **Auswahl drucken**.
3. In der Seitenvorschau können Sie sofort kontrollieren, ob die richtige Auswahl angezeigt wird.

Bei der Auswahl des Bereichs sind natürlich auch Mehrfachmarkierungen oder Markierungen für eine vorher ausgewählte Gruppe von Blättern möglich. Die Teilbereiche werden dabei jeweils auf separate Seiten gedruckt.

TIPP

Druckdesaster
Es geht ja immer alles auch noch schlimmer. Wenn Sie dem Programm einfach die Auswahl des Druckbereichs überlassen, druckt Excel von einem Blatt immer den gesamten Bereich, der Daten oder Objekte enthält. Genauer gesagt: Die Zelle, die in der tiefsten Zeile und in der am weitesten rechts liegenden Spalte noch Daten oder Objekte enthält, entscheidet über die Anzahl der Zeilen und Spalten, die ausgedruckt werden.

Angenommen, Sie haben in einer entfernten Spalte oder Zeile eine kleine Testberechnung angestellt und vergessen, diese wieder zu löschen. Dann kann es durchaus vorkommen, dass Excel einen ganzen Stapel Papier durch den Drucker jagt, um am Ende ein paar Daten aus Zeile 3.000 auszudrucken. Das gilt übrigens auch, wenn Sie irgendwo eine Zelle oder einen Bereich nur mit einem Hintergrundmuster formatieren!

Festlegen eines Druckbereichs

Die zweite Möglichkeit besteht darin, ausdrücklich einen Druckbereich für ein Tabellenblatt zu definieren. Diesem Bereich wird von Excel automatisch der Name *Druckbereich* zugewiesen, er kann also auch unter diesem Namen angesprochen werden. Um einen solchen Druckbereich zu bestimmen, verfahren Sie folgendermaßen:

1. Markieren Sie den Bereich, der für den Ausdruck vorgesehen ist. Es reicht aus, eine Gruppe von Spalten oder Zeilen zu markieren, leere Zellen werden beim Druck ignoriert.
2. Verwenden Sie auf dem Register **Seitenlayout** in der Gruppe **Seite einrichten** die Option **Druckbereich festlegen**, die die Schaltfläche **Druckbereich** anbietet. Excel benennt den markierten Bereich mit *Druckbereich*, wie im Namenfeld zu sehen ist. Der Bereich wird durch eine graue Linie gekennzeichnet.
3. In der Seitenvorschau unter **Datei > Drucken** können Sie gleich kontrollieren, wie der ausgewählte Bereich gedruckt wird.

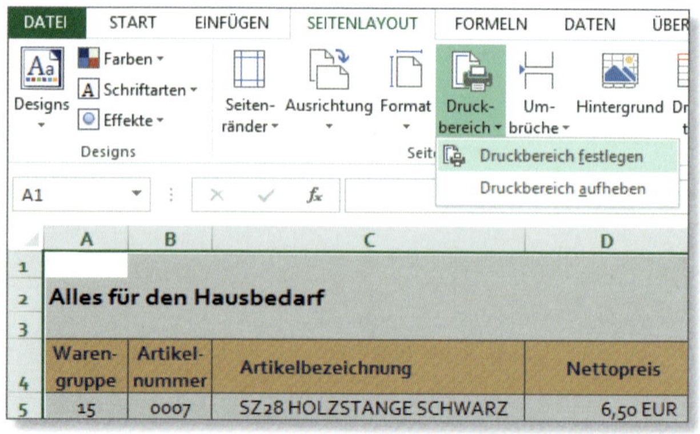

Abbildung 12.4 *Benutzen Sie das Menü der Schaltfläche »Druckbereich«, um einen Druckbereich festzulegen.*

TIPP

Mehrfach verwendbar und dynamisch
Der Name *Druckbereich* kann für jedes Blatt gesondert vergeben werden. Der Druckbereich ist wie alle Bereiche dynamisch; werden nachträglich Zeilen oder Spalten innerhalb des Bereichs eingefügt, wird die Bereichsdefinition angepasst.

Die alternative Methode, einen Druckbereich festzulegen, geht über das Dialogfeld **Seite einrichten**, das Sie über den Dialogfeldstarter der gleichnamigen Gruppe öffnen. Auf der Registerkarte **Blatt** können Sie unter **Druckbereich** den Bezug oder auch den Namen für den Bereich eintragen oder markieren. Auch in diesem Fall wird automatisch der Name *Druckbereich* zugeordnet.

Soll der Druckbereich aufgehoben werden, damit beispielsweise wieder das ganze Blatt gedruckt wird, nehmen Sie den Befehl **Druckbereich aufheben** im Menü der Schaltfläche **Druckbereich**.

Die Verwendung eines benannten Druckbereichs hat den Vorteil, dass Sie wiederholt denselben Auszug aus einem Tabellenblatt oder auch dieselben Auszüge aus mehreren Tabellenblättern drucken können, ohne die Bereiche jeweils neu markieren zu müssen.

Ist im Register **Datei** unter **Drucken** die Option **Auswahl drucken** gewählt, wird ein eventuell vorher definierter Druckbereich ignoriert. Bei den anderen Optionen an dieser Stelle wird für das Blatt, für das ein Druckbereich bestimmt ist, jeweils nur der Druckbereich ausgedruckt.

TIPP

Vorsicht bei Überlappungen
Wird die aktuelle Markierung gedruckt oder ein definierter Druckbereich, kann es bei Zellen, die längere Texte enthalten, zu einem Problem kommen. Am Bildschirm reichen diese Texte in die benachbarten Zellen hinein. Sind diese benachbarten Zellen leer, ist das kein Problem. Im Druck aber werden diese Zeichen, die in andere Zellen geraten, abgeschnitten, es sei denn, der Druckbereich bzw. die aktuelle Markierung umfasst auch die Zellen, die der längere Text überlappt. Achten Sie also darauf, dass Sie die Bereiche entsprechend auswählen.

Das Layout der Seite gestalten

Wenn klar ist, was der Inhalt eines Druckauftrags sein soll, steht die Frage des Layouts an. Wenn Sie eine größere Liste zu Papier bringen wollen, sollten Sie prüfen, wie die Daten am besten auf die Seiten verteilt werden. Dabei geht es insbesondere auch darum, wie viele Daten auf eine Seite passen.

Je mehr Daten auf einer Seite in einer guten Form untergebracht werden können, umso geringer ist der Verbrauch an Papier etc. Es macht einen bedeutenden Unterschied, ob Sie für ein Dokument, von dem 500 Exemplare gedruckt werden sollen, jeweils zwei oder aber sechs Seiten verbrauchen, bloß weil eine Spalte und einige Zeilen über die ersten zwei Seiten hinausragen.

Wir haben an dem letzten Beispiel schon gesehen, dass die Ergebnisse nicht immer befriedigend sind, wenn wir diesen Punkt dem Programm überlassen.

Es ist also die Frage, wie Sie das Programm dahingehend beeinflussen können, die Tabelle nicht zu verschneiden. Das betrifft zunächst die Entscheidung über den Seitenumbruch, der automatisch oder manuell erfolgen kann.

Automatischer Seitenumbruch

Wenn, wie bei der Artikelliste, der zu druckende Tabellenbereich nicht auf eine Seite passt, führt das Programm normalerweise automatisch einen Seitenumbruch durch. Dies geschieht spalten- und zeilenweise. Wie dieser automatische Umbruch im Ergebnis aussieht, hängt von den Einstellungen ab, die Sie bei der Auswahl des Druckers und beim Einrichten der Seite wählen.

Der automatische Seitenumbruch wird durch eine gestrichelte Linie angezeigt, es sei denn, Sie blenden die Anzeige über **Datei > Optionen > Erweitert > Optionen für dieses Arbeitsblatt** aus.

Manueller Seitenumbruch

Sie können den Seitenumbruch aber auch manuell festlegen. Das ist nützlich, wenn sonst durch den automatischen Umbruch Tabellenspalten getrennt würden, die sachlich zusammengehören. Dieser manuelle Seitenumbruch setzt den automatischen Seitenumbruch an dieser Stelle außer Kraft. Er wird durch eine durchgehende, etwas dickere Linie gekennzeichnet.

1. Setzen Sie den Zellzeiger unter die Zeile und rechts neben die Spalte, die an der Grenze der neuen Seite liegen. Wenn Sie z. B. festlegen wollen, dass mit der Spalte F jeweils neue Seiten beginnen sollen, setzen Sie den Zellzeiger in eine Zelle in dieser Spalte.

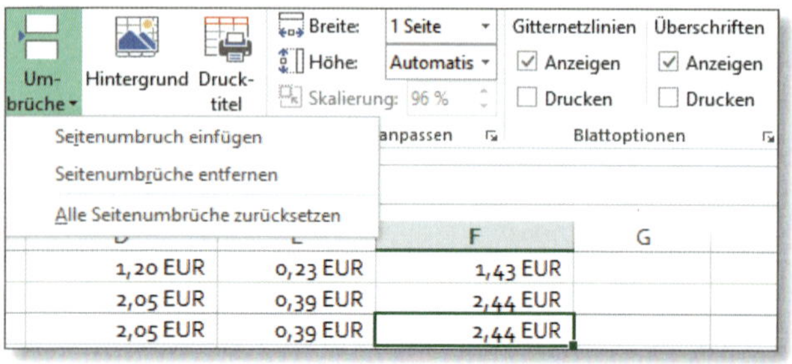

Abbildung 12.5 *Der Zellzeiger bestimmt die Position des manuellen Seitenumbruchs. Die markierte Zelle liegt schon auf der neuen Seite.*

2. Benutzen Sie auf dem Register **Seitenlayout** in der Gruppe **Seite einrichten** unter **Umbrüche** die Option **Seitenumbruch einfügen**.
3. Soll mit der Spalte M erneut mit neuen Seiten begonnen werden, verfahren Sie entsprechend.
4. Soll ab der Zeile 50 eine neue Seite begonnen werden, setzen Sie den Zellzeiger in die Zelle A50.

Sie können auch gleichzeitig die horizontale und vertikale Trennlinie für Seitenwechsel festlegen, wenn Sie den Zellzeiger vorher an die Stelle setzen, an der sich die beiden Trennlinien kreuzen sollen.

Wollen Sie einen bestimmten Seitenumbruch wieder aufheben, müssen Sie den Zellzeiger jeweils rechts neben bzw. unter die betreffende Seitenumbruchlinie setzen. Berührt die ausgewählte Zelle eine Umbruchlinie, kann im Menü **Umbrüche** der Befehl **Seitenumbrüche entfernen** verwendet werden. Um alle manuellen Seitenwechsel auf einen Schlag wieder zu entfernen, wählen Sie hier den Befehl **Alle Seitenumbrüche zurücksetzen**.

Am besten kontrollieren Sie vor dem Druck über **Datei > Drucken** in der Seitenvorschau oder über **Ansicht > Seitenlayout**, ob die manuellen Seitenumbrüche das gewünschte Ergebnis erzielen.

Mehr Daten auf einer Seite unterbringen

Es gibt verschiedene Methoden, den Seitenbedarf zu beeinflussen.

- Da die Zeilenhöhe in der Tabelle durch die verwendete Schriftgröße bestimmt wird, führt die Verwendung einer kleineren Schrift dazu, dass mehr Zeilen auf die Seite passen. Wenn z. B. als Standardschriftgröße nicht 10, sondern nur 9 Punkt verwendet wird, passen statt 56 schon 60 Zeilen auf eine DIN-A4-Seite. Bei einer 8-Punkt-Schrift sind es sogar 64 Zeilen. Auch die Anzahl der Spalten kann durch die kleinere Schrift vergrößert werden.
- Ein weiterer Faktor ist die Wahl einer optimalen Spaltenbreite für alle Spalten.
- Schließlich kann Platz für Daten auch dadurch gewonnen werden, dass die vorgegebenen Ränder etwas schmaler gewählt werden.
- Eine ganz andere Methode, um mehr Daten auf einer Seite unterzubringen, ist die Skalierung, die im Abschnitt »Seiten für den Druck skalieren« ab Seite 502 beschrieben wird.

Häufig wird es sinnvoll sein, mehrere dieser Verfahren zu kombinieren, um ein optimales Ergebnis zu erreichen. Dabei darf natürlich die Lesbarkeit der Dokumente keinen Schaden nehmen. Eine Lupe wird schließlich nicht beiliegen, wenn Sie einen Ausdruck weitergeben.

Abbildung 12.6 *Das Register »Seitenlayout« stellt die Optionen zur Verfügung, um die Seite einzurichten.*

Optionen für das Layout der Seite

Excel 2013 stellt für die Gestaltung des Seitenlayouts nicht nur ein komplettes Register **Seitenlayout** mit fünf Gruppen zur Verfügung, sondern auch die schon angesprochene Ansicht **Seitenlayout**.

Die Dialogfeldstarter der Gruppen **Seite einrichten**, **An Format anpassen** und **Blattoptionen** führen allesamt auf verschiedene Register in dem Dialogfeld **Seite einrichten**. Die Schaltflächen in den Gruppen bieten mehrere Paletten für die schnelle Auswahl von Optionen.

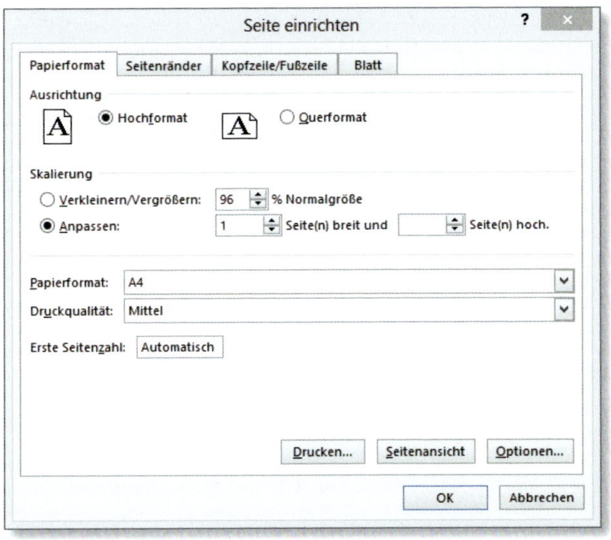

Abbildung 12.7 *Der Dialog »Seite einrichten« mit dem Register »Papierformat«*

Welche Optionen in dem Dialogfeld zur Verfügung stehen, hängt auch davon ab, welche Art von Blatt aktiviert ist. Wird ein Diagrammblatt ausgewählt, ist die Registerkarte **Blatt** durch **Diagramm** ersetzt. Außerdem hängen bestimmte Optionen von dem gewählten Drucker ab, denn nicht alle Drucker verfügen über die gleichen Leistungsmerkmale.

Seitenlayoutansicht

Es ist meist sinnvoll, die Seitenlayoutansicht zu aktivieren, bevor Sie mit den Optionen in der Gruppe **Seitenlayout > Seite einrichten** arbeiten, weil Sie dort die Wirkung bestimmter Einstellungen sofort kontrollieren können.

Diese Ansicht schalten Sie über die Schaltfläche **Seitenlayout** in der Gruppe **Ansicht > Arbeitsmappenansichten** ein. Schneller noch geht es über das **Seitenlayout**-Symbol in der Statusleiste.

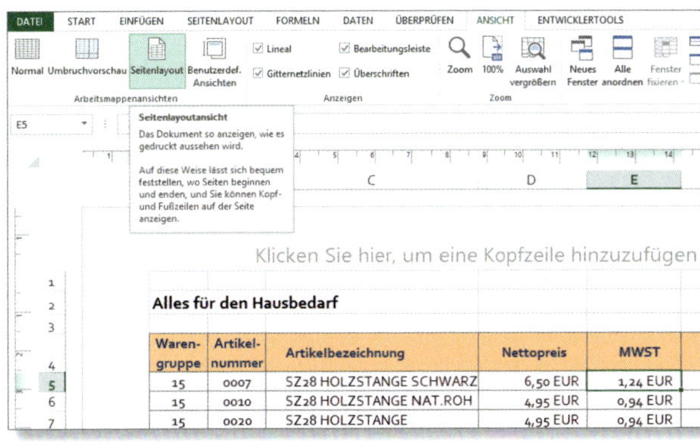

Abbildung 12.8 *Die Tabelle in der Layoutansicht*

Die in dieser Ansicht eingeblendeten Lineale helfen Ihnen bei einer genauen Platzierung von Objekten auf den jeweiligen Seiten. Die Maßeinheit entspricht als Vorgabe den regionalen Einstellungen des Rechners. Sie können über **Datei > Optionen** unter **Erweitert > Anzeige > Linealeinheiten** aber auch eine andere Maßeinheit wählen (**Zoll**, **Zentimeter**, **Millimeter**).

In dieser Ansicht lässt sich auch die Seitenaufteilung ganz gut prüfen. Sie brauchen dazu nur mit dem Schieberegler bei den **Zoom**-Optionen in der Statuszeile mal vorübergehend einen niedrigen Wert einzustellen. In der Statusleiste wird immer angezeigt, auf welcher Seite sich der Zellzeiger gerade befindet und wie viele Seiten das Dokument insgesamt hat. So können Sie die Einstellungen für den Druck und das Ergebnis vorher bereits testen. Auf diese Art und Weise sparen Sie sich etliche nicht zufriedenstellende Ergebnisse im Druck.

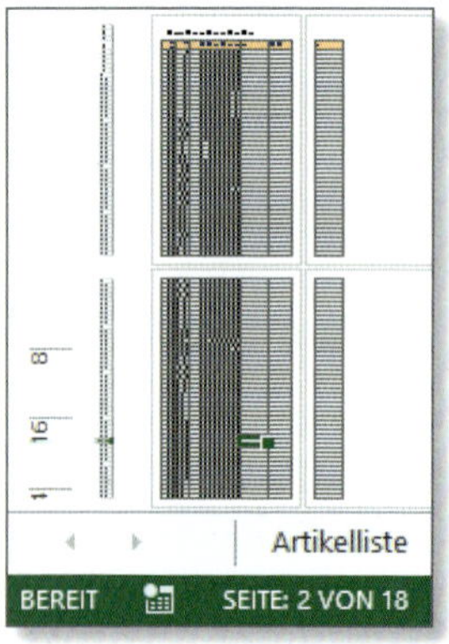

Abbildung 12.9 Bei einem kleinen Zoom-Wert lässt sich die Seitenaufteilung schnell überblicken.

Ansonsten können Sie in der Ansicht **Seitenlayout** mit der Tabelle genauso arbeiten wie in der Normalansicht.

Das gewünschte Papierformat einstellen

Wie viele Daten aufs Papier gebracht werden können, hängt natürlich insbesondere davon ab, welches Papierformat Sie verwenden und in welchem Druckformat die Daten auf diesem Papier gedruckt werden. Für die Wahl des Papierformats finden Sie in der Gruppe **Seitenlayout > Seite einrichten** die Schaltfläche **Format**, die eine Palette mit zahlreichen marktgängigen Formaten öffnet (siehe Abbildung 12.10). Reicht das Angebot nicht aus, nehmen Sie die Option **Weitere Papierformate**. Sie öffnet das Register **Papierformat** in dem in Abbildung 12.7 bereits abgebildeten Dialog **Seite einrichten**. In dem Listenfeld zu **Papierformat** finden Sie noch zahlreiche weitere Formate.

Um das Druckformat zu wählen, benutzen Sie im Menüband unter **Seite einrichten** die Schaltfläche **Ausrichtung** und wählen zwischen **Hochformat** und **Querformat**. Im angesprochenen Dialogfeld wählen Sie unter **Ausrichtung**, ob die Seite im **Hochformat** oder im **Querformat** gedruckt werden soll. Die dritte Möglichkeit ist, über **Datei > Drucken** in der dort angezeigten vierten Auswahlliste unter **Einstellungen** das Format zu wählen.

Beachten Sie, dass ein solcher Wechsel zwischen Hoch- und Querformat immer nur für den einzelnen Druckauftrag gilt. Wollen Sie generell mit dem Querformat arbeiten, müssen Sie diese Ausrichtung über die Eigenschaften des verwendeten Druckers einstellen.

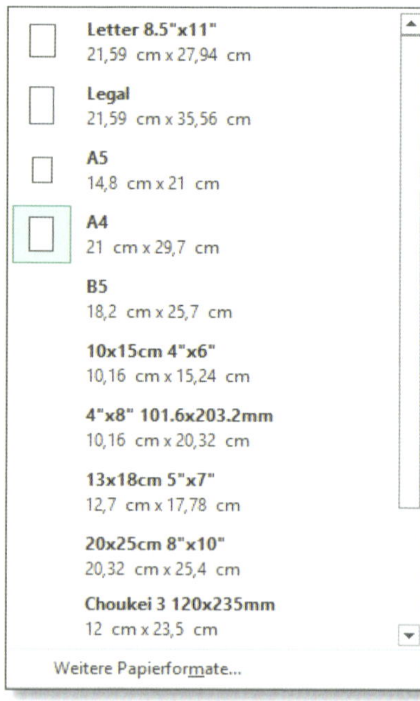

Abbildung 12.10 Sie können aus zahlreichen vorgegebenen Papierformaten wählen oder eigene definieren.

Seiten für den Druck skalieren

Wenn Sie eine Liste drucken wollen, bei der nur die letzte Spalte nicht mehr auf die Seite passt, können Sie überlegen, ob eine Skalierung hilft.

Dafür finden Sie in der Gruppe **Seitenlayout > An Format anpassen** zwei Listenfelder für die **Breite** und die **Höhe** der Seite und ein Drehfeld, in dem Sie einen Prozentsatz für die **Skalierung** der Seite einstellen können. Über die Listenfelder legen Sie fest, auf wie viele Seiten in der Breite und/oder in der Höhe der gesamte Druckbereich gedruckt werden soll.

Abbildung 12.11 *Optionen für die Skalierung der Seiteninhalte*

Wenn Sie z. B. feststellen, dass beim normalen Ausdruck 28 Seiten produziert würden, weil eben eine Spalte nicht mehr auf die ersten 14 Seiten passt, können Sie mit der Breite **1 Seite** Excel veranlassen, die Daten so weit zu verkleinern, dass die Tabelle in der Breite gerade auf eine Seite passt. Der Prozentsatz für die damit verbundene Skalierung wird in dem dann abgeblendeten Drehfeld angezeigt.

Entsprechendes könnte auch für die Höhe des Ausdrucks festgelegt werden, etwa um zu verhindern, dass eine oder zwei Zeilen am Ende noch eine zusätzliche Seite erfordern. Mit der Einstellung **Breite**: **1 Seite, Höhe**: **13 Seiten** benötigen Sie beispielsweise statt 2 x 14 = 28 Seiten nur noch 1 x 13 Seiten. Das ist also eine beträchtliche Ersparnis.

Die Alternative dazu ist, über das Drehfeld für **Skalierung** direkt eine bestimmte Verkleinerung oder auch Vergrößerung einzustellen. In diesem Fall müssen die beiden Listenfelder auf **Automatisch** eingestellt sein.

Ein paar vorgegebene Skalierungsstufen sind auch über **Datei > Drucken** in der dort angezeigten letzten Auswahlliste unter **Einstellungen** zu finden.

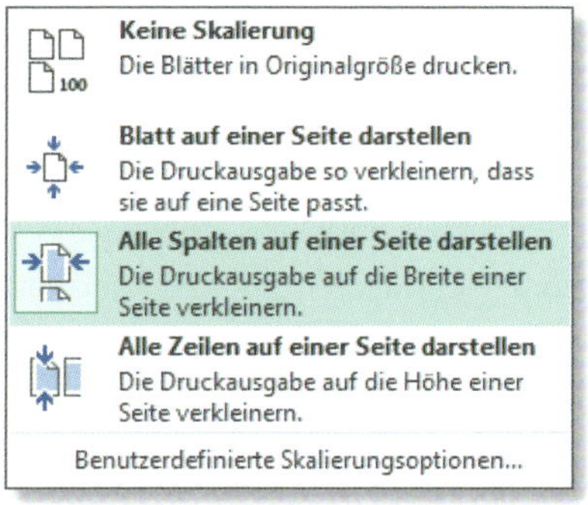

Abbildung 12.12 *Vorgegebene Skalierungsvarianten*

Ähnliche Einstellungen können Sie auch im Dialogfeld **Seite einrichten** über die Registerkarte **Papierformat** unter **Skalierung** vornehmen.

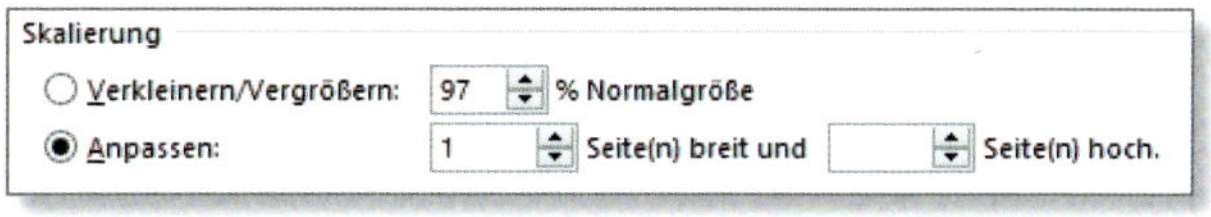

Abbildung 12.13 *Optionen zur Skalierung*

Wenn Sie die Option **Verkleinern/Vergrößern** wählen, können Sie in das Textfeld einen Prozentsatz eingeben, der das Maß der Verkleinerung oder Vergrößerung bestimmt. Dabei wird die Originalgröße als 100 % angenommen. Werte zwischen *10* und *400* sind erlaubt. Stattdessen können Sie auch mit der Option **Anpassen** arbeiten und festlegen, auf wie viele Seiten in der Breite und in der Höhe der gesamte Druckbereich verteilt werden soll.

Spalten- und Zeilenbeschriftungen auf jeder Seite

Bei einer langen Liste wie der Artikelliste stellt sich das Problem, wie die Spalten auf der zweiten und den folgenden Seiten beschriftet werden sollen. Bei Listen, die noch über wesentlich mehr Spalten verfügen und in zwei oder drei Bahnen gedruckt werden müssen, fehlen ab der zweiten Bahn die Zeilenbeschriftungen.

Vor einem ähnlichen Problem stehen Sie, wenn Sie nur die fünfte bis neunte Spalte einer Tabelle drucken wollen. In diesem Fall fehlen die Zeilenbeschriftungen ganz. Bevor Sie aber beginnen, die Seiten mit Klebstoff aneinanderzuheften, sehen Sie sich die Möglichkeit an, die Excel 2013 Ihnen hier als Alternative bietet. In all diesen Fällen sollten Sie die Option **Seitenlayout > Seite einrichten > Drucktitel** nutzen, die im Dialogfeld **Seite einrichten** die Registerkarte **Blatt** anbietet.

Zwei Eingabefelder stehen zur Verfügung. In dem Feld **Wiederholungszeilen oben** legen Sie fest, welche Zeilen mit Spaltenbeschriftungen auf jeder Seite mitgedruckt werden. Wird nur eine Zeile benutzt, reicht wieder die Adresse einer Zelle, die in dieser Zeile liegt. Bei mehrzeiligen Beschriftungen geben Sie einen Bereich von Zellen an. Im Beispiel der Artikelliste könnten die Zellen A1 bis A4 oder auch nur die Zelle A4 markiert werden.

Für eventuelle Zeilenbeschriftungen tragen Sie unter **Wiederholungsspalten links** die entsprechende Spalte oder die Spalten ein.

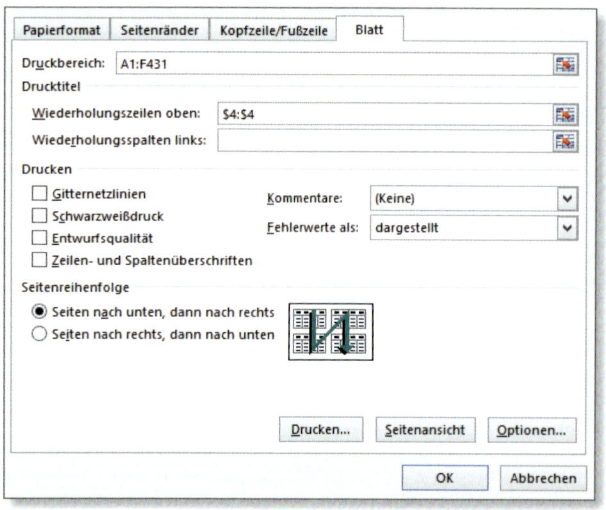

Abbildung 12.14 Auf dem Register »Blatt« geben Sie an, welche Zeilen und Spalten auf jeder Seite wiederholt werden.

Das Programm wiederholt immer nur die Beschriftungen, die dem aktuellen Druckbereich entsprechen. Wenn Sie beispielsweise eine Liste haben wollen, die nur die Nettopreise ausgibt, legen Sie als Druckbereich z. B. »B4:D430« fest. Excel verwendet dann auch nur die Rubriken der Spalten B bis D, wie die Seitenvorschau zeigt.

Artikel-nummer	Artikelbezeichnung	Nettopreis
1080	SZ28 STAHLROHR WEISS	4,50 EUR
1082	SZ28 ME-ROHR MESS.POL.	12,15 EUR
1083	SZ28 STAHLROHR TITAN	8,65 EUR
1085	SZ28 STAHLROHR CHROMF.	7,50 EUR
1086	SZ28 STAHLROHR ROT	5,55 EUR
1088	SZ28 STAHLROHR MESSING	5,40 EUR
1098	SZ28 ENDKNOPF COMO	3,10 EUR
1099	SZ28 ENDKNOPF COMO	2,80 EUR
1112	SZ28 ENDKNOPF IBIZA ROT	1,60 EUR
1175	SZ28 KNOPF IBIZA CHROMF	3,85 EUR
2086	SZ28 TRAEGER 12CM ROT	2,20 EUR

2 von 9

Abbildung 12.15 Die zweite Seite übernimmt nur die Spaltenüberschriften, die benötigt werden.

Wollen Sie die Kolumnentitel und Zeilenbeschriftungen wieder ausschalten, müssen Sie die Eintragungen in den beiden Textfeldern löschen.

Optionen zu Umfang und Qualität des Ausdrucks

Unter **Drucken** können Sie auf dem Register **Blatt** noch auswählen, welche Elemente des Tabellenblatts mitgedruckt werden und welche nicht. Außerdem können Sie hier sparsamere Druckverfahren für Probedrucke einschalten:

- **Gitternetzlinien:** Schaltet den Druck von Gitternetzlinien an oder aus. (Diese Einstellung ist unabhängig von der Bildschirmanzeige.)
- **Kommentare:** Für Kommentare gibt es eine Auswahlliste, ob und wo die Kommentare gedruckt werden sollen. Sie können am Ende des Blatts oder so wie am Bildschirm angezeigt ausgegeben werden.
- **Zeilen- und Spaltenüberschriften:** Schaltet den Druck von Zeilen- und Spaltenköpfen an oder aus.

- **Fehlerwerte:** Diese Option in Excel 2013 erlaubt Ihnen beispielsweise, festzulegen, dass Fehlerwerte im Druck nicht wie in der Tabelle dargestellt erscheinen, sondern durch leere Zellen oder Querstriche oder den Wert *#NV* ersetzt werden.
- **Schwarzweißdruck** schaltet den Schwarz-Weiß-Druck von Zellen und Zeichenobjekten ein und aus. Alle Vordergrundfarben außer Weiß werden in Schwarz und alle Hintergrundfarben außer Schwarz in Weiß gedruckt. Die Option ist eine Alternative zum Druck von Grauabstufungen auf einem Schwarzweißdrucker. Bei Farbdruckern kann sie verwendet werden, um für einen Test den Druck zu beschleunigen.
- **Entwurfsqualität** druckt die Tabelle ohne eingebettete Diagramme, Grafiken und Gitternetzlinien.

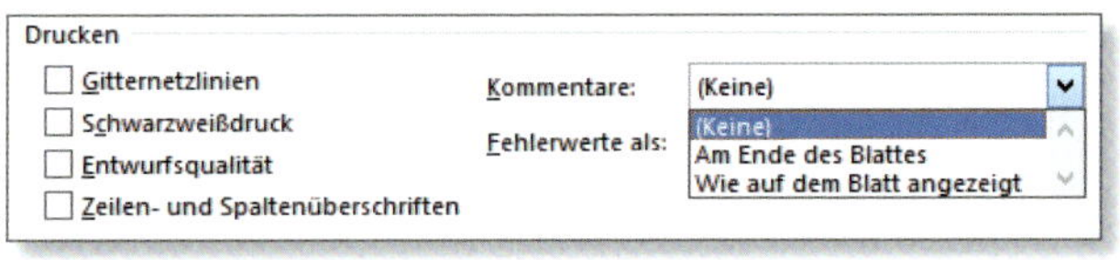

Abbildung 12.16 *Verschiedene Optionen, die bestimmen, was und wie gedruckt wird.*

Der Druck der Gitternetzlinien und der Überschriften für Spalten und Zeilen lässt sich auch über **Seitenlayout > Blattoptionen** ein- und ausschalten.

Die Registerkarte **Papierformat** erlaubt unter **Druckqualität** noch die Auswahl verschiedener Qualitätsstufen, die sich auf die Auflösung beziehen, mit der die Seite gedruckt werden soll. Die Anzahl der Punkte pro Zoll (dpi = *d*ots *p*er *i*nch) ist ein Maß für die Qualität des Ausdrucks. Ein höherer dpi-Wert verbessert die Qualität, verlangsamt aber den Ausdruck deutlich, weil der Drucker ja wesentlich mehr Punkte ansteuern muss.

Senkrechte oder waagerechte Seitenbahnen

Passen die Spalten eines mehrseitigen Druckauftrags nicht auf die Seite, können Sie die vorgegebene Druckreihenfolge hier ändern. Sollen immer erst alle Seiten gedruckt werden, die nebeneinandergelegt alle Spalten abdecken, aktivieren Sie auf dem Register **Blatt** unter **Seitenreihenfolge** die Option **Seiten nach rechts, dann nach unten**. Der Effekt wird durch ein kleines Tabellenmuster veranschaulicht.

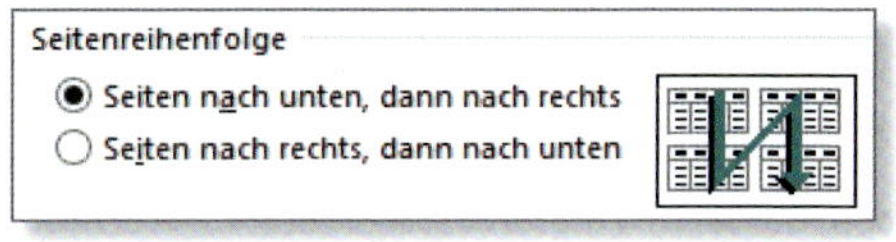

Abbildung 12.17 *Das Muster zeigt die Wirkung der veränderten Seitenreihenfolge.*

Druckoptionen bei Diagrammblättern

Während beim Druck von Diagrammblättern die Optionen für die Seitenreihenfolge und die Skalierung im oben beschriebenen Sinn nicht verwendet werden können, stehen auf der Registerkarte **Diagramm** nur die zwei Optionen **Entwurfsqualität** und **Schwarzweißdruck** zur Verfügung.

Kopf- und Fußzeilen einrichten

Eine Kopfzeile ist ein zusätzlicher Bereich, der auf jeder Seite erscheint, die von dem Druckbereich gedruckt wird. Sie kennen das aus Büchern oder Zeitschriften, in denen die Kopfzeile oft die Kapitelüberschrift und die Seitenzahl enthält. Die Fußzeile erscheint ebenfalls auf jeder Seite, nur eben unter dem, was vom Tabellenblatt auf die Seite gedruckt wird.

Für die Gestaltung der Kopf- und Fußzeilen bietet Ihnen Excel 2013 mit den **Kopf- und Fußzeilentools** ein bequemes Verfahren über das Menüband an. Zusätzlich wird aber auch das aus den früheren Versionen bekannte Verfahren über das Dialogfeld **Seite einrichten** weiter unterstützt.

Kopf- und Fußzeilentools

Wir wollen hier für unsere Artikelliste eine Kopfzeile anlegen, die eine Seitennummerierung und noch ein paar Informationen zur Liste enthalten soll. Das geht so:

1. Rufen Sie über **Einfügen > Text > Kopf- und Fußzeile** die **Kopf- und Fußzeilentools** auf. Excel blendet das Register **Entwurf** mit vier Gruppen von Schaltflächen und Optionen für die Gestaltung der Kopf- und Fußzeilen ein.

2. Die Ansicht **Seitenlayout** wird automatisch eingeschaltet, auch wenn Sie vorher in der Ansicht **Normal** gearbeitet haben. Wenn Sie bereits in der Ansicht **Seitenlayout** arbeiten, können Sie den ersten Schritt überspringen, indem Sie über der Tabelle den Link **Klicken Sie hier, um eine Kopfzeile hinzuzufügen** verwenden.

3. Das mittlere Eingabefeld für die Kopfzeile wird schon geöffnet, sodass Sie dort sofort den gewünschten Inhalt einfügen können. Insgesamt werden drei Eingabebereiche über dem Zellenraster angeboten, die Sie einfach per Klick oder Tipp aktivieren.

4. Um einen Eingabebereich zu füllen, verwenden Sie die Symbole in der Gruppe **Kopf- und Fußzeilenelemente**. Ein Klick oder Tipp auf eines der Elementsymbole fügt einen speziellen Code für das betreffende Element ein. Um in der Mitte eine Seitennummerierung einzurichten, klicken Sie auf das Symbol **Seitenzahl**.

5. Soll zusätzlich die Gesamtzahl der Seiten des Dokuments angezeigt werden, fügen Sie im Eingabefeld hinter den Code `&[Seite]` das Wort `von` ein und benutzen anschließend das Symbol **Anzahl der Seiten**. Der Code heißt dann `&[Seite] von &[Seiten]` und liefert die gewünschte Darstellung, die in der Ansicht **Seitenlayout** sofort zu sehen ist, wenn Sie ein anderes der Eingabefelder anklicken.

6. Wenn Sie die Seitennummerierung in einer größeren Schrift haben wollen, markieren Sie den Code und formatieren den Text mithilfe der dann eingeblendeten Minisymbolleiste oder wie jeden anderen Text über das Register **START** und die Gruppe **Schriftart**. Auch mehrzeilige Einträge sind erlaubt. Drücken Sie dazu ⇧ + ↵, um eine neue Zeile zu erreichen.

Sie haben freie Hand, in die drei Eingabebereiche Code für die angebotenen Elemente einzufügen und ihn durch eigene Textelemente zu ergänzen wie in Schritt 5. Für die Fußzeile stehen genau die gleichen Optionen zur Verfügung, Sie können also frei entscheiden, wo Sie was platzieren.

In Tabelle 12.1 sind die Symbole und die entsprechenden Codes kurz zusammengestellt:

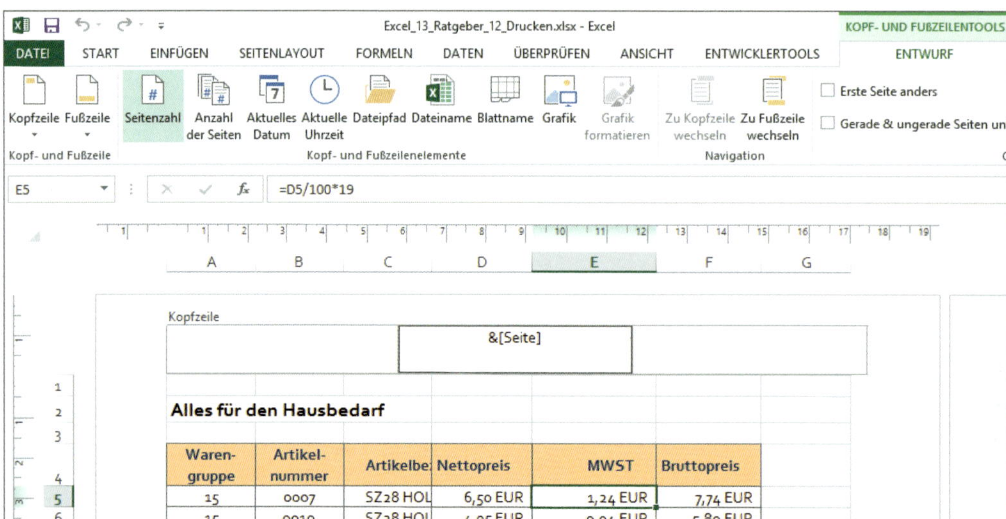

Abbildung 12.18 Eingabe einer Kopfzeile mithilfe der Kopf- und Fußzeilentools

Symbol	Bedeutung	Code
Seitenzahl	Seitenzahl	`&[Seite]`
Anzahl der Seiten	Anzahl der Seiten insgesamt	`&[Seiten]`
Aktuelles Datum	Aktuelles Datum	`&[Datum]`
Aktuelle Uhrzeit	Aktuelle Uhrzeit	`&[Zeit]`
Dateipfad	kompletter Dateipfad	`&[Pfad]&[Datei]`
Dateiname	Dateiname	`&[Datei]`
Blattname	Blattname	`&[Register]`
Grafik	Grafik einfügen	`&[Grafik]`
Grafik formatieren	Grafik formatieren	`###`

Tabelle 12.1 *Die Symbole für die Gestaltung der Kopf- und Fußzeilen*

Wenn Sie ein Logo in einen der Eingabebereiche der Kopfzeile einfügen wollen, öffnen Sie mit dem Symbol **Grafik** den Dialog **Grafik einfügen** und wählen die Datei aus. Über das Kontextmenü des Bildes finden Sie einige Befehle, die sich auf das Bild auswirken. Falls die Datei nicht die richtige Größe hat, benutzen Sie das Symbol **Grafik formatieren** und wählen eine brauchbare Größe oder Skalierung. Das Symbol ist übrigens nur aktiviert, wenn vorher eine Grafik eingefügt und auch ausgewählt ist.

Abbildung 12.19 zeigt ein Beispiel für die Kopfzeile der Artikelliste mit einem Logo, einer Seitenpaginierung und dem Datum des Ausdrucks.

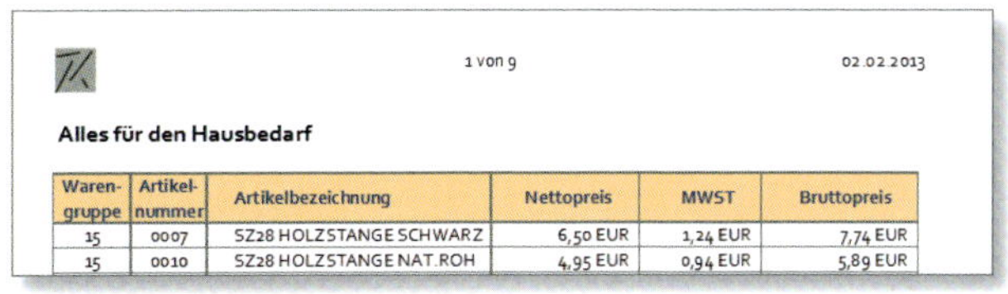

Abbildung 12.19 *Die Kopfzeile in der Ansicht »Seitenlayout«*

TIPP

Start der Paginierung
Wenn Sie die Seitenzahlen nicht mit 1 beginnen wollen, können Sie die automatische Einstellung überschreiben. Dies ist möglich im Dialog **Seite einrichten** auf dem Register **Papierformat** unter **Erste Seitenzahl**.

Kopf- und Fußzeilenvorgaben

Wenn Sie sich mit der manuellen Zusammenstellung nicht abgeben wollen, können Sie auch eine der vorgegebenen Kopf- oder Fußzeilen einblenden, die Excel aus den aktuellen Daten generiert. Diese Vorgaben lassen sich über die Menüs der Schaltflächen in der Gruppe **Kopf- und Fußzeile** einfügen.

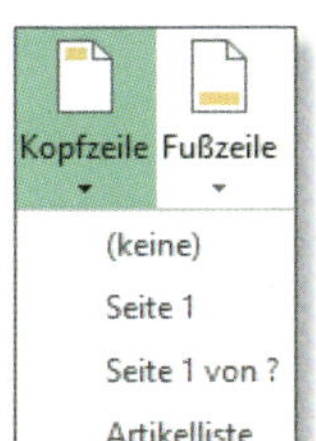

Abbildung 12.20 *Menü vorgegebener Kopfzeilen*

Navigation und Optionen

Neben den beiden Schaltflächen in der Gruppe **Navigation**, mit denen Sie bequem zwischen Kopf- und Fußzeile hin- und herspringen, sind noch die Einstellungen von Bedeutung, die in der Gruppe **Optionen** zusammengestellt sind.

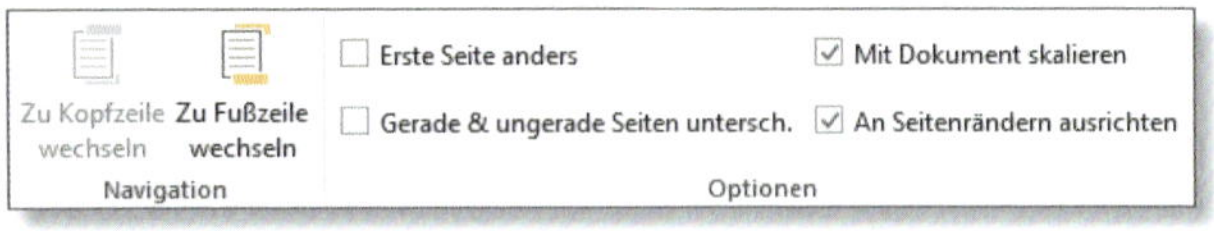

Abbildung 12.21 Die Gruppen »Navigation« und »Optionen«

- Die Option **Erste Seite anders** bewirkt, dass für diese Seite keine Kopf- oder Fußzeile ausgegeben wird.
- Wird **Gerade & ungerade Seiten untersch.** aktiviert, kann eine zweite Variante der Kopf- bzw. Fußzeile gewählt werden.
- **Mit Dokument skalieren** sorgt dafür, dass die Kopf- und Fußzeilen bei der Skalierung des Blatts berücksichtigt werden.
- **An Seitenrändern ausrichten** sorgt dafür, dass beispielsweise eine Randvergrößerung für die Seite auch für die Kopf- und Fußzeile gilt.

Beachten müssen Sie beim Einsatz von Kopf- und Fußzeilen, dass Sie die Seitenränder oben und unten nicht so klein einstellen, dass zu wenig Platz ist.

Kopf- und Fußzeilen per Dialog

Die ältere Methode, Kopf- und Fußzeilen einzufügen, verwendet im Dialog **Seite einrichten** das Register **Kopfzeile/Fußzeile**.

Die vorgegebenen Muster finden Sie hier in den Listen, die der Pfeil zu den Feldern **Kopfzeile** oder **Fußzeile** öffnet. In den Feldern darüber wird jeweils angezeigt, wie die Zeile zusammengesetzt ist.

Wenn Ihnen die angebotenen *Konfektionsanzüge* nicht gefallen, wählen Sie die Schaltflächen **Benutzerdefinierte Kopfzeile** bzw. **Benutzerdefinierte Fußzeile**, um die gewählten Vorgaben zu bearbeiten oder die Zeilen ganz neu einzugeben.

Die vier Optionen im unteren Teil des Dialogs entsprechen den Optionen aus der Gruppe **Optionen** im Register **Entwurf**.

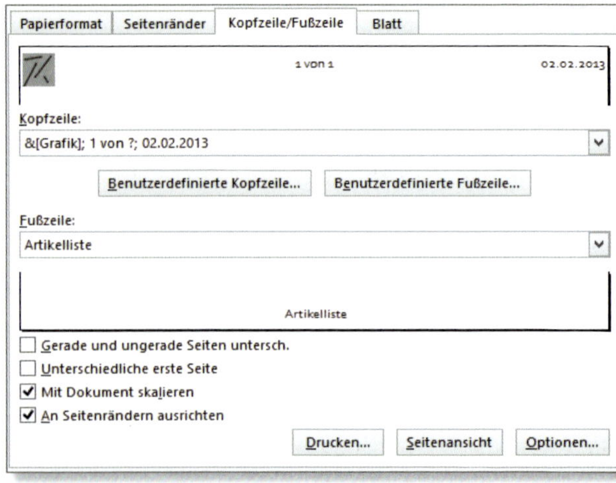

Abbildung 12.22 Die Registerkarte »Kopfzeile/Fußzeile« mit den im letzten Beispiel verwendeten Einstellungen

Für die Bearbeitung der Kopf- oder Fußzeile stellt Excel einen entsprechenden Dialog zur Verfügung, in dem jeweils drei Eingabebereiche angeboten werden, wie es oben bereits beschrieben ist. Das Verfahren ist das gleiche. Sie klicken einen Eingabebereich an und dann eines der Symbole, die den in Tabelle 12.1 beschriebenen Code generieren.

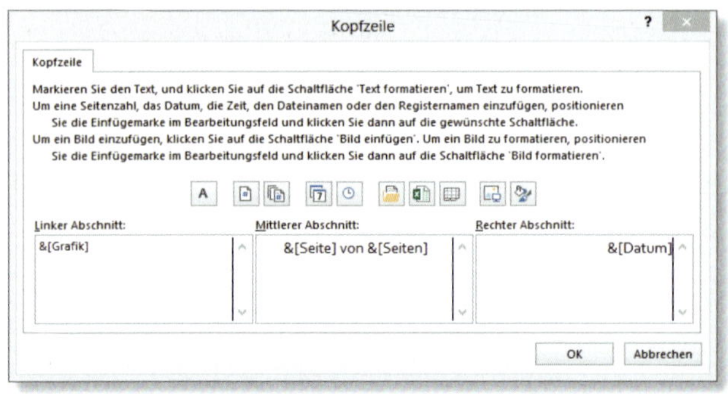

Abbildung 12.23 Die Zusammenstellung einer Kopfzeile im Dialog »Kopfzeile«

Zusätzlich in diesem Dialog ist nur die Schaltfläche mit dem **A**. Damit können Sie markierte Texte eines Bereichs formatieren. Dazu wird das Dialogfeld **Schrift** geöffnet. Sie können also einzelne Wörter oder Zeichen in der Kopf- oder Fußzeile unterstreichen oder fett drucken, wie Sie es gerade benötigen.

TIPP

Kopf- und Fußzeilen bei Einzelblättern
Beim Druck einzelner Blätter oder Formulare – z. B. beim Druck eines Bestellformulars – sollten Sie darauf achten, dass keine überflüssigen Dinge mitgedruckt werden. Ein Einzelblatt kommt beispielsweise ohne Seitennummer aus. Löschen Sie genauso alle anderen Elemente, die Sie nicht benötigen. Wählen Sie aus der Liste der Vorgaben die Einstellung **(keine)**.

Bestimmung der Ränder

Als Vorgabe lässt Excel beim Drucken an jeder Seite oben und unten etwa 1,9 cm und links und rechts etwa 1,8 cm Rand. Wenn Sie eine Kopfzeile verwenden, wird sie innerhalb dieses Rands gedruckt; die Vorgabe ist 0,8 cm vom oberen Seitenrand. Entsprechendes gilt für die Fußzeile.

Falls die Vorgabe für einen Druckauftrag nicht geeignet ist, stehen Ihnen noch einige alternative Vorgaben zur Verfügung, die Sie über die Schaltfläche **Seitenränder** in der Gruppe **Seitenlayout > Seite einrichten** auswählen können. Die gleiche Palette wird Ihnen auch über **Datei > Drucken** unter **Einstellungen** angeboten.

Die Optionen **Normal**, **Breit** und **Schmal** geben Randstellungen für alle Seiten vor, die aufeinander abgestimmt sind. Sie sollten deshalb prüfen, ob sie nicht für viele Ihrer Druckaufträge brauchbar sind.

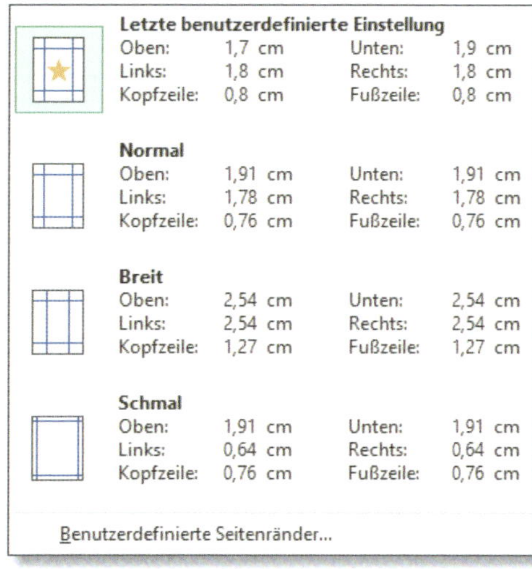

Abbildung 12.24 *Auch für die Seitenränder wird Ihnen eine Palette mit vordefinierten Lösungen angeboten.*

Benötigen Sie andere Einstellungen, öffnen Sie über die Option **Benutzerdefinierte Seitenränder** das Register **Seitenränder** im Dialog **Seite einrichten** und legen die gewünschten Werte im Einzelnen fest.

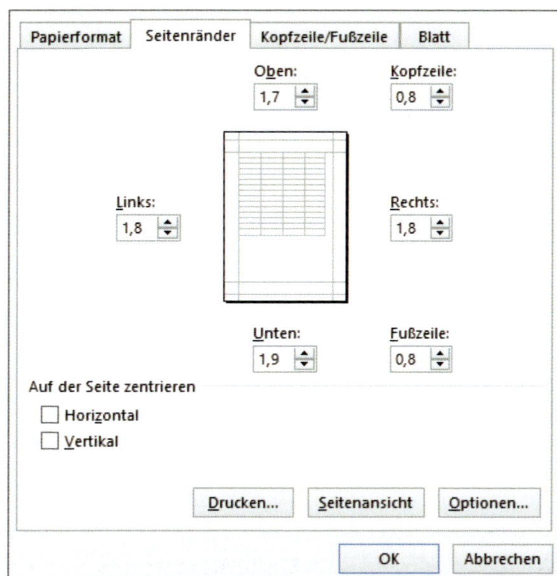

Abbildung 12.25 *Über die Registerkarte »Seitenränder« lassen sich die Abstände zur Blattkante exakt einstellen.*

Die auf diese Weise zuletzt definierte Seitenrandeinstellung wird automatisch in die Randpalette als erste Position übernommen, sodass Sie sie jederzeit wieder verwenden können.

Alle sechs Randeinstellungen können Sie auf der Registerkarte **Seitenränder** durch Eintragen von Zentimeterangaben oder durch Auswahl mit den kleinen Schaltflächen neu einstellen.

In der Mitte des Registers finden Sie eine schematische Darstellung, in der immer die Linie markiert wird, die Sie gerade verändern. Wenn Sie z. B. einen größeren Lochrand lassen wollen, ändern Sie den Wert bei **Links** entsprechend.

TIPP

Überlappung vermeiden
Achten Sie bei den Werten für **Kopfzeile** bzw. **Fußzeile** darauf, dass die eingegebenen Werte zu den Werten für **Oben** bzw. **Unten** passen, damit es zu keiner Überlappung kommt.

Sollen möglichst viele Spalten auf ein Blatt, werden Sie die Ränder vielleicht enger setzen wollen. Sie sollten aber beachten, dass solche Papiere meist in irgendeinem Aktenordner abgeheftet werden. Soll Platz für Bemerkungen frei gelassen werden, können Sie auch einen breiteren rechten Rand wählen.

Unter **Auf der Seite zentrieren** lässt sich die Platzierung des gedruckten Bereichs innerhalb der Ränder beeinflussen. Normalerweise wird der Druckbereich direkt an den linken und den oberen Rand gerückt. Wird die Seite durch den zu druckenden Bereich nicht ganz ausgefüllt, lässt er sich sowohl horizontal als auch vertikal zentrieren.

Interaktive Kontrolle der Seitenaufteilung

Excel stellt Ihnen ein weiteres Mittel zur Verfügung, um bei mehrseitigen Druckausgaben zu einem wunschgemäßen Ergebnis zu kommen. Das Register **Ansicht** enthält in der Gruppe **Arbeitsmappenansichten** dazu die Schaltfläche **Umbruchvorschau**.

Bei dieser Ansicht wird das Tabellenblatt so ausgegeben, dass Sie die Seitenaufteilung und Seitennummerierung gut überblicken können. Die sonst eher zarten Seitenumbruchlinien sind durch dickere Linien ersetzt.

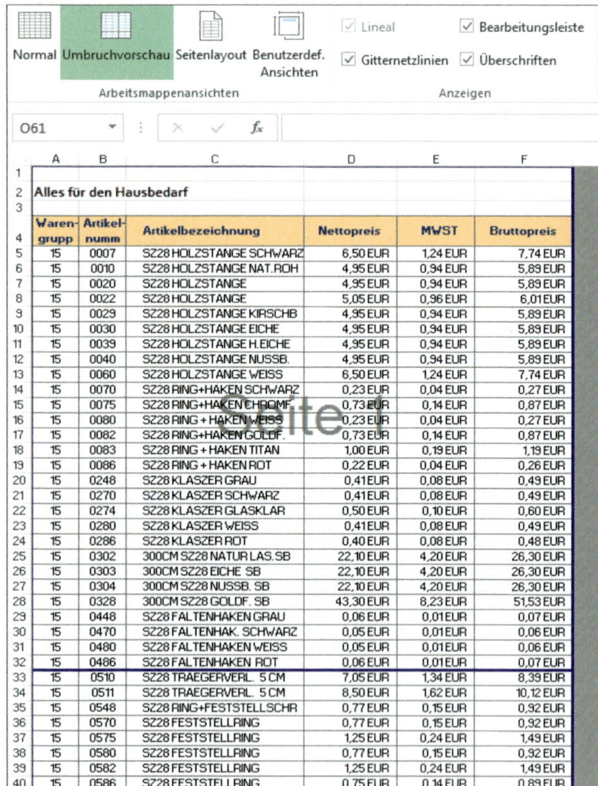

	A	B	C	D	E	F
1						
2	Alles für den Hausbedarf					
3						
4	Waren-grupp	Artikel-numm	Artikelbezeichnung	Nettopreis	MWST	Bruttopreis
5	15	0007	SZ28 HOLZSTANGE SCHWARZ	6,50 EUR	1,24 EUR	7,74 EUR
6	15	0010	SZ28 HOLZSTANGE NAT.ROH	4,95 EUR	0,94 EUR	5,89 EUR
7	15	0020	SZ28 HOLZSTANGE	4,95 EUR	0,94 EUR	5,89 EUR
8	15	0022	SZ28 HOLZSTANGE	5,05 EUR	0,96 EUR	6,01 EUR
9	15	0029	SZ28 HOLZSTANGE KIRSCHB	4,95 EUR	0,94 EUR	5,89 EUR
10	15	0030	SZ28 HOLZSTANGE EICHE	4,95 EUR	0,94 EUR	5,89 EUR
11	15	0039	SZ28 HOLZSTANGE H.EICHE	4,95 EUR	0,94 EUR	5,89 EUR
12	15	0040	SZ28 HOLZSTANGE NUSSB.	4,95 EUR	0,94 EUR	5,89 EUR
13	15	0060	SZ28 HOLZSTANGE WEISS	6,50 EUR	1,24 EUR	7,74 EUR
14	15	0070	SZ28 RING+HAKEN SCHWARZ	0,23 EUR	0,04 EUR	0,27 EUR
15	15	0075	SZ28 RING+HAKEN CHROMF.	0,73 EUR	0,14 EUR	0,87 EUR
16	15	0080	SZ28 RING + HAKEN WEISS	0,23 EUR	0,04 EUR	0,27 EUR
17	15	0082	SZ28 RING+HAKEN GOLDF.	0,73 EUR	0,14 EUR	0,87 EUR
18	15	0083	SZ28 RING + HAKEN TITAN	1,00 EUR	0,19 EUR	1,19 EUR
19	15	0086	SZ28 RING + HAKEN ROT	0,22 EUR	0,04 EUR	0,26 EUR
20	15	0248	SZ28 KLASZER GRAU	0,41 EUR	0,08 EUR	0,49 EUR
21	15	0270	SZ28 KLASZER SCHWARZ	0,41 EUR	0,08 EUR	0,49 EUR
22	15	0274	SZ28 KLASZER GLASKLAR	0,50 EUR	0,10 EUR	0,60 EUR
23	15	0280	SZ28 KLASZER WEISS	0,41 EUR	0,08 EUR	0,49 EUR
24	15	0286	SZ28 KLASZER ROT	0,40 EUR	0,08 EUR	0,48 EUR
25	15	0302	300CM SZ28 NATUR LAS.SB	22,10 EUR	4,20 EUR	26,30 EUR
26	15	0303	300CM SZ28 EICHE SB	22,10 EUR	4,20 EUR	26,30 EUR
27	15	0304	300CM SZ28 NUSSB. SB	22,10 EUR	4,20 EUR	26,30 EUR
28	15	0328	300CM SZ28 GOLDF. SB	43,30 EUR	8,23 EUR	51,53 EUR
29	15	0448	SZ28 FALTENHAKEN GRAU	0,06 EUR	0,01 EUR	0,07 EUR
30	15	0470	SZ28 FALTENHAK. SCHWARZ	0,05 EUR	0,01 EUR	0,06 EUR
31	15	0480	SZ28 FALTENHAKEN WEISS	0,05 EUR	0,01 EUR	0,06 EUR
32	15	0486	SZ28 FALTENHAKEN ROT	0,06 EUR	0,01 EUR	0,07 EUR
33	15	0510	SZ28 TRAEGERVERL. 5 CM	7,05 EUR	1,34 EUR	8,39 EUR
34	15	0511	SZ28 TRAEGERVERL. 5 CM	8,50 EUR	1,62 EUR	10,12 EUR
35	15	0548	SZ28 RING+FESTSTELLSCHR	0,77 EUR	0,15 EUR	0,92 EUR
36	15	0570	SZ28 FESTSTELLRING	0,77 EUR	0,15 EUR	0,92 EUR
37	15	0575	SZ28 FESTSTELLRING	1,25 EUR	0,24 EUR	1,49 EUR
38	15	0580	SZ28 FESTSTELLRING	0,77 EUR	0,15 EUR	0,92 EUR
39	15	0582	SZ28 FESTSTELLRING	1,25 EUR	0,24 EUR	1,49 EUR
40	15	0586	SZ28 FESTSTELLRING	0,75 EUR	0,14 EUR	0,89 EUR

Abbildung 12.26 *Die Artikelliste in der Umbruchvorschau*

Diese Seitenumbruchlinien lassen sich nun direkt mit Maus, Finger oder Stift verschieben, sodass Sie die Spalten- und Zeilenverteilung beliebig ändern können. Der Mauszeiger nimmt dabei die Form eines Doppelpfeils an. Die Seitenzahlen werden unübersehbar auf die Tabelle gelegt.

Auf diese Weise lässt sich schnell eine Seitenaufteilung korrigieren, bei der etwa ein oder zwei Spalten einer Tabelle in die nächste Seite hineinreichen. Excel skaliert die Seiten des Druckauftrags automatisch so, dass die ausgewählten Bereiche jeweils auf die Seiten passen.

Allerdings gilt die aus der Verschiebung folgende Skalierung immer für alle Seiten. Wenn Sie beispielsweise nur eine einzelne Seite nach unten verlängern, bleiben die Seitenumbrüche für die anderen Seiten unverändert. Im Endergebnis können dann auf den anderen Seiten unerwünschte Leerräume entstehen.

Da in dieser Ansicht auch die normalen Kopier- und Verschiebefunktionen arbeiten, lassen sich Zellbereiche auch an eine andere Stelle rücken, um eine bessere Seitenaufteilung zu erreichen. Wenn Sie das Kontextmenü zu einer beliebigen Zelle öffnen, finden Sie in diesem Fall auch die Befehle, die mit dem Seitenumbruch und der Festlegung des Druckbereichs zu tun haben (siehe Abbildung 12.27).

Sie können über das Kontextmenü fehlende Seitenumbrüche einfügen, wie es oben im Abschnitt »Manueller Seitenumbruch« ab Seite 500 bereits beschrieben ist. Die Seitenverteilung bezieht sich dabei immer entweder auf das gesamte Tabellenblatt oder nur auf den vorher ausgewählten Druckbereich.

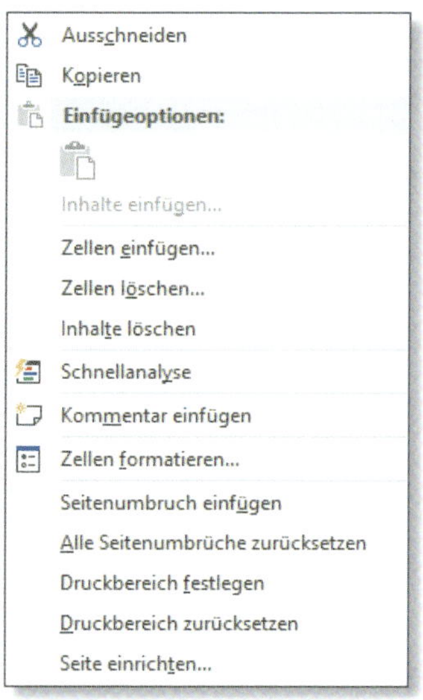

Abbildung 12.27 *In der Seitenumbruchvorschau bietet das Kontextmenü Befehle, um Seitenumbrüche einzufügen oder zu entfernen.*

Um die Seitenumbruchvorschau wieder zu verlassen, verwenden Sie eine der anderen Ansichtsschaltflächen in der Gruppe **Ansicht > Arbeitsmappenansichten** oder bequemer noch die Ansichtssymbole in der Statusleiste.

Prüfung des Layouts in der Seitenansicht

Die Fülle der Gestaltungsmöglichkeiten, die Excel Ihnen anbietet, legt es nahe, insbesondere in der ersten Zeit, in der Sie mit dem Programm arbeiten, ein wenig zu experimentieren, z. B. um die Schriftarten und -grade herauszufinden, die Ihrem Geschmack am meisten entsprechen. Damit es dabei nun nicht zu einer Überflutung Ihres Papierkorbs kommt, sollten Sie vor dem Klick auf die große Schaltfläche **Drucken** immer einen Blick auf die Seitenansicht daneben werfen.

Die **Seitenansicht** zeigt Ihnen am Bildschirm etwas verkleinert, aber in den Proportionen übereinstimmend, wie die Seiten eines zum Druck bestimmten Bereichs aussehen werden. Hier können Sie vor dem Druck kontrollieren, ob die Seitenränder passen, ob die Kopf- und Fußzeilen korrekt sind und ob die Seitennummerierung stimmt.

Die **Seitenansicht** wird immer angezeigt, wenn Sie **Datei > Drucken** aufrufen, Sie können auch Strg + F2 verwenden. Wenn Sie jedes Mal einen Klick oder Tipp sparen wollen, holen Sie sich den Befehl **Seitenansicht und Drucken** in die Schnellzugriffsleiste. Öffnen Sie einfach das Menü der Leiste, und haken Sie die Option ab.

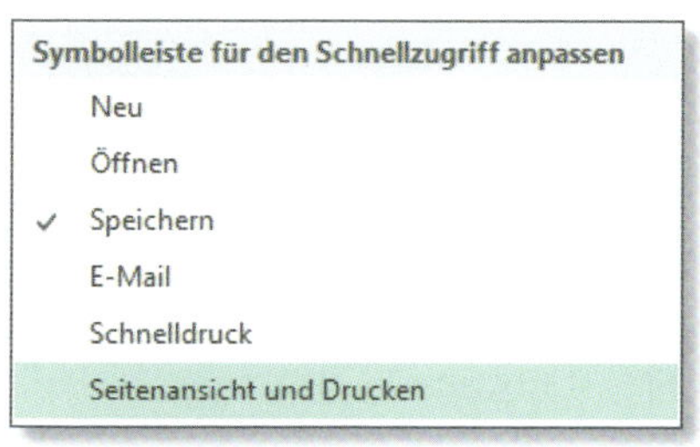

Abbildung 12.28 *Die Drucksymbole für die Schnellzugriffsleiste*

Dort wird auch ein Symbol **Schnelldruck** angeboten, mit dem Sie den Druck sofort mit den aktuellen Einstellungen starten, ohne die Seitenansicht anzuzeigen. Diese Funktion sollten Sie aber möglichst auf Druckaufträge beschränken, bei denen nicht viel schiefgehen kann.

Die Seitenansicht übernimmt immer sofort alle ausgewählten Einstellungen zur Seiteneinrichtung. Mit den kleinen Schaltflächen am unteren Rand können Sie zwischen den Seiten wechseln, um das Seitenlayout zu prüfen. Mit der zweiten Schaltfläche **Auf Seite zoomen** kann das Bild vergrößert werden, um Details anzuzeigen.

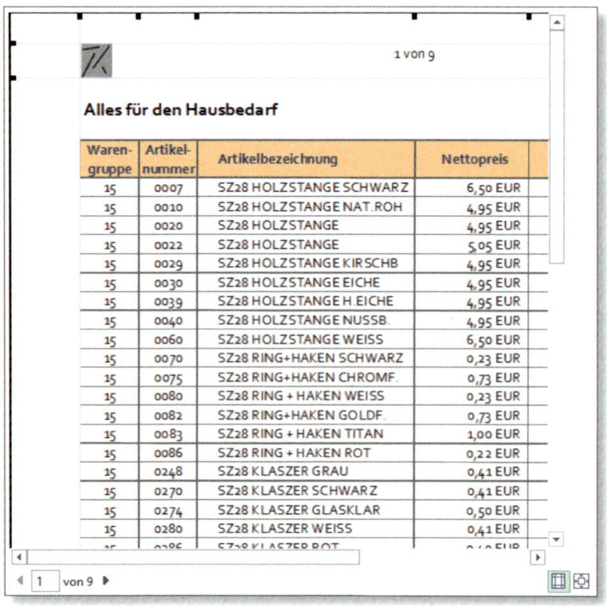

Warengruppe	Artikelnummer	Artikelbezeichnung	Nettopreis
15	0007	SZ28 HOLZSTANGE SCHWARZ	6,50 EUR
15	0010	SZ28 HOLZSTANGE NAT.ROH	4,95 EUR
15	0020	SZ28 HOLZSTANGE	4,95 EUR
15	0022	SZ28 HOLZSTANGE	5,05 EUR
15	0029	SZ28 HOLZSTANGE KIRSCHB	4,95 EUR
15	0030	SZ28 HOLZSTANGE EICHE	4,95 EUR
15	0039	SZ28 HOLZSTANGE H.EICHE	4,95 EUR
15	0040	SZ28 HOLZSTANGE NUSSB.	4,95 EUR
15	0060	SZ28 HOLZSTANGE WEISS	6,50 EUR
15	0070	SZ28 RING+HAKEN SCHWARZ	0,23 EUR
15	0075	SZ28 RING+HAKEN CHROMF.	0,73 EUR
15	0080	SZ28 RING + HAKEN WEISS	0,23 EUR
15	0082	SZ28 RING+HAKEN GOLDF.	0,73 EUR
15	0083	SZ28 RING + HAKEN TITAN	1,00 EUR
15	0086	SZ28 RING + HAKEN ROT	0,22 EUR
15	0248	SZ28 KLASZER GRAU	0,41 EUR
15	0270	SZ28 KLASZER SCHWARZ	0,41 EUR
15	0274	SZ28 KLASZER GLASKLAR	0,50 EUR
15	0280	SZ28 KLASZER WEISS	0,41 EUR

Abbildung 12.29 *Seitenansicht auf dem Register »Datei«*

Mit der Schaltfläche **Seitenränder anzeigen** blenden Sie interaktive Randmarkierungen ein und aus. Sie zeigen nicht nur die aktuellen Randeinstellungen, sondern auch die Breite der Spalten an. Sie können diese Markierungen mit Maus, Finger oder Stift verschieben. Der Mauszeiger nimmt dabei die Form eines Doppelpfeils mit einem Querbalken dazwischen an. Auf diese Weise können falsche Randeinstellungen per Sichtprüfung korrigiert werden.

Wenn Sie die Breite einer Spalte verändern, gilt dies nicht nur für den Ausdruck, die Einstellung wird in das Tabellenblatt übernommen.

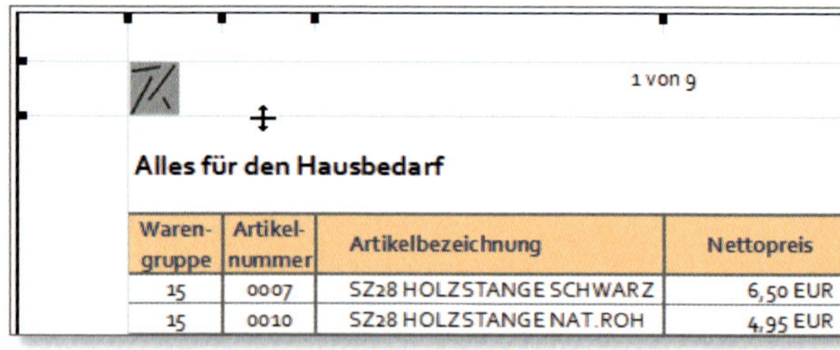

Warengruppe	Artikelnummer	Artikelbezeichnung	Nettopreis
15	0007	SZ28 HOLZSTANGE SCHWARZ	6,50 EUR
15	0010	SZ28 HOLZSTANGE NAT.ROH	4,95 EUR

Abbildung 12.30 *Sie können die Seitenränder direkt mit der Maus verschieben.*

12.2 Druckeinstellungen wählen

Je nachdem, wie viele Drucker Sie unter Windows installiert haben, können Sie über das Auswahlmenü **Drucker** zwischen verschiedenen Ausgabegeräten wählen. Suchen Sie den Drucker aus, den Sie verwenden wollen.

Abbildung 12.31 *Der Drucker verrät seinen Status.*

Auf der Schaltfläche wird immer gleich angezeigt, ob das Gerät sich im Status **Bereit** befindet oder ob es gerade **Offline** ist. Um die Arbeitsweise eines Druckers zu beeinflussen, wählen Sie den Link **Druckereigenschaften**.

Angezeigt werden nicht nur alle Drucker, sondern auch alle sonstigen Ausgabegeräte, die unter Windows installiert sind, z.B. Druckserver, der Microsoft XPS Document Writer oder Faxgeräte. Auch der *Ausdruck* in **OneNote**, dem elektronischen Notizbuch aus dem Microsoft-Office-Paket, steht Ihnen hier zur Verfügung.

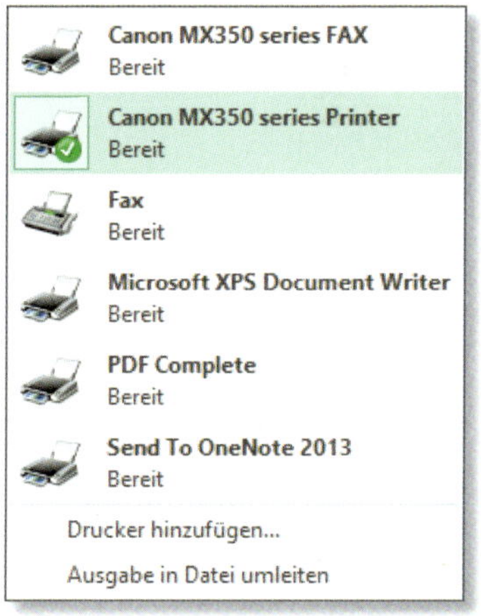

Abbildung 12.32 *Eine ganze Menge Ausgabegeräte steht zur Auswahl.*

Wenn Sie den Link **Druckereigenschaften** benutzen, erhalten Sie dasselbe Dialogfeld, das auch die Schaltfläche **Optionen** im Dialogfeld **Seite einrichten** öffnet. Wie dieses Dialogfeld aussieht, hängt nun allerdings ganz vom ausgewählten Drucker ab. In der Regel können Sie hier mindestens die Grafikauflösung, die Papiergröße, die Papierzufuhr und das Format ändern. Abbildung 12.33 zeigt ein Beispiel eines solchen Dialogs.

Beachten Sie, dass die Wahl des Formats in diesem Dialogfeld bedeutet, dass das Vorgabeformat für diesen Drucker vorübergehend – also nur für diesen Druckauftrag – geändert wird.

Die Qualitätseinstellungen betreffen die Frage, mit wie vielen Punkten pro Zoll eine Grafik aufs Papier gebracht wird. Je höher die Anzahl der Punkte, umso feiner das Bild, umso weniger Treppen in einer Kurve oder einem Kreis. Der Druck dauert bei einer hohen Auflösung dann aber auch etwas länger, weil der Drucker ja wesentlich mehr zu tun hat.

Sie sollten hier danach entscheiden, wie hoch Ihre Qualitätsansprüche oder die Ansprüche der Personen sind, denen Sie Ihre Diagramme vorlegen. Am besten testen Sie die verschiedenen Versionen einmal, um einen Vergleich zu haben.

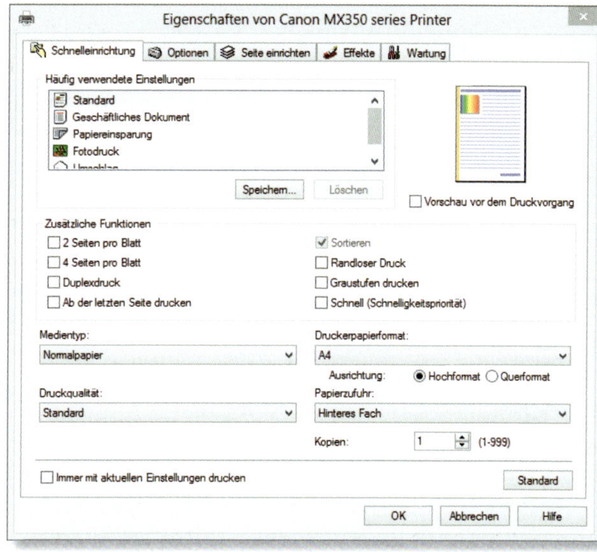

Abbildung 12.33 *Die Einstellungsmöglichkeiten eines Druckers hängen von dem dazugehörigen Druckertreiber ab.*

Excel speichert die Einstellungen, die Sie für eine Arbeitsmappe bzw. für jedes einzelne Blatt einer Mappe gesondert treffen können, mit der Arbeitsmappe ab. Wird eine neue Mappe geöffnet, werden wieder die Standardeinstellungen verwendet.

TIPP

Vorlage mit Seitenlayout und Druckeinstellung
Wollen Sie bei verschiedenen Arbeitsmappen mit denselben Einstellungen für das Seitenlayout und den Druck arbeiten, können Sie die Einstellungen in einer Mustervorlage speichern, wie es in Kapitel 4, »Tabellenblätter gestalten«, ab Seite 286 beschrieben wird.

Auswahl weiterer Druckeinstellungen

Auf der Seite **Datei > Drucken** ist unter **Einstellungen** normalerweise die Option **Aktive Blätter drucken** vorgegeben, d.h., solange nicht ausdrücklich mehrere Blätter ausgewählt sind, wird immer nur das gerade ausgewählte Blatt gedruckt. Soll die komplette Arbeitsmappe gedruckt werden, wählen Sie hier die Option **Gesamte Arbeitsmappe drucken**.

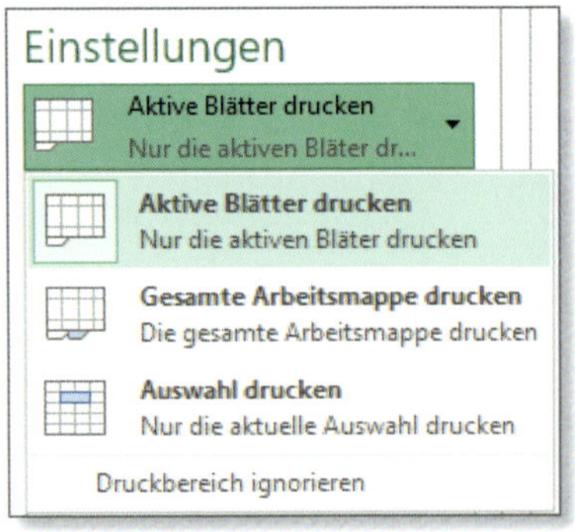

Abbildung 12.34 *Auswahloptionen für den Druckauftrag*

Auf die Option **Auswahl drucken** wurde im Abschnitt »Den Druckumfang festlegen« ab Seite 496 schon eingegangen. Bei Bedarf kann mit der Option **Druckbereich ignorieren** dafür gesorgt werden, dass definierte Druckbereiche für den aktuellen Druckvorgang nicht beachtet werden. Die Druckbereiche stehen aber weiter zur Verfügung.

Ist ein Druck über mehrere Seiten zu erwarten, besteht unter **Einstellungen** auch die Möglichkeit, über die Drehfelder unter **Seiten** eine bestimmte Auswahl von Seiten anzugeben. Geben Sie zuerst die Seitenzahl der ersten Seite an. Soll ab dieser Seite bis zum Ende gedruckt werden, kann das Feld **bis** leer bleiben, ansonsten geben Sie die Nummer der letzten Seite an, die noch gedruckt werden soll.

Statt des vorgegebenen einseitigen Drucks stehen Ihnen auch zwei Optionen für beidseitigen Druck zur Verfügung: **Blatt über lange Seite drehen** und **Blatt über kurze Seite drehen**.

Wenn mehr als eine mehrseitige Kopie zu drucken ist, stehen unter **Einstellungen** auch noch die Optionen **Sortiert** und **Getrennt** zur Verfügung. **Sortiert** bedeutet, dass immer erst ein Exemplar fertig gedruckt wird, bevor das nächste angefangen wird. Bei der Einstellung **Getrennt** dagegen wird von jeder einzelnen Seite erst immer die gewünschte Anzahl gedruckt. Die Exemplare müssen also später manuell in der richtigen Reihenfolge zusammengelegt werden.

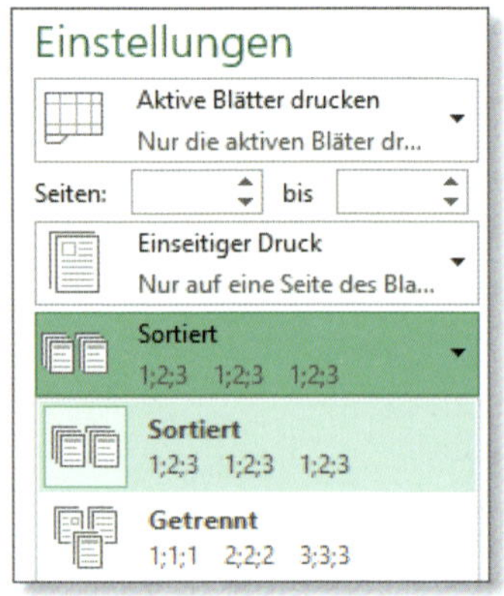

Abbildung 12.35 *Unter »Einstellungen« wählen Sie den Umfang und die Reihenfolge des Drucks.*

Die weiteren Schaltflächen unter **Einstellungen** beziehen sich auf den Wechsel zwischen Hoch- und Querformat, das Papierformat, die Randeinstellungen und die Skalierung. Es sind also alles Einstellungen, die auch über das Register **Seitenlayout** vorgenommen werden können und dort auch schon beschrieben wurden.

Der Vorteil, diese Einstellungen hier vorzunehmen, liegt allerdings darin, dass die Druckvorschau immer sofort angepasst wird und Sie das Ergebnis ganz gut kontrollieren können. Sind schließlich alle Einstellungen gewählt, starten Sie den Druck mit der Schaltfläche **Drucken**.

12.3 Tabellen als E-Mail versenden

Excel stellt Ihnen mehrere Möglichkeiten zur Verfügung, Tabellenblätter per E-Mail zu versenden. Die unkomplizierteste ist der Versand als Anhang einer E-Mail. Die nächste Alternative ist, nur einen Link auf die Arbeitsmappe zu versenden. Das setzt aber voraus, dass der Ort, an dem die Arbeitsmappe gespeichert ist, über das Web zugänglich ist.

Dritte Variante ist der Versand von Tabellenblättern als Nachricht innerhalb einer E-Mail. Dies ist interessant, wenn auf beiden Seiten mit Excel 2013 gearbeitet wird. Schließlich gibt es noch die Möglichkeit, Arbeitsmappen in eine PDF- oder XPS-Datei zu kopieren und diese als Anhang an eine E-Mail zu heften.

Eine Arbeitsmappe als Anhang versenden

Wenn Sie eine Arbeitsmappe als Anhang einer E-Mail verschicken wollen, muss entweder Outlook oder ein anderes dafür verwendbares Mailprogramm installiert sein. Das Verfahren selbst ist einfach:

1. Wenn die Arbeitsmappe ausgewählt ist, benutzen Sie auf dem Register **Datei** die Seite **Freigeben**.
2. Mit der Schaltfläche **E-Mail** blenden Sie zunächst mehrere Schaltflächen für verschiedene Varianten des Versands ein.

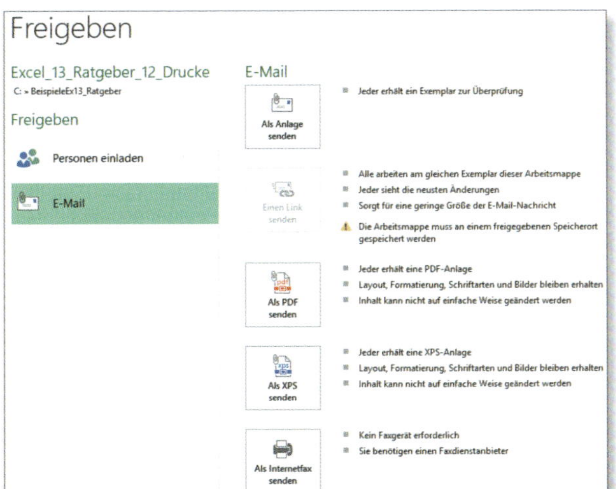

*^ **Abbildung 12.36** Für den Versand als E-Mail stehen mehrere Varianten zur Verfügung.*

3. Um eine Kopie der gerade aktiven Arbeitsmappe als Anlage an eine noch leere E-Mail anzuhängen, benutzen Sie die erste Schaltfläche **Als Anlage senden**.
4. Excel ruft das auf dem System installierte E-Mail-Programm auf und öffnet ein Fenster für eine neue E-Mail, in dem die Arbeitsmappe bereits als Anlage eingefügt ist.

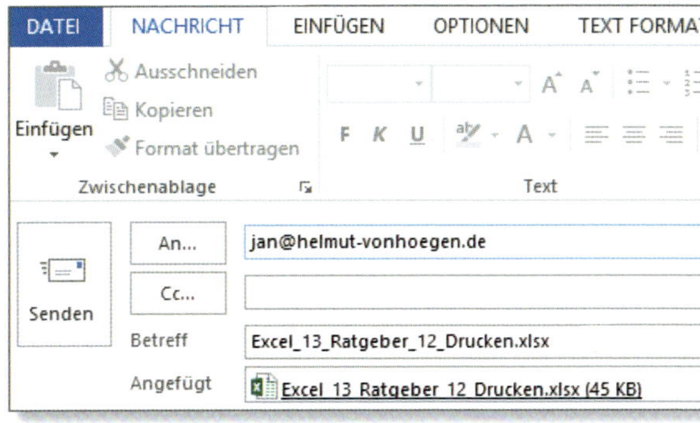

*^ **Abbildung 12.37** Die Arbeitsmappe ist der neuen E-Mail schon angefügt.*

Einen Link versenden

Die zweite Schaltfläche unter **E-Mail** ist **Einen Link senden**. Sie wird aber nur aktiviert, wenn die Arbeitsmappe an einem freigegebenen Speicherort, beispielsweise im Internet, bereitgestellt wird. Sie bewirkt, dass nicht eine Kopie der Arbeitsmappe, sondern nur ein Link darauf an den Empfänger geschickt wird. Sie können diese Option leicht nutzen, wenn Sie Ihre Arbeitsmappe mit **Speichern unter** beispielsweise auf SkyDrive ablegen.

In dem auf dem System installierten E-Mail-Programm wird ein Fenster für eine neue E-Mail geöffnet, in dem der Link zur Arbeitsmappe bereits im Text eingefügt ist. Der Empfänger kann dann diesen Link benutzen, um sich eine Kopie auf sein lokales System zu ziehen.

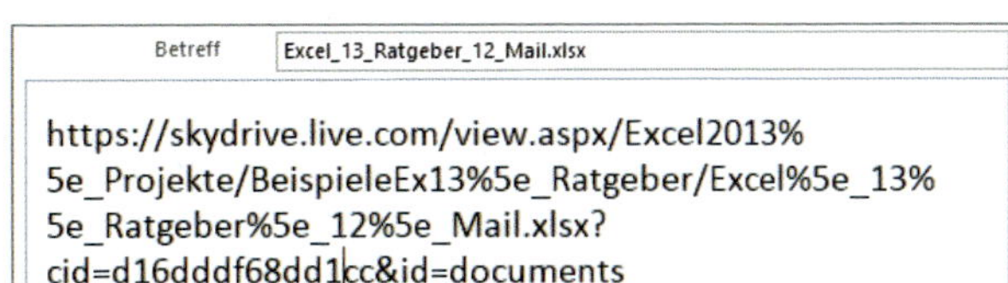

*^ **Abbildung 12.38** In der E-Mail erscheint ein Link zu einer freigegebenen Arbeitsmappe auf SkyDrive.*

Die Schaltfläche **Als PDF senden** schickt eine Kopie der Arbeitsmappe über das Standard-E-Mail-Programm als Anlage im PDF-Format. Es findet also vor dem Versand eine Transformation in PDF statt.

Ähnlich vollzieht sich das, was über die Schaltfläche **Als XPS senden** angestoßen wird. Die Arbeitsmappe wird in das XPS-Format kopiert – Microsofts Alternative zu PDF – und per E-Mail verschickt.

Der Versand als Internetfax ist möglich, wenn Sie sich bei einem der Faxdienste anmelden, die unter *Office.com* angeboten werden.

Einzelne Blätter als Inhalt einer E-Mail versenden

Die in früheren Versionen angebotene Möglichkeit, ein Tabellenblatt oder eine Auswahl aus einem Tabellenblatt direkt als Inhalt einer E-Mail – also nicht als Anlage – zu versenden, steht innerhalb des Registers **Datei** nicht direkt zur Verfügung.

Die Schaltfläche für diese Funktion – **An E-Mail-Empfänger senden** – kann aber über **Datei > Optionen > Symbolleiste für den Schnellzugriff** in eben diese Leiste eingefügt werden. Wählen Sie unter **Befehle auswählen** die Option **Alle Befehle**, um die etwas versteckte Option zur Leiste hinzuzufügen.

Abbildung 12.39 *Etwas versteckt, aber noch vorhanden: »An E-Mail-Empfänger senden«*

Der Versand eines Tabellenblatts mit dieser Funktion geht so:

1. Ist ein Tabellenblatt oder eine Tabelle in einem Tabellenblatt ausgewählt, benutzen Sie die Schaltfläche **An E-Mail-Empfänger senden**.
2. Sie öffnet einen kleinen Dialog, in dem Sie entscheiden können, ob die Auswahl als Textkörper der E-Mail oder als Anlage versandt werden soll.

Abbildung 12.40 *Zwei Möglichkeiten beim E-Mail-Versand*

3. Im Excel-Fenster erscheint eine Eingabemaske für die Kopfdaten einer E-Mail mit Feldern für die E-Mail-Adresse, für eventuelle Kopien an andere Personen und für den Betreff. Zusätzlich gibt es noch das Feld **Einleitung**, in das Sie ein paar Zeilen zu der Tabelle unterbringen können, die ja die eigentliche Nachricht, den *Body*, der Mail darstellt.
4. Geben Sie die Kopfdaten der E-Mail ein. Wenn Sie zusätzlich noch eine Datei an die Nachricht hängen wollen, benutzen Sie über das **Büroklammer**-Symbol die Option **Datei** und wählen die Datei aus dem Dialogfeld **Datei einfügen** aus.

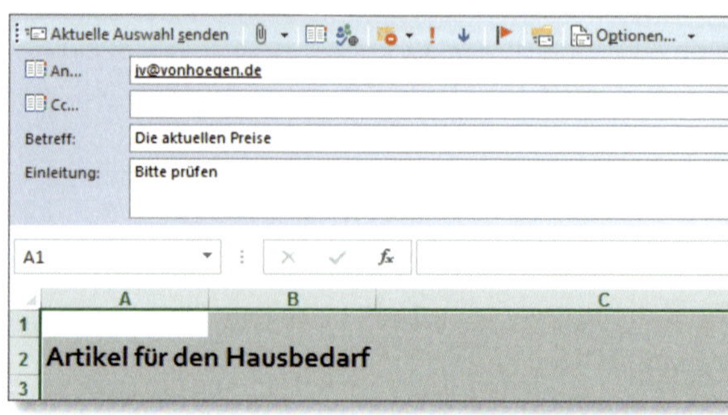

Abbildung 12.41 *Eingabe der Kopfdaten für den Versand eines Tabellenblatts als E-Mail-Nachricht*

5 Wenn Sie vorher einen Tabellenbereich ausgewählt haben, starten Sie den Versand mit der Schaltfläche **Aktuelle Auswahl senden**, die in der eingeblendeten E-Mail-Symbolleiste angeboten wird. Ist ein ganzes Blatt ausgewählt, erscheint an derselben Stelle die Schaltfläche **Dieses Blatt senden**.

Die Maske für die E-Mail-Kopfdaten wird automatisch wieder entfernt. Die Nachricht wird in den Postausgang des aktuell verwendeten Mailprogramms gestellt.

Excel verwendet für diese Versandform das HTML-Format, das die Originalformatierung des Arbeitsblatts weitgehend in die E-Mail übertragen kann. Das Format erlaubt Ihnen zudem, auch Grafiken oder Multimediaobjekte in das Arbeitsblatt einzufügen.

Der Empfänger hat davon allerdings nur etwas, wenn sein E-Mail-Programm ebenfalls das HTML-Format beherrscht oder zulässt. Ansonsten erhält er nur die Daten der Tabelle als unformatierten Text.

Abbildung 12.42 *E-Mail mit Tabellendaten als Inhalt*

Der Empfänger kann, wenn er selbst Excel 2013 installiert hat, die eingegangene Tabelle seinerseits bearbeiten. Dazu wird ihm in Outlook 2013 in der Gruppe **Verschieben** unter **Aktionen** die Option **Nachricht bearbeiten** angeboten.

Anschließend stehen innerhalb des Fensters die Register der **Tabellentools** von Excel für die Bearbeitung der Tabelle zur Verfügung. Die bearbeitete Tabelle kann dann wieder zurückgeschickt oder weitergeleitet werden.

12.4 Dokumente als PDF oder XPS kopieren

Anstatt eine Arbeitsmappe als Kopie im Format PDF oder XPS gleich per E-Mail zu verschicken, können Sie über **Datei > Exportieren** auch erst mal lokal solche Kopien erzeugen, etwa um sie später auf einer Webseite zum Download anzubieten.

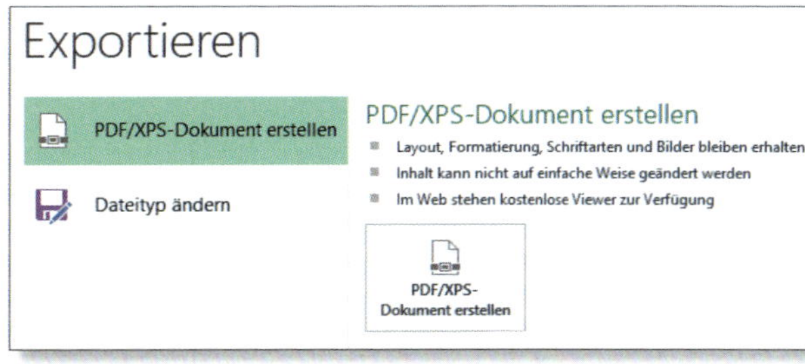

Abbildung 12.43 *Die Schaltfläche für die Kopie in PDF oder XPS*

Dazu verwenden Sie den Befehl **PDF/XPS-Dokument erstellen**, der dann noch mal eine gleich benannte Schaltfläche anbietet. Die Vorgehensweise unterscheidet sich für die beiden konkurrierenden Dateiformate nur dadurch, dass für PDF im Dialog **Als PDF oder XPS veröffentlichen** der Dateityp **PDF**, für XPS eben **XPS** vorgegeben wird.

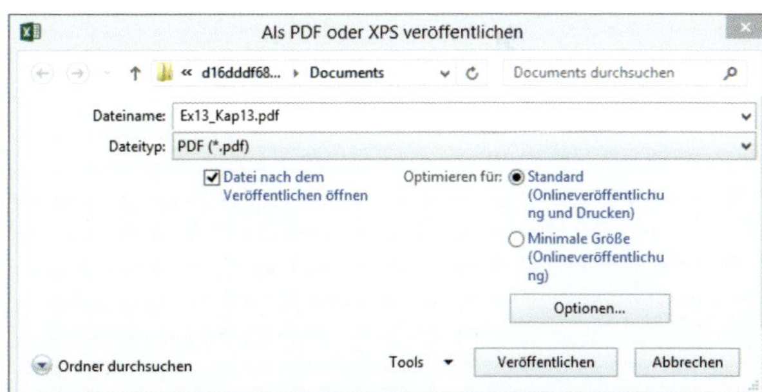

Abbildung 12.44 *Der gemeinsame Dialog für PDF und XPS*

Zusätzlich lässt sich mit der Option **Datei nach dem Veröffentlichen öffnen** die erzeugte Kopie in dem entsprechenden Reader oder Viewer aufrufen. Außerdem kann unter **Optimieren für** entweder **Standard** oder **Minimale Größe** gewählt werden.

Die zweite Option ist hauptsächlich für die Onlineveröffentlichung gedacht, falls Bandbreite gespart werden soll. Was genau in die Kopie übernommen werden soll, lässt sich über die Schaltfläche **Optionen** noch näher angeben. Bei PDF wird hier auch die Option **ISO 19005-1-kompatibel (PDF/A)** angeboten.

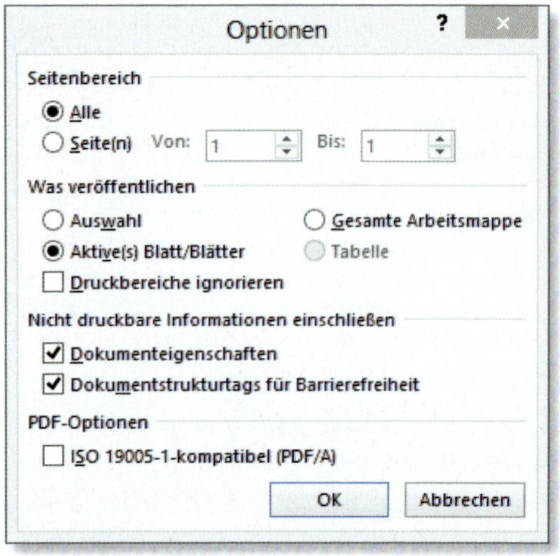

Abbildung 12.45 *Optionen zu PDF*

Die Erstellung der Dokumente wird jeweils mit **Veröffentlichen** gestartet. Die XPS-Kopie wird mit dem in Windows 7 oder 8 integrierten Viewer angezeigt.

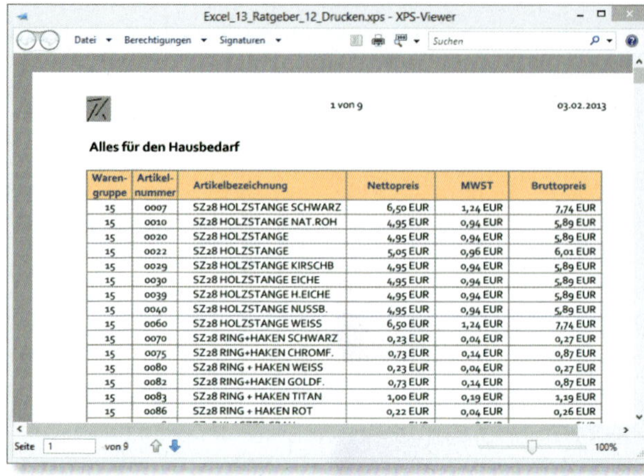

Waren-gruppe	Artikel-nummer	Artikelbezeichnung	Nettopreis	MWST	Bruttopreis
15	0007	SZ28 HOLZSTANGE SCHWARZ	6,50 EUR	1,24 EUR	7,74 EUR
15	0010	SZ28 HOLZSTANGE NAT.ROH	4,95 EUR	0,94 EUR	5,89 EUR
15	0020	SZ28 HOLZSTANGE	4,95 EUR	0,94 EUR	5,89 EUR
15	0022	SZ28 HOLZSTANGE	5,05 EUR	0,96 EUR	6,01 EUR
15	0029	SZ28 HOLZSTANGE KIRSCHB	4,95 EUR	0,94 EUR	5,89 EUR
15	0030	SZ28 HOLZSTANGE EICHE	4,95 EUR	0,94 EUR	5,89 EUR
15	0039	SZ28 HOLZSTANGE H.EICHE	4,95 EUR	0,94 EUR	5,89 EUR
15	0040	SZ28 HOLZSTANGE NUSSB.	4,95 EUR	0,94 EUR	5,89 EUR
15	0060	SZ28 HOLZSTANGE WEISS	6,50 EUR	1,24 EUR	7,74 EUR
15	0070	SZ28 RING+HAKEN SCHWARZ	0,23 EUR	0,04 EUR	0,27 EUR
15	0075	SZ28 RING+HAKEN CHROMF.	0,73 EUR	0,14 EUR	0,87 EUR
15	0080	SZ28 RING + HAKEN WEISS	0,23 EUR	0,04 EUR	0,27 EUR
15	0082	SZ28 RING+HAKEN GOLDF.	0,73 EUR	0,14 EUR	0,87 EUR
15	0083	SZ28 RING + HAKEN TITAN	1,00 EUR	0,19 EUR	1,19 EUR
15	0086	SZ28 RING + HAKEN ROT	0,22 EUR	0,04 EUR	0,26 EUR

Abbildung 12.46 *Ansicht der XPS-Kopie mit dem in Windows 8 integrierten XPS-Viewer*

Teil V
Mit Tabellenfunktionen arbeiten

Kapitel 13
Hinweise zu Syntax und Aufbau der Tabellenfunktionen

Der Werkzeugkasten von Excel 2013 ist gut bestückt. Den Hauptanteil stellen die fast 450 Tabellenfunktionen, die für zehn Anwendungsbereiche zur Verfügung stehen. In diesem Kapitel möchte ich Ihnen einführend etwas darüber erklären, wie diese Funktionen arbeiten.

Sie haben in den vorangegangenen Kapiteln schon eine Anzahl von Tabellenfunktionen kennengelernt, mit denen Sie Excel mitteilen, was es für Sie erledigen soll. Excel 2013 wartet mit einer überwältigenden Fülle derartiger Funktionen auf, die aus einem oder mehreren Werten neue Werte ermitteln, und das teilweise auf eine recht komplexe Weise.

Funktion als Black Box

Eine Funktion ist eine Art Black Box, bei der auf der einen Seite etwas eingegeben wird und auf der anderen Seite etwas herauskommt. Ohne dass der Anwender das oft sehr komplizierte Formelwerk für den Betrieb der Funktion kennen muss, wird ihm nach Eingabe der notwendigen Werte das Ergebnis der Operationen ausgegeben.

Jede Funktion liefert in der Regel ein Ergebnis. Je nach Funktion kann dieses Ergebnis numerisch sein, also ein bestimmtes Rechenergebnis, eine Zeichenfolge, ein Text oder ein Wahrheitswert – *WAHR* oder *FALSCH*. Zuweilen ist das Ergebnis nicht nur ein Wert, sondern eine Matrix oder ein Array von Werten.

Der Datentyp des Ergebnisses einer Funktion muss berücksichtigt werden, wenn in einer weiteren Formel auf diese Funktion Bezug genommen wird. Ansonsten kommt es eventuell zu einem Fehler, wenn die Datentypen nicht zusammenpassen.

13.1 Änderungen seit Excel 2010

Bereits mit der Version Excel 2010 wurden zahlreiche Änderungen an der Funktionsbibliothek vorgenommen. Die große Mehrzahl der Änderungen und Neuerungen betraf dabei die Gruppe der statistischen Funktionen. Zahlreiche Funktionsnamen wurden geändert, um besser den in diesem Bereich üblichen Bezeichnungen zu entsprechen und die verschiedenen Funktionstypen gleichzeitig deutlicher zu kennzeichnen.

Dabei wurden zusammengesetzte Namen eingeführt, bei denen die einzelnen Bestandteile durch Punkte getrennt sind. Die Funktion *FVERT()* beispielsweise heißt seitdem *F.VERT()*. Das Suffix *VERT* kennzeichnet die Funktion als Verteilungsfunktion. Ähnlich wird das Suffix *INV* für inverse Funktionen verwendet: *F.INV()* ersetzt *FINV()*. Soll die Funktion nicht linksseitig, sondern rechtsseitig verwendet werden, wird noch ein zweites Suffix *RE* angehängt: *F.VERT.RE()* und *F.INV.RE()*. Die Funktionen mit dem Suffix *VERT* haben alle ein zusätzliches Argument *Kumuliert*, dessen Wert den Typ der Funktion bestimmt: *WAHR* liefert einen

Wert der Verteilungsfunktion, *FALSCH* einen Wert der Dichtefunktion. Aus Gründen der Kompatibilität wurden die alten Versionen der statistischen Funktionen aber beibehalten.

Kompatible statistische Funktionen

Damit es keine Probleme mit älteren Arbeitsmappen gibt, bleiben die alten Funktionen also weiterhin verfügbar. Im Dialog **Funktion einfügen** finden Sie diese Funktionen in der Kategorie **Kompatibilität**.

Wenn Sie Funktionen direkt einfügen und die Option **AutoVervollständigen-Formel** über **Datei > Optionen > Formeln** eingeschaltet lassen, werden die kompatiblen Funktionen jeweils mit einem Symbol angezeigt, das ein kleines Warnzeichen enthält.

TIPP

Alt oder neu?
Es stellt sich natürlich die Frage, ob es in allen Fällen sinnvoll ist, nur noch mit den neuen statistischen Funktionen zu arbeiten. Es wird sicher noch eine Zeit dauern, bevor die neuen Funktionen allgemein in Gebrauch sind. Deshalb sollten Sie die Entscheidung, mit welcher Variante Sie arbeiten, am besten davon abhängig machen, ob Sie mit den damit entwickelten Kalkulationsmodellen allein arbeiten oder ob Sie im Austausch mit Personen stehen, die vielleicht noch mit älteren Excel-Versionen arbeiten.

Neue Funktionen in Excel 2013

Excel 2013 bringt nun zusätzlich noch eine ganze Reihe von neuen Funktionen. Eine größere Gruppe finden Sie in der Kategorie der mathematischen Funktionen, hauptsächlich Funktionen, die eine Lücke schließen in Bezug auf Dokumente, die im *.ods*-Format gespeichert werden. Das erleichtert den Austausch dieser Arbeitsmappe mit Anwendern, die Office-Pakete wie *Open Office* oder *Libre Office* einsetzen. Dazu gehören eine Reihe von trigonometrischen Funktionen: *ARCCOT()*, *ARCCOTHYP()*, *COSEC()*, *COSECHYP()*, *COT()*, *COTHYP()*, *SEC()*, *SECHYP()*. Hinzugekommen sind auch die Funktionen *BASIS()* und *DEZIMAL()*, die mit Umwandlungen zwischen Zeichenfolgen und Zahlen zu tun haben, eine Variante für die Kombinatorik: *KOMBINATIONEN2()* und *MEINHEIT()* zur Berechnung der Einheitsmatrix.

Die beiden Funktionen *OBERGRENZE.MATHEMATIK()* und *UNTERGRENZE.MATHEMATIK()* ersetzen die in der Version 2010 eingeführten Funktionen *OBERGRENZE.GENAU()* und *UNTERGRENZE.GENAU()*. Die älteren Funktionen *OBERGRENZE()* und *UNTERGRENZE()* wurden in die Kategorie **Kompatibilität** verschoben, sollten also in Zukunft möglichst nicht mehr verwendet werden.

Neu unter den finanzmathematischen Funktionen ist *PDURATION()* zur Berechnung der Anzahl der Perioden, bis eine Investition einen bestimmten angegebenen Zielwert erreicht hat, außerdem *ZSATZINVEST()* zur Berechnung des effektiven Jahreszinses für den Wertzuwachs einer Investition.

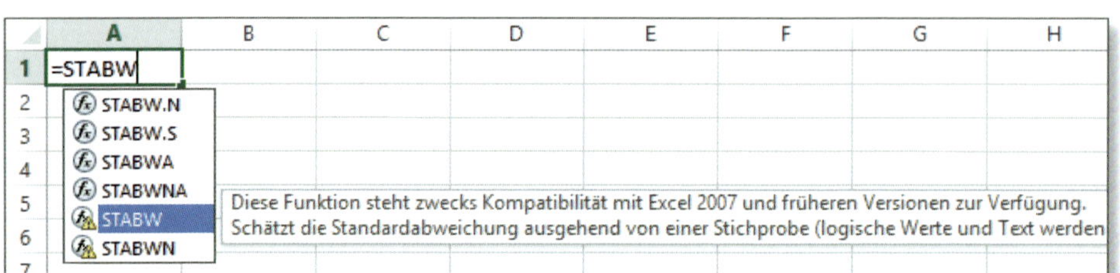

Abbildung 13.1 *Hinweis auf veraltete Funktionen bei der Eingabe*

Bei den Datums- und Zeitfunktionen ist nur die Funktion *ISOKALENDERWOCHE()* neu, die es jetzt endlich erlaubt, die korrekte Wochenzahl ohne Umstände normgerecht zu ermitteln.

Eine paar neue Funktionen finden Sie in der Kategorie **Statistik**. Dazu gehören *BINOM.VERT.BEREICH()*, *GAMMA()*, *GAUSS()*, *PHI()*, *SCHIEFE.P()* und *VARIATIONEN2()*. Bei den Verweisfunktionen gibt es die neue Funktion *FORMELTEXT()*, mit der die Formel in einer Zelle als Text ausgegeben wird, was für den Zweck der Dokumentation manchmal hilfreich sein kann.

Überfällig war in der Kategorie **Logik** die Funktion *XODER()*, die die Arbeit mit einem ausschließenden Oder vereinfacht. Neu ist auch *WENNNV()*, eine Funktion, mit der auf fehlende Werte reagiert werden kann.

Bei den Textfunktionen sind hinzugekommen: *UNICODE()* und *UNIZEICHEN()* und mit *ZAHLENWERT()* eine Funktion zur Konvertierung in Zahlen, unabhängig von dem aktuellen Gebietsschema auf dem System.

Bei den Info-Funktionen gibt es jetzt die neuen Funktionen *BLATT()* und *BLÄTTER()*, die ohne Argument die Nummer des aktuellen Blatts und die Zahl der Blätter in einer Arbeitsmappe liefern. Bei den *IST...()*-Funktionen ist noch die Funktion *ISTFORMEL()* hinzugekommen.

In der Kategorie **Technisch** sind fünf Funktionen hinzugekommen, die mit BIT-Operationen zu tun haben: *BITVERSCHIEB()*, *BITODER()*, *BITRVERSCHIEB()*, *BITUND()* und *BITXODER()*.

In der Gruppe der Funktionen, die mit imaginären Zahlen arbeitet, ist eine Reihe von trigonometrischen Funktionen neu in dieser Version: *IMCOSEC()*, *IMCOSECHYP()*, *IMCOSHYP()*, *IMCOT()*, *IMSEC()*, *IMSECHYP()*, *IMSINHYP()*, *IMTAN()*.

Ganz neu in Excel 2013 ist eine kleine Gruppe von Funktionen, die in der Kategorie **Web** zusammengefasst sind: *URLCODIEREN()* wandelt Zeichenfolgen in gültige Webadressen um, *WEBDIENST()* liefert Daten aus einem Webdienst zurück, und *XMLFILTERN()* übernimmt aus XML-Dokumenten bestimmte Daten, die über einen *XPath*-Ausdruck herausgefiltert werden.

Die neuen Funktionen sind mit älteren Versionen von Excel nicht kompatibel. Falls Sie Arbeitsmappen an Arbeitsplätze weiterreichen wollen, die ältere Versionen verwenden, sollten Sie die in Kapitel 11, »Dokumente für die Weitergabe vorbereiten«, ab Seite 491 beschriebene Kompatibilitätsprüfung durchführen und unter Umständen Änderungen an den Berechnungsverfahren vornehmen. Beinhaltet Ihre Datei neue Funktionen, werden Sie beim Speichern eine Warnung erhalten.

13.2 Aufbau und Einsatz von Funktionen

Tabellenfunktionen sind Operationen, die innerhalb einer Tabelle benutzt werden, um Werte zu berechnen oder um vorhandene Werte in irgendeiner Form umzuwandeln. Solche Funktionen können Sie entweder direkt innerhalb einer Formel in eine Tabellenzelle eintragen oder sie als Bestandteil eines Makros einsetzen, das bezogen auf eine Tabelle abgearbeitet wird.

Eine Funktion benutzt Werte, die als Argumente bereitgestellt werden, um aus ihnen andere Werte zu ermitteln. Dabei kann es sich um einfache oder komplexe Berechnungen handeln, aber auch um logische Analysen, die Zerlegung von Zeichenketten und dergleichen.

Der generelle Aufbau einer Funktion ist `FUNKTION(Wert...)`, wobei für `Wert...` ein oder mehrere Argument(e) stehen können, die die Funktion benötigt. In der deutschen Version werden Argumente durch Semikola getrennt, in der englischen Version durch Kommata. Letzteres müssen Sie beachten, wenn Sie Tabellenfunktionen innerhalb von Makros aufrufen.

Abbildung 13.2 zeigt die verschiedenen Komponenten einer Funktion am Beispiel der Funktion *ZINS()*:

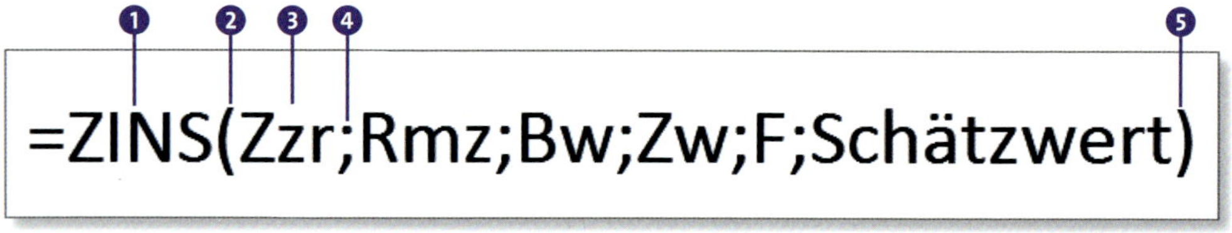

^ ***Abbildung 13.2*** *Die Komponenten einer Funktion am Beispiel der Funktion ZINS(): Funktionsname ❶, öffnende Klammer ❷, Argument ❸, Argumenttrennzeichen ❹, schließende Klammer ❺*

Das Gleichheitszeichen ist nötig, wenn die Funktion am Anfang einer Formel steht oder eine Formel nur aus einer Funktion besteht. Wird die Funktion innerhalb einer Formel an einer anderen Stelle verwendet, geht der Funktion immer ein Operator voraus.

Argumente für Funktionen

Bei einer Anzahl von Funktionen werden die Argumente unterteilt in solche, die erforderlich sind, und solche, die optional sind, also nicht zwangsläufig angegeben werden müssen. Das heißt aber nicht, dass die Funktion ohne die optionalen Argumente in jedem Fall arbeiten würde. Wenn Sie diese Argumente nicht angeben, werden stattdessen vordefinierte Werte für diese Argumente verwendet.

Folgen auf ein nicht angegebenes optionales Argument weitere Argumente, müssen Sie für jedes ausgelassene Argument ein Semikolon setzen. Im Dialog für die Eingabe der Funktionsargumente und in den QuickInfos werden die erforderlichen Argumente in fetter Schrift angezeigt. Bei den Funktionstabellen in den drei folgenden Kapiteln haben wir die erforderlichen und die optionalen Argumente ebenfalls durch unterschiedliche Formate gekennzeichnet.

Als Argumente einer Funktion kommen verschiedene Argumenttypen infrage, die in Tabelle 13.1 zusammengestellt sind.

Konstanten, die Texte enthalten, müssen in doppelte Anführungszeichen gesetzt werden. Die Reihenfolge der Argumente muss eingehalten werden, es sei denn, es handelt sich um Argumente desselben Typs. Bei der Funktion *=SUMME()* können Sie beispielsweise seit Excel 2007 bis zu 255 Argumente angeben, die Konstanten, Zellbezüge oder Bereichsbezüge darstellen. Ihre Reihenfolge ist in diesem Fall beliebig.

Datentypen beachten

Bei der Eingabe der Argumente einer Funktion müssen Sie darauf achten, dass Sie immer die Datentypen verwenden, die die Funktion an der betreffenden Stelle erwartet. Wenn Sie beispielsweise eingeben würden:

```
=PRODUKT("viel"; "mehr")
```

wäre das Ergebnis der Fehlerwert *#WERT!*, weil die Funktion nur numerische Werte verarbeiten kann.

In bestimmten Fällen nimmt Excel aber auch automatisch Umwandlungen des Datentyps vor. Das gilt beispielsweise, wenn Sie einen Text und eine Zahl verketten. Die Funktion `=VERKETTEN("Haus";1)` liefert als Ergebnis die Zeichenfolge *Haus1*. Der numerische Wert wird dabei in einen Teil der Zeichenfolge verwandelt.

Eine Funktion wie `=VERKETTEN("Der Gesamtbetrag ist ";B10)` liefert allerdings das Ergebnis *Der Betrag ist 10000*, wenn in B10 der Wert `10.000,00 EUR` abgelegt ist. Der Zahl wird also vor der Verkettung das Format weggenommen, die Zahl wird auf das Standardformat zurückgesetzt.

Funktionen ohne Argumente

Einige wenige Funktionen wie *PI()*, *HEUTE()*, *JETZT()* benötigen keine Argumente. Trotzdem müssen die Klammern immer mitgeschrieben werden, damit Excel die Funktion als solche erkennt.

Argumenttyp	Beschreibung
Konstanten	Die Werte, mit denen eine Funktion arbeiten soll, werden direkt eingegeben. Wenn Sie z. B. in eine Zelle `=SUMME(18;15;3)` eintragen, erscheint in der Zelle das Ergebnis *36*.
Bezüge auf Zellen oder Bereiche	Die Werte, mit denen die Funktion arbeiten soll, sind bereits in Zellen oder Bereichen der Tabelle enthalten oder sollen dort eingetragen werden.

Bereichsnamen	Angenommen, Sie haben in einer Tabelle in den Zellen B3 bis B15 die Umsätze für eine Anzahl von Produkten eingetragen und wollen jetzt die Summe dieser Einträge bilden. Wenn Sie dem Bereich B3:B15 etwa den Namen *Umsätze* gegeben haben, können Sie in das Feld, in dem die Summe stehen soll, einfach eintragen:
	`=SUMME(Umsätze)`
	Ohne Namen müssten Sie schreiben:
	`=SUMME(B3:B15)`

Funktionen	Schließlich können als Argumente in einer Funktion selber wieder Funktionen verwendet werden, die ihrerseits diejenigen Werte liefern, mit denen die Funktion arbeiten soll. Einfaches Beispiel: `=SUMME(SUMME(2;4);SUMME(4;6))` führt zu dem Ergebnis *16*.

Tabelle 13.1 *Liste der möglichen Argumenttypen in Tabellenfunktionen*

Hilfe bei der Argumenteingabe

Stehen für ein Argument nur bestimmte Werte zur Auswahl, bietet Excel diese bei der Eingabe in der Bearbeitungsleiste in Form von Auswahllisten an, sobald das Argument an der Reihe ist.

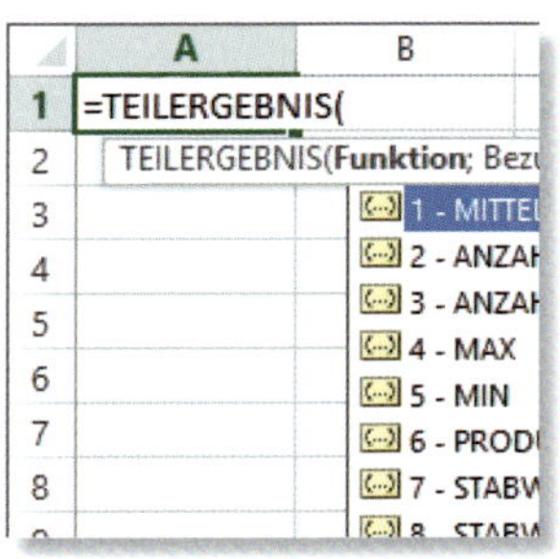

Abbildung 13.3 *Angebot von Argumentwerten bei der Eingabe*

Abbildung 13.3 zeigt als Beispiel, welche Optionen für das erste Argument der Funktion *TEILERGEBNIS()* angeboten werden, sobald die öffnende Klammer eingegeben ist.

Funktionen in Makros

Werden Tabellenfunktionen innerhalb von Makros aufgerufen, müssen Sie beachten, dass Sie dabei jeweils die englischen Funktionsnamen verwenden müssen. Dabei werden im Funktionsnamen verwendete Punkte durch Unterstriche ersetzt. Um Ihnen die Arbeit zu erleichtern, finden Sie im Anhang ab Seite 883 eine Funktionenliste Deutsch/Englisch und Englisch/Deutsch.

Kapitel 14
Mathematische und finanzmathematische Berechnungen

Mit den Funktionen aus den Kategorien »Mathematik und Trigonometrie«, »Finanzmathematik«, »Technisch« und »Datum & Zeit« haben Sie leistungsfähige Werkzeuge in der Hand, um auch hochkomplexe Berechnungsmodelle zu realisieren.

Für mathematische und finanzmathematische Berechnungen stellt Excel 2013 weit über hundert Funktionen zur Verfügung. Wir geben Ihnen in diesem Kapitel einige Hinweise zu bestimmten Gruppen von Funktionen aus diesen beiden Kategorien, die häufig eingesetzt werden. Am Ende finden Sie jeweils eine kurze Liste aller Funktionen in den beiden Kategorien, mit der genauen Syntax und einer kurzen Beschreibung. Im Anschluss daran gehen wir kurz auf die Funktionen aus der Kategorie **Technisch** ein. Da Excel Datums- und Zeitwerte ebenfalls intern als numerische Werte handhabt und Berechnungen mit diesen Werten erlaubt, behandeln wir diese Funktionen ebenfalls in diesem Kapitel.

14.1 Summen und bedingte Summen

Die vermutlich am häufigsten eingesetzte mathematische Funktion ist die Funktion *SUMME()*. Die Funktion berechnet die Summe der angegebenen Argumente. Insgesamt sind seit Excel 2007 255, in den älteren Versionen nur 30 Argumente erlaubt, was Sie bei der Weitergabe von Arbeitsmappen an Personen beachten sollten, die Excel noch in älteren Versionen einsetzen.

Die Argumente können als Konstanten, als Matrixkonstanten, als Zellbezüge oder als Formelausdrücke, die Werte liefern, eingegeben werden. Am effektivsten setzen Sie die Funktion zum Summieren von Zellbereichen ein, weil Sie dabei immer nur den Beginn und das Ende des Bereichs angeben müssen.

Enthalten die Argumente Wahrheitswerte oder als Text eingegebene Zahlen, werden diese wie Zahlen verarbeitet. Fehlerwerte oder Texte, die nicht in Zahlen umgewandelt werden können, führen dagegen zu dem Fehler *#WERT!*.

Ist als Argument eine Matrixkonstante oder ein Zellbezug angegeben, werden nur numerische Werte verarbeitet; leere Zellen, Texte und Wahrheitswerte werden dagegen ignoriert. Wie sich unterschiedliche Datentypen auswirken, zeigt Abbildung 14.1. Auch hier ergeben sich wieder Unterschiede zu den Ergebnissen von Formeln, die mit dem +-Operator aufgebaut sind.

	A	B	C	D	E
1	**Bereich1**	**Bereich2**	**A+B**	**SUMME(A;B)**	**SUMME(A:B)**
2	2	5	7	7	7
3	4	4	8	8	8
4	abend	morgen	#WERT!	0	0
5	WAHR	FALSCH	1	0	0
6	3	apfel	#WERT!	3	3
7	WAHR	WAHR	2	0	0
10	**SUMME(Bereich1;Bereich2)**		18		

Abbildung 14.1 *Die Tabelle zeigt, dass die Funktion »SUMME()« bestimmte Datentypen anders behandelt als der Operator »+«.*

Eine häufig sehr nützliche Variante der Funktion *SUMME()* ist die Funktion *SUMMEWENN()*, die eine bedingte Addition von Werten erlaubt. Die Syntax ist:

```
=SUMMEWENN(Bereich; Suchkriterien; Summe_
Bereich)
```

Die Funktion vergleicht die Werte aus dem mit *Bereich* angegebenen Zellbereich mit dem Suchkriterium, das über das Argument *Suchkriterien* angegeben ist. Dies kann eine Zahl, eine Zeichenfolge oder ein Ausdruck mit einem Vergleichsoperator wie `<10` oder `>Karl` sein oder der Bezug auf eine Zelle, die ein Kriterium enthält.

Werden Werte in *Bereich* gefunden, die dem Kriterium entsprechen, sucht die Funktion nach korrespondierenden Werten in einem zweiten Bereich *Summe_Bereich* und summiert diese auf. Wird kein Wert gefunden, der dem Kriterium entspricht, wird *0* ausgegeben. Wird *Summe_Bereich* nicht angegeben, wird der Teil von *Bereich* aufsummiert, der das Suchkriterium erfüllt.

	A	B
1	**Bereich**	**Summe_Bereich**
2	rot	1
3	blau	3
4	rot	5
5	blau	7
6	rot	9
7	blau	11
8		
9	**=SUMMEWENN(Bereich;"rot";Summe_Bereich)**	
10		15

Abbildung 14.2 *Beispiel für »SUMMEWENN()«*

Abbildung 14.2 zeigt eine Tabelle, in der mehrmals notiert worden ist, wie viele rote und wie viele blaue Produkte verkauft worden sind. Die Funktion summiert die Zahlen für die Farbe Rot.

Die Funktion *SUMMEWENNS()* erweitert die Möglichkeiten der Funktion *SUMMEWENN()* um zusätzliche Auswahlkriterien. Die Syntax ist:

```
=SUMMEWENNS(Summe_Bereich; Kriterium_
Bereich1;Kriterien1; Kriterium_
Bereich2;Kriterien2...)
```

Das Argument *Summe_Bereich* gibt den Zellbereich an, in dem sich die zu summierenden Werte befinden. Es folgt eine Liste von Bereichspaaren, die jeweils zunächst den Bereich angeben, für den das anschließend angegebene Kriterium geprüft werden soll. Bis zu 127 solcher Bereichspaare sind möglich. Die Kriterien sind additiv zu verstehen, eine Summierung findet also nur statt, wenn alle Kriterien erfüllt sind. Alle Argumente für *Kriterium_Bereich(n)* müssen Bereiche angeben, die genauso groß sind wie *Summe_Bereich*. Die Kriterienausdrücke dürfen auch Platzhalterzeichen verwenden.

In Abbildung 14.3 werden die Teilnehmerzahlen aus Zeile 2 summiert, wenn sie zwei Kriterien erfüllen.

Werte zusammenfassen

Eine der interessanten neuen Funktionen seit Excel 2010 ist die *AGGREGAT()*-Funktion. Sie kommt in zwei syntaktischen Varianten vor:

	A	B	C	D	E
1		Kurs 1	Kurs 2	Kurs 3	Kurs 4
2	Teilnehmer	80	60	70	110
3	unter 20	30%	25%	15%	25%
4	20 - 50	60%	65%	45%	55%
5	über 50	10%	10%	40%	20%
6	Summe der Teilnehmer der Kurse mit einem Anteil der unter Zwanzigjährigen von unter 30 % und einem Anteil der über Fünfzigjährigen von mindestens 20 %.				180

Abbildung 14.3 *Beispiel für eine Summierung, bei der zwei Bedingungen gleichzeitig erfüllt sein müssen*

```
AGGREGAT(Funktion; Optionen; Bezug1; Bezug2...)
AGGREGAT(Funktion; Optionen; Array; k)
```

Die Funktion erlaubt Ihnen, Daten in Tabellenbereichen oder Arrays mit verschiedenen Funktionen auszuwerten, ohne dass diese Auswertung beispielsweise durch eventuelle Fehlerwerte gestört wird. Damit wird das Problem gelöst, dass bestimmte statistische Funktionen als Ergebnis einen Fehlerwert liefern, wenn in dem ausgewerteten Datenbereich Fehlerwerte vorkommen.

Die Suche nach dem höchsten Wert in einem Zellbereich A5:A11 mit der Funktion *MAX()* scheitert beispielsweise schon dann, wenn eine einzige Zelle darin einen Fehlerwert enthält. Wird stattdessen eine Formel wie

```
=AGGREGAT(4; 6; A5:A11)
```

eingesetzt, liefert Excel den höchsten Wert und ignoriert die Zelle mit dem Fehlerwert. Das erste Argument von *AGGREGAT()* bestimmt dabei die Funktion, mit der die Auswertung vorgenommen wird. Die möglichen Werte werden bei der Eingabe der Funktion angeboten, *4* im Beispiel steht also für die Funktion *MAX()*.

Tabelle 14.1 zeigt die erlaubten Werte für das Argument *Funktion*.

Code	Bedeutung
1	MITTELWERT
2	ANZAHL
3	ANZAHL2
4	MAX
5	MIN
6	PRODUKT
7	STABW.S
8	STABW.N
9	SUMME
10	VAR.S
11	VAR.P
12	MEDIAN
13	MODUS.EINF
14	KGRÖSSTE
15	KKLEINSTE
16	QUANTIL.INKL
17	QUARTILE.INKL
18	QUANTIL.EXKL
19	QUARTILE.EXKL

∧ ***Tabelle 14.1*** *Die Codes für das Argument »Funktion« und die entsprechende Tabellenfunktion*

Das zweite Argument *Optionen* bestimmt, wie die Auswertung bei Fehlerwerten, ausgeblendeten Zellbereichen, Leerwerten oder verschachtelten *TEILERGEBNIS()*- oder *AGGREGAT()*-Funktionen verfahren soll, die in dem betreffenden Datenbereich vorkommen. Mit dem Wert *6* ignoriert die Funktion beispielsweise alle Fehlerwerte, der Wert *5* vernachlässigt ausgeblendete Zellen. Tabelle 14.2 zeigt die komplette Liste der möglichen Codes.

Code	Bedeutung
0	verschachtelte *TEILERGEBNIS()*- und *AGGREGAT()*-Funktionen ignorieren
1	ausgeblendete Zellen, verschachtelte *TEILERGEBNIS()*- und *AGGREGAT()*-Funktionen ignorieren
2	Fehlerwerte, verschachtelte *TEILERGEBNIS()*- und *AGGREGAT()*-Funktionen ignorieren
3	Fehlerwerte, ausgeblendete Zellen, verschachtelte *TEILERGEBNIS()*- und *AGGREGAT()*-Funktionen ignorieren
4	Leerwerte ignorieren
5	ausgeblendete Zellen ignorieren
6	Fehlerwerte ignorieren
7	ausgeblendete Zellen und Fehlerwerte ignorieren

∧ ***Tabelle 14.2*** *Die Codes für das Argument »Optionen« und ihre Bedeutung*

Syntax1 erlaubt als weitere Argumente bis zu 254 Bezüge auf Zellbereiche. In *Syntax2* werden die auszuwertenden Daten über das Argument *Array* bestimmt. Benötigt die mit *Funktion* gewählte Auswertung selbst noch ein weiteres Argument, wird dieses mit dem Wert für *k* angegeben. Bei der Funktion *KKLEINSTE()* gibt `k = 2` beispielsweise an, dass der zweitkleinste Wert gesucht wird.

Abbildung 14.4 zeigt eine Mittelwertberechnung, bei der die Fehlerwerte ignoriert werden.

	A	B
1	**Wertebereich**	
2	120	120
3	290	290
4	120	#DIV/0!
5	#NV	450
6	290	290
7	#NAME?	290
8	290	290
9	290	290
10	Formel	Ergebnis
11	**=AGGREGAT(1;2;Werte)**	263,0769231
12	**=MITTELWERT(Werte)**	#DIV/0!

Abbildung 14.4 *Vergleich einer Mittelwertberechnung mit »AGGREGAT()« und mit »MITTELWERT()«*

Sie können die Funktion auch gut für bedingte Formatierungen von Bereichen nutzen, um zu verhindern, dass Zellen mit Fehlerwerten die Auswertung mit statistischen Funktionen blockieren.

Werte runden

Zahlreiche mathematische Funktionen haben mit dem Runden von Werten zu tun. Dabei geht es häufig darum, Werte mit vielen Nachkommastellen in eine für die weiteren Berechnungen leichter zu handhabende Form zu bringen, aber auch um Verfahren, Werte an bestimmte Intervallgrenzen anzupassen.

Die Funktion *RUNDEN()* hat die einfache Syntax:

```
=RUNDEN(Zahl; Anzahl_Stellen)
```

Sie rundet den mit *Zahl* angegebenen Wert auf die durch *Anzahl_Stellen* angegebene Stellenzahl auf oder ab. Ist die zu rundende Dezimalstelle größer oder gleich 5, dann wird von 0 weggerundet. `RUNDEN(3,45;1)` ergibt also *3,5*. Ist `Anzahl_Stellen = 0`, wird *Zahl* auf eine Ganzzahl gerundet, im Unterschied zur Funktion *GANZZAHL()*, die die Nachkommastellen einfach abschneidet.

Etwas anders ist das Verhalten der Funktion *ABRUNDEN()*, die die gleiche Syntax hat.

```
=ABRUNDEN(-657,65; -1)
```

ergibt beispielsweise *–650*.

Die Funktion rundet den mit *Zahl* angegebenen Wert in Richtung 0 auf dem Zahlenstrahl. Positive Zahlen werden also abgerundet, negative aufgerundet. Mit dem Argument *Anzahl_Stellen* wird die Anzahl der Stellen angegeben, die beim Runden berücksichtigt wird.

Ist *Anzahl_Stellen* gleich 1 oder größer, dann wird auf die entsprechende Anzahl Dezimalstellen abgeschnitten, ist es null, werden die Dezimalstellen abgeschnitten, sodass die Ganzzahl übrig bleibt. Ist das Argument negativ, wird um die angegebenen Stellen nach links gerundet, und zwar so, dass sich die gerundete Zahl in Richtung null bewegt.

Die entgegengesetzte Wirkung hat die Funktion *AUFRUNDEN()*, die immer von der 0 wegrundet. Auch hier können Sie mit dem dritten Argument die Zahl der Stellen bestimmen.

	A	B	C	D	E
1	**Wert**	**Stellen**	**Runden**	**Abrunden**	**Aufrunden**
2	1,65	-1	0,00	0,00	10,00
3	1,65	0	2,00	1,00	2,00
4	1,65	1	1,70	1,60	1,70
5	1,65	2	1,65	1,65	1,65

Abbildung 14.5 *Beispiele für drei Funktionen zum Runden von Werten*

TIPP

Runden per Format oder per Funktion
Wenn Sie einer Zahl mit vielen Nachkommastellen ein Format mit weniger Nachkommastellen zuweisen, rundet Excel den angezeigten Wert automatisch. Dabei bleibt aber der intern von Excel gespeicherte Wert unverändert. Rechenoperationen mit diesem Wert arbeiten also mit dem genaueren Wert. Dagegen liefert jede der Rundungsfunktionen den Wert mit der angegebenen Zahl von Nachkommastellen, der Wert verliert also möglicherweise etwas von seiner Genauigkeit.

Eine gewisse Verwandtschaft mit den beschriebenen Rundungsfunktionen haben die Funktionen *GANZZAHL()* und *KÜRZEN()*. Während *GANZZAHL()* alle Nachkommastellen ohne Rundung entfernt, schneidet *KÜRZEN()* alle Nachkommastellen ab, die über die angegebene *Anzahl_Stellen* hinausgehen. Wird *Anzahl_Stellen* nicht angegeben, so wird das Argument als 0 angenommen und der ganzzahlige Rest wiedergegeben. Allerdings verhält sich *KÜRZEN()* bei negativen Zahlen anders als *GANZZAHL()*.

```
=GANZZAHL(-5,7)
```

ergibt *–6*.

```
=KÜRZEN(-5,7)
```

ergibt *–5*.

Erwähnt sei in diesem Zusammenhang noch die Funktion *ABS()*, die jeweils den absoluten Wert der angegebenen Zahl liefert, also ein eventuell vorhandenes Vorzeichen entfernt.

Spezielle Varianten des Auf- und Abrundens von Werten erlauben die in Excel 2013 umbenannten Funktionen *OBERGRENZE.MATHEMATIK()* und *UNTERGRENZE.MATHEMATIK()*.

Die Syntax ist:

```
=OBERGRENZE.MATHEMATIK(Zahl; Schritt; Modus)
=UNTERGRENZE.MATHEMATIK(Zahl; Schritt; Modus)
```

Beide Funktionen runden den mit *Zahl* angegebenen Wert auf das nächste Vielfache von *Schritt* auf oder ab. Mit dem Wert *0,05* für *Schritt* können Sie beispielsweise bestimmen, dass die Hundertstelstelle beim Auf- oder Abrunden immer nur eine 5 oder eine null sein kann. Ein praktische Anwendung sind Preiskalkulationen, in denen die kleinste Differenz 5 Cent ist.

Bei beiden Funktionen dürfen die Argumente *Zahl* und *Schritt* auch unterschiedliche Vorzeichen haben, weil die Funktionen immer mit dem Absolutwert von *Schritt* arbeiten. `OBERGRENZE.MATHEMATIK(-4,2546; -0,5)` liefert deshalb ebenso wie `OBERGRENZE.MATHEMATIK(-4,2546; 0,5)` als Ergebnis *–4*. Das Argument *Modus* führt, falls es ungleich null ist, dazu, dass von der Null weg gerundet wird.

Einen ähnlichen Effekt können Sie auch mit der Funktion *VRUNDEN()* erreichen. Die Syntax ist

```
=VRUNDEN(Zahl; Vielfaches)
```

Die Funktion rundet den Wert von *Zahl* jeweils auf das nächste Vielfache des mit *Vielfaches* angegebenen Werts. Wenn die Division von *Zahl* durch *Vielfaches* einen Rest liefert, der kleiner ist als die Hälfte von *Vielfaches*, wird abgerundet, sonst aufgerundet. Abbildung 14.6 zeigt einige Beispiele für die beiden Funktionen.

	A	B	C	D
1	Zahl	Vielfaches	OBERGRENZE.MATHEMATIK()	VRUNDEN()
2	1,19	0,2	1,2	1,20
3	1,27	0,2	1,4	1,20
4	1,36	0,2	1,4	1,40
5	0,89	0,2	1	0,80

Abbildung 14.6 *Beispiele für »OBERGRENZE.MATHEMATIK()« und »VRUNDEN()«*

Schließlich gibt es noch die Möglichkeit, Zahlenwerte auf die nächste gerade oder ungerade Zahl zu runden.

```
=UNGERADE(5,3)
```

ergibt *7*.

```
=GERADE(5,3)
```

ergibt *6*.

Mathematische Grundfunktionen

Eine große Gruppe der mathematischen Funktionen betrifft allgemeine mathematische Aufgaben. Dazu gehören auch die Funktionen für das Potenzieren, Radizieren und Logarithmieren.

Die Funktion *PRODUKT()* erlaubt Ihnen, in einem Zug bis zu 255 Werte miteinander zu multiplizieren.

```
=PRODUKT(4; 5; 6)
```

liefert als Ergebnis *120*.

Für die Division gibt es mehrere Funktionen:

```
=QUOTIENT(Zähler; Nenner)
```

liefert das ganzzahlige Ergebnis einer Division; der Rest wird weggelassen.

```
=QUOTIENT(15; 6)
```

ergibt also *2*.

Die Umkehrung ist die Funktion *REST()*.

```
=REST(15; 6)
```

ergibt *3*.

Sie liefert also den Restbetrag – Modulo – bei der Division.

Für das Potenzieren verwenden Sie die Funktion *POTENZ()* mit folgender Syntax:

```
=POTENZ(Zahl; Potenz)
```

Die Funktion gibt als Ergebnis die Potenzierung einer Zahl aus. Dabei wird dasselbe Rechenverfahren verwendet, das auch mit dem Operatorzeichen `^` zur Anwendung kommt. Statt `=4^2` können Sie also `=POTENZ(4; 2)` eingeben.

Für das Logarithmieren stellt Ihnen Excel mehrere Funktionen zur Verfügung:

```
=LN(Zahl)
```

liefert den natürlichen Logarithmus einer Zahl, d. h. denjenigen Wert, mit dem die eulersche Zahl potenziert werden müsste, damit der mit *Zahl* angegebene Wert als Ergebnis herauskommt.

```
=LOG(Zahl; Basis)
```

ist von allen Logarithmusfunktionen die allgemeinste. Sie gestattet es, den Logarithmus einer Zahl zu jeder beliebigen Basis zu ermitteln, wobei das Ergebnis immer derjenige Wert ist, mit dem die Basis potenziert werden müsste, um diese Zahl zu erhalten.

Wird auf die Angabe einer Basis verzichtet, dann nimmt Excel als Basis *10* an. Das entspricht der Funktion

```
=LOG10(Zahl)
```

Zur Erinnerung hier einige der Rechenregeln, die für alle Logarithmen gelten:

```
=LOG(a; a)=1
```

Der Logarithmus der Basis ist *1*.

```
=LOG(1)=0
```

Unabhängig von der Basis ist der Logarithmus von *1* gleich *0*.

```
=LOG(a*b)=LOG(a)+LOG(b)=LOG(a/b)=LOG(a)-
LOG(b)
```

d. h., Multiplikation und Division werden auf logarithmischer Ebene auf Addition und Subtraktion zurückgeführt.

```
=LOG(a^n)=n*LOG(a)
```

Potenzen werden auf logarithmischer Ebene auf Multiplikationen zurückgeführt.

Zum Wurzelziehen verwenden Sie die folgende Funktion:

```
=WURZEL(Zahl)
```

Die Funktion ermittelt die Quadratwurzel einer Zahl. Für *höhere* Wurzeln muss die Tatsache genutzt werden, dass statt der n-ten Wurzel auch geschrieben werden kann: hoch 1/n. Die dritte Wurzel (Kubikwurzel) aus einer Zahl wird demnach geschrieben: `Zahl^(1/3)`.

Zahl darf bei der Funktion *WURZEL()* keine negative Zahl sein. Soll verhindert werden, dass *Zahl* einen negativen Wert annimmt, kann mit der *ABS()*-Funktion gearbeitet werden.

Fakultät und Kombinationen

Nicht selten wird bei mathematischen Berechnungen die Fakultät einer Zahl benötigt. Die Funktion dafür ist

```
=FAKULTÄT(Zahl)
```

Die Fakultät von *4* ist beispielsweise *24* (1*2*3*4).

Anwendungsbereich ist beispielsweise die Kombinatorik, in der im weitesten Sinne die Frage gestellt wird, wie viele Möglichkeiten es gibt, Elemente aus einer Menge zu kombinieren.

	A	B
1	Zahl	FAKULTÄT()
2	0	1
3	1	1
4	2	2
5	3	6
6	4	24
7	5	120
8	6	720
9	7	5.040
10	8	40.320
11	9	362.880
12	10	3.628.800
13	11	39.916.800
14	12	479.001.600
15	13	6.227.020.800
16	14	87.178.291.200
17	15	1.307.674.368.000
18	16	20.922.789.888.000
19	17	355.687.428.096.000
20	18	6.402.373.705.728.000

Abbildung 14.7 *Die Kombinationsmöglichkeiten wachsen rasant, je höher die Zahl der Elemente ist.*

Hier nur ein Beispiel: Wie viele Möglichkeiten gibt es, sechs verschiedene Zahlen von 49 im Lotto auszuwählen?

```
=FAKULTÄT(49)/((FAKULTÄT(6)*FAKULTÄT(49-6))
```

Das Ergebnis ist *13.983.816*, d. h., es gibt über 13 Millionen Möglichkeiten, sechs Zahlen auf einem Lottoschein anzukreuzen, und so viele Kombinationen müssten durchgespielt werden, um ganz sicher sechs Richtige im Lotto zu haben.

Excel stellt Ihnen für solche Berechnungen aber auch noch die spezielle Funktion *KOMBINATIONEN()* zur Verfügung. Die Syntax ist:

```
=KOMBINATIONEN(n; k)
```

Die Funktion beantwortet die Frage, wie viele Gruppen der Größe *k* aus *n* Elementen gebildet werden können, wenn die Reihenfolge keine Rolle spielt. Die Funktion gibt also den Wert des Binomialkoeffizienten aus. Sie rechnet nach der Formel

```
n! / (k! * (n-k)!)
```

Das Beispiel mit den Lottozahlen lässt sich also noch etwas einfacher durchrechnen:

```
=KOMBINATIONEN(49; 6)
```

ergibt ebenfalls *13.983.816*.

Während die Funktion *KOMBINATIONEN()* voraussetzt, dass – wie im Fall der Lottozahlen – keine Zahlen wiederholt vorkommen dürfen, erlaubt die neue Funktion *KOMBINATIONEN2()* genau diese Wiederholungen. Das Ergebnis für

```
=KOMBINATIONEN2(49; 6)
```

wäre dann *25.827.165*.

Zufallszahlen erzeugen

Gerade in der Testphase von Kalkulationsmodellen sind häufig zwei Funktionen sehr hilfreich, die Zufallswerte erzeugen:

```
=ZUFALLSZAHL()=ZUFALLSBEREICH(Untere_Zahl;
Obere_Zahl)
```

Die erste Funktion erzeugt immer Werte zwischen *0* und *1*, bei der zweiten Funktion können Sie mit den beiden Argumenten die erlaubte Streuung der Werte vorgeben. Dabei werden immer Ganzzahlen generiert.

Beachten Sie aber, dass sich die Zufallszahlen bei jeder Neuberechnung ändern. Wenn Sie mit Werten arbeiten wollen, die sich im Nachhinein nicht mehr verändern, dann drücken Sie die Taste [F9], wenn Sie die Funktion in der Bearbeitungszeile eingegeben haben (bevor Sie die [↵]-Taste drücken).

14.2 Mit Winkelfunktionen arbeiten

Neben den allgemeinen mathematischen Funktionen gibt es noch zahlreiche Funktionen für zwei Spezialgebiete der Mathematik. Das eine ist die Trigonometrie, das Teilgebiet der Geometrie, das mit Berechnungen zu Dreiecken zu tun hat, das andere ist der Bereich der hyperbolischen Funktionen.

Die Winkelfunktionen, die nicht nur in der Geometrie, sondern auch in all jenen wissenschaftlichen Bereichen benötigt werden, die sich mit Schwingungen im weitesten Sinne (Schall, Licht, Elektrizität, Mechanik) befassen, verdanken sich ursprünglich Berechnungen am rechtwinkligen Dreieck.

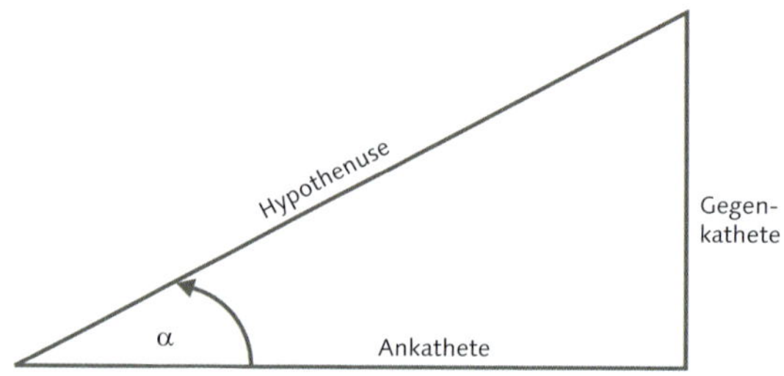

Abbildung 14.8 *Bezeichnungen in einem rechtwinkligen Dreieck*

Gearbeitet wird mit Winkelgrößen, die nicht in Grad, sondern in Bogenmaß angegeben sind. Als Bogenmaß eines Winkels wird die Länge des Kreisbogens bezeichnet, den der Winkel aus dem Einheitskreis (Kreis mit dem Radius 1) ausschneidet. Da der Umfang eines Kreises `2*r*PI` ist, beträgt der Umfang des Einheitskreises `2*PI`, das Bogenmaß des Winkels 360 Grad ist also `2*PI`.

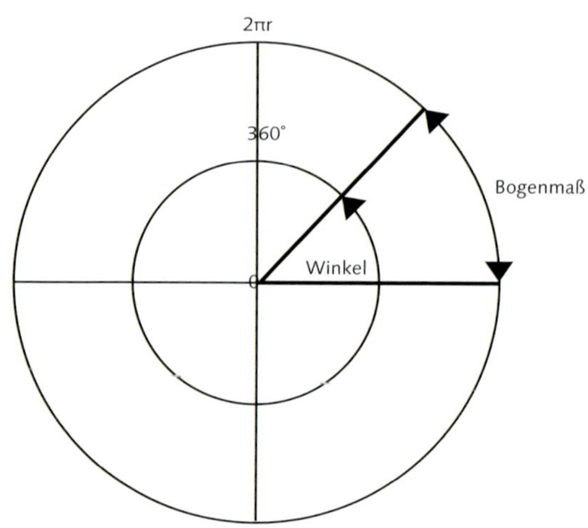

Abbildung 14.9 *Die Beziehung von Grad zu Bogenmaß*

Die Umrechnung von Grad in Bogenmaß ist demnach:

```
Grad = Bogenmaß*180/PI
Bogenmaß = Grad*PI/180
```

Die Winkelfunktionen geben die Verhältnisse bestimmter Seiten eines rechtwinkligen Dreiecks in Abhängigkeit von einem Winkel an:

```
SIN(x) = Gegenkathete/Hypothenuse
COS(x) = Ankathete/Hypothenuse
TAN(x) = Gegenkathete/Ankathete
COT(x) = Ankathete/Gegenkathete
```

Der Kotangens ist der Kehrwert des Tangens. Excel 2013 stellt dafür jetzt eine eigene Funktion zur Verfügung:

```
COT(x) = 1/TAN(x)
```

Neu in Excel 2013 sind auch die Funktionen zur Berechnung des Sekans und des Kosekans:

```
SEC(x)  =  Hypothenuse/Ankathete
COSEC(x)  =  Hypothenuse/Gegenkathete
```

Mit den jeweiligen Arkus-Funktionen wird ausgehend von einer Winkelfunktion der zugehörige Winkel im Bogenmaß (= Arcus) ermittelt. Es gilt also für alle Winkelfunktionen eine Beziehung nach dem Muster:

Wenn y = `SIN(x)`, dann gilt `ARCSIN(y)` = x.

Abbildung 14.2 zeigt eine einfache Anwendung der Winkelfunktion. Wenn Sie die Spitze eines Kirchturms anpeilen, können Sie aus dem abgelesenen Winkel und der Entfernung zwischen Turm und Messpunkt die Höhe mithilfe der Funktion *TAN()* berechnen.

Hyperbolische Funktionen

Die hyperbolischen Funktionen sind, trotz ihrer an Winkelfunktionen erinnernden Namen, keine eigentlichen Winkelfunktionen. Das wird schon daran deutlich, dass sie im Gegensatz zu Winkelfunktionen nicht periodisch verlaufen.

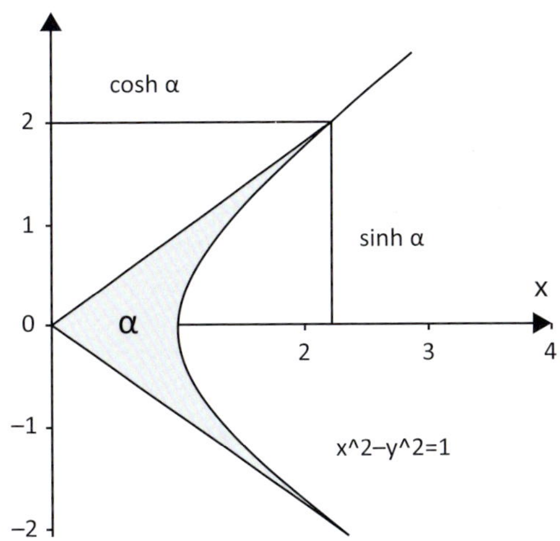

Abbildung 14.10 *Deutung der Funktionen an der gleichseitigen Hyperbel*

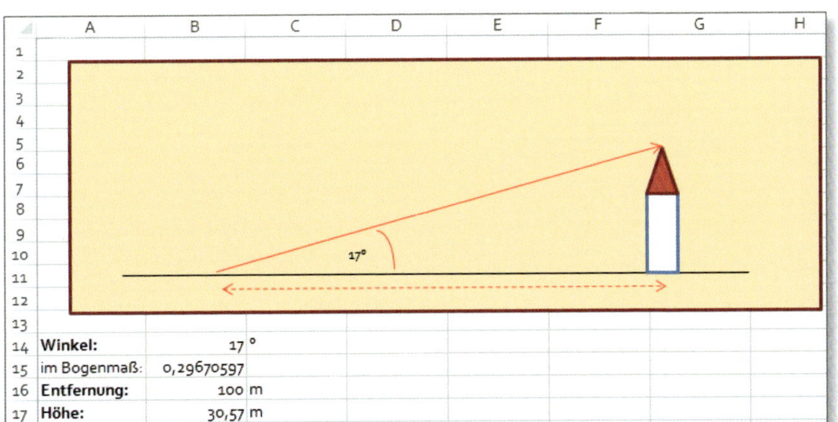

Abbildung 14.11 *Beispiel für eine Höhenberechnung mit der Funktion »TAN()«*

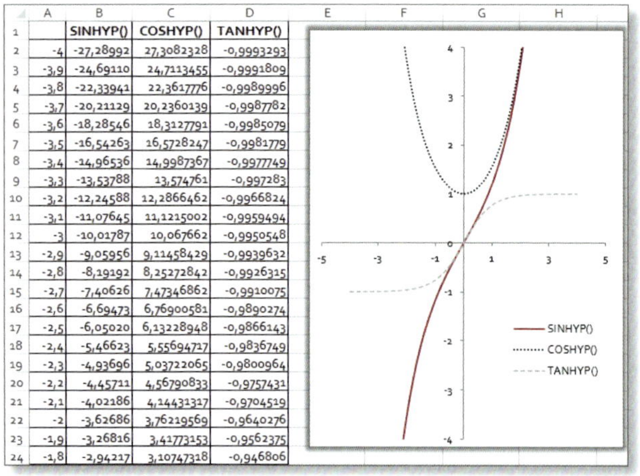

	A	B	C	D
1		SINHYP()	COSHYP()	TANHYP()
2	-4	-27,28992	27,3082328	-0,9993293
3	-3,9	-24,69110	24,7113455	-0,9991809
4	-3,8	-22,33941	22,3617776	-0,9989996
5	-3,7	-20,21129	20,2360139	-0,9987782
6	-3,6	-18,28546	18,3127791	-0,9985079
7	-3,5	-16,54263	16,5728247	-0,9981779
8	-3,4	-14,96536	14,9987367	-0,9977749
9	-3,3	-13,53788	13,574761	-0,997283
10	-3,2	-12,24588	12,2866462	-0,9966824
11	-3,1	-11,07645	11,1215002	-0,9959494
12	-3	-10,01787	10,067662	-0,9950548
13	-2,9	-9,05956	9,11458429	-0,9939632
14	-2,8	-8,19192	8,25272842	-0,9926315
15	-2,7	-7,40626	7,47346862	-0,9910075
16	-2,6	-6,69473	6,76900581	-0,9890274
17	-2,5	-6,05020	6,13228948	-0,9866143
18	-2,4	-5,46623	5,55694717	-0,9836749
19	-2,3	-4,93696	5,03722065	-0,9800964
20	-2,2	-4,45711	4,56790833	-0,9757431
21	-2,1	-4,02186	4,14431317	-0,9704519
22	-2	-3,62686	3,76219569	-0,9640276
23	-1,9	-3,26816	3,41773153	-0,9562375
24	-1,8	-2,94217	3,10747318	-0,946806

Abbildung 14.12 *Hyperbolische Funktionen*

Die Namensgebung rechtfertigt sich aber aus einer großen formalen Übereinstimmung bei den Beziehungen zwischen den einzelnen Funktionen sowie aus mathematischen Zusammenhängen zwischen beiden. Anwendung finden derartige Funktionen z. B. in einigen statistischen Näherungsverfahren, bei statischen Berechnungen und in der Analysis.

Die Bezeichnung der inversen Funktionen (*Area-Funktionen*) mit *ARC* ... (analog zu den *Arkus-Funktionen* der Winkelfunktionen) ist allerdings sehr unglücklich: Die Area-Funktionen liefern keinen Winkel im Bogenmaß (Arcus), sondern in der geometrischen Deutung eine Fläche.

Der *Cotangens hyperbolicus* ist in Excel 2013 jetzt auch als eigene Funktion enthalten, er ist der Kehrwert des *Tangens hyperbolicus*:

```
coth(x) = 1/tanh(x)
```

Für die Area-Funktionen gilt (analog zu den Winkelfunktionen) für alle hyperbolischen Funktionen eine Beziehung nach dem Muster:

Wenn `y = SINHYP(x)`, dann gilt `ARCSINHYP(y) = x`.

Tabelle 14.3 zeigt Ihnen die vollständige Liste der mathematischen Funktionen in alphabetischer Reihenfolge.

Liste der mathematischen Funktionen

Funktion	Beschreibung
ABRUNDEN(Zahl; Anzahl_Stellen)	Rundet eine Zahl in Richtung 0 auf dem Zahlenstrahl.
ABS(Zahl)	Eliminiert die Vorzeichen von Zahlenwerten.
AGGREGAT(Funktion; Optionen; Array; k) AGGREGAT(Funktion; Optionen; Bezug1; Bezug2...)	Liefert Aggregate von Daten in Zellbereichen oder Matrizen, wobei die Art der Auswertung und die Behandlung bestimmter Werte gewählt werden können.
ARABISCH(Text)	Konvertiert eine römische Zahl in eine arabische Zahl.
ARCCOS(Zahl)	Liefert zu einem Kosinuswert den Winkel im Bogenmaß.
ARCCOSHYP(Zahl)	Liefert den umgekehrten hyperbolischen Kosinus.
ARCCOT(Zahl)	Liefert den Arkuskotangens einer Zahl im Bogenmaß.
ARCCOTHYP(Zahl)	Liefert den umgekehrten hyperbolischen Kotangens einer Zahl.
ARCSIN(Zahl)	Liefert zu einem Sinuswert den Winkel im Bogenmaß.
ARCSINHYP(Zahl)	Umkehrfunktion zu der Funktion SINHYP()
ARCTAN(Zahl)	Errechnet zu einem Tangenswert den Winkel im Bogenmaß.
ARCTAN2(x_Koordinate; y_Koordinate)	Ermittelt den Arkustangens direkt aus den xy-Koordinaten.

Funktion	Beschreibung
ARCTANHYP(**Zahl**)	Umkehrfunktion zu TANHYP()
AUFRUNDEN(**Zahl**; **Anzahl_Stellen**)	Rundet eine Zahl von der Null weg.
BASIS(**Zahl**; **Basis**; Mindestlänge)	Konvertiert eine Zahl in eine Textdarstellung mit der angegebenen Basis.
BOGENMASS(**Winkel**)	Wandelt den Gradwert des angegebenen Winkels in Bogenmaß um.
COS(**Zahl**)	Berechnet den Kosinus des angegebenen Winkels.
COSEC(**Zahl**)	Berechnet den Kosekans eines Winkels.
COSECHYP(**Zahl**)	Berechnet den hyperbolischen Kosekans eines Winkels.
COSHYP(**Zahl**)	Liefert den hyperbolischen Kosinus.
COT(**Zahl**)	Liefert den Kotangens eines Winkels.
COTHYP(**Zahl**)	Liefert den hyperbolischen Kotangens eines Winkels.
DEZIMAL(**Text**; **Basis**)	Konvertiert die Textdarstellung einer Zahl mit der angegebenen Basis in eine Dezimalzahl.
EXP(**Zahl**)	Bewirkt, dass die eulersche Zahl *e* (2,71828...) mit dem angegebenen Wert potenziert wird.
FAKULTÄT(**Zahl**)	Liefert die Fakultät der angegebenen *Zahl*.
GANZZAHL(**Zahl**)	Reduziert einen numerischen Ausdruck auf die nächstkleinere ganze Zahl.
GERADE(**Zahl**)	Rundet Zahlen zur nächsten geraden Ganzzahl.
GGT(**Zahl1**; Zahl2; ...)	Liefert den größten gemeinsamen Teiler von ganzen Zahlen.
GRAD(**Winkel**)	Rechnet aus Bogenmaß in Grad um.
KGV(**Zahl1**; Zahl2; ...)	Liefert das kleinste gemeinsame Vielfache.
KOMBINATIONEN(**n**; **k**)	Gibt den Wert des Binomialkoeffizienten aus.
KOMBINATIONEN2(**Zahl**; **gewählte_Zahl**)	Berechnet die Anzahl der Kombinationen mit Wiederholung für eine angegebene Anzahl von Elementen.
KÜRZEN(**Zahl**; Anzahl_Stellen)	Kürzt auf die angegebene Stellenzahl.
LN(Zahl)	Liefert den natürlichen Logarithmus.
LOG(**Zahl**; Basis)	Liefert den Logarithmus zur angegebenen Basis.
LOG10(**Zahl**)	Liefert den dekadischen Logarithmus.
MDET(**Matrix**)	Liefert die Determinante der angegebenen Matrix.
MEINHEIT(**Größe**)	Liefert die Einheitsmatrix für die angegebene Größe.
MINV(**Matrix**)	Bildet die Inverse zu einer Matrix.
MMULT(**Array1**; **Array2**)	Liefert das Produkt zweier Matrizen.
OBERGRENZE.MATHEMATIK(**Zahl**; Schritt; Modus)	Rundet eine Zahl auf das kleinste Vielfache von *Schritt* auf.
PI()	Liefert den numerischen Wert von PI.

Funktion	Beschreibung
POLYNOMIAL(**Zahl1**; Zahl2; ...)	Liefert die Fakultät der Summe der Argumente geteilt durch das Produkt der Fakultäten.
POTENZ(**Zahl**; **Potenz**)	Liefert die angegebene Potenz einer Zahl.
POTENZREIHE(**x**; **n**; **m**; **Koeffizienten**)	Liefert eine Summe von Potenzen der Zahl *x*.
PRODUKT(**Zahl1**; Zahl2; ...)	Multipliziert alle angegebenen Argumente miteinander.
QUADRATESUMME(**Zahl1**; Zahl2; ...)	Berechnet die Summe der Quadrate der angegebenen Werte.
QUOTIENT(**Zähler**; **Nenner**)	Liefert das ganzzahlige Ergebnis einer Division.
REST(**Zahl**; **Divisor**)	Liefert den Restbetrag (Modulo) bei einer Division.
RÖMISCH(**Zahl**; Typ)	Wandelt Zahlen in die römische Zahlendarstellung um.
RUNDEN(**Zahl**; **Anzahl_Stellen**)	Rundet Werte auf oder ab.
SEC(**Zahl**)	Liefert den Sekans eines Winkels.
SECHYP(**Zahl**)	Liefert den hyperbolischen Sekans eines Winkels.
SIN(**Zahl**)	Berechnet den Sinus des angegebenen Winkels.
SINHYP(**Zahl**)	Liefert den hyperbolischen Sinus des angegebenen Werts.
SUMME(**Zahl1**; Zahl2; ...)	Berechnet die Summe der angegebenen Argumente.
SUMMENPRODUKT(**Array1**; Array2; Array3; ...)	Bewirkt, dass die Elemente der Matrizen miteinander multipliziert und anschließend die Multiplikationsergebnisse summiert werden.
SUMMEWENN(**Bereich**; **Suchkriterien**; Summe_Bereich)	Berechnet die Summe der Werte, die das angegebene Kriterium erfüllen.
SUMMEWENNS(**Summe_Bereich**; **Kriterium_Bereich1**; **Kriterien1**; Kriterium_Bereich2; Kriterien2 ...)	Berechnet die Summe der Werte, die mehrere Kriterien erfüllen.
SUMMEX2MY2(**Matrix_x**; **Matrix_y**)	Subtrahiert die Summen der quadrierten x-Werte und der quadrierten y-Werte.
SUMMEX2PY2(**Matrix_x**; **Matrix_y**)	Addiert die Summen der quadrierten x-Werte und der quadrierten y-Werte.
SUMMEXMY2(**Matrix_x**; **Matrix_y**)	Bewirkt, dass die Differenz zwischen x-Werten und y-Werten ausquadriert wird und dann die einzelnen Werte aufsummiert werden.
TAN(**Zahl**)	Berechnet den Tangens des angegebenen Winkels.
TANHYP(**Zahl**)	Liefert den hyperbolischen Tangens.
TEILERGEBNIS(**Funktion**; **Bezug1**; Bezug2; ...)	Gibt ein Teilergebnis aus einer Tabelle oder Datenbank zurück.
UNGERADE(**Zahl**)	Rundet Zahlen zur nächsten ungeraden Ganzzahl.
UNTERGRENZE.MATHEMATIK(**Zahl**; Schritt; Modus)	Rundet Werte auf das nächste Vielfache von *Schritt* ab.
VORZEICHEN(**Zahl**)	Ergibt bei positiven Zahlen *1*, bei negativen Zahlen *–1* und bei Null *0*.
VRUNDEN(**Zahl**; **Vielfaches**)	Rundet Werte auf das nächste erreichbare Vielfache.

Funktion	Beschreibung
WURZEL(**Zahl**)	Ermittelt die Quadratwurzel einer Zahl.
WURZELPI(**Zahl**)	Liefert die Quadratwurzel aus (*Zahl* * PI).
ZUFALLSBEREICH(**Untere_Zahl**; **Obere_Zahl**)	Erzeugt ganzzahlige Zufallszahlen zwischen *Untere_Zahl* und *Obere_Zahl*.
ZUFALLSZAHL()	Produziert Zufallszahlen zwischen *0* und *1*.
ZWEIFAKULTÄT(**Zahl**)	Liefert die Doppelfakultät einer positiven Zahl.

Tabelle 14.3 *Die mathematischen Funktionen in Excel 2013*

14.3 Zinsen und Renten berechnen

Neben einer Anzahl von Funktionen, die sich mit allgemeinen finanzmathematischen Themen beschäftigen, fallen vor allem drei große Gruppen von Funktionen ins Gewicht: Zins- und Rentenberechnungen, Abschreibung und Berechnungen zu Wertpapieren.

Zins und Zinseszins

Die Berechnung einfacher Zinsen bei einer jährlichen Zinsperiode erfolgt üblicherweise nach der Formel

```
Zinsen = Betrag * Zinssatz * Perioden
```

oder in der Schreibweise mit Buchstaben:

```
z = k * i * j
```

Die Zinsen sind dabei in jeder Periode gleich. Die Gleichung lässt sich leicht umstellen, wenn die Zinsen bekannt sind und ein anderer Wert ermittelt werden soll.

```
k = z / (i * j)i = z / (k * j)
j = z / (k * i)
```

Soll die Verzinsung für kürzere Zeiträume berechnet werden, gilt für die Monatsberechnung die Formel:

```
z = (k * i * m) / 12
```

wobei *m* die Anzahl der Monate angibt.

Für Berechnungen mit Tagesperioden wird folgende Formel verwendet:

```
z = (k * i * t) / 360
```

wobei *t* die Anzahl der Tage angibt. Statt mit 360 kann auch mit 365 gerechnet werden, je nachdem, welche Methode für die Tageszählung verwendet wird.

Diese Formeln können in Excel leicht nachgebildet werden. Einige der finanzmathematischen Funktionen verwenden die entsprechenden Formeln intern, wenn es um Vorgänge geht, bei denen einfache Zinsen ohne Zinseszinseffekt berechnet werden. Dazu gehören Funktionen wie *AUFGELZINS()*, *AUFGELZINSF()*, *AUSZAHLUNG()*, *ISPMT()*, *ZINSSATZ()*.

Werden die Zinsen nach Ablauf der Zinsperiode dem Kapital zugeschlagen, kommt es zu einem Zinseszinseffekt. Auch Renten und Tilgungsraten werden mit Zinseszinsen berechnet. Die allgemeine Formel für die Berechnung von Zinseszinsen ist:

```
kn  = k0 * qn
```

Das Kapital nach *n* Jahren ist also gleich dem Startkapital, multipliziert mit der n-ten Potenz von *q*, wobei *q* der Aufzinsungsfaktor ist. Dieser wird mit

```
q = (1 + i)
```

aus dem Zinssatz *i* berechnet. Wie unterschiedlich sich ein Kapital bei Zinseszinsen im Vergleich zur einfachen

Verzinsung entwickelt, deutet Abbildung 14.14 für einen Zeitraum von 20 Jahren an.

Funktionen für die Rentenberechnung

Bei Renten geht es natürlich nicht um die sozialrechtlichen Versorgungsrenten, sondern um privatwirtschaftlich vereinbarte regelmäßige Zahlungen. Die einfachste und für das Verständnis dieser Funktionen durchschaubarste Form hierfür ist folgendes Modell:

Sie zahlen auf der Bank eine bestimmte Geldsumme ein, die dort nach einem vereinbarten Zinssatz verzinst wird. Die Bank zahlt Ihnen aus diesem Guthaben regelmäßig einen bestimmten Betrag (Rente) – so lange, bis das Guthaben verbraucht ist. Abbildung 14.13 zeigt ein einfaches Beispiel, das die Funktion *RMZ()* verwendet. Diese Funktion hat folgende Syntax:

```
=RMZ(Zins; Zzr; BW; Zw; F)
```

In Zelle B4 steht die Formel `=RMZ(B3; B2; B1)`, die optionalen Argumente werden also nicht angegeben. Die Formel liefert einen negativen Betrag, weil es sich ja um eine Auszahlung handelt, die von dem eingesetzten Betrag abgezogen wird.

	A	B
1	**Einmaliger Betrag**	160.000 EUR
2	**Laufzeit**	13
3	**Zins**	4%
4	**Regelmäßige jährliche Auszahlung**	- **16.023 EUR**

Abbildung 14.13 *Beispiel für eine Rentenberechnung mit der Funktion »RMZ()«*

Eine Anzahl von Argumenten taucht bei diesen Funktionen immer wieder auf. Tabelle 14.4 gibt einen Überblick über die verwendeten Namen und ihre Bedeutung.

	A	B	C
1	**Zinssatz**	5%	
2	Jahre	Kapital bei einfacher Verzinsung	Kapital bei Zinseszinsen
3	0	10000	10000
4	1	10500	10500
5	2	11000	11025
6	3	11500	11576
7	4	12000	12155
8	5	12500	12763
9	6	13000	13401
10	7	13500	14071
11	8	14000	14775
12	9	14500	15513
13	10	15000	16289
14	11	15500	17103
15	12	16000	17959
16	13	16500	18856
17	14	17000	19799
18	15	17500	20789
19	16	18000	21829
20	17	18500	22920
21	18	19000	24066
22	19	19500	25270
23	20	20000	26533
24		ZW()	26533
25			
26			

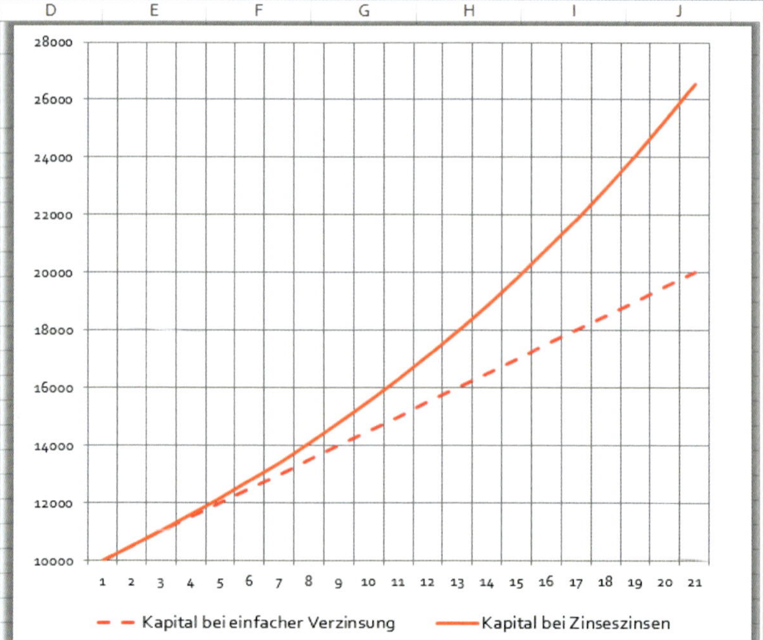

Abbildung 14.14 *Einfache Verzinsung und Zinseszins im Vergleich*

In einer Anzahl von Funktionen taucht außerdem noch das Argument *Basis* auf. Gemeint ist damit die Zeitbasis, mit der bei Zinsberechnungen gerechnet wird. Tabelle 14.5 zeigt die verfügbaren Codes für *Basis* und ihre Bedeutung.

Argument	Bedeutung
Bw [Barwert]	der gegenwärtige rechnerische Wert einer Reihe regelmäßiger, gleich bleibender Zahlungen, z. B. einer Rente
Rmz [Ratenzahlung]	regelmäßig zu leistende oder zu erhaltende Zahlungen
Zins [Zinssatz]	Das ist der Zinssatz für einen Zahlungszeitraum. Er wird dezimal (z. B. *0,08*) oder als % (z. B. *8 %*) angegeben.
Zr [Zeitraum]	die einzelne Zahlungsperiode im Gesamtzeitraum
Zw [Zukunftswert]	Der zukünftige Wert einer Investition. Wird *Zw* als optionales Argument verwendet, wird es von Excel bei Nichteintrag mit 0 gesetzt.
Zzr [Zahlungszeiträume]	Anzahl der Zahlungsperioden. Es ist darauf zu achten, dass die *Zzr* mit den anderen Argumenten in den Einheiten übereinstimmen, d. h., dass einheitlich Jahre, Monate oder Tage in einer Funktion verwendet werden. Werden z. B. Monate verwendet, muss auch der Monatszins (Jahreszins * 12) eingesetzt werden. Beachten Sie hierbei bitte, dass in Deutschland das Zinsjahr in zwölf Zinsmonate mit jeweils 30 Tagen eingeteilt wird. In anderen Ländern gelten teilweise andere Regelungen.
F [Fälligkeit]	Das Argument *F* für Fälligkeit legt fest, ob die Berechnung für vorschüssige oder nachschüssige Rentenzahlungen etc. erfolgen soll. Wird *F* nicht angegeben oder mit *0*, wird die Funktion als nachschüssig berechnet, die Zahlungen erfolgen also am Ende der Periode. Wird F mit *1* angegeben, so erfolgt die Berechnung für eine vorschüssige Rente.

*^ **Tabelle 14.4** Argumente, die von den finanzmathematischen Funktionen benötigt werden, die mit Zinsberechnungen zu tun haben*

Code	Bedeutung
0	US-amerikanisches System: Die Monate werden mit 30 Tagen, das Jahr wird mit 360 Tagen gerechnet. Ein Enddatum zum 31. eines Monats wird, falls das Startdatum vor dem 30. eines Monats liegt, als 1. Tag des Folgemonats behandelt, sonst als 30. des Monats.
1	Die tatsächlichen Tage der Monate und die tatsächlichen Tage der Jahre werden gerechnet.
2	Die tatsächlichen Tage des Monats werden gerechnet, das Jahr mit 360 Tagen.
3	Die tatsächlichen Tage des Monats werden gerechnet, das Jahr mit 365 Tagen.
4	Europäisches System: Die Monate werden mit 30 Tagen, das Jahr wird mit 360 Tagen gerechnet. Fällt ein Start- oder Enddatum auf den 31. eines Monats, wird es als dreißigster Tag behandelt.

*^ **Tabelle 14.5** Die Bedeutung der Codes für das Argument »Basis«*

Die Funktion *RMZ()* taucht auch bei der Tilgungsrechnung auf. In diesem Fall berechnet sie aber positive Beträge, denn es geht ja um die Rückzahlung von Schulden, sei dies ein Kredit, ein Darlehen, eine Hypothek oder eine Anleihe. Bei diesen Berechnungen wird die Ermittlung der anfallenden Zinsen kombiniert mit der Feststellung des Tilgungsbetrags, wobei es verschiedene Verfahren gibt, diesen Ablauf zu gestalten. Während bei der Annuitätentilgung die Summe aus Zinszahlung und Tilgung immer gleich bleibt, wird bei einer Tilgung mit gleichen Tilgungsraten die Annuität mit jeder Periode geringer.

Die Funktion *KAPZ()* berechnet den Tilgungsanteil für die Abzahlung eines Annuitätendarlehens. Ein solches Darlehen wird in periodischen, gleich bleibenden Raten abbezahlt, deren Höhe mit *RMZ()* berechnet wird. Die Raten bestehen jeweils aus einem Zinsanteil (berechnet mit *ZINSZ()*) und einem Tilgungsanteil, um den sich die Gesamtschuld jeweils verringert. Abbildung 14.15 zeigt ein Beispiel für den Ablauf der Annuitätentilgung eines Darlehens.

	A	B	C	D	E
1	**Darlehen**	20.000 EUR			
2	**Zins**	7,00%			
3	**Perioden**	10			
4					
5	**Jahr**	**KAPZ()**	**ZINSZ()**	**RMZ()**	
6	1	-1.447,55 €	-1.400,00 €	-2.847,55 €	
7	2	-1.548,88 €	-1.298,67 €	-2.847,55 €	
8	3	-1.657,30 €	-1.190,25 €	-2.847,55 €	
9	4	-1.773,31 €	-1.074,24 €	-2.847,55 €	
10	5	-1.897,44 €	-950,11 €	-2.847,55 €	
11	6	-2.030,26 €	-817,29 €	-2.847,55 €	
12	7	-2.172,38 €	-675,17 €	-2.847,55 €	
13	8	-2.324,45 €	-523,10 €	-2.847,55 €	
14	9	-2.487,16 €	-360,39 €	-2.847,55 €	
15	10	-2.661,26 €	-186,29 €	-2.847,55 €	
16	**Summe:**	-20.000,00 €	-8.475,50 €	-28.475,50 €	
17					
18	**Jährlichen Zahlungen (RMZ) = Tilgung (KAPZ) + Zinsen (ZINSZ)**				

Abbildung 14.15 *Verlauf der Tilgung eines Darlehens*

Die verwendeten Argumente sind *Zins* für den konstanten Nominalzinssatz, *Zr* für den Zeitraum, für den die Zahlung berechnet werden soll, *Zzr* für die Anzahl der Abzahlungszeiträume und *Bw*, also der Barwert, der bei einem Darlehen der Darlehenssumme entspricht. Dazu können Sie noch *Zw* angeben für einen Zukunftswert, also einen Betrag, der am Ende der letzten Zahlung noch an der vollständigen Rückzahlung fehlt. Ist dieser Wert nicht angegeben, wird er als *0* angenommen.

Der Wert *F* ist optional und gibt die Fälligkeit der Zahlungen an: *0* oder nicht angegeben = nachschüssig, *1* = vorschüssig.

14.4 Abschreibungen berechnen

Bei der Abschreibung handelt es sich darum, dass eine Investition, beispielsweise in Maschinen, Fahrzeugen, Gebäuden etc., in zweierlei Hinsicht betriebswirtschaftlich zu berücksichtigen ist. Zum einen ist es betriebsintern so, dass mit einer Anschaffung das Anlagevermögen zunächst um den Wert dieser Anschaffung vermehrt wird. Der Wert dieser Anschaffung beginnt aber sofort durch Abnutzung kontinuierlich zu sinken, bis am Ende nur noch ein Schrottwert übrig bleibt.

Zum anderen kann eine derartige Investition von der Steuer abgesetzt werden. Die einfachste Form ist hierbei, dass die Anschaffung in dem Jahr, in dem sie getätigt wird, in vollem Umfang steuerlich geltend gemacht wird – hierzu bedarf es natürlich keiner weiteren Berechnungen. Bei langlebigen Investitionen ist es dagegen üblich, die Abschreibung auf mehrere Jahre zu verteilen.

Hierfür gibt es verschiedene Verfahren. Das einfachste ist die lineare Abschreibung: Der abzuschreibende Betrag wird gleichmäßig auf den gesamten Abschreibungszeitraum verteilt. Dafür können Sie die Funktion *LIA()* verwenden, und zwar mit folgender Syntax:

```
LIA(Ansch_Wert; Restwert; Nutzungsdauer)
```

Die anderen Verfahren, für die Excel Funktionen zur Verfügung stellt, sind sogenannte degressive Abschreibungen: Der Abschreibungsbetrag sinkt von Jahr zu Jahr. Am Anfang wird also ein möglichst großer Betrag abgeschrieben, in den folgenden Jahren wird der Betrag kontinuierlich kleiner. Dafür können Sie die Funktion *GDA()* verwenden, deren Syntax zusätzliche Argumente erfordert, weil sich der Betrag ja in jeder Periode ändert:

```
GDA(Ansch_Wert; Restwert; Nutzungsdauer;
Periode; Faktor)
```

Der Faktor bestimmt, um wie viel der Abschreibungsprozentsatz gegenüber einer linearen Abschreibung vergrößert werden soll.

Eine variable Variante dieser Funktion, die es erlaubt, im Laufe der Zeit die Abschreibungsmethode zu wechseln, ist *VDB()* mit folgender Syntax:

```
VDB(Ansch_Wert; Restwert; Nutzungsdauer;
Anfang; Ende; Faktor; Nicht_wechseln)
```

Das letzte Argument *Nicht_wechseln* gibt an, ob der Wechsel zur linearen Abschreibungsmethode erlaubt werden soll.

Auf die Frage, welche Methode am sinnvollsten und welche aktuell steuerrechtlich zulässig ist, kann Excel 2013 natürlich keine Antwort geben. In Deutschland ist die degressive Abschreibung für Neuanschaffungen seit dem 1.1.2011 beispielsweise ausgesetzt worden. Für ältere Anschaffung läuft sie noch weiter.

Beispiel für die Berechnung der Abschreibung

In Abbildung 14.16 (siehe Seite 544) ist ein Tabellenblatt aufgebaut, mit dessen Hilfe Sie die Abschreibungsrate für jedes Jahr der Nutzungsdauer für ein Wirtschaftsgut mit der linearen und der degressiven Abschreibungsmethode berechnen können. Für die degressive Abschreibung wird noch die Variante gezeigt, die einen Wechsel von der degressiven zur linearen Abschreibung erlaubt, falls die degressiven Abschreibungsbeträge kleiner – also ungünstiger – werden als die linearen.

Um das Beispiel nachzuvollziehen, können Sie folgendermaßen verfahren:

1. Legen Sie zunächst in den Zellen C1 und C2 Daten ab, die die Abschreibungsfunktionen als Argumente benötigen. Wir gehen zur Vereinfachung von einer Abschreibung ohne Restwert aus und benötigen für die lineare Berechnung nur den Anschaffungswert und die Nutzungsdauer in Jahren.
2. Für die Berechnung der degressiven Abschreibung wird noch ein Faktor verlangt. Dieser Faktor gibt das Vielfache von dem Prozentsatz an, um den die lineare Abschreibung erhöht werden soll. Der Gesetzgeber lässt für den gewählten Zeitraum das 2,5-Fache zu, aber nur bis zu einem Höchstsatz von 25 %. Das entspricht in diesem Fall dem 1,5-Fachen des in D12 berechneten Prozentsatzes für die lineare Abschreibung über sechs Jahre.
3. In Spalte A listen Sie die Jahre auf, für die die Abschreibung berechnet werden soll. In der Nachbarspalte geben Sie diesen Zeiträumen eine fortlaufende Nummer, die für die degressiven Berechnungen benötigt wird.
4. Um den Abschreibungsverlauf sichtbar zu machen, richten Sie jeweils drei Doppelspalten ein. Die linke Spalte zeigt, wie sich der Buchwert ändert, die rechte Spalte zeigt den Abschreibungsbetrag für das betreffende Jahr, wobei wir zur Vereinfachung immer von ganzen Jahresperioden ausgehen.
5. In den Spalten für den Buchwert tragen Sie in der ersten Zelle jeweils einen absoluten Bezug auf den Anschaffungswert ein, also `=$C$1`.
6. In der Zelle darunter geben Sie eine Formel ein, die von dem Buchwert darüber jeweils den letzten Abschreibungsbetrag abzieht – beispielsweise `=C6-D6` –, und kopieren die Formel nach unten.
7. In der Spalte D geben Sie die Formel für die Berechnung der linearen Abschreibung für das betreffende Jahr der Nutzungsdauer ein. Die Formel ist für alle Jahre gleich und arbeitet mit den absoluten Adressen der Zellen C1 und C2: `=LIA($CS1; ; $C$2)`.

8 Die Formel für die geometrisch-degressive Abschreibung enthält als zusätzliche Elemente die Nummer der Periode aus Spalte B und den Bezug auf den angesprochenen Faktor in C3: `=GDA($C$1; ; $C$2; B6; $C$3)`. Beachten Sie, dass der Bezug, der sich auf die Jahreszahl in der jeweiligen Zeile bezieht, relativ ist, während die anderen Bezüge alle absolut sind.

9 Die Formel für die variable Methode, die auch den Wechsel zur linearen Methode erlaubt, ist etwas komplizierter, wenn Sie sie so eingeben wollen, dass sie nach unten kopiert werden kann: `=VDB($C$1; ; $C$2; $B6-$B$6; $B7-$B$6; $C$3; FALSCH)`. Das letzte Argument *Nicht_wechseln* wird auf `FALSCH` gesetzt, der Wechsel zur linearen Abschreibungsmethode also erlaubt.

In Spalte F zeigt sich nun, dass durch die gesetzliche Beschränkung der degressiven Abschreibung auf maximal 25 % der Buchwert in den sechs Jahren nicht voll abgeschrieben werden kann.

Es ist also sinnvoll, ab einem bestimmten Punkt zur linearen Abschreibung zu wechseln. Genau dies geschieht in Spalte H. Die Funktion *VDB()* wechselt zur linearen Methode, sobald die geometrisch-degressive Methode geringere Beträge ergibt als die lineare Abschreibung des noch vorhandenen Buchungswerts.

Um das Modell an kürzere oder längere Nutzungsdauern anzupassen, brauchen Sie vor der Zeile mit den Summen nur entsprechend viele Zeilen einzufügen oder zu löschen und die Formeln, wenn nötig, einige Zeilen weiter nach unten zu kopieren.

14.5 Werte von Wertpapieren berechnen

Eine große Gruppe von Funktionen kreist um festverzinsliche und unverzinsliche Wertpapiere. Auch hierzu einige Bemerkungen. Festverzinsliche Wertpapiere sind Wertpapiere, die für einen bestimmten Zeitraum Gültigkeit haben und in dieser Zeit regelmäßig verzinst werden. Das können Sparbriefe, Schuldverschreibungen, private oder öffentliche Anleihen und Obligationen sein.

Unverzinsliche Wertpapiere sind solche, die zu einem bestimmten Kurs ausgegeben und später zu einem höheren Kurs wieder zurückgenommen werden. De facto könnte natürlich auch hier von einer Verzinsung gesprochen werden, da der Wert des Papiers ja um einen bestimmten Betrag steigt, der sich durchaus auf

	A	B	C	D	E	F	G	H
1	Anschaffungswert		30000					
2	Nutzungsdauer Jahre		6					
3	Faktor		1,5					
4								
5		Jahr	Buchwert	Linear	Buchwert	Geometrisch degressiv	Buchwert	Erst degressiv, dann linear
6	2009	1	30.000 EUR	5.000 EUR	30.000 EUR	7.500 EUR	30.000 EUR	7.500 EUR
7	2010	2	25.000 EUR	5.000 EUR	22.500 EUR	5.625 EUR	22.500 EUR	5.625 EUR
8	2011	3	20.000 EUR	5.000 EUR	16.875 EUR	4.219 EUR	16.875 EUR	4.219 EUR
9	2012	4	15.000 EUR	5.000 EUR	12.656 EUR	3.164 EUR	12.656 EUR	4.219 EUR
10	2013	5	10.000 EUR	5.000 EUR	9.492 EUR	2.373 EUR	8.438 EUR	4.219 EUR
11	2014	6	5.000 EUR	5.000 EUR	7.119 EUR	1.780 EUR	4.219 EUR	
12			Prozentsatz	16,67%				

Abbildung 14.16 *Der Verlauf der linearen und der degressiven Abschreibung im Vergleich*

einen jährlichen prozentualen Steigerungsbetrag umrechnen ließe.

Ausgehend von dem Modell, dass ein derartiges Wertpapier (festverzinslich oder unverzinslich) bei einem Geldinstitut erworben und später wieder veräußert wird, sind bei den meisten Funktionen in dieser Gruppe folgende Termine von zentraler Bedeutung:

- *Emission*: Der Ausgabetermin des Wertpapiers. Das ist der Termin, zu dem das Papier auf den Markt gebracht wird und ab dem sein Wertzuwachs bzw. seine Verzinsung läuft.
- *Abrechnung*: Der Termin, zu dem ein Käufer ein Wertpapier erwirbt. Dieser kann mit dem Emissionstermin zusammenfallen, es kann aber auch – und das ist für die Berechnungen natürlich der interessantere Fall – ein späterer Termin sein.
- *Fälligkeit*: Der Termin, zu dem die Bank das Wertpapier zurücknimmt und dem Eigentümer einen vorher vereinbarten Betrag dafür bezahlt.

Für Ausgabe und Rücknahme derartiger Wertpapiere gibt es mehrere Möglichkeiten:

- Die Papiere werden zum Nennwert verkauft. Anschließend werden für die angegebene Laufzeit regelmäßig Zinsen ausgeschüttet (üblich ist ein- oder zweimal jährlich). Am Ende der Laufzeit wird das Papier zum Nennwert zurückgenommen. Bisweilen wird bei der Ausgabe noch ein Disagio vorgenommen, d. h., vom Nennwert wird ein bestimmter Prozentsatz (eventuell noch orientiert an der Laufzeit) abgezogen.
- Das Papier wird abgezinst verkauft, d. h. zum Nennwert, vermindert um den Betrag, der durch Zinsen während der Laufzeit hinzukommt, und ohne zwischenzeitliche Zinsausschüttungen am Ende der Laufzeit zum Nennwert zurückgenommen.
- Das Papier wird zum Nennwert verkauft und ohne zwischenzeitliche Zinsausschüttungen am Ende der Laufzeit aufgezinst, also zum Nennwert, vermehrt um die aufgelaufenen Zinsen, zurückgenommen.

Die zweite und die dritte Methode gelten sinngemäß auch für unverzinsliche Papiere.

Da derartige Wertpapiere auch während der Laufzeit gehandelt werden, stellt sich die Frage nach ihrem Augenblickswert, also dem Kurs, zu dem sie gehandelt werden können. Dieser Kurs sollte möglichst marktgerecht sein. Deshalb wird als Vergleichsgröße die Rendite berechnet, also der effektive jährliche Gewinn in Prozent, bezogen auf den Kapitaleinsatz. Außerdem stellt sich die Frage nach der Höhe der Stückzinsen, also dem Anteil der Verzinsung, der seit dem letzten Zinstermin aufgelaufen ist.

Verkauf eines festverzinslichen Papiers

Wenn Sie beispielsweise eine Unternehmensanleihe schon vor dem Fälligkeitstermin verkaufen sollen, können Sie sich selbst ausrechnen, was Sie ausgezahlt bekommen. Abbildung 14.17 zeigt ein Beispiel. Sie brauchen dazu den Kurs zu dem Termin, an dem der Verkauf stattfindet. Die anderen Daten entnehmen Sie der Abrechnung beim Kauf des Papiers: das Datum der Emission, das Datum der Fälligkeit, den Nominalzinssatz, den Nennwert und die Anzahl der Zinstermine pro Jahr. Aus der Anzahl der Zinstermine ergibt sich der nächste Zinstermin.

Excel braucht zusätzlich noch die Angabe über die Basis, auf der die Zinstage berechnet werden. Das ist in Deutschland in der Regel der Wert 4, also 360 Tage pro Jahr, 30 Tage pro Monat.

Wenn Sie eine entsprechende Tabelle aufbauen, ist es meist hilfreich, die einzelnen Eingabefelder mit den Namen der Argumente zu belegen, die die Funktionen benötigen. Dadurch werden die Formeln besser lesbar.

In der Zelle B9 wird der aktuelle Kurswert einfach mit `=Nennwert * Kurs/100` errechnet. Zusätzlich wird die

	A	B	C	D	E
1	Wertpapier:	GuteLeihe		Gezahlte Stückzinsen	469,03 €
2	Emission	04.09.2009		Provision	24,74 €
3	Erster Zinstermin	21.09.2009		Börsenplatzentgelt	3,00 €
4	Faelligkeit	21.09.2012		Maklergebuehr	7,50 €
5	Abrechnungstermin	06.07.2010			
6	Nominalzins	5,5%		Betrag (Haben)	10.327,79 €
7	Nennwert	10.000,00 €			
8	Kurs	98,94			
9	Kurswert	9.894,00 €			
10	Zinstermine pro Jahr	1			
11	Basis für Berechnung der Zinstage	4			
12	Anzahl Zinstage	307			

< ***Abbildung 14.17*** *Daten beim Verkauf einer Anleihe während der Laufzeit*

Anzahl der Zinstage seit dem letzten Zinstermin berechnet. Dafür kann die Formel verwendet werden:

```
=ZINSTERMTAGVA(Abrechnungstermin;
Faelligkeit; Zinstermine_pro_Jahr; Basis_
für_Berechnung_der_Zinstage)
```

Neben dem aktuellen Kurs spielt noch der Betrag der aufgelaufenen Stückzinsen eine Rolle. Er kann auf der Basis der Zinstage berechnet werden. Die Formel lautet:

```
=Nennwert*Nominalzins*Anzahl_Zinstage/360
```

Nun kommen in der Regel aber noch ein paar Kosten hinzu: Als Provision berechnet eine Bank beispielsweise 0,25% des Kurswerts. Außerdem kommen meist noch eine Maklergebühr und ein Börsenplatzentgelt hinzu. Der tatsächliche Gesamtbetrag ergibt sich aus dem Kurswert und den aufgelaufenen Zinsen abzüglich der genannten Kostenposten.

In Tabelle 14.6 finden Sie die umfangreiche Liste der finanzmathematischen Funktionen. Die meisten Funktionen benötigen eine größere Anzahl von Argumenten, als es bei den mathematischen Funktionen der Fall ist. Achten Sie darauf, dass ihre Reihenfolge genau eingehalten werden muss.

Liste der Finanzfunktionen

Funktion	Beschreibung
AMORDEGRK(**Ansch_Wert**; **Kaufdatum**; **Erster_Zinstermin**; **Restwert**; **Termin**; **Satz**; Basis)	Liefert den degressiven Abschreibungsbetrag nach dem französischen Buchhaltungssystem.
AMORLINEARK(**Ansch_Wert**; **Kaufdatum**; **Erster_Zinstermin**; **Restwert**; **Termin**; **Satz**; Basis)	Liefert den linearen Abschreibungsbetrag nach dem französischen Buchhaltungssystem.
AUFGELZINS(**Emission**; **Erster_Zinstermin**; **Abrechnung**; **Satz**; **Nennwert**; **Häufigkeit**; Basis; Berechnungsmethode)	Liefert für Wertpapiere die aufgelaufenen Zinsen.
AUFGELZINSF(**Emission**; **Abrechnung**; **Nominalzins**; **Nennwert**; Basis)	Liefert für Wertpapiere die bei Fälligkeit aufgelaufenen Zinsen.
AUSZAHLUNG(**Abrechnung**; **Fälligkeit**; **Anlage**; **Disagio**; Basis)	Liefert den Rückzahlungsbetrag eines festverzinslichen Wertpapiers.

Funktion	Beschreibung
BW(Zins; Zzr; Rmz; Zw; F)	Berechnet den Barwert einer Investition.
DIA(Ansch_Wert; Restwert; Nutzungsdauer; Zr)	Berechnet die Abschreibungsrate nach der digitalen Methode.
DISAGIO(Abrechnung; Fälligkeit; Kurs; Rückzahlung; Basis)	Berechnet den Disagio beim Handel mit einem Wertpapier.
DURATION(Abrechnung; Fälligkeit; Nominalzins; Rendite; Häufigkeit; Basis)	Liefert die hypothetische durchschnittliche Kapitalbindungsdauer eines festverzinslichen Wertpapiers.
EFFEKTIV(Nominalzins; Perioden)	Berechnet den effektiven Jahreszins für eine Anlage oder ein Darlehen.
GDA(Ansch_Wert; Restwert; Nutzungsdauer; Periode; Faktor)	Berechnet die Abschreibungsrate für einen bestimmten Abschreibungszeitraum nach der geometrisch-degressiven Methode.
GDA2(Ansch_Wert; Restwert; Nutzungsdauer; Periode; Monate)	Berechnet die Abschreibungsrate für einen bestimmten Abschreibungszeitraum nach der geometrisch-degressiven Methode.
IKV(Werte; Schätzwert)	Berechnet den internen Ertragszins einer Investition.
ISPMT(Rate; Per; Nper; Pv)	Berechnet die Zinsen, die während einer bestimmten Periode gezahlt werden.
KAPZ(Zins; Zr; Zzr; Bw; Zw; F)	Berechnet den Tilgungsanteil für die Abzahlung eines Annuitätendarlehens.
KUMKAPITAL(Zins; Zzr; Bw; Zeitraum_Anfang; Zeitraum_Ende; F)	Berechnet den Betrag, der für die Tilgung eines Annuitätendarlehens in einem Zeitraum aufgebracht wird.
KUMZINSZ(Zins; Zzr; Bw; Zeitraum_Anfang; Zeitraum_Ende; F)	Berechnet den für die Zinsen aufgebrachten Betrag.
KURS(Abrechnung; Fälligkeit; Zins; Rendite; Rückzahlung; Häufigkeit; Basis)	Liefert den Kurswert eines festverzinslichen Wertpapiers.
KURSDISAGIO(Abrechnung; Fälligkeit; Disagio; Rückzahlung; Basis)	Berechnet den Ausgabekurs eines unverzinslichen Wertpapiers.
KURSFÄLLIG(Abrechnung; Fälligkeit; Emission; Zins; Rendite; Basis)	Berechnet den Kurswert eines festverzinslichen Wertpapiers.
LIA(Ansch_Wert; Restwert; Nutzungsdauer)	Berechnet die Abschreibungsrate nach der linearen Methode (AFA).
MDURATION(Abrechnung; Fälligkeit; Coupon; Rendite; Häufigkeit; Basis)	Berechnet die modifizierte Duration.
NBW(Zins; Wert1; Wert2; ...)	Berechnet den Nettokapitalwert periodischer Cashflows.
NOMINAL(Effektiver_Zins; Perioden)	Berechnet die jährliche Nominalverzinsung.
NOTIERUNGBRU(Zahl; Teiler)	Berechnet einen als Bruch interpretierbaren Ausdruck einer Dezimalzahl.
NOTIERUNGDEZ(Zahl; Teiler)	Konvertiert einen Bruch in eine Dezimalzahl.
PDURATION(Zins; Bw; Zw)	Berechnet die Anzahl der Perioden, bis eine Investition den angegebenen Zielwert erreicht hat.

Funktion	Beschreibung
QIKV(Werte; Investition; Reinvestition)	Berechnet die interne Ertragsrate einer Reihe von Ein- und Auszahlungen.
RENDITE(Abrechnung; Fälligkeit; Zins; Kurs; Rückzahlung; Häufigkeit; Basis)	Berechnet die jährliche Rendite eines Wertpapiers.
RENDITEDIS(Abrechnung; Fälligkeit; Kurs; Rückzahlung; Basis)	Berechnet die jährliche Rendite eines unverzinslichen Wertpapiers.
RENDITEFÄLL(Abrechnung; Fälligkeit; Emission; Zins; Kurs; Basis)	Berechnet die jährliche Rendite eines Wertpapiers, dessen Zinsen zum Fälligkeitstermin ausgezahlt werden.
RMZ(Zins; Zzr; Bw; Zw; F)	Berechnet die periodische Zahlung für eine Annuität.
TBILLÄQUIV(Abrechnung; Fälligkeit; Abzinsungssatz)	Berechnet die vergleichsweise jährliche Verzinsung eines Schatzwechsels (Treasury Bill).
TBILLKURS(Abrechnung; Fälligkeit; Abzinsungssatz)	Berechnet den Ausgabekurs für einen Schatzwechsel.
TBILLRENDITE(Abrechnung; Fälligkeit; Pr)	Berechnet die Rendite eines Schatzwechsels.
UNREGER.KURS(Abrechnung; Fälligkeit; Emission; Erster_Zinstermin; Zins; Rendite; Rückzahlung; Häufigkeit; Basis)	Liefert den Kurswert eines festverzinslichen Wertpapiers mit abweichender erster Zinsperiode.
UNREGER.REND(Abrechnung; Fälligkeit; Emission; Erster_Zinstermin; Zins; Kurs; Rückzahlung; Häufigkeit; Basis)	Liefert die Rendite eines festverzinslichen Wertpapiers mit abweichender erster Zinsperiode.
UNREGLE.KURS(Abrechnung; Fälligkeit; Letzter_Zinstermin; Zins; Rendite; Rückzahlung; Häufigkeit; Basis)	Liefert den Kurswert eines festverzinslichen Wertpapiers mit abweichender letzter Zinsperiode.
UNREGLE.REND(Abrechnung; Fälligkeit; Letzter_Zinstermin; Zins; Kurs; Rückzahlung; Häufigkeit; Basis)	Liefert die Rendite eines festverzinslichen Wertpapiers mit abweichender letzter Zinsperiode.
VDB(Ansch_Wert; Restwert; Nutzungsdauer; Anfang; Ende; Faktor; Nicht_wechseln)	Berechnet die Abschreibungsrate nach der variabel-degressiven Methode.
XINTZINSFUSS(Werte; Zeitpkte; Schätzwert)	Berechnet den internen Zinssatz für eine Reihe von unregelmäßigen Zahlungsvorgängen im unterjährigen Bereich.
XKAPITALWERT(Zins; Werte; Zeitpkte)	Berechnet den Nettokapitalwert für eine Reihe von unregelmäßigen Zahlungsvorgängen im unterjährigen Bereich.
ZINS(Zzr; Rmz; Bw; Zw; F; Schätzwert)	Berechnet den Zinssatz einer Investition bei regelmäßigen Auszahlungen.
ZINSSATZ(Abrechnung; Fälligkeit; Anlage; Rückzahlung; Basis)	Berechnet den (jährlichen) Zinssatz für eine Investition, bei der zwischen Abrechnung und Rückzahlung keine Zinsen ausgeschüttet werden.
ZINSTERMNZ(Abrechnung; Fälligkeit; Häufigkeit; Basis)	Berechnet das Datum der ersten Zinsausschüttung.

Funktion	Beschreibung
ZINSTERMTAGE(**Abrechnung**; **Fälligkeit**; **Häufigkeit**; Basis)	Berechnet die Anzahl der Tage in derjenigen Zinsperiode, in die der Abrechnungszeitpunkt fällt.
ZINSTERMTAGNZ(**Abrechnung**; **Fälligkeit**; **Häufigkeit**; Basis)	Berechnet die Tage bis zum ersten Zinstermin.
ZINSTERMTAGVA(**Abrechnung**; **Fälligkeit**; **Häufigkeit**; Basis)	Berechnet die Tage vom letzten Zinstermin bis zur Abrechnung.
ZINSTERMVZ(**Abrechnung**; **Fälligkeit**; **Häufigkeit**; Basis)	Berechnet das Datum des letzten Zinstermins.
ZINSTERMZAHL(**Abrechnung; Fälligkeit; Häufigkeit;** Basis)	Berechnet die Zahl der Zinstermine zwischen Kaufdatum und Fälligkeitsdatum.
ZINSZ(**Zins**; **Zr**; **Zzr**; **Bw**; Zw; F)	Berechnet den Zinsanteil für die Abzahlung eines Darlehens.
ZSATZINVEST(**Zzr**; **Bw**; **Zw**)	Berechnet den effektiven Jahreszins für den Wertzuwachs einer Investition.
ZW(**Zins**; **Zzr**; **Rmz**; Bw; F)	Berechnet den zukünftigen Wert auf der Grundlage regelmäßiger Zahlungen.
ZW2(**Kapital**; **Zinsen**)	Berechnet den Endwert eines Kapitals, das mit wechselnden Zinsen verzinst wird.
ZZR(**Zins**; **Rmz**; **Bw**; Zw; F)	Berechnet die Zahl der Zahlungsperioden für die Tilgung eines Darlehens.

^ ***Tabelle 14.6*** *Liste der finanzmathematischen Funktionen*

14.6 Zwischen Maß- und Zahlensystemen umrechnen

In der Kategorie der technischen Funktionen finden Sie verschiedene Varianten von Bessel-Funktionen, die insbesondere für Schwingungsberechnungen benutzt werden. Hinzu kommt eine ganze Reihe von Umwandlungsfunktionen, um Werte zwischen verschiedenen Maßsystemen und Zahlensystemen auszutauschen. Eine weitere Gruppe hat mit den komplexen Zahlen zu tun.

Eine Tabelle zum Umwandeln von Maßeinheiten

Ganz praktisch ist die Funktion *UMWANDELN()*, mit der Sie zwischen verschiedenen Maßeinheiten umrechnen. Die Syntax ist

```
=UMWANDELN(Zahl; Von_Maßeinheit; In_Maßeinheit)
```

Sie können sich damit leicht eine Tabelle aufbauen, die die gewünschten Umwandlungen für die Maßeinheiten liefert, mit denen Sie öfter zu tun haben. Abbildung 14.18 gibt Ihnen zunächst einen Überblick über die Maßeinheiten, die Sie in der Funktion angeben können.

Sie müssen die Bezeichnungen in den beiden Argumenten jeweils mit Anführungszeichen eingeben – es sei denn, Sie verwenden einen Zellbezug.

In der in Abbildung 14.19 gezeigten Tabelle brauchen Sie in den Zellen in Spalte A nur diejenigen Werte einzugeben, die Sie umwandeln wollen. Die Formeln beziehen sich dabei jeweils auf die Bezeichnungen der

	A	B	C	D	E	F	G	H
1	**Masse**			**Energie**			**Magnetismus**	
2	Gramm	**g**		Joule	**J**		Tesla	**T**
3	Pfund (Handelsgewicht)	**lbm**		Erg	**e**		Gauß	**ga**
4	U (atomare Masseneinheit)	**u**		Thermodynamische Kalorie	**c**		**Leistung**	
5	Unze (Handelsgewicht)	**ozm**		Kalorie	**cal**		Pferdestärke (PS)	**HP**
6	**Länge**			Elektronenvolt	**eV**		Watt	**W**
7	Meter	**m**		Pferdestärke mal Stunde	**HPh**		**Druck**	
8	Britische Meile	**mi**		Watt mal Stunde	**Wh**		Pascal	**Pa**
9	Nautische Meile	**Nmi**		BTU	**BTU**		Atmosphäre	**atm**
10	Zoll	**in**		**Maße für Flüssigkeiten**			mm Quecksilbersäule	**mmHg**
11	Fuß	**ft**		Teelöffel (Teaspoon)	**tsp**		**Kraft**	
12	Yard	**yd**		Esslöffel (Tablespoon)	**tbs**		Newton	**N**
13	Ångström	**ang**		Flüssige Unze	**oz**		Dyn	**dyn**
14	Pica (1/72 Zoll)	**Pica**		Tasse (Cup)	**cup**		**Temperatur**	
15	**Zeit**			Pint	**pt**		Grad Celsius	**C**
16	Jahr	**yr**		Quart	**qt**		Grad Fahrenheit	**F**
17	Tag	**day**		Gallone	**gal**		Grad Kelvin	**K**
18	Stunde	**hr**		Liter	**l**			
19	Minute	**mn**						
20	Sekunde	**sec**						

∧ ***Abbildung 14.18*** *Bezeichnungen der Maßeinheiten*

Maßeinheiten in Spalte B und E in der Zeile darunter. In D1 steht beispielsweise die Formel =UMWANDELN(A1; B2; E2).

	A	B	C	D	E
1	1000	**Gramm**	=	2,205	**Pfund**
2		**g**			**lbm**
3	1000	**Meter**	=	0,621	**Meilen**
4		**m**			**mi**
5				39370,08	**Zoll**
6					**in**
7				3280,84	**Fuß**
8					**ft**
9				1093,613	**Yard**
10					**yd**
11	32	**° Celsius**	=	89,6	**° Fahrenheit**
12		**C**			**F**
13	1000	**Joule**	=	238,85	**Kalorie**
14		**J**			**cal**
15	10	**PS**	=	7457,00	**Watt**
16		**HP**			**W**

∧ ***Abbildung 14.19*** *Umrechnung einiger häufig vorkommender Maßeinheiten*

Umwandlungen zwischen Zahlensystemen

Eine ganze Reihe von Funktionen in dieser Kategorie hat mit Umwandlungen von Werten zwischen den vier Zahlensystemen zu tun. Da jedes Mal drei verschiedene Umwandlungsrichtungen möglich sind, finden Sie zwölf verschiedene Funktionen, die ihren Sinn und Zweck gleich im Namen angeben. Für die Dezimalzahlen gibt es die Funktionen:

```
=DEZINOKT(Zahl)
=DEZINHEX(Zahl)
=DEZINBIN(Zahl)
```

Die Zahlensysteme unterscheiden sich durch die Anzahl der verwendeten Ziffern, die auch als Basis bezeichnet werden. Das Dezimalsystem verfügt bekanntlich über zehn Ziffernzeichen (0 bis 9). Kommen Sie beim Zählen einer Zahl hinter der 9 an, dann wird der ersten Ziffer eine 0 angehängt.

Das Dual- oder Binärsystem verwendet nur die Ziffern 0 und 1. Sie zählen 0, 1, 10, 11, 100 ...

Im Oktalsystem werden acht Ziffern verwendet, Sie zählen 1, 2 ... 7, 10, 11, ..., 17, 20 ...

Im Hexadezimalsystem nehmen Sie zu den Ziffern 0 bis 9 noch die Buchstaben A bis F, kommen also auf insgesamt 16 Ziffern. Sie zählen 1, 2, ... 9; A; B; C; D; E; F; 10 ...

Bei den meisten dieser Funktionen können Sie neben der Zahl, die umgewandelt werden soll, noch die Anzahl der Stellen angeben. `=DEZINHEX(123; 5)` liefert beispielsweise eine fünfstellige Hexadezimalzahl: *0007B*.

Ohne Angabe werden nur die notwendigen Stellen angezeigt, ist *Stellen* größer als diese Zahl, wird mit führenden Nullen aufgefüllt.

Dezimal	Oktal	Binär	Hexadezimal
1	1	1	1
2	2	10	2
3	3	11	3
4	4	100	4
5	5	101	5
6	6	110	6
7	7	111	7
8	10	1000	8
9	11	1001	9
10	12	1010	A
11	13	1011	B
12	14	1100	C
13	15	1101	D
14	16	1110	E
15	17	1111	F
16	20	10000	10
17	21	10001	11
18	22	10010	12
19	23	10011	13
20	24	10100	14

Abbildung 14.20 *Die ersten zwanzig Zahlen in den verschiedenen Zahlensystemen*

Liste der technischen Funktionen

Funktion	Beschreibung
BESSELI(**x**; **n**)	Liefert die modifizierte Besselfunktion *In(x)*.
BESSELJ(**x**; **n**)	Liefert die Besselfunktion *Jn(x)*.
BESSELK(**x**; **n**)	Liefert die modifizierte Besselfunktion *Kn(x)*.
BESSELY(**x**; **n**)	Liefert die Besselfunktion *Yn(x)* zurück.
BININDEZ(**Zahl**)	Wandelt einen binären Wert in eine Dezimalzahl um.
BININHEX(**Zahl**; Stellen)	Wandelt einen binären Wert in eine Hexadezimalzahl um.
BININOKT(**Zahl**; Stellen)	Wandelt einen binären Wert in eine Oktalzahl um.
BITVERSCHIEB(**Zahl**; **Verschiebebetrag**)	Liefert die Zahl, die sich ergibt, wenn Bits um den Verschiebebetrag nach links verschoben werden.
BITODER(**Zahl1**; **Zahl2**)	Gibt ein bitweises Oder zweier Zahlen zurück.
BITRVERSCHIEB(**Zahl**; **Verschiebebetrag**)	Liefert die Zahl, die sich ergibt, wenn Bits um den Verschiebebetrag nach rechts verschoben werden.
BITUND(**Zahl1**; **Zahl2**)	Gibt ein bitweises Und zweier Zahlen zurück.
BITXODER(**Zahl1**; **Zahl2**)	Gibt ein bitweises ausschließliches Oder zweier Zahlen zurück.
DELTA(**Zahl1**; Zahl2)	Prüft, ob Werte gleich sind.
DEZINBIN(**Zahl**; Stellen)	Liefert den Binärwert einer Dezimalzahl.
DEZINHEX(**Zahl**; Stellen)	Liefert den Hexadezimalwert einer Dezimalzahl.
DEZINOKT(**Zahl**; Stellen)	Liefert den Oktalwert einer Dezimalzahl.

Funktion	Beschreibung
GAUSSF.GENAU(**x**)	Liefert Werte des gaußschen Fehlerintegrals.
GAUSSFEHLER(**Untere_Grenze**; Obere_Grenze)	Liefert Werte des gaußschen Fehlerintegrals.
GAUSSFKOMPL(**Untere_Grenze**)	Liefert komplementäre Werte des gaußschen Fehlerintegrals.
GAUSSFKOMPL.GENAU(**x**)	Liefert komplementäre Werte des gaußschen Fehlerintegrals.
GGANZZAHL(**Zahl**; Schritt)	Prüft, ob der mit *Zahl* angegebene Wert den mit *Schritt* angegebenen Schwellenwert erreicht oder überschreitet.
HEXINBIN(**Zahl**; Stellen)	Liefert den Binärwert einer hexadezimalen Zahl.
HEXINDEZ(**Zahl**)	Liefert den Dezimalwert einer hexadezimalen Zahl.
HEXINOKT(**Zahl**; Stellen)	Liefert den Oktalwert einer hexadezimalen Zahl.
IMABS(**Komplexe_Zahl**)	Liefert den Absolutwert (Modul) einer komplexen Zahl.
IMAGINÄRTEIL(**Komplexe_Zahl**)	Liefert den imaginären Anteil einer komplexen Zahl.
IMAPOTENZ(**Komplexe_Zahl**; **Potenz**)	Liefert die Potenz einer komplexen Zahl.
IMARGUMENT(**Komplexe_Zahl**)	Liefert das Argument einer komplexen Zahl.
IMCOS(**Komplexe_Zahl**)	Liefert den Kosinus einer komplexen Zahl.
IMCOSEC(**Komplexe_Zahl**)	Liefert den Kosekans einer komplexen Zahl.
IMCOSECHYP(**Komplexe_Zahl**)	Liefert den hyperbolischen Kosekans einer komplexen Zahl.
IMCOSHYP(**Komplexe_Zahl**)	Liefert den hyperbolischen Kosinus einer komplexen Zahl.
IMCOT(**Komplexe_Zahl)**	Liefert den Kotangens einer komplexen Zahl.
IMDIV(**Komplexe_Zahl1**; **Komplexe_Zahl2**)	Division komplexer Zahlen
IMEXP(**Komplexe_Zahl**)	Potenzierung von *e* (eulersche Zahl) mit einer komplexen Zahl
IMKONJUGIERTE(**Komplexe_Zahl**)	Liefert zu einer komplexen Zahl das konjugierte komplexe Komplement.
IMLN(**Komplexe_Zahl**)	Liefert den natürlichen Logarithmus einer komplexen Zahl.
IMLOG10(**Komplexe_Zahl**)	Liefert den dekadischen Logarithmus einer komplexen Zahl.
IMLOG2(**Komplexe_Zahl**)	Liefert den binären Logarithmus einer komplexen Zahl.
IMPRODUKT(**Komplexe_Zahl1**; Komplexe_Zahl2, ...)	Berechnet das Produkt komplexer Zahlen.
IMREALTEIL(**Komplexe_Zahl**)	Liefert den reellen Anteil einer komplexen Zahl.
IMSEC(**Komplexe_Zahl**)	Liefert den Sekans einer komplexen Zahl.
IMSECHYP(**Komplexe_Zahl**)	Liefert den hyperbolischen Sekans einer komplexen Zahl.
IMSIN(**Komplexe_Zahl**)	Liefert den Sinus einer komplexen Zahl.
IMSINHYP(**Komplexe_Zahl**)	Liefert den hyperbolischen Sinus einer komplexen Zahl.
IMSUB(**Komplexe_Zahl1**; **Komplexe_Zahl2**)	Subtraktion zweier komplexer Zahlen
IMSUMME(**Komplexe_Zahl1**; Komplexe_Zahl2;...)	Addition komplexer Zahlen
IMTAN(**Komplexe_Zahl**)	Liefert den Tangens einer komplexen Zahl.

Funktion	Beschreibung
IMWURZEL(**Komplexe_Zahl**)	Liefert die Quadratwurzel einer komplexen Zahl.
KOMPLEXE(**Realteil**; **Imaginärteil**; Suffix)	Erzeugt eine komplexe Zahl aus zwei reellen Zahlen.
OKTINBIN(**Zahl**; Stellen)	Liefert den Binärwert einer oktalen Zahl.
OKTINDEZ(**Zahl**)	Liefert den Dezimalwert einer oktalen Zahl.
OKTINHEX(**Zahl**; Stellen)	Liefert den hexadezimalen Wert einer oktalen Zahl.
UMWANDELN(Zahl; **Von_Maßeinheit**; **In_Maßeinheit**)	Liefert Umrechnungen zwischen verschiedenen Maßeinheiten.

Tabelle 14.7 *Liste der technischen Funktionen*

14.7 Datums- und Zeitwerte berechnen

Excel rechnet in den Datums- und Zeitfunktionen mit *seriellen Zahlen*, die in Excel auch als *fortlaufende Zahlen* bezeichnet werden. Alle Datumsangaben beziehen sich als Vorgabe auf den 1.1.1900. Dieser Tag entspricht der seriellen Zahl 1, der darauffolgende Tag wird durch die serielle Zahl 2 repräsentiert usw., bis zur Zahl 2.958.465, die für den 31.12.9999 steht.

Auch Uhrzeiten werden in Excel über die seriellen Zahlen dargestellt. Sie bilden ihren Dezimalteil, und zwar ist 0,00001 die erste Sekunde, und 0,5 meint 12 Uhr mittags.

Hinweise zum Datumssystem

Alternativ können Sie noch eine andere Zählung der Datumswerte verwenden, die der von Apple gewählten Zählung entspricht und den Austausch von Arbeitsmappen mit dem Mac vereinfacht. Sie geht von dem Startpunkt 1.1.1904 als dem Tag 0 aus.

In Excel können Sie eine Einstellung auf dieses Datumsformat über **Datei > Optionen > Erweitert** vornehmen. Dazu kreuzen Sie unter **Beim Berechnen dieser Arbeitsmappe** die Option **1904-Datumswerte verwenden** an.

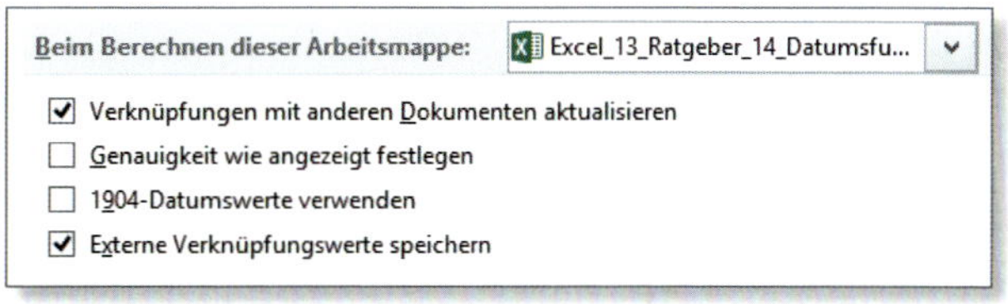

Abbildung 14.21 *An dieser Stelle können Sie auf das alternative Datumssystem umschalten.*

Mit diesem späteren Einstieg in die Zählung hat Apple das Problem vermieden, dass das Jahr 1900 kein Schaltjahr gewesen ist, was bei der Zählung ab 1.1.1900 unterstellt wird. Das falsche Datum 29.2.1900 kann bei der von Microsoft gewählten Zählung eingegeben werden, obwohl es diesen Tag nicht gegeben hat. Microsoft hat diesen Fehler bisher bewusst in Kauf genommen, um mit Arbeitsmappen kompatibel zu bleiben, die mit dem vorher marktbeherrschenden Programm Lotus 1-2-3 erstellt worden sind. Erst mit dem neuen Dateiformat *Strict Open XML* wird dieser Schaltjahrfehler unterbunden.

Die Verwendung der Zählung ab 1904 kann Ihnen aber unter bestimmten Umständen auch unter Windows nützlich sein. Das ist der Fall, wenn Sie beispielsweise in einer bestimmten Arbeitsmappe mit Zeitkonten arbeiten wollen, in denen auch negative Zeitwerte vorkommen können.

TIPP

Zeitverschiebung beachten
Wenn Sie in einzelnen Arbeitsmappen mit dem 1904-System arbeiten wollen, müssen Sie beachten, dass sich bei einer nachträglichen Umstellung die Datumswerte in der betreffenden Arbeitsmappe um die Differenz zwischen dem 1.1.1900 und dem 1.1.1904 verschieben, also um 1.462 Tage erhöht werden.

Rechnen mit Datums- und Zeitwerten

Aufgrund der automatischen Umwandlung in serielle Zahlen können Sie mit Datums- und Zeitangaben sehr einfach rechnen. Da diese Werte intern numerische Werte darstellen, lassen sich die üblichen Rechenoperationen darauf anwenden. Allerdings muss für den Benutzer nicht unbedingt sichtbar werden, dass die Datums- und Zeitfunktionen mit seriellen Zahlen rechnen, denn für die Ausgabe erscheint das Ergebnis zumeist in einem Datumsformat. Wenn Sie die serielle Zahl sehen wollen, brauchen Sie den Wert aber nur mit **Start > Zahl > Standard** auf das Standardformat zurückzusetzen.

Beim Formatieren der Ergebnisse von Datums- und Zeitfunktionen sollten Sie darauf achten, dass nicht aus Versehen ein unpassendes Format zugewiesen wird, das dem Datentyp des Ergebnisses nicht entspricht. So liefert beispielsweise die Formel `=JAHR(HEUTE())` im Jahr 2011 das Ergebnis *2011* als Zahl. Wird diese Zelle dann irrtümlich mit einem Datumsformat belegt, erscheint in der Zelle der Wert *03.07.1905*.

Periodische Datumsreihen berechnen

Im folgenden Beispiel zeigen wir, wie Sie mit der Funktion *DATUM()* Datumsberechnungen vornehmen. Wir wollen periodische Datumsreihen beliebiger Art berechnen.

1 Geben Sie in Zelle A3 ein Ausgangsdatum vor.

2 Legen Sie in den Nachbarzellen die gewünschten Intervalle in Tagen, Wochen oder Monaten fest.

3 Nummerieren Sie die einzelnen Termine der Datumsreihe in Spalte A fortlaufend, indem Sie mit dem Ausfüllkästchen von der Zahl 1 in Zelle A6 nach unten ziehen und dabei [Strg] gedrückt halten.

4 In der ersten Zeile der Tabelle mit den Datumswerten übernehmen Sie einfach das Ausgangsdatum durch einen absoluten Bezug.

5 In der Zeile darunter – ab A7 – geben Sie die Formeln ein, die jeweils den Zeitsprung mit dem gewünschten Intervall berechnen. Diese Formeln nehmen Bezug auf die Nummern in Spalte A. Die Formeln müssen nur einmal eingegeben und können dann nach unten kopiert werden.

6 Die Formel für ein Tagesintervall lautet:

```
=DATUM(JAHR($A$3); MONAT($A$3);
TAG($A$3)+(A7-1)*$B$3))
```

7 Vergessen Sie nicht, die absoluten Bezüge zu verwenden, wenn Sie das Beispiel nachvollziehen wollen.

	A	B	C	D
1		Intervall		
2	Ausgangsdatum	in Tagen	in Wochen	in Monaten
3	15.01.2013	14	4	3
5	Termin			
6	1	15.01.2013	15.01.2013	15.01.2013
7	2	29.01.2013	12.02.2013	15.04.2013
8	3	12.02.2013	12.03.2013	15.07.2013
9	4	26.02.2013	09.04.2013	15.10.2013
10	5	12.03.2013	07.05.2013	15.01.2014
11	6	26.03.2013	04.06.2013	15.04.2014
12	7	09.04.2013	02.07.2013	15.07.2014
13	8	23.04.2013	30.07.2013	15.10.2014
14	9	07.05.2013	27.08.2013	15.01.2015
15	10	21.05.2013	24.09.2013	15.04.2015
16	11	04.06.2013	22.10.2013	15.07.2015
17	12	18.06.2013	19.11.2013	15.10.2015
18	13	02.07.2013	17.12.2013	15.01.2016
19	14	16.07.2013	14.01.2014	15.04.2016
20	15	30.07.2013	11.02.2014	15.07.2016
21	16	13.08.2013	11.03.2014	15.10.2016

Abbildung 14.22 *Datumsreihen berechnen*

Die Formeln für das Monatsintervall sind entsprechend. Es wird immer ein bestimmtes Vielfaches des angegebenen Intervalls auf den jeweiligen Bestandteil des Datums addiert.

Etwas mehr Aufwand erfordert das Wochenintervall:

```
=DATUM(JAHR($A$3); MONAT($A$3);
TAG($A$3)+(A7-1)*$C$3*7))
```

Ist die Tabelle einmal aufgebaut, können Sie in den Zellen B3 bis D3 beliebige Werte für das Intervall eingeben und erhalten sofort die gewünschte Reihe bezogen auf das Ausgangsdatum.

Periodische Zeitreihen berechnen

Nach dem gleichen Verfahren lassen sich auch periodische Zeitreihen beliebiger Art berechnen. Sie geben eine Ausgangszeit ein und dann das gewünschte Intervall in Stunden, Minuten oder Sekunden. In der ersten Zeile der Tabelle mit den Zeitreihen wird einfach nur die Ausgangszeit durch einen absoluten Bezug übernommen. Die einzelnen Termine der Zeitreihe sind in Spalte A fortlaufend nummeriert. Auf diese Nummern nehmen die Formeln der Reihe Bezug. Die Nummerierung kann wieder durch Ziehen des Ausfüllkästchens bei gedrückter Strg-Taste erzeugt werden.

In der zweiten Zeile werden Formeln verwendet, um jeweils den Zeitsprung zu berechnen. Diese Formeln müssen nur einmal eingegeben und können dann nach unten kopiert werden.

Die Formel für ein Stundenintervall lautet:

```
=ZEIT(STUNDE($A$3)+(A7-1)*$B$3;
MINUTE($A$3); SEKUNDE($A$3))
```

Vergessen Sie nicht, die absoluten Bezüge zu verwenden, wenn Sie das Beispiel nachvollziehen wollen.

Die Formeln für das Minuten- bzw. Sekundenintervall sind entsprechend. Es wird immer ein bestimmtes Vielfaches des angegebenen Intervalls auf den jeweiligen Bestandteil der Zeit – hier die Minuten oder die Sekunden – addiert.

Ist die Tabelle einmal aufgebaut, können Sie in den Zellen B3 bis D3 beliebige Werte für das Intervall eingeben und erhalten sofort die gewünschte Reihe.

	A	B	C	D
1		Intervall		
2	Ausgangszeit	in Stunden	in Minuten	in Sekunden
3	12:41:39	6	30	30
4				
5	Termin			
6	1	12:41:39	12:41:39	12:41:39
7	2	18:41:39	13:11:39	12:42:09
8	3	00:41:39	13:41:39	12:42:39
9	4	06:41:39	14:11:39	12:43:09
10	5	12:41:39	14:41:39	12:43:39
11	6	18:41:39	15:11:39	12:44:09
12	7	00:41:39	15:41:39	12:44:39
13	8	06:41:39	16:11:39	12:45:09
14	9	12:41:39	16:41:39	12:45:39
15	10	18:41:39	17:11:39	12:46:09
16	11	00:41:39	17:41:39	12:46:39
17	12	06:41:39	18:11:39	12:47:09
18	13	12:41:39	18:41:39	12:47:39
19	14	18:41:39	19:11:39	12:48:09
20	15	00:41:39	19:41:39	12:48:39
21	16	06:41:39	20:11:39	12:49:09

Abbildung 14.23 *Zeitreihen berechnen*

Arbeitszeitberechnung

Das folgende Beispiel behandelt die Frage, wie Zeiten zusammengerechnet werden können. Die Zeitfunktionen von Excel liefern ja normalerweise die Uhrzeit für einen bestimmten Zeitpunkt. Es ist aber kein Problem, Zeitdifferenzen zu ermitteln. Etwas trickreich ist das Zusammenziehen von Zeiten.

Abbildung 14.24 zeigt eine kleine Tabelle, in der Arbeitszeiten für eine Woche eingetragen sind. Es sind immer der Beginn und das Ende der Arbeitszeit in den Spalten B und C eingegeben. Unterschieden werden drei verschiedene Arbeitszeiten: Normal-, Samstags- und Sonntagsarbeitszeit.

Um die Differenz zu ermitteln, kann wieder mit der Zeitfunktion gearbeitet werden. Die Formel für den ersten Tag lautet:

```
=ZEIT(STUNDE(C3-B3)-1; MINUTE(C3-B3);)
```

Mit *–1* bei *STUNDE()* wird eine einstündige Pause berücksichtigt.

Wenn nun die Summen für die drei Zeitarten gezogen werden, zeigt Excel bei normalem Datumsformat nicht die Zeitsummen an, sondern eine Uhrzeit.

	A	B	C	D	E	F
1	**Arbeitszeitberechnung**				**Woche:**	33
2		**Beginn**	**Ende**	**Normale Arbeitszeit**	**Samstags-arbeit**	**Sonntags-arbeit**
3	14.08.1995	8:40	16:30	6:50		
4	15.08.1995	8:30	16:30	7:00		
5	16.08.1995	12:30	21:30	8:00		
6	17.08.1995	14:30	21:30	6:00		
7	18.08.1995	8:30	16:30	7:00		
8	19.08.1995	8:30	12:30		4:00	
9	20.08.1995	8:30	10:30			2:00
10				10:50	4:00	2:00
11	**eine Stunde Pause**					

Abbildung 14.24 *Arbeitszeitrechnung mit falschen Zeitsummen*

Das können Sie aber durch ein spezielles Format leicht ändern. Markieren Sie den Bereich D3 bis F10, benutzen Sie im Dialog **Zellen formatieren > Zahlen** die Kategorie **Benutzerdefiniert**. Geben Sie folgendes Format ein: `[h]:mm`. Nun werden die Zeitsummen korrekt angezeigt.

	A	B	C	D	E	F
1	**Arbeitszeitberechnung**				**Woche:**	33
2		**Beginn**	**Ende**	**Normale Arbeitszeit**	**Samstags-arbeit**	**Sonntags-arbeit**
3	14.08.1995	8:40	16:30	6:50		
4	15.08.1995	8:30	16:30	7:00		
5	16.08.1995	12:30	21:30	8:00		
6	17.08.1995	14:30	21:30	6:00		
7	18.08.1995	8:30	16:30	7:00		
8	19.08.1995	8:30	12:30		4:00	
9	20.08.1995	8:30	10:30			2:00
10				10:50	4:00	2:00
11	**eine Stunde Pause**					

Abbildung 14.25 *Arbeitszeitrechnung mit korrekten Zeitsummen*

Liste der Datums- und Zeitfunktionen

Funktion	Beschreibung
ARBEITSTAG(**Ausgangsdatum**; **Tage**; Freie_Tage)	Berechnet ein neues Datum aufgrund der angegebenen Arbeitstage und freien Tage.
ARBEITSTAG.INTL(**Ausgangsdatum**; **Tage**; Wochenende; Freie_Tage)	Berechnet ein neues Datum aufgrund der angegebenen Arbeitstage und freien Tage, wobei die Wochenendtage frei gewählt werden können.
BRTEILJAHRE(**Ausgangsdatum**; **Enddatum**; Basis)	Berechnet den Jahresbruchteil für die Zeitspanne zwischen Ausgangsdatum und Enddatum.
DATEDIF(**Ausgangsdatum**; **Enddatum**; **Einheit**)	Berechnet die Differenz von Ausgangs- und Enddatum.
DATUM(**Jahr**; **Monat**; **Tag**)	Berechnet eine serielle Zahl für das eingegebene Datum.
DATWERT(**Datumstext**)	Wandelt die Zeichenfolge in einen Datumswert um.
EDATUM(**Ausgangsdatum**; **Monate**)	Berechnet ein um Monate verschobenes Datum.
HEUTE()	Liefert das Systemdatum.
ISOKALENDERWOCHE (**Datum**)	Liefert die Zahl der Kalenderwoche nach dem ISO-Standard.
JAHR(**Zahl**)	Liefert das Jahr für das eingegebene Datum.
JETZT()	Liefert das Systemdatum und die Uhrzeit.
KALENDERWOCHE(**Fortlaufende_Zahl**; Zahl_Typ)	Liefert für das angegebene Datum die entsprechende Kalenderwoche.

Funktion	Beschreibung
MINUTE(**Zahl**)	Berechnet den Minutenanteil eines Zeitwerts.
MONAT(**Zahl**)	Liefert die Monatszahl eines Datumswerts.
MONATSENDE(**Ausgangsdatum**; **Monate**)	Liefert den letzten Tag des Monats, in den das um Monate verschobene Datum fällt.
NETTOARBEITSTAGE(**Ausgangsdatum**; **Enddatum**; Freie_Tage)	Berechnet die Arbeitstage zwischen zwei Daten.
NETTOARBEITSTAGE.INTL(**Ausgangsdatum**; **Enddatum**; Wochenende; Freie_Tage)	Berechnet die Arbeitstage zwischen zwei Daten, wobei die Wochenendtage frei gewählt werden können.
SEKUNDE(**Zahl**)	Liefert den Sekundenanteil eines Zeitwerts.
STUNDE(**Zahl**)	Liefert den Stundenanteil eines Zeitwerts.
TAG(**Zahl**)	Gibt die Tagesnummer eines Datumswerts aus.
TAGE360(**Ausgangsdatum**; **Enddatum**; Methode)	Gibt die Anzahl der Tage zwischen zwei verschiedenen Daten aus, wobei das Jahr mit 360 Tagen gerechnet wird.
WOCHENTAG(**Zahl**; Typ)	Liefert die Wochentagsnummer eines Datumswerts.
ZEIT(**Stunde**; **Minute**; **Sekunde**)	Berechnet eine serielle Zahl für die eingegebene Uhrzeit.
ZEITWERT(**Zeit**)	Wandelt die Zeichenfolge in einen Zeitwert um.

Tabelle 14.8 *Liste der Funktionen für Datums- und Zeitwerte*

Kapitel 15
Statistische Werte berechnen

Statistische Berechnungen dienen hauptsächlich dem Zweck, die Masse einzelner Daten so zu quantifizieren, dass ein begründetes Urteil über eine Situation oder eine Entwicklung möglich wird. Der Irrtum ist dabei trotzdem nicht ausgeschlossen.

Was Berechnungen im Bereich der Statistik betrifft, braucht Excel 2013 von der Funktionsvielfalt her gesehen den Vergleich mit professionellen Statistikprogrammen nicht zu scheuen. Um die Orientierung in diesem Bereich etwas zu erleichtern, stellen wir hier wenigstens ein paar kurze Vorbemerkungen voran.

Deskriptive und induktive statistische Methoden

Eine erste Aufteilung der angebotenen statistischen Funktionen ergibt sich aus der Unterscheidung zwischen deskriptiven und induktiven statistischen Methoden. Die Ersteren, die beschreibenden Methoden, stehen immer am Anfang jeder Analyse von Daten, sie beziehen sich auf den gegebenen Ausgangsdatenbestand. Typische Funktionen sind hier etwa die Berechnung der Häufigkeitsverteilung, der verschiedenen Formen von Mittelwerten oder die Berechnung der Streuung.

Von induktiven statistischen Methoden wird gesprochen, wenn es darum geht, von Daten aus einer Stichprobe auf die Verhältnisse zurückzuschließen, die in der Grundgesamtheit herrschen, aus der die Stichprobe genommen wurde. Das ist das typische Terrain der Meinungsforscher, die aus ein paar Hundert Interviews ableiten, was Millionen Menschen über ein bestimmtes Thema denken.

Die Statistikfunktionen decken hier mehrere Bereiche ab: die Analyse einzelner Stichproben, bei denen eines oder mehrere Merkmale erfasst wurden, Analyse und Vergleich mehrerer Stichproben, Vergleich von Stichproben mit einer Grundgesamtheit und Aspekte wie Wahrscheinlichkeitsrechnung und Wahrscheinlichkeitsverteilungen von Zufallsvariablen.

Unterschiedliche Skalen

Um die Frage beantworten zu können, welche statistischen Methoden Sie auf ein bestimmtes Datenmaterial anwenden können, ist es zunächst notwendig, die Art der Skalierung zu berücksichtigen. Hauptsächlich wird unterschieden zwischen nominalskalierten, ordinalskalierten und metrischskalierten Werten.

Wird beispielsweise bei Personen der Familienstand erfasst, stellen die möglichen Merkmale Werte einer Nominalskala dar. Es handelt sich dabei um qualitative Merkmale, bei denen nur festgestellt werden kann, dass sie unterschiedlich sind. Sie lassen sich aber nicht in eine Ordnung bringen, die etwa einem Merkmal einen höheren Rang zuweisen würde als einem anderen. Es lässt sich auch nichts über die Abstände zwischen den Merkmalen aussagen.

Bei ordinalskalierten Werten kann von den Daten darüber hinaus auch eine bestimmte Rangordnung abgelesen werden, wie es etwa bei Schulnoten der Fall ist. Die Note 1 ist besser als die Note 2, 4 besser als 5, aber dennoch lässt sich nicht behaupten, dass der Abstand zwischen 1 und 2 genau dem Abstand zwischen 4 und 5 entspricht.

Liefern zusätzlich auch die genauen Abstände zwischen Werten verwertbare Informationen, wie es etwa bei Daten über Gewicht und Größe der Fall ist, liegt den Daten eine metrische Skala zugrunde. Es ist evident, dass bestimmte statistische Auswertungen für eine bestimmte Skalierung wenig Sinn ergeben, wie etwa ein Mittelwert zwischen den Statusmerkmalen *verheiratet* und *ledig*.

Eine weitere grundlegende Unterscheidung in Bezug auf die Art des Datenmaterials ist die zwischen diskreten Werten und stetigen Werten. Während der Familienstand einer Person nur wenige Werte annehmen kann, lässt sich die Körpergröße in einer beliebigen Genauigkeit, also auch mit beliebigen Zwischenwerten, angeben.

Stichproben und Grundgesamtheiten

Fast alle statistischen Verfahren haben entweder mit Stichproben oder mit Grundgesamtheiten zu tun, häufig auch direkt oder indirekt mit beidem. Eine Stichprobe ist eine Untergruppe von Elementen aus einer Grundgesamtheit, die zufällig aus dieser ausgewählt wurden. Zufällig heißt hier, dass bei der Auswahl streng darauf geachtet wird, nicht bestimmte Elemente der Grundgesamtheit zu bevorzugen. Die Grundgesamtheit ist die Menge der Elemente, aus denen die Stichprobe entnommen wird, beispielsweise die Gesamtheit der Wahlberechtigten oder alle Frauen in Köln, um nur zwei Beispiele zu nennen.

Soll etwa für die weit verbreiteten Meinungsumfragen eine Stichprobe der Wahlberechtigten vorgenommen werden, genügt es nicht, ein oder alle Telefonbücher zufällig aufzuschlagen (Telefonbesitzer werden bevorzugt) oder auf der Straße Leute anzusprechen (zu Hause Bleibende werden benachteiligt). Entsprechend haben die Institute, die Meinungsumfragen durchführen, meist wohlgehütete Geheimnisse, wie sie zu ihren repräsentativen Stichproben kommen.

Bei der Untersuchung von Stichproben stellen sich meist zwei Fragen: Was hat die Stichprobe ergeben, und welche Schlüsse erlaubt sie auf die Grundgesamtheit. Für die erste Frage gibt es zunächst zwei maßgebliche Größen: den Mittelwert und die Streuung. Als Maße sind hier hauptsächlich zwei gebräuchlich: das arithmetische Mittel und die Standardabweichung (oder das Quadrat der Standardabweichung, die Varianz). Aus diesen beiden Größen können Sie jeweils versuchen, den Mittelwert und die Streuung in der Grundgesamtheit zu schätzen. Es ist naheliegend, dass eine solche Schätzung umso verlässlicher wird, je größer die Stichprobe ist.

Zufallsvariable und Wahrscheinlichkeit

Auf der Grundlage statistischer Erhebungen oder zuweilen auch theoretischer Überlegungen lässt sich häufig für das Auftauchen bestimmter Größen eine bestimmte Wahrscheinlichkeit angeben. So ist etwa die Wahrscheinlichkeit, beim Münzwurf eine Zahl zu werfen, 1/2 (0,5 oder 50 %), beim Würfeln eine 6 zu schaffen, 1/6 (0,166666), aus einem Skatspiel eine bestimmte Karte zu ziehen, 1/32 (0,03125) usw. Für die Errechnung von Wahrscheinlichkeiten, die nicht ganz so trivial sind, hält Excel 2013 eine Anzahl von Funktionen bereit.

In anderen Fällen wird die Wahrscheinlichkeit durch Abzählen der Grundgesamtheit ermittelt. Ist beispielsweise bekannt, dass in einem Land 51 % der Bevölkerung weiblich sind, dann ist die Wahrscheinlichkeit, dass ein zufällig ausgewählter Mensch weiblich ist, 0,51.

Eine Größe dieser Art heißt Zufallsvariable. Ist diese Variable so wie in den genannten Beispielen diskret, lässt sich direkt eine Wahrscheinlichkeit dafür angeben, dass sie einen bestimmten Wert oder einen von mehreren Werten annimmt.

Anders ist es bei nicht diskreten, also stetigen, Variablen. Sind etwa die Körpergrößen einer Grundgesamtheit von Menschen erfasst, stellt sich sowohl bei der Erfassung als auch bei der Angabe der Wahrscheinlichkeiten die Frage nach der Messgenauigkeit und nach der Einordnung. Die Frage, wie wahrscheinlich eine Körpergröße von 1,73 m ist, kann gar nicht ohne Weiteres beantwortet werden: Ist 1,7299999 mitgemeint oder nicht? Die Werte müssen also in Intervalle oder Klassen eingeteilt werden, beispielsweise: Alle Werte zwischen 172,5 und 173,49999 gelten als 1,73.

Für alle derartigen Größen arbeitet die Statistik mit sogenannten Wahrscheinlichkeitsverteilungen für stetige Variablen, von denen Excel 2013 gleich mehrere zur Verfügung stellt.

15.1 Statistische Maßzahlen ermitteln

Jede statistische Tätigkeit hat am Anfang hauptsächlich mit dem Zählen zu tun. Wie oft kommt ein bestimmtes Merkmal vor? Wie viele Personen haben die oder die Meinung? Wenn Sie die entsprechenden Vorkommen einfach in einer Excel-Tabelle einzeln notiert haben, brauchen Sie eine einfache Möglichkeit, die Ergebnisse auszuzählen.

Vorkommen zählen

Excel hat dafür an erster Stelle die Funktionen *ANZAHL()* und *ANZAHL2()*. Die Syntax ist

```
=ANZAHL(Wert1; Wert2; ...)=ANZAHL2(Wert1; Wert2; ...)
```

Der Unterschied wird deutlich, wenn wir uns ein Beispiel ansehen:

`=ANZAHL(1; 4; 7; "fünf")` ergibt *3*.

`=ANZAHL2(1; 4; 7; "fünf")` ergibt *4*.

Die Funktion *ANZAHL()* liefert nur die Anzahl der numerischen Werte, die in der Argumentliste bzw. in dem Bereich, auf den sie sich bezieht, enthalten sind. Bei der Funktion *ANZAHL2()* werden Texteinträge und Wahrheitswerte mitgezählt, nur wirklich leere Zellen (oder Argumente) zählen nicht. Beide Funktionen erlauben seit der Version Excel 2007 bis zu 255 Argumente. Vorher waren es nur 32, was zu beachten ist, wenn Sie Arbeitsmappen für ältere Excel-Versionen zur Verfügung stellen wollen. Der nächste Abschnitt zeigt eine der möglichen Anwendungen der Funktionen *ANZAHL()* und *ANZAHL2()*.

Vorsprung oder Rückstand berechnen

Angenommen, Sie planen, eine bestimmte Arbeit einigermaßen gleichmäßig auf einen bestimmten Zeitraum zu verteilen. Die Arbeit ist messbar in Stückzahlen. Das können natürlich ganz beliebige Dinge sein. Sie können dafür eine Tabelle verwenden, die mit den Funktionen *SUMME()*, *ANZAHL()* und *ANZAHL2()* arbeitet. Etwas knifflig an der Lösung ist nur der Umgang mit den Bezügen, die mal relativ und mal absolut sein müssen.

1. Verwenden Sie die Zelle D1, um die geplante Gesamtmenge einzugeben, die innerhalb des vorgegebenen Zeitraums produziert werden soll.
2. In der ersten Spalte nummerieren Sie die Arbeitstage durch. Geben Sie in A3 den Text »Tag 1« ein, und ziehen Sie das Ausfüllkästchen nach unten.
3. In der zweiten Spalte geben Sie zunächst das Datum des ersten Tages ein.
4. Ziehen Sie das Ausfüllkästchen oder das Symbol **AutoAusfüllen** nach unten bis zum letzten Tag.
5. Wenn Samstag und Sonntag nicht gearbeitet werden soll, können Sie im Menü der dann erscheinenden Schaltfläche **Auto-Ausfülloptionen** nachträglich den Befehl **Wochentage ausfüllen** verwenden.
6. In der Spalte C tragen Sie Tag für Tag die an dem jeweiligen Tag tatsächlich erledigten Mengen ein.

In Spalte D soll nun jeweils geprüft werden, ob das geplante Soll erfüllt, überschritten oder unterschritten ist. Ist das Soll überschritten, haben Sie einen Vorsprung, der als positiver Wert ausgegeben wird; liegen Sie dagegen zurück, wird ein negativer Wert angezeigt. Bei Nullwerten liegen Sie genau im Plan. Die Formel dafür rechnet immer die insgesamt abgearbeitete Menge zusammen und vergleicht sie mit derjenigen Menge, die bis zu dem gerade erreichten Tag erledigt sein müsste. Dies geschieht mit folgender Formel: `=SUMME($C$3:C3)-(ANZAHL($C$3:C3)*$D$1/ANZAHL2($A$3:$A$17))`.

7 Die Formel soll aber nur einen Wert ausrechnen, wenn in der Spalte C in der entsprechenden Zeile etwas eingetragen ist. Deshalb ist die gesamte Berechnung noch in eine *WENN()*-Funktion eingepackt, die prüft, ob an dem Tag schon eine Menge eingegeben worden ist. Solange das nicht der Fall ist, bleibt die Zelle in Spalte D leer. Dazu erweitern Sie die Formel folgendermaßen: `=WENN(C3>0;SUMME($C$3:C3)-(ANZAHL($C$3:C3)*$D$1/ANZAHL2($A$3:$A$17));"")`.

Wie Sie sehen, ist in den Funktionen *SUMME()* und *ANZAHL()* das erste Argument jeweils absolut, das zweite relativ. Der Summenbereich wächst also jeden Tag um eine Position, wenn die Formel nach unten kopiert wird. Von dem Ergebnis der Summenfunktion, die immer die aufgelaufene Gesamtmenge liefert, werden die aufgelaufenen Planmengen abgezogen, die durch den Rest der Formel ermittelt werden.

Mit der *ANZAHL2()*-Funktion wird festgestellt, wie viele Werte die Spalte mit den Tagesnummern insgesamt enthält. Sie könnten hier natürlich auch direkt die Zahl der Tage eingeben. Abbildung 15.1 zeigt die Tabelle mit einigen Werten für die ersten Tage.

Wenn Sie sich im Verlauf der Produktion dazu entschließen, die geplante Gesamtmenge zu erhöhen, werden die Werte sofort an die neue Anforderung angepasst.

Das Beispiel kann leicht für beliebige Zeiträume erweitert werden. Sie müssen nur die letzte Adresse in der Formel entsprechend ändern. Anstelle eines Tagesintervalls kann das Ganze natürlich auch für Stundenintervalle verwendet werden.

	A	B	C	D
1	Geplante Gesamtmenge:			300
2	Tag	Datum	Fertg	Rückstand/ Vorsprung
3	Tag 1	Di 10. Okt	20	0
4	Tag 2	Mi 11. Okt	32	12
5	Tag 3	Do 12. Okt	32	24
6	Tag 4	Fr 13. Okt	5	9
7	Tag 5	Mo 16. Okt	3	-8
8	Tag 6	Di 17. Okt	1	-27
9	Tag 7	Mi 18. Okt		
10	Tag 8	Do 19. Okt		
11	Tag 9	Fr 20. Okt		
12	Tag 10	Mo 23. Okt		
13	Tag 11	Di 24. Okt		
14	Tag 12	Mi 25. Okt		
15	Tag 13	Do 26. Okt		
16	Tag 14	Fr 27. Okt		
17	Tag 15	Mo 30. Okt		

^ *Abbildung 15.1* *Berechnen von Rückstand oder Vorsprung*

Bedingtes Zählen

Wenn Sie wissen wollen, wie häufig ein bestimmter Wert oder ein Wert, der innerhalb einer bestimmten Bandbreite liegt, in einer Spalte oder einem mehrspaltigen Zellbereich vorkommt, hilft die Funktion *ZÄHLENWENN()*. Die Syntax ist

```
=ZÄHLENWENN(Bereich; Suchkriterien)
```

In Abbildung 15.2 finden Sie in C2 eine Formel, die prüft, wie viele Werte aus der Spalte B größer als 120 sind.

```
=ZÄHLENWENN(B2:B13;">120")
```

Die zweite Formel in C3 zählt nur die Werte, bei denen der Monat nach dem Juni 2011 liegt.

```
=ZÄHLENWENN(A2:A13;">Jun 11")
```

Die beiden Beispiele zeigen, dass für das zweite Argument *Suchkriterium* auch vereinfachte Vergleichsausdrücke mit einem Vergleichsoperator und einem Vergleichswert erlaubt sind.

	A	B	C	D
1	**Monat**	**Besucher**		
2	Jan 11	100	3	=ZÄHLENWENN(B2:B13;">120")
3	Feb 11	120	6	=ZÄHLENWENN(A2:A13;">Jun 11")
4	Mrz 11	70		
5	Apr 11	120		
6	Mai 11	110		
7	Jun 11	100		
8	Jul 11	90		
9	Aug 11	110		
10	Sep 11	120		
11	Okt 11	130		
12	Nov 11	135		
13	Dez 11	140		

Abbildung 15.2 *Beispiel für bedingtes Zählen*

Wenn Sie solche Zählungen sogar von mehreren Bedingungen abhängig machen wollen, steht Ihnen auch noch die Funktion *ZÄHLENWENNS()* zur Verfügung.

Häufigkeitsverteilungen untersuchen

Soll untersucht werden, wie sich Werte innerhalb verschiedener Intervalle verteilen, können Sie mit der Funktion *HÄUFIGKEIT()* arbeiten. Die Syntax ist

```
=HÄUFIGKEIT(Daten; Klassen)
```

Das erste Argument gibt den Bereich der Daten an, die Sie untersuchen wollen. Das zweite Argument liefert die Intervallgrenzen, wobei die Intervalle als *Klassen* bezeichnet werden. Die Funktion ist dann beispielsweise in der Lage, eine Gruppe von Personen nach der Körpergröße zu gruppieren. Um das Beispiel aus Abbildung 15.3 nachzuvollziehen, gehen Sie folgendermaßen vor.

1. Notieren Sie zunächst in der Spalte A die gemessenen Größen pro Person.
2. Tragen Sie dann in den Bereich D2:D5 die gewünschten Klassengrenzen ein. Es ist Ihnen natürlich freigestellt, wie stark Sie den Bereich der möglichen Werte unterteilen wollen, es hängt in der Regel vom Zweck der Auswertung ab, welche Klasseneinteilung die brauchbarsten Ergebnisse liefert.
3. Da die Funktion als Ergebnis nicht nur einen einzelnen Wert, sondern eine Matrix von Werten liefern soll, müssen Sie anschließend einen entsprechenden Bereich markieren, in dem abgebildeten Beispiel ist es der Bereich E2:E6. Der Bereich enthält eine Zelle mehr als der Bereich mit den Klassengrenzen, damit in der letzten Zelle die Anzahl der Werte angezeigt wird, die über der höchsten Klassengrenze liegen.
4. Geben Sie nun die benötigte Formel ein: `{=HÄUFIGKEIT(A2:A15; D2:D5)}`. Da es eine Matrixformel werden soll, müssen Sie die Formel mit `Strg` + `⇧` + `↵` abschließen.

Als Ergebnis erscheinen in Spalte E die verschiedenen Häufigkeiten, wobei sich die Werte in E3 bis E5 auf Klassen beziehen, die gleich breit sind – alle haben 10 cm Abstand –, während dies für den ersten und den letzten Wert nicht gilt.

	A	B	C	D	E
1	**Daten**			**Klassen**	**Häufigkeit**
2	182		bis inkl.:	160	2
3	170		bis inkl.:	170	4
4	165		bis inkl.:	180	5
5	173		bis inkl.:	190	2
6	171		über:	190	1
7	178				
8	186				
9	169				
10	173				
11	175				
12	155				
13	145				
14	166				
15	193				

Abbildung 15.3 *Tabelle mit Häufigkeitsauswertungen*

Sie können die Aussage über die Häufigkeit noch verbessern, wenn Sie auch die relative und die kumulierte Häufigkeit ermitteln. Abbildung 15.4 zeigt in Spalte

5 den Prozentanteil der einzelnen Klassen. Die Formeln in F2; G2 und H2 sind:

```
=E2/SUMME($E$2:$E$6)=SUMME($E$2:E2)=G2/
SUMME($E$2:$E$6)
```

Alle drei Formeln lassen sich bis in die letzte Zeile kopieren, weil relative und absolute Bezüge entsprechend gemischt sind.

C	D	E	F	G	H
	Klassen	Häufigkeit	relative Häufigkeit	kumulierte Häufigkeit	relative kumulierte Häufigkeit
bis inkl.:	160	2	14%	2	14%
bis inkl.:	170	4	29%	6	43%
bis inkl.:	180	5	36%	11	79%
bis inkl.:	190	2	14%	13	93%
über:	190	1	7%	14	100%

∧ ***Abbildung 15.4*** *Relative und kumulierte Häufigkeit*

So werden dann Aussagen möglich wie: 79 % der Daten sind nicht größer als 180.

Lagemaßzahlen ermitteln

Um eine bestimmte Verteilung von Werten einzuschätzen, sei dies in einer Stichprobe oder einer Grundgesamtheit, werden bestimmte Lagemaßzahlen ermittelt, die für die Verteilung charakteristisch sind. Zu den häufig herausgezogenen Maßzahlen gehören insbesondere die Durchschnittswerte.

Das arithmetische Mittel

In den meisten Fällen wird als Durchschnittswert das arithmetische Mittel oder der Mittelwert verstanden. Excel stellt dafür die Funktion *MITTELWERT()* mit der Syntax

```
=MITTELWERT(Zahl1; Zahl2; ...)
```

zur Verfügung. Dabei werden alle in der Argumentliste aufgeführten Werte aufsummiert und durch die Anzahl der Werte geteilt. Zellen, die Texte oder Wahrheitswerte enthalten, werden aber ebenso wenig berücksichtigt wie leere Zellen. Die Funktion kann bis zu 255 numerische Argumente verarbeiten.

	A	B	C
1	Person	Alter	Gewicht
2	1	23	69
3	2	25	66
4	3	29	68
5	4	33	72
6	5	35	74
7	6	35	63
8	7	43	68
9	8	43	79
10	9	43	58
11	10	43	79
12	=MITTELWERT()	35,2	69,6
13	=MEDIAN()	35,0	68,5
14	=MODUS.EINF()	43,0	68,0

∧ ***Abbildung 15.5*** *Mittelwert, Medianwert und Modalwert für die Merkmale »Alter« und »Gewicht«*

Die Variante mit der Syntax

```
=MITTELWERTA(Wert1; Wert2; ...)
```

liefert ebenfalls das arithmetische Mittel der angegebenen Werte. Dabei werden aber alle Werte berücksichtigt. Zellen, die Text enthalten, zählen *0*. Wahrheitswerte *0* oder *1* stehen für *FALSCH* oder *WAHR*.

Abgeleitet von der Funktion *MITTELWERT()* ist die Funktion *MITTELWERTWENN()* mit der Syntax

```
=MITTELWERTWENN(Bereich; Kriterien;
Mittelwert_Bereich)
```

Sie erlaubt es, nur die Werte bei der Berechnung heranzuziehen, die eine bestimmte Bedingung erfüllen. In Abbildung 15.6 wird in der Spalte B beispielsweise mit der Formel

```
=MITTELWERTWENN(B2:B11;">40";B2:B11)
```

gearbeitet, um nur die Ü40er zu erfassen, in Spalte C mit

```
=MITTELWERTWENN(B2:B11;">40";C2:C11)
```

	A	B	C
1	Person	Alter	Gewicht
2	1	23	69
3	2	25	66
4	3	29	68
5	4	33	72
6	5	35	74
7	6	35	63
8	7	43	68
9	8	43	79
10	9	43	58
11	10	43	79
12		43,0	71,0
13	=MITTELWERTWENN()		

Abbildung 15.6 *Berechnen eines bedingten Mittelwerts*

Noch komplexer ist die Funktion *MITTELWERTWENNS()*, die gleich mehrere Bedingungen zulässt. Ihre Syntax ist

```
=MITTELWERTWENNS(Mittelwert_Bereich;
Kriterien_Bereich1; Kriterien1; Kriterien_
Bereich2; Kriterien2;...)
```

Die Funktion erlaubt es, den arithmetischen Mittelwert aus Werten in dem mit *Mittelwert_Bereich* angegebenen Zellbereich auszurechnen, die mit einem oder mehreren Kriterien gefiltert werden. Für jeden Filter wird jeweils mit *Kriterien_Bereich(n)* der Bereich angegeben, auf den das mit *Kriterium(n)* angegebene Kriterium angewendet werden soll. Kriterien können Konstanten oder einfache Vergleiche wie `>27` oder auch Zelladressen sein, die auf entsprechende Inhalte verweisen. Bis zu 127 Kriterien sind möglich. Alle Mittelwertfunktionen sind nur auf metrische Werte anwendbar.

Median: Der Wert in der Mitte

Der eigentliche Wert in der Mitte einer Skala ist der Median. Wenn Sie eine Datenreihe nach der Größe auf- oder absteigend sortieren, ist der Median der Wert, der genau auf der Mitte der Skala liegt, deren untere und obere Grenze durch den tiefsten und den höchsten Wert der Zahlenreihe gebildet wird. Über dem Median liegen also genauso viele Werte wie unter ihm. Bei einer geraden Anzahl von Werten ermittelt Excel den Mittelwert der beiden mittleren Werte, um ihn als Median auszugeben. Die Syntax ist

```
=MEDIAN(Zahl1; Zahl2; ...)
```

Einer der Vorteile des Medians ist, dass er nicht durch Extremwerte an den beiden Enden der Skala beeinflusst wird, was beim arithmetischen Mittel dagegen durchaus der Fall ist.

Die Funktion *MEDIAN()* ist nicht nur auf metrische Werte, sondern auch auf ordinale Werte anwendbar. Der Median der Noten einer Klassenarbeit gibt ja eine durchaus sinnvolle Information.

Modalwert ermitteln

Wo es keinen Sinn macht, einen Mittelwert oder den Median zu berechnen, können Sie wenigstens den Modalwert feststellen. Dazu wird die Funktion *MODUS.EINF()* mit der Syntax

```
=MODUS.EINF(Zahl1; Zahl2; ...)
```

verwendet. Die Funktion ermittelt aus den über die Argumente angegebenen Daten den am häufigsten vorkommenden Wert. Bis zu 255 Argumente sind möglich. Mit dem Modalwert lassen sich schnell Informationen über den Schwerpunkt der Verteilung gewinnen. Die Funktion ersetzt die bisherige Funktion *MODALWERT()*.

Kann die Funktion keinen Modalwert angeben, weil keiner der Werte zumindest zweimal vorkommt, wird ein Fehlerwert ausgegeben. Bei gleich häufigem Vorkommen verschiedener Werte wird der in der Liste zuerst vorkommende ausgegeben.

Eine Variante ist die Funktion *MODUS.VIELF()* mit der Syntax

```
=MODUS.VIELF(Zahl1; Zahl2; ...)
```

Die Funktion ermittelt aus den über die Argumente angegebenen Daten mehrere gleich häufig vorkommende Werte. Bis zu 255 Argumente sind möglich. Sie müssen für die Funktion ein vertikales Array markieren, um die Ergebnisse dort ablegen zu können, und die Formel mit [Strg] + [⇧] + [↵] abschließen.

Abbildung 15.7 zeigt ein Beispiel, in dem drei Werte mit der gleichen Häufigkeit vorkommen.

	A	B
1	Person	Alter
2	1	23
3	2	25
4	3	35
5	4	35
6	5	35
7	6	35
8	7	43
9	8	43
10	9	43
11	10	43
12	11	45
13	12	47
14	13	47
15	14	47
16	15	47
17	20	63
18	=MODUS.VIELF()	35
19		43
20		47

Abbildung 15.7 *Die Funktion hat in diesem Beispiel drei Werte ermittelt, die gleich häufig vorkommen.*

Kleinste und größte Werte

Nicht ganz unbedeutend ist häufig die Frage nach dem größten und dem kleinsten Wert in einer Verteilung. Auch hier stellt Ihnen Excel jeweils zwei Varianten zur Verfügung:

```
=MAX(Zahl1; Zahl2; ...)
=MAXA(Wert1; Wert2; ...)
=MIN(Zahl1; Zahl2; ...)
=MINA(Wert1; Wert2; ...)
```

Die erste Variante wertet nur die numerischen Werte aus, die zweite berücksichtigt auch Textwerte und logische Werte.

Weitere Funktionen, um Werte nach der Position auf der jeweiligen Skala abzufragen, sind *KGRÖSSTE()* und *KKLEINSTE()* mit folgender Syntax:

```
=KGRÖSSTE(Matrix; k)
=KKLEINSTE(Matrix; k)
```

Das erste Argument ist entweder eine Matrix von Werten oder der Bezug auf einen Zellbereich. Mit dem Argument *k* bestimmen Sie, den wievielt größten oder kleinsten Wert Sie suchen. Die Formel

```
=KGRÖSSTE({234.654.212.66.77.345};2)
```

liefert also beispielsweise den zweitgrößten Wert aus der Matrix.

Den Rang von Werten berechnen

Wollen Sie umgekehrt wissen, welchen Rang ein Wert in einer gegebenen Datenreihe hat, stehen Ihnen seit Excel 2010 gleich zwei Funktionen zur Verfügung. Die Funktion *RANG.GLEICH()* ersetzt die bisherige Funktion *RANG()*, und zwar mit der Syntax:

```
=RANG.GLEICH(Zahl; Bezug; Reihenfolge)
```

Mit *Zahl* geben Sie den Wert an, dessen Position bestimmt werden soll, mit *Bezug* die Datenreihe, in der sich der Wert befindet. Außerdem können Sie mit *Reihenfolge* noch angeben, ob in fallender oder steigender Ordnung gezählt wird. Vorgegeben ist die fallende Ordnung, die dann verwendet wird, wenn das Argument nicht oder mit 0 belegt ist. Bei jedem anderen Wert zählt Excel in aufsteigender Ordnung.

Abbildung 15.8 zeigt ein Beispiel aus dem Sport, bei dem die Tabelle nach den Ergebnissen der Funktion *RANG.GLEICH()* sortiert ist. Die Formel in C2 ist

```
=RANG.GLEICH(B2;$B$2:$B$11;1)
```

Der Bezug auf den Bereich mit den Zeiten ist also absolut, damit die Formel nach unten kopiert werden kann.

In Spalte D wird noch die in Excel 2010 neu eingeführte Funktion *RANG.MITTELW()* verwendet, deren Syntax ansonsten gleich ist. Abbildung 15.8 zeigt den Unterschied der beiden Funktionen. Während *RANG.GLEICH()* bei übereinstimmenden Laufzeiten den gleichen Rangplatz ausgibt, bildet *RANG.MITTELW()* den Mittelwert der entsprechenden Rangzahlen.

	A	B	C	D
1	Teilnehmer	Zeit	RANG.GLEICH()	RANG.MITTELW()
2	5	10,60	1	1,0
3	9	10,70	2	2,0
4	4	10,80	3	4,0
5	18	10,80	3	4,0
6	3	10,80	3	4,0
7	14	10,90	6	6,0
8	17	11,30	7	7,5
9	13	11,30	7	7,5
10	2	11,50	9	9,0
11	15	disqual.	#WERT!	#WERT!

Abbildung 15.8 *Den Rang von Werten berechnen*

Mittelwertvarianten

Eine spezielle Abwandlung des arithmetischen Mittels liefert die Funktion *GESTUTZTMITTEL()* mit der Syntax

```
=GESTUTZTMITTEL(Matrix; Prozent)
```

Die Funktion gibt das arithmetische Mittel eines Datensatzes zurück, bei dem aber die niedrigsten und die höchsten Werte nicht berücksichtigt werden.

Wie viele der mit *Matrix* angegebenen Daten jeweils oben und unten abgeschnitten werden, geben Sie durch das Argument *Prozent* an. Wird für *Prozent* `0.1` (10 %) eingegeben, werden 5 % der niedrigsten und 5 % der höchsten Werte für die Berechnung nicht berücksichtigt. Das Verfahren ist dazu gedacht, *Ausreißer* aus einer Mittelwertberechnung herauszuhalten.

Neben dem arithmetischen Mittel können Sie auch ein geometrisches Mittel für eine Reihe von Daten berechnen, die dann allerdings alle positive Zahlen sein müssen. Die Syntax ist

```
=GEOMITTEL(Zahl1; Zahl2; ...)
```

Auch bei dieser Funktion sind seit der Version 2010 bis zu 255 Argumente möglich. Berechnet wird das geometrische Mittel, indem alle Beobachtungen miteinander multipliziert werden und dann die n-te Wurzel aus dem Ergebnis gezogen wird. Das Ergebnis von *GEOMITTEL()* ist immer kleiner als das Ergebnis für *MITTELWERT()*. Das wichtigste Anwendungsgebiet ist die Berechnung von Durchschnitten bei einer Abfolge von Veränderungen. Ist einer der für die Berechnung aufgenommenen Werte *0* oder kleiner, so gibt Excel eine Fehlermeldung aus.

Eine weitere Funktion für die Berechnung von Mittelwerten ist *HARMITTEL()*. Die Syntax ist

```
=HARMITTEL(Zahl1; Zahl2; ...)
```

Die Funktion gibt das sogenannte harmonische Mittel der angegebenen Werte zurück. Das harmonische Mittel ist der Kehrwert eines aus Kehrwerten errechneten arithmetischen Mittelwerts. Bezogen auf das in Abbildung 15.9 gezeigte Beispiel wäre die Formel also:

```
=1/MITTELWERT(1/100;1/50;1/25)
```

Eine typische Anwendung ist die Ermittlung von Durchschnittsgeschwindigkeiten. In Abbildung 15.9 ist dargestellt, dass nacheinander drei Strecken von je 100 km mit unterschiedlichen Durchschnittsgeschwindigkeiten zurückgelegt wurden. Die Formel in C2 ermittelt nun die Durchschnittsgeschwindigkeit, die für die gesamte Strecke erreicht werden müsste, um zum selben Zeitpunkt anzukommen. Das Ergebnis fällt deutlich kleiner aus als bei *GEOMITTEL()* und *MITTELWERT()*.

Quantile berechnen

Eine häufig angewandte Methode der statistischen Analyse von Verteilungen ist die Aufteilung der Daten in prozentuale Teilgruppen. Excel stellt dafür mehrere Funktionen zur Verfügung. In den bisherigen Excel-Versionen war die Funktion *QUANTIL()* die allgemeinste

	A	B	C	D	E
1	km	Geschwindigkeit	HARMITTEL()	GEOMITTEL()	MITTELWERT()
2	100	100	42,86	50,00	58,33
3	100	50			
4	100	25			
5	300		km nach 7 Std		
6	Gesamtdauer in Std	7	300	350	408

Abbildung 15.9 *Bei der Berechnung der Durchschnittsgeschwindigkeit für mehrere Strecken liefert nur die Funktion »HARMITTEL()« den exakten Wert.*

Variante. Seit Excel 2010 stehen Ihnen stattdessen jetzt zwei Funktionen zur Verfügung:

```
=QUANTIL.EXKL(Array; k)
=QUANTIL.INKL(Array; k)
```

Beide Funktionen liefern denjenigen Wert einer Datenreihe, unterhalb dessen ein mit *k* angegebener Bruchteil der Daten liegt, die mit *Array* angegeben sind.

Mit dieser Funktion wird eine Verteilung nach einer Skala unterteilt, deren unterster und oberster Punkt den tiefsten und höchsten Wert der Daten bilden. Durch das Argument *k* wird also ein Lagemaß angegeben. Das Maß *0,25* (25 %) bezeichnet beispielsweise den Punkt, unterhalb dessen ein Viertel aller Beobachtungen liegt.

	A	B	C	D	E	F
1	Person	Gewicht	k(Alpha)	QUANTIL .EXKL()	QUANTIL .INKL()	
2	1	69	0,0		55	
3	2	66	0,1	56	57	
4	3	68	0,2	58	58	
5	4	72	0,3	60	61	
6	5	74	0,4	62	63	
7	6	63	0,5	67	67	=MEDIAN()
8	7	68	0,6	68	68	
9	8	79	0,7	71	70	
10	9	58	0,8	74	72	
11	10	79	0,9	79	77	
12	11	68	1,0		79	
13	12	72				
14	13	77				
15	14	56				
16	15	60				
17	16	62				
18	17	58				
19	18	61				
20	19	55				
21	20	57				

Abbildung 15.10 *Einteilung von Daten in Quantile*

Einige Quantile, die besonders oft verwendet werden, haben eigene Bezeichnungen wie *Quartil* für 25 %-Abschnitte, *Dezil* für 10 %-Abschnitte, *Perzentil* für 1 %-Abschnitte. Das zweite Quartil oder ein Quantil von 0,5 entspricht dem Wert für den Median.

Der Unterschied zwischen der Funktion mit dem Suffix *EXKL* und dem Suffix *INKL* bezieht sich auf die erlaubten Werte für das Argument *k*. Im ersten Fall kann *k* jeden Wert zwischen *0* und *1* annehmen, aber ausschließlich *0* und *1*; im zweiten Fall sind *0* und *1* erlaubt. Liegt ein Quantil zwischen zwei Beobachtungen, wird durch Interpolation der entsprechende Wert ermittelt.

Streuungsmaße

Bei der Auswertung von erhobenen Daten stellt sich regelmäßig nicht nur die Frage, welche durchschnittlichen Werte zustande kommen. Die ebenso wichtige Frage ist, wie groß die Streuung ist. Der Mittelwert selbst sagt ja noch nichts über die Streuung der Ergebnisse aus. Bei gleichem Mittelwert können die Werte eng um den Mittelpunkt herumliegen oder auch ziemlich weit davon entfernt.

In Abbildung 15.11 sind als Beispiel die Punktwerte von einem Dutzend Tests aufgelistet. In Zelle B14 ist der Mittelwert ausgegeben. Wir haben nun in Spalte C zur Veranschaulichung die Differenzen der einzelnen Punktwerte zu diesem Mittelwert berechnet, einfach durch Subtraktion des Einzelwerts vom Mittelwert. Wenn wir von diesen Differenzen den Mittelwert bilden wie in C14, zeigt sich, dass sich die negativen und positiven Abweichungen aufheben. Das Ergebnis ist also nicht aussagekräftig.

Wir können die Situation verbessern, wenn wir wie in Spalte D mithilfe der Funktion *ABS()* die absolute Differenz zum Mittelwert bilden. Das Ergebnis in Zelle D14 ist dann die durchschnittliche Abweichung. Diese einfache Berechnung der Abweichung hat aber den Nachteil, dass größere Abweichungen vom Mittelwert weniger ins Gewicht fallen.

Um dem zu entgehen, wird bei den Funktionen für die Berechnung der Varianz und der Standardabweichung mit den Quadraten der Abweichung gearbeitet. Die Varianz ist gleich dem Mittelwert der Quadrate der Abweichung, wie in E14 zu sehen ist. Die Formel für die Varianz heißt

```
=VAR.P(B2:B13)
```

Als Standardabweichung wird dann die Wurzel aus der Varianz gezogen:

```
=STABW.N(B2:B13)
```

Damit wird wieder eine Größe erreicht, die im Bereich der Abweichungen liegt, sich also gut vergleichen lässt.

Wie Sie an den Ergebnissen sehen können, ist die Standardabweichung in diesem Beispiel deutlich höher als die mittlere Abweichung, die in D14 angezeigt wird.

	A	B	C	D	E
1	Test	Punkte	Abweichung vom Mittelwert	Abweichung absolut	Quadrate der Abweichung
2	Test 1	970	153	153	23285
3	Test 2	1389	-267	267	71096
4	Test 3	878	244	244	59647
5	Test 4	673	450	450	202073
6	Test 5	700	423	423	178587
7	Test 6	1258	-135	135	18226
8	Test 7	1108	15	15	227
9	Test 8	1302	-179	179	32084
10	Test 9	1350	-227	227	51740
11	Test 10	1158	-35	35	1235
12	Test 11	1395	-272	272	74248
13	Test 12	1291	-168	168	28273
14	Mittelwert	1123	0	214	61727
15			Standardabweichung		248
16			Varianz		61727

Abbildung 15.11 *Berechnung der Standardabweichung bei Testergebnissen*

Das Beispiel verwendet in E16 für die Berechnung der Varianz die Funktion *VAR.P()* mit der Syntax

```
=VAR.P(Zahl1; Zahl2; ...)
```

Diese Funktion ist in Excel 2010 für die bisherige Funktion *VARIANZEN()* eingeführt worden. Beide Funktionen betrachten die als Argumente aufgelisteten Werte als die Grundgesamtheit, die der Auswertung zugrunde liegt.

Liegen nur Werte einer Stichprobe vor, verwenden Sie seit Excel 2010 die Funktion *VAR.S()*, die von der Stichprobe her eine Schätzung der Varianz der Grundgesamtheit vornimmt, aus der die Stichprobe genommen ist. Diese Funktion ersetzt die bisherige Funktion *VARIANZ()*. Die Syntax beider Funktionen ist die gleiche. Während aber *VAR.P()* die Summe der Abweichungsquadrate durch die Anzahl der Werte teilt, teilt *VAR.S()* diese Summe durch (Anzahl –1).

Auch bei der Standardabweichung gibt es die Unterscheidung zwischen Berechnungen auf der Basis der Grundgesamtheit und Schätzungen auf der Basis von Stichproben.

In dem Beispiel in Abbildung 15.11 wird die Funktion *STABW.N()* mit der Syntax

```
=STABW.N(Zahl1; Zahl2; ...)
```

verwendet, da ja alle Testwerte vorliegen. Diese umbenannte Funktion von Excel 2010 entspricht der bisherigen Funktion *STABWN()*.

Sind nur die Werte einer Stichprobe vorhanden, verwenden Sie für die Schätzung der Standardabweichung der Grundgesamtheit, aus der die Stichprobe gezogen ist, stattdessen die Funktion *STABW.S()*. Sie entspricht der bisherigen Funktion *STABW()*.

Wie für die Funktionen *ANZAHL()* und *MITTELWERT()* stellt Excel 2013 auch für die Funktionen zur Berechnung von Varianz und Standardabweichung jeweils noch Varianten zur Verfügung, die als Argumente nicht nur numerische Werte zulassen, sondern auch Textwerte und Wahrheitswerte. Bei diesen Funktionen wurden die Funktionsnamen nicht geändert. Hier die Syntax:

```
=VARIANZA(Wert1; Wert2; ...)
```

schätzt die Varianz einer Grundgesamtheit auf der Basis einer Stichprobe.

```
=VARIANZENA(Wert1; Wert2; ...)
```

liefert das Quadrat der Standardabweichung für eine Grundgesamtheit.

```
=STABWA(Wert1; Wert2; ...)
```

schätzt die Standardabweichung einer Grundgesamtheit auf der Basis einer Stichprobe.

```
=STABWNA(Wert1; Wert2; ...)
```

errechnet die Standardabweichung der durch die Argumente angegebenen Werte, die als Grundgesamtheit angesetzt werden.

Aus einer Folge von Daten einen Trend berechnen

Eine häufige Anforderung an statistische Berechnungen ist die Suche nach einem Trend, der eine Hochrechnung auf noch unbekannte Werte erlaubt. Dazu ein Beispiel aus dem Sport. In Abbildung 15.12 sind in Spalte A die Nummern der verschiedenen Heimspiele fortlaufend aufgelistet, in Spalte B die Zuschauerzahlen der ersten neun Spiele, die schon stattgefunden haben.

Wir unterstellen nun einmal, dass es bei den schon abgeschlossenen Heimspielen – von leichten Schwankungen abgesehen – insgesamt eine Zunahme der Zuschauerzahlen gegeben hat, etwa weil sich einige Maßnahmen positiv auf die Beliebtheit des Vereins ausgewirkt haben. Wir wollen wissen, wie sich dieser Trend in den nächsten Monaten auswirken könnte, wenn es bei der insgesamt positiven Entwicklung bleibt.

Excel bietet Ihnen für einen solchen Fall die Funktion *TREND()* an, die folgende Syntax hat:

```
=TREND(Y_Werte; X_Werte; Neue_x_Werte;
Konstante)
```

Die ersten beiden Argumente liefern der Funktion für ihre Berechnung Werte für zwei Merkmale, die schon bekannt sind. Es wird dabei angenommen, dass es zwischen diesen beiden Merkmalen einen Zusammenhang gibt. Die Werte für das Argument *Y_Werte* liefern in diesem Fall die in den letzten Monaten beobachteten Zuschauerzahlen. Als Werte für das Argument *X_Werte* werden diesmal einfach die Nummern der Spiele genommen.

Der Zweck der Funktion ist nun, für die mit dem dritten Argument *Neue_x_Werte* angegebenen Daten entsprechende Y-Werte zu berechnen. Die Berechnung erfolgt nach der sogenannten Methode der kleinsten Quadrate, wobei ein linearer Zusammenhang zwischen den X- und Y-Werten vorausgesetzt wird, im Sinne der Formel $y = mx + b$. Für *b* kann mit dem Wert *FALSCH* für das Argument *Konstante* noch festgelegt werden, dass dieses Argument auf null gesetzt wird.

Um das angesprochene Beispiel auszuführen, können Sie nun folgendermaßen vorgehen:

1. Tragen Sie in Spalte A die Nummern der Spiele ein, die noch nicht stattgefunden haben.
2. Markieren Sie die benachbarten Zellen in der Spalte B, in der die Funktion *TREND()* geschätzte Zuschauerzahlen für diese Spieltage ablegen soll.
3. Geben Sie in die erste Zelle dieses Bereichs – also in B11 – die gewünschte *TREND()*-Funktion ein.
4. Markieren Sie für das erste Argument den Bereich B2:B10 und für das zweite Argument den Bereich A2:A10.

5 Für das dritte Argument *Neue_x_Werte* markieren Sie die Zellen A11:A17, also die noch anstehenden Spieltage.

6 Da die Funktion als Ergebnis eine Matrix von Werten liefern soll, schließen Sie die Formel mit `Strg` + `⇧` + `↵` ab.

Excel rechnet aus den vorliegenden Zahlen für die ersten Spiele die erwarteten Zahlen für die noch ausstehenden Spiele hoch. Natürlich kann Excel nicht vorhersehen, dass das 13. Spiel ein katastrophales Gurkenspiel werden wird und der Zuschauertrend seitdem rückläufig ist. Es ist also Vorsicht geboten, was das Bauen auf eine solche Hochrechnung betrifft. Es ist nicht mehr als eine Schätzung.

Eine ganz ähnliche Aufgabe übernimmt auch die Funktion *SCHÄTZER()* mit der Syntax

```
=SCHÄTZER(x; Y_Werte; X_Werte)
```

Sie liefert ebenfalls Schätzwerte für lineare Trends. Der Unterschied ist eigentlich nur, dass Sie die Werte einzeln berechnen. Die Funktion liefert also keine Matrix.

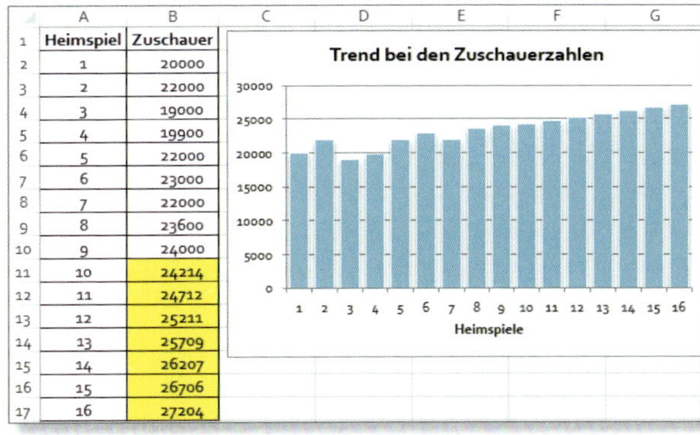

Heimspiel	Zuschauer
1	20000
2	22000
3	19000
4	19900
5	22000
6	23000
7	22000
8	23600
9	24000
10	24214
11	24712
12	25211
13	25709
14	26207
15	26706
16	27204

^ **Abbildung 15.12** *Trendberechnung bei Zuschauerzahlen*

Abbildung 15.13 zeigt ein Beispiel, in dem Schätzwerte für die Umsatzentwicklung erzeugt werden. Diesmal können Sie die benötigte Formel in Zelle B19 entwi-

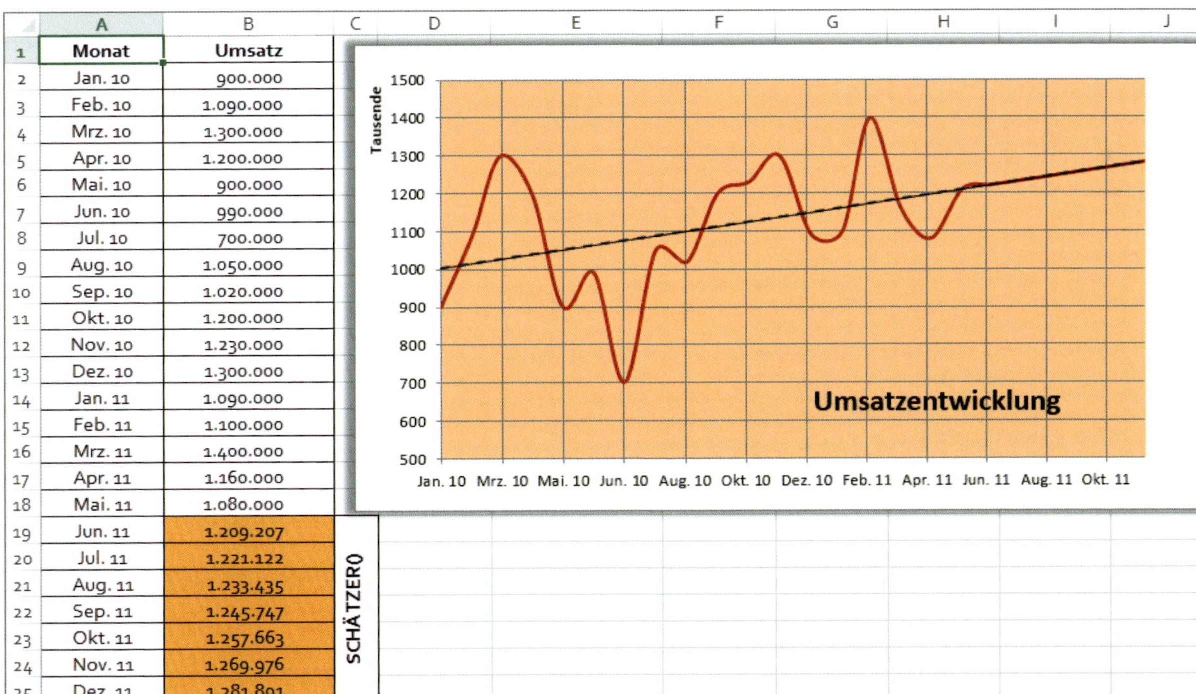

Monat	Umsatz
Jan. 10	900.000
Feb. 10	1.090.000
Mrz. 10	1.300.000
Apr. 10	1.200.000
Mai. 10	900.000
Jun. 10	990.000
Jul. 10	700.000
Aug. 10	1.050.000
Sep. 10	1.020.000
Okt. 10	1.200.000
Nov. 10	1.230.000
Dez. 10	1.300.000
Jan. 11	1.090.000
Feb. 11	1.100.000
Mrz. 11	1.400.000
Apr. 11	1.160.000
Mai. 11	1.080.000
Jun. 11	1.209.207
Jul. 11	1.221.122
Aug. 11	1.233.435
Sep. 11	1.245.747
Okt. 11	1.257.663
Nov. 11	1.269.976
Dez. 11	1.281.891

^ **Abbildung 15.13** *Mit der Funktion »SCHÄTZER()« erzeugte Werte und die grafische Auswertung dazu*

ckeln und dann mit dem Ausfüllkästchen nach unten kopieren. Die Formel heißt:

```
=SCHÄTZER(A19;$B$2:$B18;$A$2:$A$18)
```

Damit die Formel kopiert werden kann, müssen Sie die Bezüge für das zweite und dritte Argument absolut setzen. Das Diagramm zu den Daten zeigt, dass sich die Linie für die geschätzten Werte an die lineare Regressionslinie anpasst, die Sie dem Diagramm mit **Layout > Analyse > Trendlinie > Lineare Trendlinie** beifügen können.

Korrelation und Kovarianz

Bei zahlreichen statistischen Untersuchungen geht es um die Frage, ob es zwischen zwei oder mehreren unterschiedlichen Merkmalen einen berechenbaren Zusammenhang gibt. Wenn eine Firma beispielsweise die Daten über den monatlichen Werbeaufwand und über die monatlichen Umsätze vergleicht, ist anzunehmen, dass es zwischen den beiden Datenreihen eine Beziehung geben könnte. Im besten Fall nach dem Motto »Je mehr Werbung, umso mehr Umsatz«.

Wie stark ein solcher Zusammenhang tatsächlich ist, lässt sich mit der Funktion *KORREL()* prüfen, die folgende Syntax verlangt:

```
=KORREL(Matrix1; Matrix2)
```

Die beiden Argumente geben die beiden Datenreihen an, deren Zusammenhang verglichen werden soll.

In Abbildung 15.14 entspricht *Matrix1* dem Bereich der Daten über den Werbeaufwand, *Matrix2* liefert die Umsatzdaten. Die Funktion liefert als ein Maß für den linearen Zusammenhang der beiden Datenreihen einen Korrelationskoeffizienten, der Werte zwischen *1* und *–1* ergeben kann.

Wenn ein direkter linearer Zusammenhang besteht, ergibt sich der Wert *1*, wenn gar kein Zusammenhang besteht, ist das Ergebnis *0*. Ist der Zusammenhang gegenläufig – je weniger Werbung, umso mehr Umsatz –, wäre das Ergebnis im Grenzfall *–1*. Im Beispiel in Abbildung 15.14 liegt das Ergebnis nahe an der *1*, was auf einen engen Zusammenhang schließen lässt.

	A	B	C	D
1	Monat	Werbeaufwand	Umsatz	KORREL()
2	Jan 06	10000	900000	0,937756513
3	Feb 06	12000	1090000	
4	Mrz 06	14000	1300000	
5	Apr 06	12000	1200000	
6	Mai 06	11000	900000	
7	Jun 06	10000	990000	
8	Jul 06	10000	980000	
9	Aug 06	11000	1050000	
10	Sep 06	12000	1020000	
11	Okt 06	13000	1200000	
12	Nov 06	13500	1230000	
13	Dez 06	14000	1300000	

Abbildung 15.14 *Berechnung des Korrelationskoeffizienten für zwei Datenreihen*

Geben wir die in der Tabelle gelisteten Daten in einem XY-Diagramm aus und fügen noch eine lineare Trendlinie hinzu wie in Abbildung 15.15, wird deutlich, dass die meisten Datenpunkte doch relativ nahe an dieser Geraden liegen, die den linearen Zusammenhang darstellt. Das bestätigt nur den errechneten Wert für den Korrelationskoeffizienten.

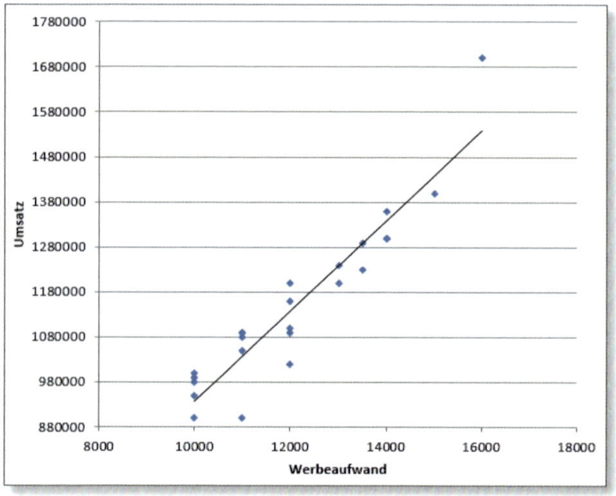

Abbildung 15.15 *Das XY-Diagramm und die Regressionsgerade*

Einen ähnlichen Zweck wie die Funktion *KORREL()* erfüllen auch die Funktionen *KOVARIANZ.P()* und *KOVARIANZ.S()*, die die bisherige Funktion *KOVAR()* ersetzt haben. Die Syntax ist

```
=KOVARIANZ.P(Array1; Array2)
=KOVARIANZ.S(Array1; Array2)
```

Auch diese Funktionen liefern ein Maß für den Zusammenhang zwischen den Daten zweier Datenreihen. Die erste Funktion liefert die Kovarianz von zwei Datenreihen einer Grundgesamtheit, die zweite Funktion die Kovarianz bei Stichproben. In beiden Fällen wird der Mittelwert der für alle Datenpunktpaare gebildeten Produkte der Abweichungen gebildet. Damit wird ermittelt, in welchem Maß die Daten der beiden Datenreihen gemeinsam von ihrem jeweiligen Mittelwert abweichen.

Entscheidend am Ergebnis der Funktion ist nur die Richtung. Positive Werte deuten auf einen linearen Zusammenhang hin (wenn *x* größer wird, wird auch *y* größer), negative auf einen gegensinnigen Zusammenhang (wenn *x* größer wird, wird *y* kleiner). Null heißt: kein Zusammenhang.

Regressionsberechnung

Wenn sich herausgestellt hat, dass zwischen zwei Datenreihen ein enger Zusammenhang besteht, können Sie versuchen, die Art des Zusammenhangs herauszufinden. Kann vermutet werden, dass der Zusammenhang linear oder exponentiell ist, dann lässt sich dieser Zusammenhang weitgehend durch Regression klären.

Gemeint ist damit die Rückführung der Werte auf eine Gerade oder eine Exponentialkurve. Hierfür stehen die mächtigen Funktionen *RGP()* und *RKP()* zur Verfügung. In dem Beispiel in Abbildung 15.14 ist zu vermuten, dass es einen linearen Zusammenhang geben könnte. Die Funktion *RGP()* liefert dafür – anders als die meisten Funktionen – nicht einen einzelnen Wert, sondern bestimmte Kennziffern, mit denen Sie dann weiterarbeiten können. Die Syntax ist

```
=RGP(Y_Werte; X_Werte; Konstante; Stats)
```

Wir gehen davon aus, dass die vorhandenen Daten sich durch eine lineare Gleichung beschreiben lassen:

```
y = mx + b
```

wobei *m* die Steigung der Regressionsgeraden und *b* ihren Schnittpunkt mit der y-Achse festlegt.

Mit *Y_Werte* werden die Daten angegeben, für die eine lineare Regression durchgeführt werden soll. Alle anderen Argumente sind optional. *X_Werte* sind die zu den y-Werten gehörenden x-Werte (ohne Angabe werden die Daten einfach durchnummeriert).

Werden für die x-Werte mehrere Spalten angegeben, dann wird als Gleichung für die Gerade angenommen:

```
y = x1*m1 + x2*m2 + ... b
```

Mit *Konstante* bestimmen Sie, ob die Konstante *b* berechnet (*WAHR* oder weggelassen) oder mit *0* angesetzt (*FALSCH*) werden soll. Letzteres ist erforderlich, wenn bei den Daten von vornherein klar ist, dass zu `x=0` ein y-Wert *0* gehört.

Stats ist ein Wahrheitswert, mit dem Sie entscheiden, ob nur die Werte für *b* und *m* (*FALSCH*) oder auch weitere Kennziffern ermittelt werden sollen (*WAHR*). Für das in Abbildung 15.16 gezeigte Beispiel können Sie die RGP-Werte auf folgende Weise berechnen:

1 Markieren Sie einen zweispaltigen Zellbereich mit fünf Zeilen.

2 Geben Sie folgende Formel ein:

```
=RGP(C2:C25;B2:B25;1;1)
```

3 Schließen Sie die Formel mit [Strg] + [⇧] + [↵] ab.

Excel gibt die verschiedenen Kennziffern in dem markierten Bereich aus. In Abbildung 15.16 sind die Beschriftungen der Kennziffern zum besseren Verständnis in dem Bereich darunter eingegeben.

	A	B	C	D	E	F
1	**Monat**	**Werbeaufwand**	**Umsatz**		**RGP-Werte**	
2	Jan 06	10000	900000		100,37	-66116,21
3	Feb 06	12000	1090000		7,92	97010,86
4	Mrz 06	14000	1300000		0,88	65409,26
5	Apr 06	12000	1200000		160,40	22,00
6	Mai 06	11000	900000		686259174311,93	94124159021,41
7	Jun 06	10000	990000			
8	Jul 06	10000	980000		m	b
9	Aug 06	11000	1050000		se(m)	se(b)
10	Sep 06	12000	1020000		r^2	se(y)
11	Okt 06	13000	1200000		F	df
12	Nov 06	13500	1230000		ss(reg)	ss(res)

Abbildung 15.16 *Ausgabe der RGP-Kennziffern zu einer linearen Regression*

Die Bedeutung der Kennziffern ist in Tabelle 15.1 zusammengestellt:

Mit den Ergebnissen der *RGP()*-Funktion können Sie jetzt zu jedem x-Wert – in diesem Fall sind das die Beträge für den monatlichen Werbeaufwand – den entsprechenden y-Wert – den geschätzten Umsatz – ausrechnen. Dazu setzen Sie die Werte für *m* und *b* in die entsprechende Regressionsgleichung

```
y = m*x + b
```

ein. Wenn Sie von diesen beiden Spalten ein XY-Diagramm ausgeben, erhalten Sie die entsprechende Regressionsgerade. Wenn Sie die Formel dazu einblenden, finden Sie darin exakt die von *RGP()* berechneten Werte.

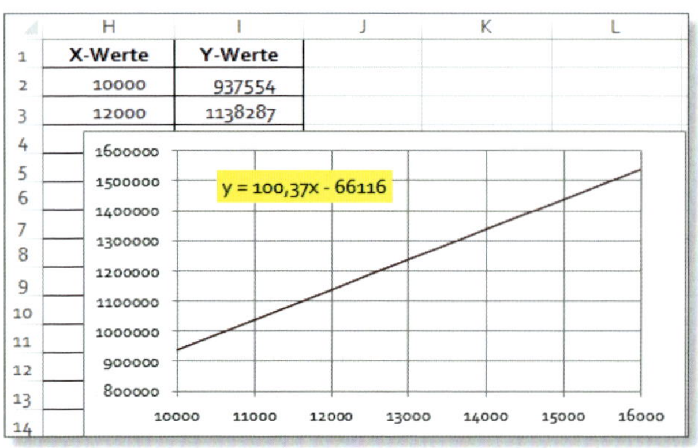

Abbildung 15.17 *Die Regressionsgerade mit den berechneten Werten*

In ähnlicher Weise können Sie mit der Funktion *RKP()* arbeiten, wenn Sie anstelle einer linearen Regression einen exponentiellen Verlauf vermuten.

Kennung	Bedeutung
m	Die Steigung der Regressionsgeraden. Ihr Wert kann einzeln mit der Funktion *STEIGUNG()* ermittelt werden.
b	Der Schnittpunkt mit der y-Achse. Der Wert kann einzeln mit der Funktion *ACHSENABSCHNITT()*ermittelt werden.
se(m)	Der Standardschätzfehler für die Steigung. Kann für Signifikanztests verwendet werden.
se(b)	Der Standardschätzfehler des Achsenabschnitts. Kann für Signifikanztests verwendet werden.
r^2	Das Bestimmtheitsmaß. Es kann auch einzeln berechnet werden mit *BESTIMMTHEITSMASS()*.
se(y)	Der Standardschätzfehler der aus der Regression berechneten y-Werte kann einzeln auch mit *STFEHLERYX()* berechnet werden.
F	Ein F-Wert, der mit der Funktion *F.VERT()* weiter ausgewertet werden kann. Es ist sinnvoller, gleich die Funktion *F.TEST()* auf die Daten anzuwenden.
df	Freiheitsgrade (*d*egrees of *f*reedom) für den F-Test

Kennung	Bedeutung
ss(reg)	Die Quadratsumme der Regression ist die Summe der quadratischen Abweichungen der Mittel.
ss(res)	Die Quadratsumme der Residuen ist die Summe der quadratischen Abweichungen der geschätzten y-Werte von ihren arithmetischen gegebenen y-Werten.

Tabelle 15.1 *Liste der von der Funktion »RGP()« gelieferten Kennziffern*

15.2 Wahrscheinlichkeiten berechnen

Da es in den meisten Fällen zu umständlich, zu teuer oder auch praktisch unmöglich ist, zu jeder interessierenden Frage die Daten der jeweiligen Grundgesamtheit zu erheben, wird in der Statistik meistens mit Stichproben gearbeitet. Dabei geht es um Zufallsgrößen, und es stellt sich dann immer die Frage, mit welcher Wahrscheinlichkeit ein bestimmtes Ereignis auftritt.

Für die Beantwortung solcher Fragen steht in Excel 2013 eine Anzahl von Funktionen zur Verfügung, die das sonst notwendige Nachschlagen in umfangreichen statistischen Tabellenwerken überflüssig machen. Gemäß der Unterscheidung in diskrete und stetige Zufallsgrößen lassen sich auch die zugehörigen Verteilungen in diskrete und stetige unterscheiden. Wir wollen Ihnen an dieser Stelle wenigstens einen kurzen Überblick für die von Excel berücksichtigten Verteilungen geben, verbunden mit ein paar Hinweisen zu ihrem praktischen Einsatz.

Diskrete Wahrscheinlichkeitsverteilungen

Eine der häufig verwendeten diskreten Verteilungen ist die *Binomialverteilung*. Grundlage ist ein Ereignis, das jeweils mit einer bestimmten Wahrscheinlichkeit eintreten kann oder aber nicht. Die einzelnen Versuche müssen dabei voneinander unabhängig sein. Excel stellt dafür die Funktion *BINOM.VERT()* zur Verfügung.

Die Syntax ist

```
=BINOM.VERT(Zahl_Erfolge; Versuche;
Erfolgswahrsch; Kumuliert)
```

Die Funktion gibt die Wahrscheinlichkeit dafür an, dass bei einer mit *Versuche* angegebenen Anzahl von Versuchen ein bestimmtes Ergebnis mit einer durch *Zahl_Erfolge* angegebenen Häufigkeit auftritt. Die (vorweg ermittelte) Wahrscheinlichkeit für das Einzelergebnis wird dabei mit dem Argument *Erfolgswahrsch* angegeben, das Werte zwischen *0* und *1* annehmen kann.

Beispiele sind Münzwürfe – die Erfolgswahrscheinlichkeit für *Kopf* oder *Zahl* ist 1/2 –, Würfel (1/6) oder Kartenziehen (1/32), wobei aber nach jedem Versuch die Karte anschließend zurückgesteckt werden muss; es wird also vor jedem Versuch der Ausgangszustand wiederhergestellt.

Mit dem Argument *Kumuliert*, das einen Wahrheitswert erwartet, bestimmen Sie den Typ der Funktion. Wird das Argument mit *FALSCH* belegt, wird der Wert der Wahrscheinlichkeitsfunktion geliefert. Wird das Argument mit *WAHR* belegt, wird die Verteilungsfunktion berechnet. Die Funktion ersetzt die bisherige Funktion *BINOMVERT()*.

Das in Abbildung 15.18 gezeigte Beispiel geht von der Fragestellung aus, wie wahrscheinlich es bei zehn Münzwürfen ist, dass zwei-, drei- oder viermal *Zahl* geworfen wird. Die Formeln in Zelle B2 und C2 sind in diesem Fall

```
=BINOM.VERT(A2;10;0,5;WAHR)
=BINOM.VERT(A2;10;0,5;FALSCH)
```

Es wird also von zehn Versuchen ausgegangen, und die Wahrscheinlichkeit für *Kopf* oder *Zahl* wird mit 0,5, also 50 %, angesetzt. Aus Zelle B6 können Sie dann beispielsweise ablesen, dass die Wahrscheinlichkeit, viermal *Zahl* zu werfen, bei 20,5 % liegt.

Wenn Sie wie in Abbildung 15.18 aus dem Zellbereich A1:B12 ein Diagramm erstellen, deutet die Abfolge der

x	f(x)	F(x)
0	0,1%	0,1%
1	1,0%	1,1%
2	4,4%	5,5%
3	11,7%	17,2%
4	20,5%	37,7%
5	24,6%	62,3%
6	20,5%	82,8%
7	11,7%	94,5%
8	4,4%	98,9%
9	1,0%	99,9%
10	0,1%	100,0%

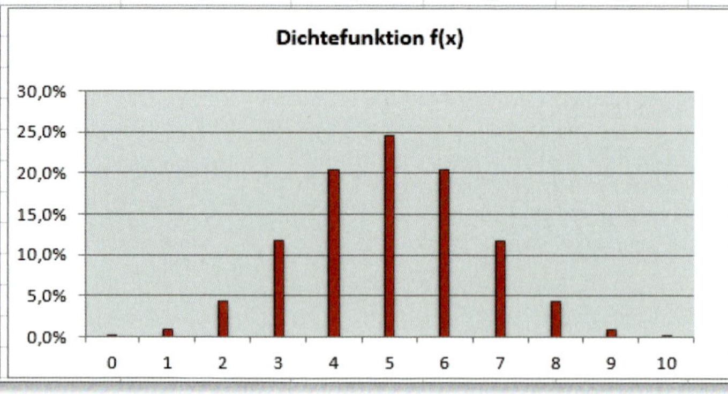

Abbildung 15.18 *Berechnungen mit der Funktion »BINOM.VERT()«*

Säulen eine Annäherung an die Glockenform der Normalverteilung an. Da es sich aber um diskrete Werte handelt, wäre es irreführend, hier mit einem Liniendiagramm zu arbeiten. Der Graph bildet die Werte von `f(x)` für `x` von *0* bis *10* ab.

Die Summe der Werte muss immer 1 bzw. 100 % betragen. Diese Funktion wird als Dichtefunktion bezeichnet. In der Spalte C werden noch die kumulierten Wahrscheinlichkeiten angezeigt. Die Wahrscheinlichkeit, dass null- bis viermal *Zahl* geworfen wird, ist 37,7 %. Die Funktion zu Spalte C wird als Verteilungsfunktion bezeichnet.

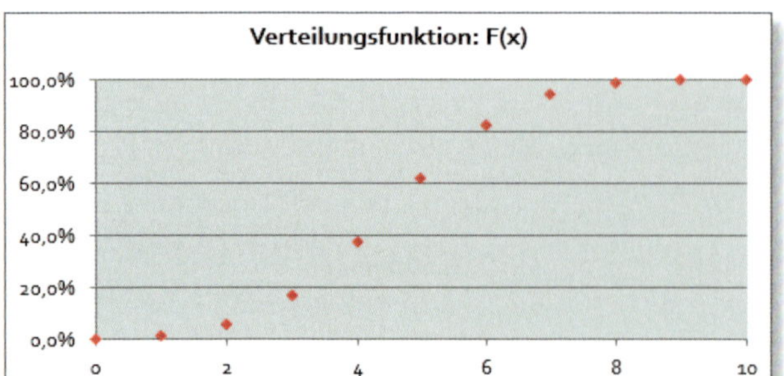

Abbildung 15.19 *Der Graph der Binomial-Verteilungsfunktion ist stetig steigend.*

Eine Variante der Binomialverteilung ist die *Negative Binomialverteilung*, für die die Funktion *NEGBINOM.VERT()* zur Verfügung steht. Die Syntax ist

```
=NEGBINOM.VERT(Zahl_Misserfolge; Zahl_Erfolge; Erfolgswahrsch; Kumuliert)
```

Diese Funktion berechnet, mit welcher Wahrscheinlichkeit ein zusammengesetztes Ereignis auftritt. Als Argumente werden *Zahl_Misserfolge* und *Zahl_Erfolge* angegeben. Zusammen mit der Angabe von *Erfolgswahrsch* ermittelt die Funktion die Wahrscheinlichkeit dafür, dass das zusammengesetzte Ereignis (erst die angegebene Zahl an Misserfolgen, dann die angegebene Zahl der Erfolge) auftritt. *Kumuliert* bestimmt wieder den Typ der Funktion. *WAHR* liefert die kumulative Verteilungsfunktion, *FALSCH* den Wert der Dichtefunktion. Die Funktion ersetzt die bisherige Funktion *NEGBINOMVERT()*.

Abbildung 15.20 zeigt beispielsweise in Zeile 4 die Wahrscheinlichkeit dafür, dass Sie sechsmal hintereinander *Kopf* werfen und dann fünfmal hintereinander *Zahl*.

	A	B	C	D
1	Zahl_Misserfolge	Zahl_Erfolge	Erfolgswahrsch	NEGBINOM.VERT()
2	0	5	0,5	3,13%
3	3	5	0,5	13,67%
4	6	5	0,5	10,25%
5	10	5	0,5	3,05%
6	20	5	0,5	0,03%

Abbildung 15.20 *Berechnen der Wahrscheinlichkeit bei zusammengesetzten Ereignissen*

Während bei den beiden gerade beschriebenen Verteilungen die verschiedenen Ereignisse immer eine gleiche Ausgangsposition voraussetzen, ist es häufig aber gerade so, dass jedes neue Ereignis die Ausgangsposition verändert und damit auch die Wahrscheinlichkeit. Typisches Beispiel ist, wenn beim Kartenziehen die Karte gerade nicht zurückgesteckt wird. Dadurch ändert sich die theoretische Wahrscheinlichkeit für den nächsten Versuch. In solchen Fällen geht es um eine *hypergeometrische Verteilung*. Die Tabellenfunktion dafür ist *HYPGEOM.VERT()*, die Syntax:

```
=HYPGEOM.VERT(Erfolge_S; Umfang_S;
Erfolge_G; Umfang_G; Kumuliert)
```

Die Funktion berechnet die Wahrscheinlichkeiten für hypergeometrisch verteilte Zufallsvariablen. Die Funktion wird in Fällen angewendet, in denen es durch Entnahme aus der Grundgesamtheit – ohne anschließendes Zurücklegen – jedes Mal zu einer Änderung ihrer Zusammensetzung und damit der Erfolgswahrscheinlichkeit bei den nachfolgenden Entnahmen kommt, sodass hier die Binomialverteilung nicht eingesetzt werden kann. Die Funktion ersetzt die bisherige Funktion *HYPGEOMVERT()*.

Mit *Umfang_S* und *Umfang_G* geben Sie jeweils die Größe der entnommenen Stichprobe und die Größe der Grundgesamtheit an. *Erfolge_G* gibt an, wie oft das zu testende Ereignis in der Grundgesamtheit enthalten ist, *Erfolge_S*, wie oft es in der Stichprobe enthalten sein soll. Das Argument *Kumuliert* bestimmt wieder den Typ der Funktion.

In dem in Abbildung 15.21 gezeigten Beispiel wird die Wahrscheinlichkeit dafür ermittelt, dass beim 6-aus-49-Lotto 0 bis 6 Richtige erreicht werden. Da bei diesem Spiel jede Zahl höchstens einmal gezogen werden kann, ist die Fragestellung ein Fall für eine hypergeometrische Verteilung.

	A	B	C	D	E	F
1			Gewinnchance im 6 aus 49 Lotto:			
2	Erfolge_S	Umfang_S	Erfolge_G	Umfang_G	HYPGEOM.VERT()	
3	6	6	6	49	0,0000072%	6 Richtige
4	5	6	6	49	0,001845%	5 Richtige
5	4	6	6	49	0,10%	4 Richtige
6	3	6	6	49	1,77%	3 Richtige
7	2	6	6	49	13,24%	2 Richtige
8	1	6	6	49	41,30%	1 Richtige
9	0	6	6	49	43,60%	0 Richtige

Abbildung 15.21 *Gewinnchancen im Lotto*

Eine weitere diskrete Verteilung, für die Excel eine Funktion zur Verfügung stellt, ist die *Poisson-Verteilung*. Sie wird häufig verwendet, um abzuschätzen, wie oft innerhalb bestimmter Zeiträume oder innerhalb bestimmter Strecken einzelne Ereignisse auftreten, die typischerweise eher selten sind. Deshalb wird diese Verteilung auch die Verteilung der seltenen Ereignisse genannt. Die Funktion *POISSON.VERT()* benötigt nur wenige Argumente:

```
=POISSON.VERT(x; Mittelwert; Kumuliert)
```

x gibt die Anzahl der Ereignisse an. *Mittelwert* ist der aus den bisherigen Erfahrungen bekannte Mittelwert für die Häufigkeit des betreffenden Ereignisses. Ein Beispiel soll dies verdeutlichen. Es ist bekannt, dass bei einer Hotline eines Herstellers pro Woche durchschnittlich 20 Anfragen eingehen. Wie hoch ist die Wahrscheinlichkeit, dass an einem Tag fünf Anfragen eingehen?

```
=POISSON.VERT(5; 20/7; FALSCH)
```

ergibt 9 %. *POISSON.VERT()* ersetzt die bisherige Funktion *POISSON()*.

Stetige Wahrscheinlichkeitsverteilungen

Hat die statistische Untersuchung mit stetigen Zufallsvariablen zu tun, stellt Excel dafür eine ganze Reihe von Funktionen zur Verfügung, die Ihnen den Umgang mit verschiedenen stetigen Wahrscheinlichkeitsverteilungen ermöglichen. Wir geben im Folgenden zu den in der Praxis häufig eingesetzten Verteilungen einige Hinweise.

Normalverteilung

Die wichtigste stetige Verteilung ist zweifellos die *Normalverteilung*. Sie ist definiert für Werte zwischen –∞ und +∞. In zahlreichen Fällen, wo einer Zufallsvariablen eine Grundgesamtheit zugrunde liegt, die sehr groß ist (ab 1.000), und wo es um stetige Größen geht, können Sie davon ausgehen, dass sie wenigstens annäherungsweise normalverteilt ist. Excel 2013 verwendet für die Berechnung der Normalverteilung die Funktion *NORM.VERT()* mit folgender Syntax

```
=NORM.VERT(x; Mittelwert; Standabwn;
Kumuliert)
```

NORM.VERT() ersetzt die bisherige Funktion *NORMVERT()*. Die Funktion liefert als Ergebnis Wahrscheinlichkeitswerte einer normalverteilten Zufallsvariablen. *x* bezeichnet den Wert der Verteilung (Quantil), dessen Wahrscheinlichkeit berechnet werden soll.

Wird die Funktion grafisch dargestellt, ist das der Wert auf der x-Achse. Dabei ergibt sich für die Dichtefunktion ein glockenförmiger Verlauf. Wie er im Einzelnen ausfällt, hängt von den Argumenten *Mittelwert* und *Standabwn* ab, wie in Abbildung 15.22 zu sehen ist.

Mittelwert gibt dabei den Erwartungswert an, also den Wert, der am wahrscheinlichsten ist. Er legt zugleich die Lage der Funktion auf der x-Achse fest und markiert den Gipfel dieser Funktion. Das Argument *Standabwn* (Standardabweichung) gibt die Streuung an und bestimmt damit, wie flach oder steil die Funktion verläuft.

Mit dem Wert *FALSCH* für das Argument *Kumuliert* erhalten Sie die Werte der Dichtefunktion. Mit dem Wert *WAHR* für das Argument *Kumuliert* erhalten Sie die Verteilungsfunktion. Sie liefert die Wahrscheinlichkeit dafür, dass die Zufallsvariable einen Wert von *x* oder kleiner annimmt.

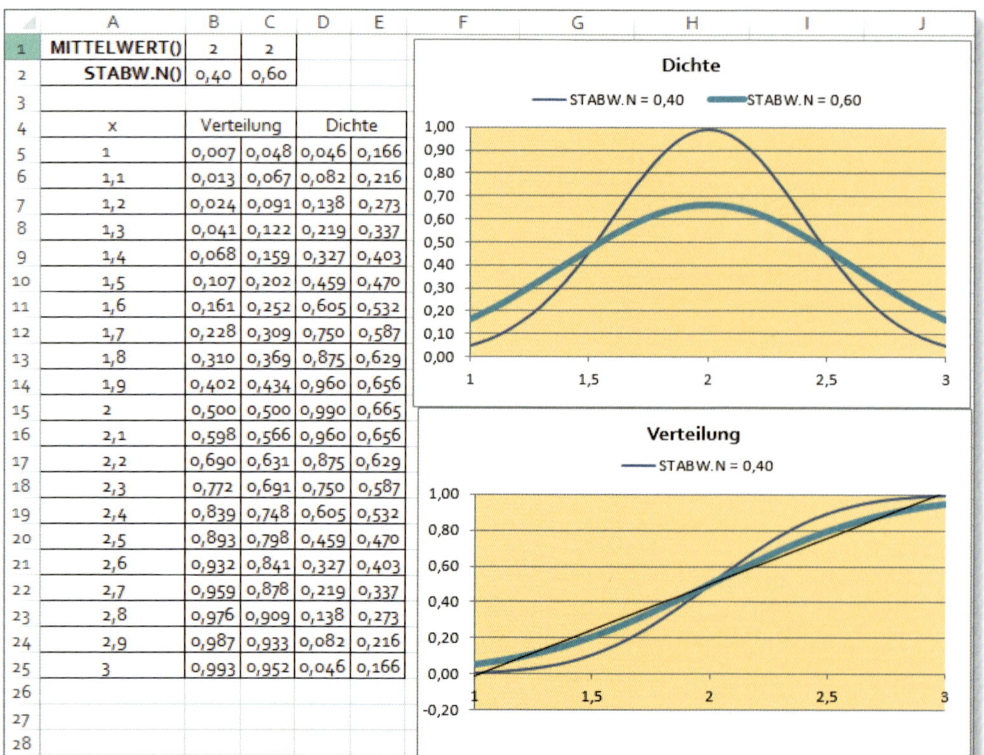

MITTELWERT()	2	2		
STABW.N()	0,40	0,60		
x	Verteilung		Dichte	
1	0,007	0,048	0,046	0,166
1,1	0,013	0,067	0,082	0,216
1,2	0,024	0,091	0,138	0,273
1,3	0,041	0,122	0,219	0,337
1,4	0,068	0,159	0,327	0,403
1,5	0,107	0,202	0,459	0,470
1,6	0,161	0,252	0,605	0,532
1,7	0,228	0,309	0,750	0,587
1,8	0,310	0,369	0,875	0,629
1,9	0,402	0,434	0,960	0,656
2	0,500	0,500	0,990	0,665
2,1	0,598	0,566	0,960	0,656
2,2	0,690	0,631	0,875	0,629
2,3	0,772	0,691	0,750	0,587
2,4	0,839	0,748	0,605	0,532
2,5	0,893	0,798	0,459	0,470
2,6	0,932	0,841	0,327	0,403
2,7	0,959	0,878	0,219	0,337
2,8	0,976	0,909	0,138	0,273
2,9	0,987	0,933	0,082	0,216
3	0,993	0,952	0,046	0,166

Abbildung 15.22
Zwei verschiedene Normalverteilungen und ihre Graphen

Für die Normalverteilung gelten folgende Eigenschaften:

- Die Verteilung ist glockenförmig und eingipfelig.
- Sie nähert sich asymptotisch der x-Achse. Zugleich ist sie symmetrisch.
- Der höchste Wert ist zugleich der Mittelwert, wobei der arithmetische Mittelwert mit dem Median zusammenfällt.
- Je 50 % der Fläche liegen beidseitig vom Mittelwert.
- Die Wendepunkte liegen bei `Mittelwert + Standardabweichung` bzw. `Mittelwert – Standardabweichung`.

Die Fläche unter der Dichtekurve hat immer den Wert *1*. Die Wahrscheinlichkeit, dass eine Zufallsvariable einen Wert zwischen *x1* und *x2* annimmt, wird ermittelt, indem die entsprechende Fläche unter der Dichtekurve berechnet wird. Folglich hat der Mittelwert die Wahrscheinlichkeit von 50 %.

Dichtefunktion und Verteilungsfunktion

Bei allen diskreten Verteilungen mit einem bestimmten Wertebereich kann jedem möglichen Elementarereignis *i* eine ganz bestimmte Wahrscheinlichkeit zugeordnet werden. Der entsprechende Wert wird durch die schon angesprochene Dichtefunktion geliefert. Die Wahrscheinlichkeit, dass bei einem Versuch ein Ausgang `x < i` beobachtet wird, wird durch die Verteilungsfunktion geliefert, die die kumulierten Wahrscheinlichkeitswerte ausgibt.

Bei stetigen Verteilungen ist es nicht möglich, einfach einem bestimmten Wert *x* eine Wahrscheinlichkeit zuzuordnen. Es ist ja die Besonderheit der stetigen Verteilung, dass selbst in dem kleinsten Intervall immer noch unendlich viele *x*-Werte zu finden sind, sodass die Wahrscheinlichkeit für einen einzelnen *x*-Wert null ist. Eine Wahrscheinlichkeit, die ungleich null ist, kann deshalb nur für bestimmte Intervalle existieren.

Den Wahrscheinlichkeitsverteilungen liegt deshalb mathematisch immer eine Dichtefunktion zugrunde, bei der Normalverteilung ist es die berühmte Glockenkurve. Der jeweilige *y*-Wert sagt hier noch nichts über die Wahrscheinlichkeit des zugehörenden *x*-Werts aus. Erst die Fläche zwischen zwei x-Werten (mathematisch das bestimmte Integral) ist ein Maß für die Wahrscheinlichkeit. In Abbildung 15.23 liefert die dunkle Fläche unter der Glocke die Wahrscheinlichkeit eines Werts bis zu *x1*, die Fläche zwischen *x1* und *x2* die Wahrscheinlichkeit eines Werts in diesem Bereich.

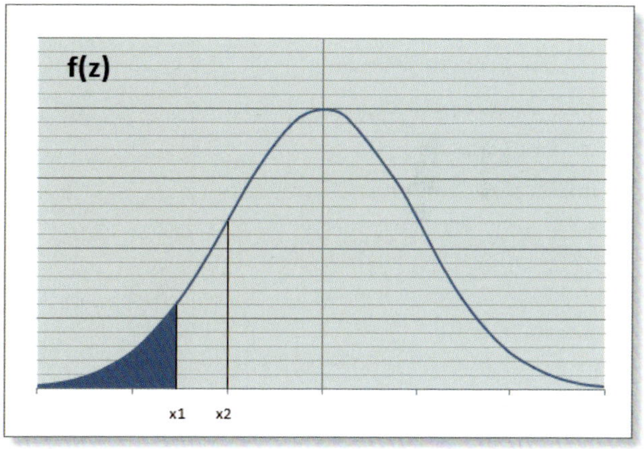

Abbildung 15.23 *Das Maß der Wahrscheinlichkeit wird durch die Fläche zwischen zwei x-Werten dargestellt.*

Die Normalverteilung wird auch Gauß-Verteilung oder gaußsche Fehlerkurve genannt. Das hängt damit zusammen, dass der bekannte Astronom und Mathematiker sich bei Messungen der Planetenbahnen mit der Streuung von Messfehlern beschäftigte und dabei auf diese Form der Verteilung stieß.

Wahrscheinlichkeit einer Größe

Wenn beispielsweise davon ausgegangen wird, dass die Körpergröße in einem bestimmten Altersjahrgang normalverteilt ist und sowohl die Durchschnittsgröße als auch die Standardabweichung bekannt sind, kann die Wahrscheinlichkeit berechnet werden, dass eine Person eine bestimmte Größe hat oder dass seine Größe in einem bestimmten Intervall liegt.

In dem in Abbildung 15.24 gezeigten Beispiel soll herausgefunden werden, wie wahrscheinlich es ist, dass eine männliche Person eines bestimmten Jahrgangs eine Größe von 200 cm oder mehr hat. In B1 ist ein hypothetischer Mittelwert angegeben, in B2 die Standardabweichung.

Da in diesem Fall der noch verbleibende Flächenanteil unter der Dichteglocke interessiert, muss der errechnete Wert von *1* (das ist ja die gesamte Fläche) abgezogen werden, um den Rest der Fläche zu erhalten.

	A	B
1	Mittlere Größe eines Jahrgangs bei Männern	175
2	Standardabweichung	12
3	Wahrscheinlichkeit einer Größe von 200 cm und mehr?	2%
4		
5	**=1-NORM.VERT(200;B1;B2;WAHR)**	

Abbildung 15.24 *Berechnen der kumulierten Wahrscheinlichkeit*

Standardnormalverteilung

Eine spezielle Variante der Normalverteilung ist die Standardnormalverteilung (siehe Abbildung 15.25). Sie ist dadurch charakterisiert, dass das Argument *Mittelwert* den Wert *null* und *Standabwn* den Wert *1* hat. Excel 2013 stellt dafür auch eine eigene Funktion – *NORM.S.VERT()* – zur Verfügung, deren Syntax entsprechend vereinfacht ist:

```
=NORM.S.VERT(z; Kumuliert)
```

Durch eine entsprechende Umrechnung können die Werte jeder Normalverteilung in eine Standardnormalverteilung transformiert werden, was auch als Standardisierung bezeichnet wird. Die Formel für eine standardisierte Zufallsvariable *u* ist

```
u = (x - μ) / σ
```

wobei μ das Symbol für den Mittelwert, σ das Symbol für die Standardabweichung ist.

	A	B	C
1		**NORM.S.VERT()**	
2	**z**	**Dichte**	**Verteilung**
3	-3,5	0,0009	0,0002
4	-3,25	0,0020	0,0006
5	-3	0,0044	0,0013
6	-2,75	0,0091	0,0030
7	-2,5	0,0175	0,0062
8	-2,25	0,0317	0,0122
9	-2	0,0540	0,0228
10	-1,75	0,0863	0,0401
11	-1,5	0,1295	0,0668
12	-1,25	0,1826	0,1056
13	-1	0,2420	0,1587
14	-0,75	0,3011	0,2266
15	-0,5	0,3521	0,3085
16	-0,25	0,3867	0,4013
17	0	0,3989	0,5000
18	0,25	0,3867	0,5987
19	0,75	0,3011	0,7734
20	1	0,2420	0,8413
21	1,25	0,1826	0,8944
22	1,5	0,1295	0,9332
23	1,75	0,0863	0,9599
24	2	0,0540	0,9772
25	2,25	0,0317	0,9878
26	2,5	0,0175	0,9938
27	2,75	0,0091	0,9970
28	3	0,0044	0,9987
29	3,25	0,0020	0,9994

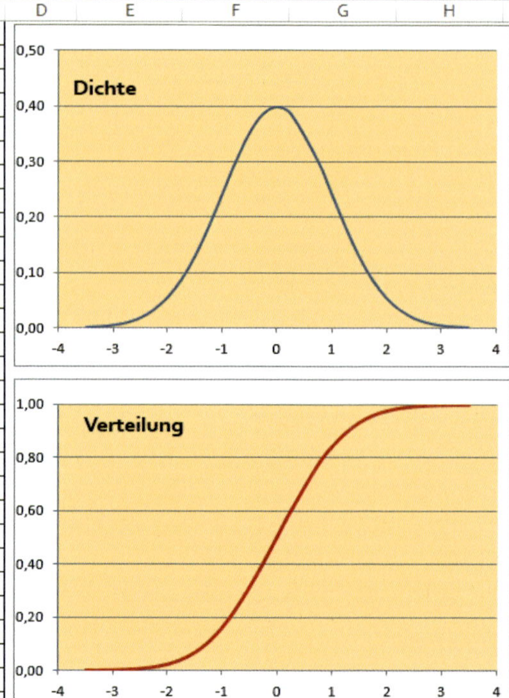

Abbildung 15.25 *Werte der Standardnormalverteilung und die beiden Graphen für die Dichte und die Verteilung dazu*

Chi-Quadrat-Verteilung

Die *Chi-Quadrat-Verteilung* ist definiert als die Verteilung der Summe der Quadrate von *n* unabhängigen und standardnormalverteilten Zufallsvariablen. Sie wird insbesondere für Streuungstests verwendet. Excel stellt dafür die Funktionen *CHIQU.VERT()* und *CHIQU.VERT.RE()* zur Verfügung. Die Syntax ist

```
=CHIQU.VERT(x; Freiheitsgrade; Kumuliert)
=CHIQU.VERT.RE(x; Freiheitsgrade)
```

Die Funktion *CHIQU.VERT()* liefert Werte der linksseitigen Verteilungsfunktion für eine mit *x* angegebene chi-quadrat-verteilte Zufallsvariable und den angegebenen Wert für Freiheitsgrade, also die Wahrscheinlichkeit für die Übereinstimmung von beobachteten und erwarteten Werten. *CHIQU.VERT.RE()* liefert die rechtsseitigen Werte. Die beiden Funktionen werden seit Excel 2010 anstelle der bisherigen Funktion *CHIVERT()* angeboten, die der Funktion *CHIQU.VERT.RE()* entspricht.

Der Chi^2-Wert wird ermittelt als die Summe aus

```
(Beobachtungswert-Erwartungswert)^2/
Erwartungswert
```

für alle Werte.

Die Chi-Quadrat-Verteilung ist eine Wahrscheinlichkeitsverteilung, die sich über die Summe von *n* unabhängigen, quadrierten, standardnormalverteilten Variablen und eine Anzahl von Freiheitsgraden definiert.

Kumuliert bestimmt den Typ der Funktion: *WAHR* für die kumulative Verteilungsfunktion, *FALSCH* für die Dichtefunktion.

Die Funktion wird für den Chi-Quadrat-Test benötigt, der beim Vergleich von empirischen mit theoretisch erwarteten Häufigkeiten zum Einsatz kommt. Die Freiheitsgrade lassen sich folgendermaßen ermitteln:

Anzahl der Möglichkeiten (bei kontinuierlichen Größen die Klassen) – 1 bei einer Datenspalte oder Zeile; (Anzahl der Zeilen – 1) * (Anzahl der Spalten – 1) bei zweidimensionalen Wertetabellen.

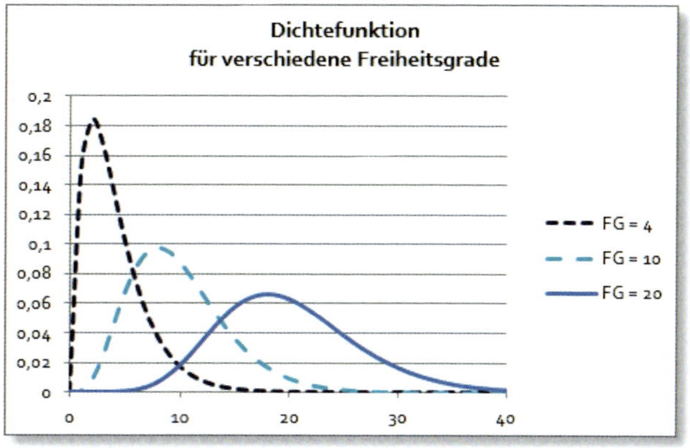

Abbildung 15.26 *Graph der Dichtefunktion der Chi-Quadrat-Verteilung für verschiedene Freiheitsgrade*

Dass immer ein Freiheitsgrad *verloren* geht, lässt sich an dem Beispiel mit den 60 Würfeltests aus Abbildung 15.29 (Seite 583) zu der Funktion *CHIQU.TEST()* leicht verstehen. Wenn nämlich für fünf mögliche Augenergebnisse die zufälligen Häufigkeiten feststehen, ist die Häufigkeit für das sechste mögliche Ergebnis nicht mehr zufällig, sondern vorgegeben als die Differenz der Summe der fünf Häufigkeiten zur Zahl der Würfe insgesamt.

Weibull-Verteilung

Eine Verteilung, die gerne zur Beschreibung von Ausfallraten von Produkten in der Qualitätssicherung verwendet wird, ist die *Weibull-Verteilung*. Excel stellt dafür die Funktion *WEIBULL.VERT()* zur Verfügung. Die Syntax ist

```
=WEIBULL.VERT(x; Alpha; Beta; Kumuliert)
```

Abbildung 15.27 zeigt ein Beispiel, in dem in der ersten Zeile verschiedene Ausfallraten eines Geräts aufgeführt sind und in Zeile 2 die charakteristische Lebensdauer in Zyklen angegeben ist. Die Tabelle zeigt dann die Überlebenswahrscheinlichkeit für die verschiedenen Zyklen. Die Funktion ersetzt die bisherige Funktion *WEIBULL()*.

	A	B	C	D	E	F	G
1	Alpha (Ausfallrate)	0,25	1,00	3,00	0,25	1,00	3,00
2	Beta (charakt. Lebensdauer)	70.000	70.000	70.000	70.000	70.000	70.000
3		Überlebenswahrscheinlichkeit					
4	Zyklen	Verteilungsfunktion			Dichtefunktion		
5	10.000	0,4576403	0,1331221	0,0029112	0,0000084	0,0000124	0,0000009
6	20.000	0,5175319	0,2485227	0,0230537	0,0000044	0,0000107	0,0000034
7	30.000	0,5539868	0,3485609	0,0756987	0,0000030	0,0000093	0,0000073
8	40.000	0,5803083	0,4352819	0,1702152	0,0000023	0,0000081	0,0000116
9	50.000	0,6009048	0,5104583	0,3054086	0,0000019	0,0000070	0,0000152
10	60.000	0,6178062	0,5756272	0,4672684	0,0000015	0,0000061	0,0000168
11	70.000	0,6321206	0,6321206	0,6321206	0,0000013	0,0000053	0,0000158
12	80.000	0,6445210	0,6810934	0,7752376	0,0000012	0,0000046	0,0000126
13	90.000	0,6554475	0,7235470	0,8806105	0,0000010	0,0000039	0,0000085
14	100.000	0,6652039	0,7603490	0,9458205	0,0000009	0,0000034	0,0000047

< ***Abbildung 15.27*** *Beispiel für eine Weibull-Verteilung*

Weitere stetige Verteilungen

Eine spezielle Variante der Normalverteilung ist die logarithmische Normalverteilung. Dabei handelt es sich um eine stetige Verteilung über der Menge der reellen Zahlen für Zufallsvariablen, wenn `ln(x)` normalverteilt ist. Die Funktion dafür ist *LOGNORM.VERT()* mit der Syntax

```
LOGNORM.VERT(x; Mittelwert; Standabwn;
Kumuliert)
```

Beim Vergleich von Mittelwerten verschiedener Stichproben mit normalverteilten Zufallsvariablen wird häufig auch mit der *T-Verteilung* oder *Student-Verteilung* gearbeitet, wenn die Varianz aus den Stichproben geschätzt werden muss. Diese Verteilung wurde 1908 von dem englischen Statistiker Gosset unter dem Pseudonym *Student* publiziert. Sie ähnelt der Normalverteilung. Je umfangreicher der Stichprobenumfang ist, desto mehr nähert sich diese Verteilung der Standardnormalverteilung an. Excel 2013 stellt dafür drei Funktionen zur Verfügung: *T.VERT(), T.VERT.2S()* und *T.VERT.RE()*. Sie treten an die Stelle der bisherigen Funktion *TVERT()*. Die Syntax ist:

```
T.VERT(x; Freiheitsgrade; Kumuliert)
T.VERT.2S(x; Freiheitsgrade)
T.VERT.RE(x; Freiheitsgrade)
```

Abbildung 15.28 zeigt Werte der T-Verteilung für zwei unterschiedliche Freiheitsgrade und vergleicht sie mit den Werten der Standardnormalverteilung.

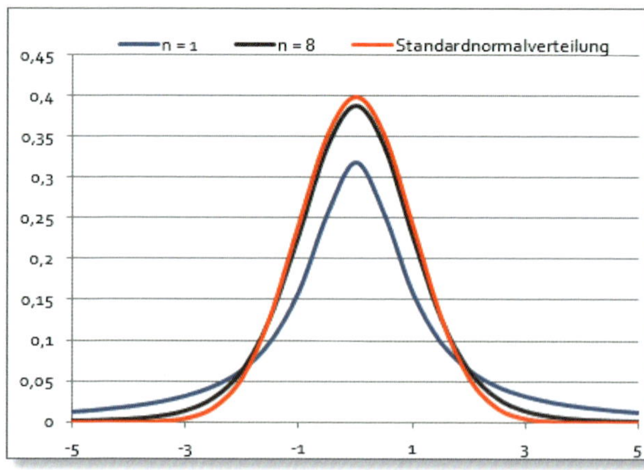

^ ***Abbildung 15.28*** *Das Diagramm zeigt, wie sich die unterschiedlichen Freiheitsgrade auf die T-Verteilung auswirken.*

Umkehrfunktionen

Für die meisten Verteilungsfunktionen, die alle mit dem Suffix *VERT* gekennzeichnet sind, stehen obendrein inverse Funktionen zur Verfügung, die das Suffix *INV* verwenden, etwa *NORM.INV(), CHIQU.INV()* etc. Das Verhältnis der entsprechenden Funktionen zueinander ist folgendes:

Die Verteilungsfunktion liefert die Wahrscheinlichkeit dafür, dass eine Zufallsvariable einen Wert gleich oder kleiner als einen vorgegebenen Wert annimmt, der mit dem Argument *x* angegeben wird.

Die inverse Funktion liefert zu einer angegebenen Wahrscheinlichkeit den Wert, der gleich oder kleiner dem der Zufallsvariablen mit der angegebenen Wahrscheinlichkeit ist. Da dieser Wert *Quantil* genannt wird, lässt sich der Zusammenhang auch so angeben:

```
...VERT(q) = p...INV(p) = q
```

mit p = Wahrscheinlichkeit und q = Quantil.

Statistische Tests

Aufgabe statistischer Tests ist es, ganz allgemein gesprochen, festzustellen, mit welcher Sicherheit oder Unsicherheit von Werten einer Stichprobe auf Werte der Grundgesamtheit geschlossen werden kann. Wir beschränken uns im Folgenden auf das Beispiel eines Chi-Tests mithilfe der Funktion *CHIQU.TEST()*. Die Syntax ist

```
=CHIQU.TEST(Beob_Messwerte; Erwart_Werte)
```

Der Chi-Test prüft die Frage, ob eine Stichprobe, mit der mehrere Werte erfasst sind, mit einer Grundgesamtheit übereinstimmt, aus der für diese Werte Erwartungswahrscheinlichkeiten bekannt sind. Die Funktion *CHIQU.TEST()* liefert also direkt den Wahrscheinlichkeitswert für den Chi-Quadrat-Test beim Vergleich zwischen beobachteten und erwarteten Größen. Die Funktion ersetzt die bisherige Funktion *CHITEST()*.

Als Argumente werden je ein Bereichsbezug oder eine Matrix für die beobachteten Werte *Beob_Messwerte* und die theoretisch erwarteten Werte *Erwart_Werte* eingetragen.

Abbildung 15.29 zeigt ein einfaches Beispiel für ein solches Testverfahren. Es soll geprüft werden, wie sehr sich bei 60-maligem Würfeln die beobachteten Ergebnisse, die in Spalte B abgelegt sind, an die Ergebnisse anpassen, die aufgrund der theoretischen Wahrscheinlichkeit zu erwarten sind. Deshalb wird auch von Anpassungstests gesprochen. Die theoretische Wahrscheinlichkeit ergibt sich aus der Formel `60 * 1/6`, sie setzt also eine sogenannte Gleichverteilung voraus. Deshalb ist in Spalte C für alle Wurfergebnisse der Wert *10* abgelegt.

Die Nullhypothese, die durch den Chi-Quadrat-Test geprüft werden soll, lässt sich so formulieren: Die Differenzen zwischen den beobachteten und den theoretischen Häufigkeiten sind rein zufällig und nicht signifikant, die empirische Häufigkeitsverteilung passt sich in einem ausreichenden Maße der theoretischen

	A	B	C	D	E	F
1	Wurf	Beob	Erw	Beob-Erw	(beob-erw)^2/erw	
2	1	8	10	-2	0,4	
3	2	12	10	2	0,4	
4	3	12	10	2	0,4	
5	4	7	10	-3	0,9	
6	5	12	10	2	0,4	
7	6	9	10	-1	0,1	
8	Summe	60	60	0	2,6	<-- u Summe der relativierten quadrierten Abweichungen
9						
10	CHIQU.TEST(B2:B7;C2:C7)				0,76	
11	CHIQU.INV(1-0,05;5)				11,07	<-- kritischer Wert
12	CHIQU.VERT.RE(E8;5)				0,76	
13						
14	CHIQU.INV.RE(E12;5)				2,6	

Abbildung 15.29 *Beispiel für »CHIQU.TEST()«*

Häufigkeitsverteilung an. Es gibt also kein Indiz dafür, dass der Würfel beispielsweise gezinkt oder defekt ist.

Die Funktion *CHIQU.TEST()* rechnet nach folgendem Verfahren: Zunächst wird für alle Variablen die Differenz zwischen dem beobachteten und dem erwarteten Ergebnis gebildet und diese dann quadriert, sodass die negativen Vorzeichen keine Rolle mehr spielen. Das Ergebnis wird jedes Mal durch den erwarteten Wert geteilt, um die Abweichungen zu relativieren. Aus diesen Einzelergebnissen wird die Summe ermittelt, um den Wert der chi-quadrierten Verteilung zu erhalten, der auch als *Chi-Quadrat* oder mit *u* bezeichnet wird. Dieser Wert wird als Prüfgröße verwendet.

Dieser Wert würde bei einer perfekten Übereinstimmung zwischen dem erwarteten und dem beobachteten Ergebnis *0* sein. Je größer der Wert ist, umso fragwürdiger ist die Übereinstimmung. Im letzten Schritt ermittelt die Funktion nun die Wahrscheinlichkeit dafür, dass *u* den errechneten Wert annimmt. In diesem Fall ergibt sich der Wert *0,76* oder *76 %*. Dieser Wert liegt deutlich über dem vorgegebenen Signifikanzniveau. Mit der Funktion *CHIQU.INV()* kann zum Vergleich mit dem Prüfwert ein kritischer Wert aus der Chi-Quadrat-Verteilung berechnet werden.

```
=CHIQU.INV(1-0,05;5)
```

Also mit 1 – einer Irrtumswahrscheinlichkeit von 5 % und mit fünf Freiheitsgraden ergibt den Wert 11,070, der wesentlich höher als der Prüfwert ist. Der Prüfwert liegt also nicht im kritischen Bereich. Die Nullhypothese muss nicht verworfen werden, die Abweichungen von den theoretisch erwarteten Ergebnissen können also als rein zufällig eingestuft werden. Es kann weitergewürfelt werden.

Liste der statistischen Funktionen

Funktion	Beschreibung
ACHSENABSCHNITT(**Y_Werte**; **X_Werte**)	Liefert den Ordinatenabschnitt für den Schnittpunkt der Regressionsgeraden mit der y-Achse.
ANZAHL(**Wert1**; Wert2; ...)	Berechnet die Anzahl der numerischen Werte.
ANZAHL2(**Wert1**; Wert2; ...)	Ermittelt die Anzahl der Werte, wobei Texte und logische Werte mitgezählt werden.
ANZAHLLEEREZELLEN(**Bereich**)	Ermittelt die Anzahl der leeren Zellen im Bereich.
BESTIMMTHEITSMASS(**Y_Werte**; **X_Werte**)	Ermittelt das Quadrat des pearsonschen Korrelationskoeffizienten.
BETA.INV(**Wahrsch**; **Alpha**; **Beta**; A; B)	Liefert Quantile einer Betaverteilung.
BETA.VERT(**x**; **Alpha**; **Beta**; **Kumuliert**; A; B)	Liefert die Wahrscheinlichkeitsverteilung für eine betaverteilte Zufallsvariable.
BINOM.INV(**Versuche**; **Erfolgswahrsch**; **Alpha**)	Liefert die kleinste Anzahl erfolgreicher Versuche, für die die kumulierten Wahrscheinlichkeiten größer oder gleich einer Grenzwahrscheinlichkeit sind.
BINOM.VERT(**Zahl_Erfolge**; **Versuche**; **Erfolgswahrsch**; **Kumuliert**)	Liefert die Wahrscheinlichkeit von Zufallsvariablen bei einer Binomialverteilung.
BINOM.VERT.BEREICH(**Versuche**; **Erfolgswahrsch**; **Zahl_Erfolge**; Zahl2_Erfolge)	Gibt die Erfolgswahrscheinlichkeit eines Versuchsergebnisses als Binomialverteilung zurück.
CHIQU.INV(**Wahrsch**; **Freiheitsgrade**)	Liefert Quantile der linksseitigen Chi-Quadrat-Verteilung.

Funktion	Beschreibung
CHIQU.INV.RE(Wahrsch; Freiheitsgrade)	Liefert Quantile der rechtsseitigen Chi-Quadrat-Verteilung.
CHIQU.TEST(Beob_Messwerte; Erwart_Werte)	Liefert den Wahrscheinlichkeitswert für den Chi-Quadrat-Test beim Vergleich zwischen beobachteten und erwarteten Größen.
CHIQU.VERT(x; Freiheitsgrade; Kumuliert)	Liefert Werte der linksseitigen Verteilungsfunktion für eine chi-quadrat-verteilte Zufallsvariable.
CHIQU.VERT.RE(x; Freiheitsgrade)	Liefert Werte der rechtssseitigen Verteilungsfunktion für eine chi-quadrat-verteilte Zufallsvariable.
EXPON.VERT(x; Lambda; Kumuliert)	Liefert Wahrscheinlichkeiten für eine exponentialverteilte Zufallsvariable.
F.INV(Wahrsch; Freiheitsgrade1; Freiheitsgrade2)	Liefert Quantile der linksseitigen F-Verteilung.
F.INV.RE(Wahrsch; Freiheitsgrade1; Freiheitsgrade2)	Liefert Quantile der rechtsseitigen F-Verteilung.
F.TEST(Matrix1; Matrix2)	Liefert die Wahrscheinlichkeit der Übereinstimmung zweier Stichproben hinsichtlich ihrer Varianzen.
F.VERT(x; Freiheitsgrade1; Freiheitsgrade2; Kumuliert)	Liefert Werte der Verteilungsfunktion (1-Alpha) einer linksseitigen F-verteilten Zufallsvariablen.
F.VERT.RE(x; Freiheitsgrade1; Freiheitsgrade2)	Liefert Werte der Verteilungsfunktion (1-Alpha) einer rechtsseitigen F-verteilten Zufallsvariablen.
FISHER(x)	Liefert die Fisher-Transformation eines Korrelationskoeffizienten.
FISHERINV(y)	Umkehrfunktion zu FISHER()
G.TEST(Matrix; x; Sigma)	Liefert die einseitige Wahrscheinlichkeit für einen Gauß-Test.
GAMMA(x)	Liefert den Wert der Gammafunktion.
GAMMA.INV(Wahrsch; Alpha; Beta)	Liefert Quantile der Gammaverteilung.
GAMMA.VERT(x; Alpha; Beta; Kumuliert)	Liefert Wahrscheinlichkeiten für eine gammaverteilte Zufallsvariable.
GAMMALN(x)	Liefert den natürlichen Logarithmus zur Gammafunktion.
GAMMALN.GENAU(x)	Liefert den natürlichen Logarithmus zur Gammafunktion.
GAUSS(x)	Gibt 0,5 weniger als die kumulierte Normalverteilung zurück.
GEOMITTEL(Zahl1; Zahl2; ...)	Berechnet das geometrische Mittel.
GESTUTZTMITTEL(Matrix; Prozent)	Berechnet das arithmetische Mittel, wobei Extremwerte nicht berücksichtigt werden.
HARMITTEL(Zahl1; Zahl2; ...)	Berechnet das harmonische Mittel.
HÄUFIGKEIT(Daten; Klassen)	Liefert die Häufigkeit innerhalb der durch Klassen definierten Intervalle.
HYPGEOM.VERT(Erfolge_S; Umfang_S; Erfolge_G; Umfang_G; Kumuliert)	Berechnet Wahrscheinlichkeiten einer hypergeometrisch verteilten Zufallsvariablen.

Funktion	Beschreibung
KGRÖSSTE(**Matrix**; **k**)	Gibt den *k*-größten Wert zurück.
KKLEINSTE(**Matrix**; **k**)	Gibt den *k*-kleinsten Wert zurück.
KONFIDENZ.NORM(**Alpha**; **Standardabwn**; **Umfang**)	Berechnet das Konfidenzintervall.
KONFIDENZ.T(**Alpha**; **Standardabwn**; **Umfang**)	Berechnet das Konfidenzintervall einer t-verteilten Grundgesamtheit.
KORREL(**Matrix1**; **Matrix2**)	Liefert den Korrelationskoeffizienten zweier Datenreihen.
KOVARIANZ.P(**Array1**; **Array2**)	Liefert ein Maß für den Zusammenhang zwischen den Daten zweier Datenreihen.
KOVARIANZ.S(**Array1**; **Array2**)	Liefert für Stichproben ein Maß für den Zusammenhang zwischen den Daten zweier Datenreihen.
KURT(**Zahl1**; Zahl2; ...)	Liefert die Kurtosis (Wölbung) einer Häufigkeitsverteilung.
LOGNORM.INV(**Wahrsch**; **Mittelwert**; **Standabwn**)	Liefert das Quantil einer logarithmischen Normalverteilung.
LOGNORM.VERT(**x**; **Mittelwert**; **Standabwn**; **Kumuliert**)	Liefert den Wert der Wahrscheinlichkeitsverteilung für eine logarithmische Normalverteilung.
MAX(**Zahl1**; Zahl2; ...)	Liefert den größten Wert.
MAXA(**Wert1**; Wert2; ...)	Liefert den größten Wert, wobei auch Zellen mit Texten oder Wahrheitswerten berücksichtigt werden.
MEDIAN(**Zahl1**; Zahl2; ...)	Ermittelt den Median einer Reihe von Daten.
MIN(**Zahl1**; Zahl2; ...)	Liefert den kleinsten Wert.
MINA(**Wert1**; Wert2; ...)	Liefert den kleinsten Wert, wobei auch Zellen mit Texten oder Wahrheitswerten berücksichtigt werden.
MITTELABW(**Zahl1**; Zahl2; ...)	Liefert die mittlere lineare Abweichung.
MITTELWERT(**Zahl1**; Zahl2; ...)	Liefert das arithmetische Mittel.
MITTELWERTA(**Wert1**; Wert2; ...)	Liefert das arithmetische Mittel, wobei auch Zellen mit Texten oder Wahrheitswerten berücksichtigt werden.
MITTELWERTWENN(**Bereich**; **Kriterien**; Mittelwert_Bereich)	Liefert das arithmetische Mittel von Werten, die einem Kriterium entsprechen.
MITTELWERTWENNS(**Mittelwert_Bereich**; **Kriterien_Bereich1**; **Kriterien1**; Kriterien_Bereich2; Kriterien2 ...)	Liefert das arithmetische Mittel von Werten, die mehreren Kriterien entsprechen.
MODUS.EINF(**Zahl1**; Zahl2; ...)	Liefert den in einer Datenreihe am häufigsten vorkommenden Wert.
MODUS.VIELF(**Zahl1**; Zahl2; ...)	Liefert die in einer Datenreihe am häufigsten vorkommenden Werte.
NEGBINOM.VERT(**Zahl_Misserfolge**; **Zahl_Erfolge**; **Erfolgswahrsch**; **Kumuliert**)	Berechnet, mit welcher Wahrscheinlichkeit ein zusammengesetztes Ereignis eintritt.
NORM.INV(**Wahrsch**; **Mittelwert**; **Standabwn**)	Liefert Quantile der Normalverteilung.

Funktion	Beschreibung
NORM.S.INV(**Wahrsch**)	Liefert Quantile der Standardnormalverteilung.
NORM.S.VERT(**z**; **Kumuliert**)	Gibt die Wahrscheinlichkeit dafür an, dass eine Zufallsvariable aus der Standardnormalverteilung den Wert *z* oder kleiner annimmt.
NORM.VERT(**x**; **Mittelwert**; **Standabwn**; **Kumuliert**)	Liefert Werte einer Normalverteilung.
PEARSON(**Matrix1**; **Matrix2**)	Liefert den pearsonschen Korrelationskoeffizienten.
PHI(**x**)	Liefert den Wert der Dichtefunktion für eine Standardnormalverteilung.
POISSON.VERT(**x**; **Mittelwert**; **Kumuliert**)	Liefert Wahrscheinlichkeiten für Zufallsvariablen, die zu einer Poisson-Verteilung gehören.
QUANTIL.EXKL(**Array**; **k**)	Liefert denjenigen Wert einer Datenreihe, unterhalb dessen ein mit k (Wertebereich zwischen *0* und *1* und ausschließlich *0* und *1*) angegebener Bruchteil der Daten liegt.
QUANTIL.INKL(**Array**; **k**)	Liefert denjenigen Wert einer Datenreihe, unterhalb dessen ein mit k (Wertebereich von *0* bis *1*) angegebener Bruchteil der Daten liegt.
QUANTILSRANG.EXKL(**Array**; **x**; Genauigkeit)	Liefert die Angabe des Anteils von Daten, die unterhalb des angegebenen Werts (Wertebereich zwischen *0* und *1* und ausschließlich *0* und *1*) liegen.
QUANTILSRANG.INKL(**Array**; **x**; **Genauigkeit**)	Liefert die Angabe des Anteils von Daten, die unterhalb des angegebenen Werts (Wertebereich von *0* bis *1*) liegen.
QUARTILE.EXKL(**Array**; **Quartile**)	Unterteilt – basierend auf Perzentilwerten (Wertebereich zwischen *0* und *1* und ausschließlich *0* und *1*) – die Daten von Array in Bereiche mit je gleichen Anteilen von Daten.
QUARTILE.INKL(**Array**; **Quartile**)	Unterteilt – basierend auf Perzentilwerten (Wertebereich von *0* bis *1*) – die Daten von Array in Anteilsbereiche.
RANG.GLEICH(**Zahl**; **Bezug**; Reihenfolge)	Liefert den Rang, den ein Wert in einer Datenreihe in Bezug auf seine Größe einnimmt.
RANG.MITTELW(**Zahl**; **Bezug**; Reihenfolge)	Liefert den gemittelten Rang, den ein Wert in einer Datenreihe in Bezug auf seine Größe einnimmt.
RGP(**Y_Werte**; X_Werte; Konstante; Stats)	Liefert Kennziffern zur linearen Regression.
RKP(**Y_Werte**; X_Werte; Konstante; Stats)	Liefert Kennziffern zur exponentiellen Regression.
SCHÄTZER(**x**; **Y_Werte**; **X_Werte**)	Liefert für den vorgegebenen Wert *x* einen Schätzwert von *y* anhand einer linearen Regression.
SCHIEFE(**Zahl1**; Zahl2; ...)	Liefert ein Maß für die Asymmetrie der Häufigkeitsverteilung einer Stichprobe.
SCHIEFE.P(**Zahl1**; Zahl2; ...)	Liefert ein Maß für die Asymmetrie der Häufigkeitsverteilung einer Grundgesamtheit.
STABW.N(**Zahl1**; Zahl2; ...)	Berechnet die Standardabweichung auf der Basis der Grundgesamtheit.

Funktion	Beschreibung
STABW.S(**Zahl1**; Zahl2; ...)	Schätzt die Standardabweichung auf der Basis einer Stichprobe.
STABWA(**Wert1**; Wert2; ...)	Schätzt die Standardabweichung auf der Basis einer Stichprobe, wobei auch Zellen mit Texten oder Wahrheitswerten berücksichtigt werden.
STABWNA(**Wert1**; Wert2; ...)	Berechnet die Standardabweichung auf der Basis der Grundgesamtheit, wobei auch Zellen mit Texten oder Wahrheitswerten berücksichtigt werden.
STANDARDISIERUNG(**x**; **Mittelwert**; **Standabwn**)	Berechnet Werte einer Normalverteilung in Werte einer Standardnormalverteilung um.
STEIGUNG(**Y_Werte**; **X_Werte**)	Liefert die Steigung für eine Regressionsgerade.
STFEHLERYX(**Y_Werte**; **X_Werte**)	Liefert den Standardschätzfehler bei linearer Regression.
SUMQUADABW(**Zahl1**; Zahl2; ...)	Gibt die Summe der quadratischen Abweichungen aus.
T.INV(**Wahrsch**; **Freiheitsgrade**)	Liefert linksseitige Quantile der T-Verteilung.
T.INV.2S(**Wahrsch**; **Freiheitsgrade**)	Liefert zweiseitige Quantile der T-Verteilung.
T.TEST(**Matrix1**; **Matrix2**; **Seiten**; **Typ**)	Liefert Werte für den Vergleich zweier Stichproben.
T.VERT(**x**; **Freiheitsgrade**; **Kumuliert**)	Liefert linksseitige Wahrscheinlichkeitswerte einer t-verteilten Zufallsvariablen.
T.VERT.2S(**x**; **Freiheitsgrade**)	Liefert zweiseitige Wahrscheinlichkeitswerte einer t-verteilten Zufallsvariablen.
T.VERT.RE(**x**; **Freiheitsgrade**)	Liefert rechtsseitige Wahrscheinlichkeitswerte einer t-verteilten Zufallsvariablen.
TREND(**Y_Werte**; X_Werte; Neue_x_Werte; Konstante)	Berechnet auf der Basis der linearen Regression geschätzte y-Werte.
VAR.P(**Zahl1**; Zahl2; ...)	Berechnet die Varianz auf der Basis der Grundgesamtheit.
VAR.S(**Zahl1**; Zahl2; ...)	Schätzt die Varianz der Grundgesamtheit auf der Basis einer Stichprobe.
VARIANZA(**Wert1**; Wert2; ...)	Schätzt die Varianz der Grundgesamtheit auf der Basis einer Stichprobe, wobei auch Zellen mit Texten oder Wahrheitswerten berücksichtigt werden.
VARIANZENA(**Wert1**; Wert2; ...)	Berechnet die Varianz auf der Basis der Grundgesamtheit, wobei auch Zellen mit Texten oder Wahrheitswerten berücksichtigt werden.
VARIATION(**Y_Werte**; X_Werte; Neue_x_Werte; Konstante)	Berechnet Werte, die sich aus einem exponentiellen Trend ergeben.
VARIATIONEN(**n**; **k**)	Berechnet die Reihe von geordneten Folgen, die mit den angegebenen Argumenten möglich sind.
VARIATIONEN2(**Zahl**; **gewählte_Zahl**)	Berechnet die Anzahl der Permutationen für die angegebene Anzahl von Objekten (mit Wiederholungen), die aus der Gesamtmenge der Objekte ausgewählt werden können.

Funktion	Beschreibung
WAHRSCHBEREICH(Beob_Werte; Beob_Wahrsch; Untergrenze; Obergrenze)	Berechnet die Wahrscheinlichkeit dafür, dass ein Beobachtungswert in das angegebene Intervall fällt.
WEIBULL.VERT(x; Alpha; Beta; Kumuliert)	Liefert die Wahrscheinlichkeiten für eine Weibull-verteilte Zufallsvariable.
ZÄHLENWENN(Bereich; Suchkriterien)	Gibt die Anzahl der nicht leeren Zellen im Bereich, die dem angegebenen Kriterium entsprechen, an.
ZÄHLENWENNS(Kriterienbereich1; Kriterien1; Kriterienbereich2;Kriterien2...)	Gibt die Anzahl der nicht leeren Zellen im Bereich, die mehreren Kriterien entsprechen, an.

∧ ***Tabelle 15.2*** *Liste der statistischen Funktionen*

Liste der kompatiblen statistischen Funktionen

Funktion	Beschreibung
BETAINV(Wahrsch; Alpha; Beta; A; B)	Liefert Quantile einer Betaverteilung.
BETAVERT(x; Alpha; Beta; A; B)	Liefert die Wahrscheinlichkeitsverteilung für eine betaverteilte Zufallsvariable.
BINOMVERT(Zahl_Erfolge; Versuche; Erfolgswahrsch; Kumuliert)	Liefert die Wahrscheinlichkeit von Zufallsvariablen bei einer Binomialverteilung.
CHIINV(Wahrsch; Freiheitsgrade)	Liefert Quantile der Chi-Quadrat-Verteilung.
CHITEST(Beob_Messwerte; Erwart_Werte)	Liefert den Wahrscheinlichkeitswert für den Chi-Quadrat-Test.
CHIVERT(x; Freiheitsgrade)	Berechnet aus dem Wert für *x* und für *Freiheitsgrade* die Überschreitungswahrscheinlichkeit für die Übereinstimmung von beobachteten und erwarteten Werten.
EXPONVERT(x; Lambda; Kumuliert)	Liefert Wahrscheinlichkeiten für eine exponentialverteilte Zufallsvariable.
FINV(Wahrsch; Freiheitsgrade1; Freiheitsgrade2)	Liefert Quantile der F-Verteilung.
FTEST(Matrix1; Matrix2)	Liefert die Wahrscheinlichkeit der Übereinstimmung zweier Stichproben hinsichtlich ihrer Varianzen.
FVERT(x; Freiheitsgrade1; Freiheitsgrade2)	Liefert Werte der Verteilungsfunktion (1-Alpha) einer F-verteilten Zufallsvariablen.
GAMMAINV(Wahrsch; Alpha; Beta)	Liefert Quantile der Gammaverteilung.
GAMMAVERT(x; Alpha; Beta; Kumuliert)	Liefert Wahrscheinlichkeiten für eine gammaverteilte Zufallsvariable.
GTEST(Matrix; x; Sigma)	Liefert die einseitige Wahrscheinlichkeit für einen Gauß-Test.
HYPGEOMVERT(Erfolge_S; Umfang_S; Erfolge_G; Umfang_G)	Berechnet Wahrscheinlichkeiten einer hypergeometrisch verteilten Zufallsvariablen.
KONFIDENZ(Alpha; Standabwn; Umfang_S)	Berechnet das Konfidenzintervall.

Funktion	Beschreibung
KOVAR(**Matrix1**; **Matrix2**)	Liefert ein Maß für den Zusammenhang zwischen den Daten zweier Datenreihen.
KRITBINOM(**Versuche**; **Erfolgswahrsch**; **Alpha**)	Liefert die kleinste Anzahl erfolgreicher Versuche, für die die kumulierten Wahrscheinlichkeiten größer oder gleich einer Grenzwahrscheinlichkeit sind.
LOGINV(**Wahrsch**; **Mittelwert**; **Standabwn**)	Liefert Quantile einer logarithmischen Normalverteilung.
LOGNORMVERT(**x**; **Mittelwert**; **Standabwn**)	Liefert die Wahrscheinlichkeitsverteilung für eine logarithmische Normalverteilung.
MODALWERT(**Zahl1**; Zahl2; ...)	Liefert den in einer Datenreihe am häufigsten vorkommenden Wert.
NEGBINOMVERT(**Zahl_Misserfolge**; **Zahl_Erfolge**; **Erfolgswahrsch**)	Berechnet, mit welcher Wahrscheinlichkeit ein zusammengesetztes Ereignis eintritt.
NORMINV(**Wahrsch**; **Mittelwert**; **Standabwn**)	Liefert Quantile der Normalverteilung.
NORMVERT(**x**; **Mittelwert**; **Standabwn**; **Kumuliert**)	Liefert Werte einer Normalverteilung.
OBERGRENZE(**Zahl**; **Schritt**)	Rundet eine Zahl auf das kleinste Vielfache von *Schritt* auf.
POISSON(**x**; **Mittelwert**; **Kumuliert**)	Liefert Wahrscheinlichkeiten für Zufallsvariablen, die zu einer Poisson-Verteilung gehören.
QUANTIL(**Matrix**; **Alpha**)	Liefert denjenigen Wert einer Datenreihe, unterhalb dessen ein mit *Alpha* angegebener Bruchteil der Daten liegt.
QUANTILSRANG(**Matrix**; **x**; Genauigkeit)	Liefert die Angabe des Anteils von Daten, die unterhalb des angegebenen Werts liegen.
QUARTILE(**Matrix**; **Quartil**)	Unterteilt die Daten von *Matrix* in vier Bereiche mit je gleichen Anteilen von Daten.
RANG(**Zahl**; **Bezug**; Reihenfolge)	Liefert den Rang, den ein Wert in einer Datenreihe in Bezug auf seine Größe einnimmt.
STABW(**Zahl1**; Zahl2; ...)	Schätzt die Standardabweichung auf der Basis einer Stichprobe.
STABWN(**Zahl1**; Zahl2; ...)	Berechnet die Standardabweichung auf der Basis der Grundgesamtheit.
STANDNORMINV(**Wahrsch**)	Liefert Quantile der Standardnormalverteilung.
STANDNORMVERT(**z**)	Gibt die Wahrscheinlichkeit dafür an, dass eine Zufallsvariable aus einer Standardnormalverteilung den Wert *z* oder kleiner annimmt.
TINV(**Wahrsch**; **Freiheitsgrade**)	Liefert Quantile der T-Verteilung.
TTEST(**Matrix1**; **Matrix2**; **Seiten**; **Typ**)	Liefert Werte für den Vergleich zweier Stichproben.
TVERT(**x**; **Freiheitsgrade**; **Seiten**)	Liefert Wahrscheinlichkeiten für T-verteilte Zufallsvariablen.
UNTERGRENZE(**Zahl**; **Schritt**)	Rundet eine Zahl auf das nächste Vielfache von *Schritt*.
VARIANZ(**Zahl1**; Zahl2; ...)	Schätzt die Varianz der Grundgesamtheit auf der Basis einer Stichprobe.

Funktion	Beschreibung
VARIANZEN(**Zahl1**; Zahl2; ...)	Berechnet die Varianz auf der Basis der Grundgesamtheit.
WEIBULL(**x**; **Alpha**; **Beta**; **Kumuliert**)	Liefert Wahrscheinlichkeiten für eine Weibull-verteilte Zufallsvariable.

Tabelle 15.3 Liste der kompatiblen statistischen Funktionen

15.3 Datentabellen statistisch auswerten

Für die Verwaltung von Datentabellen bietet Excel 2013 neben den komfortablen Filtermöglichkeiten, die in Kapitel 6, »Daten abfragen«, ab Seite 333 beschrieben sind, auch eine Anzahl von Funktionen, die der statistischen Auswertung von solchen Datenlisten dienen, wie sie in früheren Versionen genannt wurden. Diese Funktionen decken eine Reihe von statistischen Basisfunktionen ab wie die Berechnung der Anzahl oder des Mittelwerts. Der Unterschied zu den bisher behandelten statistischen Funktionen ist dabei, dass Sie die Auswertung auf die Daten einschränken können, die bestimmte Kriterien erfüllen. Die benötigten Argumente sind für alle Funktionen die gleichen.

```
=DBANZAHL(Datenbank; Datenbankfeld;
Suchkriterien)
```

Datenbank ist der Bezug auf die Datentabelle oder der dafür vergebene Name, *Datenbankfeld* ist die Spaltenüberschrift in Anführungszeichen, *Suchkriterien* ist ein Bezug auf einen entsprechenden Bereich oder besser der Name dieses Bereichs.

Dass dabei ganz praktische Lösungen möglich sind, soll Ihnen das in Abbildung 15.30 dargestellte Beispiel zeigen, in dem wir noch einmal Daten aus dem Kaffeelagerbeispiel heranziehen. Wenn Sie eine solche Lösung einrichten wollen, stehen folgende Schritte an:

1. Am besten fügen Sie zunächst über die Datentabelle einige freie Zeilen ein.
2. Benennen Sie die gesamte Datentabelle einschließlich der Spaltenüberschriften mit einem passenden Namen, etwa »Kaffeelager«.
3. In dem Bereich A1 bis B2 legen Sie einen Bereich für Suchkriterien an, den Sie auch mit dem Namen »Suchkriterien« belegen, am einfachsten direkt über dem Namenfeld, wenn die Zellen markiert sind.
4. Tragen Sie in A1 und B1 die Namen der Felder aus der Tabelle ein, für die Sie Kriterien verwenden wollen. Im Beispiel sind dies die beiden Felder *Anbaugebiet* und *Röstung*.
5. Um eine flexible Auswahl zu erreichen, benutzen Sie für die Zelle A2 den Befehl **Daten > Datentools > Datenüberprüfung**. Wählen Sie unter **Einstellungen** und **Zulassen** die Option **Liste**, und tragen Sie unter **Quelle** die Namen der Anbaugebiete, getrennt durch Semikola, ein. Lassen Sie die Option **Leere Zellen ignorieren** unausgewählt, aktivieren Sie aber **Zellendropdown**. Der Effekt ist, dass Sie in der Zelle die einzelnen Anbaugebiete über die Filterschaltfläche auswählen können, aber auch die Möglichkeit behalten, das Feld leer zu lassen, um die Werte für alle Gebiete zu finden.
6. Wiederholen Sie diesen Schritt für die Zelle B2 sinngemäß, und tragen Sie unter **Liste** die verschiedenen Optionen für *Röstung* ein.
7. In den Zellen C2 bis F2 legen Sie nun verschiedene Datenbankfunktionen ab und tragen in die Zellen darüber entsprechende Beschriftungen ein. In diesem Fall werden folgende Funktionen benötigt:

	A	B	C	D	E	F
1	Anbaugebiet	Röstung	Anzahl Sorten	Bestand	Teuerste Sorte	Durchschnitts-preis
2	Kolumbien	Espresso	2	350	15,50 €	11,85 €
3						
4	Bezeichnung	Anbaugebiet	Röstung	Bestand	Preis	
5	Columbia Mild 500	Kolumbien	mittlere	340	8,00 €	
6	Columbia Forte 500	Kolumbien	starke	340	8,10 €	
7	Brasilia Premium 1000	Brasilien	Espresso	300	16,00 €	
8	Brasilia Mild 1000	Brasilien	mittlere	300	14,50 €	
9	Columbia Mild 1000	Kolumbien	mittlere	300	14,40 €	
10	Columbia Forte 1000	Kolumbien	starke	300	14,80 €	
11	Javas Best Forte 500	Java	starke	260	7,90 €	
12	Brasilia Crema 1000	Brasilien	Espresso	230	15,00 €	
13	Brasilia Mild 500	Brasilien	mittlere	230	7,90 €	
14	Brasilia Forte 500	Brasilien	starke	230	8,10 €	
15	Columbia Supreme 500	Kolumbien	Espresso	230	8,20 €	
16	Javas Best Mild 1000	Java	mittlere	230	14,70 €	
17	Javas Best Mild 500	Java	mittlere	230	8,10 €	
18	Brasilia Premium 500	Brasilien	Espresso	200	9,00 €	
19	Brasilia Crema 500	Brasilien	Espresso	200	8,00 €	
20	Javas Best Crema 500	Java	Espresso	200	9,00 €	
21	Javas Best Crema 1000	Java	Espresso	170	16,60 €	
22	Javas Best Forte 1000	Java	starke	170	14,90 €	
23	Brasilia Forte 1000	Brasilien	starke	120	15,20 €	
24	Columbia Supreme 1000	Kolumbien	Espresso	120	15,50 €	

< ***Abbildung 15.30*** *Dynamische Auswertung einer Datentabelle mit verschiedenen Datenbankfunktionen*

```
=DBANZAHL2(Kaffeelager;"Bezeichnung";
Suchkriterien)
=DBSUMME(Kaffeelager;"Bestand";Suchkriterien)
=DBMAX(Kaffeelager;"Preis";Suchkriterien)
=DBMITTELWERT(Kaffeelager;"Bezeichnung";
Suchkriterien)
```

8 Wenn Sie nun über die beiden Filterschaltflächen Werte für *Anbaugebiet* und/oder *Röstung* auswählen, werden die entsprechenden Auswertungen in den Zellen C2 bis F2 sofort angezeigt.

Tabelle 15.4 listet die verschiedenen Datenbankfunktionen auf, die alle mit dem Präfix DB beginnen. Details zu den etwas komplexeren statistischen Funktionen finden Sie oben bei der Besprechung der allgemeinen statistischen Funktionen, etwa für Mittelwert, Standardabweichung und Varianz.

Liste der Datenbankfunktionen

Funktion	Beschreibung
DBANZAHL(Datenbank; Datenbankfeld; Suchkriterien)	Ermittelt die Anzahl der Datensätze, die mit den Suchkriterien übereinstimmen.
DBANZAHL2(Datenbank; Datenbankfeld; Suchkriterien)	Ermittelt die Anzahl der Datensätze, die mit den Suchkriterien übereinstimmen, wobei auch Zellen mit Texten oder Wahrheitswerten berücksichtigt werden.
DBAUSZUG(Datenbank; Datenbankfeld; Suchkriterien)	Liefert den Inhalt des angegebenen Felds des Datensatzes, der mit den Suchkriterien übereinstimmt.

Funktion	Beschreibung
DBMAX(**Datenbank**; **Datenbankfeld**; **Suchkriterien**)	Liefert den größten Wert in einem Datenbankfeld aus den Datensätzen, die den angegebenen Kriterien entsprechen.
DBMIN(**Datenbank**; **Datenbankfeld**; **Suchkriterien**)	Liefert den kleinsten Wert in einem Datenbankfeld aus den Datensätzen, die den angegebenen Kriterien entsprechen.
DBMITTELWERT(**Datenbank**; **Datenbankfeld**; **Suchkriterien**)	Liefert den Mittelwert aller Werte in einem Datenbankfeld aus den Datensätzen, die den angegebenen Kriterien entsprechen.
DBPRODUKT(**Datenbank**; **Datenbankfeld**; **Suchkriterien**)	Multipliziert alle Werte eines Datenbankfelds der Datensätze, die die Suchkriterien erfüllen.
DBSTDABW(**Datenbank**; **Datenbankfeld**; **Suchkriterien**)	Berechnet die Standardabweichung des Datenbankfelds für die Datensätze, die die Suchkriterien erfüllen. Die Datensätze werden als Stichprobe behandelt.
DBSTDABWN(**Datenbank**; **Datenbankfeld**; **Suchkriterien**)	Berechnet die Standardabweichung des Datenbankfelds für die Datensätze, die die Suchkriterien erfüllen. Die Datensätze werden als Grundgesamtheit behandelt.
DBSUMME(**Datenbank**; **Datenbankfeld**; **Suchkriterien**)	Summiert alle Werte eines Datenbankfelds für die Datensätze, die die Suchkriterien erfüllen.
DBVARIANZ(**Datenbank**; **Datenbankfeld**; **Suchkriterien**)	Berechnet die Varianz der Werte eines Datenbankfelds für die Datensätze, die die Suchkriterien erfüllen. Die Datensätze werden als Stichprobe behandelt.

^ ***Tabelle 15.4*** *Liste der Datenbankfunktionen*

Kapitel 16
Werte finden und manipulieren

Tabellenfunktionen sind nicht nur für Rechenoperationen zu gebrauchen. Eine ganze Reihe von Funktionen erlaubt nützliche Manipulationen an Textwerten oder hilft, Informationen zu finden.

Zu den wohl am häufigsten benötigten Funktionen, die nichts mit Berechnungen zu tun haben, gehören die Textfunktionen. Sie können beispielsweise damit arbeiten, wenn Sie Beschriftungen aus mehreren Zellwerten zusammenstellen oder ihre Schreibweise umstellen wollen. Oder Sie können Texte verändern oder anders formatieren. Excel bietet hier einige sehr hilfreiche Funktionen.

Die logischen Funktionen werden häufig im Zusammenhang mit anderen Funktionen oder Formeln verwendet, um festzustellen, ob bestimmte Bedingungen erfüllt sind, von denen andere Operationen auf dem Arbeitsblatt abhängen sollen.

Mithilfe der Nachschlage- und Verweisfunktionen gelingt es Ihnen, gezielt Werte in einer Tabelle zu finden, etwa wenn Sie zu einem bestimmten Wert in der ersten Spalte den zugehörigen Wert in der fünften Spalte benötigen, beispielsweise eine Gebühr in einer Gebührentabelle.

Die Funktionen der Kategorie **Informationen** werden benötigt, um bestimmte Merkmale von Werten zu prüfen, etwa ob eine Zahl gerade oder ungerade ist, oder um festzustellen, welche Art von Fehlern eine Formel erzeugt.

Ganz neu in Excel 2013 sind Funktionen für die Übernahme von Werten aus dem Web.

16.1 Zeichenfolgen bearbeiten

In diesem Abschnitt lernen Sie typische Aufgaben kennen, die Sie mit Textfunktionen erledigen können.

Zeichenfolgen verknüpfen

Gelegentlich ist es sinnvoll, eine Zeichenfolge in einer Zelle durch eine Formel zu erzeugen, die verschiedene Zeichen oder Zeichenfolgen verknüpft. Angenommen, Sie wollen Artikelnummern um zwei Zeichen erweitern, die die Warengruppe beinhalten. Wenn Sie in die Zelle C9 `=C5&C8` eintragen, wird der Inhalt von Zelle C5 mit dem Inhalt von Zelle C8 verkettet. Wenn C5 das Warengruppenkennzeichen *PX* enthält und C8 die Artikelnummer *3370086*, ist das Ergebnis in Zelle C9 *PX3370086*. Wenn die bisherige Artikelnummer in C8 als Zahl und nicht als Zeichenfolge eingetragen ist, wird die Zahl automatisch in eine Zeichenfolge umgewandelt. Anschließend können Sie diese Formel noch in ihr Ergebnis verwandeln. Wollen Sie zwischen den beiden Textelementen eine Leertaste sehen, müssen Sie Folgendes schreiben: `=C5&" "&C8`.

Das gleiche Ergebnis erreichen Sie mit der Funktion *VERKETTEN(Text1; Text2; ...)*. Sie kann eine Zeichenfolge aus den als Argument angegebenen Zeichenfolgen zusammensetzen.

```
=VERKETTEN(C5;" ";C8)
```

Die Funktion erlaubt bis zu 255 Argumente. Konstanten müssen dabei immer in Anführungszeichen gesetzt werden.

Ist ein Argument ein Zellbezug auf eine Zahl, wird das Format der Zahl auf das Standardformat zurückgesetzt. Aus »1.000 EUR« wird also *1000*. Um das Format zu behalten, müssen Sie den Währungsbetrag vorher mit der Funktion *TEXT()* in eine Zeichenfolge umwandeln, die das Format übernimmt:

```
=TEXT(1000;"#.##0 [$EUR]")
```

Das Gleiche gilt für die Verknüpfung mit Datums- oder Zeitwerten. Wenn in Zelle C7 das Wort *Termin* und in C8 das Datum *12.12.2012* steht, liefert

```
=VERKETTEN(C7;" ";C8)
```

das Ergebnis *Termin 41255*, d. h., von dem Datumswert wird nur die entsprechende Seriennummer angezeigt. Die Lösung ist, in Zelle C8 `=TEXT(DATWERT("12.12.2012";"TT.MM.JJJJ")` zu schreiben.

Die Schreibweise ändern

Die Funktion *GROSS()* wandelt alle Buchstaben einer Zeichenfolge in Großbuchstaben um. Die Funktion *GROSS2()* wandelt jeweils den ersten Buchstaben eines jeden Wortes in einer Zeichenfolge in Großbuchstaben um, die weiteren Zeichen in Kleinbuchstaben. Sie können diese Funktion nutzen, um die Lesbarkeit von Texteinträgen zu erhöhen. Die Funktion ist oft hilfreich, wenn Sie Daten aus externen Quellen übernehmen. Die Funktion *KLEIN()* wandelt dagegen alle Buchstaben einer Zeichenfolge in Kleinbuchstaben um.

	A	B	C	D
1	**Text**	**GROSS()**	**GROSS2()**	**KLEIN()**
2	hans WERNER	HANS WERNER	Hans Werner	hans werner
3	klaus richter	KLAUS RICHTER	Klaus Richter	klaus richter
4	Sabine tal	SABINE TAL	Sabine Tal	sabine tal
5	MARIA tholen	MARIA THOLEN	Maria Tholen	maria tholen

Abbildung 16.1 *Beispiele für die Funktionen »GROSS()«, »GROSS2()« und »KLEIN()«*

TIPP

Mit dem Formelergebnis weiterarbeiten
Wenn Sie mit einer der durch die Funktionen erreichten Schreibweise weiterarbeiten wollen, ist es in vielen Fällen sinnvoll, die für die Umwandlung verwendeten Formeln durch ihre Ergebnisse zu ersetzen. Kopieren Sie die entsprechenden Spalten in die Zwischenablage, und fügen Sie die Daten mit der Option **Einfügen > Werte** an die gleiche Stelle wieder ein.

Teile von Werten herausziehen

Mit den Funktionen *LINKS()*, *RECHTS()* und *TEIL()* können Sie Teile eines Textes abgreifen. Wenn beispielsweise Artikelbezeichnungen an den zwei ersten oder den zwei letzten Stellen ein Kennzeichen der Warengruppe enthalten, können Sie diese Zeichen sehr einfach in eine eigene Spalte übernehmen.

LINKS() und *RECHTS()* verwenden zwei Argumente, das erste gibt den Text an, auf den die Funktion angewendet werden soll, das zweite die Anzahl der Zeichen, die die Funktion liefern soll: `=LINKS(A10;2)` ergibt die ersten beiden Zeichen des Textes in A10, `=RECHTS(A10;2)` die letzten beiden Zeichen.

Brauchen Sie einen anderen Teil einer Zeichenfolge, kann Ihnen die Funktion *TEIL()* helfen, die aus einer Zeichenkette (*Text*) eine Teilzeichenkette ab einer bestimmten Position (*Erstes_Zeichen*) in der angegebenen Länge (*Anzahl_Zeichen*) liefert. Excel zählt dabei von 1 ausgehend alle Zeichen in der Zeichenfolge einschließlich der Leerzeichen.

Die Fahrzeug-Identifizierungsnummer, die Sie in den Fahrzeugpapieren finden, setzt sich beispielsweise aus einem dreistelligen Herstellercode, einem sechsstelligen Code für die Baureihe und den Motortyp und einer achtstelligen fortlaufenden Nummer zusammen. Um den Code für Baureihe und Motortyp abzugreifen, könnten Sie also folgende Funktion verwenden: `=TEIL(A10;4;6)`, wenn die Nummer in A10 abgelegt ist.

Suchen und Finden

Häufig ist nicht im Voraus bekannt, wo das Teilstück eines Textes beginnt und wie lang es ist. Das gilt beispielsweise für die ISBN-Nummer eines Buches, die zwei variabel lange Bestandteile enthält. In solchen Fällen hilft die Kombination mit den Funktionen *SUCHEN()* und *LÄNGE()*. Die Funktion *SUCHEN()* hat folgende Syntax:

```
=SUCHEN(Suchtext; Text; Erstes_Zeichen)
```

Sie liefert die Position des mit *Suchtext* angegebenen Zeichens oder der Zeichenfolge in der mit dem Argument *Text* angegebenen Zeichenfolge. Die Suche startet bei der Position *Erstes_Zeichen*, wenn nichts angegeben wird, bei der Position 1. Wird der Suchtext nicht gefunden, wird der Fehler *#WERT* ausgegeben.

Alternativ können Sie auch die Funktion *FINDEN()* verwenden, die im Gegensatz zu *SUCHEN()* die Groß- und Kleinschreibung berücksichtigt.

Die Funktion *LÄNGE()* liefert die Zahl der Zeichen (einschließlich Leerzeichen) der angegebenen Zeichenfolge. Ist das Argument der Funktion eine Zelladresse, wird als Ergebnis *0* ausgegeben, wenn die Zelle leer ist. Numerische Zeichen werden wie Text behandelt und auf die gleiche Weise gezählt.

Abbildung 16.2 zeigt ein Beispiel, wie die beschriebenen Funktionen kombiniert werden. Um aus einer ISBN-Nummer die Verlagsnummer abzugreifen, können Sie mit folgender Formel arbeiten:

```
=TEIL(A13;6+LÄNGE(C13);SUCHEN("-";A13;
6+LÄNGE(C13))-(6+LÄNGE(C13)))
```

Die Formel kann die Länge der Verlagsnummer dadurch herausfinden, dass ab einer bestimmten Stelle nach dem nächsten Vorkommen eines Bindestrichs gesucht wird, und zwar nach dem Bindestrich, der die Verlagsnummer von der Titelnummer trennt. Für die Titelnummer in der Spalte E gilt dann folgende Formel:

```
=TEIL(A13;7+LÄNGE(C13)+LÄNGE(D13);
LÄNGE(A13)-(LÄNGE(C13)+LÄNGE(D13)+8))
```

Textteile austauschen

Mit der Funktion *ERSETZEN()* können Sie in einer Zeichenfolge ein oder mehrere Zeichen durch neue Zeichen überschreiben. Die Funktion hat vier Argumente:

```
=ERSETZEN(Alter_Text; Erstes_Zeichen;
Anzahl_Zeichen; Neuer_Text)
```

Alter_Text ist die Zeichenfolge, in der eine Anzahl von Zeichen durch andere ersetzt werden soll; *Erstes_Zeichen* legt fest, an welcher Stelle in dieser Zeichenket-

	A	B	C	D	E	F
12	ISBN-13	Präfix	Länder-/ Sprachcode	Verlagsnummer	Titelnummer	Prüfziffer
13	978-3-89842-736-6	978	3	89842	736	6
14	978-0-471-40261-3	978	0	471	40261	3
15	978-0-471-45380-2	978	0	471	45380	2
16	978-0-596-00382-x	978	0	596	00382	x
17	978-3-8274-1631-5	978	3	8274	1631	5

< ***Abbildung 16.2*** *Mithilfe der Funktionen »TEIL()«, »SUCHEN()« und »LÄNGE()« können Sie eine beliebige ISBN-Nummer in ihre Bestandteile zerlegen.*

te mit dem Ersetzen begonnen werden soll. Das erste Zeichen der Zeichenfolge wird mit 1 gezählt. *Anzahl_Zeichen* gibt an, wie viele Zeichen ab dem angegebenen Startpunkt aus der alten Zeichenfolge ersetzt werden. *Neuer_Text* ist die Zeichenfolge, die anstelle der herausgenommenen Zeichen der alten Zeichenfolge eingefügt wird. Die Funktion berücksichtigt dabei die Groß- und Kleinschreibung.

	A	B	C	D	E
1	Alter_Text	Erstes_ Zeichen	Anzahl_ Zeichen	Neuer_Text	ERSETZEN()
2	Kapitel 1	1	7	Abschnitt	Abschnitt 1
3	Hansen	1		Dr.	Dr. Hansen
4	Gernot	7		@net.de	Gernot@net.de
5	Köln, den Dt	11	2	14.01.2013	Köln, den 14.01.2013

Abbildung 16.3 *Beispiele für das Ersetzen von Zeichen*

Einen ähnlichen Effekt hat die Funktion *WECHSELN()*. Die Syntax ist allerdings etwas anders:

```
=WECHSELN(Text; Alter_Text; Neuer_Text;
Ntes_Auftreten)
```

Die Funktion sucht in einer mit *Text* angegebenen Zeichenfolge nach einer Zeichenkette (*Alter_Text*), um diese Zeichenkette dann durch eine andere (*Neuer_Text*) zu ersetzen. Das optionale Argument *Ntes_Auftreten* bestimmt, wie die Ersetzung stattfinden soll. Ist das Argument beispielsweise mit *1* gesetzt, dann wird nur die erste Fundstelle geändert; ist das Argument nicht belegt, werden alle Fundstellen ausgetauscht.

```
=WECHSELN("Rukuku";"u";"o")
```

ergibt die bekannte Periode.

Zahlen in Text umwandeln und umgekehrt

Es gibt gleich mehrere Funktionen, um Umwandlungen zwischen Textwerten und numerischen Werten vorzunehmen. Die Funktion *TEXT()* haben wir oben im Abschnitt »Zeichenfolgen verknüpfen« ab Seite 595 bereits verwendet. Die Syntax ist:

```
=TEXT(Wert; Textformat)
```

Die Funktion wandelt den mit dem Argument *Wert* angegebenen numerischen Wert in einen Text um und verwendet dabei das mit *Textformat* angegebene Zahlen-, Datums- oder Zeitformat.

Andersherum arbeitet die Funktion *WERT()*. Sie wandelt einen Text – falls es möglich ist – in einen Wert um und gibt als Ergebnis die entsprechende Zahl aus. Der Text darf dabei Zeichen aus einem gültigen Zahlenformat enthalten. Zeichenketten, die als Datums- oder Zeitformate interpretiert werden können, werden als die jeweilige serielle Zahl ausgegeben. Lässt sich der Text nicht als Zahl interpretieren, gibt die Funktion den Fehler *#WERT* aus.

Die Funktion *T()* überprüft, ob das mit *Wert* angegebene Argument eine Zahl oder eine Zeichenfolge liefert. Wird eine Zahl gefunden, dann gibt die Funktion eine leere Zeichenfolge aus, wird Text gefunden, wird dieser ausgegeben.

	A	B	C	D
1	Text	WERT()	ISTZAHL()	T()
2	666,99	666,99	WAHR	
3	144	144	WAHR	
4	28.03.2012	40996	WAHR	
5	1. Platz	#WERT!	FALSCH	1. Platz
6	WAHR	#WERT!	FALSCH	

Abbildung 16.4 *Beispiele für die Funktionen »WERT()« und »T()«. In der Spalte C wird geprüft, ob das Ergebnis eine Zahl ist.*

Die Funktion *FEST()* hat folgende Syntax:

```
=FEST(Zahl; Dezimalstellen; Keine_Punkte)
```

Sie wandelt einen numerischen Wert in eine Zeichenfolge um. Das Ergebnis erscheint gerundet. Geben Sie das Argument *Dezimalstellen* nicht an, so wird *2* angenommen, wird es negativ eingegeben, dann wird auf die entsprechenden Stellen vor dem Komma gerundet. *Keine_Punkte* ist ein Wahrheitswert, der – wenn

WAHR – verhindert, dass eine Tausenderabtrennung mittels Punkt erfolgt.

In Tabelle 16.1 finden Sie die komplette Liste der Textfunktionen mit der vorgeschriebenen Syntax und einer kurzen Beschreibung.

Liste der Textfunktionen

Funktion	Beschreibung
BAHTEXT(**Zahl**)	Wandelt eine Zahl in Text in dem thailändischen Währungsformat um.
CODE(**Text**)	Liefert den Code des ersten Zeichens in der Zeichenfolge.
DM(**Zahl**; Dezimalstellen)	Wandelt den Wert in eine Zeichenfolge im aktuellen Währungsformat um.
ERSETZEN(**Alter_Text**; **Erstes_Zeichen**; **Anzahl_Zeichen**; **Neuer_Text**)	Ersetzt ab einer bestimmten Stelle eine Anzahl Zeichen in einer Zeichenfolge durch neue Zeichen.
FEST(**Zahl**; Dezimalstellen; Keine_Punkte)	Wandelt einen numerischen Wert in eine Zeichenfolge um.
FINDEN(**Suchtext**; **Text**; Erstes_Zeichen)	Überprüft, ob die mit *Suchtext* angegebene Zeichenfolge in einer anderen Zeichenfolge vorkommt.
GLÄTTEN(**Text**)	Entfernt führende Leerzeichen und überzählige Leerzeichen.
GROSS(**Text**)	Wandelt alle Buchstaben aus der mit *Text* angegebenen Zeichenfolge in Großbuchstaben um.
GROSS2(**Text**)	Wandelt den ersten Buchstaben in Großbuchstaben, den Rest in Kleinbuchstaben um.
IDENTISCH(**Text1**;**Text2**)	Vergleicht zwei Zeichenfolgen daraufhin, ob sie exakt übereinstimmen.
KLEIN(**Text**)	Wandelt alle Buchstaben in Kleinbuchstaben um.
LÄNGE(**Text**)	Liefert die Zahl der Zeichen in der mit *Text* angegebenen Zeichenfolge.
LINKS(**Text**; Anzahl_Zeichen)	Liefert die mit *Anzahl_Zeichen* festgelegte Zeichenzahl vom Beginn der Zeichenfolge an.
RECHTS(**Text**; Anzahl_Zeichen)	Liefert die mit *Anzahl_Zeichen* festgelegte Zeichenzahl vom Ende der Zeichenfolge gerechnet.
SÄUBERN(**Text**)	Entfernt aus der mit dem Argument *Text* gelieferten Zeichenfolge alle nicht druckbaren Zeichen.
SUCHEN(**Suchtext**; **Text**; Erstes_Zeichen)	Überprüft, ob die mit *Suchtext* angegebene Zeichenfolge in einer anderen Zeichenfolge vorkommt.
T(**Wert**)	Überprüft, ob das mit *Wert* angegebene Argument eine Zahl oder eine Zeichenfolge liefert.
TEIL(**Text**; **Erstes_Zeichen**; **Anzahl_Zeichen**)	Schneidet aus der Zeichenfolge eine Unterzeichenfolge aus.
TEXT(**Wert**; **Textformat**)	Wandelt einen numerischen Wert in einen Text um.
UNICODE(**Text**)	Liefert den Code für das erste Zeichen in *Text*.

Funktion	Beschreibung
UNIZEICHEN(Zahl)	Liefert das Unicode-Zeichen für den angegebenen Code.
VERKETTEN(Text1; Text2; ...)	Verknüpft Zeichenfolgen miteinander.
WECHSELN(Text; Alter_Text; Neuer_Text; Ntes_Auftreten)	Ersetzt alten Text durch neuen Text in der Zeichenfolge.
WERT(Text)	Wandelt die Zeichenfolge in einen numerischen Wert um, sofern die Zeichen ein gültiges Zahlenformat ergeben.
WIEDERHOLEN(Text; Multiplikator)	Wiederholt in der Zelle die angegebene Zeichenfolge n-mal.
ZAHLENWERT(Text; Dezimaltrennzeichen; Gruppentrennzeichen)	Konvertiert unabhängig vom aktuellen Gebietsschema Text in Zahlen.
ZEICHEN(Zahl)	Liefert das der Codezahl entsprechende Zeichen.

Tabelle 16.1 *Textfunktionen in Excel 2013*

16.2 Bedingungen mit logischen Werten prüfen

Mit logischen Funktionen können Sie prüfen, ob bestimmte Tatsachen oder Bedingungen gegeben sind oder nicht. Eine logische Formel kann nicht nur eine Bedingung enthalten, sondern auch mehrere gleichzeitig.

UND oder ODER oder NICHT

Alternative Bedingungen werden mit der Funktion *ODER()* oder *XODER()* verknüpft, additive Bedingungen mit der Funktion *UND()*. Hier einige Beispiele:

```
=UND(B6>B7; B9>B10)
=UND(A10>50; A10<100)
```

In diesen Fällen ist die Bedingung jeweils nur erfüllt, also wahr, wenn beide Teilbedingungen erfüllt sind.

```
=ODER(MONAT1="Mai"; MONAT2="Juni";
MONAT3="Okt")
=XODER(MONAT1="Mai"; MONAT2="Juni";
MONAT3="Okt")
```

Die erste Formel hat das Ergebnis *WAHR*, wenn in mindestens einer der drei benannten Monatszellen der angegebene Monat eingetragen ist, die zweite Formel ergibt *WAHR* nur dann, wenn in höchstens einer der Monatszellen der angegebene Monat enthalten ist.

Die Funktionen *UND ()*, *ODER()* und *XODER()* erlauben jeweils bis zu 255 Argumente. Bei *UND()* reicht ein falsches Argument, um das Ergebnis *FALSCH* zu liefern, *ODER()* liefert nur dann den Wert *FALSCH*, wenn alle Argumente den Wert *FALSCH* haben.

Manchmal kommt es darauf an, dass eine Bedingung nicht erfüllt wird. Dann können Sie mit der Funktion *NICHT()* arbeiten. Sie verneint einen Vergleich. Ein Beispiel:

```
=NICHT(A1=100)
```

Diese Bedingung ist in allen Fällen erfüllt, in denen `A1<>100`. Die Formeln

```
=A1<>100
=NICHT(A1=100)
```

sind also austauschbar.

Werte vergleichen

Logische Vergleiche werden insbesondere auch für die Funktion *WENN()* benötigt. Manchmal ist es aber praktischer, eine komplexe Bedingung zunächst in einer Zelle zu prüfen und dann in der Funktion *WENN()* nur den Wert dieser Zelle abzufragen, als die komplexe Bedingung in die Funktion *WENN()* selbst mit aufzunehmen. Das gilt insbesondere, wenn diese Bedingung an mehreren Stellen abgefragt werden muss.

Die Funktion *WENN()* prüft zunächst, ob eine bestimmte Bedingung erfüllt, also wahr, ist. Trifft dies zu, wird die *WAHR*-Anweisung ausgeführt und bestimmt das Ergebnis der Formel. Trifft dies nicht zu, wird zur *FALSCH*-Anweisung verzweigt und diese ausgeführt. Die Funktion hat deshalb drei Argumente, die in der vorgeschriebenen Reihenfolge eingetragen werden müssen, weil sonst unerwünschte Ergebnisse produziert werden:

- *Prüfung*: eine Bedingung in Form eines logischen Ausdrucks
- *Dann_Wert*: eine Anweisung für den Fall, dass die Bedingung erfüllt ist
- *Sonst_Wert*: eine Anweisung für den Fall, dass die Bedingung nicht erfüllt ist

Die Funktion *WENN()* kann generell für zwei ganz unterschiedliche Zwecke eingesetzt werden.

- Die Funktion erlaubt die Durchführung von Prüfungen. Typische Fragestellungen: Sind bestimmte Grenzwerte überschritten, liegen Abweichungen von einer Norm vor, oder wurden bestimmte Zielwerte erreicht?
- Sie können Excel veranlassen, unterschiedliche Operationen durchzuführen, je nachdem, ob eine Bedingung erfüllt ist. Das entspricht etwa einer Verzweigung, die in allen Computersprachen zu den Grundoperationen gehört.

Allerdings gilt die Verzweigung immer nur in Bezug auf das Ergebnis in der Zelle selbst. Es ist nicht möglich, mit der Funktion *WENN()* direkt einen unterschiedlichen Wert in eine andere Zelle einzutragen. Es ist zwar möglich, etwa in die Zelle B3 zu schreiben:

```
=WENN(B1>1000; B2=100; B2=200)
```

Ist *B1* tatsächlich größer *1.000*, bedeutet diese Formel aber lediglich, dass Excel nun prüft, ob die Zelle *B2* den Wert *100* enthält. Ist dies der Fall, ist das Ergebnis in Zelle B3 der Wert *WAHR*.

In den folgenden Abschnitten wollen wir die Nützlichkeit der Funktion *WENN()* noch an einigen Beispielen verdeutlichen.

Texte automatisch anpassen

In der Tabelle in Abbildung 16.5 sind Kundenumsätze einer Firma für zwei Jahre eingetragen, in der Spalte B der Umsatz für 2011, in der Spalte C der für 2012. Die Kunden, deren Umsatz gegenüber dem Vorjahr um mehr als 2 % abgesunken ist, sollen in der Spalte D so markiert werden, dass sie auf einen Blick zu erkennen sind. Die Formel kann in Zelle D4 eingetragen

	A	B	C	D
1		Umsatzentwicklung		
2				
3		2011	2012	
4	Kunde A	100.000,00 EUR	98.800,00 EUR	
5	Kunde B	120.000,00 EUR	110.000,00 EUR	deutlicher Umsatzrückgang
6	Kunde C	87.000,00 EUR	89.000,00 EUR	
7	Kunde D	250.000,00 EUR	240.000,00 EUR	deutlicher Umsatzrückgang
8		=WENN(C7<(B7*0,98);"deutlicher Umsatzrückgang";"")		

Abbildung 16.5 *Die Anzeige in der Spalte D hängt davon ab, welches Ergebnis der Vergleich zwischen den beiden Jahresergebnissen liefert.*

und dann die Spalte hinunterkopiert werden. Sie könnte lauten:

```
=WENN(C4<(B4*0,98); "deutlicher
Umsatzrückgang"; "")
```

Bei den Kunden, deren Umsatz im Jahr 2012 tatsächlich um mehr als 2% gesunken ist, erscheint in der Spalte D der Hinweis: *deutlicher Umsatzrückgang*. Bei allen anderen Kunden bleibt die Zelle in der Spalte D als Ergebnis der Formel leer.

Während es im letzten Fall in erster Linie um die Prüfung der Entwicklung der Kundenumsätze geht, soll die nächste Formel zeigen, wie Sie die Funktion *WENN()* benutzen, um auf verschiedene Zustände unterschiedlich zu reagieren. Die Firma könnte auf die Idee kommen, die Höhe eines Bonus zum Jahresende von der Umsatzentwicklung abhängig zu machen. Die Kunden, deren Umsatz über 250.000 EUR liegt, sollen einen Bonus von 0,5% erhalten, die anderen gehen leer aus. Die Formel für diesen Fall:

```
=WENN(C5>250000; C5*0,05; 0)
```

Sowohl bei der Formulierung der Bedingungen als auch bei der Formulierung der *WAHR*- und *FALSCH*-Anweisungen können natürlich alle sinnvollen Kombinationen von Operatoren und Funktionen benutzt werden.

Bedingte Textanzeige

Besteht die Möglichkeit, in einem Arbeitsblatt Texte nur unter bestimmten Voraussetzungen zu drucken? Die Funktion *WENN()* bietet sich auch in diesem Fall an. Angenommen, das Arbeitsblatt wird zur Aufbereitung und zum Druck von Rechnungen benutzt. Auf den Dezember-Rechnungen soll im Rechnungsfuß ein Hinweis auf ein spezielles Weihnachtsangebot erscheinen. Die Lösung könnte folgende Formel sein:

```
=WENN(MONAT(JETZT())=12; "Sonderrabatt von
20% für alle Orientteppiche"; "")
```

Prüfen von Texten

Die Funktion *WENN()* können Sie selbstverständlich nicht nur zur Prüfung numerischer Zellen benutzen. Zellen, die Texte oder Zeichenfolgen enthalten, können ebenfalls befragt werden. Der Text kann direkt in der Zelle eingetragen sein oder indirekt über einen Zellbezug oder als Ergebnis einer Formel, die als Ergebnis eine Zeichenfolge bereitstellt. Hier ein einfaches Beispiel:

```
=WENN(B10="Berlin"; "Hauptstadt"; "")
```

Allerdings kann im Fall von Zeichenfolgenvergleichen eine unangenehme Überraschung auftreten. Die Bedingung, dass in der Zelle B10 der Name *Berlin* steht, ist nur dann erfüllt, wenn dort tatsächlich auch nur *Berlin* steht. Ein Fehler, der bei der Arbeit mit Excel gelegentlich plagt, weil er so schwer erkennbar ist, besteht darin, überflüssige Leerzeichen zu benutzen.

Wenn also hinter dem Wort *Berlin* versehentlich noch einmal die Leertaste benutzt worden ist, wird Excel sich so verhalten, als sei der Inhalt der Zelle B10 nicht *Berlin*. Im strengen Sinne stimmt das ja auch, aber zu sehen ist der Unterschied nur, wenn im Bearbeitungsfeld [Ende] gedrückt wird. Der Fehler kann allerdings durch die Textfunktion *=GLÄTTEN(B10)* abgefangen werden. Die Formel

```
=WENN(GLÄTTEN(B10)="Berlin"...
```

ist gegen die angesprochene Fehlermöglichkeit gefeit. Die Funktion entfernt die überflüssigen Leerzeichen.

Prüfen mit komplexen Bedingungen

Das Argument *Prüfung* in der Funktion *WENN()* kann aus mehreren Einzelbedingungen zusammengesetzt sein. In vielen Fällen ist eine Operation gleich von mehreren Bedingungen abhängig. Eine Komponente eines Produkts soll nur dann bei einem bestimmten Lieferanten bestellt werden, wenn der Preis akzeptabel ist und gleichzeitig die Lieferfrist maximal einen Monat beträgt. Die Formel könnte heißen:

```
=WENN(UND(C12<12500; D12<4); "bestellen";
"nicht bestellen")
```

Die Zelle C12 enthält den Preis, die Zelle D12 die Lieferzeit in Wochen. Die Bedingung ist nur dann erfüllt, wenn beide Teile der Bedingung gleichzeitig erfüllt sind.

In anderen Fällen hängt eine Entscheidung davon ab, ob eine bestimmte Bedingung erfüllt ist oder eine andere. Im Beispiel wäre denkbar, dass auch ein höherer Preis akzeptiert wird, wenn die Lieferfrist kurz ist. Eine kleine Änderung der Formel trägt der Situation Rechnung. Anstelle der Funktion *UND()* wird *ODER()* eingesetzt:

```
=WENN(ODER(C12<12500; D12<4); "bestellen";
"nicht bestellen")
```

Die neue Bedingung ist in drei Fällen wahr:

1. Der erste Teil der Bedingung ist erfüllt.
2. Der zweite Teil der Bedingung ist erfüllt.
3. Beide Bedingungen sind erfüllt.

Die Funktion *ODER()* ist also kein ausschließendes Oder. Das ausschließende Oder mit der neuen Funktion *XODER()* würde den dritten Fall nicht zulassen.

Mehrfachverzweigungen

Sowohl das Argument *Dann_Wert* als auch das Argument *Sonst_Wert* können selbst wieder eine Funktion *WENN()* enthalten, womit Sie eine Mehrfachverzweigung erreichen.

	A	B	C
1	**Kunden**	**Umsatz**	**Geschenkkategorie**
2	**Berger**	600.000 EUR	Geschenk A
3	**Wehner**	430.000 EUR	Geschenk B
4	**Brech**	30.000 EUR	Geschenk B
5	**Schub**	3.290 EUR	kein Präsent
6	**Scheimer**	24.000 EUR	Geschenk B
7	**Vosken**	1.200 EUR	kein Präsent
8	**Erber**	530.000 EUR	Geschenk A
9	**Kosinsky**	23.000 EUR	Geschenk B
10	**Marchat**	12.000 EUR	Geschenk B

Abbildung 16.6 *Beispiel für verschachtelte Bedingungen*

Die Weihnachtsgeschenke einer Firma sind nach Wert in zwei Gruppen eingeteilt. Geschenke der Gruppe A sollen Kunden erhalten, deren Umsatz über 500.000 EUR liegt, Gruppe B verlangt mindestens 10.000 EUR, um Kleinkunden ganz herauszunehmen. Zunächst fangen Sie in der Formel die Kleinkunden ab, dann unterscheiden Sie zwischen Gruppe A und Gruppe B.

```
WENN(B2>=10000; "Geschenk"; "kein
Geschenk")
```

nimmt die Kleinkunden aus der Geschenkliste.

Im nächsten Schritt ersetzen Sie den *Dann_Wert* aus der ersten Formel durch eine zweite *WENN()*-Funktion, die selbst wiederum eine *Prüfung*, einen *Dann_Wert* und einen *Sonst_Wert* enthält.

```
=WENN(B2>10000; WENN(B2>=50000; "Geschenk
A"; "Geschenk B"); "kein Präsent")
```

Auf Fehler reagieren

Eine Variante der Funktion *WENN()* ist die Funktion *WENNFEHLER()*. Die Syntax ist

```
=WENNFEHLER(Wert; Wert_falls_Fehler)
```

Die Funktion prüft das Argument *Wert*. Liefert diese Prüfung einen Fehler, wird das angezeigt, was Sie mit dem Argument *Wert_falls_Fehler* angeben. Das kann beispielsweise eine Beschreibung des Fehlers sein oder ein Vorgabewert. Ansonsten liefert die Funktion das Ergebnis von *Wert*.

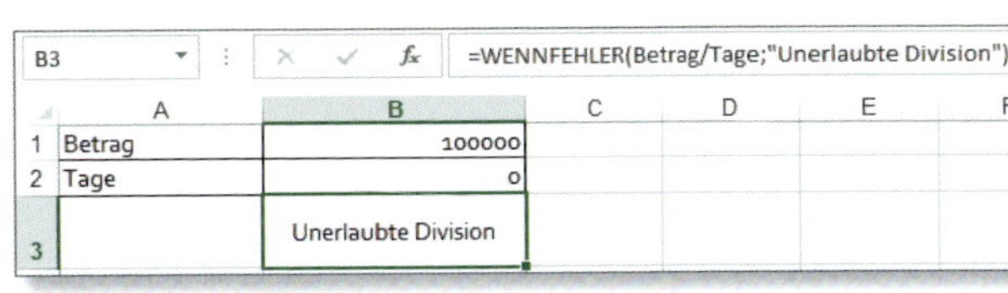

Abbildung 16.7 *Die Funktion »WENNFEHLER()« eignet sich dazu, verständliche Fehleranzeigen zu erzeugen.*

Liste der logischen Funktionen

In Tabelle 16.2 sind alle logischen Funktionen mit ihrer Syntax und einer kurzen Beschreibung zusammengestellt.

Funktion	Beschreibung
FALSCH()	Legt den Wahrheitswert FALSCH in der Zelle ab.
NICHT(**Wahrheitswert**)	Kehrt den Wert von *Wahrheitswert* um.
ODER(**Wahrheitswert1**; Wahrheitswert2; ...)	Liefert WAHR, wenn ein Argument WAHR ist, sonst FALSCH.
UND(**Wahrheitswert1**; Wahrheitswert2; ...)	Liefert nur WAHR, wenn alle Argumente WAHR sind, sonst FALSCH.
WAHR()	Trägt den Wahrheitswert WAHR in eine Zelle ein.
WENN(**Prüfung**; **Dann_Wert**; Sonst_Wert)	Liefert den Dann_Wert, wenn Wahrheitsprüfung WAHR ergibt, sonst den Sonst_Wert.
WENNFEHLER(**Wert**; **Wert_falls_Fehler**)	Erlaubt es, im Fehlerfall benutzerdefinierte Fehleranzeigen auszugeben.
WENNNV(**Wert**; **Wert_bei_NV**)	Gibt den ersten Wert zurück, wenn der Ausdruck nicht den Fehlerwert *#N/V* liefert, andernfalls den zweiten Wert.
XODER(**Wahrheitswert1**; Wahrheitswert2; ...)	Gibt ein ausschließliches Oder aller Argumente zurück.

^ ***Tabelle 16.2*** *Logische Tabellenfunktionen*

16.3 Werte mit Verweisfunktionen ermitteln

Während die mathematischen oder finanzmathematischen Funktionen mit den als Argument angegebenen Werten bestimmte Berechnungen anstellen und deren Ergebnis liefern, ist der Nutzen der unter der Kategorie **Index** aufgeführten Funktionen in der Regel etwas anderer Art. Hier geht es darum, Bereiche nach Werten zu durchsuchen oder Bezüge bestimmter Zellen zu ermitteln.

Verweistabellen abfragen

Zu den Funktionen, die in vielen Situationen hilfreich sind, gehört die Gruppe der Verweisfunktionen: *VERWEIS()*, *WVERWEIS()* und *SVERWEIS()*. Sie können diese Funktionen überall da einsetzen, wo es darum geht, aus einer vorhandenen Tabelle gezielt Informationen herauszuziehen. Typische Beispiele für solche Tabellen sind Steuertabellen, Inventarlisten, Verzeichnisse und Kataloge.

Einen Wert in einer Spalte suchen

Die Funktion *SVERWEIS()* wird bei Tabellen benutzt, die senkrecht aufgebaut sind. Typisches Beispiel ist eine Steuertabelle. Dort sind in der ersten Spalte in aufsteigender Reihenfolge die verschiedenen Einkommensstufen aufgeführt. Zu jeder Einkommensstufe sind in den Spalten rechts neben der ersten Spalte die Steuerbeträge für die verschiedenen Steuerklassen aufgeführt.

Wer nachschauen will, was er zu zahlen hat, liest zunächst die erste Spalte von oben nach unten, bis er einen Betrag gefunden hat, der seinem Einkommen entspricht. Dann geht er in der entsprechenden Tabellenzeile so viele Spalten nach rechts, bis er in der Spalte angekommen ist, die seiner Steuerklasse entspricht. Nichts anderes tut die Funktion *SVERWEIS()*.

Ein einfacheres Beispiel, das in Abbildung 16.8 verwendet wird, ist eine Devisentabelle. Links stehen in typischen Mengen die Eurobeträge, in den Spalten daneben die entsprechenden Beträge in Dollar und Pfund.

	A	B	C
1	Betrag in EUR	20	
2	in Dollar:	28,80	
3	in Pfund:	17,49	
4			
5	Devisentabelle	Stand:	20.08.2011
6	EUR	Dollar	Pfund
7	1	1,4399	0,8747
8	10	14,3990	8,7470
9	20	28,7980	17,4940
10	50	71,9950	43,7350
11	100	143,9900	87,4700
12	200	287,9800	174,9400
13	500	719,9500	437,3500
14	1000	1439,9000	874,7000

Abbildung 16.8 *Senkrechte Verweistabelle*

Der gesamte Datenbereich der Tabelle ist im Beispiel mit dem Namen *DEVISEN* belegt. In Zelle B1 ist mithilfe einer Gültigkeitsregel eine Zelle für die Auswahl der Eurobeträge eingerichtet. Die Funktion kann dann in Zelle B2 und B3 die Frage beantworten, wie viele Dollars und wie viele Pfund dem ausgewählten Eurobetrag entsprechen. Die Formeln sind:

```
=SVERWEIS($B$1; Devisen; 2)
=SVERWEIS($B$1; Devisen; 3)
```

Die Funktion hat drei Argumente:

- *Suchkriterium*, im Beispiel der Eurobetrag
- *Matrix*, der Bereich der Tabelle, in dem die Suchoperation stattfinden soll, im Beispiel der mit *DEVISEN* benannte Bereich
- *Spaltenindex*, die Nummer der Spalte, in der der Wert, den die Funktion liefert, gefunden werden soll

Die Funktion durchsucht jeweils die erste Spalte der mit *Matrix* angegebenen Matrix oder eines Bereichs nach dem *Suchkriterium*. Falls der angegebene Wert nicht gefunden werden kann, benutzt die Funktion den nächstkleineren Wert in der Spalte. Von dieser Position aus wird die mit *Spaltenindex* angegebene Spalte aufgesucht Wird für *Spaltenindex* eine Zahl größer als die Spaltenbreite der Matrix angegeben, liefert die Funktion den Fehlerwert *#BEZUG*.

Da die Funktion die erste Spalte nacheinander durchsucht, bis sie den Wert findet, der dem Suchkriterium entspricht, sollten zuvor die Werte in aufsteigender Ordnung sortiert werden.

Einen Wert in einer Zeile suchen

Abbildung 16.9 zeigt ein Beispiel für eine horizontale Verweistabelle mit der Funktion *WVERWEIS()*. Darin sind durchschnittliche Werte für Wohnungen aufgelistet. In der ersten Zeile ist die Zimmeranzahl in aufsteigender Reihenfolge eingetragen. Für jede Zimmeranzahl sind nun in den folgenden Zeilen bestimmte Daten aufgeführt.

	A	B	C	D	E	F
1	Zimmer	1	2	3	4	5
2	Miete	300	600	800	1100	1400
3	Nebenkosten	80	150	200	220	240
4	qm	25	45	69	91	126
5						
6	Wie hoch ist die Miete bei 3-Zimmer-Wohnungen?					Antwort:
7		=WVERWEIS(3; WOHNUNG; 2)				800

Abbildung 16.9 *Beispiel für eine waagerechte Verweistabelle*

Der gesamte Datenbereich der Tabelle ist im Beispiel mit dem Namen *WOHNUNG* belegt. Nun wollen Sie die Miete für die Dreizimmerwohnungen abgreifen. Die Formel lautet:

```
=WVERWEIS(3; Wohnung; 2)
```

Auch diese Funktion hat drei Argumente:

- *Suchkriterium*, im Beispiel die Anzahl der Zimmer
- *Matrix*, der Bereich der Tabelle, im Beispiel A4 bis F7, benannt mit *WOHNUNG*
- *Zeilenindex*, im Beispiel *2* für 2. Zeile

Die Funktion geht also mit dem angegebenen Suchkriterium in die erste Zeile, sucht von links nach rechts nach einem Wert, der zum Suchkriterium passt. Ist die entsprechende Spalte gefunden, wandert der Zellzeiger zu der Zeile abwärts, deren Index angegeben wurde. Die Funktion liefert schließlich den dort gefundenen Zellinhalt als ihr Ergebnis. Dieser Inhalt kann ein numerischer Wert oder ein Text sein. Gibt es keinen mit dem Suchkriterium identischen Wert in der Zeile, wird der Wert genommen, der vor dem nächsthöheren liegt. Wäre das Suchkriterium z. B. 2,5 Zimmer, würde die Funktion den Wert für zwei Zimmer liefern.

Die Funktion VERWEIS()

Eine weitere Variante der Verweisfunktionen ist die Funktion *VERWEIS()*. Auch sie liefert auf der Grundlage eines *Suchkriteriums* den Inhalt einer korrespondierenden Zelle. Die Funktion liegt in zwei unterschiedlichen Varianten vor.

```
=VERWEIS(Suchkriterium; Suchvektor;
Ergebnisvektor)
=VERWEIS(Suchkriterium; Matrix)
```

Bei der ersten werden zwei getrennte Bereiche (Spalten oder Zeilen) benutzt, bei der zweiten ein zusammenhängender Bereich. In der ersten Variante benötigt die Funktion neben dem Suchkriterium einen Such- und einen Ergebnisvektor. Der *Suchvektor* ist eine Spalte oder eine Zeile, die nach dem mit *Suchkriterium* angegebenen Wert durchsucht werden soll. Von der Fundstelle aus wird der Wert, der die gleiche Position in *Ergebnisvektor* einnimmt, als Ergebnis von der Funktion ausgegeben. Such- und Ergebnisvektor sollten deshalb die gleiche Größe haben.

Die Einträge in *Suchvektor* müssen in aufsteigender Folge sortiert sein. Kann kein dem Suchkriterium genau entsprechender Wert gefunden werden, dann wird der nächstkleinere Wert übernommen. In dem Beispiel in Abbildung 16.10 wird der Wert in C1 mit folgender Formel berechnet:

```
=VERWEIS(B1;A5:A15;B5:B15)
```

Bei der zweiten Variante der Funktion wird die erste Zeile oder Spalte einer Matrix nach dem Suchkriterium durchsucht. Ob eine Zeile oder eine Spalte durchsucht wird, ist von der Dimensionierung der Matrix abhängig. Hat eine Matrix mehr Spalten als Zeilen oder ist ihre Anzahl gleich, so wird die erste Zeile durchsucht. Besitzt eine Matrix mehr Zeilen, so wird die erste Spalte durchsucht.

Ist die Funktion auf der Suche nach dem Kriterium beispielsweise in der ersten Spalte fündig geworden, dann geht sie in dieser Zeile nach rechts bis zur letzten Spalte und gibt den Wert der dortigen Zelle zurück. Analog wird bei der Suche in der ersten Zeile verfahren. In unserem Beispiel kann der Wert in C2 deshalb mit folgender Formel berechnet werden:

```
=VERWEIS(B2;A5:C15)
```

	A	B	C
1	**Beschäftigte in:**	2008	179
2	**Umsatz in:**	2005	9500000
3			
4	**Jahr**	**Beschäftigte**	**Umsatz**
5	2000	208	10400000
6	2001	201	10050000
7	2002	222	11100000
8	2003	223	11150000
9	2004	205	10250000
10	2005	190	9500000
11	2006	187	9350000
12	2007	175	8750000
13	2008	179	8950000
14	2009	200	10000000
15	2010	210	10500000

Abbildung 16.10 *C1 verwendet die erste Variante der Funktion »VERWEIS()«, C2 die zweite.*

Werte per Vergleich finden

Für die Suche nach Werten in einem Bereich oder einer Matrix können Sie die Funktion *VERGLEICH()* verwenden:

```
=VERGLEICH(Suchkriterium; Suchmatrix;
Vergleichstyp)
```

Die Funktion durchsucht den mit *Suchmatrix* angegebenen Bereich bzw. eine Matrix nach einem *Suchkriterium* und gibt die relative Position aus.

Das optionale Argument *Vergleichstyp* gibt an, auf welche Art nach dem Suchkriterium gesucht werden soll:

Typ	Bedeutung
1	Ist der voreingestellte Wert, mit dem die Funktion arbeitet, wenn kein Wert angegeben wird. Die Suchmatrix muss in aufsteigender Folge sortiert sein. Wird kein passender Wert gefunden, wird der nächstkleinere gewählt.
–1	Die Matrix muss in fallender Folge sortiert sein, wird kein passender Wert gefunden, wird der nächstgrößere gewählt.
0	Die Matrix muss nicht sortiert sein, die Position des ersten passenden Werts wird ausgegeben. Wird keine genaue Übereinstimmung gefunden, wird der Fehlerwert *#NV* ausgegeben.

Tabelle 16.3 *Liste der Vergleichstypen*

Abbildung 16.11 zeigt in Zelle C1 das Ergebnis der Formel `=VERGLEICH(B1;A4:A14)`.

	A	B	C
1	Jahr:	2008	9
2			
3	Jahr	Beschäftigte	Umsatz
4	2000	208	10400000
5	2001	201	10050000
6	2002	222	11100000
7	2003	223	11150000
8	2004	205	10250000
9	2005	190	9500000
10	2006	187	9350000
11	2007	175	8750000
12	2008	179	8950000
13	2009	200	10000000
14	2010	210	10500000

Abbildung 16.11 *Beispiel für die Funktion »Vergleich()«*

Arbeit mit der Funktion INDEX()

Ist ein Zellbereich vorgegeben, besteht die Möglichkeit, mit Zeilen- und Spaltennummern zu arbeiten, die sich nicht auf das Tabellenblatt, sondern direkt auf diesen Bereich beziehen. Excel bietet zu diesem Zweck zwei Varianten der Funktion *INDEX()* an:

```
=INDEX(Bezug; Zeile; Spalte; Bereich)
```

für die Abfrage von Datentabellen und

```
=INDEX(Matrix; Zeile; Spalte)
```

für die Abfrage einer Matrix.

Die Funktion *INDEX()* für Datentabellen beantwortet die Frage, was in der Zelle eingetragen ist, die im Schnittpunkt der Zeile n und der Spalte m des mit *Bezug* angegebenen Bereichs liegt. Das letzte Argument *Bereich* kann angegeben werden, wenn *Bezug* eine Mehrfachauswahl enthält. Sind also z. B. drei Zellblöcke in der Mehrfachauswahl enthalten, bedeutet eine *2* für *Bereich*, dass sich die Zeilen- und Spaltennummern auf den zweiten Zellblock beziehen. Wird *Bereich* nicht angegeben, wird immer der erste Block genommen.

In dem in Abbildung 16.12 gezeigten Beispiel ist ein Bereich mit den Produktionsergebnissen mehrerer Werke für die letzten vier Jahre unter dem Namen *PRODUKTION* definiert. Die Zelle, die in der dritten Zeile und der dritten Spalte dieses Bereichs liegt, enthält den Betrag *1.300.000*.

	A	B	C	D	E
1	Produktion	2008	2009	2010	2011
2	Werk1	2.100.000	100.000	2.800.000	1.200.000
3	Werk2	1.400.000	400.000	1.900.000	100.000
4	Werk3	800.000	2.100.000	1.300.000	2.900.000
5	Werk4	1.600.000	1.400.000	500.000	2.800.000
6		Produktion von Werk3 im Jahr 2010:			1.300.000
7		=INDEX(PRODUKTION; 3; 3)			

Abbildung 16.12 *Ein Beispiel für die Funktion »INDEX()«*

Die Funktion *INDEX()* arbeitet hier mit der relativen Position einer Zelle in einem definierten Bereich. Diese Spalten- oder Zeilennummern können natürlich auch über Formeln berechnet werden, was sehr flexible Lösungen möglich macht.

Sie können *INDEX()* auch benutzen, um Werte aus einer Matrix herauszulesen. Dies kann ein einzelner Wert sein, aber auch eine Matrix. Das *Matrix*-Argument kann als Bereichsbezug oder als Matrixkonstante eingegeben werden.

Um nicht nur einen einzelnen Wert auszulesen, sondern eine Matrix, kann der Wert für *Zeile* und/oder *Spalte* auf *0* gesetzt oder weggelassen werden.

```
=INDEX({3.5.9.7; 34.54.23.98}; 0; 0)
=INDEX({3.5.9.7; 34.54.23.98}; ;)
```

liefern als Ergebnis die gesamte Matrix.

```
=INDEX({3.5.9.7; 34.54.23.98}; 2)
```

ergibt eine Matrix mit den Werten der zweiten Zeile.

```
=INDEX({3.5.9.7; 34,54.23.98}; ; 2)
```

ergibt eine Matrix mit den Werten der zweiten Spalte.

Soll das Ergebnis der Formel wiederum eine Matrix sein, müssen Sie wie bei der Eingabe von Matrixformeln verfahren. Sie markieren also zunächst einen entsprechend großen Bereich für die Ergebnismatrix und geben in eine beliebige Zelle die Funktion *INDEX()* ein. Die Formel schließen Sie dann mit Strg + ⇧ + ↵ ab.

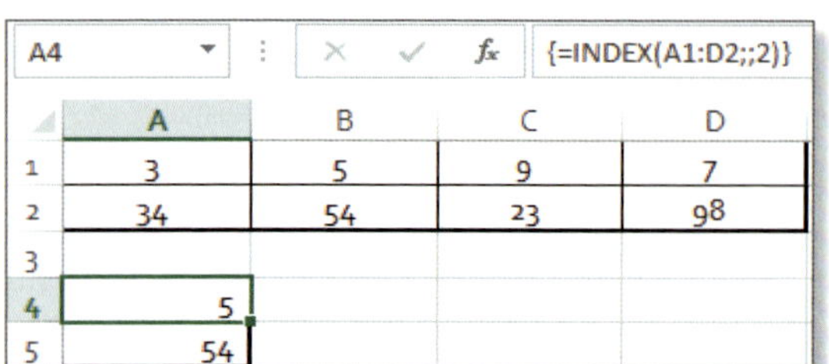

Abbildung 16.13 *Abfrage einer Matrix mithilfe der Funktion »INDEX()«*

Werte mit WAHL() übernehmen

Die Funktion *WAHL()* liefert einen beliebigen Wert aus einer gegebenen Liste von maximal 254 Werten. Die Syntax lautet:

```
=WAHL(Index; Wert1; Wert2; ... ; Wert254)
```

Das erste Argument der Funktion gibt an, dass das wievielte Element der Liste gesucht wird. *Index* kann als Zahl, Bezug oder Formel eingegeben werden. Als Werte können Zahlen, Zellbezüge, Namen, Texte und Formeln verwendet werden. Bereichsbezüge sind nicht erlaubt. (Um Werte aus Bereichen zu ziehen, dafür ist ja die zuvor beschriebene Funktion *INDEX()* gedacht).

Hier ein praktisches Beispiel für die Nutzung der Funktion *WAHL()*: Kunden sind in verschiedene Rabattstufen eingeteilt. Die verschiedenen Rabatte werden in der Spalte E aufgelistet. Der Kunde mit der Rabattstufe 1 soll den ersten Rabatt aus dieser Liste erhalten, der Kunde mit Stufe 2 den zweiten etc. Die Rabattstufen sind in der Spalte B eingetragen.

Die Formel wird zunächst in der Zelle C2 entwickelt. Sie kann lauten:

```
=WAHL(B2; $E$2; $E$3; $E$4)
```

Damit Sie die Formel für die anderen Kunden kopieren können, arbeitet die Formel bei den drei Auswahlmöglichkeiten mit absoluten Adressen.

Anstelle der Zellverweise in der Argumentliste könnten die Prozentsätze auch direkt als Konstanten in die Formel eingetragen werden, also:

```
=WAHL(B2; 5%; 7%; 8%)
```

Dadurch ginge aber einiges an Flexibilität verloren. Änderte sich der Rabattsatz, müssten auch die Formeln geändert werden.

Besonders interessant ist die Funktion *WAHL()* auch für Berechnungsalternativen. In diesem Fall können verschiedene Formeln als Argumente benutzt werden:

```
=WAHL(D1; SUMME(POSTEN)*0,70; SUMME(POSTEN)
*0,75; SUMME(POSTEN) *0,80+PORTO)
```

Abhängig von dem in DI abgelegten Wert wird die Summe der Posten mit einem anderen Faktor multipliziert. Im dritten Fall werden noch Portokosten addiert. Während die Funktion *WENN()* nur eine einfache Verzweigung zwischen zwei Möglichkeiten zulässt, es sei denn, die Formel arbeitet mit verschachtelten *WENN()*-Funktionen, erlaubt die Funktion *WAHL()* die Auswahl aus bis zu 254 Möglichkeiten.

	A	B	C	D	E
1	**Kunden**	**Rabattstufe**	**Rabatt**		**Rabatte**
2	Kunde A	2	7,00%		5,00%
3	Kunde B	1	5,00%		7,00%
4	Kunde C	3	8,00%		8,00%
5	Kunde D	2	7,00%		
6	Kunde E	1	5,00%		

Abbildung 16.14 *Beispiel für die Funktion »WAHL()«*

Bereiche verschieben

Mit der Funktion *BEREICH.VERSCHIEBEN()* können Sie einen gegebenen Bereichsbezug erweitern oder verschieben. Das erlaubt Ihnen beispielsweise, in Formeln mit Bereichen zu arbeiten, die sich im Laufe der Zeit verändern. Die Syntax ist folgende:

```
=BEREICH.VERSCHIEBEN(Bezug; Zeilen; Spalten;
Höhe; Breite)
```

Die Funktion liefert einen Bereichsbezug, der um eine mit *Zeilen* und *Spalten* festgelegte Zahl von Zeilen und Spalten gegenüber dem mit *Bezug* angegebenen Bereich verschoben ist. Als Ausgangspunkt dient die linke obere Eckzelle des Ausgangsbereichs.

Bei positiven Werten werden Zeilen und Spalten nach unten bzw. nach rechts versetzt, bei negativen Werten erfolgt die Verschiebung in die umgekehrte Richtung.

Höhe und *Breite* sind optionale Argumente und bezeichnen die Größe des neuen Bezugs als Anzahl der Zeilen und Spalten. Wenn Zeilen- und Spaltenanzahl mit dem ursprünglichen Bezug übereinstimmen, müssen für diese Argumente keine Werte eingetragen werden. Häufig wird die Funktion verwendet, um für eine andere Funktion den Bereichsbezug zu liefern, etwa:

```
=SUMME(BEREICH.VERSCHIEBEN(A10:B15; 0; 1))
```

Die Funktion kann auch verwendet werden, um aus Werten in einem Zellbereich eine Ergebnismatrix zu füllen. In diesem Fall muss die Formel als Matrixformel eingegeben und der Bereich für die Ergebnisse vorher markiert werden.

```
={BEREICH.VERSCHIEBEN(A10:B15; 0; 1)}
```

füllt beispielsweise den vorher markierten Bereich F10:F15 mit den Werten aus B10:B15.

Spalten-, Zeilen-und Blattnummern abfragen

In vielen Formeln ist es notwendig, die Nummer einer bestimmten Spalte oder Zeile abzufragen. Dafür werden die Funktionen *SPALTE() und ZEILE()* angeboten. Sie liefern die Spalten- oder Zeilennummern des mit dem Argument *Bezug* angegebenen Bereichs. Wird *Bezug* nicht angegeben, ist das Ergebnis die Spalten- oder Zeilennummer der Zelle, in der die Funktion steht. Die Funktionen *SPALTEN()* und *ZEILEN()* liefern dagegen die Anzahl der Spalten oder Zeilen in einem Bereich.

Neu in Excel 2013 sind die Funktionen *BLATT()* und *BLÄTTER()*. Sie liefern die Nummer des Blatts und die Anzahl der Blätter in der Arbeitsmappe, wenn kein Argument angegeben wird. Wird ein Blattname angegeben, liefert *BLATT()* die Nummer dieses Blatts, wird für *BLÄTTER()* ein 3D-Bezug angegeben, liefert die Funktion die Zahl der Blätter in diesem Bezug.

	A	B
1	**1**	=SPALTE()
2	**2**	=ZEILE()
3	**9**	=BLATT()
4	**10**	=BLÄTTER()

Abbildung 16.15 *Abfrage der Spalten-, Zeilen- und Blattnummern*

Matrizen transponieren

Die Funktion *MTRANS()* können Sie verwenden, um Zeilen und Spalten in einer Matrix zu tauschen. Die erste Zeile der Ausgangsmatrix wird die erste Spalte der transponierten Matrix usw. Die Funktion muss als Matrixfunktion eingegeben werden, Sie müssen zunächst den Ausgabebereich markieren, dann die Funktion eingeben und sie mit [Strg] + [⇧] + [↵] abschließen. Abbildung 16.16 zeigt ein Beispiel.

	A	B	C	D
1	Ausgangsmatrix:			
2	3	2	6	
3	4	6	8	
4	6	9	10	
5	13	18	24	
6				
7	transponierte Matrix:			
8	3	4	6	13
9	2	6	9	18
10	6	8	10	24

Abbildung 16.16 *Transponieren einer Matrix*

Die transponierte Matrix bleibt abhängig von der Ursprungsmatrix, d.h., sie macht alle Veränderungen der Ursprungsmatrix mit. In der transponierten Matrix sind keine Veränderungen einzelner Elemente möglich.

Daten aus Pivot-Tabellen abgreifen

Eine spezielle Funktion, um Werte aus einer Pivot-Tabelle zu ziehen, ist *PIVOTDATENZUORDNEN()*. Dabei wird folgende Syntax verwendet:

```
=PIVOTDATENZUORDNEN(Datenfeld; PivotTable;
Feld1; Element1; Feld2; Element2; ...)
```

Datenfeld gibt das Datenfeld an, dessen Daten abgerufen werden sollen, *PivotTable* ist ein Bezug auf eine Zelle – z.B. die linke obere Eckzelle – oder einen Bereich in der Pivot-Tabelle. Darüber wird ermittelt, welche Pivot-Tabelle die gewünschten Daten enthält. Zusätzlich lassen sich noch Paare von Feld- und Elementnamen angeben, um die gewünschten Daten näher zu spezifizieren. Bis zu 126 *Feld/Element*-Paare sind möglich. Abbildung 16.17 zeigt ein Beispiel:

Bezüge indirekt verwenden

Eher zu den Mauerblümchen-Funktionen in Excel zählt *INDIREKT()*. Es gibt aber Situationen, in denen gerade diese Funktion hilfreich ist. Die Syntax ist

```
=INDIREKT(Bezug; A1)
```

Die Funktion ermittelt indirekt den Inhalt einer Zelle, auf die in einer anderen Zelle, die das Argument *Bezug* angibt, verwiesen ist. Mit dem Argument *A1* wird angegeben, welche Schreibweise für den Eintrag in *Bezug* gilt: die A1-Schreibweise (*WAHR* oder weggelassen) oder die Z1S1-Schreibweise (*FALSCH*).

Nützlich ist das indirekte Verfahren insbesondere, um Zellbezüge dynamisch zu erzeugen. In einer Arbeitsmappe, die für jeden Monat ein Blatt enthält, benannt

I9 =PIVOTDATENZUORDNEN("Bestand";H1;"Land";"Italien")

	A	B	C	D	E	F	G	H	I
1	Name	Land	Anbaugebiet	Farbe	Jahrgang	Bestand		Land	Bestand insgesamt
2	Barolo	Italien	Piemont	rot	2005	300		Deutschland	1180
3	Beaujolais	Frankreich	Burgund	rot	2005	200		Frankreich	1130
4	Chablis	Frankreich	Burgund	weiß	2006	230		Italien	1730
5	Ravello	Italien	Salerno	rosé	2005	200		Gesamtergebnis	4040
6	Valpolicella	Italien	Verona	rot	2005	300			
7	Bourgogne	Frankreich	Burgund	weiß	2006	230			
8	Chianti	Italien	Toskana	rot	2005	120		Der Bestand für Weine aus Italien:	
9	Frascati	Italien	Rom	weiß	2006	230			1730
10	Freisa	Italien	Piemont	rot	2005	120			

Abbildung 16.17 *Abgreifen von Daten aus einer Pivot-Tabelle*

mit kurzen Monatsnamen, kann beispielsweise mithilfe dieser Funktion ein Zellbezug aufgebaut werden, der vom Monat des aktuellen Datums abhängig ist. Die folgende Formel in Zelle A3

```
=WAHL(MONAT(HEUTE());"Jan";"Feb";"Mrz";
"Apr";"Mai";"Jun";"Jul";"Aug";"Sep";"Okt";
"Nov";"Dez") & "!B3
```

erzeugt im Mai den Eintrag *Mai!B3*. Die Formel `=INDIREKT(A3)` in der Zelle B3 auf dem aktuellen Blatt liefert dann den Inhalt der Zelle B3 aus dem Blatt für den Monat Mai.

In Tabelle 16.4 finden Sie die komplette Liste der Bereichs- und Verweisfunktionen.

Liste der Bereichs- und Verweisfunktionen

Funktion	Beschreibung
ADRESSE(**Zeile**; **Spalte**; Abs; A1; Tabellenname)	Liefert die Adresse der mit *Zeile* und *Spalte* angegebenen Zelle.
BEREICH.VERSCHIEBEN(**Bezug**; **Zeilen**; **Spalten**; Höhe; Breite)	Liefert einen Bereichsbezug, der um eine Anzahl von Zeilen und Spalten verschoben ist.
BEREICHE(**Bezug**)	Ermittelt die Anzahl der Bereiche, die in *Bezug* enthalten sind.
FORMELTEXT(**Bezug**)	Gibt die in der mit *Bezug* angegebenen Zelle enthaltene Formel als Zeichenfolge zurück.
HYPERLINK(**Hyperlink_Adresse**; Freundlicher_Name)	Erstellt eine Verknüpfung zu der angegebenen Adresse.
INDEX(**Bezug**; Zeile; Spalte; Bereich)	Liefert einen Wert aus einem Bereich.
INDEX(**Matrix**; Zeile; Spalte)	Liefert einen Wert aus einer Matrix.
INDIREKT(**Bezug**; A1)	Ermittelt den Inhalt einer Zelle, auf die in einer anderen Zelle verwiesen wird.
MTRANS(**Matrix**)	Tauscht die Zeilen und Spalten in einer Matrix.
PIVOTDATENZUORDNEN(**Datenfeld**; **PivotTable**; Feld1; Element1; Feld2; Element2; ...)	Gibt Werte aus einer Pivot-Tabelle zurück.
RTD(**ProgID**; **Server**; **Topic1**; Topic2; ...)	Empfängt Echtzeitdaten eines registrierten Add-Ins.
SPALTE(**Bezug**)	Liefert die Spaltennummer eines Bereichs.
SPALTEN(**Matrix**)	Liefert die Anzahl der Spalten eines Bereichs oder einer Matrix.
SVERWEIS(**Suchkriterium**; **Matrix**; **Spaltenindex**; Bereich_Verweis)	Ermittelt, ausgehend von einer Zelle in einer Matrix, den Inhalt der Zelle in derselben Zeile einer anderen Spalte.
VERGLEICH(**Suchkriterium**; **Suchmatrix**; Vergleichstyp)	Durchsucht eine *Suchmatrix* bzw. einen Bereich nach einem *Suchkriterium* und gibt die relative Position aus.
VERWEIS(**Suchkriterium**; **Matrix**)	Durchsucht die Werte einer Matrix.
VERWEIS(**Suchkriterium**; **Suchvektor**; **Ergebnisvektor**)	Durchsucht die Werte eines Vektors.
WAHL(**Index**; **Wert1**; Wert2; ...)	Liefert einen Wert aus einer Liste von *Werten*.

Funktion	Beschreibung
WVERWEIS(**Suchkriterium**; **Matrix**; **Zeilenindex**; Bereich_Verweis)	Ermittelt, ausgehend von einer Zelle in einer Matrix, den Inhalt der Zelle in derselben Spalte.
ZEILE(**Bezug**)	Liefert die Zeilennummer eines Bezugs.
ZEILEN(**Matrix**)	Liefert die Anzahl der Zeilen eines Bereichs oder einer Matrix.

^ ***Tabelle 16.4*** *Bereichs- und Verweisfunktionen*

Auf OLAP-Cubes zugreifen

Eine sehr spezielle Möglichkeit, Daten für ein Arbeitsblatt abzugreifen, sind die mit der Version 2007 eingeführten CUBE-Funktionen. Sie erlauben es, Daten von SQL-Server-Auswertungen zu übernehmen. Die SQL Server von Microsoft unterstützen seit der Version 7 über die sogenannten Server Analysis Services das Online Analytical Processing, kurz OLAP.

Dies ist eine Analysemethode für die Auswertung von umfangreichen Unternehmensdaten. Dabei werden, getrennt von den normalen Datentransaktionen in den SQL-Datenbanken, vorhandene Daten aus relationalen Datentabellen in mehrdimensionalen Datenstrukturen zusammengeführt, für die die Bezeichnung *Cube* verwendet wird.

Solche Datenwürfel fassen Daten nach ganz unterschiedlichen Dimensionen zusammen (zeitliche, räumliche, sachliche etc.), um Fragen beantworten zu können, wie sie innerhalb von Excel typischerweise über Pivot-Tabellen behandelt werden, etwa: Wie hat sich der Umsatz von Rollos im Vertriebsgebiet Ost in der Zeit von 2005 bis 2010 entwickelt?

Excel 2013 stellt sieben spezielle Funktionen für die Auswertung von Daten zur Verfügung, die in einem solchen Cube von einem SQL-Server angeboten werden. Anders als die sonstigen Excel-Funktionen liefern diese CUBE-Funktionen mit Ausnahme von *CUBEMENGENANZAHL()* jeweils zwei Ergebnisse: eines, das im jeweiligen Zellbereich ausgegeben wird, und ein internes Ergebnis, das verwertet wird, wenn eine CUBE-Funktion als Argument für eine andere CUBE-Funktion verwendet wird.

Beispielsweise liefert die Funktion *CUBEMENGE()* einen internen Wert, der dann von der Funktion *CUBEMENGENANZAHL()* ausgewertet werden kann. Wieder mit Ausnahme von *CUBEMENGENANZAHL()* nutzen alle Funktionen als erstes Argument die Textzeichenfolge, mit der die Verbindung zu dem Cube hergestellt werden kann. Die Auswahl von Daten erfolgt über multidimensionale Ausdrücke in der Sprache MDX, die für die Abfrage von OLAP-Datenbanken verwendet werden. Eine Referenz finden Sie in der Dokumentation zum SQL Server von Microsoft.

Abbildung 16.18 zeigt ein kleines Beispiel für eine Auswertung aus der Beispieldatenbank zum Microsoft SQL Server.

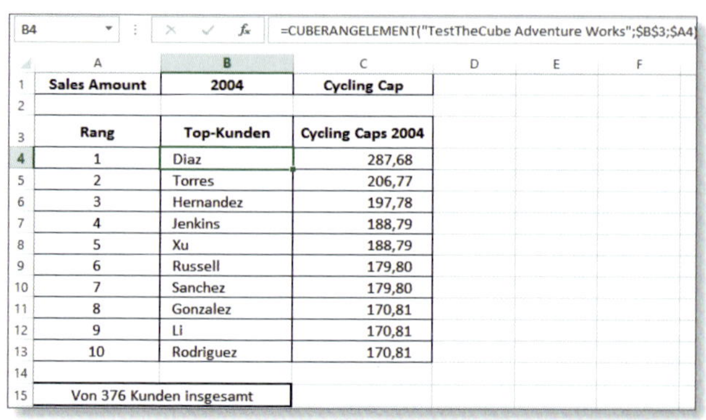

	A	B	C	D	E	F
1	Sales Amount	2004	Cycling Cap			
2						
3	Rang	Top-Kunden	Cycling Caps 2004			
4	1	Diaz	287,68			
5	2	Torres	206,77			
6	3	Hernandez	197,78			
7	4	Jenkins	188,79			
8	5	Xu	188,79			
9	6	Russell	179,80			
10	7	Sanchez	179,80			
11	8	Gonzalez	170,81			
12	9	Li	170,81			
13	10	Rodriguez	170,81			
14						
15	Von 376 Kunden insgesamt					

^ ***Abbildung 16.18*** *Beispiel für die Anwendung von CUBE-Funktionen*

Liste der Cube-Funktionen

Funktion	Beschreibung
CUBEELEMENT(**Verbindung**; **Element_Ausdruck**; Beschriftung)	Liefert ein Element oder Tupel aus einem Cube.
CUBEELEMENTEIGENSCHAFT(**Verbindung**; **Element_Ausdruck**; **Eigenschaft**)	Liefert den Wert einer Eigenschaft eines Elements im Cube.
CUBEKPIELEMENT(**Verbindung**; **KPI_Name**; **KPI_Eigenschaft**; Beschriftung)	Gibt die Eigenschaft eines Key Performance Indicator (KPI) zurück.
CUBEMENGE(**Verbindung**; **Menge_Ausdruck**; Beschriftung; Sortierreihenfolge; Sortieren_nach)	Sendet einen Mengenausdruck für einen bestimmten Satz von Elementen oder Tupeln an den Cube, der die entsprechenden Daten zusammenstellt und an Excel liefert.
CUBEMENGENANZAHL(**Menge**)	Liefert die Anzahl der Elemente in einer definierten Menge.
CUBERANGELEMENT(**Verbindung**; **Menge_Ausdruck**; **Rang**; Beschriftung)	Gibt das mit *Rang* angegebene Element in einer Menge zurück.
CUBEWERT(**Verbindung**; **Element_Ausdruck1**; Element_Ausdruck2 ...)	Liefert einen aggregierten Wert aus einem Cube.

Tabelle 16.5 *CUBE-Funktionen*

16.4 Informationen über Zellbereiche abfragen

Hauptanwendungsgebiet der Informationsfunktionen ist es, in Verbindung mit der Funktion *WENN()* Ergebnisse von Berechnungen von den Inhalten bestimmter Zellen abhängig zu machen.

Nehmen Sie folgendes Beispiel: Sie haben in einer Tabelle in den Spalten A und B ab Zeile 3 sowohl Zahlen als auch Texteinträge. Sie wollen in C das Produkt von A und B ausgeben. Wenn Sie nun in C3 die Formel `=A3*B3` eintragen und nach unten kopieren, dann erhalten Sie immer dann, wenn in A und B keine Zahlen stehen, die Fehlermeldung *#WERT!*. Um dies zu vermeiden, können Sie in C3 eintragen:

```
=WENN(UND(ISTZAHL(A3); ISTZAHL(B3); A3*B3;
"")
```

Sie erreichen damit, dass das Produkt der beiden Zellwerte nur dann gebildet wird, wenn beide Zellen eine Zahl enthalten, ansonsten wird eine leere Zeichenkette ausgegeben. Wenn Sie diese Formel nach unten kopieren, bleiben Ihnen die Fehlermeldungen erspart.

Häufig lassen sich Informationsfunktionen auch in Formeln verwenden, die für Gültigkeitsregeln oder für eine bedingte Formatierung eingesetzt werden.

Den Fehlertyp abfragen

Die Funktion *FEHLER.TYP()* liefert den Fehlercode, den der mit dem Argument *Fehlerwert* angegebene Bezug liefert. Tabelle 16.6 zeigt die Fehlercodes der in Excel angezeigten Fehlerwerte:

Eine typische Anwendung dieser Funktion besteht darin, anstelle des Fehlerwerts eine verständliche Fehlerbeschreibung auszugeben:

```
=WENN(FEHLER.TYP(A5)=1;"Bereiche haben
keine Schnittmenge";)
```

Diese Anzeige ist sicher verständlicher als der Fehlerwert *#NULL!*.

Code	Fehlerwert
1	#NULL!
2	#DIV/0!
3	#WERT!
4	#BEZUG!
5	#NAME?
6	#ZAHL!
7	#NV

Tabelle 16.6 *Die von Excel angezeigten Fehlerwerte und die dazugehörende Codenummer*

Infos zur Umgebung

Mit der Funktion *INFO()* können Sie einige Informationen über die aktuelle Umgebung abfragen. Mit dem Argument *Typ* geben Sie an, was Sie wissen wollen. Erlaubt sind dafür die in Tabelle 16.7 aufgeführten Werte:

Typ	Rückgabewert
Verzeichnis	Pfad des aktuellen Ordners
Dateienzahl	Anzahl aktiver Arbeitsblätter in den geöffneten Mappen
Ursprung	aktueller Zellbezug
Sysversion	Betriebssystemversion
Berechne	aktueller Berechnungsmodus (automatisch oder manuell)
Version	Name der Excel-Version
System	Name des Betriebssystems

Tabelle 16.7 *Liste der möglichen Argumente für die Funktion »INFO()«*

Abbildung 16.19 zeigt ein Beispiel. Die Info zum System ist allerdings etwas eigenartig.

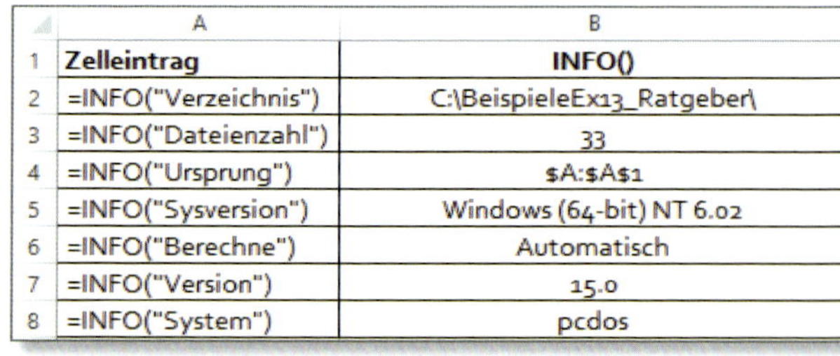

	A	B
1	Zelleintrag	INFO()
2	=INFO("Verzeichnis")	C:\BeispieleEx13_Ratgeber\
3	=INFO("Dateienzahl")	33
4	=INFO("Ursprung")	$A:$A$1
5	=INFO("Sysversion")	Windows (64-bit) NT 6.02
6	=INFO("Berechne")	Automatisch
7	=INFO("Version")	15.0
8	=INFO("System")	pcdos

Abbildung 16.19 *Ergebnisse der Funktion »INFO()«*

Infos zu einzelnen Zellen

Wenn Sie bestimmte Informationen über eine bestimmte Zelle benötigen, können Sie die Funktion *ZELLE()* verwenden. Die Syntax ist einfach

```
=ZELLE(Infotyp; Bezug)
```

Die Funktion liefert die mit *Infotyp* angeforderten Informationen über eine Zelle bzw. die Zelle in der linken oberen Ecke eines Bezugs. *Bezug* ist die Zelle oder der Zellbereich, über den Informationen eingeholt werden sollen. Tabelle 16.8 zeigt die erlaubten Werte für *Infotyp*:

Typ	Rückgabewert
adresse	absolute Adresse der ersten Zelle im Bezug
breite	Spaltenbreite der Bezugszelle
dateiname	Dateiname und Pfad der aktuellen Arbeitsmappe
farbe	1, wenn negative Werte farbig dargestellt werden, sonst 0
format	Format der Zelle
inhalt	Wert der Bezugszelle
klammern	1 bei Klammern für positive oder alle Werte, sonst 0
präfix	Gibt das Präfix bei Textwerten an.
schutz	1 für gesperrte Zellen, sonst 0
spalte	Spaltennummer der Bezugszelle

Typ	Rückgabewert
typ	Textwert für den Datentyp: b = blank, l = label, w = Wert
zeile	Zeilennummer der Bezugszelle

Tabelle 16.8 *Die möglichen Werte für das Argument »Infotyp«*

Abbildung 16.20 zeigt die verschiedenen Informationen, die die Funktion liefert.

	A	B	C
1	Zelle	ZELLE()	
2	0	$A$2	=ZELLE("adresse";A2)
3	1.000,11	1	=ZELLE("spalte";A3)
4	-100,00 €	1	=ZELLE("farbe";A4)
5	02/14/07	39127	=ZELLE("inhalt";A5)
6	11.12	$A:$A$6	=ZELLE("koord";A6)
7		C:\BeispieleEx13_Ratgeber\[Excel_Ratgeber_16_Informationsfunktionen.xlsx]FehlertypAbfrage	=ZELLE("dateiname")
8	1000,00	0	=ZELLE("klammern";A8)
9	100	^	=ZELLE("präfix";A9)
10	10,00%	1	=ZELLE("schutz";A10)
11	Standard	11	=ZELLE("zeile";A11)
12	1 1/3	w	=ZELLE("typ";A12)
13	111.111 €	.0	=ZELLE("format";A13)
14	-111.111 €	.0-	=ZELLE("format";A14)
15	11.111,00 €	.2	=ZELLE("format";A15)

Abbildung 16.20 *Beispiele für Infos zu einer Zelle*

»IST...()«-Funktionen

Ein Dutzend der Informationsfunktionen steht Ihnen zur Verfügung, um den Datentyp eines Werts abzufragen. Alle Funktionen liefern als Ergebnis einen Wahrheitswert, also entweder *WAHR* oder *FALSCH*.

```
=ISTZAHL(A3)
```

liefert also *WAHR*, wenn in A3 ein numerischer Wert abgelegt ist.

Tabelle 16.9 enthält eine komplette Liste der Informationsfunktionen mit einer kurzen Beschreibung.

	A	B	C
1	Wert	Funktionsergebnis	Funktion
2	Daten1	WAHR	=ISTBEZUG(Daten1)
3	#DIV/0!	WAHR	=ISTFEHL(A3)
4	#NV	WAHR	=ISTFEHLER(A4)
5	3	FALSCH	=ISTGERADE(A5)
6	Text	FALSCH	=ISTKTEXT(A6)
7		WAHR	=ISTLEER(A7)
8	#BEZUG!	FALSCH	=ISTLOG(A8)
9	#NV	WAHR	=ISTNV(A9)
10	123	FALSCH	=ISTTEXT(A10)
11	5	WAHR	=ISTUNGERADE(A11)
12	333	FALSCH	=ISTZAHL(A12)
13	0	WAHR	=ISTFORMEL(A13)

Abbildung 16.21 *Die zwölf »IST...()«-Funktionen im Einsatz*

Liste der Info-Funktionen

Funktion	Beschreibung
BLÄTTER(Bezug)	Gibt die Anzahl der Blätter in einem Bezug zurück.
BLATT (Wert)	Gibt die Nummer des Blatts in einem Bezug zurück.
FEHLER.TYP(Fehlerwert)	Liefert die Fehlernummer für den vorliegenden Fehler.
INFO(Typ)	Liefert Informationen über die Betriebssystemumgebung.
ISTBEZUG(Wert)	Testet, ob *Wert* ein gültiger Bereichsname oder eine Bereichsadresse ist.
ISTFEHL(Wert)	Testet, ob *Wert* ein Fehlerwert ungleich *#NV* ist.
ISTFEHLER(Wert)	Testet, ob *Wert* ein Fehlerwert ist.
ISTFORMEL(Bezug)	Testet, ob die mit *Bezug* angegebene Zelle eine Formel enthält.

Tabelle 16.9 *Informationsfunktionen*

Funktion	Beschreibung
ISTGERADE(Zahl)	Testet, ob *Zahl* durch 2 ganzzahlig teilbar ist.
ISTKTEXT(Wert)	Testet, ob in einer Zelle kein Text vorhanden ist.
ISTLEER(Wert)	Testet, ob eine Zelle leer ist.
ISTLOG(Wert)	Überprüft, ob das Argument *Wert* einen Wahrheitswert liefert.
ISTNV(Wert)	Überprüft, ob eine Zelle den Fehlerwert *#NV* enthält.
ISTTEXT(Wert)	Prüft, ob *Wert* eine Zeichenfolge liefert.
ISTUNGERADE(Zahl)	Testet, ob *Zahl* durch 2 ganzzahlig teilbar ist.
ISTZAHL(Wert)	Prüft, ob *Wert* eine Zahl liefert.
N(Wert)	Gibt *Wert* als einen in eine Zahl gewandelten Wert zurück.
NV()	Trägt den Fehlerwert *#NV* in die Zelle ein.
TYP(Wert)	Liefert den Datentyp von *Wert*.
ZELLE(Infotyp; Bezug)	Gibt verschiedene Informationen über eine Zelle aus.

Tabelle 16.9 *Informationsfunktionen (Forts.)*

16.5 Webfunktionen

Unter der ganz neuen Kategorie **Web** tauchen in Excel 2013 drei Funktionen auf, die den Zugriff auf Daten im Web vereinfachen. Die Funktion *URLCODIEREN()* verwandelt Zeichenfolgen in formal gültige Webadressen oder Teile davon um. Die Funktion *WEBDIENST()* fragt Daten von einem Webdienst ab, dessen URL angegeben ist. Mit der Funktion *XMLFILTERN()* können Auszüge aus XML-Inhalten mithilfe eines entsprechenden *XPath*-Ausdrucks eingelesen werden. Wir verwenden zur Demonstration das Beispiel aus der Hilfe, das das Zusammenspiel der drei Funktionen an einem einfachen Fall zeigt:

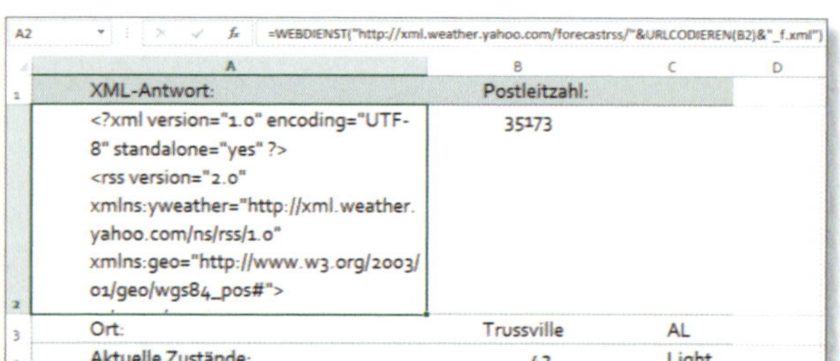

Abbildung 16.22 *Beispiel für die Abfrage eines Webdienstes, der Daten im Format XML bereitstellt.*

Die Formel in A2 fragt den Webdienst von Yahoo! für Wetterinformationen ab. Mithilfe der Funktion *URLCODIEREN()* wird der Inhalt der Zelle B2 in die Webadresse eingebaut. Sie übergibt als Parameter für die Abfrage die dort abgelegte Postleitzahl. Die Zellen B3 bis C4 enthalten alle verschiedene *XMLFILTERN()*-Funktionen, um aus den in A2 eingelesenen Webdienst-Daten einzelne Informationen herauszufiltern:

```
=XMLFILTERN(A2;"//yweather:condition/@text")
```

liefert etwa die Beschreibung des aktuellen Wetters.

Liste der Web-Funktionen

Funktion	Beschreibung
URLCODIEREN(Text)	Konvertiert Text in eine URL-codierte Zeichenfolge.
WEBDIENST(URL)	Gibt Daten von einem Webdienst zurück.
XMLFILTERN(xml; xpath)	Liefert aus XML-Inhalten die mit dem *XPath*-Ausdruck bestimmten Daten.

Tabelle 16.10 *Webfunktionen*

Teil VI
Daten auswerten und analysieren

Kapitel 17
Daten analysieren

Formeln sind nicht der einzige Weg, um Excel zu veranlassen, Berechnungen anzustellen. Das Programm stellt Ihnen mehrere komplexe Werkzeuge zur Verfügung, um vorhandene Daten auszuwerten und zu komprimieren.

Tabellen mit Tausenden von Zeilen geben die darin enthaltenen Informationen über den Zustand oder die Entwicklung eines Bereichs meist erst her, wenn sie in irgendeiner brauchbaren Form zusammengefasst werden. Excel 2013 stellt Ihnen mehrere Möglichkeiten zur Verfügung, um Rohdaten aufzubereiten oder Kalkulationsmodelle in verschiedenen Varianten durchzuspielen.

Mit den Pivot-Tabellen und -Diagrammen bietet Excel sehr mächtige und dynamische Methoden, um umfangreiche Datenbestände zu analysieren und zusammenzufassen. Sie sind der Schwerpunkt dieses Kapitels, weil sie das bevorzugte Instrument für die Datenanalyse sind.

Um Daten aus verschiedenen Datenquellen zusammenzuführen, können Sie die Funktion **Konsolidieren** verwenden. Fragen nach dem Schema »Was wäre, wenn« lassen sich mit einer Funktion angehen, die in der deutschen Übersetzung – etwas irritierend – als **Datentabelle** bezeichnet wird.

Für Planspiele mit zahlreichen Variablen wird in Excel 2013 die Arbeit mit Szenarien angeboten. Zum Abschluss dieses Kapitels gehen wir noch kurz auf die statistischen Analyse-Tools ein, die als Add-In zur Verfügung stehen.

17.1 Berichte mit Pivot-Tabellen erzeugen

Auf den Speichermedien einer Firma kommen bei der Abwicklung der verschiedenen Aufgaben häufig enorme Datenmengen zusammen. Typisches Beispiel sind etwa die Daten, die bei der Fakturierung oder im Einkauf anfallen. In all diesen Daten stecken Informationen, die für die Entwicklung der Firma von entscheidender Bedeutung sein können, aber nur, wenn es gelingt, diese Daten in brauchbarer Form zusammenzufassen.

Firmen, die mit Vertretern arbeiten, erstellen zu diesem Zweck beispielsweise Tabellen, in denen den einzelnen Vertretern die Umsatzzahlen zugeordnet werden, für die sie verantwortlich sind. Meist werden dabei die Umsätze nach Produktgruppen aufgeteilt, damit erkennbar ist, welcher Vertreter welche Produkte besser und welche weniger gut verkauft hat. Abbildung 17.1 zeigt ein vereinfachtes Beispiel einer solchen Liste.

In dieser Liste werden ganz unterschiedliche Dimensionen miteinander verknüpft. Zum einen wird die zeitliche Entwicklung der Umsätze dargestellt, zum anderen die räumliche Verteilung nach Regionen. Die dritte Dimension ist die Verteilung der Umsätze nach Produktgruppen. Diese sachliche Dimension könnte je nach Art der Produkte noch weiter untergliedert sein.

	A	B	C	D	E	F
1						
2	**Vertriebsergebnisse - Umsätze im Jahresvergleich**					
3						
4	**Vertreter**	**Produktgruppe**	**Region**	**2010**	**2011**	**2012**
5	Helim	Solaranlagen	Ost	2.000.220	1.400.000	1.200.000
6	Helim	Wärmepumpen	Ost	1.600.000	1.600.000	1.600.000
7	Helim	Wärmedämmung	Ost	2.200.000	2.300.000	2.300.000
8	Elise	Solaranlagen	Ost	1.100.000	1.100.000	1.800.000
9	Elise	Wärmepumpen	Ost	1.500.000	2.300.000	1.500.000
10	Elise	Wärmedämmung	Ost	1.600.000	1.900.000	2.100.000
11	Franz	Solaranlagen	West	1.200.000	1.800.000	1.200.000
12	Franz	Wärmepumpen	West	1.700.000	1.700.000	1.700.000
13	Franz	Wärmedämmung	West	1.900.000	2.000.000	1.900.000
14	Kahlen	Solaranlagen	West	1.200.000	1.200.000	1.400.000
15	Kahlen	Wärmepumpen	West	1.300.000	1.300.000	1.300.000
16	Kahlen	Wärmedämmung	West	1.500.000	1.600.000	1.700.000
17	Tobruk	Solaranlagen	Nord	1.200.000	1.200.000	1.200.000
18	Tobruk	Wärmepumpen	Nord	1.400.000	1.600.000	1.400.000
19	Tobruk	Wärmedämmung	Nord	1.600.000	1.800.000	1.700.000
20	Evas	Solaranlagen	Nord	1.200.000	1.200.000	1.400.000
21	Evas	Wärmepumpen	Nord	1.300.000	1.300.000	1.300.000
22	Evas	Wärmedämmung	Nord	1.700.000	1.900.000	2.100.000
23	Karint	Solaranlagen	Süd	1.200.000	1.200.000	1.200.000
24	Karint	Wärmepumpen	Süd	1.600.000	1.600.000	1.600.000
25	Karint	Wärmedämmung	Süd	1.900.000	2.000.000	2.100.000
26	Lanzen	Solaranlagen	Süd	1.200.000	1.200.000	1.200.000
27	Lanzen	Wärmepumpen	Süd	1.500.000	1.500.000	1.500.000
28	Lanzen	Wärmedämmung	Süd	1.900.000	1.900.000	1.900.000

***Abbildung 17.1** Vertriebstabelle als Quelldaten für Pivot-Tabellen*

Die personale Dimension ist schließlich die Verteilung nach Vertretern.

In der Fassung in Abbildung 17.1 ist die Liste nicht besonders aussagekräftig. Sie können zwar schnell nachsehen, wie viel Umsatz der Vertreter Franz 2011 mit Solaranlagen gemacht hat. Aber welchen Anteil die Solaranlagen am Gesamtumsatz in der Region Nord haben, ist nicht auf einen Blick zu sehen.

Ob sich die Region Ost in den letzten drei Jahren schneller entwickelt hat als die Region West, ist ebenfalls nicht gleich zu erkennen. Dennoch ist in der Liste alles enthalten, um diese Fragen zu beantworten. Es kommt nur darauf an, die Rohdaten zu brauchbaren Informationen aufzubereiten.

Interaktive Tabellen und Diagramme

Für diesen Zweck bietet Excel seine Pivot-Tabellen und Pivot-Diagramme an. Im Unterschied zu den bisher beschriebenen Tabellen handelt es sich bei der Pivot-Tabelle um eine interaktive Tabelle. *Pivot* ist das englische Wort für einen Drehpunkt, wie die Angel in der Tür. Damit wird angesprochen, dass Sie in einer Pivot-Tabelle die Daten nach wechselnden Gesichtspunkten an- und umordnen, zusammenfassen und auswerten können.

Bedienungstechnisch wird das dadurch erreicht, dass für die Spaltennamen aus der Quelltabelle Schaltflächen erzeugt werden, die Sie zwischen den verschiedenen Bereichen der Pivot-Tabelle hin- und herschieben können, wobei die dazugehörigen Daten jeweils mitwandern. Auch die Zeilen- und Spaltenbeschriftungen in der Pivot-Tabelle können neu angeordnet werden. Diese Bedienelemente und die dazugehörigen Daten sind also intern miteinander verknüpft.

Gleichzeitig erzeugt Excel aus den angegebenen Quelldaten automatisch zusammenfassende Berechnungen, die jedes Mal an die aktuelle Anordnung und

Gruppierung der Daten angepasst werden. Zusätzlich können Sie weitere berechnete Felder in die Tabelle einfügen.

Neu in Excel 2013 ist die Funktion **Empfohlene PivotTables**, die Ihnen aus dem gegebenen Datenmaterial Vorschläge für die optimale Art der Datenanalyse macht.

Mit Excel 2013 lassen sich aus Pivot-Tabellen zudem interaktive Diagramme erzeugen. Auch diese Diagramme können Sie mithilfe der Schaltflächen für die einzelnen Felder der zugrunde liegenden Pivot-Tabelle mit der Maus erweitern, verdichten oder umbauen. Dabei sind die Pivot-Tabelle und das zugehörige Pivot-Diagramm so verknüpft, dass Änderungen am Diagramm auch die Tabelle berühren und umgekehrt.

Neu seit Excel 2010 ist die Möglichkeit, Datenauszüge mithilfe sogenannter Datenschnitte zu erstellen, was die Bewertung des Datenmaterials entscheidend vereinfacht. Eine ähnliche Neuerung in Excel 2013 ist der Einsatz von Zeitachsen, um Daten in ihrer zeitlichen Abfolge zu analysieren.

Kapazitätserweiterungen

Die Anzahl der Pivot-Tabellen ist weder pro Tabellenblatt noch pro Arbeitsmappe begrenzt. Sie können sowohl verschiedene Pivot-Tabellen von einer Quelltabelle ableiten als auch Pivot-Tabellen von verschiedenen Quelltabellen auf dem Tabellenblatt oder in der Arbeitsmappe erstellen. Allerdings ist die Funktion ziemlich speicherintensiv, sodass die tatsächlichen Grenzen letztlich von der Ausstattung Ihres Hauptspeichers abhängig sind.

Außerdem unterstützt das Programm jetzt die Erstellung von Pivot-Tabellen auf der Basis mehrerer Tabellen mithilfe von Datenmodellen, die die Beziehungen dieser Tabellen zueinander definieren. In der 32-Bit-Version stehen für Datenmodelle etwa 500 bis 700 MB zur Verfügung, bei der 64-Bit-Version wird die Grenze nur durch die Größe des verfügbaren Arbeitsspeichers eingeschränkt.

Bereits mit der Version Excel 2010 wurde die Kapazität der Pivot-Tabellen beträchtlich erweitert. Pro Feld sind jetzt notfalls 1.048.576 eindeutige Elemente möglich, während frühere Versionen lediglich 32.500 Elemente unterstützt haben.

Excel 2013 bietet außerdem eine höhere Geschwindigkeit bei der Arbeit mit Pivot-Tabellen und -Diagrammen. Dabei können Sie die dabei anfallenden Aufgaben auf mehrere Threads verteilen, falls die Multithreadberechnung aktiviert ist, wie in Kapitel 3, »Mit Formeln arbeiten«, ab Seite 250 beschrieben.

TIPP

PivotTable-Cache
Speicherplatz sparen lässt sich, falls Sie mehrere Pivot-Tabellen aus denselben Quelldaten benötigen, wenn Sie die folgenden Pivot-Tabellen nicht wieder direkt aus den Quelldaten entwickeln, sondern für diese Pivot-Tabellen jeweils eine der vorhandenen Pivot-Tabellen als Quellbereich angeben. Diese Pivot-Tabelle muss sich allerdings in derselben Arbeitsmappe befinden. Excel speichert in diesem Fall nicht jedes Mal die Quelldaten neu in dem speziellen PivotTable-Cache, der bei der Erstellung aus einem Quellbereich angelegt wird, sondern verwendet den bereits vorhandenen Cache.

Zusätzlich zu den integrierten Pivot-Funktionen steht in der Professional-Edition noch ein mächtiges Add-In unter dem Namen **PowerPivot** zur Verfügung, das wir in Abschnitt 17.7, »Datenmodelle mit mehreren Tabellen«, ab Seite 665 kurz vorstellen.

Anwendungsgebiete für das Pivotieren

Die Funktionen **PivotTable** und **PivotChart** sind Berichts- und Diagrammgeneratoren, mit denen Sie ganz unterschiedliche Auswertungen von vorhandenen Datenbeständen vornehmen können. Hier noch ein paar Anregungen zu möglichen Anwendungen:

- Berichte für die Vertriebssteuerung
- Lagerbestandsanalysen
- Berichte für die Sortimentsplanung
- Personalstatistiken
- Berichte für die Projektplanung und -kontrolle
- Auswertung von statistischen Erhebungen
- Auswertung von Fehlerprotokollen und Materialtests

Mit diesen Werkzeugen können Sie auf einfache Weise ganz unterschiedliche Berichte aus ein und demselben Datenmaterial erzeugen, je nachdem, welcher Gesichtspunkt gerade im Vordergrund steht.

Die Daten lassen sich umordnen und neu zusammenstellen oder auswählen, ohne eine einzige Zelle in der Originaltabelle ändern zu müssen. Excel stellt Ihnen für all diese Aufgaben spezielle **PivotTable-Tools** mit den umfangreichen Registern **Analysieren** und **Entwurf** zur Verfügung.

Geeignete Daten

Pivot-Tabellen und -Diagramme verarbeiten Daten aus normalen Zellbereichen, die eine dafür brauchbare Struktur vorweisen, oder aus Tabellen. Es ist nicht notwendig, den Datenbereich vorher in eine Excel-Tabelle – wie in Kapitel 5, »Daten als Tabellen ordnen und verwalten«, ab Seite 303 beschrieben – zu verwandeln. Es ist aber in jedem Fall zu empfehlen, weil sich solche Tabellen einfacher erweitern lassen.

Eine Pivot-Tabelle enthält zunächst keine Formeln, sondern immer nur die Ergebnisse der Formeln aus der zugrunde liegenden Originaltabelle und aus zusätzlichen Berechnungen durch die Pivot-Funktion selbst, wie beispielsweise der Bildung von Gruppen- oder Gesamtsummen.

Auch Daten aus externen Datenquellen, etwa Access- oder SQL-Datenbanken, können Sie in einer solchen Pivot-Tabelle auswerten. Bereits bestehende Pivot-Tabellen beziehungsweise -Diagramme können selbst wieder die Basis für weitere solcher Tabellen und Diagramme bilden.

Eine Pivot-Tabelle anlegen

Sie können die Pivot-Funktionen erst anwenden, wenn Daten vorhanden sind, die dafür geeignet sind. Zunächst wollen wir den Fall behandeln, dass diese Daten als Tabelle in einem Tabellenblatt abgelegt sind. Dazu greifen wir das schon angesprochene Beispiel der Vertriebssteuerung auf.

1. Zunächst ist es ratsam, der Tabelle über **Entwurf > Eigenschaften** unter **Tabellenname** einen sprechenden Namen zu geben.
2. Soll diese Tabelle als Basis für eine Pivot-Tabelle verwendet werden, reicht es auch hier wieder, wenn Sie eine beliebige Zelle der Tabelle markieren. Wenn die Ausgangstabelle eine Kopfzeile mit den Spaltenbeschriftungen und einen geschlossenen Datenblock mit den einzelnen Datensätzen enthält, kann die Pivot-Funktion den Gesamtbereich der Tabelle korrekt erkennen.
3. Rufen Sie den Dialog **PivotTable erstellen** über das Register **Einfügen** mit dem Symbol **PivotTable** in der Gruppe **Tabellen** auf.

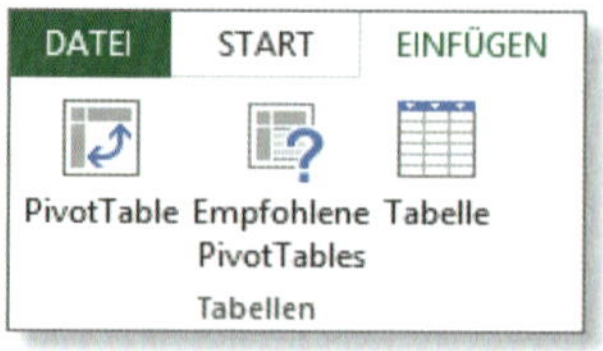

Abbildung 17.2 *Das Symbol »PivotTable« in der Gruppe »Tabellen«*

4. Zunächst geht es darum, die Herkunft der Daten zu bestimmen. Steht der Zellzeiger in dem Datenblock, der ausgewertet werden soll, zeigt Excel unter **Tabelle/Bereich** den gefundenen Bereich an, den Sie bei Bedarf korrigieren können. Wenn es eine Excel-Tabelle ist, wird der Name angezeigt. Ist der Quellbereich ein normaler Zellbereich, müssen Sie darauf

achten, dass die Zeile mit den Spaltenüberschriften mit in den Bereich eingeschlossen wird.

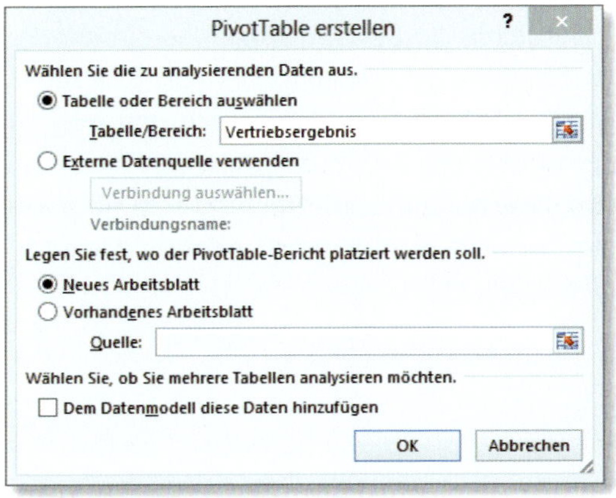

Abbildung 17.3 *Im Dialog »PivotTable erstellen« geben Sie zunächst die Datenquelle an.*

5 Im unteren Teil des Dialogs legen Sie fest, wo die Pivot-Tabelle eingefügt werden soll. Vorgegeben ist die Option **Neues Arbeitsblatt**, was meistens auch die bequemste Lösung ist, weil sie genügend Raum für die Pivot-Tabelle garantiert. Außerdem verhindern Sie so Probleme, die z.B. beim Löschen von Zeilen auftreten können, die den Bereich der Pivot-Tabelle kreuzen. Sie können aber auch die Option **Vorhandenes Arbeitsblatt** nehmen. In diesem Fall geben Sie unter **Quelle** die Adresse der oberen Eckzelle für die Pivot-Tabelle auf diesem Blatt an oder markieren sie.

6 Wenn Sie den Dialog bestätigen, legt Excel einen zunächst noch leeren Pivot-Tabellenbereich an der Zielposition an. Beachten Sie, dass diese Tabelle bereits vorhandene Daten überschreibt. Bei einem normalen Zellbereich erhalten Sie eine entsprechende Warnung und sollten dann einen anderen Bereich bestimmen, wenn die vorhandenen Daten erhalten bleiben sollen. Wenn Sie versuchen, einen Tabellenbereich zu überschreiben, wird dies dagegen nicht zugelassen.

7 Excel blendet, wie Abbildung 17.4 zeigt, automatisch den Aufgabenbereich **PivotTable-Felder** ❶ ein.

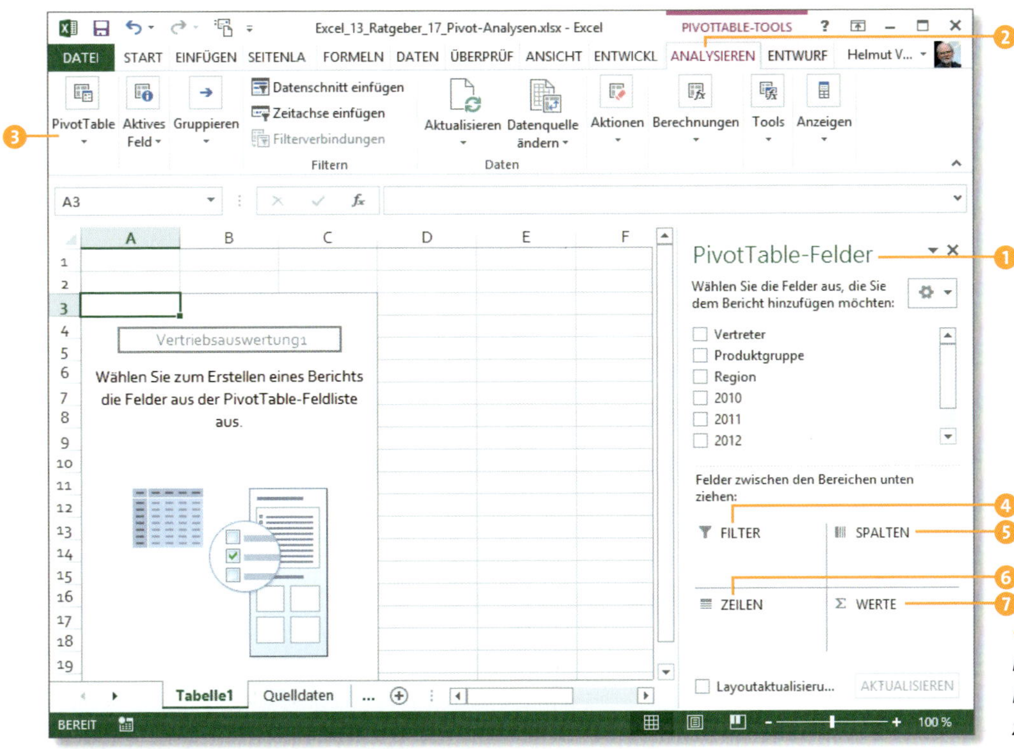

Abbildung 17.4 *Der noch leere PivotTable-Bericht und die Werkzeuge zur Bearbeitung*

Außerdem werden die **PivotTable-Tools** aktiviert und wird das Register **Analysieren** ② eingeblendet. Es ist sinnvoll, zunächst den vorgegebenen Namen für die Pivot-Tabelle durch einen aussagekräftigeren zu ersetzen. Dies geschieht auf dem **Analysieren**-Register in der Gruppe **PivotTable** ③ unter **PivotTable-Name**.

Außerdem stehen nun auf dem Register **Entwurf** drei Gruppen zum Layout und Format der Pivot-Tabelle zur Verfügung.

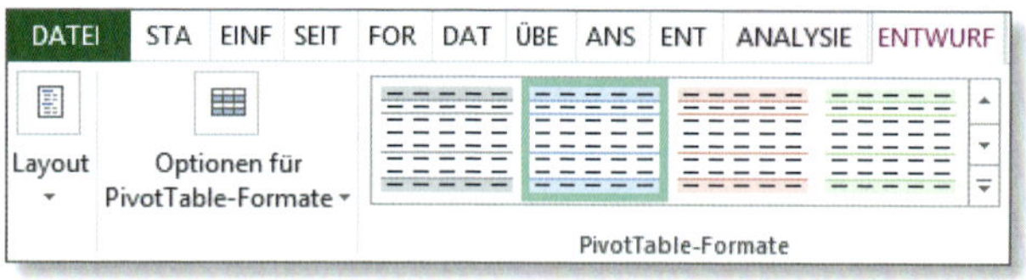

Abbildung 17.5 Das Register »Entwurf« für Pivot-Tabellen

Layout der Pivot-Tabelle

Excel bietet in dem automatisch eingeblendeten Aufgabenbereich **PivotTable-Felder** für jede Spalte in der Ausgangstabelle ein Feldelement an. Diese Elemente können Sie für eine bestimmte Auswertung jeweils einem der vier Bereiche der Pivot-Tabelle zuweisen:

- Die Felder, die die Ordnung der Seiten des Berichts bestimmen, weisen Sie dem Bereich **Filter** ④ zu.
- Die Felder, die die Ordnung der Spalten bestimmen, gehören in den Bereich **Spalten** ⑤, und zwar in der Reihenfolge von links nach rechts.
- Die Felder, die die Ordnung der Zeilen bestimmen, gehören untereinander in den Bereich **Zeilen** ⑥.
- Wenigstens eines der Felder müssen Sie in den Bereich **Werte** ⑦ einfügen, damit das Programm erkennt, welche Werte in der Tabelle auszugeben sind.

Wenn Sie ein Feld in der Feldliste einfach nur per Abhaken auswählen, wird es zunächst einem vorgegebenen Bereich zugeordnet. Bei dem in Abbildung 17.6 gezeigten Beispiel werden die Felder **Produktgruppe**, **Region** und **Vertreter** nacheinander in den Bereich **Zeilen** übernommen, wobei die Reihenfolge der Feldauswahl die Hierarchie der Beschriftungen bestimmt. Die Felder mit den Jahresumsätzen werden als Vorgabe in den Bereich **Werte** eingefügt. Der Bereich **Spalte** erhält dann automatisch eine Aufteilung nach den Werten in dem Bereich **Werte**. In diesem Fall wird also für jedes Jahr, für das summierte Werte vorhanden sind, eine eigene Spalte angelegt.

Zunächst sollten Sie nun klären, unter welchem Gesichtspunkt Sie die vorhandenen Daten für die geplante Analyse hauptsächlich betrachten wollen. Wir nehmen einmal an, dass Sie die Daten zunächst so anordnen und zusammenfassen wollen, dass sofort erkennbar ist, wie der Anteil der drei Produktgruppen in den vier Regionen aussieht. Welches Feld muss nun wohin, um die gewünschten Informationen zu gewinnen? Die nächsten Schritte sehen dann so aus:

1. Da für die genannte Fragestellung die einzelnen Daten der Vertreter nicht interessieren, wird das Feld **Vertreter** in der Feldliste nicht ausgewählt.
2. Es ist sinnvoll, die Felder **Produktgruppe** und **Region** auf unterschiedliche Bereiche zu verteilen und die Daten dann gewissermaßen kreuzweise auszuwerten. Um zu erreichen, dass für jede Produktgruppe eine eigene Spalte zur Verfügung steht, ziehen Sie das Feld – per Maus, Finger oder Stift – in den Bereich **Spalten**.
3. Excel legt für jede in der Quelltabelle vorkommende Produktgruppe eine eigene Spalte an.

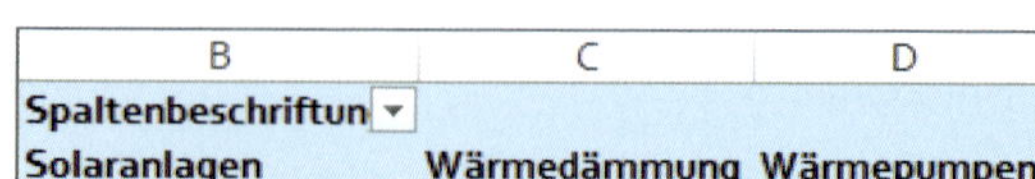

Abbildung 17.6 Die Produktgruppen sind nun den Spalten zugeordnet.

4. Um den Namen des Felds auch in der Tabelle anzuzeigen, wählen Sie über das Register **Entwurf** in der Gruppe **Layout** aus dem Menü der Schaltfläche

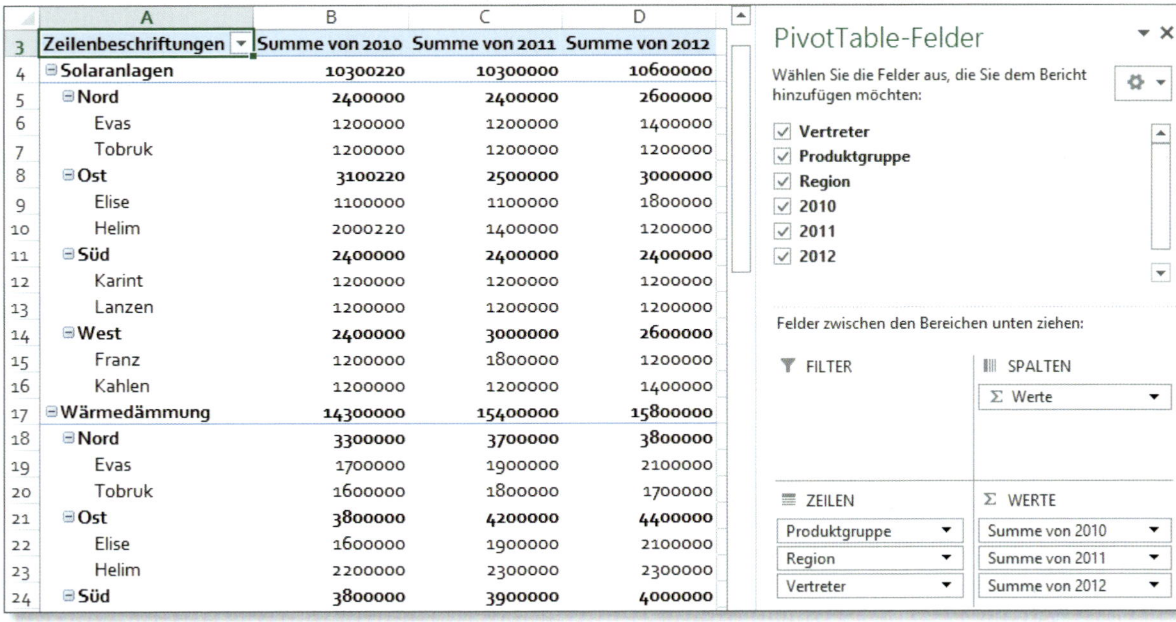

Zeilenbeschriftungen	Summe von 2010	Summe von 2011	Summe von 2012
Solaranlagen	10300220	10300000	10600000
Nord	2400000	2400000	2600000
Evas	1200000	1200000	1400000
Tobruk	1200000	1200000	1200000
Ost	3100220	2500000	3000000
Elise	1100000	1100000	1800000
Helim	2000220	1400000	1200000
Süd	2400000	2400000	2400000
Karint	1200000	1200000	1200000
Lanzen	1200000	1200000	1200000
West	2400000	3000000	2600000
Franz	1200000	1800000	1200000
Kahlen	1200000	1200000	1400000
Wärmedämmung	14300000	15400000	15800000
Nord	3300000	3700000	3800000
Evas	1700000	1900000	2100000
Tobruk	1600000	1800000	1700000
Ost	3800000	4200000	4400000
Elise	1600000	1900000	2100000
Helim	2200000	2300000	2300000
Süd	3800000	3900000	4000000

Abbildung 17.7 *Erste Auswertung mit vorgegebenen Bereichszuweisungen*

Berichtslayout die Option **In Gliederungsformat anzeigen** oder **In Tabellenformat anzeigen**. Das vorgegebene Kurzformat zeigt nämlich anstelle der Feldbezeichnungen nur allgemeine Bezeichnungen wie **Spaltenbeschriftungen**, **Zeilenbeschriftungen** etc.

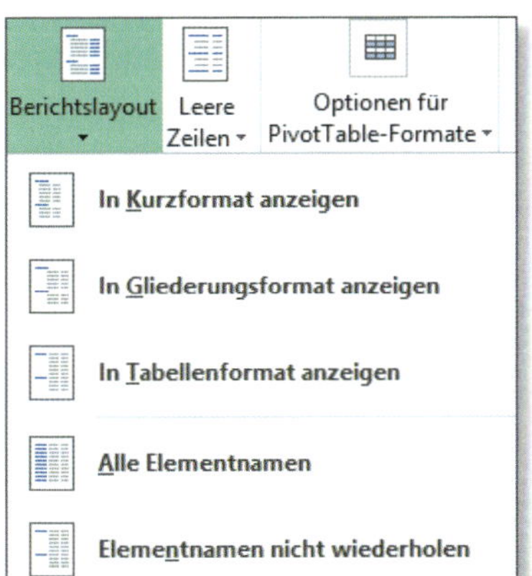

Abbildung 17.8 *Für das Berichtslayout gibt es einige Alternativen.*

5 Zusätzlich wird eine Spalte für das Gesamtergebnis aller Warengruppen eingefügt, es sei denn, Sie schalten diese Voreinstellung über den Dialog **PivotTable-Optionen** vorher ab, den Sie über **Analysieren > PivotTable > Optionen** erreichen.

6 Wenn Sie nun gleichzeitig dem Bereich **Zeilen** nur das Feld **Region** zuweisen, legt Excel für jedes der vier Vertriebsgebiete ein Zeilenelement an. Es entsteht also zunächst eine Tabelle mit vier Zeilen- und drei Spaltenelementen. Jede Zelle im Datenbereich ist folglich ein Schnittpunkt zwischen einem Produktgruppen- und einem Vertriebsgebietselement. Hinzu kommen noch die Spalte und die Zeile mit den jeweiligen Gesamtergebnissen.

7 Nun fehlt noch die Information, welche Daten in den Schnittpunkten erscheinen sollen. Um die Sache übersichtlich zu halten, werden in dem Beispiel in Abbildung 17.9 zunächst nur die Umsatzwerte für ein Jahr verwendet. Sobald Sie das Feld **2012** im Wertebereich abgelegt haben, wird die Pivot-Tabelle mit den Auswertungen der Daten aus der Originaltabelle gefüllt. In der Schaltfläche für das Feld **2012** erscheint die vorgegebene Bezeichnung **Summe von 2012**.

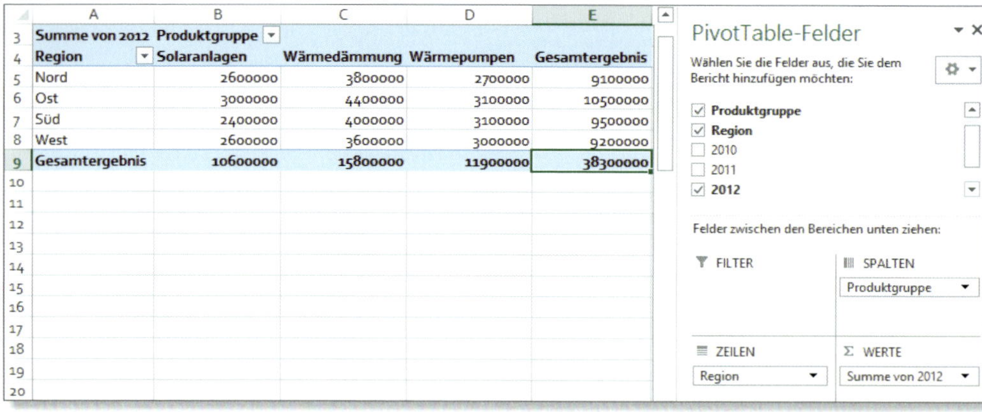

Abbildung 17.9 *Die Zeilen zeigen die Daten pro Region, die Spalten die Daten pro Produktgruppe.*

Die Bezeichnung **Summe von 2012** gibt an, welche Art der Zusammenfassung der Daten die Pivot-Funktion vorgenommen hat. Nehmen Sie die erste Zelle im Wertebereich, also B5. Sie ist der Schnittpunkt zwischen der Region **Nord** und der Produktgruppe **Solaranlagen**, was auch bestätigt wird, wenn Sie mit der Maus die Zelle berühren.

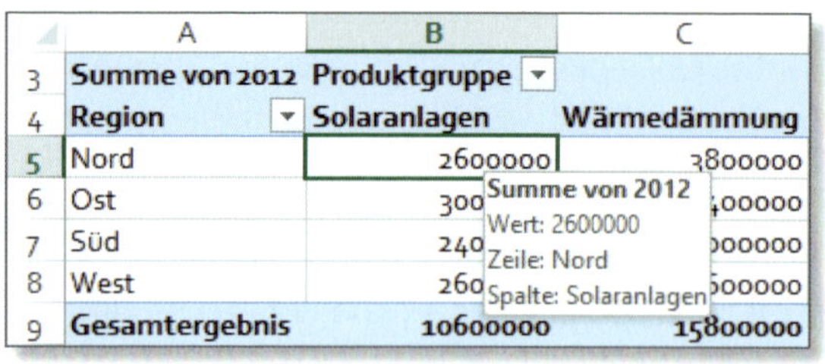

Abbildung 17.10 *QuickInfo zu einem einzelnen Wert*

In dieser Zelle wird also der Gesamtumsatz der Vertreter aus der Region **Nord** in der Produktgruppe **Solaranlagen** erscheinen. Excel berechnet zusätzlich das Gesamtergebnis pro Region und pro Produktgruppe.

Alternative Layout-Methoden

Anstatt Felder zwischen den verschiedenen Bereichen hin- und herzuziehen, stellt Ihnen Excel auch noch andere Methoden zur Verfügung.

Soll ein Feld in einen anderen als den vorgegebenen Bereich eingefügt werden, können Sie den Zielbereich aus dem Kontextmenü des Feldnamens wählen.

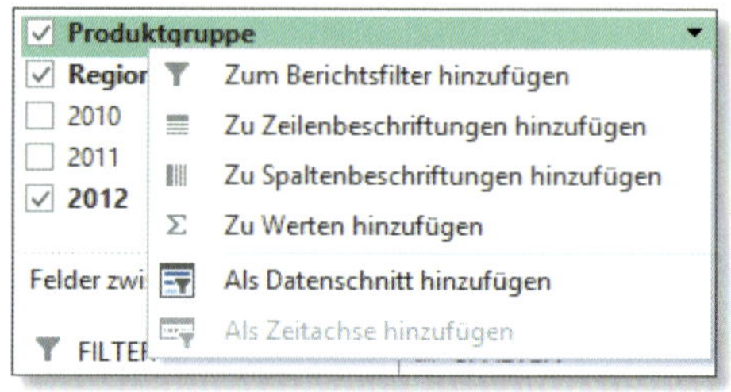

Abbildung 17.11 *Menü zu einem Feld in der Feldliste*

Die andere Möglichkeit ist, die Verteilung der Felder auf die vier möglichen Bereiche direkt mit Maus, Finger oder Stift zusammenzustellen. Dazu werden im unteren Teil des Aufgabenbereichs die vier Bereiche mit den aktuell zugeordneten Feldern angezeigt. Durch einfaches Ziehen können Sie beispielsweise das Feld **Region** aus dem Bereich **Zeilen** in den Bereich **Filter** übernehmen. Anders als in älteren Excel-Versionen werden die Felder also nicht direkt in der Pivot-Tabelle verschoben, sondern über die Feldelemente im Aufgabenbereich.

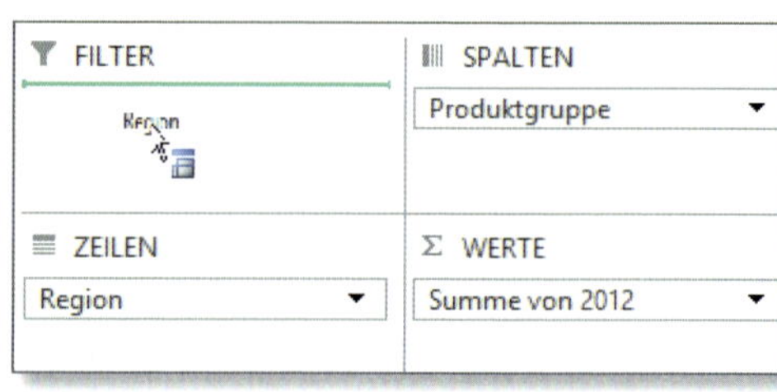

Abbildung 17.12 *Umordnen der Felder über den Aufgabenbereich*

Das Layout des Aufgabenbereichs kann übrigens über die Palette der Schaltfläche oben rechts in verschiedener Weise aufgeteilt werden.

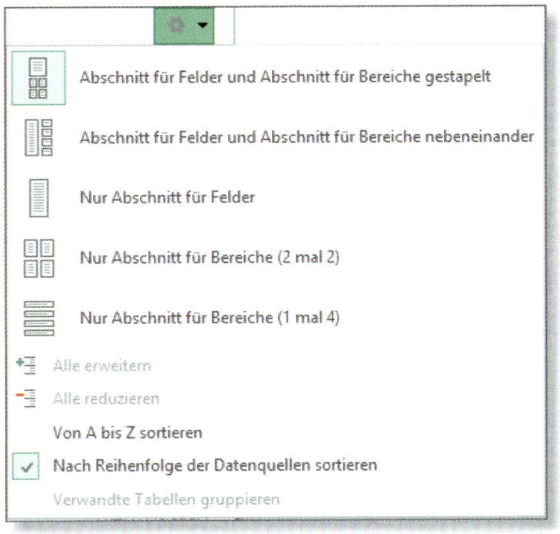

Abbildung 17.13 *Palette für die Aufteilung des Aufgabenbereichs*

Wertespalten hinzufügen

In der bis hierhin gezeigten Lösung fehlt noch die zeitliche Entwicklung, weil ja bisher nur die Daten für ein Jahr dargestellt werden. Das lässt sich nun aber leicht korrigieren.

1. Setzen Sie den Zellzeiger an eine beliebige Stelle innerhalb der Pivot-Tabelle, sodass der Aufgabenbereich **PivotTable-Felder** wieder die Feldschaltflächen anbietet. Der Aufgabenbereich wird automatisch ausgeblendet, wenn eine Zelle außerhalb der Pivot-Tabelle ausgewählt ist.
2. Um die Daten der beiden noch fehlenden Jahre einzubeziehen, haken Sie die beiden Felder **2010** und **2011** ebenfalls ab.
3. Zunächst erscheinen dann drei zusätzliche Spalten im Wertebereich für jedes der beiden Jahre. Wollen Sie die Jahreswerte untereinander angeordnet haben, benutzen Sie im Menü zu der Schaltfläche **Werte** im Bereich **Spalte** die Option **Wechseln zu Zeilenbeschriftungen**. Stattdessen können Sie auch im Kontextmenü der Tabellenzelle mit der Beschriftung **Werte** die Option **Werte verschieben nach > Werte in Zeilen verschieben** verwenden.

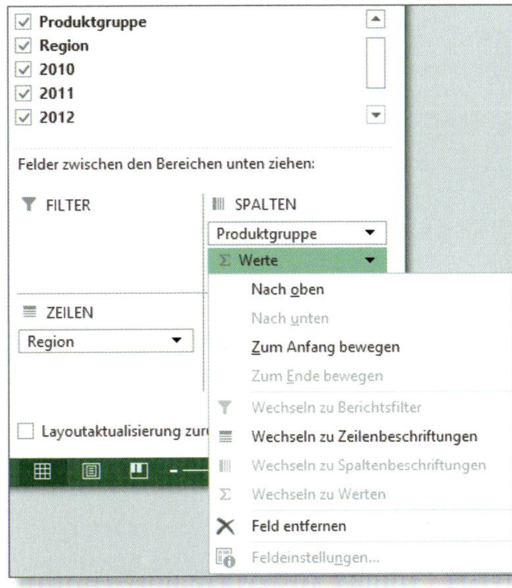

Abbildung 17.14 *Um die Jahresergebnisse untereinander anzuzeigen, müssen sie als Zeilenbeschriftungen verwendet werden.*

4. Um endlich die sperrigen Beschriftungen **Summe von...** loszuwerden, benutzen Sie im Menü der Schaltflächen im Bereich **Werte** den Befehl **Wertfeldeinstellungen** ① und ersetzen unter **Benutzerdefinierter Name** den Text durch »Umsatz« + Jahreszahl. Das Menü wird per Klick auf die Schaltfläche mit dem kleinen Pfeil ② geöffnet.

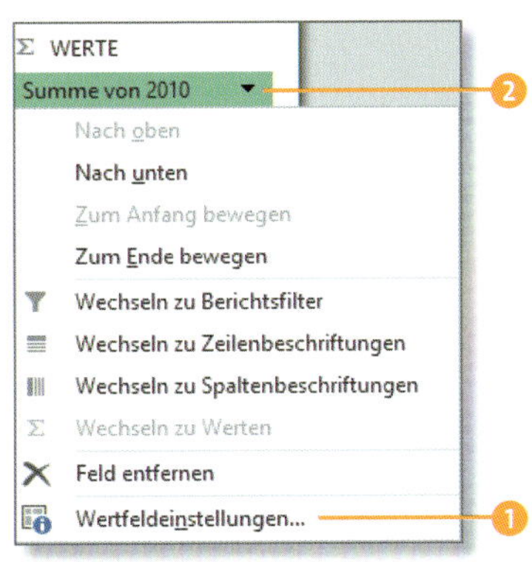

Abbildung 17.15 *Das Menü zu einer der Schaltflächen für Werte*

	A	B	C	D	E	F
3			Produktgruppe			
4	Region	Werte	Solaranlagen	Wärmedämmung	Wärmepumpen	Gesamtergebnis
5	Nord	Umsatz 2010	2400000	3300000	2700000	8400000
6		Umsatz 2011	2400000	3700000	2900000	9000000
7		Umsatz 2012	2600000	3800000	2700000	9100000
8	Ost	Umsatz 2010	3100220	3800000	3100000	10000220
9		Umsatz 2011	2500000	4200000	3900000	10600000
10		Umsatz 2012	3000000	4400000	3100000	10500000
11	Süd	Umsatz 2010	2400000	3800000	3100000	9300000
12		Umsatz 2011	2400000	3900000	3100000	9400000
13		Umsatz 2012	2400000	4000000	3100000	9500000
14	West	Umsatz 2010	2400000	3400000	3000000	8800000
15		Umsatz 2011	3000000	3600000	3000000	9600000
16		Umsatz 2012	2600000	3600000	3000000	9200000
17	Gesamt: Umsatz 2010		10300220	14300000	11900000	36500220
18	Gesamt: Umsatz 2011		10300000	15400000	12900000	38600000
19	Gesamt: Umsatz 2012		10600000	15800000	11900000	38300000

Abbildung 17.16 *Pivot-Tabelle mit der Auswertung für drei Jahre*

Nun stehen die Ergebnisse pro Produktgruppe für die drei Jahre geordnet nach Regionen untereinander, und am Ende finden Sie die drei Gesamtsummen. Die Zusammenfassung der Daten, die erreicht werden sollte, ist damit hergestellt, siehe Abbildung 17.16. Die Details, die im Moment nicht interessieren, die Ergebnisse der einzelnen Vertreter, gehen in die berechneten Summen ein.

17.2 Pivot-Tabellen gestalten

Das herausragende Merkmal der Pivot-Technik ist, dass sie Ihnen erlaubt, aus einer Datenquelle ganz unterschiedliche Auswertungen zu gewinnen und schnell zwischen verschiedenen Blickwinkeln zu wechseln. Verschiedene Grade der Komprimierung stehen Ihnen ebenso zur Verfügung wie Möglichkeiten, Daten unter neuen Gesichtspunkten zu gruppieren. Im Folgenden wollen wir Ihnen die Verfahren vorstellen, um Pivot-Tabellen optimal zu gestalten und umzugestalten.

Ändern des Pivot-Tabellen-Layouts

Mit Blick auf das Beispiel in Abbildung 17.16 könnten Sie beispielsweise die spaltenweise Anordnung des Zeitverlaufs monieren. Meist sind wir es ja gewohnt, Zeitverläufe eher von links nach rechts darzustellen und auch wahrzunehmen. Die Anordnung der Daten kann leicht dadurch umgebaut werden, dass die beiden Felder **Werte** und **Produktgruppe** über Kreuz verschoben werden.

1 Im Bereichsabschnitt des Aufgabenbereichs **PivotTable-Felder** ziehen Sie zunächst das Element **Werte**, das zuletzt als Zeilenbeschriftung verwendet wurde, in den Bereich **Spalten**.

2 Mit **Produktgruppe** verfahren Sie umgekehrt. Sie ziehen das Feld aus dem Bereich **Spalten** heraus und fügen es unter dem Feld **Region** in den Bereich **Zeilen** ein.

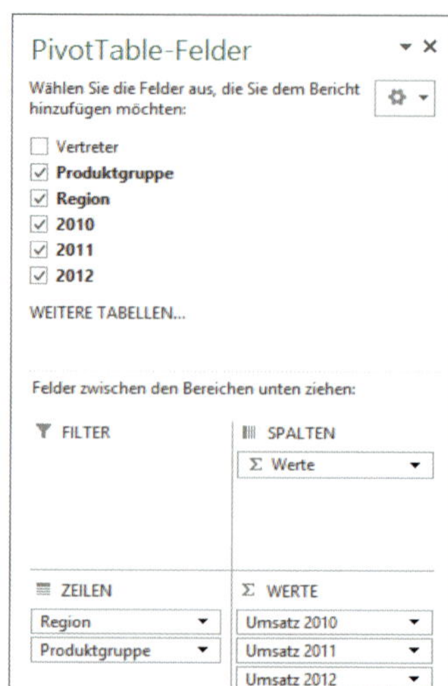

Abbildung 17.17 *Auswahl von zwei Feldern für die Zeilenbeschriftung*

3 Die Zeilen werden dann zweistufig gruppiert. Das übergeordnete Kriterium ist **Region**, das untergeordnete **Produktgruppe**. Nun stehen die Jahresergebnisse nebeneinander.

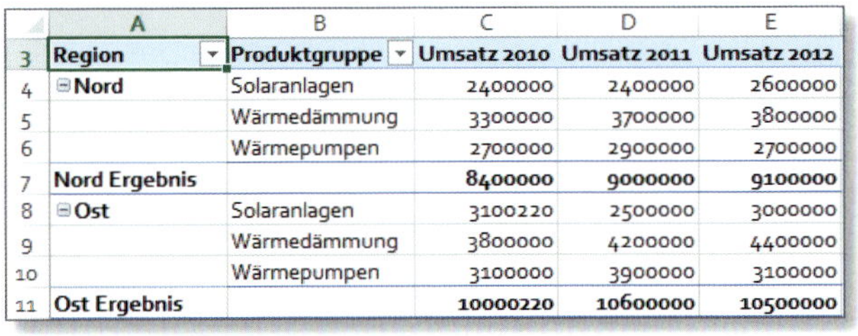

	A	B	C	D	E
3	Region	Produktgruppe	Umsatz 2010	Umsatz 2011	Umsatz 2012
4	⊟Nord	Solaranlagen	2400000	2400000	2600000
5		Wärmedämmung	3300000	3700000	3800000
6		Wärmepumpen	2700000	2900000	2700000
7	Nord Ergebnis		8400000	9000000	9100000
8	⊟Ost	Solaranlagen	3100220	2500000	3000000
9		Wärmedämmung	3800000	4200000	4400000
10		Wärmepumpen	3100000	3900000	3100000
11	Ost Ergebnis		10000220	10600000	10500000

Abbildung 17.18 *Die Umsatzwerte im Lauf der Jahre sind nun horizontal angeordnet. Die Ergebnisse stehen nebeneinander.*

4 Ist die Anordnung der Jahresspalten absteigend, weil das Feld **2012** zuerst in den Bereich **Werte** gezogen wurde, lässt sich die Reihenfolge ändern, wenn Sie die Felder anklicken und die Optionen in der ersten Gruppe verwenden, mit denen die Reihenfolge beliebig geändert werden kann.

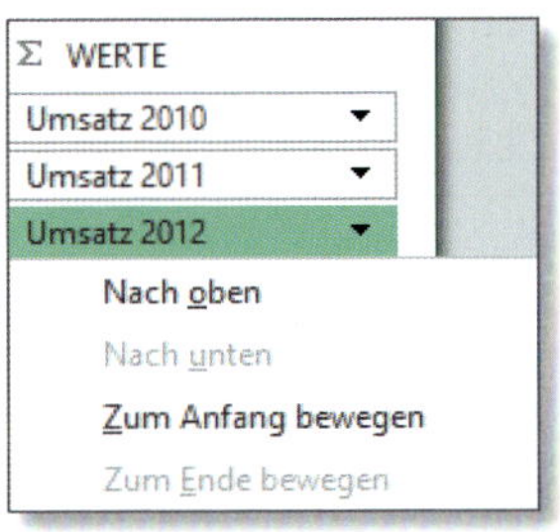

Abbildung 17.19 *Schaltflächenmenü mit Optionen für die Umstellung der Reihenfolge*

Es ist natürlich bei mehr als einer Zeilenrubrik nicht unerheblich, in welcher Reihenfolge Sie diese anordnen. Wenn Sie z. B. zuerst die Produktgruppe angeben und erst an zweiter Stelle die Region, werden die Daten auch zuerst nach Produktgruppen zusammengefasst und erst innerhalb der einzelnen Gruppen nach der Region.

Um diese Anordnung nachträglich zu erreichen, müssen Sie im Bereich **Zeilen** nur das Feld **Region** unter das Feld **Produktgruppe** ziehen.

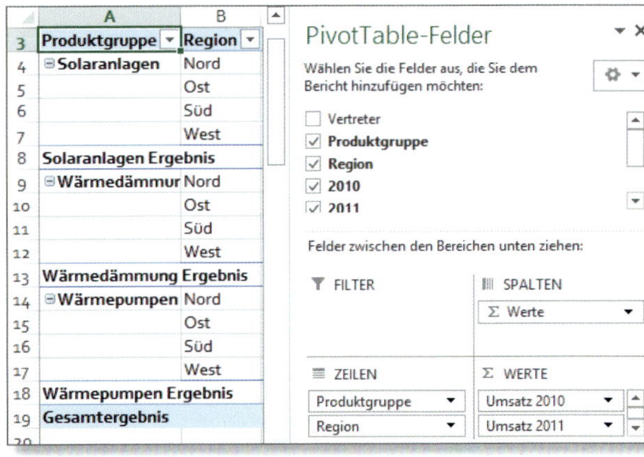

Abbildung 17.20 *Hier hat die Produktgruppe Vorrang vor der Region.*

Berichtsfilter

Möglicherweise wollen Sie die Daten noch weiter komprimieren, und zwar so, dass immer nur einzelne Regionen angezeigt werden. Dazu lässt sich das Feld **Region** im Bereichsabschnitt des Aufgabenbereichs **PivotTable-Felder** in den Bereich **Filter** ziehen, der in älteren Versionen noch als **Seitenbereich** bezeichnet wurde. Denselben Effekt hat der Kontextmenübefehl **Zum Berichtsfilter hinzufügen** in der Feldliste. Die Tabelle sieht dann so aus:

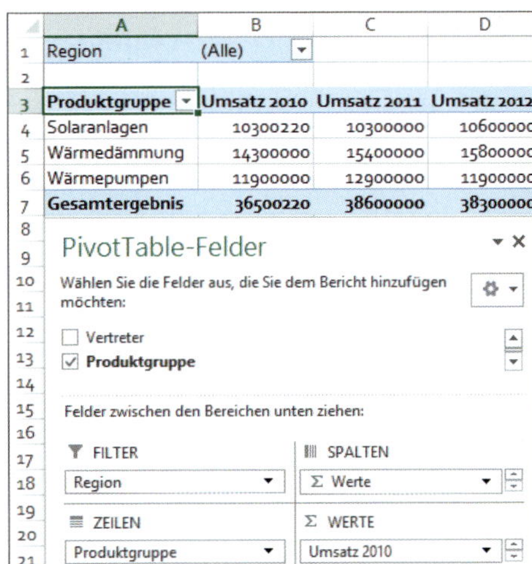

Abbildung 17.21 *Pivot-Tabelle mit Berichtsfilter für die Regionen*

Die zunächst angezeigten Werte geben das Gesamtergebnis für alle Gebiete wieder. Wenn Sie nun die Schaltfläche mit dem Pfeil anklicken, können Sie die Daten für die einzelnen Regionen einzeln einblenden.

Abbildung 17.22 *Auswahl der Region »Nord«*

Wenn Sie die Option **Mehrere Elemente auswählen** aktivieren, können Sie in diesem Fall auch mehrere Regionen gleichzeitig auswählen. Die vorgegebene Beschriftung ist dann **(Mehrere Elemente)**, was allerdings nicht sehr erhellend ist.

Nun könnte es sein, dass Sie für jede Region eine separate Tabelle haben wollen. Das ist bei diesem Stand der Pivot-Tabelle schnell erreicht.

1 Öffnen Sie per Mausklick in der Gruppe **Analysieren > PivotTable** das Menü der Schaltfläche **Optionen**.

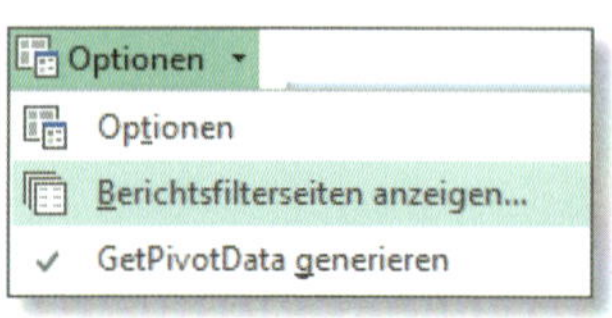

Abbildung 17.23 *Auf dem Register »Analysieren« finden Sie in der Gruppe »PivotTable« die Option zur Anzeige einzelner Berichtsfilterseiten.*

2 Wählen Sie den Befehl **Berichtsfilterseiten anzeigen**, und geben Sie in dem kleinen Dialog an, von welchem Feld Seiten erstellt werden sollen, falls mehrere Felder dem Berichtsfilter zugewiesen sind.

Abbildung 17.24 *Wahl des Felds, von dem einzelne Seiten erzeugt werden sollen*

3 Excel fügt für jede mögliche Seite, hier also für jede Region, ein neues Blatt in die Mappe ein und beschriftet die Register mit den einzelnen Elementnamen des Felds. Sind diese Namen nicht aussagekräftig genug, sollten Sie sie gleich überschreiben. Verwenden Sie dazu im Kontextmenü des Blattregisters den Befehl **Umbenennen**.

Alle neuen Tabellen sind vollwertige Pivot-Tabellen. Es ist dann auch kein Problem, diese Blätter in verschiedene Arbeitsmappen zu kopieren oder zu verschieben, um sie beispielsweise anderen Stellen zur Verfügung zu stellen.

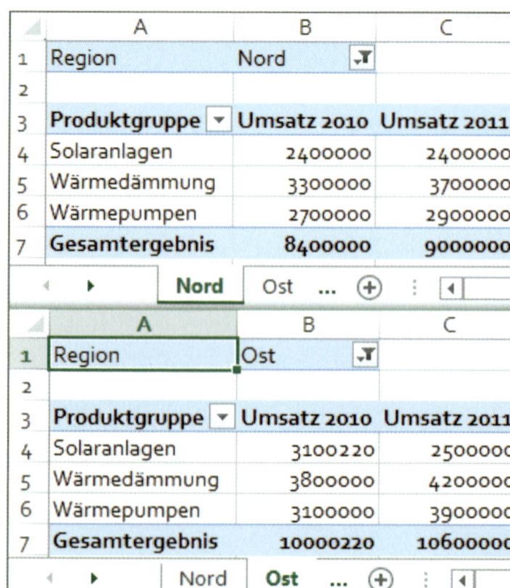

Abbildung 17.25 *Eigene Blätter für die Regionen*

Daten weiter komprimieren

Sie können das Ordnungskriterium **Region** auch ganz aus der Pivot-Tabelle entfernen, um die Auswertung noch stärker zusammenzufassen. Wählen Sie dazu das Feld in der Feldliste einfach ab. Die Umsatzzahlen für die einzelnen Jahre werden jetzt nur noch nach Produktgruppen getrennt geführt.

	A	B	C	D
3	**Produktgruppe**	**Umsatz 2010**	**Umsatz 2011**	**Umsatz 2012**
4	Solaranlagen	10300220	10300000	10600000
5	Wärmedämmung	14300000	15400000	15800000
6	Wärmepumpen	11900000	12900000	11900000
7	**Gesamtergebnis**	**36500220**	**38600000**	**38300000**

Abbildung 17.26 *Eine noch weiter reduzierte Darstellung*

Empfohlene Pivot-Tabellen

An dieser Stelle werfen wir kurz einen Blick auf eine neue Funktion in Excel 2013, die Ihnen beim Anlegen von Pivot-Tabellen Unterstützung anbietet. Statt des Befehls **Einfügen > Tabellen > PivotTable** wählen Sie dazu aus derselben Gruppe die Schaltfläche **Empfohlene PivotTables**. Im Dialog finden Sie, je nach der Struktur der Quelltabelle, eine unterschiedliche Anzahl von möglichen Umsetzungen in Form von Vorschautabellen auf der Basis der ausgewählten Daten. Sie können sich in Ruhe verschiedene Lösungen ansehen. Wenn Sie schließlich das ausgewählte Muster bestätigen, wird sofort ein neues Blatt mit der entsprechenden Pivot-Tabelle angelegt.

Alternativen für das Berichtslayout

Excel verwendet als Vorgabe für die Darstellung einer Pivot-Tabelle ein kompaktes Format, das deshalb auch **Kurzformat** genannt wird. Dabei werden die Feldnamen durch allgemeine Namen ersetzt: **Zeilenbeschriftungen**, **Spaltenbeschriftungen**. Die Elementnamen aller Felder im Bereich der Zeilenbeschriftungen erscheinen in derselben Spalte, wobei für nachrangige Felder Einzüge verwendet werden. Dadurch werden Spalten in der Tabelle eingespart.

	A	B
3	**Zeilenbeschriftungen**	**Umsatz 2010**
4	**Solaranlagen**	**10300220**
5	**Nord**	**2400000**
6	Evas	1200000
7	Tobruk	1200000

Abbildung 17.27 *Tabelle im Kurzformat mit drei Feldern für die Zeilenbeschriftung*

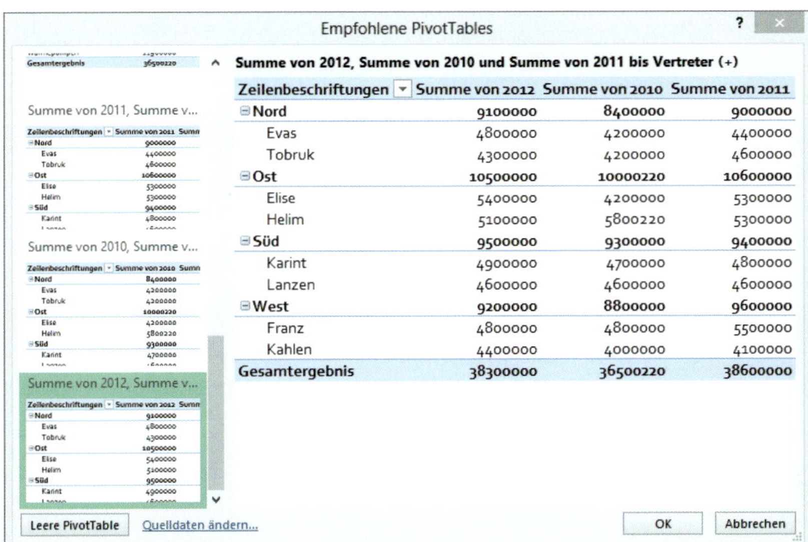

Zeilenbeschriftungen	Summe von 2012	Summe von 2010	Summe von 2011
Nord	**9100000**	**8400000**	**9000000**
Evas	4800000	4200000	4400000
Tobruk	4300000	4200000	4600000
Ost	**10500000**	**10000220**	**10600000**
Elise	5400000	4200000	5300000
Helim	5100000	5800220	5300000
Süd	**9500000**	**9300000**	**9400000**
Karint	4900000	4700000	4800000
Lanzen	4600000	4600000	4600000
West	**9200000**	**8800000**	**9600000**
Franz	4800000	4800000	5500000
Kahlen	4400000	4000000	4100000
Gesamtergebnis	**38300000**	**36500220**	**38600000**

Abbildung 17.28 *Vorschläge für Pivot-Tabellen auf der Basis der aktuellen Daten*

Wenn Sie ein anderes Layout verwenden wollen, benutzen Sie die Schaltfläche **Berichtslayout** in der Gruppe **Entwurf > Layout** und wählen die gewünschte Option aus dem angebotenen Menü.

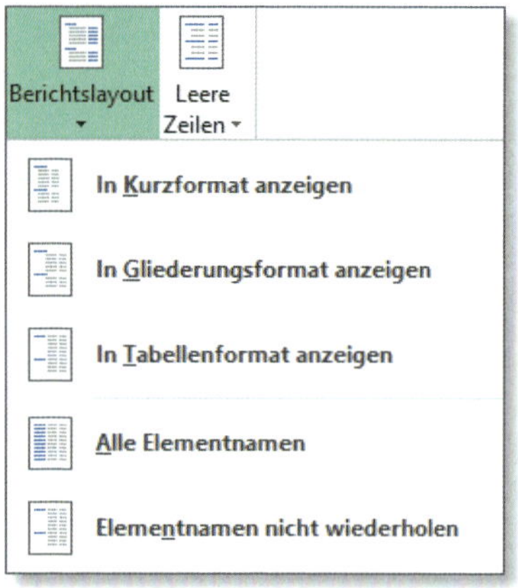

Abbildung 17.29 *Diese Optionen betreffen das Gesamtlayout des Berichts.*

Die beiden anderen Formate haben einen höheren Platzbedarf, weil sie für jedes Feld im Bereich **Zeilen** eine eigene Spalte verwenden, außerdem wird der Name des Felds angezeigt. Im Gliederungsformat werden die Elemente zu einem nachrangigen Feld im Bereich **Zeilen** jeweils eine Zeile tiefer ausgegeben.

	A	B	C
3	Region	Produktgruppe	Umsatz 2010
4	⊟Nord		8400000
5		Solaranlagen	2400000
6		Wärmedämmung	3300000
7		Wärmepumpen	2700000

Abbildung 17.30 *Tabelle im Gliederungsformat*

Das Tabellenformat hingegen spart diese zusätzliche Zeile ein.

	A	B	C
3	Region	Produktgruppe	Umsatz 2010
4	⊟Nord	Solaranlagen	2400000
5		Wärmedämmung	3300000
6		Wärmepumpen	2700000

Abbildung 17.31 *Tabelle im Tabellenformat*

Die Option **Alle Elementnamen** bewirkt, dass die Elementnamen in dem übergeordneten Feld wiederholt werden, die Option **Elementnamen nicht wiederholen** hebt dies wieder auf.

	A	B	C
3	Region	Produktgruppe	Umsatz 2010
4	⊟Nord	Solaranlagen	2400000
5	Nord	Wärmedämmung	3300000
6	Nord	Wärmepumpen	2700000

Abbildung 17.32 *In der ersten Spalte werden die Elementnamen wiederholt.*

Die Wiederholung der Elementnamen im Tabellenformat ist vor allem dann interessant, wenn Sie Bereiche aus einer Pivot-Tabelle in andere Tabellen kopieren wollen.

Optionen für den Pivot-Tabellenbericht

Wenn eine beliebige Zelle in einer Pivot-Tabelle ausgewählt ist, wird auf dem Register **Analysieren** in der Gruppe **PivotTable** die Schaltfläche **Optionen** angeboten. Den dazugehörenden Dialog **PivotTable-Optionen** können Sie auch direkt über das Kontextmenü jeder Zelle der PivotTable erreichen. Dieser Dialog gibt Ihnen umfangreiche Möglichkeiten, auf das Aussehen und die Funktionsweise der Pivot-Tabelle Einfluss zu nehmen.

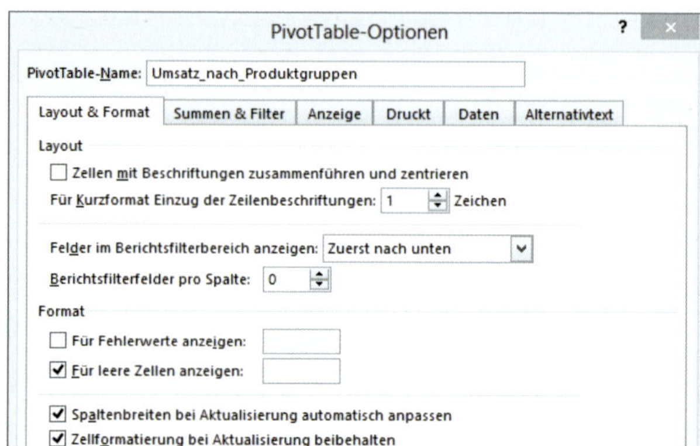

Abbildung 17.33 *Das Dialogfeld »PivotTable-Optionen«*

Im ersten Feld können Sie den Namen der Pivot-Tabelle ändern, falls Sie dies nicht bereits über das Eingabefeld zu **PivotTable-Name** in der Gruppe **Analysieren > PivotTable** getan haben. Insbesondere wenn Sie in einer Arbeitsmappe mit mehreren Pivot-Tabellen arbeiten, ist es sehr ratsam, aussagekräftige Namen zu vergeben. Excel vergibt als Vorgabe nur durchnummerierte Standardnamen, die nichts über den Inhalt aussagen.

Einstellungen zum Layout

Auf dem Register **Layout & Format** steht eine Reihe von Optionen zur Verfügung, die die Darstellung der Beschriftungen und Werte betreffen. **Zellen mit Beschriftungen zusammenführen und zentrieren** sorgt dafür, dass bei mehreren Feldern im Bereich der Zeilen- oder Spaltenbeschriftungen das Element für das vorrangige Feld zentriert in einer zusammengeführten Zelle angezeigt wird.

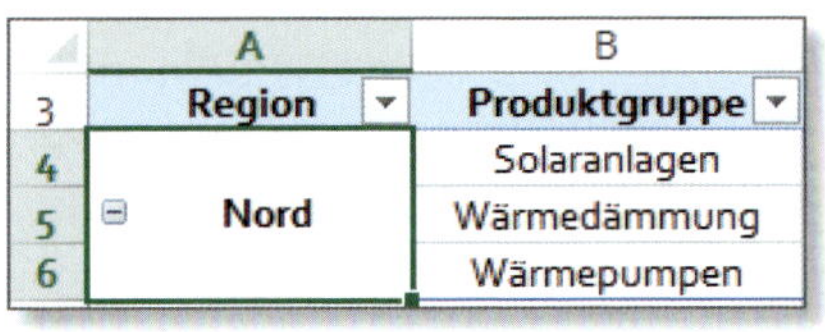

Abbildung 17.34 Das Element des übergeordneten Felds im Bereich »Zeilenbeschriftungen« ist zentriert.

Für das Kurzformat können Sie hier den Einzug, mit dem die verschiedenen Felder voneinander abgehoben werden, ändern.

Die folgenden beiden Optionen betreffen das Layout einer Pivot-Tabelle mit Berichtsfiltern. Wie bei den Zeilen- oder Spaltenfeldern können Sie auch bei den Berichtsfiltern mit mehreren Feldern gleichzeitig arbeiten.

Im folgenden Beispiel wird als erster Filter die Region, als zweiter die Produktgruppe verwendet. In so einem Fall haben Sie die Wahl, die beiden Filter untereinander in einer Spalte oder nebeneinander in einer Zeile oder auch bei mehr als zwei Seitenfeldern diese sowohl zeilen- als auch spaltenweise anzuordnen.

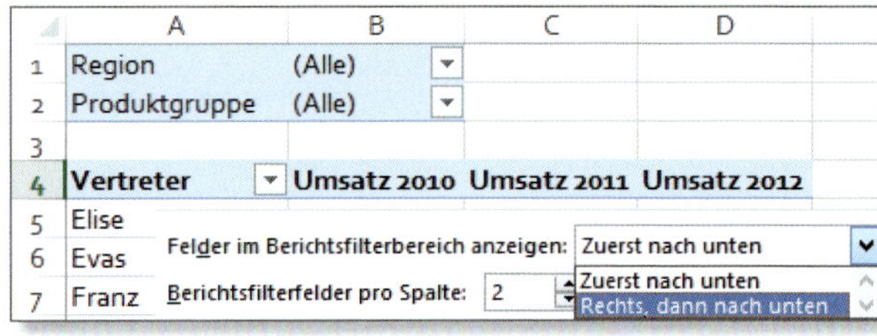

Abbildung 17.35 Wahl des Layouts bei Berichtsfiltern

Sollen die Berichtsfilter nebeneinander angeordnet werden, wählen Sie unter **Felder im Berichtsfilterbereich anzeigen** die Einstellung **Rechts, dann nach unten**.

Sind nun beispielsweise drei Seitenfelder vorhanden, können Sie bei **Berichtsfilterfelder pro Zeile** »2« angeben, dann werden zwei Zeilen mit Filtern angelegt, wobei die Hierarchie von oben nach unten verläuft.

Die Option **Für Fehlerwerte anzeigen** erlaubt die Eingabe eines Textes, der anstelle einer Fehlermeldung angezeigt wird. Wenn Sie die Option aktivieren, aber das Textfeld leer lassen, werden die Fehlermeldungen ganz unterdrückt, was aber meist nicht ratsam ist. Auch für leere Zellen können Texte festgelegt werden, etwa »Wert fehlt«.

Mit der Option **Spaltenbreiten bei Aktualisierung automatisch anpassen** sorgen Sie dafür, dass es keine Probleme mit der Anzeige gibt, wenn sich aufgrund neuerer Daten beispielsweise größere Summenwerte ergeben oder wenn Elemente mit längeren Namen eingefügt werden.

Das Häkchen bei **Zellformatierung bei Aktualisierung beibehalten** hat zur Folge, dass ein spezielles Format für eine bestimmte Datengruppe, etwa eine Hintergrundfarbe, auch dann für die betreffenden Elemente erhalten bleibt, wenn die Daten umgruppiert werden. Auf andere Optionen wird weiter unten noch eingegangen.

Einstellungen zu Gesamtsummen und Filtern

Auf dem Register **Summen & Filter** können Sie die voreingestellten Zeilen oder Spalten mit den Gesamtsummen bei Bedarf ausblenden.

Abbildung 17.36 Das Register »Summen & Filter« im Dialog »PivotTable-Optionen«

Wenn Sie die Option **Mehrere Filter pro Feld zulassen** aktivieren, ist es kein Problem, Filter für die Elemente eines Felds miteinander zu kombinieren. Darauf kommen wir in Abschnitt 17.4, »Pivot-Tabellen sortieren und filtern«, ab Seite 654 noch einmal zurück.

Optionen für Anzeige und Druck

Auf dem Register **Anzeige** finden Sie Einstellungen, die nicht nur das Aussehen der Tabelle betreffen, sondern auch die Bedienung beeinflussen.

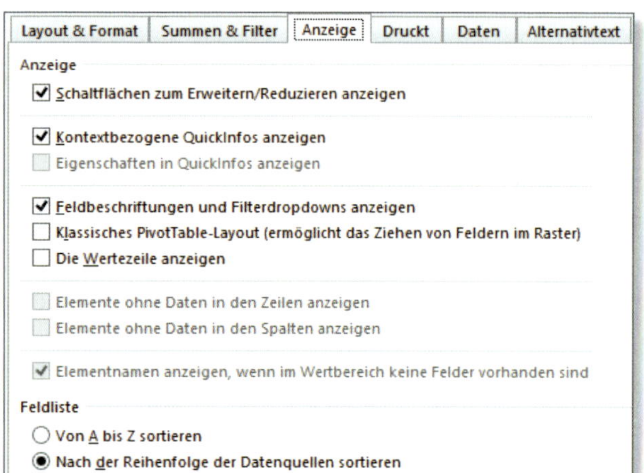

Abbildung 17.37 PivotTable-Optionen zur Anzeige der Daten

Solange die Option **Schaltflächen zum Erweitern/Reduzieren anzeigen** aktiviert bleibt, erscheinen in der Tabelle die kleinen Schaltflächen **Minus** (1) und **Plus** (2), mit denen Sie Detaildaten zu einem Element ein- oder ausblenden.

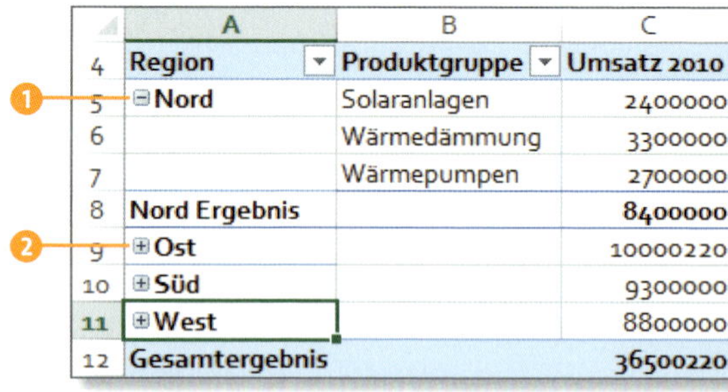

	A	B	C
4	Region	Produktgruppe	Umsatz 2010
5	⊟Nord	Solaranlagen	2400000
6		Wärmedämmung	3300000
7		Wärmepumpen	2700000
8	Nord Ergebnis		8400000
9	⊞Ost		10000220
10	⊞Süd		9300000
11	⊞West		8800000
12	Gesamtergebnis		36500220

Abbildung 17.38 Die Detaildaten zur Region »Nord« sind eingeblendet, die Detaildaten der anderen Regionen dagegen nicht.

Die Option **Kontextbezogene QuickInfos anzeigen** sollten Sie möglichst eingeschaltet lassen. Sie erlaubt Ihnen, mit dem Mauszeiger die Hintergrunddaten zu den einzelnen Werten einzusehen, wie bereits in Abbildung 17.10 auf Seite 626 gezeigt.

Die vorgegebene Einstellung **Feldbeschriftungen und Filterdropdowns anzeigen** sorgt dafür, dass die Feldnamen und die Filterschaltflächen zu diesen Feldern eingeblendet sind. Wird die Option deaktiviert, fehlen beide, wie Abbildung 17.39 zeigt.

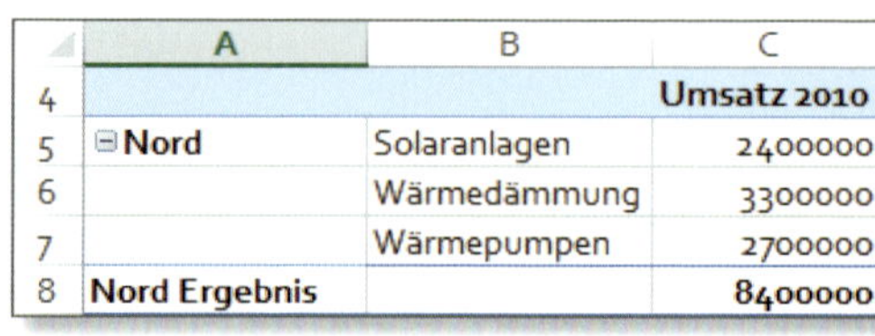

	A	B	C
4			Umsatz 2010
5	⊟Nord	Solaranlagen	2400000
6		Wärmedämmung	3300000
7		Wärmepumpen	2700000
8	Nord Ergebnis		8400000

Abbildung 17.39 Die Tabelle ohne Feldnamen und Filterschaltflächen

Das mag sinnvoll sein, wenn eine Tabelle weitergegeben wird, das Filtern darin aber nicht gerade nahegelegt werden soll.

Unter **Feldliste** können Sie noch angeben, dass die Felder im Aufgabenbereich nicht in der Reihenfolge der Spalten in der Datenquelle angezeigt werden, sondern alphabetisch sortiert. Diese Option ist für umfangreiche Feldlisten gedacht, bei denen eine alphabetische Sortierung helfen kann, ein bestimmtes Feld schneller zu finden.

Auf dem Register **Druckt** kann Einfluss darauf genommen werden, wie eine Pivot-Tabelle ausgedruckt wird. Das betrifft insbesondere mehrseitige Ausdrucke, für die die Wiederholung der Zeilenbeschriftung oder Drucktitel aktiviert werden können.

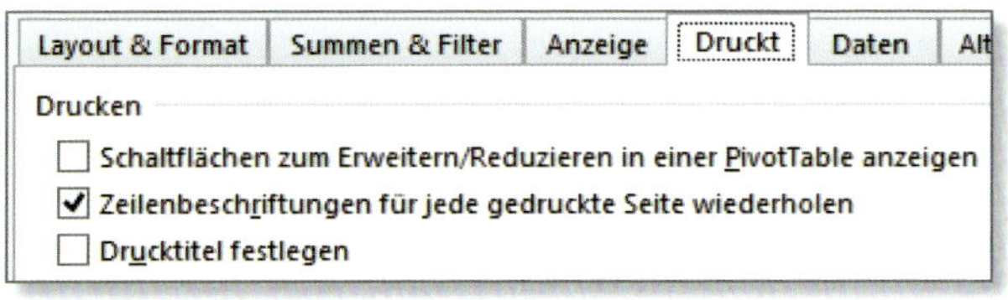

Abbildung 17.40 *PivotTable-Optionen zum Drucken*

Einstellungen zur Handhabung der Quelldaten

Das Register **Daten** schließlich erlaubt Einstellungen zur Handhabung der PivotTable-Daten. **Quelldaten mit Datei speichern** bedeutet, dass Kopien externer Daten, die als Datenquelle verwendet werden, zusammen mit der Pivot-Tabelle gespeichert werden.

Wenn die externe Datenmenge ziemlich groß ist, kann das natürlich die Arbeitsmappendatei gehörig aufblähen. Sie sollten diese Option deshalb möglichst nur dann einschalten, wenn die Datenmenge gering ist oder wenn abzusehen ist, dass die Verbindung zu der externen Datenquelle nicht jederzeit gewährleistet ist.

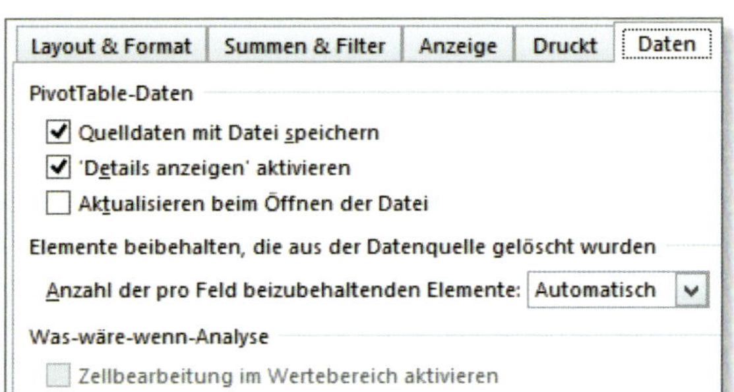

Abbildung 17.41 *PivotTable-Optionen zur Handhabung der Daten*

Auf die anderen Optionen in diesem Register wird in den folgenden Abschnitten noch gesondert eingegangen.

Das Register **Alternativtext** wurde in Kapitel 9, »Daten in Diagrammen darstellen«, ab Seite 464 bereits behandelt. Sie können hier einen Text ablegen, der Sehbehinderten vorgelesen werden kann und den Inhalt der Tabelle beschreibt.

Werte aktualisieren

Es ist jederzeit möglich, über die Bearbeitungsleiste eine Beschriftung wie einen Feldnamen oder einen Elementnamen zu ändern. Falls Sie aber versuchen, einen der Werte im Datenbereich der Pivot-Tabelle zu verändern, werden Sie feststellen, dass das nicht möglich ist.

Sie erhalten den Hinweis, dass dieser Teil der Pivot-Tabelle nicht verändert werden kann. Änderungen von Daten können sinnvollerweise immer nur in der Ausgangstabelle, also bei den Quelldaten, vorgenommen werden, die die Pivot-Tabelle auswertet.

Abbildung 17.42 *Meldung beim Versuch, einen der Werte zu ändern*

Nun passt Excel die Pivot-Tabelle(n) aber nicht automatisch an, wenn beispielsweise in unserer Vertriebsliste ein Wert geändert wird. Sie erhalten leider auch keinen Hinweis, dass die Quelldaten und die Auswertungen in der Pivot-Tabelle nicht mehr übereinstimmen.

Um die Pivot-Tabelle auf den neuesten Stand zu bringen, können Sie eine Zelle darin auswählen und in der Gruppe **Daten** auf dem Register **Analysieren** die Schaltfläche **Aktualisieren** oder `Alt` + `F5` benutzen.

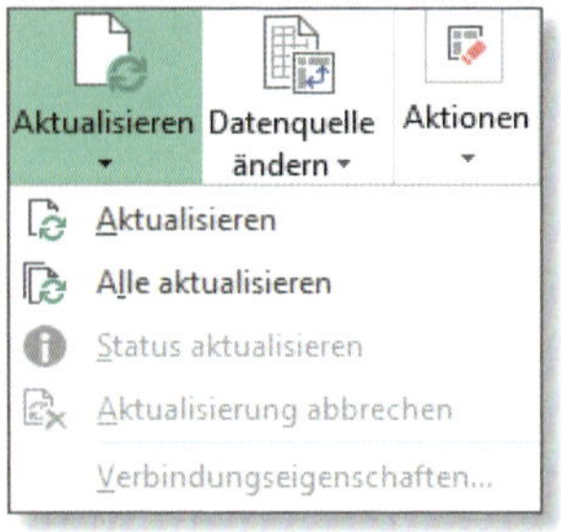

Abbildung 17.43 *Die Schaltfläche »Aktualisieren« in der Gruppe »Daten« auf dem Register »Optionen«*

Das Menü bietet auch die Option **Alle aktualisieren** an, mit der alle Pivot-Tabellen in der aktiven Arbeitsmappe auf den Stand der Quelldaten gebracht werden.

Es gibt auch die Möglichkeit, festzulegen, dass eine Pivot-Tabelle automatisch beim Öffnen der Arbeitsmappe aktualisiert wird. Dazu aktivieren Sie im Dialogfeld **PivotTable-Optionen** auf dem Register **Daten** die Option **Aktualisieren beim Öffnen der Datei**. Diese Einstellung gilt immer für alle Pivot-Tabellen, die dieselbe Quelle verwenden.

Schnelle Datenauszüge zu einzelnen Werten

Dass die Daten in der Pivot-Tabelle und in der Ausgangstabelle verknüpft sind, hat noch einen sehr praktischen Nebeneffekt. Sie können sich blitzschnell bestimmte Auszüge aus dem gesamten Datenmaterial besorgen.

Wenn Sie z.B. wissen wollen, aus welchen Einzelergebnissen sich der Gesamtumsatz der Region Nord für 2011 zusammensetzt, verfahren Sie folgendermaßen:

1 Wählen Sie eine Ansicht, in der das Gesamtergebnis für 2010 in der Region **Nord** angezeigt wird.

	A	B	C
4	Region	Produktgruppe	Umsatz 2010
5	⊞Nord		8400000
6	⊞Ost		10000220

Abbildung 17.44 *Eine komprimierte Ansicht, in der das Jahresergebnis für die Region »Nord« angezeigt wird*

2 Klicken oder tippen Sie doppelt auf den betreffenden Wert, in Abbildung 17.44 ist es C5.

3 Excel erzeugt ein neues Blatt, in dem alle Daten aus der Originaltabelle, die in diesen Wert eingeflossen sind, zusammengestellt sind. Den vorgegebenen Standardnamen sollten Sie möglichst sofort überschreiben, um den Inhalt des neuen Blatts zu benennen.

	A	B	C	D
1	Vertreter	Produktgruppe	Region	2010
2	Evas	Solaranlagen	Nord	1200000
3	Tobruk	Solaranlagen	Nord	1200000
4	Evas	Wärmedämmung	Nord	1700000
5	Tobruk	Wärmedämmung	Nord	1600000
6	Evas	Wärmepumpen	Nord	1300000
7	Tobruk	Wärmepumpen	Nord	1400000

Abbildung 17.45 *Listenauszug für die Region »Nord«*

Diese neue Tabelle ist keine Pivot-Tabelle, aber sie wird automatisch als Tabelle mit eingeblendeten Filterschaltflächen formatiert. Excel weist der Liste dazu das vorgegebene Tabellenformat zu.

Diese Funktion, einen Wert in die in ihn einfließenden Detailwerte zu zerlegen, können Sie auch unterbinden, wenn Sie verhindern wollen, dass sich jemand die Detaildaten ansieht. Das mag sinnvoll sein, wenn Sie eine Pivot-Tabelle in eine eigene Mappe kopieren und weiterreichen. Dazu muss bei der Anlage der Pivot-Tabelle über das Dialogfeld **PivotTable-Optionen** auf dem Register **Daten** die Option **'Details anzeigen' aktivieren** abgeschaltet werden.

Felder hinzufügen

In den meisten der bisher gezeigten Pivot-Tabellen sind die einzelnen Vertreter vernachlässigt worden. Wenn deren Ergebnisse gefragt sind, können Sie die Pivot-Tabelle leicht umbauen oder auch eine neue für diesen Zweck anlegen.

Für die Erweiterung stellen Sie den Zellzeiger wieder in die Pivot-Tabelle und ordnen das Feld **Vertreter** aus der Liste **PivotTable-Felder** entweder dem Bereich

Zeilen oder dem Bereich **Spalten** zu, je nachdem, wie die Daten geordnet werden sollen.

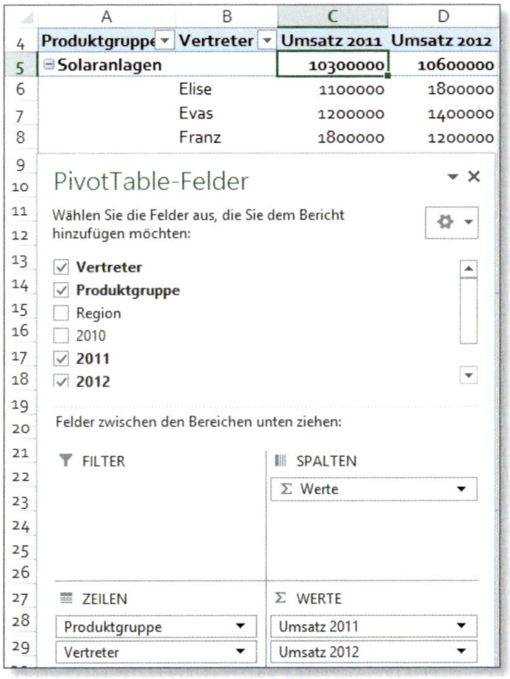

Abbildung 17.46 Produktgruppenergebnisse, aufgeschlüsselt nach Vertretern

Wird das Feld **Vertreter** in den Bereich **Zeilen** geschoben, haben Sie die Wahl, das **Vertreter**-Feld über oder unter das Feld **Produktgruppe** zu setzen. Im ersten Fall werden die Daten erst nach Vertretern und pro Vertreter jeweils noch einmal nach Produktgruppen geordnet; im zweiten Fall ist es umgekehrt. Wird das Feld **Vertreter** dem Bereich **Spalten** hinzugefügt, finden Sie anschließend für jeden Vertreter drei Spalten mit den Jahresergebnissen.

Einstellungen für Felder

Für jedes Feld, das in der Pivot-Tabelle erscheint, können Sie einzeln bestimmte Einstellungen festlegen. Wenn der Feldname in der Pivot-Tabelle ausgewählt ist, benutzen Sie in der Gruppe **Analysieren > Aktives Feld** die Option **Feldeinstellungen**. Geöffnet wird das Dialogfeld **Feldeinstellungen**, das zwei Register anbietet. Die gleiche Option steht auch im Kontextmenü des Felds zur Verfügung.

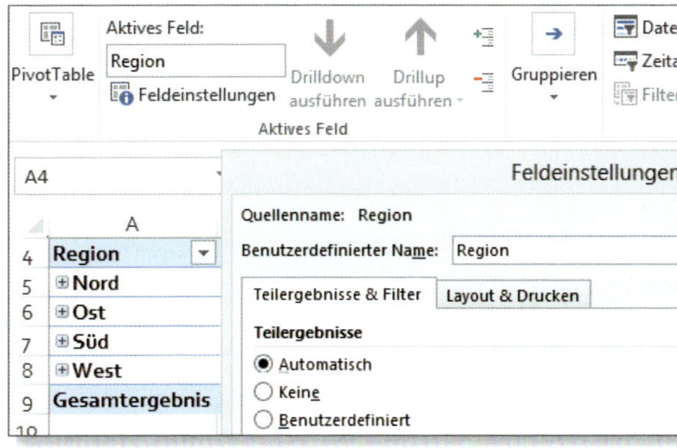

Abbildung 17.47 Der Dialog »Feldeinstellungen« mit dem Register »Teilergebnisse & Filter«

Zunächst kann unter **Benutzerdefinierter Name**, wenn es gewünscht wird, der Name des Felds geändert werden, etwa um eine deutlichere Bezeichnung zu erreichen.

Wahl der Auswertungsart

Interessanter sind die Möglichkeiten auf dem Register **Teilergebnisse & Filter**. Excel zeigt normalerweise nur Teilergebnisse für die erstplatzierten Spalten- bzw. Zeilenfelder an, falls mehr als ein Spalten- bzw. Zeilenfeld existiert. Handelt es sich um Zahlenwerte, werden Summen angezeigt, bei Textfeldern wird die Anzahl der vorkommenden Einträge geliefert. Sie können für die Spalten- und Zeilenfelder aber auch noch zusätzliche Teilauswertungen hinzufügen oder auch alle Teilergebnisse entfernen.

Angenommen, die Pivot-Tabelle ist im Bereich **Zeilen** zunächst nach Regionen und innerhalb der Regionen nach Produktgruppen geordnet. Excel liefert zunächst pro Vertriebsgebiet eine Zwischensumme. Soll zusätzlich zur Teilsumme noch der Mittelwert angezeigt werden, reichen folgende Schritte:

1. Sie markieren den Feldnamen und öffnen den Dialog **Feldeinstellungen**.

2 Unter **Teilergebnisse & Filter** wählen Sie die Option **Benutzerdefiniert** und markieren in der Liste neben der Funktion **Summe** zusätzlich die Funktion **Mittelwert**. Sie können mehrere Funktionen gleichzeitig auswählen, wenn Sie gleichzeitig ⇧ verwenden. Sie haben hier dieselben Möglichkeiten wie bei der Funktion *TEILERGEBNIS()*.

3 Da nach der Berechnung der Mittelwerte meist Nachkommastellen vorhanden sind, ist es angebracht, den Werten ein Format zuzuordnen, das diese Stellen ausblendet.

Abbildung 17.48 zeigt eine Tabelle mit zwei Arten von Teilergebnissen für die verschiedenen Regionen. Dabei bezieht sich der Mittelwert auf die einzelnen Vertreterergebnisse.

	A	B	C	D
4	Region	Produktgr	Vertreter	Umsatz 2012
5	⊟Nord	⊞Solaranlagen		2600000
6		⊞Wärmedämmung		3800000
7		⊞Wärmepumpen		2700000
8	Nord Summe			9100000
9	Nord Mittelwert			1516667
10	⊟Ost	⊞Solaranlagen		3000000
11		⊞Wärmedämmung		4400000
12		⊞Wärmepumpen		3100000
13	Ost Summe			10500000
14	Ost Mittelwert			1750000

Abbildung 17.48 *Tabelle mit mehreren Teilergebnissen*

Falls Sie das angezeigte Ergebnis für den Mittelwert irritiert, sollten Sie sich daran erinnern, dass es sich um den Mittelwert der Umsätze der einzelnen Vertreter handelt und nicht um den Mittelwert der Produktgruppenergebnisse. Leider lässt sich die Beschriftung für ein berechnetes Ergebnis nicht ändern, weil es automatisch erzeugt wird.

Ein Hinweis in Form eines Kommentars lässt sich aber zu der Zelle einfügen. Benutzen Sie **Überprüfen > Kommentare > Neuer Kommentar**, wenn die Zelle ausgewählt ist. Sollen die Teilergebnisse wieder entfernt werden, benutzen Sie im Dialog die Option **Keine**.

Teil- und Gesamtergebnisse ein- und ausblenden

Es ist jederzeit möglich, einmal eingerichtete Teil- oder Gesamtergebnisse vorübergehend auszublenden. Auf dem Register **Entwurf** werden dafür in der Gruppe **Layout** die Schaltflächen **Teilergebnisse** und **Gesamtergebnisse** angeboten, die Menüs mit Optionen zur Anzeige der Ergebnisse öffnen.

Das Menü zu **Teilergebnisse** erlaubt auch, die Ergebnisse wahlweise unter oder über der betreffenden Gruppe anzuzeigen.

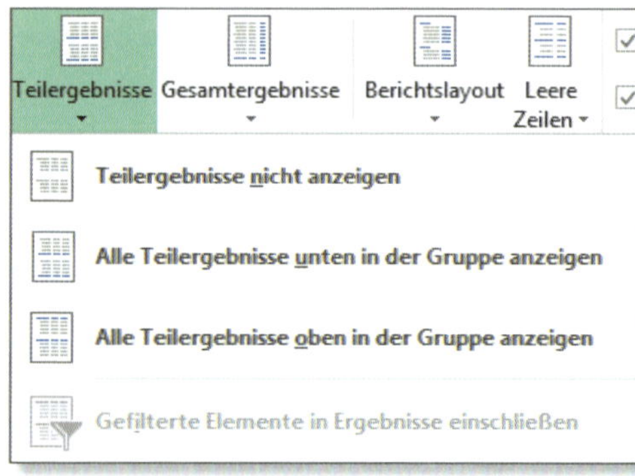

Abbildung 17.49 *Optionen für die Anzeige von Teilergebnissen*

In dem Menü zu **Gesamtergebnisse** lassen sich die Ergebnisse für Zeilen oder Spalten auch separat einschalten.

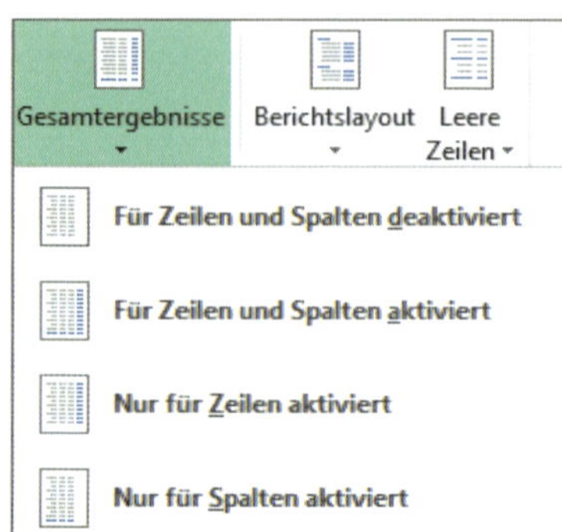

Abbildung 17.50 *Die Anzeige der Gesamtergebnisse können Sie ganz oder teilweise abschalten.*

Layout- & Druckoptionen

Auf dem zweiten Register im Dialog **Feldeinstellungen** werden einige Einstellungen, die bereits für die Gruppe **Entwurf > Layout** beschrieben wurden, noch einmal zur Verfügung gestellt. Sie betreffen die Anzeige der Elementnamen in der Pivot-Tabelle. Anders als bei den Wahlmöglichkeiten im Menü der Schaltfläche **Berichtslayout** betreffen diese Einstellungen diesmal aber nicht die gesamte Pivot-Tabelle, sondern gezielt das ausgewählte Feld.

Sie können auch hier zwischen der Anzeige in der Gliederungsansicht und der Anzeige im Tabellenformat wählen. Außerdem ist es möglich, die Beschriftung des nächsten Felds in der gleichen Spalte anzuzeigen, um eine etwas kompaktere Darstellung zu erreichen. Dies entspricht dem Kurzformat.

Um die Elementgruppen optisch deutlicher zu trennen, wird noch die Option **Leerzeile nach jedem Elementnamen einfügen** angeboten. Diesen Befehl erreichen Sie auch über **Entwurf > Layout > Leere Zellen**.

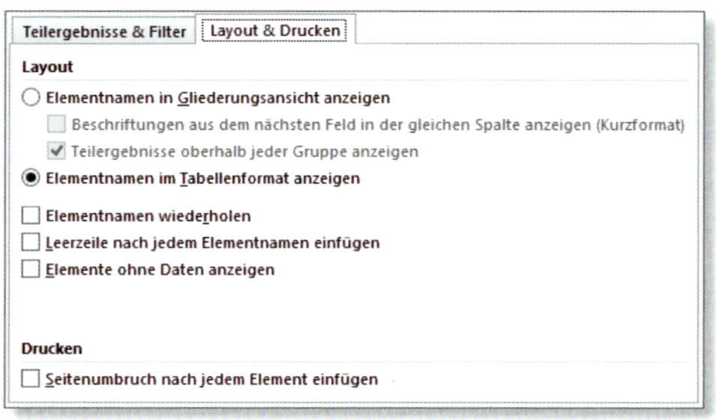

Abbildung 17.51 *Optionen zum Tabellenlayout*

Für den Druck lässt sich auch ein Seitenumbruch nach jedem Element einfügen. Wenn Sie im Bereich **Zeilen** mehrere Felder abgelegt haben, können Sie entscheiden, bei welchem dieser Felder Sie nach jedem Element einen Seitenumbruch haben wollen. Ist das Feld **Region** ausgewählt, beginnt bei jeder neuen Region eine neue Seite. Ist **Produktgruppe** ausgewählt, wird jede Gruppe auf eigenen Seiten ausgegeben.

Neu seit Excel 2010 ist auf diesem Register auch die Option **Elementnamen wiederholen**. Sie sorgt dafür, dass die Namen der Elemente für das ausgewählte Feld in jeder Zeile wiederholt werden, anders als bei dem generellen Befehl **Alle Elementnamen** im Menü der Schaltfläche **Berichtslayout**, das oben im Abschnitt »Alternativen für das Berichtslayout« ab Seite 631 bereits beschrieben wurde.

	A	B	C
4	**Region**	**Vertreter**	**Produktgruppe**
5	⊟ **Nord**	⊟ **Evas**	Solaranlagen
6		**Evas**	Wärmedämmung
7		**Evas**	Wärmepumpen
8		**Evas Ergebnis**	
9		⊟ **Tobruk**	Solaranlagen
10		**Tobruk**	Wärmedämmung
11		**Tobruk**	Wärmepumpen
12		**Tobruk Ergebnis**	

Abbildung 17.52 *Nur die Elementnamen des Felds »Vertreter« werden wiederholt.*

Die Berechnung der Werte ändern

Wenn Sie nichts ändern, summiert Excel in den Zellen des Wertebereichs die zusammengehörigen Werte, etwa die Umsätze der verschiedenen Vertreter für eine Produktgruppe. Bei Textfeldern wird die Anzahl angegeben, etwa die Anzahl der Vertreter in einer Region. Sie haben aber jederzeit die Möglichkeit, auch andere Berechnungsmethoden zur Zusammenfassung der Daten zu verwenden. Eine solche Änderung gilt jeweils für ein bestimmtes Wertfeld.

1. Wählen Sie dazu das gewünschte Wertfeld in der Tabelle aus, und verwenden Sie **Analysieren > Aktives Feld > Feldeinstellungen**. Alternativ können Sie auch das entsprechende Element im Bereich **Werte** markieren und dort im Menü die Option **Wertfeldeinstellungen** nehmen.
2. Excel öffnet den Dialog **Wertfeldeinstellungen**. Sie erhalten zunächst den Hinweis auf den Quellennamen, also auf die Beschriftung der Spalte in der Quelltabelle, und können unter **Benutzerdefinierter Name** den von Excel automatisch generierten

Namen ändern, wie wir es bereits in Abbildung 17.15 gezeigt haben.

3 Auf dem Register **Werte zusammenfassen nach** wählen Sie die Funktion aus, die zur Berechnung verwendet werden soll. Sie finden im Listenfeld wieder die statistischen Funktionen, die auch der Befehl **Teilergebnisse** anbietet. Wenn Sie beispielsweise wissen wollen, wie viel Umsatz die Vertreter im Durchschnitt in den verschiedenen Produktgruppen erzielt haben, wählen Sie aus der Liste die Option **Mittelwert**.

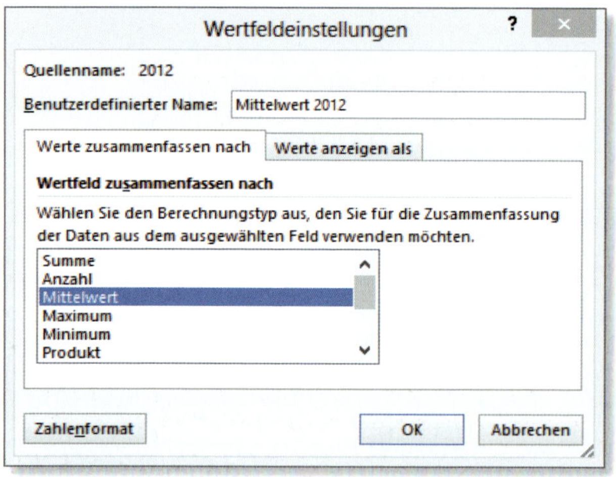

Abbildung 17.53 *Hier wählen Sie die Berechnungsart für die Zusammenfassung der einzelnen Werte.*

4 Excel ersetzt in diesem Fall die Überschrift der Wertespalte durch die Bezeichnung der Funktion, wie Abbildung 17.54 zeigt.

	A	B
4	Produktgruppe	Mittelwert 2012
5	Solaranlagen	1325000
6	Wärmedämmung	1975000
7	Wärmepumpen	1487500

Abbildung 17.54 *Die Zusammenfassung der Daten der einzelnen Vertreter verwendet diesmal die Funktion »MITTELWERT()«.*

Ein Doppelklick oder -tipp auf die Wertezelle in B5 liefert den Beweis, dass das Ergebnis stimmt:

	A	B	C	F
1	Vertreter	Produktgruppe	Region	2012
2	Helim	Solaranlagen	Ost	1200000
3	Lanzen	Solaranlagen	Süd	1200000
4	Karint	Solaranlagen	Süd	1200000
5	Elise	Solaranlagen	Ost	1800000
6	Evas	Solaranlagen	Nord	1400000
7	Tobruk	Solaranlagen	Nord	1200000
8	Franz	Solaranlagen	West	1200000
9	Kahlen	Solaranlagen	West	1400000
10			Mittelwert	1325000

Abbildung 17.55 *Die Einzelergebnisse der Vertreter liefern den angezeigten Mittelwert.*

Über die Schaltfläche **Zahlenformat** haben Sie außerdem die Möglichkeit, die Werte im Datenbereich zu formatieren. Excel übernimmt zunächst immer das Format der Quelldaten. Es kann aber gut sein, dass dieses Format für die zusammenfassenden Ergebnisse nicht günstig ist, beispielsweise wenn die Nachkommastellen nicht benötigt werden.

Interessante Möglichkeiten bietet hier auch das zweite Register **Werte anzeigen als**. Angenommen, Sie wollen anstelle der Gesamtsummen nur die entsprechenden Prozentwerte sehen, um die Daten besser vergleichen zu können. Dazu wählen Sie auf dem Register **Werte zeigen als** aus dem ersten Listenfeld die Option **% des Gesamtergebnisses**.

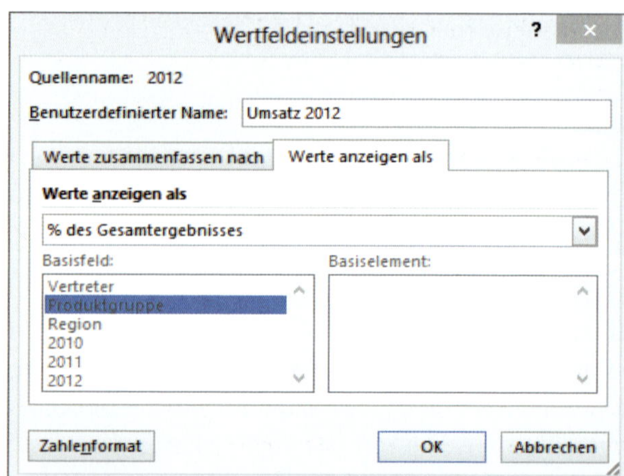

Abbildung 17.56 *Wahl der Prozentanzeige in Bezug auf das Gesamtergebnis*

Abbildung 17.57 zeigt eine Tabelle mit Prozentanteilen.

	A	B	C	D
4	Produktgruppe	Umsatz 2010	Umsatz 2011	Umsatz 2012
5	Solaranlagen	28,22%	26,68%	27,68%
6	Wärmedämmung	39,18%	39,90%	41,25%
7	Wärmepumpen	32,60%	33,42%	31,07%
8	Gesamtergebnis	100,00%	100,00%	100,00%

Abbildung 17.57 *Tabelle mit Prozentanteilen*

Etwas komplexer sind Differenzbildungen zu anderen Werten. Um etwa die Differenz der anderen Regionen zur Region **Nord** zu berechnen, können Sie so verfahren:

1. Wählen Sie den ersten Wert in der Wertespalte aus, und öffnen Sie den Dialog **Wertfeldeinstellungen**.
2. Unter **Werte anzeigen als** nehmen Sie die Option **% Differenz von**.
3. Anschließend markieren Sie in der Liste zu **Basisfeld** das Feld **Region** und unter **Basiselement** das Element **Nord**.

	A	B	C	D
4	Umsatz 2010	Produktgruppe		
5	Region	Solaranlagen	Wärmedämmung	Wärmepumpen
6	Nord			
7	Ost	29,18%	15,15%	14,81%
8	Süd	0,00%	15,15%	14,81%
9	West	0,00%	3,03%	11,11%

Abbildung 17.58 *Die Tabelle zeigt die prozentualen Unterschiede zu dem entsprechenden Wert für die Region »Nord«.*

Das Programm berechnet für alle Werte in der betreffenden Spalte die prozentualen Unterschiede zu dem angegebenen Basiselement. Die Zelle für dieses Element bleibt in diesem Fall leer.

Um den Wechsel zwischen verschiedenen Auswertungen zu beschleunigen, finden Sie im Kontextmenü zu einem Wertfeld in Excel 2013 die beiden Optionen **Werte zusammenfassen nach** und **Werte anzeigen als** eingefügt, deren Menüs zahlreiche Berechnungsalternativen für das ausgewählte Wertfeld direkt anbieten.

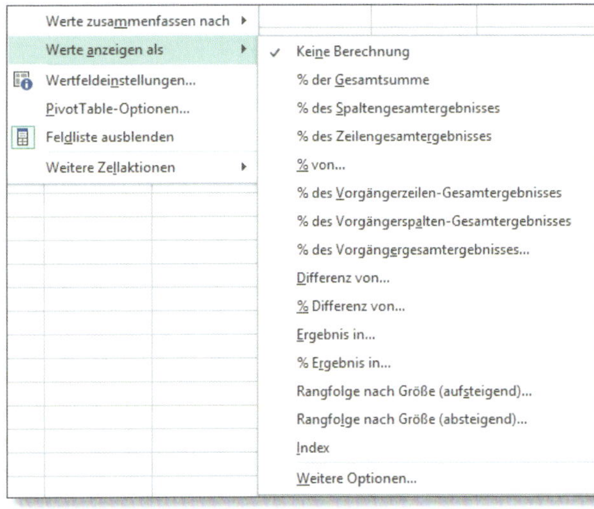

Abbildung 17.59 *Berechnungsalternativen für ein Wertfeld im Kontextmenü*

Die Werte für **Basisfeld** oder **Basiselement** werden in diesem Fall jeweils über ein kleines Dialogfeld eingegeben.

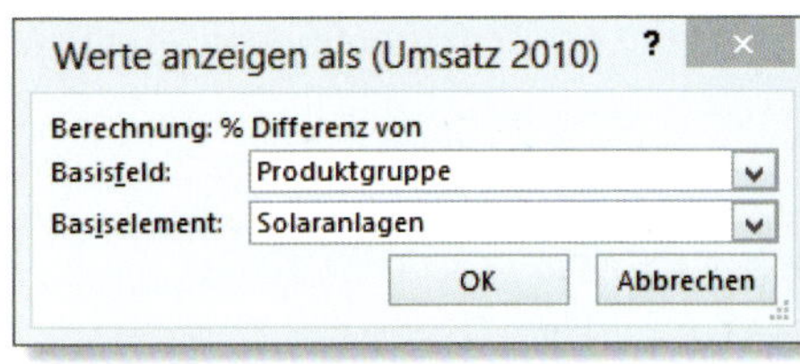

Abbildung 17.60 *Dialog für die Auswahl von Parametern für andere Berechnungsverfahren*

Ein- und Ausblenden von Detailinformationen

Wenn Sie in einer Pivot-Tabelle mit mehreren Feldern im Zeilen- oder Spaltenbereich arbeiten, können Sie die untergeordneten Elemente sehr einfach per Doppelklick oder -tipp auf das jeweils höherrangige Element aus- und wieder einblenden.

Statt mit Doppelklick oder -tipp können Sie auch mit den Schaltflächen **+/–** vor den höherrangigen Elementnamen arbeiten. Letztere lassen sich auch über **Analysieren > Anzeigen > Schaltflächen +/–** ein- und ausblenden.

	A	B	C
4	Produktgruppe	Region	Umsatz 2012
5	⊞ Solaranlagen		10600000
6	⊞ Wärmedämmung		15800000
7	⊟ Wärmepumpen	Nord	2700000
8		Ost	3100000
9		Süd	3100000
10		West	3000000
11	Wärmepumpen Ergebnis		11900000
12	Gesamtergebnis		38300000

Abbildung 17.61 Die Einzelergebnisse für zwei Produktgruppen sind hier ausgeblendet.

Ergänzt werden diese Möglichkeiten noch durch zwei Schaltflächen unter **Analysieren > Aktives Feld**.

Abbildung 17.62 Schaltflächen zum Ein- und Ausblenden von Detaildaten

Mit **Feld erweitern** wird der gesamte Elementenbaum in einem Zug ausgefaltet.

	A	B	C
4	Produktgruppe	Region	Vertreter
5	⊟ Solaranlagen	⊟ Nord	Evas
6			Tobruk
7		⊟ Ost	Elise
8			Helim

Abbildung 17.63 Die erweiterte Ansicht

Feld reduzieren blendet alle Einzelelemente unterhalb des Felds mit dem höchsten Rang aus.

	A	B	C	D
4	Produktgruppe	Region	Vertreter	Umsatz 2012
5	⊞ Solaranlagen			10600000
6	⊞ Wärmedämmung			15800000
7	⊞ Wärmepumpen			11900000
8	Gesamtergebnis			38300000

Abbildung 17.64 Die reduzierte Ansicht

Neue Gruppen zusammenstellen

Wenn es zu einem Feld zahlreiche Elemente gibt, ist es möglich, Untergruppen zu bilden und die Ergebnisse für diese Untergruppen berechnen zu lassen. Bei Textelementen kann das manuell geschehen, bei Zahlen- oder Datumselementen ist auch eine automatische Zusammenfassung nach bestimmten Intervallen möglich.

Wenn eine Firma z. B. mehrere Vertreter hat, muss das nicht heißen, dass sie alle gleich behandelt werden. Die Provision kann bei einigen höher sein als bei den anderen. Angenommen, Sie haben zwei verschiedene Provisionsstufen und wollen die Vertreter einer der beiden Gruppen zuordnen. Im Folgenden wird von einer Pivot-Tabelle ausgegangen, in der nur die Vertreter als Zeilenbeschriftungsfeld erscheinen.

1. Zunächst sollten Sie, falls es nicht schon geschehen ist, den speziellen Auswahlcursor aktivieren, mit dem sich Zeilen oder Spalten in einer Pivot-Tabelle bequem markieren lassen. Wählen Sie in der Gruppe **Analysieren > Aktionen** über die Schaltfläche **Auswählen** die Option **Auswahl aktivieren**.
2. Wenn Sie jetzt den Mauszeiger an den linken Rand einer Vertreterzelle – nicht auf den Zeilenkopf! – führen, verwandelt er sich in einen schwarzen Pfeil. Nun genügt ein Klick, um die Zeile mit Elementnamen und Daten komplett auszuwählen.

	A	B
4	Vertreter	Umsatz 2012
5	Elise	5400000
6	Evas	4800000
7	Franz	4800000
8	Helim	5100000

Abbildung 17.65 Elementauswahl mit dem Auswahlcursor

3. Um die Spalte mit den Vertretern in zwei Gruppen zu unterteilen, wählen Sie zuerst die Vertreter, die zur ersten Gruppe gehören sollen, mit der Maus aus. Die Elemente müssen nicht benachbart sein. Drücken Sie Strg, und führen Sie einen Mausklick aus.

4 Dann benutzen Sie in der Gruppe **Analysieren > Gruppieren** den Befehl **Gruppenauswahl**. Excel fasst die ausgewählten Elemente zu einer Gruppe zusammen und fügt ein Feld und ein Gruppenelement jeweils mit vorläufigen Namen ein. Beide Namen können über die Bearbeitungsleiste beliebig geändert werden, wenn Sie sie vorher anklicken.

5 Wählen Sie dann die restlichen Vertreter nach derselben Methode aus, und benutzen Sie erneut das Symbol **Gruppenauswahl**. Abbildung 17.66 zeigt das Ergebnis einer solchen Gruppierung.

Um die Gruppen wieder aufzuheben, wählen Sie die Schaltfläche mit dem neuen Gruppenfeld aus und benutzen in der Gruppe **Analysieren > Gruppieren** oder über das Kontextmenü den Befehl **Gruppierung aufheben**.

Im Modus **Fingereingabe** steht dieser spezielle Auswahlcursor nicht zur Verfügung. Sie können eine Mehrfachauswahl von Vertretern für eine Gruppe aber erreichen, indem Sie mit F8 oder ⇧ + F8 für nicht zusammenhängende Zellbereiche die Bereichserweiterung aktivieren.

Zahlenmaterial ordnen

An dieser Stelle wollen wir Ihnen noch einige andere Möglichkeiten zeigen, die auf das Vertriebsbeispiel nicht ohne Weiteres anwendbar sind. Enthält eine Spalte zahlreiche Zahlenelemente, können Sie die Zahlen nach bestimmten Intervallen gruppieren.

Als Beispiel verwenden wir eine kleine Tabelle für die Ergebnisse eines Tests.

	A	B	C
1	Testperson	Alter	Testergebnis
2	1	22	5036
3	2	38	4873
4	3	46	4762
5	4	14	4683
6	5	11	4563
7	6	28	4481
8	7	44	4381
9	8	10	4284
10	9	13	4168
11	10	23	3942
12	11	31	3895
13	12	13	3745
14	13	30	3494
15	14	47	3400

Abbildung 17.66 *Die Ausgangstabelle für eine Gruppierung von Zahlenwerten*

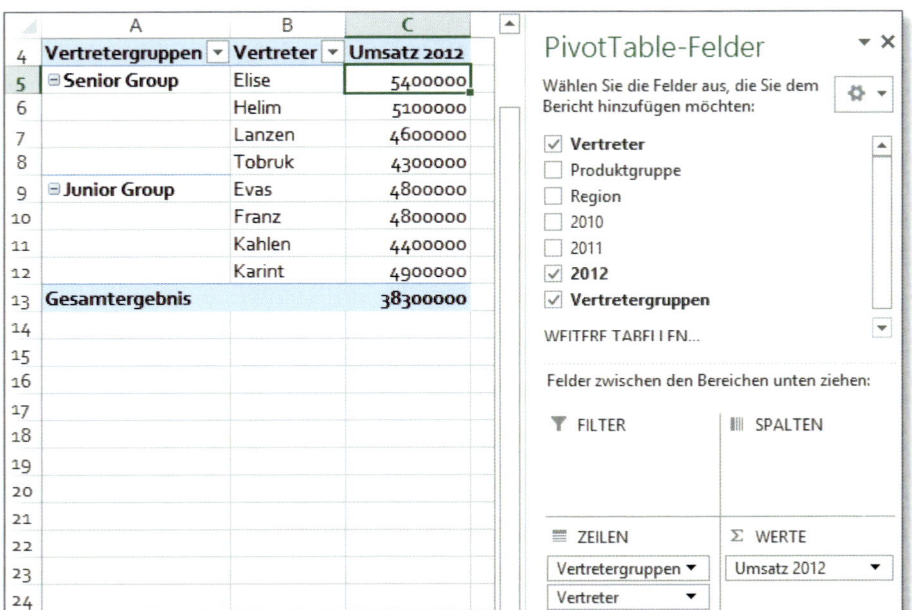

Abbildung 17.67 *Verteilung der Vertreter auf zwei Gruppen*

In der zweiten Spalte ist das Alter der jeweiligen Testperson eingetragen, in der dritten das Testergebnis. Sie werden vielleicht zunächst Zweifel haben, ob hier mit einer Pivot-Tabelle überhaupt etwas erreicht werden kann. Versuchen Sie aber einmal folgende Schritte:

1. Markieren Sie eine beliebige Zelle in der Tabelle, und fügen Sie wie üblich über **Einfügen > Tabellen > PivotTable** eine Pivot-Tabelle ein.
2. Sie können eine Pivot-Tabelle erzeugen, die für die Zeilenbeschriftung das Alter und als Wertfeld das Testergebnis benutzt. Die Pivot-Tabelle liefert dann mehr oder weniger eine Kopie der Originaltabelle, abgesehen von der Summe, die am Ende erscheint.
3. Damit sind die Möglichkeiten aber nicht erschöpft. Wenn Sie beispielsweise die Frage klären wollen, wie die durchschnittlichen Testergebnisse in einer bestimmten Altersklasse aussehen, kann die Pivot-Tabelle helfen. Wählen Sie dazu ein beliebiges Element in der Spalte mit den Altersangaben aus, und benutzen Sie in der Gruppe **Analysieren > Gruppieren** den Befehl **Gruppenfeld**.

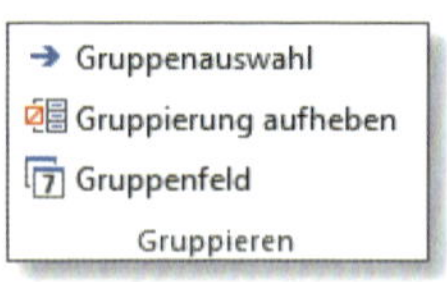

^ ***Abbildung 17.68*** *Die Optionen in der Gruppe »Analysieren > Gruppieren«*

4. Da es sich bei dem ausgewählten Wert um Zahlenelemente handelt, wird ein kleines Dialogfeld angeboten, in dem Sie in diesem Fall bestimmte Altersintervalle festlegen können.

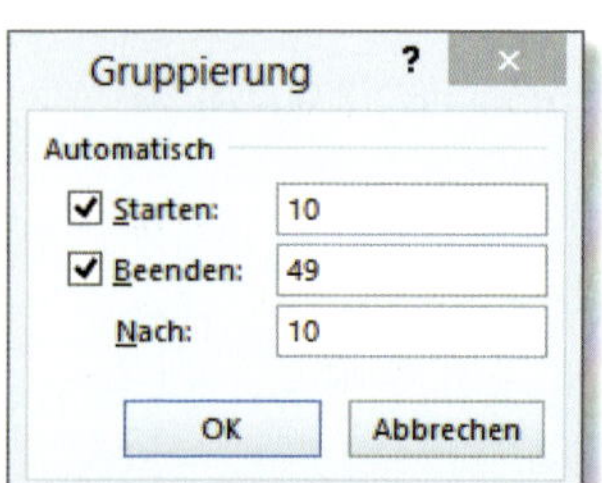

^ ***Abbildung 17.69*** *Wahl der Intervalle*

5. Das Dialogfeld zeigt zunächst den niedrigsten und den höchsten vorhandenen Alterswert an und schlägt unter **Nach** ein Intervall von zehn Jahren vor. Sie können diese Werte übernehmen oder ändern. Wenn Sie mit **OK** bestätigen, wird die Pivot-Tabelle mit den Altersklassen ausgegeben.
6. Nun ist es in diesem Fall vermutlich nicht sehr sinnvoll, die Testergebnisse zu addieren. Interessanter ist die Frage nach dem durchschnittlichen Testergebnis der einzelnen Testpersonen pro Altersklasse. Das ist schnell geregelt. Wählen Sie einen der Testwerte in der Pivot-Tabelle aus, und benutzen Sie im Kontextmenü unter **Werte zusammenfassen nach** die Option **Mittelwert**.
7. Um die vielen Nachkommastellen zu entfernen, klicken Sie auf dem Register **Start** noch die Schaltfläche **Zahlenformat** an und wählen ein Zahlenformat ohne Dezimalstellen.

Die Tabelle in Abbildung 17.70 zeigt das Ergebnis der Verteilung auf verschiedene Altersklassen:

	E	F
1	**Alter**	**Mittelwert**
2	10-19	3638
3	20-29	3450
4	30-39	2602
5	40-49	3194
6	**Gesamtergebnis**	**3172**

^ ***Abbildung 17.70*** *Gruppierung nach Altersklassen*

Gruppen nach Zeit oder Datum bilden

Wenn ein Feld aus Datums- oder Zeitelementen besteht, können Sie ähnlich verfahren. Das Dialogfeld bietet dann eine Gruppierung nach Tagen, Monaten, Quartalen oder Jahren an. Wird **Tage** gewählt, können mehrere Tage zu einer Gruppe zusammengefasst werden, etwa jeweils zu einer Woche. Im Folgenden wird zunächst mit einer kleinen Liste gearbeitet, in der die täglichen Besucherzahlen einer Ausstellung über einen Monat hinweg erfasst sind.

	A	B
1	**Ausstellungsbesucher**	
2		
3	Tag	Besucherzahl
4	01. Mrz	343
5	02. Mrz	287
6	03. Mrz	337
7	04. Mrz	404
8	05. Mrz	173
9	06. Mrz	125
10	07. Mrz	28
11	08. Mrz	122
12	09. Mrz	435
13	10. Mrz	431
14	11. Mrz	346
15	12. Mrz	182

Abbildung 17.71 *Tagesliste mit Besucherzahlen*

Wenn nun die Frage interessiert, wie sich die Besucherzahlen auf die verschiedenen Wochen des Monats verteilen, können Sie ähnlich verfahren wie in dem letzten Beispiel.

1 Sie bauen zunächst eine Pivot-Tabelle mit **Tag** als Zeilenbeschriftungsfeld und **Besucherzahl** als Wertfeld auf.

2 Dann wählen Sie ein beliebiges Datum aus und verwenden den Befehl **Analysieren > Gruppieren > Gruppenfeld**.

3 Unter **Nach** wählen Sie »Tage« und unter **Tage anzeigen** »7«. (Mit **Starten** könnte auch noch angegeben werden, wann die erste Woche anfängt.)

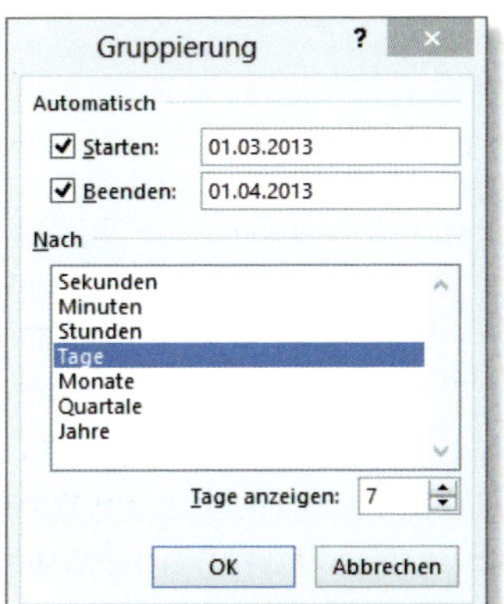

Abbildung 17.72 *In diesem Dialog können Sie zahlreiche Datums- und Zeitintervalle auswählen.*

4 Auch in diesem Fall ist es angebracht, die Beschriftung der zweiten Spalte und das Format der Zahlen noch anzupassen.

Abbildung 17.73 zeigt das Ergebnis der Gruppierung der Tageswerte.

	D	E
3	**Tag**	**Besucherzahlen**
4	01.03.2013 - 07.03.2013	1696
5	08.03.2013 - 14.03.2013	2032
6	15.03.2013 - 21.03.2013	1233
7	22.03.2013 - 28.03.2013	1665
8	29.03.2013 - 01.04.2013	948
9	**Gesamtergebnis**	**7575**

Abbildung 17.73 *Liste mit den Wochenergebnissen*

Einfügen von Zeitachsen

Eine neue Funktion in Excel 2013, die wie die Datenschnitte das Navigieren in dem zusammengestellten Datenmaterial erleichtert, ist die Zeitachse. Auch hier handelt es sich um ein grafisches Element, das zusätzlich eingefügt werden kann. Dabei geht es darum, Daten, die in irgendeiner Form zeitlich geordnet sind, auf einfache Weise durchwandern zu können.

Die im letzten Abschnitt verwendete Tabelle mit den Besucherzahlen einer Ausstellung ist ein Kandidat für eine solche Lösung.

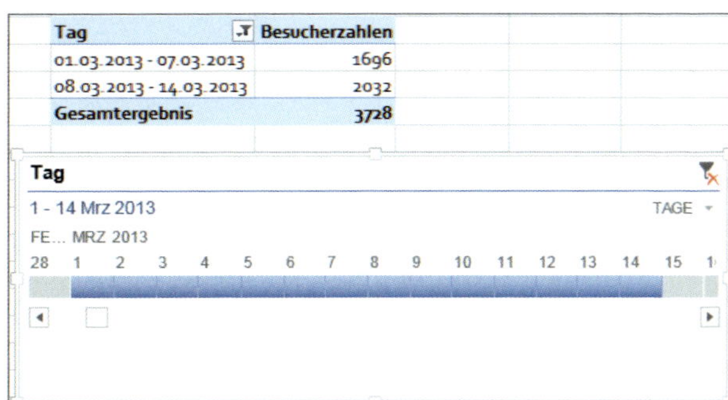

Abbildung 17.74 *Zeitachse zu einer Pivot-Tabelle, die ein Datumsfeld hat*

Wenn die Pivot-Tabelle eine zeitliche Dimension hat, macht es Sinn, zusätzlich eine Zeitachse anzulegen. Voraussetzung ist allerdings, dass es mindestens ein Feld gibt, dessen Werte ein gültiges Datumsformat haben. Das Verfahren sieht dann so aus:

1. Benutzen Sie dazu die Schaltfläche **Zeitachse einfügen** in der Gruppe **Analysieren > Filtern**.
2. Im Dialog werden die Felder, die ein Datumsformat haben, zur Auswahl angeboten. Hier ist es das Feld **Tag**.
3. Wenn Sie den Dialog bestätigen, wird nun zunächst eine Zeitachse angelegt, die mindestens die in dem betreffenden Feld vorkommende Zeitspanne abdeckt. Die Einteilung wird auf der Basis der vorhandenen Daten vorgenommen, kann aber über das Listenfeld in der rechten oberen Ecke auch geändert werden.
4. Wie bei jedem grafischen Element lassen sich Größe und Position durch Ziehen an Rahmen oder Anfassern anpassen.
5. Durch Anklicken oder Antippen eines bestimmten Abschnitts der Skala aktivieren Sie die entsprechenden Filterfunktionen. In der Tabelle erscheinen durch die Filterung dann nur die Werte für den betreffenden Tag, den Monat, das Quartal oder das Jahr.
6. Sollen dagegen die Daten für einen bestimmten Zeitraum, mehrere Tage beispielsweise, erscheinen, ziehen Sie am Ende des Balkens, der die aktuelle Auswahl markiert, so wie es Abbildung 17.74 auf Seite 645 zeigt.
7. Ein Klick oder Tipp auf das Filtersymbol in der rechten oberen Ecke löscht den aktiven Filter wieder.

Weitere Formatoptionen finden Sie über das Kontextmenü, wenn Sie mit **Größe und Eigenschaften** den Aufgabenbereich **Zeitachse formatieren** einblenden.

Abbildung 17.75 *Der Aufgabenbereich für die Formatierung der Zeitachse*

Pivot-Tabellen formatieren

Die Festlegung des Zahlenformats ist oben im Abschnitt »Die Berechnung der Werte ändern« ab Seite 639 schon kurz angesprochen worden. Alle weiteren Möglichkeiten für die Zellformatierung – Schrift, Hintergrund, Rahmen etc. – stehen auch für die Pivot-Tabelle zur Verfügung.

Schnelle Markierung von Datengruppen

Um die Daten für eine eventuelle Formatierung oder auch für andere Operationen wie Kopieren etc. leichter markieren zu können, stellt Excel in der Gruppe **Analysieren > Aktionen** über die Schaltfläche **Auswählen** mehrere Befehle zur Verfügung, die verwendet werden können, um bestimmte Teile oder die gesamte Pivot-Tabelle auszuwählen.

Die ersten drei Optionen lassen sich erst verwenden, wenn zunächst die gesamte PivotTable ausgewählt oder mit **Auswahl aktivieren** der oben schon verwendete Auswahlcursor benutzt wurde, um einzelne Elemente zu markieren.

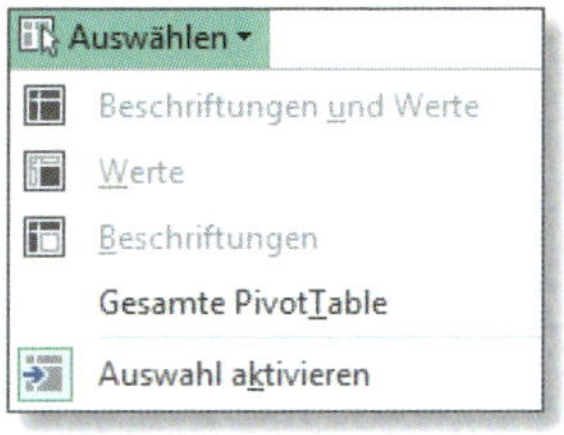

Abbildung 17.76 Befehle zum Markieren

Die Auswahl **Werte** markiert dann jeweils alle Daten aus dem Wertebereich einschließlich der vorhandenen Auswertungen. Separat können auch die Beschriftungen markiert werden, etwa um andere Schriften zuzuordnen.

Der angesprochene Auswahlcursor vereinfacht die Auswahl von Elementgruppen. Um beispielsweise alle Daten für die Region Nord zu markieren, klicken Sie in der Spalte **Region** mit dem schwarzen Pfeil den linken Rand der Bezeichnung **Nord** an.

Alle Zellen für **Nord** werden markiert. Anschließend können Sie mithilfe der anderen Markierungssymbole für die aktuelle Auswahl bestimmen, ob nur die Werte oder die Beschriftungen oder beide markiert werden sollen.

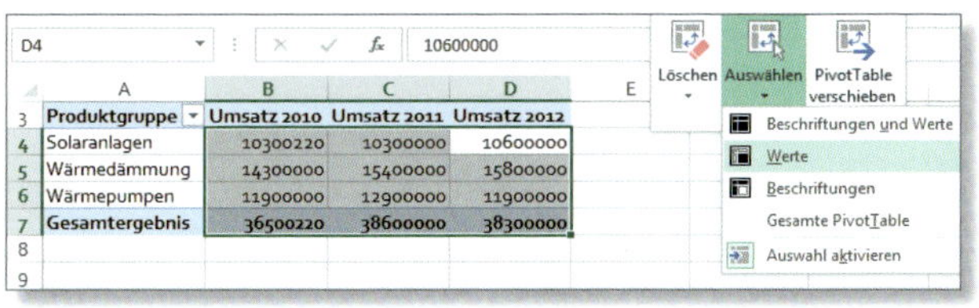

Abbildung 17.77 In diesem Fall sind nur die Werte markiert.

Farben für zusammengehörige Daten

Häufig besteht Interesse, bestimmte Datengruppen z.B. durch unterschiedliche Hintergrundfarben voneinander abzuheben. In Excel 2013 ist gewährleistet, dass eine solche Farbzuordnung nicht verloren geht, wenn die Daten umgruppiert werden.

Sind beispielsweise die Werte einer Region markiert, lässt sich dafür ganz einfach eine Hintergrundfarbe vergeben. Ein Klick oder Tipp auf das Symbol **Füllfarbe** in der Gruppe **Start > Schriftart** und die Auswahl einer entsprechenden Farbe genügen.

	A	B	C
3	Region	Produktgruppe	Umsatz 2010
4	⊟ Nord	Solaranlagen	2400000
5		Wärmedämmung	3300000
6		Wärmepumpen	2700000
7	Nord Ergebnis		8400000
8	⊟ Ost	Solaranlagen	3100220
9		Wärmedämmung	3800000
10		Wärmepumpen	3100000
11	Ost Ergebnis		10000220
12	⊟ Süd	Solaranlagen	2400000
13		Wärmedämmung	3800000
14		Wärmepumpen	3100000
15	Süd Ergebnis		9300000
16	⊟ West	Solaranlagen	2400000
17		Wärmedämmung	3400000
18		Wärmepumpen	3000000
19	West Ergebnis		8800000

Abbildung 17.78 Die Werte der Regionen mit unterschiedlichen Füllfarben als Hintergrund

Wird nun nachträglich das Layout der Tabelle geändert, z.B. indem das Feld **Region** als Spaltenbeschriftungsfeld verwendet wird, bleibt die zugeordnete Füllfarbe trotzdem für die Werte der verschiedenen Regionen erhalten.

	A	B	C	D	E
3	Umsatz 2012	Region			
4	Produktgruppe	Nord	Ost	Süd	West
5	Solaranlagen	2600000	3000000	2400000	2600000
6	Wärmedämmung	3800000	4400000	4000000	3600000
7	Wärmepumpen	2700000	3100000	3100000	3000000
8	Gesamtergebnis	9100000	10500000	9500000	9200000

Abbildung 17.79 Das Format wandert mit, wenn das Layout der Pivot-Tabelle geändert wird.

Bedingte Formate in Pivot-Tabellen

Die so praktischen Möglichkeiten der bedingten Formatierung können Sie auch in Pivot-Tabellen sehr effektiv einsetzen. Abbildung 17.80 zeigt eine Tabelle mit

Datenbalken. Wird ein solches Format einer Zellauswahl in einer Pivot-Tabelle zugewiesen, erscheint am Ende des Bereichs die Schaltfläche **Formatierungsoptionen**, die eine gezielte Zuweisung auf bestimmte Werte in der Pivot-Tabelle erlaubt.

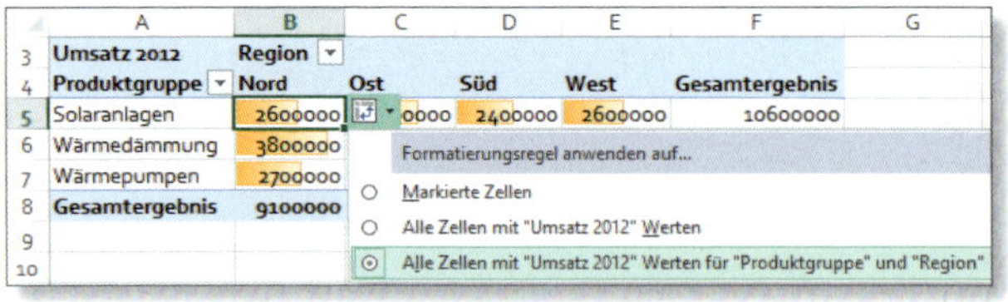

Abbildung 17.80 *PivotTable mit bedingten Formaten*

Anstatt vorab alle betreffenden Zellen zu markieren, können Sie beispielsweise das Format zunächst nur einer Zelle zuweisen. Bei der zweiten Option wird auch das Gesamtergebnis mitformatiert, bei der dritten nur die Einzelwerte der Produktgruppen in den betreffenden Spalten. Letzteres ist in diesem Fall günstiger. Wäre das Gesamtergebnis einbezogen, blieben die Balken für die einzelnen Produktgruppen ziemlich klein. Es ist dann besser, für die Spalte mit den Gesamtergebnissen das bedingte Format separat zu vergeben.

PivotTable-Formate

Die Möglichkeiten, Pivot-Tabellen zu formatieren, wurden bereits mit der Version Excel 2007 wesentlich verbessert. Dabei helfen insbesondere die vorgegebenen PivotTable-Formate, die den Formaten für Tabellen weitgehend entsprechen.

Häufig bietet es sich bei Pivot-Tabellen an, sie als geschlossenen Tabellenblock zu formatieren. Dazu können Sie eine der Formatvorlagen verwenden, die auf dem Register **Entwurf** in der Gruppe **PivotTable-Formate** angeboten werden. Einfluss auf das konkrete Aussehen dieser Formate haben die Optionen, die in der Nachbargruppe **Entwurf > Optionen für PivotTable-Formate** enthalten sind.

Wenn Sie beispielsweise eine spezielle Formatierung für die Beschriftung der Spalten haben wollen, aktivieren Sie die Option **Spaltenüberschriften** ①. Wenn Sie außerdem die Option **Verbundene Zeilen** ② aktivieren, werden die Zeilen jeweils paarweise formatiert, sodass je nach verwendeter Formatvorlage wechselnde Zellhintergründe verwendet werden. Für die Opti-

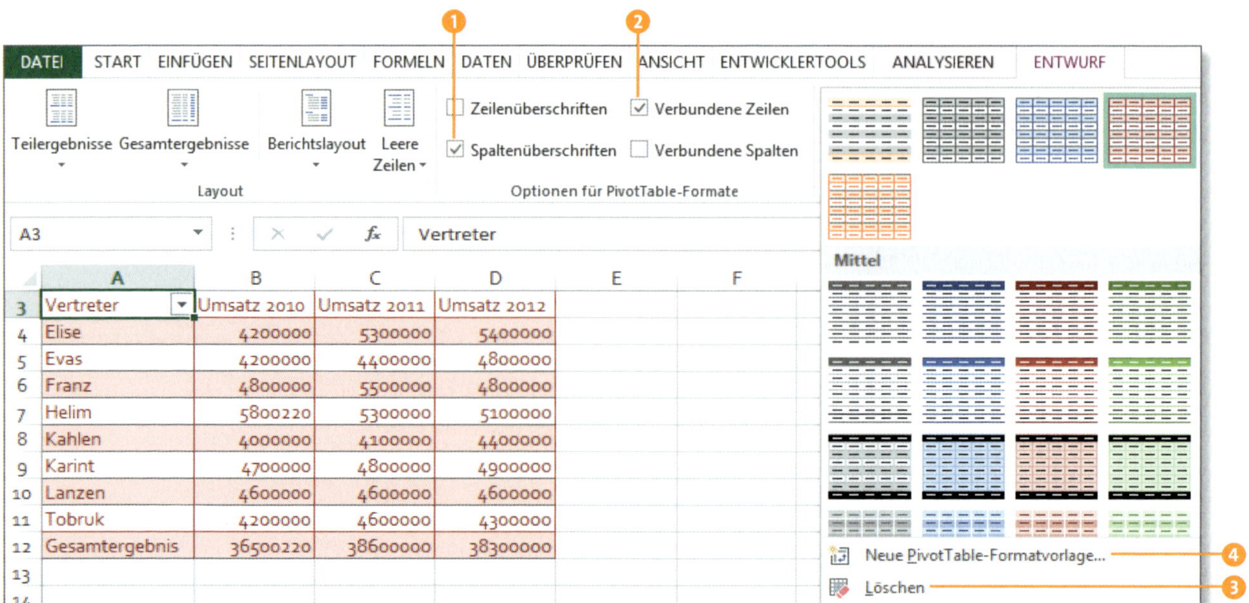

Abbildung 17.81 *Zuweisen eines PivotTable-Formats*

on **Verbundene Spalten** gilt Entsprechendes. Die in der **Format**-Palette angebotenen Muster hängen von den hier gewählten Optionen ab, wie Abbildung 17.81 zeigt.

Wurde eine Zelle in der Pivot-Tabelle ausgewählt, kann mit Klick oder Tipp auf eines der Formatmuster aus der Palette **PivotTable-Formate** das Format zugewiesen werden. Soll es gelöscht werden, benutzen Sie die Schaltfläche **Löschen** ❸ am Ende der **Vorlagen**-Palette.

Eigene Vorlagen gestalten

Wollen Sie eigene Vorlagen für Pivot-Tabellen gestalten, öffnen Sie den Dialog in der Palette über den Befehl **Neue PivotTable-Formatvorlage** ❹.

1. Vergeben Sie zunächst unter **Name** einen passenden Namen für das Format.
2. Wählen Sie nun jedes Mal unter **Tabellenelement** aus, was Sie formatieren wollen. Alle Elemente, die in einer Pivot-Tabelle vorkommen können, werden hier angeboten.
3. Benutzen Sie für jedes ausgewählte Element die Schaltfläche **Formatieren**. Hauptsächlich bietet der Dialog an, das ausgewählte Element über das Register **Ausfüllen** mit einer bestimmten Hintergrundfarbe oder Mustern zu versehen und über das Register **Rahmen** entsprechende Linien zuzuordnen. Auf dem Register **Schrift** lassen sich nur Schriftattribute wie **Farbe** oder **Schriftschnitt** ändern.

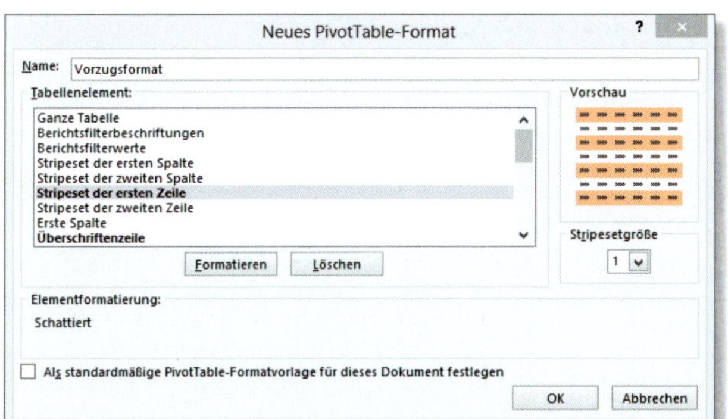

Abbildung 17.82 Entwurf eigener PivotTable-Formate

Die eigenen Formate tauchen anschließend in der **Format**-Palette in einem eigenen Block unter **Benutzerdefiniert** auf.

Eine andere Datenquelle zuordnen

Möglicherweise stellt sich nach dem Aufbau einer komplexen Auswertung in Form einer Pivot-Tabelle heraus, dass auch andere Datenquellen nach diesem Schema analysiert werden können. In solchen Fällen ist es möglich, der Pivot-Tabelle nachträglich eine andere Datenquelle zuzuweisen. Das ist nicht kompliziert:

1. Wählen Sie eine Zelle in der Pivot-Tabelle aus, die neu verbunden werden soll.
2. Benutzen Sie anschließend in der Gruppe **Analysieren > Daten** die Schaltfläche **Datenquelle ändern** und die gleichnamige Option.

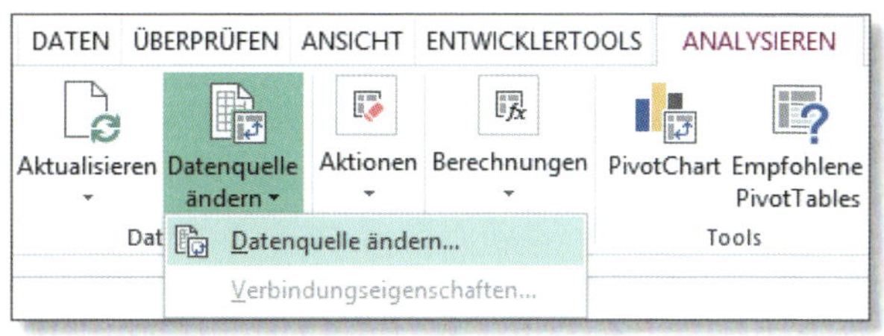

Abbildung 17.83 Die Option zum Ändern der Datenquelle

3. Geben Sie im Dialog die neue Datenquelle an. Wenn Sie eine Tabelle verwenden, reicht der Name.

Abbildung 17.84 Geben Sie als neue Datenquelle eine Tabelle oder einen Zellbereich an.

Enthält die neue Datenquelle zusätzliche Felder, werden diese in die Feldliste übernommen und können dann dort ausgewählt werden, um die entsprechenden Daten in die Pivot-Tabelle einzubinden. Enthält die neue Datenquelle dagegen weniger Felder, werden die in der neuen Quelle nicht vorhandenen Felder aus der Feldliste und aus der Pivot-Tabelle entfernt.

Verschieben, kopieren, löschen

Die Standardfunktionen **Ausschneiden**, **Kopieren** und **Einfügen** lassen sich auf eine Pivot-Tabelle ohne Weiteres anwenden, wenn diese vollständig ausgewählt ist. Dafür können Sie **Analysieren > Aktionen > Auswählen > Gesamte PivotTable** verwenden. Es gibt aber noch einen bequemeren Weg.

1. Markieren Sie eine Zelle in der Pivot-Tabelle.
2. Benutzen Sie in der Gruppe **Analysieren > Aktionen** die Schaltfläche **PivotTable verschieben**.
3. Geben Sie im Dialog die gewünschte Platzierung an. Ziel kann sowohl ein neues Blatt, ein Zellbereich auf einem anderen Blatt in der Arbeitsmappe, aber auch ein Blatt in einer ganz anderen Arbeitsmappe sein, wenn diese geöffnet ist.

Abbildung 17.85 *Ist die Tabelle ausgewählt, können Sie sie innerhalb der Arbeitsmappe verschieben.*

Häufig ist es praktisch, ein Blatt, das nur eine Pivot-Tabelle enthält, als Blatt zu kopieren und so ein Duplikat der Pivot-Tabelle anzulegen. Dieses neue Blatt übernimmt die Datenquelle des Originals und das aktuelle Layout. Sie können dann aber diese neue Pivot-Tabelle nach Belieben umgestalten, um zusätzliche Auswertungen der gleichen Quelldaten zu gewinnen.

Das Löschen des Inhalts einer kompletten Pivot-Tabelle ist sehr einfach. Wenn der Zellzeiger innerhalb der Pivot-Tabelle steht, benutzen Sie zunächst **Analysieren > Aktionen > Auswählen > Gesamte PivotTable**. Anschließend genügt der Befehl **Analysieren > Aktionen > Löschen > Alle löschen**.

Pivot-Tabelle aus externen Daten

Die Anwendungsmöglichkeiten für Pivot-Tabellen und -Diagramme gehen weit über die Auswertung von Daten hinaus, die in Arbeitsmappen abgelegt sind. Der Dialog **PivotTable erstellen** bietet Ihnen als zweite Option für die Angabe der zu analysierenden Daten die Option **Externe Datenquelle verwenden**.

Um die Datenquelle anzugeben, benutzen Sie die Schaltfläche **Verbindung auswählen**, die den Dialog **Vorhandene Verbindungen** öffnet. Die Einrichtung von Verbindungen, die für eine pivotierende Auswertung geeignet sind, etwa der Zugriff auf eine SQL-Datenbank, wird in Kapitel 19, »Externe Daten auswerten«, ab Seite 719 beschrieben.

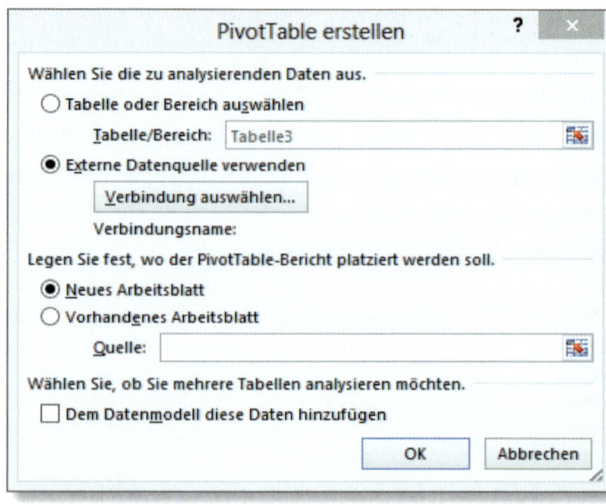

Abbildung 17.86 *Erstellen einer Pivot-Tabelle aus externen Daten*

Ist eine der vorhandenen Verbindungen ausgewählt, müssen bei Datenquellen auf einem Server unter Umständen noch die entsprechenden Zugangsdaten eingegeben werden.

17.3 Berechnete Felder einfügen

Pivot-Tabellen lassen sich nicht nur zur Auswertung vorhandener Tabellen verwenden, sondern auch zum Experimentieren mit den zusammengestellten Daten. Zwar zeigt die Pivot-Tabelle in Bezug auf die Formeln in der Quelltabelle immer nur die Ergebnisse an, nie die Formeln selbst, aber die Tabelle selbst lässt sich durchaus um berechnete Felder erweitern. Diese Formeln beziehen sich entweder auf ein Feld oder auf ein einzelnes Element eines Felds.

Allerdings können die Formeln nur Bezüge auf Felder der Pivot-Tabelle selbst und auf konstante Werte enthalten, nicht dagegen Bezüge auf andere Zellen im Tabellenblatt. Um sich auf Elemente der Pivot-Tabelle zu beziehen, werden die Elementnamen bzw. die Feldnamen verwendet.

Auf diese Weise sind z. B. Planspiele möglich, etwa um festzustellen, welche Werte bei einer Steigerung der Umsätze um 20 % für die einzelnen Elemente erreicht werden.

Einen Planwert einfügen

Nehmen Sie beispielsweise die Ausgangstabelle in Abbildung 17.87:

	A	B
4	**Umsatz 2012**	**Produktgruppe**
5	**Vertreter**	**Solaranlagen**
6	Elise	1800000
7	Evas	1400000
8	Franz	1200000
9	Helim	1200000
10	Kahlen	1400000
11	Karint	1200000
12	Lanzen	1200000
13	Tobruk	1200000
14	**Gesamtergebnis**	**10600000**

Abbildung 17.87 *Die Pivot-Tabelle vor dem Einfügen eines berechneten Felds*

1 Wählen Sie das Spaltenbeschriftungsfeld **Produktgruppe** aus, und nehmen Sie auf dem Register **Analysieren** in der Gruppe **Berechnungen** den Befehl **Felder, Elemente und Gruppen** und im Untermenü die Option **Berechnetes Feld**.

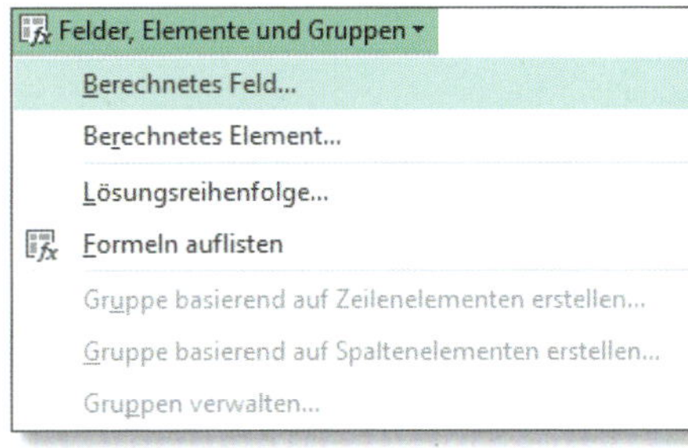

Abbildung 17.88 *Das Menü zu »Felder, Elemente und Gruppen« in der Gruppe »Berechnungen«*

2 Im Dialogfeld sollten Sie zunächst den vorgeschlagenen Feldnamen durch einen passenden Namen ersetzen, etwa »Planwert_2013«.

3 Geben Sie in das nächste Textfeld die Formel ein. Die Formel soll sich auf das Wertfeld **2012** beziehen. Dieses Feld kann aus der Liste **Felder** ausgewählt und mit **Feld einfügen** in die Formel übernommen werden.

4 Als Planwert ist pauschal vorgesehen, die Werte von 2012 jeweils um 20 % zu übertreffen. Also wird in der Formel noch `*1,2` angehängt.

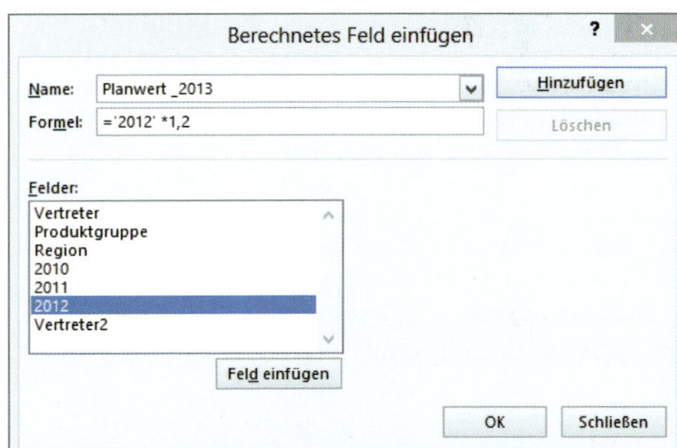

Abbildung 17.89 *Hier legen Sie fest, mit welcher Formel das berechnete Feld arbeiten soll.*

5 Sollen keine weiteren berechneten Felder definiert werden, kann das Dialogfeld mit **OK** verlassen wer-

den, ansonsten benutzen Sie die obere Schaltfläche **Hinzufügen** und bestimmen das nächste berechnete Feld. Überflüssige berechnete Felder lassen sich mit **Löschen** entfernen, wenn sie unter **Name** ausgewählt sind.

6 In der Tabelle wird für das neue Feld jeweils eine zusätzliche Spalte mit den Planwerten für die einzelnen Werte eingefügt. Ändern Sie in der Bearbeitungsleiste die vorgegebene Überschrift **Summe von ...** in »Planwert 2013«. Hier kann der Unterstrich weggelassen werden.

Wenn Sie berechnete Felder zu einer Pivot-Tabelle hinzufügen, erscheinen diese auch in der Feldliste im Aufgabenbereich.

Formeln für einzelne Elemente

Im letzten Beispiel berechnet die verwendete Formel für das neue Feld Planwerte für alle Werte, die zu den verschiedenen Elementen des Felds **Produktgruppe** gehören. Es ist aber auch möglich, Formeln zu verwenden, die nur Werte für ein bestimmtes Element liefern. Sollen die Planwerte für die drei Warengruppen differenziert berechnet werden, also mit unterschiedlichen Steigerungsraten, wählen Sie folgende Vorgehensweise:

1 Markieren Sie den Elementnamen **Solaranlagen**, und wählen Sie anschließend im Menü der Schaltfläche **Analysieren > Berechnungen > Felder, Elemente und Gruppen** diesmal den Befehl **Berechnetes Element** aus.

2 Geben Sie unter **Name** einen Namen für das neue Feld ein, etwa »Solar_Planwert_2013«.

3 Im Feld **Formel** können Sie den Elementnamen **Solaranlagen** mit **Element einfügen** übernehmen, wenn unter **Felder** der Wert **Produktgruppe** ausgewählt ist. Ergänzen Sie die Formel um den Multiplikationsfaktor `* 1,3`.

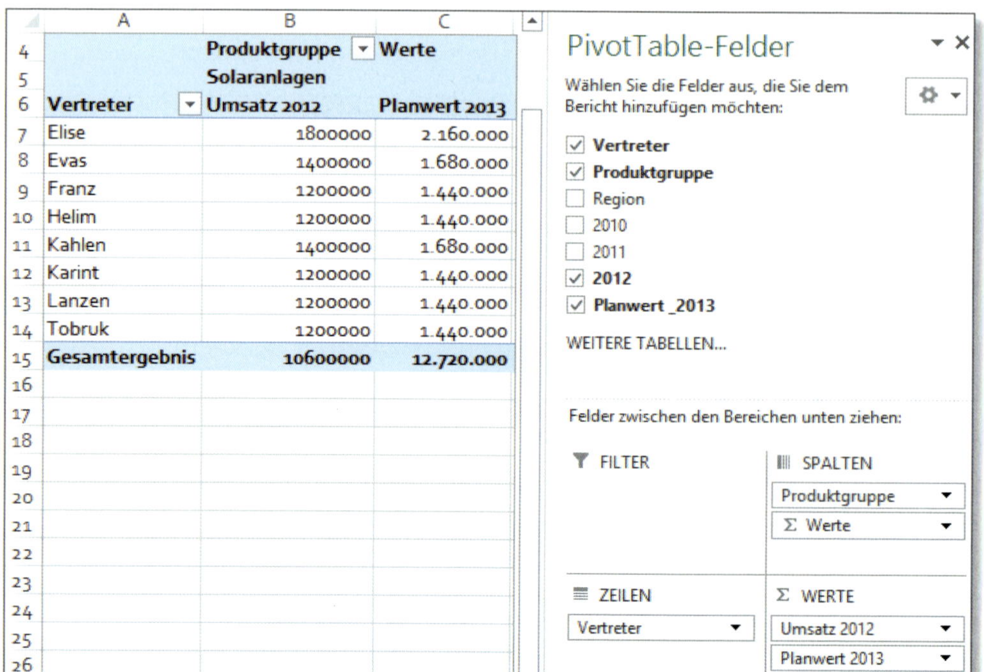

Abbildung 17.90
Die um ein berechnetes Feld erweiterte Pivot-Tabelle

Abbildung 17.91 *Eingabe einer Formel für ein bestimmtes Element eines Felds*

4. Benutzen Sie die Schaltfläche **Hinzufügen**, und geben Sie die Werte für die beiden anderen Elemente der Produktgruppe in der gleichen Weise ein, wobei Sie den Multiplikationsfaktor für jedes Element einzeln festlegen. In dem abgebildeten Beispiel wird für **Wärmedämmung** nur ein Anstieg um 20 % erwartet, für **Wärmepumpen** dagegen um 40 %.

5. Wenn Sie den Dialog dann mit **OK** abschließen, liefert die Tabelle zusätzliche Spalten mit den unterschiedlichen Planwerten für die drei Produktgruppen.

Wurden vorher bereits Pivot-Tabellen aus derselben Quelle in der Arbeitsmappe angelegt, erscheinen die neuen berechneten Elemente unter Umständen auch in den früheren Tabellen, wenn dort das Feld **Produktgruppe** verwendet wird. Das liegt daran, dass Excel die neuen Felder ja als Elemente des Felds behandelt. Um die berechneten Elemente dort auszublenden, können Sie dann entsprechende Filter setzen, wie es in Abschnitt 17.4, »Pivot-Tabellen sortieren und filtern«, ab Seite 654 beschrieben ist.

Lösungsreihenfolge festlegen

Es kann vorkommen, dass verschiedene Formeln Auswirkungen auf die Werte in einer Zelle der Pivot-Tabelle haben. Wenn beispielsweise eine Formel die Ergebnisse einer anderen Formel voraussetzt, sollte Letztere auch zuerst ausgeführt werden.

Um die Reihenfolge notfalls zu korrigieren, können Sie den Befehl **Analysieren > Berechnungen > Felder, Elemente und Gruppen > Lösungsreihenfolge** aufrufen. Im Dialogfeld lässt sich die Priorität der markierten Formeln mit den Schaltflächen **Nach Oben** oder **Nach Unten** entsprechend ändern.

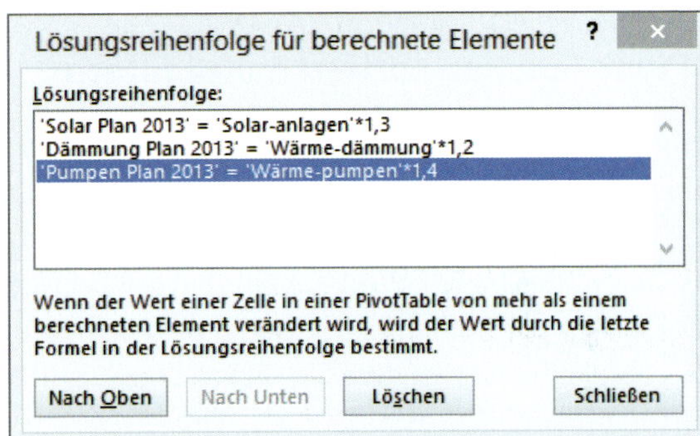

Abbildung 17.92 *In diesem Dialog können Sie bei Bedarf die Reihenfolge, in der die Formeln angewendet werden, verändern.*

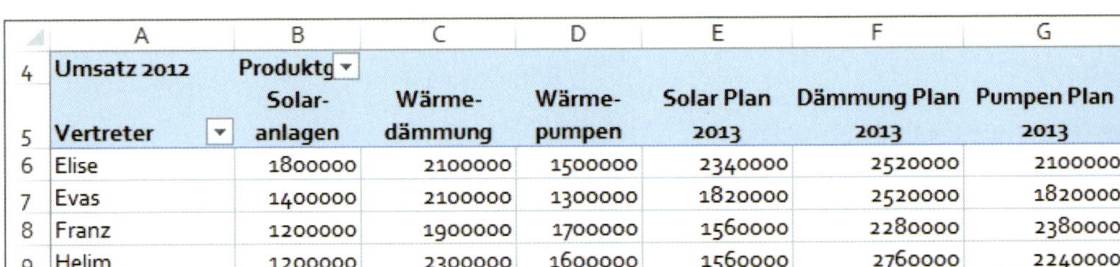

	A	B	C	D	E	F	G
4	Umsatz 2012	Produktg					
5	Vertreter	Solar-anlagen	Wärme-dämmung	Wärme-pumpen	Solar Plan 2013	Dämmung Plan 2013	Pumpen Plan 2013
6	Elise	1800000	2100000	1500000	2340000	2520000	2100000
7	Evas	1400000	2100000	1300000	1820000	2520000	1820000
8	Franz	1200000	1900000	1700000	1560000	2280000	2380000
9	Helim	1200000	2300000	1600000	1560000	2760000	2240000

Abbildung 17.93 *Tabelle mit unterschiedlichen Steigerungsraten bei den Plandaten*

Anders als bei den normalen Werten werden bei berechneten Werten die zugrunde liegenden Formeln in der Bearbeitungsleiste angezeigt, wenn Sie eine Zelle auswählen. Sie haben zusätzlich die Möglichkeit, sich eine Liste dieser Formeln ausgeben zu lassen. Verwenden Sie im Menü zu **Felder, Elemente und Gruppen** den Befehl **Formeln auflisten**, um die Formeln auf einem separaten Blatt zu dokumentieren.

	A	B	C
1	*Berechnetes Feld*		
2	**Lösungsreihenfolge**	**Feld**	**Formel**
3	1	Planwert _2013	='2012'*1,2
4			
5	*Berechnetes Element*		
6	**Lösungsreihenfolge**	**Element**	**Formel**
7	1	'Solar Plan 2013'	='Solar-anlagen'*1,3
8	2	'Dämmung Plan 2013'	='Wärme-dämmung'*1,2
9	3	'Pumpen Plan 2013'	='Wärme-pumpen'*1,4

Abbildung 17.94 *Auszug aus der Formelliste*

17.4 Pivot-Tabellen sortieren und filtern

Zunächst ist die Reihenfolge, in der Daten in einer Pivot-Tabelle erscheinen, immer durch die Anordnung der Quelldaten vorgegeben. Gleiches gilt für die Menge der Daten, die in der Pivot-Tabelle berücksichtigt werden. Weder die Reihenfolge noch die Datenmenge muss dem entsprechen, was Sie für eine bestimmte Auswertung brauchen.

Wie wir schon in Kapitel 6, »Daten abfragen«, ab Seite 333 gezeigt haben, verfügt Excel über flexible Verfahren, Daten zu sortieren oder zu filtern. Wie diese Verfahren bei Pivot-Tabellen eingesetzt werden, werden Ihnen die folgenden Abschnitte zeigen.

Sortieren in der Pivot-Tabelle

So, wie es unterschiedliche Ordnungskriterien für die Pivot-Tabelle insgesamt geben kann, je nach Anordnung der Felder in den verschiedenen Bereichen, sind auch innerhalb der Elemente, die zu einem dieser Felder gehören, jeweils unterschiedliche Anordnungen möglich.

Sie können die Elemente eines Felds entweder nach der Reihenfolge der Beschriftungen oder nach der Rangfolge der Werte sortieren. Außerdem werden zwei verschiedene Verfahren angeboten:

- Sie können die Sortierung manuell vornehmen und dabei die auch für Tabellen und Zellbereiche verwendeten Sortierbefehle einsetzen.
- Sie können pro Feld eine dynamische Sortierung festlegen, die automatisch angepasst wird, wenn sich die Daten in der Quelltabelle ändern und die Pivot-Tabelle durch den Befehl **Daten > Aktualisieren** aufgefrischt wird.

Manuell sortieren

Wir nehmen als Beispiel eine Pivot-Tabelle, die nur die Umsätze pro Vertreter anzeigt. Um die Tabelle nach den Vertreternamen zu sortieren, die hier als Beschriftungen der Zeilenelemente benutzt werden, reichen folgende Schritte:

1. Markieren Sie in der Tabelle den Feldnamen, zu dem die Elemente gehören – hier also **Vertreter** –, oder auch einen der Vertreternamen in der Spalte.
2. Benutzen Sie eines der beiden Sortiersymbole in der Gruppe **Daten > Sortieren und Filtern**, um die Namen in aufsteigender (oder absteigender) Reihenfolge zu sortieren.
3. Die zu den Elementen gehörenden Daten werden automatisch mit geordnet. Auf der Filterschaltfläche des Felds erscheint ein kleiner Pfeil, der die Richtung der Sortierung andeutet.

Alternativ können Sie auch über das Kontextmenü der Schaltfläche mit dem Feldnamen oder über das Kontextmenü eines der Elemente im Feld den Befehl **Sortieren** aufrufen.

Soll dagegen nach der Rangfolge der Umsatzergebnisse sortiert werden, wählen Sie zunächst einen der Umsatzwerte in der Spalte mit den Umsätzen des Jahres, das Sie als Sortierkriterium verwenden wollen.

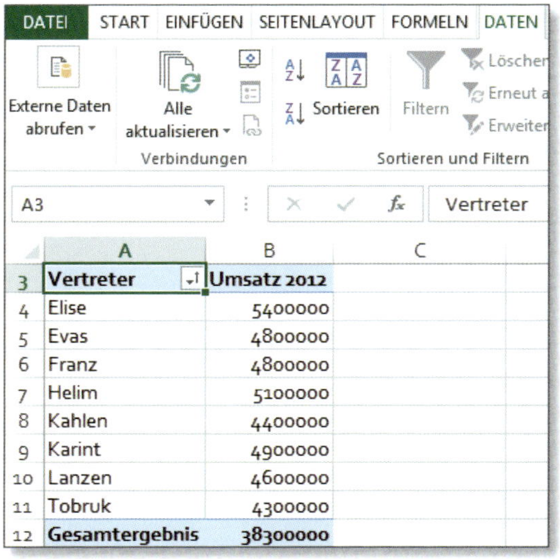

Abbildung 17.95 *Die Liste ist aufsteigend nach den Namen sortiert.*

Sobald ein numerischer Wert ausgewählt ist, ändern die beiden Sortiersymbole ihre Bezeichnung. Benutzen Sie das Sortiersymbol **Nach Größe sortieren (absteigend)**, wenn Sie die »Vertreter mit den dicksten Kartoffeln« zuerst sehen wollen.

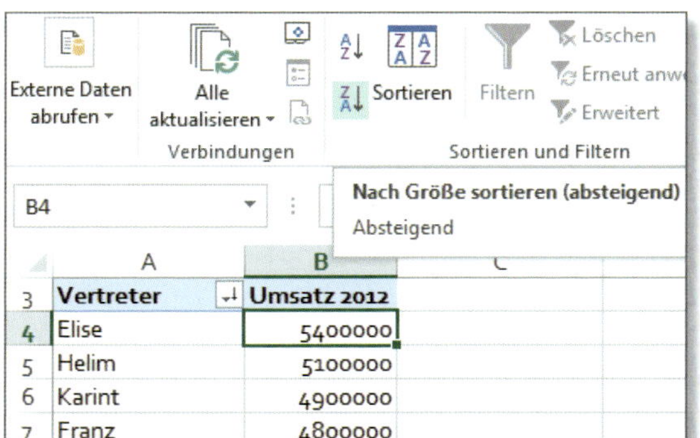

Abbildung 17.96 *Die größten Umsätze zuerst*

Dynamisch sortieren

Für jedes Feld in der Pivot-Tabelle können Sie separat eine bestimmte Sortierung festlegen, die bei jeder Aktualisierung der Tabelle automatisch wiederhergestellt wird. Nehmen wir als Beispiel eine Auswertung der Vertriebstabelle, bei der die Vertreter im Zeilenfeld, die Produktgruppen im Spaltenfeld angeordnet sind. Die Tabelle soll immer so ausgegeben werden, dass der Vertreter mit dem höchsten Gesamtumsatz zuerst aufgeführt wird.

1. Um die Zeilen der Vertreter dynamisch nach dem Umsatz zu sortieren, markieren Sie den Feldnamen **Vertreter** und wählen in der Gruppe **Daten > Sortieren und Filtern** die Schaltfläche **Sortieren**.
2. Wählen Sie die Option **Absteigend ...**, und nehmen Sie aus dem Listenfeld dazu den Eintrag **Umsatz 2012** (siehe Abbildung 17.97).
3. Die Tabelle wird anschließend immer so ausgegeben, dass der Vertreter mit dem höchsten Gesamtergebnis zuerst erscheint.

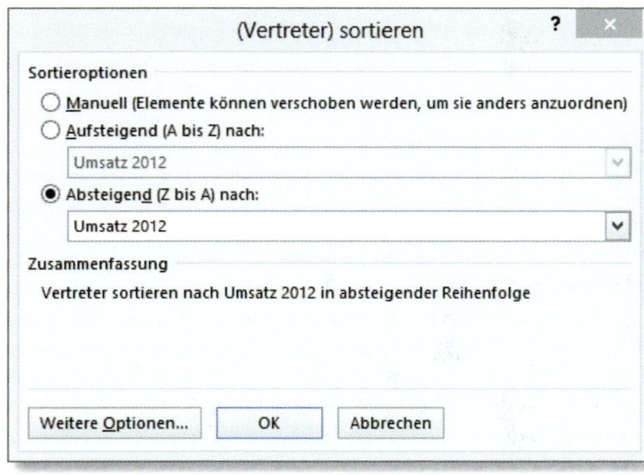

Abbildung 17.97 *Einstellungen für eine dynamische Sortierung*

Testen Sie die Sortierautomatik, indem Sie in der Quelltabelle gezielt bestimmte Werte ändern. Wenn Sie die Pivot-Tabelle aktualisieren, wird die gewünschte Sortierreihenfolge wiederhergestellt.

Daten filtern

Excel 2013 stellt Ihnen mehrere Möglichkeiten zur Verfügung, die Daten nach bestimmten Kriterien zu filtern, um die Datenmenge für eine bestimmte Fragestellung zu reduzieren oder um Untermengen für weitere Auswertungen zu gewinnen.

Die erste Methode haben wir oben im Abschnitt »Berichtsfilter« ab Seite 629 bereits vorgestellt. Sie erlaubt Ihnen, von einem Feld, das zahlreiche Elemente haben kann, immer gezielt die Daten eines oder mehrerer Elemente oder die Zusammenfassung für alle Elemente einzublenden.

Bei der zweiten Methode werden die Filter für die Felder im Bereich der Zeilen- oder Spaltenbeschriftung eingerichtet. Diese Methode entspricht – wie schon erwähnt – weitgehend der, die wir in Kapitel 6, »Daten abfragen«, ab Seite 333 beschrieben haben, deshalb werden wir uns an dieser Stelle entsprechend kürzer fassen.

Die dritte in Excel 2010 neu eingeführte Methode nennt sich *Datenschnitte*. Da sich diese Methode auch für Pivot-Diagramme einsetzen lässt, werden wir sie im Anschluss an die Behandlung dieses Themas in Abschnitt 17.6, »Schnelle Infos mit Datenschnitten«, ab Seite 662 beschreiben.

Eine spezielle Filtermethode für Datumswerte haben wir bereits im Abschnitt »Einfügen von Zeitachsen« ab Seite 645 vorgestellt.

Filtern nach Beschriftungen

Wenn Sie Felder in den Bereich der Zeilen- oder Spaltenbeschriftungen einfügen, blendet Excel in der Regel für jedes Feld eine Filterschaltfläche ein. Ausnahme ist das Kurzformat. In diesem Fall erscheint nur zu dem ersten Feld in jedem der beiden Bereiche eine Filterschaltfläche. Wenn Sie Filter für ein untergeordnetes Feld setzen wollen, erreichen Sie dieses Feld aber in dem Menü der Filterschaltfläche unter **Feld auswählen**.

Das Filtermenü zu einem Feld zeigt eine komplette Liste der jeweiligen Elemente. Löschen Sie beispielsweise die Häkchen bei den Elementen **Süd** und **West** im Zeilenfeld **Region**, werden diese Daten aus der Pivot-Tabelle herausgenommen. Anders als beim Filtern in einer Tabelle werden dabei aber keine Zeilen vorübergehend ausgeblendet.

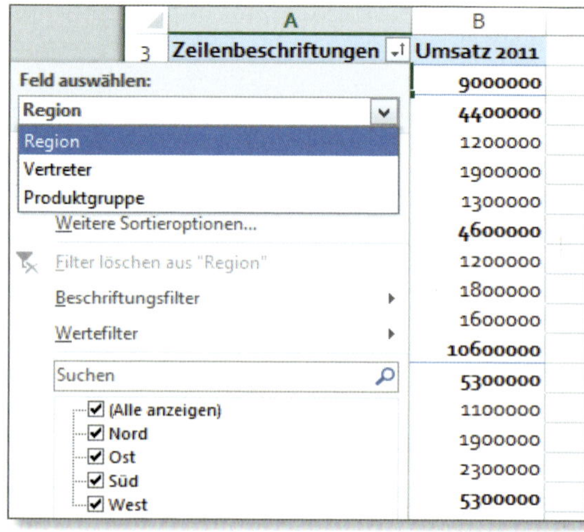

Abbildung 17.98 *Im Kurzformat wählen Sie das Feld, das gefiltert werden soll, am Anfang des Menüs der Filterschaltfläche.*

Im Aufgabenbereich **PivotTable-Felder** und hinter dem Feldnamen in der Pivot-Tabelle erscheinen zu dem betreffenden Feld Filtersymbole als Hinweis darauf, dass für dieses Feld ein Filter verwendet wird.

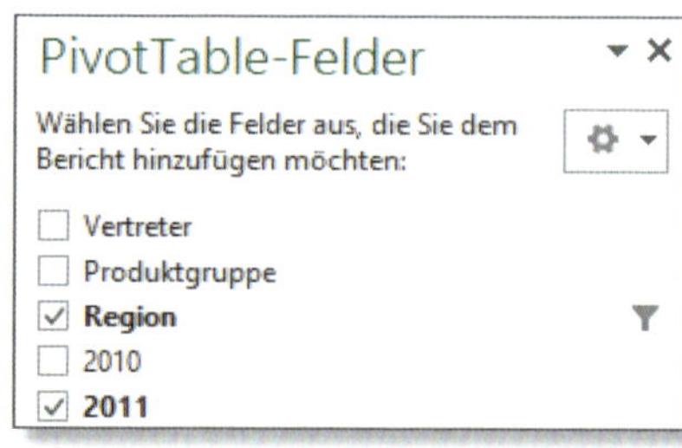

Abbildung 17.99 *Die Filtersymbole erinnern daran, dass von dem Feld nicht alle Daten angezeigt werden.*

Anstelle solch einfacher Filter durch Aus- und Abwahl in der angezeigten Elementliste werden außerdem unter den Optionen **Beschriftungsfilter** und **Wertefilter** zahlreiche Möglichkeiten angeboten, Elemente mithilfe von Auswahlkriterien in der Anzeige aus- oder einzuschließen.

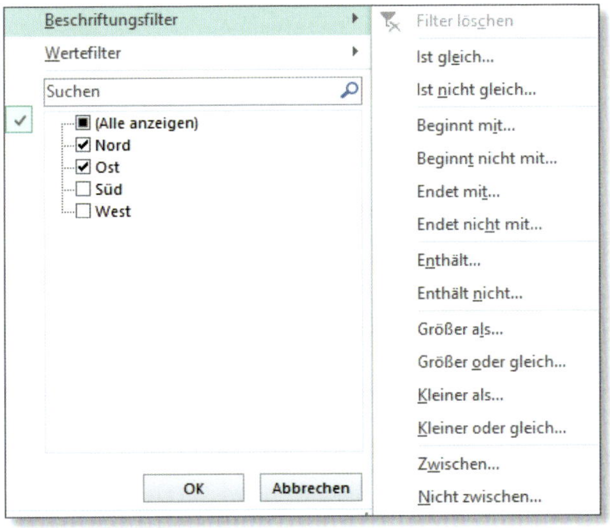

Abbildung 17.100 *Filteroptionen zu Beschriftungen*

Mit einem Beschriftungsfilter lassen sich beispielsweise die Produktgruppen herausfiltern, die mit einem bestimmten Buchstaben beginnen. Mit einem Wertefilter dagegen könnten etwa die Produktgruppen mit den höchsten Umsätzen gefunden werden. Die Wertefilter entsprechen den Zahlenfiltern aus Kapitel 6, »Daten abfragen«, ab Seite 333.

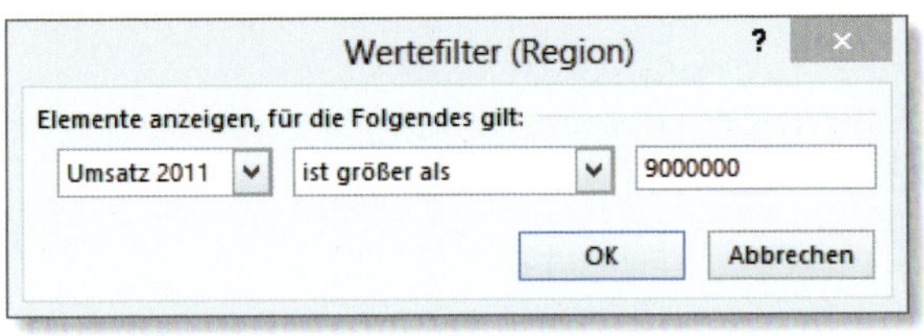

Abbildung 17.101 *Definition eines wertbezogenen Filters*

Wird ein Filter nicht mehr benötigt, kann er über den hier angebotenen Befehl **Filter löschen aus ...** entfernt werden.

Im Dialog **PivotTable-Optionen**, den Sie auch über das Kontextmenü des Felds erreichen, finden Sie auf dem Register **Summen & Filter** eine Option **Mehrere Filter pro Feld zulassen**. Ist sie aktiviert, lassen sich mehrere Filter für die Elemente eines Felds miteinander kombinieren.

Elementsuche

Die Menüs der Filterschaltflächen bieten seit der Version Excel 2010 auch die ebenfalls in Kapitel 6, »Daten abfragen«, beschriebene Suchfunktion an. Das ist besonders wertvoll bei Feldern, die eine große Anzahl von Elementen aufweisen. Mit der Elementsuche können Sie die für Sie interessanten Elemente auch dann schnell finden, wenn die Pivot-Tabelle beispielsweise Tausende von Zeilen enthält. Mit dem ersten Buchstaben wird die Liste bereits auf die Elemente verkürzt, in denen dieser Buchstabe vorkommt, jedes weitere Zeichen schränkt die Auswahl weiter ein.

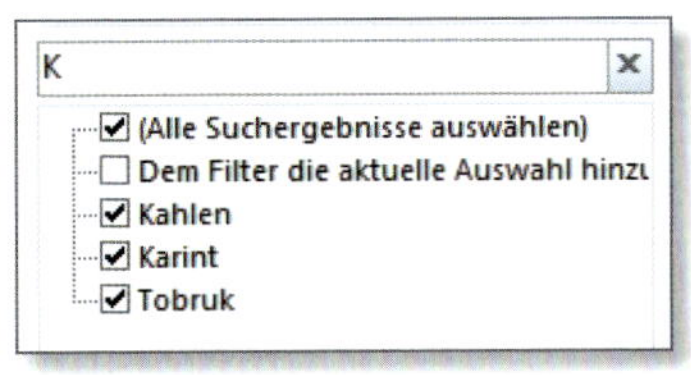

Abbildung 17.102 *Suche nach Elementen eines Felds*

17.5 Dynamische Diagramme aus Pivot-Tabellen

Excel erlaubt Ihnen schon seit der Version 2002, eine Pivot-Tabelle durch ein Pivot-Diagramm zu ergänzen. Diese Diagramme sind mit den zugrunde liegenden Tabellen verknüpft. Auch bei den Pivot-Diagrammen haben Sie ganz praktische interaktive Möglichkeiten, Daten neu zusammenzufassen oder zu gruppieren.

Allerdings sollten Sie beachten, dass sich nicht jede Pivot-Tabelle in jeden beliebigen Diagrammtyp umsetzen lässt. In der Regel ist es ratsam, mit relativ einfachen Diagrammtypen zu arbeiten und auch auf die Datenmengen zu achten, die sinnvollerweise in einem Diagramm visualisiert werden können.

Excel 2013 hat die Erstellung von Pivot-Tabellen und Pivot-Diagrammen etwas entkoppelt. Deshalb enthält das Register **Einfügen** jetzt eine eigene Schaltfläche **PivotChart**. Im Menü dazu finden Sie die Option **PivotChart** und **PivotChart und PivotTable**. Die erste Option kann verwendet werden, um ein Diagramm anzulegen, ohne vorher eine Pivot-Tabelle zu erstellen, oder um nachträglich zu einer Pivot-Tabelle noch ein Diagramm anzulegen.

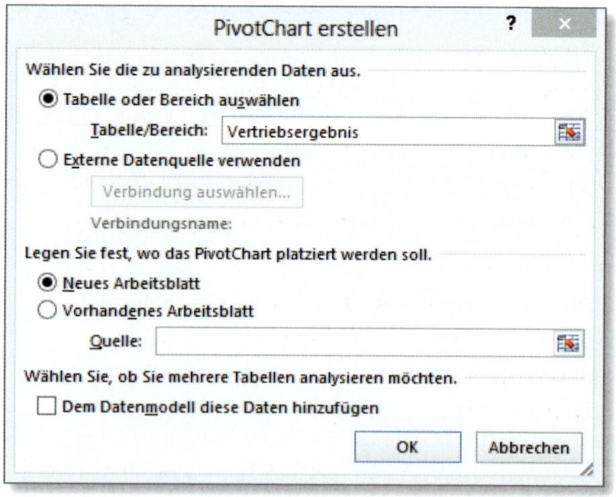

Abbildung 17.103 *Dialog für ein Pivot-Diagramm*

Ein Pivot-Diagramm anlegen

Zum Kennenlernen wollen wir wieder unsere Vertriebsdaten mit einer Auswertung nach Regionen und Produktgruppen verwenden, weil sie für unsere Darstellung übersichtliche Ergebnisse liefert.

1 Wenn Sie aus den Quelldaten ein Pivot-Diagramm erstellen wollen, verwenden Sie in der Gruppe **Einfügen > Diagramme** die Schaltfläche **PivotChart**.

2 Der aufgerufene Dialog **PivotChart erstellen** entspricht – abgesehen von der Titelzeile – zunächst dem, der auch für die Erstellung einer Pivot-Tabelle angeboten wird. Wenn Sie den Dialog quittieren, wird aber nicht nur eine noch leere Pivot-Tabelle 1 ange-

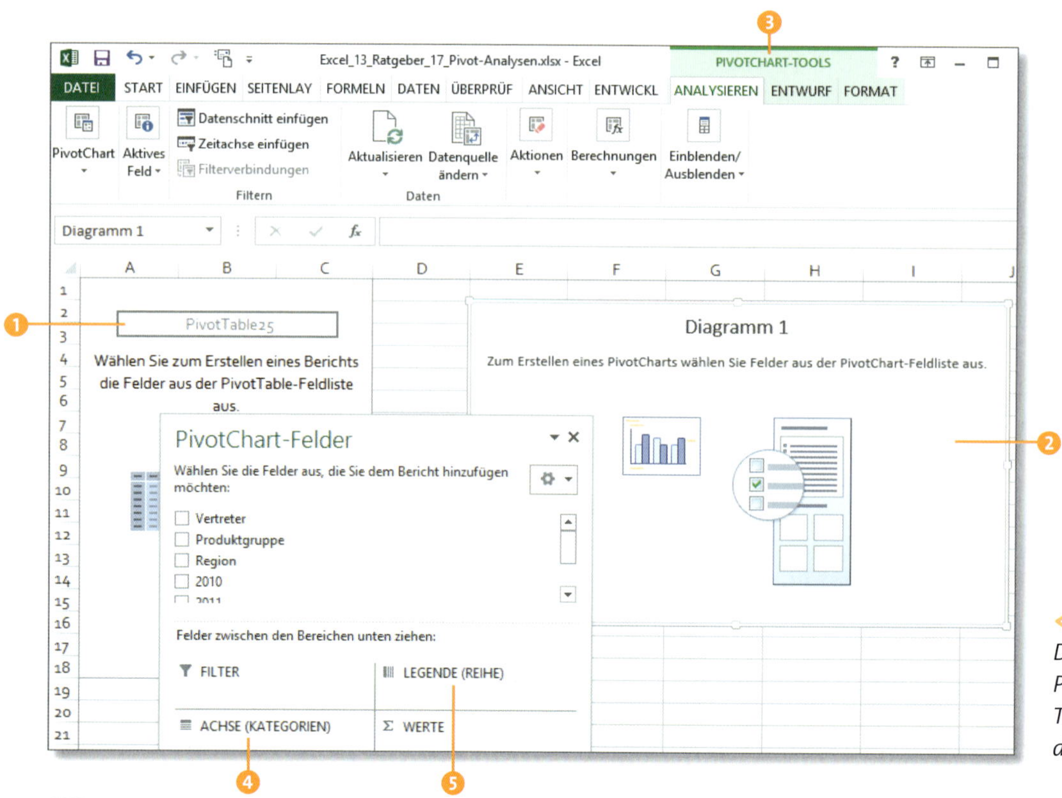

Abbildung 17.104 *Die Bereiche für PivotChart und PivotTable und die Tools dazu*

legt (siehe Abbildung 17.104), sondern zugleich ein damit verknüpfter Diagrammbereich ❷. Außerdem werden schon die **PivotChart-Tools** ❸ eingeblendet.

3 Um nun festzulegen, welche Daten in Tabelle und Diagramm ausgewertet werden, benutzen Sie den Aufgabenbereich **PivotChart-Felder**. Allerdings sind die Zuordnungsoptionen im Kontextmenü eines Felds oder im Abschnitt für Bereiche nun anders benannt. Anstelle des Bereichs **Zeilen** wird der Bereich **Achse (Kategorien)** ❹ angeboten, anstelle des Bereichs **Spalten** der Bereich **Legende (Reihe)** ❺.

4 Um die Vertriebstabelle als Diagramm auszuwerten, können Sie beispielsweise das Feld **Produktgruppe** als Legendenfeld verwenden, das Feld **Region** als Achsenfeld. Das Umsatzfeld – wir nehmen zunächst nur ein Jahr – wird dem Wertebereich zugeordnet.

5 Um die Handhabung zu vereinfachen, werden im Diagramm noch Filterschaltflächen ❻ eingeblendet, über deren Listenfelder Elemente aus dem Diagramm herausgenommen werden können, etwa eine bestimmte Region oder Produktgruppe.

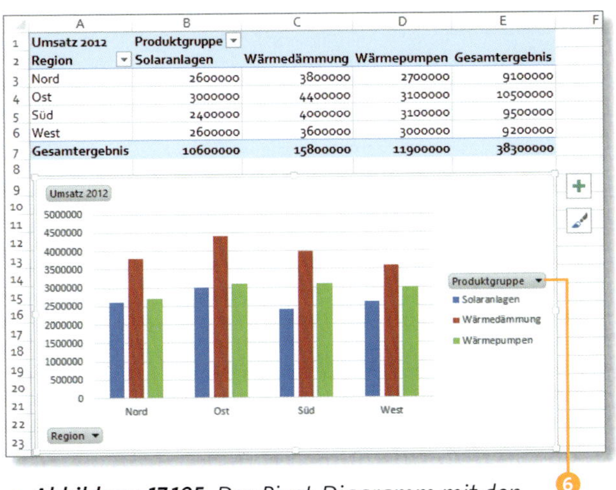

^ *Abbildung 17.105 Das Pivot-Diagramm mit den Filterschaltflächen*

Das Ergebnis ist als Vorgabe ein Säulendiagramm, in dem die Gesamtumsätze pro Region nach Produktgruppe unterschieden werden. Das Diagramm entspricht der Tabelle, die automatisch mit erstellt wird, wie Abbildung 17.105 zeigt.

Empfohlene Pivot-Diagramme

Statt der beschriebenen Schritte steht Ihnen auch noch ein etwas anderer Weg offen. Wenn eine Zelle in den Quelldaten markiert ist, können Sie in der Gruppe **Einfügen > Diagramme** die Schaltfläche **Empfohlene Diagramme** verwenden. Im Dialog werden spezielle Diagrammmuster mit einem **PivotChart**-Symbol angeboten. Wenn Ihnen eine der angebotenen Lösungen zusagt, brauchen Sie das Muster nur zu bestätigen. Das Diagramm wird auf einem eigenen Blatt angelegt.

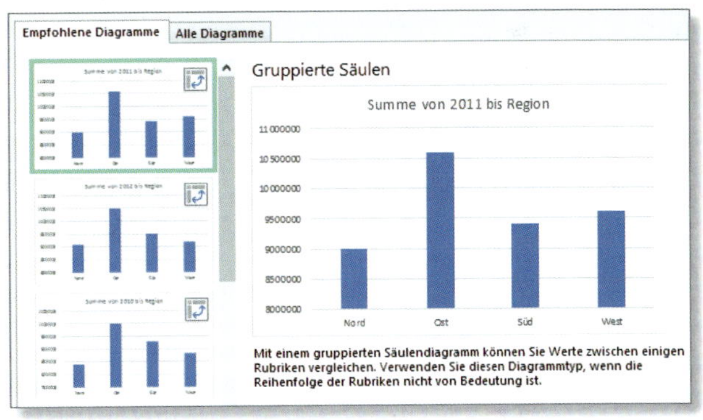

^ *Abbildung 17.106 Vorschlag für ein Pivot-Diagramm*

Das Diagramm bearbeiten

Durch Ziehen der Felder zwischen den Bereichen im Aufgabenbereich lässt sich das Diagramm beliebig umbauen, wobei die mit dem Diagramm verknüpfte Tabelle automatisch angepasst wird. So können Sie beispielsweise das Feld **Region** in den Bereich **Filter** ziehen und das Feld **Vertreter** als Achsenfeld nutzen, sodass die Säulen für die Vertreter separat angezeigt werden.

Mithilfe der Optionen in den Gruppen auf dem Register **Entwurf** lässt sich das Diagramm in der üblichen Weise bearbeiten, wenn es auf dem Arbeitsblatt ausgewählt ist. Der Wechsel des Diagrammtyps oder die Zuordnung einer Diagrammformatvorlage erfolgt genauso, wie es für Diagramme überhaupt in Kapitel 9, »Daten in Diagrammen darstellen«, ab Seite 375 beschrieben ist.

Über **Entwurf > Ort > Diagramm verschieben** kann das Diagramm noch nachträglich auf ein eigenes Diagrammblatt verschoben oder umgekehrt ein Diagramm auf einem Diagrammblatt wieder in ein Tabellenblatt integriert werden.

Schnelles Filtern

Sehr praktisch sind die schon angesprochenen, in der Version 2010 neu eingeführten Filterschaltflächen. In Abbildung 17.108 ist beispielsweise für das Feld **Region** und für das Feld **Produktgruppe** jeweils eine Filterschaltfläche eingeblendet. Ein Klick oder Tipp auf die Schaltfläche öffnet das Menü, das den Filtermenüs entspricht, die oben im Abschnitt »Daten filtern« ab Seite 655 beschrieben sind. Auch die Sortierfunktionen für die Elemente eines Felds werden dort angeboten.

Abbildung 17.107 *Das Menü des Filters für die Produktgruppe*

Wenn Sie nun beispielsweise im Diagramm nur noch die Werte der Regionen **Nord** und **Ost** für die Produktgruppe **Solaranlagen** sehen wollen, wählen Sie über die beiden Filterschaltflächen genau diese Elemente aus, das Diagramm wird sofort angepasst, wie Abbildung 17.108 zeigt.

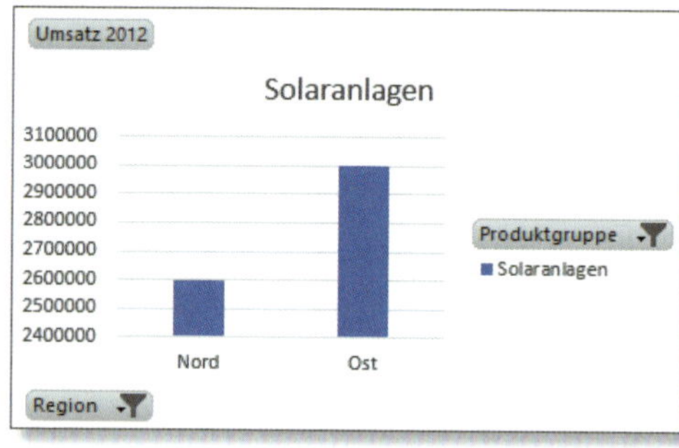

Abbildung 17.108 *Das Diagramm nach dem Ausfiltern einiger Regionen und Produktgruppen*

Wollen Sie alle Filter auf einen Schlag löschen, um alle Daten wieder einzublenden, nehmen Sie auf dem Register **Analysieren** in der Gruppe **Aktionen** die Schaltfläche **Löschen**. Im Menü wird dann der Befehl **Filter löschen** angeboten.

Falls die Filterschaltflächen nicht sichtbar sind, benutzen Sie auf dem Register **Analysieren** in der Gruppe **Einblenden/Ausblenden** das Menü der Schaltfläche **Feldschaltflächen**. Die Feldschaltflächen lassen sich dort einzeln aus- und einblenden.

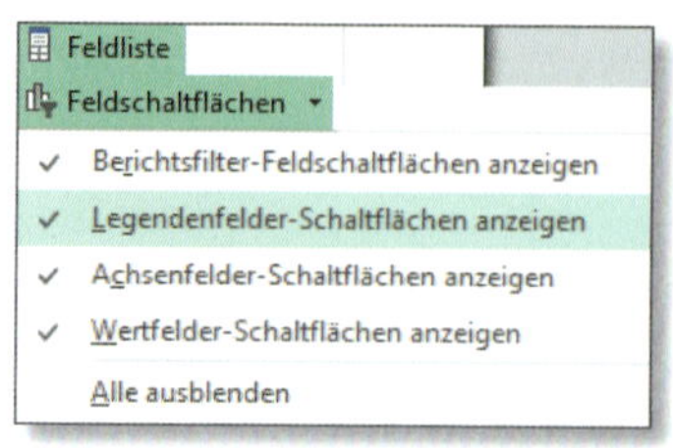

Abbildung 17.109 *Menü zu den Feldschaltflächen im Diagramm*

Wollen Sie alle Filterschaltflächen ausblenden, etwa um das Diagramm zu drucken, reicht ein Klick oder Tipp auf den oberen Teil der Schaltfläche.

Diagramme nachträglich erstellen

Sie können ein Pivot-Diagramm auch nachträglich für eine bereits vorhandene Pivot-Tabelle erstellen.

1 Wählen Sie dazu zunächst eine Zelle in der Pivot-Tabelle aus.

2 Benutzen Sie in der Gruppe **Analysieren > Tools** die Schaltfläche **PivotChart**, die den Dialog **Diagramm einfügen** öffnet.

3 Wählen Sie den gewünschten Diagrammtyp.

4 Excel erstellt ein Diagramm mit der durch die aktuelle Pivot-Tabelle vorgegebenen Zuordnung von Spalten und Zeilen zu den Legenden- und Achsenfeldern.

Entspricht die Zuordnung der Felder nicht dem, was Sie im Diagramm sehen wollen, verfahren Sie, wie im letzten Abschnitt beschrieben.

PivotChart-Tools

Anders als bei den Pivot-Tabellen bietet Excel bei ausgewählten PivotCharts unter **PivotChart-Tools** gleich drei Register an. Die letzten beiden – **Entwurf** und **Format** – entsprechen den Registern, die auch unter **Diagrammtools** erscheinen, zusätzlich finden Sie hier noch das Register **Analysieren**.

In der Gruppe **Aktives Feld** lassen sich etwa zu einem ausgewählten Feld Detaildaten ein- oder ausblenden. Hier ein kleines Beispiel. Das Diagramm in Abbildung 17.110 zeigt zunächst nur zwei Produktgruppen für eine Region.

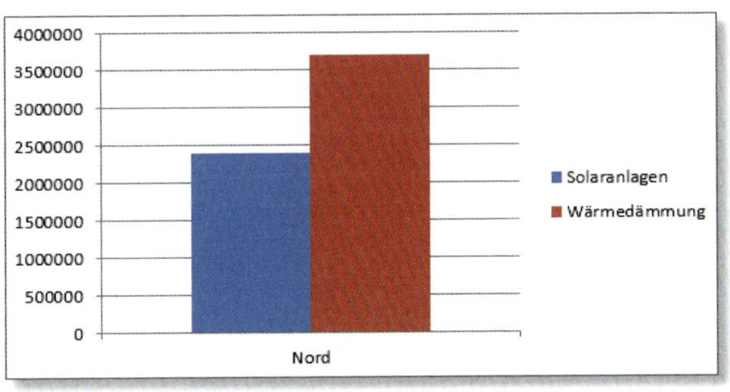

*^ **Abbildung 17.110** Das Diagramm zeigt nur noch die zusammengefassten Werte der Region »Nord« an.*

1 Wählen Sie eine der Säulen aus.

2 Unter **Analysieren > Aktives Feld** wird nun als aktives Feld die Produktgruppe angezeigt.

3 Benutzen Sie anschließend die nun aktivierte Schaltfläche **Feld erweitern**.

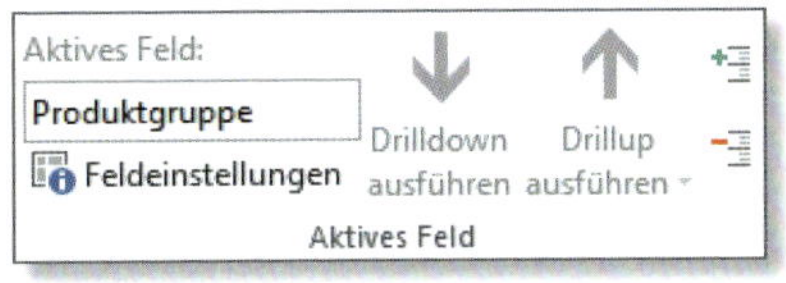

*^ **Abbildung 17.111** Die aktivierten Schaltflächen in der Gruppe »Aktives Feld«*

4 Im Dialog **Detail einblenden** wählen Sie nun das Feld **Vertreter** aus, um die entsprechenden Umsatzdaten in eigenen Säulen darzustellen.

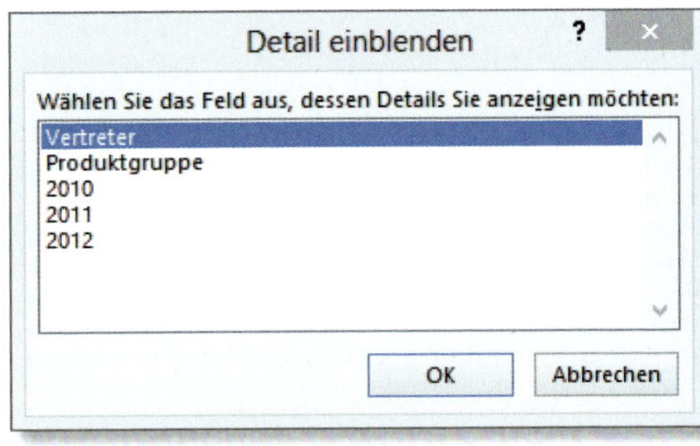

*^ **Abbildung 17.112** Auswahl des Felds, dessen Elemente im Diagramm erscheinen sollen*

Abbildung 17.113 zeigt nun für jeden Vertreter zwei Säulen mit den Umsatzwerten für die beiden eingeblendeten Produktgruppen. Der Befehl **Aktives Feld > Feld reduzieren** macht diese Ausweitung des Diagramms wieder rückgängig.

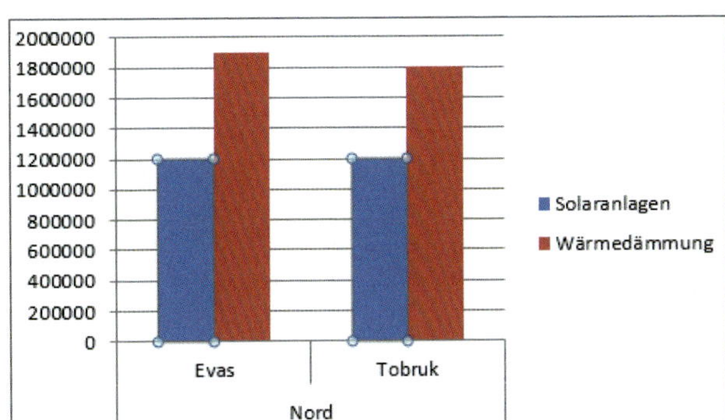

*^ **Abbildung 17.113** Das Diagramm mit den Säulen für die Produktgruppenumsätze der Vertreter*

17.6 Schnelle Infos mit Datenschnitten

Eine sehr handliche Neuerung seit Excel 2010, was den Umgang mit Pivot-Tabellen betrifft, ist die Funktion **Datenschnitte**. Mit Excel 2013 kann diese Funktion auch für normale Datentabellen verwendet werden, wie in Kapitel 6, »Daten abfragen«, bereits kurz angesprochen.

Dabei geht es um eine interaktive Filterkomponente. Sie ist besonders leicht zu bedienen und bringt den Vorteil mit, dass Sie sehr einfach zwischen verschiedenen Filtern umschalten können. Das ist für schnelle Auswertungen optimal.

Dabei wird ein spezieller Typ von Steuerelementen verwendet, der als grafisches Objekt in das Arbeitsblatt eingefügt wird und deshalb im Menüband unter **Datenschnitttools** auch einige Funktionen verfügbar macht, die sonst für grafische Objekte zur Verfügung stehen – etwa Anordnung in Ebenen, Ausrichten, Gruppieren, Drehen, Größenbestimmung etc.

Am besten verständlich wird die Funktion mit einem einfachen Beispiel. Angenommen, unsere Vertriebsdaten sind in einer Pivot-Tabelle zusammengefasst, die die verschiedenen Produktgruppen auf die Spalten verteilt und die Zeilen zunächst nach der Region, darunter nach den Namen der Vertreter ordnet.

Datenschnitt einrichten

Es bietet sich in diesem Fall an, gleich drei Datenschnitte einzurichten.

1 Markieren Sie die Pivot-Tabelle an einer beliebigen Stelle.

2 Benutzen Sie in der Gruppe **Analysieren > Filtern** die Schaltfläche **Datenschnitt einfügen**.

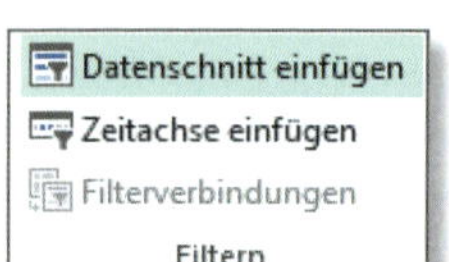

Abbildung 17.114 *Einfügen eines Datenschnitts*

3 Wählen Sie in dem kleinen Dialog **Datenschnitt auswählen** die Felder aus, für die Filterkomponenten erzeugt werden sollen.

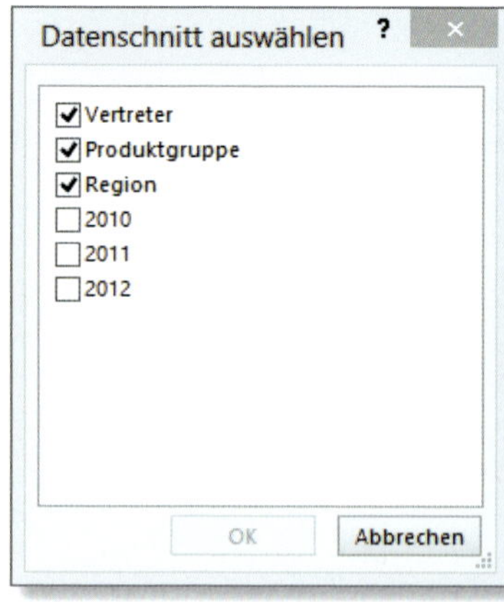

Abbildung 17.115 *Hier wählen Sie die Felder, für die Datenschnitte eingerichtet werden.*

4 Sind mehrere Felder ausgewählt, wird gleich ein Stapel von Filterkomponenten angelegt. Mit Maus, Finger oder Stift können Sie die Komponenten anschließend auf die von Ihnen gewünschte Größe und Position ziehen.

Abbildung 17.116 *Drei Datenschnitte im Stapel*

5 Ist eine Komponente ausgewählt, werden die **Datenschnitttools** mit dem Register **Optionen** eingeblendet. Mit den Optionen in der Gruppe **Anordnen** lassen sich die Komponenten ausrichten. Benutzen Sie `Strg`, um alle Datenschnitte gleichzeitig auszuwählen.

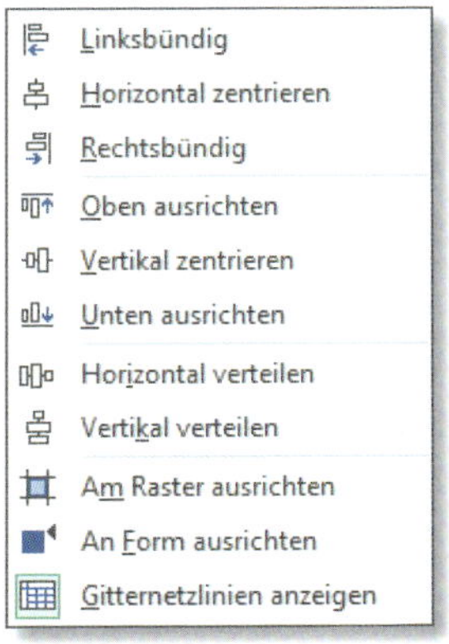

Abbildung 17.117 Optionen zum Ausrichten von gleichzeitig ausgewählten Datenschnitten

6 Sind Komponenten ausgewählt, lässt sich auch eine der Formatvorlagen zuordnen, die in der Palette **Datenschnitt-Formatvorlagen** angeboten wird – siehe Abbildung 17.118.

7 Jede Komponente nennt im Titel das Feld, auf das sie bezogen ist. Daneben ist ein Symbol, mit dem der gerade verwendete Filter gelöscht werden kann. Darunter sind Schaltflächen für alle Elemente des Felds aufgelistet.

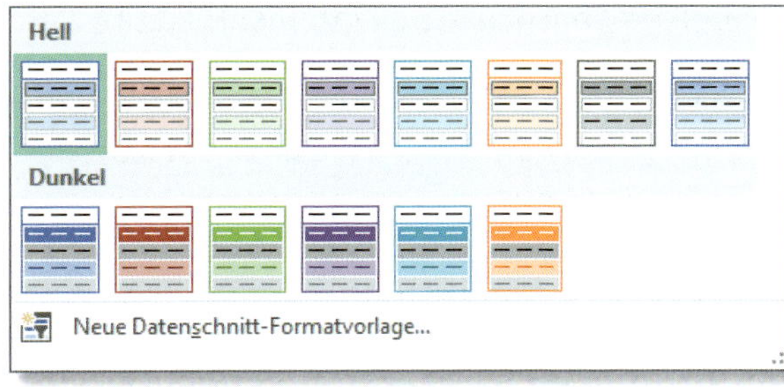

Abbildung 17.118 Ein Format für die Datenschnitte

8 Wenn Sie nun ein Element anklicken oder antippen, wird es Bestandteil des Filters. Es werden dann nur die Daten dieses Elements angezeigt, die der anderen Elemente werden ausgeblendet. Sollen gleich mehrere Elemente zum Filter gehören, halten Sie beim Anklicken die Strg-Taste gedrückt. Auf dem Tablet tippen Sie vorher auf die Taste. Die ausgewählten Elemente erhalten jeweils eine andere Farbe, sodass die Komponente immer auf sehr übersichtliche Weise sichtbar macht, welcher Filter aktiv ist.

Die Filterkomponenten sind untereinander verknüpft, wie Abbildung 17.119 zeigt. Wenn also beispielswei-

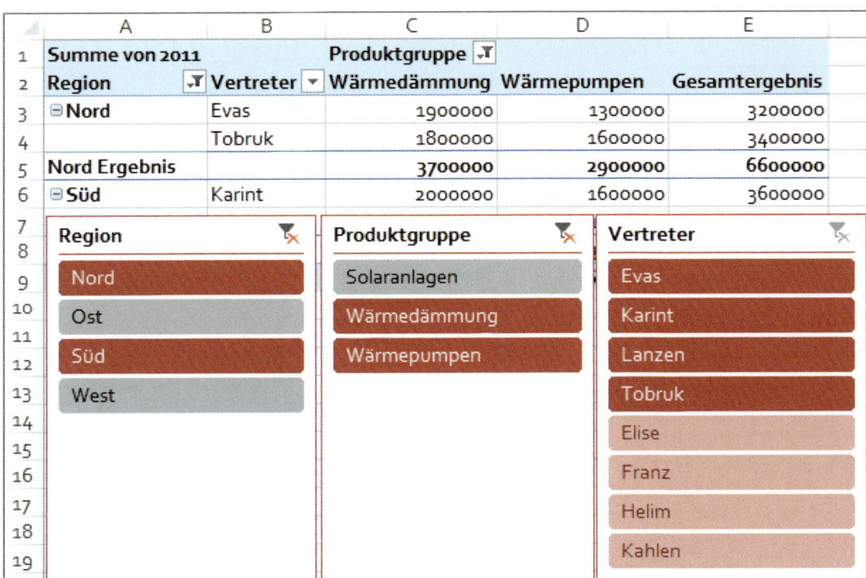

Abbildung 17.119 Der Filter lässt zwei Regionen und zwei Produktgruppen zu, die Auswahl der Vertreter ergibt sich als Folge der Auswahl der Region.

se in der Komponente **Region** nur die Elemente **Nord** und **Ost** ausgewählt sind, werden in der Komponente **Vertreter** automatisch nur die Vertreter aus diesen Gebieten als ausgewählt angezeigt. Wird umgekehrt zuerst ein Vertreter ausgewählt, wird auch nur die Region markiert, zu der er gehört.

Enthält eine Komponente zahlreiche Elemente, wird automatisch eine Bildlaufleiste angeboten. Über den Befehl **Optionen > Datenschnitt > Datenschnitteinstellungen** wird ein Dialog geöffnet, in dem Sie noch einige Regelungen zur Anzeige der Elemente in der Komponente treffen können (Abbildung 17.120).

Da auf die Komponenten über Formeln Bezug genommen werden kann, wird ein Feld **Name** angeboten, in dem der vorgegebene Name – also der Feldname – auch ersetzt werden kann. Auch die Beschriftung, für die ebenfalls der Feldname verwendet wird, lässt sich überschreiben oder auch ausblenden.

Interessanter ist die Option, die Elementnamen **Aufsteigend** oder **Absteigend** zu sortieren. Dabei dürfen auch benutzerdefinierte Listen verwendet werden. Schließlich gibt es noch die Möglichkeit, Elemente, die keine Daten enthalten, visuell zu kennzeichnen oder ans Ende der Liste zu setzen.

Datenschnitte lassen sich auch von einer konkreten Pivot-Tabelle ablösen und auf andere Pivot-Tabellen anwenden. Dazu wird die Schaltfläche **Berichtsverbindungen** in **Optionen > Datenschnitt** verwendet.

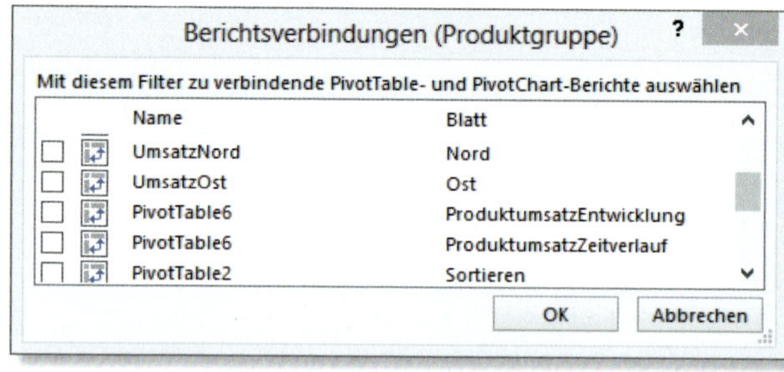

Abbildung 17.121 Der Dialog erlaubt Ihnen eine neue Zuordnung von Datenschnitten.

Im Dialog kann die aktivierte Verbindung gelöscht und eine andere ausgewählt werden. Dabei werden jeweils alle in der Arbeitsmappe vorhandenen Pivot-Tabellen angeboten, die dieselben Quelldaten verwenden. Es ist auch möglich, den Datenschnitt mit mehreren Pivot-Tabellen gleichzeitig zu verknüpfen.

Gelöscht werden Datenschnitte einfach mit der Löschtaste, wenn sie markiert sind. Das Kontextmenü bietet ebenfalls einen Löschbefehl an.

Wenn Ihnen die in der Palette **Datenschnitt-Formatvorlagen** angebotenen Formate nicht gefallen, können Sie über **Neue Datenschnitt-Formatvorlage** auch eigene kreieren. Der Dialog arbeitet ähnlich wie die Dialo-

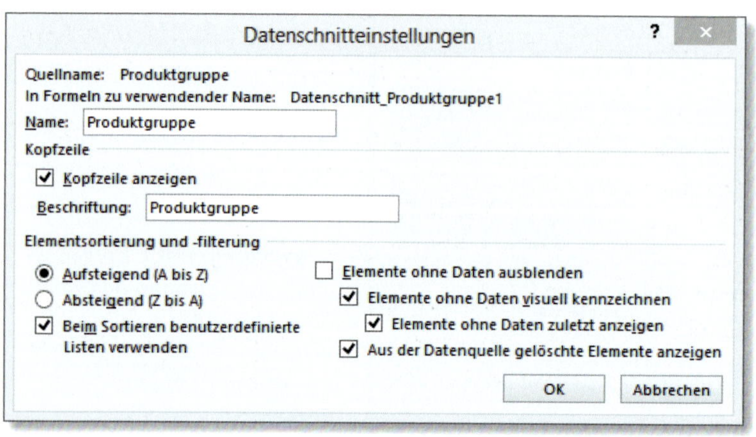

Abbildung 17.120 Dialog für Einstellungen zu Datenschnitten

ge für die Erstellung eigener Tabellen- oder Pivot-Tabellen-Vorlagen.

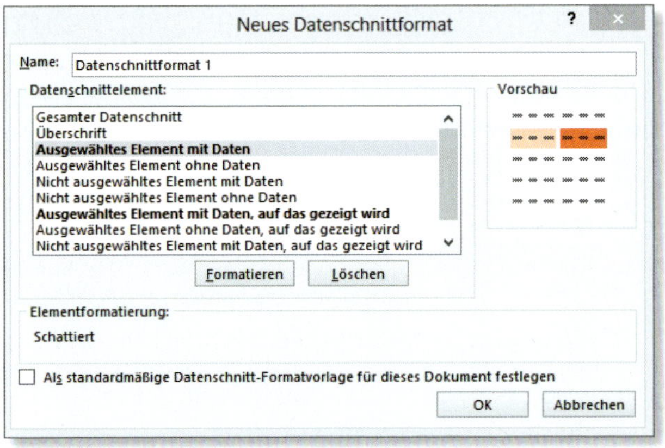

Abbildung 17.122 *In diesem Dialog lassen sich eigene Vorlagen für Datenschnitte gestalten.*

17.7 Datenmodelle mit mehreren Tabellen

Excel 2013 erweitert die Einsatzmöglichkeiten von Pivot-Tabellen und -Diagrammen zur Analyse Ihrer Daten durch die neue Option, als Quelldaten gleich mehrere Tabellen heranzuziehen. Dazu wird im Arbeitsspeicher jeweils ein entsprechendes Datenmodell aufgebaut. Excel verwendet dafür eine spezielle *xVelocity-in* Memory Engine für die Datenanalyse, die den in der letzten Version für PowerPivot verwendeten speziellen Speichermodus namens *VertiPaq* ersetzt.

Damit wird eine Reihe von grundlegenden Merkmalen von PowerPivot bereits in den normalen Pivot-Funktionen zur Verfügung gestellt. Da die verwerteten Daten stark komprimiert werden, lassen sich auch große Datenmengen in Excel-Dateien speichern und mit anderen Personen ohne Umstände austauschen. Wenn Sie einmal eine solche Datei expandieren, werden Sie eine Datei mit dem Typ .data finden, die diese Daten aufnimmt. Das Limit für die Anzahl von Zeilen in einer Tabelle liegt bei zwei Millionen, die maximale Dateigröße beim Speichern ist 4 GB.

Aufbau eines Modells

Wenn Sie ein entsprechendes Datenmodell einrichten wollen, benutzen Sie bei der Anlage der Pivot-Tabelle auf der Basis der ersten Datenquelle im Dialog **PivotTable erstellen** die neue Option **Dem Datenmodell diese Daten hinzufügen**.

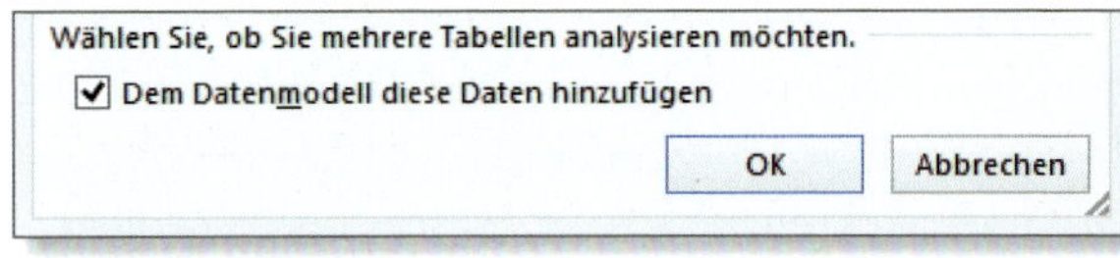

Abbildung 17.123 *Die neue Option im Dialog »PivotTable erstellen«*

Mit dem Konzept des Datenmodells erlaubt Excel 2013 die Einrichtung einer internen relationalen Datenquelle, die mehrere Tabellen über definierte Beziehungen verknüpft und sowohl für die Auswertung in Pivot-Tabellen als auch in Power Views verwendet werden kann. Das entspricht den *Joins*, wie sie innerhalb von Datenbankanwendungen üblich sind. Dabei gelten folgende Regeln:

- Pro Arbeitsmappe ist ein Datenmodell erlaubt.
- Jede Tabelle in der Arbeitsmappe kann dem Datenmodell hinzugefügt werden.
- Daten aus externen Datenquellen können ebenfalls dem Datenmodell hinzugefügt werden. Sie können Daten aus fast allen am Markt relevanten Datenbanksystemen verarbeiten, darüber hinaus aber auch Daten aus dem Web in Form von Data Feeds, aus Textdateien oder vorhandenen Excel-Tabellen.
- Die Zahl der Zeilen in den Tabellen, die in ein Datenmodell eingefügt werden, ist nahezu unbegrenzt. Wenn der Hauptspeicher groß genug ist, lassen sich damit mehrere Millionen Zeilen meistern.
- Zwischen den Tabellen eines Datenmodells lassen sich mehrfache Verbindungen herstellen. Das Limit liegt bei 5.

- Im Bereich Werte können zusätzliche berechnete Felder eingefügt werden.

Um Ihnen wenigstens einen ersten Eindruck von den neuen Möglichkeiten zu geben, verwenden wir in der folgenden Beschreibung Material aus Beispieltabellen, die über das *CodePlex*-Portal angeboten werden, auf dem Microsoft Open-Source-Software zur Verfügung stellt. Die Adresse ist: *powerpivotsdr.codeplex.com*. Die Vorgehensweise ist folgende:

1. Sie legen aus dem Beispielmaterial in einer Arbeitsmappe zwei Tabellen an. Die erste enthält eine Produktliste, wobei die Produkte über einen **ProductKey** und einen **ProductSubcategoryKey** gekennzeichnet sind.
2. Diese Tabelle fügen Sie als erste Tabelle in das Datenmodell ein. Dazu verwenden Sie im Dialog **PivotTable einfügen** die angesprochene Option **Dem Datenmodell diese Daten hinzufügen**.
3. Im Aufgabenbereich **PivotTable-Felder** erscheint die Feldliste für die erste Tabelle des Modells.

Abbildung 17.124 *Die neuen Links für die Handhabung des Datenmodells*

Unterhalb des Titels finden Sie nun die beiden Links **Aktiv** und **Alle**. Unter **Alle** finden Sie am Ende alle Tabellen des Modells, die Sie hinzugefügt haben, unter **Aktiv** dagegen nur die Tabellen, die Sie für die aktuelle Pivot-Tabelle tatsächlich nutzen.

4. Im nächsten Schritt wählen Sie als zweite Tabelle die Kategorienliste aus, die kurze Beschreibungen zu den Kategorien enthält. Sie können wieder den Dialog **PivotTable erstellen** verwenden und erneut die Option **Dem Datenmodell diese Daten hinzufügen** aktivieren. Anschließend stehen beide Tabellen für die Pivot-Tabelle zur Verfügung.

Definition von Beziehungen

Der nächste Schritt ist, eine Beziehung zwischen den Tabellen herzustellen. Wenn Excel die Möglichkeit einer solchen Verbindung vermuten kann, wird eine Schaltfläche eingeblendet, die das Dialogfeld **Beziehung erstellen** öffnet.

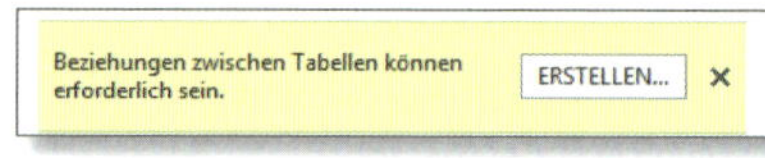

Abbildung 17.125 *Zugang zu dem Dialog »Beziehung erstellen«*

Der Dialog wird auch über **Analysieren > Berechnungen > Beziehungen** erreicht.

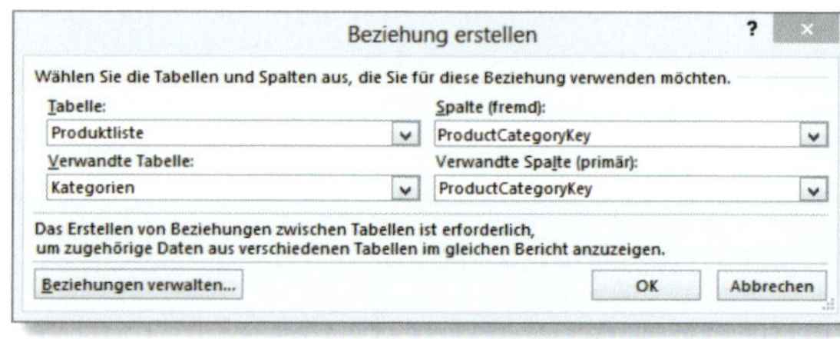

Abbildung 17.126 *In diesem Dialog lassen sich Beziehungen über Fremdschlüssel herstellen.*

In diesem Fall lässt sich die Beziehung über die beiden Schlüssel herstellen, die für die Produktkategorie vergeben sind. In der Produktliste heißt dieses Feld **ProductCategoryKey**, in der Liste der Kategorien ist es ebenfalls das Feld **ProductCategoryKey**.

Die Schaltfläche **Beziehungen verwalten** öffnet einen zweiten Dialog, in dem alle Beziehungen des Datenmodells aufgelistet sind. Korrekturen zu einer Beziehung können Sie vornehmen, wenn Sie hier die Beziehung markieren und **Bearbeiten** aufrufen.

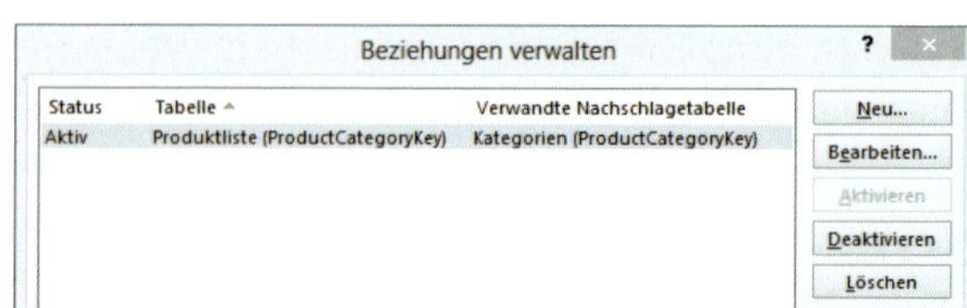

Abbildung 17.127 *Über diesen Dialog werden alle Beziehungen verwaltet.*

Die einfache Frage an die Pivot-Tabelle ist nun: »Wie viele Produkte gibt es in den verschiedenen Kategorien?« Für die Tabelle wird der Name der Produktkategorie aus der Tabelle der Kategorien übernommen, das Feld wird den Zeilenbeschriftungen zugeordnet, während **ProductKey**, ein Feld der anderen Tabelle, dem Bereich **Werte** zugewiesen wird. Über **Wertfeldeinstellung** wird statt der Summe der Keys die Anzahl angefordert. Abbildung 17.128 zeigt das Ergebnis und die beiden Tabellen in der Feldliste.

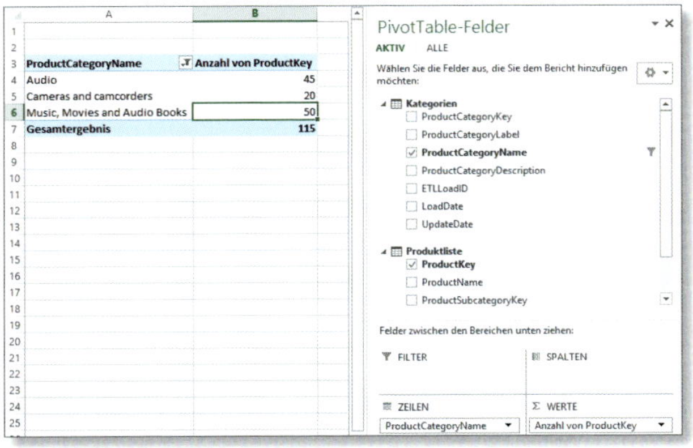

Abbildung 17.128 Auswertung auf der Basis von zwei Tabellen

17.8 PowerPivot

Obwohl Excel 2013, wie im letzten Abschnitt beschrieben, bereits Grundfunktionen der bisher separat angebotenen Komponente PowerPivot in die normalen Analysefunktionen mit Pivot-Tabellen und -Diagrammen und mit Power View integriert hat, gibt es doch immer noch Situationen, in denen weitergehende Modellierungsmöglichkeiten erforderlich sind. Dafür steht das jetzt integrierte Add-In **PowerPivot** zur Verfügung, allerdings nur in der Professional-Plus-Edition.

PowerPivot stellt eine Verbindung zu dem oben beschriebenen Datenmodell her, bietet aber eine erweiterte Modellierungsumgebung an. Wenn Sie das Verwaltungsfenster von PowerPivot in der oben beschriebenen Arbeitsmappe öffnen, finden Sie also bereits die Tabellen dieses Modells wieder.

Sie haben also die Option, das Datenmodell zunächst, wie zuletzt beschrieben, in Excel aufzubauen und dann die weitere Arbeit über PowerPivot zu erledigen. Dabei können jederzeit auch weitere Daten in das Modell eingefügt werden. Die Alternative ist, die Daten für das Modell direkt mit den Bordmitteln von PowerPivot zu-

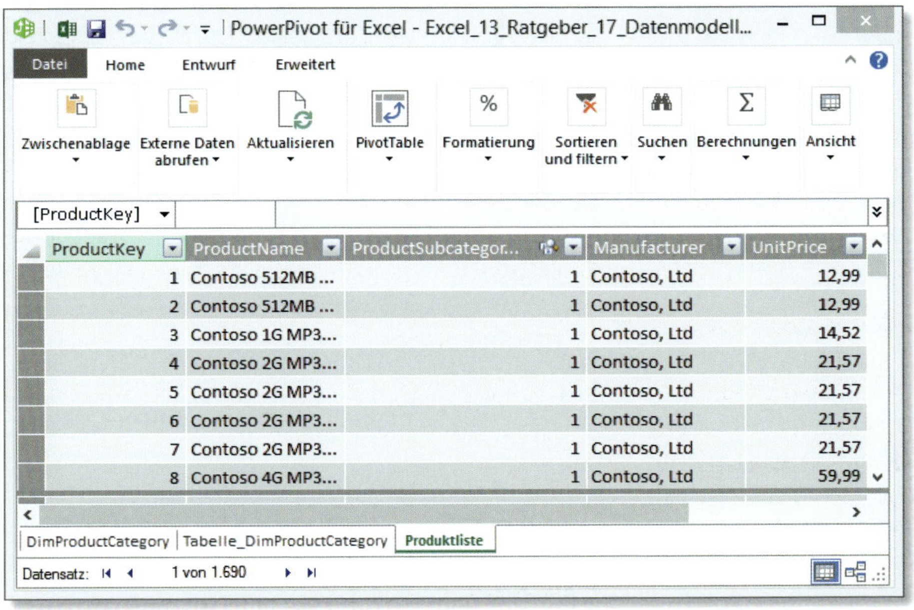

Abbildung 17.129 Die Tabellen des im letzten Abschnitt beschriebenen Datenmodells im Fenster von PowerPivot

sammenzustellen und dabei insbesondere die Filterfunktionen zu nutzen, die es erlauben, die Datenmenge für die weitere Verarbeitung schon vorab zu reduzieren.

PowerPivot unterstützt den Aufbau von Hierarchien, um die vorhandenen Daten so zu ordnen, dass je nach Bedarf detailliertere oder komprimiertere Darstellungen genutzt werden können. Einen großen Stellenwert hat die Definition von berechneten Feldern oder *Key Performance Indicators*. Für die Erstellung von entsprechenden Formeln werden dabei spezielle *Data Analysis Expressions* (*DAX*) verwendet. Die im PowerPivot-Fenster aufbereiteten Daten werden am Ende den Pivot-Funktionen von Excel 2013 als Ausgangsmaterial für die vorgesehenen Auswertungen übergeben.

Aktivieren des Add-Ins

In der letzten Version Excel 2010 musste PowerPivot noch als zusätzliche Komponente separat installiert werden, in Excel 2013 ist die Komponente integriert. Das Add-In **PowerPivot** steht jetzt als COM-Add-In in den Professional-Plus-Editionen für Windows 8 und Windows 7 und in allen Editionen von Office 365 außer Small Business direkt zur Verfügung. Unter Windows RT müssen Sie auf PowerPivot allerdings verzichten, weil keine Add-Ins zugelassen werden.

Um das Add-In zu aktivieren, benutzen Sie über **Datei > Optionen > Add-Ins** unter **Verwalten** die Option **COM-Add-Ins** und die Schaltfläche **Gehe zu.** Im Dialog **COM-Add-Ins** haken Sie dann die Option **Microsoft Office PowerPivot for Excel 2013** ab.

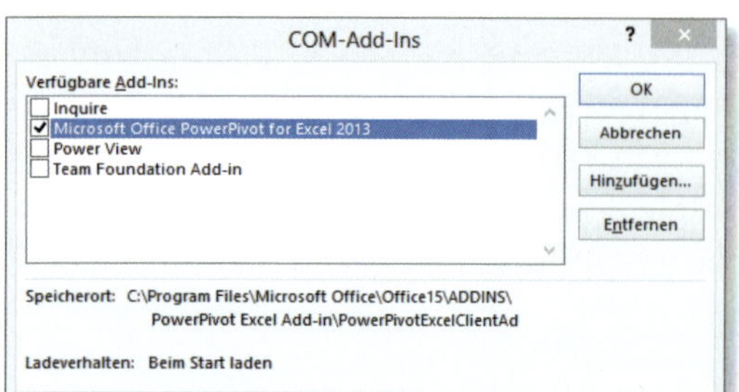

Abbildung 17.130 *Dialog für die Aktivierung von COM-Add-Ins*

Alternativ können Sie auch die Schaltfläche **COM-Add-Ins** auf dem Register **Entwicklertools** verwenden. Wenn PowerPivot aktiviert ist, steht in Excel 2013 eine zusätzliche Registerkarte **PowerPivot** zur Verfügung.

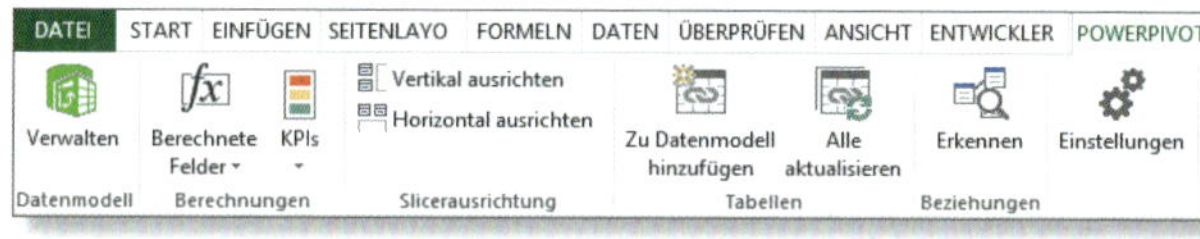

Abbildung 17.131 *Die Registerkarte »PowerPivot«*

Datenaufbereitung

Die Arbeit mit PowerPivot startet in der Regel mit dem Import der für die Analyse vorgesehenen Daten. Wie angesprochen, kann dies mit den Excel-Funktionen auf dem Register **Daten** geschehen, oder direkt über die PowerPivot-Funktionen. Im Folgenden beschreiben wir das zweite Verfahren. Wir verwenden dabei wieder die Testdaten von CodePlex für PowerPivot.

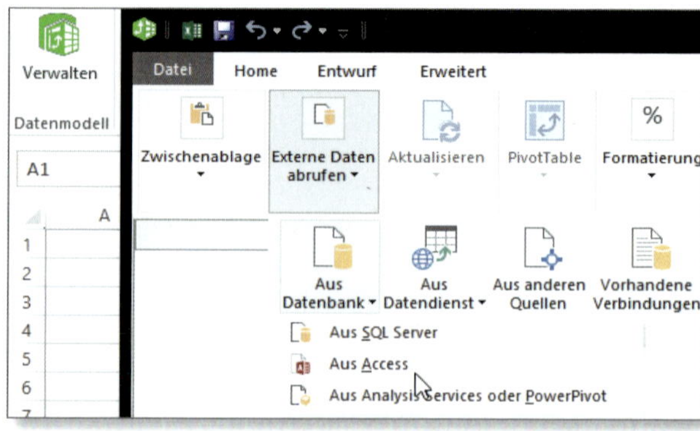

Abbildung 17.132 *Zugriff auf externe Daten in PowerPivot*

1. Öffnen Sie über die Schaltfläche **Verwalten** in der Gruppe **Datenmodell** auf dem Register **PowerPivot** das PowerPivot-Fenster.
2. Benutzen Sie **Daten > Externe Daten abrufen > Aus Datenbank > Aus Access**.
3. Excel startet einen Tabellenimport-Assistenten, der zunächst den Namen der Access-Datenbank abfragt. Wir nehmen hier die Beispieldatenbank *ContosoSales*.

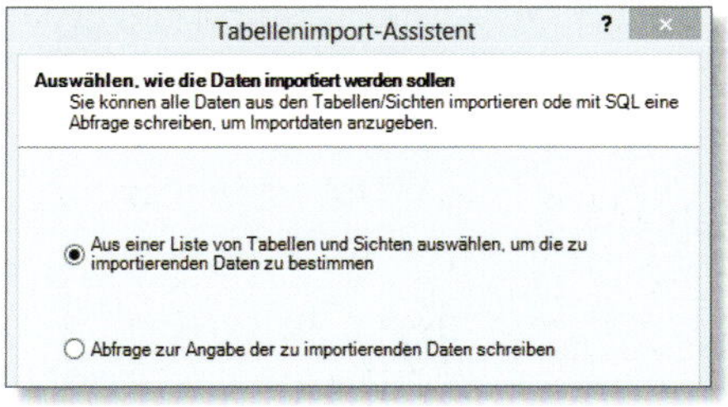

Abbildung 17.133 Dialog des Tabellenimport-Assistenten

4 Jetzt können Sie wählen, ob der Import aus einer Liste von Tabellen und Sichten ausgewählt werden soll oder mithilfe einer SQL-Abfrage.

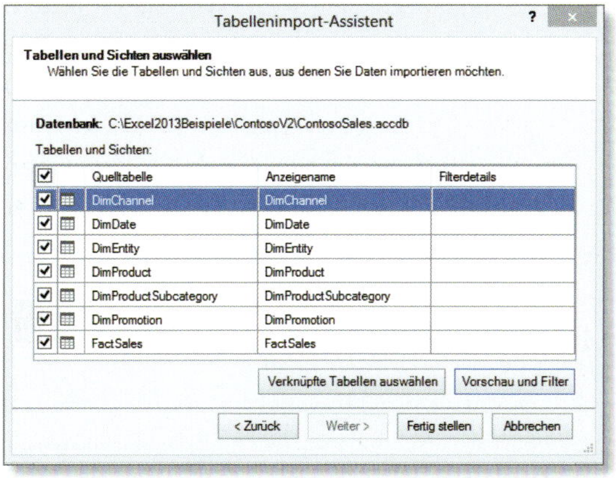

Abbildung 17.134 Auswahl der Tabellen für den Import

5 Die erste Option öffnet einen Auswahldialog für die Tabellen. Das erste Häkchen vor **Quelltabelle** wählt alle Tabellen aus.

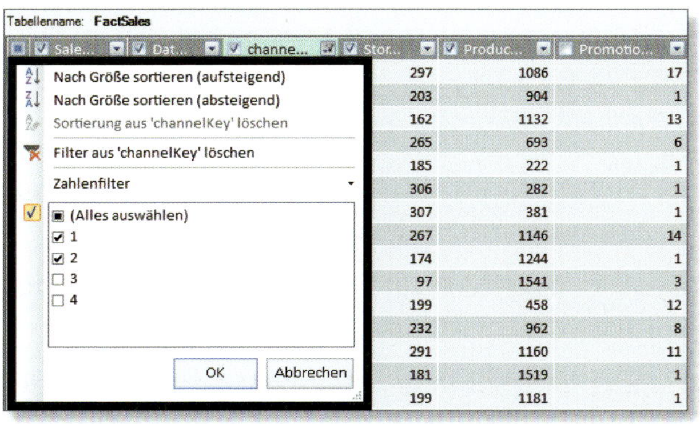

Abbildung 17.135 Setzen von Filtern vor der Übernahme

6 Um die Datenmenge zu reduzieren, die in die Pivotierung einfließen soll, können zu jeder ausgewählten Tabelle Filter gesetzt werden. Dazu benutzen Sie die Schaltfläche **Vorschau und Filter**.

Die Tabelle wird in dieser Vorschau mit Filterschaltflächen angezeigt, die – wie bei den Excel-Tabellen beschrieben – zur Einschränkung der Datenmenge verwendet werden. Dies kann für jede Spalte einzeln erfolgen, bis genau die Daten bestimmt sind, die für die geplante Auswertung nötig sind.

Soll eine Spalte ganz ignoriert werden, brauchen Sie nur das Häkchen vor dem Feldnamen zu löschen.

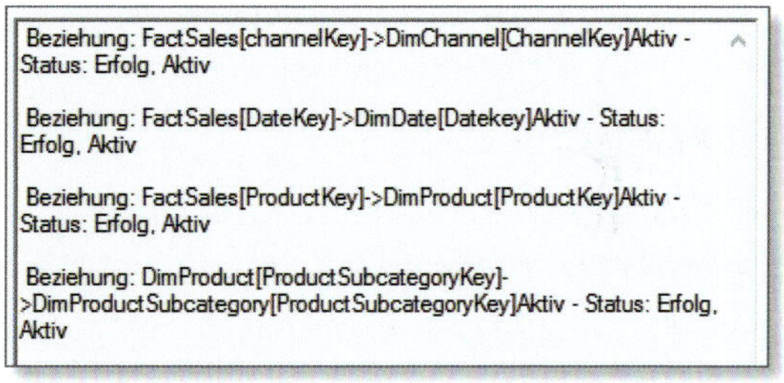

Abbildung 17.136 Meldung zu einem Import

Wenn der Import schließlich ausgeführt ist, erhalten Sie eine Übersicht über die eingelesenen Datenmengen. Über den Link **Details** werden auch die Beziehungen angezeigt, die beim Import bereits erkannt und eingerichtet worden sind. Die Abbildung 17.137 zeigt, dass die größte Tabelle trotz des oben gesetzten Filters immerhin 1.8 Millionen Zeilen enthält.

Für jede Tabelle, die importiert wird, erscheint ein eigenes Blatt im **Power-Pivot**-Fenster. Über das Register **Home** werden Schaltflächen angeboten, um die Spalten anders zu formatieren oder die Daten weiter zu filtern oder zu sortieren. Das Fenster hat links neben dem Register **Home** ein Register **Datei** mit Befehlen, um die Arbeitsmappe zu speichern oder zu veröffentlichen.

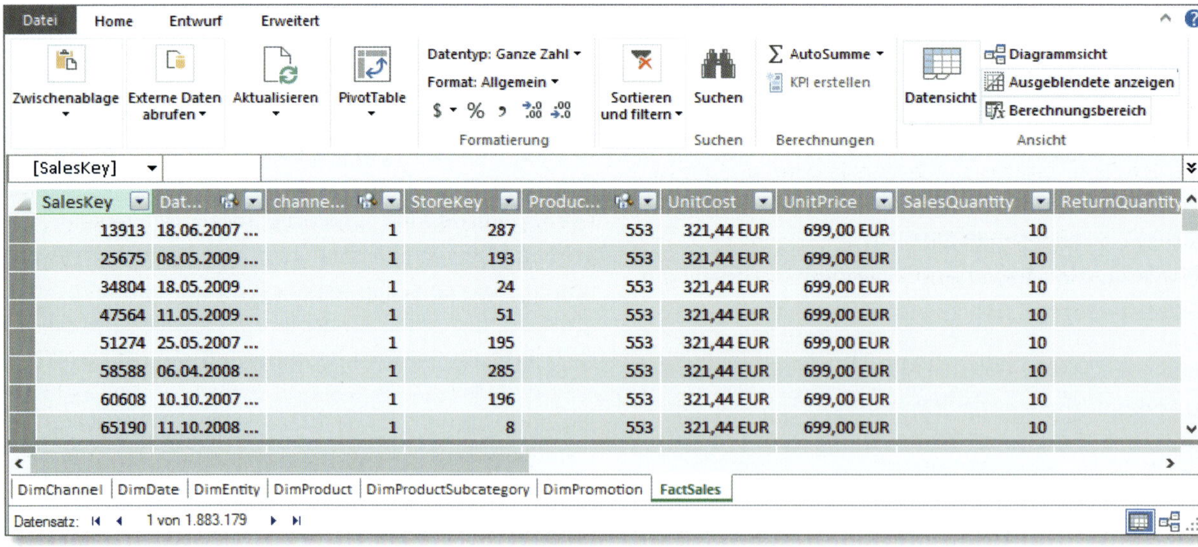

Abbildung 17.137 Die Tabellen aus der Access-Datenbank im Fenster von PowerPivot

Erste Auswertung

Um eine erste Auswertung zu versuchen, benutzen wir auf dem Register **Home** die Schaltfläche **PivotTable**. Über das Menü der Schaltfläche werden gleich mehrere Varianten von Tabellen und Diagrammen angeboten.

Für eine erste Auswertung ordnen wir aus der Tabelle **FactSales** das Feld **SalesAmount** dem Bereich **Werte** zu, aus der Tabelle **DimDate** das Feld **CalendarYear** dem Bereich **Spalten**, aus **DimProductSubcategory** das Feld **ProductSubcategoryName** dem Bereich **Zeilen** und darunter noch aus **DimProduct** das Feld **BrandName** ebenfalls dem Bereich **Zeilen**.

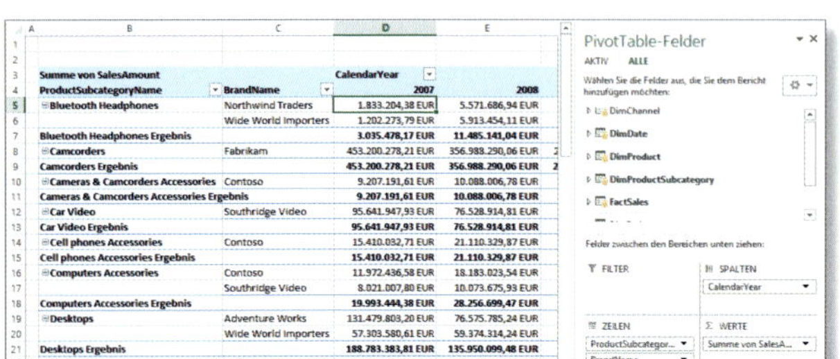

Abbildung 17.138 Erste Auswertung aus mehreren Tabellen einer Datenbank

Zu jedem Wert in der Tabelle bietet Excel ein Symbol mit einer Lupe, das einen schnellen Blick auf die Details zu diesem Wert erlaubt.

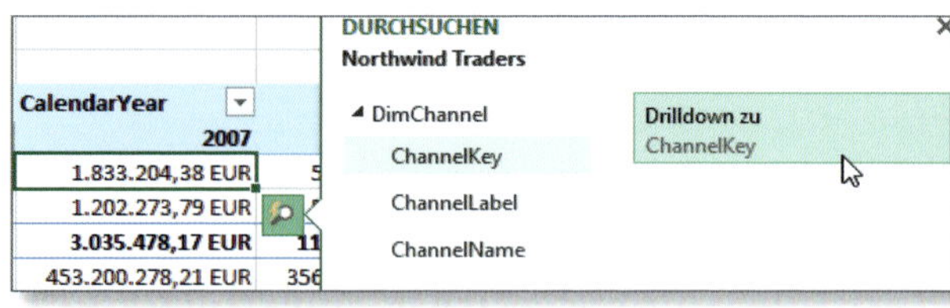

Abbildung 17.139 Das Menü zu dem Symbol »Schnelleinblick«

Wenn Sie beispielsweise ein Drilldown zu **ChannelKey** anstoßen, wird die Tabelle auf die Daten für die beiden vorher ausgefilterten Vertriebskanäle komprimiert.

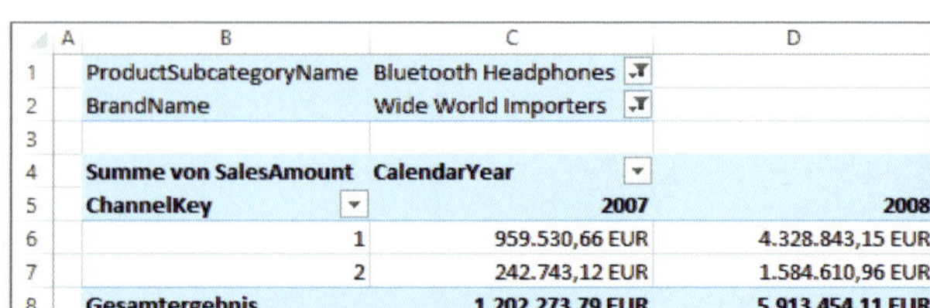

Abbildung 17.140 Das Ergebnis des Drilldowns auf »ChannelKey«

Interaktive Verknüpfung von Tabellen

Solange Sie mehrere Tabellen aus einer Datenbank übernehmen – sei es Access oder Microsoft SQL Server –, werden die Beziehungen zwischen diesen Tabellen in der Regel automatisch von PowerPivot registriert und übernommen. Wenn Sie in das Excel-Fenster wechseln – mit der Schaltfläche in der Titelleiste –, finden Sie im Dialog **Beziehungen verwalten** bereits die automatisch registrierten Beziehungen.

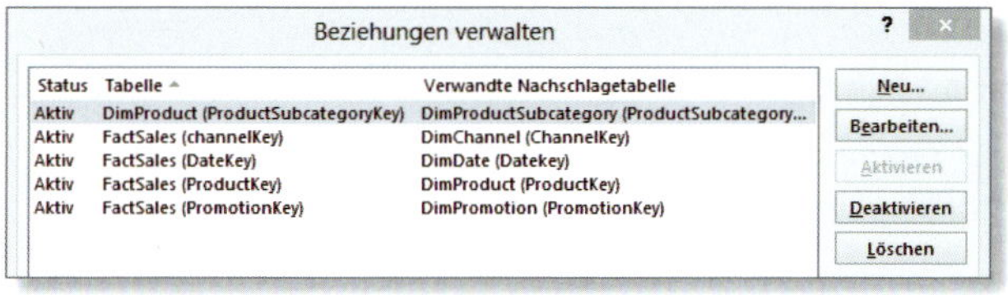

Abbildung 17.141 *Liste der Beziehungen*

Die über PowerPivot importierten Daten gehören also automatisch zum Datenmodell der aktuellen Arbeitsmappe. Werden dagegen Daten aus ganz unterschiedlichen Quellen in das PowerPivot-Fenster eingelesen, müssen eventuelle Beziehungen zwischen diesen Tabellen manuell eingerichtet werden.

Um die Vorgehensweise zu demonstrieren, soll eine zweite Access-Datenbank herangezogen werden, die ebenfalls zu dem Paket der Beispieldaten von CodePlex gehört. Sie können die oben beschriebenen Schritte wiederholen und geben diesmal als Namen der Datenbankdatei »ProductCategories« an. Diese Datenbank hat nur eine kleine Tabelle **DimProductCategory**. Eine Filterung ist hier nicht notwendig. Die neue Tabelle wird im PowerPivot-Fenster angezeigt.

Als Nächstes soll eine Excel-Tabelle, die geografische Daten enthält, in das Datenmodell eingefügt werden. In dem Beispielpaket finden Sie die Datei Geography.xlsx. Öffnen Sie die Datei und kopieren Sie das Blatt in die bisher verwendete Arbeitsmappe. Ordnen Sie der Tabelle ein Tabellenformat zu. Geben Sie der Tabelle den Namen **Geography**. Verfahren Sie entsprechend mit einer zweiten Excel-Datei aus dem Beispielpaket mit dem Namen Stores.xlsx, die eine Liste der Läden enthält. Vergeben Sie hier den Tabellennamen **Stores**.

Um nun das bisherige Datenmodell um die beiden Excel-Tabellen zu erweitern, wählen Sie die Register der Blätter nacheinander aus und benutzen anschließend

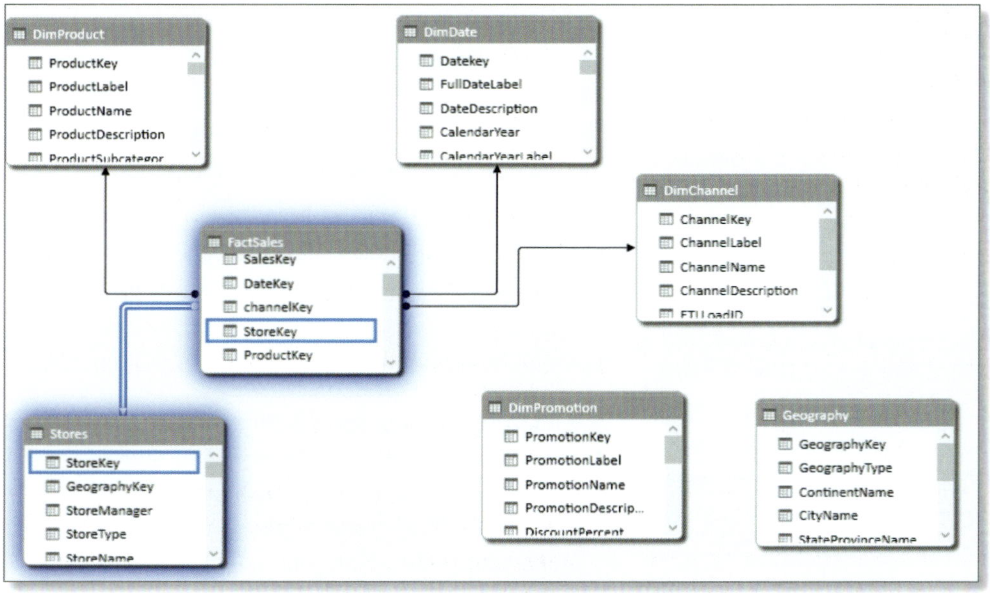

Abbildung 17.142 *Interaktive Herstellung von Beziehungen in der Diagrammansicht*

auf dem Register **PowerPivot** die Schaltfläche **Zu Datenmodell hinzufügen**. Die beiden Tabellen werden sofort im Fenster **PowerPivot** mit angezeigt.

Bisher besteht aber noch keine Beziehung zwischen den neuen Tabellen und den zuerst importierten Tabellen. Anstatt nun wie im letzten Abschnitt beschrieben, diese Beziehungen per Dialog herzustellen, können Sie die komfortable **Diagrammansicht** von PowerPivot nutzen und die Verbindungen interaktiv herstellen. Dazu schalten Sie über das Symbol in der rechten Ecke unten oder über **Diagrammansicht** in der Gruppe **Ansicht** in eben diese. Benutzen Sie anschließend in der Statusleiste die Schaltfläche **Diagramm**. Verkleinern Sie die Ansicht mit der oberen Schiebeleiste, damit alle Tabellen sichtbar sind. Es wird gleich sichtbar, dass die zuletzt hinzugefügten Tabellen noch keine Verbindung mit den anderen Tabellen haben.

In dieser Ansicht können Sie Tabellen, die für das Modell gar nicht benötigt werden, über das Kontextmenü zunächst mit **Löschen** entfernen. Zuerst wird nun eine Beziehung zwischen der Tabelle **FactSales** und der Tabelle **Stores** benötigt, wobei die Beziehung von **FactSales** ausgeht. **FactSales** enthält die Umsatz- und Kostendaten des fiktiven Unternehmens Contoso sowie Schlüssel zu anderen Tabellen, beispielsweise Codes der Läden, die auch in der Tabelle **Stores** verwendet werden.

Wählen Sie also in der Feldliste der Tabelle **FactSales** das Feld **StoreKey** aus, und ziehen Sie es zu dem Feld **StoreKey** in der Tabelle **Stores**. Schieben Sie die Tabellen bei Bedarf vorher so zueinander, dass eine Verbindung einfach möglich ist. Im Diagramm erscheint ein Pfeil, der von der übergeordneten zu der verknüpften Tabelle, die auch Suchtabelle genannt wird, läuft. Wenn Sie den Pfeil zur Kontrolle noch einmal doppelt anklicken oder antippen, erscheint der Dialog **Beziehung bearbeiten**, der dem Dialog entspricht, den Sie in Excel über den Befehl **Beziehungen** auf dem Register **Daten** aufrufen.

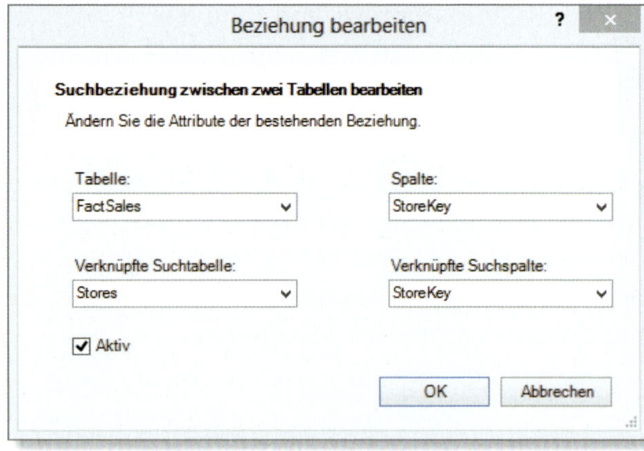

*^ **Abbildung 17.143** Der Dialog bestätigt die interaktiv hergestellte Beziehung.*

Auf die gleiche Weise stellen Sie eine Beziehung zwischen dem Feld **ProductCategoryKey** in den Tabellen **DimProductSubcategory** und **DimProductCategory** her.

Erweiterte Auswertung

Mit den neuen Beziehungen sind bereits neue Auswertungen in der Pivot-Tabelle möglich. Gehen Sie mit der Schaltfläche **Zu Arbeitsmappe wechseln** in der Titelleiste des PowerPivot-Fensters zurück zu dem Tabellenblatt mit der bisherigen Pivot-Tabelle. Benutzen Sie den Link **Alle**, um alle im Datenmodell vorhandenen Tabellen anzuzeigen. Erweitern Sie die Tabelle **Stores** und ziehen Sie **StoreName** in den Bereich **Filter**. Entfernen Sie das Feld **BrandName** aus dem Bereich **Zeilen**.

Erweitern Sie die Tabelle **DimProductCategories**. Ziehen Sie **ProductCategoryName** in den Bereich **Zeilen**, und legen Sie das Element oberhalb von **ProductSubcategory** ab. Wenn Sie nun in der Feldliste den Link **Aktiv** benutzen, finden Sie die neuen Felder auch dort.

Die letzte Beziehung soll die Tabelle **Geography** in das Modell einbinden. Bei der Gelegenheit stellen wir die Suchfunktion vor, die Sie in der Diagrammansicht nutzen können.

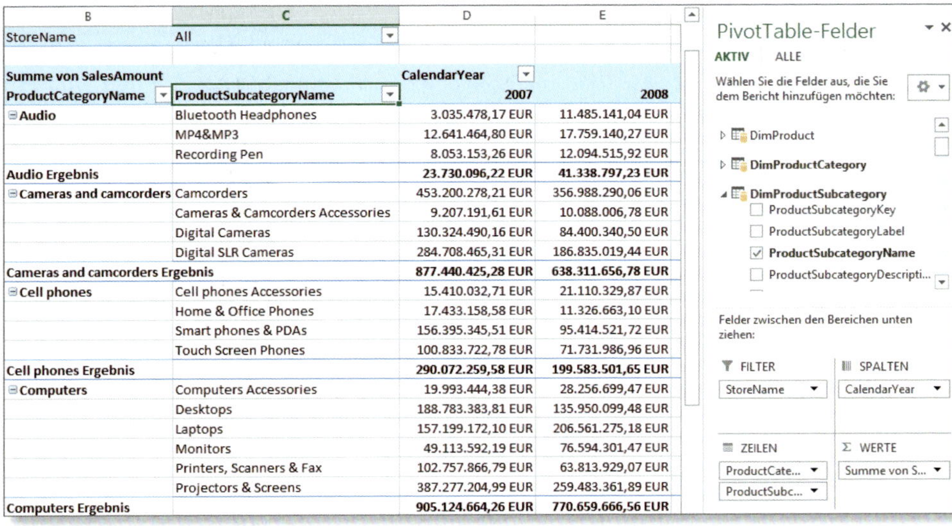

Abbildung 17.144 *Die erweiterte Pivot-Tabelle*

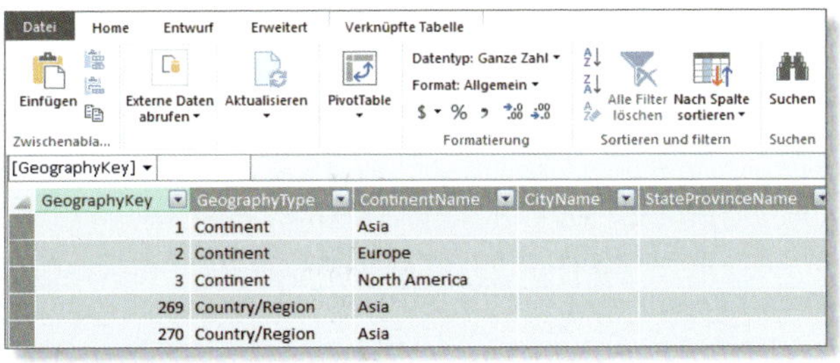

Abbildung 17.145 *Die Tabelle mit den geografischen Daten*

Metadaten suchen

Die Tabelle **Geography** enthält ein Feld **GeographyKey**, das die Zeilen in der Tabelle eindeutig identifiziert. Um herauszufinden, ob dieser Schlüssel auch von anderen Tabellen im Modell verwendet wird, rufen Sie mit der Schaltfläche **Metadaten suchen** die Suchfunktion auf.

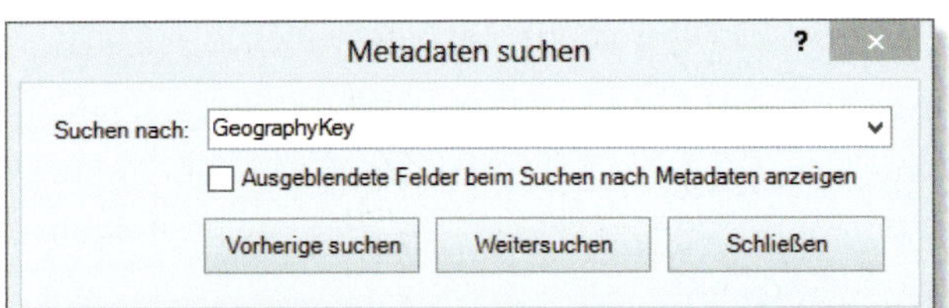

Abbildung 17.146 *Suche nach einem Feld im Modell*

Mit der Schaltfläche **Weitersuchen** steuern Sie die verschiedenen Treffer in den Tabellen des Modells an. In diesem Fall ist die Tabelle **Stores** der erwünschte Zielpunkt. Stellen Sie, wie oben beschrieben, eine Beziehung zwischen den beiden Schlüsselfeldern in den Tabellen **Geography** und **Stores** her. Damit sind alle im Modell vorhandenen Tabellen in der einen oder anderen Weise miteinander verbunden.

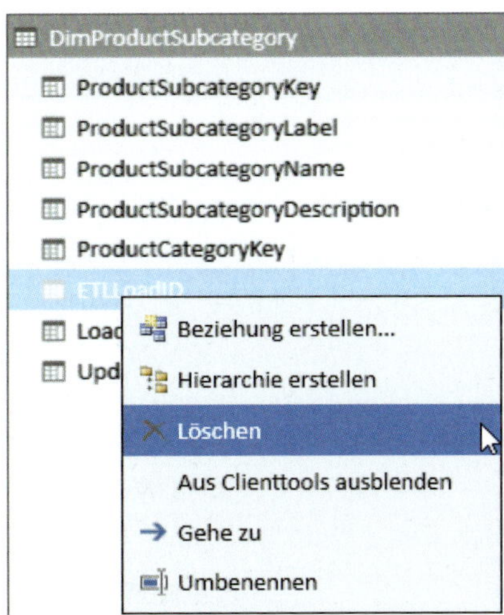

Abbildung 17.147 *Löschen von Feldern über das Kontextmenü*

Um das Modell zu entrümpeln, können Sie auch in der Diagrammansicht Felder aus Tabellen entfernen, die für die Auswertung nicht benötigt werden. Dazu benutzen Sie am besten die kleine Schaltfläche **Maximieren** oben rechts in der Titelleiste der Tabelle, die immer die komplette Feldliste aufklappt. Über das Kontextmenü eines überflüssigen Felds löschen Sie dieses.

Zugriff über CUBE-Funktionen

Das aus den verschiedenen Datenquellen zusammengefügte Datenmodell lässt sich anschließend sowohl über die Pivot-Funktionen von Excel als auch über die CUBE-Funktionen auswerten. Das Argument Verbindung heißt in diesem Fall einfach *ThisWorkbookDataModel*.

```
=CUBEMENGE("ThisWorkbookDataModel";
"[ProductCategoryKey].[All].children";
"Produktkategorien")
```

legt beispielsweise in Zelle A40 die Anzahl der Produktkategorien ab, wobei in der Zelle nur die Beschriftung zu sehen ist.

```
=CUBEMENGENANZAHL(A40)
```

gibt dann die tatsächliche Menge aus.

Erstellen berechneter Spalten

Das zweite große Feld, auf dem PowerPivot die Möglichkeiten von Excel erweitert, ist der Einsatz einer speziellen Ausdruckssprache, die mit dem Kürzel *DAX* benannt ist. Dax ist eine vereinfachte Variante der auf dem Microsoft SQL Server für die Analyse von *OLAP*-Cubes verwendeten Sprache *MDX*. Diese Abkürzung steht für *Multidimensional Expressions*. DAX wird in PowerPivot verwendet, um zusätzliche berechnete Spalten und Felder in das Modell einzufügen.

DAX besteht aus einem Bündel von Funktionen, Operatoren und Konstanten. Die komplette Syntax finden Sie unter *msdn.microsoft.com/en-us/library/library/ee634396.aspx*. Das ist ein komplexes Thema, das im Rahmen dieses Buches nur angerissen werden kann. Als einfaches Beispiel soll eine Gewinnberechnung dienen, die einer zusätzlichen Spalte in der Tabelle **FactSales** zugewiesen werden soll.

1. Wechseln Sie im PowerPivot-Fenster mit der gleichnamigen Schaltfläche zur Datensicht zurück.
2. Wählen Sie über das Register die Tabelle **FactSales** aus.
3. Benutzen Sie **Entwurf > Spalten > Hinzufügen**.

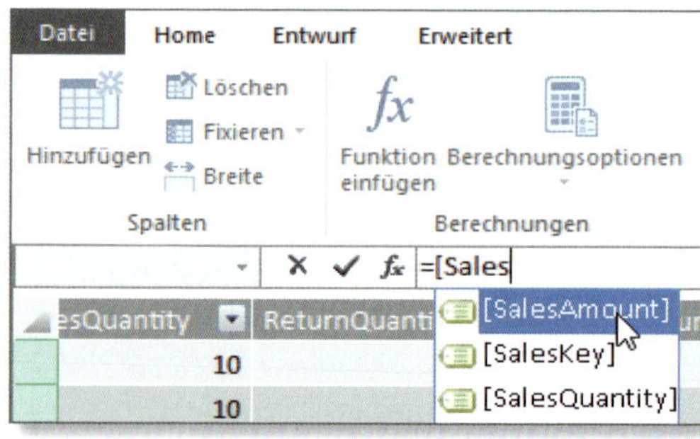

Abbildung 17.148 *Eingabe einer Formel für ein berechnetes Feld*

4. Geben Sie die Formel für die Spalte in die Bearbeitungsleiste über der Tabelle ein. Mit der **Auto-Vervollständigen**-Funktion lassen sich die exakten Namen von Spalten und Tabellen auf einfache Weise eingeben. Die Bezüge auf die Spalten der Tabelle werden jeweils in eckige Klammern eingefasst. Nach der ersten eckigen Klammer hinter dem Gleichheitszeichen werden die möglichen Werte jeweils zur Auswahl angeboten. Die benötigte Formel heißt:

```
=[SalesAmount]-[TotalCost]-[ReturnAmount]
```

Diese Formel bewirkt, dass in jeder Zeile der Tabelle von dem Wert für **SalesAmount** die beiden anderen Werte abgezogen werden.

Die neue Spalte wird sofort mit den berechneten Werten gefüllt. Ersetzen Sie nur noch den vorgegebenen Dummy-Namen. Öffnen Sie das Kontextmenü dieses Namens, und benutzen Sie **Spalte umbenennen**. **GrossProfit** wäre ein möglicher Name.

Für die Tabelle **DimProduct** soll eine zusätzliche Spalte eingefügt werden, die einen Wert aus einer mit dieser Tabelle verknüpften Tabelle ausgibt. In diesem Fall enthält die Tabelle **DimProductCategory** die Namen der Produktkategorien, die in der Tabelle **DimProduct** hilfreich sind, wenn Sie eine Hierarchie mit Kategorieinformationen erstellen wollen. Dazu wird in DAX die Funktion *RELATED()* verwendet. Die Formel kann dann lauten:

```
=RELATED(DimProductCategory
[ProductCategoryName])
```

Benennen Sie die Spalte in **ProductCategory** um.

Entsprechend verfahren Sie mit einer Spalte, die die Namen der Unterkategorien aufnehmen soll. Die Formel heißt:

```
=RELATED(DimProductSubcategory
[ProductSubcategoryName])
```

Benennen Sie die Spalte mit **ProductSubcategory**.

Erstellen einer Hierarchie

Datenmodelle sind häufig hierarchisch aufgebaut. Zeitbezogene Daten lassen sich beispielsweise nach Jahren ordnen, darunter nach Quartalen, darunter nach Monaten usw. Raumbezogene Daten sind nach Kontinenten, Ländern, Regionen oder Orten gruppiert. Wenn Sie in Ihrem Datenmodell entsprechende Hierarchien einrichten, wird es leicht möglich, zwischen den verschiedenen Ebenen zu wechseln, um mal mehr und mal weniger detaillierte Daten zu finden.

Ist eine Hierarchie einmal definiert, können Sie in der Feldliste mit diesem Element arbeiten, ohne die Unterelemente jeweils einzeln einem der Bereiche zuordnen zu müssen. Gleichzeitig werden in diesem Fall neue **Drilldown**- und **Drillup**-Funktionen aktiviert, die das Ein- und Ausblenden der verschiedenen Ebenen vereinfachen. Ein einfaches Beispiel ist eine Datumshierarchie. Hier ist das Verfahren:

1. Erweitern Sie in der Diagrammsicht die Tabelle **DimDate**, sodass alle Felder sichtbar sind.
2. Benutzen Sie über das Kontextmenü **Hierarchie erstellen**. Am Ende der Spaltenliste wird der übergeordnete Hierarchieknoten **Hierarchy 1** eingefügt.
3. Benennen Sie das Element in **Dates** um.
4. Ziehen Sie aus der Spaltenliste die Spalten **CalendarYear**, **CalendarQuarter** und **CalendarMonth** auf das Hierarchieelement.

Abbildung 17.149 *Die neue Hierarchie für Datumswerte*

Eine zweite Hierarchie ist für die Tabelle **DimProduct** sinnvoll. Vergeben Sie den Namen **Categories** und ziehen Sie die beiden Spalten **ProductCategory** und **ProductSubcategory** auf den Hierarchieknoten.

Auswertung mit Hierarchien

Nach diesen Vorarbeiten lässt sich nun der Einsatz der eingerichteten Hierarchien in der Pivot-Tabelle testen. Die aktive Feldliste enthält bereits die Elemente für die beiden Hierarchien. Wir ersetzen die bisherigen Felder im Bereich **Zeilen** durch das Element **Categories** und im Bereich **Spalten** nehmen wir nur das Hierarchieelement **Dates**.

Der Vorteil der Hierarchien wird besonders deutlich, wenn Sie beispielsweise eines der Produktkategorien markieren. In diesem Fall wird auf dem Register **Analysieren** in der Gruppe **Aktives Feld** die Schaltfläche **Drilldown ausführen** aktiviert. Wenn Sie sie benutzen, erscheinen die Unterkategorien zu dieser Kategorie. Die

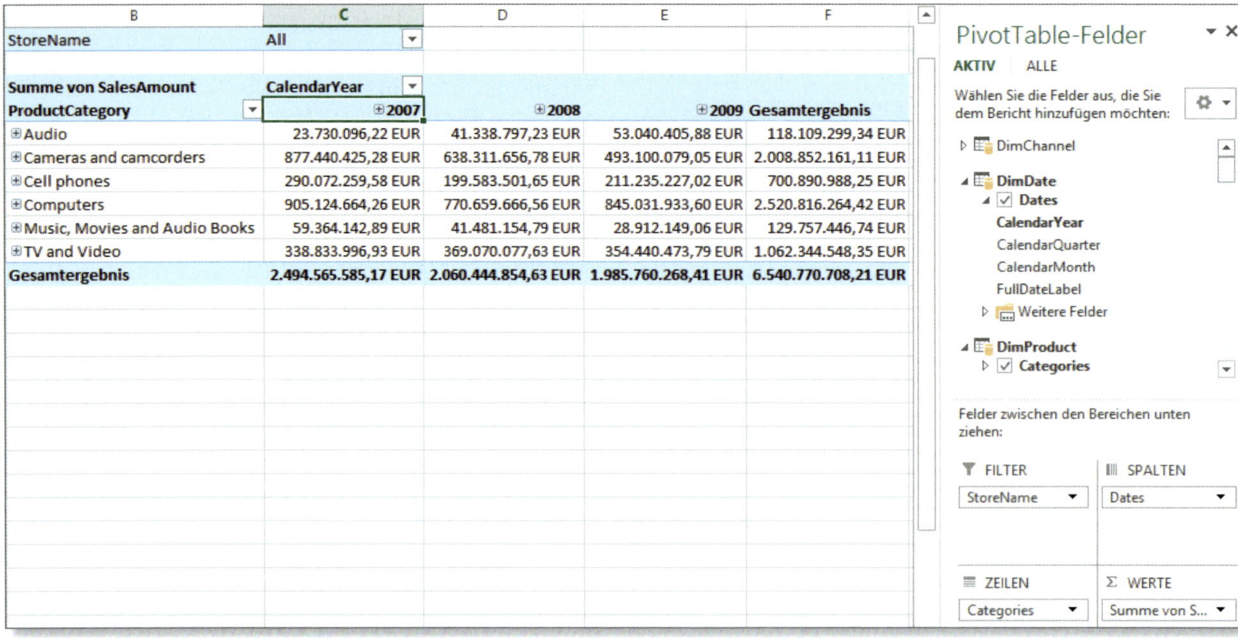

Abbildung 17.150 Auswertung mithilfe der Hierarchien »Dates« und »Categories«

Schaltfläche **Drillup ausführen** wird im Gegenzug aktiviert, um wieder zu der höheren Ebene der Hierarchie zurückzukehren.

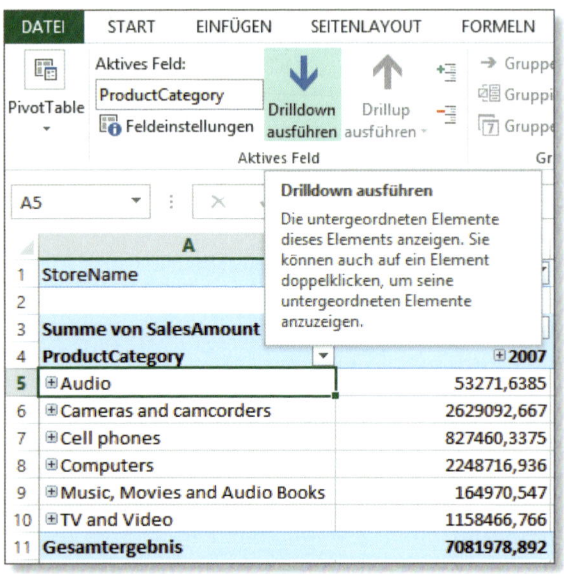

Abbildung 17.151 Einblenden der untergeordneten Elemente

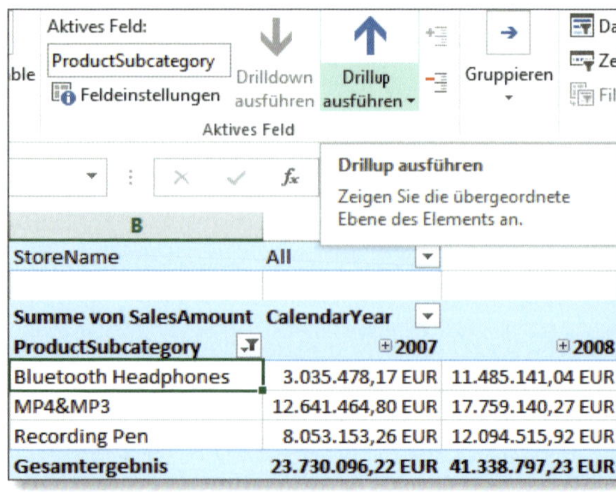

Abbildung 17.152 Die Elemente der Unterkategorie

Die Hierarchie der Zeitwerte ist dreistufig, die Schaltfläche **Drilldown ausführen** zeigt also, wenn ein Element für ein Jahr markiert ist, zunächst die Quartale und im nächsten Schritt die Monate eines Quartals an. An den Jahresnamen werden entsprechende Zahlen angehängt, was allerdings etwas irritierend wirkt.

Kompatibilität

Eine Arbeitsmappe, die die neuen PowerPivot-Funktionen nutzt, kann notfalls auch in Excel 2010 geöffnet werden, allerdings lassen sich die Pivot-Funktionen darin nicht aktualisieren oder interaktiv nutzen.

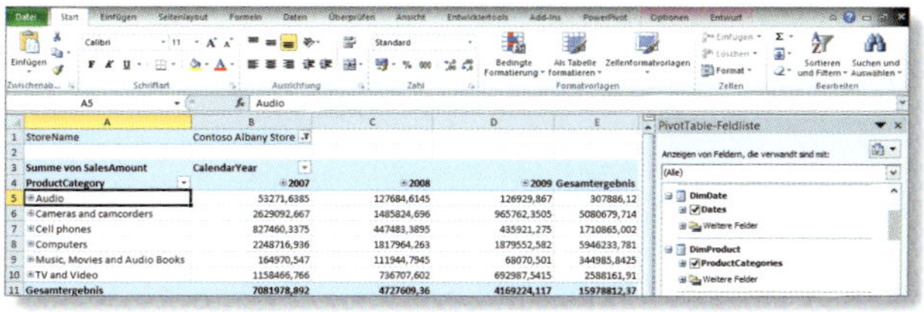

Abbildung 17.153 Eine PowerPivot-Mappe in Excel 2010

Die zugrunde liegenden Daten können also auch nicht geändert werden. Wenn Sie es versuchen, erhalten Sie einen entsprechenden Fehlerhinweis.

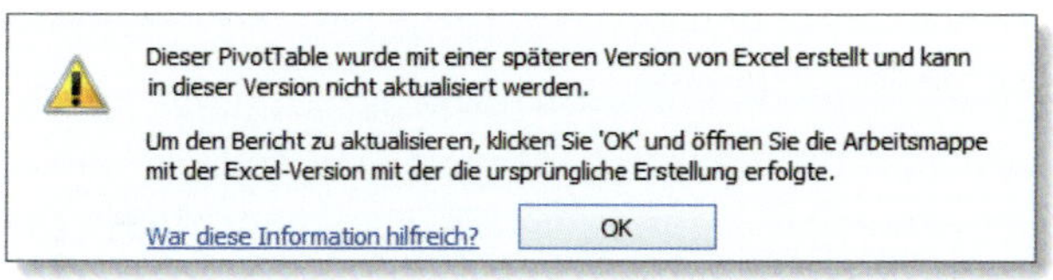

Abbildung 17.154 Fehler beim Öffnen einer PowerPivot-Mappe

17.9 Das Add-In Inquire

Ein ganz neues Add-In in der Professional-Pro-Edition von Excel 2013 ist **Inquire**, das als COM-Add-In über **Datei > Optionen > Add-Ins** aktiviert werden kann. Die Komponente fügt ein neues Register **Inquire** in das Menüband ein. Die angebotenen Funktionen sind hilfreich, um Arbeitsmappen miteinander zu vergleichen oder einzelne Mappen in Bezug auf bestimmte Merkmale zu analysieren.

Wenn Sie beispielsweise eine Liste aller Formeln in einer Arbeitsmappe haben wollen, benutzen Sie die Schaltfläche **Arbeitsmappenanalyse** und wählen im Dialog das Element **Formeln** aus. Im rechten Fenster erscheint eine Liste aller Formeln. Mit der Schaltfläche **Excel-Export** erzeugt das Add-In eine Arbeitsmappe mit den entsprechenden Daten.

Von besonderem Nutzen ist das Add-In, wenn es darum geht, zwei Arbeitsmappen zu vergleichen, etwa wenn nicht mehr klar erkennbar ist, welche Version die gültige sein soll. Sie können dabei folgendermaßen verfahren.

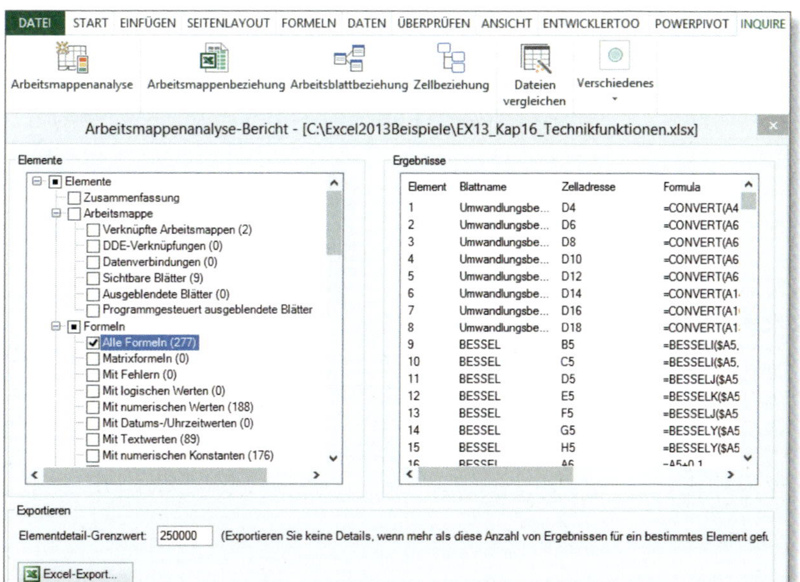

Abbildung 17.155 Der Dialog für die Analyse einer Arbeitsmappe

1 Öffnen Sie beide Dateien, die verglichen werden sollen.

2 Benutzen Sie in einem der beiden Anwendungsfenster auf dem Register **Inquire** die Schaltfläche **Dateien vergleichen**.

3 Im ersten Dialog werden die beiden Dateien in der Reihenfolge des Öffnens zur Bestätigung angezeigt. Wollen Sie die Reihenfolge noch ändern, benutzen Sie die Schaltfläche **Dateien vertauschen**.

4 Ansonsten setzen Sie mit **Vergleichen** den gewünschten Vergleich in Gang.

Excel öffnet ein Fenster, in dem die beiden Mappen nebeneinandergestellt und die Unterschiede kenntlich gemacht sind. Die Untersuchung lässt sich durch die Optionen im unteren linken Fenster auf bestimmte Merkmale beschränken.

Weitere Funktionen von Inquire rufen Sie über das Menüband auf. In der Gruppe **Diagramme** finden Sie die Symbole für die grafische Darstellung von Beziehungen zwischen Arbeitsmappen, zwischen Arbeitsblättern oder zwischen Zellen. Unter **Verschiedenes** gibt es eine nützliche Funktion, die überflüssige Zellformate aufspürt, beispielsweise irrtümlich eingefärbte Zellen weit entfernt von allen Daten. Auch für die Verwaltung von Kennwörtern für Arbeitsmappen wird ein Dialog angeboten.

17.10 Tabellen konsolidieren

Es kommt häufiger vor, dass an verschiedenen Stellen oder zu verschiedenen Zeitpunkten Daten in Zellbereichen zusammengetragen werden, die alle gleich oder wenigstens sehr ähnlich strukturiert sind. Typische Beispiele sind etwa Tagesberichte von verschiedenen Filialen einer Firma oder die Berichte von Vertretern für verschiedene Gebiete.

Solche Daten mithilfe von Formeln zusammenzurechnen ist nicht die einzige Möglichkeit, die Excel anbietet. Unter bestimmten Voraussetzungen können Sie

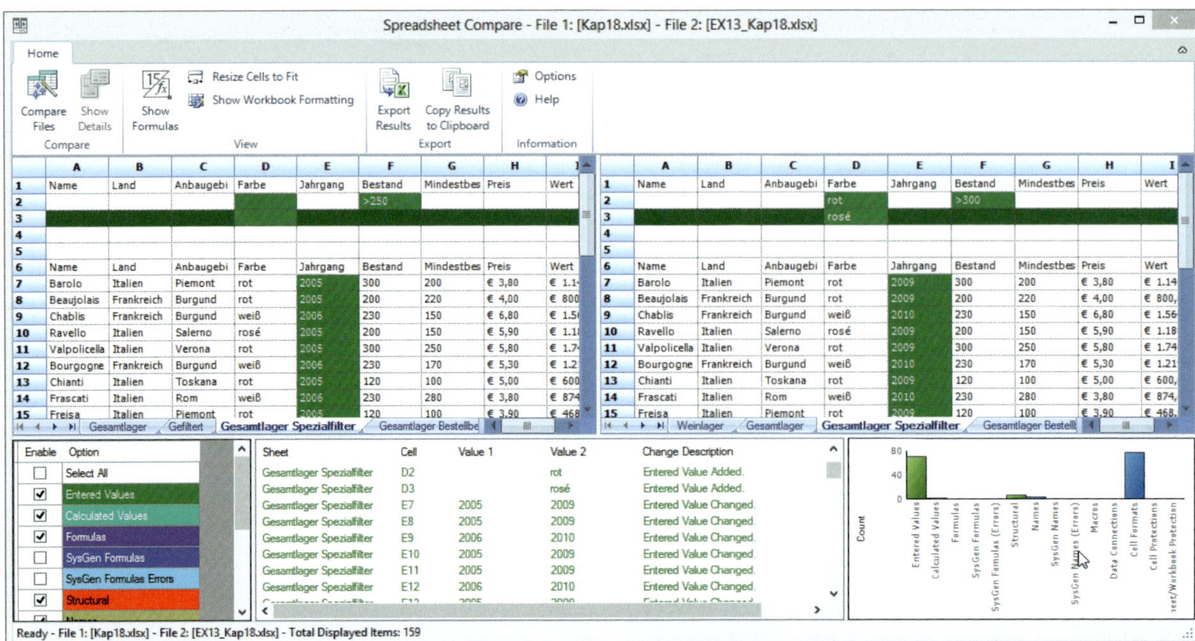

^ ***Abbildung 17.156** Zellbereiche, die unterschiedliche Werte enthalten, sind durch Hintergrundfarben markiert.*

für diesen Zweck auch die Funktion **Konsolidieren** nutzen, die Ihnen einiges an Handarbeit abnimmt. Die Funktion bietet interessante Möglichkeiten, Daten aus verschiedenen Arbeitsmappen zusammenzuführen und auszuwerten.

Excel 2013 kennt zwei verschiedene Methoden, Daten zu konsolidieren. Entweder orientiert sich die Funktion an der Position der Daten in den Quelldateien oder an den Rubriken. Im ersten Fall müssen die Quelldaten auf allen Blättern jeweils genau an derselben Stelle stehen. Im zweiten Fall können die Quelldaten auch an ganz unterschiedlichen Stellen in den Quelldateien vorkommen.

Konsolidieren nach Position

Um Ihnen die erste Methode vorzustellen, verwenden wir kurze Monatsberichte von drei Werken einer fiktiven Firma. Angenommen, jedes Werk liefert zum Monatsende eine Arbeitsmappe an die Zentrale. Dort werden daraus die Gesamtergebnisse berechnet.

Jede Mappe enthält einen einheitlich strukturierten Tabellenbereich mit einer Übersicht über die Produktion in den verschiedenen Produktgruppen. Wie können Sie nun die drei Einzelergebnisse in einer neuen Arbeitsmappe zu einem Gesamtergebnis zusammenfassen?

	A	B	C	D	E
1					
2	**Monatsbericht**	**Werk:**	**I**	**Monat:**	**Nov 2012**
3					
4	Produktgruppe:	Menge	Umsatz	Kosten	Gewinn
5	Waschmaschinen	8000	9.600.000 EUR	6.720.000 EUR	2.880.000 EUR
6	Trockner	6000	5.400.000 EUR	3.780.000 EUR	1.620.000 EUR
7	Kühlschränke	12000	7.200.000 EUR	5.040.000 EUR	2.160.000 EUR
8	Gefriertruhen	7000	6.300.000 EUR	4.410.000 EUR	1.890.000 EUR

Abbildung 17.157 *Ergebnisblatt eines Werks*

Natürlich wäre es denkbar, die verschiedenen Blätter, die diese Bereiche enthalten, zunächst in einer Arbeitsmappe zusammenzufassen, aber möglicherweise wird das nicht gewünscht. Es kann ja z. B. sein, dass diese Blätter noch viele andere Daten enthalten, die an dieser Stelle nicht interessieren. Obwohl es möglich ist, dass sich die Quellbereiche und der Zielbereich für eine Konsolidierung in derselben Arbeitsmappe befinden, soll deshalb in diesem Beispiel davon ausgegangen werden, dass dies nicht der Fall ist.

Quelldaten im Zielbereich zusammenführen

Der erste Schritt, um die Ergebnisse der drei Werke zu konsolidieren, ist die Festlegung eines Zielbereichs, in dem die Daten zusammengefasst werden.

1. Zunächst öffnen Sie eine neue Arbeitsmappe und wählen darin ein Tabellenblatt aus, in dem die konsolidierten Daten abgelegt werden sollen.
2. Es ist eine gute Gewohnheit, über den Doppelklick oder -tipp auf das Blattregister gleich einen entsprechenden Namen für das Blatt zu vergeben.
3. Der nächste Schritt ist eine entsprechende Beschriftung des Blatts. Es bietet sich an, die Spalten- und Zeilenüberschriften eines Quellbereichs an genau die gleiche Stelle im Zielbereich zu kopieren. Bei der Konsolidierung nach Position müssen Sie darauf achten, dass die Zelladressen entsprechender Beschriftungen immer gleich sind. Die Menge der verkauften Waschmaschinen z. B. wird immer in der Zelle B5 erwartet.
4. Ist dieser Schritt abgeschlossen, können Sie den Bereich markieren, in dem die zusammengefassten Werte erscheinen sollen. Es genügt, wenn Sie die erste Zelle des Bereichs auswählen, hier B5.
5. Benutzen Sie nun auf dem Register **Daten** in der Gruppe **Datentools** die Schaltfläche **Konsolidieren**.

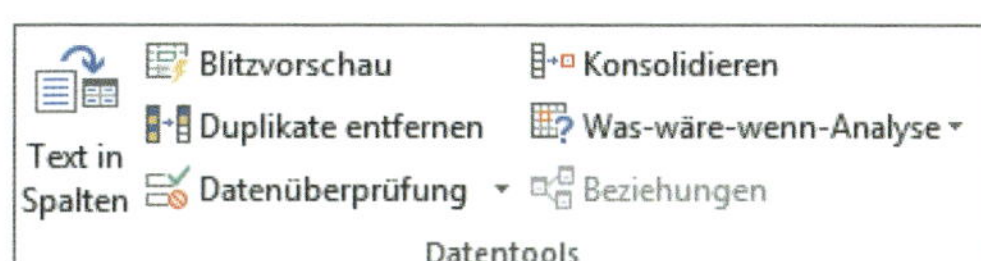

Abbildung 17.158 *Die Funktion »Konsolidieren« gehört zur Gruppe »Datentools«.*

6. In dem Feld **Funktion** wird als Vorgabe **Summe** angezeigt, es wird also angenommen, dass die Werte

aus den verschiedenen Bereichen addiert werden sollen. Das Listenfeld bietet Ihnen auch noch andere Möglichkeiten an, bis hin zu einfachen statistischen Analysen wie Standardabweichung und Varianz. In diesem Beispiel ist **Summe** die richtige Funktion, siehe Abbildung 17.159.

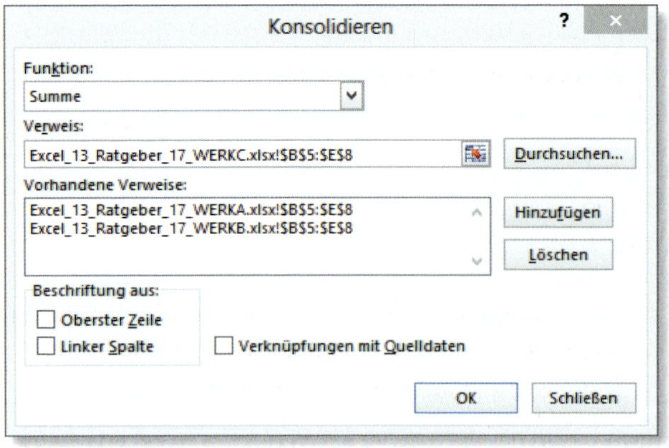

Abbildung 17.159 *Am einfachsten lassen sich die Verweise auf die Quellbereiche eintragen, wenn Sie die Quelldateien öffnen.*

7 Excel erwartet nun Einträge in dem Feld **Verweis**. Wie ausführlich die Verweisangabe sein muss, hängt davon ab, wo sich die Quelldaten befinden. Stehen sie auf demselben Tabellenblatt wie der Zielbereich, reichen einfache Zellbezüge. Stehen sie auf einem anderen Tabellenblatt derselben Mappe, muss der Blattname vor die Zelladresse gesetzt werden. Bei Verweisen auf andere Mappen ist die Angabe des Dateinamens notwendig. Befindet sich die Mappe nicht im Standardordner, muss der komplette Pfad eingetragen werden.

8 Um sich das Leben leichter zu machen, sollten Sie die Quelldateien gleichzeitig öffnen und über **Ansicht > Fenster > Alle anordnen** dafür sorgen, dass Sie alle Bereiche in den Quelldateien direkt markieren können.

9 Ist ein Verweis eingegeben oder markiert, benutzen Sie die Schaltfläche **Hinzufügen**. Der eingegebene Bezug erscheint in der Liste **Vorhandene Verweise**. Verfahren Sie mit den anderen Verweisen entsprechend.

10 Schließen Sie den Vorgang dann mit **OK** ab. Excel berechnet die Gesamtwerte für alle Werke und gibt sie als Werte im Zielbereich aus.

	A	B	C	D	E
1					
2	Monatsbericht		Gesamt	Monat:	Nov 2012
3					
4	Produktgruppe:	Menge	Umsatz	Kosten	Gewinn
5	Waschmaschinen	28000	33.600.000 EUR	23.520.000 EUR	10.080.000 EUR
6	Trockner	21000	18.900.000 EUR	13.230.000 EUR	5.670.000 EUR
7	Kühlschränke	35000	21.000.000 EUR	14.700.000 EUR	6.300.000 EUR
8	Gefriertruhen	23000	20.700.000 EUR	14.490.000 EUR	6.210.000 EUR

Abbildung 17.160 *Die konsolidierten Werte im Zielbereich übernehmen nur das Zahlenformat der Quellbereiche.*

Insgesamt dürfen bei einer solchen Konsolidierung bis zu 255 Quellbereiche angegeben werden. Es ist dabei nicht notwendig, dass die Arbeitsmappen geöffnet sind. Sie müssen dann nur die Bezüge manuell eingeben, was nicht nur etwas mühsam, sondern auch fehleranfälliger ist. Vermeiden sollten Sie dagegen den Bezug auf geöffnete Dateien, die noch nicht gespeichert sind, weil dann der endgültige Dateiname ja noch nicht feststeht.

TIPP

Besser mit Bereichsnamen
Eleganter als die Eingabe von Bereichsadressen ist natürlich auch hier die Verwendung von Bereichsnamen. Das setzt voraus, dass die Quellbereiche in allen Fällen mit demselben Namen belegt worden sind.

Konsolidieren nach Rubriken

Wenn die verschiedenen Quellbereiche nicht exakt den gleichen Aufbau und die gleiche Position auf dem Tabellenblatt haben, sondern nur teilweise übereinstimmen, können Sie die zweite Methode anwenden, die Konsolidierung nach Rubriken. Wir nehmen dafür ein einfaches Beispiel mit Testdaten. Abbildung 17.161 zeigt zwei Tabellen auf einem Tabellenblatt. An den beiden ersten Tests haben nicht genau die gleichen Personen teilgenommen wie an den drei folgenden Tests. Dennoch lassen sich die beiden Tabellen ohne Probleme zu einer Tabelle zusammenfassen.

	A	B	C	D
1				
2	**Konsolidieren nach Rubriken**			
3				
4		Test 1	Test 2	
5	Testperson 1	104	92	
6	Testperson 2	107	108	
7	Testperson 3	113	107	
8	Testperson 4	118	90	
9	Testperson 5	111	102	
10				
11		Test 3	Test 4	Test 5
12	Testperson 3	114	120	94
13	Testperson 4	110	91	118
14	Testperson 5	104	93	116
15	Testperson 6	103	118	105
16	Testperson 7	118	109	94

*^ **Abbildung 17.161** Zwei Quellbereiche für eine Konsolidierung, die sich nur partiell überschneiden*

Bei dieser Methode werden nicht nur die Werte aus den Quellbereichen im Zielbereich verwendet, auch die Überschriften der Zeilen und Spalten werden aus den Quelldaten erzeugt.

1 Markieren Sie die linke obere Eckzelle des Zielbereichs (die Beschriftungszeile und die Beschriftungsspalte mitgerechnet). In Abbildung 17.160 ist es A16.

2 Benutzen Sie **Daten > Datentools > Konsolidieren**.

3 Übernehmen Sie unter **Funktion** die Vorgabe **Summe**. Geben Sie unter **Verweis** die beiden Quellbereiche unter Einschluss der Beschriftungen an, und verwenden Sie jedes Mal **Hinzufügen**.

4 Um Excel zu veranlassen, die Methode mit den Rubriken zu benutzen, geben Sie unter **Beschriftung aus** an, woher die Beschriftungen übernommen werden sollen. In diesem Fall können Sie sowohl **Oberster Zeile** als auch **Linker Spalte** abhaken.

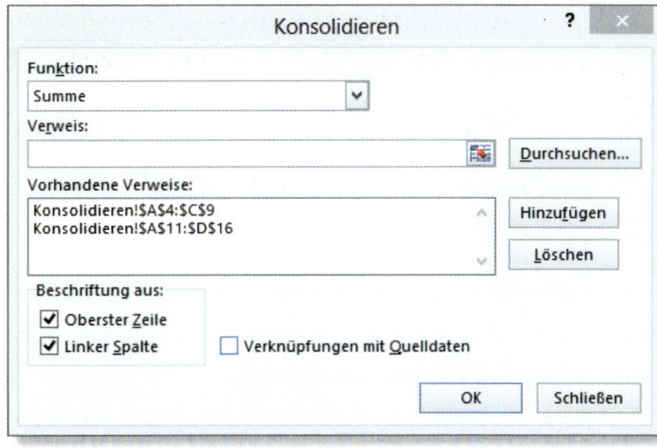

*^ **Abbildung 17.162** Die beiden Optionen zur Beschriftung können einzeln oder zusammen verwendet werden.*

5 Wenn Sie den Dialog bestätigen, kopiert Excel die Beschriftungen an die angegebene Stelle im Zielbereich und konsolidiert die Daten dort.

Abbildung 17.163 zeigt das Ergebnis der Konsolidierung. Die Überschriften und die Werte aus den beiden Quellbereichen sind nun in einer Tabelle zusammengefügt. Die Funktion **Summe**, die dabei verwendet wurde, hat in diesem Fall allerdings wenig zu tun, weil pro Person und Test ja immer nur ein Wert existiert.

	A	B	C	D	E	F
19		Test 1	Test 2	Test 3	Test 4	Test 5
20	Testperson 1	104	92			
21	Testperson 2	107	108			
22	Testperson 3	113	107	114	120	94
23	Testperson 4	118	90	110	91	118
24	Testperson 5	111	102	104	93	116
25	Testperson 6			103	118	105
26	Testperson 7			118	109	94

*^ **Abbildung 17.163** Die beiden Quelltabellen sind nun zu einer Tabelle zusammengefasst.*

Eine Konsolidierung bearbeiten

Die Daten über eine Konsolidierung werden mit der Arbeitsmappe gespeichert, die den Zielbereich enthält. Die Zusammenfassung der Werte kann also jederzeit wiederholt werden, falls sich die Quelldaten geändert haben. Wenn es nötig ist, kann auch die Zusammenstellung der Quellbereiche jederzeit verändert werden.

1. Wählen Sie den Zielbereich. Rufen Sie erneut das Dialogfeld **Konsolidieren** auf.
2. Um noch weitere Quellbereiche hinzuzufügen, geben Sie unter **Verweis** den neuen Bereich ein, wählen **Hinzufügen** und veranlassen mit **OK** eine Neuberechnung.
3. Um einen Quellbereich aus der Berechnung herauszunehmen, wählen Sie ihn unter **Vorhandene Verweise** aus und klicken auf **Löschen**.
4. Soll der markierte Verweis nur geändert werden, dann korrigieren Sie die Adresse unter **Verweis**.

Wenn Sie mit der Methode **Konsolidieren nach Rubriken** arbeiten wollen, sollten Sie darauf achten, dass unter **Beschriftung aus** die für den betreffenden Fall zutreffenden Optionen ausgewählt sind. Fehlt eine Option, produziert Excel sonst vielleicht unbrauchbare Ergebnisse, beispielsweise Summen von Werten, die nicht zusammengehören.

Mit Quelldaten verknüpfen

Normalerweise übernimmt Excel für die Konsolidierung die Daten aus den Quellbereichen mit den aktuellen Werten, berechnet das Ergebnis und gibt die Werte im Zielbereich aus. Damit ist der Vorgang abgeschlossen. Ändern sich die Werte in den Quellbereichen, müssen Sie den Dialog **Konsolidieren** erneut öffnen und mit unveränderten Angaben erneut bestätigen, um den Zielbereich zu aktualisieren.

Sollen die Werte im Zielbereich dagegen automatisch geändert werden, wenn sich die Daten in einem der Quellbereiche ändern, müssen Sie im Dialog **Konsolidieren** noch das Kästchen **Verknüpfungen mit Quelldaten** abhaken. Ist das geschehen, werden die Daten in der Arbeitsmappe immer auf den neuesten Stand gebracht, wenn die Mappe geöffnet wird. Im Zielbereich finden Sie dann anstelle der konstanten Werte Bezüge auf die einzelnen Zellen in den Quellbereichen.

Excel fügt für jeden Quellbereich neue Zeilen/Spalten ein sowie Formeln, die die Daten dann zusammenfassen, entsprechend der Funktion, die im Dialogfeld gewählt worden ist. Die Tabelle wird automatisch gegliedert und zunächst mit der höchstmöglichen Komprimierung angezeigt. Sie können mit den Gliederungssymbolen aber alle Detaildaten im Zielbereich sichtbar machen, siehe Abbildung 17.164.

17.11 Was-wäre-wenn-Analysen nutzen

Sensitivitätsanalysen untersuchen, wie empfindlich eine Situation auf Änderungen einzelner Faktoren reagiert, die diese Situation beeinflussen. Excel stellt Ihnen zwei verschiedene Versionen solcher Was-wäre-wenn-Analysen zur Verfügung. Sie unterscheiden sich im Kern durch die Anzahl der Variablen, die zugelassen sind. Excel 2013 verwendet beide Male den Begriff *Datentabelle*, in früheren Versionen wurde hier noch der Begriff *Mehrfachoperation* verwendet. In der ers-

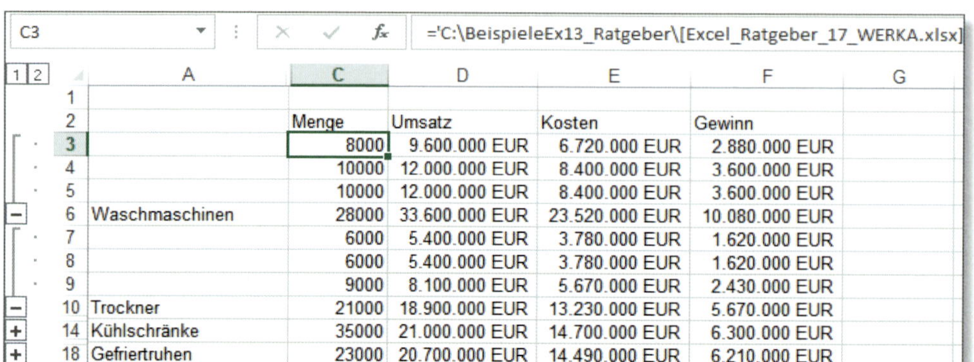

	A	C	D	E	F	G
1						
2		Menge	Umsatz	Kosten	Gewinn	
3		8000	9.600.000 EUR	6.720.000 EUR	2.880.000 EUR	
4		10000	12.000.000 EUR	8.400.000 EUR	3.600.000 EUR	
5		10000	12.000.000 EUR	8.400.000 EUR	3.600.000 EUR	
6	Waschmaschinen	28000	33.600.000 EUR	23.520.000 EUR	10.080.000 EUR	
7		6000	5.400.000 EUR	3.780.000 EUR	1.620.000 EUR	
8		6000	5.400.000 EUR	3.780.000 EUR	1.620.000 EUR	
9		9000	8.100.000 EUR	5.670.000 EUR	2.430.000 EUR	
10	Trockner	21000	18.900.000 EUR	13.230.000 EUR	5.670.000 EUR	
14	Kühlschränke	35000	21.000.000 EUR	14.700.000 EUR	6.300.000 EUR	
18	Gefriertruhen	23000	20.700.000 EUR	14.490.000 EUR	6.210.000 EUR	

Abbildung 17.164
Verknüpfte Konsolidierung

ten Version kann nur ein Wert variiert werden, in der zweiten sind es zwei.

Die unterschiedliche Anzahl der Variablen hat Folgen für die Anordnung der Daten, die in die Berechnung eingehen. Sie ist bei den beiden Versionen unterschiedlich. Zudem ist die Anzahl der Formeln, die ausgewertet werden können, von der Zahl der Variablen abhängig. Nur die Version mit einer Variablen kann gleichzeitig mehrere Formeln auswerten.

Datentabelle mit einer Variablen

Zunächst ein einfaches Beispiel. In Abbildung 17.165 finden Sie eine kleine Anwendung mit einer Barwertfunktion. Die Fragestellung könnte lauten: Wie viel muss am 1.1.2013 auf der Bank eingezahlt werden, um nach Ablauf von drei Jahren den Betrag zu erhalten, der drei jährlichen Einzahlungen von 40.000 EUR entspricht? Der Zinssatz beträgt 3 %.

	A	B	C
1			
2	**Berechnung des Barwerts**		
3			
4	Einzahlungen	40000	
5	Perioden	3	
6	Zinssatz	3%	
7	Barwert		- 113.144,45 €
8	andere Zinssätze:	3,25%	
9		3,50%	
10		3,75%	
11		4,00%	
12		4,25%	
13		4,50%	
14		4,75%	
15		5,00%	
16		5,25%	

Abbildung 17.165 *Vorbereitung der Barwertberechnung als Mehrfachoperation*

Die Formel mit der Funktion *BW()* in Zelle C7 enthält keinen konstanten Zinssatz, sondern die Adresse der Zelle B6. Dort sind zunächst *3 %* eingetragen.

1 Um die Wirkung anderer Zinssätze zu beobachten, tragen Sie in eine freie Spalte eine Reihe von Zinsvarianten ein. Dies ist in der Tabelle in Abbildung 17.165 in der Spalte B geschehen. Die Beschriftung *andere Zinssätze* weist darauf hin, wozu die Werte gedacht sind. Die alternativen Werte müssen untereinander in einer Spalte eingetragen werden. Eine auf- oder absteigende Reihenfolge macht das Ergebnis übersichtlicher.

2 Der nächste Schritt der Vorbereitung betrifft die Formel, die mit den alternativen Werten gefüttert werden soll. In diesem Beispiel ist es die Barwertfunktion. Diese Formel müssen Sie in die Zeile eintragen, die direkt über der ersten Zeile liegt, die alternative Werte enthält. Sie muss aber um mindestens eine Spalte nach rechts versetzt werden, weil das Programm die neu errechneten Werte direkt unter dieser Formel ablegen wird. In der Abbildung ist deshalb die Zelle C7 der richtige Ort für die Formel.

3 Im nächsten Schritt markieren Sie den Bereich, der für die Datentabelle benutzt werden soll. In der Abbildung ist dieser Bereich zur besseren Verdeutlichung mit einem Muster gekennzeichnet. Der Bereich wird bestimmt durch die Spalte mit den alternativen Werten und durch die Zeile, die die Formel oder die Formeln enthält, die der Befehl mehrfach durchrechnen soll. Im Unterschied zu einer normalen Formel wird das Ergebnis bei dieser Operation eben nicht in der Zelle angezeigt, die die Formeln enthält, sondern in einer fortlaufenden Reihe von Zellen.

4 Anschließend rufen Sie aus der Gruppe **Datentools** auf dem Register **Daten** über das Menü der Schaltfläche **Was-wäre-wenn-Analyse** den Befehl **Datentabelle** auf.

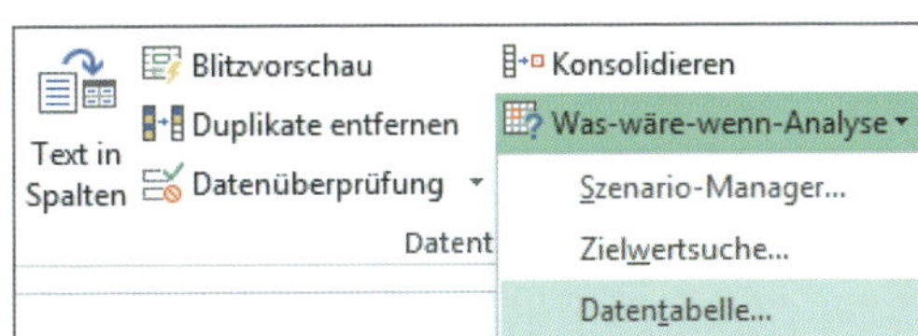

Abbildung 17.166 *Optionen in der Gruppe »Datentools«*

5 In dem kleinen Dialogfeld wird in diesem Beispiel die Eingabe der Zelladresse für den Zinssatz, also B6, erwartet. Das ist die Eingabezelle, in die die verschiedenen Zinssätze nacheinander *eingeschoben* werden, um die Barwertformel jedes Mal neu zu berechnen. Da die alternativen Werte für den Zinssatz in einer Spalte angeordnet sind, müssen Sie die Adresse »$B$6« in das Feld **Werte aus Spalte** eintragen. Wären die alternativen Zinssätze nur in einer Zeile angeordnet – etwa D6 bis L6 –, müssten Sie die Zeladresse in das Feld **Werte aus Zeile** eintragen.

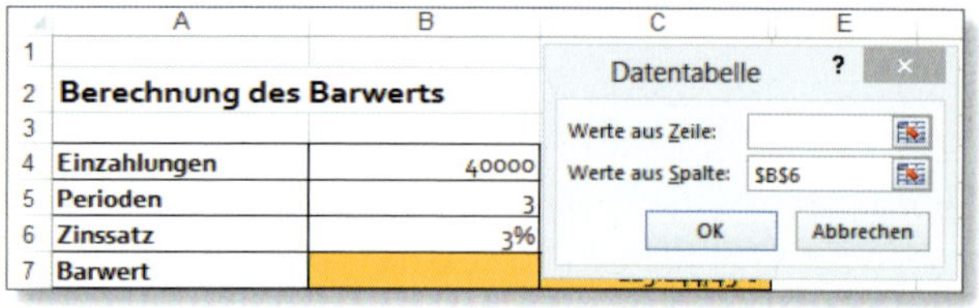

Abbildung 17.167 *Im Dialog »Datentabelle« geben Sie die Adresse des Faktors an, dessen Einfluss untersucht werden soll.*

6 Wenn Sie die Eingaben im Dialogfeld bestätigen, rechnet Excel 2013 für alle alternativen Zinssätze die Barwertformel durch und stellt die Ergebnisse in der Spalte unter der Formel zur Verfügung.

4	Einzahlungen	40000		
5	Perioden	3		
6	Zinssatz	3%		
7	Barwert		-	113.144,45 €
8	andere Zinssätze:	3,25%	-	112.602,80 €
9		3,50%	-	112.065,48 €
10		3,75%	-	111.532,44 €
11		4,00%	-	111.003,64 €
12		4,25%	-	110.479,03 €
13		4,50%	-	109.958,57 €
14		4,75%	-	109.442,22 €
15		5,00%	-	108.929,92 €
16		5,25%	-	108.421,64 €

Abbildung 17.168 *Die berechneten Alternativen*

Sie können die Tabelle folgendermaßen lesen: Der alternative Zinssatz von 4% würde einen Barwert von 111.003 Euro ergeben, der alternative Zinssatz von 5% einen Barwert von 108.929 Euro usw. Die Originalformel in Zelle B8 und der ursprünglich angenommene Zinssatz von 3% in Zelle B8 bleiben von dieser Operation unberührt.

Wenn Sie sich die Zelle C8 ansehen, werden Sie in der Bearbeitungsleiste eine Matrixformel mit der Funktion *MEHRFACHOPERATION()* finden:

```
{=MEHRFACHOPERATION(;B6)}
```

Die Zellen, die die Ergebnisse der Mehrfachoperation anzeigen, bilden eine Ergebnismatrix. Einzelne Zellen dieses Bereichs können also nicht geändert oder gelöscht werden.

Dagegen können Sie die alternativen Zinssätze beliebig verändern. Wenn Sie auch die anderen Argumente der Barwertfunktion durch Zellbezüge festgelegt haben, können Sie nun auch andere Werte für die Anzahl der Perioden oder die regelmäßigen Zahlungen ausprobieren. Die gesamte Tabelle der Mehrfachoperation wird jedes Mal neu durchgerechnet.

Auswertung mehrerer Formeln

Im letzten Beispiel ist nur eine einzige Formel mit alternativen Werten durchgespielt worden. Solange Sie mit einer einzigen Variablen arbeiten, können Sie aber, wie schon erwähnt, auch das Verhalten mehrerer Formeln gleichzeitig beobachten.

Zum Beispiel könnten Sie zusätzlich den Barwert berechnen lassen für den Fall, dass die Einzahlungen schon am Anfang der Periode fällig sind. Sie müssen die Formel dazu nur um das Argument für die Fälligkeit erweitern. In diesem Fall muss als Bereich für die Mehrfachoperation B7 bis D16 markiert werden.

Mehrfachoperation mit zwei Variablen

Die zweite Version der Mehrfachoperation lässt zwei Variablen, also zwei *Eingabezellen*, zu, kann aber nur jeweils eine Formel auswerten. Der Aufbau des Tabellenbereichs ist ein wenig anders als bei der ersten Version. Die Formel wird in die bisher leere, linke obere Eckzelle des für die Mehrfachoperation markierten Tabellenbereichs eingetragen.

Die alternativen Werte für die erste Variable werden wie gehabt in die linke Spalte des Tabellenbereichs eingepflegt. Die Werte für die zweite Variable dagegen werden in die erste Zeile eingegeben, beginnend mit der Zelle rechts neben der Formelzelle. Dort, wo in der ersten Version die Formeln standen, müssen bei dieser Version also die Werte für die zweite Variable stehen.

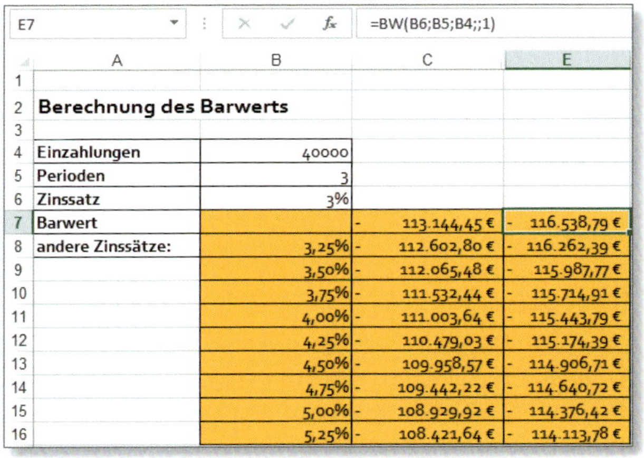
E7 =BW(B6;B5;B4;;1)

	A	B	C	E
1				
2	**Berechnung des Barwerts**			
3				
4	Einzahlungen	40000		
5	Perioden	3		
6	Zinssatz	3%		
7	Barwert		- 113.144,45 €	- 116.538,79 €
8	andere Zinssätze:	3,25%	- 112.602,80 €	- 116.262,39 €
9		3,50%	- 112.065,48 €	- 115.987,77 €
10		3,75%	- 111.532,44 €	- 115.714,91 €
11		4,00%	- 111.003,64 €	- 115.443,79 €
12		4,25%	- 110.479,03 €	- 115.174,39 €
13		4,50%	- 109.958,57 €	- 114.906,71 €
14		4,75%	- 109.442,22 €	- 114.640,72 €
15		5,00%	- 108.929,92 €	- 114.376,42 €
16		5,25%	- 108.421,64 €	- 114.113,78 €

Abbildung 17.169 *Das erweiterte Beispiel mit vorschüssiger und nachschüssiger Barwertberechnung*

Beispiel Ratenberechnung

Ein Blick auf Abbildung 17.170 zeigt den Aufbau dieses speziellen Tabellenbereichs. Als Beispiel soll wieder eine Finanzfunktion dienen. Eine Ratenberechnung arbeitet mit drei Argumenten, einem Kapitalbetrag, z. B. einem Darlehen, einem Zinssatz und der Anzahl der Perioden. Variiert werden sollen das Darlehen und der Zinssatz.

Die Werte für die erste Variable, das Darlehen, sind in der Spalte B eingetragen, die Werte für die zweite Variable, also den Zinssatz, in der Zeile 7. Der Bezug auf die Ratenformel steht in der linken oberen Eckzelle des Tabellenbereichs, also in B7.

1. Wieder können Sie zunächst den Tabellenbereich markieren, von B7 bis G11.
2. Rufen Sie den Befehl **Datentabelle** auf. Diesmal müssen beide Eingabefelder ausgefüllt werden. Bei **Werte aus Zeile** geben Sie die Adresse der Zelle an, die den Zinssatz enthält, also B4.
3. Bei **Werte aus Spalte** geben Sie die Adresse B5 an, die den Wert für das Darlehen enthält.

Der Befehl liefert eine Tabelle von Werten, die Sie lesen können wie ein XY-Diagramm. Um die Rate für das Darlehen von 13.000 EUR zu finden, die bei einem Zinssatz von 7 % zu zahlen ist, können Sie zunächst die Zeile aufsuchen, die mit 13 000 beginnt, und dann so viele Zellen nach rechts gehen, bis Sie in der Spalte angekommen sind, über der *7 %* steht. Diese Zelle enthält die entsprechende Rate.

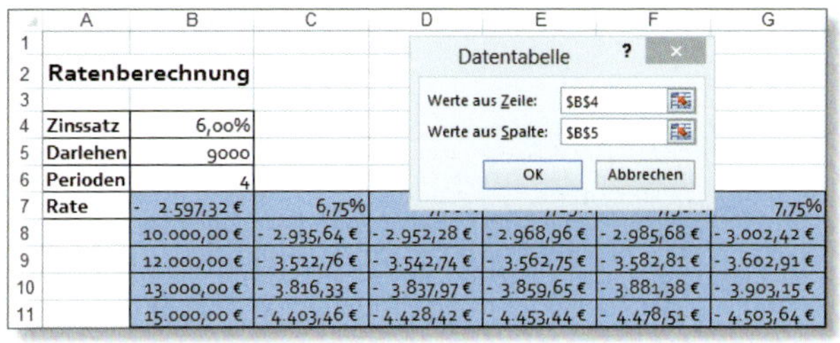

	A	B	C	D	E	F	G
1							
2	**Ratenberechnung**						
3							
4	Zinssatz	6,00%					
5	Darlehen	9000					
6	Perioden	4					
7	Rate	- 2.597,32 €	6,75%	[illegible]	[illegible]	[illegible]	7,75%
8		10.000,00 €	- 2.935,64 €	- 2.952,28 €	- 2.968,96 €	- 2.985,68 €	- 3.002,42 €
9		12.000,00 €	- 3.522,76 €	- 3.542,74 €	- 3.562,75 €	- 3.582,81 €	- 3.602,91 €
10		13.000,00 €	- 3.816,33 €	- 3.837,97 €	- 3.859,65 €	- 3.881,38 €	- 3.903,15 €
11		15.000,00 €	- 4.403,46 €	- 4.428,42 €	- 4.453,44 €	- 4.478,51 €	- 4.503,64 €

Abbildung 17.170 *Ratenberechnung mit zwei Variablen*

TIPP

Umwandlung in Werte
Wenn die Mehrfachoperation ihre Werte geliefert hat, kann es praktisch sein, die Matrixformeln des Ergebnisbereichs in konstante Werte umzuwandeln. Das erreichen Sie, wenn Sie die Ergebnismatrix insgesamt markieren, z. B. mit Strg + /, die Daten in die Zwischenablage kopieren und dann mit **Inhalte einfügen** und der Option **Werte** auf sich selbst kopieren. Excel markiert automatisch den gesamten Bereich der Mehrfachoperation. Wenn Sie die Ausgangsformel(n) beibehalten wollen, markieren Sie nur die Zellen, die die Matrixformeln enthalten!

17.12 Mit Szenarien Alternativen durchspielen

Die im letzten Abschnitt behandelten Datentabellen oder Mehrfachoperationen liefern ganz brauchbare Ergebnisse, solange es um ein oder zwei Werte geht, die veränderbar sind. In vielen Fällen reicht das aber nicht aus. Eine leistungsfähigere Lösung für Was-wäre-wenn-Analysen stellt Excel mit dem Szenario-Manager zur Verfügung. Insbesondere die Zahl der Variablen ist hier wesentlich größer – bis zu 32 sind möglich.

Wozu Szenarien gut sind

Unter einem Szenario wird in Excel eine Art Planspiel verstanden, mit dem Sie das Zusammenwirken verschiedener Faktoren auf eine bestimmte Situation abschätzen können. Meist geht es darum, sich durch den Vergleich verschiedener Szenarien an eine optimale Lösung für ein Problem heranzutasten.

Zugrunde liegt oft eine Fragestellung, die mit den Mitteln eines oder mehrerer Szenarien geklärt werden soll. Hier nur zur Illustration zwei Beispiele von Fragestellungen für Szenarien:

- Wie würde sich voraussichtlich der Umsatz steigern lassen, wenn zwei neue Filialen eröffnet werden mit je vier Verkäufern und einer Verkaufsfläche von je 100 qm, vorausgesetzt, dass der Umsatz pro Verkäufer und pro qm Verkaufsfläche etwa dem in den bisherigen Filialen entspricht? Würde eine größere Filiale mit sechs Verkäufern und 170 qm Verkaufsfläche nicht mehr bringen?
- Wie würden sich die Lagerkosten für die zehn wichtigsten Rohstoffe verändern, wenn der Bestellturnus und die Bestellmenge verändert werden?

Bezogen auf ein Kalkulationsmodell in Excel bedeutet ein Szenario, dass das Modell mit einem bestimmten Satz von veränderlichen Werten durchgespielt wird. Szenario A arbeitet mit dem Wertesatz 1, Szenario B mit dem Wertesatz 2 usw. Typischerweise werden die einem Szenario zugrunde liegenden Annahmen auf einer Skala von *Beste Lösung* bis *Schlechteste Lösung* geordnet, aber Sie können auch beliebige andere Kriterien herausziehen, um die Qualität der verschiedenen Szenarien zu unterscheiden.

Nun könnten Sie solche Szenarien natürlich dadurch erstellen, dass Sie in ein bestehendes Modell zunächst eine bestimmte Gruppe von Werten eingeben, das Modell unter dem Namen *Plan1* abspeichern, dann eine neue Gruppe von Werten für dieselben Zellen eintragen, das Modell unter dem Namen *Plan2* abspeichern usw.

Dieses Verfahren wäre durchaus gangbar. Die Dateien müssten aber jedes Mal einzeln geladen werden. Bei jeder Änderung an einer Formel oder an einem Wert, der nicht zu den variablen Werten gehört, müsste immer dafür gesorgt werden, dass diese auch in allen anderen Kopien nachvollzogen wird. Außerdem ist der Vergleich der Ergebnisse häufig umständlich.

Etwas besser wäre die Lösung, in einer Arbeitsmappe verschiedene gleichförmige Tabellen anzulegen und jedes Mal verschiedene Werte einzutragen. Aber auch dann ist der Vergleich der Alternativen mühsam, weil die Werte, die verglichen werden sollen, nicht ohne Weiteres gleichzeitig im Bildschirmausschnitt sichtbar gemacht werden können.

Genau hier springt der Szenario-Manager ein. Er erlaubt Ihnen, ein Tabellenmodell mit mehreren Varianten auf einfache Weise zu verwalten und die unterschiedlichen Auswirkungen der verschiedenen Annahmen in Form eines zusammenfassenden Berichts zu vergleichen, der automatisch generiert wird.

Es bringt allerdings wenig, die Funktion einzusetzen, wenn das Tabellenmodell nur aus einer Beschriftungsspalte und einer Spalte mit Werten und Formeln besteht. In diesem Fall ist es sinnvoller, Planungsalternativen gleich in den benachbarten Spalten aufzuführen. Sie haben dann sofort einen guten Überblick über die verschiedenen Berechnungsvarianten. Die Arbeit mit dem Szenario-Manager wird, anders gesagt, umso interessanter, je komplexer das Tabellenmodell ist, das den verschiedenen Szenarien zugrunde liegt.

Planungsalternativen für einen Werbeetat

Die Arbeitsweise des Szenario-Managers soll hier dennoch an einem einfachen Beispiel vorgeführt werden, damit Sie die Dinge innerhalb der Abbildungen überblicken können. Es geht um ein Beispiel zur Planung von Werbeetats. In der Tabelle werden die Kosten für die verschiedenen Werbemittel zusammengestellt, die bei verschiedenen Produkten eingesetzt werden sollen. Den Kosten sollen verschiedene Planzahlen für den Absatz der Produkte gegenübergestellt werden, um die Werbekosten pro Verkaufseinheit zu berechnen.

Zunächst muss das Tabellenmodell mit allen Formeln komplett aufgebaut werden. Sie können mit Testdaten arbeiten oder gleich die Werte für das erste Szenario eingeben. Es reicht aber auch, zunächst nur die Formeln einzugeben.

	A	B	C	D
1				
2	**Werbeetatplan für 2013**			
3				
4	**Werbemedien**	**Produkt 1**	**Produkt 2**	**Produkt 3**
5	Anzeigen in Tageszeitungen	35.000 EUR	37.000 EUR	22.000 EUR
6	Internetwerbung	40.000 EUR	33.000 EUR	27.000 EUR
7	Fernsehwerbung	100.000 EUR	90.000 EUR	120.000 EUR
8	Plakatwerbung	12.000 EUR	13.000 EUR	11.000 EUR
9	Postwurfsendungen	10.000 EUR	12.000 EUR	12.000 EUR
10	**Gesamt**	197.000 EUR	185.000 EUR	192.000 EUR
11	**Geplanter Absatz**	35000	30000	33000
12	**Werbekosten pro Einheit**	5,63 EUR	6,17 EUR	5,82 EUR
13				
14				
15		veränderbare Zellen		
16		Ergebniszellen		

Abbildung 17.171 *Planung eines Werbeetats*

Veränderbare Faktoren festlegen

Ist das Modell einmal aufgebaut, folgt die Überlegung, welche Werte des Modells in den verschiedenen Szenarien überhaupt zur Disposition stehen und welche nicht. Das hängt natürlich ganz von der Situation ab, die das Modell beschreibt. Oft gibt es in einem solchen Modell Werte, die von vornherein feststehen und nicht verändert werden können. Bei anderen Werten dagegen besteht Spielraum für Veränderungen, zumindest innerhalb einer bestimmten Bandbreite.

In diesem Beispiel könnte etwa die Anzahl der Anzeigen in den Tageszeitungen mal höher, mal niedriger angesetzt werden. Beim geplanten Absatz schwanken die Annahmen vielleicht zwischen optimistischen und pessimistischen Zahlen. Zusätzlich soll noch ein mittlerer Wert ausprobiert werden.

Veränderbare Zellen und Ergebniszellen

Excel nennt die Zellen, deren Werte variiert werden sollen, *veränderbare Zellen*. Die Werte in diesen Zellen sind zugleich unabhängige Werte, d. h. solche, die nicht von anderen Werten abhängig sind. In den veränderbaren Zellen stehen also normalerweise keine Formeln. Ist das doch einmal der Fall, gibt Excel eine Warnung aus; die Formel wird bei der Anzeige des Szenarios durch ihr Ergebnis überschrieben (und damit zerstört).

Die nächste Frage ist, welche Daten aufgrund der im Modell eingebauten Formeln von den Veränderungen berührt werden und welche nicht. Die von den Werten in den veränderbaren Zellen betroffenen Zellen sind die möglichen Ergebniszellen des Szenarios, also die Werte, die beobachtet werden.

In unserem Beispiel sollen unterschiedlich hohe Beträge für Anzeigen in Tageszeitungen und Fernsehwerbung und unterschiedliche Schätzungen über den Absatz in die veränderbaren Zellen eingetragen werden. Als Ergebniszellen sind die Zellen mit dem Gesamtwerbeetat für ein Produkt und diejenigen mit den Werbekosten pro Verkaufseinheit interessant.

Unbedingt empfehlenswert: Bereichsnamen

Nach diesen Vorbereitungen könnten Sie nun eigentlich schon den Szenario-Manager aufrufen. Doch obwohl es auch ohne geht, ist die Verwendung von Namen für die Zellen, die im Szenario verändert werden sollen, und für die Ergebniszellen eigentlich ein Muss. Und dies aus zwei Gründen:

- Mithilfe dieser Namen erstellt Excel eine kleine Dateneingabemaske für die Eingabe der Werte in die veränderbaren Zellen. Fehlen die Namen, werden im Dialogfeld nur die abstrakten Zelladressen angezeigt.
- Die festgelegten Namen werden automatisch in die Berichte übernommen, in denen die Ergebnisse der verschiedenen Szenarien verglichen werden. Dadurch werden diese Berichte eigentlich erst lesbar.

Was die Namen selbst angeht, sollten Sie beachten, dass Sie zwar auch längere Namen verwenden können, Excel in den Dialogfeldern für die Dateneingabe aber lediglich die ersten 16 Zeichen der Namen verwendet.

Der Name sollte also, auch wenn er länger ist, schon mit den ersten 16 Zeichen eindeutig sein. Machen Sie sich also einmal die Mühe, die betreffenden Zellen mit Namen zu belegen. Die ganze weitere Arbeit mit den Szenarien wird dadurch wesentlich einfacher und übersichtlicher.

Ein Szenario definieren

Wenn diese Vorbereitungen so weit abgeschlossen sind, können Sie mit der Definition des ersten Szenarios beginnen. Dazu gehen Sie wie im Folgenden beschrieben vor:

1 Wählen Sie aus der Gruppe **Datentools** auf dem Register **Daten** über das Menü der Schaltfläche **Was-wäre-wenn-Analyse** den Befehl **Szenario-Manager**.

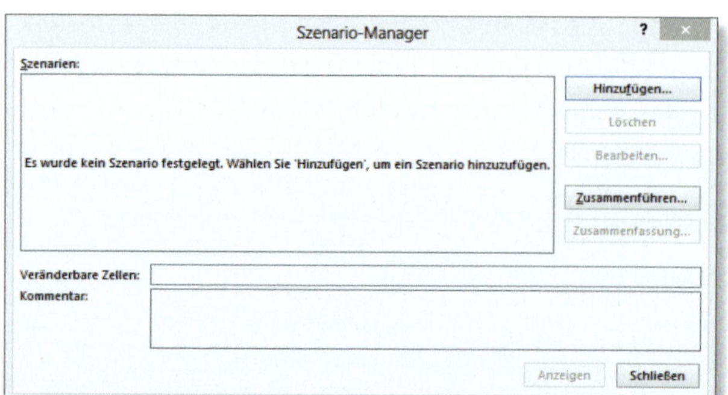

^ **Abbildung 17.172** *Der Dialog »Szenario-Manager« vor der Festlegung des ersten Szenarios*

2 Das erste Dialogfeld gibt Ihnen zunächst die Information, dass für dieses Tabellenblatt noch kein Szenario festgelegt worden ist. Benutzen Sie die Schaltfläche **Hinzufügen**.

3 Excel verwaltet die verschiedenen Szenarien mithilfe von Namen. Deshalb erwartet das Programm zunächst unter **Szenarioname** einen Namen für jedes Szenario. Hier ist es sinnvoll, einen Namen zu verwenden, der das Szenario möglichst deutlich charakterisiert. Hier könnte etwa das erste Szenario *Optimistische Absatzprognose* heißen.

> **TIPP**
>
> **Sprechende Namen sind praktischer**
> Rein formale Namen für ein Szenario wie *Version 1*, *Version 2* sind zwar nicht verboten, aber unpraktisch, weil Sie in der Regel schnell vergessen, welche Art von Annahme sich dahinter verbirgt. Es lohnt sich also, ein wenig Sorgfalt auf die Vergabe der Namen zu verwenden, insbesondere je mehr die Anzahl der Szenarien anwächst.

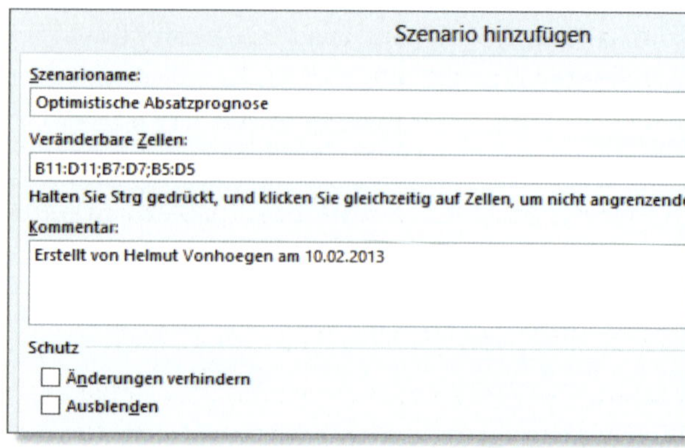

^ **Abbildung 17.173** *Erster Schritt zur Definition eines Szenarios*

4 Im zweiten Eingabefeld **Veränderbare Zellen** werden die Bezüge oder die Namen der Zellen angefordert, deren Werte für jedes Szenario neu eingegeben werden sollen. Geben Sie die Bezüge oder Namen nacheinander ein, getrennt jeweils durch

Semikola. Liegen Zellen in einem Bereich zusammen, geben Sie die Bereichsbezüge ein. Natürlich können Sie die Bezüge auch im Tabellenblatt markieren. Drücken Sie ab dem zweiten Bezug jeweils gleichzeitig die `Strg`-Taste, dann setzt Excel das Semikolon automatisch. Bezüge auf andere Blätter sind hier allerdings nicht erlaubt. Namen können mit `F3` eingefügt werden. Sind die Zellen benannt, müssen Sie die Namen aber hier nicht angeben, Excel übernimmt sie automatisch anhand der Zelladressen.

5 Unter **Kommentar** erscheinen automatisch Ihr Name und das Datum der Erstellung des Szenarios. Wenn Sie den Kommentar ergänzen wollen, klicken Sie direkt in das Textfeld und tragen Ihre Anmerkungen ein.

6 Unter **Schutz** kann noch das Kästchen **Änderungen verhindern** abgehakt werden. Damit erreichen Sie, dass dieses Szenario nicht geändert werden kann, vorausgesetzt, die Datei wird anschließend insgesamt mit **Überprüfen > Blatt schützen** gegen Änderungen gesperrt. Sie können hier für jedes Szenario unterschiedlich verfahren, also z. B. die wahrscheinlichste Variante gegen Veränderung schützen, die anderen Varianten aber für andere Zahlen freigeben.

7 Wenn Sie das Kontrollfeld **Ausblenden** abhaken, wird das aktuelle Szenario in der Liste im ersten Dialogfeld erst gar nicht mehr aufgeführt, wenn die Datei insgesamt geschützt worden ist. Diese Variante bleibt dann für Unbefugte unsichtbar.

8 Wenn Sie das Dialogfeld schließlich bestätigen, erscheint ein weiteres Dialogfeld mit einer Eingabemaske für die veränderbaren Zellen, die Sie angegeben haben. Sind die Zellen vorher benannt worden, erscheinen – wie angesprochen – die Zellnamen vor den entsprechenden Eingabefeldern. Wenn Sie bei der Anlage der Tabelle bereits die Werte für das erste Szenario eingegeben haben, werden diese Werte hier angezeigt und können einfach quittiert werden.

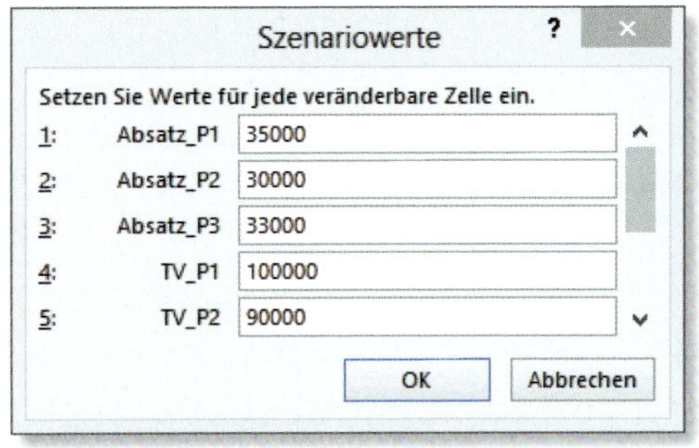

Abbildung 17.174 *Hier geben Sie die Werte in die Zellen ein, die als veränderbar eingestuft sind.*

9 Um weitere Szenarien einzugeben, quittieren Sie mit **Hinzufügen**, ansonsten mit **OK**.

TIPP

Formeln anstelle fester Beträge

In die Eingabefelder des Dialogs **Szenariowerte** können Sie nicht nur konstante Werte, sondern auch Formeln eintragen. Wenn z. B. zunächst der Wert *22000* angezeigt wird, können Sie mit der Eingabe von `=22000 * 1,05` eine 5%ige Erhöhung des bisherigen Werts erreichen. Abgelegt in der Zelle wird aber nur das Ergebnis, nicht die Formel.

10 Im ersten Fall speichert Excel die eingegebenen Werte und bietet erneut das Dialogfeld **Szenario hinzufügen** an. Sie können den Namen für das nächste Szenario eingeben. In unserem Beispiel wäre etwa *Pessimistische Absatzprognose* denkbar. Die Bezüge der veränderbaren Zellen müssen natürlich nicht geändert werden, wenn das zweite Szenario sich auf dieselben veränderbaren Werte beziehen soll. Es ist aber auch möglich, Szenarien zu einem Tabellenblatt mit unterschiedlichen veränderbaren Zellen anzulegen.

11 Kommentieren Sie das neue Szenario bei Bedarf, und bestätigen Sie schließlich das Dialogfeld. Wieder wird die Maske mit den Feldern für die veränderlichen Zellen angeboten.

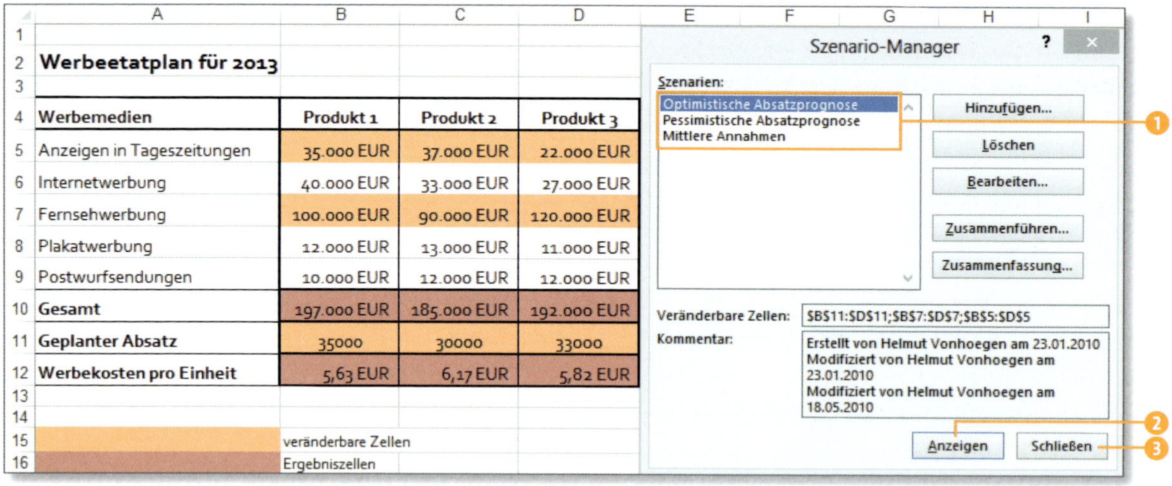

^ ***Abbildung 17.175*** *Das Kalkulationsmodell und die Liste der Szenarien, die dafür definiert sind*

12 Ist schließlich auch das letzte Szenario eingegeben, führt Excel Sie zurück in das erste Dialogfeld, in dem Sie jetzt die Namen aller definierten Szenarien finden **1**.

Anzeige der einzelnen Szenarien

Wenn Sie nun sehen wollen, welche Ergebnisse ein bestimmtes Szenario in der Tabelle liefert, öffnen Sie den Szenario-Manager erneut, wählen den Namen des Szenarios aus der Liste und benutzen die Schaltfläche **Anzeigen** **2**. Noch schneller geht es mit einem Doppelklick oder -tipp auf den Namen. Das Dialogfeld bleibt geöffnet, bis Sie **Schließen** **3** benutzen.

Der Szenario-Manager erzeugt mit jedem Satz der Werte, die Sie für das Szenario eingegeben haben, eine neue Version der Tabelle. Alle Formeln werden jedes Mal neu durchgerechnet. Sie können prüfen, wie sich die verschiedenen Annahmen über den Absatz auf die Werbekosten pro Produkt auswirken. Das zuletzt angezeigte Szenario bleibt in der Tabelle sichtbar, wenn Sie das Dialogfeld schließen.

Für den schnellen Wechsel zwischen den verschiedenen Szenarien lohnt es sich auch, in die Schnellzugriffsleiste den Befehl **Szenario** einzufügen. Sie finden ihn unter **Alle Befehle** im Dialog **Excel-Optionen > Symbolleiste für den Schnellzugriff**. Die entsprechende Schaltfläche bietet die Liste der Szenarionamen direkt zur Auswahl an, Sie müssen den Dialog **Szenario-Manager** in diesem Fall nicht öffnen.

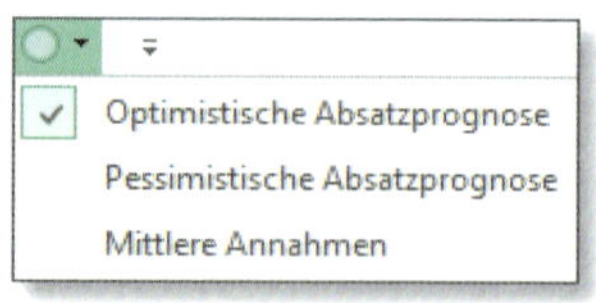

^ ***Abbildung 17.176*** *Einblenden eines bestimmten Szenarios über die Schnellzugriffsleiste*

Bearbeiten von Szenarien

Einmal definierte Szenarien können jederzeit geändert werden, es sei denn, ihre Veränderung ist gesperrt. Wenn sich die Preise für die Anzeigen einer Tageszeitung ändern, korrigieren Sie nur das Szenario, das von dieser Änderung betroffen ist.

1 Wählen Sie im Dialogfeld **Szenario-Manager** den Namen des entsprechenden Szenarios aus, und benutzen Sie **Bearbeiten**.

2 Wenn es notwendig ist, können Sie im nächsten Dialogfeld auch den Namen des Szenarios, die Bezüge der veränderbaren Zellen und auch den Kommentar ändern. Sind in diesem Dialogfeld dagegen keine Änderungen erforderlich, können Sie das Dialogfeld gleich mit **OK** bestätigen.

3 Sollen für die veränderbaren Zellen andere Werte eingegeben werden, tragen Sie sie im folgenden Dialogfeld ein und bestätigen mit **OK**.

Excel notiert im Kommentar regelmäßig bei jeder Änderung automatisch das Datum und auch den Namen der Person, die die Änderung vorgenommen hat. Das Programm führt also eine Art Journal über alle Szenarien zu einem Tabellenblatt.

Löschen von Szenarien

Wenn Sie einzelne Szenarien löschen wollen, z. B. weil die darin formulierte Alternative sich als indiskutabel herausgestellt hat, markieren Sie im Dialog **Szenario-Manager** den Namen und verwenden **Löschen**. Auf diese Weise können Sie den Kreis der Alternativen schrittweise auf diejenigen einschränken, die für Sie wirklich von Interesse sind.

Wenn Sie alle Szenarien zu einer Tabelle löschen, müssen Sie beachten, dass dann die Tabelle die Werte des zuletzt angezeigten Szenarios behält. Beachten Sie auch, dass sich diese Löschbefehle nicht rückgängig machen lassen. Eine vorherige Sicherung der Arbeitsmappe ist also ratsam.

Unterstützung von Arbeitsgruppen

Angenommen, an der Planung des Werbeetats sind mehrere Personen beteiligt. Jede bastelt an ihrem eigenen PC an der optimalen Lösung. Es ist ohne Weiteres möglich, die verschiedenen Gedankengebäude unter ein Dach zu bringen.

Das ist allerdings nur sinnvoll, wenn die anderen Personen mit Tabellenblättern arbeiten, die wenigstens im Wesentlichen denselben Aufbau haben, wie er in der Arbeitsmappe gegeben ist, in der schließlich alle Vorschläge gesammelt werden sollen. Hier das Verfahren für die Zusammenführung verschiedener Planungsalternativen:

1 Wenn Sie Vorschläge aus einer anderen Arbeitsmappe in das eigene Modell übernehmen wollen, muss die Arbeitsmappe, aus der die Daten übernommen werden sollen, in der Sitzung geöffnet werden.

2 Die Arbeitsmappe, die die Vorschläge übernehmen soll, muss die aktive Mappe sein. Benutzen Sie im Dialogfeld **Szenario-Manager** die Schaltfläche **Zusammenführen**.

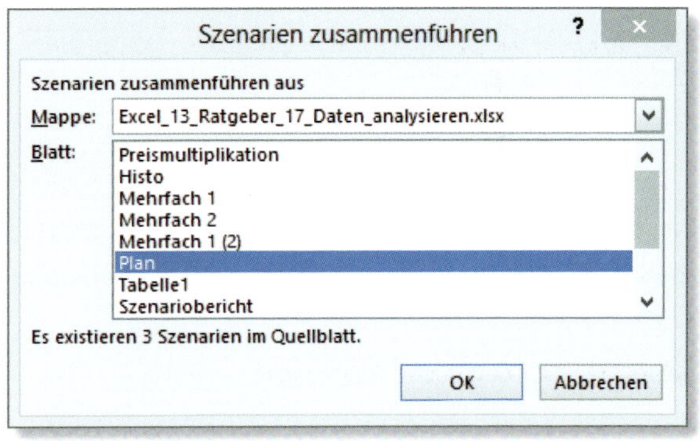

Abbildung 17.177 *Das Blatt »Plan« enthält mehrere Szenarien, die zusammengeführt werden können.*

3 Unter **Mappe** wählen Sie die Arbeitsmappe aus, aus der die Daten für Szenarien in die aktive Arbeitsmappe übernommen werden sollen. Unter **Blatt** wählen Sie das Tabellenblatt aus dieser Mappe, das die Werte enthält. Es ist hier auch möglich, Szenarien zusammenzuführen, die zwar in derselben Arbeitsmappe, aber auf verschiedenen Blättern definiert sind.

4 Die erfolgreich übernommenen Szenarien erscheinen im Dialog **Szenario-Manager**.

Kommt es beim Zusammenführen zu Kollisionen, die die Namen der Szenarien betreffen, hängt Excel automatisch als Unterscheidungsmerkmal den Namen des Erstellers an den Namen des zusammengeführten

Szenarios an oder – falls dieser gleich ist – das Datum oder eine Zählnummer.

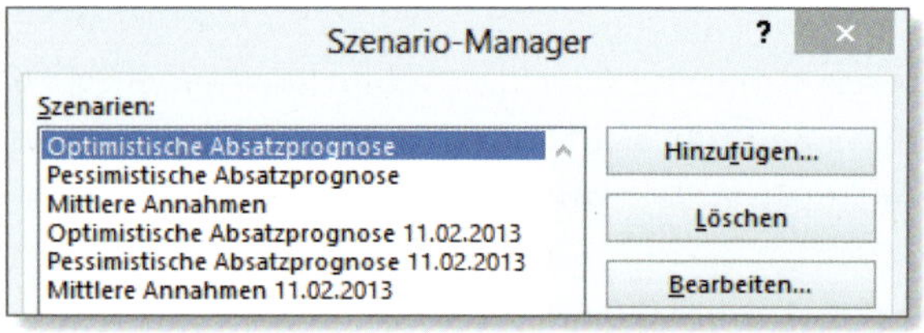

Abbildung 17.178 *Hier wurden einige Szenarien übernommen.*

Zusammenfassende Berichte

Excel zeigt im Arbeitsblatt aktuell immer nur eine Variante der Daten an, die Sie für ein Kalkulationsmodell zusammengestellt haben. Um die Ergebnisse der verschiedenen Szenarien zu vergleichen, können Sie zusammenfassende Berichte anfordern.

1. Benutzen Sie im Dialogfeld des Szenario-Managers die Schaltfläche **Zusammenfassung**.
2. In dem kleinen Dialog **Szenariobericht** können Sie zunächst die Art des Berichts bestimmen. *Szenariobericht* bedeutet, dass eine normale Tabelle mit den zusammengefassten Ergebnissen erzeugt wird.
3. Mit der Angabe unter **Ergebniszellen** können Sie steuern, ob der Bericht alle oder nur bestimmte Ergebniszellen berücksichtigen soll. In Abbildung 17.178 werden beispielsweise nur die Ergebnisse für das erste Produkt angefordert.

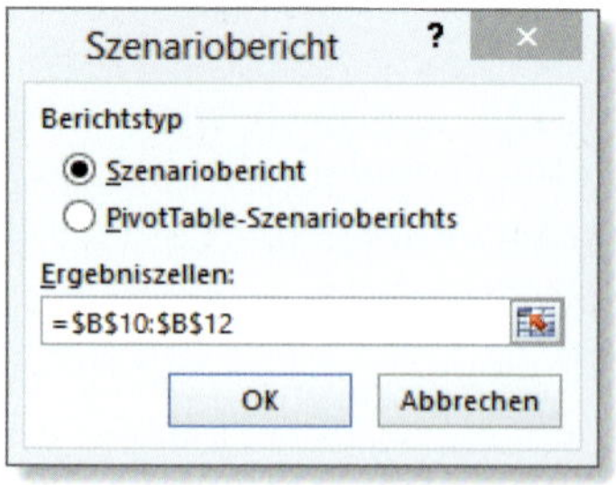

Abbildung 17.179 *Über die Angabe der Ergebniszellen steuern Sie den Umfang des Berichts.*

4. Für den Bericht wird in der aktiven Arbeitsmappe ein Tabellenblatt eingefügt, und zwar vor das Blatt, das das Tabellenmodell enthält. Die Tabelle wird automatisch gegliedert, und die Gliederungssymbole werden eingeblendet.

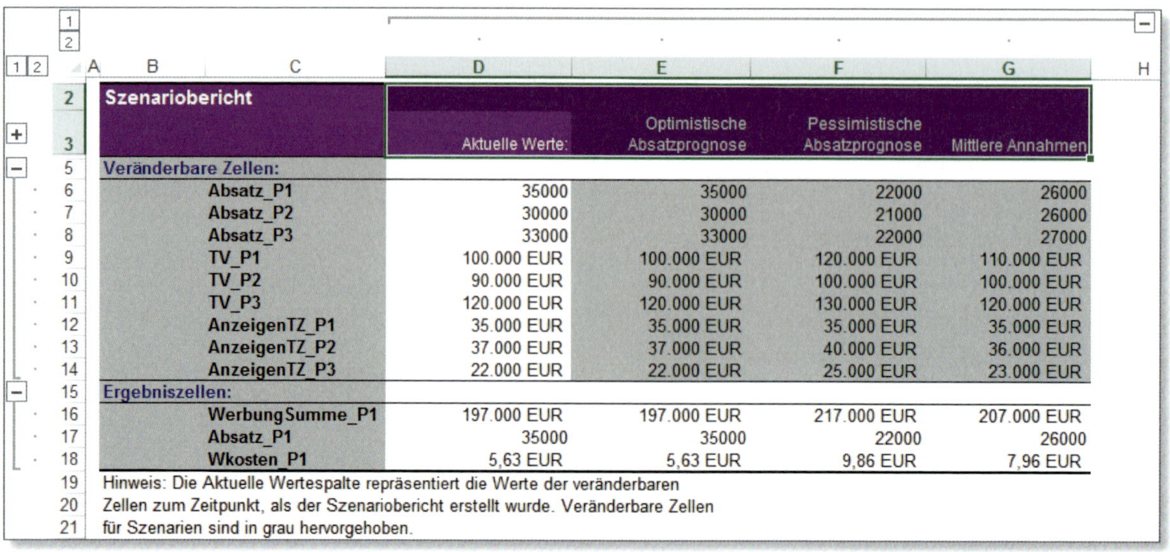

	B / C	D	E	F	G
2	Szenariobericht				
3		Aktuelle Werte:	Optimistische Absatzprognose	Pessimistische Absatzprognose	Mittlere Annahmen
5	Veränderbare Zellen:				
6	Absatz_P1	35000	35000	22000	26000
7	Absatz_P2	30000	30000	21000	26000
8	Absatz_P3	33000	33000	22000	27000
9	TV_P1	100.000 EUR	100.000 EUR	120.000 EUR	110.000 EUR
10	TV_P2	90.000 EUR	90.000 EUR	100.000 EUR	100.000 EUR
11	TV_P3	120.000 EUR	120.000 EUR	130.000 EUR	120.000 EUR
12	AnzeigenTZ_P1	35.000 EUR	35.000 EUR	35.000 EUR	35.000 EUR
13	AnzeigenTZ_P2	37.000 EUR	37.000 EUR	40.000 EUR	36.000 EUR
14	AnzeigenTZ_P3	22.000 EUR	22.000 EUR	25.000 EUR	23.000 EUR
15	Ergebniszellen:				
16	WerbungSumme_P1	197.000 EUR	197.000 EUR	217.000 EUR	207.000 EUR
17	Absatz_P1	35000	35000	22000	26000
18	Wkosten_P1	5,63 EUR	5,63 EUR	9,86 EUR	7,96 EUR
19	Hinweis: Die Aktuelle Wertespalte repräsentiert die Werte der veränderbaren				
20	Zellen zum Zeitpunkt, als der Szenariobericht erstellt wurde. Veränderbare Zellen				
21	für Szenarien sind in grau hervorgehoben.				

Abbildung 17.180 *Szenariobericht mit allen Werten der veränderbaren Zellen und den Werten für die ausgewählten Ergebniszellen*

Hauptsächlicher Zweck des Szenarioberichts ist es, Ihnen darzustellen, wie sich die unterschiedlichen Annahmen für das Modell auf die angegebenen Ergebniszellen auswirken, siehe Abbildung 17.180.

Es ist beim Szenariobericht allerdings auch möglich, keine Ergebniszellen anzugeben. Dann werden nur die Werte für die veränderbaren Zellen zusammengestellt. Excel übernimmt in den Bericht die Zellnamen, die vorher definiert wurden, sodass Sie sofort die Bedeutung der einzelnen Werte erkennen können.

Excel schreibt den Namen des Urhebers und das Erstellungs- bzw. Änderungsdatum in den Kopf des Übersichtsberichts. Das ist sehr hilfreich, wenn mehrere Personen in einem Netz an dem Projekt beteiligt sind. In Abbildung 17.180 sind diese Daten über das Gliederungssymbol ausgeblendet, um Platz zu sparen.

Natürlich lässt sich diese Tabelle wie jede andere Tabelle weiterbearbeiten. Für die Abbildung wurde z. B. ein Zeilenumbruch für die langen Beschriftungen eingefügt.

Pivot-Tabelle aus Szenarien

Die andere Möglichkeit für einen vergleichenden Bericht besteht darin, die Daten in Form einer Pivot-Tabelle auszugeben. Wenn Sie im Dialog **Szenariobericht** die Option **PivotTable-Szenariobericht** wählen, ist es erforderlich, die Bezüge der Ergebniszellen anzugeben, weil Sie sonst eine Fehlermeldung erhalten.

Excel erzeugt eine interaktive Pivot-Tabelle in einem neuen Blatt vor dem aktiven Tabellenblatt. Auf diese Weise haben Sie die Möglichkeit, die Daten des Berichts umzustellen und neu zu ordnen, so wie es eben mit Pivot-Tabellen möglich ist.

Bei dieser Berichtsform werden die Plandaten verschiedener Autoren jeweils getrennt zusammengefasst. Sie können die einzelnen Vorschläge dann über das Listenfeld des Berichtsfilters auswählen oder mit der Option **Alle** die Daten für alle an der Planung beteiligten Personen auf einmal anzeigen, wie es Abbildung 17.181 zeigt.

Für jeden Satz veränderbarer Zellen wird in der Pivot-Tabelle eine eigene Schaltfläche angelegt. Die Be-

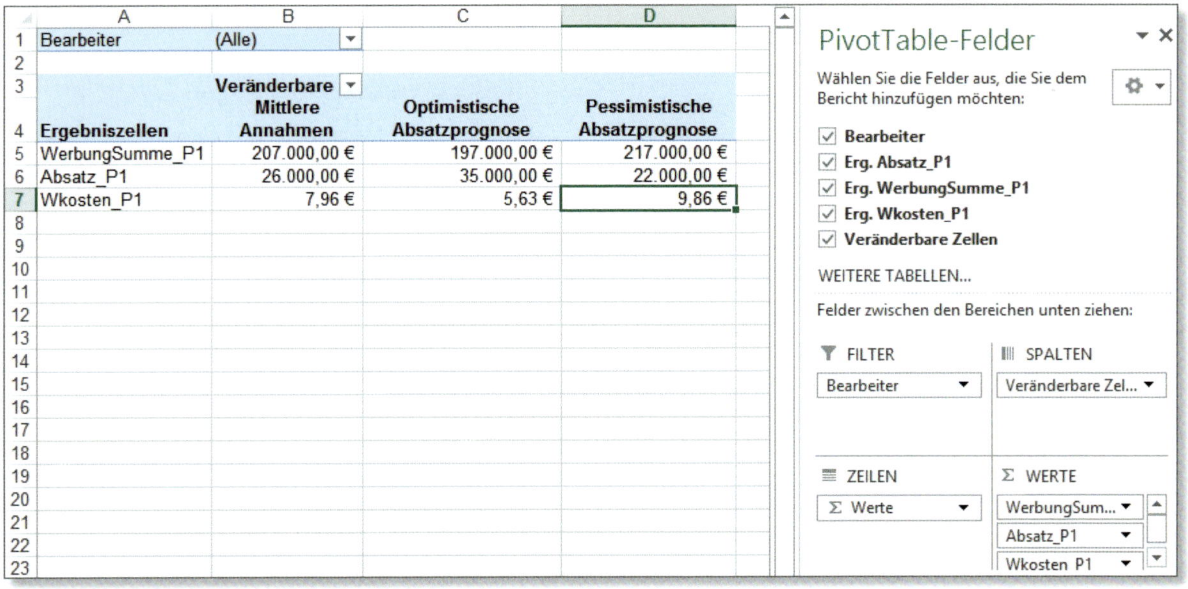

Bearbeiter	(Alle)		
	Veränderbare		
Ergebniszellen	Mittlere Annahmen	Optimistische Absatzprognose	Pessimistische Absatzprognose
WerbungSumme_P1	207.000,00 €	197.000,00 €	217.000,00 €
Absatz_P1	26.000,00 €	35.000,00 €	22.000,00 €
Wkosten_P1	7,96 €	5,63 €	9,86 €

Abbildung 17.181 *Leicht überarbeiteter Pivot-Tabellenbericht*

schriftung kann beliebig geändert werden. Meist ist es nötig, die Tabelle noch etwas zu formatieren, um eine passable Darstellung zu erreichen, etwa durch das Abschneiden überflüssiger Nachkommastellen.

17.13 Daten mit Analyse-Tools statistisch auswerten

Excel 2013 stellt Ihnen für die statistische Analyse von Daten nicht nur die zahlreichen statistischen Tabellenfunktionen zur Verfügung, die in Kapitel 15, »Statistische Werte berechnen«, ab Seite 559 vorgestellt wurden. Als Erweiterung können Sie außerdem ein umfangreiches Analysewerkzeug einsetzen, das die statistische Auswertung vorgegebener Daten vereinfacht.

Dieses Add-In **Analyse-Funktionen** müssen Sie zunächst über **Datei > Optionen > Add-Ins** in die Liste der Zusatzprogramme einfügen, die Excel bereitstellt. Benutzen Sie dazu unter **Verwalten** die Option **Excel-Add-Ins** und die Schaltfläche **Gehe zu**.

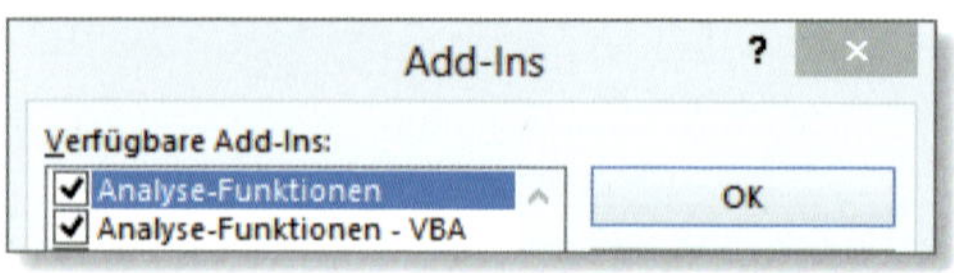

Abbildung 17.182 *Aktivieren des Add-Ins »Analyse-Funktionen«*

Ist das Add-In aktiviert, erscheint auf dem Register **Daten** eine zusätzliche Gruppe **Analyse** mit der Schaltfläche **Datenanalyse**.

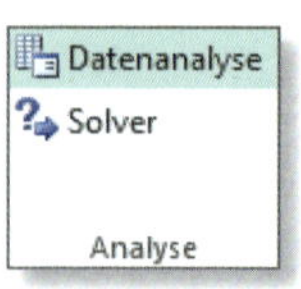

Abbildung 17.183 *Die Schaltfläche für die Analyse-Funktionen in der Gruppe »Analyse«*

Bevor Sie eine der zahlreichen Optionen dieses Befehls verwenden können, müssen Sie die Daten, die Sie analysieren wollen, auf einem Tabellenblatt so anordnen, dass die gewählte Analyse-Funktion damit arbeiten kann. Wie die Daten für eine bestimmte Funktion vorliegen müssen, hängt von der jeweiligen Funktion ab.

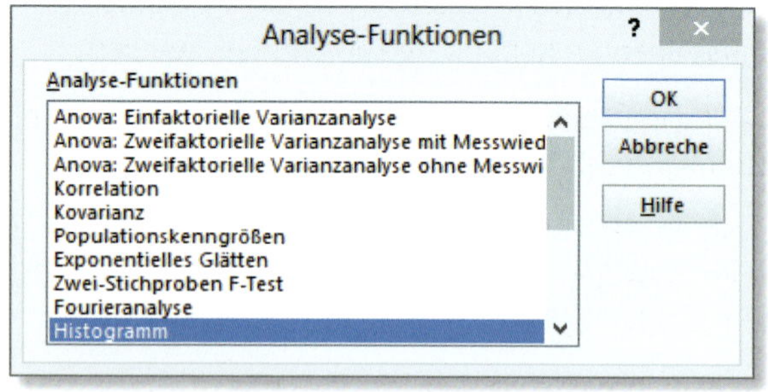

Abbildung 17.184 *In diesem Dialog wählen Sie die gewünschte Analyse-Funktion aus.*

Es würde den Rahmen dieses Buches sprengen, auf die einzelnen Funktionen des Pakets einzugehen. Deshalb werden wir hier nur Beispiele für zwei – allerdings sehr nützliche – Funktionen beschreiben.

Das erste behandelt Häufigkeitsverteilungen und zeigt, wie Sie ein Histogramm erstellen können, um solche Verteilungen darzustellen. Das zweite Beispiel behandelt die Generierung von Testdaten, die beim Aufbau von Kalkulationsmodellen häufig sehr hilfreich sind.

Die Verteilung von Abweichungen darstellen

Eine typische Anwendung für ein Histogramm ist die Darstellung der Häufigkeitsverteilung der Abweichungen von einem bestimmten Standardwert. Denken Sie an eine Tabelle, in der für eine Stichprobe von 500 Personen der Prozentsatz der Abweichung vom Normalgewicht eingetragen ist.

1. Legen Sie in der Tabelle einen Bereich mit den Merkmalsdaten an. Diese dürfen nur aus numerischen Daten bestehen. Sie können die Daten spaltenweise oder zeilenweise anordnen. Wenn Sie mit einer Spalte arbeiten, fügen Sie über den Daten noch eine Beschriftung hinzu, bei einer zeilenweisen Anordnung ist die Beschriftung links von den Daten.

2 Zusätzlich legen Sie noch einen Klassenbereich an. Hier tragen Sie Grenzwerte ein, die den Umfang der einzelnen Klassen definieren, in die Sie die Merkmale einteilen wollen. Die Grenzwerte müssen in aufsteigender Reihenfolge angegeben werden.

3 Sind diese Vorbereitungen getroffen, rufen Sie über **Daten > Analyse** den Befehl **Datenanalyse** auf.

4 Wählen Sie die Analyse-Funktion, die auf die auf dem Tabellenblatt angeordneten Daten angewendet werden soll, in diesem Fall also **Histogramm**.

5 Geben Sie im Dialog **Histogramm** unter **Eingabebereich** den Bezug auf den Bereich ein, der ausgewertet werden soll. Schließen Sie die Zelle mit der Beschriftung mit ein.

6 Unter **Klassenbereich** bestimmen Sie den Bereich mit den Grenzwerten. Auch hier schließen Sie die Zelle mit der Beschriftung mit ein.

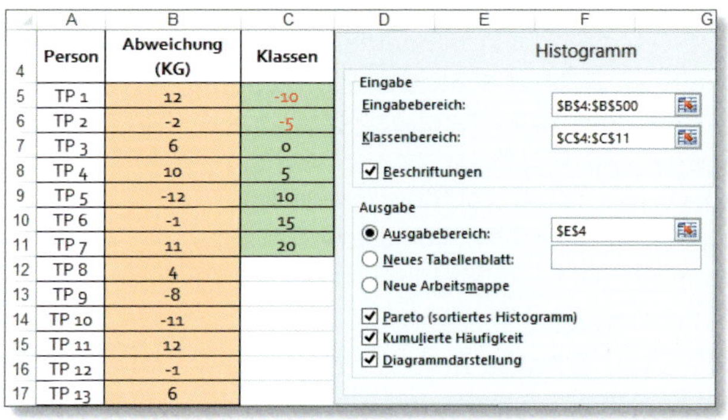

Abbildung 17.185 *Eingabebereich und Klassenbereich mit farbigem Hintergrund*

7 Damit die Beschriftungen auch in die Auswertung übernommen werden, aktivieren Sie die Option **Beschriftungen**. Ist das nicht der Fall, werden Vorgabebeschriftungen erstellt.

8 Dann können Sie unter **Ausgabebereich** die obere linke Eckzelle des Bereichs angeben, in dem die Ergebnisse der Analyse dargestellt werden. Ist der Bereich nicht leer, erhalten Sie eine Warnung, bevor die Daten dort eingefügt werden. Alternativ können Sie mit der Option **Neues Tabellenblatt** die Ausgabe auch in ein neues Blatt lenken. Die Daten werden dann dort ab der Zelle A1 eingetragen. Sie können in das Eingabefeld gleich schon den Namen des Blatts mit eingeben. Es ist auch möglich, eine **Neue Arbeitsmappe** als Ziel der Auswertung zu bestimmen.

9 Mit einem Häkchen bei **Pareto** kann erreicht werden, dass die Ergebnisse mit absteigender Häufigkeitsfolge sortiert dargestellt werden. Sonst verwendet die Funktion die aufsteigende Häufigkeitsfolge. Zusätzlich kann noch **Kumulierte Häufigkeit** gewählt werden. Dann liefert die Funktion eine zusätzliche Spalte mit den kumulierten Häufigkeiten und fügt dafür im Histogramm selbst eine entsprechende Kurve ein.

10 Ob direkt ein Diagramm zu den Ergebnissen geplottet werden soll, legen Sie durch ein Häkchen bei **Diagrammdarstellung** fest.

11 Wenn Sie die Angaben bestätigen, wird zunächst eine Häufigkeitstabelle erstellt und dazu ein Diagramm.

Klassen	*Häufigkeit*	*Kumuliert %*	*Klassen*	*Häufigkeit*	*Kumuliert %*
-10	72	14,52%	10	89	17,94%
-5	78	30,24%	15	87	35,48%
0	82	46,77%	0	82	52,02%
5	73	61,49%	-5	78	67,74%
10	89	79,44%	5	73	82,46%
15	87	96,98%	-10	72	96,98%
20	15	100,00%	20	15	100,00%
und größer	0	100,00%	und größer	0	100,00%

Abbildung 17.186 *Die berechnete Verteilung der Häufigkeit*

12 Das Diagramm sieht noch etwas stärker wie ein Histogramm aus, wenn Sie die Abstände zwischen den Säulen auf null setzen.

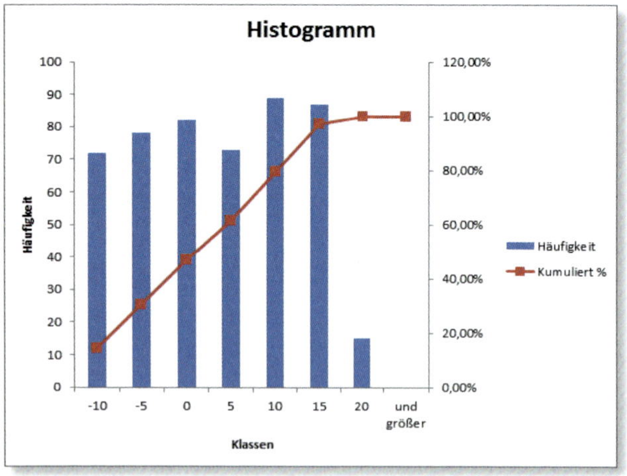

^ ***Abbildung 17.187*** *Das Diagramm mit automatisch generierten Beschriftungen*

13 Benutzen Sie im Kontextmenü zu einer der Säulen **Datenreihen formatieren** und unter **Reihenoptionen** die Einstellung **Kein Abstand**, unter **Rahmenfarbe** die Farbe **Weiß**.

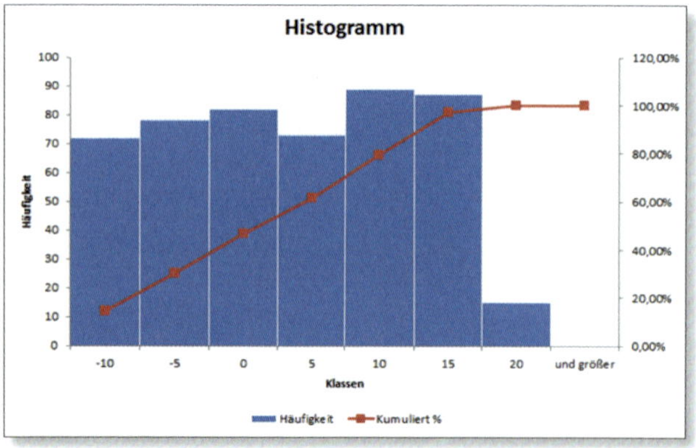

^ ***Abbildung 17.188*** *Das Histogramm in leicht überarbeiteter Form*

Sind ein oder mehrere Grenzwerte vorhanden, ermittelt Excel jeweils die Anzahl der Fälle, die unter die verschiedenen Klassen fallen. Dabei werden die Werte bis zur untersten Klassengrenze und die Werte über der obersten Klassengrenze jeweils zusammengefasst. Wird kein Klassenbereich verwendet, teilt Excel die gesamte Spannweite der Daten selbstständig in gleich breite Abschnitte auf.

Zufallszahlen für Verteilungen

Wenn Sie komplexe Kalkulationsmodelle aufbauen wollen, ist es häufig sinnvoll, die darin verwendeten Funktionen vor dem Einsatz in der Praxis erst einmal mit Testdaten zu prüfen. Die manuelle Eingabe solcher Daten ist allerdings eher lästig.

Eine mögliche Lösung besteht darin, Zellbereiche mit den Funktionen *ZUFALLSZAHL()* oder *ZUFALLSBEREICH()* zu füllen. Die erste Funktion liefert Werte zwischen 0 und 1, bei der zweiten Funktion werden der untere und der obere Grenzwert explizit angegeben. Damit sich die so erzeugten Werte nicht – wie es die Vorgabe ist – bei jeder Neuberechnung ändern, können Sie den Zellbereich kopieren und mit **Werte einfügen** die Funktionsergebnisse auf der Stelle wieder einfügen.

Sollen die Testdaten allerdings bestimmten statistischen Verteilungen entsprechen, verwenden Sie am besten das Tool **Zufallszahlengenerierung**, das in dem Add-In **Analyse-Funktionen** angeboten wird. Es erlaubt, bestimmte Zellbereiche auf bequeme Weise mit Testdaten zu füllen.

Um Ihnen die Arbeitsweise der Funktion zu demonstrieren, nehmen wir hier als Beispiel für eine diskrete Verteilung die Ergebnisse von 60 Würfen mit einem Würfel mit sechs Augen, bei denen die theoretische Wahrscheinlichkeit ja für alle sechs möglichen Ergebnisse gleich ist.

1 Öffnen Sie mit der Option **Zufallszahlengenerierung** den Dialog, in dem Sie die gewünschten Daten anfordern können.

2 Zuerst wählen Sie unter **Anzahl der Variablen**, für wie viele Merkmale Zufallswerte benötigt werden.

3 Unter **Anzahl der Zufallszahlen** geben Sie die Anzahl der Werte für jedes Merkmal an.

4 Unter **Verteilung** wählen Sie die Art der Verteilung, der die Werte entsprechen sollen. Diese Wahl bestimmt, welche Parameter der Dialog in der

Folge benötigt. Das Tool unterstützt mehrere Verteilungen:

- **Gleichverteilt** (Werte, die zwischen zwei Grenzwerten mit der gleichen Wahrscheinlichkeit vorkommen)
- **Standard** (Standardnormalverteilung mit dem Mittelwert 0 und der Standardabweichung 1)
- **Bernoulli** (Werte 0 oder 1 mit der angegebenen Wahrscheinlichkeit)
- **Binomial** (angegeben werden die Erfolgswahrscheinlichkeit und die Zahl der Versuche)
- **Poisson** (angegeben wird der Lambda-Wert = 1/Mittelwert)
- **Schematisch** (angegeben werden ein oberer und unterer Grenzwert, ein Schrittwert und Wiederholungsraten für Werte oder Sequenzen)
- **Diskret** (angegeben wird ein Bereich mit diskreten Werten und deren Wahrscheinlichkeit)

5 Ist eine diskrete Verteilung vorgesehen, geben Sie unter **Werte und Wahrscheinlichkeiten-Eingabebereich** einen zweispaltigen Bereich an, der die verschiedenen Augenzahlen und ihre Wahrscheinlichkeiten enthält. Der zweite Bereich muss in der Summe immer 1 bzw. 100 % ergeben.

6 Im unteren Teil des Dialogs geben Sie unter **Ausgabebereich** noch an, wo die erzeugten Daten abgelegt werden.

Abbildung 17.189 zeigt in der Spalte D bereits die gelieferten Testdaten. Anders als bei den von den Tabellenfunktionen gelieferten Zufallswerten erzeugt das Tool nur Werte, keine Formeln. Eine Neuberechnung ändert die Werte also nicht.

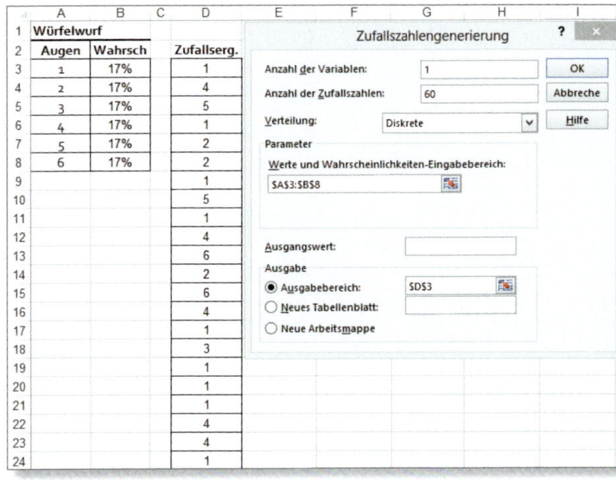

Abbildung 17.189 Erzeugung von Testdaten für eine diskrete Verteilung

Im Detail werden die zahlreichen Analyse-Funktionen übrigens in meinem Buch *Excel 2010 – Formeln und Funktionen* besprochen, das ebenfalls im Verlag Vierfarben erschienen ist.

Kapitel 18
Kalkulationsmodelle optimieren

Die beste Lösung ist – grob gesprochen – das Ziel der Methoden, die in diesem Kapitel vorgestellt werden. Die relativ einfache Zielwertsuche rechnet auf einen einzelnen Wert zurück, das unter dem Namen »Solver« angebotene Add-In ist dagegen für komplexe Lösungsversuche ausgelegt.

Die im letzten Kapitel beschriebenen Methoden, Daten zu analysieren, gehen alle von Fragestellungen aus, bei denen interessiert, welche Ergebnisse bestimmte Ausgangsdaten in einem Kalkulationsmodell liefern werden. Die beiden in diesem Kapitel vorgestellten Methoden drehen die Richtung gewissermaßen um. Sie geben bestimmte Ergebnisse vor und versuchen herauszufinden, was nötig ist, damit diese Ergebnisse auch erreicht werden.

Mit der Zielwertsuche und dem Solver stellt Excel also zwei Werkzeuge zur Verfügung, die beide bestimmte Werte suchen. Bei der Zielwertsuche können Sie angeben, zu welchem Resultat eine einzelne Formel führen soll, und Excel zurückrechnen lassen, welchen Wert eine bestimmte Vorgängerzelle annehmen muss, damit dieser Zielwert erreicht wird.

Beim Solver sind die Möglichkeiten wesentlich umfangreicher: Sie haben zwar auch hier eine Zelle für einen Zielwert, Sie können aber nicht nur einen festen Zielwert angeben, sondern auch festlegen, dass der Zielwert ein Maximum oder ein Minimum erreichen soll. Sie können damit Modelle aufbauen, mit denen beispielsweise berechnet wird, unter welchen Bedingungen der optimale Gewinn erreicht wird, oder Modelle, bei denen die geringste Verschnittmenge das Ziel ist.

Bei solchen Modellen können Sie typischerweise eine Reihe von Nebenbedingungen formulieren, die bei der Verfolgung des Ziels eingehalten werden müssen, etwa dass bestimmte Werte sich innerhalb eines bestimmten Bereichs bewegen müssen oder dass Werte nur ganzzahlig sein dürfen.

18.1 Berechnungen auf bestimmte Zielwerte ausrichten

Bei dem, was Excel als Zielwertsuche anbietet, geht es um die Lösung einer Gleichung mit einer Unbekannten. Nehmen Sie etwa die Aufgabe, den Zins, den ein bestimmter Betrag nach einer bestimmten Zeit ergibt, auszurechnen, wobei der Betrag, der Zinssatz und die Laufzeit gegeben sind. Dieses Problem wird mit folgender Formel gelöst:

```
Zins = Betrag * Zinssatz * Jahre
```

Zins ist hierbei die Unbekannte dieser Gleichung, die anderen Ausdrücke sind bekannt. Sind dagegen alle Werte außer dem Zinssatz bekannt, müsste die Gleichung nach dem Zinssatz umgestellt werden:

```
Zinssatz = Zins / (Betrag * Jahre)
```

Bei so einfachen Gleichungen ist das keine Schwierigkeit, bei etwas komplizierteren Angelegenheiten kann das aber schon zu einer aufwendigen und auch fehleranfälligen Aufgabe werden.

Auf diese Weise könnten Sie auch innerhalb von Excel vorgehen. Dabei würden zwei Probleme auftauchen. Zum einen müssten Sie auf die eingebauten Tabellenfunktionen von Excel verzichten, da diese Funktionen ja nicht einfach umgestellt werden können. Zum anderen müssten Sie die Gleichung von Hand umstellen (dazu muss aber das mathematische Verfahren bekannt sein), da Excel keine Methode bietet, um Gleichungen umzustellen.

Diese ganze Mühe lässt sich mit der Zielwertsuche vermeiden. Dabei rechnet Excel mit den eingebauten Funktionen, stellt aber nicht mehr die Aufgabe, aus den vorgegebenen Werten das Ergebnis zu berechnen, sondern gibt das Ergebnis vor und probiert aus, wie groß für das gewünschte Ergebnis einer der Werte werden muss, der das Ergebnis beeinflusst.

Bestimmung einer maximalen Kredithöhe

Wir nehmen dazu ein typisches Beispiel aus der Finanzmathematik. Angenommen, Sie wollen einen größeren Kredit aufnehmen und ihn im Lauf von 20 Jahren abbezahlen. Für die monatliche Abzahlung (Tilgung + Zinsen) stehen 1.000 Euro zur Verfügung, die Bankzinsen für einen Kredit liegen bei 6,7 %. Diese Aufgabe können Sie mit der Tabellenfunktion für den Barwert *BW()* lösen:

```
=BW(6,7%/12;20*12;-1000)
```

Die Funktion liefert einen Wert von 132.031,63 Euro, Sie können sich also einen Kredit in dieser Höhe leisten. Nun stellen Sie aber fest, dass Sie mit diesem Kredit nicht auskommen. Sie benötigen beispielsweise 150.000 Euro. Da die Bank über den Zinssatz nicht mit sich verhandeln lässt, gibt es nur zwei Möglichkeiten: Entweder muss die Laufzeit vergrößert werden oder der monatlich bezahlte Betrag.

Um Ihnen die Möglichkeiten der Zielwertsuche zu zeigen, finden Sie in Abbildung 18.1 eine Tabelle, in der die Berechnung zunächst einfach zweimal kopiert ist, um beide Möglichkeiten durchzurechnen. Die Überschriften für die Berechnung sind dabei bereits entsprechend angepasst.

1 Um die monatlich erforderliche Zahlung für den 150.000-Euro-Kredit zu ermitteln, setzen Sie den Zellzeiger auf die Zielzelle (im Beispiel D11) ❶.

2 Öffnen Sie mit **Daten > Datentools > Was-wäre-wenn-Analyse > Zielwertsuche** ❷ den Dialog für die Eingabe der Parameter, die die Zielwertsuche benötigt.

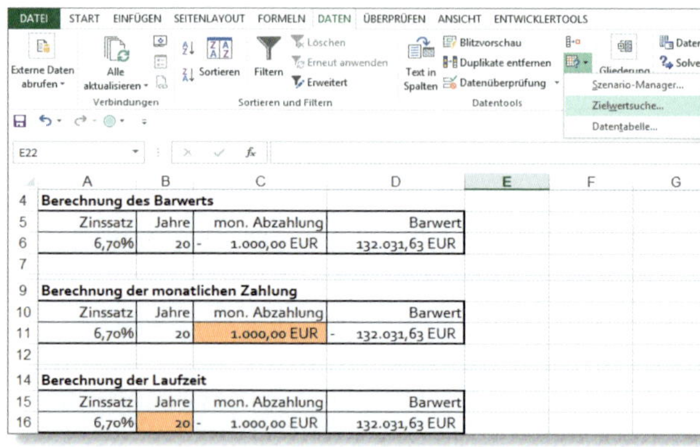

Abbildung 18.1 *Zielwertsuche für ein Kreditproblem*

3 Die Adresse der **Zielzelle** ist durch Schritt 1 schon richtig angegeben, unter **Zielwert** tragen Sie »150000« ein.

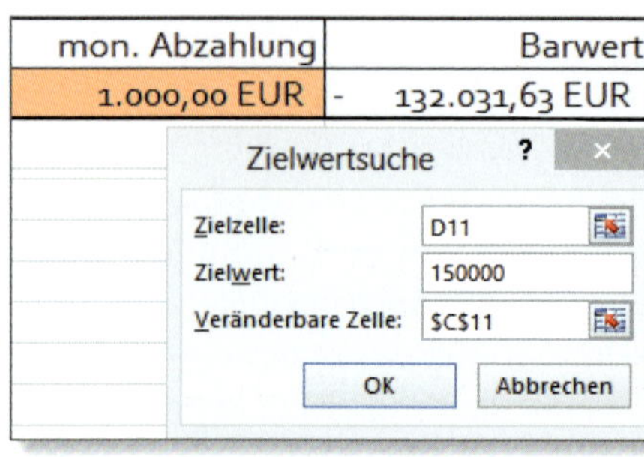

Abbildung 18.2 *Parametereingabe für die Zielwertsuche*

4 Die veränderbare Zelle ist in diesem Fall die Zelle, die den monatlichen Zahlungsbetrag enthält (im Beispiel also C11).

5 **OK** führt zu einem Dialogfeld, in dem Excel meldet, dass es das Problem gelöst hat. Der gefundene Wert für C11 wird dort bereits angezeigt.

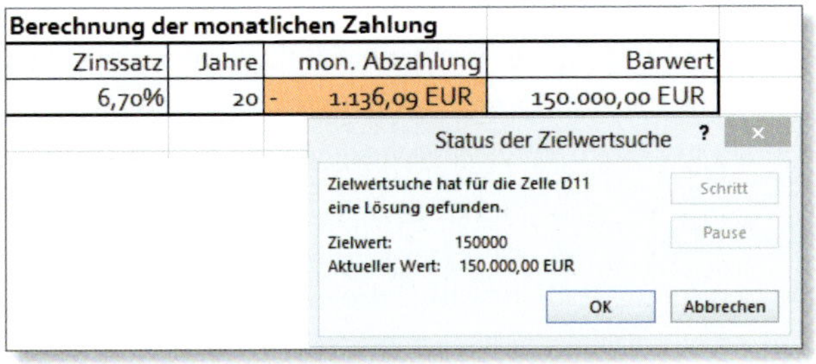

^ ***Abbildung 18.3** Die gefundene Lösung kann angenommen oder verworfen werden.*

6 Ein weiteres **OK** trägt den Zielwert und den gesuchten Monatsbetrag endgültig in die Tabelle ein. Mit **Abbrechen** verwerfen Sie die angezeigte Lösung und lassen die Originaldaten unverändert.

Excel findet die Lösung durch wiederholtes Ausprobieren von Werten, bis das gewünschte Zielergebnis erreicht ist. In der Regel findet Excel die Lösung so schnell, dass die Schaltflächen **Schritt** und **Pause** gar nicht ins Spiel kommen. Bei komplexen Formeln für die Zielzelle kann es aber doch vorkommen, dass einige Rechenzeit benötigt wird. Dann können Sie mit **Pause** die Berechnung unterbrechen und mit **Schritt** weitere Versuche zulassen, einen Wert zu finden.

Auf die gleiche Weise lässt sich ermitteln, wie der Kredit durch eine Verlängerung der Laufzeit zu finanzieren wäre. Als Zielwert wird wieder »150000« eingetragen, die veränderbare Zelle ist diesmal die Zelle mit der Zahl der Jahre (im Beispiel B16).

Natürlich kann die Zielwertsuche keine Lösungen herbeizaubern, wenn die Werte es nicht zulassen. Der Versuch, auf die gleiche Weise zu ermitteln, ob durch längere Abzahlung auch ein Kredit von 250.000 Euro zu finanzieren wäre, führt zu einer Meldung, dass »eine nicht zulässige Lösung« gefunden wurde:

^ ***Abbildung 18.4** Meldung einer unbrauchbaren Lösung*

Das liegt einfach daran, dass der Kredit so nicht finanzierbar wäre, da ja bei 250.000 Euro die monatlichen Zinsen schon über 1.000 Euro liegen, also für eine Tilgung gar nichts übrig bleiben würde.

Es gibt auch Formeln, bei denen die Zielwertsuche eine Übereinstimmung mit dem angegebenen Zielwert feststellt, obwohl die Werte nicht exakt übereinstimmen. Ein einfaches Beispiel zeigt die folgende Rückrechnung vom Flächeninhalt eines Kreises auf den Radius.

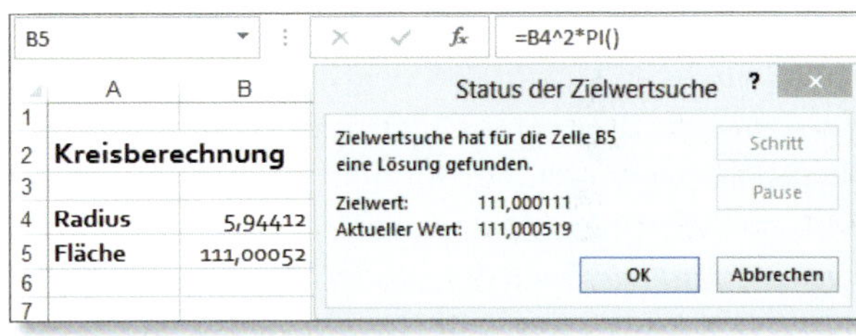

^ ***Abbildung 18.5** Kleine Abweichungen vom Zielwert toleriert die Zielwertsuche.*

18.2 Gleichungen und Ungleichungen mit dem Solver lösen

Die Problemstellung bei der Zielwertsuche ist relativ einfach. Es gibt in der Tabelle eine Formel, für die ein Zielwert anvisiert wird. Von den möglicherweise zahlreichen Zellen, die den Wert dieser Zielzelle beeinflussen, wird aber nur eine einzige Zelle verändert, um den gewünschten Zielwert zu erreichen. Nur wenn die Veränderung dieses einen Werts ausreicht, um den Zielwert zu erreichen, gibt es eine Lösung mithilfe der Zielwertsuche.

Die erweiterten Optionen des Solvers

Ganz ähnlich funktioniert der Solver, nur mit wesentlich umfangreicheren Optionen. Wieder können Sie einen Zielwert festlegen. Es muss aber kein fixer Wert sein. Stattdessen können Sie auch angeben, dass der Zielwert je nach Situation einen maximalen oder minimalen Wert annehmen soll. Statt mit einer einzigen veränderbaren Zelle zu arbeiten, können Sie bei Bedarf bis zu 200 Zellen als veränderbar einbeziehen.

Zusätzlich haben Sie die Möglichkeit, Nebenbedingungen zu formulieren, die die Optionen, unter denen das erstrebte Ziel erreicht wird, einschränken. Nebenbedingungen können den Zielwert betreffen, einzelne veränderbare Zellen, aber auch andere Zellen, deren Werte durch das Kalkulationsmodell beeinflusst werden.

Jede Nebenbedingung besteht aus einem Bezug auf eine Zelle, einem Operator und einer Einschränkung für den Wert der betreffenden Zelle. Erlaubt sind die Vergleichsoperatoren <=, = und >=. Im einfachsten Fall wird der Wert einer Zelle mit einem fixen Wert verglichen, wie in `B7 >= 0`, womit negative Werte ausgeschlossen werden.

Es sind aber auch Vergleiche mit anderen Zellwerten erlaubt: `B7 <= B4` oder `B7 = H8`. Eine spezielle Variante sind Nebenbedingungen mit den Operatoren `int`, `bin` und `dif`, die ohne Vergleichswert auskommen. Diese Operatoren dürfen nur bei den veränderbaren Zellen verwendet werden.

Mit `int` legen Sie fest, dass der Zellwert eine Ganzzahl sein muss. Damit können Sie beispielsweise ausschließen, dass für Dinge Bruchteile errechnet werden, die nicht teilbar sind, etwa ein halbes Fahrrad oder ein halber Schuh.

Der Operator `bin` verlangt einen binären Wert. Mit `dif` können Sie verlangen, dass die Werte in einem Zellbereich erstens Ganzzahlen und zweitens alle unterschiedlich sein müssen.

Die Anzahl dieser Nebenbedingungen hängt von dem für die Optimierung verwendeten Modul ab. Für lineare Lösungen gibt es keine Beschränkung, für nicht lineare Lösungen dürfen Sie Nebenbedingungen für bis zu 100 Zellen formulieren, die nicht zu den veränderbaren Zellen gehören. Bei den veränderbaren Zellen sind zusätzlich noch Einschränkungen in Bezug auf den Wertebereich erlaubt. Zelle B7 darf nicht größer sein als Zelle C7 oder nicht kleiner als 5, um ein Beispiel zu nennen.

Wie exakt diese Einschränkungen eingehalten werden müssen, können Sie über bestimmte Parameter beeinflussen, von denen weiter unten im Abschnitt »Weitere Optionen und Einstellungen« ab Seite 708 noch die Rede sein wird.

Der Solver ist ein Add-In zu Excel, steht also nur dann zur Verfügung, wenn er in die Liste der Add-Ins aufgenommen wurde, wie es in Kapitel 1, »Excel 2010 kennenlernen«, ab Seite 91 beschrieben ist. Die Schaltfläche erscheint auf dem Register **Daten** in der Gruppe **Analyse**.

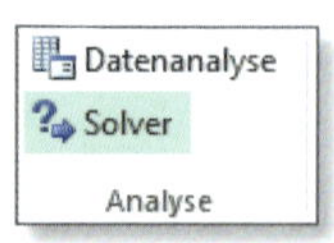

Abbildung 18.6 *Das Symbol des Solvers in der Gruppe »Analyse« finden Sie auf dem Register »Daten«.*

Für Excel 2010 wurde der Solver von der Firma *Frontline Systems* komplett überarbeitet, um bessere und genauere Ergebnisse zu ermöglichen. Dabei wurden auch die Dialoge verändert.

Zu den Verbesserungen gegenüber der letzten Version gehören ein neues *Evolutionary-Modul*, das genetische Algorithmen verwendet und Kalkulationsmodelle mit beliebigen Excel-Funktionen handhaben kann, neue Optionen für globale Optimierung, verbesserte Methoden für lineare und nicht lineare Aufgabenstellungen und zusätzliche Berichte. Das neue Add-In steht übrigens auch für die 64-Bit-Version von Excel 2010 zur Verfügung, was bei sehr komplexen Lösungsversuchen in puncto Rechengeschwindigkeit natürlich Vorteile verspricht.

Zur Arbeitsweise des Solvers

Mathematisch gesehen werden mit dem Solver Probleme bearbeitet, die sich als Gleichungen bzw. als Gleichungssysteme mit mehreren Unbekannten formulieren lassen, wobei auch sogenannte Ungleichungen erlaubt sind.

Hier ein kleines Beispiel, wie es aus der Schulmathematik vertraut ist:

```
3*ux + 4*uy + 2*uz = 57
2*ux - 4*uy + 3*uz = 18
ux   + 8*uy - 3*uz = 15
```

Bei diesem Beispiel handelt es sich um ein lineares Gleichungssystem, wobei *ux*, *uy* und *uz* die drei Unbekannten sind.

Eine derartige Aufgabe ist von Hand so zu lösen, dass Sie zunächst eine Gleichung nach einer Unbekannten auflösen, das Ergebnis in die nächste Gleichung einsetzen usw., bis Sie eine Gleichung mit nur noch einer Unbekannten erhalten, die dann nach dieser aufgelöst werden kann. Analog werden dann die anderen Unbekannten ermittelt. In einer Tabelle könnte das Problem so formuliert werden:

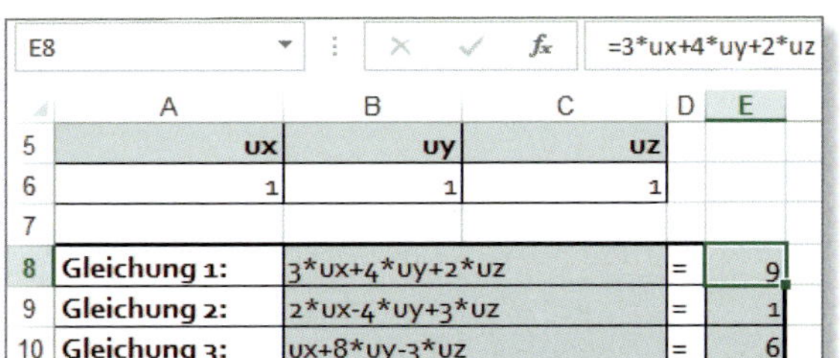

Abbildung 18.7 *Ein Problem für den Solver*

Den Solver einsetzen

Um das in Abbildung 18.7 vorgestellte Problem zu lösen, können Sie folgendermaßen verfahren:

1. Verwenden Sie für jede Unbekannte eine Zelle in Zeile 6, in die Sie zunächst beliebige Vorgabewerte eintragen. Am besten verwenden Sie die Namen der Unbekannten als Beschriftung und als Zellenname über **Formeln > Definierte Namen > Aus Auswahl erstellen**.
2. Die drei Gleichungen, die in Spalte B als Text angezeigt werden, tragen Sie in die drei Zellen E8 bis E10 ein, wobei die Ergebnisse natürlich nicht mit den Ausgangsgleichungen übereinstimmen, da für die Unbekannten willkürliche Werte eingegeben sind.
3. Setzen Sie nun den Zellzeiger in die Zelle mit der ersten Gleichung (E8), und rufen Sie mit **Daten > Analyse > Solver** den Solver auf.
4. Das Dialogfeld **Solver-Parameter** wird geöffnet. Unter **Ziel festlegen** geben Sie zunächst die Zielzelle an, die in diesem Fall mit »$E$8« durch die Zellmarkierung vorgegeben ist.

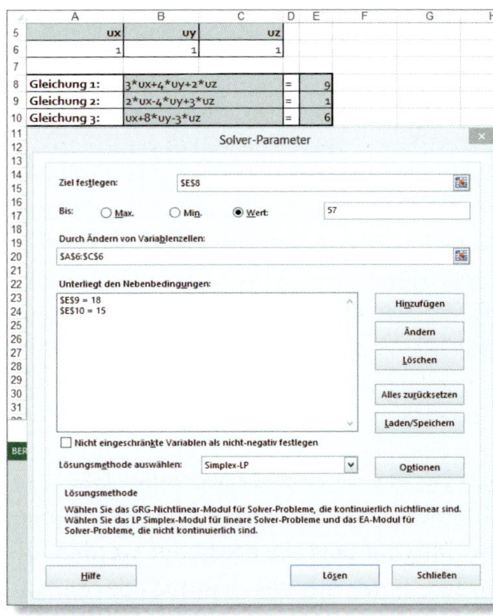

Abbildung 18.8 *Das Dialogfeld für die Eingabe der Parameter, mit denen der Solver arbeiten soll*

5 Unter **Bis** wählen Sie die Option **Wert**, und in das Eingabefeld geben Sie »57« ein, das ist der Wert, der als Ergebnis der ersten Gleichung in der Zelle E8 stehen muss, wenn für die drei Unbekannten die richtigen Werte gefunden sind.

6 In dem Eingabefeld **Durch Ändern von Variablenzellen** wählen Sie als veränderbare Zellen »$A$6:$C$6«, also die drei Zellen, in denen die Werte für die Unbekannten stehen (im Moment noch die willkürlich eingesetzten Werte).

7 In dem Feld **Unterliegt den Nebenbedingungen** werden die zusätzlichen Bedingungen zusammengestellt, die ebenfalls erfüllt werden sollen. Über die Schaltfläche **Hinzufügen** werden dazu die beiden anderen Bestimmungsgleichungen eingetragen: »$E$9 = 18« und »$E$10 = 15«.

8 Unter **Lösungsmethode auswählen** wird **Simplex-LP** ausgewählt, das Modul für lineare Solver-Probleme, da es sich ja in diesem Fall um ein lineares Gleichungssystem handelt.

9 Die Schaltfläche **Lösen** setzt den Solver in Gang. Excel variiert die Werte der veränderbaren Zellen so lange, bis ein Ergebnis erzielt wird, das den vorgegebenen Bedingungen entspricht. Als Werte für die drei Unbekannten kommen schließlich völlig korrekt *3*, *6* und *12* heraus.

10 Der Solver meldet in dem Dialog **Solver-Ergebnisse**, dass er eine Lösung gefunden hat, und zeigt sie im Tabellenblatt an. Mit der Option **Solver-Lösung akzeptieren** wird diese Lösung übernommen. Ansonsten wählen Sie **Ursprüngliche Werte wiederherstellen**.

Zusätzlich können noch weitere Nebenbedingungen formuliert werden, die von der gesuchten Lösung eingehalten werden sollen. Außerdem lässt sich noch eine generelle Einschränkung festlegen, wenn Sie die Option **Nicht eingeschränkte Variablen als nicht-negativ festlegen** aktivieren. Wie der Name sagt, gilt dies nur für Variable, für die noch keine Nebenbedingungen formuliert sind.

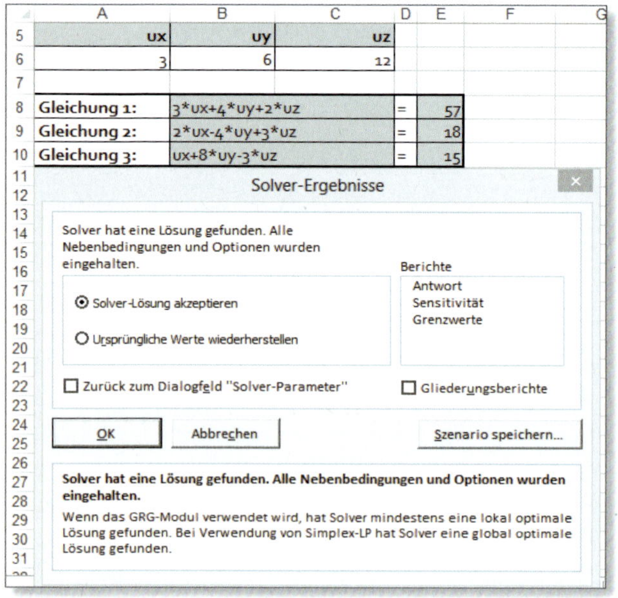

*^ **Abbildung 18.9** Der Solver hat eine Lösung gefunden, die alle Anforderungen erfüllt.*

Damit lässt sich eine ganze Vielfalt von Problemen rechnerisch lösen, die ohne dieses Werkzeug einen sehr großen mathematischen Aufwand erfordern würden.

Bestimmung von Zielwert und Nebenbedingungen

Das eigentliche Problem bei der Arbeit mit dem Solver besteht darin, einen Zusammenhang so zu formulieren und aufzubereiten, dass er dem Solver zur Lösung angeboten werden kann.

Der Zielwert

Der einfachste Punkt ist die Bestimmung des Zielwerts. Hier handelt es sich einfach darum, festzulegen, was bei der ganzen Geschichte herauskommen soll. Um noch mal das bei der Zielwertsuche verwendete Beispiel aufzugreifen: Der Zielwert ist hier die Höhe des Kredits. Bei anderen Fragestellungen kann der Zielwert ein Maximum sein (wie erziele ich unter gegebenen Vorbedingungen den maximalen Gewinn?) oder ein Minimum (wie komme ich zum geringsten Aufwand?). Der Zielwert ist also der Wert, der optimiert werden soll.

Da der Zielwert in der Tabelle ohnehin immer das Ergebnis einer Berechnung ist, in der die Zelle mit dem Zielwert steht, also eine Formel, kann deshalb allenfalls die Formulierung der Berechnung Schwierigkeiten bereiten.

Die Nebenbedingungen

Etwas komplizierter verhält es sich mit den Nebenbedingungen. Um zu vermeiden, dass der Solver triviale Ergebnisse liefert, müssen die Nebenbedingungen möglichst vollständig definiert werden. Sonst kann es leicht passieren, dass der Solver nach längeren Berechnungen ein Ergebnis liefert, das entweder von vornherein klar war oder aber völlig unrealistisch ist oder auch zu einer Fehlermeldung führt.

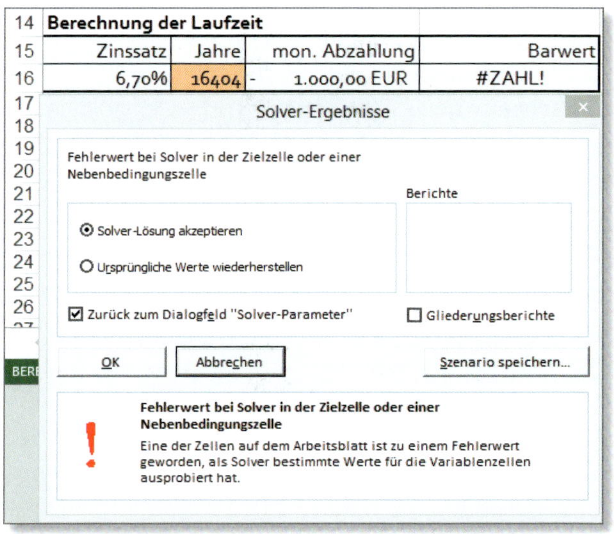

Abbildung 18.10 *Der Solver stößt auf einen Fehlerwert für die Zielzelle.*

Wenn Sie z. B. in dem oben verwendeten Beispiel für die Zielwertsuche die Frage stellen, wie hoch der Kredit bei monatlichen Zahlungen von 1.000 Euro maximal sein könnte, wenn Sie eine längere Laufzeit wählen, dann kommt der Solver zu dem Ergebnis, dass eine unendliche Laufzeit zu einem maximalen Kredit führt. Da Unendlich als Zahl bei Excel nicht vorkommt, wird die Laufzeit einfach so lange vergrößert, bis Excel an seine Rechengrenze stößt.

Unter Umständen kann der Solver auch keine Lösung finden, die alle Nebenbedingungen erfüllt, dann erhalten Sie eine entsprechende Meldung:

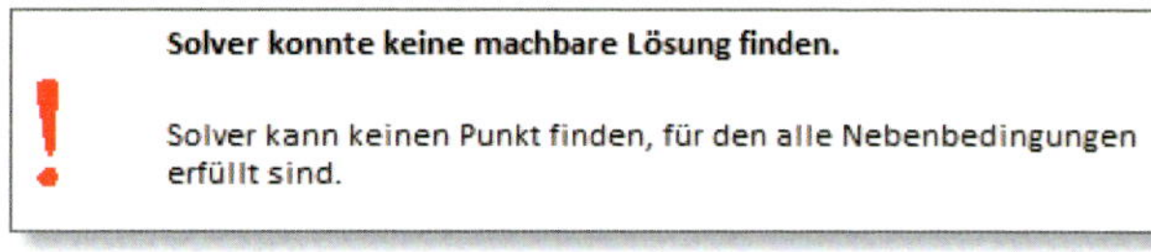

Abbildung 18.11 *Die Nebenbedingungen lassen sich nicht alle gleichzeitig einhalten.*

Excel zeigt für jedes Zwischenergebnis, das beim Ausprobieren erreicht wird, den Wert der Zielzelle in der Statusleiste kurz an. In vielen Fällen geht das so schnell, dass Sie diese Meldung kaum wahrnehmen werden.

Dauert ein Rechenprozess dagegen sehr lange, können Sie ihn jederzeit mit Esc unterbrechen. Mit **Stopp** können Sie dann die Berechnungen abbrechen, mit **Weiter** zusätzliche Versuche, eine Lösung zu finden, zulassen.

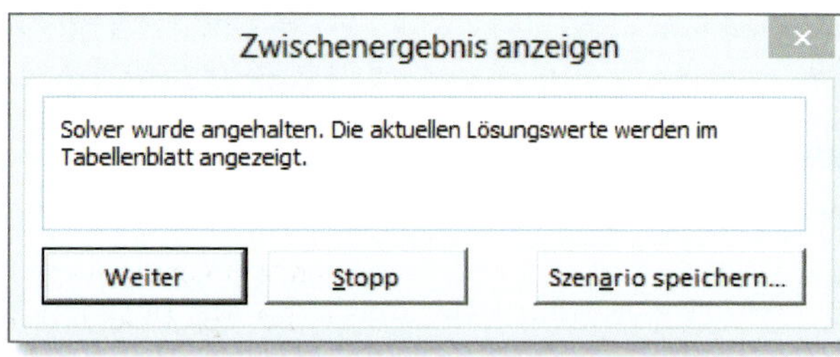

Abbildung 18.12 *Der Dialog bei einer Unterbrechung des Lösungsversuchs*

Ist die Grenze der aktuell erlaubten Iterationen erreicht, ohne dass schon eine Lösung gefunden wurde, erhalten Sie ebenfalls einen entsprechenden Hinweis.

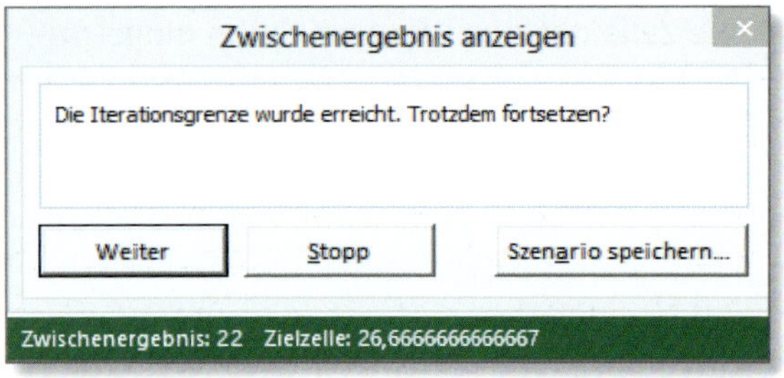

Abbildung 18.13 *Die Werte der Zielzelle werden für jedes Zwischenergebnis in der Statuszeile angezeigt.*

Hier zeigt die Statusleiste das Ergebnis nach 22 Versuchen, eine Lösung zu finden, wenn damit der angegebene Grenzwert für die Wiederholung der Berechnung erreicht ist.

Beispiel Materialkostenoptimierung

Als praktisches Beispiel für die Arbeit mit dem Solver soll hier eine Aufgabe verwendet werden, die Sie von Hand mit den Mitteln der Differenzialrechnung bearbeiten müssten. Es handelt sich um ein Verpackungsproblem: Es sollen Konservendosen hergestellt werden, die ein vorgegebenes Volumen (z.B. 1.000 ml) haben, wobei der Materialaufwand (und damit auch die Materialkosten) so gering wie möglich sein sollen.

Das Volumen einer Konservendose wird berechnet, indem die Grundfläche (das ist ein Kreis) mit der Höhe der Dose multipliziert wird. Die Grundfläche selbst wird als Kreisfläche berechnet. Also gilt:

```
Vol = r^2 * PI * h
```

Der Materialverbrauch für eine derartige Dose setzt sich aus der Bodenfläche, dem Mantel und dem Deckel zusammen. Der Boden und der Deckel werden jeweils als Kreis (`r^2 * PI`) gerechnet, der Mantel hat dann als Fläche den Umfang der Dose (`2 * r * PI`) multipliziert mit der Höhe. Der Materialverbrauch ist demnach:

```
Fläche = 2 * r^2 * PI + 2 * r * PI * h
```

Schritte zur Lösung des Verpackungsproblems

Um dem Solver etwas mehr Stoff zu geben, kalkulieren wir in dem folgenden Beispiel den Materialverbrauch für drei verschiedene Dosengrößen.

1 Um das Problem zu bearbeiten, können Sie zunächst eine Tabelle aufbauen, in der Sie für die Berechnung des Materials pro Dosentyp vorläufige Zahlen einsetzen.

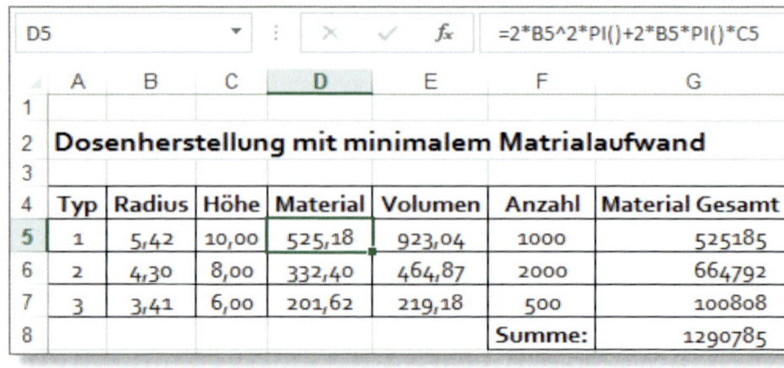

Typ	Radius	Höhe	Material	Volumen	Anzahl	Material Gesamt
1	5,42	10,00	525,18	923,04	1000	525185
2	4,30	8,00	332,40	464,87	2000	664792
3	3,41	6,00	201,62	219,18	500	100808
					Summe:	1290785

Abbildung 18.14 *Die Tabelle mit den noch nicht optimierten Werten*

2 In die Zellen für den Materialverbrauch und für das Volumen tragen Sie die entsprechenden Formeln ein (die verwendeten Zelladressen sind natürlich von der Anordnung in der Tabelle abhängig):

```
D5: =2 * B5^2 * PI() + 2 * B5 * PI() * C5
E5: =B5 * 2 * PI() * C5
```

3 Mit den willkürlich eingetragenen Werten für den Radius und die Höhe der Dosen liefern die Formeln zunächst ebenso willkürliche Werte für den Materialverbrauch und das Volumen. Werden die Dosenmaße in cm angegeben, ergeben sich der Materialverbrauch in Quadratzentimetern und das Volumen in Millilitern.

4 Nach diesen Vorbereitungen können Sie den Solver mit **Daten > Analyse > Solver** aufrufen. Wurde der Solver schon einmal auf dem aktuellen Tabellenblatt benutzt, dann hat er noch die alten Einträge gespeichert. Dies ist sehr nützlich, wenn Sie an einem angefangenen Problem weiterarbeiten wollen, etwa den Zielwert ändern oder weitere Nebenbedingungen formulieren. Soll dagegen ein neues Problem behandelt werden, empfiehlt es sich, nach Aufruf des Solvers zunächst **Alles zurücksetzen** anzuklicken, um die alten Einträge insgesamt zu entfernen. Auch ist es sinnvoll, vor dem Aufruf des Solvers bereits den Zellzeiger in die Zelle mit dem Zielwert zu setzen (im Beispiel die Zelle mit der Summe des Materialverbrauchs für alle Dosen: G8), da Sie so einen Eintrag sparen.

5 Wenn beim Aufruf des Solvers die Zelladresse für **Ziel festlegen** schon markiert ist, kann sie einfach übernommen werden. Unter **Bis:** müssen Sie in diesem Fall die Option **Min** (für Minimum) wählen, da es ja darum geht, die Lösung mit dem geringsten Materialverbrauch zu finden.

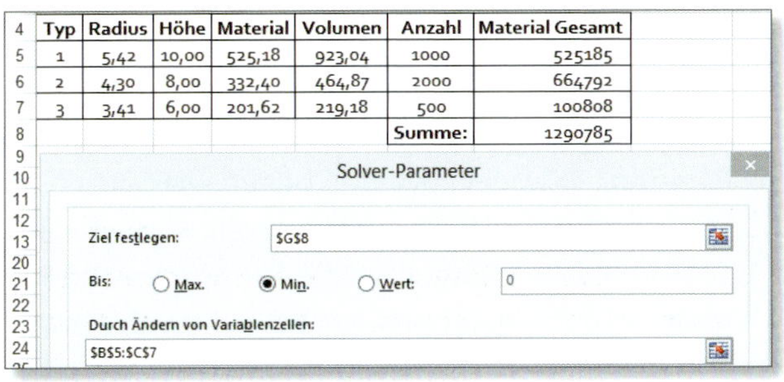

Abbildung 18.15 *Festlegen von Zielwert und Variablenzellen*

6 Die veränderbaren Zellen sind in diesem Fall die Zellen, in denen die Werte für Radius und Höhe stehen. Sie können hier den kompletten Bereich B5:C7 angeben. Liegen die veränderbaren Zellen nicht in einem zusammenhängenden Bereich, dann müssen Sie die einzelnen Zellen oder Bereiche durch Semikola trennen.

7 In diesem Beispiel gibt es nur drei entscheidende Nebenbedingungen: Das Volumen der Dose von Typ 1 soll 1.000 ml betragen, Typ 2.500 ml und Typ 3.250 ml. Ohne diese Bedingungen würde der Solver sich in negative Werte für den Materialbedarf verirren. Mit **Hinzufügen** wird das Dialogfeld für die Nebenbedingungen geöffnet. Als **Zellbezug** wird jedes Mal die Zelle mit dem Dosenvolumen eingetragen (am besten wieder durch Markieren in der Tabelle).

8 Als Wert muss dann unter **Nebenbedingung** »1.000«, »500« oder »250« angegeben werden. In dem kleinen Listenfeld für den Vergleichsoperator wählen Sie jeweils »=« aus, da das Volumen ja genau den angegebenen Wert erreichen soll. Um die nächste Nebenbedingung einzugeben, benutzen Sie **Hinzufügen**, um die aktuelle Bedingung zu übernehmen und gleich zur Definition der nächsten Nebenbedingung zu gehen. Nach der letzten Nebenbedingung schließen Sie mit **OK** ab.

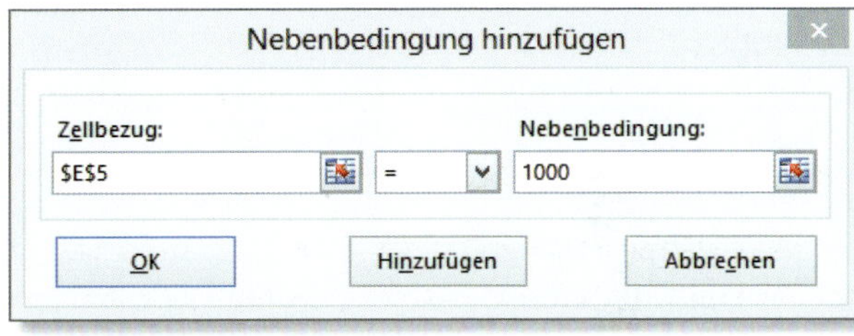

Abbildung 18.16 *Definition einer Nebenbedingung*

9 Sobald der Eintrag der Nebenbedingungen abgeschlossen ist, wählen Sie im Dialogfeld des Solvers als Lösungsmethode **GRG-Nichtlinear** und starten die Arbeit des Solvers mit der Schaltfläche **Lösen**.

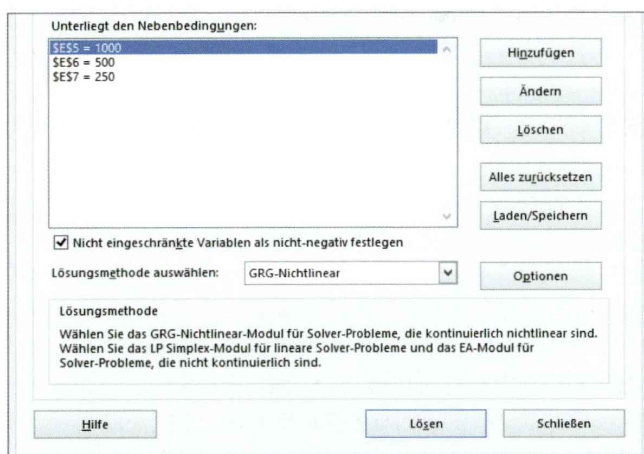

Abbildung 18.17 *Nach Eingabe der Nebenbedingungen kann die Lösung gestartet werden.*

10 In diesem Fall liefert der Solver das gewünschte Ergebnis blitzschnell und zeigt die gefundenen Werte schon in der Tabelle an. In allen drei Zeilen ist die errechnete Höhe ungefähr doppelt so groß wie der Radius, was einer Berechnung mit den Mitteln der Differenzialrechnung entspricht.

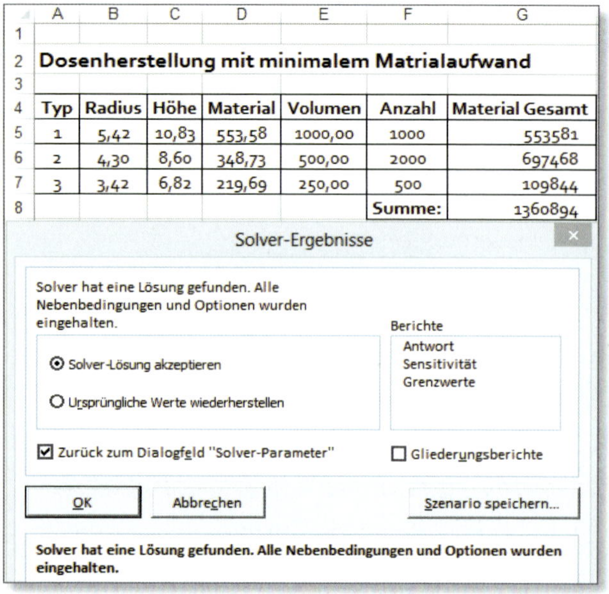

^ ***Abbildung 18.18*** *Der Solver hat eine Lösung gefunden, die alle Nebenbedingungen einhält.*

11 Sie können sich entscheiden, ob Sie das Ergebnis endgültig in das Arbeitsblatt übernehmen wollen oder nicht.

Wenn Sie nicht mit dem Ergebnis zufrieden sind, aktivieren Sie **Ursprüngliche Werte wiederherstellen** und **Zurück zum Dialogfeld »Solver-Parameter«**.

TIPP

Speichern Sie Ihre Werte als Szenario
Wenn der Solver für ein Problem verschiedene Lösungen anbietet, ist es sehr praktisch, die verschiedenen Werte jeweils als Szenario zu speichern. Nutzen Sie dafür die Schaltfläche **Szenario speichern** im Dialogfeld **Solver-Ergebnisse**. Sie müssen dazu nur noch einen Szenario-Namen vergeben.

Hinweise zu den Lösungsmethoden

Wie schon angesprochen, bietet der Solver in Excel 2010 im Dialog **Solver-Parameter** die Wahl zwischen mehreren Lösungsmethoden:

- **GRG-Nichtlinear** ist die vorgegebene Lösungsmethode. Sie erlaubt kontinuierliche nicht lineare Optimierungen. Sie lässt für den Zielwert Formeln zu, die Potenzen, Wurzeln oder Funktionen wie Sinus, Logarithmus etc. verwenden. Die veränderbaren Zellen dürfen miteinander multipliziert, dividiert oder potenziert werden.
- **Simplex-LP** ist die Lösungsmethode für lineare Optimierungen. Wenn die zu berechnenden Zusammenhänge alle linear sind, dann ist dies die richtige Methode. Das bedeutet, dass veränderbare Zellen nur mit Konstanten multipliziert oder durch Konstanten dividiert werden, aber nicht miteinander multipliziert oder dividiert werden. Es werden auch keine Potenzen, Wurzeln oder Funktionen wie Sinus oder Logarithmus verwendet. Nehmen Sie diese Methode also nur, wenn Sie sich wirklich sicher sind, dass ausschließlich lineare Zusammenhänge vorliegen.
- **EA (Evolutionärer Algorithmus)** ist eine Lösungsmethode für nicht kontinuierliche Optimierungen, die sich an der biologischen Evolution und an Modellen für die Beschreibung der Veränderung des Erbguts orientiert. Dabei werden wiederholt Lösungsvorschläge generiert, die sich schrittweise immer besser an die gewünschten Zielwerte anpassen. Die Methode kann verwendet werden, wenn in der Formel der Zielzelle Tabellenfunktionen genutzt werden.

Weitere Optionen und Einstellungen

Die bis jetzt beschriebene Vorgehensweise ist bei allen Problemen sinnvoll, die keine besonders komplexen Berechnungen erfordern. Es kann aber durchaus sein, dass Sie auf diese Weise noch nicht das gewünschte Ergebnis erreichen. Möglicherweise reicht die zur Verfügung stehende Rechenzeit nicht aus, oder das Ergebnis ist nicht hinreichend genau.

In solchen Fällen können Sie die Vorgaben für die Arbeit des Solvers ändern. Wenn Sie im Dialogfeld **Solver-Parameter** die Schaltfläche **Optionen** anklicken, wird ein umfangreiches Dialogfeld eingeblendet, in dem Sie die Arbeit des Solvers in weitem Umfang beeinflussen können.

TIPP

Parameter für konkrete Lösungsversuche
Beachten Sie, dass die Einstellungen im Dialog **Optionen** immer nur für die aktuelle Lösungsaufgabe gelten, die Sie im Dialog **Solver-Parameter** gestellt haben.

Um zu verstehen, welchen Einfluss die hier vorgenommenen Einstellungen auf die Arbeit des Solvers haben, sollten Sie wenigstens einen groben Eindruck von seiner Vorgehensweise haben. Mit dem Solver wird einfach *ausprobiert*, welche Werte in den veränderbaren Zellen stehen müssen, damit das gewünschte Ergebnis in der Zielzelle herauskommt.

Hierzu verändert der Solver die Werte in den veränderbaren Zellen der Reihe nach schrittweise und vergleicht dann, ob der Wert der Zielzelle dadurch dem erwünschten Ergebnis näher kommt. Zusätzlich wird dabei immer kontrolliert, ob die Nebenbedingungen erfüllt sind. Dieser Vorgang wiederholt sich so oft, bis entweder ein Ergebnis erreicht, die voreingestellte Zeit abgelaufen oder die Zahl der Iterationen (Wiederholungen) ausgeschöpft ist.

Der Dialog **Optionen** bietet drei Register an, zwei spezielle Register für die Methoden **GRG-Nichtlinear** und **EA (Evolutionärer Algorithmus)** und ein Register **Alle Methoden** mit allgemeinen Einstellungen. Die wichtigsten dieser allgemeinen Einstellungen sind die folgenden:

Die erste Einstellung betrifft die **Nebenbedingungsgenauigkeit**. Sie legt fest, bei welcher Genauigkeit der Solver eine Bedingung als erfüllt betrachtet. Je größer die vorgegebene Genauigkeit ist (je kleiner also der angegebene Wert), desto länger wird der Solver benötigt, um eine exakte Übereinstimmung zu erreichen.

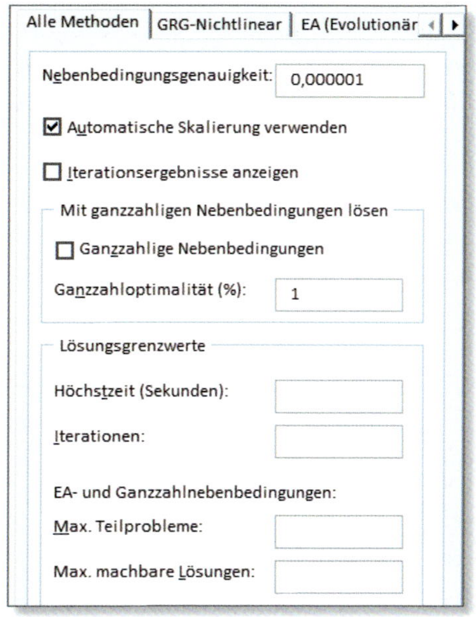

Abbildung 18.19 *Dieses Register enthält allgemeine Parameter für alle Lösungsmethoden.*

Die Option **Automatische Skalierung verwenden** ist zu empfehlen, wenn in einer Berechnung gleichzeitig sehr große und sehr kleine Zahlen vorkommen. Der Solver bringt dann die Zahlen intern in eine vergleichbare Größenordnung und rechnet am Ende die Ergebnisse zurück. So lässt sich unter Umständen die Genauigkeit erhöhen.

Mit der Option **Iterationsergebnisse anzeigen** erreichen Sie, dass der Solver nach jedem Ausprobieren das Ergebnis auf dem Tabellenblatt anzeigt und das in Abbildung 18.12 schon gezeigte Dialogfeld anbietet, um die Suche nach einer Lösung fortzusetzen. Das kann bei komplexen und langwierigen Berechnungen sinnvoll sein, da sich dann verfolgen lässt, wie der Solver arbeitet.

Wird die Option **Ganzzahlige Nebenbedingungen** aktiviert, kann noch ein Prozentsatz für die **Ganzzahloptimalität** angegeben werden. Vorgabe ist *1%*. Werden Nebenbedingungen formuliert, die mit dem Operator `int` ganzzahlige Werte bei den veränderbaren Zellen fordern, kann die Rechenzeit erheblich zunehmen. Durch Erhöhung der Toleranz lässt sich die verbrauchte Zeit wieder vermindern, wobei Sie dann allerdings auch höhere Abweichungen in Kauf nehmen müssen. Wenn Sie keine Toleranz zulassen wollen, setzen Sie den Wert auf null.

Die untere Optionengruppe auf dem Register betrifft die Lösungsgrenzwerte, die die Arbeit des Solvers beeinflussen. Unter **Höchstzeit** lässt sich die Zeit limitieren, die dem Solver insgesamt für die Lösung einer Aufgabe zur Verfügung stehen soll. Sie wird in Sekunden angegeben. Die Zahl der Wiederholungen von Lösungsversuchen kann unter **Iterationen** verändert werden, Vorgabe ist *100*.

In vielen Fällen lässt sich das Ergebnis des Solvers auch ohne Veränderungen bei den Einstellungen verbessern. Das lässt sich besonders dadurch erreichen, dass Sie schon vor Aufruf des Solvers versuchen, durch ein paar Tests die Ausgangswerte möglichst günstig zu wählen.

Auswertung der Ergebnisse und Berichte

Nach Abschluss der Arbeit mit dem Solver erhalten Sie im Erfolgsfall eine Meldung, dass der Solver eine Lösung gefunden hat, oder eine Meldung, dass dies nicht gelungen ist (siehe Abbildung 18.11). Zusätzlich können Sie die Arbeit des Solvers noch in mehreren Berichten dokumentieren.

Der Antwortbericht fasst die Ergebnisse in einer übersichtlichen Tabelle zusammen. Hierbei werden sowohl die Ausgangswerte als auch die vom Solver gefundenen Werte angegeben. Auch die verwendeten Optionen werden dokumentiert.

Microsoft Excel 15.0 Antwortbericht
Arbeitsblatt: [Excel_13_Ratgeber_18_Optimieren.xlsx]Solver2
Bericht erstellt: 11.02.2013 17:15:53
Ergebnis: Solver hat eine Lösung gefunden. Alle Nebenbedingungen und Optionen wurden eingehalten.
Solver-Modul
Modul: GRG-Nichtlinear
Lösungszeit: 0,015 Sekunden
Iterationen: 0 Teilprobleme: 0
Solver-Optionen
Höchstzeit Unbegrenzt, Iterationen Unbegrenzt, Precision 0,000001, Automatische Skalierung verwenden
Konvergenz 0,0001, Größe der Grundgesamtheit 100, Zufälliger Ausgangswert 0, Vorwärtsableitungen, Grenzwerte vorschreiben
Höchstzahl der Teilprobleme Unbegrenzt, Max. Ganzzahllösungen Unbegrenzt, Ganzzahltoleranz 1%, Nicht-negativ annehmen

Zielzelle (Min.)

Zelle	Name	Ursprünglicher Wert	Lösungswert
$G$8	Summe: Material Gesamt	1360894	1360894

Variablenzellen

Zelle	Name	Ursprünglicher Wert	Lösungswert	Integer
$B$5	Radius	5,42	5,42	Fortlaufend
$C$5	Höhe	10,83	10,83	Fortlaufend
$B$6	Radius	4,30	4,30	Fortlaufend
$C$6	Höhe	8,60	8,60	Fortlaufend
$B$7	Radius	3,42	3,42	Fortlaufend
$C$7	Höhe	6,82	6,82	Fortlaufend

Nebenbedingungen

Zelle	Name	Zellwert	Formel	Status	Puffer
$E$5	Volumen	1000,00	$E$5=1000	Einschränkend	0
$E$6	Volumen	500,00	$E$6=500	Einschränkend	0
$E$7	Volumen	250,00	$E$7=250	Einschränkend	0

Abbildung 18.20 *Ein Beispiel für einen Antwortbericht*

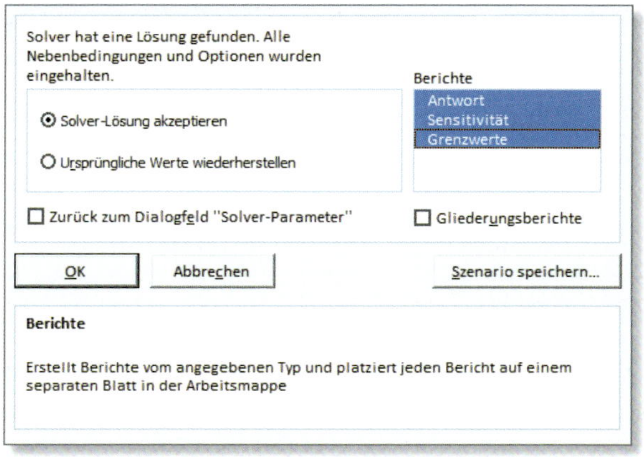

Abbildung 18.21 *Der Dialog »Solver-Ergebnisse« bietet mehrere Berichte über seine Lösung an.*

Die beiden anderen Berichte, der Sensitivitäts- und der Grenzwertbericht, geben Auskunft über die Arbeitsweise, die der Solver angewandt hat. Interessant sind diese Berichte in erster Linie, wenn die Ergebnisse nicht völlig befriedigend sind. Sie können dann Ausgangspunkt für andere Formulierungen des Problems sein. Bei der EA-Methode steht noch ein Grundgesamtheitsbericht zur Verfügung, der statistische Werte zu den Variablen liefert.

Wird die lineare Simplex-LP-Methode in einem Fall angewendet, der sich nicht linear lösen lässt, hilft ein dann angebotener Linearitätsbericht, die Formeln zu finden, die nicht linear sind.

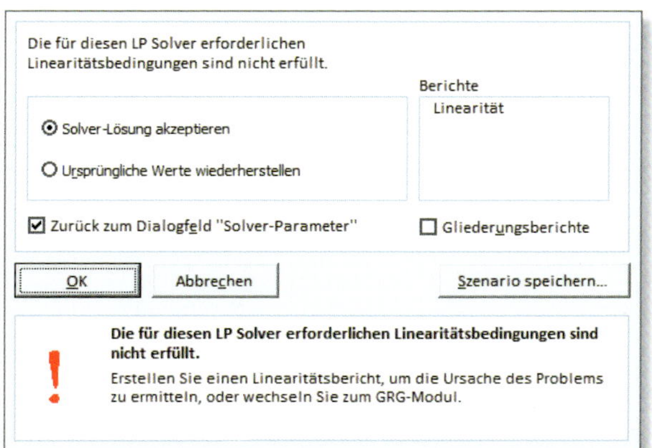

Abbildung 18.22 *Angebot eines Berichts über die Linearität*

Weiterführende Hinweise

Das oben vorgestellte Beispiel hat die Eigenschaft, dass es auf Anhieb ein brauchbares Ergebnis liefert. Das sollte wohl bei einem in einem Buch beschriebenen Beispiel auch so sein, ist aber leider in der praktischen Arbeit nicht immer der Fall. Im günstigsten Fall kann das daran liegen, dass bei der Formulierung des Problems Fehler gemacht wurden. Dann lassen sich die Schwierigkeiten nach einigen Versuchen beseitigen.

Problematischer wird es, wenn die Aufgabe selbst Ursache der Schwierigkeiten ist. Dies kann der Fall sein, wenn es mehrere Lösungen gibt, die unterschiedlich brauchbar sind, oder wenn die mathematischen Zusammenhänge so sind, dass der Solver aufgrund seiner Arbeitsweise mit der Aufgabe nicht zurechtkommt. Da es schlechterdings unmöglich ist, alle denkbaren Varianten hier aufzuführen, sollen hier an einem Beispiel aus der Mathematik wenigstens einige Möglichkeiten demonstriert werden.

Ausgangspunkt soll eine mathematische Funktion sein, bei der die Ergebnisse von vornherein klar sind. Gewählt wurde

```
y=x+x*SIN(3*x)
```

Wird diese Funktion grafisch dargestellt, erhalten Sie für den Bereich von x = –10 bis x = 10 das in Abbildung 18.23 gezeigte Bild.

Vergleichbare Ausgangslagen können sich bei allen möglichen Problemen ergeben, wobei vergleichbar nicht unbedingt periodisch heißen muss. Es muss sich jedoch um ein Problem handeln, das keinen ganz regelmäßigen Verlauf hat. Angenommen, Sie wollen mit dem Solver hier den x-Wert finden, bei dem der y-Wert sein Maximum erreicht.

Die Vorarbeiten sind inzwischen schon vertraut. In eine Zelle (die spätere veränderbare Zelle) kommt ein beliebiger x-Wert (z. B. »1«), in eine zweite Zelle die für die Berechnung des y-Werts erforderliche Formel. Der

Solver liefert nach Aufruf einen x-Wert von *0,79* und einen y-Wert von *1,34*.

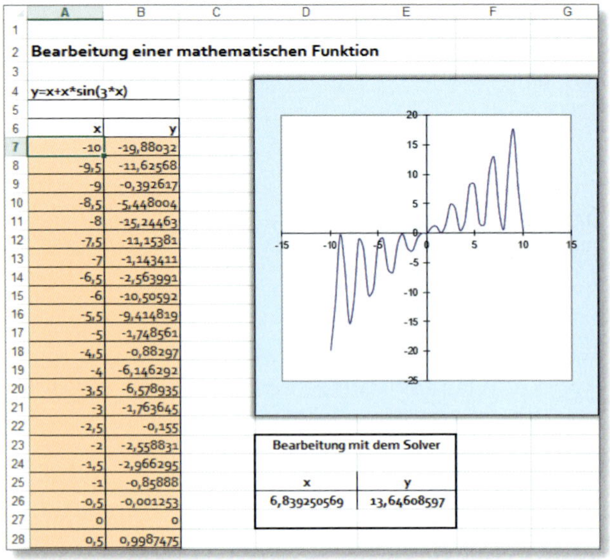

Abbildung 18.23 *Eine periodische Funktion als Aufgabe für den Solver*

Ein Blick auf die grafische Darstellung hilft zu klären, wie der Solver gearbeitet hat. Er hat zunächst festgestellt, dass y mit größer werdendem x kleiner wird, mit kleiner werdendem x aber größer. Also setzt der Solver die Suche in diese Richtung fort und findet, dass mit *x = 0,79* ein Maximalwert erreicht ist, der mit weiter kleiner werdendem x wieder kleiner wird. Damit ist für den Solver das Problem gelöst.

Beginnen Sie dagegen die Suche mit *x = 7*, erhalten Sie gleich ein ganz anderes Ergebnis: x liegt jetzt bei *6,84* und y bei *13,64*. Auch hier hat der Solver wieder bis zum nächsten Maximum gesucht und dann die Suche eingestellt.

Geeignete Startwerte helfen dem Solver

Bei allen derartigen Problemen gibt es zwei Möglichkeiten. Entweder Sie beginnen die Suche mit einem Wert, der schon fast als optimal gelten kann, oder Sie formulieren den Bereich, in dem der Solver suchen soll, als Nebenbedingung. Leider ist es nicht möglich, den Solver bei einer Aufgabe, die mehrere Lösungen kennt, gleich alle suchen zu lassen.

Häufig hilft es auch, für die Aufgabe zunächst – so wie es im vorliegenden Beispiel auch geschehen ist – eine grafische Darstellung zu wählen, die schon Anhaltspunkte für die Lösung gibt. Geeignet hierfür sind XY-Diagramme, wobei der Zielwert immer als y-Wert, die Werte(e), von denen der Zielwert abhängig ist (also die veränderbaren Zellen), als x-Wert(e) gewählt werden. Hängt der Zielwert von mehreren Werten ab, dann werden Sie am besten mit mehreren Grafiken arbeiten, wobei jeweils nur einer der Ausgangswerte innerhalb akzeptabler Grenzen variiert wird.

TIPP

Solver-Erweiterungen und Beispiele
Wenn die Kapazität des integrierten Solver-Add-Ins nicht ausreicht, können Sie vom Hersteller *FrontlineSolvers* erweiterte Module für Excel erwerben, die über *www.solver.com* angeboten werden. Auf dieser Site finden Sie auch eine Reihe von Tutorials und ein Paket mit Beispielen für Optimierungen in verschiedenen Bereichen. Einige Beispiele für Solver-Lösungen finden Sie auch in der Datei *SOLVSAMP.XLS*, die in dem Ordner *../Office15/SAMPLES* abgelegt ist.

Kapitel 19
Externe Daten auswerten

Der Stoff, an dem Excel seine Rechenkünste abarbeitet, kann auch von außen kommen. Schnelle Verbindungen zu externen Datenquellen stehen dafür bereit. Nicht nur Datenbanken, auch XML-Dokumente oder Tabellen im Web lassen sich verarbeiten.

Obwohl inzwischen auf einem einzigen Tabellenblatt Tabellen mit Hunderttausenden von Datenzeilen untergebracht werden können, ist Excel doch nicht in erster Linie ein Programm, um Massendaten zu speichern und zu verwalten. Die Stärken des Programms liegen hauptsächlich in der Analyse von Daten.

Excel und Datenbanken

Wer mit großen Mengen von Daten umgeht, sei es für die Abwicklung seiner Geschäfte, die Verwaltung von Lagerbeständen oder für einen Auftritt im Web, um nur einige Beispiele zu nennen, verwendet dafür meist Datenbanken. Sie stellen die benötigten Daten schnell und sicher zur Verfügung.

Damit Sie die Fähigkeiten von Excel ohne Umstände für diese Daten nutzen können, sind leicht handhabbare Verknüpfungsmöglichkeiten natürlich unbedingt erforderlich. Excel arbeitet dabei mit Verbindungsdefinitionen, die nur einmal erstellt und dann immer wieder erneut verwendet werden können.

Die Verbindungsdefinition beschreibt, wie die Verbindung zur Datenquelle hergestellt wird und welche Parameter dabei verwendet werden. Mit Excel 2013 sind die Möglichkeiten für den Zugriff auf externe Datenbestände noch einmal erweitert worden. Eine Arbeitsmappe kann ohne Weiteres mehrere solcher Verbindungen verwenden.

Sie können externe Datenbestände entweder vollständig aus bestimmten Datenquellen importieren oder vor der Übernahme durch Abfragekriterien filtern lassen. Dies ist häufig sinnvoll, um die Datenmengen auf das zu reduzieren, was für die gewünschte Auswertung tatsächlich benötigt wird. Zu diesen und einigen weiteren Themen möchten wir Ihnen in den nächsten Abschnitten Auskunft geben.

Werkzeuge für den Abruf externer Daten

Excel 2013 bietet Ihnen für den Zugriff auf externe Datenbestände zahlreiche Werkzeuge an. Auf dem Register **Daten** stellt Excel 2013 eine Gruppe **Externe Daten abrufen** zur Verfügung, die jeweils Schaltflächen für die Übernahme von Daten aus Access, aus dem Internet, aus Textdateien und aus anderen Quellen einblendet.

Wurden schon Verbindungen definiert, lassen sie sich über die Schaltfläche **Vorhandene Verbindungen** erneut aufrufen. Dazu finden Sie in der Gruppe **Verbindungen** Optionen für die Einrichtung und Handhabung von immer wieder verwendbaren Verbindungen zu zahlreichen Datenquellentypen. Abbildung 19.1 zeigt die beiden Gruppen.

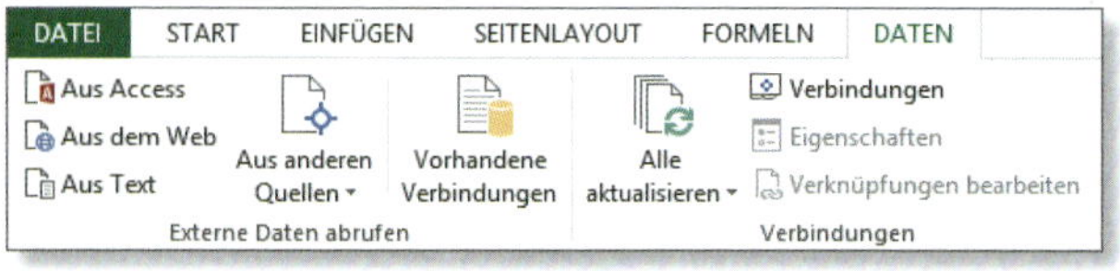

Abbildung 19.1 *Werkzeuge für den Zugriff auf externe Daten und für die Pflege von Verbindungen zu Datenquellen*

Über das Symbol **Aus anderen Quellen** öffnen Sie ein Menü, das Ihnen weitere Datenquellen anbietet, insbesondere zu den SQL Servern von Microsoft, aber auch zu anderen Datenbanken, soweit die entsprechenden Schnittstellen unterstützt werden. Neu sind insbesondere Verbindungen zu Windows Azure DataMarket-Feeds und zu Odata-Feeds, also zu Datenquellen in der Cloud.

Abbildung 19.2 *Über dieses Menü haben Sie Zugang zu zahlreichen Datenbanken und einigen weiteren Datenquellen.*

19.1 Access-Daten importieren

Die wichtigste Möglichkeit, externes Datenmaterial in Excel zu bearbeiten, ist sicher die Datenübernahme aus externen Datenbanken, sei es lokal oder über das Netz. Besonders unkompliziert ist das, wenn Sie neben Excel auch noch das Office-Programm *Access* einsetzen, zumal Access seine Datenbanken in einzelnen Dateien speichert. Access ist ein unter dem Gesichtspunkt der Benutzerfreundlichkeit sicher gut ausgestattetes Datenbankprogramm, das für Anwender mit nicht allzu großem Datenhunger vorzügliche Dienste leistet. Gerade die letzten Updates sind dem Programm gut bekommen und haben die Handhabung erfreulich vereinfacht.

Um den Ablauf der Übernahme externer Daten aus einer verfügbaren Datenquelle zu zeigen, wollen wir deshalb zunächst ein Beispiel für den Datenimport aus einer Access-Datenbank beschreiben. In den folgenden Schritten sehen Sie, wie Sie dazu vorgehen müssen:

1. Wählen Sie auf einem leeren Arbeitsblatt den Befehl **Daten > Externe Daten abrufen > Aus Access**. Excel öffnet das Dialogfeld **Datenquelle auswählen**. Access-Datenbanken sind als Datentyp schon voreingestellt. Verwendet werden die Dateierweiterungen *.mdb* für die älteren Versionen und *.accdb* für Dateien ab der Version 2007.

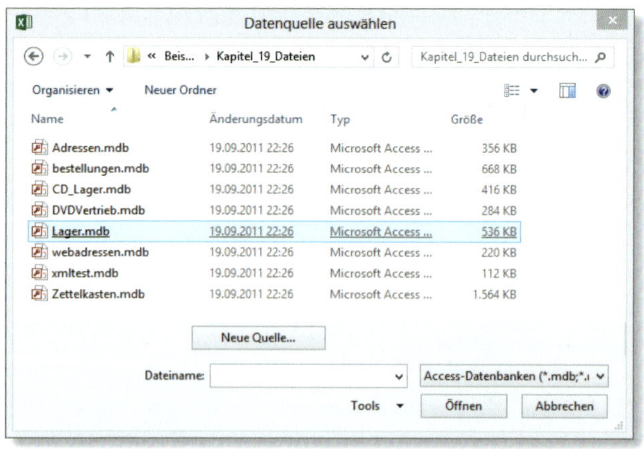

Abbildung 19.3 *Auswahl einer Access-Datenbank*

2. Wenn die gewünschte Access-Datei ausgewählt ist, kann der Dialog bestätigt werden. Anschließend werden die in dieser Datenbank enthaltenen Tabellen und Views in dem Dialogfeld **Tabelle auswählen** angeboten. Views sind Abfragen, die die Datenmenge beispielsweise schon mithilfe bestimmter Kriterien reduzieren können.

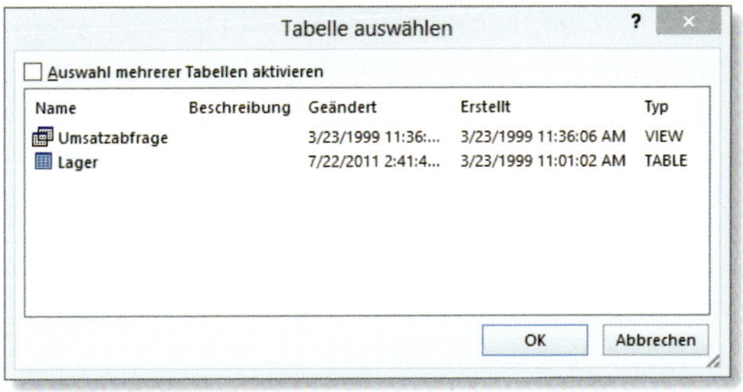

Abbildung 19.4 *Auswahl der Tabelle aus der Access-Datei*

3 Excel 2013 fragt im nächsten Dialog das Format ab, das für die Anzeige der importierten Daten verwendet werden soll. Neben der Option **Tabelle** können Sie hier auch gleich einen Import in einen PivotTable-Bericht oder eine Kombination aus PivotTable- und PivotChart-Bericht wählen.

4 Schließlich müssen Sie noch angeben, wo die Daten abgelegt werden sollen. Wählen Sie **Bestehendes Arbeitsblatt**, geben Sie die Adresse der oberen linken Eckzelle an, ansonsten können Sie die Tabelle auch gleich auf ein neues Blatt legen.

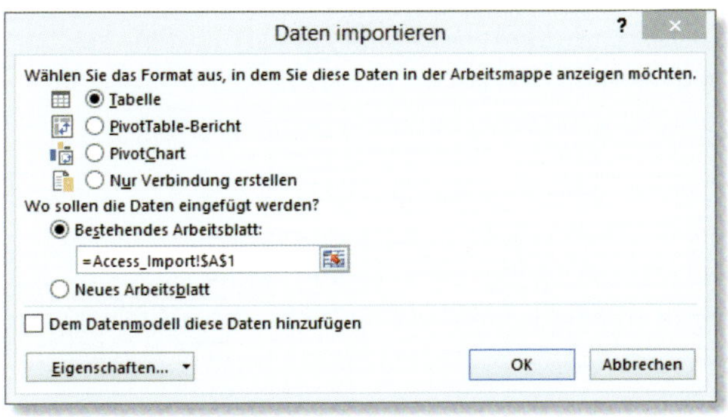

Abbildung 19.5 *Hier bestimmen Sie, wo und in welcher Form die Daten übernommen werden.*

5 Die Datenbankdaten werden in dem gewählten Format an die angegebene Stelle eingefügt. Ist **Tabelle** als Format ausgewählt, wird eine **Excel-Tabelle** mit einer vorgegebenen Formatierung erzeugt, wie Abbildung 19.6 zeigt.

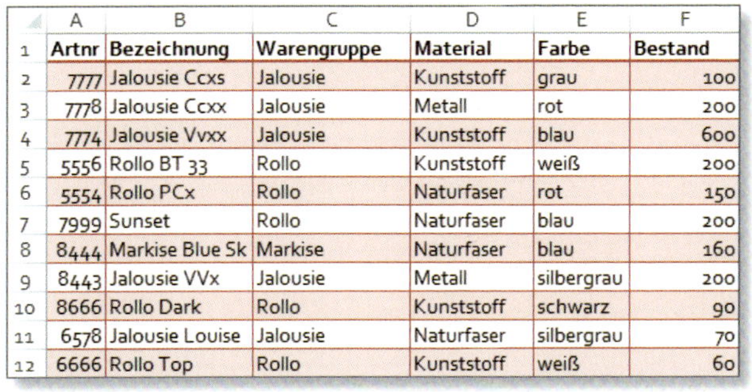

	A	B	C	D	E	F
1	Artnr	Bezeichnung	Warengruppe	Material	Farbe	Bestand
2	7777	Jalousie Ccxs	Jalousie	Kunststoff	grau	100
3	7778	Jalousie Ccxx	Jalousie	Metall	rot	200
4	7774	Jalousie Vvxx	Jalousie	Kunststoff	blau	600
5	5556	Rollo BT 33	Rollo	Kunststoff	weiß	200
6	5554	Rollo PCx	Rollo	Naturfaser	rot	150
7	7999	Sunset	Rollo	Naturfaser	blau	200
8	8444	Markise Blue Sk	Markise	Naturfaser	blau	160
9	8443	Jalousie VVx	Jalousie	Metall	silbergrau	200
10	8666	Rollo Dark	Rollo	Kunststoff	schwarz	90
11	6578	Jalousie Louise	Jalousie	Naturfaser	silbergrau	70
12	6666	Rollo Top	Rollo	Kunststoff	weiß	60

Abbildung 19.6 *Die aus Access importierten Daten werden automatisch mit einem Tabellenformat belegt.*

6 Excel stellt bei diesem Verfahren automatisch eine Verbindung zu der Access-Datenbank her, deren Merkmale Sie über **Entwurf > Externe Tabellendaten > Eigenschaften** einsehen und bearbeiten können. Das betrifft einmal die Formatierung, zum anderen die Frage der Aktualisierung, falls an den Quelldaten etwas geändert wird.

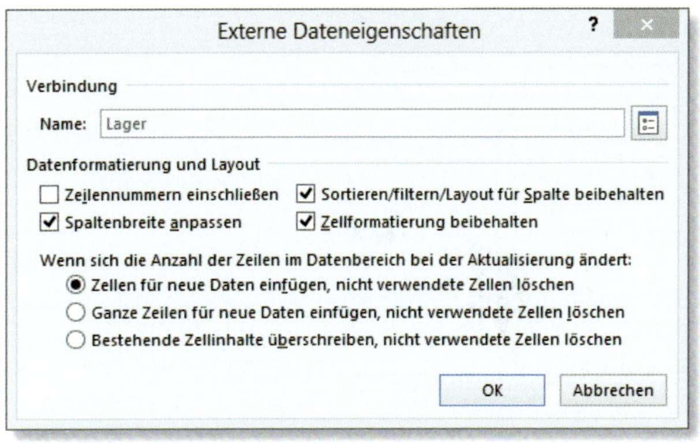

Abbildung 19.7 *In diesem Dialog können Sie einige Eigenschaften des Datenimports festlegen.*

Die Definition der Verbindung speichert Excel automatisch in einer ODC-Datei (*Office Data Connection*). Als Vorgabe werden diese Dateien in einem auf den Benutzer bezogenen Ordner *Meine Datenquellen* gespeichert. Die entsprechende Verbindung wird ab diesem Zeitpunkt über **Daten > Externe Daten abrufen > Vorhandene Verbindungen** angeboten. Sie können diese Verbindung von jeder Arbeitsmappe aus nutzen, um Daten dorthin zu importieren.

Abbildung 19.8 *Das Angebot der bereits definierten Verbindungen kann von jeder Arbeitsmappe aus genutzt werden.*

Wenn Sie eine solche ODC-Datei mit einem Texteditor öffnen, finden Sie eine HTML-Datei mit einem <XML>-Element, in dem die Verbindungsdaten der Verbindung abgelegt sind. Excel 2013 verwendet dabei eine OLE-DB-Abfrage.

```
<xml id=docprops></xml><xml id=msodc><odc:OfficeDataConnection
  xmlns:odc="urn:schemas-microsoft-com:office:odc"
  xmlns="http://www.w3.org/TR/REC-html40">
  <odc:SourceFile>C:\BeispieleEx13_Ratgeber\Kapitel_19_Dateien\Lager.mdb</odc:SourceFile>
  <odc:Connection odc:Type="OLEDB">
   <odc:ConnectionString>Provider=Microsoft.ACE.OLEDB.12.0;Password=&quot;&quot;;User ID=Admin;
```

Abbildung 19.9 *Auszug aus der Verbindungsdatei*

Außerdem wird die neue Datenverbindung in die Liste der Arbeitsmappenverbindungen aufgenommen, die Sie über die Schaltfläche **Verbindungen** in der Gruppe **Daten > Verbindungen** öffnen können.

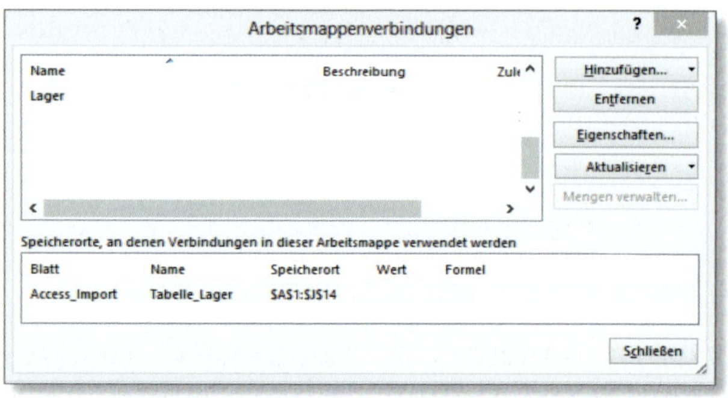

Abbildung 19.10 *In diesem Dialog verwalten Sie die vorhandenen Verbindungen der Arbeitsmappe.*

In der unteren Liste werden die Orte angezeigt, an denen die oben ausgewählte Verbindung genutzt wird.

Die Schaltfläche **Eigenschaften** öffnet einen Dialog, in dem Sie noch Einstellungen zur Aktualisierung vornehmen können. Ändern sich die Daten häufig, kann auch ein kurzes Aktualisierungsintervall eingerichtet werden.

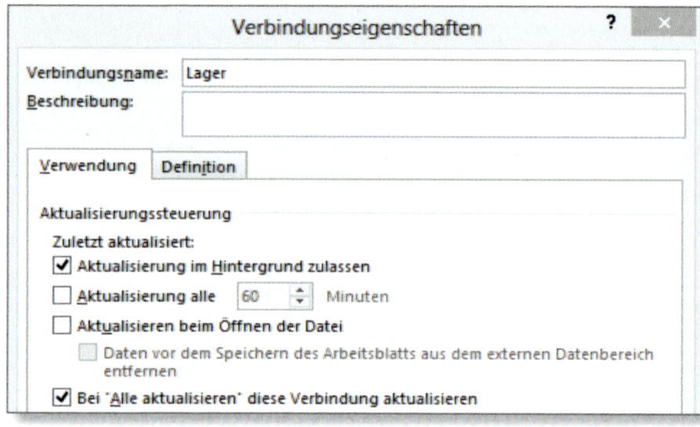

Abbildung 19.11 *Eine automatische Aktualisierung kann auf diesem Register eingerichtet werden.*

Besonderheiten externer Datenbereiche

Die aus externen Datenquellen übernommenen Daten werden auf dem Excel-Tabellenblatt in dem gewählten Format ausgegeben. Die jeweilige Abfragedefinition wird zusammen mit der Arbeitsmappe gespeichert.

Obwohl externe Datenbereiche so aussehen wie normale Tabellen, gibt es doch eine Reihe von Besonderheiten, die Sie beachten sollten. Ist eine Zelle im Bereich markiert, steht ein spezielles Kontextmenü zur Verfügung.

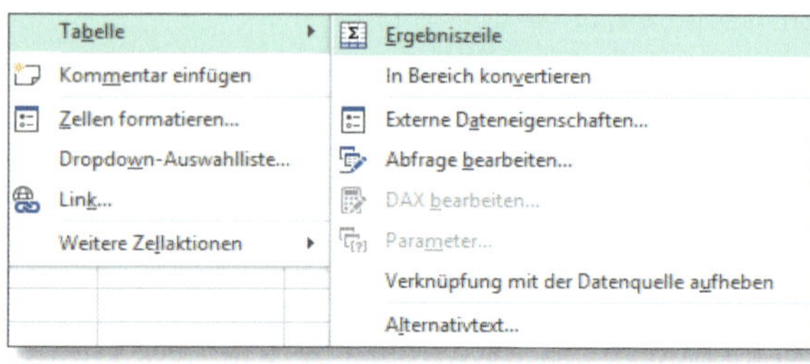

Abbildung 19.12 *Auszug aus dem Kontextmenü zu einem externen Datenbereich*

Über den Befehl **Tabelle > Externe Dateneigenschaften** wird der oben schon abgebildete Dialog gleichen Namens geöffnet, über den die Datenformatierung und das Layout geregelt werden können.

Mit der Option **Zeilennummern einschließen** können Sie erreichen, dass vor die eingelesenen Datensätze noch eine Spalte *_RowNum* mit einer Zählnummer gesetzt wird, was manchmal ganz nützlich sein kann. Ist **Spaltenbreite anpassen** aktiviert, wird eine Veränderung der Spaltenbreite wieder rückgängig gemacht.

Mit den Optionen **Sortieren/Filtern/Layout für Spalten beibehalten** und **Zellformatierung beibehalten** können Sie noch dafür sorgen, dass entsprechende Änderungen bei einer Aktualisierung nicht wieder überschrieben werden.

Außerdem wird hier festgelegt, wie verfahren werden soll, wenn sich die Anzahl der Zeilen ändert.

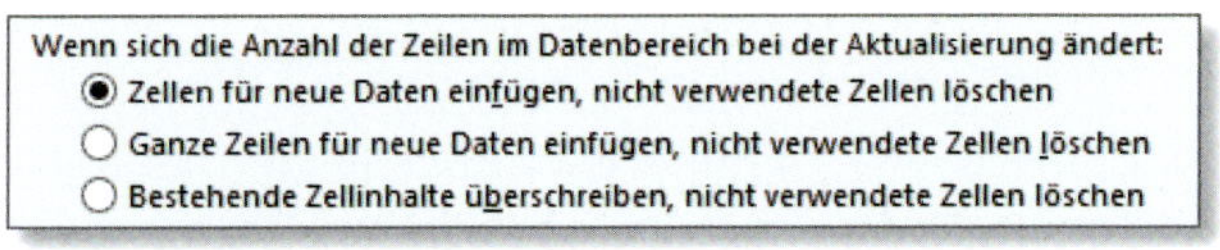

Abbildung 19.13 *Optionen zur Aktualisierung*

Daten aktualisieren

Die Verbindung zwischen Arbeitsblatt und Datenbank ist zwar eine Einbahnstraße, aber immerhin. Zwar können von Excel aus keine Änderungen an Access zurückgegeben werden, aber wenn in der Access-Tabelle selbst etwas geändert wird, können Sie diese Änderungen übernehmen. Das Wie ist durch die eben beschriebenen Einstellungen bestimmt.

In jedem Fall werden die Daten in Excel aktualisiert, wenn Sie den Zellzeiger in die Tabelle stellen und in dem Menü der Schaltfläche **Daten > Verbindungen > Alle aktualisieren** den Befehl **Aktualisieren** aufrufen. Dieser bezieht sich dann ausschließlich auf die Tabelle mit den externen Access-Daten. Die Option **Alle aktualisieren** erlaubt es, mehrere Verbindungen in einem Zug zu aktualisieren.

Wenn Sie eine Verbindung zum ersten Mal aktualisieren, nachdem die Datei mit den Verbindungsdaten gespeichert und erneut geöffnet wurde, erscheint aus Sicherheitsgründen eine Warnung, die Sie mit der Schaltfläche **Inhalt aktivieren** beantworten können. Danach gilt das Dokument als vertrauenswürdig. Mehr dazu finden Sie in Kapitel 24, »Datenschutz und Datensicherheit«, ab Seite 783.

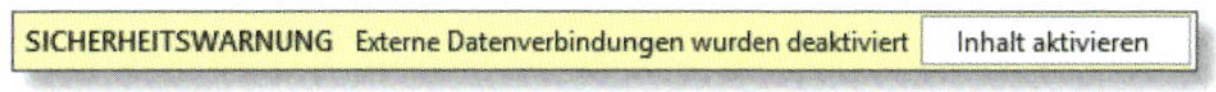

Abbildung 19.14 *Bei der ersten Aktualisierung muss die Datenverbindung gewissermaßen freigeschaltet werden.*

TIPP

Aktualisieren überschreibt lokale Änderungen
Normalerweise werden externe Daten übernommen, um sie zu analysieren und Berechnungen damit anzustellen. Falls Sie aber doch in der Arbeitsmappe Änderungen daran vornehmen, müssen Sie beachten, dass diese ohne Warnung überschrieben werden, wenn Sie die Datenquelle mit dem Befehl **Aktualisieren** erneut anzapfen. Excel arbeitet ja immer nur mit einer Kopie der externen Daten.

Die Verbindungsdaten korrigieren

Über den Kontextmenü-Befehl **Tabelle > Abfrage bearbeiten** werden die über die Datenübernahme verwendeten Zugangsdaten angezeigt und können manuell bearbeitet werden. Der für die Verbindung generierte Code ist allerdings nicht gerade leicht zu lesen, Sie sollten hier also nur eingreifen, wenn Sie sich mit der verwendeten OLE-DB-Codierung auskennen.

Soll die Verbindung eines solchen Bereichs mit der Quelldatei in Access wieder aufgehoben werden, benutzen Sie im Kontextmenü des Bereichs die Option **Tabelle > Verknüpfung mit der Datenquelle aufheben**. Der Bereich ist anschließend nur noch ein normaler Tabellenbereich. Die Verbindung wird aus der Arbeitsmappe entfernt.

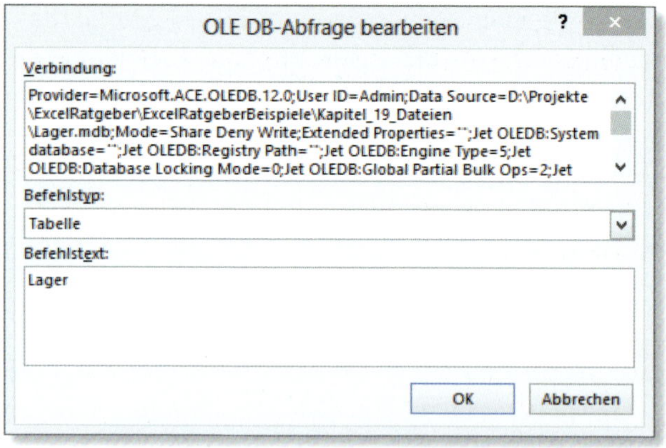

Abbildung 19.15 *In diesem Dialog lassen sich die Verbindungsdaten auch manuell bearbeiten.*

TIPP

Verbindungsdaten

Beachten Sie, dass die Definition einer Datenverbindung natürlich nur so lange funktionieren kann, wie die Datenbankdatei am gleichen Ort bleibt. Wird die Datei an eine andere Stelle verschoben, müssen Sie den Pfad korrigieren oder die Verbindung ganz neu aufbauen.

Access-Daten als Quelle für Pivot-Tabellen

Anstatt eine Access-Tabelle wie beschrieben komplett als Tabelle auf einem Arbeitsblatt abzulegen, können Sie die Daten auch als Quelldaten für eine Pivot-Tabelle verwenden. Das ist insbesondere dann interessant, wenn es sich um große Datenmengen handelt. Wird eine Access-Tabelle für eine Pivot-Tabelle verwendet, werden nicht die kompletten Daten eingelesen, sondern nur der Teil, der für die Pivot-Tabelle benötigt wird. Hier ein einfaches Beispiel:

1. Wählen Sie im Dialog **Daten importieren** – siehe Abbildung 19.5 – die Option **PivotTable-Bericht** oder **PivotChart**.
2. Ordnen Sie die Felder in der Feldliste, die Sie auswerten wollen, den gewünschten Bereichen zu. Excel übernimmt nur die Daten der verwendeten Felder.
3. Unter Umständen ist es nötig, die übernommenen Daten noch etwas zu formatieren.
4. Damit beim Speichern der Arbeitsmappe nicht die gesamte Access-Tabelle mit gespeichert wird, wäh-

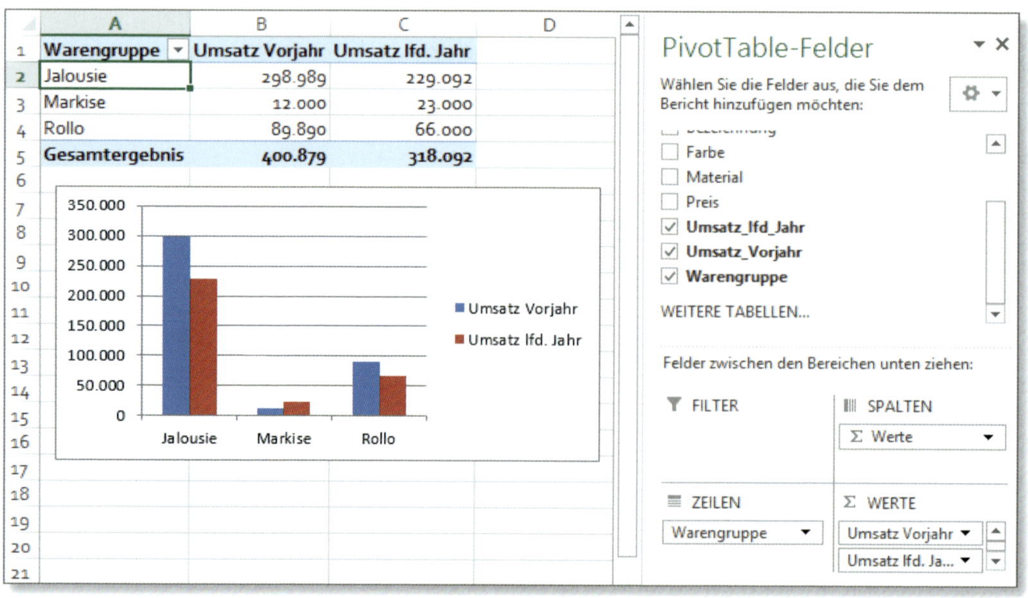

Abbildung 19.16 *Pivot-Auswertung einer Access-Tabelle*

len Sie über **Analysieren > PivotTable > Optionen** auf dem Register **Daten** die Option **Quelldaten mit Datei speichern** ab.

5 Sollen die Daten später einmal anders zusammengestellt werden, muss das Programm wieder direkt auf die Access-Datenbank zugreifen.

Wenn Sie so verfahren, können Sie jedenfalls verhindern, dass Ihre Arbeitsmappe bei einer sehr großen Datenbank-Tabelle unnötig aufgebläht wird. Abbildung 19.16 zeigt ein Beispiel.

19.2 Auf SQL Server-Datenbanken zugreifen

Wenn Sie eine Verbindung zu einer Datenbank auf einem Microsoft SQL Server aufbauen wollen, ist die Vorgehensweise etwas komplexer als bei dem zuletzt beschriebenen Verbindungsaufbau zu einer Access-Datenbank. Sie müssen ein paar Informationen mehr eingeben, um den Zugang zu erhalten. Ein **Datenverbindungs-Assistent** hilft Ihnen dabei.

1 Benutzen Sie zunächst im Menü der Schaltfläche **Daten > Externe Daten abrufen > Aus anderen Quellen** die Option **Von SQL Server**.

2 Im ersten Dialog geben Sie die Zugangsdaten zum jeweiligen Server ein. Wichtig ist zunächst der Eintrag unter **Servername**. Wenn Sie die Datenbank auf dem eigenen Rechner betreiben, geben Sie hier einfach »localhost« ein, ansonsten muss der Name des Servers im Netz erscheinen, auf dem die Datenbank angesiedelt ist. Da der SQL Server in mehreren Instanzen eingesetzt werden kann, müssen Sie hier eventuell auch den Namen der Instanz mit angeben. Die Syntax ist *Servername\Instanzname*.

3 Unter **Anmeldeinformationen** können Sie die Option **Windows-Zugriffsrechte verwenden** aktivieren, wenn Sie mit Ihrem normalen Windows-Konto auf die Datenbank zugreifen wollen. Falls für den Zugriff auf die Datenbank ein eigener Benutzername und ein Kennwort festgelegt sind, wählen Sie stattdessen die Option **Benutzername und Kennwort verwenden** und geben die Daten entsprechend ein.

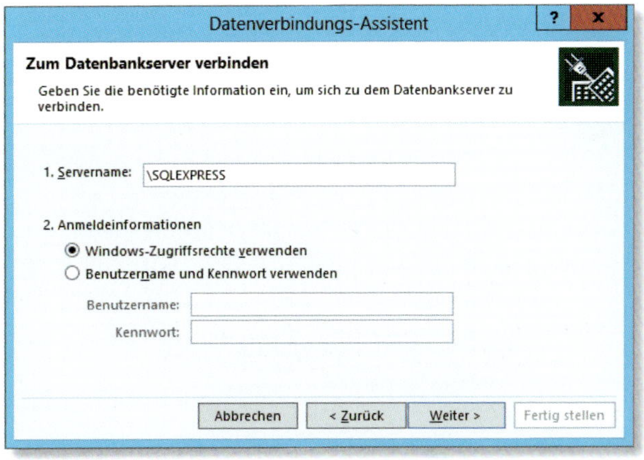

^ ***Abbildung 19.17*** *Anmeldung beim SQL Server mit dem Namen des Servers und den Anmeldeinformationen des Benutzers*

4 Mit **Weiter** erreichen Sie den nächsten Dialog. Hier wählen Sie über das erste Listenfeld die Datenbank aus, in der sich die Tabelle befindet, deren Daten Sie importieren wollen. Die Tabellen und Abfragen der ausgewählten Datenbank werden im unteren Listenfeld zur Auswahl angeboten. Markieren Sie das benötigte Element, und bestätigen Sie mit **Weiter**.

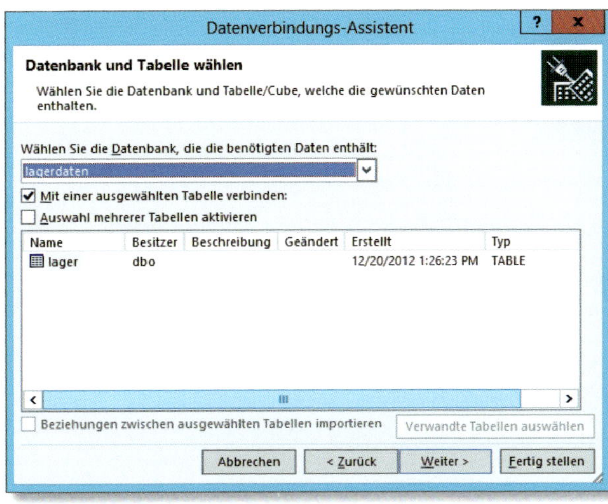

^ ***Abbildung 19.18*** *Auswahl der SQL-Datenbank*

5 Im nächsten Schritt legen Sie den Dateinamen für die Verbindungsdatei fest und tragen bei Bedarf eine kurze Beschreibung der Verbindung ein.

TIPP

Flexible Verbindungsdefinition
Wenn Sie eine bestimmte Verbindung für den Zugriff auf unterschiedliche Tabellen der gleichen Datenbank verwenden wollen, deaktivieren Sie die Einstellung **Mit einer ausgewählten Tabelle verbinden**. In diesem Fall wird etwas später ein separates Dialogfeld für die Auswahl der Tabelle angeboten, das auch bei einem erneuten Aufruf der Verbindung erscheint.

6 Unter **Anzeigenamen** können Sie noch einen *freundlichen Namen* für die Verbindung angeben, der dann in den folgenden Dialogen als Verbindungsname übernommen wird.

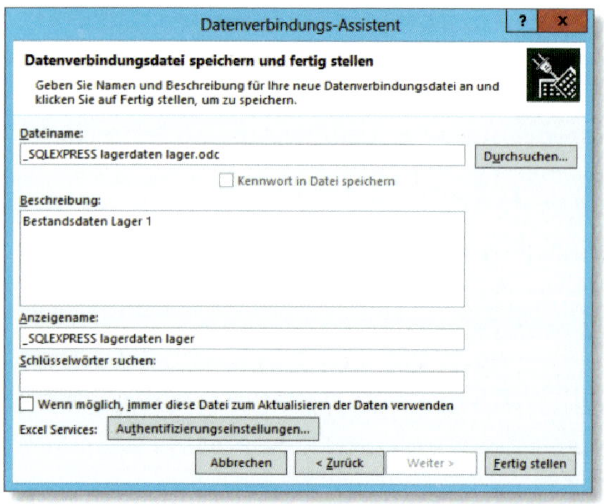

∧ **Abbildung 19.19** *Fertigstellung der Verbindungsdatei*

7 Anschließend wird Ihnen wieder der in Abbildung 19.5 gezeigte Dialog **Daten importieren** angeboten, um die Daten in das Tabellenblatt einzulesen.

	A	B	C	D	E	F
1	Artnr	Bezeichnung	Warengruppe	Material	Farbe	Bestand
2	7777	Jalousie Ccxs	Jalousie	Kunststoff	grau	100
3	7778	Jalousie Ccxx	Jalousie	Metall	rot	200
4	7774	Jalousie Vvxx	Jalousie	Kunststoff	blau	600

∧ **Abbildung 19.20** *Auszug aus den eingelesenen Daten*

8 Sind die Daten eingelesen, können Sie über **Daten > Verbindungen > Eigenschaften** den Dialog **Externe Dateneigenschaften** öffnen und die vorgegebenen Einstellungen bei Bedarf ändern. Es ist der gleiche Dialog, der in Abschnitt 19.1, »Access-Daten importieren«, ab Seite 714 schon beschrieben wurde, siehe Abbildung 19.7.

9 Die Schaltfläche hinter dem Verbindungsnamen öffnet auch hier den Dialog **Verbindungseigenschaften**, auf dessen **Definition**-Register Sie die komplette **Verbindungszeichenfolge** einsehen können, die für den Aufbau der Verbindung zu einem SQL Server entscheidend ist.

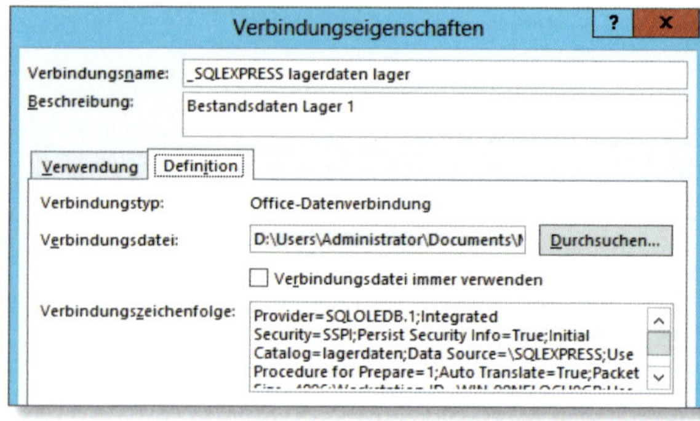

∧ **Abbildung 19.21** *Das Register »Definition« liefert die technischen Details über die Verbindung.*

Die Verbindungszeichenfolge ist gewissermaßen der Schlüssel zu den externen Daten. Wie diese Verbindungszeichenfolge auszusehen hat, hängt allerdings hauptsächlich von dem verwendeten Datenprovider und von der gewünschten Datenquelle ab. Die Zeichenfolge besteht aus einer Folge von Paaren mit der Syntax `Parameter = Wert`. Hier die Verbindungszeichenfolge für das verwendete Beispiel:

```
Provider=SQLOLEDB.1;
Integrated Security=SSPI;
Persist Security Info=True;
Initial Catalog=Lager;
Data Source=\SQLEXPRESS;
Use Procedure for Prepare=1;
Auto Translate=True;
Packet Size=4096;
Workstation ID=NOTEBOOKHV;
Use Encryption for Data=False;
Tag with column collation when possible=False
```

∧ **Abbildung 19.22** *Beispiel für eine Verbindungszeichenfolge zu einer SQL-Datenbank*

Aktualisierungssteuerung

Über das zweite Register des Dialogs **Verbindungseigenschaften** mit dem Namen **Verwendung** werden, wie schon bei der Verknüpfung mit Access, Anweisungen zur Aktualisierungssteuerung festgelegt. Beispielsweise kann bestimmt werden, dass alle 60 Minuten die Änderungen an den Daten in der Quelltabelle auf dem SQL Server in die Arbeitsmappe übernommen werden.

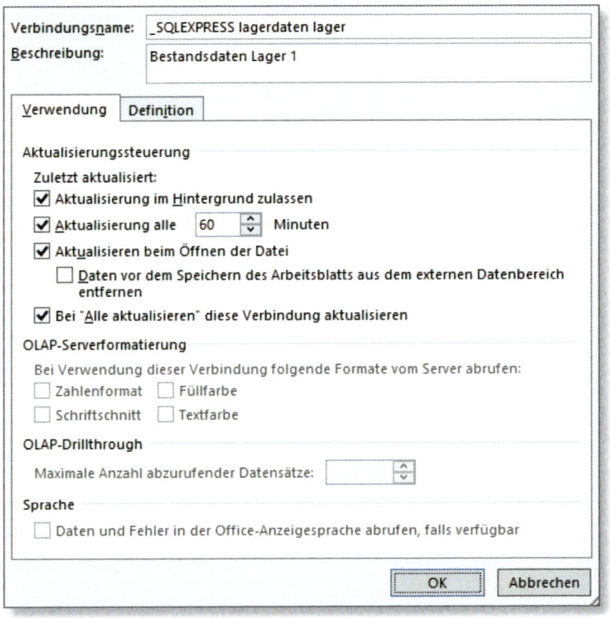

Abbildung 19.23 *Auf dem Register »Verwendung« können Sie insbesondere die Einstellungen zur Aktualisierung festlegen.*

Die Option **Aktualisieren beim Öffnen der Datei** stellt sicher, dass wenigstens in diesem Fall die aktuellen Daten aus der Datenquelle in den Tabellenbereich übernommen werden.

Unabhängig davon kann eine Aktualisierung immer auch manuell über die Schaltfläche **Alle aktualisieren** in der Gruppe **Daten > Verbindungen** vorgenommen werden. Die Schaltfläche bietet Optionen, um wahlweise alle vorhandenen oder nur die aktuelle Verbindung zu aktualisieren.

Wiederverwenden der Verbindungsdaten

Der Vorteil der separaten Verbindungsdatendefinitionen liegt, wie schon angesprochen, darin, dass Sie eine einmal festgelegte Verbindung auch in anderen Arbeitsmappen oder auf anderen Blättern einer Mappe nutzen können. Dazu brauchen Sie die Verbindungsdatei nur über **Daten > Externe Daten abrufen > Vorhandene Verbindungen** zu öffnen.

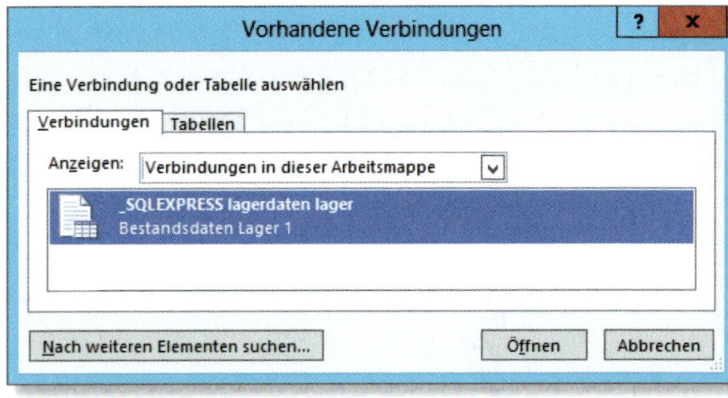

Abbildung 19.24 *Die ausgewählte Verbindung kann sofort geöffnet werden.*

Anschließend wird sofort der Dialog **Daten importieren** angeboten.

> **TIPP**
>
> **Die weite Welt der Datenbanken**
> Excel unterstützt nicht nur den Zugang zu SQL Servern von Microsoft. Sofern Sie über die notwendigen Verbindungsdaten verfügen, können Sie Verbindungen zu allen in den letzten Jahren am Markt maßgeblichen Datenbanken aufbauen.

19.3 XML-Dateien abfragen

In wachsendem Maße werden heute Massendaten nicht nur in Datenbanken gespeichert, sondern auch in XML-Dokumenten. Manchmal werden mithilfe spezieller Felder auch XML-Dokumente innerhalb von Datenbanken gespeichert. Excel stellt mehrere Funktionen für den Umgang mit XML-Daten zur Verfügung.

Die einfache Variante soll an dieser Stelle beschrieben werden, die komplexere Variante ist Thema in Kapitel 21, »Daten im Web darstellen«, ab Seite 749.

Vorhandene XML-Dateien können Sie auf einfache Weise in ein Arbeitsblatt einlesen. Wir nehmen als Beispiel ein XML-Dokument, das Daten über Kurse und eine kurze Liste der Referenten enthält. Hier ein Auszug:

```
<?xml version="1.0" encoding="ISO-8859-1"?>
<kursprogramm>
  <kurs>
    <bezeichnung>XML-Grundlagen
    </bezeichnung>
    <dauer>2 Tage</dauer>
    <referent>Hans Fromm</referent>
    <termin>12.11.2010</termin>
    <beschreibung>Einführungsseminar für
Programmierer</beschreibung>
  </kurs>
  <kurs>
    <bezeichnung>XML-Praxis</bezeichnung>
    <dauer>3 Tage</dauer>
    <referent>Hans Fromm</referent>
    <termin>12.12.2010</termin>
    <beschreibung>Einführungsseminar für
    Programmierer</beschreibung>
  </kurs>
...
  <referent name="Bodo Klare">
    <fon>766684</fon>
  </referent>
  <referent name="Hanna Horn">
    <fon>676689</fon>
  </referent>
...
</kursprogramm>
```

∧ ***Listing 19.1*** *Auszug aus einem XML-Dokument mit Kursdaten*

Die Frage ist, wie Excel diese Datenstruktur im Tabellenblatt ablegt. Zunächst das Verfahren:

1 Benutzen Sie die Schaltfläche **Aus anderen Quellen** und die Option **Aus XML-Datenimport**.

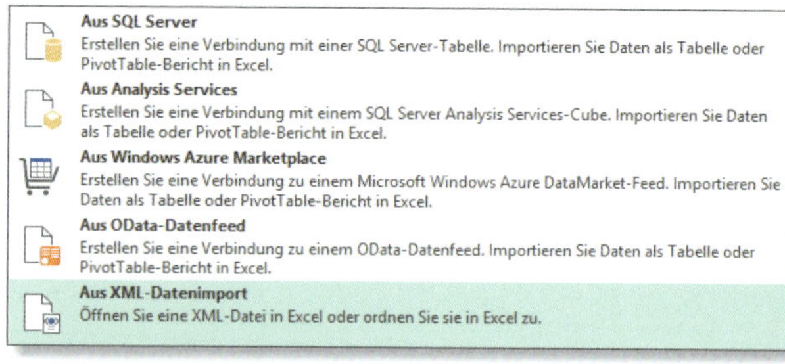

∧ ***Abbildung 19.25*** *Die Option für den Import von XML-Daten in eine Excel-Tabelle*

2 Wählen Sie die XML-Datei im Dialog aus, der Datentyp **XML-Daten** ist dabei schon voreingestellt.

3 Wenn Sie die Auswahl bestätigen, bringt Excel eventuell noch einen Hinweis, dass sich die angegebene XML-Quelle nicht auf ein Schema bezieht und das Programm deshalb ein Schema auf der Basis der Quelldaten generieren wird.

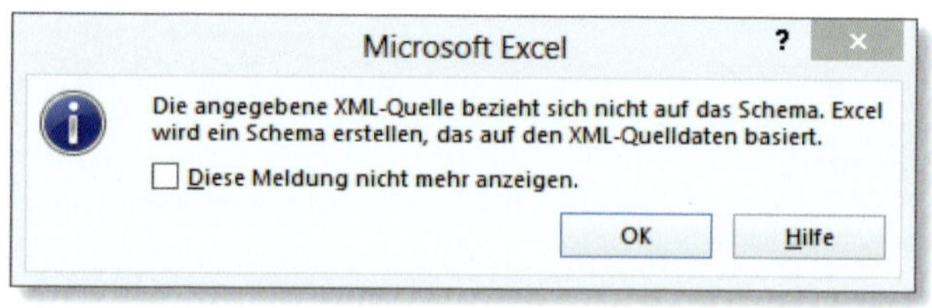

∧ ***Abbildung 19.26*** *Hinweis auf ein fehlendes Schema*

4 Anschließend geben Sie an, wo und wie die Daten abzulegen sind.

∧ ***Abbildung 19.27*** *Import von XML-Daten in ein Tabellenblatt*

5 Mit der ersten Option **XML-Tabelle in vorhandenem Arbeitsblatt** sorgen Sie dafür, dass die XML-Daten in Form einer XML-Tabelle an die angegebene Stelle eingefügt werden.

In diesem Fall werden die Daten automatisch in Form eines Tabellenbereichs ausgegeben, und es wird eine Verknüpfung zwischen diesem Bereich und der XML-Quelle hergestellt, die als *XML-Zuordnung* bezeichnet wird.

Die Tabelle in Abbildung 19.28 zeigt als Spaltenbeschriftungen immer nur die untersten Elemente des XML-Dokuments an, die Namen der übergeordneten Elemente wie `kursprogramm` oder `kurs` erscheinen nicht in der Tabelle. Die Daten zu den Kursen und zu den Referenten erscheinen in der Tabelle in einer versetzten Anordnung.

Auf diese Weise versucht Excel, die mehrstufige Hierarchie der Elemente aus dem XML-Dokument in eine zweidimensionale Tabellenstruktur zu pressen, etwas gewaltsam, wie Sie sehen können. Dennoch wird es in vielen Fällen nicht ohne Nutzen sein, XML-Daten in dieser Weise in eine Excel-Tabelle zu übernehmen.

Das Kontextmenü der Tabelle bietet einen zusätzlichen Befehl **XML** an, über dessen Untermenü Sie mit dem Befehl **XML-Quelle** den entsprechenden Aufgabenbereich einblenden.

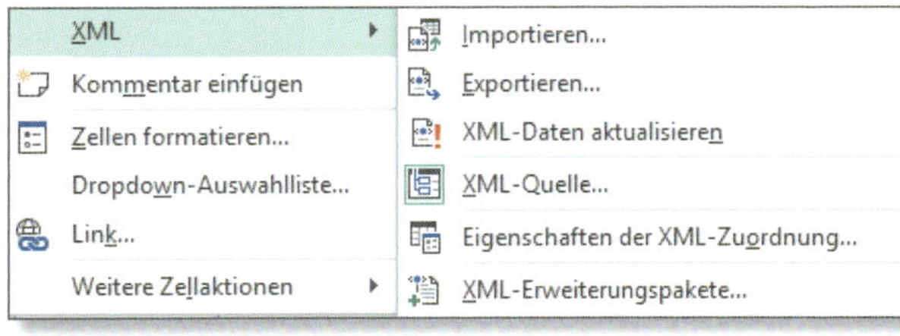

Abbildung 19.29 *Im Kontextmenü eines XML-Bereichs finden Sie spezielle Befehle unter »XML«.*

Über die Schaltfläche **Eigenschaften** in der Gruppe **Daten > Verbindungen** können Sie auch schon vor dem Import einige Festlegungen treffen, wie Excel im Detail verfahren soll.

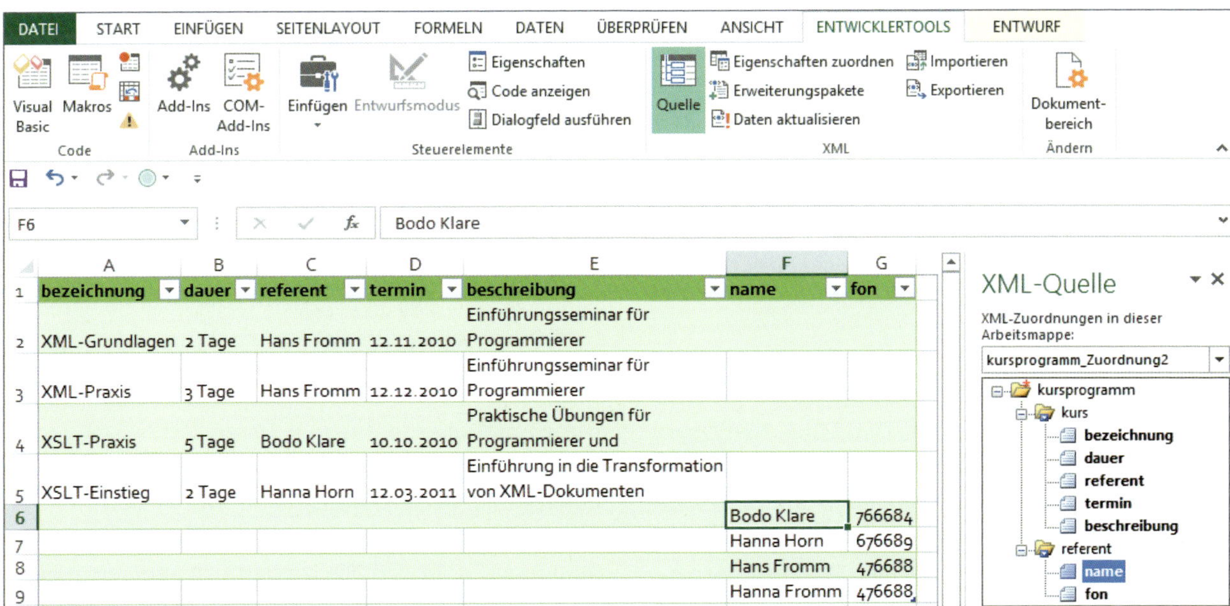

Abbildung 19.28 *XML-Daten und der Aufgabenbereich »XML-Quelle«*

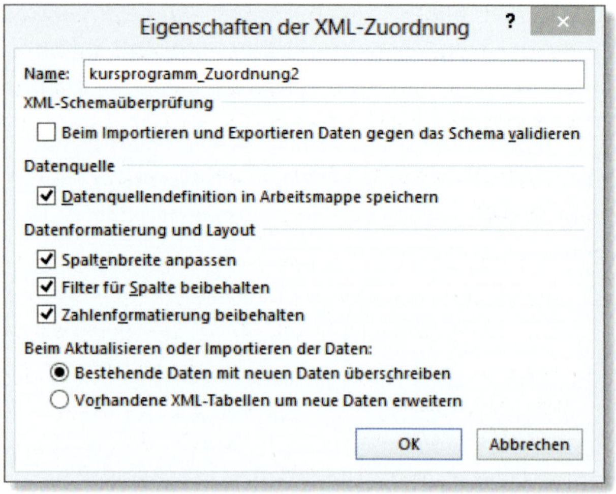

Abbildung 19.30 *Die Details zum Datenimport können Sie in diesem Dialog festlegen.*

Wenn Sie dagegen im Dialog **Daten importieren** die Optionen **Bestehendes Arbeitsblatt** oder **Neues Arbeitsblatt** verwenden, wird kein XML-Bereich, sondern ein Datenbereich für externe Daten angelegt. Über den Daten werden dabei als Spaltenbeschriftung XPath-Ausdrücke erzeugt, die verwendet werden, um die Daten für die Spalte in der XML-Datei zu finden.

	A	B	C
1	/kursprogramm		
2	/kurs/beschreibung	/kurs/bezeichnung	/kurs/dauer
3	Einführungsseminar	XML-Grundlagen	2 Tage
4	Einführungsseminar	XML-Praxis	3 Tage
5	Praktische Übunger	XSLT-Praxis	5 Tage
6	Einführung in die Tr	XSLT-Einstieg	2 Tage

Abbildung 19.31 *XML-Daten als Datenbereich für externe Daten mit XPath-Ausdrücken als Spaltenüberschriften*

Das entspricht ungefähr dem, was Excel mit XML-Daten macht, wenn Sie eine XML-Datei über den Dialog **Öffnen** einlesen und dabei die Option **Als eine schreibgeschützte Arbeitsmappe** verwenden, wie es in Kapitel 21, »Daten im Web darstellen«, ab Seite 749 noch beschrieben wird. Der Unterschied ist aber, dass die schreibgeschützte Arbeitsmappe keine Verbindung mehr zur XML-Quelle hat.

19.4 Tabellen aus dem Internet auswerten

Eine attraktive Form, externe Daten für die weitere Auswertung in Excel zu übernehmen, sind Webabfragen. Ein Dialogfeld mit eingebauten Browserfunktionen erlaubt Ihnen, tabellarische Daten aus Webseiten ohne Aufwand in eine Arbeitsmappe zu importieren. Dabei entsteht eine feste Verbindung zu der Datenquelle im Web, die immer wieder aktualisiert werden kann.

In Excel 2013 steht ein gezielter Zugriff auf Daten im Internet zur Verfügung, wenn diese in tabellarischer Form vorliegen, beispielsweise Preislisten, Devisen- oder Kurstabellen. Dabei werden definierte Abfragen benutzt, die auch als separate Dateien im Format *IQV* zur Wiederverwendung gespeichert werden können.

Wenn die Webseite es zulässt, können Sie diese Abfragen auch dynamisch über Parameter steuern, um gezielt die benötigten Daten heranzuziehen. Typisches Beispiel ist die Abfrage von Aktienkursen, wobei Sie nur das Ticker-Symbol eingeben müssen.

Bei diesen Abfragen wird das Browserfenster nicht eingeblendet. Die Daten werden direkt auf das aktuelle Blatt in der aktiven Arbeitsmappe übertragen. Sie können mit den übernommenen Daten sofort arbeiten. Sinnvoll sind solche Webabfragen insbesondere, wenn Sie mit den gezogenen Daten eigene Auswertungen vornehmen wollen, ansonsten würde es ja reichen, einfach direkt im Internet nachzusehen.

Die einmal übernommenen Daten lassen sich jederzeit aktualisieren. Excel bringt einige Abfragedateien bereits mit, beispielsweise eine Wechselkursabfrage über MSN Money. Sie sind im Dialog **Vorhandene Verbindungen** zu finden. Sie können sich aber leicht eigene Abfragen einrichten.

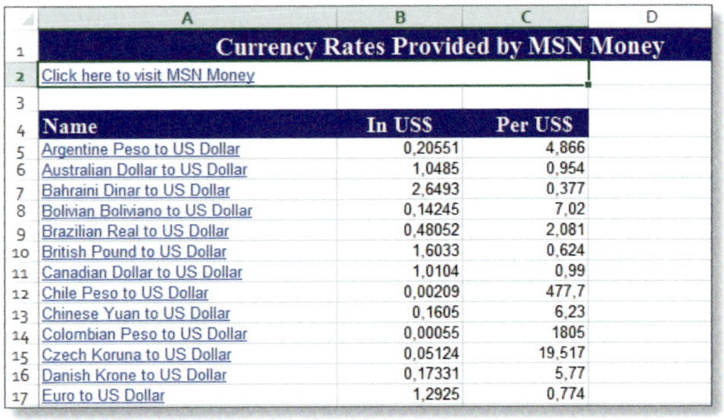

^ ***Abbildung 19.32*** *Wechselkursabfrage über MSN Money*

DAX-Kurse online ins Tabellenblatt holen

Als Beispiel wollen wir Ihnen zeigen, wie Sie die DAX-30-Kurse, die Yahoo! auf seiner Finanz-Site regelmäßig anbietet, in ein Tabellenblatt übernehmen können. Wir nehmen einmal an, dass sich einige dieser Werte in Ihrem Depot befinden. Excel soll auf der Basis dieser Werte den aktuellen Wert des Depots jeweils neu berechnen. Die Schritte zu einer solchen Lösung sind folgende:

1. Um die aktuellen DAX-30-Kurse zur weiteren Analyse in ein Tabellenblatt zu holen, aktivieren Sie zunächst das Blatt in der Arbeitsmappe, das Sie dafür benutzen wollen. Es ist durchaus möglich, mehrere Webabfragen auf einem Tabellenblatt unterzubringen, solange sich die Bereiche nicht überschneiden.
2. Wählen Sie **Daten > Externe Daten abrufen > Aus dem Web**.
3. Wenn *de.finance.yahoo.com* nicht gerade Ihre Startseite ist, geben Sie die Webadresse in das erste Feld ein und bestätigen mit **OK**. Es ist übrigens meist ganz praktisch, die gewünschte Seite zunächst im Browser zu lokalisieren, die Adresse mit Kopieren oder Strg + C in die Zwischenablage und dann hier in das Adressfeld mit **Einfügen** oder Strg + V zu übernehmen.
4. Das Dialogfeld zeigt die Webseite ähnlich wie im Browser an, wie Abbildung 19.33 zeigt. Sie können sich in diesem Fall über die angebotenen Links unter **Kurse und Märkte** und **Indizes** bis zu der Tabelle durcharbeiten, die die DAX-30-Kurse auflistet.
5. Auf der Webseite werden alle tabellarischen Elemente, die für eine Übernahme in das Arbeitsblatt verwendbar sind, mit kleinen Pfeilen auf gelbem Grund ❶ gekennzeichnet.

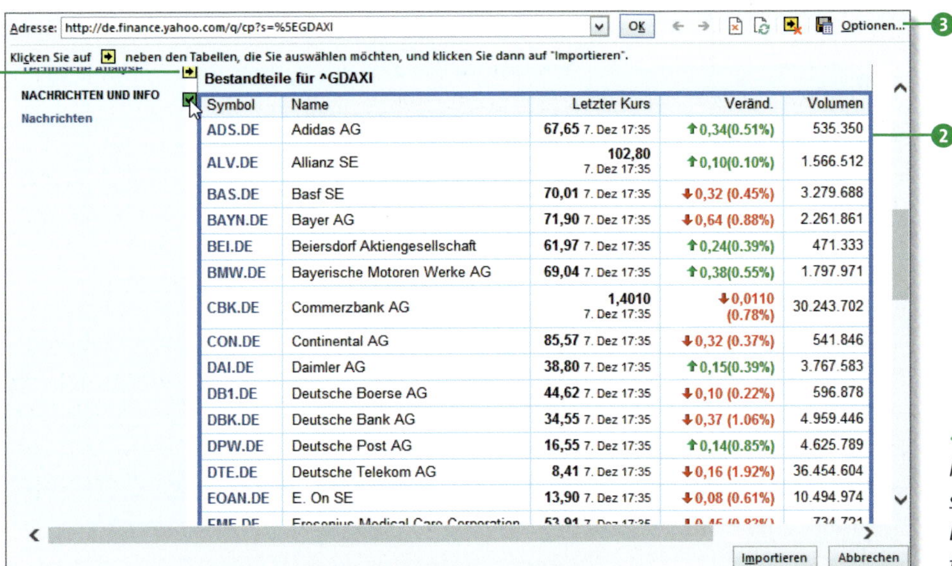

< ***Abbildung 19.33*** *Der Dialog »Neue Webabfrage« stellt Ihnen integrierte Browserfunktionen zur Verfügung.*

6 Wenn Sie den Pfeil berühren, wird der Hintergrund grün, und die Tabelle erhält vorübergehend einen blauen Rahmen ❷.

7 Benutzen Sie den Pfeil zu der DAX-Liste, um sie auszuwählen, der eingefärbte Pfeil verwandelt sich in ein Häkchen.

8 Über die Schaltfläche **Optionen** ❸ können Sie vorweg noch die Formatierung festlegen, in der die Daten übernommen werden sollen. Wenn Sie **Volle HTML-Formatierung** oder **Nur Rich-Text-Formatierung** wählen, werden auch die Textfarben übernommen.

9 Wenn auf der Webseite Daten in <PRE>-Tags eingeschlossen sind, können Sie noch wählen, wie sich Excel beim Import verhalten soll. Solche vorformatierten Bereiche werden mit der Option **<PRE>-Bereiche nach Spalten importieren** auf verschiedene Spalten verteilt. Zusätzlich können Sie noch angeben, dass mehrere Trennzeichen als ein Zeichen behandelt werden, damit keine überflüssigen Spalten verwendet werden.

10 Wenn Sie die Datumserkennung nicht deaktivieren, kann Excel einen Wert wie *05-03* in der Tabelle korrekt als *5. März* ablegen. Außerdem kann noch die Umleitung einer Webabfrage zu einer anderen Datenquelle verhindert werden.

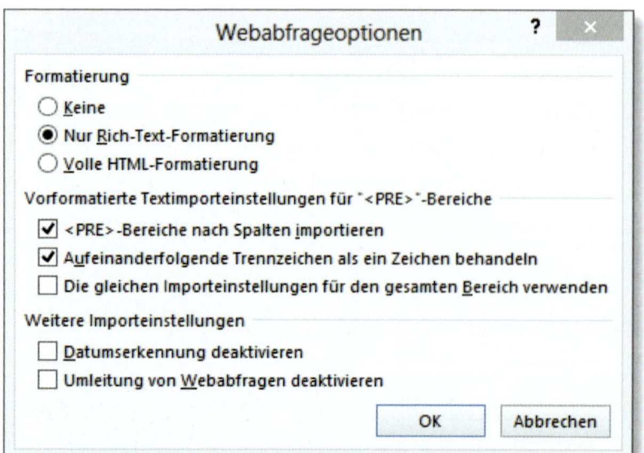

Abbildung 19.34 *Spezielle Optionen zum Import von Daten aus einer Tabelle im Web*

11 Mit der Schaltfläche **Abfrage speichern** können Sie die im Dialogfeld vorgenommenen Einstellungen in einer separaten IQY-Abfragedatei sichern. Sie müssen dazu nur einen entsprechenden Namen vergeben. Excel schlägt automatisch den Ordner für Webabfragen vor.

12 Die Schaltfläche **Importieren** startet die Übertragung der Daten in das aktuelle Arbeitsblatt.

13 Es folgt die aus den vorhergehenden Abschnitten ja schon bekannte Abfrage, wohin die Daten aus dem Web eingefügt werden sollen, an eine bestimmte Stelle des aktuellen Arbeitsblatts oder auf ein neues Blatt.

14 Über die Schaltfläche **Eigenschaften** lassen sich auch in diesem Fall die Eigenschaften des Datenbereichs definieren. Bestimmen Sie, in welchem Turnus die Kursdaten aktualisiert werden sollen.

15 Nach der Bestätigung werden die Daten aus der ausgewählten Tabelle in das Arbeitsblatt übertragen, und zwar in dem von Ihnen gewählten Format, wie Abbildung 19.35 zeigt.

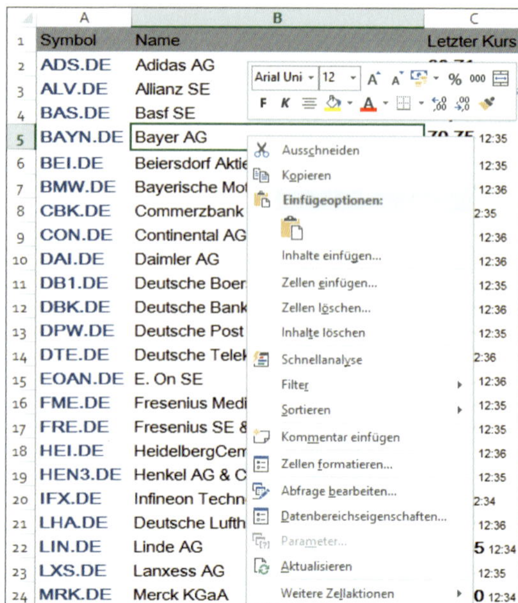

Abbildung 19.35 *Der Bereich mit den von der Yahoo!-Site importierten Daten und das Kontextmenü dazu*

Das Kontextmenü des importierten Datenbereichs zeigt, dass es sich auch hier nicht um einen gewöhnlichen Zellbereich handelt, sondern um einen Datenbereich wie beim Import aus Datenbanken.

Fragile Verbindung

Die Verbindung bei einer Webabfrage wird über die Webadresse der Seite hergestellt, von der Sie die Informationen beziehen. Zwangsläufig ergibt sich daraus allerdings auch, dass die Zuverlässigkeit der Verbindung nicht garantiert sein muss. Sie hängt davon ab, dass der Betreiber der Seite an der Adresse nichts ändert bzw. an der Position oder der Darstellung der Daten auf seiner Site. (Unsere DAX-Abfrage musste beispielsweise leicht angepasst werden, weil Yahoo! die Tabelle inzwischen etwas anders aufbereitet hat.)

Es kommt also vor, dass solche Verbindungen *brechen* und eine Aktualisierung der Daten nach einiger Zeit vielleicht nicht mehr möglich ist. Excel reagiert in diesem Fall mit der Fehlermeldung »Die Webabfrage hat keine Daten zurückgegeben ...« und schlägt vor, die Definition der Abfrage zu überarbeiten.

TIPP

Abfragen wiederverwendbar machen
Wenn Sie die Abfrage nicht als IQY-Datei speichern, bleibt die Abfragedefinition zwar in der Arbeitsmappe gespeichert, kann dann aber nicht für andere Arbeitsmappen verwendet werden. Deshalb lohnt sich meist die separate Speicherung der Abfrage.

Wenn Sie die Abfragedefinition nachträglich korrigieren wollen, benutzen Sie im Kontextmenü des Datenbereichs den Befehl **Abfrage bearbeiten**, und Sie erhalten wieder das Dialogfeld mit der zugehörigen Webseite.

Berechnen des Depotwerts

Mit den übernommenen Kurswerten ist es nun nicht schwer, jedes Mal den aktuellen Wert eines Depots, das Aktien aus dem DAX enthält, zu berechnen, wie in Abbildung 19.36 zu sehen ist.

1 Legen Sie dazu rechts neben der DAX-Tabelle eine separate Tabelle mit den DAX-Werten an, die sich im Depot befinden. Tragen Sie in die erste Spalte das Ticker-Symbol der Papiere ein.

2 Die zweite Spalte benötigt die Stückzahlen der einzelnen Papiere.

3 Für die dritte Spalte wird jeweils mit der Funktion *SVERWEIS()* der aktuelle Kurs für das betreffende Ticker-Symbol übernommen. Die Formel für Zelle I2 lautet dann:

```
=WERT(LINKS(SVERWEIS(G2;$A$2:$E$31;3;0);
SUCHEN(SVERWEIS(G2;$A$2:$E$31;3;0)))
```

4 Die Formel holt aus dem Bereich der DAX-Werte, der absolut gesetzt ist, um die Formel kopieren zu können, über das Ticker-Symbol jeweils den letzten Kurs. Wichtig ist, dass der letzte Parameter *0* ist, damit die Spalte der Ticker-Symbole auch dann ausgewertet werden kann, wenn die Daten nicht aufsteigend sortiert sind, was hier der Fall ist. Die

	B	C	D	E	F	G	H	I	J
1	Name	Letzter Kurs	Veränd.	Volumen		WKN	Stückzahl	Kurs	Wert
2	Adidas AG	67,65 7. Dez 17:35	Up 0,34 (0,51%)	535.350		BMW.DE	100	69,04 €	6.904,00 €
3	Allianz SE	102,80 7. Dez 17:35	Up 0,10 (0,10%)	1.566.512		RWE.DE	200	31,54 €	6.308,00 €
4	Basf SE	70,01 7. Dez 17:35	Down 0,32 (0,45%)	3.279.688		LHA.DE	150	13,30 €	1.995,00 €
5	Bayer AG	71,90 7. Dez 17:35	Down 0,64 (0,88%)	2.261.861					15.207,00 €
6	Beiersdorf Aktienges	61,97 7. Dez 17:35	Up 0,24 (0,39%)	471.333					
7	Bayerische Motoren	69,04 7. Dez 17:35	Up 0,38 (0,55%)	1.797.971					

Abbildung 19.36 Auswertung der übernommenen Daten für ein Depot mit einigen DAX-Werten

Formel muss gleichzeitig den linken Teil des gefundenen Werts abtrennen, um den Kurswert von der Datums- und Zeitangabe zu trennen. Dazu wird die Leerstelle zwischen Kurs und Datum gesucht.

5 In der vierten Spalte J werden die Stückzahlen aus Spalte H einfach mit dem aktuellen Kurswert multipliziert.

6 Fehlt nur noch eine Summenformel am Ende der Tabelle, um die Kurswerte zum Depotwert zusammenzufassen.

Jedes Mal, wenn Sie die Kurse neu in die Tabelle einlesen lassen, wird sofort der Depotwert aktualisiert. Manuell geht das wie auch bei den anderen beschriebenen Datenimporten mit **Daten > Verbindungen > Alle aktualisieren > Aktualisieren** oder über das Kontextmenü des Datenbereichs ebenfalls mit **Aktualisieren**. `Alt` + `F5` für die Freundinnen und Freunde von Tastenkombinationen geht auch.

Wenn Sie den Vorgang automatisieren wollen, öffnen Sie über das Kontextmenü den Dialog **Eigenschaften des externen Datenbereiches** und legen ein entsprechendes Intervall unter **Aktualisieren alle xxx Minuten** fest. Der Dialog entspricht dem Dialog für die anderen Datenimporte, allerdings stehen einige Optionen zu Datenformatierung und Layout nicht zur Verfügung.

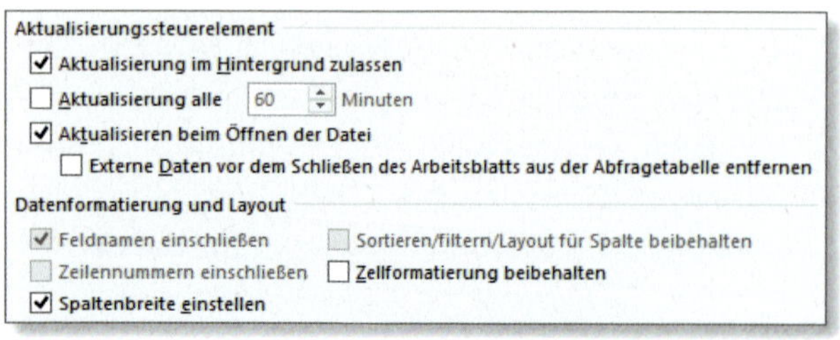

Abbildung 19.37 *Auszug aus dem Dialog »Eigenschaften des externen Datenbereiches«*

Wiederverwendung einer Webabfrage

Ist eine Abfragedefinition auch als Datei gespeichert, kann sie jederzeit in einer beliebigen Arbeitsmappe benutzt werden. In diesem Fall verwenden Sie den Befehl **Daten > Externe Daten abrufen > Vorhandene Verbindungen** und wählen dort die gewünschte IQY-Datei. Mit der Schaltfläche **Öffnen** wird die Übernahme der Daten aus dem Web gestartet.

Abbildung 19.38 zeigt den Inhalt der IQY-Datei für die oben beschriebene Abfrage. Die Datei kann mit jedem Texteditor auch manuell bearbeitet werden.

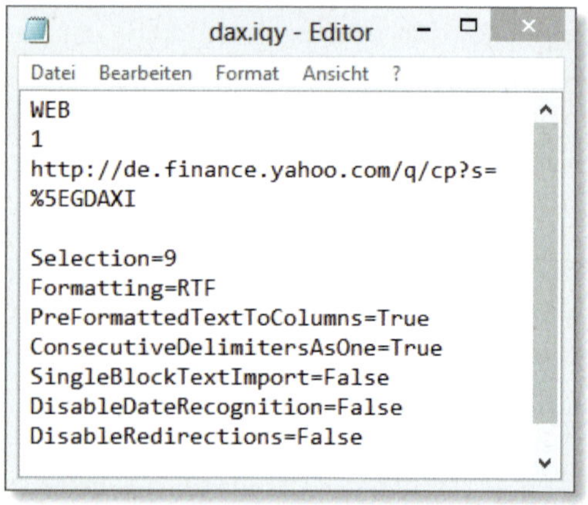

Abbildung 19.38 *Inhalt der Abfragedatei*

Teil VII

Datenaustausch und Teamwork

Kapitel 20
Daten austauschen

Das Mühsamste an der Arbeit mit Office-Programmen ist in der Regel die Eingabe der Daten. Werden Ihre Daten auch an anderer Stelle benötigt, ist es sehr erfreulich, wenn die einmal erfassten Daten ohne Umstände weitergegeben werden können. Wie das geht, ist Thema dieses Kapitels.

In diesem Kapitel behandeln wir zunächst Austauschmethoden zwischen verschiedenen Dokumenten und Anwendungen, die sich auf Teile von Dokumenten oder auf einzelne Objekte in Dokumenten beziehen. Das reicht von der einfachen Kopie markierter Datenbereiche bis zu eingebetteten oder verknüpften Objekten.

Anschließend geht es um den Austausch kompletter Dateien mit Anwendern, die entweder noch mit älteren Versionen von Excel arbeiten oder ganz andere Programme für ihre Arbeit verwenden.

20.1 Tausch über die Zwischenablage

Eine einfache Möglichkeit, Daten zwischen verschiedenen Anwendungen auszutauschen, ist die Zwischenablage. *Einfach* bezieht sich in diesem Fall darauf, dass hier tatsächlich nur einmalig bestimmte Daten oder Objekte übertragen werden und dass anschließend auch keine Verbindung mehr zwischen dem Zieldokument und dem Quelldokument besteht.

Die Daten werden dabei entweder aus der Quelldatei ausgeschnitten, also entfernt, und landen in der Zieldatei, oder die Daten in der Quelldatei bleiben unberührt, die Zieldatei wird nur einmalig mit einer Kopie versorgt – und damit ist der Datenaustausch auch schon abgeschlossen.

Auf die praktische Zwischenspeicherung von mehreren Datenelementen gleichzeitig über die Office-Zwischenablage, die die Windows-Zwischenablage ergänzt, sind wir schon in Kapitel 2, »Kalkulationstabellen aufbauen«, ab Seite 172 eingegangen. Sie kann natürlich insbesondere auch für den Austausch mit den anderen Office-Programmen genutzt werden.

Im Unterschied zum Import oder Export kompletter Dateien setzt der Austausch über die Zwischenablage immer voraus, dass im Moment des Austauschs beide Anwendungen auf dem PC installiert sind. Der Nutzen liegt dabei auch darin, dass Sie in einem Dokument Informationen und Medien unterschiedlicher Art miteinander mischen können, etwa Tabellen mit Illustrationen und Bildsequenzen oder Texte mit Diagrammen und Tabellen.

Einsatzmöglichkeiten

In vielen Fällen ist der einfache Datenaustausch von Inhalten über die Zwischenablage vollkommen ausreichend. Dies gilt insbesondere, wenn eine oder mehrere der folgenden Bedingungen erfüllt sind:

- Die übertragenen Daten werden nur einmal benötigt.
- Die Daten werden sich voraussichtlich nicht mehr ändern.
- Selbst wenn die Originaldaten sich ändern, muss die Kopie nicht geändert werden.

Nehmen Sie als Beispiel etwa eine mit einem Grafikprogramm gezeichnete Skizze, die einer Tabelle beigefügt wird, in der ein Angebot für einen Kunden kalkuliert wird. Wenn nicht zu erwarten ist, dass das Angebot später noch überarbeitet werden muss, wäre beispielsweise eine Verknüpfung von Tabelle und Skizze nicht erforderlich.

Word übernimmt Daten von Excel

Wir wollen den Austausch über die Zwischenablage zunächst am Beispiel von Excel und Word etwas genauer behandeln. Das Tauschgeschäft kann hier natürlich in beide Richtungen betrieben werden.

Eine Tabelle oder ein Diagramm aus einer Arbeitsmappe kann in einen Text in Word versetzt oder kopiert, eine mit Word verfasste Liste in das Tabellenblatt einer Arbeitsmappe übernommen werden.

	A	B	C	D
1				
2	Produktionsplan Woche 21			
3				
4		Produkt A	Produkt B	Produkt C
5	Montag	100	100	60
6	Dienstag	50	60	70
7	Mittwoch	80	90	60
8	Donnerstag	80	90	60
9	Freitag	80	90	60

^ ***Abbildung 20.1*** *Die Quelltabelle in Excel, die später nach Word übertragen werden soll*

Daten über die Zwischenablage exportieren

Nehmen Sie zunächst den ersten Fall. Ein kleiner Produktionsplan für eine Woche aus einer Excel-Arbeitsmappe soll direkt in ein Word-Dokument übernommen werden. Die notwendigen Schritte sind folgende:

1. Öffnen Sie in Excel die Datei, aus der die Tabelle übertragen werden soll.
2. Markieren Sie den entsprechenden Tabellenbereich.
3. Verwenden Sie den Befehl **Start > Zwischenablage > Kopieren**.
4. Sind Word und das Dokument, in das die Tabelle eingefügt werden soll, geöffnet, können Sie mit der Schaltfläche für Word in der Taskleiste hinüberwechseln.
5. Markieren Sie in dem Word-Dokument die Stelle, an die die Tabelle im Text eingefügt werden soll.
6. Benutzen Sie nun den Befehl **Start > Zwischenablage > Einfügen**. Die Tabelle wird aus der Zwischenablage an die markierte Stelle kopiert. Abbildung 20.2 zeigt die Tabelle im Word-Fenster.

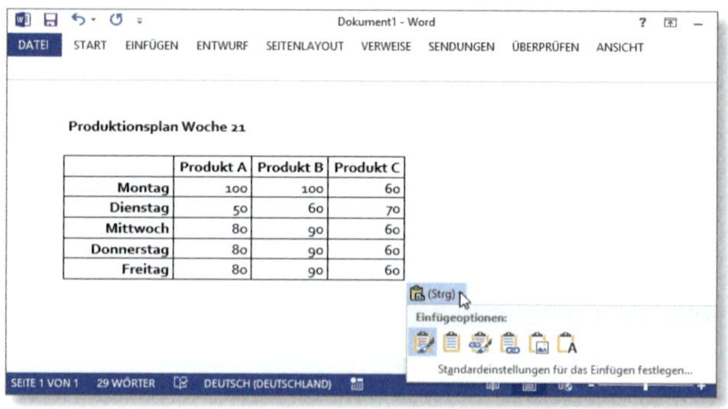

^ ***Abbildung 20.2*** *Die in Excel erstellte Tabelle kann in Word so eingefügt werden, dass die Formate erhalten bleiben.*

7. Nach dem Einfügen in das Textdokument bleiben die in Excel markierten Daten immer noch durch einen Laufrahmen gekennzeichnet. Mit [Esc] können Sie diesen Zustand in Excel beenden, wenn Sie später wieder zu Excel zurückwechseln.

Wie Sie an Abbildung 20.2 sehen können, ist die Tabellenstruktur in Word erhalten geblieben, auch die Formatierung der Texte und Zahlen ist mit übertragen worden. Word blendet unten rechts die Schaltfläche **Einfügeoptionen** ein. Wenn Sie das Menü per Klick oder Tipp öffnen, haben Sie z. B. die Möglichkeit, mit der Schaltfläche **Zielformatvorlagen verwenden** die Formatierung aus Excel durch die vorgegebene Tabellenformatierung von Word zu ersetzen.

Die Arbeitsweise der Zwischenablage

Das Beispiel zeigt schon, dass die Zwischenablage mehr als ein passiver Zwischenspeicher ist. Die Daten werden nicht beliebig hin und her geschoben. Bevor die Daten in eine andere Anwendung eingefügt werden, prüft das Programm, welches die günstigste Form dafür ist. Es ist immer das Format, mit dem die Zielanwendung am besten umgehen kann.

Bei dem gerade beschriebenen Beispiel ist es so, dass Word selbst über die Fähigkeit verfügt, Tabellen aufzubauen. Deshalb werden die Daten aus Excel, wenn Sie nicht ausdrücklich etwas anderes bestimmen, auch in Form einer Tabelle eingefügt. Verwendet wird dabei seit Excel 2000 als Vorgabe das HTML-Format.

Wollen Sie die Daten in einem anderen Format übernehmen als demjenigen, das die Zielanwendung automatisch für die angebotenen Daten verwendet, können Sie jetzt entweder wie angesprochen das Menü der Schaltfläche mit den **Einfügeoptionen** nutzen, oder Sie benutzen aus dem Menü der Schaltfläche **Einfügen** den Befehl **Inhalte einfügen**. Hier können Sie zwischen verschiedenen Formaten und Formen des Datenaustauschs wählen.

In Word kann übrigens die Vorgabe eingestellt werden, mit der Kopien aus anderen Anwendungen übernommen werden. Dies geschieht im Dialog **Word-Optionen** unter **Erweitert** in dem Abschnitt **Ausschneiden, Kopieren und Einfügen** unter **Einfügen aus anderen Programmen**.

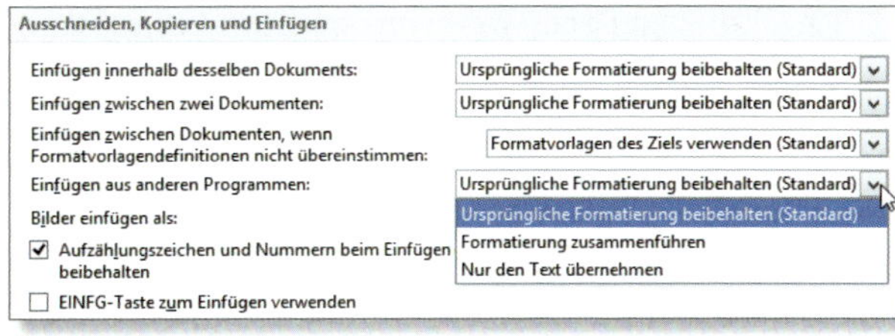

∧ ***Abbildung 20.3** Einstellungen zum Ausschneiden, Kopieren und Einfügen in Word*

Übernahme von Textpassagen aus Word

Wollen Sie Textpassagen aus einem Word-Dokument in eine Excel-Arbeitsmappe übernehmen, hängt das Ergebnis davon ab, was gerade in der Arbeitsmappe ausgewählt ist. Es kann z. B. durchaus sinnvoll sein, eine längere, komplizierte technische Bezeichnung aus einem geöffneten Word-Dokument direkt an eine bestimmte Stelle in der Bearbeitungsleiste oder in die zum Bearbeiten per F2 geöffnete Zelle zu übernehmen.

Wird Text dagegen direkt in eine markierte Zelle eingefügt, überschreibt der eingefügte Text den bisherigen Inhalt der Zelle. Der eingefügte Text behält als Vorgabe die Formatierung bei, die von Word mitgegeben worden ist. Das kann natürlich auch für eine ganze Spalte geschehen, wie Abbildung 20.4 zeigt.

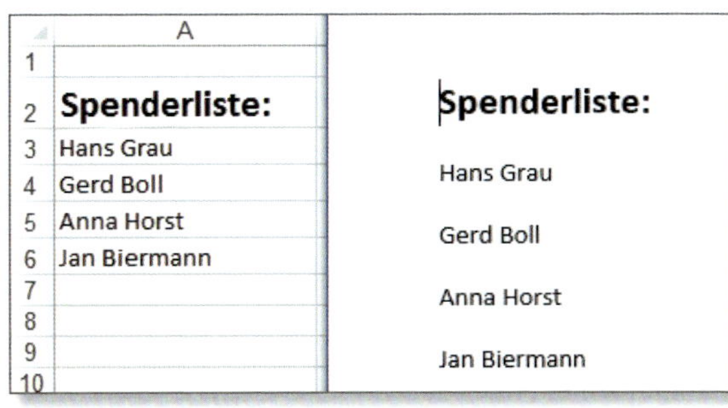

∧ ***Abbildung 20.4** Liste aus Word in Excel*

Wird Fließtext aus Word auf diese Weise über die Zwischenablage übernommen, liefert ein Absatz im Fließtext jeweils den Inhalt für eine Zelle in einer Spalte.

Da Excel 2013 pro Zelle Tausende von Zeichen zulässt, ist es überhaupt kein Problem, auch umfangreiche Texte auf ein Tabellenblatt zu kopieren.

Anschließend sollten Sie dann allerdings für die Zellen den Zeilenumbruch einschalten und eine entsprechende Spaltenbreite wählen. Abbildung 20.5 zeigt ein Beispiel, in dem ein Auszug aus einem Text mit mehreren Abschnitten in einen Zellbereich übernommen worden ist.

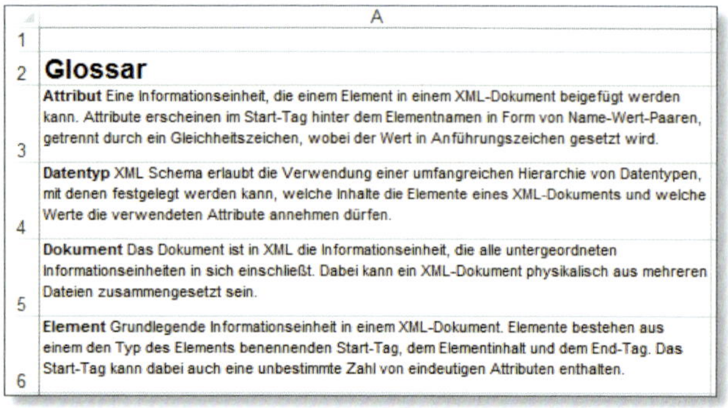

Abbildung 20.5 *Textabschnitte aus Word, verteilt auf mehrere Zellen einer Spalte*

20.2 Dateien dynamisch verknüpfen

Die einmalige Übernahme von Informationen aus einer Anwendung in die andere ist dann keine ausreichende Lösung, wenn es darauf ankommt, dass der Informationsstand zu einem bestimmten Sachverhalt in beiden Anwendungen immer gleich ist. Übernimmt etwa eine Tabelle in Excel eine bestimmte Liste von Produktbezeichnungen aus einem in Word erstellten Katalog, ist es in der Regel wünschenswert, wenn spätere Änderungen in dem Katalog automatisch auch in der Excel-Tabelle erscheinen. Das ist der Punkt, an dem Verknüpfungen ins Spiel kommen sollten.

Obwohl Sie eine solche Verknüpfung über die Zwischenablage herstellen können, erfolgt die spätere Aktualisierung der Daten von der Quelle in Richtung Zieldatei unabhängig von der Zwischenablage. Dazu wird jeweils ein direkter Kanal zwischen einem bestimmten Element des Quelldokuments und dem entsprechenden Element des Zieldokuments geöffnet, über den die Daten ausgetauscht werden.

Verknüpfung zwischen Tabelle und Text

Wie lässt sich eine solche dynamische Übernahme von Produktbezeichnungen realisieren? Wir gehen einmal davon aus, dass eine Liste mit Bezeichnungen bereits in einem Word-Dokument abgelegt ist.

1. Zunächst markieren Sie die Bezeichnungen in dem Word-Dokument und kopieren sie innerhalb der Word-Anwendung in die Zwischenablage.
2. Anschließend wechseln Sie in der Excel-Arbeitsmappe auf das Blatt, das die Bezeichnungen übernehmen soll.
3. Markieren Sie die erste Zelle des Bereichs, der die Daten aufnehmen soll.
4. Diesmal benutzen Sie zum Einfügen über das Kontextmenü den Befehl **Inhalte einfügen**. Im Dialogfeld wählen Sie zunächst die Option **Verknüpfen** und unter **Als** die Option **Text**.

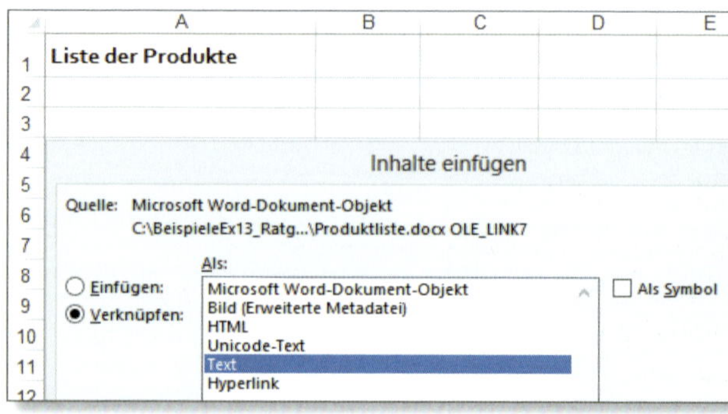

Abbildung 20.6 *Wählen Sie im Dialog »Inhalte einfügen« den Typ der Verknüpfung.*

5. Wenn Sie den Befehl bestätigen, fügt Excel die Daten ein. In der Bearbeitungsleiste finden Sie für jede Zelle dieselbe Matrixformel, mit der die Verknüpfung hergestellt wird.

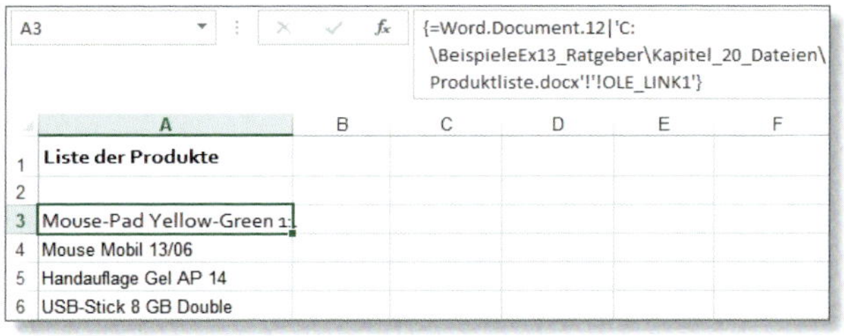

Abbildung 20.7 *Die einzelnen Zellen sind über Verknüpfungsformeln mit den Textelementen in Word verknüpft.*

Ist die Verknüpfung hergestellt, werden die Daten in der Excel-Tabelle jedes Mal angepasst, wenn sie in dem Word-Dokument geändert werden.

Steuerung der Aktualisierung

Ob die Änderungen einer Quelldatei sofort in der Excel-Tabelle angezeigt werden, hängt davon ab, ob Sie die automatische oder die manuelle Aktualisierung einschalten. Dies geschieht in dem Dialogfeld des Befehls **Verknüpfungen bearbeiten**, mit dem Sie alle Verknüpfungen einer Arbeitsmappe verwalten. Der Befehl wird in der Gruppe **Daten > Verbindungen** nur angeboten, wenn in der Arbeitsmappe auch tatsächlich Verknüpfungen vorkommen.

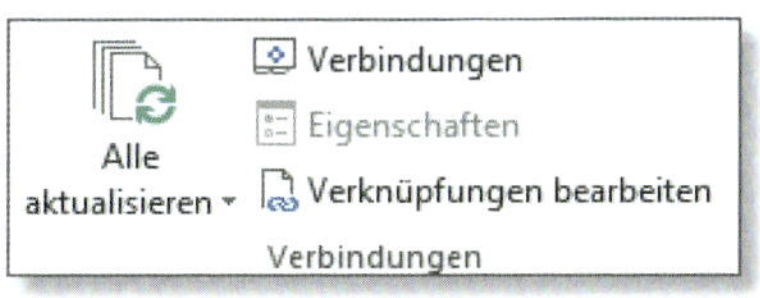

Abbildung 20.8 *Die Schaltfläche »Verknüpfungen bearbeiten« ist nur aktiviert, wenn es auch Verknüpfungen gibt.*

Wenn unter **Aktualisieren** nicht **A** für **Automatisch** eingestellt ist, was die Vorgabe ist, können Sie eine in der Liste markierte Verknüpfung mit der Schaltfläche **Werte aktualisieren** sofort auf den neuesten Stand bringen.

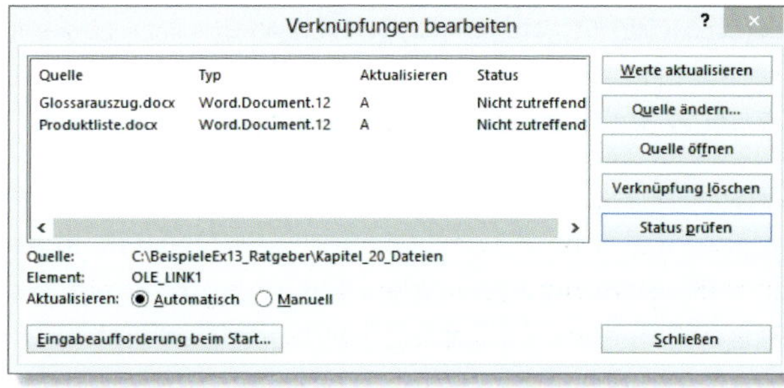

Abbildung 20.9 *In diesem Dialogfeld werden die Verknüpfungen verwaltet und bearbeitet.*

Beim Öffnen einer Datei, die eine Remoteverknüpfung, also eine Verknüpfung zu einem Dokument einer anderen Anwendung, enthält, werden Sie normalerweise – siehe Abbildung 20.10 – gefragt, ob Sie die Verknüpfungen *zu anderen Datenquellen* aktualisieren möchten.

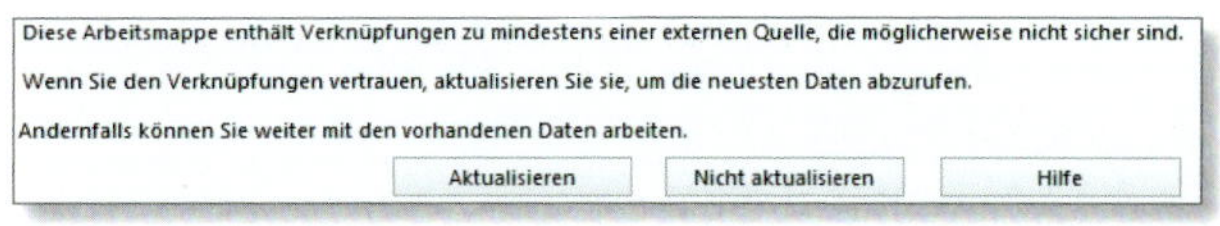

Abbildung 20.10 *Hinweis bei Verknüpfungen*

Wenn Sie dies bestätigen, werden die Daten in der Tabelle an die Daten in der Quelldatei angepasst, andernfalls werden eventuelle Änderungen in der Quelldatei nicht übernommen. Sie können diese Abfrage aber auch abschalten, und zwar über die Schaltfläche **Eingabeaufforderung beim Start** in dem Dialog **Verknüpfungen bearbeiten**. Die Alternativen sind die automatische Aktualisierung ohne Warnung oder das generelle Unterbinden der Aktualisierung.

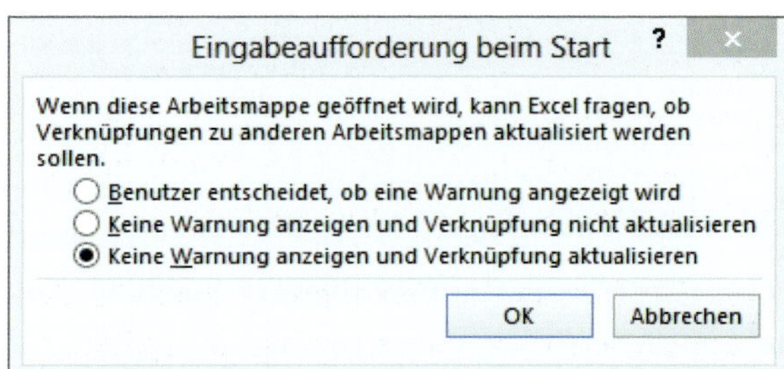

Abbildung 20.11 *Alternativen beim Öffnen verknüpfter Dokumente*

20.3 Externe Objekte einfügen

Textpassagen aus Word lassen sich auch als Objekt in einem Excel-Arbeitsblatt einfügen und mit dem Quelldokument verknüpfen. Ein solches Objekt bringt in der Excel-Tabelle nicht nur ein Stück Text ein. In einem Objekt wird zugleich ein Teil der Funktionen des Programms gekapselt, das den Inhalt des Objekts liefert. Entsprechendes gilt auch, wenn Sie umgekehrt in Word oder PowerPoint eine Excel-Tabelle oder ein Diagramm als Objekt einfügen und verknüpfen.

Neben der Objektverknüpfung besteht auch die Möglichkeit, ein Objekt einer anderen Anwendung in die aktuelle Anwendung nur einzubetten. Hierbei geht es nicht unbedingt darum, bereits vorhandene Informationen aus einer anderen Anwendung zu übernehmen. Hauptsächlicher Vorteil des Einbettens von Objekten ist, dass Sie sich auf diese Weise die Fähigkeiten eines anderen Windows-Programms in Ihre Excel-Anwendung hineinholen.

Mit beiden Methoden können Sie Dokumente mit Inhalten unterschiedlichen Typs zusammenstellen – Tabellen, Texte, Diagramme, Bilder, Ton oder Video. Die verschiedenen Objekte behalten in jedem Fall eine Verbindung zu dem Anwendungsprogramm bei, mit dem sie erstellt wurden. Die zugrunde liegende Technik wird als *Object Linking and Embedding* – kurz *OLE* – bezeichnet.

Verknüpfte Word-Objekte in Excel

Um Objekte als verknüpfte Objekte einzufügen, haben Sie zwei Möglichkeiten. Um eine markierte Textpassage aus Word als Objekt in Excel einzufügen, können Sie die Zwischenablage verwenden. Sie kopieren die Passage dorthin und wählen dann im Dialog **Inhalte einfügen** – siehe dazu Abbildung 20.6 – unter **Verknüpfen Als** die Option **Microsoft Word-Dokument-Objekt**.

Die andere Möglichkeit besteht darin, komplette Dateien als Objekte in eine Arbeitsmappe einzufügen. Die Vorgehensweise ist in diesem Fall die folgende:

1. Aktivieren Sie in Excel das Tabellenblatt, das das Word-Objekt aufnehmen soll. Markieren Sie mit dem Zellzeiger die Stelle, an die das Objekt eingefügt werden soll.
2. Benutzen Sie anschließend den Befehl **Einfügen > Text > Objekt**.
3. Wenn Sie die Registerkarte **Aus Datei erstellen** wählen und das Kontrollkästchen **Verknüpfen** abhaken, kann die ausgewählte Datei als Objekt in eine Arbeitsmappe eingefügt werden.

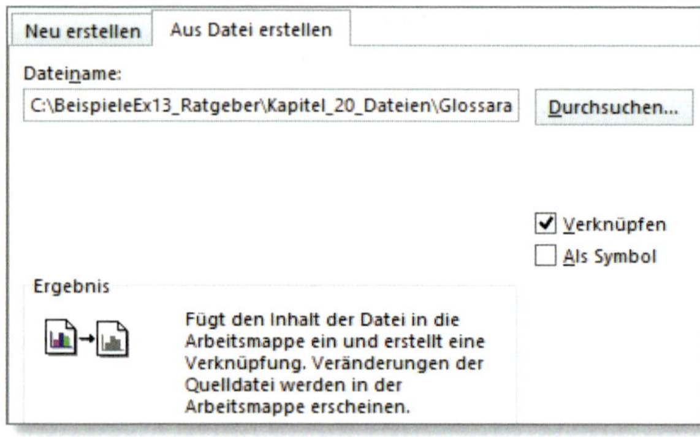

^ ***Abbildung 20.12*** *Über die Registerkarte »Aus Datei erstellen« im Dialog »Objekt« können Sie komplette Dateien als Objekte übernehmen.*

Wenn Sie wollen, kann dafür statt des Textes auch nur ein Symbol eingefügt werden. Ein Doppelklick oder -tipp führt dann zum Text selbst. Haken Sie dazu **Als Symbol** ab.

Wie Abbildung 20.13 zeigt, legt Excel das verknüpfte Objekt in Form eines grafischen Objekts mit einer eigenen Ebene über das Tabellenblatt und blendet dazu auch die **Zeichentools** ein, um die entsprechenden Bearbeitungsmöglichkeiten anzubieten, etwa die Zuweisung einer Hintergrundfarbe. Das Objekt ist von einem Rahmen mit Anfassern umgeben, sodass Sie die Größe und Position wie bei anderen grafischen Objekten ändern können.

Im Kontextmenü eines solchen Objekts finden Sie anschließend spezielle Optionen unter **Dokument-Objekt**.

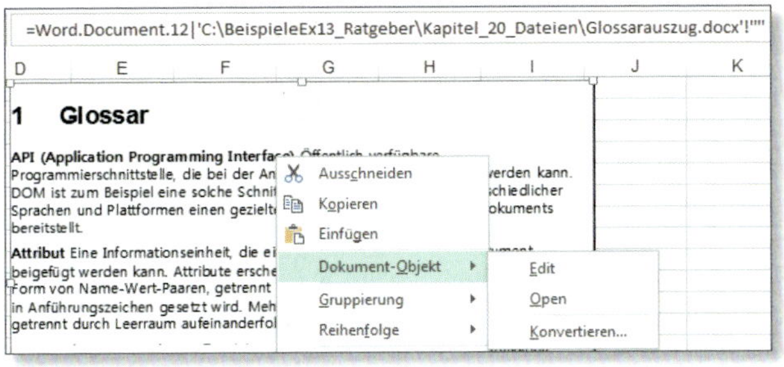

Abbildung 20.13 *Textobjekt im Arbeitsblatt*

Die Behandlung des Word-Objekts als grafisches Objekt betrifft aber gewissermaßen nur die Oberfläche. Wenn es um den Inhalt des Objekts geht, kommt die Anwendung ins Spiel, die das Objekt bereitstellt. Es reicht ein Doppelklick auf das Objekt, um die Textdatei direkt in Word zu öffnen und für die Bearbeitung bereitzustellen. Allerdings gibt es bei dieser Art der Verknüpfung eine etwas lästige Einschränkung. Excel zeigt in dem grafischen Objekt immer nur eine Seite des Word-Dokuments an.

Verknüpfte Excel-Tabellen in Word

Vielleicht noch interessanter ist die Möglichkeit, eine Excel-Tabelle als verknüpftes Objekt in Word zu übernehmen. Anstatt unseren Produktionsplan aus Abbildung 20.2 nur in ein Word-Dokument zu kopieren, könnte er auch als verknüpftes Objekt eingefügt werden.

Sie benutzen dazu beim Einfügen aus der Zwischenablage diesmal in Word den Dialog **Inhalte einfügen** mit der Option **Verknüpfung einfügen > Als > Microsoft-Arbeitsmappe-Objekt**.

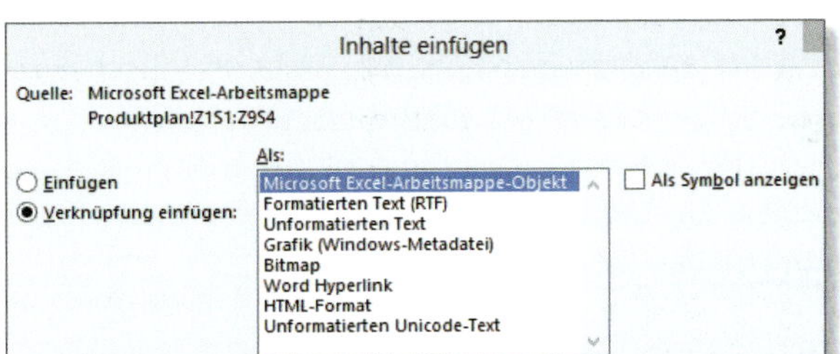

Abbildung 20.14 *Der Dialog »Inhalte einfügen« in Word*

Word fügt die Tabelle ebenfalls als grafisches Objekt ein, wie das in Abbildung 20.15 eingeblendete Kontextmenü zeigt.

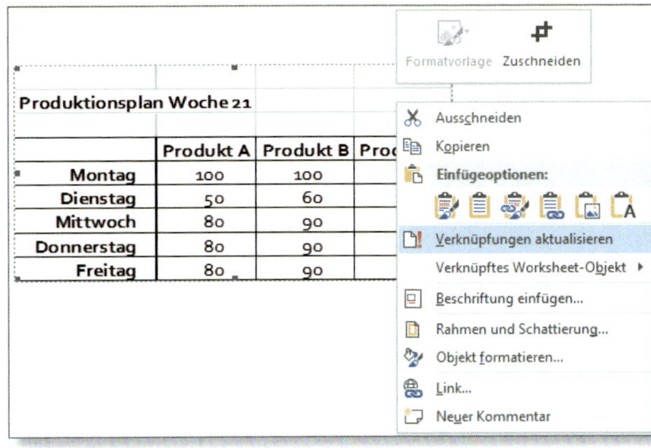

Abbildung 20.15 *Eine Excel-Tabelle als verknüpftes Objekt in Word*

Ein Doppelklick oder -tipp auf das grafische Tabellenabbild öffnet die entsprechende Excel-Datei sofort wieder in der Quellanwendung des Objekts, also in Excel. Stattdessen können Sie auch im Kontextmenü in dem Untermenü zu **Verknüpftes Worksheet-Objekt** die Option **Edit – Verknüpfung** wählen. In diesem Untermenü finden Sie auch den Befehl **Verknüpfungen**, der einen ähnlichen Dialog öffnet wie in Excel der Befehl **Verknüpfungen bearbeiten**.

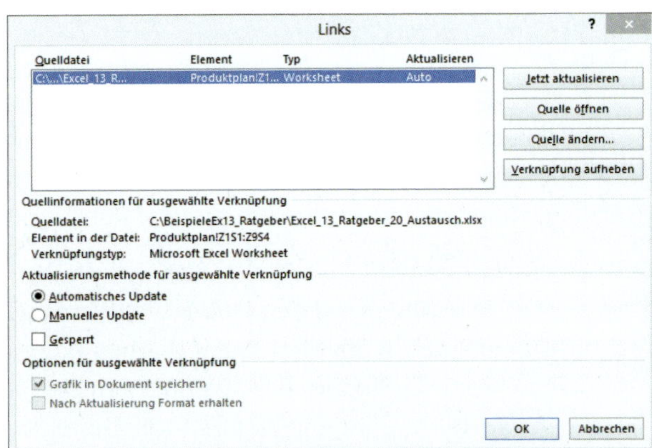

Abbildung 20.16 *Der Dialog »Verknüpfungen« in Word 2013 erlaubt die Verwaltung und Bearbeitung der Verknüpfungen.*

Objekte einbetten

Anders als bei der Objektverknüpfung werden beim Einbetten eines Objekts die gesamten Quelldaten in die Zieldatei übernommen, wenn Sie das Objekt mit **Einfügen > Objekt** aus einer bereits vorhandenen Datei erstellen. Dabei bleibt die Option **Verknüpfen** deaktiviert.

Anschließend wird aber im Gegensatz zur Verknüpfung die Verbindung zu dieser Quelldatei abgeschnitten. Die Datei, die vorübergehend als Quelldatei dient, und die Datei mit dem eingebetteten Objekt sind also vollkommen unabhängig voneinander.

Sie haben in dem Dialog **Objekt** aber auch die Möglichkeit, ein Objekt gleich ganz neu zu entwickeln – nur mithilfe der *fremden* Programmfunktionen und ohne Rückgriff auf eine bestehende Datei.

Bedienungsanleitung als Word-Objekt

Wenn es darum geht, die Textbearbeitungsmöglichkeiten von Word zu nutzen, etwa um eine gut lesbare Dokumentation zu einem Kalkulationsmodell zu erstellen, liegt es nahe, ein Word-Objekt in eine Arbeitsmappe einzubetten. Das Verfahren sieht so aus:

1 Zunächst markieren Sie die Zelle, die die linke obere Ecke des Textobjekts berührt. Dann verwenden Sie **Einfügen > Text > Objekt**.

2 Auf dem Register **Neu erstellen** werden die verschiedenen Objekttypen angeboten, die auf Ihrem Gerät möglich sind. Welche das sind, hängt davon ab, welche Anwendungen bei Ihnen installiert und ordnungsgemäß registriert sind.

3 In diesem Fall wählen Sie den Objekttyp **Microsoft Word-Dokument** aus. Im Menüband erscheinen Befehle von Word. Außerdem werden noch ein **Datei**- und ein **Fenster**-Menü eingeblendet. Innerhalb der Tabelle wird ein Rahmen für einen Text angelegt, der mit der Maus an den Markierungen vergrößert werden kann. In der Titelleiste erscheint **Dokument von...** als Hinweis auf das Textobjekt.

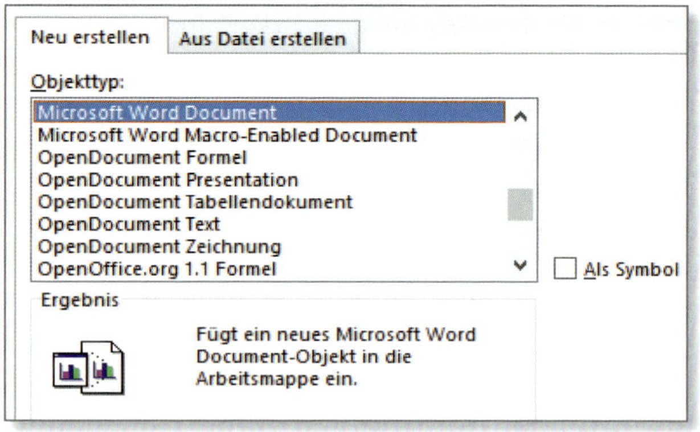

^ ***Abbildung 20.17*** *Über das Register »Neu erstellen« erzeugen Sie zunächst leere Objekte.*

4 Nun können Sie den Text eingeben und mit den Werkzeugen von Word bearbeiten und gestalten. Zum Formatieren des Textes können Sie auch den Aufgabenbereich **Formatvorlagen** einblenden.

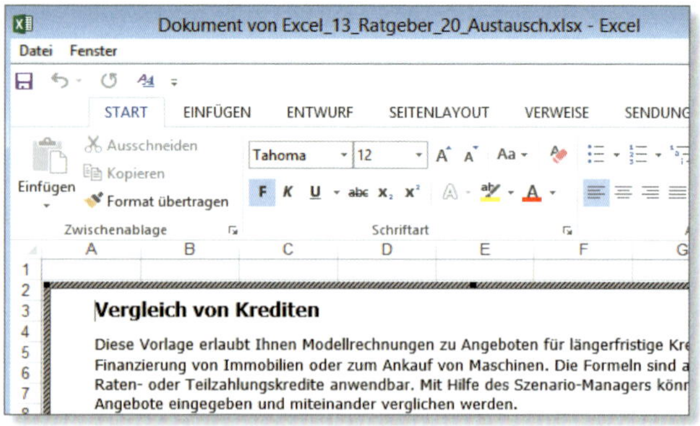

^ ***Abbildung 20.18*** *Ein eingebettetes Word-Objekt können Sie direkt in Excel bearbeiten, und zwar mit den Werkzeugen von Word.*

5 Um die Bearbeitung abzuschließen, genügt ein Klick oder Tipp auf eine normale Excel-Zelle. Der Text erscheint als grafisches Objekt. Es kann verschoben oder in der Größe geändert werden.

Wenn Sie das Objekt markieren, finden Sie in der Bearbeitungsleiste folgende Formel:

```
=EINBETTEN("Word.Document.12";"")
```

Wollen Sie den Text erweitern oder ändern, holt ein Doppelklick oder -tipp auf das Objekt die Word-Funktionen sofort wieder zurück. Ein so eingebettetes Objekt kann also *vor Ort* geändert werden.

Wird das Objekt ausgewählt, erscheint im Kontextmenü der Befehl **Dokument-Objekt**. Er bietet drei Unterpunkte: **Bearbeiten**, **Öffnen** und **Konvertieren**. **Bearbeiten** entspricht dem Doppelklick zum Bearbeiten des Objekts. **Öffnen** zeigt das Textobjekt in einem eigenen Word-Fenster.

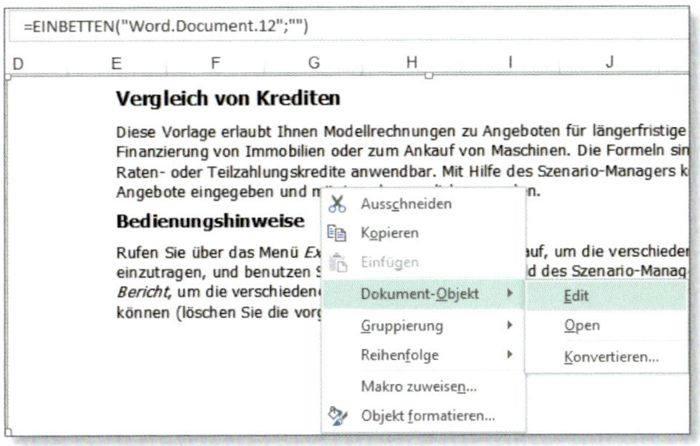

Abbildung 20.19 *Das Kontextmenü des Objekts und die zugehörige Einbettungsformel oben in der Bearbeitungsleiste*

Das ist sinnvoll, wenn der Text doch zusätzlich noch als separates Word-Dokument gespeichert werden soll. Die Option **Konvertieren** erlaubt, das Objekt in ein anderes Dateiformat oder auch in ein Symbol zu verwandeln.

Um ein Objekt aus einem Dokument herauszunehmen, muss es zunächst ausgewählt werden. Benutzen Sie dann `Entf`.

Diagramme aus Excel in Word

Wird ein Diagramm in Excel über die Zwischenablage nach Word kopiert, erscheint beim Einfügen in Word ein Menü, das Ihnen verschiedene Möglichkeiten anbietet.

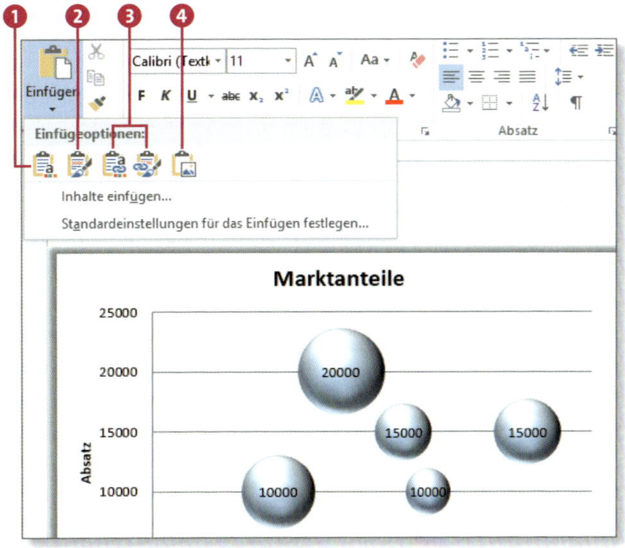

Abbildung 20.20 *Übernahme eines Diagramms aus Excel in ein Word-Dokument*

Die erste Option ❶ liefert ein Diagramm, das die Formatierung an Word als Zielanwendung anpasst und zugleich das zugehörige Arbeitsmappenobjekt einbettet.

Die zweite Option ❷ liefert ein Diagramm, das die Formatierung aus Excel übernimmt und ebenfalls das zugehörige Arbeitsmappenobjekt einbettet. In beiden Fällen kann das Diagramm anschließend unabhängig von der Quellarbeitsmappe verwendet werden.

Die beiden nächsten Optionen ❸ erzeugen dagegen ein Diagramm mit der Formatierung von Word oder von Excel, das mit den Quelldaten in Excel verknüpft ist. Ändern sich diese, wird auch das Diagramm verändert.

Für die ersten vier Optionen gilt nun, dass für das in Word ausgewählte Diagramm die **Diagrammtools** aus Excel zur Verfügung stehen. Über das Register **Layout** lässt sich das Diagramm weiterbearbeiten. Auf dem Register **Entwurf** steht in der Gruppe **Daten** die Schaltfläche **Daten bearbeiten** zur Verfügung, die die Daten des Diagramms wieder in Excel zur Bearbeitung anbietet. Die neuen Werte werden dann sofort in das Word-Diagramm übernommen.

Ist das Diagramm verknüpft, verwenden Sie in Word unter **Entwurf > Daten** die Schaltfläche **Daten aktualisieren**, um Änderungen von Excel zu übernehmen.

Die letzte Option ❹ des **Einfügen**-Menüs fügt das Diagramm als grafisches Objekt ein, das keine Verknüpfung mit den Quelldaten hat. Dafür stehen aber alle Bearbeitungsmöglichkeiten zur Verfügung, die für grafische Objekte angeboten werden.

Einbetten oder Verknüpfen?

Wann ist das Einbetten günstiger, wann das Verknüpfen? Die Handhabung ist beim Einbetten sicher einfacher. Außerdem sind keine zusätzlichen Dateien notwendig, wenn die Objekte in der Tabelle eingebettet sind. Allerdings können die Dateien eine Menge Speicher benötigen, wenn mehrere Objekte in eine Arbeitsmappe eingebettet werden, insbesondere bei Bild-, Ton- oder Videoobjekten.

Verknüpfung ist dann interessant, wenn ein Objekt einheitlich in mehreren Dokumenten erscheinen soll. Da Änderungen ja zu allen verknüpften Dokumenten durchdringen, kann auf diese Weise leicht die Übereinstimmung gewährleistet werden.

20.4 Arbeitsmappen in andere Dateiformate exportieren

Für die Zusammenarbeit zwischen den Mitarbeitern in einer Firma ist es von Belang, ob die anfallenden Daten ungehindert ausgetauscht werden können. Nicht viel anders ist es im Verhältnis zu Kunden oder Lieferanten. Aber auch für den einzelnen Anwender ist es von Bedeutung, Daten zwischen verschiedenen Anwendungen möglichst ohne Verlust austauschen zu können.

Datenformate und Konverter

Da bei der Büroarbeit oft ganz verschiedene Programme eingesetzt werden, ist die fehlerlose und möglichst verlustfreie Übersetzung von Datenbeständen aus einem Datenformat ins andere ein dringendes Erfordernis. In Kapitel 1, »Excel 2013 kennenlernen«, ab Seite 95 haben wir bereits beschrieben, dass XML-basierte Datenformate sich als besonders geeignet erwiesen haben, um Daten unabhängig von einer bestimmten Anwendung oder Plattform auszutauschen. In diesem Abschnitt wird kurz auf einige traditionellere Methoden, Daten auszutauschen, eingegangen, die in der Praxis aber weiter von Bedeutung sind.

Zunächst behandeln wir den Export von Dateien in andere Formate. Hier geht es in der Regel darum, komplette Dateien zu kopieren und dabei in ein anderes Datenformat zu verwandeln. Dazu werden spezielle Konverter oder Filter eingesetzt. Eine solche Konvertierung ist auch notwendig, um Arbeitsmappen für ältere Versionen von Excel bereitzustellen.

Unterstützte Exportformate

Zunächst einmal ist gewährleistet, dass Excel 2013 weiterhin die Formate älterer Excel-Versionen erzeugen kann. Einzige Ausnahme ist das Format von Excel 4, das nur noch eingelesen, aber nicht mehr erzeugt werden kann. Neuere Funktionen von Excel 2013 können ältere Excel-Versionen aber nicht nachvollziehen. Hier muss also bei der Rückübersetzung mit Verlusten gerechnet werden.

In der Vergangenheit gab es insgesamt drei größere Versionssprünge. Excel 5 und Excel 95 haben dasselbe Dateiformat verwendet, aber zwischen den Formaten 5.0/95 und 97–2003 lag ein ziemlicher Sprung. Bestimmte Leistungsmerkmale des Dateiformats 97–2003 können mit dem Format 5.0/95 nicht reproduziert werden. Der nächste Sprung erfolgte mit der Version Excel 2007. Dieses Dateiformat ist weiter aktuell. Excel 2013 unterstützt aber weiterhin die Formate 5.0/95 und 97–2003. Gegenüber Excel 2010 hat sich nichts Grundlegendes geändert. Allerdings ist die Variante *Strict Open XML-Arbeitsmappe* hinzugekommen, die bereits in Abschnitt 1.8, »Das Dateiformat wählen«, ab Seite 94 beschrieben wurde.

Soll eine Arbeitsmappe in ein älteres Format übertragen werden, können Sie vorher eine Kompatibilitätsprüfung durchführen, um zu sehen, was eventuell verloren gehen kann. Dies geschieht über **Datei > Informationen > Auf Probleme überprüfen > Kompatibilität prüfen**. Darauf wurde in Abschnitt 11.1, »Dokumente prüfen«, ab Seite 487 bereits eingegangen.

Wenn Sie in einem Büro arbeiten, in dem noch meist mit den älteren Versionen von Excel gearbeitet wird, können Sie festlegen, dass eines der älteren Formate zunächst sogar als Standarddateityp verwendet wird. Diese Einstellung ist möglich über den Befehl **Datei > Optionen**, und zwar auf der Seite **Speichern** unter **Dateien in diesem Format speichern**.

Innerhalb von Excel ist der Export in den Dialog **Speichern unter** integriert. Beim Export wird die Übersetzung über die Festlegung des Dateityps gesteuert.

Excel-Ausgabeformate

In Tabelle 20.1 sind die Excel-Formate zusammengestellt, die Excel 2013 zum Speichern zur Verfügung stellt. Diese Formate können bis auf das alte Format *Excel 4* sowohl erzeugt als auch eingelesen werden:

Format	Typ	Beschreibung
Excel-Arbeitsmappe	*XLSX*	XML-basiertes Excel-Standarddateiformat
Strict Open XML-Arbeitsmappe	*XLSX*	ISO-konformes XML-basiertes Excel-Standarddateiformat
Excel-Arbeitsmappe mit Makros	*XLSM*	XML-basiertes Excel-Standarddateiformat mit Makros. Speichert VBA-Makrocode sowie Excel 4.0-Makrovorlagen (XLM).
Excel-Binärarbeitsmappe	*XLSB*	Excel-Binärdateiformat
Excel-Vorlage	*XLTX*	XML-basiertes Standarddateiformat für Mustervorlagen
Excel-Vorlage mit Makros	*XLTXM*	XML-basiertes Standarddateiformat für Vorlagen mit Makros
Excel 97-2003-Arbeitsmappe	*XLS*	Excel-97/Excel-2003-Binärdateiformat
Excel 97-2003-Mustervorlage	*XLT*	Excel-97/Excel-2003-Binärdateiformat für Vorlagen
Microsoft Excel 5.0/95-Arbeitsmappe	*XLS*	Excel 5.0/95-Binärdateiformat
XML-Kalkulationstabelle 2003	*XML*	XML-Kalkulationstabelle-2003-Dateiformat (XMLSS)
XML-Daten	*XML*	XML-Datenformat
Excel-Add-In	*XLAM*	XML-basiertes Add-In mit Unterstützung von VBA
Excel 97-2003-Add-In	*XLA*	Excel 97/2003-Add-In mit Unterstützung von VBA
Excel 4.0-Arbeitsmappe	*XLW*	Dateiformat der Version 4.0 (nur Öffnen)
OpenDocument-Kalkulationstabelle	*ODS*	Standardformat für Kalkulationstabelle in Programmen wie Open Office oder Libre Office
Einzelnes Webarchiv	*MHT, MHTML*	Ausgabeformat für ein Webarchiv
Webseite	*HTM, HTML*	Ausgabeformat für eine Webseite
PDF	*PDF*	Ausgabeformat für eine PDF-Datei
XPS-Dokument	*XPS*	Ausgabeformat für eine XPS-Datei

^ ***Tabelle 20.1*** *Liste der Formate, die Excel erzeugen und verarbeiten kann*

Format	Typ	Beschreibung
Formatierter Text	*PRN*	Lotus-Format mit Leerzeichen als Trennzeichen
Text (tabulatorgetrennt)	*TXT*	per Tabulatoren getrennte Textdatei
Text (Macintosh)	*TXT*	per Tabulatoren getrennte Textdatei für das Macintosh-Betriebssystem
Text (MS-DOS)	*TXT*	per Tabulatoren getrennte Textdatei für MS-DOS
Unicode-Text	*TXT*	Speichert eine Arbeitsmappe als Unicode-Text.
CSV (trennzeichengetrennt)	*CSV*	durch Trennzeichen – Komma oder Semikola – getrennte Textdatei
CSV (Macintosh)	*CSV*	durch Trennzeichen – Komma oder Semikola – getrennte Textdatei für das Macintosh-Betriebssystem
CSV (MS-DOS)	*CSV*	durch Trennzeichen – Komma oder Semikola – getrennte Textdatei für MS-DOS
DIF	*DIF*	Data-Interchange-Format
SYLK	*SLK*	Multiplan-SYLK-Dateien

▲ ***Tabelle 20.2*** *Liste der Textformate, die Excel 2013 unterstützt*

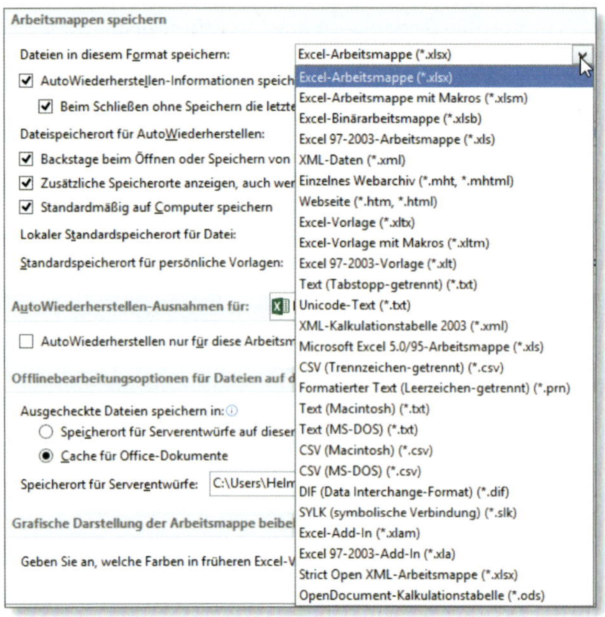

▲ ***Abbildung 20.21*** *Hier können Sie ein älteres Format als Standardformat festlegen.*

Textformate als Zwischenformate

Können Daten zwischen Anwendungen nicht direkt ausgetauscht werden, helfen oft Zwischenformate, beispielsweise Textformate, bei denen die einzelnen Datenelemente durch bestimmte Zeichen getrennt werden. Meist gehen zwar die Formatierungsmerkmale der Daten zum Teil verloren, dafür können aber wenigstens die Daten selbst übernommen werden. Auch diese Formate kann Excel sowohl exportieren als auch importieren.

20.5 Daten aus anderen Dateiformaten importieren

Die Liste der Dateiformate, die Excel öffnen kann, weicht etwas von der Liste der Formate ab, die zum Speichern zur Verfügung stehen. In einigen Fällen kann deshalb eine Datei zwar geöffnet, aber nicht wieder in ihrem Originalformat gespeichert werden. Dies gilt für die Formate dBASE III und IV.

Excel 2013 kann alle Dateien aus älteren Excel-Versionen – ab Version 4.0 – öffnen. Wird eine Datei mit dem Format 97–2003 geöffnet, schaltet Excel 2013 automatisch in einen speziellen Kompatibilitätsmodus, was auch in der Titelleiste angezeigt wird. In diesem Modus sind bestimmte Funktionen von Excel 2013 nicht verfügbar, um zu verhindern, dass es beim Abspeichern in dem älteren Format zu entsprechenden Verlusten kommt.

Soll eine Datei, die in diesem Modus bearbeitet wurde, später in den Genuss der neuen Funktionen kommen, können Sie sie aber konvertieren. Dies geschieht über das **Datei**-Register. Wählen Sie die Seite **Informationen**, und benutzen Sie im Abschnitt **Kompatibilitätsmodus** die Schaltfläche **Konvertieren**.

Neben den Excel-Formaten lässt sich auch noch eine ganze Reihe anderer Formate direkt in Excel öffnen. Dazu werden spezielle Konverter oder Filter eingesetzt. Innerhalb von Excel ist der Import in den Dialog **Öffnen** integriert. Beim Importieren erkennt das Programm meist automatisch, was zu tun ist, sobald es den Dateikopf der fremden Datei gelesen hat.

TIPP

Nicht mehr unterstützte Formate
Excel 2013 unterstützt einige Formate, die früher noch berücksichtigt wurden, gar nicht mehr.
Dazu gehören die Lotus-1-2-3-Formate, das Microsoft-Works-Format, dBASE II und die Quattro-Pro-Formate.

20.6 Werte aus Textdateien übernehmen

Nicht ganz so einfach ist die Situation, wenn strukturierte Daten wie etwa eine Adressenliste in Form einer einfachen Textdatei vorliegen. Sind die einzelnen Informationen in der Textdatei z. B. jeweils durch Tabulatorsprünge getrennt, kann Excel die Daten schön auf verschiedene Spalten verteilen, wenn Sie den Weg über die Zwischenablage gehen. Wird die Textdatei dagegen über den Dialog **Öffnen** eingelesen, verhält sich Excel etwas anders.

Übernahme einer Adressenliste

Nehmen Sie als Beispiel eine ASCII-Datei, die Adressen enthält. Die einzelnen Daten sind nur durch Tab-Sprünge getrennt in einzelnen Zeilen hintereinandergesetzt.

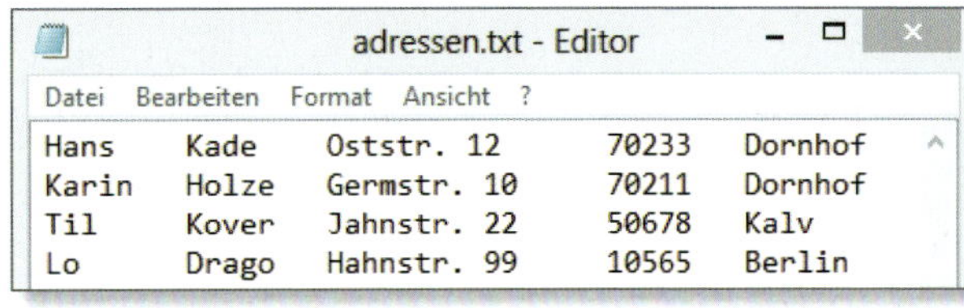

Abbildung 20.22 *Kleine Adressenliste im Textformat, getrennt durch Tab-Sprünge*

1. Um die Daten einzulesen, müssen Sie zunächst im Dialogfeld **Öffnen** unter **Dateityp** die Einstellung **Textdateien** wählen und die entsprechende Datei aussuchen.
2. Wenn Sie mit **Öffnen** bestätigen, wird der Textkonvertierungs-Assistent automatisch aktiviert. Er versucht, Ihnen bei der Verteilung der Daten auf verschiedene Spalten zu helfen.
3. Unter **Ursprünglicher Datentyp** müssen Sie zunächst entscheiden, welcher Datentyp für die Datei angenommen werden kann. Es wird zwischen zwei Dateitypen unterschieden: **Getrennt** und **Feste Breite**. Das oben angezeigte Beispiel gehört zu dem Typ **Getrennt**, denn die einzelnen Informationen sind hier durch einen Tabulatorsprung getrennt. Stattdessen könnten aber auch andere Trennzeichen verwendet werden, etwa Semikola, Leerzeichen, Kommas etc.

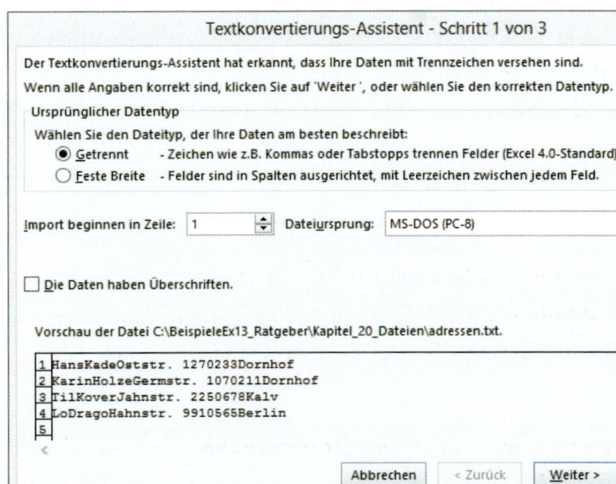

Abbildung 20.23 *Im ersten Schritt fragt der Textkonvertierungs-Assistent das Format der Textdatei ab.*

4 Unter **Import beginnen in Zeile** können Sie bestimmen, ob gleich von der ersten Textzeile an Daten übernommen werden sollen oder erst ab einer späteren Zeile. Das ist sehr praktisch, wenn z. B. die erste Zeile Formatzeichen enthält, die für die Tabelle nicht brauchbar sind.

5 Unter **Dateiursprung** geben Sie die Herkunft der Daten an. Das betrifft die für die Datei verwendeten Zeichencodes. Windows-Textdateien verwenden den ANSI-Code, DOS- oder OS/2-Textdateien verwenden den PC-8-Code. Bei Macintosh-Dateien nehmen Sie die gleichnamige Einstellung.

6 Im unteren Teil des Dialogfelds für Schritt 1 zeigt Excel zunächst eine Vorschau auf die Sätze der Textdatei. Wenn die Umlaute in der Vorschau nicht korrekt angezeigt werden, sollten Sie für **Dateiursprung** eine andere Einstellung versuchen.

7 Sind die Einstellungen gewählt, wird im nächsten Dialog angezeigt, welches Zeichen der Textkonvertierungs-Assistent als Trennzeichen vermutet. In diesem Fall wird das Tab-Zeichen korrekt erkannt. Ist die Vermutung falsch, können Sie korrigierend eingreifen und abhaken, welches **Trennzeichen** benutzt werden soll. Wenn keines der angebotenen Zeichen verwendet worden ist, wählen Sie **Andere** und tragen das tatsächlich verwendete Zeichen in das kleine Textfeld ein. Sobald Sie das richtige Zeichen gewählt haben, erscheint der Text unter **Datenvorschau** in ordentlicher tabellarischer Form.

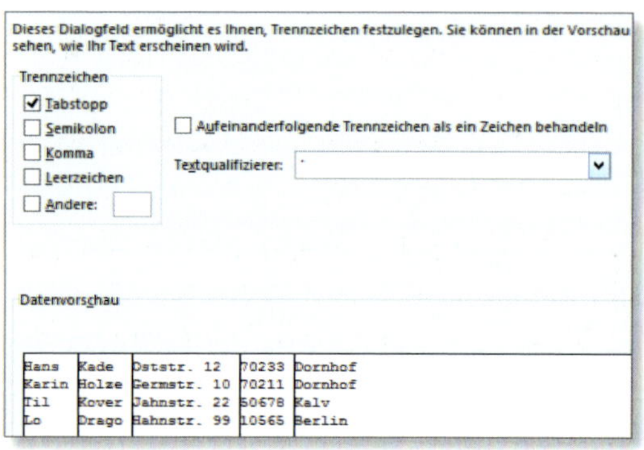

^ Abbildung 20.24 *Im zweiten Schritt wählen Sie das Trennzeichen für die Verteilung.*

8 Ein spezielles Problem entsteht, wenn ein Zeichen, das normalerweise als Trennzeichen eingesetzt wird, als Textzeichen benötigt wird, etwa ein Leerzeichen. Die Lösung besteht darin, ein anderes Zeichen als **Textqualifizierer** zu verwenden. Das können etwa Anführungszeichen sein. Ein Eintrag wie *Trajanstr. 12* belegt dann nur eine Spalte. Es ist durchaus möglich, auch mehrere Trennzeichen zu wählen, etwa um Eingabefehler abzufangen oder um Daten nachträglich zu trennen. Wenn z. B. in einer Textdatei, die Daten durch Semikola trennt, Vorname und Name nicht getrennt worden sind, kann das Leerzeichen als zweites Trennzeichen eingesetzt werden.

Allerdings sollten Sie dann das Kästchen bei **Aufeinanderfolgende Trennzeichen als ein Zeichen behandeln** abhaken. Dadurch wird verhindert, dass überflüssige leere Spalten entstehen.

9 Liefert die Auswahl im Dialogfeld eine korrekte Vorschau auf die Daten der Textdatei, können Sie im nächsten Dialogfeld die einzelnen Spalten begutachten, die bei der Datenübernahme entstehen. Zunächst haben Sie die Möglichkeit, Spalten von der Übernahme auszuschließen. Soll eine Spalte nicht übernommen werden, markieren Sie die unter **Datenvorschau** angezeigte Spalte. Wählen Sie dann unter **Datenformat der Spalten** die Option **Spalten nicht importieren (überspringen)**.

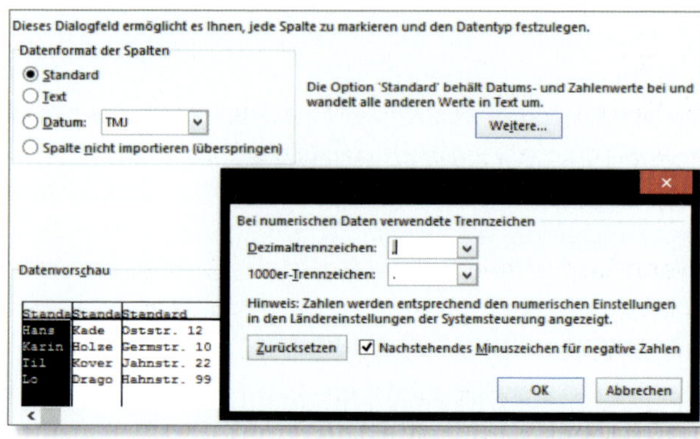

^ Abbildung 20.25 *Hier können Sie unterschiedliche Datenformate für die verschiedenen Spalten wählen.*

10 Für jede Spalte, die übernommen werden soll, können Sie einzeln das Datenformat festlegen. Wenn Sie die Vorgabe von Excel ändern wollen, markieren Sie per Klick oder Tipp die betreffende Spalte und wählen eine der drei Formatoptionen:

Standard: Zahlen werden als Zahlenwerte formatiert, Datumswerte in dem entsprechenden Datumsformat ausgegeben, alle anderen Einträge werden als Text behandelt. Über die Schaltfläche **Weitere** lassen sich noch das **Dezimaltrennzeichen** und das **1000er-Trennzeichen** festlegen, falls es anders ist als sonst in Excel verwendet.

Text: Die ganze Spalte wird als Text behandelt, auch wenn sie nur Zahlen enthält.

Datum: Die Einträge werden als Datumswerte behandelt. Aus der kleinen Liste kann das Datumsformat ausgewählt werden.

Schließen Sie dann den Vorgang mit **Fertig stellen** ab.

Excel legt eine neue Arbeitsmappe mit zunächst nur einem Tabellenblatt an. Der Name der Quelldatei wird in die Titelleiste und als Registername übernommen. Abbildung 20.26 zeigt das Ergebnis für die kleine Adressdatei in der Tabelle. Meist muss, wie auch hier, die Spaltenbreite noch etwas korrigiert werden.

	A	B	C	D	E
1	Hans	Kade	Oststr. 12	70233	Dornhof
2	Karin	Holze	Germstr. 10	70211	Dornhof
3	Til	Kover	Jahnstr. 22	50678	Kalv
4	Lo	Drago	Hahnstr. 99	10565	Berlin

Abbildung 20.26 *Übernommene Textdaten im Tabellenblatt*

Wenn Sie die neue Datei abspeichern, schlägt Excel zunächst den Dateityp **Text (Tabstopp-getrennt)** vor. Um die Datei als Arbeitsmappe zu speichern, muss also der Dateityp zunächst durch Auswahl des Datentyps im Dialog ausdrücklich angegeben werden.

Das Datenformat »Feste Breite«

Obwohl strukturierte Textdateien meistens mit Trennzeichen arbeiten, gibt es doch gelegentlich auch Fälle, in denen anders vorgegangen worden ist. Abbildung 20.27 zeigt eine Textdatei, bei der **Feste Breite** gewählt werden müsste.

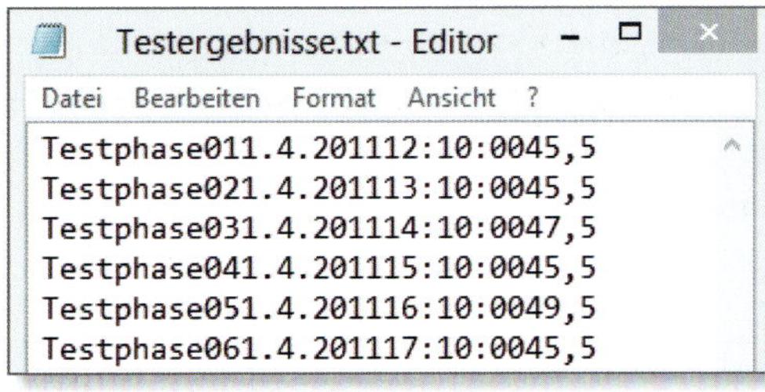

Abbildung 20.27 *Text mit fester Spaltenbreite*

In diesem Beispiel wird für jede Information immer dieselbe Anzahl von Zeichen verwendet. Die Angleichung wird notfalls dadurch erreicht, dass mit Leerzeichen aufgefüllt wird. Bei diesem Format bietet der Textkonvertierungs-Assistent ein anderes Dialogfeld für Schritt 2.

1 Wenn Sie in Schritt 1 den Dateityp **Feste Breite** gewählt haben, versucht Excel, die verschiedenen Spalten und ihre Breite an Leerzeichen zu *erkennen*, und zeigt unter **Vorschau der markierten Daten** die vermutete Spaltenaufteilung an.

2 Sie haben hier die Möglichkeit, diese Annahme zu korrigieren. Dazu verschieben Sie die Pfeillinien, die den vermuteten Spaltenumbruch anzeigen, mit der Maus entsprechend. Findet Excel kein Trennkriterium, können Sie die Trennlinien selbst setzen. Dazu lässt sich ein Pfeil mit einem Klick oder Tipp an die entsprechende Stelle einfügen.

3 Eine überflüssige Spaltentrennung löscht ein Doppelklick oder -tipp auf den betreffenden Pfeil. Das weitere Verfahren wurde bereits im letzten Abschnitt beschrieben.

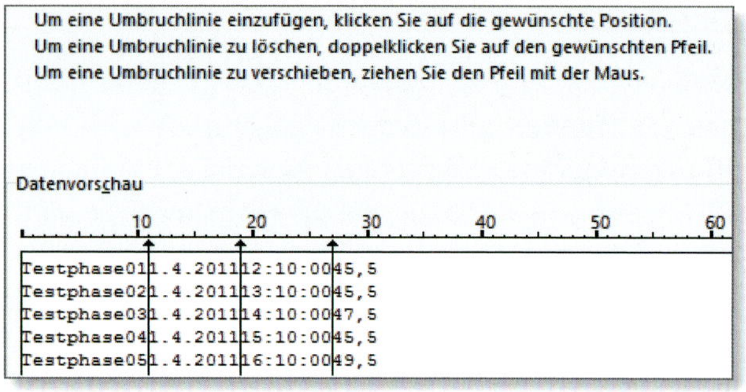

Abbildung 20.28 Trennung des Textes durch Festlegen von Trennlinien

Abbildung 20.29 zeigt das Ergebnis der Übernahme auf ein Tabellenblatt.

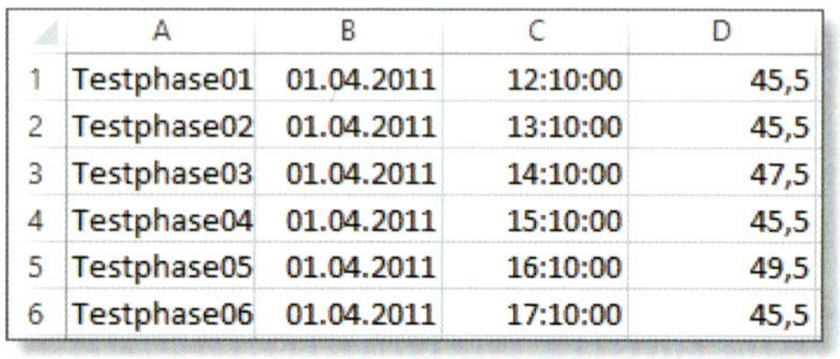

	A	B	C	D
1	Testphase01	01.04.2011	12:10:00	45,5
2	Testphase02	01.04.2011	13:10:00	45,5
3	Testphase03	01.04.2011	14:10:00	47,5
4	Testphase04	01.04.2011	15:10:00	45,5
5	Testphase05	01.04.2011	16:10:00	49,5
6	Testphase06	01.04.2011	17:10:00	45,5

Abbildung 20.29 Übernommene Daten aus einer Textdatei mit der Einstellung »Feste Breite«

20.7 Zellbereiche mit Textdateien verknüpfen

Falls Sie bestimmte Textdaten immer wieder für ein Arbeitsblatt benötigen, können Sie auch eine Verknüpfung zwischen einem Zellbereich und einer Textdatei erstellen, so wie es in Kapitel 19, »Externe Daten auswerten«, für externe Datenbereiche ab Seite 713 beschrieben wurde.

Einrichten einer Verknüpfung zu einer Textdatei

Der Vorteil des im Folgenden beschriebenen Verfahrens ist, dass Sie die Art der Konvertierung der Textdaten nicht jedes Mal neu festlegen müssen.

1. Wählen Sie in der Arbeitsmappe die Zelle aus, an der der Datenimport beginnen soll.
2. Verwenden Sie **Daten > Externe Daten abrufen > Aus Text**.
3. Das Dialogfeld **Textdatei importieren** gibt als Dateityp bereits **Textdateien** vor und zeigt vorhandene Textdaten im aktuellen Ordner an. Wählen Sie die vorgesehene Datei.
4. Mit der Schaltfläche **Öffnen** wird sofort der Textkonvertierungs-Assistent angeboten, der die in Abschnitt 20.6, »Werte aus Textdateien übernehmen« (Seite 743) beschriebenen Einstellungen abfragt.
5. Legen Sie in dem Dialogfeld **Daten importieren**, das anschließend erscheint, über die Schaltfläche **Eigenschaften** fest, welche Einstellungen für die Aktualisierung der Daten in diesem Fall erwünscht sind.

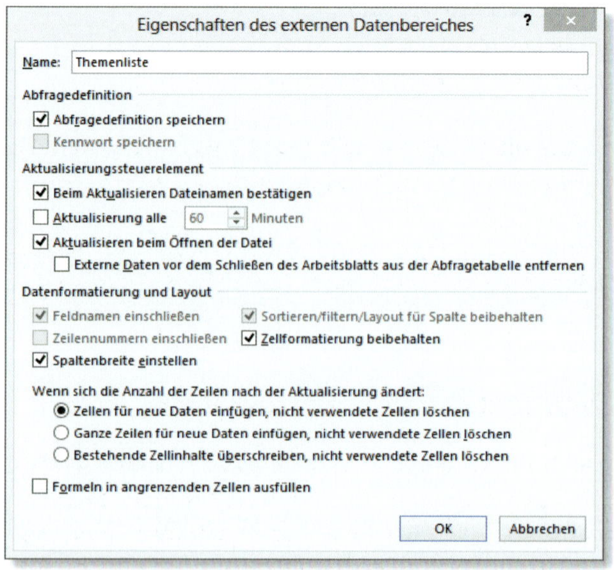

Abbildung 20.30 In diesem Dialog legen Sie die Eigenschaften des externen Bereichs fest.

6. Wenn Sie alle Eingaben bestätigen, werden die Daten eingelesen.

	A	B	C
1	Termin	Thema	
2	01.07.2011	Datenexporte in Excel	
3	08.07.2011	PowerPivot-Anwendungen	
4	15.07.2011	VBA-Einstieg	
5	22.07.2011	Einstieg in die Statistik	
6	29.07.2011	Diagramme optimieren	

∧ ***Abbildung 20.31*** *Die eingelesenen Daten bilden einen externen Datenbereich.*

7 Im Kontextmenü des neuen Bereichs finden Sie Befehle, um die Definition des Textimports eventuell zu bearbeiten oder um unter **Datenbereichseigenschaften** die Aktualisierungseinstellungen zu ändern.

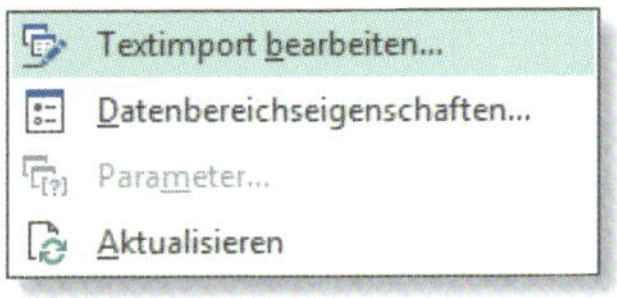

∧ ***Abbildung 20.32*** *Das Kontextmenü bietet spezielle Funktionen für den Datenbereich.*

8 Um die Daten manuell zu aktualisieren, können Sie dort die Option **Aktualisieren** benutzen.

Immer wenn sich die Daten in der Textdatei ändern, können sie im Excel-Bereich übernommen werden.

20.8 Texte auf Spalten verteilen

Die Hilfe des Textkonvertierungs-Assistenten können Sie auch in Anspruch nehmen, wenn Texte beispielsweise über die Zwischenablage zunächst in eine Spalte eines Tabellenblatts übernommen wurden und nachträglich in tabellarischer Form aufgearbeitet werden sollen. Oder auch, um eine Spalte mit Namen, in der Vorname und Name zusammengefasst sind, auf zwei Spalten zu verteilen. Abbildung 20.33 zeigt eine Spalte mit Werten, die sich auf mehrere Spalten verteilen lassen.

	A
1	Hans Kade,Oststr. 12,70233,Dornhof
2	Karin Holze,Germstr. 10,70211,Dornhof
3	Til Kover,Jahnstr. 22,50678,Kalv
4	Lo Drago,Hahnstr. 99,10565,Berlin

∧ ***Abbildung 20.33*** *Eine Spalte mit trennbaren Werten*

1 Zuerst markieren Sie die Spalte mit dem Text, der auf mehrere Spalten verteilt werden soll.

2 In diesem Fall verwenden Sie den Befehl **Daten > Datentools > Text in Spalten**.

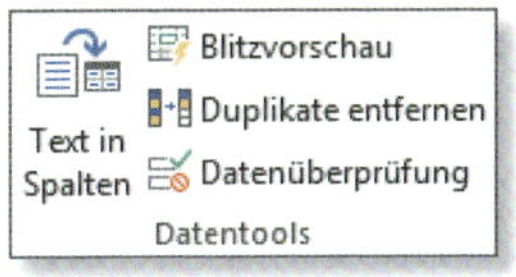

∧ ***Abbildung 20.34*** *Das Symbol »Text in Spalten« hilft bei der Verteilung von Daten auf mehrere Spalten.*

3 In der Folge verfahren Sie wie beim Import einer Textdatei. Benutzen Sie die Option **Getrennt**.

4 Geben Sie in Schritt 2 sowohl das Komma als auch das Leerzeichen als Trennzeichen an.

5 In Schritt 3 können Sie nun unter **Zielbereich** angeben, an welcher Stelle die aufbereiteten Daten im Tabellenblatt erscheinen sollen. Voreingestellt ist die obere linke Eckzelle des markierten Bereichs.

	C	D	E	F	G	H
1	Hans	Kade	Oststr.	12	70233	Dornhof
2	Karin	Holze	Germstr.	10	70211	Dornhof
3	Til	Kover	Jahnstr.	22	50678	Kalv
4	Lo	Drago	Hahnstr.	99	10565	Berlin

∧ ***Abbildung 20.35*** *Die sauber getrennten Daten*

Wird kein anderer Bezug eingegeben, werden die Daten sozusagen an Ort und Stelle auf Spalten verteilt. Dazu müssen die benachbarten Spalten aber leer sein, weil sie sonst überschrieben werden. Ansonsten bleiben die Originaldaten unverändert und werden in den Zielbereich kopiert. Wie Abbildung 20.35 zeigt, werden die Formate der Spalte mit den Quelldaten nicht übernommen, wenn Sie die Daten auf andere Spalten verteilen.

Kapitel 21
Daten im Web darstellen

Excel kann auf einfache Weise Stoff für das weltweite Internet oder ein firmeninternes Intranet liefern. Die Umsetzung von Daten in HTML oder XML vervielfältigt die Einsatzmöglichkeiten des Programms.

Das Web erlaubt uns, mit ein paar Klicks oder Tipps auf Informationen aus der ganzen Welt zuzugreifen. Möglich wurde das durch Standards wie HTML und XML, die unabhängig von Plattformen und Betriebssystemen sind. Es lag nahe, die erfolgreichen Methoden des Internets auch auf den Informationsaustausch innerhalb kleinerer Netze, dem einer Firma, eines Instituts oder einer Organisation, zu übertragen. Lokale Netze verwandeln sich immer häufiger in Intranets, und damit verändert sich die Art und Weise, wie Informationen ausgetauscht und wie Kooperationen organisiert werden.

Einbindung in Internet und Intranet

Von Excel aus können Sie direkt auf Daten in beiden Netzen zugreifen. Informationen aus Webseiten lassen sich in Excel direkt einlesen und weiter analysieren, sofern sie in Tabellenform angeboten werden. Dieses Thema wurde in Kapitel 19, »Externe Daten auswerten«, ab Seite 724 bereits behandelt.

Excel kann aber auch automatisch aus einem Arbeitsblatt oder einer ganzen Arbeitsmappe Webseiten erzeugen. Abbildung 21.1 zeigt ein Beispiel für eine Tabelle, die als Webseite ausgegeben wird. Der dafür nötige HTML-Quellcode wird ohne Ihr Zutun erzeugt; Sie brauchen sich also mit HTML nicht auszukennen.

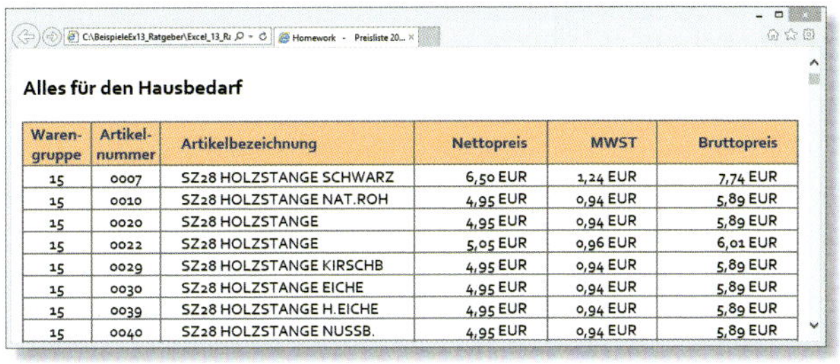

Warengruppe	Artikelnummer	Artikelbezeichnung	Nettopreis	MWST	Bruttopreis
15	0007	SZ28 HOLZSTANGE SCHWARZ	6,50 EUR	1,24 EUR	7,74 EUR
15	0010	SZ28 HOLZSTANGE NAT.ROH	4,95 EUR	0,94 EUR	5,89 EUR
15	0020	SZ28 HOLZSTANGE	4,95 EUR	0,94 EUR	5,89 EUR
15	0022	SZ28 HOLZSTANGE	5,05 EUR	0,96 EUR	6,01 EUR
15	0029	SZ28 HOLZSTANGE KIRSCHB	4,95 EUR	0,94 EUR	5,89 EUR
15	0030	SZ28 HOLZSTANGE EICHE	4,95 EUR	0,94 EUR	5,89 EUR
15	0039	SZ28 HOLZSTANGE H.EICHE	4,95 EUR	0,94 EUR	5,89 EUR
15	0040	SZ28 HOLZSTANGE NUSSB.	4,95 EUR	0,94 EUR	5,89 EUR

Abbildung 21.1 *Auszug aus einer Webseite mit Daten aus einer Excel-Preisliste*

Abbildung 21.2 zeigt die ersten Zeilen des HTML-Codes für die in Abbildung 21.1 gezeigte Seite. Zeile 8 enthält den Hinweis darauf, dass die Seite von Excel generiert worden ist.

```
1  <html xmlns:v="urn:schemas-microsoft-com:vml"
2  xmlns:o="urn:schemas-microsoft-com:office:office"
3  xmlns:x="urn:schemas-microsoft-com:office:excel"
4  xmlns="http://www.w3.org/TR/REC-html40">
5
6  <head>
7  <meta http-equiv=Content-Type content="text/html; charset=windows-1252">
8  <meta name=ProgId content=Excel.Sheet>
9  <meta name=Generator content="Microsoft Excel 15">
10 <link id=Main-File rel=Main-File href="../Excel_13_Ratgeber_21_Preisliste.htm">
11 <link rel=File-List href=filelist.xml>
12 <link rel=Stylesheet href=stylesheet.css>
13 <style>
14 <!--table
15        {mso-displayed-decimal-separator:"\,";
16        mso-displayed-thousand-separator:"\.";}
17 @page
```

Abbildung 21.2 *Auszug aus dem HTML-Code der Webseite*

Der nächste Schritt, die Programmfunktionen von Excel selbst ins Web zu stellen, sodass der Webbesucher die Tabellen auch bearbeiten kann, ist inzwischen aber auch schon getan, das ist das Thema von Kapitel 23, »Auf Arbeitsmappen online zugreifen«, ab Seite 779.

Die Technik, Dokumente über Hyperlinks zu verknüpfen, ist auch auf alle Office-Dokumente anwendbar. Aus einer Arbeitsmappe können Sie über einen solchen Link also mal kurz eine Seite im Internet oder eine andere Excel-Tabelle inspizieren, um dann wieder zur aktuellen Tabelle zurückzuspringen. So entsteht zunehmend eine Situation, in der es keinen Unterschied mehr macht, ob ein Dokument auf Ihrem PC, auf den Servern im Firmennetz oder auf einem Webserver irgendwo auf der Welt gespeichert ist.

Daten im XML-Format können Sie sowohl einlesen als auch erzeugen. Excel unterstützt dabei den Einsatz eigener Schemas, mit denen die Zusammensetzung eines XML-Dokuments beschrieben wird. Dies ist Thema in Abschnitt 21.3, »XML-Daten verarbeiten«, ab Seite 760.

21.1 Arbeitsmappen als Webseiten veröffentlichen

Mit der Möglichkeit, Excel-Arbeitsergebnisse umstandslos auch über das Web bereitzustellen, ist viel gewonnen. Wenn eine Excel-Datei in HTML übersetzt wird, entsteht eine Textdatei, die die Daten aus den Zellen und zahlreiche sogenannte *markup tags* enthält, Marken mit Anweisungen, wo und wie die Inhalte auf die Seite platziert werden. Daher ja auch der Name *HyperText Markup Language*, kurz HTML.

Als Erweiterung der Gestaltungsmöglichkeiten für Webseiten, etwa was die Schrift oder die Anzeige von Tabellen und Abbildungen betrifft, wurden zusätzlich zum *reinen* HTML die *Cascading Stylesheets*, kurz CSS, entwickelt. Dabei geht es um separate Gruppen von Formatanweisungen für die Darstellung der unterschiedlichen Elemente auf einer Webseite, ähnlich den Formatvorlagen, wie sie in Excel definiert werden können.

Das erlaubt, die Formatierung von der bloßen Information zu trennen, sodass sie schließlich auch unabhängig vom Inhalt geändert werden kann. Excel fügt solche Stylesheets entweder direkt in den generierten HTML-Code ein oder legt die Formatierungsanweisungen in separaten CSS-Dateien ab.

Arbeitsmappen in HTML speichern

Wenn Sie Material aus einer Arbeitsmappe auf eine Website stellen wollen, haben Sie die Wahl, die ganze Arbeitsmappe, einzelne Blätter oder Objekte wie ein Diagramm, eine gefilterte Tabelle oder einen markierten Zellenbereich dafür auszuwählen. Das Verfahren ist in allen Fällen weitgehend gleich. Zum Kennenlernen hier ein einfaches Beispiel: Zwei Preislisten sollen im Intranet einer Firma veröffentlicht werden. Dazu noch ein Diagramm, das die Umsatzentwicklung der betreffenden Produkte zeigt.

1 Legen Sie die Preislisten auf zwei Tabellenblättern an, die Umsatzzahlen auf einem dritten Blatt und das Diagramm dazu auf einem eigenen Blatt. Ändern Sie die Blattregister dem Inhalt entsprechend. Es ist meist sinnvoll, die Arbeitsmappe zunächst ganz normal als Excel-Datei abzuspeichern und eine Kopie davon im HTML-Format zu erzeugen.

2 Benutzen Sie dazu über das **Datei**-Register den Befehl **Speichern unter**. Geben Sie einen passenden Dateinamen ein, und wählen Sie unter **Dateityp** die Option **Webseite**. Excel blendet nun zusätzliche Optionen und Schaltflächen für diesen Dateityp ein.

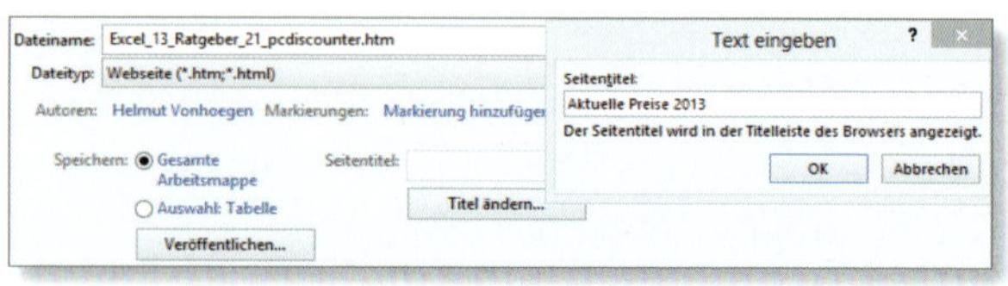

Abbildung 21.3 *Der Dialog »Speichern unter« mit den Optionen für den Dateityp »Webseite (*.htm; *.html)«*

3 Zunächst sollten Sie unter **Speichern** entscheiden, dass die gesamte Arbeitsmappe gespeichert werden soll.

4 Über die Schaltfläche **Titel ändern** können Sie noch den Seitentitel festlegen, unter dem die Webseite im Browser angezeigt wird.

5 Setzen Sie mit der Schaltfläche **Veröffentlichen** die Übersetzung der Arbeitsmappe in das HTML-Format in Gang.

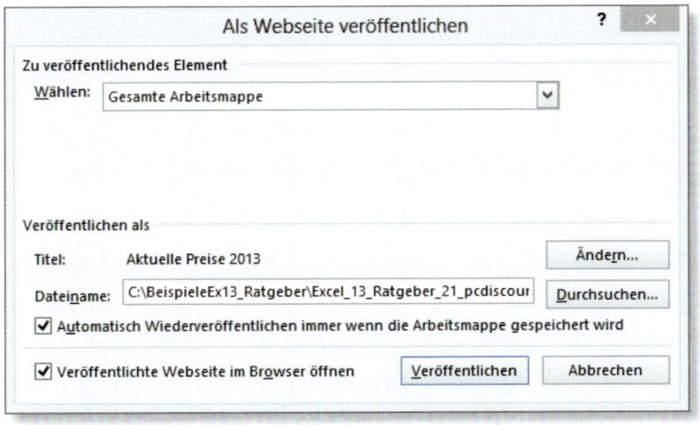

Abbildung 21.4 *In diesem Dialog bestimmen Sie, wie die Veröffentlichung vorgenommen wird.*

6 Der Dialog **Als Webseite veröffentlichen** zeigt zur Kontrolle noch einmal die gewählten Daten an. Sie können hier noch die Option **Automatisch Wiederveröffentlichen immer wenn die Arbeitsmappe gespeichert wird** aktivieren. Bleibt die Option **Veröffentlichte Webseite im Browser öffnen** ausgewählt, wird, sobald Sie die Schaltfläche **Veröffentlichen** benutzen, der Browser mit der neuen Seite geöffnet.

Abbildung 21.5 *Die Arbeitsmappe erscheint in Form von mehreren Seiten, die über die imitierten Register angesteuert werden.*

Wenn die Arbeitsmappe wie hier aus mehreren Blättern besteht und auch mehr als ein Blatt Daten enthält, werden auf der Webseite Pseudoblattregister mit den entsprechenden Blattnamen eingeblendet. Per Klick oder Tipp auf diese Register können Sie sich die verschiedenen Blätter ansehen.

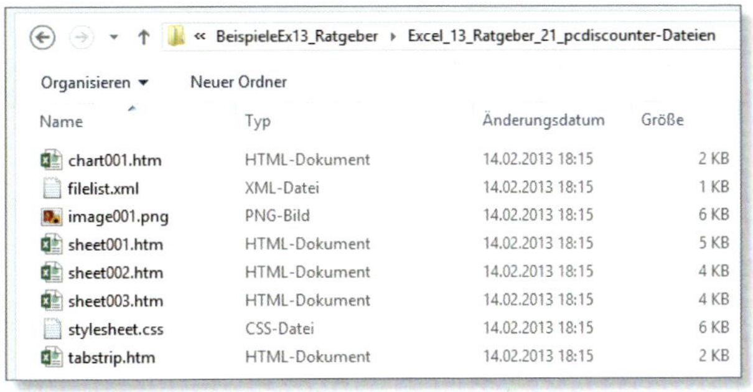

Abbildung 21.6 *Der Ordner mit den Hilfsdateien*

Excel legt zusätzlich zu der HTML-Datei mit dem von Ihnen vergebenen Namen einen Ordner in dem verwendeten Zielordner an, der den gleichen Namen verwendet und noch den Zusatz *-Dateien* anhängt. Dort finden Sie für jedes Blatt eine eigene HTML-Datei mit durchnummerierten Blattnamen. Zusätzlich finden Sie in diesem Ordner noch eine Reihe von Hilfsdateien, wie eine Stylesheet-Datei oder Dateien mit grafischen Elementen. Ein solcher Ordner enthält immer eine Datei *filelist.xml*, worin im XML-Format alle Dateien des Ordners aufgelistet sind.

```
<xml xmlns:o="urn:schemas-microsoft-com:office:office">
 <o:MainFile HRef="../Excel_13_Ratgeber_21_pcdiscounter.htm"/>
 <o:File HRef="stylesheet.css"/>
 <o:File HRef="tabstrip.htm"/>
 <o:File HRef="sheet001.htm"/>
 <o:File HRef="sheet002.htm"/>
 <o:File HRef="chart001.htm"/>
 <o:File HRef="image001.png"/>
 <o:File HRef="sheet003.htm"/>
 <o:File HRef="filelist.xml"/>
</xml>
```

Abbildung 21.7 *Beispiel für eine Dateienliste in XML*

Die Struktur der Arbeitsmappe mit ihren verschiedenen Blättern wird auf der Webseite durch eine Frame-Struktur imitiert, wobei jeweils ein Blatt in einen der Frames geladen wird. Im HTML-Code wird das Ansteuern der verschiedenen Blätter über Script-Funktionen realisiert, die jeweils ein Blatt in den entsprechenden Frame laden. Die Register der Arbeitsmappe werden separat in der Datei *tabstrip.htm* in Form einer Tabelle abgelegt. Die Registerfarben lassen sich allerdings nicht automatisch in das Webformat übertragen.

Wenn Sie mal einen Blick in den Quellcode werfen wollen, den Excel bei der Übersetzung in HTML erzeugt hat, benutzen Sie beispielsweise im Internet Explorer den Befehl **Ansicht > Quelle**.

TIPP

Was geschieht beim Verschieben?
Die HTM-Datei und der zugehörige Unterordner sind eng miteinander verknüpft. Wenn Sie versuchen, eine der beiden in einen Ordner zu verschieben, werden Sie feststellen, dass der andere Part immer mitgenommen wird. Wird der Hilfsordner gelöscht, wird auch die Hauptdatei gelöscht und umgekehrt. Falls Sie versuchen, die Hauptdatei umzubenennen, erhalten Sie eine Warnung, dass damit der Bezug auf den Hilfsordner verloren geht.

Webarchive

Als Alternative zu der gerade beschriebenen Aufteilung der Dateien können Sie in Excel 2013 auch das Format MHT zum Speichern als MHTML-Dokument verwenden. Dieses Format fasst alle Dateien in einem Webarchiv zusammen, was insbesondere für den Transport an andere Orte praktisch ist. Der Internet Explorer kann diese Dateien direkt öffnen.

TIPP

Einschränkungen
Bei einigen Funktionen ist keine Übersetzung in HTML möglich, z. B. bei Szenarien in Excel. Wenn Sie die Speicherung als Webseite ausführen, wird die Tabelle mit den Daten des aktuell ausgewählten Szenarios auf die Webseite gebracht.

Weboptionen

Wer Seiten ins Web stellt, sollte im Auge behalten, für wen diese Seiten gedacht sind. Nicht jeder verwendete Browser unterstützt etwa alle Optionen von Cascading Stylesheets oder bestimmte Erweiterungen von HTML. Es könnte einen Besucher Ihrer Webseite frustrieren, wenn er mit seinem Browser Elemente der Seite nicht sehen kann. Wer von möglichst vielen Menschen wahrgenommen werden will, sollte ihnen entgegenkommen. Innerhalb einer Firma, in der alle die gleichen Browser einsetzen, ist die Situation besser kontrollierbar.

Sie haben es in der Hand, das Ausmaß der Webfunktionen zu steuern. In Excel finden Sie dazu über **Datei > Optionen** auf der Seite **Erweitert** unter **Allgemein** eine Schaltfläche für **Weboptionen**.

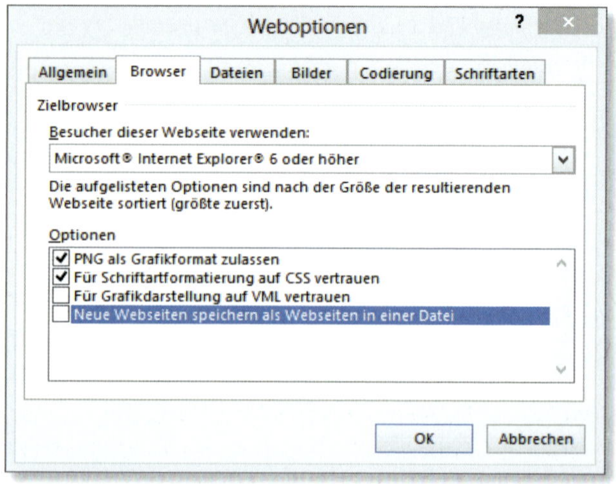

***Abbildung 21.8** Die Registerkarte »Browser« im Dialog »Weboptionen«*

Excel 2013 erleichtert die Abstimmung auf eine bestimmte Browsergeneration mit der Registerkarte **Browser**. Im ersten Listenfeld können Sie den Browser auswählen, der auf jeden Fall bedient werden soll. Wenn Sie eine ältere Generation wählen, schränken Sie die Gestaltungsmöglichkeiten auf der Webseite zwar ein, sichern aber ab, dass eine möglichst große Zahl von Besuchern Ihre Seite ohne Abstriche sehen kann.

Je nach Auswahl im Listenfeld sind dann unterschiedliche Optionen voreingestellt, die aber noch zusätzlich abgewählt werden können. Die zweite Option betrifft die Verwendung von CSS. Die neueren Browser unterstützen inzwischen wenigstens CSS1 und CSS2. Leider ist die Formatbeschreibung zwischen den Browsern noch nicht völlig einheitlich, was zu unterschiedlichen Darstellungen führen kann. Mal ist ein Unterstrich sichtbar, mal nicht. Es ist deshalb sinnvoll, Webseiten, die weit verbreitet werden sollen, vorher auf unterschiedlichen Browsern zu testen.

Von Bedeutung für die Webübersetzung sind auch die Einstellungen auf der Registerkarte **Dateien**. Die erste Option **Hilfsdateien in einen Ordner speichern** ist normalerweise aktiviert und bewirkt die oben schon beschriebene Verteilung der Dateien bei der Erstellung von Webseiten mit mehreren Blättern, Grafiken, Diagrammen etc.

^ ***Abbildung 21.9*** *Hier legen Sie die Speicherung der Hilfsdateien fest.*

Wird das Häkchen dagegen gelöscht, werden auch die Hilfsdateien in demselben Ordner gespeichert wie die Hauptdatei. Zu empfehlen ist das eigentlich nicht, weil Sie bei mehreren Webseiten dann schnell den Überblick verlieren, welche Hilfsdateien zu einer HTML-Datei gehören. Es kann aber sein, dass der Server Ihres Internetproviders, auf dem Sie Ihre Webseiten speichern wollen, es nicht zulässt, dass neue Ordner angelegt werden. Dann sollten Sie die Option abwählen.

Außerdem kann auf dem Register **Bilder** die Auflösung des vorgesehenen Zielmonitors eingestellt werden, um die Webseite für bestimmte Monitorauflösungen zu optimieren.

Die Registerkarten **Codierung** und **Schriftarten** haben mit der Frage zu tun, ob Ihre Webseiten weltweit von möglichst vielen Menschen wahrgenommen werden können. Sie können hier die Codierung und die Standardschriftarten vorgeben, die für die erzeugten Webseiten verwendet werden sollen.

21.2 Dokumente mit Hyperlinks verknüpfen

Eine der Errungenschaften, die aus dem Web in die Office-Welt übernommen wurden, ist die Möglichkeit, Dokumente durch Hyperlinks zu vernetzen. Es gibt in Excel 2013 zwei verschiedene Möglichkeiten, eine Zelle als Hyperlink zu benutzen. Im ersten Fall bleibt der aktuelle Inhalt der Zelle unverändert, die Zelle wird nur durch eine besondere Formatierung – meist durch Unterstreichung und bestimmte Farben – als Hyperlink kenntlich gemacht.

Im anderen Fall wird eine Tabellenfunktion benutzt, um eine Hyperlink-Verbindung herzustellen. Das erlaubt Ihnen z. B. auch, bedingte Links zu erstellen, bei denen Sie je nach Lage der Dinge mal zu der einen und mal zu der anderen Stelle springen. Verknüpfungen lassen sich auch über grafische Objekte oder eingefügte Bilder herstellen.

Absprung von einer Zelle

Um eine Zelle als Sprungbrett zu einer Webseite, einem anderen Dokument oder einer bestimmten Stelle in einem anderen Dokument oder in der eigenen Arbeitsmappe zu benutzen, verfahren Sie folgendermaßen:

1. Tragen Sie in die betreffende Zelle einen entsprechenden Hinweis ein. Wenn das Sprungziel beispielsweise eine Webseite für Firmenanleihen ist, könnte in der Zelle *Firmenanleihen* stehen.
2. Lassen Sie die Zelle ausgewählt, und benutzen Sie das Symbol **Link** aus der Gruppe **Einfügen > Link**.

Statt des Symbols kann auch [Strg] + [K] verwendet werden.

^ ***Abbildung 21.10*** *Die Schaltfläche zum Einfügen von Hyperlinks*

3 Das Dialogfeld wird mit der Auswahl **Link zu: Datei oder Webseite** geöffnet.

4 Unter **Anzuzeigender Text** übernimmt das Dialogfeld den Text, der aktuell in der Zelle steht.

5 Über **QuickInfo** können Sie noch einen zusätzlichen Hinweis eintragen, der angezeigt wird, wenn die Zelle mit dem Mauszeiger berührt wird. Wenn Sie hier nichts eingeben, wird die Zieladresse angezeigt.

6 Geben Sie unter **Adresse** die gewünschte Webseite an, oder benutzen Sie die Schaltfläche **Web durchsuchen**, um die Seite direkt im Internet Explorer zu suchen. Falls die Adresse vorher schon einmal genutzt wurde oder gerade mehrere Seiten im Browser geöffnet sind, kann sie auch über die Schaltfläche **Besuchte Webseiten** oder **Zuletzt verwendet** aus der Liste ausgewählt werden. Ist die gewünschte Seite gerade im Browser sichtbar, sollten Sie die Adresse von dort übernehmen. Klicken oder tippen Sie dazu einfach in das Adressfeld des Dialogs.

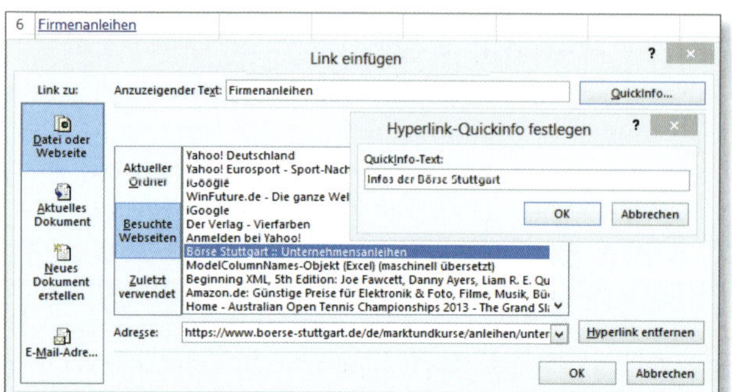

^ ***Abbildung 21.11*** *Der Dialog »Link einfügen« erlaubt zahlreiche Varianten von Verknüpfungen mit anderen Ressourcen.*

7 Wird der Eintrag mit **OK** bestätigt, erscheint der Inhalt der Zelle in der Formatierung, die augenblicklich für Hyperlink-Zellen eingestellt ist. Excel verwendet dafür eine spezielle Formatvorlage mit dem Namen *Link*.

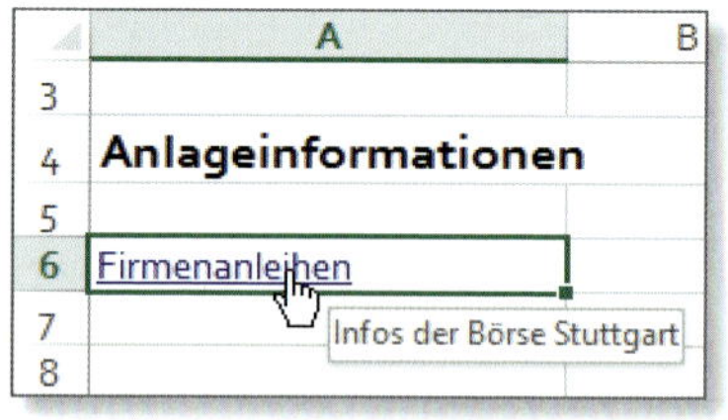

^ ***Abbildung 21.12*** *Wenn der Mauszeiger den Link berührt, wird der Eintrag unter »QuickInfo« angezeigt.*

8 Berührt der Mauszeiger die Hyperlink-Zelle, verwandelt er sich in eine kleine Hand. Ein Klick oder Tipp genügt, um zu dem angegebenen Ziel zu springen. Ist die Verbindung zum Internet schon vorher hergestellt, wird im Browser die entsprechende Seite sofort geöffnet. Im anderen Fall wird versucht, die Verbindung zum Internet aufzubauen und die Seite zu finden.

Ist ein Hyperlink einmal benutzt worden, ändert sich die Textfarbe der Link-Zelle, um Ihnen anzuzeigen, dass Sie diesen Link schon benutzt haben.

Automatische Link-Erzeugung

Wenn Sie etwas eintragen, was Excel als Webadresse oder Netzwerkpfad erkennen kann, wandelt das Programm die Eingabe automatisch in einen Hyperlink zu der angegebenen Adresse um.

Bei solchen Hyperlinks bietet Excel eine kleine Schaltfläche mit **AutoKorrektur-Optionen** an, mit der die Hyperlink-Eigenschaft der Zelle rückgängig gemacht werden kann, wenn sie an dieser Stelle nicht gewünscht ist. Wollen Sie eine ganze Reihe von Adressen nur als Text eintragen, können Sie die automatische Erzeugung von Hyperlinks hier auch ganz abschalten.

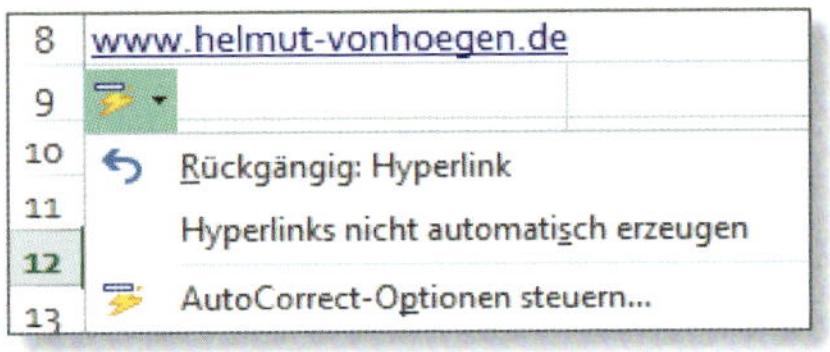

Abbildung 21.13 *AutoKorrektur-Optionen zu einer Webadresse*

Wenn Sie die automatische Erkennung von Hyperlinks ganz verhindern wollen, schalten Sie sie einfach ab. Über **Datei > Optionen > Dokumentprüfung** öffnen Sie dazu mit der Schaltfläche **AutoKorrektur-Optionen** den Dialog **AutoKorrektur** auf dem Register **Autoformat während der Eingabe**.

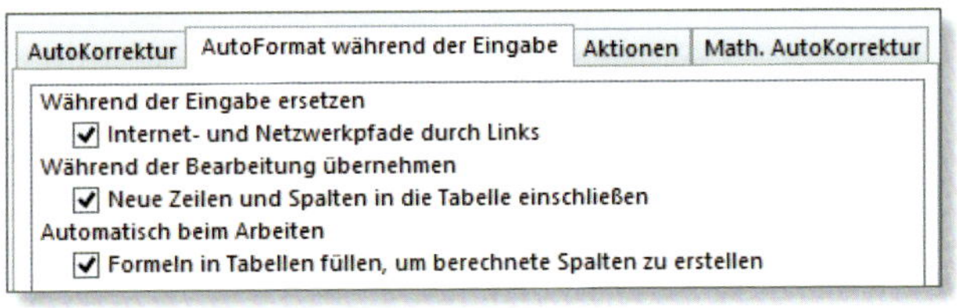

Abbildung 21.14 *Hier kann die automatische Erkennung von Hyperlinks bei Bedarf abgeschaltet werden.*

Links zu Dokumenten

So, wie Sie über Links gezielt auf Webseiten zugreifen, lässt sich auch mit den Arbeitsmappen verfahren. Sie können den Sprung zu einer bestimmten Mappe sogar noch zielgenauer betreiben, indem Sie direkt zu einer bestimmten Stelle, z. B. einem benannten Bereich, springen. Entsprechendes gilt für Texte in Word-Dokumenten. Dort sind Textmarken mögliche Ziele.

Auf diese Weise haben Sie die Möglichkeit, eine bestimmte zusammengehörende Gruppe von Arbeitsmappen in einen großen Hypertext zu verwandeln, sodass Sie von einer Stelle aus Zugang zu allen zugehörigen Arbeitsmappen haben. Außerdem lassen sich noch beliebig viele Querverbindungen zwischen den Mappen aufbauen. Stehen die Verbindungen, können Sie die Namen und Pfade der verschiedenen Arbeitsmappen mehr oder weniger vergessen, da Sie ja nicht mehr den vergleichsweise mühevollen Weg über das Dialogfeld **Öffnen** gehen müssen.

Ein Hyperdokument aus Arbeitsmappen

Zur Anregung ein kleines Beispiel: Angenommen, die tägliche Arbeit wird hauptsächlich mithilfe einiger großer Arbeitsmappen erledigt. Um per Klick oder Tipp zwischen den Mappen wechseln zu können, legen Sie ein Arbeitsblatt an, das Hyperlinks zu allen Mappen enthält, also eine Art Inhaltsverzeichnis über die Grenzen der einzelnen Mappen hinweg.

1. Legen Sie zunächst alle Arbeitsmappen an, die Sie verknüpfen wollen. Sollen Verknüpfungen zu bestimmten Bereichen aufgebaut werden, benennen Sie diese Bereiche mit passenden Namen.
2. Erstellen Sie ein Blatt in einer eigenen Arbeitsmappe, das die Titel der anderen Mappen auflistet.

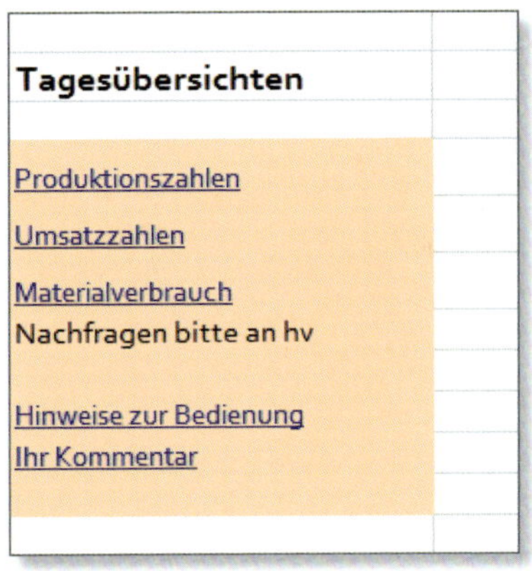

Abbildung 21.15 *Eine Tabelle mit einigen Positionen für Hyperlinks*

3. Wählen Sie jede der Titelzellen einzeln an, und fügen Sie Hyperlinks zu einer der Mappen bzw. zu bestimmten Bereichen in die Mappen ein.
4. Im Dialogfeld **Link einfügen** können Sie das Listenfeld **Suchen in** benutzen, um die Zieldateien zu finden und auszuwählen.

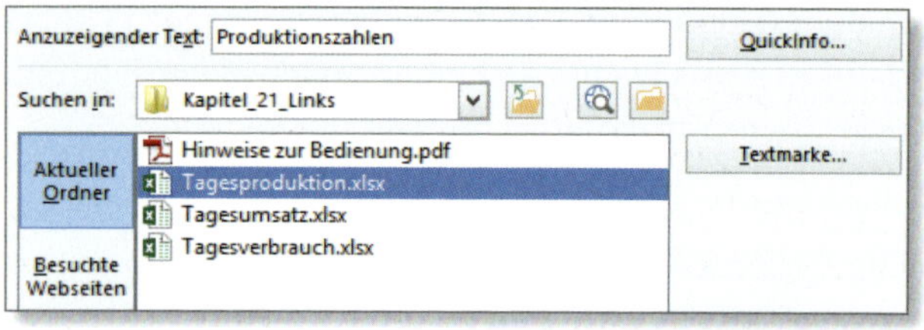

^ ***Abbildung 21.16*** *Verknüpfung zu Dateien in einem lokalen Ordner*

5 Soll die Verknüpfung gezielt zu einem bestimmten Blatt der Mappe hergestellt werden, benutzen Sie die Schaltfläche **Textmarke** und wählen danach unter **Zellbezug** den Namen des Blatts. Ist ein benannter Bereich das Ziel, wählen Sie den Namen unter **Festgelegte Namen**. Werden Namen nicht angezeigt, klicken Sie jeweils auf das Pluszeichen, um einen hinzuzufügen.

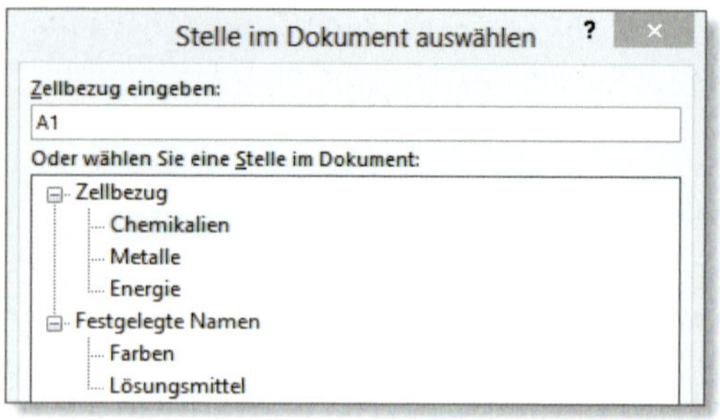

^ ***Abbildung 21.17*** *Auch bestimmte Stellen in einem Dokument können das Ziel einer Verknüpfung sein.*

6 Sind alle Links fertiggestellt, sollten Sie die Datei zunächst noch einmal speichern. Nun lassen sich aus dem Inhaltsverzeichnis alle verknüpften Dateien aufrufen.

7 Um die Navigation zwischen verlinkten Dokumenten zu vereinfachen, sollten Sie in die Schnellzugriffsleiste die beiden Symbole **Vorwärts** ❶ und **Zurück** ❷ einblenden. Sie sind zu finden, wenn Sie im Dialog **Excel-Optionen > Anpassen** unter **Befehle auswählen** die Option **Alle Befehle** nutzen. Der Rücksprung kann dann jedes Mal mit dem **Zurück**-Pfeil erfolgen.

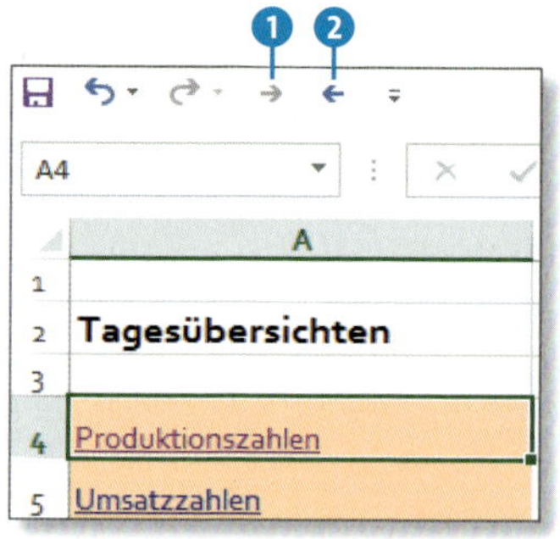

^ ***Abbildung 21.18*** *Die Navigationsschaltflächen sind bei Verknüpfungen zwischen Dokumenten sehr praktisch.*

Natürlich können Sie auch noch beliebige Querverbindungen zwischen den Mappen aufbauen. Excel merkt sich automatisch, auf welchem Weg Sie jeweils von einem zum anderen Sprungziel gegangen sind. Mit den Pfeiltasten für **Vorwärts** und **Zurück** finden Sie immer zum Ausgangspunkt zurück.

Auch Links innerhalb eines großen Tabellenblatts können sinnvoll sein. Wenn z. B. an einer bestimmten Stelle mit einer Summe gearbeitet wird, die in einem nicht sichtbaren Teil des Arbeitsblatts berechnet worden ist, hilft ein Hyperlink, schnell zu den Detaildaten dieses Punkts zu springen. Benutzen Sie in diesem Fall unter **Link zu:** die Schaltfläche **Aktuelles Dokument**, und wählen Sie dann die gewünschten Zellbezüge oder Namen.

TIPP

Links zu Textmarken
Soll eine Verknüpfung zu einer Textmarke in einem Word-Dokument erstellt werden, müssen Sie den Namen der Textmarke manuell hinter den Dateinamen eintragen und ein #-Zeichen davorsetzen. Die Word-Textmarke kann von Excel aus nicht über die **Textmarke**-Schaltfläche gefunden werden.

Downloads

Vielleicht wollen Sie einer komplexen Arbeitsmappe noch eine PDF-Datei beigeben, die eine Beschreibung enthält, wie mit dem Kalkulationsmodell umgegangen werden soll? Auch hier hilft eine Hyperlink-Verknüpfung auf die jeweilige Datei. Wird der Link dann angeklickt oder angetippt, wird die Datei automatisch geöffnet.

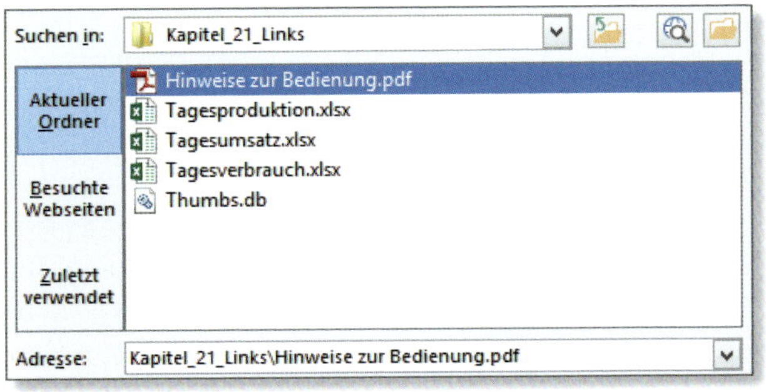

Abbildung 21.19 *Verknüpfung zu einer PDF-Datei*

E-Mail-Links

Wenn Sie eine Mappe an andere Personen weiterreichen, kann es sinnvoll sein, spezielle Links auf Ihre E-Mail-Adresse einzufügen. Wählen Sie dazu im Dialog **Hyperlink einfügen** zunächst die Schaltfläche **E-Mail-Adresse**, und ergänzen Sie dann im Adressfeld die Vorgabe **mailto:** mit der entsprechenden Adresse.

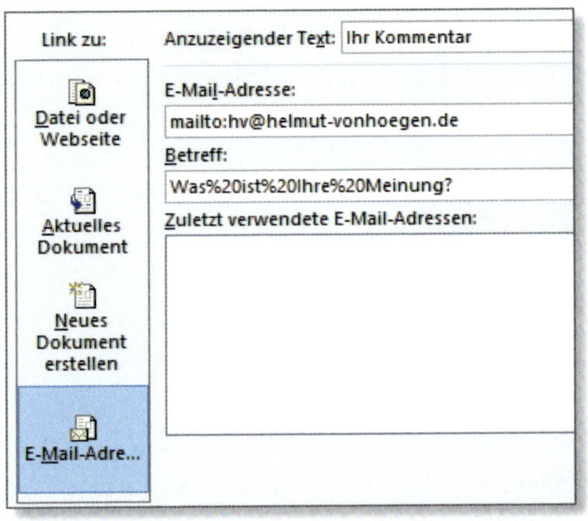

Abbildung 21.20 *Eingabe eines Links zu einer E-Mail-Adresse*

Klickt oder tippt der Betrachter der Mappe auf diese Zelle, wird sofort der Dialog für eine neue E-Mail an die gewählte Adresse geöffnet, falls ein E-Mail-Programm installiert ist.

Hyperlinks per Tabellenfunktion

In Excel können Sie Hyperlinks auch über eine Tabellenfunktion erstellen. Die *HYPERLINK()*-Funktion wird in der üblichen Weise in eine Zelle eingefügt. Um den Hyperlink zu aktivieren, wird wie bei den anderen Hyperlinks die Zelle angeklickt oder angetippt. Die Funktion hat zwei Argumente.

Das erste ist die Hyperlink-Adresse, zu der die Verbindung hergestellt werden soll. Zusätzlich kann noch angegeben werden, was in der Zelle selbst angezeigt wird, etwa ein hinweisender Text. Deshalb wird dieses Argument auch *Freundlicher_Name* genannt. Wird dieses Argument ausgelassen, erscheint in der Zelle einfach die angegebene Hyperlink-Adresse.

Die Hyperlink-Adresse kann entweder direkt eingegeben werden, dann sind Anführungszeichen erforderlich. Es ist auch der Bezug auf eine Zelle möglich, die die Adresse als Text oder als Ergebnis einer Formel enthält.

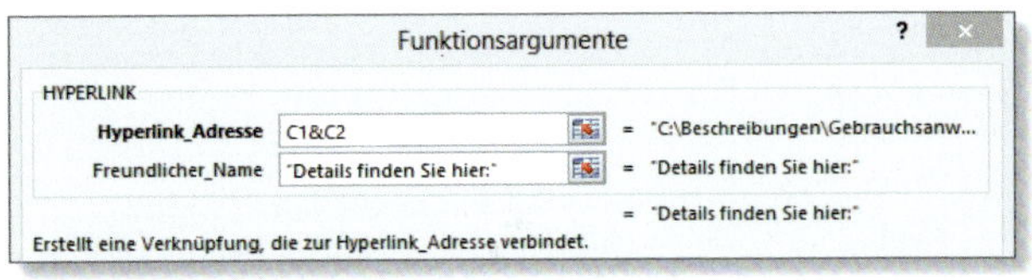

Abbildung 21.21 *Beispiel für die HYPERLINK()-Funktion*

Kann das Hyperlink-Ziel nicht gefunden werden, erscheint in der Zelle eine Fehlermeldung. Soll das Link-Ziel geändert werden, bearbeiten Sie die Formel wie üblich. Der Vorteil der *HYPERLINK()*-Funktion ist, dass auch variable Sprungziele verwendet werden können. Sie können beispielsweise in Zelle C1 den Namen eines Ordners und in Zelle C2 den Namen einer Datei ablegen, übrigens jeweils ohne Anführungszeichen. Dann kann beispielsweise in Zelle A1 folgende Hyperlink-Funktion eingetragen werden:

```
=HYPERLINK(C1&C2; "Details finden Sie
hier:")
```

Die Adresse wird also in diesem Fall aus zwei Textteilen zusammengesetzt. Der Vorteil: Angenommen, Sie haben in der Arbeitsmappe eine ganze Reihe solcher Hyperlinks, die sich alle auf Dateien im selben Ordner beziehen. Nun ordnen Sie Ihre Festplatte neu oder kopieren die Dateien auf eine andere Festplatte. Sie brauchen nur den Eintrag in der Zelle C1 zu ändern, und schon sind die Verknüpfungen wiederhergestellt.

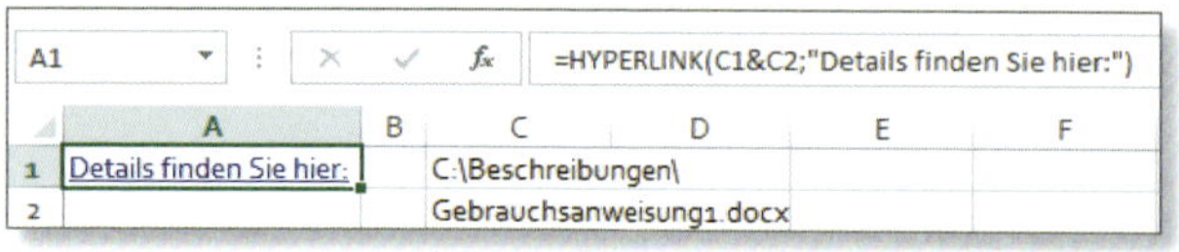

Abbildung 21.23 *Beispiel für ein per Funktion zusammengestelltes Link-Ziel*

Auch Webadressen lassen sich über diese Funktion aus mehreren Elementen zusammensetzen. Im Folgenden benutzen wir eine Bücherliste, bei der in Spalte D die ISBN-Nummern eingetragen sind. In der Spalte daneben wird diese Nummer als Teil einer Webadresse benutzt, indem einfach der Zellbezug mit dem &-Operator eingefügt wird. Die Formel heißt dann beispielsweise:

```
=HYPERLINK("http://www.amazon.de/exec/obidos/ASIN/"&D2"/";"Amazon")
```

Bedingte Links: mal hierhin, mal dahin

In den einleitenden Bemerkungen zu diesem Abschnitt wurde schon auf die Möglichkeit bedingter Hyperlinks hingewiesen. Angenommen, Sie kalkulieren ein Angebot mal für einen deutschen, mal für einen französischen Kunden. Die beiden Preislisten sind in separaten Tabellen gespeichert. Sie legen in der Tabelle für das Angebot in der Zelle K2 ein Kennzeichen ab, um die deutschen Angebote von den französischen zu unterscheiden. Dann kann in eine andere Zelle eine Hyperlink-Formel zu den Preistabellen abhängig von diesem Kennzeichen eingegeben werden. Die Formel kann lauten:

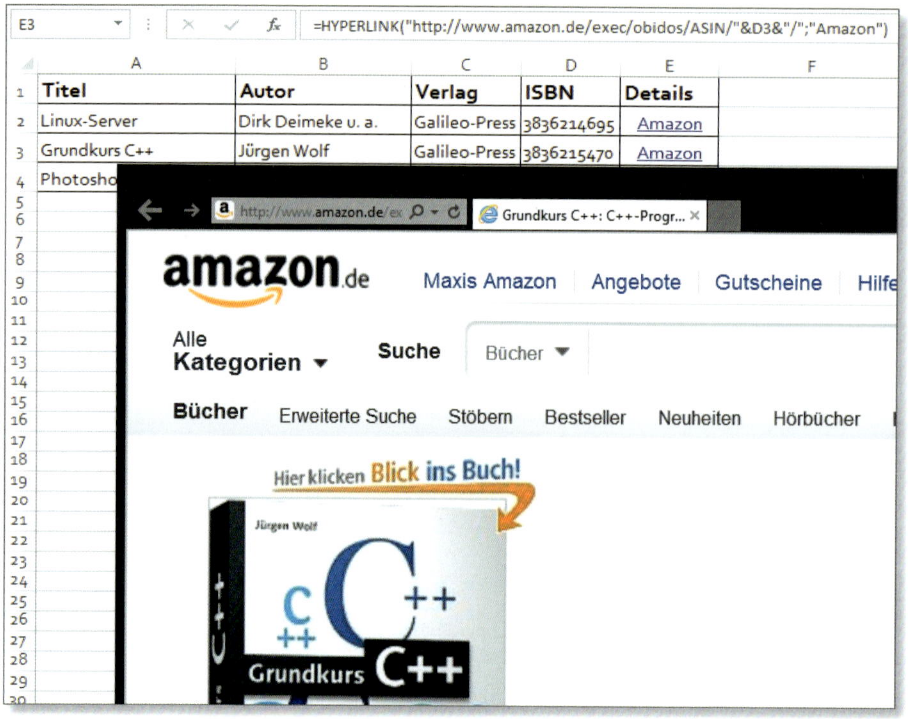

Abbildung 21.22 *Der Link übernimmt die ISBN-Nummer in die Webadresse.*

```
=WENN(K2="Fr"; HYPERLINK("D:\Office\
PLISTEFR.XLSX";"französische Preisliste");
HYPERLINK("D:\Office\PLISTEDE.
XLSX";"deutsche Preisliste"))
```

Je nachdem, was in Zelle K2 steht, erscheint nicht nur ein anderer Text, beim Klick oder Tipp auf die Zelle wird auch eine andere Datei geöffnet.

Formatieren von Hyperlinks

Die Art und Weise, wie Hyperlinks auf dem Tabellenblatt gekennzeichnet werden, kann für alle Hyperlinks in der aktuellen Arbeitsmappe gleichzeitig geändert werden. Excel benutzt hier spezielle Formatvorlagen für Hyperlinks und für schon einmal besuchte Hyperlinks. Diese Formatvorlagen erscheinen in der Liste der Formatvorlagen allerdings erst, wenn die Arbeitsmappe bereits Hyperlinks enthält bzw. wenn ein Hyperlink zum Sprung in ein anderes Dokument oder an eine andere Stelle und zum Rücksprung benutzt worden ist.

1 Wählen Sie mit den Pfeiltasten eine Hyperlink-Zelle aus, und benutzen Sie in der Gruppe **Start > Formatvorlagen** die Schaltfläche **Zellenformatvorlagen**.

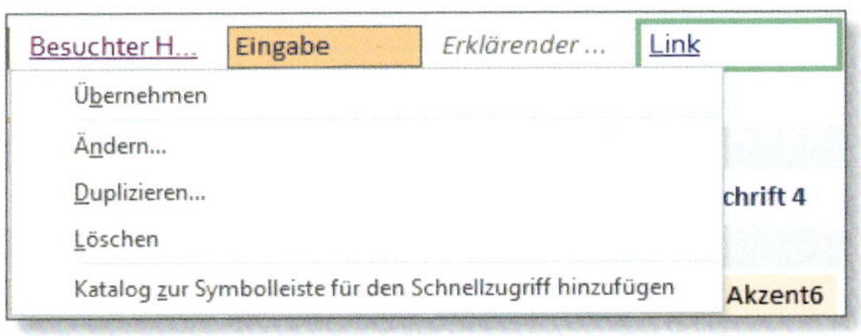

∧ ***Abbildung 21.24*** *Zellenformatvorlagen für Hyperlinks*

2 Ist der Hyperlink noch nicht benutzt worden, wird in der Palette das Formatmuster für **Link** markiert.

3 Benutzen Sie über das Kontextmenü dazu die Option **Ändern**, um beispielsweise andere Farben auszuwählen, die für alle noch nicht benutzten Links gelten sollen, oder um die Unterstreichung abzuschalten.

4 Um das Erscheinungsbild des Hyperlinks zu ändern, nachdem er angeklickt worden ist, wählen Sie die Formatvorlage **Besuchter Hyperlink** und verfahren entsprechend. (Auch dieser Eintrag erscheint erst, wenn ein Link schon einmal verwendet worden ist.)

Die unterschiedlichen Farben der Hyperlinks erinnern Sie daran, welche Seiten und Dokumente Sie schon besucht haben. Die Farben sollten also so gewählt werden, dass sie sich deutlich unterscheiden.

Hyperlink eines grafischen Objekts

Auch grafische Objekte auf dem Tabellenblatt lassen sich als Sprungbrett zu Webseiten oder anderen Dokumenten benutzen.

1 Zeichnen Sie mithilfe der Palette der Schaltfläche **Formen** in der Gruppe **Einfügen > Illustrationen** einen Blockpfeil. Benutzen Sie aus dem Kontextmenü des Pfeils **Text bearbeiten**, um ihn zu beschriften.

2 Lassen Sie das Objekt ausgewählt, sodass die Markierungen sichtbar sind, und benutzen Sie auf dem Register **Einfügen** das **Link**-Symbol.

3 Geben Sie das Verknüpfungsziel wie oben beschrieben ein.

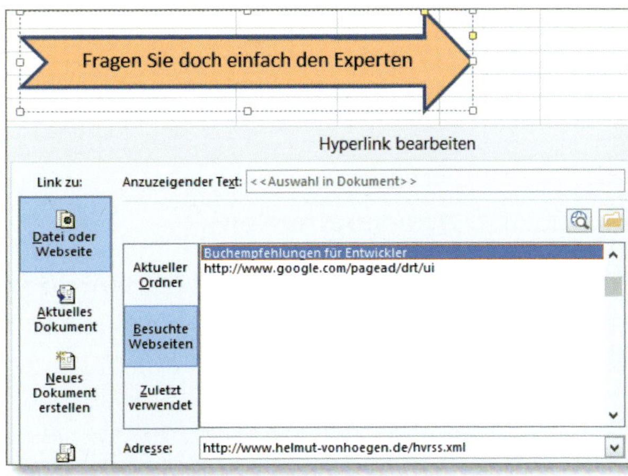

∧ ***Abbildung 21.25*** *Verknüpfung eines grafischen Elements mit einem Link*

Hyperlinks ändern

Hyperlinks sind *von Natur aus* zerbrechliche Verbindungen. Links ins Web sowieso, die Adresse kann sich ändern, eine Site kann eingestellt werden. Bei Links zu Dateien kann es aber auch vorkommen, dass die Dateien verschoben, umbenannt oder gelöscht werden. All diese Dinge führen nicht dazu, dass der entsprechende Hyperlink automatisch angepasst wird – was vorstellbar wäre, aber eben nicht den aktuellen Gegebenheiten entspricht. Die Schritte zur Korrektur sind folgende:

1. Um einen Hyperlink zu ändern, öffnen Sie das Kontextmenü der entsprechenden Zelle oder des Objekts.
2. Benutzen Sie dort die Option **Hyperlink bearbeiten**. Das Dialogfeld entspricht – bis auf die Titelzeile – dem Dialog **Link einfügen**.
3. Tragen Sie die neue Zieladresse ein.

Sollen Hyperlinks aus einer Arbeitsmappe entfernt werden, benutzen Sie im Kontextmenü der Zelle oder des Objekts **Hyperlink entfernen**. Bei Zellen wird daraufhin der Link entfernt, ohne den Inhalt der Zelle zu löschen. Bei grafischen Objekten wird ebenfalls nur der zugeordnete Link entfernt. Wenn Sie dagegen bei einer markierten Hyperlink-Zelle oder einem grafischen Objekt `Entf` benutzen, wird der Link samt Zellinhalt gelöscht. Haben Sie einen Link irrtümlich gelöscht, benutzen Sie einfach die Schaltfläche **Rückgängig** in der Schnellzugriffsleiste.

21.3 XML-Daten verarbeiten

Wir haben in Kapitel 1, »Excel 2013 kennenlernen«, ab Seite 95 bereits die XML-basierten Dateiformate vorgestellt, die Excel 2013 als Standardformate für die Speicherung von Arbeitsmappen anbietet. Darüber hinaus stellt Excel 2013 wie schon Excel 2003 aber auch spezielle Tools für die Erzeugung und Verarbeitung von XML-Dokumenten zur Verfügung, die mit automatisch generierten oder benutzerdefinierten Schemas strukturiert sind.

Allerdings müssen Sie die entsprechenden Werkzeuge in der Menüleiste zunächst einblenden, um sie in Excel 2013 verwenden zu können. Die zugehörigen Befehle und Schaltflächen sind in die Registerkarte **Entwicklertools** integriert, und zwar in der Gruppe **XML**.

Abbildung 21.26 *Die Gruppe »XML« auf dem Register »Entwicklertools«*

Das Register wird eingeblendet, wenn Sie über **Datei > Optionen** auf der Seite **Menüband anpassen** im rechten Fenster in der Liste der Hauptmenükarten die Option **Entwicklertools** abhaken.

Übernahme von XML-Daten

Excel 2013 unterstützt nicht nur Daten im XML-Format, sondern auch die Gültigkeitsprüfung solcher Daten durch XML-Schemas. Ein XML-Schema ist selbst ein wohlgeformtes XML-Dokument, das die Datenstruktur für eine ganze Klasse von XML-Dokumenten festlegt.

Mithilfe eigener XML-Schemas sind Sie in der Lage, für bestimmte Anwendungsbereiche verbindliche Datenstrukturen in Form entsprechender Vorlagen und Formulare durchzusetzen. Sie können ein solches Schema vorgeben oder durch Excel generieren lassen. Öffnet Excel eine XML-Datei, der ein Schema zugeordnet ist, benutzt das Programm automatisch dieses Schema, wenn es unter dem angegebenen Pfad zu finden ist.

Ist den eingelesenen Daten kein XML-Schema zugeordnet, versucht Excel selbst, aus dem aktuellen XML-Dokument ein passendes XML-Schema zu erzeugen. Dieses Verfahren ist allerdings nur bei einfachen Strukturen einigermaßen zuverlässig, weil dabei nur die Strukturelemente beachtet werden, die tatsächlich in dem zugrunde gelegten Dokument vorhanden sind.

Schemas legen aber in der Regel Einschränkungen für eine ganze Klasse von Dokumenten fest, die sich im Detail unterscheiden dürfen.

Wenn beispielsweise für ein Element `<gebinde>` die Werte `cm`, `m`, `zoll` erlaubt werden sollen, kann dies Excel nicht aus einem Dokument ableiten, in dem nur einer dieser Werte verwendet wird. Deshalb sollten Sie in der Regel mit explizit definierten XML-Schemas arbeiten. Da es sich dabei um Textdokumente handelt, reicht zur Not ein einfacher Texteditor.

Sie können in Excel ein XML-Dokument direkt über den normalen **Öffnen**-Dialog laden. Benutzen Sie als Dateityp die Option **XML-Dateien (*.xml)**, um nur die vorhandenen XML-Dokumente anzuzeigen. Es ist in diesem Fall übrigens ganz praktisch, mit der Schaltfläche die Vorschau einzuschalten.

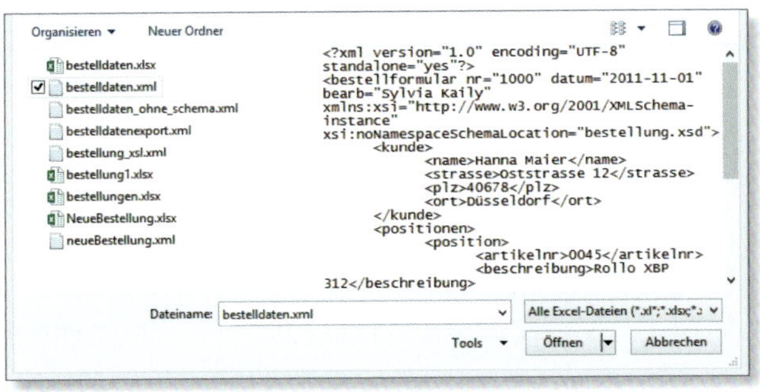

Abbildung 21.27 *Der Dialog »Öffnen« erlaubt Ihnen, über das Vorschaufenster schon einen Blick in die XML-Datei zu werfen.*

Wenn Sie **Öffnen** benutzen, werden folgende Optionen angeboten:

- Einlesen der Daten als XML-Tabelle, also als eine spezielle Variante eines Datenbereichs mit externen Daten, der mit der Quelldatei verbunden bleibt
- Öffnen der Datei als schreibgeschützte Arbeitsmappe, wobei die Verbindung zur Quelldatei aufgehoben wird
- Verwenden der Daten für die Definition einer Datenstruktur im Aufgabenbereich **XML-Quelle**, wobei die Quelldaten selbst nicht eingelesen werden

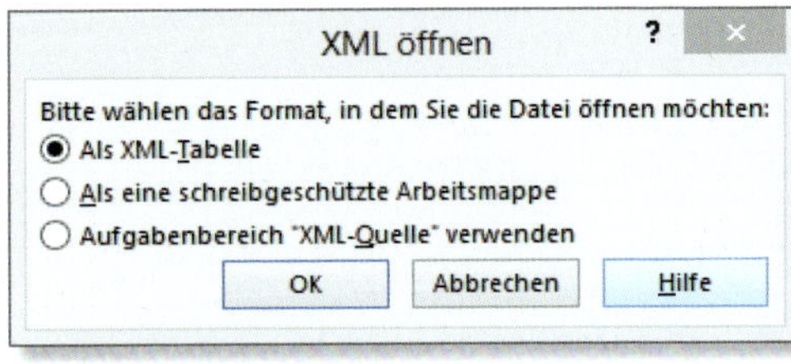

Abbildung 21.28 *Optionen beim Öffnen eines XML-Dokuments*

Daten als XML-Tabelle übernehmen

Was geschieht, wenn Sie die erste Option wählen? Das Listing 21.1 zeigt ein kleines XML-Dokument mit Bestelldaten, deren Struktur durch das darin angegebene XML-Schema festgelegt ist:

```
<?xml version="1.0" encoding="UTF-8"?>
<bestellformular nr="1000"
datum="2011-11-01" bearb="Sylvia Kaily"
xmlns:xsi="http://www.w3.org/2001/
XMLSchema-instance"
xsi:noNamespaceSchemaLocation=
"bestellung.xsd">
  <kunde>
    <name>Hanna Maier</name>
    <strasse>Oststrasse 12</strasse>
    <plz>40678</plz>
    <ort>Düsseldorf</ort>
  </kunde>
  <positionen>
    <position>
      <artikelnr>0045</artikelnr>
     <beschreibung>Rollo XBP 312
     </beschreibung>
      <gebinde>Stck</gebinde>
      <menge>5</menge>
      <preis>50.00</preis>
    </position>
    <position>
      <artikelnr>0046</artikelnr>
     <beschreibung>Rollo MMX</beschreibung>
      <gebinde>Stck</gebinde>
```

```
      <menge>4</menge>
      <preis>40.00</preis>
    </position>
  </positionen>
</bestellformular>
```

Listing 21.1 *XML-Dokument mit Bestelldaten*

Das folgende XML-Schema definiert die erlaubten Elemente und Attribute, bestimmt, wie oft und in welcher Reihenfolge sie erscheinen und ob sie erforderlich oder optional sind.

```
<?xml version="1.0" encoding="ISO-8859-1"?>
<xsd:schema xmlns:xsd="http://www.w3.org/
2001/XMLSchema" elementFormDefault=
"qualified">
  <xsd:element name="bestellformular"
  type="formular"/>
  <xsd:complexType name="formular">
    <xsd:sequence>
      <xsd:element name="kunde" type="kunde"/>
      <xsd:element name="positionen"
      type="positionen"/>
    </xsd:sequence>
    <xsd:attribute name="nr"
    type="xsd:short" use="required"/>
    <xsd:attribute name="datum"
    type="xsd:date" use="required"/>
    <xsd:attribute name="bearb"
    type="xsd:string" use="required"/>
  </xsd:complexType>
  <xsd:complexType name="kunde">
    <xsd:sequence>
      <xsd:element name="name"
      type="xsd:string"/>
      <xsd:element name="strasse"
      type="xsd:string"/>
      <xsd:element name="plz"
      type="xsd:int"/>
      <xsd:element name="ort"
      type="xsd:string"/>
    </xsd:sequence>
  </xsd:complexType>
  <xsd:complexType name="positionen">
    <xsd:sequence>
      <xsd:element name="position"
      minOccurs="0" maxOccurs="unbounded">
        <xsd:complexType>
          <xsd:sequence>
            <xsd:element name="artikelnr"
            type="xsd:string"/>
            <xsd:element name="beschreibung"
            type="xsd:string"/>
            <xsd:element name="gebinde"
            type="gb"/>
            <xsd:element name="menge"
            type="xsd:decimal"/>
            <xsd:element name="preis"
            type="xsd:decimal"/>
          </xsd:sequence>
        </xsd:complexType>
      </xsd:element>
    </xsd:sequence>
  </xsd:complexType>
  <xsd:simpleType name="gb">
    <xsd:restriction base="xsd:string">
      <xsd:enumeration value="Stck"/>
      <xsd:enumeration value="kg"/>
      <xsd:enumeration value="cm"/>
    </xsd:restriction>
  </xsd:simpleType></xsd:schema>
```

Listing 21.2 *Code des XML-Schemas*

Wenn Sie das XML-Dokument mit der Option **XML öffnen > Als XML-Tabelle** öffnen, erscheint auf dem Tabellenblatt eine Tabelle, in der die verschiedenen Ele-

	A	B	C	D	E	F	G	H	I
1	nr	datum	bearb	name	strasse	plz	ort	artikelnr	beschreibung
2	1000	01.11.2011	Sylvia Kaily	Hanna Maier	Oststrasse 12	40678	Düsseldorf	0045	Rollo XBP 312
3	1000	01.11.2011	Sylvia Kaily	Hanna Maier	Oststrasse 12	40678	Düsseldorf	0046	Rollo MMX

Abbildung 21.29 *Die aus dem XML-Dokument erzeugte Tabelle*

mentebenen des Originals gewissermaßen auf zwei Dimensionen zusammengedrückt sind.

Excel erzeugt für die eingelesenen Daten automatisch einen Tabellenbereich. In den drei ersten Spalten werden die Attributwerte des Elements `<bestellformular>` in jeder Zeile wiederholt, die Attributnamen werden als Spaltenüberschrift verwendet. Auch die Werte der Kindelemente von `<kunde>` werden für alle Positionen wiederholt. Die Namen der Elternelemente `<kunde>`, `<positionen>` und `<position>` erscheinen dagegen nicht als Spaltenüberschriften. Die Namen der untersten Kindelemente werden dagegen ebenfalls als Spaltenbeschriftungen verwendet, unter denen ihre Inhalte jeweils aufgelistet werden.

Zwischen dem XML-Dokument und der XML-Tabelle wird eine Verknüpfung hergestellt. Wie diese Verbindung arbeiten soll, bestimmen Sie über den Dialog **Eigenschaften der XML-Zuordnung**, den Sie über den Befehl **Eigenschaften zuordnen** in der Gruppe **Entwicklertools > XML** erreichen. Den gleichen Befehl finden Sie auch im Kontextmenü des Bereichs unter **XML**.

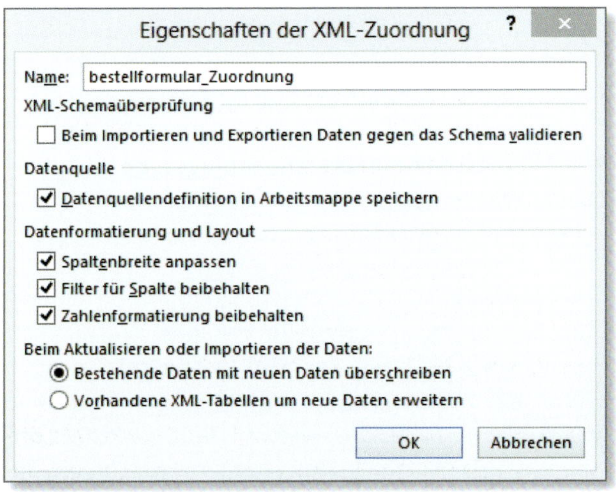

Abbildung 21.30 *Der Dialog für die XML-Zuordnung*

Hier legen Sie fest, ob beim Importieren oder Exportieren eine Gültigkeitsprüfung in Bezug auf das verwendete XML-Schema stattfinden soll oder die Daten nur auf Wohlgeformtheit geprüft werden. In der Regel sollten Sie die Einstellung, dass die Datenquellendefinition, womit das Schema gemeint ist, mit der Datei gespeichert wird, beibehalten.

Neben einigen Optionen zur Formatierung kann hier insbesondere festgelegt werden, ob Daten, die neu in den Bereich der Tabelle importiert werden, die bestehenden Daten ersetzen oder ob sie angehängt werden. Die zweite Option wäre nötig, um beispielsweise weitere Bestellpositionen an die Liste anzufügen.

Wenn sich an dem Original-XML-Dokument, das der Liste zugrunde liegt, etwas ändert, bringt der Befehl **Entwicklertools > XML > Daten aktualisieren** die Tabelle in Excel auf den neuesten Stand. Stattdessen können Sie auch den Kontextmenübefehl **XML > XML-Daten aktualisieren** verwenden.

Wenn Sie nun allerdings versuchen, die Daten in diesem Zustand mit dem Befehl **XML > Exportieren** wieder in das XML-Format zu exportieren, moniert Excel, dass die Daten in dieser Form nicht exportierbar sind.

Das liegt an dem oben schon beschriebenen Umstand, dass die Hierarchie des Quelldokuments hier etwas gewaltsam auf Spalten und Zeilen verteilt worden ist, sodass die ursprüngliche Struktur nicht mehr zu erkennen ist.

Sollen die Daten exportierbar bleiben, müssen Sie die Zuordnung zwischen XML-Elementen und XML-Attributen zu den Zellen des Tabellenblatts etwas behutsamer und detaillierter vornehmen, so wie es weiter unten in dem Abschnitt zur dritten Methode, dem Verknüpfen von Datenquelle und Tabelle, beschrieben wird.

Anstatt eine bestehende XML-Datei direkt in Excel zu öffnen, lassen sich XML-Daten auch mit dem Befehl **Entwicklertools > XML > Importieren** in eine vorhandene Arbeitsmappe übernehmen. Ähnlich wie beim Import von Daten aus anderen Datenquellen lässt sich dabei ein bestimmter Bereich oder ein Arbeitsblatt als Ziel angeben. Ansonsten entspricht der Vorgang dem Öffnen einer XML-Datei als XML-Tabelle.

Öffnen der Datei als schreibgeschützte Arbeitsmappe

Wenn Sie die zweite Option zum Öffnen einer XML-Datei verwenden, wird das Dokument als schreibgeschützte XML-Datei geöffnet. Das führt dazu, dass ein Zellbereich erzeugt wird, dessen Spalten automatisch mit XPath-Ausdrücken beschriftet sind, die auf der Basis der vorhandenen Element- und Attributnamen erzeugt werden.

XPath ist eine spezielle Sprache für die Bildung von Ausdrücken, mit deren Hilfe Teile eines XML-Dokuments angesprochen werden können. Der Ausdruck */bestellformular/kunde/name* liefert beispielsweise den Namen des Kunden.

Attributnamen werden, wie in XPath üblich, durch ein vorangestelltes @-Zeichen gekennzeichnet. Die Spalten werden allerdings nicht in der Reihenfolge der Elemente im XML-Dokument, sondern in alphabetischer Reihenfolge angeordnet.

Es besteht bei dieser Vorgehensweise keine Verknüpfung zum Originaldokument. Die Hierarchie des XML-Dokuments wird auch hier in eine zweidimensionale Tabelle gepresst. Der Schreibschutz soll verhindern, dass die Daten in die Originaldatei zurückgeschrieben werden, wodurch die ursprüngliche Struktur verloren gehen würde. Abbildung 21.31 zeigt, wie dies im Fall der Bestelldaten aussieht.

Diese Form der Darstellung ist eigentlich nur interessant als eine Form der Dokumentation über den Aufbau der XML-Datei.

XSLT-Stylesheets verwenden

Interessanter ist das Einlesen der XML-Daten als schreibgeschützte Datei, wenn dabei XSLT-Stylesheets genutzt werden, die für das XML-Dokument definiert sind.

Solche Stylesheets verwenden – anders als die im Web üblichen CSS-Stylesheets – die XML-basierte Sprache XSLT, um in Form von Regeln und Vorlagen festzulegen, wie welche Elemente dargestellt werden sollen.

Ist einem XML-Dokument ein XSLT-Stylesheet zugewiesen, wird Ihnen beim Öffnen der XML-Datei angeboten, die Daten ohne Verwendung des Stylesheets einzulesen oder das Stylesheet zu verwenden bzw. auszuwählen, wenn mehrere zugeordnet sind.

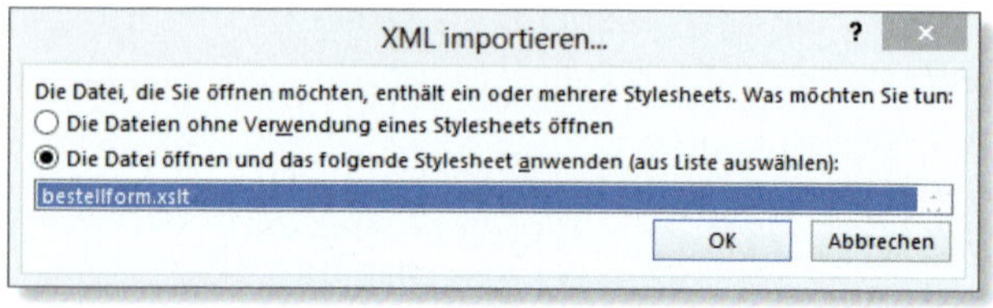

Abbildung 21.32 *Auswahl eines Stylesheets vor dem Einlesen der XML-Daten*

Die Zuordnung eines XSLT-Stylesheets legen Sie im XML-Dokument mit einer Verarbeitungsanweisung wie

```
<?xml-stylesheet type="text/xsl"
href="bestellform.xsl"?>
```

fest. Wird das Stylesheet nicht herangezogen, folgt der Dialog **XML öffnen** mit den drei Optionen wie in Abbildung 21.28.

Zur Demonstration ein einfaches Beispiel für ein solches Stylesheet, das mithilfe von drei `<template>`-Elementen die Daten des XML-Dokuments ausgibt, wobei die Positionsdaten mithilfe einer Schleife in eine Tabelle eingelesen werden. Ohne weitere Kommentare hier die Quelldatei:

	A	B	C	D	E	F
1	**/bestellformular**					
2	**/@bearb**	**/@datum**	**/@nr**	**/@nr/#agg**	**/@xsi:noNamespaceSchemaLocation**	**/kunde/name**
3	Sylvia Kaily	01.11.2011	1000	1000	bestellung.xsd	Hanna Maier
4	Sylvia Kaily	01.11.2011	1000		bestellung.xsd	Hanna Maier

Abbildung 21.31 *XML-Daten schreibgeschützt eingelesen*

```
<?xml version="1.0" encoding="UTF-8"?>
<xsl:stylesheet version="1.0"
xmlns:xsl="http://www.w3.org/1999/XSL/
Transform">
<xsl:output method="html" encoding="UTF-8"/>
<xsl:decimal-format name="euro" decimal-
separator="," grouping-separator="."/>
<xsl:template match="/">
    <html>
      <head>
        <title>Bestellung</title>
      </head>
      <body bgcolor="#C0C0C1">
        <h3>Bestellung</h3>
        <xsl:apply-templates select="//
        kunde"/>
        <table border="1" cellpadding="5"
        cellspacing="5">
        <xsl:apply-templates select="//
        positionen"/></table>
      </body>
    </html>
  </xsl:template>
  <xsl:template match="kunde">
      <p><xsl:value-of select="name"/><br />
      <xsl:value-of select="strasse"/><br / >
     <xsl:value-of select="plz"/><xsl:text>
     </xsl:text> <xsl:value-of
     select="ort"/> </p>
   </xsl:template><xsl:template match=
   "positionen">  <tr>
    <th>Nr</th>
    <th>Beschreibung</th>
    <th>Gebinde</th>
    <th>Menge</th>
    <th>Preis</th>
  </tr>
  <xsl:for-each select="position">
     <tr>
     <td><xsl:value-of select="artikelnr"/>
     </td>
     <td><xsl:value-of select=
     "beschreibung"/></td>
     <td><xsl:value-of select="gebinde"/>
     </td>
     <td><xsl:value-of select="menge"/>
     </td>
     <td><xsl:value-of select=
     "format-number(preis, '##.###,
     00 &#8364;', 'euro')"/>
     </td></tr>
  </xsl:for-each></xsl:template>
</xsl:stylesheet>
```

Listing 21.1 *XSLT-Stylesheet für die Darstellung der XML-Daten im Tabellenblatt*

Dieses Stylesheet definiert mithilfe von XSLT- und HTML-Tags, wie die Daten ausgegeben werden sollen. Excel kann die Ausgabe im HTML-Format dann direkt in seine Zellstruktur einlesen, sodass Sie mit dem Ergebnis wie mit einem normalen Tabellenblatt weiterarbeiten können.

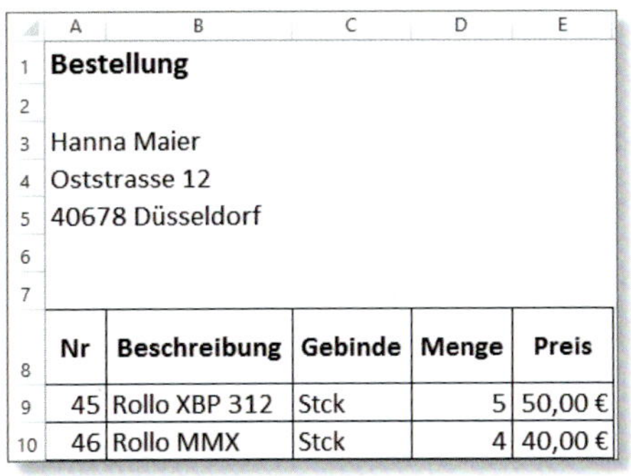

	A	B	C	D	E
1	**Bestellung**				
2					
3	Hanna Maier				
4	Oststrasse 12				
5	40678 Düsseldorf				
6					
7					
8	**Nr**	**Beschreibung**	**Gebinde**	**Menge**	**Preis**
9	45	Rollo XBP 312	Stck	5	50,00 €
10	46	Rollo MMX	Stck	4	40,00 €

Abbildung 21.33 *Ausgabe der Bestelldaten mithilfe eines XSLT-Stylesheets*

Datenquelle und Tabelle verknüpfen

Die praktisch bedeutendste Option, die der Dialog **XML öffnen** anbietet, ist aber zweifellos die dritte: **Aufgabenbereich »XML-Quelle« verwenden**. In diesem Fall übernimmt das Programm zunächst nur die Datenstruktur des XML-Dokuments in den Aufgabenbereich **XML-Quelle** und zeigt sie in Form eines Baums an, wie er auch für die Ordnerstruktur im Windows-Explorer verwendet wird.

Wie bereits erwähnt, kann diese Struktur über die dem XML-Dokument zugeordnete Schemadatei bestimmt oder von Excel generiert werden. Letzteres wird automatisch angeboten, wenn die XML-Datei keine Verknüpfung zu einem XML-Schema enthält. Sobald Sie den Hinweis darauf bestätigen, wird das Schema erzeugt.

Die im Schema definierte Dokumentstruktur wird zunächst mit der aktuellen Arbeitsmappe insgesamt verknüpft, und diese sogenannte *XML-Zuordnung* wird mit einem automatisch generierten Namen versehen, der in dem ersten Listenfeld angezeigt wird. Dabei wird der Name der geöffneten XML-Datei verwendet und als Vorgabe das Wort *Zuordnung* angehängt. Diese Benennung können Sie nachträglich über den Dialog **XML-Zuordnungen** ändern, den die gleichnamige Schaltfläche öffnet.

Die einzelnen Elemente werden durch verschiedene Symbole gekennzeichnet, die darauf verweisen, ob ein Element ein Container für andere Elemente ist, ob es erforderlich ist oder mehrfach vorkommen kann.

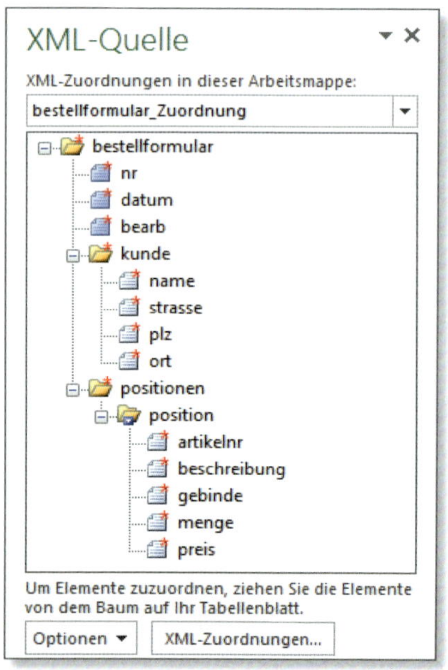

Abbildung 21.34 *Die XML-Quelle als Baumstruktur*

Die verschiedenen Elemente der Baumstruktur sind durch unterschiedliche Symbole gekennzeichnet, um Attribute von Elementen, unter- und übergeordnete Elemente und Einzelelemente und wiederholt vorkommende Elemente zu unterscheiden.

Das ganze Verfahren wird auch als *Mapping* bezeichnet. Werden nun in einer Tabelle Daten aus dem XML-Dokument benötigt, können Sie die entsprechenden Datenobjekte aus dem Aufgabenbereich **XML-Quelle** mit Maus, Finger oder Stift an die gewünschte Stelle in der Tabelle ziehen. Die Reihenfolge steht Ihnen frei. Sie können auch so verfahren, dass Sie erst eine Zelle im Tabellenblatt markieren und dann im Aufgabenbereich das zu verknüpfende Element doppelt anklicken oder antippen.

Excel unterscheidet dabei insbesondere zwischen Elementen, die wiederholt vorkommen, also in Tabellenform in die Tabelle eingefügt werden, und solchen, die nur einmal benötigt werden und deshalb in einzelnen Zellen über oder neben einer Tabelle angeordnet werden. Die Kindelemente von `<kunde>` und die Attribute zu dem Element `<bestellformular>` kommen in unserem Beispiel jeweils nur einmal vor.

Sie können folgendermaßen vorgehen, um Zellen im Tabellenblatt mit der XML-Quelle zu verknüpfen:

1. Beginnen Sie mit den Beschriftungen in den Zeilen 2 und 8, die Sie manuell eingeben müssen.
2. Anschließend ziehen Sie ab Zeile 4 die einzelnen Elemente der Kundenadresse nacheinander in das Tabellenblatt.
3. Wenn Sie ein Symbol aus dem Aufgabenbereich in das Tabellenblatt ziehen, erscheint eine Schaltfläche, die über ein kleines Menü anbietet, den Element- oder Attributnamen als Beschriftung zu übernehmen oder eine eigene Beschriftung des Felds zu verwenden bzw. auf eine solche zu verzichten, wie im Fall der Adresse.

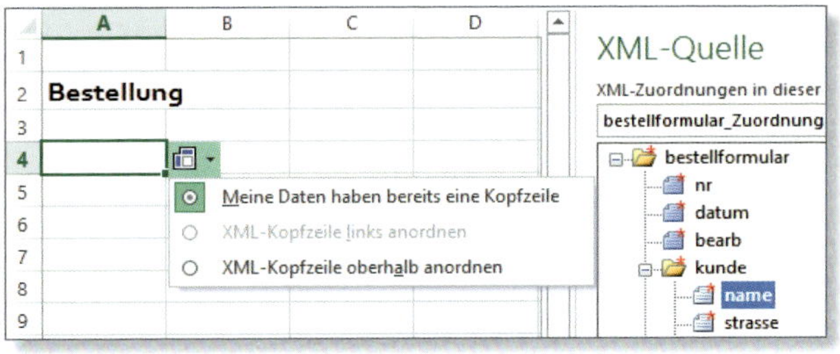

^ ***Abbildung 21.35*** *Zuordnen eines Datenelements zu einer einzelnen Zelle im Arbeitsblatt*

4 Bei den sich wiederholenden Elementen wird dagegen automatisch ein Tabellenbereich erstellt, wobei die Element- und Attributnamen als Spaltenbezeichnungen vorgegeben werden. In diesem Fall ziehen Sie nur das Symbol für `position` an die entsprechende Stelle im Tabellenbereich. Die Namen der Elemente – siehe Abbildung 21.37 – werden exakt so übernommen, wie sie im XML-Dokument vorkommen, eventuell ist also eine nachträgliche Anpassung der Schreibweise notwendig.

5 Die mit XML-Daten verknüpften Zellbereiche werden durch farbige Rahmen gekennzeichnet, die aber beim Ausdruck des Tabellenblatts automatisch ignoriert werden.

6 Ist das Mapping zwischen XML-Quelle und Tabellenblatt schließlich abgeschlossen, können Sie die Daten aus der Quelldatei in das Tabellenblatt einlesen. Dazu benutzen Sie den Befehl **Entwicklertools > XML > Daten aktualisieren** oder den entsprechenden Befehl aus dem Kontextmenü. Die Daten werden sofort in die verknüpften Zellbereiche eingelesen.

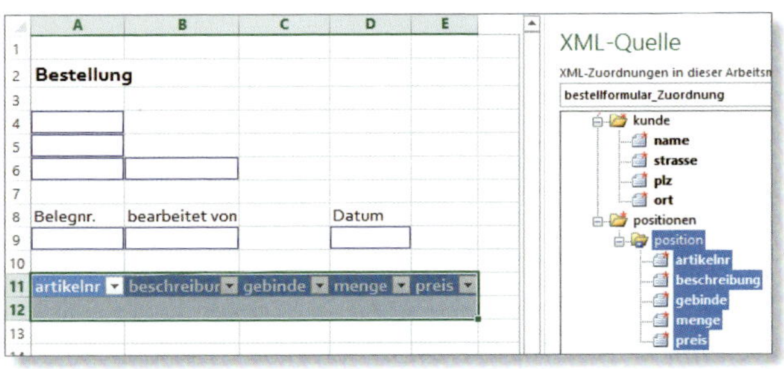

^ ***Abbildung 21.36*** *Einfügen von Elementen, die sich wiederholen*

Der Befehl ist nur aktiviert, wenn sich der Zellzeiger innerhalb eines verknüpften Zellbereichs befindet. Abbildung 21.37 zeigt das leicht nachformatierte Tabellenblatt mit den eingelesenen Daten aus der XML-Quelldatei.

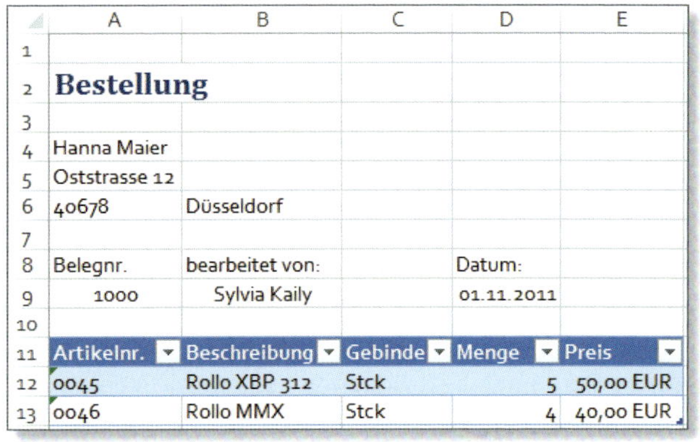

^ ***Abbildung 21.37*** *Das Tabellenblatt mit den aus der Datenquelle eingelesenen Daten*

TIPP

Vom Nutzen eigener Schemas
Für die verschiedenen Arbeitsplätze einer Firma lassen sich mithilfe definierter XML-Schemas für die verschiedenen Geschäftsvorgänge verbindliche Datenstrukturen vorgeben, die flexibel für Auswertungen eingesetzt werden können.

Quellen mischen

Über die Schaltfläche **XML-Zuordnungen** im Aufgabenbereich **XML-Quelle** lassen sich über **Hinzufügen** auch mehrere Datenquellen für eine Arbeitsmappe heranziehen, wenn dies notwendig ist. Sie könnten also in dem hier gezeigten Bestellformular beispielsweise für die Adressdaten zusätzlich ein eigenes Schema verwenden. Über das Listenfeld **XML-Zuordnungen in dieser Arbeitsmappe** können Sie dann mal die eine, mal die andere Zuordnung für den Aufbau eines Tabellenblatts heranziehen.

Abbildung 21.38 *Dialog für die Verwaltung der XML-Zuordnungen*

Tabelle auf Basis eines eigenen Schemas

Wenn Sie eigene XML-Schemas – etwa mit Visual Studio.NET oder anderen Werkzeugen – entworfen haben, können Sie diese Schemas auch direkt als Basis für Excel-Tabellen nutzen. Dazu verwenden Sie ebenfalls den Dialog der Schaltfläche **XML-Verknüpfungen** im Aufgabenbereich **XML-Quelle**. Ist der Aufgabenbereich nicht eingeblendet, benutzen Sie in der Gruppe **XML** zunächst die Schaltfläche **Quelle**.

Über **Hinzufügen** können Sie jede brauchbare XML-Schemadatei auswählen, der Dateityp ist *.xsd*. (DTDs, die vor XML-Schemas zur Definition von Dokumentstrukturen verwendet wurden, werden von Excel 2013 nicht unterstützt.)

Ist die Datenstruktur der Excel-Tabelle einmal zugeordnet, können jederzeit Daten importiert werden, die dieser Zuordnung entsprechen. Es ist auch möglich, nur untergeordnete Zweige einer Datenstruktur mit einem Tabellenblatt zu verknüpfen. Dann werden nur diese Elemente eingelesen. So könnten Sie beispielsweise XML-Daten mit weiteren Bestellpositionen zu einer Bestellung einlesen. In der gleichen Weise lassen sich auch Auszüge aus größeren Quelldateien erzeugen.

XmlMap-Objekte

Die Zuordnung zwischen der XML-Datenquelle und den Zellen des Tabellenblatts wird technisch über entsprechende `XmlMap`-Objekte realisiert, die auch über Makros gesteuert werden können. Dabei werden für die Definition der einzelnen Verknüpfungen zwischen den Einheiten in der XML-Datenquelle und den Zellbereichen jeweils XPath-Ausdrücke verwendet.

Die Zuordnung verbindet ein XML-Schema also insgesamt mit einer bestimmten Arbeitsmappe, während die Verknüpfungen innerhalb der jeweiligen Zuordnung angesiedelt sind und sich auf Zellbereiche oder bestimmte Spalten in Listenbereichen beziehen.

Fehlererkennung

Ist über die **Eigenschaften der XML-Zuordnung** die Validierung der Quelldaten aktiviert, erscheinen entsprechende Fehlerhinweise, wenn in der XML-Datei, die eingelesen wird, beispielsweise ein Element enthalten ist, das im Schema nicht vorgesehen ist, oder umgekehrt, wenn ein vorgesehenes Element oder Attribut fehlt.

Auch wenn Sie versuchen, ein XML-Dokument in Excel einzulesen, das nicht wohlgeformt ist, erhalten Sie einen entsprechenden Hinweis. In diesem Fall wird der Importvorgang allerdings gleich ganz abgebrochen.

XML-Dokumente erzeugen

Die bisherigen Abschnitte haben das Einlesen von XML-Daten beschrieben. In der anderen Richtung werden ebenfalls mehrere Wege angeboten. Wollen Sie Tabellendaten im XML-Format speichern, wählen Sie im Dialog **Speichern unter** den Dateityp **XML-Daten**. Das Programm gibt dann zunächst den Hinweis, dass bei dieser Art des Speicherns die Formateigenschaften und Objekte wie Bilder oder Zeichnungen im Zieldokument ignoriert werden.

Alternativ können Sie auch den Befehl **Entwicklertools > XML > Exportieren** verwenden. Dabei wird der richtige Datentyp bereits vorgegeben.

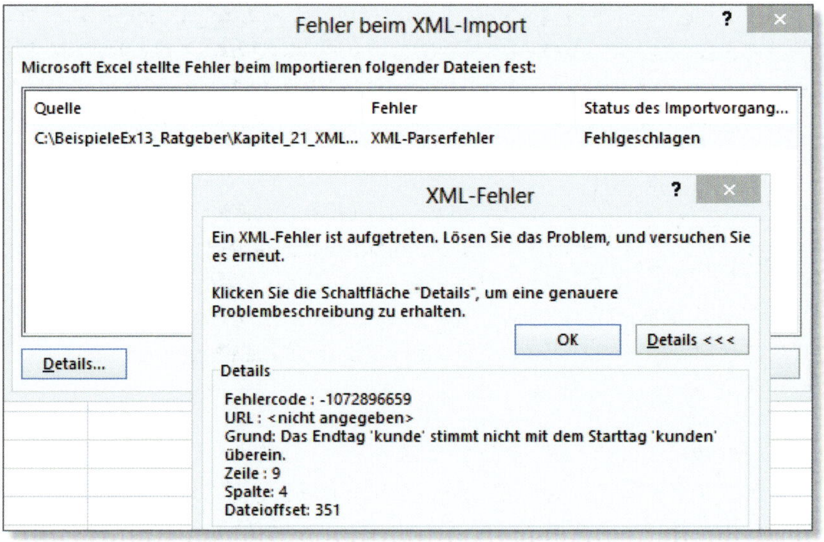

*< **Abbildung 21.39** Fehlerhinweis bei Verstoß gegen das Schema*

Es ist sinnvoll, schon vor dem Speichern über den Link **XML-Zuordnungen zum Exportieren überprüfen** im Aufgabenbereich **XML-Quelle** zu testen, ob sich die auf dem Tabellenblatt vorhandenen Daten überhaupt in das XML-Format exportieren lassen.

Unser Beispiel mit den Bestelldaten besteht diesen Test. Wenn Sie beispielsweise den Bereich mit den Bestellpositionen um weitere Positionen erweitern, können Sie diesen Status in einer XML-Datei speichern. Dabei entsteht ein XML-Dokument, das den gleichen Aufbau hat wie die hier verwendete Quelldatei.

Einschränkungen

Die Integration der erweiterten XML-Funktionen in Excel 2013, die in den letzten Abschnitten beschrieben wurden, hat bestimmte Grenzen, die nicht übersehen werden sollten. Das Programm kann auf diese Weise nur relativ flache Elementhierarchien verarbeiten.

Unterhalb des Wurzelelements sind höchstens noch zwei Ebenen möglich, wobei nur eine dieser Ebenen wiederholte Elemente enthalten kann. Das entspricht beispielsweise der Struktur des Bestell- oder Rechnungsformulars, das im Kopf ein paar Einzelinformationen enthält und dann eine Gruppe von Positionszeilen.

Wenn Sie dagegen versuchen, mit einer Liste zu arbeiten, die selbst wiederum eine innere Liste enthält, etwa eine Struktur für eine Firma mit mehreren Niederlassungen, die wiederum jeweils mehrere Abteilungen mit mehreren Mitarbeitern darstellen soll, verweigert Excel den Export. Solche Daten können zwar eingelesen werden, sind dann aber nicht nach XML exportierbar, weil Listen in Excel nicht verschachtelt werden können. In solchen Situationen sollten Sie innerhalb der Office-Programme eher Lösungen mit Word oder InfoPath ausprobieren.

Kapitel 22
Dokumente gemeinsam bearbeiten

Die Fähigkeit zur Kooperation gehört heute zu den Grundtugenden im Arbeitsleben. Das betrifft nicht nur die sozialen Fähigkeiten, sondern auch die technischen. Excel 2013 stellt Ihnen deshalb mehrere Werkzeuge zur Verfügung, um die Teamarbeit zu unterstützen. Dabei werden die über das Web angebotenen Dienste immer wichtiger.

Viele Projekte erfordern ein Zusammenspiel verschiedener Personen. Der eine trägt die Daten für diesen Bereich zusammen, der andere für jenen. Ein Dritter prüft, ob alles zusammenpasst. Wie alle Programme von Office 2013 bietet auch Excel 2013 gleich mehrere Möglichkeiten an, die gemeinsame Arbeit an einem Dokument zu unterstützen.

In diesem Abschnitt wird zunächst die Teamarbeit im lokalen Netz vorgestellt. Im Anschluss daran gehen wir kurz auf die Nutzung von SkyDrive für die Teamarbeit ein.

22.1 Im lokalen Netz zusammenarbeiten

Excel 2013 ist für Teamarbeit in lokalen Netzen gut gerüstet. Bei jeder Arbeitsmappe können Sie separat entscheiden, in welchem Umfang andere Personen darauf zugreifen dürfen. Zugriffsrechte lassen sich sogar auf ausgewählte Tabellenbereiche eingrenzen, wie wir es bereits in Abschnitt 4.11, »Blätter und Mappen schützen«, ab Seite 298 beschrieben haben.

Soll die andere Person die Daten nur ansehen dürfen? Soll sie das Recht haben, Daten zu ändern? Was ist, wenn mehrere Personen unterschiedliche Änderungen für dieselben Zellen vornehmen wollen? Für all diese Fragen gibt es praktikable Lösungen.

Eine Arbeitsmappe freigeben

Wenn Sie beispielsweise eine Arbeitsmappe zur Finanzplanung anlegen, können Sie die Arbeitsmappe für andere Personen freigeben, etwa für Mitarbeiter des Lohnbüros, die die Werte für die tatsächlichen Personalkosten eintragen oder prüfen sollen. Die Vorgehensweise ist die folgende:

1. Benutzen Sie auf der Registerkarte **Überprüfen** in der Gruppe **Änderungen** den Befehl **Arbeitsmappe freigeben**.
2. Haken Sie im Dialog – siehe Abbildung 22.1 auf Seite 772 – das erste Kontrollkästchen auf der Registerkarte **Status** ab. Damit geben Sie die Arbeitsmappe zur Bearbeitung durch mehrere Benutzer zur selben Zeit frei.
3. Die genauen Regeln der Zusammenarbeit an der Arbeitsmappe legen Sie auf der zweiten Registerkarte **Weitere** fest.

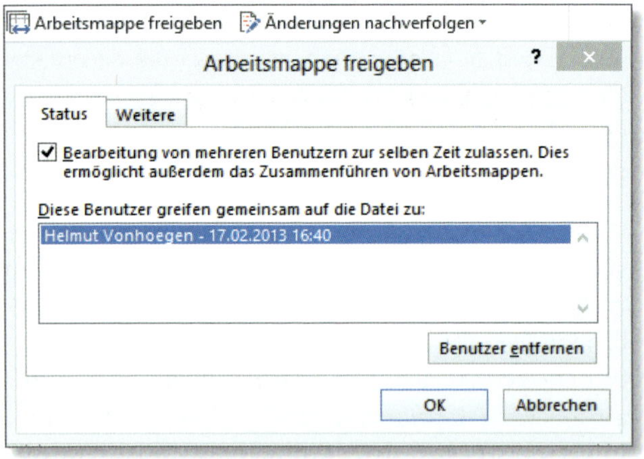

Abbildung 22.1 Die Registerkarte »Status« im Dialog »Arbeitsmappe freigeben« zeigt die aktuellen Benutzer der Arbeitsmappe an.

4 Zunächst bestimmen Sie unter **Änderungen nachverfolgen**, ob Excel ein Protokoll über den Änderungsverlauf führen soll und, wenn ja, für welchen Zeitraum. Sollen die Änderungen jeweils für den letzten Monat protokolliert werden, stellen Sie beispielsweise **30 Tage** ein. Mithilfe dieses Protokolls kann dann bei Bedarf rekonstruiert werden, wer wann welche Änderungen vorgenommen hat.

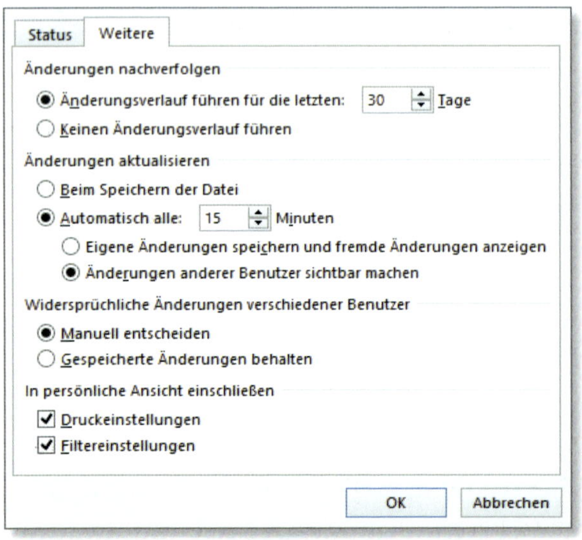

Abbildung 22.2 Einstellungsmöglichkeiten für die Freigabe von Arbeitsmappen im Netz

5 Unter **Änderungen aktualisieren** bestimmen Sie, ob Änderungen erst beim Speichern der Arbeitsmappe übernommen werden oder automatisch nach bestimmten Zeitintervallen. Was günstiger ist, hängt davon ab, was mit der Arbeitsmappe gemacht wird. Kommt es darauf an, dass die Werte in der Mappe immer so aktuell wie möglich sind, und ändern sich diese Werte häufig, ist ein kurzes Intervall sinnvoll.

6 Wird ein Zeitintervall gewählt, haben Sie immer noch die Möglichkeit, Ihren eigenen Änderungen eine Vorzugsstellung zu geben. Wählen Sie dazu die Option **Eigene Änderungen speichern und fremde Änderungen anzeigen**. Ansonsten belassen Sie es bei der Einstellung **Änderungen anderer Benutzer sichtbar machen**.

7 Werden Änderungen von verschiedenen Seiten zugelassen, kann es natürlich vorkommen, dass zwei Personen auf dieselbe Zelle zugreifen. Beispielsweise gibt der Kollege Hans Personalkosten von 40.000 ein, obwohl doch die Kollegin Anneliese gerade ein korrigiertes Ergebnis von 41.000 eingetragen hat. Da muss natürlich verhindert werden, dass das korrekte Ergebnis wieder durch ein falsches überschrieben wird. Kommt es zu solchen Kollisionen, können Sie unter **Widersprüchliche Änderungen verschiedener Benutzer** festlegen, dass der Konflikt manuell entschieden wird. Es ist aber auch möglich, festzulegen, dass die von Ihnen selbst gespeicherten Änderungen den Vorzug erhalten.

8 Schließlich können Sie unter **In persönliche Ansicht einschließen** noch festlegen, dass jeder Benutzer eigene Ansichten der Mappe mit eigenen Druckeinstellungen und/oder Sortier- und Filtereinstellungen anlegen darf.

Wird eine freigegebene Arbeitsmappe geöffnet, erscheint in der Titelleiste der Hinweis **Freigegeben**. Der gemeinsamen Arbeit an der Arbeitsmappe steht dann nichts mehr im Wege. Eine unbegrenzte Anzahl von Personen darf mit der Datei arbeiten. Jede Person, die die freigegebene Datei öffnet, arbeitet zunächst mit einer Kopie der Originaldatei. Beim Speichern oder nach den in Schritt 5 festgelegten Intervallen werden alle Änderungen in der Originaldatei ausgeführt.

Ist die Arbeitsmappe von Person B bearbeitet worden, erhält Person A unter Umständen bei dem Versuch, die Datei zu speichern, den allerdings etwas pauschalen Hinweis, dass beim Speichern Änderungen übernommen werden.

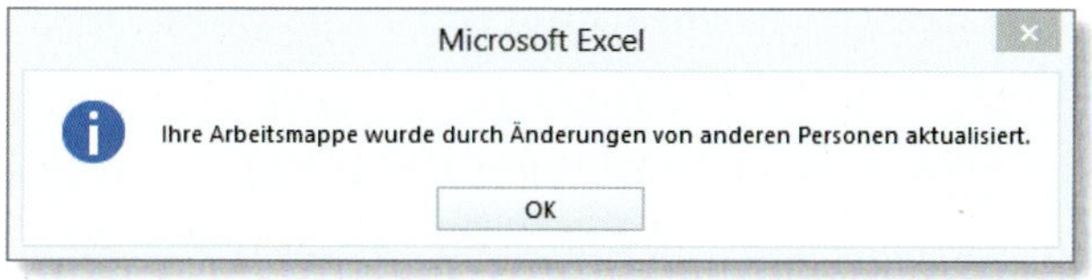

Abbildung 22.3 *Hinweis auf Änderungen beim Speichern*

Änderungen sichtbar machen

Wenn Sie prüfen wollen, ob Zellen der Arbeitsmappe geändert worden sind, können Sie den Befehl **Änderungen nachverfolgen > Änderungen hervorheben** aus der Gruppe **Überprüfen > Änderungen** aufrufen. Dieser Befehl macht Änderungen direkt auf dem Tabellenblatt sichtbar, solange die oben in Schritt 4 angesprochene Protokollierung eingeschaltet ist. (Der Befehl schaltet bei einer noch nicht freigegebenen Mappe die Freigabe automatisch mit ein und verwendet dabei die zuletzt gewählte Einstellung.)

Lassen Sie die Option **Änderungen während der Eingabe protokollieren** eingeschaltet. Unter **Wann** wählen Sie, ob die Änderungen seit der letzten Speicherung oder seit einem bestimmten Datum oder ob alle noch nicht geprüften Änderungen angezeigt werden sollen. Ein genaues Datum können Sie eingeben, wenn Sie die Option **Seit ...** verwenden. Die Option **Immer** liefert einfach alle Änderungen.

Wollen Sie die Prüfung auf Änderungen durch bestimmte Personen beschränken, haken Sie **Wer** ab. Wählen Sie den Namen über das Listenfeld. Schließlich können Sie unter **Wo** die Prüfung auch auf bestimmte Bereiche der Arbeitsmappe begrenzen. Die Anzeige der Änderungen kann direkt auf dem betroffenen Tabellenblatt oder als Protokoll auf einem separaten Blatt erfolgen.

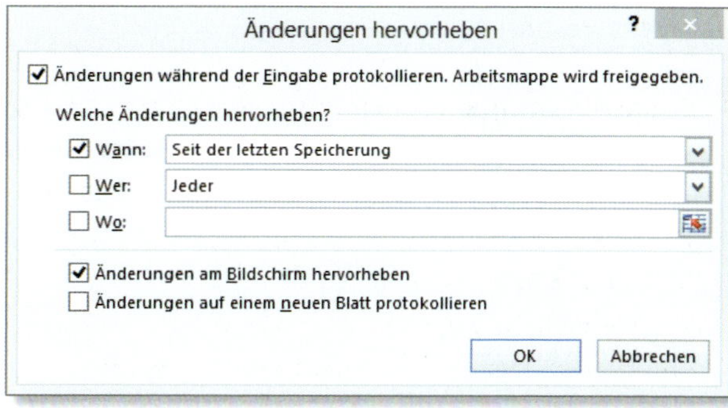

Abbildung 22.4 *Im Dialogfeld »Änderungen hervorheben« können Sie wählen, was aufgezeichnet wird.*

Die Änderungen werden am Bildschirm mit farbigen Rahmen und Kommentaren kenntlich gemacht. Jeder Teilnehmer im Arbeitsteam hat seine eigene Farbe. Wenn Sie eine Zelle auswählen, wird der automatisch erzeugte Kommentar angezeigt.

Abbildung 22.5 *Tabelle mit kommentierten Änderungen*

Änderungen überprüfen

Wurden Änderungen vorgenommen, können Sie überprüfen, ob die Änderungen akzeptiert werden sollen oder nicht. Nehmen Sie dazu den Befehl **Überprüfen > Änderungen > Änderungen nachverfolgen** und **Änderungen annehmen/ablehnen**.

Im ersten Dialogfeld finden Sie wieder dieselben Möglichkeiten, die zu prüfenden Änderungen nach Alter, Urheber oder Tabellenbereich einzugrenzen. Vorgegeben wird, dass die noch nicht geprüften Änderungen nun überprüft werden sollen. Wenn Sie mit **OK** bestätigen, erscheint ein weiteres Dialogfeld, in dem Sie über Annahme oder Ablehnung entscheiden können.

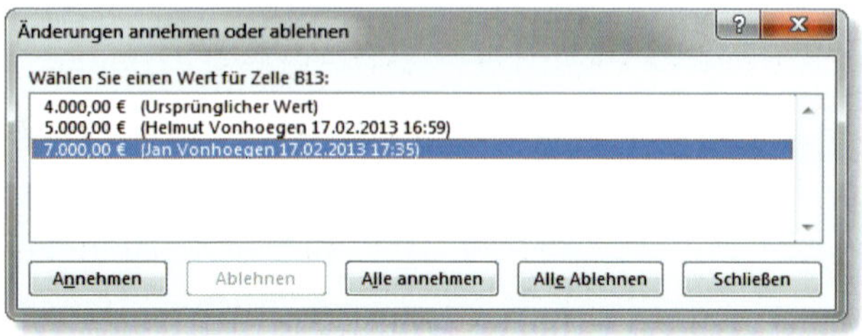

*^ **Abbildung 22.6** Entscheidung über Annahme oder Ablehnung einer Änderung*

Sie können markierte Änderungen einzeln annehmen oder ablehnen oder gleich alle Änderungen annehmen oder verwerfen.

Solange verschiedene Personen Änderungen an unterschiedlichen Zellen eines Tabellenblatts vornehmen, geht das Arbeiten mit einer freigegebenen Arbeitsmappe ziemlich reibungslos.

Ist die Ausgabe des Änderungsprotokolls im Dialog **Änderungen hervorheben** auf ein eigenes Blatt gelegt, können Sie den Ablauf der Änderungen genau verfolgen, wie Abbildung 22.7 zeigt.

Freigabe am Einzelarbeitsplatz

Auch wenn Sie nicht in einem Netz arbeiten, kann es von Nutzen sein, mit der Freigabe der Arbeitsmappe zu arbeiten. Das gilt z. B. für den Fall, dass Sie bestimmte Änderungen, die Sie selbst im Laufe eines bestimmten Zeitraums an einem Kalkulationsmodell vornehmen, protokollieren wollen.

Die andere Situation betrifft den Fall, dass Sie sich den Arbeitsplatz mit einer anderen Person teilen. Wenn sich diese andere Person über **Excel-Optionen > Allgemein** dann jeweils mit ihrem Namen unter **Benutzername** einträgt, bevor sie mit der Arbeit beginnt, ist eine unterschiedliche Markierung der Änderungen sichergestellt. Im Protokoll werden die Änderungen der beiden Personen getrennt aufgeführt.

Einschränkungen bei freigegebenen Mappen

Einige der Möglichkeiten, die Excel normalerweise für die Arbeit mit einer Arbeitsmappe anbietet, sind bei freigegebenen Arbeitsmappen nicht verfügbar. Diese Dinge sollten deshalb vor der Freigabe erledigt werden.

Nicht möglich sind folgende Operationen:

- Löschen von Blättern
- Zusammenfassen von Zellen
- Definition bedingter Formate

	A	B	C	D	E	F	G	H	I	J	K
1	Aktionsnummer	Datum	Zeit	Wer	Änderung	Blatt	Bereich	Neuer Wert	Alter Wert	Aktionstyp	Abgelehnte Aktion
7	18	17.02.2013	17:18	Helmut Vonhoegen	Änderung in der Zelle	Plan2013	B14	2000		Abgelehnte Aktion rückgängig gemacht	17
8	19	17.02.2013	17:23	Helmut Vonhoegen	Änderung in der Zelle	Plan2013	B13	6.000,00 EUR	5.000,00 EUR		
9	20	17.02.2013	17:35	Jan Vonhoegen	Änderung in der Zelle	Plan2013	B13	7.000,00 EUR	6.000,00 EUR		
10	21	17.02.2013	17:41	Helmut Vonhoegen	Änderung in der Zelle	Plan2013	B13	8.000,00 EUR	7.000,00 EUR		
11	22	17.02.2013	17:41	Helmut Vonhoegen	Änderung in der Zelle	Plan2013	B13	7.800,00 EUR	8.000,00 EUR		
12											
13	Der Verlauf hört mit den Änderungen, die am 17.02.2013 um 17:41 gespeichert wurden, auf.										

*^ **Abbildung 22.7** Das Protokoll der Änderungen und ihrer Behandlung auf einem eigenen Blatt*

- Vergabe von Gültigkeitsregeln
- Einfügen und Löschen von Zellbereichen, ausgenommen ganzen Zeilen oder Spalten
- Einfügen oder Ändern von Diagrammen, grafischen Objekten oder Hyperlinks
- Zeichnen mit den grafischen Werkzeugen
- Vergabe oder Änderung von Kennwörtern
- Benutzung oder Änderung von Szenarios
- Gruppierung und Gliederung
- Entwicklung von Tabellen und Pivot-Tabellen
- Änderungen an Menüs und Dialogfeldern
- Entwicklung neuer Makros (bestehende Makros können aber ausgeführt werden)

Wenn Sie eine Arbeitsmappe freigeben wollen, die bereits Tabellen oder XML-Zuordnungen enthält, erhalten Sie den Hinweis, dass die Arbeitsmappe nicht freigegeben werden kann. Tabellen sollten dann in normale Zellbereiche zurückverwandelt werden. XML-Zuordnungen müssen dagegen ganz entfernt werden.

Zusammenführen von Arbeitsmappen

Anstelle der direkten Freigabe zur gemeinsamen Arbeit an einer Mappe können Sie auch Kopien einer Mappe beispielsweise an externe Stellen verteilen, die nicht über das lokale Netz erreichbar sind. Kommen die bearbeiteten Kopien an den Urheber zurück, bietet Excel ein Verfahren, um die Kopien mit dem Original abzugleichen und wiederum zu entscheiden, welche Änderungen übernommen werden sollen und welche nicht.

Allerdings müssen Sie den entsprechenden Befehl in Excel 2013 zunächst in die Schnellzugriffsleiste einbinden. Benutzen Sie **Excel-Optionen** und **Symbolleiste für den Schnellzugriff**, und fügen Sie aus der Liste zu **Alle Befehle** die Option **Arbeitsmappen vergleichen und zusammenführen** hinzu. Sie können dann so vorgehen:

1. Zunächst müssen Sie die Arbeitsmappe, die Daten aus externen Kopien übernehmen soll, freigeben.
2. Dann können Sie von dieser freigegebenen Arbeitsmappe Kopien erzeugen. Wählen Sie dazu im Dialog **Öffnen** zunächst das Original aus. Klicken Sie auf den Pfeil bei der Schaltfläche **Öffnen**. Nehmen Sie die Option **Als Kopie öffnen**. Speichern Sie die Kopie. Auch diese Kopien sind freigegebene Dateien. Diese Kopien können Sie dann an Personen schicken, die keinen direkten Zugriff auf das lokale Netz haben.
3. Kommen diese Kopien mit geänderten Daten zurück, sodass wieder auf sie zugegriffen werden kann, ist das Zusammenführen möglich.
4. Zunächst muss wieder die Originalarbeitsmappe geöffnet werden und freigegeben sein.
5. Dann kann der Befehl **Arbeitsmappen vergleichen und zusammenführen** aufgerufen werden.
6. Im Dialogfeld lassen sich nun die Arbeitsmappen auswählen, die mit der aktiven Arbeitsmappe verglichen werden sollen. Wird die Auswahl bestätigt, werden die Änderungen aus den Kopien in die Originalarbeitsmappe übertragen.
7. Mit **Änderungen nachverfolgen > Änderungen annehmen/ablehnen** können Sie die übernommenen Änderungen nochmals einzeln prüfen.

Die in den letzten Abschnitten beschriebenen Verfahren stehen schon seit mehreren Excel-Versionen zur Verfügung. Inzwischen konkurrieren diese Verfahren natürlich mit den Möglichkeiten, die in Kapitel 23, »Auf Arbeitsmappen online zugreifen«, ab Seite 779 beschrieben sind. Eine noch etwas speziellere Form der Zusammenarbeit über das Web wird im nächsten Abschnitt beschrieben. An dieser Stelle sei noch auf das neue Add-In **Inquire** hingewiesen, das Vergleiche zwischen Arbeitsmappen sehr erleichtert. Es steht allerdings nur für die Professional-Pro-Version zur Verfügung, siehe dazu den Abschnitt 677.

22.2 Teamarbeit über SkyDrive

Wenn Sie Ihre Arbeitsmappen der Cloud anvertrauen und Ihre Daten auf SkyDrive ablegen, ergibt sich auch eine neue Möglichkeit, die Teamarbeit an einer Arbeitsmappe zu organisieren. Arbeitsmappen auf SkyDrive können Sie für andere Personen zur Bearbeitung freigeben. Sogar mehrere Personen dürfen gleichzeitig in ihren Browsern an einer freigegebenen Mappe arbeiten. Niemand muss warten, bis der andere mit seiner Bearbeitung fertig ist. Jede Änderung wird sofort bei allen sichtbar, die gerade die Arbeitsmappe im Web geöffnet haben. Es werden also keine speziellen Sperrbefehle verwendet, um die gemeinsame Bearbeitung zu ermöglichen.

Arbeitsmappen freigeben

Bei der Freigabe bestimmen Sie, ob die Dateien nur angezeigt oder auch geändert werden dürfen. Wer gerade an dem Arbeitsblatt etwas eingibt oder ändert, wird in der rechten Ecke unten in einer Benutzerliste angezeigt.

Die notwendigen Schritte zur Freigabe führen Sie direkt innerhalb von Excel 2013 aus. Benutzen Sie, wenn die entsprechende Arbeitsmappe geöffnet ist, **Datei > Freigeben** und **Personen einladen**. Wenn Sie dort die Schaltfläche **In der Cloud speichern** verwenden, werden Sie zunächst aufgefordert, die Arbeitsmappe auf SkyDrive zu speichern.

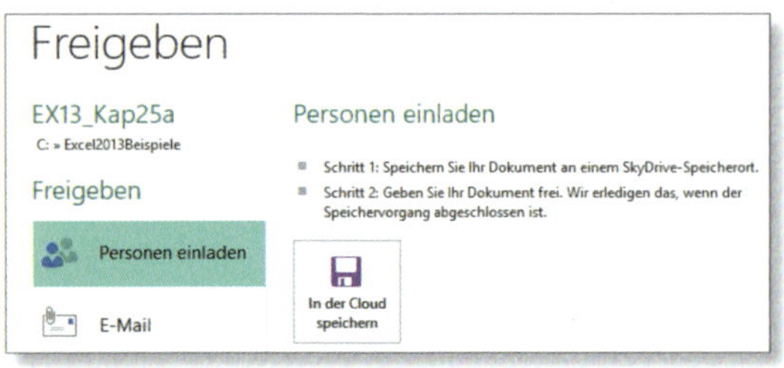

Abbildung 22.8 *Freigabe einer Arbeitsmappe über die Cloud*

Im nächsten Schritt füllen Sie die Einladung aus. Geben Sie den Namen oder die E-Mail-Adresse einer Person an, die ebenfalls ein Microsoft-Konto besitzt. Schreiben Sie in das Textfeld eine Nachricht dazu. Entscheiden Sie über das kleine Listenfeld mit **Kann bearbeiten**, dass der Empfänger Änderungen an der Mappe vornehmen darf. Zur Sicherheit können Sie noch eine Anmeldung des Empfängers vor dem Zugriff anfordern. Verschicken Sie die Nachricht mit der Schaltfläche **Freigeben**. Voraussetzung ist allerdings, dass auf dem Gerät ein E-Mail-Programm installiert ist.

Abbildung 22.9 *Einladung zur Mitarbeit an einer Arbeitsmappe*

Vor dem Abschluss wird zur Sicherheit vor Spams noch mal eine Authentifizierung des eigenen Kontos verlangt.

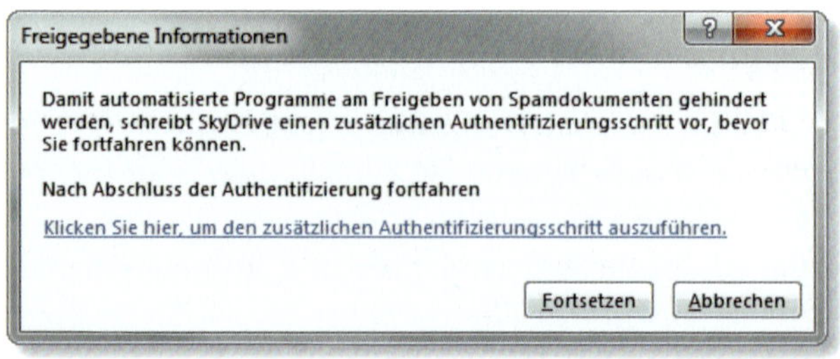

Abbildung 22.10 *Anforderung eines Authentifizierungsschritts*

Eine Alternative zu dieser einzelnen Einladung per E-Mail wird über den Link **Freigabelink abrufen** angeboten. Mit den beiden Schaltflächen **Link erstellen** lassen sich URLs erzeugen, die entweder nur die Ansicht oder auch die Bearbeitung der Mappe freigeben. Über das Kontextmenü können Sie diese URLs kopieren und den Personen zukommen lassen, denen Sie den entsprechenden Zugriff erlauben wollen.

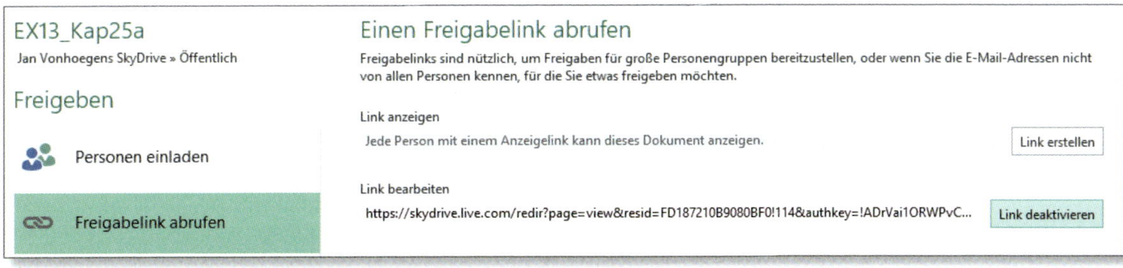

Abbildung 22.11 Freigabelinks gibt es separat fürs Anschauen oder fürs Bearbeiten

Anstatt die Freigabe direkt in Excel 2013 zu starten, kann sie auch innerhalb der Excel App im Browser vorgenommen werden. Dazu wird ein entsprechender Link an die entsprechende E-Mail-Adresse versendet. Benutzen Sie dazu die Option **Für andere Personen freigeben** im Menü der Schaltfläche **Freigeben** auf dem Register **Start**.

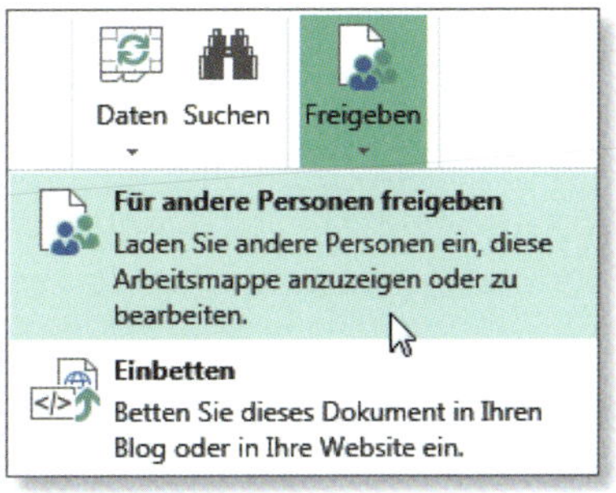

Abbildung 22.12 Eine Arbeitsmappe für andere Personen freigeben

Begleitend lässt sich eine Nachricht zu dem betreffenden Dokument eintragen.

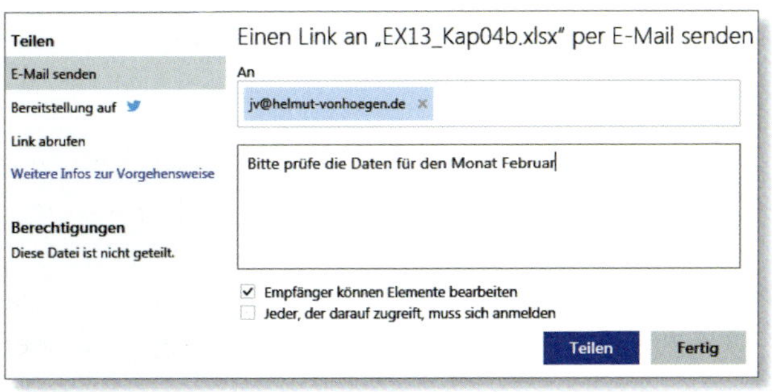

Abbildung 22.13 Senden einer Nachricht zu einem Dokument

Zurück auf Lokal

Auf jedem Rechner, auf dem die lokale Anwendung von Excel 2013 installiert ist, können Sie jederzeit von der Webversion der Arbeitsmappe wieder zurück zu einer lokalen Version wechseln, in der alle Funktionen von Excel zur Verfügung stehen. Dabei werden die letzten Änderungen, die Sie im Browser vorgenommen haben, natürlich übernommen. Dazu wird von der Website mit der geöffneten Arbeitsmappe der Befehl **In Excel öffnen** angeboten.

Abbildung 22.14 Diese Schaltfläche öffnet die Arbeitsmappe wieder in Excel.

Übernimmt ein Anwender die Datei wieder in die lokale Anwendung, sind Veränderungen über den Browser vorübergehend blockiert, die lokale Bearbeitung wird also immer vorrangig behandelt.

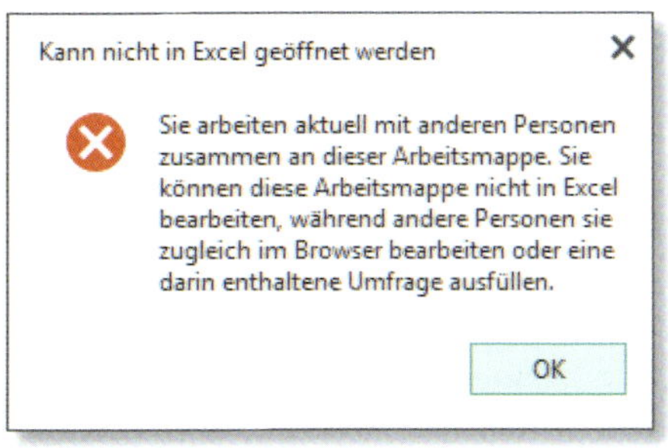

Abbildung 22.15 Meldung bei dem Versuch, die Mappe lokal zu öffnen, an der online gearbeitet wird

Solange mehrere Onlinebenutzer die Datei zur Bearbeitung geöffnet haben, kann aber die Datei nicht in Excel geöffnet werden.

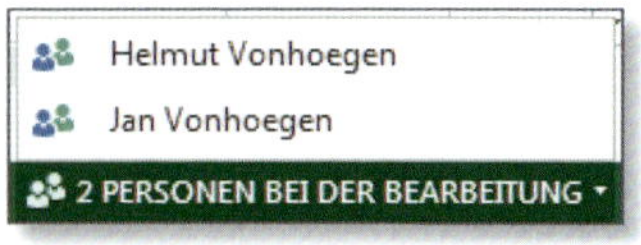

Abbildung 22.16 *Liste der aktuellen Bearbeiter*

Wird die in der lokalen Anwendung geöffnete Version gespeichert, erfolgt diese Speicherung automatisch auf dem Webserver. Die Änderungen stehen dann auch sofort auf der Webseite zur Verfügung. Das schließt natürlich nicht aus, eine Kopie auch noch lokal zu speichern.

Kapitel 23
Auf Arbeitsmappen online zugreifen

Von jedem Ort, zu jeder Zeit und mit jedem webtauglichen Gerät Arbeitsblätter ansehen und bearbeiten – die Wege dorthin sind geebnet. Fehlt nur noch der Pausenknopf, damit uns das Arbeitsleben nicht verschlingt.

Wenn Sie auf Ihre Kalkulationsmodelle, Datenlisten, Diagramme oder Pivot-Tabellen auch von anderen Orten oder von unterwegs zugreifen wollen, steht dem nichts mehr im Wege. Für Excel 2013 stehen Onlinevarianten zur Verfügung, die Sie über den Browser nutzen können, unabhängig davon, ob Excel 2013 auf dem Gerät, das Sie gerade verwenden, lokal installiert ist. Auch über Ihr Smartphone können Sie Ihre Arbeitsmappen einsehen. In bestimmtem Umfang sind auch Änderungen möglich, wenn Sie nicht gerade so spezielle Funktionen wie den Solver nutzen wollen.

Das Internet bietet inzwischen riesige Serverfarmen an, die als Speicheralternative zur lokalen Festplatte oder dem lokalen Datenserver dienen können. Gleichzeitig nimmt die Zahl der Geräte, die Tabellendaten anzeigen und verarbeiten können, ständig zu. Deshalb ergänzt Microsoft die Desktop-Version von Excel 2013 durch die *Excel Web App*, die Arbeitsmappen im Browser anbietet, und zwar nicht nur zum Ansehen, sondern auch zum Bearbeiten. Wo immer ein Zugang über das Internet möglich ist, sei es auf einem Tablet oder über Smartphones, stehen Ihnen Ihre Arbeitsergebnisse zur Verfügung. Auch andere Plattformen wie Android oder iPhones oder iPads werden unterstützt.

23.1 Kalkulationstabellen im Web bereitstellen

Die Vorstellung, dass die lokalen Office-Anwendungen in kurzer Zeit durch die entsprechenden Webanwendungen ersetzt werden könnten, ist vielleicht übertrieben. Allerdings hat das Cloud-Computing in der letzten Zeit eine erstaunliche Dynamik entwickelt. Dabei werden ja nicht nur die Speicherung der Daten, sondern auch die Anwendungen selbst ins Netz ausgelagert.

Vermutlich bleibt es aber zunächst dabei, dass die meisten Excel-Dokumente über lokale Programme erstellt werden. Der Zugriff über den Browser ist insofern hauptsächlich eine praktische Ergänzung. Das hat auch mit Einschränkungen zu tun, die bisher noch dazu führen, dass sich die lokalen Programme und ihre Onlinevarianten noch deutlich im Funktionsumfang unterscheiden, ganz abgesehen von der Frage, ob immer die Bereitschaft besteht, die eigenen Daten auf fremden Servern abzulegen.

Die Excel Web App kann eine lokal erstellte Arbeitsmappe immerhin beinahe verlustfrei anzeigen. Die Bearbeitungsmöglichkeiten sind aber auf den Kern der Programmfunktionen beschränkt. Da viele Anwender aber sowieso hauptsächlich mit diesen Kernfunktionen arbeiten, muss dieser Mangel in der Praxis nicht oft von Bedeutung sein.

Was vielleicht größeren Anlass zur Sorge gibt, ist die Tatsache, dass die Sicherheitsprobleme des Internets ungelöst sind. Sie werden wohl auch nicht gelöst werden, solange die IT-Branche so tut, als könne sie diese Probleme rein technisch und also auch allein lösen. Das entpuppt sich immer mehr als eine gefährliche Illusion. Es ist deshalb zumindest für die nächste Zeit realistischer, die Webanwendungen als willkommenen zusätzlichen Zugang zu den Informationen zu nutzen, die das Office braucht.

Arbeitsmappen auf SkyDrive

Wenn Sie sich mit einem Konto bei Microsoft SkyDrive anmelden, wird Ihnen die Excel Web App kostenlos zur Verfügung gestellt. Sie können den Zugang über *http://skydrive.live.com* einrichten. Für die professionellen Anwender lassen sich die Office Web Apps auch im Zusammenhang mit einer SharePoint 2013-Umgebung nutzen.

Die meisten Browser unterstützen Excel Web App, also auch Firefox und Safari, sodass Sie unabhängig vom Betriebssystem damit arbeiten können.

Öffnen und Bearbeiten einer Arbeitsmappe im Browser

Wenn Sie oder jemand, den Sie dazu berechtigt haben, die auf SkyDrive abgelegte Arbeitsmappe nur im Browser aufrufen wollen, muss nur die URL zu diesem Ort angegeben werden. Die Webseite von SkyDrive bietet die dort abgelegten Dateien in verschiedenen Ansichten an, Abbildung 23.1 zeigt die Dateien als Schaltflächen. Ein Klick oder Tipp öffnet die gewünschte Mappe im Browser.

Über die drei Schaltflächen rechts oben können Sie zwischen verschiedenen Ansichten der Ordnerinhalte wechseln. Außerdem stehen verschiedene Sortierungen zur Verfügung.

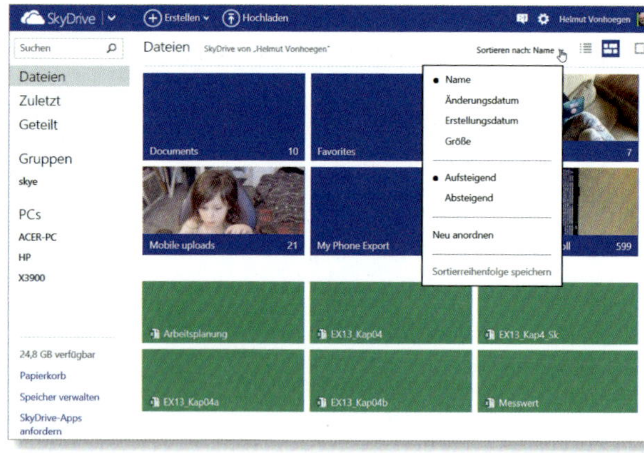

Abbildung 23.1 *Anzeige von Dokumenten auf SkyDrive*

In der linken Spalte werden Ihnen auch Links zu den zuletzt verwendeten Dateien und zu den mit anderen geteilten Dateien angeboten. Darüber behalten Sie leicht die Übersicht, wer eventuell Änderungen an einer Datei vorgenommen hat.

Abbildung 23.2 *Liste der geteilten Arbeitsmappen*

Außerdem lassen sich über den Link **Gruppen** Personen sammeln, die zu einem bestimmten Thema Benachrichtigungen erhalten sollen.

Abbildung 23.3 *Bildung von Gruppen*

Über die Schaltfläche mit dem Rad wählen Sie Optionen, die die Speicherverwaltung und das Standarddateiformat betreffen. Sie können hier immer sehen, wie viel Speicher noch zur Verfügung steht, und bei Bedarf zusätzlichen Speicher abonnieren.

Abbildung 23.4 *Die Seite mit den Optionen zeigt immer den verfügbaren Speicher (in der Regel 7GB).*

Das Kontextmenü zu einer Datei erlaubt die üblichen Aufgaben der Dateiverwaltung wie Umbenennen, Löschen, Kopieren oder Verschieben.

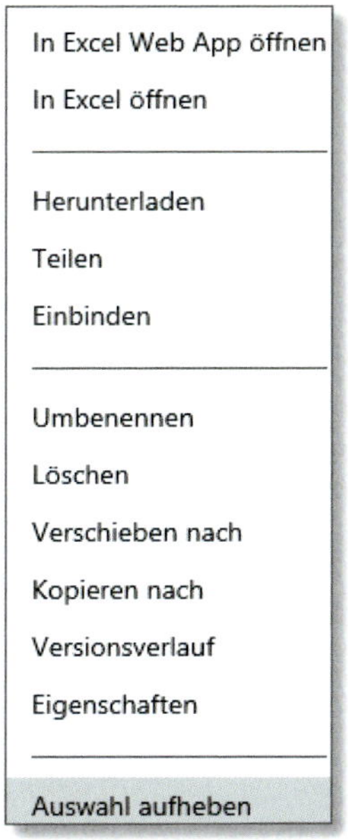

Abbildung 23.5 *Kontextmenü zu einer Datei auf SkyDrive*

Ein Klick oder Tipp auf einen Dokumentnamen reicht, um die Arbeitsmappe im Browser zu öffnen. Wenn die Datei nicht gleich zum Bearbeiten geöffnet wird, benutzen Sie **Arbeitsmappe bearbeiten > In Excel Web App Bearbeiten**.

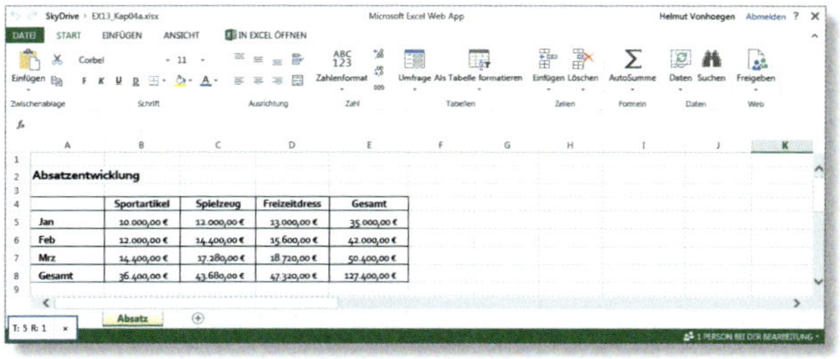

Abbildung 23.6 *Die Arbeitsmappe im Browser*

Es kann nun allerdings vorkommen, dass Sie an dieser Stelle den Hinweis erhalten, dass die Arbeitsmappe nicht im Browser geöffnet werden kann, weil sie ein Feature verwendet – etwa ein Überwachungsfenster –, das nicht im Browser unterstützt wird. Ansonsten erscheint die Arbeitsmappe mit den verschiedenen Blättern im Browser.

Excel Web App zeigt ungefähr die gleiche Benutzeroberfläche wie die lokale Anwendung, allerdings ist die Zahl der Register deutlich geringer, weil nur die Grundfunktionen des Programms in der Webanwendung angeboten werden. Auch einige Tastenkombinationen aus der lokalen Anwendung lassen sich im Browser verwenden. Wenn Sie Werte ändern, werden sie sofort gespeichert, es ist also keine explizite Speicherung notwendig.

Die Registerkarte **Start** entspricht mit den ersten vier Gruppen ungefähr dem entsprechenden Register in der lokalen Anwendung. In der Gruppe **Tabellen** finden Sie einen Befehl **Als Tabelle formatieren**, der einem markierten Bereich ein Tabellenformat zuordnet und Filterschaltflächen einblendet. Über das Symbol **Daten** werden die Aktualisierung von Datenverbindungen und die Neuberechnung des Tabellenblatts angeboten.

Über die Registerkarte **Einfügen** lassen sich neue Tabellenfunktionen für entsprechende Berechnungen, Umfragen, Tabellen, Diagramme oder Hyperlinks in das Arbeitsblatt einfügen. Neu gegenüber der Version von 2010 ist das Register **Ansicht**, das den Wechsel zwischen einer Leseansicht und einer Bearbeitungsansicht erlaubt.

Neben den drei Registern finden Sie noch das Symbol **In Excel öffnen**, das die Arbeitsmappe auf die lokale Ebene kopiert.

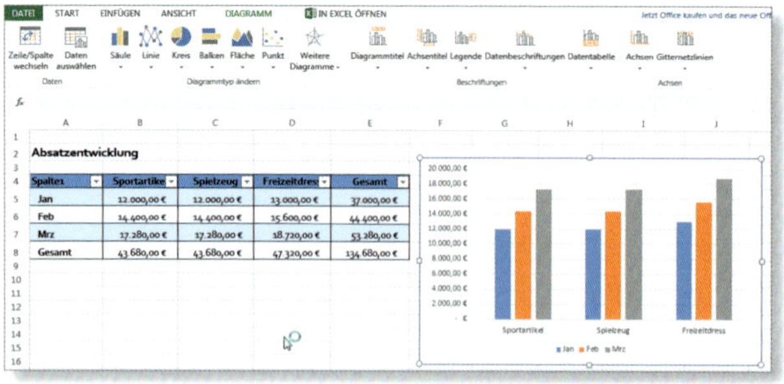

Abbildung 23.7 *Ein Diagramm zu einem Tabellenbereich*

Wenn Sie zu einem markierten Datenbereich ein Diagramm erzeugen, wird für dessen Bearbeitung ein Register **Diagramm** eingeblendet, das die wichtigsten Bearbeitungsmöglichkeiten anbietet.

Das Markieren von Zellen und Zellbereichen funktioniert wie in der lokalen Anwendung, die Kontextmenüs zu Zellbereichen sind allerdings auf wenige Grundfunktionen reduziert.

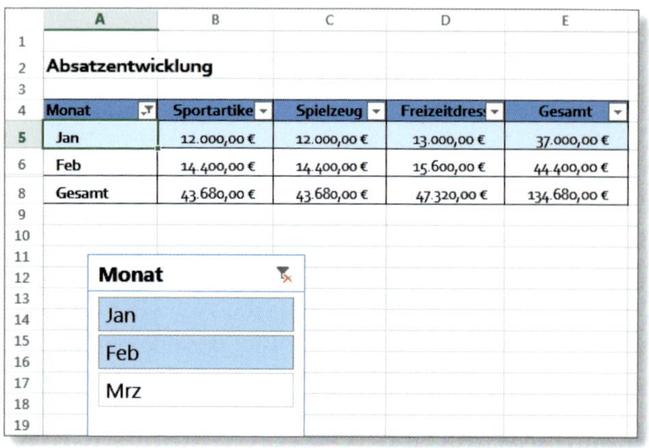

Abbildung 23.8 *Datenschnitte lassen sich auch im Browser verwenden.*

Die Filter der Datenschnittelemente oder die Schaltflächen von Pivot-Tabellen funktionieren auch im Web anstandslos. Eine lokal erstellte Arbeitsmappe wird also durchaus in hoher Qualität im Browser bereitgestellt.

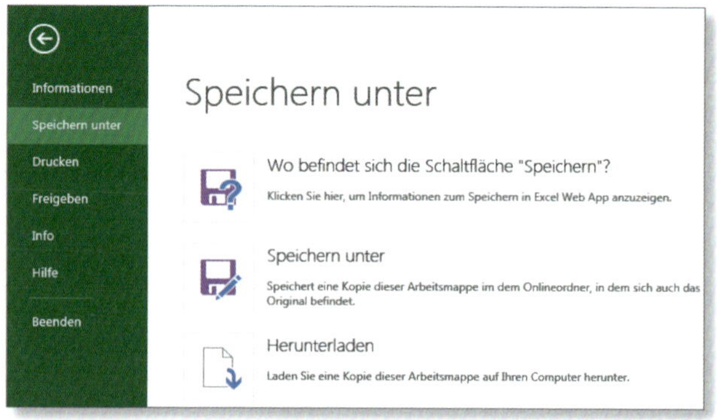

Abbildung 23.9 *Das Register »Datei«*

Über das Register **Datei** werden Befehle angeboten, um die Arbeitsmappe unter einem neuen Namen online zu speichern oder die Arbeitsmappe auf den lokalen Rechner herunterzuladen, wo sie immer zunächst in der geschützten Ansicht geöffnet wird. Über **Drucken** kann entweder die aktuelle Auswahl oder das aktuelle Blatt gedruckt werden, eine Vorschau zeigt das zu erwartende Ergebnis an.

Kapitel 24
Datenschutz und Datensicherheit

Mit der immer dichteren weltweiten Vernetzung aller Systeme über das Internet sind nicht nur großartige neue Möglichkeiten der Kommunikation und Kooperation entstanden. Leider haben sich auch neuartige Sicherheitsrisiken ausgebreitet.

Die kriminelle Energie mancher Leute hat mit dem Internet ein neues Betätigungsfeld gefunden, und es ist überhaupt noch nicht abzusehen, ob sich die Guten gegen die Bösen innerhalb eines vertretbaren Aufwands werden durchsetzen können. Es wird immer deutlicher, dass es in den Strukturen des Netzes grundlegende Schwachstellen gibt und dass die rechtlichen Rahmenbedingungen ebenfalls noch vielfach zu schwach sind, um bestimmte Fehlentwicklungen effektiver einzudämmen. Die IT-Industrie tut leider oft so, als seien diese Probleme technisch beherrschbar, aber gerade in der letzten Zeit mussten wir ziemlich böse Erfahrungen registrieren, etwa was die Sicherheit von Kundendaten bei weltweit agierenden Anbietern angeht.

In diesem Kapitel werden einige Maßnahmen beschrieben, um die potenzielle Gefährdung Ihrer Daten wenigstens etwas einzudämmen. Mehr dürfen Sie davon aber nicht erwarten.

24.1 Schutz von Arbeitsmappen, Blättern und Zellbereichen

In diesem ersten Abschnitt wollen wir nur noch einmal gebündelt auf einige Maßnahmen hinweisen, die in verschiedenen Kapiteln bereits behandelt wurden, um Arbeitsmappen gegen Verlust oder Manipulationen zu schützen. Wenn Sie verhindern wollen, dass in Ihren Arbeitsmappen irrtümlich oder durch Unbefugte Eintragungen, Formeln, Objekte oder Formatierungen geändert werden, bietet Ihnen Excel eine Reihe von Schutzmaßnahmen an.

In Abschnitt 1.10, »Für die Sicherheit der Daten sorgen«, ab Seite 117 haben wir bereits den Einsatz von Kennwörtern für den Schutz des Zugangs oder für den Schreibschutz bei Dateien vorgestellt.

In Abschnitt 4.11, »Blätter und Mappen schützen«, ab Seite 298 wird beschrieben, wie Sie ganze Arbeitsmappen oder einzelne Blätter oder Zellbereiche gegen Veränderungen schützen können. Die entsprechenden Optionen finden Sie auf dem Register **Überprüfen** in der Gruppe **Änderungen** – siehe Abbildung 24.1.

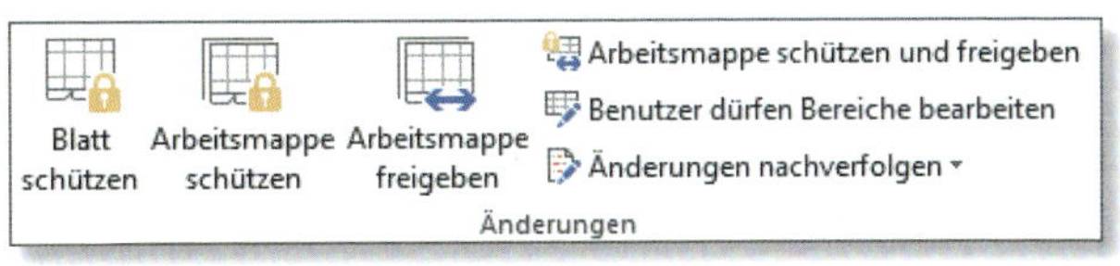

Abbildung 24.1 *Optionen, die Ihnen helfen, Ihre Daten zu schützen*

Mit **Blatt schützen** verhindern Sie gezielt Veränderungen an Zellbereichen, die Sie vorher mit dem Formatmerkmal **Gesperrt** belegt haben.

Mit der Option **Arbeitsmappe schützen** können Sie gewährleisten, dass die Struktur und die Fensteranordnung der Arbeitsmappe unverändert bleiben.

Mit der Option **Arbeitsmappe schützen und freigeben** wird eine Arbeitsmappe zunächst freigegeben und kann dann noch durch ein Kennwort geschützt werden, um zu verhindern, dass Veränderungen von Unbefugten entfernt werden.

Die Option **Benutzer dürfen Bereiche bearbeiten** erlaubt es, Berechtigungen für die Änderung von bestimmten Zellbereichen an verschiedene Personen zu vergeben, um eine gemeinsame Arbeit an einem Tabellenblatt zu ermöglichen.

Entsprechende Optionen finden Sie auch auf dem Register **Datei > Informationen** in dem Menü der Schaltfläche **Arbeitsmappe schützen**.

In Kapitel 11, »Dokumente für die Weitergabe vorbereiten«, ab Seite 493 haben wir als weitere Schutzmaßnahmen außerdem die Verschlüsselung von Dokumenten vor dem Versand an andere Stellen und die Einschränkung von Berechtigungen für den Umgang mit Dokumenten mithilfe der Rechteverwaltung beschrieben.

24.2 Schutz vor Makroviren

Wie wir in den beiden letzten Kapiteln dieses Buches noch zeigen werden, stellt Excel Ihnen mit der Programmiersprache VBA ein sehr mächtiges Werkzeug zur Verfügung, um den Funktionsumfang des Programms durch eigene Anwendungen zu erweitern. Zwar werden alle Makros unter dem Dach von Excel ausgeführt, die Sprache enthält aber auch Anweisungen, um auf das Dateisystem auf Ihrem Rechner zuzugreifen – bis hin zum Löschen.

Was für den Entwickler erfreulich ist, nehmen Böswillige als Chance, auf Ihrem System Unheil anzurichten. 1995 tauchten erste Makroviren für Excel auf. Wenn Sie eine verseuchte Arbeitsmappe – beispielsweise aus einer E-Mail – öffnen, kann sich ein solches Virus selbstständig auf alle zur gleichen Zeit geöffneten Arbeitsmappen kopieren. Normalerweise sind aktuelle Virenschutzprogramme aber in der Lage, befallene Dokumente zu finden und entsprechend zu behandeln.

Um Sie vor Schäden zu bewahren, hat Microsoft seit der Version 2007 eine Aufspaltung des Standarddateiformats eingeführt, wie es bereits in Kapitel 1, »Excel 2013 kennenlernen«, ab Seite 94 beschrieben ist. Das Format XLSX lässt gar keine Makros zu. Wenn Sie Arbeitsmappen, die Ihnen zugeschickt werden, nur akzeptieren, wenn sie das makrofreie Format verwenden, ist das natürlich ein wirksamer Schutz gegen Makroviren.

Einer XLSX-Datei kann auch nicht nachträglich ein Makro zugefügt werden. Wenn Sie es versuchen, erhalten Sie folgende Warnung:

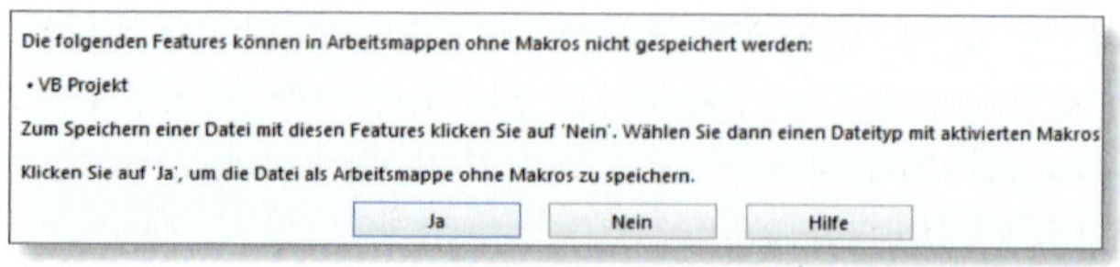

Abbildung 24.2 *Excel lässt das Speichern von Makros im Dateiformat XLSX nicht zu.*

Wenn Sie diese Meldung mit **Ja** bestätigen, werden Makros vor dem Speichern aus der Arbeitsmappe entfernt. Soll die Mappe Makros aufnehmen, müssen Sie hier mit **Nein** antworten und beim nächsten Versuch, die Datei zu speichern, den makrofähigen Dateityp XLSM wählen.

Entsprechendes gilt, wenn Sie versuchen, Mustervorlagen, die Makros enthalten, mit dem Dateityp *.xltx* zu speichern. In diesem Fall wird nur der Dateityp *.xltm* für Makros zugelassen.

Wenn Sie mit einer Arbeitsmappe arbeiten, die keine Makros zulässt, sind damit immer Makros gemeint, die in dieser Mappe gespeichert werden sollen. Wenn Sie dagegen Makros aufzeichnen, die Sie in einer anderen Mappe oder in der persönlichen Makroarbeitsmappe speichern, ist dies durchaus möglich.

Für das binäre Dateiformat XLSB gilt die Trennung von makrofreien und makrohaltigen Arbeitsmappen nicht. Seltsamerweise ist es nicht möglich, gleich beim Anlegen einer neuen Arbeitsmappe zwischen einer mit und einer ohne Makros zu wählen, die Entscheidung fällt immer erst beim Speichern der Datei.

Mit der Trennung der Dateitypen ist die Zahl der Dokumente, die eventuell einer kritischen Prüfung bedürfen, zunächst schon einmal stark verkleinert worden. Um die Gefährdung weiter einzugrenzen, hat Excel 2013 noch ein paar Hindernisse eingebaut, die von einigen inzwischen als leicht hysterisch eingestuft werden.

Wenn Sie beispielsweise selbst eine Arbeitsmappe mit einer harmlosen Makroaufzeichnung zum ersten Mal wieder öffnen, erscheint unter dem Menüband eine Sicherheitswarnung, die Ihnen erklärt, dass Ihr harmloses Makro deaktiviert wurde. Dies gilt auch, wenn Sie die Datei binär – also mit der Dateiendung *.xlsb* – gespeichert haben.

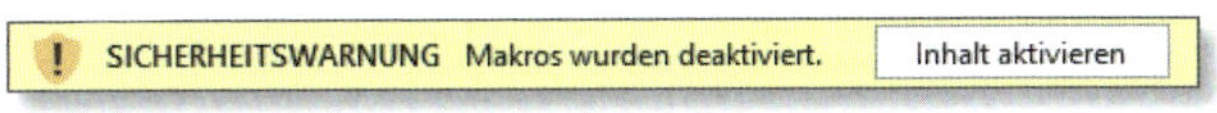

Abbildung 24.3 *Warnhinweis bei Makros*

Immerhin wird gleich eine Schaltfläche **Inhalt aktivieren** angeboten. Damit können Sie in diesem Fall Ihre eigene Datei als unbedenklich einstufen. Ein Klick darauf fügt das Dokument anschließend in die Liste der vertrauenswürdigen Dokumente ein, von denen in Abschnitt 24.3, »Schutzmaßnahmen über das Sicherheitscenter«, ab Seite 786 noch die Rede sein wird. Beim nächsten Öffnen erfolgt keine Nachfrage mehr.

Auch auf dem **Datei**-Register erscheint unter **Informationen** eine solche Warnung.

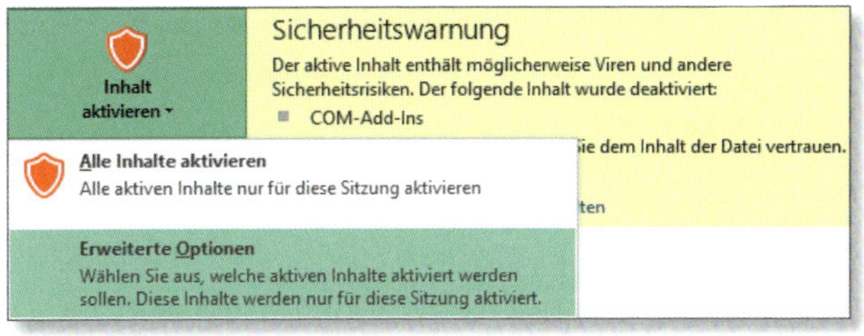

Abbildung 24.4 *Das Menü zur Schaltfläche »Inhalt aktivieren«*

Inhalt aktivieren gibt Ihnen über **Erweiterte Optionen** zusätzlich die Möglichkeit, die Makros einer Datei nur für eine bestimmte Sitzung zu aktivieren.

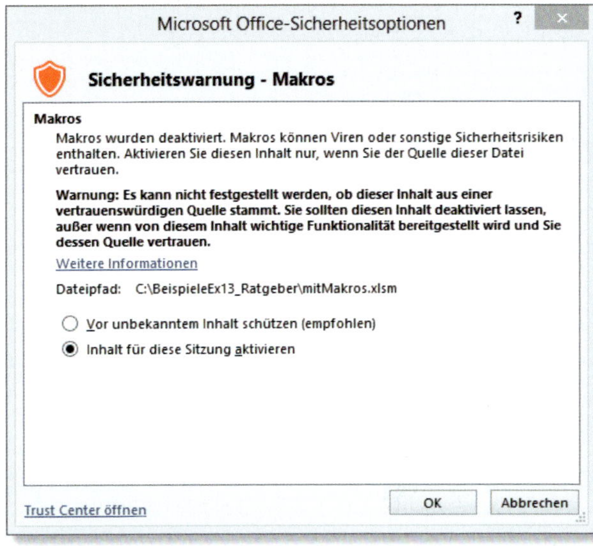

Abbildung 24.5 *Notfalls können Sie Makros hier für eine Sitzung freigeben.*

Sinnvoller als bei dieser Selbstbehinderung ist die Makrosperrung natürlich, wenn eine Datei aus einer anderen Quelle zu Ihnen kommt. Arbeitsmappen in E-Mails von unbekannten Absendern verdienen eine kritische Aufmerksamkeit. Eine Prüfung der Datei durch ein Virenschutzprogramm ist in solchen Fällen immer angebracht.

Wenn Excel ein potenzielles Sicherheitsrisiko identifizieren kann, erhalten Sie unter Umständen einen Hinweis auf ein potenzielles Sicherheitsrisiko. Sie können dann entscheiden, ob Sie das Risiko eingehen wollen, mit diesen Makros zu arbeiten, oder eben lieber nicht.

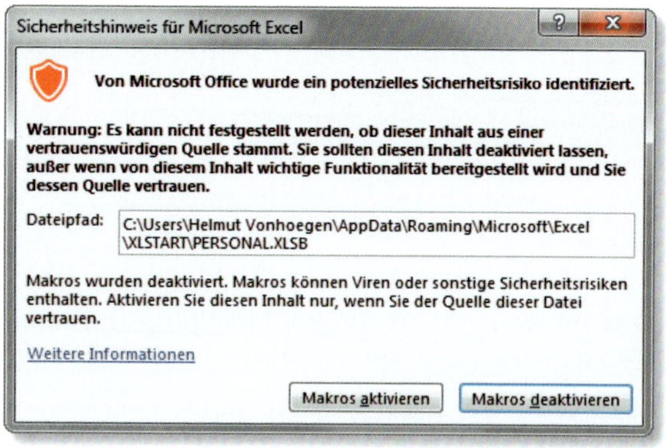

Abbildung 24.6 *Warnung bei einer unklaren Herkunft*

24.3 Schutzmaßnahmen über das Sicherheitscenter

Maßnahmen, die eine höhere Sicherheit gewährleisten sollen, sind in Excel 2013 in einem Sicherheitscenter gebündelt, das Sie über **Datei > Optionen > Trust Center** erreichen. Die Schaltfläche **Einstellungen für das Trust Center** öffnet ein umfangreiches Dialogfeld dafür.

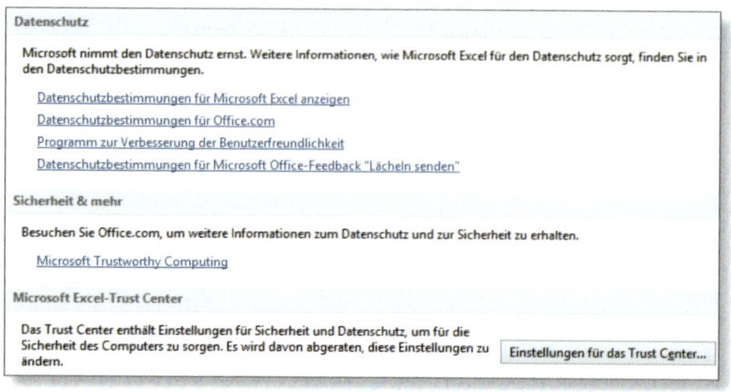

Abbildung 24.7 *Hier erhalten Sie Zugang zum Trust Center.*

Vertrauen für Herausgeber

Die Liste der vertrauenswürdigen Herausgeber von Komponenten, die normalerweise über das Register **Inhalte** im Dialog **Internetoptionen** im Internet Explorer gepflegt wird, kann über die Seite **Vertrauenswürdige Herausgeber** eingesehen werden. Hier angezeigte Herausgeber können für Excel in einigen Fällen auch entfernt werden.

Die Prüfung der Vertrauenswürdigkeit des Herausgebers ist beispielsweise sinnvoll für Komponenten, die per E-Mail angeboten werden. Solange die Komponente über eine gültige und aktuelle Signatur verfügt, gilt sie als vertrauenswürdig, wenn nicht, können Sie aber dennoch ad hoc entscheiden, ob Sie trotzdem damit arbeiten wollen.

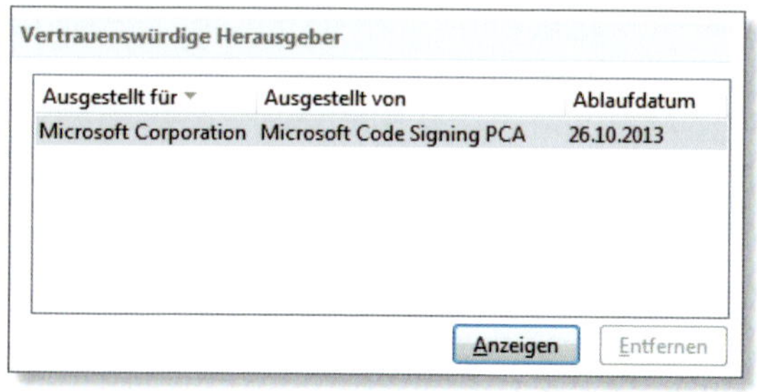

Abbildung 24.8 *Liste vertrauenswürdiger Herausgeber*

Die Schaltfläche **Anzeigen** liefert Infos zu dem markierten Herausgeber. Insbesondere können Sie auf dem Register **Details** erfahren, von wann bis wann das Zertifikat gültig ist.

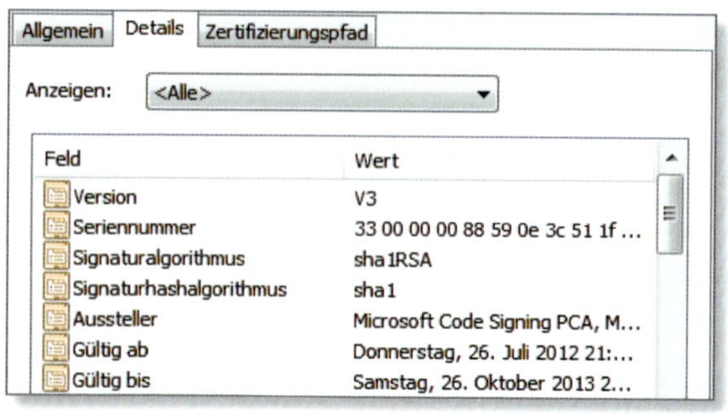

Abbildung 24.9 *Einige Details zu einem Zertifikat*

Vertrauen in Speicherorte

Um Ausnahmen von den in diesem Dialog für aktive Inhalte wie Makros, Datenverbindungen und ActiveX-

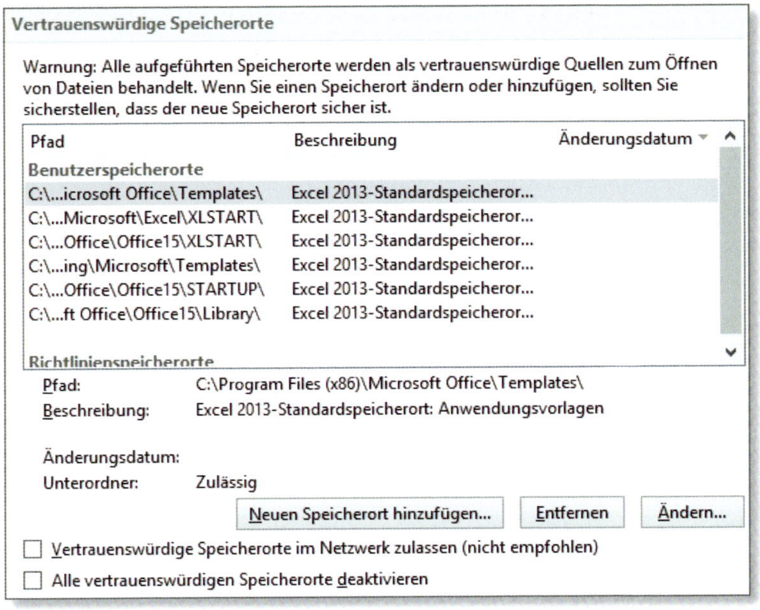

< ***Abbildung 24.10*** *Über diese Seite verwalten Sie die als sicher eingestuften Speicherorte.*

Steuerelemente festgelegten Sicherheitsrichtlinien zuzulassen, können Sie spezielle Speicherorte bestimmen, die Sie als sicher einstufen. Arbeitsmappen, die Sie dort ablegen, werden automatisch als vertrauenswürdig eingestuft.

1. Benutzen Sie im Dialog **Trust Center** die Seite **Vertrauenswürdige Speicherorte**.
2. Das Listenfeld zeigt die bisher als vertrauenswürdig deklarierten Speicherorte an. Einige sichere Speicherorte werden vorgegeben, wie die Ordner *\XLStart* und der Vorlagenordner *\Templates*.
3. Wenn Sie sicher sein können, dass es auch in Ihrem lokalen Netzwerk Plätze gibt, die gut gegen einen unbefugten Zugriff abgesichert sind, können Sie vor dem nächsten Schritt noch die Option **Vertrauenswürdige Speicherorte im Netzwerk zulassen** aktivieren.
4. Mit der Schaltfläche **Neuen Speicherort hinzufügen** öffnen Sie den Dialog **Vertrauenswürdiger Microsoft Office-Speicherort**.
5. Unter **Pfad** haben Sie nun die Möglichkeit, bestimmte Pfade festzulegen, die als sichere Speicherorte eingestuft werden sollen.
6. Sollen auch die Unterordner als vertrauenswürdig deklariert werden, aktivieren Sie die entsprechende Option. Unter **Beschreibung** können Sie noch einen Hinweis zu dem Ordner einfügen.

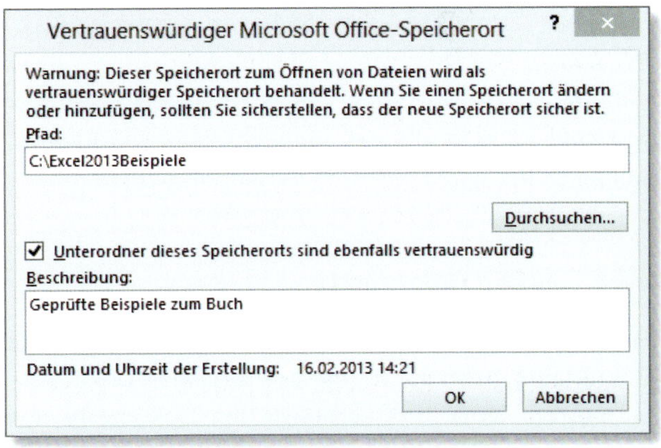

^ ***Abbildung 24.11*** *Über diesen Dialog fügen Sie einen vertrauenswürdigen Speicherort hinzu.*

Der neu eingerichtete Ordner erscheint in der Liste der Speicherordner. Soll noch etwas geändert werden, benutzen Sie **Ändern**.

Zum Löschen eines markierten Ordners nehmen Sie die Schaltfläche **Entfernen**. Wollen Sie alle Speicherorte wieder in normale Ordner verwandeln, benutzen Sie die Option **Alle vertrauenswürdigen Speicherorte deaktivieren**. Diese Option löscht die Liste der Ordner nicht, sondern nimmt ihnen nur das Merkmal der Vertrauenswürdigkeit.

Excel speichert die als vertrauenswürdig eingestuften Speicherplätze in der Systemregistrierung unter dem jeweils auf den einzelnen Benutzer bezogenen Schlüssel:

```
\HKEY_CURRENT_USER\Software\Microsoft\
Office\15.0\Excel\Security\Trusted
Locations\
```

Wenn Sie über **Start > Ausführen** mit **Regedit** den Registrierungs-Editor starten, können Sie diesen Schlüssel suchen. Die einzelnen Einträge für **Location** lassen sich auch manuell über das Kontextmenü löschen.

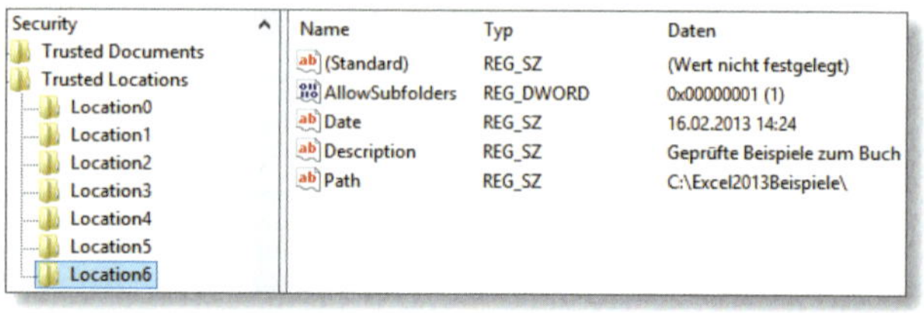

*^ **Abbildung 24.12** Die vertrauenswürdigen Speicherorte werden in der Systemregistrierung einzeln notiert.*

Vertrauen für Dokumente

Eine ähnliche Regelung ist über **Vertrauenswürdige Dokumente** auch in Bezug auf einzelne Dokumente möglich. Wird beispielsweise ein Dokument, das Datenverbindungen enthält, geöffnet, erscheint zunächst eine Sicherheitswarnung auf einem Balken über der Bearbeitungsleiste mit dem Hinweis, dass die Datenverbindungen deaktiviert wurden.

Wie bei den vertrauenswürdigen Ordnern speichert Excel auch die Daten jeder vertrauenswürdigen Datei in der Systemregistrierung. Der Schlüssel ist:

```
\HKEY_CURRENT_USER\Software\Microsoft\
Office\15.0\Excel\Security\Trusted
Dokuments\TrustRecords
```

Auch hier ist es möglich, über das Kontextmenü eines Eintrags einzelne Dateien wieder aus dieser Liste zu löschen und ihnen den Status der Vertrauenswürdigkeit zu nehmen. Voraussetzung ist allerdings, dass Sie das Recht für den Zugriff auf die Systemregistrierung haben.

Wird die Datei nach dem Eintrag in diese Liste geöffnet, prüft Excel beim nächsten Öffnen, ob die Datei dort eingetragen ist.

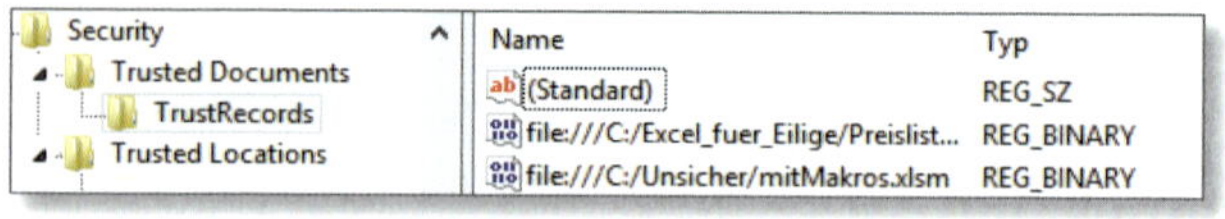

*^ **Abbildung 24.14** Die Liste der vertrauenswürdigen Dokumente in der Systemregistrierung*

Sie müssen allerdings beachten, dass die Vertrauenswürdigkeit unter bestimmten Umständen nicht zum Zuge kommt. Das gilt beispielsweise, wenn die Datei von einer anderen Person, die sich auf dem gleichen System angemeldet hat, geöffnet wird. Das gilt aber auch, wenn Sie die Datei umbenennen, in einen anderen Ordner verschieben oder gar auf ein anderes System übertragen.

Es ist zwar möglich, die Datei zu ändern, es wird aber nicht akzeptiert, dem System unter dem gleichen Dateinamen eine ganz andere Datei unterzuschieben.

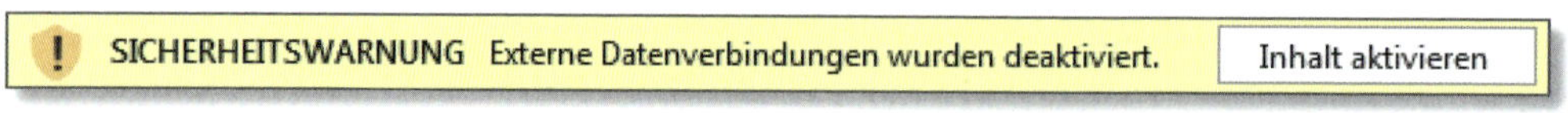

*^ **Abbildung 24.13** Warnung beim Öffnen einer Datei, die Datenverbindungen enthält*

Das scheitert daran, dass Excel auch einige Metadaten zur Datei mit in die Registrierung aufnimmt.

Eine besondere Behandlung nimmt Excel vor, wenn Sie eine Datei über das lokale Netz öffnen. Die Schaltfläche **Inhalte aktivieren** öffnet in diesem Fall einen Dialog, in dem Sie entscheiden können, ob Sie die Datei zu einem vertrauenswürdigen Dokument erklären wollen.

Abbildung 24.15 *Sicherheitswarnung beim ersten Zugriff auf eine Datei aus einem Speicherort im lokalen Netz*

Wenn Sie mit **Nein** antworten, werden die aktiven Elemente wie Makros, Datenverbindungen oder ActiveX-Steuerelemente nur für die aktuelle Sitzung zur Verfügung gestellt.

Besondere Vorsicht gilt auch für Arbeitsmappen, die Hyperlinks enthalten, die automatisch aktualisiert werden sollen. Hier erscheint beim Laden der Datei eine Warnung, die mit der Schaltfläche **Inhalt aktivieren** beantwortet werden kann.

Diese Liste der vertrauenswürdigen Dokumente lässt sich hier über die Schaltfläche **Bereinigen** komplett löschen. Alternativ können Sie aber auch die Option **Vertrauenswürdige Dokumente deaktivieren** verwenden. Dann werden die Sicherheitswarnungen auf jeden Fall angezeigt. Ausgenommen davon sind nur die Dokumente, die Sie in vertrauenswürdigen Ordnern abgelegt haben.

Es gibt allerdings Umstände, unter denen Sie ein Dokument nicht zu einem vertrauenswürdigen Dokument machen können. Das gilt beispielsweise, wenn Sie über **Einstellungen für Makros**, **ActiveX-Einstellungen** oder **Externer Inhalt** bestimmte Arten von aktiven Inhalten generell deaktivieren.

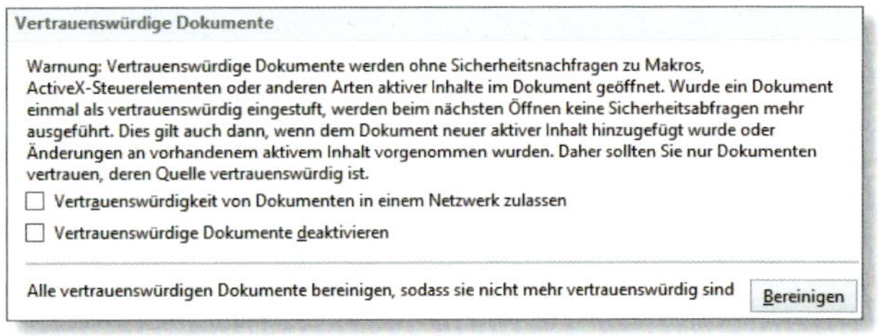

Abbildung 24.16 *Der Einsatz von vertrauenswürdigen Dokumenten lässt sich auch deaktivieren.*

App-Kataloge, denen Sie vertrauen

Neu in Excel 2013 ist die Seite **Vertrauenswürdige App-Kataloge**, die es erlaubt, festzulegen, wie mit den Apps umgegangen werden soll, die seit Excel 2013 für die Office-Programme angeboten werden können.

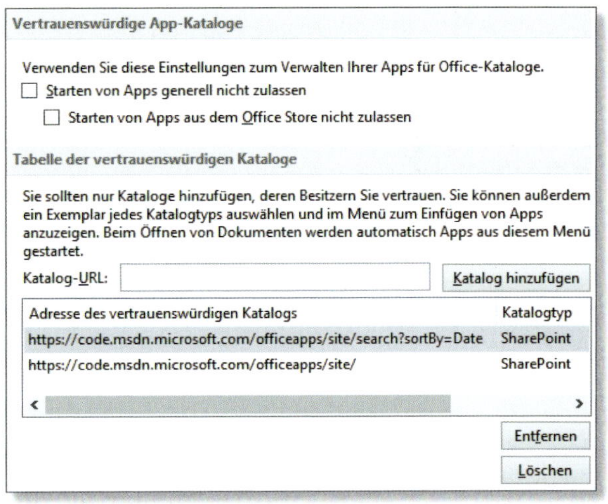

Abbildung 24.18 *Sicherheitsrichtlinien für App-Kataloge*

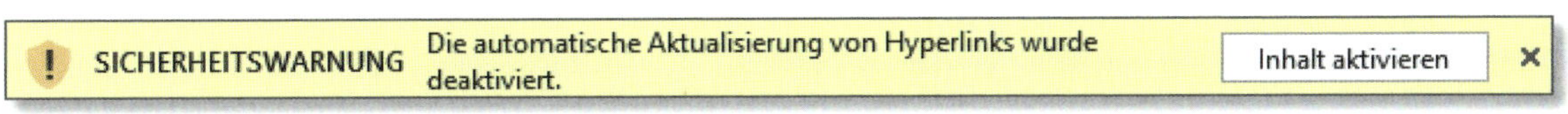

Abbildung 24.17 *Sicherheitswarnung bei deaktivierten Hyperlinks*

Zunächst wird die rabiate Option angeboten: Starten von Apps generell nicht zulassen. Apps aus dem Office Store von Microsoft können dann – wenn Sie ihnen vertrauen – ausgenommen werden. Statt der generellen Weigerung lassen sich hier auch die Webadressen von App-Katalogen angeben, denen Sie bereit sind, zu vertrauen. Mit **Katalog hinzufügen** geben Sie die entsprechende URL an.

Sicherheit bei Add-Ins

Die Seite **Add-Ins** erlaubt es, nicht signierte Add-Ins zu blockieren oder auch gleich alle Add-Ins zu deaktivieren. In der Vorgabe sind alle drei Optionen deaktiviert, was in den meisten Fällen auch eine brauchbare Einstellung ist.

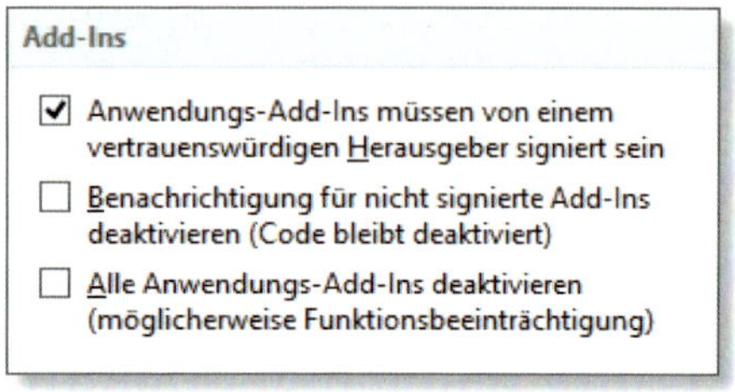

Abbildung 24.19 Einstellungen zu Add-Ins

Mit der ersten Option **Anwendungs-Add-Ins müssen von einem vertrauenswürdigen Herausgeber signiert sein** erreichen Sie, dass ein Add-In nur geladen wird, wenn es eine vertrauenswürdige Signatur des Herausgebers aufweist.

Die zweite Option **Benachrichtigung für nicht signierte Add-Ins deaktivieren (Code bleibt deaktiviert)** wird nur angeboten, wenn die erste Option aktiviert ist. Die Option **Alle Anwendungs-Add-Ins deaktivieren (möglicherweise Funktionsbeeinträchtigung)** ist kaum zu empfehlen, weil sie beispielsweise auch die Nutzung des Solvers oder der Analyse-Funktionen unterbindet. Falls Sie hier eine Einstellung ändern, müssen Sie Excel neu starten, bevor sie wirksam wird.

Falls Sie Signaturen verlangen, wird das Add-In zunächst nicht geladen, wenn die Signatur fehlt oder (noch) nicht als vertrauenswürdig eingestuft ist. Sie erhalten dann eine entsprechende Benachrichtigung.

Wenn Sie die Schaltfläche **Inhalt aktivieren** benutzen, wird das Add-In geladen. Optionen dazu bietet auch die Seite **Datei > Informationen** an. Neben der Sicherheitswarnung stellt die Schaltfläche **Inhalt aktivieren** zwei Optionen zur Verfügung.

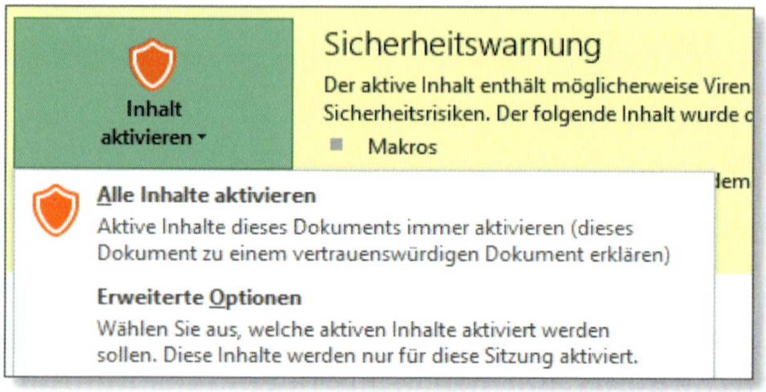

Abbildung 24.21 Optionen der Schaltfläche »Inhalt aktivieren« bei einer Sicherheitswarnung zu Add-Ins

Mit **Alle Inhalte aktivieren** werden die aktiven Inhalte nur für eine Sitzung aktiviert. Mit **Erweiterte Optionen** können Sie dagegen für jedes einzelne Add-In prüfen, wie damit verfahren werden soll. In Abbildung 24.22 wird beispielsweise ein Add-In angezeigt, das zwar eine gültige Signatur hat, dessen Herausgeber aber noch nicht als zuverlässig eingestuft ist. Mit der Option **Allen Dokumenten von diesem Herausgeber vertrauen** können Sie dies hier nachholen.

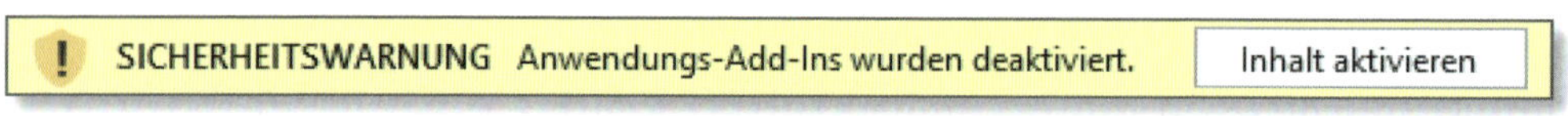

Abbildung 24.20 Warnung bei deaktivierten Add-Ins

Abbildung 24.22 Jedes einzelne Add-In kann gesondert behandelt werden.

Einstellungen zu ActiveX-Steuerelementen

ActiveX-Steuerelemente sind Komponenten, die einer Anwendung beigefügt werden können, um sie um Zusatzfunktionen zu erweitern. In Kapitel 26, »VBA-Praxis«, ab Seite 855 werden wir beispielsweise ein Steuerelement beschreiben, das innerhalb einer Excel-Anwendung einen kleinen Browser einfügt. Solche Komponenten sind oft sehr leistungsfähig, stehen aber gerade deshalb in dem Ruf, zu den Sicherheitsrisiken zu gehören. Im Prinzip können sie auf das Dateisystem und die Systemregistrierung zugreifen.

Bösartig konzipierte Exemplare können deshalb auf einem System eine ganze Menge Unheil anrichten. Microsoft hat auf die Kritik an dieser Tatsache mit dem Versuch reagiert, die Guten von den Bösen über die Authentifizierung der Herausgeber zu trennen. Stammt die Komponente von einem als vertrauenswürdig eingestuften Herausgeber, gilt die Nutzung der Komponente als vertretbar.

Hinzu kommen noch spezielle Optionen, die Sie über die Seite **ActiveX-Einstellungen** wählen können.

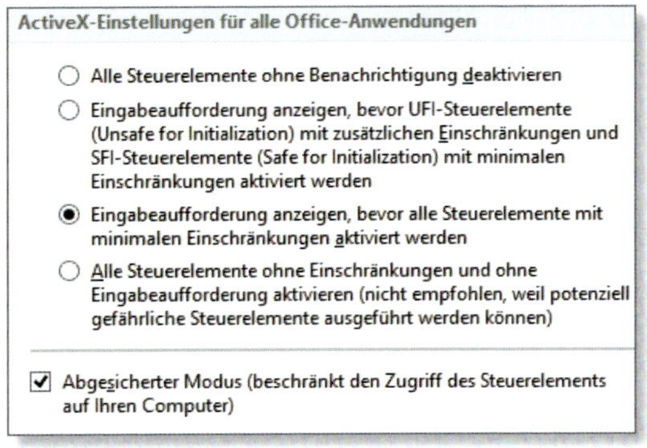

Abbildung 24.23 Einstellungen zu ActiveX-Steuerelementen

Die Option **Abgesicherter Modus** ist voreingestellt. Sie sorgt dafür, dass Komponenten vertrauenswürdiger Hersteller oder Komponenten aus vertrauenswürdigen Speicherorten oder Dokumenten ohne Benachrichtigung ausgeführt werden, wobei der Zugriff auf das System so weit eingegrenzt bleibt, dass kein Risiko entstehen kann. Für Dateien besteht in diesem Modus beispielsweise nur Lesezugriff.

Wenn Ihnen aber das Risiko zu groß ist, können Sie mit der Option **Alle Steuerelemente ohne Benachrichtigung deaktivieren** dafür sorgen, dass alle ActiveX-Steuerelemente aus den betreffenden Formularen entfernt werden.

Die zweite Option erlaubt eine unterschiedliche Behandlung der Steuerelemente, je nach der Sicherheitskennzeichnung, die die Entwickler für die Komponente vergeben haben. Dies geschieht über sogenannte SFI- oder UFI-Parameter. Bei SFI verwendet die Komponente nur als sicher eingestufte Quelldaten.

Bei der vorgegebenen dritten Option erhalten Sie wie bei anderen aktiven Inhalten beim ersten Öffnen die gelbe Meldungsleiste und können dann mit der Schaltfläche **Inhalt aktivieren** dafür sorgen, dass die Datei in der Folge als vertrauenswürdiges Dokument behandelt wird.

Die Option, alle Steuerelemente uneingeschränkt zuzulassen, wird zwar angeboten, aber nicht empfohlen.

Einstellungen für Makros

Wir haben in Abschnitt 24.2, »Schutz vor Makroviren«, ab Seite 784 bereits beschrieben, wie die vorgegebenen Einstellungen beim Einsatz von Makros wirken. Über die Seite **Makroeinstellungen** stehen Ihnen noch weitere Einstellungen zur Verfügung, um das Verhalten von Excel zu steuern, wenn Makros in einer Arbeitsmappe vorhanden sind.

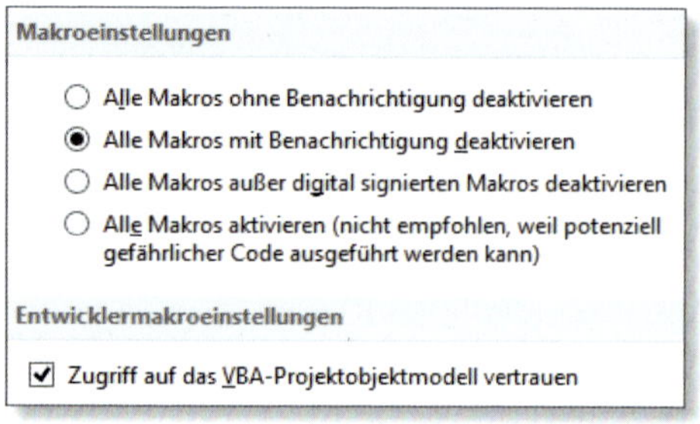

Abbildung 24.24 *Einstellungen zu Makros*

Die rigorose Option ist **Alle Makros ohne Benachrichtigung deaktivieren**. Alle Makros und auch die Sicherheitswarnungen zu Makros werden deaktiviert. Ausgenommen sind davon aber die Arbeitsmappen, die von einem vertrauenswürdigen Herausgeber oder einem vertrauenswürdigen Speicherort stammen.

Die vorgegebene Einstellung ist **Alle Makros mit Benachrichtigung deaktivieren**. Das entspricht dem in Abschnitt 24.2, »Schutz vor Makroviren«, beschriebenen Verhalten, das Ihnen die Möglichkeit gibt, die Vertrauenswürdigkeit von Fall zu Fall zu klären.

Die Option **Alle Makros außer digital signierten Makros deaktivieren** ist eine Variante der zweiten Option. Makros, die nicht nur signiert sind, sondern auch von einem Herausgeber kommen, der bereits als vertrauenswürdig festgelegt ist, werden sofort ausgeführt.

Die pauschale Option **Alle Makros aktivieren (nicht empfohlen, weil potenziell gefährlicher Code ausgeführt werden kann)** bringt in ihrem Namen bereits die notwendige Warnung mit. Sie sollte nur verwendet werden, wenn ein Rechner keinen Zugang zu einem lokalen Netz oder zum Internet hat, falls es so etwas noch gibt.

Die Option **Zugriff auf das VBA-Projektobjektmodell vertrauen** erlaubt es, mit VBA-Code automatische Abläufe von Excel-Anwendungen zu programmieren und dabei das VBA-Objektmodell zu nutzen. Soll verhindert werden, dass solcher Code auf dem System ausgeführt werden kann, muss diese Option deaktiviert werden.

Geschützte Ansicht

Die Option **Geschützte Ansicht** ist in Kapitel 1, »Excel 2013 kennenlernen«, ab Seite 119 schon angesprochen worden. Mit den drei Optionen wird festgelegt, bei welchen Dateien dieser eingeschränkte Modus aktiviert werden soll.

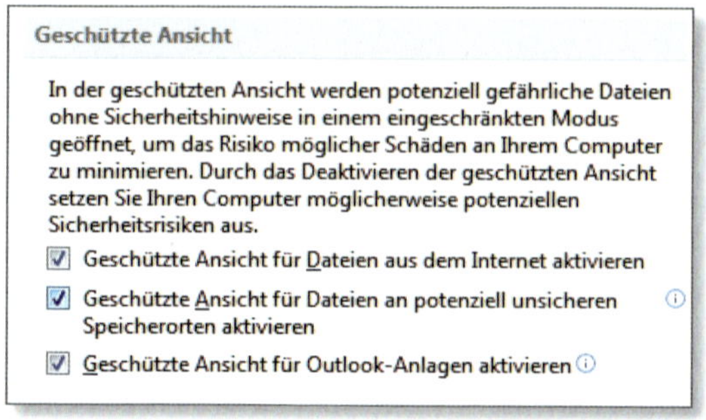

Abbildung 24.26 *Einstellungen für die geschützte Ansicht*

Das können beispielsweise Arbeitsmappen sein, die aus dem Internet heruntergeladen wurden oder aus Speicherorten in einem lokalen Netz stammen, die nicht bereits als sicher eingestuft sind. Auch die Anlagen von E-Mails in Outlook können Sie auf diese Weise mit einer gewissen Vorsicht behandeln.

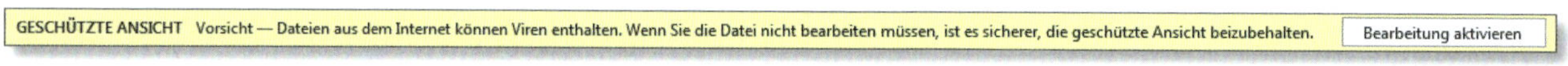

Abbildung 24.25 *Meldung bei einer Arbeitsmappe aus dem Internet*

Entscheiden Sie sich nach einer Prüfung der Arbeitsmappe, diese für die normale Bearbeitung zuzulassen, verwenden Sie die angebotene Schaltfläche **Bearbeitung aktivieren**.

Optionen für die Meldungsleiste

Unter dem Namen **Meldungsleiste** können Sie regeln, ob Excel unterhalb des Menübands Meldungen zu gesperrten Inhalten anzeigt oder nicht. Normalerweise wird eine farbige Meldungsleiste eingeblendet, wenn eine Datei zum ersten Mal geöffnet wird, die aktive Inhalte wie Makros, ActiveX-Steuerelemente oder Datenverbindungen enthält. Bei Makros wird diese Leiste aber nur angezeigt, wenn nicht gleichzeitig unter **Einstellungen für Makros** die Benachrichtigung deaktiviert ist.

Wenn Sie die ganze Zeit nur mit lokalen Dateien zu tun haben, die Sie als unproblematisch einschätzen, können Sie das Einblenden dieser Leiste auch generell unterbinden. Dies ist aber nur zu empfehlen, wenn Sie beispielsweise grundsätzlich keine Arbeitsmappen per E-Mail importieren. Diese Einstellung gilt nicht für Dateien, die in der geschützten Ansicht geöffnet werden.

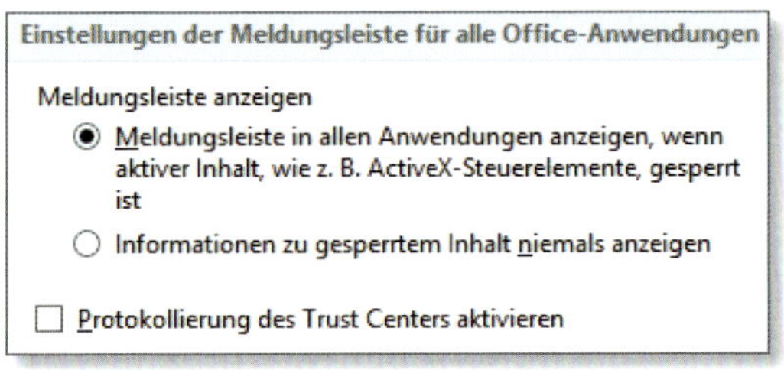

^ ***Abbildung 24.27*** *Einstellungen für die Statusleiste*

Umgang mit externen Inhalten

Auf der Seite **Externer Inhalt** sind Einstellungen zur Behandlung von Datenverbindungen für den Zugriff auf externe Datenquellen und von Verknüpfungen zwischen Arbeitsmappen möglich.

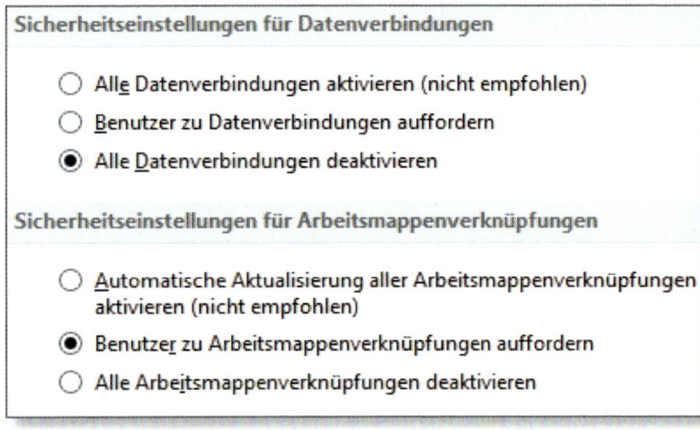

^ ***Abbildung 24.28*** *Einstellungen zu »Externer Inhalt«*

Zugriffsschutz

Wenn Sie für bestimmte Dateitypen grundsätzliche Einschränkungen festlegen wollen, benutzen Sie die Seite **Einstellungen für den Zugriffsschutz**. Vorgegeben ist beispielsweise, dass ältere Dateiformate wie Excel 4 zunächst immer in geschützter Ansicht geöffnet werden.

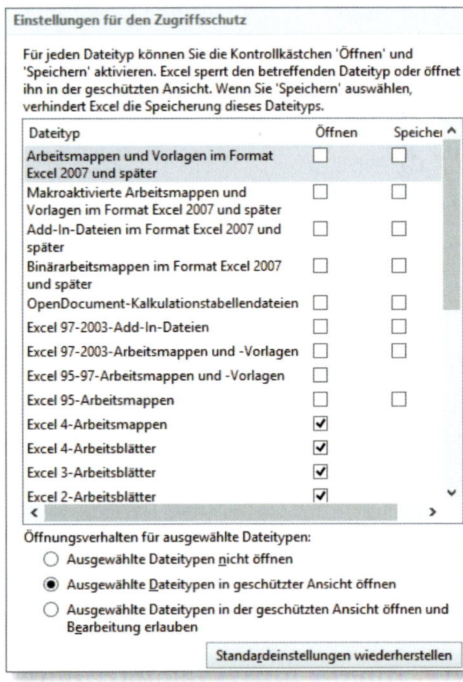

^ ***Abbildung 24.29*** *Zugriffsschutz für bestimmte Dateiformate*

Datenschutzoptionen

Schließlich können Sie unter **Datenschutzoptionen** noch eine Reihe von Festlegungen treffen, die den Datenaustausch mit *Microsoft Office.com* betreffen. Hier geht es hauptsächlich um Fragen des Vertrauens. Wer da vorsichtig ist, kann auch alle Optionen abwählen. Außerdem lassen sich über die beiden Schaltflächen noch Sprachrichtungen für die Übersetzungsfunktion und Nachschlagewerke aus- oder abwählen.

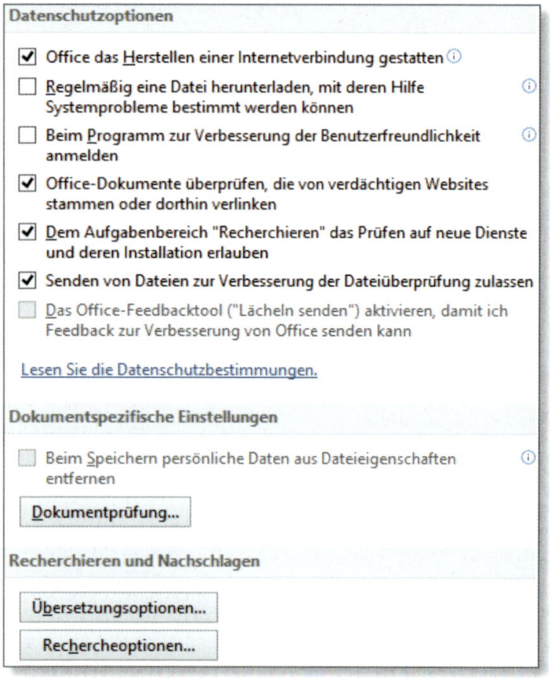

Abbildung 24.30 *Optionen zum Datenaustausch mit Microsoft*

Teil VIII

Excel automatisieren: Makros und VBA

Kapitel 25
Routineaufgaben automatisieren

Bevor Sie sich mit immer gleichen Schrittfolgen langweilen, zeichnen Sie sie lieber auf. Excels Makrorekorder merkt sich, was Sie tun, und kann Ihnen beim nächsten Mal die Mühe abnehmen.

Zugegeben, ein großer Teil der Büroarbeit mit Excel ist Routine. Immer wieder werden Tabellen benötigt, die denselben Aufbau haben, immer wieder müssen bestimmte Formulare ausgefüllt, ausgedruckt oder versandt werden. Schon seit den ersten Versionen bietet Excel Ihnen die Möglichkeit, derartige Aktionen zu automatisieren, indem Sie sie als Makros aufzeichnen. Excel stellt Ihnen dafür die Programmiersprache Visual Basic für Applikationen zur Verfügung, eine Variante von Visual Basic, einer der wichtigen Programmiersprachen unter Windows.

Während Visual Basic als eigenständige Programmiersprache zur Erstellung kompletter Anwendungen benutzt wird, arbeitet *Visual Basic für Applikationen* – kurz: VBA – in einer Gastrolle bei einer laufenden Anwendung. Solange Sie Makros nur aufzeichnen, brauchen Sie von dieser Sprache allerdings kaum Kenntnis zu nehmen, denn Excel generiert die Programme beim Aufzeichnen automatisch. Eine kurze Einführung in VBA finden Sie im nächsten Kapitel.

An dieser Stelle ist es allerdings notwendig, die Leser, die Excel 2013 auf einem Windows RT-System nutzen, darauf hinzuweisen, dass dieses System keine Makros unterstützt. Wenn Sie dort eine Arbeitsmappe laden, die Makros enthält, erhalten Sie einen entsprechenden Hinweis.

25.1 Makros für Tabellen aufzeichnen

Erster Kandidat für eine Makroaufzeichnung soll hier ein Zeitplan für Projekte sein, der jeweils die nächsten 20 Wochentage berücksichtigt. Könnte der Zeitplan immer an der gleichen Stelle in einer Tabelle stehen, wäre eine Mustervorlage angebracht. Soll der Zeitplan dagegen an einer beliebigen Stelle einer Arbeitsmappe verwendet werden, ist es sinnvoll, dafür ein Makro aufzuzeichnen.

Bevor Sie mit der Aufzeichnung beginnen, lohnt es sich oft, den Arbeitsablauf zunächst einmal manuell durchzuführen und sich die einzelnen Schritte zu notieren, damit Sie bei der Aufzeichnung nicht *hängen bleiben*.

	A	B	C
1	**Zeitplan**		
2		Aufgabe	Status
3	Dienstag, 11. Juni 2013		
4	Mittwoch, 12. Juni 2013		
5	Donnerstag, 13. Juni 2013		
6	Freitag, 14. Juni 2013		
7	Samstag, 15. Juni 2013		
8	Sonntag, 16. Juni 2013		
9	Montag, 17. Juni 2013		
10	Dienstag, 18. Juni 2013		
11	Mittwoch, 19. Juni 2013		
12	Donnerstag, 20. Juni 2013		
13	Freitag, 21. Juni 2013		

^ ***Abbildung 25.1*** *Unser Beispiel für die Makroaufzeichnung: ein Zeitplan mit Werktagen*

Vorbereitungen

Zunächst sollten Sie sicherstellen, dass die Registerkarte **Entwicklertools** eingeblendet ist. Dies geschieht über **Datei > Optionen** auf dem Register **Menüband anpassen**.

Aktivieren Sie dort im rechten Fenster unter **Hauptregisterkarten** die Option **Entwicklertools**.

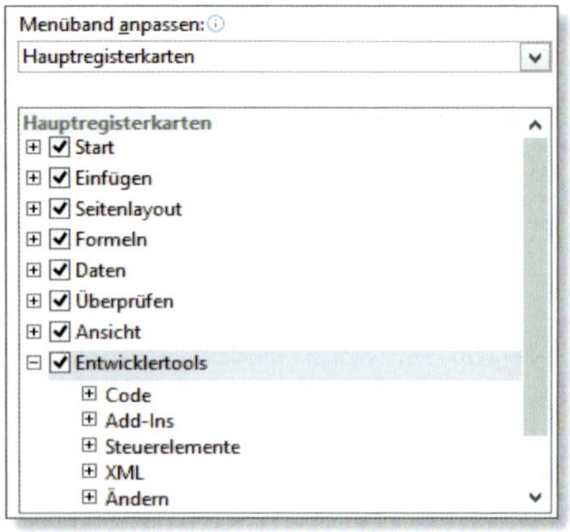

∧ ***Abbildung 25.2*** *Einblenden der Registerkarte »Entwicklertools« im Menüband*

Die Leiste (siehe Abbildung 25.2) bietet folgende Gruppen an:

- **Code** enthält die Optionen, die Sie benötigen, um Makros zu entwickeln und zu starten.
- **Add-Ins** bietet zwei Schaltflächen, um VBA-Add-Ins oder COM-Add-Ins zu aktivieren.
- **Steuerelemente** enthält Schaltflächen, um Formularsteuerelemente oder ActiveX-Steuerelemente in das Tabellenblatt einzufügen.
- **XML** bietet Optionen, um Dokumente auf der Basis von XML-Schemas zu erstellen.
- **Ändern** gibt Ihnen die Möglichkeit, eigene Formulare für die Abfrage der Dokumenteigenschaften einzubinden.

Eine Abwahl einzelner Gruppen ist hier nicht möglich. Außerdem sollten Sie dafür sorgen, dass in der Statusleiste im linken Teil das Symbol **Makroaufzeichnung** eingeblendet wird. Ist das nicht der Fall, benutzen Sie das Kontextmenü der Statusleiste und aktivieren diese Schaltfläche.

Wenn Sie ausschließlich mit aufgezeichneten Makros arbeiten wollen, haben Sie auch die Möglichkeit, die Registerkarte **Entwicklertools** ausgeblendet zu lassen, was die Vorgabe ist. Die Aufzeichnung und der Start von Makros lassen sich dann über die Gruppe **Makros** auf dem Register **Ansicht** vornehmen. Das Symbol **Makros** bietet dazu ein kleines Menü an.

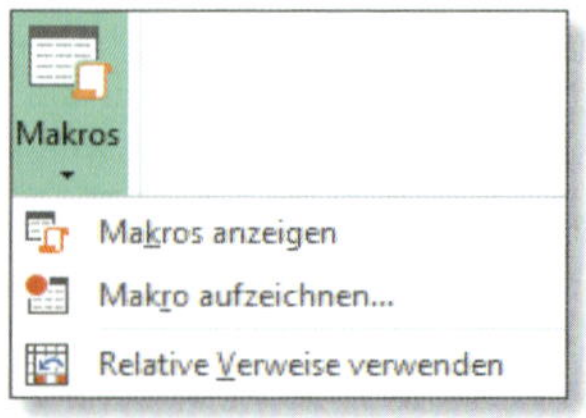

∧ ***Abbildung 25.3*** *Makrobefehle auf dem Register »Ansicht«*

Die folgenden Schritte bereiten die eigentliche Aufzeichnung vor:

1. Sie wählen ein leeres Blatt in einer leeren Arbeitsmappe und benutzen das Symbol **Makroaufzeichnung** oder auf dem Register **Entwicklertools** in der Gruppe **Code** den Befehl **Makro aufzeichnen**.
2. Im Dialogfeld sollten Sie zunächst mit einem *sprechenden Namen* den Vorgabenamen ersetzen, also

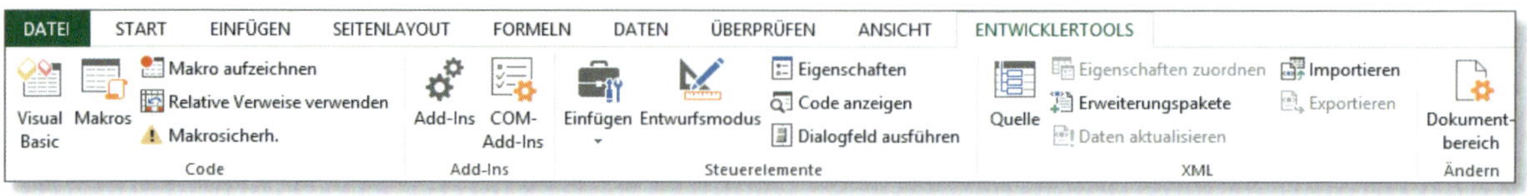

∧ ***Abbildung 25.4*** *Das Register »Entwicklertools«*

mit einer Bezeichnung, bei der Sie auch nach einem halben Jahr noch wissen, worum es sich handelt. Soll der Name aus mehreren Wörtern bestehen, müssen Sie diese durch Unterstriche verbinden. Punkte sind innerhalb der Makronamen nicht zulässig. Das erste Zeichen muss ein Buchstabe sein.

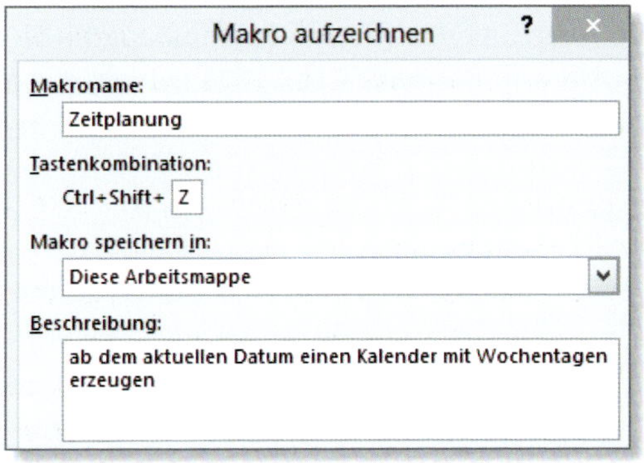

Abbildung 25.5 *Vor dem Start der Makroaufzeichnung sollten Sie einen brauchbaren Namen vergeben.*

3 Auch eine kurze Beschreibung kann sich durchaus als nützlich erweisen. Hier könnte z. B. stehen, was das Makro genau macht und was bei seiner Verwendung zu beachten ist.

4 Makros können auf verschiedene Weise gestartet werden. Eine Möglichkeit ist, an dieser Stelle eine Tastenkombination für den Start des Makros festzulegen. Sie geben unter **Tastenkombination** einen Buchstaben an, der in Kombination mit den vorher gedrückt gehaltenen Tasten Strg und ⇧ verwendet werden soll. In diesem Fall wäre vielleicht »z« günstig, zur besseren Erinnerung an *Zeitplan*. Excel prüft übrigens bei der Bestätigung des Dialogs, ob die Tastenkombination noch frei ist, und bringt einen entsprechenden Hinweis, wenn das nicht der Fall ist. Dann sollten Sie eine andere Taste versuchen.

5 Unter **Makro speichern in** ist nun noch die Entscheidung zu treffen, wo Ihr Makro aufgezeichnet werden soll. Hier haben Sie wieder mehrere Möglichkeiten. Die Entscheidung hängt davon ab, wofür das Makro benötigt wird:

- **Diese Arbeitsmappe** bedeutet: Das Makro wird innerhalb der aktuellen Arbeitsmappe aufgezeichnet und steht zunächst in dieser zur Verfügung. Das Makro steht anderen Mappen nur dann zur Verfügung, wenn diese Arbeitsmappe gleichzeitig geöffnet ist. Diese Option sollten Sie in der Regel wählen, wenn das Makro tatsächlich nur für diese eine Arbeitsmappe benötigt wird.
- **Neue Arbeitsmappe** heißt: Für das Makro wird eine eigene Arbeitsmappe eingerichtet. Das Makro steht zur Verfügung, wenn diese Arbeitsmappe geladen ist. Diese Option ist zu empfehlen, wenn Makros nicht immer, aber doch häufiger von verschiedenen Arbeitsmappen aus eingesetzt werden sollen.
- Eine Aufzeichnung in die **Persönliche Makroarbeitsmappe** bedeutet, dass das Makro in einer speziellen Arbeitsmappe mit dem Namen *PERSONAL.XLSB* aufgezeichnet wird, die von Excel automatisch in dem Ordner *XLSTART* untergebracht wird, und zwar im ausgeblendeten Zustand. Das bedeutet zweierlei: Erstens wird diese Datei immer automatisch geöffnet, wenn Sie Excel starten, die Makros stehen also ständig zur Verfügung. Zweitens, Sie sehen diese Datei nicht, sie wirkt hinter den Kulissen. Damit ist diese Option die erste Wahl bei allen Makros, die Sie häufig benötigen, die also prinzipiell in jeder Arbeitssitzung von Excel zugänglich sein sollten. Bei dem geplanten Makro wäre diese Wahl durchaus sinnvoll, wenn der Zeitplan immer wieder genutzt wird. Der Einfachheit halber wollen wir hier aber zunächst die Speicherung in der aktuellen Arbeitsmappe verwenden.

6 Nach Bestätigung des Dialogs kann die Aufzeichnung beginnen. Das Symbol **Makroaufzeichnung** ändert etwas sein Aussehen und kann nun zum Beenden der Aufzeichnung verwendet werden. Das gilt auch für den entsprechenden Befehl in der Gruppe **Code**.

7 Die Gruppe **Entwicklertools > Code** enthält noch eine weitere Schaltfläche mit der Bezeichnung **Relative Verweise verwenden**. Diese Schaltfläche sollten Sie benutzen, wenn die Aufzeichnung mit relativen Zelladressen arbeiten soll. Diese Aufzeichnungsart wird für diesen Fall benötigt, da der Zeitplan ja immer an die Stelle eingetragen werden soll, die Sie vorher mit dem Zellzeiger markieren.

TIPP

Mischen von Bezügen
Durch An- und Abschalten der relativen Aufzeichnung können in einem Makro relative und absolute Zellbezüge gemischt werden. Solange Sie absolute Verweise benötigen, darf die Schaltfläche **Relative Verweise verwenden** nicht ausgewählt sein. Sobald Sie zu relativen Verweisen wechseln wollen, klicken Sie auf diese Schaltfläche. Erneutes Klicken schaltet wieder auf absolute Verweise um.

Die Aufzeichnung für den Zeitplan

Nun steht der Aufzeichnung nichts mehr im Wege. Sie können der Reihe nach die notwendigen Schritte für den Zeitplan ausführen.

1 In die aktuelle Zelle schreiben Sie zunächst die Überschrift »Zeitplan« und formatieren sie mit dem Symbol **Fett** und dem Schriftgrad **12**.

2 Dann markieren Sie eine Zelle, die zwei Zeilen tiefer liegt. Dort tragen Sie das aktuelle Tagesdatum über die Funktion *HEUTE()* ein. Da ein fixer Wert benötigt wird, kopieren Sie die Zelle und fügen den Wert, den die Formel liefert, anschließend mit **Einfügen > Werte** in dieselbe Zelle ein.

3 Anschließend markieren Sie einen Bereich von 20 Zellen ab der Zelle mit dem ersten Datum.

4 Über **Start > Bearbeiten > Füllbereich > Reihe** öffnen Sie den Dialog **Reihe** und wählen **Reihe in: Spalten**, **Typ: Datum**, **Zeiteinheit: Wochentag** und **Inkrement**: »1«, um die Datumsreihe zu erzeugen.

5 Der markierte Bereich wird dann noch in dem Format **Datum, lang** formatiert, bei dem der Tagesname vor dem Datum erscheint.

6 Anschließend passen Sie die Spalte per Doppelklick oder -tipp auf die Spaltenbegrenzung noch an die neuen Einträge an.

7 Die Zelle über der noch freien Nachbarspalte beschriften Sie mit »Aufgabe«, die Zelle daneben mit »Status«. Die Aufgabenspalte muss dann noch etwas verbreitert werden, damit Platz für die Einträge vorhanden ist.

8 Markieren Sie den ganzen Bereich, um ihn noch durch ein Rahmengitter und einen anderen Zellhintergrund abzuheben.

9 Den Zellzeiger setzen Sie zum Schluss in die erste Eingabezelle. Anschließend stoppen Sie die Aufzeichnung mit dem Symbol **Aufzeichnung beenden**.

TIPP

Kopieren des Makros
Wenn Sie sich später entschließen, ein Makro aus einer Arbeitsmappe in eine andere Arbeitsmappe oder die persönliche Arbeitsmappe zu übernehmen, müssen Sie das Makro natürlich nicht neu aufzeichnen. Sie kopieren den Text aus dem Modulfenster über die Zwischenablage an den neuen Platz. Die persönliche Arbeitsmappe muss dazu vorübergehend eingeblendet werden. Dies geschieht über **Ansicht > Fenster > Fenster einblenden**.

Wie sieht die Aufzeichnung aus?

Bei diesem Makro, das ohne besondere Anpassung immer wieder verwendet werden kann, müssen Sie im Prinzip nicht wissen, wie Excel die Befehle aufgezeichnet hat. Das Makro funktioniert, das ist die Hauptsache. Werfen Sie aus Neugier trotzdem einen Blick auf das Ergebnis der Aufzeichnung. Die Makros werden in einem eigenen Fenster, dem Fenster des VBA-Editors, angezeigt und bearbeitet.

1. Wenn Sie das Ergebnis sehen und möglicherweise nachbearbeiten wollen, wählen Sie den Befehl **Entwicklertools > Code > Makros** oder die Tastenkombination `Alt` + `F8`.
2. In der Liste unter **Makroname:** finden Sie den Eintrag **Zeitplanung**, wenn Sie die Schritte oben korrekt ausgeführt haben. Ist das Makro ausgewählt, erscheint unten die kurze Beschreibung. Klicken Sie den Makronamen und dann die Schaltfläche **Bearbeiten** an.

∧ ***Abbildung 25.6*** *Über den Dialog »Makro« finden Sie alle aktuell vorhandenen Makros.*

3. Excel öffnet das VBA-Fenster und stellt das Makro darin in einem eigenen Modulfenster zur Ansicht und Überarbeitung bereit.

Wie Sie in Abbildung 25.7 sehen, hat Excel eine `Sub`-Prozedur aufgezeichnet. Die meisten Zeilen beginnen mit `ActiveCell` oder mit `Selection`, also einem Bezug auf die gerade aktive Zelle oder Bereichsauswahl, und legen für diese Zellen bestimmte Eigenschaften fest, z. B. `Size = 12` für den Schriftgrad, oder wenden die Methode `AutoFill` darauf an, was dem Ziehen des Ausfüllkästchens entspricht.

Mehr dazu erfahren Sie im nächsten Kapitel. Der deutsche Funktionsname *HEUTE()* ist automatisch durch den englischen Namen *TODAY()* ersetzt worden, denn Excel lässt in Makros nur die englischen Namen zu.

Um das VBA-Fenster wieder zu verlassen, benutzen Sie den Befehl **Datei > Schließen und zurück zu Microsoft Excel** oder `Alt` + `Q`.

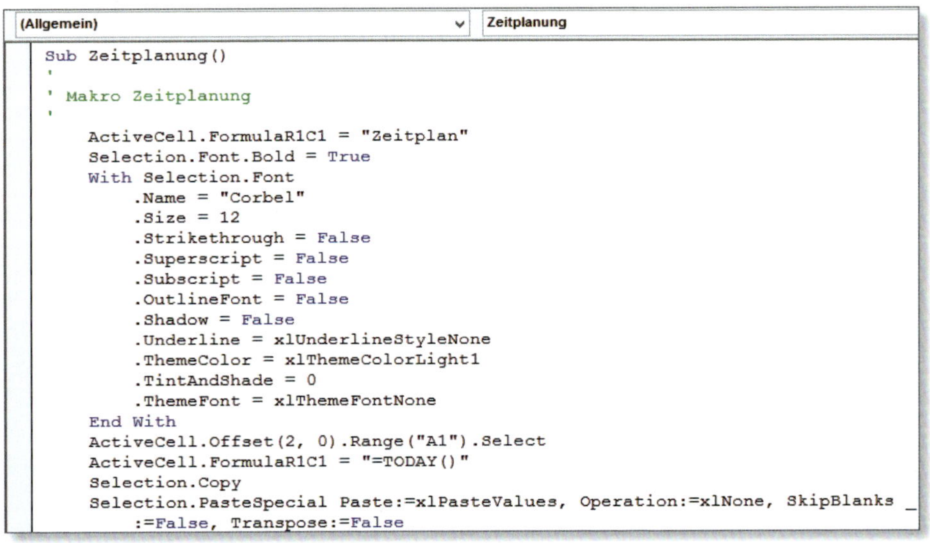


```
Sub Zeitplanung()
'
' Makro Zeitplanung
'
    ActiveCell.FormulaR1C1 = "Zeitplan"
    Selection.Font.Bold = True
    With Selection.Font
        .Name = "Corbel"
        .Size = 12
        .Strikethrough = False
        .Superscript = False
        .Subscript = False
        .OutlineFont = False
        .Shadow = False
        .Underline = xlUnderlineStyleNone
        .ThemeColor = xlThemeColorLight1
        .TintAndShade = 0
        .ThemeFont = xlThemeFontNone
    End With
    ActiveCell.Offset(2, 0).Range("A1").Select
    ActiveCell.FormulaR1C1 = "=TODAY()"
    Selection.Copy
    Selection.PasteSpecial Paste:=xlPasteValues, Operation:=xlNone, SkipBlanks _
        :=False, Transpose:=False
```

< ***Abbildung 25.7*** *Der Code, den Excel aufgezeichnet hat*

TIPP

Was Excel aufzeichnet und was nicht
Excel zeichnet praktischerweise immer nur abgeschlossene Schritte auf. Wenn Sie also z. B. nacheinander verschiedene Zellen anklicken, bevor Sie etwas eintragen, zeichnet Excel nur die Auswahl der Zelle auf, in die Sie tatsächlich etwas eintragen. Ähnliches gilt für die Auswahl in einem Dialogfeld. Es wird nur der endgültige Stand aufgezeichnet, abgebrochene Befehle hingegen nicht. Es macht also nichts, wenn Sie sich mal in ein falsches Dialogfeld verirren und es mit `Esc` verlassen.

Da Excel immer nur den Code für einen Befehl aufzeichnet – beispielsweise die Methode `Copy` für Kopieren –, macht es auch keinen Unterschied, ob Sie diesen Befehl über das Menüband, die Schnellzugriffsleiste, das Kontextmenü oder eine Tastenkombination aufrufen.

Die Arbeitsmappe mit dem Makro speichern

Excel 2013 verwendet für Arbeitsmappen, die Makros enthalten, einen eigenen Dateityp, wenn Sie das XML-basierte Standardformat Open XML nutzen. Um die Dateien leicht unterscheiden zu können, zeigt der Windows-Explorer auch ein anderes Symbol an.

Abbildung 25.8 *Das Dateisymbol für XLSM-Dateien hat noch ein zusätzliches Ausrufezeichen.*

Dies ist etwas gewöhnungsbedürftig. Deshalb müssen Sie beim Abspeichern der Arbeitsmappe darauf achten, dass unter **Dateityp** auch der passende Typ – **Excel-Arbeitsmappe mit Makros (*.xlsm)** – im Dialog **Speichern unter** ausgewählt ist. Falls dies nicht der Fall ist, erhalten Sie den im letzten Kapitel bereits abgebildeten Warnhinweis.

Die Trennung der Dateiformate hat immerhin den Vorteil, dass die große Gruppe der Dateien, die keine Makros zulassen, auch gefahrlos weitergegeben werden kann. Falls Sie dagegen die Arbeitsmappe als Excel-Binärarbeitsmappe – also mit dem Dateityp *.xlsb* – speichern, macht es keinen Unterschied, ob sie Makros enthält oder nicht.

Bei Makros, die häufig für einen bestimmten Typ von Arbeitsmappen benötigt werden, ist es oft sinnvoll, sie in einer Vorlage zu speichern. In diesem Fall verwenden Sie statt des Dateityps *.xltx* den Typ *.xltm*.

TIPP

Das persönliche Makrodepot
Wenn Sie Makros in der verborgenen Mappe *PERSONAL.XLSB* speichern, ist es ratsam, diese Datei regelmäßig zu sichern. Unter Windows 7 und 8 ist sie unter *<Laufwerk>:\Benutzer\<Benutzername>\AppData\Roaming\Microsoft\Excel\XLStart* zu finden. Die Datei wird aber erst angelegt, wenn Sie das erste Makro darin speichern. Um die Datei sehen zu können, müssen Sie im Windows-Explorer über **Ordneroptionen > Ansicht** die Option **Ausgeblendete Dateien, Ordner und Laufwerke anzeigen** aktivieren.

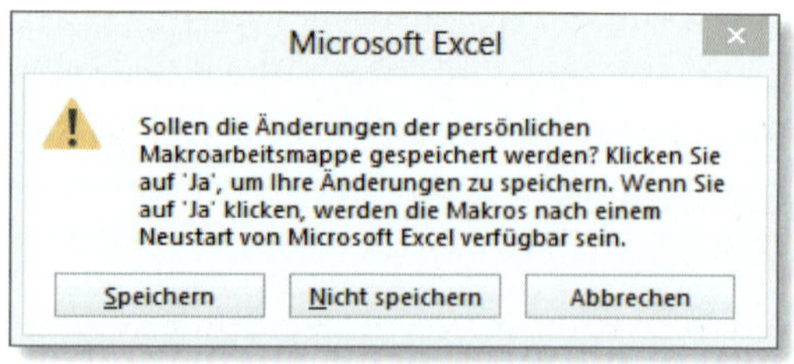

Abbildung 25.9 *Hinweis beim Speichern in der persönlichen Makroarbeitsmappe*

Das Makro ausführen

Ist das Makro aufgezeichnet, haben Sie mindestens zwei Möglichkeiten, es bei Bedarf auszuführen:

- Falls Sie vor der Aufzeichnung eine Tastenkombination für das Makro definiert haben, setzen Sie den Zellzeiger in die Zelle, ab der der Zeitplan eingetragen werden soll, und drücken Strg und die angegebene Taste – z. B. Z. Der komplette Zeitplan wird blitzschnell in die Tabelle eingetragen.

- Der etwas beschwerlichere Weg führt über **Entwicklertools > Code > Makros** oder **Ansicht > Makros > Makros > Makros anzeigen**. Alt + F8 ist schneller. Im Dialogfeld **Makro** wählen Sie den Namen des Makros und starten es mit der Schaltfläche **Ausführen**. Unter **Makros in** können Sie noch auswählen, welche Makros angezeigt werden sollen, nur diejenigen aus der aktuellen Arbeitsmappe oder die Makros aus allen gerade offenen Arbeitsmappen.

Beachten Sie, dass sich die Ergebnisse eines Makros nicht mit **Rückgängig** zurücknehmen lassen. Solange ein Makro nicht ausgetestet ist, sollten Sie deshalb den Zustand Ihrer Arbeitsmappe vor der Ausführung speichern, um notfalls auf diesen Stand zurückgehen zu können.

Tastenkombinationen nachträglich zuordnen

Die Zuordnung zu einer Tastenkombination können Sie auch nachträglich vornehmen. Benutzen Sie dazu im Dialog **Makro** die Schaltfläche **Optionen**, wenn das Makro ausgewählt ist. Weitere Möglichkeiten, ein Makro zu starten, werden in Abschnitt 25.3, »Makros in den Arbeitsablauf einbinden«, ab Seite 805 behandelt.

TIPP

Was bei Tastenkombinationen zu beachten ist
Für die Tastenkombination dürfen keine Zahlen oder Sonderzeichen verwendet werden. Die verwendeten Tastenkombinationen in einer Arbeitsmappe überschreiben übrigens andere vorgegebene Tastenkombinationen, solange die Arbeitsmappe geöffnet ist. Sie sollten deshalb möglichst keine Kombinationen nehmen, die häufig für andere Zwecke verwendet werden. Das gilt vor allem, wenn nicht nur Sie selbst mit der Arbeitsmappe arbeiten.

25.2 Makros für die Diagrammgestaltung aufzeichnen

Neu seit Excel 2010 ist, dass Sie nun auch die Gestaltung von Diagrammen aufzeichnen können. In Excel 2007 lassen sich zwar das Einfügen eines Diagramms auf der Basis ausgewählter Daten und die Wahl des Diagrammtyps aufzeichnen; die zahlreichen Schritte, die die Formatierungsdialoge für die einzelnen Diagrammkomponenten erlauben, wurden aber bei der Aufzeichnung ignoriert, d. h., es wird dafür kein entsprechender Code erzeugt.

Das Objektmodell, das Excel jetzt zugrunde liegt, ist aber inzwischen so erweitert, dass diese Aufzeichnungen jetzt möglich sind. Das ist eine wertvolle Erweiterung, insbesondere wenn es darum geht, ein einheitliches Design in Serien von Diagrammen zu realisieren. Makros können hier die Möglichkeiten erweitern, die mit der Definition von eigenen Diagrammtypen gegeben sind.

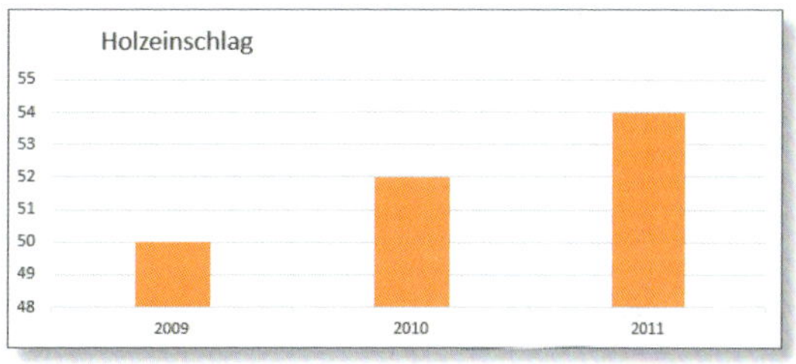

Abbildung 25.10 Die erste Version des Diagramms

Listing 25.1 zeigt aufgezeichneten Code, mit dem Sie dem Diagramm in einem Zug einen benutzerdefinierten Diagrammtyp, eine bestimmte Breite und eine andere Schrift für den Diagrammtitel zuweisen.

```
Sub DiagrammFormatierung()
' DiagrammFormatierung Makro
  ActiveSheet.ChartObjects(1).Activate
  ActiveSheet.Shapes(1).Width = 400
  ActiveChart.ApplyChartTemplate
   ( _"C:\Users\<Benutzer>\AppData\Roaming\
   Microsoft\Templates\Charts\holzmuster.
   crtx")
```

```
    ActiveChart.ChartTitle.Select
    With Selection.Format.TextFrame2.
    TextRange.Font
       .NameComplexScript = "Corbel"
       .NameFarEast = "Corbel"
       .Name = "Corbel"
    End With
End Sub
```

Listing 25.1 Makro für die Zuweisung eines benutzerdefinierten Diagrammtyps und einiger Formatierungen

Das Makro setzt voraus, dass sich auf dem Tabellenblatt genau ein Diagramm befindet. Dazu haben wir den bei der Aufzeichnung zunächst eingesetzten Diagrammnamen in der Zeile

```
ActiveSheet.ChartObjects("Diagramm 1").
Activate
```

durch einen Index ersetzt:

```
ActiveSheet.ChartObjects(1).Activate
```

Nachdem das Diagrammobjekt aktiviert ist, werden damit einige Veränderungen vorgenommen. Zunächst wird die Breite des Objekts geändert, das das Diagramm umschließt. Mit der Methode `ApplyChartTemplate` weisen Sie dann eine eigene Diagrammvorlage zu. Anschließend wird der Diagrammtitel ausgewählt und eine andere Schrift zugewiesen. Abbildung 25.11 zeigt das Ergebnis.

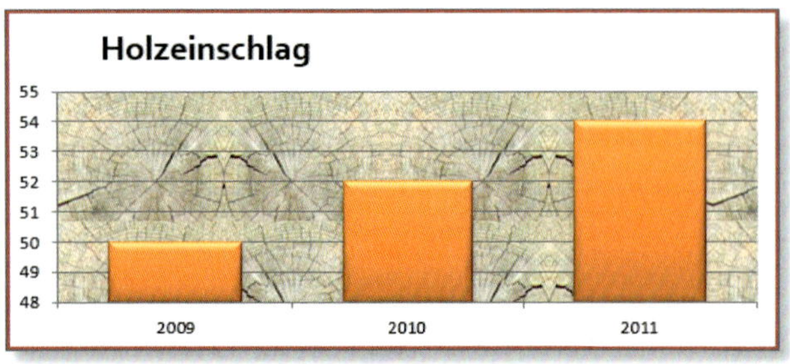

***Abbildung 25.11** Das per Makro umgestaltete Diagramm*

Makros für grafische Objekte

Wie für Diagramme ist auch für das Einfügen und die Gestaltung grafischer Objekte inzwischen eine Aufzeichnung möglich. Um beispielsweise mit einer Tastenkombination den in Abbildung 25.12 gezeigten Hinweispfeil einzufügen, können Sie die notwendigen Schritte – Auswahl und Formatierung der Form, Eingabe des Textes – als Makro aufzeichnen.

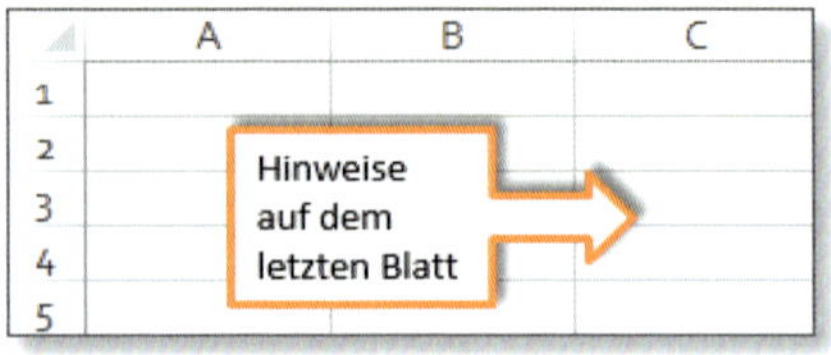

***Abbildung 25.12** Per Makro erzeugtes grafisches Objekt*

In Listing 25.2 wird zunächst mit der Methode `AddShape` eine Form hinzugefügt und anschließend ausgewählt. Der folgende Code fügt den Text ein und formatiert ihn. Die letzten Anweisungen legen mit den Eigenschaften `ScaleHeight` und `ScaleWidth` die Höhe und Breite des Pfeilobjekts fest. Am Ende wird noch ein Schatten zugewiesen und für den Textrahmen die Eigenschaft `AutoSize` festgelegt, d. h., der Pfeil ändert seine Größe, wenn der Text erweitert wird.

```
Sub Hinweispfeil()  ActiveSheet.Shapes. _
    AddShape(msoShapeRightArrowCallout, _
    39, 18.75, 120.75, 61.5).Select
    Selection.ShapeRange.ShapeStyle = _
       msoShapeStylePreset7
    Selection.ShapeRange(1).TextFrame2. _
        TextRange.Characters.Text = _
        "Hinweise  auf dem  letzten Blatt"
    With Selection.ShapeRange(1). _
      TextFrame2.TextRange.Characters(1, _
         32).ParagraphFormat
        .FirstLineIndent = 0
        .Alignment = msoAlignLeft
    End With
    With Selection.ShapeRange(1). _
       TextFrame2.TextRange.Characters(9, _
          24).Font
```

```
        .NameComplexScript = "+mn-cs"
        .NameFarEast = "+mn-ea"
        .Fill.Visible = msoTrue
        .Fill.ForeColor.ObjectThemeColor = _
               msoThemeColorDark1
        .Fill.ForeColor.TintAndShade = 0
        .Fill.ForeColor.Brightness = 0
        .Fill.Transparency = 0
        .Fill.Solid
        .Size = 11
        .Name = "+mn-lt"
    End With
    Selection.ShapeRange.ScaleHeight 0.7, _
       msoFalse, msoScaleFromTopLeft
    Selection.ShapeRange.ScaleWidth 0.9, _
       msoFalse, msoScaleFromTopLeft
    Selection.ShapeRange.Shadow.Type = _
       msoShadow27
    Selection.ShapeRange.TextFrame2. _
      AutoSize = msoAutoSizeShapeToFitText
End Sub
```

▲ ***Listing 25.2*** *Aufgezeichneter Code für ein grafisches Objekt und seine Beschriftung*

Auch beim Einfügen und Formatieren von Abbildungen lohnt es sich unter Umständen, den Makrorekorder einzuschalten, z.B. wenn Sie einen bebilderten Katalog anlegen und für die Bilder immer eine einheitliche Größe und gleiche Effekte wie Schatten etc. verwenden wollen. Listing 25.3 gibt ein kleines Beispiel für ein solches Makro.

```
Sub Bebildern()ActiveSheet.Pictures.Insert
("J:\Bildmedien\IMG_0201.JPG").Select
   Selection.ShapeRange.Width = 190
   Selection.ShapeRange.Reflection.Type =
   msoReflectionType6
End Sub
```

▲ ***Listing 25.3*** *Makros für das Einfügen eines Bildes*

Abbildung 25.13 zeigt das Ergebnis an einem Foto für einen Blumenladen.

▲ ***Abbildung 25.13*** *Per Makro eingefügtes und formatiertes Bild*

Sie können den Nutzen solcher Aufzeichnungen leicht dadurch erhöhen, dass Sie beispielsweise eine Abfrage nach der Beschriftung des Objekts oder nach dem Dateinamen des Fotos einbauen. Wie dies gemacht wird, wird in Kapitel 26 ab Seite 819 beschrieben.

25.3 Makros in den Arbeitsablauf einbinden

Was Sie bis jetzt kennengelernt haben, ist die einfachste Form, ein Makro aufzuzeichnen und zu starten. Für einige Makros ist sie durchaus brauchbar. Wollen Sie dagegen häufiger mit Makros arbeiten, bleibt eine Reihe von Wünschen offen. Der Start über Tastenkombinationen ist zwar schnell, aber die Anzahl der möglichen Kombinationen begrenzt. Ein Problem ist ebenfalls, dass das normale menschliche Gedächtnis sich nicht viele Kombinationen merken kann.

Der Start über **Entwicklertools > Code > Makros** ist eher mühsam, gemessen an dem Ziel, mit Makros Dinge schneller zu erledigen. Bei Makros, die häufig verwendet werden, ist die Methode zu umständlich. In diesem Fall bieten sich einige andere Wege an. Zunächst ein kurzer Überblick:

- **Symbole:** Sie können das Makro mit einem Schaltflächensymbol verknüpfen und dieses in die Schnellzugriffssymbolleiste integrieren. Dies ist sinnvoll für Makros, die allgemeine Aufgaben erledigen und immer zur Verfügung stehen sollen.
- **Schaltflächen oder grafische Objekte:** Ähnlich wie bei den Symbolen können Sie ein Makro auch mit einer eigenen Schaltfläche starten, die Sie direkt in die Arbeitsmappe einfügen. Statt der Schaltfläche können Sie auch andere grafische Objekte verwenden. Dies empfiehlt sich für Makros, die nur in einer bestimmten Arbeitsmappe oder einem Formular benötigt werden.
- **Ereignisse:** Makros lassen sich auch über bestimmte Ereignisse automatisch starten. Ein einfaches Beispiel ist ein Makro, das anläuft, wenn die Arbeitsmappe, zu der es gehört, geöffnet oder geschlossen wird. Änderungen an einem Arbeitsblatt können ebenso ein Makro aufrufen.

Schnellstart mit Symbolen

Es ist sicher praktisch, ein häufig benötigtes Makro mit einem Klick oder Tipp in Gang zu setzen. Hier die Schrittfolge zu einem selbst definierten Symbol, mit dem Sie ein Makro starten:

1. Wählen Sie im Kontextmenü der Schnellzugriffssymbolleiste den Befehl **Passen Sie die Symbolleiste für den Schnellzugriff an**. Der Dialog **Excel-Optionen** wird mit dem Register **Symbolleiste für den Schnellzugriff** geöffnet, siehe Abbildung 25.14.
2. Wählen Sie unter **Befehle auswählen** den Eintrag **Makros** aus. Im Listenfeld rechts daneben legen Sie fest, ob die Anpassung für alle Dokumente oder nur für die aktuelle Arbeitsmappe gelten soll.
3. Wählen Sie das gewünschte Makro aus, und benutzen Sie die Schaltfläche **Hinzufügen**. Mit den kleinen Pfeilschaltflächen lässt sich die Position des neuen Symbols beliebig anpassen.
4. Excel ordnet dem ausgewählten Makro zunächst ein Standardsymbol zu. Soll eine andere Schaltfläche verwendet werden, benutzen Sie die Schaltfläche **Ändern**. Im Dialog werden zahlreiche Symbole angeboten.

Abbildung 25.15 *Über den Dialog zur Schaltfläche »Ändern« werden alternative Symbole angeboten.*

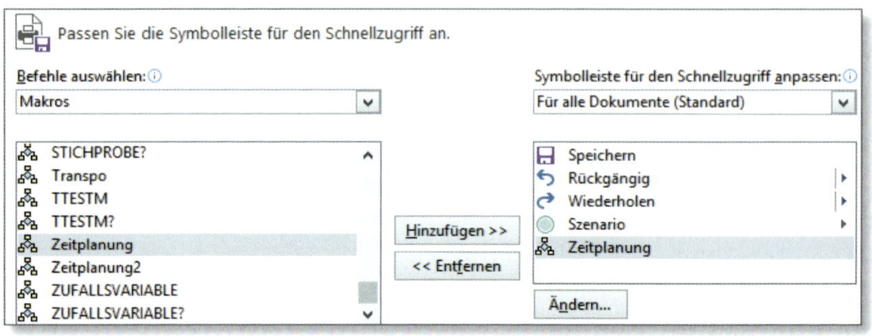

Abbildung 25.14 *Zuordnen eines Makros zu einer Schaltfläche in der Schnellzugriffsleiste*

5 Der Anzeigename wird als Vorgabe vom Makronamen übernommen, kann hier aber auch geändert werden. Er entspricht dem Text, der beim Berühren der Schaltfläche angezeigt wird.

*^ **Abbildung 25.16** Das Symbol für den Makrostart in der Schnellzugriffsleiste*

Je nach der oben gewählten Einstellung wird die so vorgenommene Erweiterung der Schnellzugriffsleiste entweder für alle Arbeitsmappen oder nur für die ausgewählte Mappe angeboten.

Makrostart über Schaltflächen oder grafische Objekte

Das Verfahren, um ein Makro mit einer auf dem Tabellenblatt abgelegten Schaltfläche oder einem anderen grafischen Objekt zu verknüpfen, ist ebenfalls sehr einfach. Sie können eine solche Schaltfläche über das Register **Entwicklertools** einfügen.

1 Benutzen Sie in der Gruppe **Steuerelemente** die Schaltfläche **Einfügen**, die eine Palette mit Steuerelementen einblendet.

2 Nehmen Sie das Symbol **Schaltfläche** in der Gruppe **Formularsteuerelemente**, und ziehen Sie eine Schaltfläche in der gewünschten Größe auf dem Tabellenblatt auf.

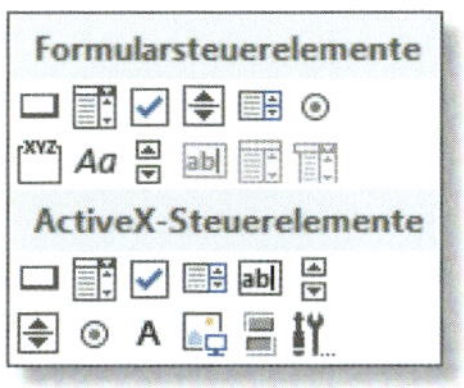

*^ **Abbildung 25.17** Die Palette der Steuerelemente*

3 Sofort wird das Dialogfeld **Makro zuweisen** geöffnet, um das Makro auszuwählen, das verknüpft werden soll.

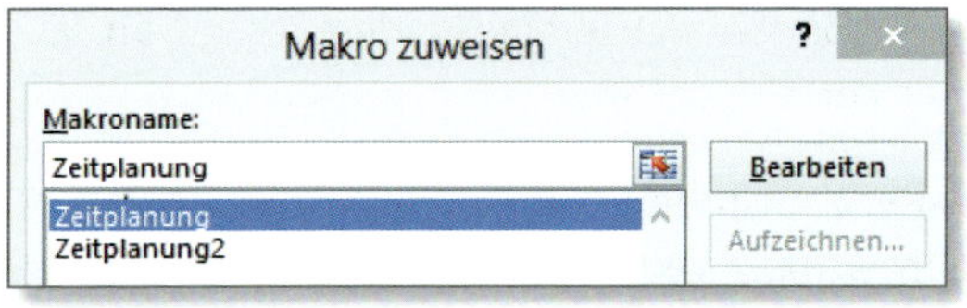

*^ **Abbildung 25.18** Über diesen Dialog können Sie das Makro der Schaltfläche direkt zuweisen.*

4 Benutzen Sie anschließend im Kontextmenü der Schaltfläche **Text bearbeiten**, um die Beschriftung anzupassen.

5 Ein Klick oder Tipp außerhalb der Schaltfläche schließt den Vorgang ab.

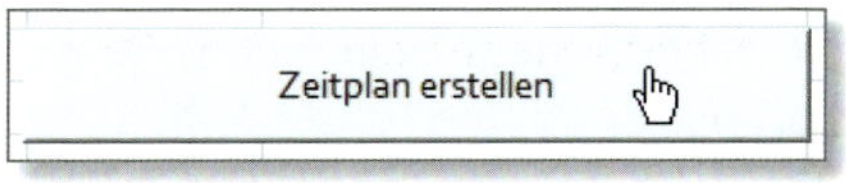

*^ **Abbildung 25.19** Wenn der Mauszeiger die Schaltfläche berührt, verwandelt er sich in eine Hand.*

Bei Objekten, die mit den Werkzeugen in der Gruppe **Einfügen > Illustrationen** oder **Einfügen > Text** erstellt worden sind – ein grafisches Element oder ein WordArt-Schriftzug beispielsweise –, steht der Befehl **Makro zuweisen** ebenfalls über das Kontextmenü zur Verfügung.

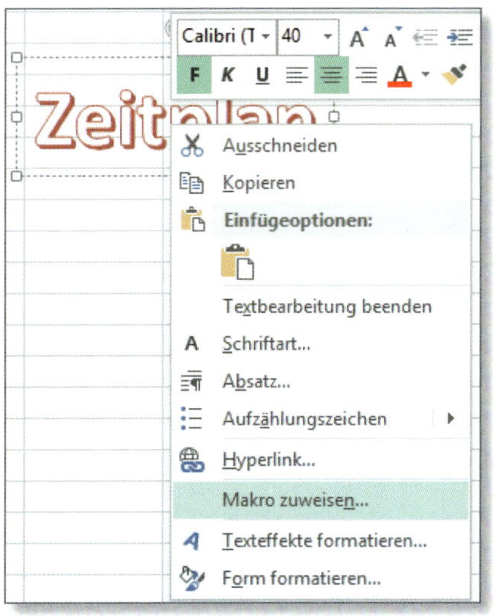

*^ **Abbildung 25.20** Ein Schriftzug zum Starten eines Makros*

TIPP

Schaltflächen oder Symbole?
Obwohl diese beiden Varianten ganz ähnlich aussehen, bei beiden wird das Makro mit einem Mausklick gestartet, verkörpern sie zwei ganz unterschiedliche Möglichkeiten: Symbole sind sozusagen die globalste und Schaltflächen die lokalste Möglichkeit. Makros für Schaltflächen gehören in die gleiche Arbeitsmappe wie die Tabellen mit den Schaltflächen, Makros für Symbole möglichst in die persönliche Makroarbeitsmappe.

Einsatz älterer Makros

Makros in dem Dateiformat Excel 97/2000 laufen normalerweise unter Excel 2013 problemlos. Die Makros in Excel 5 und 7 wurden zwar auch schon in VBA programmiert, aber mithilfe einer anderen Programmierumgebung. Insbesondere werden die Makros nicht mehr auf eigenen Arbeitsblättern angezeigt und bearbeitet, sondern im Fenster des VBA-Editors.

Die Rückübersetzung ist ebenfalls meist ohne große Probleme möglich, allerdings nur, solange keine Objekte, Methoden oder Eigenschaften verwendet worden sind, die die ältere VBA-Version noch nicht kannte.

```
Ansicht = ActiveWindow.View
```

ist z. B. für Excel 95 nicht möglich. Lästig kann werden, dass auch

```
Fehler = Err.Description
```

nicht funktioniert, was häufig in Fehlerroutinen verwendet wird.

Wenn Sie eine Datei mit Makros aus den Versionen Excel 5 und 7 öffnen, verschwinden die Modulblätter aus der Arbeitsmappe. Die Module wechseln aber nur den Ort. Sie werden mit der Datei gespeichert und in den speziellen Modulfenstern des VBA-Editors angezeigt und bearbeitet. Sind die Makros in der deutschen VBA-Version entwickelt worden, werden sie automatisch ins Englische übersetzt. Obwohl seit Excel 97 an die Stelle der bisherigen Dialogblätter die Formulare getreten sind, bleiben die Dialogfelder, die über Dialogblätter definiert worden sind, weiter lauffähig.

25.4 Nützliche Makros für den täglichen Gebrauch

Nur zur Anregung wollen wir Ihnen zum Abschluss dieses Kapitels ein paar Lösungen zeigen, die den praktischen Wert von Makroaufzeichnungen demonstrieren und andeuten, wie vielseitig die Anwendungsmöglichkeiten sind.

Wiederverwendbare Eingabeblöcke

Ein naheliegendes Thema für eine Aufzeichnung sind Datenblöcke, die Sie immer wieder für Ihre Arbeitsblätter brauchen, insbesondere wenn sie veröffentlicht werden sollen. Kopfzeilen mit den Daten Ihrer Firma oder Ihren persönlichen Daten gehören dazu.

Kopfdaten für Tabellenblätter

Wenn Sie bei zahlreichen Tabellenblättern einen einheitlichen Bereich mit Kopfdaten sehen wollen, können Sie das Einfügen dieser Daten aufzeichnen.

1 Markieren Sie die erste Zelle, in der der Tabellenkopf Text enthalten soll, beispielsweise A2.

2 Starten Sie die Makroaufzeichnung mit **Ansicht > Makros > Makro aufzeichnen**.

3 Vergeben Sie einen passenden Namen wie »Kopfdaten«, am besten auch eine entsprechende Tastenkombination, und wählen Sie unter **Makros in** die Option **Persönliche Makroarbeitsmappe**, da das Makro ja zu allen möglichen Gelegenheiten nützlich sein kann.

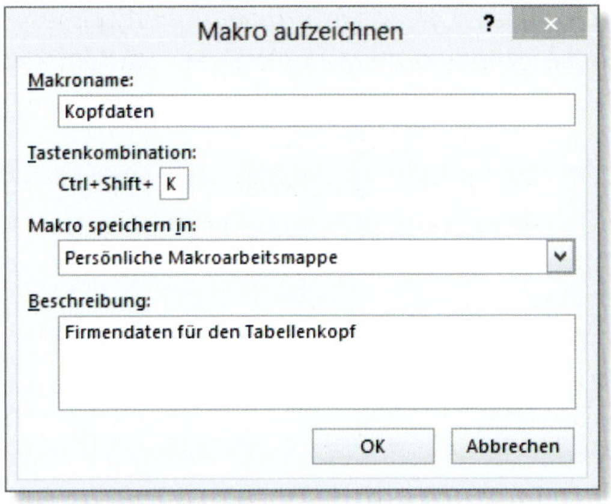

^ ***Abbildung 25.21*** *Die Daten für die Aufzeichnung*

4 Achten Sie darauf, dass unter **Ansicht > Makros** die relative Aufzeichnung nicht eingeschaltet ist.

5 Nun geben Sie Zeile für Zeile die gewünschten Texte ein und formatieren sie, damit sie als Kopfdaten erkannt werden.

6 Zuletzt fügen Sie noch ein Datum ein, das angibt, wann das Tabellenblatt angelegt worden ist. Dazu geben Sie zunächst die Funktion *=HEUTE()* ein.

7 Benutzen Sie **Ansicht > Makros > Aufzeichnung beenden**, um den Vorgang abzuschließen.

Da die Aufzeichnung mit absoluten Bezügen vorgenommen wurde, können Sie das Makro von jeder beliebigen Zellposition in einem Tabellenblatt aufrufen, die Daten werden immer an die gleiche Stelle am Anfang der Tabelle gesetzt.

	A	B
1		
2	Excel-Ratgeber	
3	info@excel-ratgeber.de	
4	Köln, den	16.01.2013

^ ***Abbildung 25.22*** *Beispiel für einen Tabellenkopf*

In ähnlicher Weise können Sie auch Beschriftungsblöcke für Zeilen oder Spalten aufzeichnen und formatieren, die häufiger benötigt werden.

Komplexe Formatierungen

Einiges an Zeit lässt sich auch mit Aufzeichnungen von komplexen Formatierungen gewinnen. Wenn Sie beispielsweise gerne geschlossene Zellblöcke mit Zellrahmen und Hintergrundfarben hervorheben, hilft eine Aufzeichnung.

Wir nehmen als Ausgangspunkt die Tabelle aus Abbildung 25.23.

	A	B	C
1	**Blockformat**		
2			
3	Artikelnr.	Artikelbezeichnung	Umsatz
4	0007	SZ28 HOLZSTANGE SCHWARZ	6500
5	0010	SZ28 HOLZSTANGE NAT.ROH	4950
6	0020	SZ28 HOLZSTANGE	4950
7	0022	SZ28 HOLZSTANGE	5050
8	0029	SZ28 HOLZSTANGE KIRSCHB	4950
9	0030	SZ28 HOLZSTANGE EICHE	4950
10	0039	SZ28 HOLZSTANGE H.EICHE	4950
11	0040	SZ28 HOLZSTANGE NUSSB.	4950
12	0060	SZ28 HOLZSTANGE WEISS	6500
13		Gesamt	47750

^ ***Abbildung 25.23*** *Ausgangstabelle für ein Formatierungsmakro*

1 Setzen Sie den Zellzeiger in den Block.

2 Starten Sie die Makroaufzeichnung mit einem passenden Namen.

3 Der erste Schritt ist die Ausweitung der Auswahl auf den kompletten Block mit **Start > Suchen und Auswählen > Inhalte auswählen** und der Option **Aktueller Bereich**.

4 Anschließend belegen Sie den gesamten Bereich über das Symbol **Rahmenlinien** zunächst mit **Alle Rahmenlinien** und dann noch mit **Dicke Rahmenlinien**.

5 Mit [Strg] + [←] heben Sie den Bereich auf, mit [Strg] + [⇧] + [→] markieren Sie die erste Zeile des Blocks.

6 Die markierte Kopfzeile des Blocks heben Sie mit **Dicke Rahmenlinie** wieder etwas ab und verwenden noch den Schriftschnitt **Fett**.

7 Stoppen Sie die Aufzeichnung.

Das neue Makro lässt sich bei allen Blöcken anwenden, die eine ähnliche Struktur haben. Sie brauchen nur den Mauszeiger irgendwo in den Block zu stellen und können dann das Makro aufrufen. Abbildung 25.24 zeigt das Ergebnis für unser Beispiel.

	A	B	C
3	**Artikelnr.**	**Artikelbezeichnung**	**Umsatz**
4	0007	SZ28 HOLZSTANGE SCHWARZ	6500
5	0010	SZ28 HOLZSTANGE NAT.ROH	4950
6	0020	SZ28 HOLZSTANGE	4950
7	0022	SZ28 HOLZSTANGE	5050
8	0029	SZ28 HOLZSTANGE KIRSCHB	4950
9	0030	SZ28 HOLZSTANGE EICHE	4950
10	0039	SZ28 HOLZSTANGE H.EICHE	4950
11	0040	SZ28 HOLZSTANGE NUSSB.	4950
12	0060	SZ28 HOLZSTANGE WEISS	6500
13		Gesamt	47750

^ ***Abbildung 25.24*** *Der Block nach der Anwendung des Makros*

Leicht überarbeitete Aufzeichnungen

Manchmal ist es erforderlich, eine Aufzeichnung durch kleine Veränderungen so zu präparieren, dass sie bei möglichst vielen Gelegenheiten eingesetzt werden kann. Wir zeigen dies hier an einem Makro, mit dessen Hilfe Sie bei einer beliebigen Tabelle Spalten und Zeilen vertauschen können. Das ist häufig sinnvoll, wenn Tabellen in die falsche Richtung wachsen. Wegen der Übersichtlichkeit ist es nämlich meist günstiger, eine Tabelle in die Tiefe und nicht in die Breite wachsen zu lassen.

Wir nehmen als Beispiel die Auswertung eines Tests, bei dem im Lauf der Zeit immer neue Spalten mit Testergebnissen hinzugekommen sind, während die Zahl der Testpersonen konstant geblieben ist. Es wäre deshalb günstig, die Tabelle zu kippen.

Manuell müssten Sie die Tabelle erst kopieren, mit **Transponieren** außerhalb der alten Tabelle einfügen, die alte Tabelle löschen und die neue transponierte Tabelle an diesen Ort verlagern. Es würde aber nicht ausreichen, diese Schritte einfach aufzuzeichnen. Das Makro würde dann nur bei Tabellen funktionieren, die immer gleich groß sind. Der Nutzen des Makros wäre gering.

Per Makro transponieren

Es soll erreicht werden, dass sich das Makro zunächst den Ort der alten Tabelle merkt, um am Ende dort die transponierte Tabelle wieder einzufügen. Auch die dafür notwendigen Anweisungen lassen sich aufzeichnen. Hier die einzelnen Schritte:

1 Zunächst markieren Sie die Tabelle, die transponiert werden soll. Rechts neben der Tabelle muss ein hinreichend großer Bereich frei sein, in dem die transponierte Tabelle vorübergehend Platz finden kann.

2 Dann starten Sie die Aufzeichnung mit dem Symbol **Makro aufzeichnen** und der Einstellung **Relative Verweise verwenden**.

	A	B	C	D	E	F	G	H	I
1									
2		Test 1	Test 2	Test 3	Test 4	Test 5	Test 6	Test 7	Test 8
3	Testperson 1	51	26	34	73	61	75	94	62
4	Testperson 2	22	104	23	68	49	110	111	28
5	Testperson 3	74	20	93	40	66	98	47	107
6	Testperson 4	60	93	55	27	52	107	101	71

^ ***Abbildung 25.25*** *Die Ausgangstabelle, die gekippt werden soll*

3 Nun vergeben Sie für die markierte Tabelle über das Namenfeld den Namen »Quelle«. Anschließend übertragen Sie die Daten mit **Kopieren** in die Zwischenablage.

4 Mit 2 * Strg + → und → setzen Sie den Zellzeiger rechts neben die markierte Tabelle.

5 Mit **Zwischenablage > Einfügen** und der Option **Transponieren** fügen Sie die gedrehte Tabelle von der neuen Position des Zellzeigers an ein (dafür der freie Bereich).

6 Ohne an der Markierung etwas zu ändern, geben Sie wieder über das Namenfeld diesem Bereich den Namen »Versetzt«.

7 Mit **Start > Bearbeiten > Suchen und Auswählen > Gehe zu** und dem Eintrag *Quelle* setzen Sie die Markierung wieder auf die ursprüngliche Position der Tabelle zurück.

8 Dann löschen Sie diese Tabelle mit Entf.

9 Mit **Gehe zu** und dem Eintrag *Versetzt* markieren Sie wieder die transponierte Tabelle und versetzen sie mit **Ausschneiden** in die Zwischenablage.

10 Wieder mit **Gehe zu** markieren Sie erneut den Bereich *Quelle* und setzen den Zellzeiger mit ← in die oberste linke Zelle dieses Bereichs, um ihn als Bereich aufzulösen. (Das ist wichtig, weil sonst beim Einfügen die Größe des Zielbereichs nicht brauchbar ist.)

11 Mit **Einfügen** legen Sie die transponierte Tabelle hier ab.

12 Abschließend rufen Sie noch einmal das Dialogfeld für den Namens-Manager mit **Formeln > Definierte Namen > Namens-Manager** auf. Dort markieren Sie die beiden Namen *Quelle* und *Versetzt* und entfernen sie mit **Löschen**.

13 Nach dem Schließen des Dialogfelds beenden Sie die Aufzeichnung mit einem Klick auf das Symbol **Aufzeichnung beenden**.

	A	B	C	D	E
1					
2		Testperson 1	Testperson 2	Testperson 3	Testperson 4
3	Test 1	51	22	74	60
4	Test 2	26	104	20	93
5	Test 3	34	23	93	55
6	Test 4	73	68	40	27
7	Test 5	61	49	66	52
8	Test 6	75	110	98	107
9	Test 7	94	111	47	101
10	Test 8	62	28	107	71

Abbildung 25.26 *Die gekippte Tabelle*

Listing 25.4 zeigt, was Excel aufgezeichnet hat.

```
Sub Transpo()
  ActiveWorkbook.Names.Add Name:="Quelle", _
    RefersToR1C1:= _
    "=Transponieren!R2C1:R6C9"
  Selection.Copy
  Selection.End(xlToRight).Select
  Selection.End(xlToRight).Select
  ActiveCell.Offset(0, 1).Range("A1").Select
  Selection.PasteSpecial Paste:=xlPasteAll,
  Operation:=xlNone, SkipBlanks:= _
  False, Transpose:=True
  Application.CutCopyMode = False
  ActiveWorkbook.Names.Add Name:=
  "Versetzt", _
     RefersToR1C1:= _
     "=Transponieren!R2C10:R10C14"
  Application.Goto Reference:="Quelle"
  Selection.ClearContents
  Application.Goto Reference:="Versetzt"
  Selection.Cut
  Application.Goto
  Reference:="Quelle"
  ActiveCell.Select
  ActiveSheet.Paste
  ActiveWorkbook.Names("Quelle").Delete
  ActiveWorkbook.Names("Versetzt").Delete
End Sub
```

Listing 25.4 *Der aufgezeichnete Code für das Transponieren*

Das aufgezeichnete Makro hat aber immer noch eine Schwachstelle, die beim Blick auf die Makroaufzeichnung schnell sichtbar wird. Beide Male werden für die Bereiche, die das Makro vorübergehend benennt, feste Tabellenbereiche angegeben. Das passt aber hier gerade nicht, denn das Makro soll verwendet werden können, egal, an welcher Stelle die Tabelle liegt und wie groß sie ist. Hier ist also ein manueller Eingriff erforderlich. Über das Dialogfeld **Makro** wählen Sie dazu das neue Makro aus und öffnen es mit der Schaltfläche **Bearbeiten** im VBA-Modulfenster.

Setzen Sie bei den Zeilen mit `Names.Add Name` hinter den jeweiligen Namen den Bezug `RefersTo=Selection` anstelle der bisherigen Bereichsadressen, und zwar ohne Anführungszeichen. Listing 25.5 zeigt den korrigierten Code.

```
Sub Transpo()
ActiveWorkbook.Names.Add Name:="Quelle",
RefersTo:=Selection
  Selection.Copy
  Selection.End(xlToRight).Select
  Selection.End(xlToRight).Select
  ActiveCell.Offset(0, 1).Range("A1").Select
Selection.PasteSpecial Paste:=xlPasteAll,
Operation:=xlNone, SkipBlanks:= _
   False, Transpose:=True
  Application.CutCopyMode = False
ActiveWorkbook.Names.Add Name:="Versetzt",
RefersTo:=Selection
  Application.Goto Reference:="Quelle"
  Selection.ClearContents
  Application.Goto Reference:="Versetzt"
  Selection.Cut  Application.Goto Reference:=
  "Quelle"
  ActiveCell.Select
  ActiveSheet.Paste
  ActiveWorkbook.Names("Quelle").Delete
  ActiveWorkbook.Names("Versetzt").Delete
End Sub
```

^ ***Listing 25.5*** *Der korrigierte Code für das Transponieren*

Das korrigierte Makro können Sie jetzt für jeden beliebigen Bereich benutzen. Wählen Sie im VBA-Fenster den Befehl **Datei > Speichern** und **Schließen und zurück zu Microsoft Excel**, um wieder in das normale Excel-Fenster zu wechseln.

Halb automatisches Rechnungsformular

Häufig kann eine Aufgabe durch ein paar kleine Makros erleichtert werden, auch wenn an den Aufzeichnungen noch ein paar Korrekturen erforderlich sind. Ein Beispiel ist das Schreiben von Rechnungen. Zwar bietet Ihnen Excel 2013 dafür fertige Tabellenvorlagen, die sich aber nicht ohne Weiteres auf den eigenen Bedarf anpassen lassen. Deshalb wollen wir Ihnen an dieser Stelle zeigen, wie Sie sich selbst eine solche Vorlage aufbauen können.

Angenommen, Sie haben für Ihre Rechnungen ein Formular mit Rechnungskopf etc. als Mustervorlage aufgebaut, in der schon die wesentlichen Einträge für die Rechnung enthalten sind. Abbildung 25.27 zeigt, wie das leere Formular aussehen könnte.

Wenn Sie mit einem solchen Formular arbeiten, sind folgende Aktionen nötig, von denen sich ein Teil automatisieren lässt:

- Adressat, Datum, Auftragsdatum und Rechnungsnummer werden eingetragen.
- Die Rechnungspositionen mit Menge und Einzelpreis werden zeilenweise eingegeben. Daraus wird jeweils der Gesamtbetrag berechnet.
- Zum Abschluss werden die Gesamtsumme netto, die Mehrwertsteuer und der Bruttobetrag errechnet.

Ein Makro für das Tagesdatum

Für die Eingabe des Datums kann ein kleines Makro aufgezeichnet werden. Zunächst wählen Sie die Zelle E12 aus. Das Datum wird mit der Datumsfunktion *=HEUTE()* vom Systemdatum übernommen. Um den

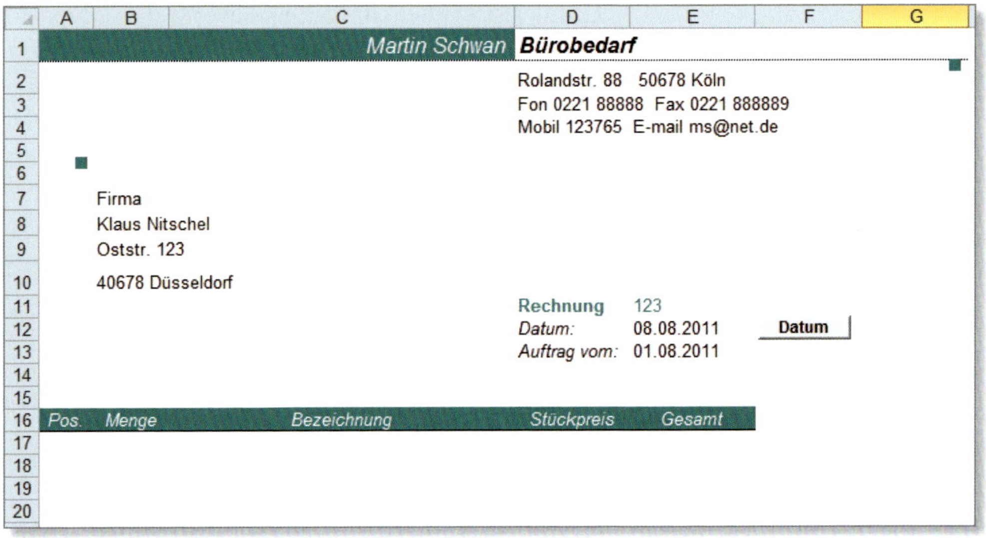

Abbildung 25.27 *Formular für Rechnungen*

Wert zu fixieren, kopieren Sie wieder die Zelle und fügen den Wert mit **Einfügen > Werte** in dieselbe Zelle ein. Anschließend wird die Zelle E13 ausgewählt, damit Sie das Auftragsdatum eingeben können.

```
Sub Rechnungsdatum()  Range("E12").
Select  ActiveCell.FormulaR1C1
= "=TODAY()"  ActiveCell.Select
Selection.Copy  Selection.PasteSpecial
Paste:=xlPasteValues,  Operation:=xlNone,
SkipBlanks _      :=False, Transpose:=False
Application.CutCopyMode = False
Range("E13").SelectEnd Sub
```

Listing 25.6 *Aufzeichnung für das Rechnungsdatum*

Wie Listing 25.6 zeigt, ersetzt Excel den deutschen Funktionsnamen *=HEUTE()*, den Sie bei der Aufzeichnung eingeben, automatisch durch den englischen Namen *=TODAY()*. Obwohl das Makro korrekt arbeitet, ist der von der Makroaufzeichnung erzeugte Code etwas umständlich. Eine kleine manuelle Korrektur vereinfacht das Makro. Zwischen den beiden `.Select`-Anweisungen genügt eine einzige Zeile, die mit der VBA-Funktion `Date` arbeitet:

```
ActiveCell.R1C1Formula = Date
```

Durch diese Anweisung wird immer das aktuelle Datum des Tages in die Zelle geschrieben, an dem das Makro aufgerufen wird, also bei der Rechnungserstellung.

Makro für die Rechnungspositionen

Manuell würde das Ausfüllen der einzelnen Rechnungspositionen so vor sich gehen, dass Sie der Reihe nach Positionsnummern, Mengen, Bezeichnungen und Einzelpreise eintragen. Am Ende jeder Zeile müsste dann der Gesamtpreis mit der Formel

```
= Bx*Dx
```

berechnet werden, wobei für `x` die jeweilige Zeilennummer steht. Der Eintrag dieser Formeln lässt sich nun wieder durch ein Makro erledigen, das aber erst aufgerufen werden soll, wenn alle Positionen erfasst sind. Dabei ist das Problem zu lösen, dass die Formel nur in Zeilen eingegeben werden sollte, in denen tatsächlich Zahlen für Menge und Einzelpreis stehen. Steht die Formel auch in einer leeren Zeile, wird der Wert *0* ausgegeben, der bei Rechnungen mit leeren Zeilen natürlich sehr störend wirkt.

Das lässt sich lösen mit einer *bedingten* Formel:

```
=WENN(ISTZAHL(Bx);Bx*Dx;" ")
```

Wenn `Bx` eine Zahl enthält, soll das Produkt `Bx*Dx` eingefügt werden, sonst nur ein Leerzeichen (`x` ist wieder die Zeilennummer). Anschließend muss diese Formel in alle Zellen kopiert werden, die dafür infrage kommen.

Da Excel 2013 nun aber in den Makros nur die englischen Funktionsnamen zulässt, wird die Formel beim Aufzeichnen wieder übersetzt in

```
=IF(ISNUMBER(Bx);Bx*Dx;" ")
```

Als Ausgangspunkt für die Aufzeichnung soll die letzte Zeile dienen, in der eine Mengenangabe und ein Einzelpreis eingetragen wurden. Der Zellzeiger wird also zunächst in die Spalte E ein Stück weiter unten (z. B. E30) gesetzt. Am besten schreiben Sie sich in zwei Zellen für Menge und für Einzelpreis je einen Testwert, um zu sehen, ob alles richtig funktioniert. Dann wird die Makroaufzeichnung aktiviert. Als Namen können Sie »Gesamt« eintragen.

Formel-Makro aufzeichnen

In der Tabelle sollten Sie nun folgende Schritte nachvollziehen:

1. Tragen Sie die angesprochene Formel `=WENN(ISTZAHL(Bx);Bx*Dx;" ")` in die ausgewählte Zelle ein, wobei Sie für `x` die richtige Zeilennummer einsetzen. Beenden Sie den Eintrag mit dem Symbol **Eingeben**, damit der Mauszeiger nicht versetzt wird.
2. Anschließend markieren Sie den Bereich von der Zelle, in der die Formel steht, bis zu E17 (im Beispiel also E30:E17), von unten nach oben, sodass die Zelle mit der Formel den Zellzeiger behält.
3. Der letzte Schritt besteht darin, die Formel in alle markierten Zellen zu kopieren. Hierzu dient der Befehl **Start > Bearbeiten > Füllbereich** mit der Option **Oben**. Dann beenden Sie die Aufzeichnung.

Listing 25.7 zeigt das aufgezeichnete Makro. Das Makro schreibt zunächst die gewünschte Formel in die aktive Zelle, wobei die Formel etwas ungewöhnlich aussieht: Statt der erwarteten (und beim Aufzeichnen geschriebenen) Formel hat Visual Basic mit relativen Adressen in der R1C1-Schreibweise gearbeitet.

```
Sub Gesamt()
ActiveCell.FormulaR1C1 =
"=IF(ISNUMBER(RC[-3]),RC[-3]*RC[-1],"" "")"
  Range("E17:E30").Select
  Range("E30").Activate  Selection.FillUp
End Sub
```

*^ **Listing 25.7** Makro zum Eintragen der Formeln*

TIPP

Zellverweise in Makros
In Visual Basic werden zwei verschiedene Adressierungsarten verwendet: die R1C1-Schreibweise und die A1-Schreibweise, die bei der Arbeit mit Tabellen üblich ist. Die seltener verwendete R1C1-Schreibweise benennt die einzelnen Zellen nach ihrer Zeilen- und Spaltenposition (*R* steht für *Row*, *C* für *Column*), `R3C2` bedeutet also *3. Zeile, 2. Spalte*, entspricht also B3. Da die A1-Adressen Zeichenketten sind, können Sie sie mit Operatoren für Zeichenketten verändern: Anstelle von *A5* könnte also auch `A & 5` stehen.

Die R1C1-Schreibweise gestattet es, besonders elegant relative Verweise wiederzugeben. `RC` ist immer die aktuelle Zelle, `R(1)C` ist eine Zeile tiefer, `R(-1)C` eine Zeile höher, `RC(1)` eine Spalte nach rechts, `R(2)C(3)` zwei Zeilen tiefer, drei Spalten nach rechts usw.

Ein Blick auf die Aufzeichnung lehrt, dass das Makro nicht ganz so funktionieren kann, wie es soll. Es enthält für den Bereich, der ausgewählt wird, feste Adressen (`"E17:E30"`) und für die Zelle, in der die anfängliche Formel steht, ebenfalls eine feste Adresse (`"E30"`). Hier schafft eine kleine Nachbesserung Abhilfe.

Zunächst fügen Sie eine neue Zeile ein, die die aktuelle Zeilennummer, in die Sie die Formel eintragen, ausliest. Diese Nummer wird auch benutzt, um die Zeilennummer festzulegen, in die der Zellzeiger nach der ganzen Aktion gesetzt werden soll.

```
azeile = Selection.Rownzeile = azeile + 2
```

Die Variable `azeile` (aktuelle Zeile) speichert die Zeilennummer der aktuellen Auswahl. Dann wird diese Zeilennummer in die Bereichsbezeichnungen so eingebaut, wie es Listing 25.8 zeigt (dazu wurde in diesem Fall ein neues Makro mit dem Namen *Gesamta* geschrieben). Zusätzlich hängen Sie an das Makro noch eine Zeile an, die den Zellzeiger zwei Zellen tiefer setzt:

```
Range("E" & nzeile).Select
```

In beiden Fällen können Sie die Tatsache nutzen, dass die Bereichsadressen in Visual Basic als Zeichenketten eingegeben werden, sodass sie auch aus Variablen zusammengesetzt werden können. Die übrigen Befehle können Sie aus der Aufzeichnung durch Kopieren und Einfügen übernehmen.

```
Sub Gesamta()
   ActiveCell.FormulaR1C1 = "=WENN
   (ISTZAHL(RC[-3]),RC[-3]*RC[-1],"" "")"
    azeile = Selection.Row
    nzeile = azeile + 2
    Range("E17:E" & azeile).Select
    Range("E" & azeile).Activate
    Selection.FillUp
    Range("E" & nzeile).Select
End Sub
```

∧ ***Listing 25.8*** *Die leicht korrigierte Aufzeichnung*

Damit ist die Arbeit mit der Rechnung fast schon zu Ende. Es fehlt jetzt lediglich noch die Endsumme mit dem gesonderten Ausweis der Mehrwertsteuer und dem Bruttobetrag.

Makro für den Rechnungsabschluss

Um das Schlussmakro zu erstellen, ist es sinnvoll, direkt an das vorherige Makro anzuschließen. Hierfür bringen Sie den Zellzeiger wieder in die Position, in der er nach Ablauf des vorangegangenen Makros steht. Für die Aufzeichnungsart wird diesmal **Relative Verweise verwenden** gewählt, damit das Makro später beim Aufruf alle Aktionen relativ zu der letzten Markierung durchführt. Als Name wird »Abschluss« eingetragen. Nach dem Start der Aufzeichnung führen Sie folgende Aktionen aus:

1. In die aktuelle Zelle (wenn Sie dem Beispiel gefolgt sind, E32) tragen Sie die Formel für die Summe der Spalte ein: *=SUMME(E17:E30)*.
2. Der Zellzeiger wird um zwei Zellen nach links versetzt. Hierher kommt der Text »Summe Netto:«.
3. Anschließend rückt der Zellzeiger eine Zelle nach unten für den Eintrag »Mehrwertsteuer:«.
4. Nun wieder zwei Zellen nach links und dort die Formel: `=E32*0,19`.
5. Jetzt eine Zelle nach unten und die Formel `=SUMME(E32:E33)`.
6. Wieder zwei Zellen nach links für den Eintrag »Summe brutto:«.

Hiermit ist das Makro *Abschluss* im Prinzip fertiggestellt. Sie können aber jetzt noch, bevor Sie die Aufzeichnung beenden, einige Formatierungen vornehmen: die Zellen mit den Texteinträgen (E32:E35) markieren und den Text rechtsbündig formatieren, Zellrahmen (immer nur unten) setzen, um Zwischenstriche zu erhalten usw.

Im Beispiel wurde lediglich die Textausrichtung vollzogen. Listing 25.9 zeigt das Ergebnis der Aufzeichnung:

```
Sub Abschluss()
   ActiveCell.FormulaR1C1 = "=SUMME(R[-15]
   C:R[-2]C)"
```

```
    Selection.Offset(0, -2).Range("A1").
    Select
    ActiveCell.FormulaR1C1 = "Summe netto:"
    Selection.Offset(1, 0).Range("A1").Select
    ActiveCell.FormulaR1C1 = "Mehrwertsteuer:"
    Selection.Offset(0, 2).Range("A1").Select
    ActiveCell.FormulaR1C1 = "=R[-1]C*0.19"
    Selection.Offset(2, 0).Range("A1").Select
   ActiveCell.FormulaR1C1 =
   "=SUMME(R[-3]C:R[-2]C)"
    Selection.Offset(0, -2).Range("A1").
    Select
    ActiveCell.FormulaR1C1 = "Summe brutto:"
   Selection.Offset(-3, 0).Range("A1:A4").
   Select
    With Selection
        .HorizontalAlignment = xlRight
        .VerticalAlignment = xlBottom
        .WrapText = False
        .Orientation = xlHorizontal
    End With
End Sub
```

^ ***Listing 25.9*** *Das aufgezeichnete Makro für den Abschluss*

Auch hier ist eine kurze Nachbearbeitung erforderlich. Die zweite Zeile des Makros soll die Formel für die Nettosumme eintragen. Die eingetragene Formel lautet im Makro:

```
"=SUM(R(-15)C:R(-2)C)"
```

Sie würde also die Summe des Bereichs fünfzehn Zellen bis zwei Zellen oberhalb bilden. Benötigt wird aber die Summe von Zelle E17 bis zwei Zellen oberhalb. Das lässt sich einfach erreichen: Die Zeile wird so korrigiert, dass die eingetragene Formel lautet:

```
"=SUM(R17C:R(-2)C)"
```

Die relative Adresse `R(-15)C` wird also durch die absolute Adresse `R17C` ersetzt. Das überarbeitete Makro erhält den Namen »Abschlussa«.

```
Sub Abschlussa()
   ActiveCell.FormulaR1C1 =
   "=SUM(R17C:R[-2]C)"
  ...
End Sub
```

^ ***Listing 25.10*** *Die korrigierte Version für den Abschuss*

Zusammenfassen von Makros

Nun gibt es eigentlich keinen Grund, warum die beiden Makros *Gesamta* und *Abschlussa* getrennt sein müssten. Zwischen ihrer Ausführung muss an der Rechnung ja nicht mehr gearbeitet werden.

Es spricht also nichts dagegen, sie miteinander zu verbinden. Hierzu könnten Sie die beiden Makros hintereinander kopieren, den Titel von *Gesamta* abgeändert in *Schluss*, das `End Sub` des ersten Makros und das `Sub Abschluss()` des zweiten Makros löschen.

Stattdessen können Sie beide Makros aber auch in einem gemeinsamen zusammenfassen. Das Resultat sieht so aus:

```
Sub Schlussa()
    Gesamta
    AbschlussaEnd Sub
```

^ ***Listing 25.28*** *Zwei Prozeduren werden verklammert.*

Schließlich müssen Sie noch die Schaltflächen für den Aufruf der Makros einrichten: eine Schaltfläche mit der Beschriftung *Datum* und eine mit der Beschriftung *Abschluss*, die Sie dann mit den entsprechenden Makros verknüpfen, wie in Abschnitt 25.3, »Makros in den Arbeitsablauf einbinden«, ab Seite 805 beschrieben. Abbildung 25.28 zeigt das Rechnungsformular mit einigen Daten.

Speichern des Formulars als Mustervorlage

Mit diesen Makros lässt sich die Arbeit mit dem Rechnungsformular leicht erledigen. Sobald Sie die Makros ausgiebig getestet haben, können Sie das Rechnungs-

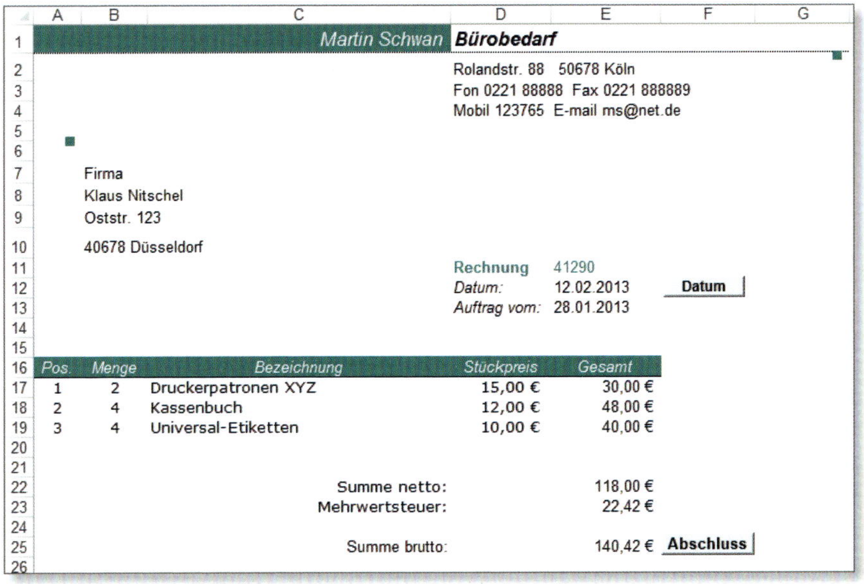

< ***Abbildung 25.29*** *Das fertige Rechnungsformular mit Beispieldaten*

formular als Mustervorlage speichern. Alle Einträge aus der Rechnung, die im Lauf der Makroaufzeichnung vorgenommen wurden, werden entfernt, auch die Formate aus den rechtsbündig formatierten Textstellen werden gelöscht.

Schließlich ist dafür zu sorgen, dass die Zellen unter *Einzel* und *Gesamt* mit dem Währungsformat formatiert werden (am besten zunächst die ganzen Spalten D und E, dann die beiden Datumszellen mit einem Datumsformat und die Zelle für die Rechnungsnummer mit dem Zahlenformat *0*).

Dann sollten alle nicht benutzten Tabellen entfernt werden, sodass nur noch das Formular übrig bleibt. Die Arbeitsmappe sichern Sie über **Speichern unter** mit dem Namen »Rechnungsformular« und dem Dateityp **Excel-Vorlage mit Makros** in dem von Ihnen über **Datei > Optionen > Speichern** festgelegten **Standardspeicherort für persönliche Vorlagen**. Vergessen Sie dabei nicht, die Option **Miniaturansicht speichern** zu aktivieren.

Arbeit mit dem Rechnungsformular

Wenn Sie mit dem Rechnungsformular arbeiten wollen, wählen Sie über das Register **Datei** den Befehl **Neu** und im Dialogfeld **Neue Arbeitsmappe** das gewünschte Formular. Anschließend haben Sie eine Arbeitsmappe mit dem Namen *Rechnungsformular1* zur Verfügung, in die Sie mithilfe der Makros zunächst das Tagesdatum und nach Abschluss der einzelnen Positionen die Schlussberechnungen einfügen können.

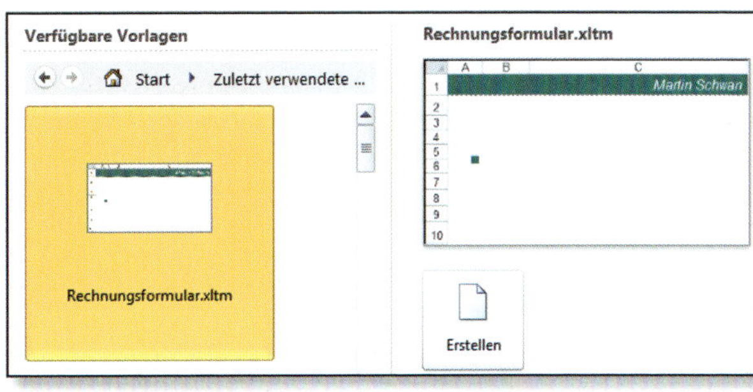

^ ***Abbildung 25.30*** *Die Rechnungsvorlage auf dem Register »Datei«*

Wenn Sie noch weitere Veränderungen an der Mustervorlage vornehmen wollen, können Sie die Mustervorlage direkt aus dem Vorlagenordner öffnen, also nicht über **Neu**, sondern über **Öffnen**.

Kapitel 26
VBA-Praxis

Um Excel mit eigenen Anwendungen und Funktionen zu erweitern, stehen eine umfangreiche Programmiersprache und eine komfortable Entwicklungsumgebung zur Verfügung. Wir geben Ihnen hier einen kompakten Einstieg.

Im vorhergehenden Kapitel haben Sie kennengelernt, wie Sie Arbeitsabläufe aufzeichnen können, um sie später erneut zu nutzen. Programmierkenntnisse sind dafür nicht erforderlich, weil Excel den entsprechenden Code während der Aufzeichnung selbst generiert. Damit sind aber die Optionen, die Excel in dieser Hinsicht bietet, noch keineswegs erschöpft. Mit der Programmiersprache Visual Basic für Applikationen können Sie komplette Anwendungen entwickeln. So lassen sich Funktionen verwirklichen, die Excel selbst nicht anbietet. VBA-Programme können sogar über die Grenze von Excel hinaus andere Anwendungen in eine Lösung einbeziehen.

26.1 Grundlagen von VBA

Um komplexere Lösungen mit VBA zu entwickeln, bedarf es entsprechender Kenntnisse in Visual Basic für Applikationen. Die grundlegenden Sprachkonstrukte wollen wir hier kurz vorstellen.

Objekte, Eigenschaften und Methoden

VBA ist eine objektorientierte Programmiersprache. Dahinter steht die Idee, dass Anwendungen mit Objekten zu tun haben. Für jedes Objekt gibt es einen bestimmten Satz von Eigenschaften, die Sie abfragen oder bestimmen können. In der Regel beherrscht ein Objekt auch eine Reihe von Verfahren. Sie werden Methoden genannt. Welche Objekte eine Anwendung bereitstellt und wie diese miteinander zusammenhängen, wird durch ein *Objektmodell* festgelegt. Gemeint ist damit eine vorgegebene Hierarchie der Objekte, mit denen die Anwendung arbeitet. Das Objektmodell für Excel 2013 wurde insbesondere für die Arbeit mit Datenmodellen noch einmal wesentlich erweitert. Im Objektmodell von Excel 2013 ist dabei die Anwendung selbst das oberste Objekt mit dem Namen `Application`.

Wollen Sie nun beispielsweise in einer VBA-Anwendung eine der Tabellenfunktionen von Excel benutzen, verwenden Sie diese Funktion mithilfe der Eigenschaft `WorksheetFunction`, die eine Eigenschaft des Objekts `Application` ist. Diese Eigenschaft liefert nun selbst wieder ein Objekt `WorksheetFunction`, das ein Container für alle Tabellenfunktionen ist.

Es sollte Sie nicht verwirren, dass in Excel häufiger der gleiche Name für ein Objekt und für eine Eigenschaft verwendet wird. Ein anderes Beispiel dafür: `Legend` ist z. B. eine Eigenschaft, die das Objekt `Chart` hat. Diese Eigenschaft liefert aber als Ergebnis wieder ein Objekt, nämlich das Objekt `Legend`, das ein Unterobjekt des Objekts `Chart` ist.

TIPP

Das Matroschka-Modell
Die Objektmodelle haben Ähnlichkeit mit den bekannten russischen Puppen. Das oberste Objekt ist die Anwendung selbst. Die anderen Objekte sind in diesem Gesamtobjekt eingeschlossen. Die nächsttiefere Ebene bei Excel etwa ist die Arbeitsmappe. Innerhalb der Arbeitsmappen werden verschiedene Auflistungen – `collections` – von gleichrangigen Objekten unterschieden: Arbeitsblätter, Diagramme, Module. Die einzelnen Elemente einer solchen Auflistung können über Indizes oder über zugeordnete Namen angesprochen werden.

```
Worksheets(3)
Worksheets("Prognose")
```

sind Beispiele, wie auf ein Element einer Sammlung von Objekten zugegriffen werden kann.

Bereiche gehören in einem Tabellenblatt zu den Objekten, die wohl am häufigsten verwendet werden. Für dieses Objekt sind in dem aktuellen Objektmodell jetzt über fast 170 Eigenschaften und über 85 Methoden verfügbar.

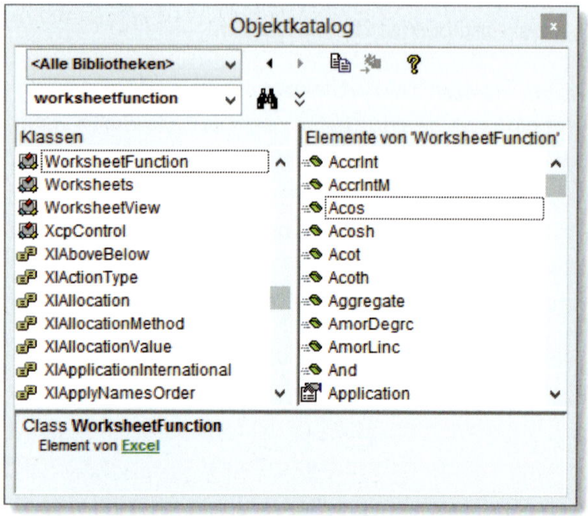

Abbildung 26.1 *Der Objektkatalog für Excel 2013 mit der Liste der Funktionen*

Die Zuordnung der Objekte kann über den Objektkatalog im VBA-Editor eingesehen werden. Abbildung 26.1 zeigt beispielsweise die Tabellenfunktionen als Methoden des Objekts `WorksheetFunction`.

Ereignisse steuern den Programmablauf

Die zweite charakteristische Eigenschaft von VBA-Programmen ist, dass der Ablauf einer Anwendung in der Regel keinem fest vorgegebenen Plan folgt, sondern von Ereignissen (Events) gesteuert wird. Wenn Sie diese oder jene Schaltfläche anklicken oder antippen, passiert etwas; wenn ein Arbeitsblatt aktiviert wird, werden automatisch bestimmte Berechnungen ausgeführt. Eine Datei kann z. B. geöffnet, gespeichert oder geschlossen werden. Ein Arbeitsblatt kann aktiviert, geändert, neu berechnet, ein Fenster kann aktiviert, deaktiviert oder in der Größe geändert werden.

Die Programmierung mit VBA besteht deshalb in den meisten Fällen hauptsächlich aus folgenden Schritten:

- Entwurf von Formularen, die die Anwender für die Interaktion mit der Anwendung benutzen können
- Wahl der Eigenschaften der darin verwendeten Steuerelemente
- Programmierung der Schritte, die das Programm ausführen soll, wenn bestimmte Ereignisse mit diesen Steuerelementen oder anderen Objekten stattfinden

Variablen und Konstanten

Variablen verwenden Sie in VBA wie in jeder anderen Programmiersprache, um bestimmte Werte, die während des Programmablaufs entstehen, festzuhalten, sodass Sie sie bei Bedarf an einer anderen Stelle weiterverwenden können. Um die verschiedenen Werte zu unterscheiden, vergeben Sie entsprechende Namen für die Variablen. Zusätzlich legen Sie fest, welche Art von Informationen mithilfe einer bestimmten Variablen gespeichert werden soll, etwa Zahlenwerte, Texte etc. Diese Festlegung erfolgt mithilfe des Datentyps, der zudem auch Bedeutung für die maximale Größe oder Länge der von der Variablen festgehaltenen Information hat.

Variablen können entweder implizit oder explizit deklariert werden. Im ersten Fall wird der Datentyp `Variant` benutzt. Dieser Datentyp ist besonders flexibel, weil er Daten jeder Art akzeptiert. Allerdings muss darauf geachtet werden, welche Daten einer Variablen dieses Typs tatsächlich zugeordnet werden, bevor damit weitergearbeitet werden kann.

Implizit wird eine Variable direkt innerhalb einer Funktion oder Prozedur durch eine Wertzuweisung definiert. So definieren Sie beispielsweise durch die beiden Zeilen

```
wert1 = 3
wert2 = "xyz"
```

zwei Variablen mit den Namen `wert1` und `wert2` und belegen sie zugleich mit den Werten `3` bzw. `xyz`, also einer Zahl und einer Zeichenkette. Diese einfache Art der Variablendefinition ist sehr bequem. Sie definieren eine Variable erst, wenn Sie sie benötigen, und können so ziemlich intuitiv arbeiten. Es ist damit nicht festgelegt, welcher Datentyp (Zahl, Text etc.) für die Variable gilt. Sie könnten so ein und dieselbe Variable innerhalb einer Prozedur einmal für eine Zahl und einmal für eine Zeichenkette usw. verwenden.

Explizite Deklaration

Die Alternative zu dem impliziten Verfahren ist die ausdrückliche Deklaration einer Variablen unter Verwendung etwa der `Dim`-Anweisung. In diesem Fall wird der Datentyp ausdrücklich festgelegt, es sei denn, es wird der Typ `Variant` verwendet.

```
Dim text1 As String
Dim zahl1 As Double
text1 = ""
zahl1 = 0
```

Zunächst wird also eine Variable mit der `Dim`-Anweisung definiert. Anschließend wird ihr ein Wert zugeordnet.

In Tabelle 26.1 sind die integrierten Datentypen zusammengestellt, mit denen Sie arbeiten können.

Datentyp	Beschreibung
`Byte`	0–255
`Boolean`	Wahrheitswerte (*True* oder *False*). Statt der Wahrheitswerte werden auch Zahlen akzeptiert, wobei *0 False* ergibt und alle anderen Zahlen *True* ergeben.
`Integer`	ganze Zahlen von –32768 bis 32767
`Long`	ganze Zahlen von ca. –2 Mrd. bis 2 Mrd.
`Single`	Gleitkommazahlen von 1,4E-45 bis 3,4E-38, positive und negative Werte
`Double`	Gleitkommazahlen von 4,9E-324 bis 1,79E-308, positive und negative Werte
`Decimal`	nur als Untertyp von `Variant` möglich: max. 28 Stellen vor und nach dem Komma
`Currency`	Festkommazahlen von –9,22E-15 bis 9,22E-15 auf vier Stellen hinter dem Komma gerundet
`String`	Zeichenfolge mit variabler Länge (bis ca. 2 Milliarden Zeichen)
`String * Length`	Zeichenfolge mit festgelegter Länge; längere Folgen werden auf die vorgegebene Länge gestaucht, und zwar 1 bis 65536 Zeichen.
`Date`	serielle Zahlen (wie in den Tabellenfunktionen für Datum und Zeit) oder Datums- und Zeitangaben, die zwischen #-Zeichen geschrieben werden, wie #1 Jan 99#
`Object`	Verweise auf ein Objekt
`Variant`	variabler Datentyp, der anstelle der spezifischen Datentypen verwendet werden kann

^ ***Tabelle 26.1*** *Liste der von VBA unterstützten Datentypen*

Wenn Sie mit der 64-Bit-Version von Excel 2013 arbeiten, können Sie außerdem noch den Datentyp `LongLong` einsetzen. Dieser Datentyp speichert mit Vorzeichen versehene 64-Bit-Zahlen. Der Wertebereich liegt zwischen –9.223.372.036.854.775.808 und 9.223.372.036.854.775.807.

Listing 26.1 zeigt eine kleine Übung mit der Zuweisung von Variablen zu unterschiedlichen Dateitypen.

```
Sub variablenkette()
  Dim logischer_wert As Boolean
  Dim betrag As Currency
  Dim anmerkung As String
  Dim datum As Date
  logischer_wert = 77 * 13 < 12 * 84
  betrag = 10
  anmerkung = "Spielerei mit Datentypen"
  datum = #11/12/2011#
  MsgBox anmerkung & " am " & datum & ": " _
   & " Wette " & betrag & " Euro ,dass das _
   " & logischer_wert & " ist."
End Sub
```

Listing 26.1 *Kleine Demo mit Variablen*

Die Prozedur liefert einen Meldungsdialog, in dem die Werte der verschiedenen Variablen mit dem Verknüpfungsoperator `&` zu einem Text verkettet werden.

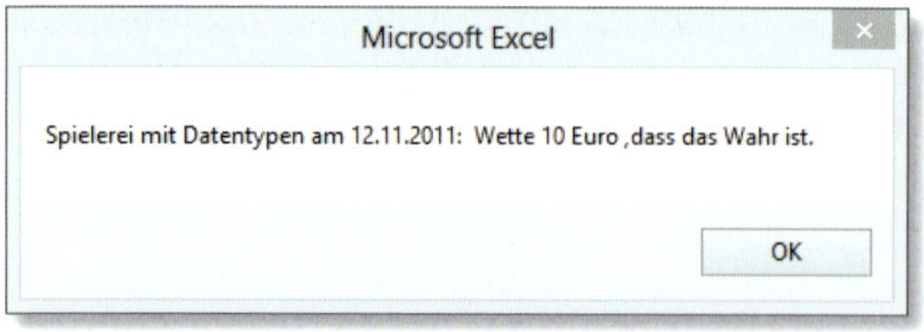

Abbildung 26.2 *In dieser Meldung werden die Werte der Variablen zu einem Text verkettet.*

Diese Verknüpfung belegt die Flexibilität der Variablendefinition in VBA: Da mit dem Operator `&` eigentlich nur Zeichenketten verknüpft werden, behandelt VBA in diesem Moment offensichtlich alle Variablentypen als Zeichenketten.

Arrays

Variablen können auch als Arrays definiert werden, die über Indizes angesprochen werden. Das gestattet Ihnen, mit einer Variablendefinition gleich eine große Anzahl gleichartiger Variablen festzulegen. Dies ist natürlich nur sinnvoll, wenn es sich tatsächlich um Arrays gleichartiger Variablen handelt, vergleichbar etwa einer Matrix in Excel. Die einzelnen Elemente eines Arrays werden über die Indizes angesprochen.

```
Dim gebiete() As String
gebiete = Array("Nord","Ost","Süd","West")
region = gebiet(0)
```

Ob die Indizes mit *0* oder *1* beginnen, kann generell mit dem Befehl `Option Base` festgelegt werden. Vorgabe ist *0*. Die Anweisung `Option Base 1` muss am Anfang eines Moduls noch vor der Deklaration von Datenfeldern eingetragen werden.

Eigene Datentypen definieren

Besonders interessant sind die Möglichkeiten, eigene komplexe Variablentypen zu definieren. Das erlaubt Ihnen, mit einem Variablennamen einen ganzen Satz von Datenelementen festzulegen.

```
Option Base 1

Private Type kontakte
    name As String
    email As String
    webadresse As String
    alter As Integer
End Type

Sub datensatz()
  Dim kontakt As kontakte
  kontakt.name = "Jan Willem"
  kontakt.email = "jw@net.de"
  kontakt.webadresse = "www.jw.net"
  kontakt.alter = 45
```

```
 MsgBox kontakt.name & " " & kontakt.email
End Sub
```

Listing 26.2 *Beispiel für die Definition und die Verwendung eines benutzerdefinierten Datentyps*

Mit der Anweisung Type definieren Sie zunächst den zusammengesetzten Datentyp. Diese Deklaration erfolgt auf der Modulebene, geht also der Prozedur voraus, die diesen Typ verwendet. Erst mit der Dim-Anweisung deklarieren Sie eine Variable dieses Datentyps. Wie Sie die einzelnen Elemente der Variablen ansprechen, zeigt die Prozedur.

Geltungsbereich von Variablen

Durch die Art der Deklaration legen Sie für jede Variable einen bestimmten Geltungsbereich fest, d. h., Sie entscheiden darüber, für welche Teile des Programms die Variable gilt und wann sie wieder aus dem Speicher gelöscht wird.

Eine Anwendung in VBA ist meist ein Bündel von Modulen und Formularen. Die Module wiederum sind gegliedert in einzelne Prozeduren und Funktionen. Eine Variable, die innerhalb einer Prozedur deklariert wird, ist normalerweise nur innerhalb dieser Prozedur verwendbar.

Sie können mithilfe dieser Variablen also nicht einen Wert an eine andere Prozedur oder ein anderes Modul übergeben. Ausgenommen davon sind allerdings Variablen, die Sie mit dem Schlüsselwort Static deklarieren.

```
Static Variablenname As Datentyp
```

bewirkt, dass Sie die Variable über den normalen Geltungsbereich hinaus nutzen dürfen. Soll eine Variable für alle Prozeduren eines Moduls gültig sein, müssen Sie diese innerhalb der *Declaration Section* des Moduls deklarieren. Diese Sektion wird im Modulfenster eines Moduls unter dem Namen **(Deklarationen)** über das rechte Listenfeld angeboten.

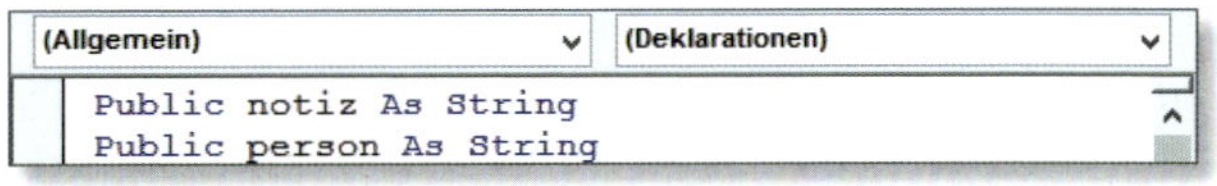

Abbildung 26.3 *Beispiel für Deklarationen*

Soll eine Variable innerhalb der gesamten Anwendung benutzt werden, muss sie als globale Variable deklariert werden. Dies geschieht mit dem Schlüsselwort Public, z. B.:

```
Public Variablenname As Datentyp
```

Objektvariable

Programmcode in VBA hat – wie schon angesprochen – hauptsächlich mit der Manipulation von Objekten zu tun. Um den Bezug auf Objekte herzustellen, können den Objekten Objektvariablen zugeordnet werden. Dabei werden, ähnlich wie bei den anderen Variablen, verschiedene Typen unterschieden. Bei den Objektvariablen sind dies die verschiedenen Objektklassen. Bei Excel gibt es z. B. die Klassen Workbook, Worksheet und Range. Ist der Objekttyp nicht vorweg bekannt, können Sie den generischen Typ Object verwenden.

Um einem Objekt bestimmte Eigenschaften zuzuordnen oder um diese Eigenschaften abzufragen, können Sie dann anstelle des Objekts auch eine Objektvariable benutzen. Ebenso ist es bei der Verwendung von Methoden eines Objekts. Die Zuordnung einer Objektvariablen zu einem Objekt geschieht mit der Set-Anweisung. Hier ein kleines Beispiel:

```
Dim topbereich As Objekt
Set topbereich = Worksheets(1).
Range("Topliste")
topbereich.Copy
```

Zunächst wird die Objektvariable topbereich deklariert. Dann wird der Variablen ein Objekt Range aus einem Arbeitsblatt zugeordnet. Mit dem letzten Befehl wird auf das von der Objektvariablen topbereich vertretene Objekt Range die Methode Copy angewendet.

Mithilfe von Objektvariablen können Sie den Bezug auf häufig verwendete Objekte vereinfachen, sodass Sie weniger Arbeit beim Schreiben des Programmcodes haben.

Zur Wahl der Variablennamen

In der Wahl der Namen für die Variablen besteht in VBA eine große Freiheit. Der Name muss mit einem Buchstaben beginnen und darf keine Punkte enthalten. Damit Variablen als solche leicht erkannt werden, ist es sinnvoll, alle Variablen einheitlich zu schreiben. Auf jeden Fall ist zu empfehlen, sie mit Kleinbuchstaben beginnen zu lassen (so sind sie immer von Visual-Basic-Wörtern zu unterscheiden).

TIPP

Sprechende Namen sind besser
Es ist zwar möglich, sich bei der Namensvergabe für die Variablen kurz zu fassen: `vn` und `nn` für Vor- und Nachnamen lassen sich beim Programmieren schneller schreiben als lange Variablennamen. Derartige Kürzel sind aber nach einiger Zeit gänzlich undurchschaubar.

Kommentare

Es ist ratsam, längeren Code mit Kommentaren auszustatten, damit er auch noch nach einiger Zeit verständlich bleibt. Alle Texte hinter einem Apostroph sind Kommentare, die vom Programm nicht beachtet werden.

Benutzerdefinierte und integrierte Konstanten

Werden immer wieder bestimmte Werte in einer Anwendung benötigt, ist es sinnvoll, sie als Konstanten zu deklarieren. Auch hier müssen Sie wie bei den Variablen den Geltungsbereich beachten. Sollen Konstanten für die gesamte Anwendung festgelegt werden, müssen Sie das Schlüsselwort `Public` verwenden. Ein simples Beispiel sind die beiden Mehrwertsteuersätze:

```
Public Const MWST1 = 19%
Public Const MWST2 = 7%
```

Dies erlaubt, in der gesamten Anwendung mit den beiden Werten zu arbeiten. Der Vorteil: Ändert sich der Mehrwertsteuersatz, muss nur die Wertzuweisung in der betreffenden Konstantendeklaration geändert werden. Neben eigenen Konstanten können Sie zahlreiche eingebaute Konstanten verwenden, die den einzelnen Objekten von Excel 2013 zugeordnet sind, insbesondere um Werte für Eigenschaften festzulegen.

Grundeinheiten und Sprachelemente

Größere Anwendungen in VBA bestehen in der Regel aus mehreren Modulen und meist einigen dazugehörigen Formularen. Die Module wiederum setzen sich aus einzelnen Prozeduren zusammen. Die Kunst der Programmierung besteht insbesondere darin, die Aufgaben, die eine Anwendung erledigen soll, so geschickt in kleine Unteraufgaben zu zerlegen, dass bestimmte Prozeduren möglichst mehrfach verwendet werden können und der Programmieraufwand insgesamt verringert wird.

Prozeduren und Funktionen

Die unterste Einheit von Programmen in VBA sind die Prozeduren. Drei Typen werden unterschieden: `Sub`-Prozeduren, `Function`-Prozeduren und `Property`-Prozeduren.

```
Sub Prozedurname()
   .... Anweisungen
End Sub

Function (Argumente)
   ... Anweisungen
End Function

Property Get ... Let ... Set
   ... Anweisungen
End Property
```

Die `Property`-Prozeduren werden nur verwendet, wenn Sie selbst Eigenschaften im Zuge der Programmierung von Klassen definieren wollen. `Get` liefert die gesetzte Eigenschaft. `Set` setzt die Eigenschaft. `Let` bestimmt, was geschieht, wenn die Eigenschaft gesetzt ist. Klassen sind so etwas wie Schablonen für Objekte, Objekte sind wiederum Instanzen von Klassen. Seit Excel 97 können Anwender eigene Klassen programmieren und mit Objektinstanzen dieser Klassen arbeiten. Doch geht dieses Thema über den Rahmen eines Einstiegs hinaus.

Im Unterschied zu den `Sub`-Prozeduren liefern die `Function`-Prozeduren als Ergebnis immer einen Wert, mit dem Sie im weiteren Programmablauf arbeiten können. Innerhalb einer solchen `Function`-Prozedur sind allerdings nicht alle Anweisungen möglich, die in einer `Sub`-Prozedur verwendet werden können.

Prozeduren und Funktionen können Sie innerhalb des Programmablaufs von verschiedenen Stellen aus aufrufen. Bei den `Sub`-Prozeduren reichen dafür der Prozedurname und die eventuell nötigen Argumente. Befindet sich die Prozedur in einem anderen als dem aktuellen Modul, muss der Modulname noch davorgesetzt werden.

```
Modul.Prozedur Argument1, ...
```

Bei den Funktionen ist das Verfahren etwas anders. Der Wert, den eine verwendete Funktion liefert, wird gleich einer Variablen zugeordnet, damit das Ergebnis der Funktion für den weiteren Programmablauf festgehalten werden kann.

```
Variable = Modul.Function(Argument1, ...)
```

Eine Funktion wird meist zusammen mit den Argumenten definiert, die an sie übergeben werden. Dabei können Sie auch den Datentyp für den Wert festlegen, den die Funktion zurückgibt. Mehr zu Funktionen finden Sie weiter unten in Abschnitt 26.5, »Integrierte und eigene Tabellenfunktionen einsetzen«, ab Seite 856.

Eigenschaften abfragen oder festlegen

Der Umgang mit Objekten spielt bei der Entwicklung von Anwendungen die zentrale Rolle. Das Programm bestimmt, was mit welchen Objekten unter welchen Bedingungen im Lauf der Zeit geschehen soll. Wenn in einer Programmzeile die Eigenschaften eines Objekts ermittelt werden sollen, wird das Ergebnis meist an eine Variable übergeben, sodass das Programm damit weiterarbeiten kann. Wenn Sie z. B. wissen wollen, welchen Wert eine Zelle auf dem Arbeitsblatt einer Arbeitsmappe hat, können Sie schreiben:

```
wert1 = Range("F7").Value
```

Der in einer Zelle eingetragene Wert wird also als eine Eigenschaft des Objekts `Range` angesehen, weil eine einzelne Zelle als Zellbereich mit nur einem Element interpretiert wird. Objektname und Eigenschaft werden durch einen Punkt getrennt. Statt an eine Variable kann der Wert aber auch an ein Dialogfeld übergeben werden:

```
MsgBox Range("F7").Value
```

Wollen Sie der Zelle dagegen einen anderen Wert zuordnen, schreiben Sie beispielsweise:

```
Range("F7").Value = "Jess Campa"
```

Soll die Zelle F7 den Wert der Zelle F17 erhalten, können Sie schreiben:

```
Range("F7").Value = Range("F17").Value
```

Die meisten Eigenschaften lassen sich sowohl abfragen als auch ändern, einige lassen sich dagegen nur abfragen.

Bei vielen Eigenschaften werden die Werte über eingebaute Konstanten festgelegt, die gemeinsam haben, dass sie mit `xl` (für Excel), `mso` für MS Office oder `vb` (für Visual Basic) beginnen.

Mit Methoden arbeiten

Wenn Sie die Methode eines Objekts benutzen wollen, sind verschiedene Schreibweisen möglich. Die meisten Methoden verlangen bestimmte Argumente, die näher spezifizieren, wie die Methode eingesetzt werden soll. Meistens sind einige dieser Argumente notwendig, andere dagegen können zwar verwendet werden, müssen es aber nicht. Meist werden dann Standardvorgaben verwendet.

```
Worksheets(1).Columns("D:F").AutoFit
```

wendet beispielsweise die Methode `AutoFit` auf die drei Spalten des ersten Blatts einer Mappe an. Damit wird die Spaltenbreite automatisch angepasst.

Benannte Argumente

Hat eine Methode mehrere Argumente, gibt es zwei Möglichkeiten. Die erste ist, alle Argumente in der richtigen Reihenfolge anzugeben bzw. wenigstens Platzhalter für Argumente vorzusehen, die nicht angegeben werden. Zum Beispiel hat die Methode `SaveAs`, mit der Arbeitsmappen gespeichert werden, fast ein Dutzend Argumente. Sie könnten in der Form

```
Workbook.SaveAs(Dateiname, DateiFormat, ,
Schreibkennwort ...)
```

eingegeben werden. Diese Eingabetechnik wäre aber sehr umständlich und fehleranfällig. Die Alternative ist die Verwendung von benannten Argumenten. In diesem Fall brauchen Sie nur die Argumente aufzuführen, für die Werte bestimmt werden. Sie werden einzeln benannt und durch Kommata getrennt. Dabei spielt die Reihenfolge keine Rolle, was eine große Erleichterung ist!

```
Workbook.SaveAs Filename:="Plan2011.xlsx", _
WriteResPassword:="geheim"
```

wäre ein Beispiel. Der VBA-Editor hilft Ihnen bei der Wahl der Argumentnamen.

Methoden mit Rückgabewert

Methoden geben, wenn sie eingesetzt werden, gegebenenfalls Rückmeldungen, die Sie im Programm verwerten können. Wenn Sie z.B. die Methode `CheckSpelling` auf einen Zellbereich anwenden, also eine Rechtschreibprüfung durchführen, können Sie das Prüfungsergebnis abfragen. Wird kein Fehler gefunden, liefert die Methode den Rückgabewert `True`, der an eine Variable übergeben werden kann.

```
korrekt = Worksheets("Plan11"). _
  CheckSpelling(IgnoreUppercase:=True)
```

Wie Sie an der Zeile sehen, sind diesmal die Argumente der Methode in Klammern gesetzt. Das ist notwendig, wenn Sie den Rückgabewert einer Methode verwenden wollen.

Einsatz von Operatoren

In vielen Funktionen werden Operatoren verwendet, die weitgehend identisch mit denen sind, die Sie bei der Bildung von Formeln in den Excel-Tabellen einsetzen. Da sie aber nicht völlig identisch sind und da bei der Aufstellung von Bedingungen für den Programmablauf häufig Operatoren benötigt werden, folgt hier ein kurzer Überblick. VBA unterscheidet zwischen arithmetischen, logischen, Vergleichs- und Verkettungsoperatoren.

Arithmetische Operatoren: `+`, `-`, `*`, `/` und `^` sind identisch mit den in Tabellen verwendeten Operatoren. `\` ist der Operator für die ganzzahlige Division (`5\3` liefert *1*), `Mod` liefert den Rest einer derartigen Division (`5 Mod 3` liefert *2*).

Logische Operatoren: Die logischen Operatoren dienen (mit der Ausnahme von `Not`) der Verknüpfung von Ausdrücken, die Wahrheitswerte liefern, und führen selbst wieder zu Wahrheitswerten. In einer Tabelle sollen `a` und `b` Ausdrücke sein, die Wahrheitswerte liefern. Für die Operatoren gilt dann:

- `Not a` ist wahr, wenn `a` falsch, und falsch, wenn `a` wahr ist.
- `a Eqv b` (`a` ist äquivalent `b`) ist wahr, wenn `a` und `b` den gleichen Wahrheitswert haben.
- `a Imp b` (`a` impliziert `b`) ist wahr, wenn `b` wahr ist oder wenn `a` falsch ist.
- `a Or b` ist wahr, wenn mindestens einer der beiden Ausdrücke wahr ist.
- `a And b` ist wahr, wenn beide Ausdrücke wahr sind.
- `a Xor b` (`a` exklusiv-oder `b`) ist wahr, wenn genau einer der beiden Ausdrücke wahr ist.

Wenn die logischen Operatoren in Kombinationen verwendet werden, müssen die zusammengehörenden Elemente eingeklammert werden (ähnlich wie bei arithmetischen Operatoren).

Vergleichsoperatoren: Sie dienen dem Vergleich von Werten. Sie sind identisch mit den in Tabellen verwendeten: <, >, <=, >=, = und <>. Sie stehen für kleiner, größer, kleiner/gleich, größer/gleich, gleich und ungleich. Bei Zahlen ist die Bedeutung klar, bei Zeichenfolgen heißt > später in der alphabetischen Reihenfolge (`"a">"b"` ist demnach falsch).

Zusätzlich können noch die Operatoren `Like` und `Is` verwendet werden. `Like` wird für einen Mustervergleich verwendet, etwa:

`Text = "Hanna" Like "Ha*a"` ergibt `True`.

`Is` wird verwendet, um festzustellen, ob zwei Objektverweise auf dasselbe Objekt verweisen:

```
Test = Objekt1 Is Objekt2
```

Verkettungsoperatoren: `&` und `+`. Mit `&` lassen sich (wie in Tabellen) Zeichenketten verknüpfen. `+` sollte als Verkettungsoperator möglichst nicht verwendet werden, um Verwechslungen mit dem Additionsoperator zu vermeiden.

Anweisungen und VBA-Funktionen

Der Ablauf eines VBA-Programms wird durch Anweisungen gesteuert. Die Deklarierung und Definition von Variablen, die Festlegung von Anfang und Ende einer Prozedur oder Funktion, die Konstruktion von Verzweigungen und Schleifen – dies alles wird über Anweisungen erledigt.

Neben den schon angesprochenen Funktionen, die Sie selbst programmieren können, bietet VBA noch eine große Zahl von integrierten Funktionen. Auch diese Funktionen dienen dazu, Werte zu liefern oder umzuwandeln. Ein Teil dieser Funktionen leistet Ähnliches wie die entsprechenden Tabellenfunktionen, etwa die mathematischen Funktionen: *Abs()*, *Cos()*, *Exp()*, *Log()* etc. Neben den mathematischen Funktionen gibt es integrierte Funktionen, die Datums- und Zeitwerte verarbeiten, Funktionen, die Zeichenketten manipulieren oder auswerten usw.

Abläufe mit Verzweigungen und Schleifen steuern

Wenn eine Funktion auf unterschiedliche Argumente unterschiedlich reagieren soll, sind Verzweigungen notwendig. Soll dagegen ein Arbeitsschritt in einer Prozedur in einer bestimmten Häufigkeit durchgeführt werden, sind Schleifen angebracht. VBA stellt hier verschiedene Kontrollstrukturen für solche Abläufe zur Verfügung:

If – Then

Eine häufige Aufgabe besteht darin, auf das Eintreten einer Situation zu reagieren. Diese Aufgabe lösen Sie in VBA im einfachsten Fall mit einer Wenn-dann-Struktur. Soll beispielsweise eine Funktion ein optionales Argument enthalten, kann mit einer solchen Verzweigung geregelt werden, was zu geschehen hat, wenn das Argument nicht angegeben wird, etwa die Zuordnung eines vorgegebenen Werts:

```
Function Woche(Optional d As Date)
  If d = 0 Then
    d = Date
  ...
End If
```

Derartige Strukturen können mit einem `Else`-Zweig erweitert werden. Hierfür wieder ein Beispiel aus einer Funktion, die weiter unten noch vorgestellt wird:

```
If d7 <= 31 Then
  Datum = CDate(CStr(d7) & ". 3. " & _
     CStr(Jahr))
Else
  Datum = DateValue(CStr(d7 - 31) _
    & ". 4. " & CStr(Jahr))
End If
```

Bei Bedarf können `If-Then`-Strukturen auch verschachtelt werden, allerdings kann dann auch schnell die Übersicht verloren gehen. Bei komplexen Verzweigungen sollten Sie deshalb prüfen, ob sich das Problem nicht mit der folgenden Struktur lösen lässt.

Select Case

Wenn die Verzweigung davon abhängt, welchen Wert ein Ausdruck annimmt, können Sie mit einer Struktur arbeiten, die für verschiedene Werte eines Ausdrucks unterschiedliche Reaktionen anbietet.

Beim folgenden Beispiel kann der Benutzer unterschiedliche Perioden für eine Berechnung auswählen. Die Funktion reagiert darauf mit einer `Select Case`-Verzweigung, die sehr übersichtlich ist:

```
Select Case periode
      Case "Jahre"
         fn = 1
      Case "Monate"
         fn = 1 / 12
      Case "Tage"
         fn = 1 / 360
End Select
```

While

Eine oft beim Programmieren auftretende Aufgabe besteht darin, dass ein Programmteil so lange ablaufen soll, bis eine bestimmte Bedingung eintritt. Das ist zum Beispiel der Fall, wenn Sie Benutzereingaben in eine Liste oder eine Feldvariable einlesen, bis der Benutzer den Vorgang beendet, oder wenn eine Operation so lange durchgeführt werden soll, bis ein bestimmter Kontrollwert erreicht ist.

```
While diff < 0
    versuch = nomrzins(m, erg, bab)
        diff = versuch - nz
    erg = erg + 0.1
Wend
```

Diese Schleife wird so lange durchlaufen, bis die Variable `diff` einen Wert `< 0` hat. Innerhalb der Schleife stehen alle Anweisungen, die für diesen Fall auszuführen sind.

Do – Loop

Besonders elegant lassen sich derartige Aufgaben mit einer ähnlichen, aber flexibleren Struktur lösen. Sie gestattet es, die Bedingung für die Schleife an den Anfang oder an das Ende der Schleife zu setzen (im vorangegangenen Beispiel muss die Bedingung am Anfang stehen). Außerdem können Sie innerhalb der Schleife noch Abbruchbedingungen formulieren. Das Beispiel könnte so umformuliert werden:

```
Do While diff < 0
    versuch = nomrzins(m, erg, bab)
        diff = versuch - nz
    erg = erg + 0.1
Loop
```

For – Next

Wenn der Fall auftritt, dass eine Anweisung oder eine Folge von Anweisungen in einer definierten Häufigkeit wiederholt werden soll, verwenden Sie eine `For-Next`-Schleife. Ein Beispiel hierfür ist das Einlesen der Blattnamen in ein Array:

```
anzahl = Sheets.Count
Dim bliste() As String
ReDim bliste(anzahl)
For i = 1 To anzahl
    bliste(i) = Sheets(i).Name
Next i
```

Zunächst wird die Anzahl der Blätter an die Variable `anzahl` übergeben. Damit kann das zunächst variabel definierte Array `bliste` redimensioniert werden. Die Schleife kann dann bis zur festgestellten Anzahl durchlaufen werden, um die Blattnamen in das Array zu schreiben.

26.2 Hinweise zur Entwicklungsumgebung

Excel 2013 bietet für die Programmentwicklung mit VBA ein separates Programm an, den *Visual-Basic-Editor*. Abbildung 26.4 zeigt die Oberfläche mit den drei Hauptfenstern: Projekt-Explorer ❶, Eigenschaftenfenster ❷ und Codefenster ❸.

Bei Bedarf werden weitere Fenster geöffnet. Dies erfolgt teilweise automatisch, wenn bestimmte Objekte ausgewählt werden, oder über die Befehle in dem Menü **Ansicht** bzw. die entsprechenden Symbole in der Symbolleiste. Auch in Excel 2013 verwendet die Programmierumgebung also noch eine *traditionelle* Benutzeroberfläche mit Menüs und frei platzierbaren Symbolleisten. Das Symbol **Hilfe** ❹ öffnet die Excel-2013-Entwicklerreferenz und bietet ausführliche Unterstützung für die VBA-Entwicklung.

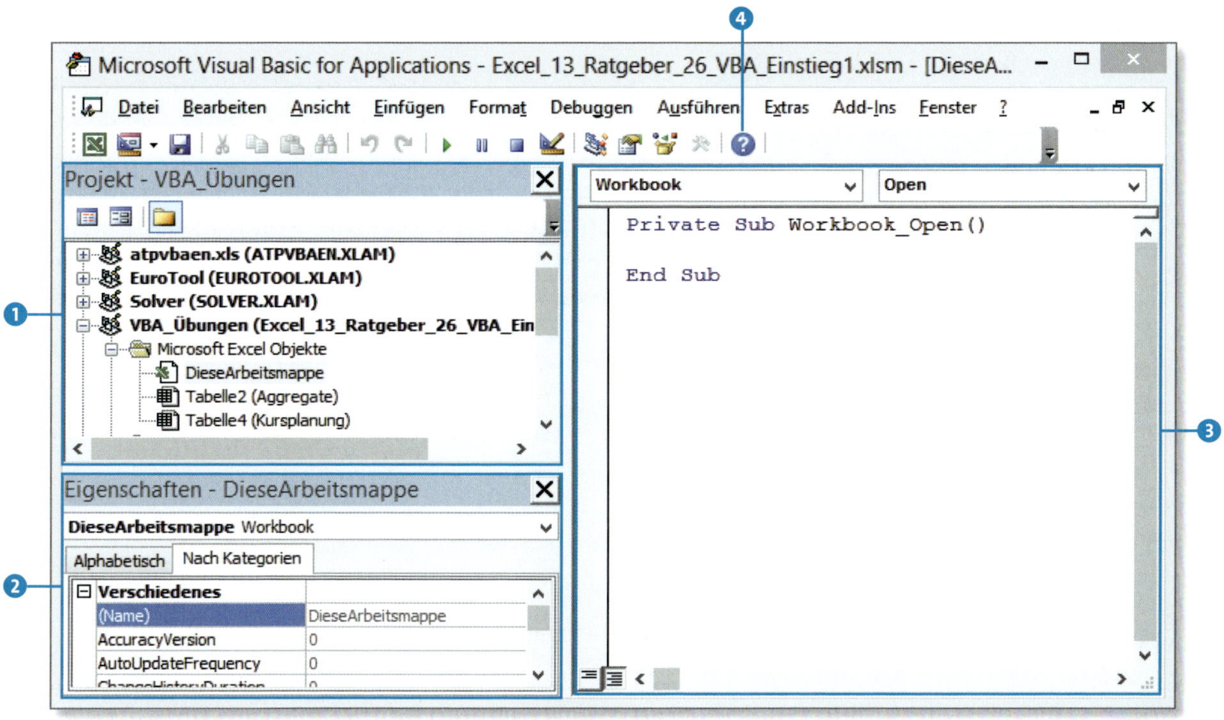

^ ***Abbildung 26.4*** *Der Visual-Basic-Editor mit den drei Hauptfenstern*

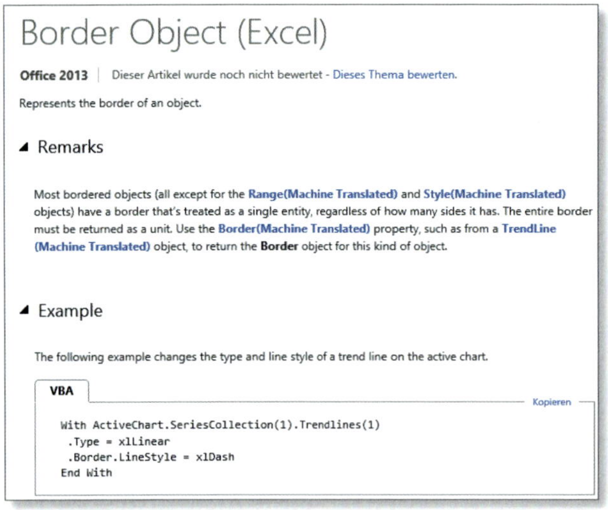

Border Object (Excel)

Office 2013 | Dieser Artikel wurde noch nicht bewertet - Dieses Thema bewerten.

Represents the border of an object.

Remarks

Most bordered objects (all except for the **Range(Machine Translated)** and **Style(Machine Translated)** objects) have a border that's treated as a single entity, regardless of how many sides it has. The entire border must be returned as a unit. Use the **Border(Machine Translated)** property, such as from a **TrendLine (Machine Translated)** object, to return the **Border** object for this kind of object.

Example

The following example changes the type and line style of a trend line on the active chart.

VBA Kopieren

```
With ActiveChart.SeriesCollection(1).Trendlines(1)
 .Type = xlLinear
 .Border.LineStyle = xlDash
End With
```

Abbildung 26.5 Auszug aus der Referenz für VBA

TIPP

Lieber öfter speichern
Ein Projekt samt den dazugehörenden Elementen wird automatisch gespeichert, wenn die Arbeitsmappe, zu der das Projekt gehört, gespeichert wird. Da Programmentwicklung eine Zeit verschlingende Angelegenheit sein kann, schadet es aber nichts, wenn Sie auch zwischendurch mal abspeichern, damit nicht durch ein Unglück wertvolle Arbeit verloren geht. Verwenden Sie dazu **Datei > ... Speichern** im Fenster des Editors oder [Strg] + [S].

Projekte über den Projekt-Explorer verwalten

Das Verwaltungszentrum für die Entwicklung Ihrer Projekte ist der Projekt-Explorer. Er zeigt die Dateien und Objekte eines Projektes an und erlaubt Ihnen, diese auszuwählen, das ausgewählte Objekt oder den dazugehörenden Programmcode anzuzeigen bzw. ein Fenster dafür neu zu öffnen. Das Projekt-Explorer-Fenster gibt Ihnen einen Überblick über den Entwicklungsstand Ihrer Projekte und gewährt Zugang zu allen Elementen der geöffneten Projekte.

Dabei wird dieselbe Baumstruktur wie im Windows-Explorer verwendet. Für jedes Projekt wird ein eigener Baum begonnen. Sie können also bequem an mehreren Projekten gleichzeitig arbeiten, ohne die Übersicht zu verlieren. Für jede geöffnete Arbeitsmappe in Excel wird ein Projekt angezeigt. Wenn Sie eine Arbeitsmappe schließen, wird auch der Projektbaum aus dem Projekt-Explorer entfernt. Auch für die geladenen Add-Ins wie etwa den Solver werden Einträge angezeigt, die aber mit einem Kennwort gegen Veränderungen geschützt sind.

Der Projektbaum ist in Unterordner gegliedert, die angezeigt werden, solange die Schaltfläche **Ordner wechseln** ❶ aktiviert ist. Der erste Ordner **Microsoft Excel Objekte** ❷ enthält die Objekte, die zusammen die Arbeitsmappe bilden. Diese Objekte können Sie mit Code verknüpfen, der auf Ereignisse reagiert, die das Objekt betreffen. Das erste Element ist die Arbeitsmappe als Ganzes. Auch die einzelnen Elemente der Arbeitsmappe werden mit eigenen Symbolen in der Baumstruktur angezeigt. Hinzu kommen im Lauf der Projektentwicklung meist benutzerdefinierte Formulare und Module mit Programmcode.

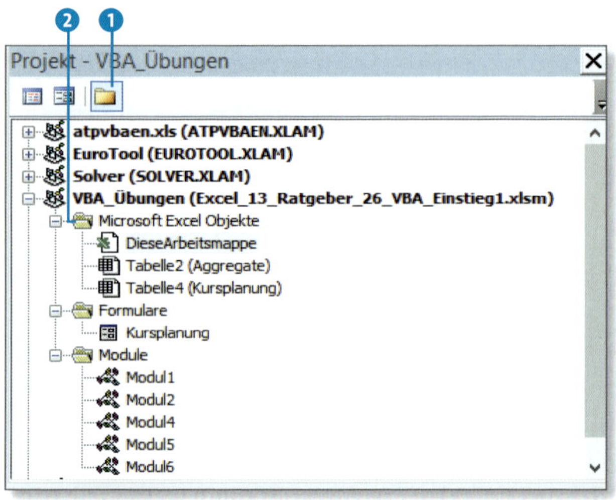

Abbildung 26.6 Elemente eines Projekts im Projekt-Explorer

Die entsprechenden Unterordner **Formulare** und **Module** werden erst angelegt, wenn Sie entsprechende Elemente einfügen. Wenn Sie Makros aufzeichnen, werden diese zunächst alle als Prozeduren in **Modul1** eingefügt. Falls Sie Makros später auf verschiedene Module verteilen, um sie beispielsweise nach bestimmten Merkmalen zu ordnen, hat das keinen Einfluss auf die Arbeitsweise der Makros.

Wenn Sie den vorgegebenen Projektnamen **VBA-Project** ändern wollen, benutzen Sie im Kontextmenü die Option **Eigenschaften von ...** und geben einen passenden Namen ein.

TIPP

Export – Import: Programmcode für mehrere Projekte
Um Formulare oder Programmcode für andere Projekte zur Verfügung zu stellen, können die Daten auch in separate Dateien gesichert werden. Mit **Datei > Datei exportieren** lassen sich für ausgewählte Formulare Dateien vom Typ *.frm*, für Basic-Code Dateien vom Typ *.bas* und für Klassen Dateien vom Typ *.cls* erzeugen.

Um diese Daten in andere Projekte zu übernehmen, verwenden Sie **Datei > Datei importieren**. Markieren Sie vorher im Projekt-Explorer die Stelle, an die die Datei einzufügen ist. Sollen dagegen bestehende Codezeilen an einer bestimmten Stelle eines Moduls übernommen werden, können Sie mit dem Befehl **Einfügen > Datei** arbeiten.

Fenster für Programmcode

Die Fenster für Programmcode haben alle unter der Titelleiste zwei Listenfelder. Links können Sie neben der Einstellung **(Allgemein)** das Objekt auswählen, falls der Code mit den Ereignissen eines Objekts verknüpft ist. Die rechte Liste führt Sie zu den einzelnen Prozeduren, die zu dem Modul gehören, oder mit **(Deklarationen)** zu den Deklarationen, die dem Modul vorgeschaltet sind.

Wenn Sie beispielsweise im Projekt-Explorer das Symbol für die Arbeitsmappe auswählen, öffnet ein Doppelklick, **Ansicht > Code** oder [F7] ein Modulfenster, in dem Sie im linken Listenfeld `Workbook` auswählen können, damit Ihnen im rechten Listenfeld Prozedur-Skelette für jedes Ereignis angeboten werden, das bei dem Objekt `Workbook` vorkommen kann.

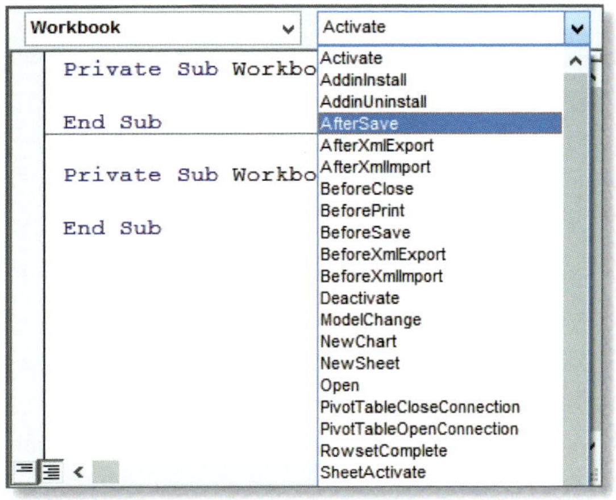

Abbildung 26.7 *Über das rechte Listenfeld wählen Sie Prozedur-Skelette für Ereignisse, die die gesamte Arbeitsmappe betreffen.*

Wenn Sie also festlegen wollen, was jedes Mal beim Öffnen des aktiven Dokuments automatisch geschehen soll – etwa die Wahl bestimmter Einstellungen, die nur diese Mappe betreffen –, tragen Sie die entsprechenden Befehle in die entsprechende Ereignisprozedur ein. Sie werden dann jedes Mal ausgeführt, wenn das Dokument geöffnet wird. Um beispielsweise die Gitternetzlinien rot einzufärben, reichen die folgenden Zeilen:

```
Private Sub Workbook_Open()
    ActiveWindow.GridlineColorIndex = 3
End Sub
```

Links unten in der Ecke des Modulfensters können Sie mit den beiden kleinen Schaltflächen wählen, ob gerade nur eine oder alle Prozeduren des Moduls nacheinander im Fenster angezeigt werden sollen. Im zweiten Fall werden die Prozeduren jeweils durch einen dünnen Strich voneinander getrennt.

Editieren im Modulfenster

Die Arbeitsweise in einem Modulfenster entspricht weitgehend der einer einfachen Textverarbeitung. Sie können Code schreiben, einfügen, kopieren etc. Zwei Unterschiede werden aber sofort sichtbar: Es erfolgt kein automatischer Zeilenumbruch bei längeren Zeilen; sobald Sie eine Zeile mit [↵] abschließen, ändert sich unter Umständen das typografische Erscheinungsbild dieser Zeile: Die Schriftfarbe kann sich ändern, möglicherweise werden auch einige Kleinbuchstaben in Großbuchstaben umgewandelt, Leerzeichen eingefügt; zuweilen wird auch eine Meldung eingeblendet. Das hängt damit zusammen, dass als Vorgabe eine automatische Syntaxprüfung eingeschaltet ist.

Angenehmerweise lässt sich das Modulfenster auch teilen, sodass Sie verschiedene Bereiche eines größeren Moduls überblicken. Dadurch lassen sich das Verschieben oder Kopieren von Programmcode, aber auch das Vergleichen von Prozeduren, das Kontrollieren der Variablendefinitionen usw. leichter bewerkstelligen.

Mit **Fenster > Teilen** wird das Modulfenster zunächst mittig waagerecht geteilt; die Teilungslinie können Sie nach oben oder unten ziehen.

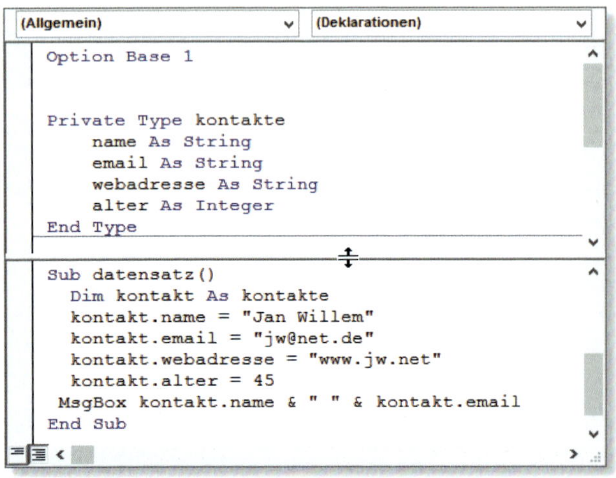

^ ***Abbildung 26.8*** *Modul in zwei Fenstern*

> **TIPP**
>
> **Lange Zeilen aufteilen**
> Da in VBA schnell recht lange Zeilen für einen Befehl entstehen können, ist es wichtig zu wissen, wie damit umgegangen wird. Es ist ziemlich unübersichtlich, wenn Teile eines Befehls im Fenster nicht sichtbar sind. Sie können eine Zeile auf mehrere Zeilen verteilen, wenn Sie jeweils ein Leerzeichen und einen Unterstrich an das Zeilenende setzen. Diese beiden Zeichen sorgen dafür, dass Excel die folgende Zeile noch zu dem Befehl rechnet.

Schriftformate als Programmierhilfe

Die typografische Gestaltung des Moduls können Sie frei wählen. Dies betrifft besonders die Farbgebung, mit der unterschiedliche Textelemente belegt werden. Aber auch der Schrifttyp und die Schriftgröße lassen sich bestimmen. Zugang zu diesen Möglichkeiten finden Sie im VBA-Fenster über **Extras > Optionen** auf dem Register **Editierformat**.

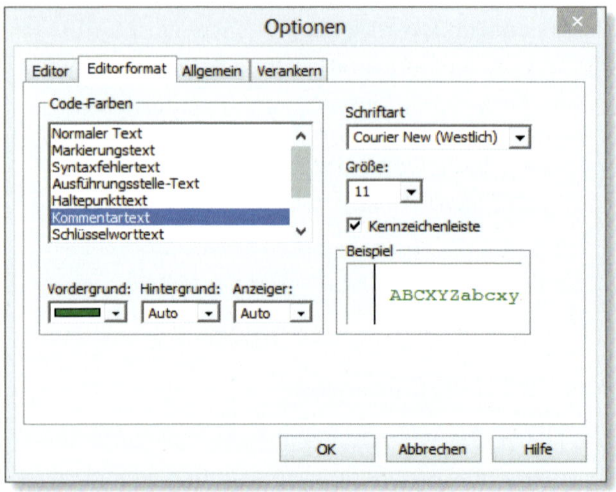

^ ***Abbildung 26.9*** *Dialogfeld für das Editierformat*

Optionen für die Codeeingabe

Weitere wichtige Optionen finden Sie unter dem Register **Editor**. Das obere Segment betrifft teilweise noch die typografische Darstellung. Sie können den automatischen Einzug an- oder abstellen. Der Effekt des automatischen Einzugs ist, dass durch Setzen von Tabulatoren am Anfang einer Zeile alle folgenden Zeilen entsprechend eingerückt sind. Die einzelnen Programmteile werden dadurch übersichtlicher. Die Tabulatorweite lässt sich separat einstellen; bei sehr verschachtelten Programmteilen ist die **Tab-Schrittweite** *2* eine günstige Einstellung, da die Zeilen sonst leicht zu weit nach rechts ausgerückt werden. Mit ⇧ + ⇥ lässt sich der Einzug rückgängig machen.

Wichtig ist die Voreinstellung für die **Variablendeklaration**. Mit der Entscheidung, dass Deklarationen erforderlich sind, wird die Möglichkeit abgeschnitten, Variablen ohne `Dim`-Anweisung einfach durch Wertfestlegung zu definieren, wenn sie gebraucht werden. Das dient sicher dem guten Programmierstil, macht das Programmieren aber etwas mühsamer. Denselben Effekt erreichen Sie mit der Anweisung `Option Explizit` am Anfang eines Moduls. Dann gilt diese Festlegung allerdings nur für das jeweilige Modul.

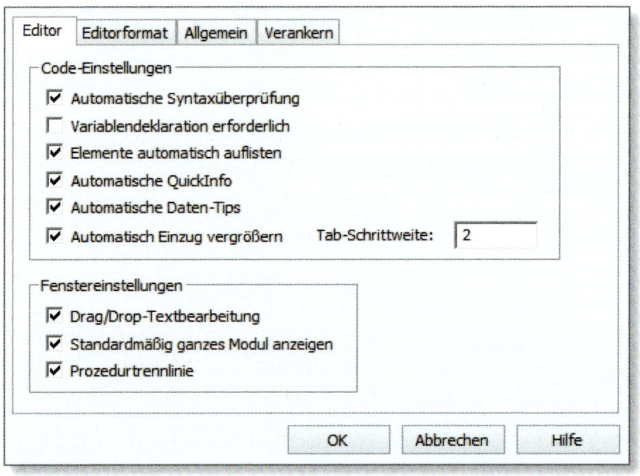

Abbildung 26.10 *Einstellungen für den VBA-Editor*

TIPP

Wenn die Syntaxprüfung lästig wird
Die **Automatische Syntaxüberprüfung** lässt sich abschalten. Das kann sinnvoll sein, wenn Sie z. B. am Anfang noch mit unvollständigen Codezeilen arbeiten oder sich Codestückchen aus verschiedenen Quellen zusammenkopieren wollen. So unterbinden Sie hinderliche Fehlermeldungen.

Fenster optimal anordnen

Nicht ganz unwichtig im Fenster des VBA-Editors ist ein geschickter Umgang mit den vielen Fenstern, die hier auftreten. Sie können die einzelnen Fenster frei auf der Arbeitsfläche verschieben. Als Hilfe bietet Excel an, die Fenster wahlweise an bestimmten Seiten des Gesamtfensters zu verankern. Das ist meist sinnvoll, weil sonst leicht ein ziemlicher Wirrwarr entsteht, wenn viele Fenster geöffnet sind. Welche Fenster verankerbar sein sollen, lässt sich auf der Registerkarte **Verankern** im **Optionen**-Dialogfeld festlegen.

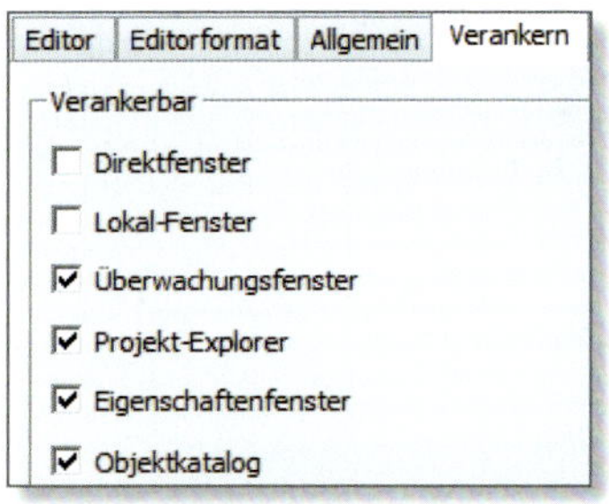

Abbildung 26.11 *Fenster, die verankert werden können*

Schieben Sie die einzelnen Fenster mit der Titelleiste an den gewünschten Fensterrand. Durch Ziehen an den Rahmen zwischen den Fenstern lässt sich die Raumaufteilung bei Bedarf beliebig verändern, wobei die anderen Fenster automatisch angepasst werden. Mit dem **Schließen**-Feld lassen sich einzelne Fenster notfalls ausblenden, wobei die übrigen Fenster sich den frei gewordenen Platz nehmen.

Editierhilfen nutzen

Der VBA-Editor prüft die Syntax von eingegebenen Programmzeilen sofort bei der Eingabe, solange Sie diese Verhaltensweise nicht auf dem Register **Editor** im Dialog **Optionen** abschalten. Wenn Sie beispielsweise ein Komma zwischen zwei Argumenten oder eine schließende Klammer vergessen, erhalten Sie einen entsprechenden Fehlerhinweis.

TIPP

Kleinbuchstaben bei der Eingabe
Da reservierte Schlüsselwörter in VBA immer mit einem Großbuchstaben anfangen, sollten Sie die Schlüsselwörter möglichst ganz in Kleinbuchstaben eingeben. Erscheint ein Wort dann nach Beendigung der Zeile mit ↵ nicht mit einem Großbuchstaben am Anfang, haben Sie vielleicht einen Tippfehler eingebaut oder ein falsches Wort verwendet.

Für die Arbeit in einem Modulfenster bietet VBA komfortable Erleichterungen an. Die Symbolleiste **Bearbeiten** enthält dafür eine Reihe von Symbolen. Sie kann eingeblendet werden, wenn Sie eine Symbolleiste mit der rechten Maustaste anklicken oder sie über **Ansicht > Symbolleisten** auswählen.

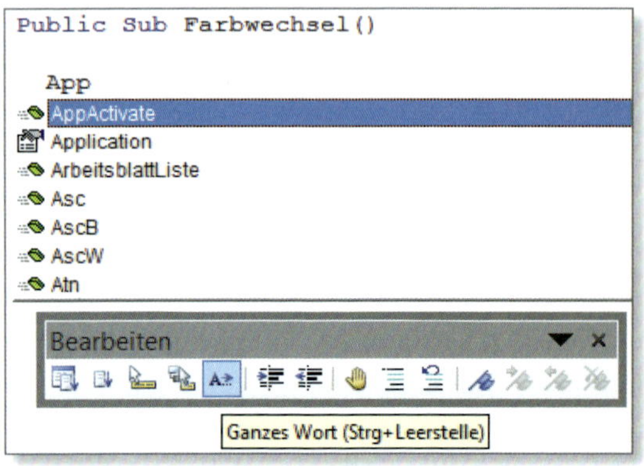

Abbildung 26.12 Die Symbolleiste »Bearbeiten« und das Symbol »Ganzes Wort«

Sind genügend Zeichen eingegeben, sodass ein Wort eindeutig zu identifizieren ist, kann VBA das Wort automatisch ergänzen. Wenn Sie beispielsweise `App` eintippen und dann das Symbol **Ganzes Wort** benutzen, erscheint eine kleine Liste mit den möglichen Wörtern. Mit ⇥ kann das ausgewählte Wort übernommen werden.

Auswahl von Eigenschaften und Methoden

Wenn Sie den Namen eines Objekts eingeben, erscheint nach der Eingabe des folgenden Punkts eine Auflistung der für dieses Objekt möglichen Methoden und Eigenschaften. Wird ein weiterer Buchstabe eingetippt, werden nur noch die Eigenschaften und Methoden angezeigt, die mit diesem Buchstaben beginnen.

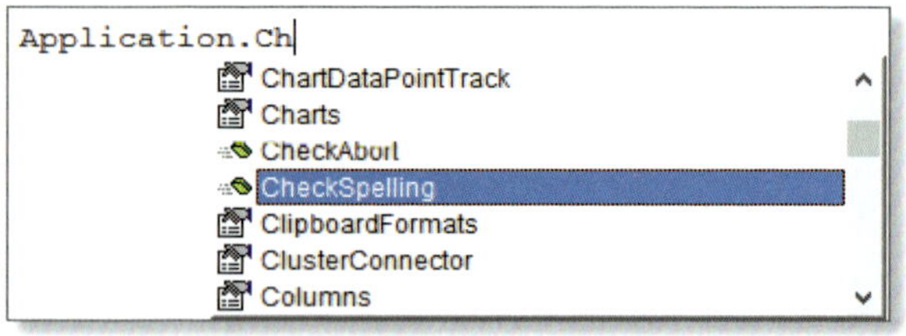

Abbildung 26.13 Auflistung der Methoden und Eigenschaften eines Objekts

Eigenschaften werden durch das Symbol mit der Hand, Methoden durch das fliegende grüne Päckchen gekennzeichnet. Der gewählte Eintrag kann direkt aus dieser Liste per ⇥ übernommen werden.

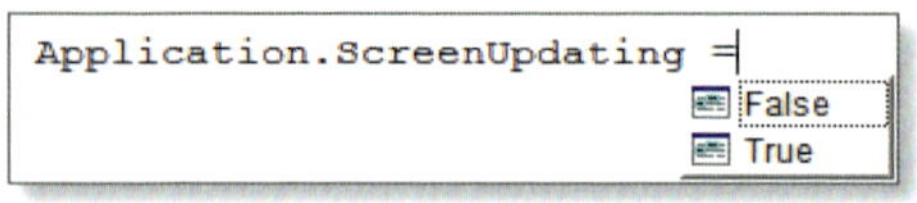

Abbildung 26.14 Mögliche Konstanten zu einer Eigenschaft

Soll eine Eigenschaft für ein Objekt bestimmt werden, erhalten Sie nach dem Gleichheitszeichen die möglichen Konstanten angeboten.

QuickInfo

Sehr praktisch sind auch die QuickInfos zur Syntax von Funktionen, Methoden oder Prozeduren. Wird beispielsweise eine Methode eingegeben, erscheint nach der Eingabe der nächsten Leerstelle oder einer öffnenden Klammer eine Kurzreferenz zu dieser Methode mit den notwendigen und möglichen Argumenten direkt unter der Einfügestelle.

```
Application.AddCustomList (
                  AddCustomList(ListArray, [ByRow])
```

Abbildung 26.15 *QuickInfo zu einer Methode*

Lesezeichen und Haltepunkte

Um schnell kritische Stellen im Programmcode zu erreichen, lassen sich in der linken Randleiste des Modulfensters Lesezeichen einfügen. Sie setzen die Einfügestelle in die betreffende Zeile und benutzen das Fähnchen-Symbol **Lesezeichen setzen/zurücksetzen** ❶ in der Symbolleiste **Bearbeiten**. Dasselbe Symbol wird auch zum Löschen einzelner Lesezeichen benutzt. Mit den beiden anderen Fähnchen-Symbolen können Sie zu einem Lesezeichen vor- oder zurückspringen.

Um einen Haltepunkt für den Programmtest zu setzen oder zu löschen, benutzen Sie auf der Höhe der entsprechenden Zeile das Handsymbol **Haltepunkt ein/aus** oder [F9] ❷.

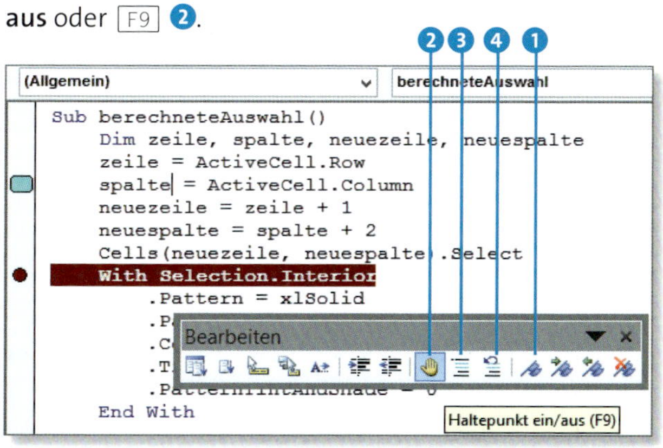

Abbildung 26.16 *Lesezeichen und Haltepunkt in der Randleiste*

Ganz praktisch sind auch die beiden Kommentarsymbole. Das eine verwandelt alle gerade markierten Zeilen in einen Kommentar ❸, das andere verwandelt die Kommentare wieder in Programmcode ❹. Auf diese Weise können Sie bestimmte Teile des Codes vorübergehend aus dem Programmtest herausnehmen.

```
    Do While i <= anzahl
        Cells(r + 2, s).Hyperlinks.Add _
        Anchor:=Cells(r + 2, s), _
        Address:="", _
        SubAddress:=Sheets(i).Name & "!A1", _
        TextToDisplay:=Sheets(i).Name
        i = i + 1
        r = r + 1
'       If r > 25 Then
'           r = 2
'           s = s + 1
'       End If
    Loop
```

Abbildung 26.17 *Auskommentierter Prozedurteil*

Mit dem Objektkatalog arbeiten

Sie müssen Ihr Gedächtnis nicht malträtieren, um sich bei der Fülle der Objekte, die Excel bereitstellt, deren zahllose Methoden und Eigenschaften zu merken. Für Hilfe sorgt hier der Objektkatalog. Das Symbol **Objektkatalog** in der voreingestellten Symbolleiste oder [F2] öffnen den Katalog. Das Fenster kann während der ganzen Arbeit ständig geöffnet bleiben, muss also nicht jedes Mal neu geöffnet werden.

Was der Objektkatalog anzeigt, hängt von der Auswahl ab, die Sie im ersten Listenfeld treffen. Wählen Sie ein Projekt aus, werden in der linken Hälfte des Fensters die Objekte der Arbeitsmappe, die Tabellenblätter, Diagrammblätter etc. und die Module aufgelistet. Ist dann links ein Modul ausgewählt, erscheinen rechts die einzelnen Prozeduren, die dazugehören. Der Befehl **Ansicht > Code**, die Taste [F7] oder ein Doppelklick oder -tipp öffnen das Modulfenster dieser Prozedur.

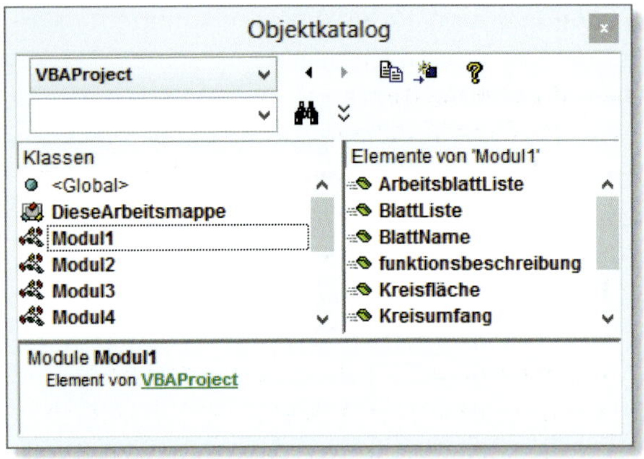

Abbildung 26.18 *Liste der Elemente zu einem Modul*

Wird im ersten Listenfeld der Name einer Objektbibliothek, z. B. `Excel` oder `MSForms`, ausgewählt, erscheinen in der linken Hälfte unter **Klassen** alle Objekte, die zu dieser Bibliothek gehören. Wenn Sie nun dort ein bestimmtes Objekt markieren, erscheinen in der rechten Fensterhälfte die zu diesem Objekt gehörenden Eigenschaften, Methoden und eventuelle Ereignisse.

Das Symbol mit dem Fragezeichen liefert nähere Informationen und häufig auch brauchbare Codebeispiele, die Sie sich in die eigene Prozedur kopieren können. Außerdem wird die Objekthierarchie in Form von Links angezeigt. Jeder Link wählt das entsprechende Objekt oder die Bibliothek in der linken Fensterhälfte aus.

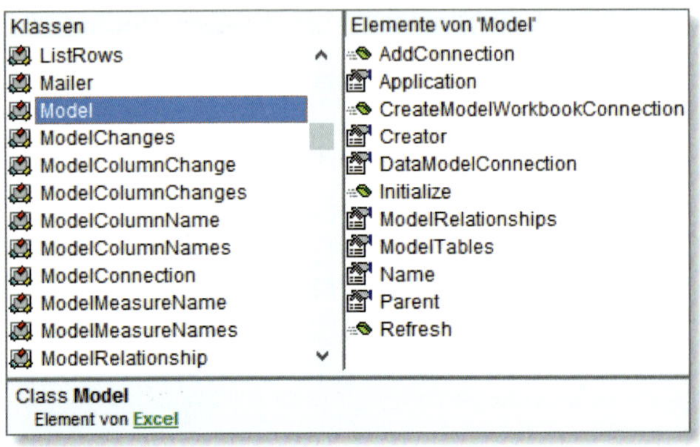

Abbildung 26.19 *Methoden und Eigenschaften des neuen Objekts »Model«*

Der Objektkatalog ist aber nicht nur zum Nachschauen da, er kann auch direkt als Eingabehilfe benutzt werden. Ist z. B. die Methode `PrintOut` für das Objekt `Chart` ausgewählt, brauchen Sie nur das Kopiersymbol und im Modulfenster **Einfügen** zu benutzen, um den Code dorthin zu übernehmen.

Elemente suchen

In das zweite Listenfeld unter der Titelleiste kann ein Suchtext eingegeben werden, etwa der Name eines Objekts, einer Methode oder Eigenschaft. Das Symbol mit dem Feldstecher startet die Suche. Das Ergebnis wird unter **Suchergebnisse** angezeigt.

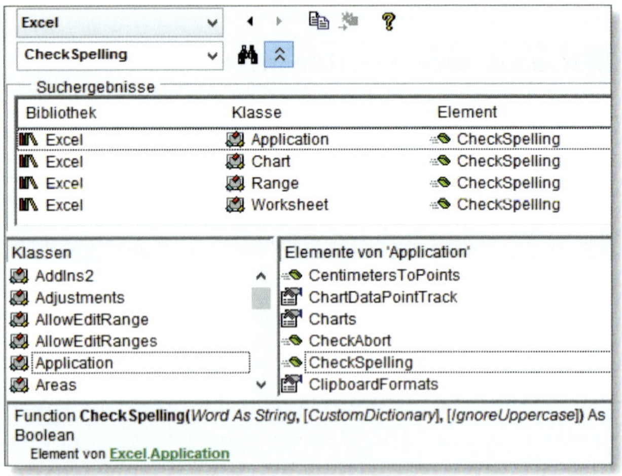

Abbildung 26.20 *Die Objekte, auf die die Methode »CheckSpelling« (Rechtschreibprüfung) angewendet werden kann*

Weitere Objektbibliotheken einbeziehen

Bei bestimmten Projekten werden Sie vielleicht zu den vorhandenen Objektbibliotheken noch weitere hinzuziehen wollen, um die darin definierten Objekte verwenden zu können. Dies ist möglich, wenn ein Verweis auf eine solche Bibliothek hergestellt wird.

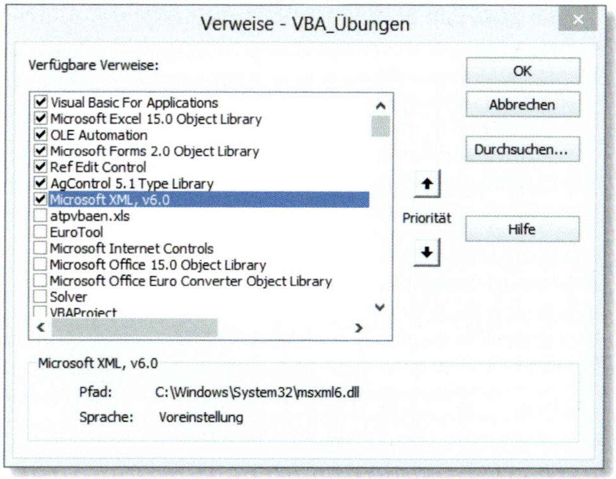

Abbildung 26.21 Verweis auf den XML-Parser

Wählen Sie dazu im Fenster des VBA-Editors den Befehl **Extras > Verweise**. Haken Sie die Objektbibliothek ab, auf die ein Verweis hergestellt werden soll, etwa den XML-Parser v6.0. Mit den Prioritätsschaltflächen können Sie regeln, wo VBA zuerst nach Verweisen sucht. Wird eine Bibliothek nicht mit aufgelistet, können Sie die Datei über **Suchen** aufspüren.

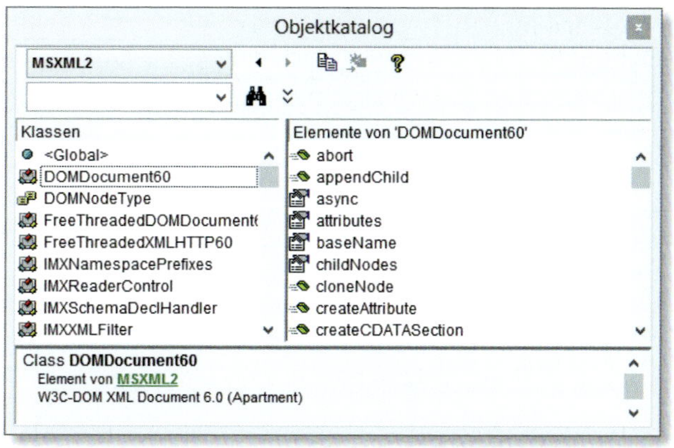

Abbildung 26.22 Die integrierten Objekte des XML-Parsers

Ist ein Verweis erstellt, werden die Objekte dieser Bibliothek im Objektkatalog angezeigt.

TIPP

Vorsicht bei Verweisen
Verweise gelten immer nur für das einzelne Projekt, für das sie erstellt worden sind. Wenn Sie Makroanwendungen an andere Stellen weitergeben, müssen Sie beachten, dass Bibliotheken, auf die Sie beispielsweise in einer Arbeitsmappe verweisen, auf dem anderen Rechner ebenfalls installiert sein müssen, damit die Makros auch dort korrekt ablaufen. Ansonsten erhält der andere Nutzer eine Fehlermeldung, dass die betreffende Bibliothek nicht vorhanden ist.

Fenster für den Formularentwurf

Bei den meisten VBA-Anwendungen werden dem Benutzer ein oder mehrere Formulare angeboten, über die er Informationen mit der Anwendung austauscht. Für den Entwurf dieser Formulare stehen Entwurfsfenster mit den zugehörigen Werkzeugleisten zur Verfügung. Um mit dem Entwurf eines Formulars zu beginnen, wählen Sie den Befehl **Einfügen > UserForm**.

Die Gestaltung des Formulars besteht im Wesentlichen darin, aus der gleichzeitig eingeblendeten Toolsammlung die gewünschten Steuerelemente auszuwählen, ihre Position und Größe im Formular festzulegen und die Eigenschaften des Steuerelements zu bestimmen.

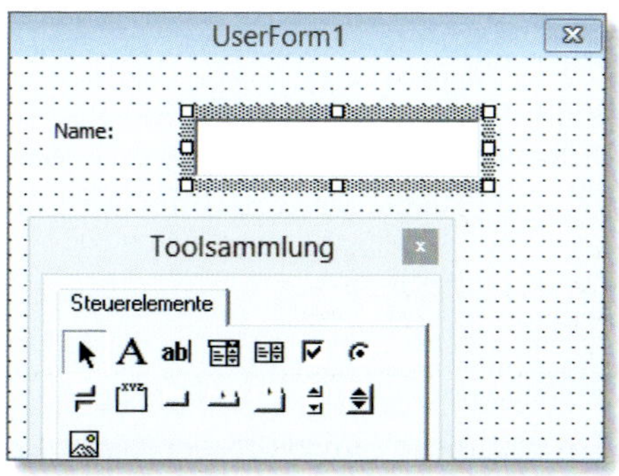

Abbildung 26.23 Aufziehen eines Textfelds im Formularentwurf

Eigenschaftenfenster

Jedes Steuerelement hat bestimmte Eigenschaften, die Sie abfragen oder festlegen können. Ist ein Steuerelement im Formular ausgewählt, blenden Sie mit dem Symbol **Eigenschaftenfenster** oder mit [F4] das Fenster mit den dazugehörigen Eigenschaften ein.

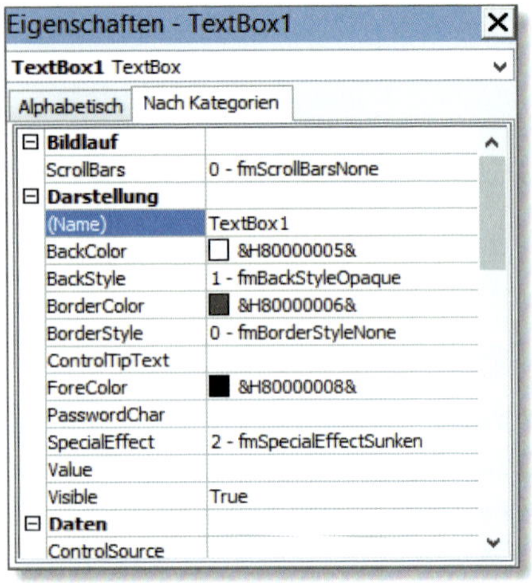

Abbildung 26.24 *Eigenschaftenfenster für das ausgewählte Textfeld*

Auf der Registerkarte **Alphabetisch** erscheinen die Eigenschaften in alphabetischer Reihenfolge, auf der Registerkarte **Nach Kategorien** sind sie nach bestimmten sachlichen Kriterien geordnet, wie beispielsweise **Bildlauf**, **Daten**, **Darstellung**, **Position** oder **Verhalten**. Links wird die Eigenschaft aufgelistet, rechts der aktuelle Wert.

Ist eine Eigenschaft markiert, erscheinen in vielen Fällen kleine Schaltflächen, die Werte zur Auswahl anbieten. Ansonsten können Sie den gewünschten Wert direkt eintragen.

Programme testen

Programmcode in VBA muss kompiliert werden, bevor er verwendet werden kann. Wenn Sie ein Makro mit **Ausführen > Sub/UserForm ausführen** oder [F5] starten, geschieht dies normalerweise automatisch. Oft ist es aber sinnvoll, Programmcode schon vorher zu kompilieren, um Fehler aufzuspüren, die erst der Compiler finden kann.

Wählen Sie **Debuggen > Kompilieren von ...**, um die Kompilierung anzustoßen. Findet der Compiler einen Fehler, wird er im Code markiert und eine entsprechende Fehlermeldung ausgegeben. Die Schaltfläche **Hilfe** bringt nähere Erläuterungen, wenn es möglich ist.

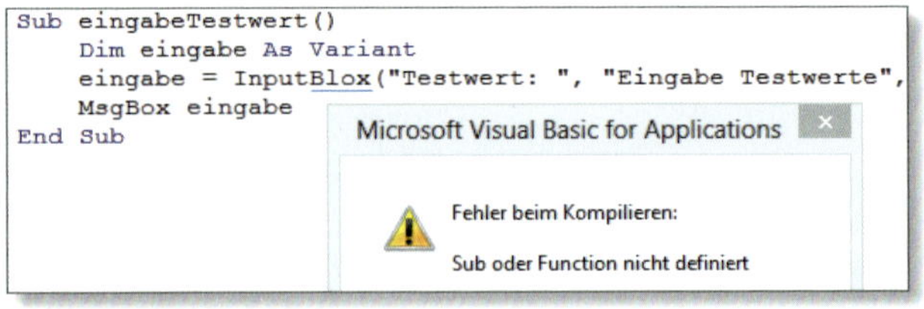

Abbildung 26.25 *Markierter Fehler beim Kompilieren*

Für den Test eines Programms stehen Ihnen die Symbole in der Symbolleiste **Debuggen** zur Verfügung.

Abbildung 26.26 *Die Symbolleiste »Debuggen«*

Die gleichen Optionen finden Sie auch in dem Menü **Debuggen**, das Ihnen auch noch eine Reihe von Funktionstasten und Tastenkombinationen anzeigt.

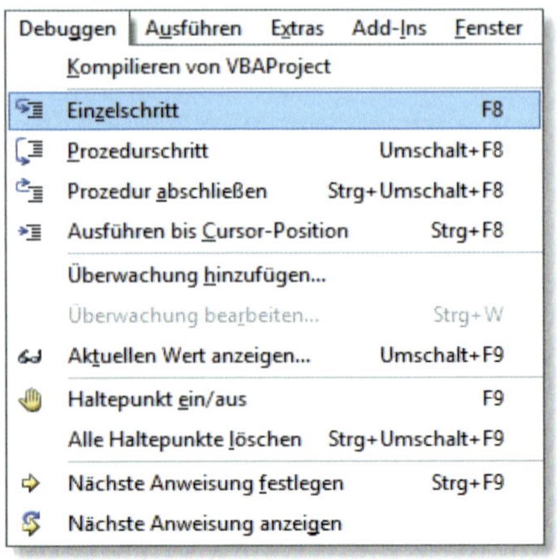

Abbildung 26.27 *Die Optionen in dem Menü »Debuggen« mit den Hinweisen auf die entsprechenden Tastenfunktionen*

Häufig ist es hilfreich, das Programm im Einzelschritt durchzugehen. Sie können dabei folgendermaßen vorgehen.

1. Zeigen Sie den Code der Prozedur, die Sie testen wollen, im Modulfenster an.
2. Benutzen Sie auf das **Einzelschritt** ❶ oder [F8].
3. Die erste Zeile der Prozedur wird farbig markiert. Die Ausführung wird angehalten, das Programm befindet sich in diesem Moment im Haltemodus.
4. Wiederholen Sie Schritt 2, um die markierte Zeile auszuführen. Gelingt dies, markiert Excel die nächste Zeile. Kommentare werden übersprungen.
5. Wiederholen Sie Schritt 2, bis das Ende der Prozedur erreicht ist. Der Debug-Modus wird dann automatisch beendet.

Wenn Ihr Bildschirm breit genug ist, sollten Sie beim Testen das Fenster mit der Arbeitsmappe und das Fenster mit dem Modul nebeneinander anordnen. Dann können Sie auf dem Tabellenblatt Schritt für Schritt beobachten, was eine Zeile Code dort bewirkt, wie es Abbildung 26.28 zeigt.

Wenn Sie sich in einer Anwendung, die aus mehreren Prozeduren besteht, im Haltemodus befinden, können Sie statt weiterer Einzelschritte mit der Schaltfläche **Prozedurschritt** ❷ auch gleich eine Unterprozedur in einem Schritt durchlaufen lassen oder mit **Prozedur abschließen** ❸ die aktuelle Prozedur bis zum Ende ausführen.

Haben Sie vor dem Test Haltepunkte definiert, können Sie das Programm auch mit **Sub/UserForm ausführen** ❹ oder [F5] bis zum ersten Haltepunkt ausführen, etwa um dort bestimmte Werte abzufragen.

Falls Sie einen Test vorzeitig abbrechen wollen, weil Sie genug gesehen haben oder das Programm auf einen Fehler gestoßen ist, klicken Sie am besten auf das Symbol **Zurücksetzen** ❺. Das entspricht dem Befehl **Ausführen > Zurücksetzen**.

Läuft der schrittweise Test auf einen Fehler, erhalten Sie einen Dialog wie den folgenden:

Abbildung 26.29 Fehlermeldung beim schrittweisen Testen

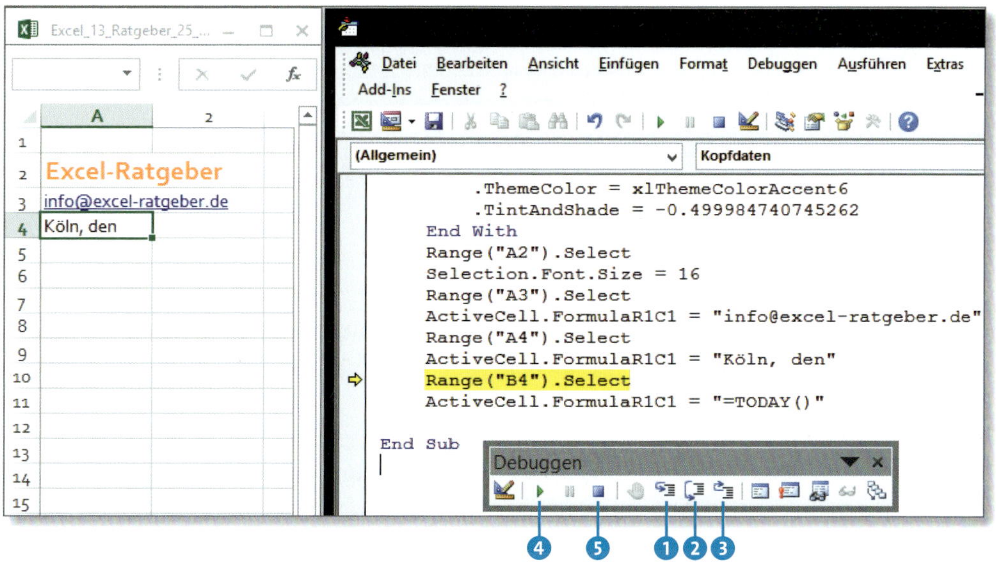

Abbildung 26.28 Mit dem Einzelschritttest können Sie den gesamten Prozedurablauf genau verfolgen.

Mit der Schaltfläche **Debuggen** gelangen Sie an die Zeile, die den Fehler ausgelöst hat. **Hilfe** gibt Hinweise zu der Art des Fehlers. **Beenden** bricht den Test ab.

Als weitere Testwerkzeuge bietet der VBA-Editor noch drei spezielle Fenster, die ebenfalls über die Symbolleiste **Debuggen** oder über das Menü **Ansicht** geöffnet werden können: **Lokalfenster**, **Überwachungsfenster** und **Direktfenster**.

Werte überwachen

Im Überwachungsfenster können Sie verfolgen, welche Werte bestimmte Variablen annehmen, die Sie vorher der Überwachung unterstellt haben. Dies geschieht am einfachsten dadurch, dass Sie in der Prozedur den Namen der Variablen oder den Ausdruck, den Sie überwachen wollen, markieren. Bei markierten Namen genügt es, wenn Sie dazu aus dem Kontextmenü den Befehl **Überwachung hinzufügen** verwenden.

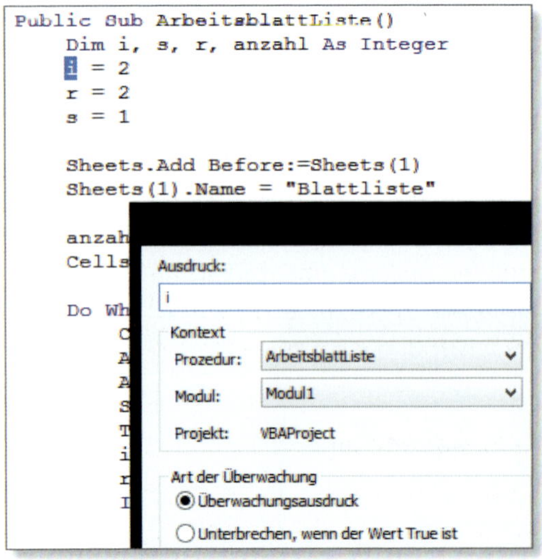

Abbildung 26.30 *Der markierte Ausdruck wird im Dialogfeld »Überwachung hinzufügen« in das Feld »Ausdruck« übernommen.*

Der Editor öffnet ein Dialogfeld, in dem der Name der Variablen oder der Ausdruck noch mal zur Kontrolle angezeigt wird. Unter **Art der Überwachung** können Sie noch wählen, in welcher Weise die Überwachung vorgenommen werden soll. Die Option **Überwachungsausdruck** heißt, der Wert der Variablen oder des Ausdrucks wird nur angezeigt. Bei den beiden anderen Optionen wird die Ausführung des Programmtests unterbrochen, wenn der Ausdruck den Wert **True** annimmt oder wenn er geändert wurde. Wenn Sie dies bestätigen, wird das Überwachungsfenster geöffnet und der eingetragene Überwachungsausdruck fortlaufend mit seinem augenblicklichen Wert angezeigt.

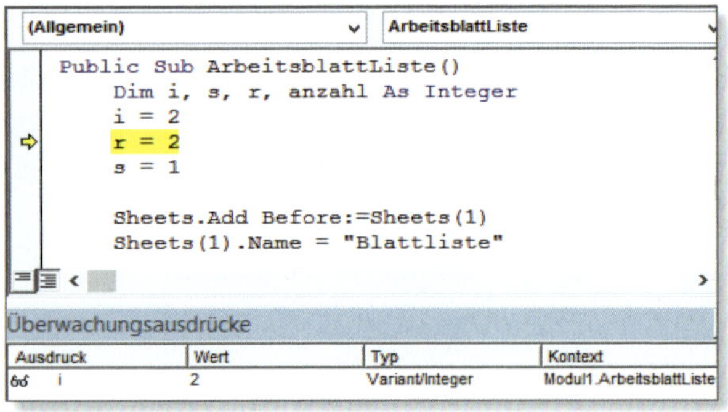

Abbildung 26.31 *Überwachungsausdruck im Überwachungsfenster*

Lokalfenster für Testwerte

Soll für den Test probeweise ein anderer Wert für eine Variable ausprobiert werden, können Sie über **Ansicht > Lokalfenster** das Fenster für lokale Ausdrücke einblenden. Wenn Sie dort einen der angezeigten Werte überschreiben, arbeitet die Prozedur mit diesem Wert, wenn Sie z. B. mit **Debuggen > Einzelschritt** oder F8 im Programmtest fortfahren.

Abbildung 26.32 *Geänderter Wert im Fenster »Lokal«*

Variablen oder Ausdrücke können beim schrittweisen Test einer Prozedur auch unmittelbar im Modulfenster geprüft werden, wenn der Mauszeiger direkt auf den Variablennamen oder Ausdruck gesetzt wird. Ist der Variablen durch den Programmverlauf bereits ein Wert zugewiesen worden, wird er unter der Zeile angezeigt.

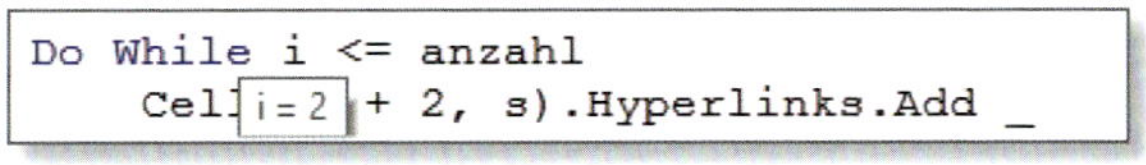

Abbildung 26.33 *Wertanzeige für eine markierte Variable*

Abfragen im Direktfenster

Im Direktfenster kann außerdem mit den Befehlen `Print` und `MsgBox` gezielt der Wert von Variablen oder das Ergebnis von Funktionen abgefragt werden.

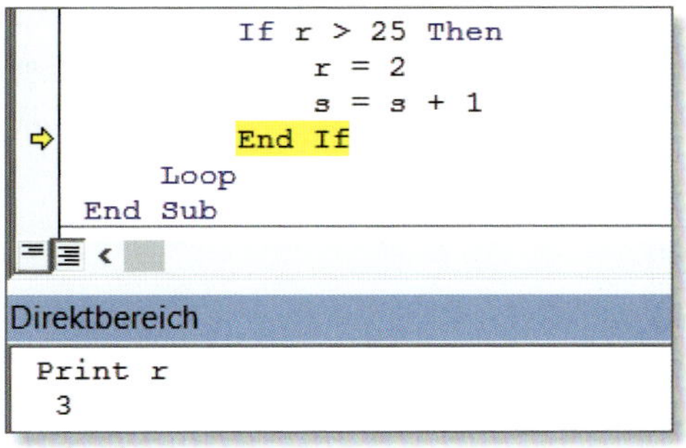

Abbildung 26.34 *Die Anweisung »Print« zeigt im Direktbereich sofort den aktuellen Wert der Variablen an.*

TIPP

Wechsel zwischen VBA- und Anwendungsfenster
Für den schnellen Wechsel ins VBA-Editor-Fenster und zurück können Sie die Tastenkombination `Alt` + `F11` verwenden. Da der VBA-Editor auch über eine eigene Schaltfläche in der Taskleiste verfügt, können Sie auch über diese Schaltfläche schnell hin- und herschalten.

Ausdruck von Code und Formularen

Um die Programmierarbeit zu dokumentieren, ist es in der Regel sinnvoll, den Programmcode und die Formulare auch einmal auszudrucken. Das ist über den Befehl **Datei > Drucken** möglich. Im Dialogfeld können Sie wählen, ob der Druckbefehl für ausgewählte Bereiche, für das aktuelle Modul oder für das ganze Projekt gelten soll. Ist ein Formular ausgewählt, können Sie auch den Formularentwurf und den Code zum Formular ausdrucken.

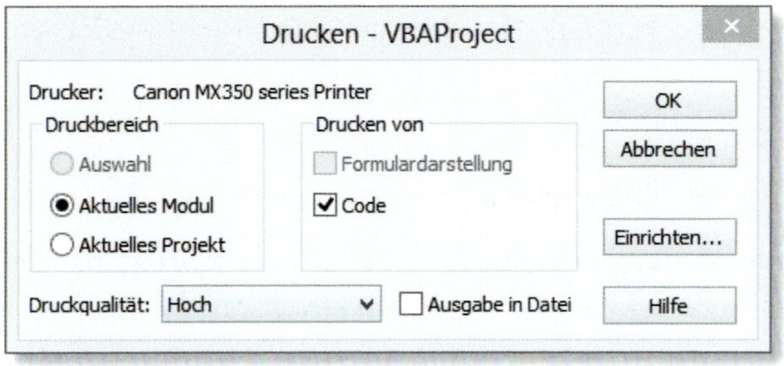

Abbildung 26.35 *Dialogfeld für den Druck in einem VBA-Projekt*

26.3 Ein- und Ausgabe von Daten

Ein zentraler Bereich der Programmierung ist die Gestaltung der Interaktion zwischen einem Programm und denen, die es benutzen. Diese Interaktion findet auf zwei Ebenen statt. Zum einen gibt es den direkten Dialog Programm – Benutzer, bei dem der Benutzer Werte eingibt oder Ereignisse (z. B. Mausklicks) verursacht, auf die das Programm reagiert. Zum anderen können Sie das Programm dazu veranlassen, aus Tabellen zu lesen und in Tabellen zu schreiben.

Einfacher Eingabedialog

Die einfachste Form, in einem Programm Benutzereingaben vorzunehmen, ist das Eingabedialogfeld. Hier handelt es sich um ein Standarddialogfeld, das Sie mit der Funktion `InputBox()` aufrufen. Das ausgabeseitige Äquivalent ist der Meldungsdialog. Dafür benutzen Sie die Funktion `MsgBox()`. Für Programme, die nur wenig Eingabe erfordern, ist das Eingabedialogfeld sehr praktisch; bei komplexeren Eingaben sollten Sie lieber die in Abschnitt 26.4, »Formulare entwerfen«, ab Seite 848 besprochenen Formulare verwenden.

Das Dialogfeld ist schon mit den Schaltflächen **OK** und **Abbrechen** ausgestattet. Wird **OK** angeklickt, liefert das Dialogfeld die Eingabe als Ergebnis an eine Variable. In der einfachsten Version kommt die Funktion `InputBox()` mit einem einzigen Argument aus, etwa

```
InputBox("Betrag")
```

Durch zusätzliche Argumente können Sie die Gestaltung des Dialogfelds modifizieren: eine Eingabeaufforderung, ein eigener Fenstertitel, eine Vorgabe, die verwendet wird, wenn nichts eingetragen wird, x/y-Werte, die den Dialog positionieren, eine Angabe über eine Hilfedatei und eine Hilfekontextkennung.

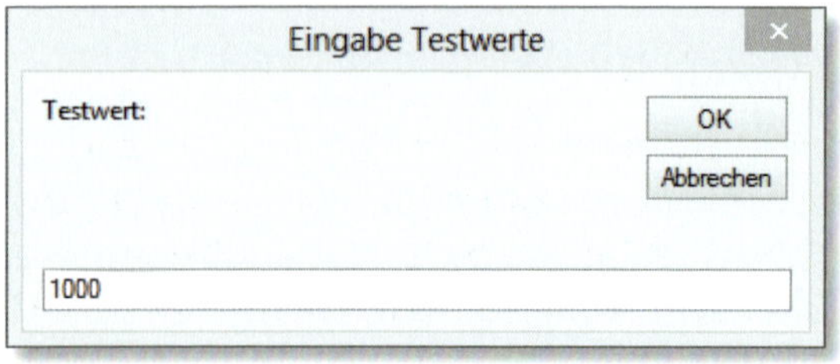

Abbildung 26.36 *Beispiel für ein einfaches Eingabefenster*

Der Code für diesen Dialog sieht so aus:

```
Sub eingabeTestwert()
    Dim eingabe As Variant
    eingabe = InputBox("Testwert: ", _
     "Eingabe Testwerte", "1000", 200, 150)
    MsgBox eingabe
End Sub
```

Listing 26.3 *Einfache Werteingabe*

Das Wesentliche am Eingabefenster ist natürlich die Übernahme des eingegebenen Werts in eine Variable. Dabei gibt der Dialog sein Ergebnis immer als Zeichenfolge zurück. Wenn Sie mehr Kontrolle über den Datentyp haben wollen, benutzen Sie anstelle der Funktion `InputBox()` besser die gleichnamige Methode `InputBox`, die eine direkte Methode des Objekts `Application` ist.

Diese Methode verwendet nach den Argumenten, die auch bei der Funktion `InputBox()` möglich sind, noch das zusätzliche Argument `Type`, womit der Datentyp des Ergebnisses festgelegt wird. Zum Beispiel verlangt `Type:=1` eine Zahl, 2 einen Text und 8 einen Zellbezug. Sie können auch Kombinationen verwenden.

```
zt = InputBox(Prompt:= "Bitte Zahlen _
   oder Text:",Type:=3)
```

erlaubt beispielsweise die Eingabe von Zahlen oder Texten.

Meldungsdialoge

Das Gegenstück zum Eingabedialog ist, wie schon erwähnt, der Meldungsdialog. Den Text, der ausgegeben werden soll, können Sie entweder direkt als Zeichenfolge in Anführungszeichen angeben oder als Variable.

```
Sub melden()
    Dim meldung As String
   meldung = "Immer noch Regen im August
   2011"
    MsgBox "Unerfreulich: "
    MsgBox meldung
End Sub
```

Listing 26.4 *Einfache Wertausgabe*

Nur auf den ersten Blick ist das Meldungsfenster ein reines Ausgabemedium. Durch zusätzliche Argumente lässt es sich so gestalten, dass die Reaktion des Benutzers im weiteren Verlauf des Programms berücksichtigt werden kann, wobei sich die Benutzerreaktion allerdings auf das Benutzen von Schaltflächen beschränkt.

Um auszuwählen, mit welchen Schaltflächen das Meldungsfenster zu versehen ist, wird gleich nach dem Meldungstext als Argument eine Kennziffer eingefügt: 0 (**OK**); 1 (**OK** und **Abbrechen**); 2 (**Abbruch**, **Wiederholen** und **Ignorieren**); 3 (**Ja**, **Nein** und **Abbrechen**); 4 (**Ja** und **Nein**); 5 (**Wiederholen** und **Abbrechen**).

Zu den Ziffern für die Schaltflächen können noch Kennziffern für eingeblendete Symbole addiert werden: 16 (Stopp); 32 (?); 48 (!); 64 (i für Info). Die Kennziffer 68 etwa liefert ein Meldungsfenster mit einem Infosymbol und den Schaltflächen **Ja** und **Nein**.

Abhängig davon, welche Schaltfläche der Benutzer anklickt, wird ein Wert zurückgegeben, der in eine Variable übernommen werden kann. Abhängig von diesem Wert kann der weitere Programmablauf gesteuert werden. Als Rückgabewerte kommen infrage: 1 (**OK**); 2 (**Abbrechen**); 3 (**Abbruch**); 4 (**Wiederholen**); 5 (**Ignorieren**); 6 (**Ja**); 7 (**Nein**). Wie schon für die Methoden beschrieben, gibt es auch bei den Funktionen zwei Schreibweisen:

```
meldung = MsgBox(ausdruck)
MsgBox ausdruck
```

Soll eine einfache Meldung ausgegeben werden, genügt die zweite Schreibweise. Soll aber das Ergebnis des Meldungsdialogs (welche Schaltfläche wurde angeklickt) in eine Variable übernommen werden, müssen Sie die erste Form verwenden. Mit einem kleinen Programm lassen sich diese Zusammenhänge einfach testen: Im ersten Dialog wird zunächst die Kennziffer für die Art des Meldungsdialogs eingegeben. Das Programm zeigt dann in einem zweiten Meldungsfenster den Code derjenigen Schaltfläche an, die im ersten Meldungsdialog verwendet wurde.

```
Sub meldungstest()
    code = InputBox("Code für
    Schaltflächen")
    rückgabe = MsgBox("Bitte ankicken!",
    code)
    MsgBox ("Schaltfläche: " & rückgabe)
End Sub
```

*∧ **Listing 26.5** Mit diesem kleinen Testprogramm können Sie die Codes für die verschiedenen Schaltflächenkombinationen ausprobieren.*

Bereiche in Tabellen auswählen

Zentraler Punkt der Programmierung mit VBA ist die Arbeit mit Tabellen. Dazu gehören das Auswählen von Zellen oder Bereichen, das Lesen von Daten aus Zellbereichen und das Schreiben von Daten in diese Bereiche.

Um eine Zelle in einer Arbeitsmappe auszuwählen, benutzen Sie die Eigenschaft `Range` des Objekts `Worksheets` und die Methode `Select`. Die einzelne Zelle wird also in VBA als Bereich mit nur einem Element behandelt.

```
Worksheets("Blatt1").Range("A3").Select
```

wählt beispielsweise die Zelle A3 auf Blatt1 aus.

Das gleiche Ergebnis erhalten Sie auch, wenn Sie die Auswahl auf zwei Anweisungen verteilen:

```
Worksheets("Blatt1").Select
Range("A3").Select
```

*< **Abbildung 26.37** Code 66 liefert drei Schaltflächen und das Infozeichen.*

Die zweite Anweisung bezieht sich dann schon auf das vorher ausgewählte Blatt.

Wird eine Prozedur von einem bestimmten Tabellenblatt aus aufgerufen, können Sie direkt mit dem Objekt `Range` und der Methode `Select` arbeiten.

```
Range("A3").Select
```

Soll ein Zellenbereich ausgewählt werden, geben Sie die entsprechenden Adressen an:

```
Range("A3:F3").Select
```

Ist der Zellbereich benannt worden, können Sie hier auch statt der Zelladressen den Namen einsetzen.

```
Range("Bereich1").Select
```

Der Name muss in Anführungszeichen gesetzt werden.

Navigation im Tabellenblatt

Nimmt ein Makro Bezug auf die Zelle, die beim Aufruf die aktive Zelle ist, können Sie von diesem Punkt aus beliebige Bewegungen auf dem Blatt mit der Methode `Offset()` ausführen.

```
ActiveCell.Offset(3, 5).Select
```

wählt eine Zelle aus, die drei Zeilen unter und fünf Spalten links von der aktiven Zelle liegt. Beachten Sie, dass die Reihenfolge der Argumente – Zeilennummer, Spaltennummer – genau umgekehrt ist wie bei einer Zelladresse, wo erst der Buchstabe der Spalte und dann die Zeilennummer angegeben werden.

Eine solche Anweisung kann noch um eine zusätzliche Bereichsangabe erweitert werden.

```
ActiveCell.Offset(3, 5).Range("A1:A10").
Select
```

verschiebt die Auswahl zunächst von der aktiven Zelle weg und markiert von diesem neuen Ausgangspunkt einen Bereich mit zehn Zellen in einer Spalte. Dabei wird die Bereichsadresse A1:10 aber nicht als absolute Adresse interpretiert, sondern relativ zu der Zelle, die durch `Offset(3, 5)` erreicht worden ist. Ist die aktive Zelle beispielsweise A1, würde also F4:F13 ausgewählt.

Variable Zellauswahl

In Listing 26.6 werden zunächst die Zeilen- und Spaltennummern der aktiven Zelle abgefragt und aus diesen Werten neue Zeilen- und Spaltennummern errechnet, die für die nächste Auswahl verwendet werden.

```
Sub berechneteAuswahl()
  Dim zeile, spalte, neuezeile, neuespalte
  zeile = ActiveCell.Row
  spalte = ActiveCell.Column
  neuezeile = zeile + 1
  neuespalte = spalte + 2
  Cells(neuezeile, neuespalte).Select
  With Selection.Interior
    .Pattern = xlSolid
    .PatternColorIndex = xlAutomatic
    .Color = 65535
  End With
End Sub
```

^ ***Listing 26.6*** *Eine Prozedur, die die neue Zellposition berechnet*

Die Eigenschaft »Cells«

Eine andere Möglichkeit, Zellen oder Bereiche auszuwählen, arbeitet mit der Eigenschaft `Cells`. Wenn Sie diese Eigenschaft als Eigenschaft von `Application` benutzen, erhalten Sie ein Objekt `Range`, das alle Zellen des aktiven Arbeitsblatts umfasst. Listing 26.7 zeigt, wie Sie diese Eigenschaft nutzen können, um den Zellhintergrund eines Tabellenblatts komplett einzufärben.

```
Sub zellenZugriff()
    Application.Cells.Select
    With Selection.Interior
        .Pattern = xlSolid
        .PatternColorIndex = xlAutomatic
        .Color = 65535
    End With
End Sub
```

Listing 26.7 *Einfärben aller Zellen des aktiven Blatts*

Das zweite Objekt, bei dem Sie die Eigenschaft `Cells` nutzen können, ist `Range`. Mit der Anweisung

```
Range(Cells(1,1), Cells(8, 5).Select
```

wählen Sie auf dem aktiven Tabellenblatt einen Zellbereich mit der Adresse A1:E8 aus.

Zellen Werte zuweisen

In Listing 26.7 ist der Zellbereich ein wenig formatiert worden. Dabei werden entsprechende Eigenschaften der aktuellen Auswahl gesetzt. Soll in eine Zelle ein Wert oder eine Formel eingetragen werden, verwenden Sie ebenfalls Eigenschaften.

Für Werte – Texte, Zahlen, Datums- oder Zeitangaben – benutzen Sie die Eigenschaft `Value`. Im Unterschied zur manuellen Arbeit auf dem Tabellenblatt ist es in einem Programm nicht zwingend notwendig, eine Zelle, in die etwas geschrieben werden soll, vorher zur aktiven Zelle zu machen. VBA gestattet es, sowohl mit absoluten als auch mit relativen Bezügen direkt in Zellen zu schreiben.

```
Range("A3").Value = "Titel"
Cells(3, 2).Value = _
            Range("A3").Value & "ID"
Range("A3:F3").Value = "SSV"
```

Die letzte Anweisung zeigt, dass Sie einen Wert auch in mehrere Zellen gleichzeitig schreiben können.

Formeln eintragen

Soll in eine Zelle oder einen Zellbereich eine Formel eingetragen werden, stehen Ihnen hauptsächlich zwei Eigenschaften zur Verfügung. Die einfachste Variante ist die Eigenschaft `Formula`. Hier einige Beispiele:

```
Range("A3").Value = "Titel"
Range("A4").Formula = "=Left(A3,2)"
Cells(5, 1).Formula = _
            Range("A4").Formula
```

Die zweite Anweisung erinnert gleich wieder daran, dass bei den Funktionen englische Namen verwendet werden müssen und als Trennzeichen zwischen den Argumenten ein Komma benötigt wird.

Die andere Eigenschaft, die Sie verwenden können, ist `FormulaR1C1`. Wie der Name andeutet, wird dabei die alternative Z1S1-Adressierung der Zellbereiche verwendet. Die letzten Anweisungen sehen in diesem Fall so aus:

```
Range("A4").FormulaR1C1 = _
            "=Left(R3C1,2)"
Cells(5, 1).FormulaR1C1 = _
            Range("A4").FormulaR1C1
```

Ob Sie nun mit der Eigenschaft `Formula` oder mit `FormulaR1C1` arbeiten, ein Blick auf die Tabelle zeigt, dass in beiden Fällen die gleichen Formeln mit deutschen Funktionsnamen und der A1-Schreibweise eingetragen werden. Die *R1C1*-Schreibweise in VBA hat aber den Vorteil, dass sie die Arbeit mit relativen Bezügen übersichtlicher macht. Tabelle 26.2 macht dies deutlich.

Adresse	Bedeutung
R1C1	die Zelle A1 (1. Zeile, 1. Spalte)
RC(1)	eine Spalte weiter
RC(-1)	eine Spalte vorher
R(1)C(1)	eine Zeile tiefer, eine Spalte rechts

Tabelle 26.2 *Bezüge in der R1C1-Schreibweise*

In dem folgenden Beispiel werden zwei ineinander verschachtelte For-Next-Schleifen dazu benutzt, einen Zellbereich mit Zufallszahlen zu füllen. Dabei sollen die Zeilen- und Spaltennummern bestimmte Werte durchlaufen.

```
Sub mehrfachSchreiben()
   Dim i As Integer, j As Integer
   For i = 1 To 8
      For j = 1 To 8
         Cells(i, j).Formula = _
            "=RANDBETWEEN(0,9)"
      Next j
   Next i
End Sub
```

Listing 26.8 *Schleife zum Füllen eines Zellbereichs mit einer Formel*

Daten aus Tabellen auslesenBeim Lesen von Zellinhalten aus einem Tabellenblatt in eine Variable können Sie neben der Eigenschaft Value auch die Eigenschaft Text verwenden. Das ist auch dann möglich, wenn in der Zelle ein numerischer Wert steht. Der Unterschied ist nur der, dass die Eigenschaft Text immer eine Zeichenfolge liefert, auch wenn die Zelle eine Zahl oder eine Formel enthält. Listing 26.9 zeigt die Übernahme von Zellwerten in drei Variablen und das Zurückschreiben in benachbarte Zellen.

```
Sub zellwerteAuslesen()
    Dim wert1, wert2, wert3
    wert1 = Range("A1").Value
    wert2 = Range("A2").Value
    wert3 = Range("A3").Value

    Range("B1").Value = wert1
    Range("B2").Value = wert2
    Range("B3").Value = wert3

    wert1 = Range("A1").Text
    wert2 = Range("A2").Text
    wert3 = Range("A3").Text

    Range("C1").Value = wert1
    Range("C2").Value = wert2
    Range("C3").Value = wert3

End Sub
```

Listing 26.9 *Übernahme von Zellwerten in Variablen mit den Eigenschaften »Value« oder »Text«*

Abbildung 26.38 zeigt den Unterschied der beiden Eigenschaften Value und Text. In Spalte B sind der Währungsbetrag und das Datum als numerische Werte eingetragen, in Spalte C sind nur noch Zeichenketten zu finden, die aber die durch das Format bestimmte Schreibweise beibehalten.

	A	B	C
1	11.111,00 EUR	11.111,00 EUR	11.111,00 EUR
2	Donnerstag, 17. Januar 2013	17.01.2013	Donnerstag, 17. Januar 2013
3	Text	Text	Text

Abbildung 26.38 *Spalte B zeigt die mit »Value« abgefragten Werte, Spalte C die mit »Text«.*

Um eine Formel aus einer Zelle der Tabelle auszulesen, werden wieder die Eigenschaften Formula oder FormulaR1C1 eingesetzt.

```
Dim formel1 As Variant
Range("A4").Formula ="=SQRT(16)"
formel1 = Range("A4").Formula
Range("A5").Formula = formel1
```

Enthält die ausgelesene Zelle keine Formel oder ist sie leer, liefern die beiden Eigenschaften einfach den Zellinhalt – eine Konstante oder eine leere Zeichenfolge.

Makro für eine Blattliste

Bei Arbeitsmappen mit vielen Blättern ist der Zugang über die Register häufig suboptimal, weil immer nur ein Teil der Register sichtbar ist. Eine ganz praktische Lösung ist eine Blattliste auf einem vorne eingefügten Arbeitsblatt, das die anderen Blätter per Hyperlink anbietet. Eine solche Liste lässt sich durch ein kleines Makro leicht anlegen.

Listing 26.10 zeigt eine einfache Lösung, die die Blattnamen einer Mappe in einer Schleife ausliest und in einer bei Bedarf mehrspaltigen Tabelle anordnet. Die Prozedur legt zunächst am Anfang der Arbeitsmappe ein neues Blatt mit dem Namen *Blattliste* an.

Die Variable `anzahl` übernimmt die aktuelle Anzahl der Blätter in der Mappe. Mit diesem Wert wird die Schleife kontrolliert, in der die Namen der anderen Blätter in den Zellbereich eingetragen werden. Um bequem von der Blattliste zu den entsprechenden Blättern zu springen, werden mithilfe der Blattnamen entsprechende Hyperlinks zusammengesetzt.

Die Blattnamen liefern dabei einfach sowohl die Subadresse des Links als auch die in der Zelle angezeigte Beschriftung des Links. Damit die Liste mehrspaltig erscheint, kontrolliert das Makro jeweils die aktuell erreichte Zeilennummer und wechselt in die nächste Spalte, wenn 25 Zeilen ausgefüllt sind.

```
Public Sub ArbeitsblattListe()
  Dim i, s, r, anzahl As Integer
  i = 2
  r = 2
  s = 1
  Sheets.Add Before:=Sheets(1)
  Sheets(1).Name = "Blattliste"
  anzahl = Sheets.Count
  Cells(2, s).Value = _
      "Blattliste der Arbeitsmappe"

  Do While i <= anzahl
    Cells(r + 2, s).Hyperlinks.Add _
    Anchor:=Cells(r + 2, s), _
    Address:="", _
    SubAddress:=Sheets(i).Name & "!A1", _
    TextToDisplay:=Sheets(i).Name
    i = i + 1
    r = r + 1
    If r > 25 Then
      r = 2
      s = s + 1
    End If
  Loop
End Sub
```

Listing 26.10 *Prozedur für eine Blattliste*

Suche mit Metadaten

In Kapitel 1, »Excel 2013 kennenlernen«, ab Seite 100 haben wir beschrieben, wie Sie zu einer Arbeitsmappe benutzerdefinierte Dokumenteigenschaften einfügen können. Die Prozedur in Listing 26.11 erlaubt Ihnen, diese Daten auf ein Tabellenblatt zu übertragen:

```
Public Sub metadatenAuslesen
  rw = 3
  Worksheets(1).Activate
  For Each p In _
    ActiveWorkbook.CustomDocumentProperties
    Cells(rw,1).Value = p.Name
    Cells(rw,2).Value = p.Value
    rw = rw +1
  Next
End Sub
```

Listing 26.11 *Prozedur, mit der benutzerdefinierte Dokumenteigenschaften ausgelesen werden*

Abbildung 26.39 zeigt das Ergebnis für eine Arbeitsmappe, in der einige Metadaten eingetragen sind.

	A	B	C
1	**Metadaten**		
2			
3	Gegenstand	VBA-Übungen	
4	Eigentümer	hv	
5	Status	Entwurf	
6			
7			
8			
9			

Abbildung 26.39 *Die auf das Tabellenblatt übertragenen Metadaten*

26.4 Formulare entwerfen

Die Meldungs- und Eingabedialoge, die Sie im letzten Abschnitt kennengelernt haben, sind nur für minimale Ein- und Ausgaben geeignet. Sobald größere Mengen von Eingaben benötigt werden, ist es lästig, wenn für jede einzelne Eingabe ein eigenes Dialogfeld auftaucht.

Hinzu kommt, dass die Eingabemöglichkeiten der Eingabefenster sehr beschränkt sind: Sie können weder Listenfelder enthalten, aus denen Sie Eingaben auswählen können, noch Optionsfelder oder Kontrollkästchen, die einfach nur angeklickt werden. Das zentrale Werkzeug, um für ein Programm in VBA komplette Dialogfelder zu erstellen, ist das Formular, das Sie im Fenster des VBA-Editors erstellen können.

Entwicklung eines Eingabeformulars

Um die Formulartechnik etwas näher kennenzulernen, wollen wir hier ein kleines Formular entwickeln, in dem Daten aus zwei Listen ausgewählt werden können. Es handelt sich um eine Liste von Referenten und eine von Kursen. Über das Formular soll jeweils ein Referent einem Kurs zugeordnet werden. Außerdem sollen noch Eingabefelder für das Kursdatum und für eine Notiz eingebaut werden.

1 Zunächst öffnen Sie die Arbeitsmappe, die das Programm mit dem Formular enthalten soll. Wechseln Sie mit Alt + F11 in das VBA-Fenster.

2 Öffnen Sie mit **Einfügen > UserForm** ein Fenster für den Entwurf eines Formulars. Ändern Sie die Größe nach Wunsch durch Ziehen an den Markierungen.

3 Als Erstes fügen Sie ein Beschriftungsfeld – ein Label – für das vorgesehene Listenfeld mit den Namen der Referenten ein. Klicken Sie in der Toolsammlung – sie wird automatisch eingeblendet – auf das Symbol **Beschriftungsfeld**, und ziehen Sie dann mit dem kleinen Fadenkreuz ein passendes Feld für die Anzeige der Listenbeschriftung auf.

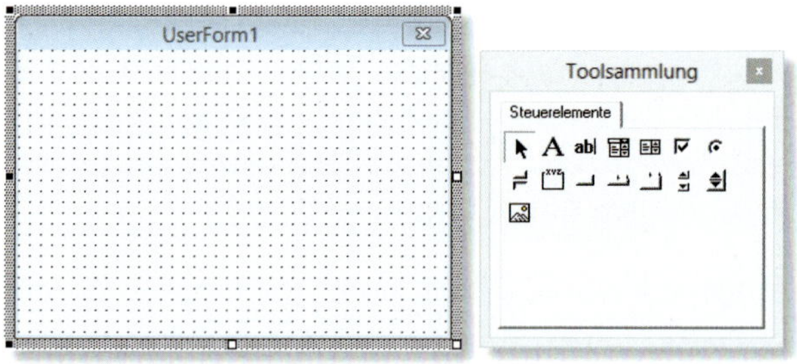

^ ***Abbildung 26.40*** *Das vorgegebene Formularfenster können Sie auf die gewünschte Größe ziehen.*

4 Das Feld lässt sich am Rahmen frei verschieben oder auch an den Rasterpunkten ausrichten. Durch Ziehen an den Markierungspunkten können Sie Größe und Proportionen ändern.

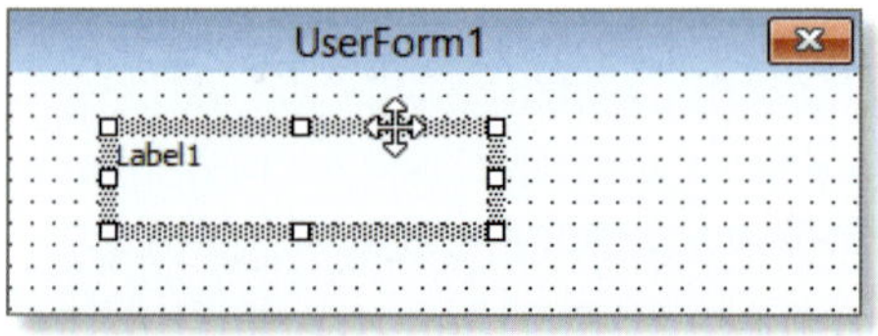

^ ***Abbildung 26.41*** *Das Beschriftungsfeld lässt sich durch Ziehen positionieren und in der Größe anpassen.*

5 Im Entwurfsfenster erscheint zunächst eine vorgegebene Beschriftung, die Sie gleich ersetzen sollten. Öffnen Sie dazu mit F4 das Eigenschaftenfenster für das ausgewählte Steuerelement.

Wählen Sie das Register **Nach Kategorien**. Unter **Darstellung** finden Sie einige Eigenschaften, die für das Projekt wichtig sind. Unter (**Name**) erscheint zunächst der Name, den VBA dem Steuerelement automatisch zugewiesen hat. Unter diesem Namen kann das Steuerelement im Programmcode angesprochen werden.

6 Unter **Caption** wird zunächst noch einmal der gerade erwähnte Name als vorläufiger Text vorgegeben. Diesen Text ersetzen Sie durch die Beschriftung der vorgesehenen Liste, also beispielsweise durch »Referenten«.

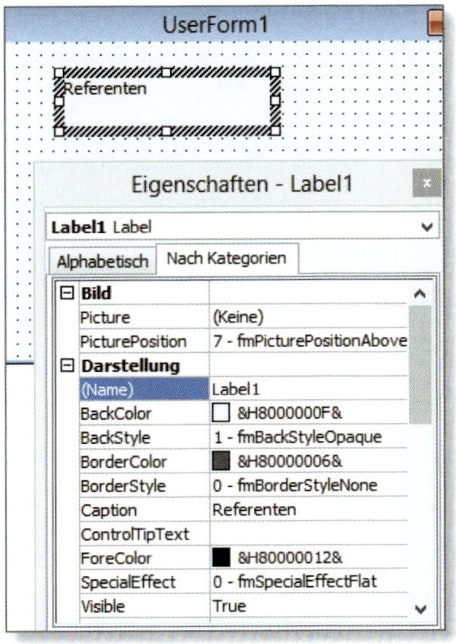

Abbildung 26.42 *Auswahl der Eigenschaften für ein Label*

7 Soll die Schriftart geändert werden, klicken Sie unter **Schriftart** in die Zeile **Font** und dann auf die Schaltfläche mit den drei Pünktchen. Im Dialogfeld **Schriftart** wählen Sie die gewünschte Schrift aus.

8 An dieser Stelle sollten Sie möglichst auch noch einen anderen Titel für die Titelzeile des Formulars festlegen. Klicken Sie auf das Formular, solange das Eigenschaftenfenster geöffnet ist. Geben Sie unter **Caption** einen anderen Titel ein, etwa »Kursplanung«. Auch hier können Sie unter **Verschiedenes** und **(Name)** eine andere Bezeichnung für das Formular eingeben, unter der das Formular im Programm angesprochen wird.

TIPP

Orientierung am Raster
Um Steuerelemente exakt in ein Formular zu platzieren, ist es meistens praktisch, die Ausrichtung an den Rasterpunkten einzuschalten. Dies erfolgt im Dialogfeld **Extras > Optionen** unter **Allgemein**. Um ein feineres Raster zu erreichen, müssen Sie dort nur den Punktwert für die Rastereinheiten vermindern.

Eingabeelemente einbauen

Sie sollten das Eigenschaftenfenster geöffnet lassen, während Sie die anderen Steuerelemente einbauen. Wenn die Toolsammlung mal nicht eingeblendet ist, benutzen Sie das Symbol **Werkzeugsammlung**.

1 Zunächst sollten Sie ein Kombinationsfeld für die Liste der Referenten hinzufügen, das deren Namen zur Auswahl stellt. Nehmen Sie dazu das Symbol für ein Kombinationsfeld in der Toolsammlung. Ziehen Sie ein Rechteck für das Feld im Formular auf. Als Name des Steuerelements soll wieder ein sprechender Name verwendet werden: »Referentenliste«.

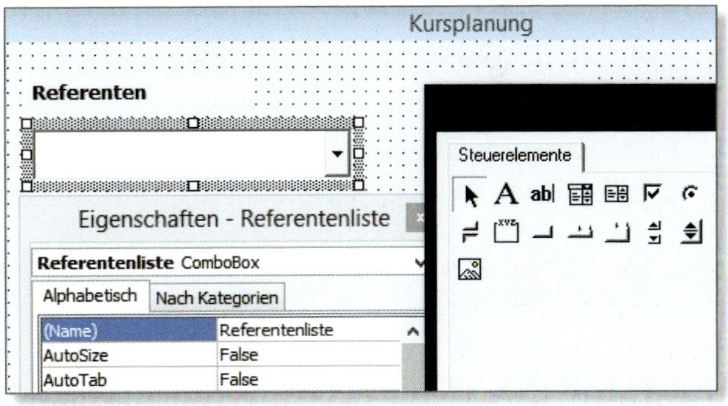

Abbildung 26.43 *Anlegen eines Kombinationsfelds*

2 Der nächste Schritt ist ein zweites Beschriftungsfeld, das als Eigenschaft `Caption` den Text »Kurse« erhält. Der Text kann auch direkt in das Feld eingegeben werden, ohne das Eigenschaftenfenster zu öffnen. Markieren Sie dazu das Feld, und überschreiben Sie die Vorgabe.

3 Auch für die Kurse wird wieder ein Kombinationsfeld mit dem Namen »Kursliste« benötigt. Ansonsten verfahren Sie wie beim Feld für die Referenten.

4 Um festzuhalten, wie aktuell die Plandaten sind, können Sie noch eine Beschriftung mit dem Namen »Stand« und ein entsprechendes Textfeld mit dem Namen »Plandatum« einfügen. Benutzen Sie in der Toolsammlung dazu das Steuerelement **Textfeld**, und ziehen Sie ein kleines Feld im Formular auf.

5 Auch für die Eingabe der Notiz eignet sich ein Textfeld. Ziehen Sie diesmal ein größeres Feld dafür auf.

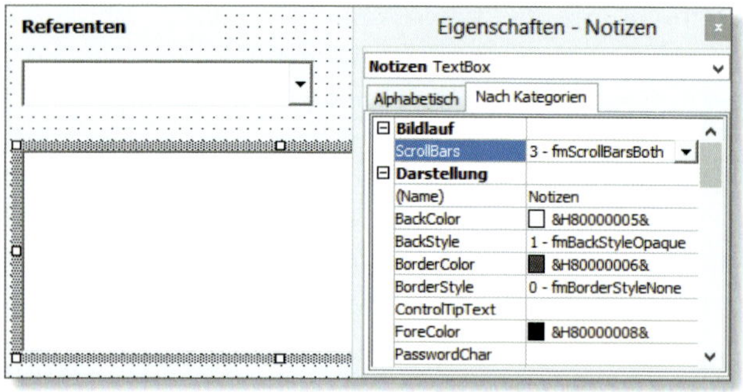

^ ***Abbildung 26.44*** *Einfügen eines Textfelds mit Bildlaufleisten*

6 Um auch längere Eingaben zu vereinfachen, sollten Sie in diesem Fall Bildlaufleisten hinzufügen. Unter **Bildlauf** und **ScrollBars** wählen Sie den Wert »3«, um vertikale und horizontale Bildlaufleisten einzublenden, falls die Notiz umfangreicher werden sollte.

7 Unter **Verhalten** setzen Sie den Wert für **MultiLine** auf `True`, um mehrzeilige Einträge zu gestatten.

Schaltflächen anlegen

Nun fehlen noch zwei Schaltflächen: eine, um die ausgewählten und eingegebenen Daten in die Arbeitsmappe zu übernehmen, und eine, um das Dialogfeld abzubrechen, wenn die Daten nicht übernommen werden sollen.

1 Benutzen Sie in der Toolsammlung das Symbol für **Befehlsschaltfläche**. Ziehen Sie die gewünschte Schaltfläche im Formular auf.

2 Markieren Sie noch einmal die neue Schaltfläche, und überschreiben Sie die Beschriftung mit **OK**. Auch hier wird so die Eigenschaft `Caption` geändert.

3 Verfahren Sie mit der anderen Schaltfläche entsprechend.

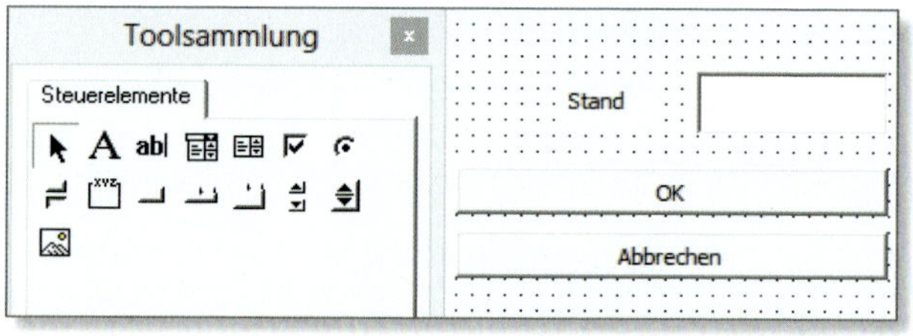

^ ***Abbildung 26.45*** *Einfügen von Schaltflächen*

4 Ändern Sie jeweils im Eigenschaftenfenster unter **Name** den Namen, über den Sie im Programm die Schaltfläche ansprechen. Das macht das Programm lesbarer.

5 Speichern Sie das bisherige Ergebnis noch einmal mit dem Symbol **Speichern** ab.

Die Reihenfolge, in der die einzelnen Steuerelemente ausgewählt werden, wenn Sie beim Ausfüllen mit der [Tab]-Taste arbeiten, wird durch den **TabIndex** gesteuert. Excel verfährt als Vorgabe nach der Reihenfolge, in der Sie die Steuerelemente angelegt haben. Passt dies nicht, müssen Sie im Eigenschaftenfenster die Werte für die verschiedenen Steuerelemente unter **TabIndex** entsprechend ändern.

TIPP

Anordnen der Steuerelemente
Wenn Sie die Steuerelemente bündig zueinander anordnen wollen, blenden Sie am besten die Symbolleiste **UserForm** ein. Sobald Sie mit der Kombination [Strg]+Klick mehrere Elemente auswählen, können Sie diese über das Menü des Symbols **Ausrichten** exakt positionieren.

Eingabe der Prozeduren

Nachdem das Formular so weit entworfen ist, können Sie mit der Programmierung der Prozeduren beginnen, die das Formular aufrufen und die Daten am Ende in die Arbeitsmappe übernehmen.

6 Öffnen Sie über das Menü **Ansicht** oder mit Strg + R das Fenster des Projekt-Explorers. Im Baum des Projekts ist unter **Formulare** das neu entwickelte Formular sichtbar.

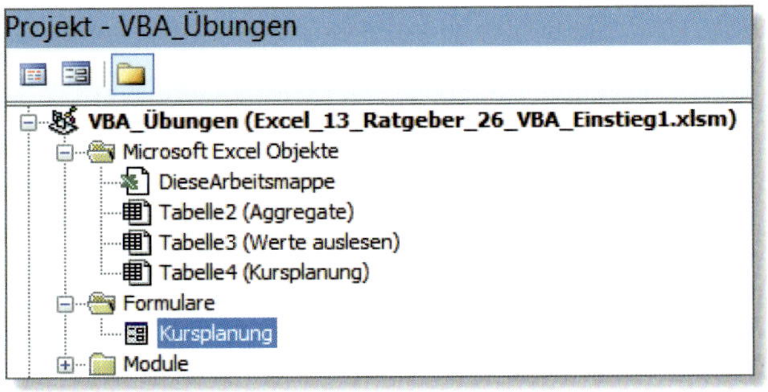

Abbildung 26.46 Das Element für das Formular im Projekt-Explorer

7 Wählen Sie nun **Einfügen > Modul**, um das Programm einzugeben. Excel öffnet ein Modulfenster und erwartet zunächst die Deklarierung von Variablen. Links steht deshalb **Allgemein** und rechts **Deklarationen**. Nötig ist in diesem Fall eine Deklaration für vier Variablen.

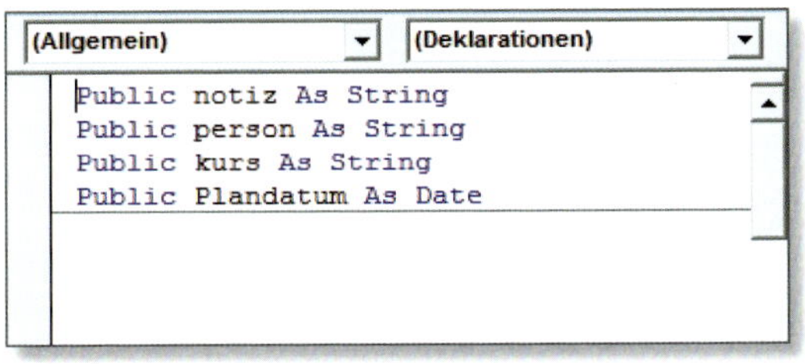

Abbildung 26.47 Zunächst deklarieren Sie die Variablen, die in der ganzen Anwendung gelten sollen.

8 Tragen Sie in den Textbereich Deklarationen für `notiz`, `person` und `kurs` jeweils als String und für `plandatum` als Datumswert ein.

9 Wählen Sie nun den Befehl **Einfügen > Prozedur**. Geben Sie einen Namen für die Prozedur ein, etwa »Personenauswahl«, und übernehmen Sie als Typ die Option **Sub**.

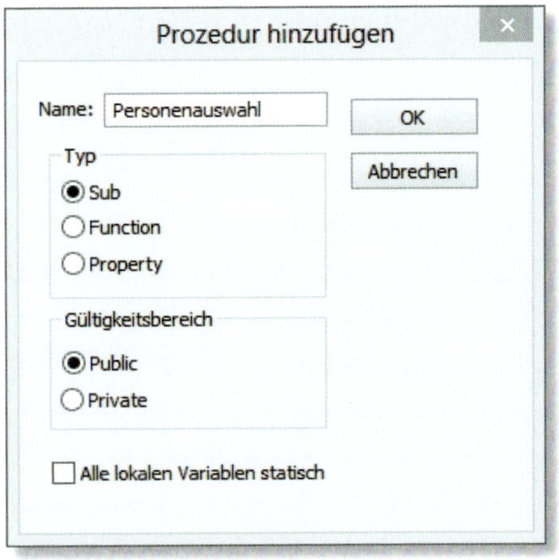

Abbildung 26.48 Daten zu einer neuen Prozedur

10 In den ersten Zeilen der neuen Prozedur werden den oben deklarierten Variablen zunächst leere Zeichenfolgen als Eingangswerte zugewiesen.

11 Dann wird das Formular angezeigt, wobei einfach auf das Objekt `Formular` die Methode `Show` angewendet wird.

Mit dem Befehl `Show` geht die Programmkontrolle vorübergehend an das Formular über.

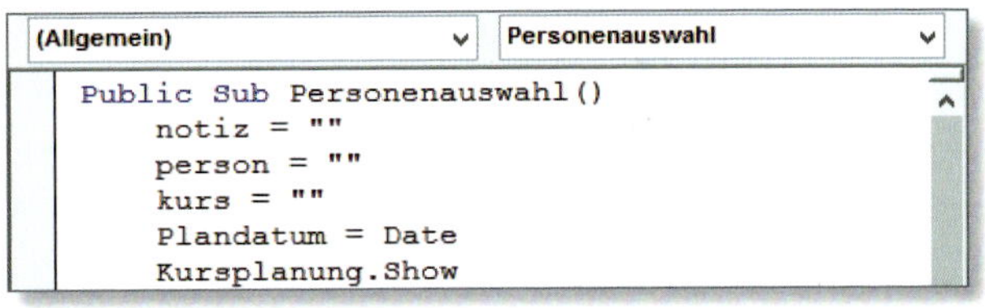

Abbildung 26.49 Beginn der Prozedur mit dem Aufruf des Formulars

Der Code zum Formular

Das Formular soll aber natürlich nicht leer angezeigt werden, sondern mit den Namen der Referenten und der geplanten Kurse. Die Benutzung des Formulars wird mit einer der beiden Schaltflächen abgeschlossen. Für diese beiden Ereignisse – Aktivierung des Formulars und Benutzung einer der Schaltflächen – kann der Programmcode nun direkt bezogen auf das Formular eingegeben werden.

1 Wählen Sie im Projekt-Explorer das Formular aus und benutzen Sie, wenn das Formular sichtbar ist, den Befehl **Ansicht > Code** oder [F7], sodass das Codefenster für das Formular geöffnet wird.

```
UserForm                    Activate
Private Sub UserForm_Activate()
    Kursplanung.Referentenliste.AddItem "Bodo Klare"
    Kursplanung.Referentenliste.AddItem "Hanna Horn"
    Kursplanung.Referentenliste.AddItem "Susan Werle"
    Kursplanung.Referentenliste.AddItem "Michael Steinhaus"
    Kursplanung.Referentenliste.Text = _
            Kursplanung.Referentenliste.List(0)
    Kursplanung.Kursliste.AddItem "XML-Grundlagen"
    Kursplanung.Kursliste.AddItem "XSL-Praxis"
    Kursplanung.Kursliste.AddItem "XSLT-Einstieg"
    Kursplanung.Kursliste.AddItem "Excel VBA"
    Kursplanung.Kursliste.Text = _
            Kursplanung.Kursliste.List(0)
End Sub
```

∧ ***Abbildung 26.50*** *Code für die Aktivierung des Formulars*

2 In der Objektliste des Codefensters ist `UserForm`, also das Formular, ausgewählt. Wählen Sie aus der rechten Liste das Ereignis `Activate`, also den Fall, dass das Formular durch den vorhin eingetragenen Befehl `Show` aktiviert wird.

3 Sofort wird wieder ein Prozedur-Skelett für dieses Ereignis bereitgestellt. Hier müssen Sie nun zunächst die beiden Listen mit Einträgen füllen. Das geschieht mit der Methode `AddItem()`. In diesem Fall werden die Werte für die Liste einfach direkt eingegeben. Sie könnten natürlich auch aus einem Zellbereich auf dem Tabellenblatt übernommen werden, z. B. mit `AddItem Range("F1")` etc.

4 Mit der letzten Zeile wird der erste Eintrag der Liste ausgewählt. Dazu verwenden Sie die Eigenschaft `Text` und ordnen dieser Eigenschaft den ersten Listeneintrag zu. Er hat den Index *0*, da bei solchen Listen immer von 0 aus gezählt wird.

5 Nun fehlen noch die Prozeduren für die beiden Schaltflächen. Sie können im Codefenster bleiben und im linken Listenfeld den Namen der Schaltfläche auswählen und dann dazu im rechten Listenfeld das Ereignis `Click`.

6 Bei der Prozedur für die Schaltfläche **OK** müssen die in den Listen für Referenten und Kurse jeweils ausgewählten Einträge an die beiden Variablen `person` und `kurs` übergeben werden. Dies geschieht mithilfe der Eigenschaft `Text`, die immer den ausgewählten Eintrag liefert.

```
OK                          Click
Private Sub OK_Click()
    person = Kursplanung.Referentenliste.Text
    kurs = Kursplanung.Kursliste.Text
    notiz = Kursplanung.Notizen.Value
    Plandatum = Kursplanung.Plandatum.Value
    Kursplanung.Notizen.Value = ""
    Kursplanung.Hide
End Sub
```

∧ ***Abbildung 26.51*** *Der Code für die Schaltfläche »OK«*

7 Dann wird die in dem Textfeld eingegebene Notiz an die Variable `notiz` übergeben, die ja als `Public` deklariert worden ist. Dazu fragen Sie einfach die Eigenschaft `Value` des Steuerelements `Notizen` ab. Anschließend wird diese Eigenschaft für die nächste Eingabe auf eine leere Zeichenfolge zurückgesetzt und das Formular mit der Methode `Hide` wieder verborgen.

8 Für die Prozedur zu der Schaltfläche **Abbrechen** benötigen Sie nur den Befehl, der das Formular ausblendet.

```
Abbrechen                   Click
Private Sub Abbrechen_Click()
    Kursplanung.Hide
End Sub
```

∧ ***Abbildung 26.52*** *Der Code für die Schaltfläche »Abbrechen«*

Nun wechselt die Kontrolle wieder zur Hauptprozedur. Hier bleibt noch die Übergabe der Variablen an das Tabellenblatt.

Abschluss der Hauptprozedur

Klicken Sie im Projektfenster das Modul doppelt an. Nun wird einfach viermal die Eigenschaft `Value` des Objekts `Range` benutzt. Die Auswahl und die Eingaben aus dem Formular können direkt in die angegebenen Zellen geschrieben werden, ohne sie erst auszuwählen.

```
(Allgemein)                    Personenauswahl
Public Sub Personenauswahl()
    notiz = ""
    person = ""
    kurs = ""
    Plandatum = Date
    Kursplanung.Show
    Range("A3").Value = Plandatum
    Range("B3").Value = person
    Range("B4").Value = kurs
    Range("B6").Value = notiz

End Sub
```

Abbildung 26.53 *Die fertige Hauptprozedur*

Sichern Sie das Projekt mit **Datei > Speichern**. Wechseln Sie mit **Datei > Schließen und zurück zu Microsoft Excel** wieder in das Arbeitsmappen-Fenster. Wenn Sie das Makro starten – über **Entwicklertools > Code > Makros** oder über eine Schaltfläche, die Sie dem Makro zuordnen –, kann das Formular ausgefüllt werden.

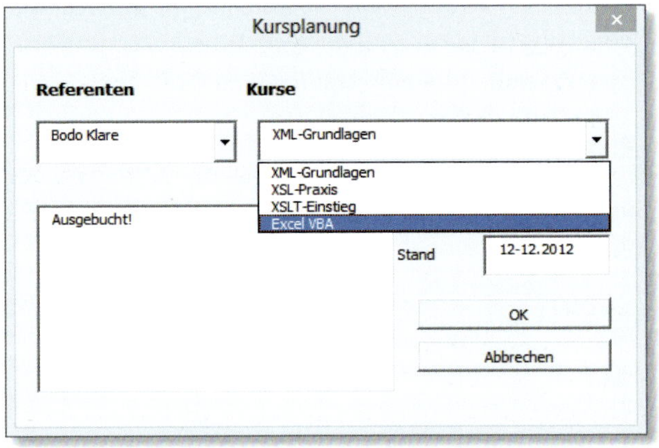

Abbildung 26.54 *Beispiel für Eingaben in das Formular*

Die Ausgabe der Formulardaten ist in diesem Fall bewusst einfach gehalten. Es ging ja hier zunächst nur darum, zu zeigen, wie Daten in ein Formular überhaupt eingetragen und dann in eine Arbeitsmappe übernommen werden können.

2	**Kursplanung**	
3	17.01.2013	Bodo Klare
4		XML-Grundlagen
5		
6		Ausgebucht!

Abbildung 26.55 *Die Daten auf dem Tabellenblatt*

Sie können das Projekt leicht weiter ausbauen. Zum Beispiel könnten die Werte aus dem Formular direkt in eine Tabellenvorlage geschrieben werden, die dann ausgedruckt wird. Anstatt die Formularwerte in fixe Zellen zu schreiben, könnten Sie die Zelladressen für jedes Formularergebnis ein paar Zeilen nach unten versetzen, um mehrere Ergebnisse in Form einer Tabelle abzulegen.

Außerdem können Sie mit benannten Bereichen arbeiten, in denen die Namen der Referenten und die der Kurse abgelegt sind. Für die Übernahme der Namen in die Formularlisten können Sie dann mit einer `For Each`-Schleife arbeiten:

```
For Each c In Worksheets("Tabelle1").
Range(Referenten).Cells
   Kursplanung.Referentenliste.AddItem
c.Value
Next c
```

Dies nur als Andeutung, wie Sie das Projekt weiterentwickeln könnten.

Erweiterbare Werkzeugsammlung

Die Toolsammlung von VBA enthält eine Reihe vorgegebener Elemente, von denen wir die geläufigsten hier kurz vorstellen. Abgesehen von dem Symbol **Objekte auswählen** ist der Umgang mit den Elementen immer gleich. Sie klicken das Symbol in der Toolsammlung an und ziehen auf das Formular mit gedrückter linker Maustaste ein Rechteck für den Platz auf, den das Element einnehmen soll. Die Elemente werden dabei immer zunächst mit durchnummerierten englischen Vorgabenamen belegt.

Label – Beschriftungsfeld: Labels oder Beschriftungsfelder können im Dialogfeld überall als Beschriftungen, Hinweistexte und dergleichen verwendet werden. Sie haben meist weiter keine Funktion für die spätere Arbeit mit dem Dialogfeld, ihr Inhalt kann aber über das Programm geändert werden, d. h., sie können auch dynamisch zur Anzeige von nicht veränderbaren Daten verwendet werden.

Textbox – Textfeld: Für die Eingabe von Inhalten – Texten, Zahlen, Bezügen oder Formeln – werden Textfelder verwendet. Diese können beliebig groß angelegt werden, sodass auch mehrzeiliger Text Platz findet.

ComboBox – Kombinationsfeld: Listenfeld, das mit einem Textfeld kombiniert ist, in dem der ausgewählte Listeneintrag erscheint und ausgegeben wird

ListBox – Listenfeld: Ein Listenfeld steht für eine Liste mit einer Bildlaufleiste, in der im Formular ein Element ausgewählt werden kann.

CheckBox – Kontrollkästchen: Die Kontrollkästchen ähneln den Optionsfeldern, schließen sich aber gegenseitig nicht aus. Sie können auch in Positionsrahmen untergebracht werden, um ihre Zusammengehörigkeit zu unterstreichen.

OptionButton – Optionsfeld: Zusammengehörige Optionsfelder, d. h. Optionsfelder, von denen jeweils nur eines aktiviert sein darf, sollten immer innerhalb eines gemeinsamen Positionsrahmens untergebracht werden. Damit ist gewährleistet, dass bei der Aktivierung eines Felds alle anderen deaktiviert werden.

ToggleButton – Umschaltfeld: Doppelschaltfläche zum Umschalten zwischen zwei Zuständen

Frame – Rahmen: Sobald Optionsfelder benötigt werden, also mehrere runde Schaltflächen, von denen nur eine gewählt werden kann, sollten sie innerhalb eines Positionsrahmens angeordnet werden. Auch Kontrollkästchen oder andere Elemente können in einem Positionsrahmen untergebracht werden, was aber keinen Einfluss auf ihre Funktion hat.

CommandButton – Befehlsschaltfläche: Damit lassen sich beliebige Schaltflächen mit beliebigen Funktionen einrichten.

ScrollBar – Bildlaufleiste: Dieses Element gibt bei der Bedienung im Formular den Wert zurück, der der aktuellen Auswahl durch die Laufleiste entspricht.

SpinButton – Drehfeld: Funktioniert ähnlich wie die Bildlaufleiste, wobei für die Einstellung aber nur die beiden Pfeile, nicht jedoch das Ziehkästchen zur Verfügung stehen.

Image – Anzeige: Das Anzeige-Steuerelement erlaubt es, ein Bild oder eine Grafik in das Formular einzufügen.

TabStrip – Register: Mit diesem Steuerelement können Registerkarten im Formular angelegt werden, die weitere Steuerelemente aufnehmen können.

MultiPage – MultiSeiten: Mit diesem Steuerelement können zusätzliche Seiten im Formular angelegt werden, die weitere Steuerelemente aufnehmen können.

ActiveX-Steuerelemente einfügen

Neben den im vorherigen Abschnitt beschriebenen Standardsteuerelementen stehen Ihnen noch zahlreiche ActiveX-Steuerelemente als Elemente für Formulare zur Verfügung. Dabei handelt es sich um Komponenten nach dem von Microsoft eingeführten *Component Object Model* – kurz COM –, mit denen Objekte in Anwendungen eingebettet werden können, um diesen zusätzliche Funktionen hinzuzufügen.

Wir nehmen hier als Beispiel ein Steuerelement, das Ihnen erlaubt, innerhalb eines Formularfensters eine Browserfunktion zu installieren.

Folgende Schritte sind dafür nötig:

1 Klicken Sie die Werkzeugleiste an einer freien Stelle mit rechts an, und benutzen Sie den Befehl **Weitere Steuerelemente**, um das Angebot der zusätzlichen Steuerelemente zu erreichen.

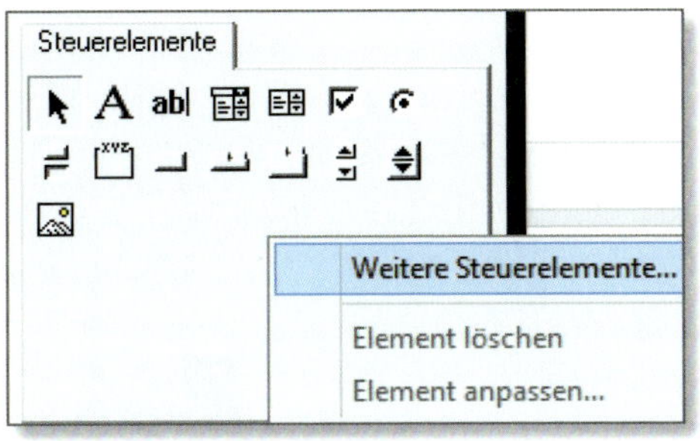

*∧ **Abbildung 26.56** Über die Schaltfläche »Weitere Steuerelemente« erreichen Sie ein umfangreiches Angebot an Steuerelementen.*

2 Wenn Sie im Dialog **Weitere Steuerelemente** die Option **Microsoft Web Browser** ankreuzen, wird das Symbol für dieses Steuerelement in die Toolsammlung eingefügt.

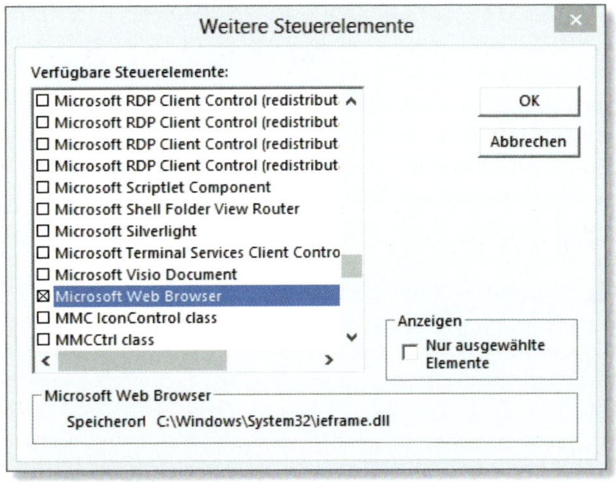

*∧ **Abbildung 26.57** Das Browser-Element besteht aus einer DLL-Datei.*

3 Benutzen Sie das neue Symbol in der Werkzeugleiste, und ziehen Sie im Formular einen Rahmen für das Browserfenster auf.

4 Fügen Sie noch eine Schaltfläche zum Schließen des Fensters ein.

*∧ **Abbildung 26.58** Das Browser-Element im Formular*

5 Benennen Sie das Formular in »Webfenster« um. Nun fehlt nur noch etwas Code, um das Formular mit dem Browserfenster einzublenden. Dabei können Sie mit der Methode `Navigate()` gezielt eine bestimmte Seite aufrufen:

```
Sub browse()
 With Webfenster.WebBrowser1
      .Navigate ("www.vierfarben.de")
      .Resizable = True
    End With
 WebFenster.Show
End Sub
```

6 Der Code für die Schaltfläche **Beenden** blendet das Formular wieder aus:

```
WebFenster.Hide
```

Wenn Sie die Prozedur aus einem Tabellenblatt heraus aufrufen, etwa mit **Ansicht > Makros anzeigen**, wird das Fenster mit dem Browser-Element geöffnet.

Eine solche Lösung kann ganz hilfreich sein, um eine Arbeitsmappe gezielt mit einer bestimmten Webseite zu verknüpfen, die beispielsweise zusätzliche Informationen zu einem bestimmten Thema anbietet, das Gegenstand der Arbeitsmappe ist.

26.5 Integrierte und eigene Tabellenfunktionen einsetzen

Es ist in Abschnitt 26.1, »Grundlagen von VBA«, ab Seite 819 schon angesprochen worden, dass Sie die in Excel integrierten Tabellenfunktionen auch innerhalb eines Makros aufrufen können. Dabei werden die Eigenschaft `WorksheetFunction` des Objekts `Application` und der englische Funktionsname verwendet.

In der Klammer müssen Sie die Argumente dann auch mit einem Komma statt mit dem sonst üblichen Semikolon trennen. Enthält der Funktionsname einen Punkt, wird er durch einen Unterstrich ersetzt, etwa `VAR_P()` statt `VAR.P()`.

Integrierte Funktionen aufrufen

Im Folgenden zeigen wir ein kleines Beispiel für eine Prozedur, die die neue Funktion `AGGREGAT()` aufruft. Sie fragt ab, ob von einem benannten Bereich `Daten` auf einem Tabellenblatt der Mittelwert oder der Median ausgegeben werden soll, und zeigt ihn dann an:

∧ ***Abbildung 26.59*** *Ein Browserfenster, aufgerufen durch ein Makro*

```
Public Sub Zusammenfassen()
  Set werte = _
    Worksheets("Aggregate").Range("Daten")
  funktion = _
    InputBox("Funktion? 1 (Mittelwert), _
                        12 (Median)")
  If funktion = 1 Then
     beschriftung = "Mittelwert: "
  Else
    beschriftung = "Median: "
  End If
  ergebnis = beschriftung & _
    Application.WorksheetFunction. _
    Aggregate(funktion, 6, werte)
  MsgBox ergebnis
End Sub
```

^ ***Listing 26.12*** *Aufruf der Funktion »AGGREGAT()« in einem Makro*

Die Prozedur verwendet, wie angesprochen, den englischen Funktionsnamen und trennt die Argumente durch Kommas.

Eigene Tabellenfunktionen erstellen

Mit den weit über 400 Tabellenfunktionen, die Excel mitbringt, müssen Sie sich keineswegs zufriedengeben. Wenn sich bei Ihnen spezielle Berechnungen häufig wiederholen, können Sie sich mithilfe von VBA auch eigene Funktionen zusammenbauen, die Ihnen aus bestimmten Ausgangsdaten einen berechneten Wert zurückgeben. Benötigt eine Funktion keine Argumente, müssen Sie trotzdem Klammern hinter den Funktionsnamen setzen. Gelten mehrere Argumente, werden sie in der Klammer durch Kommata getrennt.

Beachtet werden muss, dass in Funktionen nicht alle Visual-Basic-Schlüsselwörter auftauchen können. Es ist z.B. nicht möglich, einer Zelle über eine Funktion eine bestimmte Schrift zuzuweisen.

Funktion zur Kreisberechnung

Im Folgenden zeigen wir Ihnen die Schritte zur Definition einer Tabellenfunktion am Beispiel einer einfachen Kreisumfangsberechnung.

1. Damit Sie die Funktion in allen Arbeitsmappen anwenden können, ist es sinnvoll, sie in der normalerweise verborgenen persönlichen Arbeitsmappe *Personal.xlsb* einzutragen.
2. Wechseln Sie mit `Alt` + `F11` in die VBA-Umgebung, und wählen Sie in dem Fenster **Projekt** den Eintrag **VBAProjekt(PERSONAL.XSLB)** aus. Wenn Sie die neuen Funktionen in einem eigenen Modul sammeln wollen, wählen Sie **Einfügen > Modul**, ansonsten können Sie auch ein bereits bestehendes Modul per Doppelklick im Projekt-Explorer öffnen.
3. Wählen Sie **Einfügen > Prozedur**, und tragen Sie den Namen der Funktion ein. Wählen Sie unter **Typ** die Option **Function** aus. Im Modulfenster erscheint ein Skelett für die Funktion. Übernehmen Sie die Option **Public** für den Gültigkeitsbereich, damit die Funktion allseitig aufgerufen werden kann.

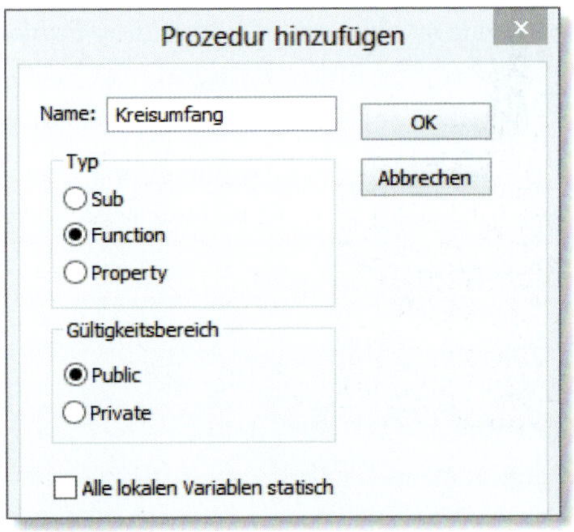

^ ***Abbildung 26.60*** *Anlegen einer eigenen Funktion*

4. Fügen Sie in die Klammer hinter dem Funktionsnamen die Namen der Argumente ein, die an die Funktion übergeben werden sollen. In diesem Fall reicht ein einziges Argument: `Radius`.

5 Nun schreiben Sie zwischen die beiden Zeilen die Anweisung für die vorgesehene Berechnung.

6 Sichern Sie das VBA-Projekt per Klick auf die Schaltfläche **Speichern**. Wechseln Sie zurück in das Fenster der Arbeitsmappe über das Symbol **Ansicht Microsoft Excel**.

Listing 26.13 zeigt die Funktion zur Berechnung des Kreisumfangs und ihren Aufruf innerhalb einer Prozedur.

```
Public Function Kreisumfang(Radius)
 Kreisumfang = Radius * 2 * _
   Application.WorksheetFunction.Pi
End Function

Sub kreisumfangsberechnung()
  radius = InputBox("Radius")
  MsgBox ("Der Kreisumfang ist " & _
      Kreisumfang(radius))
End Sub
```

^ ***Listing 26.13*** *Eine Funktion und ihr Aufruf*

Um die Funktion direkt auf dem Tabellenblatt zu verwenden, benutzen Sie wie gewohnt den Dialog **Funktion einfügen**. Wählen Sie unter **Kategorie auswählen** den Eintrag **Benutzerdefiniert** und dann die neue Funktion.

Funktionsbeschreibung einfügen

Wenn Sie die Sache noch etwas perfektionieren wollen, geben Sie noch eine Beschreibung der Funktion dazu und sorgen dafür, dass die Funktion im Dialog **Funktion einfügen** in einer bestimmten Kategorie angezeigt wird. Diese Möglichkeit ist neu in Excel 2013. Dazu brauchen Sie eine Prozedur, die nur einmal in der Arbeitsmappe, die die Funktion enthält, aufgerufen werden muss. Für unsere Kreisfunktion könnte sie so aussehen:

```
Sub funktionsbeschreibung()
  Dim funktionsname As String
  Dim funktionsbeschreibung As String
  Dim funktionskategorie As String
  Dim argumentbeschreibung(1 To 3) As
String

  funktionsname = "Kreisumfang"

funktionsbeschreibung = "Berechnet aus dem
Radius den Kreisumfang"
  funktionskategorie = 3 'Math

argumentbeschreibung(1) = "Radius des
Kreises"

  Application.MacroOptions _
    Macro:=funktionsname, _
    escription:=funktionsbeschreibung, _
    Category:=funktionskategorie, _
    ArgumentDescriptions:= _
      argumentbeschreibung
End Sub
```

^ ***Listing 26.14*** *Prozedur für eine Funktionsbeschreibung*

Beim Einfügen über den Dialog **Funktion einfügen** erscheint die Funktion in der von Ihnen gewählten Kategorie, und im Dialog **Funktionsargumente** finden Sie die Beschreibung des benötigten Arguments.

Die Beschreibung wird mit der Arbeitsmappe gespeichert, in der die Funktion definiert ist.

Den Blattnamen abfragen

Wollen Sie die Namen der Blätter in einer Arbeitsmappe in einer Tabelle zusammenstellen, hilft eine ganz einfache Funktion, die die Namenseigenschaft der Blätter abfragt:

```
Public Function BlattName
(id As Integer) As Variant
    BlattName = Sheets(id).Name
End Function
```

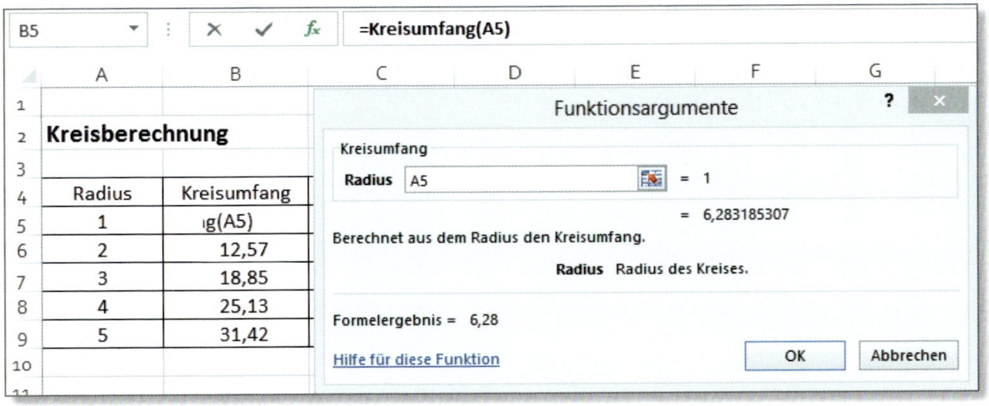

Abbildung 26.61 *Eigene Funktion mit Beschreibung im Dialog »Funktionsargumente«*

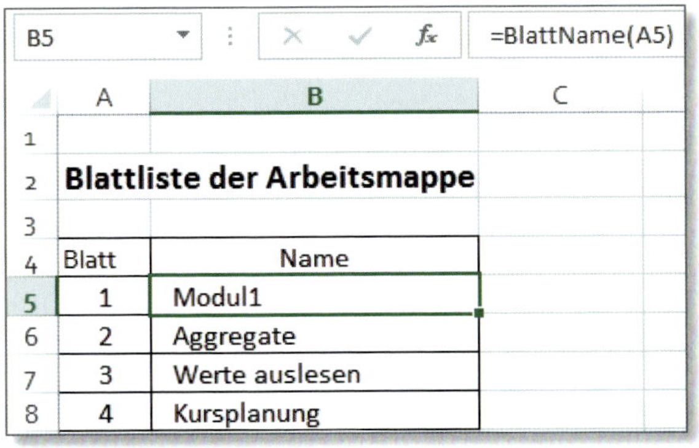

Abbildung 26.62 *So können Sie eine Liste der Blätter einer Arbeitsmappe mit einer eigenen Funktion erstellen.*

Beachten Sie, dass Excel bei benutzerdefinierten Funktionen, die nicht in der aktiven Arbeitsmappe gespeichert sind, erwartet, dass der Name der Mappe, die die Funktion enthält, vor den Namen der Funktion gesetzt wird, also hier `=Personal.xlsb!Blattname()` statt `=Blattname()`.

Wenn Sie die Funktion in die aktive Arbeitsmappe kopieren, müssen Sie dagegen nur den Funktionsnamen angeben. Häufig ist es auch praktisch, eigene Funktionen in Vorlagen einzufügen, sodass sie in allen Arbeitsmappen, die auf der Basis dieser Vorlage angelegt werden, automatisch zur Verfügung stehen.

Teil IX
Anhang

Anhang A
Alphabetische Liste der Tabellenfunktionen

Funktion	Beschreibung
ABRUNDEN(Zahl; Anzahl_Stellen)	Rundet eine Zahl in Richtung 0 auf dem Zahlenstrahl.
ABS(Zahl)	Eliminiert die Vorzeichen von Zahlenwerten.
ACHSENABSCHNITT(Y_Werte; X_Werte)	Liefert den Ordinatenabschnitt für den Schnittpunkt der Regressionsgeraden mit der y-Achse.
ADRESSE(Zeile; Spalte; Abs; A1; Tabellenname)	Liefert die Adresse der mit *Zeile* und *Spalte* angegebenen Zelle.
AGGREGAT(Funktion; Optionen; Array; k)	Liefert Aggregate von Daten in Zellbereichen oder Matrizen, wobei die Art der Auswertung und die Behandlung bestimmter Werte gewählt werden können.
AMORDEGRK(Ansch_Wert; Kaufdatum; Erster_Zinstermin; Restwert; Termin; Satz; Basis)	Liefert den degressiven Abschreibungsbetrag nach dem französischen Buchhaltungssystem.
AMORLINEARK(Ansch_Wert; Kaufdatum; Erster_Zinstermin; Restwert; Termin; Satz; Basis)	Liefert den linearen Abschreibungsbetrag nach dem französischen Buchhaltungssystem.
ANZAHL(Wert1; Wert2; ...)	Berechnet die Anzahl der numerischen Werte.
ANZAHL2(Wert1; Wert2; ...)	Ermittelt die Anzahl der Werte, wobei Texte und logische Werte mitgezählt werden.
ANZAHLLEEREZELLEN(Bereich)	Ermittelt die Anzahl der leeren Zellen im Bereich.
ARABISCH(Text)	Konvertiert eine römische Zahl in eine arabische Zahl.
ARBEITSTAG(Ausgangsdatum; Tage; Freie_Tage)	Berechnet ein neues Datum aufgrund der angegebenen Arbeitstage und freien Tage.
ARBEITSTAG.INTL(Ausgangsdatum; Tage; Wochenende; Freie_Tage)	Berechnet ein neues Datum aufgrund der angegebenen Arbeitstage und freien Tage, wobei die Wochenendtage frei gewählt werden können.
ARCCOS(Zahl)	Liefert zu einem Kosinuswert den Winkel im Bogenmaß.

Funktion	Beschreibung
ARCCOSHYP(Zahl)	Liefert den umgekehrten hyperbolischen Kosinus.
ARCCOT(Zahl)	Liefert den Arkuskotangens einer Zahl im Bogenmaß.
ARCCOTHYP(Zahl)	Liefert den umgekehrten hyperbolischen Kotangens einer Zahl.
ARCSIN(Zahl)	Liefert zu einem Sinuswert den Winkel im Bogenmaß.
ARCSINHYP(Zahl)	Umkehrfunktion zu der Funktion SINHYP()
ARCTAN(Zahl)	Errechnet zu einem Tangenswert den Winkel im Bogenmaß.
ARCTAN2(x_Koordinate; y_Koordinate)	Ermittelt den Arkustangens direkt aus den xy-Koordinaten.
ARCTANHYP(Zahl)	Umkehrfunktion zu TANHYP()
AUFGELZINS(Emission; Erster_Zinstermin; Abrechnung; Satz; Nennwert; Häufigkeit; Basis; Berechnungsmethode)	Liefert für Wertpapiere die aufgelaufenen Zinsen.
AUFGELZINSF(Emission; Abrechnung; Nominalzins; Nennwert; Basis)	Liefert für Wertpapiere die bei Fälligkeit aufgelaufenen Zinsen.
AUFRUNDEN(Zahl; Anzahl_Stellen)	Rundet eine Zahl von der Null weg.
AUSZAHLUNG(Abrechnung; Fälligkeit; Anlage; Disagio; Basis)	Liefert den Rückzahlungsbetrag eines festverzinslichen Wertpapiers.
BAHTEXT(Zahl)	Wandelt eine Zahl in Text in dem thailändischen Währungsformat um.
BASIS(Zahl; Basis; Mindestlänge)	Konvertiert eine Zahl in eine Textdarstellung mit der angegebenen Basis.
BEREICH.VERSCHIEBEN(Bezug; Zeilen; Spalten; Höhe; Breite)	Liefert einen Bereichsbezug, der um eine Anzahl von Zeilen und Spalten verschoben ist.
BEREICHE(Bezug)	Ermittelt die Anzahl der Bereiche, die in *Bezug* enthalten sind.
BESSELI(x; n)	Liefert die modifizierte Besselfunktion *In(x)*.
BESSELJ(x; n)	Liefert die Besselfunktion *Jn(x)*.
BESSELK(x; n)	Liefert die modifizierte Besselfunktion *Kn(x)*.
BESSELY(x; n)	Liefert die Besselfunktion *Yn(x)* zurück.
BESTIMMTHEITSMASS(Y_Werte; X_Werte)	Ermittelt das Quadrat des pearsonschen Korrelationskoeffizienten.
BETA.INV(Wahrsch; Alpha; Beta; A; B)	Liefert Quantile einer Betaverteilung.
BETA.VERT(x; Alpha; Beta; Kumuliert; A; B)	Liefert die Wahrscheinlichkeitsverteilung für eine betaverteilte Zufallsvariable.
BETAINV(Wahrsch; Alpha; Beta; A; B)	Liefert Quantile einer Betaverteilung.
BETAVERT(x; Alpha; Beta; A; B)	Liefert die Wahrscheinlichkeitsverteilung für eine betaverteilte Zufallsvariable.

Funktion	Beschreibung
BININDEZ(Zahl)	Wandelt einen binären Wert in eine Dezimalzahl um.
BININHEX(Zahl; Stellen)	Wandelt einen binären Wert in eine Hexadezimalzahl um.
BININOKT(Zahl; Stellen)	Wandelt einen binären Wert in eine Oktalzahl um.
BINOM.INV(Versuche; Erfolgswahrsch; Alpha)	Liefert die kleinste Anzahl erfolgreicher Versuche, für die die kumulierten Wahrscheinlichkeiten größer oder gleich einer Grenzwahrscheinlichkeit sind.
BINOM.VERT(Zahl_Erfolge; Versuche; Erfolgswahrsch; Kumuliert)	Liefert die Wahrscheinlichkeit von Zufallsvariablen bei einer Binomialverteilung.
BINOM.VERT.BEREICH(Versuche; Erfolgswahrsch; Zahl_Erfolge; Zahl2_Erfolge)	Gibt die Erfolgswahrscheinlichkeit eines Versuchsergebnisses als Binomialverteilung zurück.
BINOMVERT(Zahl_Erfolge; Versuche; Erfolgswahrsch; Kumuliert)	Liefert die Wahrscheinlichkeit von Zufallsvariablen bei einer Binomialverteilung.
BITODER(Zahl1; Zahl2)	Gibt ein bitweises Oder zweier Zahlen zurück.
BITRVERSCHIEB(Zahl; Verschiebebetrag)	Liefert die Zahl, die sich ergibt, wenn Bits um den Verschiebebetrag nach rechts verschoben werden.
BITUND(Zahl1; Zahl2)	Gibt ein bitweises Und zweier Zahlen zurück.
BITLVERSCHIEB(Zahl; Verschiebebetrag)	Liefert die Zahl, die sich ergibt, wenn Bits um den Verschiebebetrag nach links verschoben werden.
BITXODER(Zahl1; Zahl2)	Gibt ein bitweises ausschließliches Oder zweier Zahlen zurück.
BLATT (Wert)	Gibt die Nummer des Blatts in einem Bezug zurück.
BLÄTTER(Bezug)	Gibt die Anzahl der Blätter in einem Bezug zurück.
BOGENMASS(Winkel)	Wandelt den Gradwert des angegebenen Winkels in Bogenmaß um.
BRTEILJAHRE(Ausgangsdatum; Enddatum; Basis)	Berechnet den Jahresbruchteil für die Zeitspanne zwischen Ausgangsdatum und Enddatum.
BW(Zins; Zzr; Rmz; Zw; F)	Berechnet den Barwert einer Investition.
CHIINV(Wahrsch; Freiheitsgrade)	Liefert Quantile der Chi-Quadrat-Verteilung.
CHIQU.INV(Wahrsch; Freiheitsgrade)	Liefert Quantile der linksseitigen Chi-Quadrat-Verteilung.
CHIQU.INV.RE(Wahrsch; Freiheitsgrade)	Liefert Quantile der rechtsseitigen Chi-Quadrat-Verteilung.
CHIQU.TEST(Beob_Messwerte; Erwart_Werte)	Liefert den Wahrscheinlichkeitswert für den Chi-Quadrat-Test beim Vergleich zwischen beobachteten und erwarteten Größen.
CHIQU.VERT(x; Freiheitsgrade; Kumuliert)	Liefert Werte der linksseitigen Verteilungsfunktion für eine chi-quadrat-verteilte Zufallsvariable.
CHIQU.VERT.RE(x; Freiheitsgrade)	Liefert Werte der rechtsseitigen Verteilungsfunktion für eine chi-quadrat-verteilte Zufallsvariable.
CHITEST(Beob_Messwerte; Erwart_Werte)	Liefert den Wahrscheinlichkeitswert für den Chi-Quadrat-Test.

Funktion	Beschreibung
CHIVERT(x; Freiheitsgrade)	Berechnet aus dem Wert für *x* und für *Freiheitsgrade* die Überschreitungswahrscheinlichkeit für die Übereinstimmung von beobachteten und erwarteten Werten.
CODE(Text)	Liefert den Code des ersten Zeichens in der Zeichenfolge.
COS(Zahl)	Berechnet den Kosinus des angegebenen Winkels.
COSEC(Zahl)	Berechnet den Kosekans eines Winkels.
COSECHYP(Zahl)	Berechnet den hyperbolischen Kosekans eines Winkels.
COSHYP(Zahl)	Liefert den hyperbolischen Kosinus.
COT(Zahl)	Liefert den Kotangens eines Winkels.
COTHYP(Zahl)	Liefert den hyperbolischen Kotangens eines Winkels.
CUBEELEMENT(Verbindung; Element_Ausdruck; Beschriftung)	Liefert ein Element oder Tupel aus einem Cube.
CUBEELEMENTEIGENSCHAFT(Verbindung; Element_Ausdruck; Eigenschaft)	Liefert den Wert einer Eigenschaft eines Elements im Cube.
CUBEKPIELEMENT(Verbindung; KPI_Name; KPI_Eigenschaft; Beschriftung)	Gibt die Eigenschaft eines Key Performance Indicator (KPI) zurück.
CUBEMENGE(Verbindung; Menge_Ausdruck; Beschriftung; Sortierreihenfolge; Sortieren_nach)	Sendet einen Mengenausdruck für einen bestimmten Satz von Elementen oder Tupeln an den Cube, der die entsprechenden Daten zusammenstellt und an Excel liefert.
CUBEMENGENANZAHL(Menge)	Liefert die Anzahl der Elemente in einer definierten Menge.
CUBERANGELEMENT(Verbindung; Menge_Ausdruck; Rang; Beschriftung)	Gibt das mit *Rang* angegebene Element in einer Menge zurück.
CUBEWERT(Verbindung; Element_Ausdruck1; Element_Ausdruck2 ...)	Liefert einen aggregierten Wert aus einem Cube.
DATEDIF(Ausgangsdatum; Enddatum; Einheit)	Berechnet die Differenz von Ausgangs- und Enddatum.
DATUM(Jahr; Monat; Tag)	Berechnet eine serielle Zahl für das eingegebene Datum.
DATWERT(Datumstext)	Wandelt die Zeichenfolge in einen Datumswert um.
DBANZAHL(Datenbank; Datenbankfeld; Suchkriterien)	Ermittelt die Anzahl der Datensätze, die mit den Suchkriterien übereinstimmen.
DBANZAHL2(Datenbank; Datenbankfeld; Suchkriterien)	Ermittelt die Anzahl der Datensätze, die mit den Suchkriterien übereinstimmen, wobei auch Zellen mit Texten oder Wahrheitswerten berücksichtigt werden.
DBAUSZUG(Datenbank; Datenbankfeld; Suchkriterien)	Liefert den Inhalt des angegebenen Felds des Datensatzes, der mit den Suchkriterien übereinstimmt.
DBMAX(Datenbank; Datenbankfeld; Suchkriterien)	Liefert den größten Wert in einem Datenbankfeld aus den Datensätzen, die den angegebenen Kriterien entsprechen.
DBMIN(Datenbank; Datenbankfeld; Suchkriterien)	Liefert den kleinsten Wert in einem Datenbankfeld aus den Datensätzen, die den angegebenen Kriterien entsprechen.

Funktion	Beschreibung
DBMITTELWERT(Datenbank; Datenbankfeld; Suchkriterien)	Liefert den Mittelwert aller Werte in einem Datenbankfeld aus den Datensätzen, die den angegebenen Kriterien entsprechen.
DBPRODUKT(Datenbank; Datenbankfeld; Suchkriterien)	Multipliziert alle Werte eines Datenbankfelds der Datensätze, die die Suchkriterien erfüllen.
DBSTDABW(Datenbank; Datenbankfeld; Suchkriterien)	Berechnet die Standardabweichung des Datenbankfelds für die Datensätze, die die Suchkriterien erfüllen. Die Datensätze werden als Stichprobe behandelt.
DBSTDABWN(Datenbank; Datenbankfeld; Suchkriterien)	Berechnet die Standardabweichung des Datenbankfelds für die Datensätze, die die Suchkriterien erfüllen. Die Datensätze werden als Grundgesamtheit behandelt.
DBSUMME(Datenbank; Datenbankfeld; Suchkriterien)	Summiert alle Werte eines Datenbankfelds für die Datensätze, die die Suchkriterien erfüllen.
DBVARIANZ(Datenbank; Datenbankfeld; Suchkriterien)	Berechnet die Varianz der Werte eines Datenbankfelds für die Datensätze, die die Suchkriterien erfüllen. Die Datensätze werden als Stichprobe behandelt.
DELTA(Zahl1; Zahl2)	Prüft, ob Werte gleich sind.
DEZIMAL(Text; Basis)	Konvertiert die Textdarstellung einer Zahl mit der angegebenen Basis in eine Dezimalzahl.
DEZINBIN(Zahl; Stellen)	Liefert den Binärwert einer Dezimalzahl.
DEZINHEX(Zahl; Stellen)	Liefert den Hexadezimalwert einer Dezimalzahl.
DEZINOKT(Zahl; Stellen)	Liefert den Oktalwert einer Dezimalzahl.
DIA(Ansch_Wert; Restwert; Nutzungsdauer; Zr)	Berechnet die Abschreibungsrate nach der digitalen Methode.
DISAGIO(Abrechnung; Fälligkeit; Kurs; Rückzahlung; Basis)	Berechnet den Disagio beim Handel mit einem Wertpapier.
DM(Zahl; Dezimalstellen)	Wandelt den Wert in eine Zeichenfolge im aktuellen Währungsformat um.
DURATION(Abrechnung; Fälligkeit; Nominalzins; Rendite; Häufigkeit; Basis)	Liefert die hypothetische durchschnittliche Kapitalbindungsdauer eines festverzinslichen Wertpapiers.
EDATUM(Ausgangsdatum; Monate)	Berechnet ein um Monate verschobenes Datum.
EFFEKTIV(Nominalzins; Perioden)	Berechnet den effektiven Jahreszins für eine Anlage oder ein Darlehen.
ERSETZEN(Alter_Text; Erstes_Zeichen; Anzahl_Zeichen; Neuer_Text)	Ersetzt ab einer bestimmten Stelle eine Anzahl Zeichen in einer Zeichenfolge durch neue Zeichen.
EXP(Zahl)	Bewirkt, dass die eulersche Zahl *e* (2,71828...) mit dem angegebenen Wert potenziert wird.
EXPON.VERT(x; Lambda; Kumuliert)	Liefert Wahrscheinlichkeiten für eine exponentialverteilte Zufallsvariable.

Funktion	Beschreibung
EXPONVERT(x; Lambda; Kumuliert)	Liefert Wahrscheinlichkeiten für eine exponentialverteilte Zufallsvariable.
F.INV(Wahrsch; Freiheitsgrade1; Freiheitsgrade2)	Liefert Quantile der linksseitigen F-Verteilung.
F.INV.RE(Wahrsch; Freiheitsgrade1; Freiheitsgrade2)	Liefert Quantile der rechtsseitigen F-Verteilung.
F.TEST(Matrix1; Matrix2)	Liefert die Wahrscheinlichkeit der Übereinstimmung zweier Stichproben hinsichtlich ihrer Varianzen.
F.VERT(x; Freiheitsgrade1; Freiheitsgrade2; Kumuliert)	Liefert Werte der Verteilungsfunktion (1-Alpha) einer linksseitigen F-verteilten Zufallsvariablen.
F.VERT.RE(x; Freiheitsgrade1; Freiheitsgrade2)	Liefert Werte der Verteilungsfunktion (1-Alpha) einer rechtsseitigen F-verteilten Zufallsvariablen.
FAKULTÄT(Zahl)	Liefert die Fakultät der angegebenen *Zahl*.
FALSCH()	Legt den Wahrheitswert FALSCH in der Zelle ab.
FEHLER.TYP(Fehlerwert)	Liefert die Fehlernummer für den vorliegenden Fehler.
FEST(Zahl; Dezimalstellen; Keine_Punkte)	Wandelt einen numerischen Wert in eine Zeichenfolge um.
FINDEN(Suchtext; Text; Erstes_Zeichen)	Überprüft, ob die mit *Suchtext* angegebene Zeichenfolge in einer anderen Zeichenfolge vorkommt.
FINV(Wahrsch; Freiheitsgrade1; Freiheitsgrade2)	Liefert Quantile der F-Verteilung.
FISHER(x)	Liefert die Fisher-Transformation eines Korrelations-koeffizienten.
FISHERINV(y)	Umkehrfunktion zu FISHER()
FORMELTEXT(Bezug)	Gibt die in der mit *Bezug* angegebenen Zelle enthaltene Formel als Zeichenfolge zurück.
FTEST(Matrix1; Matrix2)	Liefert die Wahrscheinlichkeit der Übereinstimmung zweier Stichproben hinsichtlich ihrer Varianzen.
FVERT(x; Freiheitsgrade1; Freiheitsgrade2)	Liefert Werte der Verteilungsfunktion (1-Alpha) einer F-verteilten Zufallsvariablen.
G.TEST(Matrix; x; Sigma)	Liefert die einseitige Wahrscheinlichkeit für einen Gauß-Test.
GAMMA(x)	Liefert den Wert der Gammafunktion.
GAMMA.INV(Wahrsch; Alpha; Beta)	Liefert Quantile der Gammaverteilung.
GAMMA.VERT(x; Alpha; Beta; Kumuliert)	Liefert Wahrscheinlichkeiten für eine gammaverteilte Zufallsvariable.
GAMMAINV(Wahrsch; Alpha; Beta)	Liefert Quantile der Gammaverteilung.
GAMMALN(x)	Liefert den natürlichen Logarithmus zur Gammafunktion.
GAMMALN.GENAU(x)	Liefert den natürlichen Logarithmus zur Gammafunktion.
GAMMAVERT(x; Alpha; Beta; Kumuliert)	Liefert Wahrscheinlichkeiten für eine gammaverteilte Zufallsvariable.

Funktion	Beschreibung
GANZZAHL(Zahl)	Reduziert einen numerischen Ausdruck auf die nächstkleinere ganze Zahl.
GAUSS(x)	Gibt 0,5 weniger als die kumulierte Normalverteilung zurück.
GAUSSF.GENAU(x)	Liefert Werte des gaußschen Fehlerintegrals.
GAUSSFEHLER(Untere_Grenze; Obere_Grenze)	Liefert Werte des gaußschen Fehlerintegrals.
GAUSSFKOMPL(Untere_Grenze)	Liefert komplementäre Werte des gaußschen Fehlerintegrals.
GAUSSFKOMPL.GENAU(x)	Liefert komplementäre Werte des gaußschen Fehlerintegrals.
GDA(Ansch_Wert; Restwert; Nutzungsdauer; Periode; Faktor)	Berechnet die Abschreibungsrate für einen bestimmten Abschreibungszeitraum nach der geometrisch-degressiven Methode.
GDA2(Ansch_Wert; Restwert; Nutzungsdauer; Periode; Monate)	Berechnet die Abschreibungsrate für einen bestimmten Abschreibungszeitraum nach der geometrisch-degressiven Methode.
GEOMITTEL(Zahl1; Zahl2; ...)	Berechnet das geometrische Mittel.
GERADE(Zahl)	Rundet Zahlen zur nächsten geraden Ganzzahl.
GESTUTZTMITTEL(Matrix; Prozent)	Berechnet das arithmetische Mittel, wobei Extremwerte nicht berücksichtigt werden.
GGANZZAHL(Zahl; Schritt)	Prüft, ob der mit *Zahl* angegebene Wert den mit *Schritt* angegebenen Schwellenwert erreicht oder überschreitet.
GGT(Zahl1; Zahl2; ...)	Liefert den größten gemeinsamen Teiler von ganzen Zahlen.
GLÄTTEN(Text)	Entfernt führende Leerzeichen und überzählige Leerzeichen.
GRAD(Winkel)	Rechnet aus Bogenmaß in Grad um.
GROSS(Text)	Wandelt alle Buchstaben aus der mit *Text* angegebenen Zeichenfolge in Großbuchstaben um.
GROSS2(Text)	Wandelt den ersten Buchstaben in Großbuchstaben, den Rest in Kleinbuchstaben um.
GTEST(Matrix; x; Sigma)	Liefert die einseitige Wahrscheinlichkeit für einen Gauß-Test.
HARMITTEL(Zahl1; Zahl2; ...)	Berechnet das harmonische Mittel.
HÄUFIGKEIT(Daten; Klassen)	Liefert die Häufigkeit innerhalb der durch Klassen definierten Intervalle.
HEUTE()	Liefert das Systemdatum.
HEXINBIN(Zahl; Stellen)	Liefert den Binärwert einer hexadezimalen Zahl.
HEXINDEZ(Zahl)	Liefert den Dezimalwert einer hexadezimalen Zahl.

Funktion	Beschreibung
HEXINOKT(Zahl; Stellen)	Liefert den Oktalwert einer hexadezimalen Zahl.
HYPERLINK(Hyperlink_Adresse; Freundlicher_ Name)	Erstellt eine Verknüpfung zu der angegebenen Adresse.
HYPGEOM.VERT(Erfolge_S; Umfang_S; Erfolge_G; Umfang_G; Kumuliert)	Berechnet Wahrscheinlichkeiten einer hypergeometrisch verteilten Zufallsvariablen.
HYPGEOMVERT(Erfolge_S; Umfang_S; Erfolge_G; Umfang_G)	Berechnet Wahrscheinlichkeiten einer hypergeometrisch verteilten Zufallsvariablen.
IDENTISCH(Text1;Text2)	Vergleicht zwei Zeichenfolgen daraufhin, ob sie exakt übereinstimmen.
IKV(Werte; Schätzwert)	Berechnet den internen Ertragszins einer Investition.
IMABS(Komplexe_Zahl)	Liefert den Absolutwert (Modul) einer komplexen Zahl.
IMAGINÄRTEIL(Komplexe_Zahl)	Liefert den imaginären Anteil einer komplexen Zahl.
IMAPOTENZ(Komplexe_Zahl; Potenz)	Liefert die Potenz einer komplexen Zahl.
IMARGUMENT(Komplexe_Zahl)	Liefert das Argument einer komplexen Zahl.
IMCOS(Komplexe_Zahl)	Liefert den Kosinus einer komplexen Zahl.
IMCOSEC(Komplexe_Zahl)	Liefert den Kosekans einer komplexen Zahl.
IMCOSECHYP(Komlexe_Zahl)	Liefert den hyperbolischen Kosekans einer komplexen Zahl.
IMCOSHYP(Komlexe_Zahl)	Liefert den hyperbolischen Kosinus einer komplexen Zahl.
IMCOT(Komplexe_Zahl)	Liefert den Kotangens einer komplexen Zahl.
IMDIV(Komplexe_Zahl1; Komplexe_Zahl2)	Division komplexer Zahlen
IMEXP(Komplexe_Zahl)	Potenzierung von *e* (eulersche Zahl) mit einer komplexen Zahl
IMKONJUGIERTE(Komplexe_Zahl)	Liefert zu einer komplexen Zahl das konjugierte komplexe Komplement.
IMLN(Komplexe_Zahl)	Liefert den natürlichen Logarithmus einer komplexen Zahl.
IMLOG10(Komplexe_Zahl)	Liefert den dekadischen Logarithmus einer komplexen Zahl.
IMLOG2(Komplexe_Zahl)	Liefert den binären Logarithmus einer komplexen Zahl.
IMPRODUKT(Komplexe_Zahl1; Komplexe_Zahl2, ...)	Berechnet das Produkt komplexer Zahlen.
IMREALTEIL(Komplexe_Zahl)	Liefert den reellen Anteil einer komplexen Zahl.
IMSEC(Komplexe_Zahl)	Liefert den Sekans einer komplexen Zahl.
IMSECHYP(Komplexe_Zahl)	Liefert den hyperbolischen Sekans einer komplexen Zahl.
IMSIN(Komplexe_Zahl)	Liefert den Sinus einer komplexen Zahl.
IMSINHYP(Komplexe_Zahl)	Liefert den hyperbolischen Sinus einer komplexen Zahl.
IMSUB(Komplexe_Zahl1; Komplexe_Zahl2)	Subtraktion zweier komplexer Zahlen
IMSUMME(Komplexe_Zahl1; Komplexe_Zahl2;...)	Addition komplexer Zahlen
IMTAN(Komplexe_Zahl)	Liefert den Tangens einer komplexen Zahl.

Funktion	Beschreibung
IMWURZEL(Komplexe_Zahl)	Liefert die Quadratwurzel einer komplexen Zahl.
INDEX(Bezug; Zeile; Spalte; Bereich)	Liefert einen Wert aus einem Bereich.
INDEX(Matrix; Zeile; Spalte)	Liefert einen Wert aus einer Matrix.
INDIREKT(Bezug; A1)	Ermittelt den Inhalt einer Zelle, auf die in einer anderen Zelle verwiesen wird.
INFO(Typ)	Liefert Informationen über die Betriebssystemumgebung.
ISOKALENDERWOCHE(Datum)	Liefert Zahl der Kalenderwoche nach dem ISO-Standard.
ISPMT(Rate; Per; Nper; Pv)	Berechnet die Zinsen, die während einer bestimmten Periode gezahlt werden.
ISTBEZUG(Wert)	Testet, ob *Wert* ein gültiger Bereichsname oder eine Bereichsadresse ist.
ISTFEHL(Wert)	Testet, ob *Wert* ein Fehlerwert ungleich *#NV* ist.
ISTFEHLER(Wert)	Testet, ob *Wert* ein Fehlerwert ist.
ISTFORMEL(Bezug)	Testet, ob die mit *Bezug* angegebene Zelle eine Formel enthält.
ISTGERADE(Zahl)	Testet, ob *Zahl* durch 2 ganzzahlig teilbar ist.
ISTKTEXT(Wert)	Testet, ob in einer Zelle kein Text vorhanden ist.
ISTLEER(Wert)	Testet, ob eine Zelle leer ist.
ISTLOG(Wert)	Überprüft, ob das Argument *Wert* einen Wahrheitswert liefert.
ISTNV(Wert)	Überprüft, ob eine Zelle den Fehlerwert *#NV* enthält.
ISTTEXT(Wert)	Prüft, ob *Wert* eine Zeichenfolge liefert.
ISTUNGERADE(Zahl)	Testet, ob *Zahl* durch 2 ganzzahlig teilbar ist.
ISTZAHL(Wert)	Prüft, ob *Wert* eine Zahl liefert.
JAHR(Zahl)	Liefert das Jahr für das eingegebene Datum.
JETZT()	Liefert das Systemdatum und die Uhrzeit.
KALENDERWOCHE(Fortlaufende_Zahl; Zahl_Typ)	Liefert für das angegebene Datum die entsprechende Kalenderwoche.
KAPZ(Zins; Zr; Zzr; Bw; Zw; F)	Berechnet den Tilgungsanteil für die Abzahlung eines Annuitätendarlehens.
KGRÖSSTE(Matrix; k)	Gibt den *k*-größten Wert zurück.
KGV(Zahl1; Zahl2; ...)	Liefert das kleinste gemeinsame Vielfache.
KKLEINSTE(Matrix; k)	Gibt den *k*-kleinsten Wert zurück.
KLEIN(Text)	Wandelt alle Buchstaben in Kleinbuchstaben um.
KOMBINATIONEN(n; k)	Gibt den Wert des Binomialkoeffizienten aus.
KOMBINATIONEN2(Zahl; gewählte_Zahl)	Berechnet die Anzahl der Kombinationen mit Wiederholung für eine angegebene Anzahl von Elementen.

Funktion	Beschreibung
KOMPLEXE(Realteil; Imaginärteil; Suffix)	Erzeugt eine komplexe Zahl aus zwei reellen Zahlen.
KONFIDENZ(Alpha; Standabwn; Umfang_S)	Berechnet das Konfidenzintervall.
KONFIDENZ.NORM(Alpha; Standardabwn; Umfang)	Berechnet das Konfidenzintervall.
KONFIDENZ.T(Alpha; Standardabwn; Umfang)	Berechnet das Konfidenzintervall einer t-verteilten Grundgesamtheit.
KORREL(Matrix1; Matrix2)	Liefert den Korrelationskoeffizienten zweier Datenreihen.
KOVAR(Matrix1; Matrix2)	Liefert ein Maß für den Zusammenhang zwischen den Daten zweier Datenreihen.
KOVARIANZ.P(Array1; Array2)	Liefert ein Maß für den Zusammenhang zwischen den Daten zweier Datenreihen.
KOVARIANZ.S(Array1; Array2)	Liefert für Stichproben ein Maß für den Zusammenhang zwischen den Daten zweier Datenreihen.
KRITBINOM(Versuche; Erfolgswahrsch; Alpha)	Liefert die kleinste Anzahl erfolgreicher Versuche, für die die kumulierten Wahrscheinlichkeiten größer oder gleich einer Grenzwahrscheinlichkeit sind.
KUMKAPITAL(Zins; Zzr; Bw; Zeitraum_Anfang; Zeitraum_Ende; F)	Berechnet den Betrag, der für die Tilgung eines Annuitätendarlehens in einem Zeitraum aufgebracht wird.
KUMZINSZ(Zins; Zzr; Bw; Zeitraum_Anfang; Zeitraum_Ende; F)	Berechnet den für die Zinsen aufgebrachten Betrag.
KURS(Abrechnung; Fälligkeit; Zins; Rendite; Rückzahlung; Häufigkeit; Basis)	Liefert den Kurswert eines festverzinslichen Wertpapiers.
KURSDISAGIO(Abrechnung; Fälligkeit; Disagio; Rückzahlung; Basis)	Berechnet den Ausgabekurs eines unverzinslichen Wertpapiers.
KURSFÄLLIG(Abrechnung; Fälligkeit; Emission; Zins; Rendite; Basis)	Berechnet den Kurswert eines festverzinslichen Wertpapiers.
KURT(Zahl1; Zahl2; ...)	Liefert die Kurtosis (Wölbung) einer Häufigkeitsverteilung.
KÜRZEN(Zahl; Anzahl_Stellen)	Kürzt auf die angegebene Stellenzahl.
LÄNGE(Text)	Liefert die Zahl der Zeichen in der mit *Text* angegebenen Zeichenfolge.
LIA(Ansch_Wert; Restwert; Nutzungsdauer)	Berechnet die Abschreibungsrate nach der linearen Methode (AFA).
LINKS(Text; Anzahl_Zeichen)	Liefert die mit *Anzahl_Zeichen* festgelegte Zeichenzahl vom Beginn der Zeichenfolge an.
LN(Zahl)	Liefert den natürlichen Logarithmus.
LOG(Zahl; Basis)	Liefert den Logarithmus zur angegebenen Basis.
LOG10(Zahl)	Liefert den dekadischen Logarithmus.
LOGINV(Wahrsch; Mittelwert; Standabwn)	Liefert Quantile einer logarithmischen Normalverteilung.

Funktion	Beschreibung
LOGNORM.INV(Wahrsch; Mittelwert; Standabwn)	Liefert das Quantil einer logarithmischen Normalverteilung.
LOGNORM.VERT(x; Mittelwert; Standabwn; Kumuliert)	Liefert den Wert der Wahrscheinlichkeitsverteilung für eine logarithmische Normalverteilung.
LOGNORMVERT(x; Mittelwert; Standabwn)	Liefert die Wahrscheinlichkeitsverteilung für eine logarithmische Normalverteilung.
MAX(Zahl1; Zahl2; ...)	Liefert den größten Wert.
MAXA(Wert1; Wert2; ...)	Liefert den größten Wert, wobei auch Zellen mit Texten oder Wahrheitswerten berücksichtigt werden.
MDET(Matrix)	Liefert die Determinante der angegebenen Matrix.
MDURATION(Abrechnung; Fälligkeit; Coupon; Rendite; Häufigkeit; Basis)	Berechnet die modifizierte Duration.
MEDIAN(Zahl1; Zahl2; ...)	Ermittelt den Median einer Reihe von Daten.
MEINHEIT(Größe)	Liefert die Einheitsmatrix für die angegebene Größe.
MIN(Zahl1; Zahl2; ...)	Liefert den kleinsten Wert.
MINA(Wert1; Wert2; ...)	Liefert den kleinsten Wert, wobei auch Zellen mit Texten oder Wahrheitswerten berücksichtigt werden.
MINUTE(Zahl)	Berechnet den Minutenanteil eines Zeitwerts.
MINV(Matrix)	Bildet die Inverse zu einer Matrix.
MITTELABW(Zahl1; Zahl2; ...)	Liefert die mittlere lineare Abweichung.
MITTELWERT(Zahl1; Zahl2; ...)	Liefert das arithmetische Mittel.
MITTELWERTA(Wert1; Wert2; ...)	Liefert das arithmetische Mittel, wobei auch Zellen mit Texten oder Wahrheitswerten berücksichtigt werden.
MITTELWERTWENN(Bereich; Kriterien; Mittelwert_Bereich)	Liefert das arithmetische Mittel von Werten, die einem Kriterium entsprechen.
MITTELWERTWENNS(Mittelwert_Bereich; Kriterien_Bereich1; Kriterien1; Kriterien_Bereich2; Kriterien2 ...)	Liefert das arithmetische Mittel von Werten, die mehreren Kriterien entsprechen.
MMULT(Array1; Array2)	Liefert das Produkt zweier Matrizen.
MODALWERT(Zahl1; Zahl2; ...)	Liefert den in einer Datenreihe am häufigsten vorkommenden Wert.
MODUS.EINF(Zahl1; Zahl2; ...)	Liefert den in einer Datenreihe am häufigsten vorkommenden Wert.
MODUS.VIELF(Zahl1; Zahl2; ...)	Liefert die in einer Datenreihe am häufigsten vorkommenden Werte.
MONAT(Zahl)	Liefert die Monatszahl eines Datumswerts.
MONATSENDE(Ausgangsdatum; Monate)	Liefert den letzten Tag des Monats, in den das um Monate verschobene Datum fällt.

Funktion	Beschreibung
MTRANS(Matrix)	Tauscht die Zeilen und Spalten in einer Matrix.
N(Wert)	Gibt *Wert* als einen in eine Zahl gewandelten Wert zurück.
NBW(Zins; Wert1; Wert2; ...)	Berechnet den Nettokapitalwert periodischer Cashflows.
NEGBINOM.VERT(Zahl_Misserfolge; Zahl_Erfolge; Erfolgswahrsch; Kumuliert)	Berechnet, mit welcher Wahrscheinlichkeit ein zusammengesetztes Ereignis eintritt.
NEGBINOMVERT(Zahl_Misserfolge; Zahl_Erfolge; Erfolgswahrsch)	Berechnet, mit welcher Wahrscheinlichkeit ein zusammengesetztes Ereignis eintritt.
NETTOARBEITSTAGE(Ausgangsdatum; Enddatum; Freie_Tage)	Berechnet die Arbeitstage zwischen zwei Daten.
NETTOARBEITSTAGE.INTL(Ausgangsdatum; Enddatum; Wochenende; Freie_Tage)	Berechnet die Arbeitstage zwischen zwei Daten, wobei die Wochenendtage frei gewählt werden können.
NICHT(Wahrheitswert)	Kehrt den Wert von *Wahrheitswert* um.
NOMINAL(Effektiver_Zins; Perioden)	Berechnet die jährliche Nominalverzinsung.
NORM.INV(Wahrsch; Mittelwert; Standabwn)	Liefert Quantile der Normalverteilung.
NORM.S.INV(Wahrsch)	Liefert Quantile der Standardnormalverteilung.
NORM.S.VERT(z; Kumuliert)	Gibt die Wahrscheinlichkeit dafür an, dass eine Zufallsvariable aus der Standardnormalverteilung den Wert *z* oder kleiner annimmt.
NORM.VERT(x; Mittelwert; Standabwn; Kumuliert)	Liefert Werte einer Normalverteilung.
NORMINV(Wahrsch; Mittelwert; Standabwn)	Liefert Quantile der Normalverteilung.
NORMVERT(x; Mittelwert; Standabwn; Kumuliert)	Liefert Werte einer Normalverteilung.
NOTIERUNGBRU(Zahl; Teiler)	Berechnet einen als Bruch interpretierbaren Ausdruck einer Dezimalzahl.
NOTIERUNGDEZ(Zahl; Teiler)	Konvertiert einen Bruch in eine Dezimalzahl.
NV()	Trägt den Fehlerwert *#NV* in die Zelle ein.
OBERGRENZE(Zahl; Schritt)	Rundet eine Zahl auf das kleinste Vielfache von *Schritt* auf.
OBERGRENZE.MATHEMATIK(Zahl; Schritt; Modus)	Rundet eine Zahl auf das kleinste Vielfache von *Schritt* auf.
ODER(Wahrheitswert1; Wahrheitswert2; ...)	Liefert WAHR, wenn ein Argument WAHR ist, sonst FALSCH.
OKTINBIN(Zahl; Stellen)	Liefert den Binärwert einer oktalen Zahl.
OKTINDEZ(Zahl)	Liefert den Dezimalwert einer oktalen Zahl.
OKTINHEX(Zahl; Stellen)	Liefert den hexadezimalen Wert einer oktalen Zahl.
PDURATION (Zins; Bw; Zw)	Berechnet die Anzahl der Perioden, bis eine Investition den angegebenen Zielwert erreicht hat.
PEARSON(Matrix1; Matrix2)	Liefert den pearsonschen Korrelationskoeffizienten.
PHI(x)	Liefert den Wert der Dichtefunktion für eine Standardnormalverteilung.

Funktion	Beschreibung
PI()	Liefert den numerischen Wert von PI.
PIVOTDATENZUORDNEN(Datenfeld; PivotTable; Feld1; Element1; Feld2; Element2; ...)	Gibt Werte aus einer Pivot-Tabelle zurück.
POISSON(x; Mittelwert; Kumuliert)	Liefert Wahrscheinlichkeiten für Zufallsvariablen, die zu einer Poisson-Verteilung gehören.
POISSON.VERT(x; Mittelwert; Kumuliert)	Liefert Wahrscheinlichkeiten für Zufallsvariablen, die zu einer Poisson-Verteilung gehören.
POLYNOMIAL(Zahl1; Zahl2; ...)	Liefert die Fakultät der Summe der Argumente geteilt durch das Produkt der Fakultäten.
POTENZ(Zahl; Potenz)	Liefert die angegebene Potenz einer Zahl.
POTENZREIHE(x; n; m; Koeffizienten)	Liefert eine Summe von Potenzen der Zahl *x*.
PRODUKT(Zahl1; Zahl2; ...)	Multipliziert alle angegebenen Argumente miteinander.
QIKV(Werte; Investition; Reinvestition)	Berechnet die interne Ertragsrate einer Reihe von Ein- und Auszahlungen.
QUADRATESUMME(Zahl1; Zahl2; ...)	Berechnet die Summe der Quadrate der angegebenen Werte.
QUANTIL(Matrix; Alpha)	Liefert denjenigen Wert einer Datenreihe, unterhalb dessen ein mit *Alpha* angegebener Bruchteil der Daten liegt.
QUANTIL.EXKL(Array; k)	Liefert denjenigen Wert einer Datenreihe, unterhalb dessen ein mit k (Wertebereich zwischen 0 und 1 und ausschließlich 0 und 1) angegebener Bruchteil der Daten liegt.
QUANTIL.INKL(Array; k)	Liefert denjenigen Wert einer Datenreihe, unterhalb dessen ein mit k (Wertebereich von 0 bis 1) angegebener Bruchteil der Daten liegt.
QUANTILSRANG(Matrix; x; Genauigkeit)	Liefert die Angabe des Anteils von Daten, die unterhalb des angegebenen Werts liegen.
QUANTILSRANG.EXKL(Array; x; Genauigkeit)	Liefert die Angabe des Anteils von Daten, die unterhalb des angegebenen Werts (Wertebereich zwischen 0 und 1 und ausschließlich 0 und 1) liegen.
QUANTILSRANG.INKL(Array; x; Genauigkeit)	Liefert die Angabe des Anteils von Daten, die unterhalb des angegebenen Werts (Wertebereich von 0 bis 1) liegen.
QUARTILE(Matrix; Quartil)	Unterteilt die Daten von *Matrix* in vier Bereiche mit je gleichen Anteilen von Daten.
QUARTILE.EXKL(Array; Quartile)	Unterteilt – basierend auf Perzentilwerten (Wertebereich zwischen 0 und 1 und ausschließlich 0 und 1) – die Daten von Array in Bereiche mit je gleichen Anteilen von Daten.
QUARTILE.INKL(Array; Quartile)	Unterteilt – basierend auf Perzentilwerten (Wertebereich von 0 bis 1) – die Daten von Array in Anteilsbereiche.
QUOTIENT(Zähler; Nenner)	Liefert das ganzzahlige Ergebnis einer Division.

Funktion	Beschreibung
RANG(Zahl; Bezug; Reihenfolge)	Liefert den Rang, den ein Wert in einer Datenreihe in Bezug auf seine Größe einnimmt.
RANG.GLEICH(Zahl; Bezug; Reihenfolge)	Liefert den Rang, den ein Wert in einer Datenreihe in Bezug auf seine Größe einnimmt.
RANG.MITTELW(Zahl; Bezug; Reihenfolge)	Liefert den gemittelten Rang, den ein Wert in einer Datenreihe in Bezug auf seine Größe einnimmt.
RECHTS(Text; Anzahl_Zeichen)	Liefert die mit *Anzahl_Zeichen* festgelegte Zeichenzahl vom Ende der Zeichenfolge gerechnet.
RENDITE(Abrechnung; Fälligkeit; Zins; Kurs; Rückzahlung; Häufigkeit; Basis)	Berechnet die jährliche Rendite eines Wertpapiers.
RENDITEDIS(Abrechnung; Fälligkeit; Kurs; Rückzahlung; Basis)	Berechnet die jährliche Rendite eines unverzinslichen Wertpapiers.
RENDITEFÄLL(Abrechnung; Fälligkeit; Emission; Zins; Kurs; Basis)	Berechnet die jährliche Rendite eines Wertpapiers, dessen Zinsen zum Fälligkeitstermin ausgezahlt werden.
REST(Zahl; Divisor)	Liefert den Restbetrag (Modulo) bei einer Division.
RGP(Y_Werte; X_Werte; Konstante; Stats)	Liefert Kennziffern zur linearen Regression.
RKP(Y_Werte; X_Werte; Konstante; Stats)	Liefert Kennziffern zur exponentiellen Regression.
RMZ(Zins; Zzr; Bw; Zw; F)	Berechnet die periodische Zahlung für eine Annuität.
RÖMISCH(Zahl; Typ)	Wandelt Zahlen in die römische Zahlendarstellung um.
RTD(ProgID; Server; Topic1; Topic2; ...)	Empfängt Echtzeitdaten eines registrierten Add-Ins.
RUNDEN(Zahl; Anzahl_Stellen)	Rundet Werte auf oder ab.
SÄUBERN(Text)	Entfernt aus der mit dem Argument *Text* gelieferten Zeichenfolge alle nicht druckbaren Zeichen.
SCHÄTZER(x; Y_Werte; X_Werte)	Liefert für den vorgegebenen Wert *x* einen Schätzwert von *y* anhand einer linearen Regression.
SCHIEFE(Zahl1; Zahl2; ...)	Liefert ein Maß für die Asymmetrie der Häufigkeitsverteilung einer Stichprobe.
SCHIEFE.P(Zahl1; Zahl2; ...)	Liefert ein Maß für die Asymmetrie der Häufigkeitsverteilung einer Grundgesamtheit.
SEC(Zahl)	Liefert den Sekans eines Winkels.
SECHYP(Zahl)	Liefert den hyperbolischen Sekans eines Winkels.
SEKUNDE(Zahl)	Liefert den Sekundenanteil eines Zeitwerts.
SIN(Zahl)	Berechnet den Sinus des angegebenen Winkels.
SINHYP(Zahl)	Liefert den hyperbolischen Sinus des angegebenen Werts.
SPALTE(Bezug)	Liefert die Spaltennummer eines Bereichs.
SPALTEN(Matrix)	Liefert die Anzahl der Spalten eines Bereichs oder einer Matrix.

Funktion	Beschreibung
STABW(Zahl1; Zahl2; ...)	Schätzt die Standardabweichung auf der Basis einer Stichprobe.
STABW.N(Zahl1; Zahl2; ...)	Berechnet die Standardabweichung auf der Basis der Grundgesamtheit.
STABW.S(Zahl1; Zahl2; ...)	Schätzt die Standardabweichung auf der Basis einer Stichprobe.
STABWA(Wert1; Wert2; ...)	Schätzt die Standardabweichung auf der Basis einer Stichprobe, wobei auch Zellen mit Texten oder Wahrheitswerten berücksichtigt werden.
STABWN(Zahl1; Zahl2; ...)	Berechnet die Standardabweichung auf der Basis der Grundgesamtheit.
STABWNA(Wert1; Wert2; ...)	Berechnet die Standardabweichung auf der Basis der Grundgesamtheit, wobei auch Zellen mit Texten oder Wahrheitswerten berücksichtigt werden.
STANDARDISIERUNG(x; Mittelwert; Standabwn)	Berechnet Werte einer Normalverteilung in Werte einer Standardnormalverteilung um.
STANDNORMINV(Wahrsch)	Liefert Quantile der Standardnormalverteilung.
STANDNORMVERT(z)	Gibt die Wahrscheinlichkeit dafür an, dass eine Zufallsvariable aus einer Standardnormalverteilung den Wert *z* oder kleiner annimmt.
STEIGUNG(Y_Werte; X_Werte)	Liefert die Steigung für eine Regressionsgerade.
STFEHLERYX(Y_Werte; X_Werte)	Liefert den Standardschätzfehler bei linearer Regression.
STUNDE(Zahl)	Liefert den Stundenanteil eines Zeitwerts.
SUCHEN(Suchtext; Text; Erstes_Zeichen)	Überprüft, ob die mit *Suchtext* angegebene Zeichenfolge in einer anderen Zeichenfolge vorkommt.
SUMME(Zahl1; Zahl2; ...)	Berechnet die Summe der angegebenen Argumente.
SUMMENPRODUKT(Array1; Array2; Array3; ...)	Bewirkt, dass die Elemente der Matrizen miteinander multipliziert und anschließend die Multiplikationsergebnisse summiert werden.
SUMMEWENN(Bereich; Suchkriterien; Summe_Bereich)	Berechnet die Summe der Werte, die das angegebene Kriterium erfüllen.
SUMMEWENNS(Summe_Bereich; Kriterium_Bereich1; Kriterien1; Kriterium_Bereich2; Kriterien2 ...)	Berechnet die Summe der Werte, die mehrere Kriterien erfüllen.
SUMMEX2MY2(Matrix_x; Matrix_y)	Subtrahiert die Summen der quadrierten x-Werte und der quadrierten y-Werte.
SUMMEX2PY2(Matrix_x; Matrix_y)	Addiert die Summen der quadrierten x-Werte und der quadrierten y-Werte.
SUMMEXMY2(Matrix_x; Matrix_y)	Bewirkt, dass die Differenz zwischen x-Werten und y-Werten ausquadriert wird und dann die einzelnen Werte aufsummiert werden.

Funktion	Beschreibung
SUMQUADABW(Zahl1; Zahl2; ...)	Gibt die Summe der quadratischen Abweichungen aus.
SVERWEIS(Suchkriterium; Matrix; Spaltenindex; Bereich_Verweis)	Ermittelt, ausgehend von einer Zelle in einer Matrix, den Inhalt der Zelle in derselben Zeile einer anderen Spalte.
T(Wert)	Überprüft, ob das mit *Wert* angegebene Argument eine Zahl oder eine Zeichenfolge liefert.
T.INV(Wahrsch; Freiheitsgrade)	Liefert linksseitige Quantile der T-Verteilung.
T.INV.2S(Wahrsch; Freiheitsgrade)	Liefert zweiseitige Quantile der T-Verteilung.
T.TEST(Matrix1; Matrix2; Seiten; Typ)	Liefert Werte für den Vergleich zweier Stichproben.
T.VERT(x; Freiheitsgrade; Kumuliert)	Liefert linksseitige Wahrscheinlichkeitswerte einer t-verteilten Zufallsvariablen.
T.VERT.2S(x; Freiheitsgrade)	Liefert zweiseitige Wahrscheinlichkeitswerte einer t-verteilten Zufallsvariablen.
T.VERT.RE(x; Freiheitsgrade)	Liefert rechtsseitige Wahrscheinlichkeitswerte einer t-verteilten Zufallsvariablen.
TAG(Zahl)	Gibt die Tagesnummer eines Datumswerts aus.
TAGE360(Ausgangsdatum; Enddatum; Methode)	Gibt die Anzahl der Tage zwischen zwei verschiedenen Daten aus, wobei das Jahr mit 360 Tagen gerechnet wird.
TAN(Zahl)	Berechnet den Tangens des angegebenen Winkels.
TANHYP(Zahl)	Liefert den hyperbolischen Tangens.
TBILLÄQUIV(Abrechnung; Fälligkeit; Abzinsungssatz)	Berechnet die vergleichsweise jährliche Verzinsung eines Schatzwechsels (Treasury Bill).
TBILLKURS(Abrechnung; Fälligkeit; Abzinsungssatz)	Berechnet den Ausgabekurs für einen Schatzwechsel.
TBILLRENDITE(Abrechnung; Fälligkeit; Pr)	Berechnet die Rendite eines Schatzwechsels.
TEIL(Text; Erstes_Zeichen; Anzahl_Zeichen)	Schneidet aus der Zeichenfolge eine Unterzeichenfolge aus.
TEILERGEBNIS(Funktion; Bezug1; Bezug2; ...)	Gibt ein Teilergebnis aus einer Tabelle oder Datenbank zurück.
TEXT(Wert; Textformat)	Wandelt einen numerischen Wert in einen Text um.
TINV(Wahrsch; Freiheitsgrade)	Liefert Quantile der T-Verteilung.
TREND(Y_Werte; X_Werte; Neue_x_Werte; Konstante)	Berechnet auf der Basis der linearen Regression geschätzte y-Werte.
TTEST(Matrix1; Matrix2; Seiten; Typ)	Liefert Werte für den Vergleich zweier Stichproben.
TVERT(x; Freiheitsgrade; Seiten)	Liefert Wahrscheinlichkeiten für T-verteilte Zufallsvariablen.
TYP(Wert)	Liefert den Datentyp von *Wert*.
UMWANDELN(Zahl; Von_Maßeinheit; In_Maßeinheit)	Liefert Umrechnungen zwischen verschiedenen Maßeinheiten.

Funktion	Beschreibung
UND(Wahrheitswert1; Wahrheitswert2; ...)	Liefert nur WAHR, wenn alle Argumente WAHR sind, sonst FALSCH.
UNGERADE(Zahl)	Rundet Zahlen zur nächsten ungeraden Ganzzahl.
UNICODE(Text)	Liefert den Code für das erste Zeichen in *Text*.
UNIZEICHEN(Zahl)	Liefert das Unicode-Zeichen für den angegebenen Code.
UNREGER.KURS(Abrechnung; Fälligkeit; Emission; Erster_Zinstermin; Zins; Rendite; Rückzahlung; Häufigkeit; Basis)	Liefert den Kurswert eines festverzinslichen Wertpapiers mit abweichender erster Zinsperiode.
UNREGER.REND(Abrechnung; Fälligkeit; Emission; Erster_Zinstermin; Zins; Kurs; Rückzahlung; Häufigkeit; Basis)	Liefert die Rendite eines festverzinslichen Wertpapiers mit abweichender erster Zinsperiode.
UNREGLE.KURS(Abrechnung; Fälligkeit; Letzter_Zinstermin; Zins; Rendite; Rückzahlung; Häufigkeit; Basis)	Liefert den Kurswert eines festverzinslichen Wertpapiers mit abweichender letzter Zinsperiode.
UNREGLE.REND(Abrechnung; Fälligkeit; Letzter_Zinstermin; Zins; Kurs; Rückzahlung; Häufigkeit; Basis)	Liefert die Rendite eines festverzinslichen Wertpapiers mit abweichender letzter Zinsperiode.
UNTERGRENZE(Zahl; Schritt)	Rundet eine Zahl auf das nächste Vielfache von *Schritt*.
UNTERGRENZE.MATHEMATIK(Zahl; Schritt; Modus)	Rundet Werte auf das nächste Vielfache von *Schritt* ab.
URLCODIEREN(Text)	Konvertiert Text in eine URL-codierte Zeichenfolge.
VAR.P(Zahl1; Zahl2; ...)	Berechnet die Varianz auf der Basis der Grundgesamtheit.
VAR.S(Zahl1; Zahl2; ...)	Schätzt die Varianz der Grundgesamtheit auf der Basis einer Stichprobe.
VARIANZ(Zahl1; Zahl2; ...)	Schätzt die Varianz der Grundgesamtheit auf der Basis einer Stichprobe.
VARIANZA(Wert1; Wert2; ...)	Schätzt die Varianz der Grundgesamtheit auf der Basis einer Stichprobe, wobei auch Zellen mit Texten oder Wahrheitswerten berücksichtigt werden.
VARIANZEN(Zahl1; Zahl2; ...)	Berechnet die Varianz auf der Basis der Grundgesamtheit.
VARIANZENA(Wert1; Wert2; ...)	Berechnet die Varianz auf der Basis der Grundgesamtheit, wobei auch Zellen mit Texten oder Wahrheitswerten berücksichtigt werden.
VARIATION(Y_Werte; X_Werte; Neue_x_Werte; Konstante)	Berechnet Werte, die sich aus einem exponentiellen Trend ergeben.
VARIATIONEN(n; k)	Berechnet die Reihe von geordneten Folgen, die mit den angegebenen Argumenten möglich sind.
VARIATIONEN2(Zahl; gewählte_Zahl)	Berechnet die Anzahl der Permutationen für die angegebene Anzahl von Objekten (mit Wiederholungen), die aus der Gesamtmenge der Objekte ausgewählt werden können.

Funktion	Beschreibung
VDB(Ansch_Wert; Restwert; Nutzungsdauer; Anfang; Ende; Faktor; Nicht_wechseln)	Berechnet die Abschreibungsrate nach der variabel-degressiven Methode.
VERGLEICH(Suchkriterium; Suchmatrix; Vergleichstyp)	Durchsucht eine *Suchmatrix* bzw. einen Bereich nach einem *Suchkriterium* und gibt die relative Position aus.
VERKETTEN(Text1; Text2; ...)	Verknüpft Zeichenfolgen miteinander.
VERWEIS(Suchkriterium; Matrix)	Durchsucht die Werte einer Matrix.
VERWEIS(Suchkriterium; Suchvektor; Ergebnisvektor)	Durchsucht die Werte eines Vektors.
VORZEICHEN(Zahl)	Ergibt bei positiven Zahlen 1, bei negativen Zahlen –1 und bei Null 0.
VRUNDEN(Zahl; Vielfaches)	Rundet Werte auf das nächste erreichbare Vielfache.
WAHL(Index; Wert1; Wert2; ...)	Liefert einen Wert aus einer Liste von *Werten*.
WAHR()	Trägt den Wahrheitswert WAHR in eine Zelle ein.
WAHRSCHBEREICH(Beob_Werte; Beob_Wahrsch; Untergrenze; Obergrenze)	Berechnet die Wahrscheinlichkeit dafür, dass ein Beobachtungswert in das angegebene Intervall fällt.
WEBDIENST(URL)	Gibt Daten von einem Webdienst zurück.
WECHSELN(Text; Alter_Text; Neuer_Text; Ntes_Auftreten)	Ersetzt alten Text durch neuen Text in der Zeichenfolge.
WEIBULL(x; Alpha; Beta; Kumuliert)	Liefert Wahrscheinlichkeiten für eine Weibull-verteilte Zufallsvariable.
WEIBULL.VERT(x; Alpha; Beta; Kumuliert)	Liefert die Wahrscheinlichkeiten für eine Weibull-verteilte Zufallsvariable.
WENN(Prüfung; Dann_Wert; Sonst_Wert)	Liefert den Dann_Wert, wenn Wahrheitsprüfung WAHR ergibt, sonst den Sonst_Wert.
WENNFEHLER(Wert; Wert_falls_Fehler)	Erlaubt es, im Fehlerfall benutzerdefinierte Fehleranzeigen auszugeben.
WENNNV(Wert; Wert_bei_NV)	Gibt den ersten Wert zurück, wenn der Ausdruck nicht den Fehlerwert *#N/V* liefert, andernfalls den zweiten Wert.
WERT(Text)	Wandelt die Zeichenfolge in einen numerischen Wert um, sofern die Zeichen ein gültiges Zahlenformat ergeben.
WIEDERHOLEN(Text; Multiplikator)	Wiederholt in der Zelle die angegebene Zeichenfolge n-mal.
WOCHENTAG(Zahl; Typ)	Liefert die Wochentagsnummer eines Datumswerts.
WURZEL(Zahl)	Ermittelt die Quadratwurzel einer Zahl.
WURZELPI(Zahl)	Liefert die Quadratwurzel aus *Zahl* * PI.
WVERWEIS(Suchkriterium; Matrix; Zeilenindex; Bereich_Verweis)	Ermittelt, ausgehend von einer Zelle in einer Matrix, den Inhalt der Zelle in derselben Spalte.
XINTZINSFUSS(Werte; Zeitpkte; Schätzwert)	Berechnet den internen Zinssatz für eine Reihe von unregelmäßigen Zahlungsvorgängen im unterjährigen Bereich.

Funktion	Beschreibung
XKAPITALWERT(Zins; Werte; Zeitpkte)	Berechnet den Nettokapitalwert für eine Reihe von unregelmäßigen Zahlungsvorgängen im unterjährigen Bereich.
XMLFILTERN(xml; xpath)	Liefert aus XML-Inhalten die mit dem XPath-Ausdruck bestimmten Daten.
XODER(Wahrheitswert1; Wahrheitswert2; ...)	Gibt ein ausschließliches Oder aller Argumente zurück.
ZÄHLENWENN(Bereich; Suchkriterien)	Gibt die Anzahl der nicht leeren Zellen im Bereich, die dem angegebenen Kriterium entsprechen, an.
ZÄHLENWENNS(Kriterienbereich1; Kriterien1; Kriterienbereich2;Kriterien2...)	Gibt die Anzahl der nicht leeren Zellen im Bereich, die mehreren Kriterien entsprechen, an.
ZAHLENWERT(Text; Dezimaltrennzeichen; Gruppentrennzeichen)	Konvertiert unabhängig vom aktuellen Gebietsschema Text in Zahlen.
ZEICHEN(Zahl)	Liefert das der Codezahl entsprechende Zeichen.
ZEILE(Bezug)	Liefert die Zeilennummer eines Bezugs.
ZEILEN(Matrix)	Liefert die Anzahl der Zeilen eines Bereichs oder einer Matrix.
ZEIT(Stunde; Minute; Sekunde)	Berechnet eine serielle Zahl für die eingegebene Uhrzeit.
ZEITWERT(Zeit)	Wandelt die Zeichenfolge in einen Zeitwert um.
ZELLE(Infotyp; Bezug)	Gibt verschiedene Informationen über eine Zelle aus.
ZINS(Zzr; Rmz; Bw; Zw; F; Schätzwert)	Berechnet den Zinssatz einer Investition bei regelmäßigen Auszahlungen.
ZINSSATZ(Abrechnung; Fälligkeit; Anlage; Rückzahlung; Basis)	Berechnet den (jährlichen) Zinssatz für eine Investition, bei der zwischen Abrechnung und Rückzahlung keine Zinsen ausgeschüttet werden.
ZINSTERMNZ(Abrechnung; Fälligkeit; Häufigkeit; Basis)	Berechnet das Datum der ersten Zinsausschüttung.
ZINSTERMTAGE(Abrechnung; Fälligkeit; Häufigkeit; Basis)	Berechnet die Anzahl der Tage in derjenigen Zinsperiode, in die der Abrechnungszeitpunkt fällt.
ZINSTERMTAGNZ(Abrechnung; Fälligkeit; Häufigkeit; Basis)	Berechnet die Tage bis zum ersten Zinstermin.
ZINSTERMTAGVA(Abrechnung; Fälligkeit; Häufigkeit; Basis)	Berechnet die Tage vom letzten Zinstermin bis zur Abrechnung.
ZINSTERMVZ(Abrechnung; Fälligkeit; Häufigkeit; Basis)	Berechnet das Datum des letzten Zinstermins.
ZINSTERMZAHL(Abrechnung; Fälligkeit; Häufigkeit; Basis)	Berechnet die Zahl der Zinstermine zwischen Kaufdatum und Fälligkeitsdatum.
ZINSZ(Zins; Zr; Zzr; Bw; Zw; F)	Berechnet den Zinsanteil für die Abzahlung eines Darlehens.
ZSATZINVEST(Zzr; Bw; Zw)	Berechnet den effektiven Jahreszins für den Wertzuwachs einer Investition.

Funktion	Beschreibung
ZUFALLSBEREICH(Untere_Zahl; Obere_Zahl)	Erzeugt ganzzahlige Zufallszahlen zwischen *Untere_Zahl* und *Obere_Zahl*.
ZUFALLSZAHL()	Produziert Zufallszahlen zwischen 0 und 1.
ZW(Zins; Zzr; Rmz; Bw; F)	Berechnet den zukünftigen Wert auf der Grundlage regelmäßiger Zahlungen.
ZW2(Kapital; Zinsen)	Berechnet den Endwert eines Kapitals, das mit wechselnden Zinsen verzinst wird.
ZWEIFAKULTÄT(Zahl)	Liefert die Doppelfakultät einer positiven Zahl.
ZZR(Zins; Rmz; Bw; Zw; F)	Berechnet die Zahl der Zahlungsperioden für die Tilgung eines Darlehens.

Anhang B
Funktionenliste Deutsch – Englisch/Englisch – Deutsch

B.1 Deutsch – Englisch

ABRUNDEN()	ROUNDDOWN()
ABS()	ABS()
ACHSENABSCHNITT()	INTERCEPT()
ADRESSE()	ADDRESS()
AGGREGAT()	AGGREGATE()
AMORDEGRK()	AMORDEGRC()
AMORLINEARK()	AMORLINC()
ANZAHL()	COUNT()
ANZAHL2()	COUNTA()
ANZAHLLEEREZELLEN()	COUNTBLANK()
ARABISCH()	ARABIC()
ARBEITSTAG()	WORKDAY()
ARBEITSTAG.INTL()	WORKDAY.INTL()
ARCCOS()	ACOS()
ARCCOSHYP()	ACOSH()
ARCCOT()	ACOT()
ARCCOTHYP()	ACOTH()
ARCSIN()	ASIN()
ARCSINHYP()	ASINH()
ARCTAN()	ATAN()
ARCTAN2()	ATAN2()
ARCTANHYP()	ATANH()
AUFGELZINS()	ACCRINT()
AUFGELZINSF()	ACCRINTM()
AUFRUNDEN()	ROUNDUP()
AUSZAHLUNG()	INTRATE()
BAHTTEXT()	BAHTTEXT()
BASIS()	BASE()
BEREICH.VERSCHIEBEN()	OFFSET()
BEREICHE()	AREAS()
BESSELI()	BESSELI()
BESSELJ()	BESSELJ()
BESSELK()	BESSELK()
BESSELY()	BESSELY()
BESTIMMTHEITSMASS()	RSQ()
BETA.INV()	BETA.INV()
BETA.VERT()	BETA.DIST()
BETAINV()	BETAINV()
BETAVERT()	BETADIST()
BININDEZ()	BIN2DEC()
BININHEX()	BIN2HEX()
BININOKT()	BIN2OCT()
BINOM.INV()	BINOM.INV()
BINOM.VERT()	BINOM.DIST()
BINOM.VERT.BEREICH()	BINOM.DIST.RANGE()
BINOMVERT()	BINOMDIST()
BITODER()	BITOR()
BITRVERSCHIEB()	BITRSHIFT()

BITUND()	BITAND()
BITLVERSCHIEB()	BITLSHIFT()
BITXODER()	BITXOR()
BLATT()	SHEET()
BLÄTTER()	SHEETS()
BOGENMASS()	RADIANS()
BRTEILJAHRE()	YEARFRAC()
BW()	PV()
CHIINV()	CHIINV()
CHIQU.INV()	CHISQ.INV()
CHIQU.INV.RE()	CHISQ.INV.RT()
CHIQU.TEST()	CHISQ.TEST()
CHIQU.VERT()	CHISQ.DIST()
CHIQU.VERT.RE()	CHISQ.DIST.RT()
CHITEST()	CHITEST()
CHIVERT()	CHIDIST()
CODE()	CODE()
COS()	COS()
COSEC()	CSC()
COSECHYP()	CSCH()
COSHYP()	COSH()
COT()	COT()
COTHYP()	COTH()
CUBEELEMENT()	CUBEMEMBER()
CUBEELEMENT-EIGENSCHAFT()	CUBEMEMBER-PROPERTY()
CUBEKPIELEMENT()	CUBEKPIMEMBER()
CUBEMENGE()	CUBESET()
CUBEMENGENANZAHL()	CUBESETCOUNT()
CUBERANGEELEMENT()	CUBERANKEDMEMBER()
CUBEWERT()	CUBEVALUE()
DATEDIF()	DATEDIF()
DATUM()	DATE()
DATWERT()	DATEVALUE()
DBANZAHL()	DCOUNT()
DBANZAHL2()	DCOUNTA()
DBAUSZUG()	DGET()
DBMAX()	DMAX()
DBMIN()	DMIN()

DBMITTELWERT()	DAVERAGE()
DBPRODUKT()	DPRODUCT()
DBSTDABW()	DSTDEV()
DBSTDABWN()	DSTDEVP()
DBSUMME()	DSUM()
DBVARIANZ()	DVAR()
DBVARIANZEN()	DVARP()
DELTA()	DELTA()
DEZIMAL()	DECIMAL()
DEZINBIN()	DEC2BIN()
DEZINHEX()	DEC2HEX()
DEZINOKT()	DEC2OCT()
DIA()	SYD()
DISAGIO()	DISC()
DM()	DOLLAR()
DURATION()	DURATION()
EDATUM()	EDATE()
EFFEKTIV()	EFFECT()
ERSETZEN()	REPLACE()
EXP()	EXP()
EXPON.VERT()	EXPON.DIST()
EXPONVERT()	EXPONDIST()
F.INV()	F.INV()
F.INV.RE()	F.INV.RT()
F.TEST()	F.TEST()
F.VERT()	F.DIST()
F.VERT.RE()	F.DIST.RT()
FAKULTÄT()	FACT()
FALSCH()	FALSE()
FEHLER.TYP()	ERROR.TYPE()
FEST()	FIXED()
FINDEN()	FIND()
FINV()	FINV()
FISHER()	FISHER()
FISHERINV()	FISHERINV()
FORMELTEXT()	FORMULATEXT()
FTEST()	FTEST()
FVERT()	FDIST()
G.TEST()	G.TEST()

GAMMA()	GAMMA()
GAMMA.INV()	GAMMA.INV()
GAMMA.VERT()	GAMMA.DIST()
GAMMAINV()	GAMMAINV()
GAMMALN()	GAMMALN()
GAMMALN.GENAU()	GAMMALN.PRECISE()
GAMMAVERT()	GAMMADIST()
GANZZAHL()	INT()
GAUSS()	GAUSS()
GAUSSF.GENAU()	ERF.PRECISE()
GAUSSFEHLER()	ERF()
GAUSSFKOMPL()	ERFC()
GAUSSFKOMPL.GENAU()	ERFC.PRECISE()
GDA()	DDB()
GDA2()	DB()
GEOMITTEL()	GEOMEAN()
GERADE()	EVEN()
GESTUTZTMITTEL()	TRIMMEAN()
GGANZZAHL()	GESTEP()
GGT()	GCD()
GLÄTTEN()	TRIM()
GRAD()	DEGREES()
GROSS()	UPPER()
GROSS2()	PROPER()
GTEST()	ZTEST()
HARMITTEL()	HARMEAN()
HÄUFIGKEIT()	FREQUENCY()
HEUTE()	TODAY()
HEXINBIN()	HEX2BIN()
HEXINDEZ()	HEX2DEC()
HEXINOKT()	HEX2OCT()
HYPERLINK()	HYPERLINK()
HYPGEOM.VERT()	HYPGEOM.DIST()
HYPGEOMVERT()	HYPGEOMDIST()
IDENTISCH()	EXACT()
IKV()	IRR()
IMABS()	IMABS()
IMAGINÄRTEIL()	IMAGINARY()
IMAPOTENZ()	IMPOWER()
IMARGUMENT()	IMARGUMENT()
IMCOS()	IMCOS()
IMCOSEC()	IMCSC()
IMCOSECHYP()	IMCSCH()
IMCOSHYP()	IMCOSH()
IMCOT()	IMCOT()
IMDIV()	IMDIV()
IMEXP()	IMEXP()
IMKONJUGIERTE()	IMCONJUGATE()
IMLN()	IMLN()
IMLOG10()	IMLOG10()
IMLOG2()	IMLOG2()
IMPRODUKT()	IMPRODUCT()
IMREALTEIL()	IMREAL()
IMSEC()	IMSEC()
IMSECHYP()	IMSECH()
IMSIN()	IMSIN()
IMSINHYP()	IMSINH()
IMSUB()	IMSUB()
IMSUMME()	IMSUM()
IMTAN()	IMTAN()
IMWURZEL()	IMSQRT()
INDEX()	INDEX()
INDIREKT()	INDIRECT()
INFO()	INFO()
ISOKALENDERWOCHE()	ISOWEEKNUM()
ISPMT()	ISPMT()
ISTBEZUG()	ISREF()
ISTFEHL()	ISERR()
ISTFEHLER()	ISERROR()
ISTFORMEL()	ISFORMULA()
ISTGERADE()	ISEVEN()
ISTKTEXT()	ISNONTEXT()
ISTLEER()	ISBLANK()
ISTLOG()	ISLOGICAL()
ISTNV()	ISNA()
ISTTEXT()	ISTEXT()
ISTUNGERADE()	ISODD()
ISTZAHL()	ISNUMBER()

JAHR()	YEAR()
JETZT()	NOW()
KALENDERWOCHE()	WEEKNUM()
KAPZ()	PPMT()
KGRÖSSTE()	LARGE()
KGV()	LCM()
KKLEINSTE()	SMALL()
KLEIN()	LOWER()
KOMBINATIONEN()	COMBIN()
KOMBINATIONEN2()	COMBINA()
KOMPLEXE()	COMPLEX()
KONFIDENZ()	CONFIDENCE()
KONFIDENZ.NORM()	CONFIDENCE.NORM()
KONFIDENZ.T()	CONFIDENCE.T()
KORREL()	CORREL()
KOVAR()	COVAR()
KOVARIANZ.P()	COVARIANCE.P()
KOVARIANZ.S()	COVARIANCE.S()
KRITBINOM()	CRITBINOM()
KÜRZEN()	TRUNC()
KUMKAPITAL()	CUMPRINC()
KUMZINSZ()	CUMIPMT()
KURS()	PRICE()
KURSDISAGIO()	PRICEDISC()
KURSFÄLLIG()	PRICEMAT()
KURT()	KURT()
LÄNGE()	LEN()
LIA()	SLN()
LINKS()	LEFT()
LN()	LN()
LOG()	LOG()
LOG10()	LOG10()
LOGINV()	LOGINV()
LOGNORM.INV()	LOGNORM.INV()
LOGNORM.VERT()	LOGNORM.DIST()
LOGNORMVERT()	LOGNORMDIST()
MAX()	MAX()
MAXA()	MAXA()
MDET()	MDETERM()

MDURATION()	MDURATION()
MEDIAN()	MEDIAN()
MEINHEIT()	MUNIT()
MIN()	MIN()
MINA()	MINA()
MINUTE()	MINUTE()
MINV()	MINVERSE()
MITTELABW()	AVEDEV()
MITTELWERT()	AVERAGE()
MITTELWERTA()	AVERAGEA()
MITTELWERTWENN()	AVERAGEIF()
MITTELWERTWENNS()	AVERAGEIFS()
MMULT()	MMULT()
MODALWERT()	MODE()
MODUS.EINF()	MODE.SNGL()
MODUS.VIELF()	MODE.MULT()
MONAT()	MONTH()
MONATSENDE()	EOMONTH()
MTRANS()	TRANSPOSE()
N()	N()
NBW()	NPV()
NEGBINOM.VERT()	NEGBINOM.DIST()
NEGBINOMVERT()	NEGBINOMDIST()
NETTOARBEITSTAGE()	NETWORKDAYS()
NETTAARBEITSTAGE.INTL()	NETWORKDAYS.INTL()
NICHT()	NOT()
NOMINAL()	NOMINAL()
NORM.INV()	NORM.INV()
NORM.S.INV()	NORM.S.INV()
NORM.S.VERT()	NORM.S.DIST()
NORM.VERT()	NORM.DIST()
NORMINV()	NORMINV()
NORMVERT()	NORMDIST()
NOTIERUNGBRU()	DOLLARFR()
NOTIERUNGDEZ()	DOLLARDE()
NV()	NA()
OBERGRENZE()	CEILING()
OPERGRENZE.MATHEMATIK()	CEILING.PRECISE()

ODER()	OR()
OKTINBIN()	OCT2BIN()
OKTINDEZ()	OCT2DEC()
OKTINHEX()	OCT2HEX()
PDURATION()	PDURATION()
PEARSON()	PEARSON()
PHI()	PHI()
PI()	PI()
PIVOTDATENZUORDNEN()	GETPIVOTDATA()
POISSON()	POISSON()
POISSON.VERT()	POISSON.DIST()
POLYNOMIAL()	MULTINOMIAL()
POTENZ()	POWER()
POTENZREIHE()	SERIESSUM()
PRODUKT()	PRODUCT()
QIKV()	MIRR()
QUADRATESUMME()	SUMSQ()
QUANTIL()	PERCENTILE()
QUANTIL.EXKL()	PERCENTILE.EXC()
QUANTIL.INKL()	PERCENTILE.INC()
QUANTILSRANG()	PERCENTRANK()
QUANTILSRANG.EXKL()	PERCENTRANK.EXC()
QUANTILSRANG.INKL()	PERCENTRANK.INC()
QUARTILE()	QUARTILE()
QUARTILE.EXKL()	QUARTILE.EXC()
QUARTILE.INKL()	QUARTILE.INC()
QUOTIENT()	QUOTIENT()
RANG()	RANK()
RANG.GLEICH()	RANK.EQ()
RANG.MITTELW()	RANK.AVG()
RECHTS()	RIGHT()
RENDITE()	YIELD()
RENDITEDIS()	YIELDDISC()
RENDITEFÄLL()	YIELDMAT()
REST()	MOD()
RGP()	LINEST()
RKP()	LOGEST()
RMZ()	PMT()
RÖMISCH()	ROMAN()
RTD()	RTD()
RUNDEN()	ROUND()
SÄUBERN()	CLEAN()
SCHÄTZER()	FORECAST()
SCHIEFE()	SKEW()
SCHIEFE.P()	SKEW.P()
SEC()	SEC()
SECHYP()	SECH()
SEKUNDE()	SECOND()
SIN()	SIN()
SINHYP()	SINH()
SPALTE()	COLUMN()
SPALTEN()	COLUMNS()
STABW()	STDEV()
STABW.N()	STDEV.P()
STABW.S()	STDEV.S()
STABWA()	STDEVA()
STABWN()	STDEVP()
STABWNA()	STDEVPA()
STANDARDISIERUNG()	STANDARDIZE()
STANDNORMINV()	NORMSINV()
STANDNORMVERT()	NORMSDIST()
STEIGUNG()	SLOPE()
STFEHLERYX()	STEYX()
STUNDE()	HOUR()
SUCHEN()	SEARCH()
SUMME()	SUM()
SUMMENPRODUKT()	SUMPRODUCT()
SUMMEWENN()	SUMIF()
SUMMEWENNS()	SUMIFS()
SUMMEX2MY2()	SUMX2MY2()
SUMMEX2PY2()	SUMX2PY2()
SUMMEXMY2()	SUMXMY2()
SUMQUADABW()	DEVSQ()
SVERWEIS()	VLOOKUP()
T()	T()
T.INV()	T.INV()
T.INV.2S()	T.INV.2T()
T.TEST()	T.TEST()

T.VERT()	T.DIST()
T.VERT.2S()	T.DIST.2T()
T.VERT.RE()	T.DIST.RT()
TAG()	DAY()
TAGE360()	DAYS360()
TAN()	TAN()
TANHYP()	TANH()
TBILLÄQUIV()	TBILLEQ()
TBILLKURS()	TBILLPRICE()
TBILLRENDITE()	TBILLYIELD()
TEIL()	MID()
TEILERGEBNIS()	SUBTOTAL()
TEXT()	TEXT()
TINV()	TINV()
TREND()	TREND()
TTEST()	TTEST()
TVERT()	TDIST()
TYP()	TYPE()
UMWANDELN()	CONVERT()
UND()	AND()
UNGERADE()	ODD()
UNICODE()	UNICODE()
UNIZEICHEN()	UNICHAR()
UNREGER.KURS()	ODDFPRICE()
UNREGER.REND()	ODDFYIELD()
UNREGLE.KURS()	ODDLPRICE()
UNREGLE.REND()	ODDLYIELD()
UNTERGRENZE()	FLOOR()
UNTERGRENZE.MATHEMATIK()	FLOOR.PRECISE()
URLCODIEREN()	ENCODEURL()
VAR.P()	VAR.P()
VAR.S()	VAR.S()
VARIANZ()	VAR()
VARIANZA()	VARA()
VARIANZEN()	VARP()
VARIANZENA()	VARPA()
VARIATION()	GROWTH()
VARIATIONEN()	PERMUT()

VARIATIONEN2()	PERMUTATIONA()
VDB()	VDB()
VERGLEICH()	MATCH()
VERKETTEN()	CONCATENATE()
VERWEIS()	LOOKUP()
VORZEICHEN()	SIGN()
VRUNDEN()	MROUND()
WAHL()	CHOOSE()
WAHR()	TRUE()
WAHRSCHBEREICH()	PROB()
WEBDIENST()	WEBSERVICE()
WECHSELN()	SUBSTITUTE()
WEIBULL()	WEIBULL()
WEIBULL.VERT()	WEIBULL.DIST()
WENN()	IF()
WENNFEHLER()	IFERROR()
WENNNV()	IFNA()
WERT()	VALUE()
WIEDERHOLEN()	REPT()
WOCHENTAG()	WEEKDAY()
WURZEL()	SQRT()
WURZELPI()	SQRTPI()
WVERWEIS()	HLOOKUP()
XINTZINSFUSS()	XIRR()
XKAPITALWERT()	XNPV()
XMLFILTERN()	FILTERXML()
XODER()	XOR()
ZÄHLENWENN()	COUNTIF()
ZÄHLENWENNS()	COUNTIFS()
ZAHLENWERT()	NUMBERVALUE()
ZEICHEN()	CHAR()
ZEILE()	ROW()
ZEILEN()	ROWS()
ZEIT()	TIME()
ZEITWERT()	TIMEVALUE()
ZELLE()	CELL()
ZINS()	RATE()
ZINSSATZ()	RECEIVED()
ZINSTERMNZ()	COUPNCD()

ZINSTERMTAGE()	COUPDAYS()
ZINSTERMTAGNZ()	COUPDAYSNC()
ZINSTERMTAGVA()	COUPDAYBS()
ZINSTERMVZ()	COUPPCD()
ZINSTERMZAHL()	COUPNUM()
ZINSZ()	IPMT()
ZSATZINVEST()	RRI()
ZUFALLSBEREICH()	RANDBETWEEN()
ZUFALLSZAHL()	RAND()
ZW()	FV()
ZW2()	FVSCHEDULE()
ZWEIFAKULTÄT()	FACTDOUBLE()
ZZR()	NPER()

B.2 Englisch – Deutsch

ABS()	ABS()
ACCRINT()	AUFGELZINS()
ACCRINTM()	AUFGELZINSF()
ACOS()	ARCCOS()
ACOSH()	ARCCOSHYP()
ACOT()	ARCCOT()
ACOTH()	ARCCOTHYP()
ADDRESS()	ADRESSE()
AGGREGATE()	AGGREGAT()
AMORDEGRC()	AMORDEGRK()
AMORLINC()	AMORLINEARK()
AND()	UND()
ARABIC()	ARABISCH()
AREAS()	BEREICHE()
ASIN()	ARCSIN()
ASINH()	ARCSINHYP()
ATAN()	ARCTAN()
ATAN2()	ARCTAN2()
ATANH()	ARCTANHYP()
AVEDEV()	MITTELABW()
AVERAGE()	MITTELWERT()
AVERAGEA()	MITTELWERTA()
AVERAGEIF()	MITTELWERTWENN()
AVERAGEIFS()	MITTELWERTWENNS()
BAHTTEXT()	BAHTTEXT()
BASE()	BASIS()
BESSELI()	BESSELI()
BESSELJ()	BESSELJ()
BESSELK()	BESSELK()
BESSELY()	BESSELY()
BETA.DIST()	BETA.VERT()
BETA.INV()	BETA.INV()
BETADIST()	BETAVERT()
BETAINV()	BETAINV()
BIN2DEC()	BININDEZ()
BIN2HEX()	BININHEX()
BIN2OCT()	BININOKT()
BINOM.DIST()	BINOM.VERT()
BINOM.DIST.RANGE()	BINOM.VERT.BEREICH()
BINOM.INV()	BINOM.INV()
BINOMDIST()	BINOMVERT()
BITAND()	BITUND()
BITLSHIFT()	BITLVERSCHIEB()
BITOR()	BITODER()
BITRSHIFT()	BITRVERSCHIEB()
BITXOR()	BITXODER()
CEILING()	OBERGRENZE()
CEILING.PRECISE()	OPERGRENZE.MATHEMATIK()
CELL()	ZELLE()
CHAR()	ZEICHEN()
CHIDIST()	CHIVERT()
CHIINV()	CHIINV()
CHISQ.DIST()	CHIQU.VERT()
CHISQ.DIST.RT()	CHIQU.VERT.RE()
CHISQ.INV()	CHIQU.INV()
CHISQ.INV.RT()	CHIQU.INV.RE()
CHISQ.TEST()	CHIQU.TEST()
CHITEST()	CHITEST()
CHOOSE()	WAHL()
CLEAN()	SÄUBERN()

CODE()	CODE()
COLUMN()	SPALTE()
COLUMNS()	SPALTEN()
COMBIN()	KOMBINATIONEN()
COMBINA()	KOMBINATIONEN2()
COMPLEX()	KOMPLEXE()
CONCATENATE()	VERKETTEN()
CONFIDENCE()	KONFIDENZ()
CONFIDENCE.NORM()	KONFIDENZ.NORM()
CONFIDENCE.T()	KONFIDENZ.T()
CONVERT()	UMWANDELN()
CORREL()	KORREL()
COS()	COS()
COSH()	COSHYP()
COT()	COT()
COTH()	COTHYP()
COUNT()	ANZAHL()
COUNTA()	ANZAHL2()
COUNTBLANK()	ANZAHLLEEREZELLEN()
COUNTIF()	ZÄHLENWENN()
COUNTIFS()	ZÄHLENWENNS()
COUPDAYBS()	ZINSTERMTAGVA()
COUPDAYS()	ZINSTERMTAGE()
COUPDAYSNC()	ZINSTERMTAGNZ()
COUPNCD()	ZINSTERMNZ()
COUPNUM()	ZINSTERMZAHL()
COUPPCD()	ZINSTERMVZ()
COVAR()	KOVAR()
COVARIANCE.P()	KOVARIANZ.P()
COVARIANCE.S()	KOVARIANZ.S()
CRITBINOM()	KRITBINOM()
CSC()	COSEC()
CSCH()	COSECHYP()
CUBEKPIMEMBER()	CUBEKPIELEMENT()
CUBEMEMBER()	CUBEELEMENT()
CUBEMEMBERPROPERTY()	CUBEELEMENT-EIGENSCHAFT()
CUBERANKEDMEMBER()	CUBERANGEELEMENT()
CUBESET()	CUBEMENGE()
CUBESETCOUNT()	CUBEMENGENANZAHL()
CUBEVALUE()	CUBEWERT()
CUMIPMT()	KUMZINSZ()
CUMPRINC()	KUMKAPITAL()
DATE()	DATUM()
DATEDIF()	DATEDIF()
DATEVALUE()	DATWERT()
DAVERAGE()	DBMITTELWERT()
DAY()	TAG()
DAYS360()	TAGE360()
DB()	GDA2()
DCOUNT()	DBANZAHL()
DCOUNTA()	DBANZAHL2()
DDB()	GDA()
DEC2BIN()	DEZINBIN()
DEC2HEX()	DEZINHEX()
DEC2OCT()	DEZINOKT()
DECIMAL()	DEZIMAL()
DEGREES()	GRAD()
DELTA()	DELTA()
DEVSQ()	SUMQUADABW()
DGET()	DBAUSZUG()
DISC()	DISAGIO()
DMAX()	DBMAX()
DMIN()	DBMIN()
DOLLAR()	DM()
DOLLARDE()	NOTIERUNGDEZ()
DOLLARFR()	NOTIERUNGBRU()
DPRODUCT()	DBPRODUKT()
DSTDEV()	DBSTDABW()
DSTDEVP()	DBSTDABWN()
DSUM()	DBSUMME()
DURATION()	DURATION()
DVAR()	DBVARIANZ()
DVARP()	DBVARIANZEN()
EDATE()	EDATUM()
EFFECT()	EFFEKTIV()
ENCODEURL()	URLCODIEREN()
EOMONTH()	MONATSENDE()

ERF()	GAUSSFEHLER()
ERF.PRECISE()	GAUSSF.GENAU()
ERFC()	GAUSSFKOMPL()
ERFC.PRECISE()	GAUSSFKOMPL.GENAU()
ERROR.TYPE()	FEHLER.TYP()
EVEN()	GERADE()
EXACT()	IDENTISCH()
EXP()	EXP()
EXPON.DIST()	EXPON.VERT()
EXPONDIST()	EXPONVERT()
F.DIST()	F.VERT()
F.DIST.RT()	F.VERT.RE()
F.INV()	F.INV()
F.INV.RT()	F.INV.RE()
F.TEST()	F.TEST()
FACT()	FAKULTÄT()
FACTDOUBLE()	ZWEIFAKULTÄT()
FALSE()	FALSCH()
FDIST()	FVERT()
FILTERXML()	XMLFILTERN()
FIND()	FINDEN()
FINV()	FINV()
FISHER()	FISHER()
FISHERINV()	FISHERINV()
FIXED()	FEST()
FLOOR()	UNTERGRENZE()
FLOOR.PRECISE()	UNTERGRENZE.MATHEMATIK()
FORECAST()	SCHÄTZER()
FORMULATEXT()	FORMELTEXT()
FREQUENCY()	HÄUFIGKEIT()
FTEST()	FTEST()
FV()	ZW()
FVSCHEDULE()	ZW2()
G.TEST()	G.TEST()
GAMMA()	GAMMA()
GAMMA.DIST()	GAMMA.VERT()
GAMMA.INV()	GAMMA.INV()
GAMMADIST()	GAMMAVERT()

GAMMAINV()	GAMMAINV()
GAMMALN()	GAMMALN()
GAMMALN.PRECISE()	GAMMALN.GENAU()
GAUSS()	GAUSS()
GCD()	GGT()
GEOMEAN()	GEOMITTEL()
GESTEP()	GGANZZAHL()
GETPIVOTDATA()	PIVOTDATENZUORDNEN()
GROWTH()	VARIATION()
HARMEAN()	HARMITTEL()
HEX2BIN()	HEXINBIN()
HEX2DEC()	HEXINDEZ()
HEX2OCT()	HEXINOKT()
HLOOKUP()	WVERWEIS()
HOUR()	STUNDE()
HYPERLINK()	HYPERLINK()
HYPGEOM.DIST()	HYPGEOM.VERT()
HYPGEOMDIST()	HYPGEOMVERT()
IF()	WENN()
IFERROR()	WENNFEHLER()
IFNA()	WENNNV()
IMABS()	IMABS()
IMAGINARY()	IMAGINÄRTEIL()
IMARGUMENT()	IMARGUMENT()
IMCONJUGATE()	IMKONJUGIERTE()
IMCOS()	IMCOS()
IMCOSH()	IMCOSHYP()
IMCOT()	IMCOT()
IMCSC()	IMCOSEC()
IMCSCH()	IMCOSECHYP()
IMDIV()	IMDIV()
IMEXP()	IMEXP()
IMLN()	IMLN()
IMLOG10()	IMLOG10()
IMLOG2()	IMLOG2()
IMPOWER()	IMAPOTENZ()
IMPRODUCT()	IMPRODUKT()
IMREAL()	IMREALTEIL()
IMSEC()	IMSEC()

IMSECH()	IMSECHYP()
IMSIN()	IMSIN()
IMSINH()	IMSINHYP()
IMSQRT()	IMWURZEL()
IMSUB()	IMSUB()
IMSUM()	IMSUMME()
IMTAN()	IMTAN()
INDEX()	INDEX()
INDIRECT()	INDIREKT()
INFO()	INFO()
INT()	GANZZAHL()
INTERCEPT()	ACHSENABSCHNITT()
INTRATE()	AUSZAHLUNG()
IPMT()	ZINSZ()
IRR()	IKV()
ISBLANK()	ISTLEER()
ISERR()	ISTFEHL()
ISERROR()	ISTFEHLER()
ISEVEN()	ISTGERADE()
ISFORMULA()	ISTFORMEL()
ISLOGICAL()	ISTLOG()
ISNA()	ISTNV()
ISNONTEXT()	ISTKTEXT()
ISNUMBER()	ISTZAHL()
ISODD()	ISTUNGERADE()
ISOWEEKNUM()	ISOKALENDERWOCHE()
ISPMT()	ISPMT()
ISREF()	ISTBEZUG()
ISTEXT()	ISTTEXT()
KURT()	KURT()
LARGE()	KGRÖSSTE()
LCM()	KGV()
LEFT()	LINKS()
LEN()	LÄNGE()
LINEST()	RGP()
LN()	LN()
LOG()	LOG()
LOG10()	LOG10()
LOGEST()	RKP()

LOGINV()	LOGINV()
LOGNORM.DIST()	LOGNORM.VERT()
LOGNORM.INV()	LOGNORM.INV()
LOGNORMDIST()	LOGNORMVERT()
LOOKUP()	VERWEIS()
LOWER()	KLEIN()
MATCH()	VERGLEICH()
MAX()	MAX()
MAXA()	MAXA()
MDETERM()	MDET()
MDURATION()	MDURATION()
MEDIAN()	MEDIAN()
MID()	TEIL()
MIN()	MIN()
MINA()	MINA()
MINUTE()	MINUTE()
MINVERSE()	MINV()
MIRR()	QIKV()
MMULT()	MMULT()
MOD()	REST()
MODE()	MODALWERT()
MODE.MULT()	MODUS.VIELF()
MODE.SNGL()	MODUS.EINF()
MONTH()	MONAT()
MROUND()	VRUNDEN()
MULTINOMIAL()	POLYNOMIAL()
MUNIT()	MEINHEIT()
N()	N()
NA()	NV()
NEGBINOM.DIST()	NEGBINOM.VERT()
NEGBINOMDIST()	NEGBINOMVERT()
NETWORKDAYS()	NETTOARBEITSTAGE()
NETWORKDAYS.INTL()	NETTAARBEITSTAGE.INTL()
NOMINAL()	NOMINAL()
NORM.DIST()	NORM.VERT()
NORM.INV()	NORM.INV()
NORM.S.DIST()	NORM.S.VERT()
NORM.S.INV()	NORM.S.INV()
NORMDIST()	NORMVERT()

NORMINV()	NORMINV()
NORMSDIST()	STANDNORMVERT()
NORMSINV()	STANDNORMINV()
NOT()	NICHT()
NOW()	JETZT()
NPER()	ZZR()
NPV()	NBW()
NUMBERVALUE()	ZAHLENWERT()
OCT2BIN()	OKTINBIN()
OCT2DEC()	OKTINDEZ()
OCT2HEX()	OKTINHEX()
ODD()	UNGERADE()
ODDFPRICE()	UNREGER.KURS()
ODDFYIELD()	UNREGER.REND()
ODDLPRICE()	UNREGLE.KURS()
ODDLYIELD()	UNREGLE.REND()
OFFSET()	BEREICH.VERSCHIEBEN()
OR()	ODER()
PDURATION()	PDURATION ()
PEARSON()	PEARSON()
PERCENTILE()	QUANTIL()
PERCENTILE.EXC()	QUANTIL.EXKL()
PERCENTILE.INC()	QUANTIL.INKL()
PERCENTRANK()	QUANTILSRANG()
PERCENTRANK.EXC()	QUANTILSRANG.EXKL()
PERCENTRANK.INC()	QUANTILSRANG.INKL()
PERMUT()	VARIATIONEN()
PERMUTATIONA()	VARIATIONEN2()
PHI()	PHI()
PI()	PI()
PMT()	RMZ()
POISSON()	POISSON()
POISSON.DIST()	POISSON.VERT()
POWER()	POTENZ()
PPMT()	KAPZ()
PRICE()	KURS()
PRICEDISC()	KURSDISAGIO()
PRICEMAT()	KURSFÄLLIG()
PROB()	WAHRSCHBEREICH()

PRODUCT()	PRODUKT()
PROPER()	GROSS2()
PV()	BW()
QUARTILE()	QUARTILE()
QUARTILE.EXC()	QUARTILE.EXKL()
QUARTILE.INC()	QUARTILE.INKL()
QUOTIENT()	QUOTIENT()
RADIANS()	BOGENMASS()
RAND()	ZUFALLSZAHL()
RANDBETWEEN()	ZUFALLSBEREICH()
RANK()	RANG()
RANK.AVG()	RANG.MITTELW()
RANK.EQ()	RANG.GLEICH()
RATE()	ZINS()
RECEIVED()	ZINSSATZ()
REPLACE()	ERSETZEN()
REPT()	WIEDERHOLEN()
RIGHT()	RECHTS()
ROMAN()	RÖMISCH()
ROUND()	RUNDEN()
ROUNDDOWN()	ABRUNDEN()
ROUNDUP()	AUFRUNDEN()
ROW()	ZEILE()
ROWS()	ZEILEN()
RRI()	ZSATZINVEST()
RSQ()	BESTIMMTHEITSMASS()
RTD()	RTD()
SEARCH()	SUCHEN()
SEC()	SEC()
SECH()	SECHYP()
SECOND()	SEKUNDE()
SERIESSUM()	POTENZREIHE()
SHEET()	BLATT()
SHEETS()	BLÄTTER()
SIGN()	VORZEICHEN()
SIN()	SIN()
SINH()	SINHYP()
SKEW()	SCHIEFE()
SKEW.P()	SCHIEFE.P()

SLN()	LIA()
SLOPE()	STEIGUNG()
SMALL()	KKLEINSTE()
SQRT()	WURZEL()
SQRTPI()	WURZELPI()
STANDARDIZE()	STANDARDISIERUNG()
STDEV()	STABW()
STDEV.P()	STABW.N()
STDEV.S()	STABW.S()
STDEVA()	STABWA()
STDEVP()	STABWN()
STDEVPA()	STABWNA()
STEYX()	STFEHLERYX()
SUBSTITUTE()	WECHSELN()
SUBTOTAL()	TEILERGEBNIS()
SUM()	SUMME()
SUMIF()	SUMMEWENN()
SUMIFS()	SUMMEWENNS()
SUMPRODUCT()	SUMMENPRODUKT()
SUMSQ()	QUADRATESUMME()
SUMX2MY2()	SUMMEX2MY2()
SUMX2PY2()	SUMMEX2PY2()
SUMXMY2()	SUMMEXMY2()
SYD()	DIA()
T()	T()
T.DIST()	T.VERT()
T.DIST.2T()	T.VERT.2S()
T.DIST.RT()	T.VERT.RE()
T.INV()	T.INV()
T.INV.2T()	T.INV.2S()
T.TEST()	T.TEST()
TAN()	TAN()
TANH()	TANHYP()
TBILLEQ()	TBILLÄQUIV()
TBILLPRICE()	TBILLKURS()
TBILLYIELD()	TBILLRENDITE()
TDIST()	TVERT()
TEXT()	TEXT()
TIME()	ZEIT()

TIMEVALUE()	ZEITWERT()
TINV()	TINV()
TODAY()	HEUTE()
TRANSPOSE()	MTRANS()
TREND()	TREND()
TRIM()	GLÄTTEN()
TRIMMEAN()	GESTUTZTMITTEL()
TRUE()	WAHR()
TRUNC()	KÜRZEN()
TTEST()	TTEST()
TYPE()	TYP()
UNICHAR()	UNIZEICHEN()
UNICODE()	UNICODE()
UPPER()	GROSS()
VALUE()	WERT()
VAR()	VARIANZ()
VAR.P()	VAR.P()
VAR.S()	VAR.S()
VARA()	VARIANZA()
VARP()	VARIANZEN()
VARPA()	VARIANZENA()
VDB()	VDB()
VLOOKUP()	SVERWEIS()
WEBSERVICE()	WEBDIENST()
WEEKDAY()	WOCHENTAG()
WEEKNUM()	KALENDERWOCHE()
WEIBULL()	WEIBULL()
WEIBULL.DIST()	WEIBULL.VERT()
WORKDAY()	ARBEITSTAG()
WORKDAY.INTL()	ARBEITSTAG.INTL()
XIRR()	XINTZINSFUSS()
XNPV()	XKAPITALWERT()
XOR()	XODER()
YEAR()	JAHR()
YEARFRAC()	BRTEILJAHRE()
YIELD()	RENDITE()
YIELDDISC()	RENDITEDIS()
YIELDMAT()	RENDITEFÄLL()
ZTEST()	GTEST()

Anhang C
Funktionstasten, Tasten und Tastenkombinationen

C.1 Allgemeine Tastenfunktionen im Überblick

In Tabelle C.1 finden Sie eine Reihe von einzelnen Tasten, Funktionstasten und Tastenkombinationen, mit denen Sie zahlreiche Aufgaben in Excel erledigen können, ohne das Menüband oder die Schnellzugriffsleiste bemühen zu müssen. Das ist oft eine große Hilfe, insbesondere für Leute, die sich durch zu viel Mausarbeit Empfindlichkeiten an den Sehnenscheiden zugezogen haben.

Für Tastenkombinationen werden mehrere Tasten entweder einzeln oder gemischt verwendet: Strg, ⇧, Alt, manchmal auch zwei davon gleichzeitig. In all diesen Fällen müssen alle Tasten der Kombination gleichzeitig gedrückt werden, anders also als bei den Tastenreihen, mit denen Befehle des Menübands ebenfalls aufgerufen werden können. Dies wurde ja bereits in Kapitel 1, »Excel 2013 kennenlernen« ab Seite 70 beschrieben.

Es sei noch der Hinweis erlaubt, dass in der Hilfe zu Excel einige Angaben zu den Tastenkombinationen für die deutsche Version nicht zutreffen.

Eine in früheren Versionen gerne verwendete Tastenkombination zum Anzeigen der Formeln anstelle der Werte – Strg + # – wird in der deutschen Version zwar zu dem entsprechenden Befehl in **Formeln > Formelüberwachung > Formel anzeigen** in der QuickInfo angezeigt, steht aber nicht zur Verfügung. Am einfachsten ist es, den Befehl über das Kontextmenü in die Schnellzugriffsleiste zu übernehmen. Dann steht er ständig zur Verfügung.

Taste/Tastenkombination	Beschreibung
Alt	Zeigt die Tasteninfos für den Zugriff auf die Befehle im Menüband.
Alt + =	Fügt die Funktion *=SUMME()* ein.
Alt + F1	Erstellt aus den markierten Daten ein eingebettetes Diagramm mit dem Standarddiagrammtyp.
Alt + F4	Beendet Excel.
Alt + F8	Zeigt das Dialogfeld **Makro** an.
Alt + F11	Öffnet das Fenster des VBA-Editors.
Alt + ⇧ + F1	Fügt ein neues Tabellenblatt in die Arbeitsmappe ein.
↵	Bestätigt eine Eingabe oder einen Befehl.
Esc	Bricht eine Eingabe oder einen Befehl ab.
F1	Ruft die Hilfe auf.
F2	Öffnet die Zelle zur Bearbeitung.
F4	Wiederholt eine Aktion oder einen Befehl.
F5	Öffnet den Dialog **Gehe zu**.
F6	Wechselt zwischen Fenster, Menüband und Aufgabenbereich oder springt zum nächsten Fensterausschnitt, wenn das Fenster geteilt ist.
F7	Aktiviert die Rechtschreibprüfung.
F8	Schaltet den Erweiterungsmodus ein oder aus.
F9	Startet die Neuberechnung in allen offenen Arbeitsmappen, falls die automatische Neuberechnung abgeschaltet ist.
F10	Zeigt die Tasteninfos für den Zugriff auf die Befehle im Menüband.
F11	Erstellt aus den aktuell markierten Tabellendaten ein Diagramm auf einem eigenen Blatt mit dem Standarddiagrammtyp.
F12	Öffnet den Dialog **Speichern unter**.
Strg + .	Fügt das aktuelle Systemdatum in die Zelle oder das Eingabefeld ein.
Strg + :	Fügt die aktuelle Systemzeit in die Zelle oder das Eingabefeld ein.
Strg + ,	Kopiert die Formel der Zelle über der aktiven Zelle in die aktive Zelle.
Strg + -	Entspricht dem Befehl **Zellen löschen**.
Strg + +	Öffnet den Dialog **Zellen einfügen**.
Strg + 1	Öffnet den Dialog **Zellen formatieren**.
Strg + 2	Formatiert die Auswahl fett oder hebt die Formatierung auf.
Strg + 3	Formatiert die Auswahl kursiv oder hebt die Formatierung auf.
Strg + 4	Unterstreicht die Auswahl oder hebt die Formatierung auf.
Strg + 5	Streicht die Auswahl durch oder hebt die Formatierung auf.
Strg + 6	Blendet grafische Objekte ein oder aus.

Taste/Tastenkombination	Beschreibung
Strg + 7	Blendet die Gliederungssymbole ein oder aus.
Strg + 8	Blendet die Spalten aus, in der die aktuell markierten Zellen liegen, wobei auch eine Mehrfachauswahl möglich ist.
Strg + 9	Blendet die Zeilen aus, in der die aktuell markierten Zellen liegen, wobei auch eine Mehrfachauswahl möglich ist.
Strg + Alt + V	Öffnet den Dialog **Inhalte einfügen**.
Strg + Bild ↑	vorheriges Blatt
Strg + Bild ↓	nächstes Blatt
Strg + A	Markiert das gesamte Tabellenblatt.
Strg + C	Kopiert die aktuelle Auswahl in die Zwischenablage.
Strg + F	Öffnet den Dialog **Suchen und Ersetzen** mit dem Register **Suchen**.
Strg + F1	Blendet das Menüband aus und ein.
Strg + F10	Schaltet für die aktive Arbeitsmappe die maximierte Ansicht ein und aus.
Strg + F11	Fügt ein neues Blatt für Excel 4-Makros in die Arbeitsmappe ein.
Strg + F2	Zeigt die Druckvorschau an.
Strg + F3	Öffnet den Dialog des Namens-Managers.
Strg + F4	Entspricht dem Befehl **Datei > Schließen**.
Strg + F5	Stellt die gewählte Größe des Arbeitsmappenfensters wieder her, wenn es maximiert worden ist.
Strg + F6 oder Strg + ⭾	Wechselt zur nächsten offenen Arbeitsmappe, falls mehrere Mappen gleichzeitig geöffnet sind.
Strg + F7	Erlaubt das Verschieben des Arbeitsmappenfensters, falls dieses nicht maximiert ist.
Strg + F8	Erlaubt das Ändern der Größe des Arbeitsmappenfensters, falls dieses nicht maximiert ist.
Strg + F9	Reduziert das Arbeitsmappenfenster auf ein Symbol.
Strg + G	Öffnet den Dialog **Gehe zu**.
Strg + H	Öffnet den Dialog **Suchen und Ersetzen** mit dem Register **Ersetzen**.
Strg + K	Öffnet den Dialog **Hyperlink einfügen**.
Strg + L	Öffnet den Dialog **Tabelle erstellen**.
Strg + Leertaste	Wählt die Spalte der aktiven Zelle aus.
Strg + N	Fügt eine neue Arbeitsmappe ein.
Strg + O	Öffnet den Dialog **Öffnen**.
Strg + P	Öffnet das Register **Datei** mit der Seite **Drucken**.
Strg + R	Kopiert in einem mehrspaltigen Bereich den Inhalt und das Format der ersten Spalte in die rechts benachbarten Zellen, entspricht also dem Befehl **Füllbereich > Rechts**.
Strg + S	Öffnet den Dialog **Speichern unter**.

Taste/Tastenkombination	Beschreibung
Strg + ⭾	Wechselt zur nächsten Arbeitsmappe, wenn mehrere Mappen geöffnet sind.
Strg + U	Kopiert in einem mehrzeiligen Bereich den Inhalt und das Format der ersten Zeile in die darunter liegenden Zellen, entspricht also dem Befehl **Füllbereich > Unten**.
Strg + ⇧ + +	Markiert den kompletten Datenblock, in dem die aktive Zelle liegt.
Strg + ⇧ + ␣	Umgibt die Markierung mit einem Außenrahmen.
Strg + ⇧ + ;	Kopiert den Wert der Zelle über der aktiven Zelle in die aktive Zelle, bei einer Formel also das Ergebnis, nicht die Formel.
Strg + ⇧ + /	Wählt das komplette Array aus, in dem die aktive Zelle liegt.
Strg + ⇧ + F12	Öffnet das Register **Datei** mit der Seite **Drucken**.
Strg + ⇧ + F3	Öffnet den Dialog **Namen aus Auswahl erstellen**, um Werte mit den benachbarten Beschriftungen zu benennen.
Strg + ⇧ + Leertaste	Wählt das ganze Tabellenblatt aus.
Strg + ⇧ + O	Wählt alle Zellen aus, für die Kommentare vorhanden sind.
Strg + ⇧ + ⭾	Wechselt zur vorherigen Arbeitsmappe, wenn mehrere Mappen geöffnet sind.
Strg + ⇧ + (	Blendet ausgeblendete Spalten in dem markierten Bereich ein.
Strg + ⇧ +)	Blendet ausgeblendete Zeilen in dem markierten Bereich ein.
Strg + ⇧ + $	Weist der Markierung ein zweistelliges Währungsformat zu.
Strg + ⇧ + %	Weist der Markierung ein Prozentformat zu.
Strg + ⇧ + !	Weist der Markierung ein zweistelliges Zahlenformat zu.
Strg + ⇧ + *	Markiert den aktuellen Zellbereich, der um die aktive Zelle herum vorhanden ist.
Strg + ⇧ + U	Unterstreicht die Auswahl oder hebt die Unterstreichung auf.
Strg + V	Fügt die aktuelle Auswahl aus der Zwischenablage ein.
Strg + W	Schließt das ausgewählte Arbeitsmappenfenster.
Strg + X	Schneidet die aktuelle Auswahl aus und übernimmt sie in die Zwischenablage.
Strg + Y	Wiederholt eine Aktion oder einen Befehl.
Strg + Z	Macht eine Aktion oder einen Befehl rückgängig.
⇧ + F10	Zeigt das Kontextmenü der aktuellen Auswahl an.
⇧ + F11	Fügt ein neues Tabellenblatt in die Arbeitsmappe ein.
⇧ + F2	Fügt einen neuen Kommentar hinzu oder öffnet einen Kommentar zur Bearbeitung.
⇧ + F3	Öffnet den Dialog **Funktion einfügen**.
⇧ + F5	Öffnet den Dialog **Suchen und Ersetzen**.
⇧ + F6	Rücksprung zwischen Fenster, Menüband und Aufgabenbereich oder Sprung zum nächsten Fensterausschnitt, wenn das Fenster geteilt ist
⇧ + F8	Schaltet den Modus **Hinzufügen** ein oder aus, um eine bestehende Auswahl zu erweitern.

Taste/Tastenkombination	Beschreibung
⇧ + F9	Berechnet nur das aktive Tabellenblatt neu, falls die automatische Neuberechnung ausgeschaltet ist.
⇧ + F12	Öffnet den Dialog **Speichern unter**.
⇧ + Leertaste	Wählt die Zeile der markierten Zellen aus.
⇧ + ↵	Reduziert Auswahl auf aktive Zelle.

Tabelle C.1 Liste der Tasten und Tastenkombinationen, die bei der Arbeit mit Excel zur Verfügung stehen

C.2 Editiertasten und -tastenkombinationen

Die Tasten und Tastenkombinationen in Tabelle C.2 können nur bei der Bearbeitung von Formeln oder anderen Zellinhalten verwendet werden.

Taste/Tastenkombination	Beschreibung
Alt + ↵	Beginnt eine neue Zeile in der Bearbeitungsleiste.
Ende	Zum Ende des Eingabefelds.
F2	Wechselt zwischen den Modi **Bearbeiten** und **Eingeben**.
F3	Öffnet bei der Eingabe von Formeln den Dialog **Namen einfügen**.
F4	Wechsel zwischen relativen und absoluten Adressen
F9	Verwandelt eine Formel in ihr Ergebnis.
→ / ←	ein Zeichen nach rechts/links
Pos1	zum Anfang des Eingabefelds
Strg + → / ←	zum Anfang des nächsten/letzten Wortes oder zum Ende/Anfang einer Zahl
Strg + ⇧ + → / ←	Erweitert die Markierung nach rechts/links.
⇧ + → / ←	Erweitert die Markierung nach rechts/links.

Tabelle C.2 Liste der Tasten und Tastenkombinationen, die beim Editieren in der Bearbeitungsleiste oder in der Zelle verwendet werden können

C.3 Navigations- und Markierungstasten

Die Navigations- und Markierungstasten, mit denen Sie sich möglichst schnell auf dem Tabellenblatt bewegen und Bereiche auswählen können, wurden zwar in Kapitel 2, »Kalkulationstabellen aufbauen«, ab Seite 127 schon vorgestellt, sollen aber hier noch einmal beigefügt werden, damit Sie nicht an zwei Stellen suchen müssen.

Taste/Tastenkombination	Wirkung
Bild ↑	ein Fenster nach oben
Bild ↓	ein Fenster nach unten
← oder ⇧ + ⇆	Spalte nach links
↑	Zeile nach oben
→ oder ⇆	Spalte nach rechts
↓	Zeile nach unten
Pos1	Sprung zum Zeilenanfang
Strg + Bild ↑	Sprung zum vorherigen Blatt
Strg + Bild ↓	Sprung zum nächsten Blatt
Strg + Ende	Sprung an das Ende des benutzten Tabellenbereichs
Strg + ←	Macht die aktive Zelle wieder sichtbar, wenn der Ausschnitt vorher mit einer Bildlaufleiste oder mit Rollen verschoben worden ist.
Strg + ←	Sprung in der Zeile nach links zum Anfang eines Datenblocks bzw. zum Ende des nächsten Datenblocks
Strg + ↑	Sprung in der Spalte nach oben zum Anfang eines Datenblocks bzw. zum Ende des nächsten Datenblocks
Strg + →	Sprung in der Zeile nach rechts zum Ende eines Datenblocks bzw. zum Anfang des nächsten Datenblocks
Strg + ↓	Sprung in der Spalte nach unten zum Ende eines Datenblocks bzw. zum Anfang des nächsten Datenblocks
Strg + Pos1	Sprung zum Tabellenanfang

Tabelle C.3 *Die Tastenfunktionen, mit denen Sie sich in der Tabelle bewegen können*

Tastenkombination	Wirkung
Strg + ⇧ + Richtungstaste	Ausweiten der Auswahl zum Ende/Anfang des Blocks in die Richtung der jeweiligen Taste bzw. zum Anfang/Ende des nächsten Datenblocks
Strg + ⇧ + Ende	Ausweiten der Auswahl bis an das Tabellenende
Strg + ⇧ + Leertaste	Auswählen der ganzen Tabelle
Strg + ⇧ + Pos1	Ausweiten der Auswahl bis zum Tabellenanfang
⇧ + Richtungstaste	Ausweiten der Auswahl um eine Zeile oder Spalte
⇧ + Bild ↑	Ausweiten der Auswahl um ein Fenster nach oben
⇧ + Bild ↓	Ausweiten der Auswahl um ein Fenster nach unten
⇧ + Leertaste	Auswählen der ganzen Zeile
⇧ + ←	Reduzieren der Auswahl auf die aktive Zelle
⇧ + Pos1	Ausweiten der Auswahl bis zum Zeilenanfang

Tabelle C.4 *Liste der Tastenkombinationen für die Markierung von Zellbereichen*

Anhang D
Die DVD zum Buch

Auf der DVD, die diesem Buch beiliegt, finden Sie alle Beispieldateien aus dem Buch und außerdem über eine Stunde Videoschulungen zu Excel 2013 mit unserem Trainer Harald Zinkann.

Beispieldateien

Alle im Buch verwendeten Beispiele finden Sie auch auf der DVD. Im Ordner Beispieldateien sind Unterordner angelegt, in denen die Dateien nach Kapiteln sortiert abgelegt sind. So können Sie alles, was im Buch beschrieben wird, sofort selbst ausprobieren oder auch als Vorlage benutzen, wenn Sie möchten.

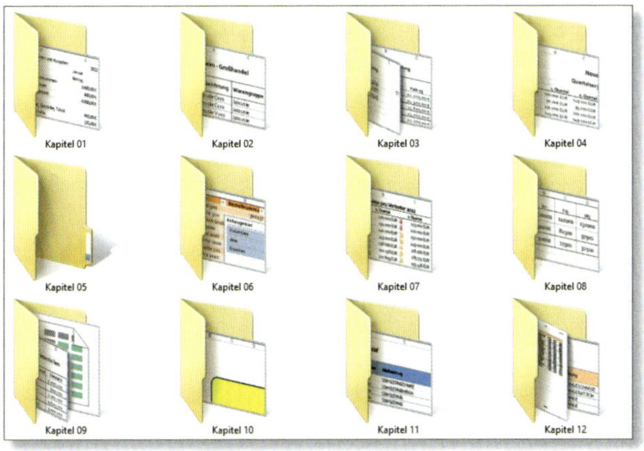

*^ **Abbildung D.1** Die Beispieldateien aus dem Buch*

Die Video-Anleitung zu Excel 2013

Im Ordner Video-Training finden Sie kurze Videoschulungen zu Excel 2013. Insgesamt befindet sich mehr als eine Stunde Filmmaterial auf der DVD. Harald Zinkann zeigt Ihnen, wie Sie mit Excel 2013 noch schneller arbeiten und wie Sie den neuen Service SkyDrive nutzen.

*^ **Abbildung D.2** Die Video-Lektionen auf der DVD sind ein Auszug aus dem Training »Excel 2013. Die verständliche Video-Anleitung« (ISBN: 978-3-8421-0084-8)*

Um das Video-Training zu starten, legen Sie bitte die DVD in das Laufwerk Ihres Rechners ein. Öffnen Sie danach im Ordner Video-Training die Datei »Start.exe«.

Die Video-Schulungen im Einzelnen:

1 Tipps für mehr Tempo [00:40 Std.]

In diesem Kapitel lernen Sie, wie Sie mit ein paar kleinen Tricks eine Menge Zeit sparen können:

1.1 Einleitung [00:28 Min.]

1.2 Aufwand sparen durch »AutoAusfüllen« [10:53 Min.]

1.3 Bereiche markieren, kopieren und löschen [12:16 Min.]

1.4 Drag-and-drop nutzen [02:26 Min.]

1.5 Zeilen und Spalten einfügen [07:13 Min.]

1.6 Spaltenbreite und Zeilenhöhe ändern [07:10 Min.]

2 SkyDrive im Einsatz [00:18 Std.]

In diesem Kapitel erläutert Ihnen Ihr Trainer,

2.1 Einleitung [00:31 Min.]

2.2 SkyDrive registrieren [03:31 Min.]

2.3 Daten in SkyDrive speichern [06:56 Min.]

2.4 SkyDrive per Datei-Explorer und Internet Explorer nutzen. [07:27 Min.]

Abbildung D.3 *Harald Zinkann zeigt Ihnen Excel 2013. Schauen Sie doch einmal in die Probelektionen hinein!*

Index

3D-Bezug ... 212
3D-Effekt ... 441
3D-Flächendiagramm ... 443
64 Bit ... 822
1904-Datumswert ... 251, 553
####-Anzeige ... 145
#NV ... 274

A

A1-Schreibweise ... 814
Abfrage bearbeiten ... 717
Abhängige Variable ... 376
ABRUNDEN() ... 530, 536
ABS() ... 536, 569
Absolute Bezüge ... 222
Access ... 714
Achsen ... 376
ACHSENABSCHNITT() ... 584
Achsenbeschriftungen ... 378
Achsenskalierung ... 376
Achsenunterteilungen ... 378
Add-In laden ... 91
Add-Ins ... 92
Addition ... 205
ADRESSE() ... 611
Adressen, Bezug ... 222
Adressierungsarten ... 814
AGGREGAT() ... 213, 528, 536
Aktualisierung von Verknüpfungen ... 735
Als PDF senden ... 516
Als XPS senden ... 516
Alternativer Text ... 464
AMORDEGRK() ... 546
AMORLINEARK() ... 546
Analyse-Funktionen ... 694, 92, 695
Änderungen
  hervorheben ... 773
  nachverfolgen ... 774
  protokollieren ... 773
  verfolgen ... 772
Änderungswert, maximaler ... 250
An E-Mail-Empfänger senden ... 516
Ansicht ... 197
  normal ... 77
  Seitenlayout ... 77
  Umbruchvorschau ... 77
  Zoom ... 195
ANSI-Code ... 744
Anteilsdiagramme ... 379
ANZAHL() ... 561, 584
ANZAHL2() ... 561, 584
ANZAHLLEEREZELLEN() ... 584
Anzeigeoptionen ... 88
Application-Objekt ... 819
Apps für Office ... 92
ARABISCH() ... 536
Arbeitsblätter per Tastatur blättern ... 140
Arbeitsmappe ... 49
  freigeben ... 771, 774, 784
  neue ... 799
  Optionen ... 251
  schützen ... 783
Arbeitsmappenanalyse ... 677
ARBEITSTAG() ... 556
ARBEITSTAG.INTL() ... 556
ARCCOS() ... 536
ARCCOSHYP() ... 536
ARCCOT() ... 536
ARCCOTHYP() ... 536
ARCSIN() ... 536
ARCSINHYP() ... 536
ARCTAN() ... 536
ARCTAN2() ... 536
ARCTANHYP() ... 537
Area-Funktionen ... 536
Arithmetische Formeln ... 203
Arithmetische Reihen ... 159
ASCII-Code ... 744
ASCII-Datei ... 743
AUFGELZINS() ... 546
AUFGELZINSF() ... 546
AUFRUNDEN() ... 530, 537
Ausblenden ... 320
Ausfüllkästchen ... 89, 160
Ausschneiden ... 172

Auswahl
Cursor bewegen ... 134
Mehrfachauswahl ... 133
per Tastatur ... 134
Zeilen und Spalten ... 132
AUSZAHLUNG() ... 546
AutoAusfüllen ... 160, 162, 330
Kopien ... 174
Symbol ... 153, 158
Auto-Ausfülloptionen ... 144
Autoformat, Hyperlinks ... 755
AutoGliederung ... 292
AutoKorrektur ... 754, 154
AutoVervollständigen ... 143
für Formeln ... 213
AutoWiederherstellen ... 120

B

Backstage-Ansicht ... 77
BAHTEXT() ... 599
Balkendiagramme ... 422
Barwertberechnung ... 298
BASIS() ... 537
Bearbeitungsleiste ... 71, 208
Bearbeitungsoptionen ... 89
Bearbeitungssprachen ... 87
Bedingte Formate ... 353
Bedingte Formatierung
Regeln ... 358
Regeln bearbeiten ... 364
Symbolsätze ... 359
Befehlsschaltfläche ... 854
Benutzerdefinierte Formate ... 271
Benutzerdefinierte Listen ... 162, 330
Benutzername ... 774
Benutzerrechte ... 300
Berechnen ... 248
periodische Datumsreihen ... 554
periodische Zeitreihen ... 555
Berechnete Kriterien ... 347
Berechnete Spalten ... 320
Berechnungsoptionen ... 248
Bereiche ... 843
fixieren ... 196
BEREICHE() ... 611
Bereiche für Benutzer ... 300
Bereichsadresse ... 222
Bereichsmarkierung ... 135
Bereichsnamen festlegen ... 228
BEREICH.VERSCHIEBEN() ... 609, 611
Berichtsfilter ... 629
Berichtsfilterbereich ... 624
Beschriftungsblock wiederholen ... 174
Beschriftungsfilter ... 656
BESSELI() ... 551
BESTIMMHEITSMASS() ... 440
BESTIMMTHEITSMASS() ... 584
Besuchter Hyperlink ... 759
BETA.INV() ... 584
BETAINV() ... 589
BETA.VERT() ... 584
BETAVERT() ... 589
Betrachtungshöhe ... 446
Bewegen in der Tabelle ... 135, 900
Bewertung mit bedingten Formaten ... 358
Bezeichnungsfeld ... 853
Beziehung erstellen ... 666
Bézierkurven ... 457
Bezug ... 322
absolut ... 222
eingeben ... 209
gemischt ... 222
Namen für Bezüge ... 226
relativ und absolut ... 221
teilabsolut ... 224
verschachteln ... 322
Bezugsart ... 52
Bibliotheken ... 101
Bild
auf Form zuschneiden ... 479
Bildkorrekturen ... 479
freistellen ... 478
komprimieren ... 481
künstlerische Effekte ... 478
Bildeffekte ... 481
Bildformatvorlagen ... 480
Bildlaufleisten ... 854
Bildschirmausschnitt ... 481
Bing-Bildersuche ... 481
Bing Maps ... 92
BININDEZ() ... 551
BININHEX() ... 551
BININOKT() ... 551
Binomialverteilung ... 575
BINOM.INV() ... 584
BINOM.VERT() ... 575, 584

BINOMVERT() 575, 589
BINOM.VERT.BEREICH() 584
BITODER() 551
BITRVERSCHIEB() 551
BITUND() 551
BITXODER() 551
Blatt 49
ausblenden 193
hinzufügen 191
löschen 193
verschieben/kopieren 194
BLATT () 615
BLÄTTER() 615
Blattname 230, 244
BlattName() 858
Blitzvorschau 163
BOGENMASS() 537
Bogenmaß 534
Börsendiagramm 432
BRTEILJAHRE() 556
Buchhaltungszahlenformat 40
BW() 547

C

Cascading Stylesheets 750
CHIINV() 589
Chi-Quadrat-Verteilung 581
CHIQU.INV() 582, 584
CHIQU.INV.RE() 585
CHIQU.TEST() 581, 583, 585
CHIQU.VERT() 581, 585
CHIQU.VERT.RE() 581, 585
CHITEST() 589
CHIVERT() 589
CODE() 599
Codierung 753
COS() 537
COSEC() 535, 537
COSECHYP() 537
COSHYP() 537
COT() 535, 537
COTHYP() 537
CSS 750, 753
CUBEELEMENT() 613
CUBEELEMENTEIGENSCHAFT() 613
CUBE-Funktionen 674
CUBEKPIELEMENT() 613
CUBEMENGE() 612, 613
CUBEMENGENANZAHL() 612, 613
CUBERANGELEMENT() 613
CUBEWERT() 613

D

DATEDIF() 556
Datei schließen 60
Dateiname 52, 107
Daten konsolidieren 679
Datenanalyse 694
Datenbalken 353
Datenbank 304, 591
Datenbankbereich 304
Datenbankfeld 591
Datenbankfunktionen 592
Datenbereichsformate erweitern 316
Datenblöcke 134
Datenliste 304
Datenmodell 665, 671
Datenpunkt formatieren 418
Datenpunkt gestalten 415
DATENREIHE() 387
Datenreihen formatieren 415
Datensätze eingeben 314
Datenschnitte 662, 342
Datenschnitttools 662
Datenschutzoptionen 794
Datensicherheit 783
Datentabelle 683
Datentools 165, 679, 683
Datentyp 204, 306, 521
Datenüberprüfung 165, 168
DATUM() 554, 556
Datum als numerischer Wert 147
Datumsformat 745, 269
Datumsfunktion 275
Datumssystem 553
Datumswert, 1904 251
Datumswerte 553
Datum und Zeit, Seriennummer 148
DATWERT() 556
DAX 668
DBANZAHL() 592
DBANZAHL2() 592
DBAUSZUG() 592
DBMAX() 593

DBMIN() 593
DBMITTELWERT() 593
DBPRODUKT() 593
DBSTDABW() 593
DBSTDABWN() 593
DBSUMME() 593
DBVARIANZ() 593
Definition eines Szenarios 688
Deklaration 823
DELTA() 551
Design 313
Designfarben 278, 283
Designs 278, 283
anpassen 284
Effekte 286
speichern 286
Designschriftarten 285
DEZIMAL() 537
Dezimalkomma automatisch setzen 147
Dezimalstellen 271
fixe 147
DEZINBIN() 550, 551
DEZINHEX() 550, 551
DEZINOKT() 550, 551
DIA() 547
Diagramm 47, 50
allgemein 376
Bearbeitungssymbole 392
Datenreihen 415
Design 408
erstellen 381
Filtersymbol 392
Gitternetzlinien 398
Innenringgröße 435
Kontextmenü 412
Layout 407
Legende 402
Muster 419
Schrift 409
+-Symbol 439
Titel 401
Zahlenformat 397
Zeile/Spalte wechseln 393
Diagrammansicht 672
Diagrammbereich formatieren 445
Diagramme 375
empfohlene 382
Entwurf 407
Diagrammformatvorlagen 407
Diagrammkopie 389
Diagrammlayouts 407
Diagrammtitel 379
Diagrammtyp 376, 379
ändern 388
auswählen 388
Dichtefunktion 579
DISAGIO() 547
Diskrete Werte 380, 560
Division 205
durch null 206
DM() 599
Document Themes 286
Dokument
Eigenschaften 108
Schreibschutz 118
schützen 298
speichern 100
suchen 115
Versionen 117
Zugangsschutz 118
Dokumentation 198
Dokumentprüfung 154
Do-Loop 828
Drehfeld 854
Dreidimensionale Formeln 212
Drilldown 670, 675
DRILLUP 676
Dropdown-Auswahlliste 143
Druckbereich festlegen 498
Drucken 48, 498
Markierung 498
Druck, Entwurfsqualität 505
Drucker 512
Druckqualität 505
Drucktitel 196
Duplikat entfernen 318
Duplikate 318, 324
DURATION() 547

E

EDATUM() 556
Editierformat 832
Editoroptionen 833
EFFEKTIV() 547
Eigene Datenquellen 715
Einfügebereich 173, 177

Einfügen ... 732
Objekt ... 736, 738
Zeile ... 315
Zeilen und Spalten ... 186
Einfügeoptionen ... 178
Eingabe
Bezüge ... 209
fixe Dezimalstellen ... 147
Zahlen ... 143
Eingabedialog ... 841
Eingeben, Datensatz ... 314
Einheiten anzeigen ... 397
E-Mail, Kopfdaten eingeben ... 517
Empfohlene PivotTables ... 631
Endemodus ... 136
Entfernen von Zellen ... 226
Entwicklertools ... 296
Ereignisse ... 820
Ergebniszellen ... 687
ERSETZEN() ... 597, 599
Euro Currency Tools ... 92
Events ... 820
Excel
64-Bit-Version ... 124
an Taskleiste anheften ... 57
Arbeitsbereich ... 49
Arbeitsblatt ... 49
Arbeitsmappe ... 49
Aufgabenbereiche ... 79
beim Start öffnen ... 60
Dateitypen ... 97
Datentypen ... 54
Hilfe ... 123
Kompatibilitätsmodus ... 97
Kontextmenüs ... 78
starten ... 55
Tastenfolgen ... 70
Tastenkombinationen ... 71
Verknüpfungen ... 58
Vorlagen ... 111
Zelle ... 49
Excel-Optionen ... 60, 240, 499
allgemein ... 85
anpassen ... 756
erweitert ... 87
Excel-Tabellen ... 304
Excel Web App ... 779
EXP() ... 537
EXPON.VERT() ... 585
EXPONVERT() ... 589
Export von Daten ... 740
Externe Daten abrufen ... 714
SQL Server ... 719
Externer Datenbereich ... 716

F

FAKULTÄT() ... 533, 537
FALSCH() ... 604
Farbskalen ... 358
Fehlerindikatoren ... 240
FEHLER.TYP() ... 613, 615
Fehlerüberprüfung ... 142, 239, 241, 275
Fehlerwerte ... 239
Fenster fixieren ... 196, 313
FEST() ... 598, 599
Filter ... 333
Filtern ... 333
FINDEN() ... 597, 599
Fingereingabe ... 143, 158, 256, 259
Blattwechsel ... 140
Paletten ... 257
Fingereingabemodus ... 61
Verschieben ... 174
F.INV() ... 585
FINV() ... 589
F.INV.RE() ... 585
FISHER() ... 585
FISHERINV() ... 585
Fixieren
erste Spalte ... 314
Fenster ... 313
oberste Zeile ... 314
Flächendiagramm ... 429
Flussdiagramm ... 459
Format ... 253
bedingte Formatierung ... 358
übernehmen ... 317
Zellen ... 253
Formatbeschreibung ... 270
Formatcodes ... 271
Formatieren, Hyperlink-Eintrag ... 759
Formatierung, Zellformat löschen ... 152
Formatvorlagen ... 286, 287, 308
Formeffekte ... 461, 481
Formelketten ... 202

Formeln ... 54, 201
- *arithmetische* ... 203
- *ausblenden* ... 299
- *Auswirkungen des Einfügens auf Formeln* ... 226
- *benannte Werte oder Formeln definieren* ... 231
- *Bereichsbezüge* ... 210
- *dreidimensionale* ... 212
- *erweitern* ... 316
- *externe Bezüge* ... 212
- *logische* ... 203, 206
- *Namen anwenden* ... 232
- *Operatoren* ... 204
- *Prioritäten* ... 204
- *Typen* ... 203
- *Verwendung von Formeln* ... 208
- *Zeichenfolgen* ... 203

FORMELTEXT() ... 611
Formelüberwachung ... 240, 243
Form formatieren ... 464
Formkontur ... 461
Formula ... 845
For-Next ... 828
Freigeben ... 776
Freihandform ... 458
F.TEST() ... 585
FTEST() ... 589
Führende Nullen ... 146
Füllbereich ... 157
Fülleffekte ... 461, 465
Füllfarbe ... 278
Function ... 857
Function-Prozedur ... 825
Funktionen ... 203, 207, 521, 527, 824
- *verschachtelte* ... 217

Funktionsassistent ... 217
Fußzeile ... 379, 505, 508
F.VERT() ... 585
FVERT() ... 589
F.VERT.RE() ... 585

G

GAMMA() ... 585
GAMMA.INV() ... 585
GAMMAINV() ... 589
GAMMALN() ... 585
GAMMALN.GENAU() ... 585
GAMMA.VERT() ... 585
GAMMAVERT() ... 589
GANZZAHL() ... 530, 537
GAUSS() ... 585
GAUSSFEHLER() ... 552
GAUSSF.GENAU() ... 552
GAUSSFKOMPL() ... 552
GAUSSFKOMPL.GENAU() ... 552
GDA() ... 543, 547
GDA2() ... 547
Gehe zu ... 137
- *aktueller Bereich* ... 139
- *aktuelles Array* ... 139
- *bedingte Formate* ... 139
- *Formeln* ... 139
- *Gültigkeitsprüfung* ... 139
- *Kommentare* ... 139
- *Konstanten* ... 139
- *Leerzellen* ... 139
- *letzte Zelle* ... 139
- *Nachfolgerzellen* ... 139
- *nur sichtbare Zellen* ... 139
- *Objekte* ... 139
- *Spaltenunterschiede* ... 139
- *Vorgängerzellen* ... 139
- *Zeilenunterschiede* ... 139

Gemischte Bezüge ... 222
Genauigkeit wie angezeigt ... 251
Geometrische Reihen ... 160
GEOMITTEL() ... 567, 585
GERADE() ... 537
Geschützte Ansicht ... 792
Gesperrte Objekte ... 463
GESTUTZTMITTEL() ... 567, 585
GGANZZAHL() ... 552
GGT() ... 537
Gitternetzlinien ... 378, 504
GLÄTTEN() ... 599, 602
Gleichung mit einer Unbekannten ... 699
Gleichungssysteme mit mehreren Unbekannten 703
Gliederungsebenen ... 292
Grad ... 534
GRAD() ... 537
Grafik einfügen ... 476
Grafisches Objekt ... 453
GROSS() ... 596, 599
GROSS2() ... 596, 599
Größenachse ... 376, 422
Grundgesamtheit ... 560

Gruppe
Analyse ... 694
Änderungen ... 771
anordnen ... 468, 469
Arbeitsmappenansichten ... 501
bearbeiten ... 325, 457
Code ... 800
Daten ... 318, 393
Formatvorlagen ... 759
Formenarten ... 461
Hyperlinks ... 753
Illustrationen ... 453, 474
PivotTable ... 624
Seite einrichten ... 500, 501, 509
SmartArt-Formatvorlagen ... 475
Steuerelemente ... 807
Tabellen ... 622
Text ... 453
Verbindungen ... 716
Gruppenbildung ... 331
Gruppierung ... 296
Gruppierung und Gliederung, Einstellungen ... 293
G.TEST() ... 585
GTEST() ... 589
Gültigkeitsregeln ... 164, 200

H

HARMITTEL() ... 567, 585
HÄUFIGKEIT() ... 563, 585
HEUTE() ... 556
HEXINBIN() ... 552
HEXINDEZ() ... 552
HEXINOKT() ... 552
Hilfe bei der Eingabe von Funktionen ... 213
Hintergrund ... 280
Histogramm ... 695
Hochformat, Papierformat ... 502
Höchstwert ... 432
HTML ... 749, 750
Hilfsdateien ... 753
HTML-Format ... 517
Hyperbolische Funktionen ... 535
Hyperdokument aus Arbeitsmappen ... 755
Hypergeometrische Verteilung ... 577
Hyperlink ... 753
als Tabellenfunktion ... 757
einfügen ... 755
von grafischem Objekt aus ... 759
Ziel ändern ... 760
HYPERLINK() ... 757, 611
Hyperlink-Adresse ... 757
Hyperlink-Formel ... 758
Hyperlink-Symbol ... 759
HYPGEOM.VERT() ... 585
HYPGEOMVERT() ... 589

I

IDENTISCH() ... 599
If-Then ... 827
IKV() ... 547
IMABS() ... 552
Image ... 854
IMAGINÄRTEIL() ... 552
IMAPOTENZ() ... 552
IMARGUMENT() ... 552
IMCOS() ... 552
IMCOSECHYP() ... 552
IMCOSHYP() ... 552
IMCOT() ... 552
IMDIV() ... 552
IMEXP() ... 552
IMKONJUGIERTE() ... 552
IMLN() ... 552
IMLOG2() ... 552
IMLOG10() ... 552
IMPRODUKT() ... 552
IMREALTEIL() ... 552
IMSEC() ... 552
IMSECHYP() ... 552
IMSIN() ... 552
IMSINHYP() ... 552
IMSUB() ... 552
IMSUMME() ... 552
IMTAN() ... 552
IMWURZEL() ... 553
INDEX() ... 607, 611
INDIREKT() ... 610, 611
INFO() ... 614, 615
Informationen
als abgeschlossen kennzeichnen ... 493
Dokument prüfen ... 488
Dokument verschlüsseln ... 493
Kompatibilitätsprüfung ... 491
Informationsfunktionen ... 613

Inhalt aktivieren ... 785
Inhalte einfügen ... 734
Inquire, Dateien vergleichen ... 678
INQUIRE ... 677
Internetfax ... 516
IQV ... 724
IQY-Datei ... 728
ISOKALENDERWOCHE ... 556
Isometrische Darstellung ... 446
ISPMT() ... 547
ISTBEZUG() ... 615
ISTFEHL() ... 615
ISTFEHLER() ... 615
ISTFORMEL() ... 615
ISTGERADE() ... 616
ISTKTEXT() ... 616
ISTLEER() ... 616
ISTLOG() ... 616
ISTNV() ... 616
ISTTEXT() ... 616
ISTUNGERADE() ... 616
ISTZAHL() ... 615, 616
Iterationszahl, maximale ... 250
Iterative Berechnungen ... 249

J

JAHR() ... 556
JETZT() ... 556

K

KALENDERWOCHE() ... 556
Kalkulationsmodell ... 127
Beschriftung ... 129
entwerfen ... 128
Kalkulationstabelle ... 37, 304
KAPZ() ... 542, 547
Kennwort ... 119
Kennwörter ... 783
KGRÖSSTE() ... 566, 586
KGV() ... 537
KKLEINSTE() ... 530, 566, 586
KLEIN() ... 596, 599
KOMBINATIONEN() ... 533, 537
KOMBINATIONEN2() ... 534, 537
Kombinationsfeld ... 854
Kommentar ... 53, 199
bearbeiten ... 200
drucken ... 504
einfügen ... 200
Kompatibilität
Funktionalitätsverlust ... 491
Genauigkeitsverlust ... 491
Kapazitätsunterschiede ... 491
Kompatibilitätsprüfung ... 492
Grenzwerte ... 492
KOMPLEXE() ... 553
KONFIDENZ() ... 589
KONFIDENZ.NORM() ... 586
KONFIDENZ.T() ... 586
Konsolidieren
nach Rubrik ... 680
Zielbereich ... 679
Konstanten ... 54
Konto ... 63
Kontrollkästchen ... 854
Konverter ... 740
Konvertieren ... 97
Koordinatensystem ... 376
Kopfzeile ... 505, 508
Kopieren ... 170
auf andere Blätter oder Mappen ... 176
in mehrere Blätter gleichzeitig ... 182
in Nachbarzellen ... 174
in nicht angrenzende Zellen ... 175
mit dem Kontextmenü ... 182
von Formeln ... 226
KORREL() ... 572, 586
KOVAR() ... 573, 590
KOVARIANZ.P() ... 573, 586
KOVARIANZ.S() ... 573, 586
Kreisdiagramm ... 377, 380
Kreissegmente ... 425
Kreisumfang() ... 858
KRITBINOM() ... 590
Kriterienbereich ... 304, 342, 345
KUMKAPITAL() ... 547
KUMZINSZ() ... 547
KURS() ... 547
KURSDISAGIO() ... 547
KURSFÄLLIG() ... 547
KURT() ... 586
Kurven ... 457
KÜRZEN() ... 531, 537
Kurzes Datumsformat ... 275

L

Lagerverwaltung ... 304, 321
LÄNGE() ... 597, 599
Legende ... 379
LIA() ... 542, 547
Liniendiagramm ... 423
LINKS() ... 596, 599
Liste, benutzerdefiniert ... 330
Listenfeld ... 854
Livevorschau ... 256
LN() ... 532, 537
LOG() ... 537
LOG10() ... 537
Logarithmus ... 532
LOGINV() ... 590
Logische Formeln ... 203, 206
Logische Vergleiche ... 601
LOGNORM.INV() ... 586
LOGNORM.VERT() ... 582, 586
LOGNORMVERT() ... 590
LongLong ... 822
Löschen ... 153
Zeile ... 315
Zellen ... 185
Zellformat ... 152
Zellinhalt ... 152
Löschmethoden ... 153

M

Makro ... 797
aufzeichnen ... 797, 798
Diagrammgestaltung ... 803
Formeln aufzeichnen ... 814
in Arbeitsmappe ... 799
Prozeduraufruf ... 816
relative Aufzeichnung ... 800
zuweisen ... 807
Makroviren ... 784
Manueller Seitenumbruch ... 500, 511
Markierungen ... 103
Math. AutoKorrektur ... 157
Matrix ... 521
Matrixformel ... 235
ändern ... 236
Mausmodus ... 61
MAX() ... 529, 586
MAXA() ... 586
Maximaler Änderungswert ... 250
MDET() ... 537
MDURATION() ... 547
MDX ... 612
MEDIAN() ... 565, 586
Mehrfachauswahl ... 133
Mehrfachbereiche per Tastatur auswählen ... 137
Mehrfachoperationen ... 248, 683
MEINHEIT() ... 537
Meldungsdialog ... 842
Menüband ... 66
anpassen ... 81
Anzeigeoptionen ... 78
zurücksetzen ... 84
Metadaten ... 847, 107, 487
MHTML-Dokument ... 752
MIN() ... 586
MINA() ... 586
Minisymbolleiste ... 266
MINUTE() ... 557
MINV() ... 537
MITTELABW() ... 586
MITTELWERT() ... 564, 586
MITTELWERTA() ... 586
MITTELWERTWENN() ... 564, 586
MITTELWERTWENNS() ... 565, 586
MMULT() ... 537
MODALWERT() ... 565, 590
Modus-Anzeigen ... 74
MODUS.EINF() ... 565, 586
Modus Fingereingabe ... 133
MODUS.VIELF() ... 565, 586
MONAT() ... 557
MONATSENDE() ... 557
MTRANS() ... 610, 611
MultiPage ... 854
Multiplikation ... 205
Multithreadberechnung ... 250
Muster ... 279, 416
Mustervorlage ... 816, 97, 289

N

N() ... 616
Namen ... 688
blattspezifisch ... 229
erstellen ... 230
Namenfeld ... 71, 137, 244

Namens-Manager ... 230
NBW() ... 547
Negative Binomialverteilung ... 576
NEGBINOM.VERT() ... 576, 586
NEGBINOMVERT() ... 576, 590
NETTOARBEITSTAGE() ... 557
NETTOARBEITSTAGE.INTL() ... 557
Netzdiagramm ... 377
Neuberechnung
Berechnungsoptionen ... 248
manuelle ... 248
NICHT() ... 600, 604
Nicht numerische x-Achse ... 380
NOMINAL() ... 547
Nominalskala ... 559
Normalverteilung ... 578, 579
NORM.INV() ... 582, 586
NORMINV() ... 590
NORM.S.INV() ... 587
NORM.S.VERT() ... 580, 587
NORM.VERT() ... 578, 587
NORMVERT() ... 590
NOTIERUNGBRU() ... 547
NOTIERUNGDEZ() ... 547
Numerische Achsen ... 376
Numerische Werte
Datum ... 147
Uhrzeit ... 147
NV() ... 616

O

Oberflächendatei ... 83
OBERGRENZE() ... 590
OBERGRENZE.GENAU() ... 531
OBERGRENZE.MATHEMATIK() ... 531, 537
Objekte ... 825
3D-Drehung ... 472
Abschrägung ... 472
ausrichten ... 469
gruppieren ... 470
markieren ... 457
Sichtbarkeit ... 468
Objektkatalog ... 820
Objektmodell ... 803, 820
Objektpositionierung ... 464
Objektsymbole ... 736
Objektverknüpfung ... 738
ODC ... 715
ODER() ... 600, 604
ODF ... 95, 98, 99
Office 365 ... 63
Office.com ... 191
Office-Zwischenablage ... 183
Öffnen ... 44
OKTINBIN() ... 553
OKTINDEZ() ... 553
OKTINHEX() ... 553
OLAP ... 612
Onlinegrafiken ... 481
OOXML ... 94
Validierung ... 768
OpenDocument ... 98
OpenDocument-Kalkulationstabelle ... 99
Open Office XML ... 94
Open XML ... 96, 99
Operatoren ... 826, 204
Optimale Breite bestimmen ... 189
Optionsfeld ... 854
Ordinalskala ... 560
Ordneroptionen ... 57
Orientierung ... 502

P

Papierformat ... 502
PDF ... 517
PDURATION() ... 547
PEARSON() ... 587
Perioden ... 440
Personal.xlsb ... 857
PERSONAL.XLSB ... 799
Persönliche Makroarbeitsmappe ... 799
Perspektive ... 446
PHI() ... 587
PI() ... 537
PivotChart ... 658
PIVOTDATENZUORDNEN() ... 610, 611
Pivot-Diagramme ... 621
Pivot-Tabelle ... 619, 620, 621, 622
aktualisieren ... 635
anlegen ... 622
Auszüge ... 636
bedingte Formatierung ... 647
berechnetes Element ... 652
berechnetes Feld ... 651

Berichtsfilter 633
Berichtslayout 632
Datenquelle ändern 649
Elementsuche 657
externe Datenquelle 650
Feldeinstellungen 639
Filter 624
gruppieren 644, 645
Layout 638
Spalten 624
Spalten hinzufügen 627
Werte 624
Wertfeldeinstellungen 639
Zeilen 624
Zellformatierung 633
PivotTable-Feld 637
PivotTable-Felder 623, 624
PivotTable-Formate 648
PivotTable-Optionen 632
PivotTable-Tools 624
POISSON() 590
POISSON.VERT() 577, 587
Poisson-Verteilung 577
Polarkoordinaten-Diagramm 435
POLYNOMIAL() 538
Positionsrahmen 854
POTENZ() 532, 538
POTENZREIHE() 538
PowerPivot 667
Beziehungen 672
Hierarchie 675
Power View 348
Priorität 204
PRODUKT() 532, 538
Prozeduren 850

Q

QIKV() 548
QUADRATESUMME() 538
QUANTIL() 567, 590
QUANTIL.EXKL() 568, 587
QUANTIL.INKL() 568, 587
QUANTILSRANG() 590
QUANTILSRANG.EXKL() 587
QUANTILSRANG.INKL() 587
QUARTILE() 590
QUARTILE.EXKL() 587
QUARTILE.INKL() 587
Quellarbeitsmappe 244
Quellenangabe 379, 402
Querformat, Papierformat 502
Querverbindungen 756
QuickInfo 214
QuickInfos zu Funktionen 220
QUOTIENT() 538

R

R1C1-Schreibweise 814
Rahmen 275
Ränder 500, 509, 512
RANG() 590
RANG.GLEICH() 566, 587
RANG.MITTELW() 567, 587
RECHTS() 596, 599
Rechtschreibprüfung 154
Register 49
Entwurf 309, 384
Format 384
PowerPivot 668
Registerkarte 76
Analysieren 661, 662
Einfügen 622
Entwicklertools 760
Überprüfen 771
Regressionsanalyse 439
Reihenoptionen 426
Relative Verweise 814
Remotebezüge aktualisieren 251
RENDITE() 548
RENDITEDIS() 548
RENDITEFÄLL() 548
REST() 532, 538
RGP() 440, 573, 587
Ringdiagramm 381, 434
RKP() 440, 573, 587
RMZ() 540, 548
RoamingCustom.dic 155
Rohdaten 619
Rollen-Modus 136
RÖMISCH() 538
RTD() 611
Rubrikenachse 376, 422
Rückgängig 84
RUNDEN() 530, 538

S

SÄUBERN() ... 599
Säulendiagramm ... 420
Säulenformen ... 389
SCHÄTZER() ... 571, 587
SCHIEFE() ... 587
SCHIEFE.P() ... 587
Schlüsselfelder ... 305, 318
Schlusswert ... 432
Schnellanalyse
bedingte Formate ... 361
Diagramm ... 383
Tabellen ... 310
Schnellanalysetool ... 73
Diagramme ... 375
Schnellzugriffssymbolleiste ... 806
Schnittmengenbezüge ... 225
Schriftart ... 255
Listenfeld ... 255
Schriftattribute ... 257
Schriftgrad ... 256
Schriftgröße ... 500
Schutz ... 463
vor Bearbeitung ... 300
Schutz gegen Makroviren ... 784
Screenshots ... 453, 481
SEC() ... 535, 538
SECHYP() ... 538
Seite einrichten ... 499
Seitenansicht ... 500, 511
Seitenlayout ... 278, 280
Seitenlayoutansicht ... 500, 501
Seitenreihenfolge ... 505
Seitenumbruch ... 499
aufheben ... 500
Seitenumbruchlinien ... 510
Seitenwechsel ... 500
SEKUNDE() ... 557
Select Case ... 828
Serielle Zahlen ... 554
Server Analysis Services ... 612
Sicherheitscenter ... 786
Sicherheitseinstellungen
ActiveX-Steuerelemente ... 791
Add-Ins ... 790
externer Inhalt ... 793
Makros ... 792
Zugriffsschutz ... 793
SIN() ... 538
SINHYP() ... 538
Skalierung ... 376, 503, 559
Skizze ... 459
SkyDrive ... 776, 63
SmartArt ... 474
SmartArt-Layout ... 480
SmartArt-Tools ... 475
Solver ... 92, 711, 712
Anwortbericht ... 710
Grenzwertbericht ... 711
Grundgesamtheitsbericht ... 711
Höchstzeit ... 710
Linearitätsbericht ... 711
Nebenbedingungen ... 705
Sensitivitätsbericht ... 711
Solver-Optionen ... 709
Sonderformat ... 270
Sortieren ... 323, 324, 333
benutzerdefiniert ... 326, 327, 328
nach Formatmerkmalen ... 328
Optionen ... 327
Reihenfolge ... 324
spaltenweise ... 327
ursprüngliche Reihenfolge wiederherstellen ... 324
Sortierschlüssel ... 323
Sortierung, Richtung ... 324
SPALTE() ... 609, 611
Spalten
allgemein ... 51
berechnete ... 320
einfügen ... 186
ein- und ausblenden ... 190
fixieren ... 314
Reihenfolge ... 305
SPALTEN() ... 609, 611
Spaltenbeschriftungsbereich ... 624
Spaltenbreite ... 306, 500
Spaltenname ... 314
Spaltenüberschrift ... 306
Spannweitendiagramm ... 432
Sparklines ... 53, 365
Achsen ... 371
Datumsachsentyp ... 372
einfügen ... 367
Gewinn/Verlust ... 369
Linie ... 367
Säule ... 368
Sparklinetools ... 367

Speichern unter ... 42, 100
Spezialfilter ... 333, 338, 342, 345
Sprunglisten ... 58
SQL-Datenbanken ... 612
STABW() ... 590
STABWA() ... 588
STABW.N() ... 587
STABWN() ... 590
STABWNA() ... 588
STABW.S() ... 569, 588
Standardabweichung ... 568
Standardbreite ... 188
Standarddateityp ... 95
Standardfarben ... 283
STANDARDISIERUNG() ... 588
Standardnormalverteilung ... 580
STANDNORMINV() ... 590
STANDNORMVERT() ... 590
Statistik ... 559
Statusleiste ... 73
STEIGUNG() ... 588
Stellvertreterzeichen ... 337
Stetige Werte ... 380, 561
Steuerelemente ... 820, 853
Steuerelement-Eigenschaften ... 297
STFEHLERYX() ... 588
Stichprobe ... 560
Strict Open XML ... 94
STUNDE() ... 557
Stützpunkte ... 467
Sub-Prozedur ... 825
Subtraktion ... 205
SUCHEN() ... 597, 599
Suchen und Auswählen ... 137
Suchkriterien ... 306
Summe ... 40
SUMME() ... 527, 538, 561
SUMMENPRODUKT() ... 538
Summensymbol ... 222
SUMMEWENN() ... 528, 538
SUMMEWENNS() ... 528, 538
SUMMEX2MY2() ... 538
SUMMEX2PY2() ... 538
SUMMEXMY2() ... 538
SUMQUADABW() ... 588
SVERWEIS() ... 604, 611
Symbolleiste für den Schnellzugriff ... 38, 70
  anpassen ... 80
Syntaxfehler ... 238
Syntaxprüfung ... 238
Szenario
  anzeigen ... 690
  Zusammenfassung ... 692
  zusammenführen ... 691
Szenariobericht ... 692
Szenario-Manager ... 686, 690

T

T() ... 598, 599
Tabelle ... 303, 304
  allgemein ... 128
  automatisch erweitern ... 314
  Dateneingabe ... 314
  einfügen ... 307
  erweitern ... 314
  formatieren ... 311
  Gesamtüberschrift ... 313
  in Bereich konvertieren ... 310
  sortieren ... 323
Tabellenbereiche ... 304, 309
  erstellen ... 307
  erweitern ... 316
Tabellenblatt ... 50
  schützen ... 783
Tabellenformatvorlage ... 290, 308, 312
Tabellenfunktion ... 521
Tabellenimport ... 668
Tabellentools ... 309
TabStrip ... 854
TAG() ... 557
TAGE360() ... 557
TAN() ... 538
TANHYP() ... 538
Taskleiste ... 57
Tastatureinstellungen anzeigen ... 74
Tausenderabtrennung ... 144
TBILLÄQUIV() ... 548
TBILLKURS() ... 548
TBILLRENDITE() ... 548
Teamarbeit im Netz ... 771
TEIL() ... 596, 599
Teilabsolute Bezüge ... 224
Teilergebnis ... 330, 638
  einfügen ... 331
  löschen ... 332
TEILERGEBNIS() ... 529, 538

Testdaten erzeugen ... 696
Text
in Spalten ... 747
verketten ... 206
TEXT() ... 596, 599
Textdatei importieren ... 746
Textelement ... 401
Texterkennungszeichen ... 744
Textfeld ... 199, 402
Textfilter ... 336
Textformate ... 270, 742
Textfunktionen ... 595
Textkonvertierungs-Assistent ... 743
Tiefstwert ... 432
T.INV() ... 588
TINV() ... 590
T.INV.2S() ... 588
Tortendiagramm ... 377, 424
Touch-Modus ... 61
Touchscreen ... 174
Kontextmenü ... 254
Zeichnen ... 456
Transparenz ... 466
Transponieren ... 183
TREND() ... 570, 588
Trendanalyse ... 160
Trendlinie
einfügen ... 439
formatieren ... 440
Optionen ... 439
Trust Center ... 786
T.TEST() ... 588
TTEST() ... 590
T.VERT() ... 582, 588
TVERT() ... 590
T.VERT.2S() ... 582, 588
T.VERT.RE() ... 582, 588
Typ ... 823
TYP() ... 616

U

Übergangspunkte ... 467
Übernahme von Formatvorlagen ... 289
Überprüfen ... 300
Überschrift
für gesamte Tabelle ... 313
Spalte ... 306
Überschriftenzeile ... 311
Überwachungsfenster ... 242
Uhrzeit als numerischer Wert ... 147
Umbruch ... 142
Umbruchvorschau ... 510
Umschaltfläche ... 854
UMWANDELN() ... 549, 553
Unabhängige Variable ... 376
UND() ... 600, 604
UNGERADE() ... 538
Ungleichungen ... 703
UNICODE() ... 599
UNIZEICHEN() ... 600
UNREGER.KURS() ... 548
UNREGER.REND() ... 548
UNREGLE.KURS() ... 548
UNREGLE.REND() ... 548
UNTERGRENZE() ... 590
UNTERGRENZE.GENAU() ... 531
UNTERGRENZE.MATHEMATIK() ... 538
Unterteilung, numerische ... 380
URLCODIEREN() ... 616
UserForm ... 848

V

Variable ... 376
Variablendeklaration ... 833
Variablennamen ... 824
VARIANZ() ... 590
VARIANZA() ... 588
VARIANZEN() ... 591
VARIANZENA() ... 588
VARIATION() ... 588
VARIATIONEN() ... 588
VARIATIONEN2() ... 588
VAR.P() ... 569, 588
VAR.S() ... 569, 588
VBA ... 797, 819
Argumente ... 826
Eigenschaften ... 825
Fenster verankern ... 833
Methoden ... 826
Select ... 844
Verweise ... 837
VBA-Projekt ... 858
VDB() ... 543, 544, 548
Veränderbare Zellen ... 687

Verbindungsdatei ... 715
Verbindungsdefinition ... 713
Verbindungslinien ... 460
Verbindungszeichenfolge ... 720
Verbunddiagramme ... 428, 451
Vererbung von Formatvorlagen ... 289
VERGLEICH() ... 606, 607, 611
VERKETTEN() ... 596, 600
Verknüpfung ... 734
bearbeiten ... 735
mit Quelldaten ... 682
zu einer Textdatei ... 746
Verknüpfungswerte speichern ... 252
Verknüpfung zur Quelldatei ... 746
Verpackungsproblem ... 706
Versand ... 495
Verschieben ... 170
Auswirkungen ... 226
mit dem Kontextmenü ... 182
Zwischenablage ... 172
Verteilungsfunktion ... 579
Vertrauenswürdige App-Kataloge ... 789
Vertrauenswürdige Dokumente ... 788
Vertrauenswürdige Herausgeber ... 786
Vertrauenswürdige Speicherorte ... 787
Verweis, strukturierter ... 321, 322
VERWEIS() ... 606, 611
Vorhandene Verbindungen ... 715
Vorlagen ... 191
VORZEICHEN() ... 538
VRUNDEN() ... 531, 538

W

WAHL() ... 608, 611
WAHR() ... 604
WAHRSCHBEREICH() ... 589
Wahrscheinlichkeit ... 560
Was-wäre-wenn-Analysen ... 686
Webabfragen ... 724
WEBDIENST ... 616
Weboptionen ... 752
WECHSELN() ... 598, 600
WEIBULL() ... 591
WEIBULL.VERT() ... 581, 589
WENN() ... 601, 602, 604, 613
WENNFEHLER() ... 603, 604
WENNNV() ... 604
WERT() ... 598, 600
Werte ... 54
diskrete ... 380
stetige ... 380
Werteachse ... 376
Wertebereich ... 624
Wertefilter ... 656
Wertpapierberechnungen ... 544
While ... 828
WIEDERHOLEN() ... 600
Windows 8, Start ... 37
Windows RT ... 668
Winkelfunktionen ... 534
WOCHENTAG() ... 557
Wochentage ausfüllen ... 160
WordArt ... 473
WorksheetFunction ... 856, 857
Wörterbuch ... 155
Sprache auswählen ... 154
WURZEL() ... 533, 539
WURZELPI() ... 539
WVERWEIS() ... 604, 612

X

.xltm ... 290
.xltx ... 290
x-Achse ... 376
nicht numerische ... 380
XINTZINSFUSS() ... 548
XKAPITALWERT() ... 548
XLSB ... 97
XLSM ... 97
XLSTART ... 799, 59
XLSX ... 97
XLTX ... 97
XML ... 95
Aufgabenbereich XML-Quelle ... 765
Eigenschaften der XML-Verknüpfung ... 763
exportieren ... 768
importieren ... 763
Schema ... 760
Stylesheets ... 95
Verknüpfungen ... 767
XML-Daten aktualisieren ... 763
XML-Dokument als Liste einlesen ... 761
zum Exportieren überprüfen ... 769
XML-Dateien abfragen ... 722

XMLFILTERN ... 616
XmlMap ... 768
XODER() ... 604
XPath ... 764
XPS ... 517
XSLT-Stylesheet ... 764
xy-Diagramm ... 438

Y

y-Achse ... 376

Z

z-Achse ... 376, 442
Zahlen
  Brüche ... 145
  Formate ... 143, 268
Zahlenfilter ... 337
Zahlenformat
  Bruch ... 268
  Buchhaltung ... 268
  Prozent ... 268
  Währung ... 268
Zahlensysteme ... 550
ZÄHLENWENN() ... 562, 589
ZÄHLENWENNS() ... 563, 589
ZAHLENWERT() ... 600
ZEICHEN() ... 600
Zeichenfläche ... 385
Zeichenfolgen ... 54
Zeichenfolgen-Formeln ... 203
Zeichenmodus sperren ... 456
Zeichenwerkzeuge ... 454, 456
Zeichnen von freien Objekten ... 453
Zeigen-Modus ... 209
Zeile ... 51
  einfügen ... 186, 315
  fixieren ... 314
  löschen ... 315
ZEILE() ... 609, 612
ZEILEN() ... 609, 612
Zeilenbeschriftung ... 305
Zeilenbeschriftungsbereich ... 624
Zeilenumbruch ... 142
ZEIT() ... 555, 557
Zeitbasis ... 541
Zeitfenster ... 274
Zeitreihen ... 159
ZEITWERT() ... 557
Zellbereiche ... 53, 307
  Auswahl ... 131
  schützen ... 784
Zellbezüge ... 52
Zelle
  auswählen ... 131
  Auswirkungen beim Entfernen von Zellen ... 226
  Bereiche ... 53
ZELLE() ... 614, 616
Zelleinträge verschieben ... 170
Zellenformatvorlagen ... 286, 759
Zellformat ... 53
Zellgruppen ... 53
Zellinhalt ... 53
Zellinhalte bearbeiten ... 148
Ziehpunkte ... 462
Zieldatei ... 734
Zielwert bestimmen ... 704
Zielwertsuche ... 699
Zielzelle ... 700
ZINS() ... 548
Zinsen ... 539
Zinseszinsen ... 539
ZINSSATZ() ... 548
ZINSTERMNZ() ... 548
ZINSTERMTAGE() ... 549
ZINSTERMTAGNZ() ... 549
ZINSTERMTAGVA() ... 546, 549
ZINSTERMVZ() ... 549
ZINSTERMZAHL() ... 549
ZINSZ() ... 542, 549
Zirkelbezüge ... 249
ZSATZINVESTZ() ... 549
ZUFALLSBEREICH() ... 696, 539
Zufallsvariable ... 560
ZUFALLSZAHL() ... 539, 696, 534
Zufallszahlengenerierung ... 696
ZW() ... 549
ZW2() ... 549
ZWEIFAKULTÄT() ... 539
Zwischenablage, alle einfügen ... 184
ZZR() ... 549

- Für alle Windows-Editionen geeignet
- Foto, Musik, Videos, Internet, Mail, Netzwerk, Sicherheit u.v.m.
- Mit klaren Schritt-für-Schritt-Anleitungen

René Gäbler

Windows 8

Der umfassende Ratgeber

So haben Sie Windows 8 schnell im Griff. René Gäbler zeigt und erklärt Ihnen das System mit all seinen Möglichkeiten. Von der Installation und dem Umgang mit Dateien und Ordnern über die Einrichtung von Hard- und Software bis hin zum eigenen Heimnetzwerk. In Farbe, mit vielen Bildern und anhand zahlreicher Schritt-für-Schritt-Anleitungen führt Sie René Gäbler in diesem umfassenden Ratgeber durch Windows 8. Kompetent, praxisnah und vollständig.

778 S., 2013, komplett in Farbe, mit DVD, 29,90 Euro
ISBN 978-3-8421-0058-9
www.vierfarben.de/3173

Vierfarben

1145 S., 2013, mit DVD, 24,90 Euro
ISBN 978-3-8421-0073-2
www.vierfarben.de/3286

Helmut Vonhoegen

Excel 2013

Das Handbuch zur Software

Umfassendes Excel-Wissen für den beruflichen und den privaten Einsatz! Dieses Buch leitet Sie Schritt für Schritt an, dient Ihnen als Einführung, unterstützt Sie beim Umstieg von einer älteren Version und eignet sich bestens als Nachschlagwerk.

DVD, Windows und Mac,
11:30 Stunden Spielzeit, 29,90 Euro
ISBN 978-3-8421-0084-8
www.vierfarben.de/3349

Harald Zinkann

Excel 2013

Die verständliche Video-Anleitung

Lassen Sie sich vom erfahrenen Office-Experten Harald Zinkann Schritt für Schritt am Bildschirm zeigen, wie Sie mit Excel 2013 Kalkulationen und anschauliche Diagramme erstellen.

Ausführliche Informationen: www.vierfarben.de